国家出版基金项目
NATIONAL PUBLICATION FOUNDATION

工程机械手册

HANDBOOK OF CONSTRUCTION MACHINERY

AGRICULTURAL, FORESTRY, ANIMAL HUSBANDRY
AND FISHERY MACHINERY

农林牧渔机械

主编 张兆国

副主编 吴立国 程海鹰 王永鼎

清华大学出版社
北京

内 容 简 介

本书分为4篇,共31章。内容涵盖农业机械、林业机械、畜牧机械、渔业机械四大部分。本书针对广大农林牧渔机械工作者对农林牧渔机械设备选型、应用和维护管理的需要,考虑行业工作的特点,每一篇内容既相对独立又相互联系,方便不同业务范围的管理与技术人员使用。本书采用行业骨干企业的最新产品信息进行编写,对主流的农林牧渔机械设备的产品资料进行归纳提炼,主要包括主流产品的基本结构、工作原理、产品型号、技术参数、工作性能和国内外发展动向等,以数据表格、图形等形式展现,方便读者学习和使用。

本书内容与相关的农林牧渔机械设计手册具有一定的互补性,适用于从事机械设备选型、制造、管理、使用与维护等农林牧渔行业的管理与技术人员,也可供相关专业的工程技术人员以及大专院校的师生参考。

图书在版编目(CIP)数据

工程机械手册. 农林牧渔机械/张兆国主编. —北京:清华大学出版社,2024.6
ISBN 978-7-302-66045-3

Ⅰ. ①工… Ⅱ. ①张… Ⅲ. ①工程机械—技术手册 ②农业机械—技术手册 ③林业机械—技术手册 ④畜牧业—机械设备—技术手册 ⑤渔业—机械设备—技术手册 Ⅳ. ①TH2-62 ②S-62

中国国家版本馆CIP数据核字(2024)第070806号

责任编辑:王　欣
封面设计:傅瑞学
责任校对:王淑云
责任印制:丛怀宇

出版发行:清华大学出版社
　　　　　网　　　址:https://www.tup.com.cn,https://www.wqxuetang.com
　　　　　地　　　址:北京清华大学学研大厦A座　　　邮　　编:100084
　　　　　社 总 机:010-83470000　　　　　　　　　邮　　购:010-62786544
　　　　　投稿与读者服务:010-62776969,c-service@tup.tsinghua.edu.cn
　　　　　质量反馈:010-62772015,zhiliang@tup.tsinghua.edu.cn
印 装 者:三河市东方印刷有限公司
经　　销:全国新华书店
开　　本:185mm×260mm　　印　张:77　　　　　字　　数:1918千字
版　　次:2024年7月第1版　　　　　　　　　　　印　　次:2024年7月第1次印刷
定　　价:398.00元

产品编号:086372-01

《工程机械手册》编写委员会名单

主　编　石来德　周贤彪

副主编　（按姓氏笔画排序）

丁玉兰　马培忠　卞永明　刘子金　刘自明

杨安国　张兆国　张声军　易新乾　黄兴华

葛世荣　覃为刚

编　委　（按姓氏笔画排序）

卜王辉　王　锐　王　衡　王永鼎　王国利

毛伟琦　孔凡华　史佩京　成　彬　毕　胜

刘广军　李　刚　李　青　李　明　安玉涛

吴立国　吴启新　张　珂　张丕界　张旭东

周　崎　周治民　孟令鹏　赵红学　郝尚清

胡国庆　秦倩云　徐志强　郭文武　黄海波

曹映辉　盛金良　程海鹰　傅炳煌　舒文华

谢正元　鲍久圣　薛　白　魏世丞　魏加志

《工程机械手册——农林牧渔机械》编写人员

第 1 篇　农业机械

第 1 章　王凤花

第 2 章　李丽霞

第 3 章　段晓凡

第 4 章　赖庆辉

第 5 章　张兆国　李彦彬　张振东

第 6 章　田立权

第 7 章　张智泓

第 8 章　喻黎明

第 9 章　朱惠斌　白丽珍

第 10 章　苏　微

第 11 章　潘小莉　刘永富

第 12 章　于英杰

第 13 章　张付杰

第 14 章　李加念

第 2 篇　林业机械

第 15 章　徐克生

第 16 章　徐克生

第 17 章　吴立国

第 18 章　吴立国

第 19 章　吴立国

第 20 章　吴立国

第 21 章　吴立国

第 22 章　吴立国

第 3 篇　畜牧机械

第 23 章　胡志勇　岑海堂

第 24 章　王志强

第 25 章　程海鹰　刘志刚

第 26 章　王　佐

第 27 章　刘志刚　程海鹰

第 4 篇　渔业机械

第 28 章　王永鼎

第 29 章　王永鼎

第 30 章　王永鼎

第 31 章　王永鼎

以下三所高校的研究生同学参与了本书的资料收集整理、绘图、文稿校对及排版等编写工作。

昆明理工大学：李东昊　曹钦洲　解开婷　薛浩田　余小兰　谢晓红　邓寓轩　陈　红
李安楠　李俊宏　曾心玥　蒋　进　陈　钰　秦　淘　赵亮亮　杨　乐
袁　烁　曾荣壕　王志敏　赵鑫荣　赵浩然　钱　诚　马世鹜　张　旭
吴　宪　张媛媛　王明鹏　李镕东　王　剑　贾小毅　高　远　郑　昊
孙喆兴　周宇峰　熊海辉　刘志迎　陈可凡

长安大学：宋志浩　庞文志　申旭星　吴文霞

内蒙古工业大学：范康康　丁瑞峰　高瑞发　王　贺　程卫华　常涛涛　韩志武
张鹏峰　张建强

总序

PREFACE

根据国家标准,我国的工程机械分为20个大类。工程机械在我国基础设施建设及城乡工业与民用建筑工程中发挥了很大作用,而且出口至全球200多个国家和地区。作为中国工程机械行业中的学术组织,中国工程机械学会组织相关高校、研究单位和工程机械企业的专家、学者和技术人员,共同编写了《工程机械手册》。首期10卷分别为《挖掘机械》《铲土运输机械》《工程起重机械》《混凝土机械与砂浆机械》《桩工机械》《路面与压实机械》《隧道机械》《环卫与环保机械》《港口机械》《基础件》。除《港口机械》外,已涵盖了标准中的12个大类,其中"气动工具""掘进机械""凿岩机械"合在《隧道机械》内,"压实机械"和"路面施工与养护机械"合在《路面与压实机械》内。在清华大学出版社出版后,获得用户广泛欢迎,施普林格出版社购买了英文版权。

为了完整体现工程机械的全貌,经与出版社协商,决定继续根据工程机械型谱出版其他机械对应的各卷,包括《工业车辆》《混凝土制品机械》《钢筋及预应力机械》《电梯、自动扶梯和自动人行道》。在市政工程中,尚有不少小型机具,故此将"高空作业机械"和"装修机械"与之合并,同时考虑到我国各大中城市游乐设施亦很普遍,故也将其归并其中,出一卷《市政机械与游乐设施》。我国幅员辽阔,江河众多,改革开放后,在各大江大河及山间峡谷之上建设了很多大桥;与此同时,除建设了很多高速公路之外,还建设了很多高速铁路。不论是大桥还是高速铁路,都已经成为我国交通建设的名片,在我国实施"一带一路"倡议及支持亚非拉建设中均有一定的地位。在这些建设中,出现了自有的独特专用装备,因此,专门列出《桥梁施工机械》《铁路机械》及相关的《重大工程施工技术与装备》。我国矿藏很多,东北、西北、沿海地区有大量石油、天然气,山西、陕西、贵州有大量煤矿,铁矿和有色金属矿藏也不少。勘探、开采及输送均需发展矿山机械,其中不少是通用机械。我国在专用机械如矿井下作业面的开采机械、矿井支护、井下的输送设备及竖井提升设备等方面均有较大成就,故列出《矿山机械》一卷。农林机械在结构、组成、布局、运行等方面与工程机械均有相似之处,仅作业对象不一样,因此,在常用工程机械手册出版之后,再出一卷《农林牧渔机械》。工程机械使用环境恶劣,极易出现故障,维修工作较为突出;大型工程机械如盾构机,价格较贵,在一次地下工程完成后,需要转场,在新的施工现场重新装配建造,对重要的零部件也将实施再制造,因此专列一卷《维修与再制造》。一门以人为本的新兴交叉学科——人机工程学正在不断向工程机械领域渗透,因此增列一卷《人机工程学》。

上述各卷涉及面很广,虽撰写者均为相关领域的专家,但其撰写风格各异,有待出版后,在读者品读并提出意见的基础上,逐步完善。

石来德

2022 年 3 月

前 言

FOREWORD

我国是农业大国。农业是国家的根基,直接关系到经济发展和社会稳定。我国正处在从传统农业向现代农业过渡的关键时期,属于生产工具范畴的农林牧渔机械是农业生产力的标志,直接影响到农林牧渔产业的发展和水平。农业机械化和农机装备是转变农业发展方式、提高农村生产力的重要基础,是实施乡村振兴战略的重要支撑。没有农业机械化,就没有农业农村现代化。自 2004 年《中华人民共和国农业机械化促进法》颁布以来,我国农作物的耕种收综合机械化率从 34% 提升到了 72%,农业机械化得到了空前发展。目前,我国已成为世界第一农机生产大国和使用大国,农业生产方式实现了从主要依靠人力畜力到主要依靠机械动力的历史性转变。农机工业空前发展,截至 2022 年年底,规模以上农机企业 2200 多家。能够自主研发制造的农业机械包括 14 大类、50 个小类、4000 多种。本手册第 1 篇农业机械,针对主要农作物的耕、种、管、收、初加工等作业环节进行了章节的设置,包括 14 章内容。此外,考虑相关农业机械的特殊性和应用场景的差异及未来发展趋势,设立了第 1 章拖拉机、第 5 章水稻种植机械、第 13 章设施农业机械与装备、第 14 章智能化农业装备。各章以概述、分类、典型产品结构、组成、工作原理、主要产品性能参数、选用原则、使用规程、常见故障及排除方法为编写大纲进行内容的编撰工作,期望为农业机械从业人员在学习、农机产品研发设计制造、农机产品选择和使用等方面提供借鉴与参考。

我国是林业大国,林业的发展始终是生态建设的重点,也是保持社会经济可持续发展的关键所在。我国林业发展总体成绩显著,2022年,全国森林面积达 2.31 亿公顷,森林覆盖率攀升至 24.02%。目前,中国森林资源面积居世界第五位,人工林面积多年来稳居世界首位。中国已成为世界上林产品生产第一大国,林产品消费量位居世界第一,是名副其实的林业产业大国。林业机械的现代化成为林业现代化的重要基础和标志,也是推动林业由传统向现代迈进的关键因素。林业机械支撑林业生态和产业体系建设,能大力提升林业的规模化经营水平。林业机械化将极大地解放生产力,提高生产效率,保障生产安全,促进林业产业结构转型升级。实现林业机械化是提升森林质量的重要举措,也是实现我国林业产业发展壮大的迫切需要。我国的林业机械化程度不高,但自动化、智能化机械的研究在持续推进之中。本手册第 2 篇林业机械,立足经济社会发展全局,围绕林业生态、产业、文化三大体系的机械装备进行了系统研究,分析了国内外现状及发展趋势,提出了我国林业机械发展的思路、重点、布局和目标。同时,针对种苗培育和营造林、园林绿化、林木采运、木材加工、人造板生产及深加工、林副产品生产等关键领域,提出了具体措施和对策建议,对加快我国林业机械发展将产生积极而深远的影响。

我国是畜牧业大国,畜禽存栏数及畜产品产量位居世界前列,但在养殖技术和机械化装备方面与畜牧业发达国家还存在差距,目前我国畜牧业正在从数量型走向质量型。发展畜牧业对改善国民饮食结构、提高国民身体素质具有重要意义。畜牧机械化是推动畜牧业进步的有效手段,历经半个多世纪的努力,我国已经形成较为完善的畜牧机械装备体系。畜牧机械化是现代畜牧业的重要标志,推进畜牧机械化进程是实施乡村振兴战略和强国战略的重要内容。截至2020年年底,我国畜牧机械制造企业147家,畜牧机械产量780万台以上,畜牧机械原值大于2585亿元。目前,我国畜牧机械技术在原创能力、设备种类、标准化程度、自动化和智能化等方面与国际领先水平还存在差距。本手册第3篇畜牧机械,针对草原保护与建设机械、牧草种子收获和加工机械、牧草和青饲料收获机械、饲草(料)加工机械、畜禽饲养机械、畜产品采集及加工机械和畜牧业专用运输机械等装备,在产品工作原理、结构和使用等内容上进行阐述,目的是为读者在专业学习、产品设计、产品选择和使用等方面提供帮助和参考。

我国是世界第一渔业大国,水产品产量连续30多年稳居世界首位,渔业现代化的发展,对保障食品安全、促进渔民增收、维护海洋权益、建设美丽中国具有重要意义。渔业机械化和现代化对扩大渔业生产、降低劳动力成本、提高生产效率、改善养殖水体环境,以及提高养殖产量、保障水产品质量与安全等方面具有积极意义。渔业机械主要包括应用于拖网、围网等各类海洋养殖和捕捞的机械,主要用于沿海和内陆的各类海水、淡水渔业,如滩涂垦殖、鱼塘开挖清理、水体监测、增氧净化、施肥投饲、疫病防治、水产品的处理加工和保鲜储运等机械。近年来,我国渔业机械化取得了长足的进步,积极开展远洋渔业资源的开发利用,发展池塘养殖、网箱养殖、工厂化养殖、浅海筏式养殖和深远海设施养殖等水产养殖业,加快向绿色高效转型升级。截至2021年年底,我国渔业机械生产企业超过26万余家,主要分布在浙江、山东、江苏等沿海省份。目前存在的主要问题包括企业分布结构不合理、多数企业规模小且产品单一、产品的自动化和智能化程度不足、产业融合度不高等。本手册第4篇渔业机械的编写,是根据我国渔业机械发展现状,在渔业机械基本概念基础上,按章分别介绍捕捞机械、养殖机械、水产品加工机械,对每一种作业或养殖方式应用的机械进行整体介绍,并列出产品典型实例,使用和查询直观方便,对相关渔业机械生产企业、广大渔业行业从业人员及相关渔业机械研究人员均有一定的参考价值。

本手册由昆明理工大学张兆国教授担任主编,国家林业和草原局哈尔滨林业机械研究所吴立国高级工程师、长安大学程海鹰教授、上海海洋大学王永鼎教授任副主编。本手册的编撰工作自2019年7月启动至今已历时四年之久,由于新冠疫情的原因,一度影响了编写的进程。整个编写过程一直得到清华大学出版社和丛书主编石来德教授的悉心指导,在全体参编单位和作者的大力配合与共同努力下,本手册才得以与广大读者见面。在此,编委会谨向关心、支持本书出版,为本书编撰提供帮助的单位及个人致以崇高的敬意!对全体编写人员和参与编写工作的昆明理工大学、长安大学、内蒙古工业大学的研究生同学们为本书编撰所付出的辛勤劳动表示衷心的感谢!

由于本手册内容涉及面宽,农林牧渔机械门类众多、机型各异、技术复杂,编写时间有限,编写难度较大,书中疏漏、不当之处在所难免,敬请广大读者批评指正。

编　者

2023年9月

目 录

CONTENTS

第3篇 畜牧机械

第4篇　渔业机械

第28章　渔业机械的基本概念 ……… 1081

第29章　渔业捕捞机械 ……………… 1084

第30章　渔业养殖机械 ……………… 1117

第1篇

农 业 机 械

农业是利用动植物的生长发育规律，通过人工培育来获得产品的产业。农业有广义和狭义之分，广义农业包括种植业、林业、畜牧业、副业和渔业五种产业形式，狭义农业是指种植业。因此，农业机械也有广义和狭义之分。广义的农业机械指用于种植业、林业、畜牧业、副业和渔业所有机械的总称，狭义的农业机械仅指用于种植业生产过程的各种机械。农业机械主要包括农用动力机械、农田建设机械、土壤耕作机械、种植和施肥机械、植物保护机械、农田排灌机械、作物收获机械、农产品加工机械和农业运输机械等。

第1章

拖　拉　机

1.1　概述

1.1.1　定义与功能

拖拉机(tractor)是指用于牵引、推动、携带和/或驱动配套机具进行作业的自走式动力机械,其最显著的特征是:有动力装置(内燃机或电动机),为自身行走提供动力,为带动或驱动农业机具提供动力;有行走装置,能在道路和田间地面上行走。拖拉机的作用不同于汽车,它仅仅是一种能够自走和提供动力的机动车,没有农业机具(包括拖车),拖拉机不能完成任何作业,只有拖拉机与农业机具组成拖拉机机组后才能完成各种作业。

拖拉机机组完成的作业有田间作业、运输作业和固定作业。

(1) 田间作业有耕、耙、播种、施肥、喷药、中耕、收割、打捆等。

(2) 运输作业有田间短途运输和道路长途运输。

(3) 固定作业是利用动力输出装置带动水泵、碾米机、发电机等机具进行作业。

1.1.2　发展历程与沿革

1. 国内拖拉机的发展概况

拖拉机作为农业装备的核心,其技术发展水平体现着国家农业机械化程度和农业现代化发展水平。我国引进并使用拖拉机的最早记录是 1908 年(清光绪三十四年)黑龙江巡抚程德全奏请清政府批准购进两台拖拉机,当时的名称为“火犁”。1915 年我国第一台 75 Ps (我国拖拉机命名常用马力为公制马力(Ps),1 kW=1.36 Ps)柴油机被成功研制出来,20 世纪 20 年代末,近代张学良曾推动尝试制造拖拉机,但随着 1931 年日本发动九一八事变,生产拖拉机的尝试也随即中止。

新中国成立后,1955 年在洛阳开工兴建第一拖拉机制造厂(简称一拖),仅用三年就建成并开始生产东方红牌履带式拖拉机,如图 1-1 所示。中国农业机械化从“东方红”开始,到 1966 年,我国(除台湾省)基本建成了 11 个大中型拖拉机厂,8 个手扶拖拉机厂,年产 2.8 万台中型拖拉机和 3.5 万台手扶拖拉机。

图 1-1　第一台东方红牌履带式拖拉机

20 世纪 50 年代,我国做了外接电源电动拖拉机的探索。哈尔滨松江拖拉机厂与哈尔滨工业大学及东北农学院一道研制出了电牛-28型和电牛-33型轮式电动拖拉机,其电压为1000 V,质量为3200 kg。针对水田特殊的作业环境,1958年我国江苏省江都县农民首创了船形履带式沤田拖拉机,如图1-2所示。

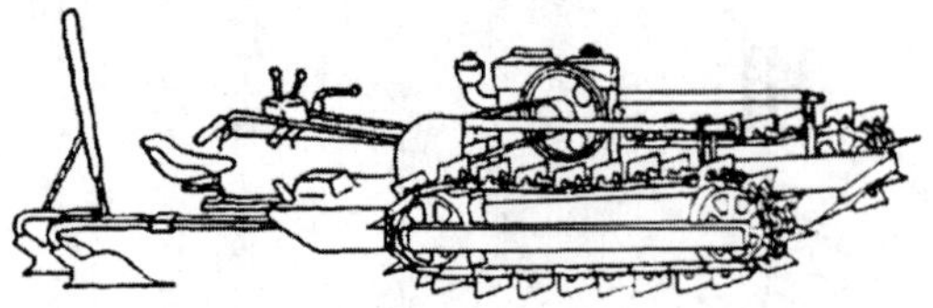

图1-2　船形履带式沤田拖拉机

20世纪六七十年代,我国拖拉机产业处于自主研发阶段,先后研制成功了10～120 Ps的农用轮式或履带式拖拉机系列。改革开放后,我国引进国外先进技术,对我国拖拉机行业的技术进步和创新起到了推动作用,为此后产品自行改进设计奠定了基础。1997年一拖推出了自行设计的新型1002型履带式拖拉机,采用双功率控制系统,6进2退变速箱、双向浮动制动器、带液压的机械转向助力系统。21世纪初,一拖推出的新型C系列履带式拖拉机已扩展到40～200 Ps,采用无芯铁摩擦驱动橡胶履带行走系统、履带持续液压张紧、扭杆减震悬架、方向盘操纵差速转向机构及电控悬挂系统等多项先进技术。

我国拖拉机经历了从无到有、从小到大的发展,大体分为引进仿制、自行研制、技术引进和自主开发四个发展阶段,现已具有东方红、雷沃、东风、常发、沃得、迪尔、国泰泰山、时风、悍沃等拖拉机知名品牌。《中国统计年鉴2020》显示:2019年我国农机总动力为102 758.3万kW,大、中型拖拉机社会保有量443.86万台,小型拖拉机1780.42万台。

随着互联网、北斗导航、传感器、大数据、5G等技术的发展,我国拖拉机汽车在新能源动力技术、动力负载换挡和无级变速传动(continuously variable transmission,CVT)技术、无人驾驶等方面取得了新的进展。

2016年10月26日,在武汉召开的全国农业机械展览会上,中国一拖发布我国首台无人驾驶拖拉机东方红LF954-C,如图1-3所示。

该机型整机配备国Ⅲ发动机、动力换向变速箱、电控悬挂系统,搭载包括自动转向系统、整车控制系统、雷达及视觉测量系统、远程视频传输系统、监测系统以及远程遥控系统等信息和控制系统,应用毫米波雷达测量、双目相机视觉识别等先进技术,结合北斗高精度定位技术,可在无人驾驶条件下,顺利完成耕、整、植保等农田作业。

图1-3　东方红LF954-C无人驾驶拖拉机

2021年2月,国家农机装备创新中心研发的100 Ps无人驾驶轮边电机拖拉机ET1004-W(见图1-4)属国内首台大马力轮边驱动电动拖拉机概念样机,是轮边驱动技术在国产农机上的首次应用,融合"分布式控制""电子差速""四轮转向"等多项先进技术,并装载5G网联与自动驾驶模块,为下一步集群化作业打下基础。

图1-4　100 Ps无人驾驶轮边电机拖拉机ET1004-W

2. 国外拖拉机的发展概况

世界上第一代农业拖拉机是发动机用蒸汽机的农业拖拉机,可以追溯到18世纪,被称为蒸汽牵引机动车(steam traction engine)、蒸汽犁(steam plough)、火犁(power plough)、汽车犁(automobile plough)和自走犁(self-propelled plough)等。但是多数史学家们认为,能在田间实际工作的蒸汽机耕作机械是从19世纪50年代开始的。1849 年,英国兰赛姆斯(Ransomes)公司生产了可能是世界上第一台走向市场的蒸汽机驱动自走农业机动车,如图 1-5 所示。同年,英国人詹姆士·阿舍尔发明了蒸汽机驱动的旋转蒸汽犁,并在 1851 年第一届世界博览会上展出,如图 1-6 所示。

图 1-5　兰赛姆斯蒸汽机动车

图 1-6　阿舍尔蒸汽牵引犁模型

1853 年美国人约瑟夫·福克斯在田间演示了他的蒸汽机驱动多铧犁。1868 年英国加勒特父子公司(Richard Garrett & Sons)制造的加勒特 4CD 蒸汽拖拉机(见图 1-7)在欧洲最流行,其功率为 2.94 kW(4 Ps),质量不超过 5 t,一人操纵,被称为有实际意义的第一台蒸汽动力农业拖拉机。

图 1-7　加勒特 4CD 蒸汽拖拉机

在拖拉机发展史上,蒸汽耕作机械时代大约经历了半个多世纪,但是蒸汽动力拖拉机功率大、行驶速度慢、笨重、昂贵,需要多人操作,劳动量大。19 世纪后期,随着奥托等人发明并

完善了两冲程和四冲程内燃机,汽(煤)油拖拉机登上了历史的舞台。1892 年,德裔美国农民发明家约翰·弗洛里奇在美国成功研制了采用汽油机为动力的农业拖拉机(见图 1-8),并在田间连续工作了 52 天,史学界认为他是美国发明能实用的汽油拖拉机的第一人。

图 1-8　弗洛里奇的汽油拖拉机

1901 年,由两个大学机械系毕业生创立的哈特帕尔(Hart-Parr)公司生产的第一台拖拉机,则被史学界以及英国和美国的百科全书认为是世界上第一台商业成功的农业汽油拖拉机(见图 1-9),而哈特帕尔公司所在地爱荷华州查尔斯城,被认为是美国拖拉机产业的诞生地。1906 年,哈特帕尔公司第一次在拖拉机上标上"tractor"作为名称,渐渐被行业广泛采纳接受。

图 1-9　哈特帕尔 17-30 型拖拉机

1906 年美国万国公司销售了它的第一台汽油拖拉机,从此开始生产系列汽油拖拉机。1908 年,美国本杰明·霍尔特(Benjamin Holt)制造了首批汽油机动力的履带式拖拉机。1911 年凯斯公司正式推出了加大功率的凯斯 20-40 型汽油拖拉机(见图 1-10),采用双缸卧式汽油机,功率为 29.4 kW(40 Ps),2 个前进挡,质量 5 t 多。到 20 世纪 20 年代,蒸汽拖拉

图 1-10 凯斯 20-40 型汽油拖拉机

机已基本被内燃拖拉机取代。

19 世纪末德国发明家和机械工程师鲁道夫·狄赛尔发明了柴油机,1922 年德国发明家和机械工程师普罗斯珀·劳伦奇首次将柴油机装在农业拖拉机上。劳伦奇研发了预燃室喷射,针状喷嘴、漏斗预燃室和变量燃油喷射泵——这是压燃式发动机进入汽车的里程碑,

并且是当时第一批车辆用柴油机的基础。直至 20 世纪 70 年代,柴油机取代汽油机才取得了决定性优势。

1929 年美国农用拖拉机年产量已超过 20 万台,创历史最高纪录,但是随着全球资本主义世界"大萧条",农机行业陷入了经济困境,这也加快了拖拉机产业技术升级的步伐。在这个时期,拖拉机在采用柴油机、普及充气橡胶轮胎、推广三点液压悬挂以及独立式动力输出轴等方面都取得了战略性的进展。1931 年,美国卡特彼勒(Caterpillar)公司批量生产了第一批柴油履带式拖拉机(见图 1-11)。1935 年,美国万国(International Harvester)公司批量生产了柴油动力轮式拖拉机。1931 年,美国固特里奇(Goodrich)公司生产了固特异(Goodyear)农业拖拉机充气轮胎。1933 年福格森拖拉机装了三点液压悬挂系统。

图 1-11 卡特彼勒柴油履带式拖拉机

在西方国家经济"大萧条"的同时,新兴的苏联拖拉机产业乘机奋起。1924 年,美国福特公司和苏联列宁格勒普梯洛夫工厂合作生产"福特森-普梯洛夫"拖拉机(见图 1-12),这标志着苏联拖拉机产业的开始。苏联的农业集体化方针,大大推动了苏联拖拉机产业的崛起。1937 年苏联推出了"斯特日-纳齐"(СТЗ-НАТИ)履带式拖拉机(见图 1-13),大大缩小了苏联拖拉机产业和西方的差距。到 1940 年,苏联拖拉机年产量已达 53 000 台,排名欧洲第一、世界第二。

在电动拖拉机方面,最早生产电动拖拉机的是德国西门子公司,1912 年该公司生产了功率为 50 Ps 的电动四轮拖拉机,其后方挂接旋

图 1-12 "福特森-普梯洛夫"拖拉机

耕装置,电力由电网提供。1924 年西门子公司推出了 4 Ps 手扶旋耕拖拉机。第二次世界大战时期燃油供应紧张,德国博卡兹公司研发了电动双向手扶拖拉机。1937 年苏联以 60 型履带式拖拉机为基础,制造了苏联第一台由电缆

图1-13 "斯特日-纳齐"(СТЗ-НАТИ)履带式拖拉机

图1-15 大巴德16V-747型拖拉机

供电的农用电动拖拉机,其功率为65 Ps,电压为500 V。由于这种外接电源的电动拖拉机是通过长长的导线从电网获得电源,增加了电力传输损耗,转移地块也不方便,渐渐被自备电源式电动拖拉机取代。

20世纪五六十年代经济复苏,拖拉机传动系统有了创新性的突破。1954年美国万国公司推出了增扭器,在世界上首次实现了拖拉机在负载下的不停车换挡。1958年凯斯公司推出了世界上首台动液力传动轮式拖拉机。1967年美国万国公司批量生产了法毛656型静液压传动拖拉机。

20世纪七八十年代是四轮驱动拖拉机的黄金时代,迪尔公司1975年推出275 Ps铰接式拖拉机,1982年推出370 Ps的8850型。凯斯公司1976年推出300 Ps整体机架拖拉机,1984年推出400 Ps的4994型,如图1-14所示。全球拖拉机行业出现了一场追求大功率的竞赛。美国大巴德拖拉机公司1977年推出的16V-747型拖拉机(1998年增至900 Ps),到20世纪末仍是世界上功率最大的农用拖拉机,如图1-15所示。

技术、GPS卫星定位等许多高新技术的逐步应用,使拖拉机技术水平不断提高。

2016年在美国农业进步展览会上,凯斯率先推出了全球第一台大功率、无驾驶室的凯斯Magnum370无人驾驶概念拖拉机(见图1-16),在拖拉机设计之路上迈出了革命性的一步。其额定功率274 kW(367 Ps),动力输出轴功率227 kW(305 Ps),最大提升功率312 kW(419 Ps),配合GPS自动导航技术和远程信息交互系统,可实现自动转向、避障、远程配置、监测及操作设备等功能。

图1-16 凯斯Magnum370无人驾驶概念拖拉机

1.1.3 国内外发展趋势

农业机械装备是"中国制造2025"重点发展的十大领域之一,是转变农业发展方式、实现乡村振兴战略的重要支撑。拖拉机作为最主要的农业动力机械,本着创新、协调、绿色、开放、共享的发展理念,型号规格不断完善,性能和质量不断提高。围绕高效、智能、环保和信息集成四个方面,农业拖拉机在动力、传动、行走、液压、悬挂、驾驶舒适性、物联网及综合服务/管理平台等多个领域都取得了长足

图1-14 凯斯4994型拖拉机

进入21世纪,随着高新技术的应用和电子信息技术的渗透,高压共轨系统、计算机控制

发展。

在动力系统方面,国外柴油机排放法规已全面进入国Ⅳ阶段,单纯依靠机内净化已不能满足日益严格的排放要求,辅以各种机外尾气后处理方案的组合型排放控制系统开始出现在国外各大主流机型上。而国内则正处在国Ⅴ阶段,主要通过机内净化和油品的改善来应对排放要求。2020年12月28日生态环境部正式批准发布《非道路柴油移动机械污染物排放控制技术要求》(HJ 1014—2020),该标准规定:自2022年12月1日起,所有生产、进口和销售的560 kW以下(含560 kW)非道路移动机械及其装用的柴油机应符合该标准的要求。国家对柴油机排放法规的要求必将越来越严格,各种机内净化、机外尾气处理技术及其组合方案会在拖拉机上得到更广泛的应用,以最大限度地降低整机排放。此外,以高比能量动力蓄电池、生物甲烷等新型替代能源为动力的新能源技术将与传统动力并行发展,以求在新的能源领域获得技术突破,实现机组作业时的零排放、无污染、低噪声和高效率,从根本上解决农业机械化过程中面临的节能减排问题。

电动农机作为一种节能、无污染的零排放农业机械,已成为解决能源紧缺和环境污染问题的重要途径之一。国内电动拖拉机以理论研究为主,在考虑不同作业和环境工况下,研究人员对电动拖拉机的环境适应性、动力系统关键部件的参数匹配及优化等问题进行了研究,提出了并联式混合动力拖拉机传动系统及驱动控制理论和策略。

传动系统方面的进步主要体现在动力负载换挡和CVT无级变速传动技术的进一步普及上,尤其是无级变速传动技术,不仅是农业拖拉机变速传动系统发展的必经阶段,更是实现拖拉机整机电液化、智能化、自动化的关键技术,在提高拖拉机自动化水平、整机动力性、经济性和舒适性、简化驾驶操纵程序和减轻劳动强度等多方面具有重要意义。

行走转向系统主要围绕轮胎胎压控制、橡胶履带/半履带式行走机构展开研究,以进一步减小接地比压及滑转损失,提高牵引效率和整机通过性。

在液压动力输出方面,多点高精度输出、负载传感压力补偿等技术大大提高了液压辅助系统的安全性、操控性、适用性和经济性;而对于液压悬挂系统,电控提升悬挂已基本成为国内外大中功率拖拉机的标准配置,且大多同时配有前液压输出、前悬挂和前动力输出,大大方便了农机具的挂接和日益增加的各类农机具的配套应用。

在驾驶舒适性方面,人机工程设计理念体现得越来越充分,除采用主、被动悬架以减少振动外,悬浮驾驶室、悬浮座椅、360°驾驶室增视系统、人机交互触摸显示屏等人性化设计成为改善整机舒适性的重要方面。

此外,随着互联网技术的迅猛发展,物联网、大数据、机器人及人工智能等技术广泛应用驱动下的第四次工业革命已经开始,以数字和智能化为核心特征的第四次工业革命成为了中国发展的最大发动机。集农业信息感知、数据传输、云平台管控于一体的农业物联网技术逐渐成为研究热点,这标志着以模型驱动业务、设备管理设备、人-设备-农场无缝连接的全新生产模式成为未来农业机械发展的趋势。

1.2 分类及特点

拖拉机的种类很多,按照不同的分类方法分成各种类型。拖拉机分类如图1-17所示。

1.2.1 按用途分类及特点

我国生产的拖拉机按用途可分为工业用拖拉机、林业用拖拉机及农用拖拉机三大类。

1. 工业用拖拉机

主要用于筑路、矿山、水利、石油和建筑等工程,也可用于农用基本建设。其特点是前后可悬挂机具、正倒梭形作业,具有良好的牵引性能,适应变负荷繁重作业条件。典型的工业用拖拉机有推土机、挖掘机等。

2. 林业用拖拉机

主要用于林区集运材和营造林作业。集材拖拉机用于伐倒树木的集材和运输。营林

按用途分类 { 工业用拖拉机
　　　　　　农用拖拉机 { 普通型拖拉机
　　　　　　　　　　　　　园艺型拖拉机
　　　　　　　　　　　　　中耕型拖拉机
　　　　　　　　　　　　　特殊用途型拖拉机
　　　　　　林业用拖拉机

按结构形式分类 { 轮式拖拉机 { 两轮驱动拖拉机
　　　　　　　　　　　　　　四轮驱动拖拉机
　　　　　　　　履带式拖拉机
　　　　　　　　手扶拖拉机 { 牵引型手扶拖拉机
　　　　　　　　　　　　　　 驱动型手扶拖拉机
　　　　　　　　　　　　　　 兼用型手扶拖拉机
　　　　　　　　船式拖拉机

按功率分类 { 大型拖拉机（功率≥73.6 kW(100 Ps)）
　　　　　　中型拖拉机（14.7 kW(20 Ps)≤功率
　　　　　　　　　　　　≤73.6 kW(100 Ps)）
　　　　　　小型拖拉机（功率＜14.7 kW(20 Ps)）

图 1-17　拖拉机分类

拖拉机配备专用机具可进行植树、造林和伐木作业。林业用拖拉机一般带有绞盘、搭载装置和清除障碍装置等，其特点是前部装有排障器，后部装有集材和搭载装置，地隙较高，具有良好的牵引性能、爬坡能力、越野能力和较高的运输作业速度。典型的林业用拖拉机有挖坑机和集材拖拉机等，如图 1-18 和图 1-19所示。

图 1-18　挖坑机

3. 农用拖拉机

主要用于农业生产。按其结构特点及应用条件不同，农用拖拉机又可分为以下四类。

（1）普通型拖拉机：应用范围广，适于一

图 1-19　集材拖拉机

般条件下的各种农田移动作业、固定作业和运输作业等。其特点是行走装置较宽、接地压力较低、地隙不高、轮距一般不调整或调整范围不大，具有良好的平地通过性、牵引性能和稳定性。如凯沃-KW804E 和东方红-SK404 等型号，如图 1-20 和图 1-21 所示。

图 1-20　凯沃-KW804E 型拖拉机

图 1-21　东方红-SK404 型拖拉机

（2）园艺型拖拉机：主要用于草坪修剪、庭院（场地）管理作业，如草坪修剪、耕耘、平地及抛雪等作业。其特点是轮胎宽、直径小，机体矮小，轴间可装割草机。如东风-DF151Y 和潍拖-TY404 等型号，如图 1-22 和图 1-23 所示。

图 1-22　东风-DF151Y 园艺型拖拉机

图 1-23　潍拖-TY404 园艺型拖拉机

（3）中耕型拖拉机：主要用于除草、松土追肥和喷药等作物行间中耕管理作业。其特点是农艺地隙较高、行走装置较窄，轮距可在较大范围调整，具有良好的行间通过性、转向操作性和视野。万能中耕型拖拉机农艺地隙为 400～800 mm。高地隙中耕型拖拉机农艺地隙达 800～1000 mm。如东方红-550H 和泰山-604A 等型号，如图 1-24 和图 1-25 所示。

（4）特殊用途型拖拉机：适用于在特殊工作环境下作业或适用于某种特殊需要的拖拉机，如山地拖拉机、水田拖拉机和葡萄园拖拉机等。坡地拖拉机适用于丘陵、山区、坡地作业，其特点是轮（轨）距较宽、质心较低、能梭形作业或具有机体垂直平衡装置，在横坡作业条

图 1-24　东方红-550H 中耕型拖拉机

图 1-25　泰山-604A 中耕型拖拉机

件下具有较好的牵引性、横向稳定性和行驶直线性。水田拖拉机适用于水田中作业，主要用于整田、收获及运输等作业，通常由柴油机、船体、耕作机具三部分组成，适用于平原、湖区、丘陵、山区等各种不同类型的深泥田、水稻田、荒田和沿海地区的滩涂田作业。葡萄园拖拉机可在株间或树冠下完成耕耘、施肥和喷药等作业。其特点是轮（轨）距小、地隙低、外形窄矮、机动灵活。骑跨在作物上方进行行间作业，其农艺地隙达 1200～1500 mm。如帕维奇-ZS554 和东方红-MF704 等型号，如图 1-26 和图 1-27 所示。

1.2.2　按结构形式分类及特点

按结构形式的不同，拖拉机可分为履带式（或称链轨式）、轮式、手扶式及船式四种。

1. 履带式拖拉机

履带式拖拉机是指装有履带行走装置的

图 1-26　帕维奇-ZS554 山地型拖拉机

图 1-28　东方红-C702S 型履带式拖拉机

图 1-27　东方红-MF704 水田型拖拉机

图 1-29　沃工 FJ-802 型履带式拖拉机

拖拉机。主要用于土质黏重、潮湿地块田间作业和农田水利、土方工程及农田基本建设，如东方红-C702S 和沃工 FJ-802 等型号，如图 1-28 和图 1-29 所示。履带式拖拉机的履带与地面的接触面积大，履带板上的突起能插入土壤内，附着性能好，不易打滑，牵引力能充分发挥，同时对单位面积土壤的压力较小，工作时不会将土壤压得过紧，在潮湿松软地上不易陷车，地面通过性好。但机体质量大，运行不灵活，综合利用程度低。

2．轮式拖拉机

轮式拖拉机是指通过车轮行走的两轴（或多轴）拖拉机。按驱动形式可分为两轮驱动与四轮驱动的轮式拖拉机。

两轮驱动拖拉机为前轮转向、后轮驱动，

其驱动型式代号用 4×2 来表示（分别表示车轮总数和驱动轮数），行走装置为充气橡胶轮胎，机体离地间隙大，轮距可以调整，工作速度变动范围大，操纵灵活、配套农机具多，作业范围广，也可用于公路运输和固定作业，使用年限长，综合利用性能较高。其缺点是牵引附着性能较差，在潮湿松软的土壤上容易打滑、陷车，牵引功率不能充分发挥。如福格森·博马-X700 和新东方 200P 等型号。如图 1-30 和图 1-31 所示。

四轮驱动拖拉机的前轮和后轮都是驱动轮，其驱动型式代号用 4×4 来表示，主要用于土质黏重、负荷较大的农田作业及附着条件较差道路运输作业等。与两轮驱动拖拉机相比，其牵引效率比同等功率的两轮驱动的拖拉机高 20%～50%，更适合拖带工作幅宽较大的农机具和牵引阻力大的农田基本建设机械工作，

图 1-30　福格森·博马-X700 型轮式拖拉机

图 1-31　新东方 200P 型轮式拖拉机

但其结构较复杂、售价和维修费用高。如中联重机 RS1504-F 和东方红-CF1304 等型号。如图 1-32 和图 1-33 所示。

图 1-32　中联重机 RS1504-F 型拖拉机

3. 手扶拖拉机

手扶拖拉机是由扶手把操纵的单轴拖拉机。根据带动农具的方法不同,手扶拖拉机可

图 1-33　东方红-CF1304 型拖拉机

分为:

(1)牵引型手扶拖拉机:只能用于牵引作业,如牵引犁、耙进行农田作业,牵引挂车运输等。

(2)驱动型手扶拖拉机:与旋耕机做成一体,只能进行旋耕作业,不能作牵引工具。

(3)兼用型手扶拖拉机:兼有上述两种机型的作业性能,目前生产的手扶拖拉机多属此种,使用范围较广。如金牛-181 和常富-181B 等型号。如图 1-34 和图 1-35 所示。

图 1-34　金牛-181 兼用型手扶拖拉机

图 1-35　常富-181B 兼用型手扶拖拉机

手扶拖拉机机体轻小,机动性好,配用柴油机功率在 7.35 kW 左右,行走装置为充气橡胶轮胎,操纵灵活和通过性好,综合利用性能高,适用于果园、菜园、小块水田、小块旱地和坡度不大的丘陵地等。但在大块水、旱地工作时,由于其功率小,生产率和经济性都不如四轮拖拉机和履带式拖拉机,驾驶员的工作条件和运输安全性较差。

4．船式拖拉机

船式拖拉机是为了适应我国南方水田地区发展而出现的,由船体支承机体和叶轮驱动的拖拉机,如 JC-489 船式拖拉机。其利用船体支承整机的质量,通过一般为楔形的铁轮与土层作用推动船体滑移前进,并带动配套农机具在水田里作业。其制造简单,价格低,在水田、湖田作为动力与耕、耙、滚作业机具配套使用。若把驱动轮换成胶轮,也可作为动力配合挂车运输用。缺点是作业范围较窄,作业项目较少,综合利用性能低。如金驰 JC-329 和金驰 JC-7049LL 等型号。如图 1-36 和图 1-37 所示。

图 1-36　金驰 JC-329 船式拖拉机

图 1-37　金驰 JC-7049LL 船式拖拉机

1.2.3　按照功率大小分类及特点

拖拉机按其功率大小被分为大型、中型和小型三类。

1．小型拖拉机(功率＜20 Ps)

主要包括带传动小四轮拖拉机与手扶拖拉机。其成本低、应用面广,特别适合在农村小城镇、丘陵山地、果园等地区工作。如邢台 XT160 和金凤工农-12K 等型号。如图 1-38 和图 1-39 所示。

图 1-38　邢台 XT160 小型拖拉机

图 1-39　金凤工农-12K 手扶拖拉机

2．中型拖拉机(20 Ps≤功率＜100 Ps)

该种机型扭矩储备大、可靠性好,应用较广。主要有上海-50 和铁牛-55 等型号。如图 1-40 和图 1-41 所示。

3．大型拖拉机(功率≥100 Ps)

适合大农场配带宽幅农具进行高速作业,有较好的牵引性能,生产效率高。如迪尔天拖 754 和东方红-LX1004 等型号。如图 1-42 和图 1-43 所示。

图 1-40　上海-50 拖拉机

图 1-43　东方红-LX1004 拖拉机

为传动系统、行走系统、转向系统和制动系统四部分。

1.3.2　发动机

1. 概述

凡是将某种形式的能量转化为机械能的机器都统称为发动机，如热力发动机、风力发动机、水力发动机等。内燃机作为一种热力发动机，以其热效率高、结构紧凑、机动性强、运行维护简便的优点广泛应用于拖拉机、汽车、工程车辆、园林管理、自走农业机械等各种移动机械和发电、排灌、农产品加工等固定作业。

2. 工作原理

内燃机是利用气缸中可燃混合气燃烧后产生的高压燃气推动活塞向下运动，并通过连杆带动曲轴对外做功，将燃料燃烧的热能转换为曲轴转动的机械能。这一能量转换过程必须经历进气、压缩、膨胀（做功）和排气四个过程。四行程内燃机是活塞在气缸中往复两次，也即曲轴旋转两周完成一个工作循环。内燃机结构如图 1-44 所示。

图 1-41　铁牛-55 拖拉机

图 1-42　迪尔天拖 754 拖拉机

1.3　拖拉机的主要构件及系统

1.3.1　拖拉机的总体组成

拖拉机基本由发动机、底盘、工作装置和电气设备四大部分组成。其中拖拉机底盘分

1）单缸四行程柴油机的工作原理

（1）进气行程：进气门开启，排气门关闭，活塞在曲轴的带动下从上止点向下止点移动，活塞上方的气缸容积增大，气缸压力逐渐降低至大气压以下，即在气缸内产生真空度，新鲜的纯空气进入气缸。

（2）压缩行程：活塞在曲轴的带动下从下止点向上止点移动，进气门、排气门均关闭，气缸内的空气被压缩，使缸内压力和温度不断上

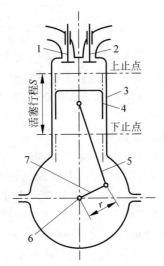

1—进气门；2—排气门；3—气缸；4—活塞；
5—连杆；6—曲轴中心；7—曲柄。

图1-44 内燃机结构示意图

升。在压缩行程接近上止点时，喷油器将高压柴油以雾状喷入燃烧室，柴油和空气在气缸内形成可燃混合气并着火燃烧。柴油机的压缩比比汽油机的压缩比大（为16～22），压缩终了时气体温度和压力大大超过了柴油机的自燃温度。压缩终了时，柴油机是压缩后自燃着火。

（3）做功行程：柴油喷入气缸后，在很短的时间内与空气混合后便立即着火燃烧，柴油机的可燃混合气是在气缸内部形成的。此时进、排气门仍处于关闭状态，活塞在燃气压力推动下，由上止点向下止点移动，并通过连杆推动曲轴旋转对外做功。随着活塞的下行，缸内容积增大，压力迅速降低。

（4）排气行程：由于飞轮的惯性作用，曲轴继续旋转，活塞由下止点向上止点移动，排气门打开，进气门关闭。此时缸内压力高于外界大气压力，燃烧后的废气在压差的作用下排出，称为压差排气。随后，在活塞上行的推赶下将废气排出，称为活塞排气。

排气过程结束后，活塞又回到上止点位置。至此活塞经历了进气、压缩、做功（燃烧）、排气四个过程，完成了一个工作循环。此后在飞轮惯性力的作用下继续转动进入下一个循环，如此周而复始，使得柴油机得以连续不断地运转。

2）单缸四行程汽油机的工作原理

四行程汽油机的工作原理与四行程柴油机基本相似，每个工作循环同样经历进气、压缩、做功（燃烧）、排气四个过程。

（1）进气行程：进入气缸的是可燃混合气，由于汽油机的转速比柴油机高，进气时间短，受节气门的影响进气阻力较大。

（2）压缩行程：压缩的是混合气，由于汽油具有较低的燃点，压缩终了采用火花塞跳火的点燃方式着火。

（3）做功行程：火花塞一旦跳火，混合气迅速开始燃烧，缸内出现最高压力和最高温度。活塞越过上止点后，活塞由燃烧产生的高压气体推动下行，经连杆推动曲轴旋转对外做功。缸内容积增大，压力迅速降低。活塞到达下止点时做功过程结束。

（4）排气行程：排气行程与柴油机基本相同，是在气缸内外的压差作用和活塞上行的推动下将废气排除。

3．总体构成

内燃机类型很多，按所用燃料不同，分为汽油机、柴油机、石油液化气机、沼气机等。按每循环活塞行程数分类分为二行程内燃机和四行程内燃机，按冷却方式分为水冷式和风冷式内燃机，按进气方式分为非增压式和增压式内燃机，按气缸排列方式分为立式内燃机、卧式内燃机、V形内燃机、对置式内燃机等，按气缸数目分为单缸内燃机和多缸内燃机，但其基本构造相同。根据各组成部分的作用不同，内燃机总体构成包括机体组件与曲柄连杆机构、换气系统、燃油供给系统、润滑系统、冷却系统、点火系统（汽油机）和启动系统。

1）机体组件和曲柄连杆机构

机体组件由机体、气缸盖、气缸套、油底壳等组成，是内燃机的骨架，起支承作用。曲柄连杆机构由活塞组、连杆组、曲轴飞轮组三部分组成。其作用是将活塞的往复运动转变成曲轴的旋转运动，并将作用在活塞顶部的燃气压力转变为曲轴的转矩输出。

2）换气系统

换气系统由空气滤清器、进排气管道、配气机构、消音灭火器等组成，其核心机构为配气机构。配气机构的作用是按照各气缸的工作过程和着火顺序的要求，定时开启和关闭各缸进、排气门，保证气缸能及时吸进新鲜充量、排出废气。当气缸处于压缩和做功行程时，气门应具有足够的密封性，保证内燃机正常运转。配气机构进排气阻力要小，进排气门开启时刻和持续时间要适当，进排气尽可能充分。

3）燃油供给系统

燃油供给系统由喷油泵、喷油器、调速器等主要部件和柴油箱、输油泵、柴油滤清器、高低压油管等辅助装置组成。其功用为根据柴油机工况的要求，定时、定量、定压地向燃烧室喷入清洁、雾化的柴油，为柴油与空气混合气的形成和燃烧提供良好条件。

汽油机多采用电控汽油喷射系统，电控汽油喷射系统由汽油喷射装置、空气装置和控制装置三部分组成，是以电控单元（electronic control unit，ECU）为控制中心，并利用安装在汽油机上的各种传感器测出汽油机的各种运行参数，再按照电脑中预存的控制程序精确地控制喷油量，使汽油机在各种工况下都能获得最佳空燃比的可燃混合气。

4）润滑系统

润滑系统由机油泵、滤清器、限压阀、油道等组成。其作用为减少相对运动的零件之间的摩擦阻力、减轻机件的磨损，并部分地冷却摩擦零件、清洗摩擦表面。

5）冷却系统

冷却系统由水泵、散热器、风扇、分水管、水套等组成。其作用为把受热零件的热量散到大气中去，以保证发动机正常工作。

6）启动系统

启动系统由蓄电池、启动机及附属装置组成。其作用为使静止的发动机启动。

7）汽油机点火系统

点火系统是汽油机独有的，由蓄电池、分电器、点火线圈、火花塞等组成。其作用为按规定时刻及时点燃气缸内的混合气。

1.3.3　底盘

底盘由传动系统、行走系统、转向系统、制动系统组成，其功用是将来自内燃机曲轴旋转的动力变为拖拉机移动的驱动力，并保证拖拉机正常行驶。

1．传动系统

传动系统由离合器、变速箱、中央传动机构和最终传动机构组成，其功用是将发动机的动力传递到拖拉机的驱动轮和动力输出装置，并根据工作需要改变拖拉机的行驶速度、驱动力，实现拖拉机的前进、后退、起步和停车。目前拖拉机上广泛采用机械式传动系统。

有级式变速器由于传动效率高、工作可靠、结构简单，被广泛应用于拖拉机上。但是采用传统齿轮式变速器换挡时，都必须经过空挡位置，这时动力传递中断。如果拖拉机以低速大牵引力作业，中断动力传递就意味着要使拖拉机停车和重新起步，这样会影响机组的生产率。因此，目前在有些拖拉机上发展了负载换挡变速器，可以在不中断传递动力的情况下换挡。

2．行走系统

行走系统的主要作用是支撑拖拉机的全部重量，保持各部件正常位置，发动机传给驱动轮的驱动转矩变为拖拉机运动所需的驱动力，保证操纵稳定性，吸收振动与缓和冲击以保证拖拉机的正常行驶。按行走系统结构不同，拖拉机可分为轮式和履带式两大类。

1）轮式拖拉机的行走系统

轮式拖拉机的行走系统由车架、前桥、后桥和车轮组成，一般后轮为驱动轮，用以驱动拖拉机行驶，前轮为导向轮，不传递动力但可相对机体偏转一定角度实现转向。如果前轮也传递动力，则这种拖拉机称为四轮驱动拖拉机。

由于拖拉机主要用于田间作业，其行走系统具有以下几个特点：

（1）田间土壤松软、潮湿，土壤产生附着力的条件较差，为了提高驱动轮的驱动力，增加车轮与土壤的接触面积，以减小车轮下陷所产生的滚动阻力。驱动轮一般采用直径较大的低压轮胎，且胎面上有凸起的花纹。

（2）拖拉机在田间作业时经常在地头调头，为了减少地头转弯时的转向阻力，导向轮均采用直径小、胎面大多具有环状条形花纹的轮胎，以增加防侧滑、保持直线行驶的能力。

（3）拖拉机经常要进行中耕作业，为了避免中耕时伤苗，拖拉机的轮距和地隙是可调的。中耕型轮式拖拉机的行走系统如图 1-45 所示。

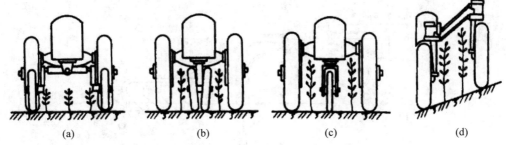

图 1-45　中耕型轮式拖拉机行走系统的型式

（a）前轮分开式；（b）前轮并列式；（c）单轮式；（d）前轮纵向摆动式

（4）鉴于拖拉机田间作业速度目前都不高，采用的是低压轮胎，本身具有一定的减震和缓冲作用，所以大多轮式拖拉机上不采用弹性悬架和减震器。后桥与机体刚性连接，前轴与机体铰链连接。但是，轮式拖拉机除田间作业外，现在 90% 以上的时间从事运输作业，为缓和冲击、减小振动，拖拉机的前轴越来越多地采用弹性悬架。

（5）为满足水田作业的特殊要求，顺利爬越田埂，防止沉陷而带来的过大滚动阻力，同时又能发挥出足够的牵引力，因此，在驱动轮上采用高花纹轮胎、镶齿水田轮、水田叶轮、间隔式履带板和半履带式水田轮等。有的拖拉机为提高表层土壤的通过性和牵引性能，降低滚动阻力，一般采用宽履带、拱形轮胎。机耕船（图 1-46）采用的是半浮半沉原理的行走系统，它综合上述两种行走装置的特点，使船体浮于土壤表层，其水田轮深入土壤深层，有效地提高了通过性和牵引附着性能。

2）四轮驱动拖拉机的行走系统

四轮驱动拖拉机通常以"4×4"的驱动型式表示。乘号前面的数字表示车轮数总数，后面的数字表示驱动轮数。四轮驱动拖拉机的类型很多，但总体可以分两大类：一类是机械传动的四轮驱动拖拉机，另一类是静液压驱动的前桥和机械驱动的后桥四轮驱动拖拉机。机械传动的四轮驱动拖拉机又分为变型四轮驱动和基本型（又称独立型）四轮驱动拖拉机两类，如图 1-47 所示。

四轮驱动与两轮驱动拖拉机在性能上比较有以下显著优点：

（1）在发动机同等功率和相同质量及相同滑转率条件下，四轮驱动拖拉机牵引附着性能好，牵引功率大、牵引效率高。当拖拉机质量增加 20%，而牵引功率大约提高 12%，则牵引力可增加 40%；而两轮驱动的拖拉机自重利用系数仅达 0.8，因为前轴过轻，会引起拖拉机失去操纵性。

（2）能够减轻对土壤的压实和对土壤结构的破坏程度。因为四轮驱动拖拉机滑转损失小、重量分配均匀，胎面较宽，可改善轮辙中土壤的疏松性，有利于保护土壤的团粒结构；又因为大功率四轮驱动拖拉机多采用宽幅或复式

图 1-46　机耕船

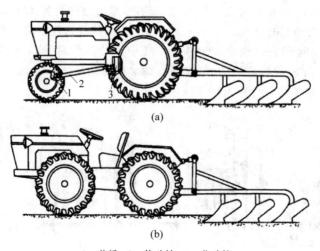

1—前桥；2—传动轴；3—分动箱。

图 1-47　四轮驱动拖拉机
(a) 变型；(b) 基本型

作业，用最少通过次数完成全部作业，不仅提高了生产率，而且可减少压实土壤的概率，还改善了带前悬挂机具作业时的纵向稳定性。

（3）四轮驱动拖拉机有较好的操纵性和机动性。由于前桥是驱动桥，具有较大的质量分配（占整机质量的 41%～67%），能顺利地把拖拉机引导到正常的转弯轨迹上去，后轮无须装用过宽胎面轮胎；而两轮驱动的拖拉机由于前轮分配质量少，转向易失去操纵性。当采用四轮驱动铰接式转向时，最小转弯半径一般为轴距的 1.5 倍，而两轮驱动的拖拉机最小转弯半径则为轴距的 2 倍；静液压驱动四轮拖拉机的转弯半径较四轮机械驱动式还要小。

（4）四轮驱动拖拉机有较好的通过性。四轮驱动拖拉机在松软潮湿的田地或雪地上工作时，通过性能尤为突出，进而带来较高的生产率和使用经济性（比油耗可降低 12% 左右）。

（5）整体式基本型四轮驱动拖拉机坡地作业有较好的稳定性。这是因为前桥分配质量较大，侧滑量较小的缘故。

3）手扶拖拉机的行走系统

手扶拖拉机是一种单轴两轮驱动的轮式拖拉机，工作中驾驶员扶着扶手操纵，故称"手扶拖拉机"。

拖拉机机体是由传动系统 2 的壳体、扶手架 4 和车架 6 连接成的一个刚性整体，如图 1-48 所示。发动机 1 装在车架上，并通过三角皮带将动力传到传动系统至驱动轮 5。驱动轮通常采用充气轮胎，在水田耕作时可更换铁制的水田轮。左右驱动轮的轮距可调节。没有附加其他装置或农具时，拖拉机质心在驱动轮 5 的前面，配上农具、尾轮和驾驶座后使之成为三轮拖拉机，并与农具一起组成"犁耕机组"。驾驶员在犁后步行操纵或者在乘座上操纵，整个机组的质心在驱动轮和尾轮之间，使驱动轮增加了附着质量，改善了拖拉机牵引附着性能，确保拖拉机在纵向平面内不致产生抬头或翘尾现象，使农具耕深稳定。其耕深可通过旋转尾轮升降手柄进行调节。

手扶拖拉机体积小、质量轻、转向机动灵活、便于制造、造价低，配上相应农具后能完成多种作业和牵引拖车作运输或固定作业。手扶拖拉机已成为拖拉机产品系列中不可或缺的机型。

4）履带式拖拉机的行走系统

图 1-49 所示为东方红-802 型拖拉机的行走系统，它由悬架和履带行走装置两部分组成。悬架包括由内、外平衡臂 14 组成的台车架和悬架弹簧 17。行走装置由四轮（驱动轮、导向轮 1、支重轮 15、托带轮 4）一带（履带 13）及张紧缓冲弹簧 16 组成。

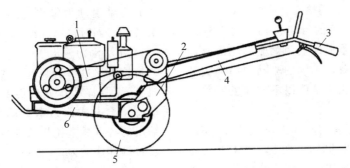

1—发动机；2—传动系统；3—手柄；4—扶手架；5—驱动轮；6—车架。

图 1-48　手扶拖拉机简图

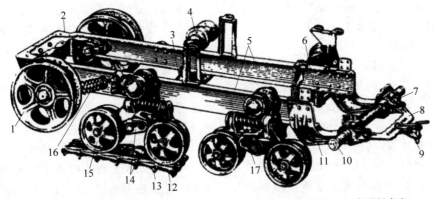

1—导向轮；2—车架前梁；3—前横梁；4—托带轮；5—左、右大梁；6—后横梁；7—牵引板支座；8—牵引板；9—牵引叉；10—后轴；11—后托架；12—履带板；13—履带销；14—内、外平衡臂；15—支重轮；16—缓冲弹簧；17—悬架弹簧。

图 1-49　东方红-802 型拖拉机的行走系统简图

与轮式拖拉机相比,履带式拖拉机的行走系统具有以下特点:

(1)履带式拖拉机的牵引附着性能好。这是因为拖拉机的全部质量都通过履带传到地面成为附着质量,履带支承面上抓地的履刺较轮式拖拉机驱动轮抓地的轮齿多、抓着力强。另外,与同等功率的轮式拖拉机相比,由于履带的支承面积大、接地压力小,所以在松软土壤条件下下陷深度小,拖拉机的滚动阻力小,有利于发挥较大的牵引力,而且对土壤结构破坏也小。

(2)由于履带板的销孔和销子的磨损,履带长度会逐渐变大,履带张紧度变小,需要及时加以调整,因此在行走系统中设置了张紧装置。

(3)履带拖拉机行走系统质量大,运动惯性也大,并且不像充气轮胎那样具有一定的缓冲减震作用,所以支重轮与机体之间一般不能完全采用刚性连接,而应该设置弹性元件(悬架)。

(4)履带式拖拉机行走装置结构复杂,金属消耗量大,维修量也大。此外,由于结构上的原因,履带轨距、地隙一般不便于调节,加之行驶速度又不能太大,因此综合利用性能较轮式拖拉机差。目前世界履带式拖拉机产量占整个拖拉机生产量的 2%~3%。

3．转向系统

轮式拖拉机的转向是靠转向轮偏转、驱动轮差速来实现的,转向系统由转向操纵机构、转向器、转向传动机构和差速器组成,其功用是用来控制拖拉机的行驶方向。转向机构的功用是偏转两个前导轮使拖拉机转向。差速器的功用是使两侧驱动轮在转向时差速。

而履带式拖拉机的行走机构相对车辆的车架不能偏转,它是靠改变两侧驱动轮的驱动转矩、使两侧履带获得不同的驱动力而形成转向力矩,从而使两侧履带能以不同速度行驶来实现转向。

手扶拖拉机分有尾轮和无尾轮两种类型。无尾轮手扶拖拉机的转向一般采用牙嵌式转向离合器,它是通过切断一侧驱动轮的动力实现转向的。在转向时驾驶员可通过对手扶拖拉机施加一定的转向力矩以协助转向。有尾轮的手扶拖拉机,通过两侧驱动轮的驱动力差,同时偏转尾轮来协助转向。

4. 制动系统

制动系统用来强迫拖拉机减速、紧急停车或坡上停车。此外,利用单边制动还能使拖拉机在地头拐小弯,并配合离合器确保安全而可靠地挂接农机具。拖拉机上的制动系统普遍采用摩擦式制动器,利用制动器的摩擦力矩迫使驱动轮降速或停转。因此,制动系统的功用是按照需要使拖拉机减速或在最短距离内停车;下坡行驶时限制车速,协助或实现转向,使拖拉机可靠地停放原地,保持不动。

现代拖拉机的制动装置广泛采用机械摩擦来产生制动作用,其中用来直接产生摩擦力矩迫使车轮减速或停转的部分,称为制动器;通过驾驶员的操纵或将其他能源的作用传给制动器,迫使制动器产生摩擦作用的部分,称为制动传动机构。制动系统的类型很多,按制动器工作原理可分为机械摩擦式、液压式、电力式和气力式。按传动机构的型式可分为机械式、液压式和气压式。评价拖拉机制动性能的指标一般有制动距离、制动减速度、制动力和制动时间。并要求操纵制动系统应操纵轻便、制动过程平顺、散热性好。

1.3.4 工作装置

1. 拖拉机动力输出方式

拖拉机以其工作装置将动力传递到农机具,从而构成了拖拉机-农机具作业机组。根据配套农机具和作业类型不同,拖拉机动力输出主要分为牵引动力输出、旋转动力输出、牵引与旋转动力同时输出、液压动力输出等方式。

1）牵引动力输出

拖拉机通过牵引装置与农机具连接,牵引农机具,克服移动作业所需要的各种阻力,这种动力输出方式称为牵引动力输出。牵引动力输出的特点是拖拉机只提供牵引力,而不提供旋转等其他动力,如拖拉机牵引机引犁进行翻耕作业、拖拉机牵引圆盘耙与重耙作业、拖拉机牵引铺膜机作业以及田间运输作业等。

2）旋转动力输出

拖拉机通过动力输出轴、动力输出皮带轮装置输出旋转动力,带动农机具完成固定作业,这种动力输出方式称为旋转动力输出。旋转动力输出方式的特点是拖拉机只提供旋转动力,适用于各种固定作业,如拖拉机带动水泵进行灌溉与排涝作业、拖拉机带动各种脱粒机、磨米机、清选机等固定作业。

3）牵引与旋转动力同时输出

随着现代农业与农机技术的发展,对农机作业的要求越来越高,拖拉机单一的牵引动力输出或旋转动力输出均不能很好地满足农机农艺要求,需要同时输出牵引动力和旋转动力,如拖拉机进行旋耕作业、背负式联合收获机收获作业、植保机械田间作业等。

4）液压动力输出

有些作业场合、作业环节需要拖拉机以液压方式输出动力,如液压式林木修剪机通过液压传动带动修剪机械运转,液压式机引犁通过液压系统与起落机构控制犁的起落与耕深,利用液压悬挂装置升降农具,利用液压举倾机构进行运输作业中自卸等。

在实际作业中,拖拉机作业机组不仅需要一种或两种动力输出方式,而且既需要牵引动力完成机组的移动,还需要旋转动力驱动农机具运转,同时需要液压动力进行农机具的起落、工作深度调整与相对拖拉机的位置调整等。

2. 拖拉机工作装置

拖拉机工作装置包括通过它们带动的农机具工作的牵引装置、动力输出装置、液压悬挂装置和拖挂装置。

1）牵引装置

有些农机具（如牵引式收割机械、播种机等）没有各自的行走装置，它们都由拖拉机牵引着进行工作。把拖拉机与农机具连接起来的装置叫作牵引装置。拖拉机牵引装置与农机具连接的铰接点称为牵引点。

为适应一台拖拉机与不同类型牵引式机具的合理连接、配套，牵引装置主要参数及安装位置均应满足标准化要求，牵引点位置在一定范围内可实现水平（左右）和垂直（上下）调节。拖拉机牵引装置可分为两大类型：固定式牵引装置和摆杆式牵引装置（见图1-50）。

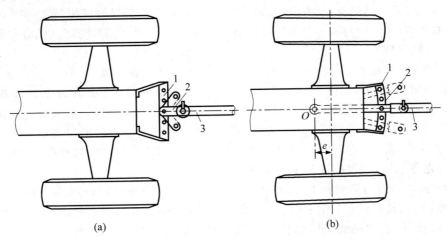

（a）　　　　　　　　　　　（b）

1—牵引板；2—牵引叉；3—辕杆。

图1-50　牵引装置的种类

（a）固定式；（b）摆杆式

（1）固定式牵引装置

如图1-51所示，牵引板5用插销与固定在后桥壳体两侧后下方的牵引托架1连接。农机具的辕杆，通过牵引叉4，连接在牵引板5上，此铰接点也就是固定式牵引装置的摆动中心。固定式牵引装置的摆动中心，总是位于驱动轮轴线之后。由于牵引叉4是一个两端U形的挂钩，连接农机具以及倒车时，在一定范围内

可以左右摆动。根据牵引板5上的五个孔和牵引板5、牵引托架1的不同安装位置，可获得不同的横向牵引位置和牵引高度。

固定式牵引装置结构简单、应用广泛，但用在大功率拖拉机时由于其摆动中心常在驱动轮轴线之后，牵引农机具工作时，一旦走偏方向，纠正行驶方向较为困难。转向时的转向阻力矩也较大，致使转向困难。

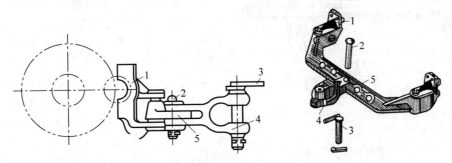

1—牵引托架；2—插销；3—牵引销；4—牵引叉；5—牵引板。

图1-51　固定式牵引装置

在多数轮式拖拉机上,常利用悬挂机构的左右下拉杆装上牵引板,并用斜承板固定,构成固定式牵引装置。这种固定式牵引装置虽然结构简单,但斜承杆受力较大,容易弯曲。同时,由于牵引点距离驱动轮轴线较远,工作中牵引点左右摆动较大。

有些拖拉机的牵引装置其牵引叉在水平方向和高度方向都不能调整,当拖拉机安装引装置进行运输作业时,必须拆下悬挂机构中的各杆件,否则会相互干涉。

(2) 摆杆式牵引装置

摆杆式牵引装置结构如图1-52所示,牵引杆6的前端,用轴销1与拖拉机机身相铰接。此铰接点也就是牵引杆的摆动中心。摆杆式牵引装置的摆动中心,一般位于拖拉机驱动轮轴线之前。牵引杆6的后端,通过牵引销5与农机具辕杆连接。因为牵引杆6可以横向摆动,挂接农机具比较方便。工作中牵引杆6也可以左右摆动,但在拖拉机牵引农机具倒退时,必须将定位销4插入牵引杆6和牵引板7的孔中,牵引杆6便不再摆动。

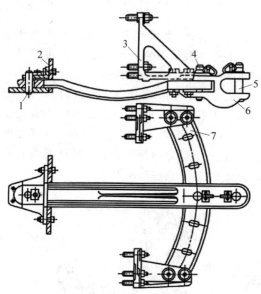

1—轴销;2—牵引叉销;3、7—牵引板;4—定位销;
5—牵引销;6—牵引杆。

图1-52 摆杆式牵引装置

摆杆式牵引装置的摆动中心在驱动轮轴之前,所以当农机具工作阻力方向与拖拉机行驶方向不一致时,拖拉机转向的力矩较小,即拖拉机的直线行驶性较好。当拖拉机转向时,因农机具而产生的转向阻力也较小,能比较容易地转向。但是,这种装置的结构比较复杂,一般用于大功率的拖拉机上。

2) 动力输出装置

动力输出装置是将拖拉机发动机功率的一部分以至全部以旋转机械能的方式传递到农机具上的工作装置,主要包括动力输出轴和动力输出皮带轮。

(1) 动力输出轴

拖拉机的动力输出轴多数都布置在拖拉机后面,个别布置在拖拉机前面或侧面。国家标准的后置式动力输出轴离地高度为500~700 mm,并在拖拉机纵向对称平面内,采用八齿矩形花键。

动力输出轴根据转速可分为同步式动力输出轴和标准式动力输出轴。

① 同步式动力输出轴

同步式动力输出轴用来驱动那些工作转速与拖拉机行驶速度成正比关系的农机具,如播种机和施肥机等,以保证播种量和施肥量均匀。同步式动力输出轴通常以拖拉机单位行驶距离的转数来衡量,但当拖拉机滑转严重时将影响所配套的农机具的工作质量。

由于同步式动力输出轴从变速箱第二轴后引出动力,当主离合器接合、变速箱以任何挡位工作时,同步式动力输出轴便随之工作,即同步式动力输出轴的分离与接合受拖拉机主离合器控制。

② 标准式动力输出轴

与同步式动力输出轴不同,另有一种动力输出时变速器无须挂挡,其动力由发动机或经离合器直接传递,此种动力输出轴动力输出转速只取决于拖拉机发动机转速,与拖拉机行驶速度无关,此种动力输出轴称为标准式动力输出轴。

根据标准式动力输出轴操纵方式的不同,可将其分为独立式动力输出轴、半独立式动力输出轴和非独立式动力输出轴三种。各种标准式动力输出轴对农机具要求的满足情况如表1-1所示。

表 1-1 各种标准式动力输出轴对农机具要求的满足情况

农机具使用要求	非独立式	半独立式	独立式
拖拉机停车和行驶时,不影响农机具运转	不能	能	能
拖拉机起步和农机具开始运转不在同一时刻	不能	能 (前后次序一定)	能 (前后次序任意)
拖拉机换挡时,农机具不停止运转	不能	能	能
农机具开始或停止运转时,不需停下拖拉机	不能	不能	能

动力输出轴的广泛采用,大大地提高了拖拉机的综合利用性能,当然也在结构和使用方面增加了复杂性。在使用各类拖拉机的动力输出轴时,必须先完全分离主离合器或动力输出轴离合器,才能操纵手柄,接合或分离动力输出轴传动齿轮。拖拉机后退时,必须先使动力输出轴停止转动。在选择配套农机具时,应考虑好动力输出轴能否输出该农机具所必需的转速和功率。

(2)动力输出皮带轮

动力输出皮带轮以皮带传动的方式驱动固定式农机具,以完成固定作业,如抽水、脱粒和发电等。动力输出皮带轮通常设计成一套独立的总成,可在使用时安装,不用时拆下保存,以免妨碍工作。

拖拉机动力输出皮带轮的功能是驱动固定式作业的机具。皮带轮一般安装在拖拉机后方,由后置动力输出轴驱动,也有将主传动系统的横轴伸出壳体之外,以驱动侧置的皮带轮。无论动力输出皮带轮是布置在拖拉机的后面还是侧面,其轮轴都必须与拖拉机驱动轮轮轴平行,以便借助前、后移动拖拉机来调整动力输出皮带轮的张紧度。所以多数动力输出皮带轮总成中,都采用圆锥齿轮传动装置。为增大皮带传动的包角,减小皮带打滑,应保持紧边在下、松边在上,如图 1-53 所示。动力输出皮带轮常由动力输出轴引出动力,并由同一套操纵机构控制。考虑其工作上的方便,皮带轮的旋转方向应该是可变的。

为了改变皮带轮的旋转方向,通常采用图 1-54 所示的结构。图 1-54(a)为皮带轮总成的壳体安装位置不变,改变主动锥齿轮在轴上的安装位置。图 1-54(b)为皮带轮总成壳体旋转 180°安装。两种方法都可改变皮带轮的转向,可根据总成的结构和安装位置的空间而定。

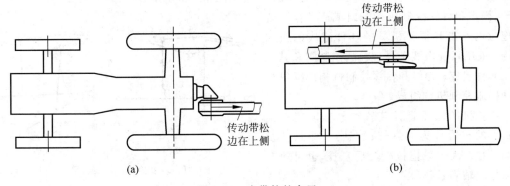

图 1-53 皮带轮的布置
(a) 后置皮带轮;(b) 右侧皮带轮

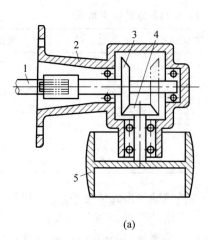
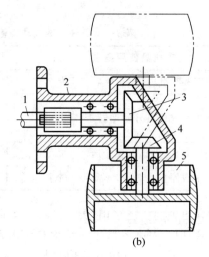

(a)　　　　　　　　　　　　(b)

1—动力输出轴；2—壳体；3—主动锥齿轮；4—从动锥齿轮；5—皮带轮。

图 1-54　改变皮带轮旋转方向示意图

(a) 改变主动锥齿轮位置；(b) 旋转壳体 180°

安装和使用皮带轮时应注意以下几点：

① 除注意皮带轮旋转方向、保证紧边在下外，还应使壳体上的通气孔螺塞在上方位置。

② 拖拉机皮带轮和农具皮带轮应对正，装上皮带后，应开动拖拉机慢慢张紧皮带。当紧度合适时停车摘挡，将拖拉机制动并锁住。车轮前后要用三角木等楔好。

③ 应定期检查壳体内的润滑油油面高度，必要时添加润滑油。

④ 接合或分离皮带传动时，必须先分离离合器，以免损坏零件，造成事故。

3）液压悬挂装置

拖拉机的液压悬挂装置由悬挂装置、液压系统、操作和耕深控制机构等组成。悬挂装置是拖拉机连接和提升机具的杆件组成的空间机构；液压系统由液压泵、油缸、控制阀和其他液压元件组成；操纵和耕深控制机构由操纵机构和伺服控制机构组成。

拖拉机的液压悬挂装置按悬挂装置在拖拉机上的布置分为前悬挂、后悬挂、侧悬挂及轴间悬挂。大多数拖拉机为后悬挂，也可兼有前悬挂或轴间悬挂。

（1）悬挂装置的主要功能

悬挂装置的功能是挂接和升降机具，并传递牵引力，对其主要性能要求是：

① 各杆件的位置和连接尺寸必须符合国家有关标准，以保证拖拉机与不同机具配套的互换性。

② 应使耕作机具有良好的入土性能，在较短距离内达到预定耕深并使耕幅稳定。

③ 应有限位机构，使机具在运输和工作位置时，横向摆动限制在一定范围内或不摆动。

④ 机具在运输位置时，应有足够的运输高度，满足机组的纵向通过性要求。

通常拖拉机采用三点悬挂（有三个铰接点），如图 1-55（a）所示。履带式拖拉机也有用两点悬挂，即两根下拉杆的铰接点合为一个，如图 1-55（b）所示。

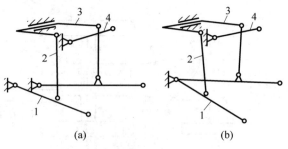

(a)　　　　　　(b)

1—下拉杆；2—提升杆；3—提升臂；4—上拉杆。

图 1-55　拖拉机的悬挂装置

（a）三点悬挂；（b）两点悬挂

下拉杆用来提升农具和传递牵引力。上

拉杆用来调节农具在纵向平面的俯仰。农具的提升是由与油缸相连的提升臂带动提升杆和下拉杆来实现;下降是靠农具的重力作用。限位机构主要是限制下拉杆横向摆动量及满足不允许农具摆动的一些作业需要。

（2）后置式三点悬挂装置

轮式拖拉机后置式三点悬挂装置的主要尺寸应符合 GB/T 1593—2015 的规定。表1-2是该标准适用的拖拉机类别。

表1-2 GB/T 1593—2015 适用的拖拉机类别

类别	发动机标定转速时动力输出功率/kW
0	≤20
1N	≤35
1	≤48
2N/2	30～92
3N/3	60～185
4N/4	110～350

后置三点悬挂装置主要名称、术语见图1-56。

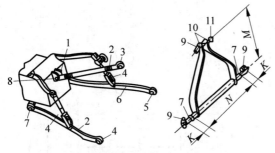

1—上铰接点；2—上拉杆；3—上悬挂点；4—提升杆；5—下悬挂点；6—下拉杆；7—下悬挂点连接销；8—上铰接点销；9—锁销；10—立柱；11—上悬挂点连接销；M—立柱高度；K—锁销孔距离；N—下悬挂点跨度。

图1-56 后置三点悬挂装置简图

① 悬挂杆件：由一根上拉杆和两根下拉杆组成,拉杆两端分别与拖拉机和农具间球铰连接。

② 悬挂点：拉杆与农具间球铰连接的中心点,有上悬挂点、下悬挂点。

③ 铰接点：拉杆与拖拉机间球铰连接中心点,有上铰接点、下铰接点。

④ 立柱高度、立柱倾角、立柱调整（见

图1-57）：上悬挂点至下悬挂点公共轴线的垂直距离为立柱高度（图1-56 中 M）；立柱相对于铅垂线倾斜的角度为立柱倾角,规定立柱向前倾斜的角度为正；立柱调整是指立柱在纵向垂直平面内有效移动范围,以下悬挂点距地面的最大和最小高度表示。当采用标准立柱度高时,立柱倾角应能在 0°～10°调整。立柱的调整可控制农具纵向倾斜度,由此确定农具的耕深范围。

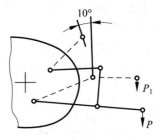

图1-57 立柱调整示意图

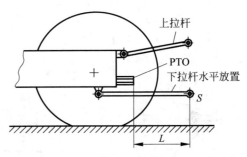

图1-58 动力输出轴末端到下悬挂点的距离

⑤ 下悬挂点最低高度（图1-59 中的 h_1）：下拉杆处于最低位置时,下悬挂点至地面的垂直距离。此高度可通过调节提升杆长度或改变安装位置来调整。

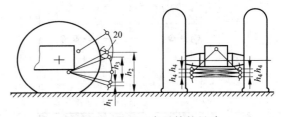

图1-59 后置三点悬挂的尺寸

⑥ 水平调节范围（图1-59 中的 h_4）：一个下悬挂点相对另一个不悬挂点沿垂直方向的调节范围。由此调节农具的横向倾斜度。

⑦ 下悬挂点跨度：两下悬挂点连接销凸肩之间距离(图 1-56 中的 N)。

⑧ 动力提升范围(图 1-59 中的 h_3)：对应于提升器油缸全行程，下悬挂点在垂直方向的移动量。不含悬挂杆或提升杆的调节。

⑨ 运输高度(图 1-59 中的 h_2)：提升杆调到最短，下悬挂点公共轴线处于横向水平最高提升位置时，下悬挂点至地面的垂直距离。

⑩ 自由扭转浮动量：两杆下拉杆量水平时，一个下悬挂点相对另一个下悬挂点在垂直方向的自由浮动量。

⑪ 运输角：农具从下拉杆处于水平位置，立柱处于垂直状态提升到地运输高度时所达

到后立柱倾角。

⑫ 水平汇聚距离(图 1-61 中的 E)：两根下拉杆处于水平位置时，从下悬挂点到两根下拉杆延长线交汇点之间的水平距离。

⑬ 垂直汇聚距离(图 1-61 中的 F)：两根下拉杆处于水平位置时，从下悬挂点到两根下拉杆延长线与上拉杆延长线在纵向垂直平面上交汇点之间的水平距离。

后置三点悬挂装置的尺寸应符合图 1-58～图 1-60 及表 1-3～表 1-5 的规定。

后置三点悬挂装置与农具悬挂装置有关的尺寸见图 1-62 和表 1-6。要求农具的空隙范围应符合有关标准规定。

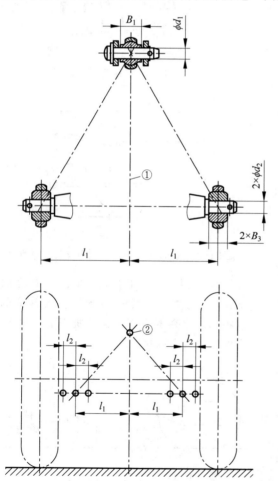

图 1-60　与拖拉机悬挂点有关的尺寸
注：①拖拉机轴线；②悬挂三角形。

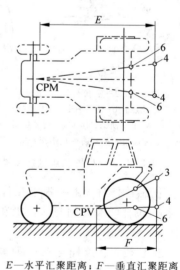

E—水平汇聚距离；F—垂直汇聚距离

图 1-61　汇聚距离(悬挂杆件瞬心位置)

表 1-3　与拖拉机有关的悬挂点的尺寸（GB/T 1593—2015）　　　　mm

项　目		悬挂装置类别								
		0	1N	1	2N	2	3N	3	4N	4
上悬挂点	联结销孔直径 d_1	$19.3^{+0.2}_{0}$			$25.7^{+0.2}_{0}$		$32^{+0.2}_{0}$		$45.2^{+0.2}_{0}$	
	球接头宽度 B_1	$44^{0}_{-0.5}$			$51^{0}_{-0.5}$				$64^{0}_{-0.5}$	
下悬挂点	联结销孔直径 d_2	$22.4^{+0.25}_{0}$			$28.7^{+0.3}_{0}$		$37.4^{+0.35}_{0}$		$51^{+0.5}_{0}$	
	球接头宽度 B_3	$35.0^{0}_{-0.5}$			$45.0^{0}_{-0.5}$				$57.5^{0}_{-0.5}$	
	下悬挂点到拖拉机中心面的横向距离 l_1 [①]	250	218	359	364	435	505[②]		612	
	下悬挂点的横向摆动量最小值 l_2 [③]	50	100[④]				125			
	下拉杆水平时动力输出轴末端至下悬挂点的距离 L [⑤⑥]	300~375	500~575		550~625		575~675			

注：① 当使用特殊农具时，可以改变该尺寸。
② 当使用符合 GB/T 17127.1 规定的 U 型框架式挂接器时，4N 类悬挂 l_1 取为 489 mm。
③ 在某些应用场合表尺寸可减小到 35 mm 的最大值（如挂接货车或装配宽轮胎时）。
④ 如果拖拉机轮距≤1150 mm 时，该值可减小到 50 mm 的最小值。
⑤ 当使用符合 GB/T 17127.1 规定的 U 型框架式挂接器时，下拉杆长度应按表中最小值设计。
⑥ 表中尺寸适用于 GB/1592.1 规定的公称直径为 35 mm 的动力输出轴。当采用名义尺寸为 45 mm 的动力输出轴时，表中尺寸应增加 100 mm。

表 1-4　提升高度、提升行程及水平调节范围（GB/T 1593—2015）　　　　mm

项　目		悬挂装置类别								
		0	1N	1	2N	2	3N	3	4N	4
下悬挂点最低高度最大值		200			300					
水平调节范围最小值		75			100		125		150	
提升行程最小值		420	420	610	650[①]		735		760	
运输高度最小值		610			820	950		1065	1200	
下悬挂点最低间隙最小值		100	90		100					
立柱调节范围	最高位置最小值	420		508	610		660		710	
	最低位置最大值	200					230		255	
自由扭转浮动量最小值		60				75				

注：① 对于动力输出轴功率大于 65 kW 的拖拉机，该尺寸为 700 mm。

表 1-5　汇聚距离（GB/T 1593—2015）　　　　mm

项　目	类　别				
	0	1N、1	2N、2、3N	3、4N	4
水平汇聚距离	1000~1700	1700~2400	1800~2400	1900~2700	1900~2800
垂直汇聚距离	应不小于拖拉机轴距的 0.9 倍				

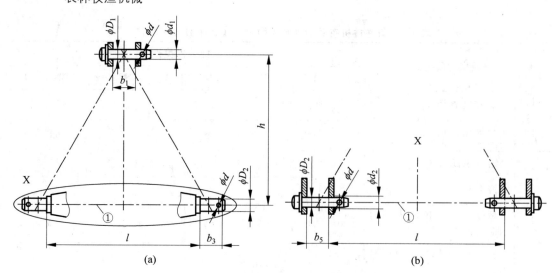

图 1-62　与农具悬挂装置有关的尺寸

（a）联结销形式；（b）U 形夹形式

注：①农具轴线

表 1-6　与农具相关的三点悬挂装置的尺寸（GB/T 1593—2015）　　　　mm

项　　目		悬挂装置类别								
		0	**1N**	**1**	**2N**	**2**	**3N**	**3**	**4N**	**4**
上悬挂点	联结销孔直径 D_1	$19.3_{-0.08}^{0}$			$25.5_{-0.13}^{0}$		$31.75_{-0.2}^{0}$		$45_{-0.8}^{0}$	
	支架内侧面宽度最小值 b_1	52							65	
下悬挂点	联结销孔直径 D_2	$22_{-0.2}^{0}$			$28_{-0.2}^{0}$		$36.6_{-0.2}^{0}$		$50.8_{-1.1}^{0}$	
	锁销孔距最小值 b_3	49					52		68	
	U 形夹宽度 b_5[①]	65_{0}^{+2}					72.5_{0}^{+2}		96.5_{0}^{+2}	
	下悬挂点跨度 l[②]	465 ±1.5	400 ±1.5	683 ±1.5		825 ±1.5	965 ±1.5		952 ±1.5[③]	1166.5 ±1.5
其他尺寸	锁销孔直径 d　上悬挂点最小值	12							17	
	下悬挂点最小值	12					17			
	立柱高度 h[④]	410 ±1.5	360 ±1.5	560 ±1.5	610 ±1.5		685 ±1.5		1100 ±1.5	

　　注：① 1N 类、1 类、2N 类和 2 类悬挂装置在使用符合 GB/T 17127.1 规定的 U 型框架式挂接器时，表中尺寸可增加到 72.5 mm。

　　② 当使用特殊农具时，可以改变表中尺寸。

　　③ 当使用符合 GB/T 17127.1 规定的 U 型框架式挂接器时，4N 类悬挂装置下悬挂点跨度应为 920.5 mm±1.5 mm。

　　④ 当使用符合 GB/T 17127.1 规定的 U 型框架式挂接器时，h 的尺寸应符合 GB/T 17127.1 的规定值。

在下悬挂点后面 610 mm 处，每 1 kW 牵引功率应力提升能力范围都能达到的数值。上述数值是在液压系统安全阀调整压力的90%和推荐的立柱高度时，整个动力提升能力范围都能达到的数值。当确定提升力时，立柱与垂直线之间的最小角度为 10°（见图1-57）。

（3）前置式三点悬挂装置

农业轮式拖拉机前置农具或装置动力提升的三点悬挂装置型式、尺寸和要求，应符合《农业轮式拖拉机 前置装置 第1部分：动力输出轴和三点悬挂装置》（GB/T 10916—2003）的规定。

前置式三点悬挂装置的尺寸，除下述几条外应符合 GB/T 1593—2015 中的相关规定，其他尺寸见本节前述后置式三点悬挂装置。

① 悬挂点的尺寸应符合 2 类和 3 类规定；

② 上铰接点的布置应使立柱倾角从垂直位置起，在 −3°～3°；在运输位置时，立柱倾角在 8°～12°；

③ 没有自由扭转浮动量和水平调整量的要求；

④ 2 类悬挂的最小运输高度为 850 mm，3 类悬挂的最小运输高度为 965 mm；

⑤ 为了保证前轴摆动和前轮转向，在前轮处于正前方位置时，下悬挂点距前轮的最小间隙为 250 mm。

4）拖挂装置

拖挂装置通常分为 U 形挂钩和钩形挂钩两种。前者用来拖挂全挂车，后者拖挂半挂车。拖拉装置应符合《农业车辆挂车和牵引车的机械连接》（GB/T 19408.1—2003、GB/T 19408.2～5—2009、GB/T 19408.6—2020）中的相关规定。

（1）U 形挂钩

U 形挂钩在拖拉机上位置固定不变，离地高度为（600±100）mm。如果挂车牵引杆上没有缓冲装置，U 形挂钩应具有缓冲装置，见图1-63。

（2）钩形挂钩

钩形拖挂装置可以实现液压自动挂接。牵引钩应布置在拖拉机纵向中心平面内。

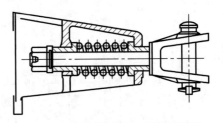

图 1-63 带弹簧缓冲 U 形拖挂装置

牵引钩的球形中心与动力输出轴后端的距离应在 50～110 mm，牵引钩离地高度应尽可能地高，但不应进入《农业拖拉机 后置动力输出轴 1、2、3 和 4 型》（GB/T 1592.1～3—2016）规定的动力输出轴空隙范围内，其最低牵引钩挂接点离地高度应不大于 150 mm。

1.3.5 电气设备

在拖拉机上使用的电气设备主要包括供电设备、用电设备以及中间装置三部分。供电设备是机载直流电源部分，包括蓄电池、发电机及其电压调节器；用电设备包括照明灯、信号灯及各种仪表；中间装置包括接线柱、导线、开关和保险装置等。另有一些新技术，例如 CAN 总线技术、Wi-Fi 技术以及无人驾驶技术。蓄电池及发电机与拖拉机上的各种用电设备构成并联电路，向用电设备供电，如图1-64所示，电源及各种用电设备在拖拉机上都采用"单线制"连接，即电源与用电设备之间只用一根导线相连，电源或用电设备的另一端与车架、发动机等金属机体相连（被称为"搭铁"）。如图1-65所示任何一个电路中的电流都是从电源的正极出发，经导线流入用电设备后，通过金属车架流回到电源、负极而形成回路。这种连接方式可以节省导线，线路简单清晰便于安装、维修。我国标准规定拖拉机电器必须采用负极搭铁，即将蓄电池的负极连接到金属车体上。

1. 蓄电池

能将化学能和电能相互转换且放电后能经充电复原重复使用的装置叫蓄电池。蓄电池为可逆的直流电源，在拖拉机上与发电机并联，向用电设备供电。在发电机工作时，用电设备所需电能由发电机供给。

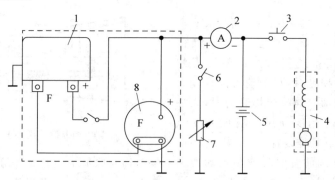

1—电压调节器；2—电流表；3—启动按钮；4—启动机；5—蓄电池；6—开关；7—用电设备；8—发电机。

图1-64　拖拉机电源电路

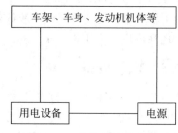

图1-65　单线制连接方法

1）蓄电池的作用

装在拖拉机上的蓄电池主要用来启动发动机，故又称为启动用铅酸蓄电池，简称蓄电池，俗称电瓶。具体来说，蓄电池具有以下作用。

（1）启动时供给启动机低压大电流。在发电机发生故障不能工作时，蓄电池的容量应能维持拖拉机行驶一定的时间。所以要求拖拉机用蓄电池有尽可能小的内阻以及足够大的容量。

（2）启动后发电机输出电压不足（低速运行）或停止工作时，向用电设备供电。

（3）拖拉机短时耗电量超过发电机工作能力时协助发电机供电。

（4）蓄电池电压低于发电机时，将发电机剩余电能转化为化学能储存起来。

（5）蓄电池相当于一个大电容器，能吸收电路中出现的瞬时过电压，稳定电气系统的电压。

2）蓄电池的结构

普通铅酸蓄电池由正极板、负极板、隔板、电解液、外壳、极桩等组成，如图1-66所示。

3）启动用铅酸蓄电池型号

根据《起动用铅酸蓄电池　第2部分：产品品种规格和端子尺寸、标记》（GB/T 5008.2—2023）的规定，启动用铅酸蓄电池的型号编制如图1-67所示。

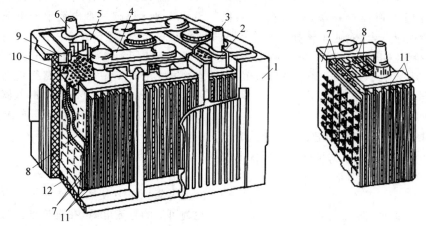

1—蓄电池外壳；2—电极衬套；3—正极柱；4—连接条；5—加液孔螺塞；6—负极柱；7—负极板；8—隔板；
9—封料；10—护板；11—正极板；12—肋条。

图1-66　普通铅酸蓄电池

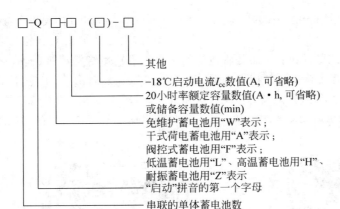

图1-67 启动用铅酸蓄电池的型号编制

例如,6个单体串联、额定容量为100 A·h的免维护、低温耐振、−18 ℃启动电流为650 A的蓄电池,其型号为6-QWLZ-100(650)。

拖拉机采用柴油机比采用汽油机难启动,特别是在冬季启动。选择电池尽量选择启动电流大一些的电池。推荐使用免维护型蓄电池,一般免维护型蓄电池比普通干荷型蓄电池启动电流大,特别是拉网式极板电池电流更大,如果选择普通电池尽量选择容量大一些的。

2. 交流发电机

拖拉机用发电机是在发动机的驱动下将机械能转变为电能的装置。交流发电机是拖拉机的主要电源,它与电压调节器互相配合,对启动机外的所有用电设备供电,并向蓄电池充电。与直流发电机相比,交流发电机具有体积小、重量轻、结构简单、维修方便、寿命长、发动机低速时充电性好、配用的调节器结构简单、产生的元线电信号干扰弱、能节省大量铜材等优点,因此,目前在拖拉机上采用的发电机几乎都是交流发电机。这种交流发电机产生的交流电通过二极管进行整流后输出直流电,由于整流二极管是硅材料的,所以其也称为硅整流交流发电机。

3. 启动电机

发动机借助外力由静止状态过渡到能自行运转的过程,称为发动机的启动。帮助发动机完成启动的便是启动电机。完成启动所需要的装置称为启动装置,启动装置包括驱动装置和辅助装置。

1）启动系统驱动装置的组成

启动系统的驱动装置如图1-68所示,由蓄电池、启动开关、连接电缆、启动电动机、飞轮等组成。启动时,接通启动开关,启动机将蓄电池的电能转化为机械能,通过启动机小齿轮带动发动机飞轮齿圈使曲轴转动,完成发动机的启动。

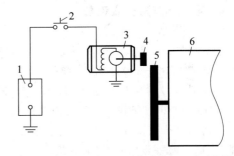

1—蓄电池；2—启动开关；3—启动机；4—启动机驱动齿轮；5—发动机飞轮及齿圈；6—发动机。

图1-68 启动系统驱动装置的组成

2）启动辅助装置

柴油机在严寒冬季启动困难,常采取预热机油,保温蓄电池,冷却系统加注热水,采用电热塞,进气预热器等措施改善启动性能,使启动轻便、迅速、可靠。

3）启动电动机

启动电动机的作用就是启动发动机,发动机启动之后,启动机便立即停止工作。根据启动机结构的不同可将其分为三种类型：直接啮合式启动机、齿轮减速式启动机和永磁式启动机。直接啮合式启动机（图1-69）一般由三部分组成。

（1）直流串励式电动机：作用是将电能转变为机械能，产生启动转矩。其特点是低速时转矩很大，随着转速升高转矩逐渐减小，这一特性非常适合发动机启动的要求。

（2）传动机构（或啮合机构）：在发动机启动时，使启动机驱动齿轮啮入飞轮齿圈，传递启动机转矩给发动机曲轴；在发动机启动后，使驱动齿轮打滑，与飞轮齿圈自动脱开。

（3）控制装置（电磁开关）：用来接通和切断启动机与蓄电池之间的电路。

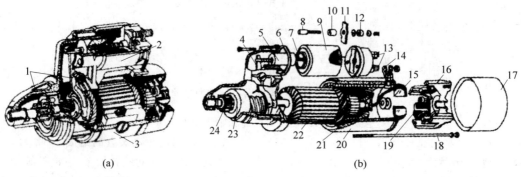

（a）　　　　　　　　　　　（b）

1—传动机构；2—电磁开关；3—直流串励式电动机；4—拨叉；5—活动铁芯；6—垫圈；7—弹簧；8—顶杆；9—线圈体；10、12—绝缘垫；11—接触盘；13—接线柱；14—连接铜片；15—电刷；16—端盖；17—防护罩；18—穿钉；19—搭铁电刷；20—外壳；21—定子绕组；22—电枢；23—单向离合器；24—驱动齿轮。

图1-69　直接啮合式启动机整体结构图及分解图
（a）整体结构图；（b）分解图

4. 照明、信号、仪表设备

1）照明装置

《拖拉机安全要求　第1部分：轮式拖拉机》（GB 18447.1—2008）规定，拖拉机应至少有2个前照灯、1个工作灯、1个仪表灯（18 kW以下的拖拉机可不安装）、1个驾驶室顶棚灯，拖拉机还应至少有2个制动灯、前后各2个转向信号灯、危险警告信号灯、前后位灯。

2）信号装置

信号装置包括灯光信号装置（也称指示灯）和声音信号装置，用来指示车辆某系统的工作状况，引起车外行人及车辆或本驾驶员的注意，防止事故发生。

灯光信号装置一般分为对内（车辆驾驶员）和对外（行人及其他车辆）两类。对内的信号灯通常安装在仪表板上，功率为1～3 W，主要有前照灯的远光和近光指示灯、转向指示灯、充电指示灯、危险报警灯、低气压报警灯、低油压报警灯、水温过高报警灯、燃油箱存量过少报警灯等。在灯泡前装有滤光片，以使灯泡发黄或发红。滤光片上常刻有图形符号，以显示其功能。滤光片上的常见图形符号含义见表1-7。

表1-7　滤光片上的常见图形符号含义

图形符号	含义	图形符号	含义	图形符号	含义
	燃油指示		（水）温度指示		油压指示
	充电指示		转向指示灯		远光灯
	近光灯		雾灯		驻车制动
	油温指示		安全带		危机报警

对外信号灯通常有危险报警闪光灯、转向信号灯、前后位灯等。信号灯通常由相应的开关或传感器控制。

声音信号装置主要是喇叭。喇叭是拖拉机上的选装装置,用以警告行人和车辆,以引起注意,保证安全。喇叭按发音动力有气喇叭和电喇叭之分。与气喇叭相比,电喇叭结构简单、声音洪亮、音质悦耳,现使用广泛。

3)仪表装置

每个仪表均由指示表和传感器两部分组成。指示表安装在仪表板上。在拖拉机上安装的主要仪表及其功能如下。

转速表:直观地反映发动机的工作转速,并监视发动机的运转状况。

工作小时计:记录发动机的累计运转时间,为维护、保养发动机提供时间参考。

水温表:指示发动机冷却液的温度,安装在发动机气缸盖的冷却水套内。

燃油表:显示燃油箱内的油量。

机油压力表:检测和显示发动机主油道机油压力的大小,以防因缺机油而造成拉缸、烧瓦的重大故障发生。机油压力传感器装在发动机的主油道上。

电流表:主要用来监视电力系统的工作情况,现在也有拖拉机上不装电流表而用充电指示灯完成此功能的。

5.典型拖拉机电气线路

拖拉机电气线路具有以下特点:①采用两个直流电压电源(常见 12 V 或者 24 V),即蓄电池和硅整流交流发电机;②采用单线制;③负极搭铁;④用电设备并联,即拖拉机上的各种用电设备都采用并联方式与电源连接,每个用电设备均由各自串联在其支路中的专用开关控制,互不产生干扰;⑤设有保险装置;⑥电气线路有颜色和编号特征。

1)保险装置

拖拉机上使用的保险装置主要是熔断器(又称保险丝)。熔断器的选用原则为:熔断器标称值=电路的电流值/0.8。例如,某电路设计的最大电流为 12 A,则应选用 15 A 的熔断器。为便于检查和更换熔断器,拖拉机上常将各电路的熔断器集中安装在一起,形成一个保护多条电路的熔断器盒,安装在拖拉机右侧仪表板下方。

2)拖拉机线束

为便于识别和检修,拖拉机导线线皮都要着上不同的颜色,每个电气系统分配一个主色,并在电气线路图上用不同颜色的字母代号标注出来。每个系统的电源线用单色(主色)表示,分支线路用双色表示。双色导线的辅色必须按规定选配。辅色在导线的主色上呈两条很细的轴向对称直线分布。

为使全车线路规整、安装方便及保护导线的绝缘,拖拉机上的全车线路除蓄电池电缆和启动机电缆外,一般将同区域的不同规格的导线用棉纱或薄聚氯乙烯带缠绕包扎成束,称为线束。各种车型的线束各不相同,同一车型的线束按发动机、底盘和车身等分成多个线束。

3)开关装置

拖拉机上所有用电设备的接通和停止,都必须经过开关控制。对开关的要求是坚固耐用、安全可靠、操作方便、性能稳定。各类开关配置在仪表板驾驶员座椅周围。拖拉机上常用的开关有旋转式、推拉式、按钮式等。

4)拖拉机电气线路图

电气线路图采用国家统一规定的图形符号绘制,把仪表和各种用电设备,按电路原理,由上到下合理地连接起来,然后再进行横向排列,可清楚地反映出电气系统各部件的连接关系和电路原理。电路的各部分用点回线或边框线限制,以此表明仪器、部件功能或结构上的属性。

6.CAN 总线技术

随着电子技术的飞速发展,农业车辆和机具的电控设备越来越多,传统电控单元间采用点对点的连接方式,线束多,布线复杂,造成网络可靠性低,数据资源难以共享,机具间协调控制不易实现。串行总线连接电控单元大大简化了车辆布线系统,而且成本较低,同时实现了电控单元间数据高度共享,提高了系统可靠性及故障诊断水平,应用串行总线已成为农业车辆和机具电控网络技术发展的必然趋势。

控制器局域网(controller area network，CAN)是德国博世公司为解决现代汽车中众多控制与测试仪器之间的数据交换，于 1983 年设计的一种能有效支持分布式控制实时控制的串行通信网络。由于 CAN 自身的优越性及其特殊的设计，CAN 规范于 1993 年成为 ISO 国际标准。

1988 年德国 LAV(德国农业机械和拖拉机协会)成立了一个委员会，选择以 CAN 总线(CAN1.0)为基础制定新的农机总线标准 LBS，即 DIN9684 标准。1992 年，第 23 技术委员会第 19 子技术委员会第一工作组决定采用 CAN2.0B 作为标准的基础，将该标准命名为 ISO 11783。

ISO 11783 标准共分为 14 个部分，如表 1-8 所示。

ISO 11783 可分为应用层、网络层、数据链路层、物理层。它使用 CAN2.0B 的物理层与数据链路层作为底层协议，在 CAN2.0B 的数据链路层之上建立通信和寻址机制。ISO 11783 使用"地址"的概念，并采取此种手段防止多个控制器使用相同的 CAN 标志符。ISO 11783 与 CAN 的关系见图 1-70。ISO 11783 对 CAN 的物理层和数据链路层进行了某些封装。

表 1-8　ISO 11783 标准内容

部　　分	英 文 名 称	中 文 名 称
Part 1	General standard for mobile data communication	移动数据通信一般标准
Part 2	Physical layer	物理层
Part 3	Data layer	数据链路层
Part 4	Network layer	网络层
Part 5	Network management	网络管理
Part 6	Virtual terminal	虚拟终端
Part 7	Implement messages application layer	农具消息应用层
Part 8	Power train messages	动力传动系统消息
Part 9	Tractor ECU	拖拉机 ECU
Part 10	Task controller and management information system data interchange	任务控制器与管理信息系统数据交换
Part 11	Mobile data element dictionary	移动数据元字典
Part 12	Diagnostics services	诊断服务
Part 13	File server	文件服务器
Part 14	Sequence control	顺序控制

ISO 11783 应用层
ISO 11783 网络层
ISO 11783 数据链路层 CAN DLL
ISO 11783 物理层 CAN PHL

图 1-70　ISO 11783 与 CAN 的关系

约翰迪尔、纽荷兰等公司的一部分拖拉机已经应用了 CAN 总线技术。在相关拖拉机上，其电子组合仪表、操纵控制台单元、底盘控制单元和牵引控制单元等通过 CAN 网络集成在一起，实现了对发动机、传动系统、液压系统等子系统监测与控制的一体化，并大大提高了使用维护的方便性和可靠性。例如：中央显示屏的信息来自各子系统并与各控制器件共享；由于 CAN 的传输线路较少，操纵控制台可以移动，并可将换挡操纵杆、前轮驱动开关、差速锁、动力输出轴、三点悬挂等大多数的操纵控制器件集中其上；动力换挡变速箱因 CAN 而实现了将驾驶室操纵系统和变速箱的传动器组件控制的分离，有效地提高了可靠性，可共享其他传感器采集的必要信息；前轮驱动、差速锁、动力输出轴的控制均实现了以遍布全车的各相关传感器采集的信息为基础,如前轮驱动的控制,就可以依据制动踏板、驻车制动器、传动器输出速度等传感器信号或控制台上的前轮驱动开关信号来决定控制状态。

图1-71为基于ISO 11783的拖拉机总线网络结构简图。该网络没有主控制器,而由两个通信总线即拖拉机总线与农具总线组成,图中所示的农具还带有农具子网络总线。这些总线是通过拖拉机ECU及农具ECU与网桥的ECU相连的。任务控制器与管理计算机网关、虚拟终端(VT)连接到农具总线上。任务控制器是一个ECU,正常情况下它位于拖拉机上,用于提供一些农具作业的任务指令,例如提供精细农业操作中的处方指令。管理计算机网关包含一个接口,与管理计算机相兼容且允许数据在任务控制器与管理计算机之间进行交换。在任务控制器与农具间及任务控制器接口与管理计算机内应用软件间是标准化通信,但管理计算机与任务控制器之间接口没有标准化。

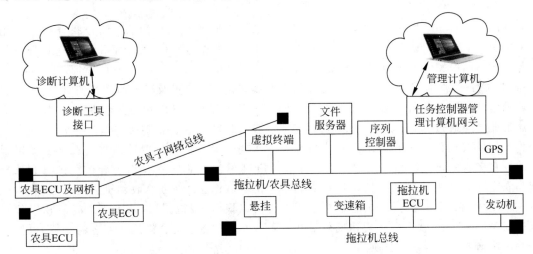

图1-71　基于ISO 11783的拖拉机总线结构图

该网络中信息可以在各部件间通信与共享。例如,对于任务控制器与GPS、ECU之间的通信,一旦定义好导航信息,任务控制器就可以接收位置信息。同样,定义好发动机转矩信息后,发动机ECU就可以向变速箱提供当前转矩曲线。许多信息以不同的重复率被传送,个别信息以每秒100次的重复率在网络上传送,而这类信息占总线容量的约5%。为避免总线容量过度使用,需要对信息进行规划管理。另外,拖拉机ECU对拖拉机与农具总线信息进行过滤,以免一条总线的过载而影响整个总线的通信。

7. Wi-Fi技术

1) Wi-Fi技术的原理

Wi-Fi(wireless fidelity,无线保真)实际上为制定IEEE 802.11无线网络的组织,并非代表无线网络。目前无线局域网(WLAN)主流采用IEEE 802.11协议,故常直接称为Wi-Fi网络。Wi-Fi局域网本质的特点是不再使用通信电缆将计算机与网络连接起来,而是通过无线的方式连接,从而使网络的构建和终端的移动更加灵活。

2) Wi-Fi技术在农业车辆上的应用

目前,Wi-Fi技术已经在农业车辆上有所应用。英国2013年格拉斯顿伯里音乐节(Glastonbury Festival)上展出一款带4G Wi-Fi无线网的拖拉机,以方便参加活动的人通信联络,而始于2009年的德国国家联合研究项目iGreen中则将Wi-Fi技术应用于农场作业机械控制系统与农场管理中心之间有关数据的交换与处理。图1-72为iGreen项目通信网络拓扑结构图。

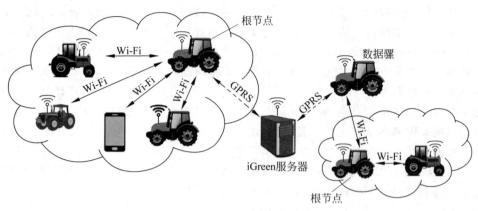

图 1-72　iGreen 通信网络拓扑结构

在图 1-72 中,其中一台拖拉机或农业机械为网络根节点,其作为网络中继器,实现在田间作业的不同厂家的拖拉机或农业机械、移动设备(智能手机或笔记本电脑等)与农场信息中心的跨接。田间作业机械或移动设备与网络中继器之间通过 Wi-Fi 进行通信,从而完成协作。如果农场信息中心与田间作业机械没有建立直接通信,可以通过 Wi-Fi 技术将在农田与农庄之间往来运输的拖拉机用存储转发方式转变成"数据骡"。一旦该运输拖拉机进入田间 Wi-Fi 范围,就可以实现田间作业机械与农场信息中心间的信息交换。

图 1-73 为 iGreen 项目在玉米收获时进行数据交换的系统结构图。两台联合收割机用于玉米收割,同时用几台拖拉机运送联合收割机收获的玉米。两台收割机之间通过 Wi-Fi 交换车辆所在位置及当前温度等信息,这样可以实现两台收割机之间的良好协作,高效地完成玉米收割作业。收割机与运送车辆之间交换车辆位置与物料位置等信息。农场主可以根据玉米湿度信息与 GPS 位置信息进行有选择的区域作业及对联合收割机进行合理调度,还可以根据收割机与运输车辆之间的物料位置与车辆位置信息合理地调度运输车辆,以便及时地运送玉米。

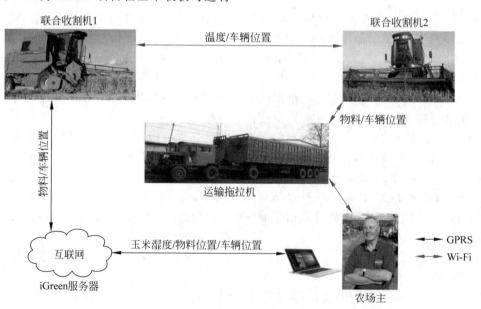

图 1-73　玉米收获时进行数据交换的系统结构图

8. 无人驾驶拖拉机

无人驾驶拖拉机将促进农业的精耕细作提高到一个新的水平：

(1) 极大地提高农业生产效率。一方面是由于自动控制技术的应用将大大提高无人驾驶拖拉机与农业机械的作业速度，另一方面无人驾驶拖拉机控制系统能够实现一天 24 h 连续作业。

(2) 极大地提高农业作业精度。采用全球定位系统技术的无人驾驶拖拉机可以将农业作业精度控制在 2～3 cm，而人工驾驶的最佳精确度只能达到 10 cm。

(3) 进一步提高农作物产量。拖拉机越重，就会把土壤压得越紧，农作物的根就越难以生长。较轻的无人驾驶拖拉机打破了这种

弊端，可使农作物产量比以前提高 10%。

另外，无人驾驶拖拉机由于没有驾驶员，就没有必要安装驾驶室与有关操纵机构，但是需要加装许多传感器，这会改变传统拖拉机的结构、布局与设计思路。

1) 无人驾驶拖拉机的系统结构与工作

无人驾驶拖拉机又称为机器人式拖拉机(robotic tractor)。为了实现无人驾驶，该拖拉机需要具有自动驾驶功能，具有识别其本身和周围环境状况的能力，能判断识别结果从而正确地驾驶与操作。图 1-74 所示为一种远程控制的无人驾驶拖拉机系统结构框图，主要包括农场监控中心与无人驾驶拖拉机两部分。监控中心与拖拉机之间经无线局域网与相应的通信设备进行远程通信。

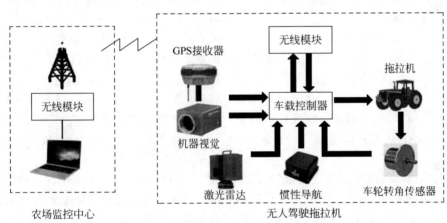

图 1-74 无人驾驶拖拉机的系统结构框图

2) 无人驾驶拖拉机的关键技术

(1) 自主导航

自主导航是无人驾驶拖拉机应具备的重要功能。拖拉机应能根据环境知识和目标位置或位置序列，确定自身的行走方向，从而尽可能有效和可靠地到达目标位置。解决导航问题的方法有许多种，如基于地图导航、基于信标导航、基于卫星导航、基于视觉导航及基于其他传感器导航等。目前无人驾驶拖拉机以 GPS 导航为主，结合机器视觉与惯性导航。尽管导航方法有多种，但这些方法具有高度的相似性，都是基于图 1-75 所示的基本导航体系结构。

(2) 控制技术

控制技术是无人驾驶拖拉机的核心，主要包括方向控制和速度控制等。无人驾驶其实就是用电子技术控制拖拉机进行仿人驾驶。由于拖拉机模型随着时间的改变，其系统参数会发生变化，再加上模型参数极其复杂以及模型方程为非线性等原因，车辆控制技术的研究主要集中在提高控制算法的自适应性和抗干扰性方面。目前，无人驾驶拖拉机的控制算法正由传统 PID 控制向自适应控制及智能控制方向发展。

(3) 信息融合技术

信息融合能提高系统的可靠性与分辨率，

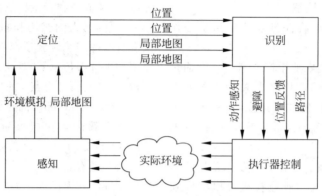

图 1-75　基本导航体系结构

增加测量空间维数，拓宽活动范围，从而提高系统在复杂条件下正常工作的适应性与鲁棒性。为提高系统性能，需要结合新的理论不断改进与完善信息融合算法，也需要加强信息融合效果评价的研究。

（4）人机协作与多机协作

人机协作是解决无人驾驶拖拉机智能发展水平与复杂任务之间矛盾的一条有效途径。人的参与，可以充分发挥人的经验、能动性以及对意外事件的反应能力，增强拖拉机处理突发事件以及不精确事件的能力，增强系统的鲁棒性。

（5）安全性

无人驾驶拖拉机的安全性主要指对人、对环境的安全及机器本身的安全。无人驾驶拖拉机自身应具有安全判断与处理能力，而在这个能力失效时，操作人员可以在外部进行紧急处理。

3）无人驾驶拖拉机产品

由荷兰 Greenbot 公司研发的 CR18 无人驾驶拖拉机（图 1-76）具有与无级变速拖拉机相同的技术，其系统采用实时运动学的全球定位系统信号校正，具备多种模式。在"示教再现"模式中，拖拉机会遵循用户所提供的程序指令；另一种模式是用户首先驾驶拖拉机走过工作路径，拖拉机会自动进行路径规划来优化所需完成的任务。在拖拉机的保险杠上设有碰撞保护系统，雷达在探测范围内探测到物体后会立刻减速，若超声波传感器在其探测范围内探测到物体则会即刻停止。

从外表尺寸和结构来看，俄罗斯的 Avrora Robotics 公司研发的 Agrobot 无人驾驶拖拉机（图 1-77）与 Greenbot 无人驾驶拖拉机相似，使用柴油发动机和三点式链接架构。Agrobot 的控制系统是通用的，可以安装在任何特殊设备或拖拉机上。Agrobot 计算机将信息传送到控制中心，中央计算机可以监视几十台设备的同时运行。

图 1-76　Greenbot 公司研发的 CR18
无人驾驶拖拉机

图 1-77　Avrora Robotics 公司研发的
Agrobot 无人驾驶拖拉机

1.4 技术性能

1.4.1 国产拖拉机的型号命名方式

拖拉机的类型、功率和结构特征种类繁多，国产拖拉机用其型号来表示（《农林拖拉机 型号编制规则》(JB/T 9831—2014)）。拖拉机型号由系列代号、功率代号、型式代号、功能代号和区别标志等组成。如图1-78所示。

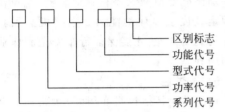

图1-78 拖拉机型号示意图

（1）系列代号：用不多于3个大写汉语拼音字母表示(I和O除外)，用以区别不同系列或不同设计的机型。如无必要，系列代号可省略。

（2）功率代号：用发动机标定功率值的整数表示，功率单位为kW(有些企业还在沿用马力单位)，如"6"表示发动机的功率在6 Ps(4.4 kW)左右，"50"表示发动机的功率为50 Ps(36.8 kW)左右，"110"表示发动机的功率在110 Ps(80.9 kW)左右。(我国拖拉机命名常用马力为公制马力(Ps)，1 kW=1.36 Ps。)

（3）型式代号：用阿拉伯数字表示，0——后轮驱动四轮式，1——手扶式，2——履带式，3——三轮式或并置前轮式，4——四轮驱动式，5——自走底盘式，9——船式。

（4）功能代号：用汉语拼音字母表示，G——果园用，H——高地隙中耕用，J——集材用，L——营林用，P——坡地用，S——水田用，T——运输用，Y——园艺用，Z——沼泽地用，一般农业不标符号。

（5）区别标志：结构经重大改进后，可加注区别标志，区别标志用大写的英文字母(I和O除外)或阿拉伯数字表示。

例如："TS-254"表示泰山牌，18.4 kW(25 Ps)，四轮驱动的普通型轮式拖拉机。

"121"表示9 kW(12 Ps)，手扶拖拉机。

"502J-2"表示36.8 kW(50 Ps)，履带式集材拖拉机，第二次改进型。

"B144G"表示B系列（或B机型）10 kW(14 Ps)，四轮驱动果园用拖拉机。

"CA802"表示CA系列58.8 kW(80 Ps)，履带式拖拉机。

"P1904-Q"表示P系列139.7 kW(190 Ps)，四轮驱动拖拉机，Q为该型号的区别标志。

1.4.2 性能与参数

拖拉机的整机性能及参数在产品使用说明书或技术文件中都有规定。它是选购及评价拖拉机的重要依据。

1. 尺寸参数

（1）总长：分别相切于拖拉机前、后端并垂直于纵向中心面的两个铅垂面间的距离（悬挂下拉杆处水平位置）。

（2）总宽：平行于纵向中心面并分别相切于拖拉机左、右固定突出部位最外侧点的两个平面间的距离。

（3）总高：拖拉机最高部位至支承面间的距离。

（4）轴距：分别通过拖拉机同侧前、后车轮接地中心点并垂直于纵向中心面和支承面的两平面间的距离。

（5）轮距(轨距)：同轴线上左、右车轮接地中心点(左、右履带中心面)之间的距离。

2. 可靠性

拖拉机的可靠性表示拖拉机在规定的使用条件、规定时间内完成规定功能的能力。通常以拖拉机零部件的使用寿命来衡量。拖拉机的可靠性越高，则使用时间就越长，创造的价值也就越大，还可以减少配件供应及修理的时间。一般农用拖拉机各部件在第一次大修前应具有的使用寿命为发动机5000 h，传动系6000 h，行走系3500～5000 h，无故障工作时间为750 h。

3. 牵引附着性能参数

拖拉机牵引附着性能包括拖拉机的牵引性能及附着性能。牵引性能表示拖拉机在规定地面条件下所发挥的牵引工作能力及其效率。附着性能是表示其行走机构对地面的附着("抓住"土层)能力。附着性能好的拖拉机,牵引性能也好,两者密切相关。牵引附着性能主要与拖拉机行走机构的形式(如轮式或履带)及附着质量有关。一般来说,履带式拖拉机的牵引附着性能要比四轮驱动拖拉机的好,而四轮驱动拖拉机比后轮驱动拖拉机的好,高花纹轮胎比低花纹轮胎附着性能好。因此在评价拖拉机牵引附着性能时,不仅要看拖拉机的发动机功率大小,还要比较拖拉机牵引功率及牵引力的大小。

(1)拖拉机牵引力:在拖拉机牵引装置上的平行于地面、用于牵引机具的力。

(2)标定牵引力:农业拖拉机在田间作业的牵引能力,即拖拉机在水平区段,适耕湿度的壤土茬地上(对旱地拖拉机)或中等泥脚深度稻茬地上(对水田拖拉机),在基本牵引工作速度或允许滑转率下所能发出的最大牵引力(两者取较小者)。

(3)最大牵引力:拖拉机受发动机最大转矩或地面附着条件限制所能发出的牵引力。

(4)理论速度:按驱动轮或履带无滑转计算的拖拉机行驶速度。

(5)实际速度:在驱动轮或履带有滑转的实际工况下的拖拉机行驶速度。

(6)牵引功率:拖拉机发出的用于牵引机具的功率。

(7)牵引效率:拖拉机的牵引功率与相应的发动机功率的比值。

4. 操纵性

操纵性包括拖拉机行走直线性和转向操纵性。当拖拉机向前或向后直线行驶时不自动偏离直线(跑偏)方向,由于外界影响而偏离后,又有足够的自动回正的能力,这称为行走直线性好。转向操纵性是拖拉机按驾驶员希望路线行驶的性能。拖拉机操纵轻便、灵活,转弯半径小,制动、起步顺利,挂挡可靠,则其操纵性好。

(1)最小转向圆半径:拖拉机转向时,转向操纵机构在极限位置,回转中心到拖拉机最外轮辙(履辙)中心的距离。

(2)最小水平通过半径:拖拉机转向时,转向操纵机构在极限位置,回转中心到拖拉机最外端点在地面上投影点的距离。此值越小,则拖拉机通过性越好。

5. 制动性能

制动性能包括行车制动性能和停车制动性能。行车制动性能是指操纵行车制动装置,使行驶中的拖拉机减速或迅速停驶的能力,停车制动性能是指操纵停车制动装置,拖拉机能在规定坡度上停住的能力。拖拉机必须具备良好的制动性能,才能保证行车安全和作业任务的顺利完成。

6. 通过性

通过性是指拖拉机在田间、无路和道路条件下的通过能力,其指标有以下四种。

(1)最大越障高度:拖拉机低速行驶能爬越的最大障碍高度。

(2)最大越沟宽度:拖拉机低速行驶能越过的最大横沟宽度。

(3)最小离地间隙:在与纵向中心面等距离的两平面之间,拖拉机最低点至支承面的距离,此两平面的距离为同一轴上左右车轮(履带)内缘间最小距离的80%。

(4)农艺地隙:在拖拉机机体下方,中耕作物通过部分的离地间隙。它是判断拖拉机中耕作业时是否会伤害作物的指标。

7. 稳定性

稳定性是指拖拉机在坡道上不致翻倾或滑移的能力。它主要与拖拉机的重心高度及重心在轴距与轮距(履带为轨距)间的位置有关,拖拉机的重心低,轴距、轮距(或轨距)大,稳定性就好。一般来说,拖拉机离地间隙高,通过性能好,但重心必提高,稳定性会差。评价稳定性的指标主要有纵向极限翻倾角、纵向滑移角、横向极限翻倾角和横向滑移角。

1.4.3 各企业的产品型谱

国内外具有较大规模的公司的产品型谱见表1-9。生产厂家有国内的一拖集团、五征集团、东风农机集团,美国的约翰迪尔、AGCO、凯斯,日本的久保田等。国内农用拖拉机近年发展迅猛,产品型号种类较多,产品额定功率范围主要涵盖 22.1～191.2 kW。不同厂家生产的拖拉机各有独自的特点,下面对几大代表性企业的代表性产品及技术特点进行介绍(各企业的排序不分先后)。

表 1-9 国内外代表性公司的产品型谱

公 司 名 称	品牌名称	额定功率/kW
中国一拖集团有限公司	东方红	22.0,25.7,33.1,36.8,40.5,44.1,47.8,51.5,55.2,58.8,62.5,66.2,73.5,80.9,88.3,95.6,103.0,117.7,132.4,147.1,161.8
山东五征集团有限公司	五征	36.8,44.1,58.8,66.2,117.7,132.4,154.5
山东时风集团有限责任公司	时风	18.4,22.1,29.4,36.8,40.5,44.1,47.8,51.5,58.8,66.2,80.1,88.2,95.6,103.0,110.3,117.7,132.4,147.1,161.8
中联重科股份有限公司	中联重科	36.8,44.1,51.5,58.8,66.2,80.1,88.3,95.6,103.0,117.7,132.4,154.5,169.2
江苏沃得农业机械有限公司	沃得	36.8,44.1,51.5,58.8,66.2,73.5,80.9,88.3,95.6,103.0
山东萨丁重工有限公司	萨丁	36.8,44.1,51.5,58.8,66.2,73.5,88.3,103.0,117.7,154.5,161.8,169.2,191.2,220.6
山东瑞泽重工有限公司	瑞泽富沃	22.1,29.4,36.8,44.1,51.5,58.8,66.2,80.1,99.3,103.0,110.3,117.7,154.5
潍柴雷沃重工股份有限公司	雷沃	36.8,51.5,58.8,66.2,73.5,88.3,103.0,117.7,132.4,147.1,154.5,161.8,169.2,176.5
江苏悦达智能农业装备有限公司	黄海金马	40.5,44.1,47.8,51.5,55.2,58.8,62.5,66.2,73.5,80.1,88.3,95.6,103.0,110.3,117.7,132.4
常州东风农机集团有限公司	东风	36.8,44.1,51.5,58.8,66.2,73.5,80.1,88.3,103.0,117.7,132.4,147.1,161.8,176.5,191.2
常州常发农业装备有限公司	常发	29.4,36.8,44.1,51.5,58.8,66.2,73.5,80.1,88.3,103.0,117.7,132.4,147.1,161.8,191.2
约翰迪尔(天津)有限公司	约翰迪尔	69.9,88.3,103.0,121.4,136.1,154.5,161.8,169.2,198.6,220.6,235.4,301.6
美国爱科集团(AGCO)	AGCO 麦赛福格森	73.5,80.9,88.3,95.6,132.4,161.8,176.5,198.6,220.6,235.4,250.1
美国爱科集团(AGCO)	AGCO 挑战者	276.5,291.3,305,320,334.7,350.1,364.1,380.3
道依茨法尔机械有限公司	道依茨法尔	58.8,66.2,73.5,80.1,88.3,103.0,117.7,161.8,176.5,191.2
凯斯纽荷兰公司	凯斯	103.0,133.9,156.7,172.1,194.9,231.7,350.1,372.9
久保田农业机械(苏州)有限公司	久保田	44.1,51.5,58.8,66.2

1.4.4 各产品的技术性能

1. 轮式两驱拖拉机

轮式拖拉机分为后轮驱动以及四轮驱动两种型式。大马力轮式拖拉机有较好的牵引性能,适用于大农场配带宽幅农具进行高速作业。两驱拖拉机适用于旱田,价格低廉且保养容易,在国内农机市场占有较高的份额。轮式两驱拖拉机主要技术性能见表 1-10 和表 1-11。

2. 中型轮式四驱拖拉机

中型轮式四驱拖拉机的主要技术性能见表 1-12 和表 1-13。

表 1-10　轮式两驱拖拉机（14.7～73.5 kW）产品技术参数

型号	型式	外形尺寸 (长×宽×高) /(mm×mm×mm)	发动机转速 /(r·min⁻¹)	发动机型式	功率 /kW	最大牵引力 /kN	轴距 /mm	轮距前 /mm	轮距后 /mm	最小离地间隙 /mm	挡位	行驶速度 (前进/倒退) /(km·h⁻¹)	转向半径 /m	动力输出轴功率 /kW	动力轴转速 /(r·min⁻¹)
东方红 SK500G	4×2 轮式	3200×1480 ×1220	2400	直立、 四冲程、直喷	36.8	8.0	—	1000	1200	225	8R/2F	1.70~25.93/ 2.24~10.35	4.4	31.3	540/720
东方红 SK600G	4×2 轮式	2920×1330 ×2250	2400	直立、 四冲程、直喷	44.1	12.0	—	1030	1100	220	8R/2F	1.70~25.93/ 2.24~10.35	4.4	31.3	540/720
东方红 SG600G	4×2 轮式	3075×1470 ×1265	2400	直立、 四冲程、直喷	44.1	9.0	—	1100	1000~ 1200	220	8R/2F	0.385~29.4/ 0.455~8.414	3.8	37.5	540/720 540/1000
东方红 SK650G	4×2 轮式	3075×1470 ×1265	2400	直立、 四冲程、直喷	47.8	9.0	—	1100	1000~ 1200	220	8R/2F	0.385~29.4/ 0.455~8.414	3.8	40.6	540/720 540/1000
东方红 ME300	4×2 轮式	3545×1150 ×1505	2200	直立、 四冲程	22.1	5.8	—	900	900~ 1200	308	8R/4F	1.97~25.73/ 2.92~8.88	4.0±0.3	18.8	540/720 540/1000
东方红 ME350	4×2 轮式	3600×1150 ×1505	2200	直立、 四冲程	25.8	5.8	—	900	900~ 1200	308	8R/4F	1.97~25.73/ 2.92~8.88	4.0±0.3	21.9	540/720 540/1000
东方红 ME400	4×2 轮式	3655×1150 ×1505	2400/ 2300	直立、 四冲程	29.5	5.8	—	900	900~ 1200	308	8R/4F	2.15~28.07/ 2.06~9.28	4.0±0.3	26.5	540/720 540/1000
东方红 ME450	4×2 轮式	3655×1150 ×1505	2200	直立、 四冲程	33.1	7.4	—	900	900~ 1200	308	8R/4F	2.06~26.90/ 3.05~9.28	4.0±0.3	28.1	540/720 540/1000
东方红 ME500	4×2 轮式	3655×1150 ×1505	2200	直立、 四冲程	36.8	8.0	—	900	900~ 1200	308	8R/4F	2.06~26.90/ 3.05~9.28	4.0±0.3	31.3	540/720 540/1000
东方红 ME550	4×2 轮式	3655×1150 ×1550	2200	直立、 四冲程	40.5	12.0	—	900	900~ 1200	308	8R/4F	2.55~25.59/ 2.22~22.32	4.0±0.3	36.7	540/720 540/1000
东方红 ME600	4×2 轮式	3655×1150 ×1550	2200	直立、 四冲程	44.1	12.2	—	900	900~ 1200	308	8R/4F	2.55~25.59/ 2.22~22.32	4.0±0.3	39.7	540/720 540/1000
东方红 SK300	4×2 轮式	3480×1465 ×1900	2300	四缸,直立, 四冲程	22.1	5.8	—	1170	1200	300	8R/2F	1.83~27.10/ 2.4~11.1	3.5±0.4	18.7	540/720

续表

型号	型式	外形尺寸（长×宽×高）/(mm×mm×mm)	发动机转速/(r·min⁻¹)	发动机型式	功率/kW	最大牵引力/kN	轴距/mm	轮距前/mm	轮距后/mm	最小离地间隙/mm	挡位	行驶速度（前进/倒退）/(km·h⁻¹)	转向半径/m	动力输出轴功率/kW	动力轴转速/(r·min⁻¹)
东方红SK350	4×2轮式	3600×1550×1935	2400	四缸、水冷、直立、四冲程	25.7	5.8	—	1200	1200	360	8R/2F	2.2~33.52/2.9~13.38	3.5±0.4	20.6	540/720
东方红SK400	4×2轮式	3480×1465×1900	2400	四缸、水冷、直立、四冲程	29.4	6.0	—	1200	1200	360	8R/2F	1.91~28.47/2.5~11.57	3.5±0.4	25.0	540/720
东方红MF400	4×2轮式	3740×1645×2134/2420	2400	四缸、水冷、直立、四冲程	29.4(扬动)/29.5(新柴)	9.4	—	1350~1550	1350~1550	390	8R/4F	2.58~33.83/4.15~11.70	4.2±0.3	26.5	540/720/540/1000
东方红MF450	4×2轮式	3740×1645×2134/2420	2300	四缸、水冷、直立、四冲程	33.1	10.0	—	1350~1550	1350~1550	390	8R/4F	2.49~32.59/3.97~11.19	4.2±0.3	29.5	540/720/540/1000
东方红MF500	4×2轮式	3740×1645×2134/2420	2200	四缸、水冷、直立、四冲程	36.8	10.0	—	1350~1550	1350~1550	380	8R/8F	2.37~31.06/2.13~26.63	4.2±0.3	32.5	540/720/540/1000
东方红MF550	4×2轮式	3910×1780×2565	2200	直列、立式、水冷、四冲程	40.5	10.5	—	1350~1550	1200/1300/1400/1500/1600	400	8R/8F	2.72~32.38/2.12~27.75	3.9±0.3	36.7	540/720/540/1000
东方红MF600	4×2轮式	3910×1780×2565	2200	直列、立式、水冷、四冲程	44.1	11.0	—	1350~1550	1200/1300/1400/1500/1600	400	8R/8F	2.47~37.25/2.30~31.93	3.9±0.3	39.7	540/720/540/1000
东方红MK700	4×2轮式	3965×1867×2750	2200	直立、水冷、直喷、四冲程	51.5	15.5	—	1400~1700	1400~1700	420	12R/12F	0.34~41.51/0.28~34.40	3.8	40.6	540/720/540/1000
东方红MK800	4×2轮式	3965×1867×2750	2200	直立、水冷、四冲程	58.8	16.8	—	1400~1700	1400~1700	420	12R/12F	0.34~41.51/0.28~34.40	4.0±0.3	18.8	540/720/540/1000

续表

型号	型式	外形尺寸(长×宽×高)/(mm×mm×mm)	发动机转速/(r·min⁻¹)	发动机型式	功率/kW	最大牵引力/kN	轴距/mm	轮距前/mm	轮距后/mm	最小离地间隙/mm	挡位	行驶速度(前进/倒退)/(km·h⁻¹)	转向半径/m	动力输出轴功率/kW	动力轴转速/(r·min⁻¹)
萨丁 SD500-E	4×2 轮式	3640×1620×2240	—	直列	36.8	14.0	1970	960/1100/1300	960~1300	—	8R/2F	1.78~26.93/2.41~11.16	—	—	540/720 540/1000
萨丁 SD1200	4×2 轮式	4450×2160×2880	—	直列	73.5	—	2230	1550/1600/1650/1700/1750	1600~1850	420	8R/16F	≤33.70	—	—	540/1000
瑞泽富沃 RD300	4×2 轮式	3360×1500×1960	2200	直列、水冷	29.4	5.8	1840	960/1100/1200/1300	960~1400	338	8F/8R	≤38.00	—	—	540/720
瑞泽富沃 RD400	4×2 轮式	3340×1500×2050	2200	直列、水冷	22.1	5.0	1706/1780	1100/1200/1300	960~1460	—	8F/8R	≤38.00	—	—	540/720
黄海金马 JM550-1	4×2 轮式	3973×(1735~2000)×2340	2300	直列、直喷、水冷、四冲程中冷	40.5	14.0	1994.5/2060	1352~1552	1385~1650	390/380	8F/8R	2.27~31.94/1.72~24.16	3.6/3.7	38	540/1000 540/720
黄海金马 JM600-1	4×2 轮式	3973×(1735~2000)×2340	2300	直列、直喷、水冷、四冲程中冷	44.1	14.0	1994.5/2060	1352~1552	1385~1650	390/380	8F/8R	2.27~31.94/1.72~24.16	3.7/3.7	3.7	540/1000 540/720
黄海金马 JM650-1	4×2 轮式	3973×(1735~2000)×2340	2300	直列、直喷、水冷、四冲程中冷	47.8	14.0	1994.5/2060	1352~1552	1385~1650	390/380	8F/8R	2.27~31.94/1.72~24.16	3.7/3.9	3.7/3.9	540/1000 540/720

续表

型号	型式	外形尺寸（长×宽×高）/（mm×mm×mm）	发动机转速/（r·min⁻¹）	发动机型式	功率/kW	最大牵引力/kN	轴距/mm	轮距前/mm	轮距后/mm	最小离地间隙/mm	挡位	行驶速度（前进/倒退）/（km·h⁻¹）	转向半径/m	动力输出轴功率/kW	动力轴转速/（r·min⁻¹）
黄海金马 JM700-A1	4×2 轮式	3973×(1735~2000)×2340	2300	直列、直喷、四冲程，水冷，增压中冷	51.5	14.0	1994.5/2060	1352~1487	1385~1650	413/403	8F/8R	2.35~33.15/1.77~25.07	3.7/3.9	3.7/3.9	540/1000 540/720
黄海金马 JM750-1	4×2 轮式	4100×1929×2695	2300	直列、直喷、四冲程，水冷，增压中冷	55.2	17.5	2250	1350~1650	1510~1790	430/340	8F/8R	3.21~33.09/3.80~39.11	3.9/4.3	3.9/4.3	720
黄海金马 JM800-1	4×2 轮式	4100×1929×2695	2300	直列、直喷、四冲程，水冷，增压中冷	58.8	17.5	2250	1350~1650	1510~1790	430/340	8F/8R	3.21~33.09/3.80~39.11	3.9/4.3	3.9/4.3	720
黄海金马 JM800-1	4×2 轮式	4100×1981×2720	2300	直列、直喷、四冲程，水冷，增压中冷	62.5	17.6	2250	1350~1650	1510~1790	460/360	8F/8R	3.37~34.73/3.98~41.04	3.9/4.3	56.3	540/1000 540/720
黄海金马 JM850-A1	4×2 轮式	4100×1981×2720	2300	直列、直喷、四冲程，水冷，增压中冷	66.2	17.6	2250	1350~1650	1510~1790	460/360	8F/8R	3.37~34.73/3.98~41.04	3.9/4.3	59.6	540/1000 540/720
常发 CFC500-B	4×2 轮式	3723×1515×2640	2400	立式、循环水冷、四冲程、直喷式	36.8	≥9.0	1808	1210/1310/1410/1510	1200/1456	370	8F/8R	5.50~16.00/11.20~28.00	—	—	540/760 540/1000 760/1000
常发 CFC600-B	4×2 轮式	3723×1515×2640	2400	立式、循环水冷、四冲程、直喷式	44.1	≥11.0	1808	1210/1310/1410/1510	1200/1456	370	8F/8R	5.50~16.00/11.20~28.00	—	—	540/760 540/1000 760/1000

续表

型号	型式	外形尺寸（长×宽×高）/(mm×mm×mm)	发动机转速/(r·min⁻¹)	发动机型式	功率/kW	最大牵引力/kN	轴距/mm	轮距前/mm	轮距后/mm	最小离地间隙/mm	挡位	行驶速度（前进/倒退）/(km·h⁻¹)	转向半径/m	动力输出轴功率/kW	动力轴转速/(r·min⁻¹)
常发 CFC700-B	4×2 轮式	3723×1515×2640	2400	立式、循环水冷、四冲程、直喷式	51.5	≥12.5	1808	1210/1310/1410/1510	1200~1456	370	8F/8R	5.50~16.00/11.20~28.00	—	—	540/760 540/1000 760/1000
常发 CFA350	4×2 轮式	3206×1440×1980	2400	三缸、立列、四冲程、水冷、直喷式	25.8	≥6.5	1595	1010~1210	1035~1406	310	8F/2R	2.62~37.62/1.99~7.98	—	—	760 540 1000
常发 CFA400	4×2 轮式	3565×1491×2070	2400	直列、直喷、四冲程、水冷、增压中冷	29.5	≥7.5	1741	1010~1210	1035~1406	310	8F/4R	2.17~29.14/3.34~13.37	—	—	540 760
常发 CFA450	4×2 轮式	3565×1491×2070	2400	直列、直喷、四冲程、水冷、增压中冷	33.1	≥8.0	1741	1010~1210	1035~1406	310	8F/4R	2.17~29.14/3.34~13.37	—	—	540 760
常发 CFA500	4×2 轮式	3565×1491×2070	2500	直列、直喷、四冲程、水冷、增压中冷	36.8	≥8.5	1741	1010~1210	1035~1406	310	8F/4R	2.26~30.38/3.48~13.39	—	—	540 760

表 1-11 轮式两驱拖拉机(73.5～147.1 kW)产品技术参数

型号	型式	外形尺寸(长×宽×高)/(mm×mm×mm)	发动机转速/(r·min⁻¹)	发动机型式	功率/kW	最大牵引力/kN	轴距/mm	轮距前/mm	轮距后/mm	最小离地间隙/mm	挡位	行驶速度(前进/倒退)/(km·h⁻¹)	转向半径/m	动力输出轴功率/kW	动力输出轴转速/(r·min⁻¹)
东方红LX1200	4×2轮式	4750×2180×2940	2200	六缸、直立、自吸	88.2	40.5	—	1460～1960	1620～2120	420	12F/4R	2.73～37.09/5.89～17.31	4.8±0.3	71.3	650/720 540/720 540/1000 720/1000
东方红LX1300	4×2轮式	4750×2180×2940	2200	六缸、直立、增压	95.6	48.0	—	1460～1960	1620～2120	420	12F/4R	2.73～37.09/5.89～17.31	4.8±0.3	77.2	650/720 540/720 540/1000 720/1000
东方红LX1400	4×2轮式	4710×2260×3060	2200	六缸、直立、增压	103	52.6	—	1460～1960	1620～2120	350	12F/4R	2.73～37.09/5.89～17.31	4.8±0.3	92.0	650/720 540/720 540/1000 720/1000
东方红LX1500	4×2轮式	4710×2260×3060	2200	六缸、直立、增压	110.3	52.6	—	1460～1960	1620～2120	350	12F/4R	2.73～37.09/5.89～17.31	4.8±0.3	98.0	650/720 540/720 540/1000 720/1000
东方红D1000	4×2轮式	4400×2400×2780	2200	直列、增压、自吸	108.0～110.0	29.0	2600	1900	1900	—	6R/1F	7.7～45.7/7.1	—	—	—
东方红LY1100	4×2轮式	4360×2215×2950	2200	直列、增压、自吸	81.0	27.0	—	1460～1960	1620～2120	420	12F/4R	2.03～33.13/2.04～33.40	4.3±0.2	67.0	540/1000 720/1000 650/720

续表

型号	型式	外形尺寸（长×宽×高）/（mm×mm×mm）	发动机转速/（r·min⁻¹）	发动机型式	功率/kW	最大牵引力/kN	轴距/mm	轮距前/mm	轮距后/mm	最小离地间隙/mm	挡位	行驶速度（前进/倒退）/（km·h⁻¹）	转向半径/m	动力输出轴功率/kW	动力轴转速/（r·min⁻¹）
东方红LY1200	4×2轮式	4350×2100×3006	2200	直列、增压、自吸	88.2	27.0	—	1460~1960	1620~2120	420	12F/4R	2.03~33.13/2.04~33.40	4.3±0.2	71.3	540/720 540/1000 720/1000 650/720
东方红LY1300	4×2轮式	4350×2100×3006	2200	直列、增压、自吸	96.5	27.0	—	1460~1960	1620~2120	420	12F/4R	2.03~33.13/2.04~33.40	4.3±0.2	77.2	540/720 540/1000 720/1000 650/720
瑞泽富沃RZ1100	4×2轮式	4575×2145×2955	2300	直列、增压	81.0	16.6	2582	1610	1620	395	16F/8R	≤38.00	—	—	540/760 540/1000 760/850 760/1000
雷沃M1400-X	4×2轮式	4590×2050×2900	2200	直列、增压、水冷	103.0	38.0	2300	1385~1685	1500~2010	—	12F/12	2.38~33.16/2.15~29.99	—	—	760/850

表 1-12 轮式四驱拖拉机(14.7~44.1 kW)产品技术参数

型号	型式	外形尺寸(长×宽×高)/(mm×mm×mm)	发动机转速/(r·min⁻¹)	发动机型式	功率/kW	最大牵引力/kN	轴距/mm	轮距前/mm	轮距后/mm	最小离地间隙/mm	挡位	行驶速度(前进/倒退)/(km·h⁻¹)	转向半径/m	动力输出轴功率/kW	动力轴转速/(r·min⁻¹)
东方红 ME504-N	4×4 轮式	3675×1515×2735	2200	直列,增压,自吸	36.8	16.0	1830	1200	1100~1400	280	8R/4F	2.25~29.53/3.34~10.20	3.4±0.3	31.5	540/720,720/1000,540/1000
东方红 SK604	4×4 轮式	3600×1560×2400	2300	直列,增压,自吸	44.1	—	1830	1250	1200	350	8R/2F	29.40/?	—	—	540/720
东方红 SK504	4×4 轮式	3600×1420×2100	2400	直列,增压,自吸	36.8	14.4	—	1000	1200	300	8R/2F	1.87~28.22/2.53~11.67	3.5±0.4	31.3	540/720
东方红 SK604	4×4 轮式	3100×1330×2100	2400	直列,增压,自吸	44.1	12.7	—	1030	1100	225	8R/2F	1.70~25.93/2.24~10.35	4.0	37.5	540/720
东方红 SK404-1	4×4 轮式	2900×1360×1250	2400	直立,水冷,四冲程,直喷	29.5	7.2	—	910	865	210	8R/2F	1.63~24.85/2.15~9.92	3.7	29.5	540/720
东方红 SK454-1	4×4 轮式	3050×1360×1230	2400	直立,水冷,四冲程,直喷	33.1	8.2	—	960	1100	200	8R/2F	1.63~24.85/2.15~9.92	3.7	28.1	540/720
东方红 SK604G	4×4 轮式	3075×1470×1265	2400	直立,水冷,四冲程,直喷	44.1	9.0	—	1030	1000~1200	220	8R/2F	0.39~29.40/0.46~8.41	3.8	37.5	540/720,540/1000
东方红 ME304	4×4 轮式	3545×1150×1505	2200	直立,水冷,四冲程,直喷	22.1	6.7	—	900	900~1200	260	8R/4F	1.97~25.73/2.92~8.88	5.5±0.3	18.8	540/720,540/1000
东方红 ME354	4×4 轮式	3600×1150×1505	2200	直立,水冷,四冲程,直喷	25.8	6.9	—	900	900~1200	260	8R/4F	1.97~25.73/2.92~8.88	5.5±0.3	21.9	540/720,540/1000

续表

型号	型式	外形尺寸（长×宽×高）/(mm×mm×mm)	发动机转速/(r·min⁻¹)	发动机型式	功率/kW	最大牵引力/kN	轴距/mm	轮距前/mm	轮距后/mm	最小离地间隙/mm	挡位	行驶速度（前进/倒退）/(km·h⁻¹)	转向半径/m	动力输出轴功率/kW	动力轴转速/(r·min⁻¹)
东方红ME404	4×4轮式	3710×1150×1505	2300	直立、水冷、四冲程、直喷	29.5	9.4	—	900	900~1200	260	8R/4F	2.15~28.07/3.05~9.28	5.5±0.3	26.5	540/720 540/1000
东方红ME454	4×4轮式	3710×1150×1505	2300	直列、立式、水冷、四冲程	33.1	10.0	—	900	900~1200	260	8R/4F	2.06~26.90/3.05~9.98	5.5±0.3	28.1	540/720 540/1000
东方红ME504	4×4轮式	3710×1150×1550	2200	直列、立式、水冷、四冲程	36.8	10.7	—	900	900~1200	260	8R/4F	2.06~26.90/3.05~9.98	5.5±0.3	31.3	540/720 540/1000
东方红ME4554	4×4轮式	3710×1150×1550	2200	直列、立式、水冷、四冲程	40.5	12.0	—	900	900~1200	260	8R/8F	2.55~25.59/2.22~22.32	5.5±0.3	36.7	540/720 540/1000
东方红ME604	4×4轮式	3710×1150×1550	2200	直列、立式、水冷、四冲程	44.1	12.2	—	900	900~1200	260	8R/8F	2.55~25.59/2.22~22.32	5.5±0.3	39.7	540/720 540/1000
五征NA604	4×4轮式	3410×1360×2100	2500	直列、水冷、四冲程、增压	44.1	12.5	1790	—	—	300	8R/2F	—	4.2		720
东方红SK304	4×4轮式	3480×1465×1900	2300	直列、立式、水冷、四冲程	22.1	5.8	—	900	900	280	8R/2F	1.83~27.10/2.40~11.10	3.5±0.4	18.7	540/720
东方红SK354	4×4轮式	3600×1382×1910	2400	直列、立式、水冷、四冲程	25.7	6.7	—	900	900	300	8R/2F	2.20~33.52/2.90~13.38	3.5±0.4	20.6	540/720

续表

型号	型式	外形尺寸(长×宽×高)/(mm×mm×mm)	发动机转速/(r·min⁻¹)	发动机型式	功率/kW	最大牵引力/kN	轴距/mm	轮距前/mm	轮距后/mm	最小离地间隙/mm	挡位	行驶速度(前进/倒退)/(km·h⁻¹)	转向半径/m	动力输出轴功率/kW	动力轴转速/(r·min⁻¹)
东方红SK404	4×4轮式	3560×1382×1900	2400	直列、立式、水冷、四冲程	29.4	6.7	—	900	900	300	8R/2F	1.91~28.47/2.50~11.57	3.5±0.4	25.0	540/720
东方红SK454	4×4轮式	3600×1422×2100	2400	直列、立式、水冷、四冲程	33.1	7.5	—	1000	1000	300	8R/2F	1.91~28.47/2.50~11.57	3.5±0.4	28.2	540/720
东方红SK504	4×4轮式	3600×1422×2100	2400	直列、立式、水冷、四冲程	36.8	14.4	—	1000	1000	300	8R/2F	1.87~28.22/2.53~11.67	3.5±0.4	31.3	540/720
中联重科RK604	4×4轮式	4040×1750×2400	2200	直列、增压	44.1	15.0	2070	—	—	310	12F/12R	≤40.00	—	28.0	540/760 540/1000
沃得WD504Z	4×4轮式	3670×1310×2345	2400	直列、增压	44.1	≥11.8	1870	960~1110	900~1240	352	8R/8F	≤40.00	—	≥31.3	540/760
沃得WD604	4×4轮式	3670×1310×2346	2400	直列、增压	44.1	≥14.2	1870	960~1110	900~1240	352	8R/8F	≤40.00	—	≥37.8	540/760
沃得WD504K	4×4轮式	3650×1572×2200	2400	直列、增压	44.1	≥11.8	1845	1250~1500	1160~1260	310	8R/8F	≤40.00	—	≥31.3	540/760 540/1000 760/1000
沃得WD604K	4×4轮式	3650×1572×2500	2400	直列、增压	44.1	≥14.2	1845	1200/1250/1300/1350/1450	1230/1260/1330/1430/1490	345	8R/8F	≤40.00	—	≥37.5	540/760 540/1000 760/1000
萨丁SD604-X	4×4轮式	3570×1620×2300	—	直列	44.1	—	1900	可调	可调	—	8F/2R 8F/8R	2.26~34.21/2.10~31.86	—	—	540/720

续表

型号	型式	外形尺寸(长×宽×高)/(mm×mm×mm)	发动机转速/(r·min⁻¹)	发动机型式	功率/kW	最大牵引力/kN	轴距/mm	轮距前/mm	轮距后/mm	最小离地间隙/mm	挡位	行驶速度(前进/倒退)/(km·h⁻¹)	转向半径/m	动力输出轴功率/kW	动力轴转速/(r·min⁻¹)
萨丁 SD504	4×4 轮式	3570×1620×2300	—	直列	26.8	11.5	1900	可调	可调	—	8F/2R 8F/8R	2.26~34.21/ 2.10~31.86	—	—	540/720
瑞泽富沃 RD404	4×4 轮式	3330×1524×1960	2300	直列	29.4	5.79	1820	960/ 1100/ 1200/ 1300	960~ 1400	290	8F/8R	≤38.00	—	—	540/720
黄海金马 JM554-1	4×4 轮式	3973×(1735~2000)×2340	2300	直列、直喷、水冷、四冲程增压中冷	40.5	20.9	1994.5 /2060	1352~ 1552	1994.5 /2060	390/ 380	8F/8R	2.27~31.94/ 1.72~24.16	3.6/3.7	38.0	540/1000 540/720
黄海金马 JM604-1	4×4 轮式	3973×(1735~2000)×2340	2300	直列、直喷、水冷、四冲程增压中冷	44.1	20.9	1994.5 /2060	1352~ 1552	1994.5 /2060	390/ 380	8F/8R	2.27~31.94/ 1.72~24.16	3.7/3.7	41.1	540/1000 540/720
东风 DF404G2	4×4 轮式/ 4×2 轮式	3514×1475×2420	2400	直列、四冲程、直喷式	29.4	10.5 (两驱) /11.5 (四驱)	1878 (两驱) /1900 (四驱)	1160/ 1260/ 1360 (两驱) 1150/ 1210/ 1310 (四驱)	1100/ 1200/ 1300/ 1400	365 (两驱) /410 (四驱)	12F/4R 12F/8R 12F/12R		3.8	26.4	540/730 540/1000

续表

型号	型式	外形尺寸(长×宽×高)/(mm×mm×mm)	发动机转速/(r·min⁻¹)	发动机型式	功率/kW	最大牵引力/kN	轴距/mm	轮距前/mm	轮距后/mm	最小离地间隙/mm	挡位	行驶速度(前进/倒退)/(km·h⁻¹)	转向半径/m	动力输出轴功率/kW	动力轴转速/(r·min⁻¹)
东风DF504G3	4×4轮式/4×2轮式	3514×1475×2420	2400	直列、四冲程、直喷式	36.8	12.0	1880	1260/1360/1460(两驱)1200/1300(四驱)	1200/1300	355	12F/4R 12F/8R 12F/12R	1.80~31.6/1.80~31.2	3.7	31.4	540/730 540/1000
东风DF604	4×4轮式	3860×1650×2550	2400	直列、四冲程、直喷式	44.1	—	1980	1200~1470	1200~1620	370	12F/12R	1.60~36.5/1.60~36.5	—	—	540/730 540/1000
常发CFC604B	4×4轮式	3713×1615×2640	2400	立式、循环水冷、四冲程、直喷式	44.1	12.5	1798	1050/1100/1200/1300	1050~1200	341/381	8F/8R	7.50~16.00/11.20~28.00	—	—	540/760 540/1000 760/1000
常发CFB504	4×4轮式	3614×1644×2632	2400	直列、水冷、四冲程、直喷式	36.8	13.0	1900	1072/1168/1204/1236/1300/1357/1368/1464	1050~1766	380	12F/12R	2.72~38.00/3.60~14.80	—	—	540/760 540/1000 760/1000

表 1-13 轮式四驱拖拉机（44.1～73.5 kW）产品技术参数

型号	型式	外形尺寸（长×宽×高）/(mm×mm×mm)	发动机转速/(r·min⁻¹)	发动机型式	功率/kW	最大牵引力/kN	轴距/mm	轮距前/mm	轮距后/mm	最小离地间隙/mm	挡位	行驶速度（前进/倒退）/(km·h⁻¹)	转向半径/m	动力输出轴功率/kW	动力轴转速/(r·min⁻¹)
东方红 ME704-N	4×4 轮式	3660×1515×2275	2300	直列、增压、自吸	51.5	17.3	1830	1200	1100～1400	280	8F/8R	2.47～32.38/2.15～28.23	3.4±0.3	—	540/720 720/1000
东方红 SK704	4×4 轮式	3600×1620×2432	2400	直列、增压、自吸	51.5	—	1835	1200	1200	400	8F/8R	2.16～32.00/?	—	—	540/1000
东方红 SG704	4×4 轮式	3075×1495×2420	2400	直列、增压、自吸	51.5	13.7	1740	1000	1000～1200	265	16F/8R	0.44～33.48/0.47～8.85	3.5±0.3	—	540/720
东方红 SK654G	4×4 轮式	3075×1470×1265	2400	直立、水冷、四冲程直喷	47.8	12.8	—	1100	1000～1200	220	8R/2F	0.39～29.40/0.46～8.41	3.8	40.6	540/720 540/1000
东方红 MF704	4×4 轮式	3910×1780×2565	2200/2300	直列、立式、水冷、四冲程	50.5	17.5	—	1205/1275	1200/1300/1400/1500/1600	400	12F/12R	2.45～31.47/2.10～26.98	4.2±0.3	46.4	540/720 540/1000
东方红 MK704	4×4 轮式	3965×1867×2750	2200	直立、水冷、直喷式	51.5	15.5	—	1550	1550	490	12F/12R	0.34～41.51/0.28～34.40	4.2±0.3	46.3	540/760
东方红 MK804	4×4 轮式	3965×1867×2750	2200	直立、水冷、直喷式	58.8	17.3	—	1550	1550	490	12F/12R	0.34～41.51/0.28～34.40	4.2±0.3	52.9	540/760
东方红 MK904	4×4 轮式	3965×1867×2750	2200	直立、水冷、直喷式	66.2	19.5	—	1550	1550	490	12F/12R	0.34～41.51/0.28～34.40	4.2±0.3	56.5	540/760

续表

型号	型式	外形尺寸(长×宽×高)/(mm×mm×mm)	发动机转速/(r·min⁻¹)	发动机型式	功率/kW	最大牵引力/kN	轴距/mm	轮距前/mm	轮距后/mm	最小离地间隙/mm	挡位	行驶速度(前进/倒退)/(km·h⁻¹)	转向半径/m	动力输出轴功率/kW	动力轴转速/(r·min⁻¹)
东方红MY1004S	4×4轮式	3965×1867×2750	2300	直立、水冷、四冲程、直喷式	73.5	21.0	—	1550	1550	490	12F/12R	0.34~41.51/0.28~34.40	4.2±0.3	62.5	540/760
东方红LY1104	4×4轮式	4380×2170×2970	2200	直列,增压	73.5	25.0	—	1560~2000	1652~2152	440	12F/12R	2.29~36.34/2.81~35.31	≤6.0	62.7	540/720 540/1000 720/1000 650/720
东方红LF804	4×4轮式	4350×2120×3000	2200	直列,增压	58.8	17.6	—	1760~2000	1632~2132	440	24F/12R	1.67~31.95/1.73~28.70	5.6	50.0	540/720 650/720 540/1000 720/1000
东方红LF904	4×4轮式	4325×2120×3000	2200	直列,增压	66.2	18.8	—	1760~2000	1632~2132	440	24F/12R	1.67~31.95/1.73~28.70	5.6	55.0	540/720 650/720 540/1000 720/1000
东方红LF954	4×4轮式	4325×2120×3000	2200	直列,增压	70.0	19.8	—	1760~2000	1632~2132	440	24F/12R	2.17~36.95/2.26~33.20	5.6	58.0	540/720 650/720 540/1000 720/1000
东方红LF1004	4×4轮式	4325×2120×3000	2200	直列,增压	73.5	23.0	—	1760~2000	1632~2132	440	24F/12R	2.17~36.95/2.26~33.20	5.6	62.0	540/720 650/720 540/1000 720/1000

续表

型号	型式	外形尺寸(长×宽×高)/(mm×mm×mm)	发动机转速/(r·min⁻¹)	发动机型式	功率/kW	最大牵引力/kN	轴距/mm	轮距前/mm	轮距后/mm	最小离地间隙/mm	挡位	行驶速度(前进/倒退)/(km·h⁻¹)	转向半径/m	动力输出轴功率/kW	动力轴转速/(r·min⁻¹)
五征 MD804	4×4 轮式	3880×1800×2600	2300	四冲程、直喷式、增压中冷	58.8	22.5	2060	—	—	440	16F/8R	≤40.00	4.2	—	720
五征 MD904	4×4 轮式	4060×2000×2600	2300	水冷、四冲程、直喷式、增压中冷	66.2	15.9	2140	—	—	470	16F/8R	≤40.00	4.1	—	720
中联重科 RX904	4×4 轮式	4200×1800×2830	2200	直列,增压	66.18	13.0	2070	—	—	380/420	12F/12R	≤40.00	—	—	540/760
中联重科 RD704-A	4×4 轮式	3540×1245×2210	2200	直列,增压	51.5	11.0	1755	—	—	290	8F/8R	≤40.00	—	—	540/720 540/1000
中联重科 RK804	4×4 轮式	4040×1750×2400	2200	直列,增压	59.0	15.0	2070	—	—	310	12F/12R	≤40.00	—	—	540/760 540/1000
沃得 WD704F	4×4 轮式	3820×1710×2550	2300	直列,增压	51.5	≥13.8	1992	1335/1420/1530/1615	1345/1445/1545/1645	350	8F/8R	≤40.00	—	43.7	540/720 720/1000 540/1000
沃得 WD804A	4×4 轮式	3940×1810×2615	2300	直列,增压	58.8	≥15.8	2012	1335/1420/1530/1615	1345/1445/1545/1645	385	8F/8R	≤40.00	—	50.1	540/760 540/1000 760/1000
沃得 WD94A	4×4 轮式	3940×1810×2615	2300	直列,增压	66.2	≥16.8	2012	1335/1420/1530/1615	1345/1445/1545/1645	385	8F/8R	≤40.00	—	56.3	540/760 540/1000 760/1000

续表

型号	型式	外形尺寸(长×宽×高)/(mm×mm×mm)	发动机转速/(r·min⁻¹)	发动机型式	功率/kW	最大牵引力/kN	轴距/mm	轮距前/mm	轮距后/mm	最小离地间隙/mm	挡位	行驶速度(前进/倒退)/(km·h⁻¹)	转向半径/m	动力输出轴功率/kW	动力轴转速/(r·min⁻¹)
沃得WD904	4×4轮式	4400×2130×2770	2300	直列,增压	66.2	≥21.0	2207	—	—	379	16F/8R	≤40.00	—	≥59.4	540,760,850,1000任选两种组合
沃得WD1004	4×4轮式	4400×2130×2770	2300	直列,增压	73.5	≥23.4	2207	—	—	379	16F/8R	≤40.00	—	≥66.0	540,760,850,1000任选两种组合
沃得WD704K	4×4轮式	3650×1572×2501	2400	直列,增压	52.0	≥15.8	1845	1200/1300/1350/1450	1230/1330/1430/1490	345	8F/8R	≤40.00	—	≥44.2	540/760
沃得DX1004	4×4轮式	4100×2130×3025	2300	直列,增压	73.5	≥25.7	2280	1500/1600/1700/1800	1620/1720/1820/1920/2020	495	32R/32F	≤40.00	—	≥62.5	540/1000 760/1000
沃得WZ704	4×4轮式	3670×1310×2347	2400	直列,增压	51.5	≥15.8	1870	960~1110	900~1240	352	8R/8F	≤40.00	—	≥43.8	540/760
萨丁SD704-A	4×4轮式	4000×1860×2750	2200	直列,增压,水冷	51.5	—	2010	1370	1400	365	12R/12F	2.46~32.73/2.15~28.69	—	—	540/760
萨丁SD804-A	4×4轮式	4000×1860×2750	2200	直列,增压,水冷	59.0	—	2010	1370	1400	365	12R/12F	2.46~32.73/2.15~28.69	—	—	540/760

续表

型号	型式	外形尺寸(长×宽×高)/(mm×mm×mm)	发动机转速/(r·min⁻¹)	发动机型式	功率/kW	最大牵引力/kN	轴距/mm	轮距前/mm	轮距后/mm	最小离地间隙/mm	挡位	行驶速度(前进/倒退)/(km·h⁻¹)	转向半径/m	动力输出轴功率/kW	动力轴转速/(r·min⁻¹)
萨丁 LB1004	4×4 轮式	4000×1860×2750	2200	直列、增压、水冷	73.5	—	2010	1450	1450	370	12R/12F	2.46~32.73/2.15~28.69	—	—	540/760
瑞泽富沃 RZ654	4×4 轮式	4030×1700×2360	2300	直列、水冷	48.0	10.8	2072	1300	1350	410	12F/12R	≤38.00	—	—	540/760 540/1000 760/1000
瑞泽富沃 RZ704-B	4×4 轮式	4030×1700×2560	2300	直列、水冷	51.5	≥10.8	2040	1300	1300	310	12F/12R	≤38.00	—	—	540/760 540/1000 760/1000
瑞泽富沃 RA704	4×4 轮式	4200×1910×2750	2300	直列、水冷	51.5	≥12.5	2236	1450	1530	335	10F/10R	≤38.00	—	—	540/760 540/1000 760/1000
瑞泽富沃 RA804	4×4 轮式	4200×1910×2750	2300	直列、水冷	59.0	≥15.0	2236	1450	1530	335	10F/10R	≤38.00	—	—	540/760 540/1000 760/1000
瑞泽富沃 RA904	4×4 轮式	4382×2083×2810	2300	直列、水冷	66.2	≥18.0	2193	1600	1616	415	16F/8R	≤38.00	—	—	760/850 540/760 540/1000 760/1000
雷沃 MY904-Y	4×4 轮式	4240×1795×2725/2510	2200	直列、水冷	66.2	19.5	2122	1300/1350/1450/1550(出厂1450)	1312/1376/1408/1496(出厂1408)或1300~1500	—	12F/12R	2.20~38.59/1.93~33.83	—	—	540/760

续表

型号	型式	外形尺寸(长×宽×高)/(mm×mm×mm)	发动机转速/(r·min⁻¹)	发动机型式	功率/kW	最大牵引力/kN	轴距/mm	轮距前/mm	轮距后/mm	最小离地间隙/mm	挡位	行驶速度(前进/倒退)/(km·h⁻¹)	转向半径/m	动力输出轴功率/kW	动力轴转速/(r·min⁻¹)
雷沃 MY804-B	4×4 轮式	4130×1795×2160	2200	直列、水冷	58.8	17.0	2072	1300/1350/1450/1550(出厂1450)	1312/1376/1408/1496(出厂1408)或1300~1500	—	12F/12R	2.86~33.59/2.50~29.44	—	—	540/760
雷沃 M704-2H	4×4 轮式	3700×1560×2380	2200	直列、水冷	51.5	10.5	1900	1160/1240/1270	1150~1320	—	8F/8R	2.38~37.78/2.14~34.00	—	—	540/720
雷沃 M504-E	4×4 轮式	3560×1680×2045	2200	直列、水冷	36.8	9.5	1900	960/1000/1110/1243	960~1263	—	8F/8R 8F/2R	1.98~27.95/2.63~12.17	—	—	540/720
雷沃 M1004-3Y	4×4 轮式	4620×2030×2900	2200	直列、水冷	73.5	27.0	2272	1620	1600~1800	—	12F/12R	1.94~34.10/1.70~29.89	—	—	540/760
黄海金马 JM704-A1	4×4 轮式	3973×(1735~2000)×2340	2300	直列、直喷、水冷、四冲程、增压中冷	51.5	20.9	1994.5/2060	1352~1487	1385~1650	430/340	8F/8R	3.21~33.09/3.80~39.11	3.9/4.3	48.0	540/1000 540/720
黄海金马 JM754-1	4×4 轮式	4100×1929×2695	2300	直列、直喷、水冷、四冲程、增压中冷	55.2	26.0	2250	1350~1650	1510~1790	430/340	8F/8R	3.21~33.09/3.80~39.11	3.9/4.3	49.5	540/1000 540/720

续表

型号	型式	外形尺寸(长×宽×高)/(mm×mm×mm)	发动机转速/(r·min⁻¹)	发动机型式	功率/kW	最大牵引力/kN	轴距/mm	轮距前/mm	轮距后/mm	最小离地间隙/mm	挡位	行驶速度(前进/倒退)/(km·h⁻¹)	转向半径/m	动力输出轴功率/kW	动力轴转速/(r·min⁻¹)
黄海金马 JM804-1	4×4 轮式	4100×1929×2695	2300	直列、水冷、直喷、四冲程、增压中冷	58.8	26.0	2250	1350~1650	1510~1790	460/360	8F/8R	3.37~34.73/3.98~41.04	3.9/4.3	53.1	540/1000 540/720
黄海金马 JM854-1	4×4 轮式	4100×1981×2720	2300	直列、水冷、直喷、四冲程、增压中冷	62.5	26.2	2250	1350~1650	1510~1790	460/360	8F/8R	3.37~34.73/3.98~41.04	3.9/4.3	56.3	540/1000 540/720
黄海金马 JM904-A1	4×4 轮式	4100×1981×2720	2300	直列、水冷、直喷、四冲程、增压中冷	66.2	26.2	2250	1350~1650	1510~1790	430/340	8F/8R	3.21~33.09/3.80~39.11	3.9/4.3	59.6	540/1000 540/720
东风 DF904X	4×4 轮式	4555×2270×2775	2400	直列、四冲程、直喷式	66.2	—	2352	1550~2010	1550~2470	425	12F/4R	2.07~38.00/?	—	57.0	760/860 540/1000 540/760 760/1000
东风 DF904-6	4×4 轮式	4530×2030×2730	2400	直列、四冲程、直喷式	66.2	—	2275	1550~1770	1500~1800	450	12F/12R	1.88~37.73/?	—	57.0	540/1000 540/730 540/860 540/540E
东风 DF1004X	4×4 轮式	4555×2270×2775	2400	直列、四冲程、直喷式	73.5	—	2352	1550~2010	1550~2470	425	12F/4R	2.07~38.00/?	—	63.0	540/1000 540/730 540/860
东风 DF804-9	4×4 轮式	4165×1845×2635	2400	直列、四冲程、直喷式	58.8	—	2075	1250/1360/1500/1600	1300/1490/1580/1740	395	12F/12R	1.46~33.71/?	—	47.0	540/1000 540/730

续表

型号	型式	外形尺寸(长×宽×高)/(mm×mm×mm)	发动机转速/(r·min⁻¹)	发动机型式	功率/kW	最大牵引力/kN	轴距/mm	轮距前/mm	轮距后/mm	最小离地间隙/mm	挡位	行驶速度(前进/倒退)/(km·h⁻¹)	转向半径/m	动力输出轴功率/kW	动力轴转速/(r·min⁻¹)
东风DF704-15	4×4轮式	3475×1400×2400	2400	直列、四冲程、直喷式	51.5	—	1818	1075	1050/1100/1150	300	8F/2R	1.43~26.29/1.88~9.73	—	—	540/1000 540/730 540/860 540/540E
常发CFB704	4×4轮式	3614×1644×2632	2400	直列、水冷、四冲程式、喷式	51.5	17.5	1900	1072/1168/1204/1236/1300/1357/1368/1464	1140/1200/1216/1240/1300/1276/1316/1376	380	12F/12R	2.72~38.00/3.60~14.81	3.7	—	760/860 540/1000 540/760 760/1000
常发CFE804	4×4轮式	3706×1820×2610	2300	直列、水冷、四冲程、喷式	58.9	17.5	2164	1410~1710	1300~1600	347	12F/12R	2.26~32.36/2.00~28.61	4.0	—	540/1000 540/730 540/860 540/540E
常发CFE904	4×4轮式	3706×1820×2610	2300	直列、水冷、四冲程、喷式	66.2	18.5	2164	1410~1290	1300~1600	347	12F/12R	2.41~28.81/2.25~26.93	4.0	—	540/1000 540/730 540/860
常发CFC704-B	4×4轮式	3713×1615×2640	2400	立式、循环水冷、四冲程、直喷式	51.5	14.0	1798	1050/1100/1200/1300	1050~1200	341/382	8F/8R	7.50~16.00/11.20~28.00	3.6	—	540/1000 540/730

续表

型号	型式	外形尺寸(长×宽×高)/(mm×mm×mm)	发动机转速/(r·min⁻¹)	发动机型式	功率/kW	最大牵引力/kN	轴距/mm	轮距前/mm	轮距后/mm	最小离地间隙/mm	挡位	行驶速度(前进/倒退)/(km·h⁻¹)	转向半径/m	动力输出轴功率/kW	动力轴转速/(r·min⁻¹)
常发 CFF904	4×4 轮式	4325×1970×2600	2300	直列、水冷、直四冲程、喷射式	66.2	19.5	2200	1550	1315~1920	507	12F/12R 24F/24R	2.44~37.00/ 2.18~33.20	—	—	540/1000 540/730 540/860 540/540E
约翰迪尔 6B-954	4×4 轮式	4500×(1945~2445)×2760	2200	直列、增压	69.9	31.0	2310	1425~2025	1627~2903	—	12F/4R	≤40.00	≤4.5	64.0	840
道依茨-法尔 SH904C	4×4 轮式	4370×2100×2860	2300	增压中冷	66.2	—	—	可调	可调	304	12F/12R	≤40.00	—	—	540/760
道依茨-法尔 CD1004S	4×4 轮式	4110×2010×2830	2300	增压中冷	73.5	—	—	可调	可调	379	16F/8R	≤40.00	—	—	760/1000
久保田 MK854K	4×4 轮式	4450×2215×2605	2500	立式水冷、四缸涡轮增压	62.7	≥18.0	2350	1660/1760	1600/1720/1800/1920	485	12F/12R	≤40.00	—	—	540/720
久保田 MX1304	4×4 轮式	4755×2210×2700	2500	涡轮增压、中冷	95.6	—	2690	可调	可调	465	16F/16R	≤40.00	—	—	540/1000

对于中型拖拉机，其作业挡次合理，并装有后置动力输出轴。该拖拉机的作业性能好，生产效率高，用途广泛，能有效地进行各种田间作业（耕地、耙地、旋耕、播种、收割、田间管理、开沟等）、固定作业（抽水、喷灌、发电、磨面、碾米）及运输作业等。能在较小地块上作业和在较窄的道路上行驶，可满足平原、丘陵、牧区、菜园、果园的机械化作业要求。

如图 1-79 所示的东方红 SK654G 果园型轮式拖拉机整机结构紧凑，操作灵活方便，动力强劲。侧置蓄电池，车身更短，更加适合果园和大棚等低矮狭小空间作业。下置消声器和缩短式空滤，果园作业不碰枝，不伤果。侧置操纵传动系，速度匹配合理，可满足耕地、播种、收获等各种需求。装有新型滚塑油箱，造型美观，容积大，一次加油作业时间长。新开发升级了前置转向油缸前驱动桥，整机转弯半径减小至 3.5 m，更加适合大棚、果园作业。

图 1-79　东方红 SK654G 轮式拖拉机

如图 1-80 所示的时风 SF604 系列拖拉机额定功率为 40.5～66.2 kW，对底盘进行人机工程改进，采用侧置式变速换挡结构，吊挂式制动离合装置，独立式双作用离合器，双速动力输出，侧置加大主副燃油箱，新式成形座箱，新型流线机罩，可选装新式豪华驾驶室，驾乘舒适、操纵方便。

图 1-80　时风 SF604 轮式拖拉机

目前国内的主流产品，20～100 Ps 中型轮式四驱拖拉机（见图 1-81～图 1-84），采用双作用离合器、静液压转向，操作灵活轻便，配套机具范围更大；前、后轮距调节范围大，拖拉机水旱田兼用，离地间隙大，更适应作业需求，维修更方便。可配套多种农机具，适应多工况作业，满足用户多种机具配套作业需求；脚底板空间大、操纵方便、作业舒适性较高，人机性能良好。

图 1-81　五征 NS704C 轮式拖拉机

图 1-82　东风 DF604-15G 轮式拖拉机

图 1-83　雷沃 M604B 轮式拖拉机

图 1-84　久保田 M954K 轮式拖拉机

3. 大型轮式四驱拖拉机

大型轮式四驱拖拉机的主要技术性能见表 1-14。

表1-14　轮式四驱拖拉机(73.5~147.1kW)产品技术参数

型号	型式	外形尺寸(长×宽×高)/(mm×mm×mm)	发动机转速/(r·min⁻¹)	发动机型式	功率/kW	最大牵引力/kN	轴距/mm	轮距前/mm	轮距后/mm	最小离地间隙/mm	挡位	行驶速度(前进/倒退)/(km·h⁻¹)	转向半径/m	动力输出轴功率/kW	动力轴转速/(r·min⁻¹)
东方红MY1004S	4×4轮式	4050×1820×2750	2200	直列、自吸	74.2	21.0	2160	1650	1600	480	12R/12F	2.74~41.85/2.00~30.52	4.2±0.3	62.5	540/760 540/1000
东方红LF1504	4×4轮式	5160×2610×3085	2200	直列、水冷、四冲程、直喷	110.3	34.0	—	1908~2208	1819~2340	417	16R/12F	2.80~37.10/3.20~22.10	≤7.1	95.0	540/1000
东方红LF1304	4×4轮式	4350×2100×3006	2200	直列、增压	96.5	34.5	—	1691	1632	430	24R/12F	2.27~36.95/2.36~33.20	4.9±0.3(四缸) 5.7±0.3(六缸)	77.2	650(760)/720(850)
东方红LF1204	4×4轮式	4350×2100×3006	2200	直列、增压或自吸	88.2	34.5	—	1691	1632	430	24R/12F	2.27~36.95/2.36~33.20	4.9±0.3(四缸) 5.7±0.3(六缸)	71.3	650(760)/720(850)
东方红LF1104	4×4轮式	4325×2120×3000	2200	直列、增压	81.0	23.0	—	1760~2000	1652~2152	440	24R/12F	2.27~36.95/2.36~33.20	5.6	67.0	540/720 650/720 540/1000 720/1000
东方红LX1204	4×4轮式	5040×2380×3100	2200	六缸、直列	88.2	40.5	—	1761~2000	1676~2276	470	12F/4R	2.25~30.55/4.85~14.26	6.5±0.2	71.3	540/1000 540/720 540 720 1000

续表

型号	型式	外形尺寸(长×宽×高)/(mm×mm×mm)	发动机转速/(r·min⁻¹)	发动机型式	功率/kW	最大牵引力/kN	轴距/mm	轮距前/mm	轮距后/mm	最小离地间隙/mm	挡位	行驶速度(前进/倒退)/(km·h⁻¹)	转向半径/m	动力输出轴功率/kW	动力轴转速/(r·min⁻¹)
东方红 LX1204	4×4 轮式	5050×2370×3030	2200	六缸,直列	92	48.0	—	1714~2154	1676~2276	470	12F/4R	2.19~29.63/4.72~13.83	6.5±0.2	77.2	540/1000 540/720 540 720 1000
东方红 LX1404	4×4 轮式	5050×2370×3200	2200	六缸,直列	103	52.6	—	1714~2154	1676~2276	470	12F/4R	2.17~29.43/4.67~13.74	6.5±0.2	92.0	540/1000 540/720 540 720 1000
东方红 LY1104	4×4 轮式	4536×2245×2820	2200	直列,增压	81	25.0	—	1560~2000	1655~2152	440	12F/12R	2.29~36.34/2.81~35.31	≤6.0	67.0	540/720 540/1000 720/1000 650/720
五征 ME1604	4×4 轮式	5075×2115×2933	2200	直列,增压	118	28.5	2731	1650/1710/1751/1851/1950	1705/1809/1865/1955/1969/2011/2115	—	12F/4R	≤40.00	≤4.4	—	760/850
五征 MD804	4×4 轮式	5430×2450×3200	2200	直列,增压	132.5	32.0	2823	1700~2120	1645~2330	—	24F/8R	≤40.00	—	112.7	760/850 540/1000

续表

型号	型式	外形尺寸 (长×宽×高)/ (mm×mm×mm)	发动机 转速/ (r·min⁻¹)	发动机型式	功率/kW	最大牵引力/kN	轴距/mm	轮距前/mm	轮距后/mm	最小离地间隙/mm	挡位	行驶速度 (前进/倒退)/ (km·h⁻¹)	转向半径/m	动力输出轴功率/kW	动力轴转速/(r·min⁻¹)
时风 SF1204	4×4 轮式	4794×2048 ×2930	2300	直列,增压	81.0/ 88.2/ 95.6/ 103.0	—	2510	1530~ 1830	1650~ 2100	—	16F/ 12R	≤39.00	≤6.0	—	760/1000 540/760 760/850
时风 SF1504	4×4 轮式	5286×2320 ×2945/5286 ×3165×2945 (后轮双胎)	2300	直列,增压	95.6/ 103.0/ 110.3/ 118.0	—	2834	1650/ 1760/ 1778/ 1862/ 1888/ 1972/ 1990/ 2100	1650~ 1760/ 1750~ 1860/ 1854~ 1964/ 1954~ 2064/ 2054~ 2164/ 2158~ 2268/ 2258~ 2365	—	16F/ 12R	≤39.00	≤6.0	—	760/1000 540/1000 540/760
时风 SF1804F	4×4 轮式	5010×2550 ×3050	2300	直列,增压	132.5	—	2637	1750/ 1878/ 1947/ 2075	1650~ 1816/ 1954~ 2216	—	16F/ 12R	≤39.00	≤6.0	—	760/1000 540/760 760/850

续表

型号	型式	外形尺寸(长×宽×高)/(mm×mm×mm)	发动机转速/(r·min⁻¹)	发动机型式	功率/kW	最大牵引力/kN	轴距/mm	轮距前/mm	轮距后/mm	最小离地间隙/mm	挡位	行驶速度(前进/倒退)/(km·h⁻¹)	转向半径/m	动力输出轴功率/kW	动力轴转速/(r·min⁻¹)
时风 SF2104	4×4 轮式	5286×2320×2945 / 5286×3165×2945(后轮双胎)	2200	直列,增压	132.5/147.0/154.0	—	2894	1650~2100	1650~2368	—	16F/12R	≤39.00	≤6.0	—	760/1000 540/1000 540/760
中联重科 RC1204	4×4 轮式	4640×2095×2960	2200	直列,增压	88.2	30.0	2350	1529~2025	1512~2012	470	16F/8R	≤40.00	—	—	760/850 540/1000
中联重科 RC1204-F	4×4 轮式	4985×2435×2995	2200	直列,增压	88.2	30.9	2582	1529~2025	1512~2012	445	16F/8R	≤40.00	—	—	760/850 540/1000
中联重科 RN1404	4×4 轮式	4640×2095×2960	2200	直列,增压	103.0	36.0	2350	—	—	500	16F/8R	≤40.00	—	—	760/850 540/1000
中联重科 RS1604-F	4×4 轮式	5200×2435×3250	2200	直列,增压	117.6/132.3	39.6	2640	—	—	520	16F/8R	≤40.00	—	—	760/850 540/1000
中联重科 RG1804	4×4 轮式	5280×2230×3060	2200	直列,增压	132.6	40.9	2720	—	—	500	16F/16R	≤40.00	—	—	760/850 540/1000
沃得 DX1204	4×4 轮式	4100×2130×3025	2300	直列,增压	88.3	≥25.7	2280	1500/1600/1700/1800	1620/1720/1820/1920/2020	495	32F/32R	≤40.00	—	≥75.1	—

续表

型号	型式	外形尺寸（长×宽×高）/(mm×mm×mm)	发动机转速/(r·min⁻¹)	发动机型式	功率/kW	最大牵引力/kN	轴距/mm	轮距前/mm	轮距后/mm	最小离地间隙/mm	挡位	行驶速度（前进/倒退）/(km·h⁻¹)	转向半径/m	动力输出轴功率/kW	动力轴转速/(r·min⁻¹)
沃得DX1304	4×4 轮式	4100×2130×3025	2300	直列,增压	95.6	≥26.8	2280	1500/1600/1700/1800	1620/1720/1820/1920/2020	495	32F/32R	≤40.00	—	≥81.3	—
沃得DX1404	4×4 轮式	4100×2130×3025	2300	直列,增压	103.0	≥29.1	2280	1500/1600/1700/1800	1620/1720/1820/1920/2020	495	32F/32R	≤40.00	—	≥87.6	—
沃得WD1104	4×4 轮式	4400×2130×2770	2300	直列,增压	81.0	≥24.2	2207	—	—	379	16F/8R	≤40.00	—	≥72.5	540,850,100任选两种组合
沃得WD1204G	4×4 轮式	4750×2130×2800	2300	直列,增压	88.2	≥27.0	2418.5	—	—	430	24F/24R	≤40.00	—	75.0	540,760,850,100任选两种组合
萨丁SD1204	4×4 轮式	4450×2220×2840	2200	直列,增压,水冷	88.2	—	2210	1700/1780/1880	1600~1800	400	16F/8R	1.60~35.10/2.40~34.70	—	—	760/850
萨丁SD1404	4×4 轮式	5130×2250×2840	2200	直列,增压,水冷	103.0	32.0	2620	1685	1745	—	16F/8R	1.60~35.10/2.40~34.70	—	—	760/850
萨丁SD1604	4×4 轮式	5180×2300×3000	2200	直列,增压,水冷	118.0	—	2680	1750	1770	485	16F/8R	1.60~33.70/2.40~34.60	—	—	760/850

续表

型号	型式	外形尺寸（长×宽×高）/（mm×mm×mm）	发动机转速/（r·min⁻¹）	发动机型式	功率/kW	最大牵引力/kN	轴距/mm	轮距前/mm	轮距后/mm	最小离地间隙/mm	挡位	行驶速度（前进/倒退）/（km·h⁻¹）	转向半径/m	动力输出轴功率/kW	动力轴转速/（r·min⁻¹）
瑞泽富沃 RZ1104	4×4 轮式	4575×2145 ×2955	2300	直列、增压、水冷	81.0	16.6	2582	1610	1620	395	16F/8R	≤38.00	—	—	760/850 760/1000 540/1000 540/760
瑞泽富沃 RZ1204	4×4 轮式	4575×2145 ×2955	2300	直列、增压、水冷	83.2	20.0	2582	1610	1620	405	16F/8R	≤38.00	—	—	760/850 760/1000 540/1000 540/760
瑞泽富沃 RZ1404-F	4×4 轮式	4920×2325 ×3000	2300	直列、增压、水冷	103.0	≥25.0	2530	1954		480	16F/8R	≤38.00	—	—	540/1000 760/850
瑞泽富沃 RZ1504-F	4×4 轮式	4920×2325 ×3000	2300	直列、增压、水冷	110.3	≥28.0	2530	1954	—	480	16F/8R	≤38.00	—	—	540/1000 760/850
瑞泽富沃 RZ1604-F	4×4 轮式	5100×2325 ×3150	2300	直列、增压、水冷	117.7	≥32.0	2530	1954	—	460	16F/8R	≤38.00	—	—	540/1000 760/850
瑞泽富沃 RG2104	4×4 轮式	5560×2350 （单）×3120 /5560×3370 （双）×3120	2300	直列、增压、水冷	154.5	≥35.0	2755	1830/ 1900/ 1990	1800	450	16F/ 16R	≤38.00	—	—	540/1000 760/850

续表

型号	型式	外形尺寸（长×宽×高）/(mm×mm×mm)	发动机转速/(r·min⁻¹)	发动机型式	功率/kW	最大牵引力/kN	轴距/mm	轮距前/mm	轮距后/mm	最小离地间隙/mm	挡位	行驶速度（前进/倒退）/(km·h⁻¹)	转向半径/m	动力输出轴功率/kW	动力轴转速/(r·min⁻¹)
雷沃 MG2004	4×4 轮式	5300×2400×3100	2200	直列、增压、水冷	147.1	55.0	2730	1700/1720/1820/2000/2130	1700/1720/1820/2000/2130	—	16F/16R	3.26~38.96/3.21~38.32	—	—	760/850
雷沃 MG1804	4×4 轮式	—	2200	直列、增压、水冷	132.4	48.0	2700	1660~2050	1610~2150	—	24F/8R	0.30~33.10/0.70~11.30	—	—	760/850
雷沃 M1604-D	4×4 轮式	—	2200	直列、增压、水冷	117.7	45.0	2700	1660/1760/1790/1840/1890/1920/1970/2050	1610/1750/1810/1950/2010/2150	—	16F/8R 12F/4R 24F/8R	1.70~35.40/2.50~22.70	—	—	760/850
雷沃 M1404-5X	4×4 轮式	—	2200	直列、增压、水冷	103.0	38.0	2300	1620	1620	—	12F/12R	2.38~33.16/2.15~29.99	—	—	540/760

续表

型号	型式	外形尺寸（长×宽×高）/（mm×mm×mm）	发动机转速/(r·min⁻¹)	发动机型式	功率/kW	最大牵引力/kN	轴距/mm	轮距前/mm	轮距后/mm	最小离地间隙/mm	挡位	行驶速度（前进/倒退）/(km·h⁻¹)	转向半径/m	动力输出轴功率/kW	动力轴转速/(r·min⁻¹)
雷沃 M1204-X	4×4 轮式	—	2200	直列、增压、水冷	88.3	35.0	2300	1520/1660/1720/1760/1860	1500/1600/1620/1720/1890/2010/1608~1996	—	12F/12R	2.38~33.16/2.15~29.99	—	—	540/760
雷沃 P1204-4	4×4 轮式	—	2200	直列、增压、水冷	88.3	27.0	2240	1670/1770	1600/1700	—	12F/12R	2.90~39.90/2.90~39.70	—	—	540/760
东风 DF1504	4×4 轮式	4980×2410×3010	2400	直列、四冲程、直喷式	110.3	—	2665	1755~2105	1652~2372	475	12F/4R 12F/8R	2.00~27.00/4.80~14.30	—	95.0	540/1000 540/760 760/860
东风 DF1304	4×4 轮式	4980×2410×3010	2400	直列、四冲程、直喷式	118.0	—	2665	1855	1652~2256	460	12F/4R 12F/8R	1.75~31.50/18.40~38.00	—	100.3	540/1000 540/760 760/860
东风 DF1604-5	4×4 轮式	4875×2150×3000	2400	直列、四冲程、直喷式	118.0	—	2651	1545/1670/1730/1800/1850/1980	1642/1670/1835/1870/2042	460	12F/4R 12F/8R	1.80~40.20/?	—	100.3	540/1000 540/760 760/860

续表

型号	型式	外形尺寸(长×宽×高)/(mm×mm×mm)	发动机转速/(r·min⁻¹)	发动机型式	功率/kW	最大牵引力/kN	轴距/mm	轮距前/mm	轮距后/mm	最小离地间隙/mm	挡位	行驶速度(前进/倒退)/(km·h⁻¹)	转向半径/m	动力输出轴功率/kW	动力轴转速/(r·min⁻¹)
东风DF1604-1	4×4轮式	4980×2410×3010	2400	直列、四冲程,直喷式	118.0	—	2665	1755~2105	1652~2372	475	12F/4R 24F/8R	2.00~27.90/?	—	101.5	540/1000 540/760 760/860
东风DF1204-6	4×4轮式	4530×2030×2730	2400	直列、四冲程,直喷式	88.2	—	2275	1570/1670/1770/1870	1500/1600/1700/1800	450	12F/24R	1.80~33.00/?	—	76.0	540/1000 540/730 540/860 540/540E
黄海金马JM1404A	4×4轮式	3145×2345×3075	2300	直列、直喷、水冷、四冲程,增压中冷	103.0	47.8	2657	1792	1835	465	16F/8R	1.50~31.67/2.30~29.41	5.7	87.6	540/1000 540/720
黄海金马JM1504A	4×4轮式	3145×2345×3075	2300	直列、直喷、水冷、四冲程,增压中冷	110.3	47.8	2657	1792	1835	465	16F/8R	1.50~31.67/2.30~29.41	5.7	93.8	540/1000 540/720
黄海金马YH1604	4×4轮式	3145×2345×3075	2300	直列、直喷、水冷、四冲程,增压中冷	118.0	49.1	2657	1792	1835	465	16F/8R	1.50~31.67/2.30~29.41	5.7	100.5	540/1000 540/720
黄海金马YH1804	4×4轮式	3145×2345×3075	2300	直列、直喷、水冷、四冲程,增压中冷	132.5	49.1	2657	1792	1835	465	16F/8R	1.50~31.67/2.30~29.41	5.7	113.0	540/1000 540/720

续表

型号	型式	外形尺寸 (长×宽 ×高)/ (mm×mm ×mm)	发动机 转速/ (r· min⁻¹)	发动机型式	功率 /kW	最大牵 引力 /kN	轴距 /mm	轮距前 /mm	轮距后 /mm	最小离 地间隙 /mm	挡位	行驶速度 (前进/ 倒退)/ (km·h⁻¹)	转向半 径/m	动力输 出轴 功率 /kW	动力轴 转速 /(r· min⁻¹)
常发 CFG1104-B	4×4 轮式	4705×2120 ×2856	2300	直列、水冷、直 四冲程、喷式	81.0	25.0	2334	1646~ 1928	1656~ 2088	448	24F/ 24R	2.67~36.01/ 2.58~34.83	—	—	540/760 540/1000 760/1000 760/850
常发 CFG1404-X	4×4 轮式	4805×2120 ×2902	2300	直列、水冷、直 四冲程、喷式	103.0	27.5	2334	1616~ 1932	1546~ 2560	475	24F/ 24R 12F/ 12R	2.83~38.28/ 2.74~37.00	—	—	540/760 540/1000 760/1000 760/850
常发 CFF1204-H	4×4 轮式	4325×1970 ×2938/2715	2300	直列、水冷、直 四冲程、喷式	88.2	23.0	2135	1550	1315~ 1920	507	24F/ 24R 12F/ 12R	2.44~37.00/ 2.18~33.20	4.4	—	540/760 540/1000 760/1000
常发 CFH2004-A	4×4 轮式	4843×2155 ×3117	2300	直列、水冷、直 四冲程、喷式	147.0	54.2	2853	1720	1688	530	32F/ 32R 16F/ 16R	2.43~39.06/ 2.35~37.75	—	—	540/760 540/1000 760/1000 760/850
常发 CFJ1804	4×4 轮式	5310×2328 ×3219	2300	直列、水冷、直 四冲程、喷式	132.4	54.6	2825	1610/ 1700/ 1770/ 1800/ 1940/ 2010/ 2100/ 2150/ 2200	1622~ 2710	527	32F/ 32R 16F/ 16R	2.32~37.31/ 2.24~36.07	—	—	540/760 540/1000 760/1000 760/850

续表

型号	型式	外形尺寸(长×宽×高)/(mm×mm×mm)	发动机转速/(r·min⁻¹)	发动机型式	功率/kW	最大牵引力/kN	轴距/mm	轮距前/mm	轮距后/mm	最小离地间隙/mm	挡位	行驶速度(前进/倒退)/(km·h⁻¹)	转向半径/m	动力输出轴功率/kW	动力轴转速/(r·min⁻¹)
常发 CFG1204-B	4×4 轮式	4705×2120×2856	2300	直列、水冷、四冲程、直喷式	81.0	25.0	2334	1646~1928	1656~2088	475	24F/24R 12F/12R	2.83~38.28/ 2.74~37.00	—	—	540/760 540/1000 760/1000 760/850
约翰迪尔 6J-1854	4×4 轮式	5620×2800×2930	2200	立式增压	115.6	65.0	2685	1434~2146	2164~2476(双胎) 1747~2704(单胎)	—	16F/16R	≤40.00	≤5.9	115.6	540/1000
约翰迪尔 6J-1654	4×4 轮式	5620×2800×2930	2200	立式增压	103.2	65.0	2685	1434~2146	2164~2476(双胎) 1747~2704(单胎)	—	16F/16R	≤40.00	≤5.9	103.2	540/1000
约翰迪尔 6B1404	4×4 轮式	4800×(2180~2480)×2760(4缸)/4900×(2180~2480)×2760(6缸)	2200	立式增压	87.6	42.0	2560(4缸)/2677(6缸)	1436~2036	1417~2017	—	12F/4R	≤40.00	≤5.5(4缸)/≤6.0(6缸)	87.6	540/1000
约翰迪尔 6B启航 1204	4×4 轮式	4800×(2180~2480)×2760	2200	立式增压	77.0	39.0	2560	1436~2036	1417~2017	—	12F/4R	≤40.00	≤5.5	77.0	760/830
约翰迪尔 6B启航 1404	4×4 轮式	4800×(2180~2480)×2760	2200	立式增压	87.6	42.0	2560	1436~2036	1417~2017	—	12F/4R	≤40.00	≤5.5	87.6	760/830 540/1000

续表

型号	型式	外形尺寸(长×宽×高)/(mm×mm×mm)	发动机转速/(r·min⁻¹)	发动机型式	功率/kW	最大牵引力/kN	轴距/mm	轮距前/mm	轮距后/mm	最小离地间隙/mm	挡位	行驶速度(前进/倒退)/(km·h⁻¹)	转向半径/m	动力输出轴功率/kW	动力轴转速/(r·min⁻¹)
AGCO麦赛福格森S1204-A	4×4轮式	4650×2160×2750	2200	涡轮增压中冷,高压共轨	89.5	—	2500	1290~2004	1340~2044	—	12F/12R	≤40.00	≤8.0	—	540/1000 540/750
AGCO麦赛福格森S1204-C	4×4轮式	4650×2160×2750	2200	涡轮增压中冷,高压共轨	89.5	—	2500	1329~2029	1329~2029	—	12F/12R	≤40.00	≤8.0	—	540/1000 540/750
AGCO麦赛福格森S1304-C	4×4轮式	4650×2160×2750	2200	涡轮增压中冷,高压共轨	96.9	—	2500	1329~2029	1329~2029	—	12F/12R	≤40.00	≤8.0	—	540/1000 500/750
AGCO麦赛福格森MF1804	4×4轮式	—	2100	涡轮增压中冷,高压共轨	132.0	≥94.2	3100	可调	可调	—	24F/24R	≤40.00	≤8.0	—	540/540E 1000/ 1000E
道依茨-法尔CD1604	4×4轮式	5108×2466×3075	2300	涡轮增压中冷	117.6	—	—	可调	可调	450	24F/12R	≤40.00	—	—	540/1000
道依茨-法尔CD1804	4×4轮式	5108×2466×3075	2300	涡轮增压中冷	132.4	—	—	可调	可调	450	24F/12R	≤40.00	—	—	540/1000
道依茨-法尔DF1704	4×4轮式	5108×2466×3075	2300	涡轮增压中冷	125.0	—	—	可调	可调	450	24F/12R	≤40.00	—	—	540/1000
道依茨-法尔DF1804	4×4轮式	5108×2466×3075	2300	涡轮增压中冷	132.4	—	—	可调	可调	450	24F/12R	≤40.00	—	—	540/1000
凯斯Puma2104	4×4轮式	5240×2280×2780	2200	涡轮增压中冷	104.0	≥34.5	2640	可调	可调	—	16F/16R	≤40.00	6.1	89.0	540/1000

大型拖拉机造价较高,用途也较为广泛。目前市场上的大型拖拉机(见图1-85~图1-88)采用变速挡位设置,速度范围广,传动系采用同步器换挡+啮合套换挡相结合的换挡方式,结构成熟,维修简单,零部件通用性好,通常采用独立操作双作用离合器,行走系带安全启动开关,启动发动机时必须踩下离合踏板,或变速杆处于空挡状态时方能正常启动车辆,保障了行车安全。

图1-85 五征MF1804型轮式拖拉机

图1-86 常发CFH1804-A型轮式拖拉机

图1-87 道依茨-法尔CD1804型轮式拖拉机

图1-88 麦赛福格森S1304-C型轮式拖拉机

4. 重型轮式四驱拖拉机

重型轮式四驱拖拉机的主要技术性能见表1-15和表1-16。

近几年国内市场对重型轮式四驱拖拉机的需求增大。国内动力换挡变速器的研究处于对国外技术的引进和自主研发相结合的阶段。如图1-89~图1-94所示,中国一拖于2010年起与国际先进研究所合作,研发生产了LF系列电液操纵动力换挡拖拉机。中联重科于2015年推出了首款自主研发的PL2304型部分动力换挡拖拉机,段内动力换挡,段间同步器换挡,填补了我国自主品牌该类产品的空白。福田雷沃重工在2015年汉诺威国际农机展上展出了Arbos系列动力换挡拖拉机,均是部分动力换挡产品。此外东风、黄海金马等公司研发的动力换挡拖拉机也被市场广泛认可。

国外动力换挡变速器技术相当成熟,如图1-95及图1-96所示的约翰迪尔及凯斯等公司研发的生产功率达到300 kW的轮式拖拉机,可以满足特定情况下的农艺需求。

5. 履带式拖拉机

履带式拖拉机是以大面积农田作业为主,配装不同农具可进行耕、整、耙、播等作业项目。国产履带式拖拉机目前主要以中国一拖集团有限公司研制的东方红系列履带式拖拉机为主。目前主要采用扭杆悬架独立台车,行车速度高,路面适应性好。通过分油电液控制的独立式动力输出轴,保证了动力输出使用的可靠性。电控悬挂机构不仅可使用两点悬挂,也可使用三点悬挂进行不同的农田作业。电子控制耕深系统通过电子控制的方式实现了履带式拖拉机的耕深控制,可进行力、位、力位综合、下降速度控制,可对农具进行高度限位、机外控制等,旋钮操纵,使用方便。变速箱速度匹配合理,作业挡位宽,满足不同土壤农田作业,可靠性高,湿式转向离合器,使用寿命长。转向操纵采用液压助力器,转向操纵轻便省力。图1-97和图1-98给出了两种型号的产品整机外形图。

表1-15 重型轮式四驱拖拉机(147.1~294.2 kW)产品技术参数

型号	型式	外形尺寸(长×宽×高)/(mm×mm×mm)	发动机转速/(r·min⁻¹)	发动机型式	功率/kW	最大牵引力/kN	轴距/mm	轮距前/mm	轮距后/mm	最小离地间隙/mm	挡位	行驶速度(前进/倒退)/(km·h⁻¹)	转向半径/m	动力输出轴功率/kW	动力轴转速/(r·min⁻¹)
东方红 LF2004	4×4 轮式	5489×2997×3330	2200	直列、六缸、电控高压共轨,增压中冷	162.0	49.0	—	1923~2127	1846~2256	392	30F/25R	1.90~36.40/2.20~29.20	≤6.5	138.0	540/1000
东方红 LX2204	4×4 轮式	5580×2860×3400	2200	立式增压中冷	162.0	70.0	—	1904~2252	1780~2288	470	12F/4R	2.00~36.69/4.44~14.48	6.2±0.2	145.0	540/1000
五征 MG2104	4×4 轮式	5550×2610×3310(单胎)/5550×3600×3310(双胎)	2200	立式增压	155.0	37.0	2835	1935	1900(单胎)/2500(双胎)	—	16F/16R	≤40.00	—	132.0	540/1000
五征 PH2104	4×4 轮式	5750×2320×3210	2200	立式增压	154.0	37.5	2950	1935	1677/1727/1831/1973/2077/2127/2231	440	40F/40R	≤40.00	3.5	132.0	540/1000 540E/1000E
中联重科 RG2104	4×4 轮式	5280×2230×3060	2200	立式增压	154.4	43.2	2720	—	—	500	16F/16R	≤40.00	—	—	540/1000 760/850
中联重科 PL2304	4×4 轮式	5718×2736×3300	2200	立式增压	172.0	74.0	3085	—	—	350	40F/40R	≤40.00	5.8	—	540E/1000N/1000E
萨丁 SD2404	4×4 轮式	5545×2740×3210	2200	立式增压	177.0	—	2830	2050	1850	400	16F/16R	≤40.00	—	—	540E/1000N/1000E

续表

型号	型式	外形尺寸（长×宽×高）/（mm×mm×mm）	发动机转速/（r·min⁻¹）	发动机型式	功率/kW	最大牵引力/kN	轴距/mm	轮距前/mm	轮距后/mm	最小离地间隙/mm	挡位	行驶速度（前进/倒退）/（km·h⁻¹）	转向半径/m	动力输出轴功率/kW	动力轴转速/（r·min⁻¹）
薩丁 SD2604	4×4 轮式	5755×2980×3200	2200	立式增压	191.5	65.0	3010	1900（2500）	1900（2500）	400	18F/6R	≤40.00	—	—	540E/1000N/1000E
薩丁 SD3004	4×4 轮式	5755×2980×3200	2200	立式增压	221.0	67.0	2830	1900（2500）	1900（2500）	400	18F/6R	≤40.00	—	—	540E/1000N/1000E
薩丁 SG2104	4×4 轮式	5500×2740×3210	2200	立式增压	154.4	—	3010	2050	1850	—	16F/16R	≤40.00	—	—	540E/1000N/1000E
雷沃 M2604-N	4×4 轮式	5755×3000×3200	2200	立式增压	191.2	70.0	3010	1860/1960/2060/2160	1900/2000/2100/2200	—	18F/6R	3.34~31.72/5.37~30.69	—	—	540/1000
雷沃 M2404-N	4×4 轮式	5755×2440×3200	2200	立式增压	176.5	70.0	3010	1900/2000/2100/2200	1850~3350（单胎）/3150（双胎）	—	18F/6R	3.34~31.72/5.37~30.69	—	—	540/1000
雷沃 P2404-7	4×4 轮式	5790×3291×2590	2200	立式增压	176.5	70.0	3104	1950/1960/2034/2064/2160/2234/2264	1750~2272	—	60F/15R	0.30~40.00/0.30~40.00	—	—	540/760/1000

续表

型号	型式	外形尺寸(长×宽×高)/(mm×mm×mm)	发动机转速/(r·min⁻¹)	发动机型式	功率/kW	最大牵引力/kN	轴距/mm	轮距前/mm	轮距后/mm	最小离地间隙/mm	挡位	行驶速度(前进/倒退)/(km·h⁻¹)	转向半径/m	动力输出轴功率/kW	动力轴转速/(r·min⁻¹)
雷沃 MW2304-6	4×4 轮式	5300×2400×3150(单胎)/5300×3500×3150(双胎)	2200	立式增压	169.2	65.0	2787	1900	1720~1970	—	28F/28R	0.24~24.09/0.23~33.52	—	—	760/850
雷沃 M2204-RA	4×4 轮式	5300×2400×3150(单胎)/5300×3500×3150(双胎)	2200	立式增压	161.8	63.5	2787	1900	1720~1970	—	16F/16R	3.26~38.96/3.21~38.32	—	—	760/850
雷沃 MW2104-6	4×4 轮式	5300×2400×3150(单胎)/5300×3500×3150(双胎)	2200	立式增压	154.5	63.5	2787	1900	1720~1970	—	28F/28R	0.24~24.09/0.23~33.52	—	—	760/850
黄海金马 YK2004	4×4 轮式	5640×2870×3570	2300	直列,水冷,直喷,四冲程,增压中冷	147.5	45.0	2910	1540~2400	1700~2480	530	18F/6R	2.30~32.10/3.50~11.66	5/6	127.0	540/1000 540/760
黄海金马 YK2204	4×4 轮式	5640×2870×3570	2300	直列,水冷,直喷,四冲程,增压中冷	162.0	49.0	2910	1540~2400	1700~2480	530	18F/6R	2.30~32.10/3.50~11.66	5/6	139.0	540/1000 540/760
黄海金马 YK2404	4×4 轮式	5640×2870×3570	2300	直列,水冷,直喷,四冲程,增压中冷	177.0	54.0	2910	1540~2400	1700~2480	530	18F/6R	2.30~32.10/3.50~11.66	5/6	151.5	540/1000 540/760
黄海金马 YK2604	4×4 轮式	5640×2870×3570	2300	直列,水冷,直喷,四冲程,增压中冷	191.5	58.5	2910	1540~2400	1700~2480	530	18F/6R	2.30~32.10/3.50~11.66	5/6	164.0	540/1000 540/760

续表

型号	型式	外形尺寸(长×宽×高)/(mm×mm×mm)	发动机转速/(r·min⁻¹)	发动机型式	功率/kW	最大牵引力/kN	轴距/mm	轮距前/mm	轮距后/mm	最小离地间隙/mm	挡位	行驶速度(前进/倒退)/(km·h⁻¹)	转向半径/m	动力输出轴功率/kW	动力轴转速/(r·min⁻¹)
东风DF2204	4×4轮式	5645×2913×3450	2200	直列、六缸、电控、增压中冷	162.0	≥39.0	2870	1500~2400	1700~2480	530	18F/18R	≤40.00	—	—	540/1000 540/760
东风DF2404	4×4轮式	5645×2913×3450	2200	直列、六缸、电控、增压中冷	177.0	≥43.0	2870	1500~2400	1700~2480	530	36F/36R	≤40.00	—	—	540/1000 540/820
常发CFL2604	4×4轮式	5910×2450×3390	2200	直列、水冷、四冲程、直喷式	191.2	65.0	2991	2000	2000	450	32F/32R	2.32~37.31/ 2.24~36.07	—	—	540/760 540/1000 760/1000 760/850
常发CFJ2204	4×4轮式	5310×2328×3219	2300	直列、水冷、四冲程、直喷式	161.8	59.5	2825	1610/ 1700/ 1770/ 1800/ 1940/ 2010/ 2100/ 2150/ 2200	1622~ 2710	527	32F/32R	0.30~38.68/ 0.30~38.68	—	—	540/760 540/1000 760/1000
约翰迪尔6J-2104	4×4轮式	5620×2800×2930	2100	立式增压	155.0	76.0	2685	1434~ 2146	1747~ 2704 (单胎)/ 2164~ 2476 (双胎)	—	16F/16R	≤40.00	≤5.9	131.8	540/1000

续表

型号	型式	外形尺寸(长×宽×高)/(mm×mm×mm)	发动机转速/(r·min⁻¹)	发动机型式	功率/kW	最大牵引力/kN	轴距/mm	轮距前/mm	轮距后/mm	最小离地间隙/mm	挡位	行驶速度(前进/倒退)/(km·h⁻¹)	转向半径/m	动力输出轴功率/kW	动力轴转速/(r·min⁻¹)
约翰迪尔 8R-2304	4×4 轮式	6591×(3012~3351)×3408	2100	立式增压	169.1	66.8	3080	1780/1882/1979/2080/2182	1684~2701	—	16F/4R	≤40.00	5.0	144.0	1000
约翰迪尔 8R-2704	4×4 轮式	6591×(3012~3351)×3402	2100	立式增压	198.6	94.2	3050	1882/1979/2080/2182	1684~2701	—	16F/4R	≤40.00	5.4	169.0	540/1000
约翰迪尔 8R-3004	4×4 轮式	6613×(3012~3351)×3407	2100	立式增压	220.5	94.6	3050	1882/1979/2080/2182	1684~2701	—	16F/4R	≤40.00	5.4	187.8	540/1000
约翰迪尔 7M-2204	4×4 轮式	6070×(3010~3994)×3162	2100	立式增压	161.8	79.0	2860	1524~2230 有级	2057~2723/1659~2754	—	20F/20R	≤40.00	≤5.1	137.7	540/1000
AGCO 麦赛福格森 MF2204	4×4 轮式	5149×2490(最小宽度)×2204	2100	涡轮增压中冷、高压共轨	161.8	≥97.5	3000	可调	可调	—	24F/24R	≤40.00	≤8.0	—	540/1000 540/540E
AGCO 麦赛福格森 MF2404	4×4 轮式	5149×2490(最小宽度)×2204	2100	涡轮增压中冷、高压共轨	176.5	≥97.5	3000	可调	可调	—	24F/24R	≤40.00	≤8.0	—	540/1000 540/540E

续表

型号	型式	外形尺寸（长×宽×高）/(mm×mm×mm)	发动机转速/(r·min⁻¹)	发动机型式	功率/kW	最大牵引力/kN	轴距/mm	轮距前/mm	轮距后/mm	最小离地间隙/mm	挡位	行驶速度（前进/倒退）/(km·h⁻¹)	转向半径/m	动力输出轴功率/kW	动力轴转速/(r·min⁻¹)
AGCO麦赛福格森MF2704	4×4轮式	5900×4300×2353	2100	涡轮增压中冷,高压共轨	198.6	≥117.6	3100	可调	可调	—	—	0.03～40.00/0.03～38.00	≤8.0	—	540/540E 1000/1000E
AGCO麦赛福格森MF3004	4×4轮式	5900×4300×2353	2100	涡轮增压中冷,高压共轨	220.6	≥117.6	3100	可调	可调	—	—	0.03～40.00/0.03～38.00	≤8.0	—	540/540E 1000/1000E
AGCO麦赛福格森MF3204	4×4轮式	5900×4300×2353	2100	涡轮增压中冷,高压共轨	235.4	≥117.6	3100	可调	可调	—	—	0.03～40.00/0.03～38.00	≤8.0	—	540/540E 1000/1000E
AGCO麦赛福格森MF3404	4×4轮式	2488×2550×3177	2100	涡轮增压中冷,高压共轨	250.1	≥117.6	3100	可调	可调	—	—	0.03～40.00/0.03～38.00	≤8.0	—	540/540E 1000/1000E
凯斯Magnum2654	4×4轮式	6225×3865×3375	2000	涡轮增压中冷	195.0	≥86.7	3005	可调	可调	—	18F/4R	≤40.00	≤7.0	162.5	540/1000
凯斯Magnum3154	4×4轮式	6225×3865×3375	2000	涡轮增压中冷	232.0	≥95.1	3005	可调	可调	—	18F/4R	≤40.00	≤7.0	194.9	540/1000
凯斯Puma2104	4×4轮式	5545×3745×3164	2200	涡轮增压中冷	156.7	≥71.3	2884	可调	可调	—	18F/6R	≤40.00	6.1	—	540/1000
凯斯Puma2304	4×4轮式	5545×3745×3164	2200	涡轮增压中冷	170.0	≥71.3	2884	可调	可调	—	18F/6R	≤40.00	6.1	—	540/1000

表 1-16 重型轮式四驱拖拉机(294.2～441.3 kW)产品技术参数

型号	型式	外形尺寸(长×宽×高)/(mm×mm×mm)	发动机转速/(r·min⁻¹)	发动机型式	功率/kW	最大牵引力/kN	轴距/mm	轮距前/mm	轮距后/mm	最小离地间隙/mm	挡位	行驶速度(前进/倒退)/(km·h⁻¹)	转向半径/m	动力输出轴功率/kW	动力轴转速/(r·min⁻¹)
约翰迪尔9420R	4×4轮式	—	2100	立式增压	306.0	≥97.0	3045	可选	可选	—	18F/6R	可选≤40	—	319.0	1000
凯斯Steiger470	4×4轮式	7493×2549×3937	2000	立式增压	—	≥95.0	3759	可选	可选	—	18F/2R	—	—	—	1000
凯斯Steiger500	4×4轮式	7615×2990×4000	2000	立式增压	—	≥97.0	3912	可选	可选	—	18F/2R	—	—	—	1000

图 1-89 东方红 LF2204 型轮式拖拉机

图 1-90 中联重科 PL2304 型轮式拖拉机

图 1-91 东风 DF2204 型轮式拖拉机

图 1-92 雷沃 Arbos P2404-7 型轮式拖拉机

图 1-93 黄海金马 YR2204 型轮式拖拉机

图 1-94 萨丁 SD2204 型轮式拖拉机

图 1-95 约翰迪尔 9420R 型轮式拖拉机

图 1-96 凯斯 Steiger470 型轮式拖拉机

图 1-97 东方红 C1802E 型履带式拖拉机

图 1-98 东方红 C1402 型履带式拖拉机

国外履带式拖拉机利用其自主研发的性能强大的发动机,在额定功率大于 400 kW 的情况下允许操作员在运输或下坡时使用发动机控制拖拉机并实现速度控制,减少传动制动器部件的磨损。与此同时为农户提供了一整套的互联应用程序,实时提供设备信息,最大限度地提高效率和生产率。图 1-99 和图 1-100 给出了两种型号的产品整机外形图。

图 1-99 约翰迪尔 9RT520 型履带式拖拉机

图 1-100 挑战者 MT700 型履带式拖拉机

履带式拖拉机的主要技术性能见表 1-17。

6. 手扶式拖拉机

手扶式拖拉机是一种额定功率在 14 kW 以下的小型拖拉机,以柴油机为动力,小巧灵活且动力强劲,是一种流行于中国乡镇的运输工具和农业机械。由驾驶员扶着扶手架来控制操纵机构、牵引或驱动配套农具进行作业。手扶式拖拉机的额定功率常在 5.9~14.7 kW,其主要技术性能见表 1-18。

手扶式拖拉机在南方水田也具有明显的性价比优势,价格优惠,作业成本低,购机成本回收期短。使用灵活,田间转移方便,防下陷性能更好,能适应更多田况。

如图 1-101 所示的四方 GN281 型手扶式拖拉机底盘强化设计,柴油机配套范围广,动力强劲,加宽旋耕机耕幅,提高作业效率。改善人机工程,提高作业环境适应性。

如图 1-102 所示的全拖 QT-91 型手扶式拖拉机为牵引、驱动兼并型手扶拖拉机,配套动力 R190II 柴油机,该产品广泛适用于平原、山区及丘陵地区水田和旱地,配上相应农机具可进行犁、耙、旋耕、开沟、起垄、收割、排灌、碾米、植保等多种作业,并可牵引拖车进行短途运输。

表 1-17 履带式拖拉机产品技术参数

型号	型式	外形尺寸(长×宽×高)/(mm×mm×mm)	履带宽度/mm	发动机转速/(r·min⁻¹)	发动机型式	额定功率/kW	最大提升力/kN	轴距/mm	挡位(前进/倒退)	行驶速度(前进/倒退)/(km·h⁻¹)	转向半径/m	输出轴功率/kW	动力轴转速/(r·min⁻¹)
东方红C1802E	农用履带式	6200×2380×3149	440	2200	直列、水冷、四冲程、增压中冷	133.0	35.0	1850	12F/4R	4.10~15.71/4.35~6.20	可原地转弯	111.0	540/750
东方红C1002	农用履带式	5367×2462×2910	390	2100	直列、水冷、四冲程、增压中冷	73.5	14.6	1792	6F/2R	3.20~11.85/2.85~5.41	可原地转弯	62.0	540/1000
东方红C1202	农用履带式	5367×2462×2910	390	2300	直列、水冷、四冲程、增压中冷	88.2	14.6	1792	6F/2R	3.50~13.13/3.13~5.93	可原地转弯	74.0	540/1000
东方红C1302	农用履带式	5367×2462×2910	390	2200	直列、水冷、四冲程、增压中冷	95.6	14.6	1792	6F/2R	3.71~13.90/3.31~6.28	可原地转弯	81.0	540/1000
东方红1002J	农用履带式	4443×1850×2940	390	2300	直列、水冷、四冲程、增压中冷	73.5	13.4	1622	6F/2R	3.78~10.55/3.71~5.46	可原地转弯	65.0	540/1000
东方红1202	农用履带式	4443×1850×2940	390	2300	直列、水冷、四冲程、增压中冷	88.2	13.4	1622	6F/2R	4.51~12.59/4.43~6.53	可原地转弯	75.0	540/1000
东方红CB1002	农用履带式	4060×2300×3195	450	2300	直列、水冷、四冲程、增压中冷	81.0	20.0	2106	4F/2R	2.60~10.40/3.70~6.70	可原地转弯	—	540/1000
东方红CB1202	农用履带式	4177×2835×3000	450	2300	直列、水冷、四冲程、增压中冷	93.0	20.0	2106	4F/2R	2.60~10.40/3.70~6.70	可原地转弯	—	540/1000
东方红C802	农用履带式	4870×2462×2766	390	2200	直列、水冷、四冲程、增压中冷	58.8	14.0	1622	4F/2R	3.67~9.03/3.51~5.59	可原地转弯	49.0	750
东方红C902	农用履带式	4870×2462×2766	390	2200	直列、水冷、四冲程、增压中冷	62.2	14.0	1622	4F/2R	3.67~9.03/3.51~5.59	可原地转弯	56.0	750
约翰迪尔9RT470	橡胶履带式	—	762/914	2100	柴油、六缸、直喷、水冷	346.0	—	2947	36F/36R	≤40.00	可原地转弯	—	1000
约翰迪尔9RT520	橡胶履带式	—	762/914	2100	柴油、六缸、直喷、水冷	382.0	—	2947	36F/36R	≤40.00	可原地转弯	—	1000

续表

型号	型式	外形尺寸(长×宽×高)/(mm×mm×mm)	履带宽度/mm	发动机转速/(r·min⁻¹)	发动机型式	额定功率/kW	最大提升力/kN	轴距/mm	挡位(前进/倒退)	行驶速度(前进/倒退)/(km·h⁻¹)	转向半径/m	输出轴功率/kW	动力轴转速/(r·min⁻¹)
约翰迪尔9RT570	橡胶履带式	—	762/914	2100	柴油、直喷、六缸、水冷	419.0	—	2947	36F/36R	≤40.00	可原地转弯	—	1000
约翰迪尔9RX640	橡胶履带式	—	762/914	2100	柴油、直喷、六缸、水冷	471.0	—	4125	36F/36R	≤40.00	可原地转弯	—	1000
约翰迪尔9RX590	橡胶履带式	—	762/914	2100	柴油、直喷、六缸、水冷	434.0	—	4125	36F/36R	≤40.00	可原地转弯	—	1000
约翰迪尔9RX540	橡胶履带式	8035/8545(包含悬挂)×?×?	762/914/457/610	2100	柴油、直喷、六缸、水冷	398.0	—	2947	16F/8R	≤40.00	可原地转弯	—	1000
ACGO-挑战者MT851	橡胶履带式	6758×2950×3754	457~914	1730	柴油、直喷、六缸、水冷	276.0	9.1	3000	16F/8R	≤40.00	可原地转弯	—	1000/1000E
ACGO-挑战者MT856	橡胶履带式	6758×2950×3754	457~914	1730	柴油、直喷、六缸、水冷	305.0	9.1	3000	16F/8R	≤40.00	可原地转弯	—	1000/1000E
ACGO-挑战者MT862	橡胶履带式	6758×2950×3754	457~914	1730	柴油、直喷、六缸、水冷	345.0	9.1	3000	16F/2R	≤40.00	可原地转弯	—	1000/1000E
ACGO-挑战者MT867	橡胶履带式	6758×2950×3754	457~914	1730	柴油、直喷、六缸、水冷	364.0	9.1	3000	16F/2R	≤40.00	可原地转弯	—	1000/1000E

表1-18 手扶式拖拉机产品技术参数

型号	型式	外形尺寸（长×宽×高）/（mm×mm×mm）	发动机转速/（r·min⁻¹）	发动机型式	额定功率/kW	结构质量/kg	轮距/mm	行驶速度（前进/倒退）/（km·h⁻¹）	挡位数（前进/倒退）	转向半径/m	最小离地间隙/mm
东风DF-121	驱动牵引型	2680×960×1250	2000/2200（选装）	单缸卧式四冲程水冷	8.8	345	800/740/640	1.40~15.30/1.10~3.80	6F/2R	1.1	182
东风DF-151	驱动牵引型	2680×960×1250	2000/2200（选装）	单缸卧式四冲程水冷	10.3	355	800/740/640	1.40~15.30/1.10~3.80	6F/2R	1.1	182
金凤GN-111	驱动牵引型	2800×1050×1300	2200	单缸立式四冲程水冷	8.1	364	596/644/724/772	1.40~15.70/1.11~4.20	6F/2R	1.1	247
金凤GN-151A	驱动牵引型	2250×9274×1300	2300	单缸立式四冲程水冷	11.0	—	596/772	—	6F/2R	—	247
金凤GN-81	驱动牵引型	2300×850×1150	2400	单缸立式四冲程水冷	5.7	245	680/740	1.75~17.82/1.35~5.45	6F/2R	—	190
常联发GN-151	驱动牵引型	2950×980×1240	2200	单缸卧式四冲程水冷	11.0	370	570~810	1.39~15.30/1.10~4.10	6F/2R	—	210
常联发GN-121	驱动牵引型	2680×960×1250	2200	单缸卧式四冲程水冷	9.7	350	580~800	1.50~16.50/1.10~4.10	6F/2R	—	180
常联发LF-151	驱动牵引型	2680×960×1250	2200	单缸卧式四冲程水冷	11.0	360	580~800	1.50~16.50/1.10~4.10	6F/2R	—	180
昌发12型	驱动牵引型	2680×960×1250	2000	单缸卧式四冲程水冷	8.8	350	580/640/740/800	1.40~16.00/1.00~3.80	6F/2R	1.1	247
昌发15型	驱动牵引型	2680×960×1250	2200	单缸卧式四冲程水冷	10.3	360	580/640/740/800	1.40~16.00/1.10~3.80	6F/2R	1.2	190
四方GN-41B	驱动牵引型	1980×760×1100	2000	单缸卧式四冲程涡流式	2.9	181	轮胎560/620/680/740 铁轮567/627/687/747	3.14~12.40/2.35	3F/1R	0.8	232

续表

型号	型式	外形尺寸(长×宽×高)/(mm×mm×mm)	发动机转速/(r·min⁻¹)	发动机型式	额定功率/kW	结构质量/kg	轮距/mm	行驶速度(前进/倒退)/(km·h⁻¹)	挡位数(前进/倒退)	转向半径/m	最小离地间隙/mm
四方 GN-81B	驱动牵引型	2060×870×1185	2000	单缸卧式四冲程涡流式	5.5	227	轮胎 610~730 铁轮 610~730	2.03~18.40/1.46~6.40	6F/2R	0.8	210
四方 GN-121	驱动牵引型	2950×980×1240	2000	单缸卧式四冲程涡流式	9.0	375	轮胎 570~810 铁轮 970~1090	1.39~15.30/1.10~4.10	6F/2R	0.9	210
四方 DE-121	驱动牵引型	2680×960×1250	2000	单缸卧式四冲程涡流式	9.0	350	轮胎 460/580/740/800 铁轮 860/920/1020/1080	—	6F/2R	0.9	185
四方 GN-151	驱动牵引型	2340×980×1240	2000	单缸卧式四冲程涡流式	11.0	351	轮胎 570~810 铁轮 850~1090	1.53~16.83/1.21~4.50	6F/2R	0.9	210
四方 DF-151	驱动牵引型	1980×760×1100	2000	单缸卧式四冲程涡流式	11.0	380	800/740/640/580	1.80~19.70/1.30~4.90	6F/2R	0.9	185
四方 DF-121	驱动牵引型	2060×870×1185	2000	单缸卧式四冲程涡流式	9.0	380	800/740/640/580	1.40~15.30/1.10~3.80	6F/2R	0.9	185
祥功 XG-101	驱动牵引型	2090×840×1340	2200	单缸卧式四冲程水冷	5.2~9.6	247	500~700	—	6F/2R	—	190
祥功 XG-151	驱动牵引型	2680×960×1250	2200	单缸卧式四冲程水冷	11.0~13.3	160	580~800	—	6F/2R	—	185
五菱 CT-151	驱动牵引型	2680×960×1300	2200	单缸卧式四冲程水冷	11.0	360	580~800	1.50~16.00/1.10~4.00	6F/2R	1.1	185(胶轮)250(铁轮)
五菱 CT-101	驱动牵引型	2170×845×1150	2400	单缸卧式四冲程水冷	7.6	350	580/640/740/800	1.98~20.20/1.53~6.18	6F/2R	1.1	247
武拖 WT-151	驱动牵引型	2440×980×1270	2200	单缸卧式四冲程水冷	11.0	—	845	≤18.31	6F/2R	—	180

续表

型号	型式	外形尺寸（长×宽×高）/(mm×mm×mm)	发动机转速/(r·min⁻¹)	发动机型式	额定功率/kW	结构质量/kg	轮距/mm	行驶速度（前进/倒退）/(km·h⁻¹)	挡位数（前进/倒退）	转向半径/m	最小离地间隙/mm
亚美柯 AMEC-101	驱动牵引型	2200×890×1250	2400	单缸卧式四冲程	7.4	270	650~740	1.68~14.99/2.74~9.26	6F/2R	—	210
亚美柯 AMEC-121	驱动牵引型	2680×960×1250	2200	单缸卧式四冲程	9.7	345	580~800	1.54~16.83/1.21~4.18	6F/2R	—	185
亚美柯 AMEC-151	驱动牵引型	2680×960×1250	2200	单缸卧式四冲程	11.0~12.1	355	580~800	1.50~16.00/1.10~4.00	6F/2R	—	185
春杰 101B	驱动牵引型	2170×845×1150	2300	单缸卧式水冷直喷四冲程	7.0	260	640~740	2.60~20.21/2.02~8.62	6F/2R	1.0	210
春杰 121	驱动牵引型	2100×1180×1270	2200	单缸卧式水冷直喷四冲程	8.8	360	845	2.21~20.50/1.75~6.49	6F/2R	1.0	210
春杰 151	驱动牵引型	2100×1230×1350	2200	单缸卧式水冷直喷四冲程	11.0	390	850~1150	2.07~20.20/1.63~6.04	6F/2R	1.0	250
沐河 SH101-1	驱动牵引兼用	2180×905×1070	2300	单缸卧式四冲程水冷	7.4	270	680~740	2.20~13.87/1.69~6.86	6F/2R	—	210
沐河 SH111-1	驱动牵引兼用	2270×960×1150	2200	单缸卧式四冲程水冷	8.8	315	680~760	2.21~22.45/1.75~6.49	6F/2R	—	185
沐河 SH-151Q	驱动牵引兼用	2260×1260×1336	2200	单缸卧式四冲程水冷	11.0	360	680~1000	2.78~30.87/1.10~4.00	6F/2R	—	240
莱特曼苏常 CN-121	驱动牵引兼用	2680×960×1250	2200	单缸卧式四冲程水冷	7.6	350	580/640/740/800	1.50~16.80/1.20~4.10	6F/2R	0.9	182
莱特曼苏常 CN-151	驱动牵引兼用	2680×960×1250	2200	单缸卧式四冲程水冷	11.0	360	580/640/740/800	1.50~16.80/1.20~4.18	6F/2R	0.9	182

图 1-101　四方 GN281 型手扶式拖拉机

图 1-102　全拖 QT-91 型手扶式拖拉机

1.5　选型规则与计算

　　拖拉机通常在田间、果园等野外环境下作业。根据不同条件下不同的作业要求和作业负荷,选择合适的工况参数、对机组进行合理配套对于有效地完成田间作业任务有重要意义。比如,要满足田间作业质量要求,提高拖拉机的牵引效率和作业效率,需要合理地选择拖拉机挡位来确定机组的适宜作业速度;播种及播种后进行田间作业时,为了避免损伤生长的作物,需要选择合适的轮距;机组在山地作业、田间转移时,为了保证拖拉机的稳定性、安全性,需要选择合理的拖挂参数等。

　　拖拉机的选型主要考虑拖拉机的牵引附着性能、与后悬挂农具的合理匹配、农艺适应性、技术经济性和劳动保护性等几个方面。下面将对这些方面逐一进行介绍。

1.5.1　牵引附着性能

　　拖拉机的牵引附着性能是指拖拉机在一定土壤条件下所发挥的牵引能力。选型时主要考虑拖拉机各挡的挂钩牵引力 F_T、牵引功率 P_T 和牵引效率三个方面。

1. 拖拉机的挂钩牵引力

　　挂钩牵引力 F_T 表示拖拉机牵引配套农机具的能力:

$$F_T = F_q - F_f \qquad (1-1)$$

式中,F_f——拖拉机的滚动阻力,N;

　　　　F_q——拖拉机的切线驱动力,N。

切线驱动力 F_q 可由发动机转矩决定:

$$F_q = \frac{M_e i_e \eta_c \eta_r}{r_d} \qquad (1-2)$$

式中,M_e——发动机转矩,N·m;

　　　　i_e——传动系工作挡的总传动比;

　　　　η_c、η_r——传动系效率和履带驱动段效率;

　　　　r_d——驱动轮的动力半径(驱动轮圆心到地面距离),m。

　　影响切线驱动力 F_q 的因素,还包括地面附着条件限制,即工作时切线驱动力应不大于拖拉机的附着力,即 $F_q \leqslant F_\varphi$,F_φ 为附着力:

$$F_\varphi = \varphi G_\varphi$$

式中,φ——附着系数;

　　　　G_φ——拖拉机附着质量,kg。

　　对于履带和四轮驱动拖拉机,附着质量等于拖拉机使用质量 G_s,即

$$G_\varphi = G_s \qquad (1-3)$$

　　对于两轮驱动拖拉机,带牵引农具(见图 1-103(a))时:

$$G_\varphi = Z_x$$
$$\approx \frac{1}{l}[G_s(l-a) + F_T h_T + f G_s r_d] \qquad (1-4)$$

　　对于两轮驱动拖拉机,带悬挂农具(见图 1-103(b))时:

$$G_\varphi = Z_2 \approx G_s(l-a) +$$
$$(G + F_z)(l+b) +$$
$$f(G_s + G)r_d \qquad (1-5)$$

式中,Z_2——驱动轮垂直反力,N;

　　　　G——悬挂农具质量,kg;

　　　　F_z——悬挂农具工作阻力的垂直分力,N;

　　　　l、a、b——图示各力力臂,m。

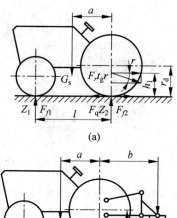

图 1-103 牵引附着性能受力图

2. 拖拉机的功率利用率

拖拉机带牵引农具或悬挂农具在水平区段上稳定工作,拖拉机发动机发挥的有效功率利用和分配,可用下式表示:

对于轮式拖拉机

$$P_e = P_T + P_c + P_\delta + P_f \tag{1-6}$$

对于履带式拖拉机

$$P_e = P_T + P_c + P_r + P_\delta + P_f \tag{1-7}$$

式中,P_e——发动机的有效功率,kW;

P_T——拖拉机的牵引功率,$P_T = \dfrac{F_T v}{3.6}$,kW(其中 F_T 为拖拉机挂钩牵引力,kN;v 为拖拉机实际行驶速度,km/h);

P_c——拖拉机传动系统损失的功率,kW;

P_r——履带式拖拉机驱动段损失的功率,kW;

P_δ——行走机构滑转消耗的功率,$P_\delta = \dfrac{F_q(v_1-v)}{3.6}$,kW(其中 F_q 为拖拉机切线驱动力,kN;v_1 为拖拉机理论行驶速度,km/h);

P_f——克服拖拉机滚动阻力而损失的功

率,$P_f = \dfrac{F_f v}{3.6}$,kW(其中 F_f 为拖拉机的滚动阻力,kN)。

拖拉机在作业中有功率输出,则发动机有效功率应有一部分或全部通过动力输出轴或胶带轮传至驱动机具。该项功率可按下式计算:

$$P_0 = P_a / \eta_a \tag{1-8}$$

式中,P_0——发动机传给动力输出轴或平带轮的功率,kW;

P_a——经动力输出轴或胶带轮传给驱动机具的有效功率,kW;

η_a——发动机至动力输出轴或平带轮的传动效率。

3. 拖拉机的牵引效率

拖拉机的牵引效率 η_T 是评定拖拉机牵引性能的一个重要指标,可以综合表示拖拉机的功率损失,用拖拉机的牵引功率 P_T 和相应的发动有效功率 P_e 的比值来表示:

对于轮式拖拉机

$$\eta_T = \frac{P_T}{P_e} = \frac{P_q}{P_e} \cdot \frac{P_T}{P_q} = \frac{P_q}{P_e} \cdot \frac{F_T v}{F_q v}$$

$$= \eta_c \eta_f \eta_\delta = \eta_c \eta_x \tag{1-9}$$

对于履带式拖拉机

$$\eta_T = \frac{P_T}{P_e} = \frac{P_q}{P_e} \cdot \frac{P_T}{P_q} = \frac{P_q}{P_e} \cdot \frac{F_r v}{\dfrac{F_q r_q}{\eta_r} \omega_q}$$

$$= \eta_c \eta_r \eta_f \eta_\delta = \eta_{cr} \eta_x \tag{1-10}$$

式中,P_q——传动系传至驱动轮的功率;

$\eta_c = P_q/P_e$——传动系统效率;

η_f——滚动效率,$\eta_f = F_T v/F_q v = F_T/F_q$;

η_δ——滑转效率,$\eta_\delta = F_q v/F_q v_T = v/v_r = 1-\delta$;

η_x——行走系效率,$\eta_x = \eta_f \eta_\delta$;

η_r——履带驱动段机械效率;

r_q——履带驱动链轮的节圆半径,m;

ω_q——履带驱动链轮的角速度,rad/s;

η_{cr}——履带式拖拉机传动系统效率,$\eta_{cr} = \eta_c \eta_r$。

牵引效率的数值说明发动机有效功率以牵引作业方式输出时,其损失的相对程度。通常拖拉机在中等湿度和茬地工作时,轮式拖拉机的最大牵引效率达55%,履带式拖拉机可达70%左右。

4．牵引效率的影响因素

牵引效率 η_T 由拖拉机传动系统和行走系统的功率损失的效率所决定。

1）传动效率 η_{cr}

传动效率 η_{cr} 为传动系统机械效率 η_c 和履带驱动段机械效率 η_r 两项的乘积。传动系机械损失主要由齿轮、轴承和油封的摩擦力以及齿轮搅油阻力所形成。履带驱动段的机械损失主要取决于履带行走机构的结构和参数。

农用拖拉机在主要工作挡接近满负荷工作时, η_{cr} 值可近似认为是常值,一般对轮式拖拉机取0.9左右(此时 $\eta_r=1$),对履带式拖拉机取0.87左右。

2）滑转效率 η_δ

滑转效率取决于滑转率数值。影响滑转率 δ 的主要因素有行走机构的型式、结构和尺寸;行走系驱动部分的垂直载荷(附着重量)、土壤的力学性质和地面植被状况、土壤湿度以及拖拉机的挂钩负荷等。其中土壤表层的湿度对拖拉机的滑转率影响极大。某一拖拉机在一定的土壤条件下工作,滑转率随挂钩牵引力 F_T 的加大而增大。

3）滚动效率 η_f

滚动效率可用下式表示：

$$\eta_f = \frac{F_T}{F_q} = 1 - \frac{F_f}{F_q} \qquad (1-11)$$

由此可见,滚动效率取决于滚动阻力 F_f 和驱动力 F_q 的比值。凡能减小滚动阻力的因素,都能提高滚动效率,同时要在不提高滚动阻力情况下,尽量提高驱动力。

η_T 随 F_T 变化的曲线如图1-104(a)所示。由图中看出,当滑转效率达一定值时,牵引效率达最大,此时挂钩牵引力 F_T' 值为最佳值。 F_T 小于最佳值时,由于滚动效率的降低比滑转效率的提高更加剧烈,牵引效率下降; F_T 大于最佳值时,由于滑转率急剧增大,滑转效率的降低超过滚动效率的提高,牵引效率也下降。机组配套时,应使拖拉机滑转率处于合理

范围,使挂钩牵引力接近于最佳值。

在各种土壤条件下耕作时,经试验测定,轮式拖拉机的滑转率保持在10%～15%的范围内,才能得到较高的牵引效率,如图1-104(b)所示。

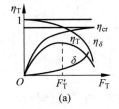

(a)

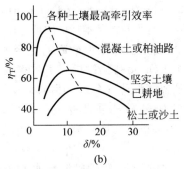

(b)

图1-104 拖拉机的牵引效率
(a)牵引效率的变化曲线;(b)不同土壤,滑转率与牵引效率的关系

5．拖拉机牵引功率的估算

拖拉机与农业机械进行配套设计时,需正确计算拖拉机可利用的牵引功率,对于传统的两轮和四轮驱动拖拉机可应用下列经验公式,估算各种土壤条件下的牵引功率,具有一定的准确度。

A ＝发动机最大功率;

B ＝最大动力输出轴功率＝ $0.86A$;

C ＝最大牵引功率(混凝土路面)＝ $0.86B$ ＝ $0.74A$;

D ＝最大牵引功率(坚实泥地)＝ $0.86C$ ＝ $0.64A$;

E ＝可用牵引功率(坚实泥地)＝ $0.86D$ ＝ $0.55A$;

F ＝可用牵引功率(耕作土壤)＝ $0.86E$ ＝ $0.47A$;

G ＝可用牵引功率(松软土壤)＝ $0.86F$ ＝ $0.40A$ 。

这样在算出一定土壤条件下配套拖拉机的牵引功率后，在已知机组基本作业速度 v 时，可用下式算出这种工况下拖拉机所发挥的挂钩牵引力，以便进行农机具的合理配套设计：

$$P_T = \frac{F_T v}{3.6} \qquad (1-12)$$

式中，P_T——拖拉机的牵引功率，kW；

　　　　F_T——拖拉机基本挡位的挂钩牵引力，kN；

　　　　v——拖拉机基本挡位的实际工作速度，km/h（$v = v_t(1-\delta)$(km/h)，其中 v_t 为拖拉机基本挡位的理论速度）。

6. 提高拖拉机牵引效率的途径

综上可知，提高拖拉机牵引效率的主要途径是设法提高滚动效率 η_f 和滑转效率 η_δ，由于有些因素对 η_f 和 η_δ 的影响互相矛盾，故应以 η_f 与 η_δ 的乘积得到提高为目的。一般可以采取以下措施：

（1）增加配重、驱动轮胎灌水和采用驱动轮增重机构；

（2）采用超低压轮胎、子午线轮胎、高花纹轮胎、并列驱动轮、半履带和间隔式履带行走器；

（3）采用附加轮爪、防滑链、改善履刺形状和尺寸、加宽履带板；

（4）采用全轮驱动、铰接式车辆；

（5）设计时合理选择拖拉机的基本参数；

（6）使用中根据具体土壤条件恰当调节附着重量和合理编配机组，使实际被利用的挂钩牵引力接近于最适宜值；

（7）保持拖拉机的良好技术状态。

1.5.2 轮式拖拉机与后悬挂农具的合理匹配

轮式拖拉机与后悬挂农具的匹配应符合《农业轮式拖拉机和后悬挂农具的匹配》（GB/T 10911—2003）的规定。该标准规定了由前轴载荷、后轮胎的承载能力及液压悬挂系统最大提升力等因素确定拖拉机与后悬挂农具合理匹配的方法。拖拉机与后悬挂农具在质量选择上的匹配，有关计算用符号见图 1-105。

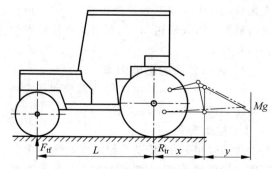

图 1-105　拖拉机与后悬挂农具匹配计算符号示意图

图中，F_{tf}——允许从拖拉机前轴转移的最大载荷值，N；

　　　　R_{tr}——拖拉机后轮胎载荷的最大增加值，N；

　　　　L——拖拉机轴距，m；

　　　　x——当下拉杆处于水平位置时，下悬挂点到后轮中心线之间的水平距离，m；

　　　　y——当下拉杆处于水平位置时，农具的质心到下悬挂点之间的水平距离，m；

　　　　g——重力加速度，m/s²；

　　　　M——农具（包括装载物）的质量，kg；

　　　　M_{Fmax}——由保证拖拉机行驶安全的前轴载荷所确定的农具最大质量，kg；

　　　　M_{Rmax}——为避免后轮胎超载所确定的农具最大质量，kg；

　　　　M_{Lmax}——由液压悬挂系统最大提升力确定的农具最大质量，kg。

拖拉机的使用说明书应给出能配套的农具最大质量 M_{Fmax}、M_{Rmax}、M_{Lmax} 和农具质心位置 y 的一组关系曲线，见图 1-106。

曲线 A、B 分别表示不带及带前配重，由保证行驶安全的前轴载荷所确定的农具最大质量 M_{Fmax} 与 y 值之间的关系。

曲线 C 表示由液压悬挂系统最大提升力所确定的农具最大质量 M_{Lmax} 和 y 之间的关系。

曲线 D、E 及 F、G 表示后轮胎在工厂规定的最小及最大气压下，不充水，不带配重及充水、带配重，为避免后轮胎超载所确定的农具最大质量 M_{Rmax} 与 y 值之间的关系。

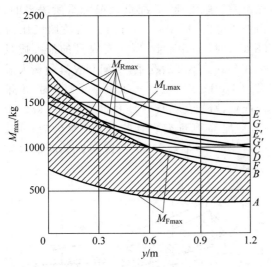

A—不带前配重；B—带全部前配重；C—悬挂系统最大提升力；D—最小轮胎气压，不带前配重；E—最大轮胎气压，不带后配重；F—最小轮胎气压，带后配重；G—最大轮胎气压，带后配重；E'—某一轮胎气压，不带后配重；G'—某一轮胎气压，带后配重。

图 1-106　农具最大质量 M_{max} 随 y 值的变化曲线

若曲线 E、G 高于曲线 C，这时曲线 E、G 可以不表示出来，但需绘出一条适当降低轮胎气压（应标出气压值）与曲线 C 相近的 M_{Rmax} 和 y 的关系曲线 E'、G'，这样，曲线图可由曲线组 A、B、C、D、E'、G' 表示。

农具最大质量 M_{max} 随农具质心位置 y 的变化曲线的绘制方法是：

（1）由保证拖拉机行驶安全的前轴载荷所确定的农具最大质量按下式计算：

$$M_{Fmax} = \frac{F_{tf}L}{(x+y)g} \quad (1-13)$$

并按计算数值绘制 M_{Fmax} 和 y 之间的关系曲线。为保证拖拉机在道路行驶时有可靠的操作性能，保留在拖拉机前轴上的安全静载荷不能小于拖拉机最小使用质量的 20%，即

$$F_{tf} = F_f - 0.2M_{Smin}g \quad (1-14)$$

式中，F_f——拖拉机带或不带前配重时前轴静载荷，N；

　　　M_{Smin}——拖拉机最小使用质量，kg。

根据计算得到的 F_{tf} 值，按上述公式，就可作出带或不带前配重的 M_{Fmax} 值随 y 值的变化曲线。

（2）为避免后轮胎超载的农具，最大质量可根据下式计算：

$$M_{Rmax} = \frac{R_{tr}L}{(x+y+L)g} \quad (1-15)$$

R_{tr} 值是根据 GB/T 1192 中拖拉机驱动轮胎在不同工作气压下容许最大承载量和后轮胎静态垂直载荷来确定。

$$R_{tr} = S_e - R_f \quad (1-16)$$

式中，S_e——在某一轮胎气压下拖拉机后轮胎最大承载量，N；

　　　R_f——后轮胎不充水、不带配重或充水、带配重时，拖拉机后轮胎的静态垂直载荷，N。

根据计算得到的 R_{tr} 值，按上述公式就可作出拖拉机后轮胎不充水、不带配重或充水、带配重时，各种轮胎气压时 M_{Rmax} 随 y 值的变化曲线。

（3）由液压悬挂系统最大提升力确定的、能全行程提升的最大农具质量按下式计算：

$$M_{Lmax} = \frac{0.785D^2 P_H \eta_m}{i_{max}} \quad (1-17)$$

式中，D——液压提升器缸筒直径，mm；

　　　P_H——液压系统工作压力，MPa；

　　　η_m——系统及悬挂机构机械效率；

　　　i_{max}——悬挂机构某一点的最大速比。

根据液压系统设计参数选出最大速比 i_{max} 随 y 值的变化数据，用式（1-17）得出相应的 M_{Lmax} 值，即可绘出理论的 M_{Lmax} 随 y 值的变化曲线。

再按照《农业拖拉机　试验规程　第 4 部分：后置三点悬挂装置提升能力》（GB/T 3871.4—2006）的规定测定出 y 为 610 mm 时，能提升农具的最大质量 M_{Lmax}，用此数据为依据对理论的 M_{Lmax} 随 y 的变化曲线进行修订，即得出实际的 M_{Lmax} 和 y 的关系曲线。

使用者可按照农具质量和质心位置（由农具标牌或其使用说明书提供），从曲线图中找出与拖拉机使用工况相应的最低曲线来确定

该农具能否和拖拉机匹配。从图1-107中可以看出，悬挂农具最大质量是由前配重所决定的。由曲线得出，当$y = 0.6$ m时，不带前配重，所配套农具的最大质量为400 kg；带前配重，所配套农具的最大质量为750 kg。

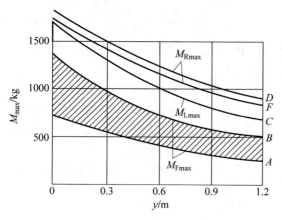

A—不带前配重；B—带全部前配重；C—悬挂系统最大提升力；D—最小轮胎气压，不带后配重；F—最小轮胎气压，带后配重。

图1-107　农具最大质量M_{max}与质心位置
y值的变化曲线(1)
（假设匹配农具质心位置在下悬挂点后0.6 m处）

从图1-108中可以看出，悬挂农具的最大质量是由不带前配重和悬挂系统最大提升力所决定的。由曲线得出，当$y = 0.6$ m时，不带前配重，所配套农具的最大质量为375 kg；带前配重，所配套农具的最大质量由系统最大提升力决定，为675 kg。

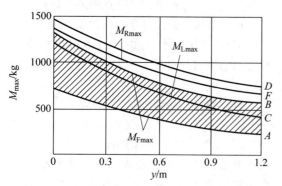

A—不带前配重；B—带全部前配重；C—悬挂系统最大提升力；D—最小轮胎气压，不带后配重；F—最小轮胎气压，带后配重。

图1-108　农具最大质量M_{max}与质心位置
y值的变化曲线(2)

如果拖拉机使用说明书中提供的拖拉机与后悬挂农具最大质量匹配的曲线如图1-109所示，从图中可以看出，悬挂农具的最大质量是由后轮胎气压、后配重及前配重所决定的。由曲线得出，当$y = 0.6$ m时，当轮胎气压为98 kPa时，带后配重，所配套农具的最大质量为375 kg。不带后配重，所配套农具的最大质量为470 kg。当轮胎气压为140 kPa时，不带前配重，所配套农具的最大质量为700 kg。带前、后配重，所配套农具的最大质量为725 kg。带前配重、不带后配重，所配套农具的最大质量为825 kg。

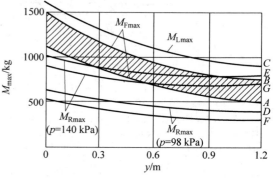

A—不带前配重；B—带全部前配重；C—悬挂系统最大提升力；D—最小轮胎气压，不带后配重；E—最大轮胎气压，不带后配重；F—最小轮胎气压，带后配重；G—最大轮胎气压，带后配重。

图1-109　农具最大质量M_{max}与质心位置
y值的变化曲线(3)

根据农具的质心位置、质量和根据使用说明书中提供的拖拉机与后悬挂农具最大质量匹配曲线按上述方法进行分析。若机具质量小于某种状态下的最大质量，即可以匹配；反之，即不适合匹配。

1.5.3　拖拉机对农艺要求的适应性

拖拉机在使用过程中常常会遇到气候条件、地表状况、作物种类与生长状况、土壤类型、地块形状大小、作业负荷大小等这些复杂多变的外界条件。这些外界条件随时间和空间而变化，如果要使拖拉机在这些多变的条件下能够发挥更好的使用性能，在预定的土壤、地形、道路及气候等条件下,能正常、安全可靠地进行作业,满足农业质量要求,则需要拖拉机具备良好的农艺适应性。

拖拉机的农艺适应性是指拖拉机作业时在农艺方面满足质量要求,实现正常作业的能力,主要表现在拖拉机的通过性、转向操纵性、稳定性、制动性和牵引附着性能这五个方面。

1. 通过性

农业拖拉机在田间、无路和道路条件下的通过能力称为通过性。衡量通过性的主要指标是最大越障高度、最大越沟宽度、最小离地间隙和农艺地隙。农田作业的主要要求是障碍通过性、潮湿地通过性、行间通过性。

(1)障碍通过性:用最小离地间隙 H_d、水平通过半径 R_x、纵向通过半径 R_z、接近角 ψ_j 和离去角 ψ_1(图 1-110)等整机参数衡量。

通过局部起伏不平地面时,要求拖拉机具有足够的最小离地间隙 H_d,要求 H_d 值一般不小于 300 mm,手扶拖拉机在 180~250 mm。接近角 ψ_j 应不小于 30°。

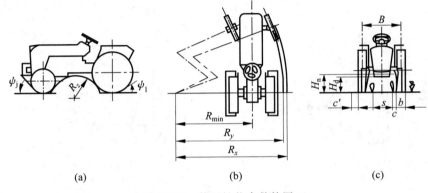

图 1-110　使用性能参数简图

跨越田埂的临界高度 H(单位:m)可用下式估算:

① 后轮驱动拖拉机

前轮

$$H_1 = r_{d1}\left\{1 - \sin\left[\arctan\frac{a}{(L-a)\varphi}\right]\right\}$$
(1-18)

后轮

$$H_2 = r_{d2}\left\{1 - \sin\left(\arctan\frac{1}{\varphi}\right)\right\}$$
(1-19)

② 四轮驱动拖拉机

$$H = r_{d2}\left\{1 - \sin\left[\arctan\frac{L - a(1+\varphi^2)}{L\varphi}\right]\right\}$$
(1-20)

③ 手扶拖拉机

$$H = r_d\left\{1 - \sin\left(\arctan\frac{1}{\varphi}\right)\right\}$$
(1-21)

式中,r_{d1}、r_{d2}——前后轮动力半径,m;

a——拖拉机质心至后驱动轮轴线水平距离,m;

L——拖拉机轴距,m;

φ——行走装置附着系数。

(2)潮湿地通过性:在潮湿、松软地面上的通过能力取决于行走机构接地型式和行走部分接地比压。轮式和手扶拖拉机的接地比压为 0.1~0.14 MPa,履带行走机构的接地比压为 0.03~0.05 MPa,履带式拖拉机具有较好的通过潮湿地面的能力。

(3)行间通过性:拖拉机在作物行间的通过性可用农艺地隙 H_n,行驶时间和内、外保护带宽度 c、c' 来衡量,如图 1-110(c)所示。

不同作物行间作业要求的农艺地隙为:

大豆、甜菜　　400~600 mm;

玉米、高粱　　600~800 mm;

棉花、甘蔗　　800~1000 mm;

茶树、葡萄　　1000~1200 mm。

外保护带宽度 c' 和内保护带宽度 c 可用下

式计算：

$$c = 0.5[B - b - S(n-1)] \quad (1\text{-}22)$$

$$c' = S - b - c \quad (1\text{-}23)$$

式中，B——轮（轨）距；

b——轮胎（或履带）宽度；

S、n——作物行距和拖拉机跨越作物行数。

一般要求保护带宽度为 $100\sim250$ mm，为使作物在拖拉机农艺地隙处通过，跨越作物行数 n 应为偶数。当 $B = Sn$ 时，$c = c' = (S-b)/$

2，行间通过最为有利。为适应不同行距中耕作业，拖拉机行距应能调整。

2．转向操纵性

拖拉机的转向操纵性是指拖拉机能按驾驶员期望的路径行驶的性能，包括转向机动性和行驶直线性。

1）转向机动性

用拖拉机最小转向半径 R_{min} 和最小转向圆半径 R_{ymin} 来评价，见图 1-111。

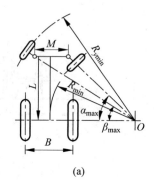

(a)

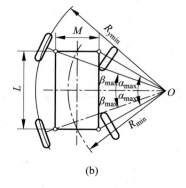

(b)

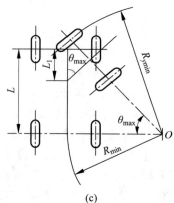

(c)

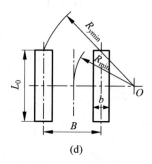

(d)

图 1-111　拖拉机转向半径

（a）前轮转向；（b）四轮转向；（c）折腰转向；（d）履带转向

（1）轮式拖拉机转向

前轮转向

$$R_{min} = L \cot\alpha_{max} + M/2 \quad (1\text{-}24)$$

$$R_{ymin} = \left[\left(R_{min} + \frac{M}{2}\right)^2 + L^2\right]^{\frac{1}{2}} + \frac{B-M}{2} \quad (1\text{-}25)$$

四轮转向

$$R_{min} = \left[\left(\frac{L}{2}\right)^2 + (L\cot\alpha_{max}/2 + M/2)^2\right]^{1/2} \quad (1\text{-}26)$$

$$R_{ymin} = \left[(L\cot\alpha_{max}/2 + M)^2 + \left(\frac{L}{2}\right)^2\right]^{1/2} + \frac{B-M}{2} \quad (1\text{-}27)$$

折腰转向

$$R_{min} = \frac{L_1 + (L - L_1)\cos\theta_{max}}{\sin\theta_{max}} \quad (1-28)$$

$$R_{ymin} = \frac{(L - L_1) + L_1\cos\theta_{max}}{\sin\theta_{max}} \cdot \frac{B}{2}$$

（当 $L_1 \leqslant L/2$ 时）　　(1-29)

式中，L——拖拉机轴距，m；

M——左右转向节主销中心线与地面交点间距离，m；

B——拖拉机轮距，m；

α_{max}——内前轮最大偏转角，°；

θ_{max}——机架最大偏转角，°；

L_1——铰接点至前轴中心的距离，m。

为保证良好的机动性能，前轮转向拖拉机 α_{max} 应达到 45°～50°；折腰转向拖拉机 θ_{max} 应达到 40°～45°。

（2）履带式拖拉机转向

具有转向离合器或单级行星转向机构：

$$R_{min} = B/2 \quad (1-30)$$

具有双差速器转向机构：

$$R_{min} = i_n B/2 \quad (1-31)$$

$$R_{ymin} = \left[R_{min}^2 + (L_0/2)^2 \right]^{\frac{1}{2}} \text{(m)} \quad (1-32)$$

式中，B——拖拉机轨距，m；

i_n——双差速器内传动比；

L_0——履带接地长度，m。

拖拉机在潮湿、松软的地面上转向时，由于前轮侧滑或内侧履带滑移，实际的转向半径将大于最小理论转向半径。

2）行驶直线性

行驶直线性是指不操纵转向机构，拖拉机能保持直线行驶的能力。用拖拉机行驶一定距离后对原定方向偏离量评价。拖拉机行驶直线性对农田作业如耕、播、收及中耕等的质量是重要的保证。为保持行驶直线性，拖拉机结构应有一定的保证，如轮式拖拉机转向系统自动回正能力有助于改善平地行驶直线性，差速器、四轮驱动和斜行转向能改善其横坡行驶直线性。履带式拖拉机采用转向离合器作转向机构，对克服偏牵引和横坡侧向力，保持行

驶的直线性十分有利。

3．稳定性

拖拉机在坡道上不致翻倾和滑移的能力称为稳定性。纵向稳定性用拖拉机制动状态停放在坡道上，不致产生翻倾、滑移的最大坡度角即纵向极限翻倾角 α_{lin}、α'_{lin} 和纵向滑移角 α_φ、α'_φ 来评价；横向稳定性用横向极限翻倾角 β_{lin} 和横向滑移角 β_φ 来评价。

1）纵向稳定性

轮式拖拉机极限翻倾角

$$\alpha_{lin} = \arctan\left(\frac{a}{h}\right) \quad (1-33)$$

$$\alpha'_{lin} = \arctan\left(\frac{L - a}{h}\right) \quad (1-34)$$

履带式拖拉机极限翻倾角

$$\alpha_{lin} = \arctan\left(\frac{a - c}{h}\right) \quad (1-35)$$

$$\alpha'_{lin} = \arctan\left[\frac{L_0 - (a - c)}{h}\right] \quad (1-36)$$

后轮驱动拖拉机滑移角

$$\alpha_\varphi = \arctan\left(\varphi \frac{L - a}{L - \varphi h}\right) \quad (1-37)$$

$$\alpha'_\varphi = \arctan\left(\varphi \frac{L - a}{L + \varphi h}\right) \quad (1-38)$$

四轮驱动和履带式拖拉机

$$\alpha_\varphi = \alpha'_\varphi = \arctan\varphi \quad (1-39)$$

式中，L——拖拉机轴距，m；

a——拖拉机质心至后轮轴线水平距离，m；

h——拖拉机质心离地高度，m；

c——履带后接地点至后驱动轴线水平距离，m；

L_0——履带接地长度，m；

φ——行走装置附着系数。

2）横向稳定性（见图1-112）

$$\beta_{lin} = \arctan\frac{A_y}{h} \quad (1-40)$$

$$\beta_\varphi = \arctan\varphi_z \quad (1-41)$$

式中，A_y——横向稳定力臂，m；

φ_z——横向附着系数，取 $\varphi_z = 0.9\varphi$。

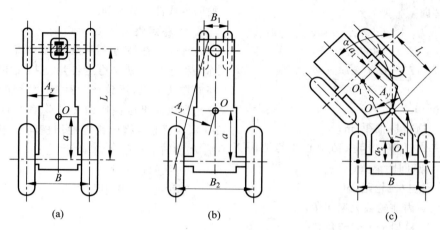

图 1-112　轮式拖拉机横向稳定力臂
（a）分置前轮转向；（b）并置前轮转向；（c）折腰转向

后轮驱动拖拉机

$$A_y = \frac{B_1 L + (B_2 - B_1)(L - a)}{[4L^2 + (B_2 - B_1)^2]^{1/2}}$$

（1-42）

折腰转向拖拉机

$$A_y = \frac{B}{2}\cos\frac{\theta}{2} - a\sin\frac{\theta}{2}$$

（当 $l_1 = l_2$，$a_1 = a_2$ 时）　　（1-43）

履带式拖拉机

$$A_y = \frac{(B + b)}{2}$$

（1-44）

式中，B_1、B_2——前、后轮距，m；

　　　　B——轮（轨）距，m；

　　　　θ——机架偏转角，°。

在茬地和道路上，一般拖拉机极限翻倾角和滑移角见表 1-19。

表 1-19　一般拖拉机极限翻倾角和滑移角　　　　　　　　（°）

机　型	α_{lin}	α'_{lin}	α_{φ}	α'_{φ}	β_{lin}	β_{φ}
后轮驱动	40～50	55～62	26～33	18～23	36～42	27～35
四轮驱动	45～60		31～39		36～42	27～35
履带式	35～55		39～45		50～60	35～42

3）改善拖拉机稳定性的措施

拖拉机的稳定性取决于拖拉机的总体结构参数（轮距、轴距或履带支承面长度），质心位置，机具的质量、尺寸及其与拖拉机的相对位置以及牵引阻力等。不仅与拖拉机设计有关，而且与机组配置及使用因素有关。下面介绍改善拖拉机稳定性的措施。

（1）质心位置的合理配置

轮式拖拉机在水平地面静置时的前、后轮质量分配主要取决于质心位置。因此质心位置的合理配置是保证拖拉机具有良好稳定性的前提。目前大多数两轮驱动拖拉机前、后轮的静态质量占总质量的比例分别为 16 %～30 % 和 70 %～84 %；4×4 拖拉机的静态质量的 60 %～65 % 分配在前轮，35 %～40 % 质量分配在后轮。

（2）机头配重、前轮配重

由于使用条件的变化，拖拉机的前轮减重将使稳定性变差和操纵困难，甚至引起功率损耗。各种质量、尺寸的农具与拖拉机的相对位置及牵引阻力的差异是很大的。农具由运输状态变为工作状态也将引起整个机组纵向操纵稳定性发生变化。

为使拖拉机能稳定地进行各种作业，目前多数拖拉机采用机头配重或前轮配重的方式。机头配重由多块铸铁块组成，可根据用途或需要调整配置重量。前轮配重与机头配重作用相同,但一般由若干块配重组成,为了避免轮子转动的不平衡及产生离心惯性力,前轮配重应沿圆周均匀分配安装或同时拆除。因此在调整配重时,前轮配重不如机头配重方便。

4．制动性

行车制动性能指拖拉机在行驶中操纵行车制动装置时能减速或迅速停车的能力,停车制动性能是拖拉机在操纵停车制动装置时在规定坡度上停住的能力。

1) 行车制动性能

轮式拖拉机的行车制动性能,用在水泥跑道上($\varphi > 0.8$)的制动减速度评价。踏板制动力不大于600 N时,制动减速度应能达到下述要求:

在最高行驶速度不大于30 km/h时,冷态平均制动减速度$a_1 \geqslant 2.5$ m/s^2;

热态平均制动减速度$a_2 \geqslant 0.8a_1$;

冷态制动,左右轮拖带印痕长度之差不大于0.4 m。

平均制动减速度计算公式如下:

$$a = v_0^2/2s \, (\text{m/s}^2) \tag{1-45}$$

式中,v_0——制动前行驶距离,m/s;

s——制动距离,m。

后轮制动的拖拉机冷态平均制动减速度在3.5 m/s^{2}以上,当行驶速度为40 km/h时,应采用四轮制动。

2) 停车制动性能

驾驶员在驾驶座上能用机械制动锁定装置将拖拉机可靠地停稳在斜坡上。

5．牵引附着性能

拖拉机在一定土壤条件下所发挥的牵引能力为牵引附着性能,以拖拉机各挡的挂钩牵引力F_T、牵引功率P_T和牵引效率η_T来评价,详见1.5.1节。

1.5.4 拖拉机使用的经济性

拖拉机使用的经济型的主要评价指标是生产率、油耗、可靠性以及机组的配套性能。

1．生产率

单位时间拖拉机或机组完成的作业量称为生产率。以实际生产率或纯生产率,即实际工作小时或纯工作小时完成的工作量表示。

影响机组生产率的因素很多,功率相同的拖拉机,其生产率的大小取决于牵引效率,而牵引力的效率的高低,又与牵引附着性能有关。拖拉机有效功率的发挥还与机组配套合理性有关。另外生产率高低与田间行走方式、地块大小、土壤结构等因素也有一定关系。

2．油耗

油耗包括燃油和机油的消耗,常用单位功率(发动机功率或牵引功率)小时的燃油、机油消耗量表示,即燃油或机油的消耗率(比油耗)。

3．可靠性

拖拉机在规定时间和条件下,无故障地完成规定功能的概率称为可靠性。可靠性表明主要零部件的可靠耐用程度和使用寿命。拖拉机的可靠性常用无故障性、维修经济性和耐久性表示。

无故障性,用平均故障间隔时间和平均停机故障时间隔时间表示。前者指相邻两次故障之间的平均工作时间,一般为260~330 h;后者指相邻两次停机故障之间的平均工作时间(停机故障指严重影响使用,无法在短期(如2 h)排除的故障,此时必须停机修理),一般要求在800~1200 h。

维修经济性,用工厂保修费用率来评价,即在保修期内,每台拖拉机由制造厂支付的平均保修费用占该型拖拉机出厂销售价的百分比。对可靠性较高的拖拉机,保修费用率在1%~2%。

耐久性,用大修寿命评价,指50%的拖拉机达到需要大修时的平均使用时间。一般要求拖拉机整个使用期10年内大修一次或不大修。小型拖拉机应不小于4000 h,中型拖拉机为6000 h,大型拖拉机为8000~10 000 h。

4．机组配套性能

机组配套性能用拖拉机和配套机具所能进行的作业项目多少及是否能充分利用拖拉机的牵引功率作为评定指标。影响农机具配套的主要因素有拖拉机排挡数目和传动比的变化范围、拖拉机单位宽度（轮距或轨距）功率和工作装置的性能等。

为保证机组作业质量和安全，充分发挥拖拉机的功率，拖拉机与机具的布置必须合理，配套必须协调。

1）连接尺寸的协调

拖拉机的工作装置（包括液压悬挂系统、牵引装置、拖挂装置、液压输出装置、动力输出轴及带轮）与配套机具的连接尺寸和技术规格应协调一致。即拖拉机与机具都应符合有关标准的相同类别及配套尺寸规定，以保证连接协调和良好的机组工作性能。

2）拖拉机牵引力、输出动力、工作速度与机具协调

拖拉机应在合适的机具作业速度范围内发挥足够的牵引力、牵引功率或动力输出轴功率，以克服配套机具的工作阻力和动力消耗，并留有10%～20%的储备，以适应机具短期阻力增大。

（1）与牵引作业机具配套

$$F_{Tb} \geqslant (1.1 \sim 1.2) F_n \qquad (1-46)$$

$$P_{Tb} \geqslant (1.1 \sim 1.2) \frac{F_n v}{3600} \qquad (1-47)$$

式中，F_{Tb}——拖拉机标定牵引力，N；

$\qquad F_n$——机具的平均牵引阻力，N；

$\qquad P_{Tb}$——拖拉机标定牵引功率，kW；

$\qquad v$——实际作业速度，km/h。

（2）与动力输出轴驱动机具配套

$$P_{dmax} \geqslant (1.1 \sim 1.2) \left(P_n + \frac{m_s g f v}{3600} \right)$$
$$(1-48)$$

式中，P_{dmax}——拖拉机最大动力输出轴功率，kW；

$\qquad P_n$——机具平均功率消耗，kW；

$\qquad m_s$——拖拉机使用质量，kg；

$\qquad g$——重力加速度，m/s²；

$\qquad f$——拖拉机滚动阻力系数。

（3）与动力输出轴驱动和牵引复合机具配套

$$P_{dmax} \geqslant (1.1 \sim 1.2) \left[P_n + \frac{(F_n + m_s g f) v}{3600} \right]$$
$$(1-49)$$

3）拖拉机转向操纵性、轮胎承载能力和悬挂提升能力与配套机具协调

与拖拉机配套的悬挂机具最大质量 m_{nmax} 及其质心至悬挂点的水平距离受拖拉机转向操纵性、轮胎承载能力和悬挂提升能力的限制，在配套时应进行检验协调。拖拉机带后悬挂机具运输位置受力图见图1-113。

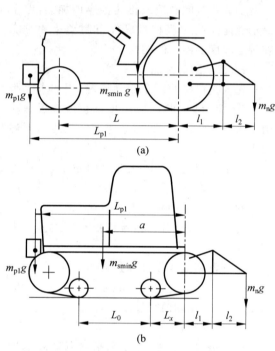

图1-113 拖拉机带后悬挂机具运输位置受力图

（a）轮式；（b）履带式

（1）受转向操纵性限制

轮式拖拉机

$$m_{nmax} \leqslant \frac{(a - 0.2L) m_{smin} + m_{pl} L_{pl}}{l_1 + l_2} (\mathrm{kg})$$
$$(1-50)$$

式中，a——拖拉机最小使用质量状态下质心至后轮轴线水平距离，m；

$\qquad L$——拖拉机轴距，m；

$\qquad m_{smin}$——拖拉机最小使用质量，kg；

$\qquad m_{pl}$——前配重质量，kg；

$\qquad L_{pl}$——前配重质心至后轮轴线水平距离，m；

$\qquad l_1$——下拉杆水平位置时，下悬挂点至后轮轴线水平距离，m；

l_2——机具质心至下悬挂点水平距离，m。

履带式拖拉机

$$m_{nmax} \leqslant \frac{[a-(L_0/3)-L_x]m_{smin}+m_{pl}L_{pl}}{l_1+l_2+(L_0/3)+L_x}(kg)$$

$$(1-51)$$

式中，L_0——履带接地长度，m；

L_x——履带支承后边缘至驱动轮轴线水平距离，m。

(2) 受轮胎承载能力限制

$$m_{nmax} \leqslant \frac{(Q_r/g)L-(L-a)m_{smin}}{l_1+l_2+L}(kg)$$

$$(1-52)$$

式中，Q_r——后轮胎与其工作气压和行驶速度相应的允许最大承载量，N。

(3) 受液压悬挂提升能力限制

受液压悬挂提升能力限制的 m_{nmax} 取决于机具 l_2 值，随 l_2 值增大，允许的 m_{nmax} 减小，一般由试验确定。

当 $l_2=0.61m$ 时，

$$m_{nmax}=F_{Lmax}/g(kg) \qquad (1-53)$$

式中，F_{Lmax}——悬挂装置最大提升能力，N。

(4) 拖拉机轮(轨)距、轮胎宽度与机具配套协调

为使耕地时不致发生偏牵引，应保持以下等式关系。

当拖拉机一侧轮胎走犁沟时，

$$b_n(z+1) \geqslant B+b \qquad (1-54)$$

当拖拉机走未耕地时，

$$b_n(z+1) \geqslant B+b+2c \qquad (1-55)$$

式中，b_n——犁体宽度，cm；

z——犁铧数；

B——拖拉机轮(轨)距，cm；

b——轮胎(履带)宽度，cm；

c——轮胎(履带)边缘与犁沟墙距离，cm。

轮胎与犁体宽度应协调。拖拉机一侧轮胎走犁沟时，轮胎宽度与最小犁体宽度的选择见表1-20，这样的选择可以使轮胎不致严重压实已耕地。

表 1-20 轮胎宽度和犁体宽度的选择 cm

轮胎宽度	31.5	33.5	39.9	46.7	52.8
犁体宽度	25	30	35	40	45

1.5.5 拖拉机使用的劳动保护性能

拖拉机使用的劳动保护性能包括驾驶工作的安全性和驾驶员的劳动条件，主要包括拖拉机的制动性、稳定性、平顺性、操纵力、驾驶室强度和刚度、视野、噪声等性能。在进行拖拉机选型时，除了前面几个需要重点考虑的方面，拖拉机的劳动保护性能也必须要加以考虑。

1.6 安全使用规程(包括操作规程、维护和保养)

1.6.1 安全操作

1. 拖拉机启动前检查

(1) 水箱水位的检查。启动前应将水箱加满水。无水箱盖的小型轮式拖拉机和手扶拖拉机，应将水加到浮标升到最高位置时为止。

(2) 风扇皮带的检查。一般是用手在皮带的中部向下压，其下弯程度应符合规定。

(3) 冷却系统的检查。水箱、水管、水泵、水温表等处连接部位应无漏水或松动现象。

(4) 燃油系统的检查。燃油系统的柴油泵、输油泵、喷油器、柴油粗细滤清器和各油路管道无渗、漏、滴等现象，并应将油箱中的沉淀杂质放出，加入清洁柴油。

(5) 机油油位的检查。油面在机油尺的上、下线之间为适量。高或低对拖拉机的运行不利。

(6) 积尘器的检查。倒出沉淀物，并检查积尘器是否漏气。

(7) 电器检查。检查发电机、线路、蓄电池、灯光、喇叭等，处理短路、断路、损坏等故障。

(8) 转向机构的检查。检查纵向拉杆、横

向拉杆连接部分的紧固情况以及球形关节的磨损、配合状况；检查前轮立轴和转向臂的连接紧固情况。手扶拖拉机检查转向操纵手柄和拉杆各部分的连接紧固情况。

(9) 行走部分的检查。检查并紧固各部连接螺栓，紧固驱动轮和引导轮的紧固螺母；检查轮胎气压，不足时应充气。

2. 拖拉机的启动操作

启动方法分为人力启动、电力启动和启动机启动三种。

1) 人力启动

当前小型拖拉机大多采用人力手摇启动，其方法是：首先将变速杆放在空挡位置，打开油门开关，将油门推至中速位置，一边操纵减压手柄，一边用力快速摇转曲轴，当听到气缸内发出清脆响声时，迅速放开减压手柄即可着火。如不能立即着火，应在放开减压手柄的同时继续快速摇转。

2) 电力启动

启动步骤为：

(1) 先用手摇把转动曲轴数圈，并排除油路中的空气。

(2) 将减压手柄放在减压位置。

(3) 低温启动时，应先预热机体，接通电预热开关，预热 15～20 s，热车启动时可简化该步骤。

(4) 将手油门放在最大供油位置。

(5) 变速杆放到空挡位置。

(6) 将离合器踏板踩到底。

(7) 用钥匙接通电路，将启动开关转到"启动"位置，发动机转动时，推下减压手柄，待发动机着火后立即断电，随即将油门放到怠速位置。

注意事项：每次启动时间不应超过 15 s，若一次启动不着，停 2～3 min 后再次启动。冷机启动后，需低速运转 3～5 min，等机油压力正常后投入工作。若是带增压器的发动机，启动后应低速运转 10～15 min 后工作。

3) 启动机启动（以东方红-802 型拖拉机为例）

启动步骤为：

(1) 将主发动机油门拉杆放在熄火位置，并打开拖拉机上罩盖。

(2) 将减压手柄放在预热"1"位置。

(3) 将自动分离机构接合手柄移到接合位置后再拨回到原来位置。

(4) 启动机离合器放在分离位置。

(5) 减速器变速杆放在一挡。

(6) 用手油泵泵油，排除油路中的空气。

(7) 打开化油器进气口盖，稍开节气门，关小阻风门。

(8) 打开启动机油箱开关，按下化油器按钮，直到汽油稍溢出为止，对于长期停放后再使用的拖拉机，应通过缸盖上的加油阀向气缸内注入少许机油，以利于改善活塞、缸套之间的密封和润滑。

(9) 将启动绳按顺时针方向（朝拖拉机前进方向看）缠绕在飞轮槽内 1.5～2 圈，另一头握在手里（不能缠在手上，以免反转打手）。

(10) 猛拉启动绳，启动机一旦着火，立即打开阻风门。如果多次不能启动，应拧出放油螺塞，转动小飞轮，排出启动机曲轴箱内过多的燃油，调整阻风门和节气门的开度，重新启动。

(11) 加大节气阀开度，使启动机转速逐渐提高。

(12) 平稳地结合离合器，用一挡带动主发动机运转 1～3 min 后换入二挡，运转 1～2 min 后，把减压手柄移到预热"2"的位置，经 1～2 min 预热后，再放到"工作"位置，并将主发动机油门手柄拉到最大供油位置，发动机即可着火。

(13) 主发动机着火后，应立即分离启动机离合器，关闭节气门，待转速降低后再按磁电机熄火按钮，使启动机熄火。启动完毕后，应打开启动机缸盖上的加油阀，并用手转动启动机曲轴，排出气缸中的废气，然后关上阻风门。

(14) 关闭汽油箱开关和化油器进气口盖，关上拖拉机上罩盖。

4) 拖拉机用启动机启动时特别应注意的事项

(1) 启动机用的燃油是汽油和机油的混合

油,容积比为 15∶1,质量比为 12∶1,应充分混合均匀。

（2）在启动机带动主发动机时,禁止用手按住接合手柄,强行使接合齿轮与飞轮齿圈啮合。

（3）禁止用打开启动机加油阀的方法,使启动机熄火。

（4）启动机连续工作不得超过 15 min。

3.拖拉机的起步操作

（1）发动机启动后,应以中速空转,先预热发动机,并检查运转情况和仪表读数,检查空气滤清器和进气管道的密封性,待水温上升到 40 ℃以上方可起步。

（2）拖拉机起步前,应检查拖挂的农具或挂车的连接情况,悬挂农具应能升起,同时应查看周围有无人、畜和其他障碍物。

（3）起步时应挂低速挡,先鸣号,再缓松离合器踏板,适当加大油门平稳起步。夜间浓雾视线不清时,须同时打开前、后灯。

（4）轮式拖拉机在上坡途中起步,应一手握住方向盘,一手控制油门（适当加大）,右脚缓慢松开制动器,左脚同时缓慢松开离合器,使拖拉机缓慢起步。

（5）在下坡途中起步,应在缓松制动器的同时,缓松离合器,使机车平稳起步而又不至于发生溜坡现象。

（6）拖拉机田间作业时起步,应在缓松离合器的同时,加大油门。若使用双作用离合器,应先使作业机械运转正常后再行起步。

（7）正在进行犁地作业的拖拉机起步,应先使农具升起,同时使拖拉机缓慢倒退,待农具离开地面后再挂前进挡,并下降农具,再进行正常作业。

（8）拖拉机起步应力求平稳,方法是将离合器一次踩到底,准确挂入低挡位,踩下油门的同时缓慢结合离合器,使拖拉机平稳起步,严禁以猛冲的方式起步。

4.拖拉机倒车和制动操作

1）倒车操作

倒车与前进相比,死角非常多,操作也困难,在任何时候都应该认真地进行安全确认。

（1）倒车前认真观察拖拉机四周情况,必要时下车确认。

（2）驾驶员右后转观察后边情况时,应左手握住方向盘上部;左后转观察后边情况时,应右手握住方向盘上部。

（3）倒车时应该保持较慢的速度。加速或遇到路面不平的路面,踩油门踏板一定要轻,速度一定要保持在随时能控制的程度。

（4）倒车时应以远处的物体作参照物,对准目标。倒退的过程中及早发现偏差,降低速度,及时调整方向盘进行修正。

（5）倒车时,需要反方向操作方向盘,应加以注意。

2）制动操作

拖拉机制动时应先减速而后依次踩下离合器踏板和制动踏板。拖拉机的制动方法有两种：一种是发动机制动,另一种是用制动器制动。发动机制动是利用发动机的牵阻作用进行制动,方法是当车速较高时,迅速地减小油门,利用气缸的压缩力对驱动轮制动,以达到降低车速的目的。

拖拉机制动按其性质分为预见性制动和紧急制动两种。

（1）预见性制动：是根据地形、环境等情况提前做出判断,有准备地减速和停车,其方法是减小油门,用发动机制动减低车速。必要时,同时用制动器间歇制动,待车速降低到一定程度后,再分离离合器,用制动器制动停车。

（2）紧急制动：遇到特殊情况时使用,这时应迅速踩下制动踏板,随即分离离合器,达到在较短距离内停车。紧急制动时,切忌先踩下离合器踏板。

5.拖拉机转弯操作

车辆转弯时,要看清楚是否有不准转弯的标志。在转弯掉头时,一定要做到"一慢、二看、三鸣号、四转弯",转弯前要降低车速,看清前后左右的车辆、行人动向,在确保安全的情况下方可转弯。

1）轮式拖拉机的转弯

（1）禁止高速转弯。

（2）在距离转弯路口或其他转弯处 50 m

左右便减速慢行,同时打开转向灯。夜间须将远光灯改用近光灯。

(3)在画有导向道口的标志时,须按行进方向分道行驶。

(4)遇放行信号时,须让被放行的车辆先行。

(5)向左转弯时,机动车须紧靠路口中心点转弯。

(6)向右转弯遇有同车道前车正在等候放行信号时,须停车等候。

(7)遇有行进方向的路口交通阻塞时,不准进入路口。

(8)遇有停止信号时,必须依次停在停车线以外,没有停车线的,停在路口以外。

(9)严禁转弯过度,以免拖拉机后轮和挂车的三角架相刮。

2)手扶拖拉机转弯操作

(1)上坡转弯。应采用间断捏动转向手柄的方法来实现转向。向右转时,捏右转向手柄;向左转时,捏左转向手柄。同时配合使用导向轮转向。

(2)下坡转向。一般情况下采用反操作方法实现转向,但坡度小而较长、路面平整宽敞时,用低速下坡,并充分利用尾轮进行转向;坡度较大时,用小油门,尽量降低车速,利用转向离合器和导向轮操纵。

(3)连续转弯。要按照不同弯路的具体情况,采取相应的驾驶操纵方法转弯,在通过第一个弯道时随即考虑第二个弯道情况,避免错过转弯的时机。

6. 拖拉机变速操作

(1)离合器完全分离后换挡。换挡时离合器踏板踩到底,使离合器完全分离后挂挡,以免换挡时齿轮发生撞击,造成齿轮齿端磨损,变速箱发响。同时,还应把变速杆推到位,使齿轮全齿啮合,以免发生脱挡。

(2)挂挡不宜过猛。如果啮合齿轮的轮齿互相顶住,挂不上挡时,应稍接合离合器,使两齿端错开,再分离离合器挂挡。

(3)载重拖拉机在上、下坡前,应根据情况提前换低速挡,严禁在上、下坡中变换挡位,以

防止拖拉机换不上挡而造成空挡滑行,发生事故。

(4)换挡时,要注视前方道路,握紧方向盘,注意道路及行人车辆情况。

(5)由低速变高速时,"两脚离合器"操作法的要领是:①稍加油门,提高车速;②缩小油门,踏下离合器踏板,同时迅速将变速杆移入空挡位置,随即放松离合器踏板;③再次踏下离合器,踏板将变速杆移入高一级挡位后,放松离合器踏板,加大油门,使拖拉机继续行驶。当操作熟练后,也不必踏两次离合器踏板,只需在第一次踏下离合器踏板时,使变速杆在空挡稍停一会儿,然后再挂上高速挡位。

(6)由高速换低速时,"两脚离合器"操作法的要领是:①缩小油门,降低车速;②踏下离合器踏板,迅速将变速杆移入空挡位置,随即放松离合器踏板;③迅速轰一下油门(即空轰油门,提高发动机转速),再次踏下离合器踏板,将变速杆移入低一级挡位,放松离合器踏板。换挡过程中,动作要敏捷、准确,使变速杆在踏离合器和油门的掌握上互相配合好。油门加大或减小的程度应根据车速适当控制,车速越快,油门的变动量也应越大。

1.6.2 正确使用

1. 拖拉机经济驾驶

1)正确使用轮胎

轮胎气压不够或过足都会增加耗油量,因此应定期检查轮胎气压。轮胎越宽,车轮阻力越大,所以一般情况下不要随意更换宽轮,否则只会增加油料的消耗。

2)合理负载,避免"小马拉大车"

有的驾驶员为多装货物而自行改制拖车,以致增加机车行驶时的气流阻力,加大车身负重,增加油耗。

3)正确控制油门

在启动时,气温在15℃以上时油门控制在略高于怠速油门为佳,在15℃以下时应不供油空转曲轴数圈,感到轻松后再加小油门启动。另外,当发动机连续3次启动不着时,应停止启动,找出原因后再启动。中速行驶更省

油,车速过高或过低都会使耗油增加。

当机车负载轻,在路面不平,交通流量不大的情况下行驶时,应采用高挡小油门。当机车满负载,在路面平坦、视野良好、交通流量不大的情况下行驶时,应尽量采用高挡大油门。当机车满负载,在坡度不大的路面上坡行驶时,应提前换用低挡并适当加大油门,禁止中途换挡。当机车满负载,在下坡路段行驶时,采用低挡小油门,能达到节油的目的。但应注意的是:下坡时不准熄火滑行,不准空挡滑行,根据情况可间歇使用制动器,但不可"刹死"。

4) 正确使用制动

行车中,在保证安全的前提下,尽量不用或少用制动。制动时,先减小油门后分离离合器,再平稳地踩下制动踏板。若遇紧急情况,可同时踩下离合器与制动踏板,但不准使用手刹刹车。

2. 一般道路驾驶

1) 雨天时的驾驶操作

拖拉机在雨后路面上行驶时,附着力较小,轮胎容易空转和滑行,从而造成行驶和停车困难。所以,拖拉机在雨天路面起步的时候,要用小油门,慢慢抬起离合器踏板,以减小驱动轮阻力,从而适应较小的附着力,防止轮胎滑转。

拖拉机在雨天行车时,能见度较低,拖拉机转向、制动性能较差,所以拖拉机驾驶员要心平气和,低速慢行。减速时,最好利用发动机制动,尽量避免使用刹车机构刹车。如果需要提高车速,也不要加油过猛,以防车身失控,发生危险。

在雨后路面上会车要小心。务必选择安全地段,必要时可以在较宽的路面上先停车,等到对方通过后再继续前进;如果需要停车,应该提前减速,换用低挡,缓慢制动;如果使用制动器过猛,车身容易横滑或滑溜,甚至发生不可预见的危险。

拖拉机雨后行驶,转弯时车速要缓慢,增大转弯半径,以防侧滑。行车间距也要适当拉大。

2) 通过坡道或坡道停车时的驾驶操作

拖拉机上坡时,为保证柴油机和传动系统

正常工作,应及时把变速杆拨到适当的低速挡。下陡坡时,需将变速杆拨入低挡内,这样利用发动机的压缩力作为下坡的阻力,从而避免过多地使用制动器。为避免发动机的传动系统因转速过高而损坏,应断续使用制动器,以控制最高时速。

拖拉机不要高速下坡或空挡滑行下坡,尽量避免在坡道上换挡,以防引起后溜或下滑。通过泥泞道路时,要用低速或中速挡行驶,途中避免换挡或停车。

拖拉机在坡道上停车时,先要熄灭发动机,然后拉手制动器,再将变速杆挂入倒挡。

3) 通过桥梁的驾驶操作

通过水泥桥和石桥时,如果桥面宽阔平整,可按一般行驶方法操作。如果路面窄而不平,应提前减速,并注意对方来车,缓慢通过桥面。通过拱形桥时,应减速、鸣喇叭、靠右行,随时注意对面来车,并做好制动准备。切忌冒险高速冲过拱形桥,这样易发生危险。

通过木质桥时,应降低车速,缓慢行驶。过桥前应检查桥梁的坚固情况,必要时卸下部分货物,低速行驶。前进中时刻注意桥梁受压后的情况,若听到响声,应加速行驶,不要中途停车。

通过泥泞、冰雪覆盖的桥面时,为防止横滑的发生,应谨慎行驶,从桥面中间缓慢通过。若桥面太滑,应铺上一些沙土、草料等。

4) 通过隧道或涵洞的驾驶操作

在进入隧道或涵洞前 100 m 左右处,降低车速,观察交通标志和有关规定,特别要注意拖拉机的装载高度是否在允许范围内,不可大意。

通过单行隧道或涵洞时,应观察前方有无车辆,确认可以安全通过后,要鸣喇叭,开前后大灯,稳速行驶。

通过双车道隧道或涵洞时,应靠右侧行驶,注意与来车交会,一般不要鸣喇叭。

避免在隧道或涵洞内变速、停车。

5) 田间道路的驾驶操作

一般的田间道路狭窄、凹凸不平,且地面不坚实。因此,在通过田间道路时应注意以下几点：

（1）正确判断路面情况，估计路面宽度。

（2）握紧方向盘，降低车速，根据路面状况掌握好转向时机和转向速度。如果转向过快，拖拉机易失去横向稳定性，有可能造成翻车。

（3）通过田间道路时，应靠道路中间行驶，注意土质坚硬程度，特别是有坑洼的地方。

（4）行驶时，注意观察前方有无车辆或人、畜。通过前，要鸣喇叭提醒对方避让。如果前方已有车辆或人、畜进入路面，要观察好路面宽度能否允许同时通过。如果不能，应选择适当地点停车，待车辆或人、畜通过后再鸣喇叭进入路面。

（5）雨天行驶时要防止拖拉机横滑和侧滑，又要谨防车轮陷入泥坑里。在积水路段行驶时，尽量使用中、低速挡，同时要稳住油门控制好车速。通过泥泞易滑行地段时，不可换挡或突然制动，应通过放松油门来减速。

（6）在泥泞松软地段行驶时要下车观察路面，当确定车轮不会陷入泥土中时，方可挂低挡缓慢通过。如果路面有车辙，可沿着车辙行驶。行驶中如果前轮发生侧滑，应稳定原来的行驶方向，不可减速或加速，更不能急转方向盘和紧急制动，以防加剧侧滑；如果后轮发生侧滑，不要使用制动，应稳住油门，缓慢修正方向，直到解除侧滑。如果前轮引起拖拉机横滑，应放松加速踏板，然后平稳地将转向盘向前轮滑动的反向转动；如果后轮引起拖拉机横滑，将转向盘适当地转向横滑的一侧，等恢复正常的行驶方向后再回正转向盘。

6）通过集镇的驾驶操作

一般集镇的路面较窄，所以行驶时应尽量避免超车；停车时，妥善选择停车地点，以免阻塞交通。注意避让集镇路边的房屋、树枝悬挂物等，特别是装运超宽或超高货物时更要特别注意观察。

通过集市时，应低速慢行，鸣喇叭，不能强行通过。集镇的街道一般不设人行横道，路面较窄，行人没有约束，随意横穿道路。因此，应时刻注意行人突然从车前横穿。

遇到畜力车时，应在较远处鸣喇叭。靠近畜力车后不能再鸣喇叭，应缓慢通过，以防牲畜受惊乱窜而导致交通事故发生。

7）会车驾驶操作

拖拉机行驶过程中，经常会遇到与对方来车相会的情况。交会时，除了遵守交通规则外还应注意以下事项：

（1）会车前应看清对方来车情况，前方道路的交通情况，然后适当减速，选择较宽阔、坚实的路段靠右侧行驶并鸣喇叭。

（2）会车时，应做到"先慢、先让、先停"，同时要注意保持车辆横向之间的安全距离以及车与路边之间的安全距离。

（3）当对面出现来车而自己前方右侧又有障碍物或非机动车辆时，应根据车辆与障碍物的距离、车速及路况来确定是否加速超车或减速等，以免三者挤在一起而发生事故。

（4）应主动让路，不得在道路中央行驶，不得在单行道、小桥、涵洞、隧道和急转弯处会车，不得在两车会车时采用紧急制动。

（5）夜间会车时，要在距对方来车 150 m 以上，将前大灯远光改为近光，不准用防雾灯会车。

（6）在雨、雾、阴天或黄昏等视线不好的情况下会车，应该降低车速，打开大灯近光，并适当加大两车横向距离，必要时应主动停车避让。

8）超车驾驶操作

超车时，应选择路面宽直、视线良好、道路两侧无障碍物、对面 150 m 以内无来车的地点进行。

超车前，先向前方左侧接近，并鸣喇叭告知前车，夜间还应断续开闭大灯示意，待前车减速后，再从前车左侧快速超越。超越后，必须继续沿着超车道前行，待与被超车辆相距 20 m 以上时，再驶入正常行驶路线。

在超越停放车辆时，应减速鸣号，保持警惕，以防停放车辆突然起步，或车门突然打开等情况。还应注意停车处突然出现横穿公路的人、畜。

以下情况不允许超车：在超越区视线不清，如风沙、雨雾、冰雪较大时；在狭窄或交通繁华的路段上,在泥泞或冰滑的路段上;在交叉路口、转弯道、坡道、桥梁、隧道、涵洞,或与公路交叉的铁路等地段,以及有警示标志的地段等;距离对方来车不足150 m时;前方已经发出转弯信号或前车正在超车时。

9) 让车驾驶操作

拖拉机行驶中要时刻注视后方有无车辆尾随,如果发现有车辆要求超越时,应根据道路及交通情况确定是否让其超越,而且应做到以下几点:

(1) 严格遵守交通规则中关于让超车的规定。

(2) 让车时,应减速靠右避让,不得让路不减速,更不得加速竞驶或无故压车。

(3) 在让车过程中如果遇到障碍物,应减速停车,不得突然左转绕过障碍物,以防与超车相撞。

(4) 在让车过程中要照顾非机动车辆的行驶安全,不要给非机动车辆造成行驶困难。

(5) 让车后,确认无其他车辆继续超车时,再驶入正常行驶路线。

3. 特殊天气条件下的安全驾驶

1) 夜间的安全驾驶

夜间驾驶,由于灯光照射范围和亮度有限,对驾驶员的视野等会有较大影响。因此,夜间行车应注意以下事项及操作要点:

(1) 夜间行驶应当降低行驶速度。

(2) 在没有路灯或路灯照明不良的道路上行驶时,应使用远光灯,但同向行驶的后车不得使用远光灯。通过交叉路口时,应在距离交叉路口30~50 m处关闭大灯(在市内),如果是转弯还应打开转向灯。

(3) 在没有中心隔离带设施或者没有中心线的道路上,会车时应当在对向来车150 m以外改用近光灯,在窄路、窄桥与非机动车会车时应当使用近光灯;如遇对方不关闭远光灯时,应连续变换灯光提示对向来车,并立即减速靠右行驶或停车。

(4) 应尽量避免超车,需要超车时,应使用灯光或喇叭对前车进行提示,在跟近前车后,连续地变换远近光灯,只有确认前车让路、让速后,方可超车。

(5) 在起步和中途停车时,应先打开灯光后起步和停车后关灯;若中途需较长时间停车,应将车停靠在路右侧,并同时打开小灯,提示来往车辆注意。

(6) 长时间行车,驾驶员有困倦的感觉时,应降低车速,或暂时停车休息一下,必要时可暂睡一会儿,待体力和精力适当恢复后再继续行驶。

(7) 若行驶途中驾驶员突然感到前面发黑,这种情况可能是遇到障碍物、转弯或坑洼,应降低车速,判明情况后再行通过,必要时应下车查看。

2) 冰雪道路上的安全驾驶

冰雪道路上行驶需要注意以下事项:

(1) 在冰雪道路上驾驶车辆时,应降低行车速度,尽量避免猛打方向盘,禁止猛抬或急踩油门,以防侧滑。

(2) 在冰雪路面上减速或停车,应充分利用发动机的制动作用降低车速,尽量采取预见性制动。

(3) 车辆在结冰的路面上行驶,极易产生侧移,必要时应在驱动轮上安装防滑链,以增强车轮与冰雪路面的附着力。

(4) 在雨雪天气或结冰的道路上会车时,应靠右侧缓慢通过。

(5) 为防止拖拉机在冰雪路面上起步打滑,可将变速杆置入比起步挡高一级的挡位起步;或在轮胎下面铺灰沙、杂草、秸秆等。

(6) 在雪路行驶,遇到弯路、坡道、河谷等危险地段应特别注意选择行驶路线,必要时停车查看。

(7) 在山区冰雪道路行驶,遇到前车正在爬坡时,后车应当选择适当地点停车,等前车通过后再爬坡。

(8) 在积雪道路行驶很难判断道路宽度,因此行进中要尽量选择其他车辆的行驶车辙缓慢行驶。

3) 雾天的安全驾驶

雾天行驶需要注意以下事项:

(1) 雾中驾驶,应根据视线远近适当减低车速,白天也要开亮防雾灯或近光灯。

（2）行驶中要多鸣喇叭,以引起行人、车辆的注意。

（3）听到来车喇叭,应鸣笛反应,会车时要明灭灯光示意,以免眩目而撞车,特别要避免超车。

（4）雾重而实在不能行驶时,应紧靠路边暂停并开亮示宽灯,以免发生意外。

4. 拖拉机涉水操作

1）拖拉机涉水前的准备工作

涉水前要查清水的深度、流速、流向和水底情况(泥沙或石底等),以及两岸拖拉机上、下的条件。在雨季结束后,还需了解上游洪汛的活动情况,如能通过,应结合所驾驶拖拉机的结构,确定涉水路线。如水面较宽,须设标记,也可在对岸选定某一固定物作为定向目标。涉水路线应以捷径为原则。如流速过急,则应以顺水流方向的斜线通过为宜。如水深超过拖拉机的最大涉水深度,还应采取措施,对油箱、机油尺孔和变速箱、后桥、通气孔都要加以保护。

2）拖拉机涉水操作

拖拉机涉水时,应用低速挡平稳地驶入水中,以防止水花溅入发动机。行驶中,应保持足够的动力储备,避免途中变速、停车和急转向,做到一气通过。当发现车轮空转时,应立即停车,不可勉强进退,并勿使发动机熄火,用人力或其他车辆协助下向前或向后退出,以防机车越陷越深。如多车涉水,不应同时下水,要依次过水。行进中,驾驶员要着眼固定目标,不可只注视流水,以免视觉错乱,致使方向失控。

3）涉水后注意事项

拖拉机涉水后,应选择空阔地区停车,卸除防水设备,将机车恢复原状,擦干电器受潮部分;检查散热器、底盘、轮胎有无异物,曲轴箱有无进水。一切正常后,先用低速挡行驶一段路程,并轻轻踏住制动踏板,使制动蹄片和制动鼓发生摩擦,使水分受热蒸发,待制动效能恢复后,再正常行驶。

5. 拖拉机田间驾驶操作

1）拖拉机田间驾驶应注意的安全事项

（1）作业前的准备。参加作业人员身体状态应良好,不穿敞怀和肥大飘摆的衣服;妇女应戴安全帽,发辫不准漏出;按规定检查保养和调整农机具;勘查好农机具通过的路线的桥梁、沟渠情况,了解作业地块中是否有障碍物,并在障碍物处做标志。

（2）拖拉机起步。发动机空转 2～3 min,检查打火是否平稳、有无杂音;检查液压分配器工作情况,升降是否可靠,能否自动回位;各仪表读数是否在规定范围内。

（3）设置联系信号。牵引由农具手操纵的农具作业时,拖拉机驾驶员和农具操作人员之间,须设置可靠的联系信号,以便及时处理作业中出现的情况。

（4）如需对在田间作业的拖拉机或农机具进行检修保养,必须在停车熄火后进行。因农具被堵塞或缠草需要排除故障时,必须在切断动力后进行。检修保养提升的农具时,待农具提起后必须采取保险措施,防止农具自行降落。降落农具时,一定要看清农具下面是否有人或其他物品。

（5）拖拉机在夜间作业时,照明设备必须完善;在视线不清的地方作业,车速应适当减慢,必要时要停车查看,在障碍物处设立明显标志,以防剐撞。

（6）作业中不准携带儿童;作业人员不准在作业区内睡觉,尤其是夜间休息时,还应让当班的作业人员知道他们所在的具体位置。

（7）播施化肥、农药时,驾驶操作人员要戴眼镜、手套、口罩等防护用具。

（8）旋耕作业时,要经常检查旋耕刀是否变形,紧固件有无松动;手扶拖拉机带旋耕机作业,在转弯、过埂或通过高低不平的地段时,要防止驾驶员的脚从尾轮踏板上滑下,落入旋耕机被打伤;在越过田埂或水沟时,应使刀轴停止转动,防止打断旋耕刀。

2）拖拉机田间作业驾驶技术

（1）过沟渠。一般深而宽的沟渠应先填平或用跳板铺垫后再通过;浅而窄的沟渠可用低速挡斜驶通过,也可让前、后轮缓缓下沟通过。若牵引农具,则应先将农具调到最高运输位置,并调整限位轮,防止农具左右摇摆,并压下油缸定位阀,以免油管内产生高压冲击而爆裂;后轮越沟时,不得猛抬离合器踏板,以防拖拉机翘头。

(2)上下田埂。较低的田埂通过方法与过沟渠相似。若田埂较高且陡,应先在田埂上填土堡、石块等,或用跳板引导,用低速挡缓慢通过;牵引农具时应用前进挡低速上下田埂,而悬挂农具上田埂时则须用倒挡越过,以免拖拉机翘头或纵向翻车。

(3)拖拉机在松软潮湿的田块中作业时,应减小农具的耕幅,降低牵引阻力,以免打滑陷车。

(4)通过泥泞道路时,应挂低速挡,稳住方向盘,缓缓通过;尽量少用制动,避免使用紧急制动,以防侧滑横甩。若路中坑洼积水较深,应先填平后再通过。若发生侧滑,切忌使用紧急制动,要将方向盘向后轮横滑的一侧适当缓转,及时灵活地修正行驶方向。

(5)陷车后自救。当拖拉机驱动轮打滑陷车时,应立即停车,升起农具,并应用木板、石块、柴草等物垫在后轮下,用低速挡驶出;如果拖拉机单边驱动轮打滑,也可结合差速锁驶出。手扶拖拉机陷车时,可挂低速挡,减压摇转曲轴使拖拉机驶出陷坑。

(6)拖拉机牵引农具在地头转弯时,应先换低速挡,升起农具的工作部件,小油门缓缓转弯。

1.6.3　维修与保养

1. 拖拉机的试运转

1)拖拉机试运转的作用、原则及影响因素

新的、大修后或更换重要配合零件的拖拉机,在投入使用前必须进行磨合,同时进行相关检查、调整和保养,这一系列工作称为拖拉机的试运转,又称磨合。

试运转的作用有三项:①增大相互运动零件的接触表面,使实际承载面积加大以承受全面负荷工作;②提高机件的润滑性能;③检查、发现和排除各种故障。实践证明,是否进行试运转和试运转质量的好坏,对机器的动力性、经济性、工作寿命有重要影响。

试运转的原则是:转速由低到高,速度由慢到快,负荷由小到大。

影响试运转质量的主要因素有:负荷、速度、对应各种负荷与速度下的磨合时间、润滑油的黏度等。

2)拖拉机试运转前的准备工作

①组织参加试运转人员学习机务规章、机器说明书、试运转规程,了解机器的机构特点、使用性能和操作保养方法,确定负荷试运转的编组方案;②准备试运转所需的油料、物料、保养工具、测试仪表(转速表、拉力表、比重计等);③检查机器技术状态和进行技术保养:检查前轮定位、轮胎气压或履带张紧度;检查电气线路连接情况;检查各操纵手柄是否灵活并处于空挡位置。确认一切正常后即可开始试运转。

3)拖拉机的试运转规范及试运转阶段和过程

试运转规范是指拖拉机进行试运转时的程序和要求。拖拉机的试运转分两个阶段。

(1)工厂试运转,在制造厂或修理厂内进行,该阶段试运转的时间较短,约数10分钟至数小时,且以发动机为主。

(2)使用单位试运转。由于各种型号的拖拉机有各自的试运转规范,试运转各阶段时间的长短,各生产厂家的规定彼此相差较大,必须按照使用说明书的规定进行。但大部分国产拖拉机的试运转时间规定为 30～60 h。在此阶段除了使拖拉机运动零件表面的微观不平度继续磨平外,还要修正宏观缺陷。在这一阶段运动件的磨损强度随着磨合时间的增长而逐渐减小,最后趋于稳定,此后就可投入正式作业。但在正式作业的头几个班次,最好仍以 80% 负荷程度作业,使运动副零件进一步磨合。

第二阶段的试运转分以下三个过程:①发动机空转:按使用说明书规定顺序启动发动机,启动后,使发动机怠速运转 5 min,观察发动运转正常后,使发动机保持在 1000~1200 r/min 运转,待水温达到 50 ℃以上,再将发动机转速提高到额定转速,进行空运转 15~20 min。②拖拉机空行:应由低挡到高挡,每个前进挡约 1 h,倒挡约 0.5 h。③拖拉机逐渐增大负荷的试运转:多数拖拉机的负荷分为三级,以拖拉机挂钩上的牵引力来衡量。在试运转过程中,牵引力应由小到大,在同一牵引力下,排挡应由低挡到高挡。若拖拉机具有液压悬挂系统时,在负荷试运转前,应先对液压悬挂系统进行试运转。

4)发动机空转、拖拉机空驶和负荷试运转的要求和检查

按试运转规程依次进行发动机空转、拖拉机空驶和负荷试运转。①试运转过程中要保持水温(40 ℃以上起步,60 ℃以上负荷作业,75~95 ℃范围正常工作);②检查各轴承处发热情况及各部位紧固螺钉的紧固情况和传动带(链)的张紧度,仔细倾听各部位特别是行走装置、变速箱等各传动部位有无异响,观察有无漏油、漏水、漏气现象,检查水温表、机油压力表、机油温度表、电流表等的指示是否正常,对传动、变速、转向、制动机构进行周期性的磨合操纵;③当发现运转或操作有异常现象时,应及时停车检查,彻底排除故障后才能继续试运转。

5)拖拉机试运转完毕后的保养工作

拖拉机试运转结束后,保养检查调整工作有:①趁热放出发动机油底壳中的润滑油,彻底清洗柴油滤清器、机油滤清器和空气滤清器,然后注入新的润滑油;②拧紧气缸盖螺母,检查并调整气门间隙;③趁热放出变速箱、后桥壳中的润滑油,并加入适量的轻柴油,用Ⅱ挡行驶 2~5 min,然后立即将轻柴油放出,并按规定加入润滑油;④更换冷却水,用清洁的软水清洗冷却系统;⑤按润滑表对各润滑点加注规定的润滑脂;⑥检查前轮前束和离合器、制动器踏板自由行程,必要时调整;⑦检查调整喷油嘴压力、轴承间隙和履带张紧度;⑧检查并拧紧所有外部紧固螺栓和螺母,特别是发动机支座、变速箱支点等部位;⑨试运转执行

人将试运转情况上报,并记入技术档案。

2.拖拉机技术保养

在机器正常使用期间,经过一定的时间间隔后采取的检查、清洗、添加、调整、紧固、润滑和修复等技术性措施的总和称为技术保养,这个时间间隔就称为保养周期。把保养周期、保养周期的计量单位以及保养内容用条例的形式固定下来就叫作保养规程。每一种型号的拖拉机都有自己的保养规程,由制造企业制定并写在使用说明书中。

目前,技术保养大概可分为:每日保养(班次保养)、一级技术保养、二级技术保养、三级技术保养和换季保养。

1)每日保养

每日保养是拖拉机最基本的保养,主要包括出车前检查项目、途中检查项目和停车后保养项目。

(1)出车前检查项目

① 检查柴油、机油、冷却水、制动液和液压油是否加足、有无渗漏;检查轮胎气压是否足够,两侧轮胎气压是否一致。

② 检查发动机启动后,在不同转速下是否工作正常;检查仪表、灯光、喇叭、刮雨器、指示灯、离合器、制动器、转向器等是否正常。

③ 检查各连接部分及紧固件有无松动现象;蓄电池接线柱是否清洁、接线是否紧固及通气孔是否畅通。

④ 检查随车工具和附件是否齐全。

(2)途中检查项目

行驶 2 小时左右,应对拖拉机进行检查。主要项目包括:

① 观察各仪表、发动机和底盘各部件的工作状态。

② 停车检查轮毂、制动鼓、变速箱和后桥的温度是否正常。

③ 检查传动轴、轮胎、钢板弹簧、转向装置和制动装置的紧固情况。

④ 检查装载物的状况。

(3)停车后保养项目

① 清洁车辆。

② 检查风扇传动带的松紧度,用大拇指按

传动带中部,应能按下 15～25 mm。

③ 在冬季要放掉冷却水。

④ 切断电源,排除故障。

2) 一级技术保养

一级技术保养是拖拉机每行驶 2000～2500 km 时进行养,主要包括以下内容:

(1) 完成每日保养的全部项目;清除空气滤清器的积尘,清油、机油滤清器和输油泵滤网,并更换新的机油。

(2) 检查蓄电池内电解液的密度和液面高度,不足时要及时补充;还要紧固导线接头,并在接头处涂上凡士林;清除发电机及启动机电刷和整流子上的污垢,检查启动电机开关的状态。

(3) 检查气缸盖和进、排气管有没有漏气现象;检查、紧固线接头,检查散热器及其软管的固定情况。

(4) 检查方向盘自由行程、转向器间隙、手刹和脚制动器的间隙、制动总泵等是否正常;检查钢板弹簧有无断裂、错开、螺栓、传动轴万向节连接部分是否完好;还要检查各部分的紧固情况,并润滑全车各润滑点。

(5) 更换发动机冷却水,检查变速箱、后桥的齿轮油油面,不足时应及时补充。

3) 二级技术保养

二级技术保养是拖拉机每行驶 8000～10 000 km 时进行的技术保养,主要包括以下内容:

(1) 完成一级保养所规定的全部项目;检查气缸压力,清除燃烧室的积炭。

(2) 检查调整气门间隙;检查调整离合器分离杠杆与分离轴承的端面间隙。

(3) 放掉制动分离泵中的脏油;用 25% 的盐酸溶液清洗柴油机冷却水道。

(4) 检查调整轮载轴承间隙,并加注润滑脂;拆下喷油器,检查其喷油压力及雾化质量。

(5) 检查各处油封的密封情况;检查轮胎的胎面,并将全车车轮调换位置。

4) 三级技术保养

三级技术保养是拖拉机每行驶 24 000～28 000 km 时进行的技术保养,主要包括以下内容:

(1) 完成二级技术保养所规定的项目;检查调整连杆轴承和曲轴轴承的径向间隙以及曲轴的轴向间隙。

(2) 清洗活塞和活塞环,并测量气缸磨损情况,必要时更换新件;检查调整发动机调节器、大灯光束。

(3) 拆检变速箱,检查各部分的磨损情况,看有无异常;拆检传动轴,弯曲超过 0.5 mm 的应校正。

(4) 检查万向节、前轴各转动部位、后桥等各部位有没有裂纹或破损,检查各齿轮啮合情况及磨损程度,检查并调整主传动的综合间隙。

(5) 拆检钢板弹簧,除锈、整形并润滑;检查并润滑里程表软轴。

(6) 拆下散热器,清除芯管间的杂物、油垢和内部的水垢;检查全部电气设备工作是否正常。

5) 换季保养

(1) 农忙时节拖拉机的保养

春天,开始备耕生产,拖拉机将投入到生产之中。由于拖拉机在冬季放置时间较长,作业前应进行 1 次全面的维护和保养,才能保证拖拉机的正常工作。

① 清除拖拉机各处的泥土、灰尘、油污;检查各排气孔是否通,如有堵塞将其疏通;检查各处零部件是否松动,特别是各易松动部位要重新紧固。

② 检查转向、离合、制动等操纵装置及灯光是否可靠,检查角皮带的紧度是否合适;清洗柴油箱滤网、清洗(或更换)柴油滤器,保养空气滤清器。

③ 检查发动机、底盘等各处有无异常现象和不正常的响声,有无过热、漏油、漏水等现象,并及时排除;更换与气温相适应的机油和齿轮油,同时清洗机油集滤器,更换机油滤芯。放油时要趁热,最好用柴油清洗油底壳、油道和齿轮箱。

④ 检查气门间隙、供油时间、喷油质量,不合适时应调整;启动发动机使拖拉机工作,再

全面检查各部分的工作情况,发现问题及时排除,必要时进行修理。

(2) 夏天拖拉机保养

① 避免长期暴晒雨淋。未作业和暂不使用的拖拉机应停在干燥通风的阴凉处,否则机体会因风吹雨淋、太阳暴晒,使油面失去光泽,甚至起泡或脱落。晒久了,还会导致轮胎老化发脆破裂,缩短使用寿命。

② 轮胎充气不宜过多。夏季轮胎充气过多时,气体受热膨易导致内胎爆裂。

③ 及时更换润滑油。夏季应换用黏度较大的柴油机润滑油。一般可采用 11 号机油,盛夏时节可用 14 号机油。

④ 热车不可骤加冷水。夏天,蒸发式水冷系统和开式强制循环水冷系统中的冷却水消耗较快,在工作中应注意检查水位,不足时应及时添加清洁的软水。当水温超过 95 ℃时要停车卸载,空转降温,以防止"开锅"。在机车运行中如果遇到水箱沸腾或需要加水时,不能骤加冷水,以防气缸盖和气缸套炸裂。此时应停止作业,待水温降低后再适当添加清洁软水。

⑤ 及时清洗冷却系统防止漏水。夏季到来之前,要对冷却系统进行 1 次彻底的除垢清洁工作,使水泵和散热器水管畅通,保证冷却水的正常循环。可按 1 L 水加 75～80 g 碱水的比例,加满冷却系统,让发动机工作 10 h 后全部放出,并用清洁软水冲洗干净。应把黏附在散热器表面的杂草及时清除干净。冷却系统漏水将使水量不断减少,造成加水频繁,积垢增多,从而使温升过快,散热效果下降,使用寿命缩短。漏水一般多发生在水泵轴套处,此时可将水封压紧螺母适当拧紧。填料可用涂有石墨粉的石棉绳绕成。

⑥ 保持蓄电池通气孔畅通。蓄电池在使用中会生成氢气或氧气,这些气体在高温下膨胀。如果通气孔堵塞,会引起电瓶炸裂,故要经常进行检查,保持蓄电池通气孔通畅。

(3) 冬天拖拉机保养

冬季燃油和润滑油浓度高,流动性差,冷却水结冰及路面积雪冰冻,给拖拉机启动、润滑和行驶带来困难。因此,在完成规定的技术保养和驾驶操作外,还应严格遵守下列技术要求:

① 清洗、调整和润滑。入冬前要对拖拉机各部位进行除垢、清洗、调整和润滑,全面检查发动机的技术状态。气门间隙、喷油压力等不符合要求的要调整到规定范围,特别是供油时间不可过晚,否则会造成启动困难。对离合器、制动器和操纵机构进行全面检查调整,以防路面积雪和结冻时发生事故。

② 将燃油和润滑油更换为冬季油。要换成凝固点低于当地气温 5～10 ℃的柴油,加油时要经过严格过滤。油底壳内的润滑油要换成 8 号机油,变速箱和后桥内的齿轮油要换成 20 号的齿轮油。严禁调速器壳体内润滑油超过规定的油位,以防引起飞车。

③ 调整蓄电池电解液的比重。把电解液的比重由夏季的 1.25～1.26 调整为 1.28～1.29,在高寒地区可调整到 1.30～1.31。要对电启动系统进行全面检查保养。

④ 发动机启动前要加热水预热机体。采用边放水边加热水的方法,直到机体放水阀流出温水为止。关上放水阀,用摇把转动曲轴数十圈,使各部位充满机油,得到润滑。严禁用明火烤发动机和在无冷却水的情况下启动。发动机启动后,要适当延长预热时间,在散热器前增设保温帘,以保证作业水温达到 80 ℃以上。不允许在低温下长期工作。

⑤ 夜间停车放尽冷却水。夜间停车后,待水温降到 50 ℃时,打开放水阀放净冷却水,用摇把摇转曲轴数圈,直到无水流出为止,不要关闭放水开关。有些驾驶员图省事,打开放水开关后就离开机车,常常因脏物堵塞开关、冷却水没有放净而导致机体冻裂的事故。

⑥ 严格遵守使用操作规程。出车前要备好防滑链、三角垫木等防滑用具。

(4) 拖拉机闲置期间的保养

① 拖拉机应停放在库棚内,如条件不允许也可露天保管,但场地应无积水,对易腐蚀、风蚀的部位应遮盖;拖拉机停放时,每台机车之间必须保持适当距离,以便检查保养和出入

方便。

②拖拉机的保管处应该设置防火用具,清除拖拉机上的泥土和油垢;添满燃油箱的燃油,放出冷却水,有水泵的发动机在放水后还需摇转曲轴数圈。

③履带式拖拉机的履带需放松紧度,并将履带垫起。轮式拖拉机需将轮轴垫起,使轮胎离开地面;经由各气缸的喷油嘴孔或电火花塞孔应注入 50~60 g 机油,再摇转曲轴数圈。

④根据各项技术保养规定,用润滑油润滑各部位;露天保管时,磁电机、发电机和启动电动机需用防水布遮盖,或卸下单独保管,三角皮带卸下入库保管。

⑤蓄电池应卸下保管,存放在干燥的室内,电桩头擦净后涂以黄油,正极应包布绝缘,并经常检查电解液与电压,按规定时间充电。

⑥拖拉机上所有未涂防蚀剂的金属表面,必须涂上润滑油,以防锈蚀。油漆脱落处应重新涂上油漆(或润滑油)。保管期间,每个月至少摇转曲轴 2 次。

3. 拖拉机主要零部件维护保养

1)滤清器的保养

(1)空气滤清器的保养

加强对空气滤清器的保养是延长发动机使用寿命,防止动力性和经济性下降的重要措施。滤清器在使用中经常保养,方可将空气中 79%~99% 的尘土、杂质清除掉。一般使用、保养须注意下列几点:

①经常检查空气滤清器各管路连接处的密封性是否良好,螺钉、螺母、夹紧圈等处如有松动,应及时拧紧,各零部件如有损坏、漏气,应及时修复或换件。

②在使用中,空气滤清器内积存的尘土逐渐增多,空气的流动阻力增大,导致滤清效率降低。保养时可用清洁的柴油清洗滤芯,清洗后应吹干,再涂上少许机油,安装好。安装时油盘内应换用清洁的机油。

③向油盘内加油时,油面高度应加至油面标记位置。机油加得过多,会被吸进气缸燃烧,造成积炭,甚至导致飞车事故;加得过少,又会影响其滤清效果,缩短柴油机的使用

寿命。

④空气滤清器的导流栅板要保持不变形、不锈蚀,其倾斜角度应为 30°~45°,过小则阻力增大,影响进气;过大则气流旋转减弱,分离灰尘能力减小。

⑤保养中要清理通透气网孔;集尘杯口密封应严密,橡皮密封条不得损坏或丢失。

⑥换油和清洗应在无风无尘的地方进行。吹滤网要用高压空气,在湿度低的环境进行,吹气方向要与空气进入滤网的方向相反;安装时,相邻滤网折纹方向应相互交叉。

(2)柴油滤清器的保养

定期清洗滤清器,在清洗滤芯时发现滤芯有破损应及时更换,清洗时应注意:防止杂质在清洗时进入滤芯内腔,从而进入油道。在清洗滤清器时注意检查各部位密封垫圈,如丢失、损坏、老化、变形等均应及时更换。安装必须正确、可靠,如弹簧长度缩短、弹力减弱等原因,会影响滤芯两端密封性能造成短路,必须立即排除。按保养周期进行定期保养,但在尘土较多的情况下工作可适当提前保养。

(3)机油滤清器的保养

机油滤清器使用一定时间后,滤芯上面会附着很多杂质和污物,因此应按照说明书的要求定期进行更换。正常行驶的汽车,机油滤清器应于每 6 个月或每行驶 6000~8000 km 时更换,对于大型车辆的机油滤清器应按上述时间和里程清洗滤芯。在恶劣条件下,比如经常行驶在多尘的道路上,应每行驶 5000 km 更换 1 次。

对于离心式机油滤清器,可按以下方法进行清洗:

①先清除滤清器外罩和壳体上的污物。拆下外罩,取下紧固转子的螺母和止推轴套,然后取下转子;用套筒扳手拧下转子盖上的螺母,拆下转子盖(注意不要弄坏密封垫圈),用木刮板清除转子内壁上附着的沉淀油泥。

②用柴油清洗钢管上的滤网罩,若网上有破洞可以用焊锡补好;装复转子时,壳体石棉垫应保证完整,螺母下应有垫圈,拧紧螺母时应交替进行。

③ 擦净转子外表面，并将其装入芯轴，装上止推轴套，拧上螺母后用手转动灵活即可。

④ 启动发动机，观察转子盖和转子壳体之间是否漏油。

2）行走系统的维护保养

（1）定期进行检查调整

按照拖拉机的要求定期对前轮前束、前轮轴承间隙等进行检查，必要时进行调整。特别要严格检查调整前轮前束、前轮轴承间隙、履带张紧度。

① 前轮轴承间隙的检查调整：前轮轴承的正常间隙为 0.1～0.2 mm，当超过 0.2 mm 时，应进行调整。调整时，支起前轴，使前轮离地（对于履带式拖拉机，则应松开履带），依次取下防尘罩、开口销，拧动调节螺母，直到消除轴承间隙，再退回 1/10 圈。转动前轮时，前轮灵活且无明显松动，即表示调整正确。最后，安装开口销和防尘罩。

② 前轮前束的检查调整：将拖拉机置于坚硬平地上，转动方向盘使前轮转到居中位置。在通过前轮中心的水平面内，分别量出两前轮前端和后端内侧面之间的距离，计算其差值。如果差值不符合要求，可改变横拉杆的长度进行调整。横拉杆拉长时前束增大，缩短时前束减小。

③ 履带下垂度（张紧度）的检查调整：检查时，将履带式拖拉机停放在平坦地面上，用 1 根比 2 个托带轮间距稍长的木条放在履带上，测出履带下垂度最大处的履带刺顶部到木条下平面间的距离，其正常值在 30～50 mm，否则需要进行调整。调整下垂度时，首先要检查并调整缓冲弹簧的压缩长度在 638～642 mm，以消除张紧螺杆端部的螺母与支座之间的间隙并锁紧，然后向液压油缸内加注润滑脂，使履带下垂度达到要求。

东方红 1002 型拖拉机采用液压油缸张紧装置，其具有调整履带下垂度和安全保护的功能，当拖拉机遇到障碍时，产生的冲击使缓冲弹簧压缩，履带得到缓冲，如果冲击力超过了弹簧的最大压力，液压油缸的安全阀自动打开，以达到安全防护的目的。

（2）重视日常保养

经常检查轮毂螺栓、螺母及开口销等零件的紧固情况，保持其可靠性；保养时向摇摆轴套管、前轮轴及转向节等处加注润滑脂。

经常检查托带轮、引导轮、支重轮等处油位，必要时添加润滑油，并按要求定期清洗和换油；及时清除泥土和油污。保持行走部件清洁，尤其注意不要使轮胎受汽油、柴油、机油及酸碱物的污染，以防腐蚀老化。

拆装轮胎时，不要用锋利尖锐的工具，以防损伤轮胎，安装时要注意轮胎花纹方向，从上往下看，"人"或"八"字的字顶必须朝向拖拉机前进方向；定期将左右轮胎、驱动轮、拐轴和履带等对称配置的零部件对调使用，以延长使用寿命。

3）转向机构的维护保养

转向机构起着控制和改变拖拉机的行驶方向的作用，决定着拖拉机行驶的安全性，对转向机构的检查不可掉以轻心，确保转向机构技术状况良好。

检查横直拉杆球头、转向垂臂、转向机座等的紧固情况，以及开口销的锁止情况；检查转向轴的预紧情况（方法是沿转向轴轴向推拉方向盘，不得有明显的间隙感及晃动感）。

检查方向盘的游动间隙是否控制在 15～30 mm，过大、过小都要及时调整；在球头等处及时加注黄油。

当转向机构零件有损伤裂缝时，不得进行焊接修理，应更换新件；当行车过程中发现有方向卡滞现象时要停车，排除故障后方可行驶。当行车中发现方向摆振、跑偏等现象时，要及时送修，不得长时间行驶。

当转向有沉重现象时，要查明原因，及时消除。

4）制动系统的维护保养

制动系统是用来帮助拖拉机降低速度直至停车，也是影响拖拉机道路运行安全性的重要系统，必须重点检查。

检查制动油管有无磨损及管口连接的紧固情况，特别注意制动油管是否与车架碰磨（应注意主、侧拉杆的连接情况）。

检查制动液,不足时应加注同种制动液,不得多种混用;检查制动踏板的自由行程,保持制动踏板有 10~15 mm 的自由行程,过大、过小须及时调整。

经常检查操纵机构的连接情况,踏板轴要定期加注黄油,各铰接点应滴加适量润滑油,使操纵机构灵活、操纵省力。经常检查和调整制动蹄与制动鼓之间的间隙,以及制动踏板的自由行程,使之保持规定的技术状态。

经常检查半轴油封是否正常,以免变速箱体内部的润滑油浸入制动器内部,污染制动摩擦片,造成制动打滑、制动失灵等现象,并加速摩擦副表面的磨损。

拖拉机行驶后,应用手触摸 4 个车轮轮毂,温度应基本一致,如果有个别车轮特别热,说明该车轮制动磨毂;如果有个别车轮特别冷,说明该车轮制动无力。

5) 传动系统的维护保养

(1) 离合器:定期检查离合器,严防主、从动盘间进入油污,如果油污造成离合器打滑,可用汽油进行清洗。检查离合器的自由行程,一般为 25~35 mm,如不符合要及时调整。

拖拉机每班工作结束后,要加入少量机油润滑分离爪斜面,加注黄油润滑离合器踏板轴,每工作 300 h 用黄油润滑内外轴承 1 次。

(2) 变速箱:经常检查轴端油封及外部接合处有无漏油、渗油等现象,必要时要更换油封和纸垫,并拧紧螺钉;使用中要注意挂挡是否顺利、有无脱挡现象,有故障应及时送修。

行驶后应检查变速箱的温升。一般是用手能轻按住变速箱箱体,则温度正常;如果不能轻按住,则温度过高,可能是缺少齿轮油或齿轮油变质导致,应及时加注或更换齿轮油。

行驶过程中应注意变速箱是否有异响;经常检查变速箱各连接部位的紧固状况,必要时予以拧紧;定期更换新油,换油时要趁热放出脏油,并用柴油或煤油清洗;新换的润滑油要符合规定标准。

(3) 传动轴:应检查传动轴两端凸缘螺栓的连接情况,如有松动及时加注润滑脂(应注意,为十字轴加注黄油时,一定要用力加注黄油,使 4 个滚针轴承都能得到润滑,而给传动轴伸缩节加注黄油不能过多,以免防尘罩损坏)。

(4) 后桥:检视后桥是否有漏油。使用后,应检查后桥包的温升,方法是以手能轻按住后桥包为正常,否则温度过高。行驶过程中应注意后桥有无异响,通常当主减速锥齿轮磨损过甚或锥轴承预紧力过小时会发生异响。

6) 液压悬挂系统的维护保养

(1) 液压油泵的保养

液压油泵是一个精密的部件,因此在使用过程中不允许乱拆、乱卸,应严格使用和保养。为了减少油泵磨损,延长使用寿命,当液压系统不工作时,应将液压泵分离。

在液压油泵工作 50 h 后,注意检查油泵盖处是否密封及进出口接盘的固定螺钉是否松动。当拖拉机上液压油箱冒出大量泡沫时,如果管路系统没有漏气现象,则应检查油泵盖内的轴套密封圈是否破裂。在卸下油泵进行检查时,工作地点应清洁无尘土,而且在拆装过程中,必须注意各轴套的位置不要搞错,更要注意导向钢丝的安装方向。如果更换全部密封圈后,油泵流量降低仍然很大,以致影响机具提升的速度,则应送专业修理厂检修。

(2) 分配器的保养

在分配器工作 50 h 后,检查分配器上、下盖的固定螺钉的松动情况。在使用过程中经常注意接合处的密封性。当分配器工作失灵时,应清洗回油阀,检查各油孔通道是否畅通、检查回位压力是否正常。如果在拆卸分配器滑阀,重新装配后,应在专门的试验设备上进行自动回位压力的调整。

(3) 油缸的保养

在使用过程中应经常注意是否存在渗油及漏油现象,若发现渗漏,应及时拧紧紧固螺母或更换油缸密封圈,活塞杆表面保持清洁,严禁磕碰。安装定位阀时应使其与定位卡槽接触面间保证有一定间隙。平时经常清除油缸外面尘土及检查各连接件的紧固情况。

(4) 液压油箱的保养

在拖拉机每班工作前,检查液压油箱面高度,不足就添加,使其保持在量油尺的刻度范围内。

在工作 300 h 后,必须清洗滤清器,用柴油清洗各片滤网、磁铁及其他零件,清洗后用压缩空气吹净,在拆装滤网时,禁止沿管子的螺纹转动球形阀壳体,否则会破坏阀门调节;同时,拆油箱的通气盖,清洗气孔及堵塞物。

在工作 1000 h 后,更换液压油。具体方法为:

发动机熄火放出油箱及相关机件内的液压油,灌入柴油;

启动发动机,用悬挂装置提升 4～5 次来使系统往复工作;

发动机熄火,放出所有清洗柴油;

各部件安装完成后,加满油箱及机油,接合油泵,启动发动机,油泵应在分配器手柄中立位同时悬挂装置工作 2～3 min,增加转速继续工作 3～5 min,同时悬挂装置进行 2～3 次升降。

（5）悬挂机具保养

悬挂机构在日常保养中,对回转轴加注润滑脂时,应加至轴套间漏出润滑脂为止。同时,检查各螺钉、螺母,以及各定位销的情况。对于整个悬挂系统的所有连接件,均应经常检查,避免松脱和损坏,及时清除尘土,检查和保证各机构的相互协调性和完整性。

1.7　常见故障及排除方法

1.7.1　故障分析与排除的过程

故障是指零件之间的配合关系破坏,相对位置改变,工作协调性破坏,造成拖拉机出现功能丧失、性能失常等现象。

1. 拖拉机发生故障的征兆

拖拉机在发生故障前,通常会出现一些征兆,详见表1-21。

表 1-21　拖拉机发生故障的类型和征兆

故障类型	故障的征兆
操作困难	启动困难,挂挡或摘挡困难,转向、制动失灵等
声音反常	机件相互碰撞发出的敲击声、排气放炮声、喇叭声嘶哑等
温度升高	发动机过热、冷却水温度过高,变速箱或后桥油温过高,制动器过热等
外观现象	排气冒黑烟、白烟或蓝烟,拖拉机漏油、漏气及漏水,前轮在行驶中摆动,灯光闪烁不定等
气味异常	排气带有油的气味以及橡胶、摩擦片、绝缘材料的烧焦味等
消耗增加	燃油、机油及冷却水消耗过量,油底壳油面反常升高或减少过快等

2. 故障分析的原则

当拖拉机发生故障后,通过分析判断,采取必要的方法,找出故障发生的部位和原因,此过程称为故障分析。在进行故障分析和检修时必须遵循下述原则:

（1）要多做调查研究,要把现象作为认识的向导,透过现象看本质,同时要具体情况具体分析。

（2）要结合构造、联系原理。

（3）要遵循由简到繁、由表及里、先易后难、按系分段、顺藤摸瓜的原则。先从常见的最有

可能的原因查起,再到不常见的、可能性不大的原因;检查时先系统,再部件,最后零件。

（4）在进行故障分析时,不要乱拆、乱卸,尽量不拆卸或少拆卸。

（5）进行故障分析时,一定要善于总结和积累经验。

3. 故障分析的一般方法

当拖拉机发生故障后,通过一些分析方法来判断故障产生的位置及原因,可以更好地解决这些故障从而使拖拉机恢复正常工作状态。详见表1-22。

表 1-22 故障分析的一般方法

分析方法	具体操作
隔除法	通过初步判断故障的部位,然后部分地隔除或隔断某系统、某部件的工作,通过观察征象变化来确定故障范围
试探法	分析故障时,往往由于缺乏经验而不能肯定故障所在,因此采用试探性的拆卸、调整,观察故障征象的变化,找出发生故障的原因和部位。如怀疑缸套活塞磨损严重,则可向缸套内加点机油,若压缩性能变好,说明判断是正确的。又如发动机冒黑烟,怀疑供油量过大,则可把供油量相对调小,若黑烟消失,则证明的确是供油量过大
比较法	分析故障时,若对某一机件有怀疑,可用完好的备件去替换,通过两机件工作情况对比,可以判别原机件是否正常。如发动机冒烟,经分析可能是喷油器问题,可以拿正常的喷油器去替换,若冒烟消失,则证明是喷油器有故障
仪表法	使用专用的仪器、仪表,在不拆卸或少拆卸的情况下比较准确地了解拖拉机内部的好坏
经验法	主要凭手、耳、眼、鼻、身等器官的感觉来确定拖拉机各部件技术状态的好坏,常用的手段有: ① 听诊:拖拉机正常工作时发出的声音有其特殊的规律性。有经验的人,能从各部件工作发出的声音大致判断工作是否正常。 ② 观察:即用眼睛观察一切可见的现象,如仪表读数,排气烟色,机油颜色等,以便及时发现和判别某些部位的故障。 ③ 嗅闻:即通过对排气烟味或烧焦味等及时发现和判别某些部位的故障。 ④ 触摸:负荷工作一段时间后,用手触摸各轴承相应部件的温度,可以发现是否过热。一般来说,手感到机件发热时温度在 40 ℃左右;感到烫手但不能触摸几分钟,则在 50～60 ℃之间;若一触及就烫的不能忍受,则机件温度已达到 80～90 ℃以上

1.7.2 柴油机常见故障与排除方法

1. 常见故障类型及排除方法

1)柴油机启动困难或不能启动

发动机不能启动或启动困难,主要是由于压缩不良(密封性差)、不供油或喷油不良、气温低等原因引起的。详见表 1-23。

2)柴油机冒烟

柴油机正常工作时,排出的烟呈无色或浅灰色。如果柴油燃烧不良,就会因含有大量的炭粒而冒黑烟;如果有部分柴油未燃烧而从排气管冒出,或气缸内有水分,受热后化为水蒸气从排气管排出,就会冒白烟;如果机油窜入气缸并燃烧,就会冒蓝烟。详见表 1-24。

3)柴油机有不正常的响声

柴油机由于使用过久,各部分间隙增大或配合不当,会引起各种异常的响声。详见表 1-25。

4)柴油机运转不稳定(游车)

柴油机运转不稳定,转速时快时慢,使发动机功率不能充分发挥出来。详见表 1-26。

5)柴油机突然熄火

柴油机在工作中突然熄火,主要是由于缺油、缺水或机件损坏而引起的。要找出熄火的原因,应从简到繁、由表及里、按系统分段进行分析检查。具体如下:

(1)先摇车检查,观察是否有不正常现象。如果正常,可以重新启动,说明发动机突然熄火是因为负荷突然增加造成的。

(2)若启动不了,可从三个方面加以分析:摇车时没有喷油声,是供油系统不良造成的,应对油路逐段检查;若喷油良好,可从配气机构方面找原因;摇车困难或摇不动,则为曲柄连杆机构故障。详见表 1-27。

表 1-23 柴油机启动困难或不能启动的原因及排除

故 障	故障原因		故障分析及排除
不减压,摇动曲轴感到轻松	气缸内压缩不良	气门间隙不对	调整气门间隙
		气门弹簧折断	更换
		气门漏气	清除积炭并进行研磨
		活塞环胶结	清除积炭
		活塞磨损或折断	更换活塞环
		缸垫漏气	拧紧缸盖螺母或更换缸垫
		缸套活塞磨损	更换活塞或缸套
摇动曲轴时无喷油声或把喷油器置于机体外雾化不良	燃油系统的故障	油箱缺油或开关未开	加足燃油,打开油箱开关
		油路中有空气	排除油路中空气,拧紧油管接头
		柴油中有水	清洗滤芯或换用新滤芯
		气温低,柴油混浊或凝结,流动困难	选用符合规定的柴油或者将柴油预热
		柱塞副磨损或出油阀渗油	装上良好的喷油嘴,修复或更换油泵偶件
		喷嘴器工作不正常	拆下喷油器,清除积炭,疏通喷孔或研磨
		天气寒冷	可在水箱内加热水,也可将机油加热,但严禁明火烘烤
		使用机油不对	冬天应使用黏度较低的 T8 号机油

表 1-24 柴油机冒烟原因及排除

故障现象	故障原因	故障分析及排除
柴油机冒黑烟	超负荷工作	减少负荷
	供油时间过迟	调整供油提前角
	供油量过大	调整油泵供油量
	喷油器工作不正常	喷油压力低或油孔积炭。引起雾化不良,燃烧不全。调整压力,清除积炭
	气门、缸套、活塞及活塞环磨损漏气	各密封部位磨损,造成压缩结束时温度及空气都不足而燃烧不良。研磨气门,修复或更换缸套、活塞、活塞环
	进排气管堵塞	空气滤清器积污,进气不足而燃烧不良;排气管积炭过多影响排气。应清洗空气滤清器,清除排气管积炭
	燃油质量差	选用符合规定的燃油
柴油机冒白烟	柴油中有水	清除油箱和油管中的水分
	发动机过冷	运行一段时间后自行消除
	喷油器滴油	滴油造成部分柴油未燃烧就排出。修复或更换喷油器
	缸垫或缸套损坏	更换缸垫或缸套

故障现象	故障原因	故障分析及排除
柴油机冒蓝烟	油底壳油面过高	大量机油涌入缸壁,超过油环的刮油能力。放掉多余的机油
	油环咬死在环槽内	积炭过多,使油环和环槽胶合,油环失去刮油能力。应清除积炭
	活塞环磨损严重或开口对在一条直线上	易造成机油窜入气缸燃烧。更换活塞环
	活塞与气缸间隙过大	更换或修复活塞与缸套
	气门杆与气门导管磨损过大	机油从气门导管间隙流入气缸燃烧。修复或更换气门杆与气门导管
	空气滤清器油盘油面过高	机油被吸入气缸燃烧。减少机油

表 1-25　柴油机出现不正常响声的原因及排除

故障原因	故障特征	排除方法
供油时间不对	供油时间过早,产生比较清脆响亮的敲击声,曲轴每转动两圈出声一次	正确调整供油提前角
活塞销与铜套间隙过大	响声轻微而尖锐,转速低时更清晰	应更换活塞销或铜套
连杆轴承与轴颈间隙过大	低速时,可听到沉重有力的敲击声	更换连杆轴瓦
曲轴轴向间隙过大	怠速时更易听到轴向撞击声	调整主轴承垫片
气门间隙过大	发出清脆的"滴答"声,并随温度升高而减轻	调整气门间隙或更换新件
正时齿轮齿侧间隙过大	正时齿轮磨损严重,齿面互相撞击,响声随柴油机负荷增大而变大	修复或更换齿轮
各连接部件松动	可听到不规则的响声	停车紧固连接

表 1-26　柴油机游车原因及排除

故障原因	故障特征	排除方法
喷油器工作不正常	喷油器雾化不良,滴油,喷孔堵塞或偶件阻滞不灵等	拆洗喷油器或更换偶件
喷油泵故障	柱塞与柱塞套积污卡滞,出油阀座与柱塞套端面密封不良或柱塞复位弹簧损坏等,造成供油不均匀	检修或更换偶件
调速杠杆端头磨损	端头磨损过大,调速滑盘外移时,触及调速杠杆,滑盘内移,如此反复移动造成游车,多数柴油机游车由此引起	宜更换调速杠杆
调速器不灵活	调速器活动零件有卡滞现象,调速机构连接松动。调速杠杆叉槽与油泵调节臂(或齿条)球头间隙过大,调速齿轮端面与钢球接触面有凹坑等	拆下检修
调速弹簧共振引起游车	共振抖动使得油泵供油量忽大忽少,引起游车	应调整发动机转速及调整或更换调速弹簧

表 1-27 柴油机突然熄火的原因及排除

故 障 原 因		故 障 分 析	排 除 方 法
供油系统	油用尽或油门回"零"	检查油箱	加足柴油,锁定油门位置
	油滤清器堵塞	油箱中虽有柴油,但低压油管不流通	清洗或更换滤芯
	油路中有空气	空气较多,影响柴油流动	放出空气
	喷油器针阀咬死,喷孔堵塞或弹簧损坏	拆下喷油器,进行检查	清洗、修复或更换偶件
	喷油泵不供油或供油无力	拆下检查喷油泵弹簧是否折断,柱塞副与出油阀是否磨损	必要时更换喷油泵
曲柄连杆机构	活塞咬死(咬缸)	活塞与缸套配合间隙不对,或因发动机过热而咬死,摇车困难或摇不动	拆开检修
	烧瓦抱轴	由于润滑不良,轴瓦发热抱住曲轴	清洗润滑油路,更换新轴瓦
配气机构	气门推杆脱落	拆下摇臂室盖,摇车时推杆无动作,应重新安装,并找出脱落的原因	损坏需更换
	摇臂或摇臂座、气门弹簧座断裂	拆下摇臂室盖检查	修复、更换零件
	气门弹簧折断	气门不能回位	更换弹簧
	气门折断	摇动时可听到气缸内有敲击声,或活塞摇不到上止点就卡住	更换气门
调速器		调速弹簧折断或连接销脱落,造成油门回"零"	检修或更换零件

6) 烧瓦与抱轴

连杆轴瓦(或主轴承)与曲轴连杆轴颈(或主轴颈)是动配合,并且产生高速运动摩擦。配合间隙的大小以及润滑好坏直接影响发动机的正常工作。间隙太小,润滑不良,会引起轴瓦熔化(烧瓦),严重时,熔化的金属抱住曲轴(抱轴);而间隙过大也会使润滑油无法停留,摩擦增大,还会撞坏轴瓦。

烧瓦与抱轴故障的表象:发动机在工作中突然冒出一股浓烟后,曲轴马上停止运转,再摇车就感到吃力或摇不动。根据不同的原因,有对应排除方法,详见表 1-28。

表 1-28 烧瓦与抱轴故障的原因及排除

故 障 原 因	故 障 分 析 与 排 除
机油不足	要求润滑油在检油标尺面刻线之间,低于下刻线就不能满足润滑需要
机油过稀	使用的机油牌号不符合规定,曲轴箱渗水(缸套、机体、缸垫破裂),或渗柴油(喷油泵定位孔磨损),使机油变稀。加上长期不更换机油,机油杂质增多,会使轴瓦烧坏或抱轴
机油脏污,油道或机油滤清器堵塞	应清洗油道、滤网,更换机油
机油泵磨损,造成机油压力不足,影响润滑	机油指示阀升不高,机油压力表指示数较低。轻度磨损的可调整机油泵垫片,磨损较严重时可修复机油泵端面或更换转子
轴瓦与轴颈间隙过小或过大	间隙过小可以用刮瓦或用较薄轴瓦解决,间隙过大则加大轴瓦
撬油板折断	采用飞溅式润滑的柴油机,使用中发生烧瓦现象,其主要原因是撬油板折断。安装不正确或连杆螺母松脱,会使撬油板晃动,从而被平衡块或平衡轴撞击而折断,需正确安装并检查紧固螺母

7) 柴油机"飞车"

"飞车"就是柴油机转速突然加速,超过额定转速,并越转越高,同时伴有很响的噪声,即使关小油门也不能使转速降下来。遇到"飞车",必须采取紧急措施,如堵住进气管、切断供油、加大负荷等。否则会造成重大的事故。

引起"飞车"的原因有调速器失灵与机油过多而进入气缸参加燃烧两大类。详见表1-29。

8) 柴油机过热

遇到发动机过热,必须停车,查找故障的原因,并予排除。柴油机过热的产生原因及排除方法见表1-30。

9) 柴油机功率不足

柴油机在使用过程中,由于各零部件的磨损、腐蚀、老化、脏污等原因,以及保养维修不及时,会导致发动机功率不足。首先应检查燃油系统的供油情况(按供油路线逐段检查),查明空气滤清器是否堵塞;然后再检查配气机构的工作情况,以及曲轴连杆机构的技术状况。柴油机产生功率不足的原因及排除方法见表1-31。

表 1-29 柴油机"飞车"的原因及排除

故障原因与分析	故障排除
安装油泵时,油泵齿杆凸柄未插入调速器杠杆凹槽内,或凸柄自动松开,与调速器分离而引起"飞车"	重新安装油泵
油泵齿条或柱塞卡住,并位于最大供油状态,即不能自动调节供油量	拆下检修、研磨
调速杠杆折断	更换
调速器钢球或飞块失灵,调速滑盘或推力轴承卡住	修复或更换
空气滤清器中机油过多,机油随空气吸入气缸而造成"飞车"	放出过多的机油
活塞环卡死在环槽内或与活塞环开口处于同一侧,机油窜入气缸燃烧而"飞车"	拆洗,重新安装活塞环
活塞、缸套、活塞环磨损较大,加上油底壳机油过多,造成烧油而"飞车"	减少油底壳机油,必要时更换活塞环、活塞或缸套

表 1-30 柴油机过热的原因与排除

故障原因	故障分析与排除
水箱缺水	加足冷却水
水箱及水道内水垢过多,热量不易发散	应清洗水垢
燃烧室内积炭过多,影响散热	应清除积炭
供油提前角不对,过早或过迟均会使发动机过热	调整供油提前角
发动机长时间超负荷工作	减轻负荷
机油不足或机油脏污	添加或更换机油
机油泵磨损,机油压力不足	轻度磨损的可调整机油泵垫片,磨损较严重时可修复机油泵端面或更换转子
机油油道堵塞,引起润滑不良	清洗油道,必要时更换机油

表 1-31 柴油机功率不足的原因及排除

故障原因	故障分析	排除方法
空气滤清器堵塞	滤芯堵塞使进气量不足,满足不了大功率的要求	清洗滤芯
柴油滤清器滤芯堵塞	滤芯堵塞造成供油量不足	清洗或更换滤芯
喷油器工作不良	喷油压力不正常、雾比不良、喷孔积炭堵塞、针阀与阀件磨损等	根据情况予以清洗、调整或更换

续表

故 障 原 因	故 障 分 析	排 除 方 法
油泵柱塞副、出油阀副磨损	柱塞副、出油阀副磨损后,供油量满足不了大负荷需要	检修或更换偶件
供油时间不对	供油时间过早产生敲缸,功率下降;供油太晚,燃油燃烧不完全	调整供油提前角
"油门"加不足	油门定位调整不对	重新调整
配气机构故障	气门封闭不严、气门弹簧折断、气门间隙不对等,使气缸漏气。燃烧不良	消除积炭,研磨或更换损坏的零件
曲轴连杆机构故障	活塞环磨损或铰结,活塞与缸套磨损,缸垫损坏等,引起压缩不良	修复或更换
冷却润滑不良	冷却润滑不良造成发动机散热不良,内耗增大	加足润滑油和冷却水,清洗水箱、水道和润滑油道

10) 柴油机反转

柴油机启动时,有时会出现反转现象。特别是启动反转手柄易打伤人。遇到反转,应立即停车,查明原因并加以排除。柴油机反转原因及排除方法见表1-32。

11) 机油消耗量过多

引起柴油机消耗机油过多的原因与排除方法见表1-33。

表 1-32　柴油机反转的原因及排除

故障原因与分析	故障排除
供油提前角过大,活塞未达到压缩上止点,喷入气缸的柴油燃烧所产生的压力使活塞往回运动,因而使发动机反转	重新调整供油提前角
摇车时间长而未发动,造成积油过多,易反转	打开减压阀,停止供油,将曲轴转动几圈,让缸内的积油排净后再启动
手摇启动时未摇过上止点,减压手柄已到"运转"位置,不再减压,而柴油和空气的混合气体受到压缩而燃烧,使活塞未达到上止点前就顶回去,造成反转	放减压手柄前,应加速摇车冲过上止点

表 1-33　柴油机消耗机油过多的原因及排除

故障原因与分析	故障排除
活塞环磨损过多,边间隙或开口间隙过大,或卡死在环槽内	更换活塞环
活塞与缸套间隙过大	修复或更换
当进气门杆与气门导管间隙过大时,机油被吸入气缸燃烧	更换零件
曲轴油封漏油,启动轴油封漏油	更换油封
油底壳及发动机前盖纸垫处漏油	更换纸垫
机油油路漏油,如机油管破裂、机油指示阀破裂、机油压力表接头松动等	逐段检查修复
曲轴箱通气孔堵塞,造成曲轴箱内气压增大,进入气缸燃烧掉的机油及密封口处漏油增加	疏通通气孔

12）喷油器经常咬死

喷油器经常咬死是由于喷油器过热及冷却不良造成的。原因及排除方法见表1-34。

13）曲轴箱内机油油面增高

曲轴箱内油面增高的原因及排除方法见表1-35。

14）缸盖破裂、缸垫损坏

发动机出现的缸盖破裂、缸垫损坏这些故障，应及时予以更换。其原因见表1-36。

15）柴油机砸缸

柴油机在运转中，特别是在维修保养后试运行时，会出现突然打坏缸套、机体的故障，称为砸缸。砸缸是破坏性极大的故障，使用中应尽力避免。引起砸缸的原因见表1-37。

2. 冷却系统的故障排除方法

1）冷却系统水温过高

当出现冷却系统水温过高时，其故障排除方法详见表1-38。

2）冷却系统水温过低

当出现冷却系统水温过低时，其故障排除方法详见表1-39。

3）冷却系统冷却水泄漏

当出现冷却水泄漏时，其故障排除方法详见表1-40。

表1-34 喷油器经常咬死的原因及排除方法

故障原因与分析	故障排除方法
喷油器冷却不良，冷却水套积垢或堵塞，忘记装铜垫圈，高负荷作业后立即熄火而造成散热不良，针阀与针阀体咬死	应注意清除冷却水垢，正确安装铜垫圈，以及高负荷作业后需怠速运转几分钟，待发动机均匀冷却后再熄火
喷油器滴油引起燃烧不良或结焦	研磨或更换针阀副
喷油器安装不正确，压板螺母紧度不够或不均匀而造成漏气，气缸内高温气体烧烤喷油器造成针阀咬死	重新安装喷油器，调整好压板螺母紧度

表1-35 曲轴箱内机油油面增高的原因及排除方法

故障原因与分析	故障排除方法
机体、缸盖、缸套有裂纹，封水圈老化变形等，造成冷却水渗漏进入油底壳	修复或更换相应的零件
喷油泵定位螺孔漏油，柴油漏入油底壳	修复并拧紧螺钉

表1-36 缸盖破裂、缸垫损坏的原因

故障类型	故障原因
缸盖破裂	发动机缺冷却水或阻水圈漏水
	发动机高温时骤加冷却水；冬季负荷作业后立即放净冷却水或未放冷却水过夜而冻裂；受热胀冷缩作用使缸盖破裂
	发动机长时间超负荷工作，供油提前角过大或过小，以及冷却水套积垢堵塞，润滑油不足及油道破漏或堵塞等，造成发动机过热，使缸盖破裂
	由于缸盖翻砂质量差，砂孔有裂纹或水套被堵塞，致使在高温作业后发生破裂
缸垫损坏	缸盖螺母松动或被拉长，高压高温气体冲击缸垫
	缸盖变形，端面不平整，造成局部漏气
	柴油机过热，烧坏缸垫
	拆卸中损坏了缸垫
	缸垫质量不好，或使用期限过长

表 1-37　柴油机砸缸的原因

故障零件类型	故障原因
连杆螺栓	发动机连杆螺栓安装时未按规定扭矩拧紧,过松或过紧(螺栓拉长);连杆及螺栓质量差,运转时断裂,打坏缸套、机体
气门弹簧	因气门弹簧断裂,气门弹簧座破裂,致使气门掉入气缸内而砸缸
活塞、缸套	安装活塞、缸套时有金属杂物掉入气缸,运转后即打坏缸套、机体
连杆轴瓦与轴颈间隙	连杆轴瓦与轴颈间隙过大,高速运转时冲击连杆螺栓并造成断裂
活塞销	活塞销折断

表 1-38　冷却系统水温过高的原因及排除方法

故障原因	故障分析与排除方法
冷却水不足	可检查和添加散热器中的冷却水,同时还应检查并添加副水箱中的冷却水,疏通副水箱的通气孔
仪表故障或水温感应塞损坏	当水温表指示过热时,观察散热器中冷却水是否过热或开锅。如果冷却水温度正常,即为水温感应塞或水温表有故障。此时,可以先换水温感应塞,若水温表仍指示温度过高,则为水温表故障;反之,则为水温感应塞故障
风扇不转	检查风扇皮带是否过松或打滑,若打滑应预调整
节温器故障	若内燃机温度过高,而散热器温度并不高,或散热器上水室温度较高,下水室温度却较低,说明节温器在开启温度下阀门打不开,或阀门升程太小,此时应更换节温器
水泵损坏	可打开散热器盖,突然提高和降低内燃机转速,观察冷却水液面是否明显降低或升高;或在急速工况下观察冷却水的搅动情况,可大致判断水泵的工作性能
散热器性能下降	散热器内水垢严重,散热片被泥土或絮状物堵塞,散热器水管堵塞,都将影响散热效果。此时应当清洗、疏通散热器
散热器盖损坏	若散热器内冷却水不足,而副水箱内水位正常时,即可判断散热器盖有故障,应进行检修或更换
护风罩损坏	护风罩大面积缺损或安装不当,将降低风扇与散热器之间的吸风导流作用,减少冷却空气流动量,降低冷却效果
百叶窗故障	百叶窗打不开或开度不足,将降低散热器的散热效果
点火时间过迟	点火时间过迟,将使高温气体接触气缸下部,使冷却水的温度上升加快。此时,应将点火时间适当提前

表 1-39　冷却系统水温过低的原因及排除方法

故障原因	故障分析与排除方法
节温器故障	节温器主阀门处于常开状态,内燃机冷却系长期处于大循环导致水温过低,可以通过检查散热器内冷却水的循环状况(在内燃机低温时)或拆下散热器进水管检查有无水流进行判断
百叶窗故障	百叶窗不能完全关闭,导致冷却系统水温过低

表 1-40 冷却系统冷却水泄漏的原因及排除方法

故障原因	故障分析与排除方法
散热器泄漏	散热器严重腐蚀或破损,可做水压试验或外观检查,若发现故障可焊补修复
副水箱漏水	对有副水箱的车辆,应检查副水箱是否完好,连接水管是否泄漏
进出连接水管泄漏	进出水管老化或碰伤而造成泄漏;接口处出现松动,密封不良,也将造成泄漏。可通过外观检查,如不合格,应进行更换或调整
水泵漏水	由于水泵水封圈损坏或水泵密封垫损坏而造成泄漏。可通过外观检查,发现漏水应及时拆检
气缸垫涌水	气缸垫水道口损坏或缸套(湿式)突出量不符合要求,常造成冷却水泄漏,即冷却水流进曲轴箱。此时,可检查内燃机机油,若机油呈乳白色,则可断定冷却水混入机油,应更换气缸垫或调整气缸套突出量
气缸套(湿式)水封圈漏水	检查方法同上。还可将油底壳机油放出,将内燃机搁置数小时,再旋下油底壳放油螺塞,如此时仍有水放出(内燃机未运转时,油水一般呈分离状态),可进一步断定气缸套水封圈漏水
气缸体、气缸盖水道漏水	一般是由于气缸体、气缸盖本身有铸造缺陷(如砂眼等),经腐蚀或加工切削后缺陷暴露、穿通,通常表现为内漏,可以通过机油变色做辅助判断,并用水压法检查涌水部位

3.润滑系统的常见故障

润滑系统技术状况变坏的明显标志是机油压力变低和机油变质。机油压力过低会造成润滑不良,甚至会造成严重的机械事故。分析诊断如下。

1)机油压力过低

当出现机油压力过低的故障时,其故障主要原因及诊断详见表 1-41。

2)机油变质

当出现机油变质的故障时,其故障主要原因及诊断详见表 1-42。

表 1-41 机油压力过低的原因及诊断

原因或诊断	故障原因与诊断说明
故障原因	机油温度过高,使油混入燃油或水,机油黏度标号低造成机油过稀,致使润滑系统达不到规定的流量和压力
	机油泵零件磨损,主、从动齿轮磨损严重,致使间隙过大以及转子与泵壳间隙过大;O形密封圈损坏,旁通阀关闭不严造成输出压力降低
	内燃机主轴承和连杆轴承间隙过大或油路泄漏造成压力降低
	油底壳内机油储量不足或机油集滤器堵塞,机油泵不能正常吸油,造成机油压力过低
故障诊断	检查油尺,确认机油储量油面是否过低,机油是否变稀。若机油储量不足,刚启动时,机油泵输油具有一定压力,当机油正常循环时,油底壳油量减少,机油不能正常吸油,造成润滑系统内压力下降,出现刚启动时机油压力正常,然后出现压力下降至低于规定范围的现象。机油质量变劣、变稀、泄漏,机油泵达不到规定的流量压力,致使机油压力偏低
	检查机油压力表和机油感应塞工作是否正常。如果机油压力表良好,可将机油压力感应塞从缸体上拆下来,换用机油压力表进行检查,压力正常,说明感应塞失灵;否则,应检查旁通阀弹簧是否过软或折断
	检查下油底壳集滤器是否有污物堵塞,检查机油泵是否磨损严重而使机油压力降低

表 1-42 机油变质的原因及诊断

原因或诊断	故障原因与诊断说明
故障原因	机油温度过高,是机油黏度降低,会引起润滑不良,机油消耗量增大并加速氧化变质
	机油混入燃油或冷却液,造成机油黏度降低,使机油过稀,引起润滑不良,并且机油呈增多趋势
	曲轴箱窜气量大,柴油机工作时,会有一些燃烧气体窜入曲轴箱内,泄涌到曲轴箱内的气体中含有二氧化硫,会加速机油氧化变质
	机油杂质增多,保养不当易导致机油杂质增多,黏度增大使得机油变质
故障诊断	电子仪器诊断法。准确检查机油黏度、机械杂质含量、含水量、酸值、炭渣、灰分和含燃油量,按国家标准决定机油是否需要更换
	观察法。取机油少许,慢慢倾倒,观察其流动情况,若油流忽快忽慢且粗细不匀、浑浊发黑,表明机油润滑性能降低,则应更换机油
	手捻法。从柴油机曲轴箱中取少许机油,用手指擦研,如手感有机械杂质较大摩擦感或黏度太差,则应更换机油
	痕迹法。滴数滴油在白色滤纸上,待机油渗入后,若表面有黑色粉末,用手触摸有阻塞感,则说明润滑油里面杂质已很多,则应更换机油

1.7.3 拖拉机底盘常见故障与排除方法

拖拉机底盘故障比较复杂,下面按底盘结构进行分析。

1. 离合器的故障

当出现离合器故障时,其故障原因与排除方法详见表 1-43。

表 1-43 离合器故障的原因分析与排除方法

故 障 现 象	故 障 原 因	排 除 方 法
离合器打滑	摩擦片上粘有机油或黄油	修复离合器壳体漏油,清洗摩擦片表面
	摩擦片磨损不均匀	更换新件
	压紧弹簧因高温退火、疲劳、折断等原因使弹力减弱,致使压盘上的压力降低	更换离合器压紧弹簧、更换离合器总成
	离合器从动盘、压盘或飞轮磨损翘曲	校正从动盘,磨修压盘和飞轮表面,必要时更换离合器总成
	自由行程小或自由行程消失	检查并调整离合器自由行程
离合器分离不彻底	自由行程过大,工作行程过小	检查调整离合器自由行程
	离合器从动盘在离合器轴上滑动阻力过大	重新装配或更换从动盘
	分离杠杆高度不一致或内端面磨损严重	调整分离杠杆高度,必要时更换分离杠杆或膜片弹簧
	摩擦片碎裂	更换新件
	主摩擦片花键过紧	修毛后重新安装

续表

故障现象	故障原因	排除方法
分离主离合器时,动力输出轴亦停止转动	主压板上的分离螺钉与副压板凸耳之间的间隙过小	重新调整
	碟形弹簧变形后高度减小	重新调整间隙或更换碟形弹簧
离合器工作时,动力输出轴仍不转动	副摩擦片碎裂或铆钉被剪切	更换新件
	副摩擦片沾油	清洗
	动力输出轴手柄拨叉头严重磨损	堆焊修复
用离合器踏板后,有轴承空转声	分离轴承缺油	压注黄油,如已烧毁,应予以更新
离合器踏板踩到底时,动力输出轴仍不能停止转动	主压板上的分离螺钉与副压板凸耳之间的间隙过大	重新调整
	离合器盖三个安放副压板凸耳槽浅	适当增加调整垫片
离合器抖动	分离杠杆高度不一致	调整分离杠杆高度
	压紧弹簧弹力不均、衰损、破裂或折断,扭转减震弹簧弹力衰损或折断	更换压紧弹簧或离合器从动盘
	离合器从动盘摩擦表面不平、硬化或粘上胶状物,铆钉松动、露头或折断	修整离合器从动盘,必要时更换离合器从动盘
	飞轮、压盘或从动盘钢片翘曲变形	磨修飞轮、压盘,校正离合器从动盘,必要时更换离合器从动盘
	摩擦片上沾有油污	彻底清洗摩擦片表面
离合器异响	离合器从动盘翘曲	校正离合器从动盘
	离合器减震弹簧折断	更换离合器减震弹簧
	离合器从动盘与轮毂啮合花键之间的间隙过大	更换离合器从动盘,必要时要更换离合器从动盘或离合器轴
	离合器踏板回位弹簧过软、折断或脱落	更换回位弹簧
	分离轴承或导向轴承润滑不良、磨损松旷或烧毁卡滞	更换分离轴承和分离轴承座

2. 变速箱故障

当出现变速箱故障时,故障原因与排除方法详见表1-44。

3. 后桥的故障

当出现后桥故障时,其故障原因与排除方法详见表1-45。

4. 制动器故障

当出现制动器故障时,故障原因与排除方法详见表1-46。

5. 转向器和前桥故障

当出现转向器和前桥故障时,故障原因与排除方法详见表1-47。

6. 履带式底盘常见故障与排除方法

当出现履带式底盘故障时,其故障原因与排除方法详见表1-48。

表 1-44　变速箱故障的原因分析与排除方法

故 障 现 象	故 障 原 因	排 除 方 法
变速箱有敲击声或噪声	敲击声有周期性,则齿面有突棱	修平凸棱
	敲击声不规则,则齿厚不均匀	更换新件
	轴磨损	更换新件
	轴承磨损	更换新件
	行星减速器中行星齿轮和轴磨损,或滚针有倾斜现象	更换新件
变速箱壳离合器室下方的放油塞漏油过多	若漏出的是机油,则发动机曲轴油封漏油	更换曲轴油封
	若漏出的是齿轮油,则变速箱第一轴齿轮内油封漏油,或轴承盖螺母松动,箱体平面不平而漏油	油封老化则予以更换新件;如弹簧脱出予以重新安装;轴承盖处变速箱体平面不平,予以修刮,涂吸纳膏后拧紧螺母
变速箱挂挡不走	主摩擦片铆钉剪坏和破裂	更换新件
	高低挡换挡轴弯曲	校直
	行星减速器内齿轮移位	重新安装,拧紧螺钉
	后桥内连接套花键被磨光	更换连接套
低挡时正常,高挡时有齿轮碰击声	第二轴轴端磨损	更换新件
	第二轴传动齿轮磨损	更换新件
	高低换挡叉变形弯曲	校直弯曲
	高低挡换挡轴弯曲	校直
跳挡	换挡轴上的定位槽磨损	更换新件
	定位弹簧松弛	更换弹簧或加一定厚度的垫片,以增加压力
	轴、轴承磨损,使轴产生歪斜	更换轴和轴承
	换挡齿轮齿面磨损	更换齿轮
	拨叉磨损或弯曲	校直或更换新件
	变速器换挡杆球头磨损,使换挡行程减少	堆焊或更换新件
乱挡	换挡轴行程限止片断裂	更换新件
	操作不当使限止片弯曲	校直,并注意操作方法
	变速杆球头定位销磨损、折断或球孔与球头磨损、松旷	更换定位销或变速杆
	拨叉槽互锁销、互锁球磨损严重或漏装	更换拨叉轴或互锁销、互锁球
	变速杆下端工作面或拨叉轴上导块的导槽磨损过度	更换拨叉或拨头
换挡困难	主离合器分离不彻底	检查调整离合器自由行程
	同步器磨损或破碎	更换同步器
	变速器拨叉轴或拨叉磨损	更换拨叉轴或拨叉
	外部操纵杆件调整不当或有卡滞	校直调整外部操纵杆件
	锁定机构弹簧过硬、钢球损坏	调整、更换弹簧或钢球

续表

故障现象	故障原因	排除方法
挂入某个挡位有异响	该挡位传递路线上的某一对齿轮副轮齿损坏	更换该对轮齿
各挡都有异响	润滑油不足	加注润滑油至正确的油面高度
	中间轴(从动轴)轴承磨损或调整不当	按规定间隙调整轴承,必要时更换轴承
	变速器齿轮磨损严重或损坏	更换齿轮
	变速器壳体裂纹	裂纹较小时,可用胶补或焊修方式修理,否则箱体需报废更换
变速器漏油	变速器盖与壳体之间的配合松动或密封垫损坏	更换密封垫,涂上密封胶,按规定力矩紧固
	油封磨损、变形或损伤,通气口堵塞,放油螺塞松动	更换油封,疏通通气口,紧固放油螺塞
	齿轮油过多或齿轮油选用不当,产生过多泡沫	选用合适的齿轮油,放油至规定的油面高度
	变速器壳体裂纹	裂纹较小时,可用胶补或焊修方式修理

表 1-45　后桥故障的原因分析与排除方法

故障现象	故障原因	排除方法
中央传动传轮副噪声增大	主功螺旋圆锥齿轮和差速器轴承有轴向游隙	重新调整间隙,拧紧主动螺旋圆锥齿轮上的圆螺母
	齿轮啮合斑点不好	重新调整,啮合印痕符合说明书上的规定
	差速器十字轴磨损咬死或断裂	更换新件
	行星齿轮或垫片磨损	更换新件
	轴承磨损或损坏	更换新件
后桥加载时异响	齿轮油不足、油质变差,特别是油内有较大金属颗粒	检查驱动桥油位,加注规定的润滑油
	大、小锥齿轮与半轴花键轴或车轮半轴与最终传动花键轴间隙过大	拆卸驱动桥,正确调整大、小锥齿轮轴承
	差速器半轴齿轮与半轴花键轴或车轮半轴与最终传动花键轴间隙过大	更换损坏零件
最终传动有敲击声	轴承磨损或损坏	更换新件
	半轴齿轮终减速齿轮疲劳剥落或损坏	更换新件
	如敲击声有周期性,为后桥壳体变形或长半轴变形	更换新件
主动螺旋圆锥齿轮轴承和减速器轴承过热	轴承的预紧力过大	重新调整
	润滑不好	调整盛油盘的位置使油流入轴承座

续表

故 障 现 象	故 障 原 因	排 除 方 法
液压差速锁失灵	差速锁弹簧因锈蚀失效	清洗或更换弹簧
	差速锁拨叉头磨损而不起作用	堆焊或更换新件
	差速锁推杆卡住	重新拆装检查
	驱动桥油面过低	加油至正确油位
	油滤器堵塞	更换滤清器
	液压泵故障	大修或更换油泵
	电磁阀未供电：接头断开或损坏,遥控开关损坏	恢复电路连接并修理或更换
	密封圈涌油,致压力下降	更换损坏的密封圈
加油口、放油口螺塞处或油封、各结合面处或壳体上有明显的漏油痕迹	齿轮油变质、测量不足或牌号不符合要求	紧固加油口、放油口螺塞,疏通通气孔,更换损坏零件
	油封磨损、硬化,油封装反,油封与轴颈磨成沟槽	更换油封或轴
	接合面紧固螺钉松动,平面变形,漏装密封垫或密封胶	加装密封垫,涂抹密封胶,按规定扭矩拧紧紧固螺钉
	驱动桥壳体有缺陷或裂纹	观察壳体外表或用磁力探伤方法找到缺陷或裂纹,用胶补或焊补修复,严重时更换箱体

表 1-46　制动器故障的原因分析与排除方法

故 障 现 象	故 障 原 因	排 除 方 法
机械式制动器失灵或制动力不强	制动器沾油、沾水	用汽油清洗,如油封老化漏油则应更换,如油封弹簧脱出,应重新安装
	制动踏板自由行程过大或摩擦片严重磨损	重新调整自由行程,或调整摩擦片与制动器盖之间间隙
	制动压盘回位弹簧失效或钢球生锈而卡死	拆开制动器,更换回位弹簧,用砂布磨光制动压盘凹槽及钢球,用油布擦净再装复制动器
	制动器摩擦片的装配是有方向的,若装反,将降低制动效果	应拆卸重新进行安装
液压式制动器失灵	制动总泵顶杆调整过短,使总泵工作行程减小,造成供油量不足	调整制动总泵顶杆,使总泵顶杆与活塞被顶处有 1.5~2 mm 的间隙
	由于制动频繁,制动器温度过高,使油液蒸发成气体	稍停使用制动,使制动器降温
	分泵皮碗翻边,使分泵涌油	处理分泵皮碗,将其调整为正常状态
	快速接头的密封面密封不严或密封圈损坏而漏油	检查密封,必要时更换密封圈
	压盘与制动盘磨损严重,使制动间隙变大	检查其磨损情况,必要时更换或调节制动间隙
	制动器液压管路中有空气	排除制动系中的空气

续表

故 障 现 象	故 障 原 因	排 除 方 法
制动器发热	制动器踏板自由行程过小	重新调整
	制动片与制动器盖间隙过小	重新调整
	摩擦片沾油或浸水膨胀	用汽油清洗,晾干
	制动器操纵杠杆卡死	清洗去锈
	钢球在滑槽中锈蚀卡死	清洗去锈加注少量黄油
	压盘回位弹簧弹力变弱	更换新件
制动时,拖拉机发生偏跑	左右制动器踏板行程不一致	重新调整
	单边摩擦片存在油或泥水	用汽油清洗,晾干
	田间使用单边制动后一边摩擦片严重踏损	更换新件
	制动操纵杆单边有卡死现象	清洗,去锈蚀
	两后轮胎气压不同	按规定气压充气
制动复位不灵,刹车卡死	制动踏板自由行程过小,导致制动间隙过小	调整制动踏板自由行程
	制动压盘回位弹簧失效（太软、脱落或失效）,钢球锈蚀,使制动压盘不能复位	更换回位弹簧或用砂布磨光钢球,必要时更换钢球
	轮载花键孔与花键轴配合太紧	修挫花键,使两者配合松动,直到摩擦盘能在花键上自由地轴向移动为止
	球面斜槽磨损变形以及摩擦面间有杂物堵塞	修复斜槽,清除杂物
	液压制动活塞卡死	清除油缸中卡滞物,必要时换活塞或油缸

表 1-47　转向器和前桥故障的原因分析与排除方法

故 障 现 象	故 障 原 因	排 除 方 法
方向盘自由行程过大	转向器止推轴承的滚珠上座未拧紧	重新调整（自由行程不得大于 15°）
	转向螺母和球头销之间的间隙过大,或扇形齿轮磨损	适当减少球头销垫片的厚度或更换扇形齿轮
前轮胎急剧磨损	前束不对	重新调前束值 4~12 mm
	前轮气压不足	按规定气压充气
空负荷能提升,有负荷不能提升或提升缓慢	后桥（液压油箱）油面过低	添加至规定油面高度
	吸油滤网堵塞	清洗滤网
	副摩擦片沾油	清洗
	油缸活塞环磨损	更换新件
	油路密封圈损坏（特别是高压油管上密封圈）	更换新件
	液压泵内部零件磨损（活塞、出油阀）	修理或更换损坏
	安全阀漏油	校正压力或更换

续表

故障现象	故障原因	排除方法
农具不能上升	偏心滚轮脱落	重新调整,并固定偏心轮
	拨叉位于液压泵摆动杆滚轮后	重新安装
	液压泵偏心轴离合手柄不起作用	修理
	副摩擦片铆钉剪坏	更换新件
	安全阀脱落	重新安装
前轮摆动	转向臂螺母松动	拧紧
	转向拉杆前后球形接头磨损	更换新件
	转向臂或扇形齿轮花键松	更换新件
	前轴支架垫片磨损、摇摆轴处间隙增大	更换新垫片或减少摇摆轴座调整垫片来调整间隙
	主销及衬套磨损	主销可经堆焊后车削加工,衬套更换
	前轴轴承间隙过大	重新调整
	前钢圈螺栓松动	拧紧
	转向螺母和球头销之间的间隙过大、扇形齿轮磨损	适当减少球头销垫片的厚度或更换扇形齿轮
	前钢圈本身摆动	校正后拧紧
	转向节臂上紧固螺栓松动	拧紧
	主销上半圆键松	更换新件
农具无限制提升,失去控制	控制阀卡住在提升位置	液压泵工作油不清洁,应用柴油清洗后桥壳体内部及液压泵滤网并更换清洁齿轮油;控制阀摇臂机构失效,应予修复保证来回摇摆幅度,研磨去杆与后盖端面之距离掉卡住的痕迹,或更换控制阀及封油垫圈偶件
	拨叉调整不当	重新调整
	液压泵控制阀摆动杆与后盖端面之距离小于 49 mm	重新调整
农具上升时有抖动现象	活塞损坏一只	更换新件
	顶杆上限位螺母与顶杆端面距离小于 136 mm	重新调整
有时能提升,有时不能提升	控制阀有时卡住(升起缓慢)	清洗、检修
	内六角凹端紧定螺钉松动,使滚轮架有偏摆现象	按安装位置重新固定打紧
	滚轮架铜焊脱落、有松动现象	修理

表 1-48　履带式底盘故障的原因分析与排除方法

故障现象	故障原因	排除方法
前梁出现裂纹	前梁固定螺栓松动,未能及时紧固	经常检查前梁固定螺栓的松紧情况
	履带过松导致脱轨,使前梁载荷猛增	及时调整履带松紧度
	过田埂、深沟时,行驶速度过快,使前梁受到较大的冲击载荷	操作人员不要猛起步、急刹车,使拖拉机的速度发生突然变化;过田埂、深沟等障碍时,要缓慢行驶
	轴套磨损,使导向轮拐轴与轴套的配合间隙过大	拖拉机每工作 10～12 h 应向拐轴和衬套间加注钙基润滑脂
后桥壳体前壁出现裂纹	铆钉松动使变速箱产生悬挂在后桥壳体前壁的载荷集中	经常检查铆钉的松紧情况
	调整主离合器轴与变速箱第一轴的同轴度时,从变速箱前支座处增减垫片,没松开后桥壳体与后轴支座之间的固定螺栓,在后桥壳体与梁架之间产生很大的装配应力	在增减变速箱前支座垫片时,应先拧松后桥壳体与后轴支座之间的螺栓,待调整完毕后再拧紧
后桥壳体主动齿轮座孔出现裂纹	大小减速齿轮打坏	不要用猛抬主离合器的方法克服超负荷;行驶时,尽量不要急转弯、转死弯,防止大小减速齿轮受冲击载荷而损坏
履带脱轨	机手操作不当	在复杂多变的恶劣条件下作业,机手要能根据作业条件的差异,采取行之有效的措施预防脱轨
	拖拉机行走系统磨损变形或间隙过大,多在倒车时发生脱轨故障	履带下垂度要符合规定,正常下垂度为 30～50 mm,不能过紧或过松,也不能一边紧一边松,否则会造成后轴弯曲,导致打齿;履带脱轨后,应把履带打开使其复位,严禁不打开履带采取原地前走后倒的方法使履带复位;要及时对最终传动装置的轴承间隙进行调整,及时更换磨损超限的轴承;掌握好倒车(切忌横向倾斜倒车)时的速度
转向离合器打滑	摩擦片变薄,被动片露出铆钉	更换新件
	转向离合器的主、被动片间有油污,产生打滑	应注意不使中央传动齿轮室和最终传动齿轮室的齿轮油窜入到转向离合器;每班工作结束后,应打开隔离室的放油螺塞,放出中央传动齿轮室渗漏出来的齿轮油
	转向离合器弹簧弹力不足	更换新件

续表

故 障 现 象	故 障 原 因	排 除 方 法
自动跑偏	转向离合器操纵杆调整不当	尽量避免长期使用一侧转向离合器,使两侧行走系统磨损程度基本一致
	转向离合器弹簧弹力变弱	更换新件
	两侧履带板销孔和履带链轨销磨损不一致	随时注意检查履带板孔与链轨销的磨损情况,定期对调左右两侧履带板。若链轨销严重磨损,则应更换
	两侧履带板的松紧度不一致	经常注意对两侧履带的张紧度进行检查,当出现偏差时,应进行调整,使两侧履带板块数和长度基本相等
	拖拉机偏牵引时,两侧履带板所承受的负荷不相等	对拖拉机挂接农机具的接点进行合理调整,使两侧履带负荷一致

1.7.4 拖拉机电气设备常见故障与排除方法

1. 常见电路故障

常见电路故障详见表1-49。

2. 启动电路的故障分析

启动电路的故障分析详见表1-50。

3. 灯光系统、电喇叭常见故障诊断

1)灯光系统常见故障诊断

灯光系统常见故障诊断详见表1-51。

2)电喇叭常见故障诊断

电喇叭常见故障诊断详见表1-52。

4. 蓄电池的常见故障诊断

1)蓄电池常见内部故障

蓄电池常见内部故障诊断详见表1-53。

2)蓄电池常见外部故障

蓄电池常见外部故障诊断详见表1-54。

5. 整流发电机常见故障诊断

整流发电机常见故障诊断详见表1-55。

6. 电源电路的故障诊断与排除

电源电路的故障诊断与排除详见表1-56。

表 1-49 常见电路故障类型及说明

常见电路故障类型	故 障 说 明
对地线短路	对地线短路是一个电路的正极与地线侧之间的意外导通。当发生这种情况时电流绕过工作负载流动,因为电流总是试图通过电阻最小的通路。由于负载所产生的电阻降低了电路中的电流量,而短路可能会使大量的电流流过。通常,过量的电流会熔断保险。短路绕过断开的开关和负载,然后直接流至地线
对电源短路	对电源短路也是一个电路的意外导通。电流绕过开关直接流至负载。这就出现了即使开关处于断开状态灯泡也会点亮的情况
断路电路	拆下电源或地线侧的导体将断开一个电路。由于其不再是一个完整的回路,因此电流不会流通,且电路"断开"。开关断开电路,并切断了电流。某些电路断开是有意而为的,但某些是意外的

表 1-50 启动电路的故障分析

故 障 类 型	故 障 说 明	故 障 诊 断 方 法
启动机不转	蓄电池严重亏电或极板硫化、短路等,蓄电池极桩与线夹接触不良,启动电路导线连接处松动而接触不良等	检查电源(蓄电池):按喇叭或开大灯,如果喇叭声音小或嘶哑,灯光比平时暗淡,说明电源有问题。应先检查蓄电池极桩与线夹及启动电路导线接头处是否有松动,触摸导线连接处是否发热。若某连接处松动或发热则说明该处接触不良。如果线路连接无问题,则应对蓄电池进行检查
	启动机的换向器与电刷接触不良,磁场绕组或电枢绕组有断路或短路,绝缘电刷搭铁,电磁开关线圈断路、短路、搭铁或其触点接触点不良	检查启动机:如果判断电源无问题,用起子将启动机电磁开关上连接蓄电池和电动机导电片的接线柱短接。如果启动机不转,则说明是电动机内部有故障,应拆检启动机
	启动继电器线圈断路、短路、搭铁或其接触点接触不良等	检查启动继电器:用起子将启动继电器上的"电池"和"启动机"两接线柱短接。若启动机转动,则说明启动继电器内部有故障,否则应再作下一步检查
	点火开关接线松动或内部接触不良	检查电磁开关:用起子将电磁开关上的连接启动继电器的接线柱与连接蓄电池的接线柱短接,若启动机不转,则说明启动机电磁开关有故障,应拆检电磁开关;如果启动机运转正常,则说明故障在启动继电器或有关的线路上
	启动线路中有断路、导线接触不良或松脱、熔断丝烧断等故障	将启动继电器的"电池"与点火开关用导线直接相连,若启动机能正常运转,则说明故障在启动继电器至点火开关的线路中,可对其进行检查
启动机运转无力	电池亏电或极板硫化短路,启动电源导线连接处接触不良等	启动机运转无力应首先检查启动机电源,如果启动电源无问题,再拆检启动机,检查排除故障
	启动机的换向器与电刷接触不良,电磁开关接触盘和触点接触不良,电动机磁场绕组或电枢绕组有局部短路等	
启动机空转	单向离合器打滑	更换飞轮
	飞轮齿环某一部分严重缺损,有时也会造成启动机空转	若将内燃机飞轮转一个角度,故障会随之消失,但以后还会再出现,即为飞轮齿环缺损引起的启动机空转,应焊修或更换飞轮齿圈
	电磁开关铁芯行程过短	修复或更换电磁开关
	拨叉连接处脱开	重新连接拨叉
启动机有异响	电磁线圈短路或接线接触不良,产生的磁力过弱	查启动机固定螺栓或离合器外壳,如果松动应予以调整
	启动机齿圈或飞轮齿圈损坏	检查啮合的齿轮副,如果磨损严重应予以修理或更换
	启动机固定螺栓或离合器壳松动	检查电磁开关保持线圈是否短路、断路或接触不良,从而使活动铁芯反复地吸入或退出,发生抖动,产生响声
	电磁开关行程调整不当	拨叉拨动离合器不断来回动也会发出响声,可修理或更换电磁开关线圈

续表

故障类型	故障说明	故障诊断方法
驱动齿轮与飞轮齿环撞击	电磁开关触桥接通的时间过早，在驱动齿轮啮入以前就已高速旋转起来	先适当调整电磁开关触桥的接通时间，若打齿现象仍不能消失，则应拆检启动机驱动齿轮和飞轮齿圈进行检查
	轮齿圈齿轮磨损严重或驱动齿轮磨损严重	
电磁开关吸合不牢	蓄电池亏电或启动机电源线路有接触不良之处	先检查启动电源线路连接是否良好，若无问题，可将启动继电器的"电池"接柱和"启动机"接线柱短接。如果启动机能够正常转动，则为启动继电器断开电压过高，应进行调整；如果故障仍然存在，则应对蓄电池进行补充充电。如果蓄电池充足电后故障仍不能消除，则应拆检启动机的电磁开关
	启动继电器的断开电压过高	
	电磁开关保持线圈断路、短路或搭铁	

表 1-51　灯光系统常见故障及说明

故障现象	故障说明
接通车灯开关时，所有的灯均不亮	说明车灯开关前电路中发生断路。按喇叭，若喇叭不响，说明喇叭前电路中有断路或接线不良；若喇叭响，则说明保险器前电路良好，而保险-电流表-车灯开关电源接线柱这一段电路中有故障，可用试灯法、电压法或刮火法进行检查，找出断路处
接通灯开关时，保险立即跳开或保险丝立即熔断	如将车灯开关某一挡接通时，保险立即跳开或保险丝立即熔断，说明该挡线路某处搭铁，可用逐段拆线法找出搭铁处
接通大灯远光或近光时，其中一只大灯明显发暗	当大灯使用双丝灯泡时，如其中一只大灯搭铁不良，就会出现一只灯亮、另一只灯暗淡的情况。诊断时，可用一根导线使一端接车架，另一端与亮度暗淡的大灯搭铁处相接，如灯恢复正常，则说明该灯搭铁不良
转向灯不闪烁	检查闪光器电源接线柱是否有电。若有电，再用起子将闪光器的两接线柱短接，使其隔出。如这时转向灯亮，表明闪光器有故障；如转向灯不亮，可用电源短接法，直接从蓄电池引一导线到转向信号灯接线柱。如灯亮，则为闪光器引出接线柱至转向开关间某处断路或转向开关损坏。当用螺丝刀将闪光器的两接线柱短接并拨动转向开关时，出现一边转向灯亮，而另一边不但不亮，且起子短接上述两接线柱时，出现强烈火花。这说明不亮的一边转向灯的线路中某处搭铁，使闪光器烧坏。必须先排除转向灯搭铁故障，然后再换上新闪光器，否则新闪光器仍会很快烧坏
右转向时，转向灯闪烁正常，但左转时两边转向均微弱发光	转向灯与前小灯采用的双丝灯泡的车辆，当其中一只灯泡搭铁不良时，就会出现转向灯一边闪光正常而转向开关拨到另一边时两边转向灯均微弱发光的现象。如右转向时，转向灯闪烁正常，左转时两边转向灯均微弱发光，则说明左小灯搭铁不良。诊断时可用一根线将左小灯直接搭铁，如转向灯恢复正常工作，则说明诊断正确

表 1-52　电喇叭常见故障及说明

故 障 现 象	故 障 说 明
按下按钮,喇叭不响	检查火线是否有电。方法是用起子将喇叭继电器"电池"接线柱与搭铁刮头。若无火花,则说明火线中有断路,应检查蓄电池、保险(或保险丝)、喇叭继电器"电池"接线柱之间有无断路。如接头是否松脱、保险盒是否跳开(保险丝是否烧断)等
	如火线有电,再用起子将喇叭继电器的"电池"与"喇叭"两接线柱短接。若喇叭仍不响,说明是喇叭有故障;若喇叭响,说明是喇叭继电器或按钮有故障
	按下按钮,倾听继电器内有无声响。若有"咯咯"声(即触点闭合),但喇叭不响,说明继电器触点氧化烧蚀;若继电器内无反应,再用起子将"按钮"接线柱与搭铁短路;若继电器触点闭合,喇叭响,则说明按钮氧化,锈蚀而接触不良;若触点仍不闭合,说明继电器线圈中有断路
喇 叭 声 音 沙 哑	内燃机未启动前,喇叭声沙哑,但当启动机发动后在中速运转时,喇叭声音恢复正常,则为蓄电池亏电;若声音仍沙哑则可能是喇叭或继电器有问题
	用螺丝刀将继电器的电池与喇叭两接线柱短接。若喇叭声音正常,则故障在继电器,应检查继电器触点是否烧蚀或有污物而接触不良;若喇叭声音仍沙哑,则故障在喇叭内部,应拆下检查
	按下按钮,喇叭不响,只发"咯"一声,但耗电量过大。故障在喇叭内部,可拆下喇叭盖再按下按钮,观察喇叭触点是否打开。若不能打开应重新调整;若能打开则应检查触点间以及电容电器是否短路

表 1-53　蓄电池常见内部故障分析

故 障 类 型	故 障 原 因	故 障 诊 断 方 法
极板硫化(蓄电池长期充电不足或放电后长时间未充电,极板上会逐渐生成一层白色粗晶粒的硫酸铅在正常充电时不能转化为二氧化铅和海绵状铅,这种现象称为"硫酸铅硬化",简称"硫化")	蓄电池长期充电不足,或放电后未及时充电,当温度变化时,硫酸铅发生再结晶的结果	对于轻度硫化的蓄电池,可用小电流充电的办法去除硫化现象。具体步骤是: ① 硫化蓄电池以 10 h 放电率进行放电。 ② 倒出电解液,重新注入密度为 1040 kg/m^3 的电液。 ③ 以蓄电池容量的 1/30 作为充电电流进行充电。 ④ 当电解液密度上升至 1150 kg/m^3 时停止充电,倒出电解液,再加入密度为 1040 kg/m^3 的电解液,继续以相同的电流进行充电。如此反复直到电解液的密度不再上升为止。 ⑤ 换用正常密度的电解液,进行补充充电和充放电循环,最后充足电即可使用。
	电池内液面太低,使极板上部与空气接触而强烈氧化(主要是负极板)	对于严重硫化的蓄电池,采用加盐充电的方法。具体步骤是: ① 电池以 10h 放电率进行放电。 ② 拆开电瓶,用蒸馏水清洗内部,用洁净水清洗极板组和外壳,更换损坏的隔板。 ③ 重新装复电瓶,注入密度为 1100 kg/m^3 的电解液,并以每升电解液 2~5 g 的比例加入硫酸钠或硫酸钾等。 ④ 以电瓶容量的 1/16 作为充电电流进行充电。
	电解液相对密度过高,电解液不纯、外部气温剧烈变化时也将促进硫化	⑤ 以 10 h 放电率再次放电以检查蓄电池容量。若容量达不到额定容量的 80% 以上,则应反复进行直到合乎标准为止。 ⑥ 充电结束后,根据使用环境调整电解液的密度和液面高度

续表

故 障 类 型	故 障 原 因	故 障 诊 断 方 法
自行放电(充足电的蓄电池,放置不用会逐渐失去电量,这种现象称为蓄电池的"自行放电")	电解液杂质含量过多,这些杂质在极板周围形成局部电池而产生自行放电	故障检查与排除:首先清除蓄电池外部堆积物,然后关掉各用电设备,拆下蓄电池的一个接线柱的导线,将线端与接线柱划火,如有火花,应逐步检查有关导线,找出搭铁短路之处。如无火说明故障在蓄电池内部,可用电解液密度计抽出部分电解液,检查密度并观察电解液是否混浊,混浊说明活性物质脱粒严重。必要时可用高功率放电计检查电压情况,等几小时后再检查一次,如果电压值有所下降,说明蓄电池内部有短路,应拆检。拆检后,电解液的配制应符合要求,并使液面不致过高,使用中还应经常保持蓄电池表面的清洁。自行放电严重的蓄电池,可将它完全放电或过度放电,使极板上的杂质进入电解液,然后将电解液倾出,用蒸馏水将电池仔细清洗干净,最后灌入新电解液重新充电
	蓄电池内部短路引起的自行放电	
	电池盖上洒有电解液时,会造成自行放电(同时,还会使极柱或联条腐蚀)	
极板短路(极板短路的外部特征是开路电压较低,大电流放电时端电压迅速下降,甚至到零;充电过程中,电压与电解液相对密度上升缓慢,甚至保持很低的数值就不再上升了,充电末期气泡很少,但电解液温度却迅速升高)	隔板损坏、极板拱曲	故障检查与排除:对于短路的蓄电池必须拆开,更换破损的隔板,消除沉积的活性物质,校正或更换弯曲的极板组等
	隔板质量不高或损坏使正负极板相接触而短路	
	活性物质在蓄电池底部沉积过多,金属导电物落入正负极板之间	

表 1-54　蓄电池常见外部故障及分析

故 障 类 型	故 障 原 因	故 障 诊 断 方 法
外壳破裂(外壳破裂严重时,可以直接观察出来,但细纹小,不易看出,可用打气法检查)	蓄电池的固定螺母旋得过紧、行车剧烈震动,外物击伤、蓄电池温度过高和电解液结冰等	故障检查与排除:根据蓄电池电解液液面以及蓄电池底部的潮湿情况来判断蓄电池容器是否有裂纹存在,容器的裂纹一般在其上口近四角处。蓄电池容器裂纹轻者可以修补,重者需要更换
封口胶破裂	封口胶中沥青百分比太高,在低温或受到强烈震动、撞击时极易出现裂缝,溢出电解液,引起自行放电、硫化等故障	故障检查与排除:对封口胶破裂的修补,可按下列方法进行:若是裂缝较小,可用热的小铁铲或电烙铁烫合;如果裂缝较多或裂口过大,应铲除原封口胶,并重新浇注封口胶
联条烧断	多为联条有缺陷,电启动机连线搭铁以及蓄电池正、负极短路	故障检查与排除:对外装联条式蓄电池可以直接看出,对穿壁跨接联条式蓄电池,则可用电压测试法测出。发现联条烧断,对外装联条式蓄电池,可重新浇制联条,对穿壁跨接联条式蓄电池,只能报废处理

续表

故 障 类 型	故 障 原 因	故障诊断方法
极桩腐蚀	① 充电电流过大； ② 电瓶电解液缺少； ③ 电瓶极桩密封不严	拆下桩头，以碱性除污清洁剂来喷洗铅桩头及电线接头，等到擦拭干净后，在上面涂上一层薄黄油或凡士林油，最后用扳手将电线接头在桩头上接紧。为了避免冒出火花，在拆电瓶桩头之前，要将所有车内电器及点火关闭，而且必须先拆负极桩头，再拆正极桩头
蓄电池爆炸	蓄电池充电后期，电解液中会分解为氢气和氧气。由于氧气可以助燃，如果气体不及时逸出，与明火接触会立即燃烧，从而引起爆炸	故障检查与排除：为了防止蓄电池发生爆炸事故，蓄电池加液孔螺塞的通气孔应经常保持畅通，禁止蓄电池周围有明火，蓄电池内部连接处的焊接要可靠、以免松动引起火花

表 1-55 整流发电机故障及说明

故 障 类 型	故 障 说 明
运转的发电机有异响	① 原因有轴承损坏、电机扫膛、整流管击穿后内部环流声； ② 检查传动皮带是否过紧，发电机调整套是否有调整余量并与发动机安装支架贴实，电机振动是否正常
发电机不发电	① 空载时发电，大负载时不发电：检查传动皮带是否过松，空载电压是否正常（≥13 V或26 V），如调整皮带后电压还不正常，则发电机内部整流组件或定子组件损坏。 ② 发电机空载无电压：检查与发电机激磁端连接引线是否有电压，如有且指示灯亮，断开接点后指示灯应熄灭，则转子无问题。如引线有电压但指示灯不亮，对地短接指示灯亮，则应检查转子及电压调节器，特别是调节器外壳与各引线、引片及发电机壳体间是否短路（有烧蚀点），如有则调节器损坏。 ③ 检查发电机内是否有铁屑并尽可能清理干净。转子滑环间是否为规定阻值，对地是否短路，电刷是否过度磨损，滑环是否磨穿等。断开B+输出螺栓等所有引线测量其对地阻值是否正常，如不正常则可能是定子或整流组件问题。打开发电机后挡盖检查各引线连接是否正常，各焊点锡表面是否正常，根据上述检查结果更换相应零件，然后将发电机复原
发电机发电量小	一般发电机内部整流器或定子线圈出现局部故障时，才会表现出发电量小，例如开路或短路，若短路可以通过触摸定子外表是否异常发热或听感有嗡嗡声来判断，但准确的方法要用到直流钳形表，或者解体发电机
发电量过大	① 加油门后B+端电压略有升高（15～16 V或30～32 V），但D+(L)正常，表明线路电阻过大，需要检查充电线路有无接触不良情况； ② 加油门后B+端电压异常持续升高（≥16 V或32 V），但D+(L)正常，表明发电机内部整流或激磁管有开路情况； ③ 加油门后B+端和D+(L)电压都异常升高（≥16 V或32 V），表明调节器已经短路失效

表 1-56 电源电路的故障诊断与排除

故障类型	故障原因	故障排除方法
电源充电指示灯不亮	充电指示灯灯丝断路；熔断丝烧断使指示灯线路不通；指示灯或调节器电源线路导线断路或接头松动；蓄电池极柱上的电缆线头松动；点火开关故障；发电机电刷与滑环接触不良；调节器内部电路故障，如调节器内部电子元件损坏而使大功率三极管不能导通	首先启动发动机并怠速运转，然后检查发电机充电系统能否充电。将充电指示灯不亮分为充电系统能充电和不能充电两种情况分别进行排除。接通点火开关时充电指示灯不亮，启动发动机后发电机又能发电，说明发电机充电系统正常；检查仪表盘上的充电指示灯是否正常，若灯丝断路，则需更换。当接通点火开关充电指示灯不亮，启动发动机后发电机且不能发电时，故障排除方法如下：首先断开点火开关，检查仪表熔断丝。如该熔断丝断路，更换相同规格的熔断丝；如熔断丝良好，继续检查。接通点火开关，用万用表检测熔断丝上的电压值，如电压为零，说明点火开关以及点火开关与熔断丝之间线路有故障，应予检修或更换
电源系统不充电	发电机磁场绕组短路、断路或搭铁而导致磁场电流减小或不通；定子绕组短路、断路或搭铁故障；整流器故障；电刷与滑环接触不良；调节器故障；发电机的传动带过松而打滑，发电机不转或转速过低而不发电	当充电指示灯常亮时，说明点火开关、熔断丝以及充电指示灯技术状态良好，启动发动机并将其转速逐渐升高，此时用万用表检测发电机"B"端子与发电机壳体间电压，如万用表指示的电压高于蓄电池电压，说明发电机发电，可能发电机"B"端子与蓄电池正极的线路断路。如电压为零或过低，说明充电系统有故障，应按如下方法继续检查：断开点火开关，检查发电机传动带的挠度是否符合规定(5～7 mm)，挠度过大应调整；如传动带的挠度正常，则继续检查，拆下调节器接线端子上的导线，接通点火开关，用万用表检测调节器接线柱上的导线电压，如电压为零，充电指示灯亮，说明仪表盘与调节器之间的线路搭铁，应予检修
充电指示灯时亮时灭	发电机传动带挠度过大而出现打滑现象；发电机整流二极管断路、定子绕组连接不良或断路而导致发电机输出功率降低；发电机电刷磨损过多；调节器调节电压过低；相关线路接触不良	检查传动带的挠度是否符合规定；检查相关线路连接情况，如不正常，则需检修；拆下调节器和电刷组件总成，并按前述方法检查调节器和电刷，如不正常，则需检修或更换；检修发电机总成

续表

故障类型	故障原因	故障排除方法
蓄电池充电不足	发动机转动皮带过松或损坏;发电机"B"端子与蓄电池正极柱线路短路或导线端子接触不良;发电机电刷与滑环接触不良;调节器的调节电压过低或其内部电路有故障;发电机转子绕组短路使磁场变弱而导致发电机输出功率降低;发电机整流器故障或定子绕组有短路、缺相故障而导致发电机输出功率降低;蓄电池使用时间过长、极板硫化、损坏或活性物质脱落;全车线路中有导线搭铁而漏电	出现蓄电池充电不足现象时,具体诊断方法如下:检查蓄电池的技术状态是否良好,如使用时间过长或负载电压低于9.6 V,则需要更换蓄电池。检查传动带的挠度是否符合规定(5～7 mm)。检查发电机"B"端子至蓄电池正极的线路是否断路或导线端子是否接触不良。拆下发电机总成,检查电刷组件,如电刷高度过低,则更换电刷;如电刷弹簧卡滞或弹力不足,应更换弹簧。试验检测调节器的调节电压,如调节电压过低(低于14.2 V)或调节器损坏,应予更换。如上述检测均良好,则分析检测发电机总成。断开所有电器开关,拆下蓄电池正极电缆端子,并且该端子与蓄电池正极柱之间串联一个电流表,检测全车电路有无漏电现象。如有漏电,可将驾驶室内和发动机罩下的熔断器上的熔断丝逐一拔下,检查漏电发生在哪一条线路,然后进行排除
发电机充电电流过大	电压调节器调节电压过高或者是调节器失效	确认灯泡易烧、蓄电池电解液温度过高或电解液消耗过快而无其他原因时,应予更换调节器

综上所述,拖拉机电源系统常见的故障有不充电、充电电流过大、充电电流不稳、调节器故障等。电源系统各电器元件的结构简单、维修方便,但由于使用不当可能引起很多故障发生。

参考文献

[1] 朱士岑.拖拉机产业史话1850—2000[M].北京:机械工业出版社,2020.

[2] 中国农业机械化科学研究院.农业机械设计手册[M].北京:中国农业科学技术出版社,2007.

[3] 胡鞍钢,周绍杰,鄢一龙,等."十四五"大战略与2035远景[M].北京:东方出版社,2020.

[4] 谢斌,武仲斌,毛恩荣.农业拖拉机关键技术发展现状与展望[J].农业机械学报,2018,49(8):1-17.

[5] 王韦韦,陈黎卿,杨洋,等.农业机械底盘技术研究现状与展望[J].农业机械学报,2021,52(8):1-15.

[6] RENIUS K T. Fundamentals of Tractor Design [M]. Berlin: Springer, 2020.

[7] 谢斌,张超,陈硕,等.双轮驱动电动拖拉机传动性能研究[J].农业机械学报,2015,46(6):8-13.

[8] DUNNE J. The Tractor Book-The Definitive Visual History [M]. London: Doring Kingdersley, 2015.

[9] WANG G M, SONG Y, WANG J B, et al. Shift quality of tractors fitted with hydrostatic power split CVT during starting [J]. Biosystems Engineering, 2020, 196: 183-201.

[10] WEN C K, XIE B, SONG Z H, et al. Methodology for designing tractor accelerated structure tests for an indoor drum-type test bench [J]. Biosystems Engineering, 2021, 205: 1-26.

[11] 赵雪彦,张青岳,温昌凯,等.基于田间实测载荷的拖拉机转向驱动桥壳疲劳寿命分析[J].农业机械学报,2021,52(3):373-381.

[12] 齐文超,李彦明,陶建峰,等.丘陵山地拖拉机姿态主动调整系统设计与实验[J].农业机械学报,2019,50(7):381-388.

[13] UEKA Y, YAMASHITA J, SATO K, et al. Study on the development of the electric tractor

[J]. Engineering in Agriculture, Environment and Food, 2013, 6(4)：160-164.

[14] 顾进恒,傅生辉,刘长卿,等.大功率拖拉机悬浮式前桥悬架插装式比例阀建模与设计[J].农业机械学报,2020,51(S1)：542-549.

[15] 智刚毅.拖拉机构造与维修[M].北京：中国农业大学出版社,2015.

[16] KIM Y J, CHUNG S O and CHOI C H. Development of automation technology for manual transmission of a 50 HP autonomous tractor [J]. IFAC PapersOnLine, 2018, 51(17)：20-22.

[17] 张闻宇,丁幼春,王磊,等.拖拉机自动导航摩擦轮式转向驱动系统设计与试验[J].农业机械学报,2017,48(6)：32-40.

[18] 吴才聪,王东旭,陈智博,等.SF2104拖拉机自主行驶与作业控制方法[J].农业工程学报,2020,36(18)：42-48.

[19] 鲁植雄.汽车拖拉机学[M].北京：机械工业出版社,2020.

[20] 高连兴,吴明.拖拉机汽车学：上册(内燃机构造与原理)[M].北京：中国农业出版社,2009.

[21] 高连兴,师帅兵.拖拉机汽车学：下册(车辆底盘与理论)[M].北京：中国农业出版社,2009.

[22] 鲁植雄,李文哲.汽车拖拉机学：第三册(电器与电子设备)[M].北京：中国农业出版社,2013.

[23] 鲁植雄,何予鹏.小型四轮拖拉机常见故障诊断排除图解[M].北京：中国农业出版社,2010.

[24] 赵建柱,张学敏.拖拉机构造[M].北京：中国农业出版社,2016.

[25] 许学义.拖拉机构造与维修实训指导及常见故障分析[M].北京：中国农业大学出版社,2016.

[26] 陈向东.拖拉机使用与维修[M].北京：化学工业出版社,2013.

[27] 侯振华.拖拉机操作与维修指南[M].沈阳：沈阳出版社,2010.

[28] 秦军伟,宁晓峰.农用拖拉机选型、使用与维修[M].北京：金盾出版社,2017.

[29] 全国拖拉机标准化技术委员会.东方红中马力拖拉机安全操作手册[M].北京：中国标准出版社,2011.

第2章

耕 地 机 械

2.1 概述

2.1.1 土壤耕作法

耕作制度是指在农业生产中,为了达到持续高产所采取的全部农田技术措施。它主要包括种植制度、土壤耕作制度、施肥和杂草防除制度等环节。

土壤耕作法是通过机械力来调节控制土壤中的水、肥、气、热等肥力因素与土壤的"三相"之间的比例关系的一种措施。我国的土壤耕作法主要包括以下几类。

传统耕作法:也称精耕细作法,通常是指在作物生长过程中由机械耕翻、耙压和中耕所组成的耕作体系。

少耕免耕法:主要指少耕法和免耕法。其目的是在土壤中形成的一个有机的环境和有利于作物生长的良性循环。

保护性耕作:是相对于传统翻耕的一种新型耕作技术。它是用大量秸秆残茬覆盖地表,将耕作减少到只要能保证种子发芽即可,并主要用农药来控制杂草和病虫害的一种耕作技术。由于它有利于保水保土,所以称为保护性耕作。

联合耕作法:是指作业机在同一种工作状态下或通过更换某种工作部件就能一次完成深松、施肥、灭茬、覆盖、起垄、播种、施药等各项作业的耕作方法。它可以提高作业机械的工作效率,并减少机组进地次数,目前受到广大农业种植户的普遍欢迎。

2.1.2 耕整地的农业技术要求

耕地即通过机械的深层耕翻疏松来恢复土壤结构,为种子发芽和作物生长创造良好条件。在我国,耕地主要是指使用各种犁和深松机具使农田更加适合农作物的生长发育。耕地有着严格的农业技术要求。用犁进行全耕作层翻土的作业,具有改善耕层理化、生物状况,翻埋肥料,提高地力,接纳和包蓄水分,清除杂草,杀灭虫卵等作用,为作物生长创造适宜的土壤环境。耕地分为内翻法和外翻法。耕地质量要求达到"深、平、齐、碎、墒、净"六字标准。具体要求如下。

1. 根据农时

适时耕翻,耕地作业要求在适宜的规定农时期限及良好的墒度期进行。如果土壤过湿,易形成垡条,不易松碎;土壤过干,则碎土差。在土壤过湿和过干条件下耕地,都会增加工作阻力,降低机械作业效率。

2. 深度适宜

要按照农业生产的需要,因地制宜,正确掌握耕深,达到沟底平整,深度均匀一致。耕翻地要达到规定的耕深(应注意耕深存在南北方差异,水田旱田差异等),与规定耕深不得相差 1 cm。

土壤中的绿肥分解主要靠微生物活动,翻耕深度应考虑到微生物在土壤中旺盛活动范围以及影响到微生物活动的各种因素。微生物活动一般在 $10.0 \sim 16.7$ cm 深度比较旺盛,故耕翻深度也应以此为准则。但气候条件、土壤性质、绿肥种类及其老嫩等也影响耕翻深度。凡绿肥幼嫩多汁易分解、土壤沙性强、土温较高的情况下,耕翻宜深些;反之,绿肥组织粗老、土壤黏重以及土壤多水低温情况下,耕翻宜浅些。另外,由于不同绿肥的分解速度不一样,为了使作物养分供求尽量平衡,在通透不良、土质较黏重的"晚发田",施用较难分解的绿肥时,应注意前期缺肥的现象发生;反之,在通透良好、土质疏松地"早发田",施用较易分解的绿肥时,则应预防后期缺肥的现象出现。

3.翻垡良好

要求无立垡或回垡现象,地表残茬、杂草及肥料覆盖严密。耕后土地应疏松破碎,以利于蓄水保肥。

4.不重不漏

地头整齐、不重耕、不漏耕,地边角耕到,50 m 内直线度误差不超过 15 cm。在机械作业过程中根据土壤波幅进行换行,做到不重撒肥,撒到边到角。

5.方法交替

开闭垡作业方法交替进行,不得多年重复一种耕翻方向。茬高、草多的地块,应先清株灭茬后再耕地。

6.地面平整

垄沟要少,土壤松碎。地面平坦,地头整齐,不能有深沟或宽垄。坡地耕翻时应沿坡地的等高线进行,以防雨后冲刷土壤,造成水土流失。

2.1.3　耕整地的种类

基本耕作作用于整个耕层,包括翻耕、深松耕和旋耕三种方式。

翻耕又称翻地、犁地或耕地,是用有壁犁将土壤翻转的作业。翻耕有深翻和浅翻两种,浅翻翻耕深度 $15 \sim 20$ cm,深翻翻耕深度 $20 \sim 25$ cm。翻耕对土壤具有切、翻、松、碎、混等多

种作用,并能一次完成疏松耕层、翻埋残茬、拌混肥料、控制病虫草害等多项任务。翻耕也存在不少缺点。一是全层耕翻,动土量大,消耗量多;二是耕层一般偏松,下部常有土块,有机质消耗强烈,对植物补给水分的能力较差;三是耕翻过程中损失较多水分,在干旱地区往往影响及时播种和幼苗生长;四是耕翻后一般要辅以耙、耱、压等作业(通常不止一次),增加作业成本;五是会形成新的犁底层;六是在风蚀严重地区会加剧土壤侵蚀。

深松耕是使用无壁犁或松土铲对土壤进行较深部位松土的作业。深耕有全深耕、上翻下松法和深松法三种形式。与翻耕相比,深松耕具有以下优点:①松土深度一般较深,达 $30 \sim 40$ cm,可打破常规翻耕形成的犁底层;②只松土、不翻土,可保持熟土在上、生土在下,不乱土层;③碎土效果好,地面平整,细碎土块较少,也不发生架空现象;④在松土过程中丢失水分较少;⑤可间隔深松,创造出虚实并存的局面,虚处可蓄水,实处能提墒,还可减少风蚀;⑥深松后大土块较少,可减少耙、压次数,降低生产成本。深松耕的缺点是掩埋残茬、肥料和杂草的能力差。

旋耕是使用旋转犁的高速旋转的刀齿对土壤进行切削、松碎的作业。其优点是破碎土壤,消灭残茬和杂草,拌混肥料的能力极强;一次作业即可完成松碎、拌混和平整等多项功效,减少整地工作量。旋耕的缺点是耗能大,生产效率较低;耕作深度较浅,一般只有 10 cm 左右。

耕地作业后,田间土块较大,土垡间存在很多大孔隙,不能满足播种农作物的作业要求,所以需要进行整地作业。整地作业的主要作用是松碎土壤,平整地表,混合化肥、除草剂等,为播种、移栽等作业创造良好的土壤条件。

耕整地机械的种类很多,按其工作部件的不同,分为铧式犁、圆盘犁、旋耕机、耙类(圆盘耙、齿耙、滚耙等)、镇压器及松土除草机械等。

2.1.4　耕整地机械的应用现状及未来发展趋势

我国的耕地机械在 20 世纪 50 年代开始淘

汰曾长期使用的既能犁翻又能打埂开沟的旧犁,推广新式步犁、双轮铧犁、水田步犁、三齿耕锄等畜力农具,60年代推广拖拉机配套牵引的牵引式五铧犁、悬挂犁。70年代中后期完成了适用于南方和北方的各种牵引、悬挂、双向、深耕、开荒和绿肥翻地犁、旋耕机等配套产品的系列设计,与14.7~58.8 kW拖拉机配套,深耕犁耕深可达42 cm。70年代后期出现了深松犁、松土机、耕松作业机、悬挂垄作通用机、联合垄作机等。80年代研制了多种具有先进水平的铧式犁,比如与95.6~117.7 kW轮式拖拉机配套的悬挂、半悬挂大型旱地犁,适应工作速度为6~10 km/h的高速犁,同时发展了间隔深松等一些少耕机具。1985年以后开发了与29.4~73.6 kW中型拖拉机配套的新式调幅犁、翻转犁以及中型高速犁。我国目前耕作机械最具有代表性的是旱作农业耕作机械和水田整地机械。2000年,旱作农业耕作机械保护性耕作及旱作保墒技术是我国旱作农业增产增收的主要措施之一,松土机具和免耕播种机具是实现这一农艺措施的主要机械装备,产品主要有:表土浅松机具,深松及深松整地联合作业机具,浅翻和深松联合作业机具及免耕播种机具等,以及水田整地机械、水稻栽植机械及工厂化育秧设备。水稻浅栽稀植技术的发展,对水田整地提出了更高要求。如平整土地需要开发水稻田平地机械(包括激光平地机等);要求耕后地表无残茬、表土细碎平整、起浆好,需要整地、平地联合作业,一次作业即达到栽植对苗床整地要求。

耕地机械具有以下几个特点。

1. 大中型与小型机具并存,小型机具占主导地位

微型耕整地、水田耕整地、手扶拖拉机配套农具,18.4 kW以下四轮拖拉机配套的犁耙、旋耕机等小型耕作机具,在水田、山区及北方农村的耕地机械化中起着重要作用。

2. 批量投产的产品中,传统机型仍占主导地位

20世纪80年代我国开发、生产了与拖拉机配套的耕整地机具,如调幅犁、液压翻转型、深松机、液压宽幅耙、新系列旋耕机、耕整联合作业机等,形成了一定的批量,在农业生产中一直发挥了重要作用。

3. 联合作业机具发展较快

联合作业机具因具有抢农时、省能耗、减少机具多次下地造成的对土壤压实等优点,最近一个时期在国内得到较快的发展。国内现有采用驱动工作部件的联合作业机具,多数是以旋耕机刀辊为主要工作部件发展起来的,可实现旋耕、深松、起垄、灭茬等作业工序中的两个以上项目的联合作业,产品有深松旋耕机、松旋起垄机、灭茬起垄机、碎土整地机等,多数产品的使用功率都在36.8 kW以上。

4. 农业技术的发展促进农具的开发与生产

20世纪80年代初,我国开始推广少耕深耕制度。为此,开发了以齿杆为深松部件的深松机产品,90年代,适应旱作节水农业的需求,发展了全方位深松机系列产品。适应秸秆粉碎还田、根茬粉碎还田的农业生产需求,秸秆还田机、根茬粉碎还田机成为推广使用最快的产品之一。此外,一些可用于塑料大棚、温室内耕整地作业的小型机具,许多企业已经开始生产。在工业化发达的国家,农业生产的规模化、产业化、社会化及大功率拖拉机的使用,带动了大中型耕地机具的更新和发展。耕整地机械向多品种、系列化,以及宽幅、高速、高效方向发展;向降低能耗、减少土壤有害压实、联合作业机具方向发展;向电子监控、液压和自动控制方向发展。随着生态农业技术的形成和发展,耕作制度的革新,促进了农业生产新技术与农业机械制造技术的融合。如以保护性耕作代替传统的耕作方式,以联合作业代替单一项目作业等,相应地发展和完善了许多新型的耕整地机具。

具体地讲,世界各国耕地机械的发展具有以下几个特点。

1) 用动力输出轴驱动机具工作部件

利用动力输出轴驱动工作部件,可以充分利用拖拉机的功率,减小拖拉机驱动轮的滑转,提高牵引效率;可以一次将苗床整平,并使

之疏松、细碎,进而达到播种的要求,能将地表杂草、残茬等破碎,并将肥料、农药等混合在整个耕层。如旋耕机、旋转锄、动力锹、螺旋起垄机等。

2) 发展联合作业机械

将土壤耕翻、耙碎、整平、镇压、作畦起垄、甚至播种等各项作业中的几项或全部用一台机组同时完成,减少机具下地作业次数,节约能耗,争取时间,有利于保持土壤的水分和温度,提高作物产量。以前联合耕作由各个单机顺次连接构成一个机组,现在将各种作业融合在一起构成一台整机。

3) 形成了少耕、免耕法用的机器系统

少耕法是对地表浅层进行全面松土而不翻土的耕作方法;免耕法是只对播种带进行耕作的耕作方法。传统的耕作方法,由于一次又一次地耕、整地,拖拉机和作业机具对土壤的压实相当严重,使耕层下的土壤结构遭到破坏,形成坚硬的犁底层。犁底层不仅限制雨水的下渗,降低了土壤的蓄水纳雨能力,而且还阻碍土壤深层水的上升,削弱了土地的抗旱能力。在干旱地区,用铧式犁耕翻后土壤水分损失较快,加重了风蚀、水蚀,造成水土流失。此外,由于机械田间作业次数的增多,增加了燃料、机具和工时的消耗,增加了作业费用。而采用少耕法和免耕法能大大减少对土壤的耕作次数和耕作量,减少能源和人力消耗,保持土壤水分改善土壤结构,增强土壤蓄水纳雨能力,减少耕翻和保持地表的覆盖物,还能抵抗风雨的侵蚀,控制水土流失。在种植多茬作物的地区采用免耕法播种,可以抢农时,保证多茬作物的生长期。目前,各国少耕、免耕法的具体耕作步骤和使用的机具不完全相同,叫法也不一致,有的称少耕作法,有的称直接播种法、硬茬播种法,也有的称作覆盖耕作法或保护耕作法。

4) 使用高新技术

目前,液压技术、卫星定位技术、激光技术在耕整地作业中的应用已取得相当大的成就。机具的起落、工作部件的自动控制、工作幅宽和角度的调节、安全装置的自动复位、工作部件的自动更换都能用液压自动控制技术来完成。激光技术用在平地机和开沟机上已收到很好的效果。卫星定位技术在机组的遥控等方面发挥了巨大的作用,已形成精细农业。此外,在机器设计过程中已经广泛采用计算机辅助设计和虚拟技术,包括 3D 打印在内的一些新方法、新工艺、新材料也在机器制造过程中不断被采用。

5) 逐渐突破地域限制

随着农业机械产品种类的增多,针对丘陵山区等特殊地形的农业机械设备相继研发,解决了人工作业的低效问题,对解决丘陵山区的农业生产问题,提高农业生产效率具有重要的作用。

2.2　铧式犁

2.2.1　概述

犁(plow, plough)是一种耕地机械。它的主要功能是松、碎土壤。

1) 国内铧式犁发展现状

旱田铧式犁是我国北方旱田主要的耕作机械。新中国成立前,我国没有农机工业,农村使用的畜力犁是手工业作坊制造的,质量很差。新中国成立后,农机工业得到迅速发展。从苏联引进拖拉机的同时也引进了与拖拉机配套的五铧犁,并建立了机引农具厂。在引进的基础上,自行设计的北方旱田铧式犁系列产品,由 20 种型号组成,满足了 30~80 Ps 拖拉机配套和不同地区耕地作业的要求,填补了半悬挂犁等机型的空白,是我国第一个比较完整的铧式犁系列。铧式犁的适应性强,"三化"程度高,与北方犁相比平均重量降低 1/3。

据 1979 年农机部科技局的统计,全国生产犁的有河南商丘机引农具厂、黑龙江齐齐哈尔农具厂、辽宁金县农具厂、保定农机厂、山东德州农具厂等 14 个厂家,品种达 31 个。最大的生产厂是河南商丘机引农具厂,犁的生产量为 2.5 万台,其中,重型犁 3000 台,中型犁 7000 台,轻型犁 15 000 台。生产与大、中、小马力拖拉机配套的犁有 9 种,如 1L-535、1L-230、1L-135 等型号。黑龙江齐齐哈尔农具厂生产重型五铧犁,其他厂家都是生产铧式犁的。1993—2013 年我国的铧式犁结构研究进入快速发展时期。目前,国内铧式犁生产厂家有开封市福星凯恩现代农机有限公司,生产 12～240 Ps 拖拉机配套的"福星""凯恩"牌翻转犁,该系列翻转犁具有入土性能好、阻力小、翻垡好、覆盖严、破碎率高、节油省工等优点。河南金大川机械有限公司是国内生产大、中型单、双向液压翻转犁的重点企业,其配套动力适用于 6～40 Ps 轮式、履带式拖拉机。潍坊德雷特机械装备有限公司制造各型号液压翻转犁。

2) 国外铧式犁发展现状

20 世纪 50 年代以前,国外的机力犁以牵引犁为主,直接由畜力犁演变而来。到 50 年代中期,西欧各国主要生产悬挂犁。为了适应拖拉机马力不断增大的要求,50 年代后期出现了半悬挂犁,大大改善了拖拉机运输时的稳定性。因此,半悬挂犁很快成了大功率拖拉机配套的主要型号。当前,许多外国公司都生产系列的半悬挂犁。但是现代牵引的起落和调整都是通过液压装置进行的。到 80 年代初,麦赛福格森公司生产的 MF-165 型 60 Ps 轮式拖拉机配套犁有 43 种,苏联 MT3-50 型拖拉机配套犁有 12 种。在铧式犁中有一种特殊的类型:双向犁。双向犁分为梭式犁、键式犁、翻转犁和水平摆式犁等品种,用得最多的是翻转犁、双向犁,能实现无沟无垄的平坦耕作,在欧洲各国使用十分普遍。如英国有一半以上的犁是翻转犁(见图 2-1)。法国早在 1963 年翻转犁就已占 80%,尤其是近年来,由于液压翻转机构的成熟,翻转犁的使用日益增多。德国的犁厂如雷肯、贝松、拉贝,目前的产品中有 90% 是翻转犁,拉贝公司 2001 年生产出 10 万架翻转犁。

3) 国内外铧式犁发展趋势

(1) 国内铧式犁发展趋势

① 随着第二、三产业的快速发展,农业从业的人员的专业化、科学化,土地的集约化,机械作业的面积增加,对作业效率要求的提高,大马力拖拉机的占有量越来越大,同时出于配

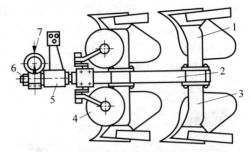

1—左翻犁体;2—犁架;3—右翻犁体;4—圆犁刀;
5—悬挂架;6—犁轴;7—翻转机构。

图 2-1　翻转犁

套的需要,发展不同种类的配套犁,如多铧犁、翻转犁等。

② 在不影响使用性能的前提下,应减轻犁的重量,如采用异型钢焊接犁架。

③ 随着拖拉机功率的不断增大,采用高速、宽幅的犁组及高效自动式犁组,并逐步发展成为犁、耙、播、施肥联合机组。

④ 在铧式犁上采用液压操纵机构,自动挂接连接机构。应用电子仪表监控犁的耕作过程,利用电子计算机自动调节犁的耕深和排除故障等。

⑤ 广泛采用密封滚动轴承,减少班次保养和保养次数,最大限度减少辅助作业时间。

⑥ 采用新的先进工艺,如铧式犁的犁铧采用新的喷镀工艺,喷镀耐磨金属,增强耐磨性,提高犁的寿命和可靠性。加厚款双面犁如图 2-2 所示。

图 2-2　加厚款双面犁

(2) 国外铧式犁发展趋势

① 铧式犁的拖拉机功率向大功率发展,以

提高作业效率。如目前美国迪尔 8270R 拖拉机最大马力可达 297 Ps。瑞典生产的犁如图 2-3 所示。

② 铧数增加，耕辐可调，液压系统可自动调节耕深。

③ 联合整地机械的广泛使用，可以满足耕整地一体化，减少田间作业次数，减少对土壤的压实。

图 2-3　瑞典犁

2.2.2　种类

目前所使用的犁，由于其工作原理的不同，主要分为铧式犁（mouldboard plow）、圆盘犁（disk plow）和凿形犁（chisel plow）。铧式犁应用历史最长，技术最为成熟，作业范围最广。铧式犁是通过犁体曲面对土壤的切削、碎土和翻扣来实现耕地作业的。圆盘犁是以球面圆盘作为工作部件的耕作机械，依靠其重量强制入土，入土性能比铧式犁差，土壤阻力小，切断杂草能力强，可适用于开荒、黏重土壤作业，但翻垡及覆盖能力较弱，价格较高。凿形犁，又称深松犁，工作部件为凿齿形深松铲，利用挤压力破碎土壤，深松犁底层没有翻垡能力。

铧式犁是一种耕地机械，主要作用是将种植后的土壤进行翻耕并且碎土，消灭杂草和病虫害，疏松土壤，为下一次种植提供保障。铧式犁按动力分为畜力犁和机力犁；按犁与动力机的连接方式分为牵引犁、悬挂犁和半悬挂式犁；接用途分通用犁、深耕犁、开荒犁、开沟犁、灭茬犁、垄作犁、松土犁、旱地犁、水田犁、果园犁、坡地犁；按重量分为轻型犁、中型犁。

2.2.3　铧式犁结构、组成及工作原理

铧式犁犁体一般由犁壁、犁铧、犁柱、犁侧板、犁托等组成（见图 2-4），用专用的犁头螺栓连接成一体。犁铧和犁壁构成犁体的工作曲面，犁的切土、翻土和碎土都由工作面来完成；犁侧板用来支持犁体并承受犁体工作时所产生的侧压力；犁托是一个连接件，用来固定犁铧、犁壁和犁侧板，以保持三者的相对位置不变；犁柱也是一个连接件，其下端固定在犁托上，上端与犁架相连。根据犁体工作面的翻垡

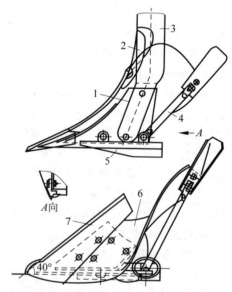

1—犁托；2—挡草板；3—犁柱；4—犁壁撑杆；
5—刀形犁侧板；6—犁壁；7—犁铧。

图 2-4　犁体结构

情况,又可将犁体分为翻垡型、滚垡型和窜垡型。各主要组成部分结构特点和工作原理如下。

1. 犁铲(犁铧、犁尖)

犁铲的主要作用是入土和切土,然后扛起切下的土垡导向犁壁。犁铲的形状可分为梯形和三角形两类(见图2-5),由于梯形铲铲尖易磨损,在黏重土壤中入土性能也较差,生产时将梯形铲铲尖加工成凿形,以提高其耐磨性。凿形铲具有外伸的铲尖,铲尖向下弯曲约10 mm,并略偏向未耕地5～10 mm,因此入土能力较梯形铲好,适于耕黏重土壤。凿形铲可焊有加强侧板也可制成组合式的,即将犁铲的铲尖和铲的其他部分分开制造,铲尖是一根可伸缩的凿杆,当铲尖磨损后,将凿杆伸出重新固定,这样可以延长犁铲的使用期限。有的梯形铲和凿形铲的背面,有加厚的备用钢材,供犁铲磨损后锻伸时使用。

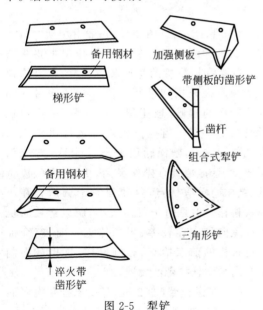

图 2-5　犁铲

2. 犁壁

犁壁位于犁铲的后方,其作用是破碎和翻转土垡。犁壁有整块式、组合式和栅条式等(见图2-6)。犁铧和犁壁组成犁体曲面,犁体曲面的左边刃称为犁胫,它从垂直方向切土,切出沟墙。曲面的中部为犁胸,主要起碎土作用,后部为犁翼,主要起翻土作用。组合式犁

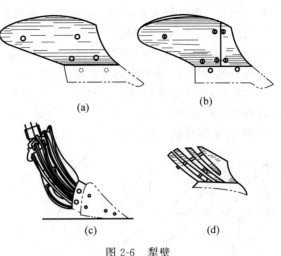

图 2-6　犁壁
(a) 整块式;(b) 组合式;(c)、(d) 栅条式

壁的优点是当靠近胫刃部位的犁壁磨损后可以局部更换,能节省材料、降低使用成本。耕地质量的好坏与犁壁曲面的形状有很大的关系。犁壁曲面形状很多,可分为翻垡型、窜垡型及滚垡型(见图2-7)。翻垡型犁壁曲面以翻转土垡为主,覆盖性能较好,有一定的碎土能力,适于耕翻绿肥田;窜垡型犁壁曲面是我国水田犁耕所使用的一种传统的工作曲面,它的特点是土垡可沿曲面升起窜到一定高度,然后使垡条断裂,顺序地翻到田里,土垡的断条架空性能较好,适用于耕翻需要架空晒垡的田块;滚垡型犁壁曲面是结合前两种曲面的特点设计的一种犁体工作面,它既有一定的翻垡性能,又有一定的断条架空性能,适用于水田干

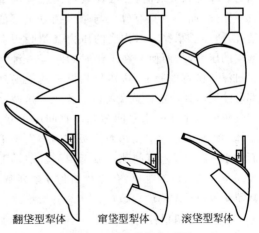

翻垡型犁体　　窜垡型犁体　　滚垡型犁体

图 2-7　各种犁体曲面图

耕和水耕。翻垡犁按照犁壁曲面扭曲的程度，分为圆筒型、熟地型（通用型）、半螺旋型及螺旋型（见图2-8）。在南方水田地区熟地型和半螺旋型用得较多，前者适用于一般熟地，碎土能力较好，翻土覆盖性能较半螺旋型差，而半螺旋型的碎土能力又不如熟地型。在实际耕作中，应根据地区土质情况及耕作要求选用。

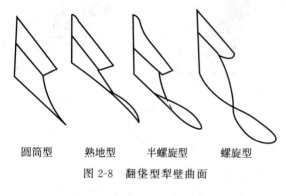

| 圆筒型 | 熟地型 | 半螺旋型 | 螺旋型 |

图2-8　翻垡型犁壁曲面

3. 犁侧板

犁侧板的基本作用是平衡侧向力，因此，其最常用的形式就是平板式（见图2-9(a)）。由于犁侧板在工作中始终与沟墙摩擦，单铧犁和多铧犁最后一犁的犁侧板除了承受侧向力外，往往还要承受一定的垂直压力，犁侧板的后端极易磨损。因此，有的犁除了后犁的犁侧板较长外，还在后端装有可更换的犁踵。由于水田耕作时沟墙的承受压力很小，故水田犁的犁侧板多采用刀形（见图2-9(b)）。刀刃在耕作时插入沟底，得到足够的土壤反力来平衡侧压力。犁侧板安装时，一般使其与沟底和沟壁成一角度，而构成只有铧尖与犁踵接触土壤的情况，增加了犁铧刃对沟底的压力及犁胫刃对沟墙的压力，从而使犁在工作时始终有一种增大耕深与耕宽的趋势，这样犁侧板和其他触地部分才能起到稳定耕宽及耕深的作用。这两个安装角度由犁体的水平间隙和垂直间隙度量。犁体的水平间隙一般指由犁侧板前端至沟墙平面的水平距离；垂直间隙一般指犁侧板前端下边缘至沟底平面的距离（有的犁如北方系列犁，其犁侧板前后端高度一致），如图2-10所示。

4. 犁托和犁柱

犁托（见图2-11）是连接件，犁铲、犁壁和

犁侧板用埋头螺钉固定在犁托上。犁柱用来连接犁体与犁架，并将动力由犁架传递给犁体，带动犁体工作。犁托和犁柱可以制成一体，这种形式的犁托也称高犁柱。高犁柱可用螺钉直接与犁架相连。

以铧式犁和不同牵引机构相组合形成不同结构的铧式犁。

（1）牵引犁（见图2-12）一般由犁架、犁体、牵引杆、调节机构、行走轮、机械或液压升降机构、安全装置等部件组成。在耕作的时候，牵引犁和拖拉机之间采用单点挂接，拖拉机的挂接装置对犁只起到牵引的作用，其重量一般由犁自身的轮子承受。在耕作的时候，通过液压机构和机械来控制地轮相对犁体的高度，以达到调整耕作深度的作用。牵引犁虽然工作稳定，耕作质量佳，但也具有许多缺点，如结构复杂，机组的转弯半径大，机动性不好，质量大，一般只适合在大地块进行大型、宽幅、多铧作业。

（2）悬挂犁（见图2-13）一般由犁架、犁体、悬挂装置和限深轮等组成。悬挂犁主要是通过悬挂架和拖拉机的悬挂装置连接，依靠拖拉机的液压提升机构进行升降。在运输过程和地头转弯的时候，悬挂犁脱离地面，由拖拉机承受全部重量。当拖拉机液压悬挂机构用高度调节深耕时，限深轮用来控制耕深。与牵引犁相比，悬挂犁具有操作灵活、机动性好、质量低、结构简单等优点，这使得它十分适合在小地块耕作。但是由于机器太小，所以运输时机组的纵向稳定性较差，当犁体太重时，就会促使拖拉机的前端抬起，影响操作，这也就限制了它向大型悬挂犁的发展。

（3）半悬挂犁（图2-14）是由悬挂犁发展而来的，它的前部很像悬挂犁，但是配置了轮子，这就可以在地头转弯和运输时独自承担机身的重量，减轻了拖拉机悬挂装置的压力。另外，半悬挂犁配置了较宽的犁体，有效地解决了操作不稳定的问题。半悬挂犁兼具了悬挂犁和牵引犁的部分优点：它的转弯半径小，机动灵活性好，优于牵引犁；它的稳定性和操作性好，犁体配置多，优于悬挂犁。

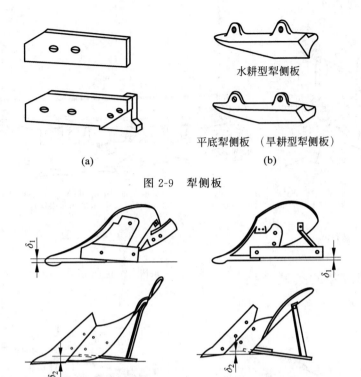

水耕型犁侧板

平底犁侧板　（旱耕型犁侧板）

(a)　　　　　　　　　　　　(b)

图 2-9　犁侧板

δ_1

δ_1

δ_2

δ_2

平板形　　　　　　　　　刀形犁侧板

(a)　　　　　　　　　　　(b)

图 2-10　犁体的水平间隙及垂直间隙

（a）南方系列犁"翻20"；（b）北方系列犁"BT30"

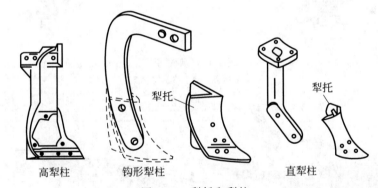

犁托

犁托

高犁柱　　　钩形犁柱　　　　　　直犁柱

图 2-11　犁托和犁柱

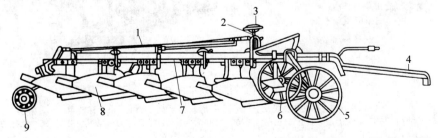

1—尾轮拉杆；2—水平调节手轮；3—深浅调节手轮；4—牵引杆；5—沟轮；6—地轮；7—犁架；8—犁体；9—尾轮。

图 2-12　牵引犁

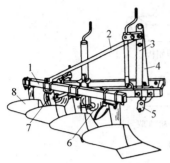

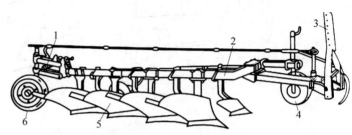

1—犁架；2—中央支杆；3—右支杆；
4—左支杆；5—悬挂轴；6—限深轮；
7—犁刀；8—犁体。

图 2-13 悬挂犁

1—液压油缸；2—机架；3—悬挂架；
4—地轮；5—犁体；6—限深尾轮。

图 2-14 半悬挂犁

2.2.4 铧式犁的典型产品

典型的犁如图 2-15 所示。旱田铧式犁产品如图 2-16 所示，水田铧式犁产品如图 2-17 所示。

(a)　　　　　　　　(b)

图 2-15 典型犁

（a）单体铧式犁；（b）三铧犁

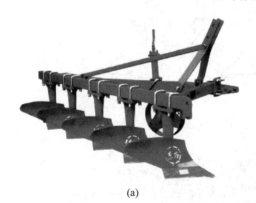

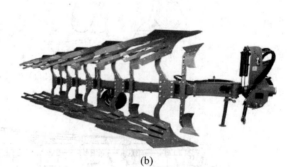

(a)　　　　　　　　(b)

图 2-16 L 系列旱田犁

（a）东方红 1L-525 铧氏犁；（b）郑州龙丰 L 系列 1LYFT-560 翻转犁

注：（a）外形尺寸（长×宽×高）(mm×mm×mm)：3200×1850×1360；配套动力（kW）：47.8～55；悬挂方式：三点悬挂；耕深(mm)：220～240；作业幅宽(m)：1.25～1.45；作业效率（亩/h）：8～10。

（b）外形尺寸（长×宽×高）(mm×mm×mm)：6400×1800×1960；配套动力（Ps）：260～300；质量（kg）：2300；耕幅(cm)：46～60；耕深(cm)：20～40；选配犁体：雷肯型——镜面、栅条，纳迪型——大镜面、栅条，执行标准：GB/T 14225—2008。

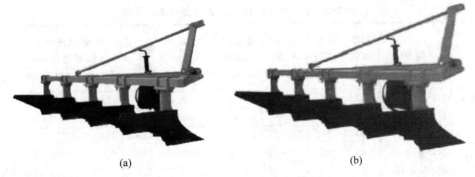

图 2-17 1LS-627 水田犁

(a) 沃尔农装 1LS-627 水田犁；(b) 融拓北方 1LS-627 水田犁

注：(a) 配套动力(Ps)：70；工作幅宽(mm)：1620；耕作深度(mm)：160～220；生产效率(km²/h)：0.8～1.2。

(b) 配套动力(Ps)：70；工作幅宽(mm)：1620；耕作深度(mm)：160～220；生产效率(km²/h)：0.8～1.2。

2.2.5 铧式犁的主要机型和技术参数

旱田铧式犁系列和水田铧式犁系列的主要机型和技术参数分别见表 2-1 和表 2-2。

表 2-1 旱田铧式犁系列主要机型和技术参数

名称	型号	犁体幅宽/cm	设计耕深/cm	适应耕深/cm	犁体纵向间距/mm	犁架高度/mm	质量/kg	外形尺寸（长×宽×高）/(mm×mm×mm)	配套拖拉机额定牵引力/kW
1L 系列（普通型）L/b=2	1L-325	25	20	12～22	500	540	191	1715×1150×1170	8～10
	1L-425	25	20	12～22	500	540	232	2225×1185×1185	12～14
	1L-525	25	20	12～22	500	540	280	2720×1500×1185	8～14
	1L-230	30	24	18～26	600	550	197	1440×1220×1185	8～10
	1L-330	30	24	18～26	600	550	240	2020×1210×1200	12～14
	1L-430	30	24	18～26	600	550	300	2615×1500×1200	14
	1L-530	30	24	18～26	600	550/580	525	3220×1710×1570	30
	1L-435	35	27	20～30	700	580	500	2900×1710×1570	30
	1L-530	30	24	18～26	600	550/580	840	5525×2155×1445	30
	1L-630	30	24	18～26	600	550/580	720	—	30
1LD 系列（大间距）L/b=2.29	1LD-435	35	27	20～30	800	600	560	3530×1950×1610	30
	1LDP-335	35	27	20～30	800	600	—	—	30
	1LDB-435	35	27	20～30	800	600	920	5110×2200×1275	30
	1LDB-535	35	27	20～30	800	600	1020	—	30
	1LDJ-435	35	27	20～30	800	—	1134	5810×2100×1115	30
	1LDJS-435J	35	27	20～30	800	600	1014	5810×2100×1060	30
	1LDS-330	30	40	30～42	700	750	400	2420×1910×1670	30
	1LDS-330S	30	40	30～42	700	600	400	2212×1855×1696	30
1LL 系列（小间距）L/b=1.33	1LL-430	30	24	—	400	600	—	2055×1517×1248	14
	1LL-530	30	24	—	400	600	—	2450×1715×1545	30

注：型号含义：1—耕耘整地机械；L—犁；B—半悬挂；D—大间距；P—耕耙犁；J—牵引犁；S—深耕犁；L—菱形犁。
后三位数字：第一位为犁体数，第二、三位为单体犁幅宽。数字后无字母的为通用型。

表 2-2　水田铧式犁系列主要机型和技术参数

名称	型号	犁体幅宽/cm	设计耕深/cm	适应耕深/cm	犁体纵向间距/mm	犁架高度/mm	质量/kg	外形尺寸（长×宽×高）/(mm×mm×mm)	配套拖拉机额定牵引力/kW
悬挂水田三铧犁	1LS-320	20	16	12~18	400	500	112	1350×860×1380	5
	1LS-320F	20	16	12~18	400	500	117	1435×870×1381	5
悬挂水田四铧犁	1LS-420	20	16	12~18	400	500	146	1875×1075×1400	8
	1LS-425	25	20	14~22	500	500	180	2250×1330×1385	10~12
	1LSGQ-425	25	20	14~22	500	550	221	2218×1330×1385	10~12
悬挂水田五铧犁	1LS-520	20	16	12~18	400	500	189	2260×1290×1385	10
	1LS-525	25	20	14~22	500	500	227	2672×1568×1358	12
悬挂水田六铧犁	1LS-625	25	20	14~22	500	500	285	3125×1835×1442	20
	1LSQ-625	25	20	14~22	500	550	375	3200×1770×1440	25
	1LS-620S	20	16	12~18	400	500	230	2714×1500×1346	12
	1LS-620C	20	16	12~18	400	500	230	2674×1388×1358	12
悬挂水田七铧犁	1LS-725	25	20	14~22	500	500	315	3610×2005×1445	25

注：型号含义：1—耕耘整地机械；L—犁；S—水田型；G—高犁柱变型；Q—犁架加强型。后三位数字：第一个数字为犁体数，第二、第三个数字为单体幅宽（单位：cm）。S—碎土型；F—翻土型；C—窜垡型；数字后无字母的为通用型。

部分国外铧式犁的主要技术规格见表 2-3。

2.2.6　铧式犁选用原则

铧式犁的选用原则如下：

（1）根据当地农艺要求确定所选用的铧式犁种类。

（2）根据所使用的拖拉机动力来确定铧式犁的型号和幅宽。不同的拖拉机匹配不同型号和幅宽的铧式犁，如悬挂犁和半悬挂犁需要配有液压装置；同时，幅宽也要选用合适，幅宽过大则拖拉机拉不动或者耕深不够，幅宽过小会影响操作性能，同时也浪费动力、降低效率。

（3）所购的产品要符合"三化"（标准化、系列化、通用化）的要求，保证有充足的备件供应。在选购时应尽量购买有"农业机械推广许可证章"标记的产品，若在使用过程中出现产品质量问题，可向厂家提出修理和索赔。

（4）产品外观应该无明显缺陷，喷涂均匀，表面无凹凸斑点，无裂纹刮痕，焊接牢固，安装尺寸合乎标准，使用说明书以及其他技术文件应齐全。

2.2.7　铧式犁安全使用规程

1.铧式犁操作规程

（1）在购买或者使用前对自己和拖拉机以及配套犁做出合理的预估，自己是否可以驾驶操作。确定自己有能力之后再作业，否则应该再次熟悉机器设备以及驾驶操作技术。作业人员应该提前了解铧式犁的结构和使用调整方法。

（2）使用前应阅读使用说明书，按照说明书安装、调整和保养。

（3）在田间作业时严禁靠近，犁上严禁放置重物或坐人。

（4）若机器故障或需要清理犁体上的黏土杂草等堵塞物时必须停车操作。犁在悬挂时严禁在犁体下方维修、调整和清理。

（5）当耕完一个行程后，在地头转弯时需将犁升起，严禁不起犁而转弯或绕圈耕作。

（6）当需要换田作业或者过田埂时都应该升高犁并慢速通过。

（7）拖拉机带悬挂犁长途运输时，应将犁升到最高位置，并将升降手柄固定好，下拉杆

表2-3 部分国外铧式犁的主要技术规格

类别及型号	犁合格幅宽/mm	犁体数/个	最大耕深/mm	总耕幅/mm	犁体纵向间距/mm	犁体间距:犁体幅宽	犁架高度/mm 犁体支持面至主梁底面	犁架高度/mm 犁体支持面至副梁底面	质量 总质量/kg	质量 单位幅宽质量/(kg/m)	外形尺寸 (长×宽×高)/(mm×mm×mm)	主梁断面 (长×宽×高)/(mm×mm)	安全器类型	犁刀 类型	犁刀 刀盘直径/mm	覆盖装置	挂接型式	配套动力/kW
半悬挂五铧犁美(JD2500)	457	5	356	2285	812	1.78	768	673	1873	820	6820×3130×1500	152×152×12.7	螺旋弹簧(自动回应)	单臂波纹圆盘带缓冲弹簧	457	覆草板	三点半悬挂可用自动挂接	139
半悬挂五铧犁美(JD350)	406	5	305	2050	711	1.75	692	616	1261	615	5850×2610×1470	152×101×6.35	液压油缸(自动回位)	单臂波形圆盘带缓冲弹簧	508	覆草板	两点半悬挂可用自动挂接	119
半悬挂八铧犁美(JD2450)	406	8	305	3248	812	2	768	673	2390	736	10300×3980×1250	152×152×12.7	脱钩式(半自动回位)	单臂波纹圆盘带缓冲弹簧	508	覆草板	两点半悬挂可用自动挂接	157
半悬挂五铧犁德国BBGB-201	350	5	300	1750	830	2.37	650	—	1550	886	7500×2200×1380	—	液压油缸(自动回位)	单臂、圆盘	450	覆草板	两点半悬挂	75

续表

类别及型号	犁合格幅宽/mm	犁体数/个	最大耕深/mm	总耕幅/mm	犁体纵向间距/mm	犁体间距：犁幅宽	犁架高度/mm 犁体支持面至主梁底面	犁架高度/mm 犁体支持面至副梁底面	质量 总质量/kg	质量 单位幅宽质量/(kg/m)	外形尺寸(长×宽×高)/(mm×mm×mm)	主梁断面(长×宽×高)/(mm×mm×mm)	安全器类型	犁刀 类型	犁刀 刀盘直径/mm	覆盖装置	挂接型式	配套动力/kW
悬挂六犁意28CRA/C	370	6	250（设计）	2220	485	1.31	673	700	843	380	3670×2780×1450	中145（圆管）	无	单臂圆盘	450	小前犁	三点半悬挂	110
悬挂五铧犁意SAME	380	5	250（设计）	1900	500	1.32	780	680	—	—	—	140×140（方形管）	无	—	—	小前犁	三点半悬挂	87
悬挂五铧犁奥地利V-40	400	5	—	2000	800	2	700		—	—	—	120×120（方形管）	无	单臂缺口圆盘	—	小前犁与覆草板	三点半悬挂	114
悬挂翻转四铧犁美（JD4200）	406	左右两组各4	305	1624	660	1.63	711	698	1259	775	3550×2050×1500	178×101×9.5	脱钩式（半自动回位）	单臂波纹圆盘	508	覆草板	三点半悬挂	98
悬挂翻转四铧犁德国（小鹰牌）	350	左右两组各4	300	1400	930	2.66	700	—	855~959	611~685	—	—	剪切螺栓	缺口圆盘	—	小前犁	三点半悬挂	59~74
悬挂翻转三铧犁意大利	400	左右两组各3	300	1200	900	2.25	760	—	—	—	3350×1400×1700	90×40（扁钢）	无	直犁刀	135	小前犁	三点半悬挂	65

限位链条应收紧,以减少悬挂犁的摆动;还应缩短上拉杆,使第一铧犁尖距离地面应有25 cm的间隙,以防铧尖碰坏。

2.犁的保养与管理

1) 班次保养

耕犁的保养要和拖拉机的保养同步进行,主要包括以下几方面:

一是清除缠绕在犁上的泥土和杂草,检查犁体各个部件的牢固程度,如有松动,拧牢松动的螺丝;

二是给各个转动部位加注润滑油,定期检查油管和液压油缸的情况,发现问题要及时修复。

三是检查犁铧的磨损状况,一般犁铧刃的厚度超过2 mm,圆犁刀刃口厚度超过1.5 mm的,可以用磨砂轮磨削至0.5~1 mm。如果犁铧磨损严重,就要用锻打延伸法进行修复,如果无法修复就要更换新犁。

2) 定期保养

按照使用标准,一般犁耕地60~100 h,或者耕熟地700~1000亩之后,就要对犁进行一次全面的检查和保养,主要操作和保养内容如下:首先清除犁上的泥污和杂草,检查犁壁、犁铧和犁侧板的磨损情况,当磨损超过极限时就要定期更换;然后检查犁轮的径向和轴向间隙,超过规定的间隙就要进行调整或更换。

3) 犁的保养

犁在播种时期使用完后,距离下次使用还有较长时间,如果不进行正常的保养就很容易使犁锈蚀和变形,一般保养都需要注意以下事项:一是清除犁上的泥垢和杂草,对犁体的各个部件进行检查,发现磨损过度的部件就要及时进行修复,以保证下次正常使用;二是犁体容易生锈的部位,如犁铧和丝杆螺纹等部位都要涂抹适量的油防止生锈,发现犁架掉漆要及时补刷;三是存放时要把犁轮和犁体垫好放稳,存放的房间要保证干燥,防止犁具生锈。

2.2.8 常见故障及排除方法

犁的常见故障及排除方法见表2-4。

表2-4 犁的常见故障及排除方法

故障现象	原因	排除方法
犁不能入土	悬挂犁上拉杆过长	适当缩短悬挂犁上拉杆长度
	牵引犁横拉杆位置过低	适当调高横拉杆安装位置
	犁铧刃口磨损严重	磨锐或更换犁铧
	限深轮位置调整不对	调整限深轮与机架的相对高度
犁入土过深	悬挂犁上拉杆过短	适当伸长悬挂犁上拉杆长度
	牵引犁横拉杆位置过高	适当调低横拉杆安装位置
	液压系统调整失灵,不能自动调节耕深	检修液压系统
	限深轮位置调整不对	调整限深轮与机架的相对高度
重耕或漏耕	拖拉机轮距与犁的幅宽不相配	调整拖拉机轮距
	水平面内调整不当	调整牵引点在水平面内的位置
耕深不一致,耕后地表不平	在纵向垂直面内的牵引调整不当	正确进行犁在垂直面的调整
	犁的水平调整不当	正确进行犁在水平面的调整
	犁铧磨损程度不一致	修复或更换犁铧
	犁柱和犁架变形	校正犁柱和犁铧
翻土和覆盖不良,有立垡和回垡	耕深过大、耕深和耕幅的比例不当	适当减少耕深
	拖拉机行进速度过慢	适当提高车速
	犁体工作曲面选用不当	正确选用犁体曲面

2.3 深松机具

深松是指在不打破原有的土壤耕层结构的前提下进行深度松土的耕整地作业方式,深松按作业性质分为全方位深松和局部深松两种作业方式。深松机是指一种与不同的动力机械配套使用的对土壤进行深松的耕作机械。

传统翻耕深度为1~30 cm,旋耕深度一般为1~16 cm,翻耕、旋耕作业时犁铧、旋耕刀会对土壤有挤压、打击作用,长期使用会使耕层以下形成坚硬的犁底层,影响作物根系生长,使作物产量下降;虽然免耕减少了土壤耕作,保护了土壤结构,但播种、收获、植保时农机具作业造成的土壤压实,再加上土壤的自然沉降,同样会导致土壤的紧实度、容重增加,影响作物生长。机械深松用于疏松土壤,打破犁底层,加深耕作层,改善土壤结构、减少土壤侵蚀和提高蓄水保墒能力,以此来达到提高作物产量的目的。

2.3.1 深松机具结构、组成及工作原理

1) 深松机具结构和组成

深松机一般采用悬挂式,如图2-18所示。它由深松机架、深松铲、上悬挂杆、限深轮、上悬挂支杆、连接卡子等组成。

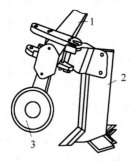

1—机架;2—深松铲;3—限深轮。

图2-18 深松机的结构简图

深松机架由前后横梁、左右斜梁、左右支梁焊合而成,是整个机具的支架,其他部件均安装在机架上。深松铲由铲柄和活动侧翼组成,是机器主要工作部件。限深轮主要起到调整和控制深松入土深度的作用。有些小型深松机没有限深轮,依靠拖拉机的液压悬挂油缸来控制耕作深度。深松铲与限深轮均通过连接卡子与机架相连接。上悬挂杆和上悬挂支杆这两个部件主要起到与拖拉机上悬挂相连接的作用。

深松铲是深松机的主要工作部件,由铲头、立柱两部分组成。铲头是深松铲关键部位,最常用的是凿形铲,它的宽度较窄,和铲柱宽度相近,形状有平面形和圆脊形。圆脊形碎土性能较好,且有一定翻土作用;平面形工作阻力较小,结构简单,强度高,制作方便,磨损后更换方便,行间深松、全面深松均可适用,应用最为广泛。在其后面配上打洞器还可成为鼠道犁,可在田间开深层排水沟;若做全面深松和较宽的行间深松,还可以在两侧配上翼板,增大松土效果。铲头较大的鸭掌形铲和双翼铲主要用于行间深松或分层深松表层土壤。深松铲柱最常用的断面呈矩形,结构非常简单,入土部分前面加工成尖棱形,以减少阻力。由于深松铲侧面阻力一般很小,故这种铲柱强度是足够的。有的铲柱采用薄壳结构,重量较轻,但结构较复杂。

2) 深松机工作原理

国产立柱式深松机深松铲直接装在机架横梁上,犁上备有安全销,并装有限深轮,主要用于土壤深松耕作、破碎犁底层、改良土壤和改善牧草种植。全方位深松机的结构特征是其深松部件由左右对称的侧刀与一个底刀组成梯形框架,其周边均为刀刃。工作时,深松部件从土层中切离出梯形截面的垡条,并使它抬升、后移,通过两侧刃和水平刀刃,从框架中流出,继而下落铺放到田里。在此过程中,垡条受剪切、弯曲和拉伸等作用而得到松碎,因而具有松土范围大、碎土作用强的特点。振动深松机的关键部件主要是由主轴总成和两个单体——犁体所组成。主轴总成的功用是通过曲柄机构形成振动,以粉碎芯土,由主轴、连杆、振动臂等组成。主轴是一根曲柄较短的曲轴,由拖拉机动力

输出轴带动,通过连杆使振动臂前端上下运动,其尾部绕横向振动臂轴做上、下往复运动,实现振动深松。

2.3.2　深松机具类型

按深松铲的工作原理和结构,深松机具可分为立柱式(凿式、铲式深松机)、全方位深松机和深松联合作业机,通常采用拖拉机悬挂深松机作业。深松机具的种类较多,常用机具有1S-1.4型深松机、1SQ-127型全方位深松机,较先进的机具有1SC-240型灭茬深松机、1SZ-360型振动深松机。

1. 凿式深松机

凿式深松机的工作部件为凿式铲,主要由铲尖、铲柄构成。铲尖有凿形铲尖、箭形或鹅掌形铲尖、双翼形铲尖3种形式。凿形铲尖宽度与铲柱宽度相近,工作时阻力较小,并且加工简单、强度高、易于更换;箭形或鹅掌形铲尖与双翼形铲尖宽度较大,常用于旋耕后起垄或中耕时表土行间疏松。铲柄分为弯弧式、直立式、倾斜式3种,无论哪种铲柄在运动方向的投影总是垂直的。弯弧式铲柄和倾斜式铲柄,铲柄下部向前伸具有滑切作用,有一定的减阻效果,但加工较难,且结构突变处易受力变形;相反,直立式铲柄结构简单、制造容易,但破土时阻力较大。根据是否具有振动功能将凿式深松机划分为凿式深松机和凿式振动深松机两大类。

国内典型的凿式深松机具是山西河东雄风有限公司生产的1S-300A型深松机(见图2-19),该机采用凿形铲尖和弯弧式铲柄,深松铲之间的间距为50 cm,为了增大机具的通过性,前机架安装2个深松铲,后机架安装4个深松铲。凿式振动深松机的典型机具是美国大平原制造公司生产的SS1300A型垂直深松机(见图2-20),整机工作幅宽305 cm,深松铲弹性元件采用2个压缩弹簧,5个深松铲之间的间距为76 cm。

2. 全方位深松机

全方位深松机是一种新型的土壤深松机具,其工作原理完全不同于凿式深松机,它不仅能使50 cm深度内的土层得到高效的松碎,

图2-19　河东雄风1S-300A深松机

注:动力95.5 kW以上,深松铲工作深度为25~40 cm。

图2-20　美国大平原SS1300A深松机

注:工作幅宽305 cm,动力150~255 kW,工作深度为20~50 cm。

显著改善黏重土壤的透水性,而且能在底部形成鼠道,但其深松比阻小于犁耕比阻。作为新一代的深松机具,全方位深松机在我国干旱、半干旱地区土壤的蓄水保墒、渍涝地排水、盐碱地和黏重土的改良以及草原更新中均有良好的应用前景。

该类机具有以下特点:

(1)松土性能好,松土系数可以达到0.75以上,且松土范围大,作业后地表平整;

(2)与凿式深松机相比,全方位深松机充分利用刀刃的切割作用,对土壤的压实作用较小;

(3)能完整地保持地表植被覆盖,有利于减少风蚀、水蚀;

(4)动力消耗大,秸秆覆盖时通过性差、易堵塞;

(5)不适用于中耕时深松作业。

根据深松铲形状,全方位深松机分为V形铲式深松机和侧弯式深松机。

全方位深松机性能参数见表2-5。

表 2-5　1SQ 系列全方位深松机主要参数

型　　号	配套动力/kW	深松部件组数	松土深度/cm
1SQ-350	73.5～88.2(履带式拖拉机)	3	40～50
1SQ-340	55.1～58.8(履带式拖拉机)	3	35～40
1SQ-250	55.1～58.8(履带式拖拉机)	2	40～50
1SQ-250G	73.5～88.2(履带式拖拉机)	2(另加 2 组滚齿耙)	40～50
1SQ-240	36.8～47.8(轮式拖拉机)	2	35～40
1SQ-235	36.8(轮式拖拉机)	2	30～35
1SQ-140	36.8(轮式拖拉机)	1	30～40
1SQ-127	11.0～18.4(轮式拖拉机)	1	24～30

国内现有的 V 形铲式深松机的典型机具是南昌旋耕机厂生产的 1SQ-340 型全方位深松机(见图 2-21),机具有 3 个 V 形铲刀,其中 2 个 V 形铲刀对称安装在前机架梁上,深松深度为 40～50 cm,需要配套动力 73.6～88.3 kW。侧弯式深松机的典型机具是山东奥龙农机机械制造有限公司生产的 1S-310 型深松机(见图 2-22),整机共有 6 个深松铲,每 2 个深松铲组成 1 组,且倾斜部分向内侧倾斜并对称安装在深松铲前方、中间、后方,深松铲间距为 52 cm,深松深度不小于 30 cm,需要配套动力不小于 99.2 kW。

业。国内现有深松整地联合作业机可分为两种类型,一类是深松部件与驱动型碎土整地部件(旋耕刀辊等)组合的机具,又分为整体式和组配式,组配式联合作业机的深松和整地部分可单独与拖拉机配套,分别进行作业。另一类是深松部件,特点是功能强,可充分发挥拖拉机发动机功率,但结构复杂,需要与从动部件(圆盘、碎土辊等)组合。驱动型深松整地联合作业机具碎土能力强,可充分发挥拖拉机发动机功率,但结构复杂。从动型深松整地联合作业机具结构较简单,可用较高速度进行作业。国内深松及深松整地联合作业机主要参数见表 2-6,国外深松机的主要参数见表 2-7。

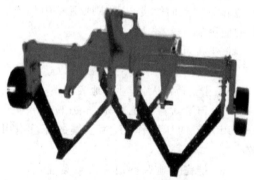

图 2-21　1SQ-340 型全方位深松机
注:深松深度为 40～50 cm,配套动力 73.6～88.3 kW。

3. 深松整地联合作业及机具

深松整地联合作业是指在对中下层土壤进行疏松的同时,对表层土壤进行碎土整地作

图 2-22　奥龙 1S-310 型深松机
注:深松深度≥30 cm,配套动力≥99.2 kW。

表 2-6 国内深松及深松整地联合作业机主要参数

产品型号	生产企业	产品名称	与拖拉机连接方式	配套动力/kW	工作幅宽/cm	深度(浅翻或整地)/cm	深松耕深/cm	深松部件数量/套	深松部件形式	机具质量/kg	生产率/(hm²·h⁻¹)
1SB5/7	黑龙江嫩江农业机械有限公司	间隔(凿式)深松机	悬挂	117.6	222~302	—	40~50	5/7	凿式铲	900	1.80~2.00
1SQ-540	黑龙江嫩江农业机械有限公司	全方位深松机	悬挂	95.6	288	—	40	5	V形(倒梯形框架)铲刀	—	1.60~1.80
1SNL-175	保定双鹰农机有限公司	浅翻深深松机	悬挂	88.2~117.6	175	8~10(浅翻)	25~35	5	带小犁铧凿式铲	650	1.00~1.20
1SL-200	现代农装科技股份有限公司	深松整地联合作业机(组配式)	悬挂	≥73.5	200	8~16(整地)	35~45	4	凿式铲；旋耕刀盘(整地)	850	0.80~1.20
1ZL-300	黑河市爱华农机研究制造有限公司	深松碎土联合作业机	悬挂	≥73.5	300	8~12(整地)	25~40	5	双翼(鹅掌式)松土铲	1200	≥1.80

表 2-7 国外深松机的主要参数

型号	配套拖拉机型号	拖拉机功率/kW	部件(铲)形式	部件(铲)数量	松土深度/cm	工作幅宽/m	作业速度/(km·h⁻¹)	质量/kg	生产率/(hm²·h⁻¹)
苏联 PT-0.5	T-75(履带)	55.1	V形	1~3	50	至2.2	4.06~12.00	900	0.45~0.9
苏联 PT-0.8	K-701(轮式)	110.3	V形	1~3	50~80	至3.3	—	2000	0.8
德国 LEMKEN Labrador	—	132.4	—	—	—	0.65	—	—	—
德国 LEMKEN Dolomit9	—	91.9	—	—	—	2	—	—	—

深松联合作业机一次作业能完成两种以上的作业项目。按联合作业的方式不同，可分为深松联合耕作机、深松与旋耕、起垄联合作业机及多用组合犁等多种形式。深松联合耕作是为适应机械深松少耕法的推广和大功率轮式拖拉机发展的需要而设计的，主要适用于我国北方干旱、半干旱地区以深松为主，兼顾表土松碎、松耙结合的联合作业，既可用于隔年深松破除犁底层，又可用于形成上松下实的熟地全面深松，也可用于草原牧草更新、荒地开垦等其他作业。

2.3.3 深松机国内外发展概况及发展趋势

1. 国内深松机发展概况

近些年我国对深松技术的研究主要集中在深松部件和深松机具上的研制开发，并取得了丰硕的成果，但与国外先进的深松机具相比，仍然有很大差距。

1991年10月北京农业工程大学研制出全方位深松机样机，试验表明该机具有优良的土壤松碎性能，但所需牵引力较大；1993年黑龙江省农垦科学院农业工程研究所研制出适用于水田的旋耕深松机；2000年黑龙江省水利科学研究院研制出多功能振动式深松机，该机是改良低产田的新一代土壤改良机，振动深松与其他深松方法相比，同样深度条件下，可节省牵引力1/3左右；2006年北京延庆农机研究所研制开发出1SZ-230型深松整地机，该机由前部深松机和后部旋耕机组合而成，联合作业时一次可以完成土壤和表层土壤的碎土、平整，表层10 cm内土壤达到播种要求；2009年云南农业大学和曲靖市烟草公司经过两年多的共同研制开发，研制出全国首台新型多功能1GQQSN-200旋耕深松起垄联合作业机。

2. 国外深松机发展概况

欧美等地区在20世纪30年代初对深松耕作和深松机具开展研究，现已形成较完善的理论体系和系列化的深松机具。20世纪80年代Willians等人设计了弯腿犁，随后加拿大人Harrison对弯腿犁进行了优化，优化后的弯腿犁比凿形齿在碎土和提高机具的入土性能方面都表现出良好效果；为了降低工作阻力，1983年德国人研制了振动深松机，该机器虽然降低了牵引阻力，但加大了整体机具的消耗，并未达到降低损耗的目的；1993年日本人Sakai研制的4铧振动深松机，机具牵引力可以减少40%，同时功率仅增加2%左右，体现了振动式深松机在节能减阻方面的优越性，但与此同时也提高了机具的复杂程度。约翰迪尔公司在其900V型松土机的深松铲柄上装配了两个侧翼，使得机具在纵向深松的同时还能对耕层内的土壤进行横向疏松，起到了双向深松的目的，但是铲子容易挂草，杂草多了会导致机具堵塞，机具通过性不好，同时会增加耕作阻力。西德劳公司的悬挂式深松机把深松与加工鼠道相结合，其铲柄具有良好的切削性能，深松效果好，不挂草。

3. 深松机发展趋势

深松机作业减阻和深松机联合作用机具是未来的发展趋势。深松机阻力和能耗依然很大，采用仿生、振动减阻要考虑加工难度和成本，应结合田间实际情况做好应用推广。联合作业机目前整机适应性、可靠性较差，不适合大面积推广，需要研制适应不同地区、不同季节的系列化、标准化且具有较高可靠性的多功能深松联合作业机，以满足我国农业生产需求。

2.3.4 选用原则

不同结构的深松机在相同的作业深度下，扰动土壤的体量不同，因此正确选择和使用深松机械，可有效提高深松作业效率，增加作业效益。深松机械选择要遵循以下原则：

（1）在机具性能上要满足作业的要求；

（2）在机具规格上要选择与作业环境相适应的作业幅度并要与动力相匹配；

（3）在机具质量上，选择产品要量大、工精，焊接可靠、耐用不变形；

（4）在生产企业与服务上，挑选信誉好、生产能力强的企业，同时要以服务网点多、售后保障好、速度快作为优先选用的原则。

重型带翼深松机,动土量大、作业深度大,适合棉花、花生地块休闲期作业;凿铲式间隔深松机,动土量小,适合宽行作物行间深松;振动深松机,动土量中等,可将土壤表面全部松动,适合小麦播种前深松。

2.3.5　安全使用规程

深松机须由专人负责维护使用,操作人员应熟悉深松机的性能,了解机器的结构及各个操作点的调整和使用方法。深松机工作前,必须检查各部位的连接螺栓,不得有松动现象;检查各部位润滑脂,如不够应及时添加;检查易损件的磨损情况。深松作业中,要使深松间隔距离保持一致。作业时应保持匀速直线行驶。作业时应保证不重松、不漏松、不拖堆。作业时应随时检查作业情况,发现机具有堵塞应及时清理。机器在作业过程中如发出异常响声,应及时停止作业,待查明原因解决后再进行作业。机器在工作时,发现有坚硬和阻力激增的情况时,须立即停止作业,排除不良状况,然后再进行操作。为了延长深松机的使用寿命,在机器入土与出土时应缓慢进行,不要对其强行操作。设备作业一段时间,应进行一次全面检查,发现故障及时修理。

1. 操作注意事项

1) 深松机作业前的检查

深松机是通过悬挂构件与大功率拖拉机连接,通过拖拉机牵引无须动力传输而实现深松作业的。作业前的检查主要包括以下几项:

(1) 检查深松机各部件是否完好无损,深松机挂接是否牢靠,深松铲磨损情况,确保正常后再作业。

(2) 检查各连接部件的螺栓是否坚固,深松机与拖拉机悬挂机构连接各螺栓坚固情况,发现松懈应及时紧固调整。

(3) 检查深松机自带辅助轮(有的机型不带)转动是否灵活。

(4) 检查拖拉机升降机构是否正常,查看升降是否困难或出现卡死故障,必要时进行维修调整。

(5) 深松机左右水平的调整:将深松机与拖拉机挂接后,停放在水平地面上,降下拖拉机升降机构,查看左右深松凿型铲是否同时着地,通过调整左右两个拉杆长度来调整左右水平,保证左右铲入土深度一致。方法是旋转拖拉机吊杆上的手柄,伸长或缩短吊杆的长度,使悬挂架横梁与地面平行;横梁距地面的高度依具体的耕深确定,耕深越大,横梁越低;然后调整深松机大架的水平,调整深松机悬挂头架上两端(也有的在其他部位)的调整螺栓,使左右两螺栓凸出横梁的高度一致,其凸出高度值依具体的耕深而定,耕深越大,凸出越多。通过以上调节,深松机左右水平基本上已得到保证。

(6) 深松机前后水平的调整:深松机左右水平调整完成后,就要在试耕中对深松机大架进行纵向水平调整。一般松土深度在25～35 cm时,通过调整中间拉杆长度来调整前后水平,保证前后铲入土深度一致。

(7) 检查深松机行距是否达到要求,可以通过调深松凿型铲臂固定位置来完成。

(8) 打开深松机检测设备,检查线路是否良好,传输是否及时、畅通,否则应及时进行维修和调整。

2) 作业前先进行试作业

(1) 严格按照当地规定确定好深松深度,先进行试深松作业,作业一定距离后检查是否达到规定深度,同时检查作业质量,达到要求后锁定悬挂系统深度调节杆,再进行大面积深松作业;未达到要求时,调整拖拉机上拉杆长度,观察深松机的大架(或斜梁)是否水平,若前高后低,造成深松机的大架体入土困难或耕得过浅,应缩短上拉杆;反之,应伸长上拉杆。使支承轮臂达到作业深度、前后水平,保证土地深松后表土平整、无明显沟埂和较大土块。

(2) 查看深松机检测设备传输是否及时畅通,发现问题要及时调整解决。

3) 深松机作业过程中的注意事项

(1) 根据拖拉机的负荷情况选择合适的作业挡位以提高作业效率。

(2) 及时清理铲体上附着的黏土及缠绕的

杂草,清理时必须将拖拉机熄火和深松铲提升至地面后方可进行。

（3）深松机入土与出土时应缓慢进行,不可强行作业,否则会加剧深松机的磨损。

（4）作业时必须将深松机升起,方可进行转弯调头和倒退。

（5）作业时地块内不得有闲杂人员,机具上严禁坐人。

（6）及时查看深松机检测设备传输情况和作业质量,出现作业深度不达标、耕深不一致、漏耕重耕严重、地表不平整、土壤未细碎等问题时应及时调整。雨天作业时要遮盖感应设备,以防其因长时间的户外作业导致破损有渗水点而出现渗水漏电、短路现象,从而损坏检测设备。

在作业过程中,若出现信号传输问题和电子设备问题,不可自行拆卸,以免造成人为损坏,要立即停机,及时联系深松机检测设备专业技术人员进行维修,待问题解决后,方可再行作业。

2．深松机的维护与保养

1）"三班保养"

深松机要随拖拉机进行"三班保养"(早、中、晚),及时检查深松机挂接是否牢靠,深松机上各螺栓坚固情况,深松铲磨损情况,必要时进行更换维修。每班作业后要清除机械上的泥土和杂草,紧固各部件螺丝,向各转动部位加注润滑油。每季作业结束后,在各工作部件表面涂上废机油或黄油以防锈蚀,并更换已磨损和损坏的部件。保养后,将机械存放在库棚内或用雨布盖好,以防日晒雨淋。

2）深松机检测设备的保养

每班作业后要及时关掉开关,清除感应设备上的泥土和杂物,紧固显示设备和感应设备上的紧固螺丝。检查开关是否关停自如,电路接线是否牢靠,电线是否磨损和短路,出现磨损和短路后要及时更换。

2.3.6 常见故障及排除方法

深松机常见故障及排除方法见表2-8。

表 2-8　深松机常见故障及排除方法

故障现象	故障原因	排除方法
作业深度不均匀	某些松土部件变形或安装不标准	检查和调整深松机架、深松部件及升降机构
	松土铲铲尖倾斜,导致入土角度过大	对深松铲进行适当调整,保证深松铲末端在铲尖以上的总高度不超过 15 mm
	深松部件的深浅或水平调整不当,牵引架垂直调整不当	同时检查深松机的水平状态,通过调整拉杆,使前后机架和松土铲达到水平作业状态要求
耕后土壤过松	犁体缠绕大量杂草或粘挂大量泥土,导致土壤的扰动量变大	若田间杂草过多,应在作业中及时清除杂草
	前进速度过快,导致切削土壤的速度过快	若犁体易粘挂泥土,应尽量避免在过湿的土地进行作业
	犁体安装不正,土壤受力情况异常	检查犁体的水平状态,确保其无偏斜问题
耕作深度不足	松土部件或升降装置状态不良以及松土装置安装不正确或调节不当,导致机具下降深度不足	应保证在作业前认真分析土壤的状态和犁底层深度,从而确定合理的深松深度
	因土质过硬及深松铲刃口磨钝,或缠绕杂草,导致深松铲入土困难土壤阻力过大,作业困难等	检查深松装置的升降情况,是否容易出现升降卡滞或缓慢等问题,发现问题及时调整液压及其他相关元件 针对不同的土壤情况,合理匹配拖拉机的动力,避免出现动力不足、勉强作业的问题

续表

故障现象	故障原因	排除方法
漏松	工作人员对地头、地角、地边进行全面深松意义认识不足	要保证工作人员认真负责的工作态度
	深松部件安装不正确；犁的水平牵引中心线调整不当，斜行作业；驾驶员操作技术低，机组左右画龙	正确安装深松部件，正确调整犁的水平牵引中心线，为保证耕作层内全面深松，减少牵引阻力，松土铲一般的宽度为主犁伴幅宽的 4/5，松土铲的中心线应位于大犁铧中心线的右侧 3～4 cm，这样既能避免松土铲升起时与犁床相碰，又可使尾轮行走在未疏松过的沟底上

2.4　旋耕机

旋耕机是以旋转刀齿作为工作部件与拖拉机配套完成耕、耙作业的驱动型耕耘机械。旋耕机是目前应用较多的一种耕整地机械，能使土壤充分细碎、地面平坦、土肥掺和均匀，一项作业能达到耕、耙、平三项作业的效果，有利于抢农时、省劳力，对土壤湿度的适应范围大，还可减少拖拉机在潮湿地上驱动轮滑转的现象。旋耕机用于旱地，能使土肥掺和好；用于水田能做到泥烂起浆。旋耕机在水稻插秧前整地、稻麦两熟地打茬、蔬菜地耕耘以及盐碱地浅耕等方面得到了广泛的使用。

2.4.1　旋耕机结构、组成及工作原理

旋耕机的组成包括机架、传动装置、刀辊、挡土罩、平地拖板等。旋耕机刀片在动力的驱动下一边旋转，一边随机组直线前进，在旋转中切入土壤，并将切下的土块向后抛掷，与挡土板撞击后进一步破碎并落向地表，然后被拖板拖平。旋耕机的结构和工作过程如图 2-23 所示。

2.4.2　旋耕机国内外发展概况及发展趋势

1. 国内旋耕机发展概况

我国对旋耕机的研究始于 20 世纪 50 年代末，初期主要研制与手扶拖拉机配套使用的旋耕机，后来逐步研制基于中型轮式拖拉机配套的旋耕机。于 20 世纪 70 年代研制出了与当时国产拖拉机相匹配的各类型旋耕机，并在北方旱田进行大规模的推广应用。20 世纪 80 年代将专用于手扶拖拉机相配套的旋耕机发展到与轮式和履带式拖拉机配套兼用型的旋耕机。20 世纪 90 年代以来，为了适应生产需要，国内研制出了一批具有旋耕复式或联合作业机具，目前使用的机型有 1GHL-280 型松旋起垄机、1GSZ-210/280 型组合式旋耕多用机等。旋耕机在我国的发展经历了单机研制、发展系列产品、新型产品的开发和换代三个阶段，在国家提倡新的种植模式和耕作方式的发展和推动下，多种用途的新型联合复式作业机可满足不同的用途和农艺要求，即将成为土壤耕作中的中坚力量。目前，随着我国旋耕机的适用范围不断扩大，整机及零部件生产企业已有 300 多家，与各类拖拉机配套的旋耕机型有 300 多种，保有量 400 万台，秸秆还田机 80 多万台。从南方水田到北方旱地及牧场、林果业基地、荒地等都在广泛使用旋耕机进行耕耘作业。李理、霍春明等通过对波兰、荷兰、德国、日本等国旋耕机基本技术参数的研究，得出改进部件的几何参数，选用符合旋耕工作部件作业的运动参数来进行优化设计，以达到降低能耗的目的。杨玉栋、徐浩等对旋耕刀的排列方式和不同的安装方法进行研究，除了大多采用的阿基米德曲线、等角对数曲线、正弦指数曲线等应用，还提出了多种刀口曲线，如节能型刀口曲线的设计，放射螺线作为生成过渡面的导线设计等，此举大大降低了机具能耗，提高了作业效率。西南农业大学李庆东等对单履带式旋耕机的

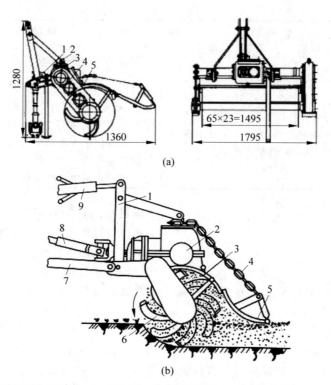

（a）1—万向节伸缩转动轴；2—悬挂架；3—中间齿轮箱；4—侧边齿轮箱；5—罩壳拖板。
（b）1—悬挂架；2—齿轮箱；3—罩壳；4—环链；5—拖板；6—弯刀；7—拖拉机下拉杆；8—万向节；9—拖拉机上拉杆。

图 2-23　旋耕机的结构和工作过程
（a）旋耕机的结构；（b）旋耕机的工作过程

作业未定型及底盘动力性进行受力分析，指出了单履带行走功能差，机手劳动强度大等缺陷，此后经多人研究，通过人机分离遥控操作液压升降，大大降低了操作人员的劳动强度。河南科技大学周志立等较深入地研究拖拉机与旋耕机组的配备问题，将计算机辅助分析与运动特性的计算机仿真相结合，并将计算机软件开发引入到机组性能分析中来，开创了新的研究方向。农业部南京农业机械化研究所和安徽农业大学联合研制出适合在温室大棚的设施栽培旋耕机，主要通过建立系统的数学模型，基于模糊综合评判法，把各种旋耕机具的综合指标进行优化和改进，为以后旋耕机的精度选型提供了技术参考。

2. 国外旋耕机发展概况

旋耕机最早出现在英、美等国家，由小功率的内燃机驱动，主要用于庭院作业，直到 L 形旋耕刀出现后，旋耕机才得以在大田中作业。20 世纪初，日本引进欧美的旱田旋耕机，经过不断研究和改造，研制出适合在水田中耕作的旋耕机，并研制出弯刀，解决了刀轴和刀齿的缠草问题，使旋耕机的应用得以迅速发展。

国外对旋耕机的研究较早，研究的重点在旋耕机刀的种类和刀具的排列方式上，并逐渐开始细化分析旋耕刀表面材料的化学和物理参数及性能。同时，也在研究整个旋耕机具的抗破坏、抗损坏的能力，以延长旋耕机使用寿命。印度学者对旋耕刀进行了研究，在不同规格刀具的情况下，对不同旋转速度、前进速度、切土节距、速度比的反馈关系等方面进行试验。试验结果表明，RC 形刀较 L 形和 C 形具有更好的作业性能和更低的功耗。

日本农业机械化协会的研究员对旋耕刀

的排列方式做了深入研究,侧切刃口曲线采用阿基米德螺线,运用分区段组合的方式,初步解决了刀具缠草、刀轴两端受力不平衡等问题。

泰国学者对旋耕刀进行加工处理,运用超音速火焰喷涂(high velocity oxygen-fuel, HVOF)技术,对刀片表面进行 WC/Co 的涂层处理,以及等离子喷涂处理,可使旋耕刀具抗破坏性能增强。试验结果表明,初期效果较好,随着耕作时间的增多,涂层被打破后,刀的磨损速度会加快,导致旋耕机的工作寿命和耕作质量降低。德国 Dutzi 公司研发了一种分层耕作的 KR 旋耕机,主要创新点在于采用了新型的齿状旋耕刀,大大提高了旋耕作业后的碎土率,不仅降低了能耗,而且还可以节约能源,减少拖拉机废气的排放。美国的吉尔森公司研发了一种自走式微型旋耕机,适用于温室大棚等作业环境较小的情况,主要特点是旋耕刀可以拆卸,取下旋耕刀换上行走装备与除草、施肥机械及喷雾器等配合使用,可实现多功能作业。

3. 旋耕机的未来发展趋势

随着现代种植和耕作农艺的发展,针对旋耕机结构设计不合理、机具状态异常、刀切土不够深等问题,广大研究学者和从事农业生产的人民群众对于设计出高质量、功能全、低能耗的旋耕机有很大的愿景。综上所述,旋耕机技术还需要从以下几个方向加以改进。

(1)向更宽耕幅、较大耕深、高速、可持续等方向发展。因为南方水田土壤含水率高,抗剪切抗压强度低,附着力和摩擦力也很小,需要工作宽幅 3 m 以上的高速、高效旋耕机,满足水稻集约化生产的需求;为满足薯类、中药材等根茎类作物的耕深需要,耕深在 20 cm 以上的深耕旋耕机也将成为今后的研究热点。

(2)向一机多用联合作业的方向发展。由于普通旋耕机机械利用率较低,通过在旋耕机上更换或附加其他工作部件,可以完成灭茬、碎土、深松、起垄、开沟、精量播种、施肥、铺膜、镇压及喷药等联合作业,可大幅度提高生产效率、减少功耗、降低作业成本。

(3)小型旋耕机的需求量逐渐增大。随着我国温室大棚技术及林果业的不断发展及种植面积日益增大,适合于棚室等小空间范围作业的微型、环保型的旋耕机具的研究必将成为热点。近年来,耕整机和田园管理机等产品发展势头迅猛,该系列产品正处于高速发展时期。

(4)电气化、智能化的旋耕机是未来的主流。随着 GPS、GIS、RS 等现代卫星技术的发展,精细农业以生态环保、集约化、可持续为发展特点,作为国家提倡的一种新型农业发展方式,将电气化、智能化技术(数显技术、远红外技术、信息技术等)应用到旋耕机上,可实现自动调节幅宽、耕深、耕作时间、行走方式等无人操作的旋耕机具将是未来发展的趋势。

2.4.3 旋耕机的种类

目前国内外主流的旋耕机按牵引形式分为拖拉机牵引悬挂式旋耕机与自走式旋耕机。其中,自走式旋耕机分为立式、卧式和斜置式三类。按照旋耕机刀轴位置可将拖拉机配套旋耕机分为圆梁型和框架型两种型式。按组成复式作业机具,框架式旋耕机经加装深松铲、播种机可组装成深松旋耕机、播种施肥旋耕机等复式作业机具。深耕旋耕机可一次完成深松和旋耕作业,减少拖拉机进地次数和动力消耗;也可分开作业,使机具利用率大幅提高。播种施肥旋耕机可一次完成播种、施肥和旋耕作业,减少拖拉机进地次数和动力消耗;也可分开作业,使机具利用率大幅提高。我国现有与轮式拖拉机和手扶拖拉机配套的系列旋耕机和旋耕联合作业机产品(部分)的技术参数见表 2-9。国外部分旋耕机产品的技术参数见表 2-10。

表 2-9　系列旋耕机及旋耕联合作业机的主要技术参数

型　号	名称	配套动力/kW	最终传动型式	刀辊转速/(r·min⁻¹)	工作深度/cm	作业幅宽/m	质量/kg
东风-31/51，SF5，小牛303N/600N/600S，1DN-41Z-80/105/105A/135，JSX5D/6D	微型耕作机（多功能田园管理机）	0.7～5.1	中间齿轮	240～480 正反换向 多挡变速	3～28	0.3～1.0	9～150
1GSL	手扶拖拉机配套系列旋耕机	3.7～11.0	侧边齿轮	188/256	旱耕 8～12，水耕 10～14	0.4～1.2	101
1G-100/125/150/175/180/200	系列旋耕机	8.8～40.4	侧边齿轮	199/269，198/265，204/275 变换齿轮变速	旱耕 12～16 水耕 14～18	1.0～1.75	208/228/365/380/395/424
1GN-120/125/140/150/160/180/200	系列旋耕机	11～40.4	中间齿轮	224	旱耕 12～16，水耕 14～18	1.1～1.5	225/245/260
1GQN-150	加强型系列旋耕机	12.5～66.2	中间齿轮	200/209/291	旱耕 12～16 水耕 14～18	1.5	360
1GQN-165		36.8～40.4				1.65	410
1GQN-180		36.8～40.4				1.8	500
1GQN-200		40.4～44.1				2.0	540
1GQN-230		55.1～66.2				2.3	560
1GQN-300S	大功率宽幅多用旋耕机	73.5～117.6	中间齿轮	252/349	旱耕 12～18 水耕 14～20	3.0	830
1GF-160/170	反转灭茬旋耕机	36.8～44.1	侧边齿轮	230	12～16	1.6，1.7	355/370
1GQN-125D(2)SL/140D(2)SL/165D(3)SL/180D(3)SL/210D(4)SL	双轴灭茬旋耕起垄机	45.8～52.8	中间齿轮	灭茬 440 旋耕 206	灭茬 5～8 旋耕 12～16	1.25，1.40，1.65，1.80，2.10	
SGTN-210/280 H3D3V4	旋耕灭茬多用机	47.8～73.5	中间齿轮	318	灭茬 12～18	2.1，2.5	720
SGT NB-180Z 4/8A 8	变速旋播施肥机	36.8～44.1	中间齿轮	206/228/400 三挡变速	旋耕 8～16，施肥 8～15，播种 3～5	1.8，玉米 4 行，小麦 8 行	629
2BMF-10	小麦免耕施肥播种机	36.8～47.8	中间齿轮	—	旋耕 8～12，播种 3～5	1.9，小麦 10 行	580
2BMFS-5/10	免耕覆盖施肥播种机	36.8～47.8	中间齿轮	445/310/410	旋耕 8～12，施肥种侧下 5，播种 3～5	1.9	600 610

续表

型 号	名称	配套动力/kW	最终传动型式	刀辊转速/(r·min⁻¹)	工作深度/cm	作业幅宽/m	质量/kg
SGT N-200Z 5(10)A5 (2BGDF-4)	带状免耕覆盖玉米播种机；带状免耕覆盖小麦播种机	36.8~40.4	中间齿轮	—	旋耕15~18，施肥6~8，播种3.5~5	2.0，玉米4行，小麦10行	550
2BMXS-3/10	带状旋耕施肥播种机	36.8~51.5	中间齿轮	250/410拨叉变速	带状浅旋耕5~8，施肥8~10，播种3~5	旋耕1.8，玉米3行，小麦10行，喷药2	582

表2-10 国外部分旋耕机产品的主要技术参数

品牌厂商	型 号	名 称	配套动力/kW	最终传动型式	刀辊转速/(r·min⁻¹)	工作深度/cm	作业幅宽/m	质量/kg	备 注
KUHN GROUP	EL201-300 EL201-400	旋耕机	92~147 120~147	侧边齿轮	210~247 278~326	8~26	3~4	1770/1995 2100/2455	可选前、后限深轮或压土辊控制耕深
MASCHIO GROUP	PANTERA 系列	液压折叠式旋耕机	90~178	双侧边齿轮	300/350	10~29	4.28~5.78	2580~3680	动力输入转速1000 r/min
	SILVA 系列	可移位旋耕机	30~58.8	侧边齿轮	178/201/227/256变换齿轮变速	10~22	1.6~2.1	486~568	用于葡萄园、果园，机械或液压移位
NIPLO 松山株式会社	BUR 系列	反转旋耕机	33.1~73.5	侧边链条	中间传动箱交换齿轮变速	12~15	1.8~2.8	585~710	橡胶罩壳、不锈钢侧板防黏土
KOBASHI 小桥工业株式会社	GM 系列	全幅深耕旋耕机	22.1~33.1	中间齿轮	105	30~50	1.6~1.8	335~475	用于薯芋类、根菜类作物栽培，采用标准快速挂接器

2.4.4 旋耕机的典型产品

旋耕机的典型产品如图2-24所示。

2.4.5 旋耕机的选用原则

1. 耕幅

从使用角度来看，耕幅以大于拖拉机后轮外缘宽度为好，这样旋耕机能对称地配置在拖拉机后面，避免牵引偏斜，而且操作较平稳，可适应各种耕作方法。但耕幅往往受到拖拉机功率的限制，故应参照旋耕机的技术规格选定拖拉机功率和耕幅。

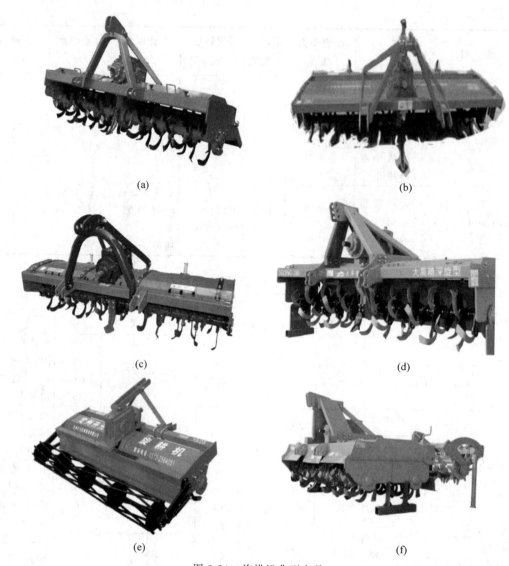

(a)　　　　　　　　　　　　(b)

(c)　　　　　　　　　　　　(d)

(e)　　　　　　　　　　　　(f)

图 2-24　旋耕机典型产品

（a）东方红 1GQN-230ZG（改进型）旋耕机；（b）亚澳 1GKNB-220 多功能变速旋耕机；（c）圣和 1GQN-230 旋耕机；
（d）大华宝来高箱系列旋耕机；（e）开元刀神 1GKN-220 旋耕机；（f）龙舟 IGZ-180 履带自走式旋耕机

注：（a）配套动力 80～100 Ps，耕幅 230 cm，耕深旱耕 12～16 mm，拖拉机动力输出轴转速 720/540 r/min，作业速度
2～5 km/h，纯生产率 0.32～0.80 hm²/h；（b）配套动力 65～90 Ps，耕幅 220 cm，耕深 8～18mm，机组生产率 0.27～
1.07(hm²/h)；（c）配套动力 80 Ps，工作耕幅 230 cm，耕深旱耕 12～16 mm，拖拉机动力输出轴转速 720/540 r/min，
作业速度 2～5 km/h；（d）配套动力 100/120 Ps，工作耕幅 200 cm/230 cm，耕深旱耕 8～18 mm；（e）配套动力
80 Ps，工作耕幅 220 cm，连接形式：悬挂式；（f）配套动力 61 Ps，工作耕幅 180 cm，连接形式：自走式。

2. 挂接方式

采用直接连接的旋耕机，省去了万向节，操作使用时不受万向节夹角的限制，但只能与指定拖拉机配套，挂接不便。目前仅限于与 14.71 kW 以下小型拖拉机配套的旋耕机采用。采用三点悬挂的旋耕机能与多种拖拉机挂接，目前多数旋耕机采用这种方式。

3. 传动形式

一般耕幅小于拖拉机后轮外缘宽度的旋

耕机多采用侧边传动;一般耕幅大于拖拉机后轮外缘宽度的旋耕机多采用中间传动。

2.4.6　安全使用规程

1.旋耕机的操作规程

(1)起步。在旋耕机升起状态下,接合动力输出轴,挂上工作挡,慢慢放松离合器踏板,缓缓加大油门,待旋耕机达到预定转速后,操作液压升降手柄,将旋耕机缓慢降下,使旋耕刀逐渐入土,随之加大油门,直至正常耕深。

(2)转弯和倒退。旋耕机必须升起,不能继续作业。未切断动力时,旋耕机不得提升过高,万向节两端传动角度不得超过30°,同时应适当降低发动机转速。转移地块或远距离行走时,应将旋耕机动力切断,并升到最高位置后锁定。

(3)耕作。旋耕机工作时,拖拉机轮子应行走在未耕地上,以免压实已耕地,故需调整拖拉机轮距,使其轮子位于旋耕机工作幅内。作业时要注意行走方法,防止拖拉机另一轮子压实已耕地。耕作时前进的速度,旱田以2～3 km/h为宜,在已耕翻或耙过的地里以5～7 km/h为宜,在水田中耕作可适当快些。切记,速度不可过高,以防止拖拉机超负荷而损坏动力输出轴。

2.旋耕机的保养

(1)班保养:一般情况下,每班作业后应进行班保养。内容包括:清除刀片上的泥土和杂草,检查插销、开口销等易损件有无缺损,必要时更换;向各润滑油点加注润滑油,并向万向节处加注黄油,以防加重磨损。

(2)季度保养:每个作业季度完成后,应进行季度保养,内容包括:彻底清除机具上的泥尘、油污;彻底更换润滑油、润滑脂;检查刀片是否过度磨损,必要时换新;检查机罩、拖板等有无变形,若有应恢复原形或换新;全面检查机具外观,补刷油漆,弯刀、花键轴上应涂油防锈;长期不使用时,轮式拖拉机配套旋耕机置于水平地面,不得悬挂在拖拉机上。

3.其他注意事项

(1)严禁在旋耕刀入土情况下直接起步。

(2)严禁急速下降旋耕机,以防旋耕刀及相关部件损坏。

(3)旋耕机运转时人员严禁接近旋转部件,旋耕机后面也不得有人,以防刀片甩出伤人。

(4)检查旋耕机时,必须先切断动力。更换刀片等旋转零件时,必须将拖拉机熄火。

(5)作业中,如刀轴过多地缠草应及时停车处理,以免增加机具负荷。

(6)旋耕时,拖拉机和悬挂部分不准乘人,以防不慎被旋耕机伤害。

2.4.7　常见故障及排除方法

旋耕机的常见故障及排除方法见表2-11。

表 2-11　旋耕机的常见故障及排除方法

常 见 故 障	排 除 方 法
旋耕机负荷过大	(1)旋耕深度过大,应减少耕深; (2)土壤黏重、过硬,应降低机组前进速度和刀轴转速,轴两侧刀片向外安装将其对调变成向内安装,以减少耕幅
旋耕机后间断抛出大土块	(1)刀片弯曲变形,应校正或更换; (2)刀片断裂,重新更换刀片
旋耕机在工作时有跳动	(1)土壤坚硬,应降低机组前进速度及刀轴转速; (2)刀片安装不正确,重新检查按规定安装; (3)万向节安装不正确,应重新安装
旋耕后地面起伏不平	(1)旋耕机未调平,重新调平; (2)平土拖板位置安装不正确,重新安装调平; (3)机组前进速度与刀轴转速配合不当,改变机组前进速度或轴转速

续表

常见故障	排除方法
齿轮箱内有杂音	(1) 安装时不慎有异物掉落,取出异物; (2) 圆锥齿轮箱侧间隙过大,重新调整; (3) 轴承损坏,更换新轴承; (4) 齿轮箱牙齿折断,修复或更换
施耕机工作时有金属敲击声	(1) 刀片固定螺钉松脱,应重新拧紧; (2) 刀轴两端刀片变形,应校正或更换刀片; (3) 刀轴传动链过松,调节链条紧度; (4) 万向节倾角过大,注意调节旋耕机提升高度,改变万向节倾角
旋耕机工作时刀轴转不动	(1) 传动箱齿轮损坏咬死,更换齿轮; (2) 轴承损坏咬死,更换轴承; (3) 圆锥齿轮无齿侧间隙,重新调整; (4) 刀轴侧板变形,无校正侧板; (5) 刀轴弯曲变形,校正刀轴; (6) 刀轴缠草堵泥严重,清除缠草积泥
刀片弯曲或折断	(1) 与坚石或硬地相碰,更换犁刀,清除石块,缓慢降落旋耕机; (2) 转弯时旋耕机仍在工作,应按操作要领,转弯时必须提起旋耕机; (3) 犁刀质量不好,更新犁刀
齿轮箱漏油	(1) 油封损坏,应更换油封; (2) 纸垫损坏,更换纸垫; (3) 齿轮箱有裂缝,修复箱体

2.5 其他耕地机械

2.5.1 高速犁

高速犁是为了提高耕地效率,与大功率拖拉机配套设计的一种特种犁。犁体形状如图 2-25 所示。普通犁的耕作速度为 4.5～6 km/h,当耕速超过 7 km/h 时,即属高速作业。高速犁在国外应用较多,国内一般仅在大型农场有应用。高速犁因作业速度较快,同样幅宽下犁的牵引阻力会增加很多,犁的耕作质量也相应发生变化。试验表明,用普通犁体高速进行土壤耕作时,土壤被抛掷过远,犁过的土壤沿犁体曲面移动的轨迹过宽,还会导致阻力陡增。为减少这种现象,设计高速犁时,在犁翼末端,水平截面与前进方向的夹角(推土角)需要小些,使土垡沿犁体曲面运动的侧向分速不超过 1 m/s(与普通犁的侧向推土速度相同),并适当减少起土角和碎土角,犁翼扭曲过程尽量平缓,过渡过程可长些,犁体的纵向长度也大些,以减少土壤阻力,犁体的高度应较普通犁体高些。

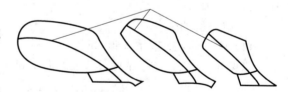

图 2-25 具有相同侧向分速度的高速犁犁体形状

2.5.2 圆盘犁

圆盘犁是利用球面圆盘进行翻土和碎土的耕作机械(如图 2-26 所示),它依靠其重量强制入土,以滑切和撕裂、扭曲和拉伸共同作用来翻耕土壤。工作时圆盘被动旋转,圆盘与前进方向成一偏角,并且圆盘回转平面与铅垂面也成一倾角。圆盘犁的入土性能比铧式犁差,要求具有较大的重量,通常配用重型机架,有时还要附加配重,以提高入土性能。圆盘犁工作时,工作部件属于滚动前进,与土壤的摩擦阻力小,不易缠草、堵塞,圆盘刃口长,耐磨性好。但是耕地过后沟底不平,因而耕深不稳定,翻垡和覆盖能力较弱,造价较高,适用于开荒、黏重土壤作业。

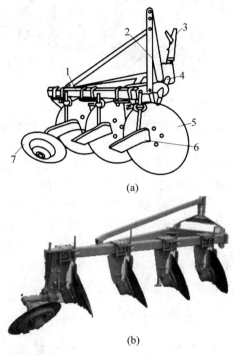

(a)

(b)

1—犁架;2—悬挂架;3—悬挂轴调节手柄;4—悬挂轴;5—圆盘犁体;6—翻土板;7—尾轮。

图 2-26 圆盘犁

2.5.3 耕耙犁

耕耙犁是犁与碎土部件组成的耕耙联合作业机具。它一次完成耕耙地作业,能提高拖拉机功率的利用率,减少机组进地次数,克服耕耙脱节现象,有利于抢农时,并节省机耕成本。国外20世纪30年代就开始研究这类机具;近十年来我国也进行了大量研制工作。试验证明,耕耙犁对水、旱地均有较大的适应性,在生产上发挥了作用。但对土壤黏重、板结干硬及多石多草地区不适用。

耕耙犁的类型很多。按碎土部件的配置方式,分为卧式与立式两类;按碎土部件的结构,有圆盘式、滚筒式和刀齿式等型式。目前我国以装有刀齿碎土部件的立式耕耙犁居多。

1. 卧式耕耙犁

卧式耕耙犁如图2-27所示。这种机型的部分悬挂犁上配带有合墒器,它配置在犁体后方,是利用一组球面圆盘排列在同一平面上,工作时圆盘平面与机组前进方向成一定夹角。这种机组,在华北地区砂壤土上作业,既可填平墒沟,又在作业中起碎土保墒和平地及合墒作用。卧式耕耙犁由犁架、犁体、旋耕碎土部件与传动机构等组成,它可与丰收-35型及上海45型拖拉机配套,设计耕深17 cm。

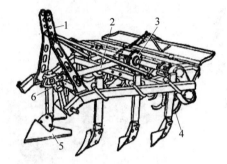

1—悬挂架;2—传动轴;3—齿轮箱;4—刀片;
5—犁体;6—万向节。

图 2-27 卧式耕耙犁

2. 立式耕耙犁

立式耕耙犁如图2-28所示。这种机型是在一般铧式犁的基础上改装或附加部件而成。其结构特点是将每个犁体的翼部截短,在犁体

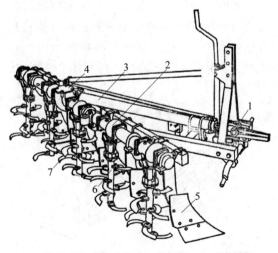

1—万向节;2—分传动箱;3—传动轴;4—主传动箱;
5—弯刀;6—刀轴;7—犁体。

图 2-28 立式耕耙犁

侧上方各装一个立式旋转碎土部件,由拖拉机
动力输出轴经传动装置驱动。工作时,耕起的
土垡在未落地之前被旋转刀齿打碎,达到翻土
与碎土的目的。立式耕耙犁在绿肥田的通过
性比卧式好,不易缠草。现在东北地区有黑龙
江生产的牵引式 LS-435 耕耙犁,与东方红-75/
54 拖拉机配套;南方地区的江苏、广西有悬挂
式 1LB-420、1LB-520、1LB-620 等耕耙犁,与 30
～60 Ps 的轮式拖拉机配套,已定型形成系列。

耕耙犁实物图如图 2-29 所示。

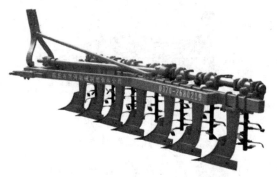

图 2-29　1LBG-725 旋耕七铧耕耙犁

2.5.4　双铧栅条犁

栅条犁是一种犁壁为栅条形的铧式犁,它
最适合于潮湿、黏重、有机质较多的土壤和水
稻田工作,但不适用于沙土,因为沙土会从栅
缝中漏出。双铧栅条犁是与手扶拖拉机相配
套的主要农具之一(适于南方稻板地耕作),其
构造如图 2-30 所示,栅条犁实物图如图 2-31
所示。其中,工作部分由前、后犁体 6、7 构成,

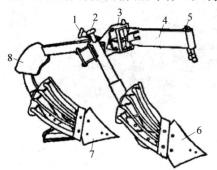

1—耕深调节手轮;2—前置耕深调节手轮;3—连接架;
4—牵引架;5—插销;6、7—前后犁体;8—配重块。

图 2-30　双铧栅条犁

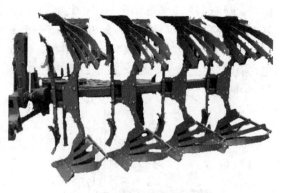

图 2-31　栅条犁

犁架部分由增加犁重用的配牵引架 4 和中间连
接架 3 构成,调节部分由耕深调节手轮 1、2,耕
宽调节装置,犁曲面调节重块 8 等组成。它前
端的牵引架 4 插在手扶拖拉机后部的挂接框架
内,并用两插销 5 销连,使牵引架 4 与拖拉机连
成一体(几乎无相对运动),工作时,通过中间
连接架 3 带动前后两犁体 6、7 耕地。后犁柱上
的配重块 8 起到增加犁重、稳定耕深、增强入土
能力、改善耕地质量的作用。

2.5.5　牵引犁

图 2-32 所示为 1LDJ-435 型牵引犁,常与东
方红 75/54 型拖拉机配套使用,属北方铧式犁
系列中的大间距(D)重型犁,总耕幅为 140 cm,
设计耕深为 27 cm。该犁的工作部分由主犁体
和圆犁刀两部分组成,构造与悬挂犁的工作部
件相似,主犁体耕宽为 35 cm,设计耕深为
27 cm,适应耕深为 20～30 cm。辅助部分由牵

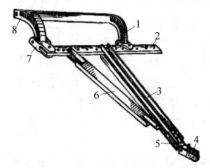

1—垂直调节孔;2—横杆;3—纵拉杆;4—牵引环;
5—安全器;6—副拉杆;7—耳环;8—犁架。

图 2-32　1LDJ-435 犁的牵引装置

引环4、安全器5、副拉杆6、耳环7、犁架8、垂直调节孔1、横杆2、纵拉杆3等组成。

牵引型实物图如图2-33所示。

图2-33　牵引型

参考文献

[1]　何明.农业机械运用技术[M].青岛：青岛出版社,2006.

[2]　成都市农业委员会.农村常用机械使用常识[M].成都：成都时代出版社,2007.

[3]　柏建华,马福文.农田作业机械使用技术问答[M].北京：人民交通出版社,2001.

[4]　南京农业机械化学校.农业机械[M].北京：中国农业出版社,1992.

[5]　宋建农.农业机械与设备[M].北京：中国农业出版社,2006.

[6]　四川省农业机械化学校.农机基础[M].北京：中国农业出版社,1994.

[7]　钟尚臣,郭新民.新编农村实用技术全书 农用机具卷[M].北京：中国农业出版社,1997.

[8]　高连兴,王和平,李德洙.农业机械概论：北方本[M].北京：中国农业出版社,2000.

[9]　张强,梁留锁.农业机械学[M].北京：化学工业出版社,2016.

[10]　郑侃,陈婉芝.深松机具研究现状与展望[J].江苏农业科学,2016,44(8)：16-20.

[11]　冯晓静,刘俊峰.农业机械使用与维修保养[M].石家庄：河北科学技术出版社,2016.

[12]　袁军,王景立.深松技术与深松机具发展现状[J].安徽农业科学,2014,42(33)：11978-11979.

[13]　李晓文.深松机的使用与保养[J].农业机械,2017(7)：61-62.

[14]　周庆英.深松机具的使用调整及常见问题的排除[J].农机使用与维修,2019(3)：49.

[15]　北京农业机械化学院.农业机械学[M].北京：中国农业出版社,1981.

[16]　刘显芳,聂健飞,伍宏.小型农机具维修[M].广州：广东科技出版社,2002：94-95.

[17]　胡信业,汪月生,薛宏昌.小型手扶拖拉机结构、使用与维修[M].北京：科学普及出版社,1991.

[18]　陈安宇.我是耕地机械维修能手[M].南京：江苏科学技术出版社,2010.

[19]　杨英茹,车艳芳.现代农业生产技术[M].石家庄：河北科学技术出版社,2013.

[20]　赵群喜,弋晓康,万畅,等.旋耕机的研究现状与发展趋势探讨[J].农业机械,2017(2)：102-104.

[21]　赵群喜,弋晓康,万畅,等.旋耕机的发展应用状况与趋势展望[J].新疆农垦科技,2017(2)：44-47.

[22]　牟楠.旋耕机发展应用状况研究[J].农业科技与装备,2014(2)：37-38.

[23]　郑侃,陈婉芝.深松机具研究现状与展望[J].江苏农业科学,2016,44(8)：16-20.

[24]　高尔光.我国耕作机械现状及发展趋势[J].中国机电工业,2001(3)：14-15,19.

[25]　李宝筏.农业机械学[M].2版.北京：中国农业出版社,2003.

[26]　耿瑞阳.新编农业机械学[M].北京：国防工业出版社,2011.

[27]　丁为民.农业机械学[M].北京：中国农业出版社,2011.

第3章

整 地 机 械

3.1 概述

3.1.1 整地的作用与目的

整地机械是使土壤疏松而不翻乱土层的耕作机械。用铧式犁或圆盘犁翻耕后往往达不到适合作物生长的细碎土壤结构要求,翻耕后地表面的凹凸不平使水分易于蒸发,不利于保墒;土壤之间形成大的孔隙,不利于消灭杂草和病虫害;种子也因不能与土壤充分接触而影响出苗率;土壤的松碎、紧密程度和地面的平整度还不能满足播种或栽植的要求。因此,在犁耕后播种前,还要用整地机械对土壤进一步加工,创造适合作物发芽、生长的良好环境。

通过整地作业,可进一步破碎土块、松碎土壤、平整地面并压实土层、混合化肥除草剂以及机械除草等,从而达到消除土块间的过大空隙、保持土壤水分、消灭杂草和病虫害的目的,并通过改良土壤为作物的生长创造良好的条件。水田整地的目的则要使土壤松、碎、软、平,便于插秧和灌水。整地作业包括耕地以后播种以前对表层土壤进行的松碎、平整、镇压、开沟、作畦起垄等项目。

3.1.2 整地的农业技术要求

为防旱保墒,一定要及时进行整地,并要求:整地后地表平整、土粒细碎;耕深耕透,深度均匀一致;无漏耕地,应消除暗坷垃;整地后土壤既要有一定的松软度,又要有适宜的紧密度,以利于作物幼苗扎根生长;不应有漏耙、漏压的现象。对于水田整地还要起浆、打糊好,并能覆盖绿肥和杂草;地表成形应符合播种条件。

3.1.3 整地机械的分类

整地作业的各项目都有各自的作用。在割茬地疏松表土,整地作业可以形成松土覆盖层,起到蓄水保墒的作用,其机具主要有各种耙(比如圆盘耙、钉齿耙、水田耙等)、镇压器、起垄机、作畦机、铺膜机等;整地作业也可用于休闲地或表层板结土地的疏松、除草,以利于幼苗生长,其机具主要有凿式松土铲、锄铲式松土除草机、杆式除草机等。

整地机械的分类:按作业条件分为旱田整地机械和水田整地机械;按作业种类分为耙地机械、镇压器、地表成形作业机械、松土除草机械;按机具结构分为圆盘耙、钉齿耙、滚笼耙、镇压器、起垄机等。下面针对典型整地机械进行介绍。

3.2 圆盘耙

3.2.1 概述

1. 定义与功能

圆盘耙(disk harrow)是一种以固定在一根

水平轴上的多个凹面圆盘组成的耙组作为工作部件的整地机具,主要用于犁耕后松碎土壤,使其达到播前整地的农艺要求。也可以用来除草或在收获后的茬地上进行浅耕和灭茬。重型圆盘耙还可用于耕地作业。

2. 发展历程

1877 年,圆盘工作部件在美国获得了专利,从此各国开始了圆盘耙的研究。最早出现的圆盘耙是对置式的,随后,为了解决拖拉机无法进入地区的整地问题,出现了偏置式圆盘耙。圆盘耙的理论研究开始于 1925 年,主要是分析各工作部件的受力及其平衡条件,并测定了几种工作圆盘在不同工况下的受力数据。1940—1950 年,随着各种先进技术及产品(如液压技术、滚动轴承、交叉轧制钢热处理耙片等)在圆盘耙上的应用,出现了悬挂耙和带液压运输轮的牵引耙。1949 年,斯莫利(Smalley)公司开发了刚性耙架带运输轮的对置耙,汤纳(Towner)公司开发了带运输轮的偏置耙(带垂直铰接销子)。1950—1960 年,各国开始应用并逐步推广矩形钢管焊接耙架、多层密封的圆盘耙专用滚动轴承、交叉轧制钢热处理耙片等新技术,悬挂耙和带液压运输轮的牵引耙得到了广泛推广,还出现了折叠翼结构和半悬挂耙的雏型。1960 年以后,新技术、新结构获得更广泛的使用,耙的先进技术更加成形。目前,刚性耙架、带液压运输轮和折叠翼结构已成为大型牵引耙的基本机型,半悬挂耙在欧洲也有所发展。我国圆盘耙的生产和使用是 20 世纪 50 年代初从推广畜力圆盘耙开始发展起来的。60 年代先后仿制了 41 片轻型圆盘耙、20 片缺口圆盘耙和 24 片偏置耙等产品。70 年代研制了为 18~55 kW 拖拉机配套的圆盘耙系列,有牵引式、悬挂和半悬挂式十几种机型。近年来,我国圆盘耙轻耙、中耙、重耙等各系列产品已基本定型,圆盘耙的产业已有行业标准,可以生产圆盘耙的小型农机厂已有数百家,基本集中在山东省。

3.2.2　圆盘耙的类型与不同的分类方法

按照不同的分类方式,圆盘耙可以分为不同类型:

(1) 按机重与耙片直径分为重型、中型和轻型三种。

重型耙:耙片直径为 660 mm,单片机重(机重/耙片数)为 50~60 kg。适用于开荒地、沼泽地等黏重土壤的耕后碎土,也可用于黏壤土的灭茬耙地。每米耙幅的牵引阻力为 600~800 kg。耙深可达 18 cm。

中型耙:耙片直径为 560 mm,单片机重为 20~45 kg。适用于黏壤土的耕后碎土,也可用于轻壤土的灭茬耙地。每米耙幅的牵引阻力为 300~500 kg。耙深可达 14 cm。

轻型耙:耙片直径为 460 mm,单片机重为 15~25 kg。适用于一般土壤的耕后碎土。也可用于轻壤土的灭茬耙地。每米耙幅的牵引阻力为 250~300 kg。耙深可达 10 cm。

(2) 按机组挂接方式分为牵引式、悬挂式和半悬挂式。

重型圆盘耙多为牵引式或半悬挂式;中型或轻型圆盘耙多为悬挂式,也有牵引式或半悬挂式。宽幅圆盘耙以牵引式为主。牵引式圆盘耙地头转弯半径大,运输不方便,适用于大块地作业。悬挂式圆盘耙配置紧凑,机动灵活,运输方便,适应性较强。

(3) 按耙组的配置方式可分为单列式、双列式、对称式、偏置式等(图 3-1)。

单列对置式(图 3-1(a)):耙组分左右两边排成单列横排,左右排各由一个凹面相背的耙组组成。常用于灌溉地的平地、收获后的灭茬和休闲地的浅耕。

双列对置式(图 3-1(b)):有前后两列。每列由左、右两排耙组对称配置。前列两排耙组圆盘的凹面相背,后列两排耙组的圆盘正处于前列耙组的两个圆盘之间且与之凹面相反。

单列偏置式(图 3-1(c)):只有 1 组耙组,作业时耙的幅宽中心线能较远地偏离拖拉机的纵轴线,故称偏置耙。

双列偏置式(图 3-1(d)):由前、后两列圆盘凹面相反的耙组组成。宽幅偏置耙的偏置量可达 3 m 多。用于果园作业时,偏置耙可以伸到拖拉机不能进去的树冠下作业;由于偏置耙没有漏耕带,也广泛应用在大田作业中。

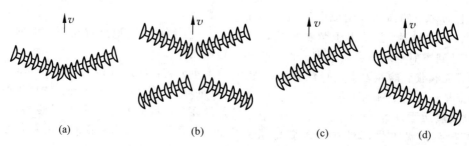

图 3-1　耙组的配置方式
（a）单列对置式；（b）双列对置式；（c）单列偏置式；（d）双列偏置式

3.2.3　圆盘耙的结构组成与工作原理

悬挂式圆盘耙通常由耙架、耙组、悬挂架、偏角调节机构等组成，如图 3-2 所示。牵引式圆盘耙还有液压式（或机械式）运输轮、牵引架和牵引器限位机构、配重箱等，如图 3-3 所示。

1. 耙组

耙组是圆盘耙的主要工作部件，由耙片、间管、横梁、轴承、刮土器五部分组成，如图 3-4 所示。若干个耙片通过间管按照一定间距安装在一根方轴上，构成一个整体部件。耙组通过轴承及其支座与梁架相连接，工作时，所有耙片都随耙组整体转动。为了清除耙片上黏附的泥土，每个耙片的凹面侧都安装有一个刮土板，为了保证刮土板的正常工作，刮土板与耙片之间的间隙一般可以调整，调整范围为 3～8 mm。

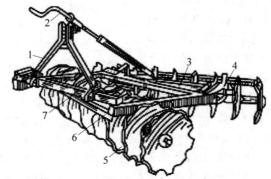

1—悬挂架；2—水平调节螺杆；3—后耙架；4—调节杆；5—缺口耙组；6—前耙架；7—前梁。

图 3-2　悬挂式圆盘耙结构示意图

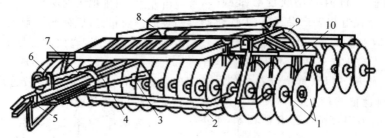

1—耙组；2—前列拉杆；3—后列拉杆；4—主梁；5—牵引器；6—卡子；
7—齿板式偏角调节器；8—配重箱；9—耙架；10—刮土器。

图 3-3　牵引式圆盘耙结构示意图

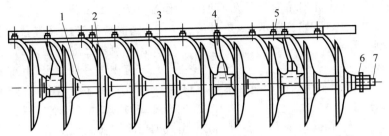

1—间管；2—耙片；3—刮土板；4—轴承；5—横梁；6—螺母；7—方轴。

图 3-4　耙组的构造

（1）耙片：耙片是一个球面圆盘,可分为全缘耙片和缺口耙片两种,如图3-5所示。全缘耙片盘边磨成刃口,缺口耙片的周边呈缺口状。耙片直接对土壤工作。

（2）间管：间管装在两相邻圆盘耙片间。间管中心有方孔,两端形状与圆盘球面相吻合。

（3）轴承：轴承是耙组的主要元件之一。

过去生产的耙上多用含油木质轴承(或铸铁轴承）；现在生产的耙多改用外球面、内方孔、深滚道、多层密封的滚动轴承。

（4）耙轴：耙轴一般是方轴,一端为大头,另一端加工有螺纹,用来装耙片、间管、轴承和两端的内、外挡圈。耙轴大头靠圆盘凸面,装好后用螺母紧固,并用锁片锁紧。

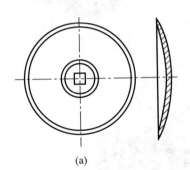 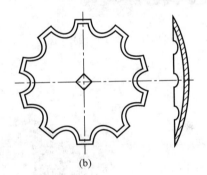

(a)　　　　　　　　　　　　(b)

图 3-5　耙片形式

(a) 全缘耙片；(b) 缺口耙片

2. 耙架

耙架是用两端封口的矩形钢管制成的整体刚性架,具有良好的强度和刚度。耙组的矩形横梁与耙架用压板固定,其相互位置可以方便地调整。

3. 偏角调节机构

偏角调节机构用于调节圆盘耙的偏角,以适应不同耙深的要求。偏角调节机构的形式有齿板式、插销式、压板式、丝杆式、液压式等多种。其结构都很简单,操作也比较方便。总的调节原则是采用改变耙组横梁相对于耙架的连接位置,以实现耙组的偏角调整。

3.2.4　典型产品及其技术参数

1. 产品型号

依据《农机具产品　型号编制规则》(JB/T 8574—2013)规定,产品型号分别由分类代号、特征代号和主参数三部分组成,分类代号和特征代号与参数之间用短横线隔开。其中,圆盘耙的分类代号为1B；特征代号第一个字母为类型代号,Q为轻型,J为中型,Z为重型；第二个字母为连接形式代号,X为悬挂式,B为半悬挂式,牵引式不用字母表示；第三个字母为耙组形式代号,D为对置式,偏置式不用字母表示。主参数指圆盘耙的工作幅宽,以米为单位,取小数点后 1 位。改进产品的型号在原型号后加注字母表"A、B、C、D..."表示,必要时,加数字表示区别代号。

型号举例:

1BQX-1.1——轻型悬挂式偏置圆盘耙,工作幅宽为 1.1 m;

1BZ-3.6——重型牵引式偏置圆盘耙,工作幅宽为 3.6 m;

1BQXD-2.2——轻型悬挂式对置圆盘耙,

工作幅宽为 2.2 m。

2. 国内典型产品及其技术参数

我国圆盘耙已成系列产品,目前国内主要生产厂家有中国一拖集团、山东禹城宾利机械有限公司等。图 3-6～图 3-9 分别为悬挂式偏置轻耙、悬挂式对置轻耙、悬挂式偏置中耙、牵引式偏置重耙实物图。表 3-1～表 3-7 为我国各系列圆盘耙技术参数。

图 3-6　1BQX-1.1 悬挂式偏置轻耙

图 3-7　1BQDX-2.2 悬挂式对置轻耙

图 3-8　1BJX-2.2 悬挂式偏置中耙

图 3-9　1BZ-3.0 牵引式偏置重耙

表 3-1　偏置式系列圆盘耙轻耙的主要技术参数

型号	耙幅/m	设计耙深/cm	耙片数	耙组数	耙片间距/mm	耙片形式（前列）	耙片形式（后列）	外形尺寸（长×宽×高）/（mm×mm×mm）	质量/kg	最大牵引力/kN
1BQX-1.1	1.1	10	12	2	200	缺口	缺口	1590×1230×830	200	4.5
1BQX-1.5	1.5	10	16	2	200	缺口	缺口	1905×1560×1122	240	6
1BQX-2.1	2.1	10	22	4	200	圆盘	圆盘	2183×2107×1190	370	7.35
1BQX-2.7	2.7	10	28	4	200	圆盘	圆盘	2730×2770×1225	470	9.1
1BQX-3.5	3.5	10	36	4	200	圆盘	圆盘	3123×3616×1133	820	10

表 3-2　系列圆盘耙中耙的主要技术参数

名称	型号	耙幅/m	设计耙深/cm	耙片数	耙组数	耙片间距/mm	耙片形式（前列）	耙片形式（后列）	外形尺寸（长×宽×高）/（mm×mm×mm）	运输间隙/mm	质量/kg	最大牵引力/kN
18片悬挂偏置中耙	1BJX-2.0	2.0	14	18	2	230	缺口	缺口	2103×2384×1320	>200	441	8.6
24片悬挂偏置中耙	1BJX-2.5	2.5	14	24	2	230	缺口	缺口	2970×2680×1460	>300	760	12
44片牵引偏置中耙	1BJ-4.9	4.9	14	44	8	230	圆盘	圆盘	5465×3500×2275	190	2000	25

表 3-3　系列圆盘耙重耙的主要技术参数

名称	型号	耙幅/m	设计耙深/cm	耙片数	耙组数	耙片间距/mm	耙片形式（前列）	耙片形式（后列）	外形尺寸（长×宽×高）/（mm×mm×mm）	运输间隙/mm	质量/kg	最大牵引力/kN
24片半悬挂偏重重耙	1BZBX-2.5	2.5	18	24	4	230	缺口	缺口	3956×3050×1540	>200	1200	20
24片牵引对置重耙	1BZD-2.6	2.6	18	24	4	230	缺口	缺口	4010×3434×1170	150	1450	18
24片牵引对置重耙	1BZ-2.5	2.5	18	24	4	230	缺口	缺口	4888×2878×1260	190	1600	20
28片牵引对置重耙	1BZ-3.0	3.0	18	24	4	230	缺口	缺口	5400×3250×1340	>200	1700	23.4

表 3-4　20 世纪 80 年代后开发的部分圆盘耙轻耙主要技术参数

名称	型号	耙幅/m	设计耙深/cm	耙片数	耙片间距/mm	耙片形式（前列）	耙片形式（后列）	外形尺寸（长×宽×高）/（mm×mm×mm）	运输间隙/mm	运输宽度/m	质量/kg	配套动力/kW
84片折叠轻耙	1BY-7.0	7.0	10~12	84	170	圆盘	圆盘	6500×7000×1320	300	4.2	2800	73.0
113片折叠轻耙	1BY-10.6	10.6	10~12	113	185	圆盘	圆盘	6980×1070×1300	320	5.8	4200	176.0~205.0
60片偏置轻耙	1BYP-5.0	5.0	10~12	60	170	圆盘	圆盘	4900×5100×1300	280	5.2	2100	58.8
80片偏置轻耙	1BYP-6.5	6.5	10~12	80	170	圆盘	圆盘	7300×6700×1300	300	6.7	3000	88.0

表 3-5　20 世纪 80 年代后开发的部分圆盘耙中耙主要技术参数

名称	型号	耙幅/m	设计耙深/cm	耙组数	耙片数	耙片间距/mm	耙片形式（前列/后列）	外形尺寸（长×宽×高）/(mm×mm×mm)	运输间隙/mm	运输宽度/m	质量/kg	配套动力/kW
40片偏置中耙	1BJP-4.4	4.4/5.3	12~14	8	40	230	缺口/圆盘	6800×4500×1400	300	4.6	2200	58.8~73.0
48片偏置中耙	1BJP-5.3	5.3	12~14	8	48	230	缺口/圆盘	6800×5400×1400	300	5.5	2700	58.8~73.0
40片中耙	1BJ-4.4	4.4	12~14	8	40	230	缺口/圆盘	6000×4500×1200	280	4.6	2300	58.8~73.0
48片中耙	1BJ-5.3	5.3	12~14	8	48	230	缺口/圆盘	6000×5400×1200	280	5.5	2800	58.8~73.0
56片中耙	1BJ-6.0	6.0	12~14	8	56	230	缺口/圆盘	6500×6300×1500	300	6.3	3100	117.0
62片折叠中耙	1BJ-6.8	6.8	12~14	8	62	230	圆盘/圆盘	6500×7000×1600	320	7.0	3800	117.0~132.0

表 3-6　20 世纪 80 年代后开发的部分圆盘重耙主要技术参数

名称	型号	耙幅/m	设计耙深/cm	耙组数	耙片数	耙片间距/mm	耙片形式（前列）	耙片形式（后列）	外形尺寸（长×宽×高）/(mm×mm×mm)	运输间隙/mm	运输宽度/m	质量/kg	最大牵引力/kN
36片偏置重耙	1BZP-4.0	4.0/4.4	16~18	6	36/40	230	缺口	缺口	6600×4100×1400	280	4.2	2500/2800	58.8~88
40片偏置重耙	1BZP-4.4	4.4	16~18	6	40	230	缺口	缺口	6600×4500×1400	280	4.6	2800	—
48片偏置重耙	1BZP-5.3	5.3	16~18	8	48	230	缺口	缺口	6870×5400×1500	300	5.5	3200	117
56片偏置重耙	1BZP-6.2	6.2	16~18	10	56	230	缺口	缺口	6800×6300×1500	300	6.4	3600	132
64片偏置重耙	1BZP-7.0	7.0	16~18	10	64	230	缺口	缺口	6900×7100×1500	320	7.2	4200	176~205

表 3-7　20 世纪 80 年代后开发的部分圆盘开荒耙重耙主要技术参数

名称	型号	耙幅/m	设计耙深/cm	耙组数	耙片数	耙片间距/mm	耙片形式（前列）	耙片形式（后列）	外形尺寸（长×宽×高）/(mm×mm×mm)	运输间隙/mm	运输宽度/m	质量/kg	最大牵引力/kN
20片偏重（开荒耙）	1BZK-2.6	2.6	18~24	4	20	280	缺口	缺口	5890×2800×1380	280	2.8	2400	73~88
24片偏重（开荒耙）	1BZK-3.3	3.3	18~24	4	24	300	缺口	缺口	5900×3500×1380	280	3.5	2800	117
28片偏重（开荒耙）	1BZK-3.9	3.9	18~24	4	28	300	缺口	缺口	5960×4100×1389	280	4.1	3100	132

3．国外典型产品及其技术性能

国外比较著名的圆盘耙生产厂家主要有英国的 MF 公司和法国的 RAZOL 公司,其生产的部分圆盘耙主要参数见表 3-8、表 3-9。

表 3-8　MF 公司(英国)圆盘耙系列产品主要参数

产品类型	配套动力 /kW	耙幅 /cm	圆盘数	圆盘直径 /mm	圆盘间距 /mm 前排/后排	偏角/° 前排/后排	质量/kg
悬挂耙	29.4～36.8	230	24	508	187/187	12～15/12～15	600
悬挂耙	36.8～44.1	270	28	508	187/187	12～15/12～15	700
悬挂耙	44.1～55.1	320	34	508	187/187	12～15/12～15	850
悬挂耙	55.1～66.2	370	38	508	187/187	12～15/12～15	900
半悬挂耙	36.8～44.1	300	26	558	235/187	12～22/9～21	1450
半悬挂耙	44.1～55.1	350	34	558	235/187	12～22/9～21	1570
半悬挂耙	55.1～66.2	450	40	558	235/187	12～22/9～21	1700
半悬挂耙	66.2～80.9	550	52	558	235/187	12～22/9～21	2250

表 3-9　RAZOL 公司(法国)圆盘耙产品主要参数

产品型号	产品类型	配套动力 /kW	耙幅 /cm	圆盘数	圆盘直径 /mm	圆盘间距 /mm	质量/kg
TXL56/20	悬挂对置耙	44.1～47.8	270	24	560	200	1000
TMX66/23	半悬挂对置耙	73.5	320	28	660	230	3080
TRH66/26	半悬挂对置耙(带镇压轮)	102.9～132.3	550	44	660	260	5390
CWHR66/28	半悬挂对置耙	132.3	495	36	660	280	4520
TXH61/20	半悬挂对置耙	132.3～161.8	630	64	610	200	5780

3.2.5　圆盘耙的选用

选用圆盘耙时应注意以下要点。

1．要明确使用目的,应满足农业生产技术的要求

如干旱少雨地区,适用于少耕或免耕作业,这样圆盘耙就会起到以耙代耕的效果;在果园、林场,则应首选偏置耙;如果是黏重土壤的地区,则可选择重耙或缺口重耙。

2．要考虑生产规模和动力配置

由于圆盘耙型号较多,除了考虑上述的农业技术要求外,还应充分考虑自身的生产规模(包括周边的服务工作量)来决定购置具体型号与台数。此外,还要考虑与拖拉机的匹配性。

3．选购时注意事项

(1)购置圆盘耙时,应检查整个机器制造、安装质量和油漆等外观状态,观察耙片有无裂纹、变形;耙架不得变形、开焊,耙架横梁、轴承均无变形、缺损;刮土板刀刃应完好,和凹面的间隙为 5～8 mm;各紧固件状态均应良好。购置驱动圆盘耙时,齿轮传动箱应无漏油,试运转中不过热,无剧烈噪声。此外,还必须配足有关备件。

(2)要选择零部件供应完善、售后服务较好的企业,产品要有"农业机械推广许可证"标志。此外,要核对铭牌上主要技术性能指标是否符合所拟定的要求,随机的备件、工具、文件(说明书等)应齐全、完整、良好,并要有正式发票以备查。

3.2.6 圆盘耙的正确使用

圆盘耙在使用前应进行安装检查与调整。

1. 安装与检查

（1）耙片刃口厚度应小于 0.5 mm，缺损长度小于 1.5 mm，一个耙片上的缺损不应超过 3 处。方轴平直，无啃圆缺损。

（2）在向方轴上安装缺口耙片时，相邻的耙片缺口要相互错开，使耙组受力均匀。安装间管时，间管的大头与耙片凸面相靠，小头与凹面相靠。

（3）方轴两端的螺母要拧紧、锁牢，防止耙片晃动。

（4）刮土板的端刃离耙片应保持一定的间隙，一般为 3～10 mm，端刃不能超出耙片边缘。

2. 使用前调整

1）深浅调整

耙片的入土深度取决于机重和耙片的偏角大小。在一定范围内偏角增大，则入土、推土、碎土和翻土作用增强，耙深增加；偏角减小则入土、碎土和翻土等作用减弱，耙深变浅。入土深度可以通过改变附重调整；附重增加，入土深度增加；附重减小，入土深度变浅。

2）水平调整

对于牵引式圆盘耙一般用吊杆上的调节孔来调节水平；对于悬挂式圆盘耙则通过上拉杆调节前后水平，通过改变右提升臂的长度调节左右水平。

3）偏置量的调整

有时为了适应不同作业环境的要求，需要调整偏置量。例如，在墙边种植作物或草坪，为使耙接近墙边，可使前、后耙组向左移动相同的距离，为了平衡转向力矩，需要同时将前耙组偏角变小，后耙组偏角变大。

3. 使用注意事项

（1）使用前紧固各连接点，对润滑点加注润滑油。

（2）机组作业和运输时，机架上不得坐人和载重物。

（3）发现故障应停车排除，禁止在行进中用脚或手直接清除耙上的泥土和杂草。

（4）耙地时，相邻两个行程间应有 10～20 cm 的重叠，以免漏耙。

（5）作业中牵引式圆盘耙不许拐急弯，悬挂式圆盘耙在转弯和倒退时必须将耙提起。

（6）运输时，牵引式圆盘耙的偏角应调整为 0°，装上运输轮。

3.2.7 常见故障及排除方法

圆盘耙常见故障及排除方法见表 3-10。

表 3-10　圆盘耙常见故障及排除方法

故障现象	故障原因	排除方法
耙片不入土	耙组偏角过小	调大偏角
	附重不够	增加附重
	耙片磨损	重新磨刃或更换
	耙片间堵塞	清除堵塞物
耙后地表不平整	前后耙组偏角不一致	调整偏角
	附重不均匀	调整附重，均匀分布
	耙架纵向不平	调整拉杆长度或调节孔位
	局部耙组不转或堵塞	清除堵塞
耙片堵塞	土壤过湿、过黏	水分适宜时耙
	刮泥板不起作用	调整刮泥板位置和间隙
	耙组偏角过大	调小偏角
	前进速度过慢	加快前进速度

续表

故 障 现 象	故 障 原 因	排 除 方 法
阻力太大	耙组偏角过大	调小偏角
	附重过大	减少附重
	刮泥板卡耙片	调整刮泥板间隙
碎土不好	前后列耙组未错开	调整左右位置
	前进速度过慢	加快前进速度
	土壤过黏、过湿	适时耙地
耙片脱落	方轴螺母松脱	重新拧紧或换修

3.3 水田耙

3.3.1 概述

水田耙是在水田进行整地作业的机具。水田土壤比较黏重,耕后土块较大,所以进行秧苗移栽前需要整地作业,以达到耕后碎土(或代替犁耕)、平整地面及使泥土搅混起浆的目的,并利于移栽作业。为了满足土壤松、碎、软、平的整地要求,减少耙地次数,水田耙普遍采用2~3种工作部件组成复式耙。一般土壤要求耙深在 10~14 cm,黏重土壤为 14~17 cm。为保证入土能力,水田耙每米耙幅应具有 100~120 kg 的质量,一般采用悬挂方式与拖拉机组成机组。

3.3.2 水田耙的类型

水田耙按机组形式可分为星形耙组水田耙和缺口圆盘耙组水田耙。

3.3.3 典型水田耙的结构组成和工作原理

水田耙的结构组成如图 3-10 所示,一般由耙组、轧滚和耙架(包括悬挂架)组成。近几年生产的水田耙还带有耥板,用于刮平泥浆。

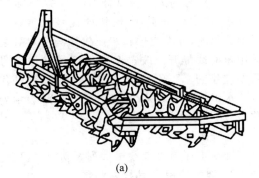
(a)

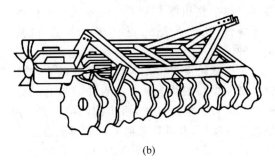
(b)

图 3-10 水田耙
(a) 星形耙组式;(b) 缺口圆盘耙组式

由于单一耙地部件往往无法满足水田整地的要求,所以我国的水田系列耙在设计时采用不同工作部件组合在一起的方法,以加强耙碎和整平的作用,同时又可减少耙地次数,降低作业成本。水田耙的工作部件一般有星形耙组、缺口圆盘耙组和轧滚。

1. 星形耙组

星形耙组结构一般由星形耙片、方轴、间管、橡胶轴承和耙轴等组成(图 3-11)。耙片套在方轴上,中间用间管隔开,耙组端部通过 4 个螺栓将耙片紧固在方轴上。耙片方孔翻出 10～14 mm 的边，以增大耙片与方轴的接触面积。方轴为焊合空心件，两端焊有轴承座，橡胶轴承嵌装在轴承座内。耙轴由侧端轴、中间端轴分别与轴管焊合而成，由橡胶轴承支承，工作时耙组在耙轴上转动。

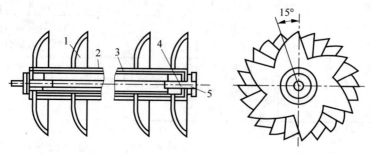

1—星形耙片；2—间管；3—方轴；4—橡胶轴承；5—耙轴。

图 3-11　星形耙组

2. 缺口圆盘耙组

缺口圆盘耙组由一组缺口圆盘耙片按一定间距安装在耙组轴上。缺口耙片的切土、翻土能力较强，但碎土起浆作用不如星形耙片，阻力也较大，适用于黏重土壤或已排水的稻茬地。

因缺口耙片的翻土能力较强，而滑切性能不如星形耙片，故缺口耙组的耙片间距应比星形耙组的耙片间距大些，以免堵塞。

3. 轧滚

轧滚是在南方传统农具蒲滚的基础上发展起来的，主要起灭茬和搅拌泥水的作用，也可碎土和平整田面。为了适应各地区不同的土壤条件，轧滚有实心、空心、百叶浆式、螺旋式四种（图 3-12）。

实心直轧滚是将带有出水孔隙的直叶片分段交叉焊在滚筒上。实心直轧滚具有较强的灭茬能力和起浆性能，由于滚筒的作用，平整性能也较好，水田系列耙大多采用实心直轧滚。但是，实心直轧滚较易堵泥，只适用于一般土壤。在土壤较黏重的地区，为了避免泥土堵塞轧滚，可采用空心直轧滚。空心直轧滚是将叶片焊接在固定于心轴上的几个星盘上，因而形成较大的空隙，泥块不易堵塞其中。但这种轧滚轧深较大，阻力也大，田面平整程度也较实心直轧滚差。

在重黏土地区，可采用百叶浆轧滚。百叶浆轧滚的叶片短小，按单头螺旋排列焊接在轴上。它的特点是不夹泥粘土，但碎土和起浆性能均较前两种较差。螺旋轧滚的轧片为有一定导角的螺旋形叶片，直接焊接在滚筒上，其特点是工作平稳，冲击力小，但地表平整性差，制造工艺复杂。

3.3.4　典型产品及其技术参数

1. 产品型号

产品型号的编制应符合 JB/T 8574—2013 的规定，依次由分类代号、特征代号和主参数三部分组成，分类代号和特征代号与主参数之间用短横线隔开。改进产品的型号在原型号后加注字母"A、B、C、D..."表示，称为改进代号。水田耙以 1BS-XYY 编制型号，"X"表示列数；"YY"表示工作幅宽。

型号举例：

1BS-355：幅宽 5.5 m，3 列无动力水田耙。

2. 典型产品及其技术参数

我国水田耙主要生产厂家有山东禹城市华普机械设备有限公司、连云港双亚机械有限公司、禹城众信机械有限公司等；我国现在生产的工作幅宽≥3.5 m 的水田耙多为液压驱动折叠式。图 3-13 为 1BS-325 悬挂式水田耙。系列水田耙性能参数见表 3-11。

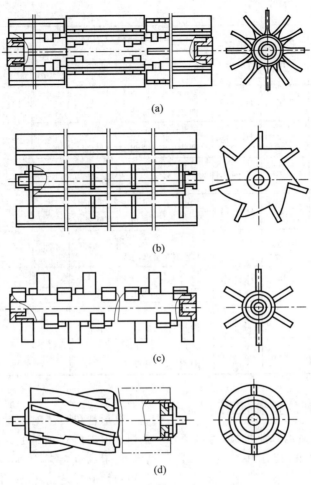

(a)

(b)

(c)

(d)

图 3-12 轧滚型式

（a）实心轧滚；（b）空心轧滚；（c）百叶浆轧滚；（d）螺旋轧滚

图 3-13 1BS-325 悬挂式水田耙

表 3-11 系列水田耙性能参数

型号	配套动力/kW	工作幅宽/m	耙深/cm	工作部件类型			耙组间距/mm	质量/kg	外形尺寸/mm		
				第一列	第二列	第三列			长	宽	高
1BS-316	14.7~18.4	1.6	10~14	星形耙组	星形耙组	实心轧滚	135	197	1800	1346	907

续表

型号	配套动力/kW	工作幅宽/m	耙深/cm	工作部件类型			耙组间距/mm	质量/kg	外形尺寸/mm		
				第一列	第二列	第三列			长	宽	高
1BS-216	14.7~18.4	1.6	10~14	星形耙组	空心轧滚	无	135	155	1800	995	907
1BS-319	22.1	1.9	10~14	星形耙组	星形耙组	实心轧滚	135	222	2060	1410	995
1BS-219	22.1	1.9	10~14	星形耙组	实心轧滚	无	135	175	2060	1012	995
1BS-322	22.1~29.4	2.2	10~14	星形耙组	星形耙组	实心轧滚	135	257	2328	1470	1030
1BS-222	22.1~29.4	2.2	10~14	星形/缺口耙组	实心/空心轧滚	无	135	195	2335	1125	1030
1BS-325	36.8	2.5	10~14	星形耙组	星形耙组	实心轧滚	135	273	2570	1500	912
1BS-330	44.1	3	12~16	星形耙组	星形耙组	实心轧滚	150	—	3220	1915	1226
1BS-230	44.1	3	12~16	星形耙组	空心轧滚	无	159	—	3220	1462	1220

3.3.5 水田耙的正确使用

水田耙是重要的整地作业机械,为保证作业安全、提高作业效率,使用中应注意以下几点。

1. 使用前的检查

(1) 投入作业前应检查各工作部件的技术状态是否完好,若有损坏,应及时修复或更换;水田耙的刀齿、星形耙片和圆盘耙片的刃口应锐利,过钝的刃口应磨锐。

(2) 检查工作部件的安装情况,如刀齿在耙架上固定是否牢固,轧滚叶片、星形叶片有无脱焊,装在方轴上的圆盘耙片是否晃动,耙组、轧滚转动是否灵活;同时检查耙架有无变形,各部件紧固螺钉有无松动或脱落等。凡不符合要求的应及时修整。

(3) 检查轴承磨损情况,磨损严重的轴衬套应予更换;橡胶轴承切勿黏附油类物质,以防橡胶老化失效。

2. 正确调整

水田耙安装检查完毕后,要进行试耙和必要的调整。

星形耙和圆盘耙还需要调节偏角,如1BS系列水田耙前列耙组的调整范围为5°和10°;后列耙组偏角为5°,不能调整。前列耙组偏角采用的数值应是:粗耙(指犁耕后第一次耙),以碎土为主,选用10°;细耙(第二次耙),以平土、糊田为主,选用5°。

角度调节方法是先将耙升起,旋松星形耙组轴端螺母与限位片,将轴向上抬出半圆缺口,移至所需位置处,再将轴放进该缺口处,重新装上限位片再拧紧螺母。

使用水田耙春耕耙地时还需调整上拉杆长度,使耙前端稍高,最好使耙架与地面成10°~30°的倾斜角度。在向拖拉机上悬挂水田耙时,还应根据拖拉机机型的高矮,适当选择上拉杆在悬挂架上的安装位置,悬挂架上较高的孔用于高机型,低位置的孔用于矮机型。

经过试耙及调整,如已达到要求,即可将液压机构限深手柄位置固定进行工作。

3. 安全使用

(1) 水田作业前,应提前9天灌水,浸润土垡,降低土壤的黏结性;作业时,田间应留适量的水,水过深不易耙平,过浅时土块不易破碎。一般留水 3～6 cm 深为宜。

(2)地头转弯、倒车时,应避免耙与田埂相撞(最好将耙提起);靠近田埂作业时,注意勿使耙片顶住田埂,以免损坏机件。

(3)作业时相邻行间应有 20～40 cm 的重叠量,以免漏耙,同时也易于耙平。

(4)作业时耙上严禁放重物、站人,排除故障时一定要先停车。

(5)作业中发现耙有故障时应及时排除,不可带病作业,以免降低作业质量和损坏机件。

(6)过田埂或运输时,一定要将耙升起,远距离运输时应将耙锁住。

3.3.6　常见故障及排除方法

水田耙常见故障及排除方法见表 3-12。

表 3-12　水田耙常见故障及排除方法

故　障	原　因	排除方法
工作时拖堆积泥	田水不够	灌水
	耙架不平	调平耙架
	耙片偏角过大	调小耙片偏角
	土垡浸水时间过短	加长浸水时间
	犁耕质量差	改善犁耕质量
耙后地面不平	耙片偏角过大	调小耙片偏角
	耙架不平	调平耙架
工作时稻茬不翻转	前列耙片偏角过小	调大耙片偏角
	耙架前部上抬	调平耙架
工作时万向节偏斜大	驱动耙左、右不水平	调节拖拉机右提升杆,使驱动耙左、右水平
	拖拉机左、右限位链调整不当	调节拖拉机左、右限位链使长短一致
十字节损坏	缺少黄油	更换十字节,并经常加注黄油
	倾角过大	限制提升高度
	万向节安装不正确	正确安装万向节
齿轮箱有杂音	齿轮箱内有异物	取出异物
	齿轮间隙过大	调整间隙
	轴承损坏	更换轴承
	齿轮损坏	更换齿轮
耙辊转动不灵活	齿轮、轴承损坏咬死	更换齿轮、轴承,调整安装
	耙辊两端支撑板变形	矫正变形
	耙辊缠草	清除杂草
挡泥板浮动状态不灵活	零件变形	矫正变形零件
	挡泥板铰接处生锈	清除锈蚀
传动箱、链轮箱漏油	油封、纸垫损坏	更换油封、纸垫
	箱体开裂	修复或更换箱体
	链轮盖不平	校平链轮箱盖

3.4　驱动耙

3.4.1　概述

驱动耙是指利用拖拉机动力输出轴,通过万向节传动轴和传动系统驱动工作部件进行碎土整地作业的机具,多用于水田整地,现在也可用于旱田。

3.4.2　驱动耙的类型

按工作部件的运动方式可分为往复式驱动耙、水平旋转驱动耙和卧式(垂直旋转)驱动耙等。

3.4.3　典型驱动耙的结构组成和工作原理

1．往复式驱动耙

有两排或四排钉齿，通过传动机构（偏心摆锤）把拖拉机动力输出轴的旋转运动转变为钉齿的往复运动（图3-14），完成切土和碎土作用，具有碎土能力强的特点。

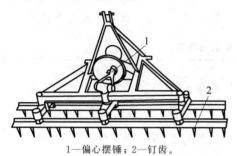

1—偏心摆锤；2—钉齿。

图3-14　往复式驱动耙

2．水平旋转驱动耙

水平旋转驱动耙也称立式驱动耙（图3-15），它的工作部件是由两个钉齿构成倒置的U形的转子。多个转子横向排列成一排。两个相邻的转子由两个齿轮直接啮合驱动。因此，每个转子与左、右相邻转子的旋转方向相反。转子在安装时，相邻转子倒置的U形平面均互相垂直，故可互不干扰，并使相邻钉齿的活动范围有较大的重叠量以防止漏耕。由于钉齿的圆周速度比机器前进速度大2倍以上，故每个钉齿在地面上经过的路线都是长幅摆线，因而钉齿有较好的碎土效果。为了加强耙碎和整平的作用效果，通常在驱动耙的后方配置拖板等辅助部件。

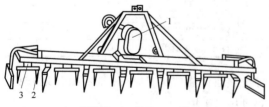

1—齿轮箱；2—转子；3—转轴。

图3-15　水平旋转驱动耙

3．卧式驱动耙

卧式驱动耙也称垂直旋转型驱动耙（图3-16）。

与卧式旋耕机的原理相似，卧式驱动耙是由拖拉机动力输出轴输出动力传递到耙滚上，通过转动耙滚切削、破碎土块，再用稊板稊平田面。

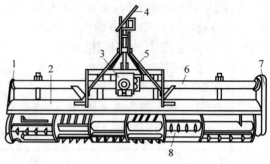

1—侧板；2—罩壳；3—齿轮箱；4—平土板操纵杆；5—悬挂架；6—主梁；7—侧边传动箱；8—耙滚。

图3-16　卧式驱动耙

3.4.4　典型产品及其技术参数

1．产品型号

产品型号的编制应符合JB/T 8574—2013的规定，依次由分类代号、特征代号和主参数三部分组成，分类代号和特征代号与主参数之间用短横线隔开。改进产品的型号在原型号后加注字母"A、B、C…"表示，称为改进代号。驱动耙以1BQ-XX编制型号，"XX"表示工作幅宽。但有些企业会自行制定产品型号。

2．国内典型产品及其技术参数

我国驱动耙生产厂家主要有新疆石河子光大农机有限公司、河北中农博远农业装备有限公司、山东当康农业装备有限公司等。我国现有驱动耙产品以水平旋转耙为主，图3-17、图3-18是部分国产驱动耙实物图。表3-13所示为当康1BQ系列驱动耙技术参数，表3-14所示为金杆KPH系列驱动耙技术参数。

3．国外典型产品及其技术参数

水平旋转动力耙在国外广泛用于耕后整地，作业最大深度可达25～29 cm。典型产品主要有意大利马斯奇奥（MASCHIO）公司生产的悬挂水平旋转动力耙、法国库恩（KUHN）公司生产的水平旋转动力耙（HR系列）。图3-19所示为马斯奇奥公司生产的DRAGODC系列驱动耙，图3-20所示为库恩公司生产的水平旋转动力耙。表3-15所示为马斯奇奥驱动耙技术参数。

图 3-17　当康 1BQ-3.0 型驱动耙

图 3-18　金杆 KPH3003 型驱动耙

表 3-13　当康 1BQ 系列驱动耙技术参数

型号	作业幅度 /m	转筒数量 /个	耙刀数量 /把	外形尺寸 /(mm×mm×mm)	作业深度 /mm	质量 /kg	配套动力/kW （Ps）
1BQ-2.0	2	8	16	2100×1500×1240	38～200	1480	59(80)/80(110)
1BQ-2.5	2.5	10	20	2600×1500×1240	38～200	1680	66(90)/92(125)
1BQ-3.0	3	12	24	3100×1500×1240	38～200	1680	80(110)/118(160)
1BQ-3.5	3.5	14	28	3600×1500×1240	38～200	1880	103(140)/154(210)
1BQ-4.0	4	16	32	4100×1500×1240	38～200	2080	118(160)/184(250)

表 3-14　金杆 KPH 系列驱动耙技术参数

型号	工作宽幅 /mm	整体宽度 /mm	配套动力 /Ps	耕深 /mm	压土辊直径 /mm	质量 /kg
KPH2503	2500	2600	60/125	50～250	ϕ535	1100
KPH3003	3000	1086	80/250	50～250	ϕ535	1435
KPH3503	3500	3680	100/250	50～250	ϕ535	1700

图 3-19　马斯奇奥 DRAGODC 系列动力耙

图 3-20　库恩水平旋转动力耙（HR 系列）

表 3-15　马斯奇奥 DRAGODC 系列动力驱动耙技术参数

型号	拖拉机功率 /Ps	工作宽度 /cm	机器宽度 /cm	PT0 /(r·min⁻¹)	耙轴转速 /(r·min⁻¹)	耙齿数量	质量 /kg
DRAGODC 3000	120～300	300	312	1000	350	24	1545
DRAGODC 3500	130～300	350	362	1000	350	28	1690
DRAGODC 4000	140～300	400	411	1000	350	32	1825
DRAGODC 4500	150～300	450	460	1000	350	36	2000

3.4.5　驱动耙的正确使用

由于驱动耙直接由拖拉机动力输出轴驱动作业,在使用时一定要遵守以下要求。

1. 作业前调整

1) 左右水平调节

操作拖拉机升降器手柄,降低驱动耙使耙辊接近地平面,调节右提升杆的长度,使耙辊左右离地高度一致。

2) 驱动耙作业状态的调整

在试耙时,将耙调整到要求的耙深,同时将升降器手柄进行限位,观察其变速上平面是否水平。若不水平,应调整拖拉机的上拉杆长度,使之接近水平。

3) 稍板的调整

稍板位置影响作业后的平整度。稍板在正常工作状态下应处于水平位置。若不水平,应调整调节杆上的长短压弹簧的压圈位置。

2. 驱动耙作业时的起步

要求机组起步前,必须先将耙辊提升到稍离地面,接合动力输出轴动力,挂上拖拉机工作挡,逐步松开离合器踏板,同时操作拖拉机调节手柄使耙辊逐步入土,随之加大油门直到正常耙深为止。

3. 传动系统调整

驱动耙经过一定周期使用后,由于轴承、齿轮的磨损,其轴承间隙和齿侧间隙都会发生变化,必要时应加以调整。

4. 保养

1) 班保养

(1) 清洗机具各部位的残留泥草。

(2) 检查各连接件是否紧固,如发现松动,应予拧紧。

(3) 检查万向传动件有无损坏、变形,并注足黄油。

(4) 检查传动箱油位,不足时应添加齿轮油或机油;检查有无漏油现象,视具体情况加以排除;必要时可更换油封和纸垫。

2) 季保养

(1) 彻底清除机具上残留的泥草。

(2) 检查轴承和锥齿轮间隙,若间隙过大,应予调整。

(3) 检查各油封是否失效,如发现轴承进入泥水,应拆开清洗并更换油封。

(4) 检查箱体内齿轮油有无杂质。如有杂物混入,必要时应更换齿轮油。

3) 非作业期机具的存放

应对整机进行彻底清理,补涂油漆,传动部件应加注润滑油,后存放在干燥房舍里,易丢失件应妥善保管。

5. 安全注意事项

(1) 机组作业时,在驱动耙机体上严禁载人或堆放杂物。

(2) 万向联轴器传动轴、紧固件安装要牢固,以防飞出伤人或损坏机具。

(3) 机组作业时,严禁对耙的各部件进行故障排除或调整。如发现故障或需要调整时,应停车排除,不得强行操作。

(4) 地头转弯或倒车时,必须先将耙提升离地面,以免损坏机具。

3.4.6　常见故障及排除方法

水田驱动耙的常见故障、原因及排除方法见表 3-16。

表 3-16　驱动耙的常见故障、原因及排除方法

故障现象	故障原因	排除方法
耙滚转动不灵活	齿轮、轴承等损坏咬死或啮合不好	更换损坏件,调整齿轮侧隙,调整齿轮箱轴承盖垫片
	右侧板变形	矫正侧板
	耙滚缠草	清除缠草
稍板浮动状态不灵活	零件变形	校正零件
	拖板和稍板连接处生锈	去锈处理

续表

故 障 现 象	故 障 原 因	排 除 方 法
变速箱、侧边箱漏油	油封、纸垫等损坏或失效	更换油封、纸垫等
	箱体有裂纹、砂孔	修复或更坏箱体

3.5 联合整地机

3.5.1 概述

1. 定义与功能

联合整地机是将不同的碎土、平土等工作部件组合在一起,一次完成种床准备的机械。它可减少拖拉机在地中行走次数,节约时间,争取农时。工作部件组合的形式很多,一般由前列的锄铲或钉齿耙将地表土块松碎,再由后列的滚耙将土层压实平整,也有中间带有镇压器的联合整地机。适用于土地耕翻后,紧接着进行播种的种床准备作业。

与使用传统耕整地机械相比,使用联合整地机具有以下优点。

(1) 保护土壤。减少拖拉机及农机具进入农田次数,降低拖拉机和农机具作业时对土壤的破坏,保护土壤中的团粒结构,降低土壤板结。

(2) 作业效率提高。整地时间相对缩短7~10天,增加作物生长周期以及年有效积温。

(3) 节省油料降低作业成本。与传统的翻、耙、压单项依次作业工序相比,可节省油料15 kg/hm² 左右,降低油耗 21.7%~40%。

(4) 减少环境污染。联合整地机作业次数减少,即减少了拖拉机废气排放量。

2. 发展历程

美国、加拿大、苏联及日本等国的联合整地机械发展起步较早,从 20 世纪 60 年代开始研制推广联合整地机械,现已拥有性能结构较成熟的大型联合整地机械。我国从 70 年代中期,从国外引进并自主研发联合整地机械,相比国外先进的联合整地机还有一定的差距。目前我国已开发了多种系列的联合整地机械。80 年代,陈瑞贤等开发出 SDZ 型山地弹齿圆盘整地机,用于坡度 15° 以下的缓坡、丘陵地带造林前的带状整地及农田开荒,该机经过几年来的不断试验改进,结构渐臻完善,使用效果显著。汪志文等开发出 3QY-260 型缓冲式圆盘整地机,将该机悬挂于 J-50 拖拉机之后,利用 J-50 的液压系统来控制缓冲式整地机的起落和工作机构。90 年代,王序俭等对 1LZ-5.4 复式整地机进行设计和试验研究,该机具一次作业即可完成土地平整、松土、碎土和镇压 4 道工序,具有结构新颖、生产率高、作业质量好、节约能源等特点。单爱军等介绍了 1FCH-4 型根茬粉碎整地机的构造、作业流程及主要技术参数,该机属于联合作业机具,一机多能,而且经该机作业后,耕地可达到播种前准备状态。21 世纪初,韩树明等针对 58.8 kW 轮式拖拉机在田间生产的应用情况,研制出与之相匹配的幅宽为 2.1 m 的复式整地机,并对灭茬和深松部件提出了合理的工作参数,经试验和生产,已证明其设计的合理性和可行性。付爱民等根据国外先进技术,结合中国国情设计出 1ZL 鹅掌式系列深松联合整地机并进行了试验研究。2012 年,许春林等对深松灭茬以及垄作组合复式整地机进行设计和试验,结果表明联合作业机在整地效果各方面都明显好于多次耕整地方式。

3.5.2 常见联合整地机的类型

按照主要工作的部件,联合整地机可以分为旋耕联合整地作业机和圆盘耙联合整地机两大类。

旋耕联合整地作业机是指在旋耕机上附加上灭茬、深松、粉碎、起垄或者镇压器等部件,通过旋耕机与 1 个及以上不同工作部件的组合搭配,可以组合成不同种类的旋耕联合整地作业机,这类机器机身较短,一般与拖拉机悬挂连接,主要适用于北方干旱、半干旱地区垄作或平作联合整地作业。

圆盘耙联合整地机是由圆盘耙附加上灭

茬、深松、粉碎、起垄或者镇压器等部件，通过圆盘耙与1个及以上不同工作部件的组合搭配，组成不同的联合整地机。

3.5.3 典型机具的构造

我国常见的圆盘耙联合整地机具主要由缺口耙组、圆盘耙组、平地齿板、碎土辊、镇压辊、平土框、液压机构、行走机构等部分组成，北方深松整地联合作业机还配有松土铲。

图3-21、图3-22所示分别为典型圆盘耙联合整地机和深松联合整地机的典型结构。

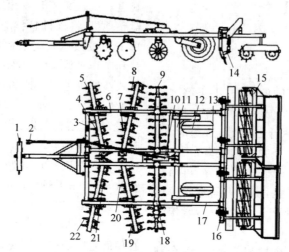

1—牵引架总成；2—液压油管装配；3—前梁焊合；4—右内侧缺口耙装配；5—右外侧缺口耙装配；6—右梁焊合；7—右内侧圆盘耙装配；8—右外侧圆盘耙装配；9—波纹耙总成；10—油缸；11—行走轮转臂焊合；12—行走轮装配；13—中梁焊合；14—平土板钉齿装配；15—碎土镇压器总成；16—平土板横梁；17—左梁总成；18—波纹耙梁；19—左外侧圆盘耙装配；20—左内侧圆盘耙装配；21—左内侧缺口耙装配；22—左外侧缺口耙装配。

图3-21 1ZL-3.6型联合整地机

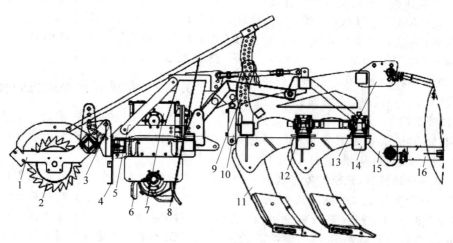

1—镇压辊架；2—镇压辊；3—镇压辊悬挂机构；4—挡土板；5—斜拉杆；6—旋耕机构；7—变速箱；8—后拉杆；9—旋耕挂接机构；10—旋耕深度调节油缸；11—深松铲；12—动力传动机构；13—上挂接点；14—机架；15—下挂接点；16—拖拉机下悬挂梁。

图3-22 1SZL-420型联合整地机

3.5.4 典型产品及其技术参数

1. 产品型号的表示方法

产品型号的编制应符合 JB/T 8574—2013 的规定,依次由分类代号、特征代号和主参数三部分组成,分类代号和特征代号与主参数之间用短横线隔开。改进产品的型号在原型号后加注字母"A、B、C、D…"表示,称为改进代号。联合整地机以 1ZL-XX 编制型号,"XX"表示工作幅宽(单位为米)。深松整地联合作业机以 1SZL-XX 编制型号,XX 表示工作幅宽。

型号举例:

1ZL-2.8:幅宽 2.8 m 的联合整地机

1SZL-300:工作幅宽为 3 m 的深松整地联合作业机

2. 国内典型产品及其技术参数

我国联合整地机生产厂家主要集中在新疆维吾尔自治区,主要有石河子广大农机有限公司、阿克苏市北方机械厂、阿克苏市慧通植保机械厂等。深松整地联合作业机主要由北方厂家生产,比较典型的有中国一拖(哈尔滨)厂区生产的东方红深松整地联合作业机。

图 3-23～图 3-26 为我国部分联合整地机,表 3-17～表 3-20 为我国部分联合整地机技术参数。

图 3-23 光大 1ZL-2.8 联合整地机

图 3-24 新研所 1ZL-7.0 联合整地机

图 3-25 东方红 1SZL-350 深松整地联合作业机

图 3-26 天胜 1SZL-300 深松旋耕整地机

表 3-17 光大 1ZL 系列整地机技术参数

型号	配套动力/kW	工作幅宽/mm	整机质量/kg	耙片数	工作状态外形尺寸(长×宽×高)/(mm×mm×mm)	运输状态外形尺寸(长×宽×高)/(mm×mm×mm)	工作部件配置
1ZL-2.0	30～60	2000	1110	24	5250×2350×960	5250×2350×1250	缺口耙 2 组、圆盘耙 2 组、平土板 1 组、碎土辊 2 组、镇压辊 2 组
1ZL-2.4	40～65	2400	1170	28	5550×2580×1100	5550×2580×1400	缺口耙 2 组、圆盘耙 2 组、平土板 1 组、碎土辊 2 组、镇压辊 2 组

续表

型号	配套动力/kW	工作幅宽/mm	整机质量/kg	耙片数	工作状态外形尺寸（长×宽×高）/(mm×mm×mm)	运输状态外形尺寸（长×宽×高）/(mm×mm×mm)	工作部件配置
1ZL-2.8	50～70	2800	2300	36	5850×3100×1250	5850×3100×1550	缺口耙2组、圆盘耙2组、平土板1组、碎土辊2组、镇压辊2组
1ZL-3.2	55～80	3200	2380	40	6050×3500×1300	6050×3500×1610	缺口耙2组、圆盘耙2组、平土板2组、碎土辊2组、镇压辊2组
1ZL-5.6	85～135	5600	3200	68	5050×5700×1380	5050×2530×2450	缺口耙2组、圆盘耙2组、平土板2组、碎土辊4组、镇压辊4组
1ZL-7.2	135～190	7200	4400	86	6850×7420×1720	6850×4760×2850	缺口耙4组、圆盘耙4组、平土板4组、碎土辊5组、镇压辊5组

表 3-18　光大 1ZLZD 系列联合整地机技术参数

型号名称	机具配置	耙片数	工作幅宽/m	耙片间距/mm	耙片直径/mm	耙组常用偏角/(°)	耙组最大偏角/(°)	工作状态外形尺寸/(mm×mm×mm)	运输状态外形尺寸/(mm×mm×mm)
1ZLZD-9.0	缺口耙4组、圆盘耙4组、平土板3组、碎土辊7组、镇压辊7组	99	9.0	170	φ460	0	13	7460×9260×1400	7460×4080×4360
1ZLZD-6.0	缺口耙4组、圆盘耙4组、平土板3组、碎土辊5组、镇压辊5组	72	6.0	170	φ460	0	13	7460×6820×1400	7460×4080×3150
1ZLZD-6.8	缺口耙4组、圆盘耙4组、平土板3组、碎土辊5组、镇压辊5组	82	6.8	170	φ460	0	13	7460×7020×1400	7460×4080×3260
1ZLZD-7.6	缺口耙4组、圆盘耙4组、平土板3组、碎土辊5组、镇压辊5组	87	7.6	170	φ460	0	13	7460×7770×1400	7460×4340×3640
1ZLZD-8.0	缺口耙4组、圆盘耙4组、平土板3组、碎土辊7组、镇压辊7组	91	8.0	170	φ460	0	13	7460×8380×1400	7460×4080×3860
1ZLZD-8.5	缺口耙4组、圆盘耙4组、平土板3组、碎土辊7组、镇压辊7组	95	8.5	170	φ460	0	13	7460×8920×1400	7460×4080×4190

表 3-19　国内其他联合整地机的技术参数

厂家	型号名称	整机配置形式	整机质量/kg	耙片数	作业幅宽/m	耙片间距/mm	耙片直径/mm	配套动力/kW	连接型式	工作状态外形尺寸(长×宽×高)/(mm×mm×mm)	运输状态外形尺寸(长×宽×高)/(mm×mm×mm)
钵施然	1ZL-5.6折叠式联合整地机	缺口耙组、圆盘耙组、平土板组、碎土辊组、镇压辊组	5300	64	5.6	170	460	117	牵引式	7000×5700×1200	7000×3200×3300
新研所	1ZL-7.0折叠式联合整地机	缺口、全刃圆盘耙片、钉齿、碎土辊、镇压轮	5200	42(缺口)+40(圆盘)	7.0	170	460	≥132	半悬挂式	6635×7000×3150	6635×3400×3150
中联重机	1GTN-250联合整地机	灭茬刀组、旋耕刀组、深松铲	946	—	2.5	—	—	66.2～88.2	悬挂式	1800×2800×1245	—
中国一拖	1SZL-350深松整地联合机	深松铲、圆盘耙组、碎土辊组、镇压辊组	1880	28	3.5	255	460	161.7～191.2	悬挂式	4200×3800×1560	—

3．国外典型产品及其技术参数

国外比较著名的联合整地机有意大利马斯奇奥(MASCHIO)公司生产的 DRACULA 系列联合整地机、德国雷肯(LEMKEN)农业机械有限公司生产的 Smargd 联合整地机、丹麦禾沃 Triple-Tiller 整地机等。表 3-20 所示为几种国外联合整地机技术参数。

表 3-20　几种国外联合整地机性能指标

机型	产地	工作部件	作业速度/(km·h⁻¹)	工作幅宽/m	碎土率/%	配套动力/kW
JD726	美国	圆盘耙、碎土锄铲、弹齿耙、碎土辊等	8.1	7.6	82	117.6
—	德国	平土铲、碎土辊、弹齿耙	8.3	6.6	81	117.6
DRACULA430	意大利	松土铲、圆盘耙平土板、碎土辊	9	4.3	82	258～381
DRACULA630	意大利	松土铲、圆盘耙平土板、碎土辊	9	6.3	82	285.5～381

3.5.5　联合整地机的安全使用

为了使联合整地机发挥应有的工作效率,对其进行正确的使用尤为重要。联合整地机的驾驶人员必须在驾驶机械之前接受规范的技术及安全培训,完整地掌握联合整地机的结构原理、操作规范、调整方式以及维修保养常识,并获得农机监理部门授予的驾驶资格。

1．联合整地机的安装与调整

在安装前,将拖拉机与联合整地机放置于

空旷并适于安装的场合,驾驶拖拉机将整地机的安装位置与拖拉机连接处对正后,缓慢倒车,直到能将左右两侧的悬挂销可靠安装并插入开口销。整地机连接完成后,可将机具升起,查看机具提升过程中是否存在偏心或较大摆动,若发现偏心或摆动可通过左右两侧的调整结构尝试调整,直到机具良好对中为止。检查旋耕刀轴的作业位置,测量其是否位于要求位置,若需要调整,可通过中央拉杆的旋转对其上升或下降进行调节,检查并调整机具可提升的最大高度,以免坑洼或土包对整地机造成损坏。

2. 联合整地机的正确使用操作

联合整地机在正式开始整地作业前,需进行试整地作业,对于不合理结构进行适当调整,保证联合整地机达到最佳的使用效果。联合整地机在启动时,应将机具提起,刀具的旋转外径距地面 15 cm 左右,连接动力使刀具空转几分钟,然后控制拖拉机开始缓慢行进,并将刀具缓慢下降至耕作深度后提升至作业要求速度,随时检查耕作质量,检查碎土地表情况是否达到农艺要求。通常情况下联合整地机的行驶速度可根据土壤情况设定在 2~7 km/h,若土质较为坚硬,应注意减速慢行。

3.5.6 常见故障及排除方法

联合整地机的常见故障及排除方法见表 3-21。

表 3-21 联合整地机常见故障及排除方法

故障现象	故障原因	排除方法
旋耕刀片弯曲或折断	刀片与石头等碰撞	清除石头等杂质
	机具下降过猛	缓慢下降机具
	质量差	购买合格刀片
灭茬刀弯曲或折断	刀片与石头等碰撞	清除石头等杂质
	机具下降过猛	缓慢下降机具
	质量差	购买合格刀片
	拐弯小	转弯时抬起机具
	入土过深	入土深度适宜
旋耕刀座损坏	受力过大	清除石头等杂质
	焊接不牢	注意焊接方位、防止虚焊
	材质不好	购买合格机具
轴承损坏	齿轮油不足	检查齿轮油存量,及时更换油封及纸垫
	缺少润滑油	及时加注润滑油
	轴承间隙不够	及时调整圆锥轴承间隙
齿轮损坏	轴承残体进入齿轮副	检查齿轮箱润滑油,防止轴承损坏
	锥齿轮磨损严重	调整锥齿轮间隙
齿轮箱损坏	轴承残体进入齿轮副	检查齿轮箱润滑油,防止轴承损坏
	齿轮箱碰撞杂物	清除障碍物
万向节十字轴损坏	连接倾角过大	调整连接倾角
	十字轴缺油	加注润滑油
	入土时拖拉机加油过猛	缓慢加大油门
	十字轴摆动过大	调节左右调节链并锁死
刀轴旋转不灵	刀轴缠绕杂物	清除杂物
	锥齿轮、轴承卡死	调整齿轮、轴承间隙
	轴承残体卡入齿轮副	避免轴承损坏
	轴承不同心	防止刀轴受力过大,保持轴承同心

3.6 秸秆、根茬粉碎还田机

3.6.1 概述

1. 定义与功能

秸秆粉碎还田机是利用拖拉机动力输出轴,通过传动系统驱动高速旋转的粉碎部件,对田间农作物(玉米、高粱、小麦、水稻等)秸秆进行直接粉碎并还田的作业机具。其工作原理是:高速旋转的粉碎刀对地上的秸秆进行砍切,并在喂入口处负压的作用下将其吸入机壳内(粉碎室),使秸秆在多次砍切、打击、撕裂、揉搓作用下呈碎段和纤维状,最后被气流抛送出去,均匀地抛撒到田间。

根茬粉碎还田机是利用拖拉机动力输出轴,通过传动系统驱动旋转的除茬部件(L形弯刀等),切碎作物根茬,同时碎土。罩板控制抛升起的根茬和土壤流向,进一步破碎土壤,并将碎茬和土壤均匀混拌还田。

2. 发展历程

我国在 20 世纪 80 年代初从国外引进样机,开始进行秸秆粉碎还田机械的研制和生产。1981 年以后,北京、河北、黑龙江等省市农机鉴定站试验鉴定、推广了多种型号的秸秆粉碎还田机。随后,由于政府支持力度的加大,秸秆还田机发展速度加快。全国从事秸秆还田机生产的企事业单位有数百家,预计年产量为 3.5 万~4 万台。这些生产企业主要分布在河北、河南、山东三省,其中,河北省就达 20 多家。

3.6.2 秸秆、根茬还田机的分类

1) 按配套动力分类

有与拖拉机配套的独立型秸秆粉碎还田机、与联合收割机配套的秸秆粉碎抛撒器。与谷物联合收割机配套的秸秆粉碎器,用来切碎逐稿器抛出的茎秆,并均匀撒布到田间。与玉米收割机配套的秸秆粉碎器,用于粉碎摘穗后直立在田间的秸秆,并抛撒到田间。

2) 按能完成的作业项目分类

有既能粉碎秸秆还田、又能旋耕灭茬的秸秆粉碎还田旋耕机,有仅能进行单项作业的秸秆粉碎还田机。

3) 按结构形式分类

有卧式秸秆粉碎还田机和立式秸秆粉碎还田机。

目前,国内使用较为普遍的是与拖拉机配套,采用单边胶带传动的卧式秸秆粉碎还田机,通常采用逆转(刀轴的旋转方向和前进方向相反)方式作业,这样能够充分地将地面的秸秆进行拣拾并粉碎。立式秸秆粉碎还田机多用于棉花秸秆的粉碎还田。

3.6.3 典型秸秆粉碎还田机的结构组成

1. 卧式秸秆粉碎还田机

卧式秸秆粉碎还田机主要由传动机构、工作部件、罩壳和辅助部件等组成(见图 3-27)。

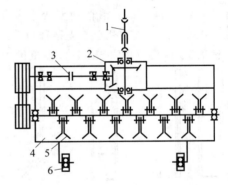

1—万向节转动轴;2—变速箱;3—联轴器;
4—粉碎壳体;5—工作部件;6—限深轮。

图 3-27 卧式秸秆粉碎还田机结构示意图

1) 传动机构

传动机构的功用是将拖拉机的动力传给工作部件进行粉碎作业。它由万向节传动轴、齿轮箱和侧边传动装置组成。

万向节传动轴连接拖拉机动力输出轴和齿轮箱输入轴。安装时,带套的夹叉装在拖拉机动力输出轴端,带轴的夹叉装在粉碎机输入轴端。务必使两个夹叉的开口处在同一平面内。

齿轮箱内装有一对圆锥齿轮,起到改变传动方向和增速的作用。

侧边传动装置由主、被动胶带轮、三角V带及其紧张机构等组成。V带张紧机构大多采用张紧轮压在V带松边的正面,通过改变压簧的松紧度调整V带的松紧。

2) 工作部件

工作部件是进行秸秆粉碎的部件,多为甩刀,根据甩刀的形式不同可分为L形刀型、直刀型和锤爪型。

L形粉碎刀(图3-28(a)(b)),两片弯刀为一组,呈Y形。刀片随刀轴高速旋转,冲击并切断秸秆,粉碎效率高。拣拾秸秆性能较好,对不同秸秆适应性强。与锤爪相比,甩刀的体积、质量和所受阻力小,消耗功率小。刀片在切割部位开刃。多用于玉米秸秆粉碎。

直刀型粉碎刀(图3-28(c)),一般由3片直刀为一组,间隔较小,排列较密。作业时有多个刀片同时参与切断,粉碎效果较好。该类刀片体积小、运转阻力小,消耗功率较小。直刀片在工作部位开刃。多用于小麦秸秆粉碎。

锤爪型粉碎刀(图3-28(d)),锤爪的质量

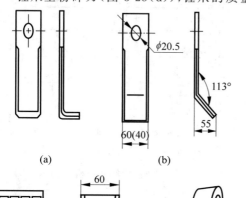

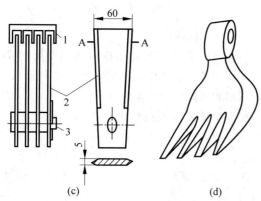

图 3-28 甩刀形式

(a) 横切L形;(b) 斜切L形;(c) 直刀形;(d) 锤爪形

较大,可产生较大的锤击惯性力,对玉米、高粱、棉花等硬质类秸秆有较好的粉碎效果,但消耗功率较大。

3) 其他部件

罩壳前方的秸秆入口处装有角钢制成的定刀床,后下部开放,有的还装有使碎秸秆撒布均匀的导流片。

辅助部件包括悬挂架和限深轮等。通过调整限深轮的高度,调节甩刀的离地间隙。合理的离地间隙应保证留茬高度不太大,同时确保甩刀不打入土地。

2. 立式秸秆粉碎还田机

立式秸秆粉碎还田机由悬挂架、齿轮箱、罩壳、粉碎工作部件、限深轮和前护罩等组成,如图3-29所示。

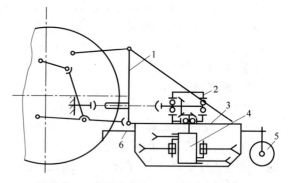

1—悬挂架;2—圆锥齿轮箱;3—罩壳;4—工作部件;
5—限深轮;6—前护罩总成。

图 3-29 立式秸秆粉碎还田机结构示意图

1) 齿轮箱

齿轮箱位于机体上方,内装一对圆锥齿轮。拖拉机动力输出轴的动力,通过万向节传动轴传动齿轮箱的输入横轴,经过圆锥齿轮增速和转向后,使垂直立轴旋转,带动安装在立轴上的刀盘工作。

2) 罩壳

罩壳又是整个机器的机架,其侧板上装有定刀块,使秸秆切割成为有支承切割。在前方喂入口设置了喂入导向装置,使两侧的茎秆向中间聚集,以增加甩刀对秸秆的切割次数,改善粉碎效果。罩壳的前面还装有带防护链或防护板的前护罩总成,其作用是只允许秸秆从

前方进入,而防止粉碎后的秸秆从前方抛出。在罩壳后方排出口装有排出导向板,以改善铺撒秸秆的均匀性。

3)限深轮

限深轮装在机具的两侧或后部,限深轮的安装高度可调。通过调节限深高度可调整留茬高度,保证甩刀不入土,并有良好的粉碎质量。

3.6.4　典型机具及技术参数

1. 产品型号的表示方法

产品型号的编制应符合 JB/T 8574—2013 的规定,依次由分类代号、特征代号和主参数三部分组成,分类代号和特征代号与主参数之间用短横线隔开。改进产品的型号在原型号后加注字母"A,B,C,D..."表示,称为改进代号。秸秆还田机可以按耕整地编制型号为1JH-XX,其中XX为幅宽,也可以按茎秆收获机械编制型号4JH-XX,还有按青饲收获机械编制型号4Q-XX等。

型号举例:

1JH-150:幅宽1.5 m的秸秆还田机

4Q-165:工作幅宽1.65 m的秸秆还田机

2. 典型产品及其技术参数

秸秆还田机典型机具主要有中国一拖集团生产的东方红1JH系列,石家庄农业机械股份公司生产的布谷4Q(1JH)系列秸秆粉碎还田机,定州开元机械制造有限公司生产的1JHL系列秸秆粉碎还田机、依兰收获机厂利民机械厂生产的一依王1GH-140根茬粉碎还田机,山东宁联机械制造有限公司生产的宁联4JGH系列秸秆粉碎还田机,江苏正大永达科技有限公司生产的正鑫1JH系列秸秆还田机,马斯奇奥(青岛)农业机械有限公司生产的CHIARA系列秸秆还田机。图3-30~图3-35为我国国产的部分秸秆还田机实物图。

表3-22~表3-24为部分秸秆还田机的技术参数。

图 3-30　东方红 1JH-180(普通型)秸秆粉碎还田机

图 3-31　东方红 1JH-165Q(重型)秸秆切碎还田机

图 3-32　东方红 1JH-110(大鹏王)秸秆切碎还田机

图 3-33　布谷 4Q-1.5 秸秆还田机

图 3-34　布谷 1JH-440 秸秆粉碎还田机

图 3-35　马斯奇奥 CHIARA 系列秸秆还田机

表 3-22　东方红 1JH 系列秸秆还田机技术参数

型号	配套动力 /Ps	耕幅 /cm	刀片型式	刀片数量	作业速度 /(km·h⁻¹)	切碎轴转速 /(r·min⁻¹)	纯生产率 /(hm²·h⁻¹)
1JH-250 （普通型）	120～135	250	两弯一直（标配） /两弯（选配）	52×3/40×2	2～5	2300	0.5～1.25
1JH-220 （普通型）	100～120	220	两弯一直（标配） /两弯（选配）	44×3/34×2	2～5	2300	0.44～1.1
1JH-200 （重型）	90～100	200	两弯一直（标配） /两弯（选配）	42×3/28×2	2～5	2300	0.3～0.76
1JH-180 （重型）	70～80	180	两弯一直（标配） /两弯（选配）	38×3/26×2	2～5	2300	0.27～0.68
1JH-165Q （重型）	60～70	165	两弯一直（标配） /两弯（选配）	36×3/24×2	2～5	2300	0.23～0.63
1JH-130 （大鹏王）	40～50	130	两弯一直	28×3	2～5	2100	0.26～0.65
1JH-120 （大鹏王）	30～35	120	两弯一直	26×3	2～5	2100	0.24～0.6
1JH-140 （大鹏王）	50～65	140	两弯一直	30×3	2～5	2100	0.28～0.7
1JH-110 （大鹏王）	25～30	110	两弯一直	24×3	2～5	2100	0.22～0.55
1JH-150 （大鹏王）	55～60	150	两弯一直	32×3	2～5	2100	0.3～0.75
1JH-180 （普通型）	70～80	180	两弯一直（标配） /两弯（选配）	38×3/26×2	2～5	2300	0.27～0.68
1JH-165Q （普通型）	60～70	165	两弯一直（标配） /两弯（选配）	36×3/24×2	2～5	2300	0.23～0.63
1JH-200 （普通型）	90～100	200	两弯一直（标配） /两弯（选配）	42×3/28×2	2～5	2300	0.3～0.76

表 3-23　布谷 1JH 系列秸秆还田机技术参数

型号	配套动力 /kW	纯生产率 /(hm²·h⁻¹)	工作状态外形尺寸 /(mm×mm×mm)	结构质量 /kg	工作幅宽 /m	最小离地间隙 /mm	作业前进速度 /(km·h⁻¹)	切碎轴转速 /(r·min⁻¹)	切碎机构最大回转半径/mm	切碎机构总安装刀数 /把
1JH-350	88/118	1.80	1460×4500×1100	1180	3.5	490	3.6	1850	265	锤爪 23
1JH-440	136/155	2.26	1460×4950×1100	1350	4.4	510	3.7	1850	265	锤爪 36
1JH-172	45/66	0.56	1300×2100×1060	520	1.72	410	3.6	1850	265	锤爪 108
1JH-150	37/52	0.51	1300×1800×1060	480	1.5	370	3.7	1850	275	锤爪 40

表 3-24 马斯奇奥 CHIARA 系列秸秆还田机技术参数

型号	拖拉机功率 /kW	拖拉机功率 /Ps	工作宽度 /cm	机器宽度 /cm	锤爪数	甩刀数	切碎轴转速 /(r·min⁻¹)
160F	34/66	46/90	155	175	18	36+18	540
180F	37/66	50/90	185	205	22	44+22	540
200F	40/66	55/90	205	225	24	48+24	540
230F	44/66	60/90	235	255	26	52+26	540
250F	47/66	65/90	255	275	30	60+30	540
160S	34/66	46/90	155	175	18	36+18	540
180S	37/66	50/90	185	205	22	44+22	540
200S	40/66	55/90	205	225	24	48+24	540
230S	44/66	60/90	235	255	26	52+26	540
250S	47/66	65/90	255	275	30	60+30	540

3.6.5 秸秆还田机的正确使用

1．作业前机具检查

（1）认真检查各零部件连接是否可靠,紧固件是否松动,转动部位是否灵活。如有松动或转动不灵活,应及时排除。

（2）逐一检查刀座和刀片,发现变形损坏或短缺,要及时修复、更换和补充。

（3）检查调整三角带的张紧度。

（4）按要求加注润滑油和润滑脂。

（5）挂接妥当后,应空运转 3～5 min,确认各部位运转正常,再投入作业。

2．机具的使用

1）机组的调整和正确操作

（1）机组进地后,应调整拖拉机的悬挂杆件,使粉碎机的前后和左右保持水平。调整限深轮的高度,保持合理的留茬高度。严防刀片入土,以免负荷过大。

（2）合理选择作业速度。应根据作物的密度和长势、土壤含水量和坚实度,采用不同的作业速度。

（3）挂接动力输出轴时,要低速空负荷;待发动机加速达到额定转速后,机组才能缓慢起步投入负荷作业。严禁带负荷启动粉碎机和机组起步过猛,以免损坏机件。

（4）动力输出轴接合的情况下,粉碎机不能提升过高过快。机组较长距离转移地块时,应切断动力。

（5）作业时,严禁带负荷转弯和倒退。

（6）田间如遇较大沟埂,要及时提升粉碎机。

2）注意事项

（1）作业中听到异常声响,应立即停车检查,排除故障后方可继续作业。

（2）要随时观察传动皮带的张紧度,如发现过松,应及时调整。

（3）清除缠草、排除故障和检查调整都必须在停机并切断动力输出轴后进行。

（4）作业时,禁止靠近机组和在机后跟踪,以确保人身安全。

3.6.6 常见故障及排除方法

秸秆还田机常见故障及排除方法见表 3-25。

表 3-25　秸秆还田机常见故障及排除方法

故障现象	故障原因	排除方法
粉碎质量差	前进速度过快	选用拖拉机慢三挡
	机具离地过高	调整地轮支臂孔位、调整上拉杆的长度
	刀轴转速低	调整皮带轮的配比
	工作一段时间后粉碎效果差	及时张紧或更换三角带及刀片
刀轴轴承温度升高	缺油或油失效	及时加注高速黄油
	三角带太紧	更换适当长度的三角带
	轴承损坏	更换轴承
	传动轴发生扭曲干涉	重新加工传动轴再装配
机器强烈振动	刀片脱落	及时增补刀片
	紧固螺栓松动	及时拧紧螺栓
	轴承损坏	及时更换轴承并注意加油
变速箱有杂音，温度升高	齿轮间隙过大	添加或去掉垫纸调整间隙
	齿轮磨损	更换齿轮
	齿轮缺油或加油过多	添加或放油
	Ⅱ轴两个轴承装配过紧	拧紧Ⅱ轴螺母，调整好间隙
三角带磨损严重	三角带长度不一致	及时更换三角带，同组长度差≤5 mm
	张进度不一样	调整张紧轮支臂与侧板垂直
	主、被动皮带轮不在一条直线上	在主动轮内侧加调整垫，或将变速箱底螺栓松开，调整Ⅱ轴与侧板垂直

参考文献

[1] 包锡波.1MQ-1200 型、2000 型灭旋起垄施肥联合整地机的设计[J].农业科技与装备，2017(3)：41-42,44.

[2] 陈安宇.我是耕整地机械维修能手[M].南京：江苏科学技术出版社，2010.

[3] 陈兴.秸秆还田机的使用与维护[J].现代化农业，2012,391(2)：35-36.

[4] 丁为民.农业机械学：第二版[M].北京：中国农业出版社，2011.

[5] 董振江.国外双列圆盘耙的发展和现状[J].粮油加工与食品机械，1975(10)：18-34.

[6] 高连兴,王和平,李德洙.农业机械概论：北方本[M].北京：中国农业出版社，2000.

[7] 耿端阳,张道林,王相友,等.新编农业机械学[M].北京：国防工业出版社，2011.

[8] 宫元娟.农机具选型及使用与维修[M].北京：金盾出版社，2008.

[9] 管小多.联合整地机的使用与维护[J].农机使用与维修，2018(6)：37.

[10] 靳范,王继辉.1ZL-7.0 型联合整地机的研制[J].新疆农机化，2010(4)：9-10.

[11] 李宝筏.农业机械学[M].2 版.北京：中国农业出版社，2018.

[12] 李传峰,李坷,雷长军,等.Z01-4800 型联合整地机作业性能试验分析[J].农机化研究，2018,40(10)：172-176.

[13] 李向军,赵大勇,张成亮.大垄双行联合整地机集土部件设计与参数优化[J].农业技术与装备，2020(1)：17-18.

[14] 刘军,张俊三.1ZL-3.6 型联合整地机的研制[J].新疆农机化，2019(2)：22-23.

[15] 芦磊,许剑平,张凤菊.地机械新产品开发方向[J].使用与维修，2014(12)：26-27.

[16] 罗锡文.农业机械化生产学[M].北京：中国农业出版社，2002.

[17] 毛罕平.图说耕作种植机械的使用与维护[M].北京：科学出版社，1998.

[18] 农业大辞典编辑委员会.农业大辞典[M].北京：中国农业出版社，1998.

[19] 潘旺林.农用机械维修速成图解[M].南京：江苏科学技术出版社，2009.

[20] 沈景新,焦伟,孙永佳,等.1SZL-420 型智能

深松整地联合作业机的设计与试验[J].农机化研究,2020,42(2)：85-90.

[21] 王志艳.联合整地机的技术特点及发展趋势[J].农机使用与维修,2019(4)：27.

[22] 徐台斌.土壤耕整机械的使用与维修[M].北京：机械工业出版社,2000.

[23] 许春林,李连豪,赵大勇,等.北方大型联合整地机设计与实验[M].北京：中国农业大学出版社,2014.

[24] 姚强.联合整地机的应用特点及使用注意事项[J].农机使用与维修,2019(8)：75.

[25] 张强,梁留锁.农业机械学[M].北京：化学工业出版社,2016.

[26] 赵天洛.深松联合整地机结构设计[J].南方农机,2019,50(15)：55.

[27] 赵小莉.联合整地机的技术特点及发展趋势[J].农业开发与装备,2020(7)：23.

[28] 郑侃,何进,王庆杰,等.联合整地作业机具的研究现状[J].农机化研究,2016,38(1)：257-263.

[29] 中国农业机械化科学研究院.农业机械设计手册[M].北京：中国农业科学技术出版社,2018.

[30] 全国农业机械标准化技术委员会.农机具产品型号编制规则：JB/T 8574—2013[S].北京：机械工业出版社,2013.

[31] 全国农业机械标准化技术委员会.深松整地联合作业机 JB/T 10295—2014[S].北京：中国标准出版社,2013.

[32] 全国农业机械标准化技术委员会.驱动耙：GB/T 25420—2010[S].北京：中国标准出版社,2010.

[33] 中华人民共和国农业农村部.圆盘耙：DG/T 073—2019[S].北京：中国标准出版社,2019.

[34] 中华人民共和国农业农村部.联合整地机：DG/T 096—2021[S].北京：中国标准出版社,2021.

第4章

播 种 机 械

4.1 概述

4.1.1 定义与功能

播种机械(seeder,简称播种机),是一种以种子为对象的种植机械,用于某类或某种作物的播种工作,常冠以种子作物种类名称,如谷物类条播机、玉米穴播机、棉花播种机、气力式大豆播种机等。播种机是为了取代人力或畜力耕作、播种而诞生的一类农业机械。早期的播种机主要应用于大型的农场和农业试验田,其外形一般较大,需要拖拉机等大型牵引机构引导,可以同时进行多行播种,但其对于土地的要求比较高,需要大块平整的土地才可使用,且早期的播种机多为谷物类播种机,主要播种粮食作物。目前,由于中小型播种机的发展,播种机已广泛应用于个体户农民及小型、中型农场、农庄当中,很多播种机不再需要拖拉机等大型牵引机构的牵引,而是自带动力输出设备,可以自行在田间行走,使播种机更加灵活机动,可以适应更多的土地环境,且播种机样式繁多,不只局限于粮食作物的播种,还可以播种经济作物、名贵药材等。播种机在加快农业发展、节省劳动力、缩短种植周期、增加农作物产量等方面起到了重要的作用。

4.1.2 发展史

早在公元前1世纪,中国就发明了耧车,当时田间常用的耧车为三脚耧车,三脚耧车由操作手柄、耧架、籽粒槽、耧斗、耧辕、耧腿和耧脚构成。通过耧辕可将三脚耧车套在一头牛身上当作牵引动力的来源。耧脚底部装有铁质铧尖可用于破土开沟。耧车为了控制种子的流速,创造性地应用了耧锤和耧舌,通过耧锤使耧舌摆动,令耧斗内堆积的种子左右摆动,从而实现种子流速的控制。耧车可以说是现代播种机的前身。

公元15世纪以后,先于西方工业革命的便是种植业革命,欧洲人为了防止种子被风吹飞或被鸟兽吃掉,研发了许多简易撒播机械。第一台播种机于1636年诞生于希腊。

公元18世纪初,英格兰农民杰斯洛·图尔,设计了他人生中第一台播种机:单犁刀播种机,这个设计方案存在较大缺陷,它因不能控制种子落入种沟的速度,所以时常存在漏播现象。18世纪上半叶,图尔周游欧洲寻找设计灵感,同时推行他的行式种植方式和马力中耕法,他在单犁刀播种机的基础上研制了新的播种机,一台兼具松土开沟器、覆土器、镇压轮、划行器等多种功能的播种机,其松土开沟器类似于现代的松土铲,这个开沟器在极大程度上保证了土层结构不会被破坏;其镇压轮的设计更具有创新性,通过镇压轮的二次覆土压实,为种子生长提供了更加有利的条件;其划行器保证了种子可以沿竖直方向行进而不会歪斜,如今很多播种机、移栽机上仍有划线器存在。

在此之后,图尔受风琴结构的启发,改进了原有设计,制造了一个弹簧机械装置,即世界上最早的条播机。这台条播机可以很好地将种子混合均匀、连续地撒播出去,深受当地农民的青睐。

1830年,俄国人在畜力多铧犁上加装了播种装置,改成了犁播机。1860年以后,英、美两国开始大力生产谷物条播机。20世纪以后相继出现了牵引式和悬挂式播种机,以及运用气力排种的气力式播种机。1958年第一台离心式播种机于挪威诞生。20世纪50年代以后,世界各国开始研制精密播种机。

1949—1957年,我国大量引入苏联的畜力和机引播种机,并进行测绘和仿造,引进的机型主要包括:畜力10行和12行谷物播种机、机引24行和48行谷物播种机及4行棉花播种机。20世纪50年代,山东省潍坊市的一家木业社制造了一款单行滑板式播种机,是我国早期点播机的典型代表,其上的滑板式排种机构(现称为容积式或型孔式排种机构),可以实现单粒或多粒的排种。该播种机使用灵活方便,可用于点播玉米、高粱及豆类作物,其作业效率可达一人一畜7亩/天(0.47 hm²/天)。同一时期河北安平县制造出一款基于水平圆盘式排种器的播种机,其设计具有播深调节装置,可以调节开沟深度,可用于玉米、高粱及豆类作物播种。这款水平圆盘式播种机操作轻便、投种均匀、播深一致,是我国最早使用的水平圆盘式播种机。

20世纪70年代,一机部农机所、山西省农业机械化科学研究所、新疆维吾尔自治区农科院农机所、山西省新绛县机械厂等多家单位联合研制出2BZ-4型播种中耕通用机系列。该系列的播种机采用水平圆盘式排种器,有4行和6行两种机型,分别与22.05/29.4 kW和36.75/40.43 kW的轮式拖拉机配套,属于悬挂式播种机。该系列可通过更换或加装不同的部件实现播种、中耕、施肥、起垄等多项农业作业,同时可通过更换排种圆盘实现多种作物的穴播、点播以及条播种,包括的作物有:玉米、棉花、高粱、小麦、大豆等。该系列播种机在河北、山西、山东、新疆等北部地区得到广泛应用。

20世纪80年代,山西省农业机械化科学研究所研制的2BJD-4型单组式半精密播种机,这款播种机装配有新型的窝眼轮式排种器。这款窝眼轮式排种器的窝眼轮上设有导种槽和退种槽,并装有切向胶板弹性拨种钩组合刮种器和退种装置,这种装置极大地降低了种子的破损率,同时也大大提高了机组的作业速度。该播种机在山西、陕西、宁夏、内蒙古等地得到大面积推广应用。

21世纪之后,我国许多精密型播种机应用到农业生产当中,例如吉林工业大学(现今的吉林大学南岭校区,前身为长春汽车拖拉机学院)研制的2BDY-6/8/9型高速气力式精密播种机、黑龙江省农机研究院研制的2BJQ-6/7/8/9型高速气吸式精密播种机、瓦房店研制的2BQ-11气吸式精量播种机等,这些国产播种机性能稳定,工作效率高,在中国大部分地区种植业中得到广泛应用。国外的播种机械同样注重高科技含量,例如德国阿玛松公司的ED系列气吸式精密单粒播种机、英国福格森公司的MF543型通用机架型播种机、美国约翰迪尔公司的MaxemErge planters系列高速气吸式播种机等。这些播种机械有采用折叠机架以增大作业幅宽,有采用结构先进的开沟器和镇压轮等以提高对土壤环境的适应能力、增强通用性,有采用先进的光电控制系统以提高播种精度等的高新科技,更有结合卫星技术进行定量或变量播种的先进技术。精密播种机是目前世界各国农机公司的研发重点,也是未来一段时间内各大农机公司在播种机领域争取企业利润的重要产品。

4.1.3　国内外研发趋势

近年来在精密播种领域的研发卓有成效,机器整体性能和质量等方面不断提高。现今各大研究机构都将播种机研发的侧重点放在除了工作效率、播种合格率、通用性等基础性能方面外的智能化、低能耗、对土壤的保护等方面。

1. 设计方法精确化

随着计算机技术的发展,逐渐改变了播种机等多种农业机械的设计理念。随着有限元技术、颗粒离散元技术、动力学仿真分析、耦合技术等的快速发展,种子颗粒在播种机内的运动状态分析、播种机零部件部件力学性能计算及受力分析更加精确,设计的零部件更加合理,可以大大降低材料和动力元件的能耗。一些具有庞大研发团队的研究机构可以制作播种机专用的分析软件,加速其团队对于播种机的研发速度,对播种机的研发优化起到正向作用,有效地提高了播种机的播种合格率、工作效率、工作稳定性等方面的基础性能,同时大大缩短了播种机械的研发周期,提升了团队的研发效率。

2. 设计方案智能化

CAD辅助建模技术和人工智能技术快速发展,世界各国农机企业为了争夺私人定制这一市场,都在研发智能化设计体系,这是一种基于人工智能和CAD辅助建模相结合的设计体系,可以为用户提供专属于用户个人所需的播种机设计方案。其中,模块化作为现在国内外智能化设计方案的研究重点,将播种机各个零部件或机构进行模块划分,建立庞大的零件或机构模块数据库,再根据用户提供的需求从模块数据库中调用需要的零件和机构数据,进行自动组合,便可得到用户需要的播种机设计方案。但目前这种技术有很大的局限性,农业机械的零部件众多,通用的零件和机构较少,产生的模块数量众多,不是所有的模块都可以用来进行自由组合,这就给工作人员和计算机带来大量的数据负担。一些拥有强大科研能力的农机公司通过进行模块化,可以实现一些通用系列机型的模块化设计,可以用这些通用模块进行有限的模块化重组,得到可以满足用户需求的设计方案。

3. 控制自动化

农业机械自动控制是21世纪以来农业机械学者的研究重点,自动控制包括播种机构的自动检测,检测排种是否异常、是否漏播、是否堵塞等问题,并自动反馈给系统进行自动调节或寻求人工帮助,还包括自动驾驶和自动工作的控制系统。自动化控制工程的研发目的是节省人力,完成智能化农场这一建设目标,目前国内外的专家学者已经开始自动化驾驶及作业的实验研究,并取得了一定的进展,但目前还不能应用到生产实践当中,自动控制系统的研发将在未来成为播种机研发的重要一环,也将是各大农机公司抢占世界农机市场的一项重要工具。

4. 应用环保化

目前世界各国对于农业机械的应用都或多或少地存在着对土壤、水质等环境的破坏,播种机的开沟对土壤、土层的破坏较为严重,会加剧土壤环境的恶化,牵引播种机的拖拉机由于重量较大,且以柴油为能源动力来源,拖拉机在田间行走的过程中会压实土壤,其废气和行走过程中漏油的情况会导致土壤和水质恶化,长期的耕种更会导致土壤沙化。免耕播种机的诞生就是通过减少耕作次数以降低对土壤的影响,但不能彻底解决耕种对土地的影响,因此播种机的开沟器设计还需要更加贴合保护环境的设计理念;新能源拖拉机的研究一方面是为了减少化石燃料的使用,另一方面是为了减少化石燃料燃烧对环境的影响,但采用新能源的拖拉机尚需继续研究,目前已有的新能源拖拉机机型不足以为播种机播种作业提供足够的动力。自走式播种机的研发也是目前一些先进农业科技研发团队的研发重点,自走式播种机可以省去牵引机构,对土壤的压力较小,减弱播种作业时产生的土壤板结。目前播种机在环境保护方面的研发力度较小,因为大多数环保播种作业在短期内看不出对环境的影响,但环保型播种机的研究一定会是未来播种机乃至农业机械的研究重点。

4.2 分类

播种机的分类方式有很多种,大体上可以按以下方式进行分类。

(1) 按播种方法进行分类:可以分为撒播机、条播机、点(穴)播机、精密播种机等。

（2）按播种作物种类进行分类：可以分为玉米播种机、大豆播种机、棉花播种机等。

（3）按联合作业方法进行分类：可以分为施肥播种机、播种中耕通用机、旋耕播种机、铺地膜播种机。

（4）按照牵引动力进行分类：可以分为畜力播种机、手扶式播种机、机引式播种机，其中，机引式播种机根据挂接方式的不同，可以将机引式播种机细分为悬挂式、半悬挂式和牵引式。

（5）按排种原理进行分类：可以分为气力式播种机、机械式播种机，气力式播种机可以细分为气吸式播种机和气吹式播种机，机械式播种机可根据排种器的不同再细分为槽轮式、水平/竖直圆盘式、勺链式、窝眼轮式等。

4.3　工作原理及组成

播种机的工作原理比较多样，不同的播种机其工作原理都有所不用，在这里我们将对不同种类及型号的播种机进行工作原理分析及结构组成分析。

4.3.1　常用播种机的工作原理及组成

1．撒播机

1）适用范围

撒播机主要应用在大面积且对均匀度要求较低的播种、施肥作业上，例如草场进行大面积的草籽播种、林区进行大面积的树籽撒播、水稻未收割前进行绿肥种子撒播、某些特殊地域对谷物种子的撒播直播等情况。目前的撒播技术分为地面机械撒播和空中飞机撒播两种。地面撒播机械结构简单，其动力来源可分为人力、畜力或机械牵引等（见图4-1）。空中飞机撒播则用于草场大面积的草籽播种和林区大面积的树籽播种。

2）结构组成

撒播机的结构组成较为简单，主要由排种器、种箱、牵引机构组成。排种器中主要由一个旋转叶轮构成撒播器。

图4-1　地面撒播机

3）工作原理

排种器撒播种子主要依靠叶轮旋转时产生的离心力将种子撒播出去，撒播出去的种子流按照出口的位置和附加导向板的形状可以分为扇形撒播区域、条形撒播区域和带形撒播区域。

2．谷物条播机

1）适用范围

谷物条播机主要用于谷物类农作物的播种，可以同时完成开沟、均布条形播种、覆土及镇压等工作，谷物条播机的行走直径较大，可以同时满足谷物的多行窄距播种。

2）结构组成

谷物条播机一般由机架、行走装置、种箱、排种器、开沟器、覆土器、镇压器、传动机构及沟深浅调节机构组成，如图4-2所示。

机架一般为框架式，用以支持整机及安装工作部件。种箱及排种器部分则按技术要求将种子按条形均匀排出，排种器通常选择通轴转动，这样可以在多行作业时为排种器提供所需的较大力矩。开沟器通常要切开土壤形成种沟，令种子落入沟底。覆土器则是在种子落入种沟后将适量的细湿土填入种沟，以达到技术要求的覆土深度。传动装置通常由地轮（行走轮）通过链轮、齿轮等传动机构将地轮（行走轮）的动力传输给排种装置进行排种作业，地轮直径一般较大，这样可以减小滑移率，使排种均匀度更高。

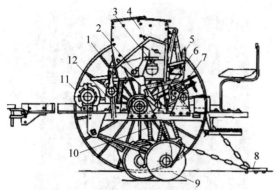

1—地轮；2—排种器；3—排肥器；4—种肥箱；5—自动离合器操纵杆；6—起落机构；7—播深调节机构；8—覆土器；9—开沟器；10—输肥管；11—传动机构；12—机架。

图 4-2　24 行谷物施肥播种机总体结构图

3）工作原理

条播机在工作时，通常由牵引机构牵引，开沟器将土层切开形成种沟，地轮（行走轮）做伴随转动，通过传动装置将地轮转动产生的扭矩传输到排种器的排种轮上，排种轮旋转将种子源源不断地排入种沟当中，覆土器将开沟器切碎的土适量填回已落入种子的种沟当中，将种子覆盖住，最后由镇压轮将覆盖在种子上的土壤压实使种子顺利生长。

3．点（穴）播种机

1）适用范围

点（穴）播种机多用于播种玉米、大豆、棉花等大粒作物，我国常用的点（穴）播种机有水平圆盘式播种机、窝眼轮式播种机和气力式点（穴）播种机。通过更换排种盘可以实现不同作物的点播或穴播。

2）结构组成

2BZ-6 型悬挂式播种机是目前国内常用的典型穴播机，其结构主要分为两部分，一部分为机架，由横梁、行走轮、悬挂架等构成，另一部分由排种器、种箱、开沟器、覆土器、镇压轮等构成播种单体。播种单体的数量与播种行数相等。该机型的播种单体通过四杆机构与机架相连，播种单体可通过四杆机构进行地面仿形，可以随地面的起伏而起伏以保证播种深度的一致，达到播种的技术要求。其具体结构如图 4-3 所示。

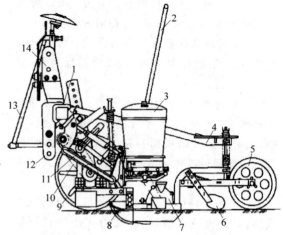

1—主横梁；2—扶手；3—种子筒及排种器；4—踏板；5—镇压轮；6—覆土板；7—成穴轮；8—开沟器；9—行走轮；10—传动链；11—四杆仿形机构；12—下悬挂架；13—划行器架；14—上悬挂架。

图 4-3　2BZ-6 型悬挂式播种机（播种单体）

3）工作原理

以 2BZ-6 型为例，当该机器工作时，播种机的动力由自走的地轮（行走轮）和镇压轮转动，传动装置将地轮和镇压轮转动的扭矩输入给排种器。排种器为水平圆盘式，排种盘与种箱之间属于紧密接触，排种盘每间隔一定距离有一个与种子大小相近的种穴，当排种盘上种穴与种箱的排种孔对齐时，种子依靠重力落入排种盘种穴，随排种盘转动至排种盘排种区，在排种区落入导种管中，最终落入开沟器划出的种沟当中，覆土器随后覆土，镇压轮将土壤压实，完成播种工作。

4．联合播种机

1）适用范围

联合播种机是一种可以同时完成整地、筑埂、平畦、铺膜、播种、施肥、打药等多项作业或其中几项作业的机器。联合播种机可以减少田间作业次数，减轻机械对土壤的压实作用，缩短作业周期，抢抓农时，还可以节约设备投资，减少作业成本。常用的联合播种机有两种，一种是旋耕播种机，另一种是整地播种机。

旋耕播种机主要应用于未耕作的土地，可以同时完成松土除草、旋耕整地、播种施肥、覆土镇压等多项作业。整地播种机主要用于已耕土地,可以同时完成松土、碎土、播种、覆土、镇压等多项作业。

2）结构组成

（1）旋耕播种机的结构组成

旋耕播种机（以美国约翰迪尔公司的I550型旋耕播种机为例）由 6 个单体组成,每个单体由松土除草铲、传动机构、肥料箱、种箱、外槽轮式排种器、输种管、旋耕机、开沟器、覆土器、镇压轮等组成,如图 4-4 所示。传动机构由齿轮箱、传动链、传动轮组成。每个单体的旋耕机装有 2 个带有锯齿的旋耕圆盘刀,工作时可在硬土、草地、留茬地上开出 6 mm 宽的窄沟、沟深为 23～48 mm。

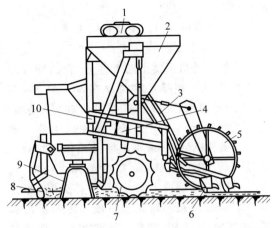

1—分配器；2—种箱；3—输种管；4—风机；5—传动轮；6—开沟器；7—碎石镇压器；8—松土铲；9—立式旋转耙；10—机架。

图 4-5　整地播种机总体结构图

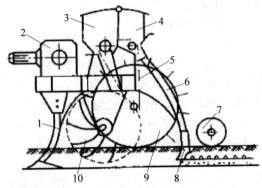

1—松土除草铲；2—齿轮箱；3—肥料箱；4—种箱；5—传动链；6—输种管；7—镇压轮；8—开沟器；9—传动轮；10—旋耕机。

图 4-4　旋耕播种机总体结构图

（2）整地播种机的结构组成

整地播种机主要由机架、分配器、种箱、输种管、风机、传动装置、开沟器、碎土镇压器、松土铲、立式旋转耙组成,如图 4-5 所示。排种器采用气力式集中排种装置,排种轮由传动轮驱动。

3）工作原理

旋耕播种机的工作原理以约翰迪尔的I550 型旋耕播种机为例。该机采用拖拉机牵引,松土除草铲安装在机器前端,作业时可以先对土地进行松土除草作业,旋耕机在松土除草铲后部,对松土除草铲破开的土块进行二次破碎成为细土,再由开沟器开出种沟,由外槽轮式排种器进行均匀排种,再由覆土器将细土进行适量回填,最后由镇压器对土壤进行压实。

整地播种机与旋耕播种机有类似的工作原理,工作时先由前端的松土铲将土层切开,随后由立式旋耕耙将大块土块切碎,并将破碎后的细土平整地铺放在土地表面,开沟器进行开沟,风机产生的风压将种子由种箱带至分配器,再由分配器分送到每一个排种单元上进行排种,种子落到种沟后覆土器进行覆土,镇压轮对土壤进行压实,便于种子生长。

5. 铺膜播种机

1）适用范围

地膜覆盖种植技术是我国缺水地区解决种植问题的关键技术。铺膜播种技术在这些地区有以下几个优点:

（1）地膜覆盖后可以有效阻隔土壤水分的流失,有明显的保墒作用;

（2）由于地膜的存在,阳光透过地膜会使土壤获得辐射热,增加土壤热量,提高土壤地表温度,增强土壤保温,使播期提前;

（3）地膜对土壤环境起到一定的保护作用,使土壤不会被风、雨等自然因素破坏,保持良好的土壤状态;

（4）地膜可以改善土壤环境,提高土壤的通气率,促进作物根系的生长,提高土壤养分的利用率；

（5）地膜可以抑制杂草和病虫害。

2）结构组成

铺膜播种机主要由两个部分组成，即铺膜机和播种机。铺膜机种类众多，有单一铺膜机、作畦铺膜机、先播种后铺膜机和先铺膜后播种机等类型。以先铺膜后播种机中的鸭嘴式铺膜播种机为例，该机由播种单体、铺膜机、传动机构、机架等组成。播种单体由种箱、穴播器、开沟器、后覆土圆盘、覆土推送器、平土器、镇压辊、肥箱和输肥管组成。铺膜机由膜辊、展膜辊、压膜辊、前覆土圆盘组成。传动结构由地轮、传动链等组成。具体结构如图 4-6 所示。

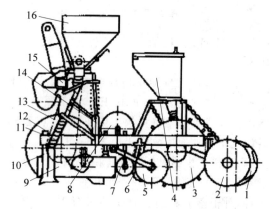

1—覆土推送器；2—后覆土圆盘；3—穴播器；4—种箱；5—前覆土圆盘；6—压膜辊；7—展膜辊；8—膜辊；9—平土器及镇压辊；10—开沟器；11—输肥管；12—地轮；13—传动链；14—副梁及四杆机构；15—机架；16—肥料箱。

图 4-6　鸭嘴式铺膜播种机总体结构图

3）工作原理

工作时，肥料箱中的肥料由排肥器送至输肥管，经施肥开沟器施在种行的一侧，再由平土器将地表上的干土推出种床外面，并将肥料沟填平，同时开出两条压膜小沟，由镇压辊将种床压平。塑料薄膜经展膜辊铺在种床上，由压膜辊将膜横向拉紧，并将膜压入两条压膜小沟内，由覆土圆盘在膜上覆土。播种采用膜上打孔穴播的方式，工作时，种箱内的种子经输种管进入穴播滚筒的种子分配箱中，种子随穴播滚筒一同转动。取种圆盘经过分配箱时，取

种盘的倾斜式型孔从侧面接收分配箱中的种子，再经挡盘卸种后将种子送入种道，随穴播滚筒转动，最后落入活动鸭嘴端部。活动鸭嘴达到下死点时，凸轮将活动鸭嘴打开，使种子落入种穴中，活动鸭嘴升起，并由弹簧将活动鸭嘴关闭。后覆土圆盘将破碎后的细土翻起，小部分细土经锥形滤网进入覆土推送器中，再由覆土推送器将细土回填到种穴中，其余大部分翻起的土壤压在地膜两边，将地膜压紧。

先播种后铺膜播种机的铺膜工作原理与先铺膜后播种机类似，所不同的是在地膜上打孔的方式上采用后补打孔，当作物出苗时再进行人工打孔或机械打孔。

6. 免耕播种机

1）适用范围

免耕播种是当前保护性播种的重要措施之一，主要应用在未耕的茬地上进行直接播种。以 2BQM 6A 型气吸式免耕播种机为例，该型免耕播种机常用于玉米、大豆等中耕作物在残茬地上进行直接播种。

2）结构组成

免耕播种机的部件大部分与传统播种机的结构类似，以 2BQM 6A 型气吸式免耕播种机结构组成为例，该播种机由地轮、主梁、风机、肥箱、四杆机构、种箱、排种器、覆土镇压轮、开沟器、输种管、输肥管、破茬松土器组成，如图 4-7 所示。不同于传统播种机的是，免耕播种机多用于未耕的坚硬土壤、地表有残茬，因此，免耕播种机安装了可以破土和切断残茬的破茬松土器。破茬松土器可以开出 8～12 cm 的沟。排肥器采用外槽轮式排肥器。开沟器采用双圆盘。

常用的破茬部件有波纹圆盘刀、凿形齿或窄锄铲式开沟器和驱动式窄形旋耕刀。波纹圆盘刀上有 5 cm 深的波纹，可以开出 5 cm 宽的小沟，然后由双圆盘式开沟器进行加深，其适用性广，在湿度较大的土壤作业时，也能保证良好的工作质量，并能适应较高的作业速度。凿形齿或窄锄铲式开沟器结构比较简单，入土性能较好，但容易堵塞，当土壤过于干燥

时,容易翻出大块土壤,造成种沟的破坏,作业后土地的平整性较差。驱动式窄行旋耕刀有较好的松土、碎土性能,但由于需要动力输出轴带动,其结构较为复杂。

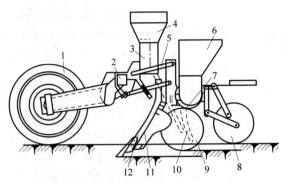

1—地轮;2—主梁;3—风机;4—肥料箱;5—四杆机构;6—种子箱;7—排种器;8—覆土镇压轮;9—开沟器;10—输种管;11—输肥管;12—破土松茬器。

图 4-7　2BQM-6A 型气吸式免耕播种机总体结构图

3) 工作原理

2BQM 6A 型气吸式播种机工作时,先由前端的破茬松土铲进行破土碎茬,划出一条种沟,再利用外槽轮式排肥器将肥料撒入种沟当中,松土破茬后的回土将肥料覆盖,随后由双圆盘开沟器将破土碎茬后的沟进行拓宽,气吸式排种器将种子从种箱中吸出输送至输种管中,再将种子排入种沟中,由后端的 V 形覆土镇压轮进行覆土,并将土壤适当压实。

进行播种时应注意残茬、杂草和虫害的影响,在播种的同时应播撒除草剂和除虫剂,若播种机无上述功能,应将种子进行拌药包衣处理,以保证种子不会受到虫害等影响。

4.3.2　排种器

排种器作为播种机的核心部件,排种器的排种性能是播种机工作质量的一个重要衡量指标。排种器的研究一直以来都是国内外学者及研究机构的研究重点。排种器种类繁多,按播种方式的不同可以大致分为三大类,即撒播排种器、条播排种器和点(穴)排种器。

排种器的设计应满足以下要求:

(1) 排种要均匀稳定。应能均匀连续地排种,在不同作业速度下,播种要稳定,排种要均匀。种箱内种量、地面起伏程度、机器振动对排种量的均匀性和稳定性影响越小越好。

(2) 各排种器的排种量一致。

(3) 通用性好。谷物排种器多用于通用播种机上,应能适应大、中、小型的谷物、豆类、牧草以及蔬菜种子的播种。

(4) 播量调节范围大。为满足不同地区的农艺要求,播量调节要准确、可靠,清种要方便、干净。

(5) 不损伤种子或种子损伤率低。

(6) 工作可靠,使用寿命长,并能适应高速作业要求。

1．排种器的结构和工作原理

条播是要求按照行距、播深、播种量将种子播成条行,一般不会去计较种子间的粒距,主要考量的是一段距离内种子里总粒数是否达到要求。条播对于不同农艺要求的作物有不同的播种方式,有窄行条播、宽行条播和宽窄行条播。用于条播的播种器有外槽轮式、内槽轮式、磨纹盘式、锥面型孔盘式、摆杆式、离心式、匙式和刷式等类型。点(穴)播种器用于作物的穴播或单粒精密点播,穴排时排种器将几粒种子成簇地间隔排出,单粒精密播种时,是按照一定时间间隔一粒一粒地进行播种。目前国内常用的点(穴)排种器有水平圆盘式、窝眼轮式、勺盘式、孔袋式等;气力式包括气吸式、气吹式和气压式等。表 4-1 和表 4-2 分别为常用的条播排种器及点(穴)播排种器的结构、工作原理、特点及适用范围。

2．影响排种器工作性能的因素分析

1) 条播排种器的排种均匀性

条播的排种过程一般是将种箱内的种子形成连续不断的种子流。精量播种应是精确、可控、定量地从种子群中分离出单粒或多粒种子,形成明显、等距的种子流,但实际工作时受多种因素影响,不能达到理想的工作要求,原因是受到分离元件和定量元件的工作质量及环境的客观条件限制。

表 4-1　条播排种器结构、工作原理、特点及适用范围

名称	结构简图	工作原理、特点及适用范围
外槽轮式排种器	 1—排种轴；2—销钉；3—槽轮；4—花型挡环；5—阻塞轮；6—排种盒；7—清种舌；8—清种方轴。	外槽轮式排种器具有排种稳定、均匀、略有断续排种的工作特点。其排种不均匀度不超过 4%，槽轮转速为 9～60 r/min 时，其每转排种量基本不变，改变槽轮转速或有效工作长度可以调节排种量，当排种轴转速过高时或槽轮有效长度较小时，易挤碎种子。 　　常用外槽轮式排种器有下排式和上、下排式两种。下排式排种器种子只能从槽轮下面排出，清种舌有三个不同的位置，以适应种子尺寸大小并减少种子损伤。其外缘做成倾斜式用以使排种更加均匀。当清种舌全部打开时，可以起到对排种盒进行清种的作用。上、下排式，种子既可以从上排种口排出，也可以从下排种口排出，上排种口用于大粒种子播种，下排种口用于小粒种子播种。上排时排种轴转动方向与下排时排种轴转动方向相反。外槽轮式排种器常用于麦类、水稻、高粱和谷子等的条播播种，也可用上排对玉米、豆类进行条播，但种子破碎率高，排种均匀性差。 　　以下排式为例：其工作时，排种轴带动槽轮转动，种子渐次充满槽内，随槽轮转动，种子在排种轮强制推动下经清种舌排出。处在槽轮外缘的一层种子由于种子粒间的摩擦作用和槽轮凸尖的间断冲击被带动，以较低的速度移动并排出，这层种子称为带动层。带动层种子的运动速度越向外越小，速度等于零的种子层称为静止层。带动层内的种子逐渐排出，静止层内的种子逐渐向带动层内进行补充

续表

名 称	结 构 简 图	工作原理、特点及适用范围
内槽轮式排种器	 1—盖板；2—排种杯；3—环轮；4—种子门定位器；5—闸门。	内槽轮式排种器主要用于播种小粒种子和特别细小种子，也可以用于播种大粒种子。内槽轮式排种器的工作槽轮是个内缘带有凹槽的圆环，槽轮分左右两个排种室，一个排种室较浅，用于小籽粒种子播种，另一个排种室较深，用于大籽粒播种，当某一侧排种室不需要时，用盖板将其密封。若要调整种子入口的大小，可通过手柄与闸门联结，对闸门进行调整来达到目的。排种器播种量可通过对排种轴转速进行调整来实现。 内槽轮式排种器的排种过程无脉动现象，均匀性要优于外槽轮式排种器，基本上不伤种，但稳定性较差。 工作时，槽轮处于纵向铅锤方向随着排种轴转动，种子从种箱进入排种室，落入凹槽内的种子随槽轮转动，逐渐升高，当达到一定高度时，种子由于自重大于与槽轮型孔壁的摩擦力而掉入排种道中，随后进入导种管，最后落入开沟器开的种沟当中
纹盘式排种器（又称磨盘式、磨纹式排种器）	 1—种箱；2—托盘压帽；3—传动轴；4—托盘；5—含油轴承；6—磨纹排种盘；7—排种孔盘；8—底座；9—托架。	纹盘式排种器是一种集中式排种器，通常一个排种器可以同时播3行。主要用于小麦、水稻、高粱、胡麻、油菜等作物的条播播种。它既可以单独使用，也可以和水平圆盘式排种器相结合，使原本用于中耕作物的排种器也可以进行谷物类作物条播播种，提高播种机的通用性。 纹盘式排种器的纹盘内缘设有空槽，纹盘底面有磨纹槽，可供种子流通。根据直径大小的不同，底座开有 2～4 个或更多个排种孔，排种孔盘上的排种孔正对着底座上的排种孔。纹盘底面与排种孔盘之间的间隙是可调节的，用以适应播种不同大小的种子的要求。调整纹盘式排种器的播量可以通过改变排种孔尺寸或改变纹盘转速两种方式来实现。改变排种孔尺寸可采用可调式排种孔，但排种孔尺寸的一致性很

续表

名　称	结　构　简　图	工作原理、特点及适用范围
纹盘式排种器（又称磨盘式、磨纹式排种器）	 1—种箱；2—托盘压帽；3—传动轴；4—托盘；5—含油轴承；6—磨纹排种盘；7—排种孔盘；8—底座；9—托架。	难保证，会造成各行排种量一致性差的问题。改变纹盘转速，使用固定尺寸排种孔，其各行排种量一致性比较容易保证，但需要多种传动变速机构和不同尺寸的排种孔盘，才能满足不同作物的播种需求。 工作时，纹盘水平旋转，种子在重力的作用下进入纹盘内缘的空槽当中，随着纹盘的转动，种子按照其阻力最小的长轴方向流入磨纹槽中，在弧形磨纹的强制作用和种子层之间的摩擦带动下，逐渐推移到磨纹边缘的排种孔，少量的种子将从排种孔中排出，剩余在排种孔中的种子被推送到纹盘边缘以外，在纹盘继续推送出来的种子流的推动下，经纹盘外缘与底座侧壁之间的通道逐渐上升返回至喂入区，进入新一轮的种子排种循环当中
锥面型孔盘式排种器	 1—投种器总成；2—锥面型孔盘；3—排种器底座；4—投种孔盘。	锥面型孔盘式排种器是在水平圆盘式排种器基础上改进而得到的一种新型排种器。该排种器设计时，为了方便种子的嵌入，将型孔设计为沿圆周切线方向排列与种子开头相似的长圆型孔，型孔的前壁设有引种倒角，后壁设有退种倒角方便多余的种子顺利退出，型孔向下呈喇叭状，以便清种时种子可以顺利投落，型孔与型孔之间由导种槽连接，用于辅助种子嵌入型孔。该排种器装有垂直柱塞式投种轮，可以刮去型孔中多余的种子，将型孔内的种子推向排种口。投种轮选用弹性柱塞和自动旋转的柔性投种轮可以保持合适的压力，在旋转中击种，这样种子与投种轮接触点的适应性较强，推种效果好，种子损伤率低且机构本身不易磨损，更加灵活可靠。 工作时，种子在锥面型孔盘旋转带动下，依靠种子自身重力和离心力的作用沿斜面下滑，逐渐充满圆周的平面环带，一部分种子被嵌入型孔盘的型孔当中随其转动，剩余的种子被刮种板挡下，进入下一个排种循环，型孔中的种子在排种口处排出，完成播种

名称	结构简图	工作原理、特点及适用范围
摆杆式排种器（又称垂直摆杆排种器）	 1—种罩；2—种箱底板；3—排种盒；4—垫块；5—排种轴；6—间隙调整片；7—主摆杆；8—辅摆；9—导针；10—调节板；11—关闭板。	摆杆式排种器是一种通用性较好的排种器，可以条播玉米、小麦、高粱、油菜和谷子等作物，也可播种白菜、萝卜和大葱等蔬菜。目前这种排种器常装备于为手扶拖拉机配套的 2BAT-6 通用型播种机和为 37 kW 拖拉机配套的 2BC-16 型牧草播种机。 　　摆杆式排种器结构简单，排种均匀性较好，但播量不容易调节，且排种口对播量影响较大。铰接在主摆杆下面的导针，其下端插在菱形排种孔内，随主摆杆的摆动，导针左右摇摆，上下窜动，起到疏导种子、防止堵塞的作用。 　　工作时，将排种孔关闭板打开，排种轴在曲柄摇杆机构的驱动下，主辅摆杆一同来回摆动，对种子进行搅动。种子在摆杆的作用下被推向排种盒底面中心处的菱形排种孔而排出。由于排种孔配置在排种盒弧形底面上，除了摆杆的强制排种外，种子还在重力的作用下进行自流排种
离心式排种器	 1—种子箱；2—排种孔；3—调节挡板；4—外锥桶；5—排种锥桶；6—推种器；7—排种锥桶上的进种口；8—清种口；9—导种叶片；10—隔锥；11—排气管；12—进种口调节活门。 （a）整体剖面图；（b）局部放大图	离心式排种器的通用性较好，能播种各种粒型的种子，例如麦类、青饲玉米、蔬菜、牧草等，也可用于种子和肥料的联合播种。离心式排种器是集中式排种，只有一个排种器，结构比较简单、重量轻。它能适应 7~9 km/h 的作业速度，且在此作业速度下，播种均匀性好，种子损伤率低。改变排种孔大小可以对其播量进行调节，各行播量的一致性主要取决于加工精度及装配质量。锥桶的转速和种子尺寸等会直接影响到排种器的播种质量，每转的种子播量受锥桶转速而改变，因此其播量不容易保持稳定。 　　工作时，种箱通过各种子出口前面分种器之间的种子通道与外锥桶相通，排种锥桶高速旋转，在外锥桶的种子经过进种口进入排种锥桶，种子在离心力和导向叶片的作用下沿内锥面上升，均匀地抛入沿周围均匀分布的排种口分配室，未能进入分配室出种口的种子经出种口和隔锥之间的空隙返回外锥桶中，进入输种管中的种子最终落入开沟器开出的种沟当中，完成播种作业

续表

名 称	结 构 简 图	工作原理、特点及适用范围
匙式排种器	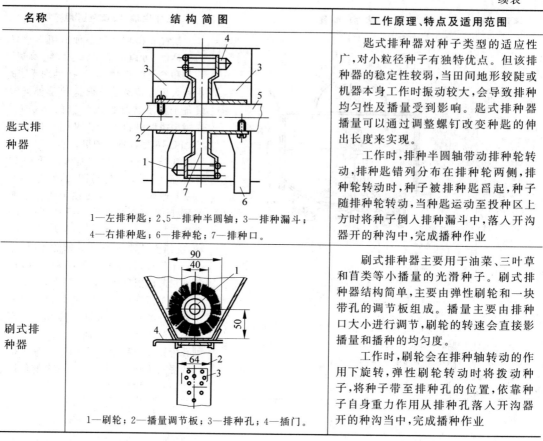 1—左排种匙；2、5—排种半圆轴；3—排种漏斗；4—右排种匙；6—排种轮；7—排种口。	匙式排种器对种子类型的适应性广，对小粒径种子有独特优点。但该排种器的稳定性较弱，当田间地形较陡或机器本身工作时振动较大，会导致排种均匀性及播量受到影响。匙式排种器播量可以通过调整螺钉改变种匙的伸出长度来实现。 　　工作时，排种半圆轴带动排种轮转动，排种匙错列分布在排种轮两侧，排种轮转动时，种子被排种匙舀起，种子随排种轮转动，当种匙运动至投种区上方时将种子倒入排种漏斗中，落入开沟器开的种沟中，完成播种作业
刷式排种器	 1—刷轮；2—播量调节板；3—排种孔；4—插门。	刷式排种器主要用于油菜、三叶草和苜蓿类等小播量的光滑种子。刷式排种器结构简单，主要由弹性刷轮和一块带孔的调节板组成。播量主要由排种口大小进行调节，刷轮的转速会直接影响播量和播种的均匀度。 　　工作时，刷轮会在排种轴转动的作用下旋转，弹性刷轮转动时将拨动种子，将种子带至排种孔的位置，依靠种子自身重力作用从排种孔落入开沟器开的种沟当中，完成播种作业

表 4-2　点（穴）播排种器结构、工作原理、特点及适用范围

名 称	机 构 简 图	工作原理、特点及适用范围
水平圆盘式排种器	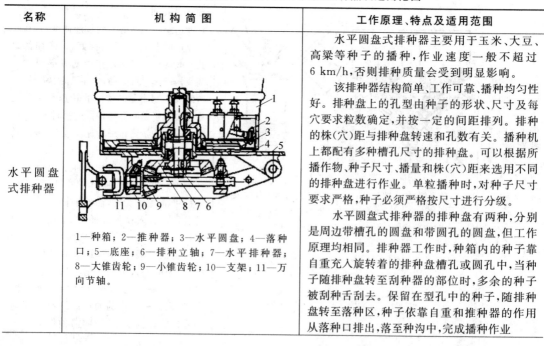 1—种箱；2—推种器；3—水平圆盘；4—落种口；5—底座；6—排种立轴；7—水平排种器；8—大锥齿轮；9—小锥齿轮；10—支架；11—万向节轴。	水平圆盘式排种器主要用于玉米、大豆、高粱等种子的播种，作业速度一般不超过6 km/h，否则排种质量会受到明显影响。 　　该排种器结构简单、工作可靠、播种均匀性好。排种盘上的孔型由种子的形状、尺寸及每穴要求粒数确定，并按一定的间距排列。排种的株（穴）距与排种盘转速和孔数有关。播种机上都配有多种槽孔尺寸的排种盘。可以根据所播作物、种子尺寸、播量和株（穴）距来选用不同的排种盘进行作业。单粒播种时，对种子尺寸要求严格，种子必须严格按尺寸进行分级。 　　水平圆盘式排种器的排种盘有两种，分别是周边带槽孔的圆盘和带圆孔的圆盘，但工作原理均相同。排种器工作时，种箱内的种子靠自重充入旋转着的排种盘槽孔或圆孔中，当种子随排种盘转至刮种器的部位时，多余的种子被刮种舌刮去。保留在型孔中的种子，随排种盘转至落种区，种子依靠自重和推种器的作用从落种口排出，落至种沟中，完成播种作业

续表

名称	机构简图	工作原理、特点及适用范围
倾斜圆盘式排种器	 1—充种盘；2—隔板；3—排种盘；4—底座； 5—充种室；6—种箱。	倾斜圆盘式排种器主要用于玉米、大豆、甜菜、蔬菜、花生等种子，其适用的作业速度较低，一般不超过 6 km/h，其排种性能良好。该排种器的投种高度较低，有利于提高株距的均匀性。倾斜配置的排种器提高了充种盘侧向型孔的充种能力和自然清种能力，对种子的损伤率较低。 根据所播作物种子尺寸，有多种充种盘、排种盘可供替换。可以通过传动比调节排种的株距大小。 倾斜圆盘式排种器的工作原理与水平圆盘式类似，所不同的是，该排种器多出一个充种盘，排种时，先经由充种盘再到排种盘，最后落入种坑。工作时，种子靠自重填入充种盘型孔内，随充种盘旋转至上部的过程中，种子依靠自重和清种毛刷清除型孔中多余的种子，使其落回充种室。型孔内的种子转至隔板上部的缺口处，种子靠自重或投种器的作用，落入与充种盘同时旋转的排种盘上的型孔中，再随排种盘转动至下方排种口处，种子依靠自重从排种口中排出至开沟器开出的种沟内，完成播种作业
窝眼轮式排种器	 1—种箱；2—种子；3—刮种片；4—护种板； 5—窝眼轮；6—排出的种子；7—投种片。	窝眼轮式排种器适用于颗粒度均匀的种子，播球状种子的效果最好。该排种器大多用于播种玉米、大豆、高粱、丸粒化甜菜等中耕作物播种机、组合式排种轮上，也可用于谷子条播。 窝眼轮式排种器上的型孔大小可根据作物所播种子的形状、尺寸、每穴要求粒数进行设计，窝眼轮上型孔的排列有单排型孔和双排型孔等，也可设计成组合式排种轮，用于满足多种作物的点播、穴播或条播。窝眼轮式排种器结构简单，通用性好，在作业速度不大于 6 km/h 的工况下，排种性良好，但易伤种。为了便于型孔的充种，型孔入口处开有倒角，大直径的窝眼轮有利于降低投种高度，有利于提高播种的均匀性。为了适用于更多作物，可制作多个窝眼轮备用，也可将窝眼轮制成滑套式，滑套可以轴向移动用以调节窝眼轮的横向大小；或在一个窝眼轮上开多种尺寸的型孔，工作时将不用的型孔封闭。 窝眼轮为垂直配置，工作时，种子依靠自重落入旋转的窝眼轮型孔中，当充满种子的型孔经过刮种器时，型孔中多余的种子被刮种器刮掉，型孔中剩余的种子进入护种区，当窝眼轮转至下方一定位置时，种子依靠自重或其他强制方式（如推种器）将种子从型孔中排出，落入种沟内，完成播种作业

续表

名 称	机 构 简 图	工作原理、特点及适用范围
倾斜勺式排种器	 1—种箱；2—排种勺轮；3—导种叶轮。	倾斜勺式排种器的结构较为简单，不易伤种，对种子的形状和尺寸要求不高。作业速度不高于 8 km/h 的工况下，排种质量较好。该型排种器可通过更换排种勺盘用于玉米、甜菜、花生、向日葵、豆类、棉花等作物的精密播种。作物的播种株距，可以通过调节传动比改变排种勺轮转速进行株距调整，调整范围为 8~25.5 cm，共分 15 级。 　　该排种器是不需设置专门的清种装置的机械式排种器。排种勺盘的倾斜角为 30°~45°，才可克服种子沿勺盘下滑时产生的摩擦阻力，而使多余的种子可以依靠自身重力下滑。 　　倾斜设置的排种盘上均匀分布着 15~30 个小种勺。排种盘旋转时，排种勺通过充种区，勺内将舀起 1~2 粒种子。随着排种勺旋转到上方的过程中，多余种子依靠自重自动滑落，进行自动清种，使每个种勺内只有一粒种子。当排种小勺转至上方时，勺内种子在自重的作用下，通过隔板开口落入与排种勺盘同步旋转的导种叶轮上相应的槽内，种子再随导种叶轮转至下方排种区域，通过底座的排种口将种子排出，落入种沟内，完成播种作业
内充型孔轮式排种器	1—种箱；2—护种板；3—充种区；4—排种盘。	内充型孔轮式排种器可以单粒播种或穴播玉米、甜菜和豆类等多种作物。内充型孔轮与传统的型孔轮相比，其型孔的充种性能有了极大的提高，因为型孔的充种区在下方内部，种子除了依靠自重充入型孔，由于排种盘的旋转对种子产生离心力，且离心力的方向与种子充入型孔的方向一致，因此种子受到的离心力也可以帮助种子充填入型孔中。型孔的尺寸和形状可根据种子的形状和尺寸进行设计。该型排种器的作业速度可达 7 km/h，在此种工况下工作，排种性能良好。 　　工作时，种子从种箱流入充种室，种子依靠自重和离心力作用，在充种区充入型孔当中。型孔轮转动的过程中带动型孔中的种子向上转动，型孔中多余的种子会在自重的作用下掉回充种区中，型孔中剩下的种子会在护种板的作用下随型孔轮转动，当转至下方排种区时，种子在自重的作用下从型孔中落下，并从排种口排出落入种沟内，完成播种作业

续表

名称	机 构 简 图	工作原理、特点及适用范围
垂直转勺式排种器	 1—种箱;2—排种勺式;3—斜板;4—充种室。	垂直转勺式排种器通过更换不同型号的排种勺可用于蔬菜、豆类、玉米、甜菜等作物的播种。种勺的勺匙容积由种子的尺寸、形状和每勺匙内的种子数决定,可单粒点播、穴播和条播。 该排种器工作时不伤种,没有清种装置。播种株距可通过改变传动比来调节。该型排种器的作业速度较低,允许的最高作业速度为 4.5 km/h。 工作时,种子从种箱进入充种室,30个勺匙均布在排种盘上,随排种盘运转,并由底座上的轨道控制勺匙的翻转。当勺匙经过下部充种室时,勺匙将种子舀起,当转至上方时,由于轨道的突然上升和转弯,勺匙翻转,种子依靠自重落到斜板上,种子从斜板滑入种沟中,完成播种作业
指夹式排种器	 1—排种底座;2—清种刷;3—排种口;4—导种叶片;5—夹种区;6—指夹。	指夹式排种器主要用于精点播玉米,尤其对形状较规则、尺寸差别较小的玉米种子比较适用,播种大豆等其他作物时,需更换内槽轮式排种器,通用性较差。 该排种器大部分零件为薄板冲压或塑料制成,重量较轻,拆卸便捷,但排种器本身结构较为复杂,排种底座和指夹磨损后,排种性能会急剧下降,需要定期更换或维护,成本较高。种子通过指夹强制夹持,工作性能较为可靠。播种株距可通过改变排种盘转速进行调节。该排种器在作业速度8 km/h以内,排种性能良好。 工作时,种子从种箱流入夹种区。当装有12个指夹的排种托盘旋转时,每一个指夹经过夹种区,指夹板在弹簧的作用下,夹住一粒或几粒种子。转至清种区时,由于清种区底面凹凸不平,当被指夹压住的种子滑动时,种子所受的压力发生变化,引起颤动,并在毛刷的作用下,多余的种子被清除下去,回到夹种区,剩下一粒种子。当其转动到上部排种口时,种子被推到隔室的导种链叶片上,与排种盘同步旋转的导种链叶片把种子带到开沟器上方,种子依靠自重从导种管落入种沟当中,完成播种作业

续表

名　称	机　构　简　图	工作原理、特点及适用范围
带式排种器（也称孔带式排种器）	1—排种监视装置；2—排种带；3—存种室； 4—托板；5—清种轮；6—推种器；7—驱动轮。	带式排种器主要用于蔬菜、甜菜等小籽粒种子播种，更换排种带后可播种大豆、玉米，通用性较好。排种带由橡胶制成，根据播种作物的种类和穴粒数不同，可用打孔机在排种带上打出不同型孔，有单排孔、双排孔和三排孔，以满足点播、穴播或条播的要求。 　　该排种器结构简单，不易伤种，但型孔本身对种子的形状、尺寸要求较高，种子需要进行严格的筛选分级或丸粒化处理。由于带式排种器的投种高度较低，在作业速度不大于5 km/h的工况下，排种性能良好，但作业速度大于6 km/h时，排种性能显著下降。 　　带式排种器有两种形式：一种是充有种子的型孔转至清种轮下方时，清种轮将型孔中多余的种子清除，并将型孔中剩余种子推出落至种沟中；另一种是充有种子的型孔带转至上方时，由另一个橡胶带将种子压住，护送至下方排种口处排出。以利用清种轮清种的带式排种器为例：工作时，种子从种箱中流出，依靠自重充填入环状排种橡胶带的型孔中，排种带的转动方向与播种机的前进方向相反，排种带下方的鼓形托种板对排种带起到支撑的作用，并防止种子从型孔中下漏出去。当排种带转至清种轮部位时，清种轮将多余的种子从型孔中清除，剩余的种子随排种带上的型孔转至鼓形托板以外，种子依靠自重落入种沟中，完成播种作业
气吸式排种器	1—刮种器；2—存种室；3—排种盘； 4—排种器机体。	气吸式排种器主要用于玉米、大豆、甜菜、棉花等中耕作物的精密播种机上。该排种器可以进行单粒点播、穴播和条播播种作业。 　　气吸式排种器能够适应不同作物种子的排种要求，其排种盘上的吸孔直径可以根据种子的形状和尺寸进行设计，对种子的尺寸要求并不严格，对种子的损伤较小，可以进行高速的播种作业。该排种器需要与风机配套使用，风机的功率消耗较大，对气吸式排种器的制造和使用要求较高。吸孔吸种的动力主要来源于风机产生的负压，即气室吸力，气室的吸力可以通过调整风机转速或进、出口风门大小进行调节。该排种器的株距调节可通过调节排种盘转速或改变吸孔数来实现。

续表

名称	机构简图	工作原理、特点及适用范围
气吸式排种器	 1—刮种器；2—存种室；3—排种盘； 4—排种器机体。	工作时，种箱内的种子流入排种器的存种室，排种盘将吸室和存种室隔开，吸室通过软管和风机进行连接，当风机工作时，吸室将产生一定真空度，排种盘吸孔处将产生吸力，将种子从存种室中吸附到吸孔上。种子随排种盘转动到刮种器部分时，刮种器将多余的种子退回到存种室中，至剩余一粒种子在吸孔上。剩下的一粒种子随排种盘转至开沟器上方无吸力区域时，种子依靠自重或推种器的作用进入输种管，最终落入种沟内，完成播种作业
气压式排种器（也称气送式排种器）	 1—种箱；2—风管；3—风机；4—卸种轮；5—排种滚筒；6—卸种管；7—输种管。	气压式排种器可通过更换不同型孔大小和孔数的排种滚筒，用以玉米、大豆、甜菜、高粱和向日葵等作物的精密点播作业。该排种器采用集中排种的方法，即只有一个排种滚筒，排种滚筒上有6～8排排种孔，通过不同长度的输种管将其输送至各播种行，可同时对6～8行进行播种作业。通过改变风机的转速来改变风压，用以适应不同种子的吸附压力需求。调节排种滚筒得到的转速可以改变排种株距。该排种器在作业速度不大于8 km/h的工况下，排种性能良好。 　　工作时，风机产生风压，通过风管将风压传给种箱，使种箱内的气压始终比排种滚筒内的气压高10%，以便于种子不断流入排种滚筒中。流入滚筒内的种子沉积在滚筒底部，种子依靠自重和来自风机的风压，被压附在滚筒的型孔中，并随滚筒转至上部，经过清种毛刷时，多余的种子将被刷去，使得每个型孔内只有一粒种子。当滚筒转至卸种部位时，卸种轮堵住型孔，使得种子两侧的压差消失，种子依靠自重落入接种漏斗内，随风机产生的气流被强制排出至种沟内，完成播种作业

续表

名称	机构简图	工作原理、特点及适用范围
气吹式排种器	 1—种箱；2—挡种板；3—壳体；4—种子； 5—插板；6—推种片；7—排种轮；8—气嘴。	气吹式排种器可通过更换不同型孔的排种轮和调节不同气吹压力，用于玉米、大豆、脱绒棉籽、球化甜菜和菜籽等作物的精密播种。 气吹式排种器的排种轮型孔较大，型孔充种时除了依靠种子自重以外还有气流的辅助力，因此该排种器的充填性能较好，且对种子的形状尺寸要求不严。利用气嘴射出的气流可将多余的种子吹掉，达到清种的作用，实现单粒精播的要求。该排种器可在较高的作业速度（8 km/h）下工作，且排种性能良好，不易伤种。 该排种器的工作原理与窝眼轮式排种器的工作原理类似，不同点是利用气流将型孔中多余的气流除掉。种子在充种区时，依靠种子自重和气流压差的作用，将种子填充入排种轮型孔当中。当充有种子的型孔转至清种区时，由风机提供给气嘴高压气流，在高压气流的作用下，将型孔中多余的种子吹掉，只留一粒种子压附在型孔底部，然后随排种轮转至护种区，气压消失，到开沟器上方，种子依靠自重和推种片作用排出，落至种沟内，完成播种作业

（1）外槽轮排种器是靠槽轮转动时齿脊拨动种子强制排种，槽轮转动到凹槽处排出的种子较多，转到齿脊处排出的种子较少，因此种子流会出现脉动的现象，影响排种的均匀度。为了克服其脉动性，在加工槽轮时将槽轮的轮槽交错排列，或将正槽做成螺旋斜槽，有助于提高排种均匀性，但仍不能根除脉动现象的产生，种子流的脉动现象为外槽轮排种器的基本缺陷。

根据种子粒型的不同，可以通过调节外槽轮排种器的清种舌的开口来调节排种间隙。不过当排种间隙过大时，一部分种子可能自流排出，这将影响排种均匀性和播量的稳定性；排种间隙过小时，种子的损伤率将增大。为克服种子自流现象，有些排种器在清种舌上方安装毛刷或弹性刮种器，可以有效提高排种均匀性和播量稳定性。

影响外槽轮排种器工作性能的结构参数如下：

① 槽轮直径 d：若槽轮直径过大，排种器尺寸增加，在相同播量下转速和工作长度都将相应减小，这将影响排种器的排种均匀性；若槽轮直径过小，相同播量下就必须提高槽轮转速，这将提高伤种率。目前普遍使用的外槽轮排种器直径为 40 mm，对于小麦和中粒种子可适当提高槽轮转速，增加脉冲频率，减小脉冲振幅，因而排种均匀性比大直径槽轮要好；播大粒种子，如玉米、棉籽等，可选用大直径槽轮；播油菜、谷子等小籽粒种子，槽轮直径可选用 24~28 mm。

② 槽轮转速 n：若槽轮转速过低，脉动频率较低，排种均匀性较差；若槽轮转速过高，会导致排种器的伤种率增加。根据所播种子的类型不同，槽轮转速可选范围为 9~60 r/min。

③ 槽轮工作长度 L：若槽轮工作长度过小，排种器内种子流动不畅，形成局部架空，将降低排种器的排种均匀性。实验证明，槽轮工作长度不应小于种子长度的 1.5～2 倍。播麦类谷物时，可选取 L 为 30～42 mm。根据播种的种子类型不同，槽轮工作长度可供选择范围为 30～50 mm。

④ 凹槽断面形状和槽数 Z：槽轮的凹槽断面形状有弓型、圆弧梯型、直槽型等。弓型便于槽轮的充种和排种。播大粒种子时常用凹槽断面为圆弧梯型的凹槽，用以增加凹槽的容积；小粒种子播种则采用凹槽断面为直角形的凹槽。槽的深度 h 不应小于种子厚度的 1/2，最深不过种子厚度的 2～3 倍。槽的宽度 b 依据种子尺寸大小而定，通常取种子最大长度的 2 倍。槽数过少，会减少带动层的厚度，降低排种器的排种均匀性；若槽数过多，会增加排种器的伤种率；合理的槽数，可以在一定程度上改善排种器的排种均匀性。常用的槽轮槽数 Z 为 10～18。

(2) 纹盘式排种器的分离元件圆弧状条纹在纹盘端面上形成头尾搭接的槽沟，所拨动种子形成的种子流比外槽轮式细而均匀，而且脉动性要比槽轮式小得多，因此纹盘式排种器的排种均匀性优于外槽轮式排种器。但在播量调整和机器制造方面存在不足。

(3) 锥面型孔盘式排种器设计了便于种子囊入的沿圆周切线方向排列的、与小麦种子形状相似的长圆形型孔，型孔前壁设有引种倒角，以便种子顺利囊入型孔中；型孔后壁设有退种倒角，便于型孔内多余的种子退出型孔；型孔向下呈喇叭状，便于种子在投种时顺利下落；相邻的型孔之间有导种槽连接，可以辅助种子囊入型孔。通过利用锥盘转动时的旋转离心力和斜面分力，将箱内的种子压力集中在窄小的平面环带上，增强种子的自动充填性能，可以大大改善囊种条件，提高充种性能。

2) 点(穴)播型孔式排种器的充种性能

型孔盘式排种器和窝眼轮式排种器的排种质量取决于型孔和窝眼的充种质量。

(1) 型孔形状和尺寸对充种性能的影响。在确定型孔尺寸时，要使型孔充种率达到最高，型孔需按最佳的排列方式就位。试验证明，扁粒玉米种子常以竖立或侧立的方式从种箱内填充进入型孔中。由于摩擦力和离心力的作用，玉米种子以侧立式充入型孔的情况较好。

型孔盘的线速度 v_p 大小对种子的充填性能和投种的准确性有直接影响。若线速度过大，型孔通过充种区时的时间较短，种子没有足够的时间进行充填，极易造成漏播。假定种子随型孔盘以线速度 v_p 运动，依靠自重落入型孔中，则当种子在型孔上方运动过程中，其重心 O 降低至型孔盘上表面时，必能保证进入型孔(如图 4-8 所示)。按自由落体的运动方程可求出种子直径为 d 的球形种子和扁平种子的充种极限速度：

$$球形种子：v_p \leqslant \left(A - \frac{d}{2}\right)\sqrt{\frac{g}{d}} \quad (4\text{-}1)$$

$$扁平种子：v_p \leqslant \left(A - \frac{3}{2}l\right)\sqrt{\frac{g}{d}} \quad (4\text{-}2)$$

式中的 g 为重力加速度。

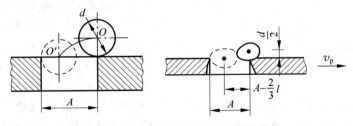

图 4-8　型孔盘或窝眼轮的极限线速度

试验结论得出，排种盘的线速度一般不宜超过 0.35 m/s。若没有增设其他用以提高充种性能的辅助充种装置，超过这个 v_p 值，排种盘的充种性能将大大降低。经改进后的水平圆盘的型孔充种系数为 $(100\pm4)\%$ 时，型孔盘的线速度可相应提高至 $0.5\sim0.8$ m/s。用于播种小籽粒种子的窝眼轮排种器的线速度要低得多。排种盘的线速度与播种机作业速度 v_m 直接挂钩，二者的关系如下：

$$v_p = \pi Dq(1+\delta)v_m/(Zt) \tag{4-3}$$

式中，D——排种盘直径；

q——穴粒数；

δ——滑移率；

Z——排种盘型孔数；

t——穴距或株距。

由式（4-3）可知，当其他参量为定值时，v_p 与 v_m 成正比。由于 v_p 直接影响充种性能，所以 v_p 不能过大，也因此限制了作业速度 v_m。当 $v_p \leqslant 0.35$ m/s 时，v_m 的速度选择范围一般为 $6\sim7$ km/h 以下，减小 D 或增加 Z 都需要降低 v_p，但这会缩减充种路程，反而不利于充种，同时也缩小了型孔与型孔之间的间距。型孔间的间距过小，会导致每个型孔间种子分离的准确性受到影响。采用较大的排种盘，可以增加充种路程和充种时间，有利于提高型孔的充种系数。

（2）气吸式排种器的吸附能力。在竖直面内回转的气吸式排种盘上，被吸孔吸附的种子受力情况如图 4-9 所示。

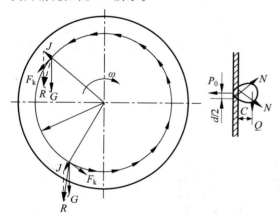

P_0——一个吸种孔的吸力；G—种子的重力；J—种子受到的离心惯性力；F_k—空气阻力；d—吸孔直径；C—种子与排种盘之间的间距；R—G 和 J 的合力；Q—G、J、F_f 的合力（F_f 为种子的内摩擦力）。

图 4-9 种子被吸附在吸种孔上的受力分析

一个吸孔要吸附住一粒种子，至少要满足以下条件：

$$P_0 d/2 \geqslant QC \tag{4-4}$$

考虑到实际工作中，排种器受种子自然条件（充种区种子的分布情况、种子间的碰撞等）、外界环境条件和排种器工作稳定可靠系数 k_2，在最大极限条件下，可求出气吸室所需最大真空度值 $H_{C\max}$：

$$H_{C\max} = \frac{80k_1 k_2 mgC}{\pi d^3}\left(1+\frac{v_p^2}{gr}+\lambda\right) \tag{4-5}$$

式中，d——排种盘吸孔直径，cm；

C——种子重心与排种盘之间的距离，cm；

m——一粒种子的质量，kg；

v_p——吸孔中心处的线速度；

r——吸孔处转动半径，m；

g——重力加速度，m/s^2；

λ——种子摩擦阻力的综合系数，$\lambda\approx(6\sim10)\tan\alpha$，$\alpha$ 为种子的自然休止角；

k_1——吸种可靠性系数，$k_1=1.8\sim2.0$（一般种子千粒重较小，形状近似球形时，k_1 取小值）；

k_2——工作稳定可靠性系数，$k_2=1.6\sim2.0$（种子千粒重较大时，k_2 选大值）。

显然，气吸室的真空度越大，吸孔对种子的吸附能力越强，不易产生漏播的情况。但真空度过大，一个吸孔就可能吸附多个种子，造成重播，增加播种机的重播率。除此之外，吸孔的直径越大，则吸孔处对种子产生的吸力越大，可以减少漏播现象，但会增大重播现象。目前，为了解决漏播和重播等异常现象，气吸式排种器一般采用大真空度以减少漏播、加装清种装置以减少重播。吸孔直径和气吸室真空度可参照表 4-3 选择。

（3）清种方式。对点（穴）播排种器，种子进行充种时，型孔中可能会充入多余的种子，而这些种子必须加以清除，以保证精量播种。

刮种板式和刷轮式清种方式适用于水平型孔盘排种器、窝眼轮式排种器（见图 4-10）。刮种板或刷轮需要弹簧保持一定弹性，以免伤

表 4-3 吸孔直径和气吸室真空度

作　　物	玉米	大豆	高粱	向日葵	小花生
吸孔直径/mm	5.0～5.5	3.4～4.5	2.0～2.5	2.5～3.5	5.5
气吸室真空度/kPa	2.75～2.94	2.75～2.94	2.16～2.35	2.35～2.55	5.88～7.85

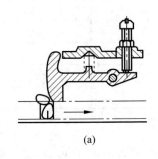 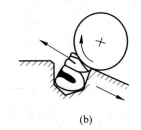 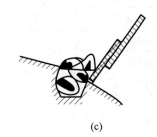

(a) (b) (c)

图 4-10 清种器

(a) 刚性清种板；(b) 弹性清种轮；(c) 橡胶挂种片

种且能有效地清除多余的种子。刷轮借助本身的旋转作用，用轮缘将多余的种子刷走，刷轮的线速度应大于或等于型孔盘线速度的 3～4 倍。气吸式排种器上常用齿片式清种器；气吹式排种器常用气流清种，效果良好。

（4）排种器的同步传动。为了确保排种器工作时的播种排量与动力机构的转速度快慢无关，排种器的排种速率必须与播种机的行进速率严格同步。因此，播种机的排种器均由地轮进行驱动。但由于地面凹凸不平，以及地轮本身行走时产生的不规则滑移，使得排种器的排种速率与播种机的行进速率不能完全同步，这就将影响排种器的排种均匀性和株距的精确性。因此，应尽可能减小地轮的滑移，采取的主要措施是选用较大直径的地轮和在轮辋上安装轮刺以提高地轮的抗滑移性能。从单组传动与整体传动方式来看，单组传动受工作条件差异和不均匀传动影响，易形成各个排种器不均匀性，造成各行排量的不一致性；而整体传动可以减少传动滑移的不一致性和不稳定性，从而提高排种均匀性和排种株距的精确性。

（5）投种高度与投种速度。已充入种子的型孔随排种盘转至投种区（即投种口所在区域）时，应将种子及时投出，否则种子在种行内的粒距精确度将受到影响。故有些排种器设

有推种器，用来强制投种，保障种子在投种区顺利投出。

投种高度（排种口距离种沟沟底的高度）对种子在种沟内的分布有很大的影响。种子排出过程中，由于受空气阻力和种子与输种管壁碰撞的影响，其粒距均匀性无法得到保障。投种高度越高，种子的下落过程越长，所受到的干扰影响越大，易造成种子落点不准。因此，应尽量缩短输种管的长度，减小开沟器高度，降低投种高度。

投种时，种子在机器的前进方向的绝对水平分速度也是影响排种器性能的一个关键因素。此速度为排种盘投种时水平分速度 v_{px} 与播种机前进速度 v_m 的速度之和。绝对水平分速度越大，种子与种沟底的碰撞及弹跳越厉害，播种质量也就越差。当排种盘投种的水平分速度 v_{px} 与播种机行进速度 v_m 的大小相等、方向相反，则种子的水平分速度为零，种子的落点更精准，这就是所谓的零速投种。

4.3.3 排肥器

播种和中耕追肥机上的排肥器，常用于排施粒状和粉状化肥、粒状复合肥以及农场自制的颗粒肥等。常用化肥的主要技术特性如表 4-4 所示。

表 4-4　几种化肥的主要技术特性

肥 料 名 称	外　　　形	含水率/%	密度/$(g \cdot L^{-1})$	自然休止角/(°)
尿素	颗粒	—	720	35
硫酸铵	粒状	0.93	943	44
硝酸铵	结晶	2.13	1010	35
碳酸氢铵	粉状	2.87	920	37
磷酸铵	晶体	2	840	—
过磷酸钙	粉粒状	16	880	—
磷酸二铵	颗粒	—	789	

为满足施肥作业的需求,排肥器须满足以下条件:

(1)要有一定的排肥能力,一般化肥的播撒量在 75～450 kg/hm² 范围内可调。排肥量要均匀且稳定,不架空,不堵塞,不断条;

(2)对化肥的通用性要强,一个排肥器可以播撒多种肥料;

(3)排肥工作阻力小,工作可靠,使用调节方便,便于箱内剩余肥料的清理回收;

(4)零部件要具有耐腐蚀性和耐磨性。

常用排肥器的类型、工作特点及适用范围如表 4-5 所示。

表 4-5　排肥器类型、工作特点及适用范围

类型名称	结 构 简 图	工作特点及适用范围
外槽轮式排肥器	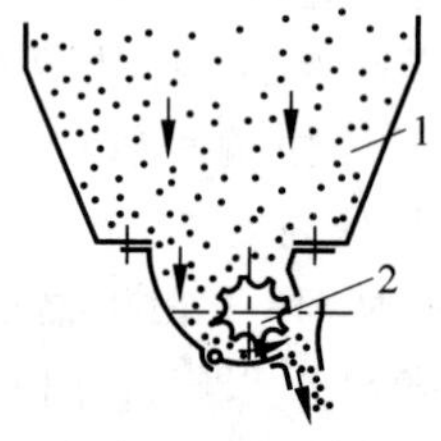 1—肥箱;2—槽轮。	外槽轮式排肥器的工作原理和结构与外槽轮式排种器类似,通过加大槽轮直径,减少齿数,使间槽的容积增大。 该排肥器结构简单,适用于排施流动性较好的松散化肥和复合粒肥,对于吸湿性较强的粉状化肥不适用,易粘于槽轮上,导致架空或槽轮堵塞。 该排肥器广泛用于谷物条播机和中耕作物播种机
滚轮式排肥器	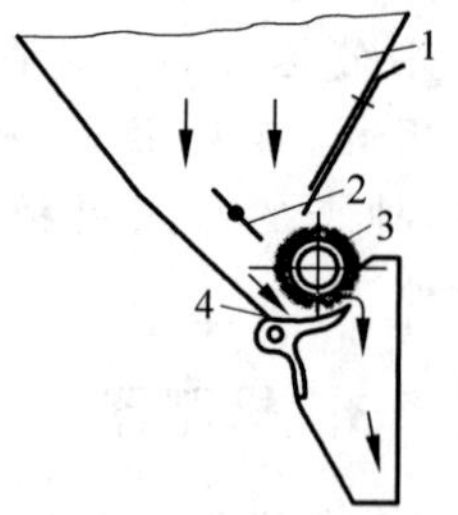 1—肥箱;2—搅拌器;3—滚轮;4—舌门。	滚轮式排肥器与外槽轮式排肥器结构类似,仅排肥轮的结构有所不同。 该排肥器的结构简单,适用于排施流动性较好的松散化肥和复合粒肥,对于流动性差、吸湿性强的粉状肥不适用,易造成架空和堵塞的情况。 排肥量主要靠调节滚轮转速来实现,但传动调速机构较为复杂。 该排肥器主要应用于谷物条播机上

续表

类型名称	结 构 简 图	工作特点及适用范围
振动式排肥器	 1—肥箱；2—振动板；3—凸轮。	工作时,肥箱底振动板受凸轮的撞击,绕铰接点上下振动。肥料在振动力和重力的作用下,不断向下运动,经排肥口直接落入输肥管或落到箱底,再通过振动板下面的螺旋输送器(搅龙),将肥料推到两侧,然后经排肥管排出。 由于振动板的不断振动,肥料在肥箱中受到振动作用,而形成连续不断的肥料流。肥料因为不断的振动不易造成架空、堵塞和板结等情况。因此,该排肥器不仅能排施粒状化肥和干燥的粉状化肥,还可排施具有强吸湿性的粉状化肥。排肥量适应范围较大,结构较为简单,但工作阻力较大,密封件的可靠性较差。 该排肥器主要应用在中耕作物播种机和中耕追肥机上
刮刀转盘式排肥器	 1—肥箱；2—刮刀；3—转盘。	当排肥转盘和导肥圆锥转动时,肥料通过肥箱和转盘之间的活门,随转盘转动,在离心力的作用下,肥料逐渐向盘的边缘流动。肥料被带到排肥口附近的刮刀处,沿刮刀的升角上升,并离开转盘落入排肥漏斗中,经输肥管落入沟内。 该排肥器结构复杂,且工作阻力较大。当排施干燥松散的化肥,性能较好,但排施吸湿性较强的粉状化肥时,容易出现架空、断条的现象。 该排肥器常用于中耕作物播种机和中耕追肥机上
螺旋输送式排肥器	 1—肥箱；2—螺旋。	螺旋输送式排肥器有两种结构形式,一种是叶片螺旋,另一种是钢丝螺旋,但二者的工作原理类似。工作时,螺旋旋转将肥料箱内的肥料送至排肥口,并强制推动排出,通过输肥管落入沟内。 该排种器结构较为简单,能够排施干燥的粒状和粉状化肥,但不适用于吸湿性强的粉状化肥,易造成堵塞和板结等情况。 该排肥器多用于中耕作物播种机和播种中耕通用机
搅刀拨轮式排肥器	 1—肥箱；2—拨肥轮；3—活门； 4—搅刀；5—喂肥叶片。	肥箱内装有一个搅肥刀,用来搅松、输送肥料,防止架空。在排肥口下方装有拨肥轮,用来将肥料从排肥口强制拨出,实现排肥。该排肥器可以排施含水量较大的、易潮解的碳酸氢铵等肥料,排肥稳定性、均匀性良好。缺点是清理排肥器时较为麻烦。 该排肥器主要用于中耕追肥机和一部分播种机上

续表

类型名称	结构简图	工作特点及适用范围
水平星轮式排肥器	 1—肥箱；2—星轮。	水平星轮式排肥器工作时，星轮转动，种箱内的肥料在星轮齿槽及星轮表面带动，经过肥量调节活门后到排肥口，在齿槽的推动下，依靠肥料自重落入输肥管中，最后落至沟内。 　　该排种器的结构较为复杂，工作阻力较大。适用于排施干燥的粒状和粉状肥料，对吸湿性较强的化肥易造成架空、堵塞和排肥星轮被黏结等现象。 　　该排肥器主要用于谷物条播机上
摆抖式排肥器	 1—肥箱；2—搅拌器；3—摆盘和刮条。	摆抖式排肥器工作时，摆抖器（摆盘和刮条）摆动，肥料被刮条强制推动，逐渐被推到排肥调节凹版上，经排肥口落入输肥管中，最终落入沟内。 　　肥箱内设有搅拌器，防止肥料架空。因此，不仅能排施流动性好的干燥化肥，也可排施易潮解的粉状化肥，通用性较好，排肥能力强。 　　该排肥器结构复杂，其肥量调节凸板上易黏结肥料，必须及时清理。 　　该排肥器主要用于中耕作物播种机和播种中耕通用机上
交错斜齿滚轮式排肥器	 1—肥箱；2—隔板；3—排出口；4—卸肥口； 5—排肥轴；6—斜齿滚轮。	交错斜齿滚轮式排肥器工作时，排肥滚轮转动，肥料在滚轮上的交错斜齿作用下，被带到肥箱后壁上的排肥口处，而流入排肥漏斗，经输肥管落入沟内。 　　该排肥器结构简单，工作阻力小，能排施松散的化肥和干燥粒状复合肥。由于斜齿内易黏结化肥，并易架空、堵塞，不适于排施吸湿性强的化肥。 　　该排肥器主要用于谷物条播机和中耕作物播种机上
垂直星轮式排肥器	 1—排肥星轮；2—排肥口调节板；3—排肥口； 4—导肥管；5—清肥底板。	垂直星轮式排肥器工作时，排肥星轮转动，将肥料拨出排肥口，实现排肥作业。排肥量依靠调节排肥口横向开度来实现。 　　该排肥器结构简单，工作阻力小。可用于排施松散的化肥和干燥粒状复合肥，但不适于排施吸湿性较强的化肥，易造成星轮黏结和堵塞等现象。 　　该排肥器主要用于谷物条播机上

4.3.4 开沟器及其起落机构

1. 开沟器

开沟器的功用主要是在播种机工作时,开出种沟,引导种子和肥料进入种沟,并使湿土覆盖种子和肥料。

一个合格的开沟器必须具备以下条件:

(1)开出的种沟要深浅一致,沟形整齐、平直,开沟深度能在一定范围内调节,以适应不同作物的播深要求;

(2)开沟时不能破坏土层结构,不能将下层细湿土翻至地面上,也不能将上层干土翻至种沟底,应将种子和肥料导送至细湿土上;

(3)行内种子分布均匀,种子应全部落至沟底,不应出现种子飞散现象;

(4)应有一定的回土作用,使少量的细湿土将种子和化肥全部覆盖上,以利于种子发芽;

(5)要具有良好的入土性能和切土能力,工作可靠,不易被杂草、残茬缠绕,不易被土块堵塞;

(6)结构简单,工作阻力小,调整、维护方便。

根据所播作物的农艺要求、作物的播种环境(播种地区的气候和土壤条件等)的不同,播种机应采用相应的开沟器。开沟器的结构类型按其入土夹角,可分为锐角开沟器和钝角开沟器两种。锐角开沟器工作时的开沟平面与水平面夹角成锐角,即入土角 $\alpha < 90°$,它通常包括锄铲式、箭铲式、翼铲式、船形铲式和芯铧式等多种。钝角开沟器的入土角 $\alpha > 90°$,它通常包括靴鞋式、滑刀式、单圆盘式和双圆盘式等多种。

开沟器的结构类型、特点、工作原理及适用范围如表4-6所示。

表 4-6 开沟器类型、特点及工作原理

类型名称	结构简图	特点、工作原理及适用范围
锄铲式开沟器(又称锐角锚式开沟器)		锄铲式开沟器依靠自重、附加重量及播种机时的牵引力,有自行入土趋势,直至与受到的土壤阻力相平衡时不再继续深入。工作时,将部分土壤升起,使底层土壤翻至上层,对前端及两边土壤有挤压作用,开沟器经过后形成土丘和沟痕。 由于下层土壤较为湿润,翻至上层后,易造成土壤水分损失,不利于土壤保墒,且会造成干湿土混合,因此该开沟器不宜在干旱地区使用。除此之外,该型开沟器对播前整地的要求比较严格。在土块较大、杂草多、残茬多的土地上作业时,易发生缠草、拥土、堵塞等现象,工作不稳定。 该型开沟器具有结构简单、轻便,易制造和保养,耗材较少的特点,常用于谷物播种机上
宽幅翼铲式开沟器		宽幅翼铲式开沟器由翼铲、筒身和反射板组成。其工作原理与锄铲式类似,都需要有牵引力才能完成开沟作业。播种作业时,种子经输种管落到反射板上,经反射立即向四处散开,均匀地撒落在由翼铲所开的种沟底部,作业幅宽达到 80～120 mm。 该型开沟器工作时有抛土现象,阻力较大,易粘土,遇残茬根茎易堵塞和壅土,影响开沟器的作业质量。因此使用前对土地的整地要求较严格。 该型开沟器只限于在宽苗幅的通用播种机上使用

续表

类型名称	结构简图	特点、工作原理及适用范围
芯铧式开沟器		芯铧式开沟器工作时,其前棱和两侧对称的曲面使土壤沿曲面升起,并将残茬、杂草和表层干土块抛向两侧翻倒,使下层的湿土上翻,对土壤保墒不利。 该型开沟器结构简单,入土性能较好,对播前整地要求并不严格,而且开出种沟的沟底较平,开出的沟宽为120～180 mm。开沟阻力较大,不适用于高速播种。 该型开沟器主要用于东北垄作地区宽苗幅播种的中耕作物播种机和播种中耕通用机上
船形铲式开沟器		船形铲的入土角为60°,迎面切角为35°。工作时,依靠船形开沟器的自重和附近重力的作用,压成沟形。压出的种沟沟形平整,V形沟壁整齐。根据排种的需要,可选用单行、双行或三行开沟器,每个开沟器可相应地开出一条、两条或三条种沟,可以满足窄行密播和带播的要求。 该型开沟器结构简单,适于浅播和窄行播、带播。 该型开沟器的工作速度不易过高,最大为6～7 km/h。 该型排种器主要用于蔬菜和豆类播种机上
靴鞋式开沟器（又称钝角锚式开沟器）		靴鞋式开沟器由于受土壤阻力向上分力的影响,使其不易入土,但在其本身重力和附加重力的作用下,能开出一定深度的种沟。工作时,开沟器将表土向下和向两侧挤压,使种沟压紧,不会使细湿土翻出,利于土壤保墒。当土壤湿度过大时,开沟器的前胸与侧翼均易粘土,对播前的整地要求比较高。 该型开沟器结构简单、轻便、易于制造,适用于浅播。 该型开沟器常用于牧草、蔬菜和谷物播种机上
滑刀式开沟器		滑刀式开沟器的入土部位为一个较长的滑刀,工作时向下压切土壤,较靴鞋式开沟器的入土性能要好。开沟时,将表土向两侧推挤的同时,向下挤压而形成种沟,种子从两翼侧板中间落入种沟底部。 该型开沟器开沟宽幅取决于后部的双翼侧板相距大小,一般为40～60 mm。双翼侧板尾部呈阶梯形或斜边缺口,可使下层湿土先落入种沟内覆盖种子和肥料。 该型开沟器的滑刀有长、短之分。长滑刀开沟器用于大粒种子播种,短滑刀开沟器用于小粒种子播种或浅播播种。 该型开沟器常用于中耕作物播种机上

续表

类型名称	结构简图	特点、工作原理及适用范围
单圆盘式开沟器	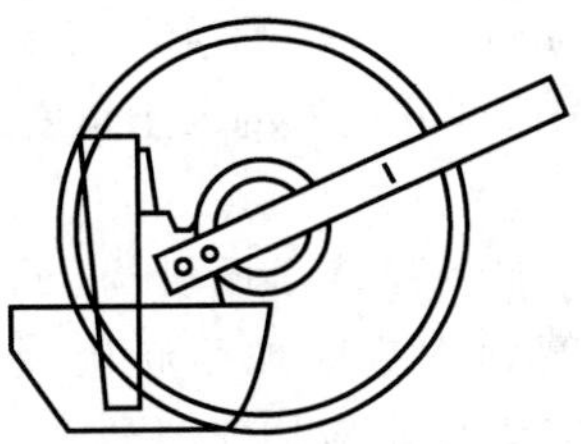	单圆盘式开沟器是以球面圆盘为主体的开沟器。工作时，圆盘滚动，在土地上切出椭圆形沟底（沟宽20～30 mm），种子由凸面顺圆盘斜面落至种沟内。由于开沟器工作时，土壤沿圆盘凹面升起后抛向一侧，部分湿土被翻起，造成干湿土混合，不利于土壤保墒，故该型开沟器不适用于干旱地区。由于种子落在椭圆形种沟内，种子播深不一致。 　该型开沟器结构较双圆盘开沟器简单，入土性能较好，对播种前的整地要求低。 　该型开沟器常用于谷物播种机上
双圆盘式开沟器	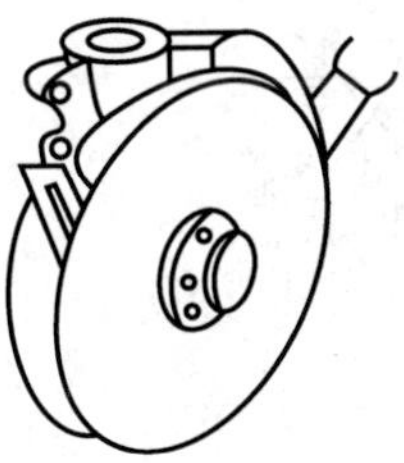	双圆盘式开沟器的两圆盘刃口在其前端的下方相交于一点，形成一定的夹角。工作时，在开沟器自重和附加弹簧作用力下压入土中，两圆盘滚动前进，将土壤切开后推向两侧，形成种沟。种子和肥料通过该开沟器两圆盘间的输种管和输肥管将种子和肥料投入种沟当中。由于圆盘上有刃口，当圆盘滚动时，可以切割土块、残茬和草根等，因此在整地作业较差和土壤相对湿度较大的环境下，依旧可以正常工作，且工作稳定可靠，可以用于高速播种作业。 　该型开沟器在开沟过程中不易发生粘土、堵塞、上层和下层土壤混合的现象。 　该型开沟器的结构复杂，重量较大，开出的种沟沟底不平，不适用于浅耕播种。目前常用于谷物播种机上，也有用于中耕作物精密播种机上，是一种适应性较好的通用型开沟器

2. 影响开沟器工作性能的因素

开沟器的工作阻力受多种因素影响，如开沟器的形式、结构参数、开沟深度、土壤特性及播种机作业速度等。各式开沟器的工作阻力如表4-7所示。

表4-7　单个开沟器工作阻力

类型名称	开沟深度/cm	平均阻力/N
锄铲式	3～6	30～65
双圆盘式	4～8	80～160
单圆盘式	4～8	70～120
滑刀式	4～10	200～400
芯铧式	5～10	200～800
靴鞋式	2～4	20～50

开沟器的受力平衡情况影响其入土性能及工作稳定性。特别是移动式开沟（随播种机前进方向做平动的开沟器），对受力的反应极其敏感。开沟器的受力及其平衡情况如图4-11所示，其中的土壤阻力 R 包括开沟器的垂直支撑力及其所产生的摩擦力。按照土壤工作部件牵引平衡理论，当牵引线仰角 α 较大时，工作部件前部对沟底的压力较小，因此入土深度较浅；反之，当仰角 α 较小时，入土深度较深。由此，可得结论：改变开沟牵引点 O 的位置可以改变其入土深度。牵引点 O 的位置较低或较靠前时，重力 G 与阻力 R 的合力 S 与牵引力 P 构成使开沟器向下入土的力矩，则开沟器入土深度增大；反之，则入土深度减小。当开沟器所受合力 S 与牵引力 P 在同一直线上处于平衡状态时，开沟器开沟深度不再改变，工作状况稳定。

3. 开沟器深度控制

播种深度是农业技术严格要求的指标之一。播种深度是指种子上面所覆盖的土壤的厚度,这里简称播深。播深直接影响作物今后的生长情况,播深过浅、过深或深浅不一,都将直接导致种子出苗率降低、幼苗长势差等情况。播深一致指的是覆土层的厚度一致。要保持播深的一致性,就需要开沟器在工作时能随地面的起伏而仿形浮动,使开沟器的入土深度一致。在现有播种机上控制开沟器入土深度的方法有以下几种(见图4-12):

(1)在圆盘式开沟器上加装限深环(见图4-12(a))或加装紧贴圆盘的可调式限深轮(见图4-12(e))。

(2)在移动式开沟器上加装限深滑板(见图4-12(b))。

(3)改变开沟器的入土角度或加配重挂件(见图4-12(c))。

(4)加装弹簧增压机构(见图4-12(d)),依靠弹簧弹力应对地面起伏,起到仿形的作用。该方法普遍应用于谷物条播机中。该机构在遇到较硬的土壤,开沟器入土深度不足时,

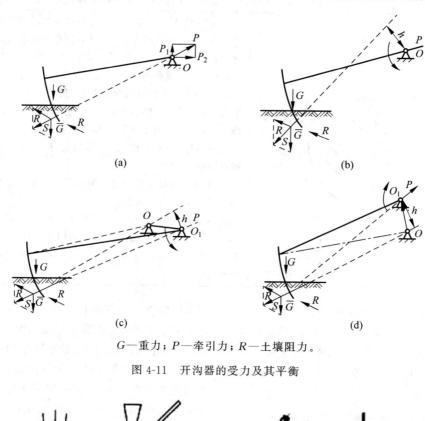

(a)　　　　　　　　　　　　　　(b)

(c)　　　　　　　　　　　　　　(d)

G—重力;P—牵引力;R—土壤阻力。

图 4-11　开沟器的受力及其平衡

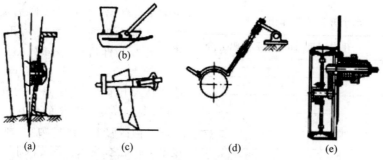

(a)　　　(c)　　　(d)　　　(e)

图 4-12　开沟器常用的限深装置

(a)限深环;(b)限深滑板;(c)配重控制;(d)弹簧限深机构;(e)可调限深轮

开沟器被上抬,弹簧被压缩,弹簧的反作用力作用在开沟器上,增大其入土压力,迫使其恢复至原有深度。在土质松软处,因受限位拉杆端部限位的限制,开沟器不能入土更深。

(5)利用限深装置及其随动机构,限制开沟器入土深度。该方法是中耕作物播种机保持播种行播深和各行播深一致性的典型方法。

4.开沟器的防堵装置

播种机的开沟器,尤其是移动式开沟器,在松软的土地中移动,极易堵塞与开沟器紧密连接的输种管和输肥管,从而造成漏播现象,因此开沟器的防堵装置对于播种机的工作质量有很大的影响。为了避免土壤堵塞现象的发生,科研人员设计了一些有效的防堵装置。四种靴鞋式开沟器的防堵装置如图4-13所示。图中(a)和(c)的防堵装置是用弹簧和钢丝制成的,其上端有销轴与开沟器铰接,相较开沟器的位置高出几厘米,当开沟器升起离开地面时,防堵装置在重力和(或)弹簧的作用下垂向地面。当开沟器下落时,防堵装置先接触地面,将开沟器支起,防止土壤进入开沟器里面堵塞输种管和输肥管,从而起到防堵的作用。当播种机前进时,防堵装置绕其上的铰接点转动,被拖向后面,开沟器入土,开沟播种,这时拖在后面偏上的防堵装置拖动土壤进入种沟中,又可起到一定覆土的作用,所以又可将其称为覆土器。

图4-13(b)、(d)中所示的是另一种防堵装置。由于其较宽,开沟器升起后,防堵装置垂直落下,将开沟器输种管口处挡住,其防堵作用更加可靠。开沟器落下后,土壤不能进入开沟器中,播种机前进时,其被拖至后面,如图中(b)中的状态。这种防堵装置还应用于单圆盘式开沟器中。图中(c)、(d)还有可调式限深器2,用以控制开沟深度,保证播深的一致性和稳定性。

5.开沟器的起落机构

播种机在运输过程中,必须将开沟器收起,避免开沟器与地面直接接触破坏道路和开沟器自身,工作时,须将开沟器放下至工

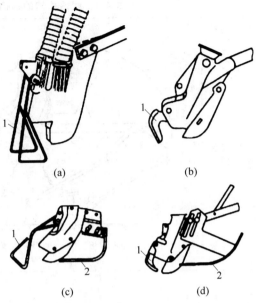

(a)　　　　　(b)

(c)　　　　　(d)

1—防堵覆土器;2—限深器。

图4-13　开沟器防堵、覆土及限深装置

作所需高度。因此设计开沟器的起落架十分重要。开沟器的起落机构应需要满足以下条件:

(1)在运输位置时,开沟器的位置应距离地轮支持面150 mm以上。

(2)开沟器的最大下降深度应依据最大播深、地轮下限深度和适应地形的能力而确定。一般低于地轮支持面120~150 mm。

(3)在工作状态时,前后列开沟器应置于同一水平面上。工作中后列开沟器将增加前沟的盖土深度,因此前列开沟器的入土深度可小于后列开沟器入土深度10~30 mm。

(4)起落机构必须升降灵活,工作可靠,播深调节准确且方便。

开沟器起落机构有四种形式,包括手杆式、机械自动式、液压自动式和机架整体升降式。起落机构的结构、特点、工作原理及适用范围见表4-8。

设计开沟器起落机构时,必须要考虑开沟器升至运输位置之前,排种器的传动机构与排种器脱开,当开沟器回到工作位置时,排种器的传功机构必须与排种器啮合。

表 4-8　起落机构的结构、特点、工作原理及适用范围

类型名称	结构简图	特点、工作原理及适用范围
手杆式起落机构	 1—手杆；2—弧形齿板；3—方轴；4—升降臂；5—提升链；6—开沟器；7—拉杆。	手杆式起落机构的手杆端与方轴连接，杆侧嵌入弧形齿板凹槽进行定位。升降臂的一端固定在方轴上，另一端通过提升链与开沟器连接。运输时，拉动手杆向后回转，带动方轴和升降臂一同转动，通过提升链将开沟器拉起至运输位置。工作时，拉动手杆向前转动，带动方轴和升降臂向与升起时的反方向转动，提升链将开沟器落回至工作位置。 　　提升开沟器需作用在手杆上的力不超过 200 N 为宜，手杆的长度一般为 800~1000 mm。 　　手杆式起落机构常用于畜力播种机和手扶拖拉机配套的播种机上
机械自动式起落机构	 1—曲柄；2—自动器；3—滚轮；4—操纵手柄；5—曲柄连杆；6—手轮；7—叉杆；8—方轴；9—升降臂；10—离合器叉；11—开沟器。	起落机构的主体为四连杆机构，利用播种机前进时，地轮通过自动器的作用，将开沟器自动升降。提升开沟器时，将操纵手柄向后拉动，使滚轮离开自动器的被动圆盘。自动器由被动圆盘、主动圆盘、拉力弹簧和滚轮组成。滚轮受被动圆盘内弹簧的拉力作用，进入主动圆盘的巢臼内，使自动器两圆盘结合。曲柄与地轮轴相连接，地轮轴转动，曲柄由 B 转至 B' 的过程中，曲柄通过连杆与叉杆相铰接，当其旋转时便带动方轴转至一定角度，使开沟器升降臂提升开沟器至运输位置。当曲柄转至上死点位置时，滚轮受弹簧拉力的作用进入被动圆盘的第二圆槽内，使自动器的两圆盘分离。分离后，地轮轴继续转动，但被动圆盘与曲柄不随之转动。同理，再次拉动手柄，使滚轮再次离开被动圆盘的圆槽，则开沟器下落回工作位置。 　　开沟器的入土深度可由手轮来调节。拧进手轮，缩短曲柄连杆，使方轴向下转动，升降臂随之向下转动，使开沟器入土加深。反之，松退手轮则开沟器提升，入土深度变浅。 　　设计机械自动式起落机构时，可利用图解法计算各杆长度与位置。开沟器的前列与后列的升降臂长度相同且在同一平面内。连杆与曲柄的夹角在最大开沟深度时，$\psi_1 = 10° \sim 12°$；最小开沟深度时，$\psi_1 = 5° \sim 6°$；开沟器在运输位置时，$\psi_2 = 12° \sim 14°$。 　　机械自动式起落机构主要用于牵引式播种机上

续表

类型名称	结 构 简 图	特点、工作原理及适用范围
液压自动式起落机构	 1—双作用液压缸；2—升降方轴；3—升降臂；4—提升拉杆；5—开沟器；6—地轮。	液压自动式起落机构的主体为双作用液压缸，通过该液压缸对开沟器进行起落调节。工作时，液压缸进油，液压缸柱塞外推，通过连杆和中间轴使升降方轴转动，由升降臂将开沟器提起至运输位置。反之，柱塞做回程运动，升降臂带动开沟器下降至工作位置，并给予一定压力使得开沟器更易于入土。有的播种机上，液压缸的柱塞直接推动升降方轴旋转，使开沟器升降。 调节液压缸上的定位套，从而改变柱塞回程来控制开沟器的入土深度。 液压自动式起落机构常用于现代大型牵引式播种机上
机架整体升降式起落机构	 机架整体升降式播种机 机架整体式升降液压油缸	有的牵引式播种机，其地轮的支臂与机架铰接，地轮的支臂用液压油缸与机架连接。工作时，液压油缸做回程运动，机架落下，开沟器等土壤工作部件随之落下，进入工作状态。当液压油缸做推程运动时，机架抬起，开沟器等土壤工作部件抬起至运输位置。 机架整体升降式起落机构工作时，左右地轮须同步升降，因此左右地轮采用串联同步油缸制动，为了同步工作，大油缸的小端有效截面积与小油缸的大端有效截面积相等。在油路上还装有深度控制阀用以控制油缸推杆的缩回程度，调节机架与地面之间的高度，从而达到调节播深的作用。 这种升降机构在运输时离地高度较大，通用性较好，但其地轮轮距较大，运输宽度较大，工作时田间周边部分不容易播种到。 这种升降机构常用于现代化大型播种机上

6. 输种管、覆土器、镇压轮及筑埝器

1) 输种管

输种管的主要作用是将排种器排出的种子导入开沟器开出的种沟当中。输种管对排种器的排种均匀性有较大影响。因此设计输种管时需满足以下要求：

① 保证种子可以在管内自由流动，不至于使排种器排种均匀性变差。管内应有足够的截面积，管壁光滑，畅通无阻；

② 输种管要能适应开沟器的升降与播深调节。输种管铰接于排种器上，可以在各个方向上进行摆动，不至于影响种子的通过；

③ 输种管要有一定的伸缩量、弹性和弯曲度，并需具有足够的耐腐蚀性。输种管要具有保持一定圆度的能力，不会变瘪而影响排种；

④ 输种管应结构简单且易于制造和维修。

输种管按其制造的材质可分为金属管、橡胶管和塑料管。金属管包括卷片管、卷丝管、套筒管、漏斗管和蛇皮管等。橡胶管包括硬橡胶管、橡胶波纹管和螺旋橡胶管。塑料管包括波形塑料管、螺旋骨架塑料管、钢丝骨架塑料管和直筒塑料管。各输种管的结构如图 4-14 所示。

（1）金属卷片管

金属卷片管由冷轧钢带冷辗卷绕而成，能伸缩弯曲，较为灵活，输种较为可靠。但长期使用会出现局部伸长和变形，产生缝隙，影响排种质量；制造工艺较为复杂，制造成本较高，损坏后难以修复。金属卷片管的结构如图 4-15 所示。

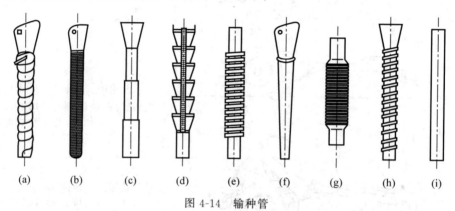

(a)　　(b)　　(c)　　(d)　　(e)　　(f)　　(g)　　(h)　　(i)

图 4-14　输种管

（a）卷片管；（b）卷丝管；（c）套筒管；（d）漏斗管；（e）蛇皮管；（f）硬橡胶管；（g）橡胶波纹管；（h）螺旋骨架塑料管；（i）直筒塑料管

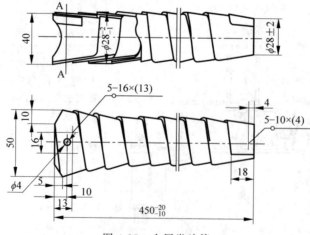

图 4-15　金属卷片管

卷片管常用于谷物条播机上。

卷片管的基本尺寸参数如表4-9所示。

表 4-9 卷片管的基本尺寸

管长/mm	长度偏差/mm	管子卷数
400		23
450		26
500		29
550	+20 −10	32
600		35
650		38
675		40

（2）橡胶波纹管

橡胶波纹管由软橡胶制成，具有重量轻、弹性好、伸缩性大、能承受较大弯曲、耐腐蚀等特点，是一种较好的输种管，但制造成本较高。

目前生产的橡胶波纹输种管的波纹圈数为 50^{+1}_{-2}，用 39.2 N 的静载荷对其进行拉伸，拉伸后的长度不小于原长度的 280%，其永久变形不大于 20%。橡胶波纹输种管的正常工作温度范围为 −10 ℃～40 ℃，且在 −30 ℃ 的环境下，不发生硬脆、变质和裂纹等现象。管内径 $\phi 30^{+2}_{0}$ 的椭圆度不得低于 4mm，以保证种子顺利落下。其结构如图4-16所示。

（3）螺旋骨架塑料管

螺旋骨架塑料管是由 1 mm 的钢丝或尼龙丝作骨架缠敷塑料薄膜，并加热压制而成。其结构简单、重量较轻、弯曲灵活，具有耐腐蚀、管内壁光滑等特点。但在 −30 ℃ 以下的低温情况下，塑料管会变得脆硬，易产生裂纹，损坏输种管。螺旋骨架塑料管的结构如图 4-17 所示。

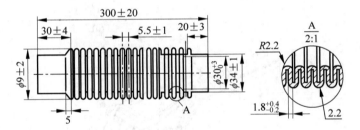

图 4-16　橡胶波纹输种管

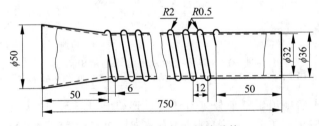

图 4-17　螺旋骨架塑料输种管

2）覆土器

为了使种子能够充分吸收土壤的水分与营养，需要在种子落入种沟后覆上适量的土，使种子上的土壤达到农艺要求的厚度。若开沟器覆上的土壤厚度不达农艺要求，需要覆土器进行二次覆土后才能达标。

对于覆土器的要求是先以细土进行覆盖，且覆土需均匀，不影响种沟内种子的分布均匀性。

（1）谷物条播机上的覆土器类型

谷物条播机上常用的覆土器有拖环式、拖杆式、弹簧钢丝式和旋转轮爪式等，其各个型式的覆土器如图4-18所示。

拖杆式和拖环式覆土器是由铸铁圆环、圆钢用链条连接而成。工作时，圆环、圆钢和链条在地面上拖动带动土壤进入种沟，同时起到对播种后地面进行整平的作用。

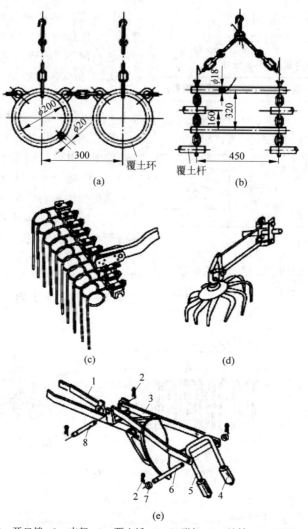

1—支杆；2—开口销；3—支架；4—覆土锤；5—U形架；6—销轴；7—垫圈；8—销轴。

图 4-18　谷物播种机上常用的覆土器
(a) 拖环式；(b) 拖杆式；(c) 弹簧钢丝式；(d) 旋转轮爪式；(e) 锤式覆土器

弹簧钢丝式覆土器则用于整地较好且土质为轻质沙壤土的田地。钢丝可以起到碎土和覆土的双重作用，当遇到较大的土块时，弹簧钢丝可弹起让过。但该型覆土器不适用于残茬和杂草较多的田间环境下使用，容易造成杂草或残茬缠绕的情况，影响覆土效果。

旋转轮爪式覆土器的轮爪与地面呈一定夹角，使得一侧的轮爪接触地面。当播种机前进时，轮爪随之拖动转动将土带入种沟内，起到覆土的作用。

锤式覆土器的圆柱形覆土锤装在倒置的U形架上，U形架铰接在支架上。工作时，位于双圆盘开沟器两侧的覆土锤拖在地上，扰动土壤，使土壤进入种沟内，起到覆土作用。

（2）中耕作物播种机上的覆土器类型

中耕作物播种机上的常用覆土器有刮板式和铲式两种，其结构如图 4-19 所示。

刮板式覆土器的覆土能力强、效果好，刮板的角度可进行调节，常与芯铧式开沟器配合使用。铲式覆土器连接在镇压轮上，根据农艺需求，覆土器可上下调节，常与滑刀式开沟器配合使用。刮板式覆土器与铲式覆土器的主要结构参数见表 4-10。

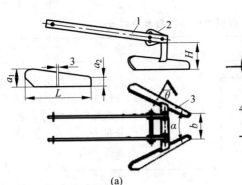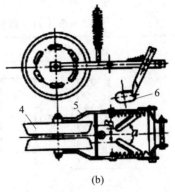

1—拉杆；2—调节板；3—覆土板；4—镇压轮；5—镇压轮架；6—覆土铲。

图 4-19　中耕作物播种机上常用的覆土器

(a) 刮板式；(b) 铲式

表 4-10　刮板式覆土器和铲式覆土器的主要参数

项　目	参　数		选用依据
	刮 板 式	铲 式	
覆土板长 L/mm	$300\sim380$	$100\sim120$	按行距、苗幅宽和覆土量而定
板宽 a/mm	$a_1=80\sim100$ $a_2=\left(\dfrac{1}{3}\sim\dfrac{1}{2}\right)a_1$	$60\sim80$	按覆土量要求而定
两板间夹角 α/(°)	$50\sim60$	60 左右	夹角过小,覆土能力差;过大,易壅土堵塞
与地面夹角 θ/(°)	$65\sim75$	23.5 左右	夹角过小,覆土能力差
后开口宽 b/mm	$120\sim180$	$60\sim80$	按开沟宽度、工作速度和整地条件决定
通过高度 H/mm	$120\sim180$	—	要求通过土块、根茬不堵塞

3) 镇压轮

播种工作时,常需要对种沟覆土后的土壤进行镇压,这样有助于种子与土壤紧密接触,从土壤中吸收养分,便于种子生长发育;还可以减少土壤中的大孔隙,减少水分蒸发,有利于土壤保墒;可加强土壤毛细管作用,使土壤中水分沿毛细管上升,起到"调水"和"保墒"的双重作用;春播时,镇压还可起到适当提高土壤温度的作用。因此,镇压对于北方干旱地区的播种十分必要且重要。播种时主要是对苗幅内的土地进行镇压。各个播种行之间的土壤仍保持疏松,有利于土壤中空气流通,也有利于土壤吸收水分。

镇压轮对土壤的压强主要取决于土壤性质、水分、密度和作物的农艺要求,一般镇压压强范围在 $30\sim50$ kPa。镇压轮的重量取决于镇压轮自身重量及作用在其上的附加重量(播

种机的部分重量和辅助弹簧的作用力等)。一个良好的镇压轮必须具有转动灵活、不粘土、不壅土的特性,且镇压压强可做适当调整以及镇压后的地表无鳞状裂纹。镇压轮的结构类型及特点如表 4-11 所示。

4) 筑埂器

为了适应平原地区的播种需求,即播种的同时筑埂,可在谷物播种机上加装筑埂器。

(1) 筑埂器的结构类型

筑埂器的结构类型主要有两种:一种是"人"字形,另一种是"倒八"字形。

① "人"字形筑埂器

播种机工作时,每一个行程中需要筑两个半埂,返程时与上个行程筑的半埂合垄,形成一个完整的埂。工作过程中,土壤沿两边刮板面流动,工作阻力较小,畦面刮得较为平整。但因完整的埂需要通过往返两次行程才能合

表 4-11　镇压轮的结构类型及特点

类型名称	结构简图	结构特点
圆柱镇压轮		圆柱镇压轮由薄钢板制成。有网面圆柱(图左)和光面圆柱(图右)镇压轮两种。圆柱镇压轮的轮面较宽,工作时压力分布均匀。适用于蔬菜播种和宽苗幅垄播播种机
凹面和凸面镇压轮		凹面和凸面镇压轮是由铸铁制造而成,其结构为整体空心形轮。其镇压轮的镇压力主要来源于镇压轮自重和灌入在其内的适量沙土的重量。 　凹面轮工作时,对种子上层土壤的压实程度不如其两侧土壤压实的程度,这样有利于种子破土出芽,适用于棉花、豆类及其他双子叶作物的播种镇压。 　凸面轮工作时,主要将种子上层土壤进行压实。凸面轮主要用于谷子、玉米、小麦等单子叶作物的播种镇压
圆锥复合镇压轮		圆锥复合镇压轮是由两个钢板冲制成锥形轮组合而成。圆锥复合镇压轮可根据实际的生产需要去改变两个锥形轮之间的距离,成为宽窄不同的圆锥复合轮,其镇压力除了来源于轮身自重,还有来自附加弹簧的作用力,可通过弹簧对镇压力进行调节
胶圈镇压轮	 1—胶圈;2—钢丝;3—镇压轮架; 4—活动环;5—轮轴。	胶圈镇压轮的胶圈具有一定弹性,在镇压轮与土壤紧压时,胶圈变形,当转至上方时,无压力,胶圈复原。因此,在胶圈镇压轮工作时,胶圈滚动中胶圈的变形与复原交替作用,使得湿土不易黏结在镇压轮的胶圈表面上。即使有小部分湿土黏结在胶圈上,由于湿土和胶圈之间的附着力较小,只要给镇压轮稍许振动,便可将镇压轮上黏结的土壤抖掉。 　该型镇压轮的结构较为复杂,镇压效果较好,大多用于垄作播种机上

续表

类 型 名 称	结 构 简 图	结 构 特 点
宽型橡胶镇压轮		宽型橡胶镇压轮有多种形式,可根据作物对镇压的农艺要求而选用。由于橡胶内是空腔,并通过其上的小孔与外界大气相通,故又称零压镇压轮。因橡胶具有一定弹性,在橡胶轮滚动时橡胶的变形与复原交替作用,因此橡胶轮的土壤黏结现象较少,脱土较为容易,镇压质量较好,镇压后地表产生鳞片状裂纹较少,有的镇压轮表面花纹可增加镇压轮的附着力。 宽型橡胶镇压轮现多用于中耕作物精密播种机上,以及在单组播种中兼作驱动排种轮,或作为撒施农药的工作部件
窄型橡胶镇压轮		窄型橡胶镇压轮主要用于谷物条播机上,通常与谷物条播机以两种方式相连接:一种是在传统的谷物条播机脚踏板下后方,对着开沟器的部位,安装带弹簧板的窄型橡胶镇压轮;另一种是使用压轮式谷物条播机做零镇压,支撑播种机重量,并驱动排种器、排肥器部件

垄构筑起来,畦埂较为松散,埂的质量受人为操作的影响较大。

"人"字形筑埂器通过杆件连接在播种机机架上,随着悬挂播种机的升降而升降。刮土量即刮板的入土深度,由调节杆的伸缩和压杆弹簧的压力进行控制。"人"字形筑埂器的结构如图4-20所示。

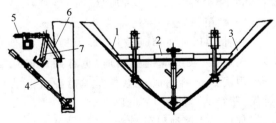

1—右刮土板;2—连接角铁;3—左刮土板;4—调节螺杆;5—弹簧压杆;6—斜撑;7—拉杆。

图4-20　"人"字形筑埂器(2BL-16播种机)

②"倒八"字形筑埂器

播种机每次工作行程均筑一个完整的埂。土壤由两边向刮板面中心流动,在筑埂器的出口挤压一次成埂,埂型较为坚实。筑埂器的工作阻力较大,且由于播种机每次行程所筑的埂两边都会刮出半畦,畦面不易被刮平。

在悬挂式播种机上,筑埂器随播种机的升降而升降。刮土量由压板弹簧的压力进行调节。在牵引式播种机上,筑埂器的起落可由液压缸进行控制。其工作深度与抬起高度可通过筑埂器上的调节管进行调节,工作压力则由加压弹簧来进行调节。"倒八"字形筑埂器的结构如图4-21所示。

(2)筑埂器的主要结构及参数

① 刮土板曲面。刮土板工作时要起到刮土与送土的作用。刮土指的是土壤在垂直面内从刮土板底部向顶边部上升运动的过程;送

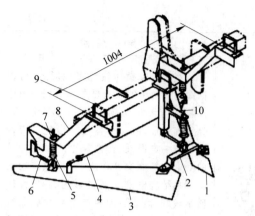

1—右刮土板；2—连接板；3—左刮土板；4—钢丝绳；5—压力弹簧；6—拉杆；7—垫圈；8—前支架；9—固定卡；10—后支架。

图 4-21　"倒八"字形筑埂器（2BZ-4 播种机）

土指的是土壤在水平面内由刮板两侧前部向刮板中心后部运动的过程。因此，土壤相对于刮土板做类似螺旋的运动。刮板曲面为扭转的圆柱面，刮土板越向后，顶边部分前伸量越大。

② 刮板夹角（见图 4-22）。刮板夹角越小，土壤沿刮板的运动越流畅、越快速，其受到的阻力也就越小，但相应的刮土板的长度要增大，使筑埂器结构重量增大，并使之与播种机机架的装配带来一定困难。土壤可以沿刮土板滑动的条件为

$$\varphi < \pi - 2\theta \tag{4-6}$$

式中，φ——刮土板夹角；

θ——土壤与钢制刮板表面的摩擦角。

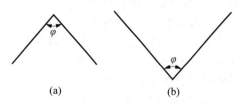

图 4-22　刮板夹角
(a) "人"字形；(b) "倒八"字形

当筑埂器在含水率为 5% 的土壤中工作时，$\theta < 36°$，则 $\varphi < 180°$。

③ 刮土板入土深度。刮土板的入土深度主要取决于所筑的埂需求的土壤量。假设播前的地表较为平整，筑成的埂为等边三角形，

则刮板入土深度 a 的计算公式为

$$a = \frac{H^2 \cot\alpha}{L \sin\varphi} \tag{4-7}$$

式中，H——埂高，cm；

L——刮板长度，cm；

α——土壤自然休止角，rad。

考虑到牵引机构的轮子会压陷一部分表土，且用于筑埂的土相较于表土更加紧实。因此刮土板的入土深度应比计算值略大一些。

4.3.5　其他工作部件和机构

1. 种箱、肥箱

1）对种箱、肥箱的要求

（1）必须有足够大的容量，以减少添种、添肥的次数，并保证播种机播到地头时才可加种加肥。但种箱、肥箱不宜过大，否则会造成播种机整体结构庞大，且使机组的牵引阻力增大。除此之外，对于悬挂式播种机来说，种箱、肥箱过大，会导致机组的纵向稳定性变差。

（2）箱壁和侧板的倾斜角应大于种子、肥料的自然休止角，保证种子、肥料可以顺利流入排种器、排肥器当中，保证播种机可以正常工作。

（3）种箱、肥箱应坚固耐用、质量轻、刚度好。尤其是肥箱，箱壁应涂抹耐腐蚀油漆。

（4）种箱、肥箱在加种、加肥时要方便操作，且播种结束后，对其进行清理要比较方便，且清理后不残留种子和化肥。

（5）箱盖必须盖紧且严实，避免雨水等进入箱中影响播种或使化肥失效。对于气力式播种机的种箱，在箱盖盖好后要能承受一定的气压，且不会漏气影响播种质量。

2）种箱、肥箱的结构特点

播种机上的种箱、肥箱大多为梯形、矩形或圆筒形，一般用薄钢板制成，也有用玻璃纤维或耐腐蚀塑料制成。中耕作物播种机上的种箱、肥箱结构如图 4-23 所示。

现代谷物播种机的种箱、肥箱应具有以下结构特点：

（1）箱内容积增大，用以减少加种、加肥的次数。国外谷物播种机种箱容积可增大至每

米工作幅160～200 L,肥箱容积可增大至每米工作幅120～180 L。

（2）采用整体箱式结构。直接由大型薄钢板冲压而成,并与机架连成框架,用以增加其结构刚度。

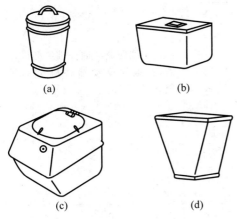

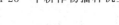

图4-23 中耕作物播种机上的种箱、肥箱

（3）种箱与肥箱的容积相互比例可根据实际的工作需要进行调节,调节方式可通过改变种箱与肥箱间的隔板安装位置来实现,如图4-24所示的1、2、3、4四个位置,代表了四种不同容积比的隔板安装位置。

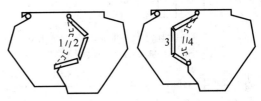

图4-24 容积可变的整体式种箱、肥箱

2. 传动机构

播种机上的排种器和排肥器常用地轮或镇压轮作为驱动轮,并配以相应的传动机构进行驱动。排种器和排肥器的转速与机器前进速度要保持同步,以保证排种量和排肥量均匀、稳定。传动机构必须工作可靠、调节方便。

播种机上的传动机构主要有链传动、齿轮传动、带传动及适当的变速机构。

谷物播种机上的传动机构均为整体传动,中耕作物播种机或中耕通用播种机上的传动机构有整体传动和分组传动两种。

1）整体传动

整体式传动机构的结构简单,速度比为统一调节,操作简单。

整体传动有三种形式,具体的传动结构与传动方式见表4-12。

表4-12 整体传动的三种形式

类型名称	结 构 简 图	传 动 方 式
2BF-24C谷物条播机传动系统	 8 1 7 2 6 5 3 4 1—排种箱;2—排种轴;3—地轮轴;4—地轮;5—中间传动轴;6—链条;7—排肥轴;8—肥箱。	左地轮驱动播种机左半部分为排种器和排肥器,右地轮驱动播种机右半部分为排种器和排肥器

续表

类型名称	结 构 简 图	传 动 方 式
2BJ-6 精密播种机传动系统	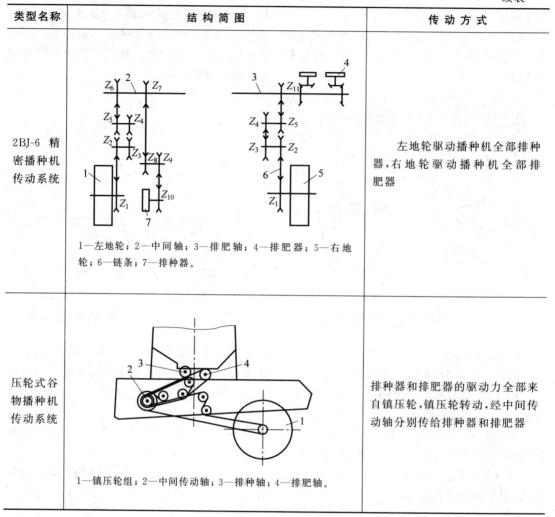 1—左地轮；2—中间轴；3—排肥轴；4—排肥器；5—右地轮；6—链条；7—排种器。	左地轮驱动播种机全部排种器，右地轮驱动播种机全部排肥器
压轮式谷物播种机传动系统	1—镇压轮组；2—中间传动轴；3—排种轴；4—排肥轴。	排种器和排肥器的驱动力全部来自镇压轮，镇压轮转动，经中间传动轴分别传给排种器和排肥器

2）分组传动

播种机上的每个播种单体或单组的镇压轮或限深轮驱动本单体或单组的排种器和排肥器，速度比的调节也是单体或单组的自主调节，这有利于播种单体或单组直接挂接到机架上进行作业，不受行数多少或行距调整的影响。单体或单组传动要求每个单体或单组具有足够的仿形性能，其传动轮要有一定的附着力，以保证传动的可靠性。单体或单组的传动比变速不宜过多，播种行数也不宜过多。

3）变速机构

为了达到调节播种排量、排肥量、穴距或株距的要求，播种机上大多用改变传动链轮的方法进行传动比调节。必要时还需设置变速机构，使传动比级数多、调节范围大、调节方便、工作性能可靠。

典型、常用的变速机构简图与变速机构特点如表4-13所示。

4）离合器

牵引式播种机和以拖拉机驱动轮驱动的播种机，其传动系统中应配有离合器，用以在田间地头转弯时或运输时切断动力，停止排肥、排种工作。常用的离合器如表4-14所示。

表 4-13　典型及常用的变速机构

类型名称	结构简图	变速机构特点
平面环齿变速机构	 1—环齿齿轮；2—环齿齿轮轴；3—滚动小齿轮；4—变速箱；5—变速箱方轴；6—变速箱方盖；7—滚动小齿轮轴；8—销子；9—拨叉；10—轴套；11—变速壳体；12—变速箱圆盖；13—调节顶盖；14—止推调节圈；15—离合器杆；16—止推摩擦片；17—止推摩擦环；18—轴套；19—离合手柄。	该型变速机构有五种变速比，通过离合器更改齿轮间啮合方式来实现
盘式齿箱变速机构		该型变速机构共有 42 级变速比，将与地轮轴链传动的主动轴插入不同的齿轮方轴中，便可实现多级变速
2BJ-16 气力式精密播种机变速机构		该型变速机构共有 48 级传动比，可满足各种作物的播种株距需求。移动各有 5 个的主、从动变速链轮至同一平面上，用链条接合在一起，另 2 个主动链轮可以更换，便可实现调节不同传动比，因此共有 $5×5×2=50$，除去重复的传动比，共有 48 级。齿轮间定位可由橡胶间隔套进行定位

续表

类型名称	结 构 简 图	变速机构特点
德国 Becker 精密播种机变速机构	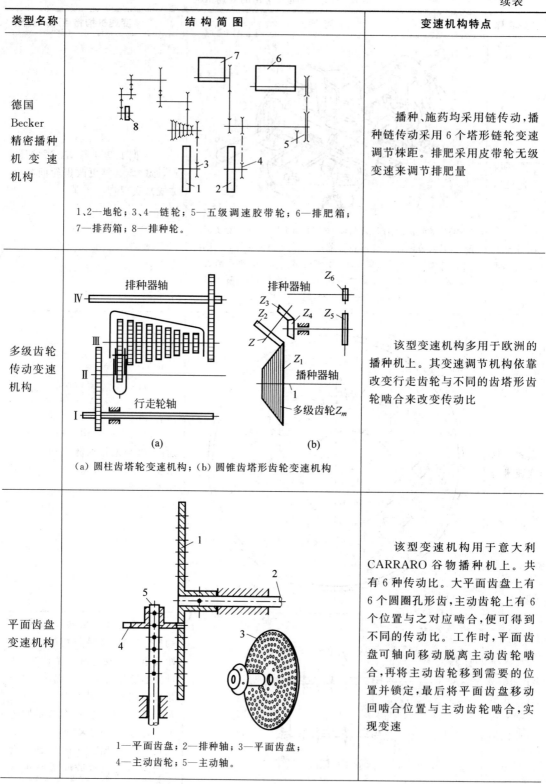1、2—地轮；3、4—链轮；5—五级调速胶带轮；6—排肥箱；7—排药箱；8—排种轮。	播种、施药均采用链传动，播种链传动采用6个塔形链轮变速调节株距。排肥采用皮带轮无级变速来调节排肥量
多级齿轮传动变速机构	（a）圆柱齿塔轮变速机构；（b）圆锥齿塔形齿轮变速机构	该型变速机构多用于欧洲的播种机上。其变速调节机构依靠改变行走齿轮与不同的齿塔形齿轮啮合来改变传动比
平面齿盘变速机构	1—平面齿盘；2—排种轴；3—平面齿盘；4—主动齿轮；5—主动轴。	该型变速机构用于意大利 CARRARO 谷物播种机上。共有6种传动比。大平面齿盘上有6个圆圈孔形齿，主动齿轮上有6个位置与之对应啮合，便可得到不同的传动比。工作时，平面齿盘可轴向移动脱离主动齿轮啮合，再将主动齿轮移到需要的位置并锁定，最后将平面齿盘移动回啮合位置与主动齿轮啮合，实现变速

续表

类型名称	结 构 简 图	变速机构特点
凸轮摆杆式无级变速机构	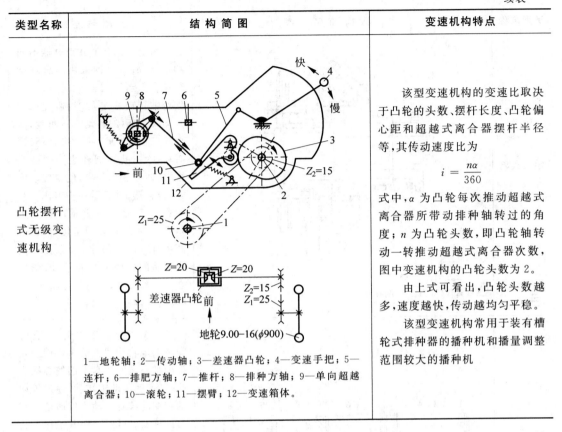 1—地轮轴；2—传动轴；3—差速器凸轮；4—变速手把；5—连杆；6—排肥方轴；7—推杆；8—排种方轴；9—单向超越离合器；10—滚轮；11—摆臂；12—变速箱体。	该型变速机构的变速比取决于凸轮的头数、摆杆长度、凸轮偏心距和超越式离合器摆杆半径等，其传动速度比为 $$i = \frac{n\alpha}{360}$$ 式中，α 为凸轮每次推动超越式离合器所带动排种轴转过的角度；n 为凸轮头数，即凸轮轴转动一转推动超越式离合器次数，图中变速机构的凸轮头数为 2。 由上式可看出，凸轮头数越多，速度越快，传动越均匀平稳。 该型变速机构常用于装有槽轮式排种器的播种机和播量调整范围较大的播种机

表 4-14 离合器类型及工作特点

类型名称	结 构 简 图	工 作 特 点
2BF-24A谷物施肥播种机的牙嵌式离合器机构	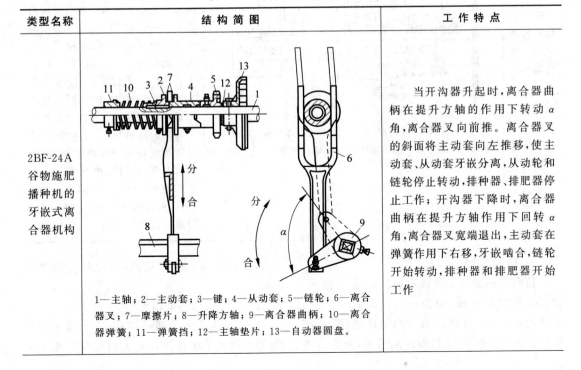 1—主轴；2—主动套；3—键；4—从动套；5—链轮；6—离合器叉；7—摩擦片；8—升降方轴；9—离合器曲柄；10—离合器弹簧；11—弹簧挡；12—主轴垫片；13—自动器圆盘。	当开沟器升起时，离合器曲柄在提升方轴的作用下转动 α 角，离合器叉向前推。离合器叉的斜面将主动套向左推移，使主动套、从动套牙嵌分离，从动轮和链轮停止转动，排种器、排肥器停止工作；开沟器下降时，离合器曲柄在提升方轴作用下回转 α 角，离合器叉宽端退出，主动套在弹簧作用下右移，牙嵌啮合，链轮开始转动，排种器和排肥器开始工作

续表

类型名称	结 构 简 图	工 作 特 点
牙嵌式离合器	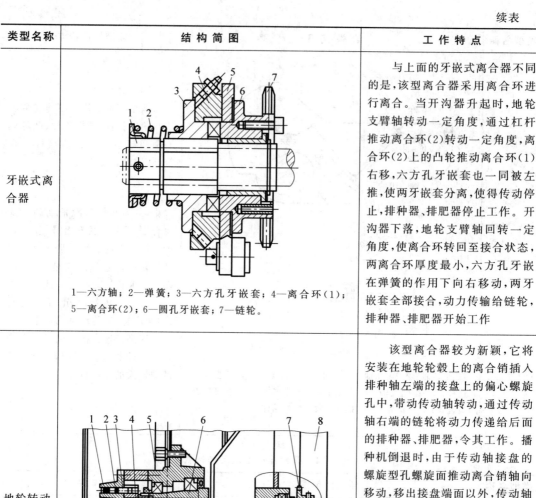　　1—六方轴；2—弹簧；3—六方孔牙嵌套；4—离合环(1)；5—离合环(2)；6—圆孔牙嵌套；7—链轮。	与上面的牙嵌式离合器不同的是,该型离合器采用离合环进行离合。当开沟器升起时,地轮支臂轴转动一定角度,通过杠杆推动离合环(2)转动一定角度,离合环(2)上的凸轮推动离合环(1)右移,六方孔牙嵌套也一同被左推,使两牙嵌套分离,使得传动停止,排种器、排肥器停止工作。开沟器下落,地轮支臂轴回转一定角度,使离合环转回至接合状态,两离合环厚度最小,六方孔牙嵌在弹簧的作用下向右移动,两牙嵌套全部接合,动力传输给链轮,排种器、排肥器开始工作
地轮转动单向离合器	　　1—离合器手杆；2—压簧；3—离合销；4—传动轴；5—地轮轮毂；6—地轮轴；7—主动链轮；8—地轮支臂。	该型离合器较为新颖,它将安装在地轮轮毂上的离合销插入排种轴左端的接盘上的偏心螺旋孔中,带动传动轴转动,通过传动轴右端的链轮将动力传给后面的排种器、排肥器,令其工作。播种机倒退时,由于传动轴接盘的螺旋型孔螺旋面推动离合销轴向移动,移出接盘端面以外,传动轴在倒退时停止转动,保护了后面的传动装置,离合销在轮毂接盘上有两个安装位置,图示为工作位置,离合手柄置于深槽内,离合销置于结合位置。当播种机各部件处于运输位置时,为保护传动系统和减轻传动系统的磨损,将离合器手柄外拉,离合销被拉出并转动90°,然后将手柄放入浅槽中,让离合器处于分离状态,地轮转动但传动轴不动

3. 仿形机构

仿形机构是为了使播种机适应地形起伏,保证开沟深度一致、播深一致。因此,对仿形机构的要求是:可满足所有的仿形范围,并有限位机构;工作可靠,仿形性能稳定,开沟深度

一致,沟底平整;杆件紧凑,有足够的刚度和强度。

1) 仿形机构的结构类型

仿形机构主要分两种形式,一种是整机仿形,另一种是单组仿形。大多数的播种机既采

用整机仿形,也采用单组仿形,只有少数把开沟器刚性固定在机架上的播种机只采用整体仿形。

整机仿形即播种机整机随地形起伏,能够上下仿形。其仿形方式有两种:一种是拖拉机液压悬挂机构放在浮动位置,使悬挂式播种机的地轮能随地形的起伏而上下运动,达到整体仿形;另一种是拖拉机两个下悬挂杆的提升吊杆下端有一长孔,播种时,提升吊杆的长孔与下悬挂杆铰接,这可使播种机实现整体上下左右仿形。在拖拉机没有长孔时,在播种机上两个下悬挂孔做成长孔,采用整体式下悬挂杆与

拖拉机相连,也可实现整机仿形的目的。整机仿形结构简单,但在播种机整体工作时易造成播深不一致,所以还需单组仿形。

单组仿形是指每一个播种单组铰接在机架上,以达到单组仿形的目的,而其他工作部件如覆土器、镇压轮等还可以相对于播种单组分别进行仿形。因此,可根据不同地形各自进行上下仿形,其仿形性能较好。

单组仿形机构可分为单铰接仿形机构和平行四连杆仿形机构,仿形机构类型及特点如表4-15所示。

表4-15　仿形机构类型及特点

类型名称	结构简图	工作特点
单铰接仿形机构		开沟器铰接在与机架刚性连接的拉杆上,根据力调节原理达到仿形的目的。开沟深度的调节依靠调整地轮相对于机架的高度来实现。该型开沟器结构简单,易于制造,安装方便,但该仿形机构随土壤阻力变化,易引起播深不一致的现象
	 1—镇压轮;2—仿形限深轮。	仿形限深轮装在与机架铰接的单拉杆上,利用丝杆调节机构或定位销来调节开沟深度,根据位调节原理进行仿形,能适应地形起伏,开沟深度一致性好于上面的仿形机构,但由于开沟器在工作中入土角度的变化,会影响到开沟深度一致性与沟底的平整性
		每个单组部件通过拉杆铰接在机架A点上,刚性连接开沟器和仿形限深轮的连杆又铰接在连杆末端B点上。工作时,开沟器通过拉杆相对于机架可运动;同时,由于仿形限深轮的作用,开沟器通过连杆铰接在B点,又可相对于拉杆转动,因此开沟器的入土角度变化小,开沟深度一致,沟底较平整,但由于仿形限深轮在后方,易导致仿形滞后的现象
		该型仿形机构相较于上一款多了一个仿形限深轮,并相对于铰接点B前后配置。工作时,随着地形的变化,单组部件可绕机架的A点转动,同时在仿形限深轮的作用下,又可通过连杆铰接点B相对于拉杆转动,因此开沟器入土角度变化小,入土角度稳定。该型仿形机构较适于浅耕作物和蔬菜播种,以及在整地条件较好、仿形范围较小、播深要求一致性高的情况下使用

类型名称	结构简图	工作特点
平行四连杆仿形机构		仿形轮安装在开沟器前方,可相对于开沟器上下调节,起到对开沟器的限深作用,而镇压轮铰接在平行四连杆后杆上。 由于平行四连杆机构的运行特点,开沟器在仿形过程中只做平行运动,因而开沟器入土角度不变,但存在仿形提前的现象
		仿形轮配置在开沟器后方,仿形轮一般是镇压轮,同时起到仿形限深作用,根据所需调整播深,在 E 点调节镇压轮相对于开沟器的位置后用定位销固定,使镇压轮和平行四连杆机构刚性连接。工作时,存在仿形滞后的现象
		仿形轮装于 O_1 点,镇压轮装于 O_2 点,根据不同的开沟深度要求,镇压轮通过连接点 F 的销轴,可改变镇压轮相对于开沟器的高度。当 F 点销轴固定后,O_1EFO_2 变成刚性连杆,成为绕铰接点 E 转动的扁担式仿形机构,其深度变化小、变化缓慢,仿形稳定、可靠、开沟深度一致,是一种较好的仿形机构
		在平行四连杆机构的后杆部位 E 点上,铰接多杆式连杆机构 O_1EFGHO_2,仿形轮装于 O_1 点,限深镇压轮装于 O_2 点。其结构原理与上一款类似。主要是结构配置上需要排种器体积较大、投种高度较低,才采用这种多铰接六扁担式仿形机构,可使结构变得小巧轻便,并能保持仿形可靠、稳定和较准确的工作特点

2) 仿形调节机构

由于土壤阻力和地形起伏变化,仿形轮的支反力也随之变化,因而导致开沟深度不一致。为保证开沟器可以稳定工作,在四连杆上设置压力或拉力弹簧,使仿形轮上始终保持适宜的接地压力,从而使开沟深度基本一致。

在土壤坚硬、整地条件较差或播种单体(单组)质量较轻的情况下,在四连杆机构上加装压簧或拉簧,用以增加仿形轮接地压力,安装形式如图 4-25 所示。

当土质松软、湿度较大或播种单组质量较

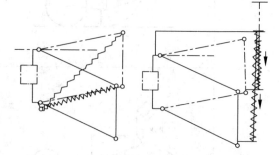

图 4-25　四连杆上安装增大接地压力的弹簧

大时,在四连杆上安装压力弹簧,用以减小仿形轮的接地压力,安装形式如图 4-26 所示。

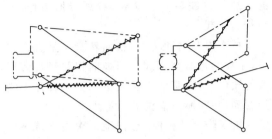

图 4-26 四连杆上安装减小接地压力的压力弹簧

为达到上述两种情况下的不同要求,可将弹簧安置在四连杆的不同位置上,以改变其工作长度,达到获得不同作用力的要求。拉簧安装在 A_1 和 C 之间,可增大仿形轮的接地压力,从而加强入土能力;安装在 A_3 和 B 之间,可减小仿形轮的接地压力,从而避免仿形轮下陷过深、开沟器入土过深。四连杆上弹簧安装点位置如图 4-27 所示。

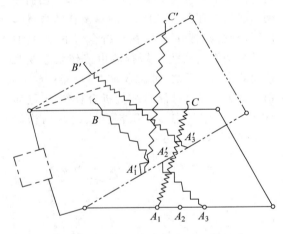

图 4-27 四连杆上弹簧安装位置的调节

4. 划行器

划行器用于保证播种机在田间作业时,直线行驶和返行间有正确的邻接行距。划行器安装于播种机的两侧。划行器的结构包括长度可调节的划行器臂、划出浅沟的划印部件和起落机构。划印部件有球面圆盘、缺口球面圆盘、锄铲和刮板等。

划行器的起落机构有三种,分别为手杆式、机械式和液压式。

(1)手杆式起落机构。左右划行器臂铰接在播种机机架上,用钢丝绳通过滑轮与手杆相连。手杆置于中间位置,左右划行器均处于离地状态;手杆置于左侧,左划行器落下,右划行器抬起;手杆置于右侧,右划行器落下,左划行器抬起。长途运输时,需将划行器竖立并固定。由于起落机构需手动操作,多用于小型播种机上。

(2)重锤式起落机构。主要由换向支板、左右提升臂、换向块、配重锤、滑轮和钢丝绳等组成,具体结构如图 4-28 所示。该起落机构利用播种机起落过程中与拖拉机的相对位移,实现划行器的提升、降落和换向。

工作时,当播种机提升,钢丝绳拉动左右提升臂绕轴转动呈竖立状态,使左右划行器处于提升状态。若使左划行器优先工作,用手将配重锤拨至左侧(见图 4-28(a)),换向块在配重锤重力作用下向左回转,直至换向块后的限位块碰到换向支板为止。当播种机下落时,拖拉机与提升臂之间的钢丝绳松弛,划线器在自重的作用下,左右提升臂上端向外回转,但右提升臂下端被换向块挡住,左提升臂顺利回转,直至下部挡铁被换向块卡住为止。同时,左提升臂拨杆拨动配重锤向右滑动(见图 4-28(b)),此时左划行器工作。再次提升播种机,左右提升臂恢复竖立状态,划线器被抬起。换向块在配重锤重力作用下向右回转,直至换向块的后端限位块与换向支板接触为止(见图 4-28(c))。再降落播种机,左提升臂被换向块卡住,右提升臂顺利回转,右提升臂拨杆拨动配重锤向左滑动(见图 4-28(d)),此时右划行器工作。依次反复,左右划线器交替工作。

(3)扭簧式起落机构。该机构是利用播种机升降时,悬挂轴绕 A 点转过一定角度来实现划行器的提升、换向和下降,具体结构如图 4-29 所示。

播种机升起时,悬挂轴向上转一个角度,直到与限位铁相碰为止。此时,拉板向上移动,推动定位板,通过换向转盘上的凸起 B 迫使换向转盘呈直立状态,使钢丝分别将左右划行器抬起,扭簧的下端在换向转盘中线的左侧,换向搭钩在扭簧作用下,偏向右侧。

当播种机下落时,悬挂轴向下转一个角

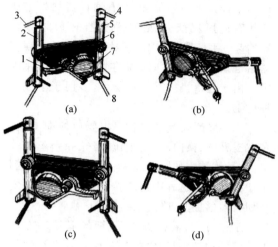

1—换向块；2—提升臂；3—右划行器钢丝绳；4—左划行器钢丝绳；5—左提升臂；6—换向支板；7—配重锤；8—钢丝绳与拖拉机相连。

图 4-28　重锤式划线器起落机构

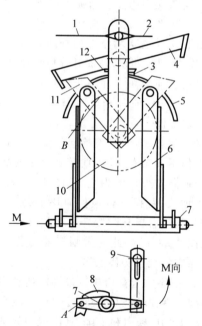

1—右钢丝绳；2—左钢丝绳；3—扭簧；4—换向搭钩；5—弧形板；6—拉板；7—悬挂轴；8—限位铁；9—调节螺栓；10—换向转盘；11—定位板；12—挡铁。

图 4-29　扭簧式划线器起落机构

度，定位板与换向搭钩相触，拉板继续下移，右边的定位板便带着换向搭钩和换向转盘一起转向右侧。在转移过程中，扭簧的下端在弧形板上面滑移。当遇到弧形板上的缺口时，扭簧

的下端落进缺口里。这时，右划行器工作，左划行器抬起。

再次提升播种机时，换向转盘又呈直立状态，左右划行器都升起。但换向扭簧经过弧形板的缺口时，扭簧下端已被拨到换向转盘中线的右侧，并使换向搭钩偏向左侧。

再次降落播种时，悬挂轴再次向下转一定的角度，拉板拉动定位板，换向搭钩被定位板拉住，并一起克服右划行器的重力向左侧转动，扭簧沿弧形板滑移，当滑到弧形板左边的缺口处时，扭簧下端落入缺口，这时，右划行器升起，左划行器处于工作状态。依次反复，左右划行器交替工作。

（4）液压折合式起落机构。划行器的起落主要依靠液压油缸。当播种机工作时，划行器在液压油缸的推动下绕 O 点逐渐升起。由于划行器杆绕 O 点而钢丝绳绕 A 点旋转，因而使钢丝绳长度有余，在划行器圆盘及杆的自重作用下，划行器杆在 B 铰接点折合弯下，多余的钢丝绳绕在卷盘上。划行器由工作状态变为抬起的状态。反之，油缸收缩，划行器被放下，钢丝绳被拉紧，划行器圆盘折合杆绕 B 点伸直，变为工作状态。液压折合式起落机构如图 4-30 所示。

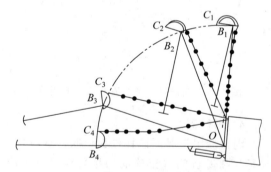

图 4-30　液压折合式起落机构

5. 播种机的风机

气吸式、气吹式、气压式和气力输送式播种机均需要风机提供气源，除了气吹式播种机采用漩涡式风机，其他气力式播种机都采用离心式风机。

风机可分为吸风机和吹风机，气吸式播种机用的是吸风机，气压式和气吹式播种机用的

是吹风机。

按风机产生的风压大小可分为通用风机、鼓风机和压气机。一般情况下，风压低于500 mm 水柱的风机称为通用风机；风压在500~2000 mm 水柱的风机称为鼓风机；风压在 2000 mm 以上水柱的风机称为压风机。

按空气在叶轮内的流动方向可分为离心式风机和轴流式风机。轴流式风机的风压小于离心式风机，因此气力式风机多使用离心式风机。

按风机叶轮叶片形状可分为径向叶片式风机、前叶片式风机和后叶片式风机。

4.3.6 播种机的监测装置

1. 播种面积计数器

国外大多播种机都装有播种面积计数器。计数器有机械式和电子式。机械式计数器利用齿轮、蜗杆传动，将齿轮转数换算为播种面积。将地轮转动一周播种机所播种面积，换算成面积计算器指示器的角位移，以公顷或英亩为单位标注在指示盘上，达到播种面积计数的目的。一般安装于排种轴附近便于查看的位置上，若有离合器的播种机，则计数器一定要安装在离合器后端传动轴附近，可将地轮空转部分排除。

电子式计数器使用传感器将排种轴的转速换算为播种面积。

两种常用的播种面积计数器如图 4-31 和图 4-32 所示。

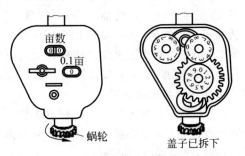

图 4-31 谷物条播机上播种面积计数器

2. 种面高度指示器

（1）种面位置观察窗口：一些播种机的种箱上开有便于操作人员观察的窗口，如图 4-33

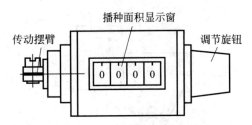

图 4-32 电子式播种面积计数器

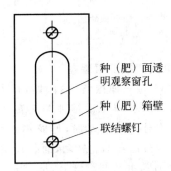

图 4-33 种（肥）箱透明观察孔

所示。

（2）浮子式种位指示器：其结构如图 4-34 所示，当种箱盖打开时，拉绳将浮子拉起，方便加重。当种箱内种层高度随排种工作逐渐降低时，浮子向下转动，浮标指针随之转动。当浮标指针转至极限位置时，则提醒操作人员加种。

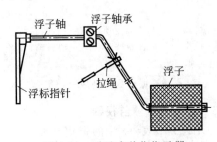

图 4-34 浮子式种位指示器

3. 加种报警装置

当种箱内种子小于排种器工作极限高度时，报警器报警通知操作人员加种。以电气式浮子触点加种报警装置为例，其机构如图 4-35 所示。当种箱充满时，浮子处于种箱内种子表面，探测杆触点与电极分离。浮子随排种逐渐下落，当下落至极限位置时，探测杆触点与电极接触通电，报警装置报警，并提醒加种。

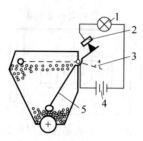

1—指示灯；2—静触点；3—探测杆触点；
4—电源；5—探测杆。

图 4-35　电气式浮子触点加种报警装置

4. 机械式故障报警器

图 4-36 为一种振铃式排种故障报警器。由方轴通过离合器带动排种器旋转。当排种器受阻被卡住不能转动时，尼龙销钉被剪断，安全离合器被动套不能转动，而装在主动套上的弹簧片仍随主动套继续转动。当弹簧片从被动套上的凸起挡片越过时，弹片振动，弹片上的小锤便敲击铃罩连续发出报警声响。

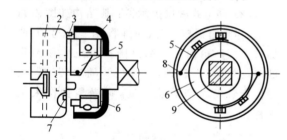

1—传动花板；2—离合器主动套；3—凸起挡片；4—铃罩；5—弹片；6—离合器被动套；7—塑料销钉；8—击锤；9—方轴。

图 4-36　振铃式排种故障报警器

5. 机电式播种监视器

在 4.3.2 节表 4-2 中的带式排种器上所用的监视器是一种机电式信号显示器。其滚轮与型孔带密切接触并随之转动。滚轮轮缘侧边有一半镶有与滚轮轴连通并接地的金属片。当滚轮转动时，金属片触及指示器触点，则指示灯亮起，若无金属片则指示灯熄灭。操作人员可根据指示灯亮灭情况及闪灯频率判断排种器是否正常工作、排种是否均匀、排种速度是否均匀、排种器是否停止等。

6. 电子式播种监视器

现代播种机上已广泛采用电子式播种监

视器来监控播种作业质量。电子监视装置一般由传感器、转换路线和信号显示装置构成。传感器大多使用光电传感器，一般安装在输种管上。当种子通过输种管时，阻断传感器的光源，使光电管发出信号，表示种子通过，排种器正常工作。当某行排种器出现故障时，无种子通过输种管，监视器仪表显示故障排种器行数，并发出警报。图 4-37 为光电传感器的元件及其在播种机上的安装部位。种子在播种时常带有粉尘，尤其是经过包衣处理的种子，易使传感器工作表面被粉尘遮挡，影响监视器准确性。所以传感器要具有一定的抗灰性，安装位置也要便于清灰。

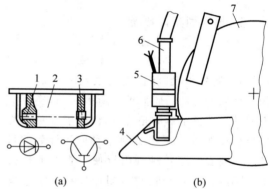

1—红外光传感器；2—种子通道；3—光电三极管；4—小滑刀开沟器；5—传感器；6—导种管；7—圆盘开沟器。

图 4-37　光电传感器及安装部位
（a）红外光传感器；（b）传感器安装位置

现代播种机监控系统可当场显示播种作业情况，还可对每一行的播量、每米粒数、排种器转速等进行控制。图 4-38 和图 4-39 分别为美国 Cyclo-500 型气压滚筒式播种机上的电子监控系统仪表盘与总体布置情况。监控仪各部的工作性能和显示方法为：

（1）报警器：当播种机某一行或多行播种装置出现故障时，报警器连续报警。种箱内种子不足时，报警器断续报警。

（2）显示选择钮与四位数字显示器：显示选择钮选定在不同刻度，四位数字显示器将显示以下四种不同内容：播种株距、播种量、滚筒转数、滚筒内气压。

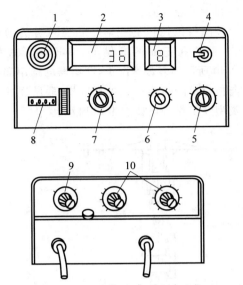

1—报警器；2—4 位显示器；3—播行显示器；4—扫描同步选行开关；5—株距调节盘；6—滚筒孔数盘；7—显示选择盘；8—播种面积计数器；9—行数盘；10—行距盘。

图 4-38　监控仪表盘

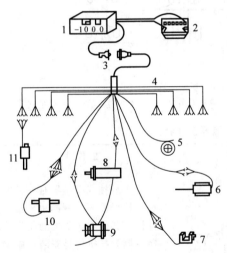

1—监控仪；2—拖拉机 12 V 蓄电池；3—柱塞式插头；4—电线；5—测距轮；6—播种机提升传感器；7—种子面高度传感器；8—驱动电机；9—交流发电机；10—滚筒气压传感器；11—种子流传感器。

图 4-39　监控系统总体布置

（3）播行显示器：当选择钮在"播种量/转数"刻度位置时，显示播种行数，还可以显示断条或停止工作行数。当显示字母 H 时，表示种子面过低，应加种。

（4）扫描同步选行开关：选择开关对准

"播种量/转速"刻度位置，当其对准"选行"时，则对选定的播行显示播种量。选择"扫描"时，则自动选择各行播种量。若此开关处于"同步"位置，则四位数字显示器在显示播种量、播种株距的同时，播行显示器显示该行行数。

（5）面积计数器与行数、行距选择旋钮：播种面积为播种幅宽与播种距离的乘积，播种幅宽为播种行距与行数的乘积，播种距离由地轮上测距传感器检测。为保证计数面积准确，应按配置行数及行距相应调节行数、行距选择盘（仪表盘背面）。

（6）滚筒孔数调节旋钮：用来选定滚筒的排种孔数，否则得不到正确株距。

（7）株距调节旋钮：用来选择所需株距。

（8）种子流断条显示：监控系统工作时，任意一行种子流中断或每秒只有一粒种子落下，则报警器报警，播行显示器显示该行行数；当有多行出现这种情况，则以每秒一个的速度循环，在播行显示器显示不正常的播种行数。

（9）过高滚筒转速的显示：当滚筒转速超过 35 r/min 时，四位数字显示器将短暂闪亮。这时，应降低机组作业速度，由于滚筒惯性，降低速度后，延迟数秒才会停止短暂闪亮。

4.3.7　联结器

联结器作为拖拉机与播种机连接的重要部件，它可将拖拉机的牵引力传输给播种机。为充分利用拖拉机的额定牵引力，通过联结器使多个播种机连接在一起进行宽幅作业。

因此，对联结器的基本要求有：

（1）能满足农业技术需求；

（2）能保证编组的农机具可以正常工作，能进行安装和调整；

（3）对地面起伏的适应性要好，即仿形性能良好；

（4）机组的转弯半径应尽可能的小；

（5）结构坚固、工作可靠、质量轻、工作阻力小，与拖拉机连接、使用、维护方便；

（6）机组中每台播种机的牵引阻力应单独传递；

（7）为了能牵引带液压机构的播种机，联

结器应安装能和拖拉机液压系统相连接的液压管路。

联结器按照用途可分为单一与播种机连接的专用联结器和供多种机具编组的通用联结器。

按照与拖拉机连接方式可分为牵引式、悬挂式和半悬挂式。

按照与拖拉机的相对位置又可分为前置的、后置的和正面的联结器，其连接形式如图4-40所示。多数情况下，联结器的选用都根据与拖拉机的连接形式进行选择，联结器的结构类型及工作特点如表4-16所示。

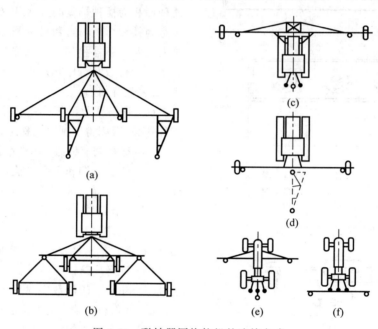

图 4-40 联结器同拖拉机的连接方式

(a) 牵引式；(b) 无轮牵引式；(c) 正面半悬挂式；(d) 后置半悬挂式；(e) 前悬挂式；(f) 后悬挂式

表 4-16 联结器的结构类型及工作特点

类型名称	结 构 简 图	工 作 特 点
半悬挂式联结器	**CH-35A 型半悬挂式联结器** 1—侧悬挂机构；2—副梁；3—水平机架；4—地轮；5—前拉杆；6—后拉杆。	半悬挂式联结器是一种安装在拖拉机前面两侧的用来悬挂播种机等其他农机具的通用型联结器。侧悬挂机构是安装在副梁上的三点悬挂机构，用其来连接播种机等农机具，依靠拖拉机的液压输出，通过推动联结器的液压缸来实现对农机具的升降。图中的CH-35A型半悬挂式联结器的两侧可悬挂2台播种机，拖拉机后部可悬挂1台播种机，共可进行3台播种机的编组作业

续表

类型名称	结构简图	工作特点
牵引式联结器	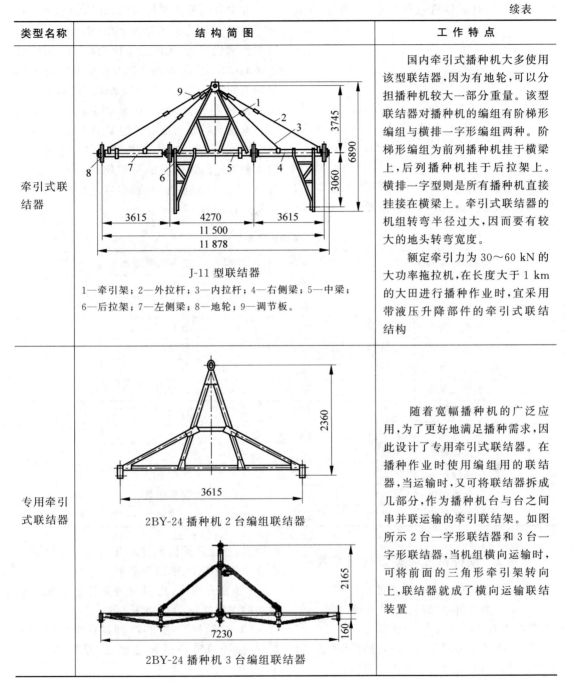 J-11 型联结器 1—牵引架；2—外拉杆；3—内拉杆；4—右侧梁；5—中梁； 6—后拉架；7—左侧梁；8—地轮；9—调节板。	国内牵引式播种机大多使用该型联结器,因为有地轮,可以分担播种机较大一部分重量。该型联结器对播种机的编组有阶梯形编组与横排一字形编组两种。阶梯形编组为前列播种机挂于横梁上,后列播种机挂于后拉架上。横排一字型则是所有播种机直接挂接在横梁上。牵引式联结器的机组转弯半径过大,因而要有较大的地头转弯宽度。 额定牵引力为 30～60 kN 的大功率拖拉机,在长度大于 1 km 的大田进行播种作业时,宜采用带液压升降部件的牵引式联结结构
专用牵引式联结器	2BY-24 播种机 2 台编组联结器 2BY-24 播种机 3 台编组联结器	随着宽幅播种机的广泛应用,为了更好地满足播种需求,因此设计了专用牵引式联结器。在播种作业时使用编组用的联结器,当运输时,又可将联结器拆成几部分,作为播种机台与台之间串并联运输的牵引联结架。如图所示 2 台一字形联结器和 3 台一字形联结器,当机组横向运输时,可将前面的三角形牵引架转向上,联结器就成了横向运输联结装置

4.4 技术性能

4.4.1 播种机命名方式

我国最早农业机具的命名方式是按照《农机具产品编号规则》(NJ 89—1974)进行命名,而后在 1997 年改用《农机具产品型号编制规则》(JB/T 8574—1997)。随着农业机械的发展,经历数版改编,目前使用的型号编制名称标准为《农机具产品型号编制规则》(JB/T 8574—2013),于 2013 年 9 月 1 日正式实施。

按照《农机具产品型号编制规则》(JB/T

8574—2013)对播种机进行命名,其命名方式如下:

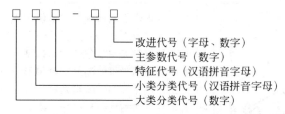

改进代号(字母、数字)
主参数代号(数字)
特征代号(汉语拼音字母)
小类分类代号(汉语拼音字母)
大类分类代号(数字)

播种机的大类分类代号为2,小类分类代号为B。特殊的是,覆膜播种机的小类分类代号为M。具体的播种机产品型号可参考表4-17。

其中有几种特殊机型的命名,如中耕作物通用播种机的类别代号为2BZ,精密联合耕播机的类别代号为2BJGL(J代表精JING,G代表耕GENG,L代表联LIAN),精密播种施肥机的类别代号为2BJF(F代表肥FEI),气吸式精量播种机的类别代号为2BJQ(Q代表气QI),高速气吹精密播种机的类别代号为2BDY(D代表豆DOU,Y代表玉YU)等。大部分具有多种功能的播种机的类别代号可依据JB/T 8574—2013中相应的类别编号进行组合,对播种机进行命名。

表 4-17　播种机产品型号

序号	机具类别和名称	类别代号	代表字	字母	主参数数字意义	计量单位
1	播种机	2B	播	BO	行数	行
	谷物播种机	2B	播	BO	行数	行
	玉米点播机	2BY	玉	YU	行数	行
	棉花播种机	2BH	花	HUA	行数	行
	通用播种机	2BT	通	TONG	行数	行
2	水稻直播机	2BD	稻	DAO	行数	行
	牧草播种机	2BC	草	CAO	行数	行
	蔬菜播种机	2BS	蔬	SHU	行数	行
	免耕播种机	2BM	免	MIAN	行数	行
	秧盘播种机	2BP	盘	PAN	生产率	盘/h
3	地膜覆盖机	2M	膜	MO	覆膜幅数	幅
	覆膜播种机	2MB	播	BO	覆膜幅数—行数	幅—行

4.4.2　播种机性能参数及技术要求

播种机的性能参数及技术要求如下:

(1)作物的播量,即作物每亩播种的种子总质量,单位为斤/亩。

(2)播种方法,即每种作物得到播种方式,包括撒播、条播、点播、穴播、点条播等。

(3)播种行距,即相邻两播种行之间的距离,单位为厘米。

(4)株距/穴距,即播种时,相邻两粒种子或相邻两个种穴之间的距离,单位为毫米。

(5)穴粒数,即播种时,每个种穴中应播种子数量,单位为粒或个。

(6)播种深度,即种子在种沟底部距地表的距离,通常播种机行进时开沟器所开出的深度即为播种深度,单位为毫米。

(7)播种密度,即以亩为单位的土地上应播种的作物株数,单位为株/亩。

(8)播种机行进速度,即播种机在田间工作时,播种机的前进作业速度,单位为千米/小时。

(9)种箱、肥箱容积,即播种机的种箱和肥箱所能承载的最大种子量和肥料量,单位为升。

(10)播种行数,即一台播种机可同时播种的最大行数,单位为行。

(11)工作幅宽,即一台播种机在工作时,其一次所能覆盖到的最大工作长度,单位为米。

(12)播种机质量,即单台播种机的质量,单位为千克。

（13）配套动力，即牵引一台播种机所需要的配套牵引机的功率大小，单位为千瓦或马力。

（14）生产率，即单位时间内可对多少土地进行播种作业，单位为公顷/小时。

4.4.3 各企业的产品型谱与技术特点

各个企业的产品具有不同的技术特性。以下介绍几个有代表性的播种（施肥）机械生产厂家及其产品型号和技术特点。

1．雷沃重工股份有限公司

雷沃重工旗下的播种机类型较少，其核心产品是拖拉机，目前市面上销售的雷沃旗下播种机为雷沃马特马克系列和一台大型条播机，其型号及技术参数见表4-18。

2．久保田农业机械（苏州）有限公司

久保田作为日本农机知名企业，始终致力于水稻机械的研制，其旗下目前销售的播种机仅一种，即2BD-10型水稻直播机，其技术参数见表4-19。

3．约翰迪尔（中国）投资有限公司

约翰迪尔作为美国最大的农机公司，其产品享誉世界，主要的产品为拖拉机，其旗下在中国销售的播种机种类不多，型号及技术参数见表4-20。

表4-18 雷沃重工旗下的播种机技术参数

技术指标	参　　数				
型号	MS8100马特马克气吸式精量播种机	MS8200马特马克气吸式精量播种机	MSO马特马克气吸式蔬菜播种机	马特马克12行气吸式精量播种机	MSD300气动式条播机
行数	2	6/9/12	3	12	24
行距/cm	40～65	45～75/40～70/40～70	—	45～75	≥12.5
作业宽度/cm	80～130	400/600/800	—	—	300
质量/kg	1100	1060/1500/2300	—	1630	920
配套动力/Ps	40～55	80～100/90～120/110～150	50	180	80
种箱容积/L	70	210/315/420	30	420	650
肥箱容积/L	550＋120	430/645/860	—	—	—
外形尺寸（长×宽×高）/(m×m×m)	1.87×3.30×1.45	4×2.57×1.56/6×2.57×1.56/8×2.57×1.56	—	—	—
作业速度/(km·h⁻¹)	—	—	—	7～12	10～15
样机图片					

注：未给出的技术参数为未透露指标，可在购买时向客服人员查询。

表 4-19　久保田 2BD-10（DS-10C25）型水稻直播机技术参数

技术指标名称	技术指标参数
机构形式	悬挂式
配套机型品牌型号	久保田 2ZGQ-8D5（SPC-8C25）
配套功率/kW	16.1
配套转速/(r·min^{-1})	3200
外形尺寸(长×宽×高)/(m×m×m)	2.775×0.875×0.925
行数	10
行距/cm	25
排种器类型	外槽轮式
排种器数量/个	10
种箱容积/L	100
排种量调节方式	无级变速调节
穴距调节方式	手柄调节
穴距调节挡位数量/个	7
开沟器数量/个	4
样机图片	

表 4-20　约翰迪尔播种机技术参数

技术指标	参数		
型号	约翰迪尔 455 折叠式牧草条播机	约翰迪尔 1590 免耕播种机	约翰迪尔 1030 精密播种机
机型类别	25/30/35	3.05 m/3.05 m/4.60 m/ 4.60 m/6.10 m/6.10 m	4 行/6 行
行距/cm			50,60～66,76～85
运输宽度/m	4.62		3.5/4.5
运输高度/m	2.11		1.9
总长度/m	6.71/7.48/8.23		1.8
质量/kg			1193/1560
种箱容量/L	2466.660/2959.992/ 3453.324（普通谷物）	405/243/405/243/405/243	40
谷物/肥料箱容量/L	2995.230/3594.276/ 4193.322	—/162/—/162/—/162	109
排种方式	凹槽排种		指夹式或盘式
排种口数目/个	30,40,50/36,48,60/42, 56,70		

续表

技术指标	参　　数		
排种口间距/cm	15/19.05/25.4（三款相同）		
播种监视系统	SeedStar 或者 Computer Trak 250/350/450		Computer Trak150
开沟器类型	34.4±0.64 cm 圆盘式开沟器	波纹式 46 cm 开沟圆盘	38 cm，Tru-Vee™ 双盘开沟器
开沟器间距/cm		19 或 25，38.1 或 51	
镇压轮（宽×直径）/(cm×cm)		2.54×2.54 橡胶镇压轮	
覆土轮（宽×直径）/(cm×cm)		2.5×30 铸铁覆土轮	2.5×30.48 橡胶轮胎
开沟深度/cm			2.5~15
开沟器列距/cm		123.2	
配套动力/kW		63/63/75/75/104/104	64~135
样机图片			

注：未给出的技术参数为未透露指标，可在购买时向客服人员查询。

4．沃得农业机械股份有限公司

江苏省沃得农业机械股份有限公司隶属于中国 500 强民营企业之一，是中国较大的农业机械制造商之一，其产品以收获机为主，目前官网销售的播种机仅一种，即 WD-2BFG-8/8-200 旋播施肥机，其技术参数如表 4-21 所示。

表 4-21　WD-2BFG-8/8-200 旋播施肥机技术参数

技术指标	技术参数
外形尺寸（长×宽×高）/(mm×mm×mm)	1930×2385×1280
整机质量/kg	760
生产率/(hm²·h⁻¹)	0.3~0.9
配套动力/kW	55.1~66.1
理论作业速度/(m·s⁻¹)	0.7~1.4
旋耕刀型号	IT245
旋耕幅宽/mm	2000
耕深/mm	≥120

续表

技术指标	技术参数
刀辊设计转速/(r·min⁻¹)	280
刀辊最大回转半径/mm	245
悬挂方式	三点悬挂式
总安装刀数/把	60
排种/排肥器	外槽轮式
种箱/肥箱容积/L	190/190
排种/排肥器数量	8/8
开沟器类型	靴鞋式
开沟器数量	8
开沟深度/mm	0~80
样机图片	

5. 新疆机械研究院股份有限公司

新疆机械研究院创建于 1960 年,2009 年转为股份有限公司,是一家专业制造农牧机械的上市公司。其旗下的产品有牧神系列免耕施肥播种机,其技术参数见表 4-22。

表 4-22　牧神系列免耕施肥播种机技术参数

技 术 指 标	参　数		
型号	牧神 2BMF-20 分体式免耕施肥播种机	牧神 2DMF-24 分体式免耕施肥播种机	牧神 2BMSFZ-2 免耕精量施肥播种机
牵引形式	牵引式	牵引式	牵引式
配套动力/Ps	≥125	≥125	22～37
行距/cm	19.05	19.05	40～70
播种行数/行	20	24	2
生产率/(hm² · h⁻¹)	1.5～2.5	2～3	0.64～1.12
工作幅宽/m	3.81	4.57	
播种深度/mm	10～88	10～88	30～110（共 17 级,每级 5 mm）
种箱容积/m³	1.13	1.32	0.065
肥箱容积/m³	0.37	0.43	0.21
小种箱容积/m³	0.11	0.13	
排种器形式	外槽轮式	外槽轮式	指夹式
排种器数量	20	24	2
排肥器形式	星轮式	星轮式	双搅龙式
排肥器数量	20	24	2
开沟器形式	双圆盘式	双圆盘式	豁口单圆盘
破茬圆盘刀形式	涡轮波纹圆盘	涡轮波纹圆盘	波纹圆盘
破茬深度/cm	5～10.16	5～10.16	
外形尺寸(长×宽×高)/(mm×mm×mm)	6185×4000×2490	6185×4000×2490	3080×2020×1480
整机质量/kg	3630	3980	1000
样机图片			

注:未给出的技术参数为未透露指标,可在购买时向客服人员查询。

6. 凯斯纽荷兰公司

凯斯纽荷兰工业集团作为世界上最大的农业机械制造公司之一,其拖拉机、联合收割机和牧草机械的销量在全球领先。凯斯纽荷兰旗下的 DV 系列精量播种机是目前销量较好的播种机,其技术参数见表 4-23。

<<< - - - - - - - - - - - - - - - - - -

表 4-23 凯斯纽荷兰 DV 系列精量播种机技术参数

技术指标	参 数		
型号	凯斯 DV12R 精量播种机	凯斯 DV90R 精量播种机	凯斯 DV60R 精量播种机
配套额定功率/Ps	90～210		
播种行数/行	12	9	6
行距/cm	35～75		
种箱容积/L	50(12 个)	50(9 个)	50(6 个)
肥箱容积/L	800(不锈钢)(3 个)	800(不锈钢)(2 个)	220(PVC)(2 个)
开沟器形式	双圆盘式		
监视系统	电子监视系统		
播种精度	0.99		
地轮数量	4	4	2
外形尺寸(长×宽×高)/(mm×mm×mm)	9000×2400×1450	7000×2400×1450	5000×2400×1450
作业速度/(km·h^{-1})	6～8		
整机质量/kg	3400	3450	1400
推荐拖拉机	PUMA210	PUMA180	PUMA155
可播作物种类	玉米、甜菜、大豆、向日葵、棉花、卷心菜、甜高粱、油菜、豌豆、花生、绿豆		
样机图片			

7. 中国一拖集团有限公司

中国一拖集团有限公司(以下简称"中国一拖")是国家"一五"时期 156 个重点建设项目之一,1955 年开工建设,1959 年建成投产,现为中国机械工业集团有限公司子公司。新中国第一台拖拉机、第一辆军用越野载重汽车在这里诞生。建成投产 60 余年来,为国家农业机械化提供拖拉机、柴油机等各种装备 500 多万台。中国一拖旗下的东方红系列免耕施肥播种机受到国内农业工作者的青睐,其各型免耕施肥播种机的技术参数见表 4-24。

8. 河北农哈哈机械有限公司

河北农哈哈机械有限公司是中国播种机行业的领军品牌,其主导产品为播种机,连续 10 年在中国销量第一,市场占有率高达 70%。农哈哈旗下播种机的产品系列众多,因此挑选农哈哈旗下典型播种机进行技术参数列举,见表 4-25。

9. 德易播机械发展有限公司

德易播公司创建于 1998 年,专业从事播种机的研究与制造,已与中国农业大学等科研单位建立合作关系。德易播公司致力于小型、轻型的播种机研发。德易播公司生产的典型播种机技术参数见表 4-26。

表 4-24　东方红系列免耕施肥播种机技术参数

技术指标	参数				
型号	东方红 2BMQZ-2 牵引式指夹免耕播种机	东方红 2BMQ-4 牵引式气吸免耕播种机	东方红 2BMQ-6 牵引式气吸免耕播种机	东方红 2BMQ-8 牵引式气吸免耕播种机	东方红 2BMF-7/14 多功能免耕施肥播种机
配套动力/Ps	30～70	80～100	100～120	120～150	90～120
作业幅宽/m	0.8～1.4	1.4～2.6	2.1～3.9	2.8～5.2	2.24
行距/cm	40～70	35～65（可调）			宽 20 窄 12（小麦）/32（化肥）
播种行数	2	4	6	8	14（小麦）/7（化肥）
亩播量/kg					5～30（小麦）/10～60（化肥）
排种器类型	指夹式	气力式			
种箱容积/L	65	96	144	192	
肥箱容积/L	360	500	700	700	
排种量调节	传动比调节				
排肥量调节	传动比调节＋手柄调节	链轮			
开沟器形式	双圆盘式				锄铲式
开沟深度/mm	30～100	80～140			30～50/30～50 种子侧下位（化肥）
破茬工作部件形式	波纹圆盘式	锄铲式			
覆土器形式	胶轮				
镇压轮形式	V 形对置橡胶轮	橡胶零压轮胎			
作业速度/(km·h^{-1})	6～10	8～10			
生产率/(hm^2·h^{-1})	0.48～1.12	2.13～2.67	3.20～4.00	4.27～5.33	
风机形式	离心式				
耕深/mm					80～120
整机质量/kg					620
样机图片					

注：未给出的技术参数为未透露指标，可在购买时向客服人员查询。

表 4-25　农哈哈典型播种机的技术参数

技术指标	参　数						
型号	2BQPSF-2型全覆膜滴灌精量播种机	2BMGF-8/16免耕覆盖施肥播种机	2BFGY-5(8)(230)旋耕施肥播种机	2BYQF-6气吸式精量播种机	2BYFSF-4仿形玉米播种机	2BX-9弹簧腿小麦播种机	2BYSFS-3仿形勺轮玉米播种机
配套动力/kW	20.5～33	66.2～80.9	≥58.8	73.5～88.2	18.3～29.4	8.8～13	11～18.38
整机质量/kg	545	850			350	240	250
播种行数	2	8	6	4	4	9	3
行距/mm			500～620	500～620	550～686	160(可调)	550～686
外形尺寸(长×宽×高)/(m×m×m)	2.6×1.5×1.25	1.6×2.65×1.36	1.6×3.6×1.21	1.83×3.6×1.35	1.58×2×0.998	1.7×1.63×1.29	1.55×1.67×0.98
株/穴距/mm	280(6嘴)		80～360(16种挡位可调)		80～360(16种挡位可调)		120～310(6种挡位可调)
最大施肥量/(kg·亩⁻¹)	60						50
最大播种量/(kg·亩⁻¹)						33(可调)	1.5～2.5
地膜宽度/mm	1200						
开沟深度/mm	60～80	40±10				20～50	60～80
耕深/mm		80～160					
生产率/(hm²·h⁻¹)			0.6～0.9		0.30～0.45		
种箱容积/L							3×8.5
肥箱容积/L							120
样机图片							

注：未给出的技术参数为未透露指标，可在购买时向客服人员查询。

表 4-26　德易播典型播种机技术参数

技术指标	参　数			
型号	DB-DS-8大蒜播种机	DB-W-1.0人力万能播种机	DB-S03-5自走式蔬菜精播机	DB-S02-2电动蔬菜精播机
配套动力/Ps	45～60			
播种行数	8～20(可定做)	2～5(可定做)	5～12(可定做)	2～5(可定做)
行距/cm	15～20(可定做)	8～18	8～18	8～18
生产率/(hm²·h⁻¹)	0.20～0.33			

续表

技术指标	参　数		
播种深度/mm	≤5	≤5	≤5
播种株距/mm	20～510	20～510	20～510
样机图片			

注：未给出的技术参数为未透露指标，可在购买时向客服人员查询。

4.4.4　工作部件的技术参数

1. 排种器的技术参数

排种器种类众多，各种排种器的工作原理及用途已在 4.3.2 节中叙述，这里将直接给出国内外常用的排种器技术参数。

（1）轮式排种器的技术参数见表 4-27。

（2）纹盘式排种器纹盘的技术参数见表 4-28。

（3）窝眼轮式排种器的窝眼轮技术参数见表 4-29。

2. 排肥器

常用的排肥器为星轮式排肥器，几种常用的星轮式排肥器技术参数见表 4-30。

表 4-27　几种常用的外槽轮式排种器的槽轮技术参数

排种器型号		槽轮直径 d/mm	槽数 Z	凹槽半径 r/mm	槽深 h/mm	槽轮最大工作长度 L_{max}/mm	主要所属播种机
小槽轮排种器（JB/T 9783—1999）		$40.2^{+0.4}_{0}$	10	6.4	4.1	42	2BF-24A 2BF-48A 2BL-12, 16,24 等
16 槽小槽轮排种器		$40^{+0.4}_{0}$	16	2	3.5	42	常用于国内半精量或精少量播种机
原第 Ⅰ 型（铸造）		51±0.3	12	5.5	6	31	
原第 Ⅱ 型（冲压）		49.5	12	5.8	5.3	33	BG-24
原 ГОСТ 1714-68 槽轮排种器	标 Ⅰ 型	50	12	5.5	5.25	34	C3-3.6A
	标 Ⅱ 型	36	12	3.8	3.55	24	
IH 型		51	10	7	5.5	42	IH 公司 150,510,620
2BY-24 大槽轮排种器		55.5±0.2	12	6.5	5.5	47	2BY-24,J.D8000,9000 系列
大平原槽轮排种器		49	12	5.5	5.5	45	6119,6115 大平原播种机

表 4-28　纹盘式排种器纹盘的技术参数

纹盘名称	磨纹槽内圆半径/mm	磨纹槽外圆半径/mm	纹盘中心至槽曲率中心半径/mm	磨纹槽曲率半径/mm	槽数	槽深/mm	槽宽/mm 入口	槽宽/mm 出口
泗洪型				79	45	3	7	9
槽轮型				70	32	4	10.5	12.5
叶轮型				110	32	4	7	10
通用机型				70	24	4	14.5	16.5
半通用机型				70	40	4	9	10
A 型	65	96	70.5	80	45	3		
B 型	65	96	70.5		30	2.5~3		

表 4-29　窝眼轮式排种器的窝眼轮技术参数

播种机型号	型孔形式	型孔直径/mm	型孔深度/mm	容纳种子粒数	型孔数量	窝眼轮直径/mm	可播作物	备注
BZT-6	锥柱形	20	8	4±1	6	80	玉米	
BZT-4	圆柱形	20	8	4±1	10	140	玉米	
BZT-4	锥柱形	9.5	7	1	70 双排	140	大豆	
BZT-4	锥柱形	9.5	7	可调	70 双排	140	高粱、谷子	可条播高粱、谷子
辽宁 702	球孔	10	9	3±1	3,5	100	小粒玉米	
辽宁 702	球孔	24	11	3±1	3,5	100	大粒玉米	
辽宁 702	球孔	11	5.5	3±1	5,10	100	高粱	
2BJGL-6 等	圆锥球底	11.2	9	1	25×2×2	100	大豆	

表 4-30　几种常用的星轮式排肥器技术参数

播种机型号	直径/mm	盘厚/mm	齿厚/mm	齿高/mm	齿数	材料	活门调节形式
2BF-24A	134	5.5	3	16	12	钢板	单个调节
2BL-16	110	10	5	15	8	铸铁	转轴统调
BGF-48B	140	11	5	18	8	铸铁	转轴统调
2BY-24	110	10	5	15	8	铸铁	转轴统调

3．开沟器

开沟器类型多样,下面对一些常用的开沟器的技术参数进行介绍。

1）锄铲式开沟器

不同类型锄铲式开沟器的主要技术参数见表 4-31。

2）双圆盘开沟器

几种播种机上常用的双圆盘开沟器技术参数见表 4-32。

表 4-31　锄铲式开沟器的主要技术参数

型式	入土角 α/(°)	开沟宽度 b/mm	铲底角 β/(°)
普通型	53~59	26	22
通用型	46	50	22
联合型	51	29	22
改进型	45	35	5

表 4-32　双圆盘开沟器技术参数

机型	圆盘直径 D/mm	圆盘夹角 φ/(°)	聚点位置 β/(°)	开沟宽度/mm	备注
2BF-24	350	14	75	31.5	
2BL-16	350	16	75	36	
2BY-24	350	10	65	17.9	
2BF-48	350	23	90	70	
Cyclo-500	343	13.5	58	19.3	前后交错
J. D7000	380	9.5	55	13.1	
2BSJ-18	350/320	20	90	50	交错
6119,6115	345	10.5	49	8	前后交错

4. 覆土器

常用的覆土器有板式和铲式两种,其主要的技术参数查看 4.3.4 节的表 4-10。

5. 镇压轮及仿形限深轮

仿形轮及限深镇压轮作为播种机必不可少的部件,其起到仿形、镇压等作用时需要外加作用力,因此承载能力也是镇压轮及仿形限深轮的重要技术参数之一。

1)镇压轮和仿形轮对开式轮盘(ASAE S221)

对开式轮盘可以分为以下三个类型:

(1)一个驱动凸棱中心线和一个夹紧螺栓孔与安装螺栓孔中心线呈 45°,如图 4-41 所示。

(2)一个驱动凸棱中心线和一个安装螺栓孔与夹紧螺栓孔中心线呈 45°,如图 4-42 所示。

(3)一个驱动凸棱中心线、一个安装螺栓孔和夹紧螺栓孔在一条中心线上,见图 4-43。

2)镇压轮和仿形限深轮轮辋尺寸(ASAE S222)

镇压轮和仿形限深轮的轮辋尺寸如图 4-44 和图 4-45 所示,尺寸参数见表 4-33。

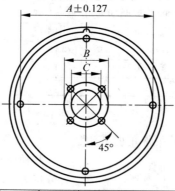

轮子规格 (宽×直径)/(mm×mm)	A	B	C	夹紧 螺栓孔	安装 螺栓孔	驱动凸棱 数量
50.8×330.2	241.30	101.6	63.5	4-10.32	4-10.32	4
101.6×406.4	273.05	101.6	63.5	4-10.32	4-10.32	6

图 4-41　镇压轮与限深轮规格尺寸(1)

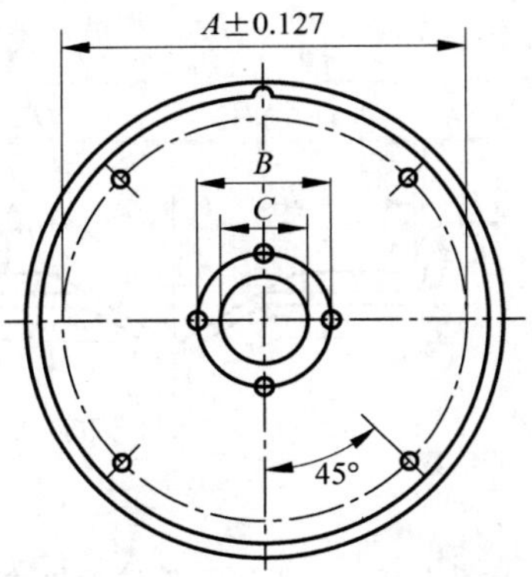

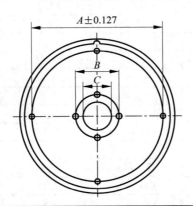

轮子规格 （宽×直径）/（mm×mm）	A	B	C	夹紧 螺栓孔	安装 螺栓孔	驱动凸棱 数量
88.9×304.8	176.625	101.6	63.5	4-10.32	4-10.32	4
101.6×304.8	176.625	101.6	63.5	4-10.32	4-10.32	6

图 4-42 镇压轮与限深轮规格尺寸（2）

轮子规格 （宽×直径）/（mm×mm）	A	B	C	夹紧 螺栓孔	安装 螺栓孔	驱动凸棱 数量
50.8×508	412.75	101.6	63.5	4-10.32	4-10.32	6
101.6×457.2	323.85			4-10.32	10.32	6
101.6×508	374.64			4-10.32	10.32	6

图 4-43 镇压轮与限深轮规格尺寸（3）

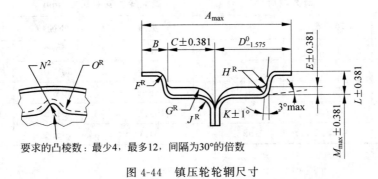

要求的凸棱数：最少4，最多12，间隔为30°的倍数

图 4-44 镇压轮轮辋尺寸

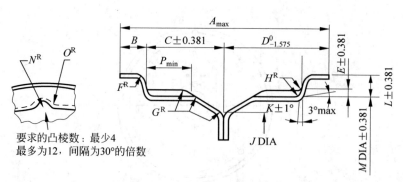

要求的凸棱数：最少4
最多为12，间隔为30°的倍数

图 4-45　仿形限深轮轮辋尺寸

表 4-33　镇压轮和仿形限深轮轮辋尺寸参数

尺　寸	镇　压　轮		仿形限深轮		
	50.8×330.2	50.8×508.0	88.9×304.8	101.6×304.8	101.6×304.8
A/mm	50.8	50.8	88.9	101.6	101.6
B/mm	7.87	7.87	11.18	11.18	11.18
C/mm	17.526	17.526	33.27	39.62	39.62
D/mm	25.4	25.4	44.45	50.8	50.8
E/mm	3.175	3.175	3.56	3.56	3.56
F/mm	3.96	3.96	3.96	3.96	3.96
G/mm	9.525	9.525	6.35	6.35	6.35
H/mm	2.39	2.39	2.39	2.39	2.39
J/mm	6.35	6.35	203.2	203.2	304.8
K/(°)	3	3	3	3	3
L/mm	7.874	7.874	9.65	9.65	9.65
M/mm	270	447.80	219.20	219.20	320.80
N/mm	3.96	3.96	4.75	4.75	4.75
O/mm	1.98	1.98	3.175	3.175	3.175
P/mm	—	—	19.05	25.4	25.4

3）镇压轮和仿形限深轮胎（ASAE S223）

该种镇压轮及仿形限深轮的技术参数见表 4-34。

表 4-34　镇压轮及仿形限深轮的技术参数

轮胎尺寸/ （mm×mm）	最大载荷/N		最大轮胎安装尺寸/mm		用途
	轻负荷	重负荷	宽度	外径	
50.8×330.2	266.9	—	50.8	330.2	谷物播种机镇压轮
50.8×508.0	444.8	—	50.8	508.0	
88.9×304.8	444.8	889.7	88.9	304.8	仿形限深轮
101.6×304.8	667.0	1334.5	101.6	304.8	
101.6×406.4	778.5	1556.9	101.6	406.4	

4）农用种植机械的镇压轮轮胎（ASAE S224.1）

该型镇压轮轮胎的技术参数见表4-35，轮胎截面形状如图4-46所示。

农用种植机械的镇压轮轮辋尺寸如图4-47所示，技术参数见表4-36。

6.仿形机构

目前应用较多的仿形机构为仿形四连杆机构和仿形轮，几种常用的仿形四连杆机构与仿形轮的技术参数见表4-37。

表 4-35 农用种植机械镇压轮轮胎的技术参数

轮胎尺寸/(mm×mm)	最大宽度/mm	最大外径/mm	负荷半径/mm	最大载荷/N
165.1×304.8(C)	167.64	368.30	165.1	889.7
165.1×406.4(C)	167.64	477.52	215.9	889.7
165.1×508(C)	167.64	589.28	266.7	889.7
177.8×406.47(F)	180.34	457.20	228.6	889.7
177.8×406.47(C)	177.80	477.52	215.9	889.7
177.8×457.2(F)	180.34	508.00	254.0	889.7
177.8×457.2(C)	180.34	538.48	241.3	889.7
177.8×558.8(F)	180.34	609.60	304.8	889.7
177.8×609.6(F)	180.34	660.40	330.2	889.7
203.2×508(C)	215.90	589.28	266.7	889.6

注：C—拱形胎面；F—平胎面。

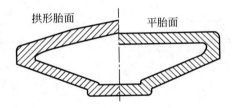

图 4-46 压轮轮胎截面形状

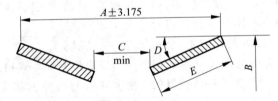

图 4-47 农用种植机械镇压轮轮辋尺寸

表 4-36 农用种植机械镇压轮技术参数

轮胎尺寸/(mm×mm)	A/mm	B/mm	C/mm	D/(°)	E/mm
165.1×304.8	165.10	304.8	38.10	22.5	68.58
165.1×406.4	165.10	406.4	55.88	22.5	55.88
165.1×508.0	165.10	508.0	55.88	22.5	55.88
177.8×406.4	172.72	406.4	55.88	22.5	63.50
177.8×457.2	177.80	457.2	55.88	22.5	63.50
177.8×558.8	177.80	508.0	55.88	22.5	63.50
177.8×609.6	177.80	609.6	55.88	22.5	63.50
203.2×508.0	203.20	508.0	55.42	22.5	78.74

表 4-37　仿形四连杆机构和仿形轮的技术参数

机型	仿形四连杆机构					仿形轮		
	上下拉杆长度/mm	前后拉杆长度/mm	横向宽度 b/mm	上仿形角 α_2/(°)	下仿形角 $\alpha_1+\alpha_0$/(°)	与开沟器距离/mm	直径/mm	宽度/mm
BZT-6	350	160	200	1	40	420	250	35
2BZ-6	350	160	—	—	—	—	—	—
法国尤麦塞木Ⅱ型	500	245	160	—6	37	400/400(1)	280/360	65/160
德国埃罗莫特Ⅱ型	400	220	125	15	27	390(3)	280	65
德国莫尔齐塞木	370	230	130	32	34			
意大利SAME 4行气吸式播种机型	500	300	250	12.5	16			
J.D 7000	345	205	345	26	24			
Cyclo-500	205	180	42			450(2)	480	170
GASPARDO 4行气吸式播种机	450	250	150			560(2)	370	160
英国 S870	—	—	—			200	230	80

注：(1) 分子为播甜菜的状态，分母为播玉米的状态。

(2) 仿形轮在开沟器后方。

(3) 播甜菜的状态。

7. 播种监视器

目前国内外的拖拉机应用监视器较多，播种机的监视器国内应用较少，国外的播种机对监视器的应用较为普遍。J.D(约翰迪尔)公司的播种机对于监视器的应用是世界范围内应用较为成熟的。J.D旗下的几款排种监视器的性能规格见表4-38。

8. 联结器

国内应用的播种机联结器以牵引式为主，因为有地轮，所以可承担播种机一部分重力。几种常用的牵引式联结器的技术参数见表4-39。

9. 风机

风机作为气力式精量播种机的必备部件，绝大多数的播种机都应用离心式风机。几种播种机上应用的风机的技术参数见表4-40。

表 4-38　J.D播种监视器的性能规格

性　　能	规　　格		
型号	COMPUTER 100 型	COMPUTER 200 型	COMPUTER 300 型
容量	4～12 行	4～16 行	4～24 行
播种机故障指(显)示器	行数和蜂鸣器		
总数显示器	无	数字显示	
总数扫描	无	有，最小/平均/最大	

续表

性　能	规　格		
总行数选择	无	有	有
英亩(面积)显示器	无	无	有
平均粒距	无	无	有
行距选择	无	有,通过旋钮控制	
速度显示器	无	有	有
报警设置点控制	无	有	有
报警设置点作用范围	只有低端的	旋钮调定	
短路保护	3 A 保险丝		5 A 保险丝
自身检测系统	无	有	有
常规插接电气配线	有	有	有
指示灯	只有行指示灯	显示	显示

表 4-39　牵引式联结器的技术参数

技 术 指 标		参　数				
型号		J-11	J-18	CⅡ-11	CⅡ-16	CⅡ-20
结构宽度/m		11	18	11	16	20
工作幅宽/m	牵引播种机	7.2;10.8; 14.4	14.4—21.6	10.8	14.4	21.4
	牵引中耕机	—	—	8	16	20
最大作业速度时联结器所需牵引力/kN		—	—	29.4	49	49
牵引架长度/mm		3745	5000	—	—	—
牵引板销孔直径/mm		40	40	—	—	—
后拉架长度/mm		3060	3060	—	—	—
农具连接销孔直径/mm		24	24	—	—	—
后拉架数量		2	3	1	2	3
主梁尺寸(宽×高×厚)/(mm×mm×mm)		100×100×6	100×100×6	80×80×6	100×100×6	—
轮子数量	ϕ900×120×6 铁轮	4	4	—	—	—
	ϕ880×80×6 铁轮	2	3	—	—	—
	6°~16°充气轮	—	—	—	2	4
	5°~10°充气轮	—	—	3	6	3
外形尺寸(工作状态)/mm	长	6890	8144	3400	6000	4900
	宽	11 886	19 298	7300	13 500	18 120
	高	900	900	820	1170	1450
联结器质量/kg		730	1033	528	1390	1350
备注		—	—	带有液压升降部件		

表 4-40　风机的技术参数

播种机机型	风机类型	叶轮直径/mm	叶片形状	叶片数	叶轮宽度/mm	叶轮转速/(r·min⁻¹)	风压/毫米水柱
清原 71-3 型	离心式	300	后弯叶片	10	颈部为 25 外圆部为 17	5000	300
辽宁 2BQ-6 型		400	径向弯曲叶片	12	颈部为 31 外圆部为 23	4400	500～740
罗马尼亚 SPC-6M 型		395	径向直叶片	12	20	3000	120～230
Cyclo-500		386	前弯叶片	6	135	4000	350～480
德国莫尔齐塞木		500	径向直叶片	8	45	5400	500～700
德国埃罗莫特Ⅱ型		293	直叶片	52	64	5000	300～1000

4.5　计算与选型

在选择整机播种机时,主要依据需要播种的作物去选择适合的农业机具,大部分的播种机现在都可以播种多种作物,只需更换购买整机时配套的排种盘即可。选购播种机时所需的具体参数,可以参考 4.4 节列举的国内外播种机技术参数。

播种机选型的注意事项:

(1)由于市场上的播种机多为悬挂式结构,因此在明确播种的作物类型后,首先应以自身拥有的拖拉机类型为基础进行选购,在购买播种机前应说明拖拉机品牌和型号,以明确购买机型是否适用于该拖拉机。通常来讲,配套动力在 40 kW 以上的拖拉机应选用 11～16 行的小麦播种机或 6 行左右的玉米播种机;对于 15～30 kW 的拖拉机应选用 8～12 行的小麦播种机或 3～4 行的玉米播种机;对于 9～13 kW 的拖拉机建议选用 6～8 行的小麦播种机或 2～3 行的玉米播种机。

(2)在购买播种机时一定要选择正规的购买渠道,并且选择具有一定知名度的品牌,这是由于正规渠道购买的名牌播种机不仅拥有先进的机械结构和良好的耐用度,还能得到正规厂家完善的售后服务保障,且在播种机的维修保养过程中,损坏和需要更换的零件更容易购买,在确保播种质量的同时,还避免了很多机械故障对农业生产进程的影响。

(3)购买播种机时,需要仔细检查播种机的外观和性能等是否达到质量要求,主要从以下几个方面进行检查:

① 检查外观有无划痕、漆面是否光滑。

② 检查播种机各个部位是否运转灵活、运行有无异响、机架有无变形等。

③ 检查随机器附带的文件,查看播种机的合格证、说明书保修卡等文件是否齐全。

④ 检查播种施肥及开沟器的机械结构与自身需求和当地播种特点是否一致。

⑤ 在购买后提取播种机之前,还应检查传动结构是否配有安全防护结构,对于缺失的应及时提醒销售方予以补齐,并检查主要的支撑结构有无焊接缺陷或零件裂纹等,发现问题及时处理。

对于想自行搭配各部件进行播种的农业工作人员,可根据本章内容进行部件选择、搭配或设计。

4.5.1　排种器的计算与选型

1. 外槽轮式排种器

1)排种量计算

外槽轮排种器的每一转排量 q_1 应与农业技术要求的排种量 q_2 相等。

q_1 的计算公式如下:

$$q_1 = \pi d L \gamma \left(\frac{\alpha_0 f_q}{t} + \lambda \right) \qquad (4-8)$$

式中,d——外槽轮外径,cm;

L——槽轮的有效工作长度,cm;

γ——种子密度，g/cm^3；

α_0——槽内种子充满系数，由试验得出，可查阅图 4-48；

f_q——单个凹槽的截面积，cm^2，可由计算或试验求得；

t——槽轮凹槽节距，cm，$t = \dfrac{\pi d}{z}$，z 为槽数；

λ——带动层特性系数，由实验得出，可查阅图 4-49。

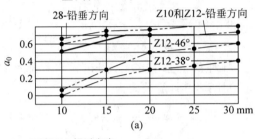

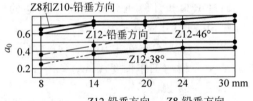

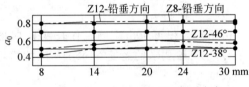

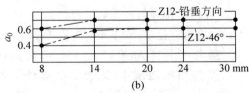

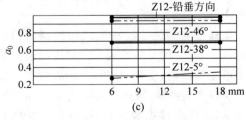

图 4-48　系数 α_0 与槽轮工作长度及种子喂入方向的关系

（a）播大粒种子（蓖麻、玉米）时；（b）播中粒种子（小麦、向日葵、大麦、燕麦）时；（c）播小粒种子（三叶草、苜蓿）时

注：Z8、Z12 表示槽数，写在槽数后面的数字表示种子喂入方向。

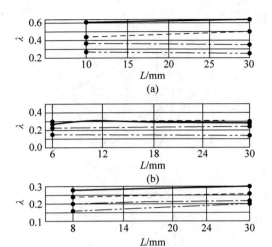

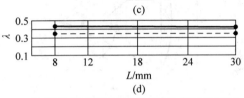

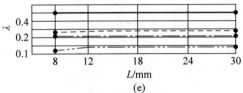

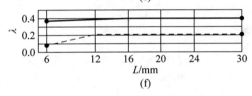

图 4-49　种子带动层特性系数 λ 与槽轮工作长度的关系

（a）播种玉米与蓖麻；（b）播种向日葵；（c）播种小麦；（d）播种大麦；（e）播种黑豆；（f）播种燕麦

f_q 可由槽轮的几何图形求得（见图 4-50）。图 4-50（a）圆弧形凹槽的截面积为

$$f_q = f_1 + f_2 = \frac{d^2}{8}(\alpha - \sin\alpha) + \frac{r^2}{2}(\varphi - \sin\varphi)$$

$$(4-9)$$

式中的 α 和 φ 单位为弧度（rad），$\sin\alpha$ 和 $\sin\varphi$ 中 α 和 φ 的单位为度（°）。

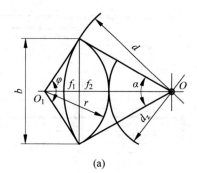

(a)

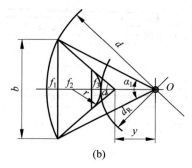

(b)

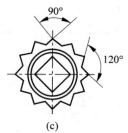

(c)

d—外槽轮外径；d_R—槽轮根圆直径；
r—凹槽圆弧半径。

图 4-50　外槽轮凹槽断面
(a) 圆弧形凹槽；(b) 锥形圆弧凹槽；(c) 直角槽

$$\alpha = 2\arcsin\frac{b}{d} \qquad (4\text{-}10)$$

$$\varphi = 2\arcsin\frac{b}{2r} \qquad (4\text{-}11)$$

其中

$$b = \sqrt{\frac{d^2}{2} + 2r^2 + \frac{d^2 r^2}{2R^2} - r^2 - \frac{d^4}{16R^2} - \frac{r^4}{R^2}}$$

$$(4\text{-}12)$$

$$R = \frac{d_R}{2} + r \qquad (4\text{-}13)$$

q_2 的计算公式为

$$q_2 = \frac{\pi D b Q (1+\delta)}{10 i} \qquad (4\text{-}14)$$

式中，D——地轮直径，m；

Q——农业技术要求播种量，kg/hm^2；

b——行距，m；

i——传动比，$i = \dfrac{\text{排种轮转速}}{\text{主动轮转速}}$，主动轮通

常为地轮；

δ——地轮滑移系数。

为了保证外槽轮排种器可以满足农业技术要求，即 q_1 与 q_2 相等，因此得出外槽轮排种器的基本公式：

$$\pi d L \gamma \left(\frac{\alpha_0 f_q}{t} + \lambda \right) = \frac{\pi D b Q (1+\delta)}{10 i} \qquad (4\text{-}15)$$

2）播量计算

播种机的播量 Q（kg/hm^2）可由排种量（g/r）计算，其计算公式为

$$Q = \frac{10 i q}{\pi D b (1+\delta)} \qquad (4\text{-}16)$$

通过试验和计算机分析可得播量 Q 的回归方程，其回归方程公式为

$$Q = A + BL \qquad (4\text{-}17)$$

式中，L——槽轮工作长度，mm；

A——常数项；

B——回归系数。

由回归方程可求出不同工作长度 L 时的播量 Q，也可按要求的播量 Q 求出相应的槽轮工作长度 L。

3）外槽轮排种器的参数选择依据

（1）槽轮直径 d、转速 n 和工作长度 L

当播量一定时，如槽轮直径过大，转速和工作长度将相应地减小，这会影响排种均匀性；如直径过小，就必须提高转速，这会增加种子损伤率。

以播种麦类为主的槽轮式排种器的槽轮直径 d 一般为 40～51 mm。目前应用最多的是小槽轮排种器，直径 d 为 40 mm，对于小麦和小粒种子的播种，可适当提高转速 n，增加脉冲频率，减小脉冲振幅，因而排种均匀性略好于大槽轮排种器。播大粒种子如玉米、棉籽可适当增加槽轮直径 d，一般取 d 为 110 mm。播菜籽、谷子等小籽粒种子时，槽轮直径 d 可取 24～28 mm。

槽轮的转速 n 在 $9\sim60$ r/min 的范围内，每转播量比较稳定。

槽轮工作长度 L 不应过小，避免种子在排种器中流动受阻，使排种不均匀。工作长度 L 不应小于种子长度的 $1.5\sim2$ 倍。播麦类种子时，L 一般取 $30\sim42$ mm。为满足高速作业时对大排种量的要求，现有槽轮的最大工作长度为 47 mm。

（2）凹槽断面形状和槽数 z

凹槽断面形状要便于种子的充填和排出，其容积要符合排量的要求。一般凹槽为圆弧形断面，凹槽半径 $r=2\sim9$ mm，槽数 $z=8\sim20$。播小籽粒种子时，槽形宜浅，槽数宜多，此时播量小且排种较均匀。播大粒种子时，为减小种子损伤率，凹槽半径应适当增加，槽深应适当减小，但不应小于种子厚度的一半。

槽轮的槽有直槽、斜槽和交错槽等排列方式。直槽结构简单，应用较多；斜槽和交错槽结构复杂，但排种的脉动性低，排种均匀性较好。

（3）排种盒结构参数

排种盒结构参数如图 4-51 所示。

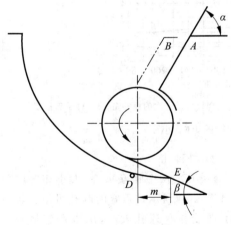

图 4-51　排种盒结构

排种盒前壁的倾角 α 必须大于种子的自然休止角，保证种子在排种盒内顺利流动，前壁不应过于靠里（例如 B 处），否则会导致槽轮被遮盖部分增加，影响充种。种子排出通道应由宽变窄，保证种子充满排种盒，且种子不会自流排出。

下排式排种器的排种舌（种子出口处 DE 部分），可绕铰链 D 摆动而调节出口大小，以适应大小粒种子的播种。排种舌位置及长短应保证种子在静止状态时不会自流，自 E 点作槽轮的切线，此切线与水平线夹角 β 应小于种子的自然休止角。

为改善排种均匀性，排种舌的外端（宽度方向）往往做成倾斜的。

2. 摆杆式排种器

1）排种量计算

摆杆式排种器的排量与主辅摆杆、导针的结构参数，以及摆杆间隙、摆杆频率和排种孔大小有关。摆杆间隙和排种孔大小一定时，摆杆频率在 $100\sim200$ 次/min，摆杆往返一次排量 q 基本不变。摆动频率在一定范围内时，排量 q 的计算公式为

$$q=\frac{5QBv_{\mathrm{m}}}{3fm} \tag{4-18}$$

或

$$q=\frac{5Qbv_{\mathrm{m}}}{3f} \tag{4-19}$$

式中，Q——农业技术要求的单位播量，kg/hm²；

$\quad\quad B$——播种机的工作幅宽，m；

$\quad\quad v_{\mathrm{m}}$——播种机作业速度，km/h；

$\quad\quad f$——摆杆频率，次/min，设计时宜取播量稳定的摆杆频率区间的中间值，即 150 次/min；

$\quad\quad m$——排种器个数；

$\quad\quad b$——行距，m。

根据上式求得的 q 值，在 S-q 曲线中即可查出对应的排种孔尺寸（见图 4-52），然后将排种机指示盘调到该尺寸位置即可。

根据摆杆频率 f 求出所需传动速度比 i：

$$i=\frac{3\pi D(1+\delta)f}{50v_{\mathrm{m}}}=\frac{1.5Qb\pi D(1+\delta)}{q} \tag{4-20}$$

式中，D——地轮直径，m；

$\quad\quad \delta$——地轮滑移系数，一般取 $0.05\sim0.15$。

2）摆杆式排种器的主要参数选择

（1）摆杆频率 f

摆杆在单位时间内往复摆动次数为摆杆

频率,摆杆频率影响摆杆的强制排种、自流排种和种子的破损程度。频率高则强制排种作用强,排种均匀性好。但 f 过大,排量将下降,且种子损伤率升高($f=200\sim300$ 次/min)。f 在 $100\sim200$ 次/min 时,排种均匀性好,种子破损率低。具体的摆杆频率 f 与排量的关系如图 4-53 所示。一般地,摆杆的频率 f 取 150 次/min 左右。

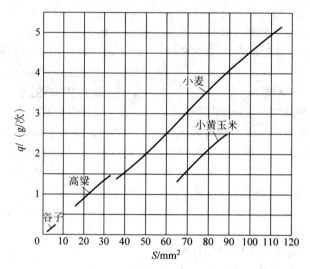

图 4-52　排种量与排种孔面积的关系曲线

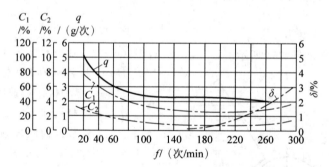

C_1—排种均匀性变异系数;C_2—排种稳定性变异系数;q—摆杆摆动一次的播种量;δ—种子破损率。

图 4-53　摆杆频率对排种性能的影响(小麦)

（2）摆杆间隙

摆杆盒端部和排种盒底部的距离为摆杆间隙。摆杆间隙小,排种稳定、均匀性好,排量较大,间隙过小则种子损伤率大。播大、中、小粒种子的摆杆间隙见表 4-41。

表 4-41　摆杆的最佳间隙

种子类型	种子名称	最佳摆杆间隙/mm
大粒	玉米、大豆	7～8
中粒	小麦、高粱	5
小粒	谷子、甜菜	3～4

（3）排种孔

排种孔为两个相互重叠、大小相等的菱形孔,如图 4-54 所示。重叠的两孔可沿长轴方向移动,改变排种通孔大小,用以调整播量。在

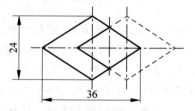

图 4-54　菱形排种孔

摆杆频率为141.5次/min,播种谷子、高粱、小麦和小黄玉米时,排种量与排种孔面积的关系曲线如图4-52所示。

（4）主摆杆（见图4-55）

主摆杆是推送、拨动种子的主要部件。它的端部为37°夹角的斜面,有利于排种,其宽度需能使排种孔全部处于主摆杆的作用范围内,现采用16 mm。

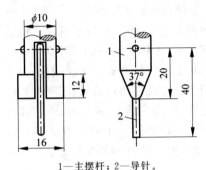

1—主摆杆；2—导针。

图4-55　主摆杆和导针的铆合

（5）辅摆杆（见图4-56）

辅摆杆的作用是将两侧的种子推向排种孔中心,以便连续排种。摆杆开度为30°～40°,端部为圆锥曲面,端部包角为90°。

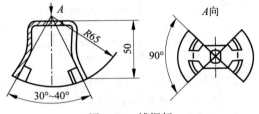

图4-56　辅摆杆

（6）导针

导针为直径2.5 mm的弹簧钢丝制成的直杆,上端与主摆杆铰接,下端插入排种孔中,其长度以下端在摆动过程中不从排种孔中脱出为准。

（7）排种盒

排种盒由薄钢板冲压件铆合而成,长为140 mm、宽为80 mm、高为70 mm,其底部呈圆柱面,中部开有排种孔。

3. 纹盘式排种器

1）排种量计算

纹盘式排种器的排种量取决于纹盘形式

及大小、排种孔形状及大小、纹盘转速和纹盘间隙。当以上参数为定值时,纹盘转速 n 一定,则排种量为定值,据此可绘出纹盘转速 n（r/min）与排种量 q_m（g/min）的曲线,如图4-57所示。

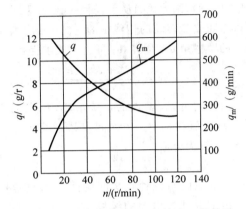

图4-57　纹盘排种量 q_m 与转速 n 的关系

由农业技术要求的单位面积播量 Q（kg/hm²）,可求得 q_m:

$$q_m = 1.7Qv_m b \qquad (4-21)$$

式中, v_m ——播种机作业速度,km/h;

b ——行距,m。

根据求出的 q_m,可在 q_m-n 的曲线中查出所需转速 n,根据纹盘转速 n 可求出所需排种量的传动速度比 i:

$$i = \frac{0.06\pi D(1+\delta)n}{v_m} \qquad (4-22)$$

式中, D ——地轮直径,m;

δ ——地轮滑移系数,一般取0.05～0.15;

v_m ——播种机作业速度,km/h。

由于纹盘式排种器的排种量 q_m 随播量 Q 和速度 v_m 而变化,因此需将常用的播量按农业技术要求分成 N_Q 级,与拖拉机常用的几个速度 v_m 相配合,便可组合成 $N_Q N_v$ 个排量 q_m 的组合,即需要 $N_Q N_v$ 个速比 i 与之相配合。

2）纹盘式排种器的主要参数选择

（1）纹盘

纹盘的直径是根据排种行数或与其相通的水平圆盘排种器大小而定的。磨纹槽分布在纹盘底面的圆环上,圆环的里面是喂入孔。磨纹槽断面形状和大小应与种子的形状尺寸相适应,一般沟槽断面为圆弧形。在不影响种子流动的前提下,窄槽可增加槽数,从而减小排种脉冲性,使排种更均匀。同时,在相同转速下,密纹盘的每转种子排量更多。为了能使种子沿纹盘的磨纹槽弧 AB 向外排出(见图4-58),因此弧 AB 上任何一点的法线 N 与该点随纹盘转动的切线 τ 的夹角 α_i,应大于种子的摩擦角 φ。因此,α_i 可由下式求得:

$$\alpha_i = \arcsin \frac{R_i^2 + \rho^2 - R^2}{2R_i\rho} \qquad (4\text{-}23)$$

由上式可知,A 点的 α 角最小,B 点的最大,α 角取值在 α_A 与 α_B 之间,根据经验 α_A 取 $30°\sim40°$ 较为合适。

(2)纹盘间隙

纹盘地面与排种孔盘间的距离为纹盘间隙。由于带动层增大的缘故,在一定范围内,纹盘间隙增大,排种量增大,当间隙过大时,排种量将下降,具体关系如图4-59所示。各纹盘口间隙不一致是各行排种量不一致的原因之一。因此,为消除或减弱这种现象,应保证纹盘主轴与底座垂直,尽量消除纹盘在轴向与径向上的摆动,纹盘地面应垂直,排种孔盘表面应光滑整洁。经试验测得,小麦与高粱的最佳间隙为 5 mm。

(3)排种孔形状及大小

排种量与排种孔大小成正比。截面积相同的情况下,排种量大小的顺序为:圆孔>方孔>三角形孔>长方孔。试验表明,具有上倒角的圆孔要比没有倒角的圆孔排种量更大,排种均匀性更好。倒角一般采用 $90°$ 或 $120°$ 圆锥角。对于几种不同种子的纹盘式排种器的选型,可参考表4-42所列的结构参数。

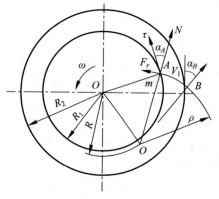

R_1——磨纹槽内圆半径;R_2——磨纹槽外圆半径。

图 4-58 磨纹槽曲线

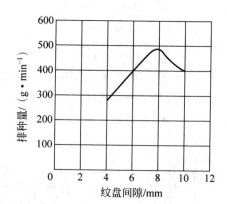

作物:小麦;排种孔直径:15 mm;纹盘转速:15.4 r/min。

图 4-59 排量与纹盘间隙的关系

表 4-42 播种不同作物纹盘排种器的结构参数

播种作物	纹盘间隙/mm	排种孔直径/mm	孔型	纹盘形式
小麦	5	9.5/10.5		A
高粱	5	7.5		A
胡麻	1.3	7.5		B
菠菜	4.5	7.2	圆孔上下倒角	A
水稻	4.5	14		A
油菜	2.07	4		B
谷子	1.87	4		B

4. 离心式排种器

离心式排种器通用性好,可播各类种子,能适应 $7\sim9$ km/h 的播种作业速度,播种均匀性好,种子损伤率低。

1）排种锥筒的角速度

离心式排种器的排种滚筒由地轮传动，因而其角速度取决于播种机作业速度和传动比，其计算公式如下：

$$\omega = \frac{2v_m}{Di} \qquad (4-24)$$

式中，v_m——播种机作业速度，m/s；

D——地轮直径，m；

i——地轮与排种锥筒的传动比。

传动比 i 可由最大播种速度 v_{max} 和滚筒最大转速 ω_{max} 确定，即 $i=\dfrac{2v_{max}}{D\omega_{max}}$。最大角速度应以种子最小损伤率为条件，根据试验资料可知 $\omega_{max}=95\sim100\ s^{-1}$，$v_{max}=2\sim2.5\ m/s$。

2）排种锥筒的参数（见图4-60）

排种锥筒有两个主要的圆锥角 2θ，锥筒高度 H。其中的 α 角应大于种子的自然休止角，因此 $\alpha>40°$。排种锥筒的锥角应在 $70°\sim75°$ 范围内为宜。圆锥角过小，锥筒高度将增加，种子抛射困难，同时种子抛出角过小，容易与出种口碰撞，增加回流量，影响排种均匀性，甚至造成堵塞。

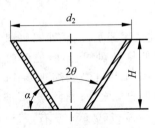

图4-60 排种锥筒

根据试验，锥筒高度 H 为 $150\sim220$mm，锥角大时应适当降低 H。

3）进种口和调节活门形状（见图4-61）

进种口高度应略高于滚筒底部，为了不影

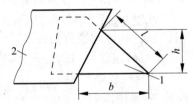

1—进种口；2—调节活门。

图4-61 进种口和调节活门

响滚筒强度，其弧长为底边所在圆周长的 $0.3\sim0.5$ 倍。进种口的高度 h 一般取 $50\sim80$ mm。

调节活门的形状为梯形，其高度应比进种口大，斜边要与进种口相配合，以保持进种口为等腰三角形，此时播种调节特性较好。

4）导种叶片

工作时，导种叶片应使种子沿叶片全长运动，并防止种子剧烈跳动。叶片曲线在水平面上的投影应与种子的运动轨迹相同，曲线上各点的相对速度方向决定配置每个出种口的方向。

5）种子分配室内径的确定

由排种锥筒抛出的种子经分配室分成若干等份后落入输种管中，分配室内径 d_1（见图4-62）可由下式推出：

$$d_1 = \frac{mb}{\pi} \qquad (4-25)$$

式中，b——每个入口宽度，m，以不阻碍种子进入输种管为准，一般取 $0.06\sim0.075$m，入口宽度各行要一致；

m——播种行数。

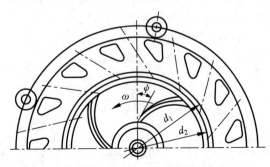

d_1—分配室内径；d_2—排种锥筒上口外径；ψ—导种叶片与圆锥母线夹角。

图4-62 离心排种器水平投影简图

排种锥筒上口 d_2 可由下式推出：

$$d_2 = d_1 - \delta \qquad (4-26)$$

式中，δ——排种锥桶与分配室内径的间隙，为保证回种通道，δ 不得小于 20 mm。

5. 水平圆盘式排种器

1）排种盘

（1）排种盘上的型孔

排种盘上的型孔尺寸及形状由种子的形状和尺寸、穴粒数和充填方式所决定。目前大多采用侧卧式充种。型孔的尺寸参数可参考

表 4-43（表中的 l、a、b 分别代表种子的长度、厚度和宽度）。

一般地，为了便于型孔投种，型孔底部尺寸比上部尺寸大 1～2 mm。

表 4-43　槽孔盘型孔参数

尺寸	单粒盘	穴播盘（3 粒/穴）
L	$L = l_{max} + (1～1.5\ mm)$	$L = l_{max} + a$
A	$A = a_{max} + (0.7～1\ mm)$	$A = L$
H	$H = b$	$H \leqslant L$
C	$C = L + (1～2\ mm)$	$C = L + (1～4\ mm)$
D	0～1	1～2
E	3～5	6～9
F	2～3	2～3

（2）排种盘转速和线速度

排种器工作时，排种盘转速过高，即型孔处的线速度过高，易造成空穴，同时由于经过推种器时间过短可能会造成漏播。

排种盘的转速 n_p（r/min），线速度 v_p（m/s）和传动比 i_p 可由下式分别计算：

$$n_p = \frac{60v_m}{SZ} \qquad (4\text{-}27)$$

$$v_p = \frac{\pi d_p v_m}{SZ} \qquad (4\text{-}28)$$

$$i = \frac{\pi D(1+\delta)}{SZ} \qquad (4\text{-}29)$$

式中，v_m——播种机作业速度，m/s；

　　S——株距（穴距），m；

　　Z——播种盘型孔数；

　　d_p——排种盘直径，m；

　　D——地轮（传动轮）直径，m；

　　δ——地轮滑移系数，一般取 0.05～0.12。

试验证明，随着排种盘线速度的增加，型孔的充种性能增加。因此，排种盘的极限速度 v_g 为：

$$v_g = \left(L - \frac{2}{3}l\right)\sqrt{\frac{g}{b_{max}}} \qquad (4\text{-}30)$$

式中，L——型孔长度，m；

　　l——种子平均长度，m；

　　b_{max}——种子最大宽度，m；

　　g——重力加速度，m/s²。

水平圆盘式排种器的极限速度为 0.3～0.35 m/s。

从上述关系式可知，缩小排种盘直径或型孔数，可降低排种盘线速度，能够改善种子的充填性能。增加型孔数会缩小型孔间间隔，间隔过小，将影响每穴间的种子分离准确性。排种盘直径一般为 200 mm 左右，穴播盘型孔数为 13，单粒盘型孔数为 26。

2）刮种器（见图 4-63）

刮种器的作用是刮去排种盘型孔处多余的种子，保证播种的精确度，并要求不损伤种子。

刮种舌宽度应比型孔宽度大 1～2 mm，刮种舌底部的工作面与排种圆盘之间的夹角 $\alpha = 35°～45°$，α 角过大或等于 90°，则种子突出部分与刮种舌接触时，有可能被剪切破碎。刮种舌底面与排种盘面的间隙可用调整螺钉调整，间隙为 0.3～0.5 mm 较好。

3）推种器（见图 4-64）

常用的推种器有推种星轮和推种舌两种。推种星轮的直径为 28 mm，四个弧形齿，齿厚为 3 mm。工作时,弧形齿要进入型孔中 4~5 mm,随排种盘转动面相对滚动。两种推种器都装有弹簧,用以给种子施加一定推击力,达到强制推种的作用。

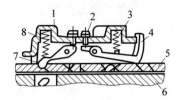

1—刮种器壳体;2—调节螺钉;3—刮种弹簧;4—刮种舌;5—排种盘;6—排种器底座;7—排种舌;8—推种弹簧。

图 4-63 刮种器

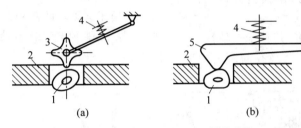

1—种子;2—排种盘;3—推种星轮;4—推种弹簧;5—推种舌。

图 4-64 推种器
(a)推种星轮;(b)推种舌

6. 锥盘式小麦精密排种器

锥盘式小麦精密排种器是我国首创的精密排种器。

锥面型孔盘由中心圆锥面和周围平面型孔区组成。圆锥体的底角为 30°~50°,应大于或等于种子的自然休止角。

由于 1 个排种盘要播 3 行小麦,锥面型孔盘的直径不宜过小,约为 220 mm。在平面圆盘上分布着 50 个长圆形型孔。型孔孔心圆上有宽约 2 mm 的导种凹槽。型孔按长、宽、厚分别为 8.5 mm×4.5 mm×4.5 mm 和 8.5 mm×6 mm×4.5 mm 两种规格,简称为小孔盘和大孔盘。

小孔盘用于小麦的单粒精密播种,可以满足 45~90 kg/hm² 农艺要求的精密播种。大孔盘用于精密点播或条播,排种时采用每孔双粒或多粒排种,可满足 105~180 kg/hm² 的精密点、条播农艺要求。

长圆形型孔均以长轴沿圆周切线方向排列,符合小麦种子按最小阻力方向的运动规律。型孔前缘有引种导角,有利于种子充入型孔,提高充种率。型孔后缘有退种导角,以利于多余种子退出型孔,减小重播率和种子破损率,提高排种精度和排种质量。型孔周围均有一定斜度,上口小,下口大,有利于型孔中的种子顺利投种,不产生卡种。

7. 窝眼轮式排种器

窝眼轮式排种器又称为垂直型孔轮式排种器。组合式窝眼轮式排种器有多排型孔,中间的窝眼用于播种玉米,两边的窝眼用于播种大豆、高粱和谷子,由插板控制使用,结构如图 4-65 所示。

1)窝眼轮

(1)型孔

型孔有圆柱形、锥柱形和半球形。为了方便充种和减少刮种时种子损伤率,型孔应带有前槽、尾槽或倒角。型孔尺寸应与种子尺寸相适应。

单粒点播的型孔直径 d 与型孔深度 h 要根据种子的最大尺寸 l_{max} 而定,其计算公式如下:

$$d = l_{max} + (0.5 \sim 1 \text{ mm}) \qquad (4\text{-}31)$$

$$h = l_{max} - (0.5 \sim 1 \text{ mm}) \qquad (4\text{-}32)$$

穴播时,型孔尺寸要根据每穴播种数量而

定。例如,每穴播3±1粒时,种子以两粒平放一粒竖立的充填方式充种最多,此时的 d 和 h 可依据下式计算:

$$d \geqslant l + b \qquad (4\text{-}33)$$
$$3b \geqslant h \geqslant l \qquad (4\text{-}34)$$

式中,l——种子平均长度,mm;

　　　b——种子平均宽度,mm。

（2）窝眼轮直径

窝眼轮的直径不宜过小,因其曲率过大,不利于种子的充填而造成漏播。窝眼轮直径的选择范围一般为80~200 mm。

窝眼轮上的型孔越多,其种子充填性能越好,但会受到窝眼轮直径及型孔间距的限制。

可增加窝眼轮长度、采用双排或多排均匀交错型孔,以提高排种频率,实现高速播种作业。

窝眼轮型孔数 z:

$$z = \frac{\pi d_w v_m}{S v_w} \qquad (4\text{-}35)$$

式中,d_w——窝眼轮直径,mm;

　　　v_m——播种机作业速度,m/s;

　　　v_w——窝眼轮线速度,m/s;

　　　S——株距,m。

2）刮种器

常用于窝眼轮的刮种器有毛刷轮、橡胶刮种舌、橡胶刷种轮、钢制滚花刷种轮等,如图4-66。

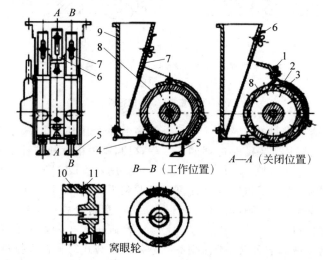

1—刮种舌；2—护种板；3—盖板；4—清种活门；5—散种器；6—玉米插板；7—大豆、高粱、谷子插板；
8—窝眼轮；9—壳体；10—播大豆、高粱、谷子窝眼；11—播玉米窝眼。

图 4-65　组合式窝眼轮排种器

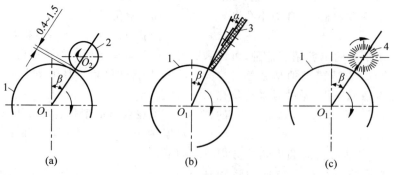

1—窝眼轮；2—刷种轮；3—橡胶刮种舌；4—毛刷轮。

图 4-66　刮种器形式

毛刷轮较柔软有弹性,不易伤种,但易磨损、脱毛或受压变形使其丧失刷种能力。橡胶刮种舌在受到多余种子挤压而产生变形后,易使种子损伤或胶皮损坏,且胶皮本身易老化,老化后将降低清种能力。刷种轮依靠本身的旋转作用清种,其切线速度应大于窝眼轮切线速度的3~4倍,刮种性能较好,建议使用。刮种器的安装位置以β角表示,一般为22°~45°。

3)护种板

护种板包裹在窝眼轮外侧,如图4-67所示。护种板与窝眼轮轮缘的间隙为0.5~0.7 mm,其包角即护种区弧度一般为120°~160°。护种板下端种子出口处位置最好在窝眼轮中心垂线偏后θ角,约为10°~15°较为合适。

护种板一般由铁皮、有机玻璃或泡沫塑料制成,有的护种板与壳体是一体式结构。

4)窝眼轮转速与线速度

可参考水平圆盘式排种器转速与线速度的计算公式。

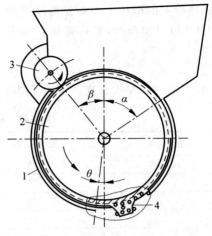

1—护种板;2—窝眼轮;3—刷种轮;4—推种器。

图4-67　窝眼轮排种器

8.带式排种器

1)排种带与托板

排种带由橡胶加一层帆布制成,播蔬菜种子的排种带由薄尼龙制成。排种带断面形状及规格可参考表4-44。

表4-44　排种带形状及规格

名　称	截面形状及尺寸/mm	材　料	周长/mm	用　途
平排种带	0.8　31.5		800	用于大粒种子中较小的种子
单棱排种带	16　90°　3.4　32　1.7	橡胶加一层帆布	597	用于大粒种子中较大的种子
三棱排种带	15.75　7.5　7.5　90°　1.5　3　31.5		596	用于带播
平排种带	1.7　32	尼龙	607	蔬菜类小籽粒种子

排种带上的型孔大小要根据所播种子尺寸,用打孔机打出型孔,型孔直径 d 的取值公式为

$$d=(1.3\sim1.9)l_{max} \qquad (4-36)$$

式中的 l_{max} 为种子最大长度。排种带型孔孔径及参数可参考表 4-45。

排种带托板共有八种结构,如图 4-68 所示。可根据播种需要选用,一般平底托板与平排种带配合,凹槽托板与凸棱排种带配合。

表 4-45 排种带型孔孔径及参数

孔径/mm	最多孔数	孔径/mm	最多孔数
2.6;2.8	144	8.4~9.6	48
3.2;3.4;3.6	120	10~12	40
3.8;4	112	12.8	36
4.4	96	14.4	30
4.8;5.2	90	16	30
5.6~6.8	72	17.6	28
7.2~8	60	19.6	24

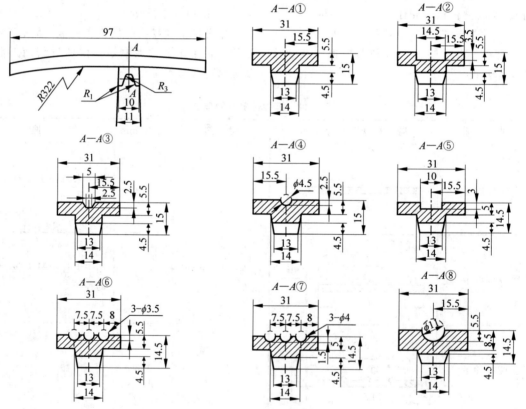

图 4-68 排种带托板

2) 种子流挡板

种子流挡板固定在排种壳体侧壁与种子室相通的通道上。安装不同的挡板可以改变种子喂入口大小,用以控制种子室内的种子量。

种子流挡板共有 P、B、X、A、T、C 六种规格,如图 4-69 所示。挡板 P 入口最大,C 入口最小。大粒、播量大或流动性差的种子应选用

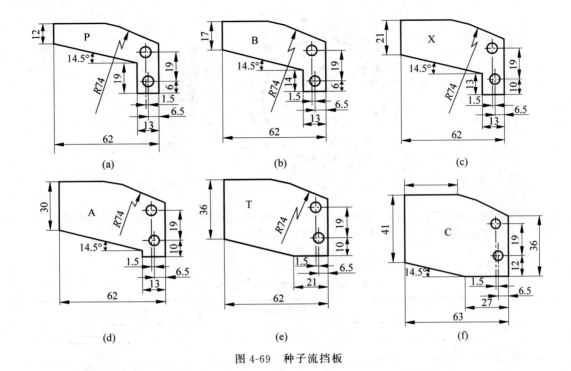

图 4-69　种子流挡板

大入口挡板,以免出现种子供应不足或架空现象。小粒种子及流动性好的种子选小入口挡板,以免存种室存种过多、清种困难。

3) 驱动轮与清种轮

驱动轮与清种轮均用硬塑料制成,并在轮外缘包裹一层橡胶,以免打滑和伤种。一般驱动轮直径为 74 mm,清种轮直径为 69 mm,清种轮转速为驱动轮转速的 2.25 倍,且转动方向相反,因此清种轮可起到清种效果。

9. 气吸式排种器

气吸式排种器有垂直圆盘式和排种滚筒两种,但由于排种滚筒的性能不够稳定,因此未被大量应用。

垂直圆盘式排种器排种性能良好,结构紧凑,可用于精量点播、穴播多种作物,被广泛应用于精量播种机上。

1) 吸室

吸室壳体有圆环形和马蹄形两种。吸室在设计时,吸室内各处真空度一致,即各吸孔处吸力相同,且尽可能减小涡流的产生。

吸室真空度(吸孔吸力)直接影响排种器的吸种效果,真空度大小取决于种子的形状和大小、吸孔直径、排种盘线速度等。

根据种子在运动过程中的受力分析(见图 4-70),可求出所需的吸室最大真空度 $H_{C\max}$:

$$H_{C\max} = \frac{80K_1K_2mgC}{\pi d^3}\left(1 + \frac{v}{gr} + \lambda\right) \quad (4\text{-}37)$$

式中,d——排种盘吸孔直径,cm;

　　C——种子重心离吸孔盘之间的距离,cm;

　　m——一粒种子的质量,kg;

　　v——排种盘吸孔中心处的线速度,m/s;

　　r——排种盘吸孔处的转动半径,m;

　　g——重力加速度,m/s²;

　　λ——种子内摩擦阻力综合系数,$\lambda = (6\sim10)\mathrm{tg}\theta$,$\theta$ 为种子自然休止角;

　　K_1——吸种可靠性系数,$K_1 = 1.8\sim2$(一般种子千粒重较小,形状近似球形,K_1 选择小值);

　　K_2——外界条件数,即考虑外界振动或冲击对种子吸附的影响。$K_2 = 1.6\sim2$(种子千粒重较大时,K_2 选大值)。

吸室所需真空度可参照表 4-46。

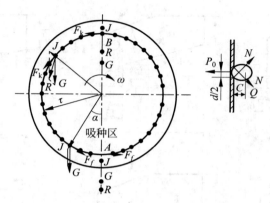

J—种子被排种盘转动所带动产生的离心力；N—吸种孔对种子的反作用力；P_0—通过一个吸孔的吸力；F_f—种子的内摩擦力；F_k—空气阻力；Q—mg、F_f、J 的合力。

图 4-70　吸孔处种子的受力分析

表 4-46　吸孔直径与所需真空度

作　　物	吸孔直径/mm	吸室真空度/kPa
玉米	4.0~5.5	2.75~2.95
大豆	3.5~4.5	2.75~2.95
高粱	2.0~2.5	2.16~2.36
向日葵	2.5~3.5	2.35~2.55
小花生	5.5	5.88~7.85
丸粒化甜菜	2.0~2.5	—
谷子	长孔 24×0.6	—
番茄	1.1~1.5	—

2) 排种盘

排种盘直径不易过大,否则会使风机消耗功率增大,导致排种器结构过大。现有的排种盘直径 d_p 一般为 140~260 mm。

吸孔直径 d 根据所播作物种子而定,即 $d=(0.64\sim6)b$,b 为种子的平均宽度。常用的排种盘吸孔直径可参照表 4-46 选取。吸孔的排列方式可根据播种形式而定,有条播式、点播式和穴播式,如图 4-71 所示。

排种盘线速度指的是排种盘吸孔处的线速度。排种盘线速度不易过大,否则易造成漏播,若增大吸室负压易造成重播。现有的排种盘线速度一般不超过 0.35 m/s。

3) 种子搅拌装置

种子如果静止堆积在充种室中,易造成种子难以被吸起的情况。种子搅拌装置随排种盘同步转动,可将静止的种子带动起来,使种子处

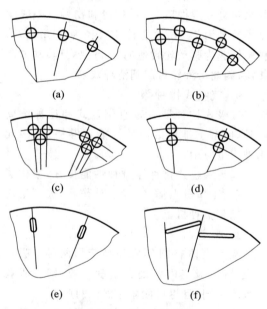

图 4-71　吸孔排列形式
(a)、(b) 点播式；(c)、(d)、(e) 穴播式；(f) 条播式

于半漂状态,且种子的运动方向与排种盘转动方向相同,可以提高吸种效率。常用的种子搅拌装置如图4-72所示。图中(a)、(b)为橡胶搅拌轮,其大端紧贴排种盘平面,端面的凸棱起到搅拌作用,当更换排种盘时仍使用同一搅拌装置,通用性好。图中(c)为搅拌片,通常焊接在排种盘上。图中(d)为搅拌销,通常铆合在排种盘上。采用搅拌片与搅拌销的排种器种子室结构紧凑,但每个排种器上都需要焊接十多个搅拌片或搅拌销,结构较为复杂且存放不方便。

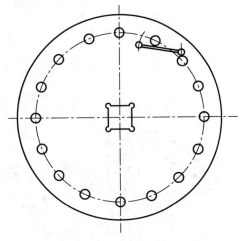

图4-73 杠杆式刮种器

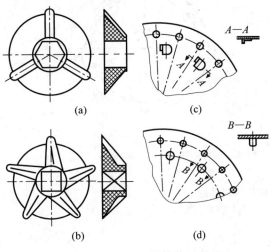

图4-72 种子搅拌装置
(a)、(b)搅拌轮;(c)搅拌片;(d)搅拌销

4)刮种器

气吸式排种器的刮种器有多种形式,包括杠杆式、橡皮刮板式、光滑曲线滑块刮板式和锯齿形刮板式等类型。

(1)杠杆式(见图4-73)

适用于改变杠杆相对于吸孔中心距,以适应种子形状和大小不同的刮种要求。其结构简单,调节方便,但刮种性能一般。

(2)橡皮刮板式

该型刮种器结构简单、易于制造,但只能刮种一次,刮种性能差,且橡皮易于老化。

(3)光滑曲线滑块刮板式(见图4-74)

由于刮种时对种子的推力较为平稳,且没有间断的撞击作用,因此刮种效果一般。

(4)锯齿形刮板式(见图4-75)

刮板为锯齿形或不规则的凹凸曲线,借助

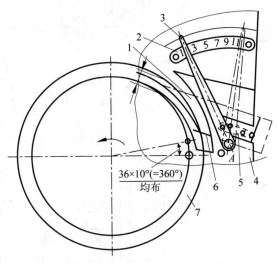

1—光滑曲线滑块刮板;2—刻度板;3—调节手柄;
4—刮种器支座;5—连杆;6—导轨;7—排种盘。

图4-74 光滑曲线滑块刮板式刮种器

锯齿或凹凸的刮种工作面,可给多余的种子一个逐渐增大的间断撞击力,并经多次反复作用,因此刮种效果较好。

10.气压式排种器

1)排种滚筒(见图4-76)

排种滚筒由6 mm不锈钢板冲压而成,直径为510 mm,长为371 mm,带有透明盖和密封圈。

排种滚筒上有6～8行排种孔,可同时播种6～8行,每排孔数及排种孔直径要根据所播作物种类及其播种农艺要求而定,可参考表4-47。

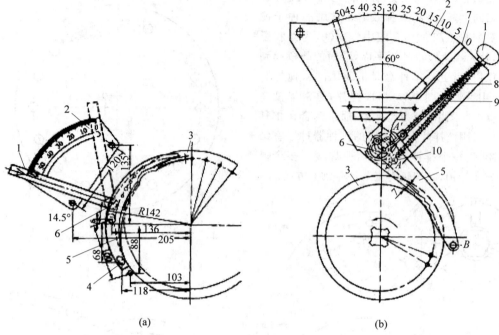

(a)   (b)

1—调节手柄；2—刻度盘；3—排种盘；4—挡销；5—锯齿形刮板；6—偏心轴；7—指针；8—弹簧；9—丝杠；10—丝杠套。

图 4-75 锯齿形刮板式刮种器
(a) 偏心轮调节机构；(b) 连杆丝杠调节机构

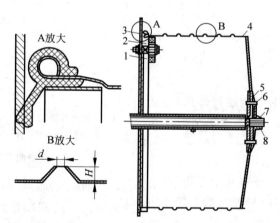

1—支持轮；2—弹簧圈；3—密封橡胶圈；4—排种滚筒组合；5—压盖；6—排种轴组合；7—压帽；8—紧固螺母。

图 4-76 排种滚筒

表 4-47 型孔参数

每排孔数		36	72	144	36	96
型孔尺寸/mm	d	5.59	2.54	4.57	4.06	4.06
	H	4.57	3.17	2.29	3.81	5.28
适播作物		玉米	高粱、丸粒化甜菜	大豆	向日葵	脱绒棉籽

改变排种滚筒转速可以改变播种株距。其株距调节范围为 15～425 mm,共有 64 级。排种滚筒的最大转速不可超过 35 r/min,否则

易造成漏播。

排种滚筒内的风压由风机提供,调节风机转速可调节风压。风压的选取可参照表 4-48。

表 4-48　不同种子所需风压

作物	玉米	大豆	高粱	蚕豆	脱绒棉籽	丸粒化甜菜
所需风压/Pa	3920～4312	2940～3430	2156～2548	2940	2940	3920

2) 清种轮(见图 4-77)

清种毛刷用鬃毛和薄铁皮紧压成长 312 mm(长度与排种滚筒宽度相适应)、高 28 mm 和宽 4 mm 的毛刷。

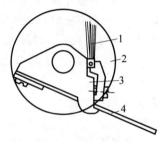

1—毛刷;2—支持轮;3—刷架;4—弹簧片。

图 4-77　清种轮

清种刷支持轮直径为 60 mm、宽度为 6 mm,由工程塑料注塑而成。

3) 卸种轮(见图 4-78)

卸种轮是一空心橡胶轮,直径 140 mm,宽 37 mm。根据排种滚筒上的型孔排数相应串联数个卸种轮。

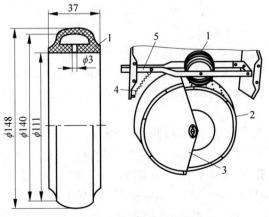

1—卸种轮;2—排种滚筒;3—挡风罩;
4—弹簧;5—卸种轮架手柄。

图 4-78　卸种轮

4) 接种支管(见图 4-79)

接种支管由硬塑料注塑后铆合而成,其上部为接种漏斗,下部为输送种子的曲线管。接种支管相对于排种滚筒内壁的位置间隙为 11 mm。

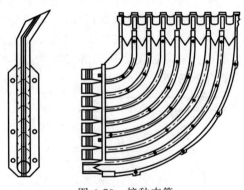

图 4-79　接种支管

11. 气吹式排种器

1) 排种轮(见图 4-80)

排种轮的直径过小则窝眼数少,要达到同种株距,需提高排种轮转速,否则不利于充种、清种和排种。一般的排种轮直径 D 为 200～250 mm。

窝眼孔为圆锥形,孔径与底孔直径大小根据种子尺寸进行选定。窝眼孔锥角 θ 越大,充

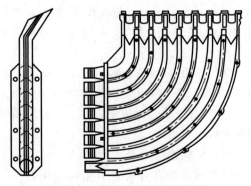

图 4-80　气吹式排种器排种轮

种性能越好,越便于清种,但不利于投种,θ 一般取 45°～52.5°,种子流动性好、型孔表面光滑可取较小值。底孔直径 d 过大,不利于清种;d 过小不利于种子吸附。播大粒玉米时,d 取 4～5 mm 为宜;播小粒玉米、脱绒棉籽和大豆时,d 取 3～4 mm 为宜;播丸粒化甜菜、高粱时,d 取 2 mm 左右为宜。排种轮线速度可参照水平圆盘式排种器的线速度计算公式。

排种轮的直径与窝眼孔参数可参照表 4-49 进行选取。

表 4-49　排种轮参数

窝眼孔直径 D_w/mm	底孔直径 d/mm	窝眼孔数	适播作物
20	4.6	36	玉米
16	3.2	45	脱绒棉籽
11	2.0	60	高粱、丸粒化甜菜

2)气嘴(见图 4-81)

气嘴进气口为 24 mm 的圆管,进来的气流经 80°倾斜角的扇形圆弧板挡住,通过内径为 15 mm、外径为 24 mm、有 6 个小方口的半圆形出口吹出。气流速度和压力各处较均匀。气嘴由铝合金制成。

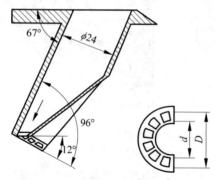

图 4-81　气嘴

半圆环形出口断面应和窝眼孔的尺寸相适应。如果出口断面外径 D 小于窝眼外径,则清种时,处于窝眼边缘的种子可能清除不掉。如出口断面内径 d 大于窝眼外径,就不能集中气力清种,使气力分散,不能清除重量较大的多余种子。

吹气压力由风机提供,可根据需要进行调节,吹气压力不够,不能清除多余种子。压力过高,会把种子吹走而成空穴。不同种子所需风压可参照表 4-50。

12. 勺轮式排种器

勺轮式排种器有垂直勺轮式和倾斜勺轮式两种(见图 4-82)。它主要用于精播玉米、大豆、甜菜、高粱等作物。倾斜勺轮式排种器与纵向垂直平面一侧(一般向左)倾斜角度 30°～45°,这样有利于充种、持种和递种,但其结构复杂,传动必须用万向节或锥齿轮换向。

1)倾斜勺轮式排种器

(1)排种轮

排种轮型孔的尺寸应大于分级后种子的最大几何尺寸,根据经验,型孔直径为

$$d = kL_{max} \qquad (4-38)$$

式中,L_{max}——分级后种子最大尺寸,mm;

k——系数,$k=1.1～1.3$,k 值是以不同的排种轮形式和种子长度比例取值的,当种子的长度与宽度比较接近时,种子的外形比较接近于半圆形,k 取大值,反之则取小值。

大豆排种盘型孔直径为 9 mm,形式如图 4-83 所示。

玉米排种勺轮的半径设为两种尺寸,$R_{m1}=6_0^{+0.11}$,$R_{m2}=6.8_0^{+0.1}$,勺的宽度取大于 1/2 种子长度,勺轮的勺厚一般定为 6～7 mm,如图 4-84 所示。

甜菜排种盘型孔直径定为 5 mm,适用于 $\phi3.75～4.75$ mm 的丸粒化甜菜籽。甜菜盘型孔数为 30,与导种轮槽数一致,其外径为 217.5 mm,与隔板形状相适应。如图 4-85 所示。

(2)导种轮(见图 4-86)

导种轮直径为 237 mm,比排种盘直径大些。导种轮有 30 个承种槽,由于排种盘向导种

表 4-50 不同种子所需的吹气压力

作物	玉米	大豆	高粱	丸粒化甜菜	脱绒棉籽
吹气压力/Pa	7840～9800	7840～11 760	2940～3920	2940～3920	7840～9800

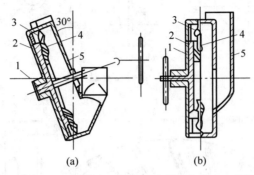

1—排种器壳；2—导种轮；3—隔板；4—排种勺轮；5—排种器盖。

图 4-82 勺轮式排种器

(a) 倾斜勺轮式；(b) 右垂直勺轮式

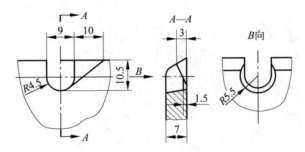

图 4-83 大豆排种盘型孔

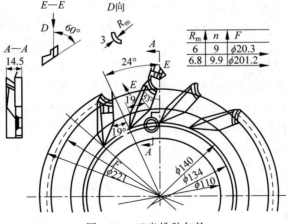

图 4-84 玉米排种勺轮

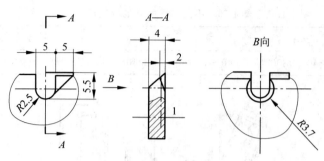

图 4-85　甜菜排种盘型孔

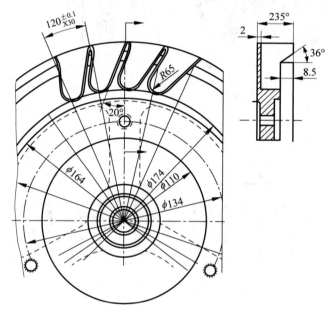

图 4-86　导种轮

轮槽传递的种子具有向前的线速度,所以导种轮槽向旋转方向倾斜 20°,以使其与种子的运动方向一致。

2)垂直勺轮式排种器

(1)垂直勺轮式排种器的工作速度的确定

垂直勺轮式排种器的两种勺之间的距离为 45 mm。如果排种盘的工作速度过高,会导致漏播现象。根据推导得出垂直勺轮排种器种子处于悬浮状态的临界速度为

$$V_{临} = \sqrt{gR} \tag{4-39}$$

式中,g——重力加速度,9.8 m/s²;

　　　　R——勺轮半径,m。

为了获得理想的清种和递种效果,垂直勺轮式排种器的线速度应是临界速度的 70%~

80% 为宜。

(2)玉米勺轮式排种器

排种勺轮直径选择为 210 mm,排种盘上有 15 个种勺,种勺间距为 45 mm。

排种勺勺形近似把一段倾斜 30°的圆管沿轴心线方向切成四份,其中一份需配置到勺柄上。为了方便导种,勺柄需弯向导种轮方向 25°,勺轮递种角度为 $\theta + \beta = 55°$,如图 4-87 所示。

根据玉米种子尺寸,玉米勺轮勺形宽度为 7 mm,如图 4-88 所示。

勺形外面的锥角也会影响清种,锥角应大于 90°,又因种子与勺轮间存在内摩擦角,当锥角为 126°时对清种作业较为有利。

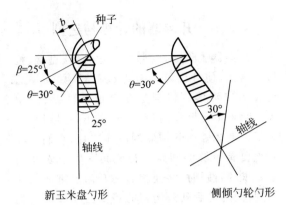

图 4-87　勺形尺寸

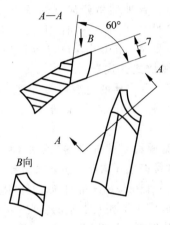

图 4-88　玉米排种盘勺形

（3）大豆、甜菜排种盘尺寸

大豆、甜菜排种盘的直径与玉米的相同，排种盘为型孔式。型孔数为 30，可以适应密植小株距的农艺要求。大豆的型孔直径为 9 mm，厚度为 7 mm。为了便于向导种轮投递种子，型孔有 16° 的锥角，形式如图 4-89 所示。

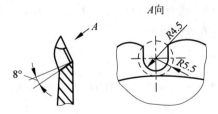

图 4-89　大豆排种盘型孔

甜菜排种盘型孔的直径为 5 mm，适用于 $\phi 3.75 \sim 4.75$ mm 的丸粒化甜菜种子。

（4）导种轮

垂直勺轮排种器的导种轮除了与勺轮外缘的锥角和 25° 倾角以外，其余结构与倾斜勺轮的导种轮相同。

4.5.2　排肥器的计算与选型

1．水平星轮式排肥器

排肥星轮的直径一般为 $110 \sim 160$ mm，星轮盘厚度为 $5 \sim 12$ mm，齿厚为 $3 \sim 6$ mm，齿高为 $15 \sim 19$ mm，齿数为 $12 \sim 15$ 个。其结构形式如图 4-90 所示。常用的几种谷物条播机的排肥星轮结构参数可参照表 4-30。

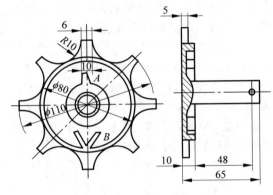

图 4-90　排肥星轮

排肥能力计算如下：

星轮排肥器的排肥能力除与肥料特性有关外，主要取决于排肥星轮的形状、尺寸和活门的开度大小。

星轮每转的排肥量 $q(\mathrm{g/r})$ 可按下式计算：

$$q = \frac{\alpha F z (\delta_0 + h) \gamma}{1000} \qquad (4\text{-}40)$$

式中，F——星轮每单个齿槽面积，cm^2；

δ_0——星轮齿厚，cm；

h——活门开度（活门至星轮上表面的距离），cm；

α——肥料充满系数，取定于肥料物理性状、湿度和流动性，一般取 0.7；

z——星轮齿槽数；

γ——肥料密度，g/L，可参照表 3-4。

根据已知条件，可按下式计算出排肥星轮每公顷的排肥量 $Q(\mathrm{kg/hm}^2)$：

$$Q = \frac{10qi}{\pi D b m (1 + \delta)} \qquad (4\text{-}41)$$

式中，q——星轮每转排量，g/r；

i——排肥传动比；

D——地轮直径，m；

m——排肥器数量；

b——行距，m；

δ——地轮滑移率。

2. 摆抖式排肥器

摆抖式排肥器的摆盘由塑料制成，直径为100 mm，摆盘上有9根ϕ5 mm的钢丝刮条，均布在340°范围内。摆抖器绕其轴线在60°内摆动。配置在排肥孔周围的刮条起排肥作用，而上部的四根刮条则起送肥和捣碎结块肥料的作用。摆抖器的摆幅最大可达到60°。

摆抖器的摆动频率，通过变速箱改变传动轴转速来调节。频率提高则排肥量增大，排肥均匀性和稳定性改变。摆抖器的频率一般为100～200 次/min 时排肥器性能良好。当摆动频率超过200 次/min 时，排肥量迅速增加。摆抖频率与排肥量关系的曲线如图4-91所示。

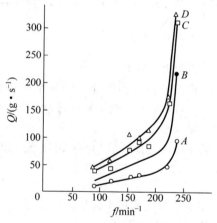

A—排肥孔开度为8 mm；B—排肥孔开度为15 mm；
C—排肥孔开度为20 mm；D—排肥孔开度为30 mm。

图4-91 摆动频率与排肥量关系曲线

4.5.3 开沟器的计算与选型

开沟器工作时，将部分土壤升起、抛翻、推挤或挤压，使开沟器前方形成前丘，并在播后地表形成沟痕。特别是在整地条件差、土块大、杂草和残茬多的情况下，前丘突起较大。为了不使相邻两开沟器的前丘连片，它们之间必须要有足够的间距。若该间距大于农业技术要求的行距时，常使相邻两开沟器排成前后两列，同时前后列开沟器的距离必须保证后列在已稳定的土壤中工作，以保护后列开沟器的开沟质量。各种类型开沟器的适用行距及前后列距离见表4-51。不同的开沟器在工作时的工作阻力大小和开沟深度可参考表4-52。

1. 锄铲式开沟器

锄铲式开沟器的宽型可参考表4-6。不同型号的锄铲式开沟器如图4-92和图4-93所示。

2. 宽幅翼铲式开沟器（见图4-94）

宽幅翼铲式开沟器的主要选型参数包括：

（1）入土角α。α角过大，工作阻力会增大，且易造成土层相互混乱的情况；α角过小，铲刃部强度较弱，入土困难。通常α角取15°～20°。

（2）切土角β。β角过大，土壤会被推向两侧，造成覆土困难的情况；β角过小，会影响铲面高度及反射板位置。通常β角取25°～30°。

（3）翼铲张角γ。γ角过大，翼铲大，易造成缠草、粘土、堵土的情况；γ角过小，翼铲切断草根能力变弱。通常γ角取75°～85°。

（4）反射板角度δ。δ角要大于种子休止角，δ角一般取50°。

表4-51 开沟器适用行距及前后列距离

开沟器类型	最小相邻距离/cm	适用行距/cm	前后列距离/cm	列数
锄铲式	20	13～15	30	2
靴鞋式	15	10～12	35	2
双圆盘式（$\varphi=10°～16°$）	25～26	15	15	2
双圆盘式（$\varphi=23°～25°$）	30	15	40	2
单圆盘式	20	13～15	15	2

表 4-52　单个开沟器工作阻力及开沟深度

开沟器类型	开沟深度/cm	平均阻力/N
锄铲式	3～6	30～65
靴鞋式	2～6	20～50
双圆盘式	4～8	80～160
单圆盘式	4～8	70～120
滑刀式	4～10	200～400
芯铧式	5～10	200～800

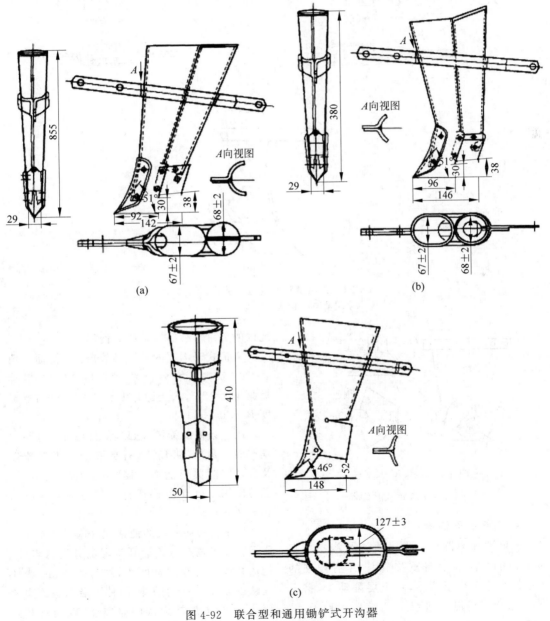

图 4-92　联合型和通用锄铲式开沟器

（a）前列联合型；（b）后列联合型；（c）通用型

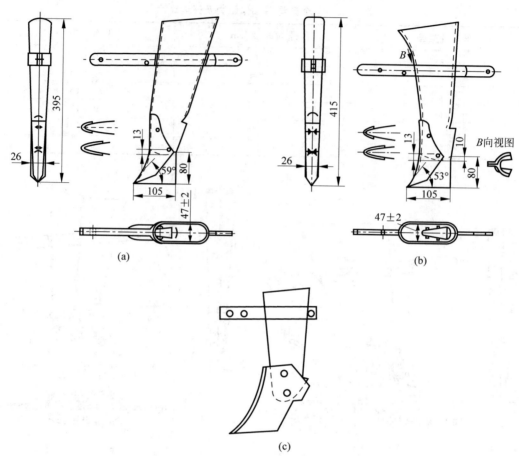

图 4-93 普通型和改进型锄铲式开沟器

（a）前列；（b）后列；（c）改进型

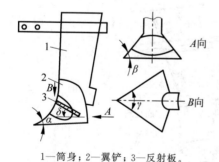

1—筒身；2—翼铲；3—反射板。

图 4-94 宽幅翼铲式开沟器

3. 箭铲式开沟器

箭铲式开沟器是一种锐角式开沟器。它的入土角度小，依靠自重及牵引力，有较强的入土能力。工作阻力小，对土层翻动少，挤压小，干湿土不易混合，湿土可直接覆盖种子，结构紧凑，制造容易，在小麦精密播种机及干旱地区的免耕播种等播种机上使用较多。

箭铲式开沟器的主要参数包括：铲面升角 $\alpha = 30°$，铲尖张角 $\gamma = 40°$，翻土角 $\beta = 50°$，散种板倾角 $\theta = 26°$，入土隙角 $\varepsilon = 7° \sim 9°$，开沟器宽度 $B = 60$ mm。

用于条播的箭铲式开沟器如图 4-95 所示。其铲面升角小、张角小，有良好的入土性能以及自动回落覆土能力，可适应多种土壤地形，还可以用于硬茬免耕播种。其苗幅宽度可达 $40 \sim 50$ mm。

用于精密播种机的箭铲式开沟器如图 4-96 所示。除了具有与条播开沟器的共同特点外，精播开沟器的开沟宽度小，约为 20 mm，增加底踵以形成 V 形沟槽，限制种子沿沟底的弹射滚动，同时增加挤成沟的坚实度，以利发芽出苗。精播开沟器没有散种板，保证种子在种沟

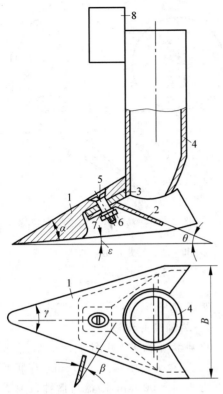

1—箭形铲体；2—散种板；3—拐臂；4—导种管；
5—沉头螺栓；6—螺母；7—弹垫；8—立柱。

图 4-95 箭铲式条播开沟器

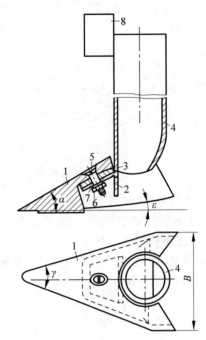

1—箭形铲和底踵；2—挡土板；3—拐臂；4—导种管；
5—沉头螺栓；6—螺母；7—弹垫；8—立柱。

图 4-96 箭铲式精播开沟器

中均匀分布。

4．芯铧式开沟器

芯铧式开沟器结构如图 4-97 所示。芯铧式开沟器的主要参数包括：

（1）入土角 α。入土角过大，入土性能差，且工作阻力增大；入土角过小，会使铧尖变长，强度变弱。一般 α 角取 $15°\sim25°$ 为宜。

（2）隙角 ε。隙角过大则使沟底不平，过小则使入土性能差，ε 一般为 $5°$。

（3）斜切角 γ。芯铧尖的斜切角不能过大，此角必须保证土粒、残茬、杂草沿刃口向后滑移，而不至缠挂、拥堵。斜切角 γ 一般为 $60°\sim75°$。

（4）铧高 H。铧高不易过高，过高易发生壅土，且增加阻力。铧高 H 一般为 $80\sim140$ mm。

（5）宽幅 B。芯铧式开沟器主要用于垄作宽幅，芯铧宽幅大小取决于播种的苗幅宽度，一般为 $120\sim180$ mm。

（6）脊线曲率半径 R。为使入土性能良好和结构紧凑，脊线曲率半径 R 取 $250\sim350$ mm。

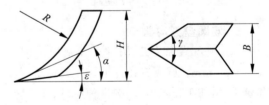

图 4-97 芯铧结构

5．滑刀式开沟器

滑刀式开沟器参数结构如图 4-98 所示。滑刀式开沟器的主要参数包括：

（1）入土角 α。保证土壤滑切作用的必要条件是：$\alpha>90°+\varphi_\mathrm{f}$，$\varphi_\mathrm{f}$ 为土壤与滑刀间的摩擦角，$\varphi_\mathrm{f}=14°\sim38°$。

（2）滑刀刃口角 β。为使刀刃将土壤切开，并减小其工作阻力，使其在刃口 $E\!-\!E$ 面上

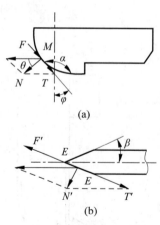

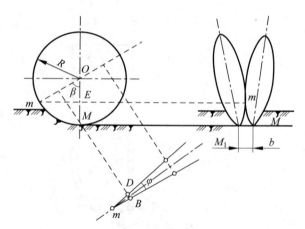

图 4-98　开沟器结构参数

图 4-100　双圆盘开沟器聚点位置

的土粒向后滑移的必要条件是 $\beta < 90° - \varphi_f$。

（3）开沟宽度 X_1。即开沟器双翼侧板间的宽度，主要根据苗幅宽度和结构上某些需要而定。但是 X_1 还与开沟器深度 H 和种子覆土深度 H_n 有关，如图 4-99 所示。

$$X_1 = \left(\frac{H - H_n}{7.245}\right)^{2.73} \quad (4-42)$$

夹角 φ 和 m 点高度决定，计算公式如下：

$$b = D_p(1 - \cos\beta)\sin\frac{\varphi}{2} \quad (4-43)$$

双圆盘开沟器的参数可参考表 4-6。

7. 单圆盘开沟器

单圆盘开沟器（见图 4-101）采用球面圆盘，圆盘直径 D_p 为 300～400 mm，球面曲率半径 ρ 为 600～700 mm，圆盘与播种机前进方向有一偏角 γ，γ 为 3°～8°。

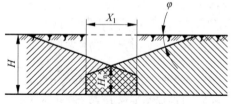

图 4-99　开沟宽度

6. 双圆盘开沟器

（1）圆盘直径 D_p。圆盘直径常用范围为 300～380 mm。圆盘直径过小易导致转动不灵和壅土，增加工作阻力，影响排种质量。

（2）圆盘夹角 φ。圆盘夹角小，开出的沟宽及工作阻力过小。但过小就无法安置输种管。因此 φ 一般为 9°～16°。

（3）聚点 m 的位置。聚点的位置用 β 角表示（见图 4-100）。β 角越大，开出沟宽越大，种沟中的凸尖越高。β 角过小，m 点过低，使土壤从聚点上面进入双圆盘之间，造成圆盘夹土和堵塞，并加快轴承磨损。m 点的高度以最大开沟深度为宜，一般 β 为 55°～75°。

（4）开沟器宽度 b。开沟器宽度由开沟器

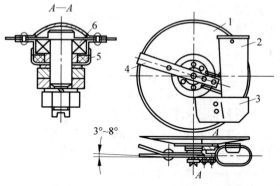

1—单圆盘；2—下种管；3—分土板；4—拉杆；
5—防止圈；6—滚动轴承。

图 4-101　单圆盘开沟器

8. 免耕播种机的破茬开沟器

免耕播种机使用的破茬开沟器较多，常用的破茬圆盘有平面圆盘（见图 4-102 中（a）、（b）、（c）），缺口圆盘（见图 4-102 中（b）），各种波纹圆盘（见图 4-102 中（e）、（f）、（g））。各种圆盘周边都开有刃口，用以切断秸秆和残茬。平面圆盘切土较好，但其切缝太窄，对土壤的

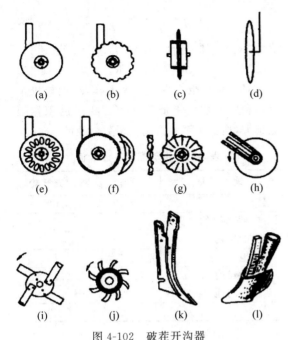

图 4-102　破茬开沟器

(a) 平面圆盘；(b) 缺口圆盘；(c) 带限深轮圆盘；(d) 平面倾斜圆盘；(e) 凹槽圆盘；(f) 槽形圆盘；(g) 波纹圆盘；(h) 驱动圆盘；(i) 驱动齿盘；(j) 窄形旋耕刀；(k) 凿形铲；(l) 窄锄铲

扰动小，松土性能不强。波纹圆盘可以切挤出较宽的松土带，但所需的入土力增大，在黏重条件下不能正常作业，工作时每个圆盘需加载 70～200 kg 才能切断秸秆。切开地面达到一定的深度，要求机器有足够的重量。破茬圆盘在高速作业时切草效果较好，不易缠草。利用拖拉机动力输出轴的动力驱动的破茬圆盘和窄形旋耕刀(见图 4-102 中(h)、(i)、(j))可以大幅度改善破茬切土性能，减轻整机质量，但结构较复杂，且动土量大。采用凿形铲和窄锄铲(见图 4-102 中(k)、(l))，结构简单、质量轻、入土能力好，破茬能力强，其主要问题是容易缠草，速度高时开沟深度不稳定，对土壤扰动大，草多时需配装分草装置，它适合用在悬挂式机具上。

9. 与开沟器相连的其他工作部件

开沟器其他工作部件的选型可参考 4.3.4 节。

4.5.4　输种管、覆土器及镇压轮的计算与选型

输种管与覆土器在 4.3.5 节中做了详细的介绍，可作为选型参考。本节主要介绍镇压轮的计算。

1. 镇压轮直径的确定

镇压轮可以正常转动的条件为

$$R \geqslant \frac{\omega_r}{Qf} \qquad (4\text{-}44)$$

式中，R——镇压轮半径，m；

ω_r——轴套中的摩擦力矩，N·m；

Q——镇压轮重力及其附加载荷，N；

f——土壤对镇压轮的摩擦系数。

若镇压轮还需为排种器、排肥器提供动力，且必须保证镇压轮正常转动不滑移，其必要条件为

$$R \gg \frac{\omega_r + \omega_p}{Qf} \qquad (4\text{-}45)$$

式中，ω_p——带动排肥器、排种器所消耗的传动力矩，N·m。

2. 镇压轮和仿形限深轮的规格

可参照 4.4.4 节第五部分的尺寸规格。

4.5.5　其他工作部件的计算与选型

1. 种箱的计算

种箱、肥箱的容量 V 可按下式计算：

$$V = \frac{1.1LBQ_{max}}{10\,000\gamma} \qquad (4\text{-}46)$$

式中，L——种箱、肥箱充满时可播种、施肥的距离，最少等于一个往返行程，即地块长度的 2 倍，m；

B——工作幅宽，m；

Q_{max}——单位面积最大播种量或施肥量，kg/hm²；

γ——种子或肥料的密度，kg/L。

通常谷物播种机每米工作幅宽的种箱容量为 45～100 L，肥箱容量为 45～90 L，中耕作物播种机单组种箱容量为 10～22 L，最高可达 56 L。

2. 其他部件的选型与计算

可依据 4.3.5 节的内容进行选型与计算。

4.5.6　联结器的计算与选型

1. 牵引式联结器宽幅的计算

牵引式联结器的主要参数如图 4-103 所

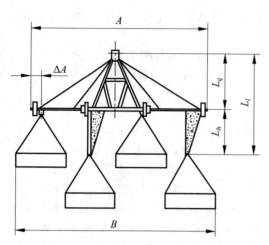

图 4-103　牵引式联结器的主要参数

示。联结器幅宽 A 需根据播种机组的组成,以充分利用拖拉机的牵引力为依据。因此,其计算步骤为:首先确定机组的最大工作幅宽 B_{max}、实际工作幅宽 B 和组成台数 n,其次确定连接器的幅宽,最后验算拖拉机牵引力的利用系数。最大工作幅宽 B_{max}、实际工作幅宽 B 和组成台数 n 按下式计算:

$$\begin{cases} B_{max}=\dfrac{T-R_1}{K} \\ n=\dfrac{B_{max}}{B_d} \\ B=B_d n \leqslant B_{max} \\ A=(n-1)b+2\Delta A \end{cases} \quad (4\text{-}47)$$

式中,T——拖拉机牵引力,N,根据播种机作业速度,选择合适的拖拉机挡位,查出该挡位时的额定功率;

R_1——联结器牵引阻力,N,$R_1=fG$,其中 G 为联结器轮子上的总载荷,N,f 为轮子的滚动摩擦系数,可查表 4-53 取得;

B_d——单台播种机的工作幅宽,m;

K——每米宽幅的工作阻力,N/m,谷物播种机为 $980\sim1764$ N/m,玉米播种机为 $588\sim980$ N/m;

ΔA——联结器每端留出固定地轮、拉筋、划行器等的位置,由结构设计具体确定,m。

拖拉机牵引力的利用系数 η:

$$\eta=\frac{R_j}{T}\times100\% \quad (4\text{-}48)$$

式中,R_j——机组的工作阻力,N。

$$R_j=KB+R_\omega \quad (4\text{-}49)$$

对于牵引阻力变化不大的作业,拖拉机牵引力利用系数应不低于 95%。机组的工作幅宽越大,拖拉机牵引力利用系数就越高。

表 4-53　滚动摩擦系数 f 值

地　　面	金属轮	橡胶充气轮
沥青	0.015	0.02
干燥而平坦的道路,紧实的黑钙土	0.8	0.05
留茬地	0.15	0.10
板结的耕地	0.16	0.12
新耕松的地	0.22	0.16
干沙	0.30	0.20

2. 联结器长度的计算

牵引式联结器的长度 L_1 是联结器上拖拉机牵引点与后面连接播种机牵引点之间的纵向距离。联结器长度等于牵引架长度 L_q 和后拉架长度 L_A 之和,牵引架长度由联结器的稳定性确定。

联结器的受力分析如图 4-104 所示。机组在作业时,因牵引阻力的变化,联结器可能绕牵引点转动。

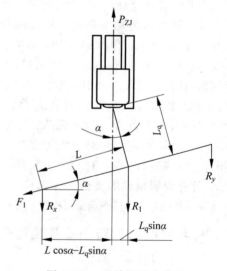

图 4-104　联结器受力分析

当转至某一角度 α 以后达到平衡,自此之后改沿反方向转动。α 角达到最大值之后的力矩方程式为

$$R_1 L_q \sin\alpha + F_1 L_q - R_x(L\cos\alpha - L_q\sin\alpha) + R_y(L\cos\alpha + L_q\sin\alpha) = 0 \qquad (4\text{-}50)$$

式中,R_1——联结器的牵引阻力,N;

L_q——牵引架长度,m;

F_1——联结器地轮对土壤的横向附着力的合力,N;$F_1 = \mu_1 g G_1$,其中,μ_1 为轮子的横向附着力系数;

G_1——联结器的质量,kg;

g——重力加速度,m/s^2;

R_x、R_y——作用在联结器左、右两边的播种机牵引阻力,N;

L——联结器发生转动一侧牵引阻力的合力臂,m。

实际上转角 α 不大时,取 $\cos\alpha = 1$,则联结器的横向移动量为

$$L_q \sin\alpha = \frac{\Delta R L - F_1 L_q}{R} \qquad (4\text{-}51)$$

式中,ΔR——作用在联结器两侧播种机牵引阻力的最大差值,N;

R——总牵引阻力,N,$R = R_1 + R_x + R_y$。

当 $\alpha = 0$ 时,根据对牵引式联结器运行平衡条件,牵引架的长度 L_q 为

$$L_q = \frac{\Delta R L}{F_1} \qquad (4\text{-}52)$$

上式中,L 为联结器一侧牵引阻力的合力力臂,一般 $L = B/4$。因此,牵引机架 L_q 的长度为

$$L_q \geqslant \frac{B\Delta R}{4F_1} \qquad (4\text{-}53)$$

后拉架长度 L_h 由保证播种机在最小转弯半径时的正常运动条件确定。牵引联结器的参数 L_q 和 L_h 可参考表4-54。

表 4-54 L_q 和 L_h 的参数

机组中播种机的数量	机组宽幅 B/mm	牵引架长度 L_q/mm	后拉架长度 L_h/mm	比值	
				L_q/B	L_h/B
2	7.2	2.2	3.00	0.31	0.40
3	10.8	3.0	2.85	0.28	0.25
4	14.4	4.0	2.85	0.28	0.19

比值 L_q/B 表示在行驶时联结器和机组的稳定性。比值 L_q/B 越大,联结器工作越稳定,但转弯半径也随着增大。

4.6 使用与保养

4.6.1 播前准备

(1)为了确保播种机正常工作,作业前应对整机及各工作部件和机构进行详细检查。对各紧固件应加以紧固,变形件应予以校正,损坏件应予以修复或更换。各润滑点应注满润滑油。此外,还应按照使用说明书的要求和方法调节各工作部件及结构,使其达到良好的技术状态。

(2)将播种的地块整平耙细,达到播种的农业技术要求。

(3)根据播种机排种器对种子形状和尺寸的要求,对所播种子进行清选、分级、药剂处理和发芽率试验。

(4)根据排肥器工作性能的要求,做好肥料的筛选,去掉杂物、土块和结块化肥。

(5)进行机组的编组。根据播种机组的要求,确定配套的拖拉机动力。有时为了充分利用拖拉机功率,地块大而集中的地区可采用多台播种机联合作业;地块小而分散、道路规划不好时,一般挂接单台播种机或用悬挂式播种机。

使用轮式拖拉机时,要根据不同作物的行距来调整拖拉机轮距,使轮子行走在行间。在使用链轨拖拉机时,要留出链轨道(中耕作业道),以便于机械田间管理。

(6)挂接播种机。播种机的中心应对准拖拉机中心,按要求的联结方式和位置进行挂

接,保证播种机的仿形能力。

挂接后的播种机处于作业状态时,应左右前后保持水平。牵引式播种机可通过播种机牵引装置来调节,悬挂式播种机可通过拖拉机上下悬挂杆进行调节。播种机作业时,应将拖拉机液压操纵杆放在"浮动"位置。

(7)悬挂式播种机装满种子肥料悬起时,如发现拖拉机纵向稳定性不好,甚至翘头,可在拖拉机前轮上或前"元宝"梁上加配重,以改善拖拉机的纵向稳定性。

4.6.2 排种量、排肥量调节

在播种作业前要先计算好单位面积(公顷)的播种量、施肥量,或每米的播种量、施肥量,其计算公式可参考下式:

$$N = \frac{Q_1}{10\ 000} = \frac{Q_2}{667} \qquad (4-54)$$

$$m = \frac{Q_1 b}{10\ 000} = \frac{Q_2 b}{667} \qquad (4-55)$$

$$Q = \frac{667M}{\pi D n b (1-\delta)} \qquad (4-56)$$

式中,N——每平方米种子粒数,粒/m²;

$\quad m$——每米内种子粒数,粒/m;

$\quad Q_1$、Q_2——分别为每公顷或每亩的保苗株数,株/hm² 或株/亩;

$\quad b$——行距,m;

$\quad Q$——每亩排肥量,kg/亩;

$\quad M$——一个排肥器在行走轮转动 n 圈内排出的肥量,kg;

$\quad D$——行走轮直径,m;

$\quad n$——行走轮转动圈数,$n \geqslant 15$;

$\quad \delta$——滑移率。

根据要播的作物类型选用合适的排种盘,并按照计算好的播种量计算每转的排种器排量,调节排种盘的传动速度比,改变排种盘线速度,以达到适应不同株距和排种量的目的。

排肥量的调节一般通过改变排肥器的转速、进肥口活门开度、振动板振动频率和振幅大小、排出口大小来实现。

在调节速比和计算播量时,应考虑行走轮的滑移率、种子发芽率、种子纯洁度、排种器机械损伤率以及病虫害程度等因素的影响,适当增大播量。

4.6.3 行距配置、开沟深度和仿形量调节

一般按照播种机上固定仿形机构及土壤工作部件主梁(前梁)长度 L 和行距 b 来确定行数 n:

$$n = \frac{L}{b} + 1 \qquad (4-57)$$

n 取整数,为了与中耕作物播种机配套,n 取偶数。开沟器对称于机架中心线进行配置。

由于开沟器开沟深度的调节机构不同,开沟深度的调节方法也不一样。一般用改变开沟器上限深板的上下位置或调节限深轮、仿形轮或镇压轮相对于开沟器的上下位置等方法来调节开沟深度。此外,可根据土壤的松软或坚硬情况,调节平行四连杆上的弹簧压力,以改变工作部件入土力的大小,来调节开沟深度。

4.6.4 划行器臂长调节

划行器长度由拖拉机驾驶员选定的基准进行确定。其长度指划行圆盘中心到播种机最外侧开沟器的中心距离。确定方法如下。

1. 轮式拖拉机正位驾驶

驾驶员目标取拖拉机中央,左右划行器等长,如图 4-105(a)所示,可按下式进行计算:

$$L_{左} = L_{右} = \frac{A}{2} + b \qquad (4-58)$$

2. 偏位驾驶

驾驶员目标取拖拉机右前轮(右链轨板)压 6 划行器划出的沟痕时,划行器臂左长右短,可按下式计算(图 4-105(b)):

$$L_{左} = \frac{A+a}{2} + b \qquad (4-59)$$

$$L_{右} = \frac{A-a}{2} + b \qquad (4-60)$$

式中,L——划行器圆盘中心到最外侧开沟器中心距离,m;

$\quad A$——两外侧开沟器距离,m;

$\quad a$——拖拉机前轮轮距或链轨距,m;

$\quad b$——行距,m。

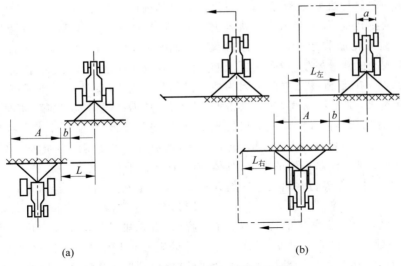

(a)　　　　　　　　　　　(b)

图 4-105　划行器臂长度计算示意图

4.6.5　播种机使用要点及注意事项

1. 使用要点

（1）搞好进田作业前的保养。要清理播种箱内的杂物和开沟器上的缠草、泥土，确保状态良好，并对拖拉机及播种机的各传动、转动部位，按说明书的要求加注润滑油，尤其是要注意传动链条润滑和张紧情况以及播种机上螺栓的紧固情况。

（2）播种机与拖拉机挂接后，不得倾斜，工作时应使机架前后呈水平状态。

（3）做好各种调整。按使用说明书的规定和农艺要求，将播种量、开沟器的行距，以及开沟覆土镇压轮的深浅调整适当。

（4）注意加好种子。加入种子箱的种子应达到无小、秕、杂，以保证种子的有效性；种子箱的加种量至少要保证可将排种盒入口掩盖，以保证排种流畅。

2. 作业要点

（1）作业前认真检查。各连接部位必须紧固可靠，转动部位必须转动灵活，无卡滞现象。

（2）肥料箱加入肥料，种子箱加入种子。注意初次加种时稍加振动或反向转动点种器，使点种器种子室充入足够量的种子。

（3）按选定的速度（一般 5～7 km/h）对准标杆直线前进，待到拖拉机后轮通过起落线

时，边走边操纵液压手柄，放下播种机至工作位置，机器正常工作后液压手柄应处于浮动位置。

（4）初次作业行走 20～30 m 后停机，检查行距、穴距、穴粒数、播深、施肥深度、施肥量、覆土镇压情况是否符合要求，必要时予以调整，达到要求后方能继续作业。

（5）工作中随时注意各部分工作情况，及时排除影响作业质量的故障，经常清除分草器、点种器、镇压器、地轮上的泥土杂草。

（6）松土分草施肥器深浅调整与播种深度调整相适应，若松土分草施肥器调深后，利于分草，开的沟就深，点种器圆片必须相应调下去保证播深。

（7）作业中不得倒退，必须倒退时应将播种机升起。

（8）更换品种时，应将种子箱、点种器种子室种子清理干净。

3. 注意事项

（1）易损件磨损不外乎为磨粒磨损。因此，防止其过早报废，主要应注意种子的清洁程度，也就是说种子的清洁程度越好，易损件越不易早期报废，延长使用寿命、节省资金，所以，种子在加入到种子箱之前，应保证无砂粒、杂物和较大的土块。

（2）耐用件包括机架、排肥箱、各运动副件

等。机架损坏的现象是机架变形,其原因有因意外产生弯曲或扭转变形,或者人为在机器上加过多的种子袋或化肥袋超负荷。使用过程中应尽量避免人为的意外发生,避免机器上超负荷现象的出现。排肥箱报废主要是因为使用时化肥湿度过大,排肥不畅通,外力敲击变形而开裂,有的是用后不能及时清洗而腐蚀报废,所以应在用后及时清洗风干,防锈、防雨淋。各运动副件主要应注意正确的保养,具体要注意用前检修、用中保养、用后清洁、防腐几个环节。

(3) 在使用时,应对播种机的构造有所了解,只有在此基础上才能保养到位,保证作业的质量和作业面积,达到延长播种机使用寿命的目的,取得较高的经济效益。

4.6.6　播种机的维修及保养

1. 维修及保养方法

(1) 由于年久失修,农机的零部件就会出现问题,因此,农机手要对损坏的零部件进行及时更换。在更换零部件时,农机手或维修人员经常会认为拆卸零部件是一件简单的事情而忽略很多细节,从而引起很多不必要的麻烦,对农机的使用寿命造成影响。在拆卸零部件时,农机手需要注意的是,每一个零部件都应使用相匹配的拆卸工具,农机手不能使用其他拆卸工具去拆卸一些与之不匹配的零部件,否则会造成零部件的损坏,从而损坏农机。

(2) 农机的零部件损坏之后,就需要对其进行更换。但是在更换零部件时,有很多维修者不对其进行检查,这是不正确的,因为新的零部件可能由于库存时间过长,导致性能改变,或在输送途中保管不当、出现磕碰造成零件损坏,这就需要农机手或维修员对其进行检查,防止安装损坏的零件。

(3) 农机在使用后,一定要对其进行彻底的清洗,等待下一年的使用。对机外的灰尘、杂草、油污都要清理并且要清洗干净。除了机身以外,机身里面的杂物也要进行彻底的清理,如种子箱及排种器内的杂物。播种机清洗后要晒干,而且需要润滑的地方,农机手要及时对其进行润滑。

(4) 农机的使用具有季节性的特点,使用的期限主要集中在农忙的几个月中,一年中的大部分时间都是闲置状态。因此,对于农机的保养要慎重,需要放在干燥通风的地方,并且要保证其不被雨淋、不暴晒、不受刮风的侵袭等,一些需要卸掉的零件要卸掉并且要保管好,留到下一年使用。整个机身需要用木块垫起,防止落地。

(5) 农机之所以会经常出现问题,主要是因为农机手掌握的操作技术不够,对农机的了解少,相关知识掌握得不到位。因此,有关部门要设立专业的培训机构对农机手和维修人员进行培训,并且做到定期的检查与考核,使其掌握有关播种机的使用、维修与用后保养的技术,从而使农机手可以正确地操作机器,减少农机故障的发生。

2. 常见故障排除方法

(1) 播种量不均匀。播种量不均匀的原因是排种器开口上的阻塞轮长度不一致或播量调节器的固定螺栓松动,导致排种量时大时小。排除方法是重新调整排种器的开口,拧紧播量调节器上的固定螺栓。

(2) 播量不一致。播量不一致的原因是播种舌开度不一致;播量调节手柄固定螺钉松动;种子内含有杂质;地面不平,土块太多;排种轮工作长度不一致;排种盘细孔阻塞;作业速度太快;种子盘孔型不一致。排除方法是正常调整排种轮工作长度和排种舌开度;重新固定在合适位置;将种子清洗干净;排除故障;提高耕地质量;进行播种量试验,调整合适的作业速度;选择相同种盘孔型。

(3) 漏播。免耕播种机在工作中如果出现漏播的现象,就说明输种管被堵塞或脱落,也可能是输种管损坏向外漏种。排除方法是停车检查,及时排除;把输种管放回原位或更换输种管。

(4) 不排种。不排种的原因是刮种器位置不正确;传动失灵;种子架空;气吸管脱落或堵塞。排除方法是调整刮种器到适宜程度;检查传动机构,排除架空现象;安好气吸管,排除堵塞。

参考文献

[1] 中国农业机械化科学研究院.农业机械设计手册[M].北京:中国农业科学技术出版社,2007.

[2] 张德文,李林,王惠民.精密播种机械[M].北京:中国农业出版社,1982.

[3] 李宝筏.农业机械学[M].北京:中国农业出版社,2003.

[4] 东北农学院.农业机械学(上册)[M].北京:中国农业出版社.1963.

[5] 高连兴,王和平,李德洙,等.农业机械概论:北方本[M].北京:中国农业出版社,2000.

[6] 张木林.播种机史话[J].当代农机,2014(1):60-61.

[7] 张木林.播种机史话(续1)[J].当代农机,2014(2):58-59.

[8] 张木林.播种机史话(续2)[J].当代农机,2014(3):55-56.

[9] 张木林.播种机史话(续3)[J].当代农机,2014(4):53-54.

[10] 张木林.播种机史话(续4)[J].当代农机,2014(5):51-52.

[11] 张木林.播种机史话(续5)[J].当代农机,2014(6):53-54.

[12] 张木林.播种机史话(续6)[J].当代农机,2014(7):53.

[13] 张木林.播种机史话(续7)[J].当代农机,2014(8):51-52.

[14] 张木林.播种机史话(续8)[J].当代农机,2014(9):52-53.

[15] 张木林.播种机史话(续9)[J].当代农机,2014(10):55-56.

[16] 张木林.播种机史话(续10)[J].当代农机,2014(11):51-52.

[17] 张木林.播种机史话(续11)[J].当代农机,2014(12):51-52.

[18] 张木林.播种机史话(续12)[J].当代农机,2015(1):54-55.

[19] 张阅.播种机的使用要点及维修保养[J].农村实用科技信息,2013(5):43.

[20] 赵海玲.播种机的选型与维护保养注意事项[J].农机使用与维修,2017(12):32.

[21] 王立堂.播种机使用维修及用后保养的注意事项[J].民营科技,2017(3):21.

[22] 杜岳峰,傅生辉,毛恩荣,等.农业机械智能化设计技术发展现状与展望[J].农业机械学报,2019,50(9):1-17.

[23] 史永博.我国播种机研发现状与发展趋势[J].农机使用与维修,2019(4):25-26.

[24] 田先明.浅析我国播种机的现状及发展建议[J].农业机械,2018(4):65-67.

[25] 中国机械工业联合会.农机具产品 型号编制规则:JB/T 8574—2013[S].北京:中国标准出版社,2013:9.

第5章

水稻种植机械

5.1　概述

　　水稻是全球最重要的粮食作物之一,中国是水稻种植和生产大国。根据《中国农村统计年鉴 2020》显示,2019 年全国水稻种植总面积为 2.9694×10^7 hm²,约占全国粮食种植总面积的 26%,其中,东部、中部、西部、东北地区水稻种植面积分别占全国水稻种植总面积的 19.5%、42.5%、20.6%、17.4%,水稻种植面积基本保持稳定。2019 年全国水稻总产量为 2.0961×10^8 t,约占全国粮食总产量的 31.6%,其中,东部、中部、西部、东北地区水稻产量分别占全国水稻总产量的 20.5%、41.4%、20.2%、17.9%。在中国有超过 60% 以上的人口以水稻为主食,其对中国粮食安全、生态安全和稻农增收有重要作用。

　　世界水稻种植区绝大部分集中在亚洲,亚洲水稻种植面积占全球水稻种植总面积的 90%。美洲和欧洲的水稻种植面积分别占全球水稻种植总面积的 4.3% 和 0.4%,种植模式(见图 5-1)以大型农场为主。以澳大利亚为主要种植地的大洋洲水稻种植面积最小。全球水稻种植面积为 1.5×10^8 hm²,总产量约为 6.0×10^8 t,其中种植面积较大的印度和中国分别占全球水稻种植总面积的 28.1% 和 20.1%。2016 年印度水稻种植面积为 4.3×10^7 hm²,是中国的 1.3 倍,但总产量为 1.6×10^8 t,大约是中国的

3/4,居世界第二位。日本和韩国均以水稻为主要粮食作物,2018 年日本水稻种植面积为 1.386×10^6 hm²,每公顷产量为 5.3 t,其种植面积占粮食作物总种植面积的 80% 以上。韩国近年来水稻种植面积有所减少,2016 年减少到 7.79×10^5 hm²,但总产量一直稳定在 5.6×10^6 t。美国是欧美最大的水稻种植区,2016 年水稻种植面积为 1.253×10^6 hm²,每公顷产量为 8.0 t。在欧洲,意大利水稻种植面积最大,为 2.34×10^5 hm²,每公顷产量为 6.7 t。近年来澳大利亚水稻种植面积明显减少,从 2013 年的 1.13×10^5 hm² 减少到 2016 年的 2.7×10^4 hm²,但澳大利亚水稻每公顷产量达 10.0 t,为世界之最。因世界各国水稻品种、气候条件、地形土壤、经济发展等不同,水稻种植模式也不相同,已实现水稻种植机械化的国家有美国、意大利、澳大利亚、日本和韩国等。

图 5-1　美国水稻种植模式

水稻生产全程机械化主要包括耕整地、种植、田间管理、收获和谷物干烘等环节。水稻生产全程机械化是提高水稻生产能力的重要物质基础和技术手段,加快推进水稻生产全程机械化,对于减轻农民劳动强度,提高粮食产量,保证粮食安全,促进农业节本增效、提高农民收入,促进农村劳动力转移、加快城市化和工业化进程都具有重要的意义。至 2016 年年底,我国水稻综合机械化水平为 79.2%,其中,耕、种、收水平分别为 99.3%、44.5% 和 87.1%,种植机械化水平差距十分明显。根据国家统计局农村社会经济调查司统计数据,2019 年水稻插秧机拥有量为 9.066×10^5 台,其中,乘坐式水稻插秧机拥有量为 2.795×10^5 台,水稻直播机拥有量为 3.37×10^4 台,与 2018 年相比分别增加 5.85%、1.87% 和 12.52%,水稻种植机械近几年保持稳定增长态势。

我国水稻种植区域广、气候差异大、土地集中程度不等,形成了水稻种植品种多样、种植制度和种植方式复杂多样。经多年的努力,我国已形成了以机插秧为主的多种机械化种植并存的发展格局,但各地机械化水平差距较大。因此,大力发展水稻生产全程机械化,尤其是种植机械化是今后一段时间发展的重点。

水稻种植机械化的发展模式主要取决于水稻种植栽培技术。随着水稻栽培技术的发展,迄今为止,保留下来的水稻种植技术主要分为两种:水稻育秧移栽种植技术和水稻直播种植技术。其中,移栽种植技术分为人工移栽方式和机械移栽方式;机械移栽方式又分为机械化插秧、机械化钵体苗移栽、机械化抛秧(分为有序抛秧和无序抛秧)三种移栽方式;直播种植技术则主要分为人工直播、机械直播、飞机直播等。

中国、日本、韩国及其他亚洲国家以育秧移栽种植为主,水稻插秧移栽已有上千年的历史。移栽指的是两段种植方法,即先在秧田或温室育秧,然后通过人工或机械将秧苗移至大田中栽植直至成熟收获。到目前为止,比较成熟的育秧方法和技术有湿润育秧技术、旱育秧技术、两段育秧、场地育秧技术(包括小苗带土移栽育秧和机插水稻的基质育秧)、工厂化育秧技术。不同的移栽方式要求不同的秧苗性状,插秧要求用块状或条带状规格化毯状苗(带土或不带土)或拔秧苗,而抛秧要求用钵体苗,如图 5-2 所示。它们分别用平盘和穴盘进行育秧,其中平盘又有条播、穴播和撒播之分。为了节省粮种,近年来发展出精量播种设备,这对于强化栽培优质杂交水稻显得十分必要。无序抛秧或称撒抛,虽然能达到浅栽和省工的目的,但由于存在水稻之间通风不良,易生病,不利田间管理等多种问题,其推广受到制约。有序抛秧近年得到迅速发展,研发出部分机型,处于进一步研究开发阶段。

(a)　　　　　　　　　　　　　(b)

图 5-2　毯状苗机插秧苗培育类型

(a)普通毯状机插秧苗;(b)钵体毯状机插秧苗

采用直播种植技术的国家主要有美国、澳大利亚、意大利及其他欧美国家。中国、日本、韩国及其他亚洲国家以育秧移栽种植为主,近些年正逐步向机械化直播发展。据史书记载,我国的水稻种植最初是采用直播方式,到了汉朝才发明了育苗移栽。直播水稻是一种传统的水稻栽培方式,从最早采用直播栽培至今已经有几千年的历史。近年来,我国水稻机械化直播的发展速度较快,这与国际上水稻种植机械化发展趋势相吻合。

直播分为旱直播和水直播,又有条播、穴播、撒播和精量播种等之分。直播比较容易实现机械化,尤其采用飞机撒播效率相当高。但直播对环境条件要求比较高,如要求稻田表面平整,要求稻种发芽和幼苗生长期间不能有霜冻、旱涝以及鸟鼠害等。另外,对多熟地区还有生长期及水稻品种等的要求。总之,直播只有在符合条件的地方才能适用。目前,欧美的一些国家比较普遍采用直播技术。我国虽然采用直播技术比较早,但由于种种原因,相关技术发展较缓慢,近年来由于解决了某些技术难点,直播技术呈现扩大推广趋势,研发力度不断加强,出现了新的可靠的直播机具。我国目前有旱直播和水直播两种,旱直播所用播种机械与旱田类似,水直播特别是精量播种机械正在进一步发展。

5.1.1 国外水稻种植机械发展历程及现状

以美国为代表的欧美发达国家的水稻种植以机械直播为主。其中,空中播种(飞机撒播)(见图 5-3)占 20%,机械穴播占 80%,目前已实现全面机械化直播。美国的水稻种植主要分布在密西西比河三角洲、墨西哥湾和加利福尼亚州。美国水稻种植 80%采用机械旱直播,20%采用带水飞机撒播作业。美国从事水稻生产的农民仅有 6000 人左右,人均种植面积为 180 hm²。美国的水稻产业以生产优质水稻著称,实现了水稻生产全程机械化。澳大利亚的水稻产区主要位于新南威尔士州的冲积平原,澳大利亚的水稻种植 80%采用飞机撒播的

方式,人均种植面积 80 hm²。大动力直播机和飞机的应用使得播种能够在很短的时间内完成,最大限度地避免了恶劣天气的影响;机械化耕作、施肥和收获使水稻种植效率很高。在澳大利亚,建立了完善的水稻生产技术体系,研究人员、农艺师、操作人员、市场营销人员以及种植户联系紧密。高效先进的技术、装备和管理体系为水稻高产提供了保障。意大利自 1960 年开始,水稻种植方式逐步从机械移栽转为机械直播。意大利的水稻生产从土地耕整到种植、除草、收获等生产环节在 20 世纪 70 年代就已经全部实现了机械化作业,60 年代后几乎 100%采用机械化直播。这些国家的水稻品种较单一,土壤气候条件适合机械直播,所以以机械直播方式为主要种植方式。

图 5-3 美国水稻飞机直播种植

日本在 20 世纪六七十年代曾集中研究直播技术,直播面积达 5.5×10^4 hm²,但随着水稻移栽技术的不断成熟,直播面积锐减。日本和韩国以机械移栽为主,与机械直播种植方式并存。马来西亚、泰国、菲律宾、印度等东南亚

国家的水稻种植方式有从传统移栽向直播种植发展的趋势。在过去的 10 年中，马来西亚的直播面积从几乎为零增加到大约 50%，位于该国北部的 Muda 地区近 1.0×10^5 hm² 的水稻主要栽培方式为直播栽培。在菲律宾、印度、泰国等国家，直播稻面积约占水稻种植总面积的 30%，且增长趋势未减。

高精度的水稻直播技术是发达国家水稻高产的原因之一，大部分亚洲国家的水稻种植机械化水平远落后于发达国家。欧洲和美洲国家对水稻移栽技术鲜有研究。意大利于 100 年前研究过插秧机并研制出插秧机具，但由于机器结构复杂、需人工辅助等原因而未能推广。

亚洲国家对机械化移栽技术研究较为深入，其中日本和韩国水稻移栽技术趋于成熟，成为亚洲较早实现水稻全面机械化种植的国家。日本的农业以水稻生产为主，近 50% 的耕地用于种植水稻，日本可称为"稻作之国"，因此，日本的农业机械化以水稻生产机械化为主。

日本于 20 世纪 60 年代末出现了毯状苗育秧技术，形成标准化、规格化秧苗，手扶式插秧机开始应用，促使插秧机技术飞速发展；1970 年日本井关农机（株）制造出两轮苗箱后倾浮筒式毯状苗手扶步进插秧机，20 世纪 70 年代末，90% 以上的水稻种植区域采用机械化插秧作业；80 年代，高速乘坐式插秧机问世，分插频率由 200 次/min 提高至 400 次/min 以上，水稻机械化插秧面积比重提高到 98%。1975 年推出施液状肥料的插秧机，1978 年试制施粒状肥料的插秧机，目前日本插秧机普遍装有侧行施肥装置。钵体苗移栽适用于寒冷和复种地区，钵体苗移栽机在日本北海道占有率为 50%。目前日本 99% 的稻田采用机械移栽，以乘坐式和高速插秧机为主。韩国于 20 世纪 70 年代引进日本的机械移栽技术且发展较为成功，目前其移栽技术仅次于日本。1987 年开始，先后研究出节本省工的水稻旱直播栽培技术、幼苗机械移栽栽培技术和育苗自动化技术；同时研发了水、旱直播机；通过对插秧机

进行技术改进，开发了施肥、除草、插秧一体作业的多功能插秧机。2001 年至今，研究稻作环保生产体系、免少耕直播、插秧技术和铺纸机械化栽培技术，同时开发出了相应的水稻直播机。

位于亚洲西南部的伊朗以及马来西亚、印度等东南亚国家，水稻种植一直以移栽为主，兼有直播。近年来都在研制移栽机，均采用的是连杆机构。作为水稻种植大国的印度，70% 采用移栽技术，但机械化程度不高，其余亚洲国家如菲律宾、泰国和越南等水稻移栽机械化程度较为落后。

5.1.2 国内水稻种植机械发展历程及现状

据史书记载，我国的水稻种植最初是采用直播方式，到了汉朝才发明了育苗移栽。直播水稻是一种传统的水稻栽培方式，从最早采用直播栽培至今已经有几千年的历史。水稻机械化直播可分为机械水直播和机械旱直播。水稻水直播机主要应用在南方地区，这种机型以芽种条播为主，将稻种直接播在平整、没有积水的湿润泥土表面上。水稻旱直播机主要应用在北方稻区，这种机型大多由小麦条播机改装而成，以条播方式为主，在未灌水的田中直接播种未发芽的稻种，这种方法对地块平整度的要求较高。

我国水稻机械直播研究从 20 世纪 60 年代开始，早期水稻水直播机的代表机型是上海沪嘉系列外槽轮式水稻条直播机，该机直接将芽种播到水田的泥浆上，由于采用外槽轮排种，又没有合适的清种机构，伤种率较高，播种均匀性较差，常有断垄现象发生，播后虽能成行，但未能成穴，播种量较大。河北省农业机械化研究所和吉林省农业科学院分别研制出 BDH-14 旱直播机和 2BS13 旱直播机，但由于工作效率低未被应用。浙江临海农民将东方红-18 型喷雾机的喷粉装置改为喷种装置，研制出水稻喷撒直播机，将芽谷通过喷粉管喷播到田里，该机在浙江、安徽、湖北、江西等地均有应用，但该技术对水稻品种要求严格，播种量较大，播

种不均匀。江苏昆山市农机推广站研制成功水稻带式精量条直播机,该机具有大播量时均匀性好、结构简单、操作简便、能耗低等优点,但不适合高速作业,存在条直播机的一些共同缺点。1998年广西大学杨坚等研制了电磁振动播种机,结构简单且播种量可调节。为了解决人工撒播和机械条播存在的问题,参考机械化插秧的有序种植方式。2003年华南农业大学成功研究出水稻精量穴播技术体系,包括同步开沟起垄水稻精量水穴播技术、同步开沟起垄施肥水稻精量水穴播技术、同步开沟起垄喷施水稻精量水穴播技术、同步开沟起垄水稻精量旱穴播技术和破茬免耕水稻精量旱穴播技术,并成功研制出相应的水稻精量穴播机具。2003年夏萍等研制的振动式包衣排种器可一次完成稻种的包衣和直播作业。2008年罗锡文等研制的水稻精量穴播机可同时开沟、起垄和播种,通过改变型孔调节播量可减少种子用量,提高产量。张国忠、程建平等试验证明,相比人工撒播和人工手插种植方式,精量穴播技术更有利于加快水稻的生长发育进程,提高其分蘖和产量。2011年张国忠等针对杂交稻芽种进行了精量穴播技术机理研究。目前,我国水稻生产中的机械化直播主要采用条播或撒播方式,存在的主要问题是:播种均匀性差、技术含量低、适应性差、作业效率低、配套农艺落后。

　　水稻插秧机的雏形可以追溯到北宋时期的"秧马",如图5-4(b)所示。"秧马"是拔秧、栽秧时用于坐在其上以减轻劳动强度的一种木制农具。北宋时期,苏轼曾赋诗一首《秧马歌》,其中两句诗"背如复瓦去角圭,以我两足为四蹄"生动描述了秧马的特点以及其使用的便利性。同时,古人在相关农书中也都有记载,可见"秧马"在我国具有重要的价值。最早的分秧、插秧器械——莳梧,如图5-4(a)所示,最早记载见于清乾隆二十年(1755年)《直隶通州志》,主要在江苏南通地区使用,20世纪五六十年代江苏南通地区仍有使用。

　　1952年11月,华东农业科学研究所农具系(现农业农村部南京农机化研究所前身)成立,由蒋耀等人组成水稻插秧机研究组,我国有组织的插秧机研究正式拉开序幕。从1953年开始,水稻插秧机的研究被列为正式的科研项目,当时,水稻插秧机在国内外都是一项空白。1956年春,华东农业科学研究所农具系蒋耀等人研制出人拉单行铁木结构插秧机,同年又研制出畜力4行梳齿分秧滚动式插秧机,命名为"华东号插秧机",见图5-5,这是世界上第一台成形的水稻插秧机,其开创的横向往复式移送秧技术原理一直沿用至今。梳齿式纵拉分秧、滚动插秧的分插原理,成为当代纵向切块取秧、回转式插秧分插原理的雏形。自我国研制世界第一台插秧机后,日本、英国、印度、巴西、意大利、朝鲜、菲律宾等国首脑、政府官员和专家纷纷前来参观学习水稻插秧机。

(a)　　　　　　　(b)

1—插头部分;2—中间装插头部分;3—手柄。

图5-4 古代插秧机雏形

(a)莳梧;(b)秧马

图 5-5　蒋耀及"华东号"水稻插秧机

此后几年,研究人员在"华东号"水稻插秧机的基础上不断改进,在 1960 年 2 月第七次水稻插秧机评比会议上,南-105B 型插秧机(见图 5-6)被推荐为定型样机。南-105B 运用"失控原理",秧爪在入土和出土的瞬间脱离机械控制,秧爪随土壤阻力摆动一个角度后将秧苗插入土中。这是在当时尚未出现非匀速传动栽植机构时,保证小穴口、高直立性的一大技术创新。南-105B 型插秧机曾一度作为"国礼",跟随刘少奇、朱德、周恩来、陈毅等国家领导人一同出访,由此,插秧机技术在多个国家和地区得到推广和发展。我国插秧机的早期研究,对国际插秧机技术的研究发展起到了相当大的促进作用,为世界插秧机技术进步做出了巨大贡献。

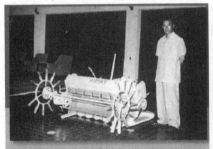

1960 年,我所技术人员随周恩来总理、陈毅副总理赴尼泊尔皇宫演示赠送给尼泊尔政府的南-105B 型水稻插秧机

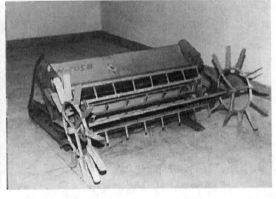

图 5-6　南-105B 型水稻插秧机

南-105 系列插秧机不断更新迭代,我国插秧机技术不断发展完善。1967 年 11 月,南京农机化所牵头研制的东风-2S 型机动水稻插秧机(见图 5-7)通过鉴定,20 世纪 70 年代开始大面积推广,并于 1978 年获全国科学大会奖,1981 年 5 月获国家技术发明三等奖。该机的技术特点是:以 2.94 kW 汽油机为动力,单地轮驱动,2 人装秧,幅宽为 2 m,10 行,梳齿分秧,往复移动横向送秧,叉式对准秧门间隙纵向送秧,滚动直播。

但是,水稻插秧机的相关研究在 20 世纪 60 年代终止,其原因是:①经济发展水平限制了机械化发展。②在方案确定时过于草率,或者是研究者受机构学理论基础的限制,所采用的滑道式移栽装备和裸苗移栽的方案过于落后,日本在 60 年代发明插秧机时采用了曲柄摇杆分插机构,很快取代了我国的滑道机构,旱育稀植毯状苗取代了裸苗。③科学研究不讲科学,把插秧机研究变成了一场政治运动。该项研究一哄而起,又一哄而散,浪费了大量的

图 5-7　东风-2S 型机动水稻插秧机

人力和财力。但是这种曲柄滑道式插秧机的发明得到了国际农业机械界的公认：中国是最早发明插秧机并进入市场的国家。

　　改革开放以后，日本的农机企业开始进入中国市场，随之而来的"毯状苗"插秧机开始被中国市场接受并成为热销产品。例如手扶步进式插秧机，在 20 世纪 90 年代末就已经退出日本市场，但至今在中国每年仍有几万台的销量。1977 年国家提出水稻插秧机要专业化生产，南京农业机械化研究所等单位在东风-2S 基础上，研制成功 2Z 系列水稻插秧机。1980 年南京农业机械研究所又在 2Z 系列插秧机底盘的基础上研制了 2ZT-9356 型独轮乘坐式插秧机（见图 5-8），该机型后在吉林延吉插秧机厂量产，广泛应用于东北地区。1984 年南京农业机械研究所发现日本久保田 NR4-W 型独轮乘坐式插秧机，其结构形式是在我国赠送给日本的东风-2S 独轮乘坐式插秧基础上改进而成的。在我国插秧机研发人员和制造企业的共

图 5-8　2ZT-9356 型独轮乘坐式插秧机

同努力下，国产插秧机奋起直追，为当代插秧机发展奠定了可靠的技术基础。

　　20 世纪 80 年代以后，我国也开始转向毯状苗插秧机的研究。80—90 年代，是插秧机技术发展的黄金时期，此时的分秧、取秧方式仍沿用我国最早提出的群体逐次分格取秧、横向往复移送原理，但作业对象发生了变化，结构形式进行了创新，提出了非圆齿轮栽植机构、液压仿形等关键技术。插秧机的核心部件——分插机构发生了重大变化，从 50 年代的曲柄滑道式，逐步发展为曲柄摇杆式、推秧装置平衡块、前置旋转式，一直到目前的后置旋转式。先进技术也开始大量运用，如无制动液压助力转向；秧箱自动平衡装置；软硬田块设置自动校正装置，前轮独立减震，方便对行，转向灵活；踏板变速，加减速无冲击，减少泥土卷带等。

　　纵观我国水稻种植机械化技术的发展，第一阶段是 20 世纪 60 年代研制的大苗水稻插秧机，由于机械质量存在一些问题，适应性也较差，所以没有推广成功；第二阶段是 80 年代从国外引进工厂化育秧设备和水稻插秧机，进行试验示范，虽然插秧效果不错，但因成本过高，并与我国包产到户的一家一户种植经营模式不相适应，因而没有得到大面积推广；第三阶段是 90 年代后，在江苏省和黑龙江省通过坚持引进、消化、吸收与再创新，我国水稻种植机械化技术得到长足发展，形成一套适合我国农村实际情况的水稻机械化育插秧模式。

　　从 21 世纪初开始，由于政府对农机补贴力度增大，国内水稻栽植机械化率在短短的 8 年内，由 3.96％（2002 年）增长到 20％（2010 年），平均每年增长 2％。水稻机械化是农业机械化的瓶颈，而水稻种植机械化又是水稻机械化的瓶颈。这一情况已得到初步的改善，但水稻栽植装备产业形势依旧严峻：日本久保田和洋马的高速插秧机在中国市场占 78.41％（2010 年），日本井关、韩国东洋和大同株式会社约占 17.59％（2010 年），在国产高速插秧机中，唯独中机南方占有市场一席之地，也仅占 4％（2010 年）；步行插秧机中国市场外机型约占 2/3

（2010年）。

近年来，插秧机的研究方向主要有以下几个方面：①插秧机性能改进研究。2012年张娜娜等对高速水稻插秧机车架进行了优化及结构改进，使其车架重量降幅达16.77%。刘爽等对手扶插秧机振动评价及振动传递特性进行了研究。②自动导航技术。王宇等对井关插秧机（PZ60）进行改装，开发了导航控制算法，编写了导航控制软件。唐小涛等基于北斗/GNSS对洋马VP6E型插秧机进行自动导航系统研究。③侧深施肥技术。插秧时在秧苗一侧土壤中施入肥料称为侧深施肥，其用肥量相比传统施肥可减少约20%。近年来，一些学者创新性地设计出侧深施肥装置植入插秧机，有螺旋搅龙结构和风送式，并进行了气固两相流仿真分析。

目前国产插秧机存在的主要问题有插秧不均匀、漂秧、漏插、勾伤秧苗等，还需进行改进。在插秧机上增加施肥、铺纸和施药装置，实现边插秧边精确可靠侧深施肥、边铺再生纸或者覆膜以及边施药等复合功能。

钵苗移栽的概念最早于20世纪80年代由日本提出，目的是提升水稻秧苗期的抗寒能力。此后日本率先将单片机、机械手、电磁阀等机电一体化技术整合在一起，完成取秧、输送和栽植工作，发明了钵苗移栽机并推广。钵苗移栽技术比毯状苗平均增产增效6.0%～12.6%，且特别适用于单株成钵的超级稻以及北方种植地区。钵苗移栽对象的秧苗特性和力学分析是移栽机设计的理论基础，宋建农等对不同的秧苗高度、秧龄及苗钵体湿度进行了力学试验分析，证明拔取方式可行，水稻单穴内秧苗拉拔力小于抗拉断力，但播量必须控制。80年代我国开始研究水稻钵苗移栽装备，其中，中国农业大学宋建农等研究的2ZPY-H530型水稻钵苗行栽机，构思巧妙、结构简单，最接近产业化，如图5-9所示。朱德峰等发明的半钵毯状秧盘，根的下半部是钵体，上半部连接为毯状，可以用普通插秧机完成移栽过程，比普通毯状苗机插在取秧过程中减少了伤根，缩短了缓苗期，在全国得到了大面积推广。

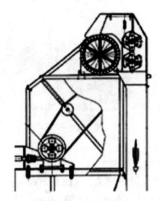

图5-9 2ZPY-H530型水稻钵苗行栽机

目前国内主要有几个科研机构从事水稻钵苗移栽机开发。①东北农业大学与吉林鑫华裕农业装备有限公司共同研制出第一代样机——2ZB-630型水稻钵苗移栽机（见图5-10），该样机采用双曲柄五杆机构，用1个机构完成3个动作，结构简单且成本低，但振动大、效率不高，是国内少有的进入市场的机型。基于第一代样机，第二代样机由杆机构升级到回转式机构，采用顶出式贝塞尔齿轮行星轮系双臂移栽机构；第三代样机是水稻宽窄行钵苗移栽机构，采用行星架斜置式双臂取秧方式；第四代样机为水稻宽窄行钵苗拐子苗移栽机构。为提高移栽效率，该团队设计了三移栽臂非圆齿轮行星系水稻钵苗移栽机，并针对移栽臂存在的甩泥现象进行了改进。②以汪春为主导的团队在20世纪90年代研制出2SP-6型钵苗有序抛秧机和齿板式钵秧摆栽机，选取秸秆植质为钵苗的基质，配套的栽植机械通过改装插秧机2ZT-9356型完成，效果较好。③南京农业机械化研究所1997年研制出2ZU-6型和2ZB-79型插秧机，为顶杆推出式结构有序化取秧，靠秧苗自重入土而浅栽。华南农业大学研制的钵苗有序抛秧机为气力式，2003年又研制出夹子式机械手式钵苗移栽机，此后又设计出非圆齿轮行星轮系分插机构，采用3个移栽臂来提高移栽效率。

中国钵苗移栽技术水平与发达国家仍存在较大差距，钵苗移栽技术的难点在于移栽机纵向的移送精度很难达到要求，移栽机缺乏创新，机构可靠性不够。

图 5-10　2ZB-630 型水稻钵苗移栽机

近些年,国内水稻插秧机销售企业销售额前三甲分别是:久保田农业机械(苏州)有限公司、洋马农机(中国)有限公司,江苏沃德高新农业装备有限公司。主要企业名单及其销售额见表 5-1。

表 5-1　水稻插秧机 2018—2020 年企业销售额排名

企业名称	2018 年		2019 年		2020 年	
	排名	销售额/亿元	排名	销售额/亿元	排名	销售额/亿元
久保田农业机械(苏州)有限公司	1	11.13	1	5.62	1	7.94
洋马农机(中国)有限公司	2	5.63	2	3.18	2	4.73
江苏沃德高新农业装备有限公司	3	2.11	3	2.27	4	3.07
浙江星莱和农业装备有限公司	4	2.08	4	1.69	3	3.77
苏州久富农业机械有限公司	5	1.90	5	1.42	5	1.81
井关农机(常州)有限公司	6	1.63	6	0.79	6	1.21
浙江博源农机有限公司	7	0.63	8	0.26	9	0.30
江苏常发农业装备股份有限公司	8	0.36	6	0.43	7	0.62
江苏东洋机械有限公司	9	0.36	9	0.23	—	—
江苏隆庆机械有限公司	10	0.31	—	—	10	0.27
江苏福马高新动力机械有限公司	—	—	9	0.23	8	0.33

5.1.3　水稻种植机械发展趋势

1. 水稻机械移栽与机械直播对比与选择

水稻机直播、机插秧和钵苗移栽各有特点,学者们对这三种种植方式做了大量对比试验,结果表明,应因地制宜地选择机械移栽与机械直播,实现水稻增产。机直播、机插秧和钵苗移栽三种种植方式并存发展的同时,水稻钵苗移栽成为未来发展重点。

2. 加快作业可靠、性能优化的新型机具的自主研制

在水稻直播方面,应优化种子加工环节,节省稻种用量,根据不同品种的种子选取不同直播方式,精确播种。配套的整地机具应朝着大型高质量方向发展,进一步发展精量直播技术,实现种子的株距和行距有序精确分布。在水稻移栽方面,既要解决国产插秧机插秧不均等问题,又要加快国产新型钵苗移栽机的研发。目前市场上使用的性能较稳定的插秧机和钵苗移栽机均引进了日本核心技术,应加快自主研发尤其是钵苗移栽技术的创新与优化,从而解决水稻秧苗移栽结构上的难题。

3. 农艺知识和先进技术应与种植机械技术融合创新

在提高水稻移栽机可靠性的基础上,需发展配套育秧播种技术,从而实现精准育秧。育秧技术与移栽技术配套同步发展,如毯状苗的播种量、适栽期、苗盘深度、一钵几株等综合试验分析尚欠缺,需要加快育秧技术研究,为水稻种植农艺与农机配合提供参考。水稻移栽对象的力学物理特性研究可为移栽机研究提供理论依据,如分析不同夹取秧苗方式的拔取力、最佳拔取角度和移栽轨迹等,还应对不同育秧工艺下的秧苗力学特性做对比分析试验。

4. 加快水田环境下自走底盘研发,侧深施肥施药等复合作业

目前水稻种植机具的自走底盘主要由外资企业生产,其大多采用液压传动和无级变速,但是水稻种植机具一般为匀速且低速前进,这些多余的功能导致成本提高,所以我国应加快研发适合本国国情且符合水稻种植机具动力需求的底盘,推进水田自走底盘研发对促进多种水田操作机具的发展具有重大意义。水稻种植机具技术趋势有复合作业技术、特殊形式种植机和无人驾驶种植机等,其中,侧深施肥和施药等复合作业技术应与种植机械同步发展,以实现精准按需供给。

5. 提高水稻种植机械自动化智能化水平是未来发展趋势

自动移栽机器人是未来的发展方向,一些发达国家已开始应用,旱地移栽机器人技术可以借鉴并应用于水田。精准农业、自动导航技术在直播机以及移栽机上均可应用,无人操纵高精度水稻种植机是水稻种植机械化技术的发展方向之一。针对移栽机高效、可靠和智能化发展趋势,充分利用机器视觉等信息化控制技术,精准采集机具的作业信息(移栽间距、秧苗移植深度等)与移栽质量指标(栽直率、漏栽率等),实时反馈给移栽机进行调整,以提高作业的总体质量。

5.2　水稻育秧设备

5.2.1　概述

水稻机械化育秧技术是在育秧过程中使用机械、电加温和自动控制等手段,将种、土、肥、水、温度、湿度等条件置于人工控制之下的一种技术,采用该技术育出的秧苗均匀、整齐、规格统一,便于机插,成活率达90%以上,且移栽后返青快,分蘖早,产量高。

水稻机械化育秧技术主要包括带土育秧机械化技术、工厂化育秧、工厂化无土肥水育秧技术。它们的原理基本一致,要经过床土准备、调制、调酸、种子处理、播种、加温、控温和催芽、炼苗等阶段,成本较大。而在此原理下发展起来的田间双膜规格化育秧技术,培育出来的秧苗也达到了壮秧机插的目的,其操作方式和育秧方法与大田育秧相似,不同之处在于秧田先铺上打了孔的薄膜,然后铺床土和播种,成本大大低于工厂化育秧,易被掌握,适合推广。

规范化育秧指的是根据实际条件,采取人工措施并按照规范的工艺流程,保证秧苗在适宜的环境条件下生长,培育出适合于机插的"规格化水稻毯状秧苗"的方法和技术。其中,实际条件包括水稻品种、气候条件、经济条件、技术水平、生产规模、劳动配备和习惯等。而人工措施包括调控水、肥、土、温、湿、气等条件以及采用适当的机械或工具(包括自动化手段)等。

规范化育秧包括典型的工厂化育秧和田间经济型育秧方法,是一门多学科综合性农业系统工程项目,它与农机农艺紧密结合,能避免自然灾害(如低温冷害等)的影响,具有省种、省工、省肥和省秧田等特点。规范化育秧除了保障出好苗、出壮苗之外,还要求适于机插的"规格化毯状秧苗",这要求育出的秧苗要连成一定尺寸的块状或条带状规格的毯状苗,而且秧苗要具有一定密度,分布均匀或排列有序,以保证和提高机插秧质量。

典型的工厂化育秧设备包括种子清选、脱芒、清洗、消毒、浸种、脱水、催芽、碎土、筛土、拌和、输送、播种、温室大棚以及温度、湿度、土壤水分、肥料等的控制调节系统。这套设备用于环境条件恶劣并具有一定经济实力的地方,一般可根据实际需要和经济技术条件选择其中某些设备,温暖的地方可以用塑料膜代替温室大棚,以软盘代替硬盘等,这样可减少投资,降低成本。

在水稻育秧移栽种植技术中，秧盘育秧是关键环节之一。为实现水稻抛、插秧栽植机械化，需研制用于钵体苗和毯状苗两种类型的秧盘育秧播种流水线，这是实现水稻种植机械化的重要保障。美国、澳大利亚、意大利及其他欧美国家水稻主要采用直播种植，已经实现了水稻播种的机械化，针对育秧环节研制的机具较少。目前用于蔬菜、花卉等植物的温室秧盘育秧播种流水线已有多种，如 Blackmore System、Marksman、Speedling System、Hamilton 等机型，设备普遍采用吸针式，每穴 1～5 粒不等，作业质量较好，功能全、自动化程度较高。相比之下，亚洲的水稻工厂化育秧流水线比较多。在 20 世纪 60 年代日本开始了由机插拔取苗转向机插带土苗的研究，1966 年研制成工厂化水稻育秧设备，极大地促进了水稻插秧机械化的发展。韩国育秧技术紧随日本之后，其育秧设备主要用于蔬菜及花卉的育苗。

随着水稻新品种的出现，水稻育秧工艺不断改进与完善，近年来国内外水稻秧盘育秧播种流水线的机械化及自动化水平也在逐步提高。水稻秧盘育秧流水线作为水稻育秧机械化的主要研究装备，经过 30 多年的发展，在不同地区水稻种植农艺要求的条件下，已有了较大发展，较完备的播种育秧流水线主要包括秧盘供送、铺底土、压实、播种、撒播、条播、精播、覆表土、淋洒水、取秧盘等关键工序，其中最为重要的是播种设备。日本久保田的 SR-331KH、SR-K800CN 水稻育苗播种设备，国产的 2QB-330 型气吸振动式秧盘精量播种机是我国现代水稻播种设备的主要代表。

日本在水稻育秧机具的研制方面一直处于领先地位，主要育秧设备为工厂化育秧设备，主要结构形式为播种轮、排土种轮在固定位置转动，秧盘相对机架平移，从而实现取秧盘、秧盘供送、铺底土、压实、播种、覆表土、淋洒水等关键工序的自动化。其发展趋势是：不断更新工作原理，尽量完善结构，使其具备良好的工作性能，以提高播种质量，并注重提高播种机具的通用性和适应覆土作业。育秧播种流水线在日本早已普及，该机操作简便，结构紧凑、技术先进、可靠性高，主要生产厂家有久保田、井关、日清、三菱等，且这些设备已进入我国，并在经济较发达地区有一定的保有量，但这种自动化育秧设备需要 4～5 个人同时操作，并且机具价格很高，因此推广较慢。日本也研制过一些简易育秧机，但应用不多。韩国的育秧技术水平与日本接近，但用于蔬菜等经济作物的育秧技术较好。

我国北方地区由于气候原因，主要采用的是大棚工厂化育秧，机械化、标准化程度高，适于机械化插秧。我国南方地区以大田育秧为主。在没有推广机插秧的地区主要还是栽插水洗苗，育秧采用传统的大田无秧盘育秧方式。这种育秧方式播种密度较小，大田营养充足，秧苗能够长到较大秧龄，育秧时间较长，对于水旱轮作地区旱地作物的成熟期非常有利，但由于成熟的插秧机均只能插较小秧龄的带土苗，因此此种育秧方式不利于水稻生产的机械化。在推广了机插秧的南方地区，主要对机插水稻的育秧技术进行了简化，产生了小棚隔膜、纸盘育秧、编织布育秧、双膜育秧、露天秧盘育秧等多种育秧方式。但应用最广泛的还是大田秧盘育秧，这种方式取材方便，成本低，与传统育秧方式差别不大，农民更易接受。大田育秧又分水田育秧和旱地育秧，水田育秧一直以来占据着数量上的优势，但近年研究结果表明在培育适合机插的大秧龄秧苗方面，旱地育秧比水田育秧更有可行性，越来越多的农民接受了旱地育秧，旱地育秧面积正在快速增长。大田秧盘育秧按秧盘的不同又分为毯状秧盘育秧、钵形秧盘育秧、钵形毯状秧盘育秧，其中：毯状秧盘育秧适宜机插秧，应用最为广泛；钵形秧盘育秧主要用于抛秧，受操作人员熟练程度影响，推广面积有限；钵形毯状秧盘育秧为中国水稻研究所研发，培育具有上毯下钵形状的秧苗，插秧机按块定量取秧机插，可提高取秧的精确度，并且不易伤根，实现了钵苗机插。

我国育秧机具的研究起步较晚，20 世纪 80 年代开始从日本引进育秧成套设备，在江苏、浙江、上海、贵州、吉林等省市进行试验改制，研究出适合我国国情的育种生产流水线。随着近年插秧技术的普及，对秧苗要求的提高，机械化育秧设备研发积极性提高，育秧设备正走向多样化和成熟化。我国现有的育秧产品主要分为两种形式：育秧生产流水线和大田育秧机具。

5.2.2　水稻育秧的农艺要求

水稻育秧要求农业机械技术和农艺技术相结合，通过在秧田或大棚中育秧，培育出适用于插秧机、摆秧机等移栽设备的优质壮秧，实现水稻高产。

水稻育秧的工艺流程一般包括种子处理、苗土处理、播种作业、种床准备及摆盘、秧苗管理等过程。机械化育秧所配套的机具是根据水稻育秧的工艺流程和满足各工序农艺的要求而专门研制的设备与设施，包括碎土机、催芽器、播种设备及秧苗管理设施等。

1. 种子处理

规范化育秧要求种子：籽粒饱满、发芽率≥90%、品种纯、无异种、没有病虫害等。用于机械播种的稻种要求：籽粒上带芒及小枝梗应全部去除干净；应进行浮选除去杂质；在机械作业过程中机械损伤要小，破损少，保证发芽率，同时机具必须有较高的生产率。按照农艺的要求，对照当地的农田茬口、自然条件、劳力、肥料等选择合适的温种和良种。对种子一般应有以下要求。

(1) 丰产性：在一般条件下能获得较高的产量，在优良的条件下，有更大的增产潜力。

(2) 较强的适应性：要求品种尽可能在各种条件下都能适应并获得高产。

(3) 抗逆性：对各种恶劣的自然条件或其他不利条件有较强的抗逆能力。

(4) 品种素质好：适合机械化栽培。

种子处理过程包括晒种、脱芒、选种、消毒、浸种、破胸露白和脱水等工序。

(1) 晒种能促进种子内部组织的活动，提高发芽能力；晒过的种子还要用风选、筛选、比重等选种方法淘汰秕粒、草籽，精选饱满充实的谷粒作种。也可用盐水、泥水、硫酸铵水来进行选种，但选后要用清水洗净。

(2) 脱芒是通过机械方法或人工把水稻种子芒和小枝梗脱掉，以保证播种机播种的均匀性。目前可使用 TM-7A 型脱芒机，将种子放入种箱内进行脱芒，然后过筛清理。若没有脱芒机也可用人工脱芒。但无论使用机械脱芒还是人工脱芒，都要严格控制揉搓力度，防止破壳。

(3) 针对水稻的稻瘟病、恶苗病、白叶枯病、干尖线虫病等疾病的传播，在播种前一般还要进行严格的种子消毒。

(4) 浸种的目的是使种子预先吸足水分，达到出芽快、出芽整齐的目的。浸种要求达到种壳半透明、透过稻种壳隐约可见种胚，一般吸水量达到种子干重的 40%。浸种所需时间以积温为指标，粳稻约 80 ℃，籼稻约 60 ℃。

(5) 破胸露白可选择专用催芽器进行催芽，要保证种子整齐露白，芽长 1～3 mm 为标准，这样可避免机械播种时胚芽被损伤，导致出苗不整齐的问题。

(6) 催芽后的种子表面水分很大，机械播种时，易粘播种轮，影响播种均匀度。因此，播种前可使用脱水机适当脱去种子表面水分，使表面不粘手；没有脱水机可用带甩干桶的洗衣机，也可将稻种摊开阴干。

2. 苗土处理

苗土处理一般包括碎土、筛土、调酸、土肥拌和等工序。盘育秧苗土是培育壮秧的基础，直接影响播种、管理、机械移栽和人工抛秧的质量。因此，苗土的科学配制十分重要。苗土要选择经过熟化、有机质高、土质疏松、通透性好的肥沃耕作层土壤。理想的苗土应具备下列特点：疏松、肥沃、富含有机质、呈颗粒状、通风透水性好、偏酸性、无草籽、石块少、无病菌的黏壤土或沙壤土。苗土的土粒直径以 1～2 mm，含水量 20% 左右为宜。单独采用耕作层土壤做苗土育苗效果不佳，应根据各地土壤质地配合一定比例的草灰土、腐殖土或腐熟的有机肥土，或按所育秧苗大小施用酸性氮、磷、钾等速效化肥，保证秧苗的生长发育。

此外，还要注意苗土消毒、播前喷消毒药

剂,以防秧苗立枯病,水稻幼苗期适宜在 pH 值为 4.5~5.5 的酸性土壤中生长。因此,尽管床土配比合理、理化性状良好,如果不呈酸性,仍不能育出壮苗。表 5-2 的试验表明:床土 pH 值为 4~5 时,秧苗生长健壮,素质好,苗高适中,抗病力强。当 pH 值为 7 时,小苗能量代谢作用处于不顺利状态。pH 值在 6 以上时,床土养料中有些物质不能被秧苗所吸收。特别是作为幼苗生长主要养料的铁质。pH 值在 4~5 时,秧苗吸收顺利。而 pH 值高于 6 时秧苗失去活性,不能被根部吸收,导致因缺铁质而使秧苗叶子转黄,停止生长,抗病力变弱。在酸性条件下,秧苗生理机能旺盛,抗立枯病的能力增强,并有利于提高苗土中某些营养元素的有效性。

表 5-2 土壤[1]pH 值对秧苗生育和耐低温能力的影响

土壤 pH 值	低温处理后不同天数的枯苗病发病率/%			百苗干重/g
	3 天	**6 天**	**9 天**	
5.0	0	0	0.1	2.3
6.0	0	4.5	27.5	2.0
7.0	15.0	34.0	72.0	1.8

注:[1] 土壤为稻田土,pH 值用腐殖酸和石灰调整。秧苗连续三夜给 2~3 ℃的低温,白天为 25 ℃左右。以后在白天 25 ℃,夜间 10 ℃左右的条件下生长发育。枯苗发病率以病苗的面积表示。秧苗的干重是秧龄 35 天健苗的烘干重。

苗土调酸的具体方法:施用酸性肥料,做到调酸与施肥一次完成,使用方便,安全可靠。床土调酸常用的调酸剂有硝基腐殖酸、硫酸、糠醛渣、木糖醇渣等。经过试验,硝基腐殖酸的使用较简便,副作用小。硝基腐殖酸不仅可以调酸,还能肥土。硫酸的使用效果与硝基腐殖酸相同,其缺点是有腐蚀性,只能调酸,无改土作用。但使用硫酸调酸成本低。目前已经研究成功酸化草炭,使用更方便。生产上宜积极推广硝基腐殖酸和硫酸。微酸性土壤区也可以推广糠醛渣、木糖醇渣。床土因使用调酸剂不同,调酸方法及用量也各有差异。

3. 播种

播种一般是指将育秧盘置于联合播种机上进行的铺床土、精密播种、覆土、喷淋水及清扫土等工序。根据田间育秧和工厂化育秧的特点及所配置的播种设备,分别选用不同类型的播种方法,根据播种的农艺要求选择合适的播种量。毯状秧盘和钵体毯状秧盘播种时,要求播种均匀、播种量合适,在保证秧苗质量的同时,降低机器插秧时的漏插率;钵体秧盘播种时,需根据农艺要求控制每穴播种的粒数,要求播种粒数均匀,空穴率小于 2%。联合播种机应能连续对秧盘实施铺床土、精密播种、覆表土、控量淋水及清扫土等流水作业,是工厂化育秧的首选播种设备。

4. 种床准备与摆盘

提前建好育秧棚,通常室外温度 5 ℃以上时开始播种育秧,棚内种床平整,5~8 cm 厚度松土;摆盘放到土壤上,留出行走通道;或进行快速催根立苗,即将播后的苗盘放入蒸汽出苗室,进行蒸汽加热,并保持室温在 32 ℃,经过一定时间待出苗整齐时,将室温降至 20~25 ℃,把秧盘移到秧田或育秧棚内进行正常管理。摆盘后要盖膜增温保墒。根据各地气候的不同,采用不同的覆膜方式。在寒冷地区可采用双层覆膜方式,外层膜采用大拱棚,在大拱棚内苗床上再盖一层农膜;气候较冷的地区可采用小拱棚覆膜方式;气候较暖的地区可采用塑料小拱棚;气温超过 18 ℃的暖地育苗可不盖膜或遮阳。

5. 秧苗管理

主要是炼苗,即在保护秧苗的情况下,对遮盖的薄膜或育秧大棚,采取放风、降温、适当控水等措施,使幼苗强行锻炼的过程,能使秧苗栽植后迅速适应露地的不良环境条件,缩短缓苗时间,并增强对低温、大风等的抵抗能力。秧苗的管理要根据当地的农艺要求进行,一叶一心期温度最好控制在 25~30 ℃,若超过 30 ℃则要通风降温;两叶一心期温度最好控制在 20~25 ℃,三叶期最好控制在 20 ℃左右。秧盘内营养面积小,易脱肥,育苗期间应及时追肥。一叶一心期即开始追肥。移栽前 2~3

天追施送嫁肥。根据秧田病虫发生情况,做好蝼虫、灰飞虱、苗瘟病等常发性病虫防治。同时,应经常除杂株和杂草,保证苗纯度。

5.2.3　育秧盘与秧苗

育秧盘是为插秧机等配套育秧、提高播种质量的专用工具。根据秧盘的材质可分为硬质和软质塑料秧盘,其中硬质塑料秧盘有一定的强度,能耐高温,便于搬运;软质塑料秧盘价格较低,在播种流水线上作业时需配套托盘使用。根据育制的秧苗特性不同,秧盘又分为钵体秧盘、钵体毯状秧盘、毯状秧盘三种,其中,钵体盘育制的钵体苗主要与抛秧和摆秧等技术配套使用,如图 5-11(a)所示,这种秧苗避免了机械插秧带来的秧苗根系损伤,缓苗快;如图 5-11(b)所示,钵体毯状秧盘育制的钵体毯状苗为下钵上毯,适于机插,但能减少机插时对秧苗根系的损伤。此外,还有一种长毯式育秧新技术,采用无土栽培技术,能有效地解决育秧床土取土问题,减轻工作强度,提高工作效率。

(a)　　　　　　　　(b)

(c)

图 5-11　不同秧盘秧苗类型
(a) 钵体苗;(b) 钵体毯状苗;(c) 毯状苗

不同的插秧机配备不同规格的育秧盘,育秧盘育出的秧苗片的尺寸要求与插秧机秧箱尺寸一致,且盘内的秧苗要求分布均匀、秧苗片整齐,可以保证机械插秧时不漏插,穴内株数均匀。与机械插秧配套的秧盘一般有 9 寸、7 寸两种,9 寸盘外形尺寸为 600 mm×300 mm×39 mm,内侧尺寸为 580 mm×280 mm×30 mm;7 寸盘外形尺寸为 600 mm×248 mm×39 mm,侧尺寸为 580 mm×230 mm×30 mm,盘底有小孔能透水、透气。目前,生产上与抛秧和摆秧等技术及机械化移栽配套使用的育秧盘较多,锥穴孔在盘上的排列分蜂房型和矩阵型两种,应用较广的 PVC 塑料软盘为蜂房型,其规格为盘面 561 孔,外形尺寸为 600 mm×325 mm×18 mm,穴孔上孔径为 18 mm,底径为 12 mm,深为 18 mm,底部有小孔;其他矩阵型有规格为盘面 300 孔(15 孔×12 行),外形尺寸为 600 mm×300 mm×22 mm,穴孔上孔径为 24 mm,底径为 16 mm,深为 22 mm,底部有小孔等多种。根据育秧的要求选择好秧盘后,还

要根据秧田的面积、栽植的密度确定秧盘的数量,其计算公式为:

$$秧盘总用量(盘)=\frac{每公顷栽植穴数×大田面积(hm^2)}{每盘栽植穴数}$$

$$(5-1)$$

通过公式(5-1)可以计算出理论上应准备的总秧盘用量,还应考虑当地生产条件、育秧技术水平、成苗率等因素,适当增加5%~10%的备用盘和秧苗。实际中移栽机械的生产厂家会专门配置不同规格的秧盘,秧盘总用量计算时应注意每盘栽植穴数的差异。

经过多年的实践,目前已经发展了多种育秧方法,形成多种比较成熟的工艺流程,并达成了一些有关壮苗指标以及一些育秧设备工作质量指标的共识,形成了以下几种规范化毯状秧苗育秧方法:

(1)硬塑盘育秧法:用规格化硬塑料秧盘,人工配备土、肥、水及农药等,模拟大田中水稻的生育条件,盘中铺底土1.5~2 cm,覆土厚0.5~0.7 cm,通过苗盘播种机播种育秧。

(2)衬套育秧法:播种时把衬套放在硬塑盘内,和硬盘育秧法一样铺土播种和蒸汽出苗。出苗后把衬套从硬盘脱出,放在育苗大棚或秧田的秧床上育秧。

(3)薄土育秧法:秧盘内不铺底土,播种后覆土,覆土厚0.3~1 cm。

(4)粉碎稻壳育秧法:将新稻壳粉碎成砻糠,用18~20目筛子过筛,播种前2个月用1∶40∶75(碳酸氢铵∶水∶砻糠)的混合物搅拌均匀,堆闷发酵。当发酵降温后,摊场晒干备用。秧盘内辅备用砻糠替代土,播种后再覆土。

(5)框架育秧法:在田间或塑料棚内的秧床上铺上有孔塑料薄膜,在膜上摆上模框,然后在框里铺底土、洒水、播种、覆土、脱框、盖膜。一般框架内可容下数块规格化秧苗。

(6)软盘育秧法:用与硬塑盘相同规格的塑料软盘代替硬盘,在田间秧床上将软盘沿长度方向并排对放,盘与盘紧密相连,保证尺寸。铺盘结束后,秧床四周加淤泥封好、软盘横边,

以保证适宜的湿度,然后铺底土、洒水、播种、覆土、盖膜。

(7)隔膜(双膜)育秧法:在田间已做好的秧床上铺整片带孔塑料薄膜,然后铺底土、洒水、播种、覆土盖膜。育成秧苗后,切成规格秧苗供用。

(8)无土育秧法:育秧不用床土或者只在盘底铺上一层无纺布,将催芽后的种子直接播在秧盘底面或无纺布上,然后用肥水代土培育。育成后,根系自然盘结成苗,或者根系自然盘结并和无纺布连在一起,形成加强的块状呈条带状、毯状苗。

5.2.4 种子处理设备

1.种子清选机

种子清选机是根据比重的原理对种子进行精选。精选后的种子,其千粒重、发芽率及净度都有显著的提高,从而节省了种子的用量,并可提高单位面积的产量。

重力式种子清选机的主要工作部件是振动筛,它由筛框、筛网、孔板等组成,并与箱钩及框架部分的均风箱连接。如图5-12所示。

1—风机;2—传动机构;3—下料分料槽;4—进料装置;5—振动筛;6—框架;7—麻袋架;8—机架。

图5-12 重力式种子清选机

重力式清选机的工作原理:

1)振动筛的振动特性

框架由偏心连杆机构传给动力,使板簧产生摆动,从而使振动筛产生往复运动(两个极限位置:最上位置和最下位置),如图5-13所示。把沿着振动方向的两个极限位置之间的

距离 A 称为振动筛的振幅,振动方向与筛面之间的夹角 α 称为振动筛的投射角(见图 5-14)。而振幅与投射角总称为振动筛的振动特性。

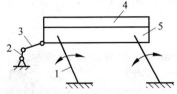

1—板簧;2—偏心轴;3—连杆;4—振动筛;5—框架。

图 5-13　振动筛示意图

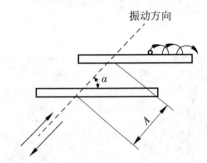

图 5-14　振动位置和种子振动示意图

2) 振动筛的物理特性

一粒种子放在振动筛筛面上以后,当筛子向上振动时,在种子上受到一个与振动方向相同的激振力使种子投射出来(见图 5-14),种子被抛出后,沿抛物线的运动轨迹落下,当落到筛面时,又遇到筛子的再次向上振动,种子仍如前次一样投射。因此,在振动筛连续振动的作用下,贴放在振动筛筛面上的种子会不断地跳跃向前,这就是振动筛的物理特性。

3) 工作状态下筛面上种子分布情况

如图 5-15 所示,在振动筛的下方安装一个密封容器(均风箱),利用风机使气流从筛子孔板中进入,通过筛板隔成的斜框格,穿过筛网,气流作用在筛面种子上。由于种子的质量不同,比重也不同,它们在气流的作用下,漂浮的性能也不相同。当气流调节到一定时,比重大的(重质)种子仍贴在筛网上,比重轻的(轻质)种子浮在种子层的上面;比重中等(中质)种子处于重质与轻质之间,它们在筛面上运动的情况按比重大小连续分布,用下料分料槽分别收入在三个容器中,以达到精选的目的。由

于种子在筛面上是按比重大小分布,所以种子中的石块、泥沙等均通过右侧的闸门进入另一容器中。

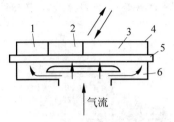

1—轻质;2—中质;3—重质;4—石块等;
5—振动筛;6—均风箱。

图 5-15　振动集料示意图

较为典型的种子清选机产品有:地恩 5XFZ-20F 型复式种子清选机,如图 5-16(a)所示,加工能力大、选后净度高、加工成本低。利用空气动力学特性去除粉尘和轻杂质,采用前后双吸风道式结构,风量调控方便,带螺旋沉降室;平面振动式清理筛,去除大杂和小杂,三层筛结构,每层面积为 2.5 m²;带有橡胶球清筛机构,防止筛孔堵塞,利用振动电机作为振动源,振幅大小、振动方向角可调,频率为 960 次/min,使用可靠性高,寿命长。正压式比重台,面积大于 2.6 m²,按照密度分选原理去除不饱满、芽谷、霉变、病害、虫蛀粒等较轻杂质,种子生产率可达 6~8 t/h。佩特库斯(PETKUS) G40 重力清选机,如图 5-16(b)所示,采用空气动力学和自平衡设计,对风机和台面之间的部分进行了模拟优化,产生层状气流,台面每个点的压力和速度基本一致,提高分选效果的同时也提升了设备的整体性能水平,通过比重的不同来实现分选,可应用于任何不同比重物料的分选。精谷 5XZ 清选机,如图 5-16(c)所示,是以双向倾斜、往复振动的工作台和贯穿工作台网面的气流相结合的操作手段,将不同比重的种子物料进行清选和分类的机器。适用于小麦、水稻、玉米、高粱等作物种子及各种蔬菜种子精选加工。该机由机座、机壳、供风系统、纵横向角度调整机构及振动机构和筛面等部件组成。按分选作物品种的不同,选用不同目数的不锈钢丝网筛面,通过调节各个工作台区

的空气流量,达到籽粒在工作台面上的最佳流化状态和籽粒分层。同时,根据实际需要调整工作台面的振动频率以及台面的纵、横向角度,从而满足各类种子的分选要求和达到较高

的净度。工作台面的振动频率通过变频器无级调节,适合种子加工部门在加工线中配套使用,也可用于单机作业。图 5-16(d)所示为河南东升 5XF-30 清选机。

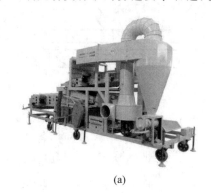

(a)

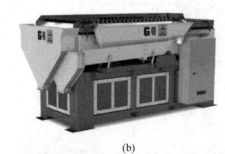

(b)

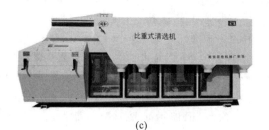

(c)

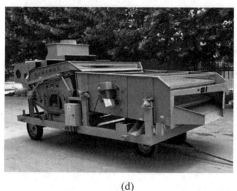

(d)

图 5-16　种子清选机

(a) 地恩 5XFZ-20F 型复式种子清选机;(b) PETKUS G40 重力清选机;
(c) 精谷 5XZ 清选机;(d) 河南东升 5XF-30 清选机

2. 脱芒机

　　脱芒机主要是针对稻种上带有芒及小枝梗的品种而配备的机具。由于稻种在加工时互相挤压摩擦作用,不但稻芒、稻梗和绒毛被脱掉,而且稻壳表面经加工后变得光滑规整,表皮变薄,增加了流动性能,可以提高机械播种的均匀性,进而插秧时减少漏插,增加保苗穴数,增加水稻产量。稻种经过加工后,稻壳变薄,表面光滑平整,透气性强,种子吸水快,种子呼吸度高峰值比未加工的稻种早出现48 h,呼吸度值更高,可促进种子内储藏物质的分解、转化,为种子发芽和幼苗生长提供物质和能量基础,出芽率得以提高,稻苗较整齐并缩短生产时间,做到苗齐苗壮。加工后磨掉了芒、梗、绒毛和稻壳表层,使附在外表的病菌大

大减少,可促进增产。

　　脱芒机的结构与原理:

　　1) 摩擦式脱芒机(见图 5-17)

　　脱芒机由电动机通过一级皮带传动,带动脱芒机主轴左、右螺杆转动。当左、右螺杆转动时,在螺杆周围的稻种,由于螺旋推进作用,由两端挤向中间,发生推挤、摩擦并向上翻动。在摩擦力的作用下,将稻种的芒及枝梗逐渐搓下。

　　由于稻种上残留的芒及枝梗多少不一,所以要求脱芒的时间也不同,可采用时间继电器,自动确定脱芒时间。应根据品种做好试验,先确定所需时间,作为脱芒时间在时间继电器上给以固定(一般为脱芒除净率达到95%以上的作业时间)。要防止脱芒时间过长,以

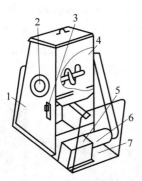

1—机体；2—螺旋轴；3—电器控制器；4—种子箱；
5—电器箱；6—微电机；7—机架。

图 5-17 摩擦式脱芒机

免造成稻种破裂,影响发芽率。

2)打击式脱芒机

打芒除秕机主要靠轴上装有打击板,对种子进行拍打,使稻芒及枝梗脱落。通过圆筛网除去稻秕草籽等,稻种在螺旋形排列的打击板中向前推进。

压砣式打芒机是靠主轴上安装的秤砣状凸起块,对种子进行撞击。由于撞击力而使稻芒及枝梗由稻种上脱落。稻种沿螺旋形排列的秤砣状凸起块的方向移动到出口,完成脱芒的过程。

钉齿式打芒机是靠滚筒上安装的脱粒钉齿,旋转时对稻种进行打击、摩擦。因打击及摩擦力的作用使稻芒及枝梗从稻种上脱落,稻种沿螺旋形排列的钉齿方向移动出口,完成脱芒的过程。

打击式脱芒机作用原理基本相同,仅打击元件稍有差别。稻种通过打击部分的时间随转速及通道长度而定,一般不能调节。

黑龙江垦区于 2000 年引进了 1 台日本实产业株式会社生产的 DH-102 型风选脱芒机,该机具有生产率高、体积小、重量轻、动力消耗低、操作简单及移动方便等特点,能满足水稻工厂化育秧要求。工作时,未除芒的稻种沿料斗的内坡面经喂入口进入脱芒滚筒,脱芒滚筒内的碾辊在电动机的带动下转动,稻种受到碾辊上螺旋叶片和圆盘刀的作用,使稻芒与稻种分离。脱芒后的稻种沿倾斜滑板经出料口流出,而被脱下的稻芒在风机风力吹动下经排尘口排出机外,即完成稻种脱芒作业。2015 年,营口市农机科研所研制出 TM-217 型水稻脱芒机,该机的工作原理是:种箱内的稻种受重力作用落入脱芒室内,当脱芒机构高速回转时,受到脱芒齿和离心力的作用,使稻种沿脱芒室内壁旋转并受挤压,然后又流向中心凹陷处,使稻种在不断旋转、上下窜动交换过程中,相互旋转、碰撞、摩擦,将稻芒枝梗折断,种皮变薄,达到脱芒的目的。然后,稻种从脱芒室底部的出口落入清选装置,风扇将枝梗和糠屑吹出机外,使稻种和枝梗分离,种子也从另一出口排出机外。

日本稻种脱芒机 SD-170KB(见图 5-18)属于打击式脱芒机,该机主要由机壳、传动轴、打杆、活门调节装置、驱动装置等部件组成。采用旋转打杆及其配合的内衬耐磨板,对种子表面施加搓挤、打击作用,以除去芒、刺毛、松散的颖片及未脱净的穗头、荚壳等。通过清除芒、刺,改善了种子的表面状况,有利于种子加工的下道工序的作业。

图 5-18 日本 SD-170KB 稻种脱芒机

精谷 5ZM-5.0B 水稻脱芒机(见图 5-19(a))是一种专门用于对带芒水稻种子及其他带芒刺种子进行芒、刺处理的机具,适用于种子加工成套设备的配套使用。该机主要由机壳、传动轴、打杆、活门调节装置、驱动装置等部件组成。采用旋转打杆及与其配合的内衬内磨板,对种子表面施加搓挤、打击作用,以除去芒、刺毛、松散的颖片及未脱净的穗头、荚壳等。通过清除芒、刺,改善了种子的表面状况,有利于种子加工的下道工序的作业。佩特库斯（PETKUS）SE20 水稻脱芒机（见图 5-19（b））的旋转轴上的销可将芒、壳、刺和剪下物成功移除，可以对种子进行抛光，使其在种植过程中更容易流动，主要应用于小粒种子、谷物除芒或打散结块。二级转速设置和 2 条底部刮板使加工强度可调，带有圆形或方形搅拌销优化的搅拌轴，整机采用坚固耐磨材料制成。

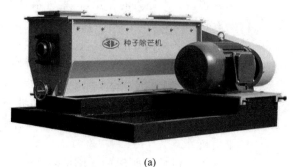

(a)

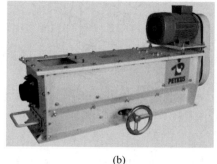

(b)

图 5-19　稻种脱芒机
（a）精谷 5ZM-5.0B 水稻脱芒机；（b）PETKUS SE20 水稻脱芒机

3. 破胸催芽器

要求种子出芽率高、出芽整齐，就必须保证种子出芽时所需的水分、温度和氧气。种子经过浸种已含有饱和水，呈米黄色并呈透明发亮状。在催芽的水溶液中还需加入消毒剂，防止病毒进入胚乳内造成病苗。在浸种池中由催芽设备对水进行循环加热、加气及扰动。将水升温至 32～35 ℃，保温达 20～36 h，种子即可破胸露白（0.5～1 mm）。

在催芽过程中应保持温度。因此，必须采用催芽设备向水中送温水与空气，使水溶氧量不断得到补充，达到净水目的。由于水一直处于流动状态，就应保证浸入的稻种温度均匀一致、溶氧量一致。通过自动控制，迫使种子在最短时间内达到破胸露白。出芽率一般可在 95% 以上。催芽方式可分为喷淋循环法、对流循环法和摊凉法。前两种方式是用水作为介质，保持种子所需温度、氧气和排放废气；后一种方式是使种子在保温的空间，通过水蒸气加温获得所需的温度，种子与空气直接接触。

破胸催芽器是根据种子破胸催芽的生理特征而设计出来的，为种子发芽创造最佳温度、水分和氧气条件。应用催芽器可使发芽壮、催芽齐、出芽率高。目前常用的催芽装置主要有 V-50 型催芽器、2SP-200 型破胸催芽器、ZCY 系列全自动蒸汽喷淋式水稻种子催芽机、拱顶圆柱体自动控温稻种破胸催芽器等。

1）V-50 型催芽器

V-50 型催芽器的结构见图 5-20。稻种放在多孔板上，多孔板与底部有 10 cm 的间隙可以储水，吸水口在桶底部，水因轴流泵工作而吸入。随着中间管道上升，管道中的两根 U 形电热管，当水流过时，水被加热成温水，即分配至 13 只莲蓬头上均匀地向下喷出。在未接触

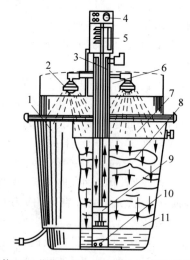

1—桶体；2—莲蓬头；3—感温器；4—温度调节旋钮；5—电动机；6—电热器；7—水面；8—稻种袋；9—轴流泵；10—吸水口；11—多孔板。

图 5-20　V-50 型催芽器结构示意图

到种子袋的水面时,喷出的温水在空气中通过增加温水中的溶氧量,由上桶体上部喷下含氧量高的温水,桶底抽掉冷水,这样上下水就得到循环,使桶内水温趋于一致,种子破胸露白也较均匀。

2) 2SP-200 型破胸催芽器

2SP-200 型破胸催芽器由水的自动循环系统、盛种装置和自动控制系统三部分组成。离心泵将桶底的水沿导水管提升,经 U 形电热管加热,再由喷头喷出,水流带出种子,在催芽过程中产生的二氧化碳等废气,吸入新鲜空气后又回流到桶,使桶内的种子在发芽过程中得到充足而又均匀的氧气、水分和适宜的温度,如图 5-21 所示。催芽器的最大盛水量为 250 kg,一次催芽量为 200 kg,配套功率为 2072 kW,温控精度为 ±0.5 ℃,温度控制范围为 0～50 ℃,温升速度为 3～4 ℃/h。催芽作业前,种子需要袋装,一般每袋 5 kg 左右,可装 40 袋,整齐均匀地摆放在桶内多孔盘上,加入清水,开启电动机和温控开关,把温度控制在 32 ℃,经过 24 h 即可达到出芽率和芽长的要求。催芽结束后,应立即排水,加入清水,运转 10 min 以进

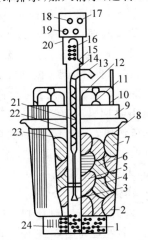

1—支承圈；2—多孔盘；3—叶轮；4—轴承固定螺丝；5—浮动轴承；6—种子袋；7—容量桶；8—拉杆；9—挡水圈；10—喷头；11—温度计；12—分水管；13—溢水管；14—万向节；15—感温探头；16—电动机；17—温度调节仪；18—给定温度旋钮；19—水泵电机开关；20—温控开关；21—水泵轴；22—支承盘；23—电热管；24—尼龙座。

图 5-21　2SP-200 型破胸催芽器结构示意图

行冷水处理,抑制白芽继续生长。

3) ZCY 系列全自动蒸汽喷淋式水稻种子催芽机

该机由加热系统、温控系统、配电监控系统、热风循环系统、给水系统等组成,如图 5-22 所示。该机根据农作物栽培措施的要求及农作物种子浸种、催芽阶段的生长特性,以水作为导热介质,实现对水稻种子的升温、降温、控温、保温等过程的控制,使种子在该设备内一次性完成标准化的破胸、催芽等生长过程。

图 5-22　ZCY 系列全自动蒸汽喷淋式水稻种子催芽机

4) 拱顶圆柱体自动控温稻种破胸催芽器

该机主要由盛种装置、电热蒸汽发生器、自动控制系统、排风扇等部分组成,如图 5-23 所示。盛种装置为一拱顶圆柱体,底部有一个盛水箱,内置 U 形电热棒和水位传感器,圆柱体上方装有一排风扇,下方进水管处有一个电磁阀与自来水管相连接,盛种装置内部中间位置装有温度传感器,顶部和底部中间位置均有一通管。工作时,U 形电热棒给盛水箱中的水加热产生水蒸气,水蒸气充满盛种装置,使种子保持在一个恒温高湿的环境中催芽露白,盛水箱中的水量自动补给,温度自动控制。盛种装置内壁的冷凝水从底部的通管流出,上下通管形成微量对流,排风扇定期运转强迫换气,保持催芽环境清新。催芽器使用三相四线电源,电压为 380 V/220 V,控温范围 0～50 ℃;一次催芽干种 200 kg,催芽时间为 8～12 h。作业时,催芽器应选择电源水源方便、背风和保

温的地方安装,催芽器安装后应进行调整和试运行,观察盛水箱中水位情况是否正常,正常水位应在上下水位线之间,如不正常须立即停机检查;待水位正常后,开启温控开关,检查温控系统的工作情况,温控旋钮旋到32 ℃位置,与温度计测得的温度值对照,如两数不符,可能是旋钮位置不对,需反复调试,确无问题后可进行正常作业。催芽一段时间后,要经常检查出芽状况,当出芽率达90%以上、芽长在1 mm以下,应停止催芽。

图 5-23　拱顶圆柱体自动控温稻种破胸催芽器

4.脱水机

种子经过催芽,由于种子表面沾水,不能直接用来机械播种,必须进行脱水处理,除去种子表面的游离水,使种子与种子、种子与排种轮不黏合,有效地进行播种。对摊凉式催芽,由于是通过水蒸气加热保温,种子表面游离水很少,不影响播种均匀度,可不进行脱水。

脱水机的工作原理是利用种子进行高速旋转所产生的离心力,使种子表面的游离水脱离种子表面,飞向离心机的外置壳,而达到脱水目的。如图 5-24 所示为永丰 LWY 型脱水离心机。

脱水机主要部件有动力转鼓、外罩、制动装置等。转鼓用来放置种子,圆周上开有 4 mm 的圆孔,共 300~500 个。当动力带动内胆旋转时,水由小孔飞向外罩并与种子分离。

5.2.5　土壤处理设备

1.碎土筛土机

在培育带土秧苗时,为了保证钵体外形和

图 5-24　永丰 LWY 型脱水离心机

种子与苗床土的充分接触,必须对苗床土进行破碎和筛选。

碎土筛土机结构如图 5-25 所示,上部为碎土机,下部为筛土机。工作时,由输送机或人工送土至碎土机的进料斗,电动机带动滚筒钉齿旋转。当苗床土进入粉碎室后,在高速旋转碎土刀的打击下,通过碎土刀与凹版的挤搓,将土块抛扔在碎土板上撞击破碎;破碎的苗床土经过振动筛的分选,比较细碎的土壤通过筛孔落在滑土板上,滑出机外形成苗床土,而不能通过筛孔的土块则经过筛面从大土块出口排出。其振动筛的振动频率为 280 次/min,振动筛由电动机带动皮带轮,经二级变速,再带动偏心轴,使连杆前后运动,振动筛就向上、向前摆动,使落在筛面的土块向上、向前抛送。成品碎土粒由筛网孔中落下,作为育秧用土,大粒土由出口送出,一般不用或用作他用。如果土块过湿,大粒土过多,可进行第二次粉碎筛土,以提高土壤的利用率。

禹城市禹鸣机械有限公司生产 FT-500 型、FT-800 型等多种型号碎土筛土机,其中 FT-500 型碎土筛土机的外观如图 5-26 所示,主要技术参数见表 5-3。大型碎土筛土机内设多组 65 锰钢板碎土刀,高效耐磨;部分双层网筛设计,工作效率高且粉土快、出土更细;配套输送带直接上车,省时省力,方便快捷。该机用途广泛,可供秧苗、棉花、蔬菜、有机肥、营养钵的粉碎用土。

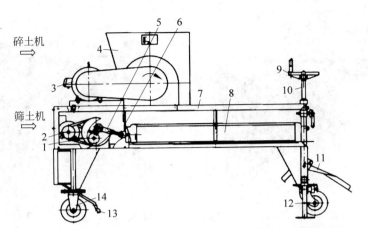

1—大皮带轮(筛)；2—小皮带轮(筛土)；3—电机(碎土机)；4—碎土机；5—摇杆总成；6—连接胶板；
7—机架；8—筛子；9—调节手轮；10—调节螺杆；11—分土板；12—后轮；13—电源插头；14—前轮。

图 5-25 碎土筛土机结构示意图

图 5-26 FT-500 型碎土筛土机

表 5-3 FT-500 型碎土筛土机主要技术参数

项 目	参 数
型号	FT-500 型
外形尺寸(长×宽×高)/ (mm×mm×mm)	2500×1300×2600
整机质量/kg	580
配套动力/Ps	40 以上
作业效率/(m³·h⁻¹)	20~25
动力方式	拖拉机动力输出轴
牵引方式	三点悬挂

江苏云马农机制造有限公司生产的 2SC-360 型育秧碎土机，如图 5-27(a)所示，结构紧凑，体积较小，方便流动作业，操作简单，是理想的水稻育秧配套设备。该机采用坚硬耐磨刀片高速旋转产生的离心力对土壤进行挤压破碎，破碎后土壤细腻如沙，破碎效果显著，其

主要技术参数如表 5-4 所示。邢台丰兴机械制造有限公司生产 350 型、400 型、500 型等多种型号碎土筛土机，其中 350 型碎土筛土机如图 5-27(b)所示。金谷 ST-370 碎土机如图 5-27(c)所示，采用移动式复式作业结构，电动机配套动力为 3 kW，纯工作生产率不小于 1 m³/h，结构紧凑小巧，破碎搅拌打板直径为 206~334 mm，破碎轴转速为 960 r/min，电动机转速为 1440 r/min。一鸣 5XY-40 碎土筛土机如图 5-27(d)所示，该设备集床土破碎和筛选两项功能为一体，对床土破碎后随即进行筛选，降低了劳动强度、功率消耗和运行费用；设备输出的床土颗粒在 0.1~0.5 mm 范围内，符合育秧床土的要求；操作方便，噪声低，密封性好，对操作环境污染小。

表 5-4 2SC-360 型育秧碎土机主要技术参数

项 目	参 数
型号	2SC-360 型
外形尺寸(长×宽×高)/ (mm×mm×mm)	1000×720×800
锤片轴转速/(r·min⁻¹)	940
电动机转速/(r·min⁻¹)	1440
配套功率/(kW/V)	11/380
出口流量/(m³·h⁻¹)	2.65
适用范围	适用于土壤含水率 不大于 10%
整机质量/kg	230

(a)

(b)

(c)

(d)

图 5-27　部分碎土筛土机

(a) 2SC-360 型育秧碎土机；(b) 350 型碎土筛土机；(c) 金谷 ST-370 碎土机；(d) 一鸣 5XY-40 碎土筛土机

2. 土壤肥料拌和机

土壤肥料拌和机基本结构如图 5-28 所示，其结构类似于土木工程用的灰沙搅拌机，主要由装料斗、搅拌滚筒、电动机和传动箱等组成。工作时，电动机通过传动箱的皮带传动带动搅拌滚筒回转，搅拌滚筒的轴上装有一定数量的交错排列的钩形刀，滚筒在料斗内回转时，可进一步松碎土壤和肥料，并进行拌和。

郑州起运机械设备有限公司生产的 1507 型土壤肥料拌和机，如图 5-29(a)所示，该机为卧式筒体，运转平稳、噪声低，使用寿命长，安装维修方便，并有多种搅拌器结构，用途广泛，为多功能混合设备。混合速度快，混合均匀度高，螺旋带可配套安装刮板，适应稠状、糊状等黏性物料的混合。整机可分为三大部分，主要由机架、传动装置、混合搅拌工作部件等组成，机器所有工作部件全部安装固定在机架上，该机的机架均采用优碳钢板、槽钢焊接而成，电动机带动皮带轮、三角带、减速机传动，使主轴旋转工作，由传动轮通过柱销联轴器传至主轴。焊接于主轴上的特殊螺旋搅拌叶片同步转动，将物料在搅拌室内均匀地翻转，使物料能得到充分的混合，从而大大地减少物料的残留量。物料经一段时间的混合后从机体下方特设的出料口流出。

济宁浩鹏机械有限公司生产的 HP-160 型土壤肥料拌和机，如图 5-29(b)所示，该机为立式搅拌机，主要由桶体、桶盖、输料管、主轴芯(螺杆)底座、出料口或加热装置及自动上料装置等部件组成。桶体为不锈钢板材卷圆，内表面坚硬光滑，具有耐磨、耐腐蚀、清洗方便等优点。立式混合搅拌机有多种形式，如单螺旋锥形混合机、双螺旋锥形混合机、直筒混合机以及简易的电机加搅拌桨形式等。立式搅拌机具有混合能力强，速度快，混合精度高，残留量小，能耗低，适用范围广等特点。

1—装料斗；2—搅拌滚筒；3—电动机；4—传动箱。

图 5-28 土壤肥料拌和机

(a)　　　　　　　　　(b)

图 5-29 土壤肥料拌和机

(a) 1507 型土壤肥料拌和机；(b) HP-160 型土壤肥料拌和机

5.2.6 育秧播种机

育秧播种机是水稻育秧的播种专用设备，可将稻种定量均匀地播到秧盘内，培育出分布均匀的带土秧苗。育秧播种机按照作业对象分为田间育秧播种机和工厂化育秧播种机；按照性能分为育秧播种流水线、人力播种机及播种器等；按照所播的秧盘不同分为毯状秧苗播种机和钵体秧苗穴播机；按照播种器工作原理可分为机械式、振动式和气力式播种装置。其中，机械式播种器主要以槽轮式、窝眼轮式和凸头式为核心工作部件，具有结构简单、造价低等特点，但播种均匀性差、用种量大、伤种多，属撒播或条播。

国内水稻育秧播种技术发展迅速，简单实用的育秧设备相继涌现。20 世纪 80 年代初国内主要采用机械式播种方式，研制单位有中国

农业大学、黑龙江省农垦科学院工程所、嵊州市农机管理总站、黑龙江省二九一机械厂和灵川县农机技术推广站等多家，如 2ZB2-600 型水稻穴（平）盘育秧流水线，采用的播种部件为外槽轮式播种器；90 年代起研制基于振动式原理的播种流水线，播种质量有较大的提高；90 年代后期，随着钵体苗移栽技术的发展，水稻钵体育秧技术有了较大的发展，中国农业大学、广西北海市农机化研究所、吉林大学、华南农业大学、江苏大学、山东理工大学、农业部南京农机化研究所、解放军军需大学、八一农垦大学等都开始进行钵体育秧技术研究，并以气吸式播种方式为主，可以实现精量播种，如 2QB-330 型气吸振动式秧盘精量播种机，是国内播种部件采用吸盘式的代表；为解决气力式吸孔堵塞问题，1999 年研制出 2ZBQ-300 型双层滚筒气吸式水稻播种机。

1. 水稻田间育秧播种机

1）2BTP-56 型水稻田间育秧播种机

针对田间机插秧大面积推广应用的现状，为解决育秧过程中人工播种工效低、播种均匀性和播种稳定性差等问题，朱德文等研制了 2BTP-56 型水稻田间育秧播种机，如图 5-30 所示。该播种机排种器采用窝眼轮滚播的方式，均匀度达到 90% 以上。

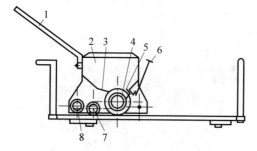

1—把手；2—种子箱；3—抖动板；4—排种轮；5—限位毛刷；6—调节手柄；7—后尾轮；8—前尾轮。

图 5-30　BTP-56 型水稻田间育秧播种机结构示意图

2）2TYB-450 型水稻田间育秧播种机

吕恩利等针对水稻田间育秧播种的要求，设计了同步驱动轮与机械振动排种相结合的 2TYB-450 型水稻田间育秧播种机，如图 5-31 所示。采用勺式外槽轮形式排种器，该播种机具有以下优点：

（1）倾角可调振动导种结构保证了良好充种；同步轮与同步带啮合移动播种有效地防止

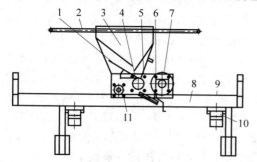

1—倾角可调振动导种板；2—种箱把手；3—种箱；4—勺式外槽轮；5—种量调节毛刷；6—振动匀种装置；7—驱动同步轮；8—机架；9—同步带；10—接种盒；11—支撑同步轮。

图 5-31　2TYB-450 型水稻田间育秧播种机结构示意图

了行走轮打滑现象。

（2）振动匀种装置采用 V 形槽板和机械振动，结构简单，排种效果好，可满足田间育秧的播种要求。

（3）试验结果表明：播种合格率为 66.2%，空穴率为 3.8%，且排种稳定性较好，能够满足水稻田间育秧要求。

3）水稻田间育秧精密播种机

华南农业大学马旭等针对田间育秧播种机的播种合格率和播种稳定均匀性较差等问题，设计了一种适用于南方水稻田间育秧的精密播种机，如图 5-32 所示。采用分置式导种板、螺旋勺轮式播种器及两种不同的田间整机

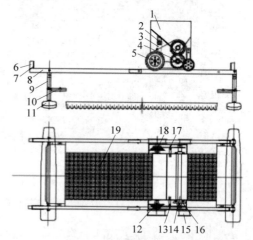

1—种箱；2—电动机；3—减速箱；4—螺旋勺轮；5—驱动轮；6—限位块；7—减速软垫；8—磁钢；9—机架；10—接种盒；11—浮球或行走轮；12—组合飞轮 I；13—接近开关传感器 I；14—排种轴；15—从动轮；16—齿轮组；17—接近开关传感器 II；18—组合飞轮 II；19—秧盘。

图 5-32　水稻田间育秧精密播种机

移动装置,并以 STC12C5608AD 单片机为核心控制芯片的行走控制系统,实现播种器在轨自动行走。深入分析了螺旋勺轮式播种器的播种原理,在播种器行走控制系统的基础上,采用正交试验方法,研究了螺旋勺轮的凹槽深度、螺旋升角、播种器行走速度对播种合格率和空穴率的影响规律,得出杂交稻播种合格率和空穴率影响因素的最佳参数组合。

2.工厂化育秧播种机

1) 2SB-500 型自动苗盘播种机

自动苗盘播种机的代表机型是 2SB-500 型自动苗盘播种机,该机型主要由机架、刮土器、覆土器、播种箱、喷水箱、电控箱等组成,如图 5-33 所示。工作时,打开控制开关,秧盘在输送带的作用下由右向左运动,当运动到床土箱位置时,开始给秧盘加土;加土后的秧盘随输送带继续前行,依次为每个型孔添加营养土,当秧盘运动到刷土器位置时,由刷土器刷去多余的床土,并保证秧盘所有型孔装填等量的营养土;当经过喷水箱位置时,由喷嘴喷洒消毒水;当秧盘运动到种箱位置时,由直齿外槽轮式排种器实施打孔和精量播种;当运动到覆土箱位置时,由覆土箱实施二次覆土,实现种子的覆盖;当运动到刮土器位置时,由刮土器刮去秧盘型孔外多余的营养土,实现整个播种过程的铺土刷土喷淋水(消毒)播种覆土工序。该播种机采用直齿外槽轮式排种器,工作时由排种轮将种子从种箱排下,通过阻种毛刷而落入秧盘,播量可以通过改变毛刷与排种轮之间的距离来调节,9寸盘播量可在 80～240 g 范围内调节。

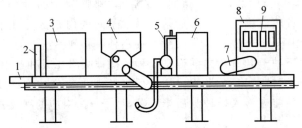

1—机架;2—刮土器;3—覆土器;4—播种箱;5—水泵;6—喷水箱;7—刷土器;8—床土箱;9—电控箱。

图 5-33 2SB-500 型自动苗盘播种机示意图

该机的主要技术参数如下。

外形尺寸 6510 mm×540 mm×1170 mm;质量 260 kg;三个电机(铺土、播种、喷水)功率各 120 W;箱体容积:床土箱 60 L、种子箱 18 L、覆土箱 45 L;效率 500 盘/h;作业时需工人 7～8 人。对播稻种的要求:带梗率不大于 4%,有芒率不大于 1.5%,破胸催芽后芽不得超过 1 mm,含水率不大于 32%。对床土的要求:直径 2～6 mm 的土颗粒占 70% 甚至 80% 以上,湿度控制在 20% 左右,一般铺床土 15～24 mm,覆表土 5 mm。

2) 2BZ-300 型电磁振动式水稻育秧穴盘联合播种机

振动式播种装置根据振动器的不同可分为电磁振动式播种装置和气动振动式播种装置,其性能满足常规稻的播种要求,播种均匀性较高,但影响播种精度的参数较多,包括振幅、频率等。

如图 5-34 所示,2BZ-330 型电磁振动式水稻育秧穴盘联合播种机具有机械结构比较简单、不伤种、槽轮定量供种可保证播种量可调等特点,可连续对穴盘实施播土、播种、覆土和喷淋水作业,其播种部分在机械式排种器的基础上增加了电磁振动排种装置,采用槽轮调速控制播种量与电磁振动排种相结合,实现播种量可调节并提高排种精度,播种精度在穴播量 1～3 粒、2～4 粒或 3～5 粒时合格率均达到 90% 以上,空穴率小于 1%,生产率达到 550 盘/h。影响排种速度的因素不仅有水稻种子千粒重及形状,还包括振幅、频率、振动倾角、排种盘幅宽及弹簧刚度等,都会直接影响到排种盘里各 V 形槽中种子流的连续性和统一性,有断流和落种窜穴现象,造成播种误差。

为了满足播种量变化和排种精度的要求,

该播种机播种装置由定量拱种装置和电磁振动排种装置两部分组成,如图 5-35 所示。定量供种装置由供种箱、外槽排种轮和调速电机等组成,外槽轮的转速由调速电机控制,可根据生产需要随时调整播种用量,以适应不同播种量或不同品种水稻种子的要求。外槽的直径为 98 mm,长度为 330 mm,供种量在常规穴盘播种量范围内与供种轮转速之间具有较好的线性关系,可通过调整供种轮转速的方法来实现每一育秧穴盘所需的供种量,为育秧穴盘的精密播种打下基础。

电磁振动排种装置由支架、电磁铁、弹簧板、连接架和排种盘等组成,其中,排种盘的前半部分为一反倾斜平板,后半部分为 V 形槽板,V 形槽的数量及 V 形槽之间的距离与配套生产所用的育秧穴盘的穴行数及行距相同。工作时,种子由外槽排种轮连续均匀排出后落入电磁振动排种装置排种盘的前半部分反倾斜平板上,在振动作用下种子既进行向前运动又会因相互之间的挤迫而横向移动,形成一层均匀的平面种子流,然后前进落入排种盘后半部分的 V 形槽中,在振动及 V 形槽两侧面的作用下按长度方向排列并向前运动,形成多条种子流,分别对应并匀速送进育秧穴盘穴孔中,完成穴盘精量播种。

3)振动气吸式钵体秧盘播种机

气力式播种装置以气吸式为主,主要有吸针式、吸盘式、气吸滚筒式等。气力式播种装置能严格控制播种的粒数,实现精密播种,但结构较复杂、生产成本高,且吸孔易堵塞。

振动气吸式钵体秧盘精量播种机的结构如图 5-36 所示,其工作原理为:经过破胸催芽的种子装在振动种盘内,种盘由四根振动弹簧支撑,在一套曲柄滑块组成的振动机构带动下做上下高频振动。当振动频率达到足够大时,种子产生向上的抛掷运动,使种子间相互分离,呈"沸腾"状态并均匀地平铺在种盘上,此时种子间的内摩擦力几乎为零。当带有负压的吸种盘移到种盘上方并降下与种子接触时,种子即被吸附在吸种盘下方开设的小孔上,然后将吸种盘移到秧盘上方相应位置,切断气源,种子落入对应的秧盘穴中,实现对靶播种。

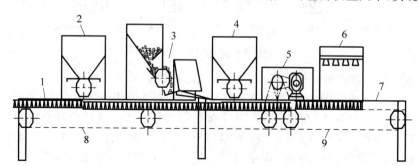

1—秧盘;2—播土装置;3—播种装置;4—覆土装置;5—动力及电控箱;
6—喷淋装置;7—机架;8—链传动装置;9—V 形带传动装置。

图 5-34　2BZ-330 型电磁振动式水稻育秧穴盘联合播种机示意图

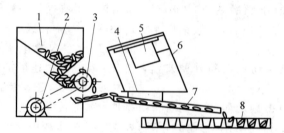

1—供种箱;2—调速电动机;3—外槽排种轮;4—联结架;5—电磁铁;6—弹簧板;7—振动排种盘;8—育秧穴盘。

图 5-35　电磁振动式水稻育秧穴盘播种机示意图

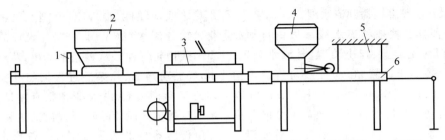

1—拱盘装置；2—铺土装置；3—播种装置；4—覆土刷平装置；5—洒水装置；6—输送架。

图 5-36 振动气吸式钵体秧盘精量播种机结构图

　　振动气吸式钵体秧盘精量播种机由供盘装置、输送机构、铺土装置、播种装置、覆土刷平装置、洒水装置及托盘等部分组成。输送机构包括前、中、后三级，将各部分按顺序串接起来，组成流水线，软塑盘由托盘支承，在流水线上作业。供盘装置的作用是将秧盘按设定的节拍有序地供给后继工序，保证落盘与精量播种合拍，实现对靶播种。工作时，将一叠盘放于由限位角钢组成的框架内，由插销挡住，链传动带动凸轮转动，通过连杆、驱动步进电机、转臂、被动转臂、轴、转轴的配合运动，使两边的插销同时伸缩；盘首先是被上层的插销挡住，凸轮的转动使上层插销收缩，盘落下，同时下层插销伸出，将盘挡住，然后下层插销收缩，盘落在输送带上，同时上层插销伸出，挡住上面的盘，完成一次供盘。铺土装置是由电机通过链传动带动装置的主动辊转动，铺土皮带在主动辊的带动下转动，装置中的土随皮带送出，铺到盘中完成铺土，铺土量可通过调节土量调节板与皮带之间的间隙来控制，土量应以填充孔穴高 1/3～2/3 为宜。覆土装置工作原理与铺土装置类似，覆土量要求盖住种子，且穴与穴之间的土不能相连，可通过转动毛刷将多余的土刷出秧盘并将秧盘中的土扫平，毛刷的高度可通过调整调节螺钉的高度来实现。播种装置是秧盘精量播种机的关键部件，主要通过振动机构带动振台种盘做前后、上下运动，使种盘上的种子开始"沸腾"，再在吸种盘的负压作用下将"沸腾"的种子吸拾，然后对靶插入秧盘中，实现精量播种，如图 5-37 所示。

　　Soyono 公司生产的 BOX-BJ010-G 型为典型的振动气吸式播种机，如图 5-38 所示，可用

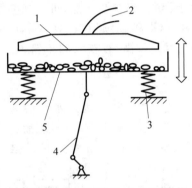

1—吸种盘；2—接真空泵；3—振动弹簧；
4—振动机构；5—振台种盘。

图 5-37 振动气吸式播种装置工作原理图

于水稻、丸粒化花卉、蔬菜、烟草、瓜果、药材、牧草等穴盘育苗种植。其主体机身及配件采用铝合金，防锈性能好；PLC 可编程控制，准确可靠；自动定位、打穴、播种；采用德国真空气动系统，压力吸力可调节；设有独立故障报警系统，LED 发光管故障显示；更换不同格数的穴盘，内部参数一键调整；具有打印机或 RS485 接口，可连接打印机和计算机，能记录温度参数的变化状态。

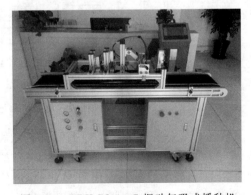

图 5-38 BOX-BJ010-G 振动气吸式播种机

4）水稻秧盘育秧播种流水线

水稻秧盘育秧播种流水线一般由自动放盘机构、覆底土装置、扫土装置、淋洒水装置、播种装置、覆表土装置、自动计数与落盘机构等组成。工作时，将多个秧盘叠起来连续输送，通过自动放盘机构将一叠秧盘逐个向前供盘，减少劳动力，提高了工作效率，然后分别进行铺底土、底土扫平、淋水、播种、再次淋水、覆表土操作，完成播种过程后，由自动计数和落盘机构计数并进行秧盘叠加，可选择叠加2个或3个秧盘，提高工人的搬运效率。此外，流水线自动化程度较高，有较大的土箱，且通过输送带供土，可极大减轻劳动强度，且性能比较稳定。

周海波等在分析国内外水稻秧盘育秧播种流水线特点的基础上，针对传统播种器容易伤芽、没有除杂环节、整机操作劳动强度大等

不足之处，研制了2CYL-450型水稻秧盘育秧精密播种流水线（见图5-39）。设计的播种器由勺式槽轮将种子从种箱中播出，落于筛分板上，经振动筛分、除杂后进入到与其安装为一体的V形槽板上，沿V形槽板有序排队，最后经出口播出。设计的双层秧盘供送装置，通过光电传感器与供送装置实现了依次定位输送秧盘。整个流水线结构简单、操作简便、播种精度好、生产效率高。

张敏等针对超级稻超稀植栽培对育秧播种要求严格的特点，设计了气吸式超级稻毯状苗盘育秧播种流水线（见图5-40）。该设备采用气吸式播种原理，通过吸种板整盘吸种和弹性浮动导种栅格导向对靶投种相组合，解决了超级稻育秧播种量小、种子在秧盘上的均匀分布及落种准确定位的问题，为插秧机的精量取秧创造了条件。

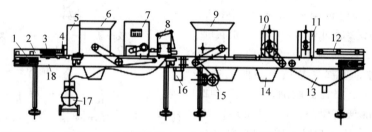

1—机架；2—供盘装置；3—秧盘；4—光电传感器；5—电控箱；6—铺底土装置；7—外槽轮供种装置；8—振动排种盘；9—覆表土装置；10—清扫装置；11—淋水装置；12—取盘台；13—集水斗；14—集土斗；15—调速电机；16—集种斗；17—空气压缩机；18—链式输送。

图 5-39 2CYL-450 型水稻秧盘育秧精密播种流水线总体结构示意图

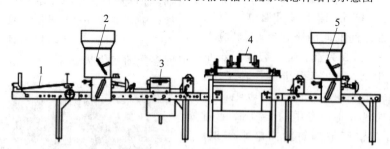

1—自动放盘机构；2—铺底土机构；3—洒水机构；4—播种系统；5—覆表土机构。

图 5-40 气吸式超级水稻毯状苗盘育秧播种流水线结构图

华南农业大学马旭等针对水稻秧盘育秧播种机自动供盘装置、自动叠盘装置、精密播种装置、铺土覆土装置等做了许多研究，所研发的2SJB-500型水稻秧盘育秧精密播种流水

线，主要由秧盘限位机构、铺床土装置、压床装置、淋水装置、定量供种装置、匀种装置、覆表土装置、清扫装置、驱动辊送盘机构、控制系统等组成，育秧播种流水线主要生产工艺包括放

盘、铺床土、压床土、淋洒水、精密播种（撒、条和穴播）、覆表土、压盘、清扫等多项作业，通过更换 V-T 型振动种盘，适用于不同水稻品种（常规稻、杂交稻和超级杂交稻）、不同规格软（硬）秧盘（钵体盘、钵体毯状盘、毯状盘）的工厂化秧盘育秧精密播种流水作业，具有适用多种品种和秧盘的通用性。采用振动种室、多层滑板结构与螺旋勺式槽轮的定量供种装置，实现了不同水稻品种种子的定量供种功能，供种量调节方便，供种均匀，满足常规稻、杂交稻和超级杂交稻的播量要求。设计 V-T 型振动种盘结构的匀种装置，实现精密撒播，以及对行和对穴有序精密播种。秧盘限位机构、铺床土装置、播种装置、覆表土装置都具有宽度可调性，以适用于不同规格的秧盘，流水线具有通用性。

3. 几种典型水稻秧盘育秧播种流水线

1）久保田 2BZP-800（SR-K800CN）型水稻育秧播种流水线

久保田 2BZP-800（SR-K800CN）型水稻育秧播种流水线，如图 5-41 所示，可自动进行铺土、洒水、播种、覆土作业，通过输送带移动秧盘，自动将床土放到秧盘中，并均匀刷平，喷淋机构洒水后，播种机构精准高效地完成播种作业。采用开口型播种辊，满足不同稻种育秧需求，长粒种、不完全干燥的稻种均适用。播种均匀，配置种子清理刷，潮湿种子不易附着在播种辊上；硬盘、软盘均可使用，可将软盘内置在硬盘中使用，适用性强，正常可为 30 cm 行距插秧育秧，通过追加组件，可满足 25 cm 行距插秧育秧需求；播种量调节范围广，通过调节播种量，能适合多种水稻品种；收纳轻便化，床土侧支架可折叠，收纳不占空间；底部装备了 4 个

辅助车轮，搬运轻便；维护简单化，分段配置了电机，采用皮带传送，维护简单，操作方便。其技术参数见表 5-5。

表 5-5　久保田 2BZP-800（SR-K800CN）型水稻育秧播种流水线技术参数

技 术 指 标	参　　　数
型号	2BZP-800（SR-K800CN）
外形尺寸（长 × 宽 × 高）/（mm×mm×mm）	5300×470×1146
总质量/kg	160
马达参数	0.12（4 个）kW/AC220V（50Hz）
标准播种量/（g·盘⁻¹）	50～350
床土箱容量/L	70
播种箱容量/L	40
覆土箱容量/L	56
灌水量/（L·盘⁻¹）	0.5～0.2
覆土传送方式	橡胶皮带传送
水泵参数	0.37 kW/AC 220 V（50 Hz）
播种效率/（盘·h⁻¹）	≤800

2）久富 2BP-750 型水稻育秧播种机

久富 2BP-750 型水稻育秧播种机（见图 5-42）是集铺土、洒水、播种、覆土于一体的全自动水稻育秧播种机。适用于常规稻、杂交稻、超级稻的育秧播种，可方便进行多等级播种量调节；播种均匀，稳定性高；整机拆卸装配简单，维修保养方便。采用交直流双选模式电驱动，播种机构形式采用窝眼、槽轮双选模式，播种量为 50～220 g/盘，适用秧盘宽度为 285～300 mm，钵苗、毯苗软硬秧盘均可适用，覆土厚度为 10～50 mm，覆土厚度稳定性不小于 90%；转向方式采用万向轮，车轮为充气式橡胶轮胎，最小

图 5-41　久保田 2BZP-800（SR-K800CN）型水稻育秧播种流水线

图 5-42　久富 2BP-750 型水稻育秧播种机

离地间隙为 300 mm,其他技术参数见表 5-6。

表 5-6　久富 2BP-750 型水稻育秧播种机技术参数

技术指标	参　数
结构质量/kg	128
外形尺寸(长×宽×高)/(mm×mm×mm)	3400×500×1100
电机额定功率/kW	0.32
电机工作电源	DC 12 V/30 A AC 220 V/50 Hz
作业生产率/(盘·h⁻¹)	750
种子破芽率	≤3%
播种均匀度	≥85%(平盘)
播种合格穴率	≥90%(钵盘)

　　市场保有量较大且较为典型的水稻育秧播种机还有:东风井关 THK-3017KC 型育秧播种机,如图 5-43(a)所示,其床土仓斗容量为 50 L,播种仓斗容量为 32 L,覆土仓斗容量为 50 L,播种量为 25~245 g/盘,播种量调节挡位为 11 挡,工作效率最高达 550 盘/h;洋马 YBZ600 型水稻育秧播种机,如图 5-43(b)所示,驱动方式采用双电动机驱动,播种量为 110~

370 g/盘,播种效率≥600 盘/h,播种空穴率≤3.0%,播种稳定性≥88.0%,种子破损率≤2.0%,播土排量稳定性≥90.0%,覆土排量稳定性≥90.0%,种子露籽率≤2.0%,播种均匀度合格率≥90.0%;绿穗 2BX-580 型水稻育秧播种机,如图 5-43(c)所示,播种量通过切换链齿轮及通过调节变速进行调节,播种量为 50~200 g/盘,床土量为 2.4~4.0 L/盘,覆土量为 0.8~1.5 L/盘,通过旋转刷压轮进行平土,效率≥1000 盘/h。中联重科 2BP-780B 型钵式育秧播种机,如图 5-43(d)所示,专为有序抛秧设计,用精量播种机和高强度软穴盘配合,从秧盘输送、铺土、播种到覆土和淋水所有工艺均全自动精准作业。采用调速电机调速,根据需要自由调整运行速度,根据农艺要求调节播量,满足杂交、常规各水稻品种不同用种量,可实现每穴 2~7 粒多种要求的定量精确播种。秧苗素质好,发芽齐,成苗率高,根系发达,秧苗根系独立完整。搭配抛秧机使用,返青快、省种子,每亩节省种子 30%~50%,覆土平整。采用旋转毛刷,回转皮带输送传动,交直流双选模式电驱动,破损率≤2%,播种均匀度合格率≥90%,空穴率≤2%。

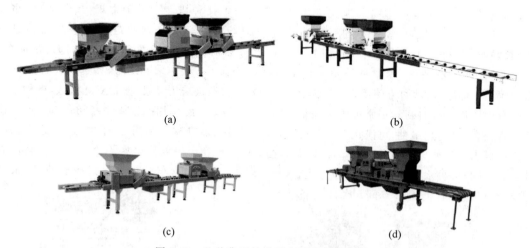

图 5-43　几种典型的水稻育秧播种流水线
(a) 东风井关 THK-3017KC 型育秧播种机;(b) 洋马 YBZ600 型水稻育秧播种机;
(c) 绿穗 2BX-580 型水稻育秧播种机;(d) 中联重科 2BP-780B 型水稻育秧播种机

5.2.7　田间育秧技术与工厂化育秧技术

1. 田间育秧技术

水稻工厂化育秧成本高,尤其是秧盘育秧取土困难。从20世纪90年代中期开始,在我国南方创造性地发展了一种新的育秧方法——田间(淤泥)育秧技术。这种技术因为成本低、应用方便,已从最初的无盘双膜育秧发展到目前的软盘或硬盘育秧。

选择排灌、运输方便,地力较好,土质松软的非沙质土水田作秧田。秧田与大田比例为1:80至1:100。早稻于播种前3~4天、晚稻于播种前2~3天耕整秧地(有充分时间晒硬秧床)。以畦面横排2个秧盘的宽度开沟分畦,精做畦面、秧床,畦面宽为130~140 cm、畦高为15~20 cm,秧沟宽为50~70 cm,整平畦面、耥平和晒硬秧床,如图5-44所示。同时塞好排水口,沟底保持4~6 cm浅水层。一般有除草剂的污染残留或病虫害偏高等问题,不适宜起畦作秧床。

图5-44　田间育秧模式

育秧工艺为:将育秧盘平铺于畦面,盘边相叠(不留间隙);将基肥均匀撒于泥浆面(复合肥、杀虫剂等),用工具将沟底的田土造成泥浆,去除泥浆中的小石块及块茎杂物,用水舀或小水桶将泥浆装入秧盘,或用泥浆铺设机铺浆,刮平育秧盘的泥浆面,泥浆厚度为2.0~2.5 cm;把催芽露白的稻种用播种机或手工播种到秧盘的泥浆上;用压板将种子压入秧盘的泥浆中1~3 mm。

2. 工厂化育秧技术

工厂化育秧是指整个育秧过程在温室或塑料大棚内进行,并根据秧苗生长过程调节室内温度、湿度和光照条件的育秧方法,其过程及使用设备如图5-45所示。具有不受季节气候限制,秧苗生长整齐均匀,生产效率高等优点,适合于寒冷地区或南方早春早稻育秧应用,与机械插秧的供秧相配套。一般采用塑料秧盘(底部有孔)育秧,秧盘底部铺放一薄层营养土。精选的种子经高温催芽露白后播种,室内保持30~32 ℃的较高温度,待秧苗出土,苗高达1~1.5 cm时,将温度逐步调节至20~25 ℃,并适当浇水,增加光照,在适温下长苗、转绿。随着秧苗的生长,加强通风降温炼苗,以适应移栽后的自然温、湿度。多用于培育秧龄15~18天的小苗,或秧龄20~25天的中苗。

工厂化育秧大棚或温室主要有两种:一种是传统的平层育秧大棚,如图5-46(a)所示;另一种是立体育秧温室,如图5-46(b)所示。为了充分利用大棚的育苗面积,减少育秧用地量,立体育秧采用棚架支撑多层秧盘的立体育秧方式并配合固定喷淋系统,自动化程度高。棚架有旋转秧架和固定秧架两类。旋转秧架的结构类似于卧式联合收割机割台的拨禾轮,主轴带动偏心盘旋转,使吊挂的秧架在所旋转的角度上全部保持水平状态,由电机带动主轴,使秧苗受热、受水、受光较为均衡,但结构较复杂,造价较高。固定秧架有直立式和斜立式两种。采用直立式秧架育秧时,秧苗受热、受光不均匀,需要人工倒盘;用斜立式秧架育秧时,可以改善秧苗受热受光的情况,但面积利用率要低于直立式。

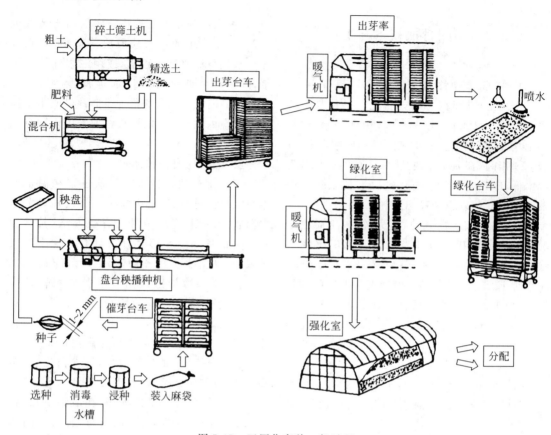

图 5-45　工厂化育秧一般过程

图 5-46　工厂化育秧模式
（a）平层育秧大棚；（b）立体育秧温室

5.3　水稻插秧机械

5.3.1　概述

水稻插秧机是将水稻秧苗定植在水田中的种植机械，也可以说是栽植水稻秧苗的机具。其功能是提高插秧的工效和栽插质量，实现合理密植，有利于后续作业的机械化。工作原理为：将秧苗以群体状态整齐放入秧箱，随秧箱作横向移动，使取秧器逐次分格取走一定数量的秧苗，在插秧轨迹控制机构作用下，按农艺要求将秧苗插入泥土中，取秧器再按一定轨迹回至秧箱取秧。

20多年来,我国在总结过去经验教训的基础上,引进吸收了国外先进技术并结合我国的国情,自行开发了用于插带土秧苗的独轮驱动插秧机和手扶自走及乘坐自走式插秧机并获得了成功,其中,独轮驱动乘坐式插秧机已大批量生产,并应用于农业生产实践已达20多年,近年开发的手扶式插秧机和乘坐式高速插秧机也已批量生产。

5.3.2 水稻插秧机的分类

水稻插秧机有很多种类,按照不同的分类方法分成各种类型。现有的水稻插秧机的分类方式如图5-47所示。

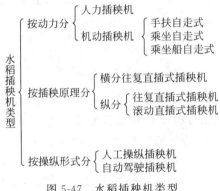

图 5-47 水稻插秧机类型

按动力可分为人力插秧机和机动插秧机,其中,机动插秧机又分为手扶自走式、乘坐自走式、乘坐船自走式。人力插秧机靠人力提供前进动力,插秧动作结束后,手拉机器移动一个株距,再次进行插秧动作。而机动插秧机靠柴油机等提供前进动力,省去人力环节。

按插秧原理可分为横分与纵分,横分主要是往复直插式插秧机,纵分分为往复直插式插秧机、滚动直插式插秧机。

按操纵形式可分为人工操纵插秧机和自动驾驶插秧机。

5.3.3 水稻插秧机的组成

1.人力插秧机的基本组成

人力插秧机主要由分插秧机构、移盘机构、送秧机构、船板(浮船)、机架、秧箱(秧苗盘)、操作杆和调节装置(如取秧量、取秧位置、取秧深度、插秧深度等调节装置)组成,见图5-48、图5-49。图5-50与图5-51分别为山东奥华人力手摇水稻插秧机与河北智众人力手摇水稻插秧机外观图。

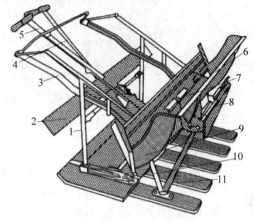

1—机架;2—压秧板;3—秧夹架;4—方向操纵杆;5—分插秧操作杆;6—秧夹;7—秧门板;8—移箱机构;9—秧箱;10—深浅调节板;11—船板。

图 5-48 人力横分往复直插式插秧机

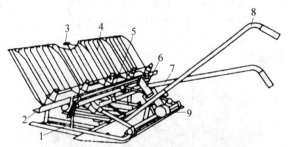

1—船底机架;2—秧门;3—移箱机构;4—秧箱;5—分插机构;6—立柱;7—插秧机操纵杆;8—牵引杆;9—船板。

图 5-49 2ZTR-4 型人力插秧机

图 5-50 山东奥华人力手摇水稻插秧机

图 5-51　河北智众人力手摇水稻插秧机

2. 机动插秧机的组成

机动插秧机包括插秧和动力行走两大部分。插秧工作部分由分插秧机构、移盘机构、送秧机构、秧盘、压苗架船板(浮船)、插秧深度传感器、左右水平传感及调平器、划行器、各行离合器、送秧离合器、缺秧传感器等组成;动力行走部分由发动机、行走传动箱、驱动轮(常称地轮)、操向装置(或自动驾驶系统)、牵引架、悬挂装置、液压转向和升降系统等组成。

图 5-52 所示为独轮驱动乘坐式插秧机的

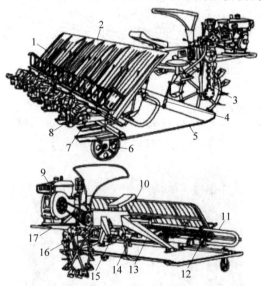

1—压苗杆;2—秧箱;3—行走传动箱;4—挂链;5—秧船;6—尾轮;7—链箱;8—插植臂;9—发动机;10—牵引架;11—支臂管组合;12—送秧组合;13—工作传动箱;14—万向节组合;15—过埂器;16—水田轮;17—动力架。

图 5-52　独轮驱动乘坐式带土苗机动插秧机

一种,分插秧部件为曲柄摇(连)杆机构,秧爪为筷子式,插深靠船板等调节。

图 5-53 所示为手扶自走式插秧机,共四行,可液压升降并自动控制插秧深度,分插秧部件为曲柄摇(连)杆机构。

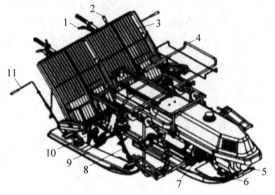

1—转向离合器手柄;2—主离合器手柄;3—秧箱;4—备用秧苗架;5—发动机;6—中央浮船;7—主变速箱;8—地轮;9—侧浮船;10—插植臂;11—划行器。

图 5-53　手扶自走式插秧机

图 5-54 所示为四轮驱动六行乘坐式高速插秧机,把传动效率高、性能好的齿轮变速和易操作的静液压无级变速(hydro static transmission,HST)结合起来,可进行前进后退速度的无级变化。采用液压升降和液力放大转向,能自动

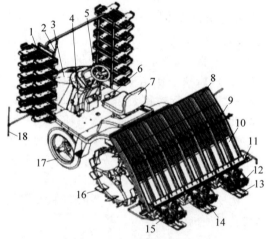

1—备用秧苗架;2—标志杆;3—发动机;4—主离合器踏板;5—方向盘;6—刹车踏板;7—座椅;8—秧箱;9—压苗杆;10—纵输送带;11—导轨;12—插植臂;13—侧浮船;14—中央浮船;15—旋转箱;16—后轮;17—前轮;18—邻行标志杆。

图 5-54　四轮驱动六行乘坐式高速机动插秧机

控制插秧深度。采用非圆齿轮传动的回转箱和双插植臂结构,插秧效率高。

图5-55、图5-56、图5-57所示分别为目前市场上畅销的四轮驱动六行乘坐式高速插秧机外观图。

图5-55　久保田(苏州)六行乘坐式高速
插秧机(2Z09-6C1(SPV-60))

图5-56　洋马农机六行乘坐式高速水
稻插秧机(2ZGQ-60D)

图5-57　久富六行乘坐式高速
插秧机(2ZG-6D(G6))

图5-58所示为四轮驱动八行乘坐式高速插秧机,结构和性能和六行机型一样,但行距为24 cm。

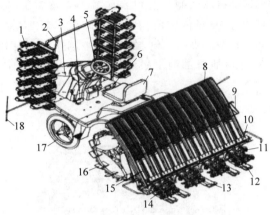

1—备用秧苗架;2—标志杆;3—发动机;4—主离合器踏板;5—方向盘;6—刹车踏板;7—座椅;8—秧箱;9—压苗杆;10—导轨;11—插植臂;12—侧浮船;13—中央浮船;14—旋转箱;15—纵输送带;16—后轮;17—前轮;18—邻行标志杆。

图5-58　四轮驱动八行乘坐式高速机动插秧机

图5-59、图5-60、图5-61所示分别为目前市场上畅销的四轮驱动八行乘坐式水稻插秧机外观图。

图5-59　浙江星莱和八行乘坐式插秧机
(星月神2ZG-8A2)

图5-62所示为日本先进的八行乘坐式高速插秧机,其采用传动效率高、性能好的齿轮变速和易操作的HST互相融合的液压机械无级变速器(hydraulic mechanical transmission,HMT)结构,通过踏板可以同时控制发动机的转速和液压无级变速系统,速度变化方便。应

用液压传感元件保证转向扭力放大,并且转动方向盘就会自动切除内侧后轮的动力,对行变得非常简单。液压升降并能自动控制插秧深度。插植部的倾斜及机身的倾斜角度可以分别通过"倾斜传感器"和"角速度传感器"来感知。根据田块的变化,在调节"控制速度"的同时,控制插植部的水平,即使是高速作业也插得非常精确。结合"前轮独立减震器",在插秧结束或湿烂田块,即使机身前后倾斜,也能保持浮舟的水平,把壅泥和对邻行秧苗的影响控制到最小。回转式插植臂保证能够高速作业。四轮驱动能够保证较好的通过性和较快速度的转移地块。

图 5-60 井关农机八行乘坐式插秧机
(井关 PZ80)

图 5-61 浙江博源八行乘坐式插秧机
(博源欣苗 2ZG-8A)

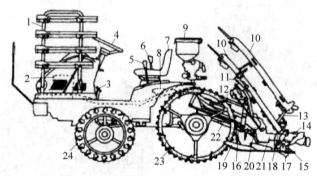

1—备用秧苗架;2—柴油发动机;3—主离合器踏板;4—方向盘;5—行走变速杆;6—行走传变速杆;7—座椅;8—升降油缸;9—肥料箱;10—秧箱;11—上导轨;12—上悬挂杆;13—活动浮船支承管;14—旋转箱;15—侧浮船;16—插深控制传感杆件;17—秧爪;18—导轨;19—中央浮船;20—栽播中间传动箱;21—链箱;22—下悬挂杆;23—后轮;24—前轮。

图 5-62 日本四轮驱动八行乘坐式高速机动插秧机

5.3.4 机动插秧机的主要工作部件

1. 分插秧机构

分插秧机构是水稻插秧机的核心部件,其他部件如送秧机构、秧苗台、动力行走和操作部分等都是为配合分插秧机构而设。分插秧机构包括插植臂和辅助部件。

目前,水稻插秧机的分插秧工作原理是模仿传统人工插秧动作,把来自秧田的秧苗群按要求分成一定株数的穴苗,然后按一定排列顺序分别插入田面表层中。分插秧的具体原理有多种,分别列入表5-7中。

表 5-7　分插秧的几种原理

类型	适应秧苗	示意图	分插秧工作部件型式	阻秧装置型式	秧苗、分插秧工作部件运动轨迹的特点
横分往复直插	栽插拔秧苗		秧夹	装有小秧门的立式秧门及拦秧杆	取秧：秧夹以与秧苗轴线成一定夹角方向进入秧箱夹取秧苗。取秧高度根据秧根长短可调节。取秧深度和秧夹张开度根据取秧量可调节，秧夹的夹紧度根据秧苗的粗壮程度可调节。 分秧：秧夹夹取秧苗后沿与秧苗轴线近似垂直的横向运动，在种门阻秧的配合下分取秧苗。分秧距离根据秧根长短可在一定范围内调节。 运秧：完成分秧动作后，秧夹沿接近铅垂方向运动，秧苗下插，运秧路程根据秧苗高度定。 插秧：秧夹接近地面后，稍向前推，然后插秧，使秧苗插直、插稳。插秧深度根据农业技术要求可在一定范围调节。 回程：插秧后秧夹打开，回程与工作行程轨迹相同
	栽插带土苗		切扒式秧爪	卸去小秧门的立式秧门及拦秧杆	取秧：切机式秧爪，拍头进入秧箱切取带土苗。拍头高度根据苗土厚度可在一定范围内调节。取秧深度根据取秧量可调节。 分秧：秧爪切取秧苗后，在秧门阻秧的配合下分秧，与插拔洗苗情况相似。 运秧：与插拔洗苗的轨迹相同。 插秧：插深较小，以苗土插入泥面之下为宜。 回程：插秧后秧爪抬头，脱秧片帮助脱秧
纵分往复直插	栽插拔秧苗		梳式秧爪	毛刷、卧式秧门及秧帘	取秧：秧爪以与秧苗轴线成一定夹角方向进入秧箱梳取秧苗。取秧高度根据秧根长度可调节。取秧深度根据取秧量可适当调整。当秧苗粗细情况不同时，可更换不同取秧面积的秧爪。 分秧：秧爪梳取秧苗后，沿与秧苗轴线一致的方向运动，在毛刷和秧门的阻秧配合下分秧。秧帘在秧箱正面阻秧。 运秧：秧爪沿接近铅垂方向运动，使秧苗下插，运秧路程根据适应秧苗高度定。 插秧：垂直地面下插，插深根据农艺要求可调节。 回程：秧爪插秧后爪齿脱离秧苗出土，并避免与秧门、秧帘相碰

续表

类型	适应秧苗	示意图	分插秧工作部件型式	阻秧装置型式	秧苗、分插秧工作部件运动轨迹的特点
纵分往复直播	栽插带土苗		装脱秧器的梳式秧爪	卧式秧门及拦秧杆	取秧：使用取秧面积较大的秧爪，取秧高度根据苗土厚度可调节。 分秧：在秧门配合下分秧，秧爪与秧门正面和两侧有合适的间隙。 运秧：两用插秧机应按拔洗苗要求定，也可有两种秧箱安装高度和运秧高度调节使用。 插秧：插深较小，以苗土插入泥面之下为宜。 回程：插秧后，脱秧器脱秧，秧爪避开秧门回到取秧位置
			筷子式秧爪	卧式秧门	取秧：秧爪插入苗土取秧。深度和高度可调节。 分秧：秧爪与秧门相对运动，使所取秧苗与苗土分离。 运秧：由曲柄连杆机构运动轨迹确定，基本上沿与地面垂直的轨迹向下运动。 插秧：采用推秧器使秧苗插稳。 回程：由曲柄连杆机构运动轨迹确定，避开秧门，从苗土上方再次进入秧箱

从表 5-7 中可以看出，分取秧原理有两种：一种为夹秧，也称横分，即用夹状秧爪进入秧群夹住若干株秧苗，然后沿一定方向运动，在秧门阻秧的配合下分取秧苗，所用秧爪包括秧夹和切扒式秧爪；另一种为梳式秧爪分秧，也称纵分，即用梳齿状秧爪从秧苗茎秆处自侧面插入秧群，然后沿一定方向运动，在秧门阻秧的配合下分取秧苗，所用秧爪包括梳式秧爪和筷子式秧爪。

分插秧过程如下：秧爪沿着既定形式的轨迹运动，在分取秧处上方进入秧群，接着与秧门产生相对运动，利用秧门的阻秧作用，把位于秧苗台上的秧苗分切成一定株数的穴苗，然后秧爪顺着轨迹把其往下带到田面附近，并几乎呈垂直状态把根部插入田面表层土中，这时推秧器推出秧苗，让其与秧爪分离，随后秧爪又沿着轨迹回升至高位，并再次准备分取秧，

从而完成分插秧的一个循环。根据过程，分插秧装置设计要求如下：

（1）控制取秧深度和宽度，保证每次苗数；

（2）插后秧苗直立度、稳定性好；

（3）保证秧爪、秧门等制造质量，控制好秧爪秧门间隙，尽量减少伤秧；

（4）满足秧苗高度的要求，选择秧爪轨迹的高度和形状；

（5）设计好插深调节机构，满足插深要求；

（6）设计好插植传动系统，保证穴距要求；

（7）根据不同机型，尽可能提高插秧效率，保证工作平稳，人力插秧机不低于 60 次/min，步行或曲柄连杆传统式机动机 100～270 次/min，高速机 270 次/min 以上；

（8）设计好插深自动控制系统，在泥脚深度变化、机组前进速度和大田泥土硬度变化、动力行走部分倾斜的情况下，能保证插深的均

匀和稳定性；

（9）结构简单、调整使用方便、坚固耐用等；

（10）轨迹的穴口长度（秧爪尖运动轨迹与稻田表面的交点距离）要在20～30 mm；

（11）保证在大株距的情况下，秧爪不能与已插秧苗的中底部接触，以免碰伤或碰倒已插的秧苗；保证在小株距的情况下，秧苗不能搭桥。

2．送插秧机构

把秧苗定时输送到秧爪（分秧针）取秧部位的机构称为送秧机构。它由横向送秧机构与纵向送秧机构组成。横向送秧机构（见图5-63）的作用是使秧爪能在秧箱的工作幅宽内依次均匀取秧，秧箱连同秧苗做整体移动，因此又称为移箱器。它由螺旋凸轮轴、指销、指销座、移箱轴的配合来控制移箱距离、行程及移箱次数。传动轴带动一对圆锥齿轮、一对直齿轮，从而带动螺旋凸轮轴旋转。插入螺旋轴的螺

旋槽内的指销沿螺旋槽斜面移动，并带动固定在移箱轴上的指销套移动。指销套联使移箱轴左右移动。由于秧箱与移箱轴两端固定连接，秧箱可随之移动，完成移箱动作。

纵向送秧机构如图5-64所示。一般纵向送秧机构安装在秧箱底部。当指销座在指销的作用下移动到左端（或右端）时，套在螺旋凸轮轴上主动凸轮被推动并拨动安装在送秧轴上的从动凸轮，使固定在送秧轴上的抬把随轴转动并拨动秧箱下的棘爪，从而推动棘轮带动送秧星轮转动一定角度，完成纵向整体送秧。送秧完毕，棘爪与抬把均依靠扭簧复位。橡胶输送带式纵向送秧机构、工作原理与送秧星轮式相同，但是由于橡胶输送带工作可靠，新型插秧机上多采用橡胶输送带式纵向送秧机构。

图5-65所示为日本久保田株式会社SP-46HD型插秧机所采用的橡胶输送带式纵向送秧机构。

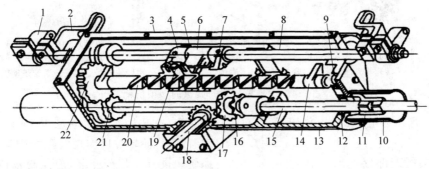

1—驱动臂；2—抬把；3、13—箱体；4—从动凸轮（左）；5—从动凸轮弹簧；6—指销座；7—从动凸轮（右）；
8—移箱轴；9、12—轴承；10—套；11—联轴节；14—主动凸轮；15—传动轴；16—链轮；17、18—锥齿轮；
19—指销；20—螺旋凸轮轴；21、22—直齿轮。

图5-63　横向送秧机构

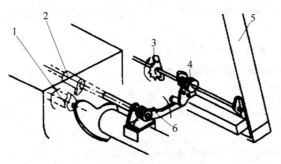

1—主动凸轮；2—从动凸轮；3—送秧星轮；4—棘轮；5—秧箱；6—抬把。

图5-64　送秧星轮式纵向送秧机构

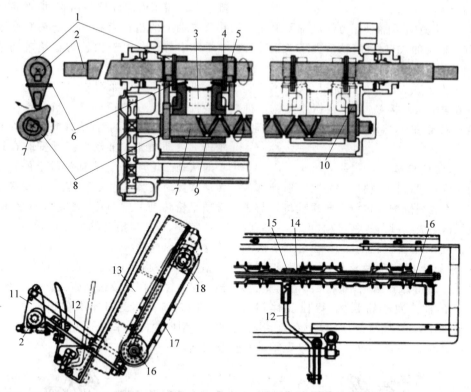

1—纵送从动凸轮(左)；2—移箱轴；3—指销；4—从动凸轮弹簧(右)；5—纵送从动凸轮(右)；6—从动凸轮弹簧(左)；7—螺旋凸轮轴；8—纵送主动凸轮(左)；9—指销座；10—纵送主动凸轮(右)；11—纵送杆；12—纵送连杆；13—秧箱；14—扭转弹簧；15—滚动离合器臂；16—输送带主动轴；17—橡胶输送带；18—输送带被动轴。

图 5-65　橡胶输送带式纵向送秧机构

图 5-66 所示为国产 2ZT-9356 型插秧机传动系统。

3. 动力行走部分

手扶式插秧机和国产 2ZT-9356 型插秧机属于专用底盘的插秧机，新型乘坐式插秧机采用四轮驱动的小型拖拉机。不论哪种型式的插秧机，其动力行走部分均由发动机、传动系统、地轮、牵引架、操纵装置和座位等组成。

（1）发动机：2ZT-9356 型插秧机采用 2.42 kW 风冷柴油机，手扶四行插秧机一般采用 1.1～1.8 kW 汽油机，六行乘坐式插秧机采用 2.4～4.6 kW 汽油机，高速插秧机多采用 4.4～5.9 kW 汽油机。

（2）传动系统：发动机的动力通过传动系统传到插秧工作部分和行走部分。为满足不同穴距要求设有变速机构。以 2ZT-9356 型插秧机为例（传动系统明细见表 5-8），不同穴距时，改变地轮转数以实现穴距的调整。在传动系统中设有定位离合器，能控制栽植臂，停止插秧分离针尖部位应停止在距离秧门内侧 2 cm 以上的位置，以防止机器转弯、过埂时造成损坏；在每一组分插机构的传动装置中，分别装有安全离合器，当栽植臂部分遇到意外情况如秧盘中有砂石等阻力过大时，起到过载安全保护作用。

（3）牵引架：牵引架是连接动力行走部分和插秧工作部分的部件。牵引架上附有过埂器，当机器越过田埂时，驾驶员脚踩踏板，可以使秧船抬头而顺利过埂。

（4）操纵装置：包括离合器、插秧工作离合器及变速手柄、定位离合器，以及有些插秧机上设有的液压操纵手柄等。

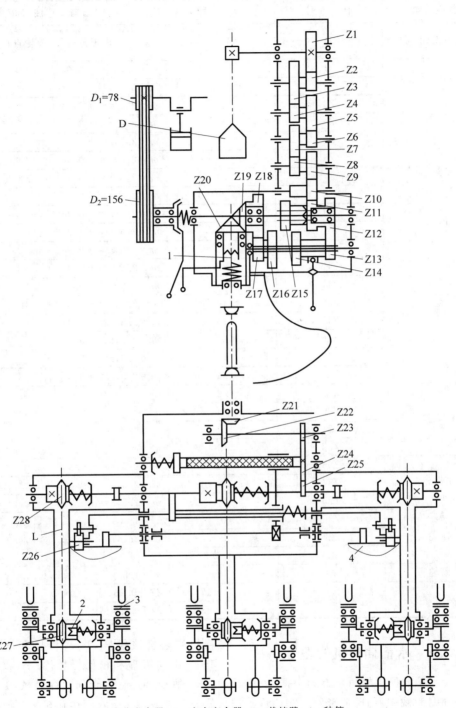

1—定位离合器；2—安全离合器；3—栽植臂；4—秧箱。

图 5-66 2ZT-9356 型插秧机传动系统

表 5-8 传动系统明细表

名　称	代　号	参　数	备　注
行走轮	D	700 mm, 705 mm	水田轮直径,胶轮直径
齿轮	Z1	35	$m=3.5,\varepsilon=-0.3$
	Z2	16	$m=3.5,\varepsilon=+0.3$
	Z3	41	$m=3,\varepsilon=-0.31$
	Z4	17	$m=3,\varepsilon=+0.31$
	Z5	41	$m=2.5,\varepsilon=-0.34$
	Z6	16	$m=2.5,\varepsilon=+0.34$
	Z7	31	$m=2.5,\varepsilon=-0.17$
	Z8	20	$m=2.5,\varepsilon=+0.17$
	Z9	30	$m=2.5,\varepsilon=-0.262$
	Z10	21	$m=2.5,\varepsilon=+0.262$
	Z11	30	$m=2.5,\varepsilon=-0.262$
	Z12	32	$m=2.5,\varepsilon=-0.35$
	Z13	14	$m=2.5,\varepsilon=+0.35$
	Z14	16	$m=2.5,\varepsilon=+0.262$
	Z15	15	$m=2.5,\varepsilon=-0.31$
	Z16	31	$m=2.5,\varepsilon=-0.31$
	Z17	14	$m=2.5,\varepsilon=+0.35$
	Z18	32	$m=2.5,\varepsilon=-0.35$
锥齿轮	Z19	22	$m=2.5$
	Z20	23	
	Z21	19	
	Z22	19	
正齿轮	Z23	14	$m=2.5,\varepsilon=+0.316$
	Z24	28	$m=2.5,\varepsilon=-0.316$
	Z25	14	$m=2.5,\varepsilon=+0.316$
链轮	Z26	9	$D=8.5,P=12.7$
	Z27	9	
	L	66 节	
棘轮	Z28	24	$m=1.5$
移向器	双向螺旋轴	1.57×17	2ZT-9356 型
		1.57×13	2ZT-9356 型

5.3.5　水稻插秧机的型号

国产水稻插秧机的命名方式根据《农机具产品型号编制规则》(JB/T 8574—2013),水稻插秧机的型号由大类分类代号、小类分类代号、特征代号、主参数代号、改进代号组成。如图 5-67 所示为水稻插秧机命名规则。

(1) 大类分类代号由数字组成:1——耕耘和整地机械代号,2——种植和施肥机械,3——田间管理和植保机械,4——收获机械,5——脱粒、清选、烘干和贮存机械,6——农产品加工机械,7——农用运输机械,等等。水稻插秧机属于种植机械,其大类分类代号为 2。

(2) 小类分类代号:以产品基本名称的汉语拼音第一个字母表示。为了避免型号重复,小类代号的字母必要时可以选取汉语拼音的

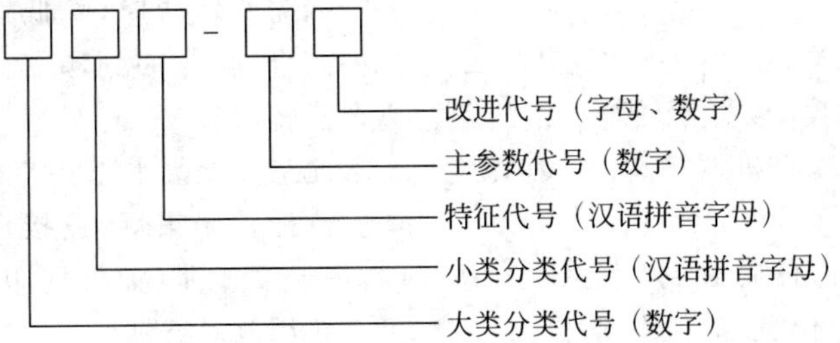

```
┌─┐┌─┐┌─┐┌─┐ ┌─┐
└─┘└─┘└─┘└─┘─└─┘
 │  │  │  │    │
 │  │  │  │    └──── 改进代号（字母、数字）
 │  │  │  └───────── 主参数代号（数字）
 │  │  └──────────── 特征代号（汉语拼音字母）
 │  └─────────────── 小类分类代号（汉语拼音字母）
 └────────────────── 大类分类代号（数字）
```

图 5-67　水稻插秧机命名规则

第二个或其后面的字母。

（3）特征代号：由产品主要特征（用途、结构、动力型式等）的汉语拼音文字第一个字母表示。为了避免型号重复，特征代号的字母必要时可以选取汉语拼音的第二个或其后面的字母。水稻插秧机为 2Z，水稻抛秧机为 2ZP，水稻摆秧机为 2ZB。

（4）主参数代号：用以反映农机具主要技术特性或主要结构的参数，用数字表示，如有多特征参数时，参数项用"—"隔开。水稻插秧机的主参数数字意义为行数。

（5）改进代号：改进产品的型号在原型号后加注字母"A、B、C、D…"依次表示，必要时，加数字表示区别代号。

5.3.6　水稻插秧机的使用和故障排除方法

1. 手扶插秧机的使用

1）手扶插秧机的工作原理

插植臂运转，带动秧针工作，把秧苗从苗盘上取下，再利用推秧器把秧苗插入地下，从而插秧完成。

为了能够正确使用插秧机，以达到稳产和高产的效果，必须正确掌握插秧机的操作和使用方法。打开随机配件箱，根据里面的配件清单，核实配件。其中，中间标杆和预备苗盘架需要自己安装。首先要找出中心标杆，可直接将它组合固定在机器的前端。然后，组装预备苗盘架。第一步：将弹簧以正确的方向装配在导杆上，随后将导杆固定在苗盘支架上；第二步：将苗盘架前辊轮固定好，将苗盘架往插秧机上装配时应先松开导杆上的支架固定板，将

两只后辊轮装配在支架导杆上；第三步：把苗盘架放在支架导杆上，固定好支架固定板，装好最后两个前辊轮。苗盘架装配好后用手操作一下，检查装配是否到位。

在启动机器之前，先要检查机油和燃油是否充足。接着打开油箱盖，加入适量纯净的汽油，加油时一定不能有明火，将燃油开关放在"开"的位置。

将变速杆放在中立位置，启动开关旋转到"运转"位置，如果是夜间就放在"照明"位置，然后轻轻拉出节气门手柄。主离合器与插秧机离合器拨到"切断"位置，油压手柄处于"下降"位置，并将油门手柄向内侧调节到 1/2 处。拉动反冲式启动器，启动发动机，将风门推回。抬升机器，将变速杆拨到"行走"或"插秧"挡，缓慢地连接主离合器，机器便开始作业。往大田行走时，为了防止颠簸，可以将变速杆放在"插秧"挡，缓慢转移机器。

2）作业方法

田块的状态或秧苗的条件不符合插秧作业时，就会降低作业质量。所以，首先要求田块相对平坦，耕深在 13～15 cm。

最适宜的水深在 20 cm 左右，如果水过深，插秧时会冲倒先插好的临近苗，水过浅或没水，秧爪可能会带回秧苗。

秧苗要求播种均匀，苗的高度一般要求在 12～18 cm，小苗长到 3 叶、中苗至少长到 3～5 叶时才能插秧。同时要求盘根比较紧密，不容易松散，且土层的厚度为 2.5 cm 左右。同时，苗盘水分不能太大，适合的苗盘用手揾下秧块土层时会有水渍。基本上土层的含水率在 30%～40%。取苗的时候一定要用取苗板，以

免伤害到秧苗。

进入田块时,要从田块的一个角进入,最好留出两个机器的宽度,以方便转弯。油压手柄要放在"下降"位置,将机器下降,下面要装秧苗。

装秧苗之前,变速杆要放到"中立"位置,油压手柄拨到"下降"位置,启动发动机,将主离合器和插植离合器连接,使苗箱移动到导轨的最左边或最右边,熄火后拔出秧苗延伸板。用取苗板来装载秧苗。秧苗应装送到导轨的前沿位置,既不能留有空隙,又不能压在导轨上。预备苗支架上可再放入几盘秧苗,以便于及时供给。如果秧块过于干燥,可适当洒一点水使其变得潮湿,以方便秧块下滑。

装好秧苗后,启动机器,将变速手柄拨到"插秧"位置,连接插秧离合器,这时苗箱开始移动。需要特别注意的是,插秧机设有划印器和侧对行器,这是为了保持行距一致而设定的。侧对行器有 2 个位置,一个是行距 33 cm,另一个是 30 cm,可根据作业要求拨到合适的位置。展开划印器,同时,对准邻接秧苗或田埂展开侧对行器。最后,缓慢连接主离合器开始插秧。

机器在首次作业时,可以先试插一段距离,检查秧苗插秧深度及取苗量是否合乎要求,然后再正式插秧。取苗量一般根据稻每穴 3～5 株进行(杂交稻每穴 1～2 株)。秧苗插入的深度为 2.6 cm,株距为 12 cm(杂交稻株距为 20 cm),行距固定为 30 cm。

在田里作业时,应考虑插秧作业顺序,尽量减少人工插秧的面积。插秧作业田块的大小、形状有所不同,所以在作业前一定要规划好作业的路线,然后有效地完成插秧作业。无论是四角形田块还是异形田块,最好四个角都留出两个机器的位置以方便转弯,确保田里每行都满幅插秧。

如果秧苗插得不直,可随时握住手把使机器左右移动(不能握住离合器,否则会使机器转弯)。插秧时,尽可能保持机器平衡,以免影响插秧效果。油门手柄可逐步增大来增加作业的速度。

如需要转弯时,降低发动机的转速,断开插秧离合器,收回划印器,握住旋转方向的侧离合器转弯。

注意: 应留出下一个机器的宽度后再转弯。待旋转结束后,连接插秧离合器,打开划印器,继续作业(如果划印器划的线看不清楚可直接用侧对行器)。

苗箱上的秧苗是有限的,当秧苗到达秧苗补给位置前就必须补给秧苗。将主离合器和插秧离合器都放在"断开"位置,把预备秧苗支架拉向身体方向,调到"补给"方便的位置。将预备秧苗缓慢地放入苗箱。需要注意的是,一定要对准剩余的秧苗,不能有空隙,同时也不能重叠在一起,补给秧苗结束后将预备秧苗向前推回,继续作业。基本上每次作业需要 18 盘秧苗。

3)手扶插秧机的调整

(1)取苗量的调节

手插秧机的取苗量调节可分为纵向取苗量调节和横向取苗次数调节。

纵向取苗量主要是指秧针切秧块的高度范围。其调节范围是 8～17 mm,标准为 11 mm。如果取苗量过大或过小,可通过苗移送辊上端的螺母来调节。螺杆往上调,也就是螺母往下调,取苗量变大,反之则取苗量变小。

横向取苗量是指苗箱由一端移到另外一端时插植臂运动的次数。它的调节有 3 个挡位,即 20、24、26。通常,根据苗的大小调节,大苗应放到 20 的挡位,中苗 24,小苗 26。调节时,一定要与苗移送拨叉组合相对应。

(2)株距调节

在齿轮箱右侧的株距变速手柄共有六挡调节,从外向内分别是 12、14、16、17、19、21(所有挡位数值均指厘米)。当变速杆处于插秧一挡时,对应的株距分别是 12、14、16,用于栽插粳稻;当变速杆处于插秧二挡时,对应的株距分别是 17、19、21,用于栽插杂交稻。出厂时穴距为中间挡,也就是 14 或 19。

若想改变插秧密度,可调整变速挡。调节方法为:变速杆在中立位置,主离合器、插秧离合器接合,插植臂慢速运转。推或拉株距手柄,调节到所要的位置,然后加大油门,使插植臂高速运转,确认株距无掉挡现象即可。

（3）插秧深度调节

插秧深度可通过改变插深调节手柄的位置来选择 4 个挡位;还可以通过换装浮板后部安装板的孔位,选择 6 个挡位,插上面的孔,插深变浅;插下面的孔,插深变深。在调节安装板孔的位置时,要注意保证三个浮板安装孔的位置一致。插秧深度可按照农艺要求而定,一般情况下不漂不倒,越浅越好。如果用的是中苗,插秧的标准深度可为 5～10 mm,插深调节手柄每移动 1 个挡位,插秧深度就会改变 6 mm 左右。

插秧机在使用一段时间后,有的部位会因为运转频繁,会出现松动、磨损等情况,从而影响栽插的质量。所以,需要及时对插秧机进行正确的调整,使其更好地工作。

拉线需要调整的主要有以下几个部分。

① 转向拉线的调整（灰色）:当插秧机转向不灵或原地打转的时候,可以调节转向拉线。调整拉线上的调整螺杆,使转向手柄的间隙调整为 1 mm 即可。左右转向拉线的调整方法一致。

② 主离合器拉线的调整（黄色）:当插秧机行走无力或主皮带磨损时,可以调整主离合器拉线。调节拉线上的调整螺母,使主离合器手柄连接到"切断"位置,此时动力开始传递或插植臂开始运转,此位置为最佳状态。

③ 插植系统的调整:除了拉线需要调整外,插秧机作业时间过长,尤其是插植系统,容易出现松动、磨损等情况,也需要进行检查及调整。第一步检查秧针和推秧器是否变形,如果变形,要用螺丝刀将秧针向上撬或向下压,调整到秧针和推秧器之间的间隙达到 0.7～2 mm 为止。第二步检查秧针和取苗口的间隙是否一致,如果秧针不在取苗口中间,则容易使秧针变形,加剧橡胶导板的磨损,影响插秧质量。其调整方法为:松开插植曲柄锁销上的螺母,敲松曲柄锁销,松开摇杆上的螺母,调整插植臂,如果调整无效,则松开摇杆上的螺母,增减垫片。如秧针需要向里移动,应

减少垫片,如秧针需要向外移动,则增加垫片。秧针移动到合适位置时将各螺母锁紧。第三步,检查苗箱与秧针的侧间隙,当苗箱移动到最"左"或"右"端时,四个秧针不能与苗箱取苗口侧边相摩擦。如发生摩擦,则容易使秧针变形,影响插秧质量。调整时,可松开苗箱两端支持臂的紧固螺母,轻轻敲击苗箱支持臂,使其到位即可。最后拧紧螺母。

皮带的调整:机器使用一段时间后,皮带可能会松弛,标准的皮带应在侧面同一水平线上。按下皮带,下降幅度 10～15 mm 为最好,如果松弛,要把发动机向前推动来张紧皮带。

机体平衡的调整:如插秧机左右两侧不平衡时,则插好的秧苗左右两侧插深会不一致。只要调整后机盖下面的仿形调节螺栓即可。

插植部驱动链的张紧调整:启动机器后,如听到中间的机体支架组合内有"咔哒"的响声,说明插植部驱动链条松弛,应及时调紧。可以稍微拧开固定螺栓,将张紧板向下调整到没有响声为止。

2．手扶插秧机的保养和维修

1）手扶插秧机的保养

手扶插秧机（见图 5-68）在日常工作中要及时维护和保养,这样不但可以提高作业效率,还可以减少故障的发生,延长插秧机的使用寿命。可按照下面介绍的方法对插秧机进行正确的日常保养。

图 5-68　手扶插秧机外观

发动机机油的更换:打开前机盖,旋开机油盖,松开放油螺栓,在热机状态下将机油排

放干净。排放完毕后，上紧放油螺栓，加注新机油。每天必须检查发动机机油油量。第一次 20 h 更换，以后每隔 50 h 更换。

齿轮油的更换：必须运转热机后才能放油。旋开注油塞，松开检油螺栓，松开放油螺栓，放出齿轮油。排放干净后，拧紧放油螺栓。把机器放平后，再在注油口处加入干净的齿轮油，直到螺栓口处出油为止。每次更换的齿轮油量基本为 3.5 L。齿轮油可每个作业期更换一次。

驱动链轮箱的加油：把机体前端提高，松开侧浮板支架，取出油封，注入 300 mL 齿轮油，装好油封，正确固定好侧浮板支架（两侧驱动链轮箱加油方法相同）。

插植部传动箱的加油：打开 3 个注油塞，每个注油口加注 1∶1 混合的黄油和机油约 0.2 L，每 3～5 天加注一次。

侧支架和每个插植臂同样也要加注 0.2 L 1∶1 混合的黄油和机油。每天加注一次。摇动曲柄销需要注入黄油，4 个摇动曲柄销的加油方法一致。新机器凡是有黄色标识的地方就要抹上黄油。每天作业结束后应将插秧机用水清洗干净，以利于第二天作业。每天应检查是否有螺栓松动或丢失，如有应当及时补充，以防止影响其他部件的使用。

以上介绍的是手扶插秧机使用时的日常保养注意事项。如果机器长期不用，除了按照日常保养操作外，还应进行如下所述的入库维修保养。

发动机在中速运转状态下，应用水清洗，完全清除污物。清洗后不要立即停止运转，而要继续转 2～3 min（注意避免水进入空气滤清器内）。打开前机盖，关闭燃油滤清器，松开油管放油，排放完毕后安装好油管，松开汽化器的放油螺栓，完全放出汽化器内的汽油，以免汽化器内氧化、生锈和堵塞。为了防止气缸内壁和气门生锈，打开火花塞，往火花塞孔注入新机油 20 mL 左右。检查火花塞，如有积炭，用砂纸清除，将电极间隙调整为 0.6～0.7 mm，安装好火花塞，将启动器拉动 10 转左右；安装好前机罩。连接主离合器，缓慢拉动反冲式启动

器，并在有压缩感觉的位置停下来。为了延长插植臂内压弹簧的寿命，插植臂应放在最下面的位置（压出苗的状态）。主离合器手柄和插植离合器手柄为"断开"、油压手柄为"下降"、信号灯开关为"停止"状态下保管。清洗干净的插秧机应罩上机罩，并存放在灰尘、潮气少，无直射阳光的场所，防止风吹雨淋、阳光暴晒。

2）手扶插秧机的维修

插秧机进行插植秧苗时会出现漏秧或倒苗的现象，其主要原因有：推秧器位置调整不正确；田地土壤过黏；秧苗过于干燥、缺少水分；插秧机的秧针和推秧器发生变形；秧针与推秧器之间存在污染物；插秧机秧凿的纵取量不足；插秧过浅；秧苗床土过干；取秧量过少，秧苗过稀。解决此类问题的方法主要有：调整插秧机秧针以及推秧器的位置，或对秧针或推秧器进行更换；插秧作业前，清除秧针与推秧器之间的污染物异物，并调整秧针和推秧器的间隙；增加纵向取秧量，减少横向取秧量；插秧前对田地洒水或向秧板上浇适量的水，给秧苗以足够的水分；增加插秧深度；降低插秧速度。

插秧机插植的秧苗凌乱，其主要原因是：插秧机推杆的位置调整不正确；在运输过程折叠过多，或由于道路崎岖不平，导致秧盘和秧苗之间折叠位置不对。解决此类问题的方法是运输时减慢行驶速度，插秧前对推杆的位置进行调整，就可以避免秧苗凌乱现象的发生。

插秧机的苗箱不能左右移动，其原因是横移送齿轮啮合不良，调整横移送变速杆，使齿轮处于良好的啮合状态，就可以解决该问题。

插秧臂不能正常工作，并且伴有异常的响声，导致此问题的原因是插秧臂与取秧器中存在污物，使插秧机安全离合器处于分离状态，此时只要断开主离合器手柄和插秧机插秧离合器手柄，熄火，将污物取出，问题就可得到解决。

插秧臂不工作且有异常响声，其原因是插

秧臂与取秧器中有异物,致使安全离合器处于分离状态。此时应使主离合器手柄和插秧离合器手柄处于断开位置,然后停机熄火,取出异物。

支架内部有异常响声,其原因是链条张紧装置松弛,应调整插秧臂张紧装置。

漏插有以下几种原因:推秧器位置调整不当;秧针和推秧器变形;秧针和推秧器之间有异物;秧苗不均匀或秧苗太稀;秧苗的纵取量不足。排除方法:调整秧针和推秧器的位置;更换秧针或推秧器;去除异物并调整秧针和推秧器间隙;增加取秧量;减少横向取秧量,调大纵向取秧量。

秧苗倒伏较重有以下几种原因:秧苗床土过干;秧苗过稀,取秧量过少;插秧过浅;秧苗没有盘好根;秧针和推秧器被泥浆堵塞。排除方法:适当向秧苗床上洒些水;增大取秧量;加大插秧深度;降低作业速度;将秧针和推秧器上的泥浆清洗干净。

3. 机动插秧机的使用与维护

要全面检查栽植臂轴承的旷动量。每组栽植臂上装有 200 型轴承 5 个,如果轴承松旷,会使栽植臂运转不稳定,不能保证有 1.25～1.75 mm 的间隙,不仅造成取秧量不正确,还会损坏机件,造成故障。当分离针尖的双向自由摆动量大于 3 mm 时,就要更换轴承。

栽植臂停止位置调整失灵时,要检查定位螺钉的状态。有的插秧机调整好以后,停止位置经常改变,有时在上,有时在下;有的插秧机无论怎样调整,停止位置都在下方。其原因是动力输出轴座的定位螺钉松动或脱扣。该定位螺钉是左旋螺纹,如果松脱,用改锥左旋拧紧即可。如果是螺纹损坏,应更换新品。

插秧机秧爪带秧有两个方面的原因:①秧块方面。机插秧苗的床土要求沙黏适中,床土过黏易造成带秧,这时可适当灌水。秧苗根系过长会带秧,应及时栽插,并注意床土不要过厚,避免根系过于发达。②机器调节方面。栽插前,首先检查推秧器是否动作。如果秧爪和推秧器压脚间隙过小或栽植臂内缺油,会使推秧器杆不能动作而造成带秧。其次检查秧爪

和推秧器是否对正,秧爪有无弯曲变形,没有对正的可扳动推秧器压脚,秧爪如有弯曲要拆下,在台钳上矫正。最后检查秧爪与推秧器压脚之间的间隙应为 0.7～2 mm,不得超过 2.5 mm。间隙过大则容易夹秧、带秧。间隙不合乎要求时,可通过调换秧爪、修正秧爪压板座或推秧器压脚高度来调整。

栽植臂是插秧机中的重要工作部件,属易损坏零件,在使用一定时间后应进行检修。

纵向送秧距离变小,易造成漏插。纵向送秧传动带每次移动量不小于 12 mm。移动距离变小的原因是抬把固定螺栓松动使抬把移位,解决的办法是把夹紧螺栓松开,把抬把推到原始位置再紧固螺栓。送秧棘轮的钢丝销和销孔磨损,使棘轮有效转角变小,解决的办法是换粗销或修复销孔。

插秧机出现有规律的漏插现象,即秧箱一个行程漏插一穴。造成这种现象的原因:①秧箱驱动臂磨损,使秧箱自由移动量增大。秧箱自由移动量应不大于 3 mm,如果自由移动过大,就会使秧箱有效行程变小,这种现象只有在换向时才会表现出来。②传动箱内的移箱轴(螺旋轴)轴槽和销磨损,造成换向时有效行程变小。③秧片宽度过窄,秧箱两端部无秧苗,造成有规律的漏插。对此现象要做全面检查。检查分离针的宽度应为 12.5 mm。检查推秧器的行程不小于 16 mm,推出时不超出分离针尖 3 mm。检查推秧器和分离针下平面之间的间隙应不大于 1 mm。

确保插秧作业质量,要注意以下几点:

(1) 作业时,插秧机尽量直行,转弯时不能插秧。通过水渠或高埂时,应搭木板或抬起船板,不要强行通过,否则将损坏机器,影响作业质量。插秧到秧苗离田边不足 1.8 m 时,应取出边行秧箱内的秧苗,最后要留 1.8 m 宽未插田以便圈边。

(2) 装秧和加秧时动作要轻,防止弄碎秧片和折断秧苗,要让秧苗自由滑下或轻轻推下,避免向秧苗和秧箱上浇水。空箱装秧时,应把秧箱移到一头,在分离针空取秧一次后再加入秧苗。作业时发现地轮不转,应检查皮带

轮、离合器是否打滑,是否有跳挡现象。

(3)如发现某一组栽植臂不工作,并有响声,要检查是否有异物,若有则予以清除。

(4)若某一组栽植臂不工作,并且无响声,则说明链条活节脱落;栽植臂内如有清脆的敲击声,要更换或补加缓冲胶垫。

用后应妥善保管。插秧机受农时季节的限制,一年中工作时间短,停放时间长,所以非作业期间应妥善保管。机器外部要清洗干净。放净燃油、润滑油。卸下三角皮带单独存放。按使用说明书润滑表的要求向各部位润滑点注油。封闭气缸。用少量无水机油加入进气管道,摇转曲轴,使油附在活塞顶部、缸套内壁及气门座封密气缸。清洗空气滤清器滤网,然后将空气滤清器、消声器和油箱用布包好,以防灰尘进入。插秧机上所有的工作弹簧应处在自由状态,存放时,栽植臂推秧弹簧应使推秧器处于推秧状态,以防再使用时因弹簧疲劳而失效。将离合器、定位离合器放在"合"的位置,变速杆放在空挡位置,秧箱放在中间位置。最好存放在室内或简易棚内,禁止在机器上堆放杂物。全机维修后,慢慢转动,检查各部位运转情况,应使各部位运转灵活,无卡滞现象,然后入库保管。将秧船或浮筒平放垫起,使地轮离地支撑。

4. 步行式插秧机常见故障

(1)行秧苗减少量不均匀。原因及对策:菌箱水分有差别;秧针的插株数调节不均匀。解决办法:确保秧针没有被杂物堵塞以提高插秧的准确性,并确保苗箱内的水分一致性。

(2)秧针碰取苗口。原因及对策:秧针的株数调节不良;秧针变形;插植曲柄的紧固螺母松动;苗箱支架(左右)的调剂不良。解决办法:检查所有的秧针,如果发现有变形或损坏,及时更换或修复受损的秧针,定期检查插植曲柄的紧固螺母。

(3)行插深不一致。原因及对策:三个浮板后固定架位不一致;液压阀松动。解决办法:定期检查三个浮板后的固定架位,确保它们被正确地调整和固定,定期检查液压阀是否有松动的现象。

(4)驱动轮、浮板:主动浮动不良。原因及对策:液压钢丝调剂不良;苗支架拉绳调剂不良。解决办法:检查液压钢丝的调节,检查苗支架拉绳的调节,确保它们被正确地调整。

(5)插秧及行驶速度慢。原因及对策:主皮带松动;液压阀松动;主离合器钢丝调剂不良。解决办法:检查主皮带的张紧度,检查液压阀是否有松动。

(6)秧苗不滑动。原因及对策:苗箱水分不足—给苗箱浇水;秧块宽度尺寸超过—苗箱竖向给予;振动送苗辊上缠有秧根。解决办法:及时给苗箱浇水,以保持秧苗的湿润状态,检查秧块的宽度尺寸是否超过了插秧机的规定范围,定期清理振动送苗辊上的秧根。

5. 乘坐式插秧机常见故障排除方法

立秧差或发生浮苗原因:秧苗苗床水分过多或过少;插秧深度调节不当;水田表土过硬或过软;秧爪磨损。排除方法:除采取对应措施外,可减慢插秧速度,非乘坐式插秧机还可往下压手把。

穴株数偏多(每穴标准株数为3~5株)。穴株数偏多的主要原因:苗床上水分过大;取秧量调节不当。应采取对应措施予以解决。

插过秧后秧苗散乱原因:推秧器推出行程小;苗床过干或水分过大;苗片与苗片接头间贴合不紧;水田表土过硬或过软。排除方法:除采取对应措施外,可降低插秧速度、更换秧爪、清理或更换导秧槽。

漏穴超标(机动插秧机漏穴率一般不应超过0.5%)。漏穴的主要原因:苗田播种不均匀;秧苗拱起或秧苗卡秧门;取秧口有夹杂物;秧苗盘超宽造成纵向送秧困难。排除方法:重新装秧苗或将秧苗切割为标准宽度;清除秧苗杂物;更换密度不均匀秧苗。

各行秧苗不匀原因:苗床土含水量不一致;各行秧针调节不一致;纵向送秧张紧度不一致也会使各行秧苗不匀。排除方法:除采取对应的措施予以解决外,对有的插秧机可逐个调节送秧轮,使每次纵问送秧苗行程均为11~12 mm。

秧门处积秧原因：秧爪磨损，不能充分取苗；秧爪两尖端不齐和秧爪间隔过窄或宽；秧苗苗床土过厚，苗床土标准厚度为 2.5～3 cm。排除方法：应及时更换新秧爪或校正秧爪的间隔距离。

取秧量忽多忽少原因：取秧量调整螺栓松动；摆杆下孔与连杆轴磨损。排除方法：重新调整取秧量并紧固调整螺栓；更换摆杆及连杆轴。

夹苗原因：分离针尖端磨损；分离针上翘；压板槽磨损；推秧器磨损；导套磨损；推秧弹簧折断；拨叉与凸轮磨损。排除方法：更换磨损零件。

各行间深浅不一致原因：各栽植臂的拨叉、拨叉轴、推秧凸轮等磨损不一致；各个链箱不在同一水平面上。排除方法：先将各个链箱校正至同一水平面上，然后更换磨损零件。

插深调节失灵原因：升降杆或升降螺母滑扣；固定销孔磨损较大；矩形管固定销轴座折断。排除方法：更换升降杆、螺母或销轴；焊接固定销轴座。

分离针碰秧门原因：秧门错位；栽植臂安装不当；栽植臂曲柄内孔磨损；分离针上翘；取秧量调整过大；摆杆轴旷动或下孔磨损。排除方法：将秧门复位并固定；将栽植臂调至正确位置；更换磨损的曲柄或链轴；校正或更换分离针；更换摆杆或摆杆轴及轴承；调小取秧量。

某组栽植臂不工作原因：链箱传动轴折断；链条脱销或折断。排除方法：接上链条；更换传动轴。

秧箱跳槽原因：滑块或滑槽磨损；秧门两端固定螺栓松动；秧门变形；抬把过高；送秧辊轮锈蚀；送秧辊轮螺钉变形。排除方法：先更换辊轮及螺钉，再检查滑块滑槽，若严重磨损，应予更换；校正门固定螺钉；若秧门固定处磨损，可加一长方形垫片；抬把过高时，用起子撬起抬把前端，装上新缓冲块。

秧箱不工作原因：指销或螺旋轴磨损；滑套固定螺栓漏装。排除方法：打开工作传动箱盖，更换指销或螺旋轴；若滑套固定螺栓漏装，

应重新装上。

送秧抬把后端过高原因：橡胶缓冲块漏装或损坏。排除方法：用起子撬起抬把前端，装上新缓冲块。

送秧齿轴不转原因：送秧棘轮钢丝销脱落；棘轮槽口磨损；棘爪或扭簧脱落；送秧齿轴轴向窜动。排除方法：先看棘轮、棘爪及扭簧是否完好，若损坏或脱落，应予更换；再拨动送秧螺钉，若棘轮转动而送秧轴不转，说明钢丝销脱落，应将钢丝销装好。

送秧轴工作转角小原因：桃形轮与送秧凸轮严重磨损。排除方法：打开工作传动箱盖，更换新件。

送秧轴不工作原因：桃形轮定位键损坏或漏装；桃形轮与送秧凸轮卡住；送秧凸轮钢丝销折断或漏装。排除方法：卸下送秧凸轮或桃形轮，用锉刀将工作面锉成平滑的弧面，严重磨损的应予更换；若键或销损坏应更换新件。

送秧轴间歇工作原因：桃形轮回位弹簧或送秧凸轮回位弹簧弹力弱，使桃形轮或送秧凸轮不能回位。排除方法：打开工作传动箱盖，卸下两个回位弹簧，更换新的回位弹簧。

定位离合器手柄卡滞原因：分离凸轮磨损后，与调节螺母卡滞。排除方法：卸下分离凸轮，用砂轮或锉刀将凸轮工作面磨成平滑的弧面。

主离合器分离不彻底原因：摩擦片与皮带轮黏结；定位螺钉松动，致使离合器拨销脱落；离合拨销严重磨损。排除方法：卸下皮带轮总成，使黏结部分脱开，用砂纸将摩擦片锯面打磨干净，更换离合拨销；拧紧定位螺钉。

定位离合器分离不彻底原因：调节螺母调整不当；分离销与调节螺母滑扣；离合牙嵌上的定位凸沿磨损；拉簧折断（使用拨叉的定位离合器）。检查方法：先打开定位分离盖，检查调节螺母是否在正确位置，调节螺母及分离销是否滑扣、拉簧是否折断。若无问题再拆下动力输出轴总成，检查牙嵌定位凸沿的技术状

态。排除方法：将调节螺母调至正确位置；分离销或调节螺母滑扣应更换；更换拉簧；若定位凸沿磨损，可将分离牙嵌啮合面磨去约0.5 mm；严重磨损的应予更换。

5.4 水稻直播机

5.4.1 概述

水稻直播是水稻种植方式之一，省去了育秧、插秧等多道工序，具有省工、省时、省成本、节约能源等优点。但与移栽水稻相比，直播水稻存在着全苗难、草害严重和易倒伏等问题，生长特性受气候影响较大，需要良好的田间排灌系统，在生产上还要注意掌握好严格的田间管理措施和除草技术。在强调粮食生产稳产高产的前提下，水稻直播的发展受到制约。近年来，随着社会经济的发展，劳动力成本提高，水稻种植方式有从移栽转向直播的发展趋势。水稻直播应因地制宜，在季节许可、适合发展的地区推广。而水稻直播机，顾名思义，就是直接向大田播种水稻种子（或芽苗）的机械。

5.4.2 水稻直播机的分类

水稻直播机是把水稻种子直接播入土中并无须移栽的作业机具，按作业条件、动力、方式、排种器结构等可作如下分类。

(1) 按作业条件分为水直播机和旱直播机。

(2) 按作业方式分多为条播。近年来，也有穴播以及精量穴播机。

(3) 按动力方式分为人力式直播机和机动式直播机。人力式直播机分为手推式和手拉式。机动式直播机分为手扶自走式、独轮乘坐自走式、四轮乘坐悬挂式、飞机航播式。

(4) 按排种器机构分为外槽轮式、振动气流式、往复滑板型孔式、水平圆盘型孔式、带式、窝眼式、内充种斗式。

水稻直播机分类方式如图 5-69 所示。

水稻直播机类型
- 按作业条件分
  - 水直播机
  - 旱直播机
- 按作业方式分
  - 条播
  - 点（穴）播
  - 撒播
- 按动力方式分
  - 人力式直播机
    - 手推式
    - 手拉式
  - 机动式直播机
    - 手扶自走式
    - 独轮乘坐自走式
    - 四轮乘坐悬挂式
    - 飞机航播式
- 按排种器机构分
  - 外槽轮式
  - 振动气流式
  - 往复滑板型孔式
  - 水平圆盘型孔式
  - 带式
  - 窝眼式
  - 内充种斗式

图 5-69　水稻直播机分类方式

5.4.3 水稻直播机的型号

水稻直播机命名规则如图 5-70 所示，如2BD-6D 型播种机表示水稻水直播机，其工作行数为六行，带式排种器。

5.4.4 水稻直播机的结构和工作原理

1. 人力水稻直播机的基本结构

人力水稻直播机有手推和手拉式，也有旱直播和水直播式。图 5-71 所示的 2BX-1 型人力陆稻（旱地）覆膜穴播机为手推式旱直播机，适用于旱地播种作业。该机主要由排种滚筒、播种鸭嘴、落种门、排种器、加种观察窗、弹簧、推杆等组成。人力通过推杆带动排种滚筒旋转前进，在旋转过程中，种子流入排种器内，转至下方，种子流入鸭嘴内，通过地面压力压缩弹簧，打开落种门，种子播入穴中，播后由弹簧复位关闭落种门。

图 5-72 所示的金穗牌 2BD-5 型水稻人力点播机为手拉式水直播机，适用于水田作业。该机主要由机架、牵引杆、提机把手、播种器、防滑轮、压种器、平整板、主动轴、播种轴、弧形弹簧片、多级从动链轮、传动链、单向主动链轮等

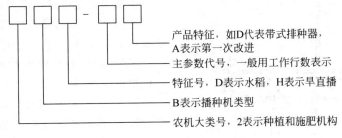

图 5-70　水稻直播机命名规则

产品特征，如D代表带式排种器，A表示第一次改进

主参数代号，一般用工作行数表示

特征号，D表示水稻，H表示旱直播

B表示播种机类型

农机大类号，2表示种植和施肥机构

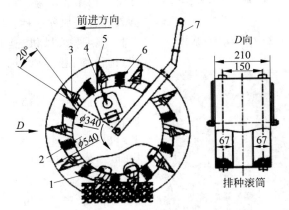

1—排种器；2—排种滚筒；3—落种门；4—加种观察窗；5—播种鸭嘴；6—弹簧；7—推杆。

图 5-71　2BX-1 型人力陆稻覆膜穴播机

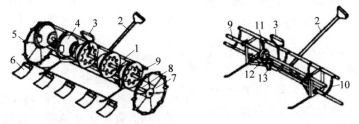

1—机架；2—牵引杆；3—提机把手；4—播种器；5—防滑轮；6—压种器；7—平整板；8—主动轴；9—播种轴；
10—弧形护种弹簧片；11—多级从动链轮；12—传动链；13—单向主动链轮。

图 5-72　金穗牌 2BD-5 型水稻人力点播机

组成。通过人力拉牵引杆使播种机向前行走，由防滑轮轴（主动轴）上的单向主动链轮通过链条带动播种轴上的链轮使播种器旋转，由内部的分配斗取种，当播种口转至下方时即排出种子播入田中。

图 5-73 所示的玉丰牌 2BD-5 型水稻人力点播机为手拉式水直播机，适用于水田作业。该机主要由提机手柄、牵引手把、种箱、驱动轮（防滑轮）、底板、落种管、压种板、机架等组成。

图 5-74 为山东永航水稻人力直播机产品展示图。

通过人力拉牵引手把使机器前进，在前进过程中驱动轮旋转，装在驱动轮轴上的棘轮使上、下摆杆做往复转动，连接上摆杆上的排种板做往复运动，达到充种排种，通过落种管播下种子。

2．机动水稻直播机的基本结构

机动水稻直播机有水直播和旱直播方式，也有独轮驱动行走和四轮驱动行走方式，多为乘坐型。

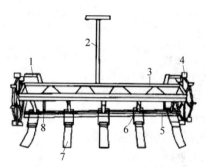

1—提机手柄；2—牵引手把；3—种箱；4—驱动轮；
5—底板；6—落种管；7—压种板；8—机架。

图 5-73　玉丰牌 2BD-5 型水稻人力点播机

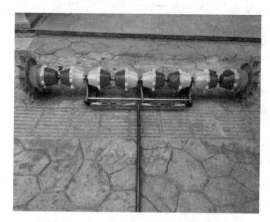

图 5-74　山东永航水稻人力直播机

图 5-75 所示为 2BD-6D 带式精量直播机，适用于水稻水直播。该机主要由发动机、过埂器、牵引架、种箱、播种器、涡轮箱、输种管、播种开槽器、尾轮、排水开沟器、回种盒、万向传动轴、船板、水田轮、行走传动箱等组成。

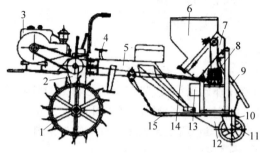

1—水田轮；2—行走传动箱；3—发动机；4—过埂器；
5—牵引架；6—种箱；7—播种器；8—涡轮箱；9—输种管；10—播种开槽器；11—尾轮；12—排水开沟器；13—回种盒；14—万向传动轴；15—船板。

图 5-75　2BD-6D 带式精量直播机

该机为独轮行走乘座型的水直播机，行走底盘采用 2ZT 系列插秧机的底盘。通过万向节轴传动至变速箱，再由变速箱通过链条传至主动辊筒，带动分种胶带在种箱中取种，将种子输送至接种漏斗，由排种管播下种子。

图 5-76 所示为 2BQZ-6 型水稻芽种直播机，适用于水直播。该机主要由四轮驱动行走底盘和播种工作部分组成，为乘坐型。播种工作部分由中心浮板、侧浮板、储气筒、导向杆及弹簧、振盒、加种手柄、种箱、振动杆、排种量调节板、输种管、风机、连杆、偏心轮轴、开闭闸门、排种管、悬挂轴、机架、变速箱、落种管等组成。

该机播种工作部分与 P600 高速插秧机的四轮驱动行走底盘配套，播种机的动力由万向节输出轴传至变速箱，再传至偏心轴、连杆、振动杆，使振盒内的种子在高频振动作用下呈流态化，均衡地流向排种孔，流入输种管，在气流的作用下种子播入田中。

该机的行走底盘采用 2ZT 系列插秧机的独轮驱动底盘，为乘坐型。播种部分的动力由万向节输出轴传至变速箱，通过偏心轴、连杆、振动杆，使振台振盒振动，在高频振动下，振盒内的种子呈流态化，均匀地流向排种管口，流入排种管，输种管内的种子在气流的作用下从落种管播入泥中。

图 5-77 所示为 2BDQ-8 型振动气流水稻直播机，适用于水直播。该机主要由尾轮、船板、落种管、储气筒、变速箱、风机、输种管、气管、振台基准、机架、振盒、种箱、加种手柄、连杆、偏心轴、万向节、驾驶座、牵引架、操向盘、柴油机、发动机架、行走传动箱、行走轮等组成。

图 5-78 所示为 2BD-6 型水稻穴播机，适用于水直播。该机为独轮驱动乘坐式，采用插秧机的独轮驱动行走底盘，播种工作部分主要由整地板、开沟器、连接架、传动机架、动力输入轴、座位、防护罩、空间四连杆、单向传动装置、种子箱、播种器、机架等组成。

播种工作部件的动力由行走部分的输出轴动力传至输入轴，经空间四连杆机构形成摆

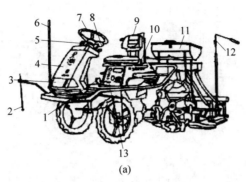

1—离合器踏板（主离合器）；2—靠行侧杆；3—前车灯；4—外壳；5—副变速杆；6—中心杆；7—方向盘；8—主变速杆；9—驾驶座；10—液压感度调节杆；11—播种工作部分；12—划行指示器；13—转向踏板。

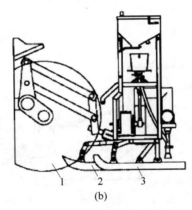

1—拖拉机驱动轮；2—中心浮板；3—侧浮板。

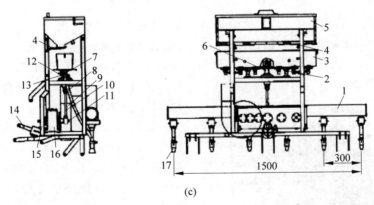

1—储气筒；2—导向杆及弹簧；3—振盒；4—加种手柄；5—种箱；6—振动杆；7—排种量调节板；8—输种管；9—风机；10—连杆；11—偏心轮主轴；12—开闭闸门；13—排种管；14—悬挂轴；15—机架；16—变速箱；17—落种管。

图 5-76 2BQZ-6 型水稻芽种直播机

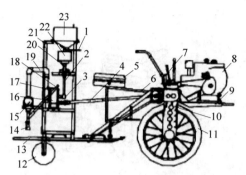

1—加种手柄；2—连杆；3—偏心轴；4—万向节；5—驾驶座；6—牵引架；7—操向盘；8—柴油机；9—发动机架；10—行走传动箱；11—行走轮；12—尾轮；13—船板；14—落种管；15—储气筒；16—变速箱；17—风机；18—输种管；19—气管；20—振台基准；21—机架；22—振盒；23—种箱。

图 5-77　2BDQ-8 型振动气流水稻直播机

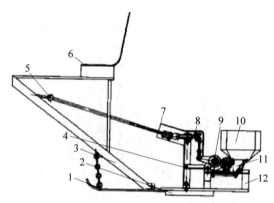

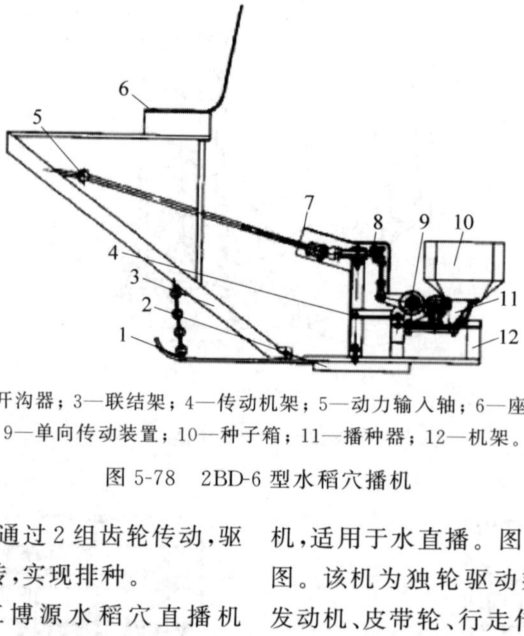

1—整地板；2—开沟器；3—联结架；4—传动机架；5—动力输入轴；6—座位；7—防护罩；8—空间四连杆；9—单向传动装置；10—种子箱；11—播种器；12—机架。

图 5-78　2BD-6 型水稻穴播机

动,经单向间歇传动机构通过 2 组齿轮传动,驱动排种盘呈单向间歇旋转,实现排种。

图 5-79 所示为浙江博源水稻穴直播机(2BDZ-10D)外观图。

图 5-79　浙江博源水稻穴直播机(2BDZ-10D)

图 5-80 所示为沪嘉 J-2BD-10 型水稻直播

机,适用于水直播。图 5-81 为其行走传动示意图。该机为独轮驱动乘坐式,主要由动力架、发动机、皮带轮、行走传动箱、操向柄、驱动轮、牵引架、种子箱、播种地轮、排种轴、开沟器、尾轮、托架、船板等组成。

该机动力传动部分只限于驱动行走地轮前进,无动力输出轴。播种部分的排种动力来自机器在前进过程中,带动播种地轮旋转,排种轴随之转动,使外槽轮排种器排种而播下种子。

苏昆 2BD-8 型与上述机不同之处在于由万向节输出轴传递动力完成排种。

图 5-82 所示为久保田(苏州)六行乘坐式高速插秧机(2BDZ-10)外观图。

图 5-83 所示为 2BG-6A 型稻麦条播机,适

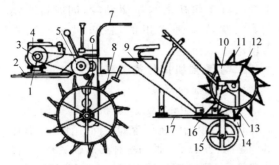

1—动力传动部分；2—动力架；3—胶带；4—发动机；
5—胶带轮；6—行走传动箱；7—操向柄；8—驱动轮；
9—牵引架；10—种子箱；11—播种地轮；12—排种
轴；13—播种工作部分；14—开沟器；15—尾轮；
16—托架；17—船板。

图 5-80　沪嘉 J-2BD-10 型水稻直播机

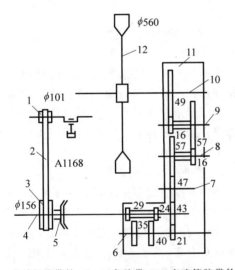

1—发动机胶带轮；2—三角胶带；3—变速箱胶带轮；
4—传动Ⅰ轴；5—锥形摩擦离合器；6—传动Ⅱ轴；
7—传动Ⅲ轴；8—传动Ⅳ轴；9—传动Ⅴ轴；10—传动
Ⅵ轴；11—变速箱体；12—行走轮。

图 5-81　沪嘉 J-2BD-10 型水稻直播机
行走传动示意图

用于水稻与小麦的旱直播。该机的行走底盘
为东风-12 型手扶拖拉机，主要由条播机齿轮
箱部分、排种传动部分、种箱、排种部分、旋切
刀传动部分、罩壳播种头部分、框架部分、镇压
轮部分、手扶拖拉机等组成。

　　该机的播种部分的动力由拖拉机左驱动
半轴上的传动链轮通过链条带动排种轴的链
轮，使排种轴及槽轮转动进行排种，种子经由

图 5-82　久保田（苏州）六行乘坐式高速
插秧机（2BDZ-10）

输种管送到播种头，由播种头内的撒种板将种
子均匀地弹入由播种头伸入土层划出的浅沟
内，再由旋耕抛来的土覆盖，经镇压轮镇压后
即完成作业。

　　该机为旋耕播种联合作业，旋耕的旋切动
力通过拖拉机底盘的倒Ⅰ挡齿轮和条播机的
犁刀传动齿轮传递到犁刀传动轴，使旋切刀旋
转，进行旋耕灭茬。

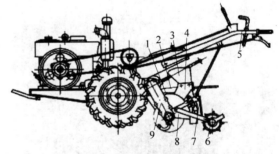

1—条播机齿轮箱部分；2—排种传动部分；3—种箱；
4—排种部分；5—手扶拖拉机；6—镇压轮部分；7—框架
部分；8—罩壳播种头部分；9—旋切刀传动部分。

图 5-83　2BG-6A 型稻麦条播机

　　图 5-84 所示为 2BD（H）-120 型水稻旱直
播机的播种工作部分，与东风-12 型手扶拖拉
机底盘配套，主要由动力传动、碎土装置、排种
装置、播种头及升降机构等组成。

　　该机采用旋切碎土与滑移覆盖相结合的
工作原理，是在 2BG-6A 型稻麦条播机的基础
上改进而成。解决在水稻旱直播作业时播种
过深的问题。主要改动处有：将挡土板前移以
减少抛土量；播种头前移并下降以便于开沟，
播深为 1～2 cm。

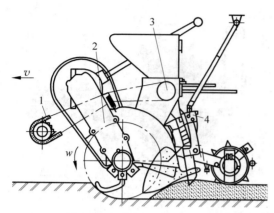

1—动力传动；2—碎土装置；3—排种装置；
4—播种头及升降机构。

图 5-84　2BD(H)-120 型水稻旱直播机播种部分

江南 2BG-10 型精少量稻麦条播机与东风-50 型拖拉机悬挂连接，其结构原理与 2BG-6A 型稻麦条播机基本相同。

图 5-85 所示为曲阜市启航旱稻播种机。

图 5-85　曲阜市启航旱稻播种机

5.4.5　水稻直播机的使用与维护

1. 使用前检查

（1）按照直播机配套发动机使用说明书检查，加注润滑油和燃油。

（2）检查各连接件的螺栓、螺丝是否松动，如有松动要拧紧或更换。用手转动地轮，检查地轮和排种器转动是否灵活，如果发现转动凝滞应查明原因，及时排除。

（3）对于水直播机，机器在下田之前，应拆下橡胶行走轮换上水田驱动轮，同时拆去尾轮。注意选好进出田的路线，机组以慢挡下田。

2. 水直播机排种量调整

1）使用前的调整

首先在平坦的地方，使机器空运转 3～5 min，然后根据农艺要求和不同谷种进行播种量调整，其方法是：松动排种器后锁紧螺丝，移动拨杆，一般使播种量在 1 m² 内有稻种 65～75 粒为宜。调好后，拧紧锁紧螺丝，以防作业时松动。

2）水田播种时的调整

因为陆地运转与下水田作业时环境有变化，必须再次调整，方法同上，直到符合农艺要求为止。

3. 旱直播机的调整

1）行距、行数的调整

先拆除要调整的播种头上方的输种管，然后松开播种头卡座与行距调节板的紧固螺母，按照行距要求移动播种头到所需位置，最后紧固螺母并装上输种管。多余的播种头应拆除，以免影响机具的通过性。

2）播种头高低的调整

播种深度应根据土壤墒情来确定，一般在墒情较差时宜深一些，反之适当浅播。调整时，将固定播种头的螺栓松开，如要浅播则可将播种头上移，反之下移，调整好后紧固螺栓。

3）旋耕深度的调整

拔出调节孔板和连接板用的圆柱保险销，再略抬镇压轮并抽出圆柱销，将所需调整的孔位对好，插进圆柱销并将其保险。调节孔板每上升一孔，旋耕深度增加约 10 mm。

4. 操作要求

（1）要选择比较熟练的驾驶员一人，另配备一名辅助人员，以帮助添加种子，查看播种情况及帮助处理田间故障等。

（2）必须在机器停止运动状态下检查和调整，严禁在工作过程中对机器进行检查和调整。发现机器有不正常气味和响声应立即停止运转，并检查修理。

（3）田间工作速度用Ⅰ挡或Ⅱ挡，速度根

据田块平整情况而定,换挡必须将离合器置于分离或刹车位置,切断动力,严禁不停车换挡。

（4）当田间泥脚太深而陷车时,可以在驱动轮下面塞垫木板,并用绳子牵引机头,不要站在驱动轮前面直接用手拉。也可以抬起后面的船板以减少阻力,但不能去抬机头。

（5）道路上行驶时,驱动轮应该用橡胶轮而不能用水田轮,路面不平时不能用快速挡行驶。

5. 保养和保管

（1）机器在使用过程中,必须按照使用说明书规定的要领操作,以保证机器发挥最大的功效和使机器经常处于良好的技术状态。

（2）每天工作完毕后,要清除机器上的泥土,停放在机库里面,不让机器放在露天地里日晒雨淋。

（3）每个农业季节机器使用后,应检查全部零件,如有损坏或者严重磨损的应进行修理更换。

（4）机器停用后,应将机器擦干净,在非油漆表面上油,以防锈蚀,机器必须平放在室内干燥通风处,上面勿压重物,以防机器变形。

参考文献

[1] 陈雪飞,唐艳萍,谢英杰,等.我国机械化直播水稻生产技术研究进展[J].中国稻米,2018,24(4):9-15.

[2] 罗锡文,王在满,曾山,等.水稻机械化直播技术研究进展[J].华南农业大学学报,2019,40(5):1-13.

[3] 宋建农,庄乃生,王立臣,等.21世纪我国水稻种植机械化发展方向[J].中国农业大学学报,2000(2):30-33.

[4] 朱德峰,陈惠哲,徐一成.我国水稻种植机械化的发展前景与对策[J].北方水稻,2007(5):13-18.

[5] 张妮,张国忠.水稻种植机械化技术研究现状与展望[J].湖北农业科学,2020,59(17):5-10.

[6] 吴崇友,金诚谦,卢晏,等.我国水稻种植机械发展问题探讨[J].农业工程学报,2000(2):

21-23.

[7] 曾雄生.直播稻的历史研究[J].中国农史,2005(2):3-16.

[8] 于吉森,赵冰,田新庆.水稻直播机械的发展状况及前景展望[J].农业装备技术,2006(2):14-16.

[9] 朱德峰,陈惠哲,徐一成.我国水稻种植机械化的发展前景与对策[J].北方水稻,2007(5):13-18.

[10] ESPE M B,CASSMAN K G,YANG H S,et al. Yield gap analysis of US rice production systems shows opportunities for improvement[J]. Field Crops Research,2016,196:276-283.

[11] ZHANG M H,WANG Z M,LUO X W,et al. Review of precision rice hill-drop drilling technology and machine for paddy[J]. Journal of Engineering,2018,11(3):1-11.

[12] 邢赫.水稻精量穴播气力式排种器的优化设计与试验研究[D].广州:华南农业大学,2016.

[13] 包春江,李宝筏.日本水稻插秧机的研究进展[J].农业机械学报,2004(1):162-166.

[14] 申承均,韩休海,于磊.国内外水稻种植机械化技术的现状与发展趋势[J].农机化研究,2010,32(12):240-243.

[15] 张玉屏,朱德峰,徐一成,等.日本的水稻长毯秧苗机插技术及启示[J].中国稻米,2013,19(6):35-36.

[16] FELEZI M E,VAHABI S,NARIMAN-ZADEH N. Pareto optimal design of reconfigurable rice seedling transplanting mechanisms using multi-objective genetic algorithm[J]. Neural computing and applications,2016,27(7):1907-1916.

[17] 杨坚,韦林,覃振友,等.2BD-8自走型分流式小型水稻直播机[J].农业机械学报,1998,29(4):177-180.

[18] 夏萍,张建华,马有华,等.水稻包衣直播机设计与试验研究[J].农业工程学报,2003,19(3):99-103.

[19] 罗锡文,蒋恩臣,王在满,等.开沟起垄式水稻精量穴直播机的研制[J].农业工程学报,2008,24(12):52-56.

[20] 张国忠,罗锡文,臧英,等.水稻气力式排种器群布吸孔吸种盘吸种精度试验[J].农业工程学报,2013,29(6):13-20.

[21] 程建平,罗锡文,樊启洲,等.不同种植方式对

水稻生育特性和产量的影响[J].华中农业大学学报,2010,29(1):1-5.

[22] 于晓旭,赵匀,陈宝成,等.移栽机械发展现状与展望[J].农业机械学报,2014,45(8):44-53.

[23] 谢维臣.水稻种植机械化技术发展的探讨[J].农机使用与维修,2017(9):66.

[24] 张娜娜,赵匀,刘宏新.高速水稻插秧机车架的轻量化设计[J].农业工程学报,2012,28(3):55-59.

[25] 刘爽,徐红梅,李航,等.手扶插秧机手传振动评价及振动传递特性试验[J].华中农业大学学报,2020,39(1):151-160.

[26] 王宇.插秧机自动导航控制系统的设计与研究[D].杭州:浙江理工大学,2017.

[27] 唐小涛,陶建峰,李志腾,等.自动导航插秧机路径跟踪系统稳定性模糊控制优化方法[J].农业机械学报,2018,49(1):29-34.

[28] 白雪,郑桂萍,王宏宇,等.寒地水稻侧深施肥效果的研究[J].黑龙江农业科学,2014(6):40-43.

[29] 陈长海,许春林,毕春辉,等.水稻插秧机侧深施肥技术及装置的研究[J].黑龙江八一农垦大学学报,2012,24(6):10-12,25.

[30] 李立伟,孟志军,王晓鸥,等.气送式水稻施肥机输肥装置气固两相流仿真分析[J].农业机械学报,2018,49(S1):171-180.

[31] 左兴健,武广伟,付卫强,等.风送式水稻侧深精准施肥装置的设计与试验[J].农业工程学报,2016,32(3):14-21.

[32] 张洪程,朱聪聪,霍中洋,等.钵苗机插水稻产量形成优势及主要生理生态特点[J].农业工程学报,2013,29(21):50-59.

[33] 宋云生,张洪程,戴其根,等.水稻钵苗机插秧苗素质的调控[J].农业工程学报,2013,29(22):11-22.

[34] 宋云生,张洪程,戴其根,等.水稻钵苗机插每穴苗数对分蘖成穗及产量的影响//2014年全国青年作物栽培与生理学术研讨会论文集[C].中国作物学会,2014.

[35] 宋建农,王苹,魏文军,等.水稻秧苗抗拉力特性及穴盘拔秧性能的力学试验研究[J].农业工程学报,2003,19(6):10-13.

[36] 王立臣,王苹,李益民,等.2ZPY-H530型水稻钵苗行栽机试验研究[J].中国农业大学学报,2002,7(4):21-24.

[37] 徐一成,朱德峰,陈惠哲.钵形毯状秧苗育秧盘[P].中国专利,ZL200710066907.8,2007.

[38] 原新斌,张国凤,陈建能,等.顶出式水稻钵苗有序移栽机的研究[J].浙江理工大学学报,2011,28(5):749-752.

[39] 叶秉良,朱浩,俞高红,等.旋转式水稻钵苗移栽机构动力学分析与试验[J].农业机械学报,2016,47(5):53-61.

[40] 辛亮.斜置回转式水稻宽窄行钵苗移栽机构机理分析与性能研究[D].哈尔滨:东北农业大学,2017.

[41] 孙良,邢子勤,徐亚丹,等.基于精确多位姿解析的水稻钵苗移栽机构研究[J].农业机械学报,2019,50(9):78-86.

[42] 吴国环,俞高红,项篍洁,等.三移栽臂水稻钵苗移栽机构设计与试验[J].农业工程学报,2017,33(15):15-22.

[43] 马瑞峻,区颖刚,赵祚喜,等.水稻钵苗机械手取秧有序移栽机的改进[J].农业工程学报,2003(1):113-116.

[44] 罗锡文,谢方平,区颖刚,等.水稻生产不同栽植方式的比较试验[J].农业工程学报,2004(1):136-139.

[45] 何瑞银,罗汉亚,李玉同,等.水稻不同种植方式的比较试验与评价[J].农业工程学报,2008(1):167-171.

[46] 许轲,常勇,张强,等.淮北地区水稻高产机械栽植方式对比[J].农业机械学报,2014,45(12):117-125.

[47] 邢志鹏.机械化种植方式对水稻综合生产力及稻麦周年生产的影响[D].扬州:扬州大学,2017.

[48] 中国农业机械化科学研究院.农业机械设计手册[M].北京:中国农业科学技术出版社,2007.

[49] 周海波,刘春山,刘冠乔.水稻秧盘育秧播种流水线的现状及发展趋势//黑龙江省农业工程学会2011学术年会论文集[C].黑龙江省农业工程学会,2011.

[50] 田耘,侯季理,栾玉振,等.空气整根育秧盘播种装置的试验研究[J].农业工程学报,1997(4):95-98.

[51] 孟元元,冯伟东,佘永卫,等.水稻工厂化大棚育秧机械设备研究及发展[J].农机化研究,

2014,36(7)：249-252.

[52] 周海波,马旭,姚亚利.水稻秧盘育秧播种技术与装备的研究现状及发展趋势[J].农业工程学报,2008(4)：301-306.

[53] 张琳,吴华聪.适宜水稻机插的几种育秧方式比较[J].福建稻麦科技,1999(1)：12-14.

[54] 殷发国,董根生,李清,等.水稻软(硬)质塑盘机插育秧试验研究[J].现代农业科技,2005(3)：39-40.

[55] 林昌明,朱文俊,吕步成,等.塑盘抛秧秧龄弹性指标研究[J].江苏农业科学,1997(2)：10-13.

[56] 湛小梅,孙志强,周玉华,等.我国育秧机研究进展与发展方向[J].中国农机化,2012(6)：62-66.

[57] 王佳航,程哲,张振宇,等.基于智能光学系统的水稻种子清选机[J].农村实用技术,2020(3)：36-37.

[58] 魏清勇.日本 DH-102 型风选脱芒机简介[J].现代化农业,2001(5)：39.

[59] 李宝筏.农业机械学[M].2 版.北京：中国农业出版社,2018.

[60] 耿端阳,张道林,王相友,等.新编农业机械学[M].北京：国防工业出版社,2011.

[61] 朱德文,程三六.2BTP-56 型水稻田间育秧播种机的研究设计[J].农业装备技术,2002(5)：34-35.

[62] 吕恩利,刘妍华,沈小敏,等.2TYB-450 型水稻田间育秧播种机的设计[J].安徽农业科学,2009,37(33)：16535-16536,16606.

[63] 马旭,邝健霞,齐龙,等.水稻田间育秧精密播种机设计与试验[J].农业机械学报,2015,46(7)：31-37.

[64] 李志伟,邵耀坚.电磁振动式水稻穴盘精量播种机的设计与试验[J].农业机械学报,2000(5)：32-34.

[65] 周海波,马旭,玉大略,等.2CYL-450 型水稻秧盘育秧播种流水线的研制[J].农机化研究,2008(11)：95-97.

[66] 张敏,张文毅,吴崇友,等.气吸式超级水稻毯状苗盘育秧播种流水线设计[J].农机化研究,2009,31(6)：65-68.

[67] 马旭,谭永炘,齐龙,等.水稻秧盘育秧播种机气动式自动供盘装置设计与试验[J].农业工程学报,2016,32(22)：63-69.

[68] 陈林涛,马旭,齐龙,等.水稻秧盘育秧流水线自动叠盘装备现状与展望[J].农机化研究,2017,39(6)：260-264,268.

[69] 马旭.2SJB-500 型水稻秧盘育秧精密播种流水线[C].广州：华南农业大学,2016.

[70] 刘丰亮.水稻插秧机高级维修技术[M].银川：宁夏人民出版社,2009.

[71] 涂同明.水稻机械化插秧必读[M].武汉：湖北科学技术出版社,2008.

[72] 陈巧敏,祁兵,张文毅.水稻插秧机技术发展历程与展望[J].中国农机化学报,2018,39(6)：1-6.

[73] 钱以丰.水稻插秧机研究简史[J].农业机械学报,1986(4)：1-7.

[74] 翟培军.水稻机械化栽植技术研究进展[J].南方农业,2019,13(8)：168-169.

[75] 张宏业,周景文.水稻插秧机的发展概况[J].粮油加工与食品机械,1992(4)：2-6.

第6章

中耕施肥机械

6.1 概述

6.1.1 中耕定义

中耕是指对土壤进行浅层翻倒、疏松表层土壤。中耕作业是农业精耕细作的重要环节之一,可疏松表土、增加土壤通气性、提高地温,促进好气微生物的活动和养分有效化,去除杂草、促使根系伸展、调节土壤水分状况等。

中耕机械主要指农作物生长期间用于除草、松土、表土破板结、培土起垄,或完成上述作业同时进行施肥等作业的机械,包括用于播前整地、牧场更新及休闲地管理、化肥和化学药剂的掺和等种床准备的全幅中耕机,用于果园、茶园、胶园等的专用中耕机,使用火焰、化学药剂等的特种除草机以及间苗机等。

6.1.2 中耕作用

中耕的时间和次数因作物种类、苗情、杂草和土壤状况而异。一般旱地作物在苗期和封行前,水稻在分蘖期进行。一季作物约需中耕3~4次。如作物生育期长、封行迟、田间杂草多、土壤黏重,可增加中耕次数,以保持地面疏松、无杂草为度。在作物生育期间,中耕深度应掌握浅-深-浅的原则,即作物苗期宜浅,以免伤根;生育中期应加深,以促进根系发育;生育后期作物封行前则宜浅,以破板结为主。

1. 中耕作业的主要作用

(1) 使土壤形成疏松的团粒构层,增加土壤通气性。小麦、玉米、油菜、棉花等旱作物中耕,可增加土壤的通气性,增加土壤中氧气含量,增强农作物的呼吸作用。农作物在生长过程中,不断消耗氧气,释放二氧化碳,使土壤含氧量不断减少。中耕松土后,大气中的氧气不断进入土层,二氧化碳不断从土层中排出,农作物呼吸作用旺盛,吸收能力加强,从而生长繁茂。

(2) 改善土壤物理性状,提高好气性微生物活动,增加土壤有效养分含量。土壤中的有机质和矿物质养分须经过土壤微生物分解后,才能被农作物吸收利用。因土壤中绝大多数微生物都是好气性的,当土壤板结不通气、土壤中氧气不足时,微生物活动弱,养分不能充分分解和释放;中耕松土后,微生物因氧气充足而活动旺盛,大量分解和释放土壤中潜在养分,提高土壤养分的利用率。

(3) 切断土壤中毛细管作用,减少土壤下层水分的蒸发,起到保墒防旱作用。干旱时中耕,能切断土壤表层的毛细管,减少土壤水分向土表输送,减少蒸发散失,提高土壤的抗旱能力。

(4) 提高表层地温。中耕松土使土壤疏松,受光面积增大,吸收太阳辐射能增强,散热能力减弱,并能使热量很快向土壤深层传导,提高土壤温度。尤其对黏重紧实的土壤进行中耕,效果更为明显,可使种子发芽,幼苗快长。

(5) 抑制农作物徒长。农作物营养生长过旺时,采取深中耕的办法,可以切断部分根系,减缓吸收作用,从而抑制作物徒长。

(6) 促进土肥相融。中耕可使追施在土壤表层的肥料搅拌到底层,达到土肥相融的目的;尤其是水田中耕可以排除土壤中有害物质和防止脱氮现象,促进新根大量生长,提高吸收能力,增加分蘖。

2.中耕机农艺及技术要求

(1) 对土壤工作部件性能的要求。中耕作业的农业技术要求主要是锄净杂草、松土并施肥。因此中耕机工作部件既要具备锄草性能好又不缠结杂草,耕后土表平整,以减少土壤水分蒸发。在选择土壤部件形式时,须保证其松土而不粉碎、不乱土层,开沟起垄后,垄形规整,沟底留有落土。播前整地全幅中耕时,土壤底层平整均匀,确保播种时苗床土层深度一致。

(2) 对土壤工作部件的调整、安装与通过间隙的要求。在农作物管理期间,每次松土深度不完全相同。为适应上述要求,中耕机的结构应根据行距和松土深度,其工作部件应可调节,并能适应土表起伏,保证耕作时工作部件的稳定性。机架高度影响中耕机在作物行间的通过性,用于低秆作物中耕机的主梁高度一般不小于300~350 mm,高秆作物中耕机不小于700 mm。

(3) 对护苗带的要求。农作物苗期行间中耕时,为了避免损伤或土壤掩埋幼苗,中耕机工作部件距苗行应有一定宽度的护苗带。护苗带的宽度取决于作物的种类及品种,生长程度,松土深度,播种质量(苗行的直线性)及中耕机作业时工作部件在垂直面上的水平偏斜度。显然,中耕机工作部件水平面内运动稳定性提高,护苗带宽度即可减小。

(4) 中耕技术要求

中耕机的结构应满足以下技术要求。

① 注意农作物生长初期的保护:机械化中耕作业应根据农作物的实际情况选择作业方式,若农作物处于苗期或植株较小,中耕过程中机械可能会对幼小植株造成损伤,还可能导致植株被土壤掩埋等问题,若发现这种情况应将中耕机工作部件向侧方调整一段距离,使其位于农作物侧面固定位置,以保证植株更好地吸收养分。

② 合理控制中耕追肥的深度:中耕追肥应根据不同农作物条件及生长期间决定翻耕和施肥的深度。例如农作物处于生长后期时,其根系十分发达,能够很深地下扎入土壤中,因此中耕时应相对于苗期更深一些。为实现不同深度的中耕需求,中耕机的翻耕深度应能够按照要求进行调节。同时,中耕机的翻耕和追肥工作需要能够适应土壤的起伏,以保证中耕作业过程的稳定性。

③ 中耕机械性能稳定良好:中耕机翻耕装置必须要具备良好的开沟能力和通过性,并达到中耕作业后耕地土壤表面的平整要求,以尽量减少土壤扰动量,保持土壤中的水分含量,减少翻耕导致的水分蒸发。

6.1.3　国内外发展概况及发展趋势

中耕施肥是我国农业精耕细作重要环节之一,也是保证稳产、高产不可缺少的重要措施。中耕的主要作用是疏松土壤,增强透气性,提高地温;切断土壤中的毛细管,保墒抗旱;改善土壤的物理性状,提高土壤肥力;消灭杂草,消灭虫害。中耕机械主要指农作物生长期间用于除草、松土、表土破板结、培土起垄或完成上述作业同时进行施肥等作业的机械,包括全面中耕机、行间中耕机和专用中耕机。全面中耕机用于包括播前整地、休闲地管理、化肥和化学药剂的掺和等种床准备作业。农作物的行间中耕作业包括松土、表土破板结、间苗、除草、追肥及行间开沟培土等。一些专用中耕机用于果园、茶园、胶园的专项作业。

1.国内发展概况及趋势

我国地大物博,由于地域的不同、种植作物的不同以及天气变化等原因,垄作栽培大致可以划分为以下几种主要的类型:东北地带垄作增温类型、西北地带垄作集水抗旱类型、南方地带垄作聚土类型、平原地带垄作节水类型。

（1）中耕培土机的研究起步于20世纪60年代，经过多年的发展已有多种机型，但大多以北方地区的大型机具为主，结构比较笨重且功能单一，不适合南方的小地块和黏性土壤的中耕管理作业，直到近年来，市场上才开始出现一些小型中耕培土机械。但总体来看，现有的中耕开沟培土机械都存在培土较松的问题，不适合南方及其他多台风雨水气候地区的垄作物田间管理。因为在台风季节，如果垄面太低或垄面培土太松，作物很容易倒伏，也不利于沟底排水，容易导致作物根系腐烂，影响农作物的生长以及产量。我国目前研制的中耕培土机大致可以分为犁刀式中耕培土机、圆盘式中耕培土机、螺旋式中耕培土机、弹齿式中耕培土机四种主要机型。

（2）目前国内研制的中耕施肥机械有十几种产品，有全面中耕机、行间中耕机、通用中耕机、旋转式中耕机等。通用中耕机由机架、行走轮、操向机构、起落机构及锄铲组等组成。工作部件包括单翼铲、双翼铲和凿形松土铲三种。锄铲组铰接在机架横梁上，故可适应地形。全面中耕时，工作幅宽可达4.5 m，耕作深度可在6～16 cm范围内调节。进行行间中耕时，行距可调整为45 cm、60 cm、65 cm、70 cm，并可调整为51 cm、15 cm不等行距进行作物行间中耕，又可按41 cm的铲苗段及24 cm的留苗段进行间苗作业。

我国东北、新疆地区农垦系统国营农场是粮、棉、油作物的主要生产基地，使用大型中耕施肥机组有明显的技术优势及经济效益，是田间作业的主要装备之一。广大农村科技致富，经济收入逐年增加，科学种田观念的深化，将促进农户对农业机具加大投入力度。物美、质优、价廉的中、小型中耕施肥机具产品，将成为农村的畅销产品。能够进一步提高田间作业性能与质量、减轻劳动强度、改善劳动条件、增强环保意识等方面的技术，也势必受到关注。中耕施肥机械产品的研制，应当在以下的新技术领域发展和探索：

① 宽幅、高效的大型中耕施肥机，会继续使用发展，仍是方向性的产品。

② 采用新技术，提高调节、保养和操作的自动化水平。研究解决行间中耕施肥机自动调行、自动避让、自动调节耕深、自控施化肥、电子选优间苗等新机型。

③ 增强环境保护意识，研究发展环保型防除杂草的产品体系，减少或消灭化学除草剂所造成的严重污染。

④ 新材料、新工艺的研究成果在中耕施肥机产品上的采用将有更多新的突破。

2. 国外发展概况及趋势

国外中耕机械种类较多，主要用于休闲地管理及作物行间的中耕。在干旱地区或丘陵地带，为防止土壤水分蒸发和水分流失，使用重型中耕机灭茬取得较好效果。这种全面中耕机耕深为38 cm左右。工作部件有弹性及刚性锄齿，铲柄装有安全弹簧、保险螺栓或保险销等安全装置。铲多呈S形，铲的安装距离为16～25 cm，分为3～4排安装，以增强土壤通过性和防止堵塞。宽幅为牵引式，分3～5组，运输时可折叠。行间中耕机大多采用后悬挂式，也有前悬挂式的机具。广泛用于粮棉中耕的通用型中耕机品种很多，如丹康斯基尔公司生产的VRC系列悬挂式中耕机，有2～12行5种规格。其中8～12行的为折叠型，幅宽2.5～9.5 m，有结构简单的平行四连杆仿形机构及无压橡胶仿形轮，工作部件有S形振动弹齿，作业速度在深15 cm时为8～12 km/h，每根弹齿需功率为1～2 Ps。驱动型中耕机在欧美国家使用越来越多。这种工作部件碎土性好，不易缠草，耕后地表平整，与其他部件容易组合成松土、灭茬、除草、施肥等复式作业。意大利旋转中耕机有多种类型刀片，刀轴转速为119～270 r/min，行走速度为2.5 km/h左右，通过增减刀片可改变幅宽，机架装有可调的限深轮，耕深为10～12 cm。刀片有铧形、直角形、叶形、L形和弧形。中耕机的机架，牵引式的为框架式，悬挂式的多为单梁式，普遍采用矩形钢管；折叠及耕深调节采用液压油缸操作。工作部件主要是铲式部件，为中耕机的基本型。大多数铲式工作部件均已安装弹簧松脱装置及各种类型的弹性铲柄,最大的松脱力达100 kg。S形弹齿工作时能产生前、中、后均匀的作用,保证耕深均匀,抖松草根并抛掷地表,达到碎土、灭草的良好效果。单双翼铲张角趋于减小,以增强铲子排除杂草的能力,中耕后的地表平整。单翼铲由于入土性差,侧压力不平衡,近年来中耕机趋向不用单翼铲,而代之采用各式护苗器。旋转锄主要用于作物苗期苗行的松土,直径为350～500 mm,滚动阻力小。

国外中耕机械发展趋势:

(1)向宽幅高效发展。为了提高生产率,大力发展大功率高效机具,提高作业速度(可达12 km/h),增加机组耕幅。如加拿大莫里斯公司生产的杆式中耕机,幅宽15 m,用于少耕法的全面中耕机幅宽达18 m。当前重点解决最佳机器工作速度与幅宽如何配置问题,使功率利用率最高。

(2)发展联合作业机组,实现一机多用。联合作业机组是国外农机具发展的趋势,施肥机械同时与耕耘、作畦、平垄等作业一起进行。通过改进工作部件的使用性能和更换工作部件,施肥机械可以进行施化肥、厩肥、撒石灰、运牧草及给畜舍供给草,达到一机多用。

(3)采用电子传感器等高新技术。采用电子摄像机装在拖拉机机架下,监视器和显示管置于机手可见处,监视后悬挂中耕机的作业状况,便于机手操作。安装反射镜监视装置,拖拉机手通过两个可调节的平面镜可以看到作物苗在中耕机护苗器内的状况。

国外正在研究火焰除草、微波除草等技术,没有化学药剂残留和空气污染。德国、丹麦研究一种振动式中耕机,利用振动将杂草除掉并抛掷土表枯死。另外,采用专业化程度较高的自走式中耕机是机械化水平较高地区的一种发展趋势,虽然机具费用较高,但是使用调节及作业前准备工作简单方便。

6.2　中耕机分类

中耕机的类型如图6-1所示。

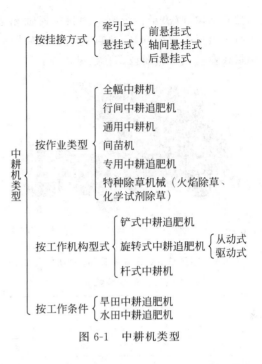

图 6-1　中耕机类型

6.3　典型中耕机及其主要性能

6.3.1　机力中耕施肥机

1.全幅中耕施肥机

这种施肥机的基本特征是在机器的全幅宽内均匀地施肥。其工作原理可以分为两类:一类是由多个双叶片的转盘式排肥器横向排列组成;另一类是由装在沿横向移动的链条上的链指,沿整个机器幅宽施肥。大型宽幅中耕机多为牵引式,由3组或5组组成。机架采用液压折叠式,便于运输。各类型悬挂式全幅中耕机的结构基本相同,此类中耕机不翻表土,将杂草及作物残茎抛至地表,可防止水分蒸发和水土流失。

如图6-2所示为德沃3ZFQ-3.6中耕机/中耕施肥机/起垄机,除具有一次作业完成马铃薯、玉米等经济作物生产前期需进行的垄间碎土、松土、垄上培土成形、施肥等多项功能外,还可以进行作物苗期垄间除草。该机采用驱动刀片松土,解决黏重土壤的板结和结块问题;采用高强度耐磨合金刀片,刀片刀口焊接耐磨合金,使刀片使用寿命更长;传动箱体采用独立结构,解决了传统驱动中耕机通轴无法进行出苗后中耕的问题,可以完成出苗后期的中耕作业。该机主要技术参数见表6-1。

图 6-2　德沃 3ZFQ-3.6 中耕机/中耕施肥机/起垄机

表 6-1　德沃 3ZFQ-3.6 中耕机/中耕施肥机/起垄机主要技术参数

项　　目	参　　数
配套动力/kW(Ps)	≥ 102.9(140)
拖拉机输出转速/(r·min^{-1})	1000
作业行数	4
作业行距/mm	900
工作幅宽/mm	3600
肥箱容积/L	600
结构质量/kg	2150
外形尺寸/(mm×mm×mm)	2410×4365×2000

1) 通用中耕施肥机

通用中耕机既可用于全幅中耕,也可用于行间中耕、横向株间中耕作业,故称通用中耕机。例如我国生产的 ZW-4.2 牵引式通用中耕机,由机架、地轮、操向机构、起落机构及锄铲等部件组成。工作部件包括单翼铲、双翼铲和凿形松土铲三种。锄铲组铰接在机架横梁上,可适应地形变化。全幅中耕时,工作幅宽可达4.5m,耕深可在 6~16 cm 调节。

2) 一般用途全幅中耕施肥机

中耕机用于休闲地和播前全幅中耕。由机架、地轮、起落机构及耕深调节机构,2~3 列锄铲组成。例如平铲式全幅中耕机,用于秋耕及休闲地管理,土壤工作部件为双翼平铲,幅宽较大不翻土,工作幅宽为 1.8~2.4 m。凿齿中耕施肥机,牵引式,用于灌溉后松土、平整土表或播前碎土施肥,松土深度为 10~15 cm。

3) 重型全幅中耕机

中耕机工作部件一般有弹性锄铲和刚性锄铲,大多数锄铲两端带刃,磨损后可调换,最大耕深约为 38 cm,多用于干旱地区或丘陵地带。为防止水分蒸发和水土流失,可使用重型中耕机灭茬。

4) 种床全幅中耕机

该机用于播前整地、牧场更新及休闲地管理、肥料农药掺和作业。不翻表土,将杂草及作物残茎抛至地表。铲柄装有安全弹簧、保险螺栓或安全销等装置,多数铲柄呈 S 形,有弹性,当遇到树桩或石块等障碍物时,可自动越过并复位。中耕铲分 3~4 排安装,横向距离一般为 16~25 mm,以增强土壤通过性,防止堵塞。种床中耕机多数为组合式,弹齿全幅中耕机加装各式滚动碎土组件,一次完成播种准备,使松土层深度一致,防止土壤毛细管作用的破坏,从而改善土壤的物理性状,增强土壤透气性和蓄水能力,并起到消灭杂草的作用。

5) 杆式全幅中耕机

该机用于休闲地全幅中耕,当地表平整、土层松软时,作业质量较好,属于一种有效特殊型式的锄草松土机具,有牵引式和悬挂式两种机型。工作部件为转杆,杆的横截面一般呈正方形,为减小土壤粉碎,也有呈六边形或圆形。转杆横向配置于中耕机全耕幅,作业时拖拉机动力输出轴或地轮传动,使锄杆埋入土壤并转动,转动方向与前进方向相反,转速约为150 r/min,转杆在地表层下 8~12 cm 深度通过,将表土硬层挤碎,下层土壤压实,达到保墒目的。当转杆碰到草根时,先将其弯曲并搅断草根,再抛至地表晒枯。在机架前装有安全弹簧装置的双翼铲,以使转杆易于入土。杆式中耕机的主要缺点是:转杆耕作时,土壤被搅拌过程中部分土壤过度粉碎,适应地形能力差,致使在生产使用中受到限制。

6) 旋转锄

此类中耕机的旋转耕作部件为从动式,有全幅旋转锄及行间组合式旋转锄,主要用于作物出苗前后,苗行内及行间中耕(对破土出苗能力差的作物如棉花、甜菜等尤其需要)。破碎雨后土壤板结层、锄去幼草,促使种子或作物幼苗迅速整齐地出土,消灭萌芽杂草、抑制作物行间后期草荒。当机组前进时,弯形尖齿的锄盘在土表滚动,破碎表土的程度取决于尖齿入土的次数和深度,一般入土 150 次/(m² · s),松土深度为 3~5 cm,最深为 7~8 cm,播入下层土壤中的种子或块根作物幼芽不会被损伤。锄齿盘齿端直径为 350~500 mm,采用封闭双列球轴承,锄齿用球磨铸铁或锻压制造。工作幅宽为 4.5~9.5 m,作业速度在 7 km/h 以上,耕种两次灭草率达 60%左右。

2. 行间中耕施肥机

行间中耕施肥机的结构特点是可根据机架宽度按不同作业需要配置各种工作部件,或将有关工作部件安装在通用机架上。行间中耕机多为悬挂式,有拖拉机前悬挂、后悬挂和轴间悬挂三种。前悬挂铲式中耕机的优点是便于拖拉机手一人操纵;轴间悬挂中耕机对地面适应性好,可减少侧移现象,保证机具沿行间准确地行进,尤其在斜坡地作业时,更显其优越性。轴间悬挂及前悬挂中耕施肥机都必须专机配套。图 6-3 所示为行间中耕施肥机实物图。

图 6-3　行间中耕施肥机

行间中耕施肥机按机架高度的不同,有低秆作物和高秆作物中耕机之分。根据工作部件的特点,又可分为直线运动的铲式和旋转式行间中耕机。

该机用于农业大棚和农田旋耕、开荒、松土、开沟、培土、起垄等,主要适用于大棚作业、菜地、花场、果园、水田、山坡等小地块作业,具有体积小、作业稳定性好、手把可高低(上下)

任意调整的特点。耕作部分采用插销联结,换装方便。该机主要技术参数见表 6-2。

表 6-2　行间中耕施肥机主要技术参数

项　　目	参　　数
配套动力/kW	≥ 7.5
耕宽/mm	460
耕深/mm	60
结构质量/kg	70
外形尺寸/(mm×mm×mm)	1400×600×1050

几种常用的行间中耕施肥机的特点介绍如下。

1) 悬挂式行间中耕施肥机

当前农业生产使用最广泛的为后悬挂式行间中耕施肥机。此类行间中耕施肥机结构简单,节约材料,转向灵活方便,对行距适应性能良好,可减少伤苗率。其种类较多,结构大致相同,一般由单梁、悬挂架、支持轮、锄铲组、施肥机构和液压升降机构等组成。锄铲组多采用四连杆仿形机构,以保持入土稳定性。根据不同行距和作业要求,轮距应能调整,土壤工作部件可配置单翼铲、双翼铲、松土铲、施肥开沟器或挂接装置,运输时,转换成侧向牵引。该机主梁采用异型钢管,保证了宽幅机具的刚度。为保证大型宽幅中耕机行间作业时的横向稳定性(不伤苗),在主梁的两端对称配置圆盘平衡器。仿形机构上拉杆设计有独特的偏心套,可微调其长度,使土壤部件呈水平状态。排肥器以排施颗粒或晶状肥料为主,结构简单、质量轻、性能可靠。该机具有宽幅、高效的特点,适用于新疆、东北大地块田间作业。

2) 自动控制中耕机

自动控制中耕机是中耕锄铲在作物行间耕种时,始终保持在行的正中。机组运行时,拖拉机驾驶员不需控制方向盘,可加快行进速度,不感觉紧张和疲劳。自动控制系统原理为:仿形器与锄铲同装在横向可移动的中耕机主梁上(位于作物行间),正常情况下仿形器的中心线与作物行的中心线重合,即中耕锄铲处于理想的工作位置。当拖拉机走偏或作物行直线性差,致使锄铲可能伤苗时,仿形器则向另一侧偏移,当偏移量达到一定值时,借助作物对仿形器的侧压力,闭合电磁阀电路,改变油缸油路,使中耕机主梁横向移动纠错正偏差,当仿形器离开作物时,依靠弹簧的作用,恢复到正常位置。

苗期中耕时,作物苗较嫩,承受侧压力的能力差,系统中设有电极式仿形器,由左右两个电极组成。当锄铲相对作物偏斜时,其中一个电极触及作物,作物和土壤构成通路(电源正极接地),发出微弱讯号,经放大器放大后,接通相应的电磁继电器,操纵电磁阀,改变油路,纠正偏差。

3)驱动旋转式行间中耕施肥机

此类机具工作部件由拖拉机动力输出轴驱动,耕深为 8~12 cm,主要特点是碎土性能好,灭草率高,耕后地表平整。适用于黏重土壤、灌溉后板结地、过湿或过干、杂草过多的田间。除用于中耕作物行间作业外,还可用于田间套作破麦茬或进行绿肥埋青作业。

旋转中耕机按其总体配置特点,可分为通轴式和分组式;按其工作部件配置分为立式和卧式;按其工作部件旋转方向分为正转和反转。立式和反转旋转中耕机使用极少,大部分旋转中耕机是分组、卧式、正转。

通轴式旋转中耕机结构简单,适用于矮秆作物或高秆作物的早期中耕,使用范围有限。分组式旋转中耕机,可根据农艺要求和所配套不同型号拖拉机特点,设计出不同的高度来适应高秆作物中、后期的中耕需要。

分组式旋转中耕机根据中间传动箱的位置不同,又分为侧传动和中间传动两种。中间传动方式由于采用解决传动箱下部的漏耕方式不同,又可分为直刀盘加松土部件和斜刀盘自动消除漏耕两种方式。

6.3.2 间苗机

间苗的要求是去弱留强。有些中耕作物如棉花、糖用甜菜及蔬菜等,由于多种因素难于控制,出苗率一般较低,通常采取加大播种量,出苗后在顺行或横向间苗达到所需的植株密度。

1.定距式分簇间苗机和苗间除草器

定距式间苗机的类型如图 6-4 所示。

$$定距式间苗机\begin{cases}驱动旋转型\begin{cases}旋转式\\往复式\end{cases}\\从动旋转型\end{cases}$$

图 6-4　定距式间苗机类型

驱动旋转型间苗机由拖拉机动力输出轴或间苗机地轮驱动,齿盘轴一般与前进方向平行,刀盘可更换、刀片可调节或拆卸,所留幼苗簇距由增减圆盘上的刀齿来调整,并装有限深轮。往复式间苗机工作部件为一个叉齿,由拖拉机动力输出轴驱动,工作时往复摆动,将多余的苗株除去。一般摆幅约为 15 cm,可除去需间苗的 70% 左右。

从动旋转型间苗机是利用刀盘与地面接触而产生转动,土壤疏松时可能出现滑移,所以传动轴必须与前进方向成锐角进行作业,刀片安装在轮辐的周围。

2.选择式间苗机

选择式间苗机的研制、试用,主要是针对糖用甜菜进行的。有电子传感、光电传感等类型,分别以植株的高低和壮弱作为留苗的判别标准,进行选择性间苗。

1)电子传感间苗机

利用叶子表面的导电性,以带电的探针作为传感器,探针的高度位置按选留幼苗要求的高度进行调整,当探针与幼苗接触时,位于探针前方的除苗部件将该选留苗前面的小苗除掉。对几种作物进行电阻测量,一般作物的电阻为 2~10 MΩ。美国约翰迪尔公司系列电子选择间苗机有 2、4、6、8 行四种机型,间苗锄齿传感时间为 28 ms,工作速度 2.4~4.8 km/h,6 行间苗机质量约为 770 kg。

2)光电传感间苗机

其传感器有一个光敏晶体管和位于苗行另一侧瞄准光敏晶体管的光源,用以判别苗株大小。苗株壮时,光敏晶体管接收的光少,同时发出信号。电子系统将壮苗留下,将其余苗锄掉。

法国生产的电子控制六行间苗机,其工作

原理是：利用叶子表面的导电性进行探测（一般需要利用四片以上的真叶）。触头测出的讯息经过成形与放大后，即可操纵双作用卧式空气压缩油缸带动的刀铲间苗，此种间苗机具有高速准确的特点。英国研制的光电控制间苗机纵向可伸缩的悬臂上装备光电管，由弹簧和吊杆控制，电光源装在与悬臂相连的管箍上。两个圆盘轻轻抬起幼苗叶子，使光线照到主根上，电子控制系统将光电信号转变为气力信号，进入四通阀操纵间苗刀，安装在摇臂上的两组刀片绕轴往复摆动，铲入土中将幼苗主根切断。

6.3.3 专用中耕机

除用于粮、棉中耕作物的通用型中耕机外，尚有多种类型专用中耕机，例如果园中耕机、葡萄园中耕机、茶园中耕机、蔗田中耕机、薯类中耕培土机、林业中耕机、胶园中耕机等。

1．林木中耕机

该机主要用于橡胶林段较平坦、同一林段橡胶树木大小基本一致，树径在 12 cm 以下的行间和株间中耕作业。其工作原理是：机具进行作业时，工作部分的右侧置于树行的中心，当传感器的触杆碰到树干时，机具即横向移动自动避让，绕过树干后又恢复到原来的位置。自动控制系统由液压泵、油缸、电磁铁、传感器和回位弹簧等组成。

WMX660 林木中耕机（图 6-5）特别适合山地丘陵等小地块使用。其特点是离地间隙低，

图 6-5 WMX660 林木中耕机

底盘稳定，更适合果园使用；操作灵活，360°转把操纵机构，更轻松，特别适合老年人操作使用。该机主要技术参数见表 6-3。

表 6-3 WMX660 林木中耕机主要技术参数

项 目	参 数
功率/kW	5.1
额定转速/(r·min^{-1})	1800
旋耕宽度/mm	660
结构质量/kg	104
外形尺寸/(mm×mm×mm)	1700×700×900

2．果园中耕施肥机

该机用于果树行间及果枝分布低、大树冠果树下的松土、锄草作业。该机的结构特点是：机架由固定架和两侧的活动架两部分组成，可伸缩活动架由液压系统控制，机架幅宽可在 2～3 m 范围内调节。在大树冠果树下作业时，活动架向两侧或一侧伸出，最大限度地伸入树冠下耕作。

菱代-120 遥控履带多功能果园中耕机（图 6-6）可实现旋耕、开沟、喷雾打药、割草、树枝粉碎、开沟施肥、回填、运输等功能。该机主要技术参数见表 6-4。

图 6-6 菱代-120 遥控履带多功能果园中耕机

表 6-4 菱代-120 遥控履带多功能果园中耕机主要技术参数

项 目	参 数
配套动力/kW(Ps)	≥17(24)
遥控距离/m	≤100
肥箱容积/L	100
结构质量/kg	820
外形尺寸/(mm×mm×mm)	1150×1150×1200

6.3.4 特种除草机械

用机械进行行间中耕是最经济实用的除草方法,但要铲除农作物株间或植株附近的杂草则较困难。国外利用化学除草剂及火焰除草等方法消灭行间或株间的杂草作为机械中耕的辅助手段。

1. 化学药剂除草装置

旱田作物播种后出苗前,将化学除草剂喷洒在作物行内,或在作物苗期喷洒在作物行内,但不使作物受药害影响。有的机具备有护苗罩或护板,以保护幼嫩作物免遭除草剂伤害。

丰诺3WPYZ-2000A自走式喷杆式喷雾机(图6-7)采用液压式比例操控,实现轻柔运动,喷药杆高低根据偏差无级变动。喷药杆中间位置和外侧机翼不相互影响。通过气动单喷嘴控制与不同的喷头体结合控制喷量。从单个喷嘴体与50 cm距离到四侧喷嘴体与中间喷头结合,众多选择组合均可使用。可选的25 cm的喷头距离可以将地面喷药距离减少到最小程度。气动式喷嘴控制采用了智能和个性化的应用技术,实现了药物均匀喷洒与作物全面渗透。标准的内壁清洁系统CCS(连续清洗装置),可实现在作业停止时安全快速的清洗。该机主要技术参数见表6-5。

图6-7 丰诺3WPYZ-2000A自走式喷杆式喷雾机

表6-5 丰诺3WPYZ-2000A自走式喷杆式喷雾机主要技术参数

项　　目	参　　数
配套动力/Ps	125
地隙高度/m	2
药箱容积/L	2000

续表

项　　目	参　　数
作业压力/MPa	0.3～0.5
结构质量/kg	4600
外形尺寸/(mm×mm×mm)	5500×2400×3450

2. 火焰除草装置

选择式火焰除草法可用于棉花、玉米、甜菜等作物株间灭草。图6-8所示为火焰除草机外观图。

图6-8 火焰除草机

火焰除草主要利用杂草和作物耐烧灼能力的差别,当杂草幼嫩时期(高度不超过5 cm),用一定热量的火焰在短时间内对作物行两侧烧灼杂草,使其细胞内的液体膨胀造成细胞壁破裂枯死。作物茎秆因已具有抵抗耐受这一短时间内高热的能力,故当火焰对准作物行内地面喷射时不致损伤作物。

用火焰除草的田间地表应平整,以防凸起部分将火焰向上反射。选择式火焰除草法的研究及应用主要在棉田,对棉花进行试验表明,机组适宜的前进速度为5～6.5 km/h,每次燃料消耗量为45～67.5 L/hm²,一般需要进行3～5次。

燃烧器所用燃料是丙烷或丙烷与丁烷的混合物,加以适当压力后即可液化,便于储存或运输。常用的燃烧器有两种类型:一种是液体燃烧器或自动气化型,在燃烧器壳顶上装有气化管;另一种是应用与拖拉机发动机冷却系统相连的单独汽化器。火焰除草器可与机械中耕结合进行,一般为悬挂式,每行配置2个标准的燃烧器,并备有保护罩,将拟进行火焰中耕的全幅宽遮盖,火焰喷向保护罩的后下方。

喷头为扁平式,形成短薄而较宽的火焰,比圆形截面喷头效果好。

燃烧器配置方法有两种。交叉火焰法沿作物行前后交错配置的两个燃烧器,从相对方向交叉对准作物行,其倾角可调至30°或45°,以防火焰相互干扰,使火焰向上反射到作物叶面。火焰应在距作物行中心约5 cm处接触地面。平行火焰法用于幼苗和抗热能力低的作物,燃烧器配置于离作物行中心8～12 cm处的两侧与作物平行,其喷头向下约呈45°对准后方,使火焰温度较低区接触作物。在燃烧器喷口上方5 cm处,安装一常用的扇形雾锥喷头,并确定适宜喷头方向,使喷出的水雾锥和火焰相互平行。水雾护帘使喷头上方的空气温度降低,以保护农作物不受伤害。用于棉花幼苗高度为10～12 cm时能安全通过,提高了火焰除草法的多用性。

6.3.5 水田中耕机

1. 手扶式动力水田中耕机

该机由动力头驱动机器前进,并拖动卧式中耕除草轮,依靠除草轮在地面滚动挤压土壤,达到中耕除草的目的。这类机型主要适用于平原地区田块较大、大垄栽植的水稻中耕作物,除草率约66%,总伤苗率小于1%。其特点是结构简单,故障少,但在黏重土壤中作业时,除草轮易粘泥,田面土壤坚实度大时,入土性差,中耕深度不够。

2. 驱动式动力水田中耕机

该机有驱动轮驱动式和工作轮驱动式两类。工作轮驱动式水稻中耕机,利用工作轮在回转过程中弧形齿挤压并翻转土壤,使泥土松烂,将杂草压入泥中或漂浮水面,达到中耕灭草的目的,工作轮入土深度用支撑杆控制,其高低位置可根据土壤松软程度进行调节,支撑杆对机器行走起定向作用。驱动轮驱动式水田中耕机,其工作原理与旋耕机相似。工作部件为弧形刀辊,弧形刀的运动轨迹为余摆线。

3. 综合式动力水田中耕机

该机工作部件由动力驱动,并由行走轮控制机器前进速度。此类机型对土质适应性较

强,但结构复杂,应用较少。

4. 往复钉齿式水田中耕机

其工作部件类似传统的耘禾器,发动机通过偏心摆杆机构驱动钉齿式工作部件作往复运动,进行中耕锄草作业。钉齿的运动是摆杆往复和机器前进的合成运动,其运动轨迹应用重叠区,以保证其松土和除草的性能,重叠量的大小决定于机器的前进速度、钉齿往复运动的频率和摆幅。

5. 立旋式水田中耕机

其工作部件是绕垂直轴旋转的两个螺旋面叶片,其运动轨迹与立式铣床的铣刀相似,由叶片后角挤压泥土,进行中耕除草。采用这种机型可减小护苗带,增加有效作业面积,对土质的适应性较广,但传动结构较复杂,且易缠草。

6.3.6 施肥机械

1. 肥料的种类及施用方法

肥料是施于土壤或植物上,能够改善植物生育和营养条件的一切有机和无机物质。肥料一般可分为化学肥料和有机肥料两大类,每一大类中都有固体和液体两种形态。近年来,我国已成功研制出叶面肥并推广应用。

化学肥料一般加工成颗粒状、晶状或粉状,一般只含有一种或两三种营养元素,但含量高,肥效快,用量也少。液态化肥主要是液氨和氨水。液氨含氮量约82%,氨水则是氨的水溶液,含氮量仅为15%～20%。

有机肥料主要是由人畜粪尿、植物茎叶及各种有机废弃物堆积沤制而成,也称农家肥。有机肥能增加土壤中有机质含量,改善土壤结构,还能提供作物所需的多种养分,但肥效缓慢。

根据作物的营养时期和施肥时间,可把施用的肥料分成基肥、种肥和追肥。

(1)施基肥。在播种或移植前先用撒肥机将肥料撒在地表,犁耕时把肥料深盖在土中。或用犁载施肥机,在耕翻时把肥料施入犁沟内。水田常用泡水犁田后,均匀撒入肥料,然后再耙田。

（2）施种肥。在播种时将种子和肥料同时播入土中。过去多用种肥混施方法，近几年则广泛采用侧位深施、正位深施等更为合理的种肥施用方法。

（3）施追肥。在作物生长期间，将肥料施于作物根部附近，或用喷雾法将易溶于水的营养元素（叶面肥）施于作物叶面上，称为根外追肥。

氮肥无论是固态或液态都必须深施在土表以下 6～10 cm，并要覆盖严实才能减少氨的挥发损失。国内的研究表明：碳酸氢铵深施，其肥效可以较表施提高 50% 以上；尿素深施可以较表施提高肥效约 30%。但是氮肥深施如果由人工开沟、覆埋，困难很大，只有借助于性能优良的施肥机具才能付诸实现。磷肥在土壤中几乎是不移动的，为了易于被种子吸收，而又不烧伤种子，应在播种时将其施在种子的侧深部位。这种施肥技术也只有借助于机械装置才能实现。

2.施肥机械的分类与农业技术要求

施肥机械根据施肥方式的不同，可分为两大类：一类是用于全面撒施的撒肥机，另一类是用于条播的施肥机。由于农家肥料和化学肥料、液体肥料和固定肥料性质差别很大，因而施用这些肥料的机械其结构和原理也不相同。

施肥机械按施用肥料、作业阶段和施肥方式分类，可分为以下类型（图 6-9）。

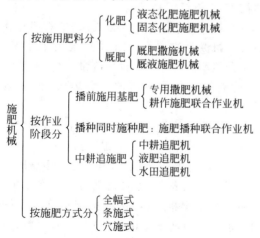

图 6-9　施肥机械类型

施肥机械的主要农业技术要求：

（1）施肥机械的额定施肥量稳定性变异系数小于 8%，厩肥施肥量为 5～50 t/hm²，化肥为 150～2000 kg/hm²。

（2）条施化肥时，各行排肥量一致性变异系数小于 13%。

（3）要求施肥深度一致，施肥深度最大达 20 cm。

3.化肥撒施机

化肥撒施机是将化肥撒施在土壤表面的施肥机具。撒施化肥主要用作基肥，也可用作追肥。

离心式撒肥机由于结构简单、质量较轻，撒施宽度大，生产效率高，均匀度不超过 16%，因而得到广泛采用。离心式撒肥机工作时，由拖拉机动力输出轴或由液压马达带动，驱动撒肥盘的同时，经曲柄连杆机构和摇臂及万向联轴器使肥箱振动，避免肥料架空。在肥箱前后壁装有往复运动防架空装置，分肥装置由两个活门组成，用来改变前后缝隙高度。活门的位置由手柄和扇形齿板固定。锯齿形排肥板沿肥箱底完成从一个排肥缝隙到另一个缝隙的摆动，从而使肥料通过缝隙排出，落到高速旋转撒肥盘上，经推肥板撒布于田间。

德邦 XPL1200 撒肥机（图 6-10）为我国生产的一种离心式双圆盘撒肥机，能在拖拉机驾驶室内通过液压驱动开门或者关门动作，实现单侧撒肥，除撒施化肥外还可撒播小粒作物种子，如苜蓿等。配套拖拉机功率为 30～44 kW，撒肥宽度为 16～24 m。离心式撒肥机推荐参数：撒肥盘离地高度不大于 800 mm，撒肥盘直径为 350～700 mm，转速为 540～700 r/min，撒肥宽度为 4～12 m，单叶轮撒肥机的配套拖拉机功率为 18～22 kW，机组进行速度为 9～12 km/h。为了减少风的影响和环境卫生等因素，将撒肥盘从后面至两侧用粗帆布遮挡。

撒肥的均匀度与排肥口形状及撒肥半径的大小，以及推肥板的形状及其在撒肥盘上的位置（即与半径线的交角）等因素密切相关。该机主要技术参数见表 6-6。

图 6-10 德邦 XPL1200 撒肥机

表 6-6 德邦 XPL1200 撒肥机主要技术参数

项 目	参 数
工作幅宽/m	12～24
肥箱容积/L	1200
结构质量/kg	264
外形尺寸/(mm×mm×mm)	1200×2150×1250

4. 厩肥撒施机

厩肥撒施机是采用运、撒结合方式撒施厩(堆)肥的施肥机具,按撒肥工作原理分为螺旋式和甩链式两种。

螺旋撒肥滚筒式厩肥撒施机作业时,由拖拉机动力输出轴通过传动机构驱动车厢底部的输送链或隔板将厩(堆)肥整体运送至后部,再由一对旋转的撒肥部件进行撒布。甩链式厩肥撒施机的肥箱为一侧面开口的卧式圆筒,其中装有甩肥装置。工作时,带有甩锤的甩肥链旋转破碎厩(堆)肥,并将其从侧方甩出。这种撒施机除用于固体厩(堆)肥外,还可撒施粪浆。

厩肥撒施机一般为车厢式,厢壁倾斜角呈0°～45°,前后壁做成垂直。为将肥料送至撒肥滚筒,厢底装有输送带。送肥装置最常用的是链板式输送器,也有采用液力式输送装置。撒肥装置的击肥辊有多种型式,水平击肥辊多用于窄幅撒肥机,垂直击肥辊多用于宽幅撒肥机。

天盛 2FGH-HB 厩肥撒播机(图 6-11)利用拖拉机后动力输出,带动车厢内的输送链自动把肥料向后输送,然后通过高速旋转的破碎轮和撒播轮均匀地将肥料撒布还田,达到了大规模统一作业,可降低劳动强度,提高施肥效率,改善土壤结构。适合湿粪、干粪、鲜粪、有机肥、农家肥。该机主要技术参数见表 6-7。

图 6-11 天盛 2FGH-HB 厩肥撒播机

表 6-7 天盛 2FGH-HB 厩肥撒播机主要技术参数

项 目	参 数
配套动力/Ps	≥95
肥箱容积/L	10 000
最大满载质量/kg	8000
空载质量/kg	4500
肥料撒播方式	传动轴驱动变速箱和撒布装置撒播肥料

5. 液态化肥施肥机

液态化肥分为化学液肥和有机液肥。化学液肥对金属有强烈的腐蚀作用,且易挥发。因此,除某些液肥可采用喷雾方法施于作物茎、叶上外,多数需施入土中,防止挥发、损失肥效和灼伤作物。主要用于旱地作物深施液氨或氨水的机械,液氨的施用需要配备特殊的储运设备,因此使用受到限制。有机液肥由人、畜粪尿及污水组成,其中常含有悬浮物或杂质,经发酵处理后,用水稀释、过滤再进行喷洒。液肥易被作物吸收,肥效快,多用于追肥。

1) 化学液肥施用机

化学液肥的主要品种是液氨和氨水。液氨为无色透明液体,含氮 82.3%,是制造氮肥的工业原料,价格较固体化肥低 30%～40%,

而且肥效快,增产效果显著。发达国家液氨的施用量在氮肥中占相当大的比重,美国液氨施用量占氮肥总量的38%,加拿大、澳大利亚、丹麦等国为22%~36%。我国从20世纪50年代后期开始,在浙江、北京、山东、新疆等地对液氨的施用进行过不同规模的试验研究,均证实其有较好的增产效果。但是,施用液氨所需的设备投资甚高。因为液氨必须在高压下才能保持液态(液氨在46.1℃时的蒸汽压力为175 kPa),因而必须用高压罐装运,从出厂、运输、贮存到田间施用都必须有一整套高压设施。施肥机上的容器也必须是耐高压的,否则很不安全。这是液氨在我国施用受到限制的主要原因。

氨水是氨的水溶液。我国农用氨水的含氮量为15%~20%。氨水对钢制零件的腐蚀不显著,但会使铜合金制件迅速腐蚀。施用液肥时为了防止氨的挥发损失,必须将其施在深度为10~15 cm的窄沟内,并应立即覆土压实。

(1)施液氨机与施氨水机

液氨施肥机的主要组成部分有液氨罐、排液分配器、液肥开沟器及操纵控制装置。液罐用厚度为8 mm的钢板制成,直径为610 mm,容量为550 L,罐内装有液面高度指示浮子。液氨通过加液口注入液氨罐。排液分配器的作用是将液氨分配并排送至各个施肥开沟器。排液分配器内的液氨压力由调节阀控制。施肥开沟器的后部装有一根直径为10.3 mm的输液管,管的下部有两个出液孔。在黏重的土壤中工作时,需在开沟器前面加装圆盘切刀,以减轻开沟器的工作阻力。镇压轮用来及时压实施液肥后的土壤,以防止氨的挥发损失。施氨水机的主要部件有液肥箱、输液管和开沟覆土装置。工作时,液肥箱中的氨水靠自流经输液管施入开沟器所开沟中,覆土器随后覆盖。氨水施量由开关控制。

(2)排液装置

排液装置是液肥施用机的主要工作装置,常见的有以下几种:

① 自流式排液装置。这种排液装置是依靠液罐内的压力,通过开关控制流量将液肥排出。这种排液装置结构简单、使用简便;但是,由于液箱内液面总在变化,故不能保持恒定的施液量。

② 挤压泵式排液装置。挤压泵由地轮传动,按照强制排液原理工作,故能使排液量保持恒定,是一种既简单又实用的排液装置。

③ 柱塞泵式排液装置。这种排液装置能精确地控制排液量,使排液量稳定,不受作业速度变化的影响。除柱塞泵式排液装置外,国外的施液肥机也采用离心泵式和齿轮泵式排液装置。它们的特点是排液量准确,但造价较高。

(3)施液肥开沟器

施液肥开沟器应满足以下性能要求:

① 液氨的施用是一个制冷过程,施液氨开沟器不应由于过冷而出现结冰与粘土。

② 液肥出口不应受阻,液肥应从靠近排液管下端的侧孔中流出。

③ 为了将施下的液肥及时覆盖严实,施液肥开沟器不应挂草而影响土壤的正常流动。

2FYP系列液态肥施肥罐车(图6-12)是以拖拉机为动力,把喷洒软管并列排列,形成梳子形状的喷洒支架(如可配置深松施肥犁头),利用真空泵将存储于罐体内的液肥直接输送到土壤中的一种新型农机装备,具有输送均匀、减少肥料蒸发、保留肥力、避免弄脏农作物等特点。该机主要技术参数见表6-8。

图 6-12　2FYP 系列液态肥施肥罐车

表 6-8　**2FYP 系列液态肥施肥罐车主要技术参数**

项　　目	参　　数
配套动力/Ps	66~99
罐体容积/L	10 000
喷洒幅宽/m	≥10
质量/kg	3970

2）有机液肥施用机

有机液肥主要是指人畜粪尿的混合物和沼气池的液肥等，它是农业生产的重要有机肥源。我国广大农村历来重视沤制和施用厩液。但是，长期以来缺乏厩液的装运和施洒机具，停留在使用粪勺、木粪桶或木粪箱的原始状态，不仅劳动强度大、作业效率低，而且影响操作人员卫生并污染环境。

有机液肥施用机主要分为泵式和自吸式两种。

（1）泵式厩液施洒机。泵式厩液施洒机可以装用各种类型的泵，用来将厩液从贮粪池抽吸到液罐内，运至田间后再由泵对液罐增压，或直接由液泵压出厩液。

（2）自吸式厩液施洒机。自吸式厩液施洒机是利用拖拉机的发动机排出的废气，通过引射装置将厩液从储粪池吸入液罐内，再去施洒。这种厩液施洒机结构简单，使用可靠，不仅可以提高效率、节省劳力，而且采用封闭式装运厩液，有利于环境卫生。自吸式厩液施洒机在吸液状态时，液罐尾端的吸液管放在厩液池内，打开引射器终端的气门，关闭气门，然后使发动机加速，达到最大转速。当排出的废气流经引射器时，其流速增大（可达 900 m/s），而使引射器的吸气室内产生真空。此时，厩液罐与吸液管内的空气受压差作用，被废气流引射带走而使液罐内出现负压，于是厩液池内的液肥在大气压力作用下源源不断流入罐内。待罐内液肥达到观察窗上缘时，即可关闭进液口，并打开气门，减低发动机的转速。取出吸液管放在液罐的支架上。待运至田间施肥时，则应使发动机排出的废气流经压气管进入液罐。打开排液口，液肥即从尾管流出。在吸液与排液过程中，搅拌气管的外端需加盖，液罐也应是密封不漏气的。位于发动机排气管上的引射器，其原理实际就是一个由喷嘴、吸气室、扩散管构成的射流泵。

2FYP 系列液态肥喷洒机（图 6-13）以拖拉机后输出轴为动力，驱动真空泵工作，控制完成吸肥和喷肥作业。该液态喷洒机罐体材质采用了压力容器专用高强度钢，罐体内外均喷

有防腐、酸碱性能优越的涂层，罐体内部集成有坚固的防浪涌挡板。该机主要技术参数见表 6-9。

图 6-13　2FYP 系列液态肥喷洒机

表 6-9　2FYP 系列液态肥喷洒机主要技术参数

项　　目	参　　数
配套动力/Ps	100～150
罐体容积/L	10 000
喷洒幅宽/m	≥10
喷肥控制方式	液控

6．水田粒肥深施机

该机主要用于粒状碳氨水田深施，碳氨粒肥外形直径为 12～14 mm，高度为 8 mm，每粒质量约为 1 g。

1）手推式水田粒肥深施机

该机结构简单、质量轻，便于水田作业。作业时，地轮沿苗行匀速前进，带动同轴两端的排肥轮旋转，肥箱中的粒肥靠重力落入排肥轮上的型孔内，随轮转动而下落，经开沟器施入泥中，由覆土板掩埋。

2）机动水田粒肥深施机

该机由现有的机动插秧机改装而成,作业时由动力机具带动肥箱内排肥叶板,使化肥回转,橡胶击肥板将肥料从排肥孔击落,通过输肥管进入开沟器施入泥中。

7. 化肥排肥器的主要类型及其性能特点

化肥排肥器是施肥机的重要工作部件,其工作性能的好坏直接影响施肥机的工作质量,因此化肥排肥器应满足以下性能要求:

（1）排肥可靠,能适应不同含水量的化肥。

（2）排肥稳定、均匀,不受前进速度与地形等因素的影响。

（3）排肥量调节灵敏、准确,调节范围能适应不同化肥品种与不同作物的施用要求。

（4）最好能通用于排施粉状、结晶状和颗粒状化肥。

（5）便于清理残存化肥。

（6）条件允许时,排肥器的工作部件采用耐腐蚀材料制造。

目前使用的化肥排肥器种类很多,常用的有外槽轮式、星轮式、离心式、振动式、转盘式、螺旋式、链指式和钉轮式等。

1）外槽轮式排肥器（见图6-14）

有些播种施肥机上直接采用外槽轮式排肥器排肥,其工作原理和结构与外槽轮排种器相似,仅槽轮直径稍加大,齿数减少,使间槽容积增大。其特点是结构较简单,施肥均匀性较好,适用于排流动性好的松散化肥和复合粒肥。排施粉状及潮湿的化肥时,易出现架空和断条等现象,且槽轮易被肥料黏附而堵塞,失

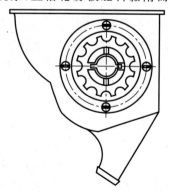

图6-14　外槽轮式排肥器

去排肥能力。有时因化肥粉末进入阻塞套与外槽轮之间和内齿形挡圈与排肥杯之间,使传动阻力急增而损坏传动机构,影响了外槽轮排肥器的使用。为了改进外槽轮排肥器的性能,制造材料由原来的铸铁改为铸塑,减少了肥料对排种器的黏附和腐蚀;同时,随着各种复合颗粒肥的广泛使用,也充分地发挥了外槽轮式排肥器排肥均匀的特性,而且克服了堵塞外槽轮等现象。

2）星轮式排肥器（见图6-15）

星轮式排肥器是我国系列设计条播机的排肥器,结构比较简单,适于排施晶粒状和干燥粉状化肥。它主要由铸铁星轮、排肥活门、排肥器支座和带活动箱底的肥箱等组成。工作时,肥箱内的肥料被旋转的排肥星轮排入导肥管。工作结束时可以把箱底的挂钩打开,使箱底绕铰链轴向下旋转40°,便于把残存肥料扫净。星轮的拆卸很方便,必要时可将其取出,以便清理或排除故障。排肥量用改变排肥活门开度和星轮转速来调节。该排肥器适合排施晶状化肥和复合颗粒肥,还可以排施干燥粉状化肥。排施含水量高的粉状化肥时,排肥星轮被化肥黏结,易发生架空和堵塞。主要用于谷物条播机上,中耕作物播种机上也有采用。

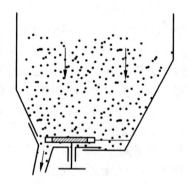

图6-15　星轮式排肥器

3）离心式排肥器（见图6-16）

离心式排肥器的撒肥盘的叶片有直形和弯形,叶片数目2～6个不等。在一个撒肥盘上安装不同形状和不同角度的叶片,使各叶片撒出的化肥远近不同,可提高撒布均匀性。离心式排肥器撒施的化肥沿机器前进方向和横向

都是不均匀的。当撒肥盘的转速较高、叶片数目较多、前进速度较慢时，不均匀性可以减小。

图 6-16　离心式排肥器

当施肥量与作业速度一定时，离心式排肥器的生产率主要取决于撒施幅宽；而撒施幅宽则又主要取决于抛掷远度。有效幅宽（一般为抛掷远度的 70%～75%）则与撒肥盘的转速、机组前进速度和抛撒方向有关。离心式撒肥机的工作过程可以分为两个间段：第一个间段是化肥质点位于撒肥盘上的一段过程；第二个间段是化肥质点离开撒肥盘至落到田地表面上的一段过程。

4）振动式排肥器（见图 6-17）

振动式排肥器由肥箱、振动板、振动凸轮等组成。工作时，凸轮使振动板不断振动，化肥在肥箱内循环运动，可消除肥箱内化肥的架空现象，并使之沿振动板斜面下滑，经排肥口排出。排肥量大小用调节板调节，对流动性较好的化肥，可更换调节板。由于振动关系，肥料排量受肥箱内肥料多少、肥料密度、黏结力等的影响较大，排肥量的稳定性和均匀性较

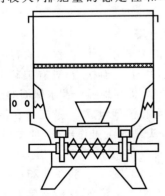

图 6-17　振动式排肥器

差。现用的振动式排肥器上，振动板倾角为 60°、振幅为 18～20 mm、频率为 250～280 次/min。既能排施粒状和粉状化肥，也能排施吸湿性强的粉状化肥，施肥量适应范围大，结构较简单。多用于中耕作物播种机和中耕追肥机。

5）转盘式排肥器（见图 6-18）

转盘式排肥器的肥料箱底部有一个水平旋转的圆盘。工作时化肥从肥料筒下部的两个孔口自流进入转速不大的水平转盘内。水平转盘将两个孔口流来化肥分别带向两个转动着的排肥盘。排肥盘直径较小，位于水平转盘的边缘，沿垂直方向转动。利用水平转盘与排肥盘的相对速度和肥料与排肥盘的摩擦力的关系，使肥料从水平转盘的边缘排出进入导肥管内。两个排肥盘可条施两行。这种排肥器只适于排施疏松干燥的粉状肥料，但结构复杂。由于是非强制性排肥，故均匀性也较差。

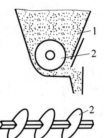

1—肥箱；2—排肥圆盘。

图 6-18　转盘式排肥器

6）螺旋式排肥器（见图 6-19）

螺旋式排肥器的主要工作部件是排肥螺旋。工作时螺旋回转，将肥料推入排肥管。排肥螺旋叶片有普通叶片式、中空叶片式和钢丝弹簧叶片式三种。普通叶片式施肥量大，但对肥料压实作用也大，只适于排施粒状及干燥的

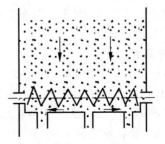

图 6-19　螺旋式排肥器

粉状化肥,对吸水性强、松散性差的化肥,肥料易架空、叶片易黏结化肥而无法工作。中空叶片式对肥料压实作用较小、施肥量较普通叶片式均匀,其他特点与普通叶片式相同。钢丝弹簧叶片式不易被肥料黏附,排施潮湿肥料的能力较前两种强,但对吸水性很强而松散性较差的化肥如碳铵、粉状过磷酸钙、磷矿粉等的适应性仍然较差。在排肥量小时,螺旋式排肥器的排肥均匀性都比较差。

　　7) 链指式排肥器

　　链指式排肥器是全幅施肥机上采用的一种排肥器。它的工作部件为一回转链条,链节上装有斜置的链指。工作时,链条沿箱底移动,链指通过排肥口将化肥排出。为了清除箱底部被链指压实的化肥层,在链条上每隔一定距离装有一把刮刀。为了防止化肥在肥箱内架空,肥箱前壁还装有一块振动板。链指式排肥器工作时,撒下的化肥沿纵向和横向均有较好的分布均匀性。排肥量由排肥口高度和链条速度控制。

　　8) 钉轮式排肥器

　　钉轮式排肥器属于条施排肥器,常见于丹麦等欧洲国家的联合条播机上。它的工作原理和结构与钉轮式排种器相同。钉轮式排肥器用于排施流动性好的颗粒化肥时,排肥稳定性、均匀性都较好,但它不能用于排施流动性差的化肥。

6.3.7　中耕机工作部件

　　中耕机工作部件的选用和设计,根据其用途(全幅或行间作业)、作业条件(土壤状态、农作物种类)及与作物生长阶段相适应的中耕深度、护苗带宽度等农业技术要求确定。

　　根据用途及形式,中耕机土壤工作部件主要分以下几种类型。

1. 除草铲

　　除草铲分为单翼铲、双翼铲和双翼通用铲(见图 6-20、图 6-21 和图 6-22)。

　　单翼铲用于切割杂草和浅中耕(4~8 cm)的松土作业,及农作物间苗(分簇间苗)。锄铲水平面部分可切割杂草和疏松土壤,在第一次

中耕时作物幼苗嫩弱,锄铲垂直部分可起防护挡板的作用,使锄铲更接近作物苗行,可减小护苗带宽度。单翼铲的缺点是刃口的倾斜部分受来自土壤推力的作用,入土性能差。此外,这种锄铲上土壤侧压力不平衡,当纵梁刚度不够时,会向侧面倾斜。

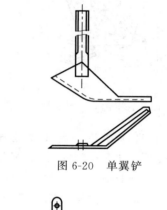

图 6-20　单翼铲

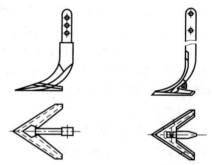

图 6-21　双翼铲　　图 6-22　双翼通用铲

　　双翼铲其特点是碎土角小,用于切断杂草和浅松土(<8 cm),与单翼铲组合用于中耕作物苗期的行间耕作。

　　双翼通用铲的特点是铲尖和铲柄过渡部分碎土角和入土角较大,因而兼顾了除草和碎土性能。

2. 松土铲

　　松土铲主要用于中耕作物的行间深层松土,有时也用于全面松土,具有破碎土壤板结层、消灭杂草、提高地温和蓄水保墒的作用。松土铲由铲头和铲柄组成,一般工作深度为12~15 cm。铲头是入土工作部分,种类很多,常用的松土铲有凿形松土铲、铧式松土铲和箭形松土铲(见图 6-23、图 6-24 和图 6-25)等。凿形松土铲的入土能力比较强,深浅土层不易混,但碎

土能力较差,多用于深层松土,耕深一般为 12~25 cm。铧式松土铲的两头开刃,与铲柄用螺栓连接,磨损后易于更换,可以调头使用。箭形松土铲碎土性能好,不窜垡条,土壤疏松范围大,常用于浅层松土,耕深一般为 8~10 cm。

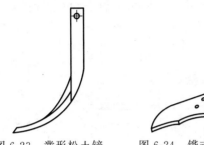

图 6-23　凿形松土铲　　图 6-24　铧式松土铲

图 6-25　箭形松土铲

松土铲由于耕深和起土角都较大,工作时对前方和两侧土壤的影响范围较大,其影响范围纵向长度为 L,宽为 B。为防止前后两列松土铲工作中互相影响而堵塞,同时又不能造成漏耕,前后松土铲的纵向间距应大于铲尖前伸量 L_0 与铲纵向影响范围 L_1 之和。同列锄铲的横向间距 S 应大于锄铲的影响范围 B 而小于 $2B$,前后列锄铲横向位置有一定的重叠量 ΔB。

3. 培土器

培土器(见图 6-26)通常称为培土铲,用于向植株根部培土、起垄,也用于灌溉开排水沟。培土器的种类比较多,如曲面可调式培土器、旋转式培土器、锄铲式培土器和铧式培土器等。目前广泛使用的铧式培土器,主要由三角铧、分土板、培土板、调节杆和铲柱等组成。此种培土器的分土板与培土板铰接,其开度可以调节,以适应不同大小的垄形。分土板有曲面和平面两种结构。曲面分土板成垄性能好,不容易粘土,工作阻力小;平面分土板碎土性能

好,三角铧与分土板铰接处容易粘土,工作阻力比较大,但制造容易。三角铧的工作面一般为圆柱面,每种机器上一般配有 3~4 种规格的三角铧。为了耐磨,距铧尖 80 mm 内,表面硬度应为 HB320 以上,白口深度为 2 mm 左右。

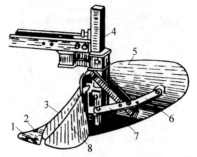

1—铲尖;2—螺栓;3—分土板;4—铲柱;5—培土板;
6—右调节杆;7—左调节杆;8—三角铧。

图 6-26　培土器

4. 护苗器

为了提高中耕作业速度,中耕机上普遍装有护苗器(见图 6-27),以防止幼苗被中耕锄铲铲起的土块压埋。护苗器一般采用从动圆盘的型式,工作时,苗行两侧的圆盘尖齿插入土中,并因机器前进而转动,除防止土块压苗,也有一定的松土作用。

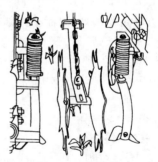

图 6-27　护苗器

5. 仿形机构

为了保持工作深度的稳定,中耕机的工作部件一般通过仿形机构以与机架铰连,使工作部件在工作中能随地形起伏而上下仿形。常见的仿形机构有单铰接式机构、平行四杆机构和多杆双自由度机构等形式。

(1) 单铰接仿形机构(见图 6-28),其工作部件通过拉杆与机架单点铰连,工作部件在辅助弹簧的压力和自重作用下入土,这种机构可

以适应地面起伏。因工作部件在起伏过程中绕铰接点转动,故其入土角将发生变化,最后引起工作深度的变化。此种仿形机构的优点是结构简单,但耕深不稳,对沟底形状和培土质量有一定影响,应用较少。

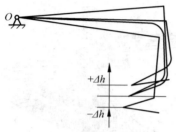

图 6-28 单铰接仿形机构

(2) 平行四杆仿形机构(见图 6-29),用一个平行四杆机构将中耕单体与机架铰接,当仿形轮随地面起伏而升降时,仿形机构在工作中上下仿形时,仿形轮纵梁平行地上下运动,锄铲的入土角保持不变,前后列锄铲也能保持一致的耕深。但是这种机构存在"仿形过敏"和"仿形滞后"的缺点,工作中仿形轮和工作部件随仿形纵梁同时上下仿形,因而当仿形轮遇到土块残茬等局部障碍时,仿形轮的跳动将敏感地引起工作部件的跳动。由于工作部件位于仿形轮后方一定距离处,因而工作部件的仿形落后于仿形轮一定距离,这种"仿形过敏"和"仿形滞后"现象,在地表不平、起伏较大的情况下,将影响工作部件的工作质量。

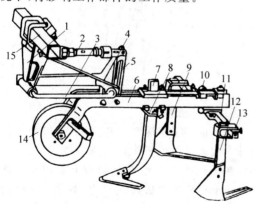

1—调节支臂;2—锁紧螺丝;3—连动板;4—调节杆;5—调节支架;6—纵梁;7—卡套;8—下卡套;9—工作部件;10—调节螺母;11—横梁;12—立柱;13—固定卡铁;14—仿形轮;15—主梁。

图 6-29 平行四杆仿形机构

(3) 多杆双自由度仿形机构(见图 6-30),即工作部件与仿形轮固结为一体,又与四杆机构后支架铰连。利用具有两个运动自由度的五杆机构将部件同机架铰接,靠仿形轮和工作部件的犁踵控制耕深和入土角。这种机构入土性能好,在土质坚硬或阻力变化大时,也能稳定地工作;但其结构较复杂。

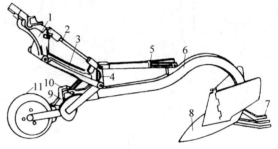

1—前支座;2—调节杆;3—下杆;4—调节支架;5—拉杆;6—主梁;7—犁踵;8—培土器;9—下卡套;10—工作部件;11—仿形轮。

图 6-30 多杆双自由度仿形机构

6.4 中耕机选用原则和选用计算

6.4.1 整机工作幅宽的选择

1. 工作幅宽的选择

确定中耕机的幅宽与其配套拖拉机的牵引力有关。如果用 B_k 表示一台中耕机的工作幅宽,则

$$B_k = \frac{\eta P}{p'} \qquad (6-1)$$

式中,P——拖拉机标定牵引力,N;

η——利用系数,$\eta = 0.85 \sim 0.95$;

p'——中耕机单位工作幅宽的阻力,即中耕机比阻,N/m。

表 6-10 所列为不同情况下的中耕比阻(包括工作时地轮的滚动阻力)。当估算中耕机的牵引阻力 p 时,可用以下公式:

全幅中耕机:

$$p = B_k \cdot p' \qquad (6-2)$$

行间中耕机:

$$p = (B_k - 2em) \cdot p' \qquad (6-3)$$

式中,e——护苗带宽度,m;

m——中耕作业行数。

表 6-10　比阻（中耕作业土壤单位阻力）

工作类别及工作部件型式	中耕深度 /cm	比阻 p' /(N·m^{-1})
除草铲进行休闲地与行间中耕	6	80～100
	8	90～130
	10	110～170
	12	150～210
休闲地中耕用弹性松土铲	10～12	180～200
休闲地中耕用杆式工作部件	8～10	180～230
用旋转工作部件进行表土松土	8～9	100～110
已耕地对作物培土或开沟	10～12	40～50

对于全幅中耕机，当工作部件为刚性安装时，中耕机适应地形的起伏能力差，其工作幅宽一般情况在 2.5 m 左右；工作部件为铰接式安装时，适应地形能力较好，工作幅宽可取 4 m 左右，牵引式全幅中耕可多台连接作业。

机力行间中耕机的工作幅宽应与相应的播种、栽植机械的工作幅宽相等，或成一定的倍数。其工作幅宽 B 为

$$B = s \cdot m \tag{6-4}$$

式中，s——中耕作物的行距，m；

m——中耕作业行数。

行间中耕机的工作幅宽，一般采用 2.8 m、4.2 m、5.4(5.6) m、8.4 m 等，同时中耕的行数为 4、6、8 或 12 行等。牵引式行间中耕机也可根据播种时的作业方法，采用连接器进行多台连接作业。

2. 旋转中耕机功率的选择

旋转中耕机的功率和耕幅除可参照旋耕机确定外，还可参考旋转中耕机田间电测数据确定，见表 6-11。中耕作物的行距是根据各种作物的农业技术要求确定的，因此行间中耕机的行距调节范围应能适应所进行中耕的作物要求。

行间中耕机在作物行间的通过性，决定于机具主梁距地面的高度，低秆作物行间中耕机的通过高度一般不得小于 300～350 mm，高秆作物则不得小于 600 mm，见表 6-12。

表 6-11　旋转中耕机功耗电测数据

序号	机组前进速度 /(km·h^{-1})	刀轴转速 /(r·min^{-1})	单组刀轴扭矩 /(N·m)	单位耕幅扭矩 /(N·m·m^{-1})	单组功率 /(kW)	单位耕幅功率 /(kW·m^{-1})	备注
1	2.10	222	151.0	274.6	3.51	6.38	灭麦茬
2	3.37	219	179.8	326.9	4.12	7.49	灭麦茬
3	5.31	217	238.3	433.3	5.41	9.84	灭麦茬
4	2.15	205	151.5	275.5	3.25	5.91	中耕
5	3.39	212	171.9	312.5	3.82	6.94	中耕
6	5.40	207	337.0	612.8	7.30	13.27	中耕

表 6-12　我国几种主要中耕作物中耕期间的植株高度数据　　　　cm

作　物		时　期		
		第一次中耕（苗期）	中期中耕	末期中耕
棉花	灌溉期	<10	20～30	50～70
	旱眠	<10	15～25	40～50
大豆		<10	20～30	40～50
玉米		15～25	55～60	80～120
高粱		15～25	55～60	80～120
谷子		10～15	30～40	60～70

6.4.2 中耕工作部件的配置及参数选择

进行全幅中耕时,应不漏不重,不被杂草和土块堵塞;行间中耕时,应不损伤农作物。为达到上述要求,中耕机土壤工作部件必须正确配置。

全幅中耕机工作部件数量 n 由下式确定:

$$n = (B_k - c)/(b - c) \qquad (6-5)$$

式中,b——工作部件的工作幅宽,m;

c——重叠量,m。

采用双翼平铲时,其作用于土壤的变形宽度一般等于锄铲的宽度,所以安装时必须有一定的重叠量,以免中耕机前进中略有偏斜时发生漏耕。c 的经验值为:工作部件铰接机架上时,长拉杆 $c = 60 \sim 80$ mm,短拉杆 $c = 40 \sim 60$ mm;工作部件刚性固定机架上时,$c = 25 \sim 45$ mm。行间中耕机工作部件的配置方式、类型及数量,应根据对不同作物进行中耕而定。工作部件数量与作物行距及工作部件形式有关。安装行间中耕机工作部件时,在作物行间两侧须留护苗带,护苗带宽度根据中耕机与拖拉机的连接方式、作物生长阶段、中耕深度、有无操向机构及其灵敏程度而定,见表6-13。

表 6-13　工作部件护苗带参考值　　　cm

耕深	工作部件			
	单翼铲	双翼铲	松土铲	施肥开沟器
4	6～8			
6	8～9	8～10		
8	9～11	10～12	10～13	
10		12～14	12～15	12～15
12		14～16	14～17	15～18
14			16～19	17～20
16			18～22	19～22
20			22～25	23～25

6.5 中耕机安全使用规程(包括操作规程、维护和保养)

6.5.1 中耕施肥机的使用调整

1. 耕深调整

(1) 松土铲耕深一般为 80 mm。松开固定松土铲柄的卡子,可调整松土铲柄的位置,向上调可使耕深变浅,向下调则耕深变深。

(2) 调节铧子的耕深,通过调整安装在仿形轮支臂上的调深丝杠来实现。向右旋拧耕深变浅,向左旋拧则耕深增加。

2. 犁踵调整

工作时,若犁踵不着地,应将固定螺丝松开,后移一个孔位,使犁踵着地。

3. 护苗器调整

(1) 通过改变护苗板左右支板固定的销孔来调整护苗带的宽窄。调整时应保持两支板固定的销孔位置相对应,以免使护苗板偏向一侧。

(2) 护苗板的高度可通过护苗板支板上的孔和护苗板转动架上的孔进行调整。向上移则护苗板升高,向下移则护苗板降低。

(3) 护苗板前后的位置可通过移动固定在犁辕上的护苗板转动架进行调整。

4. 犁铧更换与分土板开度的调整

(1) 起垄时用大号犁铧。

(2) 蹚头遍地时用铧溜子,不带分土板。

(3) 蹚二遍地时用中号犁铧,分土板开度调至中间位置。

(4) 蹚三遍地时用大号犁铧,分土板开度由作业要求和作物种类而定。

5. 行距调整

(1) 对有调行机构的中耕施肥机,可扳动操纵杆来调整行距。

(2) 对没有调行机构的中耕施肥机,可移动前支臂和地轮支臂在主梁的固定位置来调整行距。

6. 中耕机和拖拉机挂接后的调整

(1) 中耕机左右水平的调整。转动拖拉机悬挂机构斜拉杆的调节螺杆,以改变斜拉杆的长度,即可调节左右水平。

（2）中耕机前后水平的调整。转动拖拉机悬挂机构中央拉杆的调节螺杆,以改变中央拉杆的长度,即可调节至前后水平。

6.5.2 中耕施肥机主要工作部件正确使用

中耕机的主要工作部件分为锄铲式和回转式两大类。其中,锄铲式应用较广,按作用分为除草铲、松土铲和培土铲三种类型。

1. 除草铲

除草铲分为单翼式、双翼式和通风式三种。单翼铲用于作物早期除草,工作深度一般不超过 6 cm。它由水平锄铲和竖直护板两部分组成。前者用于锄草和松土,后者可防止土块压苗,护板下部有刃口,可防止挂草堵塞。中耕时,单翼铲分别置于幼苗的两侧,所以有左翼铲和右翼铲两种类型,在安装时必须注意。双翼除草铲的作用与单翼除草铲相同,通常与单翼除草铲配合使用。

2. 松土铲

松土铲用于作物的行间松土,它使土壤疏松但不翻转,松土深度可达 13~16 cm。松土铲由铲尖和铲柄两部分组成。铲尖是工作部分,它的种类很多,常用的有凿形、箭形和铧形三种。凿形松土铲的宽度很窄,它利用铲尖对土壤过程中产生的扁形松土区来保证松土宽度。这种松土铲过去应用得较多。箭形松土铲的铲尖呈三角形,工作面为凸曲面,耕后土壤松碎,沟底比较平整,松土质量较好。我国新设计的中耕机上大多已采用了这种松土铲。铧式松土铲适用于垄作地第一次中耕松土作业,铲尖呈三角形,工作面为凸曲面,与箭形松土铲相似,只是翼部向后延伸比较长。

3. 培土铲

培土铲的用途是培土和开沟起垄。按工作面的类型可分为曲面型和平面型两种。曲面型:它的铲尖和铲胸部分为圆弧曲面,碎土能力强,左、右培土壁为半螺旋曲面,翻土能力较强,因而在作业时,可将行间土壤松碎,翻向两侧。培土铲的铲尖较窄,所开的沟底宽度

窄,且对垄侧的除草性能较强。培土铲与铲胸铰连,左、右培土壁的张度由调节壁调节和控制,调节范围为 275~430 mm,可满足常用行距的培土和开沟需要。在我国北方平原旱作地区广泛使用。平面型:这种培土铲适用于东北垄作地区。它主要是用于锄草和松土,安装培土板后还可以起垄培土。通常,在第一次中耕松土时,用幅宽为 200 mm 的三角犁铧,不带培土板;第二次松土时,用幅宽为 250 mm 的三角犁铧,培土板调到中间位置;第三次中耕松土时,用幅宽为 350 mm 的三角犁铧,培土板调到偏大或最大张角位置。

6.5.3 中耕施肥机操作规程

作业前,认真检查燃油箱的燃油、水箱冷却水和齿轮箱的润滑油是否足够,若不够则应添加,以免损坏机件或耽误作业进度;作业中,仔细观察工作部件成两列留出的护苗带是否有埋苗现象,若有则应停机调整;过田埂、水沟时,人应离座,扶机缓慢通过,严禁高速冲过田埂、水沟;当中耕机发出异常响声,应立即停机检修。

（1）驾驶员启动发动机后,逐步加大油门,慢慢接合离合器,中耕机平稳运转后起步投入作业。

（2）根据不同的中耕要求和土壤条件,选用适合的工作部件。如松土选用松土铲,除草选用除草铲,培土选用培土器等。

（3）将工作部件排成两列,并保持一定的距离,随着中耕机次数的增加,中耕深度也逐渐加深。

（4）为防止埋苗,作业时要留出护苗带。

（5）中耕机作业时,行走路线要直。

（6）操作中,驾驶员要注意观察中耕机深度、行进速度、护苗带的预留和作业的效果,发现问题应及时纠正。

6.5.4 中耕施肥机的维护和保养

在中耕机上配置不同部件,如锄草铲、培土器、深松铲等,就可完成不同的作业,如锄草、培土、深松等。中耕深浅要一致,要根据垄

形走直,不扭摆,蹚头遍地要深蹚浅培土,要蹚到地头;不压苗、不伤苗;行间杂草要除净,表土要松碎,不得伤害作物根株;垄沟要有座土,垄帮要有浮土。

中耕机的维护保养要点如下:

(1)经常检查各紧固件是否紧固,各转动部位是否灵活;每班次须在各润滑部位加注润滑油。

(2)机具工作时严禁倒车急转弯;工作中部件缠草时,要停车清理;不许在左右划印器下站人,更不许任意搬动划印器套管,以免伤人。

(3)一个作业季后,应全部拆洗保养一次。长期存放前,应彻底清除各部位泥土杂物,清洗检查轴承,涂注黄油;油漆剥落处应补漆以防锈,作业部件洗净后涂上防锈剂或废机油,将拆下的零部件归放整齐,尽量放置在干燥室内。

(4)在工作了1500~2000 h后,应到当地特约维修站进行维护,并请专业人员检查摩擦片、离合器片等。

6.6　中耕机常见故障及排除方法

中耕机操作方法不正确,容易造成一些故障,主要有以下几种。

(1)伤苗。其原因一是拖拉机运行路线不直;二是行距不对;三是幅宽不符。排除方法是保证拖拉机直线行驶,重新调整行距及工作幅宽。

(2)犁铧入土过深或过浅。其原因是犁柱在纵梁上的位置不合适、入土角过大或过小。排除方法是用尺测量以便达到理想耕深,调整连杆螺杆直至入土角达到合适为止。

(3)压苗。其原因是培土板的开度过大、耕深过大或速度过高。排除方法是重新调整好培土板的开度,减小耕深,降低行驶速度。

(4)铲草效果不好。其原因是犁铧因磨损严重而变钝,或工作部件重叠量过小。排除方法是重新修磨或更换铲刃,增加工作部件重叠

量,调节入土深度。

(5)培土效果不佳。其原因是培土板开度过小或入土深度不够。排除方法是适当增加培土板开度和入土深度。

(6)排肥受阻。其原因是肥料箱中有杂物或肥料结块。排除方法是清除杂物和硬块。

(7)地轮或仿形轮不转。其原因是缠草或轮轴缺乏润滑油。排除方法是清除缠草,加注润滑油。

(8)垄形低矮,坡度角大,垄顶凹陷。其原因是铧犁入土过浅,培土板开度过小。排除方法是调整入土深度,增大培土板的开度。

参考文献

[1] 中国农业机械化科学研究院.农业机械设计手册[M].北京:机械工业出版社,1988.

[2] 镇江农业机械学院.农业机械学[M].北京:中国农业机械出版社,1982.

[3] 北京农业机械化学院.农业机械学[M].北京:中国农业出版社,1981.

[4] 凯善纳 R A.农业机械原理[M].崔引安,等译.北京:机械工业出版社,1978.

[5] 农业机械编写小组.农业机械[M].北京:北京人民出版社,1978.

[6] 华国柱,杨颐.当代农机实用新技术[M].北京:中国农业出版社,1987.

[7] 李振芬.京 HK-14 型开沟机[J].农业机械学报,1991(1):104-105.

[8] 卢里耶,格罗姆勃切夫斯基.农业机械的设计和计算[M].袁佳平,等译.北京:中国农业机械出版社,1983.

[9] 北京农业工程大学.农业机械学[M].上册.北京:中国农业出版社,1994.

[10] 张德文,李林,王惠民.精密播种机械[M].北京:中国农业出版社,1982.

[11] 文尔内 H L.现代农业机械化技术[M].北京:机械工业出版社,1990.

[12] 伯纳斯基 H.耕作播种与植物保护机械[M].凤元洪,等译.北京:机械工业出版社,1985.

[13] 农牧渔业部南京农机化所.八十年代国内外农机化新技术[M].北京:农村读物出版社,1984.

［14］中国农业百科全书（农业机械化卷）［M］.北京：中国农业出版社，1992.

［15］张波屏.播种机械设计原理［M］.北京：机械工业出版社，1982.

［16］张培仁.传感器原理、检测及其应用［M］.北京：清华大学出版社，2012.

［17］单成祥.传感器的理论与设计基础及其应用［M］.北京：国防工业出版社，1999.

［18］孙宝元，杨宝清.传感器及其应用手册［M］.北京：机械工业出版社，2004.

第7章

植物保护机械

7.1 概述

7.1.1 定义

植物保护机械是用于防治危害植物的病、虫、杂草等的各类机械和工具的总称，简称植保机械。通常指化学防治时使用的机械和工具，此外还包括利用热能、光能、电流、电磁波、超声波、射线等物理方法所使用的机械和设备，如防治危害棉花、烟草等幼苗病虫害的农药涂抹器，用于种子消毒的浸种器和拌种机（见种子处理设备），捕捉消灭害虫的黑光诱杀灯，驱赶害鸟的自动惊鸟器，防治鼠害的超声波防鼠器，消灭仓库害虫的熏蒸器，以及用于防治地下害虫的土壤注射器和将对症农药注入树干的树干注射器等。

7.1.2 背景与意义

人类农业发展的历史就是与农作物病虫草害斗争的历史。随着农业生产经验的积累，人类逐渐懂得了用火烧、轮作、中耕等措施来防治病虫草害，并逐渐发明了无机农药来防治农作物病虫草害。19世纪到20世纪，随着现代科学的迅速发展和农业科学家的辛勤工作，人们对农作物病虫草害的发生规律有了清楚的认识。20世纪40年代后期，化学农药得到了迅速的发展，一大批高效、超高效、低毒农药

投放到市场，为农作物病虫草害的防治提供了保障。因此，各种用于施药器械和装备也应运而生。

化学防治病虫草害是重要的农业生产技术，同时也是最有效的防治手段，合理喷施化学农药有助于提高生产效率和质量，在病虫草害防控和保障国家粮食生产安全中发挥着极其重要的作用。但是，在我国普遍存在着农药的"粗放式"喷洒，据统计，我国每年使用130万t农药制剂，单位面积的农药用量是世界平均水平的2.5倍。农药的过量使用不仅带来了严重的水资源污染、农产品品质下降以及生态系统失衡等问题，还造成了经济上的巨大损失，威胁食品和生命安全。

近年来，一些新的植保问题，如外来毁灭性有害生物入侵、次生性有害生物演变为常规害虫以及农药残留等问题陆续出现，但对于新出现的这些问题，仍以传统器械与方法应对，以致错失最佳防控时期，一些有害生物迅速扩展，造成重大损失。由于受生态环境恶化、全球气候异常等因素的影响，我国农作物病虫草害发生的面积不断扩大，并且来势凶猛，呈暴发性、突发性态势。如绝迹多年的蝗灾近几年又有卷土重来之势、草地贪夜蛾基数增大且扩散蔓延速度明显加快，若不能及时防控，将对我国农业生产造成巨大的损失。要想及时地扑灭这些大面积、暴发性的病虫草害，必须发展高效、高质量、高性能的施药机械。

作物病虫害的防治,是一项持久而艰巨的任务,也是一项复杂的社会系统工程。该项任务的完成,根本出路在于综合治理,包括采用农业措施、化学防治、物理防治、生物防治、植物抗性利用及其他有效手段组成的系统防治措施,如繁殖和释放天敌;利用害虫的趋光性进行诱杀;火焰灭草、微波灭草;培育多抗性农作物品种;合理的耕作制度;利用某些植物对害虫的驱避作用,进行合理的套种、间种等。在有效、经济、简便和安全的原则下将防治对象的种群控制在经济允许危害水平以下的状态。

本章分别对各种常用植保机械的结构、工作原理、操作与使用方法、常见故障判断与排除做了说明,这些常用植保机械包括人力植保器械、喷射式喷雾机、喷杆式喷雾机、背负式喷雾喷粉机、热力喷雾机、车载式高射程喷雾机、树木注药机、果园风送式喷雾机、常温烟雾机、航空植保机械等。此外,以介绍农药剂量转移、喷雾法、喷粉法、精准施药技术为重点,同时会涉及农药施药技术。

7.1.3 国内外研究和应用现状

1.植物保护的方法

植物保护的方法很多,按其作用原理和应用技术可分为以下几类。

1) 农业技术防治法

包括选育抗病虫的作物品种,改进栽培方法,实行合理轮作,深耕和改良土壤,加强田间管理及植物检疫等

2) 生物防治法

利用害虫的天敌,利用生物间的寄生关系或抗生作用来防治病虫害。近年来这种方法在国内外都获得了很大发展,如我国在培育赤眼蜂防止玉米螟、夜蛾等虫害方面取得了很大成绩。为了大量繁殖这种昆虫,还研制成功培育赤眼蜂的机械,使生产率显著提高。又如国外成功研制用 X 射线或 Y 射线照射需要防治的雄虫,破坏雄虫生殖腺内的生殖细胞,造成雌虫的卵无法生育,以达到消灭这种害虫的目的。采用生物防治法,可减少农药残留对农产品、空气和水的污染,保障人类健康。因此,这种防治方法日益受到重视,并得到迅速发展。

3) 物理和机械防治方法

利用物理方法和工具来防治病虫害,如利用诱杀灯消灭害虫;利用温汤浸种杀死病菌;利用选种机剔除病粒等。目前,国内外还在研究用微波技术来防治病虫害。

4) 化学防治法

利用各种化学药剂来消灭病虫、杂草及其他有害动物的方法,特别是有机农药大量生产和广泛使用以来,已成为植物保护的重要手段。这种防治方法的特点是操作简单,防治效果好,生产率高,而且受地区和季节的影响较少,故应用较广。但是如果农药不合理使用,就会出现污染环境,破坏或影响整个农业生态系统,在作物植株和果实中易留残毒,影响人体健康。因此,使用时一定要注意安全。

经过国内外多年来实践证明,单纯地使用某一防治方法,并不能很好地解决病虫害的防治。如能进行综合防治,即充分发挥农业技术防治、化学防治、生物防治、物理机械防治及其他新方法、新途径的应用(昆虫性外激素、保幼激素、抗保幼激素、不育技术、拒食剂、抗菌素及微生物农药等),能更好地控制病虫害。单独依靠化学防治的做法将逐步减少,以至不复存在。但在综合防治中,化学防治仍占有重要的地位。

2.植保机械的农艺技术要求

植保机械的农艺技术要求包括以下几个方面:

(1) 应能满足农业、园艺、林业等不同种类、不同生态以及不同自然条件下植物病虫害的防治要求。

(2) 应能将液体、粉剂、颗粒等各种剂型的化学农药均匀地分布在施用对象所要求的部位上。

(3) 对所施用的化学农药应有较高的附着率,以及较少的飘移损失。

(4) 机具应有较高的生产效率和较好的使用经济性和安全性。

施药技术应根据不同的作物、生长期、地

理情况、气象条件、所用的机具和农药等有所不同。施药技术是一门综合的技术，需要多学科的支撑，如农艺、机械、农药、植保、气象、昆虫、法律法规等。相对于药械和农药，施药技术是我国种植业较薄弱的一个环节，主要表现在以下几个方面：

(1) 安全意识淡薄。农民在施药时由于药械质量的低劣和缺乏必要的施药知识，操作时屡屡违规作业，造成我国每年农药中毒伤亡人数高达 10 万。施药时吸烟、喝水、不穿戴防护衣物(甚至赤膊、赤脚)的现象随处可见。用过的农药包装物随地丢弃，任凭风吹雨淋，雨水携带着农药流入农田、水源，渗入地下、水井，严重污染了环境，威胁着人民的身体健康。长期以来，我国在一直推行大容量喷洒，要求喷到植株滴水为止。此时，大量的雾滴在叶面上积聚成细流，并沿着叶缘流淌到农田中，其结果不仅防效差，而且浪费大量农药，污染环境。

(2) 由于对施药技术缺乏了解，有的农民用药单一，造成害虫的抗药性，从而不得不增加施药次数和药液浓度，与此同时，又进一步增加了害虫的抗药性，形成了恶性循环。

(3) 为了追求防效，有的农民滥用剧毒、高毒农药，导致这些"杀虫剂"成了"杀生剂"，在农业生态环境中，不论是"害虫""益虫"还是"天敌"，统统"格杀勿论"。由于害虫的繁殖能力往往高于天敌，残存下来的害虫由于没有天敌的制约，迅速地蔓延、猖獗起来，形成更大规模的虫害，而且这一代害虫的抗药性远远高于上一代，给进一步的防治带来了被动局面。

3. 今后我国施药技术的研究方向

今后我国施药技术的研究方向应该注重以下几个方面：

(1) 大力发展低量喷雾技术，提高农药的有效利用率，降低农药对环境的污染。

(2) 加强对生物农药及其施药机具、施药方法的研发。

(3) 在防治病虫害的同时，要研究如何有效地保护天敌，要充分利用天敌对害虫的制约作用。

(4) 在施药过程中，不应片面追求防治效果。

据国外有关资料报道，如要想把防治效果从 80% 提高到 95%，农药的用量将提高 1 倍以上。这是因为害虫种群在植株上的歇息部位不同、强壮程度不同、抗药性不同所致。一定量的农药可以杀死大部分的害虫，但如要全部杀灭余下的、难以杀灭的害虫，则需大大增加药量或药液浓度，这势必造成环境的污染、农产品农药残留量的增加及防治成本的提高。因此，在病虫草害的防治过程中，不应片面强调防治效果，应允许有一定的虫口残余量，以此来换取"环境效益"和食品安全。今后对施药机具和施药技术的评价，防治效果也不应作为一项主要的指标。

4. 欧美国家的植保机械

欧美国家的植保机械大多数是大型植保机械。主要分为三大类：第一类是喷杆喷雾机；第二类是风送式喷雾机；第三类是航空施药机械。手工作业的植保机械已基本上不再用于农田喷洒农药，而仅用于卫生防疫、庭院花卉等作业。

1) 大型植保机械

(1) 喷杆喷雾机

喷杆喷雾机是一种高效的地面施药机具。欧美国家的喷杆喷雾机按动力配套方式大致可分为：牵引式、悬挂式、自走式。按喷洒方式可分为：横喷杆式、风力辅助式。其喷幅从几米到 45 m 不等。GPS 技术被普遍应用，传统的机械传动、控制已被液压传动、电气传动和控制所替代。由计算机监测、控制系统进行自动化作业。机具作业中的压力、喷量、行进速度、药箱中药液余量等参数均可在计算机屏幕上显示，并被自动控制或由操作者通过仪表面板来操作控制，自走式机具大多采用四轮驱动，机动灵活，风力辅助技术用于喷杆喷雾机已屡见不鲜。快速接头、快速转换喷头、防滴阀、自洁式过滤器、组合式控制阀等先进技术已被广泛采用。

喷杆喷雾机在我国已应用多年，但由于技术含量低、使用水平落后，所以一直在低水平状态徘徊。今后我国喷杆喷雾机的发展方向应是机具的功能先进,包括防滴功能、恒压功能、仿形功能、喷量和雾角调节功能等;作业参数同步显示和计算机自动控制,这些参数包括喷头的喷量、压力,机具的速度等。机具上应配有全球定位系统接口,以便全球定位系统对机具作业进行精确的引导,避免重喷和漏喷。机型的发展趋势应以风力辅助式为主,充分利用风管中的下压气流使雾滴避免飘移,提高雾滴的附着率,减少环境污染。

（2）风送式喷雾机

风送式喷雾机运用强大的气流将经压力雾化或离心雾化的药液雾滴吹向目标物。由于气流对枝叶的翻动作用,可使作物的叶面、叶背、上下、内外都均匀地覆盖上药液。由于雾滴在气流的强制作用下飞向靶标物,可有效地防止自然风的干扰而产生环境污染。风送低量喷雾技术是联合国粮农组织推荐的一种先进的施药技术。

传统意义上的风送式喷雾机主要有两种:一种是轴向进风,径向出风,呈辐射状喷雾,主要用于果园施药;另一种是轴向进风,轴向出风,风筒呈炮塔状,主要用于大田、水田等远程喷雾,或行道树、人工林等射高喷雾。

欧美国家的风送喷雾机不仅包括了以上两种机型,大量机具的喷射部件、风筒还做了各种形状,有的机具的风筒可以根据作物的形状任意弯曲、组装,最大限度地提高了风能的利用率和雾滴的穿透率、附着率,反映了先进国家在设计理念上与我们的差距。

（3）对靶间隙喷雾机

对靶间隙喷雾机是近年来发展起来的一类精准施药机具,是在普通的喷杆式喷雾机和风送式喷雾机上加一套靶标识别与精确喷雾控制系统而成,应用对靶间隙喷雾技术可节省农药 30% 左右。

对靶间隙喷雾技术的关键是要解决靶标的识别技术。靶标识别技术可分为两类:一类是图像识别技术,另一类是回波识别技术。图像识别技术又包括激光三维成像和普通二维成像技术:前者成像质量高,但价格昂贵,通常用于军事用途;后者采用普通摄像头成像后,用计算机对图像进行分析判别,控制喷雾系统工作。回波识别技术是应用超声波(或其他波源)在靶标上的反射回波来识别靶标。根据我国的国情,应重点发展二维成像技术和回波识别技术。同时,如何准确、及时、定量地把药液喷洒到已识别的靶标上去,也是此类机具研究的关键和难点。

（4）航空植保机具

航空喷雾是一种高效、先进的施药技术,也是欧美国家最主要的植保手段。作业的飞机主要有两种:固定翼型和旋翼型。欧美国家的种植规模较大,以家庭农场为主,所以主要用固定翼型飞机;日本等国家的种植规模较小,以旋翼型飞机为主。3S 技术、计算机技术、遥控技术等高新技术被普遍采用在航空植保机具上。1999 年,美国得克萨斯州立大学成功研制了航空静电喷雾装置,并在"Sky Tractor"农用飞机上使用,获得了良好的效果。

我国目前由于缺乏先进的喷洒装置和控制装置,喷出的雾滴谱宽,对靶性差,部分细小的雾滴可飘移至数千米以外,造成污染。当飞机拐弯或处于非靶标区时,"拖尾巴"现象屡见不鲜。我国航空施药机具的发展方向是:研制先进的喷施部件和控制部件;应用 3S 技术进行病虫草害的预测预报和飞机作业时的导航;飞机机型应以旋翼机为主,充分利用旋翼机产生的下压气流,避免雾滴的飘移和有利于雾滴穿透植被,提高雾滴的附着率。

2）中小型植保机具

欧美国家的中小型植保机具很少,但产品的性能优越、外形美观、工艺精湛。较著名的公司有 Solo 公司和 Berthoud 公司等。主要的产品有手动喷雾器、喷射式机动喷雾机、背负式液泵机动喷雾机和背负式机动喷雾喷粉机等。

（1）手动喷雾器

此类机具在欧美国家主要用于卫生防疫、庭院花卉施洒药剂,数量和品种虽少,但产品的技术含量较高。从材质来看,以工程塑料为主,耐腐美观。从加工水平来看,无论是光洁度还是尺寸精度,都反映了较高的加工水平。从喷射部件来看,有切向离心喷头、扇形雾喷头、防飘喷头,以及单喷头、双喷头、组合喷头、横杆四喷头等各种喷射部件,可以满足各种防治需求。从结构来看,有背负式、压缩式、拖轮式。

(2)喷射式机动喷雾机

喷射机动喷雾机主要品种有手推车式、担架式、便携式、车载式。喷射部件有单头远程、双头组合、三头组合、环形组合、杆式远程组合喷枪等。卷管机构大多数是手工卷管。

(3)背负式液泵机动喷雾机

此类机型是欧美国家中小型植保机具的主机型。品种较多,造型美观,工艺先进。药箱容量从 12~20 L 不等,液泵以微型柱塞泵、隔膜泵为主,动力是小型汽油机,喷射部件以单头可调式为主。

(4)背负式机动喷雾喷粉机

此类机具以日本的技术较为领先,欧美的机具除了材质、制造工艺、某些部件(如汽油机等)的技术水平较高外,其余的与我国的技术水平差不多。

5. 高新技术在植保机械技术中的应用

在欧美等发达国家,信息技术、智能化技术、计算机技术等高新技术已大量融合到植保机械技术中。

1)"3S"技术

"3S"技术是指遥感技术(RS)、全球定位系统(GPS)、地理信息信统(GIS)。RS 在有害生物防治方面,主要用于农作物病虫害的监测。它可以通过接收到作物反射光谱的变化,及时准确地预报病虫害发生的时间、规模、品种。GPS 可用于飞机、大型喷雾机等大面积作业的植保机具的定位、导航、导向。欧美国家大多数大型植保机械都配有 GPS 接口和 GPS 接收器。有的机具还有信号接收转换功能,可以把接收到的信号转换为机具的操作指令,直接指挥机具调整作业参数(如喷雾压力、喷量、行走速度、方向等)。GIS 在有害生物防治方面主要用于建立动态的地理信息资料库,这些资料与有害生物的发生息息相关,如地理位置、地形、

土壤类型、湿度、温度、降雨量、日照天数等。运用计算机技术,通过对当时数据的采集及与库存标准资料的对比、分析,可以及时准确地对有害生物灾害提出预警。

2)智能化技术

智能化技术是近几年才应用到植保机械上的一项高新技术。所谓智能化技术,就是让植保机械具有识别能力,从而自动决定是否喷雾。初级的智能化技术只能判别靶标的有无,高级的不仅能判别靶标的有无,还能判别靶标的大小、形状、颜色,通过计算机的鉴别,进一步识别出是草还是作物,从而做到真正意义上的"对靶喷雾"。据资料介绍,运用该项技术可节省农药 60%~70%。

3)计算机技术

在欧美国家,计算机技术已经普遍应用到植保机械上。据资料介绍,运用计算机技术的机具在作业时,一些主要的作业参数均可在计算机屏幕上显示,如压力、喷量、行进速度、药箱中的余液等。有的机型在作业前只要输入需要的参数值,在整个作业过程中,计算机就会不断提醒操作者"行走减慢(加快)""提高(降低)转速"等。

6. 植保机械的人、机、环境安全问题

国外发达国家的植保机械大多采用保护性喷洒技术,增加防护装置,防止雾滴外逸。这些防护装置有:喷头防护罩(用于手动喷雾器),喷杆防护罩(用于喷杆喷雾机),防护刷等;环保型的喷射部件,如防飘喷头、泡沫喷头、防滴装置、恒压装置等。循环式喷雾机也称"回收式喷雾机""隧道式喷雾机",作业时,该机具可以把未击中靶标的雾滴进行回收,循环使用,在大大节省了农药的同时,又大大减少了农药对环境的污染。据资料介绍,使用这种技术可节省农药 50%~60%,气流辅助式喷杆喷雾机的采用可防止农药飘移,另外机上配有各种人身保护装置。目前大部分机具都采用农药注入系统,避免药液喷洒不均造成作物药害。

7. 植保机械部件的生产趋于专业化、标准化

欧美先进国家植保机械生产基本上实现了社会化大协作和零部件的专业化、标准化生产。主机生产厂商的任务只是如何把这些先进的零部件按市场的需要组装成整机,体现出自己先进的设计理念。欧美国家较为著名的植保机械零部件生产厂商有:生产喷射部件的有 TeeJet、ABBA、Agrotop 等公司;生产风机的有 Fieni、SOLTEKA 等公司;生产发动机的有 John Deere 公司;生产过滤器的有 AZUD 等公司;生产液泵的有 COMET、Catterinpompe 等公司;生产药箱的有 VP 公司;甚至机架、喷杆都有专业生产厂商如 TOSELLO 公司。专业化生产带来的结果是大大缩短了主机生产厂商开发新品的周期,降低了开发成本,这也是欧美国家植保机械新产品、新机具不断涌现,始终占据植保机械发展前沿阵地的重要原因之一。同时,由于专业化生产,对提高植保机械零部件科技含量、质量、降低成本都起着十分重要的作用。植保机械的测试、检测设备也有专业厂商生产。如 AAMS 公司生产的各种测试仪器设备,有喷头试验台、流量、压力测试设备等。

我国植保机械是在新中国成立后发展起来的,在国家有关部门的支持下,各省、市、自治区先后建立了农药机械厂。其发展主要经历了仿制、自行研制、联合设计与攻关等几个阶段,由人力到机动的迅速发展过程,广泛采用新结构、新材料、新工艺,设计制造了许多新的产品,基本解决了农作物的植保问题,促进了农业生产的发展。20 世纪 90 年代以来,国家主管部门坚持一靠政策、二靠科学、三靠投入的原则,使我国植物保护机械走上了健康发展的道路。我国植保机械和施药技术水平与发达国家相比还有一定的差距。目前发达国家的植保机械和施药技术可用"四化"来说明其现有水平:非常专业化、全部法制化、机具现代化、指标国际化。西方经济发达国家植物病、虫、草的防治均已高度机械化,目前以使用喷施液体农药的喷雾机为主要药械。美国、俄罗斯、加拿大等国,土地面积大而较平坦,大田植保飞机施药普遍,但以发展与拖拉机配套的悬挂式和牵引式等大型植保机械为主,植保机械正在向着机动、大型、多用、高生产率、高机械化、自动化的方向发展,如发动机功率达 160 Ps,喷幅宽达 30 m,药箱容积达 4000 L。欧洲国家农户以中小规模为主,大田植保飞机普遍使用宽幅喷杆式喷雾机,在操纵方面多采用液压操纵装置(用于喷杆折叠)、自动调节装置和计量泵等。日本农户耕地面积较小,经营分散,以发展小型动力配套的背负式和担架式植保机械为主,但果园施药时普遍使用果园风送式喷雾机较多。为提高效率,近年来开始发展较大型植保机械,如自走式机动喷雾机。

由于日益重视生态环境问题,植保机械在德国被列为高科技产品,要求工厂生产的产品是高技术、高质量的产品。他们以获得最佳施药效果和最少环境污染为方向,来开展植保机械的科研工作,十分重视机具对环境污染的影响,减少农药飘移和地面无效沉积,提高农药有效利用率,降低单位面积农药使用量。

(1)定向对靶喷雾技术,包括使用辅助气流、静电喷雾、利用光电、红外技术等智能测靶喷雾技术。

(2)精确喷雾技术,包括能根据作业速度和作物密度自动调节喷量的智能喷雾技术。

(3)可控雾滴施药技术,通过各种机械或电子方法控制雾滴大小,达到使用最佳雾滴直径,提高农药中靶率。

(4)农药回收技术,采用静电或气流负压等技术将靶标外的雾滴回收。

在植保机械设计中采用的高新技术体现在多个方面。例如,在大田中使用的植保机械为了保证施药中的药液分布均匀,设计了保持喷杆平衡的仿形机构,使机械在行走喷药时始终保持高度一致。他们还设计了利用辅助气流装置,使喷药时的药液雾滴,尤其是小雾滴能够直接喷洒到作物基部,同时还可将药液从地面(指未沉积在作物上雾滴)向上反弹和吹动叶片,使叶片背面也有较好的雾滴沉积。如用于果园的喷雾机,根据树形而设计的导向气

流板,可以使下落的药液雾滴尽可能不喷到土壤上,上升的药液雾滴尽量不射向天空,而大部导向树冠,尽可能地使植保机械在施药时达到精确、适用、经济。

目前德国非常注重研制生物农药来防治农作物病虫害,但是生物农药对喷头的磨损较化学农药大,同时易下沉。为使药物能够均匀地分布在作物上,德国又开始研制新的喷洒系统,坚定不移地以保护生态环境为目的,并将生物技术与工程技术紧密结合在一起来开展植保机械的科研工作。德国政府非常重视对农户的技术培训,各州植物保护局都有责任对农户进行培训,指导农户掌握植保机械的使用技术和正确喷施农药。由于施药量比过去有很大的降低,施药液量少,药液从靶标上流失减少,因而农药利用率大大提高。

国外提倡精准施药,先进技术如图像处理、机载 GPS 进入了植保机械工作系统,以减少农药飘移为中心的喷雾机具改进措施则是近年来最热门的研究课题。西方经济发达国家农业机械化程度高,背负式喷雾机主要用在庭园,一般配有 2 L/min 以上流量的液泵。喷洒装置除配有单个圆锥喷雾头外,还配有不同形状的喷杆(加花杆、水平横喷杆或拱形喷杆等)可做多种用途喷施。机动背负机除配带风机进行弥雾喷施的机型外,还配备液泵和喷头的液力式喷雾机机型,喷施压力的调节装置装在喷杆手柄处,压力调节很方便。对新产品和使用过的植保机械的技术性能定期监控,对检验合格者发给合格证明,并已立法规定喷雾机每使用两年应进行检测,如液泵的流量、压力表指示的准确性、喷头喷量、搅拌效果和药液沉积分布质量,以及其他一些影响喷药质量等内容的检测(简称年检),如果在检测中发现不符合标准,需要维修或更换零部件后再检测才发给检验合格证明。

我国植保机械的产品结构组成包括手动背负式喷雾器、手动压缩式喷雾器、手动踏板式喷雾器、背负式喷粉喷雾机、担架式机动喷雾机、小型机动喷烟机、拖拉机悬挂或牵引的喷杆式及风送式喷雾机、航空喷雾喷粉设备等。

植物化学保护的三个组成部分为农药、药械和施药技术。这三者相辅相成,同等重要,组成一个完整的体系,缺一不可。我国应学习借鉴国外先进技术,抓紧开发适合我国国情的植保机械,努力赶上世界先进水平,为我国的农业生产保驾护航。

我国植保机械基础部件的研发大大落后于世界水平,需加强基础研究。与发达国家相比,我国植保机械薄弱环节在于喷头。一些发达国家于 20 世纪 60 年代已在除草剂、生长调节剂等喷洒方面完成了用扇形喷头代替圆锥雾喷头的转变,开发出了防止农药飘失的反飘(AD 喷头)和几乎无飘失的喷头(ID 喷头)及其他各种专用扇形雾喷头,并将能实现均匀喷雾的扇形雾喷头应用于杀虫、杀菌剂的喷施。如美国的 Spraying Systems 公司生产的 TeeJet 系列喷头不仅质量好、外观美,仅单喷头一项就有几十个品种,上百个规格,可以满足各种农作物不同生长期喷洒农药的要求。而我国目前 95% 以上的喷雾器上使用的还是圆锥雾喷头,不管是什么农药、什么作物,一直打到滴水为止。近年来虽然化学除草发展很快,但由于没有与之配套、质量好的扇形喷头,除草效果大大降低,单位面积上使用的除草剂剂量增加,飘失的除草剂还造成周围敏感作物的药害。我国虽也研制了一些新型喷头,但也只是几个品种、几十个规格,而且质量也无法与 TeeJet 相比,远远满足不了生产的需求。另外,液泵、风机、发动机等基础部件的情况大致如此。

我国应大力加强高新技术应用于植保机械的研究。"3S"技术、计算机技术、智能化技术等高新技术在先进国家已普遍应用,而我国则尚未涉足或刚刚起步,这也是我国植保机械与先进国家的根本差距所在。如果我们现在还不奋起直追,这个差距将会越来越大。我国有关部门对此高度重视,近年来设置了国家科技支撑计划课题,用于研究新的植保机械与施药技术,解决重大病虫害防治难题。我国施药技术的发展趋势将朝着"精准、高效、低污染"

和"综合防治、可持续防治"的方向发展。随着人们生活水平的提高，人们对食品的要求已从"数量型"转化为"质量型"，人们不仅满足于解决温饱问题，并开始对自身赖以生存的环境质量越来越关注，对食品的安全越来越重视。这也是我国施药技术得以发展的前提。随着植物源农药、微生物农药的出现，与环境相容的新型农药将是我国农药发展的主趋势，新型药械和施药技术将得到大力发展。

世界上先进的国家，其施药技术早已列入了法制的范畴，除了国家有严格的法律法规外，各级地方政府还有相应的地方法律。如美国的FIFRA法明确规定，在农药使用中违反此法者将按民事犯法处置，轻者处以5000美元以下的罚金；重者将作为刑事犯罪而处以高达25 000美元的罚金或判处1年监禁，或罚款与监禁同时执行。所以，美国的农场主施洒农药时都十分谨慎，稍不留神就会触犯法律，轻者罚款，重者坐牢。

施药技术是一种特殊的技术，它具有两重性：一是农业生产必不可少的；二是万一出了问题就可能是人命关天的大事。因此，必须要有相应的法律法规来规范和约束施药技术的全过程。而我国恰恰在这方面是最薄弱的环节，尚需要建立健全相关的法律法规。

近年来，我国一些病虫害接连暴发成灾，而我国的植保机械在这场战役中的表现似乎并不令人满意，防治失控的最重要原因则是不能适时防治。我国单一的植保机械品种对暴发性病虫害缺乏应急防治能力，从而延误时机。现有的机具90%以上是手动背负式喷雾器，工效太低，很难保证适时防治。发达国家采用先进高效专业植保机具，用水量200 L/hm²，而我国现有的植保机具不仅工效低而且用水量高达600 L/hm²以上，据不完全统计，每年消耗在施药作业上的劳动力达4亿～5亿人，消耗的水资源达2亿t。

根据目前我国农村实际情况，集约化规模经营和联产承包责任制的小农生产方式仍将同时存在很长时间。为此，我们应该在积极创造条件发展现代化植保机械的同时，更多地研究解决分散的小农的适用施药手段以及如何提高施药技术、提高农药有效利用率的问题。必须加强植保机械的研究开发，加速改进我国的施药机具，坚持走植保机械专业化的道路，已经沿用了半个多世纪的老式施药机具应逐步更新换代。根据我国大型机动喷雾机具虽有一定数量增长，但仍以小型手动喷雾机具为主的国情，国家应加大投资力度、进行科研立项，开展施药技术研究，研究开发轻便、高效、用水量少的新型多功能手动喷雾机具，改进目前使用的机动喷雾机具。基础性研究应根据我国目前农药有效利用率低、施药作业效率低和施药安全性低的现状，重点进行小雾滴研究、药液雾滴飘失的控制研究和光机电一体化研究；应用性研究应根据我国地貌地形、不同农业区域的特点，研究开发适用于平原地区、水网地区、旱原区及高山梯田区，能满足不同农作物和病虫草害的防治的各种专用高效施药机械，实现精准喷雾作业；实现植保机具专业化，形成我国自己的农用植保机械系列。

我国的植保机械和施药技术水平虽然有了快速提高，也引进和研制了一系列植保机具，在农业生产中发挥了积极作用，但从整体上与发展现代农业、保障农产品质量安全和农业生态环境安全的要求仍有差距。我们应跟随植保机械与施药技术领域国际发展，加强科技合作与创新，为发展现代化农业做出贡献。为解决我国植保机械和施药技术落后、农药利用率低、影响农产品质量安全的问题，要适应新形势的需要，研制开发和引进新型施药机械，加强施药技术的研究开发、技术指导和宣传培训工作，大力推广一批新型药械、施药技术，切实提高农药利用率，增强重大病虫害的防控能力。

7.1.4 发展要求与展望

1.发展低量喷雾技术

除使用低量高效的农药外，还要发展低量喷雾技术，开发系列低量喷头。可依据不同的作业对象、气候情况等选用相应的低量喷头，以最少的农药用量达到最佳防治效果。

2. 采用机电一体化技术

电子显示和控制系统已成为大、中型植保机械不可或缺的部分。电子控制系统一般可以显示机组前进速度、喷杆倾斜度、喷量、压力、喷洒面积和药箱药液量等。通过面板操作，可控制和调整系统压力、单位面积喷液量及多路喷杆的喷雾作业等。系统依据机组前进速度自动调节单位时间喷洒量，依据施药对象和环境严格控制施药量和雾粒直径大小。控制系统除可与个人计算机相连外，还可配GPS系统，实现精准、精量施药。

3. 控制药液雾滴的飘移

在施药过程中，控制雾滴的飘移，提高药液的附着率是减少农药流失，降低对土壤和环境污染的重要措施。欧美国家在这方面采用了防飘喷头、风幕技术、静电喷雾技术及雾滴回收技术等。据美国的有关数据表明，使用静电喷雾技术可减少药液损失达65%以上。但由于该项技术应用到产品上尚未完全成熟且成本过高，目前只在少量的植保机械上采用；风幕技术于20世纪末在欧洲兴起，即在喷杆喷雾机的喷杆上增加风筒和风机，喷雾时，在喷头上方沿喷雾方向强制送风，形成风幕，这样不仅增大了雾滴的穿透力，而且在有风（小于四级风）的天气下工作，也不会发生雾滴飘移现象。由于风幕技术增加机具的成本较多，使喷杆的悬挂和折叠机构更加复杂，所以目前欧美一些植保机械厂家又开发了新型防飘移喷头，在雾滴防飘和提高附着率方面，使用这种喷头的喷杆喷雾机可以达到与风幕式喷杆喷雾机同样的效果。

4. 采用自动对靶施药技术

目前国外主要有两种方法实现对靶施药。一种方法是使用图像识别技术。该系统由摄像头、图像采集卡和计算机组成。计算机把采集的数据进行处理，并与图像库中的资料进行对比，确定对象是草还是庄稼、何种草等，以控制系统是否喷药。另一种方法是采用叶色素光学传感器。该系统的核心部分由一个独特的叶色素光学传感器、控制电路和一个阀体组成。阀体内含有喷头和电磁阀，当传感器通过测试色素判别有草存在时，即控制喷头对准目标喷洒除草剂。目前只能在裸地上探测目标，可依据需要确定传感器的数量，组成喷洒系统，用于果园的行间护道、沟旁和道路两侧喷洒除草剂。据介绍，使用该系统能节约用药60%～80%。

5. 采用全液压驱动

在大型植保机械，尤其是自走式喷杆喷雾机上采用全液压系统，如转向、制动、行走、加压泵等都由液压驱动，不仅使整机结构简化，也使传动系统的可靠性增加。有些机具上还采用了不同于弹簧减震的液压减震悬浮系统，它可以依据负载和斜度的变化进行调整，从而保证喷杆升高和速度变化时系统保持稳定。此外，有些牵引式喷杆喷雾机产品在牵引杆上还装有电控液压转向器，以保证在拖拉机转弯时机具完全保持一致。

6. 采用农药注入和自清洗系统

采用农药注入和自清洗系统，避免或减少人员与药液的接触。目前销售的大、中型喷杆喷雾机都装有农药注入系统（有的厂家是选配件），即农药不直接加到大水箱中，而是倒入专用加药箱，由精确计量泵依据设定的量抽入大水箱中混合或是利用专用药箱的刻度，计量加入的药量，用非计量泵抽入水箱中，抽尽为止；或把药放入专门的加药箱内，加水时用混药器按一定比例自动把药吸入水中和水混合，再通过液体搅拌系统把药液搅匀。喷杆喷雾机上一般还备有两个清水箱，一个用来洗手，另一个用来清洗药液箱、加药箱（药箱内装有专用清洗喷头）及清洗机具外部（备有清洗喷枪、清洗刷和卷管器），人体基本上不和药液接触。

7. 积极研究生物防治技术

研制生物农药的喷洒装置从长远来看，由于对环境友好，生物农药防治农作物病虫害是一种趋势，需要积极研究。生物农药对喷头的磨损较化学农药大，同时易下沉，与化学农药的使用特点有显著差别，为使药物能够均匀地分布在作物上，应研制新的喷洒装置。

7.2　分类

植保机械的种类很多。由于农药的剂型和作物种类多种多样,要求对不同病虫害的施药技术手段和喷洒方式也多种多样,决定了植保机械品种的多样性。常见的有喷雾机(器)、喷粉器、烟雾机、撒粒机、诱杀器、拌种机和土壤消毒机等。

施药机械的分类方法也多种多样,可按种类、用途、配套动力、操作方式等分类。

按喷施农药的剂型和用途分类,有喷雾器(机)、喷粉器(机)、烟雾机、撒粒机等。

按配套动力分类,有人力植保机具、畜力植保机具、小型动力植保机具、拖拉机悬挂或牵引式大型植保机具、航空植保机具等。人力驱动的施药机具一般称为喷雾器、喷粉器;机动的施药机具一般称为喷雾机、喷粉机等。

按运载方式分类,有手持式、肩挂式、背负式、手提式、担架式、手推车式、拖拉机牵引、拖拉机悬挂式及自走式等。

随着农药的不断更新换代以及对喷洒(撒)技术的深入研究,国内外出现了许多新的喷洒(撒)技术和新的喷洒理论,从而又出现了对植保机械以施药液量多少、雾滴大小、雾化方式等进行分类。

按施液量多少分类,有常量喷雾、低容量喷雾、超低容量喷雾等机具。

按雾化方式分类,有液力式喷雾机、风送式喷雾机、热力式喷雾机、离心式喷雾机、静电喷雾机等。

总之,施药机具的分类方法很多,较为复杂,往往一种机具的名称包含着几种不同分类的综合。如泰山3WF-18型背负式机动喷雾喷粉机,就包含着按携带方式、配套动力和雾化原理三种分类的综合。

7.3　常用植保机械与技术及关键部件

随着农业高速发展,高效农药的应用以及人们对生存环境要求的提高,施药技术与施药器械面临着新的挑战。农药对环境和非靶标生物的影响成为社会所关注的问题,施药技术及植保机械的研究面临两大课题:如何提高农药的使用效率和有效利用率;如何避免或减轻农药对非靶标生物的影响和对环境的污染。近年来,由于在农业生产中采取了一系列先进的措施,农业科学向深度、广度进军,耕作制度改变,复种指数提高,间作面积扩大,越冬作物增加以及高产品种的推广,农药施用量的增加,一方面使农业生产获得了相当程度的高产,另一方面又给病虫草害的产生创造了有利条件,使繁衍规律也发生了变化,对作物的威胁更为严重。这就给扑灭病虫草害的及时性和机具使用的可靠性提出了更加苛刻的要求,这不仅对植保机械提出了一个新的课题,也反映了植保机械的使用和发展在农业生产和农业科技的发展中占有极其重要的地位。

7.3.1　常用植保机械

1.喷杆喷雾机

喷杆喷雾机是装有横喷杆或竖喷杆的一种液力喷雾机,如图7-1所示。它作为大田作物高效、高质量的喷洒农药的机具,近年来,已深受我国广大农民的青睐。该机具可广泛用于大豆、小麦、玉米和棉花等农作物的播前、苗前土壤处理、作物生长前期灭草及病虫害防治。装有吊杆的喷杆喷雾机与高地隙拖拉机配套使用,可进行诸如棉花、玉米等作物生长中后期病虫害防治。该类机具的特点是生产率高,喷洒质量好(安装狭缝喷头时喷幅内的喷雾量分布均匀性变异系数不大于20%),是

图7-1　拖拉机悬挂喷杆式喷雾机

一种理想的大田作物用大型植保机具。

1）喷杆喷雾机可按下列方式分类

（1）按喷杆的型式分类

① 横喷杆式

喷杆水平配置，喷头直接装在喷杆下面，是常用的机型。

② 吊杆式

在横喷杆下面平行地垂吊着若干根竖喷杆，作业时，横喷杆和竖喷杆上的喷头对作物形成门字形喷洒，使作物的叶面、叶背等处能较均匀地被雾滴覆盖。主要用在棉花等作物的生长中后期喷洒杀虫剂、杀菌剂等。

③ 气袋式

在喷杆上方装有一条气袋，有一台风机往气袋供气，气袋上正对每个喷头的位置都开有一个出气孔。作业时，喷头喷出的雾滴与从气袋出气孔排出的气流相撞击，形成二次雾化，并在气流的作用下吹向作物。同时，气流对作物枝叶有翻动作用，有利于雾滴在叶丛中穿透及在叶背、叶面上均匀附着。主要用于对棉花等作物喷施杀虫剂。这是一种较新型的喷雾机，我国目前正处于研制阶段。

（2）按与拖拉机的连接方式分类

① 悬挂式

喷雾机通过拖拉机三点悬挂装置与拖拉机相连接。

② 固定式

喷雾机各部件分别固定地装在拖拉机上。

③ 牵引式

喷雾机自身带有底盘和行走轮，通过牵引杆与拖拉机相连接。

（3）按机具作业幅宽分

① 大型喷幅在 18 m 以上，主要与功率为 36.7 kW 以上的拖拉机配套作业。大型喷杆喷雾机大多为牵引式。

② 中型喷幅为 10～18 m，主要与功率在 20.0～36.7 kW 的拖拉机配套作业。

③ 小型喷幅在 10 m 以下，配套动力多为小四轮拖拉机和手扶拖拉机。

2）喷杆喷雾机的结构和工作原理

喷杆喷雾机的主要工作部件包括液泵、药液箱、喷头、防滴装置、搅拌器、喷杆桁架机构和管路控制部件等，如图 7-2 所示。

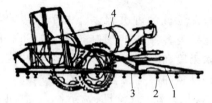

1—喷杆桁架；2—喷头；3—喷杆；4—药液箱。

图 7-2　牵引式喷杆喷雾机外形图

（1）药液箱

药液箱用于盛装药液，其容积有 0.2 m³、0.65 m³、1.0 m³、1.5 m³ 和 2.0 m³ 等。药箱的上方开有加液口，并设有加液口滤网，箱的下方设有出液口，箱内装有搅拌器。有些喷杆喷雾机不用液泵，而是用拖拉机上的气泵向药液箱内充气而使药液获得压力，此种机具的药液箱不仅要有足够的强度，而且要有良好的密封性。药液箱通常用玻璃钢或聚乙烯塑料制作，耐农药腐蚀。市场上也有用铁皮焊合而成的，它的内表面涂防腐材料，但耐农药腐蚀的性能较差，使用时间较短。药箱上应当备有一个大的加液器，便于清洗和加液。在药液箱最低处应有一个放水孔和一个液位指标器。在底部有一个搅拌器，防止溶解性较差或完全不溶解的药液沉到箱底，或不使乳化剂中的油点悬浮到药液表面上来，保证喷洒的药液具有相同的浓度。药液箱内的搅拌器大多采用液力搅拌器。液力搅拌可在喷管上开些小孔，药液从小孔中流出，在药箱内形成循环，这种形式液流速度小。喷射式液流速度较高，但耗能量大，一些大型机具上可安装多个喷射头，如图 7-3 所示。

为了防止喷头在喷雾时被堵塞，对喷雾液进行过滤是必要的。在药液箱加液口设置一个可拆卸的 12～16 目的粗滤网，在药液箱和泵之间设置一个 16 目的大表面积过滤器，在泵和喷头的管道内安装一个 20 目的较小尺寸的过滤器。喷雾机上采用黄铜丝编织成或由黄铜皮冲压成的滤网，以防腐蚀和生锈。

（2）喷头

适用于喷杆喷雾机的喷头有狭缝喷头和

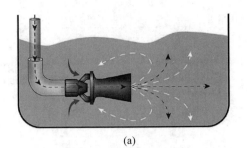

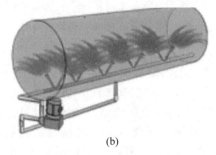

图7-3 液力搅拌喷头工作原理示意图

（a）搅拌原理；（b）液力搅拌器布置方式

空心圆锥雾喷头等，其中狭缝喷头如图7-4所示。狭缝喷头喷出的扁平雾流，在喷头中心部位处雾量多，往两边递减，装在喷杆上相邻喷头的雾流交错重叠，正好使整机喷幅内雾量分布趋于均匀。国产刚玉瓷狭缝喷头按喷雾角分为两个系列：110系列喷头的喷雾角是110°，主要用于播前、苗前的全面土壤处理；60系列喷头的喷雾角是60°，用于苗带喷雾。喷头的喷量偏差为±10%，喷雾角的偏差为±10°。

还有一种均匀雾狭缝喷头，在扇形雾流内雾量分布均匀，适用于苗带喷雾，国内目前尚无产品。国产喷杆喷雾机上使用的空心圆锥雾喷头有切向进液喷头和旋水芯喷头两种，主要用于喷洒杀虫剂、杀菌剂和作物生长调节剂，切向进液喷头与手动喷雾器上的相同。

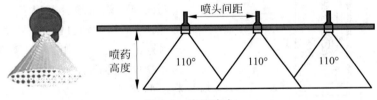

图7-4 狭缝喷头

（3）防滴装置

喷杆喷雾机在喷除草剂时，为了消除停喷时药液在残压作用下沿喷头滴漏而造成药害，多配有防滴装置。以前，一些产品上装有换向阀，停喷时利用泵的吸水口，将管路中残液吸回药液箱，但这样将使泵脱水运转，会对泵产生不利影响，所以近年来这种方法已很少采用。防滴装置共有三种部件，可以按三种方式配置，三种部件为：膜片式防滴阀、球式防滴阀、真空回吸三通阀。三种配置方式为：膜片式防滴阀加回吸阀、球式防滴阀加回吸阀、膜片式防滴阀。用以上三种中的任何一种配置均可获得满意的防滴效果。

① 膜片式防滴阀

它有多种型式，大多由阀体、阀帽、膜片、弹簧、弹簧盒、弹簧盖组成，其结构见图7-5，工作原理为：打开喷雾机上的截流阀时，由液泵产生的压力通过药液传递到膜片的环状表面，又通过弹簧盖传递到弹簧。当此压力超过调定的阀开启压力时，弹簧受压缩，药液即冲开膜片流往喷头进行喷雾。在截流阀被关的瞬间，喷头在管路残压的作用下继续喷雾，管路中的压力急剧下降，当压力下降到调定的阀关闭压力时，膜片在弹簧作用下迅速关闭出液口，从而有效地防止管路中的残液沿喷头下滴，起到了防滴的作用。

② 球式防滴阀

球式防滴阀同喷头滤网组成一体，直接装在普通的喷头体内。它由阀体、滤网、玻璃球和弹簧组成，其结构见图7-6，工作原理与膜片式防滴阀相同，只是将膜片换成了玻璃球。由于玻璃球与阀体是刚性接触，又不可避免地存在着制造误差，所以密封性能较膜片式防滴阀差。

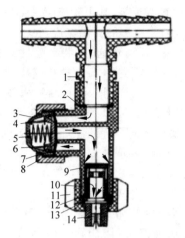

1—三通；2—垫圈；3—弹簧盒；4—弹簧盖；5—弹簧；6—膜片；7—卡簧；8—阀体；9—外壁；10—滤网；11—喷头帽；12、13—垫片；14—喷嘴。

图 7-5　膜片式防滴阀示意图

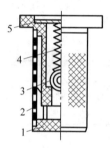

1—阀体；2—滤网；3—玻璃球；4—弹簧；5—卡片。

图 7-6　球式防滴阀示意图

③ 真空回吸三通阀

常用的是圆柱式回吸阀，它由阀体、阀芯、阀盖手柄、射流管、进液段等组成。工作原理为：当喷雾时，如图 7-7(a)所示，回吸通道关闭，从泵中来的高压液体直接通往喷杆进行喷雾。转动手柄，回吸阀处于回吸状态，如图 7-7(b)所示，这时，从泵来的高压水通过射流管再流回药液箱。在射流管的喉部，由于其截面积减小，流速很大，于是产生了负压，把喷杆中的残液吸回药液箱，配合喷头处的防滴阀，即可有效地起到防滴作用。

（4）搅拌器

杆式喷雾机作业时，为使药液箱中的药剂与水充分混合，防止药剂（如可湿性粉剂）沉淀，保证喷出的药液具有均匀一致的浓度，喷

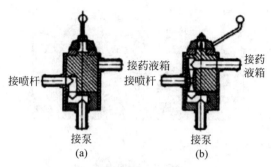

图 7-7　圆柱式回吸三通阀示意图
（a）喷雾状态；（b）回吸状态

杆喷雾机上均配有搅拌器。搅拌器有机械式、气力式和液力式三种型式。机械式搅拌器是通过机械传动，使药液箱下部的搅拌叶片转动来搅拌药液。其优点是不需增加泵的额外负担，搅拌效果好。但需增加传动装置，轴孔处易发生泄漏现象，故现在很少使用。气力式搅拌器是将风机的气流或发动机排出的废气引向药液箱中进行搅拌。前者要增加一套风机部件；后者对发动机性能有不利影响且高温废气对药液有分解作用，影响药效，所以很少采用。喷杆喷雾机上常用的是液力搅拌器，它是将一部分液流引入药液箱，通过搅拌喷头喷出或流经加水用的射流泵的喷嘴喷射液流进行搅拌。

（5）喷杆桁架机构

喷杆桁架的作用是安装喷头，展开后实现宽幅均匀喷洒。按喷杆长度的不同，喷杆桁架可以是三节、五节或七节，除中央喷杆外，其余的各节可以向后、向上或向两侧折叠，以便运输和停放。宽幅喷杆的两端均装有仿形环或仿形板，以免作业时由于喷杆倾斜而使最外端的喷头着地。中喷杆与外喷杆的交接处还装有垂直方向的弹性活节，当地面不平、拖拉机倾斜而使外喷杆着地时，外喷杆可以自动地向上避让，中央喷杆与邻接的中喷杆之间也需要装有安全避让装置，如在两节喷杆之间倾斜地装有凸轮弹簧自动回位机构，作业中当遇到障碍物时，在外力作用下，凸轮克服弹簧力开始滑动，它一边把中喷杆和外喷杆抬起，一边使它们绕着倾斜的凸轮轴向后、向上回转，绕过

障碍物后,在喷杆自重及弹簧力的作用下又迅速复位,从而起到保护喷杆的作用,如图 7-8 所示。

1—外喷杆;2—弹簧;3—中喷杆;4—凸轮机构;
5—中央喷杆;6—仿形环。

图 7-8　喷杆的仿形和避让装置

此外,喷杆喷雾机在田间作业时往往是行走在凹凸不平的地面上,这使得拖拉机不可避免地出现不规则的左右摆动,由于喷杆的幅宽较大,即使拖拉机轻微的晃动,也会引起喷杆端部大幅度摆动,从而影响喷洒质量。为了克服这个弊病,有些产品如苏州农业药械厂的 3WC-1000/12 型喷雾机,安装了等腰梯形四连杆吊挂机构,如图 7-9 所示。喷杆桁架的 A、D 两点装在机架上,喷杆同四连杆机构上的 B、C 两点相连接。由于喷杆桁架本身的惯性作用,所以拖拉机的不规则晃动几乎不对喷杆产生影响。

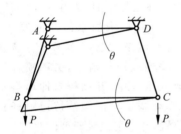

图 7-9　四连杆等腰梯形杆件的位移

（6）管路控制部件

喷杆喷雾机的管路控制部件一般由调压阀、安全阀、截流阀、分配阀和压力表等组成。分配阀的主要作用是把从泵流出的药液均匀地分配到各节喷杆中去,它可以让所有喷杆全部喷雾,也可以让其中一节或几节喷杆喷雾。喷杆喷雾机的管路控制部件往往设计成一体,形成一个组合阀,安装在驾驶员随手可以触到的位置,以便操作。

（7）加液器

加液器为射流式,用于大型喷雾机上向药液箱中加液。它由滤网、喷嘴、喉管、扩散管等组成,如图 7-10 所示。加液时,将加液器的高压软管接入液泵的排液管,并使加液器沉入液池中。液泵把药箱内剩余药液输送到加液器,产生高速射流。液池中的药液经过滤网被吸入加液器内,再经输液软管注入喷雾机的药液箱中。

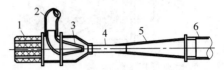

1—滤网;2—高压软管;3—喷嘴;4—喉管;
5—扩散管;6—输液软管。

图 7-10　加液器

3）3WM10-650 型悬挂式喷杆喷雾机

药液箱容量 650 L 的悬挂式喷雾机是目前我国喷杆喷雾机市场占有量最大的一种,其特点是结构紧凑,喷幅适中,较适合目前我国大田作物的种植规模。它既可进行土壤处理,又可进行苗带喷雾。由于该机是通过三点悬挂与拖拉机连接,所以停放时占地面积小。该机主要由液泵、药液箱、喷头、防滴装置、搅拌器和喷杆等部件组成。3WM10-650 型喷杆喷雾机如图 7-11,其工作原理为：图中虚线部分表示操纵阀和泵之间的连接关系,液体流入操纵阀进水部分,从阀的轴向通路流经泵后,再流入操纵阀出水部分。虚线中的左、中、右三行分别表示喷雾、加水和回液时阀芯的位置。

加水加药：将自吸软管放入水源或供水罐中,在药液箱中加入适量的水,将泵上的操纵手柄放在加水位置。此时,喷雾及回吸通路关闭,药液箱中的水经泵、操纵阀、射流泵回入药液箱;同时在射流泵内由于射流作用而产生真空度,通过自吸软管将水源中的水吸入药液箱,起到快速加水作用。这时将农药按一定比例从药液箱加液口倒入药液箱,利用加水过程进行充分混合。

喷雾：将操纵手柄放在喷药位置,此时回吸及加水的通路被关闭,药液箱内的药液流经出液软管、泵及操纵阀增压后,一部分药液通过过滤器进入喷杆,进行喷雾作业,另一部分

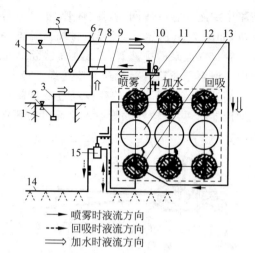

喷雾时液流方向
------ 回吸时液流方向
⟹ 加水时液流方向

1—水源；2—吸水滤网；3—自吸软管；4—药液箱；
5—吸液滤网；6—出液接头；7—出液软管；8—射
流泵；9—回液搅拌管；10—调压阀；11—操纵阀出
水部分；12—泵；13—操纵阀进水部分；14—喷杆；
15—过滤器。

图 7-11 3WM10-650 型喷杆喷雾机工作原理图

经过调压阀及射流泵进入药液箱对药液进行搅拌。

停喷回吸：将操纵手柄放在回吸位置，这时喷雾及加水的通路被关闭，喷杆内的残液在泵的抽吸作用下经过过滤器、泵及操纵阀、射流泵，回流到药液箱以防喷头漏滴。

4）3W-8.4 型固定式吊杆喷雾机

3W-8.4 型固定式吊杆喷雾机主要用于大面积棉田的病虫害防治，其所有的零件均固定地装在泰山-25 型拖拉机上。其优点是作业时机组灵活机动，且不会因拖拉机液压系统的故障而影响作业。其缺点是装拆麻烦，影响拖拉机进行其他作业。3W-8.4 型吊杆式喷雾机工作原理如图 7-12 所示，在给药液箱加水时，先往一个药液箱加入适量的引水，并将未加水的药液箱的开关关闭，然后将射流泵软管接在调压分流阀上，旋转分流阀手柄接通射流泵，关闭喷杆管路，把射流泵放入水源中，开动机器即可自动加水。加水后，旋动调压分流阀至接通喷杆、关闭射流泵的位置，卸下射流泵即可作业。该机主要由 MB280 型隔膜泵、旋水芯喷头、药液箱、射流泵、射流搅拌器、喷杆桁架、吊杆和机架等部件组成，其中大部分部件与前面

所述的相似。下面就药液箱、喷杆桁架和吊杆做简单介绍。

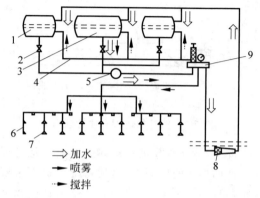

⟹ 加水
→ 喷雾
----- 搅拌

1—副药液箱；2—调压分流阀；3—主药液箱；4—喷杆
管路；5—药液箱开关；6—吊杆；7—喷头；8—射流泵；
9—调压分流阀。

图 7-12 3W-8.4 型吊杆式喷雾机工作原理

（1）关键部件

① 药液箱

3W-8.4 型吊杆式喷雾机设置三只药液箱，主药液箱装在驾驶室后方，两个副药液箱分别装在发动机左右两侧，以减轻后轮的负荷。在给药液箱加水时，先往一个药液箱加入适量的引水，并将未加水的药液箱的开关关闭，然后将射流泵软管接在调压分流阀上，旋转分流阀手柄接通射流泵，关闭喷杆管路，把射流泵放入水源中，开动机器即可自动加水。加水后，旋动调压分流阀至接通喷杆、关闭射流泵的位置，卸下射流泵即可作业。

② 喷杆桁架部件

该机的桁架由三节组成。非作业时，外侧喷杆可向前转过 90°。喷杆采用机械折叠，由驾驶员扳动折叠手柄即可。喷杆的高度通过拖拉机的升降臂牵动钢丝绳使桁架上下来调节。

③ 吊杆部件

吊杆通过软管连接在横喷杆下方。工作时，吊杆由于自重而下垂，当行间有枝叶阻挡可自动后倾，以免损伤作物。吊杆的间距可根据作物的行距任意调整。在每个吊杆上左、右向各装有两只喷头向作物两侧喷雾，喷头的方向可调整。横喷杆上，在每两吊杆之间又装有

一只喷头,自上向下喷雾,从而对植株形成了"门"字形立体喷雾,如图7-13所示,使植株的上、下部和叶面、叶背都能均匀附着药液。根据作物情况可以用无孔的喷头片堵住部分喷头,用剩下的喷头喷雾,以节省药液。

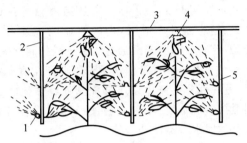

1—吊杆喷头;2—吊挂喷杆;3—横喷杆;
4—顶喷头;5—边吊挂喷杆。

图7-13 吊杆式喷雾机作业示意图

（2）构造

其构造分为两部分,即动力部分和喷雾部分。喷雾部分由液泵、药液箱、液压升降机构部件、调压分配阀、三通开关、过滤器、吸水头、传动轴杆等部件组成。

① 液泵

该机液泵为DMB4200型四缸活塞式隔膜泵,由泵体、泵盖、偏心轴、活塞部件、滑块部件、橡胶隔膜、空气室、进出水阀、进水管等部件组成。通过拖拉机的动力输出轴,驱动液泵的偏心轴旋转,其转速为540 r/min。当偏心轴旋转时,可同时驱动2个活塞部件作直线往复运动,并带动一、三缸和二、四缸橡胶隔膜作往复运动,通过进、出水阀将药液吸入和排出。

② 药液箱

用玻璃钢制成,箱的断面呈椭圆形,箱的底部安装有射流式液力搅拌装置,通过4个安装方向不同的射流喷嘴,对药液进行液力搅拌,射流量的大小由截流阀进行控制。

5）3W-2000型牵引式喷杆喷雾机

3W-2000型牵引式喷杆喷雾机如图7-14所示,其喷幅为18 m,每小时生产率可高达200亩。

（1）关键部件

① 液压升降机构

供升降喷射部件用。作业时根据地形、风

图7-14 牵引式喷杆喷雾机

力与作物的高低,通过液压升降机构来适当调整喷头离地高度。驾驶员只需要扳动拖拉机液压操纵手柄至"上升"或"压降"位置。通过单作用气缸的伸长或缩短来提升或降低喷杆,直到喷头离地达到所需高度为止。

② 牵引杠

供拖拉机牵引喷雾机用。可根据不同拖拉机的牵引装置,适当调节牵引杠伸出长度。

③ 调压分配装置

由调压阀、总开关、分段控制开关、阻尼阀和压力表等组成。调压阀用来调节喷雾压力。总开关用于控制喷雾或停喷。分段控制开关可以分别控制4组喷头的喷雾或停喷。4个阻尼阀分别安装在4个分段控制开关的回水管路上,调节阻尼阀可使分段控制开关的回水管路与喷雾管路的水力阻力相等,以保证在关闭任意一组或几组喷头时,其余各组喷头的喷雾压力和喷雾量不变。

④ 喷杆

喷杆的作用是安装喷头,喷杆展开后可实现宽幅均匀喷洒作业。该机喷杆为桁架式机构,分为5段,左右2段喷杆可以折叠,以便运输和停放。在喷雾作业时,喷杆桁架展开成直线。在外喷杆的两端装有仿形板,以免作业时由于喷杆倾斜而使最外端的喷头着地。在每侧的外段喷杆与中段喷杆之间均设有一个弹性自动回位机构,当地面不平、拖拉机倾斜而使外喷杆着地时,外喷杆可以自动避让,绕过障碍物后又能迅速回到原来位置。整个喷杆桁架由1个单作用气缸控制升降,由2组压缩弹簧控制左右平衡。在喷杆桁架的"一"形槽内安装有喷雾胶管和防滴喷头。

⑤ 喷头与防滴装置

适用于喷杆喷雾机的喷头主要是液力式喷头，有两类：圆锥雾喷头和扇形雾喷头。圆锥雾喷头又分空心圆锥雾喷头和实心圆锥雾喷头。空心圆锥雾喷头喷出的雾呈伞状，中心是空的。在喷雾量小和喷施压力高时，可产生较细的雾滴。可用于喷洒杀虫剂、杀菌剂、生长调节剂和苗后茎叶处理除草剂。实心圆锥雾喷头与涡流片式喷头的区别在于：涡流片上除了有 2 个螺旋槽斜孔外，还有 1 个中心孔。因而，当药液通过中心孔射向喷孔时，可以形成实心的雾锥体。它喷出的雾是一个实心的圆锥雾斑，在雾斑范围内的雾滴较为均匀。该喷头喷出的雾流中间部分的药液未能充分雾化，雾滴较粗，但穿透力较强。适于喷洒苗前土壤处理除草剂和苗后喷施的触杀型除草剂。

扇形雾喷头与圆锥雾喷头相比，雾滴较粗，雾滴分布范围较窄，但定量控制性能较好，能较精确地施洒药液。可分为狭缝式和撞击式两种。狭缝式扇形雾喷头喷出的雾滴沉积有正态形分布和均匀形分布。正态形分布的中间沉积药液多，向两侧逐渐递减，安装在喷杆上两个相邻喷头的雾形相重叠，使喷幅内的药液沉积均匀。国产刚玉瓷狭缝喷头按喷雾角分为两个系列：110 系列喷头的喷雾角是110°，主要用于播后苗前的全面土壤处理；60系列喷头的喷雾角是 60°，主要用于苗期条带喷雾。均匀雾形喷头喷出的雾量分布在单个喷幅内药液沉积是均匀的，不必与相邻喷头的雾形重叠，很适合行上或行间喷洒，特别是苗带状喷洒除草剂。撞击式喷头的喷雾量大，雾化性能较差，雾滴粗，多用于喷洒除草剂，目的是为防止雾滴飘移伤害农作物。

（2）工作原理

加水加药时，将吸水头放入水源，关闭 4 个分段控制开关，并把三通开关置于加水位置。当拖拉机的动力输出轴通过传动轴驱动液泵运转时，水源处的水经吸水头、三通开关、通过

过滤器进入隔膜泵，然后经调压分配阀总开关的回液管及搅拌管路进入药液箱，与此同时，将农药按一定比例加入药液箱，利用加水过程进行搅拌。

喷雾时，把三通开关置于喷雾位置，并打开分段控制开关。这时药液从药液箱经三通开关、过滤器进入液泵，由液泵加压后进入总开关，此时一部分药液通过 4 组分段控制开关，分别经 4 根喷雾软管输送至五段喷杆经喷头喷出，另一部分药液由调压分配阀处经截流阀送到搅拌器进行搅拌，剩余药液经调压阀的回液管及总回水管流回药液箱。

停喷时，防滴功能靠每个喷头上的膜片式防滴阀来完成。

6）气流辅助式 LPHA2000 型喷杆喷雾机

LPHA2000 型风送式喷杆喷雾机如图 7-15所示，该喷雾机为自走式喷杆喷雾机，由自走底盘、全液压升降机构、加药箱、主药箱、清水水箱、洗手水箱、泵、喷射部件、调压分配阀、多功能控制阀、自洁式过滤器、浮子吸水头、风机、风袋、喷杆等部件组成。

图 7-15　LPHA2000 型风送式喷杆喷雾机

（1）自动混药

该机具有自动混药功能，配有加药箱、主药箱、清水水箱和洗手水箱。配药时，先将母液倒进加药箱中，通过转换开关从清水水箱中吸水稀释，再通过转换开关将药液吸入主药箱中。作业完成以后，用清洗水箱的水清洗喷雾部件和药箱，操作人员则用洗手水箱的水清洗手、脸等。

（2）多功能控制阀

多功能控制阀如图 7-16 所示，共有三种控制阀，分别用三种颜色标识：绿盘代表压力阀，

一组选择喷雾操作还是加药,另一组选择清洗还是搅拌;黑盘代表吸入阀,选择水源来自主药箱还是清洗箱或浮子吸水头;蓝盘代表回水阀,选择回水还是喷雾搅拌或回吸入泵。

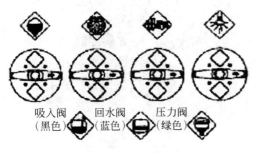

吸入阀　回水阀　压力阀
(黑色)　(蓝色)　(绿色)

图 7-16　多功能控制阀

(3) 自洁式过滤器

自洁式过滤器如图 7-17 所示,该过滤器具有自清洗功能。其工作原理为:来自泵的药液一部分经过过滤网后,从管路 4 流向喷头分配阀,而杂质被滞留在过滤网内壁,这时另一部分药液则经过回水阀流回药箱。为使过滤器具有更好的自清洗作用,在保证喷雾工作压力的情况下,尽可能选择流量大的回水阀,使得流回药箱的大流量药液经过过滤网内壁时可以冲刷沉积在网面上的杂质,起到自清洗作用。

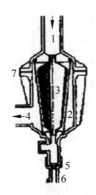

1—来自泵的药液;2—双层过滤网;3—引导芯;
4—至喷头分配阀;5—回水阀;6—至药箱;7—螺帽。

图 7-17　自洁式过滤器

(4) 喷杆

风送式喷杆喷雾机如图 7-18 所示,该机喷杆分七段,由全液压升降机构控制各段喷杆的折叠与升降,且具有二维仿形功能,既可使喷杆上下仿形又可以前后仿形,当地面不平左右倾斜或拖拉机上下颠簸前后倾斜时,喷杆都可以自动调整。末端喷杆还可以自动避让、绕过障碍物,并能迅速回到原来位置。在喷杆上装有一条软性气袋,作业时由风机往气袋里供气,利用风机产生强大气流,经软性气袋斜下方小孔产生下压气流,将喷头喷出的雾滴带入株冠中。作业时还可根据风向不同改变喷雾装置的前后角度,来改变气流风送的方向,以满足不同作业条件下的不同作业要求。

图 7-18　风送式喷杆喷雾机

(5) 喷射部件

喷射部件为了满足不同作业要求,喷射部件采用组合喷头,利用快速转换接头,可以快速选用不同流量的喷头,迅速改变作业时的喷雾量,以满足不同作业要求。该机具有自动加药功能,其结构如图 7-19 所示。配药时,先将母液倒进配药箱中,将控制阀 2 置于加药位置,

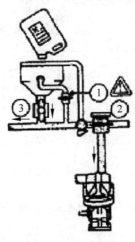

图 7-19　自动加药

打开阀1向清水水箱中加水稀释,然后关闭阀1,打开阀3,这时水流过阀3处形成负压,将药液吸入主药箱中。加药完成后还可重复上述操作步骤,将清洗加药箱的残液送入主药箱中,大大减少了人体对农药的接触。

(6)喷雾系统管路工作原理

喷雾系统管路图如图7-20所示,其工作原理为:先用干净的水将清水箱和洗手水箱的水从加水口直接加满。主药箱加水至2/3处。其加水方法有两种,一种方法是直接从顶部盖上经过滤网直接加水,另一方法是用浮子吸水头从水源处由泵吸水至主药箱。加药时,清水箱中的清水经阀2、泵4、阀5流向加药箱,将药液自动加入主药箱中,其他管路均处于关闭状态。喷雾时,主药箱的药液经过滤器1流经泵4产生压力,然后经阀5流向控制总开关和射流搅拌,此时流向控制总开关的一部分药液通过自洁式过滤器、分配阀至喷杆喷雾或冲洗过滤器后返回主药箱。另一部分药液由调压分配阀处经回水阀送到搅拌器进行搅拌。

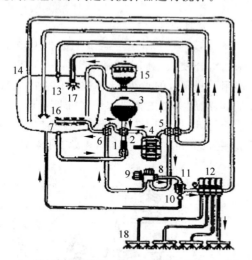

1—吸入式过滤器;2—进水阀;3—清水箱;4—隔膜泵;5—压力阀;6—回水阀;7—回水搅拌;8—总开关;9—调压阀;10—回阀;11—自洁式过滤器;12—分配阀;13—安全阀;14—回水稳压装置;15—加药箱;16—射流搅拌;17—清洗喷头;18—喷雾杆。

图7-20 喷雾系统管路图

7)约翰迪尔JD4720型自走式喷雾机

JD4720型自走式喷雾机如图7-21所示,

该机是由美国迪尔公司设计,并由迪尔公司制造的高科技、高性能、高效率产品,尤其是在美洲市场已供不应求,目前我国经过引进和使用,已引起各地的重视。

(a)

(b)

图7-21 JD4720型自走式喷雾机
(a)整机图;(b)作业图

约翰迪尔JD4720型自走式喷雾机采用第二代约翰迪尔排量6.8 L的6缸涡轮增压柴油发动机,额定功率为166 kW(225 Ps),额定转速为2100 r/min,冷却方式为后中冷,进气和排气采用可更换嵌入式阀座。该发动机通过TIER Ⅱ排放标准检测,属环保型发动机。采用创新的"高压共轨"喷油系统,加大喷油压力,燃油获得更好的雾化效果,加上全电控负载感应油量控制系统,通过感应作业负载的大小设定相适应的喷油量,从而减少发动机转速的波动,减少降挡,同时节油效果更好,提高作业效率。发动机转速为900～2550 r/min,扭矩储备达43％,在松软土地上作业时,功率增大5％。迪尔独特的"田间巡航"作业能使发动机作业恒定,从而保证田间作业速度和动力输出轴转速的稳定,这对实现精准农业的变量施药更具有意义。备有精准农业设备接口，根据用户需求安装卫星接收器、显示器、处理器等设备。

传动系统采用静液压传动，前后 75 mL 双联泵，4 个 60 mL 变量马达，行星齿轮减速轮毂和电液换挡液压传动系统采用中央密封式压力流量补偿，可减轻发动机和液压系统负载。车速为 4 区段，无级变速根据选用轮胎确定车速，如选用 380/90 R46 和 420/80 R46 标准轮胎，低湿地、坡地作业区段 1 为 0～21.9 km/h；正常环境作业区段 2 为 0～28 km/h；正常环境作业区段 3 为 0～32.5 km/h；运输状态区段 4 为 0～47.6 km/h。四轮采用飞机起落架机构独立悬挂并装有气垫式弹簧，自动调整平衡。轮距可在驾驶室独立液压调整，调整范围为 3048～3861 mm，后轮可调整为与前轮不同轮距，也可调整为相同轮距。轮胎尺寸标配 380/90 R46 和 420/80 R46，选配窄行轮胎 320/90 R46，低压轮胎 20.8/38。先进的刹车系统达到 ASAE 标准。

车载显示系统 SPRAY STAR™ 系统是一个电子模块，具有通用显示屏和通用键盘，可用于显示底盘或喷药系统信息，其主要用途是为各种喷药机传感器提供显示，同时它还能显示多种传感器信息。喷药系统信息显示：喷药机作业概要（喷药用地面积、喷洒药液量、喷药持续时间、每小时喷药面积和每小时喷药量）、作业小时数、喷药流量检查、技术诊断、作业日期和时间，选配雷达传感器。

喷药系统由药罐、吸入歧管、吸管滤网、离心泵、高低流量阀、滤清器、高压歧管、混药罐漏斗、喷管关闭和喷嘴组成。药罐的材料为聚乙烯（或不锈钢），容量为 3028 L，药罐底部有 2 个搅拌射流位置，射流在药喷中产生强烈的搅拌作用，使农药始终保持在悬浮状态。吸入歧管具有 3 种功能：①药泵从药罐中吸入药量，给喷药系统加压；②药泵通过快速充液附件吸入清水并充入药罐；③药泵从清水罐吸入清水冲洗喷药系统。

药泵为离心式，由液压马达驱动。喷杆幅宽分别为 18.3 m、24.4 m 和 27.4 m，液压伸缩喷杆，伸缩时间为 8～10 s。喷嘴类型包括扇形雾锥喷嘴、等宽式喷嘴、空心喷锥喷嘴和泛喷式喷嘴，喷嘴间距为 508 mm，喷嘴距地面高度为 684～2197 mm，喷洒时高于喷洒面 457～559 mm。泛喷式喷嘴间隔 1016 mm，选配三合一喷嘴座和止回阀。还备有 450 L 冲洗用水罐、24.6 L 混药罐。泡沫划行器主要由泡沫液罐、空气压缩机（12 V 系统）动力装置或具有外置压缩空气罐（机械空气系统）的控制装置组成，还有 2 个集液器或撒沫器及互连导线和软管。也可选配安装卫星接收器、显示器及软件，实现自动找行。田间作业到地头转到 90° 喷药机就可自动找行，进行喷雾作业。农忙季节夜间作业也不会出现重喷、混喷。驾驶室（选装）农药防护驾驶室具有超强的农药防护组件和新的空气净化系统，能够严格满足 SAE-S525 标准，并且经过美国 EPA 劳动保护标准认证，也得到了加利福尼亚农药保护部门的认可。此驾驶室装备有先进的农药保护设备，能够消除所有的粉尘、霉菌、沙子和空气中传播的过敏源。化学离子在进入外部和内部空气净化系统时得到炭核过滤的预净化，使驾驶员得到超级保护。标配的舒适保护型驾驶室，人机一体化设计，采用了可调节的转向柱、51°倾角的可调节方向盘，配置 10 个田间工作灯，标配收音机，选配其他音响设备（VCD、CD、TV 等），空气滤清器和环保型空调设备，制冷剂为 R134A。齐全的信息指挥平台系统，驾驶员在操作时一目了然。转弯半径为 7.32 m，地隙 1.5 m，整机质量为 9707 kg。

8）喷杆喷雾机的使用和保养

（1）确定各项喷雾参数

① 喷头的选用和布置方式

横喷杆式喷雾机喷洒除草剂做土壤处理时，要求雾滴覆盖均匀，常安装 N100 系列刚玉瓷狭缝喷头。通常喷杆上的喷头间距为 0.5 m，为获得均匀的雾量分布，作业时喷头的适宜离地高度为 0.5 m，在整个喷幅内雾量分布最为均匀。用横喷杆式喷雾机进行苗带喷雾时，常安装 N60 系列刚玉瓷喷头。喷头间距和作业时喷头离地高度可按作物的行距和高度来确定。吊杆式喷雾机主要是对棉花等作物喷洒杀虫剂,在横喷杆上植株的顶部位置安装一只空心圆锥雾喷头自上向下喷,在吊杆上根据植株情况安装若干个相同的喷头。这样就形成立体喷雾,达到较好的防治效果。

② 喷头数量的校核

当用户因自行增大喷幅,换用大喷量喷头等改变喷雾机原来的设计时,就需要校核所用的喷头数量是否合适。通常为保证液泵回水进行搅拌,各喷头流量的总和应小于液泵排量的88%,即

$$n < 0.88Q/q \qquad (7-1)$$

式中,n——喷头数量,个;

$\quad Q$——液泵排量,L/min;

$\quad q$——单个喷头的喷量,L/min。

③ 药液箱应加的农药

设喷雾机药液箱容量为 V 升,已知农药原药或原液中所含的有效成分为 $\varepsilon\%$,农艺上要求喷洒药液中有效成分的含量为 $\beta\%$,则一箱水应加的农药原液或原药可按下式求出:

$$x = \frac{\beta}{\varepsilon} \times V \qquad (7-2)$$

如药液箱容量为 650 L,即可盛水 650 kg,农药原液中有效成分的含量为75%,要求喷洒的药液的有效成分含量为 0.1%,则一箱水中应加 $x = 0.1/75 \times 650 = 0.8667$ kg农药原液。

④ 喷完一箱药液所需的时间

所需时间 t 可按下式计算:

$$t = Q/q_{总} \qquad (7-3)$$

式中,Q——药液箱有效容量,L;

$\quad q_{总}$——喷雾机全部喷头的总喷量,L/s。

⑤ 一箱药液可喷面积

一箱药液可喷面积 A 可按下式计算:

$$A = Q/p \qquad (7-4)$$

式中,p——预定每亩的施液量,L/亩。

⑥ 拖拉机的行走速度

行走速度 V 可按下式计算:

$$V = 666.7/Bt \qquad (7-5)$$

式中,B——喷杆喷雾机的喷幅,m。

计算出 V 值后,可选择拖拉机相应的速度挡进行作业。

(2) 调整和校准

喷雾前按说明书要求做好机具的准备工作,如对运动件润滑,拧紧已松动的螺钉、螺母,对轮胎充气等。

检查雾流形状和喷嘴喷量。在药液箱里放入一些水,原地开动喷雾机在工作压力下喷雾,观察各喷头雾流形状,如有明显的流线或歪斜应更换喷嘴。然后在每一个喷头上套上一小段软塑料管,下面放上容器,在正常工作压力下喷雾,用秒表计时,收集在30~120 s时间内每个喷头的雾液,测定每一样品的液量,计算出全部喷头1 min的平均喷量。喷量高于或低于平均值10%的喷嘴应更换。

下面是其中一种喷雾机的校准方法:在将要喷雾的田里量出 50 m 长,在药液箱里装上半箱水,调整好拖拉机前进速度和工作压力,在已测量的田里喷水,收集其中一个喷头在50 m 长的田里喷出的液体,称量或用量杯测出液体的克数或毫升数,则

$$实际施液量\left(\frac{升}{亩}\right) = \frac{1}{75} \times \frac{毫升数}{喷头间距离(m)\left(\dfrac{或作物行距离(m)}{每行内喷头数}\right)}$$

$$= \frac{1}{75} \times \frac{克数/液体密度(kg/L)}{喷头间距离(m)\left(\dfrac{或作物行距离(m)}{每行内喷头数}\right)} \qquad (7-6)$$

如实际施液量不符合要求,可用下面三种方法改变施液量:改变工作压力,由于压力要增加为 4 倍,喷量才增加 1 倍,压力调得过高或过低会改变雾流形状和雾滴尺寸,所以只适用施液量改变不大的情况;改变前进速度,只适用于施液量变动量小于 25% 时;改变喷嘴型号。

(3) 搅拌

彻底、仔细地搅拌农药是喷雾机作业中重要步骤之一。搅拌不匀将造成施药不均匀,时

多时少。如果搅拌不当，一些农药能形成转化乳胶，它是一种黏稠的蛋黄酱似的混合物，既不易喷雾，又不易清除。可以在药液箱里加入约半箱水后加入农药，边加水边加药。像可湿性粉剂类农药要一直搅拌到一箱药液喷完为止。对于一些乳剂和可湿性粉剂，如果事先在小容器里加水混合成乳剂或糊状物，然后再加到存有水的药液箱中搅拌，往往可以搅拌得更均匀。

（4）田间操作

驾驶员必须注意保持前进速度和工作压力，同时还应注意喷头是否堵塞和泄漏；控制行走方向，不使喷幅与上一行重叠和混喷；药液箱不能用空，造成泵脱水运转；喷杆不要碰撞障碍物等。

（5）清洗

每喷洒一种农药之后、喷雾季节结束后或在修理喷雾机时必须仔细地清洗喷雾机。在每次加药时，溅落在喷雾机外表面上的农药应立即清除。喷雾机外表面要用肥皂水或中性洗涤剂彻底清洗，并用水冲洗。坚实的药液沉积物可用硬毛刷刷除。用过有机磷农药的喷雾机，内部要用浓肥皂水溶液清洗。喷有机氯农药后用醋酸代替肥皂清洗。最后泵吸肥皂水通过喷杆和喷头加以清洗。喷头和滤网也用上述溶液清洗。清洗喷雾机要穿戴上防护服装，以防接触农药。

（6）贮存

喷雾季节结束后保存好喷雾机可以延长其使用寿命，并能在下季度工作时及时使用。贮存前要清洗喷雾机，取下铜质的喷嘴、喷头片和喷头滤网，放入清洁的柴油瓶中；把无孔的喷头片装入喷头中，以防脏物进入管路。最好将喷雾机置于棚内，防止塑料药液罐受到日晒。

9）喷杆喷雾机常见故障及排除方法

（1）液泵流量不足或压力低，故障原因和排除方法见表7-1。

（2）液泵压力过度，故障原因和排除方法见表7-2。

（3）高压管路震动剧烈、压力不稳定，故障原因和排除方法见表7-3。

（4）雾化不均匀，故障原因和排除方法见表7-4。

表7-1　液泵流量不足或压力低故障原因和排除方法

故障原因	排除方法
内过滤网或泵出水过滤器堵塞	清洗过滤网和过滤器
泵内单向阀门有杂物卡住	拆开泵盖、检查阀门、清除杂物
隔膜破裂	更换隔膜
吸水管漏气	旋紧胶管卡子
调压阀卡住	拆开阀门、清除杂物

表7-2　液泵压力过度故障原因和排除方法

故障原因	排除方法
喷嘴及滤网堵塞	拆下喷嘴和滤网清洗
射流泵堵塞	清洗射流泵
高压管路折成死弯	使管路畅通

表7-3　高压管路震动剧烈、压力不稳定故障原因和排除方法

故障原因	排除方法
稳压器充气不足或过高	充气150～200 kPa
个别隔膜损坏	更换隔膜
修装后连杆同步	重新调整连杆，使之相位差相差120°
药液杂物过多、阀门卡住	检查阀门、加液保持干净
药罐内药液不足	加足药液

表7-4　雾化不均匀故障原因和排除方法

故障原因	排除方法
修装后，喷嘴型号混杂	选择规格统一喷嘴
喷嘴磨损	换新喷嘴
个别喷嘴堵塞	清洗喷嘴及过滤网
药罐内药液不足	加足药液

2. 果园风送式喷雾机

果园风送式喷雾机如图7-22所示，该机是一种适用于较大面积果园施药的大型机具。它不像一般喷雾机仅靠液泵的压力使药液雾化，而是依靠风机产生强大的气流将雾滴吹送至果树的各个部位。风机的高速气流有助于雾滴穿透茂密的果树枝叶,并促使叶片翻动,提高了药液附着率且不会损伤果树的枝条或损坏果实。果园风送式喷雾机所喷出的雾滴直径粒小,附着力强,药液消耗较少,且不易发生药害,但雾滴可能发生蒸发,风速大时药液粒子容易流失。不过,这种药械使用浓度较高的药液进行微量喷洒,可使其工作效率显著提高。果园风送式喷雾机有悬挂式、牵引式和自走式等。牵引式又包括动力输出轴驱动型和自带发动机型两种。我国主要机型为中小型牵引式动力输出轴驱动型,今后应发展小型悬挂式或自走式机型。前者成本低,而后者机动性好、爬坡能力强,适用于密植或坡地果园。我国目前有 50 Ps 和 25 Ps 拖拉机牵引的 3WG-1000G 型和 3WG-800 型果园风送式喷雾机。

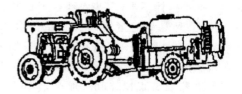

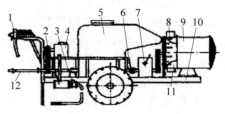

1—调压分配阀;2—过滤器;3—吸水阀;4—液泵;5—药液箱;6—联轴器;7—增速箱;8—喷洒装置;9—轴流风机;10—底盘;11—吸水头;12—万向节。

图 7-23　3WG-1000G 型果园风送式喷雾机

图 7-22　果园风送式喷雾机

1) 主要结构

3WG-1000G 型果园风送式喷雾机结构如图 7-23 所示,该机由拖拉机牵引,分为动力和喷雾两部分。喷雾部分由药液箱、轴流风机、四缸活塞式隔膜泵或三缸柱塞泵、调压分配阀、过滤器、吸水阀、传动轴和喷洒装置等组成。

(1) 药液箱

药液箱用玻璃钢制成,箱中底部装有射流液力搅拌装置,通过三个安装方向不同的射流喷嘴,依靠液泵的高压水流进行药液搅拌,使药液混合均匀,从而提高喷雾质量。

(2) 轴流风机

轴流风机为喷雾机的主要工作部件,其性能好坏直接影响整机的喷洒质量和防治效果。

它由叶轮、叶片、导风板、风机壳和安全罩等组成。叶轮直径为 580 mm,叶片有 14 片,为铸铝制成。为了引导气流进入风机壳内,风机壳的入口处特制成有较大圆弧的集流口。在风机壳的后半部设有固定的出口导风板,以消除气流圆周分速带来的损失,保证气流轴向进入、径向流出,以提高风机的效率。风机壳为铸铝制成。

(3) 四缸活塞式隔膜泵

四缸活塞式隔膜泵是由泵体、泵盖、偏心轴、活塞、滑块部件、胶质隔膜、气室、进出水阀、进出水管等组成。在液泵偏心轴的端部装有三角皮带轮,由拖拉机动力输出轴驱动,通过皮带传动,带动液泵吸入和排出药液。

(4) 调压分配阀

调压分配阀是由调压阀、总开关、分置开关、压力表等组成。调压阀可根据工作需要调节工作压力,调节范围为 0~2 MPa。总开关控制喷雾机作业的启闭,分置开关可按作业要求分别控制左右侧喷管的启闭,以保证经济用药。

(5) 过滤器

过滤器是为了减少喷头堵塞而设置的,过滤器滤网的拆洗应方便,同时要有足够的过滤面积和适当的过滤孔隙,为此该机所装的滤网式过滤器和药液箱加药滤网均采用了 40 目尼龙滤网。

（6）喷洒装置

喷洒装置由径吹式喷嘴和左、右两侧分置的弧形喷管部件组成。喷管上每侧装置喷头10只，呈扇形排列。在径吹式喷嘴的顶部和底部装有挡风板，以调节喷雾的范围。

2）工作原理

图7-24为果园风送式喷雾机工作示意图，其工作原理为：当拖拉机驱动液泵运转时，药箱中的水经吸水头、开关、过滤器进入液泵，然后经调压分配阀总开关的回水管及搅拌管进入药液箱。在向药箱加水的同时，将农药按所需的比例加入药箱，边加水边混合农药。喷雾时，药箱中的药液经出水管、过滤器与液泵的进水管进入液泵，在泵的作用下，药液由泵的出水管路进入调压分配阀的总开关。在总开关开启时，一部分药液经两个分置开关，通过输药管进入喷洒装置的喷管中。进入喷管的具有压力的药液在喷头的作用下，以雾状喷出，并通过风机产生的强大气流，将雾滴再次进行雾化，同时将雾化后的细雾滴吹送到果树株冠层内。

图7-24 果园风送式喷雾机工作示意图

果园风送式喷雾机虽具有喷雾质量好、用药省、用水少、生产效率高等优点，但需要与果树栽培技术配合，例如株行距及田间作业道路的规划、树高的控制、树型的修剪与改造等。

7.3.2 植物保护机械关键部件

1.常规喷头

喷头对喷雾质量起着决定性的影响。喷头一般由四部分组成：滤网、喷头帽、喷头体和喷嘴（喷片），不同的喷头有其使用范围。我国手动喷雾器上多安装的是切向离心式涡流芯喷头，即空心圆锥雾喷头，也有些新型手动喷雾器装配有扇形雾喷头，以便除草剂的使用。

1）圆锥雾喷头

圆锥雾喷头是利用药液涡流的离心力使药液雾化，它是目前喷雾器上使用最广泛的喷头。它的具体工作过程因构造不同而异，但基本原理都是使药池在喷头内绕孔轴线旋转。药液喷出后，体壁所给的向心力不再存在，这时药液粒子受到旋转的离心力作用，沿直线向四面飞散，这些直线与它原来的运动轨迹相切，即与一个圆锥面相切，该圆锥面的锥心与喷孔轴线相重合，因此喷出的是一个空心的圆锥体，利用这种涡流的离心力使药液雾化。

2）切向进液喷头

切向进液喷头由喷头帽、喷孔片和喷头体等组成，如图7-25所示。喷头体除两端联结螺纹外，内部由锥体芯与旋水室、进液斜孔构成。喷孔片的中央有一喷孔，用喷头帽将喷孔片固定在喷头体上。其雾化原理是：当高压药液进入喷头的切向进液管孔后，药液以高速流入涡流室绕锥体芯作高速旋转运动。由于斜孔与涡流室圆柱面相切，且与圆周面母线呈斜角，因此，液流作螺旋形旋转运动，即药液一方面作旋转运动，同时又向喷孔移动。由于旋转运动所产生的离心力与喷孔内外压力差的联合作用，药液通过喷孔喷出后向四周飞散，形成一个旋转液流薄膜空心圆锥体，即空心圆锥雾。离喷孔越远，液膜被撕裂得越薄，破裂成丝状，与相对静止的空气撞击，并在液体表面张力作用下形成细小雾滴，雾滴在惯性力作用下，碰撞沉积到农作物上。

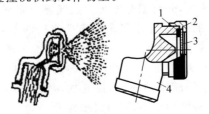

1—垫片；2—喷头帽；3—喷孔片；4—喷头体。

图7-25 切向进液喷头结构及雾化原理

这种喷头的特点是：当压力增大时，喷雾量增大，喷雾角也增大，同时雾滴变细。但压力增加到一定数值后这种现象就不再显著。反之，当压力下降到一定数值时，喷头就起不到雾化的作用。

在压力不变的情况下，利用喷孔直径增大能增加喷雾量，从而增加雾锥角，但喷孔直径增大到一定数值时，雾锥角的增大就不再明显。这时雾滴会变粗，射程却增大。反之，喷孔直径减小，可减小喷雾量，缩小雾锥角，雾滴变小，射程缩短。

3）旋水芯喷头

旋水芯喷头由喷头体、旋水芯和喷头帽等组成，如图7-26所示。喷头帽上有喷孔，旋水芯上有截面为矩形的螺旋槽，其端部与喷头帽之间有一定间隙，称为涡流室。

图7-26　旋水芯式喷头的雾化原理

雾化原理与前述相同，也就是雾滴的形成是喷出的液膜首先破裂成丝状，再进一步破裂成雾滴的过程。它是当高压药液进入喷头并经过带有矩形螺旋相的涡流芯时，便作高速转运动，进入涡流室后，便沿着螺旋槽方向作切线运动。在离心力的作用下，药液以高速从喷孔喷出，并与相对静止的空气撞击而雾化成空心圆锥雾。由于压力和喷孔直径的不同，所形成的雾滴的粗细、射程远近、雾锥角的大小等也有所不同，其他均与切向进液喷头相同。当调节涡流室的深度，使其加深时，雾滴就会变粗，雾锥角变小，而射程却变远。

4）实心涡流片喷头

实心涡流片喷头由喷头帽、喷头片、旋水片和喷头体等组成，如图7-27所示。

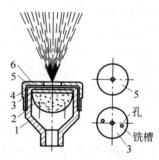

1—喷头帽；2—滤网；3—涡流片；4—垫圈；
5—喷孔片；6—喷头罩。

图7-27　实心涡流片喷头

实心涡流片喷头的构造和雾化原理基本上与旋水芯喷头相似，只是用旋水片代替了旋水芯。因此，只要更换喷孔片就可以改变喷孔的大小。旋水片与喷孔片间即为涡流室，在两片之间有垫圈，改变垫圈的厚度或增减垫圈的数量，就可以调节涡流室的深浅。旋水片上一般有两个对称的螺旋槽斜孔，当药液在一定的压力下流入喷头内，然后通过涡流片上的两个螺旋槽斜孔时，即产生旋转涡流运动，再由喷孔喷出，形成实心圆锥雾。各种结构的旋涡式喷头的喷雾原理基本相同。当高压液体以一定的速度沿切线方向进入涡流室，便作高速旋转运动。根据自由旋涡动置守恒定律，旋转速度与旋涡半径成反比，因此越靠近轴心，旋转速度越高，其静压强因而减小，结果在喷孔轴线处形成一股压力等于大气压的空气旋涡。在接近喷孔时，由于回转半径减小，则药液质点的圆周速度更大。由喷孔喷出的药液质点具有两种速度：一种是平行于喷孔中心线的前进速度，另一种是高速回旋的切线速度，两者的合成速度即为药液质点实际的运动方向，它与中心线间有一个夹角。实际上药液的射流是连续的，因此药液自喷孔喷出后，液体形成绕空气旋涡旋转的锥形薄膜，由于这种液膜处于不稳定状态，所以立即被撕裂成条带状液体薄膜，然后破碎成不同大小的雾滴。另外，还有一种旋水芯位置可调节的喷头，涡流室的深浅可通过手柄调节。当转动手柄使涡流室变浅时，则喷出的雾滴较细，喷雾角变大，射程较近。反之,则喷出的雾滴粗,喷雾角变小,射程较远。这种喷头多用于果园中的病虫害防治。

2. 扇形雾喷头

随着除草剂的广泛使用,扇形雾喷头已在国内外广泛应用。这类喷头一般用黄铜、不锈钢、塑料或陶瓷等材料制成。这种喷头的喷嘴上用形成夹角的两切槽面相切与喷孔相交而成,药液通过该喷头产生扇形雾流。具有压力的液流经喷孔喷出,形成扩散射流的同时,又受两切槽面的挤压,向两边延展形成了具有一定厚度的液体薄膜,液膜在压力下表面产生不稳定的波纹,其振幅逐渐增大,开始分裂成条带,然后粉碎形成具有一定喷雾角的平面雾粒。根据喷头型式的不同,扇形雾喷头可分为以下几类。

1)狭缝式喷头

狭缝式喷头如图 7-28 所示,其雾化原理是:当压力液流进入喷嘴后,从椭圆形喷孔中喷出,受到切槽楔面的挤压,延展成平面液膜,在喷嘴内外压力差的作用下,液膜扩散变形,撕裂成细丝状,最后破裂成雾滴的同时,扇形雾流又与相对静止的空气相撞击,进一步细碎成微细雾滴,喷洒到农作物上,标准狭缝喷头的雾量分布为正态分布。

图 7-28 狭缝式喷头

2)撞击式喷头

撞击式喷头也是一种扇形雾喷头,药液从收缩型的圆锥喷孔喷出,即沿着与喷孔中心近于垂直的扇形平面延展,形成扇形液面。该喷头的喷雾量较大,雾滴较粗,飘移较少。撞击式扇形雾喷头如图 7-29 所示,一般在低压下工作,因它可减少易飘移的小雾滴数目,所以被广泛用于喷洒除草剂。它也用于橘树园喷洒杀线虫剂、除草剂和内吸性杀虫剂。

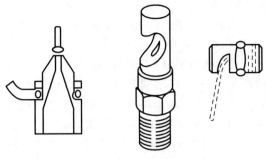

图 7-29 撞击式扇形雾喷头

3)其他喷头

人们为防止农药飘移污染及农药飘移对邻近作物产生药害问题,研制出多种可以防止农药飘移的喷头,如射流喷头(见图 7-30)。

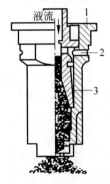

1—喷头体;2—空气;3—射流器。

图 7-30 射流喷头

这类喷头的特点是在喷头的进液口处开有一小孔,用以吸进空气。其工作原理是:当高压药液进入喷头,流经空气孔时会产生负压,这样药液就会吸进空气并产生气泡,经喷孔后形成带气泡的雾滴。由于雾滴内含有气泡,体积变大,不易飘移。当雾滴到达作物表面时,含有气泡的雾滴与作物表面发生撞击,并破碎成细雾滴,可增加雾滴覆盖密度。

影响液力喷头雾化性能的主要因素有喷头几何尺寸、工作压力及药液理化性质等。喷头性能的主要指标是雾滴尺寸、雾化均匀度、射程、喷幅和喷量等。根据对旋涡式及扇形喷头的试验,可以得出以下结论。

喷雾时的工作压力对喷雾质量有很大的影响。工作压力过低,药液雾化性能差,射程及喷幅相应减小;提高工作压力,可使雾滴变细,雾化均匀,射程及喷幅增大。但当压力增大到 5 kPa 时,由于雾滴过细及空气阻力的影响,射程反而减少。

　　在喷孔直径和螺旋芯或涡流片尺寸一定的情况下,喷头的流量随压力的增加而增加。若压力一定时,改变喷孔直径,可以改变喷孔流量,并影响射程和喷幅。因此,可以用改变喷孔直径的办法调节药液的喷量。

　　螺旋芯或涡流片尺寸的改变对喷量、喷幅、射程都有影响。如增大螺旋芯螺旋槽的断面,可增大喷量;螺旋升角减少时,可使喷雾锥角增大,而射程减小。

　　涡流室深度变浅,可使雾滴变细,射程减小,喷幅增大;反之雾滴变粗,射程增大,喷幅减小。

　　药液的黏度较大,则雾滴增大;反之则减小。

3. 液泵

　　液泵是喷雾机的主要工作部件,没有一种泵对所有喷雾机和工作条件都是最好的。对于一台喷雾机而言,最好的泵是在经济的使用工作幅宽和需要的工作压力下,能提供希望喷雾量的泵。植保机械常用的液泵有活塞泵、柱塞泵、隔膜泵、滚子泵、齿轮泵和离心泵等。选择液泵的依据是所需液体的总流量(包括喷头和液力搅拌)、压力和药液的种类,后者尤其影响泵的结构材料的选用。

　　1) 活(柱)塞泵

　　活(柱)塞泵是喷雾机中使用较多的一种,有单缸、双缸、三缸等形式。单缸泵多用于手动喷雾器,双缸和三缸泵多用于机动喷雾机。活塞泵具有较高的喷雾压力,要求活塞与缸筒之间密封可靠,并且需要高效率的阀门来控制液体的流动。利用旁通阀(安全调压阀)来调节压力,并在液流切断时保护机器免受破坏。适合于高压作业,并可设计成泵送磨蚀性物质而不致过快磨损。容积效率高(大于90%),转速达 700～800 r/min。

　　活塞泵中的液体随曲柄回转一周,单缸泵便产生一次吸液和排液,流量是不均匀的,双缸和三缸泵比单缸好些,但同样也不均匀,需在喷雾管路上安装空气室,减少压力的波动。

平均理论流量 Q(L/min)按下式计算:

$$Q = i \cdot F \cdot S \cdot n \times 10^{-6} \qquad (7\text{-}7)$$

式中,F——对活塞泵而言为缸筒截面积(柱塞泵为柱塞截面积),mm^2;

　　　i——缸数;

　　　S——行程,mm;

　　　n——泵的额定转速,r/s。

柱塞泵与活塞泵工作原理基本相同,仅结构上有些差别。柱塞不与缸筒内壁接触,仅在泵缸端部有一固定密封。

　　2) 隔膜泵

　　利用膜片往复运动达到吸液和排液作用。这种泵和药液接触的部件比活(柱)塞泵要少(运动件只有膜片和进、出水阀组),延长了机具的寿命,在机动喷雾机上获得广泛应用。该泵按结构可分为活塞隔膜泵和连杆强制隔膜泵两类。

　　隔膜泵有单缸、双缸和多缸,如图 7-31 所示,隔膜围绕着一个旋转的凸轮呈星形排列。当凸轮转动一圈时,凸轮就驱动每一个隔膜依次作一个短行程运动,从而产生一个较平稳的液流。隔膜泵由泵体、偏心轴、连杆、活塞、隔膜和进、出水阀组成。

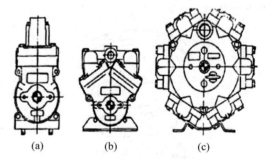

图 7-31　隔膜泵的配置
(a) 单缸; (b) 双缸; (c) 多缸

　　3) 滚子泵

　　滚子泵由泵体、转子、滚子等组成,如图 7-32 所示。转子与泵体偏心安装。在转子的圆柱面上开有若干个径向的滚子槽,每个槽内均放有与槽等长、直径与槽宽相同的滚子。当转子高速旋转时,由于离心力的作用,滚子紧紧地贴在泵体内圆表面,一边作自转运动,一边随转子作公转运动。又由于转子与泵体有一偏心距,所以相邻的两个滚子与转子、泵体及泵盖所形成的空间容积随着转子的转动而不断变化。当它由小变大时,正好处在泵的吸水腔,由于容积的增大,产生了真空度,于是把液体吸入吸水腔;随着转子的旋转,空间由大变小,此时正好处在压水腔,由于容积变小,使液体产生了压力并进入了高压管路,周而复始,于是滚子泵就实现了泵水的目的。

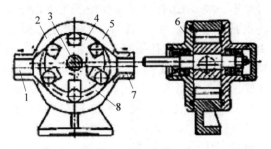

1—出液口;2—泵体;3—传动轴;4—转子;5—滚子;
6—端盖;7—进液口;8—工作室。

图 7-32 滚子泵

滚子泵体积较小,结构简单,价格低,使用维修方便。泵体通常用铸铁或高镍铸铁制成,滚子用尼龙或聚四氟乙烯制成。滚子泵的排量在转速稳定时是均匀的,随着压力的提高,泄漏量增加,泵的排液量及效率相应减小。一旦端盖表面磨损,滚子与端盖表面之间间隙增大,压力和排量迅速下降。当压力在 1000 kPa 以下,转速在 400～1800 r/min 范围内,液泵能在较高的效率下工作。由于滚子泵结构简单、紧凑、使用维护方便,且为低压泵,特别适用于喷杆喷雾机。由于滚子是靠离心力而紧贴泵体工作的,因此对泵的转速有一定要求,转速太低则离心力太小,则泵不能正常工作;转速太高则离心力太大,滚子与泵体、转子侧壁接触应力加大,将加速滚子的磨损,影响泵的寿命。通常泵的铭牌上都标有泵的额定转速,使用时应予以注意。

4）离心泵

离心泵结构简单,容易制造,如图 7-33 所示。它的排量大,压力低,用于工作压力要求不高的场合,如喷灌机和喷施液肥等具有大喷量的喷头植保机具上,这种泵一般只在大型植保机具中作液力搅拌或向药液箱灌水用。由于离心泵不能自吸,将它安装在药液箱的下面或采用废气引水装置。离心泵在低压下,能输送含有磨蚀性物质的液体,工作可靠。

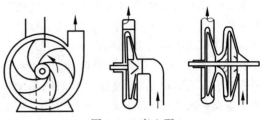

图 7-33 离心泵

液泵的特性曲线如图 7-34 所示,了解该曲线对选择液泵很有用。从图中看到,容积式液泵在转速不变的情况下,在各种压力下都能提供相等或近似相等的排量,而离心泵排液量随压力改变而改变,变化很大。容积式泵中除柱塞泵的特性曲线是垂直的以外,柱塞隔膜泵、隔膜泵、滚子泵和齿轮泵随着压力增加,排量或多或少地有所下降,这是由于泵的密封,进、出水阀开闭不及时,以及在高压下隔膜变形引起的。

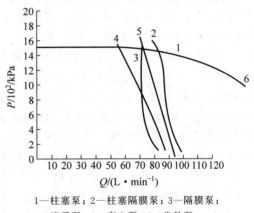

1—柱塞泵;2—柱塞隔膜泵;3—隔膜泵;
4—滚子泵;5—离心泵;6—齿轮泵。

图 7-34 泵的特性曲线

7.4 航空植保机械

近年来,我国农业航空产业发展迅速,特别是作为农业航空重要组成之一的植保无人机的迅猛发展和应用引起了人们的广泛关注。植保无人机航空施药作业作为国内新型植保作业方式,与传统的人工施药和地面机械施药方法相比,具有作业效率高、成本低、农药利用率高的特点,可有效解决高秆作物、水田和丘陵山地人工和地面机械作业难以下地等问题,是应对大面积突发性病虫害防治,缓解由于城镇化发展带来的农村劳动力不足,减少农药对操作人员的伤害等问题的有效方式。与有人驾驶固定翼飞机和直升机相比,植保无人机具有机动灵活、无须专用的起降机场的优势,特别适用于我国田块小、田块分散的地域和民居稠密的农业区域;且植保无人机采用低空低量喷施方式,旋翼产生的向下气流有助于增加雾滴对作物的穿透性,防治效果相比人工与机械喷施方式可提高 15%~35%。因此,植保无人机航空喷施已成为减少农药用量、降低农药残留和提升农药防效的新型有力手段。另外,随着国内土地流转率的进一步提升,农业规模化生产成为一种趋势,迫切需要规模化、机械化的新型植保方式。因此,采用超低容量施药方式的植保无人机有着巨大的发展空间,据估计,未来我国植保无人机市场年总服务产值将达到数百亿。在巨大的市场需求驱动下,近年来我国农用植保无人机生产企业急剧增加,植保无人机及其施药技术得以快速发展。

飞机喷洒农药是一项特殊的农药应用技术,只能在土壤条件及地形地势不适合地面喷雾的情况下使用,如大片森林或丘陵地。飞机喷雾非常适合处理大面积紧急灾情,例如蝗虫大暴发的治理。航空植保机械的发展已有几十年的历史,尤其在近十几年发展很快,除用于病虫防治外,还可进行播种、施肥、除草、人工降雨、森林防护及繁殖生物等许多方面。对于需要紧急处理的大范围病虫害,飞机喷洒农药是一种非常有效的防治技术,工作效率可以超过 200 hm²/h。在相同的耕作方式下,采用飞机和地面喷雾,作物的产量区别不大。但在有些国家对飞机喷洒农药的需求降低,原因是有人认为它会对环境造成污染。另外,如果喷洒的面积不是足够大,飞机的喷雾成本太高会使人难以承受。在欧美发达国家,随着宽幅喷杆式喷雾机的出现,在作物种植时在田间预留有机械作业的行走通道,机械化地面喷雾作业

已变得越来越容易。预留的拖拉机行走通道使农户能够在作物生长后期也使用悬挂式喷雾机喷洒农药。但有些地形或作物,如森林地带,不便使用地面喷雾设施,这时则需要采用飞机喷雾的方法。使用飞机喷洒农药防治蝗虫,能有效地控制迁飞的害虫。目前农业上使用的飞机主要采用单发动机的双翼、单翼机及直升机,适用于大面积平原、林区及山区,可进行喷雾、喷粉和超低量喷雾作业。飞机作业的优点是防治效果好、速度快、功效高、成本低。中国农用飞机的最佳需要量为 4500 架左右,而现有用于农业作业的飞机不到 200 架。2008年我国自行研制的新一代农 5B 型农用飞机如图 7-35 所示。农 5B 飞机两翼展开有 16 m 左右,机身全长接近 13 m,是中国首架农林专用飞机的升级版。农 5B 飞机起飞质量达到了 3600 kg,最高可以飞到 6000 m,具有很强的高原作业能力。农 5B 飞机的驾驶舱长有 2 m 多,宽为 1 m 左右。通常情况下驾驶舱内只坐 1 名驾驶员,但是有些时候如森林防火需配备 1 名观察员。为了适应农林作业需求,农 5B 飞机进行了防腐设计,例如为了防止飞机喷洒农药在空中回旋时农药触及机身而腐蚀飞机,农 5B 飞机进行了防腐设计,如侧壁等很多部位采用了玻璃钢,腹部采用了不锈钢。

图 7-35　我国自行研制的农 5B 型农用飞机

7.4.1　喷药飞机的选择

单引擎和双引擎飞机以及直升机都常被用来喷洒液体农药或粒状农药,直升机喷雾如图 7-36 所示。用这些飞机也进行过释放拟寄生生物的试验。有大型座舱的轻型飞机也可用来喷洒农药,它的优势是飞行速度低。

直升机的优点是机动性好,特别适合处理复杂地形如坡地上的葡萄园等。直升机的使用和保养费用较高,但高工作效率可以抵消高

图 7-36　直升机喷雾

成本。有人认为直升机更有利于雾滴穿透植冠,但是在保证工作效率的飞行速度下,它的穿透性并不比固定翼飞机好。只有在低的飞行速度下才能明显改善雾滴的穿透性能。正如在后面将要指出的雾滴的大小是获得好的雾滴覆盖率的关键因素。飞机的选择在很大程度上取决于当地的工作条件,如地块的大小、使用频率等。在那些长期不便地面药械进入的地方,如成片的灌溉区,专为喷洒农药而设计的单引擎飞机列为首选。喷洒森林或其他偏僻地区,最好选用多引擎飞机。临时性使用飞机喷药常选择单引擎飞机,将喷雾药箱安置在起落架上,或者装在机舱里也可以选用直升机,在飞机下面加节药箱和喷杆。直升机的机动性能较好,但相对而言单位时间的作业成本也更高,所以大多数情况下使用固定翼飞机喷药。固定翼飞机作业要求在距作业区几千米以内有合适起降的跑道。在偏远地区或需要飞过建筑群的情况,应该选用双引擎飞机。在机翼后下方安装装有液力喷嘴的喷杆,但在许多场合下推荐使用旋转式喷雾机。每个喷嘴必须装有单独的防漏阀。离心式液泵一般由专用的叶轮驱动,但使用液力驱动系统时,滞后较小。在有些情况下需要用飞机喷洒颗粒农药,如稻田作业。

7.4.2　主要工作部件

我国农业航空方面使用最多的是运-5 型双翼机和运-11 型单翼机,如图 7-37 所示,前者

是单发动机,后者是双发动机。运-5 飞机是一种多用途的小型机,设备比较齐全,低空飞行性能良好,在平原作业可距作物顶端 5～7 m,山区作业可距树冠 15～20 m,作业速度为 160 km/h。起飞、降落占用的机场面积小,对机场条件要求较低。在机身中部可安装喷雾或喷粉装置,能进行多种作业。

(a)

(b)

图 7-37　运-5 型双翼机和运-11 型单翼机

(a) 运-5 型双翼机;(b) 运-11 型单翼机

1. 喷雾装置

喷雾装置由药液箱、搅拌器、液泵、小螺旋桨、喷射部件及操纵机构等组成,如图 7-38 所示。

2. 药箱

在飞机上,药箱要尽可能地安置在靠近飞机重心的地方,这样能使在喷雾过程中因药量减少而引起飞机失衡的可能性减小。在药箱的下面有一个排放阀,当飞机遇到紧急情况时,开启此阀后要在 5 s 内排空药箱中的药液。不论飞机在天空还是在地面,这都是必须要保证的。有时候农药是从药箱上面的开口处加入的,例如颗粒状农药,但现在一般是把预混的药液或超低量药剂通过一个带有快接接头

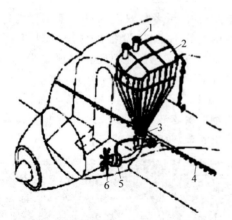

1—加液口；2—药液箱；3—出液口；4—喷射部件；
5—液泵；6—小螺旋桨。

图 7-38　喷雾装置

和弹簧阀的软管直接泵入药箱,这样可以最大限度地减少对操作者的污染,拆下接头后要尽量减少农药残留。为了减少对操作者的污染,需要使用封闭的农药运输和混合系统。飞机上的药箱一般都是用钢化塑料或不锈钢制成的,药箱上必须有通气孔,以免因药箱中药液的压力变化而影响流量。飞行员必须能够在驾驶位上了解到药箱中还有多少药液,这个容量表一般和压力表一起布置在飞行员面前的系统控制台上。药箱内部装有液力搅拌器,药箱的下部出口处装有离心式液泵。它由小螺旋桨带动工作,转速可达 2300 r/min,排液量为 8~20 L/s,液泵的出液口经药液阀门与机翼两端的喷液管相连。操纵机构是一种气动装置,由操纵手柄、分配阀、作用筒、调压器及压力表等组成。在分配阀的周围设有四个接头,分别与出液口控制阀门及小螺旋桨制动器的作用筒相连。分配阀的中部有进气接头,与机上冷气管路内的压缩空气相连。操纵机构如图 7-39 所示,操纵手柄有四个位置,依顺时针方向分别为"开""搅拌"(喷雾时用)、"中立"及"关"。手柄移到"开"的位置,药液阀门被打开,小螺旋桨的制动器被松开,飞机即能进行喷雾作业;手柄移到"搅拌"位置,药液阀门关闭,小螺旋桨工作,药液被回送到药箱内进行搅拌;手柄在"中立"位置时,压缩空气通路被封闭,而管路中原来的压缩空气从放气小孔通到大气,以

减轻导管的负荷;手柄移到"关"的位置,药液阀门被关闭,小螺旋桨被制动,喷雾装置便停止工作。

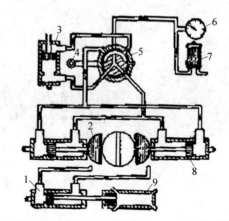

1—喷液阀门作用缸；2—喷粉阀门；3—风车制动器作用缸；4—操纵手柄；5—分配阀；6—压力表；7—调压器；8—喷粉活门作用缸；9—喷液阀门。

图 7-39　操纵机构

手柄的操作方法如下:飞机停放时,手柄应放到"中立"位置(只有在飞机停放时,操纵手柄才允许放在"中立"位置);飞机启动、滑行、起飞爬高时,手柄应放在"关"的位置;在开始喷洒前,手柄应放在"搅拌"位置;搅拌时间的长短视药液沉淀状况而定,以保证药液均匀一致。喷洒完毕后,手柄仍应转换到"关"的位置。

3. 喷嘴

大多数飞机喷药都使用标准的液力喷嘴,在喷杆上安装 40~100 个不等。可选的喷嘴类型很多,有空心锥雾喷嘴、扇形喷嘴、折流喷嘴等。一种类型的折流喷嘴就有一系列不同的喷孔大小和折射角度可供选择。带有一个附加孔的锥雾喷嘴能产生很大的雾滴,可用于对飘移要求很严的场合。带有多个小喷孔、向后喷射的同样喷嘴主要用于在控制飘移的地方喷洒除草剂。对这两种情况,飞机的飞行速度应低于 90 km/h,避免风的剪力使产生的雾滴变得更小。对大多数液力喷嘴,气流速度越大,产生的滴谱越宽,所以以减小雾滴直径的范围为目的,设计有多种飞机喷雾机方案。飞机上安装的旋转喷嘴如图 7-40 所示,其可用来

产生滴谱范围较小的雾滴,可通过改变它的旋转速度调整雾滴的 VMD(体积中值直径)。飞机上用的旋转喷嘴有鼠笼式和转盘式,前者原本是专门设计用来消灭蝗虫的。比较而言,安装在飞机上的旋转喷嘴比液力喷嘴要少得多。现在的发展趋势是使用多个较小的喷嘴,例如在每个机翼下安装 5 个 AUSOO 喷嘴而不是 2 个 AU3000 喷嘴,增加喷雾出口的个数使雾滴分布得更好,协调喷嘴与液泵的配合,避免喷洒的农药在地面上形成带状。旋转喷雾器通常由飞机的滑流驱动,但在特殊情况下,可用飞机电源驱动 24 V 的电力喷雾器,用液力驱动的喷嘴正在研制中。

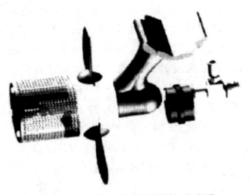

图 7-40　飞机上安装的旋转式喷嘴

大多数旋转喷嘴都有一个圆柱形的金属网,一般由一个可调节叶面角度的叶片驱动。这个叶片可以根据需要使喷嘴转速达到 12 000 r/min。飞行速度较低的飞机和直升机上所装的叶片尺寸较大,可以从厂家的产品目录上查到叶片的大小、角度及对应的流量等,以获得合适的喷雾滴谱。这些资料一般都是基于喷水试验,对于不同的制剂要进行校验。有些农药助剂对滴谱的影响很大。通过调整使叶片的角度一致非常重要,这可以避免由于叶片角度不同而使作用于喷嘴上的力不均匀,造成喷嘴不均匀摩擦和振动。电动旋转喷嘴的优点是飞行员可以方便地通过改变电流的大小调节转子转速。这种电动喷雾机一般装在直升机上。限制其广泛应用的主要因素是驱动它需要较大的电能。有些电动喷雾器带有一个或多个转盘,但相对而言,它不如风力

驱动的鼠笼式旋转喷嘴应用得多。旋转喷雾器主要用于需要小雾滴的场合,一般不太适用于喷洒除草剂,但现在可以用更小型的、带有较粗网罩的旋转式喷雾机喷洒除草剂。旋转式喷雾机的转速可以用仪表监测,仪表的磁力传感器可以通过它的铁制探头识别,喷雾机的转速信号可以直接传到驾驶舱的控制台上。喷洒药液时,转子的转速要比空转时慢一些,所以在实测时,要记录正确流量下的转速,这样在下次喷雾时可以使用相同的设置值。

4. 喷雾泵

飞机上的液泵可以用液力驱动,也可以由电机驱动,但尽管风力有限,大多数液泵还都是由安装在飞机上的螺旋桨的风力驱动的。电力或液力驱动泵的优点是能够在地面对它们进行校验。安装好风力驱动液泵后,可以对它的叶片角度进行调整,这样可以事先使泵的输出与气流速度和药液喷量相匹配。在液力驱动系统中,液泵连接在飞机的动力输出轴上,从药箱中泵出的药液通过压力表和稳压箱后到达减压阀,这个减压阀的压力可以在驾驶舱中调节。减压阀(调控阀)的旁路系统可以使之当作一个开关使用,一旦设置好压力后,不用再经常重复调整。在设定的压力下,液体驱动液力马达工作,由于它是正向排放型的,马达的转速取决于进入它的流量。在 100 ～ 200 Pa 的压力下,这种液力驱动马达可以达到 10～18 kW 的动力。在飞机上一般使用离心式液泵,因为它能够在较低的压力下产生较大的流量。要获得更高压力,可选用其他类型的液泵,如齿轮泵或转子泵等。泵一般安装在飞机的下面,靠重力就可以充满液体。离心泵在工作时,先将液体送入泵的中心位置,然后使液体旋转,依靠离心力甩出出口。在运输状态时要使用制动器。

5. 过滤器

在飞机喷雾系统中安装过滤器是非常重要的,因为飞行员无法在飞行过程中疏通喷嘴。过滤器可以保护液泵,并阻止药箱或系统中产生的沉渣堵塞喷嘴。不同用途的过滤器网孔大小不同,从药箱入口到喷杆入口再到各

个喷嘴过滤器的网孔越来越细。每个喷嘴都有自己的过滤器保护,滤网的网孔要比喷嘴的喷孔小。液力喷雾系统一般用50目的过滤网,旋转式喷嘴用更细的100目过滤网。在每个喷嘴或雾化器前都要安装一个膜式止回阀,以免在飞行员关闭喷雾系统后发生药液滴漏,止回阀还可以保证在更换喷嘴时不会有药液从喷杆中流出来。除防止泄漏外,止回阀还能保持喷杆及喷雾系统始终处于药液充盈状态,只要把调控阀扳到"开"的位置,就可以喷出雾来。在每天喷雾结束后,止回阀要和喷嘴一起清洗干净,并用清水(超低量喷雾用清洗液)冲掉喷杆中的残渣,否则会影响下一次喷雾。在喷雾系统中一般还安装一个回吸系统,以确保在关闭喷雾开关后止回阀立即关闭。

6. 喷杆系统

液力式喷雾装置的喷杆就是一些管件,上面装有喷嘴座,安装时组合起来装在飞机的机翼后下方。定做的喷药飞机常装有专门设计的符合空气动力学原理的喷杆。喷杆不能伸出机翼的端头,以防飞机机翼后面的空气紊流破坏喷出的雾云形状。因此,大多数飞机上的喷杆长度只有翼展的70%左右。安装在喷杆上的喷嘴一般是可调的,可通过转动喷嘴体或转动整个喷杆进行调整。当飞机飞行的方向和喷嘴的取向影响到雾滴大小的时候,调整喷嘴的位置尤其重要。如果安装的喷嘴指向机尾,则喷射出的雾体速度与飞机滑流的速度相近。在这种情况下产生的雾滴要比喷嘴指向机头所产生的雾滴大。喷细雾时,通常将喷嘴调到与气流呈45°的位置。随着喷嘴向后偏转,产生的雾滴逐渐增大。安装液力喷嘴的飞机在施药时常常关闭喷杆某一特定位置上的喷嘴,目的是降低喷量和保持雾形分布。直升机上的喷雾系统一般分为侧杆和中间部分,后者可以安装在引擎后面,最好安装在驾驶舱的前下方。

7. 流量表

在采用低喷量喷雾时,飞行员要精确地知道喷嘴的流量。这可以通过在主液管里安装一个不锈钢转子来测量,转子的转速决定于管中液体的流速,传感器监测到的转子转速可被传输到飞行员面前的仪表盘上。在转子前面安装一个细网目过滤器非常重要,因为药液中任何异物都会导致信号失真。可以用控制台上的打印机或者监视器记录下喷雾作业过程。

7.4.3 影响防治效果的因素

飞机喷雾成功的关键因素与地面喷雾相似,如正确的喷雾时间、对目标的良好覆盖、选择正确的农药和合适的剂量等。

1. 雾滴大小

选用的滴谱宽窄取决于所要喷雾的目标。大规模防治采蝇时,通常要在晚间的逆温条件下喷施 VMD 为 $30\sim40~\mu m$ 的药雾。在这种条件下,雾滴可以在菜地里飘移很长的距离,沾在蝇子上。防治蝗虫,要用 $70\sim120~\mu m$ 的雾滴,控制成虫或蚱蜢。超低量喷雾防治棉田有害生物,用 VMD 为 $100~\mu m$ 左右的雾滴;喷洒水基药液,可将 VMD 增大到 $200~\mu m$,以克服蒸发带来的影响。针叶林的树叶可收集 $30\sim70~\mu m$ 的雾滴,所以喷洒 VMD 为 $90\sim100~\mu m$ 的雾滴,可以使雾体较好地在植冠中沉积。如果选用的雾滴太大,大部分雾滴将落在上部叶片的上表面上,深藏在叶丛中的害虫会逃过农药喷杀。在使用较小的雾滴喷药时,可以在水溶液里加入抗挥发助剂。糖浆也可用作添加剂,因为它对蛾子有引诱作用,可提高成虫的致死率,对幼虫也有控制作用。喷洒除草剂,最好选用 VMD 大于 $300~\mu m$ 的雾滴,但这并不能完全避免飘移,因为在产生较大雾滴的同时总会产生一些小雾滴。

2. 喷量

喷量的大小部分取决于所选雾滴的大小,也与所需到达目标的雾滴数量有关。用超低量空中喷洒不挥发药剂的细小雾滴,3 L/hm² 或更少的喷量就够了。据推算,水基药液的喷量在 $20\sim30$ L/hm²。减少喷量可以使飞机一次装载的药液喷洒更大的面积,这样不但可以减少装药的时间,而且可以降低作业成本。一般认为,在大多数情况下,棉花等大田作物上部每平方厘米有 20 个雾滴就足够了。但这并不适用于所有情况,例如喷洒除草剂,特别是喷洒杀菌剂时就需要更多的雾滴。在单位面积上需要更多雾滴的状况下,需要增加总的喷药量。除非喷雾非常准确,所选用的药品也非常合适,否则经济的问题是很难解决好的。对于手动或地面喷雾,可以通过喷洒大量药液得到很好的覆盖度,这对于飞机喷洒来说是很难做到的。

3. 喷雾时间

正确地选择喷雾时间是最为重要的因素,喷雾时间不仅必须反映害虫对农药反应的最佳时期,而且当时的气象因素必须不影响喷药效果,特别是在复杂地形条件下。除了由于气流与作物摩擦产生的涡流外,湿度和风以及飞机本身产生的涡流也会影响雾滴在作物上的分布。湿度也很重要,因为飞机喷洒的雾滴在空中飞行的时间要长于地面喷雾,在干热条件下雾滴的体积将会因蒸发而很快变小。大多数飞机在喷药时要避开一天中最热的时间,因为上升的热气流会把小雾滴从作物层上带走。所以,在实际作业时应使用温湿表随时检测温度和湿度的变化,如果温度太高、空气太干,就应及时停止作业。选择环境条件的标准当然也取决于所喷药的剂型和预期的滴谱。对于用水稀释的药液,如果用 VMD 为 200 μm 的雾滴,每公顷喷药 20~50 L,则当干球温度超过 36 ℃或湿球温度低过 8 ℃时,应当停止喷药。

由于油基溶液的抗挥发性能好一些,故可以在较干燥的气候下喷雾。但对于较小的雾滴,气温的掌握仍然非常重要,当环境条件影响雾滴沉降时应当停止喷雾,已经建立的一些计算机模型,可帮助用户决策什么时候喷雾最理想。

4. 涡流的影响

喷杆一般安装在高位机翼的下面或低位机翼的下风边缘上。喷嘴在机翼上的位置不同也会影响雾滴的分布。喷杆长度一般只为机翼长度的70%,所以喷嘴不会安装在太靠近机翼末端的位置上。如果喷嘴太靠近机翼末端,喷出去的雾滴有可能会被涡流卷走,单固定翼飞机作业时的涡流现象如图7-41所示。喷嘴也不能直接安装在机身下。喷嘴间隔不能太大,不然飞机在低空飞行时喷杆下面的雾体在作物上就会形成带状。大多数情况下,飞机上的喷嘴是等距的,但是由于螺旋桨造成的涡流作用,雾体会偏向飞机的一侧,造成雾滴分布不均匀。因此在喷雾时,飞机的飞行路线要尽可能与风向保持正确的角度,并且飞机在作物上要有足够的飞行高度,以使雾滴在进入作物之前能够很好地分散。

直升机喷雾时也会产生涡流,如图7-42所示,由螺旋桨在飞机两侧造成的涡流右边比左边严重,这也是由螺旋桨的旋转方向造成的。直升机的喷洒均匀性比固定翼飞机好,特别是来回两次喷洒,有相互弥补作用,使分布较均匀。

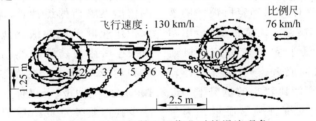

图 7-41 单固定翼飞机作业时的涡流现象

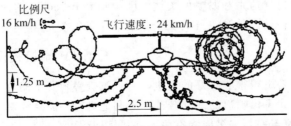

图 7-42 直升机形成的涡流

根据试验,减小喷杆长度使之小于机翼长度,可防止机翼两侧和螺旋桨产生过大涡流。德国用直升机喷雾时,喷杆的长度不允许超过螺旋桨长度的75%,这样工作效率当然较低。

5. 雾滴飘移

如果飞机飞得太高,就可能发生雾滴飘移,并且雾滴有可能在到达目标之前就被完全蒸发掉。建议飞机喷雾飞行高度是:低量常规水基农药,目标以上2~3 m;超低量喷雾,目标以上3~4 m;但是在处理复杂地形时,为了安全,飞机可飞得高一些。有些飞行员为了使雾滴有较好的穿透性而飞得很低,这种低空飞行除了危险外,还不能形成合理的雾形,使雾滴的分布不理想。飞机喷洒农药时,雾滴落到地面所形成的幅宽不总是规则的,认识到这一点很重要。风速和一些其他因素对喷雾的幅宽有很大影响。喷幅内的雾滴分布密度也是中间高两侧低。选择飞机航道时要考虑到两次航行所形成的幅宽要有足够的重叠部分,这样可以减小雾滴分布不均。两个航道之间的距离要在地面做出标记,在确定航道间隔时要考虑不同飞机的特点、所用的喷嘴、飞行高度、气象条件和作物种类等因素。最小的航距一般是让飞机穿过侧风,然后根据两次航行之间喷幅的衔接状况确定。校验幅宽时可在目标下摆放水性或油性试纸,是油性还是水性取决于喷洒液体的性质。在试验之前先检查药液的剂型总是明智的,这样可以确定所喷洒的液体能否在试纸上留下痕迹。通常情况下,用粗雾喷嘴低量喷洒除草剂,要求较窄的飞机航距;而低量喷洒杀虫剂或杀菌剂,则要选择较宽的喷幅,特别是在雾滴比较小的情况下。以正确的航距直线飞行对保证喷雾质量尤为重要。精确的航道引导系统是保障喷药准确、药雾分布均匀,由此避免出现药害和漏喷的关键因素,同时这也是保障地勤人员和飞行员安全的重要因素。

6. 雾滴蒸发

必须要明白,即使是组织得非常好的飞机喷药计划,也仅仅能够让飞机喷出的一部分药量到达目标。雾滴的覆盖率与许多因素有关,特别是空气涡流和雾滴的运动状况,在许多情况下只有50%药液能够覆盖在作物上。如果所喷的是水基药液,雾滴中的水分会蒸发,雾滴在空气中飘移的时间比地面喷雾更长,而最小的雾滴很可能完全蒸发成纯农药的气溶胶粒子。这些颗粒在上升的热气流裹挟下可飘移到远离作业区的地方,因此并不是在一天中的任何时候都适合飞机喷雾。

早期的喷雾研究都是用平盘接收雾滴,但这对于小雾滴来说是不够的,相对而言,用垂直布置的小目标,如尼龙色线,收集顺风飘移的小雾滴更为合适。在空气相对湿度小于60%的条件下喷雾时,用大雾滴和大喷量可以在一定程度上补偿雾滴的蒸发,但大雾滴的分布效果有时不适于控制特定的作物疫情,所以改用一些不易挥发(蒸发)的剂型或在药液中添加助剂,可以得到较好的效果。在药液中加入占体积12.5%的不挥发性液体,可保证雾滴最多减小到它原来的一半大小。现在市场上有一些被称作助剂、抗飘移剂或抗蒸发剂的产品,但并不是所有这些产品都能有效地发挥作用,液泵的高压剪力和喷嘴喷射速度都影响到这些产品的效用。超低量油基制剂不用水稀释,抗蒸发能力比水基制剂高60%,所以可以用小雾滴喷雾。雾滴大小的选择同样与所要处理的地块有关,太小的地块不适于用超低量小雾滴喷洒。如果有特别需要,则要在地块周围留出不喷药的缓冲带,滤掉飘移的药雾,以保护作业区下风的敏感地区。缓冲带的宽度取决于所用农药的种类、雾滴的大小、气象条件和地形等因素。在许多情况下,留出至少100 m的缓冲带,可以保证外部的药雾沉降量减少到作业区的1/10以下。对于有些农药,如果下风处的地带对农药非常敏感,如有水面等则需要留出250 m的缓冲带。如果喷雾时气象条件变化很大,很容易出现药害问题。

7.4.4 流量校验

飞机必须要定期校验,确保喷药工作准确顺利地进行。需要针对飞机的飞行速度、航道间隔以及总喷量校准喷嘴流量,正确校验喷嘴

的流量,流量公式如下:

$$流量(L/min) = [飞行速度 × 航道间隔 × 单位面积上的喷量(L/hm^2)]/k \tag{7-8}$$

式中,转换系数 k 取决于测量飞行速度的单位,当选用单位为英里/时(mile/h)时,$k=373$;选用单位为千米/时(km/h)时,$k=600$;选用单位为节/秒(kn/s)时,$k=324$。

如超低量喷雾:假设飞机的飞行速度为 144 km/h,航道间隔为 25 m,喷量为 3 L/hm²,则流量为(144 km/h×25 m×3 L/hm²)/600=18 L/min。这是所有喷嘴的总喷量,如果喷杆上有 48 个喷嘴,则每个喷嘴的流量为 18÷48=0.375 L/min。

算得达到合适剂量所需的喷嘴流量后,要按正常的飞行速度进行检验,一般的步骤如下:

(1) 在药箱里注入 40～80 L 水。

(2) 当飞机速度达到实际喷雾速度时,打开喷雾系统进行喷雾,一旦压力开始下降,立即关闭阀门,这样系统中的每个部分都被注满了水。有些飞机喷雾装置在地面就可以注满水。

(3) 飞机落地后,按照算得的每分钟的总流量给药箱加水。

注意:预混的超低量药液黏度大于水,这就是喷嘴喷水的流量是不同农药制剂剂量 1.25～1.5 倍的原因。

完成以上程序后,重新起飞,在实际喷雾速度下,打开喷雾阀开始喷雾,测定从打开喷雾阀到压力开始下降所经历的时间,如果时间正好是 1 min,则表明达到了最佳工作状态。在阀上做一标记(开关大小的位置),下一步用实际农药进行试验。

如果喷雾时间不到 1 min,则表明流量过大,需进一步调整阀门位置,直到符合要求为止。如果时间超过 1 min,则意味着流量调得过低,阀门需要调大一些。如果阀门已经开到了最大,则需更换大一些的喷嘴,并重新调整工作参数,使其符合流量的要求。

现在的阀门位置是用水做试验得来的,还需再次飞行用实际农药校验。有些用户做完第二步后,把水加到药箱的一定标记处,然后起飞喷雾正好 1 min,降落后测量,把水再加到标记处所需的水量,检查是否与计算的 1 min 流量相同。这种方法需要在两次加水时飞机要停在同一位置上,否则可能会因地面不平造成测量药箱液面高度不准确。任何时候飞行员都不能接触农药,也不能帮助搅拌药液或装载农药,对飞行员的任何污染都可能因损害飞行员的健康而引起严重后果。

7.4.5　地勤工作

航空喷药作业的地面工作是保证飞机在空中正常作业的先决条件,地面工作包括以下四个方面。

1. 作业行动的准备与安排

根据作业目标区的自然条件、面积大小、小区数目,估计作业量,并准备好物料、人力和运输工具。

2. 临时机场及有关设施(药库、油库、水池等)的选择与建立

地面的药液混合设备可以安装在一辆车上,方便与飞机航道衔接。有必要准备一个大容量农药混合罐(箱),在飞机到来之前准备好一个飞机药箱容量的药液。还需要一个大功率的液泵把药液从预备箱泵入飞机药箱,这个工作要在 1 min 左右或尽可能短的时间内完成,以提高飞机的施药效率。可以用同样的液泵抽取旁边水箱或其他水源的水把混合箱重新添满,配好药液。在管路中要安装一个流量表,准确反映飞机装载的药液量,以便飞行员相应地调整飞机的飞行高度。最好在密闭环境中把农药转入混合箱,以减少对操作人员的污染。装农药的容器必须用水或稀释剂清洗干净,清洗液用作再次配药的稀释剂。喷雾后,必须安全妥善地处置清洗飞机外部和喷雾装置的废液。如果条件允许,给飞机添加农药和清洗工作都要在水泥地上进行,这样可以把溢出的和冲洗用过的废液集中到废液槽中进行处理。目前已经有了专用的农药残液处理装置,利用 Carbo-flow 系统去除废液中的农

药。无论什么农药都必须贮存在加锁的库房里面。

3. 供应工作

对于加药队的人力、机械设备及运输工具的调度,按目前水平,一架飞机喷药需 8～10 人,喷粉需 15～20 人。

4. 导航

导航包括航班路线、喷洒顺序、联络信号和飞行指示标志等的规定与安排以及活动标志的调度等。每架飞机由人扛举活动标志需 8～12 人。航道的引导通常由旗手给出,这需要地面工作人员与飞行员之间有良好的协调与合作,有时候地块较大,而且地块中有规则的水渠或人行道,飞行员也能试着不要专门标记进行喷雾,但这不是应提倡的做法。如果作业规模较小,面积不大,飞行架次不多,则宁可从原有基地出发作远征飞行以免劳师动众。旗手的每个位置应该沿地块横向测量给出,并用竹竿做出标记,这样不致因旗手找不到位置而耽误飞行员喷雾。飞机一到,旗手应迅速逆风躲开。旗手应该明确地知道该往哪里走。他们所标记的最初位置应该是第一个航道的位置,也就是紧靠下风田边、横穿农田的第一个喷幅中央处。一旦飞机进入了正确的航道,旗手应立即逆风转移到下一个位置。训练有素的旗手应该总是面向飞机,并站在上风的位置,以免被农药污染。后续的航道应该逐渐移向上风方向,这样飞机就不会飞进上一航线喷出的雾体中而遭污染。为了防止万一出现污染情况,要对进入机舱的空气进行过滤,以免飞行员吸入有毒的空气。旗手应该带有说明喷雾作业注意事项和出现意外时处理办法的卡片,以应付各种可能出现的意外情况。

目前全球卫星定位系统(GPS)已经开始用在农药作业导航上,安装在控制台上的计算机可以通过卫星提供的数据精确告知飞行员的位置,并记录下每一个航道的方位。如果启用辅助地面站,定位精度还能进一步提高,特别是对丘陵地区效果更加明显。虽然这种系统的初始投资比较高,但是它能够节省在地勤人员上的投入,并可改善航道定位精度和提高安全性。

其他的导航系统还有飞机在喷雾时向地面喷幅中间投掷标记。这种标记一般是一端加有配重的小旗,由装在机翼上的一个分发装置投出。

7.4.6　植保无人机

植保无人机作为我国农业航空产业的重要组成之一,近年来的迅猛发展和应用引起了人们广泛的关注。为全面、深入地了解中国植保无人机的发展形势及存在的问题,农业农村部农机化司委托华南农业大学国家精准农业航空施药技术国际联合研究中心,统计和撰写了《2016 年我国农用植保无人飞机发展形势分析与政策建议》的报告。在此报告的基础上,本节对我国植保无人机的类型、生产企业及保有量分布情况进行了统计和分析,比较全面地展示了中国植保无人机行业的发展状况,总结和提出了目前植保无人机行业发展中在关键施药技术研究、相关标准制定以及监督管理这三个方面存在的主要问题及建议,并对植保无人机的市场前景、关键技术和作业服务模式的发展趋势进行了预测,以期为国内科研机构和企业的科学研究及应用提供参考,促进我国植保无人机产业的健康快速发展。

1. 植保无人机类型

目前,国内用于植保作业的无人机产品型号、品牌众多,从升力部件类型来分,主要有单旋翼植保无人机和多旋翼植保无人机等;从动力部件类型来分,主要有电动植保无人机和油动植保无人机等;从起降类型来分,主要有垂直起降型和非垂直起降型,其中,非垂直起降型无人飞机的飞行速度高、无法定点悬停,在现有技术条件下不能满足植保作业要求,常用来进行遥感航拍等作业。因此目前市场上常见的植保无人机机型主要是单旋翼和多旋翼的垂直起降型无人机,包括油动单旋翼植保无人机、电动单旋翼植保无人机和电动多旋翼植保无人机三种类型,如图 7-43 所示。

各种类型的植保无人机的空机质量为 10～50 kg,作业高度为 1.5～5.0 m,作业速度

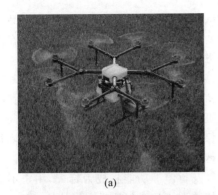

图 7-43　植保无人机类型

（a）油动单旋翼植保无人机；（b）电动单旋翼植保
无人机；（c）电动多旋翼植保无人机

部分电动机型还具备了仿地飞行（地形跟随）、自主避障、夜间飞行、一控多机等功能。油动机型自动化程度较电动机型略低，日常作业中已实现一键启动、半自主飞行、定高定速等功能。

表 7-5 所示为植保无人机电动机型和油动机型的优劣比较情况。

表 7-5　植保无人机电动机型和油动机型的优劣比较

机　型	优　势	劣　势
电动植保无人机	环保，无废气，不造成农田污染；结构简单，轻便灵活，易于操作和维护，普及化程度高，售价低，易于用户接受；电机寿命长	载荷较油动机型小，载荷范围为 5～15 L；航时短，单架次作业面积小；采用锂电池作为动力源，场外需配置发电机或多块电池
油动植保无人机	载荷大，载荷范围可达 15～20 L；航时长，单架次作业范围大；下洗风场大，药液穿透性较好；抗风性能较好	不环保，废气和废油易造成农田污染；售价高，个体用户难以接受；结构复杂，整体维护困难，故障率较高；操控难度大，操控水平要求高；寿命较短，发动机易磨损

表 7-6 所示为植保无人机单旋翼机型和多旋翼机型的优劣比较情况。

表 7-6　植保无人机单旋翼机型和多旋翼机型的优劣比较

机　型	优　势	劣　势
单旋翼植保无人机	抗风能力好；下洗风场大、风场稳定、穿透力强，喷雾作业效果好	成本小，价格低；振动小，飞行稳定性好；结构简单，易维护；自动化程度高，容易操控，对操控员要求较低；场地适应能力强，轻便灵活

小于 8 m/s，植保作业效率可达 0.067～0.134 hm²/min，日作业能力在 20～40 hm²。单旋翼植保无人机（电动机型与油动机型）药箱载荷多为 12～20 L，部分油动机型载荷可达 30 L 以上；目前，已有企业研制了载荷 70 L 的机型，但尚未进入规模应用阶段。多旋翼植保无人机以电池为动力，较单旋翼无人机载荷少，载荷多为 5～15 L，且其自动化程度高，主流企业已实现了航线自动规划、一键起飞、全自主飞行、RTK 差分定位、断点续喷等功能；

续表

机　型	优　势	劣　势
多旋翼植保无人机	结构较为复杂，价格较高；操控难度较单旋翼机型大，对飞行员的操作水平要求较高	抗风能力弱；载荷量小；下洗风场小、紊乱，穿透力弱，喷雾作业效果略差

从表7-5和表7-6来看，电动机型和油动机型、单旋翼机型和多旋翼机型各有优缺点。多旋翼植保无人机机型以电池为动力，由于其技术门槛低，结构和技术相对简单，企业容易掌握其生产技术、工艺技术和控制系统技术，因此绝大多数植保无人机企业都有生产销售。同时，由于电动多旋翼植保无人机易于实现智能化控制，可靠性较高，操控容易，培训周期短，对驾驶员的操作水平要求低，且其销售价格较低（一般5万～10万元，甚至更低），农户容易承受，占有的市场份额较大。油动植保无人机的机型以单旋翼结构为主，其结构和控制系统较为复杂，技术门槛高，一些小企业难以掌握其生产技术和控制技术，所以国内生产销售油动单旋翼植保无人机的企业不多。油动单旋翼植保无人机的控制难度大，不易掌握，危险性高，对驾驶员的操作水平要求高，需要长时间的操控培训，因此成本较高，导致售价较高（一般需要20万～30万元，甚至更高），市场占有量较少。据统计，我国植保无人机机型约233种，其中单旋翼机型64种，约占27.5%，多旋翼机型168种，约占72.1%，固定翼机型1种，约占0.4%；油动力约19.7%，电池动力约占80.3%。上述数据表明，当前我国植保无人机以电池为动力的多旋翼机型为主。由于电动多旋翼无人机在操作、维护和培训等方面具有显著优势，预计未来几年内，我国植保无人机仍将以电动多旋翼植保无人机为主。

2. 植保无人机技术发展趋势

植保无人机的飞速发展和巨大市场吸引了越来越多的企业参与到航空植保领域，整个植保无人机行业出现蓬勃发展态势。随着现代城镇化发展导致的农村劳动力缺失，人口老

龄化的加快以及人们对生态环境和食品安全的高要求，预计未来植保无人机技术将在以下几个方面得到发展。

1）操控智能化

植保无人机操作复杂，尤其是单旋翼植保无人机，对操作人员的操作能力要求更高。随着植保无人机技术的不断发展，无人机操控系统会越来越智能化，一键起飞、一键降落、一键返航以及暂停等功能将成为标配，用户不需要进行特殊训练就能很快学会操控技术。

2）作业精准化

植保无人机作业效果是最终影响其应用推广的主要因素之一，因此要求植保无人机能实现定高定速、仿地形飞行、轨迹记录、断点记忆、自动避障、自动返航、电子围栏等功能，既可以实现精准高效作业，又降低了操作人员的劳动强度。

3）功能更优化

目前影响植保无人机作业效率的因素之一是载荷量较小、续航时间较短，作业过程中需频繁更换电池及药液，因此需要进一步提高载荷量和续航时间，使得植保无人机的时间利用率进一步提高。

4）喷施装备优化

影响航空作业效果的主要参数包括作业压力、喷雾量、雾滴粒径、雾滴分布性能等，因此研发与优化雾滴谱窄、低飘移的专用航空压力雾化系列喷嘴，防药液浪涌且空气阻力小的异形流线型药箱，轻型、高强度喷杆喷雾系统和小体积、轻质量、自吸力强、运转平稳可靠的航空施药系列化轻型隔膜泵等与航空施药相关的关键部件和设备是未来需要解决的重要问题。

加快植保无人机的推广应用是我国现代农业建设的需要。目前，作业实践已经证明，植保无人机及其施药技术由于在不受作物长势和地势限制、提高作业效率、节本增效等方面具有不可替代的优势，在我国取得了极大的进步和应用。随着经济的发展，我国面临着人口老龄化和城镇化发展带来的农村劳动力不足的严峻形势，而且由于单体农户的小规模生

产模式也同时存在,保障我国农业的稳定和可持续发展,加快实现农业机械化和现代化的进程,特别是提高山区与水田的全程机械化作业水平已经成为中国国家层面的发展战略,植保无人机及其低空低量施药技术取代传统人力背负式喷雾作业符合当前我国农业现代化发展的要求,在较大程度上提升了我国植保机械化水平。

另外,从日本等发达国家植保无人机的发展历程以及国内的市场需求来看,植保无人机方兴未艾,市场前景非常广阔,潜在的应用方面将不断拓展。植保无人机在中国是一个新兴产业,植保无人机及其施药技术与装备也处于不断发展之中,为保证植保无人机产业的健康发展,深入研究植保无人机及其低空低量施药技术的迫切性不容忽视;同时,加强国家政府管理部门对植保无人机行业的管理、引导和鼓励,对中国植保无人机市场的健康、有序发展具有重要的促进意义。

参考文献

[1] 兰玉彬,陈盛德,邓继忠,等.中国植保无人机发展形势及问题分析[J].华南农业大学学报,2019,40(5):217-225.

[2] 田志伟,薛新宇,李林,等.植保无人机施药技术研究现状与展望[J].中国农机化学报,2019,40(1):37-45.

[3] 亓文哲,王菲菲,孟臻,等.我国植保无人机应用现状[J].农药,2018,57(4):247-254.

[4] 何玲,王国宾,胡韬,等.喷雾助剂及施液量对植保无人机喷雾雾滴在水稻冠层沉积分布的影响[J].植物保护学报,2017,44(6):1046-1052.

[5] 王昌陵,宋坚利,何雄奎,等.植保无人机飞行参数对施药雾滴沉积分布特性的影响[J].农业工程学报,2017,33(23):109-116.

[6] 娄尚易,薛新宇,顾伟,等.农用植保无人机的研究现状及趋势[J].农机化研究,2017,39(12):1-6,31.

[7] 周志艳,明锐,臧禹,等.中国农业航空发展现状及对策建议[J].农业工程学报,2017,33(20):1-13.

[8] 陈盛德,兰玉彬,周志艳,等.小型植保无人机喷雾参数对橘树冠层雾滴沉积分布的影响[J].华南农业大学学报,2017,38(5):97-102.

[9] 赵映,肖宏儒,梅松,等.我国果园机械化生产现状与发展策略[J].中国农业大学学报,2017,22(6):116-127.

[10] 王潇楠.农药雾滴飘移及减飘方法研究[D].北京:中国农业大学,2017.

[11] 陈盛德,兰玉彬,李继宇,等.植保无人机航空喷施作业有效喷幅的评定与试验[J].农业工程学报,2017,33(7):82-90.

[12] 王潇楠,何雄奎,王昌陵,等.油动单旋翼植保无人机雾滴飘移分布特性[J].农业工程学报,2017,33(1):117-123.

[13] 李龙龙,何雄奎,宋坚利,等.基于变量喷雾的果园自动仿形喷雾机的设计与试验[J].农业工程学报,2017,33(1):70-76.

[14] 王昌陵,何雄奎,王潇楠,等.基于空间质量平衡法的植保无人机施药雾滴沉积分布特性测试[J].农业工程学报,2016,32(24):89-97.

[15] 王昌陵,何雄奎,王潇楠,等.无人植保机施药雾滴空间质量平衡测试方法[J].农业工程学报,2016,32(11):54-61.

[16] 荀栋,张兢,何可佳,等.TH80-1植保无人机施药对水稻主要病虫害的防治效果研究[J].湖南农业科学,2015(8):39-42.

[17] 徐博,陈立平,谭彧,等.多架次作业植保无人机最小能耗航迹规划算法研究[J].农业机械学报,2015,46(11):36-42.

[18] 蒙艳华,周国强,吴春波,等.我国农用植保无人机的应用与推广探讨[J].中国植保导刊,2014,34(S1):33-39.

[19] 郭永旺,袁会珠,何雄奎,等.我国农业航空植保发展概况与前景分析[J].中国植保导刊,2014,34(10):78-82.

[20] 罗锡文.对加快发展我国农业航空技术的思考[J].农业技术与装备,2014(5):7-15.

[21] 温源,张向东,沈建文,等.中国植保无人机发展技术路线及行业趋势[J].农业技术与装备,2014(5):35-38.

[22] 林蔚红,孙雪钢,刘飞,等.我国农用航空植保发展现状和趋势[J].农业装备技术,2014,40(1):6-11.

[23] 常有宏,吕晓兰,蔺经,等.我国果园机械化现状与发展思路[J].中国农机化学报,2013,34(6):21-26.

[24] 刘丰乐,张晓辉,马伟伟,等.国外大型植保机械及施药技术发展现状[J].农机化研究,2010,32(3):246-248,252.

[25] 傅锡敏,吕晓兰,丁为民,等.我国果园植保机械现状与技术需求[J].中国农机化,2009(6):10-13,17.

[26] 薛新宇,梁建,傅锡敏.我国航空植保技术的发展前景[J].中国农机化,2008(5):72-74.

[27] 郑文钟,应霞芳.我国植保机械和施药技术的现状、问题及对策[J].农机化研究,2008(5):219-221.

[28] 耿爱军,李法德,李陆星.国内外植保机械及植保技术研究现状[J].农机化研究,2007(4):189-191.

[29] 邹建军,曾爱军,何雄奎,等.果园自动对靶喷雾机红外探测控制系统的研制[J].农业工程学报,2007(1):129-132.

[30] 傅泽田,祁力钧,王俊红.精准施药技术研究进展与对策[J].农业机械学报,2007(1):189-192.

[31] 王万章,洪添胜,李捷,等.果树农药精确喷雾技术[J].农业工程学报,2004(6):98-101.

[32] 刘建,吕新民,党革荣,等.植保机械的研究现状与发展趋势[J].西北农林科技大学学报(自然科学版),2003(S1):202-204.

[33] 何雄奎,严苛荣,储金宇,等.果园自动对靶静电喷雾机设计与试验研究[J].农业工程学报,2003(6):78-80.

[34] 赵茂程,郑加强.树形识别与精确对靶施药的模拟研究[J].农业工程学报,2003(6):150-153.

[35] 张玲,戴奋奋.我国植保机械及施药技术现状与发展趋势[J].中国农机化,2002(6):34-35.

[36] 杨学军,严荷荣,徐赛章,等.植保机械的研究现状及发展趋势[J].农业机械学报,2002(6):129-131,137.

[37] 张晓辉,李汝莘.法国的精确农业研究及应用现状[J].农机化研究,2002(1):12-15.

[38] 林明远,赵刚.国外植保机械安全施药技术[J].农业机械学报,1996(S1):153-158.

[39] 邬国良.植保机械与施药技术简明教程[M].杨凌:西北农林科技大学出版社,2009.

第8章

灌溉机械与设备

8.1　概述

　　农业作为国家的经济命脉和用水大户,长期以来,由于思想意识、资金、技术等方面的原因,一直沿用传统落后的大水漫灌方式,极大地浪费了人力及物力资源。在中国广大农村地区逐渐推广节水灌溉设备已经成为现代农业的主流。灌溉设备是用于灌溉的机械设备的统称,其种类主要有喷灌式、微灌式、全塑节水灌溉系统等。现代农业生产在灌溉方面投入较大,要有组织、有程序地安排灌溉设备,注重选择适用型的灌溉设备。

8.1.1　定义

　　节水灌溉设备是具有节水功能的灌溉机械设备的统称。其种类主要有喷灌式、微灌式、全塑节水灌溉系统(包括软管三通阀、低压出地阀、半固定式喷灌与移动式)。

8.1.2　用途

　　节水灌溉是以最低限度的用水量获得最大的产量或收益,也就是最大限度地提高单位灌溉水量的农作物产量和产值。当前世界各国节水灌溉的主要措施包括渠道防渗、低压管灌、喷灌、微灌等。实施节水灌溉工程后,可以减少灌溉过程中的劳动力配置。滴灌通过局部湿润灌溉,田间土壤疏松,通透气性良好,易

溶性肥料、植物生长调节剂、内吸杀虫剂等可随水滴入,可减少中耕、施肥、喷药、锄草等的作业次数和劳动力投入。通过节水灌溉,农作物得到及时的灌溉,提高了灌溉保证率,能有效促进粮食增产增收。

8.1.3　国内外发展概况及发展趋势

1. 国内节水灌溉的发展概况

　　我国的节水灌溉技术起步虽晚,但是由于国家的高度重视也取得了一定的成绩。滴灌技术在20世纪90年代得到迅速发展,滴灌技术的特点是能够保证植物的根系湿润,蒸发水分较少。滴灌成为目前最为节水的灌溉技术,因此滴灌在发展了20年之后,现在已经和喷灌发展持平,并且还在不断进步。地下灌溉已被公认是一种有发展前景的节水灌溉技术,但地下灌溉对渠道防渗的要求非常严格,随着关键技术的解决,地下灌溉将会得到更大的发展。

　　从国际的发展趋势分析,节水灌溉装备正朝着成套、适用、先进和可靠的方向发展,而且特别注重产品的系列化和成套化,其产品可以适应多种环境,给用户有较大选择余地,也有利于市场开拓和售后服务。在产品中增大科技投入,利用新的科技成果不断开发新的产品、且降低产品成本。

2. 国内节水灌溉的发展趋势

　　我国的节水灌溉技术发展呈现以下趋势:喷灌技术仍为大田农作物机械化节水灌溉的

主要技术,其研究方向是进一步节能及综合利用。不同的喷灌机型有各自的优缺点,要因地制宜综合考虑。软管卷盘式喷灌机及人工移动式喷灌机比较适合我国国情。地下灌溉已被公认是一种最有发展前景的高效节水灌溉技术,尽管还存在一些问题,应用推广速度较慢,但随着关键技术的解决,今后将会得到一定的发展。地面灌溉仍是当今占主导地位的灌水技术。随着高效田间灌水技术的成熟,输配水有低压管道化方向发展的趋势。农业高效节水灌溉技术管理水平越来越高。应用专家系统、计算机网络技术、控制技术资源数据库、模拟模型等技术的集成,达到时、空、量、质上的精确灌水,是今后攻关的重点。节水综合技术的开发利用,是提高水分利用效率的重要途径,也是今后节水灌溉发展的方向。

3. 国外发展概况及发展趋势

欧美等农业发达国家在节水灌溉方面已经取得重大进展,节水灌溉的普及程度较高。喷灌技术、微灌技术、渠道防渗工程技术、管道输水灌溉技术等节水灌溉技术已经较为成熟,其中喷灌、滴灌又是最先进的节水灌溉技术,欧美发达国家 60%～80% 的灌溉面积采用喷灌、滴灌的灌溉方法,农业灌溉率约为 70%以上。

8.2 农用水泵

8.2.1 分类方式

我国农村常用的水泵几乎都是叶片式泵,主要有离心泵、深井泵、潜水泵等。只在个体户供水、浇小块地及副业供水时使用容积式泵,如活塞泵、隔膜泵等。叶片式泵主要由叶轮、泵壳、泵轴、轴承及密封装置五大部分组成。不同类型、不同品种的泵,其构造不同,使用维修方法也不同。

8.2.2 结构特点

1. 离心泵

离心泵的主要品种有单级单吸式、单级双吸式、多级分段式和自吸式离心泵。工作原理是在叶轮旋转时,水也跟着旋转而产生离心力,使水向四周甩出,并在叶轮与泵壳间的水道中汇集成高压水流,经扩散管、压水管压向高处。叶轮中的水被甩出之后,其中心区由于缺水而形成低压区,这时水源的水在大气压力的作用下经吸水管源源不断地补充进去。这样低处的水就不断地被吸入泵内,然后被压送到高处。

2. 深井泵

JC 型深井泵由三大部分组成,即进水管在内的工作部分、扬水管部分和井上部分。

(1) 工作部分。该部分由工作部件、进水管部件等组成。叶轮为封闭式,位于中导流壳内(中导流壳的多少取决于泵的级数)。下导流壳用来连接中导流壳和进水管,把流入进水管的水顺畅地导入第一级叶轮。第一级叶轮甩出的水通过中导流壳导入第二级叶轮,第二级叶轮甩出的水再通过第二个中导流壳导入第三级叶轮。依次将水逐级上扬,水的能量逐级增大,当水流被最后一级叶轮甩出后,经上导流壳进入扬水管中。

(2) 扬水管部分。该部分由扬水管、传动轴、联轴器和轴承体等部件组成。深井泵的扬水管由若干个等长度的长管段(每段长一般为 2～2.5 m)和上、下两根短管连接而成,用法兰盘连接。传动轴由若干等长度的长轴和两根短轴组成,用有内螺纹的联轴器连接。

(3) 井上部分。井上部分由泵座、电动机组成。深井泵的电动机多为空心轴电动机,这是一种井泵专用电动机。其特点是结构紧凑,传动效率较高。

3. 潜水泵

干式潜水泵由出水管、水泵和电动机等部分组成。出水管接在水泵盖的接头上,把水泵抽出来的水输送到地面。水泵由上泵盖、下泵盖、叶轮和进水节等部分组成。电动机采用整体式密封盒密封。当密封失效时,可将密封盒整体取出更换。为了冷却和润滑密封盒中的动磨块和静磨块,在密封盒周围有一油室,油可以通过盒壁上的小孔进入盒中。当电动机工作时,油室内的油因温度增高,会造成体积膨胀,油室内压力增高。为防止压力过高,油进入电动机内部,在油室中设有弹性橡胶圈,也叫作扩张件。当压力升高时,扩张件被压扁;当电动机停止转动,油温和压力降低时,扩张件恢复原状,起自动调压作用。为防止泥沙进入密封盒内,在盒上与叶轮下部之间设有甩水器,工作时把泥沙甩走。为防止密封盒失效,水浸入电动机内部,在转子与定子之间设有屏蔽套筒。此外,各件接合处均有橡胶密封圈,以防水浸入电动机内部。

8.2.3 水泵选用原则

合理地选择水泵,可以减少用户投资,提高效率,节约能源,降低成本。水泵选型通常要考虑以下几点。

1. 首先要选用最新产品

对农用水泵,国家基本上有统一设计的定型产品。这些产品效率高、节能效果明显,其通用化、标准化、系列化程度也高。所以,在一般情况下宜选用国家最新定型产品。

2. 根据各地不同情况,因地制宜进行选型

我国农村常用的水泵几乎都是叶片式泵。主要有离心泵、潜水电泵、长轴井泵、混流泵、轴流泵和水轮泵等。农田排灌用泵多用离心泵、混流泵和轴流泵等。离心泵流量范围广,扬程很高,但流量较小,需闸阀控制,主要用于吸程不超过 8 m 的抽水、排水。轴流泵是靠旋转叶轮的叶片对液体产生的作用力,使液体沿轴线方向输送。混流泵的特点是扬程低、流量大,多用于扬程低的河、渠上。平原地区一般选用低扬程、大流量的轴流泵和混流泵,新式混流泵其抗旱、排涝效果极佳。在丘陵、山区提水扬程多在 10 m 以上,一般选用离心泵和混流泵。从动力来源看,在有电源的地方选用电动水泵,在无电源的地方选用柴油机来带动水泵。

3. 选用的水泵,既要能满足对扬程和流量的要求,又不浪费动力

用户选型时,通常根据水泵铭牌上的流量和扬程来选定,但农用泵铭牌上一般都是高效点的性能参数,而大多数情况下,水泵并不能在高效点运行,那么,如何才能控制水泵在高效区内运行呢?较大的泵可安装闸阀调节,而小型农用泵则完全靠本身管路来控制。因此,选型时应先拟定管径、管距布置情况,通过计算确定扬程。不少农村用户,对这些方面的因素欠考虑,买到的泵不能发挥应有作用的情况普遍存在。

扬程是表示水泵能够扬水的高度。水泵所标注的扬程是水泵理论上能够扬水的高度(总扬程),它由实际扬程和损失扬程两部分组成。实际扬程是吸水水面到出水水面的垂直高度,可以实地测量;损失扬程是水流通过输水管路和管路附件时,受到摩擦阻力而损失的扬程,一般按实际扬程的 10%~20% 计算。

4. 动力的配套

水泵选型后,下一步就是动力的配套问题。对于一般中小型农用泵,在安装使用说明书中也有明确规定。但有不少的用户,由于要利用现有的动力或是要机泵改电泵,电泵改机泵,而使水泵的实际转速改变,配用动力也改变,出现动力机不堪负担的现象,造成能源的重大浪费和机组破坏事故。所以,在选用动力机时,要通过计算来配套。如果水泵铭牌上标注的是轴功率,那么配套功率应是轴功率的 1~2 倍左右。轴功率的计算式为

$$P = \gamma QH/102\eta \tag{8-1}$$

式中,γ——水的容重,kg/L;

Q——水泵流量,L/s;

H——总扬程或最大扬程,m;

η——水泵效率,%。

8.3 滴灌

8.3.1 滴灌技术概述

滴灌是根据作物需水要求,通过孔口式灌水器将水一滴一滴地、均匀而精准地滴入作物根区附近土壤中的灌水方式,可结合水溶性肥料实现水肥一体化,特别适用于规模化种植。

8.3.2 滴灌系统包含的设备

用户需求不同,滴灌系统在具体项目中配置的设备也不同。大致包含首部系统(水泵、控制设备、过滤设备、施肥设备等)、田间管网(主管道、支管道、钢管、PE 管、PVC 管等)、终端灌水器(主要分为滴灌、微喷、喷灌三类)。

8.3.3 滴灌技术的优点

与大水漫灌、沟灌等传统灌溉方式相比,滴灌水肥一体化系统具有"三节、三省、三增、一环保"的多重经济效益和社会效益。

1. 节水

改变了传统漫灌浇地而不是浇作物的弊端,实现适时、适量、可控的精准灌溉,避免产生深层渗漏及地面径流,减少蒸发损失,可节水 50%～70%。

2. 节肥

通过自动吸肥设备,借助滴灌系统,轻松实现水肥一体化,将肥料精准施加到作物根部,可节省 50% 以上的肥料,且避免了过量肥料被冲刷进入河道,肥料利用率大大提高。

3. 节药

滴灌系统不破坏土壤结构,可调控适宜的土壤温湿度,及时且合理地灌水施肥,使植株更加茁壮,有效提高其抗病性,以营养防病代替农药治病,大大减少甚至不用农药。

4. 省工

完全突破传统的灌溉施肥模式,一个人即可轻松呵护成百上千亩作物,不论是物联网高端控制、智能自动化还是半自动控制,都不过是开开阀门、点下键盘这样简单,劳动强度大幅降低,可节省 70% 左右人工。

5. 省电

采用变频控制系统,同等种植规模下省电可达 30%,对于灌水施肥频繁、种植规模较大的用户来说,省电甚至可高达 50%。

6. 省心

系统操作简便,系统智能控制可轻松实现定时、定点、定量的水肥供给。

7. 增产

基于滴灌系统的综合效果,可以有效提高作物单位面积的产量,一般可增产 30%～60%,高者可翻番。

8. 增收

除了增产的巨大收益,还可以因为上述多种资源的节省而受益。另外,采用滴灌系统的作物上市时间提前,赢得价格商机,从而获得超高额外收益。

9. 增质

由于滴灌系统对作物的水肥供应及时且科学合理,作物长势好,果实饱满、养分充足,加上病虫害少,果实外形美观、色泽诱人,品质大大提高。

10. 环保

避免传统施肥方式造成的大量肥料被冲刷流入河道,有效控制农业面源污染和土地盐渍化;节省农药,有效控制了土壤污染和食品安全;上述各种资源的节省,其背后是大大减少了能源消耗、碳排放。

8.3.4 滴灌产品包括的设备

滴灌系统中所用的灌水器主要有滴灌管、滴灌带、滴箭、管上式滴头等。

8.3.5 滴灌的缺点

灌水器的堵塞是当前滴灌应用中最主要的问题,严重时会使整个系统无法正常工作,甚至报废。引起堵塞的原因可以是物理因素、生物因素或化学因素。如水中的泥沙、有机物质或是微生物以及化学沉凝物等。因此,滴灌时对水质要求较严,一般均应经过过滤,必要时还需经过沉淀和化学处理。滴灌还可能引起盐分积累。当在含盐量高的土壤上进行滴灌或是利用咸水滴灌时,盐分会积累在湿润区的边缘,若遇到小雨,这些盐分可能会被冲到作物根区而引起盐害,这时应继续进行滴灌。在没有充分冲洗条件下的地方或是秋季无充足降雨的地方,则不要在高含盐量的土壤上进行滴灌或利用咸水滴灌。

8.3.6 灌水器滴头类型

主要有管上式滴头、内镶式滴头两种。

1. 管上式滴头

管上式滴头是指可以现场安装在毛管、PE管上的滴头,也可与滴箭、小管出流等配合使用,可根据作物株距现场调节滴头安装间距。图8-1所示为华维压力补偿式滴头。

2. 内镶式滴头

内镶式滴头是指可在生产线上直接镶嵌进管道内的滴头,如华维滴灌管和滴灌带等采用的都是内镶式滴头(见图8-2)。内镶式滴头在出厂时滴头间距就已设定好了,只需沿着作物根部成行铺设,可大量节省安装成本、降低劳动强度、提高安装效率。

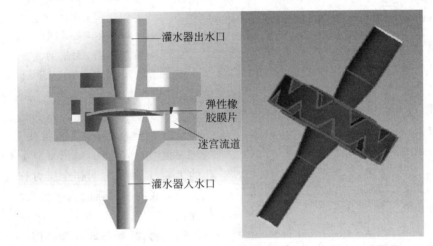

图 8-1 华维压力补偿式滴头

图 8-2 华维滴灌管中内镶的滴头

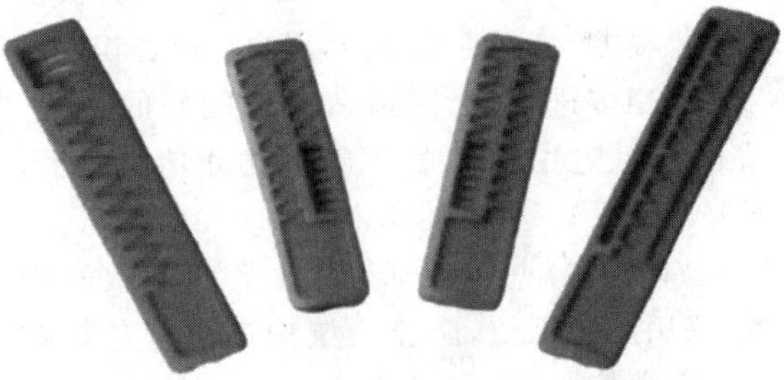

图 8-3 滴灌带

8.3.7 滴灌带和滴灌管

通常把管壁厚度小于0.6 mm的滴灌软管称为滴灌带,不充水时其形状为软带。华维产品对此有明显区分:滴灌带成品为带状,内镶的滴头为片状(见图8-3);而滴灌管成品为管状,内镶的滴头为圆柱状(见图8-4)。

8.3.8 滴灌灌水器的选型

根据所种植株类型(主要看根系)、定植株距是否均匀、使用年限要求、投资大小等情况

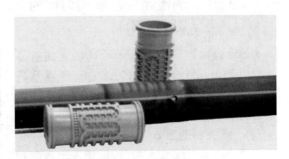

图 8-4 滴灌管

选用对应的滴灌灌水器。如华维滴灌管、滴灌带等适合于所有成行种植的作物(如茄果类蔬

菜,玫瑰、菊花等花卉,苹果、蓝莓等果树)。

行植作物也可以采用在 PE 管上对应植株位置安装华维 1820 系列滴头(对根系宽深的植株还可以加装一出四滴箭等);对于盆栽作物,则可以选用华维 1800 系列滴箭。

此外,还需要根据土壤类型(入渗率)、钙镁离子含量(结垢堵塞)等来选择不同流量(流道宽窄)的滴头。

8.3.9 滴灌带、管使用寿命决定因素

滴灌带、管的使用寿命主要由壁厚和原材料质量决定,但在使用过程中还与抗堵塞能力、水质、过滤系统、虫害鼠害、土壤中尖锐物、光照紫外线,以及铺设、回收方式、日常管理维护等因素有关。

滴灌带造价低,但寿命短,使用年限从一个季度到三五年不等,壁越薄则物理寿命越短。壁越厚抗物理损伤能力越强,寿命越长,但初始造价也高。如要多季使用,华维建议壁厚最好在 0.3 mm 以上。使用新料制造的滴灌管、带,其抗拉、抗磨损、抗老化性好,寿命长。目前市场上许多滴灌产品添加多次回收料,物理抗性极差,外观色泽暗淡,用户可明显识别。

采用多进水口、流道紊流性能好的滴头,精心设计、选用过滤器系统,可防止堵塞发生,延长滴灌系管、带的使用寿命。

如用更薄壁滴灌带,铺设之前要做好检查,采用措施杀虫,防止土壤中的虫子如蝼蛄咬坏滴灌带。

8.3.10 滴灌系统灌水均匀度的影响因素

作物的高产优质与灌水均匀度之间有着重要的关系。只有灌水均匀才有可能在滴灌施肥时施肥均匀。影响系统滴水均匀度的因素有以下几点。

1. 滴头制造因素

要使滴灌系统灌水均匀,单滴头出水要均匀。反映单滴头是否出水均匀的参数为制造偏差,用 C_v 表示。制造偏差的大小反映厂家的制造精度。制造偏差越小,单滴头均匀度越好。

2. 滴头流量对压力变化的敏感度:流态指数

通常在平地上,毛管首部的压力高,越往后越低。如果敏感度高,则越往后,出水量越低,影响产量、品质。滴头流量与工作压力之间的关系由式(8-2)表示:

$$q = k \times h^x \qquad (8-2)$$

式中,q——滴头流量,L/h;

h——工作压力,kPa;

k——流量系数,无量纲;

x——流态指数,无量纲。

流态指数反映滴头的流量对压力变化的敏感程度,当滴头内水流为全层流时,流态指数 x 等于 1,即流量与工作水头成正比;当滴头内水流为全紊流时,流态指数 x 等于 0.5;当流态指数 x 等于 0,即出水流量不受压力变化的影响,这种状态叫作全压力补偿状态。其他各种形式的灌水器的流态指数在 0~1.0 之间变化。

3. 压力补偿与非补偿性能

滴头可分为压力补偿和非压力补偿两种。压力补偿滴头内装流道调节膜片,当压力高时减小过流断面以减小出水量;当压力高时扩大过流断面以增加出水量。压力补偿滴头出水均匀,可延长滴灌管铺设长度、提高滴灌均匀度,更好地满足植物需水、需肥要求。

非压力补偿滴头流道内无膜片,出水量随滴头处压力变化而变化,灌水均匀度低。如果铺设短、滴头压力变化不大,则可以考虑采用非压力补偿滴头,以便节约投资。山区压力变化大,建议采用压力补偿滴灌管(见图 8-5)。

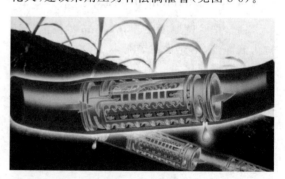

图 8-5 滴灌管

8.3.11　过滤器分类

较常用的过滤器有砂石过滤器、离心过滤器、网式过滤器、叠片过滤器四种类型。

1. 砂石过滤器（见图8-6）

砂石过滤器又叫作砂介质过滤器，钢罐中装填石英砂过滤杂质，通常作为一级过滤器，多罐组合，方便轮流冲洗。建议选择自动反冲洗功能配置，方便后续清洗。

2. 离心过滤器（见图8-7）

灌溉水通过此种过滤器时水流呈离心状，将颗粒较大的沙粒分离出来，进入集砂罐中。积累一定时间后，将泥沙人工或自动排掉。

3. 网式过滤器（见图8-8）

网式过滤器是通过筛网过滤杂质的过滤器。

4. 叠片过滤器（见图8-9）

叠片过滤器是将刻有沟槽的叠片重叠装置在一起，通过沟槽形成的通道过水拦截杂质，达到过滤目的。

图 8-6　砂石过滤器

HWLX301　　HWLXSL301

图 8-7　离心过滤器

HWWS0301

图 8-8　网式过滤器

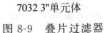

7022 2″单元体　　7032 3″单元体　　7042 4″单元体

图 8-9　叠片过滤器

8.3.12　过滤器选配应该注意的问题

1. 水源类型

不同的水源所含的杂质类型有很大的区别，比如南方地区常用的沟塘、河湖等敞开式水源中大都含有藻类、草根等有机杂质，需要采用砂石过滤器作为一级过滤，安装在滴灌系统首部；而北方地区常用的井水则通常含有泥沙杂质,需要采用离心过滤器将大量的沙砾分离。有特殊需求时,还需要通过水质化验来界定杂质的物理化学特性等特殊指标,以确定是否需要采取曝气、净化等处理工艺。

2．灌水器类型

不同作物需要匹配不同类型的灌水器。不同类型灌水器的流道有很大的差别,比如滴灌带、滴头、滴箭等通常需要两级甚至三四级过滤,末级过滤器精度不得低于120目;而微喷系统可以降低到100目,喷灌系统则可以降低到75目。

3．轮灌区最大流量

依据上述两点在确定了过滤器的类型后,再根据轮灌区的最大流量需求或其他最大过流量要求,来确定过滤器的规格型号。

8.3.13　常见的过滤器组合方案

(1)富含有机杂质的河水、湖水——砂石过滤器＋网式过滤器或叠片过滤器。

(2)富含沙粒的井水——离心过滤器＋网式过滤器或叠片过滤器。

(3)水质较好——单独采用网式过滤器或叠片过滤器。

(4)其他因素——比如是采用手动清洗过滤器,还是采用自动反冲洗过滤系统,通常取决于业主的一次性投资情况、工人状况、项目性质等。

8.3.14　滴灌系统控制的方式

滴灌系统可采用手动控制、半自动控制以及农业物联网全自动控制等方式。

手动控制设备简单,采用闸阀、球阀、蝶阀等阀门,根据经验或编制好的灌溉制度实施控制,农业上手动控制十分普遍。

半自动控制是指灌溉管理人员根据经验或编制好的灌溉制度在控制器上进行编程,满足设定即实现自动灌溉。

农抬头智慧云平台是由农业物联网系统与高效灌溉系统相结合,从而定位、定时、定量地实施一整套现代化灌溉施肥及温室气候调控技术与管理的系统。该系统运用各种传感器,实现数据采集、反馈、分析、积累,将种植区域的各种环境数据、影像,历史数据报表、曲线,农事活动、灌溉施肥情况等海量信息融合成一个综合信息平台,并通过智能化操作终端实现用户随时随地查询、监控,帮助农业生产服务等过程中及时发现并解决问题,实现农业的高产、高效、优质、生态和安全。

8.3.15　滴灌系统的施肥设备

常用的施肥设备有文丘里施肥器、施肥罐、比例式注肥泵和全自动施肥机。

1．文丘里施肥器

该种施肥器是非常方便实用、经济可靠的施肥装置,蓄肥桶无须密闭,自行采购塑料桶即可。适用于所有对肥料比例无严格要求的作物,更适合广大散户将传统浇灌系统改造成水肥一体化系统。如图8-10所示。

2．施肥罐

施肥罐属于习惯固化的传统施肥装置,功能上类似于文丘里施肥器,但储存的肥液用完后需要重新溶肥、开盖续加。施肥比例也不可调,且铁质的施肥罐容易锈蚀。如图8-11所示。

3．比例式注肥泵

比例式注肥泵施肥比例精准可控,适用于所有对施肥比例要求严格的作物,稳定可靠,但一次性投入较大。如图8-12所示。

4．全自动施肥机

全自动施肥机是集成化的控制设备,不仅可以对肥料比例等进行精准控制,可以编辑和执行灌溉程序,还可以结合气象站、传感器等实现智能化控制。适合于规模化、高标准的精准农业种植。

喜耕田云智慧施肥机在传统施肥机功能的基础上,采用作物生长及灌溉决策控制系统,能够根据田间小气候气象数据、作物生理特征、土壤特性、作物生长因素组成数学模型,做出灌溉决策,精密调控吸肥量,可实现水量控制施肥、肥量控制施肥、预约施肥等程序组合管理,可同时控制3~8个施肥通道以及32个电磁阀,充分满足不同用户的施肥需求;该施

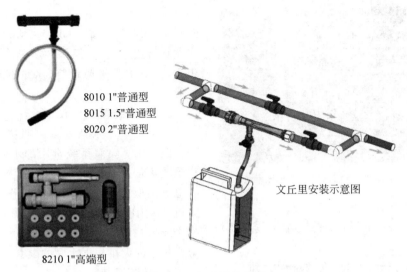

8010 1"普通型
8015 1.5"普通型
8020 2"普通型

文丘里安装示意图

8210 1"高端型

图 8-10　文丘里施肥器

图 8-11　施肥罐

图 8-12　比例式注肥泵

肥机还可根据作物生长环境和自身需求触发对应的控制策略,智能推断决算,从而实现真正的智慧灌溉和智慧施肥。如图 8-13 所示。

图 8-13　喜耕田云智慧施肥机

8.4　地下滴灌

滴灌管(带)可以铺设在地面,也可埋于地下。将滴灌管(带)埋于地下称为地下滴灌。如图 8-14 所示。

地下滴灌的优点如下:

(1)更容易做到精准灌溉施肥,提高产量和品质。

(2)可以大量减少蒸发损失,水、肥的利用效率更高。

(3)可以有效控制杂草生长,减少农药用量。高温及干旱地区采用地下滴灌效果较好,多风地区也应考虑采用地下滴灌。

图 8-14　深埋地下滴灌和浅埋地下滴灌

地下滴灌的缺点如下：

（1）要求较高的设计、安装、维护技术及较高的过滤配置。

（2）除了设计、安装、维护难度大外，还有可能出现植物根系侵入滴头出水孔，堵死滴孔的情况。

（3）地下滴灌带更易发生虫咬。

8.5　喷灌

8.5.1　喷灌系统组成

喷灌系统通常由水源、水泵装置、管道系统、喷头和田间工程等组成（见图 8-15）。

1. 水源

包括河流、湖泊、水库、池塘和井泉等各种水源均可用于喷灌，但都必须修建相应的水源工程，如泵站及附属设施、水量调蓄池和沉淀池等。

2. 水泵装置

水泵将灌溉水从水源点吸提、增压、输送到管道系统。喷灌系统常用的水泵有离心泵、自吸式离心泵、长轴井泵、深井潜水泵等。在有电力供应的地方常用电动机作为水泵的动力机；在用电困难的地方可用柴油机、手扶拖拉机或拖拉机等作为动力机与水泵配套。动力机功率的大小根据水泵的配套要求而定。

3. 管道系统

管道系统的作用是将压力水输送并分配到田间。通常管道系统有干管和支管两级，在支管上装有用于安装喷头的竖管。在管道系统上装有各种用于连接和控制的附属配件。

4. 喷头

喷头是喷灌系统的专用部件，安装在竖管上，或直接安装于支管上。喷头的作用是将压力水通过喷嘴喷射到空中，在空气阻力作用下，形成水滴状，洒落在土壤表面。

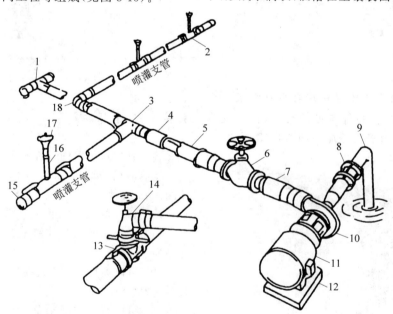

1—三通；2—带有竖管及喷头的接头；3—干管出水三通或阀门；4—伸缩结；5—扩大接头；6—阀门；7—逆止阀；8—接头；9—吸水管；10—水泵；11—电动机；12—基座；13—干管出水阀；14—阀门及弯头；15—堵头；16—竖管；17—喷头；18—弯头。

图 8-15　喷灌系统组成

5. 田间工程

移动喷灌机组在田间作业,需要在田间修建引水渠和调节池及相应的建筑物,将灌溉水从水源引到田间,以满足喷灌的需要。

8.5.2 喷灌系统分类

1. 按移动程度分

按移动程度可分为固定式喷灌系统、移动式喷灌系统和半固定式喷灌系统三种。

1)固定式喷灌系统

固定式喷灌系统除喷头外,所有各组成部分都是固定不动的,动力机和水泵构成固定的抽水站。干管和支管埋在地下,竖管伸出地面。喷头固定或轮流安装在竖管上使用。

固定式喷灌系统的设备固定在一个地块使用,所以单位灌溉面积投资较高,而且需要大量管材,固定在田间的竖管对机械耕作有一定的妨碍。但使用时操作方便,生产效率高,运行成本较低,便于实现自动化控制,工程占地少,且易于保证喷灌质量,结合施肥和农药的喷洒也较方便。尤其适用于灌水频繁、经济价值较高的蔬菜和经济作物区。

2)移动式喷灌系统

移动式喷灌系统在田间仅布置供水点,而整套喷灌设备可以移动,可在不同地块的供水点抽水作定点喷洒。这样就节省了投资,提高了设备利用率,比较适合我国农村当前的需要。

3)半固定式喷灌系统

半固定式喷灌系统的动力机、水泵和干管是固定的,而喷头和支管是可以移动的,在一个位置喷洒完毕,即可移到下一位置。由于支管和喷头可移动,因而减少了其数量,从而降低了系统投资。

2. 按组装形式分

按组装形式可分为管道式喷灌系统和机组式喷灌系统两种。

1)管道式喷灌系统

以输配水管网为主体,灌溉水通过分布在灌溉面积上的各级管道输送、分配到田间各个灌溉部位,这类喷灌系统在我国使用比较广泛。

2)机组式喷灌系统

将喷灌系统的各种部件组装成各种形式的喷灌机组,这类喷灌系统的结构紧凑,使用灵活,机械利用率高,单位喷灌面积的投资较低,在农业节水灌溉中具有广泛的使用前景。

8.5.3 喷头

1. 喷头类型

喷头又称为喷洒器,是喷灌系统的重要设备。它可以安装在固定的或移动的管路上、行喷机组桁架的输水管上、卷盘式喷灌机的牵引架上,并与配套的动力机、水泵、管道等组成一个完整的喷灌系统。可按不同的方法对喷头进行分类,如按喷头的工作压力(或射程)、工作特征和材质等对其分类,一般用得较多的有下列两种。

1)按工作压力和射程分类

按工作压力和射程大小,大体上可以把喷头分为微压喷头、低压喷头(近射程喷头)、中压喷头(中射程喷头)和高压喷头(远射程喷头)四类,见表8-1。

表 8-1 喷头分类表

类 别	工作压力/kPa	射程/m	流址/(m³·h⁻¹)	特点及适用范围
微压喷头	50～100	1～2	0.008～—0.3	耗能少,雾化好,适用于微型灌溉系统,可用于花卉、园林、温室作物的灌溉
低压喷头(近射程喷头)	100～200	2～15.5	0.3～2.5	耗能少,水滴打击强度小,主要用于菜地、果园、苗圃、温室、公园、草地、连续自走行喷式喷灌机等
中压喷头(中射程喷头)	200～500	15.5～42	2.5～32	均匀度好,喷灌强度适中,水滴合适,适用范围广,如公园、草地、果园、菜地、大田作物、经济作物及各种土壤等

续表

类　　别	工作压力/kPa	射程/m	流址/(m³·h⁻¹)	特点及适用范围
高压喷头 （远射程喷头）	＞500	＞42	＞32	喷灌范围大，生产率高，耗能高，水滴大，适用于对喷洒质量要求不太高的大田、牧草等的灌溉

2）按喷头结构形式和喷洒特征分类

按喷头结构形式和喷洒特征，可以分为旋转式（射流式）喷头、固定式（散水式、漫射式）喷头、喷洒孔管三类。此外还有一种同步脉冲式喷头。

2. 喷头的结构

1）固定式喷头

固定式喷头在整个喷洒过程中与竖管没有相对运动，其喷洒特点是喷出的水沿径向向外同时洒开，湿润面积是一个圆形（或扇形），湿润圆半径一般只有 5～10 m，喷灌强度较高。固定式喷头具有结构简单、水滴对作物的打击强度小等优点，它要求的工作压力也比较低，

所以在温室、菜地、花圃中常被使用。这种喷头的缺点是喷孔易被堵塞。

固定式喷头按结构和喷洒特点又可分为折射式、缝隙式和离心式三种。

（1）折射式喷头：由喷嘴、折射锥和支架组成（见图 8-16），水流由喷嘴垂直射出后遇到折射锥阻挡，形成薄水层沿四周射出，在空气阻力作用下裂散为小水滴降落到地面。喷嘴多为 5～15 mm 的圆孔，折射锥是一个锥角为 120°（这样喷射仰角为 30°，可以喷射得最远），锥高为 6～13 mm 的圆锥体。折射式喷头因其射出水流分散，故射程不远，一般为 5～10 m，喷灌强度为 15～20 mm/h 以上。

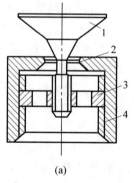
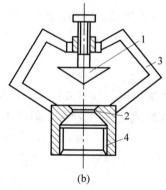

(a)　　　　　　　　　　　(b)

（a）1—折射锥；2—喷嘴；3—支架；4—管节头。
（b）1—折射锥；2—支架；3—喷嘴；4—管节头。

图 8-16　折射式喷头
（a）内支架圆锥折射式喷头；（b）外支架圆锥折射式喷头

（2）缝隙式喷头：它是在封闭的管端附近开出一定形状的缝隙，大约 3～6 mm（见图 8-17）。水流沿喷管自缝隙均匀射出散成水滴，散落到地面，缝隙与水平面多成 30°夹角，目的是取得较大的喷洒半径。缝隙式喷头比折射式喷头更简单，但可靠性差，因其缝隙易被污物堵塞，故要求水源清洁。其结构简单，易于制作，一般用于扇形喷洒。

（3）离心式喷头：由喷嘴、锥形轴和蜗壳

等组成（见图 8-18）。喷头工作时，水流沿切线方向进入蜗壳，并绕铅直的锥形轴旋转，这样，经喷嘴射出的薄水层，同时具有沿半径向外的速度和转动速度，因此在空气阻力作用下，水层很快被粉碎成细小的水滴，散落在喷头周围。离心式喷头的优点是水滴对作物的打击强度很小，缺点是控制面积过小。离心式喷头均为全园喷洒，以安装在平行喷式喷灌机上使用较好，因其可借机组行走弥补控制面积小的缺陷。

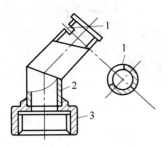

1—缝隙；2—喷体；3—管节头。

图 8-17　缝隙式喷头

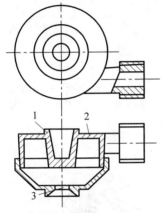

1—锥形轴；2—蜗壳；3—喷嘴。

图 8-18　离心式喷头

2）旋转式喷头

这是绕其自身铅垂轴线旋转的一类喷头。它把水流集中呈股状，在空气作用下碎裂，边喷洒边旋转。因此，它的射程较远，流量范围大，喷灌强度较低，均匀度较高，是中射程和远射程喷头的基本形式，也是目前国内外使用较广泛的一类喷头。但要限制这类喷头的旋转速度，就应使喷头安装铅直，以保证基本匀速转动。

因为驱动机构和换向机构是旋转式喷头的重要部件，因此，根据驱动机构的特点，旋转式喷头还可以分成摇臂式（撞击式）、叶轮式（蜗轮蜗杆式）和反作用式三种。其中，摇臂式喷头根据导水板的形式还可分为固定导水板式摇臂喷头和楔导水摆块式摇臂喷头；反作用式喷头还可分为钟表式、垂直摆臂式、全对流式（射流元件式）等。根据是否装有换向机构和喷嘴数目，旋转式喷头又有全圆喷洒、扇形喷洒和单喷嘴、双喷嘴等形式。

（1）摇臂式喷头

摇臂式喷头主要由旋转密封机构、流道、驱动机构、扇形换向机构、连接件等组成（见图 8-19、图 8-20）。

摇臂式喷头与其他旋转式喷头在结构上的不同之处在于驱动机构。驱动摇臂式喷头旋转的是摇臂机构，摇臂在射流作用下绕自轴摆动，以较大的碰撞冲量撞击喷管或喷体，使喷头旋转。这种间歇施加的撞击驱动力矩，时间短、作用力大，能使喷头转速均匀而稳定，射流集中定向，所以，摇臂式喷头的射程较远且均匀度较高。

摇臂机构中的摇臂、摇臂弹簧及弹簧座都套装在摇臂轴上，摇臂轴固定在喷管或喷体的上部。摇臂弹簧一端插入摇臂中部的框架上，另一端插入弹簧座。弹簧座上端面有几道交叉线槽，任一道线槽都可以嵌入一只固定在轴上的销钉，这样，旋转弹簧座就可以调节弹簧的弹力，从而改变摇臂张角的大小。一般为了便于调节摇臂导流器的受水深度和减少摩擦阻力，摇臂常采用悬挂式结构。

摇臂前端有导流器，后端有平衡重，中间为摇臂框架。摇臂在射流和弹簧的交替作用下，绕摇臂轴作往复摆动。它的作用：第一是接受喷嘴射流所施加的能量，驱动摆臂加速，撞击喷管，从而使喷头旋转；第二是导流器周期性地切入射流击碎水柱，使喷洒水量得到均匀的分布。摇臂式喷头的工作原理实质上是摇臂工作时不同能量的相互传递和转化的运动过程，它可以分为以下五个阶段。

① 启动阶段：射流经偏流板射向导流板后，转向 60°～120°，导流板得到射流的反作用力，使摇臂获得动能面向外摆动，绕摇臂轴转动，使摇臂弹簧扭转，得到扭力矩，此力矩小于射流反作用力矩，所以，摇臂得到角速度而脱离射流。

② 外摆阶段：惯性力使摇臂继续转动，直至摇臂张角达到最大，从而得到最大的扭力矩，此时角速度转变为 0，弹簧势能达到最大，即摇臂外摆的动能全部转化为弹簧的弹性势能。

③ 弹回阶段：在弹簧扭力矩的作用下，弹簧的弹性势能逐步转化为摇臂的转动动能，摇臂开始往回摆，角速度不断增加，直到摇臂将要切入射流。

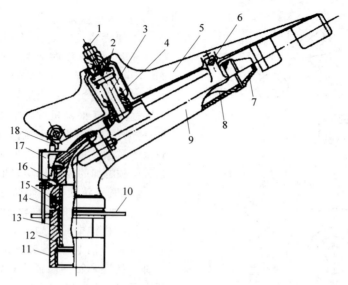

1—摇臂调位螺钉；2—弹簧座；3—摇臂轴；4—摇臂弹簧；5—摇臂；6—打击块；7—喷嘴；8—稳流器；9—喷管；10—限位环；11—空心轴套；12—减磨密封圈；13—空心轴；14—防沙弹簧；15—弹簧罩；16—喷体；17—换向器；18—反转钩。

图 8-19　单嘴带换向机构的摇臂式喷头结构

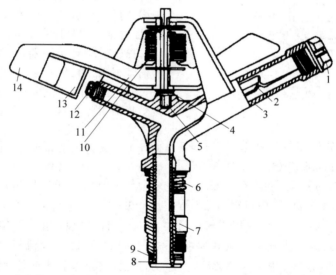

1—大喷嘴；2—整流器；3—大喷管；4—摇臂垫圈；5—摇臂轴；6—防沙弹簧；7—轴套；8—空心轴；9—三层垫圈；10—摇臂弹簧；11—摇臂；12—小喷嘴；13—挡水板；14—导水板。

图 8-20　双摇臂式喷头

④ 入水阶段：具有最大转动动能的摇臂又重新进入射流，偏流板开始最先接受水流（导水板不受水），产生的反作用力使摇臂动能急剧增加，角速度变得越来越大。

⑤ 撞击阶段：摇臂在回转惯性力和偏流导板切向附加力的作用下，以很大的角速度开始碰撞喷管，使喷头转动 3°~5°，碰撞结束后，摇臂即完成了一个完整的旋转运动过程。在摩擦力矩的作用下，喷头很快停了下来。此后再继续重复上述的旋转运动过程。

（2）叶轮式喷头

它由射流冲击叶轮并通过传动机构带动喷体旋转。由于射流速度大，所以叶轮的转速很快，但是喷体只要求 0.2~0.35 r/min，同时需要较大驱动力矩,因此必须大幅度降速。叶轮式喷头的降速是通过两级蜗轮蜗杆实现的,所以这种喷头也称为蜗轮蜗杆式喷头。

叶轮式喷头的优点是转速稳定,并且不会因振动引起旋转失灵,其主要缺点是结构复杂,制造工艺要求较高,成本高,因此,这种喷头使用不够广泛。

（3）反作用式喷头

反作用式喷头中应用较多的是垂直摇臂式喷头。

垂直摇臂式喷头是一种反作用式喷头,它是利用水流通过垂直摇臂的导流器所产生反作用力,获得驱动力矩的旋转式喷头。它的主要优点是受力情况比摇臂式喷头好。这是因为摆臂不直接撞击喷管,正转时摆臂配重和摆臂轴处配重在运动时对于摆臂轴的作用力方

向相反,可以抵消部分撞击力。同时,由于摆臂在与喷管近于平行的平面里运动,摆臂运动的作用力和射流运动产生的作用力相反,也产生一个平衡力矩,因此驱动平稳。

垂直摇臂式喷头是一种中、高压型的喷头。除幼嫩作物外,其他作物都能适应,另外,它还可以喷洒污水或粪液等混合液体。

垂直摇臂式喷头由主要流道（包括空心轴、喷体、喷管、稳流器、喷嘴等零件）、旋转密封机构（包括轴承座、轴承、密封圈等零件）、驱动机构（包括摇臂、反转摇臂、摇臂轴等零件）、换向机构（包括挡块、滚轮、换向架、拉杆、弹簧等零件）和限速机构（包括摩擦垫、压插、压簧等零件）五个部分组成,见图8-21。这种喷头与供水管之间常用法兰连接。

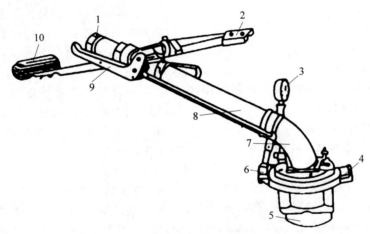

1—喷嘴；2—配重铁；3—压力表；4—挡块；5—空心轴套；6—换向架；7—喷体；8—喷管；9—反转摇臂；10—摇臂。

图8-21　垂直摇臂式喷头

3. 喷头的基本参数

喷头的基本参数有喷嘴直径、工作压力、喷水量、射程、转动速度等。

1）喷嘴直径 d

喷嘴直径反映喷头在一定压力下的过水能力。在压力一定的情况下,喷嘴直径大,喷水量也大,射程也远,但雾化相对要差；反之,喷嘴直径小,喷水量就少,射程近,但雾化程度好。

2）工作压力 H

工作压力指工作时喷头附近的水流压力,

可用压力表测定。它是一个重要参数,单位是 Pa。

3）喷水量 Q

喷水量即流量,是单位时间内喷头喷出水的体积,单位是 m^3/h,在估算时可用下式表示或以米水柱表示：

$$Q = 3600\mu\omega\sqrt{2gH} \tag{8-3}$$

式中,μ——流量系数,可取 0.85～0.95 估算；

ω——喷嘴过水断面面积,m^2；

g——重力加速度,m/s^2；

H——工作压力,以米水柱表示,m。

4）射程 R

喷头喷出水流的水平距离叫作射程，也称喷洒半径，单位为 m。射程是一项很重要的基本参数，在喷灌系统的规划设计中需要进行估算，在喷头的喷射仰角为 30°～32° 时估算公式为

$$R = 1.35\sqrt{dH} \qquad (8\text{-}4)$$

式中，d——喷嘴直径，m；

H——喷头工作压力，以米水柱表示，m。

5）喷头的转动速度 n

喷头转动速度过快，会减少射程；过慢又会造成地面积水和径流。喷头的转动速度以不产生径流积水为宜。一般低压喷头每转一圈约 1 min，中压喷头每转一圈 3～4 min，高压喷头每转一圈 6～7 min。

6）喷灌强度 p

喷灌强度指单位时间内喷洒在灌溉土地上的水深，单位为 mm/h。

$$p = 1000Q\eta/S \qquad (8\text{-}5)$$

式中，p——喷灌强度，mm/h；

Q——喷头流量，m^3/h；

S——1 个喷头在 t 时间内实际控制的有效湿润面积，m^2；

η——喷灌水利用系数，一般为 0.80～0.95，主要取决于喷灌水在空中的飘移损失。

一般要求喷灌强度小于或等于土壤的入渗速度。对各类土壤允许的喷灌强度为：砂土 20 mm/h、砂壤土 15 mm/h、壤土 12 mm/h、壤黏土 10 mm/h、黏土 8 mm/h。

7）喷灌均匀度

喷灌均匀度常用 Cu 表示，是指喷灌面积上水量分布的均匀程度，它用百分数或小数点表示：

$$Cu = 1 - \frac{\Delta h}{h} \qquad (8\text{-}6)$$

式中，h——喷洒水深的平均值，mm；

Δh——喷洒水深的平均差，mm。

国家标准规定在涉及风速下，平原区 Cu≥85%，山区 Cu≥70%（对于行走式喷灌机 Cu≥85%）才算喷洒均匀。

8）水滴直径

水滴直径常用 dy 表示，是表示水滴对土壤或作物的打击能量的大小，单位是 mm，可用经验公式估算：

$$dy = 10.6\sqrt{H} \qquad (8\text{-}7)$$

式中，H——喷头工作压力，以米水柱表示，m。

一般要求所使用喷头的射程近末端的水滴直径 dy 为 1～3 mm。

4. 喷头的选择

选择喷头时，工作压力是喷灌系统的重要技术参数。它直接决定喷头的射程，并关系到设备投资、运行成本、喷灌质量和工程占地等。如果采用高压喷头，则射程远，但因配套功率大，运行成本高，喷出的水滴粗，受风影响大，喷灌质量不易保证。如果采用低压喷头，则水滴细，喷灌质量容易保证，而且运行成本低，但管道用量大，投资高。因此，选择喷头工作压力时，要根据农业技术要求、经济条件及喷头型号、性能等综合进行经济技术比较来确定。

选择喷头时还要考虑使喷头各方面水力性能适合于喷灌作物和土壤特点。对于蔬菜和幼嫩作物要选用具有细小水滴的喷头；而玉米、高粱、茶叶等大田作物则可采用水滴较粗的喷头。对于黏性土，要选用喷灌强度低的喷头；而砂质土，则可选用喷灌强度高的喷头。此外，根据喷洒方式的要求不同，有时可选用扇形或圆形喷洒的喷头。

5. 喷头的喷洒方式

喷头的喷洒方式包括全圆喷洒或扇形喷洒两种。

圆形喷洒多用于固定式、半固定式喷灌系统以及多喷头移动式机组中作定位喷洒。圆形喷洒喷头间距大，可减少喷头数和投资，降低喷洒强度，为此，应尽量选用圆形喷洒。

扇形喷洒多用在单喷头移动式机组中作行进喷洒。扇形喷洒适合在下列条件下应用：

（1）在风较大时，采用顺风向扇形喷洒，可以减少逆风向对射程的影响。

（2）喷灌系统中，在地边、地角或不规则的地块中应用扇形喷洒，可减少漏喷或重喷，避免将水、肥和农药等喷出界外而造成损失。

固定式喷灌系统中，扇形喷洒的喷头应占有一定比例。当喷洒地面大于一个喷头一次

定位喷洒的控制面积时,便需要多喷头定位喷洒或单喷头间断定位喷洒,各个喷头之间需要有合理的布置形式。当喷头射程相同而组合形式不同时,则喷头、支管、渠道间距、喷头有效控制面积及喷灌均匀度等也各有不同。

喷头的组合原则是保证喷洒不留空白和有较高的喷灌均匀度的前提下,尽量扩大每次组合的控制面积,以减少喷头、支管移动次数,取得较好的喷灌效益。

常用的喷头组合形式有六种,这六种组合形式的支管间距 b 和喷头间距 L 见表 8-2。由表可见,全圆喷洒的正方形和正三角形布置,其有效控制面积 A 最大,但是在有风的影响下,往往不能保证喷灌的均匀性,即喷头喷洒图形不再是圆形,而变为椭圆形。因此,考虑到喷头射程在风影响下的变化特点,进行平行于风的喷头组合时,平行于风的方向,其间距可大些;而垂直于风的方向,由于两侧射程都缩小,必须布置得密些。由此,用矩形和等腰三角形的组合形式为佳。

表 8-2　各喷头组合形式及间距参数

喷洒方式	示　意　图	性　能　参　数
圆形喷洒	正方形组合 	支管间距:$b=1.42R$ 喷头间距:$L=1.42R$ 有效控制面积:$A=2R^2$
	矩形组合 	支管间距:$b=(1.0\sim1.5)R$ 喷头间距:$L=(0.6\sim1.3)R$ 有效控制面积:$A=(0.6\sim1.3)R^2$
	正三角形组合 	支管间距:$b=1.5R$ 喷头间距:$L=1.73R$ 有效控制面积:$A=2.6R^2$
	等腰三角形组合 	支管间距:$b=(1.2\sim1.5)R$ 喷头间距:$L=(1.0\sim1.2)R$ 有效控制面积:$A=(1.2\sim1.8)R^2$

续表

喷洒方式		示　意　图	性　能　参　数
扇形喷洒	矩形组合		支管间距：$b=1.73R$ 喷头间距：$L=R$ 有效控制面积：$A=1.73R^2$
	等腰三角形组合		支管间距：$b=1.865R$ 喷头间距：$L=R$ 有效控制面积：$A=1.865R^2$

扇形喷洒矩形组合和扇形喷洒等腰三角形组合常用于移动式单喷头喷灌机组，其喷洒中心角常取 $240°\sim270°$。

8.6　灌溉设备使用和维护

8.6.1　地下滴灌注意事项

(1) 必须在支管上安装自动泄水阀，以自动清洗管道中可能存在的杂质。

(2) 在适当位置安装进排气阀，以破除真空，避免吸土及堵塞滴头。

(3) 在透水性较强的轻质土壤中，毛管埋深不宜过大，以防产生深层渗漏；对毛细吸水能力较强的壤质土，则可适当增加埋深，减少无效的蒸发损失。若耕层内含有透水较差的黏土夹层时，毛管应埋在夹层以上。另外，由于作物根系的生长发育，如果毛管埋深过大则不利于作物幼苗生长，但埋深过小又会影响作物生育后期对水分的需求。综合上述因素，毛管埋深一般在 $20\sim70$ cm 最为适宜，果树的最佳埋深一般在 $40\sim50$ cm，大田作物则为 $30\sim40$ cm。

(4) 在铺设滴灌带时，应注意不要使滴管带铺设过于绷紧，以免造成安装不便。过松则会造成滴管带的浪费。

(5) 滴管带铺设时，有断口的地方应注意清理干净泥沙。必须安装过滤器，对于较差的水质来说，除安装过滤能力较好的过滤器外，必要时还可进行沉淀及化学处理，防止后期使用中造成滴管带堵塞等问题。

(6) 连接处应注意固定好，防止漏水。若在使用中发现漏水时应及时处理。

(7) 膜下铺设滴管带时，一定要事先平整土地，除去碎石，防止土块扎坏滴管带。

(8) 侧翼迷宫式滴灌带及内镶贴片式滴灌带采用正母(反母)旁通或直通均可，但内镶圆柱式滴灌管只能采取反母直通或旁通，或承插式直通或旁通。

(9) 对于较长时间未使用的滴管带，在使用前可先打开阀门排水少许，再进行滴灌。

(10) 利用滴管带施肥只能施用液体化肥或易溶速溶化肥，不能施用农家肥。

(11) 因滴管带灌溉方式材料成本较高，因此更适用于附加值比较高的经济作物。

8.6.2 泵的使用维护

1. 离心泵

（1）水泵启动前的检查：为保证水泵工作安全可靠，启动前应检查机组各紧固处有无松动，各润滑点是否润滑良好，转动件是否灵活，有无异常响声等。

（2）充水：对启动前需灌引水的离心泵，要先拧开放气螺钉，而后再加水，直到从放气孔冒水时，再转动几下泵轴，如继续冒水，说明水已经充满，拧上放气螺钉，准备启动。

（3）启动：做好充水工作后，如果出水管路装有闸阀，应先行关闭，然后启动，待泵达到正常转速，各仪表指示正常后，可开启闸门。启动时应注意闸门关闭时间不应超过 5 min，以免泵内发热。

2. 深井泵

（1）启动困难或无法启动：原因可能是电路不通、电压低或一相断路、电动机受潮、电动机转向不对、轴承过紧或传动轴变形、叶轮轴向间隙不对、泵体内有杂物卡住、泵体和轴承中有沉沙、电动机轴承损坏。

（2）启动后不出水或流量突然减小：原因可能是井水位下降或水井淤积、流道堵塞、输水管断裂或连接螺纹脱扣、传动轴断裂、叶轮松脱或磨损、井泵转速不足。

（3）水泵发生剧烈振动：原因可能是叶轮和泵体摩擦、传动轴弯曲或不同心、轴承严重磨损或脱落、传动装置安装错误。

（4）电动机功率增大：原因可能是水中含沙量大、电动机或传动轴头上轴承损坏、输水管倒扣损坏或法兰盘连接螺母松动。

（5）泵座填料函发热或漏水过多：原因可能是填料过紧、填料过少、填料磨损或变质。

（6）电动机及轴承过热：原因可能是润滑油不合格、上传动轴安装不良、潜水泵扬程安装过低。

（7）止逆装置失灵：原因可能是止逆圆柱销粘上油垢，停机时不能迅速自动下落，坡形止逆槽磨损。

3. 潜水泵

（1）启动前的检查：在使用前，必须对线路做一次全面检查。检查电压是否正常，线路连接是否完好、正确；检查空气开关的保护装置是否正常，严禁无保护运行。

（2）运行过程中检查：如果出水量显著减少，电动机突然停转或出现不正常的响声，需提泵检查时，必须先切断电源，然后提泵，以保证安全。如果接地不良，发现机组或电路有漏电现象，应迅速切断电源停止使用，进行检查修理。

（3）潜水泵运行时检查：如果发现机组剧烈振动、出现噪声、保险丝熔断、管路损坏等情况，应立即停机，排除故障。

参考文献

[1] 田有国，MAGEN H. 灌溉施肥技术及其应用[M]. 北京：中国农业出版社，2003.

[2] 姜乃昌. 水泵及水泵站[M]. 4 版. 北京：中国建筑工业出版社，1998.

[3] 沈阳水泵研究所. 水泵技术[M]. 出版社不详，1970.

[4] 蒋定生，金兆森. 摇臂式喷头设计原理[M]. 北京：水利出版社，1981.

[5] 李世英. 喷灌喷头理论与设计[M]. 北京：兵器工业出版社，1995.

[6] 陈大雕，李蔼铿. 微喷灌[M]. 北京：水利电力出版社，1988.

[7] 林龙海. 灌溉设施[M]. 徐氏基金会，1978.

[8] 何勇，赵春江. 精细农业[M]. 杭州：浙江大学出版社，2010.

[9] 李宝筏. 农业机械学[M]. 北京：中国农业出版社，2003.

[10] 中国农科院农田灌溉研究所等. 喷灌[M]. 北京：中国农业出版社，1978.

[11] 陈大雕，林中卉. 喷灌技术[M]. 2 版. 北京：科学出版社，1992.

[12] 王殿武，陈希富. 喷灌工程技术与实践[M]. 沈阳：辽宁科学技术出版社，2007.

[13] 南京农业大学. 农业机械学[M]. 北京：中国农业出版社，1996.

[14] 金兆森，朱克成. 喷微灌工程规划设计指

南[M].南京：河海大学出版社，2002.

[15] 王俊.变量喷雾系统喷雾质量控制研究及喷头设计[D].北京：中国农业大学，2005.

[16] 汪志农.灌溉排水工程学[M].2 版.北京：中国农业出版社，2013.

[17] 左建，温庆博.工程地质及水文地质学[M].北京：中国水利水电出版社，2009.

[18] 李金根.给水排水工程快速设计手册 4：给水排水设备[M].北京：中国建筑工业出版社，1996.

[19] 吴持恭.水力学(上册)[M].4 版.北京：高等教育出版社，2008.

[20] 陈汇龙，闻建龙，沙毅.水泵原理、运行维护与泵站管理[M].北京：化学工业出版社，2004.

[21] 袁光裕.水利工程施工[M].北京：中国水利水电出版社，2005.

[22] 冯广志.灌溉排水卷：节水灌溉[M].北京：中国水利水电出版社，2002.

[23] 冯广志.灌溉排水卷：农用泵[M].北京：中国水利水电出版社，2002.

[24] 李久生，张建君，薛克宗.滴灌施肥灌溉原理与应用[M].北京：中国农业科学技术出版社，2003.

[25] RISHEL J B.水泵及泵系统[M].南京：南京大学出版社，2019.

[26] PRICE W.灌溉工程修复与现代化改造指南[M].张汉松，丁昆仑，高占义，等译.郑州：黄河水利出版社，2000.

[27] WALLER P, YITAYEW M. Irrigation and Drainage Engineering[M]. Berlin：Springer, Cham，2016.

第9章

谷物收获机械

谷物收获机械是代替人、畜力完成谷物收获全过程各项作业所用机械的总称。适时收获，颗粒归仓，是保证丰产丰收的重要条件。为此必须选择合适的收获方法和高效能的收获工具，以便适时地、尽快地将谷物收获。

9.1 概述

谷物收获机械是指收获稻、麦等谷类作物籽粒和秸秆的机械，包括收割机、割晒机、割捆机、谷物脱粒机和谷物联合收获机等。

9.1.1 分类

农业机械分类是将农业生产有关农事活动中已使用的农业机械采用线分类法与面分类法相结合、以线分类法为主的综合分类法进行分类，共分大类、小类和品目三个层次。"大类"按农业生产活动的环节、作业对象或领域划分；"小类"按农业机械的作业对象、作业功能、作业环节等划分；"品目"按农业机械的作用对象、结构形式、作业方式等确定。对于多功能作用机具、联合作业机具，按照其主要功能进行归类。品目名称按机具主题功能命名，必要时增加作业对象名称。同一小类中品目按单一功能机具、多功能作业机具、联合作业机具的顺序进行排列。

农业机械作业代码由表征产业或领域机械代码和大类顺序码、小类顺序码、品目顺序码四个部分组成，分类代码结构见图 9-1。

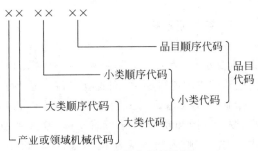

图 9-1 分类代码结构图

比如，150105 代码含义为：大类代码 15——收获机械；小类代码 1501——粮食作物收获机械；品目代码 150105——谷物联合收割机。

国外收获机发展比较有代表性的地区和国家为欧美及日本等地。欧美多为全喂入脱粒，机型大，生产率高，适合较大规模的生产条件；日本则以中小型水稻收获机为主，多采用半喂入，机型小，生产率较低。

20 世纪 80 年代我国开始引进国外技术发展联合收获机械。

1. 收割机

收割机即割倒稻、麦等作物的禾秆，并将其铺放在田间的谷物收获机械。根据割台类型分卧式和立式两种。卧式割台收割机由拨禾轮、输送带、分禾器、切割器和传动装置等组成。作业时往复式切割器在拨禾轮压板的配合下，将作物割断并向后通过传送带将禾秆铺放地面，便于人工捡拾打捆。其适应性好,结构简单,每小时可收割小麦 $0.268 \sim 0.335 \ hm^2$。立式割台收割机将割断的作物直立在切割器平面上,紧贴输送器被输出机外铺放成条,结构紧凑、轻便灵活、操纵性能好,适于小块土地上收割稻、麦。

2. 割晒机

割晒机用于割倒小麦禾秆,将其摊铺在留茬上,成为穗尾搭接的禾秆,以便于晾晒谷物。晾晒后的禾秆由谷物联合收获机捡拾收获。割晒机也可用于收割牧草。割晒机有自走式、拖拉机牵引式和悬挂式三种。其作业部分由割台、切割器、拨禾轮和输送带组成。幅宽 $4 \sim 5 \ m$,最大可达 $10 \sim 12 \ m$,每小时可收割小麦 $0.335 \sim 0.402 \ hm^2$。

3. 谷物脱粒机

谷物脱粒机即用于脱掉收割后的谷类作物(主要是稻、麦)籽粒的谷物收获机械,通常由电动机或内燃机驱动,安置在场院上进行固定作业,按谷物喂入方式有全喂入和半喂入两类,按其结构和功能则分为筒式、半复式和复式三类。全喂入筒式脱粒机由喂入台、机架、脱粒装置和传动装置等组成,其结构简单,操作方便。半喂入式脱粒机主要用于稻谷脱粒,可保持脱粒后的秸秆相对完整,便于综合利用,其脱粒装置为弓齿滚筒式。

4. 技术要求

适时性:"九成熟十成收,十成熟一成丢。麦熟一晌,蚕老一时"——机具生产率及可靠性高。

收获质量:收获损失、谷粒破碎和损伤、清洁度、割茬低——机具设计合理和使用正确。

适应性:平原、山地、梯田;旱田、水田;倒伏收获、雨季收获——机具工作部件和行走装置等适应性强。

9.1.2 农艺

用机械收获谷物的作业方式有分段作业、两段收获和联合作业三种。

1. 分段作业

分段作业是将全部收获过程的各工序,用几种收获机械分段进行。如用收割机将谷物割倒铺放或用割捆机将谷物割断并打捆,然后用谷物脱粒机或人工进行脱粒和清选作业。分段收获是用多种机械分别完成割、捆、运、堆垛、脱粒、清选等作业。

优点:机械构造简单,设备投资少,保养维护方便,易于推广。

缺点:劳动生产率低,收获损失也较大。

2. 两段收获

先用割晒机将谷物割倒并成条铺放在 $15 \sim 20 \ cm$ 割茬上,经 $3 \sim 5$ 天晾晒使谷物完成后熟并风干,再用装有拾禾器的谷物联合收获机完成捡拾、脱粒、分离和清选等作业。

优点:延长收获时间;粮食产量、等级提高;减轻后期作业负担。

缺点:破坏和压实土壤,油耗增加 $7 \% \sim 10 \%$;连阴雨天谷物条铺易发霉、生芽。

要求:割茬高度适宜($15 \sim 20 \ cm$);放铺适当,首尾相接;割晒时间为蜡熟期。

3. 联合作业

联合作业是用谷物联合收割机在田间一次完成收割、脱粒、分离和清选等作业,最终获得清洁的谷粒。与分段收获相比,联合作业的劳动生产率高、谷粒损失少,但耗能大、投资多。

优点:生产率高、作业周期短、劳动强度和收获积累损失小,作业质量好。

缺点:机器结构复杂,设备投资大,机器利用率低,对使用技术要求高,收获成本高,对谷物干湿和成熟不一致的情况适应性较差。

9.2 收割机

9.2.1 概述

1. 定义

收割机是由塞勒斯·麦考密克(Cyrus H. McCormick)发明的。收割机是一体化收割农作物的机械,可一次性完成收割、脱粒,并将谷粒集中到储藏仓,然后通过传送带将粮食输送到运输车上。也可用人工收割,将稻、麦等作物的禾秆铺放在田间,然后再用谷物收获机械进行捡拾脱粒。

2. 用途

收割机用于分段收获,能将作物割断,经过割台输送,将割断的作物在地上放成"转向条铺"(转成约与机器前进方向垂直),以供人工分把和打捆。

3. 国内外发展概况及发展趋势

1) 国内发展概况及发展趋势

与国外相比,我国收割机技术的研究起步晚,早期以仿制国外机型为主。20 世纪 80 年代末期以来,呈现快速发展态势,先后研制出新疆-2 号背负式小麦收割机、轮式自走式稻麦收割机、履带自走式稻麦收割机、履带自走式油菜收割机,近年呈现出纵轴流稻麦联合收割机研究开发热潮,已经推出多款纵轴流稻麦收割机。

2) 国外发展概况及发展趋势

在 18—19 世纪,美、英等国已经有许多人研制和设计收割机,有人还获得了专利、制造出了样机,但基本都不具备实用价值。直到 20 世纪 20 年代,收割机首先在美国小麦产区大规模使用,随后迅速推广到了苏联、加拿大、澳大利亚及西欧诸国。进入 21 世纪,欧美发达国家已全面实现农业机械化,效率更高的联合收割机陆续出现并向大型、高速、可靠及高适应性方向发展。为了提高机器的利用率和适应性并使其高效、安全、可靠地工作,欧美等国外农机企业普遍采用计算机辅助设计(CAD)、计算机辅助试验(CAT)和计算机辅助制造(CAM),并且融入机电液一体化、自动化及智能化新技术,对联合收割机的作业参数进行实时监测及调控。如脱粒滚筒负荷检测系统可减少或防止产生堵塞现象;收获作业监视系统可满足机手实时地观察到机器作业状况、机器位置、行走路线等,以便进行实时调整;产量测量系统实时测量并记录作物产量、湿度、生产率,用户存储这些信息,为建立精准农业的处方图奠定基础;喂料速率控制系统根据脱粒滚筒的农作物喂入量、监视系统的谷物损失率及发动机负荷三个方面的参数,通过自动调节联合收割机行走速度,来保证农作物均衡一致地喂入。由于联合收割机上安装了诸如上述的先进检测及控制技术,机手只需要负责观察各个检测系统传送到驾驶室显示界面的信息,进行相关操作便可实现联合收割机在各种田间环境及多种作物不同参数的流畅作业,中间过程可由各系统识别操作完成。机电液一体化、智能化新技术的应用,大大提高了联合收割机的作业效率,减少了谷物损失,减轻了驾驶员的疲劳程度。

9.2.2　分类

收割机械按照不同的分类标准,可以有不同的分类形式。按功能的不同,可分为收割机、割晒机和割捆机三类。收割机用于分段收获作业,其功能是将作物割断,并在地上放成"转向条铺",以便于下道工序由人工分把和打捆;割晒机用于两段联合收获作业,它将作物割断后,在田间放成首尾搭接的"顺向条铺",这种条铺不便于人工分把或捆束,它是专为装有捡拾装置的联合收割机配套使用的,作物在条铺中经过晾晒及后熟后,再进行捡拾—脱粒—清选联合作业;割捆机也是分段收获时使用的一种机器,它能同时完成收割与打捆两项作业,可减轻收获的劳动强度,但打捆机构比较复杂,捆绳比较贵,故目前应用较少。根据割台台面的位置可分为以下几种。

1. 侧挂式

侧挂式收割机采用硬轴传动,主要由发动机、传动系统、离合器、工作部件、操纵装置和侧挂皮带等组成。在传动轴的一端配置 $0.75\sim2$ kW 的单缸二冲程风冷汽油机和离心式摩擦离合器;另一端安装由减速器和切割刀具组成的工作部件。工作部件的类型很多,常用的为圆锯片、刀片或尼龙丝。作业时,将传动轴的铝合金套管上的钩环挂在操作者肩下的背带上,握住手把,横向摆动硬轴,即可完成切割杂草、灌木等作业。机具质量 $6\sim12$ kg,转速 $4500\sim5000$ r/min。

2. 背负式

背负式收割机用软轴传动,一般构造与侧

挂式割灌机相似,不同的是其发动机背在操作者背上,切割部件由软轴传动,发动机功率一般为 0.75～1.2 kW。发动机与背架之间以两点连接并装有特制橡胶件以隔振。软轴为套装在软管内的钢丝挠性轴,用以传递扭矩。软管为敷有橡胶保护套的金属编织网包住的钢带缠卷的螺纹管,以防尘土侵入轴内并保持轴表面的润滑油。割幅一般在 1.5～2 m。

3. 手扶式

手扶式收割机由行走轮支撑机具重量,人力推动机器前进,发动机驱动工作部件进行切割灌作业。其构造和工作原理与便携式割灌机相似。主要由机架、锯片、传动装置、悬挂装置和推板等组成。割灌作业时,拖拉机后退行驶,工作速度为 5 km/h,可锯直径为 10 cm 的灌木。

4. 卧式

卧式割台收割机由拨禾轮、一条或前后两条帆布输送带、分禾器、切割器和传动装置等组成(见图 9-2)。作业时,往复式切割器在拨禾轮压板的配合下,将作物割断并向后拨倒在帆布输送带上,输送带将作物送向机器的左侧。双条输送带由于后输送带较前输送带长,使穗头部分落地较晚,而使排出的禾秆在地面铺成与机器行进方向成一偏角的整齐禾条,便于由人工捡拾打捆。卧式割台收割机对稻、麦不同的生长密度、株高、倒伏程度、产量等的适应性较好,结构简单;但纵向尺寸较大,作业时

图 9-2　卧式割台收割机

机组灵活性较差,多同 15 kW 以下的轮式或手扶拖拉机配套,割幅小于 2 m,每米割幅每小时可收小麦 4～5 亩。

5. 立式

被割断的作物直立在切割器平面上,紧贴输送器被输出机外铺放成条。有侧铺放和后铺放两种:侧铺放型收割机由分禾器和拨禾星轮(或拨禾指轮)、切割器、横向立式齿带输送器等组成。割下的作物被拨禾星轮拨向输送器上下齿带,输送器将其横向输送到机器一侧铺放。后铺放型立式割台收割机(见图 9-3)在两分禾器间每 30 cm 增设一组带拨齿的拨禾三角带、星轮和压禾弹条,使禾秆在横向输送过程中保持稳定的直立状态,到达机器右侧后由一对纵向输送带向后输送,禾秆在压禾板的配合下在机器后方铺放成条。这种机型在套种玉米的情况下可不致将禾条压在玉米苗上,其割幅等于两行玉米间的小麦畦宽。立式割台收割机结构紧凑,纵向尺寸小,轻便灵活,操纵性能好,适于在小块地上收割稻、麦。多与 7～9 kW 的手扶拖拉机或 15 kW 左右的轮式拖拉机配套,割幅为 1.1～1.2 m;还有与 2～3 kW 手扶专用底盘配套的小型自走式收割机,割幅在 1 m 左右。

图 9-3　立式割台收割机

9.2.3　收割机产品的结构、组成及工作原理

1. 结构及组成

收割机的主要工作部分称为割台,它由分

禾器、切割器、拨禾（或扶禾）装置以及输送装置组成。根据割台台面的位置可分为立式和卧式两种；根据割台的结构形式，有固定式和回转式两种。在有些场合下以割台形式来给收割机分类和命名。

扶禾器组件包括扶禾器支架、扶禾板、拨禾星轮、压力弹簧等，配置在割台最前端，作业时能将倒伏谷物植株扶正和引导谷物植株进入切割装置。

拨禾星轮需在输送链拨指的带动下转动，且第一对啮合的星轮齿与拨指分开前，第二对星轮齿与拨指已经接触；星轮对油菜茎秆既要有拨禾作用，又要能顺利将油菜茎秆脱开。

分禾装置由传统的被动分禾器与竖切割装置组成，安装在割台一侧。作业过程中，被动分禾器先从谷物下部进行分禾，机器前进时，切割区谷物与未割区谷物由下往上被被动分禾器挤压分开，缠绕严重的分枝被竖割刀割断，完成分禾。分禾过程充分利用被动分禾器的挤压作用，直至挤压难以分禾时，竖割刀割断缠绕分枝，最大程度减小因分禾造成的损失。

输送链组由上、中、下三条带拨指的异形链条组成，平行安装于割台机架。

2．工作原理

1）立式割台收割机

立式割台收割机是指割台的台面位置基本呈直立状态（常略有倾斜）。当立式割台收割机工作时，将割断后的作物直立地进行输送并使之转向铺放。由于这种割台结构比较紧凑，重量轻，故整机尺寸较小，机动灵活性好，可以配置在小动力底盘的前方，由人工操作。根据作物输送路线和放铺方向的不同，立式割台收割机可分为以下两类。

（1）侧向放铺型

侧向放铺是一种常用的放铺形式，收割机将割断后的作物铺放于机器的侧面。按作物在割台上的输送方向，分为两种结构。一种是侧向输送侧放铺型（见图9-4），割下的作物被输送带向一侧输送，在八角星轮的配合下，作物在机侧放铺。当以梭形法进行收获时，机器

到地头转向后，使输送带反转，作物就被送向机器的另一侧并放铺。另一种是中间输送侧放铺型（见图9-5），作物被割下后，向割台中部输送，经换向阀门4的引导，将作物送至输送带后方，再经导禾槽5而向机侧放铺。这种结构的优点是只需改变非传动件的换向阀门，即可改变放铺方向，结构简单，换向时冲击力小；其缺点是中间输入口处易堵塞。

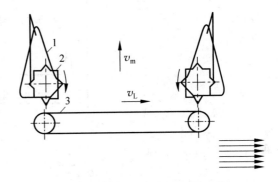

1—分禾器；2—扶禾星轮；3—输送带。

图9-4 侧向输送侧放铺型收割机

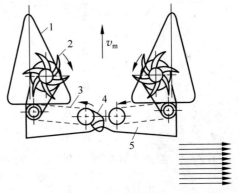

1—分禾器；2—扶禾星轮；3—输送带；
4—换向阀门；5—导禾槽。

图9-5 中间输送侧放铺型收割机

（2）后放铺型

在小麦、玉米套作地区（见图9-6），为了不致压伤玉米苗，割后小麦需向机器后方放置。如图9-7所示，割台前面装有小分禾器，其拨齿在与星轮配合下能将轻度倒伏的作物自下而上扶起，割断后的作物在星轮和输送带的配合作用下，先向右输送，再通过转向星轮和转向输送带向后输送，并在机后放铺。

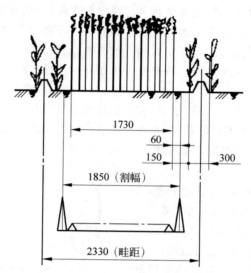

图 9-6 小麦、玉米套作

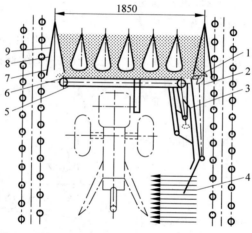

1—转向星轮;2—转向输送带;3—压杆;4—导向杆;5—输送带;6—压簧;7—星轮;8—拨齿;9—小分禾器。

图 9-7 后放铺型收割机

2) 卧式割台收割机

卧式割台是指其台面的位置基本呈卧状(常略向前倾)。其纵向尺寸较大,但工作可靠性较好。宽幅收割机多采用这种结构。卧式割台收割机按输送带数目的多少,可分为单带、双带和三带三种。其基本结构大致相同,即由切割器、拨禾轮、输送器(及排禾放铺器)、机架及传动机构等组成,但其工作过程各不相同。

(1) 单带卧式割台收割机如图 9-8(a)所示。拨禾轮首先将机器前方的谷物拨向切割

器,切断后被拨倒在输送带上。谷物被送至排禾口,落地时形成了顺向交叉状条铺,条铺宽为 1～1.2 m。

(2) 双带卧式割台收割机如图 9-8(b)所示。该机在割台上有两条长度不同的输送带,前带长度与机器割幅相同;后带较前带长 400～500 mm,其后端略升起,并向外侧悬出。作业时,谷物被拨倒并落在两带上向左侧输送。当行至左端,禾秆端部落地,穗部则在上带的断续推送和机器前进运动的带动下落于地面,禾秆形成了转向条铺。这种收割机对作物生长

状态适应性好,工作较可靠,但只能向一侧放铺,割前需人工开割道。

（3）三带卧式割台收割机如图9-8（c）所示。其割台上有三条输送带和一个排禾口（位于割台的中部）。各输送带均向排禾口输送。收割时,割台前方 B_1、B_2 及 B_3 区段内的谷物放铺过程各不相同。在 B_1 段内的谷物,被割倒并倒落在上、下输送带上,平移到排禾口。

其茎端先着地而穗部被运至左端抛出。其放铺角较大,为 $90°$ 左右。在 B_2 段内的谷物,被割倒后茎端立即着地,穗部被上带运至左端抛出。其放铺角略小,并不尽一致,为 $70°\sim90°$。在 B_3 段内的谷物,被割断后茎端后被反向带推向排禾口,禾秆沿茎端运动方向倾倒。其放铺角较小,为 $70°$ 左右并有少许茎差（为 $10\sim15$ cm）。

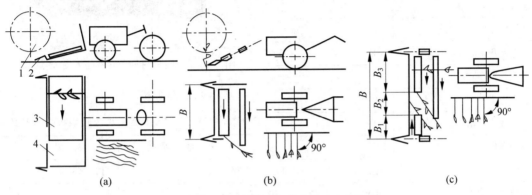

1—拨禾轮；2—切割器；3—输送带；4—放铺窗。

图9-8　卧式割台收割机
（a）单带式；（b）双带式；（c）三带式

9.2.4　主要产品的技术性能

1. 雷沃谷神 GN70（4LZ-7N）联合收割机

该款联合收获机如图9-9所示,有以下性能特点。

（1）作业高效:优化脱粒输送机构,提高喂入输送能力,作业效率提高30%。增加清理空间,故障维修简捷、快速,清理输送故障时间缩短50%。储粮、杂余及动力系统等结构设计进一步优化,缩短作业辅助时间,提高作业效率10%。后驱动及高花纹轮胎设计,提高水田通过能力。分离凹版结构设计优化,提高分离能力10%。可收获小麦、水稻、大豆等多种作物,一机多用,效率更高。选装雷沃动力、玉柴等名优发动机,动力更强劲,作业效率更高。

（2）驾乘舒适:驾驶室全密封结构设计,副座椅、暖风设计更加符合用户需求。全新豪华弧形驾驶室视野开阔,减轻操作疲劳。多路报警系统实现操作智能化,降低操作人员的劳动强度。

（3）性能优越:杂余顶搅龙结构设计优化,解决缠草故障,提高轴承使用寿命。籽粒搅龙轴优化加粗设计,提高强度30%。整机传动皮带、轴承采用进口件,使用寿命更长。选装静液压驱动装置,使用更可靠。

图9-9　雷沃谷神 GN70（4LZ-7N）联合收割机

其相关参数见表9-1。

表 9-1　雷沃谷神 GN70(4LZ-7N)联合收割机技术参数表

参 数 项	参 数 值
外形尺寸(长×宽×高)/ (mm×mm×mm)	9030×4970×4100
配套动力/kW	125
割幅/m	4.57
喂入量/(kg·s^{-1})	7
整机质量/(kg)	10 160
粮仓容积/m³	3.2
驱动轮距/mm	2445
最高行走速度/(km·h^{-1})	19.7
工作效率/(hm²·h^{-1})	0.6～1.2
最小离地间隙/mm	375
清选形式	风筛式
脱粒分离形式	切流＋单纵轴流
油箱容积/L	260

2. 中联重科 TB60 谷王小麦收割机

该款收割机如图 9-10 所示,性能上有以下特点。

(1)采用独特的切流＋横轴流滚筒脱粒分离装置,改善脱粒元件,脱粒分离能力更强、更彻底。

(2)920 mm 加宽过桥,喂入通道通畅,输送能力增强,作业速度快、效率更高。

(3)匹配 92 kW,四缸增压直喷柴油机,作业动力更强劲。

(4)加宽清选室,长抖动板与双层振动筛异向运动,清选能力强,清选效果更好。

(5)新型散热器防护罩,保证机器在恶劣的工作条件下长时间工作,而不需人工经常清理。

(6)采用加强型变速箱,加大型离合器,承载能力强,工作更可靠。

(7)人机工程优化设计,采用豪华内饰与汽车空调,驾乘更舒适。

(8)采用新型组合仪表,具有水温、油压和油量报警功能,显示效果好、可靠性高。

(9)GPS 全球定位,可视摄像头和倒车雷达组合,驾驶更方便、安全。

图 9-10　中联重科 TB60 谷王小麦收割机

其相关参数见表 9-2。

表 9-2　中联重科 TB60 谷王小麦收割机技术参数表

参 数 项	参 数 值
结构形式	自走式
喂入量/(kg·s^{-1})	6
割副/m	2.51
配套动力/kW	92
生产率/(hm²·h^{-1})	0.5～1.25
柴油箱容积/L	300(豪华型); 245(标准型)
脱粒分离形式	切流＋横轴流滚筒 脱粒分离
粮箱容积/m³	2
总损失率	小麦≤1.2% 水稻≤3.0%
破损率	小麦≤1.0% 水稻≤1.5%
含杂率	小麦≤2.0% 水稻≤2.0%
整机质量(含割台)/kg	5100
外形尺寸(长×宽×高)/ (mm×mm×mm)	6600×3000×3420

3. 洋马 4LBZJ-140D(AG600G)半喂入联合收割机

该款联合收割机如图 9-11 所示,有以下性能特点。

(1) 发动机装置采用洋马 4TNV98 型柴油发动机,经济、实用。

(2) 割取部所对应收割作物高度适应广,输送稳定可靠。

(3) 喂入部采用大仰角输出槽,结合喂入滚筒,即使在不连续作业状态下,也能保证稳定喂入作业。

(4) 脱粒清洗部采用超长镂空耙齿滚筒,单风扇金风道结构使得脱粒高效,选别精良。

(5) 卸粮装置采用侧位液压自卸式,简捷实用。

(6) 整机操作简单,作业舒适。采用液压 HST 无级变速,拨禾轮与割台联动,手控液压转向可靠便捷。

图 9-11　洋马 4LBZJ-140D(AG600G) 半喂入联合收割机

其相关参数见表 9-3。

表 9-3　洋马 4LBZJ-140D(AG600G)半喂入联合收割机技术参数表

参　数　项		参　数　值
型号		4LBZJ-140D(AG600G)
尺寸(长×宽×高)/(mm×mm×mm)		4215×1985×2340
质量/kg		2995
发动机	型号	4TNV98-RCC2
	种类	洋马四缸水冷直喷式柴油机
	标定功率/kW(Ps)	44.1(60)
履带宽×长/(mm×mm)		425×1470
变速方式		液压式无级变速(HST)+副变速3挡
速度低速/标准/移动/(m·s^{-1})		0~1.01/0~1.65/0~2.05
割幅/mm		1400
脱粒方式		轴流式二次脱粒
清选方式		振动、鼓风、吸引、二次还原清选
卸粮方式/容积/卸粮时间		高位液压自卸式/1000 L/约 1.5 min
排粮高度/排粮长度/mm		1720~4690/0~2640
作业效率(理论值)/(亩·h^{-1})		—7.5

9.2.5　安全使用规程

1. 使用前期注意事项

在正式投入使用收割机械之前,相关人员要按照规章制度做好准备工作,以减少事故发生的可能性,提高收割机械的作业效率。首先,使用之前一定要仔细阅读、核对机械使用说明书。对于全新或者停用时间过长的联合收割机需要进行全面检查,确保其投入使用后的安全性、可靠性及稳定性。例如,驾驶人员可以通过听声音、看运转的方式检查皮带连接是否紧密,链条安装是否稳定,机械内各组件之间是否存在间隙过大的问题,各个部件是否齐全,有没有安装错误、缺失、错位等情况。还要检查收割机械内的机油、液压油、齿轮油等液体是否达到了预期运行标准。另外,因为收割机械工作环境比较恶劣,所以经常会因为一些杂物、灰尘而发生零部件管道被堵塞的情况,造成其散热效果降低、出现工作故障等后果。对此,需要驾驶人员在使用之前做好清洁工作,保证散热器清洁,让收割机械运行状态达到最佳。

2. 人员机械驾驶要点

很多驾驶员在操作机械设备时,都比较盲目依赖自己的经验,实际使用时很多人都是仿照别人的操作方法。这种未经过专业培训的操作方式在很大程度上增加了驾驶员操作时面临的安全风险。为提高机械设备使用的安全性,需要严格要求机械驾驶员必须经过专业农机管理单位的培训,获取专业操作驾驶作业证明,以保证在遇到事故与故障的时候能第一时间做出正确的判断。例如,根据实际收割情况了解田间植物的种植密度及倒伏情况,将运行速度控制在合理范围内。驾驶员还需要注意自己的着装,做好正确的劳动保护,如不应穿着过于肥大的衣裤。在操作机械设备时,驾驶员注意力要高度集中,不能拨打手机、聊天等,严格按照农机操作规章制度进行驾驶。在启动收割机之前,驾驶员首先要环顾四周环境,观察是否有阻挡物或者其他人走近。启动前挡位要处在空挡,脱谷离合器要处于分离状态。机械行驶但没有进行收割运作的时候,要确保卸粮筒锁定,让其处于运输状态。操作完成后,驾驶员要关好电源,拉起手刹,带走钥匙。在驾驶过程中要合理使用警示灯,做到文明驾驶。

3. 操作安全须知

在进行收割操作的时候,一定要保证安全性,任何非驾驶人员都不能驾驶收割机。发动机运行之前应发出指示信号,确保周围人员的生命安全。在收割过程中,任何人都不能用手直接接触机械工作位置,要想对部件进行调节,需要等到机械停止工作以后。收割机行走道路的坡度需要保持在20°以下。严禁用收割机械拖带其他农机用具。驾驶员在操作机械设备时,不允许在收割机上抽烟,每台机械设备上需要备用2个灭火器,在收割台没有接触到支撑物之前,严禁任何人到台面下工作。

4. 收割机存在的主要故障问题

1) 切割刀片磨损和损坏

联合收割机在实际的使用过程中,刀片会产生一定的磨损和损坏。主要是由于在使用过程中,僵硬的土地和石块会对刀片造成阻碍,甚至产生刀片断裂和弯曲的情况。因此,在作业前,操作人员要对使用场地仔细地观察,避免在使用的过程中遇到坚硬的石块对刀片造成损害。同时要定期检查刀片,对已经损坏的刀片及时进行更换。

2) 刀杆断裂

在实际的收割机使用过程中,由于刀片在收割过程中受到非常大的阻力,或者在进行刀杆驱动机安装时,没有进行科学合理的安装,就会导致收割机的刀杆断裂,对使用造成影响。因此,要求在进行切割机刀杆驱动机安装的过程中,要严格按照驱动机安装的规范和操作标准进行。这样才能够保证安装后的驱动机达到标准的使用要求,有效减少此类现象的发生。驱动机安装完毕之后还要进行相应的调试工作,也要按照相应的规范进行调试,这样才能够保证刀片在使用的过程中最大限度地减少刀杆断裂情况的发生。一般在进行收割工作结束以后,要将切割机刀片的刀杆拆卸下来,进行妥善的保管,防止其变形等情况的发生。

3) 启动故障

在收割机的使用过程中,很容易产生启动故障。在发生该故障的时候,首先要判断产生故障的原因。一般产生故障的部位,一个是启动开关,另一个是蓄电池。首先要检查的是启动开关的问题,一般要先判断电机能否正常工作,通过使用万用表来检查整体电路中是否有电压。如果整体电路中没有电压,那么就是启动开关发生了损坏,这样通过对启动开关进行更换,就可以解决该问题。如果电路中有电压,但是启动无力,那就说明可能是出现了蓄电池电力不足或者蓄电池虚接的情况。首先开启前大灯或者喇叭,来判断是否因蓄电池电力不足而导致的启动故障,如果大灯和喇叭能够正常工作,那么说明蓄电池的电力是充足的,就要去判断是否因蓄电池虚接而导致的启动故障。判断蓄电池是否虚接,可以启动发电机并且接触发电机的电极柱,如果有发热的现象,那就说明是蓄电池虚接而导致的启动故障。

4)转向器沉重

在联合收割机的使用过程中造成转向器沉重的问题,一般是由于液压系统的故障导致的,主要有以下原因:①在液压系统中,由于液压油的质量不合格或者是量不足,而导致液压系统出现故障,这时就要对液压油进行更换或是添加。②液压系统中的滤清器发生了堵塞而造成的液压系统故障,这时要对滤清器进行及时更换。③液压系统中的分流阀的阻尼孔或者阀芯出现了堵塞的情况,使得液压系统出现故障,这时应该及时对该装置进行拆卸,并且对分流阀进行及时清理。④液压系统中的转向阀出现卡滞的现象,一般需要将转向阀进行拆卸,检查是否发生损坏或丢失的情况,一旦发生要及时进行更换解决。⑤液压系统中齿轮泵吸油的能力降低,导致该现象出现的原因是齿轮泵出现了泄漏现象,一旦出现该现象,应当及时对齿轮泵进行更换。

5)链条断裂

在联合收割机的使用过程中,很容易发生链条断裂的情况,一般造成该情况的原因是在安装的过程中,链条和齿链之间的平行度不够,或者链条的张紧度不够,就会导致在实际使用过程中,链条的磨损量不断加大,当超过一定的磨损量之后就会造成链条断裂的情况。这就要求驾驶员要定期对收割机的链条进行检查,并且对磨损过大的链条进行及时更换,保障收割机能够正常使用。

5.农闲时期维护保养

农闲时期,收割机械会放置一段时间,为保证后续应用效果良好,需要做好农闲时期保养工作。首先,要将机械外部的泥污清理干净,打开机械中所有的挡板、护罩,确保其中的草屑、灰尘、泥土被清理干净。其次,确定机组清理干净以后,将其放置在平坦、干燥、通风、防雨防潮效果良好的空间内,避免机组接触到

酸碱性的化学制品。还可以在收割机下方垫起一层方木,让收割机橡胶履带避免直接接触地面,预防橡胶老化。检查收割机各个机组部位是否存在变形、磨损情况,情况严重的零部件要及时更换。保养完成后,要放空发动机水箱中的水、油箱柴油、机油等,在气缸中加入定量机油,清洗摇转后封存好发动机。收割机械设备当中的蓄电池要单独拆下来保管,如充电注水,将电池中充满电换注蒸馏水,注入蒸馏水2h后倒出蒸馏水,重新加满蒸馏水,长期保存。

6.日常作业维护保养

因为收割机械日常作业环境较为恶劣,生产方式也比较特殊,所以其运行时所产生的负荷较大。为了延长其使用寿命,确保其始终都能处于安全、高效、稳定的运行状态,就需要相关工作人员在日常工作中重视对收割设备的运行维护。保养时,应做好收割机械各个部位的清洗工作,如去除灰尘、泥土、作物杂草等;观察制动液与冷却水是否充足,不足时要及时填满;观察拨穗轮无级变速、安全离合器传动效果是否可靠;检查输送器的张紧度。另外,在检查机械底盘的时候,应先用千斤顶来支撑车身,观察履带情况以及轮子之间孔隙是否过大。必要的时候可以根据说明书来对各个组件进行调整。添加润滑剂的时候,要按照说明书逐步进行,如切割动刀、定刀等磨损部位,需要每2～3h添加一次润滑油。待所有保养工作完成后,相关人员可原地运行收割机械3～5min,通过听声音、观察运行情况的方式来判断其是否存在异常。如果发现存在故障,要立刻停止发动机进行检查维修,直到运行状态正常为止。

9.3 脱粒机

9.3.1 概述

1.定义

脱粒机是指能够将农作物籽粒与茎秆分离的机械,主要指粮食作物的收获机械。根据

粮食作物的不同,脱粒机种类也不同。如"打稻机"适用于水稻脱粒;用于玉米脱粒的称为"玉米脱粒机"等。打稻机俗称"打谷机",为最常见的水稻脱粒机械。需要先将水稻收割以后,通过这种机械将水稻谷粒与茎秆分离。打稻机分为两类:一类依靠人力驱动,称为"人力打稻机",为半机械化工具;另一类将打稻机改为动力驱动,称为"动力打稻机"。打稻机的出现大大降低了水稻收割的劳动强度,同时也提高了农业生产力。

2. 用途

脱粒机的功用是将谷粒从谷穗上脱下,并从脱出物(由谷粒、碎秸秆、颖壳和混杂物等组成)中分离、清选出来。脱粒作业的质量直接影响收获量和谷粒品质。

对脱粒机要求脱粒干净,谷粒破碎少或不脱壳(如水稻),并尽量减轻谷粒暗伤,这对种用谷粒尤为重要,否则影响发芽率。此外,要求生产率高,功率耗用低,并且有脱多种作物的通用性。应因地制宜地满足不同地区对茎秆的不同要求。

3. 国内外发展概况及发展趋势

1) 国外发展概况及发展趋势

国外专家学者将谷物联合收获的发展划分为四代,见表9-4。

表 9-4 国外联合收获机发展阶段

阶段	时 间 段	特 点
I	1930—1947 年	牵引式为主
II	1947—1969 年	以自走式为主,喂入量为 2~4 kg/s
III	1969—1995 年	以自走式为主,喂入量为 5~8 kg/s
IV	1995—2015 年	以自走式为主,喂入量为 8~10 kg/s;脱粒滚筒有切流与轴流两种;可靠性、适应性更强;损失率降至最低限度

由表9-4可以看出,联合收获机由牵引式变为自走式,让操作舒适度大大提高;喂入量以及适应性、可靠性的增强,让联合收获机的

效率不断提高。国外对联合收获机的研究主要是以企业力量为主,美国迪尔公司、凯斯纽荷兰公司、阿格科公司、凯斯公司等世界著名农机企业,一直不断探索更高效、更合理的新型脱粒工艺、脱粒原理,引领农机制造发展潮流。

2) 国内发展概况及发展趋势

我国收获机械化技术与掌握先进技术的发达国家相比,发展较为缓慢。1900—1958年,我国引进苏联、东德以及美国约翰迪尔公司的联合收获机生产技术,为我国稻麦实现机械化收获发展的第一阶段,引进的联合收获机为自走式,如 ZKB-5A、JL-1055 等,为国外的第二、三代技术;1990—2030 年,我国将在这一时间段内优化谷物联合收获机,将最大限度降低脱粒损失率,提高联合收获效率,实现智能化、舒适化,将主要的联合收获机部件国产化,这一阶段的技术相当于国外第四代。

联合收获机种类繁多,多为轴流式联合收获机,因布局不同,分为横轴流与纵轴流。轴流布局不同,有不同的优缺点。横轴流脱粒装置结构紧凑,多为双滚筒。滚筒方向与前进方向垂直,故横向空间受到限制,不能过长,脱粒分离性能受到一定程度的限制。纵轴流脱粒滚筒沿与机器前进方向平行放置,可以不必增加横向宽度,通过改变长度来改变脱粒分离面积;纵轴流滚筒纵向布置,分离面积大,脱粒时间长,脱粒分离效果好。但是由于长时间的脱粒作用,较易造成籽粒破损。我国科研人员经过借鉴学习国外先进农机生产制造技术,并结合我国实际情况自主创新,在脱粒装置的研究设计上做出了突出贡献。

9.3.2 分类

根据作物是否通过脱粒装置可分为全喂入式和半喂入式脱粒装置两类。全喂入式脱粒装置中谷物整株都进入并通过脱粒装置,脱粒时谷粒一脱落下来就与茎秆掺混在一起,所以用此装置脱粒的谷物还需要配有专门的机构把谷粒从茎秆中分离出来。

全喂入式脱粒装置按作物沿脱粒滚筒运

动的方向又可分为切流式与轴流式两种。切流式脱粒装置中,作物喂入后沿滚筒的切线方向进入又流出,在此过程中在滚筒与凹版之间进行脱粒,属此型式的有纹杆滚筒式、钉齿滚筒式和双滚筒式脱粒装置。轴流式脱粒装置中谷物在作旋转运动的同时又作轴向运动,所以谷物在脱粒装置中运动的圈数或路程比切流式多或长,使它能在脱粒的同时进行谷粒的分离,脱净率高而破碎率低。

半喂入式脱粒装置只有谷物的上半部分喂入脱粒装置,茎秆并不全部经过脱粒装置,从而可免去分离装置,茎秆保持完整和整齐,脱粒功率消耗较少。

9.3.3　典型脱粒机的结构、组成及工作原理

1. 纹杆滚筒式脱粒装置

纹杆滚筒式脱粒装置由纹杆滚筒和栅格状凹版组成,如图9-12所示。脱粒时靠纹杆对谷物的冲击以及纹杆与凹版对谷物的搓擦使谷粒脱落。当作物进入脱粒间隙时,受到纹杆的多次打击脱下了大部分谷粒。随后因靠近凹版表面的谷物运动较慢,靠近纹杆的谷物运动较快而产生揉搓作用,纹杆速度比谷物运动速度大,它在谷物上面刮过,继续对谷物进行冲击和揉搓,使籽粒脱落。通常在凹版前部就可脱下大部分籽粒,在凹版中段时几乎已全部脱净,仅有不成熟的籽粒尚未脱净,茎秆已开始破碎。出口段以搓擦为主,完全脱净,茎秆的破碎加重。谷粒在凹版上有 $60\%\sim90\%$ 可被分离出来,分离率的密度分布也是在入口段为最高,并以指数函数规律下降。

纹杆滚筒式脱粒装置的特点是有较好的脱粒、分离性能,稿草断碎较少;对多种作物有较好的适应性,尤其适合麦类作物;结构较简单,故运用最广泛。但是如果作物喂入不均匀或作物湿度较大,则对脱粒质量有较大影响。

2. 钉齿滚筒式脱粒装置

钉齿滚筒式脱粒装置由钉齿滚筒和钉齿凹版组成,如图9-13所示。作物在被钉齿抓取进入脱粒间隙时,在钉齿的打击、齿侧面间和

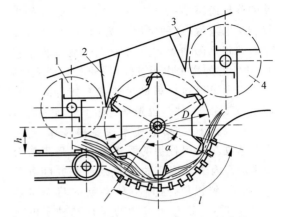

1—喂入轮;2—除草/挡草板;3—除草/挡草板;4—逐稿轮。

图 9-12　纹杆滚筒式脱粒装置及脱粒过程

钉齿顶部与凹版弧面上的搓擦作用下进行脱粒。钉齿凹版若为栅格状时,就可能有 $30\%\sim75\%$ 的谷粒被分离出来。无筛孔时,则全部夹在茎稿中排到逐稿器上。这一脱粒装置的特点是:抓取谷物能力强,对不均匀喂入适应能力强,脱粒能力强,对潮湿作物以及水稻、大豆等作物的适应性较好一些;但装配要求高,成本高,稿草断碎多,凹版分离能力低,功率耗用较纹杆滚筒式为大。

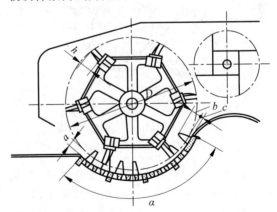

a—入口间隙;b—重合度;c—出口间隙;h—齿高;α—包角。

图 9-13　钉齿滚筒式脱粒装置

3. 双滚筒式脱粒装置

用一个滚筒一次脱净谷物时,作用于全部谷粒的机械强度相同,当易于脱粒的饱满谷粒早已脱下甚至已经受到损伤和破碎时,不太成

熟的谷粒尚不能完全脱下。对于易破碎的大豆和水稻来说,这种情况更为明显,存在着脱净与破碎之间的矛盾。当用纹杆滚筒收水稻时,由于它的搓擦作用较强,易使谷粒脱壳,即使用钉齿滚筒也很难满足要求。如有时未脱净率为2%~3%时,脱壳率已达10%左右。

在收获小麦时,上述矛盾要稍缓和一些,但是从收获种用谷物的要求来看也是不符合要求的。因为单滚筒脱粒时谷粒胚或胚乳端部均会受到损伤,这种不易察觉的暗伤可达30%~40%。这对于谷物的保存和种子的发芽是不利的。

使用双滚筒式脱粒装置(见图9-14)可以缓解上述矛盾。双滚筒式脱粒装置采用两个滚筒串联工作。第一个滚筒的转速较低,可以把成熟、饱满的籽粒先脱下来,并尽量在第一滚筒的凹版上分离出来,同时可使喂入的谷物层均匀并被拉薄。第二个滚筒的转速较高,间隙较小,可使前一滚筒未脱净的谷粒完全脱粒。

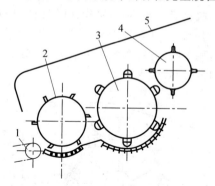

1—喂入输送装置;2—钉齿式滚筒和凹版;
3—纹杆式滚筒和凹版;4—逐稿轮;5—顶盖。

图9-14　双滚筒式脱粒装置

由于使用双滚筒,在喂入量增加时,未脱净率和凹版分离率的变化比单滚筒平缓,超负荷性能较强。对潮湿作物有很强的适应性。但作物经过二次脱粒,茎秆破碎较重,凹版分离出的杂质增加50%~100%,从而增大了清选机构的负荷。

双滚筒式脱粒装置的第一滚筒大多采用钉齿式滚筒,第二滚筒为纹杆式滚筒。个别的机型上两个滚筒均采用纹杆式滚筒。第一滚筒采用钉齿式有利于抓取作物,脱粒能力也强;第二滚筒采用纹杆式有利于提高分离率,减少碎茎秆,这种形式适用于收获水稻和小麦。

双纹杆式滚筒仅用于收获小麦。双滚筒式脱粒装置生产率一般比单滚筒式脱粒装置提高30%~65%。双滚筒式脱粒装置配置设计合理时,1 kg/s喂入量的功率消耗比单纹杆滚筒式脱粒装置仅增加15%~20%。

4.轴流式脱粒装置

轴流式脱粒装置由脱粒滚筒、筛状凹版和顶盖等组成,如图9-15所示。凹版和顶盖形成一个圆筒,把滚筒包围起来。脱粒时,作物从滚筒的喂入口垂直于滚筒轴而喂入,随着滚筒的旋转,在螺旋导向板的作用下,谷物在滚筒内作螺旋运动,但总的趋势是沿着滚筒轴向排出口移动。在滚筒和凹版的打击和搓擦下,谷物被脱粒。脱下的谷粒从凹版分离出来,茎秆从滚筒的排草口沿圆周的切线方向排出。这种脱粒装置的特点是:由于谷物在滚筒中作螺线运动,脱粒时间长(有1 s左右,比切流式滚筒的脱粒时间长几十倍),所以,在滚筒速度较低和脱粒间隙较大的条件下,也能够脱粒干净,对谷粒易碎的作物有较好的适应性。例如,根据水稻脱粒时的田间测定,脱不净率几乎为零,而谷粒的破碎率则不大于1%。轴流式脱粒装置的通用性比较好,多用于小麦、水稻、玉米、大豆、高粱等作物脱粒。但由于作物沿滚筒轴向的运动速度比较低,脱粒时间长,生产率较切流式滚筒要低一些,并且把茎秆打得比较碎,从凹版分离出来的谷粒中含杂物较多,不仅使清选比较困难,而且消耗的功率也有增加。

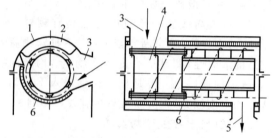

1—顶盖;2—螺旋导向板;3—喂入口;4—纹杆和杆齿
组合滚筒;5—排出口;6—筛状凹版。

图9-15　轴流式脱粒装置

轴流式脱粒装置凹版的分离面积大，脱出物的分离时间长，几乎全部谷粒都可以从凹版分离出来（夹带量只占1%左右）。所以，可以取消尺寸庞大的逐稿器，显著简化机器结构。

5. 弓齿滚筒式脱粒装置

弓齿滚筒式脱粒装置由弓齿滚筒、凹版及夹持输送链组成，如图9-16所示。弓齿滚筒由1.5～2 mm厚的薄钢板卷成的滚筒圈和安装在其上的弓齿组成。为了增加刚度，滚筒圈上压有凸筋。为便于作物喂入，滚筒前端（进口端）呈锥形，锥体部分长50 mm，锥角为50°。在滚筒的排出端装有钢板制的3～4块击禾板，与滚筒体铰接，其作用是：将夹带在排出茎秆中的谷粒分离出来，以减少谷粒夹带损失，并起到排除碎草、断穗的作用。滚筒直径为360～460 mm。脱粒机的滚筒长度为400～500 mm；半喂入式联合收割机的滚筒长度为600～1000 mm。由于谷物仅穗头部分进入滚筒，茎秆的后半部分在机外，因此也称为半喂入式脱粒装置，其优点是：由于没有要把已脱谷粒从长茎秆中分离出来的问题，可以省去逐稿器，而逐稿器正是最容易造成损失的部件，尤其对叶面和谷粒表面长了细毛的水稻来说，分离更为困难；由于采用梳刷原理的弓齿脱粒，谷粒破碎和损伤甚微，故特别适用于水稻，也可用于小麦；茎秆保持完整，可作副业原料；脱粒所耗功率与纹杆式相比略有降低。但半喂入式脱粒也有缺点：

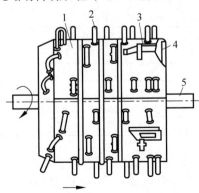

1—滚筒体；2—弓齿；3—击禾板；
4—辐板；5—滚筒轴。

图9-16 弓齿滚筒式脱粒装置

只适于植株梢部结穗的作物，故对作物种类适应范围窄；不适于低矮作物；由于要求穗部集中、整齐以及一定的脱粒时间才能脱净，生产率受到一定限制。

9.3.4 主要产品的技术性能

1. 华勤牌5T-28型谷子脱粒机

华勤牌5T-28型谷子脱粒机（见图9-17）设计先进、结构紧凑，选用优质结构钢材制造。该机采用轴流式滚筒脱粒技术和可调风量清选技术，对谷粒、谷糠、谷秕、谷草的清选分离，具有分离清、损失小、脱净率高的优点，是科研院所研究实验谷子的理想机具，也是农户脱粒的好帮手。

图9-17 华勤牌5T-28型谷子脱粒机

其相关参数见表9-5。

表9-5 华勤牌5T-28型谷子脱粒机技术参数表

参 数 项	参 数 值
配套动力/kW	3
外形尺寸/(mm×mm×mm)	1250×1100×1030
整机质量/kg	80
滚筒转速/(r·min⁻¹)	1260
作业效率/(kg·h⁻¹)	400

滚筒转速为 $(r \cdot min^{-1})$ 1260，作业效率 $(kg \cdot h^{-1})$ 400。

2. 大众5TY-200型玉米脱粒机

大众5TY-200型玉米脱粒机（见图9-18）结构新颖，工作可靠，通过了黑龙江省农机产品质量监督检验站新产品鉴定和推广鉴定，并进入了黑龙江省、吉林省购机补贴目录。该机具有工作效率高、成本低及回报率高等优点，它的推广使用可以把农民从繁重的劳作中解放出来，是一款适合农村现阶段生产力发展水平和购买力水平的优良机具，有着广阔的市场前景。

其相关参数见表9-6。

图 9-18　大众 5TY-200 型玉米脱粒机

表 9-6　大众 5TY-200 型玉米脱粒机技术参数表

项　目		参　数	
		配拖拉机型	配柴油机型
外形尺寸	加高作业状态/(mm×mm×mm)	7010×6300×2225	8311×6300×2225
	放倒提升器作业状态/(mm×mm×mm)	8430×4250×2225	9860×4250×2225
配套动力		37-66kW 拖拉机	4100 柴油机
整机质量/kg		3635	4535
滚筒直径/(mm×mm)		476×1510	476×1510
滚筒转速/(r·min^{-1})		750～950	750～950
光棒生产率/(t·h^{-1})		30～40	30～40
带皮生产率/(t·h^{-1})		25～35	25～35
喂入口尺寸(长×宽)/(mm×mm)		2800×1880	2800×1880
籽粒含水率(≥−15 ℃)		≤30	≤30
破碎率/%		≤1.5	≤1.5
含杂率/%		≤1.0	≤1.0
未脱净率/%	光棒	≤1.0	≤1.0
	带皮	≤1.5	≤1.5
总损失率/%	光棒	≤1.5	≤1.5
	带皮	≤1.8	≤1.8
输入转速/(r·min^{-1})		540～720	540～720

9.3.5　安全使用规程

1. 使用前的准备阶段

首先，应该选择正确的工作地点，应该坚持在平坦开阔地带，注重整个区域的自然风向，保证脱粒机的出口尽量和自然风向保持一致。在作业过程中，要做好必要的防火措施。其次，应该进行例行安全检查，确保设备整体的稳固性，减少不必要的振动。最后，针对整个机械的安全性进行分析和检测，确保机械正常运转。

2. 驾驶员操作要点

脱粒机的速度不宜过快,要按使用说明书中规定的转速使用,不可任意提高转速。一般脱小麦为 $28\sim32$ m/s,籼稻为 $24\sim26$ m/s,粳稻为 $26\sim30$ m/s。转速过高,不但脱不快,反而会出现籽粒破碎严重、机器使用寿命缩短、不安全因素增加等不利情况出现。要根据要求规定或机器上的标志安装匹配的电动机或柴油发动机,并配备好合适的皮带轮,注意不要装反方向。风扇转动皮带轮也不能装反,否则会影响籽粒的清洁度。

脱粒时要连续不断地均匀喂入,喂入量过大,会造成滚筒负荷过大,转速降低,脱净率和生产率下降,茎秆夹带籽粒增多,脱粒质量下降,严重时造成堵塞停车和机器损坏。喂入量过小,生产率低,有时还会影响脱净率。脱得净、脱得快、破碎少、能耗低这些要求,实际是相互制约的。如要脱净好,破碎率会上升,生产率也会下降,能耗增加。

操作者要根据实际情况,"手""眼""耳"密切配合:"手"感作物干湿度,干多喂,湿少喂;"眼"观排草是否通畅,滚筒转速是否正常,出草通畅多喂,不畅少喂;"耳"听机器运转声音是否正常,负荷大声音低少喂,反之多喂。

3. 操作安全须知

随着农村农机化作业程度的提高,脱粒机成为广大农机户脱贫致富的好工具,但也随之带来很多安全隐患,农机事故屡屡发生,教训惨痛。要确保脱粒机的使用安全,必须注意以下"十忌"。

一忌保管不善。当每年夏、秋粮收获结束,脱粒机不再使用时,应对脱粒机做全面擦洗,置于室内保管,不能扔在地头、场边,任凭风吹雨淋,使机件锈蚀、损坏,留下安全隐患。

二忌用前不检修。在夏、秋粮收割前,需对脱粒机进行认真检查、修理,查看螺栓是否松动、纹杆是否完好、传动部件等是否有问题,找出不安全因素并加以排除,切不可带"病"运转。

三忌超负荷工作。不论是用电动机还是柴油机作动力,工作时均不能超负荷,否则很不安全。

四忌随意移动和安装。脱粒机及其动力机的移动与安装,均需由熟练的专业技术人员操作。移动电动脱粒机时,必须先关掉电源,绝缘电线不可在地面拖拉,以防磨破绝缘层,造成漏电伤人。柴油机的停机和启动,均应由专业人员检查安全后再操作。

五忌安全装置不全。脱粒机及其动力机上的安全装置必须齐全。如传动带上一定要有安全防护罩,电动机一定要接地线等,以确保人身安全。

六忌临时拼凑脱粒人员。使用脱粒机的人员应懂得一些机械操作和安全知识,要有实践经验。切忌临时拼凑人员,否则很容易发生事故。

七忌秸秆喂入不均匀。在脱粒机中脱粒时,应注意均匀喂入,喂入量要适当,不可将秸秆成捆喂入,更不能将夹杂的异物与秸秆一起喂入,否则易损坏机件和伤害人身。人的手臂绝不能伸进喂料口,以防被高速旋转的纹杆打伤,甚至打断手臂。

八忌人多手杂。参加脱粒的人数要适当,并非越多越好。人多了不仅浪费人力,也容易引发意想不到的事故。

九忌连续作业时间过长。夏、秋粮收获脱粒时,往往需日夜奋战,但是,连续作业的时间不宜过长,一般工作 $5\sim6$ h 后要停机休息片刻,并对脱粒机及其动力机进行安全检查,使人员得到休息,机械得到保养,否则容易发生事故。

十忌用自制和淘汰的脱粒机。有的人为了节省开支,自制脱粒机或使用淘汰的旧脱粒机。这类脱粒机与经过严格检验后出厂的脱粒机相比,安全性能很差,故不能使用。

4. 主要故障

1) 脱粒机脱粒不净

造成脱粒不净的原因一般有以下几个方面:喂入量过大;喂入量不均匀;纹杆和凹版之间出现过大的间隙;滚筒的转速不足;谷物的湿度过大等。此时的维修保养方法如下:采用适宜的喂入量,保证均匀喂入;规范和调整纹杆和凹版之间的间隙,及时做好损耗零件的更换工作;调整皮带轮和脱粒机的配合适宜度;将谷物进行适当晾晒之后再进行脱粒工作。

2)脱粒洁净度较低

出现这种情况时,首先,应检查出风传动系统的皮带的松紧程度,保证皮带轮的张紧程度适中。其次,如果发现皮带轮的松紧程度适中,但是固定螺栓出现松动,就应拧紧螺栓。最后,从喂入量方面进行分析,通过减少或者增加喂入量,调整至合适的喂入量,保证脱粒过程中的洁净度。

3)脱粒过程中破碎率较高

出现这种情况的主要原因有以下几个方面:纹杆和凹版之间的间隙过小;滚筒的转速相对过高;喂入过程不均匀;谷物湿度过大等。当出现这类故障时,首先,应检查纹杆和凹版之间的间隙是否恰当;其次,还应检查滚筒的连接皮带的松紧程度是否合理准确,如果出现问题,应及时进行调整和更换;最后,应尽量保证喂入过程的均匀适中性,避免因不均匀喂入而导致机器受损。

4)脱粒完后出现谷穗

在出现这类问题时,应该检查脱粒机是否存在以下故障:未达到满负荷工作状态;喂入量不均匀;脱粒的转速不符合要求;穗轴出口的挡板调节不得当;谷穗在料斗里面被架空;有石块或者杂质堵塞凹版;谷穗的含水量不适合脱粒;滚筒的调整不得当。在确定故障之后,应该根据具体情况,调整喂入量,调整转速,清理凹版的杂质和石块,烘干和晾晒谷穗,检查和更换滚筒,确保这类问题得以有效解决。

5. 农闲时期维护保养

1)外部整体的检查

彻底清理脱粒机外部,检查所有紧固螺钉是否松动,各零部件是否安全,有无开焊、裂纹或变形现象。喂入口应有安全防护罩,喂入板上应有安全警告标志,长度应不小于 30 cm。

2)试运转的检查

脱粒转动后,检查喂入口有无漏风现象,同时检查机器有无异常振动,按要求进行全面

润滑。仔细观察是否有碰撞、摩擦和卡滞现象,有无异常声音。用动力机械带动脱粒机低速运转,观察各部分的运转状况。

3)输入装置的检查

输送链必须逐节检查,如发现磨损严重、变形、裂纹,应予以更换。喂入链的紧张度应左右一致,以其链长的中部稍接触底板为宜,输送链的主、被动轴应平行,如倾斜,应查找原因并予以排除。

4)离合装置的检查

安全离合器要在使用过程中进行调整,检查波形齿的磨损程度,如齿高磨去 1/3 时应更换。

5)脱粒装置的检查与调整

滚筒的转速应随脱粒作物的不同而不同。一般麦类 1500 r/min,大豆、高粱为 800 r/min。滚筒应转动灵活,无明显的轴间窜动,径向跳动不得大于 1.5 mm。纹杆的纹高磨损量不应超过 50%,钉齿工作部位的磨损量不应超过原尺寸的 1/4,同时检查纹杆或钉齿的固定情况。螺栓的扭紧力矩在 40~65 N·m;纹杆的变形度,全长不得超过 1 mm,如发现变形或裂纹时应更换,不允许焊接修复。脱粒间隙要根据不同的作物来确定,先调整入口间隙,间隙应左右一致。

6)脱粒间隙的正确调整

滚筒与凹版的间隙主要取决于脱粒机的结构类型、技术状态及所脱作物情况。调整的原则是:以脱净为前提,尽量采用大间隙,这样既可保证良好的脱粒质量,又能提高生产率,降低能耗,防止滚筒堵塞。

注意:间隙不是一次调好就能一劳永逸,应视作物种类、品种、湿度、成熟度和脱粒质量要求而随时进行停机调整。喂入口到出草口的间隙是由大逐渐变小。出草口间隙要均匀一致,否则会影响脱粒质量。

9.4 清选机械

9.4.1 概述

1. 定义

随着精量播种技术的推广,对种子要求也

越来越高。而随着种子加工机具品种的增加，种子加工的范畴也逐渐扩大和明确。一般认为，种子加工包括清选、分级和处理，也可延伸到计量、包装和储运。清选主要是把可用于播种的主要作物种子与其他种子、杂质分开。分级是把选定播种用的种子按不同要求分类。如玉米种子精播时，需要用筛片按圆、扁、大、小分为四级，至于整体种子应达某级，要依据纯度、净度、发芽率、含水率和杂草种子量等情况，按国家种子分级标准确定。处理可以是为清选、烘干等做准备（称前处理），也可以是进一步提高种子播种质量（称后处理）。对于收采的高水分种子，必须及时适当降水和通风；加工结束后储藏的种子（包括包衣、丸化的种子）必须降到安全水分之下。播种前有时将种子晾晒干燥，因此干燥在前处理和后处理中均有应用。

2．用途

清粮是针对经脱粒装置脱下和分离装置分离出来的谷粒中，混有短、碎茎秆、颖壳和尘土等细小杂物进行清选。清粮装置的功用是清除这些谷粒中的各种杂质，获得清洁的籽粒。选粮是继清粮之后对籽粒进一步的清选。收获后的谷粒中通常混有机械损伤、破碎和不成熟的谷粒，此外还含有许多异物与杂质，如草籽、泥沙、断穗、颖壳等。因此，无论将谷物留作种子或是其他用途，均需对其进行清选，清选出籽粒饱满而又均匀的籽粒，提高籽粒质量和清洁度，并分为不同等级，以作为种子或商品粮，有利于运输、储存和后续加工。

谷粒经过清选以后，质量和清洁度提高，尺寸均匀，有利于运输、贮存和后续加工。清选后的种子均匀饱满，播种后发芽率高、长势好，一般都能增产 5%～10%，还可以减少播种量。由于已清除掉种子中大部分草籽及感染病虫害的种子，减少了田间感染和杂草含量，作物生长整齐，成熟一致，有利于机械化作业。清除出的小粒、破碎粒还可以作为粮食或饲料。

3．国内外发展概况及发展趋势

1）国内状况

我国对粮食清选机械的研究、生产起步较

晚。20 世纪 50 年代引进首批样机，最早的产品是手动风车、溜筛，生产率低、清选效果不佳；60 年代的产品是电动扬场机，虽提高了生产效率，但清选效果仍不理想；70 年代开始了对粮食振动分选机、滚筒筛选机的研制；80 年代在引进、消化国外清选机械先进技术的基础上，研制出了具有一定先进水平的粮食清选加工机械；进入 90 年代，新技术、新产品、新工艺不断涌现，为粮食清选加工业的发展提供了技术保证。

经过半个多世纪的发展，基本形成了具有我国特色、适应我国广大用户需要、品种规格较齐全、自行研究和生产的加工体系，比较好的产品有石家庄市绿炬种子机械厂生产的 SXJC-3A 种子清选机、无锡市天地自动化设备厂生产的 SX-3 风筛式种子清选机、青岛亚诺机械工程有限公司生产的 SXD-3.0 风筛式清选机、佳木斯联丰农业机械有限公司生产的 SXF-15 复式清选机、石家庄三立谷物清选机械有限公司生产的 SXZC-3A 种子清选机、石家庄市科星清选机械有限公司生产的 SXZC-5 种子清选机、河北省种业集团种子机械有限公司生产的 SXZ-3 种子清选机。

与国外先进产品相比，我国清选机产品目前存在的差距是：首先，产品对物料的清选加工范围不大，大部分产品只适用于几种主要作物，如水稻、小麦、玉米、大豆等的清选加工，对花卉、烟草、牧草种子、葵花种子等的清选效果不十分理想；其次，在原材料质量、加工工艺、企业加工能力、加工成套设备的配套性、新技术开发应用方面都存在一定差距。此外，企业的技术进步缓慢，产品与用户的多种需求（加工物料多样化、精细化）不相适应。

总的来说，我国现有的清选机普遍存在的问题：功能单一、适应性差；技术性能不稳定；产品零部件制造水平低、工艺设备落后，可靠性差；产品的安全性差，产品外观质量较差。因此，清选机不能很好地满足我国现阶段的实际需求。

2）国外状况

目前，在欧美发达国家已形成多种系列化

的种子清选机,具有清选精度高、分级效果好、工艺精良、性能稳定、可靠性强、噪声较低的特点,除传统的机械调节外,现已开发出液压调节系统,操作更加灵敏。而重力式清选机的生产能力从 1t/h 到 15t/h,台面结构从三角形台面、矩形台面到混合形台面,气流形式从负压到正压,已形成多种系列化重力式清选机。国外主要生产企业及其基本情况如下:德国佩特库斯(PETKUS)公司,该公司生产的单风机矩形台面的重力式清选机,采用多联离心风机,噪声略高但分选效果明显。我国从 20 世纪 80 年代初至今引进该公司的产品。丹麦兴百利(CIMBRIA)集团股份公司,"九五"种子工程期间我国购入一批种子清选加工设备,主要有该公司的 DS 系列风筛式清选机和 GA 系列比重(重力)清选机,具备高效特点,很适合种子加工流程配置。丹麦外思特鲁普(WESTRUP)公司,该公司生产的三角形台面的 KA-2200 型比重清选机在我国有少量引进。奥地利 HEID 公司,主要生产比重清选机、窝眼筒清选机和包衣丸粒化一体机,其独具特色的比重(重力)清选机具有高效、节能和低噪特点。美国奥利弗(OLIVER)公司,主要生产比重(重力)清选机和去石机。从 1897 年生产第一台现代比重(重力)清选机开始,其产品已得到广泛应用,我国引进较多。加拿大 LMC 公司,主要生产各系列种子加工机械和配套设施等。其比重(重力)清选机和风筛式清选机与众不同,能耗和噪声较低是其最大特点。比重(重力)清选机采用阶梯状分选台,可适应不同大小的种子,不用更换台面,其产品在我国只有少量引进。从性能上看,无论是三角台面还是矩形台面都振动平稳,风量在台面上非均布且有规律分布,物料能很好地布满整个台面,种子分离效果明显。

从结构上看,丹麦外思特鲁普(WESTRUP)公司产品采用三角形台面单风机正压式结构,重杂清理效果较好;奥地利 HEID 公司的产品是多联风机矩形台面,双质点平衡结构,无效振动和噪声小;德国佩特库斯(PETKUS)公司产品为单风机矩形台面;美国奥利弗

(OLIVER)公司产品三角形或矩形台面,采用多联离心风机,噪声略高但分选效果明显,又开发出液压调节装置,操作灵活,适用于大型设备的操作,其小吨位产品采用混合型台面(如 316 机型),尤其适合于蔬菜等小粒种子的清选,能耗及噪声适中;加拿大 LMC 公司的产品采用双振动架平衡机构,清选效果适中,但总体结构庞大;美国克里平(CRIPPEN)公司产品采用矩形台面,多联前弯曲多叶片风机,风机出风口有角度,噪声小。

20 世纪 70 年代以来,种子加工业的兴起使风筛式清选机在一些发达国家有了较快的发展。其中,西欧、北美的一些国家,如丹麦、瑞典、奥地利、瑞士、意大利、德国、美国等,在生产和使用方面均居领先地位。目前,制造风筛式清选机的厂家很多,其中以美国的布朗特(BLOUNT)公司、德国的德勒贝尔(ROBOR)公司、丹麦的达马斯(DAMAS)公司、意大利的巴拉里尼(BALLARINI)公司历史较为悠久,它们生产风筛式清选机已有 100 多年,其产品经久耐用、性能可靠。这些公司的产品除满足国内需求外,还远销世界各地。它们在技术上各有发展,产品也各有特点。

9.4.2　分类

收获机械上的清粮装置主要有气流式和气流筛子式两种。气流式用于简易式脱粒机;气流筛子式用于联收机和复式脱粒机。后一种所处理的谷粒混合物因谷粒中仍有较多的轻夹杂物,且容积大,故要求将其均匀地铺开在筛面上,能较长时间地受到气流的吹托和吹走轻杂物的作用,而断穗、短稿等夹杂物则在气流的辅助下由筛面分离开来落入杂余螺旋升运器,再升运到脱粒装置(或复脱器)进行复脱处理。因而,清粮装置的筛孔尺寸比谷粒尺寸大得多,而且不严格。清选机上的筛子则是按谷粒尺寸大小分级的,其筛孔尺寸严格、筛面平整,所处理的谷层也较薄,筛子也没有气流辅助。

9.4.3 典型清选机械的结构组成及工作原理

1. 风扇筛子式清粮装置

对联合收割机和脱粒机的使用和试验表明，采用风扇和筛子结构的清粮装置，可以使谷粒达到所要求的清洁度，所以大多数机器均采用这种形式的清粮装置。

1) 清粮装置的筛子

筛子大多为两层，上下配置。上筛的筛孔较大，清除谷粒中的断穗和碎茎秆；下筛的筛孔较小，对谷粒进行进一步清选。

2) 风扇筛子的配置

气流筛子清粮装置分为上下两筛和阶梯式三筛，图9-19所示为一联合收割机清粮装置，由阶状抖动板、上筛、下筛、尾筛和传动机构等组成。阶状抖动板起输送作用，它与筛子一起作往复运动，把从凹版和逐稿器分离出来的谷粒混合物输送到上筛的前端。在阶状抖动板末端有指状筛，使谷粒混合物抖动疏松，将较长的短茎秆架起，使谷粒混合物首先与筛面接触，短茎秆处于谷层的表面，提高清选效果。风扇产生的气流经扩散后吹到筛子的全长上，将轻杂物吹出机外。尾筛的作用是将未脱净的断穗头从较大的杂物中分离出来，送入杂余螺旋推运器，以便二次脱粒。上筛为鱼鳞筛，下筛为平面冲孔筛或鱼鳞筛，上下筛的倾角均可调节。筛子装在箱体内，由导轨承托以便拆装。筛子两侧边缘的上方固定有密封用的橡胶条，以防止谷粒从缝隙中漏出。筛箱分单筛箱和双筛箱两种，与筛子前面的抖动输送板分别用支杆支承或吊杆悬挂，组成多杆机构，用曲柄连杆机构驱动，如图9-20所示。为平衡往复运动产生的惯性力，单筛箱的筛箱与抖动输送板的摆动方向相反，双筛箱的上筛箱与抖动输送板一起摆动，下筛箱的摆动方向相反。筛子较宽时，一般都采用双边驱动，以避免筛箱扭转。

3) 筛子尺寸

筛子长度要保证对脱出物有足够的清选时间，以减少谷粒损失。上筛长度一般为700～

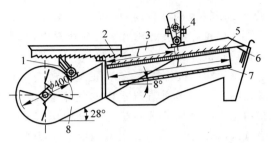

1—支杆；2—阶状抖动板；3—筛架；4—吊杆；
5—上筛；6—尾筛；7—下筛；8—风扇。

图9-19 风扇筛子式清粮装置（两筛上下配置）

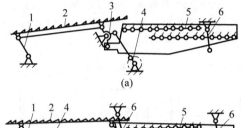

(a)

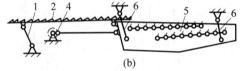

(b)

1—支杆；2—抖动输送板；3—摇杆；4—曲柄连杆机构；
5—筛架；6—吊杆。

图9-20 筛箱和输送器的驱动方式
(a) 单筛箱；(b) 双筛箱

1200 mm，大多数在800～1000 mm范围内。下筛负荷较小，可适当地缩短尺寸。

联合收割机筛子与水平面夹角一般为0°～2°，延长筛与水平面的夹角为12°～15°，延长筛、鱼鳞筛片间的间隙（开度）为12～15 mm。上筛振幅为55～65 mm，下筛振幅为36～40 mm。

2. 气流清选式清粮装置

气流清选系统可以是谷物清选机的一个组成部分，也可以是一个独立的机器。它的任务是从谷粒混合物中分离轻杂物、瘪谷和碎粒。常用的方法有以下三种。

1) 利用垂直气流进行清选

谷物清选机的垂直气流清选系统包括喂料装置、垂直气道、风机和沉降室，如图9-21所示。工作时谷粒混合物被喂料辊送至垂直气道下部的筛面上。由于受到气流的作用，悬浮速度低于气流速度的轻杂物被吸向上方。当吸至断面较大的部位时，由于气流速度降低，一部分籽粒和混杂物开始落入沉降室内，被搅龙输送到机外，最轻的杂质被风吹出。气流速度可以用阀门进行调节，有些机型用改变风机转速的方法调节垂直气道内的气流速度。谷物清选机的气流清选系统可以分为压气式和吸气式两种，按垂直气道的数目又可分为单气道和双气道，如图9-22所示。通过对各种清选机的试验研究证明，为了清选谷粒混合物，压气式垂直气道分离混合物有较好的效果。吸气式气道中由于筛面具有较大阻力，部分气流通过气道和筛面间的空隙被吸入，使通过筛孔上面的气流发生偏斜，分离质量下降。

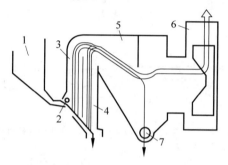

1—喂料装置；2—喂入辊；3，4—垂直气道；
5—沉降室；6—风机；7—搅龙。

图9-21　垂直吸气式清选装置

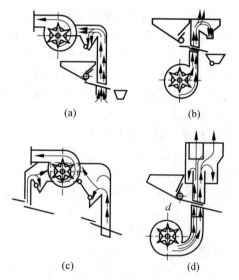

(a)　　　　　　　(b)

(c)　　　　　　　(d)

图9-22　垂直气流清选装置
（a）吸气式气流清选装置；（b）压气式气流清选装置；（c）双吸气道式清选装置；（d）压气双风道式清选装置

2）利用倾斜气流进行清选

图9-23所示为利用倾斜气流分离谷粒混合物的装置。它利用谷粒和夹杂物在气流中的不同运动轨迹来进行清选。在筛下斜向吹风或对落下的混合物斜向吹风，这时被吹物体即依其飘浮特性被风吹至不同的距离，依其距离远近来进行分离，籽粒愈轻则被吹送的距离愈远。

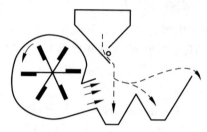

图9-23　倾斜气流清选装置

3）利用不同空气阻力进行分离

将谷粒混合物以一定速度并与水平方向成一定角度抛入空中，空气对各种物料阻力的不同，其抛掷距离也不相同，轻者近，重者远，从而进行分离。带式扬场机（见图9-24）就是利用这种原理。扬场机抛掷部分胶带与水平方向呈30°～35°夹角。

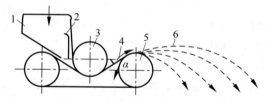

1—粮斗；2—调节插板；3—压辊；4—胶带；
5—扬场辊；6—抛出线。

图9-24　带式扬场机

3．窝眼筒式清选装置

窝眼筒是按籽粒长度进行分选的工作部件。在金属板上压成多数口径一致的圆窝，将混合物平铺其上，稍加振动则较小谷粒即落入窝眼内，大者留在窝眼外。如将金属板倾斜至一定角度时，则长谷粒可由板上滑下，再将板移至他处反转，则短谷粒也被倾出。利用这种方法，如将板弯成圆筒形，使窝在内侧，中间置承种槽和推运器，即为农业上广泛应用的窝眼式选粮筒,如图 9-25 所示。

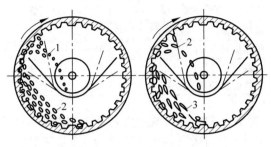

1—长度小的谷粒或杂物;2—正常谷粒;
3—长度大的谷粒或杂物。

图 9-25　窝眼筒按长度分选

4. 重力式清选装置

重力式清选机能将种子按密度分级,使种子发芽整齐一致,以达到增产效果。它是种子加工生产线中不可缺少的一环。重力式清选机的主要工作部件是一个双向倾斜的三角形振动筛面,如图 9-26 所示,图中 α 角称为纵向倾角,β 角称为横向倾角。此筛面由曲柄连杆机构(或振动电机)驱动,产生纵向振动,振动方向角 ε 大于筛面的纵向倾角 α。三角形筛面具有孔眼,气流从筛面下方沿一定方向吹出。气流速度应使轻的籽粒处于半悬浮状态,而重的籽粒处于下层并沿筛面向上移动。物料从三角形筛面的一角 A 处喂入,进入筛面后,由于筛面具有横向倾角和纵向振动,物料在向出料边作横向运动的同时,又按密度和粒径大小在垂直方向产生分层,同时在振动和气流作用下沿纵向作层间交错运动,从而使密度不同的物料沿出料边形成不同的运动。轻的籽粒受气流作用浮在上面,在筛面倾角和振动作用下,沿出料边的低部被排出(见图 9-26 中 1),重的籽粒由于处于下层,受到筛面纵向振动的作用而向上被推送,最重的籽粒将运动到出料边的高部被排出(见图 9-26 中 5),其余籽粒则按密度大小依次沿出料边 4、3、2 排出,分别落入各自的接料斗中。

5. 摩擦分离器

不同种类的籽粒表面状态不同,对其他物质的摩擦角也不相同。根据谷粒和夹杂物表

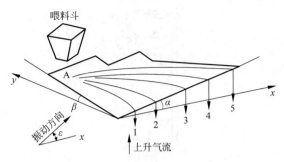

图 9-26　重力式清选机工作台面

面摩擦特性的不同而进行分选的装置称为摩擦分离器,它有以下几种形式。

1) 回转带式摩擦分离器

利用具有一定倾斜度、装在两个辊轴上、分离摩擦因数不同的两种物料的装置称为带式摩擦分离器,如图 9-27 所示。回转带与水平面的倾角应大于表面光滑籽粒的摩擦角而小于表面粗糙籽粒的摩擦角。摩擦分离器所用回转带的材料有布、厚粗布、麻绒和橡胶等多种。

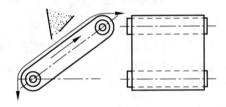

图 9-27　回转带式摩擦分离器

2) 螺旋面式摩擦分离器

如图 9-28 所示,在直立的管柱上焊接 3~6 节节距相等的螺旋面,混合物由上部的喂料斗喂入,使之沿螺旋面下滑,表面较粗糙的扁平形籽粒由于摩擦阻力较大,只产生滑移,移动速度慢,产生的离心力较小,故沿螺旋面内侧以较小速度向下滑动,从出口 6 排出。表面光滑的圆形籽粒由于滚动速度快,产生较大的离心力而向外移动,一直滚到螺旋面外侧从出口 4 排出。这样可使两种形状不同的物料截然分离。螺旋面式分离器的一般尺寸是节距 250~350 mm、内径 270 mm、外径 450 mm,螺旋面与水平面的夹角为 41°~45°,一般生产率为 100~500 kg/h。

6. 复式谷物清选机

凡是集三种或三种以上分选原理于一体

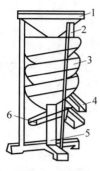

1—喂料斗；2—机架；3—螺旋面；4—大豆出口；
5—立轴；6—夹杂物出口。

图 9-28　螺旋面式摩擦分离器

的机器，均称为复式清选机。绝大多数复式清选机是将气流清选、筛选和窝眼清选按一定的工艺流程组合在一台机器上，按几种主要特性（如长、宽、厚、空气动力学特性）同时进行清选，一次通过就可以得到质量较高的种子。

9.4.4　典型清选机械的主要技术性能

1.5XF-1.3A 型复式清选机

该款清选机如图 9-29 所示，有以下特点：适应性强、清选精度高、费用低、加工速度快、周期短、效率高等。

图 9-29　5XF-1.3A 型复式清选机

其相关参数见表 9-7。

表 9-7　5XF-1.3A 型复式清选机技术参数表

参　数　项	参　数　值
生产率/(kg·批次$^{-1}$)	1300
电机总功率/kW	4
外形尺寸/(mm×mm×mm)	5212×1763×2317
质量/kg	850

续表

参　数　项	参　数　值
风机转速/(r·min^{-1})	1100；900
筛箱振幅/mm	15～17
窝眼筒转速/(r·min^{-1})	32
筛箱振动频率/(次·min^{-1})	420

2.5XZ-1.0B 型重力式种子清选机

该款清选机如图 9-30 所示，有以下特点：适用于种子经过风筛选初选后，进一步利用种子的比重，对各种谷物种子如小麦、水稻、玉米、大麦、高粱、谷子等，对蔬菜种子如萝卜籽、油菜籽等，对经济作物种子如脱绒棉籽、亚麻籽等进行清选。剔除霉烂变质、虫蛀、黑粉病、秕谷、芽谷等比重较轻的杂质，还可以清除石块等重杂。种子经过清选后，千粒重、发芽率、净度、纯度、整齐度都有显著提高。本机可配固定式或移动式底架。

图 9-30　5XZ-1.0B 型重力式种子清选机

其相关参数见表 9-8。

表 9-8　5XZ-1.0B 型重力式种子清选机技术参数表

参　数　项	参　数　值
生产率(以小麦计)/(kg·h^{-1})	1000
外形尺寸/(mm×mm×mm)	2333×1690×3385
动力总功率/kW	7.75
质量/kg	900
去轻杂率/%	85
获选率/%	98

9.4.5　清选机械安全使用规程

清选装置一般与脱粒装置和收割装置等组合组成联合收获机,其使用需按照联合收割机的安全标准进行。

1．使用前期注意事项

在正式投入使用收割机械之前,相关人员要按照规章制度做好准备工作,以减少事故发生的可能性,提高收割机械的作业效率。首先,使用之前一定要仔细阅读、核对机械使用说明书。对于全新或者是停用时间过长的联合收割机需要进行全面检查,确保其投入使用后的安全性、可靠性及稳定性。例如,驾驶人员可以通过听声音、看运转的方式检查皮带连接是否紧密,链条安装是否稳定,机械内部组件之间是否存在间隙过大的问题,各个部件是否齐全,有无安装错误、缺失、错位等情况的出现。其次,检查收割机械内的机油、液压油、齿轮油等液体是否达到了预期运行标准。另外,因为收割机械工作环境比较粗糙恶劣,经常会因为一些杂物、灰尘而发生零部件管道被堵塞的情况,造成其散热效果降低、出现运作故障等后果。对此,需要驾驶人员在使用之前做好清洁工作,保证散热器清洁,让收割机械运行状态达到最佳。

2．机械驾驶要点

很多人员在操作机械设备时,都比较盲目依赖自己的经验,实际使用时很多人都是仿照别人的操作方法。这种未经过专业培训的操作方式在很大程度上增加了驾驶员生产时面临的安全风险。为提高机械设备使用的安全性,需要严格要求机械驾驶员必须经过专业农业管理单位的培训,获取专业操作驾驶作业证明,以保证在遇到事故与故障的时候能第一时间做出正确的判断。例如,根据实际收割情况了解田间植物的种植密度及倒伏情况,将运行速度控制在合理范围内。驾驶员还需要注意自己的着装,做好正确的劳动保护,如不应穿着过于肥大的衣裤。在操作机械设备时,驾驶员注意力要高度集中,不能拨打手机、聊天等,严格按照农机操作规章制度进行驾驶。在启

动收割机之前,驾驶员首先要环顾四周环境,观察是否有阻挡物或者其他人走近。启动前挡位要处在空挡,脱谷离合器要处于分离状态。机械行驶但没有进行收割运作的时候,要确保卸粮筒锁定,让其处于运输状态。操作完成后,驾驶员要关好电源,拉起手刹,带走钥匙。在驾驶过程中要合理使用警示灯,做到文明驾驶。

3．操作安全须知

（1）使用前一定要详细阅读产品说明书。因为清选机械结构复杂,尽管机器质量很好,但如果没有弄懂内部结构及使用方法之前,就凭经验随便使用,不按照说明书的规定进行操作,机器就很容易出现故障。

（2）机器上安装的安全防护装置,是为了保护操作者及其相关人员的安全所设置的,因此机器运转或工作时不能拆卸,如果维修时已经拆卸下来,机器运转或工作前一定要重新安装上。另外在机器作业时,一定要按照相关安全警示标志的要求执行,以免出现意外。

（3）应该经常、及时地对联合收割机进行检查、维护和保养。如检查是否缺油、缺水,是否有松动现象、是否有开焊的地方、是否有异常声响等。如有异常,应及时进行补充、调整和修理,不能让机器带病工作,否则容易出现大的故障或损坏。

（4）新机或保养后的收割机,必须进行试运转磨合。

4．主要故障

1）机器零件的老化、磨损

属于客观无法避免的故障,需要定期对其进行检查,对老化零件进行更换。

2）筛面堵塞

由于装置调整不当,碎茎秆太多,风扇吹不开脱出物,使前部筛孔被碎茎秆、穗"堵死",而引起推运器超负荷或堵塞;清洗装置调整不当,筛子开度小,风量小,风向调整不当,筛子振幅不够或倾斜度不对,造成筛面排出物中籽粒较多,清选损失增大;作物潮湿或杂草太多,以致清洁度降低。针对以上故障则应适当减少喂入量,降低滚筒转速或适当加大脱粒间

隙,提高风量和改变风向,调整筛面间隙,以消除筛面和推运器的堵塞现象;调节筛子开度和风量;改变尾筛倾斜度,增加滚筒转速等。

5.农闲时期维护保养

筛架不得变形、开焊、损坏,筛面不得有撕裂和堵塞现象,滑板也应平滑。筛面的倾斜角和风扇挡风板的位置,可根据清粮程度进行理想调整。升粮、复脱、除芒等装置,可结合工作情况进行调整。

9.5 割晒机

9.5.1 概述

1.定义

割晒机是一种特殊型式和用途的收割机。割倒小麦禾秆,将其摊铺在留茬上,成为穗尾搭接的禾条,以便于晾晒。晾晒后的禾条由带拾禾器的谷物联合收获机捡拾收获,也可用于收割牧草。割晒机出现于20世纪20年代末,以后在美国、加拿大和苏联等国广泛使用。我国自1947年起,先在东北等地的国营农场逐步推广使用,1952年开始研制生产。

2.用途

小麦、水稻在收获期间提前一段时间割倒,目的是使小麦、水稻等作物失掉一部分水分,过一段时间更容易收获、贮藏。同时,提前割倒一部分水稻植物也能有效缓解水稻的收获压力,降低水分含量,提高粮食的品质。割晒机适用于成熟不一致、田间杂草较多,或由于机具、劳力安排等原因需要提前在蜡熟期割倒铺放的小麦收获作业,以延长小麦的收获期,提高谷物联合收获机的利用率。麦穗经通风晾晒后具有后熟增重作用,因而能使小麦增产。

3.国内外发展概况及发展趋势

1)国内发展概况及发展趋势

水稻和小麦是我国的两大粮食作物,自20世纪50年代开始机械化收获迅猛发展,我国通过引进、仿制及自主研发设计,已经形成了适应我国国情的机型种类齐全、型式多样的发展格局。2012年,我国水稻收获的机械化水平为69.32%,小麦的机械化收获水平领先于其他作物,已经达到91.05%。小麦与水稻收获的机械机具多为联合稻麦收获机,可以基本满足农业作业需求,但其收获技术水平仍有较大的提升空间。

黑龙江省红兴隆农垦索伦农业机械制造有限公司的产品有4LD-2600型和5LY-4200型玉米割晒机,这两种机型是借鉴国内外割晒机械的先进技术,并结合玉米植株高大的特点,开发研制的新一代玉米割晒机。4LD-2600型机与13 kW以上小四轮拖拉机配套使用,日工效8～10 hm²;5LY-4200型机与22 kW以上拖拉机配套使用,日工效12～13 hm²。该机采用了坚固耐用的冲压成形定刀底板,地轮仿形,割茬低,不漏割;与拖拉机前悬挂联结,液压油缸控制升降;该机轻便灵活,价格低廉,是较为理想的玉米割晒机。

2)国外发展概况及发展趋势

国外对割晒机的研究起步早,目前技术已经非常成熟,代表世界先进水平的国家及地区有加拿大、美国、澳大利亚和欧盟等,均已实现机械化生产,部分生产环节正在向自动化、智能化方向发展。其中,澳大利亚的收获方式以分段收获为主,欧盟以联合收获为主,美国与加拿大的联合收获与分段收获方式均较为成熟。为了适合大面积作物割晒、放铺作业要求,国外的分段收获机械均采用大型的自走式割晒机割晒、放铺。机型的输送系统均采用抗穿刺和撕裂的V形输送带。输送带的放铺开口为特大条铺,割台面板设有"后退设计",以确保作物收获时的流动性和条铺形状。另外,加大输送带的深度和拖拉机地隙,确保作物收获的放铺效果。其中,典型的产品有加拿大MacDon公司生产的MacDon系列割晒机,美国约翰迪尔公司生产的系列割晒机、捡拾机等。这些收获机械的割幅大,一般都大于5 m;机械作业效率高、可靠性及稳定性好,液压系统、自动化技术比较先进;但机械价格昂贵,不适合我国国情。

国外对割晒机的研制主要集中在拨禾轮

（拨禾轮转速，拨禾轮上下、前后距离调整）、输送带调整和机具作业速度上。日本洋马AG600是一种半喂入式稻麦油兼收机型，割台部分升降方式为单手柄液压式；拨禾轮的转速分为高、中、低三个速度；脱离深度由电驱动调节。英国学者-霍布森（R. N. Hobson）等进行了普通割台及增添辅助输送装置割台的研究，以此降低作物收获损失。割台主要分为两种型号：幅宽为6.1 m的CA型割台以及幅宽为3.6 m的标准割台。德国黑格系列多功能油菜收割机的割台两侧安装了垂直侧切割器，用于切割油菜的交叉分枝，运用液压驱动的传动方式，可以实现作业速度、脱离滚筒转速、清选风扇转速等的无级变速，可以通过更换割台及零部件，以满足水稻、小麦等作物的收获要求，该机型适合多种作物收获，实用性强，在世界居于先进水平。澳大利亚对自走式联合收获机的研制较早，在切割器侧边加装护刃器及分禾装置，将已割茎秆与未割茎秆分离，避免两者茎秆缠绕拉扯产生的落粒损失。在这些机具上使用了较先进的技术，如机电液一体化、自动化、液压驱动等技术，有的还具有在线称重等功能。

9.5.2　分类

按动力配置和挂接形式的不同，割晒机分为自走式、拖拉机牵引式和悬挂式三种。

1. 自走式割晒机

轻巧灵便，适用于作业空间小的环境。

2. 拖拉机牵引式割晒机

工作效率每小时能达到30～60亩，操作起来非常方便，而且损失率较小，可控制在2%左右，但不够灵活。

3. 悬挂式割晒机

普遍适用于各种地形条件，作业效果良好。

9.5.3　典型割晒机的组成、工作原理及主要产品的技术性能

1. 组成

割晒机割台升降装置（见图9-31）由液压装置、平行四边形框式升降机构组成，位于机架前方，割台挂接于割台升降装置前方，割晒机整体结构主要由割台机架、扶禾器组件、拨禾星轮、分禾装置、输送链组、主切割装置等组成，如图9-32所示。

1—割台机架；2—主切割装置；3—分禾装置；
4—输送链组；5—拨禾行星轮。

图9-31　割晒机割台升降装置

1—集粮装置；2—分离装置清选装置；3—脱粒装置；
4—输送装置；5—拾禾器。

图9-32　割晒机整体结构

扶禾器组件包括扶禾器支架、扶禾板、拨禾星轮、压力弹簧等，配置在割台最前端，作业时能将倒伏谷物植株扶正和引导谷物植株进入切割装置。

拨禾星轮需在输送链拨指的带动下转动，且第一对啮合的星轮齿与拨指分开前，第二对星轮齿与拨指已经接触；星轮对油菜茎秆既要有拨禾作用，又要能顺利将油菜茎秆脱开。

分禾装置由传统的被动分禾器与竖切割装置组成,安装在割台一侧。作业过程中,被动分禾器先从谷物下部进行分禾,机器前进时,切割区谷物与未割区谷物由下往上被被动分禾器挤压分开,缠绕严重的分枝被竖割刀割断,完成分禾。分禾过程充分利用被动分禾器的挤压作用,直至挤压难以分禾时,竖割刀割断缠绕分枝,最大程度减小因分禾造成的损失率。

输送链组由上、中、下三条带拨指的异形链条组成,平行安装于割台机架。

主切割装置的留茬高度高于普通收割机,一般为 15～25 cm,以利于麦穗的通风晾晒。割台的左侧或中部设有宽 90～110 cm 的排禾口。排禾口在中部时采用由两侧向中间输送的双输送带。幅宽一般为 4～5 m,最大可达 10～12 m,每米幅宽每小时可收割小麦 5～6 亩。

2. 工作原理

开式液压传动电气控制,由发动机动力输出轴带动三联一体泵(辅助/供油泵、左侧传动马达双联泵的前泵、右侧传动马达双联泵的后泵)通过转向控制装置控制静液压双联泵的上高压油,输送给行走传动左右液压马达,实现割晒机的前进和倒退。割台的传动、升降由发动机通过三角皮带驱动割台油泵。割晒机的前轮具有驱动、转向、制动三种功能,操作无级变速操纵手柄实现这三种功能,无级变速操纵手柄上的电控开关实现割台的传动、升降。操作仪表盘上控制键控制割台液压马达的结合与分离。由液压马达带动割台上往复式割刀、拨禾轮、喂入搅龙、一对压扁胶辊运动,完成牧草收割工作。电子监视系统监测发动机转速、行驶速度、拨禾轮转速、割台的浮动压力、机油压力、油温、水温,以及方向盘、操纵机构的安全自锁、互锁保护装置。

田间作业时,动力经传动系统分别输送至行走装置和割台,驱动机器行走和割台各工作装置的运动;在分禾装置的作用下,机器正前方待割与侧边交叠区域相互缠绕的谷物植株被剪断分开,从而将不割的谷物植株推开;机器正前方的谷物植株在扶禾器和拨禾星轮的作用下被拨向割台,被主切割装置割断;割断后的谷物植株在拨禾星轮作用下,进入由扶禾器和割台机架组成的输送通道,在扶禾器组件和上、中、下三条带拨指的输送链共同作用下向割台一侧的排禾口输送。离开割台后,谷物植株借助重力和惯性的作用,下端先着地,上端后倒向地面,在割台一侧形成条状摊铺。

3. 主要产品的技术性能

1) 凯斯 WD 自走式割晒机

如图 9-33 所示,凯斯 WD 自走式割晒机及其配套的高性能拨禾轮割晒台、往复式牧草台将为用户收获晾晒作业提供更高的作业效率,更好的作业成果,更稳定的机器性能。凯斯 WD 自走式割晒机采用凯斯涡轮增压柴油发动机,使机器无论在重负荷、潮湿环境还是坡地作业条件下,都不会影响工作效率,保证用户更高的效益收获;双刀驱动切割系统,额定功率为 92.6 kW(126 Ps)。平稳的后桥悬挂系统可以提高驾驶速度,从而提升切割速度;单抛尾轮胎可以在泥泞条件下减少泥垢堆积,提升工作效率。机器左右两侧各有可从驾驶室调节的单独液压系统,方便用户根据切割地形自行设定切割路线。凯斯 WD 自走式割晒机可针对油菜和麦类的放铺割晒和干草切割晾晒,根据不同作物更换不同割台,适应性高,自走式万向轮更方便方向调整和收割作业。行业内领先的驾驶室设计,操控方便,为用户作业提供舒适方便的工作环境。

图 9-33　凯斯 WD 自走式割晒机

其相关参数见表9-9。

表 9-9 凯斯 WD1203 自走式割晒机技术参数表

参 数 项	参 数 值
型号	WD1203
发动机	机械式，四缸，排量 4.5L
额定功率/Ps	126
燃油箱容积/L	454
变速箱	静液压
传动	行星轮式
液压转向	静液压式
速度范围/(km·h⁻¹)	0~17 工作状态
	0~25.4 公路状态
带割台长度/mm	7125（HDX 割台）
无割台长度/mm	5138
高度/mm	3444
轴距/mm	3627
前轮宽/mm	3772
后轮宽（可调）/mm	2286/2667/3048
小离地间隙/mm	1080
割台驱动	液压驱动
割台浮动仿形	液压控制
割台倾斜液压控制	标准配置，操纵开关控制
主机质量/kg	4738
割幅/m	6.4
割茬高度/mm	19（割台倾角 8°时）
铺放形式	中间铺放
割刀形式	CNH 往复式割刀
转速/(r·min⁻¹)	1400
切割倾角/(°)	2~8
拨禾轮型式	6 副
弹齿材质	加强型塑胶弹齿
拨禾轮转速/(r·min⁻¹)	10~75

2）MacDonD60-5 割晒机

加拿大 MacDon 公司生产的 MacDonD60-5 割晒机（见图 9-34），主要用于收割小麦、大麦、水稻等多种作物，该机采用高地隙自走式地盘、水平输送带输送装置、中间条铺的铺放形式，整机的割刀、输送带、拨禾轮均采用液压传动，转速调节方便，振动噪声小，可对拨禾轮进行上下、前后调节，可对割台进行上下调节，也可进行倾角调节。

图 9-34 MacDonD60-5 割晒机

其相关参数见表9-10。

表 9-10 MacDonD60-5 割晒机技术参数表

参 数 项	参 数 值
发动机	康明斯 QSB-3.3，四气缸涡轮增压发动机
额定功率/Ps(kW)	99/(74)
最大转数/(r·min⁻¹)（无负荷状态）	2630~2650
怠速/(r·min⁻¹)	1100
电气系统/V	12
驱动系统	静液压，2 速电子转换
速度/(km·h⁻¹)	田地 17.7
燃油箱容量/L	378
割台长度/m	4.6/6.1/7.6/9.1/10.6/12.2
单刀质量/kg	1258/1484/1660/1981/2181/2352

3）4S-150 型多功能割晒机

河北省农业机械化研究所有限公司生产的 4S-150 型多功能割晒机（见图 9-35），选用目前市场保有量最大的小型拖拉机为配套动力（≥25 Ps），采用前悬挂正配置挂接形式，割台工作幅宽为 1500 mm，采用加高扶禾器高度的方法，这样可以使割倒的谷秆被整齐地挤压排出。在割晒机的出口端，设计加装了防缠绕装置，将谷物秸秆和传送链强行分离开，避免发生缠绕。机架可与拖拉机进行挂接并用来安装和支撑各工作部件，往复式切割器置于机架底部,割刀上方为扶禾器,割刀至每层拨禾链的尺寸分别以谷子和糜子植株的重心点作参考进行排列,上层扶禾秆可向上调整 30 cm 左右,以适应较高秆作物的收割。该机的主要技术参数为:割刀形式为往复式割刀,收割幅宽为 1800 mm,割茬高度≤150 mm,配套动力为小四轮拖拉机,适宜作业速度为 2~4 km/h。

图 9-35 河北省农业机械化研究所有限
公司 4S-150 型多功能割晒机

其相关参数见表 9-11。

表 9-11 河北省农业机械化研究所有限公司
4S-150 型多功能割晒机技术参数表

参　数　项	参　数　值
产品型号	4S-150
配套动力/Ps	15~28
作业幅宽/mm	1500
作业效率/(亩·h⁻¹)	10
输入转速/(r·min⁻¹)	850~950
铺放形式	右侧横铺
安装方式	前置悬挂
动力输入方式	后输出轴、柴油机皮带轮

4) 宁联 4SZ-150 型自走式水稻割晒机

如图 9-36 所示,该款自走式水稻割晒机可完成水稻的收割和侧向条放作业,整体结构紧凑、重量轻、机动灵活、操作简便、割茬低、不压撮,且不受作物行距和垄距的限制,广泛适用于大、中、小地块作物的收割,特别适用于泥泞地块的收割。

图 9-36 宁联 4SZ-150 型自走式水稻割晒机

其相关参数见表 9-12。

表 9-12 宁联 4SZ-150 型自走式水稻
割晒机技术参数表

参　数　项	参　数　值
产品型号	4SZ-150
配套动力/kW(Ps)	5.67(7.7)
割幅/mm	1500
生产效率/(hm²·h⁻¹)	0.33~0.45
外型尺寸/(m×m×m)	2.19×1.89×1.13
整机质量/kg	250
铺放形式	侧向条放
总损失率	≤1%

9.5.4　割晒机选用原则和选用计算

对于成熟不一致、杂草较多、面积小的平原地区或者梯田多的丘陵山地地区,一般建议选用自走式割晒机,因为其行走方便,小巧灵活。而拥有大面积田地的平原地区则选用拖拉机牵引式割晒机或者悬挂式割晒机,其工作效率更高。同时,割晒机价格也是重要的考虑因素,虽然同样是割晒机,但是价格会因为型号和用途的不同而有所不同。例如在割晒机里面能够自动捆绑的割捆机,它的价格通常在 7000 元以上。这对于拥有田地面积较少的用户来说并不合适,但是对于拥有田地面积较大的用户来说,采购这样一台割晒机却是一个很好的选择。

9.5.5　割晒机安全使用规程

1. 操作规程

按操作说明书要求安装机组，将进气管加高 35 cm。向各润滑点加润滑油，并进行试运转（先低速运转几分钟，再换成中速运转）。试运转结束后，停车检查轴承有无过热现象，动、定刀片，压刃器和摩擦片的间隙是否合适，对中调整是否正确，各铆钉、螺栓有无松动等。然后再对割晒机全面润滑一次。平整道路，填平田间横沟，铲平横埂，地头要割出转弯地头，地边割出 1 m 铺放地带。机组作业前，先空转几分钟，确认各部工作正常后，方可起步进行作业。起步应平稳，严禁猛轰油门。根据作物生产情况和收割时间选择适当的作业速度。一般来说，作物产量高，含水率高和早晨，应选用低速挡；作物产量低，含水率较低时，应选用高速挡。作业过程中，不得改变油门大小或使用离合器控制车速，以免发生堵塞而损坏机件。如需要调整作业速度，应通过换挡位来实现。如发现有堵塞现象，应切断动力，排除故障后再作业。收割路线的选择：作物生长正常，可采用绕圈、双向铺放的收割方法；作物倒伏，可逆倒伏方向切割或与倒伏作物呈 45°方向切割，有风时应逆风向收割或垂直于风向切割，顺风铺放。如不能满幅作业时，应使作物靠输出侧进行收割。需要调整前进方向时，应缓慢转向，以免割台摆头，扶禾器拨倒作物。收割过程中，如需倒车时，必须升起割台；机组转弯时，应切断动力，升起割台后减速行驶，转弯后降下割台，结合动力，待机组运转正常后，再进行收割；机组需转移地块时，应将割台升至最高位置，用联锁装置锁牢，中速或低速行驶，切忌碰撞。每天作业结束后，应将割台落到事前准备好的垫砖或木块上，然后再停车，不能悬挂放置。

2. 维护

（1）对传动轴承要加注钙基润滑脂。动刀片、定刀片、压刃器、传动和输送链条部位每 2~4 h 加注一次机油。

（2）作业后取下传动和输送链条，用煤油或柴油清洗干净，晾干后在热机油中浸泡 15~20 min，以延长使用寿命。

（3）对磨损、变形、损坏部件要及时修理或更换。

3. 保养

存放时要彻底清除灰尘、污泥及缠草，卸下传动件，并停在干燥、通风和防雨处。割晒机在室内存放时，室内应平坦、干燥。露天存放时，底部应垫以支承物，并有防晒、防雨设施。长期存放时，应将输送带放松或挂起。

9.5.6　常见故障及排除方法

1. 输送部位产生故障

割晒机在工作时输送部位产生故障，主要体现在输送部位堵塞，使割晒机不能正常工作。产生故障的原因主要有以下几个方面。

（1）割晒机前进速度过快，割刀负荷突然增大，不能完成过多的收割任务，从而使谷物卡死在机器的某个部位，将输送部位堵塞。

（2）割晒机工作的行距过多，谷物行距过密，致使输送部位的谷物过多，割晒机的零部件的负荷加重，从而造成输送部位的堵塞。

（3）由于割晒机使用时间过长，农机手没有对割晒机进行定期的保养与维修，导致割晒机的上下输送带呈现松弛状态，割晒机负载后松弛的皮带就会出现打滑现象。割晒机的输送部位出现堵塞，也有可能是由于脱槽被皮带轮的卷边卡住。

对输送部位故障的排除可以从以下几点考虑：

（1）检测分禾器和刀梁的接点是否出现松动，检测的办法是用手摇动堵塞的部位，如果是此原因导致割晒机的输送部位出现故障，农机手要立即对其进行修理，使割晒机能够正常工作。

（2）降低割晒机前进的速度。农机手驾驶割晒机时应该始终保持匀速前行，不要过快也不要过慢，保证喂入口的谷物量是均匀的，这样就不会加大农机零部件的负荷，利于维持割晒机正常运转。

（3）减少割晒机收割的行数，减轻割晒机

的工作量，使割晒机能够正常工作。

（4）将松弛的上下输送带进行紧固，保证输送带能够正常工作，不至于出现打滑现象。

（5）使用维修工具清理缠绕零部件的杂草。在清理时，农机手需要注意在清理之前要将车熄火，不要使用手指进行清除，以防受伤。

2．产生漏割故障

首先，可能因为农机手操作不当，对割晒机的使用方法了解不够，在操作时失误较多，从而导致漏割现象，如农机手在行走中急打方向杆、硬地里使用防滑轮进行作业等，从而使割晒机跳动。其次，割晒机长期使用，农机手却没有进行定期的保养、维修，由于年久失修，从而导致割晒机的刀片磨损严重、不锋利，在进行谷物的收割时由于刀片过钝而导致漏割。最后，农机手没有对零部件进行润滑、更换，这会使刀杆边连铜套产生严重的磨损，进而引起漏割现象。

农机手一定要按照使用说明书对割晒机进行操作，从而杜绝操作上的错误，漏割的问题也会排除掉。农机手要对割晒机进行定期的保养，对割晒机的零部件及时进行润滑、维修及更换，特别是要保证割晒机的割刀的锋利和长期使用，还要及时更换磨损严重的刀杆边连铜套。

3．割台停止工作

在进行谷物收割时，如果出现割台停止工作的现象，农机手可以从以下几方面考虑产生故障的原因。

（1）农机手在对割晒机使用后，没有按时对其进行维修、保养，从而导致割晒机的一些零部件出现问题，引起割台停止工作，如定刀片、动刀片的铆钉出现松动，农机手没有及时拧紧，使割台停止工作。

（2）在驾驶过程中，由于农机手粗心驾驶，没有发现前行路上的硬物，如铁丝、木棍、石块卡住刀片，使刀片不能工作，引起故障。

（3）农机手没有对轴承加足润滑油，造成轴承损坏。

（4）皮带轮或传动皮带出现故障，引起割台停止工作。

农机手要按照说明书对割晒机的零部件进行定期的维修、保养以及更换，保证割晒机的长期使用。出现松弛的零部件要拧紧，需要调换的零部件要加足润滑油，已经损坏的零部件要进行更换。

9.6 装有拾禾器的谷物联合收获机

9.6.1 概述

1．定义

装有拾禾器的谷物联合收获机是一次完成谷类作物的拾禾、收获、脱粒、分离茎秆、清除杂余等工序，从田间直接获得谷粒的谷物收获机械，简称谷物联收机。有些谷物联收机经局部改装和调整后，还可收获豆类、向日葵和牧草种子等。其优点是劳动生产率高、劳动强度低、能赶农时、适宜地块面积大的地方使用，但在生产规模较小的情况下作业成本较高。

2．用途

装有拾禾器的谷物联合收获机主要用于麦类作物的联合收获，在田间可一次完成拾禾、收获、脱粒、分离和清选等项作业。在分段收获时，可捡拾晾晒后的谷物条铺，并完成后续作业。当在谷物联合收割机上增加附属装置（如大豆低割装置等），或经过适当的改装和调整后，可以收获水稻、玉米、大豆、谷子和高粱等谷类作物。

3．国内外发展概况及发展趋势

1）国内发展概况及发展趋势

国内谷物联合收获机起步较晚，早期以模仿及从苏联、美国、加拿大等国家进口为主。我国从1947年起从国外引进谷物联收机，在东北和华北国营农场使用。1956年开始生产牵引式谷物联收机。1965年开始生产自走式谷物联收机。1958年起研制半喂入式水稻联收机（可兼收小麦），70年代初已定型生产。至1985年，我国谷物联收机保有量达34 573台。我国针对谷物联合收获机的研究与生产以中小型为主，大喂入量联合收获机还处于研究和生产的起步阶段。由于中、小型联合收获机的收获质量良好，机器整体结构简单紧凑、小巧灵活，道路的通过性和对作物的适应性好，操作可靠，转移方便，适应当前我国广大农村的经济条件水平和土地经营方式，因此，几年来一直保持产销两旺的发展态势，就市场保有量和销售潜力而言一直是目前我国谷物收获机市场的主体和跨区作业的主要机型。

国内生产的中小型谷物联合收获机的脱粒装置结构形式主要有两种：切流、切流＋轴流。如中国收获机械总公司生产的新疆-4、新疆-6联合收获机，福田雷沃国际重工股份有限公司生产的谷神-3，佳木斯联合收割机厂生产的3060、3070和3080等产品均为切流脱粒结构形式；洛阳中收机械装备有限公司生产的新疆-2、新疆-3.0，福田重工生产的谷神-2、谷神-2.5等均采用切流＋轴流脱粒结构形式。

近年来，国内各联合收获机企业加大了对大、中喂入量机型的研发投入，并取得了显著的成果，实现了 $6 \sim 8$ kg/s喂入量机型的产品化，如洛阳中收机械装备有限公司的4LZ-6自走式纵轴流谷物联合收获机（双纵轴流机型）、江苏沃得农业机械有限公司的DC60谷物联合收获机、山东时风集团的6158型自走式纵轴流谷物联合收获机、江苏常发集团的CF806联合收获机、福田重工的GN70纵轴流谷物联合收获机、奇瑞重工的4LZ-8F多功能联合收获机8000C、吉林东风机械装备有限公司的东风E518机型、中国收获机械总公司的喂入量为8 kg/s的4LZF-8自走式多功能联合收获机等。但是，这些产品基本上是在原有小型收获机的结构基础上，采取加大动力、优化脱粒系统、改进清选装置等一系列措施升级而成，由于受到原有结构的限制，喂入量的进一步提升受到限制，因此并不能真正满足市场对大、中型收获机的迫切需求。

中国农业机械化科学研究院承担的国家高技术研究发展计划（863计划）"高效收获分离清选技术研究"课题，对大喂入量脱粒分离技术与装置、大型收获机用高效清选技术与装置和行走静液压驱动底盘等关键技术进行攻关，对稻麦豆等作物的收获、输送、动力传递等现有技术与装置进行改进，集成研制了具有自动导航、故障诊断、流程检测、参数调控等总线技术的4LZ-10自走轮式多功能谷物联合收获机，喂入量达到10 kg/s，该机的研制成功，实现了我国联合收获机向大型高效、多功能以及智能控制方向的发展，促进了我国粮食作物田间生产装备技术的升级。

目前及今后一段时期，我国仍以大中型谷物联合收获机为发展方向，在提高现有机型可靠性的同时，向机电液一体化、智能化和信息化方向发展；开展大型自走式谷物联合收获机及主要工作部件的研发，智能化、信息化技术将得到应用，配套动力在200 Ps以上，具有兼收小麦、水稻、大豆、玉米、油菜等多种农作物的脱粒清选装置，主要工作部件实现自动控制，并配置高舒适性的空调驾驶室、电液操控和自动驾驶相结合的操控系统、全液压驱动系统，以及具有测产、地理信息、机群管理、远程服务等内容的信息系统，进一步缩小与国际先进机型的差距。

2）国外发展概况及发展趋势

1828年美国公布的第一个谷物联合收获机专利，提出把收获和谷物脱粒联合在一起的机器的方案。1834年出现用畜群牵引、通过地轮驱动工作部件的谷物联合收获机的样机。1890年发明了由蒸汽机驱动的自走式和牵引式谷物联收机。1920年左右，美国小麦产区开始推广由汽油拖拉机牵引的谷物联收机，到第二次世界大战期间已大量使用。苏联于1925年，英、法、德等国从1928年起分别从美国引进并改制谷物联收机。1938年前后，美国开始使用自走式谷物联收机。到20世纪60年代中、后期，美国生产的自走式谷物联收机已占谷物联收机总产量的90%～95%，苏联已全部生产自走式谷物联收机，并逐步用柴油机取代汽油机作为动力。60年代末，在谷物联收机上开始使用电子监视装置。70年代中期，欧美的一些公司开始生产轴流滚筒式谷物联收机。近年来，国外大型谷物联合收获机的技术发展方向是将收获作业逐步迈向完全自动化，广泛采用液压驱动、电子监测系统、自动化控制系统,如采用传感器对谷物属性进行在线监测,采用GPS辅助系统进行综合管理等,提高谷物联合收获机的作业质量,实现高效、可靠、精准化作业,使联合收获机的使用效能达到最佳化。国外著名的大型谷物联合收获机制造企业主要有:美国的约翰迪尔公司、凯斯·纽荷兰公司、爱科集团,德国的克拉斯公司、道依兹-法尔公司,意大利的奇科里亚公司、萨姆道依兹-法尔集团公司以及奥地利的温特斯泰格公司等。

国外谷物联合收获机近年来逐步向完全自动化收获作业的方向发展,向着高效率、高质量、高智能、高舒适方向发展,在新技术、新材料上不断突破。目前国外大型联合收获机采用了更高效的脱粒分离清选系统,发动机功率更是大幅提高,小麦日收获最高可达到500 t,粮箱容量最大为12 m³,收获机连续工作时间大大延长。国外联合收获机生产企业对脱粒分离清选装置进行了深入研究与技术改进,大量配备新型物料喂入调节装置、清选系统自动调平装置,广泛采用改进后的新型分离系统,并装有脱粒回流性能监控系统,开始采用流量加速分离器式的辅助分离机构等,这些新技术的开发与新装置的应用极大地提高了联合收获机的收获质量,降低了籽粒的损失率。

自动化、智能化是联合收获机发展的必然趋势,目前国外先进的联合收获机大部分已实现对收获谷物的信息、部件作业状况的在线监测,并可调整其工作参数;成功开发并大量应用先进的控制系统,如全自动导向系统、自动驾驶系统、脱粒滚筒恒速控制系统、作业速度自动控制系统等。未来的联合收获机必将更加广泛地采用数据采集技术、智能控制技术,不断提高联合收获机的智能化与信息化水平,实现对收获过程中各种工作信息的智能化管理与自动化调整,并将不断提高远程故障诊断能力。

良好的操作环境能够提高驾驶员操作的舒适性,降低工作强度,也可延长连续工作时间,因此,能实现智能调节温度、有效降低噪声

以及采用全封闭透明的驾驶室是必然的发展方向。配备先进的辅助驾驶系统能够降低驾驶员的工作强度,提高收获作业的可操作性,因此,国外大部分联合收获机都配备了控制手柄和液晶触摸显示屏,方便对联合收获机各种工作部件参数进行设定和调整。

9.6.2 分类

1. 按动力配置和挂接形式划分

1)自走式谷物联合收获机

自走式谷物联收获机能自行开道,机动灵活性好,转换作业地块方便,劳动生产率高,具备独自的动力系统,机器设计过程中整体程度高,作业过程中对于谷物的适应性好;但是机器所需的配套动力较大,并且其发动机的年利用率较低,收获后对于作物秸秆处理还有一定的优化空间。总体来说,自走式谷物联合收获机是现阶段较为合理且具有发展价值的机型。

2)拖拉机牵引式谷物联合收获机

牵引式谷物联收机的构造较自走式简单,用作牵引动力的拖拉机在非收获季节可移作其他作业的动力,具有结构简单、购买成本低的优点,但在使用前需进行安装,作业时的机动灵活性较差,在每一地块上开始作业前均需用人工或其他类型的机械先行开道。

3)悬装式谷物联合收获机

悬装式谷物联收机兼有牵引式和自走式的优点,但拖拉机手的驾驶座不够高,对机器前方地面的视野差,且机器的重量分布和传动配置受拖拉机结构的限制而难以合理设置,从而影响机器的稳定性和操作性能。

4)半悬装式谷物联合收获机

半悬装式谷物联收机同拖拉机的联结较悬装式简便,适应地形变化能力强。

2. 按作物喂入脱粒装置的方式划分

1)全喂入式谷物联合收获机

全喂入式谷物联收机的特点是将带穗禾秆全部送入脱粒装置,其收获各种作物的通用性较好,但所需功率较大,收获后茎秆断碎散乱,只能还田作肥料或用作饲料。一般用于收获小麦为主的联合收获机都是采用全喂入式。

2) 半喂入式谷物联合收获机

半喂入式谷物联收机的特点是使禾秆穗部进入脱粒装置、另一端被夹持输送,其所需功率较小,能保持茎秆相对完整,但对作物生长状况的适应性较差,不能收获玉米、豆类等作物。

9.6.3　典型谷物联合收获机的结构、组成、工作原理及主要产品的技术性能

1. 结构

谷物自走履带式联合收获机由拾禾器、输送装置、脱粒装置、分离装置、清选装置、集粮装置等组成(见图9-37)。

1—集粮位置;2—分离装置清选装置;3—脱粒装置;
4—输送装置;5—拾禾器。

图9-37　谷物自走履带式联合收获机

2. 组成

1) 拾禾器

拾禾器由滚道盘、主轴、曲柄、滚轮、滚筒圆盘、管轴、弹齿及罩环等构成。四根带弹齿的管轴装在滚筒圆盘上,管轴绕主轴心转动,同时还自转。管轴左端固定有曲柄,曲柄头部装有滚轮,滚轮在滑道内滚动。弹齿之间有薄铁板制成的固定不动的罩环,弹齿在相邻两环的缝隙内运动,进行拾禾作业。

2) 输送装置

输送装置是将拾禾器收集后对喂入的植株进行运输的装置,通常情况下它连接了拾禾器与脱粒装置。输送装置的结构包括输送槽体和齿形输送链,通过输送链条的往复转动带动作物的同步运动,并将收集的谷物均匀地喂入脱粒装置。输送装置具有结构简单、功能可靠的优点,但在输送形式、防止谷物打滑、防止堵塞等方面仍有优化的空间。

3) 脱粒装置

脱粒装置是谷物联合收割机的核心部件,它不仅在很大程度上决定了机器的脱粒质量和生产率,而且对后续的分离、清选等工序也有很大影响。它主要由喂入装置、高速旋转的滚筒和固定的凹版组成,按照滚筒结构的不同可分为纹杆式滚筒、钉齿式滚筒、双滚筒式、轴流式滚筒四种。

4) 分离装置

分离装置是将谷物颗粒与茎秆进行分离的结构,其原理就是通过反复的冲击和振动,谷物颗粒穿过茎秆和底部筛网结构,从而实现秸秆与谷物的分离。

5) 清选装置

分离后的谷物中通常含有大量的杂物和秸秆细碎,要将谷物进行清选通常的方法是利用风机吹除谷物中的茎秆、杂草及其他较轻的杂质,再通过筛网进行筛选。

6) 集粮装置

集粮装置主要用来对清选后的谷物进行收集,根据割台幅宽和谷物联合收获装置效率的不同,集粮装置的容积也各不相同,除对谷物进行收集外,集粮装置还具备将谷物卸出的功能。通过粮仓与液压缸的配合,能够方便地将谷物卸出,放置于地面或直接装入运粮车中。

3. 工作原理

1) 拾禾器

工作时,拾禾器的主轴顺时针转动,管轴随滚筒圆盘公转,曲柄滚轮在半月形的滚道中滚动(滚道盘固定不动)。当滚轮沿直滚道滚动时,又带动管轴顺时针自转,弹齿伸出,而这时弹齿的位置正好在拾禾器的前下方,因而能向上捡起作物条铺,并向后送给收割台螺旋及扒指。在将作物送至罩环尾部时弹齿又缩回,避免回挂作物,完成拾禾作业。

2）输送装置

输送装置分为链耙式、带耙式和转轮式三种。

链耙式输送器由主动链轮、从动滚筒或链轮、装在套筒滚子链上的 L 形或 U 形齿板链耙和输送槽等组成。当输送槽宽小于 1.2 m 时，采用两排套筒滚子链，其上固定一排 L 形或 U 形齿板。输送槽宽大于 1.2 m 时，采用三排套筒滚子链，左右两排齿板应交错排列，以防作物不能及时被抓取而造成堆积现象。输送槽应具有较强的刚性和较好的密封性。其结构有中间不带隔板和带隔板两种。不带隔板的结构简单，安装调整较方便；中间带隔板的可将输送槽分为上下两室，作物被链耙抓取后经下室喂入脱粒装置，因而将在输送过程中产生的大量灰尘隔在下室，可减少尘土的飞扬，改善驾驶员的劳动条件。

带耙式输送器用于全喂入的中、小型悬挂式联合收割机上。由主动轮、从动轮、长输送槽和装有 L 形齿板的平胶带或橡胶帆布带组成。其结构较链耙式简单，但传动强制性较差。输送带的结构随机型的大小而决定，中型机器采用特制宽胶带，小型的则采用帆布带，并在其底部两边各镶上普通胶带，以增加帆布强度。

转轮式输送器通过一个或多个转轮轮叶将作物从割台螺旋输送器输送到脱粒装置，可减少作物喂入脱粒装置时的不均匀性，从而消除了喂入量短时间的跳动现象，因此，它对作物层的适应性较好，对多种作物的输送适应性也较好。

3）脱粒装置

纹杆式滚筒是利用滚筒的纹理与凹版之间的反复摩擦来实现脱粒的一种模式，其在脱粒过程中既能保证良好的脱粒效率又能有效减少谷物损伤和秸秆折断，可适应多种谷物的收获，应用范围较广。钉齿式滚筒的脱粒原理是利用钉齿的梳刷和打击作用来进行脱粒的一种模式，其对作物茎秆的抓取和脱粒的能力都比较强，能适应湿度较大的脱粒工作，但工作过程中秸秆容易破损，同时其凹版的分离能力较弱，仅适用于稻麦两熟地区的谷物联合收获机使用。双滚筒式的脱粒方式是通过前后两组滚筒共同完成的，通常来说前组滚筒选用纹杆式滚筒和钉齿式滚筒，利用较低的转数可以将绝大多数的谷粒进行脱离，而后组滚筒选用螺纹形式，利用较高的转速实现对较难脱粒的谷物进行脱粒，以实现较高的脱粒效率。双滚筒式具有谷物损伤小、收获质量高的优点，但是也存在着结构复杂、秸秆破损率高的缺点。轴流式滚筒是沿切向进行旋转脱粒的滚筒形式，当谷物的植株被喂入后会随着滚筒作圆周运动，同时，在导向板的作用下进行轴向移动。通常情况下轴流式滚筒的脱粒能力较强，但脱粒时间较长，脱粒结构所占空间较大。

4）分离装置

分离装置常用的有键式、平台式和分离轮式三种，结构完善的分离装置要求其分离损失（夹在秸秆里排走的谷粒损失）应在脱出谷粒总重量的 0.5%～1.0% 范围内。

键式分离装置是目前联合收获机中应用最广的一种分离装置（部分脱粒机中也有采用）。其特点是对脱出物抖松能力很强，适用于分离负荷较大的机型中。由 3～6 个呈狭长形箱体的键并列组成，由曲轴传动。这些键依次铰接在驱动曲轴的曲柄上，各键面不在同一平面上，当曲轴传动时，相邻的键此上彼下地抖动。进到键面上的滚筒脱出物被抖动抛送，谷粒与断穗等细小脱出物由键面筛孔漏下，秸草则沿键面排往机后。键式分离装置有双轴式和单轴式两种不同方式。单轴键式分离装置由一组键、一根曲轴和数个摆杆组成。键与曲轴曲柄在键的中部相铰接，相邻的摆杆则交替分设在键的中部相铰接，相邻的摆杆则交替分设在键的前端和后端铰接，曲柄与摆杆构成曲柄摆动机构，曲轴旋转时，键面各点的运动轨迹不同（一端为立椭圆，另一端为卧椭圆，曲轴处为圆），键面各段具有不同的抖动和抛送能力。立椭圆运动段上下抖动作用强，卧椭圆运动段水平输送能力大。由于相邻键的摆杆交替分设在前端和后端，各个键面不同的抖松能力可互相配合，使分离能力提高。单轴键式分离装置结构比较复杂，目前应用较少。双轴键式分离装置由一组键、两根曲柄半径相等的曲轴组成(其中一根曲轴为主动轴)。键和两个曲柄形成平行四连杆机构。曲轴转动时,键面各点均作相同的圆周运动,前后的抖动抛送能力相同。因相邻键处于不同转动相位角,键面上的秸草脱出物受到垂直平面内各个键的交替抖动作用,使秸草脱出物中夹带的谷粒与断穗穿过秸草层,从键面筛孔漏下,秸草则沿键面往后排走,通常绝大部分谷粒在前部1/3～1/2段处分离出来。为了加强分离作用,常在键的上方(前部和中部)吊装1～2块挡帘,以阻拦秸草脱出物后移,增加键面对秸草的抖动次数,延长往后输送的时间,同时挡帘还可防止谷粒被脱粒装置抛出机外。双轴键式分离装置结构简单,工作性能好,目前应用最广。

平台式分离装置由具有筛孔的平台、摆杆和曲柄连杆机构组成,由曲柄连杆机构驱动。按支承方式分为双摆式平台和曲轴摆杆式平台两种,前者平台的前后端均支承或吊挂在摆杆上,由曲柄连杆机构驱动,平台面上各点按一定的摆动方向作近似直线的往复运动。后者平台的前端装在曲轴上,后端则支承或吊挂在摆杆上。曲轴转动时,前端台面上各点作回转运动,后端摆杆处作近似直线的摆动,其前部台面的抛扔分离能力较双摆杆式平台稍强。平台式分离装置工作时,台面上的秸草脱出物受台面的抖动与抛扔,使秸草中夹带的谷粒、断穗等穿过秸草层振落,并由台面筛孔漏下。分离出的谷粒等大多由设在平台下的振动滑板或其他输送装置送往清选装置。少数平台式分离装置本身带有底板,可将筛落的谷粒脱出物送走,秸草则沿台面向后送去。台面上方往往也吊装1～2块挡帘,用以阻滞和减缓秸草输送速度。平台式分离装置的结构比较简单,抖动分离能力较低,目前多用于中、小型脱粒机和秸草层比较匀薄,分离装置负荷不大的直流型联合收获机上,在少数横向喂入的大型脱粒机上也有采用。对大型联合收获机,因平台式分离装置喂入负荷小,运动时惯性很大,且装卸不便,故不宜采用。

分离轮式分离装置由1～2组串联的带齿分离轮和分离凹版组成。其结构及分离原理类似普通滚筒式脱粒装置。工作时,脱粒滚筒抛出的脱出物被分离轮齿抓入分离轮与凹版组成的间隙中,在连续几组旋转的分离轮作用下,脱出物中的谷粒靠离心力穿过凹版筛孔分离出来,秸草则被分离轮抛出。分离轮式分离装置具有较强的分离能力,并可根据作物情况调节转速和间隙,一般对潮湿作物适应性好。它比键式分离装置单位分离面积的分离率高一倍左右,在同样的宽度下尺寸较短,占机器的位置少,且分离性能受地面变化的影响小,但分离排出的碎秸草多(尤其秸草较干时),功率消耗较大。分离轮式分离装置目前仅用于脱粒机。

5) 清选装置

清洗装置的功用是将谷粒混杂物中的杂质清除干净,经清选的谷粒清洁率一般不低于98%,清选损失不超过0.5%。谷物联合收获机上采用的清选装置有风扇式、风扇筛子式和气流清选筒式。气流清选主要利用谷粒和混合物空气动力特性的差异而进行清选。当谷粒混合物落进清选装置的气流场中,由于受到气流作用力的不同而被分开。

风扇式清选装置是利用气流清选原理清除混在谷粒中的杂质。它的结构简单,但只能清除颖壳、碎草等轻杂质。目前大都用于筒式脱粒机和半喂入联合收获机。风扇式清选装置由风扇和构成气流通过的风道组成。按其工作特点可分为吹出型、吸入型和兼用型三种。吹出型的风道位于风扇出风口的前面,工作时,谷粒混杂物在出风口前落下,轻杂质沿气流通道被吹走,谷粒则由重力穿过气流场落下,进入集粮装置。吸入型的风道配置在进风口的前面,工作时,吸引气流将下落过程中的轻杂质吸入风扇叶轮后由排尘筒送出机外,谷粒则落入集粮装置。由于杂质通过排尘筒可输送至较远距离,因而作业条件比较干净,但对潮湿作物较敏感,同时功率消耗也比较大。兼用型为两者的结合,风道中既有出风口的吹出气流,又有吸风口的吸引气流,轻杂质经吸引风扇送出机外。

风扇筛子式清选装置主要利用气流吹拂作用并辅以筛子抖动作用,将混杂在谷粒中的大小杂质清除排走。由于它的清除效果较好,现在大多联合收获机都采用风扇筛子式清选装置。它主要由清选筛、输送谷粒混合物的抖动板、风扇和传动机构等组成。工作时,清选筛和抖动板作往复运动,谷粒混合物不断地由抖动板送往筛面,装于清选筛前下方风扇产生的风把谷粒混合物吹散,颖壳、细碎秸草等轻混合物被气流带出机外,吹不走的谷粒、长的碎秸秆和残穗等留在筛面向后移动,谷粒在移动过程中自筛孔漏下,碎秸秆由筛后排出,残穗则在筛尾处落入杂余输送器,送去复脱或重新分离。

气流清选筒式清选装置是利用风扇的吸气气流,使其通过清选筒时产生速度变化,从而将谷粒和颖壳、碎秸等杂物分开。主要由通风型吸气风扇、清选筒和喂入装置等组成。谷粒混合物自喂料抛射器沿切向高速抛入清选筒,谷粒等质量大的脱出物贴筒壁旋转下滑,由出粮口处落出,较轻的杂质旋转时获得的离心力小,比较集中于清选的中心部,被吸气风扇产生的高速气流吸走。含有轻杂质的气流经过吸气管道进入沉降室,气流因扩散而降速,且由于阻挡板使气流突然改变方向,使夹带在气流中较大的杂质和少数谷粒被截留下落,而悬浮在气流中的轻小杂质可继续流过沉降室进入吸气风扇排走。沉降室在排杂口前设有隔风板,打开排杂口前要先关上隔风板,以免漏气而降低清选质量。这种清选装置能分离出颖壳、细碎秸草等轻杂质,较大杂质由沉降室分离,谷粒、残穗等自出粮口盛接。气流清选筒式清选装置工作时尘土少,振动小,机器重量轻,但整个装置占用空间大,生产率较低,适于固定作业的脱粒使用。

6) 集粮装置

谷物联合收获机用集粮装置安装于机体后部一侧,通常为无盖的长方体箱体结构,由底板和四面的侧面板固定成一体,经收获脱粒并清选的谷物籽粒经输粮搅龙输送,从上方落入集谷箱内。主要由箱体、通过下端铰链安装于箱体外侧的可活动的侧面板、浮动挡粮架、

气动弹簧组成,可活动侧面板的下端铰接于箱体外侧下部,活动侧面板的两侧固定有与活动侧面板相垂直的呈扇形的侧板,两侧板间距离略小于箱体左右两侧面板间距离,与箱体左右两侧面板结合处的扇形的侧板上安装有弹性橡胶板。集谷箱上方固定有外侧上梁,活动侧面板的上侧内侧连接有浮动挡粮架,该浮动挡粮架是由两块扇形板和一块弧形板组成的一体结构,该扇形板的半径略小于呈扇形侧板的上端弧长,它于扇形板的圆心处通过铰链铰接安装于活动侧面板的侧板内侧上端角部,该扇形板与扇形侧板间还安装有气动弹簧,活动侧面板内侧固定有一组长条板导流板,该导流板与活动侧面板间的夹角为 $15°$,能使谷物在重力作用下呈波浪式下移,防止谷物籽粒堆积于活动侧面板上。当打开活动侧面板时,由于气动弹簧的弹力作用,浮动挡粮架绕铰链转动并向上弹升,直至为上梁限位。此时,集谷箱截面呈直角梯形,集谷箱容积增至最大。当关闭活动侧面板时,浮动挡粮架在上梁的限位作用下,克服弹性元件的弹力作用,绕圆心处即铰链处的转动,重叠于活动侧面板内侧,直至活动侧面板合上。

4. 主要产品的技术性能

1) 约翰迪尔 9670STS

该款装有拾禾器的收获机(见图 9-38)最大功率为 358 kW,配置智能动力优化管理系统,配备先进的监测系统和控制系统,可实现谷物湿度和产量的在线监测,自动导航精度为

图 9-38　约翰迪尔 9670STS 型装有拾禾器的收获机

0.33 m；其脱粒滚筒和清选风扇转速、清选筛片开度会依据作物及田间作业情况实现自动调整，整机在最大收获效率和最小收获损失两种模式下切换，能够进行智能收获。

其相关参数见表9-13。

表9-13 约翰迪尔9670STS型装有拾禾器的收获机技术参数表

参 数 项	参 数 值
主要适用作物	小麦、大豆和玉米籽粒等
发动机型号	JD6090
玉米割台工作行距	8行/650或12行/500
小麦割幅	625F/7.6
喂入量/(kg·s^{-1})	13
总清选面积/m^2	5.2
粮箱容量/L	10600
喂入驱动	变速
宽度/长度/(mm/mm)	1397/1727
分类类型	三作物流单纵轴脱粒分离系统
滚筒长度/直径/(mm/mm)	3124/762
滚筒转速/(r·min^{-1})	210～1000
凹版面积/m^2	1.1
分离面积/m^2	1.54

2) CaseIH8010

凯斯公司的 CaseIH8010（见图 9-39）为 303 kW，配备先进的控制系统与监测系统，可实时收集谷物和作业情况的信息，并据此自动调节工作部件，配置先进的全自动导向系统；配备自动调平清选系统，不仅能在清选筛面产生均匀气流，保证谷物清选的均匀性，还能显著降低噪声、减少能耗。

图 9-39 CaseIH8010 型装有拾禾器的收获机

其相关参数见表9-14。

表9-14 CaseIH8010 型装有拾禾器的收获机技术参数表

参 数 项	参 数 值
发动机	排量 9 L，气缸数 6 个，进气方式为涡轮增压，后冷却方式
传动系统	静液压驱动，最大行驶速度 8 km/h
油箱容积	燃油箱 620 L，液压油箱 480 L
切顶器	调整方式为液压控制
分禾器	倾角45°，高度调整为液压控制
刀盘数量	2 个独立刀盘，可反转，可拆卸
刀片数量	10 片，每个刀盘 5 片，可更换
刀盘中心距离/mm	630
喂入辊驱动方式	液压驱动，可反转
滚筒数量	11
滚筒宽度/mm	900

3) 德国克拉斯 LEXION 系列

该系列（见图 9-40）配备了加速预脱滚筒和液压防堵装置的脱粒系统，可根据喂入量的改变而自动调节凹版包角，保证稳定均匀地将谷物喂入脱粒装置；为适应不平整地面的作业，配备了立体清选筛和涡流风扇角度经过改进的射流清选系统，保证清选的效果和质量；配备先进的监测与控制系统，可实现自动驾驶，实时检测、显示并记录各部件的性能状况、谷物的湿度和产量信息，并据此调节各部件的工作参数。

图 9-40 LEXION 系列装有拾禾器的收获机

其相关参数见表9-15。

**表9-15　LEXION系列装有拾禾器
的收获机技术参数表**

参　数　项	参　数　值
割台宽度	V 1230(12.27 m)-V 540 (5.46 m)/CERIO 930 (9.22 m)-C 600(6.07 m)
脱粒滚筒宽度/mm	1700
脱粒滚筒直径/mm	600
杂余谷物分离系统	ROTO PLUS高效轴流滚筒2个,轴流滚筒长度4200 mm,轴流滚筒直径445 mm
JET STREAM清选系统	清扫器为涡轮式8片,清选筛总面积6.2 m²
粮箱容量/L	12 500
发动机	卡特彼勒,额定转速下的发动机功率为345kW(469Ps),最大输出功率为385kW(524Ps)
燃油箱容积/L	1150

4)中国红星-03

中国红星-03型装有拾禾器的收获机(见图9-41),最大功率为317 kW,喂入系统配置两个浮动喂入轮,加强喂入的平顺性,采用动力变速喂入驱动,以适应作物或行驶速度的变化;配备了螺旋喂入系统、恒速控制系统以及过载报警装置的轴流脱粒滚筒,螺旋喂入系统能够均匀稳定地喂入谷物,并保护脱粒滚筒免受其他杂物的影响,恒速控制系统使脱粒滚筒

图9-41　中国红星-03型装有拾禾器的收获机

的转速不因发动机转速和谷物状态的改变而改变,保证了脱粒的质量。

其相关参数见表9-16。

**表9-16　中国红星-03型装有拾禾器
的收获机技术参数表**

参　数　项	参　数　值
外形尺寸/(mm×mm×mm)	3500×2400×1720
有效宽幅/m	3.2
整机质量/kg	820
配套动力/kW	40~125
割幅/mm	3200
主轴转数/(r·min⁻¹)	550~760
割刀行程/mm	76.2
作业速度/(km·h⁻¹)	10~16

9.6.4　选用原则和选用计算

用户在购买联合收获机时,应该根据作业地区、收割对象、作业性质、厂家三包服务网点和配件供应能力等因素选购产品。

联合收获机产品种类较多,通常分为以下四大类。

(1)自走轮式全喂入联合收获机。此种机型比较适合华北、东北、西北、中原地区以及旱地环境作业,以收获小麦为主、兼收水稻,适合于长距离转移,是异地收获、跨区作业的主要机型。

(2)自走履带式全喂入联合收获机。该机型比较适合华中及以南地区的水旱地或水田湿性土壤作业,适用于小麦和水稻作物的收获。可以进行异地收获、跨区作业,但如果进行长距离转移,则需要汽车运输。

(3)自走履带式半喂入联合收获机。此机型主要适用于水稻收获,可兼收小麦,是中小型联合收获机中复杂系数最高的产品,价格也最高。与其他机型相比,收获后的粮食清洁度较高,并能适应深泥脚、倒伏严重的收获条件,同时还能保证收获后的茎秆完整。

(4)悬挂式联合收获机。悬挂式联合收获机是利用拖拉机动力来进行收获联合作业,有单动力和双动力两种。此种机型价格便宜,可以一机多用,但拆装比较麻烦,产销量在逐步下降。

如上所述,在选购联合收获机时,机器使用区域、收获对象和作业性质是要考虑的重要因素。此外,购买品牌机也是一种明智的选择。品牌机通常是指这类机器作业性能好、工作可靠、在市场上具有良好的信誉。

9.6.5 安全使用规程

1. 操作规程

(1) 作业前准备,检查各个部件是否完好。

(2) 无载荷启动发动机,低转速结合离合器,扳动操纵阀,使联合收获机减速,将拾禾器调整到正确收获高度。

(3) 收获机运行50～100 m后停车检查作业质量,需要时进行必要的调整,直至作业质量达到要求后再投入正常工作。

(4) 将脱粒离合器和割取离合器手柄扳到结合的位置。

(5) 将主变速手柄慢慢向前推,使机器开始工作。

(6) 作业时可用操纵阀和换挡来变速。

(7) 收获机作业时,驾驶操作人员应操作收获机直线作业,这样既可以提高作业效率,又可以减小收获机作业中的稻谷浪费。

(8) 因为被收获的作物条件差别很大,如作物品种、成熟程度、含水率、产量、作物高度及倒伏情况等各有不同,所以在使用联合收获机过程中,应针对作物条件的变化,适时调整机器的各个相关机构,以保证联合收割机的作业性能及效率。

(9) 在使用中应保持正常的温度规范、转速规范和负荷规范。

(10) 当作物开始进入脱粒口后,操作脱粒深度手动调节开关,使穗头处于脱粒深度指示标志的位置。

(11) 等到出粮口不再出粮后,将脱粒离合器手柄扳到分离位置。

(12) 检查机器各部件开关是否关好。减小油门,发动机熄火。将收割机驶回置放点并进行一定的检查与维护。

2. 维护

应该经常、及时地对联合收获机进行检查、维护和保养。对以下位置进行仔细检查和处置:①拾禾器有无损坏,各紧固部位是否松动;②过桥链耙是否松动,张紧度是否适当,及时调整坚固;③纹杆、凹版和滚筒轴承是否松动,及时调整和更换;④三角带和链条的张紧度是否适宜,带轮、链轮是否松动;⑤检查液压系统油箱的油位情况,油路各连接接头是否渗漏,法兰盘连接与固定是否松动;⑥检查发动机水箱、燃油箱、柴油机底壳水位和油位,不足时,应及时添加;⑦检查电气线路的连接和绝缘情况,有无损坏和接触;⑧检查滚筒入口处密封板、抖动板前端板、脱谷部分各密封橡胶板及各孔盖等处密封状态,是否有漏粮现象;⑨检查转向和刹车的可靠性;⑩清理发动机空气滤清器的滤芯和通气道;⑪驾驶室中各仪表、操纵机构是否正常。

如有任何异常情况,应及时进行补充、调整和修理,不能让机器带病工作,否则容易出现大的故障或损坏。新机或保养后的收割机,必须进行试运转磨合:①发动机试运转。根据检修保养内容,决定冷、热运转磨合,检查机油压力表、机油温度表、水温表是否正常,有无漏油、渗水、异常响声;②行走试运转。可按1挡、2挡、3挡、倒挡顺序,分别左、右转弯,检查转向机构、制动器是否灵敏,离合器联锁机构是否可靠;③拾禾、脱粒、分离、卸粮等工作机构试运转,检查监测仪表的可靠性和灵敏性。

3. 保养

定期对联合收获机各部分进行清洁、检查、紧固、调整、润滑、添加和更换易损零部件等作业。①联合收获机的清洁:清除机器上的颖壳、碎茎秆及其他附着物,及时润滑一切摩擦部位,外面的链条要清洗,用机油润滑;②发动机技术状态的检查:包括油压、油温、水温是否正常,发动机声音、燃油消耗是否正常等;③拾禾器的检查与调整:包括主轴、滚筒圆盘的转速,弹齿的运动情况是否符合要求;④脱粒装置的检查:主要是滚筒转速、凹版间隙应符合要求,转速较高,间隙较小,但不得造成籽粒破碎和滚筒堵塞;⑤分离装置和清选装置的检查:逐稿器的检查应以拧紧后曲轴转动灵活为宜,轴流滚筒式分离装置主要是看滚筒转动是否轻便、灵活、可靠；⑥其他项目的检查：焊接件是否有裂痕，各类油、水是否洁净充足，紧固件是否牢固，转动部件运动是否灵活可靠，操纵装置是否灵活、准确、可靠，特别是液压操纵机构，使用时须准确无误。

通过对联合收获机闲置时的保管确保其完整性：①打开机组全部窗口、盖板、护罩，认真清除机组内各处的草屑、断秸、油污；②卸下链条，用柴油清洗干净并浸没在机油中20 min后，用纸包好单独存放；取下胶带，清洗后晾干，抹上滑石粉，妥善保管；③更换各部位的润滑油，然后无负荷地转动几下；④在工作摩擦部位或脱漆处涂油防锈；⑤用水刷洗机器外部，干燥后用抹布抹上少量润滑油；⑥机器入库后把驱动轮桥和转向轮桥用千斤顶顶起并垫好垫木，机体安放平稳且轮胎离地，减低轮胎气压至标准气压的1/3；⑦把安全离合器弹簧和其他弹簧放松；⑧保存期间，定期转动曲轴10圈，每月将液压分配阀在每一工作位置扳动15～20次，为防止油缸活塞工作表面锈蚀，应将活塞推至底部；⑨发动机和蓄电池按其各自的技术保管规程进行保管。

9.6.6　常见故障及排除方法

1. 滚筒堵塞

作物过湿、过密，杂草多；行走速度过快；脱粒间隙小或滚筒转速低；传动皮带打滑；发动机马力不足；逐稿轮和逐稿器打滑不转；喂入不均等，都能引起滚筒堵塞。为了预防滚筒堵塞，在收割多草潮湿作物时，应适量增大滚筒与凹版的间隙；当听到滚筒转速下降声时，应降低机车前进速度或暂时停止前进；调整传动带的紧度；正确调整滚筒的转速和逐稿器木轴承的间隙。若滚筒堵塞，应关闭发动机，将凹版放到最低位置，扳动滚筒皮带，将堵塞物掏净。

2. 滚筒不净

主要原因是：滚筒转速过低、凹版间隙过大、作物喂入量过大或喂入不均匀；钉齿、纹杆和凹版栅条过度磨损，脱粒能力降低，或凹版变形造成脱粒不净；收获时间过早，作物过于湿润，脱粒难度大，致使脱粒不净。针对以上故障，可提高滚筒转速，减少凹版间隙，或降低联合收割机前进速度；更换钉齿、纹杆、凹版；适当提高滚筒转速和减少喂入量，可提高脱净率。

3. 筛面堵塞

主要原因是：脱粒装置调整不当，碎茎秆过多，风扇吹不开脱出物，使前部筛孔被碎茎秆、穗堵住，而引起推运器超负荷或堵塞；清洗装置调整不当，筛子开度小，风量小，风向调整不当，筛子振幅不够或倾斜度不正确，造成筛面排出物中籽粒较多，清选损失增大；作物潮湿或杂草过多，以致伴随清洁度降低。针对以上故障，应适当减少喂入量，降低滚筒转速或适当加大脱粒间隙，提高风量和改变风向，调整筛面间隙，以改善筛面和推运器的堵塞现象；调节筛子开度和风量；改变尾筛倾斜度，增加滚筒转速等。

4. 链条断裂

链条松紧度不合适；链条偏磨；传动轴弯曲，使链轮偏摆；链条严重磨损后继续使用；链轮磨损超过允许限度；套筒滚子链开口销磨断脱落，或接头卡子开口方向装反；钩形链磨损严重或装反，都会造成链条掉链、断裂和脱开。为预防此类故障的产生，必须使同一传动回路中的各链轮在同一转动平面内；经常检查链条的磨损情况，及时修理和更换；经常检查链条接头开口销的情况，必要时更换；矫直弯曲的传动轴，使链轮转动时不超过允许的摆动量；正确调整链条的松紧度；及时修理和更换超过磨损限度的链轮，正确调整安全离合器；及时润滑传动链条。

5. 启动故障

1）不能启动

用万用表或测试灯泡检查启动电机接线柱间有无12 V电压。如有，则说明启动电机没有故障；若没有，则说明启动开关接触不良，应修理或更换。

2）启动无力

蓄电池极桩接触不良（虚接），或蓄电池电力不足都会造成启动无力。应紧固极桩或充电，闭合灯系开关或喇叭开关，若灯亮度正常、喇叭响声正常，则电力充足，否则电力不足。

判断极桩虚接的方法是启动发动机,然后用手触摸极桩,如极桩发热则说明虚接。

6．充电故障

1）不充电

不充电可能是调节器或发电机存在故障。判断的方法是启动发动机,在怠速状态用导线(体)短路调节器电源和磁场端,看电流表反应,若无变化,可慢加油门,提高转速,若有充电电流,说明调节器损坏,应更换调节器;若仍无反应,说明发电机损坏,应修复或更换发电机。

2）充电电流过大

电流表的正常工作状态,应该是刚启动时充电电流较大,但几分钟后表针指示渐趋于正常。若长时间指示的充电电流过大,说明调节器损坏,应予以更换。

7．仪表故障

1）灯不亮

灯不亮多是保险丝烧断。如保险丝完好,可检查灯泡和导线接头。

2）指示仪表没有指示

仪表没指示,可接通电源,短路相应的传感器。如仪表出现指示,说明传感器损坏;若仍没有指示,则仪表损坏,应予以更换。

3）指示不回位

接通电源,仪表指示最高位,发动机工作时,指针不能回到正常指示。断开传感器,如仪表指示能回到零位,说明传感器短路,应予以更换;如断开传感器,仪表指示仍不能回零,说明仪表损坏。

9.7　谷物联合收获机

9.7.1　概述

谷物的收获是农业生产中的重要环节,必须及时进行,否则将造成损失。实现谷物收获机械化,对于确保粮食丰产丰收,改善劳动条件,有着极为重要的作用。谷物联合收获机是由中间输送装置、传动装置、行走装置、操作装置等将收割机和脱粒机连为一体的一种机具。它主要用于稻麦的收获作业,在田间一次完成对作物的切割、脱粒、分离及清粮等,直接获得清洁的籽粒。

1．国内发展概况

国内谷物联合收获机的研究起步较晚,早期根据从苏联、美国及加拿大等国家进口的谷物联合收获机进行仿制。20世纪80年代末期以来,呈现快速发展态势。先后研制出轮式自走式稻麦收割机、履带式自走式稻麦收割机,近年呈现出纵轴流稻麦联合收割机研究开发热潮,已经推出多款纵轴流稻麦收割机。我国谷物联合收获机中的中小型收割机技术水平处于国际领先地位,而大喂入量联合收获机还处于研究和生产的初级阶段,处于落后地位。

20世纪90年代初期以来,中小型联合收割机收割效率高,可以保证粮食及时收获,丰产丰收,农民使用方便,只需要简单学习便可操作,通过道路的能力和对小麦收获的适应性好,价格便宜,所以成为我国收割机的主要机型。但是我国联合收获机市场呈现出厂家多、品种杂、市场大的格局,质量好的几大产品几乎呈现出对市场的垄断趋势,所以各产品机型比较固定,尤其是其割台基本都只配备单一形式。从市场数量和销售潜力来看,中小型谷物收获机每年的销售额占收割机总销售额比例较大,所以当前我国市场大部分都是中小型联合收割机。如何改进中型自走式谷物收获机,使其可以实现多种谷物的收获,也是当前的一个发展方向。

随着我国农业科研水平不断提高,农产品的研发也取得了很大进展,农产品开始向国际化方向迈进。同时,农村土地生产结构也发生了调整,农村经济体制成功改革使农村社会生产力得到了解放,生产规模逐渐扩大。为了适应新时代的需求和国际化发展的大方向,联合收割机收割将逐步形成规模,一村或者一镇规模化统一使用收割机收割将成为新的趋势。

科研工作者对现代新技术在联合收割机上的应用方面做了有意义的探索。为控制联合收割机喂入量、前进速度等工作参数处在最佳工作状态,减轻驾驶员的劳动强度,提高收割机的工作效率,黄小英、陈树人研究了基于GPS的联合收割机的测速装置;介战等人应用模糊控制方法研究了关于联合收割机喂入量自适应系统；林伟等人也研发出了一种基于喂入量的联合收割机行走速度自动控制系统；为减少收割机的故障，保证收割机的作业质量，高飞对联合收割机主要工作部件检测装置进行了研究，通过转速变化分析实现联合收割机脱粒滚筒、风扇、籽粒搅龙及杂余搅龙部件堵塞故障判断并进行故障预警和声光报警；赵建波运用模糊神经网络及嵌入式技术对联合收割机负荷反馈智能控制系统进行了研究；李国栋对脱粒滚筒智能恒速控制装置进行了研究；魏新华等构建了联合收割机工作过程智能监控系统的总体架构，研究了联合收割机清选夹带损失监测装置、负荷反馈控制装置、机械系统故障监测装置、液压系统故障监测装置和电气系统开机自检装置的系统集成，并设计了一套集成显示处理终端，实现了各装置模块工作参数的集中设置，各装置模块所测联合收割机工作状态参数的集中显示、报警和存储。

为拓展联合收割机的功能，提高利用率，实现一机多用，广东阳江、山东巨明等企业先后发明互换割台用联合收割机底盘与割台连接装置，并获得专利。联合收割机底盘通过悬挂装置配合不同割台，相应部件稍作调整便可实现小麦、玉米的收获作业。山东金亿、陕西渭通等公司在对通用机型的传动部件和底盘进行改进的基础上，研制出在小麦联合收割机上配套使用的玉米收割台，通过更换割台及相关调整即可实现两种作物的收获作业达到一机两用。这些技术探索已取得进展，但成熟度较低，可靠性及适应性与国外先进水平还有差距。

为了达到更高的经济效益，国内联合收割机企业去国外先进企业交流学习，对国外的大型自走式谷物联合收获机进行了系统消化吸收，尤其是设计和制造技术，同时加大了大中型喂入模式的研发投入，通过学习和完善，不断缩小自身与国外的差距，取得了很大进步，现在已经基本实现了 $6\sim8$ kg/s 喂入量机型的产品系列化生产。如山东时风集团生产的6158型自走式纵轴流谷物联合收割机、福田重工生产的 GN70 纵轴流谷物联合收割机等。但

是，由于受到传统思维模式的禁锢，这些公司生产的产品在外形和内部结构上基本没有太大改动，仅在原有的小型收割机的结构基础上稍作改进，比如加大整机功率，增加割台的收割面积等一系列措施将原有喂入量增大一些，但是由于没有结构上的创新改动，无法将大马力发动机与割台传统系统以及整机结合起来。同时，国内并没有对伸缩式或折叠式割台的深入研究，也没有类似产品，所以喂入量很难取得更大进展，不能实现大中型收割机的量产，因此，也无法满足市场对大中型收割机的需求。

作为一种重型农用机械，联合收割机结构较为复杂、技术含量高，其研发和改进往往需要较多资金和一定的技术积累。目前，我国联合收割机和国外发达国家的机型相差约 $2\sim4$ 代。发达国家研发的联合收割机多为通用型机器，一机多用，且各种先进技术在联合收割机上的运用也都比较成熟；而我国在通用型联合收割机技术领域起步晚、进展缓慢，虽然有些科研工作者在对多功能联合收割机方面进行着积极探索，但是在实用性及可靠性方面和国外机型还有很大差距，且不能做到通用化、系列化及标准化。我国大部分农机企业规模小，品牌多而杂，市场竞争优势不明显。一些关键部件还无法自主研发，只能仿制国外大型联合收割机割台、过桥、清选筛等部件技术来完成对大喂入量收割机的制造。但是由于精密部件都是引进和仿制的，无法达到技术要求，所以对一些零件之间的配合不够了解，无法达到预期目标，影响了零件之间的相互作用，使得收割机难以长久使用，每年都会出现很多产品质量问题，比如液压失灵，皮带、轴承等易损坏部件的损坏或者谷物收获时损失太多等。尽管这些年一些农机企业对联合收割机通用化技术做了一些探索，但与世界发达国家相比还有很大差距。

2. 国外发展概况

18—19 世纪，美、英等国已经有许多人研制和设计联合收割机，有人还获得了专利、制造出了样机，但基本都不具备实用价值。直到 20 世纪 20 年代，联合收割机首先在美国小麦

产区大规模使用,随后迅速推广到了苏联、加拿大、澳大利亚及西欧诸国。

1990年以来,随着对大喂入量收割机的需求越来越强烈,国外联合收割机制造商为达到作物收割的要求和获取更多利益,加大了对大喂入量自走式谷物联合收割机的投资,通过对拨禾轮转速以及对大功率发动机的研究,联合收割机的喂入量从4~5 kg/s发展到9~10 kg/s。此外,在很多方面都做出了重大技术改进,比如增加液压缸来调节拨禾轮高度,增加过桥长度提升输送能力,使得在保证联合收割机收割率的同时,提高了生产效率。约翰迪尔公司生产的STS收获宽度可达11 m,纽荷兰联合收割机的CR9000,其收获宽度甚至可达13.7 m,大大提高了收获效率。

进入21世纪,国外的联合收获机收获工艺流程更加合理,其可靠性和适应性有了很大提高,同时也从各方面采取措施减少非生产时间,提高时间利用率,如采用快速挂接割台来提高生产效率。新一代联合收获机在提高发动机功率、创造舒适和安全的工作条件、减少籽粒损失和破损等方面广泛采用了电子学技术,使其功能更加完善,且融入了机电一体化、自动化及智能化新技术,采用计算机模拟设计、试验,对收割机的作业参数进行有效的实时监测、调控。

随着经验的积累,国外大型自走式谷物联合收获机生产厂家每年都有与谷物联合收割机相关的新专利。同时,联合收割机制造技术基本成熟,并且随着液压知识水平和智能化知识水平不断提高,创新速度也逐渐加快。趋向于使用大功率发动机,大多采用涡轮增加发动机,以此提高收获机功率,使得在不降低收获机基本的收割、脱粒、清洗等功能的同时,提高其喂入量,从而促进了更大喂入量收获机的研究。

此外,部分发达国家的农机企业通过产品零件的标准化,在不断改进收割机结构和提高收获率的同时,还极大地降低了成本,提高了联合收割机工作耐用性。

近几年,国外的先进企业联合收获机都向通用性的方向发展,其中割台是其不可缺少的部分。凯斯公司的代表机型为CaseIH8010,其柔性仿形割台可根据田间作业情况进行自动调节,提高对低矮作物的切割效果;纽荷兰联合收割机CR9000,其仿形割台可以自动控制割茬高度,并配备新型浮式作业系统;德国克拉斯公司的代表机型为LEXION系列,其柔性割台配备方向和高度均可在一定范围内自动调节,同时还配备了灰尘吸附装置;美国爱科集团的麦赛福格森9000系列,其联合收获机的拨禾轮可以自动调节转速,可以使其在收割时减少籽粒损失。

国外研发的现代化联合收割机普遍采用模块化设计技术,首先将底盘设计成一个通用性很强的平台,根据收获作物的特点选择配置相应的割台,脱粒、清选装置一般是通过调节参数来满足不同作物的要求。如美国迪尔公司生产的S660联合收获机,根据收割作物可选配水稻、小麦割台,大豆挠性割台、玉米割台等,割台全部采用快速挂接技术,一个人几分钟便可完成割台更换,从而达到通用联合收割机一机多用的目的。再如加拿大麦赛福格森公司的MF760联合收割机,配有几种不同割幅的割台,以适应不同产量的地块。高度的系列化、标准化大大加强了联合收割机的通用化水平,不仅提高了机器的利用率,减少了生产投入,也给用户带来使用维护方面的方便。

3. 发展趋势

1) 大型化

联合收割机收割宽幅扩大,发动机动力加大,喂入量增大,以提高联合收割机生产率,降低作业成本,同时为联合收割机的通用化提供平台,也为更多的先进技术在联合收割机上应用提供载体。

2) 智能化

逐步融合现代信息技术、微电子、传感器技术与自动控制技术、机电液一体化技术等,实时监测和监控发动机工作状态及联合收割机作业状态,如发动机水温、油压、转速监测;脱粒部件转速、扭矩、收割机切割高度、谷物损失量监控;粮箱填充量、谷物水分、谷物流量监测;收割机位置、作业路径实时显示等,以提高机器工作性能、效率和适应性。

3）舒适化

改善驾驶员工作条件、提高工作环境的舒适性，是增加作业时间、提高工效和收割质量的重要保证。不仅需要驾驶室减震、隔音、隔热、除尘、降噪等，还应重视采用自控装置、监视仪表和液压操纵等辅助操作先进技术来降低驾驶员劳动强度。

4）通用化

为提高机器利用率，满足不同作物的收获要求，联合收割机需向通用化方向发展。通用化的高性能底盘通过模块化通用接口快速连接不同割台，以适应多种作物收获且能达到较高的收获生产效率及较低的谷物损失，实现一机多用。

9.7.2　分类

联合收获机有多种分类方法，通常按联合收获机的动力配置形式、谷物喂入方式和喂入量进行分类。另外，还可以按结构形式分类，如按行走部件分为轮式、半履带式和履带式等。

1. 按动力配置形式分类

按照动力配置形式可以将联合收获机分为牵引式、自走式、悬挂式和通用底盘式等几种。目前，我国生产的机型以自走式和悬挂式为主。

1）牵引式

牵引式中又分为本身带发动机和不带发动机两种，工作时均由拖拉机牵引前进。自带发动机的牵引式联合收获机，其工作部件所需动力由本身所带发动机供给，故机器的动力充足，可以增大割幅，提高生产率。不带发动机的牵引式联合收获机，拖拉机的动力可以得到充分利用，由于受拖拉机动力的限制，割幅不能过大。牵引式联合收获机的缺点是机组庞大、机动性差、收割台不能配置在机组的正前方，不能自行开道，必须先由人工或自走式联合收获机开道，供拖拉机行走。

2）自走式

自走式联合收获机自带发动机和行走系统，收割台可配置在机器的正前方，能自行开道，机动性好，生产效率高。虽然造价较高，但目前应用较多。新疆 4L-2.0、东风 ZKB-5、北京-2.5 型谷物联合收获机与 4YB-2 型玉米收获机等均为自走式。

3）悬挂式

悬挂式联合收获机分为全悬挂式和半悬挂式两种，收获机悬挂在拖拉机上。

全悬挂式联合收获机，其收割台一般悬挂在拖拉机前方，脱粒部分悬挂在拖拉机后方，连接它们的输送装置配置在拖拉机侧面。目前，这类联合收获机最多，有 4L-2.5、4L-2.0、4L-0.7、4L-0.25 型谷物联合收获机。

半悬挂式联合收获机其收获机侧挂在拖拉机上，收割台配置于拖拉机前方，收获机外侧装有行走轮，支撑收获机大部分重量，另一部分重量通过前后两个铰接点由拖拉机支撑。铰接点可保证联合收获机适应地形的变化，而且使联合收获机能便捷地同拖拉机挂接。悬挂式联合收获机具有牵引式和自走式联合收获机的主要优点，造价较低，能有效利用拖拉机的动力。但总体布置受拖拉机的限制，驾驶员视野不好，机器的动力传递较为复杂。尽管如此，在我国目前情况下，该机型仍有良好的应用前景。

4）通用底盘式

联合收获机悬挂在通用底盘上，收获季节以后，可以拆下联合收获机再装配其他农具，充分发挥发动机和底盘的作用。该机型总体布置比较合理，但结构复杂，造价较高，目前应用很少。

2. 按喂入方式分类

1）全喂入式

这种机型是将作物的秸秆和穗头全部切割后喂入脱粒装置，然后进行脱粒、清选。全喂入式又可根据收割台的配置方位分为 T 型和 L 型两种。T 型联合收获机的收割装置呈 T 型配置。目前，国内外生产的大中型自走式联合收获机大部分属于此种类型。L 型联合收获机的收割台配置在脱粒装置的前右侧，多用于大中型牵引式联合收获机上。按谷物在滚筒通过的方向不同，又可分为轴流滚筒式和切流滚筒式。

切流滚筒式联合收获机工作时，谷物沿旋

转滚筒的前部切线方向喂入,经脱粒后,沿滚筒后部切线方向排出。目前大部分联合收获机采用这种型式。轴流滚筒式联合收获机工作时,谷物从滚筒的一端喂入,并沿轴流滚筒轴向作螺旋状运动,它通过滚筒的时间较长。脱下的谷粒可以被充分分离,因此可省去尺寸庞大的逐稿器,减小了机器的体积和重量,小麦、玉米、水稻、大豆等多种作物均能通用。

2)半喂入式

半喂入式联合收获机是将被割下的作物夹持着从收割台输送到脱粒滚筒,但只将作物的上半部喂入滚筒进行脱粒,而茎秆仍然完整保留,供作其他用途。半喂入式可以减少脱粒和清选的功率消耗,目前主要用于水稻收获机。因为茎秆不进入滚筒,机器上的分离装置可大大简化或省去,耗用的功率也大为减少。采用的都是弓齿轴流式滚筒,为了保证脱净,夹持脱粒的茎秆层不能太厚,因而限制了机器的生产效率,而且故障发生率较高,价格也较高。但该机型在收割水稻方面具有显著的优点。近年来随着水稻种植面积的不断扩大,半喂入式水稻联合收割机得到了很大的发展。

3)摘穗式

摘穗式收获机作业时,用梳脱头将立在田间的作物的穗头梳下,送入脱粒机构脱粒、清选,而作物秸秆不被切割。这种结构作业效率

高,消耗功率少。

3．按喂入量分类

按喂入量可分为大型、中型、小型三类。

1)大型

一般将喂入量在 5 kg/s 以上,或割幅在 3 m 以上的联合收获机称为大型联合收获机,如东风 ZKB-5 型自走式谷物联合收获机。

2)中型

一般将喂入量在 3～5 kg/s,割幅在 2～3 m 的联合收获机称为中型联合收获机,如 4L-2.5 型悬挂式谷物联合收获机。

3)小型

一般将喂入量小于 3 kg/s,或割幅在 2 m 以下的联合收获机称为小型联合收获机,如 4L-0.75、4L-1.0、4L-1.4 型悬挂式联合收获机。

中、小型自走式和悬挂式联合收获机具有结构简单、价格较低、行走灵活、适应小地块作业、投资回收快等优点,在我国应用较为广泛。大型自走式联合收获机主要用于大型农场。

9.7.3 典型谷物联合收获机的结构、组成及工作原理

如图 9-42 所示,谷物联合收获机主要工作部件包括割台、脱粒装置、分离清选装置,还包括输送装置、传动装置、行走装置、粮箱、集草车和操纵机构等辅助部件。

1—发动机;2—粮箱;3—传动装置;4—操作控制装置;5—输送装置;6—割台;
7—行走装置;8—分离清选装置;9—脱粒装置。

图 9-42 谷物联合收获机结构示意图

1．割台

谷物收获机将收割机和脱粒机与中间输

送装置连为一体,目前已得到广泛应用。其中,割台是谷物收获机的重要组成部分,其作

用是切割农作物并输送到脱粒装置。它由拨禾轮、切割器、分禾器和输送器等组成。拨禾轮把要收割的谷物移到切割器上,当割刀切断作物后,拨禾轮将作物拨到割台。割台的搅龙将割好的谷物堆到割台右部,搅龙上的伸缩扒指将作物送入倾斜输送器,再由倾斜输送器的输送链耙将作物送入滚筒脱粒。

全喂入式联合收获机的收割台有平台式和螺旋推运器式两种。平台式收割台用帆布带输送作物,输送的均匀性、整齐性及对作物高矮的适应性都较好;缺点是帆布受潮后易变形,使用中需要经常调整张紧度,输送辊易缠

草,用后需拆下保管。螺旋推运器式收割台结构紧凑,使用可靠,调节方便;缺点是输送作物的均匀性和对作物高矮的适应性不如平台式。全喂入联合收获机并不要求对作物茎秆整齐输送,因此,全喂入联合收获机广泛采用螺旋推运器式收割台。

1) 螺旋推运器

割台螺旋推运器(见图9-43)由两端的螺旋叶片部分和中间的伸缩扒指机构组成。螺旋推运器将割下的谷物输向中央,扒指机构将谷物转过90°后纵向送入倾斜输送器,然后喂入脱粒装置。

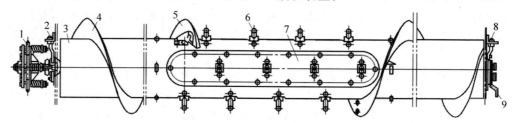

1—主动链轮;2—左调节杆;3—螺旋筒;4—螺旋叶片;5—附加叶片;6—伸缩扒指;
7—检视盖;8—右调节杆;9—扒指调节手柄。

图 9-43 割台螺旋推运器

割台螺旋的主要参数有内径、外径、螺距和转速等。内径的大小应使其周长略大于割下谷物茎秆的长度,以免被茎秆缠绕,在大型宽割台上还要考虑螺旋的刚度,现有机器上多采用的内径为 300 mm。螺旋叶片的高度不宜过小,应能够容纳割下的谷物,通常情况下采用的叶片高度为 100 mm。螺旋外径一般多为 500 mm。螺距的大小决定于螺旋叶片对作物的输送能力。利用螺旋来输送谷物,必须克服谷物对叶片的摩擦力,才能使输送物前进。为此,螺旋推运器的螺距 S 应为

$$S \leqslant \pi d \tan\alpha \qquad (9\text{-}1)$$

式中,d——螺旋内径,mm;

α——内径的螺旋升角,(°)。

为了保证螺旋对谷物的正常输送和提高输送的均匀性,螺距值 S 一般都在 600 mm 以下,多数联合收割机上取 460 mm。也可用经验公式 $S=(0.8\sim1)D$ 来决定,式中 D 为螺旋外径。为了保证谷物的及时输送,需要一定的螺旋转速。由于谷物只是占有螺旋叶片空间

的一小部分,因此只能按经验数据确定,一般在 $150\sim200$ r/min 范围内,即可满足输送要求。对于大割幅和高生产率的机器,可选用较大的转速。表 9-17 列出几种联合收割机割台螺旋推运器的技术数据。

表 9-17 几种联合收割机割台螺旋推运器的技术数据

机　　型	内径/mm	外径/mm	螺距/mm	转速/(r·min⁻¹)
东风 ZKB-5	300	500	460	150
丰收-3.0	300	500	460	160
4LZ-2.5	300	500	460	170
4LQ-2.5	300	500	460	150～190
HQ-3	300	500	460	180
丰收-1	300	495	右 380,左 180	164
E-512(德国)	300	500	560	176
JD-7700(美国)	408	610	545	121～150
MF-510(加拿大)	330	550	480	151
JL1065/JL1075	300	500	460	175～230

由于输送的谷物不是充满螺旋叶片空间，因此从螺旋叶片到伸缩扒指的输送过程是非均匀连续的，而是一小批一小批地输送给伸缩扒指。如果伸缩扒指位于左右螺旋的中部，为了提高其喂入的均匀性，左旋叶片和右旋叶片与伸缩扒指相交接的两个端部，应相互错开180°。有的还装有附加叶片，延伸到伸缩扒指之中，也是为了改善割台螺旋推运器的喂入均匀性。

2) 伸缩扒指

安装在螺旋筒内，由若干个扒指（一般为12～16个）并排铰接在一根固定的曲轴上（见图9-44）。曲轴与固定轴固接在一起。曲轴中心 O_1 与螺旋筒中心 O 有一偏心距。扒指的外端穿过球铰与螺旋筒连接。这样，当主动轮通过转轴使螺旋筒旋转时，它就带动扒指一起旋转。但由于两者不同心，扒指就相对于螺旋筒面作伸缩运动。由图9-44可见，当螺旋筒上一点 B_1 绕其中心 O 转动90°到 B_2 时，带动扒指绕曲柄中心 O_1 转动，扒指向外伸出螺旋筒的长度增大。由 B_2 转到 B_3 和 B_4 时，扒指的伸出长度减小。工作时，要求扒指转到前下方时，具有较大的伸出长度，以便向后扒送谷物。当扒指转到后方时，应缩回螺旋筒内，以免回草造成损失。

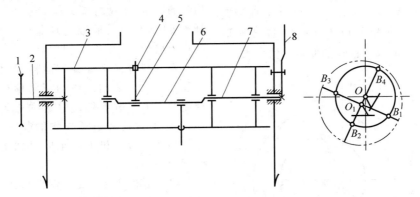

1—主动轮；2—转轴；3—螺旋筒；4—球铰；5—扒指；6—曲轴；7—固定轴；8—调节手柄。

图9-44 伸缩扒指机构

如果使曲轴中心 O_1 绕螺旋筒中心 O 相对转动一个角度，则可改变扒指最大伸出长度所在的位置，同时扒指外端与割台底板的间隙也随着改变。扒指外端与割台底板的间隙应保持在10 mm左右。当谷物喂入量加大而需将割台螺旋向上调节时，扒指外端与底板的间隙也随着增大，此时应转动曲轴的调节手柄，使扒指外端与割台底板的间隙仍保持在10 mm左右。在多数联合收割机的割台侧壁上均装有调节手柄，用以改变曲轴中心 O_1 的位置。但也有个别联合收割机（如美国的 JD-7700）的伸缩扒指是不调节的。

伸缩扒指的长度 L 和偏心距 e 的确定方法是：当扒指转到后方或后上方时，应缩回到螺旋筒内，但为防止扒指端部磨损掉入筒内，扒指在螺旋筒外应留有10 mm余量。当扒指转到前方或前下方时，应从螺旋筒内伸出。为达到一定的抓取能力，扒指应伸出螺旋叶片外40～50 mm。在图9-45中，D 为螺旋外径，d 为螺旋内径，即螺旋筒直径，L 为扒指长度，e 为偏心距。则

$$L = \frac{d}{2} + e + 10 = \frac{D}{2} - e + (40 \sim 50)$$

$$(9-2)$$

所以

$$L = \frac{D + d}{4} + (25 \sim 30) \qquad (9-3)$$

$$e = \frac{D - d}{4} + (15 \sim 20) \qquad (9-4)$$

若 $D = 500$ mm，$d = 300$ mm，则 $L = 225 \sim 230$ mm，$e = 65 \sim 70$ mm。

3) 割台各工作部件的相互配置

在割台上合理配置螺旋、割刀和拨禾轮的位置是十分重要的，尤其是螺旋相对于割刀的

距离,对割台的工作性能影响较大。图 9-46 中,l 为螺旋中心到护刃器梁的距离,如果此值较大,比较适于长茎秆作物的收割。而收割短茎秆作物时,作物就容易堆积在割刀与螺旋之间,待堆集到一定数量时,被螺旋叶片抓取,一拥而入,造成堵塞。反之,若此值较小,对短茎秆作物就比较适合,而收割长茎秆作物时,就容易从割台下滑下去,造成丢穗损失。此外,此值也直接影响到拨禾轮和割刀的相互配置关系。因为拨禾轮是不能与螺旋叶片或扒指相碰的,当 l 值较小时,拨禾轮中心相对于割刀的前伸量 n 就比较大。此前伸量加大,对拨禾和铺放的性能都是不利的。为此,在合理配置螺旋、割刀和拨禾轮的相互位置时,既要选取一定大小的 l 值,又不能使前伸量 n 值太大,通

常采取缩小拨禾轮直径的方法来减小前伸量。当然,拨禾轮直径偏小对拨禾和铺放的性能也不利。因此,直径的减小也只能是适度的。

实践表明,东风-5 型联合收割机的 l 值为 450 mm,此值较大,对于高株小麦比较适合。当小麦植株高度在 800 mm 以下时,割刀后面堆积的现象就比较明显,影响螺旋输送的均匀性。北京-2.5 型联合收割机的 l 值为 400 mm,加拿大 MF-510 型的 l 值为 330~355 mm(螺旋前后可调 25 mm),E-512 型的 l 值为 352~380 mm。此三种机型对于高度为 700~900 mm 的小麦的适应性较好,割下的谷物能得到比较均匀的输送,而收割高度为 500~600 mm 的矮秆小麦时,割刀后面堆积现象就比较明显,不能均匀输送,损失也随着增加。

谷物割台采用螺旋推运器,在拨禾轮、割刀和螺旋三者之间形成的三角形死区是不可避免的。为了改善螺旋输送的均匀性和减少损失,针对过高和过矮作物的收割问题,国内外某些联合收割机上曾采取过如下一些措施(见图 9-47)。

(1) 在割刀后方安装锯齿形输送齿条(见图 9-47(a)),齿条随割刀一起运动,可将堆积在割刀后面的谷物推向伸缩扒指,齿条反向运动时,锯齿形斜面对谷物不起推送作用。丰收-2.0 型水稻联合收割机上采用这种方法。

(2) 使割刀后面的割台台面凸起(见图 9-47(b)),用此法来减小死区,防止谷物堆积。德国克拉斯公司生产的各种联合收割机均采用这种方法。

(3) 采用仿形拨禾器(见图 9-47(c)),在收割台架上安装滑道,使拨禾板相对于割台的运动轨迹呈肾形封闭曲线,拨禾板可与收割台面贴得很近而又不与螺旋相碰,消除了死区。20 世纪 60 年代苏联的 CK-3 型联合收割机上采用过这种方法。

(4) 在割刀与螺旋之间安装小的胶布输送带(见图 9-47(d))。这对各种长短的谷物都能适应,且适用于倒伏作物的收割,效果良好。美国 JD-7700 型联合收割机水稻割台上采用这种方法。

(5) 将割刀(连同护刃器梁及割刀传动机

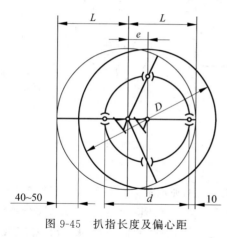

图 9-45 扒指长度及偏心距

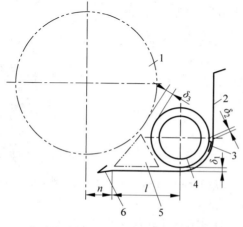

1—拨禾轮;2—后壁;3—挡草板;4—割台螺旋;
5—死区;6—切割器。

图 9-46 割台各部件的相对位置

构)制成前后可调的(见图 9-47(e)),这就可以改变割刀至螺旋的距离。这种方法在美国 JD-7700 型联合收割机刚性割台上采用,护刃器梁至螺旋中心的距离可调为 345 mm、446 mm 和 548 mm,以适应不同高度作物的收割。

此外,在相互配置上还有几个间隙是应予以注意的(见图 9-46)。螺旋叶片与割台底板之间的间隙 δ_1 应为 10~20 mm,此间隙可通过上下移动割台两侧壁上的调节螺栓进行调整。螺旋叶片与割台后壁的间隙 δ_2 为 20~30 mm,为了防止回草,一般在割台后壁上装有挡板,并使螺旋叶片与挡板的间隙保持在 10 mm 左右。拨禾轮压板与螺旋叶片的间隙 δ_3 至少应有 40~50 mm,以防压板与螺旋叶片或扒指相碰。

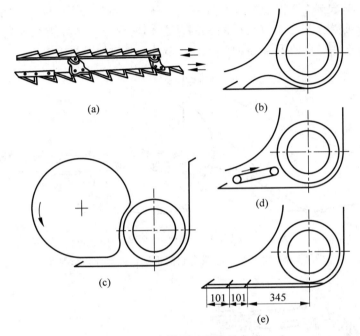

图 9-47　克服死区采取的方法

4) 收割台的升降与仿形机构

联合收割机作业时,要随时调节割茬高度,要经常进行运输状态和工作状态的相互转换。所以,割台必须能很方便地升降。现代联合收割机都采用液压升降装置,操作灵敏省力,一般要求在 3 s 内完成提升或下降动作。为避免割台强制下降造成的损坏和适应地形的需求,割台升降油缸均采用单作用式油缸。因此,割台是靠自重将油液从油缸压回储油箱而下降的。当油泵停止工作时,只要把分配阀的回油路接通,割台就能自动降落。这一点在使用安全上十分重要,需要将支撑支好,以免割台突然下降造成事故。国外有些联合收割机,在通向油缸的管道上安装单向阀,当油泵停止工作时,单向阀关闭,割台就能停留在原有位置上。

为了提高联合收割机的生产率,保证低割

和便于操纵,现代联合收割机都采用仿形割台,即在割台下方安装仿形装置,使割台随地形起伏变化,以保持一定高度的割茬。目前,生产上使用的割台仿形装置有机械式、气液式和电液式三种。

(1) 机械式仿形装置

在割台上安装平衡弹簧,将割台的大部分重量转移到机架上,使割台下面的滑板轻轻贴地,并利用弹簧的弹力,使割台适应地形起伏。

图 9-48 所示为北京-2.5 型联合收割机割台升降和仿形装置。割台的升降由油缸完成。在油缸的外面装有一个平衡弹簧,弹簧的一端顶在缸体的挡圈上,另一端顶在卡箍上。卡箍由螺栓固定在顶杆上。顶杆活套在柱塞里面。这样,割台的重量大部分通过平衡弹簧转移到脱粒机架上,使割台的接地压力只保持在

300 N 左右，即用一手掀起分禾器能使割台上下浮动。在顶杆上有三个缺口，可以改变卡箍的固定位置，用它来调整割台接地压力的大小。这种仿形装置结构简单，它只能使割台纵向仿形，不能横向仿形。工作时，割台可以贴地前进，也可以通过油缸将割台稍稍抬起，使之离地工作。当遇到障碍物或过沟埂时，平衡弹簧帮助割台抬起，起到上下浮动的作用。

图 9-49(a)所示为东风-5 型联合收割机割台升降和仿形装置。割台的升降靠油缸来完

成。割台的仿形靠割台(即框架)围绕固定在倾斜输送器支架上的铰链的转动来完成。由于铰链是球铰，所以割台既能纵向仿形，也能横向仿形。为了限制割台在水平面内的转动，在倾斜输送器支架上装有滚轮，顶在割台管梁的挡板上，因而保证了割台的正确前进方向。左右两组平衡弹簧的上端固定在倾斜输送器壳体上。其下端通过拉杆与割台铰接在一起。这样，割台的大部分重量就转移到壳体上，以减小滑板对地面的压力。

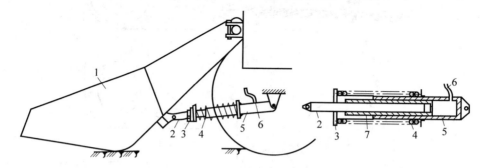

1—割台；2—顶杆；3—卡箍；4—平衡弹簧；5—缸体；6—油管；7—柱塞。

图 9-48　北京-2.5 型联合收割机割台升降和仿形装置

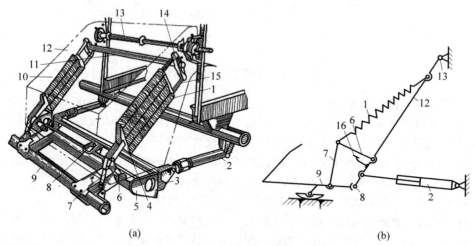

(a)　　　　　　　　　　　　(b)

1—左平衡弹簧；2—油缸；3—滚轮；4—弹簧下支架；5—挡板；6—摇杆；7—拉杆；8—球铰；9—割台框架；10—右平衡弹簧；11—弹簧支轴；12—倾斜输送器壳体；13—倾斜输送器挂接轴；14—弹簧上支架；15—弹簧调节螺栓；16—支板。

图 9-49　东风-5 型联合收割机割台升降和仿形装置

图 9-49(b)所示为东风-5 型联合收割机割台升降和仿形机构简图，油缸不是直接顶在割台上，而是顶在倾斜输送器的支架上，并且在输送器壳体上铰接摇杆和固定支板。摇杆的

上端与平衡弹簧的下端铰接在一起。这样，当割台在工作位置时，油缸和倾斜输送器的壳体是固定不动的。割台的重量主要由球铰和平衡弹簧来支承，而且在摇杆和固定支板之间保

持一定的间隙,以满足割台仿形的需求。当割台围绕球铰进行纵向仿形时,平衡弹簧随之伸长或缩短,摇杆也绕其后端上下浮动。当割台围绕球铰进行横向仿形时,一边平衡弹簧伸长,另一边平衡弹簧缩短,割台上的挡板沿壳体上的滚轮上下滑动。需要升起割台时,使高压油进入油缸中,油缸的柱塞将倾斜输送器的壳体绕挂接轴向上顶起,固定在其上面的支板和球铰也随之升起;割台在本身重量作用下,开始围绕球铰向下转动,平衡弹簧伸长,摇杆的上端也向下转动;当摇杆转至和支板相碰时,割台和倾斜输送器壳体就变成一体,一起向上升起达到运输位置为止。如不需要仿形时,可在支板上固定一个垫块,消除支板与摇杆之间的间隙,并使割台略向上升起,使仿形滑板离开地面。在长距离运输时,为避免割台跳动,可用螺栓把摇杆固定在支板上,使之成为一个整体。

（2）气液式仿形装置

近年来,国外已有较多的联合收割机采用气液式仿形装置来代替弹簧仿形装置。气液式仿形装置（见图9-50）就是在割台油缸的油管处并联蓄能器,蓄能器内充以气体,利用气体的可压缩性起到缓冲和仿形作用。割台上常用的蓄能器是气囊式（见图9-51）,它将气体储存在耐油的薄胶囊内,油液则在囊外,两者完全隔开。为了减轻蓄能器内橡胶的氧化,多用干氮气来充填。由于胶囊惯性小,吸收振动的效果很好,而且有结构紧凑、使用方便等优点,所以获得广泛的应用。但蓄能器会使割台的提升滞后,这是因为液压油进入提升油缸之前进入了蓄能器,特别是割台降落在地面上时,蓄能器内的油液全部排空,因此提升的时间滞后要更长一些。

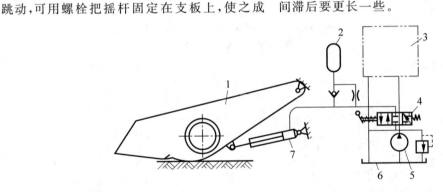

1—割台;2—蓄能器;3—液压系统其他部分;4—手动分配阀;5—泵;6—油箱;7—油缸。

图9-50　气液式仿形装置

为使蓄能器具有适当的功能,其气体的预装压力必须小于液压提升压力的正常值,一般为其70%左右。预装压力是指蓄能器内油液全部排空时干氮气的压力,一般先由工厂充填好。在工作过程中,蓄能器内的气体受压后,其压力与液压提升系统的压力是相互平衡的。一般蓄能器的最大压力可达 2000 N/cm²。在使用或储存时勿使其温度超过 149 ℃。这种仿形装置工作平衡可靠,但胶囊和壳体的制造较困难,造价较高。

（3）电液式自动仿形装置

目前国外生产的联合收割机,一部分已经采用电液式割台高度自动仿形装置（图9-52）,如美国的 JD-7700 型联合收割机和加拿大的 MF-760 型联合收割机等。其工作原理是在割台下面安装传感器,通过连杆将信号传递到电气开关,进而控制电磁阀,使液压油进入油缸或回油,完成割台的自动升降。图9-53所示为 JD-7700 型联合收割机挠性割台的自动仿形装置。传感轴为通轴,位于割台下方,其长度略大于割台宽度,该轴铰接在割台底架上。传感轴上焊有六个传感臂,分别压在浮动四杆机构的前吊杆 AB 上（图9-53中的5和四杆机构 ABCD）。在传感轴的左端有一短臂,通过拉簧使传感臂始终压在前吊杆 AB 上。当仿形滑板升降时,浮动四杆机构的前吊杆 AB 带动传感臂上下摆动,因而传感轴也就随着扭转。在传感轴的右端焊有一支板,支板通过一球铰与拉杆相连,拉杆中间有一调节螺套。转动螺套可使拉杆伸长或缩短。拉杆的上端与摇杆相连,

摇杆的另一端固定着控制凸轮。凸轮的上方为上升开关,下方为下降开关。当传感臂和传感轴转动一定角度时,通过拉杆、摇杆和控制凸轮可以接通上升开关或下降开关。

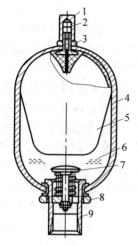

1—护罩;2—气嘴;3,8—螺母;
4—壳体;5—胶囊;6—油液;
7—阀;9—接头。

图 9-51　气液式蓄能器

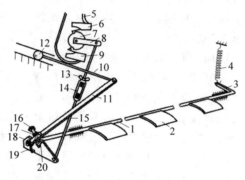

1—传感轴;2—传感臂;3—短臂;4—拉簧;5—电线;6—上升开关;
7—控制凸轮;8—摇杆;9—下降开关(可调);10—杆;11—支杆;
12—指示球;13—翼形螺母;14—调节螺套;15—拉杆;16—调节螺钉;17—螺母;18—支板;19—扭簧;20—挡片。

图 9-52　电液式割台自动仿形装置

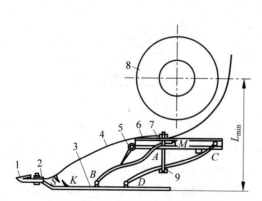
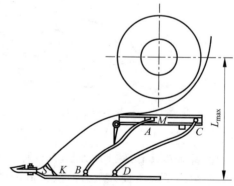

1—切割器;2—护刃器梁;3—仿形滑板;4—弹簧过渡板;5—传感臂;6—固定梁架;7—滑槽;
8—割台螺旋推运器;9—锁定螺栓;ABCD—四杆机构。

图 9-53　JD-7700 型联合收割机挠性割台结构

为了使驾驶员能够直接观察到割台的浮动范围,在割台的右侧壁上安装一个指示球。在传感轴的右端空套着一个支杆。支杆上端与指示球相连。支杆下端焊一螺母。调节螺钉依靠扭簧的扭力作用始终顶在支板的挡片上。当支板摆动时,支杆也就随着前后摆动。指示球前后移动指示出割台的浮动范围。通

过调节螺钉可以调节指示球的初始位置。

挠性割台工作时,由于地形起伏变化,仿形滑板也就随之升降。当仿形滑板上升时,通过浮动四杆机构的前吊杆 AB 使传感臂上升,传感轴也随之转动。支板推动拉杆向上,控制凸轮逆时针方向转动,此时接通上升开关,使电磁阀发生动作,液压油就进入割台油缸,使

割台升起。割台升起少许,仿开滑板和浮动四杆机构下降,传感臂受拉簧的作用而向下摆动。此时拉杆拉动控制凸轮顺时针转动而切断电路,割台不再上升。割台过高或割台前方遇到凹陷地形时,六组仿形滑板均下降,传感臂受拉簧的作用略向下摆动,因而拉动拉杆向下,使控制凸轮顺时针转动,此时接通下降开关,使电磁阀发生动作,割台下降。

2．输送装置

联合收割机中连接割台和脱粒装置的倾斜输送器,通常称为过桥或输送槽。它的作用是将割台上的谷物均匀连续地输送到脱粒装置。全喂入式联合收割机上采用链耙式和转轮式输送装置;半喂入式联合收割机上采用的是夹持输送链。

1) 链耙式输送器

链耙式输送器靠其上的耙齿对谷物进行强制输送,它工作可靠,并能达到连续均匀喂入,在具有螺旋推运器割台的全喂入式联合收割机上,基本都采用这种输送器。

图9-54所示为东风-5型联合收割机的倾斜输送器。它由壳体和链耙两部分组成。链耙由固定在套筒滚子链上的许多耙杆组成。耙杆成L形,其工作边缘制成波状齿形,以增加抓取谷物的能力。两排耙杆相互交错排列。为使链条正常传动,在下部被动轴上装有自动张紧装置。支架是固定在壳体侧壁上的。弹簧通过螺母把输送器的被动轴自动张紧。调节螺母可改变弹簧的压紧程度,使链耙处于正常的张紧状态。为适应谷物层厚度的变化,避免堵塞,通过弹簧使输送器被动轴可以上下浮动。当谷物层变厚时,被动轴被谷物层顶起,压缩弹簧起自动调节作用。链耙的正常张紧度可在被动轴下方测量。耙杆与底板的间隙为15～20 mm,此时链耙中间的耙杆与底板稍有接触。

为了保证链耙的输送能力,必须合理配置其相互位置和选择运动参数。为使耙杆顺利地从割台抓起谷物,链耙下端与割台螺旋之间

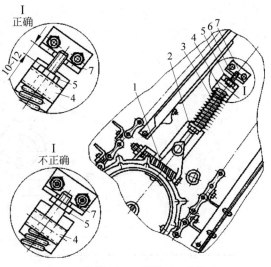

1,3—弹簧;2,5—螺母;4—支架;
6—张紧螺钉;7—角钢。

图9-54　东风-5型联合收割机的倾斜输送器

的距离 t 要适当缩小(见图9-55和表9-18),以便及时抓取谷物,避免堆积在螺旋后方,造成喂入不均。为使谷物顺利喂入滚筒,倾斜输送器底板的延长线应位于滚筒中心之下。通常认为从滚筒中心到底板延长线的垂直距离为滚筒直径的1/4为宜。为此,要适当选取 H 值和 α 角,一般 α 角不超过50°。链耙的运动速度应与割台的输送速度相适应,一般应逐级递增,即链耙速度应大于伸缩扒指外端的最大线速度,扒指外端的线速度又应大于割台螺旋的横向输送速度,这样才可使谷层变薄,保证输送流畅。试验表明,适当提高链耙的速度(从3 m/s增加到5～6 m/s),可以减少脱粒功率的消耗,并能使脱粒损失下降和提高凹版的分离率。此外,有的联合收割机倾斜输送器传动上增设了反转减速器(如E-516),可使割台各工作部件逆向传动,驾驶员不离开座位即可迅速排除割台螺旋和输送链耙之间的堵塞。倾斜输送器壳体要有足够的刚度,以防扭曲变形。壳体本身及其相邻部件的交接处的密闭性要好,以防漏粮和尘土飞扬。

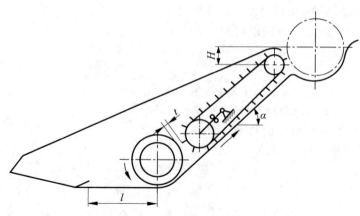

图 9-55 倾斜输送器的配置

表 9-18 倾斜输送器的主要参数

机　型	参　数　值				
	l/mm	t/mm	α/(°)	H/mm	链板速度/(m·s^{-1})
东风 ZKB-5	500	60～170	51	108	3.20
丰收-3.0	406	30	48	110	3.34
北京 4LZ-2.5	400	30～60	45	108	2.60
E-512	352～380	55～120	42	80	4.98
MF-510	330～355	45～105	37	196	2.90
JD-7700	345、446.2、548.2	6～32	34	117	2.12

2) 转轮式输送器

转轮式输送器采用五个回转叶轮(直径为 300～500 mm),每个叶轮有两片橡胶叶片,安装时应使相邻两个叶轮的叶片互相垂直(见图 9-56)。从下到上叶轮的速度逐渐增高(一般线速度为 10～15 m/s),保证作物以均匀薄层形式喂入。

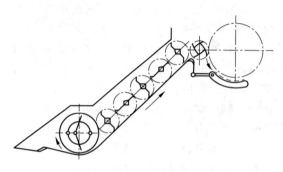

图 9-56 转轮式倾斜输送器

转轮式输送器的重量轻,故障少,容易修理,而且结构也比较简单。在收获潮湿作物时

叶轮可增加到四个叶片。为了防止缠草,在下端的几个叶轮上可以安装防缠罩。这种输送器的缺点是输送能力较差,且橡胶叶片容易磨损。

3) 半喂入式联合收割机的夹持输送装置

半喂入式联合收割机只将谷穗喂入滚筒脱粒,它能保持茎秆的完整性。因此,对谷物输送装置的要求较高,不仅要保证夹持可靠、茎秆不乱,而且还要在输送过程中改变茎秆的方位和使穗部喂入滚筒的深度合适。现有的半喂入式联合收割机上采用的夹持输送装置基本上能满足这些要求。

卧式割台联合收割机上的夹持输送装置由夹持链、压紧钢丝和导轨等组成(见图 9-57)。夹持链一般采用带齿的双排滚子链(见图 9-58),导轨槽为弧形封闭式,夹持链在导轨槽内回转,在导轨槽的两端安装链轮。为使导轨槽紧凑,工作行程和空行程的导轨应尽量靠近,并且每隔 200 mm 焊有连接板使之构成整体。在导轨工作行程一侧有由数个吊环固定的夹紧钢丝固定架。压紧钢丝一端由螺钉安装在固定架上,另一端靠钢丝的弹力压在夹持输送链的链套上,压紧钢丝连续不断地分布在整个导轨上,以适宜的压力压紧。禾秆就在这些压紧钢丝支持下,由夹持输送链的链齿拨送。

立式割台的夹持输送装置一般为两段输送,也是采用双排齿的滚子链。由于不需要进行弧形轨道输送,因此不需要导轨,只需带滚子的支架支承,夹持链两端也不需要滚子。半喂入式联合收割机中间输送装置的输送速度应逐级递减,这与全喂入式是不同的,即脱粒夹持链的速度应等于或略小于输送夹持链的速度,输送夹持链的速度应小于割台输送链的速度。这样,在两输送链交接时能保持茎秆的整齐,否则将会扯乱茎秆,影响输送质量。根据国内近年的试验,割台输送链的速度为1 m/s左右,夹持输送链的速度为0.8~1 m/s,脱粒夹持链的速度为0.8 m/s左右为宜。

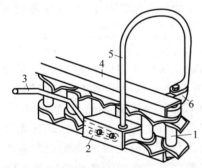

1—夹持链;2—钢丝固定架;3—压紧钢丝;
4—导轨;5—吊环;6—连接板。

图9-57 夹持输送装置

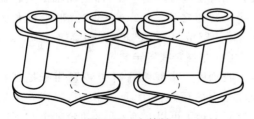

图9-58 夹持链

3. 联合收割机的辅助装置

1) 捡拾装置

对于与割晒机配套使用的小型联合收割机,在其割台的前面装有捡拾装置,用来捡拾起被割晒机割后晾干的带穗禾秆,由割台的螺旋推运器中间输送装置送入脱粒装置。常用的捡拾装置为弹齿滚筒式(见图9-59)。捡拾装置的捡拾速度与机器的前进速度比为1.4~2.4,根据禾秆的厚度和状况来选择。

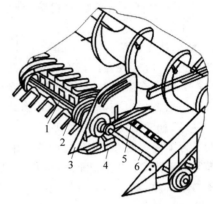

1—弹齿滚筒;2—滑板;3—侧板;4—托板;
5—支承架;6—传动轴。

图9-59 弹齿滚筒式捡拾装置

2) 集粮、卸粮装置

联合收获机的集粮、卸粮装置有卸粮台和粮箱两种。

中小型联合收获机常用卸粮台。谷粒经螺旋输送器或抛扬式输送器送到出粮口,经双支式卸粮管用麻袋或箩筐接粮。操纵阀门有多种型式。常用的有翻板式和滑套式两种,用手柄操纵阀门,实现两个卸粮支管轮流倒卸。卸粮台上可乘坐1~2人。卸粮台的台板在运输状态时可以折叠。为了卸粮人员的安全,卸粮台装有护栏。

大型联合收获机都配有粮箱,粮箱的上部有谷粒螺旋均布器,以便谷粒均匀分布且能充满粮箱。粮箱的底部有水平螺旋推运器,粮箱的外侧有倾斜螺旋推运器,两者用万向节连接。为了能在行进中卸粮,卸粮口距地面应有3 m以上的距离,并伸出机器行走轮侧边约2.5~3 m。机器在运输状态时,倾斜卸粮螺旋推运器向机器后方折起,折起机构一般采用杠杆或液压油缸操纵。

现有机型中集粮箱的容积与机器的喂入

量有关，一般每 1 kg/s 喂入量配备粮箱容积为 0.5～0.7 m³，个别机型达到 1 m³。集粮箱的安置方式有顶置式、背负式和侧置式。在大中型收割机的粮箱内，还装有螺旋分布器、水平和倾斜螺旋推运器，以便能迅速转移谷物。一般要求推运器转速为 300～700 r/min，能在 1.5～2.5 min 内将一箱谷物卸到跟随收割机的装粮车上。

3）秸草处理装置

为了保护环境，现在国家有关部门已经规定，要求改变收割后焚烧作物秸草的传统习惯。在联合收割机上，对经过分离谷物籽粒后排出的秸草，通常用以下方法处理。

（1）为了搜集秸草，可在脱粒装置后面悬挂集草器，由脱粒装置排出的秸草集聚其上，靠自重分堆卸草，然后用集草机或人工将其捆绑、运走，作为他用。

（2）在排草口处，安装一个秸草切碎机构，将秸草切碎后，抛还田里，这就是目前大力推广的秸草回田工程。此方法既解决焚烧秸草引起的环境污染问题，又可以增加土壤有机肥，减少化肥使用量，减轻土壤板结程度，是一个一举多得的好办法。在排草口处，安置一个滚筒式切碎机构（见图 9-60），它采用一对喂入辊，将逐稿器排出的秸草引导送入切碎滚筒，秸草切碎后，沿排出槽被抛出机外，撒向机后田里。

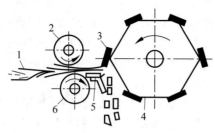

1—茎秆；2—上喂入辊；3—切刀；4—切碎滚筒；
5—定刀；6—下喂入辊。

图 9-60　滚筒式切碎机构

4）联合收割机的驾驶室、操作台

谷物联合收割机驾驶员的工作条件是十分恶劣的，高温、振动、粉尘和噪声严重地干扰驾驶人员操作，并影响他们的健康。因此在进行驾驶室和操作台的设计时，应尽可能地为驾驶员创造一个较好的小环境。大中型收割机应采用封闭式驾驶室，现在一些先进的收割机还在驾驶室内安装空调器来改善工作条件。小型收割机由于条件限制，很难做成封闭的，但应配置遮阳棚或伞，以遮阳挡雨。驾驶室或驾驶台应安置在机器的前上方，视野要开阔，能观察到主要工作区域和左右两侧。在驾驶台上要尽可能使各种操作手柄和脚踏板操作方便，仪器、仪表集中，以便驾驶员能全面观察各个工作部件的工况，进行快捷而准确的操作。根据有关标准，操作手柄作用力应小于 100 N，脚踏板操作力应小于 200 N。

联合收割机的外形设计要充分考虑各种完全防护设施，外侧的传动结构必须用罩板遮盖。

5）行走装置

由于联合收割机不需从事大牵引负荷的耕作作业，所以单独为联合收割机设计的行走机构一般可较轻便，主要是支承垂直载荷。联合收割机的行走装置有轮式、半履带式和全履带式三种。

（1）轮式行走装置

自走式联合收割机约 80% 的重量分布在前部，所以都采用前轮驱动、后轮转向。行走装置由无级变速器、驱动轮桥、转向轮桥、转向操纵机构和行走轮等组成。轮式行走装置多用于旱地作业。轮式收割机采用的轮胎为低压充气胎（80～300 kPa）和超低压充气胎（20～60 kPa）。行走装置都装有 V 带无级变速器，变速器由液压操纵，可在作业中不停车无级变速。无级变速器的调速比，即被动轴最大转速与最小转速之比 $i = 2.5～3.0$。带轮槽角为 26°，采用宽型 V 带，带速不超过 25～30 m/s。

（2）半履带式行走装置

收割机的半履带式行走装置用于提高在湿软地上的通过能力，防止沉陷、打滑。半履带装置和轮子可以互换，从驱动轮轴上卸下驱动轮，换上半履带装置，可使接地压力降低到 27～50 kPa。小型联合收割机换用半履带装置后，接地压力为 15～20 kPa。在半履带式行走装置上可装用普通型、三角形及三角加宽型等整体式金属履带板。该装置的优点是操作性能好,急转弯时移动的土量少,对地面的仿形能力强。

（3）全履带式行走装置

收割机的全履带式行走装置由履带、驱动轮、支重轮、导向轮、托轮、支重台架、张紧装置、悬架等组成。联合收割机上应用的履带式行走装置多为整体台车式履带。小型联合收割机多采用结构较简单的刚性悬架,大中型联合收割机多采用半刚性悬架,以利于较平稳地越过田埂。有的小型联合收割机每侧履带有四个支重轮,中间两个支重轮合用一个弹性悬架,过田埂比较平稳,并可根据需要将这两个支重轮与机架刚性连接。

联合收割机上用的履带有金属履带、橡胶金属履带和橡胶履带。大中型联合收割机多采用组合式金属履带。小型水稻联合收割机采用重量轻的橡胶履带。履带在水田内的允许接地压力一般为 $15\sim25$ kPa。为保证联合收割机在水田内的转向性能,履带接地长度与轨距的比值 L/B 应不小于 1.5,与履带板宽度的比值 L/b 为 $3\sim4$。离地间隙不小于 250 mm。

6）液压系统

液压系统具有结构紧凑、操纵省力、反应灵敏、作用力大、动作平稳、便于远距离操纵和实现自动控制等优点,因此在联合收获机上得到广泛应用。

联合收获机的液压系统包括液压操纵、液压转向和液压驱动三部分。液压系统由油泵、油缸、液压马达和液压阀等主要元件及油箱、油管、接头、滤油器等辅助部件组成。油泵将发动机输出的机械能转换成液压能,是液压系统的动力源。油缸和马达将液压能再转变为机械能,是液压系统的执行元件。各类液压阀控制液流的压力、速度和流向,是液压系统的控制元件。

液压操纵系统的作用是控制某些工作部件的位置和速度的转换,如收割台和拨禾轮的升降、无级变速器 V 带盘直径的改变、集草箱的卸载、卸粮螺旋推运器位置的改变等。该系统由机油箱、油泵、操纵阀、分配阀、油缸、油管等组成。

液压转向系统现在多数采用全液压转向,它由转向盘下面的全液压转向器和转向轮附近的转向液压缸组成,用油管连接,结构紧凑,特别适用于转向轮和驾驶台相距较远的联合收割机。4LZ-5 型联合收获机是动力转向系统,因转向器和转向轮之间没有机械联系,所以又称为全液压转向系统。该系统由转向齿轮泵、带溢流阀总成的全液压转向器、转向油缸和油箱等组成。

液压驱动系统的作用是利用液压马达驱动行走装置和某些工作部件,如拨禾轮、捡拾器等,并控制其转速或扭矩。联合收获机所采用的泵均为变量柱塞泵,而采用的液压马达均为柱塞式,因它们产生的油压高、流量大,输出的功率大,满足行走装置工作的要求。

4. 联合收割机的监视装置

大型谷物联合收割机驾驶室内都设监视和报警装置,使驾驶员及时掌握某些工作部件的情况,防止堵塞,提高联合收割机的工作效率和工作质量。联合收割机常用的监视装置有发动机监视装置、工作部件的监视装置和工作质量监视装置等。为了监视发动机的工作,设有电流表、水温表、油压表、油温表和转速表等,这些仪表已经成为发动机的标准附属设备。为了监视逐稿器、杂余推运器、粮食升运器、复脱器等部件的工作情况,设有堵塞报警系统,使驾驶员能提前发现故障,防止堵塞。近代的联合收割机还发展了转速监视器、粮食流量传感器、粮食水分传感器和损失监视器,使驾驶员能进一步掌握机器的工作质量,提高效率。

1）联合收割机工作部件的监视装置

（1）逐稿器监视装置

逐稿器监视装置由悬挂在联合收割机顶盖 3 并铰接在轴 6 上的传感板 1 组成（见图 9-61）。此板因受到绕在轴上的扭簧 2 所施加的力而经常压在开关 4 的触点上,使电路断开。当逐稿器上方茎秆增多至超负荷时,传感板 1 受到茎秆的推动向上方倾斜。传感板不再压缩开关触点而使电路闭合,此时驾驶室内的逐稿器堵塞信号灯发亮,同时发出声响。

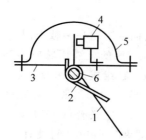

1—传感板；2—扭簧；3—顶盖；
4—触点开关；5—罩盖；6—轴。

图 9-61　逐稿器监视装置

（2）粮箱监视器

如图 9-62 所示，在粮箱盖内或侧壁上方固定着一个传感器，在塑料壳体内有可动触点 5、弹簧 3、固定触点 2 和调节螺钉 6。可动触点的铰接轴露出壳外，其上固定着传感板 4。当粮箱将要充满时，传感板 4 受到籽粒的压力，使可动触点与固定触点接触，电路闭合，在驾驶室内发出声光信号报警。卸粮以后，传感板 4 上的压力消失，弹簧使传感板复位，电路断开，信号灯熄灭。

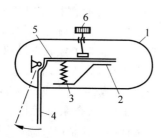

1—壳体；2—固定触点；3—弹簧；4—传感板；
5—可动触点；6—调节螺钉。

图 9-62　粮箱监视器

（3）杂余推运器、谷粒升运器和复脱器监视装置

有些联合收割机在杂余推运器和谷粒升运器的轴端装有安全离合器，当超负荷时，安全离合器的活动齿盘连同带轮轮毂将轴向移动，使电路接通，驾驶室的信号灯发亮。

（4）切草监视器

如图 9-63 所示，由于联合收割机的碎草装置一般安装在排草口后，常常是半露在机器外面，十分危险。当切草刀发生堵塞时，堆积的物料将切草监视器的护板推开，电路接通，使

油门离合器中的安全电磁阀吸合，油门手柄归零，发动机熄火，全过程只需 2～3 s，便于处理故障，避免发生恶性事故。

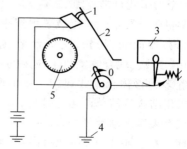

1—开关；2—切刀护板；3—发动机调速器；
4—油门离合器；5—切刀。

图 9-63　切草监视器

2）联合收割机转速监视器

联合收割机转速监视器主要用于监视传动轴的转速，当工作部件由于某种原因造成转速下降时，监视器就会发出信号。联合收割机工作时，常常由于外界因素的影响而使工作部件的转速下降，从而影响到工作质量。例如，逐稿器转速降低时夹带损失增加，滚筒转速下降时将影响到脱粒性能，谷粒推运器和杂余推运器超负荷时转速也会下降。收割机上采用的转速监视器，根据需要，可以在工作部件转速低于额定值的 $10\%\sim30\%$ 时发出声光信号，因而转速监视器是减少损失、提高工作质量和防止部件堵塞与破坏的有效保障。

转速监视器由传感器和二次仪表组成，按传感器的型式可以分为如下两类。

（1）干簧管式转速监视器

传感器由灵敏的干簧管和永久磁铁组成，永久磁铁利用卡箍固定在旋转轴上，随轴一起转动，干簧管则固定在靠近转轴的机架上（见图 9-64），旋转轴每转一周，永久磁铁就接近一次干簧管，两个簧片接触一次，使输入电路短路一次，便产生一个脉冲。为了保护干簧管，防止破碎，通常多将干簧管密封在硬橡胶内。两簧片间隙为 3～5 mm。

（2）缺口圆盘式转速监视器

将开有缺口的圆盘固定在轴端并随轴一起转动，用来切割永久磁铁绕制的感应线圈的

磁力线,产生脉冲信号(见图9-65)。它的优点是每转一圈可以产生多个脉冲信号,并且可以在转速不同的轴上采用数目不等的缺口盘(有时也可以直接用齿轮或链轮代替缺口圆盘),便于仪表元件通用。

3) 谷粒流量传感器和谷粒水分传感器

获取农作物小区产量信息,建立小区产量空间分布图,是实施精细农业的起点,也是实现作物生产过程中科学调控投入和制定管理决策措施的基础。为此,需要在收割机上装置DGPS卫星定位接收机和收割产品流量计量传感器,流量计量传感器在设定时间间隔内(机器对应作业行程间距内)自动计量累计产量,再根据作业幅宽(估计或测量)换算为对应时间间隔内作业面积的单位面积产量,从而获得对应小区的空间地理位置数据(经、纬度坐标)和小区产量数据。这些原始数据经过数字化处理后存入智能卡,再转移到计算机上采用专用软件进一步处理。由于收割时谷粒的含水量不同,收割时还需要同时测量谷粒的含水量,以便在数据处理时换算成标准含水量,以便对单产水平进行评估。目前应用的谷类作物产量传感器主要有三种类型,即冲击式流量传感器(见图9-66(a))、γ射线式流量传感器(见图9-66(b))和光电式容积流量传感器(见图9-66(c))。它们分别用于JohnDeere和Case、AGCOMasseyFerguson以及一些欧洲公司的精细农业联合收割机上。我国佳木斯联合收割机厂生产的JL1000系列联合收割机,如用户需要,也可安装冲击式流量传感器。冲击式流量传感器计量误差在3%以内;基于γ射线穿过谷粒层引起射线强度衰减测定谷物流量的传感器,其计量误差不大于1%。

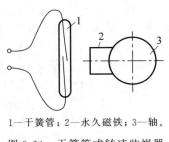

1—干簧管;2—永久磁铁;3—轴。

图9-64　干簧管式转速监视器

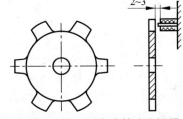

图9-65　缺口圆盘式转速监视器

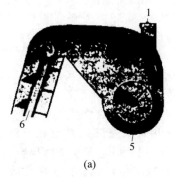

(a)

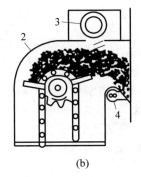

(b)

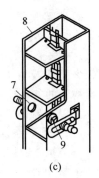

(c)

1—流量传感器;2,6,8—净粮升运器;3—γ射线检测器;4—γ射线源;5—水平输送搅龙;7—光电传感器;9—光源。

图9-66　谷物流量传感器工作原理示意图

(a) 冲击式流量传感器;(b) γ射线式流量传感器;(c) 光电式容积流量传感器

收割机上应用的谷粒含水量测量装置,均按极板式电容传感器原理设计。图9-67所示为安装在谷粒刮板升运器侧面的一种谷粒含水量传感器。谷粒从升运器侧面的开口通过传感器的入口进入传感器,极板将含水量的信息送往计算机或存储卡。为了得到连续的含水量信息,传感器内装有电机,将测过含水量的谷粒送回升运器,保持谷粒不停地流动。

连接接地端

图 9-67　谷粒含水量传感器

收割机上采集数据的存储器件,已转向应用通用智能 IC 卡技术,存储卡可连续存储 30 h 以上的收割作业数据。各公司都专门开发了适合自己产品的数据处理与小区产量分布图生成软件和配套的智能化虚拟电子显示仪器,可直接在驾驶室内向操作手及时显示有关信息。

4) 联合收割机的损失监视器

联合收割机使用要求中的一个重要原则是保证在损失最小的情况下充分发挥联合收割机的生产效率。一般驾驶员只能凭经验估计机器的负荷和工作质量,为了测定谷粒损失需要花费很大的劳动量,而且测定值是不连续的,测定次数也是有限的。因此,早在 20 世纪 60 年代许多国家便开始研究联合收割机的损失监视器。损失监视器可以帮助驾驶员及时了解和掌握分离损失和清粮损失的情况,从而可以正确地驾驶联合收割机,改进工作质量,提高工作效率。

(1) 损失监视器的工作原理

损失监视器用于测定逐稿器和清粮筛后方排出物中的谷粒损失,它由传感器和二次仪表组成。传感器固定在逐稿器尾部和清粮筛出口处,仪表则装在驾驶台上(见图 9-68)。传感器是一个敏感的振动发声板,通过减震材料固定在平板上;在发声板下有一个压电变换器,它能把机械振动变成电压信号。当谷粒和碎茎秆落于传感器的发声板上时,由于谷粒和碎茎秆对发声板的冲击力不同,所反映出的信号频率和振幅也不相同,对谷粒反映为高频率大振幅,对碎茎秆则反映为低频率小振幅。监视器的仪表电路中装有滤波器,可以滤掉碎茎秆和颖壳所产生的信号,只反映谷粒所引起的

脉冲信号。信号经放大、整形,最后在指示仪表上显示出单位时间的谷粒损失量。

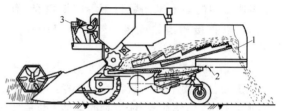

1—逐稿器损失监视器;2—清粮筛损失监视器;
3—指示仪表。

图 9-68　损失监视器的安装位置

由于碎茎秆内的夹带损失(籽粒)不可能全部落在传感器上,可以假定逐稿器尾端所分离的谷粒量与夹带损失之间存在着一定的比例关系,只要测出逐稿器末端分离的籽粒量,即可通过标定求出谷粒损失量。

(2) 损失监视器的类型

联合收割机的损失监视器可以固定在机架上,也可以安装在逐稿器和筛子上并随之一起运动。有的监视器可沿脱粒机整个宽度安装,有的则只在局部宽度上安装。按所测定的损失性质可分为以下三种。

① 单时测损监视器。这种监视器的结构和电路均比较简单,容易制造,价格便宜,但它只能测定单位时间内损失的谷粒量,因而受到联合收割机前进速度、作物产量和谷草比的影响,当速度增加时,实际损失率可能变化不大,而指示值将有所增加(如加拿大的 GM-30 型损失监视器)。

② 损失率测定监视器。除在逐稿器和清粮筛后安装传感器外,还在粮箱内或清粮筛的下方安装能够反映收获的总籽粒量的传感器,然后通过电路用损失量除以总籽粒量即可得到损失率(如苏联的 YⅡ3 型损失监视器)。

③ 单位面积测损监视器。在联合收割机驱动轮上安装行走速度传感器,当割幅不变时行走速度即可代表单位时间收获的面积,以损失量除以机器的行走速度即可得到单位面积的损失量。

(3) 损失监视器的结构

传感器的结构如图 9-69 所示,传感器的敏感元件是塑料膜片(传声板)1,膜片安装在传

感器体内的阻尼垫3上,在膜片下的凹坑内粘贴着压电晶体2,当谷粒冲击膜片时,膜片就传播声波,声波对压电晶体起作用,在导线上就出现呈快速衰减震动的电压,电压信号通过导线5传给仪表盒的输入端,指示表即可显示出谷粒损失。图9-70所示为损失监视器的传感器在逐稿器和清粮筛上的安装部位。损失监视器的二次仪表由滤波放大器、鉴别器、调节器、频率电压转换器和指示器等组成,其框图如图9-71所示。目前,损失监视器的应用虽然还不够普遍,但它是联合收割机发展的必然趋势。我国从德国引进的E-514型联合收割机已

配备了损失监视器。根据国外试验资料表明,采用损失监视器后损失可以降低0.5%,联合收割机的效率可以提高10%,因此每台联合收割机一年可以多收许多粮食,监视器的成本两三年内就可以收回。

5．典型产品

1) 全喂入式小麦联合收割机

以收获小麦为主的联合收割机都是全喂入式的,其总体结构差别不大,由割台、倾斜输送器、脱粒机、发动机、底盘、传动系统、液压系统、电气系统、驾驶室、粮箱和草箱等部分组成(见图9-72)。其工作过程如下。

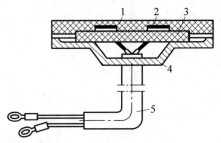

1—塑料膜片;2—压电晶体;3—阻尼垫;
4—传感器体;5—导线。

图9-69　损失监视器的传感器

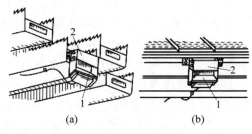

1—传感板;2—导谷槽。

图9-70　传感器的安装部位
(a)逐稿器传感器;(b)清粮筛传感器

图9-71　损失监视器组成框图

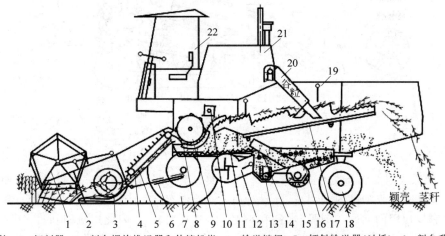

1—拨禾轮;2—切割器;3—割台螺旋推运器和伸缩扒指;4—输送链耙;5—倾斜输送器(过桥);6—割台升降油缸;7—驱动轮;8—凹版;9—滚筒;10—逐稿轮;11—阶状输送器(抖动板);12—风扇;13—谷粒螺旋和谷粒升运器;14—上筛;15—杂余螺旋和复脱器;16—下筛;17—逐稿器;18—转向轮;19—挡帘;20—卸粮管;21,22—发动机。

图9-72　自走式联合收割机的工作过程

拨禾轮将作物拨向切割器。切割器将作物割下后,由拨禾轮拨倒在割台上。割台螺旋推运器将割下的作物推集到割台中部,并由螺旋推运器上的伸缩扒指将作物转向送入倾斜输送器,然后由倾斜输送器的输送链耙把作物喂入滚筒进行脱粒。脱粒后的大部分谷粒连同颖壳杂穗和碎秆经凹版的栅格筛孔落到阶状输送器上,而长茎秆和少量夹带的谷粒等被逐稿轮的叶片抛送到逐稿器上。在逐稿器的抖动抛送作用下使谷粒得以分离。谷粒和杂穗短茎秆经逐稿器键面孔落到键底,然后滑到阶状输送器上,连同从凹版落下的谷粒、杂穗、颖壳等一起,在向后抖动输送的过程中,谷粒与颖壳杂物逐渐分离,由于密度不同,谷粒处于颖壳、碎秆的下面。当经过阶状输送器尾部的筛条时,谷粒和颖壳等先从筛条缝中落下,进入上筛,而短碎茎秆则被筛条托着,进一步被分离。由阶状输送器落到上筛和下筛的过程中,受到风扇的气流吹散作用,轻的颖壳和碎秆被吹出机外,干净的谷粒落入谷粒螺旋,并由谷粒升运器送入卸粮管(对于大型机器则进入粮箱)。未脱净的杂余、断穗通过下筛后部的筛孔落入杂余螺旋,并经复脱器二次脱粒后再抛送回阶状输送器上再次清选(有些机器上没有复脱器,则由杂余升运器将杂余送回脱粒器二次脱粒),长茎秆则由逐稿器抛送到草箱(或直接抛撒在地面上)。当草箱内的茎秆集聚到一定重量后,草箱自动打开,茎秆即成堆放在地上。

与上述结构不同,图9-73所示为全喂入轴流滚筒式联合收割机。其脱粒滚筒纵向配置,谷物由轴流滚筒的一端喂入,随滚筒的旋转而作螺旋状推进运动,脱下的谷粒经凹版筛并由螺旋输送到清粮装置,茎秆则由滚筒的另一端排出,并由分撒器布在田间。这种形式的联合收割机上取消了庞大的分离装置(逐稿器),因而相应地减小了整机的尺寸。与传统型联合收割机相比较,轴流式联合收割机有以下优点:

(1)在不增加机器体积的情况下能较大幅度地提高生产率。根据资料统计,轴流式联合收割机的效率比同样尺寸的传统型联合收割机约高20%。

(2)脱净率高。用轴流式脱粒装置脱小麦比传统型脱粒装置增加4%~7%。

(3)破碎率低。因此,轴流式联合收割机对收割大豆和种子作物则更有意义。

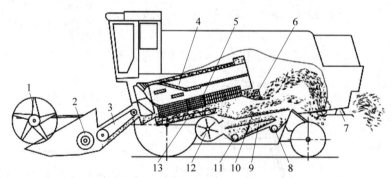

1—拨禾轮;2—割台螺旋推运器;3—输送链耙;4—轴流滚筒;5—凹版筛;6—逐稿轮;7—分撒器;
8—杂余螺旋;9—下筛;10—上筛;11—谷粒螺旋;12—风扇;13—输送螺旋。

图9-73　全喂入轴流滚筒式联合收割机

2) 全喂入式稻麦联合收割机

为了提高联合收割机的利用率,在设计时就考虑到稻麦通用的问题。但是,水稻和小麦的收获要求不同,主要是脱粒特性上的差别。首先,小麦粒比较坚硬,而包裹的颖壳较松,用揉搓和打击的方法容易脱出。稻粒的外壳包裹较紧,但外壳比较脆弱,容易破碎而成米粒,影响储存;且籽粒通过小的穗轴与茎秆相连,其连接力较强,因此用梳刷和打击的方法脱粒为宜。故现在用于收获小麦的脱粒装置绝大多数采用纹杆滚筒,而用于收获水稻的脱粒装置多采用弓齿滚筒或钉齿滚筒。其次,稻谷表面粗糙带茸毛、潮湿，经滚筒脱粒后混有许多稻草毛（细碎茎叶），其分离和清选要比小麦困难得多。此外，水稻田比麦田潮湿，行走装置要求的接地压力要小得多。

现有的稻麦联合收割机分为以下三种。

（1）装有纹杆滚筒的麦类联合收割机，改装后用于收获水稻。国内外生产的许多麦类联合收割机在出厂时就带有水稻收割部件，即钉齿滚筒和履带行走装置等。需要收割水稻时，将纹杆滚筒卸下，换上钉齿滚筒，并对各部件进行适当调整即可。如果稻田过于潮湿，可将驱动轮胎换用半履带或全履带装置。

（2）装有钉齿滚筒的麦类联合收割机用于收获水稻。该类型的收割机只要加以适当调整即可用于收割水稻。如国内生产的具有双滚筒脱粒装置的联合收割机，其第一滚筒是钉齿式，第二滚筒是纹杆式。收割小麦时以纹杆滚筒为主，把钉齿滚筒间隙放大，使其只起喂入和辅助脱粒作用；收割水稻时，以钉齿滚筒为主，把纹杆滚筒间隙放大，使其只起辅助脱粒作用。

（3）装有钉齿式轴流滚筒的全喂入式联合收割机可以兼收小麦和水稻。它的工作过程与切流型联合收割机稍有不同。图9-74所示为全喂入式稻麦联合收割机。作物被拨禾轮拨向切割器进行切割，割下的作物被拨禾轮拨倒在割台上，割台螺旋将割下的作物向左侧推送到输送槽入口处，由伸缩扒指将它转向送入输送槽，再由槽内的输送链耙将它作较长距离的输送喂入轴流滚筒的左端。然后作物沿滚筒外壳内面的导向板作轴向螺旋运动。在此过程中，作物受到滚筒钉齿的多次打击和梳刷作用而脱粒。脱下的谷粒在离心力和重力的作用下从凹版筛孔分离出来，并经筛子和风扇气流的作用，将轻杂物吹出机外，而干净的谷粒则落入谷粒螺旋。该螺旋把谷粒送到扬谷器，然后装入麻袋；长茎秆则沿滚筒轴向运动至右端，在离心力和排稿轮的作用下被抛出机外。

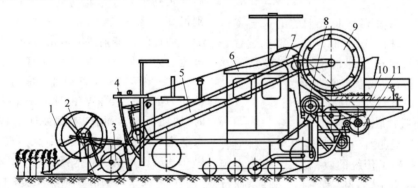

1—拨禾轮；2—切割器；3—割台螺旋；4—操纵台；5—输送槽；6—拖拉机；7—卸粮口；8—风扇；9—滚筒；10—筛子；11—谷粒螺旋和扬谷器。

图9-74　全喂入式稻麦联合收割机

3）半喂入式水稻联合收割机

其特点是有较长的夹持输送链和夹持脱粒链。脱粒时，只将作物穗部送入滚筒，因而保持了茎秆的完整性。

半喂入式联合收割机主要由割台、中间输送装置和脱粒机三部分组成。卧式割台和立式割台（见图9-75）在半喂入自走式联合收割机上均有采用，而半喂入悬挂式联合收割机则都采用卧式割台（见图9-76）。

半喂入式联合收割机的工作过程是：作物被切割前受到扶禾、拨禾装置的作用，作物的茎秆被扶持着切割。卧式割台采用偏心拨禾轮，拨板将作物拨向切割器切割，随后将已切割的作物拨到割台上。立式割台机型的扶禾器主要将倒伏的作物扶起，交给拨禾星轮或其他拨禾装置扶持着作物进行切割。然后，将割台上的作物横向输送至一侧，由中间输送装置夹持输送至脱粒装置，穗部进入脱粒室脱粒，

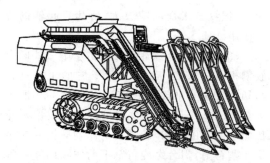

图 9-75　半喂入自走式联合收割机（立式割台）

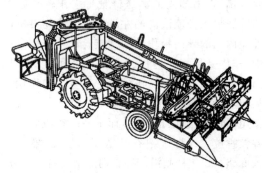

图 9-76　半喂入悬挂式联合收割机（卧式割台）

脱出物经过凹版分离和凹版下的清选装置进行清选（专脱水稻的机型也有的无清选装置），洁净的籽粒被输送至卸粮装置。脱粒后的茎秆被夹持链排出，成条或成推铺放在茬地上，也可用茎秆切碎装置直接还田。

4）割前脱粒联合收割机

割前脱粒是近年来才发展起来的新型收割工艺。它打破了传统的收割方式，采用先脱粒后切割的收割工艺，其特点是：茎秆不通过摘脱滚筒，谷物不与茎秆相混，可省去传统联合收割机上体积庞大的分离机构，同时也减少了谷粒损失，尤其重要的是，它很好地解决了水稻"湿脱湿分"问题，对于水稻收获是十分理想的；可获得完整的秸秆，作副业用；能显著减少脱粒功率；摘脱装置无凹版，收割潮湿作物一般不会发生堵塞；脱出物含杂率低，可减轻清选负担。割前脱粒是对传统联合收割机的一次革命，代表了未来联合收割机研究和发展的一个重要方向。

（1）配摘脱台的联合收割机

英国亚尔索（Silsoe）工程研究所从1984年开始对割前脱粒进行研究，他们首先在室内进行了台架试验，于次年研制成功幅宽为 3.6 m，与联合收割机配套使用的摘脱台。1986 年从英国技术局得到了该技术的生产和销售许可。到 1998 年已经形成 CX 和 RX 两个系列的十几个型号的产品，最大摘脱幅宽已达 8.4 m。图 9-77 所示为配摘脱台的联合收割机。

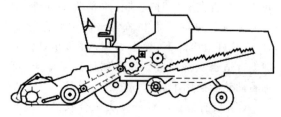

图 9-77　配摘脱台的联合收割机

试验表明，配摘脱台的联合收割机，除了果实满茎秆生长的作物外，可以收获麦类、水稻等十多种作物。与普通割台相比较，收割水稻时摘脱台损失较高，但仍在可接受的范围内。收割小麦和水稻时生产率比普通割台分别提高 40%～100% 和 40%～150%。摘脱台功率消耗随机器前进速度增大而增加：机器前进速度为 4 km/h 时，收割站秆小麦的功耗为 2.0～2.9 kW/h；机器前进速度为 6 km/h 时，功耗为 2.8～2.9 kW/h；收获水稻和倒伏作物时，功耗更高。而且，英国发明的摘脱台有两大缺点：摘脱损失率较高；纵向尺寸过大，难以在其后设置摘脱后禾秆切割搂集机构。

（2）气吸式割前脱粒联合收割机

东北农业大学蒋亦元教授多年来致力于割前脱粒的研究工作，创造性地提出在割前脱粒中运用气流吸运的新方案，大幅度地降低了割前脱粒的收获损失，成功地将摘脱后的茎秆切割并搂成条铺，使摘脱、茎秆切割、放铺一次完成。下面以蒋亦元教授发明的 4ZTL-1800 型割前摘脱稻（麦）联合收割机为例进行介绍。

如图 9-78 所示，摘脱滚筒 1 上有八排三角形板齿，其前方的压禾器将禾秆压成前倾状态时，板齿插入禾秆进行摘脱。含有谷粒、断穗等的脱出物依靠自身的惯性力和由离心式吸运风机 40 产生的吸气流吸走，进入横向逐步收缩的管道 5，在拨指助推器 7 的作用下进入惯性分离箱。拨指助推器由拨指 8、滚筒 9 与外壳 10 组成，吸运管道的底板设置在与摘脱滚筒面相切的位置，管道进口处在底板边缘上设有一排固定板齿 4，它与滚筒上的板齿错开配置以挡住被滚筒气流回带的谷粒与断穗，并由气流吸走。下方回收箱 6 回收回带谷粒。脱出物被气流带进惯性分离箱后，气流作 180°急拐，谷粒、断穗与断茎秆被甩入后部的排料叶轮 20，由此排出惯性分离箱进入轴流滚筒复脱装置 23。设在排料叶轮前方的带式输送器 19 将物料向后输送。进入轴流滚筒的物料中大量的谷粒立即被分离出凹版 22，断穗被复脱，空断穗与断禾秆被轴向推出机外，脱出物在下降过程中受到由横流风机 21 产生的、由百叶窗进

风口 28 进入的吸气流的作用，将大量的颖壳、碎茎叶等轻杂物吸走，经横流风机排出机外。谷粒、少量漏脱的断穗和短茎秆落入水平螺旋推运器 24，推运到设在机器前进方向左端的立式螺旋推运器 27，其外围有圆筒 26，此筒的下半段无孔、上半段有筛孔。谷粒由离心力作用被筛出筛孔后，进入由筛筒和在其外围设置的中间筒构成的环形沉降室 35，下落到与带轮 31 构成一体的旋转叶片 32 上，带轮由三个均布的固定的滚珠轴承 25 所支承，下落的物料被叶片向外甩出成一水平的薄层，谷粒撞击到套在中间筒外的外筒下端的锥顶角为 90°的截顶圆锥面 33 上。谷粒反弹下落，轻杂物由外筒与中间筒之间构成的环形气吸道 36 中的上升气流吸走，经管道 39 进入吸运风机 40 排出机外。

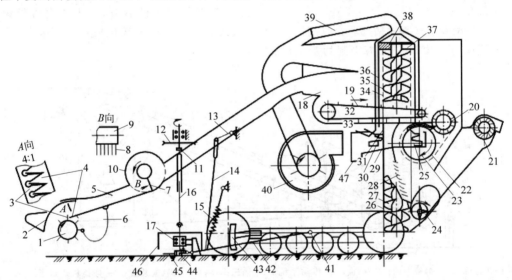

1—摘脱滚筒；2—压禾器；3—三角形板齿；4—固定板齿；5,39—管道；6—回收箱；7—拨指助推器；8—拨指；9—滚筒；10—外壳；11—万向节；12,31—带轮；13—转臂；14—吊杆；15—补偿弹簧；16—立轴；17—曲拐轴；18—分离箱入口；19—带式输送器；20—排料叶轮；21—横流风机；22—凹版；23—复脱装置；24—水平螺旋推运器；25—滚珠轴承；26—圆筒；27—立式螺旋推运器；28—进风口；29—承粮盘；30—排粮叶片；32—旋转叶片；33—截顶圆锥面；34—圆筒有孔筛面；35—沉降室；36—气吸道；37—径向叶片；38—导管；40—吸运风机；41—支柱；42—推杆；43—挡板；44—销轴；45—往复式切割器；46—搂草杆；47—卸粮口。

图 9-78 4ZTL-1800 型割前摘脱稻（麦）联合收割机

被吸气流吸净的谷粒下落到承粮盘 29 内，被与带轮 31 制成一体的排粮叶片 30 排入卸粮口 47 进入粮袋。

未被筛出的少量的未脱净断穗、短茎秆和谷粒被立式螺旋推运器 27 推到顶部，由两个径向叶片 37 刮进导管 38（图上阴影为其横断

面），穿透上述的环形沉降室 35 和环形气吸道 36，进入与之紧贴的惯性分离箱，并按原脱出物流程进行再次复脱与清选。

贴地滑行的往复式切割器 45 护刃器梁的两端有销轴 44，其上铰接着左右两个推杆 42，其后端套在支柱 41 上。在行走装置台车架的

纵梁上固定着左右两块向前伸的弧形挡板43，在内侧挡住切割器推杆的横向摆动和侧移。

处于切割器一端的曲拐轴17，由立轴16通过万向节11驱动刀杆，轴上固定着搂草杆46。曲拐轴的旋转方向是使处于履带正前方的已被切割器割过的禾秆根部向机器的中央搂集，而另一侧的履带前方也有搂草杆及立轴（但并非曲拐轴），其上方有万向节与带轮12，左右两轮交叉传动实现向中央搂草，与在切割器中段被切割，又越过护刃器梁的禾秆汇合成条铺，从履带之间通过。切割器由液压油缸驱动的转臂13通过吊杆14实现起落，由补偿弹簧15的张力减轻护刃器梁对地面的压力，使切割器能贴地仿形作业。

含有摘脱滚筒的脱粒台和压禾器2均由液压油缸控制升降。

（3）小型背负式谷物摘穗联合收割机

我国南方多家研究机构研制的割前脱粒联合收割机，除少数全履带自走机型外，多为小型悬挂式或背负式机型。同前面介绍的两种机型相比，具有结构简单、灵活性高的特点，但生产率比上述机型低，损失也比气吸式偏高，尚待进一步研究。

图9-79所示的4LZS-1.5型小型背负式谷物摘穗联合收割机由摘脱台、输送槽、脱粒清选装置、前悬挂装置、后悬挂装置构成。摘脱台通过前悬挂装置6悬挂在拖拉机的正前方，它主要由摘穗滚筒2、输送螺旋5、前护罩1和挡板3等组成，摘穗滚筒和输送螺旋均水平横置（垂直于前进方向），前护罩安装在摘穗滚筒的上方，其位置可以进行调节。输送槽9呈倾斜状态安装在拖拉机一侧，它主要由链条11和耙齿13组成。脱粒清选装置通过后悬挂装置10悬挂在拖拉机的后方，它主要由脱粒滚筒14、凹版15、风扇12等组成。

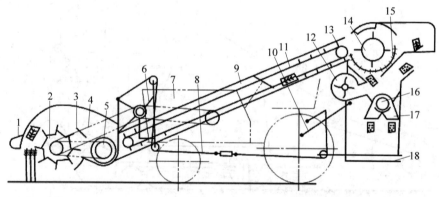

1—前护罩；2—摘穗滚筒；3—挡板；4—传动系统；5—输送螺旋；6—前悬挂装置；7—拖拉机；8—升降系统；9—输送槽；10—后悬挂装置；11—链条；12—风扇；13—耙齿；14—脱粒滚筒；15—凹版；16—卸粮螺旋；17—卸粮口；18—卸粮平台。

图9-79　4LZS-1.5型小型背负式谷物摘穗联合收割机

在收获时，摘穗滚筒2按顺时针转动摘取作物的穗部，摘下的脱出物中大多数是穗头，其余是少量的茎叶、短茎秆和籽粒。脱出物在离心力的作用下，沿着前护罩所形成的曲面向后被抛送到后面的输送螺旋5，输送螺旋把所有的脱出物推送到摘脱台的一侧。倾斜的输送槽9将其升运到脱粒滚筒14，脱粒滚筒对其进行脱粒和分离。脱粒和分离后的谷粒连同部分颖壳和碎小茎秆穿过凹版落下。在下落过程中风扇12将颖壳和碎小茎秆吹出机体外，干净的谷粒落入卸粮螺旋16，由卸粮螺旋将其推运到卸粮口17装入麻袋，而长茎秆则被排出机外，整个收获过程完毕。

5）约翰迪尔S660谷物联合收割机

图9-80为约翰迪尔S660谷物联合收割机，其配备了约翰迪尔PowerTech PSX发动机，排量9.0 L，可变几何涡轮增压，高压共轨，全电脑控制，峰值功率达到365 Ps，动力强劲，

储备马力大,燃油效率高,非常省油;约翰迪尔专有滚筒擅长收获高产量、青秆潮湿作物。低动力消耗,脱粒顺畅强劲,具有多种作物适应性,收获效果好,脱粒也更加柔和。该滚筒对于用户收获水稻和其他难以处理的作物是理想之选。ProDrive 可以与 Harvest Smart 智能喂入量控制系统结合,使生产效率达到最大;GreenStar Harvest Doc 产量监控系统记录关键信息,帮助用户为随后的季节做出最高效、最及时的决策;PBST 自动换挡变速箱及控制系统给用户带来更加舒适轻松的换挡操作;用户可根据实际需求选装约翰迪尔 AMS 卫星导航系统,通过它可实现精准收获,达到更优质的作业效率和作业质量;Premium Cab 驾驶室为用户提供理想的操作环境,智能化控制系统及收获监控系统使收获更便捷。S 系列联合收割机的清选能力更加强大,上筛面积增加了30%,下筛面积增加了18%,两级预先清选,可以预处理 40% 的作物。表 9-19 所示为约翰迪尔 S660CH 谷物联合收割机的详细参数。

图 9-80　约翰迪尔 S660 谷物联合收割机

表 9-19　约翰迪尔 S660CH 谷物联合收割机详细参数

参　数　项	参　数　值
割台作业宽度/m	6.7(刚性割台)
割台类型	主配 6.7 m 刚性割台,兼配 608C、612C 玉米割台
喂入驱动	定速(或变速)
传送链耙	下冲板
喂入宽度×长度/(mm×mm)	1397×1727
滚筒类型	轴流滚筒
滚筒直径×长度/(mm×mm)	762×3124
滚筒速度范围/(r·min^{-1})	210~550 或 380~1000

续表

参　数　项	参　数　值
凹版面积/m^2	1.1
分离类型	转子式
分离面积/m^2	1.54
预先清选面积/m^2	0.5
总清选面积/m^2	4.9
发动机类型	约翰迪尔 PowerTech PSX 发动机,可变几何涡轮增压,高压共轨
粮仓容积/L	10 600
卸粮速度/(L·s^{-1})	120
基本质量/kg	13 524

6) 东方红 4LZ-8B1 自走式谷物联合收割机

图 9-81 所示为东方红 4LZ-8B1 自走式谷物联合收割机,其关键传动部位采用高品质免维护轴承,免加油,长寿命,节省保养时间。发动机配备了 D3.8 加强型变速箱,配装耐磨耐高温离合器片,适应多种工况环境,动力传输平稳。车架采用加强型 16M 锰钢,坚固耐用。水箱为高频复合焊管直排管片式一体化水箱,灰尘通过性好,散热能力强。发动机原装进口美国唐纳森空气滤清器,防尘效果好。4LZ-8B1 不仅采用硬连接换挡结构,操作轻便、挡位清晰,同时也配置可选装封闭边减,可靠性高、维护成本低。

图 9-81　东方红 4LZ-8B1 自走式谷物联合收割机

高效节能:标配高压共轨 175 Ps 东方红发动机,动力强劲,可选装多态节能型发动机(限东方红发动机),多种动力变频可调;优化全车传动系统,割台优化提速 10%,满足高速作业要求:三组合脱离滚筒+920 mm宽清选室,脱粒充分,转速稳定,清洗干净;2.2 m³加大粮箱,分段式均布顶搅龙,粮箱充满度高,卸粮次数少;籽粒升运器加宽30 mm,籽粒升运更顺畅。

功能多样:可选装宽、窄驱动轮轮距,可调式加强型后桥,适应性好;920 mm宽喂入过桥,作物喂入更顺畅,适应不同品种、不同成熟期作物的高效收割;快挂割台,可快速切换成玉米籽粒割台、高粱割台、油葵割台等多种杂粮收获专用割台;265 L主油箱+35 L副油箱(选装),适用长距离转场作业。

舒适智能:豪华密封减震驾驶室、预留空调接口,进灰少,干净舒适;液压主离合,操作轻便,劳动强度低;标配多功能彩色智能显示器,实时监控整机运行状态;选装倒车影像,监视发动机和车辆后方情况,预防着火,确保倒车安全。表9-20所示为东方红4LZ-8B1谷物联合收割机的技术参数。

表9-20 东方红4LZ-8B1谷物联合收割机技术参数

参 数 项	参 数 值
功率/kW(Ps)	129(175)
割台宽度/mm	2750/2620 刚台
驱动方式	机械驱动(可选择封闭边减)
脱粒室	三组合式横轴流滚筒
换挡型式	硬连接换挡
变速箱型号	D3.8(可选φ275摩擦片)
粮箱	2.2 m³ 顶置加长卸粮筒
卸粮高度/mm	3100
柴油箱	265 L塑件(可选35 L副油箱)

7)久保田4LZ-4(PRO988Q)全喂入履带收割机

图9-82所示为久保田4LZ-4(PRO988Q)全喂入履带收割机,其适合以高收益为目标的专业人士,是一款集高收益、快速作业、保养简便为一体的履带式谷物联合收割机。可旋转高速卸粮:3.8 m长卸粮筒可旋转255°,使用卡车装粮或者跨过田埂排粮都很方便。大直径设计实现高速排粮,节省排粮时间。多功能操作手柄:采用多功能操作手柄,可通过1根

手柄的操作完成割台升降、拨禾轮的升降以及机械旋转。逆转风扇:在散热器部加装逆转风扇,3分钟自动反转1次,吹出灰尘,可以防止散热器堵塞,用户无须清扫就可以保证散热效果。久保田的大功率发动机:久保田72.9 kW大功率柴油发动机,即便在高产水稻和湿烂田也可以实现高效收割,最高行走速度达到2.1 m/s。另外,采用大容量HST变速器,进一步实现操作灵活。宽幅收割:割幅为2.3 m,同样的行走速度,喂入量更大,有效保障高效率收割。脱粒损失少的高精度脱粒滚筒:纵向配置的φ620×2210 mm大直径长脱粒滚筒,使脱粒更充分,脱粒损失少,含杂率低。大容量粮仓:粮仓的容量是1400 L,大田块也可以长时间地连续作业,减少卸粮次数。大容量燃油箱:140 L的大容量油箱,可减少加油次数,延长作业时间,增加作业面积。表9-21所示为久保田4LZ-4(PRO988Q)全喂入履带收割机的技术参数。

图9-82 久保田4LZ-4(PRO988Q)全喂入履带收割机

表9-21 久保田4LZ-4(PRO988Q)全喂入履带收割机技术参数

参 数 项	参 数 值
驾驶室类型	无驾驶室
长度(运输状态/工作状态)/(mm/mm)	5570/5620
宽度(运输状态/工作状态)/(mm/mm)	2650/2810
高度(运输状态/工作状态)/(mm/mm)	2710/2990
结构质量/使用质量/(kg/kg)	3670/3890

续表

参 数 项	参 数 值
配套发动机型号	V3800-DI-T-ET15
发动机结构形式	立式水冷四缸涡轮增压柴油机
燃油箱容量/L	140
履带接地长/mm	1890
履带宽/mm	500
变速箱类型	机械变速＋液压无级变速(HST)
变速级数	前进无级·后退无级(副变速各3挡)
割台最小离地间隙/mm	277
割台宽度/mm	2300
割台最小割茬高度/mm	40(割刀刀尖)
适应作物	水稻、小麦
喂入量/(kg·s⁻¹)	4
脱粒滚筒	钉齿轴流式
滚筒尺寸(外径×长度)/(mm×mm)	φ620×2210
筛选方式	振动筛、风选(气流分选)
卸粮方式	机械自动卸粮(多方位卸粮)
粮仓容量/L	1400

8) 沃得锐龙 4LZ-5.0E 经典版联合收割机

图 9-83 所示为沃得锐龙 4LZ-5.0E 联合收割机,其发动机采用 102/105 大马力发动机,动力强劲可靠。国三高压共轨动力,油耗低,省油,噪声小。底盘采用沃得专利"骑马式"底盘技术,底盘最高离地间隙达 630 mm,解决上下机架在烂泥田作业夹泥的问题,底盘最小离地间隙达 435 mm,变速箱底部离地间隙达 320 mm,烂田通过性强。底盘重心更稳定,高齿履带(6 mm),烂田适应性和通过性更好,履带宽 450/500 mm。防陷能力更强。受力结构优于悬挂式,受力变形小,更为牢固,使用寿命长。变速箱采用 65 加强型专用变速箱,变速箱关键部位采用原装进口日本 NSK 轴承。无级变速器采用原装进口无级变速器,40CC 排量,速度快,转向灵活,操控性好。由于其配备加长加粗割台弹齿,割刀离地 8 cm 即可拨到倒伏作物,减少割台吃土现象。新式分禾器强度提高,收割高秆(1.2 m 以上)、高产、杂交稻作物,防止分禾器与拨禾轮之间夹草。右边割台分禾器收割幅度加宽,解决了收割过程中压田埂的现象。输送槽更短,喂入口优化设计,提升输送通过性,输送槽喷口优化,防止缠草现象,喂入口采用浮动轮,喂入更加顺畅。脱粒滚筒长度达 2.01 m,比同类机型长 10%,脱粒能力更强。振动筛清选面积加大 15%,粮食更干净。表 9-22 为沃得锐龙 4LZ-5.0E 联合收割机的技术参数。

图 9-83 沃得锐龙 4LZ-5.0E 联合收割机

表 9-22 沃得锐龙 4LZ-5.0E 技术参数

参 数 项	参 数 值
结构形式	履带自走全喂入式
长/mm	4960
宽/mm	3514
高/mm	2830
整机质量/kg	2800
发动机型号	4L88/4G33TC
发动机型式	立式、直列、水冷、四冲程
功率/kW	72/75/77
额定转速/(r·min⁻¹)	2600
燃油箱容积/L	160
变速箱类型	沃得自制 65 变速箱
有无驾驶室	塑钢顶棚/豪华空调驾驶室
履带规格(节距×节数×宽度)/(mm×节×mm)	90×51×450/500
割台最小离地间隙/mm	320

续表

参　数　项	参　数　值
割幅/m	2.0/2.2
喂入量/(kg·s^{-1})	4.0/5.0
割台升降方式	液压
脱粒方式	纵轴流脱粒齿式
脱粒筒尺寸/(mm×mm)	ϕ620×2000
操纵部分	进口液压无级变速(HST)确保同样挡位快于同类产品
清选型式	振动筛+离心风扇
卸粮方式	360°高位旋转卸粮,侧拉式大粮仓
粮仓容积/m³	1.5
作业效率/(亩·h^{-1})	8.6～10.8/10.2～12.8
适合作物	水稻、小麦

9) 洋马 YH1180(4LZ-4.5A)全喂入稻麦联合收割机

图 9-84 为洋马 YH1180(4LZ-4.5A)全喂入稻麦联合收割机,其采用洋马 4TNV98T 型增压进气 118.8 Ps 柴油发动机,电控引擎,节能环保,动力稳定,118.8Ps-增压进气、动力储备足,增加作业辅机及恶劣作业条件,也能稳定动力输出。底盘结构:履带全时驱动 FDS 变速箱;方向盘操控流畅、转向平稳、负荷小;底盘升降与平衡 UFO 系统,履带离地间隙双边可独立升降 13 cm,机具离地间隙可根据田间湿烂情况合理调整;离地间隙小、整机重心低的适宜高速作业;在跨越田埂与装卸车时更加安全。大粮箱、大油箱、高位液压式卸粮装置,省工高效;大升限割台,拨禾轮刚性传动设

图 9-84 洋马 YH1180(4LZ-4.5A)全喂入
稻麦联合收割机

计,拾禾稳定、输送可靠;倒伏、高秆作物收割适应强;大仰角输送槽,结合喂入滚筒,即使在不连续作业状态下,也能保证稳定喂入作业;超长六面体耙齿主滚筒+枝梗处理筒、三风扇多风道设计使得脱粒高效,清选精良;整机单元化设计、维护简单便捷;选配粉碎机,可适应秸秆粉碎还田作业。其技术参数见表 9-23。

表 9-23　洋马 YH1180(4LZ-4.5A)全喂入稻麦联合收割机技术参数

参　数　项	参　数　值
长×宽×高(工作状态)/(mm×mm×mm)	5640×2600×2800
整机质量/kg	4030
发动机型号	4TNV94HT-ZCNRC
发动机结构形式	四缸、水冷、单列、立式、四冲程柴油机
额定功率/kW(Ps)	87.3(118.8)
额定转速/(r·min^{-1})	2500
油箱容量/L	135
履带规格(节距×节数×宽)/(mm×节×mm)	90×54×500
履带接地长/中心距离/mm	1885/1215
履带平均接地压/kPa	19.1
变速箱型式	机械式变速+油压伺服 HST
变速级数	副变速 3 挡+无级变速
割幅/mm	2060
脱粒滚筒(外径×长度)/(mm×mm)	640×2300
振动筛(长×宽)/(mm×mm)	1780×850
粮箱容量/L	2100

9.7.4　选用原则和选用计算

1. 要考虑使用人的技术素质

谷物联合收获机从以前生产的以大、中、小型拖拉机为主要配套动力的悬挂式(又称背负式)机型为主,发展到目前以自走式、大马力、多功能、智能化为主的机型。在选择购买时,首先要考虑使用人的技术水平,对机电液

一体化的掌握控制能力和维修能力。尽可能选择经济适用、结构简单、易掌控、操作维修方便、收获性能好、与使用人技术素质条件相符合的设备。

2. 应考虑机具作业区域和适用性

我国农村现行经营体制为承包责任制，土地分割种植，一般地块面积较小，田间辅助道路较窄，选择大型机械时，进地作业较困难。各地农户对作业机械要求也不一样，有的要求小麦联合收割机带有秸秆粉碎及抛撒装置，有的要求小麦联合收割机带有秸秆打捆或回收装置等。各主产区种植方式也有所不同，以小麦为例：有等行距窄幅条播、宽幅条播、宽窄行条播、小窝密植种植等。种植垄距也不统一，有的还需要间种其他作物等。

3. 应考虑选择大型企业的产品或名牌产品

购买产品前，要仔细向周围的农机手或有关部门的专家咨询，了解市场上销售产品的质量状况。一定要详细了解产品和生产企业的情况，可询问已购机的用户，也可咨询当地农机部门的技术人员，还可到意向作业区或临近作业区现场观看机械作业状况。要选购正规企业生产的产品，最好是知名度高的名牌产品。好的产品一般都获得了国家"农业机械推广鉴定证书"，获证产品上都贴有菱形的"农业机械推广鉴定证章"。

4. 要选择零配件供应充足和售后服务好的产品

在选购之前，一定要到当地农机经销单位和有使用这种机具经验的用户那里了解该机型以往的销售数量及分布状况，零配件供应和生产企业技术服务的情况。一般来讲，在本地区使用较多的机型，零配件供应就比较充足，生产企业的技术服务也比较好。要向销售者了解产品使用维护和保养的有关事项，问清产品的"三包"方式和期限，记下修理者的电话和地址。

5. 要试机检查，看整机外表是否新颖美观

发动机器空运转几次，检查发动机的启动性能，看机器运转是否平稳，有无异常响声，传动箱是否有过热等现象；检查机构的操作性能，看是否轻便灵活，行走有无走偏的问题。如果无法试机，可以手动检查各部件结构情况，看转动件有无卡机现象；查看零部件连接有无松动、损坏、脱漆、焊接、焊缝是否平整、牢固、光洁；箱体有无裂纹、气孔、砂眼、"三漏"，以及翻新改装迹象等。

6. 要索取"一票三证"

所谓"一票"，即销售者提供的发货票，是国家财政税务管理部门统一监制的发货票据，是购机者的有效凭证。"三证"，一是指随产品出厂的质量检验合格证，二是售后对产品故障承诺实施"三包"服务的凭证，三是产品使用说明书，其内容包括产品名称、规格、型号、内燃机编号，以及企业名称、地址、联系电话等。按照国家有关部门的农业机械产品修理、更换、退货责任规定，用户在"三包"有效期内，农机产品发生故障时，凭发票及"三包"凭证办理修理更换、退货服务。

9.7.5 安全使用规程（包括操作规程、维护和保养）

1. 操作规程

1）作业资格

联合收割机的作业人员，应接受过由生产、销售或有关主管部门组织的技能培训和安全教育。联合收割机驾驶员，应取得农机安全监理机构核发的有效的相应机型联合收割机驾驶证。方向盘自走式、操纵杆自走式联合收割机应按规定在农机安全监理机构办理注册登记，领取联合收割机号牌、行驶证，并按规定悬挂号牌，随机携带行驶证。领有号牌、行驶证的联合收割机应按规定参加定期检验并合格。参加跨区作业的联合收割机，应按规定到农机化主管部门领取跨区作业证。

2）作业前准备

作业前，应根据作物及田间的状态，判断是否可以进行作业。联合收割机作业人员应详细阅读产品使用说明书，熟悉安全注意事项和安全警示标记的含义。有下列情况之一的，

不应驾驶操作联合收割机：酒后、服食嗜睡及含有醇类药（食）品或使用国家管制的精神药品、麻醉品；睡眠不足、过度疲劳的；患病未愈、怀孕的；未满18周岁以及有妨碍安全作业病残缺陷的。非作业人员不应进入作业区。

　　严禁人员在作业区内躺卧、睡觉。从事联合收割机作业应戴工作帽，发辫不应外露，穿着适宜的服装，扣紧纽扣，扎紧衣袖；不应赤脚、穿拖鞋。联合收割机投入作业前，应按使用说明书进行检查和保养，确保机器技术状态完好，符合 GB 16151.12—2008 的规定。有下列情况之一的，不应投入使用：自行拼装或改装的；应报废、淘汰的；危险部位未设有明显的安全警告标志，或安全警告标志破损、缺失、不清晰的；安全防护板（罩、网）未按规定安装或缺损、变形的；重点安全配套机械缺损、变形的；发动机启动性能不正常，运转及怠速不平稳，并有异响，机油压力不正常，消声器有放炮现象的；发动机停机装置失效的；变速、传动、行走、转向、制动、挂接、液压升降、调节装置工作不良的；漏油、漏气、漏电的；排气管未安装火星熄灭装置的；照明、信号、仪表、指示器、刮水器、警示及报警设备不全或者工作失灵的；皮带张紧轮、链轮等传动件与其他零部件有摩擦、卡阻的；电气配线与其他零部件有接触或接线破损、松动的；未配备有效的灭火器、故障警告标志牌、铁锹及木锨、随车工具的。

　　3）起步

　　不应在密闭的室内运转发动机。发动机、消声器和皮带轮传动部分不应有草屑、灰尘或油污等。启动前应将主变速手柄置于"空挡"位置，各离合器置于"分离"位置，油门手柄放在中速位置。不应用金属件直接搭火启动，不应用溜坡或向进气管道注入燃油等非正常方式启动。驾驶员和辅助作业人员之间应设置联系信号，以便在作业中及时反馈信息。机器运转及起步前，应观察周围情况，鸣喇叭或发出信号，确认安全。机器运转时，驾驶员不得离开岗位。不得使用联合收割机牵引其他机具。

　　4）行驶

　　道路行驶或由道路进入田间时，应事先确认道路、堤坝、便桥、涵洞等是否适宜通行，上、下坡和通过桥梁、繁华地段时应有人护行。道路行驶中应遵守道路交通安全规定。进入田块、跨越沟渠、田埂以及通过松软地带，必要时应使用具有适当宽度、长度和承载强度的跳板。驾驶室内乘坐人员不应超过核准的人数，不应放置有碍安全驾驶操作的物品。在道路行驶或长距离转移时，应脱开动力挡或分离工作离合器，将左、右制动踏板联锁，卸掉分禾器；应卸完粮仓内的谷物，收起接粮踏板或卸粮搅龙；收割台应提升到最高位置，并予以锁定。行驶中不应有下列行为：用半离合控制行进速度，长时间分离离合器停车；坡路上倾斜行驶、空挡或发动机熄火溜坡，下坡时换挡，坡道停车；不平道路上高挡行驶；高挡行驶过程中急转弯；饮食、闲谈、吸烟、使用手机等有碍安全行驶的行为。

　　在雾天或泥泞的坡道上，同方向行驶的方向盘自走式联合收割机，前后之间应保持足够的安全距离。履带式联合收割机长距离转移时，应用机动车运载。装卸板应具有足够长度、宽度和承载质量，且具有防滑装置并带挂钩。引导装卸时，机器正前方和正后方不应站人。应用绳索将联合收割机与机动车厢板固定，收割台降至最低位置，发动机熄火，踩下制动器并锁定踏板。道路行驶或田块转移中，不应追随、攀爬或跳车。倒车前，应观察周围情况，确认安全，鸣喇叭或发出信号，必要时应有人指挥。在道路上发生故障或事故时，应开启危险报警闪光灯，并在联合收割机后 100 m 处设置警告标志，夜间还应同时开启示廓灯和后位灯。

　　5）收获作业

　　（1）入收割区和正常收割

　　① 入收割区：进地前，操作操纵阀使联合收获机减速；平稳地接合工作离合器；割台降至收割高度；逐渐加大油门而后入区收割；每运行 50～100 m 后，停车检查作业质量，并进行相应调整，直到作业质量符合要求，方可进入正常收割。

　　② 正常收割的正确操作和注意事项：作

业人员不应靠近或接触运转部件。发动机不应长时间怠速运转或超负荷作业。辅助作业人员上、下接粮台应停车。在同一纵向作业线上,两台联合收割机前后间距应不少于10 m。坡道作业,应慢上慢下;在收割机的前后、左右任意一个角度超出10°的地面倾斜处,应由辅助作业人员引导行驶。作业中,发生下列情况之一的应立即停机:发生机器故障及人员伤亡事故;联合收割机发生堵塞;转向、制动机构突然失效;机组有异响、异味、机油压力异常;夜间作业时照明设备发生故障。依据作物高度和倒伏情况,及时调整拨禾轮高度;依据作物干湿程度、杂草多少、作物稀密或产量高低,及时改变行进速度;依据地表状况和割茬高低的要求,及时调整割台高度;依据拨禾轮的作用程度和机器行进速度,及时调整拨禾轮转速;及时卸粮。

除上述操作外,要随时观察和注意仪表及信号装置等。高温气候下作业要特别注意油压和水温,若油压过低或水温过高,应适当停歇或换水,及时清理散热器;注意观察割台环境、作物状况、割台输送情况等,若作物中夹有较多杂草或割台上出现堆积情形时,可踏行走离合器暂停,以防超负荷或过度喂入不均;随时注意各工作部件的运转是否正常,注意故障信号情况;注意是否有异常声响,安全离合器有无打滑声,摩擦片式离合器是否因打滑生热而冒烟等。一般正常作业时,要有驾驶员和助手二人随车,配合工作。在正常收割时,不允许用减小油门的措施来降低行进速度,否则会使工作部件的速度降低(达不到额定值),造成作业质量下降,且容易堵塞滚筒。要降低行驶速度(为了减小负荷),可变低挡和通过行走无级变速来降速。割出地块、停车卸粮或地头转弯时,一般不可马上减小油门或停机(特殊情况除外),否则会造成滚筒堵塞,或机内物料得不到正确的加工,或造成重新启动时负荷过大,致使机内禾料堆积和堵塞。

（2）转弯时的操作

转弯时要低速,应保持转弯圆角,不要漏割,不要转弯过急而压倒作物。一般大地块转弯时要同时收割,收到后2～3圈时,采用"梨"形或"8"字形完成转弯。

（3）卸粮

粮即将满箱时,用彩旗或灯光、鸣声通知运输车卸粮。若停车卸粮,必须将割台升高,拨禾板高过待割作物穗头,或适当倒车,使拨禾轮离开待割作物,以免造成过多的冲击落粒损失。若行走卸粮(即一边收割,一边卸粮),联合收获机应以低速行进,收割机和运输车平行等速时,平稳接合卸粮离合器。卸完后,分离卸粮离合器,待卸粮搅龙停机后,给运输车卸粮完毕的信号。等运输车驶离后,联合收获机恢复原速收割。

注意:换挡时,一般是应减小油门,但换挡要快,避免小油门时间过长。

（4）发动机的停机

停机后,应将变速杆置于低挡位置,踩下制动器并锁定踏板,割台下降至最低位置,取下发动机钥匙。应经常清理喂入轮轴、滚筒轴、逐稿器轴、秸秆切碎装置的缠草,防止摩擦起火。清理切割器时,不应转动滚筒。应经常检查滚筒、行走装置等,按规定扭矩拧紧螺栓。卸粮时,不应用手、脚或铁器等工具伸入粮仓推送清理粮食。接粮时,不应超载,踏板最大允许载重不应超过产品使用说明书核定的重量。

2. 联合收割机的作业要点

1）正确选择作业速度

在正常情况下,若地块平坦、谷物成熟一致并处在成熟(蜡熟)期、田间杂草又较少时,可以适当提高收割机的前进速度。小麦在乳熟后期或蜡熟初期时,其湿度较大,在收割时,前进速度要选择低些;小麦在蜡熟期或蜡熟后期时,湿度较小并且成熟均匀,前进速度可以适当选择高一些。雨后或早晚露水大,水稻、小麦秸秆湿度大,在收割时前进速度要选择低一些。晴天的中午前后,水稻、小麦秸秆干燥,前进速度选择快一些。对于密度大、植株高、丰产架势好的水稻、小麦,在收割时前进速度要选择慢一点,密度小又稀矮的水稻、小麦前进速度可选择快一些。收割机刚开始投入作业时,各部件技术状态处在使用观察阶段,作业负荷要小一些,前进速度要慢些。观察使用一段时间后,技术状态确实稳定可靠且水稻、小麦又成熟干燥,前进速度可快些,以便充分发挥机具作业效率。

2)收割幅宽大小要适当

在收割机技术状态完好的情况下,尽可能进行满负荷作业,但喂入量不能超过规定的许可值,在作业时不能有漏割现象,割幅掌握在割台宽度的90%为好。

3)正确掌握留茬高度

在保证正常收割的情况下,割茬尽量低些,但最低不得小于6 cm,否则会引起割刀吃泥,这样会加速刀口磨损和损坏,留茬高度一般不超过15 cm为好。

4)作业行走方法的正确选择

收割机作业时的行走方法有三种:顺时针向心回转法;逆时针向心回转法;梭形收割法。在具体作业时,应根据地块实际情况灵活选用。总的原则是:一要卸粮方便、快捷,二要尽量减少机车空行。

5)作业时应保持直线行驶

收割机作业时应保持直线行驶,允许微量纠正方向。在转弯时一定要停止收割,采用倒车法转弯或兜圈法直角转弯,不可图快边割边转弯,否则收割机分禾器会将未割的水稻、麦子压倒,造成漏割损失。

6)合理使用收割机

水稻在灌浆期、小麦在乳熟期,也就是在没有断浆时,严禁收割;对倒伏过于严重的水稻、小麦不宜用机械收割;刚下过雨,秸秆湿度大,也不宜强行用机械收割。在具体作业时,要根据实际情况,能够使用机械收割的尽量满足用户要求,对个别特殊情况确实不能机收的就不要用机械收割。

3.注意事项

(1)半喂入式联合收割机装有先进的自动控制装置,当机器在作业过程中发生温度过高、谷仓装满、输送堵塞、排草不畅、润滑异常以及控制失灵等现象时,都会通过报警器报警和指示灯闪烁向机手提出警示,这时一定要对

所警示的有关部位进行检查,找出原因,排除故障后再继续作业。

(2)橡胶履带在日常使用中要多注意防护,如跨越高于10 cm的田埂时应在田埂两边铺放稻草或搭桥板,在砂石路上行走时应尽量避免急转弯等。

(3)不要用副调手柄的高速挡进行收割,否则很可能导致联合收割机发生故障。

4.技术维护和保养

1)作业前要进行全面的保养和检修

(1)行走机构

按规定,支重轮轴承每工作500 h要加注机油,1000 h后要更换。但在实际使用中,有些收割机工作几百小时就出现轴承损坏的情况,如果没有及时发现,很快会伤及支架上的轴套,修理比较麻烦。因此在拆卸后,要认真检查支重轮、张紧轮、驱动轮及各轴承组,如有松动异常,不管是否达到使用期限都要及时更换。橡胶履带更换期限按规定不超过800 h,但由于覆带价格较高,一般都是坏了才更换,平时使用中应多注意防护。

(2)割脱部分

谷粒竖直输送螺旋杆使用期限为400 h,筛选输送螺旋杆为1000 h,在拆卸检查时,如发现磨损过大则要更换,有条件的可堆焊修复后再用。收割时如有割茬撕裂、漏割现象,除检查调整割刀间隙、更换磨损刀片外,还要注意检查割刀曲柄和曲柄滚轮,磨损过大时会因割刀行程改变而受冲击,影响切割质量,应及时更换。割脱机构有部分轴承组比较难拆装,所以在停耕保养期间应注意检查,有异常的应予以更换,以免作业期间损坏而耽误农时。

2)强化每班保养

每班保养是保持机器良好技术状态的基础,保养中除清洁、润滑、添加和坚固外,及时检查能发现小问题并予以纠正,可以有效地预防或减少故障的发生。

检查柴油、机油和水,不足时应及时添加符合要求的油、水。检查电路,感应器部件如有被秸秆杂草缠堵的应予清除。检查行走机构,清理泥、草和秸秆,橡胶履带如有松弛应予

调整。检查收割、输送、脱粒等系统的部件,检查割刀间隙、链条和传动带的张紧度、弹簧弹力等是否正常。在集中加油壶中加满机油,对不能由自动加油装置润滑的润滑点,一定要用人工加油润滑。清洁机器,检查机油冷却器、散热器、空气滤清器、防尘网以及传动带罩壳等处的部件,如有尘草堵塞应予清除。

3) 完成收割工作后,进入仓库保管前的维护保养

(1) 清扫所有部位的泥土和稻草

打开机器各部位的检视孔盖,拆下所有的防护罩,清除滚筒室、过桥输送室内的残存杂物,清除小抖动板、风扇蜗壳内外、变速箱外部、割台、驾驶台、发动机外表等部位残存的秸秆杂草和泥土杂物等。清扫完毕后,要启动机器,让各个工作部件转运 3~5 min,排尽所有的残存物质。然后用水冲洗机器外部,再开动机器高速运转 3~5 min,以除去机器里面残存的水。

(2) 割刀的保养

把动刀和定刀区分开,清除附在刀间的泥土等残存物,检查刀片的铆合有无松动,磨损有无超限,刀杆有无变形,如果松动就要及时铆紧,如果磨损超限就要更换,如果刀杆变形就要校正。把这些事情做完以后,再按照要求进行装复。

(3) 传动皮带的保养

取下所有的传动皮带,检查有无因为使用时间长久而发生打滑、烧伤或老化、破损等情况,如果有应该予以更换。对于还可以继续使用的传动带,要清理干净,抹上滑石粉,按照原来的位置装好,等到下一季收割之前,再按照要求进行调整。

4) 技术保养注意事项

应按使用说明书中的技术保养规程进行技术维护。在室内进行技术维护时,应通风良好。补充燃油、夜间保养及排除故障,不应用明火照明。技术维护时,应关闭发动机,踩下制动器并锁定踏板,将各手柄放到"关"或"分离"位置。发动机未冷却时,不应打开水箱盖;发动机未熄火时,不应注油或加燃油。顶、升

机器进行技术维护时,应用安全托架支撑固定。技术维护完毕,应及时清点工具和零件,并试车检查全机技术状况。

9.7.6 常见故障及排除方法

联合收割机的广泛使用显著提升了农业生产的收割效率,且由于其适应性强和跨品种收割的能力,得到了越来越多用户的认可。联合收割机不仅提高了粮食作物的收割效率,更降低了作业成本,提升了收割质量。联合收割机作为一种新型收割机,在技术和可靠性等方面仍有一定的改进空间。在实际的生产过程中,联合收割机受到操作方式、零件磨损、环境等因素的影响,可能会出现多种形式的故障,需要驾驶者和相关的农机维修人员明确联合收割机的常见故障原因及其解决办法,以便于及时排除故障问题,减少因维修而耽误作业进度,保证收割过程的顺利进行。现将谷物联合收割机常见故障形式及处理办法总结如下。

1. 割刀刀片失效

联合收割机主要依靠割刀刀片实现对稻麦等作物秸秆的切断。割刀刀片采用成组安装的形式,在工作过程中,割刀刀片可能会因为切割石块、根茬等硬物而导致破损,也会因长期正常使用而造成磨损。总结起来,割刀刀片的失效大体包括刀片断裂、刀片磨损、刀片松动以及刀片高低不一致等问题。割刀刀片作为联合收割机工作中的易损件,应经常对其进行检查与维护。对于断裂、破损以及严重磨损的刀片,应按组进行更换,对于松动的刀片应对其进行可靠铆紧,并对刀片的高低进行调整,使其在水平方向上保持一致。此外,在驾驶联合收割机时,应认真观察前方的障碍物情况,尽量避免割刀磕碰等问题的产生。

2. 链传动失效

链传动在联合收割机中使用很多,主要承担着运输和传递动力的功能。链传动的失效主要表现在以下几方面:链条受力不均导致的单侧磨损;传动过载导致的链条拉断;链条张紧不当导致的链条脱落,以及润滑不良导致的链条整体磨损或生锈。在联合收割机的传动

系统中,很多链轮的位置是能够调节的,因此,通过适当的调节就能够保证链条在圆周方向上处于同一平面,且保证链条具备合适的张紧程度。对于拉断及其他形式损坏的链条,应及时予以更换,不可自行修复后继续使用,以免导致机械故障的产生。此外,对于链传动应及时定期进行润滑保养,以防过度磨损和锈蚀问题的发生。

3. 脱粒装置失效

脱粒是收获粮食作物的必要过程。在脱粒过程中由于多种因素影响,易出现效率降低或失效等问题。常见故障问题如下。

1) 脱粒滚筒堵塞

主要原因包括:联合收割机的行进速度过快,导致联合收割机在短时间内喂入过量的农作物,从而增加脱粒作业负荷,引起堵塞;作物在被喂入脱粒装置的过程中含水量过高,导致脱粒难度增加,造成堵塞;联合收割机作业时错误地估算了种植密度,导致收获幅宽过大,作物喂入量过多,引起脱粒堵塞。

2) 脱粒滚筒效率下降

由于农作物粮食产量不均匀,导致作物喂入联合收割机时,时多时少增加脱粒机的工作负担;农作物在被喂入脱粒滚筒过程中,可能会同时夹带石块等坚硬杂物,会对脱粒机造成损伤,且会降低脱粒滚筒工作效率。

4. 割台推运器故障

若割台推运器在正常使用中出现打滑问题,可能是由于推运器的螺旋叶片与割台底板的间隙过大导致的。为避免这一问题发生而影响联合收割机的作业效率,应根据作物的稀密、高矮等不同情况,对螺旋叶片与割台厢板的间隙进行调整。若收割作物较为低矮时,可将此间隙适当调小,通常为 10mm 左右;若螺旋叶片边缘出现磨光问题,应在叶片边缘上用工具制出小齿,以恢复和增加割台推运器的推送能力。

5. 筛面堵塞失效

筛面堵塞会降低筛选效果,并导致秸秆等在筛面的堆积,严重影响作业效率。引起筛面堵塞的原因包括:风量与筛片开口度过小,导致筛面上的谷物难以快速地完成脱壳等常规工序,较低的通过性会引起堆积堵塞及粮食浪费的问题;若筛子设定的脱壳等频率过低,也可能因为谷物在筛面堆积导致堵塞。筛面堵塞时,首先应检查筛片开口是否正常,必要时将其适当调大,并适当调节筛子的振幅和频率。风机的风量也必须达到合理的作业要求,以保证良好的清杂效率。同时应根据所收割的作物种类及高度的不同,及时调整机器的割茬高度、前进速度以及脱粒速度等,减少喂入的秸秆和杂草数量。

6. 收获过程破碎率超标

破碎率超标会在很大程度上影响收获质量,并导致粮食减产,经济收入降低。破碎率超标主要是由于细小的碎茎秆引起筛子负荷过大,导致筛子上籽粒损失过大,这主要是由于滚筒转速过高或脱粒间隙过小而导致的。对于这一问题,应首先调整割台的脱粒间隙,并认真观察间隙是否达到一致,局部位置的间隙是否过小。将间隙调整到合适后,若仍然存在破碎率超标,再考虑适当调低脱粒滚筒转速;并适当降低行进速度,以降低作物的喂入量,保证关键收获部件的正常运转。

7. 麦秆割不掉

小麦联合收割机出现割不掉麦秆故障,则表明动刀片运动受阻。其原因多是在作业中麦茬留得过低,切割器啃土,割刀被畦埂内的石块、铁丝、木棍等硬物卡住,或因传动带发生打滑所致。排除方法:首先要停止割台上的传动动力,再用手来回拉动刀杆,这样便可把夹在刀片间的硬物取出。如硬物已损坏刀片,间隙撑大,还应按要求修复更换损坏的刀片,调整好定、动刀片的间隙。

8. 掉粒多

掉粒多指在割麦中大量麦粒掉在割台前边的麦田里。其原因是:①拨禾轮位置安装不当,作业时弹齿轴打在麦穗上。②拨禾轮转速过高。③小麦熟过收割太晚。

排除方法:①按前述方法把拨禾的位置安装正确,不要让弹齿轴打在麦穗上。②适当降低拨禾轮转速,减少对麦秆的打击次数。③对熟过的小麦最好在晚上和早晨收割,切忌在中午收割。

9. 脱不净

这种故障是指小麦联合收割机在收获中排出物中含有大量麦穗。故障多是因为脱粒间隙过大,滚筒转速低,滚筒上的纹杆或凹版磨损所致。排除方法:①降低车速,减少喂入量。②提高滚筒转速。③按照使用说明书上的要求调整好脱粒间隙。若采取了上述方法后故障仍不能排除,就应换掉磨损的纹杆和凹版。

10. 裹麦粒

裹麦粒是指收割机脱出物中含有大量麦粒。其原因是:①挡草帘损坏。②键面孔筛堵塞。③逐稿器运动频率低等。

排除方法:①清除键面孔筛上的杂草、麦秆。②换掉损坏的挡草帘。③提高逐稿器上的传动带张紧度或转速。④对于双滚筒式收割机,要想麦秆中不裹麦草,只有用减少喂入量和提高滚筒转速的方法来消除。

11. 滚筒堵塞

滚筒堵塞的故障多发生在装有纹杆式滚筒的联合收割机上。当滚筒堵塞后,使用了放堵装置仍不能解决问题时,就应停机,用手拨出堵塞的秸秆。要想避免该故障的再次发生,在操作中切勿等滚筒堵塞后再使用放堵装置,一定要在滚筒即将堵塞的瞬间,操作放堵装置,排出堵塞物。要想脱粒装置少堵或不堵,使用中要适当降低联合收割机的前进速度和提高滚筒转速。

12. 杂质多

一般情况下,经联合收割机清选后的小麦是不含杂质的,只有当风向不对,风量不足,筛子的开度不当时,才会通过改变上下安装位置来改变风向,通过改变风扇无级变速器转速或吸风口的大小来调节风量。就风量分布而言,应该是前筛入口处大,后筛出口处小,风量大小以能把麦粒吹散、浮起,把颖糠吹跑而吹不掉秕麦粒为标准。对因筛子开度不当造成的故障,就应重新调整筛子的开度及安装位置。

13. 碎粒多

脱出碎麦粒超标,多是由下列原因引起:机器的前进速度慢,小麦喂入量少,滚筒转速过高或脱粒间隙小等。

排除方法:①从提高收割机的行驶速度入手,增加喂入量。②在保证小麦脱净的前提下,适当降低滚筒转速。③调大脱粒间隙,直到脱出的小麦碎粒不超标为止。

以上各种故障都是从小麦联合收割机本身找出的原因。其他如小麦未成熟、麦秆发潮、熟后的小麦雨后收割等也会引起故障的发生。遇此情况,农机手只能用放慢车速、减少小麦喂入量和提高滚筒转速的方法来解决。

参考文献

[1] 农业大词典委员会.农业大词典[M].北京:中国农业出版社,1998.

[2] 全国农业机械标准化技术委员会.农业机械分类:NY/T 1640—2021[S].北京:中国农业出版社,2021.

[3] 中国农业机械化科学研究院.农业机械设计手册[M].北京:中国农业科学技术出版社,2007.

[4] 金诚谦,蔡泽宇,倪有亮,等.谷物联合收割机在线产量监测综述——测产传感方法、产量图重建和动力学模型[J].中国农业大学学报,2020,25(7):137-152.

[5] 唐飞龙,程亚民,王志刚,等.人机工程在联合收割机座椅设计中的应用综述[J].农业装备与车辆工程,2015,53(10):60-62.

[6] 张华光.2014—2015年收获机械市场综述与展望[J].农机科技推广,2015(2):56-57.

[7] 陈岐山.大农机崛起的侧影 黑龙江10届农机展综述[J].高端农业装备,2013(2):53-55.

[8] 李刚.放眼看世界——全球发达农业国家综述[J].高端农业装备,2013(1):52-61.

[9] 范云涛,吕黄珍,唐金秋,等."十二五"农业机械科技发展规划探讨及2011年科技进展综述[C].2012中国农业机械学会国际学术年会论文集,2012:1485-1491.

[10] 张明成.我国农机工业"十一五"发展成就综述[J].农业机械,2011(3):10-11.

[11] 李洪昌,李耀明,徐立章.联合收割机脱粒分离装置的应用现状及发展研究[J].农机化研究,2008(1):223-225,228.

[12] 陈德俊.国外半喂入联合收割机的技术进步[C].中国农业机械学会成立40周年庆典暨2003年学术年会论文集,2003.

[13] 魏连生,刘武伟,赵春林.1000系列联合收割机常见故障综述[J].现代化农业,2001(4):30.

[14] 梁丙江,刘希锋,付胜利,等.东北地区水稻机械化发展现状及措施[J].农机化研究,2007(10):249-250.

[15] 杨介华,江波,黄光辉,等.联合收割机跨区机收作业发展现状综述[J].现代农业装备,2007(3):57-60.

[16] 佚名.凯斯4000系列轴流式收割机[J].新疆农机化,2018(6):41-42.

[17] 王东军.谷物收获机械类型基本介绍[J].农业与技术,2012,32(6):168.

[18] 施竞雄.半喂入联合收割机的研究与分析[J].浙江大学学报(农业与生命科学版),1999(4):103-107.

[19] 袁明勇,唐文韬,吴立军,等.玉米收获机械立式割台结构及使用调整[J].农业装备与车辆工程,2019,57(S1):159-161.

[20] 朱邦云.几种国内中小型联合收割机[J].农业机械,1986(5):12-13.

[21] 武聪颖.灵动的小巨人——福田雷沃谷神GN70型谷物联合收割机[J].农业机械,2014(10):60-63.

[22] 中联重科.中联重科TB80B小麦机[J].农业机械,2019(6):125-126.

[23] 佚名.谷王TB60型小麦收割机[J].农业机械,2015(12):35.

[24] 佚名.洋马4LZ-2.8履带式全喂入水稻收割机[J].现代农机,2016(5):46.

[25] 肖伟群,李全福.巴西农业机械行业市场综述[J].农机市场,2003(10):23-24.

[26] 李漫江,何军,冯欣.脱粒机械与脱粒装置[J].农机化研究,2004(2):124-125.

[27] 班春华.钉齿滚筒式脱粒装置的设计[J].农业科技与装备,2013(1):17-18.

[28] 高天舒.脱粒装置的结构及工作性能分析[J].农业科技与装备,2012(3):31-32,35.

[29] 张秀芹,衣淑娟.一种双滚筒弓齿式大豆脱粒装置[J].现代化农业,2000(2):36.

[30] 唐怀壮,陈秀生,薛志原,等.谷物收获机脱粒系统的发展[J].中国农业信息,2018,30(5):32-39.

[31] 盛永和,孙松林,邱进.小型水稻收割机纵轴流式脱粒分离系统研究现状与发展趋势[J].当代农机,2016(6):70-73.

[32] 刘尚宏.新型联合收割机稻麦两用轴流式钉齿滚筒[J].农业机械,2004(5):58.

[33] 王国臣.脱粒装置类型及工作特点[J].农机使用与维修,2003(5):13.

[34] 倪忠仁,汪祥芝,陈广豪.轴流式联合收割机[J].农业机械,1980(2):18-19.

[35] 蒋亦元,涂澄海,罗佩珍,等.弓齿滚筒式割前脱粒装置的试验研究[J].东北农学院学报,1988(3):320-328.

[36] 佚名.河北省农业机械鉴定站 河北省农业机械产品监督检验站 郑重推荐下列质量可信农机产品[J].农机具之友,1996(4):57.

[37] 刘军.5TY-220型玉米脱粒机的研制[J].农机使用与维修,2015(3):34-35.

[38] 田撷英.5TY-20型麦类单穗脱粒机[J].农业科技通讯,1985(5):7.

[39] 李青林,宋玉营,姚成建,等.稻麦联合收获机清选装置智能设计与优化系统研究[J].农业机械学报,2021,52(5):92-101.

[40] 刘正怀,郑一平,王志明,等.微型稻麦联合收获机气流式清选装置研究[J].农业机械学报,2015,46(7):102-108.

[41] 申德超.双风道清选装置试验研究[J].农业机械学报,1991(4):38-45.

[42] 李海同,黄鹏,舒彩霞.我国稻麦油机械化收获技术研究现状与趋势[J].农业工程,2013,3(5):1-6.

[43] 钟挺,胡志超,顾峰玮,等.轻简型全喂入稻麦联合收获清选装置分析及设计要点探析[J].中国农机化,2012(6):67-70,77.

[44] 赵桂龙,孟为国.半喂入联合收割机的结构、使用与维修(连载)[J].江苏农机化,2000(5):30-31.

[45] 陈选华,许乃章,陈贵祥.筛子-气流式清粮装置设计参数的研究[J].浙江农业大学学报,1989(2):47-54.

[46] 王继焕,刘启觉.高水分稻谷组合清理机设计与试验[J].农业工程学报,2006(1):

102-106.

[47] 八五二清选机厂.5XF1.3A 型复式种子清选机使用和调整[J].现代化农业,1980(1):20-23.

[48] 张子臣,刘守林,刘华,等.5XZ-1.0 型重力式种子清选机的使用维护[J].现代化农业,2002(8):48.

[49] 赵守疆.5XZ-1.0 型重力清选机使用中的几个问题[J].现代化农业,1984(4):6-7.

[50] 佚名.凯斯 WD1203 型自走式割晒机[J].农业机械,2013(13):96.

[51] 佚名.MacDon 系列割晒机[J].现代化农业,2007(12):22.

[52] 曹阳,田鹏.4SZ-4.2 型自走式割晒机[J].现代化农业,2010(8):42-43.

[53] 赵岩松,邹雪峰,谭先平,等.4S-4.2A 型割晒机[J].现代化农业,2000(12):28.

[54] 佚名.4S-4800 型偏牵引式割晒机[J].农机试验与推广,1998(4):36.

[55] 魏永海,王丹.约翰迪尔 A400 型自走式割晒机[J].现代化农业,2010(2):31.

[56] 王新山,马金龙,马炳芬.约翰·迪尔 4895 自走式割晒机的应用分析[J].新疆农机化,2006(1):26-27.

[57] 王丹,刘磊.约翰迪尔 9670STS 联合收割机[J].现代化农业,2011(9):28.

[58] 佚名.德国克拉斯公司:新 LEXION 系列联合收割机[J].河北农机,2012(5):29-30.

[59] 英国标准学会.螺旋输送机.第 2 部分:轻型和移动式(螺旋推运器)规范:BS 4409-2-1991[S].

[60] 刘丹,肖圣春.向使用者介绍一种新型割台搅龙——割台伸缩扒指全程分布搅龙[J].农业机械,2005(6):105.

[61] 李杰峰.东风-5 型联合收割机割台液压故障的排除方法[J].农机使用与维修,2007(1):17-18.

[62] 孙建祥,邵庆中.东风-5 联合收割机发动机在使用中的几项调整和安装[J].新疆农机化,1999(6):20-21.

[63] 李天彬.东风-5 型联合收割机液压操纵失灵的原因[J].农业机械,1984(9):33.

[64] 罗廷奎.东风-5 型联合收割机行走皮带的使用与调整[J].农业机械,1983(8):18.

[65] 刘光哲.东风-5 型联合收割机主液压系统常见故障的排除[J].农业机械,1980(1):22-23.

[66] 李玉春.东风-5 型联合收割机行走离合器的正确使用和调整[J].农业机械,1979(10):11-14.

[67] 刘玉亭.东风-5 型联合收割机收割台平衡机构的调整[J].农业机械资料,1975(3):12-13.

[68] 李鲁予.新汪 4LZ-5 型自走式大豆水稻联合收获机的研究与应用[J].科技创业家,2012(4):282.

[69] 崔奋强.小麦联合收割机的总体结构与作业方式设计[J].黑龙江科技信息,2014(16):117.

[70] 佚名.英国的谷物联合收割机概况[J].粮油加工与食品机械,1977(3):21-22.

[71] 张浩.4ZTL-1800 型割前脱稻(麦)联合收割机[J].江苏农机与农艺,2000(3):24.

[72] 君碧.4ZTL-1800 割前摘脱联收机填补国内空白[J].垦殖与稻作,1998(3):36.

[73] 佚名.4LZS-1.5 小四轮背负式谷物摘穗联合收获机[J].安徽农业,1996(6):29.

[74] 车艳.约翰迪尔 S660 型联合收割机[J].现代化农业,2012(1):38.

[75] 中国一拖.东方红 4LZ-8B2 型自走轮式谷物联合收获机[J].农业机械,2020(10):33.

[76] 久保田.久保田 4LZ-4(PRO988Q)型履带式全喂入联合收割机[J].农机导购,2016(6):45.

[77] 佚名.沃得锐龙 4LZ-5.0E 型谷物联合收割机[J].农机导购,2017(7):50.

[78] 洋马农机.洋马 YH6118 型半喂入联合收割机[J].农业机械,2021(8):27.

[79] 洋马农机.2020 中国国际农机展:洋马发布 YH6118 型半喂入收割机新产品[J].农业机械,2020(12):28.

第10章

其他作物收获机械

本章将介绍棉花、薯类、甜菜、甘蔗、花生、油菜籽、秸秆等收获机械。

10.1 棉花收获机械

10.1.1 概述

1. 定义

棉花收获机械就是采摘成熟籽棉或摘取棉桃的作物收获机械。

2. 用途

使用机械收获棉花有一次收获法和分次收获法两种。一次收获法使用摘铃机，可实现霜前或霜后将全部吐絮棉桃和未开裂的棉铃一次摘收，适用于棉桃集中、吐絮不畅、抗风性较强的棉花。分次收获法可使用采棉机，可实现霜前已吐絮棉桃中成熟籽棉及霜后未开棉铃的采摘。

3. 国内外发展概况及发展趋势

1）国内发展概况及发展趋势

20世纪50年代末60年代初，国家农业部就为新疆军垦农场引进了50余台苏联生产的垂直摘锭式自走式采棉机，由于受当时经济、技术水平和采棉机作业性能的制约，没有推广应用。1996年以来，兵团先后投入5000多万元进行了机采棉试验示范研究工作，在7项关键技术方面取得重大突破，为机采棉的推广应用奠定了良好的技术基础。2000年，兵团立项

实施机采棉推广项目，10年来共引进采棉机315台，建成机采棉加工生产线36条，棉花机械化采收面积累计达到200多万亩，有效缓解了采摘期劳动力不足的矛盾，降低了棉花综合成本，经济和社会效益显著提高。

2002年中国农业机械化科学研究院、贵航集团和兵团农八师协作攻关，通过对国外先进采棉机的引进、消化和吸收，完成了大型自走式4MZ-5型采棉机的研制和试验改进工作，2003年进行小批量生产，经生产考核和技术改进，完成采棉机熟化定型，国产化率达到80%以上。2004年3月10日通过国家科委新产品鉴定，经技术性能检测采净率达到95%，籽棉含杂率小于10%，籽棉含水率10%左右，机具性能和作业质量达到国外同类机型技术水平，造价降低了约40万元。4MZ-5型采棉机的研制工作由科研院校、军工企业和生产单位共同承担，机型定位准确、加工制作水平较高、试验充分，关键技术取得突破。整机采用机电液一体化综合技术，自动化程度高，可靠性好，适应性强，生产效率高，通过近5年的试验，虽存在一些问题，但经过改进后基本符合兵团棉花生产的要求，该项目走出了一条从引进、应用、自主设计到小批量生产的国产采棉机发展道路，为我国采棉机工业化生产奠定了物质基础。

2）国外发展概况及发展趋势

1924年由苏联人保罗霍甫斯切柯夫研制出了第一台棉花收获机，在之后的十几年中，

苏联研制出了10多种棉花收获机。1948年垂直摘锭式采棉机开始投入生产,牌号为CXM-48。到20世纪70年代末,苏联拥有采棉机3.3万台,棉花机械化采收程度高达70%。

美国从1850年9月研制第一台采棉机,1942年开始批量生产采棉机,并以水平摘锭式采棉机为主。截至1999年已拥有采棉机5万台左右。1953年机械收获面积仅占总面积的25%,1969年后,由于清花设备的不断完善,60%实现机械采收。20世纪70年代初棉花生产种植及采收实现全盘机械化。美国原有采棉机制造公司10多家,通过竞争目前只有约翰迪尔和凯斯两家公司主要生产采棉机。

目前采棉机在生产中应用比较成熟的是苏联的垂直摘锭自走式采棉机(见图10-1)和美国约翰迪尔公司、凯斯公司生产的水平摘锭自走式采棉机(见图10-2)。其中,水平摘锭式采棉机应用地域较广,覆盖了美国、澳洲、巴西及以色列等世界主要产棉区,垂直摘锭式采棉机仅在原苏联棉区应用。两种采棉机在技术水平上有一定差距,水平摘锭式采棉机以自动化程度高、适应性强、作业性能好,处于技术领先地位。

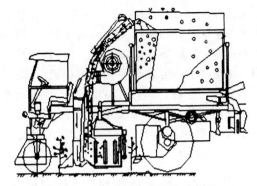

图10-2 水平摘锭自走式采棉机

图10-3 DOLB公司梳式采棉机

图10-4 STRONG ENERGYS.A公司梳式采棉机

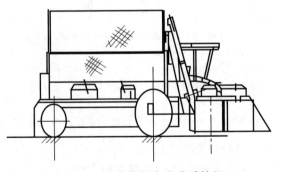

图10-1 垂直摘锭自走式采棉机

梳齿式采棉机是阿根廷研发的一种新型采棉机,与70~80Ps拖拉机配套作业。它最大的特点是结构简单、造价低、采收成本低、使用维护方便,作业效率每天可达到100~120亩。目前阿根廷生产梳式采棉机的主要企业是DOLB公司和STRONG ENERGYS.A公司(见图10-3、图10-4),这两个公司生产的梳式采棉机结构和性能有一定差别,其中STRONG

ENERGYS.A公司的产品要优越些。主要在阿根廷本国进行使用,还出口到巴西、乌拉圭、澳大利亚、哈萨克斯坦等国家。

10.1.2 分类

现有的采棉机分为机械式、气力式和气力综合式。棉花收获机械按收获方法分为摘棉铃机、采棉机和其他类型棉花收获机械三大类型。大部分国家将采摘棉花的机械分为棉花选收机和棉花统收机两种。由于统收机采净率无法保证,所以未被大面积选用。棉花选收机根据采摘原理和采摘头的结构不同,又可分为两类:一类是以美国约翰迪尔公司和凯斯公司为主生产的自走式水平摘锭采棉机,除美国外,以色列、巴西、澳洲等世界主要产棉国也都使用该种采棉机;另一类是乌兹别克斯坦塔什干棉花机械局生产的自走式垂直摘锭采棉机。

10.1.3 典型采棉机结构、组成及工作原理

1. 自走式水平摘锭采棉机

1)结构

采棉机功率上的消耗以行走、采棉和输送三大部分为主。采用静液压驱动,行走部分和采摘器通过齿轮变速箱实现定传动比同步传动,并实现液压控制和转向。其结构如图10-5所示。

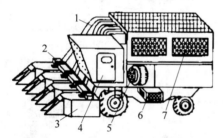

1—输棉管;2—前横梁;3—水平摘锭式采摘器;4—驾驶室;5—风机;6—发动机;7—集棉箱。

图10-5 自走式水平摘锭采棉机结构示意图

2)组成

采棉机主要由采摘器、风机、输棉管、集棉箱及行走驱动部分和驾驶室组成。如图10-6所示,采摘器主要由前置摘锭滚筒、后置摘锭滚筒、采棉室、脱棉器、淋洗器、导向栅板、压紧板、集棉室、传动系统(见图10-7)等组成。

淋洗器:淋洗器用淋洗液冲刷摘锭,清洗摘锭表面,并将摘锭加湿,以增加摘锭对棉纤维的黏附能力。压紧板的作用是挡着棉株以便与摘锭充分接触。导向栅板的作用是防止棉株茎秆被摘锭卷入。

气流输送装置:目前采棉机普遍采用气流正压输送,工作时由大功率离心式风机提供强

大的高速气流。气流的高速运动在采棉室内形成一定的负压,将棉花吸入输送管道,棉花进入管道后在气流的作用下被吹入集棉箱。

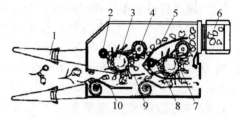

1—棉株扶禾器;2—摘锭淋洗器;3—前置摘锭滚筒;4—脱棉圆盘;5—集棉导向板;6—集棉管道;7—后置摘锭滚筒;8—摘锭座管偏转椭圆轨道;9—栅板;10—棉株压紧板。

图10-6 采棉机采摘器结构示意图

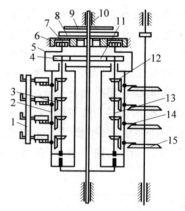

1—淋洗器;2—摘锭座管;3—摘锭锥齿轮;4—座管轴传动齿轮;5—曲拐;6—导向槽;7—滚筒;8,9—传动链轮;10—滚筒轴;11—摘锭传动齿轮;12—座管轴锥齿轮;13—摘锭座管轴;14—摘锭;15—脱棉圆盘。

图10-7 水平摘锭式采摘器传动系统结构示意图

其他辅助装置:

(1)采摘器仿形自动控制系统:采摘器底部装有感应板,可感应控制行程开关,通过控制电磁阀控制自动液压升降系统,使采摘器具有良好的仿形性能,可以摘取生长位置很低的棉花。

(2)驾驶员在线自动监控系统:美国生产的采棉机安装多种自动监控装置,利用驾驶室顶置反光镜能清楚地观察采摘工作状态;双重数字显示发动机和风机转速、机油的压力;安装有发动机和采摘器监视系统,出现异常自动

报警；驶员离开座位，采摘器自动停止转动；为检修方便，还设有制动按钮来控制采摘滚筒慢速转动。

（3）自动润滑装置：一台采棉机有上千根高速转动的摘锭，每根摘锭的一对锥齿传动及摘锭与轴套间都需润滑。润滑系统采用压力油脂润滑，由液压马达驱动润滑油泵，通过润滑油管道向各润滑点加注润滑脂。

（4）行距调整装置：采摘器是一个单体，悬吊在前横梁上，悬吊机构为滑轮，由螺栓紧固定位。调整时，将螺栓松开，可轻松横向移动采摘器，为保证工作安全可靠，横梁上每间隔 50 mm 分布一个窝眼，螺栓紧固顶在窝眼内，定位可靠。美国生产的自走式采棉机可选装 4 个或 5 个采摘器，分别进行 4 行或 5 行作业，主要是根据棉花品种和产量来确定作业行数。

（5）集棉箱压实装置：为增加集棉箱的贮棉量，装有压实装置，将棉花适当压实，可提高贮量 40%。压实装置为液压式或螺旋式。集棉箱的高度升降通过电力液压系统控制，具有自卸功能。

3）工作原理

工作时，机器前进由扶禾器将棉株导入采摘器。采摘滚筒通过齿轮传动而转动，摘锭高速自转，转速为 2000～2500 r/min。高速转动的摘锭将绽开的棉花缠绕摘下，摘锭圆锥表面带有尖刺，有利于缠绕棉纤维随滚筒转至高速旋转的脱棉器。脱棉器工作表面带有凸起的橡胶圆盘，转速约 4000 r/min，转向与摘锭相反，可将缠绕在摘锭上的棉花脱下。

2．垂直摘锭式采棉机

1）结构

乌兹别克斯坦主要生产垂直摘锭式采棉机（见图 10-8），目前产品主要有两大系列：600 mm 行距和 900 mm 行距。与水平摘锭式采棉机的主要区别在于采棉装置。垂直摘锭式采棉机与水平摘锭式采棉机相比，采棉部件结构简单，制造容易，成本较低，适合采摘棉株分枝少而短（多数长绒棉品种）的棉花品种。但是由于垂直摘锭的有效工作区较小，棉花的

采净率和工效比水平摘锭式低，一般采净率为 80%，需要进行 2～3 次作业，生产率低 20%。垂直摘锭的采棉结构如图 10-9 所示。

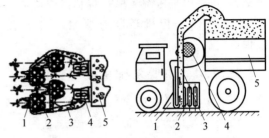

1—棉株扶禾器；2—垂直摘锭滚筒；3—输棉管；4—风机；5—集棉箱。

图 10-8 垂直摘锭式采棉机结构示意图

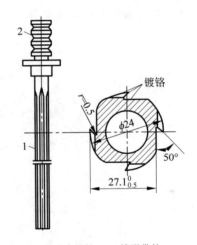

1—垂直摘锭；2—槽形带轮。

图 10-9 垂直摘锭结构示意图

2）组成

垂直摘锭式采棉机主要由棉株扶禾器、垂直摘锭滚筒、输棉管、风机、集棉箱组成。

3）工作原理

机器工作时，两个采摘滚筒相对转动。每个滚筒上一般有 16 根摘锭，每对滚筒间有 20～30 mm 的间隙，棉株从中通过，从而形成摘区。位于采摘区半侧摘锭的皮带轮与固定在其外侧的皮带（半周长）摩擦传动，摘锭随滚筒转动时产生自转（转速约 1250 r/min），将绽开的棉花缠绕摘下，摘锭表面沿轴向有 4 排齿，利于钩入棉纤维。当摘锭随滚筒转至脱棉区时，此时摘锭的带轮与外侧皮带脱离，而与固定在内侧的皮带接触（另半周），此时摘锭与刚

才的转向相反,并与脱棉器相遇。脱棉器是一个四周有毛刷的刷筒,回转速度高于摘锭的转速,约为 1650 r/min,将籽棉刷下后由气流输送至集棉箱,采用正压气流输送籽棉。因落地损失较大,所以采棉机还装有吸管吸收落地籽棉。

10.1.4　主要采棉机技术性能

水平摘锭式采棉机多为自走式,代表机型有约翰迪尔 CP690 型(原 7760 型)(见图 10-10)、9970 型、9976(9996)型,凯斯 2155 型、2555 型、420 型及 620 型,新疆贵航 4MZ-5(A)型(见图 10-11),新联 4MZ-2 型、4MZ-3。表 10-1、表 10-2 分别为约翰迪尔 CP690 型自走式打包

摘棉机和贵航 4MZ-5 自走式采棉机的技术参数。

图 10-10　约翰迪尔 CP690 型(原 7760 型)水平摘锭式采棉机

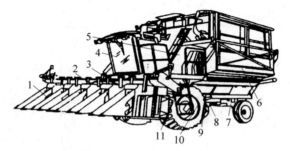

1—采棉头;2—水路系统;3—润滑系统;4—驾驶室(含电器操纵系统);5—气力输棉系统;6—棉箱;
7—燃油箱;8—空调系统;9—自走底盘;10—液压系统;11—标示牌。

图 10-11　贵航 4MZ-5 自走式采棉机结构示意图

表 10-1　约翰迪尔 CP690 型(原 7760 型)**自走式打包摘棉机技术参数**

参　数　项		参　数　值
发动机	类型	约翰迪尔 PowerTech
	额定功率/Ps(kW)	560(418)
	爆发动力/Ps(kW)	32(24)
	排气量/L	13.5
	缸数/缸	6
	涡轮增压/后冷式	有
	交流发电机/A	200
冷却系统	电机隔热屏	有
	冷却器地面维护入口	有
燃油系统	类型	电子控制单体喷油器(EUI)
	调速器	电子式调速器
	随车诊断系统	有

续表

参　数　项		参　数　值
传动系统	标准配备	ProDrive 全自动换挡变速箱（AST）
	变速箱	4 速
	可以配置的采摘头型号	PRO-16（或选装 PRO-12VRS）
	田间行走速度（1 挡）/(km·h^{-1})	7.1
	田间行走速度（2 挡）/(km·h^{-1})	8.5
	道路运输速度（1 挡）/(km·h^{-1})	14.5
	道路运输速度（2 挡）/(km·h^{-1})	27.4
液压传动系统	类型	双静液压泵
刹车系统	类型	湿式多盘制动
轮胎（两种配置）	前驱动轮标准配置（双轮）	520/85R42(R1)
	前驱动轮选装配置（双轮）	520/85R42(R2)
后驱动轮	标准配置	IF580/80R34（R1W）
机载打包机	棉包形状	圆形/圆柱形
	棉包尺寸	最大直径为 238.8 cm，最大宽度为 243.8 cm
	棉包质量/kg	2041～2268
	行走卸载棉包功能	有
	一次装载打包膜数量/包	120（每卷打包膜可打 24 包，每次可装载 5 卷打包膜）
采摘行距	采摘行数/行	6
	适合采摘种植间距/cm	76/81/91/96/101
采摘头	类型	两个滚筒呈"一"字形前后排列
	可以配置的采摘头型号	PRO-16（或选装 PRO-12VRS）
	每个采摘头的滚筒数目/个	2
	前-后滚筒的座管数目	PRO-16（前滚筒 16 根，后滚筒 12 根）
		PRO-12VRS（前滚筒和后滚筒各 12 根）
	每根座管的摘锭数目/个	PRO-16：20 排
		PRO-12VRS：18 排
	脱棉盘材料	聚氨酯
	润湿刷材料	聚氨酯
	采摘头驱动保护	滑动离合器
	采摘头悬挂和移动装置	曲轴和滚轮系统
	润滑系统	PRO-16（或选装 PRO-12VRS）
	座管	机载整体润滑
	滚筒上部齿轮	标准配置
	对行行走系统	选装配置
液体箱容积	柴油箱容积/gal(L)	370(1400)
	清洗液箱容积/gal(L)	360(1363)
	清洗液箱快速加注口	标准配置
	润滑脂箱容积/gal(L)	68(257)
液压系统	液压泵类型	压力补偿式
	压力/PSI	3000
	流量/(gal·min^{-1})(L·min^{-1})	54(204.5)
整机外形尺寸	全长/in(m)	440(11.18，作业时全长)
		470(11.938，运输状态时全长)
	轴距/in(m)	170(4.318)
高度	运输状态/in(m)	170(4.318)
	作业时高度/in(m)	210(5.334)
整机质量	6 行配置/kg(lb)	29 937(66 000)

表 10-2　贵航 4MZ-5 自走式采棉机技术参数

参　数　项	参　数　值	参　数　项	参　数　值
配套功率/Ps	300	外形尺寸/(mm×mm×mm)	8200×4600×3800
采棉头个数/个	5	生产率/(亩·日$^{-1}$)	100~150
滚筒转速/(r·min^{-1})	0~152	采净率/%	≥94
采摘速度/(km·h^{-1})	0~5.8	含杂率/%	≤11
棉箱总容积/m³	32.8	可靠性/%	≥92
燃油箱容积/L	454	油耗/(kg·亩$^{-1}$)	2.4
转向助力	液压	配套动力/kW	214

10.1.5　选用原则

棉花收获机械的选用应因地制宜,研制适合不同地区的机采棉设备,完善与采棉机相配套的机械设备;加快研制适合我国的经济型采摘部件,根据三大棉区不同的种植条件和模式,统收式采棉机可以作为棉花机械化采收装置的补充。国外采棉机的发展趋势主要是水平摘锭滚筒式,采摘头的行数不断增加,在采摘速度和道路运输速度提升的同时,采摘效率和采净率不断提升。配备的发动机额定功率逐步提高,能够保证在各种条件下的全天候作业,实现采棉、打包和运输一体化,减少人工辅助时间,改善工作环境,提高系统可靠性。

与新疆相比,黄河流域棉区和长江中下游棉区的棉花生产全程机械化水平还较低,相关省、市农机部门开始探索适合当地的机采棉种植模式。品种、脱叶剂使用等田间管理技术,对麦后移栽和麦后直播机械化技术进行了对比试验,初步制定了棉花生产机械化技术体系,并积极开展棉花生产全程机械化的试验。由于长江流域和黄淮海棉区地块都偏小,在机械装备的选用上也就不适宜用大型收获机具,故应该发展两行或三行轻型采棉机及一些轻简化技术装备,同时还应考虑到机采籽棉的储存及运输,采棉机的集棉箱应带有压实装置等。

10.1.6　安全使用规程

采收前田间应做好以下准备:一是对田边地角难以机械采收,但机具又应通过的区域进行人工采收;二是机械采收前,应把田间地埂、引渠进行平整,确保机具顺利通过,保证采收质量;三是做好破损残膜的清除和压盖工作。

作业前技术调试:检查轮胎气压;确保各指示仪表正常,检查发动机机油、柴油、冷却液及各传动部件间隙;启动设备,检查转向行走机构间隙;检查液压升降系统;运转采摘滚筒,进行清洗保养,并检查调整摘锭与脱棉盘、刷座及压紧板的间隙;检查传动齿箱,加注摘锭油;连接风机装置,检查负压管道气压;加注清洗剂、调试润湿系统压力,检查泵、阀压力及喷嘴的雾化情况。

田间作业现场技术调试:检查调整轮距,校准行走路线;检查调整采摘头的前倾角度和压紧板的间隙;根据棉花成熟度及空气湿度情况,检查调整润湿水压;检查报警装置间隙及灭火器配置。

拉运棉花运输车的准备:车辆应确保“五净”(机净、油净、水净、空气净、工具净)和“四不漏”(不漏油、不漏水、不漏气、不漏电),安装防火罩;网箱车辆应安装安全销及链,关闭机构灵活可靠,配置盖布和灭火器。

机械作业及人员要求:采收机械技术状态完好,牌证齐全,并具备防火设施;操作人员在持证(驾驶证、操作证)的前提下培训上岗;能够正确处理交接行采摘;田间作业速度4~5 km/h;随车拉运棉花机车的数量应根据棉花产量及运棉距离确定;每台采棉机配1名助手;运棉机车应服从采棉机手的统一指挥和调度。

安全作业要求:机械作业前认真阅读机具操作手册;机组人员身着工作服;非机组人员

不得随意上车；机车运转情况下，不得进行故障排除；机车行走运转前应发出行走运转信号；机车作业时，严禁在拖拉机和收割台前活动；夜间工作保证照明；作业区禁止使用明火；确保机车具备防火设施；严防机车漏油或加油时撒油发生。

10.1.7　常见故障及排除方法

在田间工作时，最常见的故障主要有：采棉指被缠绕不能正常运行和采棉头堵塞两种。采棉指被缠绕主要是由于湿润系统不能正常运行引起的。当采棉指被缠绕时，监控指示灯和报警指示灯会闪亮，正常灯熄灭。这时应将液压控制杆移到中性位置，将发动机减速到怠速状态。

变速箱处于中立位置，踩下驻车制动器，停止棉花头和风扇运动。使用手柄松开螺丝的棉头，用扳手打开压板，用刮刀刮去棉花上的捡拾碎屑，直到完全干净才能正常工作。拾取卷绕材料主要是由于溶液量过少造成的。调整加湿器柱的高度和位置，检查洗涤塔上的水洗涤器，并清除上述碎屑。在采棉的过程中，如果有棉花头堵塞的情况，应该清理棉花头上的所有碎屑。

10.2　薯类收获机械

10.2.1　概述

1. 定义

薯类收获机械是指挖收薯类块茎的作物收获机械。多数机型用于马铃薯的收获，少数机型也可用于挖收甘薯、萝卜、胡萝卜和洋葱等，本部分主要介绍马铃薯收获机。

2. 用途

使用机械收获马铃薯有分段收获法和联合收获法两种。分段收获法使用挖掘机完成块茎的挖掘和块茎与土壤的分离工作，将块茎集中成条铺放于地表，用一台类似联合收获机但卸去挖掘铲或稍加改装的收获机捡拾块茎和清除茎叶。联合收获法使用马铃薯联合收获机一次完成挖掘薯块、分离土壤和茎叶以及装箱等作业。

3. 国内外发展概况及发展趋势

1）国内发展概况及发展趋势

20世纪60年代，我国引进了苏联、波兰、瑞士等国家的几款产品，在其基础上开始进行马铃薯收获机的研究。因条件限制，马铃薯收获机械未能进行大面积的推广和使用。直到90年代，国产小型马铃薯收获机才开始大量进入市场。近年来，国内马铃薯机械制造企业取得了很大的进步，涌现了一批竞争能力较强的龙头企业。中机美诺1710A马铃薯联合收获机（见图10-12）获得了"2018中国农机行业年度产品创新奖"，是国内大型马铃薯联合收获机的代表机型。该机可一次性完成挖掘、输送分离、除秧、侧输出作业，采用两级输送分离装置、两级除秧等机构；挖掘机构可选择带镇压轮的半挖掘铲配置，也可选择无镇压轮的整铲配置；设计了浮动圆盘刀，能更有效地切断杂草，减少挖掘阻力。1710A安装了输送臂，实现侧输出升运装车，配合1900马铃薯运输车，可完成对80～90 cm行距起垄种植的马铃薯两行收获作业；侧向输出臂采用四级折叠机构，使运输更加方便。大型联合收获机在大规模、大面积种植地区使用，可以大大提高生产效率、降低人工成本。洪珠4U-170型马铃薯收获机（见图10-13）采用垄体仿形机构，设计了S形筛选装置，振动轮和被动轮采用三层夹板迷宫式保护以减少进土。该机采用全悬挂双升运链式结构，与88～103 kW带液压升降机构和后动力输出的轮式拖拉机配套使用，可一次性完成仿形限深、挖掘、切秧、分离升运和放铺集条作业。收获后的马铃薯置于垄表，明薯率高，马铃薯破损率可降低到2%以内，易于人工捡拾。

图10-12　中机美诺1710A马铃薯联合收获机

图 10-13　洪珠 4U-170 型马铃薯收获机

图 10-15　德沃 4UM-180 型马铃薯收获机

小型马铃薯收获机械适用于我国小地块及梯田马铃薯生产机械化的需求，能较好地适应这些地区马铃薯种植农艺和生长特性要求，解决了人工挖掘收获劳动强度大、生产效率低等问题，且成本低廉，具有很大的实用推广价值。

希森天成 4UX-80 型马铃薯收获机（见图 10-14）是一款小型马铃薯收获机，作业幅宽80 cm，可实现挖掘、清土、铺放等功能，可收获单垄双行或单垄单行马铃薯。该机可配套18～26 kW 拖拉机，适用于现阶段大多数农户拥有的小四轮拖拉机，且投资少，性价比较高。

图 10-14　希森天成 4UX-80 型马铃薯收获机

但是小型马铃薯收获机薯土分离效果差、土壤易堵塞、明薯率低、伤薯率高等缺点普遍存在。生产厂家为满足国内部分马铃薯种植户需求，会在原有机器的基础上进行创新改进。德沃 4UM-180 型马铃薯收获机（见图 10-15）专门设计了一套挂胶抖土链条，链条的柔性胶柱形成柱状菱形网格，能减少马铃薯在机具上的翻滚次数，降低了马铃薯收获损伤率。

2）国外发展概况及发展趋势

欧美发达国家的农业机械化起步较早，20世纪初，马铃薯机械化收获技术的研究就已开始。40—50 年代，美、加、英、法、德等欧美国家已经基本实现了机械化。60 年代，意大利和日本相继实现了机械化，一直到 90 年代，韩国也基本实现了机械化。马铃薯收获机械也从畜力或拖拉机牵引悬挂挖掘机，发展到抛掷轮式、升运链式、振动式收获机，再到大型自走式联合收获机。国外马铃薯机械化收获主要有两种方式，一种是马铃薯联合收获机直接收获，另一种是挖掘捡拾装载机加固定分选装置进行分段收获。马铃薯挖掘机主要应用在意大利、波兰、日本、韩国等以山地种植为主、田块小且分散的国家。马铃薯联合收获机主要应用在德国、美国和比利时等国家。

国外对农业机械的设计一直在追求更高的作业效率和收获产量。德国拥有全球最大的马铃薯耕作机械制造企业，其专门为大面积马铃薯收获设计的大型马铃薯联合收获机性能先进，全球领先。390 kW 四行自走式马铃薯收获机 GRIMME VENTOR 4150（见图 10-16）配备 15 t 可卸料料斗，具有高效的整地效率和分离效率。GRIMME VENTOR 4150 配有土地控制功能以防止田垄的不必要压实；运用成熟的 SE 原理将筛土、高速输送和分秧组合起来；带轮式底盘，车辙偏移行驶，大体积轮胎覆盖驶过地面全部区域，使碾压频率达到最低；配有 PROCAM 数码视频监控系统和 CCI1200 操作终端，对机器进行无死角监控。

图 10-16　GRIMME VENTOR 4150 自走式
马铃薯收获机

GRIMME EVO 290(见图 10-17)是一款双行牵引式料斗式马铃薯收获机,配备了同类机型中最大的 9 t 料斗,可实现真正的不间断收获,相较于使用普通料斗可提高 20% 的工作效率。GRIMME EVO290 配有 Air-Sep 气动分离装置、无级调节的 Vario Drive 无级变速驱动系统和三轮底盘 TriSys,集高效强劲、轻柔保护收获物和保护土壤等多种优势于一身,是世界上最强大、最温和的双行料斗式收获机。

图 10-17　GRIMME EVO290 马铃薯收获机

比利时 Dewulf Kwatro Xtreme 四行自走式马铃薯收获机(见图 10-18),配有 370 kW 的 Scania Dl3 四级发动机,三级筛分输送单元,可按轨道/车轮调整牵引力,即使在恶劣环境和天气条件下也能继续工作。

图 10-18　Dewulf Kwatro Xtreme 四行
自走式马铃薯收获机

意大利 F. LLI SPEDO Modello CPP-BD 系列马铃薯收获机适用于平坦地块和丘陵山区,使用三点悬挂系统与拖拉机进行连接,有两种筛道宽度:宽度 1.4 m 时,可在 0.75～0.80 m 可变行距内挖掘 2 行;宽度为 1.65 m 时,可在 0.85～0.90 m 的范围内挖掘。F. LLI SPEDO JUNIOR 牵引式马铃薯收获机,可一次性完成马铃薯挖掘、茎叶分离、挑拣、装箱等作业。这些中小型马铃薯收获机械可以与手扶拖拉机、中小型四轮拖拉机配套使用,价格适中,适合不同规模的种植户,非常适用于发展中国家的生产实际。此外,波兰 Akpil、比利时 AVR、荷兰 APH、美国 Double-L 都在马铃薯收获机械制造领域占据领先地位。

10.2.2　分类

马铃薯收获机按照完成的工艺过程,大致可以分为马铃薯挖掘机和马铃薯联合收获机两种。马铃薯挖掘机有机动和畜力两种,可完成挖掘和初步分离,用人工捡拾和分选。马铃薯联合收获机可同时完成挖掘、分离、分选和装袋等工序,部分工序辅以人工。在此介绍马铃薯挖掘机和马铃薯联合收获机。

10.2.3　典型薯类收获机械的结构、组成及工作原理

1. 马铃薯挖掘机

马铃薯挖掘机分为简易畜力挖掘机和大型挖掘机,大型挖掘机又分为抖动链式、旋转分离栅式和抛掷轮式三类。

1) 抖动链式马铃薯挖掘机

（1）结构

该机结构如图 10-19 所示,这是我国运用比较广泛的一种抖动链式马铃薯挖掘机。

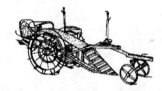

图 10-19　抖动链式马铃薯挖掘机

（2）组成

抖动链式马铃薯挖掘机由限深轮、挖掘铲、抖动输送链、集条器、传动机构和行走轮等组成。与 29.4 kW 以上的拖拉机配套使用,适用于在地势平坦、种植面积较大的沙壤土地上作业。

（3）工作原理

工作时,挖掘铲进入土层,将挖起的薯块和土块输送到第一输送链,杆条式输送链在输送薯块和土块过程中,可以随着抖动轮上下抖动,以增强土块的破碎及其与薯块的分离能力。由第一输送链将薯块和未被分离的土块再送入第二输送链,进一步分离并且降低薯块的离地高度,通过第二输送链送出的薯块由集条器集成条落到地面上,便于后续的人工捡拾,如图 10-20 所示。

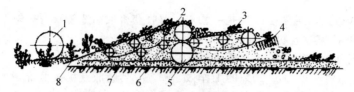

1—限深轮；2—抖动轮；3—第二输送链；4—集条器；5—行走轮；6—托链轮；7—第一输送链；8—挖掘铲。

图 10-20 4WM-2 马铃薯挖掘机结构示意图

2）旋转分离栅式马铃薯挖掘机

（1）结构

该机由小圆盘挖掘铲和旋转分离栅组成，如图 10-21 所示。

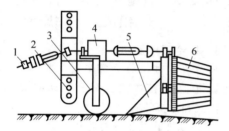

1—传动轴；2—机架；3—限深轮；4—变速箱；
5—挖掘铲；6—分离滚筒。

图 10-21 旋转分离栅式马铃薯挖掘机结构示意图

（2）组成

主要由传动轴、机架、限深轮、变速箱、挖掘铲、分离滚筒等组成。

（3）工作原理

工作时，圆盘挖掘铲切入土壤，并由地面阻力带动，圆盘一边转动一边前进。土壤连同挖掘物一起沿圆盘面升起并翻转，表层土壤在下，块茎大多在上，落入旋转分离栅上。分离栅由动力输出轴带动旋转，使土壤分离出去，并将薯块向后方输送，甩在地表上。圆盘挖掘铲适用于多草多石地，结构复杂，价格高。

3）抛掷轮式马铃薯挖掘机

（1）结构

该机结构如图 10-22 所示。

（2）组成

该机主要由清理筐、挖掘铲、动力输出轴等组成。

（3）工作原理

抛掷轮式马铃薯挖掘机的主要工作部件是挖掘铲和抛挟轮（见图 10-22）。工作时，挖

1—清理筐；2—挖掘铲；3—动力输出轴。

图 10-22 抛掷轮式马铃薯挖掘机结构示意图

掘铲挖出薯块和土块，当薯块和土块上升至铲面时，位于上方的旋转抛掷轮指杆将其抛向已收完的一侧，形成条堆，为了避免薯块过于分散，可在抛掷轮的右侧装上挡帘或旋转筐。抛掷轮式马铃薯挖掘机结构简单、质量轻、对土壤适应性强；其缺点是伤薯率高，捡拾费工。

2. 马铃薯联合收获机

1）结构

马铃薯联合收获机结构如图 10-23 所示。

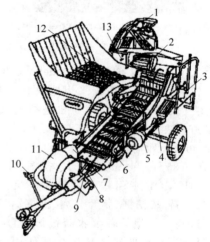

1—筐形输送器；2—选别输送器；3—站台；4—第二输送链；5—底舱放泄装置；6—分离输送链；7—犁刀；8—挖掘铲；9—变速机构；10—对垄调节手柄；11—仿形轮；12—石块分离；13—石块口。

图 10-23 马铃薯联合收获机结构示意图

2）组成

马铃薯联合收获机主要由挖掘铲、分离输送机构和清选台等组成，可一次完成挖掘、分离、初选和装箱等环节。

3）工作原理

如图 10-24 所示，工作时，仿形轮控制挖掘铲的入土深度，挖起的薯块和土块送至输送链初次分离，在输送链的下方有抖动机构，以强化碎土和分离能力。输送链的末端有一对充气的土块压碎器，辊长与输送链宽度相等，辊之间有间隙以清理薯块。薯块和泥土进入摆动筛进一步分离后，送到后部宽间距杆条输送器上，茎叶和杂草由夹持输送带排出机外，薯块则从杆条缝隙中落入圆筒筛，进一步分离后将薯块送到分选台上。分选台内侧设有站台，工人站在上面捡出杂物。薯块经分选台输送器和装载输送器装入薯块箱或拖车。

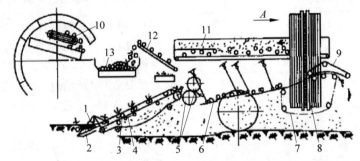

1—侧刀盘；2—挖掘铲；3—主输送器；4—抖动器；5—土块压碎辊；6—摆动筛；7—茎叶分离器；8—滚筒筛；
9—带式输送器；10—重力清选器；11—分选台；12—马铃薯升运器；13—薯箱。

图 10-24 马铃薯联合收获机结构示意图

10.2.4 主要马铃薯联合收获机的技术性能

中机美诺自主研制了具备两级输送分离装置、两级除秧功能的 1700/1710 型马铃薯联合收获机（见图 10-25），在马铃薯挖掘机和分段收获机的基础上大大提高了工作效率，降低了块茎损伤率。两种马铃薯联合收获机的技术参数，分别见表 10-3。

表 10-3 中机美诺 1700/1710 型马铃薯联合收获机技术参数

参 数 项	参 数 值	
机型	1700	1710
长宽尺寸/(mm×mm)	5500×2230	5500×3300
结构质量/kg	5000	5600
配套动力/kW	73.5～102.9	
动力转速/(r·min^{-1})	540	
挖掘深度/cm	≤30	
适应行距/cm	80～90	
作业效率/(hm^2·h^{-1})	0.533～0.667	

图 10-25 中机美诺 1700/1710 型马铃薯联合收获机

甘肃农业大学工学院研制成功适于中等地块马铃薯、具有马铃薯分级装袋功能的 4UFD-1400 型马铃薯联合收获机（见图 10-26），其技术参数见表 10-4。该机可大幅度减少薯类收获的人工耗费，减轻劳动强度，显著提高生产效率。

图 10-26 4UFD-1400 型马铃薯联合收获机

表 10-4 4UFD-1400 型马铃薯联合收获机主要技术参数

参 数 项	参 数 值
配套动力/kW	44～58.8
作业幅宽/mm	1400
纯工作时间生产率 /(hm^2·h^{-1})	0.3～0.5
外形尺寸(长×宽×高) /(mm×mm×mm)	4700×2000×2050
结构质量/kg	2400
作业深度/mm	0～300(可调)
运输间隙/mm	≥300

两级土薯分离,两级茎秆分离,薯块分级数 3 级(块度大小可调)

10.2.5 选用原则和选用计算

1．了解马铃薯收获机

目前,马铃薯收获机有以下几种类型:把带有混合物的马铃薯铺放成条的单行或双行收获机;带有简单分离器的单行、双行、三行甚至四行收获机,可把分离较彻底的马铃薯铺放成条;进口大型马铃薯收获机常为自走式,幅宽能达到 2000 mm 以上。

2．考虑机具配套动力

根据与拖拉机配套情况来分,马铃薯收获机有牵引式、半悬挂式和悬挂式三种类型。按匹配功率来分,马铃薯收获机有小型、中型和大型三种机型。小型马铃薯收获机配套动力一般在 25 kW 左右,一次收获 1 行。大中型马铃薯收获机配套动力一般在 30～50 kW,一次收获 1 行,收获效率比较高。选择马铃薯收获机时,必须针对当地的种植习惯(平作还是垄作)、土质条件和动力匹配等因素来考虑。

3．了解机具结构功能

目前,推广应用的马铃薯收获机主要由挖掘部件和分离部件两大部分组成。挖掘部件分为整体铲式和单体铲式;分离部件有抖动式及升运链式,但其结构和工作原理大同小异。一般来说,其主机结构由传动轴、挖掘铲、传送履带和后抖动筛等组成,通过三点悬挂与拖拉机连接。

10.2.6 安全使用规程

1．使用及调整

下地前,调节好限深轮的高度,使挖掘铲的挖掘深度在 20 cm 左右。在挖掘时,限深轮应走在要收的马铃薯秧的外侧,确保挖掘铲能把马铃薯挖起,不能有挖偏现象,否则会有较多的马铃薯损失。

起步时,将马铃薯收获机提升至挖掘刀尖离地面 5～8 cm,空转 1～2 min,无异常响声的情况下,挂上工作挡位,逐步放松离合器踏板,同时操作调节手柄逐步入土,随之加大油门直到正常作业。

检查马铃薯收获机作业后地块的马铃薯收净率,查看有无碎片和严重破皮现象,如马铃薯破皮严重,应降低收获行进速度,调深挖掘深度。

作业时机器上禁止站人或坐人;机器运转时,禁止接近旋转部件,否则可能导致身体缠绕,造成伤害事故;检修机器时,必须切断动力,以防造成人身伤害。

行走速度可选择慢 2 挡,后输出速度控制在慢速,在坚实度较大的土地上作业时应选用最低的工作速度。作业时,要随时检查作业质量,根据马铃薯生长情况和作业质量,随时调整行走速度与升运链的提升速度,以确保最佳的收获质量和作业效率。

作业中,如果突然听到异常响声应立即停机检查,通常是收获机遇到大的石块、树墩、电线杆等障碍物,这种情况会对收获机造成较大的损坏,因此作业前应先查明地块情况再工作。

停机时,踏下收获机离合器踏板,操作动力输出手柄,切断动力输出即可。

2. 维护和保养

检查拧紧各连接螺栓、螺母,检查放油螺塞是否松动。

彻底清除马铃薯收获机上的油泥、尘土及灰尘。

放出齿轮油进行拆卸检查,特别注意检查各轴承的磨损情况,安装前零件需清洁,安装后加注新齿轮油。

拆洗轴、轴承,更换油封,安装时注足黄油。

拆下传动链条检查,磨损严重和有裂痕者必须更换。

检查传动链条是否裂开,六角孔是否损坏,有裂开的应修复。

长期停放时,应停放于室内或室外加盖,防止雨淋;垫高马铃薯收获机使旋耕刀离地,并在旋耕刀外露齿轮上涂机油防锈。

10.2.7　常见故障及排除方法

薯块未经筛网直接落地;土壤质地异常疏松,与正常土壤稍有偏差;挖掘块茎时不流畅,受阻;有石块或在作业前杂草、秧苗未除净;输送作物时有阻力,有缠绕的,刀盘未割断而漏下的;少量薯块拥在输送一侧,收获机速度不稳,要匀速行驶,不宜在作业过程中变换工作速度;两侧挖掘深度不一,很可能是拖拉机作业时前进方向有偏差,一轮在垄上,一轮在垄沟里,在开始作业前要注意前行的方向。

10.3　甜菜收获机械

10.3.1　概述

1. 定义

甜菜收获机械是指收取甜菜茎叶和块根的作物收获机械。

2. 用途

甜菜收获机械用于完成松土、拔出块根、切去顶叶、清除泥土和小须根,再切去尾部这几个步骤的工作。

3. 国内外发展概况及发展趋势

1) 国内发展概况及发展趋势

我国甜菜机械化收获发展速度相对缓慢,多为分段收获设备,联合收获机是后期发展起来的。从 20 世纪 70 年代末 80 年代初开始,我国部分科研单位才开展甜菜收获机械的研制,其中,新疆农垦科学院农机所先后研制出了 4TQ-2 型切缨机、4TW-312 型圆盘式挖掘集条机及 4TW-3(2)B 型挖掘机。新疆农垦科学院农机所 4TWZ-4 型甜菜收获机是用于甜菜分段收获配套机具之一,主要用于挖掘收获经切缨机切削清理过叶缨的甜菜。该机既可用于甜菜两段式收获工艺,一次完成甜菜挖掘、捡拾、清理输送和装车的联合作业;也可用于甜菜三段式收获工艺,将挖掘出的甜菜块根初步清理后集成堆放,以便于人工辅助清理。黑龙江省畜牧机械研究所研制的 4TSL-2 型甜菜收获机可实现挖掘、清理、装箱,既可用于甜菜两段式收获,也可用于三段式收获,是较为方便的实用型收获机械。黑龙江北大荒众荣农机有限公司研制的 4T-1A 型、4TS-2 型甜菜收获机可实现挖掘、清理分离、收集一次完成。

在我国甜菜全程机械化生产过程中,拥有自主知识产权的机械较少,尤其是在甜菜联合收获机械方面。今后,我国应坚持自主研制开发和引进国外先进技术装备相结合的方针,建立健全以企业为中心,产、学、研联合的技术创新体系,加强甜菜收获机械装备的技术创新能力。当前,农业机械装备技术已逐步融合现代微电子技术、仪器与控制技术和信息技术,使农业机械向智能化、高效率和大型化方向发展。田间自动导航系统、机器视觉系统等研究成果已开始应用装备到拖拉机与自走式农业机械上,正在实现农业机械化作业的高效率、高质量、低成本和改善操作者的舒适性与安全性。自动化程度提高,作业速度加快,复式作业机具和专业化生产机具协调发展,为在农业生产中推广使用新技术、进一步降低作业成本创造了条件,也为提高社会化服务水平提供了空间。

目前,我国甜菜机械生产水平还很低,研发投入还很不足,生产过程缺乏相应的专用机械设备,尤其是甜菜联合收获机械等关键技术装备还完全依赖进口。

2）国外发展概况及发展趋势

国外甜菜收获机械化始于 20 世纪 50—70 年代，发展到今天，技术已经相当成熟，普遍采用了液压、电子和计算机等高新技术，如德国在联合收获机上采用了电子对行装置和电磁液压控制挖深机构，提高了作业精度和生产效率。有的国家还在挖掘器上采用了振动装置，减少了工作阻力。

国外甜菜收获机的发展趋势是向提高生产率、宽幅、高速及大功率自走式联台作业机械方向发展，并注重新型工作部件的研究及新技术的应用。

10.3.2　分类

甜菜的收获工作，包含松土、拔出块根、切去顶叶、清除泥土和小须根，再切去尾部这几个步骤。甜菜收获方式主要分为两种：一种是挖掘块根之前把茎叶和根头切除，另一种是在挖掘块根之后再切除茎叶和根头。后一种多用于半机械化收获或拔取式联合收获机上。目前国内外多数用挖掘前切除茎叶的方式。挖掘前切除叶茎的甜菜收获方式分为人工收获、部分机械收获、机械收获和联合收获，表 10-5 给出了甜菜收获方法、机具及特点。

表 10-5　甜菜收获方法、机具及特点

收获方法		主要收获工序			特　　点
		除茎 切顶	挖掘 捡拾	清理 装载	
人工收获		人力手工工具			劳动强度很大，生产率很低
部分机械收获		人力手工工具或固定作业机	简单挖掘机	人力手工工具	根据机器完成收获工序的多少的差异，在不同程度减轻了劳动强度，提高了生产率
机械收获	分段收获	三段	茎叶收获机	块根挖掘-清理-集条（堆）机	块根捡拾-清理-装载机	需要用的机具，拖拉机和操作人员较多，每台机具完成的作业工序较少，机具结构简单，制造容易，生产率较高，适合于大面积收获，是最常见的收获法。在不完全配套情况下，分段收获机具可以单独使用。完成甜菜收获过程中相应的作业工序，有的分段收获机械稍加改动后，即可与大功率拖拉机或专业底盘配套，进行甜菜联合收获作业
		两段	第一段：除茎-挖掘-集条机茎叶收获机　第二段：块根捡拾-清理-装载机　块根挖掘-清理-装载机		
联合收获		甜菜联合收获机配大拖拉机或底盘的甜菜联合收获机械			用一台机器或机组在一次作业行程中完成甜菜收获过程的各主要作业工序。一般一人操作，生产率很高，劳动强度低，机械结构复杂。材造和使用水平要求高，但只在大面积收获时，才能达到经济效果

10.3.3　典型甜菜收获机械的结构、组成及工作原理

1. 茎叶收获机

1）结构

茎叶收获机结构如图 10-27 所示（法国 moreau E-30 型）。

2）组成

茎叶收获机用来在田间切去甜菜的茎叶和根头，由回旋切刀、螺旋输送器、回转胶片式根头清理器、根头切割装置和尾部回转式清理器组成。

3）工作原理

工作时，钢制的回旋切刀处在稍高于根头

露出地面最大高度,切去甜菜的茎叶和杂草,切除的茎叶被气流输送到横向螺旋输送器,再将茎叶直接排出机器外,并放成纵条,也可以借助装载升运器把茎叶装入与其并行的运输车里;回转胶片式根头清理器用来消除根头上残留的茎叶和叶柄,由仿形器和切刀组成的切割装置用来准确地切去甜菜的根头;尾部的回转式清理器用来最后清除根头上残留的茎叶,并把工作行内切下的根头和残株清理出界外。

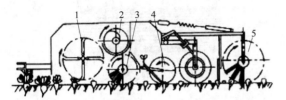

1—回旋切刀;2—螺旋输送器;3—回转胶片式根头清理器;4—根头切割装置;5—尾部回转式清理器。

图 10-27   带回旋切刀的茎叶收获机结构示意图

工作时,这种收获机可以根据使用要求配带全部工作部件,也可不带回转胶片式清理器,或不带尾部的回转式清理器,或者两个清理器都卸掉也能进行作业。有的茎叶收获机,切除茎叶和根头可一次完成。

这种茎叶收获机的主要工作部件是仿形器及与其联动的切刀。工作时切下带茎叶的根头直接丢在地面上(见图 10-28),或先装箱然后成堆卸在地面上(见图 10-29)。

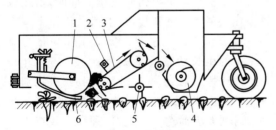

1—仿形器;2—逐叶轮;3—带挠性齿的输送器;4—螺旋输送器;5—回转胶片式清理器;6—根头切刀。

图 10-28   法国 moreau E-30 型带仿形切刀的茎叶收获机结构示意图

2. 简单甜菜挖掘机

1)结构

简单甜菜挖掘机代表机型有叉式挖掘机,

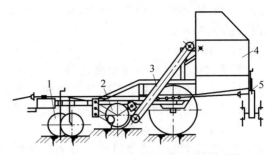

1—圆盘刀;2—茎叶切割装置;3—茎叶输送器;4—茎叶箱;5—回转胶片式清理器。

图 10-29   龙糖 4TQ-2B 带茎叶箱的甜菜茎叶收获机结构示意图

结构如图 10-30 所示。

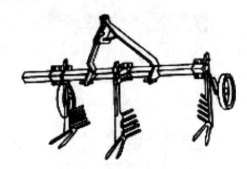

图 10-30   叉式挖掘机

2)组成

叉式挖掘机关键部件是叉式挖掘装置,如图 10-31 所示。

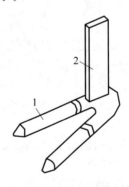

1—凿套;2—叉架。

图 10-31   叉式挖掘装置结构示意图

叉式挖掘装置由两根前端为圆锥形的圆柱组成挖掘叉,工作时将甜菜挤出土壤。为减小甜菜挤压上升阻力,圆锥形叉可绕自身轴线转动,且磨损后可更换。其结构简单,入土性能好,广泛用于甜菜收获机械中,其缺点是易缠挂杂草和残膜。

3）工作原理

简单甜菜挖掘机只能用来代替人工挖掘甜菜。工作时,它只破坏块根与土壤的连接,把块根挖松或挖出地面,而块根的捡拾、切顶、清理和收集装载都由人工完成。

简单甜菜挖掘机为半机械化甜菜挖掘机,除了以上的叉式挖掘机,还有带有圆盘刀的挖掘机(见图10-32)和联结清理块根耙的叉式挖掘机(见图10-33)。

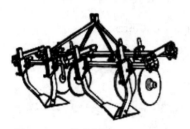

图 10-32　带有圆盘刀的挖掘机

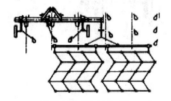

图 10-33　联结清理块根耙的叉式挖掘机

3. 块根收获机

1）结构

以法国 moreau A-300 型块根挖掘集条机为例,结构如图10-34所示。

2）组成

该机主要由挖掘装置、集条装置等组成。

3）工作原理

由挖掘装置挖掘出的甜菜块根,经过清理后,在地上铺放成条。

4. 甜菜联合收获机

1）结构

甜菜联合收获机是在一次作业行程中完成甜菜收获过程的各主要作业工序的一种机具,根据各装置配置的位置不同,可分为串联式和并联式;按甜菜块根最后脱离与土壤联结时的方式,可分为拔取型和挖掘型。结构如

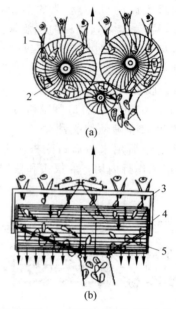

1—挖掘部分;2—回转指盘式清理输送器;
3—挖掘部分;4—杆式输送器;5—集条螺旋。

图 10-34　法国 moreau A-300 型块根挖掘集条机结构示意图
（a）回转指盘式；（b）链杆集条螺旋式

图 10-35～图 10-37 所示。

2）组成

该机主要由切顶装置、挖掘装置、输送清理装置、动力及传动装置组成。

3）工作原理

（1）拔取型

拔取型甜菜联合收获机(见图10-35),工作时在挖松甜菜块根两侧土壤的同时,由拔取器夹住甜菜茎叶将其拔出,然后在机器上一次切去根头和茎叶。这种机器的工作质量与甜菜茎叶的生长状态关系极为密切。当茎叶长得不好或特别繁茂时,这种联合收获机特别是采用带式拔取器的机器不能正常作业,当茎叶枯萎时则无法工作。因此,这种联合收获机要求必须适时作业,应用不广。

（2）挖掘型

挖掘型甜菜联合收获机,工作时先切去茎叶和根头,然后再挖掘块根。目前这种机器得到广泛应用。挖掘型甜菜联合收获机按其工作过程又可分为错行作业和同行直流作业两种,错行作业型为并联型,同行直流作业型为串联型。

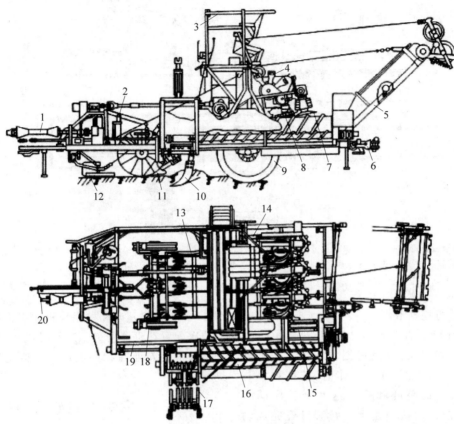

1—传动万向节；2—液压提升架；3—驾驶室；4—拔起器；5—茎叶升运器；6—挂接装置；7—切口；8—齐平器；9—左行走轮；10—挖掘铲；11—扶茎器；12—液压仿行器；13—活动架；14—右行走轮；15—块根输送器；16—螺旋输送式清理器；17—块根装载升运器；18—挖掘限深轮；19—机架；20—牵引架。

图 10-35　苏联 KCT-3A 型拔取型甜菜联合收获机结构示意图

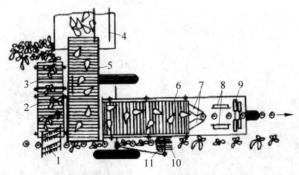

1—滚筒式扶茎器；2—茎叶输送器；3—茎叶条放输送器；4—运输车；5—块根横向升运器；6—块根纵向输送器；7—挖掘装置；8—带圆盘刀的限深轮；9—行上甜菜根头清理器；10—圆盘式仿形器；11—悬臂式茎叶切刀。

图 10-36　错行作业甜菜联合收获机结构示意图

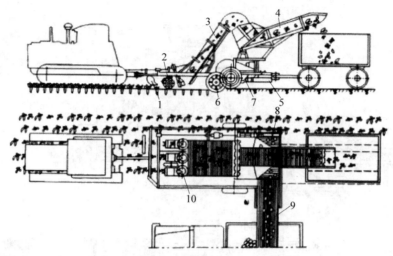

1—滑板仿行器；2—茎叶切割装置；3—茎叶纵向输送器；4—茎叶装载输送器；5—块根清理器；6—挖掘装置；7—爪轮式块根清理输送器；8—块根输送器；9—块根装载升运器；10—切顶刀。

图 10-37　同行直流作业甜菜联合收获机结构示意图

① 错行挖掘型

错行作业的甜菜联合收获机（见图 10-36），切除茎叶和根头，以及挖掘块根的工作部件并列配置在机器前部。工作时，挖掘块根与切除块根上的茎叶和根头这两个工序同时进行，且挖掘的块根是上一行程已经完成切去茎叶和根头的块根，切除块根上的茎叶和根头是下一行程即将要挖掘的块根的茎叶和根头。

② 同行直流挖掘型

同行直流作业的甜菜联合收获机（见图 10-37），切除茎叶和挖掘块根的工作部件前后依次配置在机器前部。工作时，切除茎叶和挖掘块根的作业在相同工作行上按先后顺序进行。

10.3.4　主要产品技术性能

由于挖掘型的甜菜联合收获机应用广泛，因此，此处只介绍代表机型荷马 Terra Dos T4-30（见图 10-38）、北大荒众荣 4TS-4B（见图 10-39）等。其技术参数分别见表 10-6 和表 10-7。

图 10-38　荷马 Terra Dos T4-30 甜菜收获机

图 10-39　北大荒众荣 4TS-4B 甜菜收获机

表10-6　荷马 Terra Dos T4-30 甜菜收获机技术参数

参　数　项	参　数　值	参　数　项	参　数　值
发动机	牵引6缸柴油发动机	摄像系统	HOLMER Top View360°
功率/kW(Ps)	460(626)	打叶装置	KOKO 型
气缸容积/L	15.6	挖掘起拨器	HR 挖掘起拨器(6行)
扭矩/(N·m)	2900	装置尺寸(长×宽×高)/(m×m×m)	12.94×3.30×4.50
液压系统	斯宝多泵式优化使用驱动器	起收效率/(hm²·h⁻¹)	2.5

表10-7　北大荒众荣 4TS-4B 甜菜收获机技术参数

项　　目	设　计　值	项　　目	设　计　值
型号名称	4TS-4B型甜菜收获机	行距/mm	400/700
结构形式	牵引式	工作幅宽/mm	1790
配套动力/kW	66.2～103	挖掘(捡拾)装置型式	平铲式
外形尺寸(长×宽×高)/(mm×mm×mm)	6300×4950×3560	清理装置型式	栅条式
工作行数/行	4	输送/卸料装置型式	栅条链耙式

10.3.5　选用原则和选用计算

对甜菜进行机械收获,需做好机械化收获方式的合理选择。小型挖掘机收获方式的成本投入较低,但其对挖掘后的人工捡收存在一定依赖性,作业效率也较差,故而适用于田块适中、作物量较少的甜菜种植区域。大型联合机作业效率较高,可一次性达到挖掘、输送、分离、筛选等一系列收获效果,但设备成本极高,故而适用于大规模、自动化的农场生产中。

10.3.6　安全使用规程

在甜菜收获机械进行收获作业前半个月,应往甜菜田中灌水,水量控制在30～40m³/亩。并在机械收获作业前,及时清除甜菜田中的杂草,以人工收获方式先将甜菜两端20 m左右的地头菜收完,及时移出菜叶。相关人员再进行甜菜收获,要制定出标准化的技术要求,将甜菜根块、根体的折损率控制在5%以下,将打叶切顶的合格率保持在85%以上。

甜菜收获机械多处于高强度工作2～3个月与停工闲置9～10个月相互转换的"两极化"状态当中。因此,一方面,相关人员在机械设备完成收获作业后,应及时对设备进行彻底清洗,全面检查设备的损伤情况,再根据设备的损伤部位和损伤程度,实施有效的零部件更换、轴承润滑、磨损痕迹修复等处置手段,并做好相关记录。另一方面,在机械设备长期存放的过程中,相关人员还应做好避光、遮风、挡雨等工作,并定期对设备进行安全检查,保证设备性能长期处于最佳水平,为下一年的甜菜收获作业夯实工具基础。

10.3.7　常见故障及排除方法

1. 收获机械在作业时损伤严重

为了减轻机械设备在切顶打叶过程中的损耗,提升打叶阶段的作业效率,相关人员应选择科学的机械作业时间,保证甜菜叶片充分晾晒,将甜菜茎叶的含水量控制在较低水平。

2. 挖掘阶段机械打叶效果不理想

此时,相关人员应切实加大挖掘设备的保养维护频率,如每3 h清理一次,以便保证挖掘设备的稳定运行。

10.4　甘蔗收获机械

10.4.1　概述

1. 定义

甘蔗收获机械是收获甘蔗茎秆的作物收获机械。机械化收获提高了甘蔗的生产效率，降低了甘蔗收获时的劳动强度，也降低了甘蔗生产的总成本。

2. 用途

不同的甘蔗收获机械可在田间不同程度地完成切梢、割蔗、剥叶、切段、清理、集运等作业。

3. 国内外发展概况及发展趋势

1）国内发展概况及发展趋势

我国甘蔗机械化收获起步较晚，且我国蔗区机械化生产条件差异大，地形复杂、地块面积小、立地条件差、经营方式多样，国外先进的甘蔗收获机械不能直接应用于我国甘蔗生产中。因此，我国科研院所与企业在国外先进技术的基础上开展进一步的适用性研究，20 世纪 50 年代开始，我国研究单位研发了适合我国甘蔗生产环境的一系列的小型甘蔗收割机和剥叶机，研发的部分代表机型如图 10-40 所示。

(a)　　　　　　　　　　　　(b)

(c)　　　　　　　　　　　　(d)

图 10-40　我国研发的甘蔗收获机械

（a）华南农业大学的 4ZZX-48 型侧悬挂式甘蔗收割机；（b）华南农业大学的 HN4GZL-132 型甘蔗联合收获机；（c）湖北神誉的 4GL-1 甘蔗联合收获机；（d）国拓重工的 4GL-1-Z92A 型甘蔗联合收获机

因受生产区域地势环境、天气的影响，甘蔗倒伏严重，增加了收获机械难度，且我国所采用的甘蔗收获机械大多为国外产品，而自行研制的甘蔗收获机械大多处于试验阶段，产品的可靠性与适应性较差。因此，我国未来应完善甘蔗机械化收获技术，在引进国外先进技术的基础上，进行适宜本土作业的技术研究，努力突破甘蔗收获机械的技术瓶颈。与此同时，改变传统的甘蔗种植模式，完善糖厂工艺，如糖厂采用预除杂系统或使用两步法制糖工艺，使其能够接受切段式收获的蔗段；建立具有一定规模的甘蔗生产区，努力实现大中型连片种植,并加强规模化的经营与管理;改变传统种植行距,使得甘蔗种植行距满足机械化作业要求。通过以上种植模式的改变促进甘蔗收获机械化的实现。

2) 国外发展概况及发展趋势

20世纪40年代以前,几乎所有的甘蔗收获都是人工完成的,人工收获效率低、劳动强度大、劳动成本高。60—70年代,澳大利亚与美国逐步实现了甘蔗收获机械化。

澳大利亚是世界上甘蔗收割机研发最早及收割机械化的发展最具代表性的国家。1920年赫里(Hurry)和福基纳(Falkiner)发明了首台履带式整秆式甘蔗收割机,用于收获火烧蔗;1923年,Haorgt W.G.设计试验了第一款带有剥叶功能的甘蔗收割机;1928年克利夫(Cliff H.)以他自己设计的拖拉机为动力设计制造了整秆式甘蔗收割机,且在这一年也出现了用于青秆蔗收获的整秆收割机;1929年,澳大利亚人拉尔夫(Ralph S.F.)由整秆式收割机改造出世界上第一台商业量产的切段式甘蔗收获机。1973年,澳大利亚实现甘蔗生产全程机械化,该年度切段收获机收获的甘蔗占收获甘蔗总量的94.5%,切段式甘蔗收获机已经成为澳大利亚甘蔗收获的主要机械。20世纪30年代后,甘蔗整秆式联合收获机开始出现,澳大利亚在联合收获机刚起步时采用整秆收获的方式,代表机型是托夫特(TOFT)公司生产的J150型、J250型整秆式甘蔗收获机。

美国在20世纪中期开始进行甘蔗的机械化收获。20世纪90年代以前,所采用的大都是整秆式甘蔗收割机。20世纪70年代,美国的佛罗里达州开始倾向于使用切段式收获机。1996年后,美国大陆全部采用切段式甘蔗收割机。

随着各种新兴技术的出现,甘蔗生产机械化已经不只是局限于机械化,今后还要向着信息化、精确化、智能化发展,要进一步研制智能农业装备、智能传感与控制系统,建立田间作业自主系统、信息遥感监测网络、大数据智能决策分析系统,开展智能农场集成应用与示范,实现智能农业与精确农业。

10.4.2 分类

甘蔗的收获过程主要包括去梢、切割、剥叶和分离等作业。按照完成这些作业的方式,甘蔗收获可分为人工收获、半机械化和机械化收获三种。机械化收获又可以分为分段收获和联合收获两种。

人工收获主要通过人力和手工工具来收获甘蔗,其特点是收获的甘蔗含杂率低,劳动强度大,生产率低,适合在零星小块地作业。

半机械化收获是人工进行去梢,用简单的收割机对甘蔗进行切割和剥叶,最后用甘蔗剥叶机或者人工进行分离。这一收获方法比人工收获在一定程度上降低了劳动强度,提高了生产效率,适合在较大地块上作业。

分段收获是先用整秆式甘蔗割铺机对甘蔗进行去梢、切割,并且将切割好的甘蔗铺在田地里,用整秆式甘蔗捡拾剥叶集堆机对切好铺在田里的甘蔗进行捡拾和剥叶,再收集在收获箱里。分段收获改善了劳动条件,提高了生产效率,与切段式联合收获机相比,收获的甘蔗可延长储存时间,适合大面积作业。

联合收获主要有整秆式联合收获机和切段式联合收获机这两种收获方式。整秆式改善了劳动条件,提高了生产效率,与切段式联合收获机相比,收获的甘蔗可延长储存时间,适合大面积作业。切段式除了完成去梢、切割、剥叶和分离这四项主要收获作业外,还能把切成段的甘蔗直接装到运输车里。工作条件好,生产效率高,对倒伏严重的甘蔗适应性强。但收获的甘蔗应在16 h内运到糖厂加工,对糖厂生产能力要求高,适合于收获、运输和糖厂加工能够连续流水作业的大面积收获。

10.4.3 典型甘蔗收获机械的结构、组成及工作原理

按照收获后茎秆的特征,甘蔗收获机可分为整秆式甘蔗收获机和切断式甘蔗收获机两种。用整秆式甘蔗收获机收获的甘蔗,茎秆保持完整,或者只切除了蔗梢;用切断式甘蔗收获机收获的甘蔗,茎秆一般被切成0.25~0.4 m

的蔗段。若按割台形式,甘蔗收获机又可分为立式割台和卧式割台两种,采用立式割台的甘蔗收获机,茎秆切割后,其喂入方向和茎秆的长度方向垂直;而采用卧式割台的甘蔗收获机,其喂入方向与茎秆长度方向平行。因立式割台的适应性差,所以用得较少,主要用在小型甘蔗收获机上。无论是整秆式还是切断式甘蔗收获机都广泛采用卧式割台。

1. 整秆式甘蔗收获机

整秆式甘蔗收获机按照所完成的作业工序的不同,又可分为简单甘蔗收获机、甘蔗收割集条机、甘蔗捡拾剥叶集堆机和整秆式甘蔗联合收获机。另外,还有用于固定作业的甘蔗剥叶机等。

1) 简单甘蔗收获机

简单整秆式甘蔗收获机仅仅将甘蔗割倒铺放。这种机器以手扶拖拉机为动力,操作简便,割下的甘蔗直接铺放在田间。这种方式收下的甘蔗还需要用剥叶机对甘蔗进行剥叶。

2) 甘蔗收割集条机

(1) 结构

甘蔗收割集条机(以英国 McConnel 甘蔗收割集条机为例),结构如图 10-41 所示。

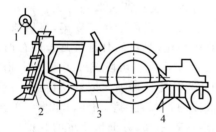

1—打梢器;2—螺旋扶蔗器;3—集蔗板;
4—仿形切割集蔗器。

图 10-41 英国 McConnel 甘蔗收割集条机结构示意图

(2) 组成

甘蔗收割集条机悬挂在拖拉机上,由打梢器、螺旋扶蔗器、集蔗板和仿形切割集蔗器组成。

(3) 工作原理

装在拖拉机前上方的打梢器 1,用来从脆弱的甘蔗生长点处打掉蔗梢。配置在机器前面的螺旋扶蔗器 2,把倒伏交织在一起的甘蔗分开。当安装在前面的横杆或辊轴(收倒伏甘蔗时采用辊轴)把甘蔗从基部推断,配置在中间的两块集蔗板 3 形成前大后小的"八"字形,其作用是把两边凌乱的甘蔗向中间集中,并在地上放成纵条。后部装有能随地面仿形的切割集蔗器 4,用来切断未被推断的甘蔗,并进一步将其放成整齐的条堆,以便捡拾。

3) 甘蔗捡拾剥叶集堆机

(1) 结构

甘蔗捡拾剥叶集堆机(以英国 McConnel 甘蔗捡拾剥叶集堆机为例),结构如图 10-42 所示。

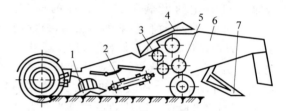

1—捡拾器;2—输送器;3—抛掷轮;4—排叶轮;
5—风扇;6—集蔗箱;7—刮板。

图 10-42 英国 McConnel 甘蔗捡拾剥叶集堆机结构示意图

(2) 组成

甘蔗捡拾剥叶集堆机由捡拾器、输送器、抛掷轮、排叶轮、风扇等组成。

(3) 工作原理

甘蔗捡拾剥叶集堆机挂接在拖拉机后部。工作时,甘蔗梢部先喂入。捡拾器 1 把铺放在地上的甘蔗挑起,经过输送器 2、抛掷轮 3,以高速向后抛送。在风扇产生的高速气流作用下把蔗叶吹掉。排叶轮 4 把向上吹出的蔗叶向一边排出,剥叶后的茎秆抛入集蔗箱内。卸载时箱底打开,随着机器前进,刮板先把地上的蔗叶等杂物刮掉,使甘蔗卸在干净的地面上,最后用装载机装车。

4) 甘蔗剥叶机

(1) 结构

收获时没有剥叶的甘蔗可以使用剥叶机进行固定剥叶作业。甘蔗剥叶机的结构(见图 10-43)和工作过程与甘蔗收获机的剥叶装置相似。

(2) 组成

甘蔗剥叶机主要由喂入台、喂入辊、剥叶

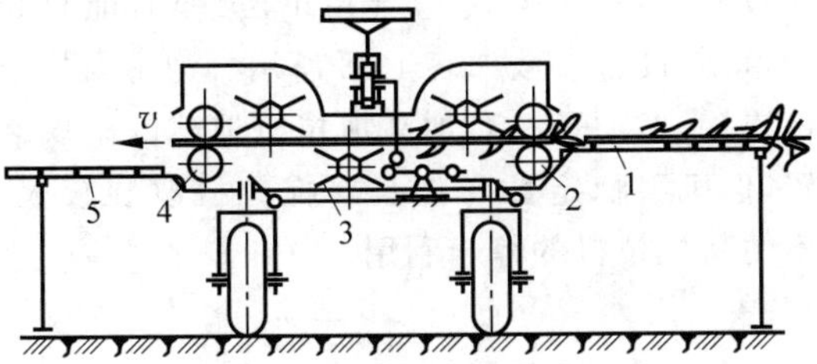

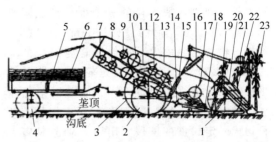

1—喂入台；2—喂入辊；3—剥叶滚筒；
4—输送辊；5—铺放台。

图 10-43 4BZ-1 型甘蔗剥叶机

滚筒、输送辊、铺放台组成。

（3）工作原理

甘蔗剥叶机与手扶拖拉机配套。它刚性连接在拖拉机后部，可在田间进行间歇移动作业。喂入台 1 设有旋转切刀，工作时，首先由人工控制砍切蔗梢，其次从梢部开始送入喂入辊 2，经剥叶滚筒 3 完成剥叶，最后由输送辊 4 抛出到铺放台 5 或地面。一次可以同时喂入多根甘蔗，且剥净率高，对茎秆的适应性强。

5）整秆式甘蔗联合收获机

整秆式甘蔗联合收获机适合收获倒伏或弯曲不太严重、田间杂草较少、行距为 1.2～1.4 m 的甘蔗，且这类收割机每次收割一行。下面主要介绍 4GZ-35 型和 4GZ-1 型两种机型。

（1）结构

4GZ-35 型整秆式甘蔗联合收获机（见图 10-44）带有附加侧轮，半悬挂在拖拉机右边，与拖拉机连接方便，但转弯半径大，不能自行开道，且与丰收-35 型拖拉机配套。

（2）组成

4GZ-35 型整秆式甘蔗联合收获机主要由机架、推蔗秆、导向板、剥叶滚筒、螺旋扶蔗器等组成。

（3）工作原理

工作时，集梢杆将蔗梢导入切梢圆盘刀 22 完成切割，切下的蔗梢由拨梢轮 21 抛到已收过的地上。装在割台喂入口两侧的螺旋扶蔗器 20，把倒伏交织在一起的甘蔗分开并扶正。推蔗杆 19 把进入喂入口的甘蔗推斜后，甘蔗即被底圆盘切割器切断。基部托在刀盘上向前倾斜的甘蔗，在喂入轮 17 和提升轮 14 的作用下，

1—拖拉机前轮；2—侧轮；3—拖拉机后轮；4—尾轮；5—翻斗油缸；6—集蔗箱；7—输送轮；8—排叶轮；9—挡叶轮；10—限速轮；11—导向板；12—剥叶滚筒（4 个）；13—机架；14—提升轮；15—割台升降油缸；16—切梢机构升降油缸；17—喂入轮；18—底圆盘切割器；19—推蔗杆；20—螺旋扶蔗器；21—拨梢轮；22—切梢圆盘刀；23—集梢杆。

图 10-44 4GZ-35 型整秆式甘蔗联合收获机

被强制喂入到剥叶装置。茎秆在四个剥叶滚筒 12 的作用下，边剥叶边向后输送。为了控制剥净率，用限速轮 10 来控制茎秆喂入速度。剥下的蔗叶和杂物由排叶轮 8 抛出机外。剥叶后茎秆由输送轮 7 送入集蔗箱。装到一定程度后，即可把箱内的甘蔗卸到地上。

2．切断式甘蔗收获机

切断式甘蔗联合收获机一般用来收获已烧去蔗叶的甘蔗，从工作行数上来分类，这种收获机无论是自走的还是与拖拉机配套的，都有单行和双行两种，且配备动力较大，一般为 75～150 kW。这种收获机的旧机型只适用于烧叶甘蔗的切段收获。因烧叶污染环境而受到限制，近年研发的新机型可以收获带叶甘蔗。

1）结构

切断式甘蔗联合收获机结构如图 10-45 所示。

2）组成

切断式甘蔗联合收获机由切梢机构、分蔗扶蔗机构、底切割机构、旋转切段刀、蔗段升运器、风选器等组成，采用隔热、隔音和空调密封驾驶室，全液压操纵。

3）工作原理

如图 10-45 所示，工作时，拨指集梢圆盘 1 将蔗梢导入切梢圆盘刀 2，蔗梢被切割抛到已收过的地上。装在割台前部两侧的螺旋扶蔗器 3，把倒伏交织在一起的甘蔗分开并扶正。

喂入轮 4 把进入喂入口的甘蔗推送到底圆盘切割器切割。切割后的甘蔗从头部开始喂入，经提升轮 6 送到由上下两组输送轮组成的输送、剥叶装置。上面一排输送轮是浮动的，可根据喂入量的多少自动调节。在最后输送轮出口处的上方装有弧形切断刀，用来把甘蔗茎秆切成一定长度的蔗段。用两个轴流风扇来吸出蔗叶等轻的杂物，较重的杂物在两次输送过程中从输送器底板的孔中落下。

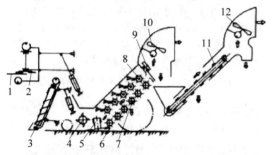

→砍下的甘蔗秆→甘蔗段及混杂物→甘蔗段→轻杂物
1—拨指集梢圆盘；2—切梢圆盘刀；3—螺旋扶蔗器；4—喂入轮；5—底圆盘切割器；6—提升轮；7—下排输送轮(5个)；8—上排浮动式输送轮(5个)；9—切段装置；10—抽风机；11—装载升运器；12—第二抽风机。

图 10-45　澳大利亚 Toft Robot-4000 型切断式甘蔗联合收获机结构示意图

这种收获机适用于大面积的蔗田，效率高，每小时能收获 40～60 t。这种收获机含杂率较低，但损失率较高，现有的水平是将两者都保持在 8%～10%。若条件好时，能将两者都降到 7%。现在澳大利亚正在研究改进，希望将损失率及含杂率都降低到 1% 以下。另外，若能采用落叶性能好的甘蔗品种，也可降低含杂率。除含杂率和损失率外，价格偏高也是这种机型存在的问题。

10.4.4　主要甘蔗收获机的技术性能

整秆式甘蔗收获机的代表机型有 4GZ-1 型整秆式甘蔗联合收获机(见图 10-46)，主要结构及工作过程与 4GZ-35 型整秆式甘蔗联合收获机相似。主要区别是把整机大部分工作部件配置在拖拉机腹下，类似自走式收获机，

比较机动灵活，且转弯半径小，工作时能自行开道，其设备参数如表 10-8 所示。为了与拖拉机连接，增加了一套加高拖拉机地隙的附属装置，但机组稳定性降低且对拖拉机改装较大，不便于拖拉机的综合利用。

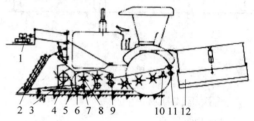

1—切梢机构；2—螺旋扶蔗器；3—底圆盘切割器；4—喂入轮；5—过渡板；6—提升辊；7—支撑轮(2个)；8—剥叶滚筒(5个)；9—前限速辊；10—分离辊；11—后限速辊；12—集蔗箱。

图 10-46　4GZ-1 型整秆式甘蔗联合收获机结构示意图

表 10-8　4GZ-1 型整秆式甘蔗联合收获机的设备参数

参 数 项	参 数 值
型号	4GZ-1
适应行数	单行/双行
整机质量/t	6
最大爬坡度/(°)	25
行走驱动方式	机械变速箱
适应行距/m	0.8～1.8
行驶速度/(km·h⁻¹)	最高 35
发动机功率/kW	110.3
履带中心距/m	1.65
外形尺寸/(mm×mm×mm)	7000×2200×3000

除以上两种机型外，还有 4ZL-1B 型甘蔗联合收获机、SG1300 型整秆式甘蔗联合收获机、4GZD-75 型履带式甘蔗联合收获机等机型。此类收获机收获的甘蔗储放时间延长，对田间装载、运输系统和糖厂生产能力要求低，与我国的糖业生产体系要求相适应，是目前适合我国甘蔗收获机械化的主要机型。其缺点是适应性较差、生产率不高；剥叶装置难以剥净多根同时喂入的甘蔗，含杂率较高；自带整秆收集装置增大了整机长度，使得转弯半径增加，堆放的甘蔗杂乱，不便于后续机械作业。

切断式甘蔗收获机代表机型有凯斯纽荷兰4000,其相关技术参数配置如表10-9所示。

表10-9 凯斯纽荷兰4000甘蔗收获机设备参数

项　目	设　计　量
结构形式	自走式,半喂入收获机
作业时外形尺寸(长×宽×高)/(mm×mm×mm)	9150×1360×5000
整机质量/kg	6700
作业垄距/m	≥900
生产率/(t·h⁻¹)	15~30
切段方式	双滚筒(带刀片)切断

10.4.5 选用原则和选用计算

6°以下缓坡地,大面积地块(长度300~500 m以上),重点引进国外300 Ps级大型收割机,或采用国产250 Ps级大型机具,以大型收割机为中心,辅以80~150 Ps级中型收割机,完成收割、剥叶、切段(或保留整秆)、输送等机械化收获作业;6°以下缓坡地,地块较小(长度50~200 m)及部分条件较好的6°~15°丘陵地,采用80~150 Ps级中型切段式或整秆式甘蔗联合收割机,完成收割、剥叶、切段(或保留整秆)、输送等机械化收获作业;6°~15°丘陵地,地块较小(长度20~50 m),采用20~50 Ps级收割机、割铺机,进行整秆砍倒、剥叶机剥叶、人工或小型装载机收集装车、运输作业等分段机械化收获作业;15°~25°坡耕地,窄小地块,采用3~5 Ps级以下或人力手推式微型甘蔗割铺机,进行砍倒、剥叶或人工剥叶、人工收集装车等作业,部分地区加装索道运输系统。

10.4.6 安全使用规程

收割机械作业人员应经过农机驾驶操作培训,持有驾驶证,熟悉甘蔗机械的性能特点。操作平稳,不应快起步急刹车。驾驶员在作业时应着装适宜,避免影响作业。应戴好防护口罩。上下机械应在停止状态。新机或大修后的联合收割机,应按说明书要求,加满相应牌号的燃油、机油、液压油、齿轮油和冷却水。未

加油和水之前,禁止启动发动机。新机或大修后的联合收割机应进行试运转,保持各运动件磨合正常。收割机检查调整后,应进行发动机无负荷运转、整机原地空运转、整机负荷试运转,使其达到良好的技术状态。机器试运转后及正式收割前,应在甘蔗生长较好的地块中试割,检验机器质量。进一步调整好机器,使其适应大面积收获的要求。提倡实行蔗叶还田,直接粉碎还田翻埋前应补施氮肥。禁止田间焚烧蔗叶。

10.4.7 常见故障及排除方法

甘蔗收获机械故障分为四类,即致命故障、严重故障、一般故障和轻微故障。

致命故障是导致功能完全损失或造成重大经济损失,危及或导致人身伤亡的故障。严重故障是导致功能严重下降,主要零部件损失的故障,可通过对损失的零部件进行更换排除该故障。一般故障是造成功能下降,一般零部件损坏的故障,试验人员可使用随机工具和随机备件轻易排除。轻微故障是仅引起操作人员不便,但不影响甘蔗收获机械作业的故障,可通过调整或日常保养时用随车工具轻易排除。

10.5 花生收获机械

10.5.1 概述

1. 定义

花生收获机械是指在花生收获过程中完成挖果、分离泥土、铺条、捡拾、摘果、清选等作业的作物收获机械。

2. 用途

花生机械化收获方法主要有分段收获、两段收获和联合收获三种。分段收获是采用不同的机械相继完成花生收获的每个环节,国外多采用此方法。联合收获是用一种机械一次性完成花生收获的全过程。两段收获将花生收获过程分为前、后两个阶段,前段即花生起挖、去土和放铺晾晒,后段即花生植株的地面捡拾、摘果和清选等。

3. 国内外发展概况及发展趋势

1）国内发展概况及发展趋势

新中国成立后不久，我国便开始研制花生收获机，比西方国家晚了约 20 年。最初是仿照美国花生挖掘机进行开发研究，产品有4HW-1100 型花生收获机、4H-800 型花生收获机（见图 10-47）、4H-1500 型花生收获机（见图 10-48）等。其中，4H-800 型、4H-1500 型花生收获机仍采用铲链结合的结构，从机器性能来看，其工作稳定可靠，漏挖率和损伤率都很低，是现阶段最受农户欢迎的机型。其中，4H-800 型花生收获机是我国最典型的花生分段收获机械，用四轮拖拉机作为动力源，将挖掘机与四轮机通过销连接，完成花生收获的前段工序，后段工序再由人工或其他机械完成。工作时拖拉机提供牵引力，根据土质的硬度及含水率，可人为调控挖掘速度和深度，挖掘铲将花生铲起，经传动系统输送到振动筛抖土，该振动筛采用等惯量自平衡装置，其运行平稳、振动性小，驾乘人员轻松舒适，最后经过密植栅格侧尾结构将花生植株整齐有序地铺放在四轮机后的已挖区，以便人工或机械进入农田进行后续工作，不会对未挖区造成损害。这种机型的推广得到了农户的一致好评，真正意义上实现了人工收获向机械化收获的转变，但只能完成花生收获的前段工序，并不是严格意义上的机械化收获，同时受自身复杂结构的影响，该机机体较重、耗能较高，需要大中型拖拉机作为动力源，不适合现阶段我国花生种植面积小而散的现状，因此并没有大范围改变传统的人工收获模式。

图 10-47 　4H-800 型花生收获机

图 10-48 　4H-1500 型花生收获机

青岛农业大学与青岛万农达花生机械有限公司合作，根据我国花生现阶段的垄作覆膜种植模式，成功研制出了 4H-2 型花生收获机（见图 10-49），该机采用反向等角度摆动结构原理，集挖掘和分离于一体，可以一次完成挖掘和分离泥土两道工序，结构紧凑、工序较少，提高了生产效率，该机还具有切割地膜的功能，在收获花生的同时，顺便把花生垄上的残膜回收，减少了土地中的残膜污染。收获部件采用反平行四边形结构原理，机构作反向等角度摆动，可以将挖掘去土后的花生植株有序地铺放在已挖区，以便后续工作的进行。收获部件运行平稳，传动部件运转阻力小、耗能低。4H-2 型花生收获机工作效率高，所需牵引力小，小型农用四轮拖拉机就能满足动力需求，机体体积小、重量轻，不会造成土地板结，可调控挖掘深度，损伤率小，机体还带有回收田间残膜的装置，既避免了白色污染又可以改善土壤的通透性，保证水肥可以正常被农作物吸收，下茬农作物可以较好地生长。

图 10-49 　4H-2 型花生收获机

2）国外发展概况及发展趋势

由于国外花生一年一熟，无须抢收后很快种植其他农作物，常采用分段式收获模式，即用机器代替人工挖掘,并清除花生荚果上的泥土,然后将花生植株整齐地铺放在田间晾晒,以便下一道工序的进行。美国凯利制造公司(Kelley manufacturing corporation,KMC)生产的2、4、6、8行系列花生收获机(见图10-50)和美国阿玛达斯(AMADAS)公司生产的 ADI 型2、4、6、8、12行系列花生收获机(见图10-51)是这类机型的典型代表。其中,KMC 的产品集挖掘、清土于一体,解决了挖掘速度、夹持速度、除土器振动频率之间的协调同步性问题;AMADAS 公司的产品是针对特定花生品种和作业环境专门研制的专用机型,能够满足不同条件下的花生收获。上述两家公司的产品工作原理相同,优点是生产效率高,损失率低,但仍存在集成度不高的问题,收获过程中还需人工或其他机具参与,才能完成花生收获的所有工序。

图 10-50 KMC 4 行花生收获机

图 10-51 AMADAS 4 行花生收获机

10.5.2 分类

花生的收获环节多而复杂且难度大,需经起挖、去土、放铺、晾晒、捡拾、摘果和清选等多个工序。我国北方收获花生时,气候干燥,一般采用带蔓收割的(蔓生花生需要割蔓)分段收获法。挖起的花生在分离泥土之后,在田间铺放成条,经过晾晒再运回场院摘果。南方由于气候潮湿,则采用随收随摘果的联合收获法,一次完成上述各项作业。

花生机械化收获方法有分段收获、两段收获和联合收获三种,这三种收获方法的特点见表 10-10。

表 10-10 花生收获方法、机具及特点

收获方法	主要收获工序		特 点
	起挖、去土、晾晒	捡拾、摘果、清选	
分段收获	挖掘机、摘果机、捡拾摘果机		分段收获是采用不同的机械相继完成花生收获的每个环节,国外多采用此方法
联合收获	挖掘铲式、拔取式花生联合收获机		联合收获是用一种机械一次性完成花生收获的全过程
两段收获	花生起收机	捡拾收获机	两段收获是将花生收获过程分为前、后两个阶段,前段即花生起挖、去土和放铺晾晒,后段即花生植株的地面捡拾、摘果和清选等

显然,选择不同机械化收获方法决定了收获机械类型、机械结构与功能、机械数量,同时也决定了机械制造技术和应用难易程度、机械作业性能的适应性,最终影响到花生收获机械化的推广与应用效果。

10.5.3 典型花生收获机械的结构、组成及工作原理

我国从 20 世纪 50 年代开始研制花生收获机,目前除捡拾摘果机外,已有多种类型的样

机。已经定型的花生收获机有东风-69、4H-2
和4H-800等型号。花生联合收获机也在研
制中。

1. 东风-69型花生收获机

1) 结构

该款花生收获机结构如图10-52所示。

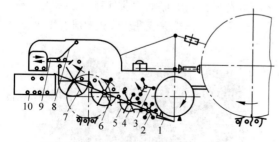

1—挖掘铲；2—抛土轮；3—喂入轮；4—第一分土
轮；5—圆弧筛；6—第二分土轮；7—第三分土轮；
8—压土板；9—清选筛；10—集果箱。

图10-52 东风-69型花生收获机结构示意图

2) 组成

该款花生收获机主要由挖掘铲、抛土轮、
喂入轮、圆弧筛、压土板、清选筛等组成。

3) 工作原理

如图10-52所示，工作时，挖掘铲的入土深
度为60～90 mm，将土壤和花生一起挖出。被
铲起的土壤及花生果在抛土轮及喂入轮的共
同作用下，向后抛至土壤分离装置。土块在抛
土轮和分离装置的几个分土轮的齿杆作用下
破碎，并从圆弧筛条杆的缝隙中排出。花生夹
带的少量土块被第三分土轮抛至清选筛上时，
筛面和其上的压土板将土块及黏附在花生果
上的泥土进行分离，最后花生果被送入机器两
侧的集果箱中。

2. 4H-800型花生收获机

1) 结构

该款花生收获机结构如图10-53所示。

2) 组成

该款花生收获机主要由挖掘铲、升运链、
分土轮等组成。

3) 工作原理

如图10-53所示，工作时，带蔓花生与土壤
一起被挖掘铲挖起，沿铲面上升，部分土壤在
升运链输送过程中被分离。然后通过前后分

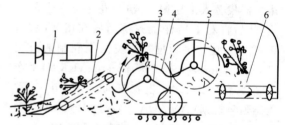

1—挖掘铲；2—升运链；3—前分土轮；4—圆弧筛；
5—后分土轮；6—横向输送链。

图10-53 4H-800型花生收获机结构示意图

土轮将花生植株在弧形筛面上抛扔抖动数次，
使绝大部分土壤破碎和分离。带蔓的花生则
被抛到横向输送链上，送向机器一侧，铺放
成条。

3. 4H-2型花生收获机

1) 结构

该款花生收获机结构如图10-54所示。

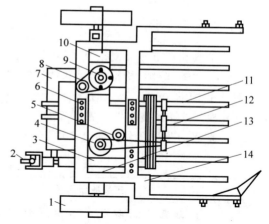

1—限深轮；2—万向节；3—传动轴；4,9—立
轴；5,8—摆杆；6,12—连杆；7—悬挂装置；
10—收获部件；11—偏心传动轴；13—收获部
件；14—机架。

图10-54 4H-2型花生收获机结构示意图

2) 组成

该款花生收获机主要由机架、动力传动系
统、收获部件驱动装置、收获部件、破膜圆盘、
限深轮和悬挂装置等组成。

3) 工作原理

如图10-54所示，该机在拖拉机的牵引下
向前运行，收获部件的动力由动力输出轴通过
万向节和传动轴带动偏心盘转动，偏心盘通过

连杆带动摆杆摆动,连杆和摆杆分别通过与其连接成一体的立轴带动收获部件摆动。收获部件由倒 V 形挖掘铲和栅格状 U 形板焊接而成,与地面呈 15°倾斜安装。收获部件在前进中将花生挖掘,在摆动中除去花生夹带的土壤,完成收获作业。在收获作业的同时,破膜圆盘将地膜切开,使地膜附着在花生蔓上,在收花生的同时将地膜收起。

4．花生摘果机

1）结构

摘果是花生收获过程的基本环节之一,指从植株上分离并获得清洁花生荚果的操作。在分段收获中,花生摘果机是具有摘果和清选功能的单独摘果机,而在联合收获和两段收获过程中,摘果装置是收获机的重要组成部分。现代花生摘果机还增加了自动上料和荚果装袋装置。

2）组成

轴流全喂入花生摘果机主要由摘果元件(摘果齿)构成的摘果滚筒、凹版筛、振动筛、风机、转动装置和动力装置(电动机或内燃机)等组成。

3）工作原理

如图 10-55 所示,花生植株全部喂入摘果间隙后,随转动的摘果滚筒作螺旋线式运动,使花生荚果与植株分离。这款摘果机完成摘果与荚果清选等基本功能,除具有结构简单、摘果可靠、作业效率高等特点外,因摘果过程中花生植株作螺旋线式运动,摘果过程时间长、效率高,因而也适用于较湿花生的摘取,是广为应用的花生摘果机。该类型花生摘果机一般只有一个滚筒,但可根据摘果效率要求设计成不同的滚筒直径和长度,从而制造成各种规格的摘果机,以适应不同种植规模的花生摘果效率要求。为使花生植株在摘果过程产生轴向移动,摘果齿均按螺旋线布置且广泛采用螺杆梳齿式、弓齿式、弯齿式滚筒。清选装置一般有振动筛和气力组合清选方式,气力清选分为横流气吹式和逆流气吸式两种,前者一般用于小型摘果机,后者多用于中大型摘果机。

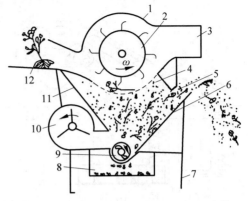

1—顶盖；2—滚筒；3—蔓叶排除口；4—凹版筛；5—杂余出口；6—后滑板；7—机架；8—集果箱；9—螺旋输送器；10—风扇；11—前滑板；12—喂入台。

图 10-55　全喂入花生摘果机结构示意图

5．花生联合收获机

这里主要介绍我国研制的两款花生联合收获机。

1）挖掘式花生联收机

(1)结构

挖掘式花生联收机结构如图 10-56 所示。

(2)组成

挖掘式花生联收机主要由挖掘铲、分土轮(5个)、盖罩、刮板输送器、摘果装置、排草轮、排杂器、栅栏凹版、集果箱等组成。

(3)工作原理

如图 10-56 所示,该机悬挂在丰收-37 型拖拉机上。工作时,非对称三角铲把花生和泥土铲起,经过 5 个分土轮的作用分离出大量的泥土,花生被抛入螺旋输送器,送至机器左侧,由偏心扒杆和刮板式输送器送到摘果滚筒。被滚筒摘下的花生果经凹版及滑板,在气流清选后落入集果箱内。夹杂物被气流吹至右侧,由排草轮排出机外。

2）拔取式花生联合收获机

(1)结构

拔取式花生联合收获机结构如图 10-57 所示。

(2)组成

拔取式花生联合收获机主要由分导器、支持输送带、横向输送带、刮板输送器、摘果装置

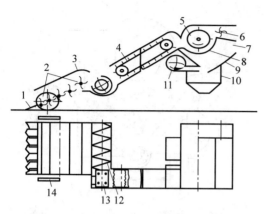

1—挖掘铲；2—分土轮(5个)；3—盖罩；4—刮板输送器；5—摘果装置；6—排草轮；7—排杂器；8—栅栏凹版；9—滑板；10—集果箱；11—风扇；12—螺旋输送器；13—偏心扒杆；14—支撑轮。

图 10-56　挖掘式花生联收机结构示意图

等组成。

（3）工作原理

如图 10-57 所示，拔取式花生联合收获机工作时，分导器把各行花生植株扶起，导向拔取装置的夹持输送带之间，被拔取的花生植株经横向输送带和刮板输送器送于摘果装置。拔取装置夹持输送带的前面一段为拔取段，由若干滚轮在弹簧张力作用下夹紧输送带，以产生一定的拔取力，其后面一段为输送段，在皮带拔取输送花生植株的过程中，可以把土石块抖落，因而可以免除复杂的分离装置，并减少

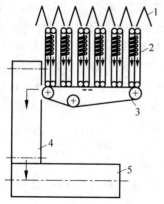

1—分导器；2—支持输送带；3—横向输送带；
4—刮板输送器；5—摘果装置。

图 10-57　拔取式花生联合收获机结构示意图

功率的耗用。

采用拔取式花生收获机时，应严格对行作业，才能保证拔取。这种机型一般只适用于南方沙壤土上蔓生型花生的收获，花生茎蔓的高度应在 20 cm 以上，否则会产生漏拔。花生茎蔓抗拉强度较大的部位靠近根部，因此夹持拔取的部位要低。当土壤坚实度较大，拔取力超过茎蔓的抗拉强度时，就容易扯断，造成漏拔。在此情况下，应使用挖掘铲式收获机。在目前的研制中，以单行拔取式收获机的工作质量较好。

10.5.4　主要花生收获机的技术性能和技术参数

河南沃德机械制造有限公司生产的 4HW-2(470)型花生挖掘机（见图 10-58）与 8 Ps 以上手扶拖拉机配套使用，适用于起垄种植的花生等地下农作物的起获，自动铺放整齐成排，操作简便，收净率大于 99%。该机技术参数见表 10-11。

图 10-58　4HW-2(470)型花生挖掘机

表 10-11　4HW-2(470)型花生挖掘机技术参数

参 数 项	参 数 值
结构形式	前悬挂式
配套动力型式及功率/kW	手扶拖拉机 7～11
外形尺寸（长×宽×高）/(mm×mm×mm)	1250×670×540
工作垄/行数	1 垄/2 行
挖掘机构型式	铲式

续表

参 数 项	参 数 值
挖掘机构工作幅宽/mm	470
作物输送机构型式	链条夹持式
秧土分离机构型式	振动链条夹持式

曲阜市睿智农业机械销售公司研制的 jx-600 型花生收获机，其特有的夹持链设计，可以使收获过程更高效，收获效果更完善，具有如下特点：作业流程完整有序，在作业时完成扶秧、挖掘、碎土、抖土和花生的铺放晾晒任务，且损失率低，作业效率高，收获成本低。单台工作效率为 4～6 亩/h，花生抢收时间短，收获成本更低，适用范围广，适用于各种土壤，平地和起垄种植的花生地均可进行作业。该机技术参数见表 10-12。

表 10-12　jx-600 型花生挖掘机技术参数

参 数 项	参 数 值
型号名称	jx-600 型
传动方式	万向节
配套动力/Ps	≥18
质量/kg	430
喂入量/(kg·s^{-1})	3000
割幅/mm	600
总损失率/%	≤3
输入转速/(r·min^{-1})	540/720
工作效率/(亩·h^{-1})	4～6

10.5.5　选用原则和选用计算

自走式联合收获机一般采用半喂入式摘果机构，分轮式和履带式，适应垄作花生的联合收获作业，可以一次实现花生的挖掘、输送、抖土、摘果、清选、装箱作业，如图 10-59 所示。目前通过农机推广鉴定的花生联合收获机，普遍具有作业效率高，含杂率和损失率低等优点。不足之处是收获后用户若不能及时晾晒已装袋的花生荚果，花生会产生黄曲霉素，降低花生品质；再者，联合收获机价格相对较高。

挖掘式花生收获机结构相对简单，与轮式拖拉机配套使用，能一次完成花生收获的挖掘、抖土、有序铺放等工序。挖掘式收获机的

图 10-59　自走履带式花生联合收获机

特点是作业速度较快，以链夹持式挖掘式收获机为例，如图 10-60 所示，在适宜的作业条件下，其作业速度能达到 3～5 km/h。花生经挖掘、铺放之后，可以在田里晾晒 2～3 天，促进荚果的后熟和风干。北方地区气候干旱，比较适于这种收获方式，不足之处是挖掘式收获机只是完成了花生收获工作中的挖掘和果土分离的工作，还需要用花生捡拾收获机进行下一步的收获，或者人工将晾晒的花生收集，用花生摘果机摘果，增加了收获损失和成本。

图 10-60　链夹持式挖掘式花生收获机

从目前的情况来看，要实现花生收获的全程机械化，尤其是对于大面积的花生种植，分段式收获将成为主要的发展方向。首先用挖掘式收获机将花生挖掘、条铺、晾晒，待晾晒到荚果水分符合要求时，其次用花生捡拾收获机进行第二段收获，最后进行摘果、装袋的工作。目前，花生捡拾收获机技术已逐渐成熟，如图 10-61 所示，以分段式收获为特点的花生收获机械化会很快推广开。

花生收获机械是提高花生收获效率的关

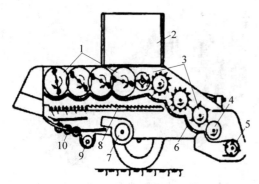

1—分离轮组；2—集果箱；3—摘果滚筒组；4—螺旋喂入筒；5—捡拾器；6—摘果滚筒凹版；7—清选风扇；8—振动筛；9—搅龙；10—除梗器输送轮。

图 10-61　一种牵引式花生捡拾收获机结构示意图

键，机具类别分别选取：花生挖掘铺放收获机（一垄双行）、花生条铺收获机（二垄四行）、花生条铺收获机（三垄六行）、花生半喂入联合收获机、花生全喂入联合收获机，它们分别对应的主要功能各不相同但又很相近，在生产应用中需要根据实际的需要来进行选择，并根据对挖掘、抖土、摘果、分离、清选、集果等收获作业工序的自动化程度来制定相应机械设备的作业标准。如下为各机械设备对应的参考作业标准。

花生挖掘铺放收获机（一垄双行）：总损失率≤3%，埋果率≤2%，带土率≤20%，挖掘深度合格率≥98%；

花生条铺收获机（二垄四行）：总损失率≤3%，埋果率≤2%，带土率≤20%；

花生条铺收获机（三垄六行）：总损失率≤3%，埋果率≤2%，带土率≤20%；

花生半喂入联合收获机：总损失率≤5%，破碎率≤2%，摘果率≥98.5%，含杂率≤5%；

花生全喂入联合收获机：总损失率≤5.5%，破碎率≤2%，未摘净率≤2%，裂荚率≤2.5%，含杂率≤5%。

可按照以上推荐并根据农艺要求和种植规模予以选择。

10.5.6　安全使用规程

1. 操作规程

花生机械化操作的科学性直接关系到花生收获的质量，应予以充分的重视，安排充分的时间和人员，避免盲目赶工作业。

花生收获机具的操作需要具备一定的专业化经验，尤其是在作业前需要根据作业区域的布局以及土壤情况来合理设计机具的行进路线、挖掘深度和作业速度。

设备开启后进行收获作业前，为了保证机械处于最佳运行状态，可以使机械设备空载运行一小段时间，然后从地块的边缘开始，试运行一段距离，确保收获质量后再正式大面积作业。作业行驶速度宜平稳不宜过猛，尤其在坑洼地带或转角区域，机具的抬升和降落要缓慢进行。收获机在落地后严禁倒退行驶。

2. 维护与保养

使用之前要对万向节、轴承等加注黄油，并对其他润滑点进行检查和补充。检查花生收获机皮带的磨损情况，如存放时要选择通风遮阳的地方，用砖或其他物品将机架垫起，使挖掘铲、限深轮离开地面。花生收获机每班作业完成后，要清除收获机部件上的泥土，防止机具生锈，然后打开机罩，把各个部件上缠绕的杂草摘除，如长时间不使用，还需将三角带放松。

10.5.7　常见故障及排除方法

1. 机身不稳

机器振动可能是由于收获机两侧挖掘铲的摆幅不一致，也可能是挖掘铲碰撞后挡板导致机器振动。此时，只要调节两侧挖掘铲的摆幅，即通过调节连杆的长度来调整，就可解决机器振动问题。三角带前面的连杆负责左面挖掘铲的调整，两个立轴中间的连杆负责右面挖掘铲的调整。调整时，将收获机提离地面，并使拖拉机怠速运转，把连杆锁紧螺母松开，调整相应的连杆，注意观察两面挖掘铲的摆动幅度，以两边栅条不碰防护板为宜，直至调整到摆幅一致，然后将螺母锁紧。

2. 脱土不好

脱土不好是指收获后的花生上还带有泥土没有抖落干净，其原因是挖掘铲入土过深导致摆动强度减小造成的，可以通过调整中央拉杆长度,增加挖掘铲入土的深度。适当缩短中央拉杆的长度,使栅条后端离开地面3～5 cm,即可解决这一故障。

3．掉果多

花生果落在地里,需要一粒一粒地捡起,因此,一旦发现落果现象,需要及时解决。落果多是因为挖掘铲提得过高造成的,可以采用调节中央拉杆的方法来调整。与脱土不好的调节方法相反,将中央拉杆的长度延长,即可解决掉果多的问题。

10.6 油菜籽收获机械

10.6.1 概述

1．定义

油菜籽收获机械是对成熟油菜作物进行割、晒、捆、运、堆、脱、清等作业环节的收获机械。

2．用途

油菜籽收获机械化是促进油菜增效、农民增收的重要途径,是提高油菜国际市场竞争力的重要举措,是巩固油菜生产大国地位的重要保证,是加快社会主义新农村建设的重要战略任务。现有油菜籽收获方式主要有联合收获和分段收获两种模式。联合收获是油菜割倒、脱粒和清选等多工序一次完成的作业过程。由于油菜属于无花序作物,植株高大,分支多,成熟度不一致,在联合收获过程中脱粒损失严重,一直以来是机械化收获中的难点之一。分段收获是先将油菜割倒,经田间晾晒后熟后,再通过捡拾并脱粒清选的作业过程。分段收获与联合收获相比,充分利用了油菜的生物学特性,割倒后熟作业工序既保证了脱粒前籽粒成熟度一致性,又实现了油菜籽充分完熟,菜籽油品质得到保障,同时缩短了油菜田间生长期,在生产实践中得到广泛应用。

3．国内外发展概况及发展趋势

1）国内发展概况及发展趋势

长期以来,我国油菜生产一直沿袭传统的生产作业方式,机械化作业水平远远低于三麦、水稻乃至大豆和玉米,除耕整地外,油菜种植、田间管理、收获主要依靠人工作业。少部分采用人工割、普通联合收获机定点脱粒的分段收获方式。

20世纪60年代做过用稻麦收割机进行油菜机收的尝试,但都损失较大而没有找到有效的解决办法;1985年黑龙江省采用拾禾脱粒即分段收获法;北方油菜产区采用大型谷物联合收割机稍加改装来收获油菜,投资虽少但普遍改制粗浅,技术含量较低,收获损失严重,总损失率达15%～20%。

2001年上海市农业机械研究所和向明机械有限公司研制出4LZ(Y)-1.5A型多功能油菜联合收割机,生产率为0.2～0.4 hm²/h,含杂率为2%,破碎率为1.5%,割台损失率为2.5%,总损失率为8%,成熟度为90%,可靠性为90%;2004—2006年上海市完成了2BGKF-6型油菜施肥播种机、4LYZ-1.5B型多功能油菜联合收割机、CTHL-200型油菜籽干燥设备三项新产品的研制。2008年全国启动10个油菜机械化示范县,2009年启动20个示范县以及油菜产业体系在全国范围内示范推广机械收获。2009年机械种植和收获机械化作业水平分别为10.39%和8.84%,2010年分别提高约1.3和1.2个百分点,达到12%和10%。

2）国外发展概况及发展趋势

加拿大、美国、英国、澳大利亚等油菜主要生产国以分段收获为主,德国以联合收获为主(见表10-13),无论是联合收获还是分段收获,其收获机械早在20世纪70年代就已经比较完善,能够较好地满足生产要求。图10-62所示为加拿大MacDon捡拾脱粒机具。

图10-62 加拿大MacDon捡拾脱粒机具

我国在油菜生产领域与国外先进水平的差距,见表10-14。

表10-13 世界各国油菜籽收获方式

国　　家	收获方式
加拿大	95%分段收获
英国	分段捡拾收获为主
德国	联合收获为主
印度	人工割、晒、脱粒

表10-14 油菜生产领域中国和国外先进水平（加拿大）的差距

比较内容	中　　国	加　拿　大
机械化水平	种植10%,收获6%	全程100%
单位面积用工	10个/亩	0.5个/亩
生产成本	3.0元/kg	0.90元/kg
机械设备	中小型机械式播种中小型联合收割机	大型气力式大型分段收获机械
主要技术	机械技术＋部分液压技术	机电液气一体化技术＋GPS＋计算机
材料与制造工艺	钢铁、普通加工设备	钢铁、工程塑料、橡胶、数控加工

10.6.2 分类

油菜机械化收获可分为联合收获和机械分段收获两种作业方式。

油菜联合收获机能够一次完成切割、脱粒、分离和清选等多重作业工序,高效省时。清选作为其中的关键环节,其性能优劣对整机作业质量至关重要。目前油菜联合收获机清选装置多为风机与振动筛配合使用的风筛式清选,但其结构复杂、体积庞大,振动大。旋风分离作为一种清选分离方式,其结构紧凑,被广泛应用。

分段收获模式主要有人工收获、半机械化收获和全程机械化收获三种。人工收获是指油菜籽收获的割倒、脱粒、清选等工序全部由劳动力手工作业来完成,这种收获方式的油菜籽破碎率低,但劳动强度大、生产效率低。半机械化收获是指油菜籽收获的部分工序由机器来完成,其机械化作业主要是通过人工割倒并经后熟后的油菜由人工捡拾喂入联合收割机中进行脱粒并清选。这种联合收割机都是在稻麦联合收割机上经过更换一些专用工作部件改型设计而来,相对人工脱粒清选,降低了劳动强度、提高了工作效率,但适应性差、损失率高。

油菜联合收获机具现阶段最主要的问题是收获损失率高,近几年在油菜籽收获机具上进行了不断的研究改进,已经把油菜联合收获损失从12%降低到8%,但仍受油菜状态影响较大,不稳定。油菜分段收获损失率小于联合收获,可控制在6%,但是机械化分段收获在我国还没有推广开,机器还需要完善,让农户接受还有待时日。分段收获机器两次下地的缺点,需要在规模化作业时才能得到弥补。

两种方式的工艺流程和技术特点各有不同,见表10-15。

表10-15 油菜机械收获方式比较

比较内容	分段收获	联合收获
工艺流程	人工(或割晒机)先割晒,再捡拾。收获机(或人工)捡拾、脱粒、秸秆粉碎还田	用机械将收割、脱粒、清选、秸秆粉碎还田等几个环节一次性完成
收获时期	角果成熟前期	角果成熟后期
配套机具	割晒机、捡拾收获机(或经改装的稻麦联合收割机)	专用联合收割机(或经改装的稻麦联合收割机)
技术特点	充分利用作物的后熟作用,可提前收割,延长收获期。籽粒饱满,提高产量	效率高,省工省时。在气候条件不好时,有利于抢收
缺点	占用劳力多,生产率较低,劳动强度大,成本高	对品种要求较高,对收获时机要求较严

10.6.3 典型油菜籽收获机械的结构、组成及工作原理

国内生产的油菜籽收获机械大部分是通过对谷物联合收获机进行技术改造而成,结构形式几乎均属卧式割台、全喂入、自走式、稻麦油兼用机型;均设有单边分禾的立刀往复切割器;行走装置基本上采用了橡胶履带。针对一机多用功能,油菜籽收获机各主要工作部件要既能满足收获油菜的要求,还能兼收水稻、小麦等作物,提高机具的利用率。在这里主要介绍 4LYZ-2.5 型和 4LYZ-2 型油菜收割机。

1. 4LYZ-2.5 型油菜收割机

1) 结构

4LYZ-2.5 型油菜籽收割机是在现有 4LZ-2.5 型谷物联合收割机的基础上,通过加装纵向割刀、延长体以及更换下筛、风机胶带轮来实现油菜的一次性切割、脱粒、清选和集粮功能。其结构如图 10-63 所示。

2) 组成

油菜收割机主要由切割器、拨禾轮、脱粒装置和清选装置等组成。

3) 工作原理

4LYZ-2.5 型自走式油菜联合收割机如图 10-63 所示,其工作原理是立式切割器将交错枝状油菜割断分开,水平切割器将作物割下,经拨禾轮的扶持拨送到喂入搅龙,在喂入搅龙、过桥作用下,把作物送到喂入锥体口。在喂入锥体导草板和钉齿滚筒的相互作用下进入脱粒系统进行脱粒,作物在轴流滚筒和滚筒盖导草板作用下从前向后螺旋运动,同时在轴流滚筒的冲击、梳刷作用下,物料相互挤压、揉搓,从而完成脱粒。籽粒在离心力和凹版相互作用下,完成籽粒与秸秆的分离,在滚筒和滚筒盖的导草板共同作用下,帮助物料向后移动,最后长茎秸秆被轴流滚筒后部的逐稿轮抛出去。从凹版落到筛面的籽粒和颖糠的混合物,在振动筛振动下跳起,在风扇风力的作用下颖糠被吹走,籽粒则进入了籽粒搅龙,在籽粒提升系统作用下,将籽粒输送到粮仓。未脱净的杂余进入杂余搅龙,在复脱器的作用下完成复脱,复脱完的混合物再次进入清选系统进行清选。

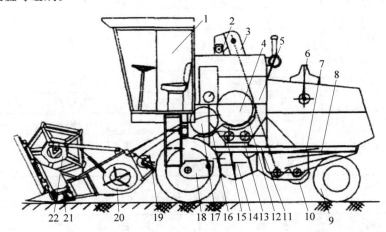

1—驾驶室;2—顶搅龙;3—子粒升运器;4—轴流滚筒;5—粮箱;6—发动机;7—上筛;8—下筛;9—后桥;10—复脱器;11—小抖板机;12—轴流凹版;13—第二分配搅龙;14—风扇;15—第一分配搅龙;16—板齿凹版;17—板齿滚筒;18—前桥;19—倾斜输送器;20—喂入搅龙;21—切割器;22—拨禾轮。

图 10-63 4LYZ-2.5 型自走式油菜联合收割机结构示意图

2. 4LYZ-2 型油菜收割机

1) 结构

4LYZ-2 型油菜收割机是在常柴 4ZL-2 型自走式联合收割机的基础上研制而成的,它与原机相比,做了两处较大改动。一是在原割台左侧位置上增设了一个竖切割器及动力传动

装置,拆、装十分方便;二是用计算机模拟优化后重新调整了拨禾器的高度和转速,减少机收油菜时的拨动落粒损失,同时调整脱粒装置的有关参数,使其适合油菜籽收获。

2)组成

油菜收割机主要由切割器、拨禾轮、脱粒装置和清选装置等组成。

3)工作原理

该机可一机多能,拓展作业领域:采用495型和4102型发动机,加长脱粒杆设计,提高脱净效率及菜籽品质;采用油菜专用多层冲孔,使清选更干净,油菜筛与稻麦筛可轻松切换;采用特殊的分禾器设计,双动刀片、竖刀割,可将未割区和切割区植株强行分开;宽大割幅设计,割刀的前伸量长,使作物喂入更顺畅,且使油菜收割损失降低;该机在配置油菜专用割台后以收割油菜为主,兼收小麦、水稻和大豆,在配置普通割台后,以收获水稻为主,兼收麦类作物。

10.6.4　主要产品技术参数

4LYZ-2.5型和4LYZ-2型油菜收割机主要参数分别见表10-16、表10-17。

表 10-16　4LYZ-2.5 型自走式油菜联合收割机主要技术参数

参　数　项		参　数　值
外形尺寸(长×宽×高) /(mm×mm×mm)	工作状态	4760×2710×2690
	运输状态	5130×2710×2690
整机质量/kg		2496
割台宽度/mm		2200
喂入量/(t·h⁻¹)		9
最小离地间隙/mm		255
理论作业速度/(km·h⁻¹)		1.10～5.55
作业小时生产率/(m²·h⁻¹)		0.2～0.5
单位面积燃油消耗量		—
割刀型式	水平割刀	标Ⅱ型
	侧竖割刀	标Ⅱ型
割台搅龙型式		螺旋输送式
拨禾轮	型式	偏心弹齿式
	直径/mm	900
	拨禾轮板数/个	5

表 10-17　4LYZ-2 型油菜收割机主要参数

参　数　项	参　数　值	参　数　项	参　数　值
配套动力	495型或4102型柴油	外形尺寸(长×宽×高) /(mm×mm×mm)	6123×2927×3134
整机质量/kg	4700	有效割幅/mm	2140
作业速度/(km·h⁻¹)	1.55	竖割刀长度/mm	1200
割幅/m	2.0 或 2.2	竖切割器型式	凸轮机构、日本小刀片
喂入量/(kg·s⁻¹)	2.0	拨禾轮转速/(r·min⁻¹)	15～24
总损失率	≤6%	竖割刀工作行程/mm	50

续表

参 数 项	参 数 值	参 数 项	参 数 值
破碎率	≤1%	竖割刀工作频率(次·min^{-1})	509
含杂率	≤5%	板齿滚筒转速/(r·min^{-1})	523
生产效率/(m^2·h^{-1})	0.33～0.47	轴流滚筒转速/(r·min^{-1})	727
板齿滚筒凹版	光面朝上	脱粒出口间隙/mm	5
风扇叶片/个	2		

10.6.5 选用原则和选用计算

1. 联合收割机的选择

选择和使用油菜联合收割机应考虑收割机的性价比。宜选用兼用机型,即通过更换一些部件、装置能实现水稻、小麦、油菜等农作物收割的机型,这样能降低购机及使用成本,提高机械作业效益。例如,可以更换专用割台的履带自走式全喂入稻麦、油菜联合收割机。专用割台是在原稻麦联合收割机割台基础进行技术改进而成的,即加长割台,降低拨禾轮转速,增大直径,增加侧边纵向切割装置。凹版、风扇及筛子等结构参数和运动参数也有所改变。还有一种改装割台,不需要更换整个割台,只需对原稻麦收割机割台某些部件稍作改装,较专用割台来说,尽管价格更低廉,但由于收割性能指标远达不到要求,已经被淘汰。另外,机械收割油菜后可将油菜秸秆粉碎,作为有机肥料直接还田,提高了土壤肥力。

2. 收获期的确定

用联合收割机收获油菜,重要的是要掌握好油菜的收获时间。过晚收获,油菜成熟过度,作业中拨禾轮的转动会将油菜荚碰落,造成浪费;过早收获,菜籽不饱满,出油率低,同时菜籽不易与果荚分离,从排杂口排出,同样造成浪费。通常要求油菜成熟度85%以上,即晚于人工收割一个星期。可根据以下四个方面正确判断收获时间。

(1) 在油菜上部果荚能用手指捏开、下部果荚气温高时一碰即落的情况下收获为最好。

(2) 对于成熟不一致的田块,在有50%的果荚气温高时可碰落、青果荚不超过3%～5%

的情况下收获效果最佳。

(3) 油菜的最佳收获时间是早、晚或阴天。

(4) 在成熟后期,应尽量避开中午气温高时段进行收割。另外,油菜植株的含水率也是影响机收的重要指标,雨后及早晨露水多时植株含水率较高,要晾干后才能收获。

10.6.6 安全使用规程

1. 使用要求

(1) 联合收割机应由经过专业培训的熟练机手进行操作,并按安全操作规程正确操作。应及时对联合收割机进行保养和调整。

(2) 联合收割机在作业、转弯和转移中要特别注意行人和障碍物,防止发生意外事故。正式收割前选择有代表性的地块进行试割,检查收割机运转和油菜收割情况。

(3) 在收割中要定期检查机车运转情况和作业质量,发现问题及时调整。质量检查包括割茬高度、收割损失、清洁度和破碎率等。

(4) 作业行走路线一般选用向心回转法。

(5) 由于油菜茎秆粗大,含水率高,油菜叶、油菜籽、油菜荚壳和秸秆屑很容易黏结和堵塞清选筛面,作业中机手必须经常检查筛面堆积物是否过多,筛孔是否被堵塞。否则,必须停机清理后方可作业。

(6) 油菜机械化收获的损失率大小,除了与收获机本身的性能有关,还取决于机手的操作技术水平和细心程度,特别是要勤检查、清理筛面,才能确保较低的损失率。

(7) 机械化收获的作业质量影响到油菜的实际产量。作业质量必须达到:损失率≤8%;破碎≤0.5%;含杂率≤5%;可靠性≥95%。

2. 调整要求

（1）收割机的技术性能良好，各连接、输送部位封闭严密。

（2）收获时机车的行驶速度不能过快，只能选择中、低挡速度作业。

（3）拨禾轮的转速要调到最低，以减少对油菜的撞击次数。

（4）由于油菜籽不同于谷粒，要根据不同型号收割机的要求及时更换凹版和清选筛。

（5）根据油菜的成熟情况和脱粒效果合理调整滚筒转速和凹版间隙，成熟度较高或高温天气可降低转速和调大间隙，在保证脱净率的前提下减少菜籽的破碎率。

（6）根据收割机工作时的清选和损失情况合理调整风量，茎秆潮湿时风量应调大，干燥时应适当调小。其风向应调至清选筛的中前方。

（7）根据油菜生长密度和产量选择喂入量，对密度大和产量高的田块，不能全幅收割，适当减小割幅和降低前进速度。

（8）根据油菜植株含水率和表面湿度选择喂入量，中午或阳光较充足时，含水率和表面湿度较低，适当提高前进速度；上午或傍晚时，含水率和表面湿度较高，适当减小割幅和降低前进速度。

（9）清选上筛、尾筛的开度应适当调大，使部分未脱净的青荚进入杂余升运器进行再次脱粒，下筛的开度应调小或换用细孔筛。

10.6.7　常见故障及排除方法

切割器出现强烈振动的排除方法：由于油菜茎秆较粗大，使用原来收割稻麦的切割器切割油菜时，容易出现割不断甚至将整株油菜拔起的现象，因此宜选择运动行程较大且振动较小的切割器，如双动刀切割器、双行程切割器，以减少因振动而使油菜籽荚崩裂带来的损失。另外，在割台的一侧或两侧安装纵向割刀，这样可以减少侧面牵扯造成的损失。

拨禾轮干涉的排除方法：由于油菜茎秆较高，因此要求将拨禾轮调高，以保证压板作用在油菜切割处以上的高度。

10.7　秸秆收获机械

10.7.1　概述

1. 定义

农作物秸秆作为一种工业生产的副产品，产量大、种类多、分布广，同时也是一种重要的生物资源。农作物秸秆的综合利用首先需要解决的问题是收获问题。秸秆收获机械即为实现秸秆收获的机械。

2. 用途

若将农作物秸秆机械化综合利用，有以下用途：

（1）改善土壤生态环境。秸秆还田后能有效提升土壤肥力，改善土质结构。秸秆中往往含有较多的微量元素以及有机物质，因此，基于秸秆还田可以将其中所富含的各类营养物质等均回归田间，从而有助于田间土壤肥力的进一步提高，也可以有效降低对化肥的依赖。

（2）提高土壤的抗害能力，促进农产品的无公害生产。经秸秆还田后的土壤中通常含有较高含量的微生物，能显著提高土壤中的营养含量。

（3）提高资源利用率。秸秆机械化综合利用技术的应用能将废弃的秸秆重新利用，避免焚烧造成环境污染。

（4）促进畜牧业的发展。秸秆经相关处理后制成饲料，能有效缓解我国畜牧业存在的饲料问题，且该类饲料普遍含有较高的营养价值，易消化，在一定程度上有利于提高肉、奶产品的质量。同时，秸秆饲料经牲畜消化后产生的优质肥料，也有利于资源的循环利用，有效推进农业的生态化建设。

（5）增加农民收入。秸秆机械化综合利用技术的利用能通过农业机械的运用实现秸秆的多次增值，拉长秸秆利用的链条，发展秸秆经济，增加农民的收入。

（6）促进农业产业化发展。农业产业化发展是秸秆机械化综合利用技术推广的主要途径。秸秆综合利用属于大型产业，需由多个带头企业将农户联合起来,采取相应的运营模式(基地＋企业＋技术＋农户)构建市场化的产业集团,促进农业产业化格局的形成。

3. 国内外发展概况及发展趋势

1) 国内发展概况及发展趋势

我国农作物秸秆传统收集方法主要是依靠人工,作业人员劳动强度大、效率低。随着机械化的快速发展,一些秸秆可以通过机械收集完成,不仅减少了劳动时间、减轻了劳动强度,还提高了农业生产经济效益。我国秸秆收获机从2000年左右开始有了一定的发展。就秸秆回收利用方面而言,一般采用分段收获,首先利用方形打捆机将晾晒的作物秸秆打捆成形,其次进行压块处理等便于运输。目前我国陆续研发了小型打捆机、二次压缩机等产品,但是用于秸秆打捆的尚不足15%,相对于我国秸秆总产量,机械化程度处于极低的水平。其中,粉碎后收集、直接打捆收集是主要的两种形式。

(1) 田间粉碎收集

农作物收获后,部分需要粉碎处理,用于秸秆还田或收集。目前,我国现有的粉碎机型号很多,燕北畜牧机械集团有限公司、中国农业机械化科学研究院等都有生产。4JH-170型秸秆粉碎回收机主要由秸秆切断丝化装置和秸秆回收装置两部分组成,由55～60kW拖拉机后悬挂牵引作业,在田间边行走边工作。其优点为:散料收集运输成本低,作业操作人员少、便于组织,劳动力成本低;缺点为:粉碎加工时受限制条件较多,如下雨、田间泥泞等,作业周期较短。对秸秆加以粉碎再进行压缩处理,压缩比可达到1/5～1/15,有利于秸秆的运输和储存,适用于大型畜牧场及商品化生产。

(2) 打捆收集

目前,国内生产的大型捡拾机械以内蒙古宝昌牧业机械厂研发的方型打捆机为代表,收获后草捆长宽高分别为(600～1200) mm×460 mm×360 mm,草捆质量约15～25 kg,工作可靠、搬运方便,适合单一作业。黑龙江省牧机所研制的9WJD-50型卧式秸秆打包机也得到了应用,该机器由18 kW电动机驱动,压

缩后形成320 mm×32 mm×700 mm、25 kg左右的方捆,密度达340～360 kg/m³,可堆放高度为3～4.5 m,一般在田间地头或者交通比较便利的庭院场地进行作业。通过压捆打包的秸秆,减少了储存空间,而且外形规则便于运输,运输成本低。另外,个体农户也会使用与小四轮拖拉机配套的小型圆捆打捆机。圆捆打捆机由于是间歇打捆,因而生产率不高、捆扎的密度较低、装运和储存不太方便,但是其结构简单、体积小、成本低、操作维修简单。

我国在秸秆收获方面起步稍晚,且推广期较长。中国农业机械化科学研究院呼和浩特分院有限公司研发出9YFQ-1.9型方草捆捡拾压捆机,该机采用了一体机架、正牵引和跨行式的工作方式,在整个打捆过程中,秸秆的运动更加顺畅,生产率得到进一步提高。该公司在完善9YFQ系列方捆机的基础上,不断推出新产品,主要研发了9YJS-2.2型双刀轴秸秆切割揉碎方捆压捆机(见图10-64)、9YFS系列中密度秸秆切割揉碎方捆压捆机、9YGJ-2.2系列圆草捆卷捆机以及9YGR系列切割揉碎圆草捆打捆机。

图 10-64　9YJS-2.2型双刀轴秸秆切割揉碎方捆压捆机

图10-65所示的9YFQ-2.2ZS型方草捆打捆机是上海世达尔现代农机有限公司自主研发,适合高大粗壮型秸秆的割倒、粉碎及捡拾打捆作业,主要用于玉米秸秆、棉花茎秆等多种农作物秸秆的收获。该机能将田间站立、铺放或散落的秸秆自动捡拾切割,通过揉搓、输送喂入、压缩成形及打结捆扎等作业工序,形成外形整齐规则、密度均匀的长方形草捆。该

机器与拖拉机配套,转弯灵活,能完成 360°全地形牵引连续作业。

图 10-65　9YFQ-2.2ZS 型方草捆打捆机

图 10-66 所示的 9Y-2200 型方捆打捆机由黑龙江德沃科技开发有限公司开发。该机采用正牵引式作业,整机具有对称纵轴线,行驶稳定性好、便于牵引且转弯灵活,能在小块和不规则的地块上作业。关键部件打结器为德国原装进口,打结高效、散捆率低,打结器轴采用 35 mm 大轴径,确保玉米秸秆打捆的高可靠性。

图 10-66　9Y-2200 型方捆打捆机

图 10-67 所示的 4KZ-300 型自走式秸秆打捆机由新疆机械研究院股份有限公司自主研发。该机具有选择性收获的特点,将棉秆侧枝收获打捆,由于棉秆侧枝和棉铃壳营养价值高,可满足农牧民在冬季、夏季饲喂牛羊优质饲料的需求。该机同样适用于玉米秸秆的切

图 10-67　4KZ-300 型自走式秸秆打捆机

割收获打捆。

2) 国外发展概况及发展趋势

目前,国外秸秆收集多采用方捆、圆捆及散料方式,使用的机械大多为高密度大方捆或圆捆打捆机,作业效率高,草捆便于运输和存储。其中,圆捆打捆机有内卷式和外卷式两种形式,著名生产厂家有海斯顿、克拉斯、纽荷兰等,打捆直径一般为 0.6～1.2 m,市场上甚至出现了 1.8 m 的大型圆捆打捆机,生产效率高。方捆打捆机相对于圆捆来说,技术和结构更复杂,但收获草捆密度高、捆型整齐,易于储运,目前方捆设备生产商主要有海斯顿、爱科、迪尔等公司。

在打捆机控制系统方面,国外产品大多采用基于现场总线的 PLC 控制。典型机型有瑞典松德斯公司生产的 KNSS650 型打捆机和意大利达涅利公司生产的 LF 型钢材打捆机,均采用西门子 SIMATIC6ES5-115U 系列 PLC 进行控制,同时配合 PC 机用于现场监测控制,以保证整机稳定可靠运行;美国凯斯纽荷兰公司生产的 BR6000 系列圆捆打捆机,采用基于 CAN 总线的 PLC 进行控制,适用于野外等复杂环境场合。

散料收获主要有两类机型,一类是秸秆青饲收获机,另一类是散秆捡拾装运车。目前,秸秆青饲料收获已由单一的针对具体作物的专用机型,发展成为集田间行走、喂入、切碎、抛送为一体的综合机型。散秆捡拾装运车由最初的捡拾、装载、卸料等功能,发展成为集收割、搂集、喂入、抛送、压缩、计量和自动卸料一体化的复合作业设备。目前,有牵引式和自走式两种机型,根据有效容积又分为大、中、小等不同规格。例如,纽荷兰公司生产的青饲收获机器底盘配套功率最大已超过 500 kW,可以应用于条铺秸秆的捡拾割台;德国科恩公司的捡拾装运车配套动力最高达到 105 kW。

在产业体系方面,国外也有一套成熟的解决模式,欧美等发达国家现代化农业体系发展相对健全,农作物秸秆收集利用主要使用机械且以集中型模式为主,其中的收储运模式要求有良好的收获、运输等配套机械,目前正朝着

高密度、大型化方向发展。例如,在丹麦,生产者与企业之间秸秆交易采用期货合同的形式,秸秆价格由供应商和购买商共同决定,以免任何一方随机抬高价格。合同可直接与农场主签订,也可与秸秆生产者和承包商签订,通常包括交货日期、供货数量、协议价格以及质量标准等内容。

国外秸秆主要以分段式收获为主,即联合收获机收获以后,将秸秆铺放在田间晾晒,待含水率达到要求之后,再进行秸秆的打捆、运输和贮存等一系列工作。国外的秸秆打捆机种类丰富,能够在不同地域、不同地形和不同条件下完成打捆作业。目前,发达国家使用的秸秆成形机械大多为高密度方草捆打捆机或圆草捆卷捆机,技术已经非常成熟。目前国际上的三大农机装备制造公司德国克拉斯公司、美国凯斯纽荷兰公司以及美国约翰迪尔公司都生产秸秆收获装备,此外还有法国库恩、挪威格兰和日本高北等,它们生产的装备种类齐全,配套性能高,可实现秸秆高效智能收获。正是由于机械化水平较高,发达国家的农作物秸秆几乎达到100%再利用。

欧洲普遍采用德国克拉斯公司生产的QUADRANT 2200型方捆打捆机(见图10-68),打捆后的草捆密度高,运输时排列方便,形状完美,1.20 m×0.70 m的方捆能更好地满足秸秆处理的要求。

图10-68 QUADRANT 2200型方捆打捆机

德国克罗尼的CF155XC型牵引式碎料物料圆捆打捆缠膜机,既可以对细碎物料进行打捆,也可以完成捆后缠膜作业,工作效率较高。日本研发的一种新型细切打捆机,每小时能处理十几吨全株玉米,是目前全世界范围内较为先进的机型。

10.7.2 分类

秸秆打捆机是收获秸秆的重要装备,其收集方式主要有圆捆和方捆两种,其中,圆捆又分为内卷式和外卷式两种。

10.7.3 典型秸秆收获机的结构、组成及工作原理

1. 4KYZ-2.7型自走式秸秆圆捆收获机

1)结构

自走式秸秆圆捆收获机结构如图10-69所示。

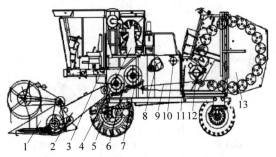

1—割台;2—过桥;3—驾驶台;4—发动机部分;5—底盘;6—第一滚筒及凹版;7—第二滚筒及凹版;8—换向机构;9—中间输送机构;10—后中间传动;11—强制喂入机构;12—前压缩室;13—后压缩室。

图10-69 4KYZ-2.7型自走式秸秆圆捆收获机结构示意图

2)组成

自走式秸秆圆捆收获机主要由割台、过桥、驾驶台、底盘、第一滚筒及凹版、第二滚筒及凹版、发动机装配、换向装置、中间输送装置、后中间传动、强制喂入机构、前压缩室、后压缩室等部分组成。

3)工作原理

主机工作时,秸秆由割台往复式切割器切割下来,通过割台搅龙、过桥输送到第一滚筒及凹版处,秸秆通过第一滚筒和凹版揉搓、输送过程,快速进入第二滚筒及凹版再次揉搓、输送,通过中间输送装置依次在强制喂入机构的作业下将秸秆输送到打捆装置中;打捆装置由前压缩室、后压缩室等部分组成,对物料进行打捆、压缩、布绳,打捆装置完成作业时打开

后压缩室,卸捆,完成草捆的收割、打捆工作。其中,中间输送机构在打捆装置工作时停止工作,等打捆完成后,重新启动输送秸秆。

2. 9QZ-3500 型自走式秸秆饲料收获机

9QZ-3500 型自走式秸秆饲料收获机是由新疆中收农牧机械有限公司研制,可用于收割棉秆、麦秸秆、豆类等作业。

1) 结构

9QZ-3500 型自走式秸秆饲料收获机结构如图 10-70 所示。

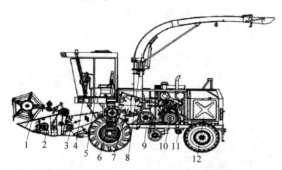

1—拨禾轮;2—割台;3—过桥;4—电气系统;5—驾驶室及操作系统装配;6—揉切粉碎室装配;7—抛送装置;8—抛送筒装配;9—底盘;10—发动机;11—液压系统;12—燃油系统装配。

图 10-70　9QZ-3500 型自走式秸秆饲料
收获机结构示意图

2) 组成

9QZ-3500 型自走式秸秆饲料收获机主要由收割台、过桥、揉切装置、抛送装置、发动机、底盘、驾驶台、燃油系统、液压系统和电气系统几部分组成。

3) 工作原理

收割作业时,拨禾轮 1 将作物秸秆向后拨,割台 2 前端的切割器将作物秸秆从根部切断,在拨禾轮 1 的作用下将秸秆推送到割台喂入搅龙,然后进入过桥 3,再经过过桥 3 进入到揉切粉碎室 6,作物通过揉切粉碎室粉碎后,加工成适口性好、标准草长的饲料,再通过抛送装置 7 以及抛送筒装配 8 将物料抛送至跟随的接料车上,从而完成整个作业。

10.7.4　主要产品技术性能

4KYZ-2.7 型自走式秸秆圆捆收获机具有收割、揉搓、打捆一体化功能,可降低动力消耗,节约成本,减少秸秆综合利用环节。该机技术参数见表 10-18。

表 10-18　4KYZ-2.7 型自走式秸秆圆捆
收获机技术参数

参　数　项	参　数　值
割台割幅/mm	2700
输出动力/kW	111
外形尺寸(长×宽×高)/(mm×mm×mm)	7820×3300×3650
地草捆外形尺寸(直径×长度)/(mm×mm)	1500×1230
整机质量/kg	8100
生产率/(hm²·h⁻¹)	1~1.3
收净率/%	90

9QZ-3500 型自走式秸秆饲料收获机采用立式 Y 形刀片、横隔阻尼板等揉搓粉碎的方式,将物料揉搓、粉碎,破节率高。抛送装置采用叶片式抛送方式,叶片共 8 片,为人字形不重合双排布置。每个叶片与抛送轴中线存在一定的倾斜角度,本机型所设定的角度为 8°,该角度能起到将物料集中抛出的作用。实践证明,该抛送装置抛送效果良好,可以很轻松地将加工好的物料抛送至跟随车辆的集草箱中。割台采用矮秆作物割台。标准 Ⅱ 型往复式切割器的矮秆作物割台零部件购买方便且费用低,传动简单,功率消耗低,维修方便,工作性能稳定。但是该类型割台的缺点是对收割作物的秸秆高度有一定限制。该机收割作物种类多,一机多用,可收棉秆、麦秸秆、豆秆、葵花秆等;操作简单,维护保养方便;结构设计人性化,液压和电气系统配套使用,零部件之间安装拆卸便捷。该机技术参数见表 10-19。

表 10-19　9QZ-3500 型自走式秸秆饲料
收获机技术参数

参　数　项	参　数　值
割刀尺寸(长×宽×厚)/(mm×mm×mm)	600×70×1
地头铺膜整齐率/%	≥98
装置质量/kg	6

续表

参 数 项	参 数 值
地头下种错位及空穴率/%	≤5
割幅宽度/mm	600
割刀与地面夹角/(°)	30
割膜一次操作时间/s	30
割幅/mm	3500
生产效率/(hm²·h⁻¹)	≥0.8
配套动力/kW(Ps)	132(180)
质量/kg	6500
外形尺寸(长×宽×高)/(mm×mm×mm)	7300×3500×3670
收割作物株高/mm	≤2000

10.7.5 选用原则和选用计算

1. 选用秸秆打捆机的技术要点

1) 草捆的密度、形状、体积和质量

草捆的几何形状可分为方捆(包括高密度的小捆和大捆)、圆捆和密实型草捆(实际应用较少)。一般认为,草捆小于 100 kg/m³ 为低密度捆,100～200 kg/m³ 为中密度捆,200～300 kg/m³ 为高密度捆。

草捆分为干草捆和青贮草捆两类。干草捆是将饲草在草条上调制到含水率 20% 以下时,用捡拾打捆机(方草或圆草草捆机)打成小方捆、大方捆或圆柱形捆。小方草捆的体积为 (0.36～0.46 m)×(0.43～0.61 m)×(0.5～1.2 m),质量为 14～68 kg,密度为 160～300 kg/m³。大方草捆的体积为 1.22 m×1.22 m×(2～2.82 m),质量为 820～910 kg,密度为 240 kg/m³。圆草捆长度为 1～1.7 m,直径为 1～1.8 m,质量为 600～850 kg,密度为 110～250 kg/m³。青贮小圆捆长度为 0.5～0.7 m,直径为 0.8 m,质量为 18～20 kg,密度为 115 kg/m³,打捆后及时包膜保鲜,妥善转运存放。

2) 作业速度和喂入量

小型方草捆捡拾打捆机和小型圆草捆捡拾打捆机的田间作业速度一般为 3.5～5 km/h,捡拾喂入量一般为 1.5～2.5 kg/次。

2. 打捆机选型

打捆机一般需要按照适合的打捆机种类以及对应功能综合选型。

1) 打捆机种类

根据打捆的形状,打捆机主要分为方捆打捆机(包括小型方捆机、中型方捆机、大型方捆机)和圆捆打捆机两种类型。按作业方法,打捆机可分为三种机型,即方捆打捆机、圆捆打捆机、固定式打捆机,固定式打捆机又有卧式打捆机和立式打捆机之分。其配置的压实系统,可以使打成的草捆从内到外一样密实,还可将作物秸秆包装成规则的形状,便于运输并长期保存。目前,市场上销售的打捆机既有国产机也有国外进口机,国外进口的打捆机其性能相对稳定、质量可靠一些,但价格也较高,购买者多以国有、集体农场、农机组织或个别实力较强的农机大户等。

2) 打捆机结构功能

方捆打捆机:方捆打捆机主要由捡拾器、输送器、填草器、压缩装置、草捆紧密调节器、草捆长度控制和捆扎装置等部分组成,所打的草捆密度比圆捆大,可连续作业,效率较高,但其结构比较复杂,配置的打结器多为进口,制造成本高。小型方捆打捆机由于草捆较小,可在作物秸秆水分较高时打捆作业,收获质量提高,喂饲方便,造价较低,投资较小,运输和贮存较为方便,需配套拖拉机功率较小,动力输出轴功率在 22 kW 以上,可采用人工装卸。不足之处是打捆作业及草捆搬运作业需要较多的劳动力。大、中型方捆打捆机作业效率较高,运输方便,造价和投资较高,需配套的拖拉机功率较大。中型方捆机需要 70 kW 以上拖拉机与其配套,大型方捆机则需要 147 kW 拖拉机与其配套,草捆需采用机械化装卸与搬运。

圆捆打捆机:圆捆打捆机是一种新型捡拾打捆机,草捆呈圆形,使用调整方便、捆绳用量少、故障率低。由于没有打结器,其结构相对简单、体积也较小,因而成本较低、价格较便宜、操作维修简单,作业效率比小型方捆打捆机高,可在打捆后进行打包,直接制作青贮饲料。该机为间歇打捆,打捆时捡拾停止,捆扎的密度较低,捡拾幅宽小,一般为 0.8 m 左右。配套拖拉机功率为 20～40 kW,生产率 25～30 捆/h,草捆采用机械化装卸与搬运,不适于长途运输。

固定式打捆机:农户将散乱的秸秆卖给专业收集公司或厂家,可以采用固定式打捆机将秸秆打成草捆,既方便了农户,又方便了专业秸秆收集公司和厂家,适合于人工装运及长途运输。

10.7.6　安全使用规程

1. 作业方法

打捆机与动力机械装配好后,行至收割完毕的农田内,检查动力机械的动力与打捆机是否接触完好,然后起步捡拾、打捆。听到报警器报警后停车,加大油门使打捆机快速打捆、捆绳,当听到绳子被割断的声音后,稍微用力拽绳,掀起打捆机后盖,使草捆落地,草捆排出后方可进行下一次的捡拾、打捆。

2. 操作要领

主机与打捆机的连接:限位臂要连接妥当。过松起不到限位作用,而且限位臂容易摩擦主机的后轮胎,加之摆动幅度过大,也容易造成自身零件的损坏。过紧会使转弯角度增大,地头转向时容易别坏拾草耙。

注意事项:小型方捆机要坚持每班保养,作业中应根据秸秆量的大小调整前进速度,地块要尽可能平整、无埂。固定式大型打捆机在使用中,应根据实际能力选用和加强调整保养。与打捆作业配备的运输机械,则需要按打捆效率测算其需求量,以便配足相应数量的运输机械。

10.7.7　常见故障及排除方法

捆绳不入:首先检查绳子是否因为质量问题被缠住,如结头过大或毛头过大。其次检查绳子入口处(左边)秸秆的密度,若密度不够大,则绳子与秸秆的摩擦力也不够大,这时可以让打捆机的左边多进草,以增大绳子入口处的摩擦力,促使绳子喂入。

草捆易散的调整:当秸秆湿度较大时,易于捡拾打捆,可调低密度孔;当秸秆较干时,易碎,不易捡拾喂入,应调高密度孔。还可通过调整捆绳的圈数来捆扎秸秆。若秸秆较干,则增加圈数;若秸秆较湿,则减少圈数。

捆绳的调整:入绳长度应以绳头刚好接触到刀片为宜。绳子切不断,可能因为刀片磨钝,应更换刀片。

保护螺丝扭断原因及处理:当打捆机进满秸秆后,报警器未报警,秸秆就会堆堵在入口处,此时若继续行走,就会造成保护螺丝扭断。报警口不报警的原因有三种:一是电源没接好,二是电线断开,三是卡簧手柄脱离了手柄槽。若发生此类故障,应及时停机,按技术要求调整处理。

参考文献

[1]　陈春. 几种棉花收获机械[J]. 农机具之友,2003(5):40-41.

[2]　陈小冬,胡志超,曹成茂,等. 薯类联合收获机薯茎分离机构研究与展望[J]. 中国农机化学报,2018,39(12):10-17.

[3]　陈志. 油菜收获机械化技术的发展机遇[J]. 农机市场,2008(7):19-24.

[4]　陈中玉,高连兴,CHEN C,等. 中美花生收获机械化技术现状与发展分析[J]. 农业机械学报,2017,48(4):1-21.

[5]　程晋. 花生收获作业机械发展现状概述[J]. 农业科技与装备,2013(2):47-48,51.

[6]　东北农学院. 农业机械学(理论与设计)(下册)[M]. 北京:中国农业出版社,1961.

[7]　窦青青,孙永佳,孙宜田,等. 国内外马铃薯收获机械现状与发展[J]. 中国农机化学报,2019,40(9):206-210.

[8]　高杰,李林,依马木玉,等. 自走式秸秆圆捆收获机结构特点[J]. 农业工程,2017,7(5):22-24.

[9]　高连兴,郑德聪,刘俊峰. 农业机械概论[M]. 2版. 北京:中国农业出版社,2015.

[10]　贾健,杨来运. 自走式秸秆收获打捆机设计与试验[J]. 中国农机化学报,2016,37(11):24-27,35.

[11] 李宝筏.农业机械学[M].北京：中国农业出版社,2003.

[12] 耿端阳.新编农业机械学[M].北京：国防工业出版社,2011.

[13] 李凡,韩长杰,吕晨,等.9QZ-3500型自走式秸秆饲料收获机的研制[J].新疆农机化,2015(4)：14-16.

[14] 孙延智,依马木玉,李林,等.4KYZ-2.7型自走式秸秆圆捆收获机的研制[J].新疆农机化,2018(3)：7-8.

[15] 李建国.提高油菜生产机械化水平迫在眉睫[J].农机科技推广,2004(1)：27-28.

[16] 李冉,杜珉.我国棉花生产机械化发展现状及方向[J].中国农机化,2012(3)：7-10.

[17] 梁伟,王斌武.甘蔗收割机发展现状与前景展望[J].科技信息,2011(36)：31,33.

第11章

谷物干燥贮藏机械与设备

11.1 概述

我国是世界上最大的粮食生产和消费国家,年总产粮食约 5 亿 t。据统计,我国粮食收获后在脱粒、晾晒、贮存、运输等过程中的损失高达 15%,远远超过联合国粮农组织规定的 5% 的标准。在这些损失中,每年因气候潮湿、湿谷来不及晒干或未达到安全水分含量造成霉变、发芽等损失的粮食高达 5%,若按年产 5 亿 t 粮食计算,相当于 2500 万 t 粮食。若每人每天消耗 0.5 kg 粮食,可供 1.3 亿人一年的用量。因此,发展粮食干燥机械化技术,改变传统靠天吃饭的被动局面,使到手的粮食损失降到最低,从这一意义上说,粮食干燥的现代化比田间的农业机械化更为重要,也是粮食丰产、丰收的重要保障条件。

11.1.1 定义

干燥是使物料中的水分汽化和分离的过程(《农产品干燥技术 术语》(GB/T 14095—2007))。粮食烘干是农业生产的重要步骤,也是粮食生产中的关键环节,是实现粮食生产全程机械化的重要组成部分。粮食干燥机械化是以机械为主要手段,采用相应的工艺和技术措施,人为地控制温度、湿度等因素,在不损害粮食品质的前提下,降低粮食含水量,使其达到国家安全贮存标准。

11.1.2 用途

粮食干燥机械除了能有效地防止连绵阴雨等灾害性天气所造成的损失外,还具有明显的优势:一是减轻劳动强度,改善劳动条件,提高劳动生产率,为实现农业现代化、产业化和集约化提供有效手段。二是提高了粮食品质,改善了粮食耐贮性和加工性。三是可以防止自然干燥对粮食造成的污染,以及杜绝农民占用公路晾晒造成的交通伤亡事故。粮食干燥机械化技术改变了长期以来粮食干燥单纯依靠自然阳光在晒场上翻晒的传统方法,为全面实现农业机械化、现代化又迈进了一步。

在 20 世纪 80 年代,我国在粮食生产和加工方面,很大程度上是依靠人工晾晒的方式使粮食失水,从而达到干燥粮食的效果。长期以来大多数农户通过人工晾晒的方法解决了小部分湿粮的干燥问题,但人工晾晒费时、费力,同时还受气候、晾晒场地等条件的制约。使用粮食干燥机械可以改善粮食品质,提高附加值。通过对粮食采用调制、控制粮食内部结构水分流失速度等手段,粮食内部的淀粉结构、糖分、脂质达到最佳状态,使粮食在长时间保存、天气变化等诸多情况下,仍能在食用时保持新鲜的口感、味道、品质等感官指标。

11.1.3 国内外发展概况及发展趋势

1. 国内发展概况及发展趋势

1) 国内谷物干燥机械的发展概况

我国的谷物干燥机械的发展始于20世纪50年代,大致经历了引进阶段、仿造阶段和研制阶段。我国在引进先进技术的基础上,不断进行技术改进和理论研究,开发适合我国国情的干燥机械。50年代初引进苏联的高温干燥机应用于生产,后参照该机型结构和原理自行设计了大型高温干燥塔,逐步应用在北方的粮食系统中。60—70年代各地自行设计了多种中、小型谷物干燥机,由定点干燥机厂生产,逐步推广到全国。70年代以后,在较大范围内开展了谷物干燥机械的研制工作。中国农业大学先后试验研究了玉米、水稻、小麦、高粱等谷物的横流、顺流、逆流、混流等干燥工艺;东北农业大学研究了干湿粮混合干燥工艺;南京农机化所、广东省农机所研究了横向通风等干燥工艺;中国农机院、中国农工院、四川农机所、黑龙江农副产品加工研究所等均在干燥工艺技术上做了大量的研究工作。黑龙江农垦科学院在"产地谷物处理工厂化"研究中消化吸收了国外技术,建立了一批横流、顺流、混流及高低温组合等干燥工艺流程。另外,在谷物干燥机理、应用基础研究方面,中国农大、东北农大、华南农大、江苏理工大学等院校做了大量的研究工作,分别建立了谷物热特性、水分扩散特性、干燥速率等试验测定装置,研制了固定床、换向通风、循环干燥、流动干燥等试验台。20世纪90年代后期,我国谷物干燥机械工作者对电磁辐射干燥设备开展了大量的研究,如天津市包装食品机械研究所开发研制出的WTJ系列微波能干燥设备,具有干燥速度快、热效率高、加热均匀、无污染和不破坏谷物营养成分等特点,可广泛应用于谷物干燥领域。此外,利用远红外辐射元件发出的远红外线转变成热能进行干燥食品,其特点是设备简单,节约能源,干燥速度快。根据太阳能可转变为热能的原理,开发研制的系列太阳能干燥设备可用于干燥谷物。同时,结合我国国情采用廉价的蒸汽喷射真空泵系统的冷冻升华干燥设备也开始用于谷物的干燥。

2) 国内谷物干燥机械的发展趋势

随着粮食产量的不断增长和储藏需要、粮食市场价格的变动、粮食加工企业的不断增多及粮农卖粮习惯的改变,粮食干燥设备的需求量逐渐增加。我国的粮食干燥技术的发展趋势主要包括:①逐步取消靠生物质能直接加热的干燥方法,使用对环境无污染的新型燃料作为干燥机的热量来源;②采用多种检测粮食水分的方法对粮食干燥机实现精准控制;③采用智能控制系统,减少人力成本;④完善干燥机的除尘系统,使干燥机变得更加环保;⑤采用在线检测粮食水分技术,对粮食水分准确检测,研发探索新方法,研制误差小、精度高、稳定性高、能够实现在线检测的粮食水分检测装置。

随着国内对粮食安全储藏重视程度的加强,近年来很多企业相继进入干燥设备行业,使得干燥设备质量良莠不齐。对此,应通过制定相关行业标准,规范粮食干燥机械的生产制造。提高自动化控制技术自主创新能力,有效促进粮食干燥机械的全程化、全面化、规范化、自动化,促进粮食干燥行业更好、更快地发展。

2. 国外发展概况及发展趋势

国外谷物干燥研究起步较早。在20世纪50年代以前,国外谷物干燥是根据收获水分的不同,控制热风的温度、一次降水率和粮温等条件,干燥以后谷物的爆腰率增加。60年代以后,国外注重干燥机理的研究,对谷物的缓苏过程进行深入的研究,认为增加谷物的受烘次数,使用顺流干燥,提高热风温度,采用缓苏处理,可以大大提高干燥后谷物的品质,并且随着电子计算机的普及和应用,计算机模拟干燥过程和干燥结果给研究带来许多方便,理论与实践的联系也越来越密切。1990年以后,谷物干燥设备已经达到系列化、标准化。但是,由于各国的自然条件和经济条件有所差异,干燥理论的研究、应用、发展也存在着差异。

1）美国发展状况

美国的谷物干燥技术是伴随着谷物联合收割机的推广使用而发展起来的，在全国应用比较普遍。主要的机型有中、小型低温干燥仓及大、中型高温干燥机，这些机器以干燥玉米和小麦为主要对象，以柴油（煤油）和液化石油气为热源，采用直接加热干燥。设备具有料位控制、风温控制及出粮水分控制系统。太阳能干燥机也在美国开始应用。

2）法国发展状况

法国主要粮食作物是玉米，其收获水分较高（35％～40％），习惯干燥到 15％～16％ 才出售，因此各种类型的干燥机应运而生。由于要求干燥的品种越来越多，产量也逐渐增加，收获的时间越来越短，这些都推动了法国干燥技术的发展。其发展趋势是通过自动调节来改善干燥机的使用状况，提高烘干质量和热量利用率，节约能源，减少损失。

3）日本发展状况

日本是世界上唯一以谷物生产为主，并实现了农业机械化的发达国家，人工干燥谷物的开发研究起步较早。1952 年以前，为提高产后优质米的品质，研制了人工干燥器；1956 年研制出了静置式常温通风干燥机；1966 年全国推广 107 万台，建立了称为干燥中心（RC）的大型干燥处理设施。由于这一期间联合收割机的迅速普及，带动了粮食处理业的发展，开发了高效循环式缓苏干燥机，并建立了大型干燥储藏设施，使谷物在长时间连续循环过程中实现缓苏，提高干燥温度，减少干燥部分的体积，加大风速，能在较短的干燥时间内较大幅度地降低含水率，并可避免谷物在急速干燥过程中出现爆腰、破裂等质量问题。日本的谷物干燥设备按规模可分为大型干燥储藏设备和中小型干燥设备两大类，如佐竹生产的 LDR 系列和 ADR 系列，山本生产的 NCD 系列。大型设备主要用于大型烘干加工中心和国家储备库，中小型设备主要用于农户加工烘干，几乎所有的干燥设备均采用燃油加热式，其显著特点是机内装有水分自动检测装置、控制装置、谷温自动控制装置，并通过微计算机进行调整控制，防止干燥过度、米粒爆腰和变质。

11.2 谷物干燥机械分类

11.2.1 分类方式

谷物干燥机按干燥介质与粮食流动方向可分为横流式、顺流式、逆流式、混流式；按干燥介质的供热方式可分为直接加热式和间接加热式；按干燥过程和干燥介质温度是否变化可分为恒温式和变温式；按所采取介质温度的高低，可分为高温干燥机和低温干燥机；按干燥机结构可分为塔式干燥机、仓式干燥机，塔式干燥机包括混流干燥机、顺流干燥机、横流干燥机、逆流干燥机和组合干燥机；按热风供给的方式分为一级、二级和三级热风，其中，一级热风指供给干燥机干燥段的热风只有一个热风温度，二级热风指供给干燥机干燥段的热风有高、低温两个热风温度，三级热风指供给干燥机干燥段的热风有高、中、低三个热风温度；按换热方式可分为高温干燥机、低温干燥机、辐射式干燥机、导热式干燥机，其中，高温干燥机包括流化床式干燥机、滚筒式干燥机、气流式干燥机、竖箱式干燥机，低温干燥机包括仓式干燥机和高低温组合设备，辐射式干燥机包括高频与微波干燥机、远红外干燥机和太阳能干燥机；按作业方式可分为批量干燥机、连续干燥机及循环干燥机。

11.2.2 主要类型特点

1. 热风干燥

热风干燥是传统的干燥技术，也是目前应用最为广泛的粮食干燥方法。目前广泛使用的热风粮食干燥机分为两大类型，即连续式干燥机和循环式干燥机。连续式干燥机按干燥原理分为顺流干燥机、逆流干燥机、横流干燥机以及混流干燥机四种型式，现多为组合式干燥机，包括顺逆流顺混流、顺逆混流、顺逆横流干燥机等。连续式干燥机按照热风供给方式分为一级、二级和三级热风，其中：一级为整个干燥机只有一个温度的热风；二级为高、低温两种温度热风;三级为干燥机提供高、中、低温三种温度热风。循环式干燥机多为横流和混流式干燥机,主要应用于水稻产区和种子干燥,主要烘干物料为稻谷和小麦,特别是优质稻、有机稻和种子等。循环混流式粮食干燥机采用混流式烘干原理,可以根据粮食含水率、含杂率,调控粮食流速,且废气可以回收,节约能源。

热风干燥技术具有物料处理量大、干燥速度较快、操作简单易行和成本低廉等优点,但需要在较高温度环境下才能发挥其烘干效能,容易造成部分粮粒热损伤,且物料加热时是由外向内进行热传导,容易使粮食的营养成分遭到破坏,产品档次降低。而如果在较低温环境下使用热风干燥,其热效率大受影响,能源利用率较低,经济效益指标下降。

2. 低温真空干燥

低温真空干燥是根据粮食水分沸腾蒸发温度随环境压力变化而变化的原理,在真空低温状态下连续对含水率高的粮食进行脱水干燥。作业时粮食内外温度梯度小,消除了溶质散失现象,保证粮食营养成分和品质基本不变,便于储藏、运输和销售。低温真空干燥具有处理量大、操作方便、含水量下降幅度大等优点,但是设备一次性投资大。研究表明,干燥时间、真空度和干燥温度是影响稻谷真空干燥降水幅度的三个重要因素。

3. 就仓干燥

就仓干燥是将自然空气或加热空气作为干燥介质,对仓内高水分粮食进行强制机械通风处理。其优点是粮食收获后即可入仓,减少仓外晾晒烘干等环节,可最大限度地保持粮食品质,一次性处理数量大,适合大批量、规模化干燥处理。

4. 红外辐射干燥

红外辐射干燥是通过辐射器发射的 $0.75 \sim 1000~\mu m$ 的红外线照射谷物,谷物中的分子在此波段有较大的吸收能力,吸收的能量加剧了谷物中分子的运动,从而使谷物内部温度升高,促进水分子的蒸发,达到干燥谷物的目的。红外辐射干燥与热风干燥的加热方式不同,不

是由外而内加热粮食,粮食籽粒是均匀受热,并且红外辐射具有传递热效率高、加热时间短、工作环境洁净、设备噪声低、节约能源、装置紧凑,以及便于自动化、无污染、易吸收等优点,而且能够较有效地避免或减少爆腰现象。但实际应用中,红外辐射处理量较少,特别是大型红外辐射干燥机比较少见。

5. 微波干燥

微波干燥利用波长在 $1 \sim 1000~mm$ 的电磁波辐射粮食,粮食中的极性分子会吸收微波的能量,在极短时间内发生频繁且极快速的旋转,致使其与周围分子摩擦而生热,物料内部和表面同时升温,使大量的水分子从物料中蒸发逸出,从而达到干燥的目的。微波干燥具有加热快、干燥时间短、选择性强、清洁无污染的优点,相对于传统的干燥方式具有极大的优势。但是它的能源利用效率低,微波场的不均匀性以及单次处理量小都制约了微波干燥的推广。

6. 联合干燥

单一模式的粮食干燥技术都有各自的优缺点,在应用过程中都存在着许多问题,如果能够将多种干燥技术联合使用,将可以避免单一模式的很多弊端。联合干燥就是根据物料的干燥特点,集成两种或两种以上的干燥技术装备,达到节能、保质和高效干燥效果。

11.3 典型谷物干燥机组成、工作原理及主要性能

11.3.1 典型谷物干燥机的工作原理

现阶段我国使用较多的谷物干燥方法是空气对流干燥法,即通过干燥的热空气流动来对谷物进行加温,并在空气循环的过程中除去谷物中多余的水分,进而实现谷物的干燥要求。按照谷物与气流相对运动方向的不同,谷物干燥机械大体可分为横流式谷物干燥机、混流式谷物干燥机、顺流式谷物干燥机、逆流式谷物干燥机等几大类。

对谷物进行干燥的过程大体分为两大部分,先是将谷物内部的水分在升温的过程中排出到谷物表层,再通过高温将表面的水分进行汽化,被气流带离谷物附近,从而完成谷物的干燥过程。通常情况下,谷物内部的水分蒸发相对困难且缓慢,而表面水分蒸发的速度较快,这主要是由于表层谷粒会受到空气的加热和流动双重作用,水分在受热后迅速被空气带离。相对而言,谷粒内部的水分散发就要缓慢很多,在某些特定的情况下,由于水分散发速度的不一致,会导致谷物表层和内部的应力存在较大差异,会出现谷粒破裂的问题,此时,通过停机等待水分散发或减小空气流动速度,能显著改善谷物破损的问题。现代化的干燥机械会以更合理的设计完成谷物的干燥过程,避免谷物干燥的不合理因素发生。

以顺流式谷物干燥机为例,其主要的结构包括热风系统、卸粮装置输送设备、废气排出装置等。干燥过程大体设立了干燥段、缓苏段、冷却段、排粮段四大部分。顺流式干燥机的热风流动方向与粮食的输送方向一致,在干燥段时,由于热风先与低温粮食相接触,谷物会以此得到升温和干燥,热风在流经谷物的过程中温度被适当降低,导致谷物干燥过程中升温时间较长,有利于谷物干燥的均匀。谷物干燥后经过缓苏段、冷却段后能够达到储藏要求,由排粮段排出后进行运输储藏。

11.3.2　典型谷物干燥机的组成

粮食干燥机一般由塔帽、进粮部分、储粮部分、干燥部分、缓苏部分、冷却部分和排粮部分组成。组成方式上,有把以上各组成部分设计安装在一组塔体内的,称其为单塔式粮食干燥机;也有将其组成在两个或两个以上塔体内的,称其为多塔式粮食干燥机。

单塔式粮食干燥机:通常干燥工艺路线较短,占地面积较小,台时处理量较小,管理点较少,干燥后粮食水分不均匀度高。

多塔式粮食干燥机:通常干燥工艺路线较长,占地面积较大,台时处理量较大,管理点较多,因经过多道提升,干燥后碎粮率较高。

1. 干燥部分

(1)顺流式粮食干燥机是指干燥介质运动方向与粮食流动方向相同(见图11-1)。

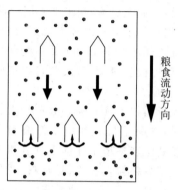

图 11-1　顺流式

顺流干燥的特点是:高温、低湿含量的干燥介质先与低温、高水分的粮食接触,随着粮食在流动过程中与干燥介质的接触,粮食被逐渐加热和干燥,干燥介质温度逐渐下降、湿含量增加,因而,粮食在干燥过程后期水分汽化速度减缓,可防止粮食爆裂。

顺流式干燥机结构特点是:进风采用漏斗形或角状盒通风结构,排气采用角状盒结构。热风可均匀地分布到粮层中,使每颗粮粒都有均等的受热机会。在国家粮库建设项目中使用的顺流干燥机,一般为4~5级干燥。该类型粮食干燥机粮层比其他形式干燥机粮层厚,约为 0.7~1.2 m。

顺流式干燥机一般采用两段供热风干燥方式,上段高温热风首先与最湿、最冷的粮食相接触,快速干燥粮食外层水分,经缓苏之后的粮食进入下段与稍低温度的热风接触,避免粮食温度过高,以保证干燥后粮食品质。因此,顺流式干燥机可以使用很高的热风温度,干燥速度快,降水幅度大,干燥较均匀,水分梯度小,干燥质量较好,单位热耗低,效率较高。因该类型干燥机粮层厚度大,需配备高压风机,因此装机容量较大。

在顺流式干燥方式中,根据进排气角状盒排列方向不同,还分为两种方式。一种是进出风方向一致,另一种是进出风方向呈 90°,即进风方向与出风方向垂直。前一种方式:粮食进入干燥机后,其运动轨迹从上至下近似直线流出,水平方向位移较小;后一种方式:粮食进入干燥机后,不仅呈直线下落,而且水平方向也可以有较大的位移。从干燥后粮食水分不均匀度测试结果看,后一种比前一种方式要合理一些。此种类型干燥机较为常见。

（2）逆流式粮食干燥机是指干燥介质运动方向与粮食流动方向相反（见图11-2）。

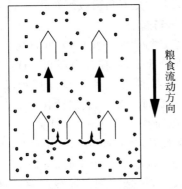

图 11-2　逆流式

逆流干燥的特点是:低温、高水分的粮食先与低温、高湿含量的废气相接触,随着粮食在流动过程中与干燥介质的接触,粮食逐渐受到温度较高、湿含量较低的干燥介质的作用。适宜于干燥在高水分时不能经受高温快速干燥,而在低温时耐温性较好的粮食种类。由于逆流干燥时,低温粮食直接与高湿含量的废气相接触,有可能在粮粒表面凝结水气。为了提高粮食干燥效率,逆流式粮食干燥机的热风温度不可过高。该类型干燥机热利用率较高,排气潜热利用充分,粮食水分和温度比较均匀,但出机粮温较高。

逆流式粮食干燥机一般不常见。在就仓式干燥工艺中,常使用此种干燥方式。

（3）顺逆流式粮食干燥机是指干燥介质运动方向与粮食流动方向既有相同,又有相反（见图11-3）。

顺逆流式干燥机结构特点是:顺流段进风采用漏斗形或角状盒通风结构,逆流段进风采用角状盒结构进风,排气采用角状盒结构,热风均匀分布到粮层中,使每颗粮粒都有均等的受热机会。

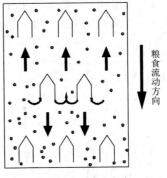

图 11-3　顺逆流式

顺流干燥可以快速大幅度地降低粮食水分,逆流干燥使得热风与缓苏后的粮食充分接触,增加降水速度,适当降低干燥段高度,这种干燥方式组织合理,有效地弥补了顺流与逆流干燥方式的不足,发挥两种干燥方式的优势,使其兼具顺流干燥与逆流干燥的优点,此种干燥机是常见粮食干燥机类型之一。

（4）横流式（错流式）粮食干燥机也称筛网柱式干燥机,是指干燥介质以垂直方向穿过粮层（见图11-4）。

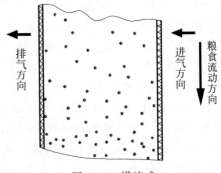

图 11-4　横流式

横流（错流）干燥的特点是:粮层较薄,可以加速干燥过程和减少通风机的能量消耗。结构简单,操作方便,制造成本低。不足之处是干燥后粮食水分不均匀,单位热耗较高,热能利用率不充分。

横流式干燥机中还有一种圆筒干燥机,使用也比较广泛。圆筒干燥机的主要工作部件是一个双层筛面的同心圆筒,粮食在两层筛面之间自上而下地移动,干燥介质进入圆筒,穿过粮层,带走水分,使粮食干燥。

(5) 混流式粮食干燥机是指干燥介质运动方向与粮食流动方向有相同、相反及垂直相交（见图11-5）。

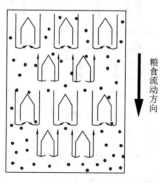

图 11-5　混流式

混流式干燥机属于角状盒式，是北方干燥高水分玉米的主要设备，约占我国塔式干燥机半数以上。干燥机内只有一个粮柱的称"单塔"，有两个粮柱的称"双塔"（并联式）。其主要工作部件是塔内交错排列的角状盒，干燥介质从与热风室相通的进气角状盒进入干燥室，加热粮食，汽化水分，并以废气的形式将汽化的水分从上一排或下一排相邻的排气角状盒经废气室排出机外。粮食在塔内靠自重缓慢朝下移动，在经过干燥室或冷却室的同时，与干燥介质或冷空气进行湿热交换，逐渐得到干燥或冷却，最后经排粮机构排出。

这种形式的干燥机，粮层薄，角状盒排列较密，相同条件下所需风机动力小，粮食干燥时间长、缓苏时间短，易造成粮食温度过高，热能利用率较低，影响干燥后粮食品质。经实测，混流干燥具有下列特点：粮食干燥后水分不均匀度低，可用较高热风温度，排出废气温度较高，湿度较低，单位热耗较高。此种类型干燥机较为常见。

(6) 顺混流式粮食干燥机是指干燥的前一段采用顺流式干燥，后一段采用混流式干燥。该机综合利用了顺流干燥适合湿粮的特点和混流干燥均匀及干燥后粮食水分较低的特点。

2. 通气盒

通气盒（角状管）是构成粮食干燥机干燥段和冷却段的主要结构，决定了塔体的高度。

在设计干燥机时需要考虑通气盒的材料、形状、大小、数量等，而通气盒的选择与排列影响着干燥机的性能，因此，要慎重选择干燥机的通气盒。

通用的通气盒的截面形状有五角形、三角形、菱形的，有的通气盒斜面上带通气孔，有的在垂直侧面上做成百叶窗式，还有的通气盒做成封闭的筛孔板式等。目前我国粮食干燥机中使用最多的是五角形截面的通气盒。

3. 缓苏部分

缓苏是指暂时停止干燥，并将处于热状态的粮食堆放起来，使粮食内部水分逐渐向外扩散，此时的扩散过程称为缓苏过程，简称"缓苏"。粮食经过缓苏后，表层的含水率比缓苏前提高了，因而有利于干燥。实践证明，为使缓苏达到预期效果，缓苏时间可在20～240 min的范围内选用：缓苏部分较小时，可选下限；缓苏部分较大时，可选上限。经缓苏后，即使不再加热干燥，而只送入外界空气加以冷却，也可在冷却过程中使粮食含水率降低 0.5%～1%。采用设置缓苏段的方法，如缓苏逆流冷却塔、干燥室中的缓苏段，可提高干燥效率。

注意： 油料作物不能采取缓苏工艺。

4. 冷却部分

(1) 冷却段采用顺流冷却工艺。它是指冷却风运动方向与粮食流动方向相同，形式同顺流式粮食干燥（见图11-1）。

顺流冷却工艺进排风均采用角状盒通风结构，冷风均匀分布到粮层中，使每颗粮粒都有均等的冷却机会，冷却效果好，均匀度好，温度梯度小，冷却速度快，可与粮食进行充分冷热交换。

缺点： 如果顺流冷却工艺直接与干燥段相接或干燥后缓苏时间较短，使得具有较高温度的粮食直接与过冷的外界空气相接触，会产生大量的粮食裂纹或爆腰。

(2) 冷却段采用逆流冷却工艺。它是指冷却风运动方向与粮食流动方向相反，形式同逆流式粮食干燥（见图11-2）。

逆流冷却工艺进排风均采用角状盒通风结构，冷却效果较好，冷气利用充分，冷却比较均匀,出机粮温较高。

缺点:直接与排粮机构相连,将导致排粮不顺畅。

(3)冷却段采用顺逆流冷却工艺。顺逆流冷却是指冷却风运动方向与粮食流动方向既有相同,又有相反,形式同顺逆流式粮食干燥(见图11-3)。

冷却空气由冷却段中部压入,在冷却段上部逆向接触已干燥的粮食,可避免最高温度的粮食与最冷的冷风相接触,使粮粒经受一个和缓冷却过程,以减少因骤冷而产生的应力裂纹,保证干燥后粮食品质良好。在冷却段下部则为压入式顺流冷却方式,充分利用了压入式冷却的优点,使自然风能与粮食充分接触,增加冷却速度,有利于降温,使干燥后粮食被充分冷却,冷却效果较好。

(4)冷却段采用顺、逆流循环冷却工艺。结构与顺逆流式冷却工艺相同。

顺、逆流循环冷却工艺进排风均采用角状盒结构,冷却空气通过冷却风机吸入冷却段,冷却粮食后,经过冷却风机再压入冷却段冷却粮食。

缺点:①如果吸入段为顺流冷却工艺,则冷却风直接与具有较高温度的粮食相接触,易产生大量的粮食裂纹或爆腰。如果吸入段为逆流冷却工艺,则冷却风直接与排粮机构相连,将导致排粮不顺畅。②压入冷却风为循环使用的风,将导致冷却效果不佳,通过实测得到证实。

(5)通风冷却仓与缓苏逆流冷却塔

通风冷却仓为间歇式作业设备,需要2~3间冷却仓与滚筒干燥机或流化床干燥机构成连续式作业线。

缓苏逆流冷却塔为连续式作业设备,结构为钢制外壳,由热缓苏与逆流冷却两部分构成。缓苏逆流冷却塔的粮食从压力门进入缓苏段,再进入逆流冷却段,然后经过排粮装置排出。冷空气从进气道进入,通过粮层后从排气道排出,排气道排出废气与风机进风口连接,缓苏逆流冷却塔是在负压下工作。压力门的作用是防止冷空气从顶部进入。热缓苏是指干燥后粮食在冷却之前,先堆放一段时间,使得粮粒内外水分有所平衡,这样既可较好地保持粮食品质,还可以较多地冷却降水。逆流冷却采用较为缓慢的冷却过程。在冷却段,冷却介质由下而上穿过粮层,粮食温度自下而上逐渐降低,任一点的粮温与冷却介质间的温差都较小。这有利于保持粮食品质,特别对干燥后稻谷的冷却非常适宜,也适合于其他粮种。

5.塔帽

塔帽起导入粮食、遮风避雨的作用。一般在其上方安装有用于维修的检修平台和进入干燥机的检修门。

6.进料机构

干燥机的主要进料机构方式见图11-6。图11-6(a)和图11-6(b)是一种经常使用的自然进料方式,要求干燥机有足够的储粮高度,以顶部不溢出废气为基本高度要求。在实际生产中,储粮段需要装备料位器(图11-6(b)设有回粮管)。图11-6(c)中采用刮板输送机作为进料机构,适用于塔体横截面较大的干燥机。图11-6(d)中采用搅龙作为进料机构,同样适用于塔体横截面较大的干燥机。

7.储粮部分

储粮部分用于较短时间内的粮食流量调节,有防止热介质流失的作用。在这一部分,通常安装有高低料位器,使作业人员及时了解储粮段内的情况。

8.排粮机构

在粮食干燥机中,排粮机构是重要的组成部分,主要功能是根据生产要求均匀地排出干燥机内的粮食。排粮机构工作的好坏,直接关系到干燥机的生产率、干燥后粮食的均匀性及粮食的品质等主要性能。下面介绍几种在生产中常用的排粮装置。

1)叶轮式排粮机构

叶轮式排粮机构由导粮板和排粮叶轮等组成见图11-7。

排粮轮一般有四叶片式、五叶片式、六叶片式,叶轮直径的大小和转速是根据排粮量要求来确定的。生产率大的干燥机排粮轮直径较大,转速较高。小型干燥机排粮轮直径也较

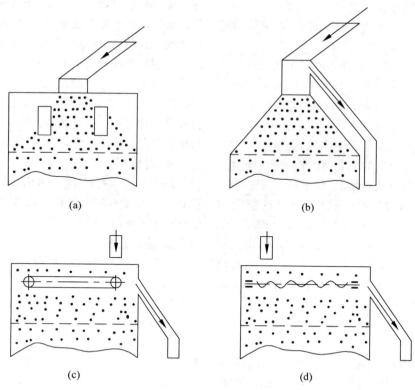

图 11-6　进料装置

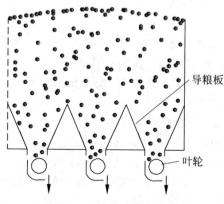

图 11-7　叶轮式排粮机构

小。排粮轮的转速必须能够调整,以适应不同生产率、不同粮食水分干燥的要求。

2)翻板式排粮机构

翻板式排粮机构由摆动板、摆动轴、摆动臂、曲柄连杆机构等组成(见图 11-8)。摆动板、摆动轴、摆动臂是刚性固定整体,其工作原理是:由曲柄连杆机构带动摆动臂作往复摆动,摆动板也是以摆动轴为中心左右倾斜,摆动板上的物料在倾斜的过程中滑落下去,摆动板摆动的同时还使得摆动板与卸料口之间的间隙大小发生变化,机内物料在间隙大的一侧随之滑排出,这样循环往复工作,完成干燥机的排粮要求。

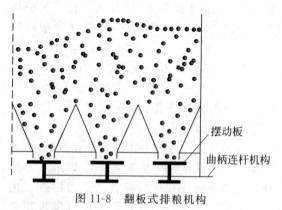

图 11-8　翻板式排粮机构

3)栅板式排粮机构

栅板式排粮机构由栅板、连杆及偏心运动机构等组成(见图 11-9)。

各栅板间连接成平面,栅板与排粮口间的

间隙可以调整。其工作原理是：栅板在偏心运动机构牵引下，作直线往复运动，栅板以排粮口的中心为中点作往复运动，粮食在间隙大的一侧落下，完成干燥机的排料。栅板式排粮机构的速度可调，以适应不同的生产要求。

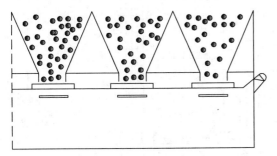

图 11-9　栅板式排粮机构

4）振动式排粮机构

振动式排粮机构根据驱动方式的不同，分为惯性振动排粮机构和偏心连杆振动机构。其排粮部分是相同的，主要由托料板、导料板、振动槽等组成（见图 11-10）。

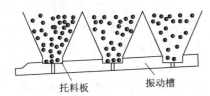

托料板　　　　振动槽

图 11-10　振动式排粮机构

托料板下面的立轴带有螺纹，可以旋上和旋下，用来调整托料板与排料口之间的间隙。托料板固定在振动槽底上，随同振动槽一起振动，物料在振动作用下由托料板上面落下去，调大间隙，排粮量增加。排下的物料由振动槽接住并振送出去，完成干燥机排料。

11.3.3　典型谷物干燥机的结构及特点

1. 横流式干燥机

1）横流式干燥机结构

横流式干燥机的主体由一个或几个立式柱构成，也称柱式干燥机（见图 11-11、图 11-12）。

粮食靠自重从顶部湿粮箱内连续向下运动，进入干燥室。干燥室由筛网围成柱形，热

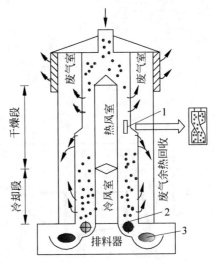

1—谷物翻动装置；2—排粮辊；3—排粮搅龙。

图 11-11　横流谷物干燥原理图

空气由位于干燥室一侧的热风室穿过网柱粮食层，从干燥室另一侧的废气室排出，热风的流向与机内谷物的流向垂直，故称横流式干燥机。由于谷层有一定的厚度，靠近热风一侧的谷物总是与热介质接触，因此其谷物温度上升较快，谷物水分下降迅速。由于一般多采用高温干燥，便形成了该部位谷物水分"过干"。而靠近出风口（排出废气）一侧的谷物总是与温度较低的介质接触，其谷物温度上升很慢，谷物水分下降也较慢。中间层的谷物，温度与水分变化都介于两者之间。为此，横流干燥机械在设计中进行了如下的改进。

（1）谷物层换位

为了克服横流式干燥机的干燥不均匀性，可在横流式干燥机网柱中部安装谷物换层器，使网柱内侧的粮食流到外侧，外侧的粮食流到内侧，这样就能减少前后粮食水分不均匀性。

（2）差速排粮

为了改善干燥的不均匀性，美国 Blount 公司在横流式干燥机的粮食出口处设置了两个排粮轮。两轮的转速不同，进风侧的排粮轮转速较快，而排风侧的排粮轮转速较慢，这就使高温侧的粮食受热时间缩短，因而使粮食的水分保持均匀。

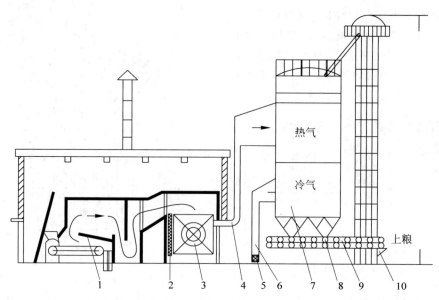

1—热风炉；2—换热器；3—热风机；4—热风管路；5—冷风机；6—冷风管路；7—机体；
8—排粮辊；9—排粮机构；10—提升机。

图 11-12　横流谷物干燥机外形

（3）热风换向

采用改变热风方向的方法，可使谷物干燥均匀。即沿横流式干燥机网柱方向分成两段或多段，使热风先由内向外吹送，再从外向内吹送。粮食在向下流动的过程中受热比较均匀，干燥质量大大改善。

2）横流式谷物干燥机的特点

横流式谷物干燥机结构简单，制造方便，成本低；谷物流向与热风流向垂直；谷层薄（200～400 mm），热风温度较低，一般不超过90 ℃；适合干燥多种谷物，适于专业生产化。

缺点：首先是干燥均匀性较差，靠近热风室一侧的谷物过干，排气一侧则干燥不足，谷物存在着水分与温度差。其次是单位能耗较高，一般单位热耗直接加热为 4.5～5.0 MJ/kg·H_2O，热能没有充分利用。

2. 顺流干燥机

1）顺流干燥机结构

顺流干燥工艺是最新发展起来的一种干燥工艺（见图 11-13、图 11-14），是指热介质与谷物的运动方向相同（自上而下），在干燥过程中热介质首先与温度最低、水分最大的湿谷物接触，由于两者的温差较大，谷物温度迅速上升并达到湿球温度，而介质温度随着谷温的升高它本身的温度迅速下降，直到两者温度趋近一致后，两者（介质温度与谷物温度）一道随谷物水分的下降而继续缓慢下降，直到谷物流出为止。在干燥过程中，谷物受高温加热的时间较短，而受中温加热时间较长，故其干燥质量较好。为了提高干燥能力，常采用 200 ℃ 以上的高温介质进行干燥，但谷物温度仍不会过热。

2）顺流式谷物干燥机的特点

（1）热风流向与谷物运动方向相同。

（2）可以使用很高的热风温度（100～300 ℃），因此干燥速度快，单位热耗低，一般单位热耗直接加热为 3.0～4.0 MJ/kg·H_2O，效率较高。

（3）高温介质首先与最湿、最冷的谷物接触，热风和粮食平行流动，干燥质量较好。

（4）干燥均匀，无水分梯度。

（5）适合于干燥多种谷物。

缺点是粮层较厚，粮食对气流的阻力大，风机功率较大。

3. 混流式干燥机

1）混流干燥机结构

混流式干燥是指热介质与谷物流向是多

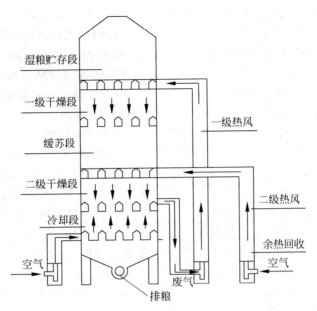

图 11-13　顺流谷物干燥机

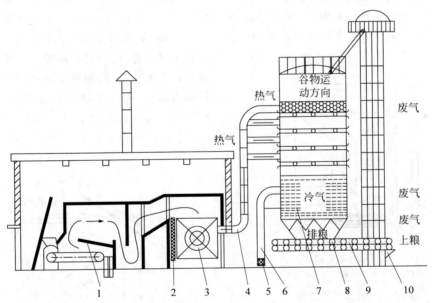

1—热风炉；2—换热器；3—热风机；4—热风管路；5—冷风机；6—冷风管路；7—机体；
8—排粮辊；9—排粮输送机；10—提升机。

图 11-14　多级顺流谷物干燥机

向的，既有横向、逆向，又有顺向及混合状态。干燥段交替布置着一排排的进气和排气角状管，谷粒按照 S 形曲线向下流动，交替受到高温和低温气流的作用进行干燥。谷物在干燥段呈同期性与最高温度的热风相遇，谷物水分

呈阶梯形下降，温度逐渐上升。

2）混流式谷物干燥机的特点

（1）结构较横流式谷物干燥机复杂，每单位处理量的制造成本较横流式干燥机高 15%～20%。

（2）干燥介质单位消耗量较横流干燥机低，风机动力较小。

（3）单位热耗较横流式干燥机低5%～15%。

（4）烘后粮食的温度比较均匀，含水率不均匀度较横流式干燥机小。

（5）适应性强，可干燥玉米、水稻、小麦等多种作物。

4. 逆流式干燥机

1）逆流式干燥机结构

逆流式干燥是指热介质流动的方向与谷物（从上向下）的流动方向相反。其热介质首先与已经干燥的、温度较高的、水分较低的谷物接触，然后逐渐与温度较低、水分较大的谷物接触，最后与湿粮接触后排出。其干燥过程中（见图11-15），谷物水分先期下降甚微，后来逐步加快；而谷物温度先期上升缓慢，后期则升温迅速。由于干燥后的出粮温度与热介质温度较接近，故该干燥的热介质温度不能采用较高温度，一般为60℃左右，因而干燥速率较低。

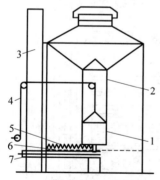

1—活塞；2—风筒；3—提升机；4—绳索；
5—扫仓螺旋；6—透风板；7—输送螺旋。

图11-15　逆流式干燥机

2）逆流式谷物干燥机的特点

（1）热介质温度不能过高。

（2）热效率较高。

（3）粮食温度较高，接近热空气温度。

（4）热风所携带的热能可以充分利用。

5. 循环式谷物干燥机

1）循环式谷物干燥机结构

循环式谷物干燥机是比较先进的批量式干燥机。作业时，先将一批待干燥谷物全部装入干燥机内，然后启动干燥机进行干燥。谷物在干燥机内不断流动，流经干燥段时受热干燥，流经缓苏段时则使内部水分向外表扩散，以便再次干燥。经多次循环后，全部干燥到要求的水分含量时被排出机外。

循环式干燥机干燥、缓苏同时进行。高温干燥后的谷物用立式螺旋送到上锥体上方，进行短时间的缓苏，便于谷粒内部水分向外扩散，符合粮食干燥的规律，有利于保证粮食品质。干燥过程中，粮食始终处于不断的混合与流动状态，因此干燥均匀。干燥受原粮水分影响，水分高时循环时间长。

根据循环提升装置的布置形式，循环式干燥机可分为内循环和外循环两种。

（1）圆筒内循环式干燥机

移动式干燥机是一种圆筒内循环式干燥机（见图11-16），谷物通过中心螺旋升运器输送到上部，靠重力下移，经过干燥段时与热风接触蒸发水分，运动到底部时再由中心螺旋升运器输送上去，不断循环进行干燥。由于采用谷物内循环，省掉了提升装置，因此在相同的生产率和降水幅度条件下，机器的质量轻、体型小、节约钢材。这种干燥机可以移动，用30 kW拖拉机不仅可以牵引，还可以传动。

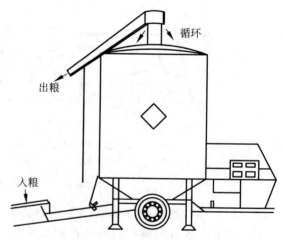

图11-16　圆筒内循环式干燥机

（2）横流式外循环干燥机

横流式外循环干燥机是常见的批量式干

燥机之一。其主机一般由干燥箱(缓苏段、干燥段)、排粮机构、上下纵向螺旋输送器、提升装置和热源组成(见图11-17)。它与内循环干燥机不同之处在于,谷物是由排粮机构从干燥段下部排出,然后由下螺旋输送器推送到干燥机一侧,经外部的斗式提升器输送到干燥箱顶部的上螺旋输送器,再均匀地由上螺旋输送器散布到缓苏段内,经缓苏、干燥后,进入下一循环。该类型干燥机采用较低风温(50~60 ℃)、大缓苏对谷物进行干燥,降水速度较慢,干燥均匀,烘后质量有保证,能提高谷物的食用品质,不影响发芽率。

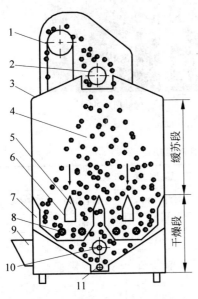

1—提升；2—均分搅龙；3—干燥箱；4—谷物；
5—热风室；6—孔板；7—废气室；8—排气阀；
9—进粮斗；10—轴流风机；11—输送搅龙。

图11-17　横流式外循环干燥机

2) 圆筒内循环干燥机的特点

(1) 生产率高,干燥速度快。一个直径为24 m、高度为5 m左右、质量为1500 kg的干燥机,每小时可干燥玉米 2 t(降水 5%),一天(20 h)可干燥 40 t 粮食。

(2) 谷物循环速度快,10~15 min 完成一次循环,循环 20 次就可以降水 20% 以上。比混流式干燥机的谷物流速高 7 倍,比普通横流式快 3 倍。因此可以使用高的风温,而不致使粮温过高,且干燥均匀,混合好。

(3) 干燥机设计为内外圆筒形,机器结构紧凑,占地面积小,热空气分布均匀,粮食受热一致,而且容易制造。

(4) 干燥、缓苏同时进行,高温干燥后的谷物用立式螺旋送到上锥体上方,进行短时间的缓苏,便于谷粒内部水分向外扩散,符合粮食干燥的规律,有利于保证粮食品质。

(5) 本机利用较短的干燥段和谷物高速循环流动,代替高塔慢速流动,机身高度大大减小。

(6) 谷物始终处于不断的混合与流动状态中,因此干燥均匀,水分蒸发速度快。

(7) 干燥受原粮水分影响,水分高时多循环一些时间,不需要因安装烘干机而花费土建费用。

11.3.4　常用谷物干燥机特点及主要技术性能参数

各企业的产品技术性能特点各异,因此这里按照各企业方式来介绍相应的产品主要特点与性能规格。

1. 铁岭凯瑞烘干设备有限公司生产的顺逆流玉米烘干机

1) 主要特点

顺逆流玉米烘干机如图 11-18 所示,主要特点如下。

(1) 干燥后粮食质量好,容量高,无色泽变化。

(2) 高温干燥时,热风与粮流方向相同；低温烘干时,热风与粮流方向相反。

(3) 每次烘干时都设有缓苏,充分缓解粮食内外水分和温度差异。

(4) 特殊布风结构设计,保证热风均匀穿过粮层。

(5) 具有更好的节能效果。

2) 性能规格

顺逆流玉米烘干机的性能规格见表11-1。

2. 中联重科股份有限公司生产的 DC220 横流式谷物干燥机

1) 主要特点

DC220 横流式谷物干燥机如图 11-19 所示,主要特点如下。

顺逆流150 t 顺逆流200 t

顺逆流240 t 顺逆流300 t 顺逆流500 t

图 11-18 顺逆流玉米烘干机

表 11-1 顺逆流玉米烘干机性能规格

项　　目	产 品 型 号				
	HGT-150	HGT-200	HGT-300	HGT-500	HGT-1000
日处理量/t	150	200	300	500	1000
降水率/%	13～15	13～15	13～15	13～15	13～15
外形尺寸(长×宽×高)/(m×m×m)	2.5×3.2×18.0	3.0×3.2×21.0	4.2×3.2×24.0	4.0×5.2×28.0	5.0×5.6×32.0
水分均匀度/%	<2	<2	<2	<2	<2
破碎率增值	<2	<2	<2	<2	<2
单位能耗/(kJ·kg^{-1})	4200～4900				
总功率/kW	120	150	195	310	620

图 11-19 DC220 横流式谷物干燥机

（1）采用专利设计低破碎斗式提升机,破碎率更低;

（2）采用纵向六槽薄层大风量,干燥加缓苏工艺,烘干效率高,烘后粮食水分均匀,爆腰率低;

（3）可选配进口在线水分仪,实时动态精准控制粮食水分,达到安全水分,自动停机;

（4）全自动干燥温控系统,温度、水分动态显示,故障提醒,操作简单,管理方便;

（5）标配自动粮温检测系统,实时检测谷温变化,保证烘干品质。

2）性能规格

DC220 横流式谷物干燥机的性能规格见表 11-2。

表 11-2 DC220 横流式谷物干燥机性能规格

项　目			内　容
销售识别号			DC220
产品型号			5HXG-22
结构形式			批示循环
整机质量/kg			6080
容量	稻谷($0.56\ t\cdot m^{-3}$)	容量/kg	6000～22 400
	小麦($0.56\ t\cdot m^{-3}$)		7280～27 000
	批处理量(水稻)/kg		22 000
整机尺寸/mm	全长		4623
	全宽		3826
	全高		12 105
	加热方式		直接/间接
燃烧机	形式		双段火控制,双风门自动调节
	点火方式		高压自动点火
	使用燃料		天然气/液化气
	燃料消耗量/($Nm^3\cdot h^{-1}$)		12～40
整机功率/kW			10.24
配套电源			三相 380/50 Hz
可使用原料			生物质颗粒、稻壳、天然气、液化气、柴油等
性能	入料时间:水稻/小麦/min		45～55/40～50
	出料时间:水稻/小麦/min		50～60/45～55
	热风温度/℃		30～120
	降水率/($\%\cdot h^{-1}$)		0.6～1.2
安全装置			风压开关、热风温度传感器、异常过热开关、热继电器、断路保护器、满量报警开关

3. 上海三久机械有限公司生产的 NP-120E 谷物干燥机

1）主要特点

三久 NP-120E 谷物干燥机如图 11-20 所示,主要特点如下。

（1）采用低温均匀快速干燥,烘干质量高;

（2）采用大型螺旋送料器、大型塑钢勺子、不锈钢网板,耐长期使用;

（3）高燃烧量大型燃烧机、不锈钢燃烧室、高效率排风机、全开放式干燥层,干燥速度快且效率高。

2）性能规格

三久 NP-120E 谷物干燥机的性能规格见表 11-3。

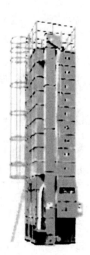

图 11-20　三久 NP-120E 谷物干燥机

表 11-3　三久 NP-120E 谷物干燥机性能规格

项　目		内　容
机型		NP-120E
处理量/kg	稻谷	1500~12 000
	小麦	1800~14 550
机台尺寸(长×宽×高)/(mm×mm×mm)		3670×2660×9836
空机质量(kg)		2270
燃烧机	形式	枪型双喷嘴,两段质量自动控制,喷雾燃烧
	点火方式	高压自动点火
	最大燃烧量/(kg·h^{-1})	15.8
使用燃料		煤油或柴油
定格电压		三相 380V,50Hz
所需动力/kW		6.45
性能(稻谷)	入谷时间/min	60
	出谷时间/min	58
	减干率/(%·h^{-1})	0.5~1.2
安全装置		热继电器、风压开关、满量警报、定时开关、异常过热、回转检知器、控制保险丝

11.4　谷物干燥机选用原则和选用计算

11.4.1　几种谷物干燥机效果比较

以空气为介质的干燥机、远红外干燥机、高频干燥机、微波干燥机,其性能比较见表 11-4。从表 11-4 可看出,热能利用率的大小,加热均匀性的好坏,产品率的高低等方面最好的是微波加热干燥,其次是高频加热干燥,最差的是电炉加热干燥和热空气加热干燥。但从固定投资和生产费用来看,则以电炉加热干燥和热空气干燥为最低,微波加热干燥和高频加热干燥为最高,远红外加热干燥为中等。因此,要根据具体情况和要求选择适用的干燥机。

表 11-4　几种类型谷物干燥机效果比较

项目名称	微波加热干燥	高频加热干燥	红外线加热干燥	电炉加热干燥	热空气加热干燥
电热转换效率	中等	中等	较高	高	—
热能利用率	很高	较高	较低	低	低
加热区域及均匀性	内部、均匀	内部、均匀	表面、不均匀	表面、不均匀	表面、不均匀
加热时间	极短	较短	中等	较长	较长
控制性能	好	好	中等	较差	较差
选择性加热	有	有	无	无	无
产品质量问题	需防止过热	需防止过热	表面易焦	易焦	易焦
产品率	很高	较高	中等	较低	较低
固定投资	高	高	较高	中等	低
生产费用	高	高	较高	中等	低
公害	微量辐射	高频强场	环境高温	环境高温	高温、烟、尘

11.4.2　适合谷物干燥条件的几种干燥机型分析

目前我国干燥玉米、稻谷和小麦等粮食作物常采用顺流、混流等连续式干燥机，以及顺逆流、顺混流、顺逆混流、顺逆横流等连续式组合干燥机，南方地区干燥稻谷常用横流和混流式低温循环式干燥机或连续式干燥机。

选择谷物干燥条件的基本根据，是粮食的原始含水率、收获方式、成熟度及粮的用途。粮食的原始含水率越大，它的热稳定性（即耐温性）越差；不完全成熟粮食的耐温性比成熟的差，干燥食用粮、饲料粮、种子粮所选择的干燥条件是不一样的，在进行干燥作业时，只有选择合适的干燥条件，才能保证干燥后粮食的品质。

1. 玉米的干燥条件

玉米是难以干燥的粮食品种之一，其籽粒大，比表面积小，表皮结构紧密、光滑，不利于水分向外转移。特别是在高温干燥介质作用下，其表面水分急剧汽化，而表皮之下的水分不能及时转移出来，造成压力升高，致使表皮胀裂或籽粒发胀变形。顺流式或顺逆流组合式干燥机较适合干燥较高水分的玉米，尤其是当玉米含水率大于40%时，顺逆流组合干燥工艺更具有突出的优越性。

2. 大豆的干燥条件

大豆含有大量的蛋白质和脂肪，种皮坚硬，这是大豆干燥时水分转移的阻力。在高温干燥介质作用下，豆粉内水分受热后压力升高，当水分不能顺利转移时，表皮容易胀裂，在干燥过度时大豆粒会变成两半。大豆干燥只能采用更软的干燥条件，用塔式干燥机进行干燥作业比较好。

3. 小麦的干燥条件

小麦干燥要保证其品质，而小麦干燥后的品质是以其面筋含量及面筋质量为检验指标的。不同品种的小麦面筋含量也不同，硬质小麦蛋白质含量高，面筋的比延伸性强，表面密实，不容易干燥；软质小麦面筋的比延伸性差，表面松散，易干燥，可采用较强的干燥条件。目前，小麦商品粮干燥多用混流式干燥机进行作业。

4. 水稻的干燥条件

水稻籽粒由坚硬的外壳、米粒及稻糠组成，在干燥时外壳起着阻碍籽粒内部水分向外转移的作用，这决定了水稻是一种较难干燥的物料，具有不同于其他谷物的干燥特性。同时，水稻又是一种热敏性物料，在干燥过程中由于籽粒内部水分梯度产生应力，很容易产生爆腰。采用顺、混流干燥加缓苏的复合干燥工艺，它是针对水稻干燥特点，经过研究、试验提出的新工艺。

谷物干燥机的选择要根据烘干作物的特点进行。大多数谷物的流动性和抗摩擦能力都较强,可以选择空气对流的干燥方式进行干燥;若谷物的含水量较高,可选用顺流式干燥机进行干燥;若希望尽量降低干燥过程中的谷物热损伤,可选用混流干燥机进行干燥作业。为提高干燥过程中的合理性,很多新式的谷物干燥机配备了自动化控制程序,对于经济条件能够接受的地区,自动化的干燥过程不仅减轻了人力劳动负担,更保证了谷物的干燥品质。此外,谷物干燥机的选择还要根据场地条件、电源电压等进行选配,以免出现购买后无法使用的问题。

11.5 谷物干燥机安全使用规程

11.5.1 谷物干燥机操作规程

1. 谷物干燥机调试

1) 装粮

(1) 按设备的启动顺序,依次开启干燥前工段的进粮斗式提升机、带式输送机。待设备空载运转 30 min 左右,经观察运转平稳无异常情况,再将烘前仓的出料口电动闸门或手动闸门打开。要控制好出仓的湿粮流量,不得超过输送设备的额定产量。在刚开机的一段时间里,流量一般要适当小一些,逐渐将流量增大到设备的额定产量。设备负载运行时,要密切观察各设备的运行状态是否平稳,有无异常声响,如有异常要及时判明原因,进行调整和修理。

(2) 在开始向干燥机内装湿粮的期间,如果原粮的水分较高,而环境温度很低时,应采取短时间开动排粮机构的方法,保持适量排粮,防止因原粮在干燥机内静止时间过长而发生冻结堵塔的问题。

(3) 当装粮料位达到储粮段的低料位时,开启热风风机向干燥机内送热风。根据环境温度、湿粮水分、粮温、粮食品质等因素,参照操作经验的有关数据,确定热风温度和排粮机

构的排粮量,排粮板式排粮机构还需确定间隙高度,四角间隙要一致。在开启排粮装置之前,要将干燥后工段的带式输送机、斗式提升机、振动筛(圆筛)全部启动。

(4) 在干燥塔上几段加热段送热风后,要密切查看上几段加热段排气口的排气情况。排气口有大量水蒸气排出后,适时将下几段加热段的热风机开启,向下几段加热段供给热风。

(5) 一般两台加热风机的供热风温度应有 20 ℃ 左右的温差,如果两台风机热风温差达不到 20 ℃,可打开第二台热风机进风管上设置的配风门,配冷风调节热风的温度,以达到温度差的要求(如上操作是对配备两台及以上热风机的调整方法)。

(6) 当所有排气口全部都有水蒸气排出后(适于排气段裸露的干燥机),开启冷风机,对干燥机内干燥后粮食进行冷却处理。至此,完成开机调试过程。

2) 调试

(1) 以量出定入,使干燥机内的装粮高度始终保持在储粮段的高、低料位之间,尽量避免该段的储粮高度在高、低两个料位间交替变动,采用进料流量恒定的进料方式。根据排粮的流量水平,调节烘前仓出口的手动闸门的开口,将出仓湿粮的流量控制在适宜干燥机储粮段装粮高度的要求。

注意:电动闸门要处于常开状态,尽量不使用电动闸门来控制流量,电动闸门只限于在紧急情况下需要快速切断供料时使用。

(2) 在设有干燥后粮食回流工艺的系统中,在干燥机刚排出干粮的阶段,可能在一段时间里会有粮食水分不稳定的情况,这种情况是因有部分半干粮参与了回流后,再次返回干燥机所致,属于正常现象。此时应不要急于调节排粮速度,要密切观察出机干粮的水分情况,待水分比较稳定后,再根据测定的干粮水分与所规定的水分标准的差别,调整排粮速度,直至干燥后干粮含水率符合标准。

(3) 经过一段时间调试后,确定最佳参数,使干燥机达到稳定、正常、无故障运行。

2．谷物干燥机操作运行

（1）在干燥机运行过程中，应保持热风温度稳定，波动范围为±5 ℃（最高热风温度推荐值见表11-5）。

（2）当入机粮水分变大（小）时，逐步调慢（快）干燥机排粮机构的变频调速器或电磁调速电机，使出机粮食流量变低（高），确保成品达到安全水分。

（3）应优先调节排粮流量，热风温度一般不作为主要调节对象。

（4）经常观察各层废气排出情况，判断干燥状态是否正常，如发现异常，应及时查找原因解决问题。

（5）在干燥过程中，经常检查干燥机排粮机构是否畅通，如发现排粮机构堵塞，应及时清理，防止干燥机内粮食流动不畅形成死角，使粮食过度干燥而着火。

表 11-5　最高热风温度推荐值　　　　　　　　　℃

粮食种类	粮食用途	热风最高温度		
		顺（逆）流	横流（错流）	混流
玉米	饲料	160	120	130/140
	食品	140	80	110
	淀粉	100	70	80
稻谷	制米	80	54	65
小麦	制粉	100	65	80

注：上述推荐值是在环境温度≥−20 ℃，玉米降水幅度不大于10％，稻谷、小麦降水幅度不大于5％时给定的，仅供参考。

3．操作注意事项

（1）干燥机内粮食温度最高不要超过55 ℃，以保证干燥后粮食品质正常。

（2）干燥机内粮层高度必须保持在储粮段的高、低料位之间，不得低于低料位，否则会产生上层干燥段漏气现象，严重影响正常干燥作业后粮食水分，造成水分超标事故。

（3）大功率风机启动时，风机进风风门必须是完全关闭状态，开机前必须检查确认无误后，方可启动风机，待风机转速正常，运行平稳后再将风门渐渐开启到最大的位置并固定。风机停止运转后，要将风门关闭，避免发生风机在满负载状态下启动，引起电动机过载，绕组发热被烧毁的事故。

（4）湿粮中混入的各种杂质要清理干净。在寒冷冬季生产时，要将混入湿粮的雪、大小冰粒、泥土等杂质清除干净，防止在输送过程中挂积在斗式提升机的底座、机筒壁上及溜管转角处引起堵塞，或停机后将斗式提升机的底滚筒轮与机壳内壁冻结在一起，造成开机故障和检修障碍，影响生产。

（5）在干燥期间，要根据系统的运行及原料含杂质情况，每隔一定时间进行一次清塔。清塔时，将干燥机内粮食全部放空，检修人员进入塔内，逐层清理粘挂、堆积在角状盒、塔角及热风进口处的杂质或粮食。

（6）在干燥运行中，操作人员要经常对系统各工序的机械设备进行认真巡查，观察各设备的运行状态是否正常，风机运行是否平稳，电动机、减速器的温升是否在正常范围，各减速器油箱内的润滑油位情况，机械运行声音有无异常，提升设备的回料量是否增大。发现异常情况及时查找原因，避免设备带病运行造成故障。

11.5.2　谷物干燥机维护和保养

1．谷物干燥机的维护

每个干燥季节之前，应组织技术力量对粮食干燥机及其相关机械设备进行一次大检修。主要包括角状盒、扩散器、通风管道、轴承、通风机外壳和叶轮、各连接处、易损件以及清理设备、输送设备的易磨损零部件等。

1) 检查干燥机主体

(1) 检查干燥机各段法兰连接处,冷、热风管道法兰连接处是否严密、牢固,保温外皮是否完整。检查干燥机内各段热风进风口有无杂质异物堵塞,进风口与衬板连接的焊缝是否牢固、严密,有无腐蚀磨损。

(2) 检查干燥机各紧急排粮门的密闭情况,紧急排粮门的开启要灵活,不得有卡死现象,向干燥机内装粮前一定要将紧急排粮门关闭并锁紧。紧急排粮门关闭后应严密无缝隙,锁紧装置应牢固可靠,紧急排粮门在干燥机内装粮后要保持密封状态,装粮后不得漏气,如有缝隙要用石棉绳塞严。

(3) 检查干燥机内的所有角状盒、通风节、孔板与支架的搭接是否牢固,上面有无刮挂铁丝、袋线、草棍等影响粮食流动的杂质异物。

(4) 检查储粮段内的拉杆是否变形严重,两端与衬板的焊缝是否牢固。

2) 检查干燥机排粮机构

(1) 检查排粮机构传动装置的安装状态是否完好,链轮、链条或联轴器、拉杆、销轴等部件有无过度磨损,运转部件转动是否灵活。

(2) 对于栅板式、振动式、翻板式排粮方式还需检查托粮板是否变形、排粮板是否对中、间隙是否一致,运转部件转动是否灵活,弹簧是否失效。

(3) 检查叶轮式排粮机构叶轮上是否有杂物缠绕,如有应清除。

(4) 检查排粮斗内有无杂质、异物堵塞现象。

3) 检查干燥机附属部分

(1) 检查、测试料位器动作是否可靠。

(2) 检查减速器中润滑油的油位是否适当,偏心轮内轴承润滑油脂是否加注。

(3) 检查冷、热风机的调节门,配风阀的开关是否灵活到位,是否能够在任意位置上停留定位。

(4) 检查风机的进风侧、传动侧的墙板有无因变形或螺栓松动而产生缝隙,如有缝隙,要将松动的螺栓拧紧。如螺栓已拧紧仍有缝隙,用石棉线将缝隙塞严,防止漏风损失能量。

(5) 装有在线水分测试装置的干燥系统,在开机前要把水分传感器重新定标。在整个干燥期内,要根据环境温度的变化情况及时定标。当仪器测试的水分值精度误差过大时(与标准烘箱法对照),应重新定标,确保仪表精度误差在 $\pm0.5\%$ 以内,正确指导生产和操作,保证干粮水分在确定的标准范围。

(6) 要将待干燥湿粮中混入的杂质清理干净,不得有麻袋线、塑料绳、秸秆及大型杂质。

(7) 在接收湿粮时,要按小于 3% 的水分差分别存放粮食并混合均匀。

2. 谷物干燥机的保养

(1) 干燥系统内的其他设备必须严格按设备使用说明书中的"维修与保养"要求执行。确保整个系统在使用期内正常工作。

(2) 机械排粮机构的传动装置采用脂润滑,每两个星期应加注一次润滑脂。冬季生产时,采用脂润滑的传动机构,启动前应先加热,或采用防冻润滑脂,防止因润滑脂凝固损坏电机。

(3) 各轴承在每个干燥期应全面进行一次检修、清洗、注油,以保证设备能够稳定、连续、安全运行。

(4) 各稀油润滑部位的润滑油,首次运行 $200\ h$ 后,应将箱体内的油全部放出,并加柴油清洗,全部清洗干净后,再加新润滑油,以后每个干燥期应更换一次。

(5) 每组三角带都应按要求配满,更新三角带时要整组更换,以保证各根三角带承受的拉力均衡。

(6) 每次检修电机后,启动前都应先用手盘动,再启动电机,并观察有无异常现象发生。

(7) 每个干燥期结束时,用 $80\sim100\ ℃$ 热风吹 $0.5\ h$ 左右,对干燥机内部进行干燥,并对粮食干燥机体进行全面彻底清理,去掉脏物、异物。卸下所有三角胶带,入库吊挂存放,以备下个干燥期继续使用。各传动部件的轴承和减速器内部要清洗注油,以防夏季生锈,做好设备外表面防腐处理工作。

11.6　谷物干燥机常见故障及排除

11.6.1　谷物干燥机常见故障及处理

谷物干燥机在使用中出现故障应立刻停止作业,查明故障部位,判断其产生的原因,并采取相应的措施及时进行排除,如果置之不理,往往会酿成严重事故。谷物干燥机常见故障原因分析及排除方法见表11-6。

表 11-6　谷物干燥机常见故障原因分析及排除方法

现　象	原　因	排　除　方　法
有个别糊粒或粮食色泽变暗	①塔内局部有异物堵塞或粮食结拱;②热风温度过高	①排除异物或停止进粮,排粮清塔;②降低风温
降水量变小	①塔内未装满粮;②风机反转;③风机丢转;④热风温度低	①加大进料流量;②调换电机电源接线相位;③张紧三角带;④提高热风温度
降水不均	①排粮速度不一致;②进机湿粮水分差≥3%;③排粮板间隙不一致;④热风温度不稳定	①排除滞留因素;②分批次进料;③将间隙调整一致;④司炉稳定,确保风温变化范围为±5 ℃
叶轮不转	①调速电机不转;②链条断;③硬大物卡死叶轮;④链轮轴键严重磨损	①排除短路、绝缘损坏等故障,更换热保护;②连接上链条;③打开检视孔,取出杂物;④更换新轴键
排粮不均	①六叶轮与侧分粮板之间有堵塞物;②六叶轮与侧分粮板间隙不一致	①清除堵塞物;②调整六叶轮与侧分粮板间隙,使两排粮段的六叶轮间隙一致
角盒外端漏粮	①风量过大;②角盒立边与侧板有大间隙	①关小相应风机风门开度;②校正焊好角盒立边
全部电机不工作	①电源缺相;②控制线路保险烧坏;③控制线路断路	①接通电源;②换保护元件;③将断线接好
湿风	风道连接处变形,导致密封不严	矫正连接处或加密封垫
粮粒破碎	①干燥过度;②提升机调整不当	①检查水分,降低热风温度或加大排粮量;②调整提升机
热风温度低	①热风炉内积灰尘过多;②引风机转速低	①停机清理;②调整传动皮带的松紧度

11.6.2　谷物干燥机特殊问题的处理

1. 故障与长期停机如何处理

(1)故障停机按以下步骤处理:

① 关闭作业点前的所有联动设备,干燥机停止进粮。

② 可不必熄灭热风炉,关闭鼓风机,当烟气温度降至300 ℃以下时,关闭所有热风机。

③ 关闭排粮电机,停止排粮。

④ 停机后,每2 h应排粮2～3 min,防止粮食板结,如环境温度很低,应增加排粮次数,防止干燥机内粮食结冻。

(2)因临时停电造成停机时,对热风炉进行紧急降温。

(3)重新开机时,应按下列步骤进行:

① 热风炉升温。当换热器进口烟气温度未达到300 ℃时,不能进行干燥机的操作。

② 热风温度达到要求时,开启干燥机后续设备,开启排粮电机,开启干燥机前进粮设备。

③ 热风机启动,干燥系统进入正常操作。

（4）长期停机按以下步骤处理：

① 当机内只剩最后一塔湿粮时，从前至后依次关闭干燥机前的各道设备。

② 随着干燥机内粮食逐渐减少，逐步减少热风炉的加煤量，停炉，熄灭炉膛内的余火，自上而下关闭热风机及进风闸门。

③ 保持冷却风机开启，直至粮食完全排出干燥机，关闭冷却风机。

④ 关闭干燥机的排粮机构。

⑤ 从前至后依次关闭干燥机后的各道设备。

⑥ 关闭除尘系统。

2. 干燥塔着火如何处理

（1）当干燥机内着火时，应进行以下操作：

① 立即关闭冷热风机。热风炉按故障停炉处理。

② 打开着火点附近紧急排粮口，排出粮食及燃烧的火块。

③ 清理干燥机内着火点附近的残余物，分析原因，及时处理。

（2）预防干燥机着火应做好以下工作：

① 加强原粮清理，防止干燥机内堵塞。

② 初始干燥时，应保证干燥机内粮食流动（干燥高水分粮时，切忌闷塔）。

③ 热风温度不能超过限度，防止因降水速度过快，粮食被过分干燥而起火。

④ 干燥机各连接处及检修门不得漏风，以防高温气体短路，局部粮食过度干燥而起火。

⑤ 吸入式换热器不得有破损，以防跑火。

⑥ 清塔要清理彻底，防止残余物被热风吹着火。

3. 清塔

在干燥期间，根据原粮含杂、干燥后粮食品质、操作运行等情况，决定清塔的周期。在干燥作业中，如出现明显烘糊、烘伤粒，分析原因，如有必要应停机清理。在每个干燥期结束后，应对干燥机进行清理。

清塔时将干燥机内粮食排净，维修人员由检修门进入干燥机内，逐层清理干燥机内各种杂质，特别是清理排粮机构处的大型杂质，并检查角状盒状况，对变形和损坏的角状盒应及时更换。

参考文献

[1] 中国储备粮管理总公司,辽宁省粮食科学研究所.粮食干燥系统实用技术[M].沈阳:辽宁科学技术出版社,2005.

[2] 衣淑娟,侯雪坤.谷物干燥机械化技术[M].哈尔滨:黑龙江科学技术出版社,2008.

[3] 高翔.谷物干燥机使用与维护[M].北京:中国三峡出版社,2008.

[4] 孙鹏,陈海涛,陈武东,等.国内外混流式干燥机现状、问题及发展趋势[J].农机使用与维修,2014(8):36-37.

[5] 汪世民,丁亚琳.谷物干燥机的现状与发展趋势[J].江苏农机化,2011(5):30-31.

[6] 毕文雅,张来林,郭桂霞.我国粮食干燥的现状及发展方向[J].粮食与饲料工业,2016(7):12-15.

[7] 洪露.谷物干燥机研究现状及发展趋势的研究[J].机械装备,2018(3):69.

[8] 陈华,吴文福,息裕博.谷物干燥机研究现状及发展趋势[J].农业与技术,2016,36(11):61-62,74.

[9] 曹崇文,何金榜.国外谷物干燥设备的发展趋势[J].现代化农业,2002(1):40-43.

[10] 闫汉书.粮食干燥技术现状与发展思路探讨[J].粮食储藏,2007(6):29-32.

[11] 刘攀,张虎,张玉龙,等.粮食干燥机的现状及发展趋势[J].现代农业装备,2019(6):16-18.

[12] 赵祥涛,唐学军,张明学,等.大型粮食真空干燥设备的研究开发及应用[J].干燥技术与设备,2009,7(5):219-223.

[13] 陈延龙.谷物干燥机的工作原理及规范使用方法[J].农机使用与维修,2019(1):37.

[14] 杨瑾瑜,崔志富,胡著,等.5HSH-500型谷物烘干机使用过程中的注意事项[J].现代化农业,2018(12):64-66.

[15] 戈永清,肖桃秀,邹玉梅,等.谷物干燥机械化技术及相关基础知识[J].农机科技推广,2013(10):46-48.

[16] 陈新荣.谷物烘干机的选择、应用与维护技术要点[J].新农村,2013(9):36-37.

[17] 周洪花.谷物干燥机的正确使用与维护[J].农机使用与维修,2017(9):36.

第12章

谷物清选与种子加工机械

12.1 谷物清选机械

12.1.1 概述

1. 定义与功能

谷物清选是指通过一系列机械作业的方法,把经脱粒装置脱下和分离装置分离出来的谷粒中混有的茎秆、颖壳、尘土、杂草种子等杂物以及劣质种子清除,并分成不同大小和质量级别,使谷粒成色达到一致。清选后的谷物种子,籽粒饱满均匀,不仅生长能力强,而且有利于机械精量播种,统一收获,提高粮食的质量和产量。

2. 发展历程与沿革

我国对粮食清选机械的研究、生产起步较晚。20世纪50年代引进首批样机,最早的产品是手动风车、溜筛,生产效率低、清选效果不佳;60年代的产品是电动扬场机,虽提高了生产效率,但清选效果仍不理想;70年代开始对粮食振动分选机、滚筒筛选机的研制,并且引进国外先进样机,进行测绘、仿制,生产出两种国产谷物清选单机,并分别命名为5XF-1.3A型风筛清选机和5XZ-1.0型重力清选机;80年代,进入了新的发展阶段,在引进消化国外清选机械先进技术的基础上,研制出了具有一定先进水平的粮食清选加工机械,到1989年,全国拥有谷物清选机8480台,清选的作物也从麦类、稻谷、玉米扩大到高粱、谷子、豆类、麻类和绿肥,使用的范围也由试点县发展到全国各省、自治区、直辖市各级种子公司(站);进入90年代,新技术、新产品、新工艺不断涌现,为粮食清选加工业的发展提供了技术保证。

经过半个多世纪的发展,基本形成了具有我国特色,适应我国广大用户需要,品种规格较齐全,自行研究和生产的加工体系。已研制成几十种中小型单机产品和十多种加工成套设备,并得到逐步推广应用,产生了一定的社会效益。比较好的产品有石家庄市绿炬种子机械厂生产的5XJC-3A种子清选机,无锡市天地自动化设备厂生产的5X-3风筛式种子清选机,青岛亚诺机械工程有限公司生产的5XD-3.0风筛式清选机,佳木斯联丰农业机械有限公司生产的5XF-15复式清选机,石家庄三立谷物清选机械有限公司生产的5XZC-3A种子清选机,石家庄市科星清选机械有限公司生产的5XZC-5种子清选机,河北省种业集团种子机械有限公司生产的5XZ-3种子清选机。

国外谷物清选机械的发展起步于第二次世界大战后,比较著名的生产厂家有德国佩特库斯(PETKUS)公司,该公司生产的单风机矩形台面的重力式清选机,采用多联离心风机,噪声略高但分选效果明显。我国从20世纪80年代初至今引进该公司的产品。丹麦兴百利(CIMBRIA)集团股份公司的DS系列风筛式清选机和GA系列比重(重力)清选机,具备了高效特点,很适合种子加工流程配置。丹麦外斯特鲁普(WESTRUP)公司生产的三角形台面的KA-2200型比重清选机在我国有少量引进。奥地利海德(HEID)公司主要生产比重清选机和窝眼筒清选机,20世纪80年代被丹麦兴百利集团股份公司收购,但公司仍保持自己的品牌,在专业产品上不断创新,其独具特色的比重(重力)清选机具有高效、节能和低噪的特点。美国奥利弗(OLIVER)公司主要生产比重清选机和去石机,从1897年生产第一台现代比重清选机开始,其产品已得到广泛应用,我国引进较多。加拿大LMC公司的比重清选机和风筛式清选机与众不同,能耗和噪声较低是其最大特点。比重清选机采用阶梯状分选台,可适应不同大小的种子,不用更换台面,其产品在我国只有少量引进。

20世纪70年代以来,风筛式清选机在一些发达国家有了较快的发展。其中西欧、北美的一些国家,如丹麦、瑞典、奥地利、瑞士、意大利、德国、美国等,在生产和使用方面均居领先地位。目前,制造风筛式清选机的厂家很多,其中以美国的布朗特(BLOUNT)公司、德国的勒贝尔(ROBOR)公司、丹麦的达马斯(DAMAS)公司、意大利的巴拉里尼(BALLARINI)公司历史较为悠久。它们生产风筛式清选机已有100多年历史,其产品经久耐用,性能可靠。这些公司的产品除满足国内需要外,还远销世界各地,它们在技术上各有发展,产品也各有特点。

复式清选机有近百年历史,国外产品主要由德国、美国的卡特公司及奥地利的海德公司等生产。由德国佩特库斯(PETKUS)公司研制的U60通用型清选机适用于小麦、牧草等小粒种子的处理加工,同时该公司也是目前世界上最大的清选机制造商。

目前,在欧美发达国家已形成多种系列化的种子清选机,产品具有清选净度高、分级效果好、工艺精良、性能稳定、可靠性强、噪声低的特点,除传统的机械调节外,现已开发出液压调节系统,操作更加灵敏。

3. 国内外发展趋势

从世界范围内看,随着生物技术、生产技术的提高,各种谷物的产量不断增加,谷物清选机向着大型化、机电一体化、智能化、更可靠、更安全的方向发展。

1) 工作质量高

比如欧盟,风筛清选机经过多年的技术改进,双筛箱、双风道、多筛层成为主流产品,在工作参数和性能的调节上越来越细致,产品趋于系列化和大型化。比重式清选机方面,开发了振动平衡机构,改进了气流工作系统,台面上使用非线性分布导风板和多翼风机,提高了风机效率和清选效果。

在谷物机械化收获中,清选损失是构成机械化收获损失的主要部分。清选装置的结构等参数都对损失产生重要影响,对清选装置的研究有助于降低损失,提高机械化收获效率。当前的研究动态侧重于以下几个方面:清选气流场的研究多采用实验与计算流体动力学(computational fluid dynamics,CFD)仿真模拟相结合的方法,省时且高效;在对脱出物的运动研究中,借助仿真手段对不同脱出物运动做了模拟研究;在结构参数方面,对风机、曲柄转速和曲柄半径等做了实验研究。然而,这些研究没有考虑物料的清选气流场模拟,物料运动模拟模型过于单一,没有表达出真实的运动情况,结构参数多集中在振动筛和风机的研究方面。

2) 生产智能化

一些发达国家不断将高精尖技术应用到农业机械上来,农业机械正向智能化方向发展。在设备的操作方便性方面,国外重力式清选机都设置了仪表,能直接显示调节数据,不停机集中控制,使其操作方便、灵敏、智能化加强。

3) 操作安全

我国的谷物清选机为了弥补自身不足,主要在基本结构装置上做了改进,如对主要清选部件清选筛筛片、清筛机构、减震系统进行改进,对传动系统进行改进。当前的清选机有些采用双振动电机驱动,可改用两台型号规格完全相同的振动电机同步驱动。采用正压多联风机结构降低了噪声，风选效果好。采用封闭筛箱或全封闭钢架结构，以增强安全防护性。

12.1.2　分类

谷物清选机械类型很多，一般的分类方法有以下几种。

1. 按清选原理分

（1）常规清选机械：利用清选对象组成部分之间的物理机械特性的差异进行分选。主要有风选、筛选、风筛选、风筛窝眼选、比重选、窝眼选、风筛比重组合选、光电选、之形板选、螺旋分离器等 10 余种几十个产品。现在应用广泛的清选机有风筛式清选机、比重式清选机、窝眼筒式清选机、复式清选机四大类。

（2）电分离法清选机械：按生物学特性（种子发芽率、活力等）进行清选分级，主要有介电式、电晕式和静电式清选机械。

2. 按结构特点分

（1）简式清选机：具有一种清选部件，按照一种原理进行清选。比如风选机、筛选机、窝眼选种机、电磁选种机、光电比色选种机等。一般说来结构简单，价格低廉，只能按照种子的某一个特性来分离。

（2）复式清选机：由两种以上清选部件构成，可按种子的几种特性进行分离清选。复式清选机通常采用风选、筛选和窝眼筒选三种部件的组合。可以用更换工作部件的方法来适应不同种类和品种的种子清选，清选质量高，适应性强，能分离用一种特性难以分离的种子混合物。但结构复杂，价格较贵。

3. 按使用要求分

（1）预清机：也称粗（初）清机。主要用来清除种子中特大、特轻、过小的杂物，如碎茎叶、断穗、土块、石块、砂粒、草籽等。主要用在粮食的入库前清选、种子加工厂的第一道工序等。

（2）清选机：是清选质量比预清机更高的清选机。用于进一步清除预清中还未除掉的其他杂质和不宜作种子的谷粒。主要用于种子分级前的清选（细清）。

（3）精选分级机：用于进一步清净种子，并把合格的种子按标准分级。

4. 按安装形式分

（1）固定式清选机：固定安装在一个地点而不移动。特点是不需专门的机架，工作部件可直接安装在建筑物的各部位，互相间用输送装置联结起来。这种安装形式多用于种子加工厂中，可以按加工工序的要求排列各工作部件，合理地利用厂房空间。

（2）移动式清选机：装有轮子，转移方便，可巡回加工，提高机器利用率，降低成本。

（3）复合式清选机：装有可拆卸的轮子，工作时可卸掉，转移时装上。

12.1.3　谷物清选机械工作原理及组成

1. 工作原理

清粮装置和复式清选机的清选原理，都是利用清选对象组成部分之间的物理机械特性的差异将其分开的。机械清选最常用的主要是按照谷粒的几何尺寸、空气动力学特性及比重特性进行清选。

1）风筛式清选机

风筛式清选机主要利用谷粒与夹杂物的几何尺寸和悬浮速度差异进行清选和风选。筛选是根据物料几何尺寸的差异，配置适当规格的筛片，在筛片往复运动下达到分离的目的。筛选同时利用悬浮速度的差异去除轻杂。风筛式清选机主要用于小麦、大豆、玉米等谷粒的初选和基本清选。

2）比重式清选机

比重式清选机主要利用物料中各成分的比重不同进行分离。当具有一定压力的空气流过种子时，物料因与空气质量不同而进行升降分层，筛面的振动推动与筛面接触的较重谷粒从进料端至排料端由高处走，而较轻的成分向低处走，从而达到分离目的。比重式清选机主要用于清选谷粒中外形尺寸与其相同而比重不同的各类轻杂和重杂。如虫害的种子，发霉、空心、无胚的种子，以及碎砖、土、石块、砂粒等。比重式清选机既可单机使用，也可为种子加工厂及种子处理中心配套使用。

3）窝眼筒式清选机

窝眼筒式清选机主要利用谷粒在窝眼筒作旋转运动时,谷粒、杂质长度尺寸和运动途径的不同来达到分离长杂、短杂的目的。喂入筒内的谷粒进入窝眼筒底部时,要清除的草籽、碎籽粒等短杂陷入窝眼内并随旋转的筒上升被排出,而未入窝眼的谷粒则沿筒内壁呈螺旋线轨迹向后滑移并从另一端排出,长杂沿窝眼筒轴方向移动并从另一端排出。在种子加工流程中,窝眼筒式清选机既可作为分离长短杂的精选主机,又可作为精选中的种子分级机使用。

4）复式清选机

复式清选机主要是利用物料的外形尺寸和空气动力学特性进行精选。首先,通过改变吸风道截面积的大小,得到不同的气流速度分离轻重杂质,然后利用种子和混杂物几何尺寸的差别,通过一定规格的筛孔来分离杂质和瘦弱籽粒,最后通过窝眼筒按种子的长度不同分离长杂、短杂,达到分离的目的。

2. 结构组成

谷物清选机械结构主要包括进料装置、清选装置、除尘装置、清筛装置、送料机构、动力系统、平衡装置等。不同清选原理的谷物清选机主要是清选装置的不同,图 12-1 为典型风筛式清选机的结构简图。

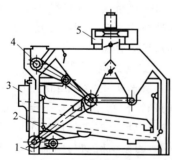

1—机架；2—驱动装置；3—筛箱；
4—喂料装置；5—风力除杂系统。

图 12-1　风筛式清选机结构简图

该机主要由喂料装置、风筛清选装置、驱动装置、风力除杂系统和机架等组成。电机同时为清选装置的筛箱和风机提供动力,电机驱

动筛箱底部偏心传动机构带动筛箱作往复回转运动。风机的出口同布袋除尘装置连通。清选筛底部装有清筛装置,防止筛孔堵塞。

工作时,含杂谷物通过喂料控制闸板进入风力除杂系统的进口吸风道,把物料中的粉尘、瘪籽等轻杂通过除尘和轻杂排出装置清除出去,接着物料落到筛箱筛面上,在筛箱往复振动作用下将大杂、中杂、小杂从谷物中分离,轻质泥沙、杂草屑等细小杂质经出口吸风道被再次吸出。

1）清选装置

利用谷粒和混杂物之间物理机械性质的差异而将它们分离。如采用风机按谷物与夹杂物的空气动力学特性——临界速度的不同进行分离；采用长孔筛和圆孔筛按厚度和宽度尺寸不同进行分离；采用窝眼筒或窝眼盘按长度尺寸不同进行分离等。

（1）清选筛

筛子是种子清选中应用最广的工作部件。混合物在筛面上运动,由于混合物中各种成分的尺寸和形状不同,就有可能把混合物分成通过筛孔和通不过筛孔的两部分,以达到清选的目的。常用机器上应用的筛子有三种型式：编织筛、鱼鳞筛和冲孔筛(见图 12-2)。这三种筛子各有优缺点,需要根据不同的工作要求和制造条件来具体选用。

编织筛是用铁丝编织而成的,制造工艺比较简单,对气流阻力小,有效面积大,对风扇的通风阻力小,所以生产效率很高,在清选装置中一般适宜作上筛。这种筛由于孔形不准确,并且不可调节,主要用于清理脱出物中较大的混杂物。

鱼鳞筛常用的是由冲压而成的鱼鳞形条片组合,筛孔尺寸是可以调节的,这样在使用中不需要更换筛子,就能满足不同作物清选的需要,但制造工艺相对复杂。另一种是在一块铁皮上冲制出鱼鳞形状的孔洞来,因而筛孔尺寸不能改变,工作的适应性较差一些,但制造简单,便于生产。鱼鳞筛分离谷物的精确度和编织筛相仿,它的最大优点是不易堵塞,所以适用于作清粮机的上筛。

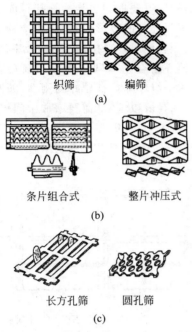

织筛　　　编筛

(a)

条片组合式　　　整片冲压式

(b)

长方孔筛　　　圆孔筛

(c)

图 12-2　筛面型式

(a) 编织筛；(b) 鱼鳞筛；(c) 冲孔筛

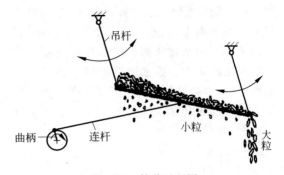

图 12-3　筛分过程图

冲孔筛是在薄铁板上冲制孔眼而成，常用的孔眼形状有圆形孔和长方形孔两种。这种筛子孔眼尺寸一致，分离谷粒比较精确。因谷粒和混杂物都有长、宽、厚三个基本尺寸，利用它们在这方面存在的差异性就可以进行谷物清选。圆孔筛可使谷粒按宽度分选，长方孔筛可使谷粒按厚度来分离。冲孔筛的筛片坚固耐用不易变形，但有效面积小，生产效率稍低，不适于负荷大的分离工作，一般作下筛比较适宜。分选荞麦、菠菜等四棱形的种子时，其筛片是带三角形孔的。

清选筛由筛架、筛子和支杆等组成。如图 12-3，筛片被左右等长（前后经常也等长）的吊杆或撑杆铰连在机架上，由筛—吊杆—机架构成平行四杆机构，在曲柄连杆机构的驱动下，筛面作往复振动，尺寸小于筛孔的杂质和籽粒穿越筛孔落下，大于筛孔的沿筛面多次往复运动之后，逐渐移到底端滑出，达到分离目的。

一片筛子只能将物料分成大小两部分，如要同时去除大杂和小杂，或过大和过小的籽粒等，就要用上 2 片、3 片甚至更多的筛子。筛架

有单筛架（上下筛装在一个筛架上）和双筛架（上下筛分别装在两个筛架上相对摆动）两种。清选筛的上筛为颖糠筛，下筛为谷粒筛。上筛主要把碎秸秆、颖糠、断穗等分离出来；下筛将碎杂余物排出，筛选出干净谷粒。上筛后端连接可调节倾角（8°～30°）的尾筛，用以筛漏断穗。筛子倾斜安装在筛架上，后高前低，双层筛的倾角为 2°左右，单层筛为 4°～7°。筛子摆幅为 35～60 mm，频率一般为 250～300 次/min，小摆幅所对应的频率应稍大些。上、下筛的振动幅值比为 2∶1。

筛选时除要根据原始物料和清选要求的不同，细心选定筛子的孔型和孔径外，还需对筛子的倾角以及驱动筛子振动的频率、曲柄半径和振动方向角等进行调节，以确保分选效率、生产率和分离完全度等为最佳。筛孔堵塞会使有效筛分面积减少，降低分离完全度，除配备清筛机构外，操作时需定时观察筛面情况和检查清选机构工作是否正常。

按照筛子的运动方式，筛选机分为往复振动筛、圆筒筛、平面回转筛等形式，其中往复振动筛和圆筒筛的应用最多。

① 往复振动筛

往复振动筛的结构如图 12-4 所示，它主要由电机、偏心机构、筛体、机架等部分组成。工作时，电机带动偏心机构转动，三层筛随之振动，当需要清选的种子从喂料斗流到第一层筛子上时，第一层筛子将种子与大的杂物分离开，大杂物留在第一层筛面，并沿筛面从筛子的尾部排出。通过第一层筛子的种子下落到第二层筛子，第二层筛子将第一级大种子与比

种子小的杂物及第二级小种子分离,第一级大种子留在筛面上,从第二层筛面的尾部排出,小种子及小的杂物从第二层筛面的筛孔下落到第三层筛面上。第三层筛子将小种子与小杂物分离,小杂物通过筛孔下落,第二级小种子从第三层筛面的尾部排出,完成种子的清选分级。

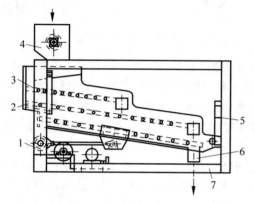

1—偏心机构;2—筛体;3—清筛橡胶球;4—喂料斗;
5—吊杆;6—出料口;7—机架。

图 12-4　往复振动筛清选机

振动筛的筛层有多种组合方式。影响振动筛工作性能的因素主要有筛体的振幅和频率、筛面的倾角、筛子的面积及堵塞情况、筛孔的尺寸和形状等。振动筛必须根据所清选分级的种子大小、类型等来改变这些参数,以达到最佳的清选分级效果。

② 圆筒筛

与振动筛相比,圆筒筛具有结构简单、清理方便、分级精确等特点。由于圆筒筛的生产效率低,因而主要应用于种子的分级。圆筒筛工作时,将需要清选的种子物料从旋转着的圆筒筛进口端喂入,使其一方面在圆筒筛筛面上滑动,另一方面沿其轴向缓慢地向出口端移动,将种子物料进行筛分。

圆筒筛清选机主要由进料斗、圆筒筛组合、清筛装置、排料装置、传动装置和机架等组成。圆筒筛内有时还装有推料杆、翻料板等,以推动或翻动物料。圆筒筛本身有的是已焊接好的整筒式,有的是尚未焊成圆筒的片式。后者采用整片或者两个半片,以螺钉连接并固

定在辐盘上,以便拆卸更换。筛孔目前大多采用波纹形长孔与凹窝形圆孔,它能使种子直立起来,较顺利地通过筛孔,质量好,效率高。

圆筒筛组合则由圆筒筛片和辐盘或筒圈构成。这个组件应具有较好的刚性,如圆筒长达 1.5～2.0 m 以上,就需要增加中间辐盘(或筒圈)。辐盘之间需要用长螺杆连接加固。图 12-5 为中心轴传动式圆筒筛组合。

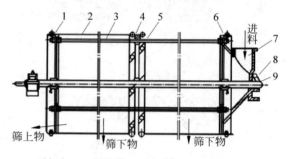

1—后辐盘;2—圆筒筛;3—加强杆;4—中间辐盘;
5—推料板;6—前辐盘;7—进料斗;8—轴承;9—轴。

图 12-5　中心轴传动式圆筒筛组合

圆筒筛的传动有中心轴传动和摩擦轮传动两种方式。中心轴传动是圆筒筛的辐盘固定在中心轴上,由中心轴带动它旋转(见图 12-6)。摩擦轮传动则无中心轴,圆筒筛由筒圈支承在几对摩擦轮上,由摩擦主动轮带动它旋转(见图 12-7)。

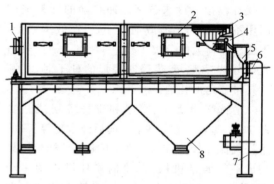

1—吸尘口;2—筒盖;3—清筛辊;4—圆筒筛;5—喂入斗;
6—传动装置;7—机架;8—出料口。

图 12-6　中心轴传动式圆筒筛清选机

(2)清筛装置

筛子在工作时,其筛孔常常被籽粒堵塞,降低分离效果。为了能及时地清理堵塞的筛孔,

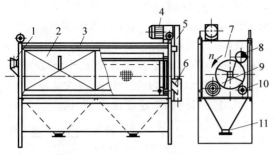

1—进料斗；2—侧盖；3—机架；4—减速电机；5—防护罩；
6—右排料斗；7—圆筒筛组合；8—刷辊；9—摩擦主动轮；
10—托轮；11—下排料斗。

图 12-7 摩擦轮传动式圆筒筛清选机(5XY-3)

在清选机的筛面下方常装有各种形式的清筛装置，主要类型有：击打式、弹球式和架刷式。

击打式清筛装置：此种方式是一种靠驱动装置驱动若干敲锤，间歇击打筛面，使筛面产生振动，而弹出堵塞在筛孔中的物料，达到清理筛孔的目的。该装置的特点是占用空间较少、结构简单、成本低，但工作时噪声较大，清筛效果不够理想，近年来在清选机上已很少选用此清筛装置。

弹球式清筛装置（见图 12-8）：此种方式是在筛面下方安置一底面带有大筛孔、分有若干方格、每格装有几个弹球的无盖方盒，此方盒在随筛箱运动时，方格中的弹球产生弹跳而敲击筛面，使堵塞在筛孔的物料弹出，达到清理筛孔的目的。该装置的特点是清筛效果较好，

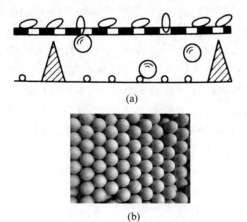

(a)

(b)

图 12-8 弹球式清筛装置和橡胶球
(a) 弹球式清筛装置；(b) 高弹性橡胶球

故障率较低，但噪声较大，且要求弹球有较好的弹力和耐候性。

架刷式清筛装置：其构造如图 12-9 所示，由刷子、支架和滚子等组成，用曲柄连杆机构驱动。扎制好的板刷安置在筛面的下方，刷毛可直接将堵塞在筛孔中的物料推出，达到清理筛孔的目的。为了能使全部筛面得到清理，架刷的摆幅 $2r$ 应大于相邻刷子之间的距离 L。该装置的特点是清筛效果好，适应环境性强，自身产生噪声低，选用此装置的清选机占 70% 以上。但该装置在清筛时毛刷要紧贴筛面（甚至插入筛孔），且架与筛面要平行直线运动才能达到预期的清筛效果，这样既增加了运动阻力、动力消耗及作业成本，同时也增加了传动装置故障率。为弥补架刷式清筛装置的不足，可用绑扎或浇注成圆柱形的滚刷来取代板刷。

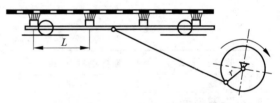

图 12-9 架刷式清筛装置

圆筒筛的筛孔在工作时经常会被种子或夹杂物堵死，使筛子工作面积减少，降低分离质量。为此，在圆筒筛外缘紧贴筛面装有橡胶辊或尼龙刷辊等清筛装置。图 12-10 为采用橡胶辊的清筛辊组合。

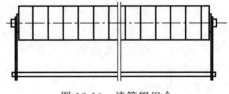

图 12-10 清筛辊组合

（3）风机

风机是气流清洗设备上的主要部件。气流清选的常用方法有垂直气流法、倾斜气流法和抛扔法三种。垂直气流清选法是利用物料中各成分的临界速度不同的原理清除混在谷粒中的杂质，主要清除颖壳、碎草等轻杂质。

由风机和气流通过的风道组成。如图 12-11 所示,在由下向上运动的垂直气流中,下部横置一斜筛,种子混合物由料斗落于斜筛上,当种子流过筛面时,受到流速为 v_1 的气流作用,将其中临界速度小于 v_1 的瘦小种子和夹杂物带到一断面扩大了的种子沉降室,在此气流速度下降为 v_2,临界速度大于 v_2 的瘦小种子和夹杂物即在此沉降落入容器;其他临界速度小于 v_2 的轻杂质和颖壳、灰尘即随气流排出机外;而符合要求的种子不会随气流上升,沿斜筛的末端流出,从而把种子混合物分为三部分。

几种物料的临界速度见表 12-1。

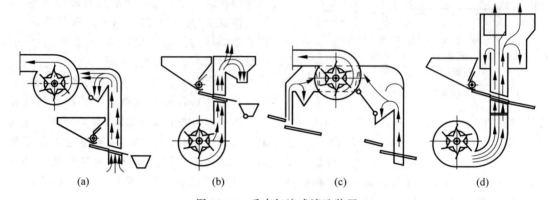

图 12-11　垂直气流式清选装置
(a) 吸气式;(b) 压气式;(c) 双吸气道式;(d) 压气双风道式

表 12-1　几种物料的临界速度

物 料 种 类	临界速度/(m·s^{-1})	物 料 种 类	临界速度/(m·s^{-1})
小麦	8.9～11.5	豌豆	15.5～17.5
瘦粒小麦	5.5～7.6	玉米	12.5～14.0
大麦	8.4～10.8	谷子	9.8～11.8
水稻	10.1	大豆	17.3～20.2
棉花种子	9.5	轻质杂草	4.5～5.6
稻麦颖壳	0.6～5.0	沙子	20.0

　　垂直气流清选法依其供给气流的方式不同,分为吹气式(压气式)和吸气式两种(见图 12-11)。吹气式是以压送的方式把气流送往清选装置,吸气式靠吸气的方式引起清选系统气流的流动。垂直气流清选法在谷物清选,特别是种子清选中应用极广。一般用来除去灰尘、颖壳或其他轻杂质。特殊清选机种有时可除去一般清选机种所难以除去的特别杂质,在分级中,可用来从已清选过的种子混合物中进一步除去轻的、瘦瘪的或病虫粒,以提高种子的容重、比重及种子的发芽率。

　　倾斜气流清选法是利用倾斜气流吹移谷粒和夹杂物的距离不同来进行分离。临界速度较大种子的落点最近,临界速度较小的瘦瘪粒的落点较近,临界速度更小的颖壳等轻杂质的落点较远。倾斜气流还可和筛子配合组成联合清选系统。这种装置在简易清选机和联合收割机上应用广泛。对清选谷物种子,在风机的出口处气流的适宜工作速度为 0.4～0.8 倍临界速度。种子喂入气流中的速度不能过大,以保证种子分配均匀,喂入斗滑板的倾角应近似等于种子对滑板的摩擦角。风机供给的气流流量和生产效率 Q 之比 $\lambda(\lambda=w/Q)$ 因种子种类而异,小麦 $\lambda=1.8$,燕麦 $\lambda=1.3$。气流的方向角和水平面呈 30° 为宜。

　　扬场机在我国已得到广泛应用,可对谷物进行初步清选和风干,生产效率高。扬场机由斗式或刮板式升运器、喂入斗、滚筒、宽橡皮带及机架等组成(见图12-12)。主动和被动滚筒相距70~100 cm,其上套有橡皮带;带的上方用压紧滚筒压紧,可将谷物抛离扬场机13~15 m处,生产效率为1~3 t/h,大型可达8~10 t/h。

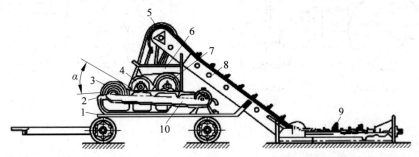

1—底盘;2—机架;3—第一滚筒;4—第二滚筒;5—大皮带罩;6—漏斗;7—第三滚筒;
8—升运机构;9—输送链;10—小皮带轮。

图12-12　扬场机

这种装置是利用空气阻力和谷粒重量来分离。当用联合收割机进行收割时,在某些地区湿度较大或谷粒中混有杂草,有使谷粒增加水分的可能时,收后可立即用它进行清粮,不仅可使谷粒清洁,且可使谷粒中水分减少。其抛掷部分胶带与水平角度倾斜为30°~35°,速度为15~18 m/s。对于饱满的谷粒抛出距离可达10 m;而较轻的杂物则由于空气阻力落于6 m以内。

在谷物清选装置上采用的风机有双面进风的农用型离心风机、单面进风的通用型离心风机和径向进气的离心风机(见图12-13)。在风筛配合式清选装置和吹出型风选式清选装置中都采用农用型风机。风机的宽度较大,采用双面进风,叶轮为4~6片直叶片、圆筒形外壳或扩展成蜗形外壳。为了使风机全部宽度内风速均匀,通常将叶片两端内部削去一角,以减弱两端气流速度,叶轮直径为350~500 mm,转速为400~1000 r/min。在风机的出风口处安装有导风板以调节气流的分布。有的谷物联合收割机,为保证沿筛面宽度获得均匀的风速,常采用径向进气风机,在同样气流条件下可缩小径向尺寸约2/5。吸出型风选式清选装置则采用通用型风机,单面进风,叶轮宽度较窄,叶轮直径为250~400 mm,转速为1600~1900 r/min,4~8个叶片,采用蜗形外壳。

传统的离心式或轴流式风机,由于受机器宽度的影响,存在横向气流分布不均匀、结构尺寸大、动力消耗大等问题,直接影响谷物清选质量和效率,而具有二维流动的横流风机(见图12-14),不受机器宽度的影响,并能产生良好的气流分布,因而近年来将横流风机用于清粮风机的研究得到广泛重视。

(4)风筛清选装置

分选与筛选组合进行清选作业的机具称为风筛清选机,它是种子加工处理机械中最常用的设备。为了提高加工后种子的质量,国内外对风筛清选机进行了不断的改进,各国生产的风筛清选机都对风选部分做了改进。为增强风选效果,采用双沉降室结构;为了适应加工小籽粒种子的需要,增设了两个进风口,可以使风速调至几乎为零;普遍采用自衡式双筛箱结构,减小了机器的振动。尽管如此,风筛清选机的基本结构没有发生根本性的变化。

风筛清选机包括风选和筛选两大部分,由机架、喂料装置、前后沉降室、前后两个吸风道、筛箱、筛片、清筛机构、排杂系统和风量调节系统等部分组成。当种子进入料斗后,在喂料辊的作用下沿筛片宽度方向均匀喂入。种子到达筛片之前,先受到前吸风道内气流的作用,把轻杂质吸走,进入前沉降室,沉降室面积突然增大,气流速度很快下降到低于轻杂质的临界速度,使轻杂质沉降下来,经排杂口排出。种子在筛箱内经过多层筛片后,靠圆孔和长孔筛片把宽度和厚度上不符合要求的籽粒淘汰。配多层筛片是为了更好地提高加工后种子的

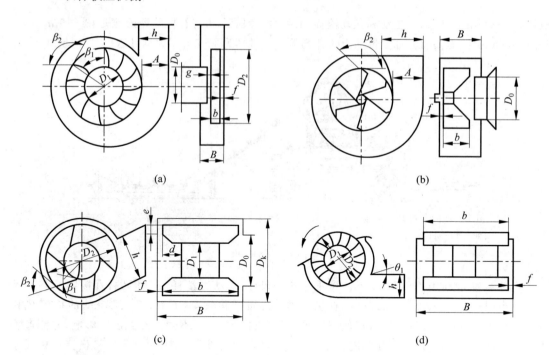

(a)　　　　　　　　　　　　　　　(b)

(c)　　　　　　　　　　　　　　　(d)

图 12-13　农用型风机简图

（a）输送谷粒高压风扇；（b）输送麦秸和颖壳风扇；（c）双面进气风扇；（d）径向进气风扇

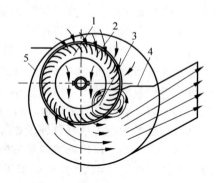

1—叶轮；2—弧形叶片；3—涡流区；4—舌部；5—后臂。

图 12-14　横流风机结构示意图

质量。经过筛选的好种子在下落过程中受到上升气流的作用，再次进行风选，淘汰出其中瘦小的不合格籽粒，经后吸风道进入后沉降室，沉降后排出。风筛清选机的喂入部分是造成种子破损的主要部分。风筛清选机的工作状况如图 12-15 所示。

图 12-16 所示为 5XFS 系列风筛清选机。通过风选并根据重量不同，分离出物料中的粉尘和轻杂质；通过精密冲孔筛并按照颗粒的宽度、厚度等差异，去除物料中的大、小杂质，将物料分选为大、中、小颗粒；通过螺旋除尘器将空气与轻杂、粉尘分离，排出干净空气，从而达到环保除尘；自带无破碎提升机，最大限度地减少物料破碎。

设备筛层可安装 1～4 层，最多将颗粒分为 5 级，可根据需求灵活调整。不同型号参数见表 12-2。

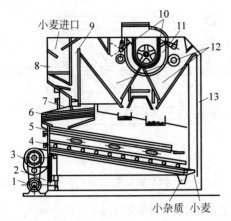

1—电机；2—弹簧限振器；3—自平衡振动器；4—第三层筛面；5—第二层筛面；6—第一层筛面；7—吊杆；8—进料斗；9—前吸风道；10—风门；11—风机；12—沉降室；13—后吸风道。

图 12-15 风筛清选机

图 12-16 5XFS 系列风筛清选机

表 12-2 XFS 系列风筛清选机参数

项 目	型 号		
	5XFS-5	5XFS-7.5	5XFS-10
筛面尺寸/(mm×mm)	2000×1000	2400×1250	2400×1500
筛层数/层	2～4	2～4	2～4
设备功率/kW	7.74	8.50	10.50
生产效率/(t·h^{-1})	3～4(豆类)	5～6(豆类)	8～10(豆类)
设备质量/t	1.5	1.9	2.0
外形尺寸/(mm×mm×mm)	4500×1850×3400	5100×2150×3440	5100×2300×3600

（5）窝眼筒

窝眼筒是按种子的长度进行分选的清选机部件，可将混入种子中的长、短杂质清除。如水稻种子中的米可视为短杂，小麦种子中的野豌豆可视为短杂，混入小麦种子中的野燕麦可视为长杂等。如图 12-17 所示，窝眼筒清选机的工作部件为在金属板上制成窝眼再圈圆成形的窝眼筒。物料进入窝眼内后，如其长度小于窝眼直径，窝眼筒工作时回转，装入筒内的种子混合物，其长度小于窝眼口直径者，即进入窝眼内随之上升到相当高度后靠其重力落入承种槽（集料槽），再由螺旋输送器或其他装置排出。而长度大于窝眼口直径者，不能全长都进入窝眼或横在窝眼外，当窝眼上转稍高时即滑下，并沿窝眼筒内壁呈螺旋线轨迹向后滑移，最终由筒的低端流出。这样便使长度不同的种子分离。

图 12-17 窝眼筒工作原理

（a）清除长粒；（b）清除短粒

窝眼清选与筛选（主要指平面筛筛选）相比，生产效率略低，分选精度也有一定的局限性,但目前窝眼分选仍是按种子长度进行分选的唯一有效方法。

窝眼滚筒清选机（见图12-18）由窝眼滚筒、螺旋输送器、传动装置、机架等组成。主要工作部件是一个回转的窝眼滚筒,筒体有整筒式和组合式,整筒式更换时拆装较麻烦,目前多采用组合式,由二、三、四片拼成圆筒,用螺栓固定在滚筒体的辐盘上,拆装都较方便。

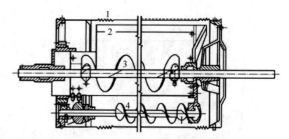

1—窝眼筒；2—集料槽；3—短物料螺旋输送器；4—长物料螺旋输送器。

图 12-19　带长物料螺旋输送器的窝眼筒清选机

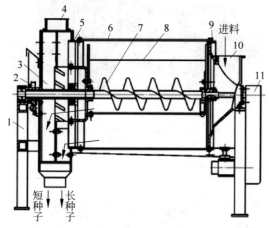

1—机架；2—集料槽调节装置；3—排料装置；4—吸出口；5—后辐盘；6—窝眼滚筒；7—螺旋输送器；8—集料槽；9—前辐盘；10—进料口；11—传动装置。

图 12-18　窝眼滚筒清选机

由于滚筒转速较低,一般均采用带减速器的电动机,而且多数可以变速,以适应清选不同物料的需要。

集料槽沿滚筒全长置于其中央位置,以便接收从窝眼中坠落的短物料。集料槽接料边在筒内的位置高低对分选有很大影响,通常用蜗轮蜗杆装置予以调节,也有用手柄直接转动槽体。集料槽应可以完全翻转,使更换清选物料时清理方便。收集在集料槽中的短物料多数采用螺旋输送器向末端排出,个别采用振动输送。

窝眼筒内长物料的输送大多利用滚筒倾斜及进料的推力而自行滑移到末端排出,清选稻、麦时倾角以 1.5°～2.5° 为宜。如果滚筒平置,应采用螺旋输送器（见图12-19）。

窝眼选粮筒以其独特的功能而得到广泛应用,现已成为复式清选机和种子加工厂中的

重要工作部件。它的最大缺点是生产效率低和分选精度不高。在选粮筒转速不能提高的条件下,设法增加籽粒接触窝眼的机会是提高生产效率的重要措施。因而近年有采用轴向振动窝眼筒、在窝眼筒内附加一个与筒轴平行的拨料辊（见图12-20）和全面进料选粮筒等。在集料槽下部装螺旋片可起拨匀并推送筒内物料的作用。

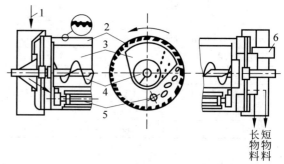

1—进料口；2—窝眼筒；3—集料槽；4—螺旋输送器；5—拨料辊；6—吸尘口。

图 12-20　滚筒内带拨料辊的窝眼筒清选机

目前大量采用的清长杂与清短杂相组合的窝眼筒是平行装置几个滚筒串联作业（见图12-21）。物料先由第一个滚筒清长杂（或短杂）,然后由第二个滚筒清短杂（或长杂）。因清长杂的生产效率低于清短杂,要注意能力匹配。

将窝眼筒与圆筒筛平行装配构成机组是另一种组合方式。图12-22为5XW-1.5型种子清选机组。它由两个窝眼筒与一个圆筒筛组合而成。滚筒尺寸 $\phi500\times1500$ mm（上窝眼筒与圆筒筛）、$\phi600\times1500$ mm（下窝眼筒,用

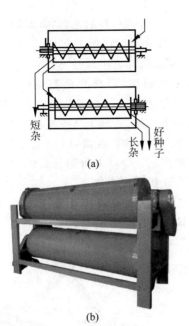

图 12-21 清长杂和清短杂组合
(a) 原理图；(b) 实物图

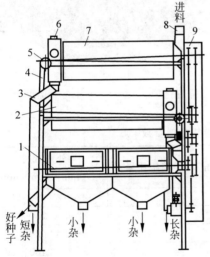

1—圆筒筛；2—下窝眼筒；3—排料管；4—机架；
5—集料槽调节装置；6—吸尘口；7—上窝眼筒；
8—进料管；9—传动装置。

图 12-22 5XW-1.5 型种子清选机

以逆分选)，倾角均为 1.5°，转速可调，用一个
1.1 kW 的电动机驱动，清小麦时生产效率为
1500 kg/h。

（6）比重清选装置

比重清选机又称重力清选机，是种子清选
分级加工的关键设备之一。主要用于将经过

风筛、窝眼筒等装置清选过的较均匀种子，按
比重不同分离各类轻杂和重杂。在种子加工
中，主要用于去除混杂在好的种子中的砂石土
块等比重较大的杂质和部分不饱满种子、虫蛀
种子、发芽种子、变形种子，以及发霉、空心、无
胚的种子等比重较小的杂质。

设备主要结构包括机座、风力系统、振动
系统、比重台等（见图 12-23）。比重清选机的
主要工作部件是一个双向倾斜的往复振动台
面，在振动方向有台面与水平纵向夹角 α，在与
振动方向垂直面内有与水平面的横向夹角 β，
作业时，种子在自下而上穿过台面风网的气流
和工作台振动的作用下，由于临界速度的差异
而沿垂直方向分层，较轻的种子悬浮在上层，较
重的种子沉聚在下层。上层的轻种子在由于网
面倾斜而产生的重力分力与连续进料的推力的
作用下，移向排料边的低端。沉聚在下层与网
面接触的重种子，在网面往复振动的作用下，移
向排料边的高端。与此同时，处于轻、重种子间
的中间种子则移向排料边高、低端之间的相应
部分，从而使种子被分选成若干等级。

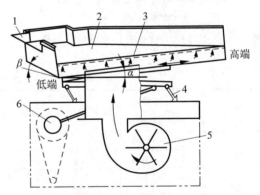

1—进料区；2—工作台的网面；3—排料边；
4—支撑杆；5—风机；6—曲柄连杆驱动装置；
α—纵向倾角；β—横向倾角。

图 12-23 比重(密度)清选机示意图

我国生产的 5XZ-1.0 型密度式清选机由
喂料装置、振动筛体、弹性支承、振动电机、吸
风装置、调节机构和机座等组成（见图 12-24）。
该机的台面近似三角形，重物料在台面上移动
路径长，对含重杂较多的物料效果更好，是国
内保有量较多的机型之一。其风机将气流穿

过台面向上吸,属负压式。当生产效率高时,台面随之增大后,对上罩强度和台面风速均匀性有一定影响,故大型密度清选机大都采用正压式矩形台面,在其下方可安排几台风机或几个风机出口,以保证清选质量。

在很多分选中,好的重物料(好种子)和轻物料之间的差别用肉眼看不明显。在这种情况下,必须在沿卸料出口的不同点对每次试验量进行定期测试,以判断是否能得到正确分选。重力分选机的出料是从重物料到轻物料的连续分级产品,实际上这连续的分级产品被分成三部分:重物料或需要的产品;轻物料或不需要的产品;少量未得到分离的中间产品,回流到分选机再次筛选。

图 12-25 为 5XZ-8 型比重清选机,5XZ 系列比重清选机性能参数见表 12-3。

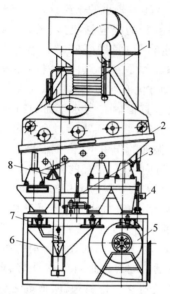

1—吸风管;2—振动筛体;3—横向倾角调节装置;
4—纵向倾角调节杆;5—风机;6—进料斗;
7—出料口;8—弹簧。

图 12-24　5XZ-1.0 型密度式清选机

图 12-25　5XZ-8 型比重清选机

表 12-3　5XZ 系列比重清选机性能参数

型号	筛面尺寸/ (mm×mm)	设备功率/kW	生产效率/(t·h⁻¹)	整机质量/t	外形尺寸/ (mm×mm×mm)
5XZ-1	1400×1000	3.0	1(豆类)	0.7	2200×1260×1400
5XZ-8	3150×1380	13.2	3~4(豆类)	1.7	3880×1730×1700
5XZ-8C	3150×1380	14.3	4~5(豆类)	1.9	3880×2020×1700
5XZ-10	4500×1500	26.0	7~9(豆类)	2.2	5100×2480×1900

该机具有风机变频调速功能(见图 12-26),可以更加精细地控制比重台风量,更容易实现比重台粮食流态的控制,尤其适用于小颗粒料、频繁更换品种的场合。

重力式清选机按照供给气流方式分为压气式和吸气式两种。为适应各种不同籽粒的种子,选用不同材料和网孔直径的台面。小粒种子用化纤织物和密集的小直径网孔台面,大粒则用金属丝编织的或铁板冲压的大直径网孔台面。每台机子上都有风量风速调节闸门和转速或振幅调节装置。常用的振幅为 8~12 mm,频率为 300~500 次/min,也有将振幅减小到 4~5 mm,而把频率增加到 1000 次/min 以下的。纵向倾角为 0°~13°,横向倾角为 0°~12°,网孔直径为 0.3~0.5 mm。

(7)复式清选装置

人们已把最常用的、具有互补关系的风选和筛选合二为一构成风筛式清选机,但有时还

图 12-26　风机变频调速箱

必须采用更多的分选原理连续作业才能达到目的。为了使加工设备结构紧凑和提高分选质量,也可再把其他分选原理汇集过来,把三种或更多分选原理的设备汇集在一起的机具称作复式种子清选机,因为多工序分选能获得较高质量的种子,故有时又称清选机。

复式清选机一般有三层筛选、两次风选和1～2个窝眼筒清选,其工作参数可参见风选机、筛选机和窝眼筒清选机。为了清选不同种类的种子与满足不同的清选要求,风选的风量调节范围要广,筛片与窝眼筒的规格要多。

图 12-27 为 5XF-1.3A 型复式清选机,是我国生产量最大的复式清选机,主要用于清选种子。它是在一机上利用风选、筛选和窝眼选三种原理同时工作的,除一般风筛式清选机所具有的结构和功能外,还可将选出的种子送入机上

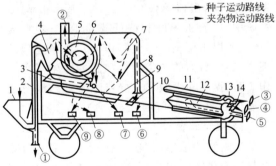

→ 种子运动路线
--→ 夹杂物运动路线

1—料斗;2—前吸风道;3—上筛;4—种子沉降室;5—风机;6—第一沉降室;7—第二沉降室;8—后吸风道;9—下筛;10—尾筛;11—窝眼筒;12—短料槽;13—叶轮;14—排种槽。
①重杂出口;②出风口;③④⑥种子出口;⑤短种子及夹杂物出口;⑦⑧⑨夹杂物出口。

图 12-27　5XF-1.3A 型复式清选机

的窝眼筒,进一步清除掉种子中的长杂或短杂。

2) 除尘装置

(1) 布袋除尘器

布袋除尘器是利用纤维织物的过滤作用对含尘气体进行过滤,适用于对细小粉尘的处理。布袋除尘器工作时,首先启动风机,含尘气体经风机进入除尘间,经过布袋过滤后,颗粒大、比重大的粉尘由于重力的作用沉降下来,落入沉降室底部,含有较细小粉尘的气体在通过布袋时,粉尘被阻留,净化后的气体透过布袋间隙排出。布袋除尘器结构简单,阻力大,运行成本少,除尘效果好,除尘率高,应用广泛。布袋除尘方式在种子清选加工中的重力选除尘、风筛选除尘中经常使用。布袋除尘器结构及工作原理如图 12-28 所示。

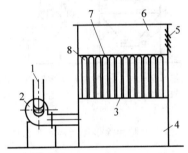

1—粉尘进口管道;2—风机;3—多孔板;4—沉降室;5—百叶窗;6—排气室;7—布袋支架;8—布袋。

图 12-28　布袋除尘器结构及工作原理

通常况下,刚刚使用的新布袋除尘效率不高,在布袋使用一段时间后,布袋表面积聚了一层粉尘,这层粉尘称为初层,在以后的运动过程中,初层和布袋纤维织物一起构成了过滤层,大大提高布袋除尘器的过滤效率,但是,当布袋内外两侧压力差很大时,会把有些已附着在布袋上的细小尘粒挤压过去,使布袋除尘器的效率下降。同时,布袋除尘器的阻力过高会使除尘系统的风量显著下降,因此,使用布袋除尘器时,要根据工作场合粉尘量的大小考虑是否适用,掌握好清理灰尘周期,布袋除尘器的阻力达到一定程度时,要及时清灰,以免效率下降。

(2) 脉冲除尘器

脉冲除尘器是利用空气压缩机压缩空气

向布袋内依次定期轮流喷吹,依靠气流相互作用产生的振动,来清除布袋表面的粉尘。脉冲除尘器的清灰能力比一般布袋式除尘器强。脉冲除尘器主要由上箱体、中箱体、下箱体、自动排灰机构等组成,其中,上箱体内包含喷吹管、电磁脉冲阀等清理控制系统,中箱体包含布袋系统,布袋通过袋笼固定在多孔板上,脉冲除尘器中使用的布袋和布袋除尘器中的布袋相同,自动排灰机构通过螺旋输送机将灰尘排出。脉冲除尘器结构及工作原理如图12-29所示。

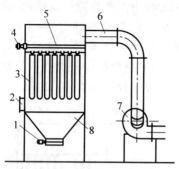

1—自动排灰机构;2—粉尘进口管道;3—布袋;
4—电磁脉冲阀;5—喷吹管;6—管道;7—风机;
8—下箱体。

图12-29　脉冲除尘器结构及工作原理

脉冲除尘器工作时,首先对控制箱内的控制器进行调整,根据粉尘量的大小,调整清灰周期和每次喷吹的时间,使除尘器工作在最佳状态范围内。启动引风机,含尘气体由进口管道进入装有若干布袋的中部箱体内,每一排布袋的上部都装有一根喷吹管,喷吹管上的小喷孔与每条除尘布袋的中心相对应。喷吹管前端装有与空气压缩机相连的电磁脉冲阀。控制器内的电气元件定期发出一定频率的脉冲信号,控制各排布袋的脉冲阀按一定顺序启动。当脉冲阀开启时,与脉冲阀相连的喷吹管与压缩机的气包相通,高压气体从喷孔中高速喷出,使布袋剧烈膨胀,引起冲击振动,此时,由内向外产生的逆向气流与顺向气流相互作用,使布袋表面的粉尘吹扫下来,粉尘落入下箱体内,经螺旋输送机排出。在自动控制装置设定好的情况下,可以实现各排布袋依次轮流得到清灰的工作要求。

脉冲除尘器不受场地条件限制,户外室内均可使用,对场地要求低,阻力小,除尘效率可达到99.99%以上,自动化程度高,不用人工清理布袋灰尘。正是由于以上优点,在种子清选加工中的重力选除尘、风筛选除尘等一些自动化程度要求比较高的场合,脉冲除尘器已经逐渐取代传统的布袋除尘器而被广泛使用。另外,脉冲除尘器采用负压操作,要做好密封,定期检查各连接处是否出现漏风跑风现象,以免影响除尘效果。

（3）旋风除尘器

旋风除尘器是一种常见的除尘装置,它是利用旋转气流所产生的离心力将尘粒从含尘气体中分离出来。旋风除尘器的特点是结构简单、体积较小、造价较低、操作和维修方便。旋风除尘器由旋风除尘器筒体、集灰斗和蜗壳等组成。工作时,启动引风机,含尘气体从除尘器的进口管道沿着切线方向进入除尘器蜗壳,蜗壳内部呈螺旋结构一直向下延伸,粉尘下降到除尘器底部进行沉降,沉降下来的粉尘进入集灰斗,通过闭风器排出,净化后的气体从蜗壳里层的内筒向上进入引风机管道,由引风机将除尘后的气体吹向除尘间。选用旋风除尘方式时应注意,旋风除尘器适用于大颗粒粉尘的初、中级净化,如果需要进一步提高除尘效率,可以在旋风除尘器后部配合布袋除尘器和脉冲除尘器等使用。在种子脱粒机除尘系统中,由于玉米叶和秸秆等粉尘较多,颗粒较大,所以采用旋风除尘器作为初级净化预处理,能够为后面的布袋除尘和脉冲除尘减小工作负荷,提高除尘效率。旋风除尘器结构及工作原理如图12-30所示。

3）喂料装置

喂料装置结构如图12-31所示。喂料口宽度与清选机宽度相当,喂料应充满其上的全部宽度,或至少应保证在其全宽上喂料均匀。喂料是否均匀影响清选机的性能与效率,必要时可调整喂料分配板。喂料搅拌器安装在喂料口处,能使谷物自由连续地流动,保证连续喂料。喂料滚筒保证喂料的统一和均匀,同时降低物料的下降速度,有利于系统的有效工作。

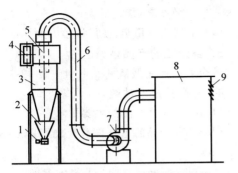

1—闭风器；2—集灰斗；3—旋风除尘器筒体；
4—粉尘进口管道；5—蜗壳；6—管道；7—风机；
8—除尘间；9—百叶窗

图 12-30 旋风除尘器结构及工作原理

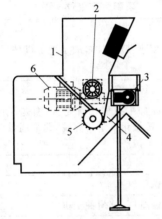

1—喂料口；2—喂料搅拌器；3—喂料阀调节装置；
4—喂料阀；5—喂料滚筒；6—喂料滚筒驱动电机。

图 12-31 喂料装置结构

喂料滚筒与喂料搅拌器通过链条连接，由同一电机驱动。同时，使用变频器调节喂料滚筒驱动电机转速，这样就可调节清选机的喂料速度，获得最佳的工作性能。喂料阀装于转动销上，并可根据清选特性和物料的物理性能调节其到喂料滚筒间的距离。喂料阀以弹簧支撑，以便让大的杂物通过，并在杂物通过后使阀门复位。喂料阀通过手轮来调节。

物料的外形尺寸、重量和喂料速度成正比，在保证最大加工速率的前提下，应以筛面均匀布满物料为宜，且物料层厚度不能超过筛框高度（避免溢出）。喂料速度过快，容易引起清选机出口堵塞，还会造成部分种子漏选。同类物料，其筛程越长则精选效果越好。

在自动化程度较高的种子清选加工线中，每台清选机上方都装设贮料仓，用来保持和调节前后工序种子物料供应量，以稳定物料流，确保加工质量。位于第一台清选机上的贮料仓主要是将贮存的种子物料自动地喂入清选机料斗，避免花费过多的时间和人力喂料。此外，种子加工线上各个清选机的生产能力不完全相同，假如机器之间没有贮料仓，整条加工线的生产能力就只能与生产效率最小的机器保持一致，导致生产效率下降。而某些清选机的生产能力达不到满负荷时，分离效果明显变差。所以，机器之间必须装有贮料仓来提升机器的生产效率和保证分离效果。

12.1.4 技术性能

1. 产品型号命名方式

我国的清选机的型号是根据《农机具产品型号编制规则》(JB/T 8574—2013)而定的。农机产品型号以阿拉伯数字和汉语拼音字母表示机具的类别和主要特征，并依次由类别代号、特征代号和主参数三部分组成。类别代号和特征代号与主参数间用短横线隔开。类别代号由数字表示的分类号和字母表示的组别号组成。

农业机械共分为十大类，其中，谷物脱粒、清选和烘干机械为第五类。脱粒机、清选机、烘干机的组别分别取其脱(TUO)、选(XUAN)、烘(HONG)的第一个字母来代表。主参数则表示每小时的生产效率。

例如：

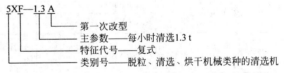

5XF—1.3 A
　　　　　　第一次改型
　　　　　主参数——每小时清选1.3 t
　　　　特征代号——复式
　　　类别号——脱粒、清选、烘干机械类种的清选机

又如 5XZ-1.0 中的"Z"就是特征代号重力式的重字的拼音"ZHONG"的第一个字母，表示重力式清选机、生产效率为 1 t/h。

2. 性能参数

1) 谷物清选的要求

(1) 去除杂质：草籽、泥沙、颖壳、泥尘、断穗等。

（2）清选种子：清除损粒、破粒、瘩粒、小粒，用作粮食或饲料。

（3）节本增效：减少播量20％，发芽率高、长势好，减少虫害、杂草，作物生长整齐，长势一致，有利优化。

（4）效果指标：清洁度＞98％，损失率＜5％。

2）对清选机械的技术要求

（1）谷粒经过清选机械清选后，应达到规定的标准。

（2）清选过程不损伤谷粒。

（3）适应性广，能进行多种谷物的清选和分级。生产效率高，能耗低。

（4）工作质量稳定，使用调整方便。

3．各企业的产品型谱

各企业的产品型谱见表12-4～表12-7。

4．各产品技术性能

（1）国外部分产品的主要技术参数

国外部分产品的主要技术参数见表12-8～表12-10。

（2）国内部分产品的主要技术参数

国内部分产品的主要技术参数见表12-11～表12-14。

表 12-4　国内风筛式清选机主要生产厂家与机型

机 器 名 称	型　　　号	研 制 生 产 单 位
初清机	5CX-500	呼和浩特畜牧机械研究所，甘肃酒泉种子机械厂
牧草种子初清机	9CC-300	
牧草种子清选机	9CJ-300	
振动式清选机	CJQ-0.2	中国农业工程研究设计院
清选机	5X-4.0	黑龙江省农副产品加工机械化研究所，黑龙江白桦清选机械厂，中国农业机械化科学研究院，北京通县农机修造厂，黑龙江兴凯湖机械厂
风筛清选机	5XF-3.0	上海向明机械厂
风筛式种子清选机	5X-2B	甘肃酒泉种子机械厂
	5X-2C	北京通州区农机修造厂，杭州种子机械厂
风筛式种子清选机	5X-2D	杭州钱桥机械厂
组合清选机	5XS-2.5	石家庄市种子机械厂
	5XS-8.0	
风筛清选机	5X-1.0	杭州钱桥机械厂
种子清选机	5X-3.0	黑龙江省农副产品加工机械研究所
	5X-7.0	
基本清选机	5XJ-1.0	上海向明机械厂
	5XJ-3.0	
选种机	5X-0.7	甘肃酒泉种子机械厂，石家庄市种子机械厂
比重复式清粮机	5XFZ-15	黑龙江白桦清选机械厂
清粮机	5XFZ-16	兴凯湖机械厂
初清机	5XCH-4.0	中国农业机械化科学研究院，镇江脱粒机械厂
种子清选机	TFXX-65	四川内江粮油机械厂
高速振动筛	TYQG-100×2	四川内江粮油机械厂
种子分级机	5XP-3.0	黑龙江省农副产品加工机械化研究所，黑龙江白桦清选机械厂

表12-5　国内复式种子清选机主要生产厂家与机型

机 器 名 称	型　　号	研制生产单位
通用清选机	5XJ	中国农业机械化科学研究院,镇江脱粒机械厂
清选机	5XJ-0.5	中国农业机械化科学研究院,镇江脱粒机械厂
	5XF-1.3A	甘肃酒泉种子机械厂,镇江脱粒机械厂,上海向明机械厂
	5X-2.0	镇江脱粒机械厂,兴凯湖机械厂
	5XF-1.5	黑龙江白桦清选机械厂

表12-6　国内窝眼筒分选机主要生产厂家与机型

机 器 名 称	型　　号	研制生产单位
窝眼筒清选机	5XW-4.0	黑龙江兴凯湖机械厂
	5XW	镇江脱粒机械厂
	5XW-1.5	中国农业机械化科学研究院,北京通县农机修造厂
窝眼筒分选机	5XW-3.0	甘肃酒泉种子机械厂,上海向明机械厂
	5XW-5.0	上海向明机械厂
	5XW-3.0	黑龙江省农副产品加工机械化研究所
窝眼筒种子清选机	5XW-3.0	黑龙江白桦清选机械厂
窝眼滚筒清选机	9CW-300	甘肃酒泉种子机械厂,呼和浩特畜牧机械研究所
窝眼滚筒	5XW-1.0	河北省农机化研究所,石家庄市种子机械厂

表12-7　国内重力式清选机主要生产厂家与机型

机 器 名 称	型　　号	研制生产单位
重力式清选机	5XZ-0.5	上海向明机械厂
重力清选机	5XZ-1.0	上海向明机械厂
重力式清选机	5XZ-2.0	上海向明机械厂、中国农业机械化科学研究院等
	5X2-2.5	上海向明机械厂
重力式分级机	5XZ-3.0	黑龙江白桦清选机械厂
重力式分选机	5XZ-5.0	黑龙江白桦清选机械厂
通用重力分选机	5TZ-1500	中国农业机械化科学研究院,北京通州区农机修造厂,杭州种子机械厂,黑龙江兴凯湖机械厂
	5TZ-2200	中国农业机械化科学研究院,北京通州区农机修造厂,杭州种子机械厂,黑龙江兴凯湖机械厂
重力清选机	CJZ×0.2	中国农业机械化科学研究院
重力式清选机	5XZF-5	石家庄市种子机械厂
重力式种子清选机	5XZ-1.0A	石家庄市种子机械厂
重力分选机	5XZ-2.0	中国农业机械化科学研究院,杭州钱桥机械厂
	5XZ-0.7	中国农业机械化科学研究院,杭州钱桥机械厂
重力式清选机	5XZ-1.5	黑龙江省农副产品加工机械化研究所
	5XZ-5.0	黑龙江省农副产品加工机械化研究所

表 12-8 国外部分风筛式清选机主要技术参数

国别	公司	型号	生产率/(t·h⁻¹)	筛长/mm	筛宽/mm	风道数	电机功率/kW	质量/kg
美国	克利伯(CRIPPEN)	N_ω-334-A	2~4	804	1118	2	2.2	1134
		N_ω-354	6.8~12.2	1372	1118	2	5.5	1293
		H-3444	2~4	864	1118	2	2.2	1202
		H-5460	7~12	1524	1372	2	7.5	2245
	布朗特(BLOUNT)	2958D	7.5~12	1524	1372	2	7.5	2177
		248-DH	25	1524	1372	2	7.5	2044
		TR3868-D	41	2184	1372	1	3.6	1392
		TAS-120	120				风机 筛箱 3.5 2.2	
瑞典	卡马斯(Kamas)	S1-50	50~60		1000	2	5.5 1.5	1400
		SI-60	60~70		1260	2	7.5 2.2	1675
		SI-70	70~80		1500	2	7.5 2.2	1925
		SAB-800	1075		800	2	1.6 0.75	550
		SAB-1000	20~25		1000	2	4 1.1	850
		SAB-1250	30~35		1250	2	4 1.5	1150
		SAB-1500	35~45		1500	2	5.5 1.5	1450
		FA-1250	6		1250	2	7.5 2.2	1800
		FA-1500	8		1500	2	7.5 2.2	2100
		MTRA-60/100	5	1000	600		0.3×2	360
		MTRA-100/100	8	1000	1000		0.3×2	420
瑞士	布勒(BOHLER)	NTTRA-100Z200	16	2000	1000		0.3×2	550
		NTTRA-150/200	24	2000	1500		0.3×2	850
		MTRA-60/100A	5	1000	600	1	0.3×2	500
		MTRA-100/100A	8	1000	1000	1	0.3×2	520
		MTRA-100Z200AG	16	2000	1000	1	0.3×2	660
		MTRA-15MOOAG	24	2000	1500	1	0.3×2	1010

表 12-9 国外部分窝眼筒分选机主要技术参数

国别	公司	型号	生产率/(t·h⁻¹)	滚筒个数/个	滚筒直径/mm	滚筒长度/mm	滚筒转速/(r·min⁻¹)	电机功率/kW	净质量/kg
美国	卡特迪(Carter Day)	No.3	2.4	1		2286	35~60	0.37	252
德国	勒贝尔(Rober)	420	2.5	3	400	2000			
		620	3.5	4	600	2000			
		625	6.0	4	600	2500			
		730	7.5	4	700	3000			

续表

国别	公司	型号	生产率/(t·h⁻¹)	滚筒个数/个	滚筒直径/mm	滚筒长度/mm	滚筒转速/(r·min⁻¹)	电机功率/kW	净质量/kg
意大利	巴拉里尼(BALARINI)	φ600×2500	3		600	2500		0.75	840
		φ600×3000	4		600	3000		1.1	900
		φ700×2500	5		700	2500		1.1	980
		φ700×3000	7.5		700	3000		1.5	1060
奥地利	海德(HEID)	1010		1	400	1000	12~60	0.37	210
		2010		2	400	2000	12~60	0.55	290
		3010		3	600	1500	12~60	0.75	460
		4010		4	600	2000	12~60	0.75	510

表 12-10   国外部分比重式清选机主要技术参数

国别	公司	系列型号	生产率/(t·h⁻¹)	筛长/mm	筛宽/mm	功率/kW	质量/kg
美国	奥利华(OLIVER)	2400	6.8	3048	1219		2265
		3600	10.9	3658	1524		2627
		4800	13.6	4572	1829		3171
	福斯波格(Forxberg)	90-V	7.3			驱动 风机 1.5 18~37	907
		200-V	6.3			0.72 15~30	990
		250-V	10.2			2.2 37~55	1779
瑞士	布勒(BUHLER)	MTLC-100	1.6~2 3			0.3	430
		MTLC-150	2.3~2.4			0.3	500
奥地利	海德(HETD)	GA-21	1			5.25	590
		GA-41	2.2			8.6	1150
		GA-81	5.5			12.1	1525
		GA-120	8.9			16.1	1550
		GA-200	13	筛面积 3.6(m²)		风机 7	1750
瑞典	卡马斯(Kamas)	KA-1500	1.75~2.15		振动频率/(次·mm⁻¹) 930	风机 筛面 5.5 0.75	600
		KA-1900	2.9~3.6		930	7.5 1.1	800
		KA-2200	3.5~4.3		930	7.5 1.1	850

表 12-11　国内风筛式清选机主要技术参数

机器名称	型号	生产率 /(t·h⁻¹)	风选部分		筛选部分		功率 /kW	整机质量 /kg
			叶轮转速 /(r·min⁻¹)	风量 /(m³·h⁻¹)	筛片尺寸/ (mm×mm)	振动频率/ (次·min⁻¹)		
初清机	5CX-500	1				375~430	2.2	720
牧草种子初清机	9CC-300	0.2~0.3（披碱草）	800~1100	2290~2500	800×850 二片	375~430	3	765
牧草种子清选机	9CJ-300	0.30~0.45（苜蓿）	800~1100	4000~5800	800×850 二片	375（豆科） 430（禾本科）	4	1060
振动式清选机	CJQ-0.2	0.22（白菜籽）	2840	1600	400×800 三片	0~550	1.75	262
清选机	5X-4.0	4	1060	7488	800×250 八片	560	3	1200
清选机	5X-4.0	4		5000~7000	800×250 八片	320	1.5	1000
风筛清选机	5XF-3.0	3	2900	5730~10 580	1000×1000 五片	320	7.5~11	1000
风筛式种子清选机	5X-2B	1.5~2	1200	2088	935×600 三片	530	3	885
风筛式种子清选机	5X-2C	2		5000~6000	985×600 三片	530	2.2	700
风筛式种子清选机	5X-2D	1.5~2	1080		985×600 三片	530	5.5	700
组合清选机	5XS-2.5	2.5	配 5×2		630×1000	950	2×0.25	360
组合清选机	5XS-8.0	8.0	配 5×2		1000×2000	950	2×0.25	524
风筛清选机	5X-1.0	1	稻 1170 玉米大豆 1340	≥3200 ＞3800		520	3	420
种子清选机	5X-3.0	3	1450	7358	4.8 m²	300	3.7	1400
种子清选机	5X-7.0	7	1150	12 720	12.48 m²	300	6.2	2400
基本清选机	5XJ-1.0	1			2.8 m²	320	4.1	600
基本清选机	5XJ-3.0	3			3 m²	320	4.1	900
选种机	5X-0.7	0.7	小麦 1100 大豆 1500	2500 3500		420	3	358
选种机	5X-0.7	0.7	1610	1947	986×686 363×686	1110	2.2	384
比重复式清粮机	5XFZ-15	15	主风机 300 吸风机 2400		1400×1200 二片	388	5.5	1200
清粮机	5XFZ-16	16	主风机 800 吸风机 1450		1400×1200 二片	388	4.55	1200

续表

机器名称	型号	生产率 /(t·h⁻¹)	风选部分		筛选部分		功率 /kW	整机 质量 /kg
			叶轮转速 /(r·min⁻¹)	风量 /(m³·h⁻¹)	筛片尺寸/ (mm×mm)	振动频率/ (次·min⁻¹)		
初清机	5XCH-4.0	4	960		上筛 500×1000 下筛 1000×1000	300×320	2.2	1000
种子清选机	TFXX-65	1.4 (稻谷)		1600			1.3	380
高速振动筛	TYQG-100×2	5	2900	1650	140×1000	1500	1.1+1.5	550
种子分级机	5XP-3.0	2.5~3 (玉米)				560	1.5	800

表 12-12 国内窝眼筒分选机主要技术参数

机器名称	型号	生产率 /(t·h⁻¹)	筒数	窝眼筒		功率 /kW	外形尺寸 /(mm×mm×mm)	整机 质量 /kg
				筒身尺寸 /(mm×mm)	转速 /(r·min⁻¹)			
窝眼筒清选机	5XW-4.0	4	1	φ600×2700	30	1.5	3100×850×1730	500
窝眼筒清选机	5XW	1.5	3	φ500×2000		1.85	315×1634×2015	1100
窝眼筒清选机	5XW-1.5	1.5	1	φ500×1500		1.5	2034×705×1622	500
窝眼筒分选机	5XW-3.0	3	3	φ700×2000	玉米 32.9 稻谷 38.5	2.2×3	358×2196×2916	1200
窝眼筒分选机	5XW-5.0	5	3	φ700×2400	玉米 32.9 稻麦 38.5	2.2×3	407×2196×2946	1400
窝眼筒分选机	5XW-3.0	3	3	φ400×2280	50~64	0.6×3	2285×760×3041	280
窝眼筒种子清选机	5XW-3.0		1	φ430	44~64	0.75	2991×750×2870	
窝眼滚筒清选机	9CW-300	0.3~0.45	2	φ600×3000	10~60	1.1~2	514×4337×2563	
窝眼滚筒	5XW-1.0	1	1	φ500×2000	42	0.8	2627×1059×954	379

表 12-13　国内重力式清选机主要技术参数

机器名称	型号	生产率 /(t·h⁻¹)	台面面积 /m²	振动频率 /(次·min⁻¹)	振动方向角/(°)	风量 /(m³·t⁻¹)	功率 /kW	整机质量 /kg
重力式清选机	5XZ-0.5	0.5	0.385	550	30	1710～3150	1.1	200
重力清选机	5XZ-1.0	1	1	960	30～50	4690～9080	5.3	320
重力式清选机	5XZ-2.0	2	1	450～1000	30	5400～9000	3.75	700
重力式清选机	5X2-2.5	2.5	17	960	30～50	4690～9080	6.0	950
重力式分级机	5XZ-3.0	3		350～750			7.5	800
重力式分选机	5XZ-5.0	5		350～750			11	1300
通用重力分选机	5TZ-1500	1.5～2	0.78	350～600		9720	6.25 (小粒) 8.25 (其他)	750
通用重力分选机	5TZ-2200	4	1.58	350～600		19 340	11.75	1200
重力清选机	CJZ×0.2	0.22 (白菜籽)	0.33	0～550			1.75	183
重力式清选机	5XZF-5	5	3.7	415～506	5～7	26 640	11.75	
重力式种子清选机	5XZ-1.0A	1.17	1	960	30～50	5000～9000	5.8	950
重力分选机	5XZ-2.0	2	1	285～570	25	4320～9270	6.25	350
重力分选机	5XZ-0.7	0.7	0.48	400～600	25		3.75	200
重力式清选机	5XZ-15	1.5		300～600	30	9280	5.5	300
重力式清选机	5XZ-50	5		300～600	30	26～640	11	3310

表 12-14　国内复式种子清选机主要技术参数

名称	型号	生产率/ (t·h⁻¹)	风选部分		筛选部分		窝眼选部分		功率/ kW
			叶轮转速/ (r·min⁻¹)	风量/ (m³·t⁻¹)	筛片尺寸/ m²	振动频率/ (次·min⁻¹)	筒身尺寸/ (mm×mm)	转速/ (r·min⁻¹)	
通用清选机	5XJ	0.05～0.3 (蔬菜)	820	119～1174	上 筛 0.427×0.597 下 筛 0.427×0.590	391	φ356×430	42	0.6

续表

名称	型号	生产率/ (t·h⁻¹)	风选部分		筛选部分		窝眼选部分		功率/ kW
			叶轮转速/ (r·min⁻¹)	风量/ (m³·t⁻¹)	筛片尺寸/ m²	振动频率/ (次·min⁻¹)	筒身尺寸/ (mm×mm)	转速/ (r·min⁻¹)	
清选机	5XJ-0.5	0.5	910	1137	上筛 0.427×0.5 下筛 0.427×0.590	195	φ353×430	41	0.6
清选机	5XF-1.3A	1.25	麦 900 豆 1100	4500 5800	上筛 0.716×0.74 下筛 1.29×0.7	420	φ480×1290	32	4
清选机	5X-2.0	2	1560	7000	上筛 0.6×1 下筛 0.6×1×2	560	φ600×1500	40	6.6
清选机	5XF-1.5	1～1.5			纵横两圆 筒筛	纵筛 50～60 横筛 30～60		43～56	1.1×2

12.1.5 安全使用

1．谷物清选机的正确使用

1) 使用前机器的检查

(1) 机器安置的地面应坚实平坦,轮子要固定。机器的纵向和横向都应保持水平,否则会造成筛面、吸风道和选粮筒在歪斜状态下工作,负荷不均影响工作质量。在室内作业时应把排尘筒顺着风向引向室外。

(2) 检查机器的传动部件,注意润滑情况,使机器处于良好状态,试运转 15～30 min 检查可靠性,正常后喂入谷粒。

(3) 参照说明书中各种种子的筛子选择表选择筛子,用试验筛子做筛选试验,确定筛孔尺寸。取 100～200 g 待清选的谷粒,按谷粒通过机器上各个筛子的顺序进行筛选试验,直至合适为止。

2) 清选筛的选择原则

筛子的选择应根据被清选的谷物的类型和尺寸大小来进行。

(1) 上筛的筛孔大小应使大颗粒泥石、土块等不能通过,而谷粒基本可以全部通过。

(2) 下筛的筛孔尺寸应使瘦小破碎谷粒、小杂质等均能通过,而其余谷粒应留在筛面上。在选择上下筛时,应根据被清选谷粒的净度、饱满度和均匀度等要求灵活掌握,使机器既能选出符合要求的谷粒,又具有较高的生产效率和尽可能小的损失率。

3) 更换清选品种时的注意事项

在谷物清选工作中禁品种混杂,所以需要对清选机械进行清理,全面清除机器中残留的谷物和杂质。

(1) 清除时必须关闭喂入斗闸门,翻转选粮筒的承种槽,关闭吸气道,使机器空转,等全部残留谷粒出来后,停车取出筛框、筛片等部件,打开各个出粮口,用扫帚或刷子仔细清扫机器各部分,倒净滤尘器内的夹杂物。

(2) 完成上述工作后,再空转机器,将残留物进一步吹尽。停车后再清扫一遍,并清扫机器周围场地。清扫完毕后,将卸下的部分全部装上。

4) 清选机的调整

(1) 谷粒装入喂料斗前,应先把闸门关闭,将吸风道操纵手柄放到零挡的位置,将选粮筒承种槽工作边缘转到水平位置。开动电动机,达到规定转速时,打开喂料斗闸门,使谷粒能够均匀连续地进入前吸风道。

(2)吸风道的气流速度可通过操纵手柄调节。前吸风道应能将谷粒中的灰尘、碎秆、颖壳和草籽等轻杂质吸走,把谷粒提升到前沉积室,石块等重杂质从前吸风道进口落到地面上。后吸风道的气流速度应使后筛筛面上的谷粒呈"沸腾"状态,把谷粒中的轻杂质和不成熟的谷粒全部吸走。

(3)承种槽工作边缘位置决定着选粮筒的工作质量。承种槽工作边缘调得高时,承种槽内谷粒比较纯,调得过低时承种槽内会混有长杂质,工作时应视具体情况,通过固定螺栓调整。

5)安全操作技术规程

(1)作业前必须试运转机器,确认机器处于正常技术状态再开机作业。

(2)作业时若发生故障,应及时停机修复,切不可工作时检修。

(3)开机作业时,必须将机体安全罩罩好,紧固螺钉拧牢。

(4)必须注意安全用电,电器控制部分须有多种保护功能。

(5)若用其他动力带动机器工作,一定要保证动力机械与清选机械转速一致,不能过高或过低。

(6)作业后,若较长时间内不选种,可切断电源,以防意外事故发生。

2. 谷物清选机构安全使用标准与规范

谷物清选相关技术标准与规范可参照12.2.5节中种子加工机械的安全使用标准与规范部分,机械设备的相关规范如下。

1)设计

(1)所有生产设备包括管道、工具等,其设计和结构应易于清洗消毒和检查,并有避免机器润滑剂、金属碎屑、污水或其他污染物混入的设计和措施。

(2)接触面应平滑、边角圆滑、无死角和裂缝,以减少碎屑、污垢及有机物的聚积。

(3)储存、运输系统的设计与制造应易于

使其维持良好的卫生状况。

(4)在生产车间或原料处理区,不与原料和产品接触的设备和器具,其结构也应易于清洁。

2)材质

(1)用于生产和可能接触物料的设备、操作台、传送带、运输车和工具等辅助设施,应由无毒、无异味、非吸收性、耐腐蚀且可重复清洗的材料制作,并符合国家有关标准的规定。

(2)直接接触的表面不得使用有可能给成品带来潜在危害或污染的材料。

(3)直接接触待包装成品的设备使用的润滑剂应符合《食品机械润滑脂》(GB 15179—1994)的规定。

3)设备与安装

(1)设备

① 应具备与产品生产和加工工艺相适应的生产设备。

② 生产设备布局符合工艺要求,保证生产顺畅有序进行。

③ 用于测定、控制或记录的测量记录仪器,应定期校正。

④ 应有足够的通风设备,以保证干燥、输送、冷却和吹扫等工序的正常用风。

(2)安装应符合《食品安全国家标准食品生产通用卫生规范》(GB 14881—2013)中的规定。

(3)质量检验设备

① 检验设备能满足原料、在制品、成品的日常质量、卫生检验。

② 国家规定强制检定的检验用仪器、设备,必须按检定周期检定,非强制检定的检验用仪器、设备,也必须定期自行校验检定,及时维修,确保检验数据准确。

③ 无法自行检验的项目应委托具备资质的检验机构进行检验。

3. 谷物清选机的维护与保养

1)清选机械的维护

(1)每班作业前应检查各部位螺栓是否紧固可靠,不得有松动现象。

(2)经常检查传动皮带、传动链条松紧程度,应使松紧合适。

（3）按润滑要求定期润滑机器的各部分，传动齿轮应注机油或润滑脂。

（4）每班作业结束后应进行清扫和检查，及时排除故障，更换损坏的零件。

（5）机器长期不用时，应该妥善保存，存放前应彻底清理机器，进行全面保养，使机器处于良好的技术状态。室内存放时，应有良好的通风与防潮措施。取下筛片，选料筒要立放，卸下三角皮带另行保管。在露天存放时，底部应有支撑物，并有防雨、防晒措施。

2）谷物清选机械常见故障与排除方法（见表 12-15）

表 12-15　谷物清选机械常见故障与排除方法

故　障	原　因	排除方法
料斗中的种子流动不畅，进料不匀	料斗出料口被杂质堵塞	清除杂质
上筛面的种子布得过满	喂入量过高	减小料斗闸门的开度
下筛面的种子过满	喂入量过高；下筛孔被堵塞	减小喂入量；卸下下筛，清除堵塞物
下筛筛面堵塞	下筛筛面变形；筛刷过低或刷毛被压倒	修复筛底，使之平正；调整刷架高度，必要时更换筛刷，清理下筛
风选器振动，噪声过大	杂物进入风选机，风机叶片松动，轮毂松动，风机轴下面的张紧轮润滑不足	停机检查风机内部有无故障，给张紧轮加润滑油
机器剧烈振动，选料筒噪声过大	机架变形，传动件变位，滚筒定位不正，传动费力	检查机架、滚筒传动部位有无变形，重新调整，紧固滚筒

12.2　种子加工机械

12.2.1　概述

1. 定义与功能

随着机具品种的增加，种子加工的范畴也日渐扩大和明确。一般认为：种子加工包括清选分级和处理，也可延伸到计量、包装和贮运。

清选主要是把可用于播种的主要作物种子与其他种子、杂质分外。分级是把选定播种用的种子按不同要求分类。

处理可以是为清选、烘干等做准备（称前处理），也可以是进一步提高种子播种质量（称后处理）。

对于收采的高水分种子，必须及时适当降水和通风；加工结束后贮藏的种子（包括包衣、丸化的种子）必须降到安全水分之下；播种前有时将种子晾晒干燥。因此干燥在前处理和后处理中均有应用。

目前，种子已是一项重要的生产资料和商品，在生产者与使用者之间，存在许多中间环节。为了切实保证规定的数量和质量，便于安全运输和贮藏，并明确责任，对进入市场流通的种子，要准确计量、密封包装、如实标明质量条件等。

2. 发展历程与沿革

9000 年前，人类开始种植谷物，就有种子问题，随之就要求培育优良品种和对种子进行清选加工。100 多年前，种子机械就在欧洲各国陆续得到发展。有些国家还建立了种子公司。20 世纪 30 年代以后，欧洲各国开始大规模地推行种子的加工机械化和流通商品化。

20 世纪 50 年代后期，在农业生产半机械化和机械化发展过程中，我国开封机械厂和沈阳农具厂曾先后生产过两种种子清选机，但在当时条件下未获推广。

1978 年全国种子加工工作会议根据农业生产的需要提出发展种子加工机械，推动了种子加工行业的发展壮大。在多批引进单机和成套设备的同时，国内也有一批工厂开始生产种子加工机械，其中的 5XF-1.3 型种子清选机和 5XZ-1.0 型比重式种子清选机一度占有很大的市场份额。

20 世纪 80 年代我国种子加工机械的生产和推广工作都得到较快发展。到 1989 年，全国拥有种子清选机 8480 台，精选的作物也从麦类、稻谷、玉米扩大到高粱、谷子、豆类、麻类和绿肥，使用的范围也由试点县发展到全国各省、自治区、直辖市各级种子公司（站）。进入90年代，新技术、新产品、新工艺不断涌现，为粮食加工业的发展提供了技术保证。

目前，国有种子公司的全部商品种子都要采取精选、包衣、包装和标牌销售。国内有近30家工厂生产近200种不同型号的单机和约50种不同加工对象、生产规模和工艺流程的成套设备。

3. 国内外发展趋势

就目前来看，我国种子加工机械在干燥、精选、包衣三个环节很容易出现问题。

首先，种子水分含量较高，在进厂之前要对其进行降水处理，而烘干是对其进行降水处理最常用的办法。由于种子具有生命力，对温度具有很高的要求，无论温度过高还是过低都会影响种子的生命活力，因此，在选择烘干设备时要尽量选择可以自动检测种子湿度和烘干温度的自动化设备，这样就可以根据种子的湿度对烘干温度进行自行调节。但是，现阶段烘干设备的智能化和自动化水平较低，不能满足种子烘干的要求，或多或少会影响种子的内在指标和活力。而且，烘干大多由人工操控，具有很大的随意性，为了减少人为因素的影响，采用智能化的机械化烘干设备是必然趋势。

其次，在种子加工的过程中，精选环节是非常重要的，精选质量的好坏可以直接影响种子的质量和商品化过程。该过程是按照某种标准规范，使用一定的种子加工设备对种子进行分离，去除不符合标准规范的种子，可以有效提高种子的发芽率和纯度。但是，种子精选设备目前还不能满足预期标准，设备性能差异较大，精确度和性能有待进一步提高。

最后，为了保证种子的生长效果，就要在其表面包上一层具有一定性能的药膜。但是，现在的种子包衣设备在性能和智能化方面明显不足，很容易出现包衣面不匀、药剂脱落的情况。

科学家们在研究种子细胞生理特性时发现，种子的活力与导电率呈负相关。20世纪70年代相继出现了介电式、电晕式和静电式清选机械。实践证明，介电式清选原理优于电晕式

和静电式。辽宁省林科院应用介电原理对林木种子的清选，取得了一定成效，目前已研制出小粒种子（主要是菜籽）及大粒种子（主要是麦种、水稻等）的清选。

从我国种子加工机械发展现状来说，已经获得了较大的技术突破。不过从种子加工机械生产和应用角度来说，尚未充分发挥其作用，因此需要加大技术研发力度，创新种子加工机械生产技术，做好技术推广应用工作，提升我国种子加工机械整体水平。

目前国外在种子精选分级装置方面，除了按种子的物理-力学特性，如种子外形尺寸（长、宽、厚）、表面形状、比重，以及种皮的质地、极限速度等来实现精选分级外，还在进行一些先进技术研究，有的已经应用于实践，如应用于种皮叶绿素残留水平进行分级、应用于 X 射线影像分析等进行种子分级等。目前，盈可泰（Incotec）公司与三家著名的种子公司合作正在进行全自动 X 射线种子分类系统研究，在这个系统中，数字化影像通过计算机系统被分析，控制分类机器。

智能化种子加工成套设备是种子加工的必然趋势。利用单片机和软件技术实现微电脑的智能化控制，只需一台 PC 机便可控制一套设备、多台机器，可实现设备的远程控制，监视和报警等功能，节省了人力物力，提高了农业生产的自动化程度。基于虚拟仪器软件技术的种子加工成套设备，利用多种传感器监测，实现温度、角度、药物浓度、速度等各数值的实时监测，根据数据库对加工工艺进行自动选择和电源控制，以适应不同种子的加工工艺要求，从而提高种子加工的精准性。可以根据视频情况，对机械进行远程控制。自动化监测与控制，优化了控制参数，使得种子加工质量大大提高。这种自动化加工设备将是未来的发展趋势。

12.2.2 分类

1. 按种子加工工序分

种子处理包括前处理和后处理，前处理机械有脱粒机、除芒机、刷种机、剥裂机、脱绒机、

脱粒机、酸性机等。后处理机械包括拌药机、包衣机、丸化机、擦皮机、照射机、高低频电流处理机等。另外，有些种子在加工过程中还需要干燥机械。

2．按种子加工机械档次分

种子加工机械有单机、配套机组和成套设备三个档次，分别适用用户的单机选用、机组配套和种子工厂建设。种子加工成套设备是能够完成种子全部加工要求的加工设备及配套、附属装置的总称。除了清选设备、烘干设备，还包括拌药机、自动称量机、封口机、提升机、输送机、贮存仓、电控设备等。

12.2.3　典型种子加工机械的工作原理及组成

1．工作原理

种子加工包括清选分级和处理两大类。

1）种子清选分级

种子清选主要是排除混在种子中的异类物品，如各类杂质、杂草种子和其他作物种子。分级的目的是将已清选过的种子，按某种物理特性（如尺寸大小）的差异分成两级或多级，以满足不同的要求，如精密播种时便于选配穴盘和确定播量、便于按质定价等。

预清选是种子加工的第一道工序，主要是根据物理特性（悬浮特性与外形尺寸）的差异，除掉种子中的特大杂物（如秸秆、玉米芯、石块等），为进一步清选打下基础。

预清后进行基本清选。一般是采用风选和筛选结合的方式，即利用种子在气流中临界速度的不同进行风选，并利用种子的厚度或宽度尺寸进行筛选，进一步淘汰种子中的轻杂质、大粒及瘦小粒种，可有效提高种子净度和千粒重。风筛式清选机主要包括提升系统、风选系统和筛选系统。经过风筛清选后，有些种子中还含有比种子籽粒长或短的杂物或断粒需要清除。一般采用窝眼筒清选机进行清洗，利用窝眼本身直径的大小，去除长杂或短杂。

基本清选后进行精选。为了进一步提高种子质量，清除经过基本清选加工仍不能去除的比重轻的杂质，如霉烂变质粒、虫蛀粒、黑粉病粒、秕谷粒等。比重式清选机主要包括提升系统、比重精选系统。经过精选后的种子，其千粒重、发芽率、净度、整齐度会有进一步提高。

根据种子商品化及种子要求，应用种子分级机对清选后的种子按照籽粒的大小进行分级。目前，常用的分级机一般是整筒式圆筒筛，筛孔为长孔筛和凹窝圆孔筛两种。国内种子分级主要用于玉米种子。

2）种子处理

根据种子处理相对清选的顺序有前处理和后处理之分。

（1）种子前处理主要是为清选做准备，比如有些稻种和禾本科牧草种子除芒，玉米种穗的脱粒，棉花种子的去短绒和胡萝卜种子的刷茸毛等，这样可防止种子缠绕，改善流动性，还可提高清选分级时的质量和生产效率。因此根据需要，在风筛清选机的提升机前面可以配备玉米脱粒机、小麦脱壳机、水稻除芒机等组成多功能的风筛清选机。

（2）种子后处理是将清选分级后的好种子再行加工，进一步提高种子质量。根据需要，后处理机械包括包衣机、拌药机、丸化机、擦皮机、照射机等。如通过包衣和丸化，为种子的发芽和苗期生长创造更好的条件；对种子进行高低频电流处理，以及其他各种激光、射线、磁场、温度等的处理，以促进种子酶的活动，提高发芽率；硬实豆科种子擦皮处理可提高透气性和透水性，有助于种子的发芽；烘干则视情况不同，在清选前、后均有应用。经过包衣的种子就可以进行计量包装。目前种子企业主要采用半自动化计量包装方式和全自动化计量包装方式两种。

2．结构组成

种子加工机械主要包括种子清选分级和种子处理两部分，种子清选分级机械可以参考谷物清选机械的介绍，以下主要介绍种子处理设备和种子加工成套设备。

1）常用种子处理设备

（1）除芒机

除芒机用于清除种子表面的附属物（芒、刺毛、翅、颖片、膜片等），并擦光表皮，同时可以分离双粒种子与成团的种子以及未脱净的穗头,碎裂种球与脱壳、脱荚等,为进一步清选创造条件。如稻类和麦类中有些品种带芒,蔬菜、牧草中带芒种子更不少见,有的则带茸毛,应用除芒机去掉芒刺和茸毛。刷掉表面附属物,才能减少种子相互缠绕,提高流动性,便于清选,在以后需要包衣和丸化时,也有利于药剂等与种子黏附。

图 12-32 和图 12-33 分别是奥地利海德公司和丹麦西勃里亚公司的除芒机结构示意图。除芒机主要由喂料斗、旋转打板、固定外壳、传动机构、排料装置、机架组成。种子在旋转打板与固定外壳之间受到搓擦、撞击、挤压作用,同时籽粒间相互搓擦,从而完成所需要的清理作业。实际使用时,除芒机有以下三种配置方式:作为风筛清选机的附件,安装在上部进料处;串联在流水生产线上;单独使用。由于作业中灰尘较大,串联在生产线上时,应与整个系统的除尘装置相联结;单独使用时,最好附加吸尘、集尘装置。

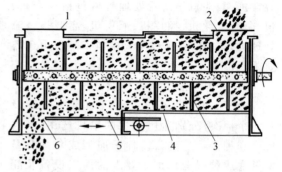

1—旁通口;2—进料口;3—旋转打板;4—固定圆筒;
5—调节活门;6—排料口。

图 12-33　丹麦西勃里亚公司除芒机结构示意图

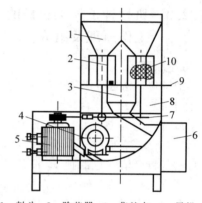

1—料斗;2—除芒器;3—集粮卡;4—风机;
5—电机;6—传动机构;7—出粮口;8—机壳;
9—调节手柄;10—除芒叶片。

图 12-34　2CM-200 型水稻除芒机结构简图

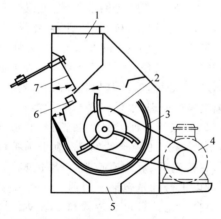

1—进料斗;2—旋转打板;3—凸纹板;4—电动机;
5—排料口;6—永久磁铁;7—进料活门。

图 12-32　奥地利海德公司除芒机结构示意图

黑龙江省农副产品加工机械化研究所研制的 2CM-200 型水稻除芒机,其结构如图 12-34 所示。该机利用除芒筒内除芒片的旋转运动对水稻产生的冲击和摩擦以及稻粒间的相对运动产生的摩擦,来达到除芒的目的。其产品性能参数:生产率为 88.1～169.3 kW/h;除芒率＞96.1%～97.7%;机械损伤率为 0.12%～0.2%。

（2）包衣机

包衣是将一定量超微粉碎的农药、化肥和其他配套助剂,与成膜固结胶等混合成具有一定酸碱度和黏度的种衣剂,在向包衣机喂入种子的同时,种衣剂也按不同作物规定的配比被注入或甩向种子表面。表面粘有种衣剂的种子进入机器的搅拌部分,在机器的不断搅拌和种子的相互搓擦下,种衣剂在种子籽粒之间和种子外表的不同部位均匀摊开,并同时在种子表面固结为一层牢固的种衣薄膜。喷洒时雾化度高、喂料均匀、种衣剂中各物料粉碎度好,搅拌时扰动大、时间长,均会提高包衣质量。图 12-35 为佩特库斯（PETKUS）CT2-10 连续式种子包衣机,可对种子和谷物进行非常精确的杀菌处理,处理能力高达 30 t/h。非常精确的定量给料、基于对称旋转原理精确有效地应用药物，加上特殊设计的终混室，所有这些通过一个一体化的 PLC 控制系统进行协调，从而实现高度的精确性。主要技术参数如表 12-16 所示。

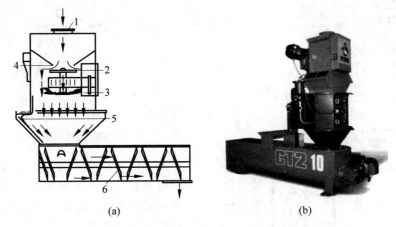

1—入料口；2—种子甩盘；3—药剂甩盘；4—种子喂入量调节旋钮；5—清洁刷；6—搅龙。

图 12-35　CT2-10 型种子包衣机

(a) 结构简图；(b) 实物图

表 12-16　佩特库斯(PETKUS)连续式种子包衣机主要技术参数

项　目		型　号		
		C110	C210	C525
加工能力/(t·h^{-1})		10	10	25
最高药种比		1：650	1：650	1：650
电机功率	甩盘/kW	0.55	0.55	0.75
	混合轴/kW	0.55	1.1	1.5
	泵/kW	0.55	0.37/0.55	0.37/0.55
	喂料轮/kW	0.37	0.37	0.37
尺寸	长/mm	1540	1970	2150
	宽/mm	1000	510	510
	高/mm	1670	1950	1585

近几年种子拌药包衣机械技术获得迅速发展，新工艺、新部件和新结构形式的种子包衣机已经成为国内外种子加工处理机械设备中的主流产品。农业部南京农业机械化研究所在充分消化吸收发达国家先进包衣技术，结合我国国情进一步创新的基础上，成功研制成 5B-5 型智能化种子包衣机(见图 12-36)。

该包衣机主要技术参数：生产能力为 5 t/h(水稻)；适用药剂为液剂和乳胶剂；药剂和种子配比为(1：25)～(1：120)(可调)；外形尺寸(长×宽×高)为 2230 mm×1040 mm×3080 mm；破损率＜0.1%；包衣合格率≥95%；种药变异系数＜1.5%；整机配套动力为 3.35 kW。

(3) 丸化机

与包衣类似的还有丸化。丸化主要用于小粒和流动性差的种子，丸化时液、粉分别施加，多次逐层包覆，所获得的最终结果是尺寸基本相同的圆丸，增大了种子的外形尺寸，提高了投播种子的质量和流动性，利于单粒精播。发达国家的番茄、甜菜、青椒及许多花卉种子都是丸化后播种的。对于牧草和林木种子，有时将丸化种子制成饼状，使它们着地稳定，便于在丘陵山地采用高效的飞机播种。丸

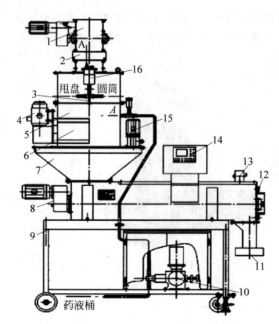

1—叶轮喂料器；2—除尘室；3—三通阀；4—甩盘驱动电机；5—种液喷敷室；6—检修门；7—清理刷室；8—搅拌输送装置；9—底座；10—计量泵；11—三通出料口；12—搅龙端盖板；13—进风口；14—操作屏；15—清理刷驱动电机；16—液压监测仪。

图 12-36　5B-5 型智能化种子包衣机结构简图

化的要求是最大的单粒率、足够的丸壳强度和良好的丸壳吸潮崩解度。丸粒尺寸应均匀，个别丸壳过厚的大粒丸要重新加工。丸化种子包层厚、水分大，必须及时烘干。

丸化机从工作原理上讲有模压式、漂浮式和旋转式等。旋转式（见图 12-37）应用较多，其主要工作部件是一个由传动带带动旋转的斜置丸化罐，结构简单，适用性广。投放一定量种子后，再分批喷水和加粉，到一定时间取出过筛。其缺点是作业时劳动强度较大。目前研发出的滚筒式丸化机，种子沿轴向移动时，依次多点喷液加粉，自动流水作业。

（4）计量包装机

种子用电脑定量包装机一般由称重系统、装袋缝包系统、输送系统和控制系统等组成。对于计量包装机的称重系统，一些老式传统机型大都采用容积式计量。对于种子用计量包装机，尤其是称量小的小袋计量包装机，都是采用重力式计量法，再配备高性能的电脑称重

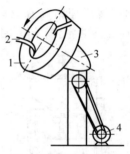

1—丸衣罐；2—液体喷射装置；3—传动装置；4—电动机。

图 12-37　旋转式种子丸化机

控制器和传感器，其计量精度和计量包装速度都有明显提高。DCS 系列小型双电脑定量包装机的结构外形和配置尺寸见图 12-38。种子用电脑定量包装机，无论是单机使用还是组合到种子加工成套设备中，它的工艺过程和工作流程均为：进料→提升→计量→套袋输送→缝包或热合封口→计量包装成品输出。整个工作流程的控制及其与前置种子加工成套设备的联动都是由配置的总控制器完成；气动元件的动力源于外配的空气压缩机。

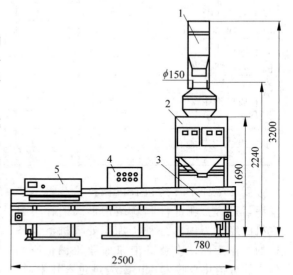

1—提升机；2—双电脑定量秤；3—输送机；4—总控制器；5—热合封口机。

图 12-38　DCS 系列小型双电脑定量包装机

（5）辅助配套设备

在种子加工成套设备中，除上述必备的加工机械外，还需要一批辅助配套设备，才能把种子加工厂中各道加工工序的机械设备有序

地连接起来,成为一套完整的成套设备。因此,辅助配套设备也是种子加工成套设备必不可少的重要组成部分。其中,振动给料机、开式翻斗提升机(见图12-39)、振动输送机或胶带输送机、带除尘风机的成套除尘系统和种子中间暂储仓等都是常用的辅助配套设备。

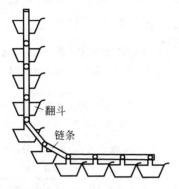

图 12-39　开式翻斗提升机

2) 种子加工成套设备

了解被加工种子物料的物理特性,确定应选用的清选原理,按加工要求选定清选机具和处理机具是安排种子加工的基础。实践证明,要获取符合国家标准、满足生产要求的种子,必须配备不同类型的清选机具连续作业,才能最大限度地消除掉包括异类种子在内的各种杂质,并通过种子包衣等各种后处理工序来提高种子质量,改善发芽和苗期生长条件,达到增产、优质的目的。

随种子加工机械品种的增加和技术水平的提升,以及种子加工规模的扩大和配套设备的完善,过去的单机作业已逐步让位于种子加工成套设备。

我国中小型种子企业适合使用移动式的种子加工成套设备。它主要包括的设备是风筛式清选机、比重式清选机、种子包衣机、简易计量包装设备。这套设备的特点是各个单机均可移动,自由组合,不受场地限制,不需要固定的厂房,设备可以跟着物料移动,减少采用固定设备的物流费用,既可组成流水线使用,也可单机独立使用,很适合我国国情。

为保证加工后种子质量和种子较高的获选率,需遵循以下原则。

(1) 选择工艺流程的原则

① 根据加工对象和使用对象制定加工程序。

② 整个工艺应保证加工质量的稳定性。

③ 重视除尘系统排放气体的质量控制与成套设备工作过程中的噪声控制。

④ 种子加工厂的总体布局要合理。

(2) 选择加工设备的原则

① 设备本身的性能要好。

② 主机和配套设备的加工生产率要匹配。

③ 破碎率要低。

④ 便于清理,防止种子混杂。

主要粮食作物种子、蔬菜种子和经济作物种子加工工艺流程和设备配置见表12-17。

对于种子加工厂,为了适合加工各种种子,其工艺流程要更加复杂、更加完整。图12-40是一个适合加工玉米、小麦、水稻、大豆和蔬菜种子的种子加工厂的工艺流程图。

表 12-17　主要粮食作物种子、蔬菜种子和经济作物种子加工工艺流程和设备配置

序号	成套设备	一般加工工艺流程	设备配置
1	小麦种子加工成套设备	进料→基本清选→重力分选→长度分选→包衣→定量包装	风筛式清选机、重力式分选机、窝眼筒分选机、包衣机、定量包装机
2	水稻种子加工成套设备	进料→基本清选→重力分选→长度分选或重力分选→包衣→定量包装	风筛式清选机、重力式分选机、窝眼筒分选机或谷糙分离机、包衣机、定量包装机
3	玉米种子加工成套设备	进料→基本清选→重力分选→尺寸分级→包衣→定量包装	风筛式清选机、重力式分选机、平面分级机或圆筒筛分级机、包衣机、定量包装机

续表

序号	成套设备	一般加工工艺流程	设备配置
4	大豆种子加工成套设备	进料→基本清选→重力分选→形状分选→包衣→定量包装	风筛式清选机、重力式分选机、带式分选机或螺旋分选机、包衣机、定量包装机
5	棉花种子加工成套设备	进料→基本清选→重力分选→包衣→定量包装	风筛式清选机、重力式分选机、包衣机、定量包装机
6	蔬菜种子加工成套设备	进料→基本清选→重力分选→重力分选(去石)→包衣→定量包装	风筛式清选机、重力式分选机、重力去石机、包衣机、定量包装机
7	油菜种子加工成套设备	进料→基本清选→重力分选→包衣→定量包装	风筛式清选机、重力式分选机、包衣机、定量包装机
8	甜菜种子加工成套设备	进料→基本清选→重力分选→包衣或丸化→定量包装	风筛式清选机、重力式分选机、包衣机或制丸机、定量包装机

注：水稻种子加工成套设备生产率大于 3t/h，长度分选或重力分选除短杂(整粒糙米)宜选用重力谷糙分离机。

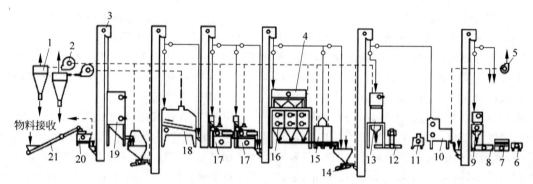

1—除尘器；2—风机；3—提升机；4—圆筒筛分级机；5—小风机；6—空压机；7—封口包装机；8—输送机；9—计量秤；10—包衣机；11—药液箱；12—缝包机；13—计量装袋秤；14—振荡器；15—螺旋清选机；16—分级仓；17—比重分选机；18—风筛清选机；19—过渡仓；20—玉米脱粒机；21—带式输送机。

图 12-40　种子加工厂工艺流程

12.2.4　技术性能

1. 产品型号命名方式

我国的种子加工机械的型号按照中华人民共和国机械行业标准《种子加工机械与粮食处理设备产品型号编制规则》(JB/T 10200—2013)而定的。按 JB/T 10200—2013 规定，种子加工机械与粮食处理设备产品型号应由印刷体大写汉语拼音字母、大写拉丁字母和阿拉伯数字(数值或数)组成。组成内容排列顺序如下：

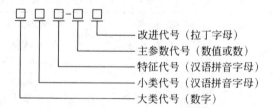

改进代号(拉丁字母)
主参数代号(数值或数)
特征代号(汉语拼音字母)
小类代号(汉语拼音字母)
大类代号(数字)

大类代号指农机具产品分类代号。JB/T 8574—2013 规定种子加工机械与粮食处理设备产品大类代号为 5。小类代号指种子加工机械与粮食处理设备产品的分类代号。小类代号选用产品基本名称具有代表意义的一至两个字汉语拼音第一个字母表示,并应符合条件:不与 JB/T 8574—2013 已经规定的小类代号重复,不与同大类其他产品小类代号混淆。特征代号指同小类产品不同特点的代号。特征代号选用产品附加名称一至两个特征代表字的汉语拼音第一至第二个字母表示,并符合条件:不与 JB/T 8574—2013 已经规定的同小类产品特征代号重复,不与同小类其他产品特征代号混淆,不宜选用 I、O 两个字母。执行 JB/T 8574—2013 规定,某些通用或常用产品

不加特征代号,如风筛式种子清选机、小麦种子加工成套设备。主参数指产品的主要性能参数或主要结构参数,由阿拉伯数字表示的数值或数和单位符号组成。主参数代号用主参数的数值或数表示。有两个或两个以上主参数,在主参数代号间用/分隔。改进代号指改进产品的顺序号。用型号后加注印刷体大写拉丁字母表示,改进顺序从拉丁字母 A 开始按顺序依次表示。编制示例见表 12-18。

表 12-18 产品型号编制方法综合应用示例

序号	产品名称	大类代号	小类代号	特征代号	主参数代号	改进代号	产品型号
1	稻麦种子脱粒机(第一次改进)	5	T	DM	5	A	5TD-5A
2	蔬菜种子刷清机	5	SQ	C	3		5SQS-3
3	甜菜种子磨光机	5	G	C	3		5MT-3
4	垂直气流清选机	5	X	QC	7		5XQC-7
5	循环气流清选机	5	X	QX	3		5XQX-3
6	顺流式干燥机	5	H	S	5		5HS-5
7	逆流式干燥机	5	H	N	5		5HN-5
8	燃油热风炉	5	L	Y	1		5LY-1
9	电加热式热风炉	5	L	D	2		5LD-2
10	风筛式种子清选机	5	X	-	5		5X-5
11	种子去石机	5	X	QS	5		5XQS-5
12	窝眼筒风选机	5	X	WT	3		5XWT-3
13	窝眼盘风选机	5	X	WP	3		5XWP-3
14	带式风选机(第一次改进)	5	X	D	7	B	5XD-7B
15	螺旋风选机	5	X	L	3		5XL-3
16	种子色选机	5	X	SX	3		5XSX-3
17	平面筛分级机	5	F	P	5		5FP-5
18	搅龙式种子包衣机	5	B	J	3		5BJ-3
19	种子拌药机(第一次改进)	5	BY	Z	3	A	5BYZ-3A
20	种子丸化机	5	WH	Z	1		5WHZ-1
21	水稻种子加工成套设备	5	CT	D	5		5ZTD-5
22	带式输送机	5	SS	P	3		5SSP-3
23	振动输送机	5	SS	Z	3		5SSZ-3
24	搅龙式输送机	5	SS	J	3		5SSJ-3
25	斗式提升机	5	TS	D	7	B	5TSD-7B

2. 性能参数

1）种子加工的原则

（1）尽可能去掉不需要的掺杂物（如杂草种子和惰性物质）以及未成熟的、破碎的、退化的、遭受病虫害或机械损坏的种子。

（2）按种子的尺寸大小和比重进行分类。

（3）用保护性的药品或其他方法对种子进行处理，如拌药或包衣。除种子处理外，种子加工主要是根据种子及掺杂物之间物理性状的差别而进行。如果种子和掺杂物之间的物理性状区别不大则不能分离。目前在谷物种子加工方面利用的一些物理性状是种子的大小（宽度、厚度和长度）和比重。

2）种子加工的要求

种子精选加工应能达到以下要求。

（1）提高种子质量

经精选加工的种子，籽粒均匀饱满、千粒重和净度等主要指标都有大的提高。通常净度可达到国家1～2级标准要求，千粒重明显提高，发芽率提高2%～3%。

（2）减少播种量，节约种子

由于加工后的种子质量高，播种量可减少而不影响保苗株数，一般可节约种子10%～20%。

（3）增加产量

经加工后的高质量种子，具有播种后出苗快、苗齐、苗壮、长势旺盛等特点，可以充分发挥良种的增产作用，在同样水肥条件下，一般能增产5%～10%。

（4）减轻劳动强度，提高劳动效率

人工选种不仅劳动强度大，而且效率低，而机械化加工处理种子，比人工提高效率几十倍，而且加工质量稳定。

（5）有利于种子的贮存与运输

种子经机械加工后，减少了病粒和有生命的杂质，提高了质量，可以提高贮存期限，且净度高、包装好，减少了长途运输量及品种混杂、变质引起的损耗。

3. 各企业的产品型谱

各主要企业的产品型谱见表12-19～表12-21。

4. 各产品技术性能

几种种子产品的主要技术参数见表12-22～表12-24。

表 12-19　种子包衣、丸化机主要企业产品

名　称	型　号	生产率/$(t \cdot h^{-1})$	研制生产单位
种子包衣机	CT2-10 CT5-25	2～10 5～25	德国佩特库斯（PETKUS）公司
批量式种子包衣丸化机	CT50,CT100,CT200	10,15,30	
种子包衣机	WN6,WN8,WN12	1～6,1～8,2～14	奥地利海德公司
种子包衣机	K4,K8,K12,K25	0～4,0～10,0.5～12,5～25	法国色列斯（CERES）公司
种子包衣机	R2.5,R,R6	2.5,5,8	瑞典罗森雷（ROSENGREN）公司
种子拌药包衣机	5ZBL-5.0,5ZBL-8.0	5.8～10	北京丰田种籽机械厂
种子拌药包衣机	5BYX-3.0,5BYX-5.0	1～3,3～5	杭州钱桥机械有限公司
种子拌药包衣机	5BY-500	3～5	
种子包衣丸化机	5BW-200	≤200 kg/次	南京天宇机械有限公司
种子包衣机	5BW50-100B	1～10	

表 12-20 种子除芒机主要企业产品

名 称	型 号	生产率/(t·h⁻¹)	研制生产单位
种子除芒机	5ZM	3～15	南京天宇机械有限公司
种子除芒机	SE 系列	3～20(谷物), 3～30(酿造大麦)	德国佩特库斯(PETKUS)公司
水稻除芒机	5C-3.0	3	黑龙江省农副产品加工机械化研究所
除芒机	5C-5	5	黑龙江省红兴隆分局科研所, 黑龙江省红兴隆机械厂
种子除芒机	CMJ-5	5	黑龙江省红兴隆分局科研所
种子除芒机	5CMA-2.0	2	酒泉奥凯种子机械股份有限公司
种子除芒机	5ZM-10	5～10	江西红星机械有限责任公司
水稻除芒机	5ZM-5.0A	5	南京农鑫机械设备有限公司
	5ZM-8.0A	8	
	5ZM-10.0A	10	
	5ZM-5.0B	5	
	5ZM-10.0B	10	
稻麦除芒机	5X cm-3, 5X cm-5, 5X cm-10	3～10	无锡市兴百利机械设备有限公司
水稻小麦除芒机	5ZM-3.0	3	仪征市华宇机械有限公司

表 12-21 种子定量包装机主要企业产品

机器名称	型 号	包装速度 /(包·min⁻¹)	研制生产单位
自动种子定量包装机	MC5000D	25～80	广州迈驰包装设备有限公司
	MC5000B, MC7300B, MC1100	10～50	
蔬菜种子自动计量包装机	ZV-320A	35～70	佛山市柯田包装机械有限公司
种子自动计量包装机	DCS-50	≥5	河南上品机械设备有限公司
全自动种子颗粒称重包装机	LD-160A	20～45	佛山市揽德包装机械有限公司
蔬菜种子包装机	LD-8220	45～50	
	LD-8200, LD-8250	45～65	

表 12-22　几种种子拌药包衣机主要技术参数

型号与名称	生产率/(t·h⁻¹)	配套功率/kW	甩盘转速/(r·min⁻¹)	药粉箱 容积/L	药粉箱 最大排粉量/(kg·min⁻¹)	药液箱及药泵 容积/L	药液箱及药泵 最大供液量/(kg·min⁻¹)	药泵类型	搅拌器 型式	搅拌器 转速/(r·min⁻¹)
5BY-3.0 拌药包衣机	1~3	0.76		11	1.70	70	0.77	软管式	滚筒式	56
BL-5.0 拌药包衣机	3~7	1.47		30	1.20	100	25.00	小水泵	螺旋式	200~290
5BY-5.0 种子包衣机	2~5	5.44		23	8.30	94	1.67	小水泵	滚筒式	40
5BY-LX 种子包衣机	3~5	2.02	1500					小水泵	螺旋搅龙式	
5BYX-3.0 拌药包衣机	1~3	1.50	2800			70		可调计量泵	空心搅龙加搅拌片组合 $\phi230\times1800$	40~1200
5BYT-5.0 拌药包衣机	3~5	1.68		13	2.03	80	3.50	自制泵	空心搅龙加拨片组合	51
5ZBL-5.0 拌药包衣机	4~6	2.22	1500			直径 $\phi400$ 高 350		隔膜式	螺旋式 $\phi171\times1050$	82
5ZBL-8.0 拌药包衣机	8~15	3.20	1500			直径 $\phi400$ 高 350		膜片泵	螺旋式 $\phi200\times1200$	82

表 12-23　几种种子丸化机的主要技术参数

技　术　项	型　号				
	5ZW-1000 型	5ZY-1200 型	5BW-200 型	PETKUS-CT200 型	CAAMS-5BW50 型
结构形式	种子丸化机 倾斜锅式	种子丸化机 倾斜锅式	包衣丸化机 垂直盘式	包衣丸化机 垂直盘式	包衣丸化机 垂直盘式
种子投放批量/(kg·批⁻¹)	50~100	150	≤200	200	50~100
工作部件直径/mm	1000	1200	780	1200	780

续表

技　术　项		型　号				
		5ZW-1000 型	5ZY-1200 型	5BW-200 型	PETKUS-CT200 型	CAAMS-5BW50 型
配套电机功率/kW	混合转盘和药剂甩盘	2.99	17.39		2.2	0.55
	排风风机				15.0	0.55
转速/(r·min^{-1})	混合转盘				150	800～1500
	药剂甩盘				1400	
	排风风机				2830	1420
外形尺寸（长×宽×高）/(mm×mm×mm)		2000×1600×2220	5700×3600×7800		2230×1580×1900	1600×1400×4500
整机质量/kg					5500 950	600

表 12-24　几种种子除芒机的结构形式和主要技术参数

机器型号与名称	主要性能指标			结构形式和参数				配套功率/kW	外形尺寸长×宽×高/(mm×mm×mm)	整机质量/kg
	生产率/(t·h^{-1})	除芒率/%	破碎率/%	打杆形式	简壳类型	外筒尺寸（直径×长度）/(mm×mm)	主轴转速/(r·min^{-1})			
5M-400 型种子除芒机	1.0	＞90	＜2（稻谷出糙）	齿与板相间		φ400×900	375	2.2	1200×817×1127	200
5CM-2.0 型种子除芒机	2.0	＞85	＜1	齿杆式	封闭式	φ500×500	640～740	3.0	1400×495×1650	200
5C-3.0 型水稻除芒机				板式	圆柱形封闭式	φ457×1220	515	11.0	1520×1010×620	368
9CM-300 型牧草种子除芒机	0.1～0.15（老芒麦）	≥85		圆齿杆	封闭式		900	7.5	1478×1385×3092	620

12.2.5　安全使用

1. 种子加工设备配置及安全使用

1）工艺流程设计和设备配置要求

（1）从原料种子接收到成品种子定量包装全过程应连续完成，并实现机械化和自动化。

（2）采用先进技术、先进经验、先进设备，合理加工，保证成品种子质量和清选率要求。

（3）在保证产品种子质量前提下，简化工艺流程，发挥各加工工序的最大效率。

（4）选用符合标准定型的加工设备，降低能耗和加工成本。

（5）工艺流程要有一定适应性、灵活性，能满足原料种子品种和成品种子质量等级变化要求。

（6）确保生产稳定、各工序之间产量平衡，并要考虑加工过程中可能出现的故障，避免全线停机。

（7）使用维修方便。

（8）作业场所工作地点卫生指标和污染物

排放符合环保要求。

2）辅助设备选择与配置

种子加工成套设备的辅助设备包括输送设备、通风除尘设备和电气控制设备。

（1）输送设备

输送设备包括斗式提升机、自溜管和带式输送机或振动输送机，用于各工序之间种子输送。

① 垂直输送。各种加工设备进料、各类贮仓进料都需要垂直输送，一般选用斗式提升机。

② 自上而下输送。立体布置或半立体布置成套设备，自上而下输送种子，应选用自溜管。

③ 水平输送。远距离输送种子，某种加工设备进出料需要水平或倾斜输送种子，选用带式输送机或振动输送机。

（2）通风除尘设备

通风除尘设备由吸风罩（口）、风管、除尘器和风机等组成，用于对局部区域发生的粉尘进行控制、输送和收集。

① 成套设备的斗式提升机、带式输送机或振动输送机进出料口、各类贮仓的进料口、风选设备的气流方向或出风口，都是粉尘发生源，应安装吸风罩。

② 使用成套设备的种子加工厂，一般采取两级除尘。一级除尘选用离心除尘器，收集颗粒较大的粉尘；二级除尘选用布袋除尘器或脉冲除尘器。

（3）电气控制设备

电气控制设备是成套设备机械化、自动化运行的关键设备，应具备以下功能：

① 成套设备顺序启动和顺序停机、单机启动和停机、各种贮仓料位控制及设备联锁控制功能。

② 短路、过载、零电压、欠压及过压的保护功能。

③ 成套设备运行、每台设备启动和停机、各种贮仓上下料位应有指示信号或模拟屏显示功能。

2. 安全使用标准与规范

种子加工技术相关部分技术标准与规范见表 12-25。

表 12-25　种子加工技术标准与规范

序号	标准编号	标准名称
1	GB/T 4404.1—2008	粮食作物种子 第 1 部分：禾谷类
2	GB/T 7415—2008	农作物种子贮藏
3	GB/T 12994—2008	种子加工机械 术语
4	NY/T 375—2020	种子包衣机 质量评价技术规范
5	NY/T 611—2002	农作物种子定量包装
6	DB23/T 823—2011	种子包衣操作技术规程

3. 维护与保养

1）种子加工机械的维护和管理

（1）要提前做好准备，对机具进行全面维护和保养。各传动部件润滑部位要加注润滑油；损坏的零部件要修复更换；拧紧各紧固部件、紧固螺栓，保证机械良好的技术状态。作业前接通电源，空运转 10～15 min，确保无问题后方可投入作业。

（2）作业中随时检查各部件运转情况，发现故障及时停机修理，润滑部位定期注润滑油保养，严禁机器带故障作业。

（3）作业结束后，无论单机或加工连线的设备都要进行一次彻底的清理。清除机器内夹杂物；拆掉电源传动部位；调整螺栓润滑部件；涂上防锈油，防止生锈，避免传动、调整失灵。

（4）精选加工机具，要把筛片组合全部拆下来，擦净并立着放在专用的木箱里，不可平放，防止受压变形。把主机的所有风门打开，空转 15 min，把机内残留的夹杂物通过振动、风吹清除，然后入库存放。

（5）输送设备时因占地面积较大，一般作业结束后应拆卸电机、三角带和输送带入库保管；传动轴和张紧丝杠要涂防锈油；机架用塑料布或苦布等物盖好，防止风吹雨淋日晒。

（6）烘干室（仓）作业结束后，把锅炉、主风道、烘干仓种床上下的灰渣、种粒彻底清除，然后把上卸料门和进排气孔门封好，下次使用时可提前打开通风，干燥后待用。露天使用的固定设备及其他辅助设备，要两年刷一次油漆，防止机架生锈。

2）种子加工机械故障的诊断防范

（1）检查系统工作环境

正确的工作环境和工作条件是系统正常工作的前提。系统正常的工作需要一定的工作环境和工作条件作为平台，如果工作环境达不到系统正常工作的标准，系统出现故障的概率会大大提高。所以，在故障诊断之初就应该先对系统的工作条件和外围环境是否正常进行判断。

（2）判断故障发生区域

系统发生故障是因为整个系统最薄弱的环节出现了问题，所以在判断故障部位时，首先应该根据故障现象和特征确定与该故障有关的区域，逐步缩小发生故障的范围，有针对性地分析故障发生原因，最终找出故障的具体所在，做到把复杂问题简单化。

（3）对故障进行综合分析

根据以上的方法找到故障后，就应该逐步找出多种直接或间接的可能原因。根据系统的工作原理，有针对性地分析判断，逐步减少怀疑对象，直到找出故障部位。如某种子加工设备机械液压系统在工作中时常会出现系统运行不稳定，导致机构升降不到位、行动缓慢等一系列问题，技术人员在对该设备液压原理图进行分析判断后，将怀疑部位逐渐缩小到节流阀和先导阀两个元件上，将两个元件拆卸后，就很容易发现故障点。

设备故障从原因产生上分为主观因素和客观因素，针对发生的每一起具体故障，要结合主客观原因，具体问题具体分析，从管理、技术、标准执行、人为因素等方面入手进行细致分析，同时防范措施要针对每一项具体原因而制定，并狠抓落实，从而减少重复、类似故障的再次发生，降低设备故障率。

参考文献

[1] 张强,梁留锁.农业机械学[M].北京：化学工业出版社,2016.

[2] 宋建农.农业机械与设备[M].北京：中国农业出版社,2006.

[3] 姜道远,徐顺年.水稻全程机械化生产技术与装备[M].南京：东南大学出版社,2009.

[4] 曲永祯.种子加工技术及设备[M].北京：中国农业出版社,2002.

[5] 中国农业机械化科学研究院.农业机械设计手册(下册)[M].北京：中国农业科学技术出版社,2007.

[6] 周洞楠.种子清选机的设计与试验[D].合肥：安徽农业大学,2017.

[7] 刘海生.种子清选加工原理与主要设备工作原理[J].现代农业科技,2008(15)：259-261.

[8] 邓春香,陶栋材,高英武.谷物清选机的研究现状和发展趋势[J].农机化研究,2005(2)：5-7.

[9] 王艳丰.清选机清筛装置分析及对架刷式清筛装置的改进[J].现代化农业,2003(11)：38.

[10] 吕明杰,孙伟,常建国.谷物联合收割机清选横流风机的设计[J].农机化研究,2012(8)：90-92.

[11] 马文军,邢秀华,陆显斌.种子干燥清选加工过程中几种常用的除尘方式[J].农机使用与维修,2018(3)：8-10.

[12] 胡晓辉.谷物清选机械的使用与保养方法[J].农机使用与维修,2017(6)：39.

[13] 郑文琪,朱群峰.浅谈种子加工机械的发展现状及未来趋势[J].农机装备研发,2018(4)：69.

[14] 张凯.种子加工机械发展现状及未来趋势研究[J].农业机械化与现代化,2021(3)：22-24.

[15] 耿端阳,张道林,王相友,等.新编农业机械学[M].北京：国防工业出版社,2015.

[16] 赵宇,姜岩,邹德爽,等.种子加工工艺流程和设备配置[J].农机使用与维修,2020(9)：26-27.

[17] 王广良,李晓辉.种子机械的维护和管理[J].农机使用与维修,2004(4)：35.

[18] 于言东.种子加工机械的维养和管理[J].农机世界,2009(10)：39.

[19] 马盛顿.种子加工机械设备故障形成原因及防范措施[J].现代种业,2015(14)：73-74.

[20] 张立新,谢志根.5XF-5型风筛式清选机的应用[J].新疆农机化,2000(6)：21.

第13章

设施农业机械与装备

13.1 设施农业概述

13.1.1 设施农业的概念

所谓设施农业,是通过采用现代农业工程技术,利用人工建造的设施,通过人工调控,改变自然环境,为种植业和养殖业、微生物(食用菌)、水产生物以及产品的储藏保鲜等提供相对可控,甚至是最适宜的温度、湿度、光照、水肥等环境条件,从而在一定程度上摆脱对自然环境的依赖,进行有效生产的农业,以获得速生、高产、优质、高效的农产品的新型农作方式。设施农业有广义和狭义之分,广义的设施农业包括设施栽培和设施养殖,狭义的设施农业一般指的是设施栽培。

13.1.2 设施农业的特征

设施农业是现代农业技术与工程技术的集成(以塑料大棚、中棚及日光温室为主要的设施结构类型),涉及建筑、材料、机械、环境、自动控制、品种、栽培、管理等多种学科和多种系统,是农业现代化的重要组成部分。

目前已由简易塑料大棚、温室发展到具有人工环境控制设施的自动化、机械化程度极高的现代化大型温室和植物工厂。它具有两大优势:一是能充分利用太阳光热资源,减少环境污染。由农业部联合有关部门试验推广的

新一代节能型日光温室,每年每亩可节约燃煤约 20 t。采用单层薄膜或双层充气薄膜、PC板、玻璃为覆盖材料的大型现代化连栋温室,具有土地利用率高、环境控制自动化程度高和便于机械化操作等特点。二是在一定程度上克服了传统农业在外界环境(主要是气候条件)和资源(土地、水、热)等方面难以解决的限制因素,加强了资源的集约高效利用,从而大幅度提高了农业系统的生产力,使单位面积产出成倍乃至数十倍地增长。

设施农业打破了传统农业地域和时季的"自然限制",具有高附加值、高投入、高技术含量、高品质、高产量、高效益、无污染、可持续发展等特征。

13.1.3 设施农业的发展趋势

随着社会的进步和科学技术的发展,设施农业将向着地域化、节能化、专业化的方向发展,由传统的作坊式生产向高科技、自动化、机械化、规模化、产业化的工厂型农业发展,为社会提供更加丰富的无污染、安全、优质的绿色健康食品。近年来,设施畜牧业养殖也在逐渐兴起。设施农业具有广阔的发展前景,不仅在促进农业结构调整、实现农业增效、农民增收中发挥着越来越重要的作用,而且在改善农业生产条件、推动传统农业向现代农业的历史性转变中也产生着积极的影响。可以说,设施农业是实现农业现代化的重要举措,也是提高农

业科技含量,提高土地产出率,提高农业效益,提高农民素质,转变农民观念,增加农民收入,加快脱贫致富步伐的一项富民工程。

13.2 设施农业装备

13.2.1 设施农业装备的基本概念

中国的农业生产正逐渐由传统农业向现代农业转变,由粗放农业向效益农业转变。设施农业是现代农业的具体体现,是高产、优质、高效农业的必然要求。进入20世纪80年代后,中国设施农业发展迅速,尤其是设施栽培的发展给农业生产带来了无限生机,已成为农业的主要支柱产业之一。

设施农业装备是随着现代设施农业发展的需要而产生和发展起来的一门学科,其主要任务是,在充分掌握农业生物生长发育和产品转化过程中生物体-设施及其装备-环境因素相互作用规律的基础上,研究如何采用经济和有效的设施模式、环境调控工程技术与生产设备,创造优于自然界的、更加适于农业生物生长发育和产品转化的环境条件,避免外界自然环境条件的不利影响,提高农业生物产品生产的效率。

设施农业装备是一门新兴的综合性、技术性学科,是现代生物、环境、工程三方面的紧密结合,涉及生命科学中的多学科分支,并与多项非生命学科相互渗透,涵盖了建筑、材料、机械、环境、自动控制、人工智能、栽培、养殖、管理等多种学科和产业,因而科技含量高,成为当今世界各国大力发展的高新技术产业。因此,设施农业装备的发达程度,也就成为衡量一个国家或地区设施农业现代化水平的重要标志之一。

设施农业装备是在设施农业生产过程中用于生产和生产保障的各种类型的建筑设施、机械、仪器仪表、生产设备和工具等的统称。其中包括各种不同类型结构的大棚和温室;不同类型通风、加温等的环境调控设备;温、光、湿、气和水等环境因子的各种方式的检测和控

制器;植物生产方面的无土栽培系统和动物生产方面的机械化饲喂系统等。因此,在设施农业中,装备是基础,是不可或缺的必备条件之一,没有装备就不称其为设施农业。装备也是设施农业的特征,装备的优劣会直接影响设施农业的产品生产和效益。设施农业已经使许多国家大幅度增加了农业产量,我国就是设施农业发展最快、受惠最大的国家之一。

13.2.2 设施农业装备分类

1. 按设施农业装备集成的难易程度 与规模分类

随着设施农业的持续发展,设施农业装备已形成多种类型和集成模式,较为普遍采用的几种模式有:简易覆盖型(主要以地膜覆盖为典型代表)、简易设施型(主要包括中小拱棚)、一般设施型(如塑料大棚、日光温室等)、现代化连栋温室和工厂化农业。我国以节能日光温室和塑料大棚发展最快。简易覆盖型、简易设施型和一般设施型农业装备技术含量低,结构简单,装备集成规模较小。现代化连栋温室和工厂化农业装备是设施农业的高级发展阶段,通常是由较大面积的温室结构,完善的加热系统、降温系统、通风系统、遮阳系统、微灌系统、中心控制系统和栽培系统或养殖系统等集成的。它属于集约化高效型农业,目前规模尚小,但代表了设施农业及其装备的发展方向。

2. 按生产产品类型分类

按生产产品类型可分为生物栽培设施装备和生物养殖设施装备两大类。

(1) 生物栽培设施装备。目前主要应用于栽培蔬菜、花卉、瓜果和食用菌等生物生产。生产设施有各类简易设施、塑料大棚、日光温室、连栋温室等,以及配套的各种不同类型的环境调控设备。从应用于不同栽培方法来看,主要有地面栽培和无土栽培生产装备。我国目前主要采用人工、半机械化和机械化结合的生产方式,一些发达国家采用了工厂化植物生产等先进的生产装备方式。

(2) 生物养殖设施装备。目前主要是应用于养殖畜、禽、水产和特种动物的设施装备。

生产设施有各类温室、遮阳棚舍、现代化饲养畜舍及其相应的生产配套设备等。

3. 按装备的具体功能分类

按装备的具体功能或作用可分为建筑设施、环境调控设备、检测及控制器、生产设备和工具等。

（1）建筑设施。如各种不同类型结构的大棚、温室、遮阳棚和防虫网等，其主要特征是建立一个系统的、相对完善的、可抵御自然相应作用的维护结构。其主要作用是形成一个相对独立的、封闭的、有限的、环境可调的生物生产空间。

（2）环境调控设备。如各种不同类型的通风设备、加温设备、降温设备、供水或灌溉设备、调光设备、气体成分调节设备等。

（3）检测及控制器。如各种不同类型的温度、湿度、光照、一氧化碳气体浓度、土壤水分等检测器和综合环境控制器等。

（4）生产设备和工具。如植物栽培生产中各种不同类型的水培系统、雾培系统、基质栽培系统，栽培方法中的土地耕耘机具、播种与栽植机具和植物保护机具等，动物养殖生产中的供水系统、饲料饲喂系统、粪便清理系统等。

13.2.3 国内外设施农业装备发展概况

1. 中国设施栽培与装备的产生

早在 2000 多年前，中国就有了蔬菜温室栽培。其产品当时被称为"不时之物"，故又名"不时栽培"。明朝（1368—1644 年）北京地区已有黄瓜加温温室，用于促成早熟栽培。130多年前，济南郊区有菜农利用草苫子作蔬菜保护栽培的风障阳畦，由于设施简陋，只能用来在秋冬和早春保护栽培韭菜、芹菜和菠菜等耐寒性蔬菜。1924 年，济南北园菜农使用玻璃作为阳畦的透光覆盖物，出现玻璃阳畦，大大提高了阳畦的采光性能，在冬季生产出了韭菜等蔬菜。可见，设施装备在中国是广大农民在生产实践中发现的，具有悠久历史。它在实践中不断得到总结、完善和提高，由原始的风障畦、火炕育苗，再到风障小拱棚、温床，最后发展到今天的地膜覆盖、塑料大棚、日光温室和连栋温室等。

2. 国内设施农业装备的发展

20 世纪 80 年代以前，从全国的蔬菜供应状况来看，主要是数量不足，尤其是在北方地区，冬期淡季明显，吃菜难的问题十分突出，蔬菜生产问题主要是解决量的问题，因此，地膜覆盖、简易拱棚、塑料大棚成为中国设施栽培装备的主体。

改革开放以来，随着人民生活水平的提高，对蔬菜供应的要求由数量充足转变为品质优良、种类齐全，并对新鲜水果、特种蔬菜提出了要求，大城市对花卉的需求也在不断增长。"八五"期间，随着设施农业的不断发展，中国的设施农业装备进入了稳定发展时期，基本上摆脱了过去忽起忽落的不稳定状态，开始进入发展、提高、完善、巩固、再发展的比较成熟的阶段，由单纯追求数量转变为重视质量和效益，同时，注重市场信息和科学生产。

工厂化育苗有较大的进展。1985 年，北京市先后从美国及欧洲共同体引进了几套育苗机械及设备，建立了中国第一批蔬菜育苗工厂。近几年工厂化育苗越来越表现出其优越性，商品苗已日益受到广大菜农的欢迎，特别是遇到灾害较多的年份，常规的、分散的育苗常常受到毁灭性的损失，而工厂化育苗则可基本上避免自然灾害的影响。现在已有国产的工厂化育苗设备，各地正在积极推广，在已形成规模的蔬菜生产基地，许多都是由工厂化育苗车间供应商品苗。

无土栽培受到青睐。无土栽培生产的蔬菜品质好，无污染，清洁卫生。由于受到外向型经济的影响，中国南方，尤其是沿海一些城市正在推广这一技术，生产高档蔬菜出口国外和供应一些高档宾馆。无论是水培还是基质培所需的设备，现在已经国产化，虽不如外国设备成熟，但成本低，能为生产使用者接受。

花卉设施栽培日见兴旺发达。随着人民生活水平的提高和经济交流活动的日益增多，花卉的需求量越来越大，每年的情人节、母亲节等节日和许多的重要政治、经济和文化活动都需要大量的不同种类的鲜花。因此，用于专业化生产花卉和存储的生产设施和装备获得了较快的发展。

3. 国内设施农业装备的现状

科技部为了推动工厂化农业的发展,在"九五"期间创建了北京、上海、广州等五大工厂化农业示范园。到 2003 年,全国设施农业面积就发展到了 210 多万 hm^2,日光节能温室发展到 95.2 万 hm^2,大型设施的比重由 31% 上升到 59%;设施蔬菜人均占有量由 0.2 kg 增至 67 kg,增长 335 倍。在科学技术研究方面,推出了如中国农业大学研制出的"华北型塑料薄膜连栋温室",山西农业大学研制出的"WTX-系列温室综合环境自动控制系统"和"温室二氧化碳气体环境智能化调控系统"等一批具有一定智能化水平、科技含量高、自动化程度高的具有自主知识产权的科技成果和产品。目前,设施农业装备已基本走出引进、消化吸收的阶段,完全实现了国产化,有的达到了国际化的出口水平,如北京京鹏环球科技有限公司和碧斯凯农业科技有限公司的产品已走出国门,销往世界各地。

中国设施农业装备虽然有了长足的进步,但与发达国家相比,还有较大的差距,主要表现在以下几个方面:

(1) 专业化生产规模小,总体科技水平低。

(2) 上市水平低,抗御自然灾害的能力差。

(3) 设备不配套,环境调控能力差,作业主要靠人力。

(4) 盲目引进,渠道单一,缺乏规范,标准化程度低。

总之,我国设施农业装备的发展正面临新的形势,必须在深入调查研究的基础上对全国设施农业装备生产做出总体规划,制定规范化的管理办法和宏观管理的政策,逐步使设施农业装备生产走上规范化、标准化的轨道。在市场经济条件下,加强宏观决策,疏通信息渠道,规范管理职能,提高企业素质,实行名牌战略,为发展具有中国特色的设施农业创造条件。

4. 国外设施农业装备概况

近年来,世界设施农业发展迅速,各种新型材料给温室的建筑和设备的制造创造了有利条件,温室生产管理技术水平大大提高,温室面积和产量迅速增加。发达国家已拥有具有成套技术且完整的设备设施和生产规范,并在向高层次、高科技和高度自动化、智能化方向发展,已基本形成完全摆脱自然的全新技术体系。设施农业比较发达的国家有:北美的加拿大和美国,西欧的英国、法国、荷兰、意大利和西班牙,中东的以色列、土耳其,亚洲和大洋洲的日本、韩国、澳大利亚等。这些国家地膜覆盖、塑料大棚等设施面积远不如中国大,但薄膜的质量好、机械化和自动化程度较高。尽管各个国家的发展过程、模式和水平各不一样,但可归纳为以下几点:

(1) 资金投入与生产水平高,国家扶持的力度较大。

(2) 设施与装备技术的发展快,已实现自动化,并向高度智能化方向快速发展。

(3) 设施与装备的规模化、集约化、产业化、专业化水平高。

(4) 设施与装备的集成度高,加工制作精良,生产的经济性、稳定性、可靠性强。

(5) 高标准的无污染、无害化农业产品生产,促使农业设施装备向更高水平发展。

5. 中国设施农业装备的发展展望

设施农业装备的发展趋势是:在基本满足社会生产需求总量的前提下协调发展,着重增加品种、提高质量,逐步实现规范化、标准化、系列化,形成具有中国特色的装备技术和设施体系,其主要特征将是:

(1) 按照符合国情、先进实用的技术路线,探索高新技术与装备的发展途径,以形成 21 世纪中国设施农业的技术体系。

(2) 随着国民经济的快速发展和人民生活水平的提高,农民自觉要求应用新技术、新设备。因此,要求尽快提高农业设施装备水平,迫切要求提供更先进的技术和完善的设施装备,以减轻劳动强度,提高经济效益。

(3) 中国人民生活正在从温饱型向小康、富裕型过渡,已对食品提出了多品种、高品质、无公害的强烈要求,食品从温饱型向营养保健型发展已成大趋势。因此,农业设施装备发展的主要趋势是上水平、上档次。

（4）近几年，在山东、河北、辽宁、河南等地已经形成集中发展生产基地的趋势，生产规模不断扩大，急需设施农业技术、设施设备供应、产品运销服务的支撑。因此，设施农业装备向专业化、集约化、产业化发展也是必然的趋势。

（5）随着我国农村改革的深化和对外开放的扩大，设施农业也要与世界接轨。国外对果蔬的特殊要求增加，外向型农业对产品提出了更高的要求。市场机制的作用必然刺激我国农业设施装备向更高层次发展，以适应国内特殊要求和国际市场需求，从而带动整个设施农业水平的提高和产业化的发展。

13.3 设施农业作业机械

13.3.1 设施机械化装备的要求与特点

设施农业生产是农业生产的一部分，它是指在设施内从事植物栽培的过程。在设施内部，人们可以利用各种现代化技术人为控制植物生长所需的气体、温度、光照、水分、湿度、二氧化碳和植物营养等。所以，设施农业机械化从广义上说也是农业机械化的重要组成部分，许多设施农业机械都是采用通用的农业机械，如耕整地机械、播种施肥机械、病虫害防治机械、灌溉设施等。但设施农业植物栽培有其特殊性，其生产过程和一般的大田作物如粮食、棉花等以及露地植物栽培都有很大区别。因此，设施农业机械又有许多特殊的要求、特殊的种类和特点。

设施农业中的机械化是为农业生产服务的工程技术体系。凡是用于设施农业作物生产方面的各种机械，如动力机械（电动机、内燃机、拖拉机）以及与动力机械相配套的各种作业机械，都属于设施农业机械化装备的范畴，主要包括耕整地机械、种植机械、病虫害防治机械、节水灌溉机械、收获机械、环境控制机械等，并以小型的专用机械为主。设施农业机械的主要特点是：机型矮小，重心低，突出机身外

的零部件尽可能少，转弯半径小，通过性能好，操作灵活，便于在设施内进行各项作业，且能有效保证设施内边角处均可作业到，以最大限度地满足设施内作业的需求。

实现设施农业机械化，就是要用各种机械装备来完成整个园艺植物生产过程中的各项作业，如整地、育苗、栽植、灌溉、病虫害防治，以及果蔬收获、加工等。设施内生产的特殊性决定了设施农业机械化与露地生产机械化有着极大的不同。如播种机械，在设施蔬菜生产中，由于蔬菜种子的粒径小、重量轻、形状复杂、表面光洁度差异大，有些种子（如胡萝卜、番茄）表面粗糙，带有绒毛，要精确地分成单粒比较困难；有些种子需高温休眠，如莴苣、芹菜等；而有些种子需低温休眠，如茄子、番茄等。这些特性要求在比较理想的条件下发芽后再播种，即播芽种。此外，设施农业植物栽培地的复种指数高，播种作业频繁，由于播种时期不同，要求的环境条件也不同，不同的种子还有特定的农业技术要求，用一般的农用播种机难以满足播种的需求，所以设施农业植物播种大都采用专用的播种机。

园艺作物收获是设施农业生产中最复杂、难度最大的一项作业。水果和蔬菜的种类繁多，形态特征差异很大。即使是同一种类，也有许多不同的品种，针对某个品种研制的收获机械，往往不能适用于其他品种的收获。水果和蔬菜的可食用部分有根、茎、叶、果、花及种子等，生长部位分散，且鲜嫩多汁、极易损伤腐烂，多数品种成熟期和收获期持续时间不一致。人工收获时需根据尺寸、颜色、形状或其他一些直观因素来进行判断。收获的方法一般涉及切、掐、拉、弯、折、扭等动作中的一种或几种，而机械作业就比较困难，因此实现设施农业作物收获机械化的难度较大。

13.3.2 耕耘机械的目的与要求

1. 设施农业耕地的目的

耕地是设施农业作物栽培过程中的重要环节。通过对土壤的耕翻和疏松，为作物的种植和生长创造良好的土壤条件，是园艺作物生

产的基础,也是恢复和提高土壤肥力的重要措施。由于农作物在生长过程中受到灌溉水浇淋、阳光照晒以及人机作业对土壤的践踏等因素的影响,耕作层上部土壤的团粒结构和腐殖质等遭到破坏,土壤比较板结、肥力低,不利于后茬作物的生长。采用小型深耕机械进行深耕作业,可以提高土壤团粒性、渗透性和保水性,加深有效表土,使作物根系发育旺盛,促进作物生长。

设施内耕地作业包括在收获后的地域新建设施地上进行的翻土、松土、覆埋杂草或肥料等项目,其主要目的是:通过机械对土壤的深层耕翻,把前茬作物残茬和失去结构的表层土壤翻埋下去,而使耕层下部未经破坏的土壤翻上来,以恢复土壤的团粒结构;通过对土层的翻转,可将地表肥料、杂草、残茬连同表层的虫卵、病菌、草籽等一起翻埋到沟底,达到消灭杂草和病虫害的作用,同时改善土壤的物理、化学性质,提高土壤肥力;机械对土层翻转同时具有破碎土块、疏松土壤,积蓄水分和养分的作用,为播种(或栽植)准备好种床,并为种子发芽和农作物生长创造良好条件,且有利于作物根系的生长发育;通过对耕层下部进行深松,还可以起到蓄水保墒、增厚耕层的效果。

2. 设施农业耕地的农业技术要求

耕地作业要满足农业技术要求,要适时耕翻,在确定耕深时应注意随土壤、地区、季节等的变化合理选择,并保证耕深始终均匀一致。耕后土壤应疏松破碎,以利于蓄水保肥,设施内耕地的农业技术要求是:土壤松碎,地表平整;不漏耕,耕后地表残茬、杂草和肥料应能充分覆盖;对设施内空气污染小;机械不能损坏温室设施。

在进行春播蔬菜的耕地作业时,要求耕深在 25 cm 以上;在种植秋菜垄作作物时,耕地要求与春播菜田相同,起垄则由蔬菜起垄播种机直接完成。垄高 12～15 cm,垄距 50～60 cm。采用机械耕地碎土质量≤98%,耕深稳定性≥90%。夏播蔬菜耕整作业时,要求耕后地表平整,土壤细碎,耕深 18～25 cm。

3. 设施农业耕耘机械的常用类型

温室空间和面积较小,所用机械多为小型和微型耕作机械,机身及其动力都比较小,重量轻,转弯灵活,操作方便,机械配套动力一般在 2～5 kW。在进行耕整地作业时,在动力后部挂接作业机具,通过更换作业机具,可进行多项作业。常用的耕整地作业机具包括犁、旋耕机、微型耕作机等。

13.3.3 设施土壤整备机

在育苗生产过程中,需要将苗床或制钵用的土壤破碎、过筛,其主要功能是进行土壤粉碎筛选,以便获得育苗专用土壤,图 13-1 所示为一种由旋转碎土刀与振动筛配合的组合式机具。发动机的动力经过带传动,使碎土滚筒旋转,同时通过曲柄摆杆机构带动筛子摆动。土壤经过喂料漏斗进入粉碎室。在高速旋转的碎土刀打击下,通过碎土刀与凹版的挤搓作用,抛向碎土板上撞击破碎。破碎的土壤通过振动筛分离后,细碎的土壤通过筛网落在滑土板上滑出机外,而未被粉碎的大土块,则经筛面从大土块出口送出机外。土壤肥料搅拌机用于将土壤和肥料搅拌均匀(见图 13-2)。工作过程中,电动机通过传动箱内的传动带带动搅拌滚筒回转,搅拌滚筒轴上装有一定数量交错排列的钩形刀,滚筒在料斗内回转时,可进一步松碎土壤和肥料,并进行搅拌。混合均匀后,转动料斗,将土壤、肥料倒出斗外。

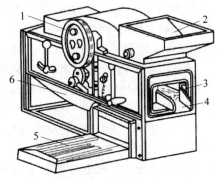

1—带轮;2—喂料斗;3—筛子;4—大杂质出口;
5—发动机底座;6—滑土板。

图 13-1 碎土筛土设备

此类机械主要技术参数包括外形尺寸、配套动力、主轴转速、生产率和机器自重、移动安装方式等。

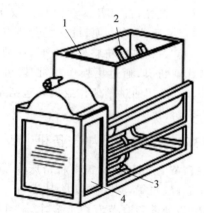

1—喂料斗；2—搅拌液筒；3—电动机；4—传动箱。

图 13-2　土壤肥料搅拌机械

该类机械使用注意事项：使用前应检查各部位的螺栓是否紧固，刀片与凹版间有无碰撞卡滞现象，机内有无异物。待启动运转正常后方可投料进行作业。

13.3.4　土壤消毒机

土壤消毒机就是把特定农药或添加剂加入土壤，对土壤进行熏蒸净化，再采用机械化方法通过土壤活化使得土壤重新具备活力，用于温室蔬菜、大田生姜、山药等作物，可完成土壤规模化高速处理，采用行走作业的方式实现土壤的熏蒸和活化的机械。

土壤消毒就是用物理或化学的方法对土壤进行处理，以杀灭其中的病菌、线虫及其他有害生物，一般在作物播种前进行。如用人力和机动两种方式把液体药剂注入土壤达一定深度，并使其汽化扩散的土壤消毒机，采用的是化学方法，但存在环境污染和药剂残留的危害。为此，设施农业采用的蒸汽消毒技术是通过高压密集的蒸汽杀死土壤中的病原生物。此外，蒸汽消毒还可使病土变为团粒，提高土壤的排水性和通透性。根据蒸汽管道输送方式，蒸汽消毒可分为四种方法：地表覆膜蒸汽消毒法（汤姆斯法），即在地表覆盖帆布或抗热塑料薄膜，在开口处放入蒸汽管，该法效率较低，通常低于 30%；侯德森（Hoddeson）管道法，即在地下（深度通常为 40 cm）埋一个直径为 40 mm 的网状管道，在管道上，每 10 cm 有一个 3 mm 的孔，该法效率较高，通常为 25%～80%；负压蒸汽消毒法，即在地下埋设多孔的聚丙烯管道，用抽风机产生负压将空气抽出，将地表的蒸汽吸入地下，该法能使深土层中的温度比地表覆膜高，其热效率通常为 50%；冷蒸汽消毒法，一些研究人员认为 85～100 ℃的蒸汽通常能杀死有益生物如菌根，并产生对作物有害的物质，因此，提出将蒸汽与空气混合，使之冷却到需要温度，较为理想的温度是 70 ℃，维持 30 min。

图 13-3 是昆明理工大学申报的牵引式土壤消毒机的结构图；图 13-4 是南京林业大学申报的自走式土壤消毒机的结构图。两台土壤消毒机的工作原理是将农药或消毒添加剂加入蒸汽发生装置，蒸汽发生装置内部设有燃烧器、水槽、进水管与蒸汽输出管等，燃烧器可将消毒添加剂与水加热，产生高温消毒蒸汽，蒸汽发生装置将产生的消毒蒸汽通过软管输送至蒸汽盘，同时进水管会不断补给冷水，以保证设备持续作业；蒸汽盘可通过搭扣或挂钩等方式连接多个副蒸汽盘，以增加蒸汽消毒作业面积；蒸汽盘底部设有多个蒸汽注射器，蒸汽注射器上设有多个小孔，以便于将消毒蒸汽均匀注入土壤；蒸汽盘挂接装置可调整蒸汽盘的角度与方向，将蒸汽盘调整至指定工作位置后，通过蒸汽注射器将消毒蒸汽注入土壤，对土壤进行消毒杀菌。

根据相关标准，土壤消毒机应符合以下安全要求、性能要求和整机装备要求。

1. 安全要求

（1）对链条、槽轮、联轴器外露旋转、传动部件应设置安全防护装置，符合《农林机械安全 第 1 部分：总则》（GB 10395.1—2009）。

（2）带电部分与外露金属表面之间的绝缘电阻应≥20 MΩ。

（3）控制箱等电气部分应有漏电、过载保护装置。

（4）消毒机应设置有效的接地保护端子。

（5）消毒机药箱用耐腐蚀金属或其他耐腐蚀材料制作。药箱密封性良好。

1—蒸汽盘；2—蒸汽注射器；3—蒸汽盘挂接装置；4—搭载机架；5—进水软管；6—蒸汽发生装置；
7—散热装置；8—蒸汽输出软管；9—拖拉机。

图 13-3　牵引式土壤消毒机

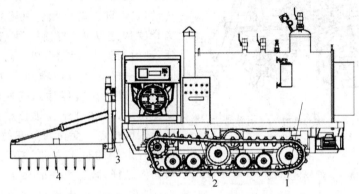

1—蒸汽发生装置；2—搭载机架；3—蒸汽盘挂接装置；4—蒸汽盘。

图 13-4　自走式土壤消毒机

（6）消毒机操作人员需要配备防护口罩、防护靴和防护服。

（7）安全标志符合《农林拖拉机和机械、草坪和园艺动力机械　安全标志和危险图形总则》(GB 10396—2006)的要求。机加工零件表面进行清洁及氧化处理。

2. 性能要求

（1）施药均匀度：液体药剂（氯化苦等）施药均匀度偏差≤5%；固态药剂（棉隆等）施药均匀度偏差≤6%。

（2）施药深度：液体药剂（氯化苦等）根据需要施药前进行旋耕，施药深度≥30 cm，注射点间距为30 cm，农艺应符合《氯化苦土壤消毒技术规程》(NY/T 2725—2015)；固态药剂（棉隆等）施药后须旋耕，施药深度≥15 cm，其中，浅根系作物旋耕深度为15~20 cm，深根系作物旋耕深度为30~40 cm，农艺应符合《棉隆土壤消毒技术规范》(NY/T 3129—2017)。

（3）最大作业速度：液态药剂（氯化苦等）施药机为 4.5 km/h，固态药剂（棉隆等）施药机为 3.6 km/h。

3. 整机装配要求

（1）控制按钮、操作键操作灵活，准确可靠。

（2）整机装配后，各润滑点应加注润滑油脂。

（3）位置调整机构对位准确、灵活。

（4）整机空转 5 min，系统运转平稳，各转动部件之间转动灵活，不应有异常响声和卡滞现象。

13.3.5　微型耕作机

微型耕作机也称微耕机、田园管理机（图13-5）。它属于拖拉机变异，具有独特的工作方式和结构特性。微耕机具有体积小、结构简单、容易操作、输出功率大、综合利用性能突出等特点,适用于温室大棚、山区和丘陵的旱地、水田、果园、菜地、崎岖狭小地块,以及复杂地理条件等处的耕作,配套不同作业机具,可实现一机多用,包括犁耕、旋耕、开沟、作畦、起垄、喷药等作业,部分机型还具有覆膜、播种等功能。

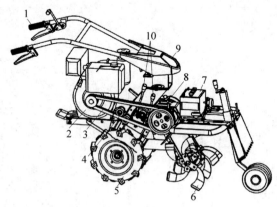

1—扶手架;2—发动机;3—传动机构;4—离合器;5—行走轮;6—耕作机具;7—电池;8—变速箱;9—转向座;10—调速手柄。

图 13-5　微型耕作机

1. 微耕机的结构

微耕机主要由发动机、传动系统、扶手架总成、行走轮、耕作机具五部分组成。

1)发动机

发动机是微耕机工作时的动力来源。按使用燃油的不同,可分为柴油机和汽油机两大类。柴油机的动力比汽油机的动力要大一些,但汽油机相对质量轻、体积小和容易启动。发动机功率一般为 2.2～8 kW。为减少对温室内的空气污染,欧美等国家研制出了用电动机作动力的微耕机。

柴油发动机上经常使用的部件有:水箱及加水口和放水阀门、柴油箱及加油阀门和放油阀螺丝、燃油阀门、机油注入口和标尺、机油放出口螺丝、空气滤清器、排气筒、高压油嘴、减压阀、启动口和摇手柄。

汽油发动机上经常使用的部件有:汽油箱及加油阀门、空气滤清器、汽油化油器和放油螺丝、燃油阀门、阻风阀门、机油注入口和标

尺、机油放出口螺丝、排气筒、高压线和火花塞、启动器和拉绳。

2)传动系统

微耕机的传动系统一般有两种形式。一种是胶带张紧离合式传动机构,即发动机的动力通过三角带传递到变速箱上。这种传动机构结构简单,因此微耕机的制造成本低。这种机型的缺点是工作负荷大或张紧轮因调整不当而张紧力不够时,会因三角带打滑而造成动力损失。三角带张紧力过大时,在主、被动轴上会产生较大的径向力而又增加转动阻力,也会造成动力损失。另一种是摩擦片式离合器传动机构,即发动机和变速箱之间由摩擦片式离合器传递动力,与前一种结构的微耕机相比,动力损失小,但制造成本高。

发动机的动力传输到变速箱上部的主离合器,通过主离合器输入变速箱,经变速箱的变速传动,再经过驱动轴传给行走轮,从而推动微耕机行走。变速箱下部的转向离合器,可控制行走轮的行走方向。变速箱上还安装有换挡操纵杆,微耕机一般都装配有 3 个挡位或 4 个挡位,一个前进慢挡,一个前进快挡,一个空挡,有的还装配有一个倒挡。还有传动皮带、皮带轮和皮带轮罩。变速箱的上部有齿轮油加注口,下部有齿轮油放出口。

3)行走轮

行走轮安装在变速箱总成下部的驱动轴上。发动机的动力经变速箱传递给行走轮,推动微耕机工作。在路上行走,可使用道路行走轮;在耕作时,使用耕作行走轮。

4)扶手架总成

扶手架是微耕机的操纵机构,扶手架上安装有主离合器操作杆、油门手柄、启动开关、转向离合器手柄、扶手架调整螺丝。

(1)主离合器操作杆。拉动主离合器操作杆到"离"的位置,即可切断发动机与变速箱的动力连接;推动主离合器操作杆到"合"的位置,即可连接发动机与变速箱的动力。

(2)油门手柄。油门手柄用于调节油门的大小。

(3)启动开关。汽油动力的微耕机安装有

启动开关,用于切断或连接汽油发电机的点火用电。汽油发动机停止不工作时,将启动开关转到"停"的位置;汽油发动机工作时,将启动开关转到"开"的位置。

(4)转向离合器手柄。握住左边转向离合器手柄,可实现微耕机的左转弯;握住右边转向离合器手柄,可实现微耕机的右转弯。

(5)扶手架调整螺丝。在扶手架总成与变速箱总成连接的地方,有调整扶手架高低的调整螺丝,可根据微耕机操作者要求来调节扶手架的高低。

5)耕作机具

在温室内微耕机耕作常用的耕作机具主要有犁铧、钉齿耙、旋耕机、开沟器等,可根据不同用途,选择适合的耕作机具。

2. 微耕机的选择

在选购微耕机时应注意以下几点:

(1)购买前,用户应对温室内土质等微耕机使用环境条件进行了解,根据不同的环境条件选择相应的微型耕作机,如果只用于温室,可选择轻便、小巧、操作灵活方便及排烟量和噪声相对小的汽油机微耕机。

(2)购买时应考虑微耕机配套动力,根据作业负荷选购功率略大的微耕机,使机械在作业时有一定的功率贮备。

(3)目前市场上微耕机传动系统有两种传动方式:齿轮传动和皮带传动。齿轮传动的微耕机比较适合土壤比阻大、田块板结的地区耕作。

(4)微耕机在设计上主要考虑田间耕作,还附带其他功能,如运输、开沟、铺膜、收割、抽水、发电等,用户可以根据需要进行选择。

(5)检查整台机器有无变形,整机外表有没有缺漆、严重划痕等现象,金属材料必须涂有防锈漆作底漆。

(6)检查旋耕机各处零部件是否完整无损,是否安装规范,所有非调整螺钉、螺栓和螺母都应确定拧紧。

(7)微耕机的所有转动、传动和操作装置,应运转灵活无卡滞,并要有可靠的安全保护装置;在易发生事故的部位,必须有永久性的警示标志。

(8)开机检验,了解发动机工作时运转是否平稳,燃烧情况和发动机声音是否正常;方向、刹车、油门等部件是否灵敏可靠。

(9)尽可能选择上国家目录的产品,或选择生产批量大、备件供应及时、其他用户反映质量良好的企业生产的产品。

(10)检查有无出厂合格证、使用说明书、质量"三包"说明以及备件是否齐全。

3. 微耕机的使用

1)微耕机的磨合

磨合是保持机器良好技术状态的基础。新出厂或大修后的微耕机,在正式负荷作业以前,必须先进行一段时间的磨合,才能投入正常使用。如不经磨合就直接投入负荷作业,会加速零件的磨损,使它们不能发挥出最大有效功率,并缩短机器的使用寿命。

不同类型的微耕机有不同的磨合规范,应按说明书的规定进行,微耕机的磨合过程可分为以下三个阶段。

(1)微耕机发动机的空载磨合。发动机启动后,以中速运转 10 min 左右以后,在不同转速下,检查发动机的技术状态。注意各指示仪表的读数,特别应注意声音、机油压力、排气冒烟颜色及漏水、漏油、漏气等情况。

(2)微耕机的空载磨合。发动机空载磨合并检查完毕后,即开始整机的空负荷磨合工作。整机空负荷磨合是在道路上和田间进行的,只用行走轮,不加载耕作机具。

从低挡到高挡,先前进后倒退,每个挡位应分别进行左、右缓慢转弯。在前进挡位行驶过程中应检查以下情况:

① 仔细倾听和观察各系统的工作情况。

② 离合器的工作是否正常。

③ 换挡是否轻便,有无乱挡、脱挡现象。

④ 转向是否灵活,制动是否可靠。

如发现有故障应彻底排除后,才能进行负荷磨合。

(3)微耕机负荷磨合。微耕机配带不同的耕作机具结合作业进行,负荷从小到大,逐个挡位磨合。微耕机负荷磨合与微耕机发动机负荷磨合同时进行。

2) 微耕机的操作

(1) 微耕机的启动。各种类型的微耕机在启动前都必须完成预定的技术保养,进行细致的检查,各轴承润滑点、发动机、齿轮箱等的油量必须达到标准,加足冷却水,确保油、水不缺不漏。为了减轻启动过程中机件的磨损,应摇车使机油预先进入各润滑部位。各部位螺丝不能松动,变速杆放在空挡位置上。微耕机起步前要查看附近有无人员和障碍物,并发出安全信号。

(2) 微耕机使用中注意事项

① 操作人员必须熟练掌握机具的使用性能。对于新机手或驾驶新机具者必须在棚外进行训练,千万不要在棚内演练,防止发生事故。操作人员必须穿紧口的衣裤,女性操作人员应将头发盘起,以防被旋转的部件卷入发生危险。

② 不可在冷车启动后立即进行大负荷工作。

③ 作业过程中,操作者禁止靠近旋转的滚刀,不要接触发动机及传动部位,要防止微耕机倾倒,尽量避免旋耕刀撞击到坚硬的石块。

④ 前方有障碍物或到棚边千万不可猛提把手,否则微耕机将迅速前冲,易发生危险。应先减小油门,确定好安全行驶线路,再慢慢地提起把手,进行转弯或躲避障碍物。

⑤ 严格控制耕深。深度一般靠限深杆和驾驶人员共同控制。限深杆向上提耕深变深,向下变浅。操纵人员向下压把手耕深变深,抬起或向前推把手耕深变浅。

⑥ 使用中要注意观察和倾听各部位有无异常现象及异常声响,检查旋转部位必须在发动机熄火后进行检查。

⑦ 作业时尽量注意温室通风,避免发动机废气的污染伤害。

(3) 微耕机与配套机具的连接使用

① 犁田耙地。微耕机一般安装配套双向单铧犁进行犁耕(见图 13-6),双向单铧犁由牵引杆与变速箱的牵引框相连接。连接时,先取下牵引框上的牵引销,将犁铧的牵引杆放入牵引框内,插上牵引销,再锁上牵引销。犁铧后面直立的操纵杆,用于变换犁铧翻耕面的方向。犁铧后面两边的调节定位螺栓,用于调节犁壁的倾斜度和耕幅的宽度。犁铧弯头上方的旋转调节手柄,用于调节翻耕的深度。犁铧牵引杆上的插销组合,用于调节犁铧的偏移角度,将插销组合拉出,根据角度和深度调节支撑上三个孔来实现犁铧向左或向右的偏移,实现地边地角的耕作。犁地时,换上铁轮和犁铧。

图 13-6　微耕机配套双向单铧犁

犁耕时,要用慢挡行走,边走边检查并调整耕作的深度和幅度。耕作到地头时,抬起犁铧,搬动犁铧翻耕面方向的操纵杆,变换犁铧面方向,然后让机车原地调头,一侧驱动轮始终要压在前次的犁沟内,保证耕幅与耕幅之间不漏耕。

微耕机牵引铧犁作业时,一侧驱动轮在未耕地上,另一侧驱动轮在犁沟内,两轮与地面间的附着系数不同,致使机车常向一个方向偏驶。操作者可向另一边移动身体,以自身的体重来平衡机车。

在通过低矮的田埂时,要把整机正对田埂,减小油门,缓慢地通过田埂;千万不能加大油门猛冲,以免发生翻车事故。

翻耕完后,卸下犁铧与机车连接的牵引销,犁铧与机车分离。换上钉子耙,耙碎泥块,耙平整块田地。

② 旋耕。一般较松软的旱地,都可使用旋

耕刀进行旋耕作业。

旋耕时,卸下行走轮,将旋耕装置安装在微耕机的驱动轴上,并用连接螺栓固定。在牵引框处,安装调节深浅和平衡机身的阻力棒。阻力棒向下伸长调节,即可增加耕作的深度。微耕机牵引旋耕刀进行旋耕作业时,一般用慢挡行走。

为了熟化耕作层以下的土壤,打破旋耕的犁底层,在旋耕刀盘下安装松土铲,旋耕机耕翻上层土壤,松土铲松碎底层土壤。

③ 开沟培土作业。用旋耕轮或行走铁轮行走,在机车的牵引框处安装开沟器,通过调节深浅的开沟器,在田地中开出各种沟,效率极高。

4．微耕机的常见故障及排除方法

微耕机常见故障及排除方法见表13-1。

表13-1　微耕机的常见故障及排除方法

故　障	原　因	排 除 方 法
离合器不能分离	离合器手柄失灵	修理或更换离合器手柄
	离合器拉线失效	更换离合器拉线
	定位销端部螺栓松动	调整好拉线后紧固螺栓
	摩擦片失效	更换
	分离轴承损坏	更换
	离合器压簧失效	更换
离合器打滑	分离拨叉没有回位充分接合	反复多次分离或清理各接合面
	离合器摇臂回位受阻	清理回位障碍物
	离合器拉线调整过短,致使摩擦片接合不到位	重新调整拉线,使摩擦片充分接合
挂挡不到位	换挡拨头磨损过大、松动	更换
	变速箱内轴弹簧失效	更换
	变速箱轴承损坏或螺母松动,导致变速箱轴轴向窜动	更换轴承或拧紧螺母
三角皮带打滑	三角皮带过松或皮带磨损导致变速箱轴轴向窜动	更换或调整三角皮带的松紧程度
变速箱内有杂音	齿轮啮合间隙调整不当或过度磨损	调整齿轮啮合间隙或更换齿轮
	润滑油不足	补充润滑油

5．微耕机的维护和保养

(1)班保养。每班工作后清除微耕机上的泥土、杂草、油污等附着物;检查和排除漏油、漏气现象;检查变速箱和发动机油底壳、油箱等的油位是否符合规定,不足时予以添加;检查各操纵手把柄是否灵活可靠;检查各部位螺栓、螺母是否紧固可靠;检查耕作机具有无损坏。有关发动机的日常技术保养按发动机使用说明书的规定进行。

(2)定期保养。完成每班规定保养项目;每隔3个月或累计工作500小时后,需清洁变速箱及行走机构,更换机油,并检查调整各操纵系统;每隔1年或工作1000小时后,除完成上述保养要求外,还需要检查所有齿轮、轴承和离合器摩擦片,必要时更换新件;每隔2年或工作2000小时后,需拆开全部零部件并清洗干净,检查全部零部件的技术状况和磨损情况,必要时进行修理或更换新件。待整机装好后,必须经过磨合和试运转后,才能投入正常使用。发动机的定期技术保养按发动机使用说明书的规定进行。

(3)季保养。每耕作季度结束后,按发动机使用说明书的规定封存发动机;清除变速箱内机油和脏物,注入新机油;将整机表面清洗干净;将机器存放在室内通风、干燥、无腐蚀性气体的安全地方。

13.3.6 蔬菜播种机

蔬菜播种常采用通用的条播机、单体播种机和蔬菜专用播种机。目前,蔬菜播种正向着精密播种方向发展,各种气力播种机应用比较多。由于蔬菜种子多为不规则形状,为了保证精密播种,通常用包衣材料把蔬菜种子处理成丸粒,还有将种子制成饼片状。为了播种发芽缓慢的小粒蔬菜种子,英国发明了液体播种催芽种子的新方法,已有相应的成套设备。我国研制了一些蔬菜播种机,可播种白菜、萝卜、菠菜、油菜和豆类等,能满足农业技术要求。

1. 精密播种机

蔬菜精密播种可以节省种子,减少间苗用工量,出苗齐,群体结构合理,成熟期一致,便于一次收获,提高蔬菜产量和质量。目前,国外实现精密播种的有莴苣、番茄、洋葱、圆白菜、花椰菜、芹菜、大白菜、萝卜和黄瓜等。蔬菜种子尺寸差别大,重量轻,形状复杂,有些种子如胡萝卜、番茄等,表面粗糙,带有绒毛,要精确地分成单粒比较困难;有些种子存在高温休眠和低温休眠的问题,要求在理想条件下发芽后才能播种。为此,精密播种前需将种子预先进行清选、分级、包衣等处理。清选分级处理多用于球形种子和丸粒化种子,其目的在于提高种子纯度并使其尺寸一致,以便于播种。

1) 饼片播种机

包衣处理的种子可分为球形丸粒种子和圆片形饼片种子等。一般包衣材料与种子的重量之比为 50:1,微量包衣为 10:1。种子包衣后粒度可达到 2.5~4.5 mm,形成有利于机械化播种的形状。饼片种是将种子压在包衣材料中间,呈扁平圆柱状,直径为 19 mm,厚度为 6 mm。因播种后饼片直立于土壤中,上边缘裸露于地表,故播深比较容易控制,还可以防止地表板结对出苗的影响。饼片播种机如图 13-7 所示,其定向锥由两个截锥体及槽底组成。槽底与左侧锥体装成一体,靠地轮转动,其转速为右侧锥体的两倍。工作时,种子箱底部提供的饼片靠这种转速差扭转而平行于种槽,进而被带动落入单排的饼片滑道中。播种

轮由播种盘和倾斜限深环组成,播种轮转动,饼片由滑道落入播种盘的缺口内,倾斜的限深环挤压土壤,使饼片保持在压入的位置上。

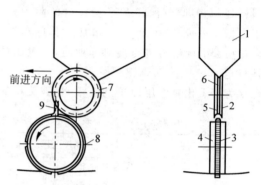

1—种子箱;2—右锥体;3—播种盘;4—限深环;
5—左锥体;6—饼片槽;7—定向锥;8—饼片槽口;9—饼片滑道。

图 13-7 饼片播种机

2) 冲穴播种机

图 13-8 所示为冲穴播种机,在排种轮的圆周上开有用于捡拾种子的缺口,当缺口通过种子箱时,拾起一粒种子。圆柱形冲头装在冲穴轮上,冲穴轮紧靠排种轮安装在传动轴上,利用一个偏心盘使冲头与地面保持垂直。当冲头运动到带有一粒种子的排种轮缺口时,含有 Fe_3O_4 成分的包衣种片被磁性冲头吸引,冲头带着种子压入土中。冲头退回时,种子靠周围土壤的附着力来克服冲头吸引力,使其可保留在种穴内,播后不覆盖土壤,以利于出苗。

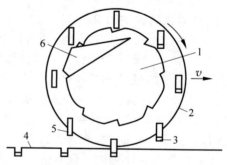

1—排种轮;2—充穴孔;3—饼片种子;
4—地面;5—磁性冲头;6—种子箱。

图 13-8 冲穴播种机

3) 吸嘴式气力播种机

吸嘴式气力播种机适用于营养钵育苗单

粒点播。图 13-9 所示的吸嘴式育苗播种装置为一种制体播种联合作业机的播种装置,它由吸嘴、压板、排种板、盛种盘和吸气装置等组成。吸嘴为吸种部件,它的内部有孔道与吸气道相通,端部有吸气口,用以吸附种子,里边装一个顶针,平时顶针吸入吸气口内,当压板下压顶针时,顶针由吸气口伸出,将种子排出。

其工作过程是吸嘴 I 和 II 直立时,压板压下,顶针由吸种口伸出,吸嘴 I 吸附的种子落到电木板上,种子以自重落入营养钵块的种穴内;在电木板右移时吸嘴 II 将种子吸附,转入下方的吸嘴 I 自盛种管内又吸附一粒种子;当再转到上方直立位置时,又重复上述工作过程。

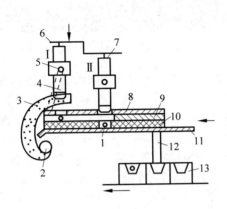
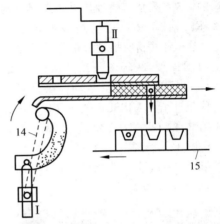

1—种子;2,5—吸气管;3—盛种盘;4—吸嘴;6—压板;7—顶针;8—带孔铁板;9—斜槽板;10—电木板;11—下挡板;12—播种管;13—营养钵块;14—吸气道;15—输送带。

图 13-9　吸嘴式育苗播种装置

4）板式育苗播种机

板式育苗播种机适用于营养钵和育苗盘的单粒播种。生产效率比较高,但要求种子饱满、清洁、发芽率高,不能进行一穴多粒播种。板式育苗播种机如图 13-10 所示,由带孔的吸种板、吸气装置、漏种板、输种管、育苗盘等机构组成。工作时,种子被快速地撒在吸种板上,吸种板上的吸孔在负压的作用下将种子吸住,多余的种子流向吸种板的下面。当吸种板转动到漏种板处时,通过控制装置。切断真空吸力,种子自吸种板的孔落下并通过漏种板孔和下方的输种管,落入育苗盘上相对应的营养钵块上,然后覆土和灌水。将种盘送入催芽室。该装置可配置各种尺寸的吸种板,以适应各种类型的种子和育苗盘。

5）针式精密播种机

针式精密播种机通过针式吸嘴杆的往复运动实现负压吸种和正压吹种两个工作流程。精密播种机通过真空发生器产生真空,同时针

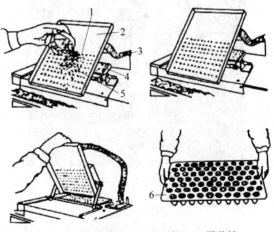

1—吸孔;2—吸种板;3—吸气管;4—漏种板;5—种子;6—育苗盘。

图 13-10　板式育苗播种机

式吸嘴杆在摆杆气缸的作用下到达振荡的种子盘上方,吸嘴通过真空吸附种子。随后,吸嘴杆在回位气缸作用下带动吸嘴杆返回到排种管上方。此时真空发生器喷射出正压气流,

将种子吹落至排种管,种子沿着排种管落入穴盘中。针式精密播种机播种精度好、效率高、全自动化操作、操作简便、应用面广、省工省时。但是更换针头和种子时需要重新进行气压调试及重新设置气体压力。

针式精密播种机的针式吸嘴杆经历了由单排针式到双排针式的发展。美国 SEEDERMAN 公司生产的 GS 系列精密播种机采用单排针式的播种结构(见图13-11),生产效率能达到300盘/h。单排针式精密播种机能够实现蔬菜种子的全自动播种,减轻了人工劳动的强度,但是单排针式吸嘴杆的往复运动需要消耗大量时间和能量。荷兰 VISSER 公司开发了采用双排针式结构的 GRANETTE2000 型精密播种机(见图13-12),该播种机在一个行程内播种两排种子,实现播种自动化的同时,提高了播种效率,效率达700盘/h。

图 13-11　单排针式精密播种机

6)滚筒式精密播种机

滚筒式播种机不同于针式播种的间歇作业流程,通过滚筒圆周吸附种子,实现种子的连续播种。如图13-13所示的滚筒式穴盘育苗精密播种机的种子由位于滚筒上方或侧方的漏斗喂入,种子在真空条件下被吸附在滚筒表面的吸孔中,多余的种子被气流或刮种器清理。当滚筒转到穴盘正上方时,吸孔与大气连通。真空消失,并产生弱正压气流,种子被吹

图 13-12　双排针式精密播种机

落到穴孔中。滚筒继续滚动,强正压气流清洗滚筒吸孔,为下一次吸种做准备。滚筒式穴盘育苗精密播种机由光电传感器信号控制播种动作的开始与结束,滚筒的转速可以调节。滚筒式播种机的特点是播种效率高,每小时可播种超过1000盘,适于大型蔬菜或花卉基地使用。

2．蔬菜液体播种机

蔬菜液体播种机是将已催芽的种子悬浮于液体凝胶中,再播入土壤中的机具。此法可用于菠菜、胡萝卜、茼蒿、番茄、芹菜、莴苣等苗床播种。英国在20世纪60年代初期开始研究液体播种法,应用于胡萝卜、莴苣和芹菜等蔬菜的栽培上,取得了良好的效果。1977年液体播种的机械化设备开始投入市场。目前,液体播种法已经推广到西欧、美国和日本等十几个国家,我国尚未应用此项技术。

图 13-13　滚筒式穴盘育苗精密播种机

液体播种法的主要技术和设备是种子催芽方法和设备、催芽种子的储存设备、凝胶介

质的选择、发芽种子与未发芽种子的分离及液体播种机等。因此，应用液体播种要有相应的全套设备。图 13-14 所示为一种液体播种机。将已催芽的蔬菜种子悬浮，与一种作为播种介质的高黏性液体凝胶混合在一起，再将其播入土壤中，胶液可以保护芽种不受到损伤。这种方法可用于胡萝卜、番茄、莴苣、芹菜、菠菜等蔬菜的播种。工作时把催芽的种子均匀地悬浮于凝胶中，催芽的种子在凝胶中处于静止状态，只要均匀地排出凝胶，就能实现精密播种。为了排出含有催芽种子的凝胶，液体播种机采用的是一种特殊排种机构——蠕动泵，主要由软导管和转子组成。转子转动时周期性地挤压软导管，从而不断排出含有芽种的胶液。用光电指示器和计算机控制其排种过程，可使芽种的随机输入变成等距排种。改变转子的转速，就可以调节液体播种机的播种量，转速越高，播种量越大。改变凝胶与种子的混合比也可以调节液体播种机的播种量，但种子的比例不能过高，否则凝胶就不能流动。

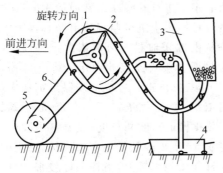

1—软导管；2—转子；3—种子箱；
4—开沟器；5—地轮；6—链条。

图 13-14　液体播种机

液体播种机多为条播机，有人力手推的液体播种机，也有与小型拖拉机相配套的多行液体播种机。液体播种机的特点是：种子的发芽条件好，播种后出苗率高；播种前，种子在催芽设备内集中催芽，可为种子发芽提供最好的温度、水分、光照和通气条件，并能克服种子的休眠问题；出苗迅速一致，增加了蔬菜有价值的生育天数，能提高产量；对种子尺寸要求不严，能播种大小不同、形状各异的种子。

13.3.7　卷帘机

在寒冷冬季为了保温，需要在日光温室透明物上覆盖保温材料(保温帘)，通常是草帘、保温被等。在日照比较强的时候，还需及时将保温帘卷起。由于卷帘工作时间性强，劳动强度大，棚上作业还有一定的危险性，故有必要实现机械化。常见的卷帘机有人工和电动两种形式。图 13-15 所示为人力卷帘机。它在保温被的下端横向固定一根铁管作为卷帘轴，在轴的两端安装卷帘机构。通过摇转绕线轮，钢索牵引卷帘轮转动，即可实现卷帘作业。铺放时放松保温被内的放帘线，即可实现放帘。

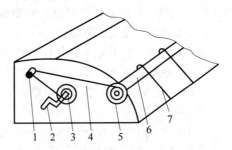

1—滑轮；2—摇把；3—绕线；4—牵引索；
5—卷帘轮；6—卷帘；7—放帘线。

图 13-15　人力卷帘机

电动卷帘机的形式较多，图 13-16 所示为其中的一种。它在棚顶上固定安装卷帘机构，该机构由电机、减速机构和卷帘轴等组成。在屋面上横向固定安装一根卷帘轴。在保温帘的下端横向固定一根与帘宽相等的钢管，在保温被下纵向铺放几根拉绳，绳的一端固定在后屋面上，另一端固定在卷帘轴上，并缠绕在保温被上。当需要卷帘时，启动电机使卷帘轴转动，拉绳在卷帘轴上缠绕，牵引保温帘上升，完成卷帘动作。

1. 卷帘机选用原则

应综合考虑温室结构、保温帘质量、用户经济状况、温室配套电力情况、卷帘机产品安全性和经销商售后服务等因素。

1) 机具类型选择

目前市场上的卷帘机类型繁多。根据工作形式，卷帘机可分为固定式和走动式两种类

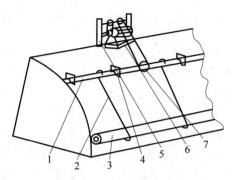

1—卷帘轴；2—拉绳；3—保温被；4—固定套；
5—固定架；6—电动机和减速机构；7—链轮
图 13-16　电动卷帘机

型；根据动力来源，卷帘机可分为手动和电动两种类型；根据安装位置和对保温帘的卷铺形式，卷帘机可分为牵引式、侧置摆杆式和双悬臂式等类型。各类卷帘机具有各自的特点与适用范围，应根据日光温室的实际情况，参照卷帘机产品说明书，选择适宜型式的卷帘机。

2）机具动力选择

如选用电动卷帘机，要同时考虑电动机的规范性和电动机与减速机的匹配性，既要确保作业动力输出，又要兼顾作业效率。

3）机具品牌选择

目前市场上销售的卷帘机质量良莠不齐，用户在购买卷帘机时，一定要选择正规厂家生产的、按照国家或行业标准经过严格检验合格的产品。推荐购买国家及各省支持推广的农业机械产品目录中收录的卷帘机产品，不仅能享受购机补贴政策，在产品质量、使用安全性、售后服务等方面也都有保障。

2. 卷帘机的安装调试

安装前必须认真阅读卷帘机的产品使用说明书，按照要求做好各项准备工作，并严格按照要求进行安装调试。

1）准备工作

一是对日光温室结构及环境的考察。要求温室骨架有足够的强度和承载力以承受保温帘与卷帘机的整体质量，以免将棚体压坏或影响卷帘机发挥效能。温室东西两端高度要对称，且温室前的地势不能过低，否则需要进行整改，以免安装调整困难。二是保温材料及

安装材料的准备。草帘或保温被要厚度均匀、长度一致，垂直固定于卷杆上，并呈"品"字排列，使两边交错量保持一致，以免造成卷动不同步或跑偏。大厂家的卷帘机产品一般都有配套的安装材料；如果用户需自行购买安装材料，要注意卷轴、支架等的材质、管径、壁厚应满足安装和作业的强度要求。三是各活动连接处的固定。用来安装固定各部件的连接螺栓要有足够的强度，并可靠紧固。所有焊接部位的焊接质量要符合要求，不允许出现假焊、虚焊、漏焊、夹渣、裂纹等现象。四是电源控制装置的铺设。确保电源装置质量可靠，能够防潮湿、防触电，适当位置设置能可靠接通、切断电源的总开关，并在控制开关附近接一个刀闸。五是安全防护装置的设置。机械外露回转件要设置安全防护罩。在易发生危险的部位设置明显的安全警示标志。

2）安装

要依照说明书的安装步骤进行安装，严禁进行妨碍操作和影响安全技术要求的改装。先将卷帘机主机安装在温室前的中间部位，然后将臂杆锁定于主机两端输出联轴器上，再将卷轴从主机联轴器向两端依次排布，将管轴、管套采用套接式连接并固定。将电机固定在主机上，装好皮带。将草帘或保温帘从中间向两边依次放下，每条帘下布一条无松紧的拉绳。依据棚的高度和跨度，在温室中段前方距温室 1.5～2.2 m 处挖坑埋设地锚，培土固牢。将立杆连接到主机上，横杆铺好被帘。将拉绳固定到轴齿上。连接倒顺开关及电源。

3）调试

卷帘机安装完成后，要对主机、支架、卷轴、电器等逐一进行检查，确保安全可靠后再进行运行调试工作。试机主要是对机具进行磨合，检查机器部件配套是否齐全，机器运转是否正常，安装是否正确到位，有无安全隐患；查看保温帘卷起是否齐、平、直，是否有跑偏现象。若有上述现象发生，则应进行调整，直至达到符合实用要求为止。

3. 卷帘机的操作方法

卷帘机的操作安全是非常需要重视的。

作业人员要经过技术培训合格后方能操作日光温室卷帘机,不熟悉操作方法的人员严禁操作。作业时必须严格遵守操作规程和产品使用说明书的要求,应至少有2人在场配合作业。作业前要全面排除可能影响作业安全的各种因素。检查卷帘机是否处于最佳性能状态;清理卷帘机作业范围内的障碍物;确认保温卷帘符合作业要求。

卷帘机的具体操作为:①卷帘作业。接通电源,将调节控制开关调至卷帘挡,进行卷帘作业。当卷帘至棚顶约30 cm处时停机,切断电源,使用手摇把将帘卷至预定位置后制动锁止卷帘机。②放帘作业。推上刀闸,接通电源,将调节控制开关调至放帘挡,配合使用刹车装置,进行平稳放帘。当放帘至距底部约30 cm处停机,切断电源,使用手摇把将帘放至预定位置。

4．注意事项

1) 对人员的要求

卷帘机作业时,操作人员必须在安全位置进行操作,温室外5 m区域内不许站人。操作人员应穿着合体的紧身工作服,不准戴手套,妇女操作时应将头发盘起并戴工作帽。严禁酒后和未成年人操作卷帘机。卷帘机运转时,操作人员不得在接通电源后随意离开,以免因无人看守,发生卷帘机将保温帘卷到位后仍继续工作的问题,致使卷帘机及整体卷轴因过度卷放而滚落或反卷,造成机具毁坏或发生伤人事故。

2) 对供电的要求

电源装置严禁露天安装,要防止风吹雨淋及儿童触摸。外供电路布置应规范,不得存在妨碍作业的布置和漏电现象。必须安装漏电、过载保护装置。电源线安装须进行绝缘处理,并保持良好舒畅状态。电源开关应安装在明显、易于操作的位置,开关接地应安全可靠,严禁私自改动。

3) 对使用的要求

严格按保温帘质量选择卷帘机型号,不得超出卷帘机承受载荷。在使用前和使用期间,离合系统必须保持润滑,以免发生磨损,导致刹车失灵。每次使用停机后,应及时切断总电源。使用中如遇停电,应立即切断电源,防止人工继续作业时突然送电造成伤人。卷放帘过程中发生故障或异常时,应首先停机,切断电源,方可进行调整与故障排除,严禁在工作状态下进行调整和维修保养。

4) 对环境的要求

卷帘机附近的安全警告标志必须保持清晰,如有丢失或字迹损坏不清时,应及时更换。雨雪天气时,要将电机盖好,保温帘上需盖覆防雨膜。若保温帘因吸水而过湿、过重时,不得进行卷放作业。在湿滑条件下(雨、雪、雾、冰),严禁无安全措施攀爬温室顶进行各项作业及调整。操作现场严禁烟火。

5) 润滑

使用卷帘机前,要向机体内注入约4 kg的机油,以后每年更换一次机油。使用过程中应经常检查和补充润滑油,主机的传动部分(减速机、传动轴承等)每年要添加一次润滑油,变速箱要加防冻机油。各主要部件每年要涂一遍防锈漆。

6) 检修

在卷帘机使用过程中,应经常检查各部位连接是否可靠,如螺丝是否有松动,焊接处是否出现断裂、开焊等现象。各部位连接螺栓每半个月要检查紧固一次。每年使用前应检修并保养一次,主要检修主机技术状态,卷帘轴与上、下臂有无损伤和弯曲变形,上、下臂铰链轴的磨损程度,卷帘轴及上、下臂与主机的连接可靠性,如发现问题应进行校正、加固、维修。

7) 存放

卷帘机使用完毕,可将保温帘卷至上限位置,用塑料薄膜封存。如果长期不用,可将机具拆下,擦拭干净后存放在干燥处。卷帘轴与上、下臂在库外存放时要注意避免锈蚀,并应防止弯曲变形。

5．卷帘机常见故障及排除方法

由于操作不当和机具性能欠缺等原因,卷帘机在作业中会发生一些故障。卷帘机常见的故障现象、原因与排除方法见表13-2。卷帘机及其配套设备,大大提高了设施农业生产效率。为避免卷帘机作业事故发生,保障用户人身财产安全,农机部门应加强对卷帘机的操作培训和安全监管。可采取现场指导、发放资料等方式开展卷帘机作业安全生产宣传,增强农机户的安全意识,提高农机户操作卷帘机的技能,消除事故隐患,确保农业安全生产。

表 13-2　卷帘机常见故障与排除方法

序号	故障现象	故障原因	排除方法
1	保温帘卷不到顶端,或卷到顶端后不能下放	皮带打滑	调紧皮带
		输电线路电压太低	缩短输电线路长度或更换粗线
		电机功率小	更换大功率电机
2	通电后电机不转或同时有嗡嗡声	停电、缺相、电压低	检查线路接头开关
3	电机转但卷帘机不转	三角带松	调整三角带
4	刹车后保温帘仍然下滑	刹车蹄弹簧折断或刹车蹄不回位	更换刹车蹄弹簧
		刹车片破损	更换刹车片
		主机皮带轮卡住	卸下主机皮带轮并在螺纹上涂黄油
		刹车片上油过多	清洗刹车片上的油渍或更换刹车片
		制动销磨损严重	更换制动销
5	放帘时有噪声	主机皮带轮与制动盘间隙过大	调整皮带锁紧螺母
		摩擦片破损	更换摩擦片
		刹车鼓内滚针轴承破损	更换轴承
6	机头跑偏	卷杆与帘的角度不对	调整卷杆与帘保持垂直
		连接板与支撑杆焊接角度不对	连接板与支撑杆焊接时始终保持垂直
		温室面不水平	利用水平仪找准温室平面
7	卷杆放不到底	绳子吊住卷杆	让绳子自然下垂到卷杆上,不要绑住
8	其他故障		联系厂家维修

13.4　设施农业环境控制装备

　　设施农业是在一定的空间范围内进行的,因此生产者对环境的干预、控制和调节能力与影响,比露地栽培要大得多。根据作物遗传特性和生物特性对环境的要求,通过人为地调节控制,尽可能使作物与环境间协调、统一、平衡,人工创造出作物生育所需的最佳的综合环境条件,从而实现蔬菜、水果、花卉等作物设施栽培的优质、高产、高效。

　　制定作物设施栽培的环境调节调控标准和栽培技术规范,必须研究以下几个问题。

　　一是掌握作物的遗传特性和生物学特性,及其对各个环境因子的要求。作物种类繁多,同一种类又有许多品种,每一个品种在生长发育过程中又有不同的生育阶段(发芽、出苗、营养生长、开花、结果等),上述种种对周围环境的要求均不相同,生产者必须了解。光照、温度、湿度、气体、土壤是作物生长发育必不可少的五个环境因子,每个环境因子对各种作物生育都有直接的影响,作物与环境因子之间存在着定性和定量的关系,这是从事设施农业生产所必须掌握的。

　　二是应研究各种农业设施的建筑结构、设备以及环境工程技术所创造的环境状况特点,了解形成各种环境特征的机理。摸清各个环境因子的分布规律,及其对设施内不同作物或同一作物不同生育阶段有何影响,为确立环境调控的理论和基本方法、改进保护设施、建立标准环境等提供科学依据。

　　三是通过环境调控与栽培管理技术措施,

使作物与设施的气候环境达到最和谐、最完美的统一。在摸清农业设施内的环境特征及掌握各种作物生育对环境要求的基础上，生产者就有了生产管理的依据，才可能有主动权。环境调控及栽培管理技术的关键，就是千方百计使各个环境因子尽量满足某种作物的某一生育阶段对光、温、湿、气、土的要求。作物与环境越和谐统一，其生长发育也越健壮，必然高产、优质、高效。

农业生产技术的改进主要沿着两个方向进行：一是创造出适合环境条件的作物品种及其栽培技术；二是创造出使作物本身特性得以充分发挥的环境。而设施农业就是实现后一目标的有效途径。

13.4.1　光照环境及其调节控制

植物的生命活动，都与光照密不可分，因为其赖以生存的物质基础是通过光合作用制造出来的。目前我国农业设施的类型中，塑料拱棚和日光温室是最主要的，约占设施栽培总面积的90％以上。塑料拱棚和日光温室是以日光为唯一光源与热源的，所以光环境对设施农业生产的重要性是处在首位的。

1. 设施农业的光照环境特点

农业设施内的光照环境不同于大田，由于是人工建造的保护设施，其设施内的光照条件受建筑方位、设施结构、透光屋面大小、形状、覆盖材料特性、干洁程度等多种因素的影响。农业设施内的光照环境除了从光照强度、光照时数、光的组成（光质）等方面影响作物生长发育之外，还要考虑光的分布对其生长发育的影响。

（1）光照强度。设施内的光照强度一般比自然光弱，这是因为自然光透过透明屋面覆盖材料进入设施内，这个过程中会由于覆盖材料吸收、反射、覆盖材料内面结露的水珠折射、吸收等而降低透光率。尤其在寒冷的冬、春季节或阴雪天，透光率只有自然光的50％～70％，如果透明覆盖材料不清洁，使用时间长而染尘、老化等，透光率甚至不足自然光的50％。

（2）光照时数。农业设施内的光照时数是指受光时间的长短。塑料大棚和大型连栋温室，因全面透光，无外覆盖，设施内的光照时数与露地基本相同。但单屋面温室内的光照时数一般比露地要少，因为在寒冷季节为了防寒保温，覆盖的蒲席、草苫揭盖时间直接影响设施内受光时数。在寒冷的冬季或早春，一般在日出后才揭苫，在日落前就需盖上，一天内作物受光时间不过7～8 h，远远不能满足作物对日照时数的需求。

（3）光质。农业设施内光组成（光质）也与自然光不同，主要与透明覆盖材料的性质有关，我国主要的农业设施多以塑料薄膜为覆盖材料，透过的光质就与薄膜的成分、颜色等有直接关系。玻璃温室与硬质塑料板材的特性也影响设施内的光质。露地栽培太阳光直接照在作物上，光的成分一致，不存在光质差异。

（4）光分布。露地栽培作物在自然光下分布是均匀的，设施内则不然。例如，单屋面温室的后屋面及东、西、北三面有墙，都是不透光部分，在其附近或下部往往会有遮阴；朝南的透明屋面下，光照明显优于北部。据测定，温室栽培床的前、中、后排黄瓜产量有很大的差异，前排光照条件好，产量最高，中排次之，后排最低，反映了光照分布不均匀。单屋面温室后面的仰角大小不同，也会影响透光率。设施内不同部位的地面，距屋面的远近不同，光照条件也不同。设施内光分布的不均匀性，使得作物的生长也不一致。

2. 光环境对作物生育的影响

1）作物对光照强度的要求

作物对光照的要求大致可分为阳性植物（又称喜光植物）、阴性植物和中性植物。

（1）阳性植物这类植物必须在完全的光照下生长，不能忍受长期荫蔽环境，一般原产于热带或高原阳面，如多数一二年生花卉、宿根花卉、球根花卉、木本花卉及仙人掌类植物等。蔬菜中的西瓜、甜瓜、番茄、茄子等都要求较强的光照，才能很好地生长。光照不足会严重影响产量和品质，特别是西瓜、甜瓜，含糖量会大大降低。果树设施栽培较多的葡萄、桃、樱桃等也都是喜光作物。

（2）阴性植物这类植物不耐较强的光照，遮阴下方能生长良好，不能忍受强烈的直射光线。它们多产于热带雨林或阴坡，如花卉中的兰科植物、观叶类植物、凤梨科、姜科植物、天南星科及秋海棠科植物；蔬菜中多数绿叶菜和葱蒜类比较耐弱光。

（3）中性植物这类植物对光照强度的要求介于上述两者之间。一般喜欢阳光充足，但在微阴下生长也较好，如花卉中的萱草、耧斗菜、麦冬草、玉竹等，果树中的李、草莓等。中光型的蔬菜有黄瓜、甜椒、甘蓝类、白菜、萝卜等。

2）作物对光照时数的要求

光照时数的长短影响蔬菜的生长发育，也就是通常所说的光周期现象。光周期是指1天中受光时间长短，受季节、天气、地理纬度等的影响。蔬菜对光周期的反应可分为三类。

（1）长光性蔬菜。12～14 h以上较长的光照时数下，能促进开花的蔬菜。如多数绿叶菜、甘蓝类、豌豆、葱、蒜等，若光照时数少于12～14 h，则不抽薹开花，这对设施栽培有利，因为绿叶菜类和葱蒜类的产品器官不是花或果实（豌豆除外）。

（2）短光性蔬菜。当光照时数少于12～14 h能促进开花结实的蔬菜，为短光性蔬菜，如豇豆、茼蒿、扁豆、苋、蕹菜等。

（3）中光性蔬菜。对光照时数要求不严格，适应范围宽，如黄瓜、番茄、辣椒、菜豆等。短光性蔬菜，对光照时数的要求不是关键，而关键在于黑暗时间长短，对发育影响很大；而长光性蔬菜则相反，光照时数至关重要，黑暗时间不重要，甚至连续光照也不影响其开花结实。

光照时间的长短对花卉开花有影响，唐菖蒲是典型的长日照花卉，要求日照时数达13～14 h以上才能花芽分化；而一品红与菊花则相反，是典型的短日照花卉，光照时数小于10～11 h才能花芽分化。设施栽培可以利用此特性，通过调控光照时数达到调节开花期的目的。一些以块茎、鳞茎等贮藏器官进行休眠的花卉，如水仙、仙客来、郁金香、小苍兰等，其贮藏器官的形成受光周期的诱导与调节。果树

因生长周期长，对光照时数要求主要是年积累量，如杏要求年光照时数2500～3000 h，樱桃2600～2800 h，葡萄2700 h以上，否则不能正常开花结实，说明光照时数对作物花芽分化，即生殖生长（发育）影响较大。设施栽培光照时数不足往往成为限制因子，因为在高寒地区尽管光照强度能满足要求，但1天内光照时间太短，不能满足要求，一些果菜类或观花的花卉若不进行补光就难以栽培成功。

3）光质及光分布对作物的影响

一年四季中，光的组成由于气候的改变有明显的变化。如紫外光的成分以夏季的阳光中最多，秋季次之，春季较少，冬季则最少。夏季阳光中紫外光的成分是冬季的20倍，而蓝紫光比冬季仅多4倍。因此，这种光质的变化可以影响到同一种植物不同生产季节的产量及品质。各种光谱成分对植物的作用见表13-3，表中反映了光质对作物产生的生理效应。

表 13-3　各种光谱成分对植物的作用

光谱/nm	植物生理反应
>1000	被植物吸收后转变为热能，影响有机体的温度和蒸腾情况，可促进干物质的积累，但不参加光合作用
720～1000	对植物生长起作用，其中700～800 nm辐射称为远红光，对光周期及种子形成有重要作用，并控制开花及果实的颜色
610～720	（红、橙色）被叶绿素强烈吸收，光合作用最强，某种情况下表现为强的光周期作用
510～610	（主要为绿光）叶绿素吸收不多，光合效率也较低
400～510	（主要为蓝、紫光）叶绿素吸收最多，表现为强的光合作用与成形作用
320～400	起成形和着色作用
<320	对大多数植物有害，可能导致植物气孔关闭，影响光合作用，促进病菌感染

光质还会影响蔬菜的品质。紫外光与维生素C的合成有关，玻璃温室栽培的番茄、黄

瓜等蔬菜其果实维生素 C 的含量往往没有露地栽培的高,就是因为玻璃阻隔紫外光的透过率,塑料薄膜温室的紫外光透光率就比较高。光质对设施栽培园艺作物的果实着色有影响,颜色一般较露地栽培色淡,如茄子为淡紫色。番茄、葡萄等也没有露地栽培风味好,味淡,口感不甜,这与光质有密切关系。

由于农业设施内光分布不如露地均匀,使得作物生长发育不能整齐一致。同一种类品种、同一生育阶段的园艺作物长得不整齐,既影响产量,成熟期也不一致。弱光区的产品品质差,且商品合格率降低,种种不利影响最终导致经济效益低,因此设施栽培必须通过各种措施,尽量减轻光分布不均匀的负面效应。

3. 设施农业光照环境的调节与控制

农业设施内对光照条件的要求:一是光照充足;二是光照分布均匀。从我国目前的国情出发,主要还是依靠增强或减弱农业设施内的自然光照,适当进行补光,而发达国家已将补光作为重要手段。

1) 改进农业设施结构提高透光率

(1) 选择适宜的建筑场地及合理建筑方位。确定的原则是根据设施生产的季节,当地的自然环境,如地理纬度、海拔高度、主要风向、周边环境(有否建筑物、有否水面、地面平整与否等)。

(2) 设计合理的屋面坡度。单屋面温室主要设计好后屋面仰角,前屋面与地面交角,后坡长度,既保证透光率也兼顾保温性。连接屋面温室屋面角要保证尽量多进光,还要防风、防雨(雪)并使排雨(雪)水顺畅。

(3) 合理的透明屋面形状。生产实践证明拱圆形屋面采光效果好。

(4) 骨架材料。在保证温室结构强度的前提下尽量用细材,以减少骨架遮阴,梁柱等材料也应尽可能少用。如果是钢材骨架,可取消立柱,对改善光环境很有利。

(5) 选用透光率高且透光保持率高的透明覆盖材料。我国以塑料薄膜为主,应选用防雾滴且持效期长、耐候性强、耐老化性强的优质多功能薄膜、漫反射节能膜、防尘膜、光转换膜

等。对于大型连栋温室,有条件的可选用 PC 板材。

2) 改进栽培管理措施

(1) 保持透明屋面干洁,使塑料薄膜温室屋面的外表面少染尘,经常清扫以增加透光,内表面应通过放风等措施减少结露(水珠凝结),防止光的折射,提高透光率。

(2) 在保温前提下,尽可能早揭晚盖外保温和内保温覆盖物,增加光照时间。在阴雨雪天,也应揭开不透明的覆盖物,在确保防寒保温的前提下时间越长越好,用以增加散射光。对于双层膜温室,可将内层改为白天能拉开的活动膜,以利光照。

(3) 合理密植合理安排种植行向,目的是为了减少作物间的遮阴。种植密度不可过大,否则作物在设施内会因高温、弱光发生徒长。作物行向以南北行向较好。若是东西行向,则行距要加大,尤其是北方单屋面温室更应注意行向。

(4) 加强植株管理,黄瓜、番茄等高秧作物要及时整枝打杈,及时吊蔓或插架。进入盛产期时还应及时将下部老叶摘除,以防止上下叶片相互遮阴。

(5) 选用耐弱光的品种。

(6) 地膜覆盖,有利于地面反光以增加植株下层光照。

(7) 采用有色薄膜,人为地创造某种光质,以满足作物不同发育时期对光质的需要,从而达到高产、优质。但有色覆盖材料其透光率偏低,只有在光照充足的前提下改变光质才能收到较好的效果。

3) 遮光

遮光主要有两个目的:一是减弱保护地内的光照强度;二是降低保护地内的温度。保护地遮光 20%～40% 能使室内现代农业设施的环境特征及其调节控制温度下降 2～4 ℃。初夏中午前后,光照过强,温度过高,超过作物光饱和点,对生育有影响时应进行遮光;在育苗过程中及移栽后,为了促进缓苗,通常也需要进行遮光。遮光材料要求有一定的透光率、较高的反射率和较低的吸收率。遮光方法有如下

几种：①覆盖各种遮阴物，如遮阳网、无纺布、苇帘、竹帘等；②玻璃面涂白，可遮光 50%～55%，降低室温 3.5～5.0 ℃；③屋面流水可遮光 25%，遮光对夏季炎热地区的蔬菜栽培以及花卉栽培尤为重要。

4）人工补光

人工补光的目的有两个：一是人工补充光照，用以满足作物光周期的需要，当黑夜过长而影响作物生育时，应补充光照。另外，为了抑制或促进花芽分化，调节开花期，也需要补充光照。这种补充光照要求的光照强度较低，称为低强度补光。二是作为光合作用的能源，补充自然光的不足。据研究，当温室内床面上光照日总量小于 100 W/m² 时，或光照时数不足 4.5 小时/天时，就应进行人工补光。但这种补光要求的光照强度大，成本较高，国内生产上很少采用，主要用于育种、引种、育苗。

13.4.2　温度环境及其调节控制

温度是作物生长发育最重要的环境因子，它影响着植物体内一切生理变化，是植物生命活动最基本的要素。与其他环境因子比较，温度是设施栽培中相对容易调节控制的环境因子。

1. 农业设施的温度环境对作物生育的影响

1）温度三基点

不同作物都有各自温度要求的"三基点"，即最低温度、最适温度和最高温度。作物对三基点的要求一般与其原产地关系密切，原产于温带的，生长基点温度较低，一般在 10 ℃左右开始生长；起源于亚热带的在 15～16 ℃开始生长；起源于热带的要求温度更高。因此，根据对温度的要求不同，作物可分为耐寒性、半耐寒性和不耐寒性三类。

（1）耐寒性作物。抗寒力强，生育适温15～20 ℃。这类植物的二年生种类一般不耐高温，炎热到来时生长不良或提前完成生殖生长阶段而枯死。多年生种类或地上部枯死，宿根越冬，或以植物体越冬。这类作物在华北地区一般利用简易的保护设施如小拱棚等即可

越冬栽培，甚至露地过冬，如三色堇、金鱼草、蜀葵、韭菜、菠菜、大葱、葡萄、桃、李等。

（2）半耐寒性作物。这类作物其耐寒力介于耐寒性和不耐寒性之间，可以抗霜，但不耐长期 0 ℃以下的低温，如紫罗兰、金盏菊、萝卜、芹菜、白菜类、甘蓝类、莴苣、豌豆和蚕豆等。这类植物其同化作用的最适温度为 18～25 ℃；超过 25 ℃则生长不良，同化机能减弱；超过 30 ℃时，几乎不能积累同化产物。

（3）不耐寒性作物。在生长期间要求较高的温度，不能忍受 0 ℃以下的低温，一般在无霜期内生长，多为一年生植物或多年生温室植物。如报春花、瓜叶菊、茶花、黄瓜、番茄、茄子和菜豆等，它们的生长适温为 20～30 ℃，当温度超过 40 ℃时几乎停止生长，而当温度低于 15 ℃时，生长不良或授粉、受精不好。所以，这类植物冬季生产只能在温室内进行。

2）花芽分化与温度

许多越冬性植物和多年生木本植物，冬季低温是必需的，满足必需的低温才能完成花芽分化和开花。这在果树设施栽培中很重要，在以提早成熟为目的时，如何打破休眠，是果树设施栽培的首要问题，这就需要掌握不同果树解除休眠的低温需求量。果树解除休眠需要 7.2 ℃以下一定低温的积累。

2. 农业设施温度环境的调节与控制

农业设施内温度的调节和控制包括保温、加温和降温三个方面。温度调控要求达到能维持适宜于作物生育的设定温度，温度的空间分布均匀，时间变化平缓。

1）保温

（1）散热和通风换气量。温室大棚散热有三种途径：一是经过覆盖材料的围护结构传热；二是通过缝隙漏风的换气传热；三是与土壤热交换的地中传热。三种传热量分别占总散热量的 70%～80%、10%～20% 和 10% 以下。各种散热作用的结果，使单层不加温温室和塑料大棚的保温能力比较小。即使气密性很高的设施，其夜间气温也只比外界气温高2～3 ℃，在有风的晴夜，有时还会出现室内气温反而低于外界气温的逆温现象。为了提高

大棚的保温能力,常采用各种保温覆盖,其保温原理是:减少向设施内表面的对流传热和辐射传热;减少覆盖材料自身的热传导散热;减少设施外表面向大气的对流传热和辐射传热;减少覆盖面的漏风而引起的换气传热。具体方法就是增加保温覆盖的层数,采用隔热性能好的保温覆盖材料,以提高设施的气密性。

(2) 多层覆盖保温。我国从 20 世纪 60 年代后期应用塑料大棚生产以来,为了提高塑料大棚的保温性能,进一步提早和延晚栽培时期,采用过大棚内套小棚、小棚外套中棚、大棚两侧加草苫,以及固定式双层大棚、大棚内加活动式的保温幕等多层覆盖方法,都有较明显的保温效果。

(3) 增大保温比。适当减低农业设施的高度,缩小夜间保护设施的散热面积,有利于提高设施内昼夜的气温和地温。

(4) 增大地表热流量。增大保护设施的透光率,使用透光率高的玻璃或薄膜,正确选择保护设施方位和屋面坡度,尽量减少建材的阴影,经常保持覆盖材料干洁。减少土壤蒸发和作物蒸腾量,增加白天土壤贮存的热量,土壤表面不宜过湿,进行地面覆盖也是有效措施;在设施周围挖一条宽 30 cm,深与当地冻土层相当的防寒沟,沟中填入稻壳、蒿草等保温材料,防止地中热量横向流出。

2) 加温

我国传统的单屋面温室,大多采用炉灶煤火加温,近年来也有采用锅炉水暖加温或地热水暖加温的。大型连栋温室和花卉温室则多采用集中供暖方式的水暖加温,也有部分采用热水或蒸汽转换成热风的采暖方式。塑料大棚大多没有加温设备,少部分使用热风炉短期加温,对提早上市提高产量和产值有明显效果。用液化石油气经燃烧炉的辐射加温方式,对大棚防御低温冻害也有显著效果。

3) 降温

保护设施内降温最简单的途径是通风,但在外界温度过高,依靠自然通风不能满足作物生育要求时,必须进行人工降温。

(1) 遮光降温法。遮光 20%～30% 时,室温相应可降低 4～6 ℃。在与温室大棚屋顶部相距 40 cm 左右处张挂遮光幕,对温室降温很有效。遮光幕的质地以温度辐射率越小越好。考虑到塑料制品的耐候性,一般塑料遮阳网都做成黑色或墨绿色,也有的做成银灰色。室内用的白色无纺布保温幕透光率为 70% 左右,也可兼作遮光幕用,可降低棚温 2～3 ℃。另外,也可以在屋顶表面及立面玻璃上喷涂白色遮光物,但遮光、降温效果略差。在室内挂遮光幕,降温效果比在室外差。

(2) 屋面流水降温法。流水层可吸收投射到屋面太阳辐射的 8% 左右,并能用水吸热来冷却屋面,室温可降低 3～4 ℃。采用此方法时需考虑安装费用和清除玻璃表面的水垢污染的问题。水质硬的地区需对水质做软化处理后再用。

(3) 蒸发冷却法。使空气先经过水的蒸发冷却降温后再送入室内,达到降温的目的。

(4) 湿垫排风法。在温室进风口内设 10 cm 厚的纸垫窗或棕毛垫窗,不断用水将其淋湿,温室另一端用排风扇抽风,使进入室内空气先通过湿垫窗被冷却再进入室内。

(5) 细雾降温法。在室内高处喷以直径小于 0.05 mm 的浮游性细雾,用强制通风气流使细雾蒸发达到全室降温,喷雾适当时室内可均匀降温。

(6) 屋顶喷雾法。在整个屋顶外面不断喷雾湿润,使屋面下冷却了的空气向下对流。

(7) 强制通风。大型连栋温室因其容积大,需用风机进行强制通风降温。

13.4.3　湿度环境及其调节控制

农业设施内的湿度环境,包含空气湿度和土壤湿度两个方面。水是植物体的重要成分,一般作物的含水量高达 80%～95%,因此湿度环境的重要性更为突出。

1. 作物对土壤水分的要求及调控

1) 作物对土壤湿度的要求

设施生产的农产品,特别是园艺产品大都是柔嫩多汁的器官,含水量 90% 以上。水是绿色植物进行光合生产最主要的原料,也是植物原生质的主要成分,植物体内营养物质的运输要在水溶液中进行,根系吸收矿质营养也必须在土壤水分充足的环境下才能进行。作物对水分的要求,一方面取决于根系的强弱和吸水能力的大小,另一方面取决于植物叶片的组织和结构,后者直接关系到植物的蒸腾效率。根据作物对水分的要求和吸收能力,可将其分为耐旱植物、湿生植物和中生植物。

(1) 耐旱植物。抗旱能力较强,能忍受较长期的空气和土壤干燥而继续生长。这类植物一般具有较强大的根系,叶片较小、革质化或较厚,具有贮水能力或叶表面有茸毛,气孔少并下陷,具有较高的渗透压等。因此,它们需水较少或吸收能力较强,如果树中的石榴、无花果、葡萄、杏和枣等;花卉中的仙人掌科和景天科植物;蔬菜中的南瓜、西瓜、甜瓜等。

(2) 湿生植物。这类植物的耐旱性较弱,生长期间要求有大量水分存在,或生长在水中。它们的根、茎、叶内有通气组织与外界通气,一般原产于热带沼泽或阴湿地带,如花卉中的热带兰类、蕨类、凤梨科植物及荷花、睡莲等,蔬菜中的莲藕、菱、芡实、莼菜、慈姑、茭白、水芹、蒲菜、豆瓣菜和水蕹菜等。

(3) 中生植物。这类植物对水分的要求属中等,既不耐旱,也不耐涝,一般旱地栽培要求经常保持土壤湿润。果树中的苹果、梨、樱桃、柿、柑橘和大多数花卉属于此类;蔬菜中的茄果类、瓜类、豆类、根菜类、叶菜类、葱蒜类也属此类。

2) 土壤湿度的调节与控制

因为设施的空间或地面有比较严格的覆盖材料,土壤耕作层不能依靠降雨来补充水分,故土壤湿度只能由灌水量、土壤毛细管上升水量、土壤蒸发量以及作物蒸腾量的大小来决定。土壤湿度的调控应当依据作物种类及生育期的需水量、体内水分状况以及土壤湿度状况而定。目前我国设施栽培的土壤湿度调控仍然依靠传统经验,主要凭人的观察感觉,调控技术的差异很大。随着设施园艺向现代化、工厂化方向发展,要求采用机械化自动化灌溉设备,根据作物各生育期需水量和土壤水分张力进行土壤湿度调控。

设施内的灌溉既要掌握灌溉期,又要掌握灌溉量,使之达到节约用水和高效利用的目的。常用的灌溉方式有:

(1) 淹灌或沟灌。省力、速度快。其控制方法只能从调节阀门或水沟入水量着手,浪费水,不宜在设施内进行。

(2) 喷壶洒水。传统方法,简单易行,便于掌握与控制。但只能在短时间、小面积起到调节作用,不能根本解决作物生育需水问题,而且费时、费力,均匀性差。

(3) 喷灌。采用全园式喷头的喷灌设备,用 3 kg/cm² 以上的压力喷雾。5 kg/cm² 的压力雾化效果更好,安装在温室或大棚顶部 2.0～2.5 m 高处。也有的采用地面喷灌,即在水管上钻有小孔,在小孔处安装小喷嘴,使水能平行地喷洒到植物的上方。

(4) 水龙浇水法。即采用塑料薄膜滴灌带,成本较低,可以在每个畦上固定一条,每条上面每隔 20～40 cm 有一对直径 0.6 mm 的小孔,用低水压也能使 20～30 m 长的畦灌水均匀。也可放在地膜下面,降低室内湿度。

(5) 滴灌法。在浇水用的直径 25～40 mm 的塑料软管上,按株距钻小孔,每个孔上再接上小细塑料管,用 0.2～0.5 kg/cm² 的低压使水滴到作物根部。可防止土壤板结,省水、省工、降低棚内湿度,抑制病害发生,但需一定设备投入。

(6) 地下灌溉。用带小孔的水管埋在地下 10 cm 处,直接将水浇到根系内,一般用塑料管,耕地时再取出。或选用直径 8 cm 的瓦管埋入地中深处,靠毛细管作用经常供给水分。此法投资较大,花费劳力,但对土壤保湿及防止板结、降低土壤及空气湿度、防止病害效果比较明显。

2. 作物对空气湿度的要求及调控

1) 作物对空气湿度的要求

设施内的空气湿度是由土壤水分的蒸发和植物体内水分的蒸腾,在设施密闭情况下形成的。设施内空气潮湿程度通常用绝对湿度和相对湿度来表示。设施内作物由于生长势强,代谢旺盛,作物叶面积指数高,通过蒸腾作用释放出大量水蒸气,在密闭情况下水蒸气很快达到饱和,空气相对湿度比露地栽培要高得多。高湿是农业设施湿度环境的突出特点,特别是设施内夜间随着气温的下降相对湿度逐渐增大,往往能达到饱和状态。

蔬菜是我国设施栽培面积最大的作物,多数蔬菜光合作用适宜的空气相对湿度为60%~85%,低于40%或高于90%时,光合作用会受到阻碍,从而使生长发育受到影响。不同蔬菜种类和品种以及不同生育时期对湿度要求不尽相同,见表13-4。

表 13-4 蔬菜作物对空气湿度的基本要求

类型	蔬 菜 种 类	适宜相对湿度/%
较高湿型	黄瓜、白菜类、绿叶菜类、水生菜	85~90
中等湿型	马铃薯、豌豆、蚕豆、根菜类(胡萝卜除外)	70~80
较低湿型	茄果类	55~65
较干湿型	西瓜、甜瓜、胡萝卜、葱蒜类、南瓜	45~55
大多数花卉适宜的相对空气湿度		60~90

2) 空气湿度的调节与控制

(1) 通风换气。设施内高湿的原因是密闭所致。为了防止室温过高或湿度过大,在不加温的设施里进行通风,其降湿效果显著。一般采用自然通风,调节风口大小、时间和位置,达到降低室内湿度的目的,但通风量不易掌握,而且室内降湿不均匀。有条件时可采用强制通风,可由风机功率和通风时间计算出通风量,而且便于控制。

(2) 加温除湿。湿度的控制既要考虑作物的同化作用,又要注意病害发生和消长的临界湿度。保持叶片表面不结露,可有效控制病害的发生和发展。

(3) 覆盖地膜。覆盖地膜可减少由于地表蒸发所导致的空气相对湿度升高。据试验,覆膜前夜间空气湿度高达95%~100%,而覆膜后则下降到75%~80%。

(4) 科学灌水。采用滴灌或地中灌溉,根据作物需要来补充水分。灌水应在晴天上午进行,或采取膜下灌溉等。

3) 加湿的方法

大型农业设施在进行周年生产时,到了高温季节还会遇到高温、干燥、空气湿度过低的问题,就要采取加湿的措施。

(1) 喷雾加湿。喷雾器种类很多,可根据设施面积选择。

(2) 湿帘加湿。主要用来降温,同时也可达到增加室内湿度的目的。

(3) 温室内顶部安装喷雾系统,降温的同时可加湿。

13.4.4 气体环境及其调节控制

农业设施内的气体条件不如光照和温度条件那样直观地影响着园艺作物的生育,往往被人们所忽视。但随着设施内光照和温度条件的不断完善,保持设施内的气体成分和空气流动状况对园艺作物生育的影响逐渐引起人们的重视。设施内空气流动不但对温、湿度有调节作用,并且能够及时排出有害气体,同时补充二氧化碳,对增强作物光合作用,促进生育有重要意义。因此,为了提高作物的产量和品质,必须对设施环境中的气体成分及其浓度进行调控。

1. 农业设施内的气体环境对作物生育的影响

1) 氧气

作物生命活动需要氧气,尤其在夜间,光合作用因为黑暗的环境而不再进行,呼吸作用则需要充足的氧气。地上部分的生长需氧来自空气,而地下部分根系的形成,特别是侧根及根毛的形成,需要土壤中有足够的氧气,否则根系会因为缺氧而窒息死亡。在花卉栽培中常因灌水太多或土壤板结,造成土壤中缺氧,引起根部危害。此外,在种子萌发过程中必须要有足够的氧气,否则会因酒精发酵毒害种子,使其丧失发芽能力。

2）二氧化碳

二氧化碳是绿色植物进行光合作用的原料，因此是作物生命活动必不可少的。大气中二氧化碳含量约为0.03％，这个浓度并不能满足作物进行光合作用的需要，若能增加空气中的二氧化碳浓度，将会大大促进光合作用，从而大幅度提高产量，称为"气体施肥"。露地栽培难以进行气体施肥，而设施栽培因为空间有限，可以形成封闭状态，进行气体施肥并不困难。

3）有害气体

（1）氨气

氨气是设施内肥料分解的产物，其危害主要是由气孔进入体内而产生碱性损害。氨气的产生主要是施用未经腐熟的人粪尿、畜禽粪、饼肥等有机肥（特别是未经发酵的鸡粪），遇高温时分解发生。追施化肥不当也能引起氨气危害，如在设施内应该禁用碳铵、氨水等。氨气呈阳离子状态（NH^+）时被土壤吸附，可被作物根系吸收利用，但当它以气体形式从叶片气孔进入植物时，就会发生危害。当设施内空气中氨气浓度达到5 ppm（5 ml/m²）时，就会不同程度地危害作物。其危害症状是：叶片呈水浸状，颜色变淡，逐步变白或褐，继而枯死。一般发生在施肥后几天，番茄、黄瓜对氨气反应敏感。

（2）二氧化氮

二氧化氮是施用过量的铵态氮而产生的。施入土壤中的铵态氮，在亚硝化细菌和硝化细菌作用下，要经历一个铵态氮→亚硝态氮→硝态氮的过程。在土壤酸化条件下，亚硝化细菌活动受抑，亚硝态氮不能转化为硝态氮，亚硝态酸积累而散发出二氧化氮。施入铵态氮越多，散发二氧化氮越多。当空气中二氧化氮浓度达0.002％（2 mL/m³）时可危害植株。危害症状：叶面上出现白斑，以后褪绿，浓度高时叶片叶脉变白枯死。番茄、黄瓜、莴苣等对二氧化氮敏感。

（3）二氧化硫

二氧化硫又称亚硫酸气体，是由燃烧含硫量高的煤炭或施用大量的肥料而产生的，如未经腐熟的粪便及饼肥等在分解过程中，释放出多量的二氧化硫。二氧化硫对作物的危害主要是由于二氧化硫遇水（或湿度高）时生产亚硫酸，亚硫酸是弱酸，能直接破坏作物的叶绿体，轻则组织失绿白化，重则组织灼伤、脱水、萎蔫枯死。

（4）乙烯和氯气

大棚内乙烯和氯气的来源主要是使用有毒的农用塑料薄膜或塑料管。因为这些塑料制品选用的增塑剂、稳定剂不当，在阳光暴晒或高温下可挥发出如乙烯、氯气等有毒气体，危害作物生长。受害作物叶绿体解体变黄，重者叶缘或叶脉间变白枯死。

2. 农业设施内气体环境的调节与控制

1）二氧化碳浓度的调节与控制

二氧化碳施肥的方法很多，可因地制宜地采用。

（1）有机肥发酵。肥源丰富，成本低，简单易行，但二氧化碳发生量集中，也不易掌握。

（2）燃烧白煤油。每升完全燃烧可产生2.5 kg的二氧化碳，其成本较高，我国目前生产上难以推广应用。

（3）燃烧天然气。包括液化石油气，燃烧后产生的二氧化碳气体，通过管道输入到设施内，成本也较高。

（4）液态二氧化碳。为酒精工业的副产品，经压缩装在钢瓶内，可直接在设施内释放，容易控制用量，肥源较多。

（5）固态二氧化碳（干冰）。放在容器内，任其自身扩散，可起到施肥效果，但成本较高，适合于小面积试验用。

（6）燃烧煤和焦炭。燃料来源容易，但产生的二氧化碳浓度不易控制，在燃烧过程中常有一氧化碳和二氧化硫有害气体伴随产生。

（7）化学反应法。采用碳酸盐或碳酸氢盐和强酸反应产生二氧化碳，我国目前应用此方法最多。现在国内浙江、山东等地厂家生产的二氧化碳气体发生器都是利用化学反应法产生二氧化碳气体，已在生产上有较大面积的应用。

2）预防有害气体

（1）合理施肥。大棚内避免使用未充分腐

熟的厩肥、粪肥,要施用完全腐熟的有机肥。不施用挥发性强的碳酸氢铵、氨水等,少施或不施尿素、硫酸铵,可使用硝酸铵。施肥要做到基肥为主,追肥为辅。追肥要按"少施勤施"的原则。要穴施、深施,不能撒施,施肥后要覆土、浇水,并进行通风换气。

(2)通风换气。每天应根据天气情况,及时通风换气,排除有害气体。

(3)选用优质农膜。选用厂家信誉好、质量优的农膜、地膜进行设施栽培。

(4)安全加温。加温炉体和烟道要设计合理,保密性好。应选用含硫量低的优质燃料进行加温。

(5)加强田间管理。经常检查田间,发现植株出现中毒症状时,应立即找出病因,并采取有针对性措施;同时加强中耕、施肥,促进受害植株恢复生长。

13.4.5 土壤环境及其调节控制

土壤是作物赖以生存的基础,作物生长发育所需要的养分和水分都需从土壤中获得,所以农业设施内的土壤营养状况直接关系作物的产量和品质,是十分重要的环境条件。

1. 农业设施土壤环境特点及对作物生育的影响

农业设施如温室和塑料拱棚内温度高,空气湿度大,气体流动性差,光照较弱,而作物种植茬次多,生长期长,故施肥量大,根系残留量也较多,因而使得土壤环境与露地土壤很不相同,影响设施作物的生育。

1)土壤盐渍化

土壤盐渍化是指土壤中由于盐类的聚集而引起土壤溶液浓度的提高,这些盐类随土壤蒸发而上升到土壤表面,从而在土壤表面聚集的现象。土壤盐渍化是设施栽培中的一种普遍现象,其危害极大,不仅会直接影响作物根系的生长,而且通过影响水分、矿质元素的吸收,干扰植物体内正常生理代谢而间接地影响作物生长发育。

土壤盐渍化现象发生主要有两个原因。第一,设施内温度较高,土壤蒸发量大,盐分随水分的蒸发而上升到土壤表面;同时,由于大棚长期覆盖薄膜,灌水量少,加上土壤没有受到雨水的直接冲淋,于是这些上升到土壤表面或耕作层内的盐分也就难以流失。第二,大棚内作物的生长发育速度较快,为了满足作物生长发育对营养的要求,需要大量施肥,但由于土壤类型、质地、肥力以及作物生长发育对营养元素吸收的多样性、复杂性,很难掌握其适宜的肥料种类和数量,所以常常出现过量施肥的情况,没有被吸收利用的肥料残留在土壤中,时间一长就大量累积。

土壤盐渍化随着设施利用时间的延长而提高。肥料的成分对土壤中盐分的浓度影响较大。氯化钾、硝酸钾、硫酸铵等肥料易溶解于水,且不易被土壤吸附,从而使土壤溶液的浓度提高;过磷酸钙等不溶于水,但容易被土壤吸附,故对土壤溶液浓度影响不大。

2)土壤酸化

由于化学肥料的大量施用,特别是氮肥的大量施用,使得土壤酸度增加。因为氮肥在土壤中分解后产生硝酸,在缺乏淋洗的情况下,这些硝酸积累导致土壤酸化,降低土壤的pH。由于任何一种作物,其生长发育对土壤pH都有一定的要求,土壤pH的降低势必影响作物的生长;同时,土壤酸度的提高还能制约根系对某些矿质元素(如磷、钙、镁等)的吸收,有利于某些病害(如青枯病)的发生,从而对作物产生间接危害。

3)连作障碍

设施中连作障碍是一个普遍存在的问题。主要包括以下几个方面。第一,病虫害严重。设施连作后,由于其土壤理化性质的变化以及设施温湿度的特点,一些有益微生物(如铵化菌、硝化菌等)的生长受到抑制,而一些有害微生物则迅速得到繁殖,土壤微生物的自然平衡遭到破坏,这样不仅导致肥料分解障碍,而且使病害加剧;同时,一些害虫基本无越冬现象,周年危害作物。第二,根系生长过程中分泌的有毒物质得到积累,进而影响作物的正常生长。第三,由于作物对土壤养分吸收的选择性,土壤中矿质元素的平衡状态遭到破坏,容易出现缺素症状,影响产量和品质。

2. 科学改良土壤

1) 科学施肥

科学施肥是解决设施土壤盐渍化等问题的有效措施之一。科学施肥的要点:第一,增施有机肥,提高土壤有机质含量和保水保肥性能;第二,有机肥和化肥混合施用,氮、磷、钾合理配合;第三,选用尿素、硝酸铵、磷铵、高效复合肥和颗粒状肥料,避免施用含硫、氯的肥料;第四,基肥和追肥相结合;第五,适当补充微量元素。

2) 实行必要的休耕

对于土壤盐渍化严重的设施,应当安排适当时间进行休耕,以改善土壤的理化性质。在冬闲时节深翻土壤,使其风化,夏闲时节则深翻晾晒土壤。

3) 灌水洗盐

一年中选择适宜的时间(最好是多雨季节),解除大棚顶膜,使土壤接受雨水的淋洗,将土壤表面或表土层内的盐分冲洗掉,必要时可在设施内灌水洗盐。这种方法对于安装有洗盐管道的连栋大棚来说更为有效。

4) 更换土壤

在土壤盐渍化严重或土壤传染病害严重的情况下,可采用更换客土的方法。这种方法需要花费大量劳力,一般在不得已的情况下才使用。

5) 严格轮作

轮作是指按一定的生产计划,将土地划分成若干个区,在同一区的菜地上,按一定的年限轮换种植几种性质不同作物的制度,常称为"换茬"或"倒茬"。轮作是一种科学的栽培制度,能够合理地利用土壤肥力,防治病、虫、杂草危害,改善土壤理化性质,使作物生长在良好的土壤环境中。可以将有同种严重病虫害的作物进行轮作,如马铃薯、黄瓜、生姜等需间隔2~3年,茄果类3~4年,西瓜、甜瓜5~6年;还可将深根性与浅根性及对养分要求差别较大的作物实行轮作,如消耗氮肥较多的叶菜类可与消耗磷钾肥较多的根、茎菜类轮作,根菜类、茄果类、豆类、瓜类(除黄瓜)等深根性蔬菜与叶菜类、葱蒜类等浅根性蔬菜轮作。

6) 土壤消毒

(1)药剂消毒。根据药剂的性质,有的灌入土壤,有的洒在土壤表面,使用时应注意药品的特性。

甲醛(40%)。40%甲醛也称福尔马林,广泛用于温室和苗床土壤及基质的消毒,使用浓度为50~100倍。使用时先将温室或苗床内土壤翻松,然后用喷雾器均匀喷洒在地面上,再稍翻一下,使耕作层土壤都能沾着药液,并用塑料薄膜覆盖地面保持2天,使甲醛充分发挥杀菌作用以后揭膜,打开门窗,使甲醛散发出去,温室两周后才能使用。

氯化苦。主要用于防治土壤线虫,将床土堆成高30 cm的长条,宽由覆盖薄膜的幅度而定,每30 cm² 注入药剂3~5 mL至地面下10 cm处,之后用薄膜覆盖7天(夏)到10天(冬),以后将薄膜打开放风10天(夏)到30天(冬),待没有刺激性气味后再使用。该药剂对人体有毒,使用时要开窗,使用后密闭门窗,保持室内高温,能提高药效,缩短消毒时间。

硫磺粉。用于温室及床土消毒,并可消灭白粉病菌、红蜘蛛等。一般在播种前或定植前2~3天进行熏蒸,熏蒸时要关闭门窗,熏蒸一昼夜即可。

(2)蒸汽消毒。蒸汽消毒是土壤热处理消毒中最有效的方法,大多数土壤病原菌用60 ℃蒸汽消毒30 min即可杀死,但对TMV(烟草花叶病毒)等病毒,需要90 ℃蒸汽消毒10 min。多数杂草的种子,需要80 ℃左右的蒸汽消毒10 min才能杀死。

13.4.6 设施农业的综合环境调控

1. 综合环境管理的目的和意义

设施农业的光、温、湿、气、土五个环境因子是同时存在的,综合影响作物的生长发育。在实际生产中各因子是同时起作用的,它们具有同等重要性和不可替代性,缺一不可又相辅相成,当其中某一个因子起变化时,其他因子也会受到影响随之起变化。例如,温室内光照充足,温度也会升高,土壤水分蒸发和植物蒸腾加速,使得空气湿度加大,此时若开窗通风,各个环境因子则会出现一系列的改变,生产者在进行管理时要有全局观念,不能只偏重于某一个方面。

所谓综合环境调控,就是以实现作物的增产、稳产为目标,把关系到作物生长的多种环境要素(如室温、湿度、二氧化碳浓度、气流速度、光照等)都维持在适于作物生长的水平,而且要求使用最少量的环境调节装置(通风、保温、加温、灌水、施用二氧化碳、遮光、利用太阳能等各种装置),既省工又节能,便于生产人员管理的一种环境控制方法。这种环境控制方法的前提条件是:对于各种环境要素的控制目标值(设定值),必须依据作物的生育状态、外界的气象条件以及环境调节措施的成本等情况综合考虑。

2.综合环境调控的方式

综合环境调控在未普及电子计算机以前,完全靠人们的头脑和经验来分析判断与操作。随着温室生产的现代化,环境控制因子复杂化,如换气装置、保温幕的开闭、二氧化碳的施用、灌溉等调控项目不断增加,还与温室栽培作物种类品种多样化、市场状况和成本核算、

经济效益等紧密相关。因此,温室的综合环境调控,仅依赖人工和传统的机械化管理将难以完成。

自20世纪60年代,荷兰率先在温室环境管理中导入计算机技术,随着70年代微型计算机的问世,以及此后信息技术的飞速发展和价格不断下降,计算机日益广泛地用于温室环境综合调控和管理中(见图13-17)。90年代开始,中国农业科学院气象研究所、江苏大学、同济大学等也开始了计算机在温室环境管理中应用的软硬件研究与开发。随着21世纪我国大型现代温室的日益发展,计算机在温室综合环境管理中的应用将日益发展和深化。虽然计算机在综合环境自动控制中功能大、效率高,且节能、省工省力,成为发展设施农业的先进实用技术,但温室综合环境管理涉及温室作物生育、外界气象条件状况和环境调控措施等复杂的相互关联因素,有的项目由计算机信息处理装置就能做出科学判断进行合理的管理,有些必须通过电脑与人脑共同合作管理,还有的项目只能依靠人们的经验进行综合判断和决策管理,可见电脑还不能完全替代人脑完成设施农业的综合环境管理。

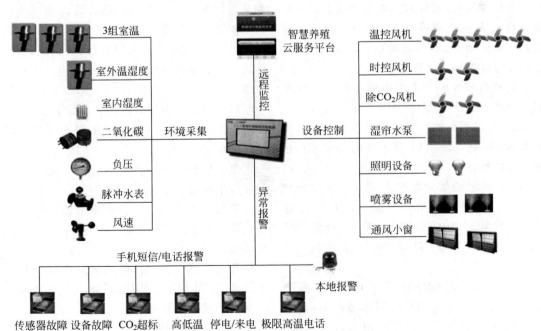

图13-17 设施农业环境监控系统

3. 环境信息传感器

广义来说,传感器是一种能把物理量或化学量转变成便于利用的电信号的器件。国际电工委员会(International Electrotechnical Committee,IEC)的定义为:"传感器是测量系统中的一种前置部件,它将输入变量转换成可供测量的信号"。传感器是传感系统的一个组成部分,它是被测量信号输入的第一道关口。

《传感器通用术语》(GB/T 7665—2005)对传感器下的定义是:"能感受规定的被测量并按照一定的规律转换成可用信号的器件或装置,通常由敏感元件和转换元件组成。"传感器是一种检测装置,能感受到被测量的信息,并能将检测感受到的信息按一定规律变换成为电信号或其他所需形式的信息输出,以满足信息的传输、处理、存储、显示、记录和控制等要求。它是实现自动检测和自动控制的首要环节。

传感器承担将某个对象或过程的特定特性转换成数字量的工作,其"对象"可以是固体、液体或气体,而它们的状态可以是静态的,也可以是动态(过程)的。对象特性被转换量化后可以通过多种方式检测。对象的特性可以是物理性质的,也可以是化学性质的。按照其工作原理,传感器将对象特性或状态转换成可测定的电学量,然后将此电信号分离出来,送入变送系统加以评测或标示。

各种物理效应和工作机理被用于制作不同功能的传感器,传感器可以直接接触被测量对象,也可以不接触。用于传感器的工作机制和效应类型在不断增加,其包含的处理过程在日益成熟和完善。

常将传感器的功能与人类五大感觉器官相比拟:光敏传感器——视觉;声敏传感器——听觉;气敏传感器——嗅觉;化学传感器——味觉;压敏、温敏、流体传感器——触觉。

为了实用,对传感器设定了许多技术要求,一些是对所有类型传感器都适用的,也有些是只对特定类型传感器适用的特殊要求。针对传感器的工作原理和结构,在不同场合均

需要的基本要求是:高灵敏度,抗干扰的稳定性(对噪声不敏感),线性,容易调节,校准简易,高精度,高可靠性,无迟滞性;工作寿命长(耐用性),可重复性,抗老化,高响应速率,抗环境影响(热、振动、酸、碱、空气、水、尘埃)的能力;可选择性,安全性(传感器应是无污染的),互换性,低成本;宽测量范围,小尺寸、重量轻和高强度,宽工作温度范围等。

1) 传感器的分类

可以用不同的观点对传感器进行分类,如它们的转换原理(传感器工作的基本物理或化学效应)、用途、输出信号类型以及制作材料和工艺等。

根据传感器工作原理,可分为物理传感器和化学传感器两大类。

物理传感器应用的是物理效应,诸如压电效应,磁致伸缩现象,离化、极化、热电、光电、磁电等效应。被测信号量的微小变化都将转换成电信号。

化学传感器包括以化学吸附、电化学反应等现象为因果关系的传感器,被测信号量的微小变化也将转换成电信号。

有些传感器既不能划分为物理类,也不能划分为化学类。大多数传感器是以物理原理为基础工作的。化学传感器技术问题较多,如可靠性问题、规模生产的可能性、价格问题等,解决了这类难题,化学传感器的应用将会有巨大增长。

以输出信号为标准可将传感器分为:

模拟传感器——将被测量的非电学量转换成模拟电信号。

数字传感器——将被测量的非电学量转换成数字输出信号(包括直接和间接转换)。

膺数字传感器——将被测量的信号量转换成频率信号或短周期信号的输出(包括直接或间接转换)。

开关传感器——当被测量的信号达到某个特定的阈值时,传感器相应地输出一个设定的低电平或高电平信号。

2) 传感器的特性

传感器的特性是指传感器的输入量和输

出量之间的对应关系。所谓动态特性，是指传感器在输入变化时的输出特性，一般可用微分方程来描述。在实际工作中，传感器的动态特性常用它对某些标准输入信号的响应来表示。这是因为传感器对标准输入信号的响应容易用实验方法求得，并且它对标准输入信号的响应与它对任意输入信号的响应之间存在一定的关系，往往知道了前者就能推定后者。最常用的标准输入信号有阶跃信号和正弦信号两种，所以传感器的动态特性也常用阶跃响应和频率响应来表示。

传感器的静态特性是指对静态的输入信号，传感器的输出量与输入量之间所具有相互关系。理论上，将微分方程中的一阶及以上的微分项取为零时，即可得到静态特性。因此传感器的静特性是其动态特性的一个特例。因为这时输入量和输出量都和时间无关，所以它们之间的关系，即传感器的静态特性可用一个不含时间变量的代数方程，以输入量作横坐标，把与其对应的输出量作纵坐标而画出的特性曲线来描述。表征传感器静态特性的主要参数有：线性度、灵敏度、重复性、迟滞、分辨率、漂移、稳定性等。

除了描述传感器输入与输出量之间的关系特性外，还有与使用条件、使用环境、使用要求等有关的特性。人们总希望传感器的输入与输出呈唯一的对应关系，而且最好呈线性关系。因传感器本身存在着迟滞、蠕变、摩擦等各种因素，以及受外界条件的各种影响，在一般情况下，输入输出不会完全符合所要求的线性关系。因而，在通常情况下，传感器的实际静态特性输出是条曲线而非直线。在实际工作中，为使仪表具有均匀刻度的读数，常用一条拟合直线近似地代表实际的特性曲线，线性度（非线性误差）就是这个近似程度的一个性能指标。拟合直线的选取有多种方法：如将零输入和满量程输出点相连的理论直线作为拟合直线；或将与特性曲线上各点偏差的平方和为最小的理论直线作为拟合直线，此拟合直线称为最小二乘法拟合直线。

灵敏度是指传感器在稳态工作情况下输出量变化 A_y 对输入量变化 A_i 的比值。它是输出—输入特性曲线的斜率。如果传感器的输出和输入之间呈线性关系，则灵敏度 S 是一个常数。否则，它将随输入量的变化而变化。灵敏度的量纲是输出、输入量的量纲之比。例如，某位移传感器在位移变化 1 mm 时，输出电压变化为 200 mV，则其灵敏度应表示为 200 mV/mm。当传感器的输出、输入量的量纲相同时，灵敏度可理解为放大倍数。提高灵敏度，可得到较高的测量精度。但灵敏度愈高，测量范围会愈窄，稳定性也往往会愈差。

分辨率是指传感器可能感受到的被测量的最小变化的能力。也就是说，如果输入量从某一非零值缓慢地变化，当输入变化值未超过某一数值时，传感器的输出不会发生变化，即传感器对此输入量的变化是分辨不出来的。只有当输入量的变化超过分辨力时，其输出才会发生变化。通常传感器在满量程范围内各点的分辨力并不相同，因此常用满量程中能使输出量产生阶跃变化的输入量中的最大变化值作为衡量分辨力的指标。上述指标若用满量程的百分比表示，则称为分辨率。

迟滞特性表征传感器在正向（输入量增大）和反向（输入量减小）行程间输出—输入特性曲线不一致的程度，通常用这两条曲线之间的最大差值与满量程输出的百分比表示，迟滞可由传感器内部元件存在能量的吸收特性造成。

3）传感器的选用原则

传感器千差万别，即使对于相同种类的测定量也可采用不同工作原理的传感器，因此，要根据需要选用最适宜的传感器。

（1）测量条件。如果误选传感器，就会降低系统的可靠性。为此，要从系统总体考虑，明确使用的目的以及采用传感器的必要性，绝对不要采用不适宜的传感器与不必要的传感器。测量条件如：测量目的、被测量的选定、测量的范围、输入信号的带宽、要求的精度、测量所需要的时间、输入发生的频率程度等。

（2）传感器的性能。选用传感器时，要考虑传感器的性能，即精度、稳定性、响应速度；模拟信号或者数字信号、输出量及其电平；被测对象特性的影响；校准周期和过输入保护等。

（3）传感器的使用条件。即设置的场所，环境（湿度、温度、振动等），测量的时间，与显示器之间的信号传输距离，与外设的连接方式，供电电源容量等。

4）传感器的选用实例

（1）根据测量对象与测量环境确定类型

要进行一个具体的测量工作，首先要考虑采用何种原理的传感器，这需要分析多方面的因素之后才能确定。在典型设施农业中，要综合考虑各个应用场景。即使测量同一物理量，也有多种原理的传感器可供选用。哪一种原理的传感器更为合适，则需要根据被测量的特点和传感器的使用条件，考虑以下一些具体问题：量程的大小；被测位置对传感器体积的要求；测量方式为接触式还是非接触式；信号的引出方法，有线或是非接触测量；传感器的来源，国产还是进口，价格能否承受，还是自行研制。

在考虑上述问题之后就能确定选用何种类型的传感器，然后再考虑传感器的具体性能指标。例如，李名伟等选用包含 10 种类型的氧化物气敏传感器构建新型传感器阵列，建立一种基于多传感器人工嗅觉系统的土壤环境有机质含量测试方法，构建了土壤有机质含量与电子鼻特征空间相关的预测模型。

（2）根据灵敏度选择

通常，在传感器的线性范围内，希望传感器的灵敏度越高越好。因为只有灵敏度高时，与被测量变化对应的输出信号的值才比较大，有利于信号处理。但要注意的是，传感器的灵敏度高，与被测量无关的外界噪声也容易混入，也会被放大系统放大，影响测量精度。因此，要求传感器本身应具有较高的信噪比，尽量减少从外界引入的干扰信号。

在典型设施农业中，传感器灵敏度根据需要进行选择，传感器的灵敏度是有方向性的。当被测量是单向量，而且对其方向性要求较高，则应选择其他方向灵敏度小的传感器；如果被测量是多维向量，则要求传感器的交叉灵

敏度越小越好。郭方辰基于 AVR 单片机 LoRa 传输技术，用 ATmega128 和 ATtiny25 作为主控芯片和电源管理芯片，实现了土壤水分温度的多点、多层、多功耗采集，土壤含水量平均绝对误差在 2% 以内，温度误差在 0.5 ℃ 以内。

（3）判断频率响应特性

传感器的频率响应特性决定了被测量的频率范围，必须在允许频率范围内保持不失真。实际上传感器的响应总有一定延迟，希望延迟时间越短越好。传感器的频率响应越高，可测的信号频率范围就越宽。

在动态测量中，应根据信号的特点（稳态、瞬态、随机等）判断响应特性，以免产生过大的误差。

（4）根据传感器的线性范围

传感器的线性范围是指输出与输入成正比的范围。从理论上讲，在此范围内，灵敏度保持定值。传感器的线性范围越宽，则其量程越大，并且能保证一定的测量精度。在选择传感器时，当传感器的种类确定以后首先要看其量程是否满足要求。

但实际上，任何传感器都不能保证绝对的线性。当所要求测量精度比较低时，在一定的范围内，可将非线性误差较小的传感器近似看作线性的，这会给测量带来极大的方便。

（5）根据传感器的稳定性

传感器使用一段时间后，其性能保持不变的能力称为稳定性。影响传感器长期稳定性的因素除传感器本身结构外，主要是传感器的使用环境。因此，要使传感器具有良好的稳定性，传感器必须要有较强的环境适应能力。

在选择传感器之前，应对其使用环境进行调查，并根据具体的使用环境选择合适的传感器，或采取适当的措施，减小环境的影响。

传感器的精度不可忽视，精度是传感器的一个重要的性能指标，它是关系到整个测量系统测量精度的一个重要环节。传感器的精度越高，其价格越昂贵，因此，传感器的精度只要满足整个测量系统的精度要求就可以，不必选得过高。

通过各类传感器的相互配合和信息收集，构建出在设施农业中的完整系统，能更好应用于农业生产、收获、加工的各个环节。郭晓姿等集成了一套以物联网为基础的樱桃种植大棚生长环境无线调控系统，主控制芯片为STM32L151CBT6A 型单片机，将温湿度、二氧化碳、光照度和土壤湿度等传感器获取的信息由 A/D 转换器处理，经由 GPRS 模块传输到用户端，再由用户端调节换气装置、控温装置、喷淋装置等，达到对大棚温湿度、二氧化碳浓度、土壤湿度等生长因子的实时感知、存储和人工远程调节。应晓燕采用 DS18B20 温度、溶解氧、pH 传感器收集水质参数，实现多路传感器同步采集，实时监测多个节点的水质情况和养殖区域水质全覆盖监测，同时搭建渔业用水水质网上监控体系。

5）设施农业常用传感器的类型

（1）温湿度传感器

多以温湿度一体式的探头作为测温元件，将温度和湿度信号采集出来，经过稳压滤波、运算放大、非线性校正、V/I 转换、恒流及反向保护等电路处理后，转换成与温度和湿度成线性关系的电流信号或电压信号输出，也可以直接通过主控芯片进行 485 或 232 等接口输出。

常用的温湿度传感器见表 13-5。

（2）光照传感器

光照传感器是一种传感器，用于检测光照强度（简称照度），工作原理是将光照强度值转为电压值，主要用于农业林业温室大棚培育等。常用的光照传感器见表 13-6。

（3）二氧化碳传感器

二氧化碳传感器主要用于检测空气和水体中的二氧化碳浓度。常用的二氧化碳传感器见表 13-7。

（4）pH 传感器

pH 传感器通常由化学部分和信号传输部分构成。pH 传感器常用来进行对溶液、水等物质的工业测量。常用的 pH 传感器见表 13-8。

（5）土壤成分传感器

该传感器广泛应用于土壤的检测、精细农业、林业、土壤研究、地质勘探、植物培育等领域。常用的土壤成分传感器见表 13-9。

（6）植物生理传感器

植物的生长在内部生理状态方面，主要表现在径流速度、生长激素等的变化。而传感器就用于监测这些变化因素的实时动态，从而分辨植株是否健康。常用的植物生理传感器见表 13-10。

表 13-5　常用的温湿度传感器

传感器类型	厂　商	型　号	介　绍
温湿度传感器	Sensirion公司	SHT 系列	采用独特 CMOSens 专利技术，具有极高的可靠性和卓越的长期稳定性。全量程标定的数字接口，可大大缩短研发时间、简化外围电路并降低费用。体积微小、响应迅速
	Vaisala 公司	HMP45 系列	HMP45D 温湿度传感器的测温元件是铂电阻传感器 Pt100。铂电阻温度传感器是利用其电阻随温度变化的原理制成的。性能稳定，精度高
	Honeywell公司	HIH4000系列	HIH-4000 系列温湿度传感器专为寻求大批量的 OEM（原始设备制造商）用户设计。可通过此传感器的接近线性电压输出实现对控制器或其他装置的直接输入。适合于电池供电的低功耗系统

表 13-6　常用的光照传感器

传感器类型	厂　商	型　号	介　绍
光照传感器	邯郸市丛台鼎睿电子有限公司	HA2003	采用先进光电转换模块,将光照强度值转化为电压值,再经调制电路将此电压值转换为 0~2 V 或 4~20 mA。高精度的光照强度测量体积小巧,小于 1 s 可选用电压或电流输出,电流输出在长缆线传输的时候没有信号衰减采用真实太阳光标定,使光源影响最小
	HACH 公司	ADCON PAR	主要用于测量光合有效辐射(PAR),光量子传感器提供室外室内准确、连续测量。光谱范围:400~700 nm±4 nm,灵敏度:10~50 $\mu V/\mu$ moL/m^2/s
	北京博伦经纬科技发展有限公司	BL-GZ	BL-GZ 光照度传感器采用对弱光也有较高灵敏度的硅兰光伏探测器作为传感器。可以测量以 lux 为单位的照明光(1 尺烛光＝10.764 lux)。适用于农业大棚,城市照明等场所

表 13-7　常用的二氧化碳传感器

传感器类型	厂　商	型　号	介　绍
二氧化碳传感器	特纳	C-sense	是一款紧凑、轻巧的用于测量水体 CO_2 气体分压检测的传感器(红外 CO_2 分析仪)。可以适应多种使用环境,例如天然水体、油、油水混合环境等
	汉威科技集团	MH-711A	运用非色散红外(NDIR)原理对空气中存在的二氧化碳进行探测,具有很好的选择性,无氧气依赖性,性能稳定、寿命长;内置温度补偿。可广泛应用于工业现场仪器仪表、工业过程及安全防护监控

表 13-8　常用的 pH 传感器

传感器类型	厂　商	型　号	介　绍
pH 传感器	Knick	SE554	利用 Memosens 技术实现完善的电流隔离,连接器的湿度无影响,以数字方式传输数据,响应时间快,完整的 pH 范围:0~14;温度范围:-5~130 ℃;压强范围:最大 10 bar
	南京思摩特传感器有限公司	SS-601	数字式土壤 pH 传感器。运行环境:室外,-10~70 ℃,在低温测量时,注意保护好变送模块保持在其工作温度(适宜环境温度为 0~45 ℃);测量范围:土壤 pH2~14,土壤温度-40~60 ℃或 0~60 ℃;毫伏电压:±2000 mV

表 13-9　常用土壤成分传感器

传感器类型	厂　商	型　号	介　绍
土壤热通量传感器	HUKSEFLUX公司	HFP01SC	使用一个热电堆和一个薄膜加热器测量土壤热通量。它能在线标定自动修正由于探头和介质间热导率的不完好匹配、温度依存度和不好的探头稳定性造成的误差。量程：$-2000 \sim 2000$ W/m^2；灵敏度 $50\ \mu V/(W \cdot m^{-2})$；精度：$\pm 3\%$
土壤水分温度盐分传感器	Acclima公司	TDR310N	具有高压波形输出，可在土壤电导率高时进行有效测量，是一个完整的集成时域反射计，将超高速波形生成和数字化功能具有精确的 5 皮秒分辨率时基和高度复杂的波形数字化和分析固件，可提供土壤传播波形的真实时域分析。土壤体积含水量分辨率：0.1% VWC；土壤温度分辨率：0.1 ℃；体积电导率分辨率：1 μS/cm
	光谱科技	SMEC 300	土壤水分传感器由电容型传感器测量，水分传感器由两个电极组成，作为一个电容器，周围的土壤作为电介质。通过土壤电导率传感器测量土壤的电导率可以容易地监测土壤溶液的盐分状况。土壤盐分由一对碳墨电极测量，这种电极提高了探头与土壤溶液的接触面；通过内置热敏电阻测量土壤温度

表 13-10　常用的植物生理传感器

传感器类型	厂　商	型　号	介　绍
植物茎流传感器	博伦气象	HPV	是一款校准型、低成本的热脉冲液流传感器，输出校准液流量、热速、茎水含量、茎温等数据，功耗低，内置加热控制，同时改善了传统的加热方式，其原理采用热脉冲速率法（HPV），测量范围：$-200 \sim +1000$ cm/hr（热流速度）或 $-100 \sim +2000$ cm^3/cm^2/hr（茎流通量密度），可广泛用于茎流量监测、植物茎流蒸发计算、植物茎流蒸腾量、植物灌溉等
叶绿素传感器	绿洁科技	SCH-05	在线叶绿素传感器是高精度微型浸入式仪表，采用荧光法检测原理。传感器发射波长为 470 nm 的激发光。水样中的叶绿素吸收激发光后，释放出波长为 685 nm 的荧光。仪器通过测量荧光的强度来计算水中叶绿素的含量

4．控制器

控制器的重要组成部分之一为执行器。执行器是一些动力部件，处于被调对象之前，接受调节器送来的特定信号；改变调节机构的状态或位移，使送入温室的物质和能量流发生变化，从而实现对温室环境因子的调节和控制。

执行器通常由执行机构和调节机构两部分组成。执行机构的作用是接收调节器的"命令"（调节器的输出信号），按一定的规律去推动调节机构动作。它通常是各种电磁继电器、接触器或小型电动机等。调节机构用来调节送入温室（经管道或其他途径）的物质流量，如电动阀门、电动天（气）窗等。执行机构和调节机构有时制成一个整体，如电动调节阀门，上部是执行机构，下部是调节机构。

执行器在自动控制系统中的作用相当于人的四肢，它接收调节器的控制信号，改变操纵变量，使生产过程按预定要求正常执行。执行器由执行机构和调节机构组成。执行机构是指根据调节器控制信号产生推力或位移的装置，而调节机构是根据执行机构输出信号去改变能量或物料输送量的装置，最常见的是调节阀。在生产现场，执行器直接控制工艺介质，若选型或使用不当，往往会给生产过程的自动控制带来困难。因此，执行器的选择、使用和安装调试是相当重要的。

在温室自动监控系统中，执行器主要用来控制冷（热）水流、蒸汽流量、制冷工质流量、送风量、电加热器功率、天窗开度、工作时间等。执行器按其能源形式分为气动、电动和液动三大类，它们各有特点，适用于不同的场合。

液动执行器推力最大，但比较笨重，现在一般都是机电一体化的，所以很少使用，比如三峡大坝的船闸用的就是液动执行器。

电动执行器的执行机构和调节机构是分开的两部分，其执行机构分为角行程和线行程两种，都是以两相交流电机为动力的位置伺服机构，作用是将输入直流电流信号线性地转换为位移量。电动执行机构安全防爆性能差，电机动作不够迅速，且在行程受阻或阀杆被扎住时电机容易受损。近年来，电动执行器在不断改进并有扩大应用的趋势。

气动执行器的执行机构和调节机构是统一的整体，其执行机构有薄膜式和活塞式两类。活塞式行程长，适用于要求有较大推力的场合；而薄膜式行程较小，只能直接带动阀杆。气动执行机构具有结构简单，输出推力大，动作平稳可靠，安全防爆等优点。

随着自动化、电子和计算机技术的发展，现在越来越多的执行机构已经向智能化发展，很多执行机构已经带有通信和智能控制的功能，比如很多产品都带有现场总线接口。

电动执行机构接收调节器的输出信号，根据该信号的正或负和大小去改变调节机构的位置（如阀门开度，天窗的启闭等）。它不但可以与间歇调节器配合使用，也可与连续调节器配合使用。下面以温室自动调节中常用的ZAJ型角行程电动执行器为例作简单介绍。

ZAJ电动执行器由单相电容电动机D、机械减速箱、反馈电位器R_p和终端行程开关CK_1和CK_2等组成，其电气线路原理如图13-18所示。

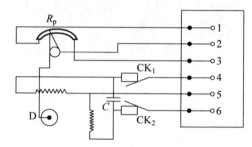

图13-18　ZAJ电动执行器线路原理

1）电动机

电动机是电动执行机构的动力器件，它将电能转换为机械能，用以推动调节机构。在各种自动调节和控制系统中常用的电动机有交流（AC）和直流（DC）伺服电机（电动机）和步进电机。ZAJ中采用的是交流伺服电机，它是一种微容量（容量从零点几瓦到几十瓦、几百瓦）的电机。

所谓伺服是指其启动、停止、正/反转以及转动角度等都随输入的控制信号而发生变化。信号一来，电动机就转动；信号一消失，电机便会自动停止而不必应用任何外部的制动装置。

ZAJ中的交流伺服电动机实际上是一种单相电容运转式电动机。在其定子铁心槽口内嵌置两套绕组，即运行绕组和启动绕组，两套绕组的位置在空间上相差45°，而在电气相位上则相差90°，在其中一套绕组中串一个电容器（见图13-18）。当外加单相交流电压时，两套绕组同处于一个电源上，但由于启动绕组中串入了电容器，使启动绕组中的电流比运行绕组中的电流在相位上接近超前90°，从而在电机气隙中产生一个旋转磁场，使转子旋转。

由于两套绕组的匝数和线径完全相同，所以各自均可以作为启动绕组或运行绕组使用。

为了改变电动机的转向,可将电容运转式电动机原理图(见图13-19)中所示的小开关K扳向1或2位,这时只将一套绕组的一对接头反接,从而可以轻易地改变其转子转向。在图13-18上,当4、5两点接上220 V单相交流电时,电动机便会正转;而当5、6两点接上220 V单相交流电时,电动机转子便会反转。这种换向完全由调节器输出信号控制,十分方便。

为了提高系统的调节品质,要求电机的启动时间短,响应快。

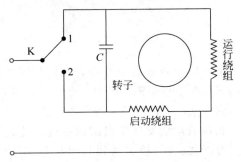

图13-19　电容运转式电动机接线原理

2)减速机构

由于电机的转速高,而电磁转矩较小(因为功率不大),所以要通过一套减速机构,如直齿轮副、蜗轮蜗杆副等,以获得低速和大的力矩输出。同时因为生物环境调节系统属于热工调节类,被控对象的延迟和时间常数均较大,所以,也要求电动执行机构的全行程时间应足够大,以满足对象的需求。

3)反馈电位器和终端保护

在电动执行机构上一般都有反馈电位器R_p(由接线盘的1、2、3接点引出),其作用是把电动执行机构的工作信号作为位置信号反馈给调节器,使调节过程构成闭环,以实现比例调节。同时利用电位器作为调节机构阀位指示器。

在电动执行机构的电动机轴上装有两个凸轮控制的终端行程开关CK_1和CK_2,其位置可调,以便限制输出轴的转动角度,即达到所要求的转角时,凸轮拨动终端开关(CK_1为正转用,CK_2为反转用),使电机自动停下来。这样既对电机起到保护作用,又可在调节机构的工作行程范围内任意确定其终端位置。

ZAJ的输出轴转矩有10 N·m和16 N·m两种,输出轴的转速有1/2 r/min和1/4 r/min两种,输出轴有效转角通常为90°,故全行程时间T_M分别为30 s和60 s,可以据实际需要选取。

参考文献

[1] 顾晓青.FST-3000型碎土筛土机的正确使用[J].农机科技推广,2011(4):57.

[2] 李宝筏.农业机械学[M].北京:中国农业出版社,2003.

[3] 梁留锁,张强.农业机械学[M].北京:化学工业出版社,2016.

[4] 刘丽秋.大棚卷帘机的使用和保养[J].农机使用与维修,2017(2):38.

[5] 马希荣.现代设施农业[M].银川:宁夏人民出版社,2009.

[6] 马旭.高等农业机械学[M].长春:吉林大学出版社,2006.

[7] 苗香雯,马承伟.农业生物环境工程[M].北京:中国农业出版社,2005.

[8] 秦贵,沈瀚.设施农业机械[M].北京:中国大地出版社,2009.

[9] 邵孝候,邹志荣.设施农业环境工程学[M].北京:中国农业出版社,2008.

[10] 王双喜.设施农业装备[M].北京:中国农业大学出版社,2010.

[11] 汪小旵,蔡国芳,杨昊霖.设施农业农机装备现状与发展趋势分析[J].农业工程技术,2019,39(1):46-49.

[12] 杨红.日光温室卷帘机械的正确使用[J].农业科技与装备,2013(8):66-68.

[13] 于海业,张蕾.农业设施环境调控原理与技术[M].北京:化学工业出版社,2015.

[14] 李名伟,朱庆辉,夏晓蒙,等.基于多传感器人工嗅觉系统的土壤有机质含量检测方法[J].农业机械学报,2021,52(10):109-119.

[15] 郭方辰.基于LoRa的土壤水分温度实时监测系统的研究[D].咸阳:西北农林科技大学,2021.

[16] 郭晓姿,李密生,张浩飞.基于物联网的樱桃种植大棚远程监控系统的设计[J].现代化农业,2021(10):22-24.

[17] 应晓燕.养殖水质在线监测系统的设计与实现[D].舟山:浙江海洋大学,2021.

第14章

智能化农业装备

14.1 概述

农业装备是现代农业发展的重要支撑,从2004年提出要提高农业机械化水平,到2020年提出要加快大中型、智能化和复合型农业机械研发和应用,近几年中央一号文件在研发制造、购置补贴、应用推广和基础设施等方面都提出了需求与目标,国务院也相继出台有关推进农机化和农机装备产业和科技发展政策,农业装备成为我国发展现代农业的战略重点,也是制造强国、科技强国的重点发展领域。"十五"以来,在国家一系列强农惠农政策的支持和拉动下,我国农业装备产业快速发展,成为世界农业装备制造和使用大国,规模以上企业数量从1600多家增加到近2500家,产业规模从2001年的480多亿元增长到2016年的最高4500多亿元,利润从2001年的6亿元增长到2016年最高250多亿元,产品种类从近3000种增加到4000多种,如图14-1所示。农业装备对农业机械化发展的贡献度超过75%,有力地支撑了我国农作物生产机械化率从32%提高到70%(见图14-2),农业生产进入以机械化为主导的新阶段。农业装备提高了我国现代农业生产能力和水平,为保障粮食安全和农业产业安全发挥了重要作用。

总体来看,我国农机工业经过近60多年的发展,规模已经跃居世界首位,但在产品品质、技术水平以及企业竞争力等方面仍与国外发达国家存在不小差距。作为一个农业大国,我国在农业生产中使用机械的现象已十分普遍。农机装备的持续发展是我国农业现代化建设的关键点之一,直接关系到我国农业现代化、数字化、智能化发展进程,关系到"智慧农业"能否加速实现。近年来,我国农机装备发展已经取得了一定的成果,实现了农机大国的目标,但是在由"大"转"强"方面,我国农机产业仍亟须加快转型升级。

随着各项前沿科技在农业领域加速拓展应用,数字化、智能化逐渐成为新的风潮,我国农业的持续突破还需要从智能农机装备的发展入手。智能农机装备的发展对加快释放农业生产力、进一步提高生产效率、加快转变发展方式、增强我国农业综合竞争力至关重要。加强智能理念、智能装备、新材料等与农机装备的深度融合,不断推进关键零部件及农业机器人、植保无人机等智能化、高端化农机装备的产品创新,将成为关键所在。

截至2018年,我国农机深松补贴面积90%以上已实现远程智能检测,无人驾驶拖拉机达4000~5000台。2022年,我国智慧农业市场规模增长至740亿元左右,同比增长约8.8%。目前,智能农业装备正向更深、更广的领域发展。无人驾驶拖拉机、运输车割草机、旋耕机、植保无人机、智能水肥一体化技术、农业机器人、无人农场等技术的发展情况和应用

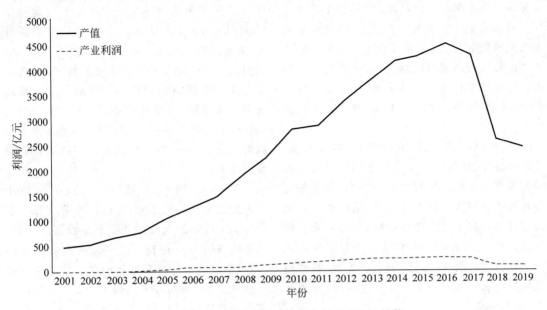

图 14-1 2001 年以来我国农业装备产业发展趋势

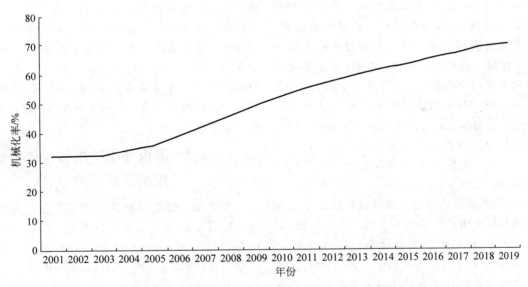

图 14-2 2001 年以来我国农作物机械化水平发展趋势

场景逐步深入和宽化。未来农业智能装备将向着以下方面发展：平台化，实现更高效的信息管理；网联化，实现数字化互联互通；精细化，由粗到精，农业机械手、机器人应用广泛；多样化，大中小型齐备，种类繁多；绿色化，体现安全、节能、绿色、环保理念；共享化，形成理想的商业化运营模式。智能农业装备领域的进步将带动我国农业发生深刻变革。

14.2 变量控制技术

精准农业的本质是通过现代化的投入、生产及管理技术，以最节省的投入达到最高效的收入，实现各方面资源的可持续利用发展。它充分体现了因地制宜和可持续发展的理念。在精准农业的发展过程中，变量技术的发展为其提供了技术保障。近年来,变量技术普遍应用于精准农业中。变量技术的应用是依据农业机械所处的位置,包括土壤性质、农作物生长情况和气候因素,自动调节农业物料使用情况。变量作业的核心技术是使用智能化技术控制,系统建模、自动定位调节,进行农业生产。

变量系统包括计算机控制器、定位系统、定时传感器、地理信息系统和农机具。计算机控制器作为变量系统的中心,依靠其他系统定位地理信息并将其输入计算机,系统中心依据经过计算并校正的地理和物料信息,确定实际排放速率,连续控制变量作业。变量系统应用于耕作、播种、除草、施肥、病虫害控制、栽培以及灌溉等农业生产中,其精度越高,系统越复杂,成本越高。

大型农业装备在我国精准农业及变量技术发展过程中起到了关键作用。除了实时配肥技术的施肥机,还有可自动选择作物品种、可按处方图调节播量和播深的谷物精密播种机;按配方进行实时配肥,按定位系统和处方管理系统的要求进行作业的变量施肥机;基于计算机视觉技术的实时探测与控制技术的智能化精准除草机;联合收割机产量分布实时检测方法及具有我国自主知识产权的产量流量测量方法。另外,可分别控制喷水量的定位喷灌机均已有商品化产品。

目前,变量化的农业机械设备还在不断地完善与研发中。变量技术应用于农业机械,以实用性强、省工省力、低耗能和可持续的优点,成为我国现代化农业发展强劲的推动力。继续研发并且推广变量技术在农业生产中的应用,具有极其重要的意义。

14.2.1　国内农场变量控制技术

我国大型化农场相继引进、投入使用变量化农业生产设备,如2002年黑龙江精准化农业示范基地引进的变量机械设备,包括播种机、施肥机和耕种机,充分发挥了变量技术的作用,实现了自走式、均等化、智能化的变量操作,对示范基地的农业精准化作业起到了推动

作用。根据变量技术的应用,美国约翰迪尔(John Deere)公司设计生产的变量施肥播种机、自走式喷药机于2003年被黑龙江大西江农场引进,进一步完善了变量相关技术,成为农业专业化发展的强劲推力。其基本原理是通过空气式输送,计算机中枢系统智能调控,根据反馈的信息制成处方图,留档备查;变量化机械在作业时,根据生成的处方图自动化控制变量作业。

现今,变量技术发展迅猛,已经广泛应用于大型农业产业化生产基地。几乎全部的农产品加工行业的龙头企业在制定投资方案时,都将机械的变量化技术水平放在首要考虑的位置,争取尽快把数据处理的单项信息管理提升到全面信息化水平;其他大中型企业也都纷纷行动起来,进行项目论证和资金筹集,准备尽快配置信息化所需要的机器设备和技术等装备。大型农垦区的公共信息资源数据库建立已经具备成熟的条件,变量技术的发展必将受到工业企业和广大农户的普遍欢迎,应用前景十分广阔。在现代化精准农业中,变量技术已经广泛应用于农业生产的过程中,播种、施肥、喷药、灌溉等设备中变量技术的应用,大大地提高了农业生产效率。

14.2.2　国内外施肥机械变量控制技术

变量技术施肥机械的自动化流程是先通过感应器读取差分全球定位系统(differential global position system,DGPS)信号,继而经过网络识别,读取集成电路卡(integrated circuit card,IC卡),控制施肥量。在此过程中,根据地轮脉冲调整前进速度,控制电机转速,实现变量施肥。

以美国的变量施肥播种机及日本的水稻变量施肥机为代表,国外的变量技术研究以及应用已经相当成熟。美国公司研制的肥料播种车是精细化农业播种作业的典型代表。它采用吹气原理,在工作室内设置可以显示施肥机器的仪表,操作员在驾驶室内就可以清楚地观察到肥料使用状况,通过观察这些具体信息

来监视施肥的行走轨迹。日本的水稻变量施肥研制公司研制出的施肥机,配备了马达、侧连、喷肥管和施肥箱的装置,机器在行走过程中,根据所在的地理位置进行变量化作业。高度智能化的操作方式及设备是国外在此领域的显著特点。

此外,俄罗斯研制的施肥机精细化了排肥口装置,用共振磁片智能化控制排肥速率和排肥的数量。德国在变量化装置的感应器上有了新的突破,通过安装作业传感器和液压马达,测得农作物需要元素的含量,通过中央控制调配所需肥料的含量。法国的自动喷雾机运用旋转式的喷洒装置,有效地解决了机器作业喷洒不均的问题,但也存在控制比较困难的缺陷。

图14-3、图14-4分别为意大利马斯奇奥公司MEGA系列条播机和美国凯斯公司Flexicoil系列变量施肥播种机。

图14-3　马斯奇奥公司MEGA系列条播机

图14-4　凯斯公司Flexicoil系列变量施肥播种机

我国自主研发的变量施肥设备目前拥有的核心技术包括单片机连续控制施肥技术、田间作业实时计算、终端控制、低速信号采集、辅助平行作业和电液比例阀控马达等,基本上实现了变量机械化大面积作业。经过积极研发,

一种新型实时监测系统在田间得到成功的应用,实现了前进速度与施肥量相适应的信息数据交换与共享。图14-5为石家庄农业机械公司生产的施肥播种机。

图14-5　石家庄农业机械公司施肥播种机

所谓变量施肥,就是以不同的空间单元为基准,以产量数据和其他多层数据(土壤特性、病虫草害、气候等信息)的叠加分析为依据,建立作物生长模型、作物专家系统,以高产、优产、环保为目的,因地适宜地为作物全面平衡施肥。变量施肥自动控制有两种形式:一是实时控制施肥,根据监测土壤的实时传感器信息,控制并调整肥料的投入数量,或根据实时监测的作物光谱信息分析并调节施肥量;二是处方信息控制施肥,依据决策分析后的电子地图提供处方信息,对大田中肥料的撒施量进行定位调控,这是目前国内外研究最广的方式。处方信息控制施肥是依据GIS获取的处方信息和GPS获取的田间位置信息,由变量控制器搜集处理相关信息,分析后控制相应执行机构进行变量作业,如图14-6所示。

美国大型变量施肥的典型代表是约翰迪尔公司的播种施肥车,拖拉机机头安有AgGPS132接收机,尾翼安有若干个电控无级变速器,工作翼展达25 m,驾驶室内有各种仪器,可以通过屏幕监控施肥处方图及施肥机行走路线。日本研制出适用水稻的施肥系统,该系统小巧轻便,自带GPS,驾驶室内有监视器,可以查询作业处方图,基于GIS信息、机具前进速度,通过监视器查询储存在地图中相应的处方来控制排肥。德国AMAZONE公司基于植物叶片反射原理,利用高光谱氮营养诊断,研制出了一款变量施肥机,通过安装在拖拉机

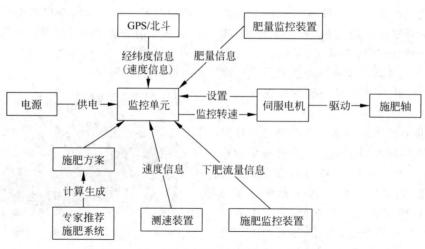

图 14-6　变量施肥自动控制技术原理图

头部的高光谱测量仪，实时测得作物冠层的归一化植被指数（normalized difference vegetation index，NDVI）值，通过作物追肥模型计算出氮素的追肥量，经中央处理器处理成数字脉冲信号，通过执行机构实现精准变量施肥。俄罗斯全俄农机化研究所研制的变量施肥机，利用电磁铁和共振片原理，通过控制安装在施肥口电磁铁的电磁频率，产生不同频率的振动，来控制施肥口的开启和闭合，从而实现自动控制施肥量。

新疆牧神分体式免耕施肥播种机（见图 14-7），是在未耕翻的收获过作物的土地上进行播种施肥作业，它能在满足残茬覆盖率不小于 40%、残茬覆盖量在 0.3～0.6 kg/m²、秸秆粉碎长度合格率不小于 85%、秸秆含水率不大于 25% 的条件下，按规定的作业速度作业。采用中央枢轴悬挂式结构，将涡轮波纹圆盘开沟破茬机构与播种机连接，与大功率拖拉机配套，适用于干旱、半干旱地区的大面积作业，能一次完成破茬、开沟、播种、施肥、覆土、镇压等作业。

图 14-7　新疆牧神分体式免耕施肥播种机

变量施肥作为一种新兴的技术，在发达国家已初具规模，但在我国尚处于试验阶段，应该深入研究，大力推广，尤其是在系统集成和应用方面。研究出基于微机控制的精量施肥控制系统、供肥系统和分肥限量系统，快速研发出功能健全的施肥控制系统，准确快速地检测农田养分含量，是我们的当务要事。同时要研发方便易用的施肥设备，降低生产成本，并且能为农民所掌握，且最终能得到大面积推广。要学习借鉴国外的先进经验，结合我国土壤墒情，加强跨区域、品种的联合作业机的研究力度，从而实现资源有效、高效利用，实现农业的健康持续发展。

14.2.3　喷药机变量控制技术

我国是一个农业大国，病虫草害问题影响严重，喷雾施药是控制病虫草害的一种有效方法。伴随社会发展和进步，人民对生活水平和质量的要求越来越高，农产品的安全、生态和环保问题不断得到重视，这就对农业喷雾技术不断提出新的要求和标准。农药的喷洒不再只是简单考虑病虫害的防治，还需综合考虑环境保护、生态环境、农业可持续发展等因素。

精密变量喷雾作为一种先进的农业施药技术，为适应新形势下农业发展的需要而推广开来，并越来越受到关注。精密变量喷雾中两大核心要素是前期的喷雾施药信息获取和后期的药液输出控制。目前,喷雾施药信息的获取渠道主要有基于实时传感器和基于地理信息技术两种方式。

(1)基于实时传感器的精密变量喷雾是通过传感器实时检测目标植株的大小、尺寸等特征信息,据此有选择性地变量喷雾施药,并通过一定的输出控制方式执行变量喷雾,可降低农药喷施非靶标沉积,减少农药过量使用带来的负面影响,提高农药有效使用率,是智能化植保机械的重要研究内容和发展方向。

(2)基于地理信息技术的自动对靶变量施药系统是精准农业的重要组成部分,它是以地理信息系统(GIS)、全球定位系统(GPS)、遥感技术(RS)、决策支持系统(DSS)为基础,智能植保机械根据田间变异,对生产过程实施一整套精确定位、定量管理集成技术。该技术的一个重要的方面,就是能根据要求动态改变作业参数,其数据流为田间数据采集(航空成像、杂草检测识别系统)、图像数据处理、数据地图形成、数据文件拷贝,智能喷雾机在全球定位系统的支持下根据数据地图进行防治作业。

在喷药机的应用中,操作员通过采集的土壤、植物空气等样本,为农作物开具处方,变量喷药机根据开具的处方和定位系统,进行药剂调节,在喷洒过程中还要根据具体情况进行雾滴大小的调节。变量设备的操作中心是计算机控制器,参与设备有行走传感器、注射器、泵、流量传感器和吊杆阀。计算机一般在喷洒过程中起到中枢系统作用,药剂箱中的药物是根据处方调配好的合适比例的药物,通过流量控制阀对注入吊杆阀中的药剂进行实时监测,系统间相互协调配合,实现药剂智能化喷洒。

精密喷雾的前提条件是对目标植株特征信息的检测,它是后期执行喷雾动作的基础和依据。常见的植株检测技术有三种,分别是基于红外传感器、超声波传感器、激光传感器的检测技术。喷雾输出的控制是精密变量喷雾中另一个重要环节和步骤,根据检测到的目标信息,系统对其进行数据处理与分析,并给出具体的流量控制指令,最后通过一定的控制方式执行喷雾输出,完成精密变量喷雾作业。常见

的喷雾输出控制方式有变压力式、变浓度式、基于脉冲宽度调制(pulse width modulation,PWM)技术控制式三种方式。

源泉机械 3WM-40F 喷药机(见图 14-8)为自走式喷药机,发动机输出轴通过传动轴驱动隔膜泵,再经过泵一定的压力通过输液管输往喷杆,当喷头处的喷雾液体压力达到预定值时,防滴装置便自动开启,药液以雾状喷出。该机可对农作物生长全过程进行有效的病虫害防治。配备原装本田发动力,行走与风送系统双发动机,动力强劲;采用电控履带底盘系统,全功能的无线遥控实现了人机分离,底盘各功能(前进、后退、左转、右转、加挡、减挡、油门加、减)全部采用摇杆式无线遥控操作,方便、简单、可靠。遥控器采取电脑双功发射,确保遥控器和接收机有一方发生故障本底盘都能立刻停止工作,保证安全作业;可与多种作业机具配套,提高了履带底盘的利用率,降低购置成本。适用于大面积种植的葡萄、苹果、桃树、梨树、柑橘、猕猴桃等果园病虫害的防治。

图 14-8　源泉机械 3WM-40F 喷药机

凯斯 Patriot 3230 喷药机(见图 14-9)发动机为 6.7 L CASEIHNEF 直列 6 缸,220 Ps 额定功率,240 Ps 峰值功率,涡轮增压,后冷,电控喷油。静液压全时四驱,无级变速驱动。轮距调整:305~399 cm 液压调整,手动每挡调节为每车轮 2.54 cm。变速箱形式:全负载变速传动系统,无级变速。行走速度:最高 48 km/h。药箱容积:3028 L,不锈钢或塑料材质。喷嘴间距:50.8 cm 或 50.8~76.2 cm。整机长度为 8.5 m,高度为 3.7 m,宽度轮子缩进时为 3.5 m,轮子伸出时为 4.5 m,轴距为 3.8 m。喷

杆长度为18.3/27.4 m或18.3/30.5 m,调整高度为48~213 cm。全喷杆折叠角度为30°。喷雾驱动泵:流量控制系统驱动离心液压马达。清洗箱容量424 L。

图14-9　凯斯 Patriot 3230 喷药机

14.2.4　灌溉机变量控制技术

在全球范围内水资源紧缺的大环境下,实现精准灌溉是提高水资源利用效率的必经之路。由于条件限制,变量灌溉技术,包括喷灌、滴灌、微灌和渗灌等高科技灌溉技术还不能广泛应用于灌溉的各个领域。根据不同作物、不同生育期间土壤墒情和作物需水量实施实时灌溉,将从根本上改变农业领域水资源浪费现象,在很大程度上节约了水资源,有效提高了水资源利用效率。

变量灌溉(variable rate irrigation)也称作定点灌溉(site-specific irrigation)或精准灌溉(precision irrigation),属于精准农业的一个分支。与国内传统意义上的适时适量精准灌溉不同,变量灌溉着眼于通过分区管理,借助变量灌溉控制设备、传感器监测网络和决策支持系统,在整个田块内实现定量决策、变量投入和定位实施。由于变量灌溉的实现除需要常规的灌溉系统外,还需要变量的水分供应装置、定位系统、变量控制系统,如果可能还需要能够变量施肥/药的注射装置等,因此经济性成为限制变量灌溉技术发展的主要因素。近年来,随着科学技术的发展、全球淡水资源短缺问题的加剧,以及人们日益增强的节水意识和对环境问题的持续关注,变量灌溉已逐渐变得经济可行,并重新得到人们的重视。大型喷灌机变量灌溉技术发展的初衷主要是解决集约化农田内无须耕种部位(如排水沟、池塘、公路、排水道、建筑物和岩石等)的灌溉水浪费问题。目前,变量喷灌在农田管理中的应用逐渐增多,2013 年,美国学者 Evans 等将变量喷灌(site-specific variable rate sprinkler irrigation)定义为在田块内通过空间改变灌水深度用于应对特定的土壤、作物和其他条件的能力。

桁架式喷灌机(见图14-10)不仅能进行大田作业,还可以代替单喷头进行经济作物的喷洒。它的主要特点是低压、节水、节能、喷灌效率高,雾化性能好,受风等环境影响小。

图14-10　华源节水公司桁架式喷灌机

中型卷盘式喷灌机(见图14-11)不仅能够灌溉大面积的农田,并且可根据喷水量的大小控制水量,以满足使用者对喷灌水量的不同要求,是农田节水灌溉的最优选择。适用于电厂、港口、运动场、城市绿地等需要灌溉防尘场合下的喷洒作业,更适合我国东北地区、内蒙古、河北、山东、中原地区粮食主产区。

图14-11　华源节水公司中型卷盘式喷灌机

平移式喷灌机(见图14-12)可灌溉正方形和矩形地块,可采用渠道式软管拖动式供水,并可同时喷洒叶面肥。电网、柴油发电机组均可作为配套动力。过雨量保护、自然停机系统、故障自动报警系统处于国内领先地位。适用于草坪、草圃、牧草和谷物豆类、经济作物等

图 14-12　华源节水公司平移式喷灌机

大田作物灌溉。

滚移式喷灌机(见图 14-13)可灌溉更多的地块和轮流灌溉作物,能有效降低灌溉成本。采用液压马达,无级变速,操作简单;轻质轮子,田间通过能力强,有利于转移四轮双梁加长型中央驱动车,可保证管道引动的直线型。

图 14-13　滚移式喷灌机

指针式喷灌机(见图 14-14),也称电动圆形喷灌机、中心支轴式喷灌机,是将装有喷头的管道支承在可自动行走的支架上,围绕备有供水系统的中心点边旋转边喷灌的大型喷灌机。

图 14-14　指针式喷灌机

大型喷灌机是变量灌溉技术得以实现的有效载体,相关研究始于 20 世纪 90 年代。

1992 年美国科罗拉多州柯林斯堡的一个研究团队发明了一台四跨平移式变量灌溉机。几乎在同一时间,爱达荷州立大学的一个研究团队获得了变量灌水、施肥方法及装置的专利。从 1994 年开始,陆续开展了圆形喷灌机变量灌溉系统研究。除通过对喷灌机行走速度和喷灌循环次数的联合控制在沿喷灌机旋转方向获得变量灌水深度外,圆形喷灌机变量喷洒的实现主要通过对原有均匀喷洒式大型喷灌系统的改造获得,常用的改造方法包括以下几种。

(1) 采用可变孔口尺寸的喷头实现变量喷洒,即通过使用专门的控制器有选择地在喷头孔口内插入或移走一个同轴针来改变喷头孔口直径,从而实现变量喷水。

(2) 利用多种流量喷头组合获得沿桁架方向阶跃状变化的灌水强度。

(3) 利用脉冲宽度调制(PWM)法,即安装电磁阀后通过调节单个喷头或成组喷头在一个周期内的开合时间比来调节流量,实现变量喷洒。脉冲宽度调制法与喷灌机行走速度的控制相结合,可满足与任意形状田块相匹配的变量灌水需求。

为了便于变量灌溉技术的推广应用,需要研发变量灌溉决策支持系统。目前现有变量灌溉决策支持系统的决策方法包括模型预测法、土壤水分监测法和作物水分亏缺直接测量法,以及联合应用上述方法的综合法等。

关于大型喷灌机变量灌溉系统构建方法的研究已经比较成熟,变量灌溉系统通常由变量供水装置、定位系统和变量灌水控制系统三部分组成,电磁阀脉冲控制已成为实现变量灌水的标准方法。但与其相匹配的软硬件开发还需进一步研究,例如,价格低廉、性能可靠的水泵变频装置、电磁阀和压力调节器,与实际需求相吻合的变量灌溉自动控制软件包,包括管理区数量和大小。另外,大型喷灌机水、肥、药一体化多功能变量管理技术,变量施肥、施药设备,以及大型喷灌机变量灌溉系统水力性能测试评价标准等都是变量灌溉技术未来重要的研究内容。

14.2.5　播种机变量控制技术

变量技术在播种机中的应用原理类似于变量施肥，只是更多地将重点放在土壤监测上，通过对土壤土质、肥力的鉴定及对播种机播种轴的控制，调节播种深度和播种数量。变量技术的应用解放了人力，机械化运作又能使苗床整齐划一，并且提高农作物产量。

美国在变量播种领域最具代表的是凯斯公司生产研制的 Flexi-Coil 变量施肥播种机（见图 14-15），其由 ST820 型空气输送式变量施肥播种机和橡胶履带式 STX3750 型拖拉机组成，该播种机的变量控制系统有手动和处方图自动控制两种形式，在播种前可以对种子、肥料排量进行校准，并且可完成多种作物的变量播种、施肥，如玉米、大豆、小麦及水稻等。另外，美国迪尔公司也成功研制了 JDI/1910 系列气力式免耕变量播种机，该系列变量播种机采用全电控变量播种，排种系统使用带微调环的排种辊可以精确地达到设定播种量，该种肥车控制系统技术先进、性能可靠，精度已达到厘米级，有效地减少了重播、漏播。

图 14-15　凯斯变量施肥播种机

国内在 20 世纪 90 年代后期开始了对精准农业的关注，近年来变量播种施肥技术在我国北方地区引起了重视，许多学者进行了相关研究并取得一定的成果。黑龙江八一农垦大学引进了美国的 Flexi-Coil 变量施肥播种机，在黑龙江友谊农场分别进行了大豆和小麦的变量施肥播种应用试验，试验表明该播种机能够按照处方图进行精确的变量控制，并且播种机在作业过程中所采集到的相关参数都记录在文件中，方便查看和分析；但由于该机作业幅度比较大且工作时要求土地平整，因此在试验时发现各行播种深度有一定的差异，从而影响了大豆出苗的一致性。

农哈哈免耕覆盖施肥播种机（见图 14-16）产品特点：播种开沟器形式多元化，设计了双圆盘式、苗带式和耧脚式三种播种开沟器，用以扩大小麦免耕机使用区域。种肥开沟器由原来的一体式改为分体式。农民种植习惯在不断改变，种植小麦以前，玉米等前茬作物的秸秆都清除出地，而近几年来，玉米秸秆不再清除，地块中秸秆量过大，以往一体式开沟器容易出现堵塞现象，而使用分体式开沟器将解决机具堵塞的问题。采用进口排种盒形式，播种更均匀，且能播种谷子等小颗粒种子，增加机具播种谷物类型、机具使用范围。

图 14-16　农哈哈免耕覆盖施肥播种机

国外对变量播种机械的研究起步得比较早，现技术已研制成熟并商品化，其机械具有简便、易控制、精确、可靠性高等优点，但价格昂贵，成本较高且较适合大规模生产和土地平坦的地区。国内对变量播种技术的研究尚处于探索研究和初步试验阶段，由于我国地域复杂，大型多功能机型研究还不能较好地应用于我国大部分地区，因此在对变量播种技术进行研究时主要是通过对国外引进的产品进行试验，然后在对其先进技术借鉴和吸收的基础上研究出适合自身国情的机型。

农哈哈旋耕玉米精播机（见图 14-17）是集深松、旋耕、分层施肥和精量播种为一体的复合型作业机具。打破犁底层，增加土壤通透性；蓄水保墒，促进植株根系生长；防旱抗涝、抗倒伏增产增收。一次性分层施足作物整个生长期所需肥量,从上到下逐步增加肥料量,使作物在苗期到成熟的过程中,按生长期充分供足肥力,提高肥力利用率,促产增收。旋耕刀为深松铲的作业打通作业通道,清理秸秆与根茬对深松铲的缠绕、拥堵;为种子提供土质暄软、细碎的苗床,保证每一粒种子都拥有优质的发芽和生长环境;保证作物出苗匀齐,秧苗粗壮。播种的深度为单体调节方式,用户可以根据土地墒情选择最好的播种深度。变速箱方式的株距调节装置可为用户提供最理想的株距,进行单粒播种,播后镇压保护墒情。

图 14-17　农哈哈旋耕玉米精播机

14.2.6　联合收割机变量控制技术

变量技术在联合收割机系统中的应用表现在装有智能化损失监测设备和数据反馈系统上,其基于 GPS 配备的智能化传感器及其拥有的丰富接口、充足的数据存储空间,不但能进行精确导航,还能监测土质和水分,确保将损失率控制在一定单位内。

在收获环节使用联合收割机进行联合作业可以有效降低收获过程中各个环节的损失率,推荐农民购买社会化农业机械提供服务从而降低农户在稻麦收割阶段的损失率。我国农业农村部 2013 年发布的标准《水稻联合收割机 作业质量》(NY/T 498—2013)中规定,一般作业条件下全喂入式水稻联合收割机收获损失率≤3.5%,半喂入式水稻联合收割机收获损失率≤2.5%。联合收割机收割作业时主要存在三种损失:脱粒损失、夹带损失和清选损失,针对不同的损失类型,联合收割机驾驶员可以通过改变收割速度、控制油门及调整割台等动作来减少损失。

纽荷兰、约翰迪尔等公司的联合收割机上安装了电子信息、电子驾驶操纵等系统,能够实时地控制发动机转速、机油压力和温度、燃油量等常规参数,以及实际行驶速度、发动机转速、作业面积、作业效率及工作时间等随机动作性能参数,如图 14-18~图 14-20 所示。日本研制的半喂入式联合收割机的操作台装配有液晶显示的仪表及监视器,操作者可直观地掌握停车刹车、机油压力、脱谷深浅、秸秆堵塞、微电脑运行、发动机转速、负荷大小、筛选箱堆积、储谷量等情况,是自动化和检测技术在农机上成功应用的典范。美国著名的农业机械厂家凯斯公司的智能化联合收割机配备有多种传感器、差分全球定位系统、农田信息实时数据采集系统,并能及时生成小区产量分布图,准确可靠地获取谷物瞬时流量、含水率、车辆行进速度、割台高度与割幅宽度以及脱粒后的谷物传送速度等参数。

图 14-18　纽荷兰 9080L 自走式葡萄收获机

图 14-19　纽荷兰 TC5.70 联合收获机

图 14-20　约翰迪尔打包摘棉机

国内联合收割机的智能控制方法的研究主要是利用调节联合收割机前进速度来控制滚筒角速度,提高脱粒、分离和清选质量,但控制信号单一,未能全面地反映联合收割机实际的工作负荷状态。针对我国联合收割机械智能化程度低、工作效率低、故障多等问题,提出了基于系统的多信号融合处理和判断规则来实现负荷反馈控制,以提高联合收割机的工作效率,促进我国的联合收割机更加"高产、高效、稳定"地工作,推动农业机械向智能化、自动化方向发展。

中联重科水稻收割机(见图14-21)整机体积小,质量轻,离地间隙高,作业灵活,特别适合丘陵山区等小地块水田作业;导向轮直径加大,结构简单可靠,关键部位选用进口部件;高地隙底盘匹配加宽加长48节履带,深泥角作业通过性更好,水田作业效率更高;优化设计的升级版纵轴流脱粒分离技术匹配高效率清选系统,作物处理能力更强,系统解决了纵轴流喂入不畅及清选损失大的问题。

图 14-21　中联重科水稻收割机

中联重科小麦收割机(见图14-22)整机采

图 14-22　中联重科小麦收割机

用单纵轴流脱粒装置,脱粒能力更强、分离更彻底;后置甩刀式切碎器,切碎效果好,抛撒均匀;可兼收玉米、大豆、谷子、高粱、油菜等作物,一机多用;2.8 m 或 4.3 m 高位卸粮,适应不同地区作业需求。

14.3　自动驾驶和导航系统

14.3.1　自动驾驶系统

农业机械自动驾驶系统是精准农业的重要支撑技术之一,集成了多种传感器与变量作业装置,助力精准农业生产降低成本和增产增收,经济效益和社会效益显著。我国自 2001 年起对农机自动驾驶系统开展了研究,取得了一系列重大研究成果。国产农机自动驾驶系统自 2010 年进入市场,在降低成本的同时保证了作业性能指标,摆脱了对国外进口产品的依赖,在农机导航定位与环境感知技术、路径跟踪控制技术、电控液压转向技术、高压共轨柴油发动机燃油电喷技术、动力换挡技术、电液悬挂控制技术等方面取得了最新进展,这些研究成果为农机自动驾驶系统的研发提供了重要的技术支持。

1. 农机自动驾驶系统发展概况

农机自动驾驶系统以高精度全球导航卫星系统(global navigation satellite system,GNSS)为核心技术,通过电液转向控制装置和导航控制算法控制农机沿预定作业路线自动跟踪行走。借助 GNSS 定位,自动驾驶系统可集成土壤在线采样装置、多光谱传感器、产量传感器等,实现土壤和作物等多维度农情信息采集;基于精准农业定位处方作业思想,带有 GNSS 定位的农机自动驾驶系统可与变量作业系统有效集成,使农业机械成为实践精准农业的作业平台。

以美国明尼苏达州的扎卡比森甜菜农场施肥作业为例,传统的施肥量是 12.7 kg/亩,1993 年采用精准农业变量施肥技术,施氮量减少至 2.3～11.1 kg/亩之间,每英亩肥料投入费用平均减少了 6.28 美元。采用变量施肥技术的甜菜产量(3.1 t/亩)比传统施肥方法的产量(2.96 t/亩)略有增加,含糖量从16.59%增加到17.89%,每亩产糖量从404.6 kg增加到461.1 kg,收入从599.51美元增加到744.51美元。

2010年以前,国内农机自动驾驶系统的市场主要以国外品牌如天宝、约翰迪尔、Hemisphere等为主。近10年来,国产品牌逐渐增加,市场占有率逐年提高。目前,我国农机自动驾驶系统大多由非农机制造企业研制,主要功能是通过北斗卫星定位实现拖拉机直线作业路线的自动跟踪行走。以合众思壮"慧农"北斗农机自动驾驶产品为例,该产品主要

组成包括:便携式或固定式基站、GNSS定位装置、姿态传感器、智能驾驶控制器、转向轮角度传感器、压力传感器、液压转向电磁阀组和显示终端等,如图14-23所示。其主要性能指标包括:①控制精度:±2.5 cm(3σ-AB直线模式)和±5 cm(3σ-圆圈作业模式、对角线作业模式);②入线距离<15 m(快速自动倒车入线距离<10 m);③作业速度:3~16 km/h。该产品主要在新疆、黑龙江、内蒙古等地应用。除合众思壮外,还有上海司南、上海联适、上海华测、广州中海达、无锡卡尔曼等公司的产品,也在市场上占据了相当的份额。

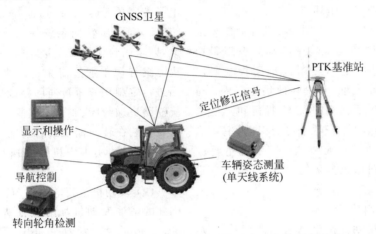

图14-23 基于GNSS的农业机械导航及自动作业系统组成

从2012年开始,雷沃重工国际股份有限公司与华南农业大学以产学研相结合的方式,通过合作研发,突破了基于GNSS的农业机械导航及自动作业的多项关键技术,将基于GNSS的农业机械导航及自动作业系统装备在雷沃TD904拖拉机、天拖5-754拖拉机、YANMAR VP8D插秧机、雷沃3WP-500高地隙植保喷雾机和三一YZ26C压路机上,价格比国外同类产品降低1/3,在新疆、广东、山东、黑龙江、上海和四川等地进行了推广应用。应用结果表明,农业机械导航系统的导航精度达到国际先进水平。导航系统应用在棉花播种机、小麦播种机、拖拉机起垄机、旋耕机、喷雾机和工程压路机等农业机械和工程机械上,性能稳定可靠,直线作业横向偏差≤2.5 cm,接行误差≤

2.5 cm,可以满足实际生产需要。2017—2018年在新疆、山东等省市区累计推广800余台套。随着大型农机制造企业对自动驾驶技术的重视和研发投入不断加大,新一代农业机械自动驾驶系统可以实现农机启动、变速换挡、转向、油门改变、熄火、作业机具的自动操纵控制,实现农田作业路线自动规划和直线行驶、地头转向、往复作业路线跟踪。

2.拖拉机自动驾驶系统的关键技术

1)多源信息融合的导航定位与环境感知技术

(1)GNSS定位:全球导航卫星系统具有全能性(陆地、海洋、航空和航天)、全球性、全天候、连续性、实时性的导航、定位和定时功能,能提供三维坐标、速度和时间的准确信息。但GNSS信息的精度会受到卫星的几何分布

状况（geometric dilution of precision，GDOP）、星历误差、时钟误差、传播误差、多路径误差以及接收机噪声等因素的影响，定位精度一般为1～3 m。RTK-GNSS（real-time kinematic，实时差分定位）是一种实时载波相位差分定位技术，基准站通过无线通信链路向移动端发送实时载波相位差分数据包，可在移动端实现厘米级的定位精度。RTK-GNSS为农机自动驾驶系统提供了高精度定位信息。

（2）机器视觉导航：机器视觉导航是农机自动驾驶的重要内容之一，其关键是通过图像处理和分析识别作业路线，涉及机器视觉传感器标定、图像增强、图像分割与目标识别和导航作业路线提取等多个环节。

（3）障碍物探测与识别：农机自动驾驶系统主要是对田间作业环境中的动静态障碍物进行探测和识别。涉及的静态障碍物主要包括树木、电线杆、土堆、石块和地块边界等；动态障碍物主要包括移动的人体、牲畜和其他农业机械。对这些动静态障碍物的识别，主要采用激光雷达和机器视觉方式。识别的主要过程包括点云与图像数据采集、障碍物识别与分类和障碍物跟踪三个阶段。

2）导航控制技术

（1）路径规划：农业机械的路线行走方式，主要有全覆盖的全局路径规划、局部路径规划和两种方式相结合的路径规划。全覆盖的全局路径规划是指环境信息已知，如一定区域内的农田边界坐标点、田间障碍物点等，然后按照一定的算法确定最优路径，使农机能够合理高效地覆盖一定区域内除了障碍区之外的其他区域，减少重叠路径。局部路径规划是指农机在田间作业行走时，利用自带的传感器，对周围环境进行自我感知，实现实时避障与路径动态规划。也可将两种田间作业路径规划方式结合，形成实时性好、适应性强和易于优化的田间路径规划路线。农机田间作业路径规划的最终目标是使其能高效可靠地代替人力在整个农田区域的工作，并且在时间、经济效益等指标上达到最优。

（2）路径跟踪控制：路径跟踪控制是农业机械自动驾驶的关键技术之一，其核心是控制农业机械按预定路线精确跟踪行走。国内一些高校和研究机构对多种导航路径跟踪控制方法进行了研究和试验。中国农业大学吕安涛等人以拖拉机的质心位置作为控制点，建立了拖拉机跟踪直线行驶时的运动学与动力学模型，分别对基于这两种模型的拖拉机自动驾驶最优控制方法进行了研究。

3）自动驾驶控制关键技术

（1）电控液压转向：电控液压转向系统具有转向力矩大，控制精度高，响应速度快等优点，是自动驾驶农业机械的主要转向执行机构。目前，我国农机制造企业正在研究将标准电子控制单元（standard electranic control unit，SECU）和液压转向系统一体化集成的解决方案，以全面替代现有全液压转向器。一体化解决方案有利于通过对主机厂家系列化农机产品进行定制化液压转向回路改造，实现转向系统油路更加封闭、整合；也便于将转向轮角传感器预装在转向油缸或者转向前桥内部，提高系统可靠性，实现农机的快速、高精度转向和运动控制。

（2）发动机油门电控调节：满足国家减排标准的柴油发动机都配置有燃油喷射控制系统，由传感器、发动机电子控制器（engine electronic control unit，EECU）、执行器和线束四个部分组成。传感器负责采集发动机进气温度、进气压力、燃油温度和喷射压力等参数；控制器根据传感器采集的信息和发动机的运行状态决策最佳喷油量和喷油角度；执行器根据控制器发出的喷油量和喷油正时，产生合适的脉冲信号控制喷油器的喷油量，使柴油机运行状态达到最佳水平。

（3）动力换挡：动力换挡作为一种新型的换挡技术，采用电液控制系统，实现了农业机械在工作条件下动力不中断换挡，从而减少换挡过程中的动力损失，简化了驾驶员的操作过程，改善了拖拉机的操纵性能。同时，基于电液控制的动力换挡系统为农机自动驾驶系统的研发提供了重要基础。农机动力换挡变速器（tractor electronic control unit，TECU）的主要工作过程是：程序初始化后，TECU 接收并储存换挡规律曲线和湿式离合器结合规律曲线，通过传感器读取车辆状态运行参数（包括发动机转速、车速、油温、油压和离合器位置等）、通过 CAN 总线读取发动机和电液悬挂系统的状态，TECU 对输入的信号进行分析、运算和判断，选择储存在 EEPROM 中的适当的换挡曲线和离合器压力特性曲线（换挡曲线中包含电磁阀的开关信息，离合器压力接合曲线包含电液比例阀的开度和控制时间等信息），并通过驱动输出模块控制电磁阀和比例阀，进而控制离合器的接合和分离，最终实现平顺的换挡操作。目前，我国农机制造企业已在国产拖拉机上开发出具有动力换向和高低挡转换功能的变速器，并实现了量产。

（4）电控提升：电控液压悬挂系统与传统的液压悬挂系统的主要区别在于用控制面板取代了操纵机构，电液比例换向阀替代了液压分配器。电控液压悬挂主要由悬挂机构、液压系统、控制器、控制面板和传感器组成。采用传感器实时采集农业机械的状态信息，由电控提升控制器（hydraulic electronic control unit，HECU）接收驾驶员经由控制面板发出的指令信息和传感器参数，并根据预先设计的程序控制比例换向阀，通过液压系统控制悬挂系统，从而控制机具提升。电控液压悬挂系统都配有 CAN 总线接口。

（5）总线集成技术：1986 年，德国首先提出了基于 CAN2.0A 版本的农业机械总线标准（DIN9694），并从 1993 年起在欧洲各国的农机制造厂普遍采用。20 世纪 90 年代中期，以 DIN 9684 为基础，参考 SAE J1939 标准，国际标准化组织（ISO）制定了基于 CAN 2.0B 版本的 ISO 11783，作为正式的农业机组数据通信及其接口设计的国际标准。基于 ISO 11783 总线标准，在实现 SECU、EECU、TECU、HECU 和农具控制 IECU 互联互通的基础上，进一步引入自动驾驶系统的核心装置导航 ECU（NECU）、定位装置（PECU）、LiDAR/MV 环境感知器和显示终端 T-BOX 等，可实现农业机械自动驾驶系统的有效集成，其 ISOBUS 总线结构图如图 14-24 所示。

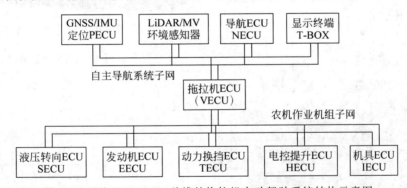

图 14-24　基于 ISOBUS 总线的拖拉机自动驾驶系统结构示意图

农业机械自动驾驶技术将大幅提升我国高端农业机械装备自主创新能力和产业化能力，打破国外农机自动驾驶技术垄断，促进我国智能农业装备相关技术水平的提升，提高我国农业装备产业的国际竞争力，保障国家农业生产安全。

3．国内自动驾驶系统

司南导航已在新疆建设兵团的十多个团场进行了精准农业试点（见图 14-25），科学利用农业资源、降低生产成本、提高农产经济效益的"精准农业"应运而生。司南导航推出的农业解决方案，采用搭载北斗导航系统的农机设备，可有针对性地解决耕不直、成本大、耗时久等问题，广泛用于起垄、犁地、打药、播种等各个环节的农业作业，能大大提高作业效率，解放劳动力、确保作业品质，加快农业现代化进程，改善农业生产经营条件，不断提高农业的生产技术水平和经济效益、生态效益。

司南导航 AG360 系统是集卫星接收、定位

图 14-25　司南导航在新疆十多个团场试点应用
精准农业

导航、自动驾驶于一体的综合性系统,主要由智能平板、多功能方向盘、力矩电机、双天线一体机、角度传感器等部分组成,如图 14-26 所示。可自由驰骋于野外严苛环境,直线、曲线穿梭自如,作业误差在 ±2.5 cm 以内,减少重复面积。适用于各种作业环境(直线曲线、平地丘陵)。适配各种机型(插秧机、喷药机、收割机)。全程自动控制、精准导航。不受天气影响,持久稳定工作。适用于高速、复杂地况。全天候 24 h 不间断作业。安装便捷,即装即用,操作简单,一目了然。搭载司南"导航云",云上互联,远程服务。

图 14-26　司南导航 AG360 自动驾驶系统

　　司南导航北斗/GNSS 自动导航驾驶与精密播种系统由高精度北斗/GNSS 接收机、GNSS 天线、显示器、控制器、液压阀、角度传感器等部分组成,这种先进的自动驾驶技术不仅可让播行笔直、连接准确、提高作物产量,还能大大减轻驾驶员的劳动强度。

　　上海联适导航坚持将北斗导航技术融合

应用于智慧农业全链,提供覆盖精准作业、数字农业、智慧农业全链的系统级解决方案,引领现代农业发展方向,致力于成为北斗＋智慧农业领域的引航者。T100 北斗高精度一体化车载终端(见图 14-27)是上海联适导航研发生产的一款工业级车载安卓平板,可保证严苛环境下运行,内置高精度定位板卡,定位精度可达厘米级,预留的实体按键可使操作更加简易,广泛应用于农机自动驾驶、卫星平地、工程机械等恶劣环境下的高精度作业场景,其技术参数见表 14-1。

图 14-27　联适导航 T100 车载终端

表 14-1　T100 产品参数

项　目	参　数
功耗/W	≤12.0
供电电压/V	DC 9～36,带正负极性反接保护,支持断电检测
工作温度/℃	−40～+70
储存温度/℃	−45～+80
物理尺寸/(mm×mm×mm)	224×160×45
分辨率/PPI	1024×600
屏幕尺寸/in	10.1
质量/kg	1.36
防水等级	IP67
撞击和振动	MIL-STD-810G

　　联适导航 AF301 系统采用双天线方案,使

用高精度北斗卫星定位定向,根据当前车辆位置和航向控制电动方向盘转向,使车辆沿规划路径行驶,控制误差≤2.5 cm,使用自动驾驶作业可保证作业精度,行距统一、植株均匀,提高作物通风透光性,减少作物病虫害,提高作物产量,降低驾驶员劳动强度,提高作业效率,提高土地利用率,是农民增产增收的好帮手。该系统可专业用于拖拉机、插秧机、打药机、收割机等各种农业机械。可用于收割、打药、插秧、播种作业。降低对驾驶员驾驶技术的依赖,减少人工支出。导航系统不受天气影响,白天黑夜皆可作业。作业不重不漏,减少土地资源浪费。走得直,接行准,作物间距一致性好,提高水肥利用率,增产增收。

14.3.2　自动导航系统

农业机械自动导航技术是实施精细农业的基础,可以有效减轻农机操作人员的劳动强度,提高作业精度与作业效率。目前,农机自动导航已广泛应用于耕作、播种、施肥、喷药、收获等农业生产过程。经典的农机自动导航关键技术包括导航位置信息获取、导航路径规划和导航控制等。导航位置信息的准确、可靠获取是路径规划与车体控制的前提条件;优化的导航路径可有效减少资源浪费,如减少重复、遗漏作业,减少地头转弯路径等,提高作业效率;快速、稳定的导航控制能够应对农田的复杂路面环境,实现对导航路径的准确跟踪;自主避障可实现对复杂农田环境中的机器、行人等障碍物的识别与避让,保证人机安全作业;多机协同可在复杂作业需求下,通过对农机状态信息监测,进行任务调配、多机路径规划,提高农机机群整体作业效率。

1. 自动导航关键技术

1) 定位测姿

国内外学者针对全球导航卫星系统(GNSS)、惯性导航系统(inertial navigation system,INS)和机器视觉(machine vision,MV)导航系统进行了深入的研究。

(1) 全球导航卫星系统:目前,全球导航卫星系统主要包括美国的全球定位系统(global positioning system,GPS)、俄罗斯的全球导航卫星系统(global navigation satellite system,GLONASS)、欧盟的伽利略系统和中国的北斗导航卫星系统(BeiDou navigation satellite system,BDS)。其中,北斗导航卫星系统自2012年正式向亚太大部分地区提供区域服务,2019年北斗导航卫星系统全球组网进入冲刺期,2020年可按计划提供全球范围的定位、导航、授时等服务。闫飞等采用多频三星接收机和多星座接收模块,通过BDS和GPS数据,得到更多的卫星可见数和更稳定的信噪比。

为实现农机自动驾驶过程中的精细作业,需要获取分米级甚至厘米级的定位数据,常采用差分GNSS技术,即通过将位置已知基准站测量的伪距修正值或相位信息发送到移动站来提高精度。Oksanen等设计了一台采用GNSS信号为引导的四轮驱动农业拖拉机,考虑了当前位置、速度、航向和调控角度对导航的影响。罗锡文等基于东方红拖拉机,采用自主差分方式,开发了基于RTK-DGPS的自动导航控制系统,设计了导航控制器、转向控制器和转向装置等。通过GNSS接收机还可得到农机的航向信息,根据测量原理,分为双天线测向法和单天线测向法,表14-2对两种GNSS测向方法进行了对比。

表 14-2　GNSS 测向方法

天线配置	航向基线	测量姿态	优　点	缺　点
双天线	横向	航向角、横滚角	不受农机运动速度影响	移动站需两套GNSS采集硬件,成本较高
	纵向	航向角、俯仰角		
单天线	运动方向	航向角	不增加额外硬件成本	速度过低会导致航向测量误差较大

（2）惯性导航系统：惯性导航系统是以陀螺仪和加速度计为敏感元件的相对参数解算系统，不依赖于外部信息、也不向外部辐射能量，通过航迹推测获取位置与姿态。①陀螺仪基于惯性原理，输出参考轴向的角速度，通过积分计算出角度。目前，陀螺仪主要包括机械陀螺仪、光纤陀螺仪和微机电陀螺仪。表 14-3 对比了三种陀螺仪的特性。由于陀螺仪测量角度的本质在于对角速度积分，故具有漂移误差，且陀螺仪受温度影响较大，所以需要对温度变化进行补偿。②加速度计基于惯性原理，可输出参考轴向的加速度，通过积分计算出速度，通过二次积分计算出位移。加速度计具有较好的偏差稳定性，以及对冲击、振动和温度适应性，且成本较低，因而广泛应用于惯性测量系统。③磁偏计通过检测地球磁场，输出行进方向与磁北的偏角，是航姿参考系统（attitude and heading reference system，AHRS）等设备的重要航向参考。磁偏计的主要误差包括自身误差、地磁场变化、周围环境磁效应等，需要进行磁场映射校准，以降低环境干扰。④捷联惯导（strapdown inertial navigation system，SINS）是典型的惯性导航系统（INS）设备，其将陀螺仪、加速度计、磁偏计按笛卡尔空间直角坐标系三轴方向组合，构成复合式传感器。表 14-4 为三种捷联惯导的特性对比。INS 可提供高精度、高频率姿态数据，通过航迹推测获得位置，但温度与积分产生的漂移导致其长时间工作精度无法保证。

表 14-3　三种陀螺仪特性对比

类型	测量原理	优点	缺点
机械陀螺仪	角动量守恒	精度高	制造维护困难、成本高
光纤陀螺仪	萨格纳克效应	精度高、灵敏度好、可靠性高	成本较高
微机电陀螺仪	科氏力	体积小、能耗低	精度较低

表 14-4　三种捷联惯导特性对比

类型	敏感器件	输出
惯性测量单元	陀螺仪、加速度计	角速度、加速度
垂直陀螺	陀螺仪、加速度计	角速度、加速度、横滚角、俯仰角
航姿参考系统	陀螺仪、加速度计、磁偏计	角速度、加速度、横滚角、俯仰角、航向角

（3）机器视觉导航系统：机器视觉具有成本低、信息丰富等特点，适用于不规则地块或信号遮挡环境。采用视觉导航时，通常将视觉传感器安装在农机驾驶室上方，采集农机前方图像信息，通过预处理、作物行检测，最终提取导航基准线。

①图像预处理：农田环境下天气、杂草、阴影、非目标区域等因素会对作物行检测产生干扰，直接检测较难获得理想效果。通过特殊波段视觉传感器或灰度化特征因子可增大目标区域和非目标区域的颜色区分；通过将 RGB 色彩模型转换为 HSV、HSI、Y'CBCR 等色彩模型可消除部分阴影干扰；通过合理设置图像中待处理的感兴趣区域（region of interest，ROI）可减少非目标作物行的干扰，同时降低计算量。

②作物行检测：目前国内外对于作物行提取方法已展开了大量研究，主要包括垂直投影、Hough 变换、线性回归、立体视觉等。目前，视觉导航技术已经应用到自动施药、自动除草、自动收割等方面，但由于农田环境对图像采集稳定性的影响，仍存在图像模糊、信息缺失等问题，视觉导航技术鲁棒性需要进一步提高，作物行检测方法的特点见表 14-5。

表 14-5　作物行检测方法的特点

检测方法	优点	缺点
垂直投影	计算简单、抗噪声效果好	受杂草影响大
Hough 变换	抗干扰能力强	复杂度较高、耗时较长
线性回归	计算简单	受噪声影响较大

（4）多传感器信息融合：单一传感器都有一定的局限性，为提高导航定位精度和可靠性，常采用多传感器融合。多传感器信息融合是指利用各种传感器的优势特征，构成数据冗余或数据互补特性，提高测量结果的鲁棒性和准确性。多传感器信息融合是一个多层次、多级别的处理过程。根据数据和处理的复杂程度来对融合级别分类，可分为数据级融合、特征级融合和决策级融合，性能分析见表14-6。三个融合级别各有利弊，需要根据系统所需的融合精度与实时性需求合理选择融合级别。在农田复杂的非结构化环境中，地形、光照、气候条件多变，使用 GNSS、INS、MV 单独提供的农机位置信息均有一定局限性，如：GNSS 受遮挡产生信号丢失、INS 随时间不可避免的漂移、MV 受外界光照和阴影的影响等。因此，单传感器难以应对复杂的农田环境，多传感器间的数据融合是必要手段。表14-7 对三种定位测向传感器的特点进行了分析比较。多传感器信息融合的几种算法及其特点见表14-8。目前，在农机导航系统中应用的信息融合方法，应用广泛的是卡尔曼滤波与粒子滤波，表14-9 归纳了卡尔曼滤波及粒子滤波的特性。

表 14-6　多传感器信息融合级别及其特点

融合级别	层次	优　点	缺　点
数据级融合	低	信息丢失量较少、融合精度最高	复杂度高、实时性差、抗干扰能力差
特征级融合	中	实时性较好、通信要求较低	损失部分信息、融合性能下降
决策级融合	高	实时性好、抗干扰能力强	信息损失量最大、相对精度最低

表 14-7　三种传感器特点

传感器	定位参考	数据漂移	测量频率/Hz	环境适应性
GNSS	绝对	无	1～20	受遮挡影响
INS	相对	有	100～400	不受外界影响
MV	相对	无	1～50	受光照、阴影影响

表 14-8　多传感器信息融合算法及其特点

算法类别	算　法	特　点
随机方法	贝叶斯估计法 DF 证据推理法 产生式规则法 卡尔曼滤波	简单直观、计算量小、实时性好、测量方法具有不确定性；利用概率规则进行学习或推理，结果为随机变量的概率分布；不需要先验概率和条件概率密度，人为因素较大；采用符号表示特征与信息间联系，修改相对困难；考虑系统噪声，不断迭代提供最优状态估计，仅适用于线性模型
人工智能方法	模糊逻辑推理 人工神经网络法 群智能算法	处理非精确描述问题，在信息很少的情况下效果较佳；非线性映射、大规模并行处理、容错性好、速度、泛化性差；无须全局模型，分布式，解决优化问题

表 14-9　多传感器融合算法中几种滤波的特性对比

多传感器融合算法	模型线性度	随机变量分布	时 间 成 本
卡尔曼滤波（KF）	线性	高斯分布	低
扩展卡尔曼滤波（EKF）	局部线性	高斯分布	低或中
无迹卡尔曼滤波（UKF）	非线性	高斯分布	中
粒子滤波（PF）	非线性	任意分布	高

2）路径规划

对于复杂农田作业环境下的农业机械,路径规划是农机根据已知作业信息和环境信息,并结合自身传感器对动态环境信息的感知,按照某一性能指标(如距离、时间等),自行规划出一条安全无碰撞的运动路线,同时高效地完成作业任务。根据环境信息的掌握情况,路径规划可分为全局路径规划和局部路径规划。

(1)全局路径规划:全局路径规划是在环境信息已知的情况下,基于先验完全信息的路径规划方法。全局路径规划算法注重寻求最优解,设计目标是使规划路径尽可能达到最优,主要包括可视化图法、切线图法、Voronoi图法、自由空间法、栅格法等,几种全局路径规划算法的特点见表14-10。

(2)局部路径规划:局部路径规划是在环境信息完全或部分未知的情况下,根据传感器信息获取农机自身与环境障碍物信息进行的实时路径规划。局部路径规划算法注重路径安全性与实时性,以提高农机避障能力。目前已有方法主要包括动态窗口法、人工势场法、模糊控制算法、人工神经网络、A*(A-Star)算法、遗传算法、模拟退火算法、蚁群优化算法和粒子群算法等,几种局部路径规划算法的特点见表14-11。

表 14-10　全局路径规划算法对比

算　　法	优　点	缺　点
可视化图法	直观明了,只求得最短路径	缺乏灵活性,局部路径规划能力差
切线图法	路径较短	安全性较低
Voronoi 图法	有效避障,安全性较高	路径变动时,重绘图比较费时
自由空间法	应变性强,不需要整个图的重绘	障碍物多时会加大算法的复杂度,算法实现困难
栅格法	直观明了,安全系数高	不易解决复杂环境信息的问题

表 14-11　局部路径规划算法对比

算　　法	优　点	缺　点
动态窗口法	充分考虑了物理因素、环境约束以及当前速度等因素,鲁棒性好	障碍物多时长度增加,速度和安全性不能兼顾
人工势场法	结构简单,容易做到实时控制	存在局部最优解问题
模糊控制算法	计算量较小,鲁棒性好	应变性差
人工神经网络	学习能力强、鲁棒性好	泛化能力差
A* 算法	具有最优性、完备性和高效性	未考虑实际的运动和消耗,可能损耗更多能量
遗传算法	全局搜索能力强,易与其他算法结合	存在局部最优解问题
模拟退火算法	描述简单,初始条件限制少,运行效率高	收敛速度慢,具有一定的随机性
蚁群优化算法	易于实现,具有全局优化能力和并行性	计算量大,存在局部最优解问题
粒子群算法	收敛速度快、算法简单、鲁棒性好	存在局部最优解问题,粒子多样性容易受参数影响

通过对比分析可知,全局路径规划算法和局部路径规划算法在实时性、鲁棒性和安全性等方面各有特点,实际使用时,要根据具体的作业环境和作业要求采用不同的路径规划方法,从而规划出一条安全高效、全局近似最优的作业路径。

3）运动控制

经过规划的导航路径是农机作业的期望轨迹,为实现导航路径的跟踪控制,需要在农机运动模型、导航决策控制以及转向与制动控制等方面开展研究。

(1)运动模型:在复杂农田环境下,运动

模型的准确性将直接影响农机导航作业的精度。农机导航广泛应用的运动学模型有阿克曼四轮车模型和简化二轮车模型,其特征见表14-12。由表14-12可知,阿克曼四轮车模型适用于更复杂的水田作业场景,在旱地作业中,简化二轮车模型具有简单实用的优势。

(2)导航决策控制:导航决策控制是导航系统的核心,期望转向角的决策是否合理,直接影响后续的转向执行动作,进而影响整个导航系统的性能,其基本原理如图14-28所示。由于农田作业环境复杂多变,农机自身大延迟、大惯性和高度非线性的特征,因此导航决策控制算法需具备一定的自适应性和鲁棒性。常用的农机导航控制方法包括PID控制、模糊控制、纯追踪控制、滑模变结构控制、最优控制和模型预测等,对比分析见表14-13。

表 14-12 农机运动学模型特征对比

运动学模型	优 点	缺 点
阿克曼四轮车模型	接近农机实际情况	复杂度高、自由度多、参数间存在耦合
简化二轮车模型	参数简明、实用性强	不适用于轮胎存在侧向滑动或左右轮不对称情况

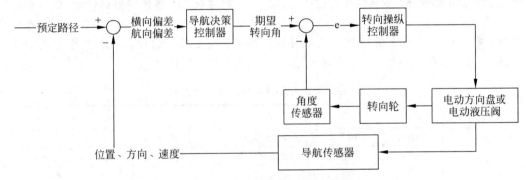

图 14-28 导航决策控制原理图

表 14-13 控制方法特征比较

控制方法	是否建模	优 点	缺 点	适用系统
PID控制	否	鲁棒性强、结构简单且易实现	超调量和响应时间存在矛盾	线性
模糊控制	否	对参数变化鲁棒性和适应性强	规则选择缺乏系统性	非线性
纯追踪控制	是	控制参数少、稳定性强	结构固定、性能优化较困难	非线性
滑模变结构控制	是	抗摄动和抗干扰能力强、响应快	存在抖振现象	非线性
最优控制	是	可以使性能指标达到最优	依赖模型精确性	非线性
模型预测	是	能及时弥补不确定性、增强稳定性	计算负担大、易陷入最小解	非线性

(3)转向与制动控制:①转向控制:转向控制系统是导航系统的执行部分。目前广泛应用的转向方式包括电动方向盘转向和电控液压阀转向,性能对比见表14-14。在农机平台,电动方向盘相对电控液压阀转向,容易改装且便于移植,而电控液压阀转向的控制精度较高。②制动控制:在导航过程中,制动控制模块一方面用于紧急情况下的及时停车,另一方面用于农机作业行驶速度的协助控制。使用数字信号处理器的I/O端口输出高低电平,并配合继电器电路控制电动推杆的正反转,实现了推杆对制动踏板的往返控制。

表 14-14　转向控制系统性能对比

转向控制系统	工作原理	优　点	缺　点
电动方向盘	加装电机驱动方向盘转动	安装灵活、维护简单	方向盘存在转动余量,精度较低
电控液压阀	加装电控比例换向液压阀驱动车轮	精度较高、响应快	后装难度较大

2. 智能导航技术

近年来,随着传感器技术、深度学习算法、物联网和云计算等的突破性进展,智能农机导航及其相关技术成为新的研究热点。自主避障与多机协同技术是智能导航技术重要的研究方向。前者保证了智能农机在复杂农田环境中的作业安全,后者提高了智能导航农机的作业效率。

1) 自主避障

自主避障技术可使农机在复杂农田环境中,仅通过自身车载传感器感知、检测、识别障碍物,为局部避障路径的合理规划提供可靠依据。农田是典型的非结构化环境,具有地面不平整、障碍物种类多等特点,增加了传感器环境感知、障碍物检测与识别、避障行为决策等环节的难度。农田环境感知传感器及性能分析见表 14-15。

通过对比上述传感器的性能、成本和适用情景等,归纳激光雷达与 RGB 相机在农田数据采集以及障碍物检测、识别、跟踪的相关研究成果与发展趋势。

表 14-15　农田环境感知传感器及性能分析

传　感　器	类型	优　点	缺　点
激光雷达	主动式	精度高、效率高、范围大	成本高
毫米波雷达	主动式	穿透性好、环境适应性好	分辨率较低、小尺寸绕射干扰
超声波阵列	主动式	体积小、成本低	方向性差、易受温度影响
RGB/深感相机	被动式	信息丰富、分辨率高、成本低	易受外界光照、阴影等影响
红外相机	被动式	可辨别具有温度差异的障碍	易受环境温度影响

激光雷达(light detection and ranging, LiDAR)探测周围环境中目标点与自身的距离,结合测量角度,获得目标点的极坐标位置。基于飞行时间原理的三维机械式激光雷达,能够适应农田复杂多变的光照情况,并提供高精度、高速率、广视角的三维点云。但其成本较高,国内外的智能农机平台多采用二维激光雷达。

以 RGB 相机为代表的机器视觉,以其设备价格低、便于安装、数据信息量丰富且处理算法较为成熟的特点,在农机自动导航避障方面有着广泛的研究与应用。首先,使用相机获取彩色图像,对图像进行预处理、运动目标检测、运动目标追踪等步骤,最终从图像中获得障碍物信息。

2) 多机协同作业

随着我国农业集约化、规模化、产业化的发展以及导航作业需求的提高,多机协同导航成为农机导航研究的热点。多机协同导航系统由一个主机、多个从机和一个远程服务器端构成,系统示意图如图 14-29 所示。主机在前方引导作业,各从机通过车间通信和远程通信,实时接收来自主机或远程服务器的任务指令,配合主机协同导航完成总体作业任务。

(1) 协同导航模式:多机协同作业模式主要分为跟随型协同作业模式和命令型协同作业模式。跟随型协同作业,即以多机中的一台为主机,其他农机为从机。从机以预定的相对距离和角度跟随主机作业。例如,多台同种旋耕机可以进行跟随型协同作业,以其中一台作为主机,其余旋耕机作为从机,以不同相对位置跟随主机协同完成旋耕任务。命令型协同作业,即远程监控平台发布总体任务,命令各

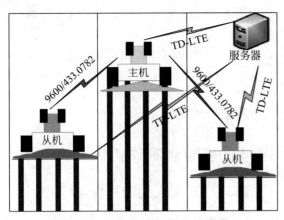

图 14-29　多机协同导航系统示意图

农机去特定区域执行作业任务。主机根据作业任务，基于此目标作业区域信息和当前位置、航向进行全局路径规划，并考虑自身需求向从机发布子任务。各从机接收到子任务，通过任务完成代价对比，由代价较低的从机完成相应子任务。例如，打捆机利用自身导航系统确定草捆的位置，并通过无线通信网络发送给各草捆运送机，各草捆运送机根据自身及草捆的位置信息进行路径规划，路径最优者获得该任务，并通过自身导航系统完成草捆运送，实现命令型协同作业。

（2）通信技术：协同导航的通信任务涉及底层通信、车间通信和远程通信三部分。①底层通信。底层通信是导航系统内部各传感器与控制终端的通信。目前底层通信的主流实现方案为控制器局域网总线（controller area network，CAN）。CAN 总线可以实现众多电子单元之间的数据交换和共享，且线路简单、实时性好、抗干扰能力强、可靠性高，适用于复杂农田环境下的农机智能导航数据通信。②车间通信。要实现多机协同导航，多机之间的通信技术方案选取十分关键。短距离无线通信技术包括 Bluetooth、IrDA、ZigBee、超宽带、数传电台等技术，在传输速度、距离、耗电量、功能扩充以及单机应用方面各有优劣。多机协同作业，各农机之间需要进行状态信息交互。③远程通信。远程通信指作业农机与远程监控平台间的通信，主要用于控制命令的下发和农机状态信息的上传。目前，广泛应用的远距离无线通信技术为 GPRS，4G 和 5G，其中 4G 应用较为广泛，未来 5G 将成为主流技术。

（3）协同控制：多机协同导航控制方法旨在协调控制多机协作过程中相互之间的位置关系，或根据任务需求协调从机配合主机共同完成作业。要实现高精度的田间协同导航作业，需要高性能的通信网络和协同控制方法。未来可以考虑 5G 在多机协同导航技术中的应用，此外还需加强多机地头转向时为避免冲突的协同控制方法研究。

（4）远程监控平台：多机协同作业远程监控平台是多机协同导航系统的重要组成部分，可以实现对区域内多机协同作业的实时远程监控，并对作业农机实现作业管理和调度管理。多机协同作业远程监控平台主要涉及农机与平台之间的远程通信、多机协同作业信息管理和多机协同调度管理。远程监控平台利用无线网络与车载终端进行远程通信，实现对多机协同作业的作业管理和调度管理。其中，作业管理主要涉及多机协同导航作业信息远程监测、作业进度实时分析以及作业质量在线评估等；调度管理主要是为了实现区域农田内的多机协同作业任务分配和路径规划。

3．国内外自动导航系统

国内农机自动导航系统在 20 世纪之后才开始发展，最初由约翰迪尔、凯斯纽荷兰、克拉斯等跨国公司以整机的形式引入国内市场，随后在补贴政策的支持下，农机自动导航系统开始在国内快速发展，但仍是以进口产品为主，品牌有美国天宝、约翰迪尔、拓普康等，应用地区也主要集中在政策补贴力度较大的黑龙江、新疆等。2015 年之后，农机自动导航系统进入国家农机补贴范围之内后，农机自动导航系统开始在全国范围内普及，我国农机自动导航系统正式步入快速成长期。

2018 年在第九届中国卫星导航学术年会上，北京合众思壮科技股份有限公司宣布推出新一代"慧农"精准农业全产业链解决方案，全面布局农业信息化领域。"慧农"是目前业内首个涵盖北斗农机导航自动驾驶系统、变量作业系统以及农业信息化系统的全产业链解决方案。

作为北斗高精度应用在农业领域的开拓者,合众思壮的北斗自动导航产品应用在中国农业市场已经超过 8 年。成功推出国内首个完全自主研发的北斗导航农机自动驾驶系统——"慧农",实现了单台农机均日作业量较人工驾驶提高 100%～200%、单作业季一台农机节本增效达 3000 元的突破。系统可使农机的管理调度效率提高 30% 以上,农作物产量提高约 5%、燃油消耗节约 10%。已在新疆、内蒙古、河北等 10 余个省市区域应用。由中国农业大学、中国卫星导航定位协会等专家组成的测试组在新疆作业现场实际测试,结果表明,"慧农"北斗导航农机自动驾驶系统作业直线精度达到 2.5 cm,交接行精度达到 2.5 cm,中途停车起步无起步弯,倒车入线距离小于 10 m。

凯斯精准农业系统(AFS)的 AccuGuide 自动导航系统和 AccuTurn 自动转弯系统,已经在农业领域得到广泛接受,在农场的日常工作中展示出了优势体验,如图 14-30 所示。AccuGuide 自动导航系统可在用户需求的基础上提供适合的导航技术,适用于拖拉机、联合收割机、喷药机、割草压扁机等;能够提供低于英寸级的年复一年的可重复精度;减少漏行和重叠,节省投入并提高效率。AccuTurn 自动转弯系统让地头转弯更轻松,提供免提、自动和可重复的转向,提高生产力;自动和即可转向设置让用户可以定制自动化水平的应用程序,适用于播种和种植中的耕整、侧施作业;在配套更大更长的机具作业时(如气吸播种机),可以让用户把精力集中在行末操作上。

图 14-30　凯斯精准农业系统(AFS)

黑龙江胜利农场批量应用凯斯 RTK 高精度自动导航系统,将胜利农场的 6 台凯斯大马力拖拉机的作业精度控制在 2.54 cm。除燃油

节省外,凯斯精准农业系统还可以优化机器的使用;减少对操作者的技能要求,提高舒适度;节省种子、化肥和化学药剂;节省燃油和人工成本;减少在田地里花费的时间;减少作业重叠和遗漏,提高田间作业的精准度;在能见度低的情况下依然性能出众。

14.4　智能化农作机械

14.4.1　无人驾驶拖拉机

1. 基本性能

无人驾驶拖拉机,即操纵人员可以不用跟随拖拉机进行作业,仅在操纵端通过摄像头、传感器、雷达、控制器进行控制即可,拖拉机可以根据指令自行去田间按设定轨迹作业、按设定路线返回,同时能够进行故障检测和预警。这种方式能够实现人机分离,降低人员劳动强度,也避免特殊作业时对农机手的健康伤害,甚至部分机型取消了驾驶员的操纵位置,全部依靠控制器操纵,部分国际农机巨头已经推出了试验样机。

约翰迪尔、爱科、凯斯和道依茨法尔等世界一流农机企业都推出了具有无级变速功能的大功率拖拉机。国外比较成熟的农机用动力换挡传动系的零部件供货商有德国采埃孚公司、意大利卡拉罗公司等,其中,道依茨法尔公司使用的是德国采埃孚公司提供的动力换挡传动系。目前国内也有主机企业和配套企业研究动力换挡技术。中国一拖集团公司在收购了法国 ARGO 集团旗下研究动力换挡技术的企业之后,推出了自己的动力换挡拖拉机 LF2204,使用的是一拖(法国)公司生产的 TX4A 传动系;五征公司使用德国采埃孚公司提供的动力换挡传动系,推出了 WZ2104 型拖拉机;雷沃重工推出了搭载其欧洲技术中心研发的动力换挡传动系的拖拉机 P5000;中联重机公司推出了动力换挡拖拉机 RN1004,其动力换挡技术由中联重机北美的团队提供。目前国内主机企业使用的动力换挡技术几乎全部来自国外,国内也有第三方配套企业开始攻关动力换挡技术,如浙江海天公司联合广西玉柴公司推出了两款动力换挡传动系 HT1604 和 HT2404,杭州前进齿轮集团推出了应用于农业机械的动力换挡传动系 DB200。具有动力换挡和无级变速功能的大功率拖拉机在我国的需求不断增加,未来我国配套企业研发的动力换挡产品会不断完善,逐渐打破国外的技术垄断,会有更多搭载我国自主研发的动力换挡传动系的大功率拖拉机投入使用。

中国一拖集团有限公司在 2016 年中国国际农业机械展览会上展出了中国首台真正意义上的无人驾驶拖拉机"超级拖拉机 1 号"。"超级拖拉机 1 号"由北京中科晶上科技股份有限公司提供整机系统方案和卫星通信等核心技术,中科院微电子研究所提供无人驾驶技术,中科院合肥物质科学研究院提供传感器,中国一拖集团公司提供拖拉机车架、传动系等技术和应用场景数据。"超级拖拉机 1 号"由无人驾驶系统、动力电池系统、智能控制系统、中置电机及驱动系统、智能网联系统五大核心系统构成,具有整车状态监控、故障诊断及处理、机具控制、能量管理等功能,并实现恒耕深、恒牵引力等智能识别与控制功能。"超级拖拉机 1 号"通过路径规划技术和无人驾驶技术,可实现障碍物检测与避障、路径跟踪以及农具操作等功能。

总体来看,我国无人驾驶拖拉机已经在大田种植中开始规模化推广应用,装配方式由购买后自行加装向出厂前标配发展。受技术成熟度、决策模型精度、机具质量和使用成本等方面制约,我国自动化农机正处于单机自动化作业向多机协同智能化作业发展的阶段,无人驾驶拖拉机逐渐兴起。

我国最新研制的无人驾驶拖拉机名为 ET504-H(见图 14-31),是一台综合无人驾驶、5G 通信和氢燃料新能源等全新技术为一体的概念拖拉机原型车。相比于传统的载人拖拉机,它的性能非常先进,据称这台 5G 拖拉机拥有自主行驶、自主定位和泊车等多项功能,可以实现从车库出发后智能判断路线,自主前往工作场地,携带各种设备自主执行农业任务。

它安装有包括摄像头、激光雷达和毫米波雷达在内的各种传感器,可以智能判断路上和工作场地中的各种异常情况,使用预先制定的预案应对,或是通过 5G 连接到远程服务器下载应对策略。

图 14-31 ET504-H 型无人驾驶拖拉机

近年来,中国一拖集团公司致力于在拖拉机领域应用人工智能。无人驾驶拖拉机搭载的信息和控制系统包括自动转向系统、整车控制系统、雷达及视觉测量系统、远程视频传输系统、监测系统以及远程遥控系统等,实现了规定区域内自动路径规划及导航、自动换向、自动刹车、发动机转速的自动控制、农具的自动控制、障碍物的主动避让和远程控制等功能。该拖拉机应用毫米波雷达测量、双目相机视觉识别等先进技术,结合北斗高精度定位技术,可适用于农田耕、整、植保用途的无人驾驶。东方红 MY1004S 系列产品是一拖集团公司专门开发的适用于水、旱田的经济型拖拉机,采用东方红发动机,动力储备量大;结构紧凑,地隙高,操作灵活;12F+12R/16F+16R 同步器换挡,吊挂侧操纵,换挡轻便、灵活;独立双作用离合器,可实现对农机具的独立控制;提升装置可选配强压入土或提升器,提升性能好;120 L 大容积滚塑主油箱,30 L 滚塑副油箱,单次加油作业时间更长。东方红 MF904 型拖拉机是适合于南、北方水田作业区开发的经济型轮式拖拉机。它采用东方红高压共轨柴油机,水田专用前桥,具有轴距短、梭式换挡变速箱挡位多、牵引力大的特点,也可适用于旱田的整地作业。东方红 ME704-N 系列产品是一拖集团公司专门开发的一款多用途拖拉机,采用扬动发动机,油耗低,扭矩储备大,动力经济性好;结构紧凑,转弯半径小、整机轴距短、小巧灵活;液压转向器,操作轻便;采用湿式、盘式、自增力制动器,制动平稳可靠,效能高;多挡动力输出,强压入土提升器,提升力更大,与机具匹配性好;可选装驾驶室,安全性和舒适性高;水田、旱田轮胎可直接互换,可满足多种作业需求。以上三种拖拉机性能对比情况见表 14-16。

表 14-16 三种东方红轮式拖拉机性能对比表

项　　目		拖拉机型号		
		ME704-N	**MF904**	**MY1004S**
发动机型号		扬动 YD4CZ70C2	LR4V5R23/0662	LR4A3RP-T18-U4
发动机标定功率/(kW)		51.5	66.2	74.2
发动机额定转速/(r·min^{-1})		2300	2300	2200
外形尺寸(长×宽×高)/(mm×mm×mm)		3660×1515×2275	3990×1880×2740（安全架）	4050×1820×2750（安全架）
轴距/mm		1830	2127	2160
前轮距(出厂轮距)/mm		1200	1225～1530	1650
后轮距(出厂轮距)/mm		1100～1400	1220～1620	1600
轮胎规格(前/后)		8.3～20/12.4～28	9.5～24/14.9～30（水田）	12.4～26/16.9～34
最小使用质量/kg		2100	3103(驾驶室)	3135
最大配重(前/后)/kg		120/100	160/300	80/100
最小转向圆半径(不制动)/m		3.4±0.3	4.5±0.3	4.2±0.3
最小离地间隙/mm		280	390(前桥下部)	480
挡位数		8+8	12+12	12+12(可选 16+16)
速度范围/(km·h^{-1})	前进	2.47～32.38	2.91～37.38	2.74～41.85
	后退	2.15～28.23	2.49～32.04	2～30.52
额定牵引力/kN		17.31	26.19	21
额定提升力/kN		≥12.4	≥15.9	17.7
液压输出组数		1组或2组	1组/2组/3组	1组或2组
动力输出轴转速/(r·min^{-1}),型式		540/720 或 720/1000 或 540/1000,半独立式	540/720(选装 540/1000)	540/760 或 540/1000

2. 结构组成

下面以约翰迪尔公司的 7M-2204 拖拉机为例,介绍拖拉机的结构组成。

7M-2204 拖拉机主操作台主要包括转向灯手柄、变光开关和喇叭按钮、方向盘伸缩释放钮、左转向杆(如有配备)、转向指示灯、远光灯指示灯、钥匙开关、制动踏板、转向柱倾斜释放钮、离合器踏板、气流方向控制(标准)、方向盘倾斜释放钮、差速锁。7M-2204 拖拉机主操作台、点火开关、角柱显示屏、右操作台及命令

中心面板见图 14-32～图 14-36。

3. 相关标准

2021 年 7 月,中国农业机械学会发布了《拖拉机 自动辅助驾驶系统 显示终端技术规范》《拖拉机 自动辅助驾驶系统 导航控制器技术规范》《拖拉机 无人驾驶系统 通用技术条件》《拖拉机 自动辅助驾驶系统 坡地适应性试验方法》《拖拉机 自动辅助驾驶系统 转向性能试验方法》五项团体标准项目计划,开展团体标准研制,详见表 14-17。

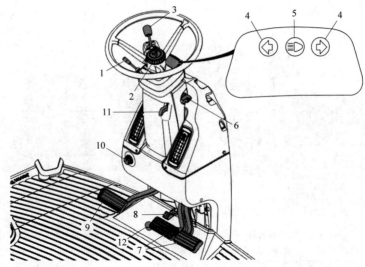

1—转向灯手柄、变光开关和喇叭按钮；2—方向盘伸缩释放钮；3—左转向杆（如有配备）；4—转向指示灯；5—远光指示灯；6—钥匙开关；7—制动踏板；8—转向柱倾斜释放钮；9—离合器踏板；10—气流方向控制（标准）；11—方向盘倾斜释放钮；12—差速锁。

图 14-32　7M-2204 拖拉机主操作台

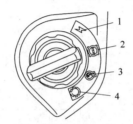

1—附件（按下和转动到所需位置）；2—关闭；3—运转；4—启动。

图 14-33　7M-2204 拖拉机点火开关

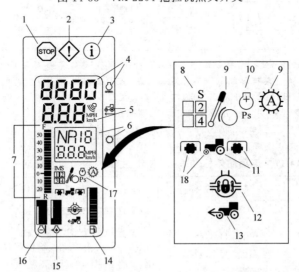

1—停机指示灯；2—保养提示指示灯；3—信息指示灯；4—转速表；5—行驶速度；6—变速箱信息；7—未用；8—农具管理系统（IMS）开关和序列指示灯；9—手刹打开/关闭；10—自动换挡指示灯；11—动力输出轴指示灯（后）；12—未用；13—差速锁指示灯；14—机械前轮驱动结合指示灯（如有配置）；15—燃油表；16—发动机机油压力表；17—冷却液温度表；18—未用。

图 14-34　7M-2204 拖拉机角柱显示屏

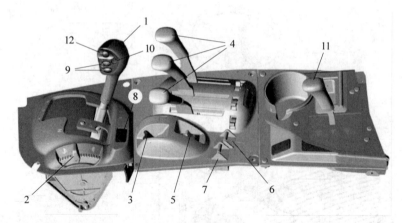

1—副变速杆;2—手油门;3—悬挂架控制手柄;4—液压控制手柄(液压输出阀);5—农具管理系统序列开关;6—后动力输出轴开关;7—未用;8—升挡/降挡开关—控制台;9—升挡/降挡开关—控制杆;10—Auto Shift 结合/复位开关;11—未用;12—手动分离离合器按钮。

图 14-35 7M-2204 拖拉机右操作台

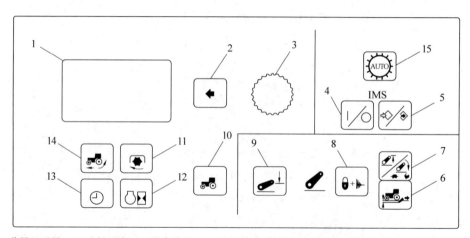

1—分屏显示屏;2—选择开关;3—指令旋钮;4—农具管理系统(IMS)接通/关闭开关;5—农具管理系统(IMS)读入/保存开关;6—悬挂架力/位调节开关;7—悬挂架高度调节/下降速度开关;8—悬挂架锁定/避震开关;9—悬挂架下降限位设置开关;10—拖拉机设置开关;11—动力输出轴转速开关;12—发动机工作小时数开关;13—时钟开关;14—打滑率开关;15—自动换挡功能开关。

图 14-36 7M-2204 命令中心面板

表 14-17 五项团体标准编号、名称、主要内容和实施日期一览表

序号	标准编号	标准名称	标准主要内容	实施日期
1	T/NJ 1133—2021/ T/CAAMM 107—2021	拖拉机 自动辅助驾驶系统 显示终端技术规范	本文件规定了拖拉机自动辅助驾驶系统显示终端的术语和定义、要求、试验方法、标志、包装、运输和贮存; 本文件适用于基于高精度 GNSS 定位的拖拉机自动辅助驾驶系统的显示终端	2021-10-25

续表

序号	标准编号	标准名称	标准主要内容	实施日期
2	T/NJ 1134—2021/ T/CAAMM 108—2021	拖拉机 自动辅助驾驶系统 导航控制器技术规范	本文件规定了拖拉机自动辅助驾驶系统导航控制器的术语和定义、缩略语、控制器组成、要求、试验方法、标志、包装、运输和贮存；本文件适用于拖拉机自动辅助驾驶系统导航控制器	2021-10-25
3	T/NJ 1225—2021/ T/CAAMM 111—2021	拖拉机 无人驾驶系统 通用技术条件	本文件规定了拖拉机无人系统的术语和定义、系统组成、要求、试验方法、检验规则、标志、包装、运输和贮存；本文件适用于拖拉机安装的无人驾驶系统	2021-10-25
4	T/NJ 1254—2021/ T/CAAMM 123—2021	拖拉机 自动辅助驾驶系统 坡地适应性试验方法	本文件规定了拖拉机自动辅助驾驶系统坡地适应性试验方法；本文件适用于拖拉机安装的自动辅助驾驶系统	2021-10-25
5	T/NJ 1255—2021/ T/CAAMM 124—2021	拖拉机 自动辅助驾驶系统 转向性能试验方法	本文件规定了拖拉机自动辅助驾驶系统转向性能的试验方法；本文件适用于轮式拖拉机安装的自动辅助驾驶系统	2021-10-25

4. 关键技术

无人驾驶拖拉机通常是基于北斗 GNSS 核心技术自主研发的，是集定位、定向、控制于一体的综合性系统。农业生产者可根据位置传感器设计好的行走路线，控制拖拉机的转向机构，从而驱动拖拉机进行农业耕作。该系统主要由 ECU 控制器、P300 显示器、高精度北斗/GNSS 天线、角度传感器和液压阀等部分组成（见图 14-37），已广泛运用于翻地、耙地、旋耕、起垄、播种、喷药、收获等农业作业环节中。

拖拉机无人驾驶关键技术如下。

（1）定位。高精度定位是对农机无人驾驶最基础的要求。北斗可以提供全天候、高精度和实时的位置、速度和时间信息，经过差分改正后，北斗终端的定位精度可以达到 1 cm。因此，拖拉机在田里是否走偏，通过北斗定位立即就能判断出来。

（2）控制。包括车辆导航控制和机具作业控制两部分。车辆导航控制主要包括横向偏差控制、发动机启停控制、纵向速度控制、制动控制和传动比控制等。新一代的拖拉机普遍采用了线控底盘，我们只需要制定控制策略，就可以通过 CAN 总线进行实时精确控制。机具作业控制主要包括两个方面：一是悬挂装置的控制，提起和降下农机具；二是机具内部机构的控制，以智能电控播种机为例，将播种机接入 CAN 网络，就可以对播种机的株距、播种单体的启停和施肥量等进行精准的控制。

（3）规划。实现农机的自主控制后，农机便可自动沿着规划的路径作业和转弯，在不同的区域设定相应速度。因此，要提前测绘农田地图，根据农田边界和障碍物分布，规划农机作业的最优路径，让农机"按图索骥"作业。

（4）感知。无人驾驶农机还应具备一定的感知能力，主要利用毫米波雷达、激光雷达、摄像机等传感器，准确识别人员和动态障碍物。

拖拉机无人驾驶技术主要有以下优点。

（1）提高作业精度。有关研究表明，优秀的农机手进行田间作业时的精度可以控制在 ± 10 cm，但经过长时间劳作后，作业精度会大大降低，而基于北斗的自动导航技术的农机，作业精度可以达到 ± 2.5 cm，并且稳定性高，可

北斗/GNSS天线

农业显示器

自动驾驶控制器

液压阀

传感器

图 14-37　无人驾驶拖拉机技术原理图

以有效地避免重播和漏播,提高土地利用率。另外,根据自动导航过程中存储的路径数据,还可以使拖拉机在不同作业期定位到固定的作业路径。

（2）提高作业效率。无人驾驶可以使驾驶员从单调重复、高强度的劳动中解放出来,可以延长作业时间,提高机车的使用率。驾驶员只需将农机开到田里,然后便可以离开农机,利用手机进行农机的远程启动,做好作业监管工作即可。

（3）减少投入成本。由于无人驾驶的作业速度更为平稳,动力控制性能较为优越,且路径规划方案最优,减少了不必要的行驶路程,因此可有效降低油耗,降低环境污染。另外,还可以降低重播率,减少种肥消耗,减少对土壤的不必要压实。

5. 维护和保养

1）作业时,严格按照规程操作

作业人员在使用拖拉机时,起步要平稳。如果是行驶在田间和不平的路面上需要保持较低速度,也不要高速通过沟渠、田埂和急转弯。在运输作业时保持中等、稳定速度行驶,尽量避免急刹。另外,还应该根据负载的大小选择合适的挡位,不要频繁超载。

2）保持轮胎气压和履带松紧度正常

作业人员在运输过程中,要保持拖拉机轮胎气压正常。如果气压过高,缓冲作用会减弱,使得拖拉机振动加剧,就容易损坏零部件,还可能造成驾驶员疲劳。如果在田间作业时轮胎气压过高,黏附性就会变差,从而增加下沉量和滚动阻力,遇到冲击时还可能导致内胎爆裂。如果气压过低,轮胎变形程度变大,行驶阻力也会增大,容易导致轮胎受热,加速老化。轮胎气压应该根据季节、温度和使用条件等状况进行调整。履带太紧或太松,都会导致磨损加速。如果情况严重,还可能造成轨道卡轨、脱轨,造成部件损坏。

3）定期检查前轮定位和转向装置

在日常保养和维护中,需要定期检查和调整前轮定位、前轮轴承间隙和转向装置,这一步是减少轮胎磨损和行走部件变形损坏的重要措施。作业人员需要根据不同类型拖拉机的要求值进行检查和调整。特别需要注意的是前轮、前轮轴承间隙、转向节主轴固定螺母和连杆固定螺母。

4）定期检查保养,保持清洁卫生

定期检查轮毂螺栓、螺母、开口销等零件的松紧情况,确保紧固可靠。定期给转向节等地方涂抹润滑脂。定期检查引导轮、支重轮等处的油位,必要时加润滑油,并及时清除污垢和油污,按要求定期清洗换油。

保持行走部件清洁。特别需要注意的是不要让汽油、机油等酸碱物污染轮胎,防止腐蚀和老化。拆卸轮胎时,不要使用锋利的工具,以免损坏。安装时,注意轮胎的花纹,从上到下,呈现"人"或"八"字的顶部必须面向拖拉机的前进方向。另外,还要定期将轮胎、驱动轮、履带等对称的零部件左右交换使用,延长使用寿命。

6. 常见故障及排除方法

1) 高压油管磨损漏油

拖拉机高压油管两端的凸头与喷油器、出油阀连接处如出现磨损漏油现象,可从废气缸垫上剪下一个圆形铜皮,中间扎一个小孔并磨滑,垫在凹坑之间便可解燃眉之急。

2) 突发性供油不足

拖拉机运行中出现供油不足,如排除空气,更换柱塞、喷油嘴后仍不见效,原因即为喷油器的喷油针顶杆内小钢球偏磨,致使喷油不能雾化。此时应换一粒小钢球或用自行车飞轮钢球代替。

3) 方向盘振抖,前轮摆头

出现方向盘振抖和前轮摆头现象,主要是前轮定位不当、主销后倾角过小所致。在没有仪器检测的情况下,应试着在钢板弹簧与前轴支座平面后端加塞楔形铁片,使前轴后转再加大主销后倾角试运行后即可恢复正常。

4) 变速后自动跳挡

拖拉机运行中,如果变速后出现自动跳挡现象,主要是拨叉轴槽磨损、拨叉弹簧变弱、连杆接头部分间隙过大所致。此时应修复定位槽、更换拨叉弹簧、缩小连杆接头间隙,挂挡到位后便可确保正常变速。

5) 机油泵性能差

解决大修或检修后机油泵性能差、机车初次启动油泵不上来的问题,可将机油滤清器或出油管卸掉,然后用注油器从机体出油孔注满机油,装好滤清器或通向机油指示器的机油管,启动后机油就会被泵上来。

6) 液压油管疲劳折损

液压油管由于油压变化频繁和油温高致使管壁张弛频繁,极易出现疲劳折损酿成事故。为有效延长液压油管的使用寿命,将细铁丝绕成弹簧状放入油管内作支撑。

7) 液压制动机车制动失效

认真检查制动总泵和分泵,看是否已按时更换刹车油和彻底排除制动管路的空气,并查看刹车踏板是否符合合适高度。

8) 柴油机烧机油冒蓝烟

检查缸套活塞组是否磨损、活塞环弹力是否减弱、油底壳机油是否添加过量、空气滤清器油面是否过高等,加以解决后如仍冒蓝烟,应注意检查气门杆与气门导管的配合间隙是否过大。

9) 水垢多引起发动机温度过高

发动机冷却泵水垢多会导致发动机温度过高,而加速零件磨损、降低功率,烧耗润滑泵的机油。排除方法是:挑选两个大丝瓜,除去皮和籽,清洗干净后放入水箱内,定期更换便可除掉水垢。水箱内的水不宜经常更换,勤换水会加速水垢的形成。

14.4.2 智能联合收割机

智能联合收割机是指可以智能化收割农作物的联合机,可实现智能感知、自动调整和自我学习等功能。作业时可自动调整行驶速度、割台升降、滚筒转速和风机转速等,辅助机手驾驶,操作更精准省力,使作业效率、损失率、含杂率等指标最优化,从而减少收获环节的粮食损失,降低劳动强度,提高农业效益。

中联重科自主研发的人工智能联合收割机(见图14-38),深度融合人工智能视觉技术和自动控制技术,具备作物收获的"自识别、自适应、自调整"功能。通过智能识别、智能控制、智能优化和智能预警,大大改善了农机收获作业的含杂率、破碎率和损失率等指标,提

图14-38 中联重科人工智能联合收割机

高了工作效率,降低了劳动强度,减少了机收损失。

雷沃谷神无人驾驶收割机(见图14-39)结合国内农业生产的具体情况,集全球卫星定位、GPS自动导航、电控液压自动转向、收割机割台自动控制、作业机具自动升降、油门开度自动调节和紧急遥控熄火等多项自动化功能为一体,实现了收割机自动收割、拖拉机自动控制精密播种、施肥、起垄等作业,大大提高了农机作业的标准化,从而实现了精准农业。无人驾驶收割机驾驶室内装有触控式液晶显示屏,农机作业和地块环境等在屏幕上一览无余。作业前设定好割幅、耕作面积等参数后,导航系统便引导农机进入自动作业模式,用户摁下遥控器启动开关后,收割机便按照事先设定好的作业模式以及作业轨道进行自动作业,行距误差不超过4 cm。在驾驶座右侧有一个操控箱,里面装有导航控制器、整车控制器、遥控接收模块等系统,在车辆关键部位安装液压阀、传感器等。雷沃谷神无人驾驶收割机还加装了产量监测模块,在收割机作业的同时采集作物产量和湿度信息,通过采集到每块地的产量信息,生成一张收割区域的产量分布图和作物湿度分布图。通过这张图就能了解到收割土地的状况,让种植者更全面地了解现场和作物情况,以便于做出更好的农艺决策。

图14-39 雷沃谷神无人驾驶收割机

纽荷兰CX6.80联合收割机(见图14-40)实现了过桥前端可左右浮动,液压系统可过桥反转,Autofloat功能。采用"切流滚筒+双速强制分离滚+六键逐稿器"实现作物的脱粒分离,Opti-Thresh系统及Multi-Thresh系统。采用"双承种盘+预清选筛+双层鱼鳞清选筛(三阶清选Triple-Clean)"及三出风口离心式清选风机完成作物的清选过程,标配Opti-Fan风速自动适应系统及智能清选筛Smart Sieve。甩刀式切碎器配导板式抛撒系统,甩刀式切碎器切碎效果好,切碎效率高;茎秆抛撒系统导板角度手动可调,有效调节茎秆切碎抛撒范围。具有单独糠料抛撒盘,茎秆切碎、放铺电液控制切换,茎秆放铺宽度通过机体后侧拨叉可调。彩色触屏显示器方便收割机运行参数及状态查看。多功能手柄操控更便捷。噪声低至74 dB。视野更开阔,驾驶更舒适。粮箱容量达9300 L,满足大地块收获需求,可开式粮箱盖,卸粮筒长度达4.75 m。卸粮速度达100 L/s,且可调节。

图14-40 纽荷兰CX6.80联合收割机

约翰迪尔R230谷物联合收割机(见图14-41)采用针对玉米脱粒研发的双全轴流滚筒脱粒分离机构,从根本上解决了破碎率高、分离不彻底、分离损失大和效率低的问题,可兼收大豆。配备性能优异、可靠性高的约翰迪尔发动机,总功率高达185 Ps,采用先进的电控高压共轨技术;用户可通过选装后轮驱动装置,有效地提高收割机在泥泞土地中的通过性;优化后的栅格凹版在与新滚筒配合下,保证籽粒快速地从物料流中分离,减轻清选系统的负担,提升清选效果和效率;采用密封驾驶室,选配暖风,改善寒冷天气驾驶环境。

下面以约翰迪尔R230谷物联合收割机为例,介绍联合收割机的结构组成(见图14-42~图14-46)。

联合收割机下田作业时,一般应从田块的右边进入,如果田埂不高,联合收割机可以直

图 14-41　约翰迪尔 R230 谷物联合收割机

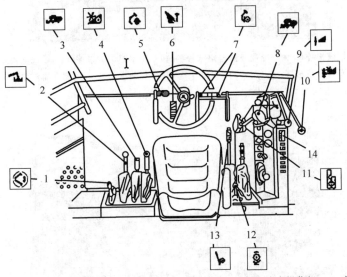

1—卸粮筒回转操作杆；2—卸粮接合操作杆；3—脱谷接合操作杆；4—割台接合操作杆；5—离合器踏板；6—转向柱锁定踏板；7—脚制动器；8—行走速度控制杆；9—割台升降控制杆；10—拨禾轮升降控制杆；11—换挡杆；12—滚筒转速控制杆；13—驻车制动器；14—墨菲表。

图 14-42　约翰迪尔 R230 驾驶台操作装置

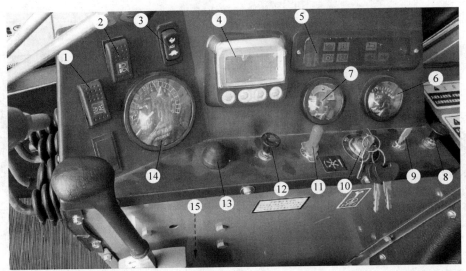

1—示宽灯及粮箱灯开关；2—前大灯开关；3—手油门开关；4—墨菲表；5—组合信号灯；6—行走速度表；7—油量表；8—卸粮报警灯和卸粮灯开关；9—转向灯开关；10—钥匙开关；11—拨禾轮调速开关；12—工作灯开关；13—喇叭开关；14—滚筒转速表；15—诊断接口。

图 14-43　约翰迪尔 R230 操作箱仪表

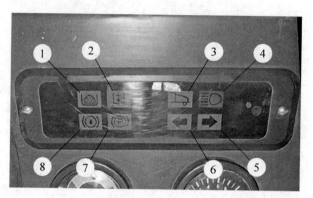

1—粮满报警灯；2—燃油滤清器堵塞报警灯；3—尾罩堵塞报警灯；4—远光指示灯；
5—右转向指示灯；6—左转向指示灯；7—驻车制动指示灯；8—制动器液位报警灯。

图 14-44 约翰迪尔 R230 组合信号灯

1—手油门开关；2—钥匙开关；3—墨菲表。

图 14-45 约翰迪尔 R230 辅助启动装置

1—换挡杆；2—R 挡豁口；3—1、2 挡豁口；4—3、4 挡豁口。

图 14-46 约翰迪尔 R230 挡位

接作业,不必割出空地进行转圈或直线收割。如果田块规划得比较整齐,并且田埂又不高,为了提高联合收割机的生产效率,可以把多块田连起来收割,但是必须把田块两端的靠近田埂的作物割除缺口,使联合收割机过埂后顺利进入作业。

1. 基本作业性能

在不低于标定喂入量、切割线以上无杂草、作物直立,小麦草谷比为 0.6~1.2,籽粒含水率(质量分数)为 12%~20%,水稻草谷比为 1.0~2.4,籽粒含水率(质量分数)为 15%~28%的条件下,智能作业收割机处于智能模式和处于人工模式下的基本作业性能均应符合表 14-18 的规定。

表 14-18　作业性能指标

项　目	指标	
	小麦	水稻
喂入量/(kg·s^{-1})	≥标定喂入量	
总损失率/%	≤1.2	≤2.8
含杂率/%	≤2.0	≤2.0
破碎率/%	≤1.0	≤1.5

2. 操作规程

(1) 正确选择作业速度。在正常情况下,若地块平坦、谷物成熟一致,并处在成熟(腊熟)期、田间杂草又较少时,可以适当提高收割机的前进速度。小麦在乳熟后期或腊熟初期时,其湿度较大,在收割时,前进速度要选择低些;小麦在腊熟期或腊熟后期时,湿度较小并且成熟均匀,前进速度可以适当选择高一些。雨后或早晚露水大,水稻、小麦秸秆湿度大,在收割时前进速度要选择低一些。晴天的中午前后,水稻、小麦秸秆干燥,前进速度选择快一些。对于密度大、植株高、丰产架势好的水稻、小麦,在收割时前进速度要选择慢一些,密度小又稀矮的水稻、小麦前进速度可选择快一些。收割机刚开始投入作业时,各部件技术状态处在使用观察阶段,作业负荷要小一些,前进速度要慢些。观察使用一段时间后,技术状态确实稳定可靠且水稻、小麦又成熟干燥,前进速度可快些,以便充分发挥机具作业效率。

(2) 收割幅宽大小要适当。在收割机技术状态完好的情况下,尽可能进行满负荷作业,但喂入量不能超过规定的许可值,在作业时不能有漏割现象,割幅掌握在割台宽度的 90%。

(3) 正确掌握留茬高度。在保证正常收割的情况下,割茬尽量低些,但最低不得小于 6 cm,否则会引起割刀吃泥,这样会加速刀口磨损和损坏。留茬高度一般不超过 15 cm。

(4) 作业行走方法的正确选择。收割机作业时的行走方法有三种:顺时针向心回转法、逆时针向心回转法和梭形收割法。在具体作业时,应根据地块实际情况灵活选用。总的原则是:一要卸粮方便、快捷,二要尽量减少机车空行。

(5) 作业时应保持直线行驶。收割机作业时应保持直线行驶,允许微量纠正方向。在转弯时一定要停止收割,采用倒车法转弯或兜圈法直角转弯,不可图快边割边转弯,否则收割机分禾器会将未割的水稻、麦子压倒,造成漏割损失。

(6) 合理使用收割机。水稻在灌浆期、小麦在乳熟期,也就是在没有断浆时,严禁收割;对倒伏过于严重的水稻、小麦不宜用机械收割;刚下过雨,秸秆湿度大,也不宜强行用机械收割。在具体作业时,要根据实际情况,能够使用机械收割的尽量满足用户要求,对个别特殊情况确实不能机收的就不要用机械收割。

3. 维护和保养

(1) 检查机器各部位的清洁,清除尘土和污物,打开机组全部窗口、盖板、护罩,认真清除机内各处的草屑、断秸、油污。用水刷洗机器外部,干后用抹布抹上少量润滑油。在工作摩擦部位或脱漆处及时补刷和涂防锈油。

(2) 机器在工作的过程中,禁止硬杂物进入机内。若因各种原因零部件已损坏,应及时更换零部件,更换部件必须符合说明书中规定的规格,以免影响整机的装配质量和造成人员伤害事故。

(3) 检查紧固件螺栓。紧固件经长时间的作业后可能会自然松动,因此,应注意检查、紧固,以保证机器安全工作。

（4）根据机器工作要求，一般行走轮每小时加注 1 次机械润滑油；发动机根据要求换机油；轴承每工作 10 天加注锂基润滑油（黄油），收割刀应每小时加注 1 次机械润滑油。

（5）定期检查、更换灭火器，保证机器作业时携带的灭火器在使用保质期内。

（6）链条连接如安装了手动张紧轮，在工作前调整适宜。

4. 注意事项

（1）联合收割机在收割时，一定要加大油门以保证各部件在额定的转速下工作。在收割机转弯时，千万不可降低发动机的转速，否则会引起筛选不良，甚至引起堵塞。

（2）合理选择作业速度，特别是在收获双季稻、矮秆作物，产量在 400 kg 以下，田块较干时可选用 4 挡；而产量在 400～500 kg，茎秆 90 cm 以上且叶茂的作物，田块较烂时，选用 2 挡工作。

（3）联合收割机垂直过田埂应减速使用小油门，如田埂高于 20 cm，应铲平田埂和两边杂草过埂；如田埂低于 20 cm，当履带重心移至田埂中，驾驶员要踩一下行走离合器，使联合收割机靠惯性越过田埂。

（4）接粮人员必须注意出粮口的出粮状况，一旦发现无谷籽粒出来应立即通知机手，停机检查。作业时，因某种原因停机后，恢复作业前应空转 0.5 min 左右，以免出粮搅龙堵塞。

（5）熄火停车。停车有临时熄火停车和作业终止熄火停车两种方法。发动机的熄火拉线拉手位于驾驶员的右下部，颜色为红色。熄火时上拉约 40 mm 即可。为防止熄火拉线自动回位造成事故，在拉线穿孔的后方又开设了一个小长槽，拉线拉起后必须将拉线置于小长槽内，发动机再次启动前把拉线推出小长槽，让拉线自动回位。

5. 常见故障及排除方法

1）割刀堵塞产生的割台故障

要经常检查和调整定刀片与动刀片的间距，定期调整切割高度，定期将割刀中的杂物进行清理，定期更换刀片与护刀器。割台杂物堵塞多是由切割小麦等低秆茎作物造成的，这类作物高度较低，而拨禾轮高度又偏高，且转速较快，所以割下的作物较少，造成割台堵塞。要避免这一现象的发生，就需要在收割小麦时，降低拨禾轮高度和割茬高度，确保收割时能够尽量多地收割作物。

2）割台搅龙堵塞造成的机械故障

尽量向后调整拨禾轮，将弹齿和搅龙叶片的间距缩小，但是需要维持在 5 mm 以上的间距。为了提高拨禾轮的输送能力，需要将拨禾轮尽量往下调整，这样可以保证在切割的过程中，农作物可以顺利被输送到搅龙。需要注意的是，弹齿与护刃器之间要保持一定的距离，以免两者相互接触损伤割刀与护刃器。另外还要注意搅龙叶片与割台台面之间的间隙，双方之间的距离要维持在 10 mm 以上，同时将搅龙尽量往下调整，以此来保证搅龙叶片不会被堵塞物堵塞损毁。伸缩指要与割台地板之间保持 5 mm 的间隙。

3）滚筒堵塞及故障排除

充分了解每种农作物在收获期的长势情况，根据不同作物的种类及生长情况，对滚筒转速进行调整，并按照当前的滚筒转速对收割机的行进速度进行相应的调整。滚筒和凹版之间也要保持一定的间隙，在收割过程中，始终保持中油门和大油门，以此来避免滚筒堵塞故障的发生。收割倒伏类型的农作物时，要根据喂入量的多少适时调整行进速度，充分利用升降手柄来控制割台，确保收割机喂入量保持均匀。定期对离合器和传动皮带进行养护，避免两者在机器工作过程中出现打滑的情况。

4）籽粒破碎故障及维护

要及时对故障进行排除，并采取有效的应对措施来降低故障出现的频率。通过降低滚筒运转速度以及缩小滚筒缝隙等方式有效降低故障的产生，降低籽粒破碎率还有适当减少搓板数量这一方式。为了避免出现清选损失，就要定期检查风扇风量和滚筒运转速度，对此进行调整，同时降低收割机行进速度，以此来降低清选过程中的损失。

5) 零部件错装、误装、漏装

安全阀安装不当，钢球与弹簧安装错位，会造成安全阀油路堵塞，安全性能降低，如遇到气温下降，会引起粗滤器堵塞，进而造成机油供应不足。在进行多缸柴油机油道孔位安装时，主轴瓦的瓦片各个油道空位不同，如果安装顺序错误，就会造成油孔错位，部分油孔也会出现堵塞的情况。错误地把柴油的纸质滤芯当成机油滤芯，会造成黏度大的机油无法通过。漏装主轴承盖和主轴承瓦的定位销，在曲轴工作时，主轴瓦无法固定，会跟随曲轴一起运转，造成进油孔堵塞。

14.4.3　植保无人机

植保无人机是用于农林植物保护作业的无人驾驶飞机，该型无人机由飞行平台（固定翼、直升机、多轴飞行器）、导航飞控、喷洒机构三部分组成，通过地面遥控或导航飞控，来实现喷洒作业，可以喷洒药剂、种子、粉剂等。植保无人机具有作业高度低、飘移少，可空中悬停，无须专用起降机场，旋翼产生的向下气流有助于增加雾流对作物的穿透性，防治效果高，远距离遥控操作，喷洒作业人员可避免暴露于农药的危险，提高喷洒作业安全性等诸多优点。采用喷雾喷洒方式至少可以节约50%的农药使用量，节约90%的用水量，这将很大程度地降低资源成本。用无人机喷洒的方式大大减少了人员聚集带来的接触风险。植保无人机整体尺寸小、质量轻、折旧率更低，单位作业人工成本不高、易保养。图14-47为极飞V40 2021款植保无人机。

图14-47　极飞 V40 2021 款植保无人机

我国作为农业大国，农业发展情况关乎社会建设与发展的方方面面，然而以往以人力为主的农业植保手段，无法有效提高农业植保成效，农作物病虫害现象仍然较为常见，严重影响我国农业总产量，造成这种现象的主要原因在于当前病虫害种类较多，发病速率快，且多呈现隐藏性，一旦发现就会大面积暴发，加大农业植保压力。同时为提高农业产值，推动农业朝着集约化、机械化方向发展，大面积农业用地集中在一起，加大了管理压力，降低了农业植保效率。在这种农业发展新常态下，推动无人机农业植保产业发展具有缓解大面积长周期农业植保压力、降低农业植保投入等积极作用，为提高农业经济收益奠定基础。同时，无人机可将人力从繁重的病虫害防治工作中解脱出来，利用无人机可以开展24 h无人监管全自动病虫害预防及控制农业植保工作，继而提高农业植保工作效率。

据不完全统计，当前我国从事农用无人机设计、制造、生产、服务的企业已经接近300家，在未来五年相关产业的产值将超200亿元。截至2015年，我国应用在农业植保领域的无人机多达2300余架，全年作业1000余万亩次，相较于2014年分别增长240%、170.8%，在未来无人机将被广泛应用在农业植保领域，将人力从繁重的农耕工作中解脱出来，推动我国农业朝着科技化、智能化方向发展。基于此，为使农业得以稳健发展，分析我国无人机农业植保现状与产业发展显得尤为重要。

目前生产制造植保无人机的主要国家有日本、韩国、澳大利亚、美国和俄罗斯等国家，各国由于地理环境及政策的不同，表现出较大的差异。美国1918年开辟使用无人机用于农业作业的先河，针对牧草害虫防治采用无人机喷施砷制剂进行防治，随后其他发达国家也开始跟随研制并使用无人机用于农业领域。1985年日本 Yamaha 公司推出农用"R-50"型无人直升机用于航空施药，经过30多年的发展，日本成为植保无人机作业领域发达的国家之一。为进一步推动无人机的普及和安全使用，日本制订了农业领域推广普及无人机计划，扩大无人机的使用领域和普及度，包括农药化肥喷洒、鸟兽害防治等领域,力图到2022年无人机喷洒农药的面积扩大至 100 万 hm²,并且实现50%以上的粮食和大豆种植区域引入无人机作业。

植保无人机按动力系统可分为电动植保无人机、油动植保无人机、油电混合型植保无人机;按机型结构可分为固定翼植保无人机、单旋翼植保无人机和多旋翼植保无人机。

电动多旋翼植保无人机的性能参数见表 14-19。

表 14-19　电动多旋翼植保无人机主要性能参数

序号	参 数 名 称	标准值
1	飞行时间/min	10～15
2	飞行速度/(m·s⁻¹)	1～6
3	飞行高度/m	1～6
4	抗风能力	≤6 级
5	喷头个数/个	2～4
6	旋翼个数/个	4、6、8

飞行平台主要包括无人机的核心部分——动力系统,主要以电动机为主。电动的动力系统主要包含电机、电调、螺旋桨以及电池。

（1）电机指将电能转化为机械能的一种转换器,由定子、转子、铁心、磁钢等部分组成。无人机的电机主要以无刷电机为主,通过螺旋桨旋转产生向下的推力。

（2）电调指电子调速器,其主要作用就是将飞控板的控制信号转变为电流的大小,以控制电机的转速。

（3）螺旋桨是指将电机转动功率转化为推进力或升力的装置。

（4）无人机上的电池一般是高倍率锂聚合物锂电池,特点是能量密度大、质量轻、耐电流数值较高。

极飞 P80 2021 植保无人机的结构组成如图 14-48 所示。

极飞 P30-2019、P30-2020、P80-2021 三种机型的对比情况见表 14-20～表 14-22。

1. 选用原则

（1）要了解防治对象的病虫草危害特点及施药方法和要求。例如,病、虫在植物上的发生或危害的部位,药剂的剂型、物理性状及用量,喷洒作业方式(喷粉、雾、烟等),喷雾是常量、低量或超低量等,以便选择植保机械类型。

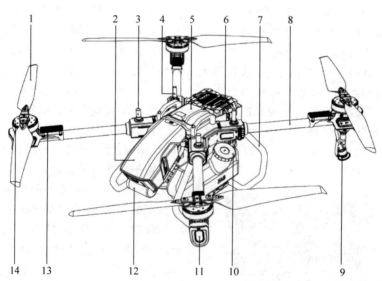

1—螺旋桨;2—机头罩;3—RTK 天线;4—2.4/5.8 GHz 双频天线;5—中心舱盖;6—智能电池;7—脚架;8—机臂;9—喷头;10—药箱;11—航灯;12—摇摆雷达;13—电调;14—电机。

图 14-48　极飞 P80 2021 植保无人机结构图

表 14-20 三种极飞无人机性能对比

项　目	无人机型号		
	P30-2019	P30-2020	P80-2021
外形尺寸/(mm×mm×mm)	1262×1250×495（螺旋桨折叠） 1852×1828×495（螺旋桨展开）	1262×1250×495（螺旋桨折叠） 2018×2013×495（螺旋桨展开）	1450×1420×550
空机质量/kg	22.8	16.05	45（搭载睿喷，含电池） 48（搭载睿播，含电池）
悬停时间/min	18（18 000 mA·h、起飞质量 22 kg） 10（18 000 mA·h、起飞质量 38 kg）	18（18 000 mA·h、起飞质量 22 kg） 10（18 000 mA·h、起飞质量 38 kg）	20（空载，20 000 mA·h、起飞质量 46 kg） 7（满载，20 000 mA·h、起飞质量 81 kg）
最大飞行速度/(m·s⁻¹)	12	12	10
最大飞行海拔高度/m	4000	4000	4000
最大可承受风速/(m·s⁻¹)	10	10	10

表 14-21 三种极飞无人机的电机电调对比

项　目	无人机型号		
	P30-2019	P30-2020	P80-2021
电机尺寸/(mm×mm)	80×20	80×20	136×24
电机 kV 值/(r·min⁻¹·V⁻¹)	100	100	75
电机额定功率/W	1200	1200	3000
电调最大工作电压/V	52.2	52.2	56.6
电调最大持续工作电流/A	100	100	180

表 14-22 三种极飞无人机的作业对比

项　目	无人机型号		
	P30-2019	P30-2020	P80-2021
喷头数量/个	4	4	2
喷杆长度/mm	1095	1095	1095
雾化粒径/μm	90～300	90～300	60～400
有效喷幅/m	2～6	2～6	5～10
药箱材质	塑料（HDPE）	塑料（HDPE）	塑料（HDPE）
药箱容量/L	16	16	35

（2）了解防治对象的田间自然条件及所选植保机械对它的适应性。例如田块的平整及规划情况，是平原还是丘陵，旱作还是水田，果树的大小、株行距及树间空隙，考虑所选机具

在田间作业及运行的适应性,以及在果树间的通过性能。

(3)了解作物的栽培及生长情况。例如作物的株高及密度,喷药是在苗期还是中、后期,药剂覆盖的部位及密度、果树树冠的高度及大小、所选植保机械的喷洒(撒)部件的性能是否能满足防治要求。

(4)购买的喷雾机械要用于喷洒除草剂,需配购适用于喷洒除草剂的有关附件,如狭缝喷头、防滴阀、集雾罩等。

(5)了解所选植保机械在作业中的安全性。例如有无漏水、漏药,对操作人员是否会产生污染,对作物是否会产生药害。

(6)根据经营模式及规模,以及经济条件如分户承包还是集体经营,防治面积大小与要求的生产率,购买能力及机具作业费用(药、供水、燃料或电费、人工费等)的承担能力,确定选购机具的生产能力,选择人力机械还是动力机械以及药械的规格。

(7)了解产品是否经过产品质量检测部门的检测并且合格,产品有无获得过推广许可证或生产许可证,并了解其有效期。

(8)了解产品及生产厂家的信誉是否良好,产品质量是否稳定,售后服务是否优质,产品是否获得过能真正反映质量的奖项。到相同生产条件的作业单位了解计划购买的药械的使用情况,以作参考。选定机型后,购买时应按装箱单检查包装情况是否完好,随机技术文件与附配件是否齐全。

2. 在作业前需要做好相关检查工作

(1)检查无人机运转情况、喷雾系统运行情况和动力电池充电情况;

(2)做好作业现场气象条件和田块周围有无干扰情况的调查;

(3)确定药物配比和使用量;

(4)需将起落点选择在田块附近空旷平整处,设定安全距离10 m以上;

(5)设定自主航线时,应考虑田块形状和障碍物的具体情况,保证作业流畅、安全;

(6)中途加农药时,无人机应处于断电状态,以保证人员安全;

(7)作业飞行参数要求见表14-23。

表 14-23　作业飞行参数

环境风速(V_e) /($m \cdot s^{-1}$)	飞行高度/m	飞行速度/($m \cdot s^{-1}$)
$V_e \leqslant 1$	1.5～2	3
$1 < V_e \leqslant 3$	1～1.5	2～2.5
$3 < V_e \leqslant 5$	根据风向调整飞行参数,作业时降低飞行高度与速度,减少雾滴飘移	
$V_e > 5$	尽量不进行作业	

3. 维护和保养

(1)机体检查与保养。查看机架、起落架及药箱螺栓紧固情况,机臂各个连接部位的损耗情况,发现异常应及时更换。

(2)喷雾管路维护。每次作业完成,需用清水清洗管路与水泵,将药箱装满清水后打开喷头开关完成清洗,清洗水溶液用专用容器装好,做无害化处理。

(3)喷头检修。每次作业完,拆下喷头喷嘴,观察是否有堵塞情况。如有堵塞,可以更换或者清理堵塞物。一季水稻植保完成后需要换喷头,喷嘴口如有磨损会影响喷雾质量。如喷头质量较好,也可1年更换1次。

(4)电池维护。农闲季节,电池放电至储存电压,单块电池电压3.8 V(6块电池总电压为22.8 V),每2个月使用充电器循环1次;作业时,单块电池电压不能低于21.6 V,电压低于该标准会造成电池过放,影响电池使用寿命。另外还需对遥控器进行充电,以备下次正常使用。

(5)每次作业完毕,应用毛刷、镊子清除植保机电机、结构件中的杂草、灰尘等杂物,清理完成将整机平稳放置在通风干燥处。

4. 常见故障及排除方法

1)GPS无法定位

先冷静等待几分钟,因为GPS冷启动需要时间。如果等待后还是没有反应,可能是GPS被附近的电磁场干扰,需要把屏蔽物移除,远离干扰源,将植保无人机放置到空旷的地域,查看是否好转。另外,造成这种情况的原因也可能是 GPS 长时间不通电,当地与上次 GPS 定位的点距离过长,可以尝试关闭系统电源,间隔 5 s 以上重新启动系统电源等待定位。如果以上这些方法还不能定位,则很有可能是由于 GPS 自身问题,应邀请无人机维修人员进行专业处理。

2) 植保无人机突然失控

遇到机器失控,先要保持冷静,即使不能立即进入到冷静状态下,也要迅速把植保无人机的飞行模式改为手动。因为这样做就中断了植保无人机和 GPS 的联系,如果是 GPS 模块出现问题,这样做无疑是最合适的。模式切换之后可以迅速取得对植保无人机的控制,这时候不要急于把植保无人机降落,要先加大油门,拉高植保无人机,在空中纠正植保无人机的姿态,寻找合适的降落地点,缓慢下落,直到安全着陆。

3) 植保无人机自动飞行偏离航线较远

首先,检查植保无人机是否调平,调整到无人干预下能直飞和保持高度飞行。其次,检查风向及风力,因为大风也会造成此类故障,应选择在风小的时候起飞无人机。最后,检查平衡仪是否放置在合适的位置,把植保无人机切换到手动飞行状态。

4) 植保无人机机身出现异常

比如遇到植保无人机打战,这是因为电机瞬间停转然后又重新启动,这时,虽然植保无人机有故障,但是对飞行影响不大,把植保无人机飞到安全距离,观察是哪个电机有问题,找到原因后降落,及时更换电机电调。如果是植保无人机自身硬件出现异常,比如电机突然停止工作,可以请教有经验的老飞手。记住要尽量稳住植保无人机的飞行姿态(对于八轴无人机来说,一个电机停转是可以控制的),缓慢降落,如果确实不能控制,就要遵循"宁可炸机,不可伤人"的原则紧急迫降。植保作业过程中会有各种各样意想不到的问题出现,要时刻保持冷静,相信自己的判断,平时要做大量的练习,学习更多的飞行知识,总结飞行经验,做到飞行故障小事当场就能处理。

参考文献

[1] 张小莉,丁强. 变量技术在农业机械上的应用[J]. 南方农业,2016,10(15):201,203.

[2] 刘慧,夏伟,沈跃,等. 基于实时传感器的精密变量喷雾发展概况[J]. 中国农机化学报,2016,37(3):238-244,260.

[3] 吴海华,方宪法. 新时期我国农业装备产业科技创新发展研究[J]. 农业工程,2020,10(5):1-7.

[4] 吴海华,方宪法. 农业装备科技创新现状及趋势[J]. 农机科技推广,2020(7):4-7.

[5] 张颖达. 智能装备进步带动农业深刻变革[J]. 农机市场,2019(8):39.

[6] 武小燕,张莉,马春阳. 植保无人飞机利用率偏低因素分析[J]. 农机质量与监督,2019(9):33-34.

[7] 陈杰,侯同娣,靖文,等. PLC 在我国农业装备行业中的应用[J]. 河北农机,2018(4):29-31.

[8] 张智刚,王进,朱金光,等. 我国农业机械自动驾驶系统研究进展[J]. 农业工程技术,2018,38(18):23-27.

[9] 赵伟霞,李久生,栗岩峰. 大型喷灌机变量灌溉技术研究进展[J]. 农业工程学报,2016,32(13):1-7.

[10] 纵横. 产学结合 打造中国高端智能农机装备[J]. 现代农业装备,2016(6):20-21.

[11] 王伟,周志立,赵剡水,等. 拖拉机动力换挡自动变速器电控系统硬件设计[J]. 中国农机化学报,2016,37(6):168-171.

[12] 苏机. 谷王系列水稻收割机[J]. 农家致富,2017(14):27.

[13] 杨丽,颜丙新,张东兴,等. 玉米精密播种技术研究进展[J]. 农业机械学报,2016,47(11):38-48.

[14] 佚名. 高效、大型、复式作业——郑州农机展专访之农哈哈篇[J]. 河北农机,2019(4):14.

[15] 李翼南. 中联重科亮相第十三届吉林农机展[J]. 农机科技推广,2018(3):65.

[16] 李志强,陈黎卿. 农业植保机器人研究现状及展望[J]. 玉林师范学院学报,2020,41(3):1-14,2.

[17] 刘成强,林连华,徐海港. 拖拉机自动驾驶及控制技术[J]. 农业工程,2019,9(4):87-91.

[18] 周克帅,范平清.改进 A~＊算法与人工势场算法移动机器人路径规划[J].电子器件,2021,44(2)：368-374.

[19] 温靖,郭黎,胡冰冰.合众聚英才 忧思凝壮志：专访北京合众思壮科技股份有限公司董事长郭信平[J].农业工程技术,2018,38(18)：38-41.

[20] 曹如月,李世超,季宇寒,等.多机协同导航作业远程管理平台开发[J].中国农业大学学报,2019,24(10)：92-99.

[21] 王国占,侯方安,车宇.国内外无人化农业发展状况[J].农机科技推广,2020(8)：8-9,15.

[22] 王亮,翟志强,朱忠祥,等.基于深度图像和神经网络的拖拉机识别与定位方法[J].农业机械学报,2020,51(S2)：554-560.

[23] 杜正志.浅谈联合收割机筛选不清与作业技巧[J].南方农机,2021,52(10)：67,96.

[24] 桑鹏周.雷沃阿波斯自动驾驶农机开启麦收"无人"模式[J].山东农机化,2019(3)：46-47.

[25] 李辉.拖拉机常见故障排除方法[J].农民致富之友,2017(5)：159.

[26] 张正梅.植保无人机操作要求及常见故障处理方法[J].当代农机,2021(5)：46-47.

[27] 周文,谢景鑫.植保无人机的维修与保养[J].湖南农业,2021(1)：31.

[28] 佚名.安徽：2021年农业综合机械化率力争达81.5％[J].农业机械,2021(4)：42.

[29] 卜习舟.无人机农业植保的现状分析和产业发展[J].新农业,2021(14)：85-86.

[30] 周文,周林.水田旋耕机的维修与保养[J].湖南农业,2021(2)：31.

[31] 崔永明.农业植保无人机的结构原理和使用方法[J].农机使用与维修,2018(7)：29-30.

[32] 李冰.浅谈如何做好大型农机的故障判断和维修[J].农民致富之友,2019(5)：115.

[33] 郭飞.植保无人机作业技术[J].现代农机,2019(3)：50-52.

[34] 毛岩,宋攀龙,王帮高.植保机械的选择与日常维护[J].山东农机化,2018(6)：43.

[35] 宋修鹏,宋奇琦,张小秋,等.植保无人机的发展历程及应用现状[J].广西糖业,2019(3)：48-52.

[36] 谷勇志.联合收割机堵塞故障发生的原因及排除方法[J].农民致富之友,2018(9)：161.

第2篇

林 业 机 械

林业机械是用于营林（包括造林、育林和护林）、采伐运输、木材及其他林产品生产的机械，主要包括：营林机械、园林机械、森林防火机械、森林病虫害防治机械、采运机械、木材加工机械、经济林果专用机械、竹材加工机械等。广义的林业机械还包括木材加工机械、人造板机械、林产化工设备等综合利用机械、防沙治沙等生态保护修复装备。

第15章

营 林 机 械

营林生产作业领域主要包括种子采收、苗木繁育、林地清理、植树造林、迹地更新、幼林抚育、次生林改造、封山育林、森林保护，以及速生丰产林、经济林的栽培、抚育和利用等。在营林生产作业领域中所需的专业机械装备都属于营林机械。

营林机械的使用和创新，是林业产业现代化发展过程中的一个重要标志，是林业资源开发和利用工作中的主要生产力，可有效地提高营林生产作业的工作效率，促进林业的保护、发展、利用、建设等工作。

营林机械种类较多。按营林生产工艺可分为种子采集加工机械、种苗培育机械、整地机械、造林机械、中幼林抚育机械等。按营林机械的使用范围可分为营林专业机具、营林通用机具。按营林机械行走方式可分为自走式营林机械和非自走式营林机械两大类，牵引式、悬挂式、便携式营林机械属于非自走式营林机械。有从动行走轮的装置与动力机连接，称为牵引式营林机械；无行走轮的非自走式营林机械称为悬挂式营林机械。

营林机械的发展趋势体现在以下三个方面。

(1) 坚持适用性和专业性相结合。首先，应结合自动化技术、数字化技术、智能化技术，不断提高营林机械的研究和制造水平，研制出更适合我国实际情况的营林机械，加快数字化进程，使营林机械作业实现远程操作、检测、监控、修复、改造一体化；其次，针对营林生产的特点，营林机械的适用性要考虑地区的林地立地条件、林木特性等综合因素，做到自主研制和自主创新，增强营林机械的针对性和适用性，在提高使用效率的同时注意对工作环境和营林人员的限制，尽量使用破坏性小的小型或者便携机械，以符合我国林业状况，发挥林业优势；最后，在技术上营林机械的发展应更加趋向于机械结构、材质和工艺的转变，未来营林机械的特点应体现在噪声和排放绿色环保，运行和转移灵活轻便，操作和使用更符合人性化特征。

(2) 坚持通用性和多元化相结合。营林机械的生产应注重专业性和通用性并举，坚持多元化，面向社会，生态效益、经济效益和社会效益协调发展。营林机械在满足营林生产需要的同时还应该扩大机具的通用性，做到一机多用，这样不仅可以实现资源的多级利用，还能大大提高经济效益，最终实现以生态建设为主的林业可持续发展。

(3) 坚持生态保护和作业效益相结合。营林机械的发展要兼顾生态、经济、社会效益，科学协调三方面的统一。在对营林机械进行研发时，应该明确我国资源紧缺、生态环境日益恶劣的现实，尽量选择低碳、环保、节能的机械原材料及配套动力，既能符合使用者的健康标准，又能满足林业生产作业中的生态保护标准。营林机械发生故障或者报废时，不应该对生态环境造成污染,必须贯彻生态环保的理念。在生产过程中,对营林机械进行科学组合,选择与其他相关机械良好配合的机械,充分发挥营林机械的整体最优效率。

15.1 林木种子采收与加工机械

15.1.1 概述

林木种子的采收是营林生产中一项很繁重的工作,同时也是机械化程度最薄弱的一个环节。林木种子的采收具有很强的季节性,适宜的采种期很短。因此,在采种作业时,除了要做到适时采种,还必须尽可能地加快采种速度,提高采种效率和采种质量。

1. 定义

林木种子采收机械是将林木成熟的种子从立木上采收下来的机械设备。

林木种子加工机械是指为了满足人们种植需求,利用机械对种子从收获到播种前进行各种技术处理,使种子的物理特性发生改变。

2. 用途

林木种子采收机械是用于林木种子在收获季节时进行种子采收的无动力辅助工具和有动力机械设备。

种子加工机械是种子生产的必备工具,以改变种子的物理特性,提高种子品质,获得具有高净度、高发芽率、高纯度和高活力商品种子。种子加工过程主要包括烘干、清选、分级、选后处理、称重包装、贮存等。种子烘干是在不影响种子生命和活力的前提下,对种子进行烘干降水处理。种子清选按工序可分为初选和精选,按清选的形式可分为筛选、风选、重力选和色选。清选是保证种子质量、实现商品化的重要过程,应按照种质规范标准对种子进行分离,去除非种质规范中的杂质(粉尘、非种子籽粒、破碎籽粒)。通过种子清选,能实现种子净度要求,提高种子发芽率,保证种子纯度及种子活力。种子包衣是通过一定方式,在种子外表均匀地包上一层具有一定性能的药膜,起到保护和促进种子生长的效果。

3. 国内外发展概况及发展趋势

林木种子的采集与加工处理是种苗工程的重要组成部分。目前,林木种子的采集是一个世界性难题,许多国家均对此进行了研究。由于采种的困难较大,长期以来采种技术很难有新的突破。国内外采种装备是林业生产中机械化、自动化较低的环节,主要采用手工或半机械化作业。最早是工人借助梯子或穿上爬树装置爬上树冠采摘,生产效率低,并有一定的安全风险,经常有人因为采摘树种而发生事故,从树上跌落下来,摔伤甚至丧失生命。目前,我国对采种机械化的研究尚处于探索阶段,而国外的采种机械化程度也比较低,机械的种类和数量还比较少,尤其是好用、实用的采种机械更少。

我国开展林木采种技术和装备研究较晚,但是经过这些年的努力,也已取得了不少的成果,对于国外目前正在使用的技术装备,基本上国内都开展了研究。近年来研制的采种设备主要有以下类型:可达 4～8 m 高的伸缩式上树梯;针对小径树的脚蹬爬树装置;液压升降台;手持无动力采果梳、采种钩、夹紧式采果器及采果剪;直接摇动母树树干或树枝获取种子的振动采种机;大型动力设备驱动并有电脑控制的梳齿式采摘设备;图像识别的林木球果采集机器人等。这些设备各有特点,但都仅对采集特定条件下的特定球果有一定效果,局限性很大,它们或是达不到要求的作业高度和作业直径,或是由于坡大和道路条件差很难进入采摘现场,更无法同时满足在不损伤母树和种子、经济安全而又高效的条件下采摘立地条件较差的高大树上的种子。这些缺陷限制了它们在林区的推广应用。

国外林业发达国家很早就对林木采种技术和设备进行了研究,投入了较大的人力和物力,研制出各种类型的采集设备,技术较为成熟。虽然各国的研究方向与侧重有所不同,但其根据本国林业实际情况研究适宜的技术与设备的思路值得我们借鉴和学习。其中,大型设备有:德国和瑞士利用直升机和热气球技术,结合吊装在这些飞行器上的大型梳式采摘装置进行种子的采集；对于采摘条件和立地条件都较好的采种地区，美国和瑞典等国也利用大型移动式液压升降设备和振动采种设备采集种子。这些采集设备技术先进，自动化程度高，可采集到不同树高、不同树种的种子，但同时设备成本也较高，对作业场地、道路和树木的行间距等都有较严格的要求，与发展中国家的经济水平和已有的基础条件不相适应。小型设备主要由登高和采摘设备两部分组成，其中的登高设备主要起到接近采摘种子的作用，如美国和马来西亚采用的爬树脚蹬装置，其优点是设备轻巧，便于携带，但作业时劳动强度大，训练有素的人员才能胜任。小型采摘设备一般为非机动手工采摘工具，如美国的长杆锯片采摘工具，其优点是操作简单、造价低廉，缺点是由于长杆不能收缩而不便于携带和操作。

由于林木种子采收作业的随意性及山地、林地环境的复杂性，采种作业困难较大，并受到树种、树高、冠形、立地条件等诸多因素的影响和制约。几十年来，世界各地的林业科研人员对林木种子机械采收技术的研究倾注了很大精力，针对不同的树种、林木形态、立地条件等，研究和设计了许多不同的采收方式和采收机械，其中有的已经在实际作业中得到应用和推广，也有的在目前生产、技术、经济等条件下很难实现或效果不佳，但也不乏一定的发展前途。目前，种子采收作业还是以地面手工采集和人工爬树采集为主，机械设备使用较少，效率低下，危险性大。

15.1.2 分类

1. 采种机械

采种机械主要有下列种类：

(1) 提升机具。包括爬树脚踏子、爬树梯、吊式软梯和多工位自动升降平台等。升降平台安装在拖拉机或汽车上，由钢索或液压机构控制升降。由于其机体庞大，行走不便，只适宜在平坦的疏林地、林木种子园和母树林中使用。

(2) 种子采集机。包括分离装置和收集装置。分离装置是将种子从立木或伐倒木的枝条上采下，其工作部件有梳齿、剪刀、锯、钉齿

滚和气流采种器等，由人力、小型汽油机或电动机带动。种子收集装置用于收集落在地面的种子，有转滚式和空气吸力式两种型式。

(3) 种子抖落机械。主要有两种：一种由偏心锤式振动子和夹紧装置组成，作业时利用夹紧装置将振动子夹固在树干上，利用振动子的振动力直接摇动树干将种子抖下；另一种由夹紧装置、往复运动机构和传力杆组成，夹紧装置装在传力杆上端，传力杆下端与往复运动机构的滑块相连，作业时夹紧装置夹在树木粗枝上，往复运动机构经传力杆带动树枝摇动，将种子抖下。为了提高抖落机的生产率，种子抖落机多配备有种子收集机。此外还有间断气流种子抖落机、采摘机器人和吊在直升机上的球果采集机，但尚处于试验阶段。

林木种子采收方式及主要设备如图 15-1 所示。

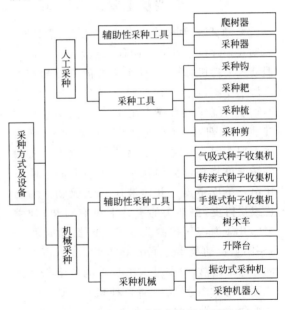

图 15-1 林木种子采收方式及主要设备

2. 加工机械

伴随种子加工的需求不同，种子加工机械的功能及种类也是纷繁多样，与之相应的种子机械包括种子烘干机、种子清选机、种子脱粒机(球果脱粒机)、种子去翅机、种子包衣机、种子制丸机和种子加工成套设备等。

(1) 球果脱粒机。有机械式和热烘式两

种：机械式球果脱粒机是利用机械力将球果破碎，使种子脱出；热烘式球果脱粒机是利用加热干燥使球果鳞片变形开裂，取出种子。

（2）种子烘干机是指为减少种子霉变，保证种子质量、等级和发芽率，使种子含水率减少到符合要求的机械设备，可分为顺流式、逆流式、横流式、混流式四种。

（3）种子去翅机是利用摩擦的方法除去种翅的机械，有干式和湿式两种。

（4）种子清选机是根据种子的物理特性（长度、宽度和厚度）和比重等的差异，将种子与混杂物和废种子分离的机械设备，主要有风筛、窝眼、重力式和光电式等类型。此外，还有种子包衣机械和制丸机械，以及能够完成种子全部加工要求的种子加工成套设备。

15.1.3　典型产品的结构、工作原理及主要技术性能

振动式采种机由主机和振动装置组成。振动式采种机常见的有两种类型，一种是振波振动式采种机，即利用两个反方向旋转的偏心重块产生振动（见图15-2）。装在振动头内的两重块可绕同一轴转动，也可分绕两个平行轴转动。反方向旋转的重块不存在侧向力，而是将力加在同一方向上，其优点是通过改变重块的转速可将振动方向从单向变为双向。两重块由三角皮带连接并由液压马达驱动。为防止损伤树皮，振动头的夹臂上设有衬垫，伸缩臂的升降为液压控制式。采种时振动时间为5～10 s，振动频率为400～500次/min，可将大部分球果振落，效率是人工采的数十倍。另一种是滑块往复式振动采种机（见图15-3）。伸缩臂的一端连接有一重块，另一端夹持在立木上，重块与伸缩臂间靠一曲柄连接。曲柄被驱动以后，即在重块与伸缩臂之间产生一种相对运动。这种采种机的特点是在工作时液压马达、曲柄、壳体、液压缸及其他部件共同形成一种惯性滑块。这样机器本身所能抵消的往复运动滑块的惯性力就很少。也就是说，较多的惯性反作用力作用到了立木上，而不是作用到机器的其他部件上。振动头的往复运动是

通过液压马达产生的，液压马达由汽油发动机上的油泵带动工作。振动力在发动机以1000 r/min的速度运转时为800 lb（1 lb ≈ 0.45 kg）。采种时振动时间为5～10 s，最佳振动频率为400～900次/min。

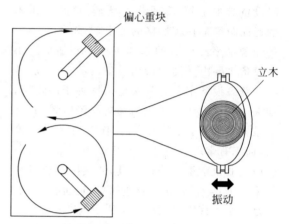

图 15-2　振波振动式采种机的振动头示意图

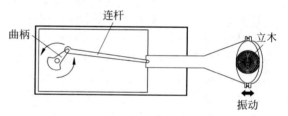

图 15-3　滑块往复式振动采种机的振动头示意图

其主要技术参数如下：

（1）频率范围为5～100 Hz。杉木在70～80 Hz，马尾松在50～60 Hz。加速度范围在5g以上。

（2）杉木立木的弹性模量为58 900 kg/cm²，马尾松为51 600 kg/cm²。阻尼系数为0.23～0.36。

（3）对于树径在10～25 cm、树高在6～15 m的杉木，在80 Hz下激振，产生10g的加速度所需激振力基本在50～500 kg。

15.1.4　安全使用规程（包括操作规程、维护和保养）

种子清选加工机械的正确使用和调整，直接影响种子的清选加工质量，也是种子清选加工的技术关键之所在。

种子清选加工时要提前做好准备,对机具进行全面维护和保养。各传动部件润滑部位要加注润滑油;损坏的零部件要修复更换;拧紧各紧固部件、紧固螺栓,保证机械良好的运行状态。机械作业前接通电源,空运转 10～15 min,确保无问题后方可投入作业,同时要检查各部位连接螺钉是否紧固,传动零件转动是否灵活,有无不正常的声音,以及传动皮带的张紧度是否合适。作业中随时检查各部件运转情况,发现故障及时停机修理,润滑部位定期加注润滑油保养,严禁机器带"病"作业。作业时机器停放地点要平坦、坚实,停放位置应考虑排尘方便。在作业过程更换品种时,一定要把机器内残存的种子粒清除干净,并使机器继续运转 5～10 min,同时将风量调节手柄开关数次,以排除沉积的余种和杂质。确认已无种粒及杂质后,才可将机器停止运转。室外作业时,应找避风处停放机器,并要顺风放置,以减少风力对清选效果的影响。风速大于 3 级时应考虑安装防风屏障。每次作业前应对润滑点加油,结束后应进行清扫和检查,并要及时排除故障。

15.2　种苗培育机械

15.2.1　概述

1．定义

我国自然条件复杂,南北地域、气候差异较大,种苗培育的形式也有很大差异。能够用于种苗培育生产作业的机械和机具,统称种苗培育机械。种苗培育机械包括户外苗圃机械、大田育苗机械、工厂化容器育苗机械、温室苗圃设备、苗木嫁接机械等。

筑床机:林业领域俗称床机,是修筑林业苗圃苗床使之形成预定规格床面和步道的土壤处理机械。

苗床播种机:在林业苗圃标准苗床上,按规定完成播种作业的机械或机具。

覆土机:在林业苗圃标准苗床上,按要求完成播种后覆土或覆沙作业的机械。

苗木移植机:能够完成 1～2 年生床作针叶树种(松属、落叶松属、云杉属、冷杉属)及其他类似裸根苗木的移栽作业的机械。农业机械领域也称其为移栽机,林业领域俗称换床机。

起苗机:林业苗圃中以拖拉机为动力的掘取苗木的机械,也称起苗犁。

步道松土除草机:林业苗圃中以拖拉机或苗圃专用底盘为动力,用于疏松苗床间步道土壤并清除步道上杂草的机械。

2．用途

由于立地条件和管理模式的不同,苗圃机械在我国的区域分布是苗圃田间作业机械北方较强,绝大多数的国有大、中型苗圃主要分布在我国的三北地区;容器育苗设备则是我国南方地区较强。

东北林区苗圃育苗机械化是在手工工具的基础上起步,经历了从人力手工作业到以畜力作业为主、向半机械和机械化方向发展的过程。

容器育苗有着较高的成活率,其具有育苗周期短、节省种子、利于机械化作业等特点,因此在林业苗木培育中被广泛应用。

3．国内外发展概况及发展趋势

1)种苗培育机械的现状

苗圃机械包括苗圃田间作业机械和容器育苗生产设备。

(1)苗圃田间作业机械

在林业苗圃整地作业中,多引用农业机械,常用的有熟地型铧式犁、悬挂式圆盘耙、旋耕机等。垄作育苗方式采用农业起垄中耕机,能满足耥沟、合垄、中耕和培土的作业要求。

筑床机是目前苗圃机械中使用最为广泛的设备,采用旋耕整地和苗床成形一次完成的作业方式。近年来已成功研制出一种新型的带有滤土装置的精细筑床机。

播种机械采用条播和撒播的作业方式,实现了开沟、播种、镇压、覆土联合作业。但其播种装置大多采用外槽轮式或窝眼轮排种器,伤种现象始终没有得到很好的解决,目前应用得较少。近期研制的一种新型的精少量播种机,可节约良种 20%～40%，且不损伤种子。

在林业苗圃的中耕除草作业中，垄式育苗作业采用农用中耕机进行培垄及除行间草作业。床作育苗仍以手工作业为主，辅以除莠剂化学除草的作业方式，没有定型的专用设备。

喷灌设备分为固定管道喷灌系统和移动式喷灌系统。苗圃喷灌设备已有 30 多年的历史，在林区国有大、中型苗圃已经得到推广应用。部分苗圃采用先进的微机自动控制喷灌系统，而小型苗圃多采用移动式喷灌系统或牵引多用喷灌车。

苗圃起苗作业机械化程度较高，在林业大、中型苗圃基本得到全面普及应用。在 20 世纪 80 年代后期，部分大、中型苗圃已开始使用林业苗圃专用横动式切根机，目前已经很少使用。

苗木机械化移植技术是业内人士公认的难题。有关科研人员经过 10 多年的不断探索，终于成功研制了自行式苗木移植机，目前正在进行成果转化和推广应用。

插条机主要用于杨树苗的培育。该种设备在我国还没有定型产品。

（2）容器育苗生产设备

我国容器苗工厂化生产技术与设备发展很快。从容器制作机、育苗基质处理、装土播种、育苗温室及其温室内的温度、湿度、气体等环境因子调控设备，到苗木运输、装卸、造林等设备，已经全部实现了机械化。由于透光、保温新材料阳光板的诞生和电子计算机控制技术的普及，阳光温室已经形成了产业化，温室内的环境因子调控系统已经实现了智能化。

2）种苗培育机械的发展趋势

实现种苗培育机械化是提高育苗生产效率、降低苗木成本、增加优质苗木产出率的根本途径。目前，植树造林任务逐渐增加和林区劳动力人数越来越少的矛盾日益突出，人们对实现育苗生产机械化的需求更加迫切。未来我国苗圃机械化的发展趋势主要表现在以下几个方面。

（1）解决关键技术、难点问题，实现育苗生产全程机械化。从"十五"开始，国家已经立项，对苗圃机械化关键技术和难点问题组织了攻关研究。目前，已经在少量播种技术、高密度苗木移植技术、精细筑床技术等领域取得了重大突破，实现我国育苗生产机械化已经为时不远。

（2）研发复式高效作业技术。我国现有的苗圃机械基本上都只能实现单机单项作业的功能，综合效率不高。为了进一步减少设备对土壤的破坏，降低综合作业成本，研发一机两用甚至一机多用的复式高效作业技术将会成为未来的发展趋势。

（3）我国北方适于发展大中型苗圃，有利于实现全程机械化。南方苗圃绝大多数规模小，相对分散，适于发展容器育苗技术，采取机械化、半机械化、手工工具并存的模式；个别较大的速生丰产林基地苗圃可以发展工厂化育苗技术。

15.2.2　分类

种苗培育机械包括户外苗圃机械、大田育苗机械、工厂化容器育苗机械、温室苗圃设备、苗木嫁接机械等。

户外苗圃机械按照林业苗圃育苗技术的程序可分为整地机械、筑床机械、播种机械、中耕除草机械、施肥机械、喷灌机械、病虫害防治机械、起苗机械、苗木移植机、切根机、覆土防寒机、撒防寒土机及苗木包装、储藏和运输机械，以及上述设备的通用配套动力等。

大田育苗机械多引用农业机械，常用的有熟地型铧式犁、悬挂式圆盘耙、旋耕机等。

工厂化容器育苗机械及温室苗圃设备，包括苗盘等容器制作机、苗杯焊杯机、基质土搅拌机、基质土填装机、播种机、镇压覆土喷淋机，育苗温室及其温室内的温度、湿度、气体等环境因子调控设备，智能化温室内的环境因子调控系统。

15.2.3　典型产品的结构、组成及工作原理

1. 筑床机

筑床机俗称床机，是修筑林业苗圃苗床使

之形成预定规格床面和步道的土壤处理机械，工作原理与基本结构如图15-4所示。筑床机是由左右步道犁总成、悬挂架、动力传动装置、旋耕碎土装置、土壤颗粒大小分区装置、成形器等零部件组成，其中，步道犁总成由犁柱、犁托焊合、犁臂、犁侧板和犁铧等零部件组成；悬挂架由立杆、横拉杆、杆座和销轴等零部件组成；动力传动装置由万向节传动轴、安全销、输入轴、锥齿轮变速箱、中间传动轴、双排链传动装置及其罩壳等零部件组成；旋耕碎土装置由刀轴、刀裤、旋耕刀和棱角式机罩等零部件组成；土壤颗粒大小分区装置由横梁、弹性梳齿、压板及压板螺栓等零部件组成；成形器由左右翼板焊合、平床板及其连接件等零部件组成。

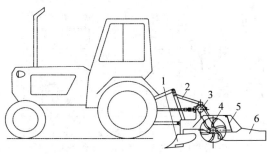

1—步道犁总成；2—悬挂架；3—动力传动装置；4—旋耕碎土装置；5—土壤颗粒大小分区装置；6—成形器。

图15-4 筑床机结构简图

筑床机与拖拉机三点悬挂连接，旋耕碎土装置动力由拖拉机动力输出轴经万向节传动轴输入。左右两个步道犁分别开出步道沟并同时将土翻到中间，旋耕碎土装置将床体土壤进行碎化、疏松、均步处理后，成形器再进行压实整形作业。

筑床机分为通用型和复式作业型两种机型。

（1）通用型筑床机。由步道装置、旋耕器和整形器三种基本作业装置组成（见图15-5）。

（2）复式作业型筑床机。在基本型筑床机基础上加装施肥（药）装置，可同时完成两种或两种以上作业（见图15-6）。

2. 苗床播种机

苗床播种机是在林业苗圃标准苗床上按规定完成播种作业的机械或机具。

图15-5 通用型筑床机

图15-6 复式作业型筑床机

20世纪研制的苗床播种机都是采用外槽轮式排种装置（见图15-7），为了保证播种精度，刮种板和护种板与排种辊之间要保证一定的间隙。当种子在间隙内受到挤压和磨挫时，必然产生种壳或种芽的损伤现象。新型播种机的研发者采取逆向思维的设计思路，把较大直径的凹形排种辊改成较小直径的凸齿形排种辊，凸齿使刮种毛刷形成一定形状和大小的沟槽，种子顺着柔性沟槽排下，从而解决伤种、伤芽问题（见图15-8），而且设备结构简单，制造成本低。

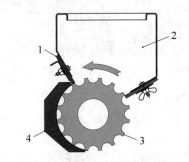

1—刮种板；2—种子箱；3—排种辊；4—护种板。

图15-7 外槽轮式排种装置简图

1—护种排种刷；2—凸齿排种辊。

图 15-8　柔性凸齿式排种装置简图

苗床播种机适用于床作育苗生产的播种作业，尤其是采用新型柔性凸齿式排种装置的苗床播种机结构简单、操作方便、性能可靠，具有播种均匀、节约良种，提高生产率和苗木质量，降低育苗生产成本等特点，适合大面积推广应用。生产试验结果表明：该机可节约良种20%~40%，减轻劳动强度，提高生产率，抢农时；苗木分布疏密合理、养分均衡，提高优质产苗率 10% 以上；可减少间苗量，易于除草松土，可降低苗期管理成本，平均每亩育苗生产综合成本可降低 300 元以上。

苗床播种机分为推式苗床播种机和联合播种机两种类型。前者只能完成辊压床面、播种基本作业（见图 15-9 和图 15-10），后者能够一次完成辊压床面、播种、覆土（沙）、压实联合作业。

图 15-9　2BSR-1000 型苗床播种机

3．覆土机

覆土机由主机架总成、地轮行走装置、覆土装置、土箱总成、传动装置、离合变速装置等零部件组成（见图 15-11）。覆土装置如图 15-12 所示，其工作原理为：当机组前进时，地轮通过轮轴上的齿轮、链轮传动装置带动覆土装置刮土

图 15-10　2BSD-1000 型电动苗床播种机

链板运动，刮土链板把土箱里的土通过出土箱撒布在播完种子的苗床床面上。为了保证覆土精度，刮土链板和挡土板之间要保证一定的间隙，间隙大小通过调整螺栓进行调整，并由锁紧螺栓定位。

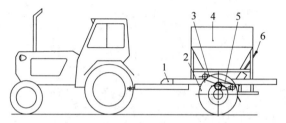

1—主机架总成；2—地轮行走装置；3—覆土装置；
4—土箱总成；5—传动装置；6—离合变速装置。

图 15-11　覆土机机组结构简图

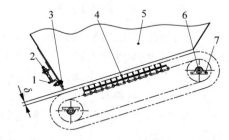

1—挡土板；2—调整螺栓；3—锁紧螺栓；4—刮土链板；
5—土箱；6—链轮轴；7—轴承。

图 15-12　覆土装置简图

覆土机分为覆土型和覆沙型两种机型。由于沙子和草炭土比重相差较大，一般覆土型土箱体积较大，采用牵引式连接；覆沙型沙箱体积较小，采用悬挂式连接。国家林业和草原局哈尔滨林业机械研究所研制的牵引式带地轮传动装置的 2FT-1250 型苗床覆土机（见图 15-13），作为推式苗床播种机的配套机械，覆土厚度均匀，作业效率较高，因而在林业育苗生产中随着播种机的大面积推广而得到广泛应用。

图 15-13　2FT-1250 型苗床覆土机

4．苗木移植机

横向开沟式苗木移植机主要由行走装置、动力系统、变速传动系统、操纵系统、悬挂装置、作业装置、座椅及储苗箱、主机架等零部件组成（见图 15-14）。

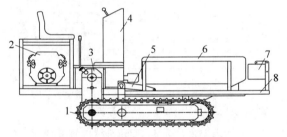

1—行走装置；2—动力系统；3—变速传动系统；4—操纵系统；5—悬挂装置；6—作业装置；7—座椅及储苗箱；8—主机架。

图 15-14　横向开沟式苗木移植机结构简图

横向开沟式苗木移植机的关键部件是作业装置。该装置由机架、开沟器、平轨机构、斜轨机构、翻转机构、限位机构、夹苗装置和传动系统等部件组成（见图 15-15）。

横向开沟式苗木移植机进行苗木移栽作业的关键部件是其作业装置中的开沟器和夹苗装置，二者一起联动，在特定区域又可实现相对平动。开沟器的主要功能是开沟、覆土、压实，同时带动夹苗装置进行夹苗、投苗、脱苗作业。其工作原理是：开沟器沿着斜轨机构以一定的速度运动，同时主机又以一定的速度前进；二者的复合运动轨迹（见图 15-16）正好可

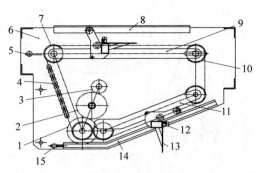

1—齿轮；2—同步装置；3—驱动齿轮；4—链条；5—翻转机构；6—机架；7—链轮；8—上平轨；9—下平轨；10—张紧装置；11—上斜轨；12—夹苗装置；13—开沟器；14—下斜轨；15—限位机构。

图 15-15　横向开沟式苗木移植机的作业装置结构简图

使开沟器实现边入土边扒土的机能；在开沟过程中（见图 15-17），已经夹好苗的夹苗装置也将随着开沟器进入沟中的适当位置；当开沟器完成开沟、覆土、压实过程时，下一个开沟过程也已经开始，其扒回的土可将前面沟内的苗埋好；与此同时，前一个开沟器做出土运动，夹苗装置开始脱苗，脱苗后在弹簧的作用下回到夹苗的位置，出土相对水平速度为零；当开沟器运行到上部即将水平移动时，在翻转机构的作用下进入平轨机构，此时开沟板水平移动，苗夹开口向上，便于作业人员递苗；开沟器离开平轨机构后，在自重的作用下翻转进入斜轨机构重复上述作业。如此往复，从而实现连续完成苗木移栽作业。

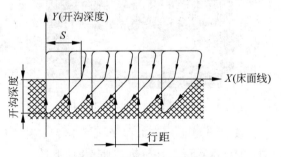

图 15-16　开沟器刃口轨迹图

由于受气候条件的影响，一到二年生针叶树种（松属、落叶松属、云杉属、冷杉属）苗木不能直接上山造林；只有通过换床移植，促进根系生长，提高根茎比，扩大营养面积，才能提高

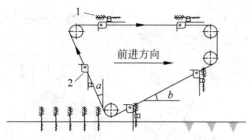

1—苗夹；2—开沟器。

图 15-17 工作原理简图

造林成活率和生长量。这也是育苗生产中劳动强度最大、耗费人力最多的工序。苗木移植机就是进行这项作业的机械。

按照作业方式苗木移植机可分为两种类型：①纵向开沟式苗木移植机（见图 15-18），如现有国外机型和国内 4YK-200 型床作苗木移植机；②横向开沟式苗木移植机（见图 15-19），如国家林业和草原局哈尔滨林业机械研究所研制的 2ZYZ-18 型苗木移植机。

图 15-18 纵向开沟式苗木移植机

图 15-19 横向开沟式苗木移植机

按照配套动力苗木移植机可分为三种类型：①自行式苗木移植机，行走及作业的动力均来自机器本身的苗木移植机，2ZYZ-18 型苗木移植机属于这种类型；②牵引式苗木移植机，行走的动力来自拖拉机或其他行走式动力系统的苗木移植机，国外设备一般属于这种类型；③悬挂式苗木移植机，行走及作业的动力均来自拖拉机或其他行走式动力系统，并且采用三点悬挂式连接的苗木移植机，4YK-200 型床作苗木移植机属于这种类型。

5. 起苗机

动刀式起苗机是较具代表性的机型，属于垄作、床作通用型。该机主要由起苗刀、机架及悬挂装置、传动装置、偏心振动机构、抖土装置、限深装置等零部件组成（见图 15-20）。起苗刀有固定式和动刀式两种：固定式结构简单，制造成本低，但容易堆苗壅土；动刀式可以相对提高切根速度，避免堆苗壅土现象发生。抖土装置有板式、转轮式和摆杆式等形式，其中摆杆式抖土装置的碎土效果较好，不伤苗、不缠根，但有惯性力，使机器产生振动。

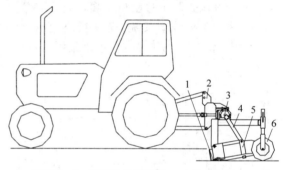

1—起苗刀；2—机架及悬挂装置；3—传动装置；4—偏心振动机构；5—抖土装置；6—限深装置。

图 15-20 动刀式起苗机结构简图

各种类型的林木起苗机的工作原理大同小异。以动刀式起苗机为例，其作业的关键部件是起苗刀和抖土装置，当配套动力拖拉机以一定的速度前进时，带动起苗刀在苗床（垄）适当的深度将苗木主根切断并使其上部土壤与底部土壤分离；同时，传动装置和偏心振动机构驱动抖土装置，使苗木与其根部的土壤分离，从而完成了起苗作业中最为费力的挖苗、抖土工序。

起苗作业包括挖苗、拔苗、清除苗根上的土壤、分级及捆包等工序。现有的起苗机绝大多数只能完成挖苗和抖土，其他工序仍为手工作业。能完成挖苗、拔苗、抖土、计数、装箱或捆苗的多工序联合起苗机只在少数林业发达国家出现过，而且仅限于适用某一种苗木的科研样机。国家林业和草原局哈尔滨林业机械研究所研制了 2Q-1380 型动刀式起苗机(见图 15-21)和 2QDL-240 型大苗起苗机(见图 15-22)。

图 15-21　2Q-1380 型动刀式起苗机

图 15-22　2QDL-240 型大苗起苗机

林木起苗机可分为垄作型、床作型、综合型和大苗型四种类型:①垄作型起苗机,用于垄作苗起苗作业;②床作型起苗机,用于床作苗起苗作业;③综合型起苗机,既能够完成垄作苗木的起苗作业,也能够完成床作苗木的起苗作业;④大苗型起苗机,适用于拖拉机不能从苗行通过的较高苗木的起苗作业。

6.步道松土除草机

步道松土除草机主要由松土铲、旋耕器、机架及悬挂装置、传动装置等零部件组成(见图 15-23)。

步道松土除草机与拖拉机三点悬挂连接,拖拉机动力由输出轴经万向节传动轴传至旋耕碎土装置。当牵引拖拉机以一定的速度在步道上前进时,步道松土除草机的左右两个松土铲分别将步道硬土进行开沟破土,之后左右旋耕器将杂草和土壤进行碎化、疏松。

由于夏季雨水的冲击和人机的踩压,苗圃

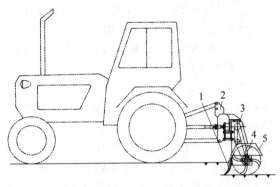

1—松土铲;2—机架及悬挂装置;3—传动装置;
4—旋耕刀;5—旋耕器。

图 15-23　步道松土除草机结构简图

步道会变得越来越浅,土质会变得越来越硬,而且杂草丛生,很难清除。这种现象使得苗圃土壤在较旱的天气很难保持水分,多余的水分很快流走;在较涝的天气造成排水困难,加重圃地水涝。步道松土除草机是一种新型的苗圃田间管理作业机械,生产效率高,适用于苗床步道松土、除草、辅助防寒等作业。

目前国内步道松土除草机只有拖拉机牵引这一种类型(见图 15-24),随着苗圃专用底盘的开发成功,将来也有可能出现采用苗圃专用底盘作为配套动力的机型。

图 15-24　2SDB-2400 型步道松土除草机

15.3　整地机械

15.3.1　概述

整地的目的是改变土壤性质,提高土壤蓄水能力,为树苗创造良好的生长环境。整地需在造林前 6 个月或 1 年进行,且最好选择在雨季,使土壤能够吸收更多的养分。整地的方式分为全面整地和局部整地两种,全面整地适用于土壤环境好、地势较为平坦的林地,而局部整地是对部分土地进行重新开垦,适合地质和土壤条件较差的地区。

整地具有以下特点:一是由于地形、植被、含石量以及水土流失和风沙等因素,只有在少数情况下才进行全面整地,限制了全面机械化作业;二是由于荒山野岭地形复杂,高坡、丘陵、土石山、低湿地、盐碱地等均有各自不同的整地要求,不利于统一标准的机械作业;三是整地深度大,局部整地面积小,但在局部范围内要求土壤疏松,含石量少,肥土集中,截留雨水等,难以采用统一标准的机械作业。

整地的劳动强度很大,每年需耗费大量劳力,且整地质量不高。我国只在12°坡地以下的平原和缓坡地区全面或带状整地时才部分采用机械整地,主要设备是重型铧式犁和缺口重耙,在采伐迹地则使用具有良好越障能力的缓冲式圆盘整地犁和弹齿整地机。1990年,哈尔滨林业机械研究所研制出了QL-20型清林机,该机适用于皆伐迹地的清林作业,工作幅宽2 m,最大收集容量2 m³,工作坡度为横向6°、纵向12°、单向作业16°。

15.3.2 用途及分类

苗圃育苗和宜林地造林前均需进行整地作业。国内外所用的整地机械主要有地被搔除机、松土机、铧式犁、圆盘犁、旋耕机、圆盘耙及钉齿耙、弹齿耙等。森林采伐迹地用的整地机械具有较大强度,且装有安全装置,以防止遇到障碍物时损伤工作部件。

人工促进森林天然更新的主要措施是搔除地表的地被物、粉碎土壤,为天然更新时种子萌发及生长准备一个较好的环境和条件,从而提高成活率,加快森林恢复速度。

15.3.3 典型产品的结构、工作原理及主要技术性能

1. 地被搔除机械

这类机械主要是利用工作部件上旋转的链条、钢丝绳、齿或刀等地表搔除装置,消除地

表上的地被物,使生土露出,便于落下种子的萌发、生长,也可用来直播造林。

(1)链式地被搔除机。芬兰的梅查依尔辛链式地被搔除机是利用旋转链条进行工作的,工作幅宽为40 cm,搔除带中心部深度为15～20 cm,动力机的功率在44.2 kW以上,机身质量为120 kg,生产率为950～1200 m/h,外形尺寸为700 mm×1400 mm×800 mm;恩索孔塔伊尔辛链式地被搔除机也是利用旋转链条进行工作的,旋转链条为单列共10根,每根长37 cm,链端部装有甩锤,搔除带宽为40 cm,带中心部深度为7～10 cm,动力机为40.5～51.5 kW的拖拉机,外形尺寸为760 mm×1040 mm×1040 mm。这两种地被搔除机与动力机械均采用三点悬挂,且工作链条均由拖拉机动力输出轴带动旋转而工作。

(2)齿式地被搔除机。芬兰的M辛基拉地被搔除机工作装置为齿式,该机由两个镶嵌在直径56 cm相距180 cm的转动搔除齿组成,用十字接头连在51.5 kW的拖拉机上。利用拖拉机上的绞盘机提升或降下搔除机,搔除齿的工作宽度大于50 cm,搔除带长度可调节,该机外形尺寸为2450 mm×2350 mm×1200 mm,机身质量为1130 kg。

(3)牵引式锚式地被搔除机。俄罗斯的ЯЛ锚式地被搔除机是由两个装有锚形齿的多面角锥组成,两个角锥大小不同,前后串联一起,大角锥为560 kg,小角锥为250 kg,由ТДТ-40M或ДТ-54拖拉机牵引行进,生产率为3 km/h。

2. 松土整地机械

这类机械是利用齿式或圆盘式的工作部件,旋转时,通过可调整的耕深装置,将地表地被物连同土壤切碎,便于落下的种子发芽生长。

(1)凿形齿振动式松土机。德国生产的松土整地机械,悬挂在36.8 kW的拖拉机后方,工作部分是5个装有弹簧的凿形齿,入土工作时,因土壤阻力的不断变化,在阻力和弹簧弹力作用下,凿形齿产生振动,加强对土壤的松碎效果。

(2)圆盘式松土机。这是在生产中应用较

多的一种松土机,型号不同,结构各异。苏联的РЛД-2型圆盘松土机由左右两组耙片组成,行驶在拖拉机履带压过的地方,耙片可绕垂直于前进方向的水平轴转动。水平轴上端的拉臂用弹簧拉紧,保持圆盘的最大冲角。在遇到障碍物时,弹簧被拉紧而越过障碍物。该机工作幅宽为1.8 m,松土深度为5～15 cm,悬挂在ТДТ-40М拖拉机上,外形尺寸为1025 mm×2000 mm×1415 mm,机身质量为440 kg,生产率为3 km/h。ДПКН6/8型圆盘松土机是俄罗斯生产的另一种松土机,工作部件是缺口圆盘,数量为6～8片,冲角可调正,机架上设有可加土的加重箱,工作幅宽1.1 m,松土深度为5～10 cm,机身质量为240 kg,生产率为3 km/h。这种机器可附带播种装置,进行松土和播种联合作业。

瑞典的多纳伦型和弗伊阿尔MB25型是齿盘式松土整地机。这两种均为齿盘型连续松土式整地机,装有2个松土齿的圆盘,分别装在单独的圆盘支臂上。由拖拉机驾驶员在驾驶室内通过液压调节支臂高低位置和齿盘对土壤的压力进行调节。多纳伦型的圆盘与前进方向间夹角,利用油缸进行调节。

(3)块状松土整地机。瑞典有两种可以完成双行块状整地作业的整地机。其一的工作部件由2个各装有3个松土铲、可在垂直面内上下摆动的松土铲支臂组成,松土铲对地面的压力和松土地块间的间距,由拖拉机驾驶员在驾驶室中根据需要通过油压系统进行调节,机器悬挂在一种折腰拖拉机上;其二的工作部件利用拖拉机绞盘机升降,牵引阻力较小,机组机动性大,可在采伐迹地上灵活地前进和转弯,松土作业时,可用液压装置把4个松土齿的松土轮锁定在一定位置,可用液压装置调节间距,并有自动避障的功能。

3.国内的几种松土整地机械

适用于松土整地的机械,国内也有一些厂家生产,多为圆盘耙、缺口圆盘耙等整地机械,多为借鉴或采用农业机械。

(1)5ZQ(J)-250缺口圆盘中耕机。该机除适用于幼林株行间及幼成林行间中耕抚育

外,也可用于浅翻、灭茬、整地及开沟造林之后复土等多项作业。该机配有直径为560 mm的圆盘共10片,配套动力为东方红-28拖拉机。外形尺寸为2223 mm×(2350～2770)mm×1254 mm,耕深为15 cm,耕幅为2400～2600 mm(当跨垄工作时)或2200 mm(当行间工作时),生产效率为180～225亩/台班,机身质量为400 kg。

(2)5ZQ(J)-300缺口圆盘中耕机。这种机型适用范围同5ZQ(J)-250缺口圆盘中耕机。配有直径为560mm的圆盘共12片,配套动力为铁牛-55拖拉机。外形尺寸为2230 mm×(2800～3000 mm)×1227 mm,耕幅为2800～3000 mm(当跨垄工作时)或2100～2400 mm(当行间工作时),生产效率为180～225亩/台班,机身质量为443 kg。

(3)3S-40型深松犁。这种设备适用于造林地的带状整地、水土流失地区的蓄水保墒,也可用于造林地的中耕抚育。该机三点悬挂在东方红-75拖拉机后面,外形尺寸为1450 mm×1610 mm×1723 mm,深松深度为35～45 cm,深松宽度为80 cm,铲距为35 cm,生产效率为2500～5000 m/h,机身质量为410 kg。

(4)3YQ-240型液压圆盘整地机。该机主要适用于坡度为15°以下的采伐迹地和荒山荒地带状整地。选用J-50拖拉机为动力,一次可整出两条宽50～80 cm、最大耕深小于20 cm的造林带,而且造林带宽度、深度可以根据不同树种和不同立地条件进行调整。借用拖拉机上原配有的油泵、分配器,配上整地机上的油缸、缓冲器、油管组成开式液压油路系统,用来调整、控制整地机的缺口圆盘处于起落、浮动、锁住的位置,使其处于工作或运输状态,并可以调节整地机工作深度及增加自动避障和越障能力。不仅如此,这种设备还可作为直播前整地、植树前整地、打防火带等多种用途,做到一机多用。

15.4 造林机械

15.4.1 概述

植树造林分人工植树造林和机械植树造

林两种。造林机械常用的有挖坑机、植树机、直播造林播种机和飞机直播装置等。

15.4.2 国内外发展概况及发展趋势

20世纪初,在欧洲和北美就开始出现了造林机,但由于机器笨重,发展速度缓慢。进入20世纪50年代,随着内燃机技术的成熟和轻量化,植树机械才得以快速发展。到目前为止,发达国家的树木栽植基本上实现了机械化作业。我国的造林机械化起步于20世纪50年代,到了70年代,由于拖拉机的逐渐普及,引进和制造了多种型式的植树机。在平原地区大面积使用植树机造林,效率高、质量好、成活率高、林相整齐,使得造林机械开始向真正的机械化发展。21世纪以来,我国造林机械化开始有了大幅度提高,造林机械主要是通过引进国外的先进技术设备并对其进行消化吸收和改造。

1. 挖坑机

挖坑机的种类很多。按其与配套动力的连接方式进行分类,可分为悬挂式挖坑机、手提式挖坑机、牵引式挖坑机和自走式挖坑机;按挖坑机上配置的钻头数量可分为单钻头、双钻头和多钻头挖坑机;按钻头形状又分为螺旋式钻头、螺旋带式钻头、叶片型钻头和螺旋齿式钻头挖坑机等。

(1) 手提式挖坑机。手提式挖坑机又分为单人手提式和双人手提式。手提式挖坑机一般功率较小,以单缸风冷汽油发动机为动力,通过离合器和减速箱连接钻头。钻头转速一般为100～200 r/min,由于速比较大,减速机构大多采用蜗轮蜗杆或摆线行星轮机构。挖坑机的钻头多为单片螺旋片型,这种钻头在挖坑过程中向上排土的性能较好。手提式挖坑机适用于拖拉机不能通过的地形复杂的山地、丘陵和沟壑地区,挖坑直径和深度都比较小,也适用于果树的追肥及埋设桩柱。如3WS-28型手提式挖坑机,采用015A-1型发动机,最大功率为2.8 kW,转速为280～320 r/min,挖坑尺寸(坑径×深度)为320 mm×500 mm,质量为17.6 kg。

国外的挖坑机技术比较先进,日本产的A-7型手提式挖坑机质量仅为7.0 kg,采用H350D发动机;A-8D型挖坑机可挖坑径范围为20～200 mm。美国和加拿大生产的手提式挖坑机的发动机与钻头采用分离式,通过液压传动驱动钻头工作。有的手提式挖坑机安装了一个支点(轮子),使挖坑机的携带比较方便。

(2) 拖拉机式挖坑机。拖拉机式挖坑机有以下几种形式。一是挖坑设备通过三点悬挂与拖拉机相连,动力直接由拖拉机的发动机输出轴提供;二是挖坑设备安放在拖拉机的后侧或一侧;三是挖坑设备安放在单独的拖车上,由拖拉机牵引,动力由液压泵提供。例如,东方红-IW60型挖坑机就是通过三点悬挂与拖拉机相连。该机可与多种型号的拖拉机配套使用,具有结构合理、易于操作、经济耐用、便于维修等优点,可用于大面积的植树造林挖坑作业,挖坑直径为500～650 mm,深度为400～700 mm,每小时可以挖坑100个以上。内蒙古赤峰田丰农林机械厂生产的3WH-60型悬挂式挖坑机结构合理,使用方便灵活,易于操作,每小时可挖80～150个坑。其可与多种型号36.8 kW以上功率的拖拉机配套使用,挖坑直径为250～600 mm、深度为0～1200 mm。哈尔滨林业机械研究所研制开发的悬挂式挖坑机可与铁牛40.4 kW或18.4 kW以上功率具有动力输出和悬挂装置的拖拉机配套,挖坑直径为250～600 mm、挖坑深度为0～800 mm、挖坑效率为120坑/h。

德国生产的BT120C型挖坑机发动机功率为1.3 kW,质量为8.2 kg,钻头转速为190 r/min,发动机转矩为1.7 N·m,钻头转矩为79 N·m。美国生产的HYD-TB11H型液压挖坑机质量为170 kg,最大流量为22.7 L/min,最大转速为141 r/min,钻头最大扭矩为349 N·m。美国生产的MDL-5B型挖坑机的发动机采用动力为4.1 kW的BS Intek Pro OHV,挖坑机在工作时发动机离操作者有较远的距离,大大减少了噪声对操作者的影响。

2. 连续开沟自动植树机

(1) 连续开沟自动植树机。可用于较大面积开阔地的造林作业。其通过大功率拖拉机牵引，由开沟器、递苗装置、植苗装置、覆土压实装置和起落调节装置等组成。作业时开沟器切开、破碎和推移土壤，形成连续的栽植沟；苗木按规定的栽植深度和株距被栽入沟内，覆土压实轮随即推拥苗木周围的土壤并压实。这种植树机的工作效率很高。按植树作业的立地条件和苗木种类可分为大苗植树、采伐迹地植树机、沙地植树机、选择式植树机和容器苗植树机等。按开沟方式可分为有连续开沟式、间断开沟式和选择挖坑式植树机；按其与拖拉机挂接方式可分为有牵引式和悬挂式等。

（2）铧式开沟机。开沟断面为梯形，上口宽 30～50 cm，下口宽 20～30 cm，沟深 40～60 cm。这种机具结构简单，制作容易，造价低，最易推广使用，其缺点是回土工作量较大。链刀式或螺旋式开沟机开沟断面呈矩形沟槽，沟宽 20～40 cm，沟深可在 30～80 cm 范围内调节。这种矩形沟槽除栽植树苗外，还可用于栽种根茎作物，以及用于铺设地下排水管道。链刀式开沟机的开沟断面比梯形断面小回土工作量较小，但结构较复杂，成本较高，推广应用较少。

（3）KDE 型开沟大苗植树机。由前机架、限深轮、前开沟犁、植树开沟器、后机架、镇压轮、前后覆土器、苗箱及座位等部件组成。各部件位置均可在一定范围内调整，以满足不同土壤类型、造林工艺、苗木规格的需要。该植树机为拖拉机悬挂式，液压升降，结构简单，机动性好，当机具入土进入正常作业位置时，机具与拖拉机由于非刚性联结而处于浮动状态，植树机可随地面的起伏而起伏，以保证栽植质量。各部件的结构还考虑了栽植大苗的特点。前机架由 100 mm×100 mm×10 mm 的方形无缝钢管焊接而成，机体上安装有前开沟犁、植树开沟器、限深轮和苗箱等部件，两根主纵梁呈 Z 形，可满足前开沟犁与植树开沟器不同耕深的需要；前横梁上装有悬挂架，悬挂架采用三点悬挂机构，适于与东方红75、东方红54和铁牛55拖拉机配套；悬挂架上有两组调整孔，

即上悬挂点 3 个调节用孔和左侧下悬挂点 3 个调节用孔，可根据作业情况改变植树机悬挂及作业时在水平面和垂直面的位置。

（4）JZX-30 型悬挂式植树机，是一种适用于平原地区插条苗造林的连续开沟式植树机。这种植树机与拖拉机为三点悬挂，最大开沟深度 30 cm。另一种 KDZ 型开沟大苗植树机可一次完成开灌水沟并于沟底植树两项作业，最大植树深度 45 cm。4ZZX-80 型悬挂式深松插干植树机由牵引力大于 65 kW 的拖拉机牵引，通过三点悬挂装置与拖拉机连接，开沟宽度 8 cm，最大松土深度 80 cm，可由镇压轮进行土壤的回填镇压。该机作业效率高，平均每秒钟可栽沙柳树 1.25 株，生产率为 4500 株/h，植树面积为 2.67 hm²/h，开沟、投苗、栽植、覆土、碾压一次完成。该机操作灵活方便，转向自如，升降轻便，使用中不受地理条件限制，具有成本低、植苗成活率和工作效率高等特点。

（5）JKZ-70 型开沟植树机，是在蔡斯金植树机的基础上改制的一种牵引式单行植树机，该机适用于沙地大面积机械造林，栽植 2～3 年生的杨、榆、柳、沙枣等树种的实生苗及杨树插条苗。要求苗木是根径 0.5～3 cm、主干长 35 cm 左右、苗木全长 50～300 cm 的健壮苗木。经实地试验，开沟深度为 70 cm 左右，复土深度可达 55 cm，造林成活率在 80% 以上。

（6）由俄罗斯和拉脱维亚研制的"自行式植树机"是一种用于栽植容器苗的连续开沟式植树机，其以履带拖拉机为动力。植树机的开沟器为两个具有一定夹角（10°～15°）的圆盘，容器苗放置在机器上部的苗箱内并由传送带将其输送到开沟器的上部，然后经导向装置将苗木投入到犁沟内。输送带的运行由安装在圆盘式开沟器中心轴上的链轮经过一系列链传动装置驱动。这种植树机的结构较复杂，植树的株距可通过改变链轮的传动比以改变容器苗传送速度来实现。

3. 我国造林机械的发展方向

（1）由功能单一向一机多用方向发展。在我国，植树造林具有季节性和区域性的特点，机具作业时间短，单一功能的机具年利用率较

低。因此,在今后的设计中,要尽量考虑一机多用的问题。具体的实施措施有:一是更换不同的钻头,以适应不同的土壤条件和工作环境;二是设计通用机架,在更换工作部件后即可完成其他项目的营林作业,以提高其利用率。

(2)扩大作业范围。挖坑机不仅要适用于平原、沙地和丘陵,还要适用于山地和沟壑。过去的便携式挖坑机已经不能适应大规模生产的要求,开发研制适用于坡地造林的自行式机械是大势所趋。坡地自行式造林机械应能自动调平驾驶员座椅,可以向行走脚自行的方向发展,以使其具有较强的越障能力。对于受到严重侵蚀的坡地应先在坡地上修造梯田,然后在梯田上造林。

(3)开发容器苗植树设备。容器苗的生产基本实现了机械化作业,大量生产容器苗已经可以实现。因此,应研制栽植容器苗的植树机械。

(4)机械系统化。单一的林业机械只能应用于某一项作业,而机械系统化则能大幅度提高作业效率。林业机械系统化是指用全盘机械化的方法来完成林业生产整个循环或其中某一部分机械设备的最佳组合,所谓"最佳组合"是进入系统内的机械在机械性能和工艺性能上互相协调和匹配,而且这些机械可完全满足林业生产环境的要求。

(5)机械多层化。随着科学技术的不断发展,一些新型的林业机械设备将大量问世,需求量也将扩大,特别是小型、多用、节能、价廉的机械和机具。林业向多层次发展,机械化程度也会大幅度提高。一方面,需要大型机械满足生产高效率的要求,另一方面,还应发展小型机械以解决大型机械带来的问题。如便携式林业机械对人体平衡和安全更有利,树干注射器对防治虫害的效果更显著等。

(6)机械绿色化。在资源逐渐减少、生态环境日益恶化的今天,保护环境、回归自然、实现可持续发展已是大势所趋。因此,林业机械应做到低能耗、低材耗、低污染。在其设计、制造、使用和销毁时应符合环保和人类健康的要求。

(7)机械数字化。微控制器及其发展奠定了机械产品数字化的基础,如机器人操作等。而计算机网络的迅速普及为数字化设计与制造铺平了道路,如虚拟设计、计算机集成制造等,相应的数字化也对生产环境及人才等提出了更高的要求。数字化的实现将便于生产的远程操作、诊断和修复。

(8)人机和谐发展。凡是由人使用的各种机械设备都应进行完善的人机工程学设计,以使其符合人的心理和生理学特性,从而最大限度地减轻使用者的操作疲劳和心理负担,能够使人舒适和高效率地工作,使整个人—机系统具有最和谐的人机关系和最优的综合效能。同时,要尽量减少噪声对操作者的影响,还要考虑诸如手提式挖坑机反向转矩对操作者可能造成的安全问题,尽量把转矩通过机械装置释放一些,提高操作者的安全系数。

15.4.3 典型产品的结构、工作原理及主要技术性能

1. 挖坑机

植树挖坑机是以一长型螺旋钻头或多长型螺旋钻头垂直于地面低速旋转,通过螺旋钻头将土壤向上运输,完成满足栽植树木要求的机器。植树挖坑机由机架、传动轴、变速箱、钻头组成,动力输出接口连接万向节从而带动传动轴旋转,通过高变速比的变速箱减速带动钻头旋转,由螺旋钻头将沙土向上输送堆积,完成挖坑作业过程。

对于悬挂式挖坑机,机器悬挂在拖拉机上,主要用于地形平缓或拖拉机可以通行的地方,钻头的升降由拖拉机手通过拖拉机液压系统操纵,挖坑直径和深度都比较大,也可以多钻头同时作业(见图15-25)。对于手提式挖坑机,机器与汽油发动机装配成整体,由单人或双人手提操作,质量较轻,适用于拖拉机不能通过的、地形复杂的山地、丘陵和沟壑地区,挖

坑直径和深度都比较小(见图15-26)。牵引式挖坑机的机器装在车上,由拖拉机牵引,挂接方便,不受拖拉机结构限制,但结构复杂,机动性差。自走式挖坑机设计成整体自走式,挖坑机本身自带动力,通过性较好,技术含量和自动化程度较高。后两种挖坑机由于局限性较大,在我国应用较少。单钻头挖坑机在我国应用比较普遍,多钻头挖坑机则比较少见。

图 15-25 悬挂式挖坑机

2. 植树机

植树机一般由机架、苗箱、牵引或悬挂装置、开沟或挖坑器、植苗机构、递苗装置、覆土压实装置、传动机构、起落机构等组成(见图15-27)。作业时,开沟器在林地上开出植树沟或穴,用人工或植苗机构按一定株距将树苗投放到沟(穴)中,然后由覆土压实装置将苗木根部土壤覆盖压实。

4ZA-60B型沙丘植树机(见图15-28)的主要参数:

外形尺寸(长×宽×高):2095 mm×1960 mm×1750 mm;

作业效率:100~120亩/台班;

轮距:1735 mm;

开沟犁型形式:对称铧式;

镇压轮垂直面倾角:18°~20°;

镇压力:>7 kg/株;

挂接形式:后三点悬挂;

限深轮:450 mm×180 mm;

高度调节范围:300 mm。

4ZA-60B型沙丘植树机的使用注意事项:

(1)机具使用、调试应由专职人员进行,专职机务人员要了解、掌握机具的结构和调整要点;

(2)机具在悬挂提升状态下,不得在机具下方进行调整和维修;

(3)投苗员必须经过培训,要求投苗准确、深度一致;

(4)注意安全,严禁不提升转弯。

4ZA-60B型沙丘植树机的维护保养注意事项:

(1)经常清除开沟犁、开沟器、覆土器、镇压轮上的浮土,以保证工作面光洁;

(2)定期检查、维修、保养,及时更换犁头、犁壁、刮壁刀、犁铧等部件。

按植苗作业的机械化程度可分为:①简单植树机,由开沟器和覆土压实装置组成,只完

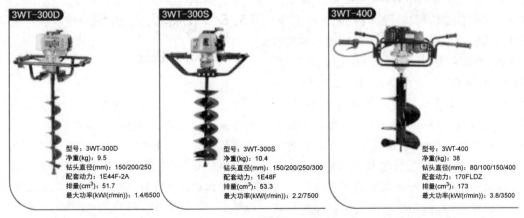

图 15-26 手提便携式挖坑机

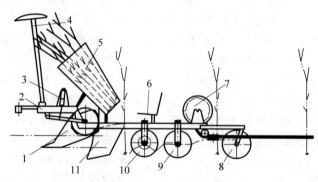

1—开沟犁；2—机架；3—液压升降机构；4—划行器；5—树苗架；6—座位；7—滴灌管铺设装置；8—培土轮；9—覆土轮；10—镇压轮；11—栽树开沟器。

图 15-27　多功能植树机结构示意图

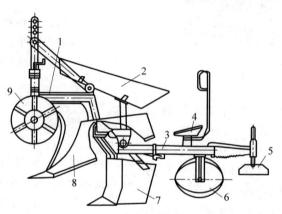

1—前机架；2—苗箱；3—后机架；4—座位；5—覆土器；6—镇压轮；7—后开沟器；8—前开沟犁；9—限深轮。

图 15-28　4ZA-60B 型沙丘植树机

成开沟、覆土压实工序，苗木由植苗员投放入沟中。②半自动植树机，除开沟、覆土压实外，还可完成植苗工序；适宜于经过整地且地形较平坦的立地条件下的大面积机械化造林。③自动植树机，由开沟器、递苗装置、植苗装置、覆土压实装置及起落调节装置等组成，可自动完成开沟、递苗、植苗、覆土压实等全部工序。按植树作业的立地条件和苗木种类可分为大苗植树机、采伐迹地植树机、沙地植树机和选择式植树机、容器苗植树机等。按开沟方式分有连续开沟式、间断开沟式和选择挖坑式植树机；按其与拖拉机挂接方式分有牵引式和悬挂式等。

15.5　森林抚育机械

15.5.1　概述

1. 定义

森林抚育主要是指天然次生林、人工林和平原林地的抚育，目的是提高造林成活率，促进保留木的速生丰产、优质、高产，获得保留木的最佳分布，促进保留木尽快成熟，提高保留木的生长量。抚育管理的内容很多，包括幼林的除草、松土、清林、割灌、中幼林的修枝和成林的抚育间伐等。不同的立地条件和树种、不同的经营方式，对抚育管理的内容和要求不同。一般要求从造林开始连续抚育3～5年,每年1～2次。自幼林郁闭到成熟林主伐前,一般要进行2～4次抚育间伐。近年来,一些速生丰产林基地开始采取施肥、灌溉等营林抚育措施。

林地的除草、松土、清林、割灌、间伐、立木打枝等作业所需的机械都属于抚育机械。目前应用的有松土除草机、割灌机、油锯、立木打枝机、轻型绞盘机、轻型集运机等。

2. 国内发展概况及发展趋势

我国的抚育机械化工作开展得比较早,1953年吉林省建立的第一个机械化国有营林场就开始使用幼林除草机进行抚育作业。在全国各机械化林场的幼林抚育作业除株间中耕外,基本上实现了机械化,幼林的除草、松土机械化比重达60%以上。但就全国而言,幼林抚育作业机械化水平还是很低。南方林区由于山高坡陡,地势复杂,交通不便,抚育管理的机械化比重很低,生产中几乎全部靠手工劳动,主要工具是锄头、砍刀和斧头等。抚育机械主要有以下几种:泰州林机厂研制的DG3型割灌机;湖南省林机研究所和湖南省零陵地区林机厂共同研制的YK-24油茶垦复机;湖南省林机研究所和郴州林机厂共同研制的湘林-120育林车;福建省林机研究所和顺昌林机厂研制的FS-3和FS-5型抚育松土机;福建省林机研究所和福州贮木场研制的FBG-1.3型割灌机;桂林林机厂研制的金龙-25L营林整地机;林业部哈尔滨林业机械研究所和绥化林机厂共同研制的营林-35抚育集材机;西北林机厂研制的CH-2.5抚育打枝锯;常州林机厂研制的QJ-11型绞盘机等。在平原地区的幼林抚育方面已经有了一些配套机具,而且已形成了较完整的机械化作业工艺,但抚育间伐作业机械型号较少、尚不配套,没有确定的机械化作业工艺方案。

进入21世纪后,森林抚育机械的发展趋势有以下特点:

(1)继续大力开发人工林抚育机械新产品,加速老产品的更新换代,新产品将向操作自动化、智能化发展。

(2)积极发展人工林抚育机械的一机多用和联合作业发展。一机多用是指一种机械配备多种工作装置或附件,利用不同装置就能完成不同的作业任务。如一个采伐联合机可以完成树木的伐木、打枝和造材等工作。

(3)大力改善人工林抚育机械的环保性能,注重采伐过程中对人工林生态及周边环境的影响。

(4)进一步提高人工林抚育机械的安全性,包括操作人员及周围人群的人身安全、机械本身的设备安全、对周围环境的生态安全等。

(5)在大量吸收国外先进技术的基础上,寻求适合我国人工林抚育机械的小型、轻便、价格成本低、技术含量高、适应能力强、环保性能好的现代化绿色抚育设备。

15.5.2 分类

1. 幼林抚育机械

幼林抚育机械是指幼林郁闭之前的松土和除草机械。按照我国抚育技术规程的要求,造林之后每年要抚育2次,连续抚育3年。从20世纪50年代起平原地区便开始使用幼林松土除草机。JC-10A型幼林除草机是镇江林机厂的早期定型产品,1975年以后改由吉林省通辽林机厂生产。这是一种行间松土除草机,由3个单机并成一组,一台中型或大型拖拉机可以用联结器挂接2～3组同时作业,松土深度为8～12 cm,如用东方红-75牵引6台、工作速度为3.5～5.4 km/h,其生产率为0.3～0.5 hm²/h。1965年辽宁省昌图县付家屯机械林场研制了XYC型悬挂式圆盘除草机,其能较好地适应地形和越过障碍,工作幅宽为140～190 cm,入土深度为8～12 cm,由东方红-28动力,适合行距1.5～2.0 m,树高1.5 m以下的幼林抚育,同时可以完成锄草、松土和培土作业。ZHCX-1500型株行间除草松土机是辽宁省新民县机械林场1976年研制的,圆盘工作部件可进行行间除草和松土作业,株间除草装置是利用安装在圆盘组上的地轮对地面的附着力,驱动齿杆旋转,完成除草和松土作业,该机也是使用东方红-28作为动力。山地幼林抚育机械化比重较低,大部分还是手工作业,主要工具是锄头和砍刀。为解决手工除草及割灌效率低、劳动强度大等问题,20世纪60年代林业部泰州林机厂、厦门造船厂研制出功率为0.8～1.6 Ps(0.59～1.18 kW)的背负式硬轴割灌机;为了适应陡坡地作业,1979年福建省林科所研制了FBG-1.3型背负式软轴割灌机,额定功率为1.3 Ps(0.96 kW)、转速为6000 r/min,在南方一些林场试用,除草割灌平均工作效率0.85亩/h,平均每亩作业费用2.64元。20世纪60年代初辽宁省林科所研制了畜力牵引式山地幼林松土除草机,工作幅宽约0.7m。机动除草机的研究是70年代初期开始的,1973年浙江省林科所和南京林产工业学院合作研制的自走式除草机是以051汽油机为动力,功率3 Ps(2.21 kW),机身质量31 kg,工作幅宽30～50 cm,最大耕深10 cm,单人操作,适用于横坡地较平整的林带作业;侧坡操作时劳动强度大,在不平整和硬土地上作业时跳动较大。1974年广东省林科所与太子山林管局研制的背负式除草机是在背负式割灌机的基础上加以改装的,其可以同时进行松土和除草,能在坡地作业,但作业时工作头跳动较大,其采用1E40F型发动机,功率为2 Ps(1.47 kW)。1975年福建省林科所研制的FS-3和FS-5幼林抚育松土机于1978年通过省级技术鉴定,其采用051油锯及GJ85型汽油机为动力,功率分别为3 Ps(2.21 kW)和5 Ps(3.68 kW),工作幅宽42 cm,松土深度10～12 cm,可以在25°以下坡度的林地和窄带地进行松土除草作业。1995年哈尔滨林机所开发了中耕除草机,该机配套动力为中马力轮式拖拉机,采用悬挂式连接,生产率为0.5～1 hm²/h,耕深为5～10 cm。

根据林木生长发育的阶段不同,可以采用相应的机械进行抚育。幼林郁闭前主要采用除草松土机进行中耕抚育作业。根据机械的工作目的,可分为行间除草松土机和株间除草松土机;按工作部件可分为以下3种类型:

(1)铲式除草松土机。该机有牵引式和悬挂式两种,其由机架、安装工作铲的横梁、支持轮、起落深浅调节机构、换向机构和不同形式的工作铲组成。

(2)株行间除草松土机。该机用于对人工幼林进行行间和株间的除草及松土作业,其由圆盘组和钉齿滚两部分组成。圆盘组由按一定间隔安装在方轴上的数个圆盘组成,圆盘面与前进方向成一偏角,可对树木进行行间松土除草。钉齿滚每两个成一组,配置在树木行的两侧,用以进行株间的松土和除草。

(3)旋耕式除草机。该机的工作部件为装有刀片的旋耕刀,作业时由发动机经传动装置驱动旋转刀片,在切碎土壤的同时也将杂草切断,并将其混入松土层。旋转式除草机的工作效率高,作业质量好,且能防止缠挂杂草。

2. 经济林垦复机械

我国的经济林树种主要有油茶树、油桐树、栗子树、柿子树、枣树和核桃树等,其中尤以油茶树、油桐树数量最多,分布最广。油茶林主要分布于湖南、江西等14个省区;油桐林主要分布于四川、贵州、湖北等8个省区,其他经济树种较少且比较分散。油茶是一种木本油料树种,是南方人民生活用油的主要来源之一。油茶林的垦复对促进油茶高产稳产作用很大,然而手工垦复油茶林劳动强度大,费工费时。1961—1962年,哈尔滨林机所曾在江西宜春和广西柳州开展了两次大规模的手扶拖拉机用于油茶林垦复的试验工作,对8种进口手扶拖拉机和首批国产工农-7型手扶拖拉机在油茶林地进行了大量试验,推动了手扶拖拉机的发展。1977年由湖南省林业局和零陵地区科委组织对油茶垦复机进行研究,1979年完成了YK-24油茶垦复机的研制工作。YK-24油茶垦复机采用金龙-25L营林整地机作为主机,垦复机的耕宽100 cm,耕深15～20 cm,刀轴转速为75～112 r/min,工作速度为1.33 km/h、2.17 km/h;机组外形尺寸为30 cm×120 cm×110 cm,机组质量2020 kg。该机适用于丘陵山区、生荒地油茶林,以及人工营造或改造油茶林的垦复作业。经试验,垦复机生产率为1.2～1.3亩/h,比人工垦复提高80～100倍。油茶垦复机除了垦复油茶林以外,还可以对其他经济林进行垦复以及用材林的中耕抚育。2009年,哈尔滨林机所研制了5KF-60型油茶垦复机。

3.抚育间伐及次生林改造作业机械

抚育间伐是经营中幼龄林的重要技术措施,中幼龄林扶育间伐不及时将导致林分密度过大,林内透光性差,林木营养面积不足,生长不良,有一些不能长大成材,成为"小老树"。割灌机是我国20世纪60年代研制出的产品,有DG-2、DG-3、FBG-1.3等几种型号。其中,DG-2型和DG-3型割灌机是由泰州林机厂生产,用于割草和锯割直径18 cm以下的林木,可以在30°以下的坡地作业。DG-3型割灌机功率为1.9 kW,机身质量为10.5 kg,机型为硬轴侧挂式。FBG-1.3型为软轴背负式割灌机,适用于地形复杂的山区作业,可以切割根径12 cm的林木,由福建省林科所研制,1979年通过省级鉴定,功率为0.96 kW,机身质量为10.4 kg。1982年林业部鉴定的CH-25、CH-25A轻型油锯,功率为2.2 kW,质量分别为5.5 kg和6.5 kg,适用于打枝、抚育间伐、造材和清林作业。机械化抚育间伐过程是:用割灌机或轻油锯伐木、打枝去梢后,用人力或畜力将间伐材小集中,最后用金龙-25L营林整地机、营林-35抚育集材机或湘林-120育林车把间伐原条集中到装车场。使用DG-2型、DG-3型割灌机比人力砍伐效率提高3倍;金龙-25 L拖拉机配装ST-30集材器,自装自卸,比人力效率提高6~10倍。

4.人工林抚育机械

我国人工林主要以抚育间伐为主。抚育间伐可以改造林分,提高林价,保证林木有合理的营养空间。通过提高保留林木周围的土壤温度、蓄水量、合理的养分及通风透光,可以缩短林木成熟期,增加单位面积木材产量,提高木材质量,这不仅是培育森林的措施,也是获得小规格木材的手段,具有双重意义。因此,抚育间伐机械对人工林的发展及其抚育的意义重大。

森林抚育机械除油锯、割灌机外,还有手扶抚育伐木机和立木修枝机等。

(1)手扶抚育伐木机。该机由机架、单履带式行走装置、发动机、蜗轮蜗杆减速器、操纵机构、锯木装置等组成。行走时,履带和锯板与地面呈25°的仰角,驱动轮离开地面,仅靠拉紧轮同地面接触,故具有较好的通过性和灵活性。锯木时,履带同地面全接触,以增强作业时的稳定性。其可在30°以下的坡地上作业,能采伐直径为2~18 cm的林木。

(2)立木修枝机。立木修枝机多以油锯发动机作为动力,锯切装置采用链锯,全部装置安装在环形框架上,框架上还装有斜向配置的胶轮,胶轮由发动机驱动旋转。修枝时把框架绕装在树干上,胶轮旋转时,修枝机绕树干沿螺旋线向上爬行,链锯将枝丫锯下。在立木修枝机的基础上制造了立木修枝剥皮机,即在修枝机的框架上增设铣刀式剥皮装置,机器上升时链锯进行修枝,下降时铣刀将树皮剥下。

15.5.3 典型产品的结构、工作原理及主要技术性能

1.5XB-6型便携式人工林立木整枝机

由直流电动机、传动系统、切削刀具、稳定板、机架、电池、手柄等组成,5XB-6型便携式人工林立木整枝机如图15-29所示。

图15-29 5XB-6型便携式人工林立木整枝机

主要技术参数:最大整枝直径为50 mm;最大整枝高度为6 m;刀轴极限转速为18 000 r/min;切削刃线速度达12.25 m/s;电动机功率为92 W;电动机额定电压为24 V;工作头外形尺寸为292 mm×254 mm×102 mm;工作头质量为3 kg。

2. 轮式遥控立木整枝机

轮式遥控立木整枝机是一种将整枝机抱在树干上，一般由遥控操纵进行整枝作业的机械，如图 15-30 所示。这种类型的整枝机由发动机离合机构、传动机构、行走机构、切削机构、控制机构及机架组成。机架又分为主机架和夹紧机架，夹紧轮支架可以绕主机架上的轴旋转，通过夹紧弹簧将整枝机固定在树木上，行走机构的车轮与树干呈一定倾斜的角度，可以使整枝机沿螺旋线上升或下降，这种设备的缺点是树木太小时不能使用，一般需要树木的直径达到 10 cm 以上。采用无线遥控方式控制整枝机的上升、下降、整枝作业。目前日本国内使用的主要遥控整枝机的型号、参数见表 15-1。

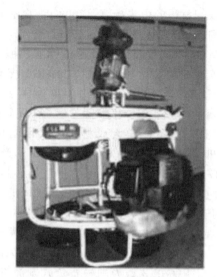

图 15-30　遥控整枝机

表 15-1　几种遥控整枝机的主要技术性能参数

项　目	型　号			
	AB232R	AB350R	AB230	KB500
质量/kg	27	31	27	26.5
发动机排气量/mL	48.6	48.6	51.6	55
尺寸(长×宽×高)/(mm×mm×mm)	520×590×855	530×600×1040	540×580×795	375×390×750
控制方式	遥控	遥控	遥控	遥控
适用树干直径/cm	7～23	15～35	7～33	8～25

3. JJX1-10 型和 JJX1-25 型自行式轻型绞盘机

主要用于主伐及抚育伐的原条或原木的小集中作业。该机结构紧凑、质量轻、操作简便、转向灵活、越野性能好、绞盘牵引力大、工作可靠，集材时可以有效地保护地表及幼树，是一种理想的生态型小集中设备，如图 15-31、图 15-32 所示。自行式轻型绞盘机的主要技术性能参数见表 15-2。

图 15-31　JJX1-10 型自行式轻型绞盘机

图 15-32　JJX1-25 型自行式轻型绞盘机

表 15-2　自行式轻型绞盘机主要技术性能参数

项　目	型　号	
	JJX1-10	JJX1-25
功率/kW	5.5	8.8
牵引力/kN	10	25
爬坡能力	30°	30°
外形尺寸/(mm×mm×mm)	1540×920×1680	1850×1200×1850
结构质量/kg	400	800

4．林地垦复机

该机采用履带式行走机构,爬坡能力可达35°,采用前悬挂卧式旋耕刀轴,实现树干附近的周边垦复除草和松土作业,如图 15-33 所示。通过对林内的全面或带状垦复,提高土壤肥力,促进林果根系透气性和养分,实现林业果实的增产和品质的提高,效率是人工的 20～25 倍。垦复机的主要技术性能参数见表 15-3。

表 15-3　垦复机主要技术性能参数

参　数　项	参　数　值
配套发动机动力/Ps(kW)	9～13(6.62～9.56)
外形尺寸/(mm × mm × mm)	2200×720×950
垦复宽度/mm	600
垦复最大深度/mm	150
爬坡能力/(°)	≤35
整机质量/kg	120
生产效率/(亩·h⁻¹)	1.2～1.8

图 15-33　垦复机

参考文献

[1]　张树民,刘彦波.人工林抚育机械的现状及发展趋势探讨[J].科技咨询导报,2007(17):115.

[2]　周大元,王琦,白帆,等.我国营林机械的发展(一)——总体概述[J].林业机械与木工设备,2009,37(9):11-14.

[3]　谢志华,杜一星.营林机械在新时期林业发展中的作用[J].黑龙江科技信息,2012(6):191.

[4]　杨水星.林业营林机械的现状及发展[J].绿色科技,2013(11):267-268.

[5]　杜春宁.浅谈林业营林机械的现状及发展[J].农业与技术,2013,33(4):29-30.

[6]　王翔,徐家民.新时期林业发展中营林机械的作用分析[J].农民致富之友,2014(20):132.

[7]　李占国.营林机械的发展现状探讨[J].黑龙江科技信息,2015(33):267.

[8]　林建东.林场营林机械使用效果与问题分析[J].林业勘查设计,2018(2):98-100.

[9]　王岩岩,王猛猛,孙悦,等.营林机械的应用及发展探究[J].绿色科技,2018(10):235-238.

第16章

园 林 机 械

园林机械装备是指用于园林、绿化及其养护所涉及的机械与装备，包括草坪建植与养护机械、绿地建植与养护机械、城镇乔灌木栽植与养护机械、花卉栽培设施与装备等。

园林机械是工业革命的附属产物。园林机械的出现和发展是从草坪养护机械开始逐渐发展起来的。

国外园林绿化机械的发展可追溯到百年前，1830年英国的依德威·布丁发明了世界上第一台以内燃机为动力的牧草收割机，并于1832年用于草地的修剪。此后，各种各样用于不同目的的园林工程绿化和养护设备不断涌现。20世纪初，西方发达国家已经开始研制园林绿化的机械以应对繁重的绿化作业，但当时的绿化机械并不是绿化专用的机械，多为农业机械和起重运输机械的组合体，如使用拖拉机和犁进行翻地、播种等。

20世纪50年代，各种用于园林绿化、养护作业的机械设备，像草坪修剪机及园林拖拉机等大量面世，园林机械行业进入快速发展时期；20世纪70年代，在欧美一些发达国家，随着人们生活水平的提高，小型园林绿化和养护机械进入家庭，成为家庭必备的机具；到20世纪末21世纪初，国外发达国家如德国、美国等，在园林机械的使用上，普及到了城市绿化美化、家庭草地美化等，每个家庭都会拥有草坪修剪机及草坪灌溉机等设备。

我国的园林机械产生于计划经济下，起步于20世纪70年代末，直到90年代中期伴随我国经济的发展、城市化的加快及居民生活水平的提高才得到重视并且快速发展，其规模也日益扩大，并形成了相对完善的营销网络。但也应该看到，国内的园林绿化类机械还存在着品种单一、质量低下、性能不足等问题。

从20世纪80年代中后期开始，MTD、TORO、STIHL、HUSQVARNA等国际园林机械制造商开始进入中国市场，并将各类园林机械产品引入中国，同时也促进了国内园林机械行业的发展。由于运营成本持续上升和发展中国家市场需求的增加，欧美发达国家的园林机械制造商纷纷将生产基地转向发展中国家，并在当地建厂或与当地的生产商进行ODM（original design manufacturer，俗称"贴牌"）、OEM（original equipment manufacturer，俗称"代工"）等多种形式的合作。在这种背景下，发达国家园林机械产能逐步向发展中国家转移，为国内企业创造了巨大的市场空间。同时，通过与外资厂商的合作，可以大幅提升自身管理水平和研发技术，为国内企业产品进入国际市场打下了基础。从20世纪90年代末期开始，国内市政建设、房产景观等城市园林绿化需求迅速扩大，推动国内园林机械行业迅猛发展。随着生产技术快速提升，国内园林机械企业开始尝试进军国际市场，整个行业进入快速发展时期。目前，我国园林机械行业属于外向型产业，大部分产品用于出口。

据有关数据显示,到 2017 年全球园林机械产品市场容量已达 217 亿美元,2022 年全球园林机械行业市场规模进一步增长至 371 亿美元,年复合增长率为 14%。

目前,国内的园林机械制造商主要集中在浙江、江苏、上海、山东等华东地区,中部及西部地区企业较少,地域集中情况明显。从参与竞争的企业类型来看,主要包括本土企业和外资企业两大类,本土企业主要为山东华盛、浙江派尼尔及中坚科技、永佳动力、中马园林等。国外园林制造企业如 STIHL、HUSQVARNA 等已在国内设立生产基地,并利用技术、品牌等方面的优势,在中高端园林机械市场上占有较大份额。

园林机械装备就是服务于园林绿化工程中土壤改良、植物种植、植物养护、植物修整等植物种植及管护各项施工作业和相关辅助作业的机械化装备。

园林机械为人们的绿化工作带来了极大的方便,也提高了工作效率,但同时机械的环保问题、适应问题、安全问题都应该得到解决。而未来园林机械的走向也必然会在功能多元化、环保清洁化、本质安全化上来提高,在保证环境清洁、人力安全的情况下,使得工作效率提高。现代科学技术和机械工业基础是园林绿化机械的发展平台,小型动力机械、农业机械、林业机械和草坪机械制造商分享着园林绿化机械市场这块蛋糕,直接推动着园林机械技术的发展。

园林机械行业在快速发展的基础上,通过加大产品研发和品牌建设力度,不断提高、完善园林机械产品的性能和质量,以满足国际国内市场的需求。其发展方向如下。

(1) 从引进吸收向自主研发方向发展。经过多年的技术引进和消化吸收,国内园林机械制造商的整体技术水平、生产装备水平得到了明显提升,其中部分优势企业已掌握了产品生产的核心技术,具备了自主研发和技术创新能力。通过科技手段降低能耗和原材料消耗,降低人工成本,积极采用新型高效工艺技术及设备、新型节能、自动化设备以及信息化技术来提高生产效率,同时加强新产品开发,不断提升品牌附加值,已经成为我国园林机械行业实现产业升级的必然选择。

(2) 动力源向节能环保绿色生产方向发展。环境保护问题对园林机械制造商提出巨大挑战。随着环保法律法规日益完善,对园林机械在环保方面的要求越来越高。现在新一代的以低噪声、低污染的汽油发动机和锂电池为动力的园林机械已开始投放市场并将逐渐成为主流。园林机械的未来走向在动力上必然会被电动机全部取代。因此,园林机械产品符合排放标准和产品安全标准已成为国内制造商面临的主要技术壁垒。未来国内企业将努力提升核心技术,提高产品的环保和安全性能,积极推进产品的升级换代以满足国际不断更新的环保安全标准。

(3) 控制系统向自动化和智能化方向发展。园林机械行业的发展也是产品自动化程度不断提高的过程。以草坪修剪机为例,西方发达国家在 20 世纪 80 年代,当草坪修剪机进入家庭庭院时,是以步行操纵推行式产品为主导;但到 90 年代,已为步行操纵自走式产品所取代;进入 21 世纪,小型坐骑式草坪修剪机得到广泛运用,无人驾驶、遥控技术的园林机械,智慧型草坪修剪机器人已经涌现。

(4) 功能上向多功能园林绿化机械方向发展。无论是国内还是国外,各生产商所生产的园林绿化机械在功能上大多极为单一,这使得在绿化工作中,经常需要多人配合或者更换机械,使得工作效率降低,增加人力成本。因此,园林绿化机械就需要一机多用,也就是在一个主机上配备多种绿化工作所需的附件(工作头),在由一项工作转向另外一项时只需要更换附件就可以。例如,CRAFTSMAN 曾推出过带有十余种附件的园林绿化机械,其主机为草坪拖拉机,附件为各种草坪修剪附件;美国 TORO 公司研制了集挖沟、挖坑以及耕地和播种牵引等功能于一身的绿化机械,使得园林机械的发展跨出了历史性的一大步。

(5) 向提高舒适性、安全性方向发展。在设计时,就应考虑到操作的舒适性、本质的安全性,以人为本,使操作界面友好。在使用过程中,相互适应,机宜人、人适机。机械的不安全状态与人的不安全行为同时发生时,应有安全联锁或安全制动装置。在养护维修时,应便于操作,不带来新的危险。

我国园林绿化装备应重点发展土壤改良机械、植物种植机械、节水灌溉机械和草木修剪机械四大类技术装备。

园林土壤改良及土地整理机械、节水灌溉机械,大多直接采用农业机械或稍作改进使用,因此,在本章中不再赘述。本章重点介绍植物种植机械和草木修剪机械、园林养护机械。

16.1 种植机械

16.1.1 概述

1. 定义

全民植树造林是我国的一项基本国策。园林种植技术除了要获取植物的基本生态特性外,更重要的是强调植物生长过程的观赏效果。因此,必须采用更科学的方法,尊重植物生长规律,把专业技术人员的技能与高效率的生产机械相结合,提高种植成活率和植被生存质量,减少苗木、种子及相关生产资料的不必要浪费。种植机械化是降低种植成本、提高苗木成活率及植被生态质量的必要条件。

随着我国基本建设的大规模发展,公路、铁路、水利等工程建设都有大面积的地表需要绿化建植。喷播技术被证明是解决上述问题行之有效的方法,喷播机械是实施这项技术必不可少的条件。

机械喷播技术的施工特点:①机械化施工,建坪速度快、效率高,一台喷播机一天可喷播几万平方米;②草坪质量效果好,生长均匀、致密;③应用范围广,在复杂及恶劣条件下强制绿化,成功建植草坪;④建设成本低,比工程砌石护坡降低造价5~10倍;⑤节省后期养护费用,减少和防止冲刷,减少清理费用及危险灾害的发生。

目前,国内已有多家单位对该类技术进行研究开发,形成了各具特色的专有技术,已在各类边坡绿化、矿山植被恢复、城市景观绿化、高尔夫球场等工程护坡和绿化中推广应用。该技术是集工程力学、生物学、土壤学、高分子化学、园艺学、生态学等学科于一体的综合环境治理技术,其核心是通过各种物质的科学配置,在治理坡面上营造一个既能让植物生长发育,而种植基质又不被冲刷的多孔稳定结构,使建植层固、液、气三相物质趋于平衡。植被喷播技术实现了边坡防护和景观绿化两大功能的完美结合。

喷播机械在我国的应用才刚刚起步,以仿制为主,有待全功能开发、规范化生产,相关机械如覆盖物的木本纤维、草本纤维和回收利用纤维的制备机械,恶劣条件下喷播所需的草本植物毯、松针毯制备机械等也需要开发。喷播机械是实施这项技术必不可少的条件,前景广阔。

2. 用途

长期以来,由于铁路、公路、采石场、堤坝等基础工程和森林草场退化等造成了很严重的地表裸露,近年来水土流失等后遗症扑面而来。目前我国43%的国土是不适合人类居住的荒漠,而从世界范围看,全球上1/3的地面表面积已被荒漠覆盖。传统的手工培育绿化植物方法周期长,成本高;一些坡面传统的防护措施为水泥、砖等纯工程措施,景观差,成本也高,在一些地区也很难实施。这就需要一种全新的方法来代替传统方法。在土壤条件较好的地区,采用人工播撒草籽的方法也能达到绿化效果,但在土壤条件恶劣、高陡边坡的绿化防护中,这种方式实施的难度很大。

喷播技术是目前公认的最为高效的绿化手段。因喷播的种子混合物中含有黏结剂、保水剂等,能在裸露表面形成一层膜状结构,加之有无纺布覆盖加以保护,故能有效地防止雨水冲刷,有利于保温、保湿,能使种子在较短的时间内发芽生长,迅速覆盖地面,使裸露地表得以恢复绿化。

喷播技术在水土保持和绿化中的应用具有非常广阔的市场前景。在选择喷播机械时,应该考虑植物种子的颗粒大小,选择合适的喷播作物种子,选择的喷播机械的喷头能与喷播物的颗粒度的大小相符。

3．国内外发展概况及发展趋势

工程绿化机械最具代表的装备就是水力喷播机械。从普通园林工程到高尔夫球场建植,从迹地景观重建到山体边坡生态恢复,喷播机械的表现都十分出色。客土喷播技术是借助流体动力实现逆向输送植物生长体和生长基质,达到在目标地貌恢复植被生态基础的目的,其技术较复杂,无论是客土配方还是输送机械,都有多种多样的形式与组合。于是,这种液体纤维覆盖物及各种喷播设备迅速普及开来,经过多年的生产实践和技术进步,产品已经多次更新换代,技术装备成熟配套。

喷播机械作为一种先进的植被建植技术,在许多国家都有生产,目前在欧洲、北美和日本普遍应用。美国是喷播技术的发源地,喷播机械产品品牌多、规模全,结构类型及功能多种多样,技术性能领先,应用十分普遍。欧洲大部分地区是平原,山地不多,降水量均匀丰沛。因绝大多数国家国土面积较小,故使用中小型喷播机的较多,使用大型喷播机的较少。喷播机的软管喷射部分多使用机械手,绿化隔离带和公路边坡等喷播作业大多使用加装机械手的喷播机。日本是一个山地岛国,总体上属于温带海洋季风气候,降水量丰沛。日本的喷播技术以客土喷播为主,与岩体工程技术紧密结合,技术装备以在水泥喷射机基础上改制的居多。日本引进美国水力喷播技术后,也推出了许多适用于泥浆客土喷播的日产水力喷播机,如增压罐式挤压泵喷播机、双罐双轮泵高次团粒喷播机等。

我国于1995年开始从国外引进喷播技术,此后喷播技术迅速在全国矿业、河堤推广使用,现已成为河堤、矿山、山坡、公路铁路边坡绿化等植被恢复、生物防护之有效的措施。

目前许多的喷播机以施工设备、技术产品或商品等形式,通过各种渠道进入我国市场,其中以芬尼的销售量和保有量为最大。

16.1.2　分类

1．草坪建植机械

草坪的建植需要高效率、高质量地完成,使用机械是一个可靠的选择。可供选择的主要机械有:①草坪喷播机。草坪液力喷植是利用液体播种原理把催芽后的草坪种子和一定比例的水、纤维覆盖物、黏合剂、肥料等混合,利用离心泵把混合浆料通过软管输送,喷播到土壤上。②草坪播种机。主要是把草种均匀地播撒在土地上。③草坪移植机。由于草坪采用播种的方式栽植,所以生长较慢,草坪移植机可以把在草坪基地的草坪移植过来,对原有的草坪中破损的地方进行切割修补。

1）草坪喷播机

草坪喷播机是喷播种植技术的关键设备,是集多项技术于一体、适用于各种地貌的一种特殊工程作业机具,有液力喷播机和气力喷播机两大类。

（1）液力喷播机

液力喷播机也叫水力喷播机、湿法喷播机,是一种以水为载体的喷植方法,喷送物是混合浆液。衡量混合浆液物理性能优劣的主要指标有黏稠度和固体含量,这也是衡量喷播机械搅拌性能和泵的通过性能的主要指标。

液力喷播机有混合(搅拌)与输送两项基本功能,根据输送方式不同,机械结构上有很大差异。

根据工作原理的不同,喷播机分为射流搅拌喷播机、机械搅拌喷播机、压力助喷喷播机三类。射流搅拌喷播机与机械搅拌喷播机的输送方式相同,而混合方式不同,机械结构上有较大差异。机械搅拌喷播机与压力助喷喷播机混合方式基本相同,而输送方式不同,机械结构上有较大差异。

根据使用范围,喷播机可分为客土喷播机、绿化工程喷播机、园林喷播机三类。客土喷播机通常以高压气流为输送载体,喷送物是配制混合好的松散的植生基材,由于气流输送的客土含水率低,这种方法也叫作干法客土喷播,主要用于裸岩或成土母质,在一些条件好的荒漠中也可以使用,目前国内外的客土喷播机械基本上都是沿用水泥喷混机械,需要大功率空气压缩机、发电机、水泵等机械配套使用;绿化工程喷播机主要用于原始土壤的绿化;园林喷播机主要用于成熟土壤的绿化和园林喷播种植。从应用范围上又可将喷播种植机械分成城市园林工程的小型喷播机和生态恢复工程的专业型喷播机。前者以射流搅拌形式为主,后者都是机械搅拌的或增压的。

①　射流搅拌喷播机

射流搅拌喷播机一般采用油罐型混料箱,依靠上、下两根射流管喷射水流冲击罐内浆液形成两维循环流,实现固体物与水的混合。射流搅拌喷播机结构简单,搅拌力度较小,因此需要较长的混合搅拌时间,罐容量一般也只能在 2000 L 以下。由于射流管结构的限制,射流搅拌喷播机一般只允许输送 7%～15% 固体含量的中等浓度混合浆液。这类喷播机通常适用于表层土熟化程度较高、以庭院花园为主的小规模绿化工程。

②　机械搅拌喷播机

机械搅拌喷播机一般采用槽箱形混料罐,依靠卧轴浆式搅拌器搅动罐内浆液形成二维或三维循环流,实现固体物与水的混合。浆式搅拌器搅动力度大,可以保证固体含量 30%～60% 的高浓度浆液充分混合,并在喷播过程中始终保持悬浮状态。同时,机械搅拌喷播机配备的泵具有叶片少、流道宽、转速低的特点,保证了输送高浓度混合浆液不出现堵塞现象。搅拌机可以采用液压无级变速机械搅拌器,液压无级变速机械搅拌器调整范围大,可以根据浆液的浓度、罐容存量、混合程度随时调整搅拌的方向、速度和力度,能适应各种喷播纤维覆盖物施工需要,也能喷送草炭、泥炭等或人工配制的生长基质,其性能是射流搅拌和定速机械搅拌无法比拟的。

③　压力助喷喷播机

当喷播施工作业面底层土质透水性较差时,需要喷送浓度超过 50% 的混合浆液。压力助喷喷播机是靠向混料罐内注入压缩空气帮助混合浆液外排,同时改用容积式蠕动泵抽送

实现作业功能。

(2)　气力喷播机

气力喷播机主要用于播撒草茎或干纤维覆盖物于种植后的地被表面,又称风送式喷播机,在我国基本上没有应用。

2)　草坪播种机

草坪播种主要采用人力方式,播种前先施肥,然后将种子撒播于土地表面。这种播种方法劳动强度大,生产率低,不能满足大面积草坪建植的需要。

与小型拖拉机相配套的草坪施肥播种机,能一次完成施肥、覆土、播种三项作业,也可以单独完成播种、喷粉或覆土。其通用性好,质量轻,结构合理,能达到满意的工作要求。

3)　草坪移植机

草坪移植机械包括起草皮和铺设草皮。目前,铺设主要采用人工方式。

起草皮机是将草皮切割成一定宽度、厚度和长度的草皮块或草皮卷的机械。

2. 植树造林机械

参见第 15 章营林机械。

16.1.3　典型产品的结构、工作原理及主要技术性能

1. 喷播机

1)　液力喷播机

(1)　液力喷播机的工作原理

喷播施工时,根据施工表面的种类、土壤条件、地域气候和工作面的坡度大小,按一定的程序,将水、草种、肥料、天然木纤维、保水剂、黏合剂、染色剂等有关材料定量地加入喷播机的搅拌箱中,待物料搅拌均匀后,通过机械的喷射系统,将具有一定黏度的均质混合物用喷射泵通过管路和喷枪以高压力喷覆在绿化施工的土壤表面上,形成松软而稳定的覆盖草种养生的覆盖层(喷播层),在合适的条件下,草树种即可很快萌芽和生长。

(2)　液力喷播机的结构组成

液力喷播机主要由混料罐、搅拌器、泵站、喷枪和机架五部分组成,其实物如图 16-1 所示。

图 16-1　SL PBJ 型草种喷播机

① 混料罐

混料罐为卧式,有槽箱形和油罐形结构,其容积为 200～12 500 L 不等。容积 200～3000 L 的液力喷播机适用于私家花园等小面积绿地建设,土宝、安逸、莱克等多数产品就属于此类,其混料罐通常用工程塑料或玻璃钢制成油罐式结构;容积 3000～5000 L 左右的液力喷播机适用于城镇公共绿地建设;容积在 5000 L 以上的液力喷播机适用于高速公路、水电站、机场、高尔夫球场等大型绿地建设,其混料罐通常用钢板制成槽箱式结构,内壁涂有防锈蚀、耐磨性好的化工材料。

② 搅拌器

搅拌器有射流搅拌和机械搅拌两种基本方式,也有两种方式同时使用的,以保证混合液在喷洒过程中处于全悬浮状态。射流搅拌一般在油罐形的小型液力喷播机上使用,有循环射流和强制射流两种工作方式。稍大一些的喷播机或断面为椭圆的混料罐往往采用上、下各一支射流管的双管喷射结构。上管的作用是将漂浮在水面上的干纤维冲入水中;下管的作用是保证混合液在喷播过程中处于全悬浮状态。如使用的喷播料不规范或执行操作规程不严格,则容易出现喷管堵塞现象。

机械搅拌采用 0～100 r/min 无级变速搅龙调整搅拌力度,搅龙可正反转,独立离合器控制。搅拌的数量和叶片形态因罐容大小和回流形式有所不同,落料入口处的叶片具备物料的破碎功能。小机器设单搅龙,大机器多是远距离运输作业,且排空时间长,易产生分层或沉淀,一般设 2～3 个搅龙,同时设回流喷射管。

③ 泵站

泵站以柴油机或汽油机作为动力,由高压浆泵及控制管路组成,是整个喷播机的核心,用来输送纤维浆液。泵组由高压浆泵及控制管路两部分组成,由柴油机或汽油机带动。

小型喷播机通常采用泵与汽油机直接传动方式;控制管路一般是两进两出或两进三出,由手动球阀和限压阀控制。

大型喷播机可采取汽油机或柴油机间接与泵连接传动的方式,配有启动器、发电机及驱动离合器。泵的压力和流量在一定范围内可通过调整泵的转速来改变。射流搅拌的喷播机其射流管与喷播管相通,在喷播工作间歇时起旁通的作用,喷播时射流强度降低。机械搅拌的喷播机在喷播工作间歇时,回流管路限压阀自动卸荷,使泵出的浆料通过旁通管回流到罐内。吸水旁路可自吸水注入罐内。

高压喷播泵不同于普通的泥浆泵和纸浆泵,它既要防止堵塞又要防止破坏种子。因此,许多专业制造商使用自己特制的高压浆泵。

④ 喷枪

喷枪一般有 3～5 种形式。常用的有远射程直流喷枪,适于线性作业;有中距离鸭嘴喷枪,适于开阔地带工程作业;还有适于近距离作业的扇面喷枪。此外,还有消防喷枪和雾化喷枪等,与喷播机配套使用即具备消防车和打药车的功能。

小型喷播机由于泵压小、射程短,故常配备 30 m 输送管,以扩大工作范围。

大型喷播机通常设有喷射控制塔台。仪表板可显示并控制油、电、速度、温度等。喷嘴可快速拆换。喷枪可 360°平面回转和在上下 160°范围内调整,操纵灵活。

⑤ 机架

机架的作用是将喷播机各个部分连接组合在一起。大型和小型喷播机都采用滑台式固定机架,吊装或直接固定(大型机)在卡车上;中型喷播机既有滑台式机架,也有机动性较好的拖车式机架。拖车式机架配有电动刹车、远程指示灯、可调式前支腿及可调式鹅颈铰链等。

(3) 液力喷播机主要产品的技术参数

由于我国的地形地貌比较复杂,且森林草

地的覆盖率低,荒漠化还有进一步扩大的趋势,矿山、河堤、山坡及公路边坡等裸露表面的植被恢复形势严峻,国外的一些先进的喷播技术虽然能为我国所用,但并不完全适用。当前,国产喷播机的研制基本上是以美国技术为主,吸收日、德、澳等国家技术仿制和研发而来。喷播机的结构并不复杂,近年来,在喷播机械的国产化和仿制方面取得了巨大的成就,比较成功的企业有北京三丰大地生态公司、北方绿化新技术研究所等十余家企事业单位。仿制的喷播机基本结构与进口机型相差不多,泵和配套动力的选择因受国内环境限制故有局限性。个别企业已注意到泵的特殊性,经自主开发组合后功能虽相似,但效果却不同。从当前我国喷播机的发展情况来看,国产化机械基本上代替了进口机械,部分机型已能够满足我国绿化需求。表 16-1 是我国自主研发的部分液力喷播机的机型与参数。

表 16-1　国产部分液力喷播机的机型与参数

型　号	主要参数			用　途
	流量 /(L·min⁻¹)	最大射程/m	功率 /kW	
PJT2519 型水力喷播机	545	35	19	适合中小型环保绿化工程,可应用于城市小区、公园、街道、广场、运动场、度假村等地的草坪建植
PJZ2511 型水力喷播机	545	25	11	适合在现场面积不大、建植质量要求高、地貌复杂的地段喷播施工
PJZ4038/R 型水力喷播机	650	50/55	38	可在植物难以成活及人力难以施工地域进行喷播施工。适合大、中型园林绿化工程、交通沿线、江河堤坝、水库护坡工程以及垃圾场、矿山废弃地、电场粉煤灰堆积场复垦绿化等生态环保工程
自走式液力喷播机	840	45	22	适用于各种岩石、硬质土、沙质土、贫瘠地、酸性土壤、干旱地带、海岸堤坝等植物生长困难的地方绿化喷播
XPY 型液力喷播机	840	43	18.7	喷植稻田、草坪、树木花卉、农作物种子等,还可用来灌溉、施肥、喷洒农药等日常护理及土壤改良工作
HYP-5 型液力喷播机	840	50	22	适用于各种岩石、硬质土、沙质土、贫瘠地、酸性土壤、干旱地带、海岸堤坝等植物生长困难的地方绿化喷播
PJZ8078 型水力喷播机	1350	70	78	可以实现在植物难以成活地域建植优质草坪的要求。在防止水土流失、山体滑坡等水土保持及护坡工程中可发挥不可替代的重要作用。尤其适用于大型园林绿化工程及各种水土保持、生态建设工程,是大型喷播施工工程的首选
PJZ6059 型水力喷播机	1350	60	59	适用于大面积缓长坡面生态恢复工程,也可应用于应急消防

上表所列都是当前我国应用较多的机型,都是湿式喷播机。湿式喷播技术是从国外引进的一种先进的植被建植技术。该技术目前在欧洲、北美和日本使用较普遍,我国于 1995 年由交通部科学研究院从瑞士引进,并迅速在全国公路绿化行业推广使用,现已成为高速公路边坡植被保护、河堤生物防护及大规模绿地建植的一种行之有效的植被建植方法。

喷播机械在许多国家都有生产。常见的品牌有芬尼（FINN）、波威（BOWIE）、土宝（TURBO）、安逸（EASYLAWN）、莱克（LESCO）等。较为有影响的是芬尼和波威，芬尼各规格产品的主要技术参数见表16-2，波威各规格产品的主要技术参数见表16-3。

表16-2　芬尼产品主要技术参数

型号	罐容量 /L	工作效率 /(m²·次⁻¹)	泵口压力 /(kg·cm⁻²)	喷射距离 /m	配备动力 /kW	机身质量 /kg
T30	1200	400~500	5	25	13	440
T90	3500	1200~1400	6	45	27	1680
T120	4500	1600~1800	6	45	27	1900
T170	6500	2600~2700	7	60	60	2700
T280	11 000	4000~5000	9	70	81	3550
T330	12 500	5000~6000	9	70	81	3830

表16-3　波威产品主要技术参数

型号	罐容量 /L	工作效率 /(m²·次⁻¹)	喷射距离 /m	配备动力	机身质量 /kg
T30	2000	500~800	25	TJD	1140
T90	3500	1200~1400	45	W4-1770	2200
T120	4000	1500~1700	45	W4-1770	2520
T170	6000	2200~2500	65	4039 柴	3220
T280	10 000	2500~4000	65	4039 柴	3860
T330	12 000	4000~5000	65	4039 柴	4000

2）气力喷播机

气力喷播机由以下各系统组成：

（1）利用风机产生的高压气流将种子或颗粒毒饵经喉管喷撒出去的主风道系统。

（2）利用种子的自重及喉管产生的负压所组成的种子排种输送系统。

（3）为了使不同种类的种子混合后能均匀地喷撒在宜林地上而使喷管作往复摆动的喷筒摆动系统。

（4）整机的动力由拖拉机动力输出轴提供，经变速装置后一部分变为风机的动力，另一部分变为喷筒摆动系统的动力。

（5）整机采用三点全悬挂，可以使拖拉机后轮增重，减少拖拉机的滑转；整机装有行走轮，在平坦的地面上拖拉机的液压操纵手柄应放在浮动位置上；在地形起伏变化较大的地面上，液压手柄应放在调节位置，使行走轮悬起。

（6）该机能够与铁牛55、东方红75或东方红802拖拉机配套，因此悬挂装置应具有通用

性。气力喷播机实物及结构图如图16-2所示。

2. 起草皮机

起草皮机的工作装置是草皮切割刀，它有两种结构形式：一种是由两把L形的垂直侧刀和一把水平的底刀组成，侧刀进行垂直切割，形成草皮的宽，底刀切割草皮的根，形成草皮的底，也就是草皮的厚度；另一种是由一把U形铲刀组成，铲刀的水平刃切割草皮的底部，垂直刃切割草皮的两个侧面，使草皮与地面完全分离。现在使用比较多的是U形铲刀，并常采用振动式铲刀，这种铲刀容易入土，并可减少切割阻力，也不易粘土。按照配套动力不同，起草皮机有步行操纵自走式、拖拉机悬挂式等类型。

步行操纵自走式起草皮机如图16-3所示，是目前使用最广泛的一种机型。它的切割装置普遍采用由偏心轮带动的振动式U形铲刀。一般配有4~7 kW汽油机作为动力，发动机的动力通过V形带和链传动或齿轮传动，驱动位

于铲刀前面的驱动轮,使起草皮机行走,并牵引切割刀进行切割草皮作业。

作业时,操纵手扶把上的离合器使发动机的动力通过离合器的接合传递给镇压辊,驱动机器向前运动。扳动起草皮刀操纵手柄,放下起草皮刀使其进行起草皮作业,两侧刃垂直切割形成起下草皮的宽,底刃切割草皮的根,形成草皮的底部,如图 16-4 所示。完成起草皮作业后,再扳动起草皮刀操纵手柄,抬高起草皮刀完成起草皮作业。

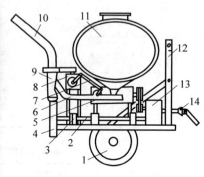

1—行走轮;2—风机传动轴;3—弹性联轴器;4—风机;5—齿轮蜗轮蜗杆减速器;6—输种管;7—曲柄摇杆机构;8—放大装置;9—喉管;10—喷筒;11—种子箱;12—悬挂架;13—变速器;14—传动轴。

图 16-2　气力喷播机

1—离合器;2—齿轮油标尺;3—行走轮;4—起草刀片;5—发动机;6—保险杠;7—起草高度调节手柄。

图 16-3　步行操纵自走式起草皮机

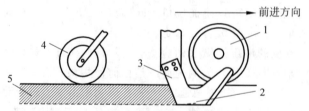

1—前驱动轮;2—水平刀;3—垂直刀;4—后轮;5—起下的草皮。

图 16-4　起草皮机工作原理

起草皮的深度可以通过丝杆构成的升降调节机构进行调节，最深可调节到 75 mm，切下草皮的宽度由起草皮刀两垂直侧刃的距离确定，小型起草皮机起草皮的宽度为 300 mm 左右，大型起草皮机起草皮的宽度可达到 600 mm。切下的草皮可以被卷起来运送到铺植草坪的地点。

16.1.4　安全使用规程（包括操作规程、维护和保养）

1. 起草皮机的正确使用

（1）将发动机燃油箱加满，正确启动发动机，并使发动机低速运转 3～5 min。

（2）机手将起草皮机开进作业区，压下切刀离合器手柄，接合切刀动力，加大油门到 1/2 处，使切刀往复振动运行。

（3）调整切刀入土深度使切刀入土，达到入土深度后紧固并调整把手。

（4）压下行走离合器，接合行走动力，加大油门，开始作业。机手扶机行走正常作业时，可将油门锁紧定位。

（5）暂时停车时，可将油门调小，使行走离合器自动分离。

（6）停止作业时，应提起切刀。

（7）在地面短距离运行时，应提起切刀，切断切刀动力，接合行走离合器，减速慢行。

（8）长距离运输时，应将机器装在专门的运输车辆上，以免损坏驱动轮橡胶外套的花纹。

2. 起草皮机的维护保养

（1）作业前，检查各机件连接部位是否松动，如有应紧固，并对各操作杆连接处滴些机油；变速箱油面应保持在其高度的 1/3～1/2；齿轮油应每隔 3 个月更换 1 次；轴承每工作 50 小时应加注润滑脂；连杆转动处的油杯应及时加注润滑油。

（2）作业中，机器严禁在有砖瓦、碎石、树根的地块作业，以防损坏切刀。胶轮不能与油等化学品接触，以防加速其老化。

（3）作业后，应擦净机器尘土，给尾轮充气，调节三角皮带张力，防止皮带过松打滑。

（4）机器长期不用时，应进行全面保养，然后放置于干燥处保存。

16.2　修剪机械

16.2.1　概述

1. 定义

修剪机械包括草坪修剪机、割灌机、绿篱修剪机。

1）草坪修剪机

草坪修剪机又称草坪机、除草机、剪草机、割草机等，是一种用于修剪草坪、植被等的细小杂草、青草或类似柔软性植物的机器。草坪机应用普及度较高，能够广泛应用于私人花园、公共绿地和专业草坪的草皮修剪，市场需求占园林机械产品总需求的比重较大。2002—2016 年，全球草坪机市场需求从 57.00 亿美元增长至 72.95 亿美元，年复合增长率为 1.78%。预计全球草坪机市场需求将保持 2.60% 的复合增长率。

2）割灌机

割灌机是指装有由金属或塑料制成的刀片，通过刀片的旋转切割灌木、草或类似植物的机器。

3）绿篱修剪机

绿篱修剪机又称绿篱机，是以汽油机或电动机为动力，用作绿篱的修剪、整形、打枝等专用的机械。

2. 用途

1）草坪修剪机

草坪养护最基本的工作是草坪修剪。大面积的草坪修剪是人工无法完成的，必须使用机械，只有机械才能保证修剪的效果和效率。草坪机的知名品牌主要有 MTD、HUSQVARNA、GGP 和 VICTA 等。

2）割灌机

割灌机主要用于园林绿化、庭院维护、公路清理及庄稼收割等作业。割灌机的主要品牌有 STIHL、HUSQVANA、HOMELITE 及山东华盛等。

3）绿篱修剪机

绿篱修剪机主要用于茶园、公园、庭院、路旁的树篱修剪。绿篱修剪机的知名品牌主要有 STIHL、HUSQVANA、HOMELITE 等。

3. 国内外发展概况及发展趋势

草坪机械是专门为种植观赏草坪及养护而发明、发展的机械类型。而城市园林绿化使用的油锯打枝机、割灌机则是林业采伐原木及间伐苗木作业机械的衍生产品。

欧、美、日等经济发达国家城市化进程加快，园林绿化机械产品紧随城市化进程和工业制造技术水平稳步发展。高效率的大型草坪绿化机械装备至今仍是美国的强项，其技术领先，配套成龙。

几个老牌的欧洲林业机械制造商，如德国的斯蒂尔（STIHL）、瑞典的胡斯克瓦纳集团（Husqvarna Group），不仅顺应世界经济发展潮流将主流产品从采伐机械拓展到园林绿化机械，而且还走出欧洲融入国际市场，在美洲、非洲、亚洲找到了更广阔的生存空间。两个油锯生产巨头一方面在国际市场上争抢份额，另一方面提高整机性能，积极拓展园林等潜在市场容量。把油锯做成操作更简单、使用更轻便、排放更环保的大众产品，成为园林、居家、休闲、抢险等都可以使用的安全和高效常备工具，让老牌林业机械制造商获益匪浅。斯蒂尔（STIHL）不仅是动力锯市场的霸主，而且生产领域早就增加了割灌机、绿篱机、高枝绿篱机、吹风机、修枝剪、整枝锯、园艺剪、高枝锯、微耕机、高压清洗机、割草机、锂电池产品和其他花园机械。胡斯克瓦纳（Husqvarna Group）是一家户外动力产品制造商，产品包括电锯、修剪机、灌木机、耕耘机、园艺拖拉机、割草机和缝纫机，太阳能全自动草坪修剪机实现了无废气排放、无噪声污染的环保概念，可以将太阳能转化为机械动力，按主人设定的程序逐行巡视修剪庭院草坪，不需要花匠操作，不会伤害旁观者。曾经只是林业机械制造商展示家庭概念机的组合式修剪机，如今产销量与日俱增，一个小型汽油机组合配套绳索式打草机头、绿篱修剪机头、高枝修剪机头的一机多用模式成

为家庭园林工具升级换代的产品及庭院园林休闲手工体验项目的新宠，也使得林业机械生产商找到了新的市场。

美国的约翰迪尔（John Deere）是大型动力机械的佼佼者，在农业机械、高尔夫球场机械、园林机械等领域都有不俗的业绩，凭借公司雄厚的资本实力和技术实力，该公司产品始终走高端技术路线。美国托罗公司（The Toro Company）是世界高尔夫球场、园林、运动场草坪维护及灌溉设备制造业的先锋，高尔夫球场设备占据美国一流球场 80% 的市场份额。

日本仍然是园林机械的生产大国，许多产品都是从高度发达的农林机械衍生而成的，具有小巧、轻便等特点。"小松"油锯、"本田"草坪修剪机、"回声"割灌机等小型动力机械产品都进入了世界主流市场，外销产品占到生产量的 90% 以上。

当品质需求成为市场的主导因素时，产品的技术含量就成为销售的制胜法宝，技术专利、工艺秘密、生产标准的竞争更多是在商用机制造领域展开。更少的废气排放、更低的噪声污染、更简便的操控、更轻便的携带、更舒适的操作是现代园林机械设计制造者追求的目标。

草坪机是园林机械行业主要产品，约占园林机械市场容量的 40%。现阶段草坪机的供给和需求主要集中于欧洲、北美洲和大洋洲，其中消费者主要集中分布于美国、法国、德国、波兰、澳大利亚等国家。

随着人们节能环保意识的增强，草坪机制造商的整体技术水平也得到了明显提升，部分优势企业已掌握了产品生产的核心技术，具备了自主研发和技术创新能力，经营模式逐渐从单纯的 OEM 转向 ODM 及 OBM，产品从步进式向坐骑式发展，赢利能力不断增强。部分企业还开始尝试并逐渐扩大 OBM 方式（自主品牌经营模式），推广自主品牌产品，可持续发展能力不断增强。

16.2.2 分类

1. 草坪修剪机

按动力草坪修剪机可分为以汽油为燃料

的发动机式、以电为动力的电动式和无动力静音式；按行走方式草坪修剪机可分为自走式、非自走手推式和坐骑式；按集草方式草坪修剪机可分为集草袋式和侧排式；按刀片数量草坪修剪机可分为单刀片式、双刀片式和组合刀片式；按刀片割草方式草坪修剪机可分为滚刀式和旋刀式。一般常用的草坪修剪机为发动机式、自走式、集草袋式、单刀片式、旋刀式机型。主要的机型有推行式草坪机、自走式草坪机、手推滚刀草坪机、机动滚刀草坪机、气浮式草坪机、坐骑式草坪机、商用草坪机。

2. 割灌机

割灌机的规格有肩挎式和背负式。根据不同的使用场所要使用不同的刀具、尼龙绳、双刃一字刀片、圆锯片。

3. 绿篱修剪机

绿篱修剪机按其动力可分为手持式汽油绿篱修剪机和手持式电动绿篱修剪机；按刀刃数量又分为单刃绿篱修剪机和双刃绿篱修剪机。单刃绿篱机主要用于绿篱墙，工作时是一直向前，是单方向运动。双刃绿篱机主要用于弧形造型绿篱的修剪，是前后双向运动。目前以小型汽油机为动力的绿篱修剪机是主流产品，发展趋势是以锂电为动力的绿篱修剪机。

16.2.3 典型产品的结构和工作原理

1. 草坪修剪机

草坪修剪机由发动机、行走机构、操控机构、刀盘、刀片、扶手等组成（见图16-5），是用于切割细小杂草、青草或类似柔软性植物的机器。

工作原理：刀盘装在行走轮上，刀盘上装有发动机，发动机的输出轴上装有刀片，刀片利用发动机的高速旋转对草坪进行修剪。

2. 割灌机

割灌机由两冲程发动机、传动机构、工作头等组成（见图16-6）。适用的场所是庭院小块草坪，树下和墙角下的草坪、杂草，公路和铁路边的杂草，以及林带内小灌木等。

图16-5 草坪修剪机

图16-6 割灌机

3. 绿篱机

绿篱机由两冲程发动机、传动机构、工作刀具等组成（见图16-7）。

图16-7 绿篱机

工作原理：发动机的转动通过偏心连杆机构转化为往复运动，连杆带动上下两片刀片相对运动，上下两片刀片有锋利的刀口，其刀口会像剪刀一样剪断枝条。

适用场所：人工建植的绿篱墙、绿篱球等一年生枝条。

16.2.4 选用原则

草坪修剪机的选用原则如下：

步进式草坪机适用于小面积草坪修剪作业；坐骑式草坪机适用于大面积草坪修剪作业。

使用的条件：2000 m² 以下的草坪可以选用手推式草坪机；2000 m² 以上的草坪可以选用自走式草坪机，草坪上树木和障碍物较多时，可以选择前轮万向的草坪机；面积较大时，可以选择草坪拖拉机，一般 1.07 m(42 in)的草坪拖拉机适用于 12 000～15 000 m² 的草坪，1.17 m(46 in)的草坪拖拉机适用于 20 000 m² 以下的草坪。

16.2.5 安全使用规程(包括操作规程、维护和保养)

1. 草坪机冬季封存保养

(1) 更换发动机机油。启动草坪机，当发动机热车时，趁热放掉发动机机油，热机油应排放得快而且干净。然后，在油底壳内加注 SE/SF10W-30 规格的汽油机机油，并用机油尺测量机油位置，直至加到合适位置。

(2) 清空油箱和化油器中的燃油。将燃油开关扳到开启位置，松开化油器浮子室下面的放油螺丝钉，把油箱和化油器浮子室的燃油放干净。

(3) 气缸中注入机油。拧下火花塞，并向气缸中注入 5～10 L 清洁的机油。反复转动发动机曲轴数圈，以便使机油均匀分布于缸筒中，然后装上火花塞。

(4) 清洗防护。清洗刀盘、机体、缸体、缸头散热片、导风罩、网罩及消声器周围的灰尘及碎屑；刀片涂抹防锈剂或机油。

(5) 存放位置。选择通风良好的存放位置，远离具有火焰的用具，如明火、电热水器的表面。同样，也应避免放在产生电火花的位置，或操作动力工具的地方。应避免在潮湿较重的地方存放，以免引起生锈和腐蚀。

(6) 覆盖物。不要使用塑料布覆盖草坪机，无孔的塑料布会使发动机周围湿气无法散出去，促使生锈和腐蚀。

2. 草坪修剪机使用注意事项

(1) 清理场地：清除石块、树枝、各种杂物。对喷头和障碍物做上记号。

(2) 着装：厚底鞋、长裤，主要是防止刀片打起石块飞溅伤人。

(3) 场地：坡度超过 15°的不能剪草，以防伤人和损坏机械。下雨和浇灌后不可立即剪草，以防人员滑倒和机械工作不畅。

特别强调的是：剪草机作业时，10 m 范围内不可有人，特别是侧排时侧排口不可对人。调整机械和倒草时一定要停机。绝对不可在机械运转时调整机械和倒草。

(4) 高度调节：要根据草坪的要求确定剪草后的留茬高度，南方的暖季型草坪留茬一般为 3 cm，北方的冷季型草坪留茬高度为 5 cm。剪草时剪去的高度为草的原来高度的 1/3，剪草时只能沿斜坡横向修剪，而不能顺坡上下修剪。在坡地上拐弯时要特别小心，当心洞穴、沟槽、土堆及草丛中的障碍物等。

(5) 安全手柄的作用和使用：草坪机的安全控制手柄是控制飞轮制动装置和点火线圈的停火开关。按住安全控制手柄，则释放飞轮制动装置，断开停火开关，汽油机可以启动和运行。反之，放开安全控制手柄，则飞轮被刹住，接上点火线圈的停火开关，汽油机停机并被刹住。即只有按住安全控制手柄，机器才能正常运行，当运行中遇到紧急情况时，放开安全控制手柄则停机。运行时，千万不可以用线捆住安全控制手柄。

(6) 机械的保养：每次工作后，拔下火花塞，防止在清理刀盘、转动刀片时发动机自行启动。

(7) 检查刀片：草坪机刀片要经常研磨保持锋利，修剪出的草坪才能平齐美观，剪过的草伤口小，草坪不容易得病。反之，不但对修剪的草坪不利，而且对草坪机传动轴的阻力加大，增大了草坪机的负荷，降低工作效率，运转温度升高，加剧机器的磨损。因此，要保持刀片的锋利，提高工效并保证机器的正常运行。同时，应经常检查草坪机刀片是否平衡，如果刀片不平衡,会造成机器振动,容易损坏草坪机部件。

(8)清理草袋:要及时清理草袋,保持其通气性。如果草袋不通气,会影响草坪机的收草效果。

3. 割灌机使用注意事项

(1)着装要求:戴护目眼镜,穿长裤、厚底鞋。

(2)环境要求:周围10 m范围应无人。在斜坡上工作时,应站稳脚跟,防止脚下打滑。

(3)刀具的使用:清理杂草时,使用尼龙打草绳,索头的长度应不大于15 cm;清理秋季的老草时,使用一字刀片;割小灌木时,使用多齿圆锯片。使用一字刀片和锯片工作时,一定要使用符合标准的合格刀片。

(4)加油要求:发动机所加的油是混合油,即92♯以上的汽油,加两冲程机油,混合比为25:1。

(5)启动:检查燃料箱盖是否关紧。关闭阻风门,把油门打到较大,拉动启动器直到发动机启动,打开阻风门,调整油门。每次启动时,一定要在挂上启动爪后再用力,以免损坏启动器。

每工作一箱油,休息10 min后才可以加注燃料,加注燃料时一定要远离火源,不可在室内启动和运转机械。

(6)停机:油门手柄完全扳回到最低位置,按住停止按钮待发动机完全停止。

每次工作结束后要清理机器的散热片,以保证散热效果。

另外,每工作20 h要给传动部位补充润滑脂;每工作25 h要检查或更换空滤器。

每工作25 h要取出火花塞,对电极上的污垢进行清扫;每工作25 h要检查、清理燃油过滤器;每工作100 h要检查、清理消声器。

4. 绿篱机使用注意事项

(1)着装要求:戴护目眼镜,穿长裤、厚底鞋。

(2)保持刃口的锋利和良好的润滑:每工作0.5～1 h要给刀片滑动面加注机油。

(3)定期检查上、下刀刃的间隙并及时调

整:调整时先把刀片的紧固螺钉拧紧,然后回转半圈,用螺栓拧紧。

(4)发动机所加的油及启动、停机等操作要求同割灌机。

(5)贮存要求:必须清理机体,加注润滑脂;放掉混合燃料,把汽化器内的燃料烧净;拆下火花塞,向气缸内加入1～2 mL二冲程机油,然后拉动启动器2～3次,装上火花塞。条件允许时可以把机器放到经销商处做保养。

5. 绿篱修剪机的保养要点

(1)空气滤清器的保养。将阻风门位置扳至开启位置,压下上面夹板,松开滤清器盖并拔下。清除滤清器四周污垢。取下泡沫和毡过滤器。泡沫滤芯用干净非易燃清洁液(如热洗衣粉水)清洗并晾干,同时滴几滴机油后挤干。毡过滤器可以轻轻敲一下或吹一下,但不能进行清洗。将泡沫过滤器装入滤清器盖中,将毡过滤器上带标记的一面朝里装入过滤器外壳中。

(2)怠速处理。绿篱修剪机在使用过程中常会出现怠速的情况,其主要有三种处理方式。第一,标准调节,顺时针方向转动两个调节螺丝直到固定位置。然后分别将另外两个螺钉转松一圈。第二,发动机在怠速时停机,先进行标准调节,然后再顺时针方向转动怠速螺钉,直到切割刀片跟着转动,之后再转回半圈。第三,切割刀具在怠速状态下跟着转动,先进行标准调节,然后再以逆时针方向转动怠速固定螺钉,直到切割刀片在怠速状态下不再跟着转动,再以相同的方向转动半圈。

(3)火花塞的检查和调整。卸下火花塞,清洁已被污染的火花塞,检查电极距离。其正确距离是0.5 mm,必要时调整。

(4)变速箱的润滑。润滑脂一般使用锂基多功能润滑脂。旋出齿轮箱底部的加油螺钉,将润滑脂软管旋在螺纹上,卷起润滑油脂管上的下一条线,使其大约20 g润滑脂被压入变速箱中。大约使用25 h加注一次新润滑脂。此外,还有其他形式的注油方式,对于小松绿篱机,用黄油嘴加注润滑脂,一直到从刀片连接处冒出为止。

（5）定期保养。定期保养是延长绿篱修剪机使用寿命及保证使用效果的另一重要因素。定期保养主要包括日保养、周保养及 50 h 保养。

日保养工作可以防止小失误酿成大后果，主要以查看小部件为主。工人每天应检查燃油是否有泄漏、溢出情况，并及时擦洗干净；检查非标准螺丝、螺母、螺栓是否紧固，如发现异常，应及时调节；及时清洗绿篱修剪机的表面脏物，并检查燃油箱、空气滤清器、燃油滤网；检查切割部件，如刀片是否锋利，有无损坏。刀片应经常用变压器油（润滑脂）进行保养；油门把手、点火开关、制动器等操作部件的检查也应每天进行。

绿篱机每工作一周就要清洁燃油箱、空气滤清器、燃油滤网；检查启动器、启动绳和回位弹簧；清洗气缸冷却片上的脏物，同时清洗冷却空气进气口的杂物；检查绿篱机是否注入黄油，如有必要，用专用润滑油脂进行润滑。其中小松绿篱机规定每 4 h 检查灌注一次，每两周清洗齿轮箱一次。

绿篱机每工作 50 h 应清洗和调整火花塞。主要是清洗电极和绝缘体上积炭，消声器进口和出口及活塞、缸筒中的积炭也不能忽视。同时，还要调整电极间隙至 0.6～0.7 mm。

16.2.6　常见故障及排除方法

草坪割草机故障处理如下。

1）排草不畅

故障原因：发动机的转速过低；积草堵住了出草口；草地湿度过高；草太长、太密；刀片不锋利。排除办法依次为：清除割草机内的积草；若草坪有水，待晾干之后再割；草过长可分两次或三次割除，每次只割草长的 1/3；将刀片打磨得锋利些。

2）发动机运转不平稳

故障原因：油门处于最大位置，风门处于打开状态；火花塞松动；水和脏物进入燃油系统；空气滤清器太脏；化油器调整不当；发动机固定螺钉松动；发动机曲轴弯曲。排除办法依次为：下调油门开关；接牢火花塞外线；清洗油箱，重新注入清洁燃油；清洗空气滤清器

或更换滤芯；重调化油器；熄火之后检查发动机固定螺钉；校正曲轴或更换新轴。

3）发动机无法正常启动

故障原因：空气过滤器太脏；缺燃油；汽油变质；火花塞损坏或线未连接；刀片损坏；油门控制杆处在熄火位置或损坏。排除办法依次为：清洁或更换滤清器；加燃油；清空油箱和化油器，加注干净汽油；接上火花塞线或更换火花塞；更换刀片；控制杆置于启动位置或更换控制杆。

4）转速低

故障原因：机壳尾部或刀片拖草；割草太深；积草等堵塞机器；机油太脏；行走速度太快。排除方法依次为：调高调茬手柄；清除机器堵塞；更换机油；降低行走速度。

5）发动机不能熄火

故障原因：油门线在发动机上的安装位置不当；油门线断裂；油门活动不灵敏；熄火线不能接触等。排除方法依次为：重新安装油门线；更换新的油门线；向油门活动位置滴注少量机油；检查或更换熄火线。

6）启动绳拉动困难

故障原因：抱刹把手未捏合的情况下拉启动绳；发动机轴弯曲，连轴套损坏；杂草缠刀。排除方法依次为：捏紧抱刹把；更换连轴套；拖离杂草处。必要时及时与最近的服务站联系。

7）园林修剪设备刀片异常问题

园林修剪设备作为园林工艺产业中最常用的设备，它的种类很多，包括草坪修割机、割灌机、绿篱机等。长期的使用，难免会导致修剪设备出现机械故障。园林修剪设备最常见的机械故障是由修剪刀片引起的。长时间使用，修剪刀片刀口会变钝，失去原有的锋利性，这时修剪出来的植被是没有层次感的。除此之外，锋利程度低下的园林修剪设备不能一次性地将植被切割下来，植被反复地被切割会使泥土中的细菌，进入到植被体内，将导致植被溃烂。因此，必须定期对切割设备进行刀片修磨。若切割设备刀片损坏严重，需更换新刀片。

8) 园林修剪设备发动机异常问题

由于长期使用,园林修剪设备还会出现发动机故障。一般来讲,发动机故障问题多是由于提供给发动机能量的燃料不足,或者是电能转化动力不足引起的。电能转化不足的原因一般是由起电机点火步骤障碍导致,此故障只需对发动机进行调整后重新启动起电机即可恢复正常工作。如果发动机障碍是由于某些部位放电能力不足引起的,需要对这个部位进行空隙调整。如果发动机装置不工作是由于燃料不足引起的,直接补足燃料就可恢复正常状态。除此之外,还要考虑到发动机装置内部的情况,如果是发动机装置内部结构出现异常,则应该立刻更换发动机,以免造成整个园林修剪设备损坏。

9) 园林修割设备工作状态不平衡

除了以上几种情况外,园林修剪设备还有可能出现异常抖动。园林修剪设备处于抖动状态,会导致完成的园林工艺品层次不分,植被残缺等。如果继续下去,园林修剪设备还有可能发展为剧烈振动,这时设备极不易控制,会给操作者造成损伤。因此,必须对园林修剪设备抖动的原因进行正确分析,由此寻找解决方案。常见的引起园林修剪设备异常抖动的因素包括外部因素和内部因素:外部因素多是由于异物导致修剪设备刀片弯曲变形,或者是修剪设备外壳损坏;内部因素多是由于修剪设备长期工作,出现某些结构部件的松动,或者是刀片异常磨损的现象。这些都是园林修剪设备使用和保养中的注意要点。

16.3 园林养护机械

16.3.1 概述

1. 定义

园林养护机械包括草坪梳草机、草坪切根机、草坪打孔机。

1) 草坪梳草机

草坪梳草机是用于清除草坪枯草层的机械,能梳草、梳根,有的还带有切根功能,能把枯死及多余的草和草根梳除,以保证草株生长有足够的空间,并防止草垫层的形成。其工作装置有梳状弹性钢丝耙齿、甩刀、S形刀等。

2) 草坪切根机

草坪切根机械是将生长中的草坪的直根或侧根切断的机械。按切根部位,分为底部切根机和侧面切根机。通常由拖拉机悬挂的水平切根刀或垂直切根刀来完成切根作业。广泛用于控制草坪的生长发育,促使草坪生长出更多的须根,提高草坪成活率。

3) 草坪打孔机

草坪打孔机分为高尔夫草坪打孔机和园林绿化草坪打孔机。高尔夫草坪打孔机又分为球道打孔机和果岭打孔机。草坪打孔机按机器的结构形式可分为手扶自行式、坐骑式和拖拉机悬挂牵引式等;按打孔刀具的运动方式可分为滚动打孔式和垂直打孔式等。打孔的主要目的是增加土壤的透气性、透水性,能够帮助植物更好地吸收养分,切断根茎和匍匐茎,刺激新的根茎生长。

2. 用途

(1) 草坪梳草机的作用:草坪梳草机可以清理草坪内的草毡层,促进草坪的通风。

(2) 草坪切根机的作用:草坪切根机可以对草坪进行整体的纵向修剪,切除即将枯死和多余的草根,其目的是促进草坪的通风透气,防止病害的发生;减少杂草蔓延,改善透水条件,促进新根繁殖。

(3) 草坪打孔通气机的作用:草坪打孔通气机主要用于增强草坪土壤的透气性,刺激草的根系发育与生长。

3. 国内外发展概况及发展趋势

20世纪50年代起,各种园林养护机械纷纷面世,如梳草机、草坪修剪机等。到20世纪末,大部分较发达国家的城市公共绿地建设和养护都实现了机械化作业。我国园林养护机械设备的发展始于20世纪80年代,20世纪末开始随着全国园林建设的蓬勃开展进入快速发展时期,园林绿化的养护管理工作也逐渐由单一的人工作业向半机械化、机械化、自动化过渡。目前应用较先进的设备仍然主要依靠从英国、德国、瑞典、日本等传统制造业强国进口,但是国内的园林机械厂和林业机械厂甚至包括一些通用设备厂商,都开始生产不同品种的园林养护机械。随着产生的销售国内外园林养护机械设备的企业大量涌现,规模也日益扩大,并形成全国性的营销网络。尽管如此,国内园林养护的机械化比重还很小,与发达国家的普及相比,差距十分明显,总体来看,国内目前还处于园林养护机械设备发展的初级阶段。国外园林养护机械设备发展会进一步加快,国内也将很快实现园林养护作业的较大程度机械化。其发展将呈现的趋势是:新产品向操作自动化、舒适化方向发展。自行式草坪修剪机已逐步取代了推行式草坪剪草机。

16.3.2　分类

1. 草坪养护机械

草坪的生长期除剪草外,还有大量的后期养护工作。养护机械的用途就是清除枯草,促进养分吸收,消除土壤板结,促进草坪焕发青春。主要的机型有草坪打孔机、草坪梳草机、草坪切根机。

2. 草坪打洞通气机

草坪打洞通气机按刀具的运动方式可分为垂直打洞通气机和滚动打洞通气机两类,其中滚动打洞通气机按操作方式又可分为步行操纵式和拖拉机悬挂式。垂直打洞通气机的作业质量较高,但结构复杂,主要用于高尔夫球场和运动场。目前,可尔、大隆等企业生产滚动绿篱修剪机打洞通气机中的步行操纵式机型。

3. 病虫害防治机械

草坪在生长期会遇到各种各样病虫的侵害,为了防止和减少损失,应及时打药进行防治。主要的病虫害防治机械有打药机、打药车等。

16.3.3　典型产品的结构、工作原理

1. 草坪养护机械

草坪梳草机能梳草、梳根,有的还带有切根功能(见图16-8),其主要结构与旋耕机相似,只是将旋耕弯刀换成梳草刀。梳草刀有弹性钢丝耙齿、直刀、S形刀和甩刀等形式。前三者结构简单,工作可靠;甩刀结构复杂,但克服变化外力的能力强,当突然遇到阻力增大时,甩刀会产生弯曲以减少冲击,有利于保护刀片及发动机的平稳性。根据动力方式不同,草坪梳草机一般可分为手推式和拖拉机悬挂式两种。手推式梳草机主要由扶手、机架、地轮、限深辊或限深轮、发动机、传动机构和梳草刀辊等组成。

图 16-8　草坪梳草机

草坪梳草机的操作要点如下:

梳草刀辊是在一根轴上装有许多具有一定间距的垂直刀片,发动机动力输出轴通过皮带与刀轴相连,带动刀片高速旋转,刀片接近草坪时,撕扯枯萎的草叶并将其抛到草坪上,待后续作业机具清理。刀片切入深度的调节可通过调节机构改变限深辊或限深轮的高度,或通过调节行走轮和刀轴的相对距离来实现。采用拖拉机悬挂式梳草机是将发动机的动力通过动力输出装置传递到刀辊轴上,带动刀片旋转,刀片的切入深度由拖拉机的液压悬挂系统来调节。

2. 草坪打洞通气机

草坪打洞通气养护,是在草坪上按一定的密度打出一些一定深度和直径的洞,使空气和肥料能直接进入草坪植株根部而被吸收。草坪打洞通气养护是草坪复壮的一项有效措施,尤其是对人们经常活动、娱乐的草坪要经常进

行草坪打洞通气养护,经过打洞通气养护的草坪可以延长其绿色观赏期和使用寿命。这项作业人工难以完成,需要借助专用的草坪打洞通气机。草坪打洞通气机实物如图 16-9 所示。

易启动装置
消声器
空滤
汽油箱
机油标尺
配重块
前轮

图 16-9　草坪打洞通气机

1) 草坪打洞刀具的种类

按草坪打洞通气要求的不同,通常有以下刀具类型:扁平尖角切缝刀、侧开口空心管形刀、圆锥实心刀、平口扁平切缝刀、叉式空心管形刀等。

2) 手工打洞机械

手工打洞工具结构简单,可由一个人操作,主要用于机动草坪打洞通气机到达不了的地面及局部小块草地,如绿地中的树根附近、花坛周围和运动场球门杆四周的打洞作业。作业时双手握住手柄,在打洞点将中空管形刀压入草坪地面到一定深度,然后拔出管形刀将洞留在草坪上。打洞管形刀安装在圆筒的下部,由两个螺栓压紧定位。松开螺栓,管形刀可以上下移动用以调节不同的打洞深度。

3) 滚动式草坪打洞通气机

有小型自走式和大中型拖拉机牵引或悬挂式。其打洞工作原理是在滚动的圆辊或圆盘上装有打洞刀具,当圆辊或圆盘在草坪上滚动时,打洞刀具依次压入和拔出草坪地面而在草坪上进行打洞作业。如小型手扶式草坪通气机是由一台小型发动机经过减速传动机构和离合器将动力传给刀辊或刀盘(有的是将动力传给行走轮),使刀盘或刀辊滚动前进,在滚动的过程中安装在刀辊或刀盘上的管刀被不断压入和拔出草坪进行打洞通气作业。这种小型的刀辊或刀盘式草坪打洞通气机可以用于各种草坪的打洞通气作业。

3. 病虫害防治机械

施药机械按施药方法的不同,可分为喷雾机(器)、喷粉机(器)、弥雾机、超低量喷雾机、热烟雾机、静电喷雾机和拌种机等。

(1) 喷雾机(器)(见图 16-10)。使药液在一定的压力下通过喷头或喷枪,雾化成直径为 $150 \sim 300\ \mu m$ 的雾滴,喷撒到草坪上。

图 16-10　喷雾机

(2) 喷粉机(器)(见图 16-11)。利用风机产生的气流,使药粉形成直径为 $6 \sim 10\ \mu m$ 的粉粒,喷撒到草坪上。

3WF-850

图 16-11　喷粉机

(3) 弥雾机。属于低容量喷雾机,利用高速气流,将雾滴进一步雾化成直径为 $100 \sim 150\ \mu m$ 的细雾,并吹送到较远处。

（4）超低量喷雾机（见图16-12）。利用高速旋转的转盘，将微量原药液甩出，雾化成20～100μm的雾滴喷出。

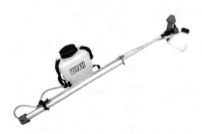

图 16-12　超低量喷雾机

（5）热烟雾机（见图16-13）。利用燃料燃烧产生的高温气流，使液态药剂蒸发和热裂成直径为5～50μm极细小微粒的烟雾，然后被风机或喷气式发动机产生的高速气流冲击扩散喷出。

图 16-13　热烟雾机

（6）静电喷雾机（见图16-14）。给喷洒出来的雾滴充上静电，使雾滴与植株之间产生电场力，这种电场力可以改善雾滴的沉降与黏附，并减少飘逸。

图 16-14　静电喷雾机

16.3.4　选用原则

根据技术上先进、经济上合理、生产上可靠的原则，正确选购园林养护机械设备，充分发挥设备的物理特性，保证设备运转良好，保证生产活动的正常进行。

园林绿化养护工作者在选择设备时要考虑以下因素：

（1）生产性：指采用新机械设备所能带来的收益，一般以园林养护机械设备在单位时间内的工作量来表示。

（2）安全性：指园林养护机械设备对安全生产的保障性能。

（3）适应性：考虑机械设备的应变能力。

（4）可靠性：连续运转的可靠程度要高。

（5）环保性：考虑设备的噪声、振动、密封、污染等。

（6）经济性：指在设备使用寿命期间内节约资金、能源的能力。

当机械设备的经济指标达到良性循环时，生产与管理将会向更高级、更科学、更合理的方向发展。在综合考虑以上几个方面因素后，运用设备周期费用评价方法进行技术经济论证和投资效益分析，选择出最优方案。

在应用方面，园林景观由复杂的地形、地貌、植物材料等组成，要根据不同的任务，配备各种类型的设备。为了提高生产效率，还要结合具体要求合理配备设备数量，协调好设备之间的比例关系，使之与生产任务相适应。

16.3.5　安全使用规程（包括操作规程、维护和保养）

作业前的准备：作业前要清理场地，捡出草坪内的各种杂物，并用醒目标志标出喷头的位置，防止伤害喷头。切根和打孔时，还要检查土壤的墒情，如果土壤太干，刀具就很难入土，要求工作前对草坪浇水，等待土壤的松软程度合适后才可以作业。

使用注意事项：使用前要调整梳草刀头与草坪的距离，应保证刀头能梳掉枯草，同时又能刚好划到土壤，如刀头太高，就不能把枯草梳净，如刀头太低，甩刀在梳草时不能甩起来，影响效果，同时也对设备不利。

工作刀头在动力连接前，应该将把手向下压一下，等刀头正常旋转起来时提起把手并稍稍用力向前推即可，其目的是不使启动处的草坪受到伤害。

喷雾机冬季封存保养：

（1）入冬封存前，启动机器，在使用压力下，用清水继续喷洒2～5 min，清洗泵内和管路内的残留药液，防止药液残留内部腐蚀机件。

（2）卸下吸水滤网和喷雾胶管，打开出水开关，将调压阀减压手柄往逆时针方向扳回，旋松调压手轮，使调压弹簧处于自由松弛状态。再用手旋转发动机或液泵，排除泵内存水，并擦洗机组外表污物。

（3）用柴油将曲轴箱清洗干净后，再换入新的机油。

（4）卸下三角皮带、喷枪、喷雾胶管、喷杆、混药器、吸水滤网等，清洗干净并晾干，并悬挂起来存放。

（5）对于活塞隔膜泵，长期存放时，取下泵的隔膜和空气室隔膜，清洗干净放置于阴凉通风处，防止过早腐蚀、老化。

参考文献

[1] 赵平.我国园林绿化装备主要发展方向及重点发展领域[J].林业机械与木工设备,2012,40(6)：4-7.

[2] 刘旭中.我国园林绿化机械的现状分析及发展策略[J].太原城市职业技术学院学报,2013,(1)：156-157.

[3] 董淑杰.园林机械设备常见问题及处理方法[J].现代园艺,2013(16)：230.

[4] 姜子良,栗田奎.我国园林机械的发展概况与建议[J].辽宁林业科技,2005(3)：66-67.

[5] 叶晓波.试论园林机械的发展现状及前景[J].现代园艺,2019(8)：14-15.

[6] 李洋.园林绿化中机械设备适用性分析与发展趋势[J].绿化环保建材,2019(3)：249.

[7] 周干峙.试论我国风景园林建设的继承和发展[J].中国园林,2007(6)：1-2.

[8] 朱建宁,杨云峰.中国古典园林的现代意义[J].中国园林,2005(11)：1-7.

[9] 林广思.回顾与展望：中国LA学科教育研讨(1)[J].中国园林,2005(9)：1-8.

[10] 刘滨谊,张国忠.近十年中国城市绿地系统研究进展[J].中国园林,2005(6)：25-28.

[11] 王乃康,茅也冰,赵平.现代园林机械[M].北京：中国林业出版社,2001.

[12] 顾正平,沈瑞珍,刘毅.园林绿化机械与设备[M].北京：机械工业出版社,2002.

[13] 何念如,吴煜.中国当代城市化理论研究[M].上海：上海人民出版社,2007.

第17章

森林防火机械

第八次全国森林资源清查结果显示：全国森林面积 2.08 亿 hm²，森林覆盖率 21.63%；活立木总蓄积 164.33 亿 m³，森林蓄积 151.37 亿 m³；天然林面积 1.22 亿 hm²，蓄积 122.96 亿 m³；人工林面积 0.69 亿 hm²，蓄积 24.83 亿 m³。森林面积和森林蓄积分别位居世界第五和第六，人工林面积仍居世界首位。

森林火灾是世界八大自然灾害之一，对人民的生命财产、森林资源、地球环境、国家经济建设有着巨大危害。我国是一个少林国家，但森林火灾造成的损失十分严重。森林火灾具有发生面广、突发性强、破坏性大、难以控制、处置扑救较为困难的特点，是世界各国防范与应对自然灾害的重中之重与难中之难，各国尚没有应对的百灵百验之策。森林火灾一旦发生，就可能造成重大人员伤亡和财产损失，并使生态遭到严重破坏，危及山水林田湖的系统安全。

森林火灾具有以下特点：

（1）致灾因素的多样性。森林火灾既可能是自然原因如雷击所引发的，也可能是人为原因如烧荒、上坟、吸烟所引起的。

（2）成灾条件的自然性。无论是自然还是人为因素引发，森林火灾发生的前提条件都与空气的温度和湿度、风速、地形、植被干燥程度等自然因素密切相关。

（3）影响后果的严重性。森林火灾对公众的生命、健康与财产安全造成严重的影响和损失。

（4）防救的困难性与危险性。森林面积辽阔，又是开放的领域，难以用控制的手段严防死守。即便采取封山育林等措施，也难免百密一疏，难以做到无盲区、无死角、无缝隙。一旦发生森林火灾，扑救十分困难。

扑火装备先进与否，一定程度上决定着扑火效率的高低，因此，世界各国对扑火装备现代化程度要求越来越高。

我国扑火装备始于 20 世纪 50 年代至 70 年代末，这期间扑火采用群众打火的方式，使用树条、镰刀、锹镐等简易手工工具，灭火物资输送以人背马驮为主，无专业防护和宿营装备。20 世纪 70 年代末，研制推广使用二号工具灭火。80 年代初期开始研制风力灭火机，1985 年投入使用。直到 1987 年 "5·6" 大火后，国家开始对扑火装备投入较大研发资金，初步形成了体系。西北林业机械厂、泰州林机厂、黑龙江森保所、黑龙江省林业厅，先后研制生产了多种型号的风力灭火机，至此风力灭火机得到了大量的推广。在这一时期，油锯、水枪、特种输送车辆、空降扑火技术应用到森林火灾扑救中，通信设施、防护和宿营装备也得到了改善。进入 90 年代，扑火装备得到了长足发展。风力灭火机、灭火器、水泵、灭火炮、组合工具、油锯等已成为森林扑火的主要工具，机降、索（滑）降、吊桶、空中洒水（液）、爆破灭火技术等广泛应用到森林灭火中，特别是全球定位系统、卫星通信、无线电短波通信等技术装备的投入使用,极大地提高了森林扑火装备的科技含量。进入21世纪,在借鉴国外先进技术装备的基础上,对森林扑火装备进行了深入研究和探讨,取得了初步成果,完善了装备体系,全面推进了扑火装备的发展进程。目前,我国已具有指挥装备、风灭装备、水灭装备、化灭装备和辅助装备5类近40余种,形成了具有我国特色的扑火装备体系。

17.1　灭火机具

17.1.1　概述

灭火装置主要有扑火耙、便携式水枪、风力灭火机(含风水灭火机、高压细水雾灭火机)、灭火炮、直升机灭火等。我国常用的灭火装备有二号和三号工具、灭火水枪、风力灭火机及灭火炮等。使用最广泛的是风力灭火机。

1. 定义及用途

1) 二号和三号工具

灭火二号工具是指由手柄和橡胶条组成的扑火工具,它是从树枝扑火的原理演化而来,是扑打地面火、树冠火的有效工具,在林区广泛使用。其形状类似扫把,携带方便、成本低、经济适用,常用于扑打灭火。灭火三号工具是指由手柄和钢丝组成的扑火工具。

2) 灭火水枪

灭火水枪多为背负式,一次可装20 kg左右的水,有效射程为4～5 m,多用于扑灭初发的森林火灾、弱度地表火或清理火场和水浇防火线。

3) 风力灭火机

风力灭火机由单人携带并操作,由小型二冲程汽油机直接驱动连接在输出轴上的离心式叶轮高速旋转,将外部空气经防护罩整流吸入后增压并迅速通过风机蜗壳和风筒形成强有力的高速空气射流,从喷射筒口喷出的风量和风速能满足扑灭 A 类火灾中的低强度森林地表火。另外,有的风力灭火机还可接上水袋、水囊或干粉盒,改装成风水灭火机、高压细水雾风力灭火机、喷粉灭火机,以提高灭火效率。风力灭火机适用于扑打中、弱度的幼林或次生林火灾、灌木林火灾、草原火灾、荒山草坡火灾。单机扑火作用不大,双机或三机配合可取得较好的效果。风力灭火机多以小型二冲程汽油机为动力,距风筒出口2.5 m处的风力为20～30 m/s,相当于9级以上大风。其适用于扑救火焰低于2 m的林火,但不能用于扑灭暗火,还可用于道路、庭院等吹除积雪及清扫。

4) 灭火炮和灭火手雷

这种炮外形像迫击炮,利用高压气将炮弹打出,弹体内都是灭火粉。这种"武器"对难以靠近的山火、悬崖火非常有效。手雷里面也是灭火粉,其可用来扑灭近距离山火。

2. 国内外发展概况及发展趋势

目前森林灭火便携式机械仍然以风力灭火机为主。便携式风力灭火机为我国独创,最早把风力灭火理论应用于机械的设想是1979年黑龙江省伊春大丰林业局老伐木工人郭跃增提出的,并用原林业部西北林业机械厂生产的 GJ85 型高把油锯改装成最早期的风力灭火机样机,经过小范围的灭火实践,同年提请西北林业机械厂进行设计制造。在风力灭火机的开发设计中,西北林业机械厂最先用 GJ85 高把油锯和 3MF-4 弥雾喷粉机进行改制,并于1981年小批试生产 SF85 型手提式风力灭火机。1981年底设计研制成功了 CF2-20 型手提枪式风力灭火机,并于1982年开始批量生产。CF2-20 型风力灭火机的问世,填补了我国使用机具灭火的空白。之后,黑龙江森保所、泰州林机厂等单位陆续设计了多款风力灭火机,在手提式基础上开发了背负式,在功能设计上增加了喷水、喷粉、喷土、弥雾及点火等功能,实现了风力灭火机的多功能化。2010 年中南林业科技大学提出了 CO_2 气瓶辅助风力灭火机的设计方案。2014 年中国农业大学研究团队提出通过空气引射增大其出口空气流量,减缓风速衰减,并对无扩压空气喷射器进行了设计;该团队在风力灭火机的基础上提出了便携喷粉式风力灭火机、手摇式喷粉灭火机、中型喷粉式风力灭火机等设计方案。随着作业要求的不断提高和科技的不断发展,风力灭火机的设计将更加多元化,设计方式将由粗放式注重功能实现向精细式注重性能提升转变。

俄罗斯在"喀秋莎"火箭炮基础上研制的灭火装置一次可以齐射多个内装干粉灭火剂的火箭弹,并可精确控制弹着点。类似的还有乌克兰研制的"脉冲-2"灭火装置。日本研制出一种大型消防炮,其可以连续准确地发射泡沫灭火弹,灭火弹在火场上空和周围爆炸后形成的泡沫面积可达1.3万 m^2,因而能很快包围并控制火势。

国外以德国斯蒂尔公司、富世华公司为代表的厂家,其产品开发质量及技术性能远超国内,目前国内招标风机中,斯蒂尔风机仍然占据主导地位。

从现阶段来看,风力灭火机仍然是灭火效率较高的灭火工具,但有一定的局限性。风力灭火机产生的风力,距离出口处越远,风速越低,这样在风速较小的情况下就达不到灭火目的。未来风力灭火机发展将呈现以下几个方面的趋势。一是技术改进。提高风量及有效灭火距离,提高灭火效率。二是重量改进。采用特殊材质减轻整机质量,降低消防员作业劳动强度。三是安全性能提升。充分考虑机器本身的安全性,以防止机械发生意外故障或损坏;快速脱钩设计完全考虑操作人员的安全性,以防止操作人员在作业中受到伤害。

17.1.2　分类

风力灭火机按内燃动力可分为二冲程风机、四冲程风机、锂电风机;按操作方式可分为便携式风机和背负式风机。

17.1.3　典型产品的结构、工作原理及主要技术性能

1. 风力灭火机的主要结构及组成

(1)汽油机。风机的动力来源,与叶轮直接连接,经支撑柱和机架连接。

(2)蜗壳、叶轮。前、后半蜗壳和叶轮,产生风的来源,与汽油机和机架连接。

(3)油箱。向汽油机输送燃料,紧固在机架上。

(4)空滤器。向汽油机提供清洁的空气,固定在机架上面。

(5)机架。风机的支撑部分。

(6)吹风管。清扫作业和森林灭火的直接工作部分。

风力灭火机实物如图17-1所示。

图17-1　风力灭火机

2. 高压细水雾风力灭火机的主要结构及组成

主要由汽油机、高压水泵、可伸缩枪杆、喷头、水囊、支架、背带等部件组成。

高压细水雾风力灭火机实物如图17-2所示。

图17-2　高压细水雾风力灭火机

3. 风力灭火机的工作原理

燃烧是一种强烈的氧化还原反应,实现这种反应需要三个条件,即燃烧物、空气(氧气)和温度,其中温度是主要因素,在森林中这三个条件同时出现就会引发林火。灭火时只要去除其中的一个条件就可以终止燃烧。依据

这一原理,用高速强制气流(风速、风量)吹散燃烧物产生的火苗和热量,使气流隔断火苗与燃烧物,直至燃烧物表面温度降到燃点以下破坏燃烧的条件,就能达到灭火的目的。

4.高压细水雾风力灭火机的工作原理

森林燃烧三要素为氧气、可燃物(干柴、枯树枝等)、引燃物(火种、雷电等)。按照森林三要素原理,只要破坏或控制其中任一要素,森林火灾就能得以控制进而扑灭。①冷却作用。水雾雾滴直径细小,扩散面积大,受热后易气化,在由液态转变为气态的过程中吸取大量的热量,使火源温度骤降,从而达到灭火目的。②窒息作用。水雾喷入火场后,雾滴在受热后迅速汽化,汽化的水蒸气将燃烧区域整体包围和覆盖,隔绝空气,从而达到灭火的目的。③机械作用。高压细水雾灭火机喷出来的水雾具有较大的冲击力,能够冲散正在燃烧的叶层,使其与湿土混合,起到直接灭火的作用。

5.几种典型风力灭火机的技术性能

(1)6MF-19-45型背负式风力灭火机主要技术参数见表17-1。

表 17-1　6MF-19-45 型背负式风力灭火机主要技术参数

项　　目	参　　数
整机质量/kg	10.6
配套动力	EB-800-E.1
油箱容积/L	2.5
标定功率/kW	3.0
标定转速/(r·min^{-1})	7000
排量/mL	79.4
火花塞型号	BPMR7A
耗油率/[g·(kW·h)$^{-1}$]	≤544
风筒出口处风量/(m^3·s^{-1})	0.45
有效灭火距离/m	1.9
整机标定转速/(r·min^{-1})	7000±350
怠速/(r·min^{-1})	2800±150

续表

项　　目	参　　数
使用燃油	汽油和机油容积混合比 30∶1,汽油牌号为 90 号以上汽油或等同牌号的乙醇汽油,机油为 JASO FC 级二冲程汽油机专用机油
启动方式	手拉回绳式
停机方式	停车开关
生产企业	山东华盛中天集团

(2)6MF-23-51型背负式风力灭火机主要技术参数见表17-2。

表 17-2　6MF-23-51 型背负式风力灭火机主要技术参数

项　　目	参　　数
有效风力灭火距离/m	≥2.33
出风口风量/(m^3·s^{-1})	≥0.51
距风机中心 2.5 m 处风速/(m·s^{-1})	≥32
耳旁噪声/dB(A)	≤105
手感振动/(m·s^{-2})	≤20
生产企业	泰州玉林动力

(3)6MF-55-20D型锂电风力灭火机主要技术参数见表17-3。

表 17-3　6MF-55-20D 型锂电风力灭火机主要技术参数

项　　目	参　　数
距离风机出口 200 mm 处风速/(m·s^{-1})	57
出风口风量/(m^3·s^{-1})	0.22
常温启动性能/s	5
启动方式	电启动
整机质量/kg	4.5
叶轮的动平衡量/mg	<30
充电时间/h	1.2
耳旁噪声/dB(A)	99
手把振动/(m·s^{-1})	1.8
生产企业	泰州玉林动力

(4)6MSWDS-20SD型电手动组合背负式灭火水枪主要技术参数见表17-4。

表 17-4　6MSWDS-20SD 型电手动组合背负式
灭火水枪主要技术参数

项　目	参　数
整机质量/kg	5.26
整备质量/kg	28
水囊/L	22
噪声/dB(A)	53
电动作业连续工作时间/h	8
最大工作压力/MPa	0.7
电动喷射最大射程/m	9.1
手动喷射最大射程/m	11.1
电动作业时最大流量/(L·min^{-1})	2.75
电池容量/(A·h)	12
电压/V	12
手动喷水量/mL	138
生产企业	泰州玉林动力

安全防护控制器应有短路保险功能,电器系统应有防水措施,所有接线没有裸露。液泵出现过载时应有过载保护措施。正常工作时,关闭节流阀,液泵的工作压力不应高于最高工作压力的 1.2 倍。

(5) 6MSW-9 型高压细水雾灭火机的主要技术参数见表 17-5。

表 17-5　6MSW-9 型高压细水雾灭火机的
主要技术参数

项　目	参　数
发动机功率/kW	2.4
转速/(r·min^{-1})	9000
雾化射程/m	12
有效垂直射程/m	11
每袋水连续喷射时间/min	20
最大流量/(L·min^{-1})	9
最大压力/MPa	12
水袋容积/L	24.7
启动性能/s	7
生产企业	泰州玉林动力

17.1.4　选用原则和选用计算

高压细水雾灭火机,在使用中基本不受场所和燃烧物的限制,可灭 A 类、B 类、C 类及带

电设备火灾,适用于森林、草原、各种建筑物等的灭火。

注意下列情况下不能选用风水灭火机、高压细水雾风力灭火机:

(1) 没有切断电源的火灾现场不能用水灭火,否则极易造成触电或短路等意外事故。因为一般水里都含有电解质,会传导电流。

(2) 对于比水轻又不与水混溶的液体物质(如汽油、煤油、苯等),不能用水扑灭,因为这些液体会浮到水面继续燃烧。

(3) 对于在钾、钠、电石等能与水发生剧烈反应的物质场所,不能用水去灭火。这些物质与水反应分解出可燃气体和大量热量,从而加剧燃烧。

(4) 不能直接用于低温状态的低温液化气(如液化的天然气)场所,这些液化气被水加热后会产生剧烈沸腾。

17.1.5　安全使用规程(包括操作规程、维护和保养)

1. 风力灭火机使用注意事项

(1) 要根据火场可燃物分布状况、火焰高度及燃烧发展情况合理编组。

(2) 使用灭火机时,要掌握好灭火角度,并使用最大风速,否则不但不能灭火,反而助燃。

(3) 风力灭火机火场工作连续 4 h 后,要停机 5~10 min 凉机降温。

(4) 风力灭火机编组使用时要轮换加油,避免燃油同时用尽。

(5) 火场加油位置要选择在火烧迹地外侧的安全地段,使用漏斗加油。禁止在火烧迹地内加油,并严禁在加油地原地启动。

(6) 禁止人员肢体辅助加油,以防烫伤。

(7) 有漏油、渗油的灭火机要停止使用。

(8) 发现异常噪声或故障时,要停机检修,排除故障后方可继续使用。

2. 风力灭火机的保养

1) 新机磨合

新机出厂前已做好各项调整工作,使用者按照比例加注燃油,进行启动,在中速状态运行 20 min,进行必要的磨合。对于出厂日期超

过2个月的新机,须检查化油器供油状态是否正常,必要时进行清洗。

2)防火期的保养

防火期到来前,应对库存的灭火机进行一次保养,以保证在防火期内随时能够正常使用。保养过程如下:

(1)拆下化油器,清洗泵油室、平衡油室及过滤网,检查两膜片是否完好。

(2)拉出启动绳,检查有无破损,必要时进行更换。

(3)加注燃油进行启动,调整高低速油针,保证怠速翻转不熄火,高速稳定运转。

3)每次使用后的保养

(1)拆下化油器、滤网组合,清除污物,用汽油洗净。检查油管有无老化裂纹,并及时更换。

(2)检查各紧固件(特别注意检查消声器和油箱固定螺钉)有无松动、丢失,并及时拧紧及补充。

(3)检查电路系统各接头部位有无松动或断线,并及时修好。

4)防火期后的保养

每次防火期后,均应保养机具,消除隐患,使机具处于正常状态。

(1)拆下风筒。

(2)拆下风机壳前盖罩上6个螺钉,取下前盖罩。

(3)拆下与前手把相连的螺钉,拆下风机后盖组件上的6个螺钉,拆下风机后盖组件与消声器罩相连的螺钉。

(4)拆除油门拉杆,将发动机分离开风机。

5)汽油机的保养

(1)拆下气缸,清除气缸燃烧室和排气口的积炭、散热片间的脏物,清除活塞顶部、活塞环、消声器里的积炭,注意不得损坏零件。

(2)清洗并检查曲轴箱、曲轴、连杆,清除飞轮、缸罩、启动器等零件表面的脏物,并检查有无不正常现象。

(3)拆下化油器,清洗泵油室和平衡室。

(4)在清洗过程中,应检查气缸、活塞、活塞环、连杆、大小头轴承副等重要零件是否有严重磨损或损坏现象,并及时修理或更换零件。

(5)清洗组件后,发动机应运转10 min。若更换过气缸、活塞、活塞环、曲轴连杆总成者,应磨合1 h后才可以使用。

17.1.6 常见故障及排除方法

在森林防火装备中,风力灭火机是最重要的设备之一,得到了广泛应用。目前,生产风力灭火机的厂家很多,虽然产品种类不同,但其工作原理和功能都是相同的,所出现的故障也是相近的。

1. 发动机冷机状态启动困难或不能启动

(1)检查阻风阀是否关闭。启动时要关闭阻风阀(热车可不关)。

(2)检查油路。①检查油箱内是否有油;②检查燃油中是否有水或杂质,混合油浓度是否符合要求;③检查油箱盖通气阀是否卡住不能通气;④检查化油器是否通畅。

(3)检查主油针、怠速油针是否卡死以及开度的大小,其如果卡死化油器则不供油;开度过小供油量小,发动机启动困难,而开度过大供油过多,发动机会被"淹死",也不能启动。不同厂家不同型号的风力灭火机化油器油针开度也各不相同,要根据厂家说明书要求进行调整。

(4)检查单向阀是否损坏。反复拉发动机启动绳,如有漏气的现象且在化油器处有油雾喷出,说明单向阀已损坏,需要更换。

(5)检查曲轴箱油封是否损坏。①拉启动绳感觉气缸内的压力减弱,同时感觉发动机漏气,说明曲轴箱油封损坏严重,需更换油封;②如果启动困难,勉强启动后发动机无怠速或"毛车",仔细听还有漏气的声音,则说明曲轴箱油封漏气,要及时更换。

(6)检查电路是否正常。①将火花塞拧下检查其头部是否有积炭;②检查火花塞绝缘是否损坏;③检查火花塞电极间隙是否合适(0.5~0.7 mm),过大或过小都要调整;④将火花塞头部放到发动机盖上,拉启动绳,观察火花塞打火情况,若打火正常说明电路系统工作正常,若不打火或火弱要继续检查。

2. 发动机工作中停机后不易启动或不能启动

（1）若发动机在工作中突然"毛车"后停机，再也不易启动，大多是油路系统供不上油造成的，主要原因有：①油箱无油；②化油器油道、油管堵塞及油箱内重锤滤油器堵塞；③油管破裂；④燃油中含水。解决的方法分别是：给油箱加油；疏通油道、油管及重锤滤油器；更换油管；更换洁净合格的燃油。

（2）若发动机在工作中突然"啪"的一声响后停机，再也不易启动，说明电路系统出现了以下问题：①火花塞两极被污染物接通；②火花塞损坏；③燃油太浓导致火花塞粘连；④电器系统元件损坏或接头松脱。解决的方法分别是：清洁火花塞两极；更换火花塞；调整汽油与二冲程车用机油的比例；紧固松动和脱落的电器元件接头或更换电器组件。

（3）逐一检查发动机运动部件，若有损坏要及时修理。

3. 发动机加大油门动力不足的原因及解决方法

发动机加大油门后动力不足的原因及解决方法见表17-6。

4. 发动机过热的原因及解决方法

发动机过热的原因及解决方法见表17-7。

表 17-6　发动机动力不足的原因及解决方法

序号	原　　因	解　决　办　法
1	进油管、化油器油道不通畅	检查并清洗进油管和化油器油道（包括油箱内重锤滤油器）
2	化油器滤网堵塞	清洗化油器滤网
3	化油器漏油	一是油管破裂；二是油浮不回位。如是油管原因应更换油管，如是油浮不回位，应撤下防护罩，用螺丝刀轻敲化油器即可
4	启动后阻风门未全部打开	全部打开阻风门
5	单向阀片损坏	更换单向阀片
6	火花塞火弱	①清除火花塞中心极上的积炭；②清洗火花塞；③更换火花塞
7	火花塞击穿	更换火花塞
8	活塞环被积炭卡死在活塞环槽内不回位	拆下气缸将积炭清除
9	高速、急速油针开度调整过大或过小（过大，发动机冒浓烟；过小，发动机过热且转速升高）	正确调整高速、急速油针的开度

表 17-7　发动机过热的原因及解决方法

序号	原　　因	解　决　办　法
1	新机器没经过磨合期就大负荷工作	减小负荷
2	进入缸体内的混合气（雾化燃油与空气的混合）太稀薄（雾化油所占比例低于正常值）	适当调大高速和急速油针的开度
3	混合油（汽油与二冲程汽油机机油的混合）太稀（机油少）	增加机油含量到标准比例
4	燃油中含水	更换合格的燃油
5	缸体被污物污染而散热不良	清洗气缸散热片间的油污、泥土、木屑等杂物
6	导风罩、罩壳等风冷通道损坏	修复损坏零件

如果发动机不过热但无力,其原因大多是曲轴箱漏气,应检查曲轴箱油封是否损坏,如损坏要及时更换油封。

5.发动机转速不稳

(1)发动机加大负荷时有熄火现象,其原因是火花塞烧损或有积炭。解决的方法是拆下缸体清除积炭或更换火花塞。

(2)发动机大负荷运转时有敲缸声,其原因及解决方法如下:①活塞环被积炭卡死在活塞环槽内,应拆下缸体清除积炭。②燃烧室积炭严重,应拆下缸体清除积炭。③点火提前角过大,应更换电器组件。

(3)发动机怠速运转时有敲击声,其原因及解决方法如下:①连杆小头松动,应更换连杆小头滚针。②连杆大头磨损,应更换曲轴连杆组。

(4)发动机怠速运转时转速突然上升,其原因及解决方法如下:①燃油快用完,应停机加油。②油路及油道不通畅,应疏通有问题的油路或油道。

(5)发动机怠速运转不稳定,速度慢慢下降,消声器排烟越来越浓,最后熄火。其原因是化油器供给的混合气太浓,应关小怠速油针,同时相应地松开限位螺钉。

(6)发动机怠速运转时,猛加油门向高速过渡,有熄火现象。其原因是化油器供给的混合气太稀薄,应增大怠速油针的开度。

(7)发动机怠速转速过高,松开限位螺钉也降不下来。其原因也是化油器供给的混合气太稀薄,应增大怠速油针的开度,同时还要拧紧相应的限位螺钉。

6.发动机转速低

(1)发动机工作时转速低、声音较闷且排烟较浓,若猛松油门扳手使发动机从高速突然降到怠速时有熄火现象,则说明化油器供给的混合气太浓,应关小化油器主油针的开度。

(2)发动机由怠速迅速提到高速时,有熄火现象。其原因是供油不畅,要疏通油路。

(3)运动部件损坏,如发动机拉缸、活塞环卡死、连杆轴承损坏、曲轴轴承损坏等。解决的方法是逐一检查,并及时修理或更换损坏的零部件。

在以上检查过程中,如果发现哪项有问题,则后续项目就不用再继续检查。

锂电风力灭火机的故障原因与排除方法见表17-8。

表17-8 锂电风力灭火机的故障原因与排除方法

现象	原 因	排 除 方 法
无法启动	电池电压不足,电机损坏,叶轮损坏,控制器损坏	及时充电,更换电机,更换叶轮,更换控制器
运转不稳定	电池电压不足,电机损坏,叶轮损坏,控制器损坏	及时充电,更换电机,更换叶轮,更换控制器

17.2 森林消防车

17.2.1 概述

1.定义

森林消防车是用于扑救森林火灾、运输扑火物资及人员的专用车辆。

2.用途

使用轻型扑火装备难以直接扑救高强度地表火,但随着新型消防车的使用,交通方便地区及次生林区的火灾,利用消防车的水枪或水炮可以直接压制急进地表火的火头,阻截高强度地表火,不会对扑火队员造成威胁。

目前国内用得最多的是蟒式全地形车,它的前后车体通过铰接机构连接,可实现车辆俯仰、蛇形扭动的功能,较宽的四条履带同时具有驱动能力,使车辆具有越障高、越壕宽、接地比压低、可浮渡的特点。可在风、沙、雨、雪等极其恶劣的气候条件下,在没有任何道路的情况下,自由穿行于河流、湖泊、浅滩、沼泽、沙漠、戈壁、山地和雪地,具有极强的环境适应能力和通过能力,是性能优异的越野车辆,适用于森林消防、工程作业、医疗救护、抢险救灾、治安防暴、地质勘探等。

17.2.2 国内外发展概况及发展趋势

国内外的森林消防车辆大多以军用车、工

程车或普通车辆为基础改装而成。这些消防车都具有良好的越野性能和防护性能,因此,在提高消防人员机动性的同时也给他们提供了安全保障。为了满足不同的需要,灭火车上可以安装不同的设备。以喷洒水系灭火剂为主的灭火车装有大容量容器和喷洒系统,容器内的灭火剂以水为主,有时会在水里添加一些化学灭火剂以提高灭火效率。例如,我国的"531 森林灭火车"以"531"装甲车为载体,载水量为 2 t,保持了原有装甲车的性能,最大喷水距离可达 25～30 m。以喷洒化学灭火剂为主的灭火车,其原理是通过抛射系统将化学灭火剂抛洒到火场,它具有机动性好、精确度高、可远距离灭火等优点,是较理想的灭火装备。抛射系统主要是借鉴军用装备的发射原理,或直接利用军用装备改装而成。辅助灭火车包括森林灭火救援车、工程车等。森林灭火救援车可以有效地保护消防员的生命安全,还可以在大火中执行救援任务;森林灭火工程车的作用则是开辟防火道、清除森林中的杂草和树丛等。

国外较先进的森林消防车主要集中在欧洲、加拿大、美国及日本等国家和地区。当前世界各国尤其是发达国家通过将现代技术和新型材料应用到森林消防车上来增强其功能并提高灭火效率。美国研制的"奥什科什·不死鸟"(Oshkosh Phoenix)消防车重达 20 t,在 8 个硕大轮子的驱动下可以在崎岖不平的火场中行驶。这种新式消防车功率大、爬坡能力强(能爬 60°陡坡)且可在 1.2 m 深的水中行驶,车中配有高分辨率摄像机和红外线扫描系统,能透过烟雾准确地找到火源。该车可自载 10 t 水,并有水泵系统;驾驶室的正面和侧面均可遥控车顶及左右两侧的水枪进行灭火;轮胎内空气压力的强弱可根据不同地势自动调节,在行驶中还能根据不同地形将车轮上升或下降 40 cm,因此,可在多种环境中行驶,但是造价昂贵,成本高。日本研制成功一种自动消防车,由遥控实现其驾驶及水枪灭火,与普通消防车相比其具有可超近距离地停靠在火场,能准确地把灭火泡沫或水喷洒在燃烧物上等特点。德国制造了一种灭火救援车,车上装备的各种

设备不但可以使消防员能够进行有效的灭火工作,而且还可以给消防员提供足够的安全保障;此外,它还可以在大火中执行救援任务。芬兰研制的 SISUNA-140 全地形双节履带式消防运兵车由 4 条宽橡胶履带驱动,双节车厢采用铰接柔性连接,运行较平稳,在当时被誉为"草上飞"。捷克利用 T55 底盘改装了一辆"消防战士号"装甲型消防车,可装运 11 300 L 水及 600 L 泡沫,并有一台额定流量为 2300 L/min 的消防水泵;为了能在特别危险的环境下使用,设计人员还开发了一种借助电视支持的专用遥控装置,可在 1500 m 以内对消防车实施遥控操作。西班牙研制的雷诺 D 系列 4×4 消防车,采用 206 kW DTI7 欧 6 排放发动机,自载 3080 L 水,其中的 500 L 用于车辆的自保系统,当消防车离火源较近时,轮胎与驾驶室上方的喷头可喷出水雾,保证车辆和人员的安全。2006 年,芬兰研发的 NF-750 消防车亮相百年消防展,该车美观大方,通过性强。保加利亚研制出一种名为"炭火舞女"的高效能履带式森林灭火车,采用的是新型抗高温、抗辐射材料,靠履带滚动进入火场中心进行灭火,消防人员无须走出灭火车,它不仅可以进入火场中心扑火,而且还能保证消防队员的安全。

国内森林消防车的发展较晚,主要靠引进国外机型直接使用,或者参照国外先进机型进行改进设计。进入 20 世纪 80 年代后,我国科研人员陆续自行设计了的森林消防车,首款森林消防车 YD801 研制成功,从此揭开了我国在消防车领域研究的序幕。1988 年,由北京林业大学研制的 CGL25/5 型轮式森林消防车在消防系统参数、消防设备配置方面有所创新。该车采用 6 轮驱动,具有较好的越野性能。车上除消防泵外,还配备有直接利用天然水源进行灭火的手抬机动泵和小型液剂灭火机具,可用于我国浅山和丘陵地区扑救中等强度以下的火灾及建立林火控制线,并可兼用于林区城镇消防。1993 年哈尔滨林业机械研究所研制成功了 SX2 轮式越野森林消防车,该车以国产越野性能较强的集运车作为主机,在主机上安装了消防设备。该消防车采用 6 轮驱动、最大爬

坡角度为25°。1994年,北京林业大学研制成功了安装在集材机上的6MX系列车载可卸式森林消防装置,该装置由水箱、轻型消防泵、胶管卷筒、射水枪和管道系统等部件组成,属于用水灭火的设备,也可兼用化学灭火剂。北京林业大学和北方车辆制造厂合作承担专项研究课题"履带式森林消防车的研制",于1995年基于85式履带式装甲输送车的底盘研制出了BFC804型履带式森林消防车。该车具有强大的灭火功能和超强的水陆越野性能,满载总质量14 536 kg、最大爬坡角度32°、最小转弯半径1.5 m、水上可浮渡、最高车速50 km/h;主消防设备水箱容积1500 L、水泵扬程80 m、水枪有效射程25 m(水平),并能点射和连续喷射。

进入到21世纪,随着高新技术的发展,森林消防车也逐渐向高智能方向发展。2004年,哈尔滨拖拉机厂的工程技术人员自行设计生产了LY1102XFSG30型履带式森林消防车。该车以适应山区复杂地形的集材-50A型履带式拖拉机底盘为基础,并将发动机功率提高到85 kW。车上除装有消防水泵系灭火设备外,还在前方安装了一个全液压驱动和操纵的绞盘机,在爬坡时如果地面附着力不足,可采用将绳子挂在前方树上一边前进一边绞集的方法行进,用同样的方式也可越过沼泽地。消防车的后方设置了一个全液压操纵、可折叠的特种悬挂犁,工作时可翻耕出一道有效的防火隔离带。2013年,湖南江麓研制成功SXD09多功能森林履带式消防车,由86式装甲车改进而成,采用军用履带装甲车辆技术,履带宽390～450 mm,可爬坡度32°,在车后部可加装耕翻犁,利用水和泡沫灭火。同年,重庆大江工业公司成功研发6×6轮式装甲消防车,前段设有清障铲,可撞击8t的障碍物,车体采用军用装甲钢板,观察窗为防爆玻璃,可强有力地保障消防员生命安全。该车行驶速度较快、防护能力和通过性较强,但是只能载员2人。哈尔滨第一机械集团有限公司研制的蟒式全地形森林消防车,在驾驶室配有电子罗盘、指挥仪和GPS导航定位系统,有利于与航空战备和场外指挥部紧密联系,前后节车厢采用连杆结构,

可作俯仰和蛇形扭动行走,跨沟越障性能好,自载3 t或5 t水,第二节车厢装配便携式高压接力消防水泵、水带卷盘和一台水炮,水泵出水最高时速为40 km,有效提高了灭水效率。2017年,东北林业大学与哈尔滨松江拖拉机有限公司联合研制出LF1352JP新型履带式森林消防车,将底盘加宽加长,增加了稳定性。此外,还将该车的功率提升到99.3 kW,纵坡可爬最大坡度48°,爬坡越障能力强。2018年,东北林业大学研制出高压储能式脉冲灭火水枪,安装在美国北极星6×6全地形轮式越野车上,实现了自吸水,提高了可持续灭火时间。

17.2.3　典型产品的结构、工作原理及主要技术性能

蟒式全地形车由基型底盘、灭火装置、灭火携行装备、车载对讲机、电子罗盘及人员舱和座椅等组成,可满足扑救森林火灾的快速运兵、以水灭火和综合保障等实战需要。蟒式全地形森林消防车结构如图17-3、图17-4所示。

图17-3　蟒式全地形森林消防车(以水灭火及载人)结构

图17-4　蟒式全地形森林消防车(载人和水箱及灭火携行装备)结构

蟒式全地形车工作原理：采用基型底盘上装部分改进和加装电子设备及灭火装备实现森林消防车。基型底盘为双节履带车辆，前、后车体通过铰接结构连接，整个车体可以俯仰、蛇形扭动，并且 4 条履带具备同时驱动，具有超强的全地形越野能力。利用基型底盘的性能特点，加装模块，实现载重 3 t、5 t 等蟒式全地形森林消防车。蟒式全地形车主要技术性能指标见表 17-9。

表 17-9　蟒式全地形车主要技术参数

型　号	2 t	3 t	5 t	10 t	30 t
长/mm	7000	9500	11 000	12 000	16 000
宽/mm	2200	2100	2800	3100	3100
高/mm	2450	2700	3000	3000	3000
机身质量/t	5	9	18	24	30
载质量/t	2.2	3	5	10	30
前车载质量/后车载质量/t	0.6/1.6	0.5/2.5	1/4	2/8	12/18
乘员数/人	6	3	3	4	4
公路最大行驶速度/(km·h⁻¹)	65	45	37	45	37
水中最大行驶速度/(km·h⁻¹)	5	5	5	5	5
公路最大行驶里程/km	300	500	500	500	500
越障高/m	0.8	0.8	1	1.2	1.5
越壕宽/m	1.5	1.5	2.5	3	4
最大爬坡度/(°)	45	30	30	30	30
最大侧坡度/(°)	35	20	20	25	25
涉水深/m	可浮渡				
发动机功率/Ps	148	245	375	550	680
系统电压/V	12	24	24	24	24
转弯半径/m	6.2	9.3	11	11.6	17
接地压力/kPa	15	25	30	35	30
车底距地高/mm	350	350	350	400	350
转向控制	方向盘，液压助力				
变速箱	5挡自动	6挡自动	6挡自动	6挡自动	6挡自动
制动方式	钳盘式	钳盘式	钳盘式	钳盘式	带式
使用环境温度/℃	－43～＋50				

17.2.4　选用原则

蟒式全地形森林消防车为双节四驱车辆，载重能力强，越野通过性好，接地比压小，可以快速通过湿地、沼泽、雪地、河流湖泊等特殊地域环境等，超越其他消防车辆和单节履带消防车辆的性能，适合应用在森林山地等环境。前后两节可以根据林区特点和使用需求设计研发多种功能的森林消防车，可将人员、机具、水、给养等快速、便捷地运抵火场，形成高效的灭火作战能力。以载重 3 t 和 5 t 为例，改进了蟒式全地形森林消防车导航加以水灭火功能的消防车，以及运输人员舱加灭火携行装备及水箱功能的消防车。

17.2.5　安全使用规程（包括操作规程、维护和保养）

1. 蟒式全地形森林消防车操作前的检查

（1）检查所有紧固部位是否有螺栓松动或丢失现象，如发现应及时进行紧固或更换。

（2）检查所有安全防护装置，如门、护板、盖板等是否安装正确并可靠。

（3）检查车厢体底部、动力舱内是否清洁，如发现有油迹、水（防冻液），应及时查找渗漏部位并修理。

（4）检查动力传动装置各系统的燃油、机油、液压油及冷却液的加注情况。出车前检查参数见表17-10。

（5）发动机启动后应检查仪表、显示装置是否工作正常，各读数是否在工作范围内。

（6）检查车辆转向及俯仰。在原地进行左右转向2~3次、上下俯仰2~3次，检查有无不顺畅及卡滞现象，上下俯仰应均能闭锁。

2. 设备保养周期及内容

1）常规保养（分为日常保养和每月保养）

常规养护项目及标准见表17-11。

表 17-10　出车前检查参数表

检查项目		检查内容
发动机机油		检查发动机机油油量。量油尺刻度不得低于最低刻线，应在上、下刻线之间
发动机冷却液	清洁的软水	检查膨胀水箱液面高度占水箱高度的2/3
	防冻液	
变速箱、分动箱、差速器油液		应保证油面高度位于油标尺上、下油面刻线之间
液压油箱液压油		检查油箱中的油面高度，油面在油标尺刻线之间
柴油		检查驾驶员显控终端上油量显示值不得低于下油面刻线

表 17-11　常规养护项目及标准

序号	常规养护项目	标准	每日	每月
1	清洁车辆	出车后应进行清洁车辆	✖	✖
2	检查车辆灯光系统是否全部工作正常	车辆灯光系统应保证全部完好	✖	✖
3	检查车辆仪表及各功能开关是否工作正常	仪表及功能开关应无损坏	✖	✖
4	检查转向盘、油门和刹车踏板有无卡滞、禁涩	转向盘、油门和刹车踏板应操作灵活自如		✖
5	检查燃油量	油箱内的油量应满足日常工作需求		✖
6	检查发动机冷却液液位	冷却液液位应在水箱加注口的1/3处为适宜	✖	✖
7	检查发动机机油油位	油位应位于油尺的高和低之间		✖
8	检查发动机皮带是否有交叉裂纹	细小横向裂纹可以接受		✖
9	检查发动机各连接管路	各连接管路应无松动、渗漏现象，如发现应及时进行紧固或更换，有渗漏应清洁痕迹		✖
10	检查变速箱油位	油位应在刻度的高和低之间		✖
11	检查变速箱各连接管路	各连接管路应无松动、渗漏现象，如发现应及时进行紧固或更换，有渗漏应清洁痕迹		✖
12	检查分动箱油位	油位应在刻度的高和低之间	✖	✖
13	检查液压系统的转向和风扇油箱油位	油箱液位应位于油位计之间，目视可观察到的位置	✖	✖
14	检查液压系统各连接管路	各连接管路应无松动、渗漏和破损现象，如发现应及时进行紧固或更换，如有渗漏应清洁痕迹		✖

续表

序号	常规养护项目	标　准	每日	每月
15	检查前、后车差速器油位	油位应在刻度尺之间	✳	✳
16	检查前、后车侧传动油位	通过油位孔进行检查	✳	✳
17	检查差速器与侧传动之间连接齿套	齿套应连接可靠		✳
18	检查传动轴连接螺栓紧固情况	连接螺栓应紧固		✳
19	检查车辆履带松紧度	履带顶部允许接触一节或两节负重轮。诱导轮处于最前极限位置时,履带可以不接触到负重轮	✳	✳
20	检查车辆橡胶履带有无破损	橡胶带间隙不得超 1/3,磨损后,露出织物不得超过 2 层	✳	✳
21	检查履带螺栓有无松动、脱落	履带紧固螺栓应紧固	✳	✳
22	检查履带板	不得有变形和损坏		✳
23	检查主动轮、诱导轮挂胶磨损情况	主动轮上的塑胶小轮磨损不得超过 1/3		✳
24	检查负重轮紧固及磨损情况	负重轮磨损不得超过 5 层,不允许露出棉线绳和内胎	✳	✳
25	检查铰接支架上部各管路	各管路之间应连接可靠,不得有卡滞、磨损现象		✳
26	检查车辆前后车水泵	水泵应能正常工作	✳	✳
27	每次下水后应清洁车厢内底部存水	车厢底部不应有存水	✳	✳
28	检查前后车燃油供油油泵	油泵应能够正常工作		✳

注: 常规维护包括每 15 天进行一次车辆发动,发动时长约 30 min。

表 17-11 为在日常保养和每月保养必须执行的项目,如果装备使用频率较低,并处于长期的停放状态,可适当延长日常保养时间,但最少每两周进行一次保养。同时应发动车辆一次,每次车辆发动时间不少于半小时,进行产品各方面的润滑和预热。如在日常保养中发现产品存在故障或隐患,应及时与制造厂家联系进行排除。

适当延长日常保养间隔是指产品长期处于停放或封存状态时,可适当延长产品的每日保养项目的检查间隔,每半月进行一次,但每月保养项目不得顺期延长。

2) 定期保养

定期保养每半年一次(具体实施标准按《全地形双节履带抢险车底盘说明书》内容执行),定期养护项目见表 17-12。

表 17-12　定期养护项目

工序	定期养护项目	备注		
		800 km、200 h 或满半年	1400 km、400 h 或满一年	3000 km、800 h 或满两年
1	记录油量和里程	✳	✳	✳
2	检查车辆外观	✳	✳	✳
3	前方灯光检查	✳	✳	✳
4	检查前照灯	✳	✳	✳
5	检查车顶灯	✳	✳	✳
6	检查车顶探照灯	✳	✳	✳
7	检查左转向灯	✳	✳	✳

续表

工序	定期养护项目	备注		
		800 km、200 h 或满半年	1400 km、400 h 或满一年	3000 km、800 h 或满两年
8	检查右转向灯	✗	✗	✗
9	检查工程警示灯	✗	✗	✗
10	检查行车灯	✗	✗	✗
11	检查倒车灯	✗	✗	✗
12	检查后车照明灯	✗	✗	✗
13	检查方向盘	✗	✗	✗
14	检查俯仰杆	✗	✗	✗
15	检查空调各按键功能		✗	✗
16	检查各仪表指示灯	✗	✗	✗
17	检查驾驶室及动力舱内照明灯	✗	✗	✗
18	检查仪表盘各控制开关	✗	✗	✗
19	检查变速箱控制手柄	✗	✗	✗
20	检查制动踏板及油门踏板	✗	✗	✗
21	检查雨刷及喷嘴	✗	✗	✗
22	检查两侧后视镜	✗	✗	✗
23	检查各车门及侧门密封		✗	✗
24	检查百叶窗		✗	✗
25	打开各动力舱盖板	✗	✗	✗
26	检查空气滤滤芯	✗	✗	✗
27	检查发动机各连接管路有无渗漏	✗	✗	✗
28	检查冷却液液位	✗	✗	✗
29	更换冷却液			✗
30	更换发动机机油			✗
31	检查发动机机油油位	✗	✗	✗
32	检查发动机供油管路	✗	✗	✗
33	检查发动机柴油粗滤芯	✗	✗	✗
34	检查发动机柴油精滤芯	✗	✗	✗
35	检查发动机油水分离器	✗	✗	✗
36	检查发动机机油滤芯	✗	✗	✗
37	检查发动机皮带	✗	✗	✗
38	检查发动机散热系统管路	✗	✗	✗
39	检查发动机风扇马达有无异响		✗	✗
40	检查发动机风扇马达滤芯		✗	✗
41	检查空气压缩机出气量			✗
42	检查气动系统出气管路有无渗漏	✗	✗	✗
43	检查储气罐排气阀		✗	✗
44	检查变速箱油位	✗	✗	✗
45	检查更换变速箱油液			✗
46	检查变速箱油冷管路有无渗漏	✗	✗	✗
47	检查液压油箱液位	✗	✗	✗

续表

工序	定期养护项目	备注		
		800 km、200 h 或满半年	1400 km、400 h 或满一年	3000 km、800 h 或满两年
48	更换液压油箱油液			✕
49	检查液压系统管路有无渗漏及破损	✕	✕	✕
50	检查液压系统各阀体有无损坏或是否正常工作	✕	✕	✕
51	检查分动箱油位	✕	✕	✕
52	更换分动箱油液			✕
53	检查各传动轴连接螺栓紧固情况	✕	✕	✕
54	检查发动机、变速箱、分动箱地脚连接件紧固情况	✕	✕	✕
55	检查前车差速器油位	✕	✕	✕
56	检查清洗前车差速器呼吸器	✕	✕	✕
57	检查前车差速器紧固情况	✕	✕	✕
58	检查前车差速器与侧传动连接齿套及连接件磨损情况	✕	✕	✕
59	更换差速器油液			✕
60	检查前车侧传动油位	✕	✕	✕
61	更换前车侧传动油液			✕
62	检查清洗前车侧传动呼吸器	✕	✕	✕
63	检查中间支撑油位			✕
64	更换中间支撑油液			✕
65	检查驾驶室室内加温系统工作情况		✕	✕
66	检查暖风系统工作情况		✕	✕
67	检查暖风系统连接管路有无渗漏和老化现象		✕	✕
68	检查暖风系统出风口有无卡滞现象		✕	✕
69	检查蓄电池极柱	✕	✕	✕
70	检查蓄电池通气孔是否堵塞	✕	✕	✕
71	检查全车线束及各分支连接线紧固情况	✕	✕	✕
72	检查铰接上部各连接管路有无渗漏和损坏	✕	✕	✕
73	检查铰接支架有无开焊和断裂		✕	✕
74	检查液压缸表面有无油污和油液渗漏	✕	✕	✕
75	检查液压缸支杆有无划痕和弯曲变形		✕	✕
76	检查液压缸连接及固定情况	✕	✕	✕
77	检查中间支撑油液液位	✕	✕	✕
78	更换中间支撑油液			✕
79	检查并加注铰接支架各加注点	✕	✕	✕
80	检查两端传动轴连接及紧固情况	✕	✕	✕
81	检查油箱连接管路有无渗漏	✕	✕	✕
82	打开后节车检查盖板	✕	✕	✕
83	检查后节车差速器油位	✕	✕	✕
84	更换后节车差速器油液			✕
85	检查和清洗差速器呼吸器	✕	✕	✕

续表

工序	定期养护项目	备注		
		800 km、200 h 或满半年	1400 km、400 h 或满一年	3000 km、800 h 或满两年
86	检查后节车差速器紧固情况	⚒	⚒	⚒
87	检查后节车差速器与侧传动连接齿套及连接件磨损情况	⚒	⚒	⚒
88	检查后节车侧传动油位	⚒	⚒	⚒
89	检查和更换后节车侧传动油液			⚒
90	检查和清洗后节车侧传动呼吸器	⚒	⚒	⚒
91	检查后节车侧传动紧固情况	⚒	⚒	⚒
92	检查油箱连接管路有无渗漏	⚒	⚒	⚒
93	检查油箱供油泵工作情况		⚒	⚒
94	检查油箱有无损坏及渗漏现象	⚒	⚒	⚒
95	检查履带调整器能否正常工作		⚒	⚒
96	履带调整器表面涂抹润滑脂	⚒	⚒	⚒
97	检查诱导轮外部挂胶磨损情况		⚒	⚒
98	更换诱导轮内油脂	⚒	⚒	⚒
99	检查诱导轮内部轴承磨损情况		⚒	⚒
100	检查负重轮磨损情况		⚒	⚒
101	紧固负重轮	⚒	⚒	⚒
102	更换平衡肘油脂	⚒	⚒	⚒
103	检查平衡肘轴承磨损情况		⚒	⚒
104	检查主动轮外部挂胶磨损情况		⚒	⚒
105	更换主动轮内油脂	⚒	⚒	⚒
106	检查主动轮内部轴承磨损情况		⚒	⚒
107	紧固主动轮小胶轮		⚒	⚒
108	检查主动轮小胶轮磨损情况		⚒	⚒
109	检查橡胶履带板有无断裂	⚒	⚒	⚒
110	检查履带板有无开焊变形	⚒	⚒	⚒
111	检查履带螺栓紧固情况	⚒	⚒	⚒
112	检查空调系统管路有无渗漏	⚒	⚒	⚒
113	发动车辆检查空调制冷情况	⚒	⚒	⚒
114	检查车辆,清理工具	⚒	⚒	⚒

3）安全风险及应急处置

（1）警告：车辆在坡道停车时,必须打开手动制动阀；长时间停车时,需要放置器材掩车保证车辆停车安全。

（2）设备操作人员应随时关注设备运行状态,当设备出现紧急故障时,应立即熄火,保证设备及操作人员安全。

（3）车辆过沟壕及越垂直障碍时,必须有指挥员指挥。

（4）水中行驶出现较大侧倾时,车辆应倒

挡行驶,退回水平位置,调整路线后再继续行驶。

（5）车辆行驶前手刹制动手柄必须下移到最低点,解除驻车制动状态。

（6）当车辆遇到火情时,动力舱内部有自动灭火模块,驾驶员可通过按下驾驶室内火警开关,进行自动灭火喷淋,在非紧急情况不允许触碰此开关。

（7）驾驶操作人员必须接受过专门的培训并取得驾驶资格证,否则禁止驾驶员操作车辆。

17.2.6 常见故障及排除方法

1. 发动机

发动机常见故障及排除方法见表17-13。

2. 冷却系统

冷却系统常见故障及排除方法见表17-14。

3. 排气系统

排气系统常见故障及排除方法见表17-15。

4. 燃油供给系统

燃油供给系统常见故障及排除方法见表17-16。

5. 润滑系统

润滑系统常见故障及排除方法见表17-17。

6. 传动系统

传动系统常见故障及排除方法见表17-18。

7. 行走装置

行走装置常见故障及排除方法见表17-19。

8. 电气系统

电气系统常见故障及排除方法见表17-20。

9. 车体

车体常见故障及排除方法见表17-21。

10. 空调

空调常见故障及排除方法见表17-22。

表 17-13　发动机常见故障及排除方法

序号	故障现象	故障原因	排除方法
1	发动机无法启动,电控系统报警灯不亮	电控系统、启动电机未接通电源	接通电源
		燃油箱内燃油不足	加燃油
		燃油系内有空气	排除空气
		燃油导管堵塞	疏通
		燃油分配开关关闭	打开开关
		启动电机故障	维修或更换启动电机
		压缩空气的压力不足	检查空气瓶内空气压力
		断油电磁阀关闭	检查地线接地情况
		蓄电池电压太低	对蓄电池充电
2	启动后随即自行熄火	低压燃油管路有空气或进入空气	放气并分段检查
		低压燃油油路局部堵塞造成供油不足或不供油	分段检查燃油油路并予以排除
		燃油箱放气孔堵塞,供油不畅	吹通放气孔
		燃油箱缺油	加注燃油
		电路故障	检查电控系统电路
3	冷却水温度高	发动机长期在低速大负荷下工作	改变使用挡位
		冷却液过少或渗漏	添加冷却液,排除渗漏
		散热器过脏	清洗散热器
		水泵有故障	检查水泵是否损坏
		冷却系统内水垢过多散热不良	清洗冷却系统
		传感器有故障	检查或更换
		风扇有故障	检修

续表

序号	故障现象	故障原因	排除方法
4	发动机工作不稳定	发动机燃油不足或管路进气	加注燃油或检查管路
		电控系统出现故障	用人机对话装置检查电控系统电缆和接头、执行器工作是否发卡,控制器工作是否正常,视情况处理
		喷油器漏油或工作不正常	检查喷油器
		柴油滤清器堵塞	更换柴油滤清器
5	排气温度过高	排气温度表或传感器出现故障	更换排气温度表或传感器
		发动机进气量不足	清洗或更换空气滤清器
		喷油器不正常	检查喷油器
6	排气冒黑烟	喷油雾化不良	更换喷油器
		空气滤清器堵塞	清理或更换空气滤清器
		活塞漏气量大或气门关闭不严	更换活塞气门
		增压器工作不正常,供气不足	检查增压器叶轮是否损坏或更换增压器
7	排气冒白烟	发动机过冷	提高机油、冷却液温度
		喷油器故障	检查喷油器
8	发动机有敲击声	发动机未加温到正常使用温度就加大负荷	按要求操作等机油和冷却水温度达到规定值后再加大负荷
		喷油器有故障	检修或更换
		机械故障	检修
9	发动机自动加速、超转速工作	电子控制系统故障	紧急停车
		电连接器接触不良	关闭电控系统电源,使发动机熄火;用对话装置检查电控系统,并检查电连接器是否松动
10	发动机工作中自动减速、降怠速、停车	水温超限,自动减小负荷	检查冷却液是否泄漏,调整使用挡位
		排温超限,自动减小负荷	

表 17-14 冷却系统常见故障及排除方法

序号	故障现象	故障原因	排除方法
1	水温过高	发动机负荷过大	减小负荷
		冷却液过少	添加冷却液
		水散热器过脏	清洗
		水泵有故障	检修
		冷却系内水垢过多	拆开清洗
2	漏冷却液	管道连接处渗漏	检修或更换
		水散热器渗漏	更换
		进出口法兰边上的双头螺柱松动或损坏	拧紧或更换
		水管磕伤、渗漏	检修或更换
3	上下框体的紧固螺栓失效		更换

表 17-15　排气系统常见故障及排除方法

故 障 现 象	故 障 原 因	排 除 方 法
漏烟	衬垫失效	更换衬垫
	波纹管疲劳产生裂纹	更换波纹管
	焊接部件虚焊或外力引起断裂	补焊
	螺栓锁紧不牢造成松动	将螺栓重新锁紧

表 17-16　燃油供给系统常见故障及排除方法

序号	故 障 现 象	故 障 原 因	排 除 方 法
1	柴油粗滤器堵塞	柴油中混杂质	清洗粗滤器
2	柴油箱漏油	焊缝开裂	补焊开裂处

表 17-17　润滑系统常见故障及排除方法

序号	故 障 现 象	故 障 原 因	排 除 方 法
1	油温过高	机油过少	添加机油
		机油变质	更换机油
		机油泵有故障	检修
		机油散热器过脏	清洗
		负荷过大	变换挡位
		感受器有故障	检查或更换
2	油压过低	机油量少	加添
		机油太稀或泡沫太多	更换机油
		机油滤芯过脏	清洗
		机油箱出油口滤网堵塞	清洗
		机油泵有故障	检修或更换
		机油泵调压活门弹簧张力减弱	调整或更换弹簧
		油路有故障	检修
		感受器有故障	检查或更换
3	油压迅速归零	油管破裂，机油箱严重漏油	更换或检修
		接管脱落或松动	紧固
		电路有故障	检修
		油压感受器接触不良或有其他故障	检修
		机油泵不工作	检修
4	油压过高	冬季启动发动机未进行加温或加温不够	加温
		机油泵调压活门有故障	调整
		油压感受器有故障	检修或更换
5	呼吸器冒油	机油量过多	减少油量
		呼吸器回油接管堵塞	清理

续表

序号	故障现象	故障原因		排除方法
6	机油箱油量增多	机油中混入柴油	个别喷油器因喷雾针发卡或外套螺帽松动,使柴油大量从喷油器溢油孔渗出	疏通喷油器孔,紧固外套螺帽
			喷油器与高压油管连接处漏油	检修
			低压柴油泵密封装置失效	更换密封垫
		机油中混入冷却液	机油箱中蛇形水管破裂	更换机油箱
			气缸筒胶皮密封环损坏	更换密封环
			水道裂纹	检修
			水泵轴、水挡损坏	检修或更换水泵
			机油泵、电动机油泵进油管破裂,电动机油泵水道有裂纹	检修或更换
			机油滤清器单向活门有故障	检修

表 17-18 传动系统常见故障及排除方法

序号	故障现象	故障原因	排除方法
1	换挡正常,挡位显示器无显示或显示不正确	工况机与显示器之间的导线断路	重新连接好,必要时可更换
		显示器指示灯故障	确认故障后更换
		显示器指示灯导线断路或虚焊	重新焊接好,必要时更换
2	升挡或降挡时需要重复操作	选挡器有接触不良的故障	拆开检修或更换
		工况机有故障	检查,必要时更换线路板或工况机
3	自动换挡功能不正常(升、降挡困难,需人工干预或不换挡等)	油门传感器或车速传感器有故障	检查这两个传感器,必要时更换
		相关导线有断路故障	重新连接好导线
		电控系统工况机出现故障	检查工况机,必要时维修或更换
		综合传动装置有故障	必要时进行检查、维修或更换
4	输出端漏油	输出油封磨损	更换油封

表 17-19 行走装置常见故障及排除方法

序号	故障现象	故障原因	排除方法
1	平衡轴和诱导轮轮毂过热	油脂不足	加注油脂
		负重轮和诱导轮运动卡滞	通知维修部门
2	主动轮橡胶小轮脱落	装配力矩未达到设计要求	更换橡胶小轮
3	车辆跑偏	两条履带松紧不均	调整两侧履带的松紧度,使其基本一致
		两条履带不等长	调整两侧履带的履带板数量,使其一致
4	橡胶带撕裂 1/3 或棉纶夹层 2 层以上受到磨损	与尖锐的障碍物相碰,自然磨损	通知维修部门

续表

序号	故障现象	故障原因	排除方法
5	车体侧倾或用大撬杠可撬起负重轮	扭杆弹簧断裂	更换扭杆弹簧

表 17-20　电气系统常见故障及排除方法

序号	故障现象	故障原因	排除方法
1	用电设备不工作	接插头接触不良	清洁检查接头状况,如有污垢进行清理
2	启动电机不工作	启动线缆螺栓松动接触不良;变速箱出现故障代码	紧固启动电机线缆接线端子;通过换挡器读取故障代码,并通知维修部门
3	油门踏板不工作	车辆长时间运行后,由于振动导致插头松动	检查接插件 CT42(位于驾驶员脚下地板盖板内),如有污垢进行清理;检查接插件 XS1(位于动力舱左侧线缆过壁),如有松动进行紧固

表 17-21　车体常见故障及排除方法

序号	故障现象	故障原因	排除方法
1	车体外壳上有凹痕和孔洞		修平凹痕,用装甲钢修补或焊补孔洞和涂漆
2	焊缝有裂缝或破裂		焊补、修光和涂漆
3	底舱盖密封装置渗水	密封胶条安装得不正确、磨损或舱盖没完全压紧	更换密封胶条垫或压紧舱盖

表 17-22　空调常见故障及排除方法

序号	故障现象	故障原因	排除方法
1	整机不启动	电源插头与插座接触不良	确保插头与插座可靠接触
		电气线路松动或掉线	检查电气线路(由专业维修人员进行)
2	制冷效果差	空气循环不畅	移去进出风口处的遮挡物
		热交换器脏堵	清洗热交换器
		室外环境温度过高	无须维修
		毛细管局部堵塞	通知厂家
		制冷剂量不足	通知厂家
3	系统运行一段时间后,制冷量逐渐下降,高压表迅速偏高,低压表读数偏低	毛细管处被冰堵塞	排空系统,重新充制冷剂 R22

17.3 防护装备

17.3.1 概述

1.定义及用途

防护装备是用来保护扑火人员在灭火中避免高温、火焰和浓烟等对人体的伤害,进行自身防护的专用装备。防护装备主要包括森林防火服、防护头盔、防护眼镜、防火口罩、防火手套、防火靴等。

1) 森林防火服

作业人员进行森林扑火时,在接触火焰及炽热物体后,所穿着的森林防护服,防火服在一定时间内能阻止本身被点燃、有焰燃烧和阴燃。森林防火服由衣和裤组成,采用有一定的阻燃、耐磨和隔热能力的织布制成,可保证扑火人员的肢体不暴露在火场中,以免受到危害。要求防火服装轻便、耐磨、阻燃、隔热性能好。森林防火服是根据森林防火、灭火工作的特殊性而设计的,其具有阻燃、隔热、防尘、轻便等特点,可对森林扑火人员的上身和腿部起到保护作用。款式一般为分体式,由经过化学处理的纯棉布制作,耐磨强度好、不缩水、透气性能好、耐火效果好、阻燃性能高,便于保护四肢,可有效防止人员烫伤,增加安全性。

2) 森林防火手套

森林防火手套是森林扑火人员在进行扑灭森林火灾作业时,根据森林扑火、灭火工作的特殊性而设计,防止双手烧(灼)伤的个体防护装备。森林防火手套采用人性化的设计原理,具备防水、隔热、阻燃耐磨等功能,具有戴着舒适柔软、坚固耐用等特点,能有效避免炭灰、火星进入,可以很好地保护扑火人员的双手。

3) 防火靴

防火靴为高腰运动鞋款式,面料由阻燃纤维与芳纶材料组成,具有耐高温、防寒隔热功能,可长时间承受高温。里料采用阻燃纤维制造。防火靴底采用硅橡胶及碳纤维材料制造,耐磨、阻燃、防刺,便于步行和扑火作业,能够

保护脚、踝、防火、防寒。防火鞋存放前要进行清洗和晾晒,保持干净、干燥。

防火靴的主要技术指标如下。防水性:静态4 h不透水,维纶帆布静水压值为53 cm水柱高;阻燃性:鞋底橡胶氧指数为31.5,鞋面皮革氧指数为32,鞋腰维纶帆布氧指数为34,木材火燃烧可离火自熄;皮革表面抗湿性二级;防刺穿:Ⅰ级(>780 N);耐辐射热:牛绒面革、维纶帆布和阻燃橡胶三种材料的耐辐射热达到400 ℃;防滑性:鞋底防滑系数为0.15μ,防滑角度>22°。

4) 防火头盔

防护头盔根据森林防火、灭火工作的特殊性而设计。其具有抗击力、阻燃、防尘、轻便等特点,对森林扑火作业人员的头部、脸部、颈部都能起到保护作用。采用目前国内最佳材料聚碳酸酯(PC)加阻燃剂制成。帽壳具有良好的抗冲击性和阻燃性,提高了帽壳顶部的强度。

5) 防护眼镜

防护眼镜能够在森林扑火作业中保护扑火人员的眼睛免受火星和热辐射的危害。其具有耐高温、防刮伤、佩戴舒适、密封性好、视野清晰等优点,可有效地防止烟和灰尘的进入。镜片、镜框采用阻燃材料制作。镜片采用双层结构设计,阻燃隔热、耐高温、防雾、抗冲击、防紫外线;镜框质地柔软,佩戴时可与面部紧密贴合,执行灭火作业时可对眼睛起到很好的保护作用。

6) 防护口罩

口罩内层为阻燃隔热无纺布,外层为耐高温阻燃丝,采用松紧带套于耳部固定。灭火作业时主要对口鼻进行保护。可装入密封塑料袋,放于作战服侧臂口袋中,使用前将口罩用清水润湿,当火场环境充满浓烟、火线热辐射灼热难耐及紧急避险时使用。不使用口罩时要及时进行清洗和消毒,还要及时晾干并放入干净的塑料袋中密封保存。

2.国内外发展概况及发展趋势

1) 森林防火服

防火服具有以下特点:

（1）永久的阻燃防火性能。纤维材质本身要具有永久的阻燃性，不会因日晒、雨淋或洗涤等情况而影响防火性能。

（2）良好的隔热性能。火灾现场的温度非常高，会产生很强的辐射热，防火服的隔热性可避免辐射热灼伤消防人员。

（3）良好的防水透气性能。用水灭火时，水不仅加重了消防人员的负担，还给消防人员的行动带来不便，而且在高温条件下会产生水蒸气，容易烫伤消防人员。所以消防服要具备良好的防水透气性。

（4）整体结构的协调性能。消防服是功能性服装，因消防员活动范围大，要求消防服结构宽松、不容易引起钩挂，质量轻、穿卸方便、穿着舒适。

（5）反光性能。由于火场浓烟弥漫，尤其在夜间，消防员仅借助自然光和头盔上的照明光还不够用，必须在衣服上添加360°的强反光特性的标志以增加消防员的视觉效果，也为火场人员的合理配置、统一调度提供方便。

2）森林防火手套

美国的森林防火手套有两种：一种是用诺麦克斯纤维织物制成，防火效果好，但价格较高；另一种是铬革皮手套，也具有防火性能。我国过去使用的手套都是用一般的手套来代替，对手套未进行系统的研究，直到20世纪80年代，部分林区才使用了阻燃线手套，虽考虑了阻燃性能，但隔热性能不很理想。

森林防火手套在防护性能上要具有阻燃隔热、耐磨抗折、防刺、舒适等特性。在选材上采用牛皮或猪皮制手掌和手背，并且在手套的手掌和手背缝合处镶有夹条皮，使得手感舒适，并有较好的耐磨性能，同时要有防刺和钩挂的功能，袖子部分用阻燃帆布，既降低了成本，又延长了使用寿命，无论猪皮和牛皮，均为绒面革。

3）森林消防头盔

目前，在消防防护器具设计领域，安全性、实用性、新材料的利用和对通信联系的重视性是国内外生产企业和专家、学者的主要关注方向。在国外，很多先进的科技手段都被应用在消防头盔和防护服的设计上。

2004年，一种新式消防头盔佳雷F1在法国研制成功，质量为950 g。头盔的外壳由超高压聚酯压制而成，可阻抗近1500 kg的冲击力，抗振动、抗电击能力强，帽壳泄漏电流小于3 mA；它和面罩均为反光金黄色，不仅有较强的防热辐射和光辐射的功效，而且反光性能极佳，借助微弱的火光或光亮就可以被他人看到，从而进一步增强了头盔的保护性能。头盔内部预置授话器和耳机，可实现无噪声干扰和信号衰减作战通信。头盔还置有10 mm厚的防火缓冲层和手动式透明护眼罩；两侧可安装便携式强光手电筒，后颈部可装配柔软护颈衬垫。经过特殊处理的头盔外壳和面罩还可有效地防止有害液体的进溅，头盔与呼吸器面具的紧密连接可确保佩戴者头部不受有毒气体的侵蚀。

与此同时，美国制造出一种具有通信、对讲、呼救、照明及摄像等功能的特殊头盔。当消防员带上它，深入漆黑的充满烟雾的火场时，它可以靠红外线显像，把消防员所处的位置，以及物质燃烧情况，及时传送给消防指挥中心，还可以通过头盔内部的话筒和指挥中心通话。这种消防头盔实际是一种全封闭的电子计算机系统，戴上它，头部、面部、眼部、耳部、鼻部、喉部都被保护了起来，消防队员通过透明罩可以看到外部情况，听到外部声音，接收指挥指令。2007年，德国齐格勒公司研制出的新型头盔可以外接1.5 kg的热成像摄像机，显示屏被安装在消防员视野下方的弓形托架上，以使消防员仍可用肉眼视物。在烟雾弥漫和黑暗的环境中，他们可以靠这种头盔摄像机观察环境。利用视频无线传输技术可将头盔摄像机拍摄的图像传输回指挥中心。新式防护服配备了监控人体血液循环的传感器，消防员的脉搏和心率数据经无线电传回指挥部，如果有消防员心率急促，中心就会将其召回。与国外同行业相比，大多数国内厂商关于消防头盔的研制还停留在提高抗冲击强度和提高耐热性的阶段。近几年，也有少量研究机构将研究目标投放到摄像和无线通信等功能在消防头盔的应用上，但研究成果并不成熟或缺少实用价值。

随着我国的热成像技术、红外热成像技术、GPS定位技术、无线通信技术、人体健康监测传感系统、人机工程学、材料工艺学等新的科技手段日益成熟,将这些科技成果应用在消防防护器具上已经是现代森林消防头盔的必然发展趋势,改变现有消防头盔的诸多弊端,弥补不足,更大程度地保障消防员的安全,使消防员的伤亡损失降到最低,使森林火灾的扑救更为迅速和及时,使国家和人民的财产得到更好的保护。

17.3.2 典型产品的结构及工作原理

森林防火服主要技术参数要满足《防护服装 森林防火服》(GB/T 33536—2017)的要求。

(1)采用国际上公认的耐洗性强的CP类耐洗性强的C12×16纯棉阻燃纱卡面料制作,橘黄色。

(2)上衣有臂章、胸条,背后有"森林消防"标志,显要位置加醒目夜光带,便于识别和定位,确保扑火人员的夜间可视度。标志性强,突出行业特点。衣领可立,可与头盔披肩结合一体形成保护。

(3)采用双层设计:肩部双层,使队员在背扛工具、装备时,增加对肩部的保护;腿部双层,可装填隔热材料,以减少热量传导,适合风力灭火机队员使用。

(4)上衣采用铜扣粘扣设计,穿脱方便,节省时间。扣、钩不易燃,不易熔,关键部位采用包缝并两次缝合。

(5)裤腿采用牛皮包缝以防被灌木和荆棘撕破,腋下、裤裆都采用双线。身体覆盖面上,衣裤间有足够的重叠。膝盖等部位另加布料,增强牢固度。

(6)洗涤50次后能保持国家阻燃标准规定,阴燃和续燃时间≤1 s,热防护系数TPP≥250 kW·s/m²。

17.3.3 安全使用规程(包括操作规程、维护和保养)

森林防火服的保养方法如下:

(1)每次使用脱下来后,要检查防火服的状况,重点检查是否有磨损。

(2)如果要去除防火服上残留的污垢,可用自来水和中性肥皂,必要时用洗涤剂,洗涤剂只用在受污染的部位,需要小心谨慎,因为洗涤剂可能会损坏镀铝的表面。

(3)如防火服已和化学品接触,或发现有气泡现象,则应清洗整个镀铝表面。如防火服上留有油液或油脂的残余物,则要用中性肥皂进行清洗。

(4)如防火服的表面泛起小面积的不是很严重的灼烧痕迹或磨损,则可以用镀铝的喷枪进行修补。如防火服的外部有损坏,则要更换防火服。

(5)防火服在重新存放前务必进行彻底的干燥,最好不要折叠。存放处应干燥通风,避免阳光直晒,不得与有腐蚀性物品放在一起。包装件距墙面及地面20 mm以上,防止鼠咬、虫蛀、霉变。

17.4 森林火灾预警系统

17.4.1 概述

随着我国大力加强林业生态文明建设,人工林覆盖面积大量增加,林内可燃物增多;林农间种、旅游业等带来林内火源增多;全球气候变暖造成高森林火险天气数量增加;境外火入侵带来我国森林资源损失。这些因素造成了我国近几十年内森林大火时有发生、森林防火形势较严峻的局面。因此,要实现"打早、打小、打了"的森林火灾预防扑救方针,应利用现代高新技术,加强森林防火预警体系的建设。

1. 定义

森林火灾预警系统是一个涉及多学科、技术含量高、结构复杂的系统工程,完整的森林火灾预警体系构建,主要涵盖5个功能系统,即森林火灾预测预警系统、森林火灾监测预警系统、森林火灾扑救风险预警系统、森林火灾空气污染预警系统、森林火灾应急疏散预警系统。

1) 森林火灾预测预警系统

森林火灾预测预警系统是根据火灾历史、天气条件（温度、相对湿度、降水、风速等）、植被物候状况、可燃物含水量和火源等进行森林火灾预测预警。森林火灾预报分为三种，即火险天气预报、火灾发生预报和火行为预报。火险天气预报主要根据气象因子，预报可能出现火灾天气；火灾发生预报根据气象因子、火源、易燃物的含水量等预报火灾能否发生；火行为预报根据气象因子、火源、可燃物类型的干湿程度、立地条件和地形等，预报火灾发生后的林火蔓延速度、火强度和火焰高度等，为扑救林火提供人力、物力的依据。美国、加拿大等已进行火行为预报，我国主要是火险天气预报，但也在研制火灾发生预报和火行为预报。森林火灾预测预警系统构建主要包含三个方面内容，即构建完善的森林火险信息系统采集管理平台（主要功能是采集林区气象数据、可燃物数据、地形数据、火源分布数据）；构建本土化的森林火险模型；根据采集平台提供的数据，利用模型计算出森林火险等级数据，进行林火预测预警。

2) 森林火灾监测预警系统

森林火灾监测预警系统是以先进的计算机、遥感、地理信息系统和全球定位系统等技术为手段，集地理信息、森林资源信息和防火专题信息为一体，为防火部门进行宏观管理、分析决策服务的多要素、多层次、多功能、多时态的空间信息系统。其目的是实现森林防火指挥快速化、决策科学化、调度实时化和防火信息资源化。

森林火灾监测预警系统能实现森林火灾自动识别，火情自动报警，24小时不间断检测，及时迅速发布火情信息；全天候全方位图像采集系统结合 GIS，实现火点精确经纬度定位。正常情况下，摄像机在云台带动下工作在自动扫描方式下时，观测人员在监控中心可观测到一定范围内的森林、道路、人员等实况图像，系统可进行全程录像；若遇异常情况，工作人员可及时将摄像机从自动状态下转为手动状态，并对有关目标进行跟踪、定位、放大，以便更加仔细全面地进行观测。森林火灾监测预警系统主要涵盖以下功能：

（1）森林火灾图像采集、传输及存储。

（2）火情识别报警：当监控摄像机捕捉到林火时，系统具有的火情识别功能可及时告警并联动报警录像，提醒值班人员查看显示画面，及早发现火情及火点位置。

（3）GIS 管理系统功能：以电子地图为基础，实现地图基本操作功能，实现对森林火灾的分析预报，森林防火工作的动态管理，为防火提供直观的规划和决策支持。

（4）火灾定位功能：利用前端采集系统中的数字回显云台，在地理信息系统里将每一个监控点进行地址编码，同时将每一个监控点的坐标直接落实在电子地图上，地理信息系统接收到特定编码的数字云台回传的位置数据，通过建立特定的位置转换数学模型，实现定位功能，同时，系统具备实现人工定位功能。

（5）辅助决策功能：GIS 信息系统提供最近扑火队前往火情点最短路径及通往现场的主要道路和通行能力，提供防火隔离带的位置及赶赴火场的时间等重要信息。

3) 森林火灾扑救风险预警系统

森林火灾扑救风险预警系统可实现森林火灾蔓延模拟、复杂气象、地形、植被条件下的森林火灾扑救预警，可进行火灾数据的快速采集、传递和集成，火情的标绘、火环境信息查询、火发展预警、扑火队员作战预警部署，火场发展态势预警发布等，具备对森林火灾发生、蔓延和扑救三个阶段危险性的分级预警。提出以人为本、风险认知、风险预警、风险决策、风险控制、风险规避、应急避险和风险转移等对策与措施，科学有效地控制与处置森林火灾扑救风险，从而确保森林消防人员人身安全。森林火灾扑救风险预警系统主要包括森林火灾发生危险性分级预警技术系统、森林火灾蔓延危险性分级预警技术系统和森林火灾扑救危险性分级预警技术系统。

4) 森林火灾空气污染预警系统

森林火灾空气污染预警系统能实现森林火灾发生时或发生后空气质量的监测预警，以及对外发布环境空气质量现状及预警信息,提高对居民环境空气自动监测数据的分析、预报和预警的能力和水平,使环境管理部门及民众更好地了解空气污染变化趋势,为林区环境管理决策提供及时、准确、全面的空气质量信息,预防严重污染事件的发生。通过对污染天气监测预报预警系统的设计、开发和建设,建立空气质量预报预警系统平台,实现对空气质量相关数据的管理和共享,空气质量预报,重污染天气预警,可视化协同会商和信息发布,并确保系统能够稳定地业务化运行,为明确未来大气污染防治及空气质量保障工作的目标、方向提供决策支持。同时,森林火灾空气污染预警系统建设,可以为森林火灾引起的区域大气联防联控提供强有力的支撑,对今后的森林火灾导致的大气污染防治工作具有十分重要的意义。森林火灾空气污染预警系统主要包含空气质量基础监测信息管理、空气质量预报与空气质量遥感监测等功能。可结合多源卫星遥感数据,实现对气溶胶光学厚度(AOD)、大气颗粒物浓度(PM_{10}、$PM_{2.5}$)、污染气体柱浓度、林木焚烧等物质的遥感监测,实现森林火灾引起的大气污染指标的预警监测。

5)森林火灾应急疏散预警系统

森林火灾应急疏散预警系统是森林火灾在无法控制时或即将危害人民生命财产安全时用于疏散群众的应急疏散系统,在重大或特别重大火灾发生时,能更准确、安全、迅速地指示逃生线路,争取宝贵的逃生时间。根据消防联动信号,给逃生人员以视觉和听觉等感官的刺激,指引安全逃生方向,加快逃生速度、提高逃生成功率。根据疏散方式的不同,将森林火灾应急疏散预警系统主要分为定向疏散逻辑系统、分区预案式疏散逻辑系统、线性通道疏散逻辑系统、HOUNEN智能疏散逻辑系统、蚁群自适应算法系统等。

2. 用途

森林火灾监测预警系统的功能主要有以下几个方面。

1)空间定位查询功能

(1)卫星林火监测热点信息定位查询:根据卫星监测中心监测并传递的信息,快速检索显示数字地图,并将热点以林火图标的方式在数字地图上显示,或读取热点文件中的热点信息,以林火图标方式定位于数字地图上。

(2)火场信息查询及标绘:在数字化图上点击林火图标,检索林火数据库,包括林火所处位置(林业局)、距离、方位、林火大小,创建林火专用图标库,根据火场情况标绘火场态势图。

(3)防火信息属性查询显示:防火信息属性包括瞭望塔、机降点、检查站、驻勤点、林火档案等。查询方法有两种:①根据单位、名称等关键字检索相应数据库,以图标的方式定位显示查询结果,并以列表方式显示其属性;②根据属性信息对应醒目显示图形信息,使属性信息与图形一一对应。同时可对现有防火信息数据库内容进行增加、修改、删除等操作。

2)统计分析功能

(1)森林专题信息的统计:对森林分布情况根据某条件统计分析,并将分析结果以列表或专题图的方式显示。

(2)防火信息统计:对防火设施、防火力量等信息按单位或其他条件进行统计分析,并将分析结果以列表或专题图的方式显示。

(3)火灾档案统计:以单位或时间为条件,统计火灾发生情况,并将分析结果以列表或专题图的方式显示。

(4)地形信息的统计:以某要素和区域为条件,统计分析地形条件,并将分析结果列表或专题地图的方式显示。这些数据信息的统计工作都可以使森林火灾监测预警系统加以实现,从而为火灾的处理与防治奠定良好的基础。

3)空间分析功能

(1)火灾发生地形、地势分析:在1∶250 000基础地理数据中,可标示出火灾发生地的位置。这样从图上可以反映出火灾发生地的形势,如观察火灾发生地附近的水系、交通、居民的情况。可以在图上以火灾发生地为中心,搜索给定范围内的地市扑火队、航空护林机降点、县以上居民地等信息,可以给出符合条件的上述目标名称、行政所属、经纬度和地理坐标等各种属性信息。

(2)可视域分析：根据瞭望塔的经纬度和大地坐标，将其具体位置插入1：250 000基础地理数据中，再根据每个瞭望塔的瞭望能力，标示出其瞭望控制范围。所有瞭望塔的控制范围将形成"火警预报安全区域"，而其他范围则是瞭望控制的"死角"。根据分析结果可以决定应该在哪里增建瞭望塔，或给哪些瞭望塔配备更精良的仪器设备使其控制范围扩大以消除瞭望盲区；可以提示对目前瞭望塔控制不了的范围应特别注意火警，还可以发现某地是否有瞭望塔的重复设置问题。

(3)最短路径分析：在1：250 000基础地理数据中，可标示出任一目标点（如火灾发生地点、居民地位置或其他任意感兴趣的目标点），并从图上可以反映出该点附近的形势——防火检查站、机降点、加油站等，自动计算出附近各点与目标点的距离，不但能直观地反映目标点与所选点的空间位置关系，而且可以列出所选点的详细的属性信息，还可以进行计算出目标点与其周围各点之间的最短路径。这些功能的实现不仅可以使人们对火灾的情形具备深刻的认识，还可以了解火灾现场与周边各点之间的位置关系，以利于更好地采取解决方法。

4）火灾损失评估功能

森林火灾发生后，森林火灾损失的计算、统计、分析就日益显得必要和重要。每次森林火灾以后，了解森林损失总面积、总蓄积，了解主要树种龄组按火烧程度损失的面积、蓄积以及其他方面的损失，建立火灾统计，为清理火烧迹地措施、采伐利用火烧木措施、制定更新措施等各项恢复资源措施的制定和实施提供依据。

3. 国内外发展概况及发展趋势

目前，我国的林火监测措施按空间位置可划分为地面巡护、近地面监测（如瞭望台观测、视频监测等）、航空巡护和卫星监测4个监测层次。这4种层次的监测手段，各自都存在一定的优势和局限性。目前，卫星监测已成为全国火情日常业务监测的一种重要技术手段，主要使用的是NOAA、MODIS及风云等中低空间分辨率的极轨卫星，其时间分辨率较高，但目前空间分辨率不高；另外，由于云的干扰、覆盖同一地区的时间间隔长等因素，导致了在火灾扑救指挥中，指挥员因缺乏对火场状况信息实时了解而延误扑火战机或做出不恰当的指挥决策等。

航空遥感相对于卫星遥感数据来说，尤其是近年来被广泛关注的无人机具有的机动快速、使用成本低、维护操作简单等技术特点，具有对地快速实时巡察监测能力，是一种新型的中低空实时快速获取火情信息的系统，在对车、人无法到达地带的资源环境监测、林火监测及救援指挥等方面具有其独特的优势；但所观测的区域较窄，缺少有效提取火情信息的技术方法。通过视频监控、瞭望和地面巡护等监测手段可以及时发现林火，但其监测范围极其有限，并且需要花费大量的人力，也难于满足对全国林火信息的及时监测与扑救的业务需求。

早在20世纪50年代，我国就开展了利用航空遥感技术进行林火监测的技术方法研究。到70年代末、80年代初，美国的TM、NOAA等卫星数据逐步被我国专家、学者应用于林火监测方法研究中，并在1987年"5·6"大兴安岭特大森林火灾监测中发挥了重要作用。随着卫星遥感技术和应用技术的发展，利用卫星遥感技术进行森林防火应用技术的研究取得了许多阶段性的成果。"八五"期间，在西南等林区系统开展了林火卫星预警监测技术试验，形成了一批高质量的技术成果，不仅提高了林火识别精度，而且也缩短了与国际同行研究水平的差距。"九五"期间，开展了卫星遥感林火监测应用技术研究，形成了基于NOAA/AVHRR数据的森林大火面积测算方法。"十五"以来，面对国内外不断面世的新型卫星遥感数据，我国学者解决了利用这些新型卫星数据进行林火预警监测的应用技术。通过20多年的技术攻关和应用系统建设，我国逐步研究形成了基于卫星遥感数据的火情监测应用方法和技术系统;同时,还将全球定位系统、海事卫星技术等应用于我国森林火灾的预防扑救工作中。目前,在联合国粮农组织的倡导下,由 20 多个国家和 NASA、ESA 等国际组织参与,国外正开展综合利用遥感技术、地理信息系统技术和网络技术等现代信息技术进行火灾的早期预警、监测和评估应用系统的建设;同时,随着人们对环境和可持续发展的日益关注,欧美等国家近年来在研究建立利用遥感技术进行生物质燃烧及其温室气体排放对全球环境的影响等监测和评估的应用系统。与国外相比,我国在利用空间信息技术开展林火发生机理、孕灾环境、致灾要素的反演、灾前预测预报、灾中监测与灾后评估、业务应用系统集成等技术方面,还存在一定的差距。

17.4.2 典型产品的结构及工作原理

森林火灾监测预警系统主要是由监控中心、数据基站节点、监测节点和传输网络等部分组成,在整个系统作业过程中,各个部分都在一定程度上发挥着极其重要的作用。其中系统中每个监测节点和数据基站节点都有独立的地址编码,且每个节点的坐标与地理信息系统中的位置一一对应,如若一个地方发生火灾,管理服务器便会监测到报警信息,从而将火灾信息直接地显示在电子地图上,便于工作人员及时采取有效的措施加以处理。这一举措不仅在一定程度上减少了工作人员的工作强度,还有效地提高了防火、救火的科学性和准确性。其中对于监测节点来说,其主要是负责收集周围环境中的烟雾、温湿度、风速和风向等信息,并通过对这些信息进行一定的分析,划分火险等级,从而实现提前预警的目的。

17.5 航空灭火装备

17.5.1 概述

1. 定义

1)直升机吊桶灭火

直升机吊桶灭火是利用直升机外挂吊桶载水,从空中将水喷洒到火头、火线上,达到直接扑灭森林火灾的灭火方法。吊桶灭火这一种森林航空消防直接灭火手段,在我国东北、内蒙古和西南林区已普遍运用,灭火效果显著。直升机吊桶灭火救灾现场如图 17-5 所示。

图 17-5 直升机吊桶灭火救灾现场

直升机吊桶灭火的特点如下:

(1)喷洒较为准确,灭火效率较高。

(2)机动灵活性较强,提高了直升机的利用率。

(3)水源条件要求较低,中型、大型直升机分别要求水的深度在 2 m、3 m 以上,水源周边净空条件良好。

(4)直升机吊桶所载之水,既可用于空中直接灭火或间接扑火,又可以为前线扑火人员提供生活用水。

(5)以水作为灭火剂,既经济又可以在火灾频发而水源颇丰的林区广泛应用。

2)直升机洒液灭火

直升机洒液灭火是利用直升机机内水箱载水,对火场进行喷洒的灭火方法。有别于吊桶灭火的是利用机内水箱而不是外挂吊桶。直升机洒液灭火救灾现场如图 17-6 所示。

直升机洒液灭火的特点如下:

(1)机动灵活性强。由于机型小,起飞质量轻,所以在飞行时非常灵活。

(2)可以执行多种灭火任务。

(3)自带吸水和喷洒装置,对取水点及其水深要求较低。

3)机群航空化学灭火

航空化学灭火是使用飞机装载化学灭火药液对森林火灾实施空中喷洒,以阻止火灾蔓延或直接扑灭森林火灾的灭火方法。它是控

图 17-6　直升机洒液灭火救灾现场

制和扑救森林火灾的有效技术手段。在发达国家,航空化学灭火是扑救森林火灾的重要手段之一。在我国森林航空消防事业发展过程中,航空化学灭火是探索空中直接灭火措施的重要途径。航空化学灭火救灾现场如图 17-7 所示。

图 17-7　航空化学灭火救灾现场

机群航空化学灭火的特点如下:

(1) 飞机快速到达火场,有利于将森林火灾控制在初发阶段。

(2) 扑灭火场最危险的火头、火线,以降低火势、阻止火灾蔓延或直接扑灭森林火灾。

(3) 能够扑灭地面扑火队员难以到达地段的林火。

(4) 喷洒阻火隔离带,阻止森林火灾的蔓延,为地面扑火队员创造有利的扑火条件。

(5) 使用高效森林灭火剂,价格较低,无药害,阻火、灭火效果良好。

2. 用途

森林灭火专用飞机包括固定翼飞机和直升机。固定翼飞机载重量大、低飞性能好,有的可以自吸加水,灭火效率高;直升机对火场、

机场和水源环境的要求低,既可搭载灭火人员又可以利用吊桶直接灭火,还能为地面机动泵、人力水枪等加水,是森林灭火的多面手。

航空灭火具有以下特点:

(1) 飞机可快速到达火场,有利于将森林火灾控制在初发阶段。

(2) 可扑灭火场最危险的火头、火线,以降低火势,阻止火灾蔓延或直接扑灭森林火灾。

(3) 可扑灭地面扑火队员难以到达区域的林火。

(4) 喷洒阻火隔离带,阻止森林火灾蔓延,为地面扑火队员创造有利的扑火条件。随着飞机数量的增加,定点灭火及降低火势的传统模式将有所改变,机群单独扑灭火灾的可能性正在得到加强。

3. 国内外发展概况及发展趋势

1) 国内外航空森林灭火技术研究现状

(1) 国外研究现状

国外在森林航空灭火方面的研究起步较早,对航空灭火飞机及灭火弹也已经进行了较多研究,航空灭火飞机发展已较成熟。

① 固定翼灭火飞机

由俄罗斯的"ТАНТК"和"Иркут"两个企业共同研制的 Бе-200ЧС 型灭火水上飞机,机上装有 MN-85 气象雷达、惯性导航系统和电子飞行仪表系统。这种飞机采用机舱储水、火场上方洒水的灭火方式。飞机载重 8000 kg、可储水 12 m³(8 个储水箱,可分一次或几次空投),另外还有一个 1.2 m³ 容量的液态化学灭火剂箱。Бе-200ЧС 型飞机在扑灭森林火灾方面性能卓越。目前,在用于森林灭火的飞机中,Бе-200ЧС 型飞机仍是世界上独一无二的。

加拿大专门设计了一种森林灭火专用飞机。该机是水陆两用型,可在水面上起降;机身为船形,且两侧设有活动起落架,机身腹部设有 2 只水箱,飞机俯冲至水面并继续前进一段距离后水即可自动由水勺经导管灌入水箱,20 s 即可装满 5 t 水;飞机可在火场上空 30 m 的高度,以 175 km/h 的速度飞行,瞄准火点后水箱中的水可同时或先后向火场倾泻。

德国采用的 c-160 型飞机原型是一种被广

泛使用的军用运输飞机,它具有极好的低空缓慢飞行性能,一架次可载水 1.2 万 L,负载时航速为 385 km/h,喷洒时为 450 km/h。MMB 公司为该飞机研制了一套专用灭火设备,该设备全长 13.8 m,由圆筒形的水箱(也可装灭火剂)和尾端洒水管组成,水箱的容积是 1.2 万 L,装在机舱前部。灭火时,用 4 个 TLE16 型水槽将水装满,装满水的时间是 3.7 min,然后即可飞临火场上方进行喷洒作业。

英国诺曼飞机公司于 20 世纪 70 年代末开始研制的 Field Master 型飞机,1987 年交付使用。由钛合金制成的水箱是机身结构的一个组成部分,外廓与机身蒙皮吻合,发动机安装在水箱前面。吸水时,飞机在离水面 3 m 的高度飞行,同时安装在后机身带有吸水管的吊架一段向下旋转降落,使吊架末端和吸水管插入水中,靠气压动力吸水,1 min 即可吸满。

② 灭火直升机

俄罗斯研制出的卡-32A11BC 消防直升机的最大特点是螺旋桨同轴布置、尾部无螺旋桨、机动性很强;自重 6 t,有效载重 5 t,载水挂篮可折叠,悬停取水时可将挂篮放入水中从篮底取水,然后电磁阀关闭。如果水源体积较小,可以利用 Power Fill 抽水系统经导管取水。

法国宇宙航空公司 1997 年开始推出一种作为参加地中海森林救火"特别部分"工作的救火直升机,这就是松鼠型直升机。这种直升机机身下方安装了一只贮水器,正好放在两道起落架之间。贮水器为扁平的长方形,左下方伸出一根吸水导管,每次可吸水 700 kg。森林火灾发生时,直升机可以利用任何天然水源,它飞临水面作滞空状态并将吸水管伸入水中,吸满水后即可飞往火场灭火。

S-64"空中吊车"直升机是美国西科斯基公司研制的大型起重直升机,于 1964 年投产。其最大特点是在驾驶舱后部采用了可卸吊舱,可充分发挥其装载能力;机身中下部安装一个容量为 9500 L 的水箱,其内部还有一个容量为 290 L 的辅助灭火剂箱,配备的比例混合器可自动调整灭火液的浓度;机体下部设有取水吸管,可在 45~60 s 内从不小于 0.5 m 深的水源中吸满水箱。

AS332"超美洲豹"是日本在 AS332LI 直升机基础上研制开发的灭火直升机,1974 年开始设计,1980 年交付使用。它的机身下部能搭载一个可拆卸的灭火装置(airattacker),其内部可容纳 2700 kg 灭火用水,可通过最下部的放水口从空中投水灭火。

③ 航空灭火弹

俄罗斯研制的 АСП-500 型空中灭火装置是一个直径为 500 mm、长度为 3 m 多的塑料炸弹,里面注入 500 kg 灭火液体并装有炸药。将炸弹抛向燃烧的物体时,灭火液体被爆炸的气浪抛洒到半径为 20 m 的范围,这样便可以熄灭火焰,扑灭火灾面积可达 1000 m²。这是"Базальт"企业的研发产品,这种产品还停留在实验阶段,没有批量生产。

一家名为惠好的美国木材公司正在研发一种 1.2 m 宽的 PVC 塑料袋。这种塑料袋每只可容纳 900 kg 水及阻燃剂。装有水和阻燃剂的袋子可装入 1 个带有降落伞的箱子,当箱子从飞机上投掷下来时降落伞打开,与降落伞相连的袋子系口的绳子也会随之打开,然后袋子在距地面 70 m 的空中将水洒向火场。

(2) 国内研究现状

我国在森林航空灭火方面的研究还处于初级阶段,面对成灾之后的森林大火只能采取疏散居民、挖掘隔离带等被动灭火方式控制火势,并借助灭火飞机洒水进行辅助灭火。灭火飞机的研究大多为引进国外成熟技术并进行改造,相关科研单位也进行了一些关于机载灭火弹的研究,但均未见应用报道。

① 固定翼灭火飞机

水轰五型飞机是由中国特种飞行器研究所设计、哈尔滨飞机制造公司研制生产的,于 20 世纪 80 年代投入使用,该飞机舱内水箱的最大贮水量为 8.3 t,以 100 km/h 的速度在水面滑行 15 s 时间即可吸满水箱;升空后在 50~100 m 高度、2~3 s 时间内即能全部投完贮水;洒水灭火的覆盖面积为 20 m×200 m。

Y-12 是原哈尔滨飞机制造厂研制的轻型多用途固定翼飞机,最大航程为 1400 km(最大标准燃油,5%余油),最大巡航速度为 290 km/h。2007 年西南航空护林总站已试用改装后的 Y-12Ⅳ型飞机,内加装 1.5 t 的水箱可进行航空洒水灭火。

② 灭火直升机

中国飞龙专业航空公司从俄罗斯购买了 M-26 重型消防直升机(即米-26 重型消防直升机),主要用于东北地区执行林业防火任务。M-26 重型消防直升机是俄罗斯在 M-26 重型直升机基础上改装研制的重型消防直升机。M-26TC 载有特殊的水容器 VSU-15,这种容器能够直接从湖泊等水源中吸水注满水箱,水箱的最大容量为 8 m³。

③ 航空灭火弹

安徽理工大学设计了一种爆炸水雾灭火弹。该灭火弹由弹壳、盐水和药柱三部分组成,使用时将弹体机械抛射或利用直升机空投到火场,在火场上空爆炸产生水雾,解决了雾状水喷射距离短的难题。同时,水雾中含有大量的消焰剂及爆炸产生的超压冲击波也能辅助灭火。

黑龙江省森林保护研究所研制了一种自引式森林灭火弹,该灭火弹由药芯、引信、填充物和外包装四部分组成,外形为正方体。这种灭火弹选用的引信是一种特殊药剂包装成的索状物,利用飞机等载具投入林火后遇火自行引燃并引爆药芯,爆炸后产生的高压、高温气体可形成柱状冲击波,随后向周围空气传播,经过燃烧物后得到加速,产生负压效应,破坏燃烧链,从而起到灭火作用。

江西省航空护林站与武汉雨神消防有限公司分别研制出了机载式干粉灭火炸弹。这两种机载灭火弹均以干粉灭火剂为灭火材料,采用飞机投掷、触地引发的方式将灭火剂洒向火场进行灭火,但均未见应用报道。

除上述国内外航空灭火方式外,有时人们还利用人工增雨的方式进行森林灭火,但这种方式存在较大的局限性,对积雨云的覆盖面积和含水程度有严格的要求,并且受气团运动方向及速度的影响也很大,不能广泛用于森林火灾防治。

2) 灭火剂在森林航空灭火中的使用现状

常用的灭火剂有液体、固体、气体三类,森林火灾燃烧环境与其他类型的火灾有很大差别,并不是所有灭火剂都可以用于森林灭火。国内外常用于森林航空灭火的灭火剂主要有液体、固体两类。

(1) 水系灭火剂

常用于森林航空灭火的水系灭火剂主要有水以及含添加剂的水系灭火剂两类。

水的吸热能力强,对燃烧物质具有显著的冷却作用,水汽化可以产生大量的水蒸气,可以排挤和阻止空气进入燃烧区,降低氧气的含量。因为水能浸润木材,故对森林火灾的扑灭相当有效。因此,上述的国内外飞机灭火技术大多采用洒水灭火方式。

另外,在水中加入添加剂,改变水的物理化学性质可提高灭火效果。添加剂分为吸水性颗粒、表面活性剂、增稠剂三种类型。上述俄罗斯研制的 АСП-500 型空中灭火装置、美国 S-64"空中吊车"灭火直升机等使用的一些灭火弹就采用了这种灭火剂。

(2) 固体灭火剂

固体灭火剂包括干粉灭火剂和气溶胶灭火剂两种,用于航空森林灭火的主要是干粉灭火剂中的 ABC 干粉,其在燃烧时可生成偏磷酸、五氧化二磷和聚磷酸盐等,它们在固体表面被熔化并形成玻璃状覆盖层,可隔绝空气,窒息燃烧。在我国,干粉灭火剂在森林灭火中应用广泛,江西省航空护林站和武汉雨神消防有限公司分别研制出的两种机载式干粉灭火炸弹就采用了这种灭火剂。

4. 森林航空灭火技术展望

针对现有森林航空灭火技术的不足,今后的森林航空灭火技术应向以下几个方向发展。

1) 水灭火

由于化学灭火剂污染环境,而水对着火林木具有浸润效果,所以利用水扑灭森林火灾是最好的选择,在重视生态环境与人类和谐发展的今天,水将是森林灭火剂发展的方向。

2) 细水雾灭火

针对现有航空洒水灭火水利用率低、灭火

效果差等问题,可以将水变成细水雾来扑灭森林火灾。细水雾灭火与其他灭火剂相比有以下突出的优势:

(1) 灭火机理先进,灭火效果好。细水雾灭火同时具有冷却和绝氧的双重作用。对立体燃烧的温度达 900 ℃ 以上的树冠火,由于细水雾的表面积大、汽化速度快,体积可膨胀 1700～5800 倍以上,汽化后的水蒸气能将森林火场燃烧区域整体包围和覆盖,使林火因缺氧而熄灭;水汽化后降温迅速,细水雾汽化速度快,可以从林火表面吸收大量的热量,冷却速度比传统喷洒快 10 倍,可使火源温度骤降,达到灭火的目的。

(2) 水利用率高。细水雾灭火用水量极少,灭火时的用水量仅为传统消防手段的 1%～5%,灭火效率却是传统灭火方式的 2000～3000 倍,大大提高了水的灭火效能,克服了在森林消防中供水困难的缺点,在提高森林灭火中消防用水利用率的同时可缓解飞机灭火效果与飞行成本之间的矛盾。

(3) 能吸收烟雾和毒气,为地面消防力量的进入提供安全保障。

(4) 安全、环保、廉价、无危害。

综合灭火效果和灭火后对环境的影响,水剂是最好的灭火材料,而细水雾则是其最佳的作用方式。针对机场距离火场一般较远的问题,可选用小型直升机作为森林航空灭火飞机,并在森林附近配置简易直升机机场;对飞机灭火后灭火剂补充难的问题,可以在灾害发生前事先将水箱、吊桶注满水,或直接做成机载灭火弹,飞机灭火后返航时直接更换水箱或装载灭火弹即可。

综上所述,当森林火灾发生时采用飞机作为运载平台,水作为灭火剂,细水雾作为其作用方式是最优的组合选择,而采用灭火弹爆轰可以产生细水雾,同时便于补充,这也将是森林灭火技术的发展方向。

17.5.2　分类

航空灭火按照灭火平台的不同可以分为固定翼灭火飞机与灭火直升机。固定翼灭火飞机一般配备水箱等设备,其中装载灭火剂或水,飞临火场上空进行抛洒灭火。灭火直升机一般采用吊桶(吊囊)灭火,在飞机下悬挂吊桶(吊囊),内部装有灭火剂(水或化学灭火剂)进行灭火。此外,还有的是利用飞机投掷灭火弹进行灭火。

17.5.3　选用原则

1. 直升机吊桶灭火的适宜范围

从工作实践来看,吊桶灭火不仅能直接、快速扑灭小火和初发阶段的火灾,而且在扑救较大森林火灾时,能够利用其居高临下的优势,以直接喷洒的方式迅速压住火头、火线或增大防火隔离带的湿度,为地面扑火人员创造有利扑火战机,以尽快扑灭森林火灾。吊桶灭火在扑救树冠火、地下火及陡坡、峭壁上的火线、火点时,扑火效果尤为显著,对于地面扑火队员无法接近、难以扑灭的森林火灾,吊桶灭火作用更加明显。

(1) 直升机吊桶灭火是直升机用悬挂的吊桶自动加满河流、湖泊的水后,提到火源上空将水自动释放达到灭火目的。吊桶容量为 0.5～1.8 t。吊桶有两种:一种用金属板材焊接而成,自重 0.5 t,结构简单,价格低廉,但保存携带不方便;另一种结构是用涂塑布(PVC)内加铝合金支架(构造像折叠伞)制成,特点是可折叠打包,装在直升机货舱内,不影响直升机巡护、载人、载货作业。

直升机吊桶灭火主要用于扑灭火头,尽管载量有限,但要求水源条件较低,只要有深度为 0.5 m,直径为 1～2 m 的水源,即可实现吸水作业,加满水时间为 2 min,释放时间为 0.5 min。

直升机吊桶不但可直接喷洒灭火,更重要的是可向地面预设水池(折叠移动式)注水,供地面机动泵、人力水枪使用。

(2) 直升机吊囊、吊袋运水灭火是在有水源的地方将水注入到用 PVC 制成的吊囊、吊袋(容量为 0.5～1.5 t)中,用直升机吊挂到扑火现场,供机动泵、水枪使用,方法简单易行,设备造价低廉,使用效果良好。

2. 直升机洒液灭火在生产中的应用

（1）配合机群进行航空化学灭火。在实施洒液灭火过程中，AS-350 直升机经常作为长机，引领机群进行航空化学灭火作业。

（2）直接扑灭初发火。由于机动灵活，对于初发火实施洒液灭火成效尤为明显。

（3）参与重大火场的扑救。当发生重大森林火灾时，各种灭火手段尽数登场，直升机洒液灭火的特点得以发挥，时而侦察火场，时而洒水灭火，时而吊桶灭火，对控制火势发挥了重要作用。

3. 空中大型灭火飞机直接洒水灭火系统

大型固定翼灭火飞机载量为 10 t，其由森防部门租用，根据火险情况随时调运到火险高等级地区待命。这种专用灭火飞机性能适合森林防火要求，不但载量大、低飞性能好，而且比较坚固耐用。其最主要的优点是在飞行中自吸加水，飞机采用俯冲滑水方式，8 s 即可将 10 t 水吸入水仓内。喷洒最大长度 300 m、宽度 30 m。为了防止在喷洒过程中水扩散飘移，在水中拌和黏稠剂（玻璃水）。水中加入黏稠剂后能将幼树冲压倒伏，因此，作业人员必须离开现场。几架飞机配合作业，灭火威力较大，但余火、暗火还需地面人员用普通工具清理，以防止余火蔓延再次形成火灾。

参考文献

[1] 周宏平. 国内部分森林防火装备图谱[A]. 当代林木机械博览，2004.

[2] 于文男，靳松，平小帆，等. 我国森林防火使用的几种全地形车辆概述[J]. 黑龙江生态工程职业学院学报，2012，25（3）：20-21.

[3] 曹杨，梁井余，李亚威. 综述航空技术在森林防火、灭火中的应用[J]. 黑龙江科技信息，2015（25）：257.

[4] 佚名. 森林防火装备[M]. 哈尔滨：东北林业大学出版社，2014.

[5] 王宏伟. 我国森林草原火灾应急管理：历史、改革与未来[J]. 中国安全生产，2019，14（4）：32-35.

[6] 魏茂洲，王克印. 森林灭火装备的现状与展望[J]. 林业机械与木工设备，2006，34（7）：11-14.

[7] 胡海清. 林火生态与管理[M]. 北京：中国林业出版社，2005.

[8] 郑怀兵，张南群. 森林防火[M]. 北京：中国林业出版社，2006.

[9] 胡海清. 林火与环境[M]. 哈尔滨：东北林业大学出版社，2000.

[10] 刘志忠，肖功武. 森林可燃物管理研究[M]. 哈尔滨：东北林业大学出版社，1994.

[11] 刘福堂，文景贵. 林火管理[M]. 北京：中国林业出版社，1989.

[12] 李景文. 森林生态学[M]. 2 版. 北京：中国林业出版社，1994.

第18章

森林病虫害防治机械

几十年来,国家高度重视林业有害生物综合治理和生态环境建设,为森林病虫害防治工作及机械化、智能化提供了难得的发展机遇。林业病虫害的防治,是一项持久而艰巨的任务,也是一项复杂的社会系统工程,其根本出路在于综合治理,包括采用环境防治、化学防治、物理防治、生物防治及其他有效手段组成的系统防治措施,在有效、经济、简便和安全的原则下将防治对象的种群控制在不足以造成危害的状态。病虫害防治效果的好坏,则取决于农药、药械及施药方法的合理配合与正确应用,林业病虫害虫防治过程中上述三者的合理匹配涉及农药的种类与配比,施药的方法和技术(喷雾、喷烟、注射、喷粉、飞机喷洒等);喷雾又涉及雾滴直径、雾化均匀性、喷雾量、喷雾高度,以及施药的对症、适时、准确等一系列问题。每个环节都离不开适合不同环境、不同害虫、不同农药及不同层次使用者需求的器械。森林病虫害防治具有地广、山高、坡陡、地形复杂、树木高大、人稀、缺水的特点,防治过程中还存在高度、功效、节水、污染等问题,因此,防治机械需要满足重量轻、射程远、体积小、效率高等要求。近年来,由于林业病虫害危害性及防治的迫切性、特殊性,我国应用于森林病虫害防治的药械得到了比较快的专业化发展,并逐渐形成了一个完整的独立体系。目前我国林业病虫害防治的药械主要有:脉冲式热烟雾机、大型车载稳态燃烧烟雾机、背负风送机动喷雾喷粉机、车载风送低量高射程喷雾机、固定翼和旋翼的航空喷雾和航空静电喷雾、小型无人直升机喷雾、树干注射机、打孔注药机、爆炸型灭虫药包及布撒器(粉炮)、生物农药喷雾机等药械。精准施药是近 10 年来开始研究和发展起来的新技术,主要思路是通过预测、预报建立病虫害种类、密度、地理位置信息等数据信息,在 GIS 平台上有效集成时空数据、属性数据及历史数据,根据历史上病虫害发生情况和植物保护专家在长期生产中获得的知识,进行病虫害统计趋势模型和技术经济分析,建立农药使用技术专家系统;根据实时数据分析、图像处理、喷雾目标特征和病虫害防治目标阈值,建立智能决策支持系统;通过 CCD 成像、超声波、红外线、激光扫描等技术,采集防治对象——树木的形状和深度信息,结合专家系统和智能决策支持系统,建立智能化精准防治信息决策和施药控制系统。将该系统安装在施药器械上,实现林木病虫害防治的精准、可变量喷雾,最大程度上杜绝非目标农药沉积,减轻环境污染。

18.1 背负式喷粉喷雾机械

18.1.1 概述

早在 20 世纪 60 年代中期,我国有少数植保机械生产企业参考日本样机,开始自行研制生产我国第一代背负机——WFB-18AC 型背负机。到 70 年代末国内又相继出现三四家背负机生产厂,各自研制背负机产品,全国年产销量一直维持在几万台。进入 90 年代,在国家政策的扶持下,1991—1992 年出现了背负机需求第一个高峰年,生产厂家由五六家迅速发展到 10 多家。后发展的企业主要为乡镇集体企业,产品以 WBF-18AC 型背负机为主。在背负机良好的发展形势下,科研院所积极与生产企业合作,从减轻操作者作业强度出发,对 WFB-18AC 型背负机的风机结构和材质加以改进,研制生产了新一代 18 型背负机——以前弯式风机取代后弯式风机,以工程塑料取代部分铁质材料,减小结构尺寸,减轻整机质量,提高耐腐性能。另外,一些规模较大的背负机生产厂,在稳步提高产品质量和产量的同时,不断引进、开发新型背负机产品。目前,全国背负机生产厂有 20 家左右,品种有 10 多种,年产量达几十万台。

背负机由于具有操纵轻便、灵活、生产效率高等特点,广泛用于较大面积的农林作物的病虫害防治工作,以及化学除草、叶面施肥、喷洒植物生长调节剂、城市卫生防疫、消灭仓储害虫及家畜体外寄生虫、喷洒颗粒等工作。它不受地理条件限制,在山区、丘陵地区及零散地块上都很适用。

18.1.2　定义

背负式机动喷雾喷粉机(背负机)是采用气流输粉、气压输液、气力喷雾原理,由汽油机驱动的机动植保机具。

18.1.3　类型

机动喷雾机是以机力或电力作为雾化和喷洒动力源的喷雾机具。我国在 1955 年开始生产畜引动力喷雾机,1957 年生产机引联合喷雾喷粉机,1958 年生产双轮机动弥雾、喷粉、喷烟三用机,1959 年生产手提喷烟机和拖拉机悬挂喷雾机,1960 年生产背负机动喷雾喷粉机,1964 年生产担架式机动喷雾机和畜力车载式机动喷雾机等。主要应用于稻、麦、棉、大豆、

果树等多种作物的病虫害防治。常用的背负喷雾机为外混合式,用以进行低量喷雾,稍加改装即可喷撒粉剂农药,成为喷雾喷粉机。该机利用风机产生的气流,使雾滴二次雾化,并由喷口喷出,由于有风送的作用,雾滴的穿透力较好,适用于喷洒枝叶茂密的作物,其雾滴的均匀性较好,且雾滴较小,可以进行飘移式或针对式喷雾,能更有效而均匀地覆盖在目标物上,受风力影响小,减轻了药剂的损失和对环境的污染。

1. 机动喷雾喷粉机

与手动喷雾器相比,机动喷雾喷粉机结构复杂、技术含量高、零部件制造难度大,尽管行业内不断崛起有一定影响的新厂,但原有龙头大厂却风采依旧,近几年出现的结构新颖美观、拆装快捷方便、性能优良的新机型多数由它们开发生产,以 3WF-2.6 型、3WF-3S 型、3MF-4 型等为代表的机动喷雾喷粉机的市场占有份额稳步增加,不过目前市场上依然以 3WBF-18A(C) 型机动喷雾喷粉机为主,其实物如图 18-1 所示,性能参数见表 18-1。

图 18-1　3WBF-18A(C)型机动喷雾喷粉机

表 18-1　3WBF-18A(C)型机动喷雾喷粉机参数表

项　　目	参　数
型号	3WBF-18A(C)
型式	单缸、风冷、二冲程、曲轴箱回流扫气

续表

项　目	参　数
药箱容积/L	14
油箱容积/L	1.75
喷药量液剂/(kg·min⁻¹)	≥1.7
喷药量粉剂/(kg·min⁻¹)	≥2
射程/m	≥9
雾滴平均直径/μm	≤120
配套动力	1E40F
额定功率/kW	1.18
转速/(r·min⁻¹)	5000
耗油率/[g·(kW·h)⁻¹]	≤530
点火方式	有触点/电子点火
燃油	汽油、机油容积混合比(25～30)∶1
启动方式	拉绳启动或反冲启动
机身质量/kg	11.5
包装尺寸/(mm×mm×mm)	500×430×670

主要用途：适用于农作物病虫害的防治,如棉花、水稻、小麦、果树等;亦可用于蔬菜、大棚温室灭虫、城乡卫生防疫,以及畜牧场、仓储卫生消毒等

2. 手动喷雾器

背负式手动喷雾器新产品不断涌现,更新换代步伐明显加快,彻底改变了老式16型喷雾器多年的使用模式。老式16型产品由于结构的固有缺陷(气室等外置),一度成为跑、冒、滴、漏的代名词。

到了2002—2003年,市场几乎同时成功推出多种新型喷雾器。

(1)气室内置、药液箱注塑的活塞式3WBS-16型喷雾器,主要有两种:一种是单管喷雾器,其结构简洁的气室与活塞复合在一起;另一种则是双管喷雾器,其气室与活塞各自单独,结构相对复杂。这两种喷雾器的活塞直径为36～40 mm,采用了新工艺——药液箱注塑,使得喷雾器整机以外形美观、性能优良迅速风靡市场成为主角。

(2)活塞泵改用隔膜泵,药箱仍用吹塑的喷雾器,主要有两种,一种气室外置,另一种气室内置,采用隔膜泵后出液快而轻便,在市场上以价廉性优受到青睐。以上近几年走俏的机型目前市场上已显疲态。

18.2 车载喷雾机械

18.2.1 概述

随着技术的发展,病虫害防治作业由人工背负药箱手动喷雾逐渐向机械化喷洒发展,出现了担架式和牵引式植保机,但是该类机具普遍存在药箱重量大、移动需靠人工操作、劳动强度大等问题。车载式喷雾作业系统使用自走式作业平台,将配套动力、柱塞泵和药箱等装在大拖或汽车上,配套折叠式喷杆或风送式风机,可降低劳动强度,提高工作效率;配有自动混药及自动卸荷装置,使用安全方便,作业效率高,雾化均匀,有较强的穿透力和药液附着力,可提高药品利用率,治虫效果好,能有效地节约药量、减少污染,适用范围广,喷雾速度快,可边行驶边喷雾,与背负式喷雾机相比,可提高作业效率80～100倍,减轻劳动强度70%以上,有效节约药量20%以上。适用范围:城市园林、草坪花圃、果园、水稻田、旱作基地、禽畜牧养殖场、街道、医院、学校及垃圾场所的喷水、喷药防治病虫害和杀菌消毒。

18.2.2 定义

车载喷雾机械是指配置在各种轻卡货车、拖拉机或其他可运载车辆上的病虫害防治喷雾机械设备。设备可随时安放在车上,也可随时卸下,采用手动、遥控、自动控制方式,使用安全,灵活方便。

18.2.3 类型

在植物保护机械方面,风送高射程喷雾机在我国基本上是个空白,只出现过几个小批量的产品,但都没有形成规模化生产。

新疆农垦科学院农机研究所研制的3WF-16型风送式高架喷雾机,是在引进法国、以色列等喷雾技术后,通过消化吸收,结合兵团实

际研制出的新型喷雾机具。该机型除了能用于作物播前土壤处理外，还能适应不同作物、不同生长期的病、虫、草害的防治。

山东大学机械电子工程学院研制的3MG-30型果园弥雾机，采用拖拉机输出轴为动力，药液经压力泵压向设置于轴流风机出风口处的空心圆锥雾喷头，经喷头雾化后，在高速气流作用下，成扇形风送至机组两侧目标。

中国农业大学研制的3M500-A型果园风送式喷雾机以引进的LE-SPV500为原型，采取机动悬挂式机型，离心风机配风管设计，采用液力喷头雾化与雾滴风送相结合的技术。

南京农机化研究所根据市场的需求，在该领域也开展了试验研究和产品开发，先后开发研制了3WP-350型、3WP-800型炮塔式离心雾化风送远射程喷雾机，其各种技术指标已经接近行业中的相关产品性能指标。

我国的精确林业技术研究也是在精确农业的基础上发展起来的。从20世纪50年代开展对水稻、小麦、棉花、玉米等主要农作物进行施药生产管理专家系统方面的应用研究，部分研究成果达到了应用水平。早在"七五""八五"期间，国家科委、农业部先后组织了一些农业方面的专家系统开发研究，其中就包括作物病虫草害防治专家系统。上海跟踪国际农业技术前沿领域，在国内率先建立了精准农业的试验示范基地，开展了精准施药技术方面的相关研究。近年来，北京市植保站与中国科学研究院、清华大学、北京航空航天大学等多家科研院校相互协作，开展了卫星导航飞机防治小麦蚜虫技术的应用研究，经历几年的努力获得成功，开创了我国农业领域精准施药实践的先河。应用实践表明，卫星导航飞机防治小麦蚜虫不仅有效减少了漏喷、重喷与盲喷，而且喷洒药雾分布均匀，相关指标也完全满足生产要求，但药液飘逸现象依然十分严重。

南京林业大学郑加强教授领导的课题组，利用机器视觉技术在树木信息处理方面做了一些卓有成效的研究，开始利用机器视觉技术采集树木图像。向海涛、郑加强等利用计算机实时系统进行模拟树木特征图像采集与处理，实现从图像中提取绿色通道信息。这种系统的优点是编程简单，计算速度快，对背景简单、图像颜色单一的图像容易识别，缺点是若环境中非目标区存在绿色或接近绿色物体时，基于绿色信息的分割方法难以达到理想效果。赵茂程、郑加强对树形识别系统与精确对靶施药系统之间的关系进行了理论上的深入分析，提出了将树形识别系统应用于林业精确施药中，根据不同的树形输出不同的农药喷洒控制量。赵茂程、郑加强等提出用分形维数和颜色对树木图像进行分割的方法，分割时采用的是双毯法计算分形维数，用颜色、强度、边界边缘等特征组合的方法进行区域生长。此方法有效地提高了复杂环境中树木图像分割的准确性，但存在着计算量大、实时性较差等方面的缺点。

东北林业大学完成了基于WEB和3S技术的森林防火智能决策支持系统的研究，实现了林火数据库、林火预报预防、林火蔓延模型、扑火指挥决策等方面的智能化与网络化管理，使系统能够在互联网上实现运行和信息传输，自动优化系统参数和自动修正模型参数，以适应动态环境的变化，建立起一套完整的扑火指挥决策支持专家系统。

18.3　热烟雾机械

18.3.1　概述

烟雾载药技术是有效、快捷的森林病虫害防治方法。它通过烟雾发生装置，将药剂雾化成烟雾，这种烟雾雾滴直径小于$50\ \mu m$，非常细小，可充满在一定的空间内，能较长久地悬浮在空气中，非常均匀地扩散到防治空间，可以深入到一般喷雾的雾滴或喷粉的粉粒所不能达到的空隙地方，通过触杀和熏蒸作用消灭病虫害。由于烟雾载药技术具有轻便、高效、低污染、弥漫渗透性好的诸多特点，在我国的许多城市，该技术已成为卫生城市创建的主要消杀技术和力量之一。烟雾机是烟雾载药技术的关键设备，是一种能产生烟雾的机器，是烟雾载药技术的施药机具。

18.3.2　定义

热烟雾机是利用内燃机排气管排出的废气和热能使油剂在烟化管内受热裂变挥发成气体,当气体从排出管喷出后,遇冷空气就冷凝成细小的雾滴,在空气中呈烟雾状。热烟雾机按照移动方式可分为手提式、肩挂式、背负式、担架式等,按工作原理可分为脉冲式、余热式和增压燃烧式。

18.3.3　类型

目前研究和应用于病虫害防治的热烟雾机有以下三种。

1. 脉冲式热烟雾机

我国从 20 世纪 50 年代末开始研制脉冲式烟雾机(见图 18-2)。1958 年试制了一批双轮手推式喷粉、喷雾、喷烟三用机;1959 年仿德国 Swing FOG 手提式小型烟雾机,研制生产了 YT-5 型手提式烟雾机;70 年代,我国研制出 3Y-10 型烟雾机,主要用于林业防治松毛虫,但因制造质量较差、启动困难等原因,不久便停产了;1985 年和 1986 年,浙江省林业科学研究所、南京农业机械化研究所参照西德 K2G、K10G 型烟雾机,分别研制出 3Y-35 型手提式烟雾机和 3YD-8 型背负式烟雾机。这两种烟雾机的研制成功,使我国烟雾机的研究上了一个新的台阶,生产上也形成了一定批量,但由于机器的工作可靠性不甚理想,未能在生产中得到比较广泛的推广和应用。

1991—1994 年,由南京林业大学主持,浙江省林业科学研究所、南京农业机械化研究所、南通广益机电有限公司参加完成的林业部攻关项目“森林病虫害烟雾载药防治技术及设备的研究”,对脉冲喷气发动机的理论和试验进行深入研究,研制出新型 6HY-25 型系列脉冲式烟雾机,解决了启动和工作稳定性的问题,具有结构简单、质量轻、启动容易、操作简单、热效率高、可靠性高等显著优点;1994 年后,南京林业大学和南通广益机电有限公司继续合作,在面向市场进行推广的同时,广泛听取用户意见和建议,不断地改进和提高产品的质量和性能,使烟雾机的稳定性、可靠性得到了大幅度提高。

2001 年,南通广益机电有限公司和南京林业大学共同承担了江苏省“十五”科技攻关项目“小型脉冲式热烟雾机研制”,并于 2003 年通过了江苏省科技厅主持的科技成果鉴定,解决了小型化的全部技术问题,质量仅为 5~7 kg,实物如图 18-2 所示。现在脉冲式热烟雾机已形成小型和中型近 10 多个型号品种。

图 18-2　脉冲式热烟雾机

2. 电加热烟雾机

我国于 20 世纪 90 年代末开始研制电加热烟雾机(见图 18-3),主要仿照国外的技术。这种技术美国研究较多,有两种结构。国内仅有 DYJ-20 型电热烟雾机一种,喷量较国外小,为 1.5~2.5 L/h。这种烟雾机主要应用于小面积密闭空间,由小型电磁柱塞泵、电加热系统、雾化系统组成。还有一种用蓄电池进行电加热的烟雾机,喷量更小,为 0.45~1.1 L/h。

图 18-3　电加热烟雾机

3. 喷灯式直接加热烟雾机

最近有一种采用喷灯改造的直接加热烟

雾机,与国外的燃气直接加热烟雾机相似,由喷灯药液供给系统、螺旋加热系统、防护系统组成。

18.4 高射程喷雾机械

18.4.1 概述

目前,在森林病虫害防治中使用最广、需求量最大的是便携或机载式地面施药设备。其中,风送喷雾和液力喷雾设备具有机动性强、生产率高及施药成本低等优点,特别适合我国森林病虫害防治应用。但因机具多数来源于农业植保和卫生防疫设备,普遍存在射程偏低的问题,不能满足高大林木的防治要求;同时这些喷雾设备的雾滴谱分布及在树冠中穿透的沉积性能欠佳、无效飘移量大,降低了防治效果并造成环境污染。喷粉是林木病虫害防治的又一种方法,喷粉虽通过弥漫能达到要求,但喷粉作业易造成农药浪费及环境污染严重。烟雾载药是目前功效高、成本低的一种较好的林木病虫害防治技术,但对地形、树冠形态、作业时间和气候条件要求较苛刻。若采用航空喷洒,不仅价格昂贵,还缺乏一定的适应性和方便性。

最新的喷雾概念是选择合理的雾滴尺寸和浓度,运用现代的喷雾技术和方法使雾滴在目标植株上最大限度地停滞和附着,达到喷雾的最佳效果。而对目前的树木病虫害而言,其防治过程中还主要存在射程、节水、功效、污染等方面的问题,需要探讨有效的解决方法。相对于农作物而言,树木的高度要提高很多,高射程喷雾机械的有效射程能保证整个树木均衡施药,是林木病虫害防治必备装备。

18.4.2 定义

高射程喷雾机械主要根据喷雾射程而言,关键技术为风送和雾化技术,在垂直高度上要达到 20m 以上,风送系统有一定的风量和风压,使主射流长,达到好的穿透性能,确保防治效果。

18.4.3 类型

高射程对靶喷雾是先进控制技术、喷雾技术在农业、林业应用中的集中体现。目前该技术已成功地应用于喷洒除草剂,较为成熟的有基于地图和基于实时传感器技术的农药应用可变量系统。在我国,这方面的研究工作已开始起步,在喷雾药械的施药、控制、行走机构等方面不断取得新的进展。

新疆农科院农机化所针对国内草原灭蝗自走式超低量喷雾机存在的突出问题,研制了9WZC-30 型自走式超低量喷雾机。该机是国内目前最新式的超低量专用灭蝗机具,由风机风筒、风机底座、空气压缩机、柴油发电机组、药箱、自走系统、机电气动控制箱、雾化装置等部分组成。该机采用我国新开发生产的 BJ-2032SE 型四轮驱动越野汽车作为通用自走系统,利用车载方式将新型整体专用的喷雾工作装置与其自走系统进行配装,形成新一代车载型自走式灭蝗机具。新配置的电子气动控制系统可使驾驶员通过按钮操纵其喷雾系统,实现运动部件不同工位的同步调整工作。同时国内喷雾机器人数字 PID 算法在导航系统中的应用等研究也在不断取得进展。

中国农业大学何雄奎教授研制的"果园自动对靶喷雾机",采用红外线"电子眼"探测靶标,通过中央控制装置控制电磁阀进行"有靶标时进行喷雾,没有靶标不喷雾"的作业方式,大大节省了农药的使用量。"果园自动对靶喷雾机"应用靶标自动探测器和喷雾控制系统,通过对果树上、中、下三个部位的自动探测,成功地实现了对果树靶标的定向精确喷雾,有效地避免了果树空当之间的无效喷雾,提高了农药的有效利用率,减少了农药浪费。利用高压静电装置使喷头喷出的雾滴带上静电,荷电雾滴在电场作用下,可有效地附着在果树叶子表面,进一步提高了雾滴的有效沉积率,减少了因细小雾滴飘移造成的农药浪费和环境污染。该系统以 AT89C51 单片机为核心,采用超声波传感器作为果树位置和形状的检测装置,设计了非接触式仿形喷雾位置控制系统。由自动控制步进电机的转速和行程,实现喷头组的精确定位。为了适应仿形喷雾对象和环境的不确定性,提高系统鲁棒性,设计了带多个调整因子的自适应模糊控制器,并采用DPWM方式对步进电机的转速进行精确控制。

南京林业大学机电工程学院已完成"高射程弥雾喷粉机射流规律和射程的研究""3GW-30高射程喷雾车""森林病虫害防治烟雾载药防治技术及设备的研究""低速实验风洞"等国家自然科学基金或部级、省级科研项目,其中国家林业局"948"项目"病虫害防治低量风送高射程喷雾技术引进"项目进一步研究了高射程喷雾技术的具体实现方法,并研制出"6HW-50高射程喷雾机",用于主要作业对象为农田田网林和公路两旁的行道树和绿化带的工作环境。选用皮卡为运输装置,高射程喷雾机为独立完整的机具。6HW-50高射程喷雾机采用两相流进行雾化,即通过液力离心式喷头进行一次雾化,再通过轴流风机产生的气流进行二次雾化,并由轴流风机产生的气流输送到防治目标。其喷筒直径为500 mm、功耗为2.2 kW、风量达到9000 m^3/s、雾谱范围50～150^2 μm,垂直射程为20～25 m,水平射程为38～45 m,喷量为40～460 L/h。6HW-50高射程喷雾机的许多技术指标达到了国内外先进水平。

18.5 航空喷雾装备

18.5.1 概述

航空喷雾在我国是开展最早的飞机作业项目,1951年5月22日,军委民航局派出一架C-46型飞机在广州市上空执行了消灭蚊蝇的飞行任务,标志着新中国通用航空事业的诞生。航空喷雾是我国农林业航空的主要作业方式,就其作业规模而言,截至2012年年底,其飞行作业时间近40 000 h,在通用航空作业项目中居第三位;航空喷雾与地面喷雾作业相比,具有快速、高效、灵活、突击性强等特点,在航空植保、航空施肥和卫生防疫等领域显示出不可替代的作用。近年来,我国每年使用飞机喷雾防治农作物病虫害面积达70多万 hm^2,防治草原虫害面积54～70万 hm^2,小麦叶面施肥140多万 hm^2,为我国农林业发展和现代化建设做出了重要贡献。

当前,随着我国低空空域管理改革的不断推进和农林业生产集约化和规模化的发展,以及植保技术精细化发展趋势与要求,航空喷雾技术的研究和应用将面临新需求、新机遇,在此对航空喷雾技术的发展进行概述、总结与探讨,对当下促进航空喷雾技术的进步,推动我国航空植保事业又好又快地发展,具有一定的现实意义。

18.5.2 定义

航空喷雾装备指的是用于航空植保、航空施肥和卫生防疫等领域的机械设备。

18.5.3 类型

目前国内航空喷雾使用的机型主要为固定翼飞机,在20世纪80年代以前,我国使用的农用飞机都是单一的Y-5型飞机;80年代中期,国产Y-11型飞机问世,后又经过研制改进为Y-11改进型并在生产中应用;在此期间从澳大利亚和波兰引进"空中农夫"和M-18两种机型,我国自行研制的N-5A、Y-5B机型也相继投入使用;2000年以后,又从国外引进了"空中拖拉机"和GA-200、M-18农用机型。直升机(如Bell206)、无人直升机(UAV)在我国的应用和研究尚处于起步阶段。

我国农业航空喷雾设备的发展同样经历了漫长的历程。在70年代中期以前,使用的喷雾设备结构简单、机动性小、精度低,雾滴大小不能调控,雾化性能差。在1975年以后,开始使用旋转雾化器(如AU5000)进行超低量喷雾,随后又不断研制和从国外引进了多种类型的喷雾设备,如GP-81、GA2000等。这些类型的喷雾设备,雾滴大小可以调控,雾化性能较好,能够满足不同作业方式的流量需求。

到了20世纪90年代,全球定位系统(GPS)卫星导航技术开始应用,促进了航空喷洒技术向着精准施药方向发展。出现了专门为超轻型飞机配套设计的 3WQF 型农药喷洒设备,此设备可广泛用于小麦、棉花、森林等的农药及叶面肥的喷洒。1999 年由中国林业科学研究院研制的 HU2-HW1 型超低容量喷洒设备及 NT100GPS 导航系统与海燕 650B 飞机配套技术,在广西省武鸣林区用于防治病虫害,并进行了相关试验研究。到了 21 世纪初,航空静电喷雾技术开始进行研究和试验,并取得了重要进展。

18.6 打孔注药机械

18.6.1 概述

由于环境恶化,树木大面积生虫的现象时有发生,造成树木成活率偏低。随着蛀干害虫、吉丁虫类、黄斑星天牛、杨干透翅蛾、具蜡壳体壁保护壳的吸汁害虫等林业害虫的迅速蔓延,用常规喷洒方法已难以高效防治,病虫带来的损失日趋增大。树木注射施药是防治树木生虫的有效方法之一,它是通过向树体内输入营养元素、生长调节剂、农药或其他物质,依靠树体自身的蒸腾拉力运送到树体的各个部位,从而达到防治病虫害、强化营养、矫治缺素症、调节植物生长等目的的一种方法。树干注射施药技术具有杀虫见效快、对环境污染小等特点。自 20 世纪 20 年代至今,树木注药机械及防治病虫害技术的研究得到了世界各国的广泛重视,研制的树干注射施药机已逐步适应各类作业的需要。

18.6.2 定义

打孔注药机械是用来将内吸性的药物导入树干特定部位,经输导组织传至树木的各个器官,以杀灭病虫,达到控制病虫害目的的机械装备。

18.6.3 类型

根据树干注射施药所采用的方法不同,将打孔注药机械分为以下几类。

1. 人力手动型注药机械

人力手动型注药机械是依靠手动,或者借助凿子在树干上开孔,然后把针头塞入树干,通过加压等方式,让药液注入到树干的机械。

河北科技师范学院刘长荣等在自流式注射器的基础上,增加了压力控制,其具体方法是在树干注射器的贮液瓶上安装气门嘴和压力表,用气筒打气,贮液瓶的压力可由压力表检测。这种方法提高了注射速度,试验证明加压至 0.2～0.4 MPa 后,比自流式树干注射器注射速度提高了 8～15 倍。

南京林业大学商庆清等研制出的高压大容量树木注射机,是一种省去打孔机的树干注射设备。其注射针头是采用环状自退屑刀刃,直接用铁锤敲入树干,针头与树体密封性良好,解决了树干注射的泄漏问题。手动加压部分采用杠杆式曲柄滑块机构的往复式柱塞泵,柱塞和泵体采用小间隙配合,使柱塞的注射压力可达 30 MPa。其优点是对树干的伤害小,可实现高压大容量注射;其缺点是针头在扎入树干的时候容易被木屑堵塞。

江苏广播电视大学陈为设计的螺旋自攻多功能树干药液注射机,由注射器和药液箱构成。其工作原理是:转动棘轮手柄,通过传动齿轮带动中间有贯通小孔的注射针头旋转,使注射针头进入树干。其优点是:注射针头可更换,注射量可调,整机的质量轻,适用于背负操作,极大地减轻了工作人员的行走负担。

国家林业局李兴等设计的 6HZ-D625B 型树干注射机是采用冲击式快速自进密封的技术路线,设计具有导向滑杆的滑锤撞击机构,滑锤和注射针头座之间采用卡口连接方式,在使用中可以快速脱离,同时在吸液阀后方设置量筒式计量装置,可以实现精确注射。由于采用人工撞击式打孔,难以解放人力,所以在大规模森林注射中不易应用。

江苏省兴华林业科技开发公司研制的 6HZ-D 林木注射机,质量只有 5.5 kg,通过将负压吸药改为正压供药,减少了吸药排气机构,使用更简便。同时,缩小力臂比和柱塞截面,使操作力既保持在同一水平面,又简化了结构。

2．机械动力型注药机械

机械动力型注药机械是利用小型汽油机或柴油机作为动力，通过软轴或者连杆机构带动钻头给树木打孔注药液的机械。

机械动力型树木注药机始于 1972 年 Hemelic 等报告的用汽油机带动水力喷射泵式注药机。药液经输液管通过一个外径为 16 mm 的"中空螺纹管针头"注入树体，实现注射压力达 7 MPa。注射头是从预先钻好的孔中"拧"进树干的，因而是一种半机械化的注药机。

国家林业局等研制的 BG305D 打孔注药机，在钻孔效率上大大提高。其钻孔部分由汽油机通过软轴输出动力，连接钻枪，带动钻头钻孔。注药部分由手枪式注射器通过输药软管连接于背负药箱，进行注药。该机轻巧，操作方便，便于大面积作业。该机注药部分仍需要人工协助注入，在自动注射方面仍需要完善。

3．电动型注药机械

电动树木注药机械是利用电能带动电机，电机带动钻头打孔，实现注射的机械。

1995 年研制出的电动树木注射机是以蓄电瓶 12 V 供电，通过逆变器转为 220 V/50 Hz 交流电，带动手电转和药泵工作。手电转输出功率为 260 W，药泵是永封闭式微型药泵。其优点是把直流电压转为交流电压，直接利用交流电驱动，相比机械动力型注药机省去了发动机，质量相对减少，减少了环境污染；缺点是蓄电池充电不方便。

4．液压、气压动力型注药机械

液压动力型注药机械是利用液压提供注射动力，使药液在高压下注入树干的机械。该技术是通过提高注射压力达到快速注射的目的。

1991 年南京林业大学研制的 6HZ-1 型树木注药机是采用高压氮气作为压力源，通过调压阀通入贮药缸，使药液被加压注入树体内。这类机械由于需不断补充氮源，且注射压力最大为 7～8 MPa，因而未得到大力推广。

南京林业大学等研制的便携式液压蓄能树干定量注射机，其原理是将油泵产生的高压油储存于蓄能器中，控制阀驱动油缸和注液药缸实现注射。该机优点是注射药液量可调，可实现精确注射。

18.7　国内外发展现状及趋势

18.7.1　现状

国外森林病虫害防治装备已经进入了电子时代。随着人们环境意识的加强和对农药残留问题认识的提高，各国对农药的使用都做了不同程度的限制，发达国家对农药的使用量和使用方法做了明确的要求。农药使用技术将不断向小用量、高效率的方向发展，使农药在限制的用量范围内发挥出最大的效用。这就要求森保机械向低容量、智能化、高效率、系列化、多样化的方向发展。如意大利生产的直立式风送喷雾机、日本生产的遥控式喷雾机、美国生产立体针对式风送喷雾机（风筒可以根据作物的形状任意弯曲、组装）和英国生产的车载式风送喷雾机。

美国与欧洲是目前国际上最主要的生产森保机械的国家和地区，其产品覆盖了全球的主要市场，其技术与设备都代表着当今世界的最高水平。著名的公司有 Hardi（丹麦）、Spraying Systen（美国）、Micron（英国）等。其产品大都采用了光机电一体化技术、计算机控制技术、"3S"技术（遥感（RS）技术、地理信息系统（GIS）、全球定位系统（GPS））。此外，在喷头种类、喷头材料、加工精准度、药水分离式喷雾、现场成形机技术等方面都有了新的突破，严格遵循"生物最佳粒径原理"和"靶标适应性原则"。GIS500 型固定翼轻型机和美国 Robinson 公司生产的 R22 轻型直升机等也都应用于森保领域。

18.7.2　发展趋势

森林病虫害防治装备除了在防治病虫害、确保林业稳定发展中起重要作用外，也承担着减少农药环境污染、保护环境和人畜安全，实现可持续发展的重任。进入 21 世纪，随着人类对生态环境保护意识和对自身健康要求的不断提高,对农药的毒性及其对环境的安全性要求更加严格。农药使用技术与施药器械将面临着新的挑战,农药对环境和非靶标生物的影响将成为社会所关注的重点问题,也必将成为农药使用技术及施药器械科学评价的主要参数。农药使用技术及施药器械的研究面临两大课题:一是如何提高农药的使用效率和有效利用率;二是如何避免或减轻农药对非靶标生物的影响和对环境的污染。

森林病虫害防治装备在研制和生产方面正在向以下几方面发展。

(1)便携式(包括手持式、背负式、担架式、肩挂式等)森保机械将向汽油机小型、轻量化、可充电电机应用和机电一体化等方向发展;在性能质量方面,高可靠性、高效率、低油耗和低噪声是未来发展趋势。

(2)机载式(悬挂式、牵引式)病虫害防治装备主要是提高产品质量、提高加工精度,利用先进技术(智能控制技术、监测遥感技术、光机电一体化技术、电子识别技术等)提高森保器械产品档次,实现系列化、规范化和标准化生产。

(3)提高喷头、喷嘴的加工精度,不断应用新材料生产节能、环保、防漏、防锈、防蚀等喷药系统装置配件。

(4)应用航空和生物技术进行森林病虫害防治。航空施药是效率较高的一种施药方法,也是欧美国家最主要的植保手段。作业的飞机主要有两种:固定翼型和旋翼型。欧美国家的种植规模较大,以家庭农场为主,所以主要用固定翼型飞机;日本等国家的种植规模较小,以旋翼型飞机为主。机上装配了喷杆和喷头。近年来无人机喷药开始迅速发展,日本雅马哈公司还生产和应用了无人机喷药。

18.8　发展历程及典型产品

中国施药器械的研制最早起步于20世纪30年代,1936年研制成功并开始生产压缩喷雾器和双管喷雾器。50年代后,随着农业生产和农药产业的发展,农林植保、施药装备的研制和生产得到了迅速发展。1952年手动药械的销量达25万台,1965年达160万台,1982年达1000万台。70年代中期,借鉴国外技术,开始了超低容量喷雾技术及装备的研究,先后研制了明光A、工农-A、3WCD5型等多种型号的手持式电动离心喷雾器。改革开放后,随着社会的快速发展,各种型式的森保器械相继出现,如背负式、担架式、机载式等。期间经历了由仿制到自行设计,由人力手动喷雾器到与小型动力配套的机动防治装备,再到与汽车、拖拉机配套的大中型施药装备,以及已得到比较广泛应用的农林航空施药技术的过程。

飞机防治病虫害从无到有,固定翼飞机先后出现了爱罗45型、安2型、运5型、黑-2型、伊尔-14型、运5B型;直升机出现了贝尔212型、米8型、米-171型。还先后开发研制了一批机动灵活的超轻型飞机,如沈阳生产的HU-海鸥型、海燕650B型、海燕650C型,原航空部605所生产的A-1B型,北京航空航天大学研制的蜜蜂3号等,都不断应用于森林病虫害防治工作。还积极引进国外先进轻型飞机,如美国的CT500型固定翼轻型机和美国Robinson公司生产的R22轻型直升机等。

农药剂型和林业植物种类的多样性及喷洒方式的不同决定了森保器械的多样性。据统计,目前我国农药企业登记的品种有195种,剂型31种,共1958种制剂;农药年生产能力为90万~100万t,1990年开始,我国农药产量居世界第二位。生产林业动力药械的工厂近几年发展很快,已由十几家发展到100多家,主要产品有背负式弥雾喷粉机、喷烟机、担架式喷药机和机载式喷药机等。

1. 6HY-25 系列烟雾机

6HY-25系列烟雾机是南京林业大学机械工程学院与南通广益机电有限公司共同承担的林业部"八五"科技攻关项目(见图18-4),其产品性能达到国际先进水平,已获国家多项专利。该系列烟雾机是森林病虫害防治最有效的地面防治设备,具有不需要水源、用药量小、成本低、污染小、工效高(50~60亩/h)、轻便灵活、操作方便等显著特点。通过气流逆增层的作用，能防治到树冠上面，达到很好的防治效果。

图 18-4　6HY-25 系列烟雾机

2．BG305D 打孔注药机

BG305D 打孔注药机由国家林业局森防总站研制（见图 18-5）。该机有两部分组成：一是钻孔部分，由小型汽油机通过软轴连接钻枪，钻头可根据需要在直径 1～10 mm 范围内调换；二是注药部分，由金属注射器通过软管连接药箱，可连续注药，注药量可在 0～10 m 范围内调节。该机轻巧操作方便，效率高，便于大面积作业，每天可钻孔数千个，是理想的打孔注药防治机械。

图 18-5　BG305D 打孔注药机

3．3WF-3S 背负式喷雾机

3WF-3S 背负式喷雾机是为满足森林病虫害防治特点而开发的新型产品（见图 18-6），机上装有"背负机均衡供药系统"（即在主机上安装了均衡供药泵），这项技术克服了背负机在林业上使用时药箱内残留大量药液和供药始

末极不均衡的问题。该机轻变灵活，易操作，可进行常量、低量和超低量喷雾。该机药箱口径大，便于加药，电子点火，易启动，马力大，射程高，是理想的森林病虫害防治机械，可以大大提高作业效率和防治效果。它的室外喷雾水平射程为 13.5 m，垂直射程为≥12 m。

图 18-6　3WF-3S 背负式喷雾机

4．新型 3MF-4 背负式喷雾喷粉机

新型 3MF-4 背负式喷雾喷粉机是在原 3MF-4 喷雾喷粉机的基础上改进而成的（见图 18-7），改进后的 3MF-4 喷雾喷粉机具有以下特点：①采用全塑风机叶轮，使整机完全取消了砂型铸造件，降低了整机质量；②改进了粉箱、粉门结构，降低了漏粉率，提高了可靠性；③改进了缸罩结构，增加了消声器外表保护功能，外形更加美观；④改进了背带、背垫，使用时更加舒适；⑤改进了喷洒部件，提高了喷洒性能；⑥配备了均匀供药系统和超低容量雾化装置，使其适用性更广。

主要技术参数：喷雾水平射程为 19 m，垂直射程为 15 m；喷粉水平射程为 35 m。

5．佳多频振式杀虫灯

佳多频振式杀虫灯是利用多种害虫最敏感的光谱区 320～400 nm 进行诱杀（见图 18-8），诱杀害虫种类多、数量大，投入少、成本低，不污染环境，对人畜无毒害作用，且操作简便，控害保益效果显著。每灯控制面积 60 亩。每年 4

图 18-7　3MF-4 喷雾喷粉机

月中旬装灯,9 月底撤灯,每日 21 时开灯,次日 4 时闭灯。

图 18-8　佳多频振式杀虫灯

6. 背负式喷雾器

背负式喷雾器(见图 18-9),采用空气室与泵合二为一,置于药箱底部,选用直流电机,结构紧凑、合理、安全可靠,稳压性能突出,轻便省力,升压快。装有膜片式揿压开关,不渗漏,可连续喷洒,也可点喷,节省农药。配备多种喷头,雾化效果好。气室容量大,喷雾时间长,增压速度快,左右手均可操作。适宜林农山地森林病虫害防治作业。

图 18-9　背负式喷雾器

7. 压缩式喷雾器

压缩式喷雾器外表美观大方(见图 18-10),操作简便,采用国外先进制造技术生产,增压不超过 2 次即可全部喷完,适宜林农小范围作业。

图 18-10　压缩式喷雾器

8. 车载高射程喷药机

车载高射程喷药机是南京林业大学和南

通广益机电有限公司联合承担的"948"科研项目(见图18-11),该机由柴油发电机发电带动药泵、直流电机和固定在电机轴上的风扇叶片高速旋转,为药滴提供远送的强大动力;电力液泵将药液从药箱吸入,并通过管路将药液送到喷药机前端,经周围的喷嘴喷出;药滴从喷嘴喷出后,又受到风扇风力的推送,可以实现远距离喷药,喷药距离(垂直)可以达到30 m。目前零部件已实现全部国产化。

图18-11　车载高射程喷药机

9. 智能化自动对靶林木喷药机

国家林业局哈尔滨林业机械研究所研制的智能化自动对靶林木喷药机(见图18-12),于2008年通过哈尔滨市科技局组织的技术鉴定。

图18-12　智能化自动对靶林木喷药机

智能化自动对靶林木喷药机是一种新型、精准、高效、节能的林业施药新装备,完全克服了传统药械连续喷药的缺点,采用超声感应装置(电子眼)识别林木分布情况(有树或无树),做到实时监测并随机指令喷雾装置进行"有的放矢"喷药,实现对林木靶标的定向、精确、高效喷药,大大减少了农药流失到非靶标环境中的数量,有效地控制人畜中毒和环境污染。该机采用风助装置,使药滴能够到达不同层次的叶子侧面,以提高雾滴的穿透力和附着面积,农药的利用率可达52%以上,从而提高了农药的有效利用率和病虫害的防治效果,驾驶员还可随时在监视器上观察喷药机的施药情况。该机处于国内领先技术水平,将是目前传统机载喷药机的换代产品。该机可广泛应用于城市园林、路旁绿化林、退耕还林、林木种子园、苗圃、公益林、人工用材林、防护林、经济林及单株大棵农作物的病虫害防治。

参考文献

[1]　袁彬. 森林病虫害防治工作现状及应对措施[J]. 内蒙古林业调查设计,2016,39(2):94-95.

[2]　苏燕苑. 林业生态环境建设中森林病虫害防治[J]. 农业与技术,2020,40(2):83-84.

[3]　周宏平. 森林病虫害烟雾载药防治设备研究[J]. 林业科技开发,2002,16(3):16.

[4]　郭予元. 环境保护和植物保护[J]. 植保技术与推广,1999,19(4):26-28.

[5]　朴永范. 农作物病虫害防治现状及对策[J]. 农业科技通讯,1997(1):32-33.

[6]　王荣. 植保机械学[M]. 北京:机械工业出版社,1990.

[7]　吴维星. 减少农药用量对环境与经济的影响[J]. 国外科技动态,1993,(2):32-35.

[8]　张锡津. 森林灾害及减灾战略思考[J]. 林业科技管理,1997(1):24-26.

[9]　潘宏阳. 我国森林病虫害防治工作存在的问题与对策[J]. 中国森林病虫,2002,21(1):42-47.

[10]　傅泽田,祁力钧. 国内外农药使用状况及解决农药超量使用问题的途径[J]. 农业工程学报,1998,(2):7-12.

[11]　傅泽田,祁力钧,王秀. 农药喷施技术的优化[M]. 北京:中国农业科学技术出版社,2003.

第19章

采 运 机 械

林木采运机械主要指活立木采伐(间伐或皆伐)及伐木现场木材装车、运输、卸车和木材分级等相关的林业技术装备,主要包括采伐机械、集材机械、运材机械和贮木机械。

19.1 采伐机械

19.1.1 概述

林木采伐机械是兼具多功能、高自动化、高效率的林木采伐机械,其底盘作为基本组成部分将直接影响林木联合采伐机在林地的作业范围和行驶性能。

19.1.2 定义

采伐机械又称采伐联合机械,分为轮式、履带式,多见于北欧和北美地区,已经问世有30多年,是一种用于采伐、去枝、去皮和横截树干的树木采伐机械。一台大型采伐机每小时能采伐100～140棵直径为50～60 cm的树木,是人工采伐效率的十几倍。

19.1.3 类型

在林业生产过程中,林业采运涉及两个生产作业环节,即林业的采伐和运输,这也是林业生产的关键环节。从机械类型角度分析,林业采伐和运输所使用的机械有很大区别。林业采伐主要是对木材切削机械的使用,而林业运输主要是对起重输送机械的使用。基于此,对于林业采运机械类型的分析,也可从以下几方面进行。

(1)按移动方式的不同,采伐机械可分为:

① 手提式采伐机械。这类机械主要是非常轻便的小型机械,质量都在10 kg以下,发动机功率在6 Ps以下,电动机械一般在1～2 kW以下。

② 自行式采伐机械。这类机械基本上是以集材拖拉机底盘为基础,装上各种不同用途的液压起重机构和液压伐木工作头,组合成能完成一个或两个以上生产工序的机械。当能完成两个以上工序时,这种机械即为通常的联合机。也有将能单独完成一个工序的不同类型的自走式采伐机械配成套,组成机组,完成一系列生产工序,使采伐生产实现综合机械化。

③ 移动式采伐机械。用于伐区的移动式采伐机械主要是一些木材综合利用机械,如打枝机、造材机、剥皮机和削片机等。

(2)按采伐机械的用途,手提式采伐机械可分为:

① 伐木锯。以二冲程汽油发动机为原动机,带动锯木链条进行工作,即通常所采用的油锯(见图19-1)。

② 造材锯。以中频或工频电动机为原动机,带动锯木链条进行工作,即通常贮木场所采用的电锯。

图 19-1 伐木锯

图 19-3 剥皮机

③打枝锯。打枝锯有两种,一种是微型油锯,另一种是带长传动轴的专用打枝锯。打枝锯用在伐区时,多以二冲程汽油发动机为原动机;在贮木场时,则多数以电动机为原动机(见图 19-2)。

图 19-2 打枝锯

④剥皮机。采用旋转式或固定式剥皮刀头,围绕原木表面进行剥皮,多采用原木转动方式。剥皮刀头组合一般采用钝刀,备有气缸或油缸以保证对原木表面施加足够的压力,使刀头切入树皮与木质介层。剥皮机适合于伐区使用(见图 19-3)。

⑤割灌机。割灌机是一种带长传动轴的手提机械。原动机一般采用二冲程汽油发动机,工作机构一般为圆锯片。适用于大面积、小径级的抚育间伐作业和择伐作业(见图 19-4)。

(3)按用途,自行式和移动式采伐机械可分为:

①伐木机。采用圆锯片或液压剪为工作

图 19-4 割灌机

部件,将机械开到活立木附近后,驾驶员通过操纵手柄,液压爪抱紧立木,锯片锯截活立木,实现伐木作业(见图 19-5)。

②造材机。移动式或自行式造材机通常在伐区使用,固定式造材机一般用于贮木场。造材机一般装有单锯片或双锯片,也有带锯机用于造材。

③打枝机。主要完成整棵伐倒木的树枝打枝作业,有时打枝机和伐木机联合使用(见图 19-6)。

图 19-5　伐木机

图 19-6　伐木打枝联合作业机

④ 剥皮机。用于木材打枝以后的全树剥皮,包括枝桠剥皮机、原木剥皮机和原条剥皮机。

⑤ 联合机。将采伐木材过程中的两个以上单工序机械的职能合并在一台机械上进行联合作业,这种机械有许多种不同类型的工序方案。

19.2　集材机械

19.2.1　概述

木材集材机械主要用于林区的集材作业,其主要包括林业采集运联合机、集材索道、索道绞盘机、索道跑车、集材拖拉机、装车绞盘机等设备。平原及丘陵地区(坡度在 25°以下)主要采用拖拉机集材,山地林区主要采用架空索道集材。

19.2.2　定义

集材机械就是将分散于林地的原木、原条或伐倒木汇集于伐区楞场的机械装备。集材的搬运距离较短,一般几百米,最多一两千米,不需修建正规道路。如果集材设备不能到达树木伐倒地点,则须事先将要搬运的木材集中于集材道旁,称归堆或小集中。有时由于地形条件限制,需要两种集材方式顺序进行,则后续的一种称为二次集材。由于木材体大笨重,地面不平,特别在高山陡坡、沼泽地带,以及泥泞季节,条件更为恶劣。因此集材在整个采伐作业中是最繁重的一环,其费用占伐区作业总费用的 60%～70%。集材时一般是沿地面拖曳,对地面、保留的林木和生态环境会带来一定的破坏,影响林木生长和更新。

19.2.3　类型

选择集材方式,既要尽量提高集材的效率和降低生产费用,又要考虑营林的需要。

1. 集材的种类

由于各林区的林分、地形和作业条件不同,其适用的集材方式也有所不同。按木材在集材中的形态分为原木集材、原条集材和伐倒木集材。东北林区主要是原条集材,南方林区主要是原木集材。按使用的动力分为人力集材、畜力集材、滑道集材、拖拉机集材、绞盘机集材、架空索道集材、空中集材和联合机集材等。

(1)人力集材:木材短小者一人肩扛,长大者由两人分担,于木材前端(大头)钉以钉环,穿以绳索,绕成绳圈,以担杠穿入,两人担起前行,后端则拖于地上滑行。这种方式在福建称为担筒,广西称为拖山。在陡坡地带短距离集小径木或中等原木时,有时仍用人力或沿山坡滚下或滑下,称溜山或串坡。广东有的林区还用手推胶轮车集材。

(2)畜力集材:用马、骡、牛、象等畜力沿地面拖曳木材。寒冷地区多用马,温带、热带多用骡、牛和象。

(3)滑道集材:利用山地自然坡度和木材自重沿槽道自动滑下。一般适用于 6°～30°的坡度。滑道的种类有土滑道、竹滑道、木滑道、水滑道、冰雪滑道和塑料滑道等。

(4)拖拉机集材:为目前各国应用最广泛的一种集材方式。作业时拖拉机开到待集木材附近,利用其钢索或抓钩将木材拖曳到伐区楞场。

（5）绞盘机集材：利用绞盘机的牵引索通过集材杆上的滑轮牵引木材。

（6）架空索道集材：利用绞盘机的牵引索，并借其动力或木材重力，通过架空钢索和跑车将木材悬空运送到伐区楞场。

（7）空中集材：利用起升和运行装置将木材在空中运送的集材方式。主要有气球集材和直升机集材两种。

（8）联合机集材：将集材、伐木、打枝、造材一起由联合机完成，如伐木归堆联合机、伐木集材联合机、伐木打枝造材集材联合机等（见伐区作业机械系统、伐木归堆机）。

2．集材方式对营林和生态环境的影响

沿地面集材时，常会破坏地表，压实土壤，影响下种更新，引起水土冲蚀。影响程度视集材设备和木材对地面的压力和通过次数而异。畜力集材由于每趟集材量不大，集材距离较短，对地表和幼树损坏不大，将土壤翻松，有利于下种；拖拉机集材因其自身和所集木材较重，对地面和幼树破坏较大，常将土壤压实，雨季引起冲刷，履带可能损伤立木根部；绞盘机集材对林地及更新影响最大，但用轻型绞盘机则影响小些；架空索道集材因木材悬空运行，对林地和幼树破坏很小。位于溪流岸边的伐区，常因集材使泥沙、采伐剩余物流入水中，发生淤积、污染水源，影响鱼类养殖和景观。集材过程中土壤被压实后使土壤中氧含量减少，集材机械内燃机排出的废气中的有害气体，对林木生长均略有影响。

3．集材方式的选择

选择集材方式的主要因素是林区自然条件和林分特点。所选集材方式既要适应伐区地形，又要对林地和林木损坏最小，并且成本最低。采用移动式机械，如拖拉机集材时，木材随集材机械一起移动，不受距离和方向的限制，机动灵活，不需要复杂的装置，工艺简单，且拖拉机可进行多种作业。但这种方式受地形限制，一般坡度超过 25°时即不适用，对地表和林木有损害，且消耗功率较大。用固定式机械设备，如绞盘机和架空索道集材时，可充分利用其动力，不需整修集材道，受地形土壤条件限制小，可在地形起伏较大和沼泽地带及出材量较大的伐区使用，但集材距离和方向受限制，安装和转移设备费工。滑道集材设备简单，不需动力，可就地取材，成本较低，但木材损耗大，破坏地表严重（土滑道）。空中集材不破坏林地林木，但成本太高，除不能采用其他集材方式的特殊情况外，尚难推广。联合机集材时，木材一般不在地面拖曳，对林地破坏小，工序减少，在不超过 10%的坡地采伐时最有利。畜力集材时，对林地和幼树损坏小，有利于更新，适用于平缓地带中小径木短距离集材，特别是零散地块和伐区边角地段的集材。

4．影响集材效率的主要因素

（1）立木密度和材积：在低密度和材积小的林分，集材一次的时间增加，效率降低。这主要由于集拢或小集中一次集材量占用的时间较多（占集材周期的 33%～70%）。

（2）坡度：沿地面集材时，地面坡度有顺坡和逆坡。逆坡每增加 1%，将使每吨载荷的牵引力降低约 90 N，而顺坡每增加 1%，则每吨载荷的牵引力将增加 90 N。

（3）土壤：当土壤潮湿松软并用轮式拖拉机集材时，轮胎常陷入地面，在集材道上形成辙沟，增加行驶阻力，降低牵引力。当轮胎陷入地面 2.54 cm 时，驱动轮轴每吨载荷的可用牵引力将降低 133 N。但对履带拖拉机影响极小。

（4）集材距离：集材距离越长，效率越低，单位成本越高。据东北带岭林业局调查，集材距离每缩短 100 m，集材效率提高 15%，成本降低 6%；距离延长 10%，效率降低 3.8%左右。但集材距离与装车场位置和运材道岔线间距有密切关系（见林道）。

我国今后一段时间的集材主要方式，在东北林区以拖拉机集材为主，南方以架空索道集材为主。欧美林业发达国家的集材正向全盘机械化方向发展，采用轮式、抓钩式、大马力、全液压操纵、折腰转向的集材拖拉机，并向伐区作业联合机发展。随着林道网密度的提高，架空索道以采用单跨索道、装有可伸缩钢架杆的自行式大型绞盘机、抓钩式和装有专用起重索的跑车及遥控技术为发展方向，并在绞盘机

上安装承载索和起重索拉力测定器、报警器和钢索探伤仪等装置。

19.3　运材机械

19.3.1　概述

木材运输简称"运材"，是将集材后的木材通过装车或推河等方式运送到目的地（通常是指贮木场）的生产过程。通常可分为木材陆运和木材水运。管道运输，主要是运输木片。陆运包括装车、运送和卸车，水运包括推河、流送、出河等基本工序。木材的运输费用在整个木材生产费用中占的比重较大，根据具体条件，选择合理的运输方式具有重要经济意义。木材运输方式决定林业企业木材采运生产的主要特点，故不同的运输方式就成为林业企业分类的标志之一。

19.3.2　定义

木材运输分集材和运材两个阶段。集材常用的机械是集材拖拉机和架空索道集材设备。陆路运材机械主要是载重汽车和挂车，以及森林铁路、窄轨蒸汽机车、内燃机车（见木材陆运）和脱节式台车、平板车等；水路运材通常使用船舶及木排。

19.3.3　类型

1. 山场装车机械

我国林区木材装车作业是在集材和运输机械发展的过程中逐渐实现的，早在20世纪50年代，伴随着拖拉机和汽车进入林区，特别是60年代推广了原条运材技术后，由于单根材积大，人力装车困难，因此装车作业采用了绞盘机架杆和单杆缆索装车装置。随着林区动力机械的增加，集材拖拉机和东方红54/75农用拖拉机也在装车作业中得到应用。80年代初，山场推广了预装架装车技术，使固定装车设备性能日趋完善。

1）集材拖拉机自集自装装车设备

这种装车设备主要在东北林区使用，特别是在森铁运材的林业局使用较多（见图19-7）。

图19-7　集材拖拉机

2）东方红54/75履带拖拉机装车设备

该设备主要在一些市县林业局所属林场使用，实现了一机多用，常年作业。

3）装车绞盘机

绞盘机具有结构简单、操作方便、设备购置和维修费用低、油脂材料消耗少和成本低等优点。这种装车设备主要在东北等长年流水作业的装车场使用，是使用最普遍的装车机械。

4）液压起重臂

该装车设备技术性能先进，机械化水平较高。20世纪60年代中期从瑞典引进了液压起重臂并在黑龙江省带岭林业局进行了试验，同时，哈尔滨林机厂也试制了12 t·m的液压起重臂，并在林区进行了生产试验。福建邵武汽车保修厂也试制了3 t·m的液压起重臂，在邵武林业汽车队使用，为建阳林区运材进行装车作业。通过十几年的生产实践，收到了较好的效果。70年代柳州林机修造厂试制了一定数量的3 t·m液压起重臂，分布在南方几省使用。70年代末和80年代初，辽宁奉城林机厂试制了3 t·m的液压起重臂，并将其安装在沈阳生产的518-60型农用拖拉机后部，进行抚育伐、木材的收集和装车作业。四川岷江林机厂试制的5 t·m起重臂可安装在解放牌汽车或集材80-拖拉机上进行作业。松江拖拉机厂设计的5 t·m QY-5型液压起重臂可安装在集材80-拖拉机上。牡丹江林管局林科所在柴河林业局研制了3 t·m的液压起重臂并在生产中使用。

由于逐年采伐,原始森林面积逐渐缩小,每公顷出材率逐渐降低,单杆材积也逐渐减少,次生林和人工林面积逐年增多,抚育伐工作量逐年增加。在这种情况下,使用固定式大型装车设备已不经济,需要有移动式装车设备。根据这一情况,我国一些林业局陆续从国外引进了西亚伯560、670、1300和长桥-75型液压起重臂,以及928、88KK联合机的液压起重臂,这些设备在生产中使用取得了较好的效果。液压起重臂的技术引进、试验和使用促进了装车作业机械化的发展,改变了我国木材装卸机械的结构。从20世纪60年代开始这种设备就在带岭林业局试用,使用实践表明,液压起重臂是比较适用的装车设备,特别适用于木材分散的原木装车作业。

5)运材汽车预装架装车设备

预装架装车设备可以使装车、运材、卸车三大工序衔接得更加密切,既缩短了装车和待装时间,又提高了运材效率,降低了运输成本。

6)木材装载机

20世纪70年代,常州林机厂生产了1t、3t和5t三种型号的装载机,其具有松散货物装卸和原条、原木装卸多种用途,尤其适用于货场装卸原木。由于这种装载机对装卸作业的场地有一定要求,故山场作业使用较少,大部分是在货场上用于原木装卸作业(见图19-8)。

图19-8 木材装载机

2. 木材陆运设备

1)运材汽车

木材运输中,汽车运材设备主要由运材汽车和挂车两部分组成。汽车投入木材运输后,改变了木材陆运中森铁运输原来的优势地位,汽车运输与森铁运输相比有很多优点,其爬坡能力大,尤其适用于丘陵山区运材,在森林采伐区腹部,汽车运输的优越性更加明显。修建汽车道路可以就地取材,造价低,机动灵活,便于营林作业和方便人民生活。

早在1941—1943年,黑龙江省的金山屯、穆棱等林区就开始用汽车进行少量的运材作业。我国真正意义上的运材汽车是在20世纪50年代开始使用的。1953年,从捷克进口了太脱拉-111型汽车,在牡丹江和牙克石建立了汽车队开展汽运作业。1954年,绥阳林业局制造了运材双轴挂车。1957年以后,由第一汽车制造厂生产的解放牌CA-10型汽车在木材运输中得到应用,开始只是单车运输原木,由于汽车的功率未被充分利用,故采用了全挂车式汽车列车运材;牡丹江林机厂为林区使用的CA-10B和太脱拉-111汽车专门设计和制造了GT-7和GT-15原条挂车。

除解放牌汽车外,第二汽车制造厂生产的东风EQ-140汽油车也是我国北方林区用于运材的主要车型。随着汽车工业的发展,20世纪80年代末,第一汽车制造厂生产了具有80年代水平的CA-141中型汽油车,并投入到林区的运材作业。

为了制造出适应我国林区运材的专用汽车,林业部于1982年立项,由黑龙江省木材采运研究所、黑龙江省森工业总局与长春第一汽车制造厂、长春汽车研究所合作,在CA-141基础上共同研制了CA-141K2改装型汽车。

在国产重型车方面,林区运材使用的有东方红665B、CZ-161、SX-161、CA-150K2等车型。

1963年从国外引进太脱拉T-138汽车500辆,1973年进口了瑞典的斯康尼亚LT-110汽车500辆,1976年南方林区进口了日本丰田DA110汽车76辆。

目前,除以上可用于林业木材运输的车辆外,以下企业也在生产林业用木材运输设备。例如,大庆油田石油专用设备有限公司生产的井田牌DQJ5251TYC运材车,南阳二机石油装备（集团）有限公司生产的 ES5090TYC、ES5091TYC 运材车，江汉石油管理局第四机械厂生产的四机牌 SJX5240TYA 运材车，营口宝迪专用汽车制造有限公司生产的出口俄罗斯的 YGB9500D 型运材车，东风实业（十堰）车辆有限公司生产的 EQ5161TYAF7D 型林业专用运输车，等等。

2）运材汽车挂车

20 世纪 60 年代中期，在原条运材中经常出现等待装车的问题，这就减少了汽车的运行次数，直接影响了汽车运输效率。为解决这一问题，采用了挂车和预装架进行原条预装作业的方式，即事先将原条装在预装架和挂车上。预装架种类较多，有龙门式固定预装架、积木式预装架和比较简单的钢索式预装架。预装架有可移动式和固定式两种。预装作业能减少汽车在装车场上停留的时间和汽车周转时间。

1964 年在东北林区的翠峦林业局首次试行载运挂车回空成功，取得了良好的效果，并很快在东北林区得到推广应用。

3）森铁运材机械

森铁是中国森林采运中发展最早的机械化设施，始建于东北林区，并逐步向内蒙古、江西、福建、广东等地发展。

中华人民共和国成立前，我国东北的苇河和横道河子修建有两条林区窄轨铁路。日本侵占东北后，为了大肆掠夺东北的森林资源，先后在八家子、亚布力、二道河子、天桥岭等地修建了 27 条长达 1600 km 的森林铁路。当时有机车 300 台，台车 1000 多辆。

中华人民共和国成立后，从敌伪手中接收一些分散在各地的线路、机车车辆设备，但都残缺不全，轨距又分为 600 mm 和 762 mm 两种，不能保证行车安全，运输效率很低。在中国共产党的领导下，经过短期整顿很快恢复通车，并建立了各种规章制度和生产秩序。从 1953 年开始在森铁运输中执行作业计划，实行行车调度制度，把森铁各部门统一组织起来，开展经济核算，劳动生产率逐步提高，使森铁面貌焕然一新。随着社会主义建设事业的发展，森铁线路增加很多，截至 1980 年，森铁线路总长为 11 000 km。1958 年以来，我国自制的 18t 和 28t 蒸汽机车经过运行证明效果良好。到 1961 年末，拥有机车 645 台；1980 年全国拥有森铁机车 878 台，其中蒸汽机车 391 台，内燃机车 487 台，运材及各种客货专用车辆共 14 543 辆。森铁设备全面实现了国产化、标准化，而且完全自给自足。

4）木材水运机械

木材水运在我国有悠久的历史。中华人民共和国成立前木材水运完全靠手工操作，分散经营，中华人民共和国成立后逐年按水系有组织地进行生产，为水运作业的机械化创造了基本条件。1956 年东北林学院等高等院校先后设置了木材水运专业，同年成立了林业部木材水运设计院。几十年来，依靠广大水运工人和科技人员的共同努力，水运机械从无到有，初步改变了木材水运生产完全靠手工操作的落后局面。其发展大致经历了以下三个阶段：

（1）中华人民共和国成立初期十年。这一阶段各地水运工人开展群众性的技术革新，试制了一些简易设备，如湖南源水木材水运局研制了桥式装排机，该机曾在 1960 年全国工业展览会森工馆展出。

（2）20 世纪 60—70 年代中期。这一阶段木材水运科技人员陆续走向工作岗位，与广大水运工人相结合，设计、试制了一批水运机械设备，如广西西江水运局研制了自生式纵向传送装排机、四川大渡河水运局研制了桥式起重装排机（当地俗称上仓机）、福州贮木厂研制了木捆编轧机、江西洪门水库研制了横向传送过坝机等。

（3）自 20 世纪 70 年代末期以来。这一期间为提高机械化程度和由单机作业向多机联动发展，经过攻关试验取得了一些初步成果，如广西西江水运局试制了原木自动量积仪，实现了光电检尺；1979 年江西赣州贮木场成功研制了第一台平行排编轧机等。

当木材水运流送的木材受到水利枢纽的拦河坝等设施阻挡时，需要把木材从坝的上游河段搬运到下游河段木材才能继续进行水路运输,这一过程称为木材过坝,过坝问题的有效解决是发展木材水运的重要前提。

19.4　贮木机械

19.4.1　概述

贮木机械类型有多种,每种类型机械都只能在某种条件下发挥它的优点。对贮木场而言,由于生产条件不同,所用的机械也不同。选择机械类型总原则是"技术上先进,经济上合理",贮木场完成木材的卸、选、归、装,或出河、选、归、装,可以用不同的机械组成不同方案来完成。

19.4.2　定义

贮木机械主要承担贮木场的原条进场检斤到卸、造、选、归、装各道工序的生产。贮木机械根据作业方式可分为出河或卸车机械、造材机械、选材机械、归楞机械、装车(船)或进行木材机械加工机械等。

19.4.3　类型

1.卸车机械

陆运材到贮木场后卸车是第一道工序,它直接影响贮木场的接收、贮备能力及运材车辆的周转。贮木场的主要卸车设备有架杆兜卸机、固定缆索及龙门吊等。

2.造材机械

造材作业是贮木场的主要作业工序,原条卸到造材台经量尺后进行造材,该工序决定着出材率和木材的总产值。

使用固定锯造材能提高生产效率,改善作业条件,减轻工人劳动强度,推进造材作业全盘机械化。

3.选材机械

不论是陆运到材还是水运到材,贮木场的选材作业是必不可少的,选材线的形式与贮木场生产的作业方式及楞区的配置有关。选材作业是各项作业的中心环节,贮木场要向全盘机械化、自动化方向发展,首先要抓住选材这

个中心。

贮木场使用各种形式的纵向输送机、电瓶车、人力平车等进行选材作业。中华人民共和国成立初期选材作业的供料、抛木等全部为手工作业,不仅劳动强度大,而且极易出现伤亡事故。

4.归楞机械

归楞、装车是贮木场的最后两道工序,这两道工序使用的机械是相同的,主要是架杆绞盘机和装卸桥。

5.装车机械

装车是木材生产中的重要工序,其作业条件差,作业方式笨重,技术要求高,安全风险大。装车分原木装车和原条装车,有人力、重力、动力三种装车方式。人力装车所用工具主要是卡钩,采用肩扛的方式装车;重力装车是利用高站台将木材滚入车内;动力装车是使用各种机械进行装车作业,如架杆装车机、缆索起重机、汽车起重机、门式起重机、液压起重臂、塔式起重机和装载机等。

19.5　国内外发展现状及趋势

19.5.1　现状

国外林木采运装备是在20世纪70年代末逐步发展起来的。在经历了人工斧锯的采伐、牛马套运材后,随着工业化进程的不断发展,森林采伐作业机械有了很大的进步,油锯的使用、运材汽车的改进和完善,特别是自走式伐木机,以及可实现伐木、打枝、造材于一体的联合伐木机的开发应用,使国外的林木采伐技术装备实现了划时代的发展。生产效率高、安全、智能化、地表生物资源破坏小,如芬兰Ponsse公司生产的伐木联合机。

在20世纪60年代中、后期的50多年里,美国、加拿大、瑞典、芬兰及苏联等发达国家的木材采运工业已由粗放作业转向集约化生产的方向发展,其产值的增长主要是依靠提高劳动生产率、综合利用木材资源及节约能源等,并同时注重生态环境保护和劳动保护。这个

时期,木材生产的技术手段已由机械化转向全面机械化;产品结构除以原木为主外,还利用劣质材和采伐、造材剩余物生产木片,作为造纸和人造板原料;企业组织结构已由单一的木材采运生产转向发展包括森林培育、木材采运、木材加工,甚至制浆造纸及林业化工产品生产在内的综合性林业企业。从劳动生产率的提高幅度来看,如果说用机械化生产替代手工生产,可使劳动生产率翻一番,那么以全面机械化生产替代机械化生产,劳动生产率就会有几倍的增长。为了提高木材综合利用率,对采伐树木的枝丫、树头等进行收集、打包、应用,不断追求全树利用,其相关机械也应运而生。

近20多年来,发达国家的木材采运工业技术进步主要有以下特点。

1) 技术装备更新换代速度加快

在机械化生产阶段是采用传统的单工序机械和机动工具,而在全面机械化阶段,已进步到采用多工序联合机组成的成套机械系统。此时,机械之间在工序上紧密衔接,生产效率互相匹配,且每套机械系统都有其一定的适用范围。在充分应用液压、电子、程序控制、微电脑等先进技术的基础上,瑞典的机械系统已换代3次。

2) 推广少剩余物或无剩余物生产工艺

推广少剩余物或无剩余物生产工艺,已成为既节约木材资源又保护生态环境的战略发展方向。已经得到推广的少、无剩余物工艺有全树削片,薪材削片,贮木场原条外运,伐区运输按树种分类,原条、小径木、大径木分别采伐等工艺方式。

3) 节约能源消耗

采取了集中供电、集中供热,发展采运生产电气化,推广新型节能设备和调节装置,完善能耗管理等综合性措施。

4) 重视发展森林作业保护技术

其目的是解决由机械化生产带来的两大问题,即森林采伐的生态环境保护和在"人-机器-环境"这个系统中的劳动保护。在保护森林采伐的生态环境方面有以下动向:

(1) 重新评估技术政策,为各区域、各种类型的森林确定最优采伐方式和森林更新方式。

(2) 定量估计伐区生态损失并给予补偿,以削弱或消除由于不适当的采伐方式和机械设备带来的不利影响。

(3) 对山区采伐工艺和机械设备进行优选。畜力集材、架杆索道集材、单跨自行式索道及直升机集材等,对土壤破坏较小,能保留幼树而得到进一步推广使用。

(4) 采取措施,防止土壤侵蚀。主要措施有:全面机械化作业;确立土壤受破坏的评估指标,研究开发新机械;对被压实的土壤进行犁耕,以提高其雨水渗透能力及保持水分等。"人-机器-环境"系统中的劳动保护,旨在如何使机器、环境最适合于操作人员的生理和心理特点,以达到劳动安全、舒适和高效率。自20世纪80年代以来,已开始对由机动工具和各种自行式机械的振动、噪声及操纵应力等引起的职业病进行控制。目前采取的措施主要有:制定规划;确定安全生产要求和对有害因素的控制标准;按人机工效学要求完善机具和机械设计;加强工人培训以提高其操作技能和应急能力;推广使用劳动保护装备。

面对市场竞争加剧,劳动力继续短缺,生态环境保护要求日趋严格的形势,20世纪90年代发达国家木材采运技术进步的主要目标仍然是:加速发展生产全面机械化,以持续提高生产率和降低生产成本;进一步推行少剩余物、无剩余物工艺,以充分利用材料资源;保护森林生态环境及保护劳动力。围绕上述目标,21世纪将是加速采用新技术、新工艺、新设备、新材料的年代,特别是向高技术迈进的年代,也是由全面机械化阶段转向生产、检测、控制、管理全面自动化并为智能化做准备的关键时期。在木材采运工业领域可望得到推广应用的高技术有:计算机辅助研究、设计、制造和测试,以及生产过程的计算机控制和管理;伐区作业机器人;"3S"系统;传感器、遥控、专家系统等技术。

19.5.2 发展趋势

木材采运机械今后发展趋势如下:

（1）下一代油锯将应用高效空气喷射净化技术和微型集成块。前者能提高发动机性能和寿命，并减少排放的有害气体数量，追求低碳经济；后者将使发动机发挥出最大功率并对怠速和转速进行控制。此外，工程塑料和复合材料的应用，将减轻油锯重量，提高性能。

（2）伐区自行式作业机械向伐木机器人发展。其第一步是使工作部件实现微型电子计算机辅助操纵，即运用一根操纵杆即可控制整个液压臂和伐木头的动作，由此简化和改善操纵，并使司机有时间从事较高水平的决策，如不损伤保留木等。为适应山地作业的需要，将推广能自动调平的新型作业机，以保证向前、后、两侧4个方向倾斜时的正常作业。发展伐木机器人的第二步，将是用多个可前后和左右移动的支腿代替传统的履带式或轮式行走系，配备各种能判别地形、坡度、树木等环境条件的传感器及遥控操纵系统。此外，专家系统（一种使用人工智能技术存储和利用专家专门知识的计算机程序）将用于伐区机械的故障诊断。

（3）索道由部分自动向全自动方向发展。具有遥控绞盘机、自动跑车、自动卸载吊钩及测距器的全自动集材索道系统已问世。

（4）运材汽车将迅速引进防锁闭制动技术、车轮滑转自动调控技术及轮胎集中充气技术，以提高运材效率和降低费用。GPS导航定位系统、计算机监控系统将用于汽车运材调度管理。该系统可为中心调度员提供每辆车的运行位置，以便实现车流最优化，消除堵塞，节约待装和待称重时间，提高运材效率。

（5）在贮木场，推广配有自动称重装置的木材装卸设备及原条最佳造材系统，推广能自动测量材长和直径并自动抛木的选材系统，使贮木场作业进一步实现自动化。为适应市场经济下产品品种规格和生产批量多变的需要，将可能发展贮木场柔性生产方式。这种生产方式的基础将是自动化工艺和机器人技术的综合体，根据输入参数（例如伐倒木、原条、原木的几何尺寸和质量）和输出参数（材种计划、产品产量、设备生产效率等）的改变，可迅速、容易地改建生产系统的结构。

（6）为适应大面积工业用材林、林纸一体化等速生人工林采伐的需要，多株立木采伐、打捆、打枝、造材等机械系统将有可能被开发。

19.6 发展历程及典型产品

旧中国木材生产十分落后，除东北林区有部分简易森林铁路外，再无其他采运机械设备。1900年，伐木、打枝和造材都是用大斧子，实行斧伐法。1925年引入了俄式大肚锯（快马锯），实行锯伐法。当时，木材采伐效率低、伐根高、损伤大，人身伤亡事故也经常出现。

1948年8月成立了东北人民政府林务总局，恢复经济和为解放战争提供大量木材，在1948—1949年，东北人民政府每年冬季动员10万人，8万～10万头（匹）牛马套子，进行木材生产作业支援国家建设。

我国采伐作业的机械化，是先从国外进口电锯开始起步的。最早出现在林区的是1951年从德国进口的哈林100电锯和从苏联进口的瓦可堡电锯，由于这两种电锯是双人操作，质量大，不安全，故没有在伐木作业中采用，只少量用于山场造材。

在20世纪50年代初，首先从辽宁省林区开始推广使用单人操作的弯把锯。这种锯从日本进口，在东北林区逐渐推广。

50年代中期至60年代中期，由仿制开始逐步开展了我国自己的木材采运机械研究、设计和制造。当时，通过引进国外采运机械，成功地仿制了油锯和集材拖拉机，其他主要工序的机械设备，如运材汽车和挂车、森铁机车、车辆、贮木场机械、筑路机械等也得到了较大的发展。

1954年从苏联大批进口了采尼美K5电锯，由于这种锯由单人操作，并且质量轻（9.5 kg），功率大（1.5 kW），使用安全可靠，因此用于伐木作业。但由于它必须由高频移动电源供电，且受电缆的限制，移动不方便，作业范围小，所以在伐木作业中使用不多，而是大量用于贮木场造材工序中。

1957年,长春小型电机厂仿制K5电锯成功,定型号为M2I2950型。从此,我国开始大量生产电锯。

1956年苏联森林工业代表团来我国访问,并传授先进经验。该团带来了2台苏联产的友谊牌油锯。访问、演示结束后,其中1台油锯交给柳州机械厂仿制。该厂只用1年多时间即仿制成功,定型号为051型油锯,并于1958年开始大批量生产,开创了我国独立自主生产油锯的历史,该锯在机械化采伐作业中做出了很大的贡献。

1976年以后,木材生产逐渐得到了恢复和发展。广大林业工人和科技人员研制出各种类型的采运机械和机具,用于木材生产中,其中有些机械也用于农、工、交系统。研制出的新机型有油锯、轮式集材机、集运机、索道、装载机及贮木场机械等,有力地促进了木材生产的恢复和发展。

自20世纪80年代以来,随着科学技术的迅速发展和装备制造业整体水平的提高,木材生产机械也取得了迅速发展,新技术在各种设备上得到了很好的应用,木材采运机械在结构上、自动化程度上都有了显著提高。

1998年随着覆盖17个省份的天然林保护工程开始试点,人工林的快速发展,天然林木材生产大幅度调减,林区采伐方式以择伐为主,木材生产机械的发展逐步走向了低谷。但随着人工林的迅速发展和林权制度的改革,森工采运机械必然会走出低谷,出现更加繁荣的局面。

我国20世纪80年代末各生产厂家主要生产的油锯产品如下:

1969年西北林业机械厂、泰州林业机械厂和哈尔滨林业机械厂联合测绘仿制,西北林业机械厂生产了基本型短把油锯(BH37(CY5、CY5A)),并进行了批量生产,曾销往东南亚各国。

1970年,广东省林业机械厂自行设计出了基本型高把油锯(BG29(CL4)),并进行了小批量生产。

1973年,泰州林业机械厂生产了Y4型油锯。

1975年,柳州林业机械厂自行设计了基本型高把油锯(BG38(LG5))。

1977年,西北林业机械厂生产了GJ85型油锯。

1982年,西北林业机械厂研制的YH25型油锯通过鉴定,并开始批量生产。

1983年,西北林业机械厂与东北林业大学联合设计出了基本型高把减震油锯(BG33AV(CJ385A)),并于1985年获得原林业部优质产品奖。

1984年,泰州林业机械厂研制成功的HC3型油锯通过鉴定。

1985年,柳州机械厂改进设计了轻型高把油锯(CG26(051A))。

我国现阶段森林采运机械的品种类型主要是油锯、集材拖拉机、绞盘机、木材装载机和液压起重臂自卸车。由于南方和北方的林情差异大,木材采运方式(木材生产工艺)有所不同,其装备的配备模式和数量有很大的不同。

1996年就有关我国林业技术装备进行了实地调研,重点是南方林区,因北方林业出现了"资源危机和经济危困"的局面后,实施了天然林保护工程,采伐机械和运输机械相继转卖给了南方林业局或报废。

目前,我国的采伐作业主要为单工序作业机器,伐木、打枝、造材、截梢基本采用油锯,伐区集材和归堆通常采用集材拖拉机、绞盘机等来完成。这种采伐、集材作业方式,虽然优于原来的人力手锯伐木和畜力集材等原始作业方式,但劳动机械化水平仍然很低。主要表现在使用机械的同时,在工序内和工序之间,仍然存在着大量而繁重的手工劳动,如伐木时链锯的进锯、打枝时链锯的移动和进锯、捆木和解索等。这些手工劳动限制了生产效率的提高,劳动安全难以保证。我国采伐机械化程度在20世纪60年代末期一度达到85%,随着林业"两危"的出现和林业生产方式的转变而降至低谷,特别是贮木场设备,几乎停止了生产。随着改革开放不断深入,我国油锯生产发展很快,目前已发展到近100家企业,如陕西西北林业机械股份有限公司,主要油锯产品有 BG33 高把油锯、BH33A 短把油锯和 CH18 轻型油锯;柳州威罗动力机械有限公司,主要油锯产品有 YG4(051A-1)高把油锯、YD-78 短把油锯;江苏林海动力机械集团公司,主要油锯产品有 BH-29 型、YD-65 型、YD-78、YD-90 型油锯;山东华盛中天机械集团有限公司,主要油锯产品有 YD-40 型油锯;柳州市猛狮动力机械有限公司,主要油锯产品有 YD-70、YD-85 型油锯和 051 高把油锯;浙江派尼尔机电有限公司,主要油锯产品有 PN1800、PN2500、PN4500、PN5200、PN5800 和 PN6200 型短把油锯等。以小动力汽油机为主要动力,产品质量、性能指标大都满足出口要求,已经成为出口到欧洲、美国、澳大利亚、俄罗斯和南亚、非洲等国家和地区的主要产品。

　　集材机械主要有集材拖拉机、木材装载机和绞盘机,如哈尔滨拖拉机厂生产的集材 50-拖拉机,常林股份有限公司生产的木材装载机和黑龙江绥化林业机械厂生产的绞盘机等。木材运输装备目前主要以汽车运输为主,也拥有带液压起重臂自装卸汽车运材,运材设备已基本实现了现代化。装车设备主要以木材装载机和叉车为主。贮木场设备除北方少数大型原木材站拥有外,已基本不再单设贮木场了。

参考文献

[1] 鲍震宇,王立海.黑龙江省林业采运机械化发展变化及驱动力分析[J].森林工程,2014, 30(2):176-181.

[2] 孙长海,张冬冬.关于林业采运机械类型与应用的探讨[J].黑龙江科技信息,2013(7):215.

[3] 李春高.我国造林机械的现状及发展趋势[J].林业机械与木工设备,2012,40(10):4-6,10.

[4] 沈嵘枫,林曙,周成军,等.林业机械基础 MOOC 教学改革实践:以福建农林大学森林工程专业为实验对象[J].森林工程,2016,32(4):88-91.

[5] 张金玲,孙嘉燕.新型背负式挖坑机设计[J].林业机械与木工设备,2008(11):41-43.

[6] 宋代平.生态植树机动态性能的理论研究[D].哈尔滨:东北林业大学,2004.

[7] 宋代平,王正祥,张云秀,等.生态植树机发展综述[J].林业机械与木工设备,2004(4):4-6.

[8] 杨光,张长青,杨建华,等.枝桠修剪设备发展现状与需求分析[J].木材加工机械,2016, 27(5):49-51.

[9] 肖冰,周大元,张丽平,等.我国营林机械的发展(三):抚育机械设备[J].林业机械与木工设备,2011,39(2):8-12,20.

[10] 胡万明,金日天,齐英杰,等.国产高把油锯的整机振动传递路线[J].林业科学,2011, 47(1):118-123.

[11] 白帆,白胜文,肖冰,等.我国木材生产机械的发展(一)——木材采伐机械[J].林业机械与木工设备,2012,40(12):13-15.

[12] 任海,姚庆学,高昌菊.国外森林防火新技术与设备[J].林业机械与木工设备,2003(3):33-35.

[13] 徐鑫,郭克君,满大为,等.国内外林木采伐及林地清理装备现状分析[J].林业机械与木工设备,2017,45(2):4-9,14.

[14] 战廷文,闫宏伟,吕跃伟,等.森林多功能单轨运输系统关键技术引进及应用研究[J].林业机械与木工设备,2011(9):28-30.

第20章

木材加工机械

20.1 制材机械

20.1.1 概述

制材是木材加工的第一道工序,在木材综合利用中占有重要的地位。制材设备的优劣直接关系到制材的出材率及工作效率。新中国成立后,我国的制材设备得到了快速发展。各种带锯、排锯和框锯均在生产中得到了广泛的应用,制材设备制造厂也在国内的主要木工机械设备企业中占有重要的地位。

然而,我国制材生产技术和设备还不能适应我国经济发展的需要。特别是1998年国家实施"天然林保护工程"以来,由于原木产量的逐步调减,我国的锯材产量逐年下降。很多林区的制材企业由于没有原料,只能处于停产和半停产状态,原料紧缺已成为制约我国制材设备发展的主要因素。

近年来,我国原木产量及进口原木数量逐年提高,使我国制材行业重新焕发了生机。在满洲里、绥芬河和二连浩特等主要陆地木材口岸附近,制材生产已经形成了一定的规模,所用制材设备大多采用单机作业,手工或半自动化操作。这充分利用了我国劳动力资源丰富且价格低廉的优势,从而使该区域的制材生产得到了快速发展。同时,制材行业的发展也促进了我国制材设备的发展和重新繁荣。

20.1.2 定义

制材生产过程所用各种机械设备包括三大部分:

(1)准备作业机械设备。主要有原木冲洗器、原木剥皮机、原木整形机、原木金属探测器、原木调头机、原木光电检测设备等。

(2)锯机及修锯机械设备。主要有带锯机、圆锯机、框锯机、削片制材联合机和各种锯机的刃具修磨设备等。

(3)厂内起重运输机械设备。主要有林用龙门起重机、绞盘机、装卸桥、原木链式运输机、带式运输机、有轨运材车、电瓶运材车、侧面叉车、板材堆积机、锯屑及木片运输机等。

20.1.3 类型及应用场所

1)主要工艺设备

包括带锯机、圆锯机、排锯机、削片制材联合机等,如图20-1~图20-4所示。带锯机种类虽然较多,但都是由锯割装置和进料装置两部分组成。各种类型带锯机的工作原理是相同的,只是结构有所差别,然而它们的进料装置不仅工作原理不同,而且结构差别也很大。跑车带锯机结构庞大,进料装置复杂;普通带锯机的锯机轻小,有的型号有进料装置,有的型号没有进料装置,依靠手工进料。

主要工艺设备的发展趋势:

(1)带锯机:普通杠杆式张紧装置逐渐向

图 20-1 带锯机

图 20-2 圆锯机

图 20-3 排锯机

图 20-4 削片机

气压液压高张紧机构发展,提高制材精度和效率;单带锯向双联和四联带锯发展,扩大生产能力;普通单锯向削片制材机发展,增加削片能力,以利于木材综合利用。

(2)圆锯机由单轴圆锯向双轴圆锯发展,扩大锯割直径并减少锯路消耗。

(3)新型"8"字轨迹运动框锯,运行平稳,提高进料速度,采用液压驱动锯条间隔装置,快速改变框锯的板厚尺寸,以提高优质材比率。

(4)激光投影器在带锯、圆锯、框锯机上的应用,提高制材质量和出材率。

(5)微机控制装置在各种锯机上的应用,进一步提高生产效益,使设备性能日趋完善。

2)运输设备

包括原木拖进链、踢木机、横向运输链、滚筒运输机、皮带运输机等。

3)其他工艺设备

包括原木分类机械、原木材积光电自动检测系统、选材机械、堆材机械、剥皮机、金属探测仪等。

4)辅助设备

包括锉锯间与机修车间所配的各种设备等。

原木供应的分选和自动抛木机,在吉林省汪清林业局贮木场链式原木运输机上得到应用,实现了机械化原木分选抛木作业。锯材的选材分类设备,东北各厂除已实现了链式选材台人力分选外,林业部林产工业设计院设计了框兜式自动选材区分装置,使不同厚度板材自动按厚度进行区分并落入规定的框兜中,实现锯材自动区分作业。

我国1949年前制材机械化程度很低,1949年后随着锯材工业的发展,机械化程度逐步提高。20世纪50年代东北制材局在佳木斯建立了第一条制材机械化生产流水线,60—70年代实现了大带锯跑车机械化,80年代削片制材联合机、激光投影器、微机控制摇尺机、微机最佳化下锯图开始应用。

北欧、北美在20世纪50年代末和60年代先后出现了高张紧带锯、双联和多联带锯机、削片制材联合机。70年代以后微机控制的制材设备逐步发展,使制材生产技术有了新的提高。

原木拖进链是利用两根以上平行的循环式链条横向载运原木的场内运输机械,主要用于贮木场出河和喂料,也可用于选材、装车、装排、木材过坝和短途转运等作业。原木横向输送机由驱动站、牵引链条、被动站、机架等组成。驱动站发出的扭矩通过链传动驱动链轮进而驱动牵引链条。由于各驱动轮的轮齿相位相同,所以各牵引链条上的托木钩可保持同步运行。如果在喂料点将原木装到托木钩上,托木钩沿着导槽将原木运往另一地点卸下,通常在输送机的端头处卸木。横向输送机的牵引链条一般是板链。根据用途不同,输送机可由单节、双节和多节组成。横向输送机的基本参数有钩距、链条数、链速、输送机的长度、坡度和驱动功率等。其生产率不但与原木载荷、链速有关,还取决于钩距大小。

20.2　家具加工机械

20.2.1　概述

家具加工机械(以下简称家具机械)是木工机械中种类最多的产品,但现行的木工机械分类对家具机械没有明确的定义。通常我们认定的家具机械包括:锯类的细木工带锯机,板材下料锯床,带移动工作台的木工锯板机,木工线锯机;刨类的木工单、双面平压刨床,四面刨床,精刨床;铣床类的接口铣床,单、双轴立式铣床,单、双轴卧式铣床,木工镂铣机,仿形铣床,圆棒成形铣,多面铣床;钻床类的立式单、多轴钻床,卧式钻床,多轴多排钻床,专用钻床;开榫类的榫槽机;车床类的木工车床,仿形车床,圆棒成形车;磨光机类的盘辊式磨光机,带式磨光机,抛光机;木工联合机类的多用木工机床,联合作业机;接合组装涂布机械类的胶拼机,封边机,夹紧接合机,压机,装配机,钉钉机,涂漆机,淋漆机,泥子机,打包机;木工辅机类的磨刀机,修锯机,起重运输机,除尘器,手提工具,五金件位置加工机,指接机。

20.2.2　定义

家具机械是木工机械中种类最多的产品,但现行的木工机械分类对家具机械没有明确的定义。

20.2.3　类型及应用场所

家具木工机械是为家具生产工艺服务的,要生产出造型优美、质量稳定、价格便宜的各类家具,就必须具备必要的生产手段。家具木工机械的应用可使家具生产过程实现机械化和自动化,从而达到最大限度地提高劳动生产率、减轻劳动强度、降低原材料消耗、保证加工质量和降低成本的目的。

家具木工机械是指木家具制造中所应用的各种木材加工机床。最常用的普通木工机床有带锯机、圆锯机、平刨床、压刨床、开榫机、铣床、钻床、榫槽机、车床等,加工的原料大多是天然木材,主要用于框式家具的制造。由于木材的用途不断扩大,用量急剧增加,森林资源日趋减少,供需矛盾日益突出,因此,近年来人造板工业获得了迅速发展,为家具生产提供了各种大幅面的胶合板、细木工板、刨花板、纤维板、蜂窝板等质优、价廉、规格齐全的新型基材。家具制品的结构也由过去单一的框式结构逐步向板式结构发展。因此,与之相适应的板式家具生产设备也得到了相应发展。国内先后从意大利、德国、日本等国引进了数百条板式家具生产线,在家具生产中发挥了一定的作用。近年来,我国在引进、吸收、改造和创新的基础上,结合生产实际先后研制生产了部分和全套板式家具生产设备,其性能接近或达到了国际先进水平,基本上满足了国内厂家生产的需要。

在木家具生产中,将原料通过各种机械设备加工成零部件是木制品生产的主要过程。在这个过程中,不仅要考虑产量,提高劳动生产率,更重要的是要重视加工质量,这样才能保证产品的质量,提高产品的可靠性,减少返修工作,从而获得优质、高产、低耗和高效率的效果。

家具木工机械应满足木制品零部件加工精度的要求,我国木制品正在逐步向零部件规格化、产品标准化、生产专业化方向发展。由于要求零部件具有互换性,因此,家具木工机械必须能够保证零部件的加工精度。随着科学技术的不断发展,近几十年来,家具木工机械的制造和加工精度也有了很大提高。例如,锯片往复式木工锯板机、移动工作台式木工锯板机,不仅机床本身的加工制造精度很高,而且由于采用了主、副锯片组合,不但锯切表面光滑,而且 1 m 长度上的直线度误差可控制在 0.1 mm 范围内;压刨床采用数显装置后,加工精度可提高到 0.1 mm;数控镂铣机的加工精度也已达到 0.05 mm。加工精度的提高,可进一步保证产品的质量,从而提高了产品的可靠性。

家具木工机械应具有较高的生产率,并尽可能实现机械化和自动化,以减轻工人的劳动强度。我国目前木家具生产的平均机械化程度在 40%～50%。在工业发达国家中,家具木工机械已基本上达到现代化水平,如以手持电动设备代替了各种零碎的手工操作,其中有手提圆锯机、平刨床、打磨机、砂光机等。对于以各种人造板制作的板式家具,其基材的表面装饰及零部件的加工、封边、钻孔等基本上实现了流水线生产。部分板式家具设备已实现了微机控制,如德国霍尔兹玛(HOLZMA)公司生产的锯板机,只需将待锯割的刨花板、碎料板、中密度纤维板等板垛送至升降台上,即可实现自动送进、纵、横锯切,自动出料,堆垛等

作业,不但生产率高,而且锯割板件的尺寸精度高,如对角线 1 m 长度上的直线度误差可控制在 0.1 mm 范围内。用于家具制造的计算机加工中心具有经济及高效的特点,由于它是在 1 台机床中合理地采用了现代化技术装备的结构,具有较高级的运动动力,并可达到精确而安全的加工。加工中心通常装备的刀具包括铣刀、钻头、胶合封边装置及精修装置等。刀具配有自动换刀装置,备用刀具存放在刀库中,换刀只需极短时间。工件一次装夹后可以完成诸如铣削、砂光、开榫、型面铣削及钻孔等工序,特别适用于小批量、多品种的家具生产,效率比一般机床高 3～4 倍。机床具有很高的加工精度及重复精度,而且没有人为的误差。

在木家具生产中,家具木工机械应尽可能满足提高木材利用率、降低原材料消耗的要求。这一方面可从提高加工精度、减少坯件的加工余量、保证产品质量入手;另一方面,利用改变原有的加工工艺,也可达到降低原材料消耗的目的。例如,美国对软材采用以砂代刨的工艺,即用砂光设备代替平刨、压刨和部分铣削,不仅可以提高加工质量,而且可以使坯件的尺寸减小 5%～10%。各种新型技术和切削刀具的应用,同样可以达到上述目的。

1. 分类及型号编制

家具木工机械的分类及型号编制,按 2011 年 3 月 1 日起实施的《木工机床　型号编制方法》(GB/T 12448—2010)执行。该标准规定木工机床分成 13 类,用汉语拼音字母表示。每一类又分成 9 个组,每个组又划分为 10 个系列,均用阿拉伯数字表示。主参数用规定的折算系数来计算。下面将按 GB/T 12448—2010 来介绍家具木工机械的分类和编号。

2. 木工机床的分类

木工机床的分类方法很多,最常用的有下列几种:

1) 按木工机床所使用的刀具、加工方法及工艺用途来分类

所使用的刀具、加工方法以及工艺用途,基本上决定了木工机床所能加工出的工件,特别是其加工表面的形状,也决定了木工机床的

运动和结构。这是最常用的基本分类方法。在制材、木制品生产中,切削类型的木工机床占了绝大部分,通称木材切削机床,简称木工机床。我国将木工机床分为 13 类:木工锯机(MJ),木工刨床(MB),木工铣床(MX),木工钻床(MZ),木工榫槽机(MS),木工车床(MC),木工磨光机(MM),木工联合机(ML),木工接合和组装机(MH),木工辅机(MF),木工手提式机械(MT),木工多工序机床(MD),其他木工机床(MQ)。

2) 按木工机床的用途广狭程度(通用程度)来分类

这种分类方法主要是从木工机床加工工件的生产批量大小来考虑的。工件批量小,则加工工件的类别就较多,对木工机床通用程度的要求就较高;反之,工件批量大,则加工工件的类别较少,对木工机床通用程度的要求可以降低些,但对其生产率和自动化程度要求就高。按这种方法,木工机床可分为三类:

(1) 通用木工机床

用于单件和小批量生产,通用程度高,用于加工各种工件性质相近的各工序,如木工锯机、铣床、钻床等。

(2) 专门化木工机床

用于成批生产,用于完成外形轮廓相似、但尺寸不同的工件的同类工序,如压机、旋切机等。

(3) 专用木工机床

用于大批量生产,专门用于完成某一工件的一个或数个固定不变的工序,如燕尾形箱结榫开榫机、圆棒机、木工组合机床、封边机等。

除了上述的分类方法外,还可以按照其他特点来分类,如按木工机床的加工精度、质量或控制方式等。随着家具木工机械的发展,木工机床的分类方法也在不断地发展着。

20.3　木质地板加工机械

20.3.1　概述

木质地板加工机械是专门用于制作木质地板的机械设备,只需要人工操控即可,效率高,产量大,是制作木地板的加速器。现在这类机械有多种款式,属于高科技设备。

20.3.2　定义

木地板分为实木地板、实木复合地板、强化木地板等,地板种类不同其所用加工设备也不同。

通过对引进设备与技术的消化、吸收,我国已形成国产木地板设备生产体系,其技术接近国外先进水平,设备的种类和产量基本上能满足木地板生产的需要。例如,苏州苏福马机械有限公司、苏州新协力企业发展有限公司、苏州维茨-益维高设备有限公司的浸渍干燥设备,上海人造板机器厂有限公司的压贴设备,苏州苏福马机械有限公司的地板加工设备、顺德富豪木工机械有限公司的强化木地板生产主机设备和沈阳万发木工机械厂的地板生产主机设备,已渐成木地板生产的首选国产设备。其加工精度达到国家标准的要求,某些产品接近国际标准。

20.3.3　类型及应用场所

1.实木地板加工

实木地板主要分为榫接地板、平接地板和镶嵌地板 3 种。全国现有实木地板生产企业约 5000 家,以私营企业居多,有规模的生产企业有 800 余家,2008 年产量约 4200 万 m²。地板加工设备是根据地板的产能规模和质量要求选用的。小批量生产,产品质量要求一般,多采用国产通用设备加工;中等批量生产,质量要求较高,多采用国产通用设备和国外先进的地板加工主机组成半机械化生产线;大批量生产,质量要求高,多采用国产地板自动生产线和国外先进的地板生产自动线,特别是接受国外订单的企业,为保证出口地板的质量,通常购买国外先进地板设备进行生产。生产实木地板的设备主要有多片圆锯机、平刨床、四面刨、双端开榫机、砂光机,对于镶嵌地板还有镶嵌机,镶嵌拼接后再对其进行涂饰。其中最主要的是四面刨和双端开榫机,地板的尺寸公差和铺装质量取决于这两道工序的加工质量,所以对设备和刀具精度要求较高。

2. 实木复合地板加工

实木复合地板在我国是从 20 世纪 90 年代初开始发展起来的,生产企业 300 多家,2008 年产量为 7903 万 m^2。其中三层实木复合地板生产企业约 20 家,年产量为 3000 万～4000 万 m^2,以出口为主。生产设备大多从芬兰、德国、意大利等国家引进,生产自动化、连续化程度高,主要有面板加工设备、芯条加工设备、底板加工设备、压贴设备、裁板开榫设备和涂饰设备。面板加工设备主要有四面刨光、双端定长、分片、面板拼接设备;芯条加工设备主要有双端定长、分片、芯板条穿线连接设备;底板多为旋切单板,采取外购或自行加工;压贴设备主要是热压机,介质主要加热方式为使用热油、蒸汽或高频加热等;裁板开榫设备和涂饰设备同实木地板。

多层实木复合生产厂家较多,有两种情况:一种是多层实木复合地板的大型生产企业多是原有生产胶合板基础的企业,从原木旋切开始到产品的最后涂饰加工设备齐全,工厂规模大,设备投资高;另一种是专业化分工的小企业,基材、表面装饰单板均外委加工,仅有压贴、裁板、开榫、涂饰等工序,有的小型企业甚至没有压贴设备,仅外购大板回来开榫加工。

3. 强化木地板加工

强化木地板自 1995 年进入中国,以每年约 30% 的速度增长,现有生产企业 600 余家,其中年产量超过 200 万 m^2 的生产企业约 20 家,2008 年全国强化木地板总产量为 1.16 亿 m^2,出现了一批与国外著名企业实力相当的民族企业,造就了一批国内外知名的著名品牌,建立和完善了一套具有中国特色的产品质量标准。我国已形成了从植树造林、基材加工到强化木地板生产、销售的完整产业体系,强化木地板产业在原料、设备、研发等方面都已经与国际水平接轨。

一条完整的强化木地板生产线由浸渍纸制造设备、压贴设备、地板条加工设备三部分组成。贴面工序是强化木地板生产中的一道重要工序,贴面压机要求加工精度高、工艺参数能够严格控制,热压时间、温度、压力能够满足生产工艺要求。榫槽加工是强化木地板生产的又一道重要工序,榫槽加工精度决定地板安装及使用效果,如高低差、拼装离缝和结合强度。国产的浸渍纸制造和压贴设备完全能够满足强化木地板生产的工艺需要,部分有出口订单的企业为保证地板榫槽的加工精度使用进口的双端开榫机。

20.4　国内外发展现状及趋势

20.4.1　现状

多轴排钻床最早于 1934 年由意大利 Biesse 公司投入市场,当时采用的孔距为 32 mm,至今仍然沿用这一孔距作为国际板式家具的标准孔距。1958 年美国展出了数控铣床,10 年后英国、日本相继生产出数控镂铣机;1960 年美国首先制成了削片制材联合机。之后,随着电子工业和数显数控技术的发展,木工机械也不断地应用了这些新技术;1966 年瑞典著名的柯肯(Kockums)公司建立了电子计算机控制的自动化制材厂;1971 年日本的丸仲公司发明了精光刨床并迅速打进国际市场;1975 年日本的竹川公司发明了圆盘刨床;1979 年德国(Iach)公司制成了聚晶金刚石刀具,其寿命是硬质合金刀具的 125 倍,可应用于极硬的三聚氰胺贴面刨花板、纤维板及胶合板等的加工;1982 年英国的威德金(Wad-kin)公司发展了 CNC 镂铣机和 CNC 加工中心;1982 年意大利的 SCM 公司开发了木工机床柔性制造系统,在 8 h 以内可以变换 25 项工作,停机时间不超过 5%,加工窗框每件只要 2～5 min。在框锯机研究中,波兰的 Roman 一直进行框锯机的运动和受力分析,而 Kazimiera 对框锯条齿和扭转刚度进行了静态性能分析。

圆锯加工是木材加工的主要形式,日本的 Yokochi 对圆锯的辊压研究提出了一些新见解,俄罗斯的 Y. M. Stakhiev 研究了圆锯共振问题,Vliadimir 研究了圆锯平衡槽的可靠性问题,德国的 jaroslav 对圆锯的涂层问题进行了优化,并对优化结果进行了实验测试验证。日本的 Nobunk 分析了带孔圆锯的性能、带孔消声器的优点和最佳阻尼材料的选取。俄罗斯学者 Sergey 研究了圆锯空气静压导向机构,并进行了运动分析。德国学者研究了圆锯机的最小切削厚度和刀具各参数的优选。法国学者则研究圆锯在切削过程中切削力的计算方法。在减少圆锯空转噪声的方式上,克罗地亚的 Vlado 提出了声控谱频分析反馈控制的方法。

在木工数控镂铣设备研究方面,日本庄田公司最早将计算机数字控制(computer numerical control,CNC)技术应用于木工机械产品中,1968 年研制出世界上第一台木工用数控镂铣机。随着 CNC 技术的不断发展和广泛应用,德国、意大利、日本、美国等国以及中国台湾的木工机械制造商相继推出了技术先进、功能齐全的数控镂铣设备,并形成了系列化、标准化、规模化的发展趋势。德国 IMA 公司的 BIMA210/310/410/610/810 系列数控加工中心,机床采用工作台固定、横梁移动的悬臂式框架结构,具有三轴三联动功能,单坐标轴最大定位速度达 80 m/min,最大加工速度达 48 m/min,变频主轴最高转速达 24 000 r/min。镂铣主轴可以实现刀具的自动交换,并具有加工单元,实现了镂铣、钻削、锯切、封边、修边等加工工艺一次装卡即可完成。意大利 Biesse 公司的 Rover336/322/23/20/15 系列数控加工中心,单坐标轴最大定位速度达 75 m/min,镂铣主轴配有加工单元,机床设计更紧凑,采用工作台固定、横梁移动的悬臂式框架结构。日本庄田公司的 NC516 系列数控镂铣机是典型产品,共有 4 种机型:NC516/1016、NC516/1321、NC516/1326、NC516/1332,机床结构为横梁固定,工作台移动,具有 4 个镂铣主轴,可实现三轴三联动功能,单坐标定位速度最大达 24 m/min,最高转速达 18 000 r/min。德国、意大利和美国是木工机械产品主要生产国,在国际市场供给中占主导地位。德国作为木机产品最大的生产和出口国,产品主要出口到美国、法国、奥地利、英国、瑞士、意大利、日本、俄罗斯和中国等国家。德国木材加工机械约占世界市场 30% 的份额,2002 年销售额达 27 亿欧元。

在意大利尽管林业资源有限,但木材加工能力和设备很强,在桌椅制造、板材加工、表面钻孔和装饰加工机械方面处于世界领先水平。2001 年意大利木工机械产值达 18.33 亿欧元,欧盟地区是其主要的出口市场。目前意大利木工机械在提高产品质量、按照客户需求提供技术方案、提供咨询和辅导培训、提供售后服务和帮助、扩大销售网络、提高性价比等方面具有很强的竞争力。

从 20 世纪 20 年代到 80 年代初,美国木工机械制造行业的产值一直居世界第一位,但因原材料不足、政府法规约束、市场竞争激烈及技术纯熟工人不足等,美国木工机械行业发展受到了限制。美国虽然不是木工机械的生产大国,但是由于美国大量进口档次较高的木工机械用于木制品生产,所以美国木工机械市场是世界上最大的木工机械展示和销售的平台。

20.4.2　发展趋势

随着科学技术的进步、新材料的开发、木材加工工艺的深化,世界木材加工装备及技术取得了巨大的进步。木材加工机械在品种规格、数量、动态和静态性能、精度、机械化、自动化、安全性及新技术应用等方面都有了飞速的发展,木工机械趋向于采用数控技术,向高速、高效、多功能方向发展。木材加工装备要求提高加工精度,切削效果好,且动态稳定性高,易于安装调试,木工机械在现代化、自动化、机电仪一体化和连续化生产方面进入了一个新阶段。世界木工机械在生产和贸易方面均属于有活力、有成效的工业领域。据统计,从木工机械产值、出口贸易额、产品的技术水平及国际专利数量来看,德国、意大利、美国、日本等国居世界领先地位。为加强竞争能力,上述各国在组织上成立了各种联合公司,有些还组成跨国公司。各国的行业协会,在集团公司之间协调产品品种,配备有规划、设计、生产制造、销售和售后服务、技术开发、技术培训等多种部门，以加强短、中、长期的技术研究和开发工作。在产品开发方面通常采取多品种、多规格、多层次的发展方针。

发达国家的木工机械的发展具有如下趋势。

1. 采用现代化手段促进产品更新

采用现代化手段加速产品更新换代，发展计算机辅助设计、计算机辅助制造、计算机辅助测试，以提高设计水平，缩短设计制造周期，提高制造水平并降低制造成本，最终加速木工机械产品的更新换代。

2. 利用新技术、新结构、新材料、新工艺

采用新技术、新结构、新材料、新工艺，进一步完善木工机床，并全面提高产品质量，以保证在国际市场上的竞争能力。发达国家在提高木工机床动态性能和静态性能，提高制造精度、工作精度和可靠性的同时，对机床的外观质量、安全性、操作舒适性、结构布局合理性及色调协调性等方面都给予充分重视。国际普遍公认德国、美国、英国木工机械的精度保持性最长，意大利次之，再次是日本，但产品价格则成相反的排列顺序。例如，带锯机跑车原木进尺（摇尺）装置的进尺精度，日本的国家标准规定为 $\pm0.3\,\mathrm{mm}$，实际能达到 $\pm0.1\,\mathrm{mm}$，采用微机和液压技术最高能达到 $\pm0.025\,\mathrm{mm}$，而中国国家相关标准规定为 $\pm0.8\,\mathrm{mm}$，实际多数达到 $\pm0.5\,\mathrm{mm}$，最高也只能达到 $\pm0.3\,\mathrm{mm}$。意大利的数控精密裁板锯具有加工高精密性和精密长期保持性。为保证推板进给机构的精确进给，除使推板装置导轨和齿条运动不超过 $\pm0.2\,\mathrm{mm}$ 允差外，还采取 20 种精度保证措施。镂铣机主轴转速高达 $1.8\,\mathrm{万} \sim 2\,\mathrm{万}\,\mathrm{r/min}$，加工精度达 $0.05\,\mathrm{mm}$，运动定位精度达 $0.01 \sim 0.001\,\mathrm{mm}$。定厚宽带砂光机砂削刨花板厚度允差可达 $\pm0.1\,\mathrm{mm}$。日本计算机数控四面成形机由于采用数控技术，主轴调整尺寸定位精度可小于 $\pm0.05\,\mathrm{mm}$。为了提高木工机床加工精度，德国已采用液压刀具定中心装置，使铣刀轴径向摆动误差由 $0.05\,\mathrm{mm}$ 降到 $0.012\,\mathrm{mm}$。

3. 应用计算机数控技术

计算机数控技术在木工机床上的应用将日益广泛，机电液一体化的木工机械比重越来越大，计算机控制的二坐标、三坐标单轴镂铣机、多主轴镂铣机在日本（平安、庄田株式会社）已形成系列产品，运动定位精度可达 $0.01 \sim 0.001\,\mathrm{mm}$。德国、意大利也有不同型号的数控加工产品。意大利（马比德里公司）生产的计算机数控木材加工中心，可用不同语言、不同方式输入程序，以尽可能快且有效地完成工作；其微处理器和数控可编程逻辑控制器能保证很高的运作速度，在程序运行中，可随时修改程序并监督全过程运行情况；控制装置可对三个坐标同时进行直线、圆形和螺旋形运动控制。数控钻床、榫槽机、开榫机、封边机、砂光机、木材干燥设备等在很多国家均已开发成功。专用机器人、机械手已开始在油漆喷涂、工件装卸和搬运等作业中获得应用。德国、意大利、日本应用计算机数控的成形四面刨床，具有大致相同功能的调整和切削模式控制系统，精度可达 $0.1 \sim 0.01\,\mathrm{mm}$，取消了复杂的人工调整、试件加工、重调等一系列操作，提高了生产率和木材利用率，尤其适用于小批量多品种产品的生产。

4. 发展柔性加工系统

在继续发展适应大批量、少品种木材加工生产的单机或几台设备组成的联动线、自动线上，加强电子计算机控制、管理和监测的同时，还重视发展适用于小批量、多品种木材加工生产的电脑控制单机或数控木材加工中心（机组）。后者也称为柔性加工系统，特点是有很好的加工灵活性，可重新组装和快速自动调整。在自动加工中心的基础上，进一步小型化、廉价化，又可发展一种称为柔性加工单元的数控加工设备，它可单独使用，也可用于组成柔性加工系统。

5. 产品系列化、组合化、规格化

为满足用户的一般使用要求和特殊要求，部分设备设计成由通用基础部分和任选部分组成，使产品系列化、组合化、规格化，以缩短设计制造周期，尽快将新产品推向市场。例

如,德国威力公司的成形四面刨床,它分为普通型、经济型、万能型和液压型 4 种,前两种适于中小型木工企业的小批量生产,后两种适于大中型木工企业使用。机床可由 11 种模块组成不同轴数和排列的结构,机床宽度有 6 种以上规格。这样可组成上百种不同结构的成形四面刨床,以满足不同木材工件规格、不同产品精度要求和不同型面、不同表面粗糙度要求,以及不同规格、不同控制方式和不同加工规模的木材加工要求,而成为适应性极强的加工设备。又如德国荷马公司生产的 KFO 型万能加工和封边机,有两种机型床身,在床身上有基本加工装置安装区和两个任选加工装置安装区,可根据不同加工要求和工序、不同加工顺序,从 5 个基本型和 13 个任选型的标准加工装置中排列组合成任意需用的加工系统,以充分满足各种板材边缘尺寸加工、装饰加工和封边的要求。再加上机床设计合理、制造精良、工作可靠、性能稳定,以及计算机数控系统进行全自动调整、加工监测彩色屏幕显示和监视工作全过程,使该类机床在同类产品中具有明显的优势。

6. 重视研制和开发小材小料、小径木和速生材加工利用设备及劣材优化加工设备

目前芬兰研制成功小型圆锯、小径木制材生产线,设备结构简单,效率高,加工精度高,投资小,见效快。还研制成功微型框锯机,每分钟行程达 400 次,锯割表面质量和加工精度良好。日本研制成功的小径木旋切机,其工作速度和木材利用率都较普通旋切机高。此外,短材接长(指接)设备、劣材优化加工设备和地板加工成套设备等都有较大发展。

7. 加强木工刀具材料、制造工艺、结构设计和品种、规格、系列的研究和开发

随着科学技术的进步和对木材切削理论及刀具的深入研究,新材料、新刀具不断出现,制造精度和标准有越来越高的趋势。近几年,鉴于刨花板、中密度纤维板、硬质纤维板及木质复合板材料的加工特性,原有刀具在硬度、韧性、耐磨性等方面已不能满足要求,相继研制成功超耐热硬质合金刀具、陶瓷刀具、立方氮化硼刀具及烧结金刚石刀具等。对仿型铣削加工中密度纤维板来说,在硬质合金基体上覆盖 0.5 mm 或 0.7 mm 厚的金刚砂,则仿型铣刀的价格是硬质合金铣刀的 24 倍,但工作寿命是 50 倍。此外,激光加工木材已进入工业应用阶段,日本激光加工机已批量生产,一般用在湿度小于 100%、厚度 50 mm 之内的木材加工,因为是无接触切削加工,所以不产生噪声、粉尘和振动,可加工在普通机床上难以加工的复杂形状,该技术在今后将有广阔的发展前景。

20.5　发展历程及典型产品

我国木工技术装备的发展有着悠久的历史,木工技术装备水平虽然不高,但是并没有制约相关产业的发展。我国的家具产量世界领先,人造板产量世界第一。欲将我国由木材工业生产的大国变成强国,就必须提高木工技术装备的水平和竞争力,使其拥有国际领先的木工技术装备制造业。

20.5.1　发展历程

1. 普通木工机械装备的发展历程

我国最早应用木材加工机械是在 1865 年李鸿章于上海创立的江南制造总局,当时从国外引进了木工锯机,加工造船用的木板。1904 年英国商人在上海开办了美艺木厂,装备大小框锯 3 台,大小刨机各 1 台,用蒸汽引擎驱动,专门生产家具。1905 年日本经济侵华团之一的大仓组在辽宁省丹东市大河子设置第一个军用制材厂。直到新中国成立前的 40 多年里,帝国主义列强先后又在我国建立了上海怡和制材厂、哈尔滨中东铁路制材厂、抚顺制材公司等众多利用木工机械生产加工的企业。虽然也有诸如上海久记木厂等华人创办的木材加工企业,但规模都较小,因此,新中国成立前几乎没有自己的木工机械制造业,大部分机床依靠进口。东北大部分的木工机械设备是从日本进口,南方则是从德国、英国进口。新中

国成立前,本土木工机械制造企业有建于 1927 年的华隆机器厂(上海木工机械厂前身),从事简单的木工机械修造;日本占领东北时期(1931—1945 年),有安东县宫崎铁工所制造 60 in 跑车带锯机,安东县船田铁工所制造 48 in 跑车带锯机,安东县志诚铁工所制造的 48 in 跑车带锯机,其结构为手动卡木和摇尺。建于 1940 年的沈阳兴鞍铁工厂(沈阳带锯机床厂前身),生产带锯机、圆锯机、带锯辅机;1946 年 7 月建立的胜利铁工厂(牡丹江木工机械厂前身)等,从事简单的木工机械修造。新中国成立后,木材加工机械水平和木工机床制造业得到了飞速发展,从仿制测绘发展到独立设计制造木工机床。我国木工机床目前已经有 40 多个系列,100 多个品种,已经形成了一个包括设计、制造和科研开发的产业体系。

1949 年 7 月,东北地方政府对一些小型铁工厂、修配厂进行合并建立了"松江省国营牡丹江机械厂",1952 年末更名为"松江省国营牡丹江木工机械厂",专门生产木工机械产品。当时有职工 442 人,全部固定资产原值为 148.7 万元,企业占地面积 53 100 m²,拥有各种机械设备 60 台。全厂设翻砂、铆工、烘炉、机械加工 4 个生产车间。主要产品有木工单面刨、木工二面刨、木工圆锯、木工带锯、木工车床、台钻、立钻等产品,同时也生产减速机、离心泵、剪切机、螺丝床、退火炉、军工炮具等产品。

20 世纪 50 年代,木材加工工业有了一定的发展,对木工机械产品的需求不断加大。为满足国民经济建设的需要,建立了一批以生产木工机械产品为主的企业,如 1956 年初兴鞍铁工厂与其地铁工厂合并,成立合营沈阳市木工机械厂,1969 年更名为沈阳市带锯机床厂、青岛木工机械厂(1957 年)、邵武木工机床厂(1959 年)、沈阳市木工机床厂(1958 年)等。1958 年,林业部分别在上海人造板机器厂和山东机器厂投资,开始生产人造板机械产品。生产木工刀具的企业也随着木材加工企业的需要而相继诞生,如山西省太行锯条厂(1956 年)、哈尔滨第一工具厂(1958 年)、林业部天津林业工具厂(1959 年)。1958 年,经国务院科

学规划委员会批准,林业部成立了中国林业科学研究院制材工业研究所、林业部林业机械化研究所、林业部林产工业设计院。同时,为了适应木工机械行业发展的需要,于 1959 年在当时的东北林学院林业机械系建立了木工机械设计与制造专业,培养木工机械技术人才。20 世纪 50 年代,中国生产的木工机械产品基本上是仿造苏联和日本的产品,相当一部分技术资料源于苏联。60 年代,林业部、轻工部、一机部分别在各地陆续新建或改组了一些企业,专门或主要生产木工机械产品,如东台市木工机械厂(1960 年)、哈尔滨第二工具厂(1962 年)、梧州市木工机械厂(1964 年)、沈阳木工机械制造厂(1965 年)、成都市木工机床厂(1965 年)、西北人造板机器厂(1966 年)、都江木工机床厂(1966 年)、安徽黄山轻工机械厂(1966 年)等。1964 年国家抽调了一批技术人员对现有的产品进行了改型设计,在以后 20 年生产的木工机械产品中,绝大部分产品是自行设计的。到 60 年代中期,我国已有几十家大、中、小型企业生产木工机械产品(国家定点企业 23 家)。与此同时,有些省的林业研究所也先后增设了相关的研究室,一些重点林业院校进一步充实了相关专业的教学和科研力量。初步形成的木工机械行业因十年动乱而遭受极大破坏,科研、教学、生产一度也被迫处于停顿状态。然而,即使在这种极端困难的条件下,各地又陆续新建或改建了一些木工机械厂,有些企业也陆续上马了一些木工机械产品,如哈尔滨木工机械厂(1968 年)、林业部信阳木工机械厂(1970 年)、昆明人造板机器厂(1970 年)、庐山木工机械厂(1970 年)、柳州林业机械厂(1970 年)、镇江林业机械厂(前身成立于 1951 年。1962 年定名镇江林业机械厂,1964 年迁新址,1976 年扩建)、安源机械厂(1971 年)、南通市木工机械厂(1972 年)、东沟木工机床厂(1972 年)、罗源木工机床厂(1958 年)、湖南省林业机械厂(1972 年)、泊头木工机械厂(1973 年)等。

党的十一届二中全会以后,中国林业科学研究院于 1978 年 5 月恢复,木材工业研究所由江西迁回北京,全国各地的有关研究单位也相

继恢复。1977年在原福州机床所木工机床研究室的基础上扩建福州木工机床研究所,1978年在原上海轻工业研究所木材工艺研究室的基础上扩建上海木材工业研究所,林业部北京林业机械研究所也于1980年恢复。从此,中国木工机械制造行业进入了一个新的发展阶段。

20世纪70年代末至80年代末是我国木工机械制造行业的黄金时代,有相当一部分新建的企业或老企业开始生产木工机械产品,如哈尔滨林业机械厂(1980年)、平度人造板机械厂(1978年)、四川东华机械厂(1979年)、大连红旗机械厂(1956年)、威海市鲁东机械厂(1979年)、江西第二机床厂(199年)、海宁木工机械厂(1979年)、牡丹江第二轻工机械厂(1980年)、绥化机床厂(1980年)、苏州林业机械厂(1979年)、齐齐哈尔林业机械厂(1980年)、牟平轻工机械厂(1984年)、通化林业机械厂(1988年)等。尤其是开放搞活政策的不断深入,有力地推动了木工机械制造行业的发展,有相当一部分乡镇企业生产简易式的木工机械产品,其中有许多乡镇企业以生产台式多用木工机床为主,有两家乡镇企业的年产值高达几亿元。与此同时,国家为了加强木工机械行业标准化与质量管理工作,先后成立了全国人造板机械标准化技术委员会和全国木工机床与刀具标准化技术委员会。林业部、机电部、轻工业部也先后在哈尔滨、福州、长春建立了相应的质量监督检验测试机构。国家木工机械质量监督检验中心经过几年的筹建,于1989年1月通过国家法定资格认可,开始正式履行职责,对全国范围内的木工机械产品开展质量监督检验工作。为了加强行业内各企业、事业单位的联系,加强行业管理,先后成立了机械部木工机床科技情报网、全国林业机械科技情报网、全国人造板设备和木工机械技术情报中心、中国机床工具工业协会木工机床分会、中国林业机械协会人造板机械专业委员会和木材加工机械专业委员会。

在这一历史时期,国家有计划有重点地对木材加工业进行了技术改造和设备更新,从德国、意大利、日本等国引进了许多先进的生产线和单机。同时,还引进一部分主要设备的制造技术,初步为木材加工行业建立了各种类型生产厂的样板厂,在一定程度上改变了木材加工业技术装备落后的面貌,并为行业的发展奠定了基础。同时,为了促进国际交流和木工机械行业的发展,从1986年开始,每隔两年在北京举办一次大型国际木工机械展览会。

20世纪50年代至70年代是中国计划经济年代,在这一历史时期,建立了一大批像牡丹江木工机械厂、沈阳带锯机床厂、上海人造板机器厂这种类型的国营企业及青岛木工机械厂、牡丹江第一轻工机械厂等企业。80年代是我国从计划经济向市场经济转变的时期,一大批像威海工友集团、威海木工机械厂这种类型的乡镇企业得以发展壮大。90年代在市场经济的大潮中又诞生了一大批像马氏木工机械设备厂、富豪木工机械制造有限公司这种类型的民营企业。木工机械制造行业的发展主要经历了上述两个历史时期,逐渐形成了现在的国有、集体大中型企业、乡镇企业、民营企业共存的局面。

进入20世纪90年代,我国木工机械制造业进入了一个崭新的历史阶段。顺德市伦教镇在不到十年的时间就诞生、发展了四五十家生产木工机械产品的民营企业。全国各地陆续有近百家民营企业诞生,这些企业在市场竞争中以其特有的优势不断壮大,它们生产的木工机械产品在生产技术、产量和产品结构上都发生了令人瞩目的变化,为我国木工机械制造业的发展和振兴做出了巨大的贡献。

2. 中国数控木工机械的发展历程

数控系统是利用数字信号对执行机构的位移、速度、加速度和动作顺序实现自动控制的一种控制系统。自1952年数控系统问世以来,科学技术的不断发展使得不断完善的数控技术在木工机械产品中得到了更广泛的应用。

中国数控技术在木工机械领域的应用起步较晚。1979年,青岛木工机械厂在系统研究国外产品的基础上,研制出MX3512数控齿榫开榫机。该机采用可编程控制器(PLC)作为控制系统,除了人工上料和退料外,全部实现了自动控制,并可根据用户需要编制各种程序,加工各种理想的齿形组合;1980年,上海人造板机器厂董良工程师把数控技术应用在胶合板热压机组的装卸板机上,实现了装卸板的数字控制;1986年,东北林业大学王华滨教授等研究的"YY型小带锯摇尺进料装置"项目荣获林业部科技进步二等奖,信阳木工机械厂单益民、李新民工程师应用单片机(后来采用PLC)开发出数控摇尺带锯机;1991年,苏州林业机械厂陈玉敦高级工程师在双砂架砂光机控制系统中,使用了日本三菱公司的F1系列PLC和FR-A240系列变频器;1994年,威海木工机械厂与东北林业大学马岩教授合作开发了"数控小径木削片制方机",填补了我国制材设备的又一个空白;1995年,东北林业大学马岩教授等完成了"步进电机数控系统的声控、图像控制步进电机的理论和实验研究"项目,同年,我国第一台单头数控木工铣床在江苏省常州佳纳木工机械制造有限公司研制成功,并在北京、哈尔滨等地的展览会上展出;1997年,大荣自动机器(青岛)有限公司开始生产雕刻机;1998年,牡丹江木工机械厂与东北林业大学马岩教授合作,开发了4头数控镂铣机,使中国的数控木工机械与国际接轨;青岛砂光机厂王庭辉工程师率先把数控技术应用在琴键砂光机上;山东省莱州市精密木工机械有限公司王建军总工程师开始研究开发数控镂铣机,并于2000年生产出样机。国家林业局北京林业机械研究所南生春、张伟等工程师于1997—2000年在"948"项目引进经费的资助下分别研制成功MXK-I数控加工中心、MXK5026型四轴数控镂铣机和MXK经济型数控镂铣机,该系列产品可实现三轴三联动、八刀库自动换刀及脱机编程等先进功能,最大定位矢量速度大于73m/min,可广泛应用于人造板和实木的精深加工,提高了加工产品的美感和技术附加值。其中,MXK-I型数控加工中心在研制过程中引进了德国数控系统。该产品于1998年3月在"98'北京国际木工机械展览会"上展出,受到林业部领导和业内同行的好评,打破了国外

CNC机床垄断国内木材加工设备市场的局面,打出了"中国制造"的品牌。经过多年的生产使用,证明该机的整体技术先进、性能优良、操作简便。

以上充分说明数控木工机械在我国的快速发展。从2003年开始,我国就成为全球最大的机床消费国,也是世界上最大的数控机床进口国。到2006年,我国机械加工设备数控化率在15%~20%,但是,木工机械制造业的设备数控率仅在5%左右。

新中国成立后,经过60年的发展,特别是经过20世纪80—90年代的激烈市场竞争,我国木工机械制造业已逐渐向集团化、大型化、区域化方向发展。这是发达国家早已走过的道路,是经济和技术发展的必然结果。如以牡丹江木工机械厂为龙头的牡丹江地区,有30多家企业生产木工机械产品;以威海工友集团公司、威海木工机械厂、青岛木工机械厂等企业为核心的山东省,每年生产木工机械产品超过全行业产值的50%;以马氏木工机械设备厂、富豪木工机械制造有限公司为中坚力量的广东省顺德市伦教镇木工机械制造企业,成立了木工机械商会,使该地区的木工机械产品已经开始朝着有序的方向发展。

20.5.2 总体现状

近年来,随着家具、木地板等生产企业的发展,对木工机械需求量不断增加。用户在选择设备时,其立足点往往侧重于国产产品。这是因为国产木工机械总体技术水平接近国外先进水平。此外,国产木工机械执行的标准,与国际先进标准等同,木工机械制造企业严格按照与国际先进标准等同的国家标准和行业标准组织生产,从而保证了国产木工机械的先进性。

1. 我国木材加工装备技术的行业现状

我国现有木工机械制造企业600余家,其中有一定规模的企业200余家,产品69大类1100余种,年工业总产值为150亿元,执行标准与国际先进标准等同或等效,产品销往美国、俄罗斯、非洲及东南亚等国家和地区。目

前,国产木材加工机械总体技术水平接近国外先进技术水平,其削片机、重型宽带砂光机、精密裁板锯、直线封边机等诸多品牌产品,在国内市场享有盛誉,属国内用户首选设备。但与发达国家相比,我国木材加工机械在品种数量、产品功能、数控普及率、加工精度和环保指标等方面还有一定差距。

改革开放以来,我国木工机械制造业得到快速发展,通过消化吸收引进技术,逐步缩小了与国际先进水平的差距。在木工机械制造业重组之前,有一批公认的、大型技术领袖型的骨干企业。重组以后一些企业的技术力量大幅度削弱,像牡丹江木工机械厂百人的木工机械设计队伍已不复存在;但上海人造板机器厂有限公司、苏州苏福马机械有限公司、信阳木工机械股份有限公司雄风依旧,其技术开发团队仍然是绝大多数民营企业无法比拟的,多数产品仍处于行业的领导者地位。与此同时,一批民营企业依赖某一产品的研制成功,而成为行业内某一专业化产品的精英企业。20世纪末成立的苏州益维高科技发展有限公司是一家小型民营企业,定位于制造高档浸渍干燥设备,依靠自己的核心技术很快在国内市场占有一席之地,并引起了德国维茨公司的关注。维茨公司是国际公认的浸渍干燥设备制造商。双方出资组建了苏州维茨-益维高设备有限公司,采用德国维茨公司设计与制造技术,使产品质量上了一个台阶,其产品达到欧盟规定的进口设备的各项指标,在国际市场上和国外同行有了平等竞争的话语权;广东富豪木工机械制造有限公司的四面刨已经对德国威力公司构成了威胁;上海跃通木工机械设备有限公司的数控设备在国际市场上初露锋芒。

经过近60年时间的发展,我国的木工机械制造业从无到有,从小到大,从引进设计图样到测绘仿制,从测绘仿制到自行设计制造,逐渐形成了科研、生产、销售、信息和人才培养的完整体系。

我国已有2所林业高等院校培养木工机械设计与制造专业的技术人才,林业与木工机械学科的博士授权单位设在东北林业大学;11所高等院校设有相应的教研室、实验室或研究室,从事有关木工机械方面的教学科研工作;5个部级专业研究院所和10个厂级研究所从事木工机械的研究和设计工作。有《林业机械与木工设备》《林产工业》《木材加工机械》《木工机床》和《林业科技通讯》等期刊,刊发木工机械设计、研究、生产销售等方面的文章与信息。有来自中国林学会林业机械分会,中国林业机械协会木材加工机械、人造板机械、木工刀具专业委员会,中国机床工具工业协会木工机床分会,全国林业机械科技情报网,全国人造板设备和木工机械情报中心,机械部木工机床科技情报网等单位从事行业的学术、技术、经验、信息等方面的沟通和交流;有全国人造板机械标准化技术委员会和全国木工机床与刀具标准化技术委员会负责制定、修定木工机械标准;有国家木工机械质量监督检验中心及林业部、轻工业部、机械部木工机械质量监督检验站负责木工机械行业的质量监督检验测试和新产品鉴定工作;有近2000个中间商在流通领域从事木工机械产品的经营活动。

木工机械机电一体化技术随着时代的发展,已经从纯粹的机械产品向机电一体化过渡,数控木工机械的普及率日益提高,先进检测技术的应用使木工机械的控制和检测提高到一个新的水平。现在具有高性能、高产量、高速度、重切削、复合加工工作台的数控镂铣机屡见不鲜,具有自动换刀功能的国产数控系统已经开发成功。主轴转速超过 24 000 r/min 的数控镂铣机已经非常普遍,机床工作台移动的速度最快可以达到 80 m/min,四轴、六轴的国产镂铣机的基本功能已经和国际接轨,铣削、十字锯、立排钻、横排钻、五面钻头等主轴头已经普及。短短几年,我国木工机械市场已经和国外接轨。针对圆锯加工中的发热问题一直没有得到很好的解决,南京林业大学和挪威学者共同完成解决了圆锯热传导中的问题。东北林业大学的学者在圆锯降噪的研究上,利用状态方程,取得了一些新的进展。据统计,国内木材加工业所需的家具机械、人造板机械每年达 50 亿元。国外普遍使用的数控技术在国内木工机械行业中很少应用,多数还处在生产平刨、压刨、圆锯机等低档次传统产品的水平。板式家具的生产设备也很少,且性能指标、配套设备、机电液压系统等与国外先进水平存在着较大的差距。面对国外木工机械入市后抢占中国市场的危机,开发数控化、自动化、高档化产品已是大势所趋。从历届中国家具及木工机械展览会上展出的产品看,为开发高档家具产品,逐步摒弃传统的木工机械,使用较高档次的木工机械,一些木工机械生产企业纷纷推出高档木工机械产品,以占领其潜在的市场。

2. 我国普通木材加工装备技术的现状

木工机床种类很多,在这里只对锯机、刨床和铣床现状加以分析,并侧重分析国内外数控镂铣技术发展情况。

1) 木工锯机

主要锯机有带锯机、框锯机和圆锯机。20世纪90年代以后,多数国有大中型制材企业经营极为困难,到20世纪末,这些企业先后倒闭退出市场,制材锯机或变卖或闲置。而一些小的制材厂数量猛增,造成市场上锯材质量下降,原始的落后的锯机反而得到使用。90年代以后,我国制材业疲软,对制材的科研工作不够重视,特别是原木资源发生了变化,对小径级材(人工林)为原料的高效制材锯机的研究和利用远远落后于原木结构的变化。

在家具制造和装饰材料生产方面,一些专用锯机发展很快。国产的推台锯、地板专用锯质量水平都较高,虽然绝对技术水平不及国外同类产品,但性能价格比可与国外产品相竞争。

2) 木工刨床

木工刨床一般分为平刨、压刨、边刨、双面刨、三面刨、四面刨及精光刨等。目前,国产现行木工刨床有以下特点:

(1) 小型化、低水平的产品占据市场大部分份额。先进的、自动化水平高的刨床,在木材加工企业中装备较少。

(2) 进给方式多数以人工给料,很少采用自动化进给。

(3) 在控制方式上,多数采用常规电气控制,较少采用PLC、CNC及工业控制计算机。因此,不仅加工效率低,而且很难达到高精度的加工尺寸。

(4) 刀具材料多数采用碳钢,较少采用高速钢或硬质合金。

3) 木工铣床

木工铣床是万能性的通用设备,用于对零部件的曲线或直线轨迹进行铣削加工,也可用作锯切、开榫、仿形甚至镂铣加工。木工铣床进给方式有手工进给和机械进给,木工铣床主轴数目有单轴和多轴,木工铣床主轴位置有立式和卧式。立式木工铣床包括镂铣机、单轴木工铣床等。数控镂铣机或数控加工中心是数控技术在木工铣床上的具体应用。数控镂铣机和数控加工中心的主要区别在于是否具有自动换刀功能,具有自动换刀功能的称之为数控加工中心,否则为数控镂铣机。木工用数控镂铣技术是将计算机数控技术应用于木工机械产品中,结合木材加工高速铣削、正反铣削的特点,实现加工刀具在三维或多维空间中联动的直线或曲线插补运动,以达到加工程序要求的精确位置和高效率,从而保证加工部件的质量和实现对复杂形状的加工。数控镂铣机和数控加工中心是数控技术在木工机械上应用的典型产品,是当今木工机械产品的最高境界。

(1) 国内数控镂铣技术。1998年以前,我国木材加工行业一直使用进口的木工数控镂铣设备,因其价格昂贵,大多数厂家可望而不可即,在一定程度上阻碍了木材工业的发展。20世纪90年代末期,国内木工数控镂铣技术的应用研究有了长足的进展。"十五"末已有6家木工机械制造商和科研单位具有研制和生产数控镂铣机或数控加工中心的能力。生产数控加工中心的有常州佳纳机电有限公司和牡丹江木工机械股份有限公司等;生产数控镂铣机的有上海家具机械厂、牡丹江木工机械股份有限公司、昆明四联人造板机械有限公司、苏州苏福马机械有限公司和国家林业局北京林业机械研究所等。到"十一五"末,具有生产数控镂铣机或数控加工中心能力的企事业单位已接近100家。

（2）国家林业局北京林业机械研究所的数控镂铣产品。国家林业局北京林业机械研究所自 20 世纪 80 年代末开始，致力于木工数控镂铣技术的应用研究，先后研制了 MXK-Ⅰ型木工数控加工中心、MXK5026 型四轴数控镂铣机和 MXK-Ⅱ经济型数控镂铣机，有效地促进了中国木工机械数控技术的发展；1997 年试制成功 MXK-Ⅰ型木工数控加工中心。该机床采用工作台固定，横梁移动的框架结构，具有三轴三联动功能，最大定位矢量速度达 73 m/min，变频主轴最高转速达 20 000 r/min，可以实现刀具库 8 刀具的自动换刀及脱机编程的功能；1999 年与苏州林机厂合作试制成功 MXK5026 型四轴数控镂铣机，该机床采用固定斜横梁的悬臂式结构，具有 4 个镂铣主轴，三轴三联动功能，最大定位矢量速度达 46 m/min，变频主轴最高转速达 180 000 r/min；2000 年试制成功 MXK-Ⅱ经济型数控镂铣机，该机床主要是适应国内木工机械市场需求而开发的，造价较低，该机床采用悬臂移动式结构，具有 4 个镂铣主轴，三轴三联动功能，最大定位矢量速度达 42 m/min，变频主轴最高转速达 24 000 r/min。

3. 我国数控木材加工装备技术的现状

进入 21 世纪后，我国数控技术趋于成熟，经过 20 世纪 90 年代的发展，基本上掌握了关键技术，建立了数控开发和生产基地，培养出了一批数控人才，初步形成了自己的数控产业。从"八五"攻关开始，华中 1 号、中华 1 号、航天 1 号和蓝天 1 号 4 种基本系统建立了具有自主版权的数控技术平台。具有中国特色的经济型数控系统经过近些年的发展和完善，产品的性能和可靠性都有了很大的提高，逐渐被用户认可。2006 年，我国数控系统的市场销售量约为 11 万套，其中国产数控系统销售达 7 万多套。

"十一五"期间，木工机械制造业采用的数控系统主要为经济型，多采用单片机开发或 PLC 开发，主要使用广州数控设备有限公司、南京华兴数控技术有限公司、成都广泰数控设备有限公司、江苏仁和新技术产业有限公司和北京帝特马数控设备公司等的产品。在大型人造板机械上，也有采用德国西门子和日本三菱等公司产品。主要的 CNC 木工机械有以下几种：①数控镂铣机，基本功能是三轴联动，具有多个（1～6 个）高速主轴电机，每个主轴既可单独工作，又可以任意组合或同时工作，可实现多个工件同时加工，具有效率高的特点；②数控加工中心，根据功能可实现三轴联动、四轴联动或五轴联动，具有 1～2 套能够自动更换刀具的高速主轴电机和可装有众多刀具（含有加工单元）的刀库，每个主轴既可单独工作又可同时工作，可自动快速更换刀具；③机械手控制的缩放雕刻机，一般具有 2～16 个刀轴，能对平面或圆柱面进行比例缩放雕刻；④全自动操作的机器人雕刻机，能对固定不动的工件进行表面雕刻；⑤并联式数控加工中心，是一种全新的机床，对板材加工没有任何限制，可以实现直角同工位加工；⑥数控带锯机，基本功能是二轴联动，针对板材的曲线加工，提高了板材的利用率；⑦数控多排钻，实现了加工数据输入、钻排的自动定位，提高了工件精度和工作效率；⑧数控仿形磨刀机，能进行刀具或图纸的图像采集、矢量化处理、数据标定、NC 指令生成和刀具刃磨加工；⑨数控板材下料锯，具有压梁、先导锯和自动板材进料装置，所有的板材下料均通过按键存储、在线数据输入和板材下料最佳优化编程；⑩全自动喷漆系统，能对固定或移动的工件进行表面喷涂。

4. 我国木材加工装备技术的总体现状

1）具有相当规模

根据中国林业机械协会提供的数据，已经录入数据库的木工机械制造企业达到 1000 家，还有相当一部分企业尚未录入，因此，"十一五"期间木工机械制造企业要超过 1000 家。从行业一批有代表性企业的统计数据和进出口统计数据分析，木工机械制造企业总产值超过 100 亿元。

2）具有相当技术水平

我国木工机械产品基本上能够满足国内木材加工的需要，其性能价格比可以与国外产品相竞争，并有一定数量出口，主要销往东南亚、拉丁美洲、非洲、美国、俄罗斯和日本。

3）市场竞争日趋激烈

由于世界木工机械市场不景气,国际商家加大对中国市场的开拓力度,加之国内一大批民营企业不断加入木工机械制造业,因此,虽然我国木工机械市场容量不断扩大,但竞争日趋激烈。

4）国有和民营企业并存

通过改革、改制、调整,有实力的国有或国有控股木工机械制造企业仍然处于行业的龙头地位,如苏州苏福马机械有限公司、上海人造板机器厂有限公司等;同时一大批民营木工机械制造企业正在迅速崛起,如山东工友集团股份有限公司、新协力企业发展有限公司、顺德马氏木工机械设备厂、富豪木工机械制造有限公司等。

20.5.3　发展趋势

我国加入 WTO 后,国外先进的木材加工设备不断涌入,对国产木材加工装备而言挑战与机会并存。另外,为保护生态环境,国家出台了一系列生态保护政策和措施,致使全国木材的生产总量逐年下降,在今后相当长的一段时间内都将存在木材供给不足的问题。因此,研制开发技术含量高、提高木材综合利用率及木质替代品的加工设备,是缓解木材供需矛盾的必由之路和木材工业可持续发展的合理选择。我国木材加工装备技术的未来具有如下发展趋势。

1. 提高加工精度

目前普通机床的加工精度可达到 $1\sim5\,\mu m$,超精度数控加工机床的加工精度已经达到纳米级。由于木工机械加工对象自身的特点,决定了木工机械达不到金属切削机床的精度,但其加工精度正在逐年提高,如国外砂光机的定厚精度可以达 0.01 mm,步进电机与滚珠丝杠传动的带锯机跑车摇尺机构的进尺精度可达 0.025 mm,数控铣床的加工精度可达到 0.02 mm。

2. 研制开发技术含量高、自动化、智能化的新产品

木材加工行业的发展始终要以保护环境、

最小限度地索取自然资源,最大限度地减少对环境的污染为立足点。在人类每年消费的木材产品中,有 10% 乃至更多的是来自人造板。10 多年前,实木地板在中国市场还大行其道。时至今日,以高密度纤维板(HDF)为基材的强化木地板和以人工速生材为主要原料的复合木地板以较大比例取代了实木地板(达 50% 以上),这不仅是木材工业技术进步的结果,也是来自木材加工设备制造厂的贡献。

为保护生态环境,研制开发技术含量高、提高木材综合利用率及木质替代品的加工设备,促进新产品自动化、智能化,是木材加工装备技术研究和发展的重点和难点。

3. 发展柔性化、集成化加工制造系统

为了适应家具工业产品生命期短,市场流行趋势变化快,以及多品种、小批量生产的需要,国内木工机械制造业正逐步步入计算机数字控制和加工中心阶段,柔性加工单元、柔性制造系统、集成加工系统和智能集成加工系统还在研究阶段。但计算机数控化、柔性化、智能化和集成化已成为机械制造业与自动控制技术发展的总趋势,也是 21 世纪木工机械的发展趋势。

4. 改革机制,横向联合,专业生产,分工协作,以规模带动效益

随着社会主义市场经济的不断发展,民营、外资、合资企业兴起,并且成为行业经济发展的主体部分。传统的管理模式、传统的产品结构与布局都处于整合时期,机制的改革给行业的发展带来了生机与活力。在行业内进行联盟式的社会分工和协作的专门化生产,有利于发挥各自特长,集中资金和精力开发、研制、运用分门类的新产品、新技术,反过来又提高了整个行业的整体竞争实力。在市场经济的氛围中,高效率、高质量地生产木工机械产品,有利于营造良好的市场环境,避免恶性竞争,有利于服务个性化,适应生产需求的不确定性。

专业化经营是中国木工机械企业发展的必由之路。生产经营专业化是社会化大生产分工协作的客观要求,也是企业提高经济效

益、增强竞争力的根本途径。中小企业并不意味着弱小,完全可以做到"小而专、专而强"。广东顺德、山东青岛、威海、江苏苏州、昆山、浙江安吉等地区已经形成一定规模的产业集群,以打造区域品牌为目标,倡导专业化经营,调整产品结构,逐步扩大分工协作,对于提升当地产业乃至全行业的竞争力意义重大。木工机械产品达69大类、1000个系列,产品品种繁多,这对于约1000家木工机械企业来说可以很好地进行分工协作,以规模带动效益。

5. 加强行业领导和法制建设、标准化建设

加强行业协会的领导,应做好协调工作,在政策法规制定、质量检查监督、技术信息服务、培育和规范市场等方面,进行综合协调指导,以引导行业健康发展。中国林业机械协会及各地区的协会,为其成员厂家在技术开发、商业及贸易、市场开拓方面提供了强有力的支持。各级商会卓有成效地组织企业开展国际性技术经济交流活动,主办和协办国际性展览会,帮助企业开拓国际、国内市场、开展技术咨询及信息服务,向社会推荐品牌产品。企业通过行业协会的指导,实现了信息的沟通与交流,推进了企业在社会主义市场经济建设中的发展。

木工机械生产的标准化是现代化生产的重要手段和必要条件,是合理发展木工机械品种、组织专业化生产的前提,是企业实行科学管理和信息化管理的基础,是提高产品质量的保证,是减少原材料和能源浪费的根本,是推广新工艺、新技术的桥梁,是消除国际贸易壁垒、促进国际技术交流和贸易发展的重要保障。实现标准化生产,可缩短设计和试制周期,加快产品开发,有利于木工机械的生产、使用、维修、配套和管理,降低生产、使用成本,提高经济效益。标准化对中国木工机械的全面健康发展、提高产品在国际上的竞争能力、保障人民健康和安全、维护消费者利益具有重要作用。目前设在北京的全国人造板机械标准化技术委员会和设在福州的全国木工机床与刀具标准化技术委员会,担负着包括制材、细木工设备、板式家具机械、竹材加工机械、人造板加工设备、木材处理设备、木工工具等69大类、1100种木工机械产品标准在内的编制修定工作。中国木工机械生产企业严格按照与国际先进标准等同的国家标准和行业标准组织生产,保证了国产木工机械的先进性。

6. 转变观念,力求创新

我国木工机械的发展要坚持走出去、引进来,吸收国际先进技术,结合我国具体情况,立足国内,走自我发展道路,开发具有自主知识产权的新产品。国家和行业协会每年定期在国内主要城市举办具有一定规模的大型国际木工机械展览会,并组织相关专家、企业工程技术人员去国外进行技术交流,参观国外大型木工机械展览会,如德国汉诺威、意大利米兰、美国亚特兰大木工机械展览会等,为企业学习国外先进木工机械经验创造了方便条件。许多大中型企业也经常结合企业自身发展的需要去国外考察,寻求与先进国家的技术合作,如购买技术软件、合资办企业等。通过这些方式加快了中国木工机械行业的发展。中国木工机械制造企业十分重视结合国情,充分消化引进的先进技术,如结合国外先进技术开发各类板式家具及实木家具加工设备。通过各种方式学习国外先进技术,缩短了我国与国外木工机械先进技术水平之间的差距。国内实木及板式家具设备基本上实现了国产化,其技术性能已接近或达到工业发达国家同类产品先进水平。

在引进国外先进技术时,一定要注意消化吸收,要改变木工机械设计制造"粗放"的观念,及时借鉴其他机械的设计制造理论和技术、制造方法新观念。

7. 实现绿色环保、以人为本、安全无公害

实现绿色环保、以人为本、安全无公害是木材加工装备技术发展的重中之重。不安全、噪声、粉尘是木材机械加工工业的三大公害。随着人们生活水平的不断提高,环境保护的呼声越来越高,人们更加重视自身的生活质量。因此,木工机械装备的设计、制造和使用必须符合环保的要求,达到安全、低噪、无尘。

8．培养品牌意识，注重品牌效益

品牌体现产品的质量、产品的服务，体现企业的管理、企业的文化和企业的核心竞争力。我国木工机械能否在参与国际经济大循环的竞争中取胜，关键在于我们能否拿出一批有较高市场占有率的名牌产品，形成一批拥有著名品牌产品、能参与国际市场竞争的知名企业。一方面，企业要加强全面质量管理，建立完善的质量保证体系，加快采用国际标准步伐，不断提高机械产品的性能、质量和技术水平；另一方面，行业协会要积极创造条件，让品质优、服务好、市场占有率高的品牌产品脱颖而出。在这方面中国林业机械协会木工机械专业委员会做了一些有益的尝试，也取得了一定的效果，只是在具体方式方法上尚需完善。

我国木工机械制造业的发展需要打造品牌，一批国产设备已在国内建立了名牌信誉。木工机械制造业在资金、技术、人才、品牌等方面已有了相当的积累，经过近些年的考验和磨炼，一些产品通过技术消化吸收达到了发达国家20世纪80年代末期和90年代初的先进水平，制造企业对这些设备的认识也从单纯模仿国外产品逐步过渡到能够自主创新的较高水平，并且逐渐赢得了市场的信任，为家具制造、木地板加工的发展提供了大量的装备。在经济全球一体化的条件下，充分利用国内外两种资源、两个市场，坚持低成本优势，提高整机和关键系统的创新能力，在自主创新领域争取在核心技术上不受制于人，进而打造自主品牌。目前国内市场销售中占据主要地位、比较公认的品牌设备有许多，比如对德国威力公司构成威胁的广东富豪木工机械制造有限公司的四面刨、双端铣，在国际市场上初露锋芒的上海跃通木工机械设备有限公司的数控设备，信阳木械机械股份有限公司生产的数控木工带锯机。品牌是产品的质量、产品服务、企业的管理和核心竞争力的综合体现。迅速提升产品质量和技术水平，培养造就一批具有竞争力，特别是具有自主创新能力的优势规模企业，努力打造中国木工机械产品品牌，应是今后木工机械的发展方向和奋斗目标。

参考文献

[1] 蔡红健. 数控木工加工中心固定循环研究[J]. 南通纺织职业技术学院学报，2011，11(1)：18-22.

[2] 马岩. 中国木工机械业行业未来发展的总趋势[J]. 木工机床，2015(3)：5-10.

[3] 黄淑芹，李光哲. 我国木工与人造板机械行业状况统计分析[J]. 木材加工机械，2011，22(6)：29-31.

[4] 马岩. 今明两年将是我国木工机械行业最艰难的时期[J]. 林业机械与木工设备，2018，46(12)：4-8，14.

[5] 吴勇，李双祥. 谈我国木工机械的发展策略[J]. 散装水泥，2006(2)：38-39.

[6] 习宝田，李黎. 木工机械与刀具业面临的挑战[J]. 中国林业，2002(2)：33-34.

[7] 袁东，王晓军. 浅议我国木工机械制造业现状及其发展趋向[J]. 木工机床，2007(4)：1-5.

[8] 张伟. 木材数控加工中心研究进展[J]. 木材加工机械，2007，18(3)：36-38，33.

[9] 张伟. 国外木材和人造板数控加工装备技术研究进展[J]. 林业机械与木工设备，2009，37(12)：9-13.

[10] 张建辉. 我国木工机械进出口贸易现状、趋势与对策[J]. 林业机械与木工设备，2008，36(2)：4-7.

[11] 张久荣. 计算机数控木材加工机械[J]. 木材工业，1989，3(1)：47-51.

[12] 国家林业局. 2010年中国林业发展报告[M]. 北京：中国林业出版社，2010.

经济林果专用机械

食品是人类赖以生存的重要物质基础。森林中生长着许多动植物都可供食用。森林食品资源在人类生活中具有特别重要的意义,全球至少有 15%的粮、油、菜、肉等食物要靠森林提供。从长远看,我国的食物(粮、油、菜、肉等)生产和供给的压力一直很大,面临着三个不可逆转:一是农业耕地减少不可逆转;二是在几十年内人口的增长不可逆转;三是人民生活消费水平的提高不可逆转。解决这些矛盾行之有效的办法,就是以科技进步提高农业单位面积产量,同时大力开发森林中的林副产品,这也是研究林副产品生产加工技术装备的现实意义。

21.1 油料植物加工机械

21.1.1 概述

油料植物加工机械是农产品加工机械的一种,是从油料作物的果实或含油子仁中提取并加工成植物油的机械。

21.1.2 定义

油料植物加工机械是加工油茶、油桐、乌桕、核桃、油橄榄等技术装备的总称,包括烘干设备、破碎设备、软化设备、轧坯设备、挤压膨化设备、蒸炒设备、榨油设备等。

21.1.3 类型及应用场所

根据加工环节,油料植物加工机械分为以下几类。

1. 烘干设备

烘干设备是去除物料中水分的设备。目前处理量大的油料烘干设备多选用烘干塔,根据热媒和被烘干物料的相对流动方向,烘干塔分为横流式、顺流式、逆流式和混流式(见图 21-1)。

图 21-1 烘干塔

2. 破碎设备

破碎设备是对大颗粒油料或带壳油料进行破碎的设备。目前,国内油料加工厂使用的破碎机械主要有齿辊破碎机(见图 21-2)、圆盘(破碎)剥壳机、锤片式粉碎机等。

(1)齿辊破碎机有上、下两对齿辊——快辊和慢辊,通过两对齿辊相向转动的速度差,实现对油料的剪切和挤压并导致其破碎。根据被破碎或剥壳油料颗粒的大小,齿辊的间隙可通过调节装置进行调节。破碎设备的优点是处理量大,破碎效率高,粉末度小,用于油料

图21-2　齿辊破碎机

剥壳去皮,整仁率高,仁壳易分离。

(2)圆盘破碎机(通常称圆盘剥壳机)是由相对运动的一对磨盘对油料进行揉搓和剪切,完成破碎过程。圆盘破碎机使用范围广、结构简单、使用方便、运行稳定,但动力消耗较高。

(3)锤片式粉碎机采用内藏式转子组装的若干支锤片,在直连电机的传动下高速旋转对进入机内的物料进行斩拌粉碎。

3.软化设备

在油料加工过程中,软化是一道关键工序。软化设备有四种类型:软化箱(暖豆箱)、立式软化锅、卧式滚筒软化锅、调质塔。

(1)软化箱(暖豆箱)分为两种,一种是无动力的箱体形式;另一种是由平板干燥机改造而成。后者结构简单、设备投资少,但由于处理量小,原料软化不均匀,软化效果不佳,目前已逐渐被淘汰。

(2)立式软化锅是中小型油厂在软化工段中普遍采用的设备,该类型设备设计合理,软化效果好,但由于单机处理量较小,动力消耗高,制造及维修困难,设备构件磨损严重等原因,有逐渐被其他类型设备取代的趋势。

(3)卧式滚筒软化锅结构简单,处理量大,工作性能稳定,动力消耗低,被国内大中型油料加工企业广泛使用。由于设备制造厂家在设计和制造上的不同,部分卧式滚筒软化锅存在的突出特点是动力消耗低,是立式软化锅所需动力的 $1/6 \sim 1/4$。目前,存在蒸汽易泄漏、冷凝水排出不通畅而影响加热效果等缺点。

(4)调质塔的主要加热源是通过传热导管的低压蒸汽,传热导管为不锈钢材质并呈椭圆形,传热效率高。调质塔具有调质效果好和运行稳定的特点。

4.轧坯设备

轧坯是油料预处理工艺最关键的步骤之一,直接关系到取油效率和生产成本,油厂使用的轧坯设备分为平列式轧坯机和直列式轧坯机。

目前国内外大型轧坯机都采用液压压紧辊装置,其进退辊、两辊间压力调节、异物掉入辊间后轧辊瞬间脱开等动作都由液压系统来实现,其显著特点是动作灵敏,辊间压力大而稳定,轧制的坯片薄而结实、粉末度小、质量好,生产时噪声低、振动小、处理量大等。

5.挤压膨化设备

挤压膨化机的应用为替代传统的立式蒸炒锅及螺旋榨油机提供了可能(见图21-3),用油料挤压膨化机对浸出前的油料进行膨化预处理后,进行浸出制油,可大幅度提高产量,降低粕中残油,降低溶剂物料比、提高混合油浓度,降低能源消耗,提高油粕产品质量。目前,国际上使用挤压膨化机对油料进行预处理有两种形式:①油料的挤压膨化成形,直接浸出制油;②利用机械剪切和摩擦作用,粉碎油料并破坏油料细胞,蒸煮硬化蛋白并蒸发油料本身的水分,即利用挤压膨化机代替蒸炒锅,多用于机榨制油。

图21-3　挤压膨化机

6.蒸炒设备

蒸炒是通过温度和水分的作用,使料坯在微观形态、化学组成及物理状态等方面发生变化,从而提高压榨出油率及改善油脂和饼粕的质量。蒸炒使油料细胞受到彻底破坏,使蛋白质变性,油脂聚集,油脂黏度和表面张力降低,料坯的弹性和塑性得到调整,酶类被钝化。蒸炒方法随油料品种和用途的不同而有所不同,分为干蒸炒和湿润蒸炒两种。立式多层蒸炒锅,其采用的热源大多是水蒸气,也有部分厂家利用导热油作为热源即是湿润蒸炒。

7. 榨油设备

压榨法是一种古老而实用的制油方法,压榨法取油的机械主要有液压榨油机和螺旋榨油机。螺旋榨油机根据工艺需要分为压榨机和预榨机(见图21-4)。压榨法取油的特点是通过一次挤压,最大限度地将油料中的油脂压榨出来,压榨饼作为最终产品,应使残留在饼中的油脂尽可能的少,一般干饼残油率在5%~7%;预榨机用于高含油油料的预榨-浸出制油工艺中,目的是通过预榨将油料中60%左右的油脂挤出,便于浸出制油时保证干饼残油率小于1%。预榨机产量大,单位处理量的动力消耗较一次压榨小,但是由于榨料在榨膛中停留时间短、压缩比小,致使干饼残油率较高。

图21-4 螺旋榨油机

21.2 林药加工机械

21.2.1 概述

林药是指在林下种植的植物,可以用作中成药。林药加工指的是林下中草药从种植、栽培,到中成药加工的过程,这个过程需要各种机械装备来实现生产。林药加工机械的充分利用,是提高林业综合效率和全面停止商业采伐后林区经济转型的有效途径。

21.2.2 定义

林药加工机械是生产和加工松花粉、平贝母、人参、刺五加、五味子等林药产品设备的总称。

21.2.3 类型及应用场所

林药加工机械根据应用范畴分为以下几类。

1. 林药收获机械

林药收获机械是收取成熟林药的整个植株或果实、种子、茎、叶、根等部分的机械。由于各种林药的收取部位、形状、机械物理性质和收获的技术要求不同,因此需采用不同种类的作物收获机械。现在主要林药收获机械是根茎类林药收获机械。根茎类中药材主要有地黄、贝母、芦笋、瓜蒌、知母、白芷等,生长深度一般在5~43 cm。根茎类林药材机械化收获配套动力一般为50~80 Ps的轮式拖拉机,驾驶员选择Ⅱ、Ⅲ挡位比较合理,发动机转速控制在1500~2000 r/min,否则,振动筛运动频率过高,运动零件部容易损坏。前进速度控制在8~10 km/h,过高过低都不合适。

2. 林药纤维粉碎加工设备

林药纤维粉碎加工设备是对药材进行深加工的设备。粉碎是药材加工和中药制剂生产工艺中的重要环节,可以提高药材的使用价值、药效和林药资源利用率。但传统粉碎机械在粉末的粒度、出粉率、收粉率及有效成分的保存等多方面都有一定局限性,对于具有特殊性质的药材,如热敏性、融点低、成分易破坏的药材显得无计可施。我国有丰富的林药资源,以往粗放的加工手段已不能适应林药生产的要求,因此气流粉碎技术成为林药纤维加工的新手段。

气流粉碎技术是利用物料在高速气流的作用下,获得巨大的动能,在粉碎室中通过物料颗粒之间的高速碰撞、剧烈摩擦,以及高速气流对物料产生的剪切作用,达到粉碎物料的目的,能将林药加工成极细(小于10 μm)的粉末。

3．林药干燥设备

林药干燥设备主要有蒸汽热风烘干炉、热风烘干供暖炉、烟气烘干炉、有机热载体锅炉、金属体(彩钢、全铝、不锈钢)烘干箱(室)、带式烘干机、滚筒烘干机、百叶干燥器、气流干燥器、常温热水或过压蒸汽烘干(干燥)设备等。烘干炉升温快,布风温度均匀,烘干品质好。

4．林药切片机

切片机(半圆形调节式)效率是手工切片的几十倍,片型可以随意调节。单相电机匹配,刀盘上安装 4 把刀片,可任意调节切片厚薄,切片功效高,可切成料片、横片、直片,且厚薄均匀,色泽美观;体积小、噪声低、操作简单;刀片采用整体高带钢,可用于各类林药的切片。

21.3　林副产品加工机械

21.3.1　概述

林副产品是指生长在森林中可供人类直接或间接食用的植物、动物和微生物等非木林产品及它们的制成品,包括油料植物、中草药、山野菜、山野果、淀粉植物、食用菌,还有其他单宁类、色素类、纤维类、调料类,以及蛇、蛙、山鸡等经济动物等。近年来,随着林业经济的不断发展和林区产业结构的调整,林副产品的加工业在林业经济中占有越来越重要的地位,已成为实现林区经济快速增长的有效途径。目前,林副产品加工的厂家主要集中在较发达的国家和地区,我国以原料和半成品加工为主。

21.3.2　定义

林副产品加工机械是林副产品加工设备的总称。

21.3.3　类型及应用场所

林副产品包括大枣、板栗等,加工设备种类较多,从分级、清洗到杀菌、灌装等工序都有成套设备。随着机械工业的进步,其他林副产

品加工设备也会逐渐向着通用、集成、配套和自动化方向发展。

(1) 分级设备有滚筒式分级机、条带分级机、板带式分级机、三辊筒式分级机、重量分级机、果品色泽分级机等。

(2) 清洗设备有鼓风式清洗设备、滚筒式清洗机、振动清洗机等。

(3) 过滤与均质设备有袋式过滤器、筒式过滤器、板框式过滤机、高压均质机、喷射式均质机等。

(4) 干燥设备有熏炕、烤房、隧道式烘干机、果品烘干机、沸腾干燥器、高温瞬时喷雾干燥装置。

(5) 杀菌设备有杀菌车、常压灭菌器、高压灭菌锅、列管式杀菌器、巴氏瞬时杀菌器、高温短时巴氏杀菌装置、常压连续杀菌机等。

(6) 灌装与封装设备有自动真空加汁机、液体灌装机组、卧式双活塞装料机、无菌装罐装置、负压灌装封盖机、玻璃瓶封口机等。

(7) 其他设备有人力去核机、剥壳机、链带式排气箱、制袋填充包装机、热合机、真空包装机等。

21.4　油茶生产技术装备

油茶是一个窄生态幅的植物,主要分布在福建、广东、广西、湖南、云南、贵州、台湾、浙江、江苏、江西、湖北、四川、甘肃、陕西、河南和安徽 16 个省份的 1100 多个县。我国现有栽培面积约 400 万 hm²,比 1949 年纯增面积 134 万 hm²,增幅 33%。其中栽培面积最集中的省份为:湖南 160 万 hm²,江西 100 万 hm²,广西 43.4 万 hm²,三省合计栽培面积占全国总面积的 75.8%。由于各地的油茶机械工业基础不同,我国油茶机械装备发展不均衡,主要分布在华东、华中地区,以及华北南部、华南东部、西南东部。

21.4.1　油茶生产技术装备发展历程及现状

1．发展历程

回顾我国油茶工业的发展史不难发现,油

茶机械制造业是伴随着油脂工业的形成和发展而逐渐形成和发展的。反过来,油茶机械制造业的发展又促进了油脂工业的进步。19世纪后期我国才出现手工业榨油工场,20世纪30年代手工业榨油工厂逐渐向半机械化榨油工厂过渡。伴随着这个发展历程,由土榨逐渐发展为人力拉榨、动力拉榨,然后才出现配有高压油泵和蓄力器的液压榨油机。

20世纪50年代,我国相继研制出动力螺旋榨油机;70年代进行国产油茶设备的选定型和标准化工作,以及推广和发展浸出法制油技术;80年代引进国外先进技术装备并进行消化吸收,以及开发利用油料蛋白资源;90年代油茶工业和油脂机械制造业步入市场经济轨道;"十一五"期间,油茶机械制造业已经形成具有一定规模,技术上接近或达到国际先进水平,产品门类齐全的产业体系,油茶机械制造企业达到多家,产品涵盖了从油料的清理、干燥、储藏及输送,到油料的预处理、预榨、浸出、精炼、产品包装及副产品的精深加工等全过程中各个单元操作所需的各种专用设备和通用设备。

2. 总体现状

20世纪50年代前,我国的油茶机械工业基本处于空白状态,它的发展起始于20世纪50年代,时至今日,已彻底改变了过去人力土法压榨的历史,发展成为以浸出制油设备为主要装备的先进高效的制油工业体系。在油茶精炼方面,正由连续化精炼技术逐步取代间歇法炼油。"十一五"期间,油茶工业所需的主要设备、关键设备均已实现国产化,不仅满足了国内需要,还出口到世界许多国家,油茶技术装备工业已形成了一支初具规模的油茶机械制造队伍。

1) 华中地区

近年来,湖南省结合退耕还林等林业重点工程的实施,以调整农业生产结构、增加农民收入为目标,加大油茶新品种研究和推广力度,推进油茶丰产林基地建设和油茶产业化经营,"公司+基地+农户""大户承包、规模经营"和"订单林业"等组织模式相继出现,加工

工艺也从作坊式土榨炼油向机榨和浸炼提油方式转变。

茶油脱色设备在锅体外壁上设置有进蒸汽管、进油管、温度表、电动机、真空泵、吸液管、吸活性炭管、出油管、出废水管等;锅体内设置有螺旋形蒸汽加温管、转动轴、搅拌叶片等。该设备把常规炼油工艺中的碱化锅、脱色锅、脱臭锅合而为一,将碱化、脱色、脱臭三工序在同一锅中完成,达到了节省场地与设备投入,节约能源,减少工序,缩短工时,降低成本的目的,适于在茶油精加工中小企业中推广应用。

2) 华东地区

2001年,浙江常山县投资3500万元,兴建了年产500 t精制山茶油生产线,年加工茶籽饼20 000 t,年产茶皂素2000 t的东方茶业有限公司,使油茶产业不断做大做强。目前已建成油茶加工企业10家,其中年产值500万元以上的规模企业4家。据统计,全县有茶油精炼生产线9条,年加工量5000 t以上;油茶浸提生产线3条,年加工茶饼20 000 t以上;茶皂素生产线2条,年生产茶皂素3000 t左右。拥有"东茶""山神""常禧""常发""八面山""金芙蓉""常西""绿圣""晟泰""天马"山茶油品牌10个,油茶加工产值为8700万元,共培育省级林业重点龙头企业3家(东茶、常发、山神),县级农业龙头企业4家(绿圣、富而康、金芙蓉、绿玲珑茶业专业合作社),专业合作社1家(绿玲珑茶业专业合作社)。产品畅销中国香港及日本、东南亚等地。同时,油茶加工的深度开发,促进了油茶原料的提价和农民收入的提高。图21-5为由青田县林业局技术推广站和浙南油茶开发有限公司合作的油茶精深加工技术项目的设备。

3) 华南地区

广西壮族自治区林业科学研究院先后组织完成了国家"948"项目"红山茶新品种及茶油精制技术引进"和广西科技厅"茶籽色拉油、化妆品油研究"等项目,研制出国内首个共线生产茶籽色拉油、茶籽化妆品油产业化工艺技术和高效专用装备,填补了我国此项技术的空

图 21-5　油茶精深加工设备

白,项目成果目前已在广西、湖南等油茶主产区油脂加工大型企业推广应用。此外,位于广西现代林业科技示范园内的油茶产品研发中试示范基地,目前拥有茶油冷榨中试生产线、茶油精制生产线、分子蒸馏中试装置薄膜蒸发中试装置、超临界萃取中试装置及植物有效成分中试装置。然而,广西油茶的科技含量依然显出不足,70 多家油茶油脂加工企业大部分为低水平的小规模加工厂,规模企业只有 8 家,设备生产能力超过 60 000 t,超越了原料提供能力。现有的油茶林 80% 为低产林,改造任务艰巨,增产提效空间较大。

4) 西南地区

为了提高油茶及其产品附加值,进一步增加油茶经营收入,贵州省玉屏油茶加工业应运而生,经历了从简单的人工原始压榨到现代化的流水线作业的过程。目前,玉屏县有油茶加工和销售企业 11 家,其中国有企业 1 家,乡企、民营 10 家,年加工茶油能力为 1000 t,销售总产值为 1200 万元,创利税为 300 多万元,全县从事油茶加工与销售的人员达 300 余人。

21.4.2　油茶生产技术装备主要发展方向及重点发展领域

1. 主要发展方向

1) 加快油茶综合加工配套装备的开发利用

茶籽焙干在榨油加工中极为重要,要求焙干后的茶籽含水率不超过 5%,而焙干的质量主要取决于温度和时间。由于目前大多采用木柴作燃料,茶籽在焙床上焙干,难以控制温度和时间,因此亟待开发有温度和时间自动调节的电热焙干机。此外,目前茶籽脱壳大多为人工操作,工效低、损失大、影响油茶出油率,因此要加强对油茶脱壳机的研制和开发,以满足油茶生产发展的需要。

2) 加大科技支撑

油茶科技对产业的促进作用是一个较为漫长的过程,不论是良种选育与栽培技术,还是精深加工技术装备都需要长期、持续的研究计划给予支持,否则往往前功尽弃。需要政府给予立项进行长期支持,重点扶持长期研究油茶技术装备的科研单位。

3) 加强与常规油料生产技术装备的有效衔接

在技术装备方面,应打破行业界限,与常规油料生产技术装备有效衔接,使林副产品加工技术装备向纵深方面发展,努力开发"高精尖"产品,变低利润为高附加值,提高经济性。从市场的深入调研入手,寻找新形势下需要开发和改造的项目,技术装备的开发应继续采取自行研制与引进消化相结合及大、中、小相结合,以中、小型为主的方针,同时重视电子技术在加工机械上的应用,形成机电一体化,力促林副产品加工技术装备的发展跃上新台阶。

2. 重点发展领域

近年来,国家林草局相继筹建成立了国家林草局油茶研发中心、国家油茶科学中心及相关实验室,主要加强了对油茶育种改良、栽培等相关方面的研究;但缺乏对油茶技术装备的重视,制约了油茶装备现代化及油茶精深加工的发展。应建立专门的国家及地方油茶技术装备研发及推广中心,为油茶技术装备产业发展提供有力的科技支撑。应重视油茶装备技术的基础理论研究,加强新工艺和新设备的开发,建立相应的与国际产品接轨的油茶装备标准体系,充分利用油茶装备技术开发来增强油茶产业的竞争力;开拓油茶设备的国际市场,突破茶皂素提取的技术设备瓶颈;扩大对外交流,配合国家引智工程,引进油茶加工技术与装备,整合国内的小型油茶企业,走茶油精加工的规模化道路。

21.5 国内外发展现状及趋势

21.5.1 现状

1. 林业油料植物加工技术装备

1) 烘干设备

20世纪90年代前,我国油茶加工企业规模小,油料质量较好,水分不超过油料的临界水分,加工企业基本上不使用油料烘干设备。近年来油茶工业快速发展,企业规模不断扩大,油料市场竞争激烈,水分超标严重影响了油料储藏与加工,因此加工企业开始重视对油料的烘干。目前,油料加工厂对油料的烘干基本是采用热传导和对流,设备的形式根据企业加工规模不同有大型烘干塔、振动流化床、滚筒烘干机、平板烘干机等,使用的热媒通常是蒸汽和热空气。

2) 破碎机械

破碎机在油料加工过程中使用广泛,如大颗粒油料的破碎,带壳油料的剥壳,油菜籽的脱皮等过程都需要对原料进行破碎。目前,国内油料加工厂使用的破碎机械主要有齿辊破碎机、圆盘(破碎)剥壳机、锤片式粉碎机等。随着设备制造企业对其产品的不断改进和完善,各类破碎机械已逐渐大型化和系列化,设备运行过程较稳定,基本满足国内各种规模油料加工企业的需求,一些产品可以替代进口产品并有出口。但是,破碎机与其他油料预处理机械一样,存在着产品粗放、档次低、缺乏自动化控制系统配置等缺点。

3) 软化设备

在油料加工过程中,软化是一道关键工序。暖豆箱和立式软化锅大多在工艺装备简单、规模小的油脂企业使用,一般单机处理量不超过300 t/d。随着油脂加工业大型化的迅速发展,生产油脂设备的科研院所、工程公司和制造企业,对卧式滚筒软化锅进行了不断改进,使该类型设备逐步标准化和系列化。

4) 轧坯设备

轧坯是油料预处理工艺最关键步骤之一,直接关系到取油效率和生产成本,尤其是对直接浸出制油工艺。油厂使用的轧坯设备可分为平列式轧坯机和直列式轧坯机两类。直列式轧坯机由于其辊面压力和生产能力较小,在新建油厂已很少使用。目前油厂应用最多的是平列式对辊轧坯机。20世纪80年代,商业部粮食科学研究院和哈尔滨粮食机械厂通过引进国外机型,开发出国产弹簧紧辊和液压紧辊对辊轧坯机,为油料加工企业规模化生产做出了贡献。针对轧坯机的关键部件——轧辊经常出现起皮和掉边问题,90年代后期,哈尔滨粮食机械厂与国内大型铸造企业共同攻关开发了离心浇铸轧辊工艺,使大直径轧辊的质量明显提高。目前,国产轧坯机基本上能满足国内使用,大中型轧坯机已经标准化和系列化。

5) 挤压膨化设备

20世纪50年代,膨化机最先被用于动物饲料的蒸煮和膨胀。80年代,我国开始使用油料膨化浸出方法,引进了美国Anderson公司的挤压膨化机。由于受限于当时油料工业发展状况和人们对膨化浸出粕的认识,膨化技术难以推广。到90年代后期,以大豆制油为主的油脂加工业迅猛发展,膨化工艺和设备备受重视。国内油茶装备制造企业十分重视挤压膨化机的研制和生产,已有10家左右的企业生产规格不同的设备,开发出具有自主知识产权的油料挤压膨化机,从50 t/d到1000 t/d的系列产品,可以满足不同规模的油料加工企业的需要。国内成功研制了挤压膨化机,不断对产品进行完善,形成了一系列大型膨化机产品,但在设备稳定性、易损件使用寿命、整机的机电一体化和自动化控制方面与国外产品相比还有不小的差距。

6) 蒸炒设备

在传统的压榨制油工艺中蒸炒锅是关键设备之一。目前使用的设备有平底炒锅、间歇式滚筒炒籽机、连续式滚筒炒籽机,这些设备采用的热源基本上是燃煤烟道气,也有少量厂家采用燃油炉。国产用于特种油料干蒸炒的平底炒锅、间歇式滚筒炒籽机,单机产量小,劳动强度大,设备自动化控制水平低,适合作坊式生产和小企业使用;连续式滚筒炒籽机实现了生产的连续化,但烟道气温度控制不稳定,易造成原料炒籽不均匀;立式蒸炒锅是国内外油料加工厂用于油料蒸炒的主要设备,其结构紧凑,操作运行稳定,蒸炒物料效果好,但热能消耗大,动力配备大;卧式蒸炒锅在国内油厂使用较少,它是由2~4台结构大体相同、带夹套的圆筒组成,物料充满率较低,物料在桨叶剧烈的翻动下前行,由于物料升温快,20 min左右油料中的蛋白质便充分变性,因此,卧式蒸炒锅所需的蒸炒时间较短,但是料层低,自蒸效果较差。

　　7) 榨油设备

　　压榨法取油是一种古老而实用的制油方法,从19世纪国外将动力压榨机用于制油生产以来,压榨法取油的机械主要是液压榨油机和螺旋榨油机。目前国内外用于压榨制油的设备主要是螺旋榨油机。液压榨油机分为立式和卧式:立式液压榨油机由于产量小,间歇式生产,劳动强度大,目前只在我国农村和偏远山区少量使用;卧式液压榨油机从国外引进,国内基本没有开发。

2. 林药加工技术装备

　　目前利用气流粉碎技术开发的中药品种还很少,主要局限于一些作用独特的名贵细料中药。林药加工采用气流粉碎技术,可创制出全新的粉碎技术工艺,丰富传统炮制的内容,成为林药加工装备的新技术生长点。此外,超微粉碎后,在提取工艺中与溶媒的接触面积增加,简化了提取方式,缩短了提取时间,进而提高了转移率,既节约时间,加快生产周期,又节约能源,还提高了原料的综合利用率。

3. 其他林副产品加工技术装备

　　1) 核桃

　　在国际市场上,核桃与杏仁、腰果、榛子一起并列为世界四大干果。

　　(1) 核桃青皮剥离清洗机。采摘后的核桃主要由外层青皮、内层硬壳及果仁组成。当核桃成熟后,外层青皮与内层硬壳之间结合不太紧密,在清洗机的外力作用下,外层青皮发生破裂被剥离下来(见图21-6)。

图 21-6　核桃青皮剥离清洗机

　　(2) 核桃剥壳机。核桃剥壳装置是核桃破壳取仁机的核心装置。机械剥壳的常用方法有借助其粗糙表面碾搓作用的碾搓剥壳,借助撞击作用的撞击剥壳,利用剪切作用的剪切剥壳和利用成对轧辊挤压作用的挤压剥壳。常见的破壳装置有圆盘剥壳装置、齿辊剥壳装置、离心剥壳装置、锤击式剥壳装置、轧辊式剥壳装置、对辊窝眼式开口装置、冲压式破壳装置、核桃锯口破壳装置、核桃破壳挖核装置及平板挤压式破壳装置(见图21-7)。

图 21-7　核桃剥壳机

　　2) 大枣

　　(1) 枣与核的分离装置。枣核分离装置为立式结构,主要由工作台、上下工作头、上下凸轮、机架及传动部分等组成。枣核分离过程为人工将大枣放入工作台的枣位孔,在上下凸轮驱动下上下工作头使大枣定位并夹持、切割及除核,果肉在拨杆作用下离开枣位孔进入成品收集器,枣核直接落入枣核收集器。

（2）大枣烘干设备。连续式大枣烘干设备的主要部件包括主风管、热风箱、主风机、热风炉、余热回收器、副风机、副风道、烟囱、除尘器、烟气引风机、烘干隧道窑、顶推机等。烘干设备采用主风道等压式送风和副风道涡流送风。主风道的等压室形成等压主送风系统。等压室内安装有调风装置，可以灵活方便地调整风向，实现均匀送风。副风道由余热回收器、副风机、涡旋送风系统组成。热风炉的烟道中安装有余热回收器，可将烟气余热有效回收，并用副风机将其送入烘干机的涡旋送风系统，在烘干机内局部区域形成涡旋状立体送风带，将热量送至烘干机的任何角落，实现均匀送风，提高了产品的烘干质量和产量。此外，由于烟气余热得到有效利用，大大降低了生产成本。

3）板栗

（1）板栗脱壳设备。板栗脱壳设备主要由板栗分选机、板栗干燥机、板栗剥壳机、带式输送机及栗仁清洗机组成。板栗首先在分选机内进行大小分类，分特大、大、中、小 4 类，对不同大小的板栗分类放置，并进行不同处理。将已分类的板栗放入干燥机中进行较低温度的干燥，特制的干燥机使板栗得以适当干燥而不使板栗褐变，干燥程度以板栗红衣能与栗仁分离为准，最后将经过干燥的板栗进入脱壳机进行脱壳。

（2）板栗剥壳机。板栗剥壳机是一种用高速刀具不断脱去板栗外壳的机械（见图 21-8）。首先将板栗破壳，板栗在不断行进中外壳被不断切削掉或打掉，其切割量可根据板栗大小、品质的不同进行调整。当栗仁被切削较多时，需提高板栗行进速度，以减少其切削量；反之则降低板栗的行进速度，以获取最好的剥壳效果。经过脱壳机剥壳的板栗输出到带式输送机上，一般经剥壳机一次剥壳后的板栗脱壳率在 90% 以上。在带式输送机上将没有完全剥壳的板栗挑选出来，返回到板栗剥壳机的进料口重新剥壳。将板栗完全剥壳的栗仁与板栗壳送入栗仁清洗机进行清洗，清洗槽内是 70 ℃左右或含有一定添加剂的清洗水，经清洗后的栗仁从螺旋输出口输出，板栗壳从上部的溢出口溢出。

图 21-8　板栗剥壳机

4）干果

（1）干果清洗机。干果清洗机采用高压气流吹动其清洗槽中的水形成气泡，使水翻动对干果进行清洗（见图 21-9）。在开机前，先向清洗槽中加水，加水高度稍高于输送网带，随后开启热风炉，热风通过加热器对清洗槽内的水进行预热，当水温达到清洗干果要求温度时（一般为 35 ℃），依次打开传动电机防返料风机和气泵。投入的干果由进料端进入清洗槽后，落到带刮板的输送网带上，并随输送网带移动。与此同时，气泵通过气泡喷管喷出高压气体吹动水流形成气泡，透过输送网带上的网带孔吹动干果上下翻滚，干果一边随气泡翻滚，一边被输送网带输送到下料斗。干果清洗时易粘在输送网带上，通过下料斗后方的风机吹风可将黏附于输送网带表面的干果吹离输

图 21-9　干果清洗机

送网带,防止返料。在生产加工过程中,可根据干果的不同特性,提高或降低清洗槽中的水温,还可对电机转速进行调节以提高清洗效果。

(2)烘干设备。隧道式烘干炉是目前干果烘干最常见的炉型,有拱顶砖石结构、平顶双层烘干炉、平行单层烘干炉三种类型。

21.5.2　发展趋势

1．林业油料植物加工技术装备

1)烘干设备

随着技术的不断进步,烘干技术和设备研究呈现以下发展趋势。

(1)设备研制向专业化方向发展。针对烘干油料的种类、特性、处理量及工艺过程要求的不同,研制开发先进理论支撑的、专业适用性强的烘干技术和设备。

(2)设备研制向大型化、系列化和自动化方向发展。从技术经济的观点来看,大型化的装备具有原材料消耗低、能量消耗少、自动化水平高、生产成本低的特点。设备系列化可以对不同加工规模的企业及时提供成套设备和部件,投产快且维修方便、及时。

(3)改进烘干设备,强化烘干过程。改善设备内物料的流动状态或优化烘干介质的流体力学状况,强化和改善烘干过程。

(4)采用新技术和装备,提高烘干效率。油料烘干设备应及时采用高频干燥、微波干燥、红外线干燥等新技术,提高烘干设备的效率。

(5)降低烘干过程中的能量消耗。烘干是消耗热量很大的加工过程,必须在新设备研制中重点考虑节能降耗。目前国外一些专业公司已在开发的油料烘干工艺和设备中,将废气中的热量进行部分回收利用,在节省热能的同时减轻了对环境的污染,因此研制闭路循环烘干工艺和设备是未来应重视和发展的方向。

2)破碎机械

破碎机械作为油料预处理工艺过程中的关键设备,总的发展趋势是标准化、大型化、系列化和自动化。通过引进国外先进设备、消化吸收,实现大型设备的国产化。但是,国产破碎机械与国外先进设备相比仍然存在较大差距。

(1)必须尽快制定国产油料破碎机械的国家或行业标准,规范技术参数。一方面便于油料加工企业合理选择和使用,另一方面可以使国内相关机械制造行业的科研和生产单位进入该领域进行研究,突破油料、油脂机械制造企业在低水平下进行竞争的局面,从而提升油料破碎机械的研发能力和制造水平。

(2)随着油脂工业生产规模化和生产成本节约的不断深入,大型破碎机械的开发仍是重点,虽然国产破碎机最大处理量达到了500 t/d,但与发达国家相比仍有差距。必须在注重开发国产大型设备的同时,更加重视设备运行的稳定性、节能性,关键部件如齿辊、轴承等必须由专业厂家提供或从国外引进。在大型设备工艺性能方面,设备制造企业必须加大科技研发的投入,开发具有自主知识产权的先进设备。

(3)大型设备稳定运行必须实现设备的机电一体化和自动控制,如采用变频喂料机构、设备过载报警和保护机构、液压调节辊间距机构、变频调节两辊速差装置等。此外,注重设备的系列化,满足不同生产厂家的需要,方便设备配备件的及时购买。

3)软化设备

机械设备的发展必须与生产的规模化、加工工艺的进步、产品质量的提高和能源消耗的降低相结合。卧式滚筒软化锅是伴随着油厂大型化发展起来的新兴设备,发展的趋势是设备运行的稳定性要高,利用变频技术控制油料在设备内软化的时间,利用软化物料的温度自动控制蒸汽的输入量,利用设备内部蒸发或冷凝过程自动调节软化的直接水或蒸汽的用量。

4)轧坯设备

根据国产轧坯机与国外先进设备的差距,今后一段时间必须开展以下方面的研究和开发工作。

(1)在现有大型轧坯机产品质量的基础上,进一步完善设备运行的稳定性,国家科技攻关计划中将大型轧坯机机电一体化作为重要课题进行研究。

（2）现有设备制造企业应与国内大型机械科研院所协作，就目前轧坯机存在的轧辊辊面强度弱、液压系统控制反应速度慢、轧坯机辊间压力小、机体动平衡不高、喂料系统自动控制不足等突出问题进行专题研发，开发具有自主知识产权的装置，尽快提高现有轧坯机工作性能。

（3）加大力气研制单机处理量在 500 t/d 的大型轧坯机，研制必须高起点，瞄准国外先进机型进行攻关，以智能化采集、控制装置为前端，提高设备机电一体化和自动化控制水平。

5）挤压膨化设备

随着油脂加工企业对油料挤压膨化技术的重视，国内油料挤压膨化机将有较大发展。目前，国外制造商如巴西 Tecnal 公司和美国 Anderson 公司的产品，已经标准化、系列化、大型化。我们应研制节约热能和电能的高效装置和部件，以符合节约型经济的发展趋势。

6）蒸炒设备

一个时期以来，国内对蒸炒锅的研制只局限于适应油厂的大型化。随着国家新食用植物油标准实施和人们需求绿色安全食品意识的增长，对油料压榨制油，特别是强调多出油、出好油，应考虑在现有立式蒸炒锅的基础上，开发出几种高效节能型蒸炒设备，改变立式蒸炒锅"一花独放"的局面。目前，国产立式蒸炒锅存在着处理量达不到预定产量、动力消耗大、减速装置输出功率大、易损坏、整体设备机电一体化水平低等缺点。根据油厂不断大型化的发展趋势，针对油料蒸炒环节时间长的状况，我们可以利用立式蒸炒锅自蒸作用好和卧式蒸炒锅干燥去水能力强的优点，开发出这两种形式相结合的大型设备，同时将变频技术、光电控制技术应用于新开发的设备中，提高蒸炒环节的自动化程度。

7）榨油设备

螺旋榨油机是国际上主要的制油机械，国内外一直在致力于改善其产量和能效。世界著名的螺旋榨油机生产厂商有美国弗伦奇（French）、安德森（Anderson）、德国克虏伯（Krupp）和英国西蒙-罗斯唐斯（Simon-Rosedowns）等公司。这些制造厂商生产的螺旋榨油机，一次压榨能力高达 200 t/d，干饼残油率低于 3%，预榨能力高达 500 t/d，预榨饼残油率为 12%。我国榨油设备制造企业应借鉴国外先进技术，提高榨油设备的性能指标，以满足油脂工业发展的需要。

（1）在完善现有预榨机功效的基础上，继续开发处理能力 500 t/d 的大型预榨机，建立榨油机的数学模型，并在生产实践中不断校核基础数据，提高出油率。

（2）设备材料是制约榨油机性能的一个关键因素，国内厂家一般采用 20Cr 渗碳淬火对设备易损件进行表面硬化处理，但易损件的使用寿命只有 6 个月左右。国外制造厂则是在易损件表面喷涂非常硬的高铬或钴基合金。英国西蒙-罗斯唐斯（Simon-Rosedowns）公司采用渗氮技术直接在钛基合金表面形成钛氮薄膜进行研究攻关，利用计算机对材料配方进行优化，最终筛选出一系列新的耐磨零部件材料。

（3）将变频等现代控制技术应用于国产压榨机，保证设备运行时喂料量、榨膛压力等的稳定性。

（4）为了满足油料冷榨工艺的需求，开发用于冷榨的高效能冷榨机。

2. 林药加工技术装备

气流粉碎是一种先进的粉碎技术，用于林药精细加工的研究才刚刚起步，存在的问题还有很多。林药与一般的无机矿物相比既有共同性又有自身的特点，其粉碎工艺是否可控是该技术能否应用于林药精细加工的核心，对此需进行以下两个方面的研究：

（1）结合粉体的一般特性和林药自身特点，确定制备工艺流程：药材→初步粉碎→气流粉碎→旋风分离→质检→包装→成品。

（2）进行制备工艺参数的筛选和优化。

① 干燥水分。水分往往影响物料的特性，烘干是为了控制水分，一般水分越少越易粉碎，要求水分小于 4%，以此为指标筛选和优化

烘干方式、烘干温度、烘干时间等因素。

② 气流粉碎参数。气流粉碎机的主要技术参数包括粉碎室直径（m）、粉碎压力（MPa）、加料压力（MPa）、耗气量（m³/min）、处理量（kg/h）、空压机功率（kW）、给料粒度等。选择产品粒度为试验指标，进行正交试验设计和优选气流粉碎机的技术参数。

③ 粉体分级参数。影响粒径分级的主要参数有离心式空气分级机的转速、加料量、二次风量，以分级粒径为指标正交筛选粉体分级参数。

3. 其他林副产品加工技术装备

1) 过滤、分离设备

加快大型过滤设备的研制，提高自动化水平。蝶式分离机应向大型化和自动化方向发展，以适应不同物料的要求；提高设备节能降噪和分离效果，开发耐腐蚀、耐磨损设备；加快超临界萃取技术设备的国产化研究，使其尽快转化为生产力。

2) 粉碎均质设备

加强关键部件的研究，提高其耐磨性、耐腐蚀性和抗冲击性；加强密封材料的开发，提高其耐压和耐高温性能；开发泵式高剪切均质机、骨磨机和高射流均质机；加快超微粉碎机的推广；开发配套的自动控制设备。

3) 杀菌设备

提高杀菌设备的自动化水平及其检测和监测仪器的可靠性；加快高压杀菌设备的研制推广；发展超声波杀菌技术、磁声杀菌技术及脉冲灭菌技术。

4) 干燥设备

加快开发、研制、完善自动控制系统和热泵技术，提高干燥设备的性能；开发热回收装置，提高能源利用率；加快微波热风干燥技术的推广；加快开发超声波干燥技术和旋流干燥技术；开发连续式真空冷冻设备；开发管式喷雾干燥设备（闪蒸式喷雾干燥设备）。

参考文献

[1] 韩锋.林下经济发展及对林农影响研究[D].北京：北京林业大学，2015.

[2] 罗志斌.基于SWOT分析的福建省林下经济发展研究[J].黑龙江生态工程职业学院学报，2020,33(2)：24-26.

[3] 劳万里,吕斌,唐召群,等.近年来我国木竹地板产量变化趋势分析[J].林业机械与木工设备，2020,48(4)：22-25.

[4] 劳万里,张冉,段新芳,等.我国木材贸易现状、存在问题及建议[J].林业机械与木工设备，2019,47(11)：4-8,13.

[5] 罗梅,刘延鹤,蒋鹏飞,等.我国林业装备的发展现状及未来趋势[J].林业机械与木工设备，2021,49(1)：8-11,17.

[6] 包呼和.林业机械在生态林业修复发展中的应用[J].林业机械与木工设备，2021,49(1)：40-42.

[7] 赵岩,薛惠锋.森林资源型城市经济发展转型问题研究[J].中共中央党校学报，2009,13(3)：37-41.

[8] 罗万杰.发展特色林果业助推新疆经济腾飞[J].农产品加工（创新版），2012(9)：40-42.

[9] 张海军,张娟.新疆林业绿色产业现状及发展趋势研究[J].林业勘查设计，2016(2)：28-30.

第22章

竹材加工机械

我国地处世界竹子分布中心产区,竹子有40余属、500余种,面积达673万 hm^2 ,占世界竹子资源的1/3,素有"竹子王国"之美称。竹子具有生长速度快、成材时间短、力学性能优异等特点,是优良的代木材料。当今我国年产竹材15.39亿根,可替代约2300万 m^3 的木材量。自20世纪70年代以来,我国先后开发出竹编胶合板、竹地板、竹建筑模板、竹集成材、竹材层压板、竹材刨花板、竹木复合板等产品,广泛应用于建筑车辆、包装、装饰、家具等领域。竹产品的开发利用充分发挥了我国的竹资源优势,一定程度缓解了当前我国优质木材资源的供需矛盾,有效推动了我国生态文明建设。目前,我国是全球最大的竹制品出口国,2017年竹产业年产值为2346亿元。根据《全国竹产业发展规划(2013—2020)》,2020年,我国竹产业总产值超过3000亿元,竹产业直接就业人数达到1000多万人。当前,我国竹材工业的研究主要集中在竹缠绕复合管、竹质结构材等新材料开发等方面,而关于竹材加工机械特别是初加工机械方面的研究相对薄弱,但近年来随着劳动力成本的上升,已引起研究人员及相关企业的高度重视。相比于木材而言,竹材具有表面结构致密、壁薄、中空、有节等特性,因此初加工包含锯竹、分选、剖竹、开片、去青去黄去节、初刨、精刨等多道工序,属于劳动密集型产业,初加工设备自动化水平普遍较低,需要人工辅助以完成各基本单元的制造,存在

工人劳动强度大、工作环境差、企业生产成本高等问题。

22.1 竹材初加工机械

22.1.1 概述

竹材初加工主要包括锯竹、分选、剖竹、开片、去青去黄去节、初刨、精刨等工序,其主要生产工艺流程为:竹材→截断→分选→开条→开片→粗刨→干燥→精刨,对应的竹工机械是锯竹机、分选机、剖竹机、剖篾机等。目前剖篾、粗刨、精刨设备相对成熟,工效较高,而锯竹、分选工序仍需依靠人工或人工辅助完成,需要3个工人分工完成放置、锯断原竹及竹材径级分选作业。锯竹时,工人通过手工作业将原竹放上锯断机上进行锯断,劳动强度大。分选时,通过工人视觉识别竹材径级,一方面工人劳动强度较大,另一方面分选精度受工人工作经验的限制,因此竹材分选结果可能存在较大差异;此外,当进行长时间作业后,分选工人容易产生视觉疲劳,这也会对竹材分选结果造成一定影响。剖竹方面,现有企业生产的竹材径向剖分设备能够自动对壁厚相近的竹材进行外径测量,而后自动选择合适刀盘进行剖竹,得到符合生产要求的竹条,用于竹制品后续加工。但是多数竹材初加工企业依旧使用半自动化的破竹机,工人通过视觉识别竹筒径

级并手动选择刀盘,而后手臂托举竹筒放置于刀盘和运动的推进柄之间进行剖竹,不仅劳动强度大,操作过程中存在安全隐患,且生产精度较低。此外,现有锯竹机、分选机、剖竹机为单机工作,设备之间无相连性,自动化程度较低。

22.1.2 定义

竹材初加工机械是指以锯竹、分选、剖竹、开片、去青去黄去节、初刨、精刨等工序为基本加工对象的机械或设备的总称。

22.1.3 类型及应用场所

竹材初加工机械主要包括竹瓦机械、竹条机械、竹片机械。

1. 锯竹机

20 世纪 70 年代前,手工业者使用手锯锯断原竹。70 年代后,电锯、油锯逐渐取代手锯用于锯竹作业。经过几十年的发展,目前生产中主要应用原竹锯断机(见图 22-1),其由机架、锯片、手柄、电动机及定长导轨组成。锯竹时可根据竹制品生产要求将原竹锯断机的定长导轨移动到适合位置固定,而后将原竹推送至定长导轨的挡板处进行锯断,得到长度相同的竹筒,不过该设备锯竹时竹屑容易飞溅伤人。黄学良设计的环保型原竹锯断机,较好解决了此问题,其在原竹锯断机的基础上增加了箱体和除尘机构,箱体将锯片包裹在内,不仅阻挡锯竹时飞溅的竹屑,同时对操作人员起到一定保护作用,但该设备仍需人工操作。提高自动化程度是为了提高生产效率和降低劳动强度,机械研究人员致力于研发原竹自动定长截断设备,如梁瑞林研制的竹木加工定长截断设备。该设备通过传送带上的固定装置和限位块实现对原竹的自动定长截断作业,降低了工人劳动强度。不过设备无法识别并避开竹节进行切割,若切割到竹节会使该处竹筒壁破裂,得到残次的竹筒,且相比于人工锯竹,锯竹速度较慢,不适应于当前竹材初加工市场。

2. 分选机

竹筒分选是根据竹筒径级及竹壁厚度进行分选。目前竹材初加工企业大多以人工进行竹筒分选,工人劳动强度大,分选精度低。何治建设计的竹材尺寸自动测量装置解决了分选精度低的问题。该装置包括送料机构、提升机构及测量机构。分选时,送料机构先将竹筒逐根送至提升机构,接着提升机构将竹筒提升至竹材夹持架上,竹材夹持架再将竹筒移动到测量位置,此时外径测量机构和壁厚测量机构同时对竹筒进行测量,而后设备显示屏上显示竹筒外径和壁厚数值,工人根据其数值对竹筒进行分选,提高了竹筒的分选精度,但该设备测量完成后仍需人工对竹材分选,工人劳动强度没有得到改善。

3. 剖竹机

剖竹机又称开条机、破竹机,是一种将竹筒劈裂成竹条的设备(见图 22-2)。几十年前,一种半自动化的破竹机出现于市场上,逐渐代替手工剖竹应用于实际生产中。如今因价格低廉占据大部分市场。该破竹机主要由推进机构、传动机构、刀盘组件及机架组成。其工作过程为:设备处于开机状态时,推进柄将一直进行直线往复运动;破竹时,工人通过视觉识别竹筒径级,从而选择适合刀盘放入刀盘座;接着工人将竹筒放置于刀盘和运动的推进柄之间,然后推进柄向前运动直至触碰到竹筒,而后继续向前推进直至竹筒完全通过刀盘,此时完成破竹作业。整个破竹过程工人需以手臂托举完成对竹筒的支撑,不仅工人劳动强度大,操作过程中存在安全隐患,且生产精度较低。

图 22-1 锯竹机

图 22-2　剖竹机

在当今招工难、用工贵的新形势下,"机器换人"已经是竹材初加工企业进一步发展的趋势。剖竹机作为竹材初加工的主要生产机械之一,近几年许多企业投身于自动剖竹机的研发。其中,浙江安吉吉泰机械有限公司、广东省广宁县亚达实业有限公司、广众竹业机械厂等研制的自动分选剖竹机已在生产上进行应用。其生产的剖竹机大同小异,下面以浙江安吉吉泰机械有限公司研制的剖竹设备进行介绍。该剖竹设备主要由上料组件、测量组件、夹持组件、加压组件、刀盘组件、输出组件及机架组成。剖竹时,人工将壁厚相近的竹筒放于上料组件,接着上料组件将竹筒送至测量处,然后测量组件对竹筒进行外径测量,进而自动选择合适的刀盘进行剖竹,得到符合生产要求的竹条,自动化程度高。

22.2　竹材人造板机械

22.2.1　概述

竹材人造板是以竹子或部分竹子为原料,经过切削加工、干燥、施胶、组坯、压缩胶合等一系列工艺,进而制造成的一种人造板材。竹材人造板幅面大,材质细密,不易开裂,尺寸稳定性好,具有抗压、抗拉、抗弯强度高,刚性好耐磨损,各向异性差异小等优点。竹材人造板品种繁多,从竹材结构单元在人造板中的分布状况来看,竹材人造板主要有竹胶合板、竹集成材、竹地板、竹层积材、竹复合板、竹碎料板

和竹纤维板七大类,主要用作装饰材料、建筑模板、车厢底板、包装箱板、家具面板等,广泛应用于建筑、包装、家具、运输等行业。

22.2.2　定义

竹材人造板加工过程中,用以切削加工、干燥、施胶、组坯、压缩胶合等一系列工艺的机械设备统称为竹材人造板机械。

22.2.3　类型及应用场所

为了使竹材人造板用于汽车、火车、建筑、集装箱等工业部门,必须根据竹材人造板板种的不同,设计制造不同的竹材加工机械,竹材板热压机如图 22-3 所示。竹材人造板前期加工设备有所不同,表 22-1 为竹材人造板构成单元及其加工机械。

图 22-3　竹材板热压机

表 22-1　竹材人造板构成单元及其加工机械

序号	竹材人造板品种	构成单元主要加工机械
1	竹材胶合板	带沟槽等厚竹片展平机、刨削机
2	竹篾层积材	弦、径向竹篾弦、径向剖篾机
3	竹帘胶合板	弦向竹篾帘弦向剖篾机、编织机
4	径向竹篾帘复合板	径向竹篾帘径向剖篾机、编织机
5	竹席胶合板	径向竹篾帘径向剖篾机、编织机
6	束篾帘复合板	束篾帘径、弦向剖篾机、编织机
7	竹地板	等宽等厚竹片锯竹机、刨削机

续表

序号	竹材人造板品种	构成单元主要加工机械
8	重组竹	网状竹束辊压机
9	竹刨花板	竹碎料碾压机、粉碎机
10	竹贴面装饰材料	竹单板软化设备、旋切机

（1）胶合板成套加工设备。主要有竹材初加工设备、展平机、去青去黄机、定型干燥机、刨平机、涂胶机、压机、铣边机、接长机、裁边机等单机。

（2）竹帘胶合板成套加工设备。主要有竹材初加工设备、成形机、编织机、涂胶机、热压机、裁边机等单机，有的还配有立式浸胶机。

（3）竹地板成套加工设备。主要有竹材初加工设备、去青去黄机、上下重型多片锯、连环修平机、拼板热压机、压刨机、地板直线修边机、修边起槽成形机、地板铣机、开榫机、砂光机、淋漆干燥机等单机。

（4）竹碎料板成套加工设备。主要有粗粉碎机、干燥机、细粉碎机、施胶机、铺装机、预压机、热压机、除尘机及裁边机等单机。

22.3　竹制品成套机械

22.3.1　概述

竹制品是指以竹子为加工原料制造的产品，多为日用品，如竹篮、竹筛、竹笊篱、筲箕、竹蒸笼、炊帚、竹畚箕、竹畚斗、竹耙、箩筐、竹扁担、竹筷、竹扫帚、竹笠、竹匾、竹背篓、竹簟、竹席、竹床、竹凳、竹椅、竹躺椅、砧板、凉席、茶杯垫、窗帘等，还有一些价值较高的，如竹雕等民间工艺品。竹炭产品也很有前景。湖北咸宁盛产毛竹，咸宁的竹制品造型别致，雕刻细腻，色泽光亮，花色品种多样，行销国内，为传统的地方工艺品，深受游客欢迎。

22.3.2　定义

竹制品成套机械是指以竹制品为加工对象的机械或设备，一般指竹编凉席成套加工设备、竹筷、签棒加工设备、竹化学加工设备。

22.3.3　类型及应用场所

（1）竹编凉席成套加工设备主要有竹材初加工设备、开片机、成形机、抛光机、编织机、热压机（有的厂家称背糊机）等单机。

（2）竹筷、签棒加工设备主要有竹材初加工设备、冲坯机、磨光机、竹筷和签棒抛光机、竹筷成形机、磨刀机等单机。

（3）竹化学加工设备包括竹干馏加工设备（包括竹炭加工设备、竹醋液提取设备等）、竹饮品设备等。

① 我国目前的竹炭加工设备除了竹初加工设备外，主要是"土窑法"的土窑设备、"燃烧炉法"的燃炉设备和"高质炭窑"的引进设备，如竹炭化机、竹炭干燥机等。

② 竹醋液和竹饮品加工设备除了竹初加工设备外，主要包括预热塔、燃烧炉、蒸馏塔和冷凝装置、冷却分离机等。

此外，竹干馏加工设备包括备料、干馏、精馏、普通竹炭制品、纳米改性竹炭制品加工机械等。竹化学加工设备的特点是投资较高、无大气污染、无水污染及噪声污染小等特点。

22.4　竹纤维加工机械

22.4.1　概述

竹纤维是利用专利技术生产的，以竹子为原料，经特殊的高科技工艺处理，把竹子中的纤维素提取出来，再经制胶、纺丝等工序制造而生成的再生纤维素纤维。

22.4.2　定义

竹纤维加工机械是指以竹纤维为加工对象的机械或设备，除了竹初加工设备外，还有专用碾压机、成形机和热磨机等。

22.5　其他竹材加工机械

22.5.1　竹材家具加工机械

竹材家具加工机械一般借用木工机械设

备。木工机械经过近10年的发展,品种众多,门类齐全。由于新技术的不断出现和应用,木工机械的技术水平正以迅猛的势头向前发展。优质高效的自动、半自动机床,以及高精、高效是木工机械的发展趋势。鉴于木工机械的良好技术基础,目前竹材家具加工机械有竹(木)工开榫机、竹(木)工榫槽机、竹(木)工铣床、竹(木)工刨床、竹(木)工砂光装置、修边装置、封边装置及涂胶装置等。

22.5.2 竹材软化机械

在生产竹质板材时需要将竹材展平或弯曲,而竹筒外表面受的压应力和内表面受的拉应力相当大,竹筒展平或弯曲时的拉伸应力大大超过竹材横向的结合力(即许用应力)。减小竹材弹性模量的方法和措施称为竹材软化。

为获得胶合性能好、成品厚度均匀的竹材胶合板,"展平-辊压"后的竹片必须进行刨削加工去掉一层很薄的竹青和竹黄,以改善竹材对胶黏剂的润湿性,提高胶合强度。

在竹软化过程中,主要采用链式输送软化机来完成竹片的高温软化。

22.5.3 竹纸加工机械

目前,竹纸生产设备一般沿用木浆造纸设备并稍加改进。竹材造纸机械有原竹切片机、原竹打浆机、竹片打浆机、磨浆机、洗浆机、原竹废料打浆机、真空泵、抄纸机及烘干炉机等。

22.5.4 新型竹质定向刨花板加工关键设备

竹质定向刨花板是一种以竹材为原料,通过专用设备将其加工成一定形态规格的刨片,经干燥、施胶和专用设备将竹质刨片纵横交错定向铺装后,再经热压成形的一种新型人造板。

(1) 竹材OSB削片设备(见图22-4)。与木材相比,竹材具有竹节空心、纤维间的结合强度和韧性较低的特点,因此不能采用木材削片常用的盘式或鼓式削片机对竹材进行削片。而是采用外环式削片原理,并对进入削片机内

图 22-4 竹材削片机

的竹材毛坯进行三面定位限制。

(2) 竹刨花干燥机(见图22-5)。竹刨花干燥的技术和设备与木刨花相比大体相似,但有自己的特点:相对木刨花而言,竹刨花较薄,较规整,在实际生产过程中更容易破碎,因此为了快速干燥和尽量减少竹刨花破损率,一般采用刨花板用的转子式刨花干燥机或回转式刨花干燥机,但干燥机转子或滚筒的转速较木刨花干燥机慢;由于竹刨花较薄,较规整,为了减少干燥对竹刨花形态和后续施胶及成形的影响,应减少干燥应力。因此竹刨花使用的干燥介质温度应比一般木刨花干燥使用的温度要低;为了不影响干燥速率和干燥机的生产能力,竹刨花干燥机的转子和滚筒比木刨花干燥机要长;与木刨花比较,竹刨花更容易着火,因此干燥系统中应配备防火、防爆安全控制系统;为了保证竹刨花的干燥质量和满足工艺要求,竹刨花应借助于具有严格防火防爆控制及较慢转速的干燥设备。

图 22-5 竹刨花干燥机

(3) 竹刨花的施胶设备。在竹质定向刨花板生产过程中,为了提高施胶质量及尽量减小

竹刨花破损率,一般采用木质定向刨花板常用的辊筒式拌胶机。为满足工艺要求,必须对木质定向刨花板用的辊筒式拌胶机进行技术改进:由于竹刨花形态较大,为了满足施胶量和施胶均匀性的要求,应增加喷嘴数量和增大喷嘴出口到拌胶机中刨花的距离。

除以上设备,还有其他一些竹产品加工机械,如水果叉成形机、竹饭匙分片粗坯机、竹饭匙精坯成形机、竹饭匙自动仿形成形机、竹签削尖机、编织针削尖机、全自动沾棉机等。

在实际生产中,由于竹初加工和某些深加工原理的相似性,一般都采用通用的竹单机加工设备,比如竹初加工设备、磨机、热压机等,这便于竹材加工企业增加产品品种、改善产品结构和利于竹材加工技术装备的通用、升级及降低生产成本。

22.6　国内外发展现状及趋势

22.6.1　现状

竹子是世界第二大森林资源,分布十分广泛,从热带到温带甚至寒带均有分布,主要分布在热带、亚热带地区,在亚洲尤为丰富。竹材加工技术装备的发展与竹材资源的分布具有相关性。竹材加工技术装备研发制造和普及使用程度也呈现严重的地区性差异。

1. 亚太地区的竹材加工技术装备

亚太地区是世界上最大的产竹区,有竹子50属,900多种,面积达1400万 hm^2,占世界竹林总面积的70%左右。其中杆形粗大、材质良好、有经济价值的竹约100种。本地区拥有竹工艺品、竹家具、竹建筑、竹浆造纸等门类较为齐全的竹材加工机械设备制造能力。

印度的竹子种类和竹林面积仅次于中国,共400多万 hm^2。印度竹子利用消耗量很大,广泛用于建筑,其主要是竹材原态利用,因此在加工过程中使用竹材初级加工设备较多,技术含量较低。除此之外,竹材主要用来造纸,竹浆造纸加工设备较多,但一般是引用木浆造纸技术设备。

缅甸有竹子90余种,竹林面积高达217万 hm^2。近年来,相继建造了几个竹材造纸厂。竹材加工设备主要是竹浆造纸成套设备。如按人口计算竹子消耗量,缅甸属于竹子消耗量最大的国家,竹材加工技术装备使用潜力巨大。

泰国的竹子有12属50多种,竹林面积超过100万亩。泰国人的生活与竹子息息相关,农村的居民和日常生活用品大量使用竹材,竹制品也非常丰富。泰国的竹初级加工机械及竹工艺品加工设备较为齐全。

菲律宾的竹子有12属55种,竹林面积达2万亩左右。竹制品从一般竹椅、竹桌、竹床到较高档的竹沙发、席梦思都有生产。菲律宾地处热带,房舍考虑通风,家具考虑凉爽,因此大量用竹建造廉价房屋和制作不同等级家具。因此,菲律宾的竹建筑及竹材家具加工机械设备品种较为齐全。

日本现有竹子13属230多种,竹林面积12.5万 hm^2,年产竹材20万~30万 t。日本竹材加工利用,多数是制作工艺品、日用品、衣架、装饰和篱笆等。全国从事竹制品工人10万人。竹子加工厂多为小型工厂或家庭作坊。依托其发达的工程机械和木材加工机械的制造基础,日本竹材加工设备技术含量较高,但仍远远落后本国其他机械行业。

由于多种原因,其他亚洲国家如柬埔寨、越南、印度尼西亚等工业用竹材加工技术装备几乎为空白。

2. 南美洲的竹材加工技术装备

南美洲的竹林面积仅次于亚太产竹区,共有18属270多种,面积约10万 hm^2。墨西哥、哥斯达黎加、危地马拉、洪都拉斯、哥伦比亚、委内瑞拉及巴西的亚马孙流域,均是竹子分布的中心区域,竹种多,面积大。竹子在该地区的主要用途是用于防震建筑、造园、室内外装饰、少量造纸,大规模竹材加工尚未形成。该地区竹材加工技术装备主要为少量的初级加工、建筑及造纸设备。

3. 非洲的竹材加工技术装备

非洲的竹子分布范围较小,由非洲西海岸的塞内加尔南部直到东海岸的马达加斯加岛为非洲竹分布的中心,共14属50种,估计面积达150万 hm²。在东非的马达加斯加岛,竹子有11属40种。非洲的竹材多为当地居民小规模使用,工业化利用竹材刚刚起步,竹材加工技术装备极度不发达。

由于历史的原因,20世纪30年代以前,世界竹材的工业开发几乎还处于空白状态,多采用手工小作坊方式进行初级加工生产。随着木材资源的减少和世界各国对生态环境的重视,对竹材资源的开发提出了新的要求。竹材资源手工小作坊的加工方式,已满足不了其大工业开发的要求。由于竹材加工装备普遍不发达,目前,应该把木工机械完全或稍加改进引入竹材加工业。

由于世界上产竹国家的社会经济发展水平和文化背景的不同,形成了竹子利用的不同层次。比如,在巴西、哥伦比亚、马来西亚、斯里兰卡、孟加拉国等国家,竹子主要以原竹形式用于传统的竹结构建筑,其竹材加工技术装备也就主要以竹材初加工设备和竹建筑用机械设备为主;在中国、印度等国家,除了以原竹形式用于结构建筑以外,还以竹代木生产纸浆、纸张和竹板材,因此竹材加工技术装备门类较为齐全;在日本,竹子作为原料深层次加工成饲料和活性炭等,同时,为了保护本土资源,提倡竹材的深精加工,竹化学和深加工机械技术较为领先。

20世纪30年代后,日本首先采用电动驱动的机械加工竹制品,并使加工机械成为定型的设备,推动了竹制品转入现代化机械生产。20世纪50—60年代,竹材加工技术设备生产的重心逐步由日本转移到中国台湾省。近年来,中国大陆竹材加工设备行业取得了很大的进步。

就全世界而言,竹材加工技术装备整个行业是落后的,竹工机械制造研发能力还处于初级阶段,不仅远远滞后于其他机械制造行业,而且落后于木材加工机械。

在20世纪70年代以前,我国只能采用手工方式和小型机械对竹材进行简单的初级加工,生产方式非常落后。从80年代初期开始,采用热压机生产竹席胶合板,供包装、建筑行业使用。1984年首次从海外转口引进台湾锦荣机器厂的卫生筷生产线,分别安装在福建和湖南的两个工厂。与此同时,经过科技人员引进消化,竹材加工机械的研制工作也随之起步,而且发展较快,配套成线并形成规模。如湖南省吴旦人先生开发了竹地板系列产品,其相应的竹拼地板加工机械设备也随之系列化地被开发出来;随后,南京林业大学研究了竹胶合板生产工艺技术,应用于载货汽车车厢底板及建筑模板,并由苏州林业机械厂(现苏州苏福马机械有限公司)等厂家生产出相应的成套加工机械设备;重庆家具研究所开发了竹旋切片贴面板,中南林业科技大学等开发了竹碎料(竹屑)板;湖北省也生产了系列竹制品加工设备等。国内逐步出现了竹地板加工成套机械设备,竹胶合板加工厂成套机械设备,竹凉席、保健竹凉席、竹筷等产品加工成套机械设备。

进入21世纪,随着我国对竹材加工业的逐渐重视和竹产业的扩大,竹产业产值逐年增长,给竹材加工技术装备提供了广阔的舞台。特别是近年来,随着竹产业的迅速发展,竹材加工技术装备研发与制造取得了长足进步。经过从国外和跨行业引进消化技术,竹材加工技术装备的研制工作也随之起步,竹材加工业由传统手工作坊逐步转向机械化、工业化,从初加工向综合利用转变。浙江安吉响铃竹木机械公司研发了超高速竹片四面精刨机,浙江德迈竹木机械公司开发了竹板坯双面修直机等;西南林学院开发了竹大片刨花板成套加工设备;南京林业大学等开发了新型竹材人造板、竹炭和竹醋液等成套加工设备;国家林业局北京林业机械研究所和镇江中福马机械有限公司联合开发了竹质定向刨花板刨片机。先后成立了南京林业大学竹材工程中心、中国林科院竹工机械研发中心等竹材加工技术装备科研机构,提高了竹材加工技术装备研发制造能力。

22.6.2　发展趋势

随着科学技术的进步、竹质新材料的开发

及竹材加工工艺理论的深化,竹材加工技术装备在品种数量、动态和静态性能、精度、机械化、自动化、安全性、高新技术应用及降低能耗等方面呈现出快速发展的态势。竹材加工技术装备的发展呈现出以下特点。

1. 种类细化及专业化

随着竹质新材料产业的迅速发展、竹材产品的增加及产业结构的变化,必须开发出与之相适应的高效竹材加工技术设备,来保证竹质新材料的工业化生产,同时提供越来越多整条生产线的技术和设备,满足用户的特殊要求,竹材加工新设备竞争能力明显增强。竹材加工设备分为竹材初加工设备、竹材人造板和竹编凉席成套加工设备、竹化学加工设备、纤维加工设备、竹筷及签棒加工设备、竹纸加工设备及竹材家具设备等,此外还包括竹材软化、蒸煮、防腐、防蛀等设备。随着竹材加工业的发展,竹材加工技术装备的种类也会越来越多,竹材加工技术装备必将向精细化、专业化方向发展。

2. 广泛采用现代信息控制技术

随着微电子技术、计算机技术的迅速发展和控制论的广泛应用,越来越多的现代数控技术将应用到竹材加工技术装备上,以提高竹材加工的精度、加工柔性和生产效率。具有代表性的有数控加工中心、数控雕刻机、数控板材锯切中心、数控多排钻、数控餐椅组件加工中心和数控仿形刀磨机等,使竹材加工技术装备实现智能化升级。

3. 竹材新工艺促进竹材加工装备 的技术进步

随着竹材加工新工艺的不断涌现,人们对传统的竹材加工技术和装备提出了新的要求,推动了竹材加工行业的发展。如新型竹炭成套设备优化了高质竹炭的制备;工程结构用竹材指接设备技术提高了竹材重组材、集成材的质量和强度;高速多片锯开料锯切工艺实现了开料锯切和刨切工序的统一;竹质定向刨花板刨片机开创了竹质刨片切削方式,使之生产出来的竹质定向刨花板主要物理指标高于木质定向刨花板。新的竹材加工工艺促进了竹材

加工技术装备的研发。

4. 各种现代先进技术应用于竹材加工 技术装备

现代控制技术、机器人技术、工业自动化技术、新材料技术、环保装备技术、无损检测技术、信息网络技术等现代先进技术成果开始应用于竹材加工技术装备上,对竹材加工技术装备的发展起到推动、提升和改造的作用,其先进的技术含量将成为市场竞争取胜的关键。

5. 竹材加工技术装备呈现高效率化、 精确化

现代竹材加工业的发展趋势从原料制备、产品加工到成品,竹材加工的各环节生产速度将大大提高,呈现高效率化,生产成本将会降低。在竹材产品生产过程中,由于加工机械的精度不够,加工出来的很多产品较为粗糙。为提高现代竹材制品的质量,加大竹材加工产品的精确度,从而提高竹材新材料的使用价值和产品附加值。

6. 加速科技创新能力

由于竹材加工技术装备长期处于追踪和模仿木工机械和其他机械行业的状态,其自身在科技创新方面还很欠缺,设备创新设计和工艺研究开发能力不强,尤其是关键设备和工艺技术创新能力不足。随着全球竹材产业的蓬勃发展,竹材加工技术装备行业应加强科技创新,始终把高新科技研发放在首要位置;同时加强现代全球竹材加工技术装备人才培养,实现科技创新的可持续化。

22.7 发展历程及典型产品

我国竹材资源和竹材工业主要分布在南方省份,南方各省的竹材加工业及竹材机械的加工制造存在着地域性差异。以下为几个竹子主产区的竹材加工和加工机械的基本情况。

1. 华东地区竹材加工技术装备现状

我国竹材加工机械技术装备产业主要集中在华东地区的浙江省。竹产业作为浙江省林业的主导产业,产业规模不断扩大,经济效益稳步提高,竹产业在增加农民收入、促进区

域经济发展方面发挥的作用愈来愈显著。全省有 35 个县（市、区）的竹业产值超亿元，其中安吉县产值达 90 多亿元。竹子栽培面积不断扩大，经济效益、农民收入不断提高。随着浙江竹材工业的蓬勃兴起，竹材加工技术装备发展也较快。

浙江省竹材加工技术和设备水平不断提高，引领中国竹工机械制造行业的发展。在扩大竹编机、竹地板成套设备、竹胶合板加工机械等传统竹工机械生产和技术改进的同时，近年来新开发了生产竹纤维纺织品、竹叶黄酮系列保健品、竹炭系列产品、竹木复合板、竹材饰面板等现代竹材加工技术装备，拓宽了竹材加工技术装备的门类和技术含量，提高了竹材资源的利用率和附加值，推动了竹材的深精加工装备的研发制造。浙江省竹木创新服务平台和杭州大庄地板有限公司的刨切微薄竹生产技术装备与应用成果荣获国家技术发明二等奖。目前，仅浙江安吉竹产业园就集聚了竹加工机械企业 40 余家，从业人员 1200 余人，竹加工机械制造年创产值 3 亿元以上，竹工机械国内市场占有率在 90% 以上。竹材加工技术装备制造业逐步成为具有相对竞争优势的区域特色产业，涌现出了如安吉响铃竹木机械、吉泰机械、德迈竹木机械、天工机械有限公司等特色明显的竹材加工技术装备生产企业。浙江的竹材加工业和竹工机械制造业在国内处于领先地位，门类齐全，但也存在一些问题，如竹工机械产品重叠较多，市场存在无序竞争；竹材加工技术装备制造企业多为民营企业，专业理论基础不够深厚，不利于产品的推广和技术含量的升华；科技创新力量投入不足，不能有效推动竹材加工业全面机械化和自动化的发展。

2. 中南地区竹材加工技术装备现状

中南地区竹材加工区主要分布在湖南、江西及广东。

湖南省竹子种类有 19 属 136 种，全省竹林面积约 83.3 万 hm^2，主要是毛竹，面积约为 81.7 万 hm^2；先后涌现出桃江、绥宁、安化、桃源 4 个"中国竹子之乡"；湖南的竹胶板、竹工艺品、竹纸等已成为全国优势产品。全省有竹胶合板成套生产线 140 条，生产能力约 70 万 m^2，约占全国总产量的 22%。全省有竹地板成套生产线 50 条，品种 20 多个，占全国总量的 40%。竹工艺品是湖南的传统优势产品。全省凉席生产能力年产 1300 万床。竹砧板是湖南特产，年产 2500 万块，产值为 4 亿元。湖南省竹纤维产品是我国继大豆蛋白纤维后又一个具有知识产权的纺织产品。

目前，湖南省的竹工艺品加工机械基础较好，竹胶合板、竹地板、竹砧板、竹纤维成套生产线较为完善，拥有一定的竹材加工技术装备研发实力。但是，竹材加工技术关键设备主要依赖从江浙地区购置或国外引进等，从整体上制约了竹材加工技术装备的协调发展。随着竹产业的发展，该省大力促进竹产业和竹胶合板、竹地板、竹砧板、竹纤维生产设备技术升级，并把竹炭、竹醋、竹油、竹气作为竹材深精加工的主打产品。湖南省的竹材加工技术装备行业具有巨大的发展潜力。

江西省有竹林面积 66.99 万 hm^2，毛竹蓄积量为 10.6 亿根，年采伐限额为 4522 万根，均占全国总数的 21%。江西省竹产业主要是竹地板、竹胶合板、竹材造纸及竹工艺品等的生产，其竹材加工技术装备也主要集中在这些领域。该省除了康达竹业集团等少数龙头企业采取外省购置、技术改造来实现竹材加工机械装备升级换代之外，其他很多竹加工企业技术装备落后，生产条件简陋，在一定程度上制约了江西省竹材加工业的潜力释放。

广东省有竹类 20 属 150 多种，竹类资源十分丰富。目前，全省竹林面积达 433 万 hm^2，竹加工企业 2243 家。广东竹材加工业主要是竹工艺品、绿色食品、生活用品、建材装饰材料及制浆造纸等。广东省依托较好的木工机械条件，具有较好的竹材加工技术装备制造基础，但远不及省内的木工机械技术水平。未来依托外向型竹业经济，广东的竹材加工业及竹材加工技术装备主要是提高竹产品的高附加值和竹工机械自动化水平，促使竹材加工技术装备升级换代。

3．东南地区竹材加工技术装备现状

东南地区的福建省现有竹子 19 属约 200 种，其中毛竹面积已超过 86 万 hm²，竹林面积居全国榜首。福建竹业已牢固奠定了支柱产业的地位，成为农村经济发展、农民增收奔小康的绿色产业。全省现有竹加工企业 3000 多家，其中年产值千万元以上的企业 60 多家，产值 1 亿元以上近 10 家，基本形成竹材加工和笋制品加工两大体系 50 多个系列产品。福建省竹材加工技术装备研发制造能力较弱，不及相邻的浙江省，虽然有一定竹地板、胶合板等竹材加工技术装备生产能力，但总体水平与竹材大省地位不相符合。

4．西南地区竹材加工技术装备现状

西南地区竹材加工业以四川省和云南省较具规模。

四川省竹资源丰富，现有竹子 140 种，分布全省各地。全省现有竹林面积 46.7 万 hm²，材用竹林 15.07 万 hm²，纸浆竹林 15.73 万 hm²。竹材制浆造纸、竹建材、竹食品等各具特色，竹业经济初具规模。云南是世界竹类起源中心和现代分布中心，竹种资源十分丰富，共有 28 属 210 余种，共计竹林面积 331 万 hm²，堪称"竹类故乡"和"竹种宝库"，其中许多是优良的材用竹种或驰名中外的笋用竹种。一些竹种是世界上最为高大的竹种，其中有 50 种为云南所特有，丰富多彩的竹种为竹产品的开发创造了良好条件。

目前，四川省利用竹材制浆造纸技术和设备较为成熟，工艺水平和设备在全国处于领先地位，在泸州、眉山等地建立了多个规模较大的竹材纸浆生产基地。西南林学院联合昆明人造板机器厂等单位开发了竹大片、定向刨花板生产设备等。

由于多方面的原因，西南其他地区竹业和竹材加工技术装备业较为落后，有限的竹材加工设备主要靠从省外购置，没有形成该区域自主知识产权、具有品牌优势的竹材加工及其设备制造企业，竹材加工技术装备基础较为薄弱。因此，西南地区竹产业存在着竹材资源丰富和竹材加工工艺及其设备较为落后之间的矛盾。

参考文献

[1] 国家林业局.第八次全国森林资源清查结果[J].林业资源管理，2014(1)：1-2.

[2] 汪奎宏,李琴,高小辉.竹类资源利用现状及深度开发[J].竹子研究汇刊，2000,19(4)：72-75.

[3] 赵仁杰.关于发展竹材人造板工业的思考[J].林产工业，2001,28(2)：6-8.

[4] 朱云杰.浙江省竹产业发展情况[C].中国林学会第二届竹业学术大会会议论文集.昭通：中国竹类专业学术委员会，2005：6-8.

[5] 张勤丽.我国竹地板产业现状及发展趋势[J].林产工业，2013,40(3)：3-6.

[6] 李岚,朱霖,朱平.中国竹资源及竹产业发展现状分析[J].南方农业，2017,11(1)：6-9.

[7] 秦莉,于文吉.重组竹研究现状与展望[J].世界林业研究，2009,22(6)：55-59.

[8] 于文吉.我国重组竹产业发展现状与趋势分析[J].木材工业，2012,26(1)：11-14.

[9] 朱建东,臧慧兰.绿色建筑的新型建筑材料——重组竹[J].新型建筑材料，2011,38(7)：44-47.

[10] 于文吉,余养伦.结构用竹基复合材料制造关键技术与应用[J].建设科技，2012(3)：55-57.

[11] 张宏,胡迪,张晓春,等.户外用竹材重组材防霉性能研究[J].浙江林业科技，2015,35(3)：1-5.

[12] 秦莉,于文吉,余养伦.重组竹材耐腐防霉性能的研究[J].木材工业，2010,24(4)：9-11.

[13] 汪孙国,华毓坤.重组竹制造工艺的研究[J].木材工业，1991,5(2)：14-18,53.

[14] 叶良明,姜志宏,叶建华,等.重组竹板材的研究[J].浙江林学院学报，1991(2)：133-140.

[15] 李琴,汪奎宏,华锡奇,等.小径杂竹制造重组竹的试验研究[J].竹子研究汇刊，2002,21(3)：33-36.

[16] 李琴,张建,汪奎宏,等.新型复合竹地板热压工艺探讨[J].浙江林业科技，2009,29(5)：1-4.

第3篇

畜 牧 机 械

畜牧机械是指专门或主要用于现代畜牧业生产全过程，即从饲料生产、畜禽饲养到畜产品采集、收获和初加工的各种机械设备。广义地讲，畜牧机械还应包括畜牧业中移植和引用的通用机械，如动力、运输、耕作和工程等机械。按其功能与用途，畜牧机械大体可分为草原保护和建设机械、牧草和青饲料收获机械、饲草（料）加工机械、饲养机械、畜产品采集及加工机械等。

第23章

草原保护与建设机械

我国草地面积达 4 亿 hm^2,占国土面积的 41.7%。草地生长着盖度超过 5% 的草本植物、灌木和稀疏乔木,不仅为动物提供食料和生存场所,也为人类提供优良的生活环境和生物产品,是重要的自然资源。草地生态系统不仅具备涵养水源、保持水土、防风固沙、维系生物多样性、固碳和美化环境等生态功能,还具有生产多种草畜产品的生产功能,并维系着民族的团结和草原文化的传承。草地在全国陆地生态系统的结构、格局、功能和过程中占有重要地位,是实现现代农牧业转型的重要支撑。

23.1 草原保护机械

23.1.1 概述

草场是发展畜牧业必不可少的生产资源,但退化问题、虫鼠害问题严重威胁着草场质量。为了进一步提高草原建设水平,必须充分重视草原保护工作,这对提高草原建设水平与质量发挥着非常重要的作用,也是实现草原可持续发展的关键。

在居民点、畜群点、饮水点或河流,由于缺乏保护与管理措施,草地退化以同心圆或平行于河流、道路,逐步向外扩展,离基点、道路、水源越近,退化愈严重。因此对上述区域草场实施围栏,围栏内人工种植或常年禁牧,能有效控制草场退化。同时,对危害草原和牧草的有害生物进行防治,也是草原管理的内容之一。危害草原和牧草并造成经济损失的有害生物包括啮齿类动物(如鼢鼠)、昆虫(如蝗虫)、植物病原微生物、寄生性种子植物和杂草等。它们破坏草地土壤,食害牧草并使其产量、营养价值、适口性和消化率降低,导致草原退化。有些有害生物还能传播人畜共患疾病,如鼠疫等。某些有害生物自身含有或通过为害牧草产生有毒物质,常使家畜中毒或感染疾病。我国根据研究和防治的对象种类,将草原保护分为草原啮齿动物防治、牧草害虫防治、牧草病害防治、草地杂草防治等方面。主要的防治措施有植物检疫、抗病虫育种、化学防治、物理防治(如用鼠夹捕鼠)、生态防治(如焚烧残草、合理利用草地、不同种类的牧草混播)和生物防治等,使用较多的是化学防治。近年来提出的综合治理理论认为,有害生物是草原生态系统的组成成分,不必使其完全灭绝,而应采取措施调整系统内各因素间的相互关系与作用,将它的种群数量控制在经济危害水平之下,以获得最大的经济效益。

23.1.2 草原围栏

围栏封育作为生态恢复的重要手段,已成为我国草地治理的一项重要措施,也是简单易行且成效显著的措施。封育就是把草原封闭一段时间,不进行放牧或采草利用,以使牧草有时间积累足够的营养物质,逐渐恢复和增强营养繁殖和有性繁殖能力,使退化的草地得到改良的一种方法。在内蒙古草原退化的草地,一般围栏3年即可发生显著的变化,生产力就可有较大幅度提高。

草原围栏是在一定范围内用来控制牲畜,保证牲畜在固定的范围内采食和活动,让牧草得到恢复和生长的空间,从而调节牧草持续生长,供求平衡,使人为和气候等因素导致退化、沙化的草原植被得以恢复的一种基础设施,也是用来明确草原使用权的建筑物、调节草畜平衡的主要措施之一。

围栏是草原管理的手段,是有序保护利用草原的有效工具。围栏在我国草原地区已经普遍采用,在草原保护修复、合理利用方面发挥了积极的作用。围栏是由粗放型放牧转型为现代化放牧的枢纽,是退化草原修复的重要方式。合理设置草原围栏可以提高草场利用率和放牧效率,提高畜产品产量,并有利于放牧地区管理,恢复退化草地生产力,遏制草地退化趋势。草原围栏还可以节省牧业劳动力,能有效缓解草场边界矛盾。围栏措施较其他的草原恢复措施(施肥、补播、翻耕、人工草地等)具有投资少、简单易操作、易实施等优点,因此成为植被恢复的主要方式之一。通过采取围栏封育的措施可以在较短时间内恢复退化草原,草原生物量也在短期达到较优状态,地上和地下生物量都明显增加,生产力提高。围栏封育的结果受草原类型、退化程度、围封时间、封育方式的影响。

草原围栏的作用非常重要:①能保护牧草更好地生长和恢复,使草原的草场实现可持续发展,满足牧区民众的放牧、生活及生产需要;②由于围栏的不同作用和划分,能有效减轻牧区人民的劳动强度,同时保持牲畜丰富的供给;③草原围栏有利于工人草地饲草、打草,使草地获得更好的发展,提高产量。据调查,草原上出现的各种各样及不同用法的围栏,都是为了更好恢复草原植被所采取的措施,意在提高牧区人民珍惜草原的意识,保护自己的生活、生产环境,推动我国牧业健康、良性发展。

1. 类型及应用场地

草原围栏的分类通常是按使用目的不同和建筑材料的不同来划分的。按使用目的可分为人工饲草地围栏、放牧围栏和草原保护区围栏。人工饲草地围栏是指人工选择适宜的牧草种子,通过人工进行建植或者有意识地改良草地,或者根据家畜种类的需要,选择更加适合家畜食用的牧草进行种植培养;放牧围栏多用于划区进行轮牧的围栏,是把草原划分不同的片区,进行轮牧利用,留给草地恢复的时间;草原保护区围栏是一些具有特殊功能、用于科学研究的草原进行围栏保护,阻止或者减少人为干扰,保证科研的顺利进行等。按照围栏建筑时所需要的材料,草原围栏可分为钢筋混凝土立柱刺铁丝围栏、钢立柱网围栏、电子围栏和生物围栏。钢筋混凝土立柱刺铁丝围栏简称刺丝围栏,是用预钢筋混凝土筑成的立柱,加上不同材质的钢丝线材构成;钢立柱网围栏,又称为网围栏,是以角钢或有缝钢管为立柱,加上编结网形成的围栏;电子围栏是由蓄电池、变压装置和导线,还有绝缘立柱组成的隔离物,用于小面积草原夜间防护牲畜不受侵害;生物围栏是指用乔本、灌木、藤本植物营建成林作为草场的围栏方式,又称为林网库伦、生物围篱,是草原畜牧业中最理想的围栏,也是草场建设最终要达到的目标。

2. 国内外发展现状

草原是我国重要的生态屏障和生态文明建设的主战场,在我国经济社会发展大局中具有重要战略地位。从20世纪60年代起,受气候恶化、人为破坏、超载放牧等影响,我国草原出现大面积退化现象。到21世纪初,为扭转这种不利局面,促进草原使用方式从自然无序的粗放利用向有序可控的可持续利用转变,国家在参考国际成功经验和通行做法的基础上,陆续采取了包括建设草原围栏、围封禁牧、季节性休牧等一系列生态保护措施,促进草原生态自然恢复。"十三五"期间,中央累计投入256亿元,完成种草改良1.7亿亩。2020年,中央投入资金约60亿元,完成人工种草462万亩、草原改良2861万亩、围栏封育1866万亩。实践证明,这一系列举措推动了草原保护建设的深入推进,加快了草原生态恢复进程。监测显示,2019年全国草原综合植被盖度达到56%,比2015年提高近2个百分点;草原鲜草产量超过11亿 t,较2015年增加近8000万 t;2016年全国草原植被综合盖度达到54.6%,较2011年提高了3.6个百分点。以围栏建设为主要内容之一的退牧还草工程区草原植被盖度较非工程区高出10个百分点,草原植被高度和鲜草产量分别增加36%、33.6%,草原生物多样性、群落均匀性、土壤饱和持水量和有机质含量等均有提高。曾经消失多年的野生动物又重新回到人们的视野,这也从一个侧面说明了草原围栏建设对恢复草原生态平衡、增强草原生态功能发挥了积极作用,成为它们维系家园生态所必需的"安全带"。

国外对草原生态治理的认识较早,尤其是美国、澳大利亚和新西兰等国家,无论是在理论方面还是在实践方面都已经形成了各自的理论体系和实践方法。美国还建立了科研-培训-推广为一体的草原管理体系。美国草原资源丰富,其中40%为国家所有,60%为私有草地。国家所有的天然草原主要通过租赁方式由私人承包使用,但承包使用者必须严格按照规定的放牧强度进行放牧利用。澳大利亚重视人工草地和草地改良,拥有人工草地2667万 hm²,在全世界处于领先地位,在草原改良方面主要采取补播、施肥、灌溉等措施。新西兰比较注重牧草品种的选育,根据当地土壤状况和气候条件选育最好的牧草品种,人工草场一般是以70%的黑麦草籽和30%的红、白三叶草籽混播。

美国是世界上最广泛使用草地围栏的国家之一,几乎全部草地和农田均建有围栏。新西兰已建成草地围栏总长达85万 km,全面实行围栏放牧。在澳大利亚,草地围栏是各类牧场的基础设施,在其牧场建设总投资中,围栏建筑费用占15%～21%。西欧和南美地区的许多农牧业发达国家,也广泛使用围栏放牧。

3．典型围栏介绍

1）网围栏

（1）常见规格

角柱与门柱采用9 cm×9 cm×9 mm×220 cm热轧等边角铁,小柱采用4 cm×4 cm×4 mm×190 cm等边角铁,网格围栏设8个挂网孔,自顶而下间距分别为20 cm、22 cm、22 cm、18 cm、18 cm、15 cm、15 cm。加强柱材料规范为7 cm×7 cm×7 mm×220 cm热轧等边角铁,挂网线孔同上。网围栏立柱门结构要求:围栏门为铁质,单扇宽度为2.5 m,高度1.2 m,便于车辆出入。框架采用1 inch钢管焊接,网线采用φ5冷拔丝焊接而成,要求不扭曲、不变形。

（2）结构简图（见图23-1）

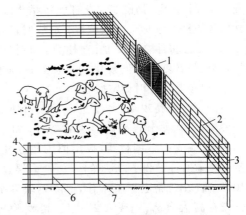

1—围栏门；2—网围栏；3—角柱；4—中间立柱；
5—横线；6—竖线；7—环索线。

图 23-1 网围栏结构简图

（3）围栏的安装、维护与保养

围栏的设计和建设主要包括三个方面:水泥柱、围栏所使用的线路规格、围栏的构建方法。新建围栏施工技术路线为:勘测地界—设计围栏—线路走向—标桩定线—打塘—栽桩—拉线—验收—管护。为保证网围栏的安装质量,提高网围栏的防护效果,应遵守下面的架设安装技术规程,也可参阅《草原围栏建设技术规程》（NY/T 1237—2006）。

① 现场定线、清理

围栏定线通常要求尽量取直线,以节省建筑材料。根据草地围栏建设规划图,到现场反复踏勘,选定围栏的走向。具体要求如下:尽量避免有锐角出现,若有小锐角要舍弃小块草地,使围栏线取直;留足公路和牧道;考虑好畜群出入的位置,留出合理的门位;尽量避开深沟、小溪和陡崖。有的地形如陡崖可用作围栏的一部分,但要设计好封闭方式。

定线方法如下:在起始点立一根花杆,使其垂直于地面,在围栏线走向的另一端(应在视野范围内)竖立第二根花杆,另一人执第三根花杆定于前两根花杆中间,在起始点瞄准 3 根花杆呈一直线;花杆立定后,将测绳由起始点量起,按规定桩距在测绳一侧用铁锹或镢头挖开一小坑作为立柱标记。在地形有变化如跨越低洼地或起伏高坎时,应该加密立柱,标记时一同完成,标记完一段线后向前移动第三根花杆;拉紧测绳,仍使 3 根花杆保持呈直线,并按前述方法继续标记立柱位置;定线时最好画出草图,记录围栏线长度、立柱数目和拐点位置,以便按计划将不同规格的立柱运送到预定位置,以免栽立柱时调整搬动。

清理围栏线路现场,将灌丛、树木、石块等杂物清除掉,以便节省架设围栏的工时。如有旧围栏时,应先拆下围栏线,拔出旧围栏立柱,捡拾干净废旧钉子和小段铁丝,以免牲畜误食,再用推土机在线路上平整小丘,铲除石块等杂物。若有高大灌丛,先要人工砍伐,再挖除树根,并平整地表。能机械作业的地段,尽量推平压实,然后再测量线路,定出立柱的位置。

② 围栏立柱的固定

在围栏线路上按定好的立柱标记挖洞或直接将立柱打入。使用木质立柱或钢筋混凝土立柱时,要预先挖好洞。为了使洞尽量挖得又深又小,可利用专门的挖洞工具或机械。为使洞的位置准确,定线时要打立柱标记,挖坑不能过大。挖洞时要将标记尽量对准洞的中心位置,这样立柱放在洞中后不致因修理洞口反复拔出立柱。为使立柱支撑网片的一面保持在直线上,挖洞时可将洞在围栏走向两侧适当挖宽些,以便立柱可左右调整,而前后洞壁尽量少挖,以防立柱前后倾斜。

埋设立柱时应使立柱呈直线,遇到拐弯时可先将两拐点的立柱固定好。然后由起始拐点向另一拐点依次埋设固定立柱,此时应由一人指挥,由起始点瞄准各立柱的位置。另一拐点距离远时可在前端竖立一根花杆,以便随时瞄准,使中间立柱保持呈直线。

③ 围栏受力桩的建筑

围栏的门柱、拐点桩和跨越低洼地的立柱,都要受到不同方向的拉力。要建设高质量的围栏,必须建筑好上述受力桩,需采用高质量或大规格的立柱。门柱建筑可用单跨加强柱、斜撑、门顶拉线和现场浇注大规格门桩来固定。拐点桩的建筑可选用内斜撑、地锚、内单跨加强桩和双跨加强桩。围栏跨越浅沟或低洼地时,因围栏张力的合力会将低处的围栏立柱拔起,为此可将桩穴挖大,并在桩基周围浇注混凝土。如果围栏要跨越水渠或小溪沟,则应在水渠或小溪沟两岸设受力加强桩,让张紧的围栏直接跨越。在渠道或溪沟中另架设防止小牲畜钻过围栏的刺铁丝。无流水通过的低洼处,可直接用石块或土填平,也可放置有刺灌木加以堵塞。

若围栏通过低凹地,凹地两边为缓坡,相邻小立柱之间的坡度变化 ≥1∶8 时,应在凹地最低处增设加长立柱,并将桩坑扩大,在桩基周围浇灌混凝土固定。雨季若有水从围栏下流过,则应在溪流的两边埋设两根如上所述的加长立柱,在两立柱之间增加几道刺钢丝以提高防护性。

若围栏穿过低湿地,可使用悬吊式加重小立柱,用混凝土块加重。也可用钢筋作栏桩,以石块加重。围栏跨越河流、小溪,若河流宽度不超过 5 m,可在河流两岸埋设小立柱,使围栏跨越河流;若河流宽度超过 5 m,则应在河流两岸埋设中立柱。为了防止水流冲毁围栏,不宜在河流中间埋设立柱,应用木杆或竹竿吊在沟槽处起拦挡作用。

④ 网片铺放和并接

网围栏出厂时是成卷供应的,每卷展开长度为 50～60 m,有的为 200 m。因为牲畜的压力一般来自一侧,所以网片最好挂在受力最大的一侧,将编结网铺在围栏草地内侧,从中间柱的一端开始,沿围栏线路铺放编结网。网片的结头方法也很重要,将网格较紧密的一端朝向立柱,起始端留5～8 cm编结网。编结网的一端剪去一根经线,将编结网竖起,把每一根纬线线端在起始中间柱上绑扎牢固。继续铺放围栏网,直到下一个中间柱,将编结网竖起并初步固定。若需将两部分编结网连接在一起,使用围栏线铰接器和手钳打好接头。

⑤ 网围栏的张紧

网围栏的网片可用专用紧线器或邮电线路架设的紧线器张紧。其施工程序如下:

埋设工艺桩,以便固定紧线器,采用工艺桩的目的在于尽量减少已被拉紧的围栏回松;将网片立起来,靠在立柱上,并用绳子或铁丝将网片初步固定;将紧线器链条或钢丝绳固定在工艺桩上;将紧线器的夹线头或夹板及棘轮机构安装就位,注意紧线器钢丝绳在工艺桩上的位置不可过低,防止当张紧网片时,网片下坠触地不易拉紧;扳动紧线器手柄,慢慢张紧上边的紧线器,然后再张紧下边的紧线器,如此上下交替进行,目的在于使围栏网片的上下纬线张紧一致。张紧围栏时一定要慢,不能操之过急,这时要边张紧边检查整个网片拉紧的程度和结头,不可过紧,否则,会使围栏纬线丧失部分弹性,围栏就更容易松弛。张紧刺线时,在拐点或直线一定距离内,设一临时桩(通常直接打入,其后加一锚桩)。

⑥ 围栏网片的紧固

由于围栏桩的材料不同,固定方法也不同。木质桩可用U形钉(也叫蚂蟥钉)钉在经线与木柱交叉处,注意不要钉死,以使纬线在热胀冷缩时可以伸缩移动。U形钉的方向应与木纹交叉,不要平行。用角铁加工的围栏立柱,在角铁边上均打有孔,以便铁丝绑扎。其孔距要求与网片纬线距离相匹配。当用钢筋混凝土桩代替钢材时,预制混凝土桩可预埋支承钩或环,也可在侧面预留孔,在控网面预留支承槽或预留孔和支承槽相结合,用半环形铁丝进行绑扎。紧线器的拆卸和终端固定是决定围栏张紧程度的最后一道工序,也是十分关键的工序。若拆卸不符合技术要求,整个网片又将松弛,因此如何拆除紧线器和固定好经线

的终端,是十分重要的技术。

可按下面的程序进行:用两组紧线器交替向前张紧,第一组张紧固定后随之架设第二组紧线器,张紧后拆卸第一组紧线器,并按此方式继续紧固;将网片中央的一根经线切断,将线端绕过立柱并在其身躯所在的纬线上绞紧;为防止纬线切断后松回,可在切断前在终端桩上再接一个紧线器,待将单根经线拉紧后剪断经线并固定在终端桩上;网片终端处的经线用手钳拆除掉,以便留有一段纬线绕过立柱绞固定;按上述方式继续进行,最后留下末端纬线固定在起始立柱上。

刺线安装时还需注意:由于刺线无弹性,夏季安装可稍拉松,冬季安装则以拉紧为止。但刺线在一定张力下有形变的特性,过紧的刺线经过一定时间后也会因形变加长而松弛,所以要经常维修。

⑦ 门的安装

预先将围栏门留好,门柱要用支撑杆予以加固,用门柱埋入环与门连接,加网前将门柱及受力柱固定好。

⑧ 维护与保养

对围栏设施要经常检查,认真管护,定期巡查,发现围栏松动或损坏要及时维修。

(4) 产品图片(见图23-2)

图 23-2　网围栏产品图

2) 电子围栏

(1) 常见规格

电子围栏的栏线一般采用8～12号镀锌铁丝,视围养牲畜的种类和围栏使用期限(临时或永久使用)而定。桩柱有木桩、角铁桩及水

泥桩等。木桩顶部应锯成屋脊状以防雨雪积留，根部（略多于埋入土中部分）要涂沥青防腐，可延长使用寿命3～4倍。采用2、8号针式绝缘子安装在火线上。在潮湿地段架设小型电子围栏时，可以只设1～8条火线；在干燥地段建大小牲畜同时圈养的电围栏，则需多线，且要火线与地线错开布置。防狼守夜的电子围栏要求布线略密些。栏线布置一般是上疏下密，高度一般为畜体高度的2/3～3/4，桩距10～20 m为宜，有的地段也可利用树木作桩柱。

（2）结构简图（见图23-3）

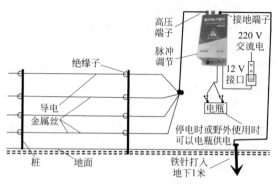

图23-3 电子围栏结构简图

（3）结构组成

电子围栏一般由电源、高压脉冲发生器、桩柱和绝缘子、栏线及避雷器等组成。

高压脉冲发生器是一种电子仪器，好比是电子围栏的心脏，它能把低压的直流电转换成数千伏甚至上万伏的高压脉冲电流通向围栏的栏线。

电子围栏使用的电源是低压直流电。有电地区，可用交流电经过整流器后直接供电子围栏使用；无电地区，可用铅蓄电池（汽车、拖拉机用的也可）供电，但要注意定期充电。牧区可采用太阳能电池或风力发电机与蓄电池组成"浮充供电系统"作电源。

（4）工作原理

牲畜如果触及栏线，高压脉冲由接触火线的部位流入身体，从接触地线的部位流入大地（或经着地的肢体流入）形成电脉冲的回路（见图23-4）。牲畜触栏的一瞬间，虽然电压高达

数千伏甚至上万伏，但电流很小。当牲畜受到两三次高压脉冲的电刺激后，就会建立起条件反射，不敢再触栏，更不会越出围栏。电子围栏的高压脉冲电流，对人、畜都很安全。这种为时极短的电刺激，只相当对牲畜抽了一鞭子，不会对牲畜身体及其功能产生任何损伤。

图23-4 电子围栏示意图

（5）安装、维护与保养

电子围栏合金丝对终端杆和金属中间杆的张力较大。因此，终端杆和金属中间杆必须有足够的强度，终端杆和金属中间杆的埋设必须稳固。如果土质坚实，可直接将终端杆和金属中间杆的下端埋入地下600 mm作固定。如果终端杆和金属中间杆的刚性不够，应增加支撑。终端杆之间最大距离为100 m。中间杆虽不承受合金丝的张力作用，但必须支持多线的压力。因此，中间杆也需要安装得稳固，可采用埋入法安装，中间杆间的距离≤5 m。

① 绝缘子的安装

用终端杆固定夹把终端杆绝缘子挂在终端杆上，固定夹应穿入绝缘子的圆端孔内，使合金丝和固定夹对绝缘子形成压力，而不是拉力。中间杆绝缘子可采用螺丝形或球形安装到中间杆上。

② 导线的连接

合金丝的连接必须遵循下列原则：一个防区为一个串接回路，自发射部分到前端围栏，再到接收部分，必须串接，不得并联，不得分支；合金丝跨越交叉处，必须使用高压绝缘导线连接，以免造成导电或短路。因此，发射部

分高压输出端到前端围栏始端的连接线,前端围栏的上层导线转接到下层导线的跨接线,前端围栏的末端到接收部分的连接线,相邻两段前端围栏之间需通过架空或地埋方式布线的连接线均使用额定耐压不低于20 kV的耐高压绝缘导线;合金丝与合金丝之间,合金丝与金属导体之间,均应有足够的空气间隙。按照《安全防范报警设备 安装要求和试验方法》(GB 16796—2022)的规定,产品的高压带电部分,电气间隙应不小于43 mm,爬电距离不少于50 mm;系统应有良好的接地系统,接地点与电力线路的接地点应分开,接地网的接地电阻应小于4 Ω,设备与接地网之间应有导电良好的直接连接,接触电阻不应大于0.5 Ω,接地导线使用镀锌扁铁或截面积大于60 mm² 的多股铜导线;不同性质的金属连接在一起,会有化学反应,故耐高压绝缘线的内芯和合金线的材质必须统一,避免采用不相同的金属线。

③ 电子围栏门安装

在电子围栏系统中,门是最薄弱的环节,因为门是经常运行的物体。门的设计要注意合金丝与门框本身的电气接触,要设计成不影响门铰链的动作。当门打开时,门上的电子围栏应当不带电,而当门关闭时则通以脉冲电压。

④ 地下布线

电子围栏要地下布线时,应选用额定电压20 kV的高压绝缘导线,穿入绝缘穿线管,其中带正极的导线和带负极的导线分别穿入不同的绝缘管。

电子围栏的地下布线,高压绝缘线尽量不要有接头,因为地下通常较潮湿,接头处很难保持良好的绝缘强度。如果难以避免接头,应加强接头部分的绝缘度,例如采用硅橡胶包封,或者把接头转向地面之上。

⑤ 警示牌的安装

在电子围栏醒目的地方,每隔约10～20 m安装警示牌一块。必须固定在围栏上,不能悬挂在合金线上,否则长期磨损,容易损坏合金线。还可以根据不同的客户需求增加警示牌以加强警示效果。

⑥ 电子围栏的运行维护

巡视设备时兼顾脉冲电子围栏的巡视,检查挂线杆、绝缘子、合金导体、跨接线、接地线、警示牌、传感器等,发现异常及时消除。

每个月在停电状态下,对脉冲电子围栏主机表面做一次清洁。

每季度停电检查一次,合金围栏网应安装牢固,主机设备整洁,通风良好,防潮、防寒措施到位。

每半年完成脉冲电子围栏全防区的试验。对蓄电池进行一次检测,1年更换一次。

每年对合金围栏网进行一次全面检查维护,更换断裂、老化锈蚀的元件;紧固合金导线和挂线杆、支架等连接装置的连接处,注意合金导线要松紧适宜,应考虑环境温度引起的热胀冷缩,防止拉得不够紧造成摆动、晃荡,拉得过紧造成断线或终端拉线杆拉斜;检查脉冲电子围栏系统的接地是否可靠,测量接地电阻,应不大于10 Ω。

(6) 产品图片(见图23-5)

图23-5 电子围栏产品图

23.1.3 草原灌溉机械

在人工草地和半人工草地的建设中,水是最重要的制约因素之一。实践证明,灌溉人工草地的草产量比天然草地高20～40倍。与不灌溉相比,天然草地灌溉可以提高草产量8～10倍。目前,全国草地灌溉面积为450万～550万 hm²,占全国草地可用面积的0.23%。2000年,我国的草原和牧区增加了400万 hm²

的灌溉饲草基地,新增加的天然草原灌溉面积为 10.6 万 hm^2。

牧区水资源稀少,供水不足,地区差异较大。草原土壤较浅,多数为沙壤土或沙质土壤,渗漏严重,风大,阳光强烈。因此,在灌溉过程中应充分考虑节水灌溉技术。

目前,牧草和饲料作物灌溉采用的方法有微灌、漫灌、喷灌、渗灌和滴灌,其中最科学而有效的方法是渗灌、喷灌、微灌和滴灌,这四种方法节省水、效果好,但成本高。

(1)渗灌:渗灌是地下微灌的一种形式,在低压条件下,埋于作物根系活动层的微孔渗灌管将灌溉水呈发汗状渗出,凭借土壤毛细作用给作物根系供水,加大管网水压力可变渗灌为涌泉灌。渗灌是目前灌溉水利用效率最高的一种节水灌溉技术,国内有低压渗灌和重力渗灌两种方式。渗灌具有节水节能、减轻病虫害、抑制杂草、增产增收、改善土壤结构等优点,但也存在易堵塞、灌水均匀度不易控制、作物需水期易供水不足、渗灌管埋深与耕作存在矛盾等不足之处。美国、法国、日本等发达国家的渗灌技术已进入推广应用阶段。渗灌技术研究面临的最主要问题依旧是渗灌管易堵塞,渗灌管堵塞不仅直接影响灌水均匀度,而且最终决定灌溉系统使用年限。

(2)喷灌:喷灌是利用专门的设备(水源工程、水泵机组、管道系统、喷头等)将压力水喷射到空中分散成细小水滴,并均匀地洒落到田间的灌溉方法。喷灌按灌水方式可分为固定式、半固定式和移动式三种类型,在我国用得较多的有固定管道式喷灌、半移动式管道喷灌、滚移式喷灌、圆形式喷灌、平移式喷灌、绞盘式喷灌等。喷灌几乎适用于灌溉所有的旱作物,如蔬菜、果树等,而且平原和山丘区均适用;可用于喷洒肥料、农药,预防霜冻和热风,而且不产生地表径流和深层渗漏。草地灌溉除了采用地面灌溉(沟灌、畦灌、漫灌)外,喷灌作为一项先进技术已得到了广泛应用,适用于大田作物,如竹山、果树、蔬菜等。

(3)微灌:微灌是一种新型的灌溉技术,主要由水源、首部枢纽、输配水管网、尾部设备等构成,通过管道末端的灌水器和连接的微灌系统将水和作物生长所需的养分均匀、精确地输送到作物根部附近的土壤。微灌仅用少量的水去湿润作物根区小面积的土壤,因而也被称为局部灌溉技术。微灌是一种最为节水的精细灌溉技术,灌溉水有效利用系数高达 0.9 以上,其灌水自动化程度高、田间管理工作量少,而且对于农田污染防治、沙漠化治理、水土保持等方面发挥巨大作用。微灌包括微喷灌、微滴灌和微渗灌等。合理规划微灌系统及提高灌水器的质量和优化设计是今后发挥微灌技术优势、提升灌溉质量的关键问题。

(4)滴灌:滴灌是微灌的一种,滴水灌溉的简称,分为地表滴灌和地下滴灌,如图 23-6、图 23-7 所示。安装在毛管上的滴头或管网和滴灌带等灌水器将具有一定压力的水一滴一滴地、均匀而又缓慢地滴入作物根部附近土壤中,水分在毛细作用和重力作用下扩散到整个根层,供作物吸收利用。

图 23-6　地表滴灌

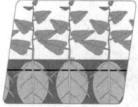

图 23-7　地下滴灌及滴灌管

1. 分类及特点

通常根据喷灌系统各组成部分的安装情况和可移动程度对喷灌系统进行分类,可分为移动式喷灌机组、固定管路式喷灌系统和大型自动式喷灌机组等。

1）移动式喷灌机组

移动式喷灌机组由动力机、水泵、管道和喷头等组成,如图23-8所示。可采用拖拉机或其他形式的动力。作业时,机组沿渠道或蓄水池移动抽水,并连续或分段地进行喷水。这类喷灌机配套方便,使用简单,机动性强且单位面积投资较少。

图 23-8 移动式喷灌机组

2）固定管路式喷灌系统

固定管路式喷灌系统由动力、水泵、主管、支管、立管和喷头等组成,如图23-9所示。该喷灌系统全部设备均固定不动,其中水源、动力和水泵设在泵房内,主管和支管埋在地下,立管和喷头按喷头射程布于地面。工作时,喷头可全部开启,也可根据实际需求分段开启。管路式喷灌系统的压力水,除利用水泵提供外,也可直接使用从山上引下的水,采用自压式喷灌。管路式喷灌系统适合于饲草料基地等固定地域的喷灌,使用方便,灌溉及时,但一次性投资较大。

图 23-9 固定管路式喷灌系统

3）大型自动式喷灌机组

大型自动式喷灌机组由动力、输水管、支架、行走机构和喷头等组成,如图23-10所示。所有喷头均安装在一根几百米长的输水管上,输水管安装在带有行走轮的支架上,行走轮由电动机或水力驱动。具有代表性的喷灌设备

图 23-10 圆形喷灌机

是圆形喷灌机。

这类喷灌机工作时,整个喷灌系统像时针一样绕井缓慢旋转。旋转一圈一般需3～4 d,最快为12 h。据资料介绍,在干旱草地使用圆形喷灌机配合施肥,能提高产草量10倍以上。

2．国内外发展现状

我国开发喷灌设备始于20世纪50年代。1953—1957年主要仿制苏联的喷灌机具;1961—1975年研制了多种喷灌机,有双臂式喷灌机、电动降雨机和人工降雨机、悬挂式远程喷灌机、大型管孔式畜力牵引喷灌机等。

1976年,黑龙江省、吉林省等先后研制出手抬式、手推车式、曳引挂车式和拖拉机悬挂式喷灌机。1977年和1978年,第一机械工业部下达水动和电动圆形喷灌机及平移式喷灌机科研课题。以后几年出现的具有代表性的科研成果有DYP-416型电动圆形喷灌机、PYD型电动平移喷灌机、滚轮式喷灌机、水动圆形喷灌机、绞盘式喷灌机,以及PKC-76型快速拆装喷灌机,这一时期是喷灌设备的快速发展阶段。

1988年,开发出系列金属摇臂式喷头,还开发了10种微型喷头。进入20世纪90年代,特别是1995年后,喷灌设备的研制分别被列入科技部"农业高效用水科技产业示范工程"项目、国家计委"农业适度规模经营关键技术装备研究"项目和国家"863"高技术研究发展计划。之后,DPP型电动平移式喷灌机、拖拉机悬挂式远射程喷灌机、轻小型移动式和大型自走式喷灌机组及配套产品等一些先进的喷灌设备陆续研制成功。

　　喷灌设备按配套动力和作业幅宽分类,形成以圆形喷灌机、平移式喷灌机和滚移式喷灌机为代表的大型喷灌机,以绞盘式喷灌机、双臂式喷灌机和悬挂式远射程喷灌机为代表的中型喷灌机,以及轻小型喷灌机组。

　　"十一五"期间,我国重点开发了拖移式水动圆形喷灌机。首次对 60 m 跨距桁架进行了研究,提出了下撑式拱形桁架设计理论,同时建立了水马达调速系统数学模型,实现了在不降低机组喷洒均匀性前提下的水马达调速,具有创新性,填补了国内空白。

　　3. 典型机型介绍

　　1) DYP 系列电动圆形喷灌机和 DPP 系列电动平移式喷灌机

　　这两个系列喷灌机组由中国农业机械化科学研究院研发和生产。其各项指标比较先进,自动化程度较高,已在国内大量推广使用。

　　(1) 结构简图(见图 23-11、图 23-12)

1—中心支轴;2—桁架跨体;3—塔架车;4—末端悬臂;5—远程监控系统。

图 23-11　DYP 系列电动圆形喷灌机结构简图

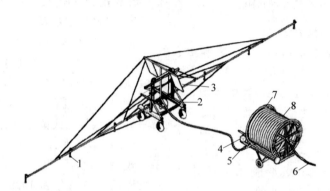

1—喷头;2—喷灌机;3—太阳能板;4—变速箱;5—支座;6—进水口;7—绞盘车;8—PE软管。

图 23-12　DPP 系列电动平移式喷灌机结构简图

　　(2) 组成

　　喷灌系统主要由水源工程、首部装置、输配水管道系统和喷头等部分组成。

　　(3) 工作原理

　　喷灌技术是利用机械设备将灌溉水通过喷灌系统(或喷灌机具)加压后,由喷头喷射到低空中,经雾化后形成细小水滴,均匀地洒落到作物和土壤表面,为作物生长提供必要的水分。

　　DYP 中心支轴式(时针式)灌溉机以中心为圆心按圆形行走,所以也称为圆形喷灌机,核心结构由热镀锌钢管、角钢、钢板、圆钢等制造而成。其坚固耐用,可以抵抗恶劣的室外环境。中心转轴稳固在水泥基座上,能很好地消除掉由于机器在各种不规则地形上运转时产生的作用力,从而使给水管能自由地按时针式圆形转动,灌溉整块圆形土地。

　　DPP 系列电动平移式喷灌机由驱动塔架车、竹架、塔架车、末端悬臂、导航系统和电控同步系统等部分组成。几跨装有喷头的桁架支承在若干个塔架车上,彼此间用柔性接头连接,以适应坡地作业。在每个塔架车上又配有0.75 kW 防水电机作为行走动力,还配有电控同步系统用来启闭塔架车上的电机。当相邻两个桁架形成一个大于1°角的工况时,通过工控系统启动塔架车上的同步电机,塔架车就依次运转起来,以中间跨两端的球穴为旋转轴,从而实现了喷灌机平移喷洒,喷洒支管连续移动掠过地面,灌溉区域呈矩形。输水喷洒系统由输水桁架和喷洒器组成,形成一条横跨于矩形田地上的输水管线,输水桁架之间用球窝关节铰接,每跨的一端支撑在一个塔架车上。输水管路间彼此用柔性接头连接。若干喷洒器总成(或喷头)等间距地分布在输水管路上,当水泵(或压力软管)将水送到输水主管路时,水在压力的作用下,沿着输水管线从喷洒器总成(或喷头)均匀喷出,进行喷灌作业。

(4)产品型号及主要技术参数(见表23-1、表23-2)

(5)常见故障及排除方法(见表23-3)

(6)产品图片(见图23-13)

表 23-1　DYP 系列电动圆形喷灌机型号及主要技术参数

项　目	型　号						
	DYP-165	DYP-205	DYP-265	DYP-335	DYP-365	DYP-415	DYP-465
喷灌机长度/m	165	205	265	335	365	415	465
跨距/m	30	40	50	40	50	50	50
输水管内径/mm	159	159	159	159	159	159	159
喷头间距/m	2.5	2.5	2.87	2.5	2.87	2.87	2.87
喷头数量/个	66	82	96	134	132	150	168
末端悬臂长度/m	15	15	15	15	15	15	15
地隙/mm	1.9	1.9	2.9	2.9/3.5	2.9/3.5	2.9/3.5	2.9/3.5
系统流量/(m³·h⁻¹)	65	80	120	125	125	160	180
末端喷头工作压力/MPa	0.17	0.17	0.17	0.17	0.17	0.17	0.17
沿程水头损失/MPa	0.01	0.01	0.03	0.04	0.04	0.08	0.11
入机压力/MPa	0.18	0.18	0.2	0.21	0.21	0.25	0.28
最小喷灌强度/mm	12.84	12.24	14.46	12.06	11.11	12.58	12.68
运转一周最短时间/h	4.2	5	6.6	8.5	9.3	10.6	12
驱动电机功率/kW	0.37	0.55	0.55/0.75	0.55	0.55/0.75	0.55/0.75	0.55/0.75
电机转速/(r·min⁻¹)	1440	1440	1440	1440	1440	1440	1440
电极减速机速比	40	50	50	50	50	50	50
车轮减速机速比	52	52	52	52	52	52	52
驱动轮胎型号	7.5-20	11.2-28	11.2-28	11.2-28	11.2-28 14.9-24	11.2-28 14.9-24	11.2-28 14.9-24
驱动轮胎直径/mm	—	1205	1205	1205	1205 1265	1205 1265	1205 1265

表 23-2　DPP 系列电动平移式喷灌机型号及主要技术参数(节选)

项　目	型　号						
	DPP-65	DPP-205	DPP-265	DPP-335	DPP-365	DPP-415	DPP-465
喷灌机长度/m	65	205	265	335	365	415	465
供水方式	端供水	端供水	端供水	端供水	中央供水	中央供水	中央供水
跨距/m	50	40	50	40	50	50	50
输水管内径/mm	159	159	159	159	159	159	159

续表

项　目	型　号						
	DPP-65	DPP-205	DPP-265	DPP-335	DPP-365	DPP-415	DPP-465
喷头间距/m	2.87	2.5	2.87	2.5	2.87	2.87	2.87
喷头数量/个	24	82	96	134	132	150	168
末端悬臂长度/m	15	15	15	15	15	15	15
地隙/mm	1.9	1.9	2.9	2.9/3.5	2.9/3.5	2.9/3.5	2.9/3.5
系统流量/(m^3·h^{-1})	65	90	145	180	180	210	245
末端喷头工作压力/MPa	0.17	0.17	0.17	0.17	0.17	0.17	0.17
沿程水头损失/MPa	0	0.01	0.04	0.08	0.09	0.14	0.2
入机压力/MPa	0.17	0.18	0.21	0.25	0.26	0.31	0.37
最快行驶速度/(m·h^{-1})	111.6	118.2	118.2	118.2	118.2	118.2	118.2
驱动电动机功率/kW	0.37	0.55	0.55/0.75	0.55	0.55/0.75	0.55/0.75	0.55/0.75
电机转速/(r·min^{-1})	1440	1440	1440	1440	1440	1440	1440
电极减速机速比	40	50	50	50	50	50	50
车轮减速机速比	52	52	52	52	52	52	52
驱动轮胎型号	7.5-20	11.2-28	11.2-28	11.2-28 14.9-25	11.2-28 14.9-24	11.2-28 14.9-24	11.2-28 14.9-24
驱动轮胎直径/mm	910	1205	1205	1205 1265	1205 1265	1205 1265	1205 1265

表 23-3　常见故障及排除方法

序号	故障现象	产生的原因	排除故障方法
1	在运行过程中自动停机	末端塔盒内过雨量保护时间继电器 SJ$_1$ 和 SJ$_2$ 整定时间过小，在短时间内断电	调整末端塔盒内过雨量保护时间继电器，使整定时间为 240 s
		某塔架行走出故障，使电机短路或过载，引起该塔盒内热继电器 RJ 动作	按停止检测按钮，手动恢复热继电器到工作状态
		某塔架行走超前或滞后，使该塔盒安全微动开关动作	按停止检测按钮，找出动作的安全开关并重新调整
		百分率时间继电器 BSJ$_1$ 损坏，使两末端塔盒内运行交流接触器线圈断电	更换新的运行百分率时间继电器 BSJ$_1$，使喷灌机反向运行后重新调整喷灌机的运行方向
		喷灌机行走中出现偏移，导致安全微动开关动作末端塔架行走轮原地打滑超过 4 min，过雨量保护时间继电器动作	清除污泥，在轮下添加填料
		某塔盒内接插件接触不良	用万用表检查，更换损坏的电器元件
		左右两末端塔盒内交流接触器触点烧损	修理或更换烧损的触点
		同步钢索断开，同步钢索校直臂不起作用	修复或更换钢索，调整微调螺栓，使校直臂起作用
		某塔盒内熔断器烧坏	找出烧坏的熔断器，更换新的熔断芯

续表

序号	故障现象	产生的原因	排除故障方法
2	当方向转换开关旋向正或反向运行时,按启动按钮,运行信号灯不亮,喷灌机不运行,电流表无指示	熔断器 RD_5 接触不良或熔断芯烧坏	清除污物、锈渍,或更换烧坏的熔断芯
		启动按钮 QA、停止按钮 TA 及转换开关 WK 的触点接触不良或损坏	修复或更换接触不良的触点
		中间继电器 CZJ_1、CZJ_2 的触点接触不良或损坏	可将导线接向 CZJ_1、CZJ_2 的闲置触点,或更换新的触点
3	吸真空装置失效	连接骨夹箍松动或管子破损	拧紧松动的夹箍,更换破损的管子
		真空装置头部喉管松动,出现缝隙,或石棉垫破损	若喉管松动可重新压紧,缝隙较大时可用球形小锤击打缝隙部位,使之铆合;石棉垫破损时可更换
		蝶阀压紧螺栓松动或密封圈有裂缝	更换新的弹簧垫并拧紧螺栓,或更换新的密封圈,若密封圈的裂缝较小时可以用胶黏合

图 23-13　DYP 系列电动圆形喷灌机(左)及 DPP 系列电动平移式喷灌机(右)

2)美国维德润(WADERAIN)滚移式喷灌机

(1)结构简图(见图 23-14)

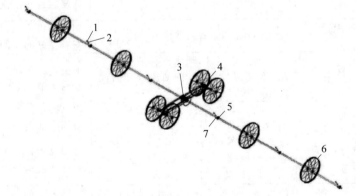

1—喷头;2—配重块;3—发动机总成;4—车架;5—排水接头;6—车轮;7—泄水阀。

图 23-14　美国维德润(WADERAIN)滚移式喷灌机结构简图

(2)组成　　　　　　　　　　　　　引水软管、喷头、喷头矫正器、自动泄水阀、制由驱动车、输水支管(兼作轮轴)、从动轮、　动支杆等组成。

（3）工作原理

滚移式喷灌机采取"步步为营"的定点喷灌方式。在一个位置喷灌数小时后脱开水源，管道里的水自动泄掉。操作人员启动发动机，把整条管道向前滚移，然后开始在第二个位置

定点喷灌。如此循环，完成全部灌溉作业。

（4）主要技术参数（见表 23-4）

（5）常见故障及排除方法（见表 23-5）

（6）产品图片（见图 23-15）

表 23-4 主要技术参数

序号	项　目	技 术 指 标
1	管道长度/m	600～800
2	灌溉面积/m^2	10～30
3	轮轴高度/mm	915
4	管径/mm	150～200
5	水栓间距/m	20
6	灌溉速度/(m·min^{-1})	20
7	水压/MPa	0.3～0.5
8	流量/(m^3·h^{-1})	72～108
9	灌水深度/(mm·h^{-1})	11
10	电动机功率/kW	5.15
11	使用寿命/年	≥40
12	适用地形	长方形或不规则形状的平地或坡地
13	适用作物	牧草、中药材、棉花、蔬菜、小麦、谷类作物、大豆、甜菜、马铃薯等

表 23-5 常见故障及排除方法

序号	故 障 现 象	产 生 的 原 因	排 除 故 障 方 法
1	行走离合器结合而灌机不走	离合器间隙不对，使其传递动力不足或打滑	重新调整离合器间隙，将调整螺钉拧到底，再退回 1～1.5 圈，不超过 2 圈
2	喷灌机行走时不同步，即驱动车超前或滞后	驱动车平衡配重铁调整不当	驱动车超前时，后移配重铁；驱动车滞后时，前移配重铁
3	有的喷头不转还喷水	摇臂弹簧失灵、导水器卡住、摇臂轴碰弯、生锈	修复、校正、清洗、更换
4	后半部有的喷头不喷水	管道内压力低，管道水中有杂质	调整管道内压力，管道进水口应安有良好的滤网清洗喷头
5	管道内压力超过 49kPa 泄水阀仍漏水	橡胶密封垫损坏，泄水阀弹簧弹力不足，弹簧螺栓弯曲，自动放水开启间隙不正确	更换、校正、修复、调整自动放水开启间隙至 5～8 mm
6	行走齿轮减速箱打齿	齿轮啮合间隙不正确，润滑油稀、缺，润滑不良	正确调整齿轮啮合间隙，加足润滑油至油窗中心线
7	喷灌机水泵激烈振动，喷灌机不能正常工作	轴承润滑不良、轴向间隙小、叶轮与壳体摩擦、传动装置装配不当、传动轴弯曲、传动轴与传动装置不同心	按要求润滑，调整轴向间隙，正确安装，校正或更换传动轴
8	汽油机启动困难	油过多，火花塞电极跑电、磁电机铂金间隙不正确、油污或烧损，点火提前角不正确，磁电机线圈受潮跑电	放出多余的油，修复、干燥磁电机线圈，正确调整点火提前角和铂金间隙
9	三通阀门冻裂	三通阀门没有打开，阀内存水	应更换新品并使用完后打开三通阀门使水流出

图 23-15 美国维德润（WADERAIN）滚移式喷灌机

23.1.4 鼠、虫害防治装置

天然草原和人工草地植被的保护除了灌溉、施肥之外，主要是防虫、治虫、防鼠和防黑灾、白灾。草地有害生物防治是草地植物保护学的重要范畴，涉及草地病害、虫害、毒害草和鼠害四大类有害生物的生物学特性、发生规律、与环境因子的互作机制、监测预警和综合治理技术等多个方面。其任务是在研究和掌握草地病害、虫害、毒草、鼠害及其自然天敌的种类、生长发育、分布扩散等发生规律，以及危害特点的基础上，依据牧草生产发展的需求，发掘、研究和利用牧草抗性品种与自然天敌等资源，采用可行的监测预警技术，制定适合于各区域有害生物综合治理技术体系，最终目标是提高草地经济、社会、生态效益，实现草业可持续发展。草地有害生物在北美、北欧、非洲草原、澳大利亚、新西兰、中国 13 个草原省区为害严重。主要表现为破坏草地资源，恶化生态环境，影响农牧业生产。近年来，草地生物灾害在我国持续大面积发生，草地病害年均发生面积 13 万 hm²，虫害 200 万 hm²，毒害草近 67 万 hm²，鼠害 400 万 hm²。按平均损失鲜草 450 kg/hm²，每千克鲜草 0.3 元计，年均直接经济损失 90 亿元。蒙古国草原蝗虫迁入内蒙古为害、哈萨克斯坦亚洲飞蝗迁入新疆为害、草地螟大范围迁移为害等不仅造成严重的经济损失，同时对边疆地区的稳定产生负面影响，如图 23-16 所示。

草地有害生物经常迁入农田为害，严重威胁我国粮食生产安全，造成草原退化、沙化，沙尘暴四起，严重威胁国家生态安全。针对草地有害生物，人们采取的策略通常是使用化学农药，然而随着化学农药长期、大量使用，导致了一系列问题，如引起害虫的抗药性，农药残留对环境造成污染和破坏等。因此，草地有害生物的防治技术正日益受到重视。

1. 草原鼠害防治装置和方法

1）喷洒药物

喷洒药物通常是用气力喷洒机喷洒、毒饵撒布机撒布或飞机撒布。撒布药物毒死了老鼠的同时也毒死了误食的鸟类，甚至给人、畜带来危害。通常情况下在冬季 1～3 月喷洒效果最好。图 23-17～图 23-21 是几种不同的喷洒药物装置。

图 23-16 内蒙古草原鼠洞

图 23-17 ES毒饵撒播机

图 23-18　ES 撒播机撒毒饵

图 23-19　飞机撒播图

图 23-20　药物喷洒机

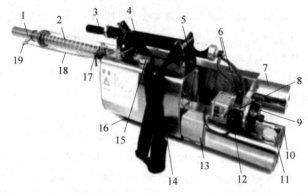

1—前护管；2—前护网；3—气筒柄；4—气筒；5—点火按钮；6—单向阀；7—后护罩；8—油门钮；9—消声器；10—汽油箱；11—汽油箱盖；12—高压帽；13—电池盒；14—药液箱；15—药箱盖；16—排放口；17—药阀；18—药液导管；19—喷雾嘴。

图 23-21　气力喷洒机喷头结构

2）利用生物灭鼠剂灭鼠

引进生物灭鼠剂，即 C 型肉毒梭菌进行大面积草原灭鼠试验。鼠类进食后死于呼吸道麻痹，进食后 3～6 天死亡；人畜安全，不伤害其天敌动物，无二次中毒，无残留毒性，不污染环境等。

3）飞机灭鼠作业

飞机灭鼠速度快，灭鼠效率达 78.5％～83.17％，可达到大面积快速灭鼠的效果，特别是对于一些来势猛、发展快的虫害，采用飞机灭鼠作业效果最佳。

啮齿类动物之所以能够生存并大量繁殖，与草原的退化环境、天敌减少甚至灭绝有密切关系。最根本的办法是在灭鼠的同时，改良、建设和科学利用草原，维护草原生物多样性。

2. 草原虫害防治机械

近几年蝗灾频发归根到底是一个环境问题，也是一个生态问题。物理治蝗机械的发展是对蝗灾防治方式的有益补充，避免了对生化药剂和农药等长期的投入与依赖，并且实现了对蝗虫的无毒化与资源化的捕集和利用，同时不会污染环境，还能够维持吸捕地区整个生态系统的平衡。

1）气吸式灭蝗机

气吸式灭蝗机悬挂在小四轮拖拉机的前横梁上，利用拖拉机驱动离心式风机旋转产生的负压气流达到吸捕蝗虫的目的。在前刮板处的蝗虫受负压气流作用被吸到风机腔体中，又随气流进入到切碎机的腔体内，切碎机将蝗虫切碎。拖拉机不断前进，灭蝗机不断前进运转，就可以将植物茎秆和叶片上的蝗虫吸入风机内并切碎，作为天然的肥料抛撒在地面上。气吸式灭蝗机的结构如图 23-22 所示。

气吸式灭蝗机完全采用机械切碎原理，配

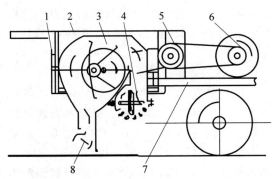

1—机架；2—防护罩；3—风机；4—切碎机；5—中间传动机构；6—发动机皮带轮；7—拖拉机车架；8—前刮板。

图 23-22　气吸式灭蝗机

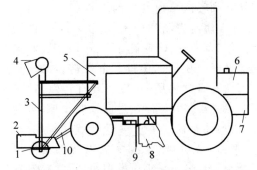

1—聚虫挡板；2—风口机构；3—悬挂机架；4—诱导光源；5—连接机构；6—风机连接机构；7—风机；8—搜集网袋；9—风力机构；10—吸入管道。

图 23-23　光电诱导式蝗虫捕集机

套 11～14.7 kW 小四轮拖拉机，结构质量为 150 kg，灭净率为 85%，生产率为 0.6～0.9 hm²/h，能用于广大农牧区的平原、川区和浅山丘陵区农田的灭蝗作业，是一种新型的植保机械。但限于风机的特性，当有大量的蝗虫被吸至切碎腔时，叶片受冲击力，部分切碎的蝗虫尸体粘连到切碎机上，影响气流流动的畅通性，又产生动载荷，形成振动，使得吸捕的连续性受到影响。

2) 光电诱导式蝗虫捕集机

光电诱导式蝗虫捕集机是以拖拉机为动力进行诱捕的，其悬挂机架依靠连接机构与拖拉机连接。由于蝗虫的趋光性，受可见光源（380～760 nm）与红外光源（760～3000 nm）组成的诱导光源的作用，蝗虫会自行运动到风口机构（见图 23-23 中的 2）附近。此时，风机产生的负压气流将蝗虫诱导吸入搜集网袋。为了实现对田间、滩涂河川、丘陵山林和荒芜草原等拖拉机不便进入区域进行蝗灾的治理，结合光电诱导式蝗虫捕集机与静态型的光电诱导蝗虫捕集机研制了新型蝗虫捕集机。该机器可进行定点的诱导捕集，也可以在蝗灾暴发期用拖拉机悬挂，进行大规模的蝗虫诱导捕集。

针对北京北郊草丛蝗虫进行试验，利用红外光源与可见光源的复合光源进行诱导，静态型的光电诱导蝗虫捕集机的捕集率达 82.3%～88.6%；另外，还对内蒙古开鲁德兴村林地蝗虫进行光电诱导捕集试验，蝗虫的诱导捕集率

达 90%。新型的光电诱导蝗虫捕集机的突出特点是不需燃油动力，仅需光源和风机的电源，并且消耗功率较低，为 450 W（其中光源 350 W，风机 100 W），因此只需自带小型风力发电机和光能电源，即能满足野外捕集治蝗的单机动力需求，是一种新型的节能治蝗机械。

23.1.5　毒草剔除机械

毒草是自然生长在草地上对人体健康有影响的有毒植物，人体接触后容易引起生理异常或功能障碍性中毒，轻则容易起红疹，重则起水泡，甚至还有生命危险。我国北方天然草原上散生或成片分布的毒草有 200 多种，分属 40 多科，120 多属，我国境内最常见的毒草有翠雀属、乌头属、毛莨属、金莲花属，以及小花棘豆、狼毒、毒芹、问荆、豚草、漆树、荨麻、乌头、海芋等。毒草一方面能引起牲畜大批中毒死亡，另一方面会导致草地植物种群结构生态失衡，被称为草原"绿色杀手"，严重制约草地畜牧业健康可持续发展。但有毒杂草作为物种长期进化的一个组成部分，其在生态系统中的广泛存在也必然发挥特定的生态功能，是一个非常重要的生态学研究方向，对全面认识有毒植物在草地生态系统中的作用具有重要意义。

毒草灾害是指天然草原、林间草地和农区草地生长的毒草引起动物大批中毒死亡，致使草地生态结构改变，生产性能降低，经济损失

重大。如牧区草地发生的棘豆属有毒植物中毒、黄芪属有毒植物中毒、乌头属有毒植物中毒、醉马草中毒、瑞香狼毒中毒,农区或林区草地紫茎泽兰引起的中毒和危害等。毒草因其本身含有毒性物质,对牲畜具有毒性,牲畜一般不会主动采食。但在过度放牧草原,可食牧草减少,牲畜被迫采食毒草,导致牲畜中毒多发、频发,甚至暴发。其灾害发生的基本规律和流行特点是干旱年份发生重,正常年份发生轻;过度放牧草地重,适度放牧草地轻;冷季发生重,暖季发生轻。

1. 天然草原毒草防控方法

1) 人工拔除或化学灭除

人工拔除或化学灭除等传统的毒草防控技术仍是最有效的,尤其在药物灭除方面近几年研究较多,如草甘膦、2,4-D-丁酯、使它隆、茅草枯、迈士通,以及有针对性的灭狼毒、灭棘豆、狼毒净等除草剂的单独及混合使用,可有效灭除毒草。其缺点是缺乏特异性,需多次重复用药,经济成本高,且除草剂残留会对草原生态、草畜产品造成污染。目前,不建议大面积推广,但在毒草优势分布区或严重危害区,可适当使用选择性强、毒性小、安全、绿色的除草剂,将毒草在植物种群中的比例控制在适当的危害度以下。

2) 代替控制

利用植物间的相互竞争,种植生长发育快且对某毒草竞争力强的一种或多种植物,抑制其生长繁殖,最后以人工植被替代。

3) 生物防治

通过寻找天敌因子,建立毒草等有害生物与天敌之间的相互调节、相互制约机制,恢复和保持这种生态平衡。因此,生物防治可以取得利用生物多样性保护生物多样性的结果。

4) 畜种限制法

某些毒草对动物的毒性与其种属有关,在一些毒草占优势的草原,可选择放牧耐受性强的牲畜品种。如翠雀属植物对牛有很强的毒性,但对绵羊毒性极低或无毒,可在其分布区内放牧绵羊;小冠花对反刍动物无毒,而对单胃动物有毒,因此小冠花可作为反刍动物的优

良牧草;荞麦、金丝桃属植物对白色皮肤动物可引起感光过敏,但对黑色皮肤动物无明显毒性。

5) 补饲矿物质或添加剂

在日粮或饮水中加入具有特殊功能的添加剂可预防某些毒草中毒。如绵羊面部湿疹是黑麦、白三叶草所产生的葚孢霉素而引起的一种反刍动物肝原性感光过敏,每日在饮水中加入锌盐24～30 g,可有效地保护肝脏预防本病。在草原上喷撒氧化锌也有同样的效果。在日粮中加食盐和矿物质,可避免牲畜因异嗜而采食某种毒草。

2. 典型机械介绍

1) 雷达识别狼毒草喷药灭除装置

该装置由中国农业大学研制。

(1) 结构简图(见图23-24)

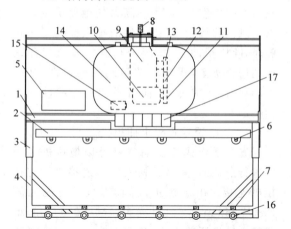

1—机体;2—雷达探头架;3—伸缩套筒;4—移动安装架;5—控制单元;6—雷达探头;7—电磁阀;8—动力输出轴;9—变速箱;10—液泵;11—从动皮带轮;12—皮带;13—主动皮带轮;14—药箱;15—滤清器;16—喷头;17—分流阀。

图23-24 狼毒草灭除装置结构简图

(2) 机器组成

机器由机体、雷达探头架、伸缩套筒、移动安装架、控制单元、雷达探头、电磁阀、动力输出轴、变速箱、液泵、从动皮带轮、皮带、主动皮带轮、药箱、滤清器、喷头、分流阀等组成。

(3) 工作原理

拖拉机悬挂狼毒草灭除装置行进,当雷达探头未遇到狼毒草植株时,回波信号的反射时

间过长或过短,单片机判定非狼毒草,控制系统不发工作指令。当雷达发射的超声波遇到特定高度的狼毒草时,回波信号的反射时间在系统识别范围内,此时控制单元根据回波信号能很快计算出此物距离雷达探头的距离,并迅速做出判断,单片机控制继电器通电,电磁阀打开,相应喷头开始喷药,如图23-25所示。通过机架系统改变雷达探头与喷头之间的距离,可配合拖拉机以不同的行驶速度进行工作。

狼毒草灭除装置可以根据工作需要,设置多路同时工作,结构简单、造价低廉、效率高、工作可靠。通过对狼毒草的识别,定点喷洒去除剂,不仅能够有效治理草原狼毒草泛滥问题,还可减少药剂对草原的污染。

(4)主要技术参数(见表23-6)

(5)常见故障及排除方法(见表23-7)

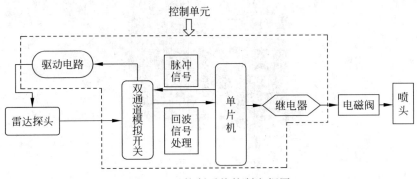

图23-25 控制系统控制方框图

表23-6 狼毒草灭除装置主要技术参数

序号	项 目	技术指标
1	整体尺寸(长×宽×高)/(mm×mm×mm)	2400×1920×3150
2	药箱容量/L	1000
3	喷幅/m	18
4	喷杆折叠方式	液压
5	配套动力/(Ps)	90
6	工作转速/(r·min^{-1})	540
7	工作压力/MPa	0.3
8	喷头数量/个	36

表23-7 常见故障及排除方法

序号	故障现象	产生的原因	排除故障方法
1	喷头堵塞	药液中含有大量大颗粒杂质	更换过滤器、更换喷头
2	探头识别不准	探头损坏或电路连接不稳定	更换探头,检查电路稳定性
3	单片机不工作	单片机损坏	更换单片机,重新录入控制程序

(6)产品图片(见图23-26)

2)马莲除叶碎根装置

(1)结构简图(见图23-27)

(2)机器组成

机器由带轮、立轴、固定装置、螺母、长刀、锥形旋刀、拖拉机、联轴器、皮带传动、变速箱、机架、马莲除叶碎根装置组成。

(3)工作原理

作业时,整个马莲除叶碎根装置悬挂于拖拉机后方,通过拖拉机三点悬挂装置连接。动力由拖拉机后输出轴经过联轴器传递给变速箱,经变向后经过皮带传动传递给马莲除叶碎根装置的带轮,带动立轴并驱动其快速旋转,立轴的下端连接一锥形旋刀,其结构为一外壁螺旋排布许多非连续切削刃的倒锥形筒,在锥形旋刀的顶部圆周均布三把长刀,刀身水平。在带轮的驱动下,长刀与锥形旋刀一同高速旋转,工作时使锥形旋刀的顶尖对准挖除对象中心,在拖拉机后动力输出轴和液压机构的作用下边旋转边向下推进,直到地上部分株体被削平为止,粉碎的马莲叶和根就地回田作肥料。

图 23-26　狼毒草灭除装置

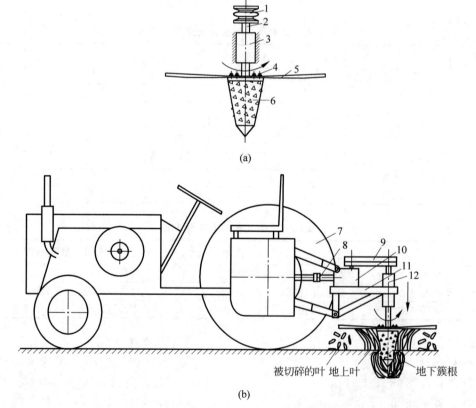

(a)

(b)

1—带轮;2—立轴;3—固定装置;4—螺母;5—长刀;6—锥形旋刀;7—拖拉机;8—联轴器;9—皮带传动;10—变速箱;11—机架;12—马莲除叶碎根装置。

图 23-27　马莲除叶碎根机

(a)马莲除叶碎根装置结构简图;(b)马莲除叶碎根装置工作状态图

马莲属于簇根生植物，马莲除叶碎根装置的外壁螺旋排布许多非连续切削刀的倒锥形筒，这种锥形旋刀的独特结构，能够很方便地将马莲的簇根粉碎，加上锥形旋刀顶部长刀的共同作用，能够彻底清除马莲。

（4）主要技术参数（见表23-8）

表 23-8　主要技术参数

序号	项　目	技术指标/cm
1	总长	30
2	刀长	15
3	最深深度	15

（5）常见故障及排除方法（见表23-9）

表 23-9　常见故障及排除方法

序号	故障现象	产生的原因	排除故障方法
1	刀头折断	撞到石头等坚硬物体	更换刀头
2	刀杆弯曲	未完全抬起刀头前进	完成工作时完全抬起刀头再前进

（6）产品图片（见图23-28）

图 23-28　马莲除叶碎根装置

3）草原杂草——鸢尾科植物去除装置

（1）结构简图（见图23-29）

（2）机器组成

机器由横向定位液压缸、对正杆、角度调整装置、滑板、工作液压缸、滑块、机架、液压马达、刀架、刀具等组成。

（3）工作原理

角度调整装置采用现有技术的结构，如丝杠调节装置。在作业前，采用人工调整角度，手持扳手类工具夹持丝杠上的六角形调整体，让丝杠带动螺旋滑块偏转，从而带动工作液压缸作相应偏转，螺旋滑块设置在滑板上的弧形槽中，通过紧固螺栓固定。工作液压缸体偏转角度大小由角度指示器做出指示，偏转角度达到工况要求后，拧紧紧固螺栓。

作业时，整个鸢尾科植物去除装置固定在自走机械前端，通过螺栓连接。动力由发动机传递给液压泵，高压油经过高压油管输送至横向定位液压缸、工作液压缸及液压马达。液压泵带动液压马达转动和工作液压缸活塞杆轴向移动。在液压马达的驱动下，刀盘和刀具一同高速旋转。工作时，驾驶员通过视觉发现成簇的杂草后，驾驶拖拉机或自走机械至杂草附近，进行初定位。在此过程中一边行走一边调整横向位置，使对正杆对准杂草中心，在工作部件经过鸢尾科植物前时，驾驶员便控制液压系统使其开始工作。在自走机械和液压机构的作用下，边前进边旋转斜方向向下切割杂草的地下根系，直至液压缸活塞杆推至末端。通过设立在液压马达的压力传感器指示至切割完毕后，液压机构自动提升，驾驶员驾驶机器前往下一工作目标。

鸢尾科植物去除装置对土壤的扰动非常小，作业后土壤结构不会被破坏，机具作业时自走机械无须停止前进，且效率高，入土方式为刀具前后错开入土，可利用先切割形成的缝隙减少第二把刀具入土的土壤挤压力，从而减小刀具的入土阻力。

（4）主要技术参数（见表23-10）

（5）常见故障及排除方法（见表23-11）

（6）产品图片（见图23-30）

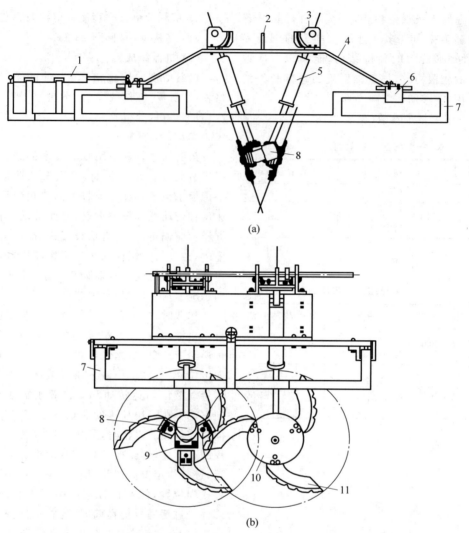

1—横向定位液压缸；2—对正杆；3—角度调整装置；4—滑板；5—工作液压缸；6—滑块；7—机架；8—液压马达；9—刀架；10—刀具；11—刀片。

图 23-29　鸢尾科植物去除装置

（a）去除装置主视图；（b）去除装置左视图

表 23-10　主要技术参数

序号	项　目	技术指标
1	牵引功率/Ps	200
2	离地高度/cm	10
3	最高行进速度/(m·s^{-1})	4

表 23-11　常见故障及排除方法

序号	故障现象	产生的原因	排除故障方法
1	杂草未清理干净	螺栓连接未拧牢固	排查所有螺栓是否紧固
2	漏油	液压回路破裂	排查液压元件，更换管路

图 23-30　鸢尾科植物去除装置

4）自走式农药喷雾装置

（1）结构简图（见图 23-31）

（2）机器组成

机器由喷杆、升降油箱、农药箱、机械车斗、发动机、座椅、换挡器、方向盘、折叠展开油缸、组合式喷雾喷头、喷洒泵、车轿、安全台、液压辅助器、车架、平衡减震装置、行驶滚轮、转向油缸、液压油泵、液压油箱、变速箱等组成。

（3）工作原理

为满足植保作业高地隙折腰、往返田埂间的作业要求，在农药喷雾装置的车架上加置了平衡装置与减震装置，能够有效提升其作业过程中的稳定性，对地面条件造成的震动影响起到有效的缓解作用。同时，将机械与液压有机结合，手动调节液压阀实现油缸伸缩，从而满足不同农作物的高度要求与位置要求。发动机带动农药箱内的喷药泵，对农药液体进行均匀分配，再将农药传输至喷杆与喷雾头，对农作物进行施药作业。

（4）主要技术参数（见表 23-12）

（5）常见故障及排除方法（见表 23-13）

（6）产品图片（见图 23-32）

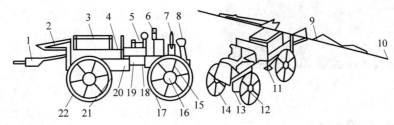

1—喷杆；2—升降油箱；3—农药箱；4—机械车斗；5—发动机；6—座椅；7—换挡器；8—方向盘；9—折叠展开油缸；10—组合式喷雾喷头；11—喷洒泵；12—车轿；13—安全台；14—液压辅助器；15—车架；16—平衡减震装置；17,22—行驶滚轮；18—转向油缸；19—液压油泵；20—液压油箱；21—变速箱。

图 23-31　农药喷雾装置结构简图

表 23-12　主要技术参数

序号	项　　目	参　　数
1	整体尺寸(长×宽×高)/(mm×mm×mm)	4600×8400×1800
2	整体质量/kg	1500
3	输出功率/kW	16.8
4	底盘离地距离/mm	580
5	行驶速度/(km·h^{-1})	1～15
6	农药箱容量/L	300
7	喷头数量/个	26
8	喷头间距/mm	330
9	喷头离地高度/mm	400～1000
10	左右幅宽/mm	8500

表 23-13　常见故障及排除方法

序号	故障现象	产生的原因	排除故障方法
1	发动机过热	发动机冷却液不足；发动机冷却器堵塞	可添加发动机冷却液；清洗冷却器

续表

序号	故障现象	产生的原因	排除故障方法
2	喷雾机难启动或启动无力	离合器踏板未踩到位,安全保护装置仍然起作用	用力踩离合器踏板至完全分离,达到安全保护行程,解除安全保护装置
		主开关或充电保险丝熔断	检查蓄电池电柱接头是否松动,如有松动及时拧紧
		蓄电池电力不足	用电压表测量蓄电池电压,发现电压不足及时充电或更换蓄电池
3	喷嘴无药液喷出	液压泵压力不足或管路接头松动漏气	调整液压泵压力到规定值;紧固密封好各个管路接头
4	喷雾不均、防滴阀漏水	药箱中药液低于最小量	添加药液至药箱中的指定位置
5	喷雾流量变小或喷雾压力不足	药箱出水过滤器堵塞	把杂物清理出过滤器

图 23-32　农药喷雾装置

23.2　草原建设机械

23.2.1　概述

草原建设是为提高草原生产能力而进行的各项基本建设和采取的各种生产措施。具体包括草场的围封、灌溉、施肥、松土、补播牧草,兴建水库、塘坝,开凿水井和营造防护林带等,还包括牧区居住区、点,营地内住房、畜棚、畜圈等的建设。在我国,草原建设需从各地区、各单位的实际情况出发,因地制宜地选择投资少、见效快、效果好的建设项目,把需要和可能结合起来,把草原的合理利用、保护同重点建设结合起来。其内容包括:实现机械化生产,提高机械化水平;种植补播优良牧草;兴修水利,发展灌溉和解决人畜饮水;植树造林;进行房舍、棚圈和交通运输设施建设等。

23.2.2　草原松耕机械

草地经过长期的自然演替和人类活动的影响,土壤变得紧实,土壤的通气和透水性减弱,微生物的活动和生物化学过程降低,直接影响牧草水分和有机物质的供应,因而使优良牧草衰退,降低了草地的生产力。为了改善土壤的透气状况,加强土壤微生物的活动,促进土壤中有机物质分解,必须对草地进行松土改良。通过土壤耕作,疏松土壤表层,就能较好地改进土壤的空气状况,加强微生物的活动,促进土壤中有机物质的分解。在实际生产中常用划破草皮、草地松耙、耕翻耙等方法进行草地松土,以改善土壤结构和透气性,增强渗蓄水能力,为牧草生长创造良好条件。

深松是保护性耕作技术的关键技术之一,是在不翻动土壤的条件下,采用深松机具对土壤尤其是深层土壤进行扰动疏松。深松作业的主要目的就是打破犁底层,提高土壤蓄水保墒的能力,提高土壤含水率,降低土壤容重,改善土壤条件,从而促进作物根系的生长和对养分及水分的吸收,进而提高作物产量。

1. 类型及应用场地

1) 分类

深松铲可分为凿形铲、箭形铲和翼形铲(见图 23-33),其中凿形铲由于在打破犁底层、改善土壤持水性能及节能减阻等方面综合效应较好而得到较为广泛的应用。

按照作业功能的不同,深松机具可以分为深松犁、层耕型、深松联合作业机和全方位深松机。

图 23-33　深松铲

（a）凿形铲；（b）箭形铲；（c）翼形铲

（1）深松犁

深松犁一般采用悬挂式，基本结构如图 22-34 所示，主要由深松铲、限深轮和机架组成，一般安装的是凿形深松铲。铲柄和机架连接处有安全销，碰到大块石头等障碍物时剪断安全销，以保护深松铲。深松犁主要对土壤进行局部深松或全面深松。

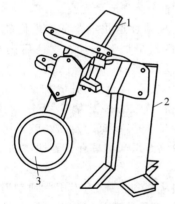

1—机架；2—深松犁；3—限深轮。

图 23-34　深松犁

（2）层耕犁

层耕犁一般有深松铲与铧式犁组合或者铧式犁与铧式犁组合。深松铲与铧式犁组合的层耕犁如图 23-35 所示。铧式犁翻耕正常耕深土层的土壤，深松铲疏松犁底层土壤，达到上翻下松且不乱土层的深松作业效果。

（3）深松联合作业机

深松联合作业机深松时，能一次完成两项以上的作业过程。按照联合作业机组合方式的不同，深松联合作业机一般分为深松旋

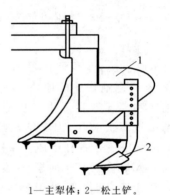

1—主犁体；2—松土铲。

图 23-35　层耕犁

耕机、深松施肥机、深松起垫机等联合作业机具。如图 23-36 所示，深松联合作业机主要由深松铲和其他耕整地机具组成。按照严格定义而言，层耕犁也应该属于联合作业机具的一类。

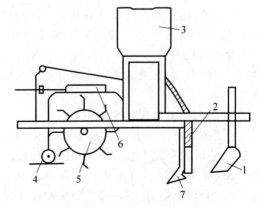

1—犁铧；2—排肥管；3—肥箱；4—地轮；
5—碎茬刀辊；6—变速箱；7—深松铲。

图 23-36　SZL-2 深松施肥起垄联合作业机

（4）全方位深松机

全方位深松机主要由倒梯形深松铲刀刃、机架和限深轮组成，如图 23-37 所示。

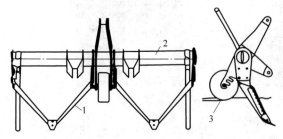

1—倒梯形深松铲刀刃；2—限深轮；3—机架。

图 23-37　1SQ-250 型全方位深松机

2）应用场地

深松作业只松土，不翻土，因此特别适于黑土层浅、不宜翻地作业的地块，这就为耕作层较浅地区和草场改良提供了良好的手段。原有草场植被不被破坏，因此不影响当地放牧。机械化深松适合各种土质。深松犁主要用于土壤深松耕作、破坏犁底层、改良土壤，这种深松机适用于高速作业，牵引阻力比铧式犁小，能耗仅为铧式犁的 60%，一般采用悬挂式挂接。主要工作部件是深松铲，用来熟化耕作层下面的土壤，疏松耕作层以下 5～15 cm 坚硬的心土，避免土层上下翻动。因常在坚硬的土壤中工作，故深松铲应具有强大的松碎土壤能力和足够的强度、刚度及耐磨性。深松铲采用凿形铲结构，安装在机架的后横梁上，连接处备有安全销，碰到大块石头等障碍物时剪断安全销，以保护深松铲。限深轮装于机架两侧，用于调整和控制耕作深度。有些小型深松犁没有限深轮，靠拖拉机液压悬挂油缸来控制耕作深度。

2．国内外发展现状

为了满足草原不翻垡潜松耕作改良的工艺要求，中国农科院草原研究所于 1986 年研制了羊草地潜松耕犁。该机特点是采用类似无壁犁铧不翻转土垡的工作原理，犁铧和铧柄设有锋利的刃口，犁铧耕作时位于羊草根茎层部位，可同时起到切根、向上抬土耕松的作用。耕过的地表只留有一个很小的沟痕，原生植被

破坏较少，但地下部分比较疏松。同时，还可将肥料施入草根层，从而较好地满足了羊草草原更新复壮的工艺要求。

我国从 20 世纪六七十年代即开始研究免耕播种技术，探索全新的耕作方式。90 年代以来，开始系统性地研究农机农艺相结合的保护性耕作技术。2002 年，农业部定义保护性耕作技术为对农田实行免耕、少耕，用作物秸秆覆盖地表，减少土壤的风蚀、水蚀，提高土壤肥力和抗旱能力的一项先进农业耕作技术。目前，保护性耕作技术在北方地区得到极大的推广应用。采用机械化改良的方式是实现退化草原改良的有效手段之一。陈自胜等针对草甸草原实施切根松土改良后，发现切根松土一年后，草场在 0～10 cm 和 11～20 cm 土层内含水量分别增加 0.32% 和 1.55%、容重分别降低 0.08% 和 0.11%、总孔隙度分别增加 3.02% 和 4.15%，草场切根松土三年后，羊草密度提高约一倍以上，干草产量提高 26.8%～48.3%。尤泳针对板结性退化羊草草地进行破土切根改良，改良效果试验表明：改良后的草地在 0～5 cm、10～15 cm 和 20～25 cm 三个土壤深度内的有机质含量分别增加了 45.10%、95.24% 和 59.20%，土壤全氮分别增加了 14.92%、76.19% 和 39.47%，经破土切根作业的草地单位面积产草量有显著性增加，增产近一倍。

我国从 20 世纪 60 年代开始研制退化草地改良机具，机具类型最初源于传统农田耕作机具。从目前使用的和最新研制开发的草地改良机械来看，国内的机具多半是传统农田耕作机具的改进机型，少部分是在引进吸收的国外草地补播机械基础上研制开发的产品。近十几年来逐步研制草地专用改良机械，机械类型由单一机具发展为联合作业机组，相继开发了草地切根机械、振动式松土机械等专用草地改良机械（见图 23-38），为草原生态恢复、退耕还草工程和提高草场综合生产能力提供了重要工程技术支持。

保护性耕作技术源于美国，美国土壤及农机专家经多年研究发现，土壤连年翻耕是引发

图 23-38　国内典型草地改良机械

"黑风暴"的主要原因,进而提出少耕、免耕的保护性耕作方法,并研制能蓄水保墒的深松耕作机械。其他国家也纷纷进行保护性耕作技术的研究应用和推广,如加拿大、澳大利亚、前苏联等国家。保护性耕作技术推广应用面积现已达到 16 000 万 hm²,是世界上被推广应用范围最大的耕作技术。西方发达国家从 20 世纪 30 年代已经开始研究深松耕作技术,研发相应的深松整地作业机具,已经取得了显著的增产和土壤改良效果。美国和欧洲部分国家对深松机具的研究已经比较完善,并根据不同土壤和不同耕作要求,形成了系列化的深松机具。

箭形铲潜松犁的初型产生于 20 世纪 30 年代的加拿大。当时,由于过度的农业开发,大自然的生态平衡遭到破坏。于是,一种新的耕作制度——免耕法便产生了。查理斯·诺贝勒博士设计了箭形铲潜松犁的初型。经过多年的反复实践和改进设计,到 80 年代初定型,并形成系列产品。

从总体看,国外针对已利用的退化草原进行机械化改良,一是采用建设人工草地的方式;二是采用免耕的方式切开草皮进行疏松、补播或施肥。草原机械化改良技术工艺主要是围绕改善因机器压实和牲畜践踏所造成的草原土层紧实程度增加的情况而展开,改良的途径主要集中在减小土壤紧实程度、增加施肥效率和对草场实施补播等几个方面。草原改良的机械主要包括用于草坪和天然草地上的打孔透气机械,一般以小型机械为主;用于扰动草地亚表层增加土壤通透性的疏松透气机械;用于在草地上实现划破草皮和深松的切缝松土机;用于补播或建植人工草地的精密播种机械;用于喷施液态或固态肥料的新型施肥机械等(见图 23-39)。草原改良过程中所采用的

图 23-39　国外典型草地改良机械

(a) 打孔透气机械;(b) 疏松机械;(c) 液态肥施肥机械;(d) 补播机械

机械化改良技术工艺模式包括单独作业模式和复式作业模式,如单独进行深松、打孔透气和施肥等作业工序,也有同时进行打孔透气+施肥、深松+施肥等复式作业工序;缓解草原不同深度土层的压实情况,改善土壤中的营养成分,对增加牧草产量产生了积极的影响。

3.典型机型介绍

1）1ZQHF-350/5型前后分置悬挂式联合整地机

（1）结构简图（见图23-40）

（2）机器组成

机器由镇压器、起垄铧、碎土刀轴、旋耕侧

变速箱、松土铲、机架、灭茬传动机构、深松铲、防尘板、灭茬刀轴、灭茬主变速箱、灭茬侧变速箱、前悬挂装置、拖拉机、主传动轴、吊挂架、旋耕主变速箱等组成。

（3）工作原理

首先由灭茬刀将作物根茬打碎,深松部件进行垄上深松,再由旋耕刀进行碎土,最后起垄、镇压,完成全部田间耕整地作业,一次作业使耕地达到待播状态。可以分别卸下灭茬刀轴、旋耕刀轴和深松起垄部件,完成单一作业功能。

（4）主要技术参数（见表23-14）

（5）常见故障及排除方法（见表23-15）

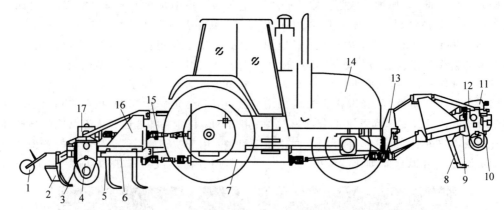

1—镇压器;2—起垄铧;3—碎土刀轴;4—旋耕侧变速箱;5—松土铲;6—机架;7—灭茬传动机构;8—深松铲;9—防尘板;10—灭茬刀轴;11—灭茬主变速箱;12—灭茬侧变速箱;13—前悬挂装置;14—拖拉机;15—主传动轴;16—吊挂架;17—旋耕主变速箱。

图 23-40　1ZQHF-350/5 型联合整地机结构简图

表 23-14　主要技术参数

序　号	项　目	参　数
1	幅宽/cm	350
2	灭茬深度/cm	8～10
3	深松深度/cm	25～35
4	旋耕深度/cm	16～18
5	垄距/cm	65～70
6	配套动力/kW	132～161
7	作业速度/(km·h^{-1})	3.5～5.0

表 23-15　常见故障及排除方法

序号	故障现象	产生的原因	排除故障方法
1	旋耕刀片弯曲或折断	旋耕刀片与田间的石头、树根等直接相碰	机具下地作业前首先向地主人询问地况，事先清除田间的石头，作业时绕开树根
2	轴承损坏	齿轮箱内齿轮油不足，轴承因缺少润滑油而损坏	检查两个齿轮箱的齿轮油存量，杜绝各种漏油，及时更换损坏的油封和纸垫
3	旋耕刀轴两侧轴承座损坏	旋耕刀刀轴接头法兰盘螺丝松动	检查和紧固各种螺栓

（6）产品图片（见图 23-41）

图 23-41　1ZQHF-350/5 型联合整地机

2）3600 型箭形铲潜松犁

（1）结构简图

犁体的结构主要由铲片、铲座、犁柱及连接板等部分组成（见图 23-42）。为了尽量减少土层翻动，犁柱入土部分由钢板制成。铲片与铲座采用螺栓连接，便于刃磨和更换。

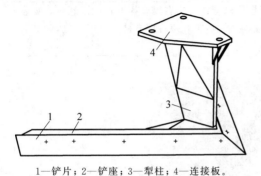

1—铲片；2—铲座；3—犁柱；4—连接板。

图 23-42　3600 型箭形铲单体结构简图

（2）机器组成

机器由铲片、铲座、犁柱和连接板等组成。

（3）工作原理

箭形铲潜松犁的工作原理是与它的几何参数紧密相关的。圆犁刀在铲的正前方切断土层，铲尖则按犁刀的切印入土。在耕深处切断牧草或作物根系，原有牧草或作物留茬仍然站立。由于箭形铲不翻土，地表土壤很少被搅动，所以原有植被不会被破坏，这样就可以防止土壤流失沙化。箭形铲过后，在地表形成一个 5～15 cm 厚的条状覆盖保护层和一条潮湿的地下通道。上面有土壤、根系和残茬保护层，防止水分过分蒸发，地面水容易向下渗透，防止水土流失。同时，改善了土壤与根系的板结状况，增加了土壤的透气性。由于根系被切断，切深以下的根系形成毛细作用，地下水分容易向上渗透至潮湿通道。这样非常有利于种子的萌发、幼苗的出土、原有植被的复壮和作物的生长。工作原理如图 23-43 所示。

（4）型号及主要技术参数（见表 23-16）

（5）常见故障及排除方法（见表 23-17）

（6）产品图片（见图 23-44～图 23-46）

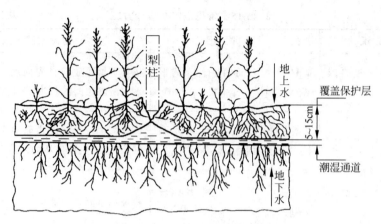

图 23-43 箭形铲潜松犁工作原理示意图

表 23-16 型号及主要技术参数

序号	项 目	参 数
1	型号	3600 型
2	犁体/个	3
3	工作幅宽/m	5.2
4	配套动力/kW	51.5～58.9
5	耕深范围/mm	50～250,最大可调至 700

表 23-17 常见故障及排除方法

序号	故障现象	产生的原因	排除故障方法
1	箭形铲不入土	犁尖过度磨损,入土角过小	对于犁柱变形引起的入土角变小,应先修复或更换已变形的犁柱,再按规定调整入土角
2	箭形铲入土后深松难以保持稳定	机组挂接或调整不当	一般先调整悬挂点位置,使犁的上下悬挂点都挂上孔,以增大入土力矩。如仍难入土,可适当调短上拉杆,以增大入土角,同时调短右提升杆,使犁架呈左前倾,达到前后犁铧耕深一致
		犁重量过轻	采用上述方法调整后入土仍困难,可在犁架后部加适当配重
3	左、右耕深不一致	犁架在横向水平面内不水平	通过改变拖拉机悬挂机构右提升杆的长度来调整。如悬挂犁犁架左高右低,则应调短右提升杆长度。反之,则调长右提升杆的长度

图 23-44 铲片

图 23-45　犁柱

图 23-46　箭形铲潜松犁

23.2.3　切根施肥复壮机械

天然羊草草地由于长期无养息、过载放牧和粗放式管理,使得土壤容重变大,空隙度下降,土壤紧实呈现板结性退化,板结层厚度达15～20 cm;人工建植的羊草草地在种植5～6年后,因根茎生长稠密致使土壤耕作层板结,造成通透性不良。土壤板结阻碍空气进入土层,不利于好气性微生物的活动,使表层淋溶的氧化物大多还原成亚氧化物,不能为植物所吸收,而大量根系的繁殖使营养向根部聚集,难以从分蘖点生长出新的植物体,因此极大地抑制了羊草的无性繁殖,使得草地植被植物群落逆向演替,部分地区羊草由建群种退化为伴生种,草场质量和产草量严重下降。此时进行破土切根,打破草场土壤亚表层的板结,增加土壤与空气的接触面,使氧气进入土壤,可为好气微生物的活动创造有利条件;土壤板结容易形成地表径流,水分在土壤表层聚集而难以向更深的土层渗透,将板结的土层破开形成一道道沟缝,既能使地表水分快速向土层深处渗透,同时又起到蓄水保墒的作用;切断羊草盘根错节的横走根茎,一方面改善因根茎生长稠密造成的土壤透水、透气性差等问题,另一方面使根茎老化,同时增强新根分蘖,进而生长出新的植株。这样,在好气微生物的活动下,

有机物和亚氧化物被迅速分解为氧化物,不断提供给新生的植物群落,地表降水能够渗透到土层深处,调节各土层含水量,为植物生长提供合理的土壤、水分条件,实现草地的自我复壮和促生扩繁。

1.类型及应用场地

(1)草地切缝机:主要由国外研究者根据草地切根原理研制。该机采用三点悬挂方式,随着机器的前进,固定在刀轴上的刀片被动旋转并切割草皮。该机切割刀可调,通过在横梁上增加配重或通过液压调节,能使机器适用于不同坚实度的土壤。

(2)点线式破土切根机:利用刀具在土壤亚表层切出一条窄缝,从而促进植株的自繁促生,改善土壤的通透性。该机采用曲柄连杆机构,刀具在进入土表时加速度大,退出时加速度小。该机能以较小的切割功耗得到较大的切割力,切根深度大,适应性强。

2.国内外发展现状

欧美国家很重视草地类开沟部件的研究,要求研发的开沟部件的划量尽量小,并且还要具备良好的松土性能和较强适应性,形式要多样化。基本上都利用牧草松土补播机来进行草地改良,切根部件多安装在牧草免耕松土补播机上,机具一般都具有完善的功能,可完成划开草皮、切根松土、播种、覆土镇压和施肥

喷药等作业项目,能满足免耕补播的各种农业技术要求。至今,国外草地切根机具的主要结构和技术性能指标没有较大的变化,只是在操作舒适程度和电子控制系统应用等方面有所改进。

多年来,我国在草地改良方面进行了大量的研究和试验,各地针对不同类型的草地研制了多种牧草切根复壮机械。如内蒙古乌盟农机推广站研制的 CZ9-6 牧草复壮机,可将盘结在 10～15 cm 深处的牧草根系切断。2SB-2.1型(切根)松土补播机,可在典型退化的草原地带建设人工草地,或通过更换部件(将凿形松土铲卸下,换上单翼形犁铲)可对典型退化的羊草草原进行切根松土改良,其中的翼形犁铲是切根部件,它不需翻转土垡,就可疏松牧草根层土壤;在切根犁与犁柱之间装有安全剪切螺栓,当遇到巨石、树桩或树根等障碍物时,可通过剪断安全螺栓的办法保护切根犁。多功能点条式牧草切根机,由机架、悬挂架、限深轮动力系统和切刀组成。与该动力系统相连接有一个或一个以上的曲柄摇杆机构,在曲柄摇杆机构上安装了一把或一把以上的切刀(该切刀为直切刀),切刀与切根机的前进方向平行。该机不会翻土带出草根,也不会对原植被造成破坏,可以进行点状式或条状式切根的选择,从而可以改变单位面积的切根率。这种针对性较强的工作性能,使得在改良草场的时候能达到事半功倍的效果。

目前国内的破土切根机械种类较少,有待进一步发展。虽然我国草地改良机械通过引进吸收国外先进技术,机具品种会不断增加,但是我国的牧草切根机械化总体水平还很低。因此,研制符合我国草地实际状况的新型改良机械,有助于草原牧业的健康发展。

3. 典型机型介绍

1) 9QP-830 型草地破土切根机

(1)结构简图(见图 23-47)

(2)机器组成

机器由限深轮、机架横梁、破土切根刀、刀轴、刀盘、机架侧板、齿轮箱、三点悬挂机构等组成。

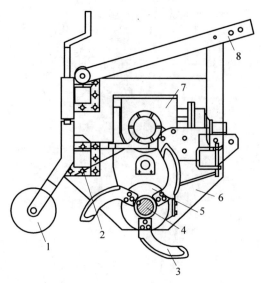

1—限深轮;2—机架横梁;3—破土切根刀;4—刀轴;5—刀盘;6—机架侧板;7—齿轮箱;8—三点悬挂机构。

图 23-47　9QP-830 型破土切根机结构简图

(3)工作原理

利用拖拉机输出轴的动力驱动破土切根刀正向旋转,以冲击、贯入的方式割裂退化羊草草地土壤板结层,切断羊草地下横走根茎以改良该类型退化草地。

(4)主要技术参数(见表 23-18)

表 23-18　主要技术参数

序号	项　　目	参　　数
1	配套动力/kW	60
2	外形尺寸(长×宽×高)/(mm×mm×mm)	2540×1170×1222
3	结构质量/kg	450
4	幅宽/mm	2400
5	传动方式	中间齿轮传动
6	连接方式	三点悬挂
7	耕深调节方式	限深轮
8	最大耕深/mm	205
9	刀轴转速/(r·min^{-1})	254
10	最大回转半径/mm	325
11	总安装刀齿数/把	24
12	刀盘数/个	8
13	每刀盘安装刀齿数/把	3
14	相邻刀盘间距/mm	300

（5）常见故障及排除方法（见表23-19）

表23-19 常见故障及排除方法

序号	故障现象	产生的原因	排除故障方法
1	切根刀断裂或歪曲	撞击到石头等坚硬物品	定期更换切根刀片
2	零部件松动	工作环境差，减震措施不完善	定期检查，加强润滑
3	泄漏	零部件老化或破裂	更换零部件

（6）产品图片（见图23-48）

图23-48 9QP-830型破土切根机

2）草地点线式破土切根机

（1）结构简图（见图23-49）

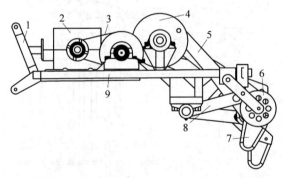

1—悬挂点；2—齿轮变速箱；3—链传动；4—曲柄机构；5—连杆机构；6—限深轮；7—切刀；8—摇杆机构；9—机架。

图23-49 草地点线式破土切根机构简图

（2）机器组成

点线式破土切根机主要由机架、减速箱、链传动、工作机构、切刀及限深轮组成。

（3）工作原理

切刀安装于工作机构上，安装方向与机具的前进方向平行，在拖拉机动力输出轴驱动下，经过齿轮减速箱和链传动减速后将动力传给工作机构，切刀以匀速状态冲击入土，经过拖拉机的带动，滑切前进，最后沿前进方向的斜上方出土，完成切根作业。链传动的链轮可以更换，以改变工作机构的切割频率。通过拖拉机前进速度与切刀工作频率的配合实现点状或线状切根效果。

（4）主要技术参数（见表23-20）

表23-20 主要技术参数

序号	项目	参数
1	配套动力/kW	60
2	外形尺寸（长×宽×高)/(mm×mm×mm)	1760×1450×1000
3	前进速率/(km·h^{-1})	5.7～9.0
4	生产效率/(hm^2·h^{-1})	0.85～1.00(线式切缝) 1.0～1.3(点式切缝)
5	工作幅宽/m	1.46
6	作业行数/行	4
7	作业行距/mm	330
8	切深/mm	100～200

（5）常见故障及排除方法（见表23-21）

表23-21 常见故障及排除方法

序号	故障现象	产生的原因	排除故障方法
1	切根不达标	摇杆机构松动	紧固连杆机构，定期检查
2	缠草	切根刀磨损	更换切根刀
3	有异响	连接部分进入杂质	加强润滑，定期检查

（6）产品图片（见图23-50）

3）复合式羊草切根机

（1）结构简图（见图23-51）

（2）机器组成

机器由机架、缓冲刀架、旋涡犁刀、臂式犁刀、镇压轮、排种系统等组成。

（3）工作原理

复合式羊草切根机通过三点悬挂与拖拉机液压控制杆相连接，利用拖拉机液压系统提

图 23-50 草地点线式破土切根机构

1—机架；2—缓冲刀架；3—旋涡犁刀；
4—臂式犁刀；5—镇压轮；6—排种系统。

图 23-51 复合式羊草切根机

供的作用力将犁刀压入土层，再牵引向前进行切根松土补播作业。旋涡犁刀与臂式犁刀分别在上土层（0～20 cm）、下土层（20～30 cm）进行切根作业，行走轮进行覆土镇压，行走轮轮毂上设有与排种系统相关联的链轮，通过链条传动带动排种系统进行排种补播作业。

（4）主要技术参数（见表 23-22）

表 23-22 主要技术参数

序号	项 目	参 数
1	配套动力/kW	60
2	外形尺寸（长×宽×高）/(mm×mm×mm)	1420×2600×1020
3	工作幅宽/mm	2400
4	切根行距/mm	600
5	播种行距/mm	400
6	切根行数/行	6

（5）常见故障及排除方法（见表 23-23）

表 23-23 常见故障及排除方法

序号	故障现象	产生的原因	排除故障方法
1	入土困难	采用被动式波纹刀盘，配重较轻	增加配重
2	刀盘卷刃	撞击石头等坚硬物体	更换刀盘

（6）产品图片（见图 23-52）

图 23-52 盘式羊草切根施肥机

4）复壮促生破土切根机

（1）结构简图（见图 23-53）

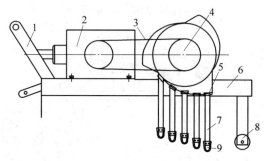

1—三点悬挂架；2—变速箱；3—传动链；4—凸轮机构；5—滑块机构；6—机架；7—切刀驱动机构；8—限深轮；9—切刀。

图 23-53 复壮促生破土切根机结构简图

（2）机器组成

由三点悬挂架、变速箱、传动链、凸轮机构、滑块机构、机架、切刀驱动机构、限深轮、切刀等组成。

（3）工作原理

悬挂架采用典型的三点悬挂机构，悬挂在大于40 kW 的轮式拖拉机上。当拖拉机在草地上工作时,由拖拉机后动力输出轴经万向节传动轴将动力传送到切根机齿轮变速箱,再经过齿轮变速箱通过传动链将动力传递给凸轮机构,再由凸轮机构将动力传递给切刀驱动机构,从而带动切刀垂直入土,一次切根完成后再通过凸轮机构的旋转带动切刀快速出土,从而完成切根作业。当需改变切根速度时可以通过改变链轮的大小来实现,切根深度通过限深轮调节。

（4）主要技术参数（见表 23-24）

表 23-24　主要技术参数

序号	项　　目	参　　数
1	配套动力/kW	80
2	外形尺寸（长×宽×高)/(mm×mm×mm)	2600×2600×1020
3	工作幅宽/mm	2400
4	切根行距/mm	40
5	切根行数/行	6

（5）常见故障及排除方法（见表 23-25）

表 23-25　常见故障及排除方法

序号	故障现象	产生的原因	排除故障方法
1	切刀弯曲	前进速度与凸轮转速不匹配	降低前进速度或提高凸轮转速
2	切刀断裂或卷刃	撞击石头等坚硬物体	更换切刀
3	变速箱有杂音	安装时有异物落入,或轴承、齿轮牙齿损坏	设法取出异物,或更换轴承、齿轮
4	工作时有金属敲击声	刀片固定螺丝松脱,刀轴两端刀片或罩壳变形,传动链条过松	重新紧固螺钉,校正罩壳或更换刀片,调节链条的紧度
5	变速箱漏油	密封损坏,纸垫损坏,变速箱裂缝	更换油封和纸垫,焊修箱体

（6）产品图片（见图 23-54）

图 23-54　复壮促生破土切根机

5）牧草切根机

（1）结构简图（见图 23-55）

（2）机器组成

由三点悬挂、齿轮变速箱、链传动、切刀驱动机构、机架、限深轮等组成。

（3）工作原理

切根机与拖拉机通过悬挂点连接,拖拉机输出轴的动力经过齿轮变速箱传递给传动链传动,传动链再将动力传递给切根刀驱动机构的主传动轴,进而驱动切根刀进行切根作业。切根深度可以通过限深轮进行调节。

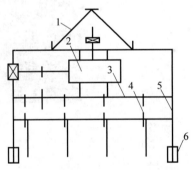

1—三点悬挂；2—齿轮变速箱；3—链传动；
4—切刀驱动机构；5—机架；6—限深轮。

图 23-55　牧草切根机结构简图

（4）主要技术参数（见表 23-26）

（5）常见故障及排除方法（见表 23-27）

（6）产品图片（见图 23-56）

6）具有仿形功能的草地破土切根机

（1）结构简图（见图 23-57）

（2）机器组成

由限深轮、切根刀片、切根刀轴、切根刀盘、侧板、连接套筒、主轴、切根链轮、连接架 b、U 形卡、连接板 c、主动链轮、变速箱、横梁、链

表 23-26　主要技术参数

序号	项　　目	参　　数
1	配套动力/kW	60
2	外形尺寸(长×宽×高)/(mm×mm×mm)	1280×750×470
3	作业幅宽/mm	1470
4	作业行数/行	4
5	主运动转速/(r·min^{-1})	(1)225；(2)300；(3)400
6	破土间距/mm	300
7	破土深度/mm	100～200

表 23-27　常见故障及排除方法

序号	故障现象	产生的原因	排除故障方法
1	切深不均匀	限深轮未固定牢靠或地面不平	紧固限深轮
2	切根刀卷刃或断裂	撞击石头等坚硬物体	更换切根刀
3	变速箱有杂音	安装时有异物落入，或轴承、齿轮牙齿损坏	设法取出异物，或更换轴承、齿轮
4	工作时有金属敲击声	刀片固定螺丝松脱，刀轴两端刀片或罩壳变形，传动链条过松	重新紧固螺钉，校正罩壳或更换刀片，调节链条的紧度
5	变速箱漏油	密封损坏，纸垫损坏，变速箱裂缝	更换油封和纸垫，焊修箱体

图 23-56　牧草切根机

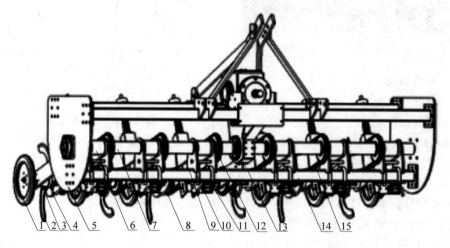

(a)

图 23-57　具有仿形功能的草地破土切根机结构简图

(a)三维结构视图；(b)侧视结构视图；(c)俯视结构示意图

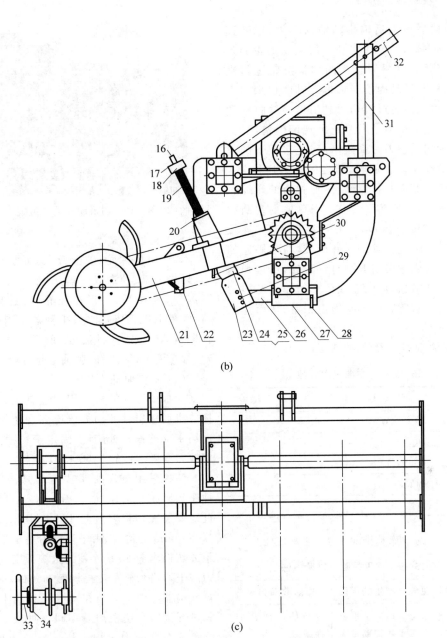

(b)

(c)

1—限深轮；2—切根刀片；3—切根刀轴；4—切根刀盘；5—侧板；6—连接套筒；7—主轴；8—切根链轮；9,27—连接架 b；10—U 形卡；11—连接板 c；12—主动链轮；13—变速箱；14—横梁；15—链条；16—仿形导杆；17—调节螺母；18—连接盖；19—仿形弹簧；20—连接垫片；21—连接架 h；22—张紧装置；23—连接架 i；24—连接架 e；25—连接架 g；26—连接架 a；28—连接销 a；29—连接销 b；30—连接销 c；31—前悬挂杆；32—后悬挂杆；33—限深轮轴；34—限深轮支架。

图 23-57 （续）

条、仿形导杆、调节螺母、连接盖、仿形弹簧、连接垫片、连接架 h、张紧装置、连接架 i、连接架 e、连接架 g、连接架 a、连接销 a、连接销 b、连接销 c、前悬挂杆、后悬挂杆、限深轮轴、限深轮支架等组成。

（3）工作原理

具有仿形功能的草原破土切根机在工作时，通过前悬挂杆和后悬挂杆与拖拉机进行连接,拖拉机后端的后输出轴输入动力,经变速箱传递到主轴,安装在主轴上的主动链轮通过链条与安装在切根刀轴上的切根链轮进行链条传动,从而带动固接于切根刀轴的切根刀盘旋转,同时单体仿形机构通过仿形弹簧自动调节切根刀盘的高度;当草地出现凹陷情况时,切根刀盘和切根刀片高度下降,连接架 h 的前端围绕主轴逆时针旋转,与之固连的连接架 g 围绕连接销 b 逆时针旋转,仿形弹簧的压缩长度减小,从而完成仿形工作;当草地出现凸起情况时,切根刀盘和切根刀片高度上升,连接架 h 的前端围绕主轴顺时针旋转,与之固连的连接架 g 围绕连接销 b 顺时针旋转,仿形弹簧的压缩长度增加,从而完成仿形工作。切根刀高速旋转切断亚表层羊草横走根茎,从而完成切根工作。

(4) 主要技术参数(见表 23-28)

图 23-58　具有仿形功能的草地破土切根机

(2) 机器组成

该机由限深轮、破土刀齿、切根刀盘、切根刀、切根刀轴、种沟双圆盘开沟器、肥沟双圆盘开沟器、变速箱、V 形镇压轮、转速匹配控制器、驱种电机、驱种链轮、排种器、排种链轮、排种轴、种箱、肥箱、排肥器、驱肥电机、驱肥链轮、排量调节器、肥轴、肥轴链轮等组成。

(3) 工作原理

切根施肥补播机采用三点悬挂,联轴器将拖拉机后输出轴的动力传递到变速箱,通过变速箱带动切根刀轴旋转,固定于切根刀轴上的切根刀盘随之旋转,实现切根。

表 23-28　主要技术参数

序号	项　　目	参　　数
1	配套动力/kW	60
2	外形尺寸(长×宽×高)/(mm×mm×mm)	2600×2600×1020
3	工作幅宽/mm	2400
4	切根行距/mm	40

(5) 常见故障及排除方法(见表 23-29)

表 23-29　常见故障及排除方法

序号	故障现象	产生的原因	排除故障方法
1	仿形弹簧失效	地面不平整或震动过大	更换仿形弹簧加强减震
2	切根刀卷刃或断裂	撞击石头等坚硬物体	更换切根刀
3	缠草	切根刀磨损过大导致不能完全切根	定期维修保养

(6) 产品图片(见图 23-58)

7) 9QFB-2.4 型切根施肥补播机

(1) 结构简图(见图 23-59)

该机采用分层交错式覆土开沟方式实现种床与肥床的构建,切根刀与破土刀齿交错邻近地安装在切根刀盘上,切根刀切出宽 10 mm、深 200 mm 的沟缝,由于切根刀对土壤的扰动,距离切根沟缝 20 mm 处的土壤强度明显下降,为破土刀齿划破草皮提供便利条件;种沟双圆盘开沟器与破土刀齿在同一条直线上,肥沟双圆盘开沟器与切根沟缝在同一直线上,种沟双圆盘开沟器开沟过程中将一部分土壤挤压至切根沟中,肥沟双圆盘开沟器开沟过程中将上述土壤压至一定深度,形成肥沟,并将一部分土壤回填至种沟。该机采用多信号输入的电驱电控播量控制装置实现播量精确调节,排种排肥的动力通过拖拉机自带的电瓶提供,转速传感器固定在限深轮上,多信号输入的电驱电控播量控制装置将输入的 12 V 电压输出,并根据采集的转速信号控制输出电压的大小从而控制驱种电机与驱肥电机转速,驱种电机通过链传动,带动排种轴旋转,实现排种,排肥的原理与排种的原理相同。最终通过 V 形镇压轮的镇压,有效将种肥压实。

(4) 型号及主要技术参数(见表 23-30)

(5) 常见故障及排除方法(见表 23-31)

(6) 产品图片(见图 23-60)

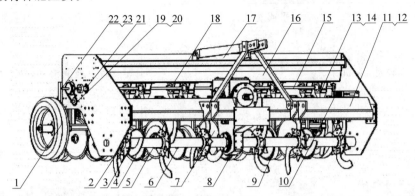

1—限深轮;2—破土刀齿;3—切根刀盘;4—切根刀;5—切根刀轴;6—种沟双圆盘开沟器;7—肥沟双圆盘开沟器;8—变速箱;9—V 形镇压轮;10—转速匹配控制器;11—驱种电机;12—驱种链轮;13—排种器;14—排种链轮;15—排种轴;16—种箱;17—肥箱;18—排肥器;19—驱肥电机;20—驱肥链轮;21—排量调节器;22—肥轴;23—肥轴链轮。

图 23-59 9QFB-2.4 型切根施肥补播机结构简图

表 23-30 型号及主要技术参数

序 号	项 目	参 数
1	型号	9QFB-2.4 型
2	外形尺寸(长×宽×高)/(mm×mm×mm)	1420×2600×1020
3	工作幅宽/mm	2400
4	切根行距/mm	600
5	施肥行距/mm	400
6	播种行距/mm	400
7	切根行数/行	6
8	施肥行数/行	6
9	播种行数/行	6
10	种箱容积/L	135
11	肥箱容积/L	135
12	电机最大转速/(r·min^{-1})	42.7
13	电机最大扭矩/(N·m)	22.7
14	电机最大功率/W	100
15	播种量调整范围/(kg·hm^{-2})	15～60
16	播种转速/(r·min^{-1})	17.5
17	施肥量调整范围/(kg·hm^{-2})	50～125
18	排肥转速/(r·min^{-1})	26
19	机器行进速度/(m·s^{-1})	1.2
20	切根转速/(r·min^{-1})	250
21	切根深度/mm	100～200
22	切根宽度/mm	6～12
23	配套动力/kW	60

表 23-31　常见故障及排除方法

序号	故障现象	产生的原因	排除故障方法
1	仿形轮失效	地面不平或连接失效	加强日常检修,提高连接强度
2	零部件松动,农机部件配合间隙存在问题	由于农村自然环境的因素,导致农业机械通常情况下都要在泥泞的道路或者坑洼不平的道路上行驶,在这样的情况下容易导致减震部件或其他农机部件出现某种程度的磨损或者配合间隙异常等问题	要及时更换润滑油,使其更加有效适应相关方面的运行情况,以此确保农机设备能够处于更为理想的运行状态

图 23-60　9QFB-2.4 型破土切根施肥补播复式机

8) 3ZFS-520 型中耕深施肥机

（1）结构简图（见图 23-61）

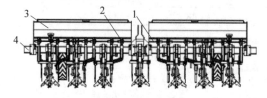

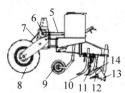

1—排肥器传动轴；2—排肥器；3—肥箱；4—主梁；5—传动链 2；6—中间传动轴；7—传动链 1；8—驱动地轮；9—限深轮；10—施肥铲；11—施肥管；12—培土铲；13—培土器；14—松土除草铲。

图 23-61　3ZFS-520 型中耕深施肥机结构简图

（2）机器组成

3ZFS-520 型中耕深施肥机由驱动地轮总成、传动系统、施肥系统、培土起垄装置、牵引架及限深轮等组成。其中：传动系统由传动链1、中间传动轴、传动链2和排肥器传动轴组成；施肥系统由肥箱、外槽轮排肥器、施肥铲和施肥管组成；培土起垄装置主要由培土铲和张度可调的培土器组成,间距可调。

（3）工作原理

3ZFS-520 型中耕深施肥机是一种与大功率拖拉机相配套的田间管理机械,能同时完成松土、侧深施肥及除草和垄台修复,可对 6～8 行作物同时作业；作业过程中由限深轮随行限深及导向；施肥铲耕深较大,可同时满足深松及侧深施肥的要求,并可达到减阻效果。两个地轮驱动传动链1将动力输送至中间传动轴,中间传动轴再通过传动链2传递动力至排肥装置的传动轴。限深轮会限制侧深施肥的深度,培土起垄装置培土结束后,即完成整个中耕施肥作业。

（4）型号及主要技术参数（见表 23-32）

（5）常见故障及排除方法（见表 23-33）

（6）产品图片（见图 23-62）

表 23-32　型号及主要技术参数

序号	项　目	参　数
1	型号	3ZFS-520 型
2	外形尺寸(长×宽×高)/(mm×mm×mm)	5380×2390×1370
3	整机质量/kg	1274
4	配套动力/kW	40～60
5	作业行数/行	8
6	适应垄距/cm	35～75
7	行进速度/(km·h⁻¹)	6.2～7.5
8	施肥深度/cm	20～30
9	施肥量/(kg·hm⁻²)	60～110

表 23-33　常见故障及排除方法

序号	故障现象	产生的原因	排除故障方法
1	仿形轮失效	地面不平或连接失效	加强日常检修,提高连接强度
2	零部件松动,农机部件配合间隙存在问题	减震部件或其他农机部件出现某种程度的磨损	及时更换润滑油

图 23-62　3ZFS-520 型中耕深施肥机

23.2.4　牧草播种机

近年来,随着我国牧草种植规模的日益扩大,针对牧草产业的发展需求,对牧草播种质量提出了更高的要求,传统的人工撒播方式已被逐渐淘汰,牧草播种的机械化已经成为一种趋势。牧草种子品种繁多,形状各异,一般体积较小、质量轻,因而播种难度较大,对播种机械要求较高。具体表现为:对散播机的要求主要是播种均匀,不出现漏播、重播现象,不损伤种子,播量准确、可调,适合多品种草种的混合播种,可兼施肥料,实现一机多用,对风力、地形的适应性强,作业效率高、质量可靠、调整和维修方便;对条播机除上述的要求外,还要求行距均匀一致,播种深度一致,覆盖严密;对喷播机除上述的要求外,还要求喷播范围大、射程远,移动轻便灵活,喷播液中含有杀虫剂等药物、营养肥料并带有颜色,以保证不漏播和重播。

1. 类型及应用场地

1) 条播式牧草播种机

该机采用了弹性材料转动盘摩擦式排种器,在已耕平整的土地上进行牧草播种作业,整机仿形能力强,能够播种各种形状、类型的牧草种子。其主要特点是采用了弹性材料转动盘摩擦式排种器。该排种器通过弹性材料与种子之间的摩擦可以实现禾本科类、豆科类等各种农作物种子的排种作业,也可以实现小颗粒牧草种子的精密播量播种,如苜蓿等,播量控制均匀准确。

2) 免耕精量牧草播种机

中国农业机械化科学研究院研制的 16 行 3.2 m 播幅牵引式整机提升的牧草免耕精量播种机,采用两侧双油缸同步升降,种、肥、牧草"3 箱 3 器"分别布置和独立工作方式,适应以播种苜蓿为主,兼播小麦、大麦和油菜等多种禾本科作物,可一次性完成切断秸秆或切开根茬、开沟、施肥、播种、压种、覆土、镇压等作业过程。

3）气力式牧草播种机

气力式牧草播种机能使草籽在高速气流的作用下抛撒在草场上，然后经过轻耙覆土并镇压，便可达到播种的目的。实际应用中，使用气力式牧草播种机可完成大面积的牧草播种。结果显示，草籽播撒均匀，出苗好、苗齐、苗壮，比用其他播种机播种的产草量增加1倍。

4）天然退化草场的牧草播种机

牧草免耕播种是草场改良和修复的主要措施和有效途径之一，该项技术的大面积实施，能够有效地遏制草场的进一步退化，恢复原有生态能力，对天然草场资源的合理开发利用和保护具有十分重要的意义。据统计，全国已有90%的天然草场在退化之中，改良天然草场是解决我国草资源可持续发展的有效途径，我国用于改良天然草场的主要作业方式是松土补播。

2．国内外发展现状

1）国外牧草播种机现状

在国外，有两种机械种植方法：一种是使用与种植农作物相同的过程来建立人工草地，犁、耙、播种、施肥、耕种、浇水和种植优质草料，使草地不断更新；另一种是通过疏松土壤进行再播种来改良天然退化的草地，即在不翻开原始植被的情况下砍伐根茬，疏松土壤，播种和施肥天然草地。

（1）人工种植草场用的牧草播种机

由于人工种植草场与农田的种植工艺基本相同，国外用于人工种植草场的牧草播种机大多与农用播种机通用，有的农用播种机换上专用的开沟器、排种器就可播种牧草。这种播种机大都技术先进、制造精良，播种量和播种深度非常精确，能满足牧草种植要求。如美国白利灵公司生产的SS8型播种机，能播种苜蓿、百脉根等种子，播种量最低可调至 $0.6~kg/hm^2$，播种深度可精确地保持在 $1.2~cm$。2001年，北京市顺义区引进了一台SS8型播种机，使用情况很好。

（2）天然退化草场用的牧草播种机

对天然退化草场的改良，世界各国一般都采用专用的免耕播种机对草场进行补播，播种量根据退化程度而定。机具作业工艺为：草皮划破—松土—补播—镇压覆土。新西兰艾切森公司生产的1100D型牧草播种机，土壤工作部采用圆盘刀和凿形弹齿，在机具重力作用下，圆盘刀的刀刃切断地表覆盖物和根茬，同时切开土层形成沟壤，再由其后的凿形弹齿开沟器整成种沟，进行播种。该机的圆盘刀单组件质量为 $200~kg$，有足够的切断表土植被入土能力。贵州省独山草场曾引进该播种机，播种质量好，使用可靠。乌克兰研制了坡地牧草补播机，该机可在坡度小于 $35°$ 的草地上播种。

2）国内牧草播种机现状

国内对免耕播种机的研发始于20世纪90年代，一些科研院所、高校和大型农机企业进行投入研发。最初成形的产品为2BMFF-9型小麦免耕施肥播种机，可一次完成破土开沟、播种、施肥和镇压等作业，采用了尖角开沟器，种肥垂直分施，播种后种沟自动合拢不用覆土。在后续的研究中，具有代表性的产品有2BMG-24型小麦免耕播种机，该机采用控制式密齿型排种器，开沟施肥播种单体采用波纹圆盘和双圆盘组合式，实现了精量排种；2BMX-5型小麦玉米免耕播种机，通过更换排种器可实现小麦、玉米的免耕播种，该机设计了刃口为圆弧形的前刀，破茬效果好，播种时对土壤的扰动较小。

目前，国内的小麦免耕播种机产品很多，外观虽然各有不同，但主要工作部件结构类似。代表产品主要有河北农哈哈公司生产的BMFS5/10(6/12)型小麦免耕播种机系列，中机美诺科技股份有限公司研制的6115/6119/6124免耕播种机系列，山东潍坊拖拉机厂研制的2-BMFS-6(4)型免耕施肥播种机系列，华联机电设备有限公司研制的2BYF-4型玉米免耕播种机等。总体上看，国内免耕播种机具的结构合理性、作业性能及可靠性还有待进一步改进。

近年来，针对天然草场的退化，我国草原改良建设工作也取得了一些进展。1994—

1999年,"新疆草原改良建设机具推广应用"和"优质、高产、高效草原建设机械化技术推广"两项目在伊犁地区天然退化草场实施松土补播,面积达9266 hm²,产草量提高2～3倍。随着我国加入WTO及正在实施的西部大开发战略,我国草原改良建设和人工种植草场工作面临空前的发展机遇。新疆退耕还林还草建设项目计划五年内,每年退耕还草13.3万hm²,累计建设人工种植草场66.7万hm²。以首蓿深加工为主业的新天国际下属科文公司,在

2001年以"公司十农户"形式组织农户种植苜蓿4000 hm²。甘肃莫高实业发展有限公司也正在建设2万hm²苜蓿种植基地。牧草种植面积的迅速扩大,对牧草播种机的需求剧增。我国牧草播种机具的研究起步较晚,特别是人工种植草场用的牧草播种机起步更晚,但已涌现了一些新机具。

3.典型机型

1)9MSB-2.1型牧草免耕松土补播机

(1)结构简图(见图23-63)

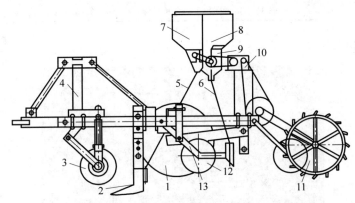

1—行走轮;2—松土铲;3—圆盘刀;4—机架;5—输肥管;6—输种管;7—肥箱;8—种箱;9—排种器;10—变速器;11—驱动地轮;12—镇压开沟器;13—行走轮转臂。

图23-63　9MSB-2.1型牧草免耕松土补播机结构简图

(2)机器组成

该机主要由圆盘刀、松土铲(凿形铲)、肥箱、种箱、变速器、镇压开沟器、地轮、免耕圆盘开沟器、一级镇压轮、二级镇压轮、机架、牵引架等部件组成。

(3)工作原理

该机主要由四行免耕补播、三行松土补播机构组成。工作时,机组前进,在松土行中,首先由圆盘刀切开草皮、切断草根,接着松土铲开沟松土,松土铲后面有输肥管,使肥落入沟中;其次,镇压开沟器将松土压实并开沟,种子从输种管落入沟中;最后,由二级镇压轮进行进一步镇压。在免耕行中,免耕圆盘开沟器切入土内,并形成一定宽度和深度的种沟,种子播入种沟中,然后镇压轮覆土镇压。排种器动力由驱动地轮经两级链轮、变速器,再经一级

链轮传至排种轴。排种轴上的另一链轮将动力传至排肥箱。

(4)主要技术参数(见表23-34)

表23-34　主要技术参数

序号	项　目	参　数
1	作业行距/mm	300
2	作业行数/行	7
3	作业幅宽/m	2.1
4	松土深度/mm	100～250
5	生产率/(hm²·h⁻¹)	0.6～1
6	配套动力/kW	47.78～58.8
7	外形尺寸(长×宽×高)/(mm×mm×mm)	2330×2530×1620
8	整机质量/kg	950

(5)常见故障及排除方法(见表23-35)

表 23-35 常见故障及排除方法

序号	故障现象	产生的原因	排除故障方法
1	整体排种器不排种	传动机构不工作	检修、调整传动机构
		驱动轮滑移	排除驱动轮滑移因素
2	单体排种器不排种	排种轮卡箍、键销松脱转动	重新紧固好排种轮
		输种管或下种口堵塞	清除输种管内或下种口堵塞物
3	播种行距不一致	作业组件限位板损坏或作业组件与机架的固定螺栓松动，导致播种行距不一致	停止作业，检查并紧固作业组件与机架固定的螺栓
4	播种深度不够	开沟器弹簧压力不足	调紧弹簧，增加开沟器的压力
		开沟器拉杆变形，使入土角变小	矫正开沟器拉杆，增大入土角度
5	种子漏播	输种管被堵塞或脱落；输种管损坏	停车检查及时排除

（6）产品图片（见图 23-64）

图 23-64 9MSB-2.1 型牧草免耕松土补播机

2）91BZ-2.0 重型牧草播种机

（1）结构简图（见图 23-65）

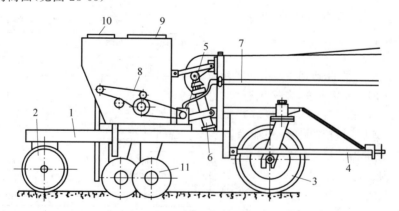

1—主机架；2—镇压器；3—前导向轮；4—牵引架；5—液压马达；6—升降油缸；7—输油管；
8—传动系统；9—大种箱；10—小种箱；11—开沟器。

图 23-65 91BZ-2.0 重型牧草播种机结构简图

（2）机器组成

该机由机架、底盘、开沟、排种、镇压、液压升降等系统组成。

（3）工作原理

底盘由前导向轮、镇压器、牵引架等组成。其中，镇压器兼有支承、镇压作用。开沟系统由 10 组双圆盘开沟器组成。开沟器为中空结构，上部连接在种箱机架上，种子通过导种管输入开沟器，然后排入垄沟。开沟器圆盘直径 350 mm，两圆盘夹角 16°，聚点位置 60°，开沟宽度 24～30 mm，开沟深度 0～50 mm。

排种系统由液压马达、传动系统及大小排种器组成。大排种器主要用来播禾本科牧草种子，小排种器主要用来播豆科及小粒种子。改变液压马达的工作转速，即可改变播种量。大外槽轮直径 60 mm，槽为圆弧形，半径 5.5 mm，槽数 14 个，工作长度 70 mm。小外槽轮直径 51 mm，槽为圆弧形，半径 4.5 mm，槽数为 12 个，工作长度 0～24 mm 可调。

液压系统主要由油缸及起落架组成，用来调节开沟器播种深度和非播种作业行走时提起种箱及开沟系统，使开沟器离开地面 10～20 cm。作业时，双圆盘开沟器转动开沟。该机为整体仿形，且可利用液压升降系统调节开沟深度。排种机构由液压马达经过链条带动大小排种槽轮转动。

（4）型号及主要技术参数（见表 23-36）

（5）常见故障及排除方法（见表 23-37）

表 23-36 型号及主要技术参数

序号	项　　目	参　　数
1	型号	91BZ-2.0
2	外形尺寸(长×宽×高)/(mm×mm×mm)	3168×2300×1420
3	工作幅宽/mm	2000
4	播种行距/mm	200
5	播种深度/mm	0～50
6	大种箱容积/m³	0.45
7	小种箱容积/m³	0.2
8	最大工作速度/(km·h⁻¹)	10
9	生产率/(亩·台班⁻¹)	150～180
10	配套动力/kW	40 以上
11	整机质量/kg	1000

表 23-37 常见故障及排除方法

序号	故障现象	产生的原因	排除故障方法
1	种子破碎率高	作业速度过快,使传动速度过高	降低速度并均匀作业
		排种装置损坏	更换排种装置
		排种轮尺寸、形状不适应	换用合适的排种轮
		刮种舌离排种轮太近	调整好刮种舌与排种轮之间的距离
2	种子漏播	输种管被堵塞或脱落 输种管损坏	停车检查及时排除
3	开沟器堵塞	精播机落地过猛	停车清除堵塞物
		土壤过湿	注意适墒播种
		开沟器入土后倒车	作业中禁止倒车
4	覆土不严	覆土板角度不正确	正确调整覆土板角度
		开沟器弹簧压力不足	调整弹簧,增加开沟器压力
		土壤过硬	增加播种机配重

续表

序号	故障现象	产生的原因	排除故障方法
5	播种量不均匀	作业速度变化大	保持均匀作业
		刮种舌严重磨损	更换刮种舌
		外槽轮卡箍松动、工作幅度变化	调整外槽轮工作长度；固定好卡箍
6	排种器不排种	传动机构不工作	加满种子；检修、调整传动机构
		驱动轮滑移	排除驱动轮滑移因素
7	单体排种器不排种	排种轮卡箍、键销松脱转动	重新紧固好排种轮
		输种管或下种口堵塞	清除输种管内或下种口堵塞物

（6）产品图片（见图23-66）

图 23-66　91BZ-2.0 重型牧草播种机

3）东方红 2BMF-6/12、2BMF-7/14 型播种机

（1）结构简图（见图23-67）

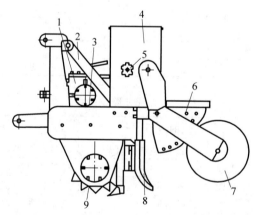

1—悬挂装置；2—机架；3—种肥箱；4—播量调节手轮；5—播深调节板；6—镇压轮；7—地轮；
8—种肥开沟器；9—锯齿圆盘刀。

图 23-67　东方红 2BMF-6/12、2BMF-7/14 型播种机结构简图

（2）机器组成

该机器由悬挂装置、机架、种肥箱、播量调节手轮、播深调节板、镇压轮、地轮、种肥开沟器、锯齿圆盘刀等部件组成。

（3）工作原理

作业时，拖拉机的后动力输出轴通过齿轮箱带动锯齿圆盘刀旋转，在碎秆灭茬的同时开出宽约 8 cm、深 8～12 cm 的带状种床，并分秸

秆和残茬于种沟两侧覆盖地表,保证种肥开沟器在已耕的种床上顺利施肥与播种,同时地轮通过链传动机构带动排种(肥)器转动,排出肥料和种子,地轮作为镇压轮沿沟带进行镇压。

一次完成碎秆、灭茬、开沟、施肥、播种、镇压等作业。

(4)型号及主要技术参数(见表23-38)

(5)常见故障及排除方法(见表23-39)

表 23-38 型号及主要技术参数

项 目	型 号					
	2BMF-6/12			2BMF-7/14		
	小麦	豆类、稻麦	化肥	小麦	豆类、稻麦	化肥
行(株)距/cm	20+12	行距 32 株距 10±2	32	20+12	行距 32 株距 10±2	32
行数/行	12	6		14	7	
亩播量/kg	3～25	3～10	5～60	3～25	3～10	5～60
耕深/cm	8～12					
播种深度/cm	3～5					
施肥深度/cm	种子侧下位 3～5					
刀轴转速/(r·min^{-1})	308(拖拉机 PTO 为 720)			297(拖拉机 PTO 为 720)		
作业速度/(km·h^{-1})	2～5					
外形尺寸(长×宽×高)/(mm×mm×mm)	1700×2110×1370			1700×2430×1420		
整机质量/kg	680			730		
工作幅宽/cm	192			224		
开沟形式	滑切刀式					
工作效率/(hm^2·h^{-1})	0.38～0.96			0.45～1.12		
配套动力/kW(Ps)	36.8～66.2(50～90)			66.2～88.2(90～120)		

表 23-39 常见故障及排除方法

序号	故障现象	产生的原因	排除故障方法
1	起步困难或旋转刀头损坏	机组起步顺序错误	先启动拖拉机,提升机具,使旋转刀尖离地 15 cm,然后结合动力输出,空转 1 min,再挂上工作挡位,缓慢地松开离合器踏板,同时逐渐下降机具,随之加大油门,使机具逐步入土,直到正常耕深为止
2	漏旋	机具前进速度过快	调整机具前进速度应与旋转刀具转速相配合
3	种子漏播	输种管被堵塞或脱落;输种管损坏	停车检查及时排除
4	播种量不均匀	作业速度变化大	保持均匀作业
		刮种舌严重磨损	更换刮种舌
		外槽轮卡箍松动、工作幅度变化	调整外槽轮工作长度;固定好卡箍
5	种子破碎率高	作业速度过快,使传动速度过高	降低速度并均匀作业
		排种装置损坏	更换排种装置
		排种轮尺寸、形状不适应	换用合适的排种轮
		刮种舌离排种轮太近	调整好刮种舌与排种轮之间的距离

（6）产品图片（见图23-68）

4）Great Plains 免耕播种机

（1）结构简图（见图23-69）

（2）机器组成

该机由舌片、液压计轮、原生草箱、原生草种箱、刮泥机、手动可调前滚轮、锁止离合器、后包装器（滚筒）、四速变速箱（NTS25 系列）、Gr3 速变速器（NTS26 系列）等部件组成。

（3）工作原理

该机包装器由地轮进行驱动。操作员可以通过每个驱动链轮上的简单锁定销轻松地松开任何种子箱，或者用一个主链轮上的销锁定所有种子箱。这款美国制造的播种机标配有一个主种子箱、一个小种子箱和一个原生草（或蓬松的）种子箱。免耕播种机有带运输轮的3点模型或拉型模型。主种子箱和小种子箱通过使用种子量调节器打开种子杯进行校准。本地草箱已通过四速单杆变速箱进行了校准。NTS的侵略性是通过手动调整前刺辊的角度来控制的。将种子掉下并撒播到下面的土壤中，在金属防风罩的保护下，用后方的封隔器将种子轻轻地压入土壤中。

（4）型号及主要技术参数（见表23-40）

（5）常见故障及排除方法（见表23-41）

图 23-68　东方红 2BMF-6/12、2BMF-7/14 型播种机

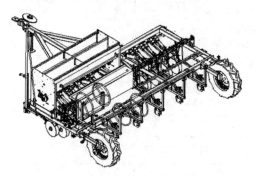

图 23-69　Great Plains 免耕播种机结构简图

表 23-40　Great Plains 系列产品型号及主要技术参数

项　目	型　号		
	NTS2507、NT2607	NTS2509、NT2609	NTS2511、NT2611
发动机功率/kW	40～60	50～85	60～110
拖拉机附件	拉杆		
运输状态外形宽度/m	8'1"	9'3"	11'7"
牵引装置	带有运输轮的牵引式发动机		
工作宽度/m	7'2"	8'4"	10'9"
长度/m	11'1"（牵引式）	11'1"（牵引式）	11'1"（牵引式）
高度/m	1.07		
质量/kg	1264	1417	1760
主箱容量/L	264	310	398
小箱容量/L	60	70	92
草箱容量/L	300	345	448
输出	因种子而异，滴落扩散		
前辊	直径 8～5/8 in，1 in 的纺轴和可润滑的滚珠轴承		
前滚轴机的角度	18°		
前辊子钉	1/2 in×2 in，热处理钢，可更换		
前滚辊	直径 1.1～3/8 in，铸造和有缺口的灰色铁环		
种子箱数/个	12	14	18

注：'代表英尺，"代表英寸。

表 23-41　常见故障及排除方法

序号	故障现象	产生的原因	排除故障方法
1	种子漏播	输种管被堵塞或脱落；输种管损坏	停车检查及时排除
2	播种量不均匀	作业速度变化大	保持均匀作业
		刮种舌严重磨损	更换刮种舌
		外槽轮卡箍松动、工作幅度变化	调整外槽轮工作长度；固定好卡箍
3	种子破碎率高	作业速度过快，使传动速度过高	降低速度并均匀作业
		排种装置损坏	更换排种装置
		排种轮尺寸、形状不适应	换用合适的排种轮
		刮种舌离排种轮太近	调整好刮种舌与排种轮之间的距离
4	排种器不排种	传动机构不工作	加满种子；检修、调整传动机构
		驱动轮滑移	排除驱动轮滑移因素
5	单体排种器不排种	排种轮卡箍、键销松脱转动	重新紧固好排种轮
		输种管或下种口堵塞	清除输种管或下种口堵塞物

（6）产品图片（见图 23-70）

5）Case IH 气力免耕播种机

（1）结构简图（见图 23-71）

（2）机器组成

该机由拖拉机、种箱、风机、排种器、输种管道、开沟器、镇压轮、播深调节系统、二级分配器、一级分配器等组成。

（3）工作原理

大型种箱将种子和肥料从种箱底部的排种器排出。种子和肥料进入气力输送管道。种子和气流经过一级分配器分别流向二级分配器。二级分配器出来的种子经管道进入开沟器，播入土壤中。该机采用轮胎式镇压器进行镇压，完成播种全过程。

（4）主要技术参数（见表 23-42）

（5）常见故障及排除方法（见表 23-43）

图 23-70　Great IH 气力免耕播种机

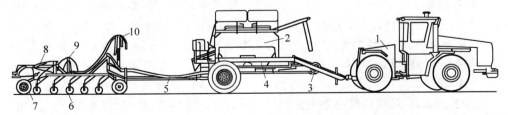

1—拖拉机；2—种箱；3—风机；4—排种器；5—输种管道；6—开沟器；7—镇压轮；8—播深调节系统；
9—二级分配器；10——级分配器。

图 23-71　Case IH 气力免耕播种机结构简图

表 23-42　主要技术参数

序号	项　目	参　数
1	工作幅宽/m	6.1~18.3
2	种箱容量/m³	3.9/8.1/8.3/12
3	行距/mm	254
4	运输宽度/m	6.7
5	运输高度/m	4.9
6	开沟排数/排	5
7	松土宽度/mm	350

表 23-43　常见故障及排除方法

序号	故障现象	产生的原因	排除故障方法
1	种子漏播	输种管被堵塞或脱落；输种管损坏	停车检查及时排除
2	播种量不均匀	作业速度变化大	保持均匀作业
		刮种舌严重磨损	更换刮种舌
		外槽轮卡箍松动、工作幅度变化	调整外槽轮工作长度；固定好卡箍
3	种子破碎率高	作业速度过快，使传动速度过高	降低速度并均匀作业
		排种装置损坏	更换排种装置
		排种轮尺寸、形状不适应	换用合适的排种轮
		刮种舌离排种轮过近	调整好刮种舌与排种轮之间的距离
4	排种器不排种	传动机构不工作	加满种子；检修、调整传动机构
		驱动轮滑移	排除驱动轮滑移因素
5	单体排种器不排种	排种轮卡箍、键销松脱转动	重新紧固好排种轮
		输种管或下种口堵塞	清除输种管或下种口堵塞物
6	播种深度不够	开沟器弹簧压力不足	调紧弹簧，增加开沟器的压力
		开沟器拉杆变形，使入土角变小	矫正开沟器拉杆，增大入土角度
7	开沟器堵塞	落地过猛	停车清除堵塞物，调整开沟器落地速度
		土壤过湿	注意适墒播种
		开沟器入土后倒车	作业中禁止倒车

（6）产品图片（见图 23-72）

6）2BMS-4 型免耕播种机

（1）结构简图（见图 23-73）

（2）机器组成

2BMS-4 型免耕播种机主要由机架总成、地轮总成、肥箱总成、划印器总成、施肥圆盘总成、浅旋苗带总成等组成。

（3）工作原理

采用全悬挂式，以传动轴与链条为传动部件，以地轮为播种动力来源，垄距 50~65 cm 范围内可调。开沟部件采用硼钢缺口免耕圆盘，株距调整可利用变速箱实现。

核心部件排种单体为自主设计产品，配有干土清理机构和轮齿式拨草装置，可根据用户需求配置不同的排种器。六挡变速指夹式排种器配置六挡变速箱，作业速度快、精准度高。七挡变速勺夹排种器可播多种旱田农作物种子，侧盖采用 PC 透明材质，便于观察。2BMS-4 型免耕播种机采用后悬挂式液压控制，与88.20~110.25 kW 拖拉机配套，可用于玉米、大豆等作物的播种作业，一次性完成深施底肥、开沟、施口肥、播种、压底格、覆土、镇压等多项环节。

（4）型号及主要技术参数（见表 23-44）

（5）常见故障及排除方法（见表 23-45）

（6）产品图片（见图 23-74）

图 23-72　Case IH 气力免耕播种机

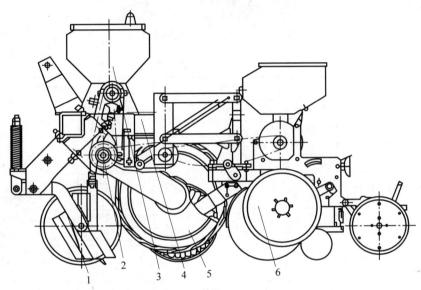

1—施肥圆盘总成；2—传动系统；3—肥箱装配；4—机架；5—地轮总成；6—限深轮。

图 23-73　2BMS-4 型免耕播种机

表 23-44　型号及主要技术参数

序号	项　　目	参　　数
1	型号	2BMS-4
2	外形尺寸(长×宽×高)/(mm×mm×mm)	2820×3230×1600
3	配套动力/kW	88.20～110.25
4	作业小时生产率/($hm^2 \cdot h^{-1}$)	1.12～1.60
5	行距/mm	550/600/650
6	工作行数/行	4
7	作业幅宽/mm	2200/2400/2600
8	排种器型式	指夹式
9	排种器数量/个	4

图 23-74　2BMS-4 型免耕播种机

表 23-45　常见故障及排除方法

序号	故障现象	产生的原因	排除故障方法
1	种子漏播	输种管被堵塞或脱落；输种管损坏	停车检查及时排除
2	播种量不均匀	作业速度变化大	保持均匀作业
		刮种舌严重磨损	更换刮种舌
		外槽轮卡箍松动、工作幅度变化	调整外槽轮工作长度；固定好卡箍
3	单体排种器不排种	排种轮卡箍、键销松脱转动	重新紧固好排种轮
		输种管或下种口堵塞	清除输种管或下种口堵塞物
4	播种深度不够	开沟器弹簧压力不足	调紧弹簧，增加开沟器的压力
		开沟器拉杆变形，使入土角变小	矫正开沟器拉杆，增大入土角度
5	开沟器堵塞	落地过猛	停车清除堵塞物，调整开沟器落地速度
		土壤过湿	注意适墒播种
		开沟器入土后倒车	作业中禁止倒车

23.3　牧草种子收获及加工机械

23.3.1　概述

　　我国是草地资源大国，随着农业产业结构的调整，大力发展生态畜牧业及退耕还林还草等政策的实施，饲草的种植面积日益扩大。至2006 年底，全国人工种草和改良草原累计保留面积 4 亿亩，其中，人工种草 1.6 亿亩。牧草种子的产量也逐年增加，据农业部畜牧业司草原处提供的资料，2006 年我国牧草种子主要产区包括甘肃、内蒙古、四川、陕西、宁夏、新疆、河北、贵州、吉林、广西等省（自治区），草种田面积 25.79 万亩，牧草种子产量 10.75 万 t。饲草产业的发展要求配备适宜各种牧草品种的机械设备，其中，牧草种子的收获机具备受关注，

对草籽收获机具的需求有所增加。20 世纪 70年代末，我国推行种子"四化一供"（生产专业化、加工机械化、质量标准化、品种布局区域化和有计划地组织统供种）。到 80 年代初，相应的检验管理机构已经建立起来，相关标准已经制定实施。上述措施推动了牧草种子生产的发展和水平的提高，对我国牧草种子收获与加工机械的发展也起到了促进作用。

　　在国外畜牧业发达国家，人工草地种植面积较大，天然草地在不断地改良，有些地区实行草田轮作，牧草种子需求量很大。与此同时，草坪草种子的市场也较大。牧草种子生产已经形成一个独立的产业。牧草种子生产由专业农场进行，有加工和经营牧草种子的专业公司，并有完整的管理、科研、检验、鉴定、标准等体系。在一般情况下，专业农场将收获的牧

草种子直接送到牧草种子加工厂,加工厂经检验后按质论价进行收购。

23.3.2 牧草种子收获机械

牧草种子收获是整个生产链中的一个重要环节。目前,牧草种子收获已经全部实现了机械化,在技术上比较成熟。目前普遍采用分段收获法,用割晒机和联合收割机进行收获。联合收割机生产厂家根据生产需要,备有收获牧草种子用的配件,能够满足牧草种子收获的需要。对于一些特殊的牧草种子,则采用专用机械进行收获。

1. 类型及应用场地

目前采用的牧草种子机械收获方法有4种:联合收割机直接收获、使用专用的草籽采集机不切割直接收获、采用割晒机及改装后的联合收获机分段收获和落地收获。联合收割机适用于直接收获与粮食相似的草籽,如燕麦草籽;用草籽采集机可以不切割牧草就收获草种,剩余部分用于放牧,但只适用于收获生长在牧草顶端的草种,如羊草;分段收获法采用的机械是割晒机;落地收获法采用吸种机等专用设备将成熟后散落的种子吸起,针对的是随熟随落的牧草。

2. 国内外发展现状

欧美等发达国家对牧草种子收获机的研究历史较长,在20世纪初就进行了大量的研究与试验,并且获得了很多研究成果。1912年,美国的Samuel E. McCormick和Winchester研制了早熟禾本科种子收获机,主要用于禾本科牧草种子的收获,该收获机由3个旋转的梳脱分离装置组成,分别对植株上的牧草种子进行分离,最后进行装袋处理。该机型属于站秆收获且收获损失率较低,能够满足当时的作业要求。1914年,美国的Albert Frederickson和Niels Nielsen为了降低牧草种子收获损失率研制了牵引式亚麻和牧草种子联合收割机。该收获机在割草机的基础上搭载了种子收获装置,完成了切割牧草到捡拾脱粒的整个收获环节。1917年,Woodson J. Hatheway改进了1912年的早熟禾本科牧草种子收获机,将原来

采集头中的旋转、梳脱、分离装置改装为梳刷滚筒。该收获机通过梳刷滚筒内径向排列成指状的刷子进行梳刷,从而实现牧草种子的采集,同时通过增加高度调整装置,实现不同高度作物种子的采集,满足了对牧草种子收获的需求。该机型结构简单且成本低,在操作方面实现了单人操作。20世纪30年代,研究人员根据苜蓿的生长特性,成功研制了专用苜蓿种子收获机。1933年,一种专用的苜蓿种子联合收获机被James E. Wilson和Hickory Ky两人共同研制出来,该种收获机通过捶打作物的方式脱离茎秆上的牧草种子,被脱离下来的牧草种子经多孔的种子盘进入输送通道,输送通道内通过内外压差将种子装入收集袋。1959年,Francis M. Jordan和Lawrence M. Jordan研制了牧草种子捡拾联合收获机,捡拾部件由旋转的刷子组成,作业时捡拾部件可根据地面的高低变化进行仿形作业。1982年,加拿大的John C. Kienholz和Edmonton研制了自走式站秆牧草种子收获机,当种子成熟后,该种收获机通过采集头的梳刷将种子梳刷下来,种子经过气流分离装置进行分离,分离后被送入收集箱内。多年生牧草存在倒伏、缠绕、连片等现象,种子收获难度较大,21世纪初,乌克兰科研人员研制出一种多年生牧草谷物联合收割机。

我国牧草种子收获机具的研制起步较晚,总体机械化水平有待提高,机具研制及使用推广正在逐步发展中。20世纪80年代初,吉林工业大学和新疆联合收割机厂共同承担了国家科委下达的牧草种子收获机新产品研制项目,用新疆2.5型牵引式谷物联合收割机改装为牧草种子收获机。改装后的新产品为4AZ-1.5型牵引式牧草种子联合收割机,该产品除具备原机的全部功能外,还能适应紫花苜蓿、沙打旺、草木樨、老芒麦、披碱草等多种牧草种子的收获,基本上能够满足牧草种子收获的要求。80年代末90年代初,机械工业部呼和浩特畜牧机械研究所(现中国农业机械化科学研究院呼和浩特分院)研制生产了92ZS-1.5型牧草种子收获机。该机采用割前脱粒方法,适用于禾本科牧草种子收获,取得了良好效果。另

外,还有些省(区)根据本地区的气候和地理条件,研制了适宜本地区收获牧草种子的机具。如四川阿坝藏族自治州畜牧机械研究所研制的9TZ-1.2型草籽收获机,适合于川西北高山、亚高山草甸草原及草原坡地作业,在当时的草籽收获中发挥了作用。21世纪初,中国农业机械化科学研究院呼和浩特分院承担了国家攻关课题"牧草种子收获与产后处理关键技术及配套机具的研制",成功研制出9ZQ-2.7型苜蓿种子采集机及配套的5TQ-110型苜蓿

种荚脱粒清选机、9ZQ-3.0型梳刷式禾本科牧草种子采集机。这两种机具均为割前脱荚、脱粒收获的专用草籽采集机。还有中国农业机械化科学研究院研制的ZNJ2780自走式联合收获机,在生产中得到了应用,获得了较好的经济效益和社会效益。

3. 典型机具介绍

1)92ZS-1.5型草籽收获机、9ZQ-3.0型草籽收获机

(1)结构简图(见图23-75、图23-76)

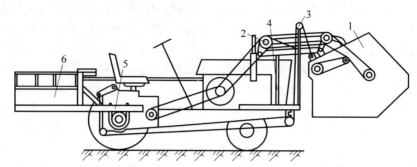

1—草籽采集器;2—传动系统;3—提升系统;4—前悬挂支架;5—后悬挂支架;6—配重箱。

图23-75 92ZS-1.5型草籽收获机结构简图

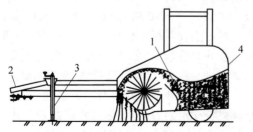

1—草籽采集器;2—传动系统;3—牵引装置;4—升降机架。

图23-76 9ZQ-3.0型草籽收获机结构简图

(2)机器组成

92ZS-1.5型草籽收获机主要由草籽采集器、前悬挂支架、后悬挂支架、配重箱、传动系统和提升系统等部分组成。9ZQ-3.0型草籽收获机主要由草籽采集器、传动系统、牵引装置、升降机架等部分组成。

(3)工作原理

作业时,牧草种子落入采集器后下方的沉积室,沉积室即种子箱。当种子箱被充满时,机组停车,将种子箱侧面的活门打开,人工将种子装袋。种子袋可存放在配重箱上,机组继

续作业。

专用草籽收获机的工作过程是:机具行进,转刷接触牧草,顺着茎秆自下而上梳刷牧草种子,在转刷丝冲击力的作用下,牧草种子从牧草上刷落,由于转刷高速旋转,在采集机壳体上部形成一个负压区,刷落的种子被吸入,进入到沉积室,由于沉积室空间大,沉积室中的风速大大降低,风力携带种子的能力几乎丧失,种子沉积下来,而大部分轻杂物随风被吹出机外。9ZQ-3.0型草籽收获机的工作原理如图23-77所示。

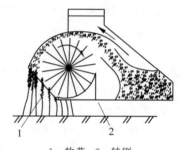

1—牧草;2—转刷。

图23-77 9ZQ-3.0型草籽收获机工作原理

（4）型号及主要技术参数（见表 23-46）

表 23-46 型号及主要技术参数

序号	项 目	参 数	
1	型号	92ZS-1.5	9ZQ-3.0
2	配套动力/Ps	5～18 卧式柴油机拖拉机	≥35 的拖拉机
3	工作幅宽/m	1.5	3.0
4	工作速度/(km·h^{-1})	8～10	8～10
5	平均梳刷损失率/%	≤3.5	≤3.5
6	草籽箱有效容积/m³	0.2	3.0
7	外形尺寸(长×宽×高)/(mm×mm×mm)	4250×1740×1720	4000×4500×2300

（5）常见故障及排除方法（见表 23-47）

表 23-47 常见故障及排除方法

序号	故障现象	故障产生的原因	故障排除方法
1	种子采集器堵塞	喂入量过大	降低机器前进速度
		梳刷装置间隙过小	适当调整梳刷装置间隙
		作物过于潮湿	延期收割
2	种子采集器不能提升或提升速度异常	提升系统内部件损坏或磨损严重	定期清理和修理机器的零部件
3	链条断裂	传动轴出现弯曲	及时矫正弯曲的传动轴

（6）产品图片（见图 23-78、图 23-79）

图 23-78 92ZS-1.5 型草籽收获机

图 23-79 9ZQ-3.0 型草籽收获机

23.3.3 牧草种子加工机械

牧草种子是发展草业最重要的生产资料之一,是建立人工草地、改良天然草地不可缺少的物质基础。牧草种子加工就是对牧草种子从收获后到播种前进行的加工处理的全过程,其中主要包括干燥、预加工、清选、分级、选后处理、称量包装、贮存等。

种子预加工是为了顺利进行种子清选或为某种特殊目的而预先进行的各种作业。对于牧草种子的预加工常用的有脱绒、除芒、除刺毛、除翅、磨光与破皮等。

种子清选是根据物料物理特性的差异,将种子与混杂物和废种子分离的过程。主要划分为初清选、基本清选和精选。初清选是为了改善种子的流动性、贮藏性和减轻主要清选作业的负荷而进行的初步清除杂质的作业。基本清选是采用气流和振动筛对种子物料进行的以基本达到净度要求为目的的主要清选作业。精选是基本清选之后,为进一步提高种子质量而进行的各种细致的清选作业。

种子分级是将经清选后的种子按其相互间的物理特性的差异分选为若干个等级的过程。清选、分级常用的有风筛选、窝眼选和比重选等。

种子选后处理是为防治病虫害和提高种子发芽能力与促进作物的生长发育以及某些特殊目的而在种子清选分级后进行的各种化学、生物、物理(非纯机械作用的)等方面的处理,主要有种子药物处理(拌药)、包衣、丸粒化等。

1. 类型及应用场合

对于牧草种子加工成套设备的干燥机,多采用连续烘干装置。连续烘干装置按其干燥原理又可分为滚筒式干燥机、百叶窗式干燥机、风槽式干燥机、塔式干燥机和通风带式干燥机等多种。滚筒式射流冲击干燥技术对各种牧草种子有广泛适应性,特别适合散落性差、外形不规则的牧草种子。对于种子清选过程,根据工作原理的不同,常用的清选机有风筛式清选机、比重式清选机、窝眼筒式清选机、复式清选机四大类。另外,随着新技术的开发应用,磁力选种机、光电选种机等高新技术产品也逐步得到使用。种子引发过程没有特定的专用机械,主要是使用一些搅拌、混合机械。造粒丸化与薄膜包衣通常同时进行,采用种子包衣机对种子进行加工。种子包衣机有以下三种:滚筒喷雾式包衣机、甩盘雾化式包衣机和旋转式包衣机。滚筒喷雾式包衣机能够使表面粗糙的草种获得满意的包衣效果,甩盘雾化式包衣机是目前包衣机的主流。

2. 国内外发展现状

国外牧草机械已有100多年的发展历史,经历了从使用以畜力作为动力到以拖拉机为动力,从单项作业机具到联合作业机具等发展

过程。为了提高加工后种子的质量,国内外对风筛清选机结构进行了不断的改进。各国生产的风筛清选机都很注意风选性能的提高,为增强风选效果,采用双沉降室结构。为了适应加工小籽粒种子的需要,增设了2个进风口,可以使风速调至几乎为零。普遍采用自衡式双筛箱结构,减小了机器的振动。丹麦Cimbria公司是一家历史悠久的专业制造谷物和种子加工处理设备的厂商,该公司生产的风筛清选机不论机型大小,风选部分大都由前、后2个吸风道和2个沉降室组成。筛选部分大都由呈"之"字形的3~4层筛面的双筛箱组成,都是使用橡胶球清筛装置。Delta104型风筛清选机是一种结构比较新颖的清选机具,该风机可向后小筛吹风,以便与后吸风道的吸引风同时对后小筛上的种子进行精确的风选。各种风筛清选机清筛系统结构没有大的差别,原先生产的机具采用2种形式的清筛机构,即橡胶球清筛和刷式清筛。德国PETKUS公司生产的清选机,原先的产品如K531型、K541型机具采用刷式清筛。近年来生产的风筛清选机都采用橡胶球清筛,还设置了一种特殊的在筛面上控制种子流动速度的机构。

我国牧草种子育种专家从20世纪70年代就开展了牧草的育种和推广工作,通过野生牧草的驯化、栽培选育、国外育种及杂交育种等多种途径,已筛选培育出适合我国牧草种植区域自然条件的优良牧草品种30多个。然而,由于我国牧草繁育体系尚不健全,牧草种子加工设备不够完善,牧草种子加工技术与国外对比尚有很大的差距。我国种子加工技术的发展,经过了萌芽、引进、仿制和自行开发研究几个阶段。1978年以前,我国自行研制的种子加工机械产品基本是空白,到了80年代中期我国开始引进种子加工成套设备,不少科研院所陆续进行消化仿制,在粮食种子加工机械方面取得了突出成效。随着农业产品的调整,在粮食种子加工设备不断完善的同时,蔬菜种子加工设备的研究工作也开始启动。到了80年代末至90年代,国内先后研发出生产率为150~700 kg/h的蔬菜种子单机及机组。但总体上讲,还是重粮

轻蔬,而牧草种子加工设备更是空白。就国内目前种子加工设备现状而言,很难将牧草种子完全加工处理好,进而达到国外进口草种的水平,特别是在刷种、除芒、介电分选分级、种子包膜丸粒化等关键技术方面,尚有很多亟待解决的技术难题。由于牧草种子有其特殊的物理性质,如外形、大小、硬度、千粒重、表面机械特性、介电系数等,都与其他种子有很大的差异,因此必须由专门的牧草种子加工设备来处理采收后的草种。

3. 典型机具介绍

1) 丹麦 Cimbria 公司 Delta104 型种子风筛清选机

（1）结构简图（见图 23-80）

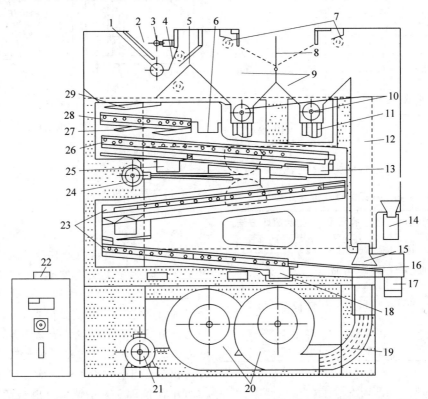

1—喂入辊；2—喂料室；3—喂料搅拌器；4—喂料阀门；5—前吸风系统；6—上筛出杂口；7—前、后回气阀；8—前、后吸风系统风量分配器；9—前、后沉降室；10—螺旋输送器；11—指状板；12—后吸风通道；13—中筛杂质出口之一；14—轻瘪种子出口；15—可调罩盖；16—风筛；17—好种子出口；18—下筛杂质出口；19—多孔风道；20—底部风机；21—风机驱动调频电机；22—调整控制箱；23—两层底筛；24—曲柄连杆机构；25—中筛杂质出口之二；26—中筛；27—物料分配盘；28—上筛；29—物料引导盘

图 23-80　Delta104 型种子风筛清选机结构简图

（2）机器组成

该型清选机由喂料系统、前风选系统、后风选系统、上筛箱、下筛箱、前和后沉降室、排料系统、供风系统、调节机构、动力驱动系统、控制系统等部分组成。

（3）工作原理

当物料从喂料斗进入风筛选后,在电振机或喂料辊作用下,均匀进入上层筛片,并受到前吸风道进口气流作用,轻杂物被吸入前沉降室至底部,被螺旋输送机送至排料口进行宽度或厚度筛选,经过清选后的籽粒在排出前受到风机吹出的上升气流作用,籽粒被吹入后沉降室沉降至底部被螺旋输送机排出。由于后吸风道一般比较高,残存的籽粒中比重较大的那些籽粒可能还没有吹到后沉降室之前就落回到好种子中,降低清选质量,所以后吸风道下部安装有辅助排料口,可调整挡板的高度,用来清除此部分籽粒,最后加工出来的好种子才从机器主排料口排出。

(4)型号及主要技术参数(见表23-48)

表 23-48　型号及主要技术参数

序号	项　　目	参　　数
1	型号	Delta104 型
2	配套动力/kW	1.1
3	生产率/(t·h^{-1})	2.5~3.0
4	清选筛面积/m^2	7.0
5	所需风量/(m^3·min^{-1})	8200
6	机器质量/kg	2550
7	外形尺寸(长×宽×高)/(mm×mm×mm)	3086×1815×3594

(5)常见故障及排除方法(见表23-49)

表 23-49　常见故障及排除方法

序号	故障现象	产生的原因	排除故障方法
1	风量不足	筛面堵塞	将筛面清洁干净
2	震动过大	基础不牢固	安装在 150 mm 厚的水泥地上
3	分选效果不佳	容量过大	降低运转容量
4	链条断裂	传动轴出现弯曲	经常检查链条松紧程度

(6)产品图片(见图23-81)

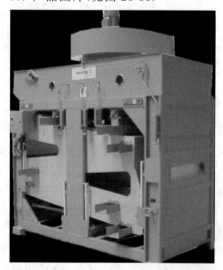

图 23-81　Delta104 型种子风筛清选机

2)除芒机

(1)结构简图(见图23-82)

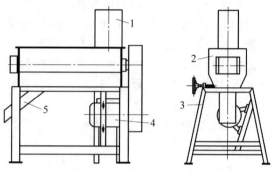

1—喂入部分;2—除芒室;3—机架;
4—传动部分;5—出料管。

图 23-82　除芒机结构简图

(2)机器组成

该机由喂入部分、除芒室、机架、传动部分、出料管等部件组成。

(3)工作原理

除芒室是机器的主要工作部件,主要由喂入口、出料口、出料活门及其调节装置、除芒轴等组成。除芒轴上装有螺旋线形排列的除芒杆,除芒轴带动除芒杆作回转运动,对被加工物料进行打击、搓擦,实施除芒作业。出料活门的调节机构是齿轮齿条传动装置,装在同一轴上的调节手轮旋转带动小齿轮转动,小齿轮带动装在活门上的齿条来回平行移动,实现活门的开启和开度大小调节。出料活门的开度决定了物料在除芒室内的除芒时间的长短,直接影响除芒的效果。

(4)型号及主要技术参数(见表23-50)

表 23-50　型号及主要技术参数

序号	项　　目	参　　数	
1	型号	9CM-300	9CM-300A
2	配套动力/kW	7.5	7.5
3	生产率/(kg·h^{-1})	100~150	200~300
4	转速/(r·min^{-1})	900	900
5	喂入方式	气吸式	皮带输送
6	除芒率/%	98.5	98.5
7	外形尺寸(长×宽×高)/(mm×mm×mm)	1478×1385×3092	1280×810×1255

（5）常见故障及排除方法（见表 23-51）

表 23-51　常见故障及排除方法

序号	故障现象	产生的原因	排除故障方法
1	籽粒受损过多	堵塞	清理堵塞物
2	除芒残余过多	纹杆变形	矫直变形纹杆，提高转速

（6）产品图片（见图 23-83）

图 23-83　除芒机

3）刷种机

（1）结构简图（见图 23-84）

（2）机器组成

该机由喂入管道、喂入分料装置、转刷轴、驱动电机及传动装置、连接螺旋输送器的法兰、总出料口、螺旋输送器、溜料侧板、出料挡板、导料板、出料筒、观察门、转轴维修门、调节手轮、吸尘管口、圆筒筛网、刷子座及齿轮箱、转刷体等组成。

（3）工作原理

刷种部分是该机的主要工作部件，主要由长转刷和筛网组成。3 片圆弧形筛网固定在辐板上，形成一个圆形筛筒，筛网由方形或圆形钢丝紧密编织而成。4 把耐热的尼龙长刷均匀地固定在主轴刷座上，并与主轴共同旋转。圆筒筛外面两侧装有防护门，用于密封机器和保养维修。物料在圆筒筛底部处于刷子和筛网之间。筛网是固定的，起阻碍种子运动的作用。刷子作圆周运动，对种子起梳刷和带动作用，种子充满刷子和筛网之间，刷子前方的种子不断地被挤入刷子和筛网的间隙中。刷体运动时，种子和筛网、种子和刷面产生有压力的

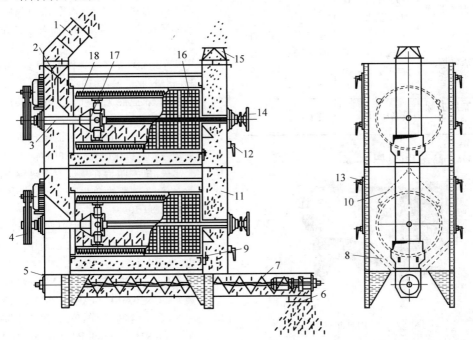

1—喂入管道；2—喂入分料装置；3—转刷轴；4—驱动电机及传动装置；5—连接螺旋输送器的法兰；6—总出料口；7—螺旋输送器；8—溜料侧板；9—出料挡板；10—导料板；11—出料筒；12—观察门；13—转轴维修门；14—调节手轮；15—吸尘管口；16—圆筒筛网；17—刷子座及齿轮箱；18—转刷体。

图 23-84　刷种机结构简图

摩擦,种子之间也产生相互搓擦。在上述各种力的综合作用下,种子上的芒、刺、绒、附着物、多余的颖壳等杂质被除掉,包壳种子的壳被剥开。

（4）型号及主要技术参数（见表23-52）

表23-52　型号及主要技术参数

序号	项　　目	参　　数	
1	型号	5SZ-200	Delta Type82
2	配套动力/kW	5.5	2×5.5
3	主轴转速/(r·min^{-1})	425	500
4	生产率/(kg·h^{-1})	200	400
5	除净率/%	≥95	—
6	整机质量/kg	500	775
7	外形尺寸/(mm×mm×mm)	1900×1280×2440	2170×950×2375

（5）常见故障及排除方法（见表23-53）

表23-53　常见故障及排除方法

序号	故障现象	产生的原因	排除故障方法
1	轴承磨损	密封失效导致轴承抱死	及时更换密封
2	震动噪声	转子等转动部件安装不正确	仔细检查震动噪声源部件,确保转子等转动部件安装正确
3	杂质去除不净	设备老化	更换配件

（6）产品图片（见图23-85）

图23-85　刷种机

参考文献

[1] 蒋恩臣.畜牧业机械化[M].4版.北京:中国农业出版社,2011.

[2] 任继周.草业科学概论[M].北京:科学出版社,2014.

[3] 杨世昆,苏正范.饲草生产机械与设备[M].北京:中国农业出版社,2009.

[4] 贺国宝.草原围栏与植被恢复的对策[J].甘肃畜牧兽医,2019,49(8):71-72,74.

[5] 中华人民共和国农业部.草原围栏建设技术规程:NY/T 1237—2006[S].北京:中国标准出版社,2006.

[6] 娄玉杰.采用生物围栏治理草原退化:兼谈沙棘开发利用[J].中国草食动物,1999,1(2):29-30.

[7] 鱼永芝.会泽县草原治理围栏建设施工技术[J].绿色科技,2020(5):121-123.

[8] 宝音贺希格,高福光,姚继明,等.内蒙古退化草地的不同改良措施[J].畜牧与饲料科学,2011,32(3):38-41.

[9] 杨志国,刘士和,李景章,等.生物围栏营建技术[J].内蒙古林业科技,2000(S1):34-35.

[10] 苗芳.我国节水灌溉机械的特点及发展建议[J].农业工程,2017,7(4):109-110.

[11] 廖佐毅,张庐陵,廖章一,等.浅析我国农业节水灌溉技术研究及进展[J].南方农机,2021,52(7):84-86.

[12] 王庆华.机械节水灌溉设施的应用与前景分析[J].农业机械,2010(26):5-6.

[13] 胡燕伟.农业灌溉的几种方法及其机械[J].江苏农机化,2006(2):24.

[14] 赵伟,杜文亮,石岩.蝗虫的物理防治现状与展望[J].农机化研究,2008(4):212-214.

[15] 王忠民.鼠害防治在草原生态建设中的作用及对策[J].畜牧兽医科学(电子版),2020(11):189-190.

[16] 努尔兰·热合玛力,胡安别克·迪汉拜.草原生态建设中鼠害治理技术的应用[J].农家参谋,2021(4):124-125.

[17] 赵建柱,宗玉峰,王德成,等.一种狼毒草剔除装置:CN103461314A[P].2013-12-25.

[18] 王德成,宁国鹏,张洋,等.一种马莲除叶碎根装置:CN101558756[P].2009-10-21.

[19] 王光辉,王德成,马杰超.一种草原杂草-鸢尾科植物的去除方法及去除装置:CN102090387A[P].2011-06-15.

[20] 卜燕萍,焦键.基于ANSYS的农药喷雾装置

设计与模态分析[J].农机化研究,2021,43(2):163-168,173.

[21] 王德成,尤泳,贺长彬.草地修复与改良机械化技术态势[J].林业和草原机械,2020,1(1):13-20.

[22] 中国机械工业联合会.草地潜松犁:GB/T 25422—2010[S].北京:中国标准出版社:2011.

[23] 刘俊安.基于离散元方法的深松铲参数优化及松土综合效应研究[D].北京:中国农业大学,2018.

[24] 刘俊安,王晓燕,李洪文,等.基于土壤扰动与牵引阻力的深松铲结构参数优化[J].农业机械学报,2017,48(2):60-67.

[25] 马光,陈彪,李晓艳.ILQ-2型箭形潜松犁[J].畜牧机械,1989(1):28.

[26] 尤泳,王德成,王光辉.9QP-830型草地破土切根机[J].农业机械学报,2011,42(10):61-67.

[27] 吴佳,张淑敏.草地点线式破土切根机工作原理及性能测试[J].现代农业科技,2010(5):218-219.

[28] 焦巍,布库,万其号,等.复合式羊草切根机的设计研究[J].农机化研究,2016,38(6):132-136.

[29] 杨加庆,郭玉明.牧草复壮促生破土切根机设计[J].农业机械学报,2010,41(S1):78-81.

[30] 王玥,张淑敏.牧草切根机工作原理的分析与研究[J].农业开发与装备,2008(5):13-15.

[31] 李栗,王光辉,梁方,等.一种具有仿形功能的草地破土切根机[J].中国奶牛,2016(1):56-58.

[32] 梁方.草地切根施肥补播复式改良机械的优化设计与试验研究[D].北京:中国农业大学,2015.

[33] 罗文华,肖宏儒,马方,等.3ZFS-520型中耕深施肥机施肥铲仿真分析与试验[J].中国农机化学报,2019,40(8):7-11.

[34] 张鲁云,何义川,杨怀君,等.国内外液体肥料施肥机械发展概况及需求分析[J].湖北农业

科学,2020,59(15):12-15,19.

[35] 王德成,胡建良,尤泳,等.草原复壮机械化生产技术[N].中国农机化导报,2014-04-14(5).

[36] 岑海堂,万其号,李灵,等.一种切割速度快的草原切根机:CN211931210U[P].2020-11-17.

[37] 沈卫强,阿布力孜,李东海,等.牧草播种机具简况及发展建议[J].新疆农机化,2002(4):29-30.

[38] 王荣祥,杜秀国.2BMS-4型免耕播种机的设计及性能试验[J].农业科技与装备,2021(2):30-31,34.

[39] 付德玉,赵鹏祖.免耕技术在牧草生产中的应用[J].甘肃畜牧兽医,2020,50(4):68-71.

[40] 余大庆.牧草免耕播种机械化技术研究进展[J].农业工程,2015,5(6):18-19.

[41] 刘伟,李凤鸣,李伟,等.牧草种子收获机研究现状与展望[J].农业工程,2021(7):17-20.

[42] 杨国宝,柴龙春,刘天国.牧草种子加工成套工艺流程及相关注意事项[J].中国种业,2016(8):47-48.

[43] 陈海军,蔡学斌.牧草种子加工特性研究[J].中国种业,2007(3):23-24.

[44] 王全喜,张俊国,包德胜,等.牧草种子加工线设计与试验[J].农业机械学报,2014,45(S1):113-118.

[45] 刘贵林.先进的牧草种子收获和加工工艺及装备应用前景探讨[J].草业科学,1996(6):38-42.

[46] 王强,刘贵林,杨莉,等.紫花苜蓿种子机械化收获现状及发展方向:以内蒙古自治区为例[J].农业工程,2019,9(6):1-5.

[47] 赵春花,韩正晟,曹致中.育种小区手扶气吸梳脱清选式种子联合收获机的研制[J].中国农机化,2010(4):64-67.

[48] 范国昌,李宽,齐新,等.牧草种子梳脱式收获台性能影响因素分析[J].农业机械学报,2007(10):198-200.

第24章

牧草和青饲料收获机械

牧草和青饲料收获机械是在田间收取牧草并形成散草、草捆、草垛和草块等的机械，主要包括割草或割草调制机、搂草机、捡拾压捆机、集草堆垛机、牧草装运机和青饲料收获机等。割草机有往复式和旋转式两种类型。20世纪70年代开始发展的旋转式割草机与传统的往复式割草机相比，具有切割和前进速度高、工作平稳、对牧草适应性强的优点，适用于高产草场，但切割不够整齐，重割较多，能耗较大。在割草机上加装压辊即成为割草调制机，可将割下的鲜牧草茎秆压扁挤裂，以加速干燥过程。搂草机有横向和侧向两类，用于将割倒散铺在地面的牧草搂集成不同形式的草条。捡拾压捆机用以从地面拾起成条的干草，并将其压缩成矩形或圆形断面的紧密草捆，以便于运输和储存。青饲料收获机有甩刀式和通用型两类。前者用高速旋转的甩刀式切碎器把青饲作物砍断、切碎并抛送到挂车中，主要用于收获低矮青饲作物。后者备有全幅切割收割台、对行收割台和捡拾装置三种附件，因而可收获各种青饲作物。

24.1　割草机

24.1.1　概述

割草机是牧草机械化收割过程中的必备设备，既节省了除草工人的作业时间，又减少了大量的人力资源。割草机有往复式和旋转式两种类型，相应地还有割草压扁机。

24.1.2　往复式割草机

往复式割草机是依靠切割器上动刀和定刀的相对剪切运动来切割牧草。

往复式牧草收割机主要由两大部分构成：拖拉机和割草机（自走式除外）。在收获的过程中，拖拉机通过传动部件牵引来控制割草机，牧草从割草机前方的割台进入，通过割草机的切割（或切割压扁），从后方吐出，形成草铺，最终完成牧草的收割。全部的过程都是由驾驶员操控，自动完成。

割草机处于拖拉机的右外侧，往复式割草压扁机进入工作状态后，可以进行割草作业。沿着割台向下看，在切割器底部的两端各有一个类似滑板的部件，它们是滑脚装置。滑脚装置可以上下调节，从而改变割台降下时的位置，控制割茬的高度。因为滑脚在切割器的下端，还可以保护割刀，防止割刀与地面接触、磨损。

割刀是往复式收割机中重要的割草部件，除了有滑板装置保护，还有一个浮动装置可以保护割刀，避免磨损。浮动装置是处在割台两端的大型弹簧，它的主要作用就是利用弹簧的弹力，小幅度地升高或降低割台，减轻机器在运输和工作中的振动,防止割刀撞击地面。

1．类型及应用场地

1）类型

根据往复刀的数量分为单刀往复式割草机和双刀往复式割草机。根据功能分为往复式割草机和割草压扁机。

2）应用场地

往复式割草机适用于平坦的天然草场和一般产量的人工草场(苜蓿)。割草压扁机适用于人工草场(苜蓿)。往复式割草机由于切割器在作业时振动大,限制了作业速度的提高。动刀切割速度一般低于 3 m/s,作业前进速度一般为 6~8 km/h。

2．国内外发展现状

我国牧草机械化收获起步较晚,于 1958 年开始研制往复式畜力割草机,20 世纪 80 年代末,我国又自行设计了 9GB-2.1 型半悬挂割草机,与小四轮拖拉机配套,不受动力型号限制,适合国情,得到推广应用。近几年,在国家大力支持发展畜牧业的政策环境下,牧草收获机械化研制速度加快,割草机产品种类较多,但质量参差不齐,与国外的同类产品质量存在一定的差距。目前,国内市场上有多种型号较先进的割草机产品,如呼伦贝尔市蒙力农牧业机械制造有限公司生产的 9GL-2.1 型往复式割草机,正蓝旗苏都农牧业机械专业合作社生产的双刀往复式割草机,正镶白旗戴伟农牧机械制造有限公司生产的单刀往复式割草机和双刀往复式割草机等,连接方式均为牵引式。

国际市场上,欧美发达国家对牧草机械化收获研究起步比较早,尤其是在割草机的研究方面历史悠久,产品技术已十分成熟,自动化水平较高,性能稳定,市场占有率较高,如美国约翰迪尔公司生产的侧悬挂割草机;马斯奇奥公司生产的 DAFNE287 系列割草机,具有对牧草进行割草和压扁功能,机器可进行液压折叠。

3．典型机型(双刀往复式割草机)

(1) 结构简图(见图 24-1、图 24-2)

(2) 机器组成

本机器由地轮总成、柴油机(万向节、固定轴)皮带轮、主机架、前割刀偏心转轴、前割刀摆杆、前割刀固定件 A、液压油缸、往复式切割器总成、前割刀固定件 B、过渡皮带轮、花键皮带轮、偏心连杆皮带轮、后割刀固定件 A、后割刀固定件 B、后割刀偏心转轴、偏心连杆等部件组成。

(3) 工作原理

9GW-4.2 型往复式双刀(自驱动双刀)割草机装有 2 个割幅为 2.1 m 的切割器总成,前后配置在主机架的右侧,在主机架的左侧上方固定有万向节、固定轴(柴油机),固定轴(柴油机)输出端的皮带轮与过渡皮带轮连接,过渡皮带轮通过传动轴连接花键皮带轮,过渡皮带轮上装有离合器,花键皮带轮与偏心连杆皮带轮通过皮带连接,偏心连杆皮带轮轴两端安装有连杆偏心轮,连杆偏心轮分别带动前割刀和后割刀进行往复运动,实现割草作业。2 套活动刀片与固定刀片相互配合组成切割器总成,切割器总成通过液压油缸动作实现水平和倾斜调整,作业时切割器的阻力形成较大的力矩,机架由矩形钢管焊合而成,以保证其具有足够的强度。

两切割器总成传动机构的过渡皮带轮轴上装有牙嵌式离合器,当切割器堵塞或超负荷时,离合器自动分离,以避免各部件的损坏。2 个切割器都装有液压提升机构,液压提升机构由液压控制阀、油缸、输油管、提升臂、提升链等组成,2 个切割器可单独升降也可同时升降。两种机型的主要技术性能见表 24-1。

(4) 型号及主要技术参数(见表 24-1)

(5) 常见故障及排除方法(见表 24-2)

(6) 产品图片(见图 24-3、图 24-4)

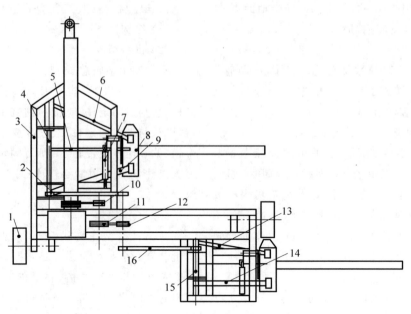

1—地轮总成；2—柴油机皮带轮；3—主机架；4—前割刀偏心转轴；5—前割刀摆杆；6—前割刀固定件A；7—液压油缸；8—往复式切割器总成；9—前割刀固定件B；10—过渡皮带轮；11—花键皮带轮；12—偏心连杆皮带轮；13—后割刀固定件A；14—后割刀固定件B；15—后割刀偏心转轴；16—偏心连杆。

图 24-1　9GW-4.2 型自驱动双刀往复式割草机结构简图

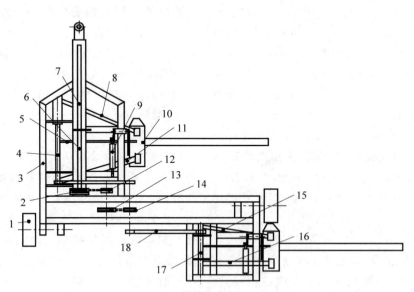

1—地轮总成；2—固定轴皮带轮；3—主机架；4—前割刀偏心转轴；5—前割刀摆杆；6—固定轴；7—万向节；8—前割刀固定件A；9—液压油缸；10—往复式切割器总成；11—前割刀固定件B；12—过渡皮带轮；13—花键皮带轮；14—偏心连杆皮带轮；15—后割刀固定件A；16—后割刀固定件B；17—后割刀偏心转轴；18—偏心连杆。

图 24-2　9GW-4.2 型双刀往复式割草机结构简图

表 24-1　双刀往复式割草机型号及主要技术参数

序号	项　　目		技　术　指　标	
1	型号		9GW-4.2 型自驱动双刀往复式割草机	9GW-4.2 型双刀往复式割草机
2	工作状态	长度/mm	3280	3280
3		宽度/mm	5560	5560
4		高度/mm	1115	1115
5	整机质量/kg		810	760
6	运输状态	长度/mm	3280	3280
7		宽度/mm	3430	3430
8		高度/mm	2380	2380
9	割幅/mm		4200	4200
10	平均割茬高度/mm		40～70	40～70
11	工作速度/(km·h^{-1})		8～11	8～11
12	生产率/(hm^2·h^{-1})		3.8～4.7	3.8～4.7
13	漏割率/%		≤0.5	≤0.5
14	超茬损失率/%		≤0.35	≤0.35
15	重割率/%		≤0.8	≤0.8
16	轴承温升/℃		≤25	≤25
17	牵引配套动力/kW		≥12.1	≥12.1
18	工作配套动力/kW		12.13	
19	动力输入转速/(r·min^{-1})		1030～2200(自带动力)	540

表 24-2　双刀往复式割草机常见故障及排除方法

序号	故障现象	产生的原因	排除故障方法
1	切割器噪声过大	刀杆或护刃器弯曲	调直刀杆或重装护刃器
		动刀片不在同一平面,偏差大	调直刀杆
		护刃器、定刀片不在同一平面,偏差大	调整护刃器使定刀片位于同一平面
		刀头球铰连接松动	调整钳口左右螺母
2	刀杆起降不灵敏	液压油泵压力不足,液压油管及液压油缸漏油	检查液压油泵及液压油缸,排除故障
3	轴毂发热	轮轴毂无润滑油、轴承损坏	加润滑油、更换轴承
4	割不下草	皮带轮转数不够、皮带打滑、木连杆损坏、定动刀片损坏	调整皮带轮转数、调整三角皮带张紧度、更换木连杆、调整和修理定动刀片
5	切割器堵塞	动刀片间隙不符合要求	按使用要求调整
		刀片磨钝或损坏	磨刀刃或更换刀片
		护刃器弯曲或损坏	调直或更换护刃器
		护刃器松动	拧紧螺栓
		压刃器安装不当	调整压刃器
		护刃器上舌向下弯曲严重	调整或更换护刃器
		定刀片损坏或丢失	更换护刃器或定刀片
		皮带打滑,切割速度过低	调整皮带张紧度
		雨后收割,陈草堵塞	待牧草湿度适当时打草

序号	故障现象	产生的原因	排除故障方法
6	内、外滑掌处堵塞	割茬过低	调整内外滑掌高度
		内滑掌处已被牧草堆积	调整内外滑掌挡草杆
		内托定刀片损坏	更换内托定刀片
		靠近内滑掌处护刃器损坏	更换护刃器
		牧草卷进外滑掌	调整外滑掌挡草杆
		外托定刀片损坏	更换外托定刀片
7	割茬高低不均匀	刀片磨损	磨刀或更换刀片
		切割高度调整不当	调整内外滑掌
		护刃器前倾角过小	调整调节齿板使护刃器前倾
8	漏草	刀片磨损	更换刀片
		护刃器断裂	更换护刃器
		刀片磨钝	磨刀或更换刀片
9	刃器磨损严重	切割器位置过低	适当调整内外滑掌高度
		压刃器调整不当	按要求调整护刃器

图 24-3　9GW-4.2 型自驱动双刀往复式割草机

图 24-4　9GW-4.2 型双刀往复式割草机

24.1.3　圆盘旋转式割草机

1. 类型及应用场地

1）类型

根据圆盘数量分为双圆盘旋转式割草机和多圆盘旋转式割草机。

2）应用场地

圆盘旋转式割草机适用于平坦的天然草场和一般产量的人工草场。

2. 国内外发展现状

国内圆盘割草机的研究起步较晚。近几年市场上有多种割草机产品，如新疆中牧农牧机

械有限公司是主要厂家之一,生产 92GZX-1.7
型旋转割草机和 92GZX-0.9 型旋转割草机;
酒泉市铸陇机械制造有限责任公司生产的
9GXS-1.65 型旋转式双刀盘割草机,动力连接
方式都为悬挂式;中机美诺科技股份有限公司
研制开发的 FC283 型旋转式割草机,可以收获
黑麦草、紫花苜蓿和燕麦草等牧草。依靠高速
旋转的刀盘带动刀片切割牧草,体积小,方便
灵活,但质量参差不齐。从使用效果和用户反
馈情况看,与国外的割草机还存在一定差距。

欧美发达国家对牧草收获机械的研发起
步较早,产品技术已经十分成熟,如德国克拉
斯公司 3600TRC、3050TC、3050TRC 等型号的
中央传输侧悬挂割草机,法国库恩公司的
CMD4010 型圆盘割草机,作业效率高,操作方
便,可靠耐用。

3. 典型机型(9GX-2.6型圆盘旋转式割草机)

1)结构简图(见图 24-5)

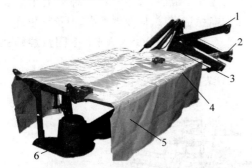

1—悬挂架;2—传动轴;3—传动装置;
4—主框架;5—保护装置;6—割草装置。

图 24-5　9GX-2.6 型圆盘旋转式割草机

2)机器组成

圆盘旋转式割草机主要由悬挂架、传动
轴、传动装置、主框架、保护装置和割草装置等
部分组成。传动装置、保护装置和割草装置安
装在主框架上。传动轴和传动装置为传动部
件,为工作部分提供动力;割草装置为工作部
件;保护装置为辅助部件,为整机提供安全
防护。

3)工作原理

该机型为悬挂式,通过悬挂架 1 与拖拉机

连接,拖拉机动力通过传动轴 2 传递到传动装
置 3,传动装置 3 将动力传递到割草装置 6,带动
高速旋转的割草圆盘进行割草。保护装置 5 是安
全防护装置,防止作业时有异物飞出。作业时通
过调整拖拉机悬挂臂高低来调整割草高度。

4)主要技术参数(见表 24-3)

表 24-3　9GX-2.6 型圆盘旋转式割草机主要
技术参数

序　号	项　　目	技术指标
1	配套动力范围/kW	≥36.7
2	割幅/m	2.7
3	结构形式	旋转式
4	挂接方式	悬挂式
5	刀盘数量/个	6

5)常见故障及排除方法(见表 24-4)

表 24-4　9GX-2.6 型圆盘旋转式割草机常见
故障及排除方法

序号	故障现象	产生的原因	排除故障方法
1	割草盘和割刀片磨损严重	使用环境恶劣	加装耐磨滑板
		砂石地面	调节割草高度
		滑板未平行贴近地面	调节割台悬挂装置
2	割草质量差	切割器倾角过大	调小切割器倾角
		动力输出轴转速过高	降低动力输出轴转速
		行驶速度过快	降低行驶速度
		割刀片不锋利或损坏	更换割刀片
3	铺草堆起	轻而潮湿的植物	降低动力输出轴转速,提高运转速度

6)产品图片(见图 24-6)

24.1.4　割草压扁机

1. 类型及应用场地

1)类型

按部件结构类型分为往复式割草压扁机
和圆盘旋转式割草压扁机。

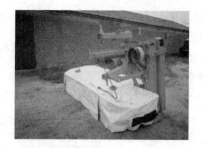

图 24-6　9GX-2.6 型圆盘旋转式割草机

往复式割草压扁机一般是自走式,圆盘旋转式割草压扁机一般是牵引式。

2)应用场地

割草压扁机适用于人工草场(苜蓿),压扁过程主要是挤裂茎秆,使茎秆中的水分迅速蒸发,经过压扁处理可以大幅降低草料干燥时间,方便牧草的晾晒和打捆。但是不要过度积压,否则会造成草料中蛋白质和糖分流失。压扁装置的后面是导向板,有调节牧草条铺宽窄的作用,可以方便配合拖拉机轮距,避免机轮辗压牧草。

2. 国内外发展现状

我国在 20 世纪 80 年代中期引进德国克拉斯公司样机,由新疆牧机厂仿制生产 9GZX-1.7 型旋转式 4 圆盘割草机。同时我国也研制成功 9GSQ-4.0 型牵引式切割压扁机等 3 种割草压

扁机,有牵引式和自走式的,采用往复式切割器,压辊式调制结构,试验性能达到设计要求。近年来由于国家加大种植草场扶持力度,人工种植草场面积不断扩大,对割草压扁机出现较大需求。

苜蓿收获机械主要由合资企业生产和依赖进口。如美国约翰迪尔公司生产的割草压扁机、凯斯纽荷兰生产的大型割草压扁机等,自动化程度较高,技术完善,性能良好,市场占有率也较高。牧草收获机械化技术在北美以及欧洲地区已经非常成熟,牧草机械的种类也非常多,作业性能稳定可靠,作业效率高,但价格较高。

3. 典型机型(9GYX-3.5T 型圆盘旋转式割草压扁机)

1)结构简图(见图 24-7)

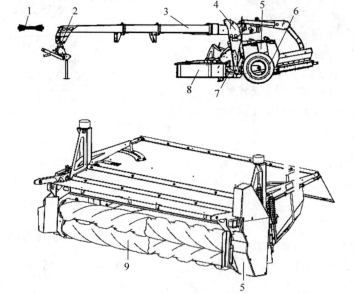

1—传动轴;2—牵引架;3—主框架;4—传动装置;5—压扁装置;6—行走系统;7—割草装置;8—保护装置;9—上下橡胶辊。

图 24-7　9GYX-3.5T 型圆盘旋转式割草压扁机结构简图

2）机器组成

圆盘旋转式割草压扁机主要由传动轴、牵引架、主框架、传动装置、压扁装置、行走系统、割草装置、保护装置等部分组成。牵引架、传动装置、压扁装置、行走系统、割草装置、保护装置安装在主框架上。

传动轴和传动装置为传动部件，为工作部分提供动力；压扁装置和割草装置为工作部件；保护装置为辅助部件，为整机提供安全防护。

3）工作原理

该机型为牵引式，通过牵引架 2 与拖拉机连接，作业时通过拖拉机的牵引带动行走系统 6 行走。拖拉机动力通过传动轴 1 传递到传动装置 4，传动装置 4 再将动力传递到割草装置 7，带动高速旋转的割草圆盘进行割草。传动装置 4 将动力传递到压扁装置 5，带动压扁辊对割下的牧草进行压扁处理，将牧草表面的天然蜡质层破坏，缩短干燥所需的时间。保护装置 8 是安全防护装置，防止作业时有异物飞出。

4）主要技术参数（见表 24-5）

5）常见故障及排除方法（见表 24-6）

6）产品图片（见图 24-8）

表 24-5　9GYX-3.5T 型圆盘旋转式割草压扁机主要技术参数

序　号	项　目	技术指标
1	配套动力范围/kW	≥62
2	割幅/m	3.46
3	结构形式	旋转式
4	挂接方式	牵引式
5	刀盘数量/个	8
6	压扁辊型式	橡胶对辊式

表 24-6　9GYX-3.5T 型圆盘旋转式割草压扁机常见故障及排除方法

序号	故障现象	产生的原因	排除故障方法
1	割草盘和割刀片磨损严重	使用环境恶劣	加装耐磨滑板
		砂石地面	调节割草高度
		滑板未平行贴近地面	调节割台悬挂装置
2	割草质量差	切割器倾角过大	调小切割器倾角
		动力输出轴转速过高	降低动力输出轴转速
		行驶速度过快	降低行驶速度
		割刀片不锋利或损坏	更换割刀片
3	铺草堆起	轻而潮湿的植物	降低动力输出轴转速，提高行驶速度
4	压扁辊缠绕	动力输出轴转速过低	提高动力输出轴转速
5	横向传送带上料不均匀	物料输送速度过慢	调远横向传送带隔板

图 24-8　9GYX-3.5T 型圆盘旋转式割草压扁机

24.2 搂草机

24.2.1 概述

搂草机是将散铺于地面上的牧草搂集成草条的牧草收获机械。搂草的目的是使牧草充分干燥,以便于干草的收集。按照草条的方向与机具前进方向的关系,搂草机可分为横向搂草机和侧向搂草机两大类。

横向搂草机是指其工作部件是一排横向并列的圆弧形或螺旋形弹齿。作业时,搂草机弹齿尖端触地,将割草机割下的草铺搂成横向草条(草条同机器的行进方向垂直)。因草条较紧密,不利于干燥,且夹杂多、不整齐,不利于后续作业。作业速度也较低,一般为 4~5 km/h。这种机型搂集的草条的大小可由人工控制,通常用于产量不高的天然草场。有牵引式、悬挂式等类型。

侧向搂草机是指集成的草条与机器前进方向平行。草条外形整齐、松散、均匀,牧草移动距离小,夹杂少,适于高产天然草原和人工草场。根据工作部件的不同形式,可分为滚筒式搂草机、指轮式搂草机、旋转式搂草机。

滚筒式搂草机主要工作部件是一个绕水平轴旋转的搂草滚筒。滚筒端面与机具前进方向呈一夹角,即前进角;滚筒回转端面和齿杆间夹角则为滚筒角,又可分为直角滚筒式和斜角滚筒式两种。前者的滚筒角为90°,前进角为45°;后者的滚筒角小于90°,前进角大于90°;搂集的草条质量较高,搂草损失较小。滚筒由3~6根装有成排搂草弹齿的平行齿杆组成,齿杆两端铰连在两个互相平行的滚筒回转端面上,构成一个平行四连杆机构,因而在滚筒旋转过程中,弹齿的指向始终保持相互平行。作业时,弹齿随机具前进,同时绕水平轴回转,地面上的牧草经过弹齿的作用,在滚筒一侧形成和前进方向一致的连续草条,疏松整齐,有利于牧草的干燥和后续作业的完成。搂集草条的大小与草场的单位面积产量有直接关系,适用于产量较高的草场。在低产草场上,

为了搂集较大的草条,可采用双列配置的滚筒式搂草机。有的滚筒式搂草机还可改变滚筒的旋转方向,进行翻草作业。按挂接方式可分为牵引式和悬挂式两种。后者由拖拉机动力输出轴驱动滚筒旋转,前者由行走轮驱动,滚筒的旋转速度和机具前进速度的比例保持一定,同时在滚筒前面有较大的空隙,有利于搂草。

指轮式搂草机由活套在机架轴上的若干个指轮平行排列组成,结构简单,没有传动装置。作业时,指轮接触地面,靠地面的摩擦力转动,将牧草搂向一侧,形成连续整齐的草条。指轮平面和机具前进方向间的夹角一般为135°。作业速度可达 15 km/h 以上,适宜于搂集产量较高的牧草、残余的作物秸秆及土壤中的残膜。改变指轮平面与机具前进方向的夹角,可进行翻草作业。

旋转式搂草机按旋转部件的类型划分有搂耙式和弹齿式两种。旋转搂耙式搂草机的每个旋转部件上均装有6~8个搂耙。作业时,由拖拉机牵引前进,搂耙由动力输出轴驱动,由安装在中间的固定凸轮控制,在绕中心轴旋转的同时自身也转动,从而完成搂草、放草等动作。旋转弹齿式搂草机是在一个旋转部件的周围装上若干弹齿,弹齿靠旋转离心力张开,进行搂草作业。若改变弹齿的安装角度,即可进行摊草作业。旋转式搂草机搂集的草条松散透风,牧草损失小,污染轻,作业速度可达 12~18 km/h,便于同捡拾机具配套。

24.2.2 横向搂草机

1. 类型及应用场地

1)类型

只有牵引式横向搂草机一种。

2)应用场地

适用于天然草场。

2. 国内外发展现状

国内小型企业生产的较多,结构简单,操作方便,目前在我国仍是天然草地饲草收获机械作业中的主要搂草机械,国内市场以20世纪60年代定型的9L-2.1、9L-6.0、9L-9.0 等横向搂草机为主。国外横向搂草机已被淘汰。

3. 典型产品(9L-6.0型机引横向搂草机)

1) 结构简图(见图24-9)

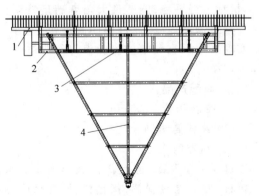

1—搂草器；2—液压升降机构；3—主机架；4—牵引架。

图 24-9　9L-6.0 型机引横向搂草机结构简图

2) 机器组成

本机具主要由搂草器、液压升降机构、主机架及牵引架等组成。各部位通过螺栓及销轴连接，可分拆开来，以便于运输。

3) 工作原理

本机具由带有液压装置的拖拉机牵引运行。工作时，驾驶员根据草场情况控制液压杆，使搂草器升起，放出草趟，然后控制液压杆落下，进行下一次起落过程。

4) 主要技术参数(见表24-7)

5) 常见故障及排除方法(见表24-8)

6) 产品图片(见图24-10)

表 24-7　9L-6.0 型机引横向搂草机主要技术参数

序号	项 目	技 术 指 标
1	结构形式	机引横向式
2	挂接方式	牵引式
3	工作状态外形尺寸(长×宽×高)/(mm×mm×mm)	5143×5996×1430
4	结构质量/kg	610
5	搂齿数量/个	84
6	搂齿间距/mm	70
7	作业最大搂幅/m	6
8	配套动力范围/kW	11～22
9	作业速度范围/(km·h^{-1})	6～9

表 24-8　9L-6.0 型机引横向搂草机常见故障及排除方法

序号	故 障 现 象	产 生 的 原 因	排 除 故 障 方 法
1	搂齿缺损	使用过程中丢失或损坏	更换新的搂齿
2	搂草器不能升起	拖拉机传动装置有故障或缺少液压油	检查拖拉机液压装置
3	搂草不干净	搂齿缺损、作业速度过快或起降不及时	更换搂齿、调整作业速度或起降速度

图 24-10　9L-6.0 型机引横向搂草机

24.2.3 指轮式搂草机

1．类型及应用场地

1）类型

按挂接方式分为牵引式和悬挂式。

2）应用场地

适用于天然草场和人工草场。

2．国内外发展现状

随着农牧业的发展，牧草的种植面积和产量不断加大，因侧向搂草机的各方面性能均可满足作业面大、工作效率高的牧草收获要求而得到广泛应用。1964 年，首先推出了指轮式搂草机，但此后该项研究被搁置了十几年。1980年后，侧向搂草机的开发又活跃起来，而且将要取代横向搂草机。不同型式的搂草机相继问世，如 1981 年新疆成功研制 9LZ-4.8 指轮式搂草机，1982 年内蒙古研制了定型产品 9LZ-2.6指轮式搂草机，2000 年后，内蒙古研发了 9LZ-6.0 和 9LP-5.4 指盘式搂草机，山东省生产了9YZ-3 指盘式搂草机，新疆生产了 92LZ 系列指盘搂草机等。

国外代表机型有美国的 WR10 系列搂草机、WR401 重型指轮式搂草机、WRX 系列指轮式搂草机，法国的 SR100GII、SR300、SR600II系列搂草机，意大利的 RT13、CADDY-8、BATRAKE-10、BATRAKE-12 指轮式搂草机等，机具运行平稳，能够最大限度满足特定作物和捡拾器的需要，通过换向阀可快速、方便地实现搂草机在运输位置和田间作业位置之间的切换。

3．典型产品

1）12 盘指轮式搂草机

（1）结构简图（见图 24-11）

（2）机器组成

机器由牵引臂、底盘架体、指盘横梁支撑、支撑杆、左右指盘横梁、指盘臂、指盘总成、油缸系统、地轮、支腿等组成。

（3）工作原理

机具在拖拉机的牵引下，左右指盘依靠地面的摩擦力进行转动，把割完的牧草由两边逐渐向中心集中，形成一定宽度的草条，草条宽度可调。

（4）主要技术参数（见表 24-9）

（5）常见故障及排除方法（见表 24-10）

（6）产品图片（见图 24-12）

2）9ZCL-9 型指轮式侧向搂草机

（1）结构简图（见图 24-13）

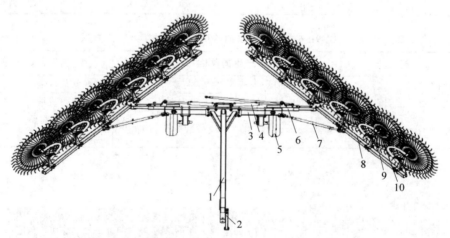

1—牵引臂；2—支腿；3—底盘架体；4—油缸系统；5—地轮；6—指盘横梁支撑；7—支撑杆；
8—左右指盘横梁；9—指盘臂；10—指盘总成。

图 24-11　12 盘指轮式搂草机结构简图

表 24-9 12 盘指轮式搂草机主要技术参数

序 号	项 目	技 术 指 标
1	配套动力/kW	≥37
2	外形尺寸(长×宽×高)/(mm×mm×mm)	8000×8000×1500
3	最大工作幅宽/m	7.5(可调)
4	整机质量/kg	1112
5	草条宽度/m	0.5～2.2
6	可靠性系数/%	≥98
7	漏搂率/%	≤2
8	指盘数/个	12
9	指盘直径/cm	146
10	每个指盘搂齿数/根	60

表 24-10 12 盘指轮式搂草机常见故障及排除方法

序号	故 障 现 象	产生的原因	排除故障方法
1	指盘升起失灵	液压系统出现故障	检查液压油是否充足; 检查油管、油缸是否漏油
2	草场地面破坏较大	指盘搂齿与地面接触压力过大	调整压缩弹簧上的调节螺母来调节压缩弹簧以达到控制指盘对地面压力效果
3	牧草搂不净、漏草	搂齿不在同一地平面上;个别搂齿断齿损坏	按规定办法调整牵引臂水平度和指盘搂齿与地面的着地力度;更换搂齿,调整搂齿齿尖在同一平面上
4	草条过宽	搂草机作业幅宽改变	按要求调整

图 24-12 12 盘指轮式搂草机

(2) 机器组成

机器由 U 形梁、主梁、指轮(指盘)、副梁、行走系统、滑杆驱动装置等组成。

(3) 工作原理

9ZCL-9 型指轮式侧向搂草机的直接工作部件为带搂齿的指盘,14 个指盘装配总成均分布安装在主梁及仿形梁上。搂草机开始作业时,使用液压手柄操纵机架油缸工作,联动平衡架总成、龙门连接弯梁等机构工作,使得主梁、仿形梁总成及指盘装配总成向外张开至工作状态。机具前进时,装配在主梁和仿形梁总成上的 14 个指盘搂齿轻轻接触地面,靠地面的摩擦力使指盘发生转动,草从前端指盘进入,由阶梯形排列转动的指盘依次将牧草拨向机

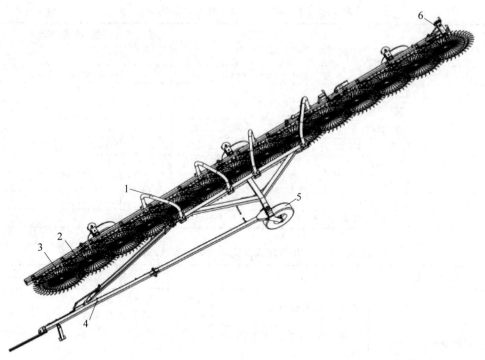

1—U形梁；2—主梁；3—指轮；4—副梁；5—行走系统；6—滑杆驱动装置。

图 24-13　9ZCL-9 型指轮式侧向搂草机结构简图

具最后端的指盘处，形成连续的草条向外输出。草条的宽窄厚薄要保证捆草机捡拾器能够正常工作，即草条太厚或太宽容易使捡拾器堵塞和丢草；草条太窄或太薄会造成捆草机具作业效率低下。因此，当牧草或秸秆长势较差时，可以使用该搂草机将前趟搂集的草条向后连续搂集，直至草条宽度和厚度符合捆草机捡拾器能够正常工作的要求为止。当牧草或秸秆长势非常好时，草条的宽度和厚度可以通过液压手柄控制搂幅予以解决。机具搂齿为长弹簧钢齿，梳草效果好，仿形性能强，搂齿在轮毂上形成辐射状并配有防风板，可消除风力影响，也便于尘土通过。使用拉力弹簧可控制指盘对地面的接触压力，可根据牧草和作物秸秆以及地面的条件，通过改变拉力弹簧挂接卡在滑杆上的位置予以调节。

该机具短途运输时，可通过液压手柄操纵机架油缸带动主梁向内收缩至运输状态，同时控制滑杆油缸带动指盘调整机构将指盘升起至运输位置，保证了机具的运输安全性。为保证整机搂草作业质量，该机具主梁总成设计成两段。后段为仿形梁，实现搂草作业对地面的仿形。

该机具既能搂草，又可翻晒草趟或合并草趟作业，即将搂集成趟的草条翻转过来晾晒或将多个草趟合并成一条草趟。为了减轻翻草作业时搂草机的前进阻力，可以把前面的 7 个指盘升起来，使用后面的 7 指盘翻草作业，主要是通过调整前后两段滑杆并使用插销锁定予以实现。

(4) 主要技术参数（见表 24-11）

(5) 常见故障及排除方法（见表 24-12）

(6) 产品图片（见图 24-14）

24.2.4　旋转式搂草机

1. 类型及应用场地

1) 类型

按旋转部件的类型可分为搂耙式和弹齿式两种。旋转搂耙式搂草机的每个旋转部件上装有 6～8 个搂耙。作业时，由拖拉机牵引前

表24-11 9ZCL-9型指轮式侧向搂草机主要技术参数

序号	项 目		技 术 指 标
1	配套动力/kW		≥25.74
2	作业最大搂幅(搂草宽度)/mm		9000(可调)
3	每个指盘搂齿数/根		60
4	外形尺寸(长×宽×高)/(mm×mm×mm)	运输状态	12 500×2280×1650
5	外形尺寸(长×宽×高)/(mm×mm×mm)	工作状态	12 500×7330×1650
6	整机质量/kg		130
7	搂齿盘数量/个		14
8	成草条宽度/mm		≤1500
9	搂草盘直径/mm		1500
10	可靠性系数/%		≥98
11	每米搂幅功率消耗/kW		≤2.86

表24-12 9ZCL-9型指轮式侧向搂草机常见故障及排除方法

序号	故障现象	产生的原因	排除故障方法
1	指盘升起失灵	液压系统出现故障	检查液压油是否充足; 检查油管、油缸是否漏油
2	草场地面搂破	指轮搂齿与地面接触压力过大	调整拉力调节板来调节拉力弹簧的拉力以达到控制指轮搂齿对地面压力效果
3	牧草搂不净、漏草	搂齿不在同一地平面上; 个别搂齿断齿损坏	按规定办法调整指盘搂齿与地面的着地力度; 更换搂齿,调整搂齿齿尖在同一平面上
4	主梁伸缩不灵活	连接件损坏; 油缸工作失灵	检查连接件,修复损坏件; 检修液压油缸和管路

图24-14 9ZCL-9型指轮式侧向搂草机

进,搂耙由动力输出轴驱动,由安装在中间的固定凸轮控制,绕中心轴旋转的同时自身也转动,从而完成搂草、放草等动作。旋转弹齿式搂草机是在一个旋转部件的周围装上若干弹齿,弹齿靠旋转离心力张开,进行搂草作业。若改变弹齿的安装角度,即可进行摊草作业。搂集的草条松散透风,牧草损失小,污染轻,便

于同捡拾机具配套。

2)应用场地

适用于天然草场和人工草场。

2. 国内外发展现状

目前,国内广泛使用的水平旋转搂草机有单转子、双转子和多转子三种配置。与拖拉机挂接有悬挂、半悬挂和牵引等形式。国际市场

上的新机型多配有液压升降和电子控制系统。目前市场上双限位凸轮机构有焊接结构和铸造结构两种,国外多采用铸造结构,且铸造质量稳定,铸件耐磨性高,该项技术已经基本成熟。

国外的代表机型有法国的 GA 系列悬挂式、半悬挂式和牵引式搂草机,德国的 LINER 系列中央搂草机和侧置搂草机,欧洲各国的应用已占绝对优势。国外搂草机技术已经比较成熟,结构日趋完善。

3. 典型产品(9LXD-2.5 旋转搂草机)

1)结构简图(见图 24-15)

2)机器组成

机器主要由三点式悬挂、回转体、搂草弹簧、车轮、搂草臂、支撑、下风挡等组成。

3)工作原理

工作时,拖拉机后输出轴驱动万向联轴器,带动回转体上的搂草弹簧进行旋转,同时搂草弹簧对作物进行集草、翻晒、扩散作业。车轮确定机具离地高度,根据作业条件,对车轮部件进行交换调整,下风挡根据收草量可分三个阶段调整作业宽幅。移动时机体上翻收起,以缩小体积。

4)主要技术参数(见表 24-13)

5)常见故障及排除方法(见表 24-14)

6)产品图片(见图 24-16)

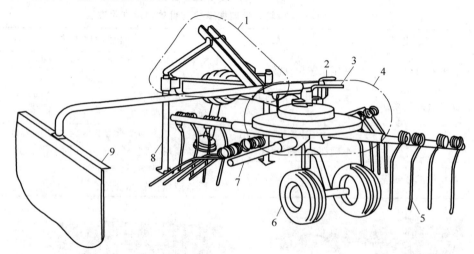

1—三点式悬挂架;2—锁紧杆;3—调节手柄;4—回转体;5—搂草弹簧;6—车轮;7—搂草臂;8—支撑;9—下风挡。

图 24-15　9LXD-2.5 旋转搂草机结构简图

表 24-13　9LXD-2.5 旋转搂草机主要技术参数

序号	项　　目	技　术　指　标
1	配套动力/kW	13.2～36.7
2	作业最大搂幅(搂草宽度)/mm	2500
3	结构形式	旋转式
4	挂接方式	三点悬挂
5	工作状态外形尺寸(长×宽×高)/(mm×mm×mm)	2100×2500×950
6	整机质量/kg	160
7	搂齿数量/个	12
8	搂草盘数量/个	1
9	搂草盘直径/mm	896
10	作业速度范围/(km·h^{-1})	4～8
11	摊晒宽度/mm	1600

表 24-14　9LXD-2.5 旋转搂草机常见故障及排除方法

序号	故障现象		产生的原因	排除故障方法
1	回转体	发出异常声音	回转齿轮箱内的油脂不足	补充油脂
			耙齿上的螺栓松脱	拧紧螺栓
			耙齿破损	更换耙齿
		集草不彻底	作业姿势不正确	调整作业姿势
			车速快	降低车速
			耙齿破损	更换耙齿
		草条乱	车速过快	降低车速
			回转体旋转速度过快	降低后动力输出轴(PTO)的旋转速度
			下风挡的宽幅过小	把下风挡的宽幅加大
			耙齿破损	更换耙齿
		牧草卷在耙齿上	车轮高低不平	调整车轮高度
			车速过快	降低车速
2	联轴器	发出异常声音	没有油脂	补充油脂
			角度过大	调整角度

图 24-16　9LXD-2.5 旋转搂草机

24.3　打捆机

24.3.1　概述

打捆机按压缩活塞形式分为液压油缸活塞打捆机和曲柄连杆活塞打捆机,从作物角度来讲又分为玉米秸秆打捆机、麦草打捆机、稻草打捆机等。打捆机的品种、类型、规格很多,草捆打捆机按形状分为方草捆机和圆草捆机两种类型,还有圆草打捆包膜机。

按作业方式类型分类,方草捆压捆机可分为牵引式压捆机以及固定式压捆机。固定式压捆机比牵引式压捆机草捆压捆效果更好,草捆密度更高;缺点是需要人工进行打结,生产率低,成本高。牵引式压捆机能自动完成捡拾、喂入、压缩和打捆等。

按扎捆材料不同,方草捆压捆机可分为绳打捆压捆机和钢丝打捆压捆机。

方草捆压捆机主要用于麦稻秆和其他各种牧草的压捆收获,一般包括捡拾喂入机构、输送机构、压缩机构和打结机构等几个部分,能一次性完成牧草和麦稻秆的捡拾、喂入、压缩成捆、打结和卸料等工序。

24.3.2　方草捆打捆机

1. 类型及应用场地

1) 类型

按照作业方式分为牵引式打捆机、固定式

打捆机和自走式打捆机。

2）应用场地

适用于天然草场、人工草场和农田秸秆的打捆作业。

2．国内外发展现状

我国于 1976 年开始研制方草捆压捆机，1978 年，9KJ-142 型方草捆压捆机通过鉴定，并在宝昌牧机厂生产。后有仿制西德威利格尔 AP-42 型方草捆压捆机，1980 年，9KJ-147 型方草捆压捆机通过鉴定，并由徐州拖拉机厂试制生产。随着经济的发展和市场的需求，研制大型方捆机，草捆以绳索打结为主；根据国家对环境保护的要求，禁止农田秸秆焚烧，研制出人工套袋方捆机；为了减轻工人的劳动强度，改善工人的作业环境，研制出自动套袋方捆机。随着现代科技的发展，机械的制造质量、工作效能和作业质量逐步提高，草捆的密度需继续提高。

国外生产方草捆压捆机已有 50 多年的历史。方草捆压捆机结构形式大同小异，关键技术是捆绳的打结器和其机构传动的协调，目前已形成专业化生产，如德国拉斯佩公司专门生产打结器，供应本国和世界其他地区，专业化程度高，质量可靠，成捆率在 99% 以上。

3．典型产品

1）9YFZ-2.2 型方草捆机

（1）结构简图（见图 24-17）

（2）机器组成

本机由分动变速器、捡拾器、推料油缸、喂入器、压料油缸、车桥、操作室、集料油缸、一次粉碎机、二次风机、抛料筒、进料仓、进料筛片等部件组成。

（3）工作原理

整机各部件由车桥支撑并安装为一体。拖拉机牵引主机运动，其后动力输出轴（PTO）将动力传送到本机分动变速器。分动变速器将动力分成两路，一路驱动液压系统的液压泵，作为将秸秆压缩成捆的动力源；一路驱动捡拾器作为捡拾、切断、二次粉碎、揉丝、吐料的动力源。

高速旋转的捡拾器垂爪将秸秆拾起并送到喂入器内，喂入器旋转叶片将秸秆离心除土并连续推入一次粉碎机内，一次粉碎机将其切断并初步粉碎后吹入二次风机；二次风机对秸秆进行精细粉碎并揉丝，再将揉丝后的秸秆由风机叶片通过抛料筒惯性除土后抛入进料仓，进料筛片对秸秆进行第三次过滤除土。

经过三次除土后的丝状秸秆毛料，自动称重后由集料油缸推入压缩室，压缩室上方的压料油缸对其进行压缩成捆，而后推料油缸将其推入操作室进行装袋或经全自动缠网后送出，完成一个工作循环。

（4）主要技术参数（见表 24-15）

（5）常见故障及排除方法（见表 24-16、表 24-17）

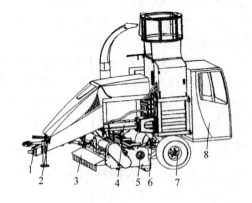
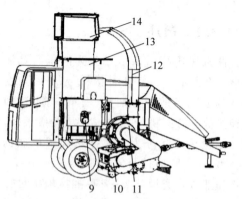

1—主机；2—分动变速器；3—捡拾器；4—推料油缸；5—喂入器；6—压料油缸；7—车桥；8—操作室；9—集料油缸；10——一次粉碎机；11—二次风机；12—抛料筒；13—进料仓；14—进料筛片。

图 24-17　9YFZ-2.2 型方草捆机结构简图

表 24-15　9YFZ-2.2 型方草捆机主要技术参数

序　号	项　　　目		指　　　标
1	外形尺寸(长×宽×高)/(mm×mm×mm)		5360×2980×3980
2	动力需求/(kW、r·min^{-1})		≥88、PTO720
3	工作方式		牵引式
4	整机质量/kg		5180
5	秸秆捆规格(长×宽×高)/(mm×mm×mm)		800×450×350(略有膨胀)
6	秸秆捆包装形式		塑料袋、尼龙编织袋、网袋
7	液压系统工作压力/MPa		20
8	油缸	集料油缸行程/mm	960
		压料油缸行程/mm	400
		推料油缸行程/mm	980
9	捡拾器	捡拾器工作宽度/mm	2200
		捡拾器捡拾形式	垂爪式
		捡拾器垂爪数量/个	18
		喂入器结构形式	螺旋连续喂入机构
10	秸秆捆密度/(kg·m^{-3})		≥198
11	压缩室截面积(宽×高)/(mm×mm)		340×440
12	轴距/mm		1950
13	规则草捆率/%		≥95
14	草捆抗摔率/%		≥90
15	成捆率/%		≥98
16	捡拾损失率/%		≤3

表 24-16　9YFZ-2.2 型方草捆机主机系统常见故障及排除方法

序号	故　障　现　象	产生的原因	排除故障方法
1	油缸在工作中有爬行现象	缸体及液压系统中存在空气；缺少液压油	多次工作后即可排出；加注液压油
2	系统无动作或有动作时无压力	缺少液压油；系统压力不够	加注液压油；调节系统压力
3	管路、油缸有漏油现象	密封件老化、磨损或连接松动	更换密封件并紧固接头螺母
4	油箱中油液呈白色乳状液体	油液进水变质	更换系统中全部液压油
5	液压泵工作一段时间后发热,压力不足	液压泵磨损、内泄严重	过滤油液并更换新泵
6	单一油缸不动作且电路正常	阀组换向阀阀芯有杂质卡滞	拆卸清洗或更换
7	液压系统压力正常,但油缸行进速度慢	油缸内泄严重	更换油缸密封件
8	压缩室上梁(左右定刀座)出现弯曲	左右定刀与主活塞间隙过大,产生夹草,压力冲击导致压缩室上梁弯曲	调整左右定刀与一缸推板之间有效工作间隙至 4~6 mm
9	分动变速器有异常响声、异常发热	缺少齿轮油；轴承或齿轮损坏	加注齿轮油；更换损坏的轴承或齿轮
10	主活塞上下摇摆	主活塞导向板限位轮松动	紧固导向板限位轮螺母
11	压料缸后退不到位	压料缸推板后夹草	检查清除压料缸推板后杂草
12	草包大小重量不稳定	称重盘四周缝隙夹杂；限位螺栓松动	清除杂物；紧固限位螺栓、固定螺母

表 24-17　9YFZ-2.2 型方草捆机电控系统常见故障及排除方法

序号	故障现象	产生的原因	排除故障方法
1	电源灯不亮	电源开关未闭合； 电瓶未供电； 保险丝熔断	检查电源开关是否闭合； 检查电瓶供电是否正常,电源线连接是否有效； 检查保险丝是否熔断(打开控制盒前盖可见保险丝)
2	故障灯常亮	传感器失效或超设定值； "半自动""全自动"无法 正常运行	检查称重传感器是否失效,或重量设定值超值限； "手动模式"仍可以控制油缸。检测急停开关是否 失灵
3	左灯闪烁(按 钮左侧)	电磁铁不能正常工作	检查对应电磁铁是否断线(电源通电 5 s 内会进行断 线检测,运行过程中不再检测),排除液压问题
4	右灯闪烁(按 钮右侧)	限位开关断开； 电磁铁不能正常工作	检查对应限位开关是否断线； 检查对应限位开关的触发条件是否满足(检查磁铁是 否距离传感器过远导致传感器不响应) 注：手动模式不具备检测限位开关断线功能
5	油缸不动作	急停按钮未按或电磁铁 线圈有问题	急停是否按下或者电磁铁线圈是否有问题

　　机器在工作过程中,如发现情况异常,应立即停止工作,查明原因,待故障排除后再继续使用,切不可带故障工作。设备发生故障时,应仔细观察故障现象,分析其原因,然后手动排除。

　　(6) 产品图片(见图 24-18)

　　2) 9YFQ-2.2 型跨行式方草捆捡拾压捆机

　　(1) 结构简图(见图 24-19)

　　(2) 机器组成

　　跨行式方草捆捡拾压捆机主要由牵引架、捡拾器、螺旋输送器、喂入机构、活塞、压捆室、草捆密度调节装置、打结器、打结器清洁风扇、计数装置、传动系统、机架及行走轮组成。

　　(3) 工作原理

　　拖拉机的动力通过传动轴、摩擦式离合器、飞轮、传动箱和链条-皮带传动装置传递到各工作部件。在田间作业过程中,随着机器的运转,捡拾器弹齿将地面草条捡拾起来,并提升到输送喂入平台。在捡拾器后方左右对称布置的螺旋输送器将物料自平台两侧推送到位于压捆室正前方的喂入口。拨草叉在其工作过程中将堆积在喂入口的物料添入压捆室。在活塞的作用下物料在压捆室内逐渐被压实。当草捆长度达到调定的长度时,打捆机构离合器接合,启动打捆机构运转。打结器在工作过程中,将包络草捆的两道捆绳打成绳结。捆扎好的草捆在后续物料的推动下逐渐移动到压捆室出口,经放捆板跌落到地面。

　　(4) 主要技术参数(见表 24-18)

　　(5) 常见故障及排除方法(见表 24-19~表 24-23)

图 24-18　9YFZ-2.2 型方草捆机

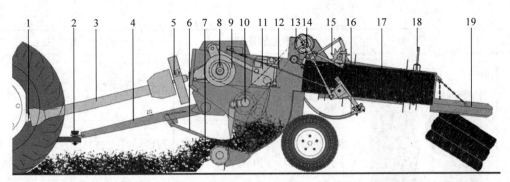

1—拖拉机动力输出轴；2—牵引销；3—传动轴；4—牵引杆；5—飞轮剪切螺栓；6—导向器；7—捡拾器；8—喂入拨叉剪切螺栓；9—传动箱；10—喂入拨叉；11—活塞；12—打捆针安全机构拉杆；13—打结机构总成；14—打结器剪切螺栓；15—草捆长度计量轮；16—打捆针；17—草捆密度调节室；18—草捆密度控制手柄；19—放捆板。

图 24-19 9YFQ-2.2 型跨行式方草捆捡拾压捆机结构简图

表 24-18 9YFQ-2.2 型跨行式方草捆捡拾压捆机主要技术参数

序号	项　　目	技 术 指 标
1	功率/kW	≥26
2	总长：（带放捆板）/mm	4975
	（不带放捆板）/mm	4280
3	总宽/mm	2925
4	总高/mm	1710
5	总质量（近似）/kg	1550
6	捡拾器工作幅宽/mm	2240
7	草捆横截面尺寸/(mm×mm)	360×460
8	草捆长度/mm	300～1320
9	活塞额定往复速率/(次·min^{-1})	100
10	动力输出轴转速/(r·min^{-1})	540

表 24-19 9YFQ-2.2 型跨行式方草捆捡拾压捆机打捆机构常见故障及排除方法

序号	故 障 现 象	产生的原因	排除故障方法
1	初级捆绳（草捆上方的捆绳）有绳结，次级捆绳（草捆下方的捆绳）没有绳结 ① 初级捆绳 ② 次级捆绳	拨绳板没有拨上打捆针送上来的捆绳，或者未能把捆绳拨到正确的打结位置	调整拨绳板
		打捆针没有把次级捆绳准确地引入夹绳器半圆形缺口	检查捆绳初张力。如果打捆的作物是麦秸、稻草，或者是低矮的禾本科牧草时，应增加捆绳初张力；调整打捆针或夹绳器
		限草器的挡板没有自动弹回压捆室	从限草器和打结器底板上清除碎草和尘土，检查扭转弹簧是否断裂
		拨绳机构弹簧断裂	更换弹簧

续表

序号	故障现象	产生的原因	排除故障方法
2	捆绳在绳结处被拉断 	在捆扎含水率较低的物料时,把草捆密度调得过大	降低草捆密度
		当打结钳嘴绕绳打结时,因捆绳承受的拉力过大而被拉断	用砂纸打光打结钳嘴的粗糙表面和锐利的边角
		捆绳及绳卷质量差	更换合格的捆绳及绳卷
3	绳结太松	打结钳嘴上卡爪磨损或损坏	更换上卡爪
		草捆密度过低	增加草捆密度控制器的弹簧张力
		上卡爪滚轮压紧压板的压力小	增加拧紧螺母,使得调整压板压紧压板
4	绳结处的两根绳头,一根长,一根短 	割绳刀片的刃口不锋利或刀片损坏	刃磨刀片使其刃口变得锋利或者更换刀片
		夹绳片压紧弹簧的压力小	增加弹簧张力
5	初级和次级捆绳都没有打成结	绳头在夹绳器槽中被切断	降低夹绳器的夹持力,用砂纸打光夹绳器和夹绳片上粗糙表面和锐边
		上卡爪滚轮压紧压板的压力小	增加拧紧螺母,使得调整压板压紧压板
		夹绳器压紧弹簧压力过大,在打结钳嘴绕绳打结时,致使捆绳不能在夹绳器中有足够的滑移,从而没打成结	拧松夹绳片压紧弹簧螺栓,降低夹绳器夹持力。彻底清除夹绳片压紧弹簧周围陈积的作物碎渣和尘土
		打结钳轴不转,带动打结钳轴的蜗杆小锥齿轮弹性圆柱销损坏	更换弹性圆柱销
		夹绳片压紧弹簧压力过小,使捆绳从夹绳器中滑脱	增加夹绳器压紧弹簧的张力
		打结钳嘴上卡爪弯曲或损坏	矫正或更换上卡爪
6	没有打结迹象	活塞前端用于打捆针穿行的长槽塞满饲草	清除长槽内的饲草

序号	故 障 现 象	产生的原因	排除故障方法
7	绳结处的两根绳头均被撕裂 	割绳刀的刃口不锋利	刃磨刀片
8	次级捆绳有绳结,而初级捆绳无绳结 ① 初级捆绳 ② 次级捆绳	初级捆绳在夹绳器中被切断(绳头是被撕裂的)	降低夹绳器的夹持力和草捆密度
		初级捆绳被夹绳器划伤	降低夹绳器的夹持力和草捆密度
		在打捆针上升过程中越过打结器架体时,捆绳被打结器架体擦伤	锉修后用砂纸打光打结器架体的粗糙表面
9	一股捆绳绳头折回绳结内 	上卡爪在靠近绳头处闭合	调整夹绳器,使夹绳器重新定位。调整脱绳杆,以便在打结时使上卡爪上方捆绳向钳嘴根部滑移
10	单根蝴蝶结 	夹绳器的夹持力小	增加夹绳片压紧弹簧的压力
		上卡爪滚轮压紧压板压力不足	增加拧紧螺母,使得调整压板压紧压板
		脱绳杆的工作行程短	调整脱绳杆,增加其行程长度
		割绳刀片刃口不锋利	刃磨刀片

续表

序号	故障现象	产生的原因	排除故障方法
11	绳结被擦伤或断裂	打结钳嘴与脱绳杆内侧表面之间的间隙小,捆绳距离绳结 3～4 mm 处断裂	调整脱绳杆
		脱绳杆工作表面粗糙或有锐利的边角,捆绳距绳结约 50 mm 处断裂	用砂纸打光脱绳杆粗糙表面
		捆绳被夹持在拨绳板与打结器底板之间,捆绳距绳结约 75 mm 处断裂	更换拨绳板的垫片,重新检查拨绳板调整是否正确
		拨绳板的工作表面粗糙或生锈。由打捆针送上来的捆绳距绳结约 75 mm 处断裂	用砂纸打光拨绳板粗糙表面
		打结器底板上的长孔周边表面粗糙,捆绳在距绳结约 100 mm 处断裂	用砂布打光长孔周边粗糙表面
		活塞上可能与捆绳接触的表面粗糙或有锐利的边角,捆绳距离绳结约 115 mm 处断裂	锉修活塞上粗糙表面
12	双蝴蝶结	夹绳器的夹持力不足	增加夹绳片压紧弹簧的压力
		上卡爪滚轮压紧压板的压力小	增加拧紧螺母,使得调整压板压紧压板
		脱绳杆工作行程不够	调整脱绳杆,增加其工作行程
13	绳结没能从打结钳嘴上脱下来	夹绳器的夹持力不足	增加夹绳片压紧弹簧的压力
		上卡爪弯曲变形	更换上卡爪
		脱绳杆与打结钳嘴下鄂底部表面的间隙偏大	调整脱绳杆
		上卡爪滚轮压紧压板的压力过大	松开拧紧螺母,使得调整压板放松压板
		脱绳杆在工作行程中越过打结钳嘴的行程不够长	调整脱绳杆,适当增加其行程
		打结钳嘴表面粗糙或磨损	锉修或更换钳嘴
		割绳刀片的刃口不锋利	刃磨刀片或更换刀片
14	夹绳器止动时间滞后	夹绳器蜗杆小锥齿轮弹性圆柱销折	更换弹性圆柱销
		蜗杆齿轮从其轴上滑脱	齿轮的锁紧螺母松脱或者调整垫圈不合适,从而使齿轮与轴的配合不紧。检查齿轮是否有裂纹;如果齿轮有裂纹或损坏,应更换齿轮
		蜗杆齿轮磨损严重	更换齿轮

续表

序号	故障现象	产生的原因	排除故障方法
15	打捆机构离合器没有接合	离合卡爪被卡住	在离合卡爪的销轴上注入机油，使离合卡爪运转自如，并在销轴表面涂上润滑油，以防再次生锈
		离合器控制杆失调	调整离合器控制杆

表 24-20　9YFQ-2.2 型跨行式方草捆捡拾压捆机过载安全剪切螺栓常见故障及排除方法

序号	故障现象	产生的原因	排除故障方法
1	飞轮安全剪切螺栓被剪断	草捆密度调得过紧	降低草捆密度调整弹簧的张力
		动、定切草刀片间隙过大	调整切草刀片的间隙
		活塞止动插销失调	检查和调整活塞安全止动装置
		拨草叉与活塞不同步	检查和调整拨草叉与活塞的同步
		在打结过程中，打捆机构离合器突然分离，使打捆针停留在压捆室内	用汽油或煤油清洗离合卡爪销轴，使其运转灵活自如，然后在销轴轴颈表面涂上润滑油，以防锈蚀
		切草刀片刀刃不锋利	刃磨刀片
		在物料中有异物	清除异物
		飞轮前方的摩擦离合器的弹簧压力过大	重新调整弹簧压力
		打捆机构制动器弹簧压力过小，以致因机器振动等因素，使打捆针自动上升至压捆室，并同步带动活塞安全止动插销进入压捆室，导致活塞与止动插销相撞	调整打捆机构制动器弹簧压力
		切草刀片相撞	重新调整刀片间隙
2	拨草叉安全剪切螺栓被剪断	草条过于潮湿，而且在草条中掺杂着石块等异物	风干草条，并制备整齐均匀的草条，降低作业速度
		喂入量过大或拨草叉往复次数过高	减少喂入量或降低拨草叉往复次数
		喂入室表面有油漆或生锈现象	清除喂入室表面的油漆或锈斑
3	打捆机构安全剪切螺栓被剪断	打捆机构超载	排除超载因素
		活塞前端长槽塞满草	清除槽内的物料，检查拨草叉与活塞的同步调整
		打捆针与活塞同步调整不正确	检查活塞与打捆针同步调整，如不正确，重新调整
4	摩擦离合器严重打滑	动力输出轴转速过高，活塞往复次数超过了额定值	使压捆机必须在动力输出轴额定转速内工作
		草捆密度过大	降低草捆密度
		拨草叉往复次数过高	降低往复次数
		摩擦离合器的传动扭矩调得不合适	调整摩擦离合器弹簧
		在物料中有异物	清除异物
		切草刀不锋利	刃磨刀片
		切草刀片间隙过大	调整刀片间隙
5	传动轴的噪声过大	机具与拖拉机的挂接点不合适	检查挂接点高度，查阅配套拖拉机的牵引架和动力输出轴的有关数据
		伸缩轴组件缺油	对伸缩轴组件每 12 h 进行一次润滑
		万向节磨损	更换万向节

表 24-21　9YFQ-2.2 型跨行式方草捆捡拾压捆机捡拾器常见故障及排除方法

故 障 现 象	产生的原因	排除故障方法
捡拾不干净	弹齿离地间隙过大	把弹齿离地高度调整到 25 mm 左右
	弹齿弯曲或折断	更换弯曲或折断的弹齿
	机器作业速度过快	降低作业速度
	草条含水率过高	把草条摊晒到合适的水分（含水率为 17%～23%）
	捡拾器轴承损坏	更换损坏的轴承

表 24-22　9YFQ-2.2 型跨行式方草捆捡拾压捆机草捆不规则常见故障及排除方法

序号	故 障 现 象	产生的原因	排除故障方法
1	草捆形状不规则	草条不均匀或者拨草叉工作速率不均匀	调整作业速度和动力输出轴转速，使喂入量均匀一致
2	草捆外形不整齐	喂入量过大	降低作业速度
3	草捆长度不一致	打捆机构离合器离合卡爪销轴不转动	清洗和润滑销轴
		计量轮轴滚花套的表面刻纹被磨光	更换滚花套，检查离合器控制杆上刻制的齿与滚花套上的齿啮合是否正常
		离合器控制杆弹簧从挂接点松脱或损坏	检查弹簧

表 24-23　9YFQ-2.2 型跨行式方草捆捡拾压捆机打捆针常见故障及排除方法

序号	故障现象	产生的原因	排除故障方法
1	打捆针折断	在活塞前端长槽或打结器底板上为打捆针穿行的长孔中卡住异物	清除卡滞的异物
		打捆针与打结器架体或活塞上的某些部位相撞	检查相撞部位，如果在活塞前端长槽内塞满饲草，则应清除塞满的饲草，检查打捆针是否弯曲变形
		打捆针与活塞同步调整失效	重新进行同步调整
		打捆针连续不断地工作	检查离合器控制杆是否损坏，或者控制杆弹簧是否松脱
		打捆针固定螺栓松动	拧紧螺栓，并检查打捆针是否与其他零件干涉
		限草器挡草板滞卡，不能自动弹回压捆室	清除限草器和打结器底板之间的碎草和尘土，检查限草器弹簧是否断裂
		压捆机在超过额定转速的状况下工作	控制拖拉机发动机油门，使动力输出轴转速限定在 540 r/min 以下
		打捆针上升高度不符合规定要求	重新调整打捆针上升高度
		活塞安全止动插销调整不准确	重新调整止动插销
2	打捆针穿绳孔表面磨损严重	喂入室背面的导绳器穿绳孔没有对准打捆针穿绳孔	重新调整导绳器

（6）产品图片（见图 24-20）

图 24-20　9YFQ-2.2 型跨行式方草捆捡拾压捆机

24.3.3　圆草捆打捆机

1. 类型及应用场地

1）类型

圆草捆打捆机按照部件结构分为滚筒式圆草捆打捆机，如威猛404PRO型；皮带式圆草捆打捆机，可变直径80~160 cm，如库恩 VB3195型；辊杠式圆草捆打捆机，如科罗尼 Bellima-F130型；链板式圆草捆打捆机，可变直径120~150 cm，如科罗尼 Comprima-F155XC 型。

2）应用场地

适用于天然草场和人工草场。

2. 国内外发展现状

1996年我国首次引进澳大利亚的小圆捆卷捆机和圆捆缠膜机及薄膜，在呼盟草场上进行示范并取得较好效果。我国在研究推广低水分青贮工艺的同时，于1996年研制成功第一代小型圆捆机和缠膜机。以中国农机院呼和浩特分院为代表的一批科技型企业在国内率先进行具有自主知识产权的新型切割压扁机、压捆机和缠膜机、草籽收获机等草业机械的开发研究与产业化，产品已不同程度达到20世纪90年代末和21世纪初国际先进水平。

国外的圆草捆打捆机以大型高端高性能作业机械为主，作业效率高，作业质量可靠。

3. 典型产品（9YGJ-2.2B/C 型圆草捆打捆机）

1）结构简图（见图24-21）

2）机器组成

圆草捆打捆机主要由传动系统、液压系统、控制系统、牵引架、捡拾器、强制喂入机构、成捆仓、缠网机构、机架以及行走轮组成。

3）工作原理

拖拉机的动力通过传动轴、齿轮箱和链条传递到各工作部件。在田间作业的过程中，随着机器的运转和前进，捡拾器弹齿将地面草条捡拾起来，经喂入机构送入成捆仓，在旋转辊筒的作用下物料旋转成草捆；随着越来越多的物料进入成捆仓并不断地旋转逐渐形成圆捆；随着物料的增加，草捆从外向里压紧，成捆仓内的压力不断增大，压力可以从驾驶室内的压力表上看到；当草捆密度达到设定值时，控制器报警，停止卷捆，缠网机构将草捆网成外形规则的圆草捆，然后控制系统控制液压系统使其后仓门打开，草捆被旋转的辊筒挤出前仓，经过卸草板滚到地面；关闭后仓门继续前进，进行下一个圆草捆的卷制作业。

4）主要技术参数（见表24-24）

5）常见故障及排除方法（见表24-25）

6）产品图片（见图24-22）

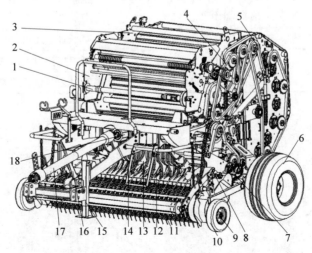

1—缠网轴；2—缠网架；3—机架；4—前仓链传动；5—辊筒；6—行走轮；7—后仓链传动；8—捡拾器链传动；9—主传动链；10—仿形轮；11—捡拾器；12—强制喂入装置；13—拨草器；14—步梯；15—支撑架；16—牵引架；17—传动轴；18—齿轮箱。

图 24-21　9YGJ-2.2B/C 型圆草捆打捆机结构简图

表 24-24　9YGJ-2.2B/C 型圆草捆打捆机主要技术参数

序　号	项　目	技术指标
1	功率/kW	≥60
2	外形尺寸(长×宽×高)/(mm×mm×mm)	3930×3267×2303
3	总质量/kg	2800
4	工作幅宽/mm	2235
5	提升方式	液压
6	仿形方式	万向仿形轮
7	喂入器结构形式	螺旋输送喂入机构
8	成捆机构型式	18 个滚筒
9	成形草捆尺寸/(mm×mm)	$\phi 1200×1400$
10	动力输入轴转速/(r·min^{-1})	540

表 24-25　9YGJ-2.2B/C 型圆草捆打捆机常见故障及排除方法

序号	故障现象	产生的原因	排除故障方法
1	堵草、不能正常喂入、捡拾器不工作	压草器调整不合适、弹齿损坏、捡拾器安全螺栓剪断	调整压草器、更换弹齿、更换安全螺栓
2	后仓门未正确闭锁,无关仓压力	液压油路、溢流阀阻塞	清洗液压管路,更换拖拉机液压油
3	不能缠网	启动单向轴承损坏	更换单向轴承
		网、绳启动离合器不工作	检查启动离合及其线路
4	打捆期间网未被剪断	割网刀安装不当;刹车离合器不工作	正确调整刀刃位置;检查刹车离合及其线路
5	后仓提前开启	关仓压力不足,提前涨仓,转速低,工作速度过快	重新关仓,保证关仓压力约为 5 MPa,增加动力输出,降低拖拉机速度
6	捆包未从打捆室出来	捆包压力过高,侧面进料过大	降低打包压力,更正拖拉机速度
7	捆包变形	不规律进料	更正拖拉机速度或行进路线
8	油缸速度变慢	拖拉机油箱中油液不足	及时为拖拉机油箱添加油液

图 24-22　9YGJ-2.2B/C 型圆草捆打捆机

24.4 方草捆装草机

24.4.1 概述

方草捆装草机主要有以下三种：

抓装捆草装草机。由固定架、总大架、摆动臂、液压缸、液压伸缩装置、液压齿轮旋转装置、抓草装置等组成。固定架安装在车体上，摆动臂与总大架铰接，液压缸与摆动臂、总大架相连接；摆动臂与液压伸缩装置连接；液压伸缩装置的前端连接液压齿轮旋转装置；液压齿轮旋转装置连接抓草装置。结构简单，装卸简单，能够使运草环节的工作变得方便快捷，节省人力，尤其适合对捆草的搬运和抓装。

集垛装草机。利用链条方式传送草捆，由三段输送链条组成，利用柴油发动机和液压泵对前置输送带和后置输送带进行调整，以适合装车高度和人工装草高度要求。一个人就可将地面上的草捆从草垛上放置到装草机的输送链条上，可以连续进行摆放草捆作业，装草机前后移动或原地旋转360°工作。该产品结构设计可靠，操作简单，维修方便，巧妙运用了机械原理和液压系统完成装草工作。

自动捡拾装草机。通过配套30 Ps以上有后输出的拖拉机提供动力，后输出动力与方草捆自动捡拾装车机的齿轮箱连接后转换成液压操控系统，驱动机器的各转动部位及液压缸升降部位来完成草捆的自动捡拾，通过一级草捆捡拾机构、二级草捆90°转弯平台机构、三级草捆爬升机构和四级草捆输送落捆等机构，可达到5 m左右的装车高度。

24.4.2 方草捆装草机（集垛机）

1. 类型及应用场地

1）类型

按是否有捡拾功能分为方草捆装草机、集垛装草机和自动捡拾装草机。

2）应用场地

适用于天然草场、人工草场和农田秸秆打捆。

2. 国内外发展现状

多年来，国内方草捆装车主要依靠人力。近年来，由于秸秆禁烧政策的实施，秸秆打捆机的发展迎来了一个黄金发展期。随之而来的是方草捆运输装车的机械需求问题。目前国内已开发出与小方捆机田间配套的集捆机和抓捆装载机，有与运输车辆配套的小方捆田间捡拾升运机，有拖拉机牵引的捡拾码垛机。国外应用的相关机械主要是小方捆捡拾码垛机和大型草捆装载运输车。

3. 典型产品

1）YONGJIE768Q方草捆装草机

（1）结构简图（见图24-23）

（2）机器组成

装草机由柴油发动机、前置输送架、后置输送架、中置输送架、底座副架、底座主架、前轮旋转架、轮胎等机构组成。

（3）工作原理

利用链条方式传送草捆，一个人就可将地面上的草捆从草垛上放置到装草机的输送链条上，可以连续摆放草捆，利用柴油发动机和液压泵通过前置举升液压缸对前置输送带进行调整，以适装车高度要求，通过后置举升液压缸对后置输送带进行调整，以适人工装草高度要求。装草机底座架子分两层，可以增加整个机器设备的稳固性，装草机底座有两个驱动轮和一个万向轮可以将装草机前后移动或原地旋转360°，并且可以将车轮拆卸掉，把机器固定到农用车上以便搬运装草机进行移动作业，以适应不同位置的装草工作。工作时启动柴油发动机，通过齿轮箱和链条带动中置输送链条的主动轴，同时带动前置输送链条和后置输送链条转动，开始输送草捆。发动机通过皮带带动液压泵，液压系统通过分配器控制驱动轮，液压马达来完成驱动轮行走和前后液压缸的伸长和缩短，以调整前后输送架的高低，完成装草作业。该产品结构设计可靠，操作简单，维修方便，巧妙运用了机械原理和液压系统完成装草工作。

（4）主要技术参数（见表24-26）

（5）常见故障及排除方法（见表24-27）

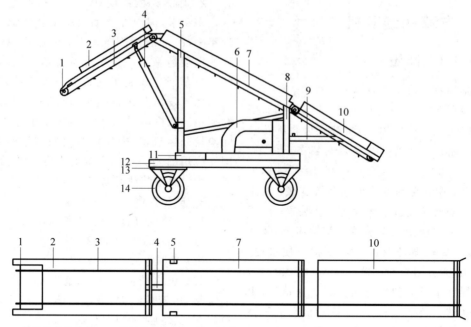

1—输送链条被动齿；2—前置输送架；3—输送链条；4—前置举升液压缸；5—前立柱；6—柴油发动机和仓防尘罩；7—中置输送架；8—后立柱；9—后置举升液压缸；10—后置输送架；11—底座副架；12—底座主架；13—前轮旋转架；14—轮胎。

图 24-23　YONGJIE768Q 方草捆装草机结构简图

表 24-26　YONGJIE768Q 方草捆装草机主要技术参数

序　号	项　目	技术指标
1	机器质量/kg	760
2	发动机型号	ZS1100
3	发动机功率/kW	12.13
4	输送草捆质量/kg	30～70
5	输送速度/(m·s^{-1})	2
6	装车高度/m	5.5
7	液压泵/MPa	20

表 24-27　YONGJIE768Q 方草捆装草机常见故障及排除方法

序号	故障现象	产生的原因	排除故障方法
1	链条松紧不一致,有响声	因装草机主动链轮上渣草或捆草的绳子掉落缠绕杂物造成	经常清理链轮和装草机上的渣草和杂物
2	液压泵无动力	使用一段时间后发动机皮带老化松动或螺丝松动	检查装草机和发动机螺丝是否有松动或调紧发动机带动附件的皮带

（6）产品图片（见图 24-24）

2）QFJ-C 自动捡拾装草机

（1）结构简图（见图 24-25）

（2）机器组成

机器由牵引装置、液压系统、主架体、输送装车机构、输送爬升机构、90°转向机构、捡拾机

图 24-24 YONGJIE768Q 方草捆装草机

构组成。

（3）工作原理

该机器自身不带动力，是通过配套 30 Ps 以上有后输出的拖拉机提供动力，拖拉机后动力输出轴与方草捆自动捡拾装草机的齿轮箱连接并转换成液压操控系统，再通过液压驱动机器的各转动部位及液压缸升降部位来完成对方草捆的自动捡拾，最后通过一级草捆捡拾机构、二级草捆 90°转弯平台机构、三级草捆爬升机构、四级草捆输送落捆机构及液压驱动链板转动和液压驱动油缸升降系统等机构，达到最大装车高度 5 m 左右，能满足不同型号的车辆装车要求。

（4）主要技术参数（见表 24-28）

（5）常见故障及排除方法（见表 24-29）

（6）产品图片（见图 24-26）

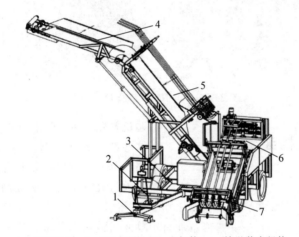

1—牵引装置；2—液压系统；3—主架体；4—输送装车机构；
5—输送爬升机构；6—90°转向机构；7—捡拾机构。

图 24-25 QFJ-C 自动捡拾装草机结构简图

表 24-28 QFJ-C 自动捡拾装草机主要技术参数

序号	项　目	技 术 指 标
1	输出功率/kW	40～70
2	长×宽×高(不含牵引架和举升高度)/(mm×mm×mm)	1950×2800×2500
3	捡拾机构离地高度/mm	100
4	工作时最高车速/(km·h^{-1})	28
5	配套动力/kW	22 以上拖拉机(带后输出轴)
6	工作效率/(捆·s^{-1})	3～10
7	整机质量/kg	2000
8	捡拾捆型	三道绳或二道绳的方草捆
9	最大装载高度/m	5 左右

表 24-29　QFJ-C 自动捡拾装草机常见故障及排除方法

序号	故 障 现 象	产生的原因	排除故障方法
1	油管漏油	对丝未拧紧或油管破裂	拧紧对丝或更换油管
2	油缸升降不畅	液压油少或漏油	加足液压油,拧紧对丝
3	链条不转动	液压油少或液压马达损坏	检查液压油或更换马达
4	经常掉落链条	链条松或有异物	调紧链条,清除异物
5	草捆输送不畅	压杠过紧或压杠过松	向上或向下调节压杠
6	草捆送不到二级平台	草捆太短或草捆不规整	捡拾(800～1100 mm)标准草捆

图 24-26　QFJ-C 自动捡拾装草机

24.5　圆草捆捡拾装卸车

24.5.1　概述

　　圆草捆捡拾装卸车集拖车、叉车、自卸车功能于一体,专业用于直径 1～1.5 m 圆形草捆自动捡拾,工作效率高,通过性好。加宽轮胎,载重质量可达 5 t(直径 1.5 m 的草捆 10 个)。卸车采用链动装置,实现装卸的双排草捆同时自卸,卸载后的草捆排列整齐,便于草捆二次搬运。

24.5.2　牵引式圆草捆捡拾装卸车

1. 类型及应用场地

1)类型

分为捡拾装载机和夹持式装载机两种。

2)应用场地

适用于天然草场和农田秸秆大圆草捆的短途装载和运输。

2. 国内外发展现状

　　近几年来,随着西部大开发战略、环境保护战略和农业产业结构调整战略,我国加大了对牧草机械化的扶持力度,将牧草播种、收割、搂草、打捆、集垛、贮藏、收获等环节机具列入购机补贴目录,在重点地区加大了推广力度,这些都极大地刺激了畜牧业机械化水平的提高。草业机械保有量逐年增长,草业机械化作业项目逐年增加,草业机械产品种类逐年增多,各种社会化服务组织模式开始兴起,我国草业机械化水平有较快发展。

　　在国外,农牧机械品种齐全,分布于畜牧业生产播种、割草、搂草、打捆、收集、码垛、运输等各个环节,而且是大型机械作业,作业效率高,生产成本低,减轻了工人的劳动强度。其发展趋势在于利用智能信息技术,达到精准化、人性化。

3. 典型产品(9YZ-2000 型圆草捆捡拾装卸车)

1)结构简图(见图 24-27)

2)机器组成

主要由主框架、边框、牵引架、液压管吊板、主甲板、悬臂、尾板和轮胎等部件组成。

3)工作原理

该机具与 55 Ps 以上的拖拉机配套使用,主要应用于圆草捆的捡拾、装车、卸车等一系列工作。

4)主要技术参数(见表 24-30)

5)常见故障及排除方法(见表 24-31)

6)产品图片(见图 24-28)

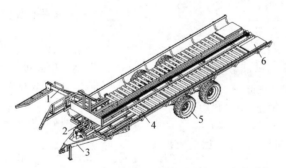

1—捡拾系统；2—推捆系统；3—牵引系统；4—导辊系统；5—行走系统；6—放捆系统。

图 24-27　9YZ-2000 型圆草捆捡拾装卸车结构简图

表 24-30　9YZ-2000 型圆草捆捡拾装卸车主要技术参数

序号	项　　目	规　　格
1	外型尺寸（长×宽×高）/（mm×mm×mm）	14 330×3800×1340
2	整机质量/kg	4000
3	运输尺寸（长×宽×高）/（mm×mm×mm）	14 330×2750×2500
4	可装卸草捆尺寸（直径×长度）/（mm×mm）	1200×1500
5	草捆质量/kg	250
6	配套动力/Ps	≥55（具有 3 套液压驱动装置）
7	最大载重/kg	12 000
8	运输速度/（km·h^{-1}）	≤40

表 24-31　9YZ-2000 型圆草捆捡拾装卸车常见故障及排除方法

序号	故障现象	产生的原因	排除故障方法
1	链轮与链条脱节	链条过松或链轮夹草	推捆系统上张紧松开清理夹草，再把张紧紧固
2	捡拾圆捆过程中不正或者捡拾不到	圆捆机打包的大小不同	调整捡拾系统的调节板，调节叉子间距
3	圆捆推不动	推捆系统的轨道进入大量草或推捆系统轴承损坏	清理轨道内的异物，检查轴承是否损坏，是否需要更换轴承

图 24-28　9YZ-2000 型圆草捆捡拾装卸车

参考文献

[1] 杨世昆,苏正范.饲草生产机械与设备[M].北京:中国农业出版社.2009.

[2] 徐万宝.草地生产机械化[M].呼和浩特:内蒙古人民出版社,2002.

[3] 刘奇编.饲草机械[M].北京:中国农业机械出版社,1984.

[4] 姚维祯.畜牧业机械化[M].2版.北京:中国农业出版社,1995.

[5] 姚维祯.畜牧机械[M].北京:中国农业出版社,1998.

[6] 杨宏伟,张艳红.农业工程[M].北京:北京卓众出版有限公司,2016.

[7] 陈志.21世纪初农业装备新技术发展研究[M].北京:中国科学技术出版社,2008.

[8] 杨莉.中国农机化学报[J].中国农机化学报,2020(5).

[9] 东北农学院.畜牧业机械化[M].北京:中国农业出版社,1981.

第25章

饲草（料）加工机械与设备

饲草（料）加工机械是将各种饲草（料）原料加工成不同类型、规格饲料的机器和设备。主要包括碎草加工机械、饲草成型加工机械、饲料干燥机、饲料处理机械等。碎草加工机械包括加工各种粗、精饲草（料）的铡草机、饲料粉碎机和青饲料切碎机等；饲草成型加工机械包括颗粒饲料压制机、饲料压块机、饲料压饼机、大截面饲料压块机等；饲料处理机械包括配制混合饲料的饲料混合机、饲料搅拌机、膨化饲料机、饲料干燥机械等。

饲草（料）加工对增加饲草利用率、提高畜牧业生产水平和发展节粮型畜牧业具有非常重要的意义。主要表现在：①提高饲草品质，改善饲草的可消化性、适口性和营养价值，增加采食量；②可添加微量元素等其他营养物质，改善饲草的营养平衡性，制成全价饲料，提高饲喂效果，满足现代化畜牧业的要求；③营养价值较低的农作物秸秆经过加工处理，能有效提高其饲料价值，从而使丰富的秸秆资源（5亿～6亿 t/年）得到开发和利用；④苜蓿等优质饲草经过深加工，在提取植物蛋白的同时还可制成优质颗粒饲料，植物蛋白和快速干燥草粉可作为其他饲料的添加剂；⑤提高饲草成形密度，缩小体积，降低吸湿性，便于饲草的包装、运输和贮存，有利于实现饲草商品化；⑥减少饲喂过程中的浪费，提高饲草的利用效率，有利于实现饲养管理机械化。

25.1　碎草（料）加工机械

25.1.1　概述

碎草加工机械工作形式按碎草加工工艺可分为切碎、粉碎和揉碎。

切碎加工即利用动定刀速度和摩擦力之间存在巨大差异产生的相互作用力，将饲草铡切成规则草段的过程。切碎加工的草产品是一定长度的草段，草段的长度相对整齐且基本一致。不同饲草、不同饲喂对象和方式，要求的草段长度也不同。

粉碎是利用高速旋转的部件对物料实施机械力，克服其内部的凝聚力，从而将其分裂的一种方法。饲草的粉碎方式主要有击碎、锯切碎和撕碎。粉碎加工的草产品是草粉。

揉碎加工是利用具有揉碎功能的机械设备将饲草揉搓成碎丝状的一种加工方法。揉碎加工的草产品是草丝。

机械碎草加工工艺及过程如图 25-1 所示。

25.1.2　饲草（料）切碎机

饲草切碎机是以玉米秸秆、麦秸、稻草等农作物为处理物料，通过铡、切等机械粉碎，生产适用于畜牧养殖牛、羊、马、鹿的饲料加工设备。饲草切碎机也常称为铡草机。

1. 类型及应用场地

（1）按大小分为小型、中型和大型。小型

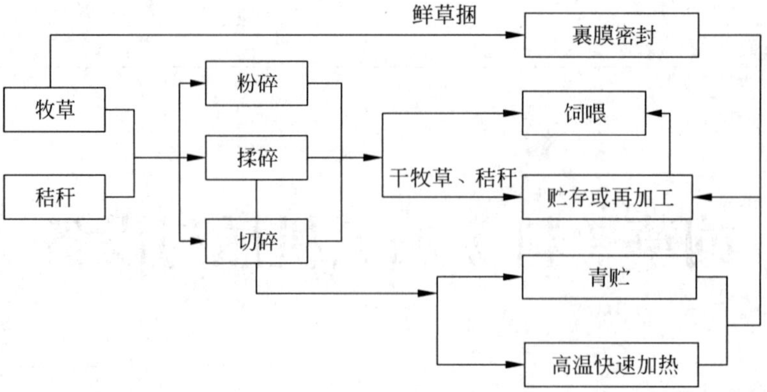

图 25-1　机械碎草加工工艺

铡草机在农村应用很广,主要用来铡切谷草、稻草、麦秸等干草,也用来铡切青饲料。中型铡草机一般可以铡草和铡青贮料。大型铡草机常用在养殖场,主要用来铡切青贮料。

（2）按用途不同分为青饲切碎机和干饲草铡草机。

（3）按喂入方式不同分为人工喂入式、半自动喂入式和自动喂入式。

（4）按成品草段处理方式不同分为自落式、风送式和抛送式。

（5）按作业方式分为固定式和移动式。大中型铡草机为了方便青贮作业常采用移动式,小型铡草机常采用固定式。

（6）按切碎部件型式分为盘式（盘刀式或轮刀式）和筒式（滚刀式或滚筒式）。大、中型铡草机为了抛送青贮料一般都为盘式;而小型铡草机则两者都有,但以筒式居多。

2. 国内外发展现状

铡草机是我国使用最早和生产量较多、应用比较广泛的饲草料加工机械之一。早在20世纪30年代,我国广大农村开始应用手压铡刀,来实现长草短喂的饲养方法。中华人民共和国成立以后,先在农村推广了手摇铡草机。50年代我国是以仿制苏联的产品为主,如风送铡草机。60—70年代开始自行研制,但没有形成系列,也没有标准可循。80年代,我国颁布实施了《铡草机试验方法》《铡草机技术条件》《圆盘式铡草机基本参数》行业标准,以及《铡草机安全技术要求》国家标准。80年代中期,

组织了新型铡草机系列设计工作。80年代后期和90年代,各地研制的铡草机主要有农户家庭用的微型和小型铡草机,以及与小型拖拉机配套适于专业户流动作业的铡草机。目前国内铡草机的生产厂家及产品型号都很多,基本能满足不同生产的需要。但从节省能耗、标准化、通用化水平、高新技术的应用、使用方便性和舒适性、检测、检查力度等,和国外（先进机型）相比仍存在很大差距。

一些农牧业发达的国家对秸秆饲料加工机械的研究时间较早,铡草机的研究水平也略高于我国。近年来,国外对铡草机的研究较少,热度较低,但其理论研究和性能试验研究还是有很大参考价值。

3. 典型机型

1）9ZC系列筒式铡草机

（1）结构简图（见图25-2）

（2）机器组成

机器由上喂入辊、刀片顶丝、刀片固定螺栓、风扇外壳、抛送管、电机、动刀片、接草斗、风扇叶片、定刀、下喂入辊、皮带轮、离合器手柄、夹紧弹簧、十字沟槽联轴节等组成。

（3）工作原理

筒式铡草机工作时,将饲草放置在链板式输送器上,输送器将饲草输送到上、下喂入辊,并将饲草夹紧送进切碎滚筒。滚筒回转时,安装在其上的动刀片将支撑在定刀上的饲草切断。饲草不断送进,滚筒不停回转,饲草被切成一定长度的碎段,碎草段陆续落入排出口由

抛送器抛出。当滚筒转速和动刀数目不变时，加大喂入速度将使饲草碎段变长，反之则短。

（4）型号及主要技术参数（见表25-1）

（5）常见故障及排除方法（见表25-2）

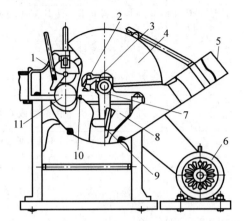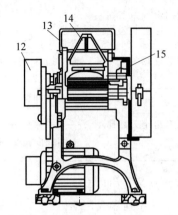

1—上喂入辊；2—刀片顶丝；3—刀片固定螺栓；4—风扇外壳；5—抛送管；6—电机；7—动刀片；8—接草斗；
9—风扇叶片；10—定刀；11—下喂入辊；12—皮带轮；13—离合器手柄；14—夹紧弹簧；15—十字沟槽联轴节。

图25-2 9ZC系列筒式铡草机结构简图

表25-1 9ZC系列筒式铡草机型号及技术参数

序号	项目	技术指标				
1	型号	9ZC-1	9ZC-3	9ZC-6A	9ZC-6	9ZC-15
2	刀盘转速/$(r \cdot min^{-1})$	880	600	600	650	650
3	生产率（玉米秸秆）/$(kg \cdot h^{-1})$	1000	3000～5000	6000～8000	6000～10 000	15 000～20 000
4	切碎长度/mm	6～25	6～25	6～25	6～25	6～25
5	抛送高度/m	2～3	3～6	3～6	10～15	6～10
6	整机质量/kg	78	300	320	1000	1200
7	外形尺寸（长×宽×高）/$(mm×mm×mm)$	1060×920×1570	1300×1300×1400	1300×1300×1400	2500×1800×1950	3000×1850×2200
8	配用电机型号	Y100L-4	Y132S-4	Y132M-4	Y160M-4	Y180M-4
9	电机功率/kW	3	5.5	7.5	15	18.5
10	电机转速/$(r \cdot min^{-1})$	1400	1440	1440	1440	1460
11	传动皮带型号	B1 118 1根 B1 154 2根	B1 915 3根	B1 915 3根	C2800～3000 3根	C3000～3150 3根

表25-2 9ZC系列筒式铡草机故障及排除方法

序号	故障现象	产生原因	排除故障方法
1	铡草机发生上、下喂入辊间饲草堵塞	喂入量过大，造成下喂入辊与过桥间塞草和缠草	停车后用手倒转主轴大带轮，堵草即可随之倒出，然后将喂入辊所塞和所缠入的草料清除干净即可

续表

序号	故障现象	产生原因	排除故障方法
2	铡切出的草节过长	动、定刀片间隙大或动、定刀片刃口不锋利	可调整切碎间隙,使其间隙变小,并刃磨刀片
3	皮带过热	皮带轮松紧度不当	调整带轮松紧度
		带槽损坏或表面过粗;上、下带槽不平直,歪斜	校直、校正带轮
4	动刀与定刀相碰	动刀片调整不对,护刀板安装位置不当	动刀片和护刀板重新调整或安装
		主轴轴向窜动量大	松开皮带轮轴端轴承盖,调整轴承螺母,消除主轴的轴向间隙

(6) 产品图片(见图 25-3)

2) 93ZP 系列盘式铡草机

(1) 结构简图(见图 25-4)

(2) 机器组成

盘式铡草机主要由喂入机构、铡切机构、抛送机构、传动机构、行走机构、防护装置和机架等部分组成。其各部分组成如下:

① 喂入机构:主要由喂料台、压草辊、上下喂入辊、定刀片、定刀支承座组成。

② 铡切抛送机构:主要由动刀、刀盘、锁紧螺钉组成。

③ 传动机构:主要由三角带、传动轴、齿轮、万向节组成。

④ 行走机构:主要由地脚轮组成。

⑤ 防护装置:主要由防护罩组成。

(3) 工作原理

盘式铡草机工作时,圆盘回转,其动刀片刃线的运动轨迹是一个垂直于回转轴的平面。作业时,链板输送器主动链轮同压草辊作方向相反的回转,将输送槽上的饲草不断向喂入辊输送。上、下喂入辊将饲草夹紧送进,回转着的动刀片将支撑在定刀上的饲草切断。草段落入蜗壳形的铡切器机壳中,被抛送叶板抛向抛送管排出。

(4) 型号及主要技术参数

93ZP 系列盘式铡草机主要有 93ZP-0.8 型、93ZP-1.0 型、93ZP-1.8A 型和 93ZP-1.8B 型等机型。该系列机型的主要技术参数见表 25-3。

图 25-3 9ZC 系列筒式铡草机

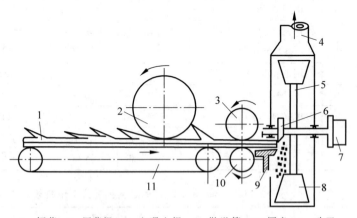

1—饲草;2—压草辊;3—上喂入辊;4—抛送管;5—圆盘;6—动刀片;7—皮带轮;8—抛送叶板;9—定刀片;10—下喂入辊;11—链板输送器。

图 25-4 93ZP 系列盘式铡草机结构简图

表 25-3　93ZP 系列盘式铡草机型号及主要技术参数

序号	项　目		技　术　指　标				
1	型号		93ZP-0.8		93ZP-1.0		93ZP-1.8
2	刀片个数/个		4	3	4	3	4	4
3	生产率/ (t·h^{-1})	青草	—	—	—	—	—	5.4
		谷草	0.8	1.0	1.0	1.8	1.8	1.8
		稻草	0.7	0.9	0.9	1.6	1.6	1.7
		玉米秸	0.7	1.9	0.9	1.5	1.5	1.6
4	切碎长度/mm		8～25	8～15	8～15	13～30	9～26	8～25
5	抛送高度/m		3～5	3～5	3～5	4～6	4～6	4～6
6	整机质量/kg		68	118	122	200	210	188
7	外形尺寸(长×宽×高)/(mm×mm×mm)		670×895×1120	830×1000×1250	830×1000×1250	980×1190×1250	980×1190×1250	950×1150×1710
8	配套动力/kW		1.8～2.2	3.0	1.8～2.2	5.5	5.5	5.5～7.5
9	主轴转速/(r·min^{-1})		840	800	800	700	700	800

（5）常见故障及排除方法（见表 25-4）

（6）产品图片（见图 25-5）

3）9Z-30 大型铡草机

（1）结构简图（见图 25-6）

（2）机器组成

铡草机主要由电机、铡切机构、抛送装置、喂入装置、牵引机构、输送装置、机架、传送系统等部分组成。

（3）工作原理

喂入装置由链板式输送器，压草辊和上、下喂入辊等部件组成。链板式输送器用链条传动，以保证喂入量均匀连续，其传动链轮装在下喂入辊轴上，被动链轮装在输送器的主动轴上。输送链板的松紧度可由两个活节螺栓调节，当拧紧这两个活节螺栓时，输送器的主动轴就在导向支座内移动，链板被拉紧；反之，被放松。上喂入辊的压紧机构采用弹簧压紧，通过调节螺帽可改变弹簧的拉紧力，以调节上喂入辊对饲草的压紧力。对上喂草辊的传动采用结构紧凑的十字滑块联轴节。铡草机喂入口设置切碎装置，先将物料铡切成段，再送入粉碎抛送室。在铡切速度不变的情况下，当喂入速度降低时，铡切后的物料长度变短；当喂入速度提高时，铡切后的物料长度变长。

（4）主要技术参数（见表 25-5）

（5）常见故障及排除方法（见表 25-6）

（6）产品图片（见图 25-7）

表 25-4　93ZP 系列盘式铡草机故障及排除方法

序号	故障现象	产生的原因	排除故障方法
1	出长草	铡草机动刀与定刀间隙过大，刀刃过钝	调整动、定刀间隙，磨光刀刃或调整定刀棱角
2	轴承温度太高	润滑油不足	加足润滑油
3	机器有杂音	机内进入杂物刀片螺栓松动主轴承损坏	停车清除杂物紧固螺栓，更换轴承

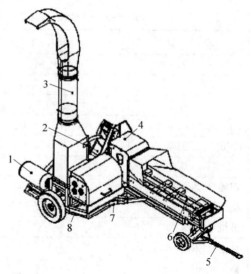

图 25-5　93ZP 系列盘式铡草机

1—电机；2—铡切机构；3—抛送装置；4—喂入装置；
5—牵引机构；6—输送装置；7—机架；8—传送系统。

图 25-6　9Z-30 大型铡草机结构简图

表 25-5　9Z-30 大型铡草机主要技术参数

序号	项　目		技术指标
1	电机/kW		2.8～3.0
2	主轴转速/(r·min^{-1})		900
3	刀片数/片		2
4	铡草长度/mm		16
5	刀片工作幅/mm		220
6	生产率/(kg·h^{-1})		950
7	切草长度/mm	3 片动刀	18、27、41、64
8	生产效率(切草长度为16 mm,连续均匀喂入条件下)/(t·h^{-1})	青玉米秸秆(含水率87%)	30
		干玉米秸秆(含水率17%)	12
		干稻草(含水率17%)	10
		干麦秸(含水率17%)	12
		干苜蓿(含水率20%)	12
		棉秸(含水率17%)	10
9	成品物料吹送距离/m		10～15

表 25-6　9Z-30 大型铡草机常见故障及排除方法

序号	故障现象	产生的原因	排除故障方法
1	喂入困难	压草辊缠草	停机清理
		上压草辊浮动不灵活	给滑动槽加润滑油
		保险销损坏	更换保险销
2	机器运转不灵	转动件缠草	停机清除
		主轴轴承损坏	停机更换新轴承
		缺润滑油	按时加油

续表

序号	故障现象	产生的原因	排除故障方法
3	切草长短不齐	刀片磨损变钝	磨锐刀片
		刀片间隙过大或不均	重新调整刀片间隙
		压草辊弹簧弹力不够	调整或更换弹簧
4	堵草	喂入量过大； 上压草辊与刮板间塞草； 上压草辊缠草	停机排除
5	有异常响声	切碎室内有异物	停机检查，清除异物
		动刀、定刀相碰	重新调整刀片间隙
		传动齿轮或轴套损坏	停机检查，更换损坏零件

图 25-7　9Z-30 大型铡草机

25.1.3　饲草（料）粉碎机

饲草（料）粉碎机主要用于粉碎各种饲料和各种粗饲料，粉碎的目的是增加饲料表面积和调整粒度，增加表面积，提高了适口性，且在消化过程中易与动物消化液接触，有利于提高消化率，更好吸收饲料营养成分。

饲料原料的粉碎是饲料加工中非常重要的一个环节，通过粉碎可增大单位质量原料颗粒的表面积，增加饲料养分在动物消化液中的溶解度，提高消化率；同时，粉碎原料粒度的大小对后续工序（如制粒等）的难易程度和成品质量都有着非常重要的影响；而且，粉碎粒度的大小直接影响生产成本，在生产粉状配合饲料时，粉碎工序的电耗约为总电耗的 50%～70%。粉碎粒度越小，越有利于动物消化吸收，也越有利于制粒，但同时电耗会相应增加，反之亦然。

饲草（料）粉碎机按照结构分类，如图 25-8 所示。

1. 类型及应用场地

饲草（料）粉碎常用锤片式、辊式和爪式三种类型的机具，通常采用锤片式。锤片式粉碎机是一种利用高速旋转的锤片来击碎饲料的机械。它具有结构简单、通用性强、生产率高和使用安全等特点。辊式粉碎机是一种利用一对作相对旋转的圆柱体磨辊来锯切、研磨饲料的机械，具有生产率高、功率低、调节方便等优点，多用于小麦制粉业。在饲料加工行业，一般用于二次粉碎作业的第一道工序。爪式粉碎机是一种利用高速旋转的齿爪来击碎饲料的机械，具有体积小、重量轻、产品粒度细、工作转速高等优点。

2. 国内外发展现状

20 世纪 90 年代以来，我国饲料机械行业中崛起了数家企业集团。以江苏牧羊、江苏正

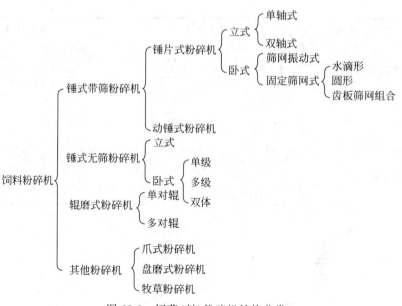

图 25-8　饲草(料)粉碎机结构分类

昌为代表的多家企业成为行业的龙头企业,这些企业通过引进国外先进技术和设备,根据我国市场需求调整产品结构,先后开发了水滴型锤片式粉碎机、立轴式微粉碎机,创出了水滴王、冠军、优胜等品牌,形成了标准化、系列化产品,一些产品已达到国际先进技术水平。江苏牧羊集团至今已形成了以"水滴王 968"系列粉碎机为代表的粗粉碎机,SWFP"超越"系列微粉碎机为代表的微粉碎机,SWFLB 型"超乐"系列超微粉碎机为代表的超微粉碎机等多种品类的粉碎机设备群。牧羊"水滴王 968"系列粉碎机,功率配备为 75～350 kW,产量为12～70 t/h,适用筛片筛孔 1.2～4.0 mm。根据目前对比检测结果,"水滴王 968"系列在用3.0 mm 筛孔粉碎玉米时吨料电耗最低可达5.2 kW/h,其粗粉碎性能指标和稳定性处于领先地位;在结构方面,采用了有利于提高粉碎效率的水滴型筛片,一步到位的联动式压筛机构,不停机换筛技术,可调整的锤筛间隙,实现普通粉碎与微粉碎的转换,提高了生产效率。特别是从 2004 年起,国家实行农机产品财政补贴,饲料粉碎机行业达到历史上的鼎盛期。最近几年不但生产农机企业增多,而且产品种类也向多元化发展,年产量达到了 150 余万台,年

总产值超过 20 亿元。

目前在国外饲料工厂中,锤片式粉碎机是最常用的粉碎设备。如北美地区配备的锤片式粉碎机,最大直径可达 1.9 m,筛片面积为4.5 m²,转速为 3600 r/min,锤片线速度为107 m/s,功率为 447 kW,大多还配有供风系统用于气力输送。近几年,辊式粉碎机由于其适于粗粉生产及低噪声、低能耗、粒度均匀等优点而越来越受欢迎。

3. 典型机型

1) SFSP112 系列锤片式粉碎机

(1) 结构简图

切向喂入式粉碎机结构见图 25-9,使用底筛,筛片包围转子的角度小于等于 180°,通常附有卸料用风机和集料筒。轴向喂入式粉碎机结构如图 25-10 所示,使用环形筛或水滴形筛,筛片包围转子的角度小于等于 360°。大多数轴向喂入式粉碎机在进料斗与机壳衔接处装有动刀和定刀,饲草进入粉碎室前先切成碎段,可有效提高机具的生产能力。

(2) 机器组成

整机主要由底座、进料口、粉碎室、出料口等部件组成,其中底座是粉碎机的安装基础,用于支撑和连接粉碎转子和其他部件。粉碎

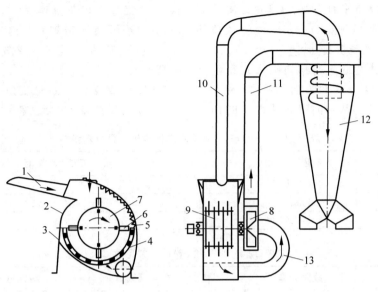

1—喂料斗；2—上机体；3—下机体；4—筛片；5—齿板；6—锤片；7—转子；
8—风扇；9—锤架板；10—回料管；11—出料管；12—集料筒；13—吸料管。

图 25-9 切向喂入式粉碎机结构简图

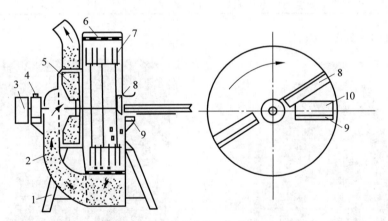

1—机架；2—风扇接管；3—皮带轮；4—轴承座；5—风扇叶片；6—筛片；7—锤片；8—动刀；9—定刀；10—喂料斗。

图 25-10 轴向喂入式粉碎机结构简图

室由转子、筛片、齿板、机体上盖和机体下座组成。转子位于机体中间，是整个粉碎机的主要运动部件和核心部分，由主轴、轴承、轴承座、锤架板、锤片、销轴等零件组成。

（3）工作原理

切向喂入式粉碎机工作时，将准备加工的饲草从喂料口锤片回转圆周的切线方向喂入，并在高速回转着的锤片打击带动下进入粉碎室。进入粉碎室的饲草首次被锤片打击而破裂，得到一定程度的粉碎。同时，以较高的速度甩向固定在粉碎室内部的齿板和筛片上，受到齿板的碰撞和筛片的摩擦作用而得到进一步粉碎。随后，饲草又受到高速锤片的再次打击而变得更细碎。如此重复进行，直至粉碎到其粒度可以通过筛孔，被排出粉碎室为止。饲草在粉碎室内被击碎过程中，同时受到碰撞、剪切、揉搓等作用，从而加强了粉碎效果。碎草成品由出料口被风机吸入，经风机吹送至出料管，进入集料筒。夹带有物料的气流，在集料筒内以很高的速度旋转。气流中的粉粒受离心力作用被抛向筒的四周,速度逐渐降低而慢慢沉积到筒底由排料口排出。气流从顶部的排风管排出,实现粉气分离。

轴向喂入式粉碎机与切向喂入式粉碎机的不同之处,主要是喂料方向不同,以及入料时具有初切功能。从轴向喂料斗喂入的饲草料,首先经过安装在粉碎室前端的初切装置,切成碎段,再落入粉碎室。这样可以减轻粉碎室负荷,喂入性能好,工作平稳,工作效率高。

（4）主要技术参数（见表25-7）

（5）常见故障及排除方法（见表25-8）

表 25-7　SFSP112 系列锤片式粉碎机主要技术参数

序　　号	项　　目	技 术 指 标
1	配套动力/kW	55/75
2	产量/(t·h^{-1})	6～12
3	刀具形式	锤片式

表 25-8　SFSP112 系列锤片式粉碎机常见故障及排除方法

序　　号	故障现象	产生原因	排除故障方法
1	不能启动或工作无力	电源线、插头、插座等连接异常	修复或更换电源插座、插头、电源线;更换启动电容
2	通电不转动,施加外力能转动,但电机内发出一种微弱的电流响声	启动电容轻微漏电所致	更换同规格新电容即可修复

（6）产品图片（见图25-11）

图 25-11　SFSP112 系列锤片式粉碎机

2）SFSP68 系列牧草草捆粉碎机

（1）结构简图（见图25-12）

（2）机器组成

SFSP68 系列牧草草捆粉碎机主要由机架、转子、半圆筛板、冲击齿板、电机等部分组成。

（3）工作原理

将收割、打捆状苜蓿等草原料（水分≤14%）通过进料输送机,以合适的流量把牧草喂入粉碎室。牧草在粉碎室内,经锤片的高速撞击、剪切,撞碎后的短牧草高速飞向筛板发

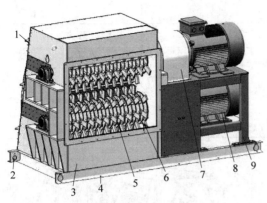

1—操作门；2—起吊孔；3—机架；4—出料口；5—转子；
6—进料口；7—罩壳；8—电机；9—电机座。

图 25-12　SFSP68 系列牧草草捆粉碎机结构简图

生撞击和摩擦（双转子的旋转边缘相邻区域形成相向运动，上粉碎室经过第一次粗粉碎的物料通过筛网或导料口，进入下粉碎腔进行二次高速打击），从而使短牧草得到进一步粉碎并从筛孔排出。在粉碎过程中，牧草与锤片、牧草与筛片、牧草与牧草之间也发生相互冲击、摩擦、碰撞，从而完成牧草粉碎。

（4）型号及主要技术参数（见表 25-9）

（5）常见故障及排除方法（见表 25-10）

（6）产品图片（见图 25-13）

3）SFSP65 系列锤片粉碎机

（1）结构简图（见图 25-14）

（2）机器组成

SFSP65 系列锤片粉碎机主要由机座、导向板、电机、粉碎机转子、筒体等部分组成。

（3）工作原理

将收割来的牧草（水分≤20%）通过皮带输送机输送至圆盘，以合适的流量把牧草喂入粉碎室；牧草在粉碎室内由机械无级变速电机通过链传动带把牧草喂入粉碎区，经锤片的高速撞击、剪切，撞碎后的短牧草高速飞向筛板发生撞击，然后与筛板再次发生撞击，从而使短牧草得到进一步粉碎。在粉碎过程中，牧草与锤片、牧草与筛片、牧草与牧草之间也发生相互冲击、摩擦、碰撞，从而完成牧草的粉碎。

（4）型号及主要技术参数（见表 25-11）

（5）常见故障及排除方法（见表 25-12）

表 25-9　SFSP68 系列牧草草捆粉碎机型号及主要技术参数

序号	项　目	技　术　指　标				
1	型号	SFSP 68×108	SFSP 68×168	SFSP 68×218	SFSP 68×108×2	SFSP 68×138×2
2	主机功率/kW	55/75	90/110	90/110	55,75×2	75×2
3	实际转子直径/mm	660	660	660	660	660
4	实际粉碎室宽度/mm	987	1568	2136	978	1380
5	筛片孔径/mm	76	76	76	76	76
6	生产能力/(t·h^{-1})	3.0~9.0	4.5~14	4.5~14	6.0~18	8.0~20

表 25-10　SFSP68 系列牧草草捆粉碎机常见故障及排除方法

序号	故　障　现　象	产　生　原　因	排除故障方法
1	粉碎室内有异常声	转子与其他部件相碰；异物混入粉碎室	分析并排除异物
2	轴承有异常声	润滑黄油不足；混入异物；轴承磨损、老化	补充黄油；拆下轴承，用柴油清洗；更换轴承
3	突然停止工作	进料量过大；电器故障	减少进料量；检查电路
4	生产能力降低	锤片磨损；筛板磨损	更换锤片；更换筛板

序号	故 障 现 象	产 生 原 因	排 除 故 障 方 法
5	噪声、振动剧增	转子动平衡异常； 轴承损坏	检查锤销是否磨损均匀； 锤片是否磨损均匀； 更换轴承
6	主机不能启动	电机损坏； 电路是否有故障	更换电机； 排除电路故障

图 25-13 SFSP68 系列牧草草捆粉碎机

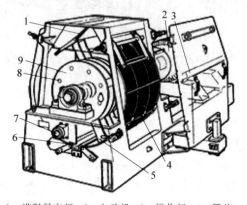

1—进料导向板；2—电动机；3—操作门；4—筛片；
5—锤片；6—底槽；7—主轴；8—销轴；9—锤架板。

图 25-14 SFSP65 系列锤片粉碎机结构简图

表 25-11 SFSP65 系列锤片粉碎机型号及主要技术参数

序号	项 目	技 术 指 标	
1	型号	SFSP65×128	SFSP65×82
2	主机功率/kW	160	75
3	实际转子直径/mm	654	654
4	实际粉碎室宽度/mm	1282	826
5	筛片孔径 φ/mm	76	76
6	生产能力/(t·h^{-1})	8~18	4~9

表 25-12 SFSP65 系列锤片粉碎机常见故障及排除方法

序号	故 障 现 象	产 生 的 原 因	排 除 故 障 方 法
1	粉碎室内有异常声	转子与其他部件相碰； 异物混入粉碎室	分析并排除异物
2	轴承部有异常声	润滑黄油不足	补充黄油
		混入异物	拆下轴承用轻油或炼油清洗
		轴承损坏	更换轴承
3	突然停止工作	进料量过大	减少进料量
		电器故障	检查电路
4	生产能力降低	锤片磨损	更换锤片
		筛板磨损	更换筛板

序号	故障现象	产生的原因	排除故障方法
5	噪声、振动剧增	转子动平衡异常	检查锤销是否磨损均匀；锤片是否磨损均匀
		轴承磨损损坏	更换轴承
6	主机不能启动	电机损坏	更换电机
		电路是否有故障	排除电路故障

（6）产品图片（见图25-15）

图25-15　SFSP65系列锤片粉碎机

4) SFSP65系列牧草圆盘粉碎机

（1）结构简图（见图25-16）

（2）机器组成

SFSP65系列牧草圆盘粉碎机主要由机座、圆盘、动力系统、粉碎室、粉碎机锤片、粉碎机转子等组成。

（3）工作原理

将收割来的牧草（水分≤20%）通过皮带输送机输送至圆盘，圆盘转动把牧草喂入粉碎室，在粉碎室内由机械无级变速电机驱动的粉碎机转子高速旋转，牧草被锤片高速撞击、剪切，撞碎后的短牧草高速飞向筛板发生撞击，然后与筛板再次发生撞击，从而使短牧草得到进一步粉碎。在粉碎过程中，牧草与锤片、牧草与筛片、牧草与牧草之间也发生相互冲击、摩擦、碰撞，这一过程直至牧草通过筛孔排出机外。

（4）型号及主要技术参数（见表25-13）

（5）常见故障及排除方法（见表25-14）

（6）产品图片（见图25-17）

25.1.4　饲草（料）揉碎机械

用铡草机加工饲草茎节大多没有被破碎，特别对于农作物秸秆等物料，牲畜采食率和消化率较低，会造成超过10%的浪费。揉搓机（也有称作揉碎机或揉草机）是我国于20世纪80年代自行研制的一种功能介于铡草机和粉碎机之间的新机型。饲草经过揉搓被加工成丝状，破坏了茎节的物理结构，牲畜采食率和消化率均有增加，饲草利用率大幅度提高。对于营养价值较低的玉米秸秆尤为适合。

由于铡草机只有铡切功能而无揉搓功能，揉搓机只有揉搓功能没有铡切功能，为了兼顾两者的优点而设计了一种新型揉切机，该机可使饲草受到多次铡切和不断的揉搓。新型揉切机的工作原理是用多层动刀代替现有铡草机上的切刀、揉搓机上的锤片；用多个定刀组代替现有铡草机上的定刀、揉搓机上的齿板。揉切机的主要优点有：①解决了传统铡草机破节率低而揉搓机能耗高、生产率偏低等技术难点。②具有较广泛的适应性，不仅适用于玉米秸、稻草、麦秸以及多种青绿饲料的揉切加工，而且对含水率高、韧性强等难以加工的物料（如芦苇、荆条等）也有很强的适应性。③加工用于青贮的玉米秸秆时，比用铡草机加工的段状秸秆质量好，易于压实和排出空气，能制作出高质量的青贮饲料。柔软的丝状青贮饲料也可增加牛、羊等反刍家畜的采食量和消化率。④经揉切机加工的干黄秸秆既可直接饲喂，也可进一步加工制作成高质量的粗饲料。

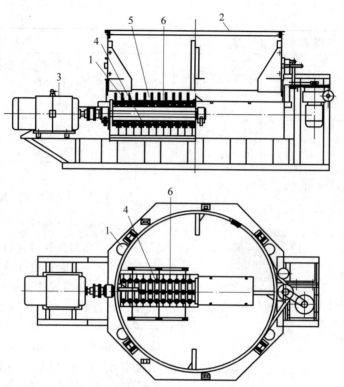

1—机座；2—圆盘；3—动力系统；4—粉碎室；5—粉碎机锤片；6—粉碎机转子。

图 25-16　SFSP65 系列牧草圆盘粉碎机结构简图

表 25-13　SFSP65 系列牧草圆盘粉碎机型号及主要技术参数

序　号	项　　目	技　术　指　标	
1	型号	SFSP65×128	SFSP65×82
2	主机功率/kW	110/132/160	75/90
3	实际转子直径/mm	654	654
4	实际粉碎室宽度/mm	1282	826
5	筛片孔径/mm	76	76
6	生产能力/(t·h⁻¹)	6～18	4～12

表 25-14　SFSP65 系列牧草圆盘粉碎机常见故障及排除方法

序　号	故　障　现　象	产生的原因	排除故障方法
1	粉碎室内有异常声	转子与其他部件相碰	调整间隙
		异物混入粉碎室	排除异物
2	轴承部有异常声	润滑黄油不足	补充黄油
		混入异物	排除异物
		轴承损坏	更换轴承
3	突然停止工作	进料量过大	减少进料量
		电气故障	排除电气故障
4	生产能力降低	锤片过度磨损	更换锤片
		筛板磨损变形	更换筛板

续表

序号	故障现象	产生的原因	排除故障方法
5	噪声、振动剧增	转子动平衡异常	检查锤销是否磨损均匀，锤片是否磨损均匀
		轴承损坏	更换轴承
6	主机不能启动	电机损坏	更换电机
		电路有故障	排除电路故障

图 25-17 SFSP65 系列牧草圆盘粉碎机

1. 类型及应用场地

饲草（料）揉碎机械分为揉搓机和揉切机。揉搓机主要用于饲草，揉切机主要用于加工秸秆。

揉切机按部件配置形式分为立式揉切机和卧式揉切机；按主要工作部件可分为动刀式、定刀式和锤片、切刀式；按入料方式可分为轴向进料式和径向进料式。

2. 国内外发展现状

随着秸秆资源的大力开发，揉碎机相继在黑龙江、吉林、辽宁、山东、新疆、内蒙古等省、市、自治区推广使用。目前，我国北方市场上普遍应用的机型有 9ZR-50 型秸秆铡揉多用机，RS-400 型秸秆揉碎机等。

欧美及一些畜牧业较发达的国家在秸秆加工机械应用方面起步较早，相继研制生产出许多技术性能优良、工艺性和配套性先进的秸秆加工机具和设备。多年来，国外一直以发展自动化程度高、通用性好的大型秸秆和饲草料加工机具为主。英国 20 世纪 80 年代初在收获机上对秸秆进行粉碎。丹麦多农机械厂生产的多农 805 型饲草加工机组，采用 75 Ps 以上的拖拉机为动力进行驱动。在以大功率、多功能为主的粗饲料粉碎机占主导的前提下，意大利的塞科公司又研制和生产了小型粗饲料粉碎机。英国艾里温公司生产的 38MKU 型草捆粉碎机，粉碎转子只有 6 个铰链锤片，粉碎室的结构类似于一般的揉搓机，结构简单，生产率达 2 t/h。美国万国公司于 20 世纪 60 年代初首次在联合收割机上采用切碎机对秸秆进行切碎，其后研制了与 90 kW 拖拉机配套的 60 型秸秆切碎揉碎机。

3. 典型机型

1）饲草揉搓机

（1）结构简图（见图 25-18）

（2）机器组成

常见的揉搓机主要由转子总成、喂料部件、出料部件、齿板、揉搓室、抛送叶板、支撑部件、安全罩和传动装置等组成。

（3）工作原理

物料通过喂料口在锤片及空气流的作用下进入揉搓室。进入揉搓室的物料受到高速回转的锤片的强力打击后，以较高的速度飞向齿板，与齿板发生撞击、揉搓和摩擦。如果揉搓室内装有定刀，物料还受到定刀的剪切作用。物料受到锤片、定刀、斜齿板及抛送叶片的综合作用被切断,揉搓成柔软的丝条状。被切割、撕碎的物料在离心力及抛送叶片的作用下由出料口排出机外。揉碎物料的长度和细碎程度,可通过调整设备的工作参数来控制和改变。

(4) 型号及主要技术参数(见表 25-15)

(5) 常见故障及排除方法(见表 25-16)

(6) 产品图片(见图 25-19)

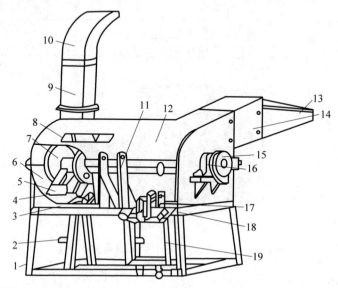

1—机架;2—下悬挂点;3—齿板;4—锤片;5—抛送叶板;6—下机体;7—转子总成;8—气流调节导板;9—出料直管;10—出料导向管;11—上悬挂点;12—上机体;13—喂料口;14—安全罩;15—皮带轮;16—轴承座;17—电机架调节机构;18—与拖拉机固定支撑板;19—电机架。

图 25-18 饲草揉搓机结构简图

表 25-15 饲草揉搓机型号及主要技术参数

序号	项　　　目	技 术 指 标
1	型号	93RC-40
2	型式	锤片
3	主轴转速/(r·min^{-1})	2500
4	生产率/(kg·h^{-1})	1000
5	配套动力/kW	7.5～10
6	机具质量/kg	120
7	外形尺寸(长×宽×高)/(mm×mm×mm)	1370×1260×4685

表 25-16 饲草揉搓机常见故障及排除方法

序号	故 障 现 象	产 生 的 原 因	排 除 故 障 方 法
1	电机启动困难	保险丝烧断	更换保险丝
		导线直径过小	更换适当直径的导线
		电压过低	待回复电压后再启动
2	电机无力或温度太高	电机两相运转	检查电源缺相故障
		电机绕组短路	检修电机
		长期超负荷运转	额定负荷工作或暂停

续表

序号	故障现象	产生的原因	排除故障方法
3	机身发生强烈振动	转子上其他零件质量不平衡	分别检查调整平衡
		主轴弯曲变形	校直或更换
		轴承损坏	更换轴承
4	粉碎室有机体敲击声	有金属、石块硬物等进入机体	停车后检查硬物
		机内机件损坏或脱落	停车检查、更换装修
		锤筛间隙过小或筛片松动	调整筛片
5	成品率明显下降	物料含水率过高	晒干后再加工

图 25-19 饲草揉搓机

2) 饲草揉切机

（1）结构简图（见图 25-20 和图 25-21）

（2）机器组成

图 25-20 为立式秸秆揉切机。主要由机架、进料口、揉切室、混料室、传动装置、转子轴、动刀、定刀等部分组成。

图 25-21 为卧式揉切机，主要结构与立式揉切机相似。由喂入口、定刀片、动刀片、齿板、锤片、揉搓室、抛送叶片、抛送筒和防缠草套等组成。

（3）工作原理

立式秸秆揉切机工作过程：动刀在转子轴的带动下旋转，物料由进料口喂入揉切工作室中，即在动刀和定刀组之间被铡切、揉搓。经过揉切的饲草呈丝状碎段落入出料室，由拨料杆拨至出料口出料。为了适应物料含水率变化及脆性和韧性的不同，可通过增减动刀数量和定刀组数来调整设备的切碎和揉碎能力。

卧式揉切机工作过程：物料在动刀与气流的作用下，被带入到揉切室内。首先，受定刀与动刀的剪切，被铡切成为草段。随后，受到高速旋转的锤片的强力打击，在锤片与齿板的反复打击与揉搓的综合作用下，被加工成丝状的草段。当达到一定的细碎程度时，由抛送叶片产生的气流抛送出机外。加工物料的长度和细碎程度，由改变动、定刀数量和改变锤片配置密度来调整。

（4）型号及主要技术参数（见表 25-17）

（5）常见故障及排除方法（见表 25-18）

（6）产品图片（见图 25-22）

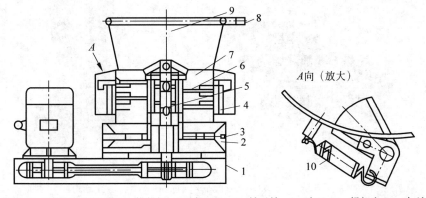

1—机架；2—混料室及出口；3—拨料杆；4—定刀组；5—转子轴；6—动刀；7—揉切室；8—加液口；9—进料口；10—拉紧弹簧。

图 25-20 立式秸秆揉切机结构简图

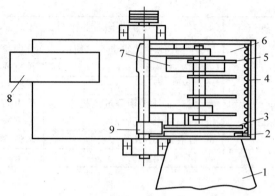

1—喂入口；2—定刀片；3—动刀片；4—齿板；5—锤片；6—揉切室；7—抛送叶片；8—抛送筒；9—防缠草套。

图 25-21　卧式揉切机结构简图

表 25-17　饲草揉切机型号及主要技术参数

序号	项　目	技术指标
1	型号	9QSL-50
2	配套动力/kW	7.5
3	生产率/(t·h⁻¹)	5000
4	机具质量/kg	195
5	外形尺寸(长×宽×高)/(mm×mm×mm)	2150×540×1500
6	备注	立式(卧式)

表 25-18　饲草揉切机常见故障及排除方法

序号	故障现象	产生的原因	故障排除方法
1	揉切机发生上、下喂入辊间饲草堵塞	喂入量过大	停车后用手倒转主轴大皮带轮,堵草即可随之倒出,然后将喂入辊所塞和所缠入的草料清除干净即可
2	揉切出的草节过长	动、定刀片间隙大;动、定刀片刃口不锋利	可调整切碎间隙,使其间隙变小,并刃磨刀片,以保持刀片刃口锋利

(a)　　　　　　　　　　　　(b)

图 25-22　饲草揉切机

(a)卧式揉切机；(b)立式揉切机

25.2 饲草（料）成形加工机械

25.2.1 概述

成形加工大体上可分为压粒加工、压块加工、压饼加工3种型式。

压粒加工是在机械设备产生的挤压力和摩擦力等综合作用下，将散状粉料压制成密度较高的颗粒状物料的一种方法。饲草压粒加工的产品是草颗粒，其加工工艺源自饲料加工行业中的饲料颗粒加工。草颗粒一般为直径5～10 mm的圆柱形，也有直径超过10 mm的，密度为700～1000 kg/m³。成品草颗粒要求形状均匀，硬度适宜，成形率高。

压制草颗粒须将饲草先加工成一定细碎度的草粉，草粉的细碎度根据压制颗粒的大小即饲喂畜禽的需要确定。然后进行计量配料，可按照动物的营养需求添加精料、微量元素等，制成全价的混合物料，再进行制粒前的调制处理。调制过程中，热和水（蒸汽）的作用可使物料中的淀粉糊化，从而提高颗粒的消化利用率。调制后的物料能得到软化，可以减少工作部件的磨损，提高物料通过孔模的速率，降低制粒机的压力和能量消耗。同时，增加物料的黏结力，有利于颗粒成形。

饲草制粒一般可采用平模、环模和螺旋挤出等方式。环模制粒机压制的颗粒直径一般为5～10 mm，平模制粒机压制的颗粒直径为8～24 mm，可根据饲养对象的不同要求来确定。从制粒机出来的成品颗粒料需冷却和包装，冷却器可采用卧式冷却器或立式冷却器，冷却后的颗粒料温度一般不超过室温5 ℃。

压块加工是将秸秆或牧草先切短或揉碎（也可不切碎），而后经特定机械压制成高密度块状饲料的加工方法。块状粗饲料既有利于牧草和秸秆等粗饲料的包装、贮存、运输和利用，也有利于实现产业化加工调制和饲草的商品化流通。但是，块状粗饲料也存在着加工调制能耗大、成本高的缺点，这在一定程度上制约了块状粗饲料的推广应用。尽管如此，由于草块不至于像草颗粒那样要求饲草必须被加工得较细碎，能较好地保留秸秆饲料或牧草的物理形态，更符合反刍动物的消化机理和生理特点，以及对粗饲料有效纤维的最低要求，有利于反刍动物的生长和健康。因此，目前压块加工仍然是普遍采用的饲草成形加工方法之一，也是解决我国农村牧区冬、春季节优质饲草资源不足的重要途径之一。

压块加工的产品是草块。目前称为草块产品的有小截面草块和大截面草块。这2类草块的压制均要求饲草含水率在18%以下，压制前需要将饲草铡切成3～7 cm的草段，然后进行预处理、添加补充物料。

大截面饲草压块对物料的要求和小截面一样，但成品不需冷却，直接用PVC条捆绑打包即可。打包好的草块外形规整，便于贮存、运输。小截面草块的断面尺寸比草颗粒大得多，通常为30 mm×30 mm×(50～70) mm以上的方形断面草块或断面直径为30 mm左右的圆柱形草块，密度为400～1000 kg/m³，堆积容重为400～700 kg/m³。大截面草块断面尺寸是小截面草块的10倍左右，即25×25 cm或30×30 cm×(50～100) cm，密度为400～700 kg/m³，草块体积是自然状态下的饲草体积的1/8～1/10倍，而且具有保质、防潮的特性，可有效减少饲草在贮存过程中的营养损失。

压饼加工的草产品是圆形草饼。产品特性、特征和加工物料条件与小截面草块近似，密度稍低。草饼截面直径为60 mm左右，与小截面草块加工最大的区别是使用的加工机具不同，液压柱塞式和冲头式草饼加工机械较多见。

饲草（料）成形加工工艺和过程如图25-23所示。

25.2.2 饲草（料）制粒成形机

饲草（料）制粒机械是由饲料制粒机械演变而来的。饲草经粉碎后，添加其他营养成分，经制粒机制成饲草颗粒。在饲草颗粒料调制过程中，所需的全套设备有制粒机、蒸汽锅炉、油脂和糖蜜添加装置、冷却装置、碎粒去除和筛分装置等，其中最关键的是制粒机。

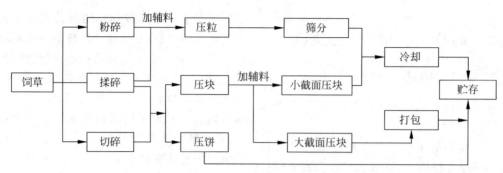

图 25-23　饲草（料）成形加工工艺

根据平模上模孔孔径大小的不同，一般分为小模孔平模制粒机和大模孔平模制粒机。小模孔平模制粒机压制出的草颗粒直径小于等于 12 mm，而大模孔平模制粒机压制出的草颗粒直径为 10～30 mm。大模孔平模制粒机的大直径压辊能将粒度较大的原料强行压制成颗粒，这是其他类型制粒机所不具备的特点。

1. 类型及应用场地

根据工作方式的不同，制粒机主要可分为 3 种类型，即螺旋制粒机、平模制粒机和环模制粒机。用于饲草制粒加工的主要是平模制粒机和环模制粒机。环模制粒机结构较复杂，配套动力大，但产量高，是大、中型饲料厂的首选，具有颗粒压制均匀度高的优点。平模制粒机结构比较简单，造价低廉，价格约是相同产量环模制粒机的一半左右，适用于压制纤维性物料。

2. 国内外发展现状

国际著名的环模制粒装备企业主要有瑞士 BUHLER 公司、美国 CPM 公司、奥地利 Andritz 公司、德国 MUNCH 公司等一些欧美发达国家和地区的企业，它们在环模制粒成形技术方面研究较早，已分别从制粒工艺、装备设计与制造、智能控制技术、专家诊断与服务技术等多个方面进行了系统研究，形成了完善的技术体系。环模制粒装备的研发趋向大型化、智能化方向发展，主流的环模制粒装备为 50 t 甚至 100 t，并且装备的智能化程度也很高，一键开机，全程监控已经基本实现。我国环模制粒装备产业的发展经历了引进、消化吸收、自主研发、合资合作生产、规模化发展等几个阶段，相对完善的产业体系已经形成，国内各领域的生产需求基本得到满足。近年来，我国通过不断的技术创新，多种新型制粒设备被开发出来，制粒机的适应性不断增强，开发了可以适应不同物料的系列化产品。国内制粒机装备主要有江苏牧羊集团有限公司生产的 MUZL600 型和 MUZL350 型。

3. 典型机型

1）9KP36 型平模制粒机

（1）结构简图（见图 25-24）

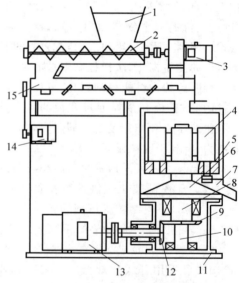

1—进料斗；2—螺旋喂料器；3—喂料电机；4—压辊；5—压模；6—出料锥盘；7—出料口；8—空心轴；9—大锥齿轮；10—实心轴；11—机体；12—小锥齿轮；13—主电机；14—搅拌电机；15—搅拌器。

图 25-24　平模制粒机结构简图

（2）机器组成

机器由进料斗、螺旋喂料器、喂料电机、压辊、压模、出料锥盘、出料口、空心轴、大锥齿轮、实心轴、机体、小锥齿轮、主电机、搅拌电机、搅拌器等部件组成。

（3）工作原理

工作时，物料由进料斗进入螺旋喂料器，螺旋喂料器通过可调无级变速器控制转速来调节喂入量，从而保证主电机在额定负荷下工作。物料经螺旋喂料器进入搅拌器，加入适当比例的蒸汽或水使粉状物料加热、熟化。同时，可加入其他添加剂，充分混合后的物料落入压粒器。压粒器内装有 2～4 个压辊和 1 个多孔平模板，平模板以 210 r/min 的速度旋转，物料即被刮料板均匀铺平在平模板上，因受到压辊的挤压作用，物料穿过平模板上的孔，被压实成柱状的物料，再被平模板下面的切刀切成长度为 10～20 mm 的颗粒，成品颗粒经出料锥盘及出料口送出机外。

（4）主要技术参数（见表 25-19）

（5）常见的故障及其排除方法（见表 25-20）

（6）产品图片（见图 25-25）

表 25-19　平模制粒机主要技术参数

序　号	项　　目	技 术 指 标
1	生产率/(t·h^{-1})	≥1
2	主轴转速/(r·min^{-1})	250
3	压模直径/mm	360
4	压辊直径/mm	180
5	总装机容量/kW	23.3
6	颗粒最大直径/mm	12
7	颗粒成形率/%	≥97
8	机身质量/kg	750
9	外形尺寸(长×宽×高)/(mm×mm×mm)	1735×551×1756

表 25-20　平模制粒机常见故障及其排除方法

序号	故障现象	产生的原因	排除故障方法
1	产量过低或者不出粒	平模初次使用模孔光洁度差	用含油料研磨润滑，工作段时间产量即提高
		物料含水率过高或过低	调节物料含水率
		压辊与平模间隙过大	调整压紧螺栓
		压辊或平模磨损严重	张紧或更换角带
2	颗粒表面粗糙	物料含水率高	降低物料含水率
		平模初次使用	用含油料反复研磨
3	颗粒中含粉多	物料含水率低	适当增加物料含水率
		平模过度磨损，厚度小	及时调整或更换平模

图 25-25　平模制粒机

2）XGJ550 环模制粒机

（1）结构简图（见图 25-26）

（2）机器组成

机器由机壳、皮带轮、轴承Ⅰ、调整螺母、主轴、传动轮、前壳、压模、锥形盆、橡胶油封、光圈、压辊盘、压辊、轴承Ⅱ、搅拌轴、调节螺杆、给料间板、排料轮、料斗、轴承Ⅲ等组成。

（3）工作原理

机器的主要工作部件有送料器（排料轮或螺旋输送器）、搅拌器、制粒器和传动机构等。送料器主要用来控制进入制粒器物料的数量，其供料数量应随制粒器的负荷大小进行调节。一般多采用无级变速调节，变速范围为 0～150 r/min。

搅拌器的侧壁上开有蒸汽导入口或加水口，当物料进入搅拌器后，即与高压过饱和蒸汽相混合。有时还添加一些油脂、糖蜜和其他添加剂，搅拌好的物料进入制粒器制粒。

制粒器由环形压模和压辊组成，作业时环模旋转，带动压辊转动。压辊不断地将粉状物料挤压入环模孔中，压实成圆柱形并从模孔中挤出，随环模旋转，而后被切刀切成一定长度的颗粒。理论上，模孔孔径越大，产量越高，能量消耗越小，一般可根据实际需要确定模孔的孔径大小。

（4）主要技术参数（见表 25-21）

（5）常见的故障及其排除方法（见表 25-22）

（6）产品图片（见图 25-27）

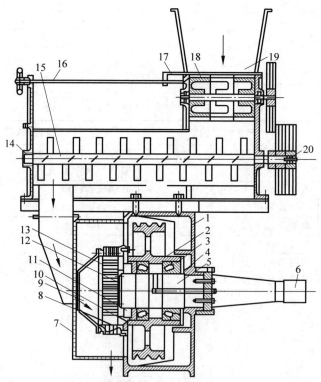

1—机壳；2—皮带轮；3—轴承Ⅰ；4—调整螺母；5—主轴；6—传动轮；7—前壳；8—压模；9—锥形盆；10—橡胶油封；11—光圈；12—压辊盘；13—压辊；14—轴承Ⅱ；15—搅拌轴；16—调节螺杆；17—给料间板；18—排料轮；19—料斗；20—轴承Ⅲ。

图 25-26　XGJ550 环模制粒机结构简图

表 25-21 XGJ550 环模制粒机主要技术参数

序号	项　目	技 术 指 标
1	功率/kW	55
2	主机质量/t	3.6
3	主轴转速/(r·min⁻¹)	1450
4	工作电压/V	380　3相
5	模盘直径/mm	450
6	颗粒规格/mm	4～12
7	制粒温度/℃	80～100
8	原料水分/%	15～25
9	产量/(t·h⁻¹)	0.8
10	外形尺寸(长×宽×高)/(mm×mm×mm)	2300×1110×2050
11	质量/t	6.04

表 25-22 XGJ550 环模制粒机故障及其排除方法

序号	故 障 现 象	产生的原因	排除故障方法
1	物料能正常进入压制室,但压不出粒	模孔堵塞	用相应钻头打通模孔
		物料水分过多或过少	正确调整水分
		压辊间隙过大	调整压辊间隙
		喂料刮板损坏	更换喂料刮板
		压辊轴承损坏	更换压辊轴承
2	无原料进入压制室	存料斗积料	破拱
		喂料搅龙堵塞	抽出搅龙清理
3	安全销折断	压制室内进入硬质异物	清除异物,更换安全销
4	主机不启动	压制室内积料未清除	清除积料
		电路有故障	排除电路故障
5	压辊有串动现象	主轴后压盖上蝶形弹簧失效或压盖紧定螺钉松动	拧紧紧定螺钉;更换蝶形弹簧
6	噪声、振动剧烈	轴承磨损失效	更换轴承

图 25-27 XGJ550 环模制粒机

25.2.3　饲草（料）压块成形机

饲草（料）压块成形机是利用特定的工作介质传递压力，将不同的原材料（如饲料、牧草等）压缩成形的机械。饲草（料）压块成形机主要用于加工秸秆、稻草、花生壳、玉米芯等农作物秸秆等废弃物，也可用于加工树枝、树皮、锯末等废弃物。压块机可将铡切长度（或柔丝）为50 mm以下的农作物秸秆或粉碎的废弃物压制成截面尺寸为30～40 mm、长度为10～100 mm的棒状固体颗粒生物燃料，压块成形后的颗粒比重大、体积小，便于储存和运输，是优质固体燃料和粗饲料，其热值可达3200～4500 kcal，具有易燃、灰分少、成本低等特点，可替代木柴、原煤等燃料，广泛用于取暖、生活炉灶、锅炉、生物质发电等。

1．类型及应用场地

根据成形加压方法不同可分为螺旋挤压式、活塞冲压式（包括机械式和液压式两种）及辊模碾压式（包括环模式和平模式两种）。

根据原料在进行压块成形过程时是否对原料辅助加热，可以将压块加工方式分为冷成形和热成形两种。该种设备主要用于苜蓿草、秸秆等草块饲料的加工。

2．国内外发展现状

20世纪90年代我国各科研院所、生产厂家开始研制秸秆饲料压块设备。内蒙古农牧学院等研究了9KU-650型干草压块机，山西大同农牧机械厂生产了SCBJ-500草块压制机，江西红星机械厂生产了93KCT-0.5(1)粗饲料压块成套设备。现在国内使用的压块机类型主要是环模式压块机。具有代表性的有江苏正昌粮机股份有限公司生产的SYKH系列压块机、牧羊集团生产的MYYK800型饲草压块机、河北富润公司生产的9JYS3-2000型秸秆压块机和吉林省农林局组织研发的9FYY-1200型多功能秸秆压块机等。国内虽有几十家企业和科研单位研制了不少设备，但技术成熟、生产稳定的设备不多，主要原因是生产率低、功耗和成本高。

在国外，饲料压块是20世纪50年代中期出现的一种新工艺。秸秆饲料压块设备在欧美许多国家已研究生产多年，产品已定型并大批量生产，出口世界各国。1954年美国约翰迪尔公司成功研制了世界上第一台移动式压块机，从1965年起先后生产了400型、425型和429型秸秆饲料压块机。后来在美国被普及使用的类型是环模式压块机。日本时代制铁所生产的工厂化加工草块的成套设备，可实现称重计量、烘干、分离、除尘、压块，以及草块的输送、冷却、包装等，也可加工稻麦秸秆等，成品的含水率在10%～13%。苏联从20世纪60年代开始引进和研制饲草压块机，制定了加工草块的标准工艺流程，设计了相应的成套设备，把压块设备的一般技术要求、型式、基本参数列为国家标准，标准代号：ΓOCT23168-1978和ΓOCT23169-1978。丹麦的JF Fabriken公司和Masinfabriken公司、英国的Fandhand公司、Vnilever公司、西德的KAHL公司也生产秸秆饲料压块设备。秸秆压块机的主要类型有柱塞式、圆锥螺旋推进型、旋转滚筒式、环模式及缠绕式压块机。设备的作业型式主要有两种：田间流动作业式和工厂化固定作业式。其发展趋势为：提高生产率，降低成本，节省能源，实现微机自动控制等。

3．典型机型

1）SYKH型系列压块机

该设备采用单压辊形式变频调速喂料，压块性能优异，压制室容积大，能适应多种物料的压制，特别适合压制容量较轻的牧草、秸秆、啤酒花等物料；对物料粉碎的要求低，适用范围广，配备了多个液体添加喷头，可加入糖蜜、纤维素酶；带有吸风装置，工作时可防止粉尘外溢。

（1）结构简图（见图25-28）

（2）机器组成

SYKH型压块机主要由机架、压制室、螺旋喂料器、减速箱、环模、主电机、起吊装置等部分组成。

（3）工作原理

原料通过棒式喂料器的搅拌和输送（棒式喂料器内可通过加水装置调整原料水分），经

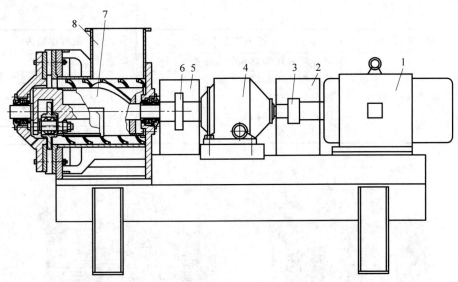

1—主电机；2—防护罩Ⅰ；3—联轴器Ⅰ；4—减速箱；5—防护罩Ⅱ；6—联轴器Ⅱ；7—压制室；8—喂料器。

图 25-28　SYKH 型压块机结构简图

磁铁由强制喂料螺带强制喂入成形室，物料被压轮带动挤入沿周向排列的成形模孔中，在成形模和压轮的挤压作用下，物料逐渐压实并在模孔中成形。由于物料在模辊之间的挤压是连续的，成形后的物料从方形模孔中不断呈柱状排出，然后与料罩斜面接触，被切断成一定长度的方形柱状物，进入下道工序。

（4）型号及主要技术参数（见表 25-23）

（5）常见故障及排除方法（见表 25-24）

（6）产品图片（见图 25-29）

2）立式系列压块机

（1）结构简图（见图 25-30）

表 25-23　SYKH 型压块机型号及主要技术参数

序号	项　　目	技术指标	序号	项　　目	技术指标
1	型号	SYKH850	6	成形模孔径/（mm×mm）	22×22
2	生产能力/（t·h⁻¹）	6～8	7	喂料器功率/kW	5
3	主电机功率/kW	160	8	成形率/%	≥90
4	成形模直径 mm	850	9	噪声/dB(A)	≤92
5	压轮直径/mm	58	—	—	—

表 25-24　SYKH 型压块机常见故障及排除方法

序号	故障现象	产生的原因	故障排除方法
1	无原料进入压制室	料仓结拱或喂料器堵塞	破拱或更改料仓结构
		喂料器传动装置失效	清理喂料器；更换传动装置
2	原料能正常进入压制室，但不能压块	模孔堵塞（物料不适合压块）	调整配方
		物料水分低	加入适当水分
		物料粉碎过细	调整粉碎细度
3	压块机主电机电流波动大	物料水分含量不均匀	调整进机物料水分
		进入压制室的物料流量不稳定	调整前道输送设备
		喂料器搅拌棒损坏	更换搅拌棒
		物料粉碎长度不均匀	调整粉碎细度

续表

序号	故障现象	产生的原因	故障排除方法
4	主机噪声、振动剧烈	减速器或压制室内的轴承磨损严重	更换减速器或轴承
		成形模或压轮磨损严重	更换成形模和压轮
		模辊间隙过小	调大模辊间隙
		压制室内有异物	清理异物
		进料不均匀	调整前道输送设备

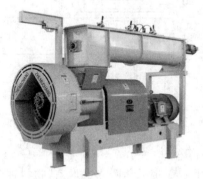

图 25-29　SYKH 型系列压块机

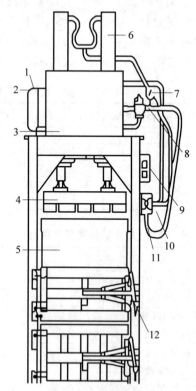

1—电机；2—油泵；3—油箱；4—压板；5—物料腔；6—液压油缸；7—压力表；8—溢流阀；
9—电器箱；10—手动阀；11—行程开关；12—防护门锁。

图 25-30　立式系列压块机结构简图

（2）机器组成

该机器由电机、油泵、油箱、压板、物料腔、液压油缸、压力表、溢流阀、电器箱、手动阀、行程开关、防护门锁等组成。

（3）工作原理

首先，将打包绳穿过打包机后面的自动弹紧装置，并顺着打包带槽安放，之后将打包带捆扎到打包槽底端的拉柱上，旋转自动弹紧装置90°，关上底门锁住。

其次，投入物料，将物料装到压盘高度时，关

紧上门，按下"向下"按钮，设备将物料压实。压盘向下移动压缩达到最大压力后自动回程，回到完全打开位置。压盘停在压缩物料的预设位置。

最后，打开设备门将绑绳从前向后穿过底部线槽并通过压盘线槽回到前面，用手将绑绳拉紧打结，油缸的回程将捆扎好的包捆自动翻出，完成压捆任务。

（4）型号及主要技术参数（见表25-25）

（5）常见故障及排除方法（见表25-26）

（6）产品图片（见图25-31）

表 25-25　立式系列压块机型号及主要技术参数

序号	项　　目	技 术 指 标
1	型号	L-100
2	电机功率/kW	18.5
3	工作压力/t	100
4	内箱尺寸(长×宽×高)/(mm×mm×mm)	1200×800×1500
5	成品尺寸(长×宽×高)/(mm×mm×mm)	1300×800×(500～1100)
6	处理量/(t·h^{-1})	3.5～4.0

表 25-26　立式系列压块机故障及排除方法

序号	故 障 现 象	产生的原因	排除故障方法
1	压块机工作不连续，工作压力不够	油泵损坏，内部零件在高速转动时磨损产生高热	及时修整或更换油泵
		压力调节不适当，液压系统长期处于高压状态而过热	重新设计液压系统至满足系统需要
		油压元件内漏，例如方向阀损坏或密封圈损坏令高压油流经细小空间时产生热量	检修液压元件，更换出现泄漏的液压元件
2	压块机出现不明噪声	油箱内的液压油不足，油泵吸入空气或滤油器污物阻塞都会造成油泵缺油，引致油液中的气泡排出撞击叶片而产生噪声	检查油量，防止吸入空气或清洗滤油器
		液压油黏度高，增加流动阻力	更换合适的液压油
		由于油泵或电机的轴承或叶片损坏，联轴器的同心度偏差引起噪声	调整同心度或更换零件
		方向阀反应失灵但功能仍在，如阀芯磨损、内漏、毛刺阻塞、移动不灵活，电磁阀因电流不足而失灵亦会产生噪声	清洗阀芯，阀芯磨损须更换新件，电流须稳定及充足
		机械部分故障，轴承磨损或机械缺乏润滑油或零件松动	应找出原因将零件紧固或更换，保证有足够的润滑油

图 25-31　立式系列压块机

25.2.4　饲草(料)压饼成形机械

在饲草生产加工中,常将饲草直接压制成50 mm×50 mm 左右的方形截面或直径为50～80 mm 的圆形截面的长条形棒料。由于压制的饲料棒截面尺寸比环模压制的饲料块截面尺寸大,所以将这类饲料挤压成形设备称为压饼机械。在加工的过程中,还可按照动物生长的营养需求添加精料、蛋白质饲料、微量元素、矿物质及糖蜜等黏结剂。草饼的含水率不超过15％,密度为 700～900 kg/m³,堆积容重约为300～400 kg/m³。

1. 类型及应用场地

饲草(料)压饼机主要有活塞冲压式、螺旋挤压式、环模滚压式 3 类。目前研究较多、较常见的是活塞冲压式饲草压饼机。环模滚压式压饼机在国外发展较成熟,我国也有类似产品研制成功,该种设备主要用于苜蓿草、秸秆等饼状饲料的加工。

2. 国内外发展现状

国内的饲草压饼机在国外被称为生物质制棒机。研制目的主要是为了解决战时能源紧张的状况,将一些废弃的生物质资源经润湿后采用杠杆机构压缩成块,作为民用燃料加以利用。从 20 世纪 30 年代开始,日本就研究采用螺旋成形技术处理木材废弃物,1954 年棒状燃料成形机研制成功。西欧国家从 20 世纪70 年代开始研制冲压式成形机,意大利、丹麦、法国、德国、瑞典、瑞士等国相继建成生物质活塞式成形燃料生产厂家 40 多个。现已成功开发的成形技术主要有两类:一是以日本为代表开发的螺旋挤压成形技术,二是以欧洲为代表开发的活塞式挤压成形技术。

从 20 世纪 80 年代我国开始研制秸秆成形机。湖南省衡阳市粮食机械厂为处理大量粮食谷壳,于 1985 年试制了第一台 ZT-63 型生物质压缩成形机。1986 年江苏省连云港市东海粮食机械厂研制成功 OBM-88 棒状燃料成形机。1985—1988 年机械工业部呼和浩特市畜牧机械研究所研制成功了 9CBJ 系列饲草压饼机、93YB 系列饲草压饼机及 9YB60-1 型饲草压饼机。1998 年东南大学和国营 9305 厂研制出MD-15 型固体燃料成形机。90 年代河南农业大学和中国农机能源动力研究所分别研究出PB-1 型机械冲压式成形机、HPB-1 型液压驱动活塞式成形机、CYJ-35 型机械冲压式成形机。

国内秸秆成形技术的研究是从"七五"期间开始的。"八五"期间,中国农机院能源动力所、辽宁省能源研究所、中国林业科学院林产化工所、中国农业工程研究设计院,对生物质冲压技术及装置、挤压式压块技术及装置、烘烤技术及装置、多功能炉技术进行了攻关研究,解决了生物质致密成形关键技术。

3. 典型机型

1) 9YB60-1 型饲草压饼机

9YB60-1 型饲草压饼机采用液压油缸在开式(闭式)腔体内对粉碎后的牧草和秸秆进行挤压,形成密度较高的棒状(饼状)产品,便于饲料贮存和长距离运输。此类机型在饲料综合利用、抗灾救灾、饲料战略储备方面具有明显优势。

（1）结构简图（见图 25-32）

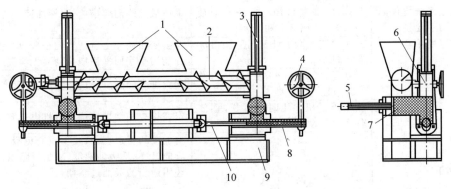

1—进料斗；2—喂料搅龙；3—送料油缸；4—密度调节装置；5—预压油缸；
6—送料室；7—预压缩室；8—成形室；9—机座；10—压缩油缸。

图 25-32　9YB60-1 型饲草压饼机结构简图

（2）机器组成

该机由液压站和压饼机两大部分组成。压饼机由进料斗、喂料搅龙、送料油缸、预压缩油缸、压缩油缸、送料室、预压缩室、成形室和机座等部分组成。

（3）工作原理

根据饲草压缩受力特性,该机采用三级压缩的液压结构。压缩开始时,液压系统由两个泵以低压大流量供油,保证了饲草起始的压力要求。随着压缩活塞的移动,饲草密度加大,同时负载增加,液压泵的调定压力随负载变化而增加。这样可使负荷均衡合理,并能有效地降低功耗。

工作时,被切成 3～5 cm 的草段由搅龙送入送料室,由送料油缸带动推草板,使松散饲草被压缩后进入预压缩室。此时,饲草的密度可达 140 kg/m³。经预压缩,油缸推动压缩活塞在预压缩室内进行第二次压缩,压缩后密度可达到 400～600 kg/m³。然后,由压缩油缸在成形室中压成直径为 6～12 cm 的草棒。前两级为闭式压缩,节省能耗,第三级为开式压缩。草棒在成形压缩油缸的压力下被压缩,当压力小于推移阻力时,草棒被压缩成草饼,此时的密度达到 600～800 kg/m³。随着液压系统的压力逐步升高,压缩油缸的推力大于推移阻力,将成形草饼向前推移,每个草饼保压 30～40 s 后,从成形室推出装入成品袋。

（4）主要技术参数（见表 25-27）

表 25-27　9YB60-1 型饲草压饼机主要技术参数

序　号	项　目	技术指标
1	配套动力/kW	25.5～45
2	饲料饼块直径/mm	60～80
3	饼块密度/(kg·m⁻³)	350～700
4	饲草含水量/%	15～20
5	生产率/(kg·h⁻¹)	500～1000
6	饲草切碎长度/mm	30～50

（5）常见故障及排除方法（见表 25-28）

（6）产品图片（见图 25-33）

2) 93YB-60 型饲草压饼机

（1）结构简图（见图 25-34）

（2）机器组成

93YB-60 型饲草压饼机主要由料箱、送料油缸、预压缩油缸、成形压缩油缸、压缩室、推移室、推移室夹紧机构、机座等组成。物料输送机构和三级压缩机构是该机的主要部分。

表 25-28　9YB60-1 型饲草压饼机常见故障及排除方法

序号	故障现象	产生的原因	排除故障方法
1	进料斗返回饲草	瞬间喂入量过大	适量均匀连续喂入
2	液压系统提供的压力不足造成草饼厚度不均匀	液压缸内有空气进入	增设排气装置或使液压油缸以最大行程快速运动,强迫排除空气
		液压油缸内油液温升过高、黏度下降,使泄漏增加;或是由于杂质过多,卡死活塞和活塞杆	采取散热降温等措施,更换油液
		液压油缸的端盖处密封圈压得过紧或过松	调整密封圈使之有适当的松紧度,保证活塞杆能用手来回平稳地拉动而无泄漏
		活塞配合间隙过小,密封过紧,增大运动阻力	增大配合间隙,调整密封件的松紧度
3	机器工作时有异响	饲草压饼机使用时间过长,零部件产生松动	定期检查和维护饲草压饼机内部零部件
		液压吸油管路中有气穴现象	增加吸油管道直径,减少或避免吸油管路的弯曲,以降低吸油速度,减少管路阻力;选用适当的吸油过滤器,并且要经常检查清洗,避免堵塞;液压泵的吸入高度要尽量小,自吸性能差的液压泵应由低压辅助泵供油
4	草饼表面残缺、不光滑	压模内壁及中模前端面粘物料过多或压模内壁不光滑	经常清理,每班作业结束都要进行保养并清理干净,要使压模内壁表面保持光滑

图 25-33　9YB60-1 型饲草压饼机

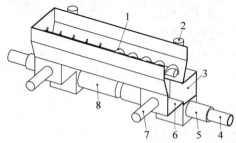

1—蛟龙;2—预压缩油缸 A;3—预压缩室Ⅱ;4—推移室Ⅵ;
5—成形室Ⅲ;6—送料室Ⅰ;7—送料油缸 B;8—成型压缩油缸 E。

图 25-34　93YB-60 型饲草压饼机结构简图(拆掉部分右侧板)

（3）工作原理

压饼前饲草被切成 3~5 cm 的草段被送入料箱。由于牧草流动性差,在料箱中采用了大直径和大螺距的双向搅龙,在出口处加设 2 根涂料杆,以强制向送料室Ⅰ送料。

牧草经搅龙输送到送料室Ⅰ后,草的密度

是 0.04～0.045 g/cm³，体积压缩比是 17∶1，这样一次性压缩功耗较大，所以采用三级压缩成形。如图 25-34 所示，Ⅰ、Ⅱ、Ⅲ 3 个压缩室分别以不同的压力使草的密度逐步提高，充分发挥了每级压力的压缩效果，有效地降低了功耗。牧草进入送料室 Ⅰ 由送料油缸 B 推动推草板，使松散牧草被压缩后进入预压缩室 Ⅱ，此时草的密度可达 0.14 g/cm³。预压缩油缸 A 向下推动压缩活塞在预压缩室 Ⅱ 内进行第二级压缩，压缩后密度可达 0.4～0.6 g/cm³。在成形室 Ⅲ 中压成直径为 6～12 cm 的草棒。前两级为闭式压缩，省工省力，第三级为开式

压缩。草棒在成形压缩油缸 E 的压力下被压缩，当压力小于推移室调节的推移阻力时，草棒被压缩成草饼，此时的密度达到 0.6～0.8 g/cm³。随着液压系统的压力逐步升高，使压缩油缸 E 的推力大于推移阻力后将成形草饼向前推移，每个草饼保压 30～40 s 后，从推移室 Ⅵ 推出装入成品袋。

（4）主要技术参数（见表 25-29）

（5）常见故障及排除方法（见表 25-30）

（6）产品图片（见图 25-35）

3）9YB-56 型粗饲料压饼机

（1）结构简图（见图 25-36）

表 25-29 93YB-60 型饲草压饼机主要技术参数

序号	项 目	技 术 指 标
1	外形尺寸(长×宽×高)/(mm×mm×mm)	2835×1085×1720
2	生产率/(kg·h⁻¹)	250～300
3	整机质量/t	2.5
4	总装机容量/kW	20.7
5	度电产量/[kg·(kW·h)⁻¹]	≥15
6	草饼密度/(kg·m⁻³)	500～700
7	草饼直径/mm	62～65
8	草饼形成率/%	98

表 25-30 93YB-60 型饲草压饼机常见故障及排除方法

序号	故 障 现 象	产 生 的 原 因	排除故障方法
1	进料斗返回饲草	瞬间喂入量过大	适量均匀连续喂入
2	液压系统提供的压力不足造成草饼厚度不均匀	液压缸内有空气进入	增设排气装置或使液压油缸以最大行程快速运动,强迫排除空气
		液压油缸内油液温升过高、黏度下降,使泄漏增加;杂质过多,卡死活塞和活塞杆	采取散热降温等措施,更换油液
		液压油缸的端盖处密封圈压得过紧或过松	调整密封圈使之有适当的松紧度,保证活塞杆能用手来回平稳地拉动而无泄漏
		活塞配合间隙过小,密封过紧,增大运动阻力	增大配合间隙,调整密封件的松紧度
3	机器工作时有异响	饲草压饼机使用时间过长,零部件产生松动	定期检查和维护饲草压饼机内部零部件
		液压吸油管路中有气穴现象	增加吸油管道直径,减少或避免吸油管路的弯曲,以降低吸油速度,减少管路阻力;选用适当的吸油过滤器,并且要经常检查清洗,避免堵塞;液压泵的吸入高度要尽量小,自吸性能差的液压泵应由低压辅助泵供油

续表

序号	故障现象	产生的原因	排除故障方法
4	草饼表面残缺、不光滑	压模内壁及中模前端面粘物料过多或压模内壁不光滑	经常清理,每班作业结束都要进行保养并清理干净,要使压模内壁表面保持光滑
5	预压螺旋下端堵塞	预压螺旋与预压壳体间隙过大或预压螺旋末端叶片损坏及喂入量过大	适当调整间隙,必要时更换螺旋叶片或壳体,严格掌握喂入量,喂入要均匀,严禁金属、石块等硬物喂入机内

图 25-35　93YB-60 型饲草压饼机

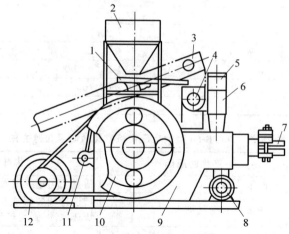

1—电振给料器；2—添加料斗；3—刮板输送机；4—喂入搅龙；5—齿轮箱；6—预压总成；
7—压模；8—传动系统；9—压饼机；10—飞轮；11—润滑系统；12—主动电机。

图 25-36　9YB-56 型粗饲料压饼机结构简图

（2）机器组成

该机器由电振给料器、添加料斗、刮板输送机、喂入搅龙、齿轮箱、预压总成、压模、传动系统、压饼机、飞轮、润滑系统、主动电机等组成。

（3）工作原理

人工将粗料送入连续输送装置,由该装置连续地输送到搅拌输送装置；人工将精料送入精料斗,经电振给料器定量连续加入搅拌输送装置。搅拌输送装置将送来的各种物料搅拌后均匀地输送到预压喂入装置的两个预压腔内,预压喂入装置将搅拌后的混合物料预压到一定密度并送入压饼主机,压饼主机采用曲柄连杆式往复工作部件,由两个冲模交替冲压出两组饼块。通过调整压模的松紧度,满足不同用户对不同饼块密度的要求。

（4）主要技术参数（见表 25-31）

（5）常见故障及排除方法（见表 25-32）

（6）产品图片（见图 25-37）

表 25-31　9YB-56 型粗饲料压饼机主要技术参数

序号	项　　目	技术指标	序号	项　　目	技术指标
1	生产率/(kg·h⁻¹)	400～800	4	草饼密度/(kg·m⁻³)	400～700
2	配套动力/kW	25	5	草饼直径/mm	60
3	整机质量/t	3.5			

表 25-32　9YB-56 型粗饲料压饼机常见故障及排除方法

序号	故障现象	产生的原因	排除故障方法
1	压饼成形稳定性差	物料含水率过高及饼块密度过低	严格控制物料的含水率和适当调整压模压紧力
2	搅拌输送装置末端积料过多	喂入量过大造成物料积压	喂入物料要适当，且速度要均匀
3	预压螺旋下端堵塞	预压螺旋与预压壳体间隙过大或预压螺旋末端叶片损坏及喂入量过大	适当调整间隙，必要时更换螺旋叶片或壳体，严格掌握喂入量，喂入要均匀，严禁金属、石块等硬物喂入机内
4	饼块表面残缺、不光滑	压模内壁及中模前端面粘物料过多或压模内壁不光滑	经常清理，每班作业结束都要进行保养并清理干净，要使压模内壁表面保持光滑

图 25-37　9YB-56 型粗饲料压饼机

25.3　饲草干燥设备

25.3.1　概述

　　饲草收割后，如果不采取任何措施，容易受到有害微生物的作用而腐败变质，饲草的加工和贮存成为迫切需要解决的问题。如果干燥速度慢，饲草的饥饿代谢会消耗自身很多的营养。为了减少饲草营养物质的损失，牧草收割后，最重要的是使饲草迅速脱水，促进植物细胞及早死亡以减少饥饿代谢的营养消耗，这要求尽可能快地将参与分解营养物质的酶营养物质钝化，使损失减少到最低程度。自然晾晒受气候条件影响较大，而且营养物质损失较多。饲草机械化干燥具有干燥时间短、营养物质损失少、防止饲草霉烂、提高饲草品质、生产效率高、有利于饲草产业化生产的优点。

　　在干燥过程中，由于被干燥的物料表面水分不断蒸发吸热，使物料表面温度降低，造成物料内部温度比表面温度高，这样使物料的热量由内向外扩散。同时，由于物料内存在水分梯度面引起水分移动，总是由水分较多的内部向水分含量较少的外部进行扩散。所以，物料内部水分的湿扩散与热扩散方向是一致的，从而加速了水分内扩散的过程，也即加速了干燥的过程。

　　饲草干燥方式主要分为转筒干燥技术、带式干燥技术、远红外线干燥技术、气流干燥技术、太阳能干燥技术、过热蒸汽干燥技术和组合干燥技术等。主要应用于牧草的干燥，防止牧草发生霉变。

25.3.2　转筒饲草干燥设备

　　转筒干燥设备是将颗粒状、短条状、片状物料通过与旋转圆筒热风或加热壁面有效的接触而被干燥的设备。

1. 类型及应用场地

转筒烘干机分为直接传热转筒烘干机和间接传热转筒烘干机。适用于鱼粉、果粉、瓜子、牧草等产品的干燥。

2. 国内外发展现状

牧草干燥技术在世界发达国家已经广泛使用，美国、德国、法国、丹麦、英国等都已进入产业化经营。目前，畜牧业发达国家的饲草生产使用多种型式的干燥设备。日本及欧美各国使用滚筒式干燥设备较多；意大利 Inventagri 圆捆式牧草干燥设备也在近期开始使用。表 25-33 列举了部分国外饲草干燥机性能参数。

表 25-33 部分国外饲草干燥机的主要技术参数

参数项	机 型							
	德国 Galle	德国 Galle	德国 Galle	德国布尤特尔	波兰 M840	匈牙利 LKB	匈牙利 MGF	苏联 ABM-0.4
干燥机型式	滚筒式	滚筒式	滚筒式	滚筒式	滚筒式	滚筒式	滚筒式	滚筒式
抄板形式	十字形	十字形	十字形	十字形				
滚筒长度/mm	12 000	13 000	15 000	9000	96 000	96 000	10 000	3970
滚筒直径/mm	2400	2100	3000	1900	2380	2380	2750	2280
燃料	煤、气体	重油、压块燃料	重油	重油	重油	柴油	重油	重油
单位热耗/[kcal·$(kgH_2O)^{-1}$]	1000～1200	900～1000	850～950	850～950	850～950	850～950	850～950	850～950
装机容量/kW	300	460	750	240	300	300	380	160
电耗/(kW·h^{-1})	140	160	310	155	120	150	190	80
生产率(干草)/(t·h^{-1})	1.00	0.90	2.00	0.70	0.74	0.62	1.04	0.28

我国牧草干燥技术起步较晚，20 世纪 70—80 年代，先后从荷兰、日本、法国等国家引进成套牧草干燥设备，引进设备价格昂贵，且多以电或石油为能源。80 年代，贵州农业大学研制出 QG-100 型牧草干燥机组，1989 年中国船舶公司 713 所 93QH-300 型牧草烘干机组问世。2005 年中国农业大学研制了 9G-650 型饲草秸秆高温快速干燥成套设备，该设备的干燥工艺技术水平属于国际领先。近几年，中国农业大学成套设备研究所研制出 9SJG 系列饲草秸秆高温快速干燥成套设备，沈阳远大干燥设备有限公司开发出 HYG 系列牧草干燥机组。

3. 典型机型（9G-650 型饲草秸秆高温快速干燥成套设备）

该设备利用高温高效的燃煤间接加热技术，能够提供 400 ℃以上的洁净无污染高温热风，热风炉使用寿命长，热效率高；三级快速干燥技术，能够将含水率 70％左右的饲草一次快速干燥至安全水分，热效率高，加工出的饲草

品质好，蛋白质含量损失率低；三回程的转筒结构，减小了设备占地面积，提高了热能利用率，降低了出机饲草干燥不均匀度；双级除尘净化装置，先后分离了饲草和泥土、粉尘，提高了饲喂安全性，减少了粉尘排放；可多次使用的安全防爆装置，提高了设备安全性。

1) 结构简图（见图 25-38）

2) 机器组成

机器主要由筒体、抄板、滚圈、托轮、挡轮、传动装置、密封装置及其他附件等组成。

3) 工作原理

如图 25-39 所示，经切碎后的饲草首先由加料口喂入，随后被约 400 ℃的高温热风带入气流干燥管，之后物料顺次通过三回程转筒式干燥设备的内筒、中筒和外筒。湿物料在筒内前移过程中，直接或间接得到了载热体的给热，使湿物料得以干燥，然后在出料端经皮带输送机或螺旋输送机送出。在圆筒内壁上装有抄板，它的作用是把物料抄起再放下，使物

料与气流的接触表面增大，以提高干燥速率并促进物料前进。热载体一般为热空气，热载体经干燥器后，一般需经旋风除尘器除尘。如需进一步减少尾气含尘量，还应经过袋式除尘器或湿法除尘器除尘后再排放。

该设备应用了包括气流干燥和三回程转

筒干燥的多级组合干燥，从而缩短了饲草干燥时间，而且有效地提高了热效率，有利于降低设备运行成本。

4）主要技术参数（见表25-34）

5）常见故障及排除方法（见表25-35）

6）产品图片（见图25-40）

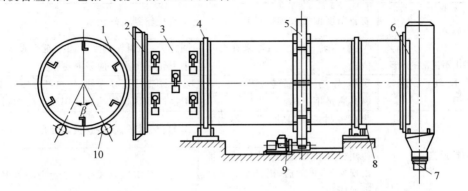

1—抄板；2—进口密封装置；3—筒体；4—滚圈；5—齿圈；6—出口密封装置；7—排料装置；8—挡轮；9—传动装置；10—托轮。

图25-38 转筒式干燥设备结构简图

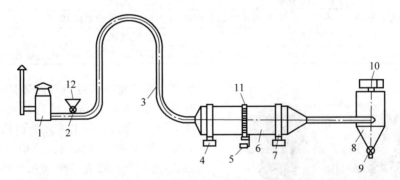

1—热风机；2—喂料关风器；3—干燥管；4—基座；5—电机及传动；6—干燥转筒；7—托轮及滚圈；8—旋风分离器；9—排料关风器；10—风机；11—齿圈；12—料斗。

图25-39 9G-650型饲草秸秆高温快速干燥成套设备结构简图

表25-34 9G-650型饲草秸秆高温快速干燥成套设备的部分技术参数

序号	项 目	技 术 指 标
1	入口热风温度/℃	400
2	尾气温度/℃	100
3	生产率（干草）/(kg·h^{-1})	1125
4	脱水率/%	46.5
5	干燥不均匀度/%	1.7
6	粗蛋白损失率/%	8.16
7	脱水速率/(kg·h^{-1})	1316
8	脱水耗能率/(kJ·kg^{-1})	4400

表 25-35　9G-650 型饲草秸秆高温快速干燥成套设备常见故障及排除方法

序号	故障现象	产生的原因	排除故障方法
1	排出的物料含水分过高	燃料的使用不足或喂料量过多	逐步增加燃料使用量或同时逐步减少喂料量
2	排出的物料含水分过低	燃料的使用过多或喂料量过少	逐步减少燃料使用量或同时逐步增加喂料量
3	两个挡板反复受力较大	安装精度偏低或螺栓松动	恢复托轮到正确位置
4	运转中,大、小齿轮发出不正常的声音	大、小齿轮的啮合间隙未在合适位置	调整大、小齿轮的啮合间隙至合适位置,若小齿轮磨损严重应及时更换
5	干燥转筒温度不升	送热、导热部位漏气或阻滞	及时调整或更换送热、导热部分零部件
		燃料质量不达标	更换产生热量能达到使用要求的燃料
6	物料返潮	物料下料速度过快,没有得到有效缓苏	需配套分料箱或料仓缓苏处理
		使用供风温度过高,使物料表面出现速干,堆放后,内部水分继续挥发所致	适当调整供风温度在一个合理的范围
7	烘干后的产品无法正常出料	烘干机的安装不符合规范,气压低	重新安装烘干机
8	转筒或风机不转	保险丝熔断	更换保险丝
		热保护系统不在正常运行状态	检查热保护系统状态
		电机烧毁	更换电机
9	机体错位	托轮磨损	根据磨损程度调整或更换托轮

图 25-40　9G-650 型饲草秸秆高温快速干燥设备

25.3.3　带式饲草干燥机

带式干燥机是成批生产用的连续式干燥设备,是将物料均匀地铺在干燥网带上,干燥网带在前移过程中与干燥介质接触,从而使物料得到干燥。带式干燥机主要用于透气性较好的片状、条状、颗料物料的干燥,对于脱水蔬菜、中药片等类含水率高而物料温度不允许高的物料尤为合适。该系列干燥机具有速度快、蒸发强度高、产品质量好的优点,对滤饼类的膏状物料、湿法造粒料也可干燥。干燥时,将

所要处理的物料通过适当的铺料机构,如星形布料器、摆动带、粉碎机或造粒机,分布在输送带上,输送带通过一个或几个加热单元组成的通道。每个加热单元均配有空气加热和循环系统,每一个通道有一个或几个排湿系统。在输送带通过时,热空气从上往下或从下往上通过输送带上的物料,从而使物料能均匀干燥,

1. 类型及应用场地

带式干燥机按结构形式的不同分为单级带式干燥机、多级带式干燥机、多层带式干燥机、冲击式带式干燥机。

(1) 单级带式干燥机:被干燥物料由进料端经加料装置被均匀分布到输送带上。输送带通常用穿孔的不锈钢薄板制成,由电机经变速箱带动,可以调速。干燥机箱体内通常分隔成几个单元,以便独立控制运行参数,优化操作。干燥段之间有一隔离段,在此无干燥介质循环。

(2) 多级带式干燥机:多级带式干燥机实

质上是由数台单级带式干燥机串联组成,其操作原理与单级带式干燥机相同。

（3）多层带式干燥机：多层带式干燥机常用于干燥速度要求较低、干燥时间较长,在整个干燥过程中工艺操作条件能保持恒定的场合。层间设置隔板以组织干燥介质的定向流动,使物料干燥均匀。多层带式干燥机占地少,结构简单,广泛使用于干燥谷物类物料。但由于操作中要多次装料和卸料,因此不适用于干燥易粘着输送带及不允许碎裂的物料。

（4）冲击式带式干燥机：冲击式带式干燥机适用于干燥织物、烟叶、基材的表面涂层及其他薄片状物料。冲击式带式干燥机通常由两条输送带组成。冲击式带式干燥机可分隔成单元段进行独立控制。干燥介质增湿后,部分排出,另一部分返回掺入新鲜干燥介质后再行循环。

DW系列干燥机是在传统网带式干燥机基础上研究开发的专用设备,具有较强的针对性和实用性,能源利用率高,广泛用于谷物、蔬菜和饲草等物料的干燥。DW系列干燥机分为单层和双层带式干燥机,其主要技术参数分别见表25-36和表25-37。

表 25-36　DW 系列单层带式干燥机的主要技术参数

型　号	单元数/个	带宽/m	干燥段长/m	干燥强度/(kg·h⁻¹)	总功率/kW	外形尺寸(长×宽×高)/(mm×mm×mm)
DW-1.2-8	4	1.2	8	60～160	11.4	10.5×1.6×2.9
DW-1.2-10	5	1.2	10	80～220	13.6	12.5×1.6×2.9
DW-1.6-8	4	1.6	8	75～220	11.4	10.5×2×2.9
DW-1.6-10	5	1.6	10	95～250	13.6	12.5×2×2.9
DW-2-8	4	2	8	100～260	19.7	10.5×2.4×2.9
DW-2-10	5	2	10	120～300	23.7	12.5×2.4×2.9

表 25-37　DW 系列双层带式干燥机的主要技术参数

型　号	单元数/个	带宽/m	干燥段长/m	干燥强度/(kg·h⁻¹)	总功率/kW	外形尺寸(长×宽×高)/(mm×mm×mm)
DW-1.2-8	4	1.2	8		13.6	10.8×1.6×3.7
DW-1.2-10	5	1.2	10		15.8	12.8×1.6×3.7
DW-1.6-8	4	1.6	8	6～30	13.6	10.8×2×3.7
DW-1.6-10	5	1.6	10		15.8	12.8×2×3.7
DW-2-8	4	2	8		14.7	10.8×2.4×3.7
DW-2-10	5	2	10		16.9	12.8×2.4×3.7

2.　国内外发展现状

带式干燥机是一种常见的烘干设备。现阶段在性能上国产带式干燥机完全能够替代国外设备,在价格上不到国外设备的一半。目前国产带式干燥机已经走出国门远销国外。国产饲料带式干燥机是在传统网带式干燥机的基础上研发的饲料专用带式干燥机,具有较强的针对性、实用性,能源效率高。

3.　典型机型

带式牧草烘干机是成批生产用的连续式干燥设备,广泛应用于牧草、农副产品、脱水蔬菜、中牧草、水产品、土特产、饲料及化工原料等加工业的片状、条状、块状和颗粒物料的脱水干燥作业,效率高,成本低,省工省力。

1）结构简图（见图25-41）

2）机器组成

带式牧草烘干机由烘干箱体、热交换炉、输送装置、均料装置、密封装置、保温装置、热风输入装置、电控温控装置等组成。

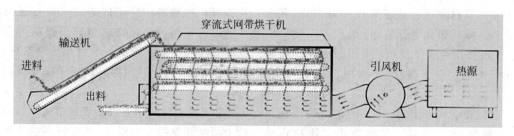

(a)

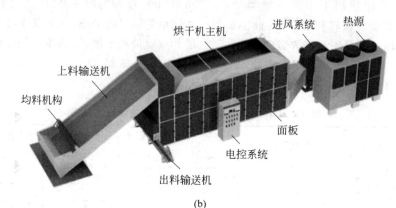

(b)

图 25-41　带式牧草烘干机结构简图

（a）网带烘干机工作原理图；（b）带式牧草烘干机连接图

3）工作原理

带式牧草烘干机将所要处理的物料通过布料机构如造粒机，分布在输送带上，输送网带采用 12～60 目的钢丝网带，输送带通过一个或几个加热单元组成的通道，由传动装置拖动在干燥机内往返移动，每个加热单元均配有空气加热和循环系统，每一个通道有一个或几个排湿系统，在输送带通过时，热风在物料间穿流而过，水蒸气从排湿孔中排出，从而达到均匀干燥的目的。箱体长度由标准段组合而成，为了节约场地，可将烘干机制成多层式，常见的有二室三层、二室五层，长度 6～40 m，有效宽度 0.6～3.0 m。

4）型号及主要技术参数（见表 25-38）

5）常见故障及排除方法（见表 25-39）

6）产品图片（见图 25-42）

表 25-38　带式牧草烘干机型号及主要技术参数

设备型号	产品规格/m	干燥周期/h	功率/kW	热源方式（可定制）
HGJ-6	6×2.2×2.5	2～4	18.5	电/煤/油/气/蒸汽等
HGJ-7	7×2.2×2.5	2～4	18.5	电/煤/油/气/蒸汽等
HGJ-8	8×2.2×2.5	2～4	22.2	电/煤/油/气/蒸汽等
HGJ-9	9×2.2×2.5	2～4	27.5	电/煤/油/气/蒸汽等
HGJ-10	10×2.2×2.5	2～4	27.5	电/煤/油/气/蒸汽等
HGJ-12	12×2.2×2.5	2～4	35.5	电/煤/油/气/蒸汽等
HGJ-15	15×2.2×2.5	2～4	35.5	电/煤/油/气/蒸汽等

备注：所有烘干设备均为定制机，厂家支持设备定制大小

表 25-39　带式牧草烘干机常见故障及排除方法

序号	故障现象	产生的原因	排除故障方法
1	机器运转时出现有节奏砰砰声	干燥皮带无法支持正常运行，干燥皮带松动	及时更换掉干燥皮带
2	排出的物料含水量过多	热源所提供的热量不足以达到要求	更换或者修改烘干设备
		对热源设备使用不当	操作人员需严格按照使用说明书进行操作
		送热、导热部位漏气或阻滞	及时调整或更换送热、导热部分零部件
3	排出的物料含水量过低	热源所提供的热量过高	更换或者修改烘干设备
		对热源设备使用不当	操作人员需严格按照使用说明书进行操作
		传动带运转速度过低	检修带动传动带运转的电机
4	物料出口堵塞	烘干箱有残余物料未清理	定期清理烘干箱内部
5	物料返潮	物料下料速度过快，没有得到有效缓苏	需配套分料箱或料仓缓苏处理
		使用供风温度过高，使物料表面出现速干，堆放后，内部水分继续挥发所致	适当调整供风温度在一个合理的范围
6	输送带或风机停止运转	保险丝熔断	更换保险丝
		热保护系统不在正常工作状态	检查热保护系统状态
		电机烧毁	更换电机
		输送带断裂或者滑落	更换输送带
7	烘干箱温度不发生变化	进气阀未开启	及时打开进气阀
		引风机发生故障而停止工作	检修引风机
		烘干箱的风网长期未清理	定期维护和清理烘干箱内部
8	引风机出现振动	风轮有积灰、污垢，转子失衡	清理风轮积灰、污垢

图 25-42　带式牧草烘干机

25.3.4　远红外线饲草干燥设备

远红外线干燥是利用远红外线辐射元件发出的远红外线为被加热物体所吸收，直接转变成热能而达到被加热干燥的目的。远红外线辐射器所产生的电磁波，以光的速度直线传播到达被干燥的物料。当远红外线的发射频率和被干燥物料中分子运动的固有频率（远红外线的发射波长和被干燥物料的吸收波长）相匹配时，引起物料中的分子强烈振动，在物料的内部发生激烈摩擦产生热而达到干燥的目的。

1. 类型及应用场地

红外线干燥设备的主要部件是红外线辐

射器(辐射源)。目前,常用的红外线辐射器主要有电加热的远红外线辐射器和气体加热的红外线辐射器两种。一种是电加热远红外线辐射器。将在加热时能辐射出远红外线的氧化物(如二氧化铅、三氧化二铁、三氧化二铬、二氧化硅等)按一定比例混合,再加入适量的胶黏剂(如硅溶胶或中性水玻璃等)和水,并均匀搅拌制成糨糊状的涂料。将这些涂料采用手工涂刷、喷涂或烧结等方法,涂覆在碳化硅电热板或氧化物电热管表面即可制成远红外线辐射器。远红外涂料的配方不同,辐射出的远红外线波长也不同。远红外线辐射器按其加热元件的形状又可分为管状辐射器、灯状辐射器和板状辐射器三种。管状辐射器适合干燥胶合板等平面状物体;灯状辐射器适合干燥木制家具、油箱、泵、家用电器等形状较复杂的物体;板状辐射器对各种形状的物体都比较适用。另一种是气体加热红外线辐射器。这类辐射器是利用燃烧的气体(通常为煤气)加热辐射表面(陶瓷板或金属网),再由辐射表面辐射出大量的红外线来加热木材或油漆表面。

2. 国内外发展现状

国内学者一直致力于烘干设备的研发改进,从最初的满足烘干需求到现在的注重能耗节约,对于烘干设备的研发正在朝着技术化、节能化方向前进。

2006年,河南省粮油机械工程有限公司谭体升等人设计开发了一种新型带式烘干机,主要针对豆类、谷类、药材类等物料的烘干。物料由输送机送入烘干机料仓,气流在料仓内对饲料进行烘干。该烘干机可以使物料含水量由11%降至8%,且日产量达到50 t。2008年,

江苏牧羊集团有限公司研发中心车轩等人开发了一种用于水产饲料干燥的带式干燥机。该干燥机以空气作为烘干介质,空气在经过干燥机内部的热交换器加热后,在循环风机的推动下进入干燥机,随后热气流与饲料进行热量与水分的交换。该干燥机可以将水产饲料的水分从22%～24%降低至8%～10%,并且饲料的出机水分差异低于2%～3%。

国外学者对远红外辐射干燥进行了大量的基础试验研究,成果显著。Femand和Howel建立了一个红外干燥多孔材料的数学模型,在该数学模型中,假设辐射是定体积的过程,那么红外辐射的能量可以用单位体积产品吸收的能量的形式表示,因此,产品吸收的全部能量可以通过对整个体积积分求得。他们分析得到产品内部水分分为三种状态:结合水、自由水、水蒸气。该辐射模型中的定体热辐射系数在干燥纸的过程中被证明是很重要的因素。Kuang等建立了一个用燃气式红外干燥器干燥纸的数学模型。该模型解决了传导、对流及红外加热过程中水分和水汽传输过程。用有限元的方法求解该数学模型,结果表明红外传热独立于传质过程和纸张的温度,传质系数的提高对干燥速率的影响可以忽略。H. Umesh Hebbar, K. H. Vishwanathan, M. N. Ramesh研制了一个远红外与热风混合加热干燥的设备,并对卷心菜和土豆进行干燥实验。

典型的远红外线干燥设备的主要技术参数见表25-40。

3. 典型机型(5H-0.6型滚筒式颗粒饲料远红外烘干机)

1) 结构简图(见图25-43)

表 25-40　典型的远红外线干燥设备的主要技术参数

名　称	型　号	主要技术指标		备　注
		功率/kW	温度/℃	
碳化硅板红外辐射加热器	BYD-1-V	0.5～0.3	400～600	江苏高邮电热电器厂
远红外辐射加热条板	板状、条状	0.4～1.0	350～700	上海向阳无线电元件厂
碳化硅板式辐射加热器	YPG YPDG	0.4～6.0	300～600	南京砂轮厂

续表

名　称	型　号	主要技术指标		备　注
		功率/kW	温度/℃	
圆圈远红外辐射条	YWJ	0.6～1.5	900	南京砂轮厂
远红外辐射元件	YT	0.6～1.5	900	南京砂轮厂
高温远红外线电加热器	YHW-56-215	20～60	330	东方科学仪器上海进出口有限公司
石英玻璃远红外辐射加热器	LCD-2Q HDO-36Q	2～36	≤1000	吴江电热电器厂
直热式远红外辐射器	SHQ SHB SHY SHG SHN	1.0～2.0	400～750	锦州石英玻璃厂
远红外辐射器	ZYF-220/220-0.8 A-220/55-0.8-C	0.8 1.25		长春市红外设备仪器厂
直热式远红外辐射器	PBF-220/55-1.6- 1-220/220-8.0-25- 220/220-12-32	1.6 8.0 12.0		常州武进涂装设备制造厂
电热薄膜材料	KPS-10	0.5		昆明物理研究所

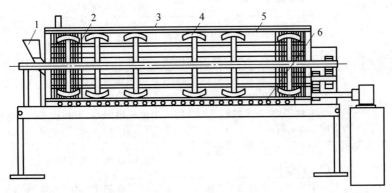

1—进料口；2—钢丝网；3—保温外壳；4—搅拌弧唇；5—长形钢筋条；6—燃烧床。

图 25-43　5H-0.6型滚筒式颗粒饲料远红外烘干机的结构简图

2）机器组成

远红外线干燥机主要由辐射器、加热装置、反射集光装置和温度控制等附加装置组成。其关键部件是加热装置中的加热器，即远红外线射能发生器。发生器特征不同，加热装置特征不同，干燥设备的结构也不相同，适用的物料也不相同。5H-0.6型滚筒式颗粒饲料远红外烘干机由滚筒、滚道、变速机构、远红外辐射元件等组成。电动机通过变速箱驱动滚筒旋转，带动滚筒内颗粒饲料不断翻转并由进口端向出口端移动，在此过程中吸收远红外辐射能，达到干燥的目的。

3）工作原理

将牧草由进料口送入转笼内。转笼是用圆形钢筋条和长形钢筋条焊接成转笼骨架，转笼骨架上镶衬钢丝网，形成网状转笼。转笼外安装保温外壳，转笼下部设有一个红外煤气燃烧床。燃烧床为分隔式结构，上边铺有三层燃烧网，内层为里网，中层为燃烧网，面层为辐射网。当点燃燃烧床时，煤气作无焰燃烧。由于燃烧网的金属材料为铁铬铝合金，燃烧网表面温度可高达800～1000 ℃。在燃烧时辐射出波长为2.5～6 μm的红外射线。燃烧床上的高温及红外射线，穿过转笼的金属网，加热烘干转笼内的牧草。由于红外线的穿透作用很强，使鲜草内的水分能在 2～10 min 内有效地排出干燥器。转笼一端设计有进料斗，另一端设有出料斗，转笼内设计有用来搅拌翻动牧草的搅拌弧唇，推动牧草从进料斗端不断向前运动，从而实现连续烘干。

4）主要技术参数（见表 25-41）

5）常见故障及排除方法（见表 25-42）

6）产品图片（图 25-44）

表 25-41　主要技术参数

序号	项　目	技术指标
1	外形尺寸(长×宽×高)/(mm×mm×mm)	5000×1200×1200
2	配套动力/kW	16.5
3	生产率(原料含水率在 20%以内，成品含水率在 11%～15%条件下)/(kg·h^{-1})	600
4	质量/kg	700

表 25-42　常见故障及排除方法

序号	故障现象	产生的原因	排除故障方法
1	物料烘干后含水量达不到储存要求	烘干机内物料装得过多	减少烘干机中的物料或增加烘干机温度
		风压、流量计算不正确	重新计算风压、流量后再根据实际情况提供设计变更方案
		未按照使用说明书使用烘干机	向烘干机厂商协商索取设备说明书，学习正确使用烘干机的方法
2	物料干湿不均	烘干机的物料受低温影响成团状	将烘干原料打碎，然后再烘干
3	烘干机料吸不走	烘干机设备安装不当，烘干机漏气或者安装有误	对照安装图纸检查安装是否正确，检查管道接口处是否漏气
		烘干机设备设计问题，烘干机风压不够	烘干机本身的设计问题应由烘干机厂家承担相应的责任
4	烘干机"放炮"(烘干机内部发生爆燃)	烘干机温度过高，引起烘干设备内起火燃烧	应降低烘干机温度
		烘干机被堵塞引起的"放炮"现象	应清理烘干机设备，使机内保持畅通
5	物料返潮	使用供风温度过高，使物料表面出现速干，堆放后，内部水分继续挥发所致	适当调整供风温度在一个合理的范围
6	物料烘干前后含水量不发生变化	红外线加热装置发生故障	调整或者更换红外线加热装置
7	进(出)料端漏料	端面密封不严	调节密封装置

图 25-44　5H-0.6 型滚筒式颗粒饲料远红外烘干机

25.3.5 太阳能饲草干燥设备

太阳能饲草干燥技术是一种生产成本低、节能、无污染的饲草干燥新工艺方法,有效地解决了饲草收获过程中花和叶损失过大及遇阴雨天产生霉变的难题,可更好地保存饲草中有效营养成分。以苜蓿为例,当苜蓿水分小于35%收获时,花叶很容易脱落损失。因此,将经过切割压扁的苜蓿草在田间风干至水分含量为35%~45%时,采用太阳能工厂化干燥工艺进行干燥,其有效营养成分可保存在90%以上,花叶损失率不超过2%。它是实现苜蓿生产低成本、高品质的一个新途径,同时,也可广泛应用于人工种植草场的饲草(苜蓿)、牧草种子及要求低温烘干的农产品干燥。

1. 类型及应用场地

太阳能饲草干燥设备按进料方式划分为连续型和批次型,按干燥饲草形态划分为散草型和草捆型,按干燥温度划分为低温型和高温型。应用场地可以在室内也可以在室外,主要根据干燥饲草进料与出料、干燥能力、作业场地供给、投资能力进行选择。

2. 国内外发展现状

20世纪70年代以来,随着科学技术的发展和能源紧缺的逐渐显现,世界各国开始重视太阳能利用的研究。其中,也开始了利用太阳能对农产品进行干燥的工艺和技术研究。到80年代末,国外建成太阳能干燥装置面积超过500 m^2 的就有7座。国际能源机构太阳能加热和制冷计划中,还专门设立了"太阳能干燥农作物"任务组。近10年来有较大的发展,太阳能干燥技术在世界上已经进入生产应用阶段。

在太阳能干燥研究方面,我国在20世纪80年代后开始起步,经过20年的科技攻关,研究和应用水平有了较大提高,目前全国建成的太阳能干燥装置总采光面积已达20 000 m^2。21世纪初,中国农业机械化科学研究院呼和浩特分院开始对太阳能饲草干燥技术及成套设备展开了系统研究,一些科研成果已经进入生产应用阶段,如9G-2.5型交替供热式太阳能饲草干燥设备、9GF-2.5型太阳能干燥设备的附加能源干燥装置和9GK-1.0型太阳能草捆干燥设备。

3. 典型机型

1) 9G-2.5型交替供热式太阳能饲草干燥设备

(1) 结构简图(见图25-45)

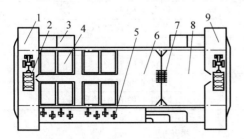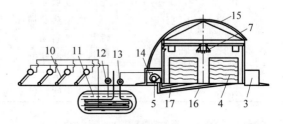

1—装料平台;2—运输车;3—控制室;4—干燥仓;5—风机;6—暂存段;7—抓草斗;8—加工段;9—卸料平台;10—真空管集热器;11—储热水罐;12—储热泵;13—热交换泵;14—热交换器;15—板式集热器;16—风道;17—空气分配筛。

图25-45 9G-2.5型交替供热式太阳能饲草干燥设备结构简图

(2) 机器组成

9G-2.5型交替供热式太阳能饲草干燥设备主要由干燥仓、太阳能交替供热系统、自动控制系统、饲草装卸设备等组成。

(3) 工作原理

9G-2.5型交替供热式太阳能饲草干燥设备分别通过板式集热器和真空管集热器2套系统将太阳能高效转换成热能。在白天,通过热风吹送系统将板式集热器的热能直接转换成热风。通过空气分配筛将热风均匀吹入干燥仓内干燥饲草,再将尾气排出机外。与此同时,储热水罐则通过真空管集热器将太阳能用于加热罐中的水,以储备热能。夜间,设置在板式集热器内的电子监测系统感受到温度的明显降低,即通过自动控制系统关闭风机到板式集热器间的风管。风机的风转而通过储热水罐中的蛇形风管,经加热后再进入热风吹送系统,用于干燥饲草。当天亮后,板式集热器受太阳照射温度再度升高,电子监测系统感受到温度的变化,自动控制系统打开风机到板式集热器间的风管,如此实现自动控制对饲草的

昼夜连续干燥过程。干燥仓分为8个单元,通过天车用抓斗依次装仓和卸仓,由此实现各单元的流水干燥作业。电子监测和控制系统可自动检测尾气温度、干燥仓内饲草含水率的变化等主要工作参数,以实施监控,使设备运行在最佳工况。

（4）型号及主要技术参数（见表25-43）

（5）常见故障及排除方法（见表25-44）

（6）产品图片（见图25-46）

表 25-43　型号及主要技术参数

序号	项　目	技术指标
1	型号	9G-2.5型交替供热式太阳能饲草干燥设备
2	太阳能空气集热器热效率/%	≥50
3	太阳能空气集热器面积/m²	1400
4	真空管集热器面积/m²	300
5	储热水罐容积/m³	15
6	配套动力/kW	135
7	抓草斗容积/m³	2.5
8	生产干草能力/(t·h⁻¹)	2.5
9	含水率/%	入仓含水率≤40 烘干后含水率≤17

表 25-44　常见故障及排除方法

序号	故障现象	产生的原因	故障排除方法
1	干燥速度慢	光照强度低	开启辅助能源
		真空管集热器损坏	修复真空管集热器
		储热泵未启动	启动储热泵
		储热水罐温度低	开启辅助能源
2	物料干燥不均匀	风机未全部开启	开启全部风机
		干燥仓中的物料不均匀	均匀干燥仓中的物料

图 25-46　9G-2.5型交替供热式太阳能饲草
干燥设备

2）9GK-1.0型太阳能草捆干燥设备

（1）结构简图（见图25-47）

（2）机器组成

9GK-1.0型太阳能草捆干燥设备主要由草捆干燥箱、风送系统、太阳能空气集热器和储存仓等组成。

（3）工作原理

上料时,先装下层物料,下支撑油缸伸出,下风道滑套在下风道滑轨上向上滑动,中风道及其上面所有部件升起,到达一定高度停止。将草捆分别摆放在下风道出风口上,并使草捆截面与下风道出风口对中。下支撑油缸回缩,下风道滑套在下风道滑轨上向下滑动,中风道

及其上面所有部件下降，当中风道下出风口与草捆上面压紧时，停止动作。然后，再装上层物料，上支撑油缸伸出，上风道滑轨在上风道滑套中向上滑动，上风道升起，到达一定高度停止。将草捆分别摆放在中风道上出风口上，并使草捆截面与中风道上出风口对中。上支撑油缸回缩，上风道滑轨在上风道滑套中向下滑动，上风道下降，当上风道出风口与草捆上面压紧时，停止动作。风机吹送热风进入草捆干燥箱下风道干燥草捆，直至草捆含水率达到储存的安全水分。卸料时，先卸上层物料，操作过程相反。

草捆干燥过程气流运动如图25-48所示，热空气通过下风道入风口进入下风道，一部分

从下风道出风口吹入草捆底部，穿过草捆进行干燥，最终带着水分从草捆侧壁排出进入大气。一部分流经联风管，进入中风道中，从中风道下出风口吹入草捆顶部，穿过草捆进行干燥，最终带着水分从草捆侧壁排出进入大气。在中风道隔风引流板的作用下，另一部分热风从中风道上出风口吹入草捆底部，穿过草捆进行干燥，最终带着水分从捆侧壁排出进入大气。同时，通过联风管将风吹入草捆顶部，穿过草捆进行干燥，最终带着水分从草捆侧壁排出进入大气。

（4）型号及主要技术参数（见表25-45）

（5）常见故障及排除方法（见表25-46）

（6）产品图片（见图25-49）

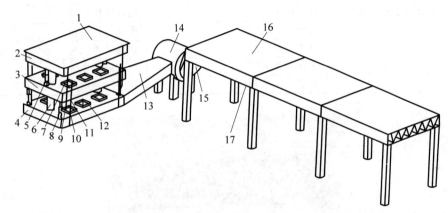

1—草捆干燥箱；2—上风道；3—中风道；4—下风道；5—上支撑油缸；6—联风管；7—上风道滑轨；8—下支撑油缸；9—上风道滑套；10—下风道滑轨；11—下风道滑套；12—风道出风口；13—风机出风管；14—风机；15—风机入风管；16—空气集热器；17—储存仓。

图25-47 9GK-1.0型太阳能草捆干燥设备结构简图

图25-48 草捆干燥过程气流运动图

表 25-45　型号及主要技术参数

序号	项　　目	技 术 指 标
1	型号	9GK-1.0 型太阳能草捆干燥设备
2	太阳能空气集热器热效率/%	≥50
3	太阳能空气集热器面积/m²	700
4	配套动力/kW	55
5	方捆尺寸/(mm×mm×mm)	360×460×600
6	圆捆尺寸/(mm×mm)	1200×1200
7	生产干草能力/(t·h⁻¹)	1.0
8	含水率/%	入仓含水率≤40 烘干后含水率≤17

表 25-46　常见故障及排除方法

序号	故 障 现 象	产生的原因	故障排除方法
1	干燥降水速度慢	光照强度低	开启辅助能源
		液压系统失压	检查液压系统
		风机电机损坏	修复风机电机
2	物料干燥不均匀	风机电机损坏	修复风机电机
		液压系统失压	检查液压系统
		草捆密度差别大	使用同一批次收获的草捆

图 25-49　太阳能草捆干燥设备

25.4　饲料混合加工机械

25.4.1　概述

全价饲料是由蛋白质饲料、能量饲料、粗饲料和添加剂四部分组成的配合饲料。全价饲料的生产主要由饲料混合搅拌机和全日粮搅拌机完成。

25.4.2　饲料混合搅拌机

饲料混合搅拌机是一种生产全混合日粮的设备,生产制备时,可以对各组成成分进行搅拌、揉搓和切割,使精、粗饲料和各种添加剂按不同饲料阶段的营养需要充分混合,从而保证反刍动物所采食的每一口饲料都是精、粗成分比例稳定、营养价值均衡的全价日粮。

1. 类型及应用场地

饲草（料）混合搅拌机按主轴分布形式分为卧式混合机和立式混合机。

饲草（料）混合搅拌机按其适应的饲料种类分为干粉料（配合和混合饲料）、湿拌料和稀饲料混合机。

饲草（料）混合搅拌机按结构和工作原理分为回转筒（内无搅拌部件）式、固定腔室（内配搅拌部件）式。

饲草（料）混合搅拌机按被混合物料的物态不同分为：用于粉料混合的螺旋、叶片和环带式；用于稀饲料搅拌的螺旋、桨叶和叶片式；用于潮湿料的螺旋和叶片式。

饲草（料）混合搅拌机按配料计量方式分为分批式和连续式。

饲草（料）混合搅拌机按容器形式可划分为容器回转型和容器固定型。其中容器回转型主要有滚筒型、V 型、双圆锥型、正立方型、S 型；容器固定型主要有卧式螺带型、立式螺带型、行星型、犁刀型、锥式螺带型、无重力型。

饲草（料）混合搅拌机按照搅拌部件可分为卧式环带式混合机、犁刀式混合机、卧式双轴桨叶式混合机、圆锥形行星混合机等。

饲草（料）混合搅拌机（简称饲料混合机）应用于畜牧养殖场地的各种粉体颗粒的混合，通过饲料混合机使得饲料的颗粒能够充分地混合，使最后出来的饲料混合均匀。

1）卧式环带式混合机

卧式环带式混合机主要由机体、螺旋轴、传动部分和控制部分等组成。机体外形为槽形，其截面有 O 形、U 形、W 形三种。其中 U 形混合机应用最普遍，在 U 形混合机中又以单轴双螺旋最为常见。

工作原理：内外螺旋分别为左、右螺旋，使物料在混合机内按逆流原理进行充分混合。外圈螺旋叶片使物料沿螺旋轴向一个方向流动，内圈螺旋则使物料向相反方向流动，使物料成团地从料堆的一处移到另一处，很快地达到粗略的团块状的混合，并在此基础上有较多的表面进行细致的、颗粒间的混合，从而达到均匀混合。当物料中水分、脂肪含量较高时，物料黏性增大，则所需混合时间较长；当物料粒度均匀性较差、比重差异较大时，混合过程中离析作用较大，所需混合时间也较长。反之，所需混合时间较短。

2）犁刀式混合机

犁刀式混合机主要由卧式筒体、犁桨轴、犁刀、飞刀和传动系统等构成。犁刀形如犁耙、飞刀形状，有宝塔状和荷花状两种。该机的犁刀和飞刀是分开传动的，犁刀轴由减速器通过皮带和链驱动，或用弹性联轴器直接驱动，转速为 $60\sim270$ r/min；飞刀组由电动机直接驱动，转速为 $1000\sim3000$ r/min。

工作原理：机内混合粉料受旋转的犁刀作用，一部分沿筒壁作圆周运动，另一部分则被抛向筒身中心，或沿犁壁法线方向向筒身两端分散，使犁刀之间的物料进行浮游式和扩散式混合。而流经飞刀的混合粉料，则被高速旋转的飞刀剪碎，混合物之间进行剪切和扩散混合。由于犁刀和飞刀的复合作用，混合粉料的运动轨迹纵横交错、互相撞击，产生强烈涡流，使粉料在短时间内完成混合。

3）卧式双轴桨叶式混合机

卧式双轴桨叶式混合机主要由机体、转子、排料机构、传动部分和控制部分等组成。机体为双槽形，其截面形状呈 W 形，机体顶部开有两个进料口，两机槽底部各有一个排料口。该机的转子为两根并排安装并作相向旋转的轴及安装在其上面的桨叶构成。每组桨叶有两片叶片，桨叶一般呈 45°安装在轴上，只有一根轴最左端的桨叶和另一根轴最右端的桨叶的安装角小于 45°，其目的是让物料在此处获得更大的抛幅而较快地进入另一转子作用区。两轴上的桨叶组相互错开，其轴距小于两桨叶长度之和，使其转子运转时，两根轴上的对应桨叶端部在机体中央部分形成交叉重叠，而又不会相互碰撞。

工作原理：该混合机工作时，机内物料受两个相向旋转的转子的作用，一方面作轴向运动，另一方面又作圆周运动。特别是在两轴桨叶的重叠区域，由于两转子的相向运动使该区域物料受旋转桨叶作用比在其他区域强烈两倍以上,此外,被一侧桨叶提起的物料在离开桨叶的瞬间,由于惯性作用在空中散落,并落入被另一侧桨叶提起的物料内。散落过程中,物料相互摩擦渗透,在混合机中央部位形成了一个流态化的失重区,使该区域的固体物料的混合运动像液体中的分子扩散运动一样,形成一种无规则的自由运动,充分进行扩散混合。混合作用轻而平和,摩擦力小,混合物无离析现象,不会破坏物料的原始物理状态。

4) 圆锥形行星混合机

圆锥形行星混合机由转动曲柄、齿轮传动、螺旋轴、圆锥形筒体等组成。

工作原理:当曲柄转动时,通过曲柄与齿轮的传动,螺旋轴在围绕圆锥形筒体公转的同时又进行自转,致使物料不仅上下翻动,而且还绕着筒体四周不断转动并在水平方向混合。由于外壳为锥形,因此上下部的运动速度不同,同一高度层的运动速度也不一样,使得物料之间存在相对运动,从而达到混合的目的。

2. 国内外发展现状

饲料混合搅拌机主要是将配合后的各种物料在外力作用下相互掺合,使各种饲料能够均匀分布。

我国饲料混合机制造技术起步较晚,自20世纪70年代生产的第一台混合机开始,经历了一个漫长的引进吸收国外先进技术的过程。近年来,国内许多进行饲料及生物质能源加工设备研究和生产的企业、高校加强了混合机的科研工作,并取得了大量成果。例如江苏牧羊集团成功研制了我国第一台卧式双轴桨叶式高效混合机,采用的是世界独创的双层桨叶高效混合,达到国际领先水平。目前国内饲料混合机的发展主要参考国外先进技术,无论从种类和规模还是性能或自动化程度都有很大的改进。其中代表性的成果有江苏牧羊集团的快速双轴、单轴桨叶混合机。虽然国内饲料混合机的研制已具有一定水平,但就其可靠性而言仍处于较低水平,影响到我国饲料混合机的国际竞争力。

国外饲料混合料产品主要代表企业有荷兰 DINNISSEN 公司、加拿大 LAMBTON 公司、丹麦 ANDRITZ 公司等。荷兰 DINNISSEN 公司混合机按作业工作方式分为在线混合机和批次混合机,其特点是混合机转子的转速可调节,搅拌叶片的型式不尽相同且通用性较强;该混合机具备双重功能即柔和混合和高剪切混合功能,可以广泛适应多种物理特性的混合物料及多种混合工艺的需求;饲料混合周期短(3~50 s);混合均匀度高达97%;产量可达 8.50×10^2 m³/h;配料系统添加液体添加系统;通过编程控制混合物料的不同组分选择及添加顺序和混合时间设定。加拿大 LAMBTON 公司的 LLHJ0.3-LLHJ2.5 型号批次混合机,其产量可达 150~1000 kg/批;配套电机功率 4.0~18.5 kW;混合速度快、混合均匀度高且不产生偏析;混合机出料门的开启通过电动控制或者气动控制,混合机卸料敞口大,混合室内物料残留极少且卸料速度快。丹麦 ANDRITZ 公司生产的混合机混合周期为2~3 min/批;生产能力为 0.5~40 t/h;批次产量为 0.1~6 t/批,1:100 000 的混合精度,配有自清理高效排空功能,可调式转子桨叶,混合室分为前仓和混合仓混合,配有空气补给的混合,气动全长大开门卸料,可配置三种液体喷入,适用于各种配合饲料的混合。

近年来,瑞士布勒公司研制了桨式卧式混合机、意大利敏沙公司研制了高精度的 TUROB 型混合机、美国 Day Mixing 公司研制了立式大功率混合机、法国 MHIRA 公司与日本株友重机工业公司合作研发了多功能 T8 混合机等。总体来看,饲料混合搅拌机朝着高精度、自动化、智能化、大型化、多功能化方向发展。

3. 典型机型

1) 9JQW-12 型卧式全日粮搅拌机

(1) 结构简图(见图 25-50)

(2) 机器组成

机器由壳体、主轴、反向推轴、轮轴、减速机固定板、减速机、牵引架、传感器等组成。

(3) 工作原理

该机由一个减速机传动主轴与另外两个

反向螺旋推轴组成内部结构,在混合搅拌时,物料从入料口处向机壳前端位置进行螺旋搅拌。物料由主轴前端的两个左右旋向的刀盘将草料挤向上部,再由上面的反向螺旋推轴把草料搅向壳体后端,从而形成循环搅拌过程。主轴搅龙旋体上每个刀盘都装有动刀片,与机壳底部的定刀作切割工作,将通过的各种纤维性草料、秸秆进行切割搅拌,从而达到切碎混合均匀的全日粮饲喂效果。

（4）型号及主要技术参数（见表25-47）

（5）常见故障及排除方法（见表25-48）

（6）产品图片（见图25-51）

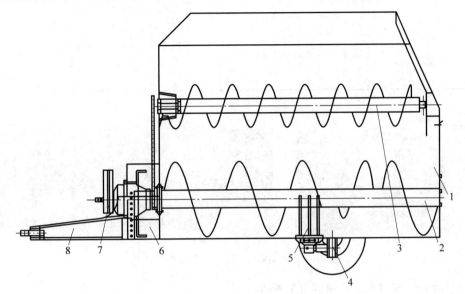

1—壳体；2—主轴；3—反向推轴；4—轮轴；5—传感器；6—减速机固定板；7—减速机；8—牵引架。

图 25-50　9JQW-12 型卧式全日粮搅拌机结构简图

表 25-47　型号及主要技术参数

序号	项　　目	技 术 指 标
1	型号	9JQW-12 型卧式全日粮搅拌机
2	外形尺寸(长×宽×高)/(mm×mm×mm)	6700×2200×2730
3	配套动力/kW	≥37
4	搅龙转速/(r·min^{-1})	30
5	结构形式	卧式
6	拌料箱容积/m^3	12
7	整机质量/kg	5400
8	混合均匀度/%	≥85
9	动刀片/个	81
10	生产率/(kg·h^{-1})	4500
11	轮胎型号	315/80-R22.5
12	轮距/mm	2000

表 25-48 常见故障及排除方法

序号	故障现象	产生的原因	排除故障方法
1	主轴转动异常	联轴器损坏或安装误差大；减速机缺机油或负载大；入草口处主轴端轴承损坏	检查联轴器端口是否正常；检查减速机温度；检查入草口处主轴端是否有异响注：如果以上地方有异响或不正常的情况应及时修理或更换
2	饲草结过长	动刀或底刀钝化	及时修磨动刀刃或更换动刀及底刀
3	反向轴不转动	链条脱落或过度磨损；叶片变形	检查传动链条是否完好；查看螺旋叶片是否完好注：如有磨损或断裂应及时修理或更换

图 25-51 9JQW-12 型卧式全日粮搅拌机

2) 9HLSJ-20 型全混合日粮饲料制备机

（1）结构简图（见图 25-52）

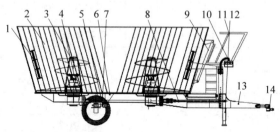

1—定刀；2—壳体；3—塔心；4—减速机；5—传感器；6—主架；7—行走轮；8—传动轴；9—门子油缸；10—显示器；11—安全护栏；12—支撑腿；13—牵引架；14—牵引挂钩。

图 25-52 9HLSJ-20 型全混合日粮饲料制备机结构简图

（2）机器组成

该机器由壳体、定刀、塔心、减速机、传感器、主架、行走轮、传动轴、门子油缸、显示器、安全护栏、支撑腿、牵引架、牵引挂钩等组成。

（3）工作原理

在混合搅拌时，物料从底部由螺旋塔心作用向上进行螺旋抛撒搅拌。物料由主轴上的螺旋塔心叶片，将草料从下向上旋转往复式推送草料，通过螺旋推送的草料由中心向四周翻料再落下，从而形成循环搅拌过程。每个主轴搅龙螺旋体上均匀分布着 17 个动刀片，与机壳中下部的调节定刀作切割工作，将通过的各种纤维性草料、秸秆进行切割搅拌，从而达到切碎混合均匀的全日粮饲喂效果。

（4）主要技术参数（见表 25-49）

（5）常见故障及排除方法（见表 25-50）

（6）产品图片（见图 25-53）

表 25-49　9HLSJ-20 型全混合日粮饲料制备机主要技术参数

序号	项　　目	技　术　指　标
1	外形尺寸（长×宽×高）/(mm×mm×mm)	5500×2140×2124
2	配套动力/kW	≥1204 马力拖拉机（减速电机≥75）
3	主轴转速/(r·min^{-1})	30
4	拌料箱容积/m³	20
5	搅龙数量/个	2
6	生产率/(kg·h^{-1})	≥10 000
7	轮胎规格	8.25R20
8	轮距/mm	1850
9	混合均匀度/%	≥85
10	整机质量/kg	6700

表 25-50　9HLSJ-20 型全混合日粮饲料制备机常见故障及排除方法

序号	故障现象	产生的原因	排除故障方法
1	液压部件不工作	拖拉机液压无输出	检查拖拉机是否处于连续泵油位置上（有独立液压系统的机器除外）
		电磁阀失灵	排除电磁阀故障
		液压泵损坏	更换液压泵
2	传送带不工作	液压马达不工作	排除液压马达故障
		皮带打滑	张紧皮带
3	搅拌不均匀	搅拌机长期不使用，搅拌桶内部生锈	使用磨砂纸打磨除锈，或取 500 kg 左右整粒玉米，倒入搅拌机，搅拌大约 1~2 h
4	开机跳闸	电机受潮或者电源线松动缺相	电机卸掉放置在干燥通风处静止 1~2 天，拧紧松动的导线
5	搅拌机内部有异常响声	搅龙轴倾斜，搅龙与外管接触	将搅龙轴调正
		搅龙轴承损坏	更换轴承

图 25-53　9HLSJ-20 型全混合日粮饲料制备机

3）750 混合搅拌机

（1）结构简图（见图 25-54）

（2）机器组成

该机器由大桶、死桶、活桶、搅龙轴、辅料斗、辅料葫芦总成、下轴承室、主轴连体轮、进料葫芦总成、搅拌电机、上轴承、散气孔、检修门、放料口、立腿等组成。

（3）工作原理

将物料送入进料口后，物料将会由螺旋提升机带动物料由下向上进行输送，物料到达顶部后在惯性作用下被抛撒下来,物料在半空中边旋转边抛撒,不断地作扩散运动,形成以扩散混合为主、剪切混合为辅的混合过程,以此为周期,不断地进行混合,直到物料完全混合。混合过程主要利用扩散混合的搅拌原理,它的主要混合部件是内部螺旋提升装置。

（4）主要技术参数（见表25-51）

（5）常见故障及排除方法（见表25-52）

（6）产品图片（见图25-55）

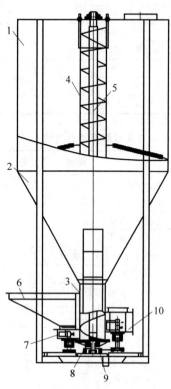 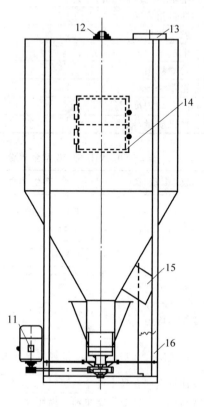

1—大桶；2—锥度；3—死桶；4—活桶；5—搅龙轴；6—辅料斗；7—辅料葫芦总成；8—下轴承室；9—主轴连体轮；10—进料葫芦总成；11—搅拌电机；12—上轴承；13—散气孔；14—检修门；15—放料口；16—立腿。

图 25-54　750 混合搅拌机结构简图

表 25-51　750 混合搅拌机主要技术参数

序号	项　目	技术指标
1	外形尺寸(长×宽×高)/(mm×mm×mm)	1100×800×2380
2	功率/kW	3
3	产量/(kg·h^{-1})	500
4	理论质量/kg	114

表 25-52　750 混合搅拌机常见故障及排除方法

序号	故障现象	产生的原因	排除故障方法
1	使用过程中混合机发生抖动	地基不平整	调整地基使其平整
		基础螺栓松开	拧紧螺栓
2	工作时突然停机	物料未排放干净	等待物料排放干净之后重新启动

续表

序号	故障现象	产生的原因	排除故障方法
3	设备内部有异响	轴承损坏	更换轴承
		电机转向不正常	维修电机
		内部螺旋和混合室内壁产生摩擦	通过拉杆丝调节

图 25-55　750 混合搅拌机

参考文献

[1] 东北农学院.畜牧业机械化[M].北京：中国农业出版社,1981.

[2] 庞声海.改善锤片式粉碎机的工作过程[C]//全国饲料工业学术交流会论文集,1986.

[3] 南效景,刘蔓茹,等.筛孔直径对锤片式粉碎机粉碎性能的影响[C]//全国饲料工业学术交流会论文集,1986.

[4] 沈再春.农产品加工机械与设备[M].北京：中国农业出版社,1993.

[5] 姚维祯.畜牧业机械化[M].2版.北京：中国农业出版社,1995.

[6] 饶应昌.饲料加工工艺与设备[M].北京：中国农业出版社,1996.

[7] 王青云.揉碎机噪声的测试与研究[D].呼和浩特：内蒙古农业大学,2007.

[8] 王天麟.畜牧机械[M].北京：中国农业出版社,1988.

[9] 佘周威.浅谈环模制粒机的现状与发展[J].农家参谋,2018(5)：63.

[10] 王峰,刘德旺.饲草压块机具研究现状[D].北京：中国农业大学工学院,2005.

[11] 蒋恩臣.畜牧业机械化[M].3版.北京：中国农业出版社,2005.

[12] 兴农.SYKH850 环模压块机[J].农业装备技术,2006(1)：48.

[13] 柳楠,牟永义,等.牛羊饲料配制和使用技术[M].北京：中国农业出版社,2004.

[14] 谭体升,李普选,马杰.新型带式烘干机的设计与开发[J].中国油脂,2006,31(7)：24-25.

[15] 车轩,冯秋兰.带式干燥机在水产饲料干燥工艺中的应用[J].广东饲料,2008,17(8)：34-36.

第26章

饲 养 机 械

26.1 青贮饲料采集加工设备

26.1.1 概述

现代规模化养殖场养殖饲料以青饲料为主。青饲料又以青贮饲料多为常见。青贮饲料的使用涉及取饲、混合搅拌和投饲,自走式饲料搅拌车就是在这种情况下出现的,而且随着规模化养殖的不断普及,自走式饲料搅拌车发展前景广阔。

26.1.2 自走式饲料搅拌车

1. 类型及应用场地

1) 类型

自走式饲料搅拌车是全价饲料搅拌机(TMR)分类中的一种。TMR 按搅龙螺旋轴形式分为立式和卧式,按作业时是否移动分为固定式和移动式,按移动方式分为牵引式和自走式。

2) 应用场地

自走式饲料搅拌车适用于有青贮设施的规模化养殖场,是 TMR 设备中价格较高的一种,是国外规模化养殖场通用的一款设备。在国内由于养殖业发展过程和模式的不同,自走式饲料搅拌车使用量较少。

2. 国内外发展现状

国外养殖业发展最早以农场模式为主。种养加结合是主要的生产模式。饲料主要以青饲料为主结合部分干草料和添加剂。集取饲、混合搅拌和投饲功能于一体的自走式饲料搅拌车非常受养殖户的欢迎,国外著名生产企业有加拿大 JAY. LOR(捷罗)、SUPREME(斯普瑞),法国 KUEN(库恩),意大利 SITREX(赛特尔斯)、FARESIN(法雷森),德国 SILOKING(斯诺金),西班牙 TATOMA(塔徒唛),荷兰 TULIP(郁金香)。近年来,随着我国养殖业的发展,对养殖装备需求十分旺盛,巨大的市场商机吸引了国外设备制造商的关注,其高端 TMR 多以大型化、机电液一体化、智能化为发展方向。国内厂商中,北京国科诚泰农牧设备有限公司、青岛友宏畜牧机械有限公司在自走式饲料搅拌车技术开发方面有所突破,在继承国外先进技术的基础上,推出了国产设备。目前国内 TMR 多以牵引式和固定式作业形式为主,与国外设备相比,性能差距很小,但价格有明显优势。

3. 典型机型(SPW Intense 立式双搅龙自走式饲料搅拌车)

1) 结构简图(见图 26-1)

2) 机器组成

SPW Intense 立式双搅龙自走式饲料搅拌车由动力底盘、取料头、输送带、搅拌仓、螺旋搅龙、排料系统、控制操作系统、称重系统等部分组成。动力底盘包括机架、发动机、液压系统、行走驱动系统;取料头包括转动轴、螺旋粉碎叶片、壳体、马达；输送带包括动力辊、从动辊、皮带、马达、升降机构；搅拌仓包括仓壁、定刀、出料口、增高仓；螺旋搅龙包括搅龙、锯齿动刀、排料推板、转动轴、马达；排料系统包括料门、排料支架、皮带机；控制操作系统包括驾驶系统、工作操作系统；称重系统包括三点支撑系统、荷重传感器。

3）工作原理

如图26-2所示，工作时，移动饲料搅拌车行至青贮饲料处，启动取料头，青贮饲料被切割采集并通过输送带运送进入搅拌仓。取饲后，根据饲料配方加入配方原料，如干草、糟渣类、精料等。在搅拌仓中带有粉碎刀具的锥形搅龙对物料进行切碎和混合。锥形的搅龙底部叶片与料箱的直径几乎相等，搅龙旋转时可将饲料从底部推至顶端，物料在上升过程中叶

片承重面积逐渐减小，而料箱的顶部空间很大，所以有部分饲料在上升的过程中就向周围抛撒，随着搅龙的旋转，物料不断地被翻动，形成强烈的对流混合。由于搅龙周围也填满了物料，物料在随搅龙旋转和上升的过程中，与周围物料发生剪切混合。由于离心力的作用会使物料沿螺旋套筒径向有一分速度，受周围物料的阻碍，而与周围物料发生扩散混合。全混日粮搅拌车通过这三种方式的混合，物料搅拌得更加均匀。全价饲料生产完成后，移动设备至养殖畜舍，打开排料门，启动搅龙，物料在跟随设备移动的同时被抛出机外，落到畜舍指定的投料位置。

4）主要技术参数（见表26-1）

5）常见故障及排除方法（见表26-2）

6）产品图片（见图26-3）

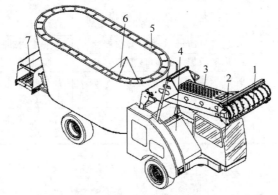

1—取料头；2—驾驶室；3—输送带；4—动力底盘；5—搅拌仓；6—螺旋搅龙；7—排料系统。

图26-1　SPW Intense立式双搅龙自走式饲料搅拌车结构简图

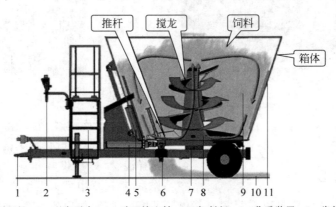

1—牵引架；2—控制面板；3—观察平台；4—动刀输入轴；5—卸料门；6—称重装置；7—齿轮箱；8—螺旋搅龙；9,10—饲料；11—搅拌仓。

图26-2　SPW Intense立式双搅龙自走式饲料搅拌车工作原理

表 26-1　SPW Intense 立式双搅龙自走式饲料搅拌车主要技术参数

序号	项　目	技　术　指　标				
1	有效容积/m³	14	16	18	19	25
2	搅龙数量/个	2 个立式搅龙				
3	外形尺寸(长×宽×高)/(mm×mm×mm)	9800×2500×2740	9750×2500×2960	9600×2500×3210	10 930×2500×2780	10 690×2500×3330
4	发动机功率/Ps	225	225	225	225	225
5	青贮切割功率/Ps	160	160	160	200	200
6	搅龙转速/(r·min⁻¹)	0~50	0~50	0~50	0~55	0~55
7	空载质量/kg	12 600	12 700	12 800	14 575	14 850
8	前轮胎和后轮胎规格	445/45R19.5	445/45R19.5	445/45R19.5	445/45R19.5 445/45R22.5	445/45R19.5 445/45R22.5

表 26-2　SPW Intense 立式双搅龙自走式饲料搅拌车常见故障及排除方法

序号	故障现象	产生的原因	排除故障方法
1	进料皮带输送机与取料头间物料堵塞	取料头取料切削量大或液压动力不足	减小切削量或检查液压系统
2	物料搅拌不匀,切碎时间长	搅拌搅龙转速低,刀具磨损严重	检查液压系统排除故障,磨锐或更换刀具
3	输送带不动或速度慢	输送带打滑或输送带磨损严重	张紧输送带或更换输送带
4	搅拌搅龙有异常声响	搅龙轴承损坏或饲料中有异物	更换轴承或排除异物
5	取饲效率明显下降	取料头螺旋刀具磨损或驱动马达动力不足	更换磨损严重的刀具,检修更换马达或排除液压故障
6	液压系统发热严重	马达泄漏严重或长期处于高负荷工作状态	检修更换马达或降低生产负荷

图 26-3　SPW Intense 立式双搅龙自走式饲料搅拌车

26.2　撒料车

26.2.1　概述

撒料车的主要功能是将成品日粮直接抛撒在饲喂区域内完成饲喂,用于农牧业养殖区、大中型饲养场和规范社区饲养场的饲喂作业。可将牧草饲料、农作物秸秆、青贮饲料等纤维性饲料混合搅拌均匀后,投入本机内二次搅拌混合,进行投喂作业。使用方便,易于操作,撒料过程中可根据用户的圈宿牲畜的密度调节饲喂料,使用效率高,省时省力,节省养殖场空间。

采用撒料车饲喂全混合日粮,能够使碳水

化合物、脂肪、纤维素等营养物质在牲畜胃中被同时吸收；可简化饲喂程序，减少饲养的随意性，实行分群管理，节省劳动率成本。

26.2.2 自走式撒料车

自走式撒料车是一种拥有自主动力、结构紧凑、撒料均匀快捷、购置成本较低的自走式饲喂机械，主要由料箱、刮板运输装置、皮带输送装置、传动机构、底盘等组成。

1. 类型及应用场地

1）类型

自走式撒料车是在人上车安全操作的情况下，将混合物料装进箱体内，依靠搅轮作用，将混合物料从撒料车侧面排出，可自由移动的撒料车。采用三轮车进行牵引，具有动力强、能耗低、通过性高、机动性强、转弯半径小、使用灵活的特点。

2）应用场地

适用于养牛场、羊场、马场等场所。

2. 国内外发展现状

国内养殖场一般使用的是三轮撒料车。适用于养牛场、羊场、马场等场所，工作效率高，容积小于等于 5 m^3，以小型化为主；养殖数量较多时以大型撒料车为主。国外以大型机械为主。

3. 典型机型（9ZDS-2 自走式撒料车）

1）结构简图（见图 26-4）

2）机器组成

9ZDS-2 自走式撒料车主要由重型三轮车底盘、控制系统、蓄电池组、无刷直流电机、减速机驱动行走系统、料箱及搅龙搅拌、混合输送系统、搅龙撒料系统等组成。

3）工作原理

撒料车行走系统使用无刷直流电机配合减速机作为行走动力，速度变化由集成车把控制。撒料车物料的搅拌、混合、输送采用四轴螺旋搅龙作业方式。动力源由蓄电池组、无刷直流电机、减速机等组成。抛料机为单侧搅龙分料装置，采用搅龙输送的形式进行抛料，撒料速度通过脚踏开关控制，以便满足不同场合的需要。

4）主要技术参数（见表 26-3）

5）常见故障及排除方法（见表 26-4）

6）产品图片（见图 26-5）

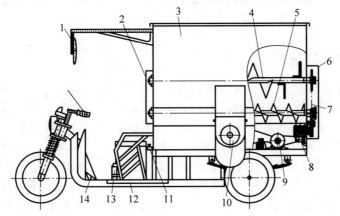

1—后视镜；2—护罩；3—料箱；4—破拱轴；5—输送搅龙；6—护罩；7—传动装置；8—减速机；9—撒料电机；10—撒料搅龙；11—电源开关；12—三轮车底盘；13—灭火器；14—脚踏撒料开关。

图 26-4　9ZDS-2 自走式撒料车结构简图

表 26-3　9ZDS-2 自走式撒料车主要技术参数

序号	项　　目	技 术 指 标
1	结构形式	自走式三轮车
2	输料方式	螺旋输送

续表

序号	项　目	技术指标
3	撒料车外形尺寸(长×宽×高)/(mm×mm×mm)	3660×1660×2000
4	撒料仓仓体外形尺寸(长×宽×高)/(mm×mm×mm)	1856×1270×1430
5	配套动力型式	直流电动机
6	配套动力功率/kW	3.1
7	料仓容积/m³	2
8	搅龙数量/个	4

表 26-4　9ZDS-2 自走式撒料车常见故障及排除方法

序号	故障现象	产生的原因	排除故障方法
1	撒料机无法启动或无力	电气开关接触不良或蓄电池亏电	更换电气开关或给蓄电池充电
2	撒料机不出料或出料不均匀	出料螺旋轴有异物缠绕	检查并排除
3	工作中设备有异响	减速机、轴承、链条缺润滑油	检查并加注润滑油

图 26-5　9ZDS-2 自走式撒料车

26.2.3　搅拌式撒料车

搅拌式撒料车的主要功用是将饲料利用搅拌站搅拌均匀后,通过车辆牵引或者轨道运输的方式抛撒在饲养场的喂料区域内。该装置装载饲料方便快捷,可以改善饲养环境,提高饲养场空间利用率,提高饲养场生产管理水平和生产效率,降低工人劳动强度。

1. 类型及应用场地

1) 类型

搅拌式撒料车按牵引方式分为轨道式搅拌撒料车、牵引式搅拌撒料车两种。轨道式搅拌撒料车是在固定的轨道上先进行饲草料搅拌作业,然后开始移动到牲畜饲喂槽,连续输送饲草到牲畜饲喂槽;牵引式搅拌撒料车是到原料场地装料进行搅拌,再由拖拉机拉到不同的饲喂场地进行撒料饲喂,优点是灵活、方便,

简化饲喂程序,减少饲养的随意性;实行分群管理,节省劳动力成本。

2) 应用场地

适用于农牧业养殖区、大中型饲养场和规范社区饲养场的饲喂作业。可将牧草饲料、农作物秸秆、青贮饲料等纤维性饲料混合搅拌均匀,投入本机内搅拌混合后,进行投喂作业。使用方便,易于操作,撒料过程中可根据用户的圈宿牲畜的密度调节饲喂料的用量,使用效率高,省时省力,节省养殖场空间。

2. 国内外发展现状

我国的智能饲喂设备是针对现代化养殖场、家庭化牧场、养殖合作社重新设计,结合畜牧业养殖的实际情况,开发研制出来的新一代自动化畜牧养殖饲喂设备。经过大量反复的研究和实验,克服了种种技术难关,从而解决了我国畜牧舍饲圈养自动化的问题,突破了制

约畜牧业现代化发展的技术难题。目前国外的智能饲养技术要明显优于我国，并且多项关键技术仍然保持垄断地位，设备也大多以大型搅拌机为主。

3．典型机型

1）9GS-6.2 轨道式搅拌撒料车

（1）结构简图（见图 26-6）

（2）机器组成

搅拌撒料车主要由变频器行走系统（包括料箱、搅轮、减速机、电动机）、电磁液压系统、电气控制箱、专用导轨、行车电缆总成、安全防撞电气保护系统、限位控制系统等组成。

（3）工作原理

全自动模式：

① 撒料车在原点的时候启动搅拌器，开始搅拌草料，搅拌时间设定值为 30 min 左右（时间可以自由设置）；

② 草料搅拌完成后开始行走，走到料槽位置自动停车，开料门；

③ 料门打开后，搅拌机开始行走，边行走边撒料，根据喂料量调节行走速度；

④ 撒料车到终点自动停车，自动关闭料门，搅拌器停止工作，移动到原点；

⑤ 撒料车到了原点自动停车，完成一次搅拌、撒料的全部过程；

⑥ 撒料车行走过程中前后不得有人。

手动控制模式：

撒料车可以手动控制搅拌草料，手动控制驱动行走；搅拌器两侧都有撒料门，手动状态下自由开料门，随意操作；行走电机使用变频器控制，可以设置行走速度，同时可以进行远程控制互联网或者遥控控制；前后都设有防撞保护、物体感应传感器、感应开关。

（4）主要技术参数（见表 26-5）

（5）常见故障及排除方法（见表 26-6）

（6）产品图片（见图 26-7）

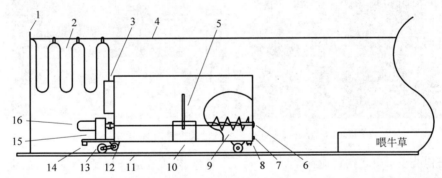

1—钢丝固定立柱；2—撒料车电缆；3—配电箱；4—钢丝绳；5—料门液压油缸；6—轴承座；7—防撞保护；8—终点限位；9—搅轮；10—料门；11—轨道；12—行走电机；13—行走轮；14—原点限位；15—减速机；16—电动机。

图 26-6　9GS-6.2 轨道式搅拌撒料车结构简图

表 26-5　9GS-6.2 轨道式搅拌撒料车主要技术参数

序号	项　　目	技术指标
1	输料方式	螺旋输送
2	搅拌器外形尺寸(长×宽×高)/(mm×mm×mm)	4000×1500×2015
3	搅拌器仓体外体尺寸(长×宽×高)/(mm×mm×mm)	3002×1500×1500
4	配套主动力功率/kW	22(2台电机)
5	行走电机功率/kW	1.1
6	液压系统配套功率/kW	1.5
7	料仓容积/m³	6.2

表 26-6　9GS-6.2 轨道式搅拌撒料车常见故障及排除方法

序号	故障现象	产生的原因	排除故障方法
1	报警	主减速机电动机保护动作	复位电动机保护器，检查绞轮有没有卡东西，机械部分轴承检查，减速机油位检查
		行走电动机保护器动作	检查行走轮轴承
		液压泵保护器动作	检查液压电机
		越位报警	检查限位开关，更换限位开关
		防撞保护动作	搅拌器行走过程中前面有人或者有物体，保护动作，按复位按钮
2	无法启动	系统没有启动	旋转启动开关
3	机械故障	料门没有开到位	重新关闭料门再开料门，重新设置料门时间
4	料门不出料	内部有异物	设备停止，停电，除去异物

图 26-7　9GS-6.2 轨道式搅拌撒料车

2）斯特劳曼牵引式饲料搅拌车

（1）结构简图（见图 26-8）

1—搅拌箱体；2—变直径混合搅龙；3—称
重装置；4—牵引杆；5—卸料装置。

图 26-8　斯特劳曼牵引式饲料搅拌车

（2）机器组成

斯特劳曼牵引式饲料搅拌车主要由搅拌箱体、变直径混合搅龙、称重装置、牵引杆和卸料装置等组成。

（3）工作原理

将饲料加入至搅拌箱体中，利用变直径混合搅龙对饲料进行搅拌混合，通过完美的几何形状的容器和不同的可变速混合搅龙，保证饲料混合均匀，缩短搅拌时间。混合均匀的饲料可以利用称重装置确保其质量大小，进而通过卸料装置卸到指定位置，充分发挥饲料搅拌车的效率。

（4）主要技术参数（见表 26-7）

（5）常见故障及排除方法（见表 26-8）

（6）产品图片（见图 26-9）

表 26-7 斯特劳曼牵引式饲料搅拌车主要技术指标

序号	项 目	技 术 指 标
1	结构形式	牵引立式双桶
2	外形尺寸(长×宽×高)/(mm×mm×mm)	8070×2700×3090
3	整机质量/kg	8500
4	配套动力范围/Ps(kW)	180(132.3)拖拉机
5	搅龙转速/(r·min⁻¹)	30
6	传动方式	动力输出轴
7	搅拌箱体容积/m³	24
8	刀片形式	锯齿形刀片
9	刀片数量/个	16

表 26-8 斯特劳曼牵引式饲料搅拌车常见故障及排除方法

序号	故 障 现 象	产生的原因	排除故障方法
1	出料速度慢	卸料口堵塞	清除卸料口异物
2	搅拌饲料不充分	搅龙刀具顿挫	更换刀具
3	工作过程中有异响	搅龙磁系统吸附金属杂物过多	及时清理搅龙磁系统上吸附的金属杂物

图 26-9 斯特劳曼牵引式饲料搅拌车

26.2.4 智能饲喂设备

智能饲喂设备是一种摩擦驱动并以连续方式运输物料的机械,主要由投料装置、配料填料装置、饲养管理控制系统等组成。系统用固定的饲料搅拌装置搅拌好青贮料,搅拌好的饲料通过传送带式自动饲喂系统上的滑动装置在传送带上前后运动,驱动轮可以由系统控制自动转换方向,将传送带上运送的饲料推下传送带,均匀撒在饲喂面上,牛羊就可以自行采食。

1. 类型及应用场地

1) 类型

智能饲喂设备取得饲料的方法有两种,一种是用自走式撒料机将混合好的饲料运输到智能饲喂设备端,将其均匀撒到皮带输送机上;另一种是与全日粮混合机相连,全日粮混合机混合完成后,再将其均匀撒到皮带输送机上。

2) 应用场地

国内中等规模养羊专业户使用此设备,价格低廉,维护使用方便,降低饲料的损失浪费,适用于养羊场所。

2. 国内外发展现状

国内对养殖自动饲喂系统的研究起步较晚,专注养猪自动化饲喂设备的企业和科研单位少。近年来,我国陆续从国外引进了大量养殖设备。这些设备价格昂贵且不便于操作,同时存在很多问题,使这些设备后期维护十分麻烦,如饲料饲喂设备往往采用管道输送方式,干饲料或湿料的管道输送系统由于存在管道残留,残余的饲料会腐败变质。今后需要对智能饲喂装置更新升级,争取研制出便捷实用的国产智能饲喂设备。

国外智能饲喂设备起步时间早,技术较为成熟。美国在饲喂方面大量应用智能识别技术、无线通信技术、自动控制技术,因而其养殖行业发展较为迅速;养殖业强国如荷兰、丹麦、加拿大等国家将养殖业和高新科技结合起来,采用集约化的管理方式,机械化、自动化、现代化程度高,普遍使用智能化的饲养系统。

3. 典型机型(9W-ZN-42 智能饲喂设备)

1)结构简图(见图 26-10)

2)机器组成

(1)控制系统箱:对饲喂设备的工作进行近、远程遥控。

设备安装电机综合保护模块,防止电机在漏电、缺相、超载或过热的情况下工作,保护电机安全。配置遥控接收机、手持式遥控发射机,可实现设备远程控制。配置电压表和电流表显示,及时了解机器的负荷情况。配置可靠的防雷措施及地线保护。

(2)饲料输送系统:操作者可直观地根

据饲养肉羊的数量,输送合理的饲料量。系统采用皮带输送,利用皮带和两侧挡板构成槽体,配置铸铁饮水碗并装有触碰式控制阀与管路构成自动饮水系统。该设备故障率低,使用寿命长,动力由电机驱动与控制部分实现联控。

(3)拉紧装置:其作用是给输送带施加一个初张力,用来拉紧胶带或补偿胶带的伸长,保证输送带在传动滚筒上不打滑,使胶带与滚筒间保持足够的摩擦驱动力。

3)工作原理

该饲喂设备将 TMR 搅拌机(选配)混合好后的饲草料通过拨料器平稳、均匀、均速地输送到设备饲喂单元,利用皮带和两侧挡板构成长 40 m、宽 0.6 m、高 0.2 m,容积 4.5 m³ 的槽体,配置铸铁饮水碗 38 个,并装有触碰式控制阀与管路构成自动饮水系统,牛、羊分别在设备两侧自由采食和饮水。整套装备利用控制系统箱进行控制,包括电机控制、机器负荷情况检测、远程遥控等,并且通过拉紧装置来保证输送带平稳运输。

4)主要技术参数(见表 26-9)

5)常见故障及排除方法(见表 26-10)

6)产品图片(见图 26-11)

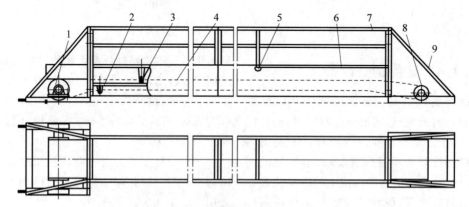

1—驱动轮;2—下托辊;3—上托辊;4—输送带;5—饮水机构总成;
6—输水管;7—机架;8—被动轮;9—上料口。

图 26-10　9W-ZN-42 智能饲喂设备结构简图

表 26-9　9W-ZN-42 智能饲喂设备主要技术参数

序号	项　　目	技　术　指　标
1	外形尺寸(长×宽×高)/(mm×mm×mm)	42 000×1180×1050
2	配套动力/kW	4.5
3	整机质量/kg	3700
4	工作电压/V	380
5	结构形式	固定卧式
6	输送带长度/宽度/(mm/mm)	42 000/600
7	输送带厚度/承重能力/(mm/kg)	8(4 层)/2000
8	输送带速度/(m·s^{-1})	0.6
9	连续输送效率(kg·h^{-1})	4000
10	批次输送效率/(m^3·次$^{-1}$)	4.5
11	输送饲喂容积/m^3	≤4.5
12	饲喂对象/数量	一次可容纳250只羊或80头牛同时饮水饲喂

表 26-10　9W-ZN-42 智能饲喂设备常见故障及排除方法

序号	故障现象	产生的原因	排除故障方法
1	输送带不动或速度慢	输送带打滑	通过调整螺丝调整输送带松紧
2	电动滚筒不转	无电源或控制柜电气元件接触不良	检查线路和控制柜是否正常,更换元器件
3	工作中设备有异响	机头或机尾有异物	检查并排除

图 26-11　9W-ZN-42 智能饲喂设备

26.3　粪污处理设备

26.3.1　概述

随着我国畜禽养殖业集约化与规模化的快速发展,养殖场排放的粪污对周边环境的污染越来越严重。我国是畜禽养殖大国,畜禽粪污、废物产生和排放量较大,每年产生量约为17.3亿 t,是工业固体废物的2.7倍。大量畜禽粪污没有得到资源化利用,成为农业生产面源污染的主要原因之一。面对巨大的畜禽粪污量和生物有机肥需求量,将畜禽粪污进行无害化处理进而资源化利用,制成优质的生物有机肥,不仅可以有效地解决畜禽养殖业产生的粪污对环境的污染问题,而且可以促进绿色环保农业的发展。

目前我国大部分养殖户仍直接用水冲洗畜禽粪尿,这样处理畜禽粪污不仅用水量大而且对环境污染严重。由于养殖行业规模化和集约化经营的要求,养殖户使用建有沼气池和生化池处理畜禽粪污,但是进沼气池的畜禽粪污都未经固液分离,实际使用证明这样培养沼气的效果不甚理想,因为未经处理的畜禽粪污直接进入沼气池,沼气池单位容积的产气量不大,而且沼气池发酵后容易留下大量残渣,使沼气池堵塞,清洗沼气池既耗力又极不安全,同时增加开支费用,如果直接销售未经固液分离的畜禽粪污又很难运输,因此对畜禽粪污进行固液分离,既可解决粪污在沼气池的沉淀问题,增强沼气池的处理能力,又可减小沼气池、生化池的建设面积,节省建设投资和土地使用面积,分离出来的畜禽粪污可作为有机肥的原料,既有社会效益又有经济效益。

26.3.2　禽畜粪污固液分离机

粪污固液分离机处理设备可为禽畜粪污进行固液分离。

1. 类型及应用场地

1)类型

固液分离是畜禽粪污深加工利用的首道工序。目前,主要分为离心式分离机、筛网式分离机、压滤式分离机三种类型。

2)应用场地

本机适用于对畜禽粪污的处理。

2. 国内外发展现状

国内关于规模化养殖场的畜禽粪污处理的研究落后于发达国家,但近年来随着国家的重视、经济的发展和科技的进步,也取得了很大成绩,逐渐摸索出一套适合我国国情的防治方法。随着环境污染问题的日益严重,国内有关用于粪污的固液分离设备的研究也变得更加迫切,20世纪80年代末先后从国外进口了一些固液分离设备,如转动筛、斜板筛、带式压滤机和离心式分离机等。经过多年的研究和发展,国内在固液分离设备研究中现已初步形成以机械式固液分离方法为主的行业态势。

国外畜禽粪污固液分离设备研发时间早,固液分离技术成熟,设备性能、质量好,机器大型化、自动化程度高。具有代表性的公司有德国的 FAN、COLUMBUS,瑞典的 Alfa Laval,日本的 NORITAKE、FKC,美国的 LYCOMFG、

VINCENT,挪威的 STORD,等等。

3. 典型机型

1)9GY-8 型畜禽粪污固液分离机

(1)结构简图(见图 26-12)

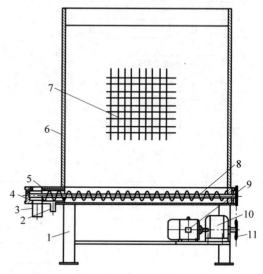

1—机架；2—挤压排液口；3—排渣口；4—轴承；5—挤压筛网；6—箱体；7—过滤筛板；8—挤压螺旋；9—电机；10—减速机；11—链轮传动。

图 26-12　9GY-8 型畜禽粪污固液分离机结构简图

(2)机器组成

机器主要由机架、挤压螺旋、挤压筛网、过滤筛板、箱体、动力及传动系统等部分组成。

(3)工作原理

禽畜粪污经筛板过滤,进入输送滚筒,再经压榨室进行压榨,由搅龙将粪污逐渐推向机器的前方,同时不断提高机器前缘的压力,迫使物料中的水分在边压带滤的作用下挤出网筛,流出排水管,达到固液分离的目的。

(4)主要技术参数(见表 26-11)

(5)常见故障及排除方法(见表 26-12)

(6)产品图片(见图 26-13)

2)9GY-18 型畜禽粪污固液分离机

(1)结构简图(见图 26-14)

(2)机器组成

机器主要由底座、壳体、电机、减速机、传动轴、支撑架、过滤筛网、螺旋叶片、压力调节装置等部分组成。

表 26-11　9GY-8 型畜禽粪污固液分离机主要技术参数

序号	项　　目	技　术　指　标
1	结构形式	螺旋挤压式
2	挤压电机总功率/kW	4
3	离心电机总功率/kW	3
4	外形尺寸(长×宽×高)/(mm×mm×mm)	1870×520×1450

表 26-12　9GY-8 型畜禽粪污固液分离机常见故障及排除方法

序号	故障现象	产生的原因	排除故障方法
1	电机不能启动	机器过载电流过小	调整保护器过载电流
		线路接触不良	确认线路接触良好
		电机烧损	更换电机
		机器卡死	调换电源线,反转几十秒再正常工作
2	出料效率低	水泵堵塞	疏通水泵
		电压过低	电压稳定才开机
		配重铁位置靠前	调整配重铁位置
		物料没有充分搅匀	利用回流管冲匀物料
3	分离机异常振动	机器进有杂物	排除机器杂物
		地基不平整	平整地基

图 26-13　9GY-8 型畜禽粪污固液分离机

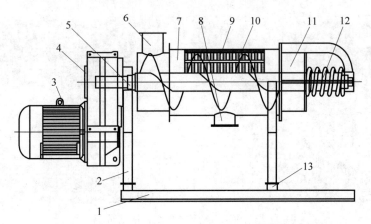

1—底座；2—支撑架；3—电机；4—减速机；5—传动轴；6—进料口；7—壳体；8—出液口；
9—过滤筛网；10—螺旋叶片；11—出料口；12—压力调节装置；13—减震垫。

图 26-14　9GY-18 型畜禽粪污固液分离机结构简图

（3）工作原理

粪污通过吸粪泵经输送管进入进料口，多余的粪污经溢出口流回粪污池，粪污通过搅轮进入分离室，达到液体与固体的分离，液体从液体出口流出，固体从分离室轴向挤出。

（4）主要技术参数（见表 26-13）

（5）常见故障及排除方法（见表 26-14）

（6）产品图片（见图 26-15）

表 26-13　9GY-18 型畜禽粪污固液分离机主要技术参数

序号	项　　目	技　术　指　标
1	结构形式	筛分＋螺旋挤压式
2	挤压电机总功率/kW	4
3	清洗水泵总功率/kW	1.5
4	外形尺寸(长×宽×高)/(mm×mm×mm)	1300×1700×1360

表 26-14　9GY-18 型畜禽粪污固液分离机常见故障及排除方法

序号	故障现象	产生的原因	排除故障方法
1	不出料	搅龙运转方向不对	关闭电源，连接三根火线里的任何两根互换位置后紧固好
		料液浓度过低	可适当浓缩一下再进行固液分离
		料液物料过细	需要用高精细分离机
2	出料慢	浓度过低	适当加大物料浓度
		溢流管开成负压过大	把溢流管出水口抬高
		物料黏度大	适当加水稀释
		物料存放期过长	1～2 天分离一次
3	前端喷料	出料口没有浓缩住	先关停泵(8～10 s)—停主机—开泵(5～6 s)
		物料过稀	先预浓缩
		进料不均匀	在集污池上加装搅拌机
4	主机过热停机	物料浓度过大	适当加大物料浓度
		接触器设定电流过小	按照电机标准额定电流进行调节
		运转时间过长	适当停机
		螺丝松动	用扳手紧固好螺丝

图 26-15　9GY-18 型畜禽粪污固液分离机

26.3.3　翻抛机

畜牧养殖会产生畜禽粪污。将畜禽粪污通过好氧发酵转变成有机肥,是常用的畜禽粪污无害化处理方式。在好氧发酵过程中需要定时对堆积的有机肥进行翻抛,从而提高有机肥中氧气的浓度。翻抛机是畜禽粪污好氧发酵过程中的关键设备。

堆肥发酵是利用畜禽粪污生产有机肥的一个重要环节,翻抛是提高堆肥效率和堆肥产品质量的重要措施。现代产业化畜禽粪污堆肥制作有机肥过程中,肥料的翻抛耗费大量的人力、物力和财力。随着畜禽粪污堆肥技术的发展,国内外已研制出了一批适合畜禽粪污处理的专用翻抛机械。近年来,现代设计方法和工业控制技术发展迅速,为翻抛机的进一步研发和改进提供了良好的基础。

1.类型及应用场地

1)类型

翻抛机按翻抛工作部件形式的不同分为槽式叶轮翻抛机、槽式桨叶翻抛机、槽式链板翻抛机。

2)应用场地

翻抛机安装在厂房内。翻抛机是好氧发酵系统的机械部分,工作时与土建部分配合完成对有机肥翻抛和加氧。

2.国内外发展现状

翻抛机作为一种传统的发酵类设备,被广泛应用到有机肥厂、污水处理厂、禽畜中心等。随着我国规模化养殖、粪污无害化处理、种养结合等政策的出台,有机肥市场发展动力强劲,翻抛机的需求不断扩大。

德国、美国和日本等发达国家生态循环农业模式比较完善,在畜禽粪污等农业废弃物堆肥生产方面投入大、发展快,堆肥的生产工艺和翻抛技术装备已经比较成熟,堆肥翻抛设备向着专业化、大型化和智能化的方向发展。德国专业从事翻抛机生产的 BACKHUS 公司已经形成了产品的系列化和规模化,其翻抛机多采用全液压驱动,没有齿轮和链条等机械传动,液压泵直接连接到动力装置上,提高了整机的传动效率、工作的平稳性和可操作性。通过优化翻抛刀辊和行走轨道,使堆肥物料紧密排列发酵,可以使堆肥快速升温,有效提高堆肥生产率。"新远东—圣甲虫"翻抛设备是由美国和加拿大联合制造的,充分利用了高科技生物技术的研究成果。该翻抛设备集机电液一体化控制技术,在通过翻抛原料进行通风加氧的同时,准确控制温度与湿度,使堆肥物料快速腐熟,基本满足了规模化堆肥生产有机肥的需要。日本三重农艺研究组通过研究污泥和粪污的含水率与硬度等物理特性,利用岩土撕裂原理创新设计了槽式翻抛机的抛刀,使翻抛机的设计更有针对性,并有效地降低了功率消耗。

我国翻抛机的研制开始于 20 世纪 70—80 年代,市场上出现了一批适合我国生物有机肥的专用翻抛机械。随着机电液控制技术的发展和翻抛机原理的深入研究,堆肥用翻抛设备的性能有所提高。北京化工大学张华等研制的 HC-01 深槽式螺旋搅拌堆肥装置,针对固体废弃物深槽式堆肥工艺,设计了两个倾角可调的搅拌螺旋,并且通过变频器控制搅拌螺旋的转速、小车横向移动速度及大车前进速度,具有良好的应用效果。南京农业机械化研究所彭宝良等研制的 FP2500A 型有机肥翻抛机,主要由翻抛粉碎系统、作业驱动系统、行走系统、操作系统和机架等组成,翻抛粉碎系统采用了卧式双向对置及组合链动刮板抛送粉碎结构,其设备具有作业顺畅、运行可靠、效率高和自平衡性能好的特点。江苏大学工程机械研究所田晋跃根据生活垃圾处理工艺要求及自行式垃圾翻抛机工作机构的作业特性,对其工作装置的受力状态及运动进行了分析,并进行了性能试验,建立了转子搅拌能量消耗模型和转子搅拌动力模型,为进一步研究垃圾翻抛机提供了理论依据。

3.典型机型(FPY 槽式叶轮翻抛机)

1)结构简图(见图 26-16)

2)机器组成

翻抛机主要由房体、行走架、翻抛盘吊臂、卷扬机、翻抛盘、料斗、驱动机构、控制系统等部分组成。

3）工作原理

翻抛机工作时，盘体在驱动机构的带动下转动，转动过程中盘体端面上的料斗对盘体端面处的有机肥进行翻抛，而靠近盘体端面位置处的有机肥会不断下落到料斗的移动轨迹处，从而被料斗翻抛，这样即使翻抛盘在较深的深度下工作也能够对靠近翻抛盘处的有机肥进行翻抛，使得翻抛盘的工作深度不会受到影响。该翻抛机采用端面作为工作面，这样有效地避免了有机肥在翻抛盘处堆积，提高了翻抛机的工作效率。

4）主要技术参数（见表 26-15）

5）常见故障及排除方法（见表 26-16）

6）产品图片（见图 26-17）

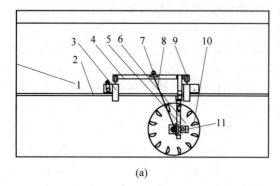
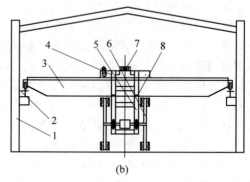

(a) (b)

1—房体；2—纵向轨道；3—纵向行走架；4—横向行走架；5—翻抛盘吊臂；6—翻抛盘；
7—卷扬机；8—拉绳；9—铰接位置；10—料斗；11—驱动机构。

图 26-16　FPY 槽式叶轮翻抛机结构简图
(a) 翻抛机；(b) 翻抛机和厂房

表 26-15　FPY 槽式叶轮翻抛机主要技术参数

序号	项　　目	技 术 指 标
1	翻抛机跨度/m	12/16/20/24/28
2	物料堆积厚度/m	2～2.5
3	主电机功率/kW	37
4	横向行走电机功率/kW	1.52
5	纵向行走电机功率/kW	1.1×2
6	气缸功率/kW	4
7	工作行走速度（横向）/(m·min^{-1})	9
8	翻抛进给深度/m	0.5
9	每小时翻抛面积/m²	270
10	翻抛一遍物料前移距离/m	3
11	进料物料含水率/%	55～65

表 26-16　FPY 槽式叶轮翻抛机常见故障及排除方法

序号	故 障 现 象	产生的原因	排除故障方法
1	启动振动大	翻抛轮部不平衡	刮板称重，按重量配重
		小车存在"啃轨"现象	消除"啃轨"现象
		连接螺栓松动	检查螺栓并重新拧紧

续表

序号	故障现象	产生的原因	排除故障方法
2	大车、小车"啃轨"现象	车轮磨损或直径存在差异	测量、加工、更换车轮
		钢轨直线度过大,轨距过大或过小,两条轨道踏面垂直高度差过大,两条轨道平行度差	测量车轮对角线,相差过大,调整车轮;调整轨道高低、平行度
		驱动电机运行不同步	电机启动、制动同步
		轨顶有油污或冰霜,造成摩擦系数降低,运行摩擦阻力不足	消除油污和冰霜
3	轴承温度高	油质不良、油量过少、有杂质	清洗后加合格的润滑脂
		轴承安装不同心	找正轴承
		轴承箱盖连接螺栓拧紧力过大或过小	调整拧紧力
4	轴承损坏	轴承与轴安装不良	重新找正安装
		润滑脂少,质量差	加注或更换润滑脂

(a)

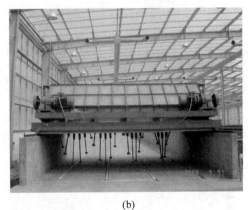

(b)

(c)

图 26-17　翻抛机

(a) 槽式叶轮翻抛机;(b) 槽式桨叶翻抛机;(c) 槽式链板翻抛机

参考文献

[1] 赵维松.螺旋挤压固液分离机构优化设计与试验[D].北京:中国农业科学院,2017.

[2] 岳耀耀.美国养猪生产调研[J].中国畜牧杂志,2012,48(20):53-55.

[3] 王建军.养殖场自动饲喂控制系统设计[D].杭州:杭州电子科技大学,2015.

[4] 黄克亮.混凝土搅拌车控制原理在饲料搅拌机系统中的应用[J].农机化研究,2019,41(1):143-147.

［5］ 张海龙.奶牛全混合日粮（TMR）饲喂技术［J］.中国牛业科学,2018,44(3)：77-78.

［6］ 孙国强,吕永艳.山东省部分地区规模奶牛场TMR饲养技术应用现状的调研报告［J］.畜牧与饲料科学,2017,38(2)：29-31.

［7］ 孟修丹.国外饲料搅拌车发展概况［J］.农业工程,2015,5(5)：145-148,152.

［8］ Shirly.斯诺金自走式搅拌车［J］.农业机械,2015(14)：18-21.

［9］ Apirl.库恩立式饲料搅拌车［J］.农业机械,2015(14)：22-23.

［10］ 赵燹.9JQL立式牵引式全混日粮搅拌机［J］.农业机械,2015(14)：25.

［11］ 马春玲.有机肥发酵方式及设备使用现状浅析［J］.新疆农机化,2021(1)：32-34.

［12］ 陈华.HLX-11FF135型大跨度轨道式异位床翻抛机的设计［J］.福建农机,2020(4)：35-39.

［13］ 倪艳君.槽式翻抛机结构设计［J］.农业工程,2020,10(8)：93-95.

［14］ 孙家伟,陶志影,张林,等.槽式翻抛机关键部件设计与试验［J］.甘肃农业大学学报,2020,55(4)：200-208.

［15］ 林家祥,杨晓奇,薛金鑫.翻抛机液压系统串并联回路的冲击分析［J］.广西科技大学学报,2020,31(3)：16-21,27.

第27章

畜产品采集及加工机械

畜禽生产的目的是获得人类所需的肉、蛋、奶、皮、毛等畜产品。采用先进适用的机械设备可以显著提高生产效率、改善劳动条件，并能提高畜产品的质量和产量。本章主要对挤奶机、杀菌设备、牛奶贮存罐、鸡蛋收集及处理设备、畜禽运输车、剪羊毛机、家禽防疫机械进行介绍。

27.1 挤奶机

27.1.1 概述

挤奶机主要由挤奶器和真空装置两部分组成，其工作原理是模拟牛（羊）犊的自然吸奶动作，利用真空装置产生的真空抽吸的作用将牛（羊）奶吸出来，并输送到奶罐中。目前我国使用的挤奶机主要有小型挤奶机和固定式挤奶台两大类。除此之外，随着科学技术的发展，自动挤奶机（挤奶机器人）也逐渐出现并被使用。

1. 分类

根据《畜牧机械 产品型号编制规则》(JB/T 8581—2010)对畜牧机械的规定，结合挤奶机的结构形式、功能特点以及《挤奶设备 词汇》(GB/T 5981—2011)，同时参考农业部农业机械试验鉴定总站对挤奶机的命名方法，可将现有的挤奶机细分为九类，其特点和适用规模如表 27-1 所示。

表 27-1 挤奶机分类表

挤奶机类型	结构特点	性能特点	适用奶牛场规模
提桶式	挤奶杯组通过牛站位处真空阀与安装在机房内的真空泵相连接，将奶直接吸进挤奶桶	机房内的大功率真空泵可以同时为多个挤奶器提供动力，但挤奶桶需要人工搬运，工作效率较低	每次挤 1 头奶牛，适合 50 头牛以下的小型牛场
移动式	由真空泵、真空管道和挤奶杯组等结构组成，由可移动的推车搭载	操作方便灵活、维护简单，能移动到每头奶牛所在的位置进行挤奶	每次挤 1~2 头奶牛，适合 50 头牛以下的小型牛场
管道式	真空管道接入牛舍，挤奶杯组和脉动器通过人工连接在不同的真空管道上，牛奶通过管道直接收集	采用全封闭系统收集牛奶，卫生质量和新鲜度有保障，奶牛在牛舍内进行产奶，挤奶效率较高	适合约 100 头牛的中型牛场
平面式	真空管道接入牛舍，没有供人工操作的坑道，挤奶杯组和脉动器人工连接在不同的真空管道上，牛奶通过管道直接流入集奶系统中	采用全封闭的系统收集牛奶，可以实现快速挤奶，卫生质量和新鲜度有保障	适合约 400 头牛的大型牛场

续表

挤奶机类型	结构特点	性能特点	适用奶牛场规模
中置式	具有挤奶厅和人员操作的坑道,挤奶杯组只有一排	工人可以站在坑道内操作挤奶杯组,操作方便且挤奶效率较高	适合约200头牛的中型牛场
鱼骨式	奶牛呈鱼骨式排列,脉动杯组和管道直接连接到牛站位处进行挤奶工作	工人可以站在中间坑道内同时操作两边的挤奶杯组,能够实现高效挤奶	适合约300头牛的中型牛场
并列式	由两排呈并列式排列的脉动杯组组成,挤出的鲜奶通过管道流入临时贮奶罐中	奶牛呈并列式站位,方便工人操作,该类型的挤奶机已经基本实现自动化挤奶	适合约400头牛的大型牛场
转盘式	挤奶管道和杯组呈圆盘式排列,奶牛从一侧进入挤奶机,从另一侧离开挤奶机	具有电子识别、电子计量、自动脱杯等功能,能够实现自动化挤奶	适合200头牛以上的大中型牛场
自动挤奶机(挤奶机器人)	由主控制电脑、挤奶设备、进出口控制系统、个体识别装置等组成	具有感知、分析、决策和控制等功能,自动化、信息化、智能化程度高	适合200头牛以上的大中型智能化牧场

2. 型号编号规则格式

型号编号规则格式:9J-XX(X)(X)-AXC/E。

其中,9J在畜牧机械类里代表挤奶机;第3、4位XX代表挤奶机形式,用大写首字母组成,如:移动式-YD、提桶式-TT、管道式-GD、平面式-PM、中置式-ZZ、鱼骨式-YG、并列式-BL、转盘式-ZP;第5位(X)代表计量方式,用其大写首字母表示:电子计量-D、瓶式计量-P、无计量方式-O;第6位(X)代表脱杯方式,用其大写首字母表示:自动脱杯-Z、手动脱杯-S;A代表奶牛站位排数,用阿拉伯数字1、2表示;C代表每排的奶牛头数,用阿拉伯数字1、2、3……表示;E代表挤奶杯的杯组数,用阿拉伯数字1、2、3……表示。

例如:9J-BP(D)(Z)-2X24/48,表示该挤奶机型号为并排式电子计量自动脱杯双排48杯位。

27.1.2 小型挤奶机

定义:由真空泵、真空管道、挤奶杯组和临时贮奶罐等结构组成的小型可移动式挤奶设备称为小型挤奶机。

用途:主要适用于牛、羊、骆驼、马等牲畜的挤奶工作。

1. 类型及应用场地

根据真空泵安装位置的不同,可以将小型挤奶机分为移动式和提桶式两类。小型移动式挤奶机如图27-1所示。由图可知,其结构主要由真空泵、真空管道和挤奶杯组构成,由一辆可以移动的小车搭载,其主要应用于放牧场或者奶牛站位较为分散的场地。该类型挤奶机适用于50头牛以下的小型牛场,其功能特点是能够将挤奶机整体移动到每头奶牛的站位处进行挤奶,挤出的牛奶将被收集到挤奶桶里,随后由人工将奶液倒入贮奶罐中。

图27-1 小型移动式挤奶机

小型提桶式挤奶机如图27-2所示,真空泵固定安装在机房内,真空管道接入牛舍并和牛站位处真空阀相连。其主要应用于小型养殖户、产房和隔离牛舍等奶牛较为集中并且有固定站位的场地,其工作效率较移动式挤奶机略高,每人每台每小时可挤 10～24 头奶牛,适用于 30～60 头的奶牛场使用。

图 27-2 小型提桶式挤奶机

2. 国内外发展现状

自 1903 年澳大利亚牧民 Alexander Gillies 发明了第一台挤奶机开始,世界挤奶机产业的发展已有百余年的历史。国外挤奶机械的相关技术已经较为成熟,目前可以制造多功能、多用途、多种类的挤奶设备。

目前,我国自行研制的中小型挤奶设备主要以提桶式和移动式为主,大中型的厅式挤奶设备仍以从国外进口为主,国产挤奶设备的自动化程度不高、成套性差,仍需要较多人工参与,许多关键技术有待于研究与攻克,如牛奶自动计量技术、奶杯自动脱落技术等。

总体上看,我国挤奶机械的研制水平和生产应用水平均较低,为了提高挤奶设备的适用性和挤奶机械化程度,我国已经采取引进国外先进技术的同时开发适合国内生产实际的挤奶设备等积极有效的措施。

3. 典型产品

1) 小型移动式挤奶机

(1) 结构简图(见图 27-3)

(2) 机器组成

由图 27-3 可知,小型移动式挤奶机主要由挤奶系统、牛奶储存系统、真空系统和脉动系统组成。其中挤奶系统主要包括脉动器、奶管和奶杯等。奶杯是机械化挤奶环节中唯一同时与奶牛乳房和牛奶直接接触的部件,其性能直接影响奶牛的乳房健康和牛奶的品质。奶杯又分外套和内套两部分,外套一般由不锈钢

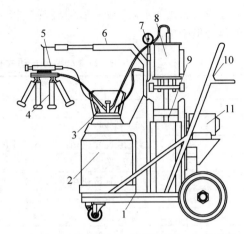

1—小车;2—挤奶罐;3—控制阀原件;4—吸奶器;
5—连接盘;6—伸缩杆;7—真空表;8—预处理罐;
9—连通元件;10—推杆;11—微型吸泵。

图 27-3 小型移动式挤奶机结构简图

材料或合成树脂制成,内套均为橡胶制品,其品质对奶牛乳房炎的预防有不可忽视的作用,根据国家相关标准,每个奶杯内套使用 3～4 个月或约 2500 次进行更换。牛奶储存系统由长奶管、集乳器和奶桶组成。真空系统由真空泵、真空贮槽、真空调节器和真空管道等组成,真空泵可分为变容真空泵和动量传输泵,主要作用是将挤奶机系统内的气体排出,保持一定的真空度,为挤奶工作提供动力,真空管的压力可分为低配管压(42～45 kPa)和高配管压(45～50 kPa)。脉动系统由脉动器和脉动气管组成,其作用是调节气流反复通过挤奶杯脉动室,使挤奶机杯组工作室保持相对稳定的频率,如果脉动系统的稳定性较差,将会直接导致奶牛乳头血液循环不畅或对奶牛的乳房产生冲击,诱发奶牛乳房炎。脉动器的频率一般为 50～60 次/min。

(3) 工作原理

进行挤奶工作时,将挤奶机推到奶牛的站位处并启动挤奶机,通过电机与真空压力罐的配合,将奶牛的奶头放入橡胶套中,通过吸盘的收放气动作模拟小牛吸奶的过程,从而完成挤奶过程。在此过程中,硅胶套到位后,可将奶头固定,不会就此脱落,海绵层可以减缓吸力带来的压力,使奶牛不会有疼痛感,过滤网

可以过滤实物化杂质,奶液最后通过梯形管流入到临时集奶罐内。

(4)型号及主要技术参数(见表27-2)

(5)常见故障及排除方法(见表27-3)

表 27-2　小型移动式挤奶机型号及主要技术参数

序号	项　目	技术指标
1	型号	9J-Ⅱ挤奶小车
2	功率/kW	1.1
3	外形尺寸/(mm×mm×mm)	800×800×920
4	脉动形式	气脉动
5	每小时挤奶牛头数/(头·h⁻¹)	20～24
6	脉动频率/(r·min⁻¹)	60～63
7	脉动比率	60:40
8	真空泵抽气速率/(L·min⁻¹)	220
9	产品质量/kg	83
10	奶桶容量/L	2×25

表 27-3　小型移动式挤奶机常见故障和排除方法

序号	故障现象	产生的原因	排除故障方法
1	真空度不达标	真空罐密封件漏气	将有颜色的水涂在密封件上,观察有无颜色渗入罐内。若有,表明密封件需要更换;若无,则可能是稳压器松动,可打开稳压器上盖,边观察真空表的读数边转动稳压器的铜套,直至指针指在正常范围内为止,然后将锁紧螺母拧紧
2	奶桶内没有真空度而管内有真空度,但不能挤奶	桶盖不干净,造成单向阀黏附在阀座上	对奶桶及各零件进行清洗
3	脉动器不工作	一是真空导管开关没打开,二是脉动频率调整螺钉拧到底,三是脉动器盖歪斜,四是脉动器的通气孔堵塞	对可能故障的部件逐个排查检修

(6)产品图片(见图27-4)

图 27-4　小型移动式挤奶机

2)提桶式挤奶机

(1)结构简图(见图27-5)

(2)机器组成

提桶式挤奶机由脉动器、挤奶杯、奶罐和奶管等组成。其中脉动器是模拟人手挤奶的重要组成部件,一般发出60:40的脉动比率,可以更快地完成挤奶工作。奶杯是机械化挤奶过程中的关键部件,它直接接触奶牛乳房和牛奶。奶杯由内外两层组成,内套直接与奶头接触,其品质将影响奶牛的乳房健康和牛奶质量。按国家标准,每个奶杯内套应3～4个月或使用2500次进行更换,对预防奶牛乳房炎和保

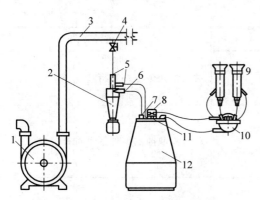

1—真空泵；2—水汽分离装置；3—真空管线；4—真空阀；5—出气口；6—进气口；7—奶桶出气口；8—脉动器；9—挤奶杯组；10—集乳器；11—真空吸气口；12—挤奶桶。

图 27-5　提桶式挤奶机结构简图

障牛奶质量都很重要。奶罐是挤奶过程中暂时储存鲜奶的装置，一般由不锈钢制成，当奶罐储满之后将奶液倒入到贮奶罐中进一步杀菌、消毒、储存。

（3）工作原理

当奶牛需要进行挤奶时，将提桶式挤奶机提到需要挤奶的奶牛站位上，随后通过管道将牛站位上的真空阀与提桶式挤奶机相连接，随后打开机房内的真空泵并通过电机与真空压力罐的配合，将奶头放入橡胶套内，通过挤奶器具对奶头进行周期性的吸附和放开动作，从而完成挤奶过程。在此过程中，橡胶套固定奶头不脱落；海绵层减轻吸力压力，避免奶牛感到疼痛；过滤网过滤杂质，奶液最后通过梯形管流入收集罐。

（4）型号及主要技术参数（见表 27-4）

（5）常见故障及排除方法（见表 27-5）

（6）产品图片（见图 27-6）

表 27-4　提桶式挤奶机型号及主要技术参数

序号	项　目	技　术　指　标
1	型号	油电两用挤奶机
2	功率/kW	1.1
3	外形尺寸/(mm×mm×mm)	1060×880×920
4	脉动形式	气脉动
5	每小时挤奶牛头数/(头·h^{-1})	20～24
6	脉动频率/(r·min^{-1})	60～63
7	脉动比率	60:40
8	真空泵抽气速率/(L·min^{-1})	220
9	产品质量/kg	83
10	奶桶容量/L	2×25

表 27-5　提桶式挤奶机常见故障和排除方法

序号	故障现象	产生的原因	排除故障方法
1	真空度不达标	真空罐密封件漏气	将有颜色的水涂在密封件上，观察有无颜色渗入罐内。若有，表明密封件需要更换；若无，则可能是稳压器松动，可打开稳压器上盖，边观察真空表的读数边转动稳压器的铜套，直至指针指在正常范围内为止，然后将锁紧螺母拧紧

续表

序号	故障现象	产生的原因	排除故障方法
2	奶桶内没有真空度而管内有真空度,但不能挤奶	一般是桶盖不干净,造成单向阀黏附在阀座上	对奶桶及各零件进行清洗
3	脉动器不工作	一是真空导管开关没打开,二是脉动频率调整螺钉拧到底,三是脉动器盖歪斜,四是脉动器的通气孔堵塞	对可能故障的部件逐个排查检修

图 27-6 提桶式挤奶机

图 27-7 管道式挤奶机

27.1.3 固定式挤奶台

定义:由真空系统、集奶系统、挤奶系统和电子计量系统等装置组成。真空系统、集奶系统固定在机房内,挤奶系统和电子计量系统等装置接入牛舍进行挤奶的大型挤奶设备称为固定式挤奶台。

用途:主要用于奶牛场的挤奶工作,适用于 100 头以上规模的牛场。

1. 类型及应用场地

固定式挤奶台包括管道式挤奶机、平面式挤奶机、中置式挤奶机、鱼骨式挤奶机、并列式挤奶机、转盘式挤奶机 6 种。

管道式挤奶机如图 27-7 所示。挤奶机的管道直接通到牛舍,挤奶机工作时挤奶杯组和脉动器通过人工接到不同的真空管道上。挤出的奶液直接进入管道,输送到贮奶罐中。

转盘式挤奶机如图 27-8 所示,该类型的挤奶机具有挤奶厅,挤奶机工作时挤奶杯组和奶牛随着转盘一起转动,奶牛从一边进入挤奶位

图 27-8 转盘式挤奶机

置,挤完奶的奶牛从另一边退出。该类型的挤奶机适合 200 头牛以上的大中型牛场。

平面式挤奶机如图 27-9 所示,挤奶厅没有坑道,挤奶杯组可以是一排或者两排,并根据牛的站位进行分类,当牛站位为一排,称为平面式挤奶机;当牛站位为两排,且呈鱼骨式排列的时候,称为鱼骨式挤奶机;当牛站位为两排,且为并列形式的时候,称为并列式挤奶机。

鱼骨式挤奶机如图 27-10 所示,挤奶杯组有两排,奶牛呈鱼骨式站位,该类型挤奶机是

图27-9　平面式挤奶机

具有挤奶厅和坑道的大型挤奶机,奶液通过真空的管道进行输送。

图27-10　鱼骨式挤奶机

并列式挤奶机如图27-11所示,挤奶杯组数有两排,且奶牛呈并列式站位,奶液通过真空的管道进行输送。

图27-11　并列式挤奶机

2. 国内外发展现状

1879年,美国人Anna Baldwin发明了第一台挤奶机,利用真空驱动和管路来代替人工挤奶。1979年,深圳光明华侨农场引进挤奶机整机之后,广州市牛奶公司以补偿贸易的形式,从香港地区引进了4台2×10位鱼骨式挤奶机。1988年,我国第一家中外合资生产挤奶机的企业在广州诞生。

据统计,全国采用机械挤奶设备进行生产的企业比率不到30%,且分布不均。而在京、津、沪等大中型城市,使用机械化挤奶的养殖场已超过80%,尤其是大型奶牛场基本实现了机械化,但在内蒙古、甘肃等地区,大量的奶牛养殖散户仍然采用人工挤奶方法。

综上所述,国外对于大中型的厅式挤奶设备的研发与生产技术已经相对成熟,而国产挤奶设备的许多核心部件仍然依赖进口,相关技术仍有待于研究与攻克,如牛奶自动计量技术、奶杯自动脱落技术等。

3. 典型产品

1) 并列式挤奶机

(1) 结构简图(见图27-12)

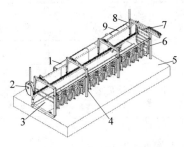

1—真空系统;2—电控系统;3—清洗系统;4—挤奶系统;5—棚架;6—基础管道;7—计量装置;8—牛奶收集系统;9—余奶回收系统。

图27-12　并列式挤奶机结构简图

(2) 机器组成

并列式挤奶机主要由真空系统、电控系统、清洗系统、挤奶系统、棚架、基础管道、计量装置、牛奶收集系统和余奶回收系统组成。其中,真空系统和挤奶系统负责将奶液挤出并沿着真空管道进入奶液收集系统。

(3) 工作原理

当需要对奶牛进行挤奶时,首先将奶牛牵引到挤奶机的指定位置,随后将奶杯与奶牛的乳头相连接,将挤奶机启动,在脉动器和吸盘的相互配合下模拟牛犊吸奶的过程从而将奶液挤出,随后奶液沿着真空管道流入到集奶系统中。当一头牛完成挤奶后,人工将奶杯取下,并将下一头奶牛带到该位置进行挤奶。

(4)型号及主要技术参数(见表 27-6)

(5)常见故障及排除方法(见表 27-7)

(6)产品图片(见图 27-13)

表 27-6 型号及主要技术参数

序号	项 目	技 术 指 标
1	产品型号	9JBD-24
2	结构形式	并列式
3	真空泵品牌	利拉伐
4	真空泵规格型号	DVP2300
5	真空泵台数/台	1
6	挤奶杯组数/组	24
7	脉动器品牌	利拉伐
8	脉动器规格型号	EP100B
9	脉动器型式	电脉动
10	脉动频率/(次·min^{-1})	60
11	脉动比率/%	65
12	计量方式	电子计量
13	脱杯方式	自动脱杯

表 27-7 常见故障和排除方法

序号	故障现象	产生的原因	排除故障方法
1	脉动器不工作	该故障常见于寒冷冬季,由于环境温度过低,滑块被冻结在滑座上,导致不脉动	挤奶机使用后要放在 4~5 ℃以上的地方,也可以将脉动器拆下放在常温室内,使用时再安装
2	脉动频率不正常	杂质堵塞节流孔导致脉动频率变化	若发现脉动频率变慢,要及时用专用工具疏通节流孔,但在疏通节流孔时要防止将节流孔扩大,否则将导致脉动频率变快
3	脉动频率加快	换气室进水	及时清除积水

图 27-13 并列式挤奶机

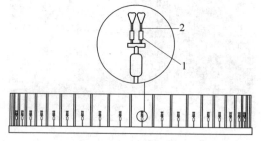

1—脉动器;2—奶杯。

图 27-14 转盘式挤奶机结构简图

2)转盘式挤奶机

(1)结构简图(见图 27-14)

(2)机器组成

转盘式挤奶机主要由脉动器、真空管道、奶杯、转盘等组成。

（3）工作原理

当需要对多头奶牛进行挤奶时，首先将奶牛牵引到转盘式挤奶机的一侧，转动转盘分别将奶牛拴系在转盘的不同位置，将奶杯与奶牛的乳头相连接，随后将挤奶机启动，奶牛随着转盘转动，在脉动器和吸盘的相互配合下模拟牛犊吸奶的过程从而将牛奶挤出，奶液沿着真空管道流入到集奶系统中。当一头奶牛完成挤奶后，人工将奶牛从转盘式挤奶机的另一侧牵走，缺位的转盘转动到挤奶机入口时，人工将另一头奶牛拴系到缺位的转盘上进行挤奶。

（4）型号及主要技术参数（见表27-8）

（5）常见故障及排除方法（见表27-9）

（6）产品图片（见图27-15）

表 27-8　型号及主要技术参数

序号	项　目	技术指标
1	产品型号	9JRP-50P2100
2	结构形式	转盘式
3	配套电机功率/kW	15
4	真空泵规格型号	LVP6000
5	真空泵台数/台	1
6	挤奶杯组数/组	50
7	稳压罐/L	800
8	奶泵型号	FMP110
9	脉动器型式	电脉动
10	计量方式	电子计量
11	脱杯方式	自动脱杯

表 27-9　常见故障和排除方法

序号	故障现象	产生的原因	排除故障方法
1	脉动器不工作	该故障常见于寒冷冬季，由于环境温度过低，滑块被冻结在滑座上，导致不脉动	挤奶机使用后要放在4~5℃以上的地方，也可以将脉动器拆下放在常温室内，使用时再安装
2	脉动频率不正常	杂质堵塞节流孔导致脉动频率变化	若发现脉动频率变慢，要及时用专用工具疏通节流孔，但在疏通节流孔时要防止将节流孔扩大，否则将导致脉动频率变快
3	脱杯异常	橡胶护垫老化脱落	及时更换
4	储奶桶漏奶	桶壁腐蚀老化	经常除锈

图 27-15　转盘式挤奶机

27.1.4　挤奶机器人

定义：挤奶机器人由机械臂、挤奶系统、清洗系统和挤奶箱等装置组成，是一种全自动、智能化的挤奶设备。

用途：挤奶机器人主要用于奶牛自然状态下的无人化挤奶作业。

1. 类型及应用场地

挤奶机器人又称为自愿挤奶系统，主要应用在智能牧场的无人化管理中。当奶牛想产奶时，奶牛自愿进入挤奶机器人的挤奶箱中，随后挤奶机器人自动挤奶。

挤奶机器人如图 27-16 所示，挤出的牛奶直接输送到挤奶机器人自身携带的集奶桶中临时储存。挤奶机器人挤完一头奶牛时将自动脱杯，并打开栏栅放出奶牛，随后挤奶机器人自动清洗挤奶杯组、按摩器等结构，等待下一头奶牛进入挤奶机器人。挤奶机器人主要应用于无人化的智能牧场。

图 27-16　挤奶机器人

2. 国内外发展现状

综合国内外挤奶机器人设备现状，国外挤奶机器人设备实施技术相对成熟，但对国内实行技术封锁，并且由于材质、工艺水平及设计施工等限制，以及国内对全自动智能挤奶机器人的研究比较晚等因素，限制了国内全自动挤奶机器人设备的发展。自动化、智能化挤奶对挤奶机器人的硬件要求较高，大多数的全自动智能化挤奶机器人设备都处于设计研究或样机试验阶段，并未应用到实践。

3. 典型产品（布玛蒂克挤奶机器人）

1）结构简图（见图 27-17）

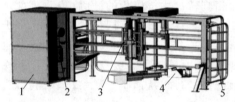

1—控制系统；2—挤奶和清洗系统；3—三自由度运动机构；4—挤奶机械臂及末端执行器；5—挤奶箱。

图 27-17　布玛蒂克挤奶机器人整体结构简图

2）机器组成

挤奶机器人主要由控制系统、挤奶系统、清洗系统、三自由度运动机构、挤奶机械臂及末端执行器和挤奶箱等部分组成。其中，挤奶机械臂作为机器人的末端执行器，要完成最终的挤奶工作，集成了图像识别测距系统、挤奶杯组、挤奶清洗管路、脱杯装置、乳头清洗刷等部件。

3）工作原理

在进行挤奶套杯前，对奶牛乳房的按摩和清洗是挤奶过程必不可少的重要环节。当末端执行器运动到奶牛乳房的前端时，安装在机械臂下的气缸推动清洗刷由图像识别测距系统准确定位奶牛乳头，清洗刷在三自由度运动机构的驱动下对奶牛的乳头分别进行按摩清洗；清洗过程结束后，清洗刷又回到初始位置。随后挤奶系统开始工作，将牛奶挤出并储存到临时贮奶罐中。

4）主要技术参数（见表 27-10）

表 27-10　主要技术参数

序号	项　目	技术指标
1	产品分类	挤奶机器人
2	挤奶箱长度/m	5.6
3	挤奶箱宽度/m	1.6
4	挤奶箱高度/m	2.4
5	质量/kg	2600

5）常见故障及排除方法（见表 27-11）

6）产品图片（见图 27-18）

表 27-11　常见故障和排除方法

序号	故 障 现 象	产生的原因	排除故障方法
1	脉动器不工作	这种故障常见于寒冷冬季,由于环境温度过低,滑块被冻结在滑座上,导致不脉动	挤奶机使用后要放在 4～5 ℃以上的地方,也可以将脉动器拆下放在温暖的地方,使用时再装上
2	脉动频率不正常	杂质堵塞节流孔是导致脉动频率变化的主要原因之一	如果发现脉动频率变慢,要及时用专用工具疏通节流孔,但在疏通节流孔时要防止将节流孔扩大,否则将导致脉动频率变快
3	机械臂损坏	按摩角度不舒服,牛蹄踢坏	机械臂旋转合适角度
4	机械手展开角度不够	机械手臂内部齿轮卡死	拆卸齿轮清理异物,加注润滑油

图 27-18　布玛蒂克双箱挤奶机器人

27.2　杀菌设备

27.2.1　概述

杀菌可以延长或保持食品食用期限,杀菌设备是食品机械中一种用于对食品上的微生物进行杀菌处理的专用机械。杀菌设备的研制使食品以更安全的形式进入大众的生活,促进了食品的跨区域流通,满足了消费者的食用需求,对推动食品的市场化具有重要意义。

杀菌设备按照其外形特征及杀菌方式的不同可分为罐体式杀菌机、板式杀菌机和列管式杀菌机。

杀菌机编号规则,如图 27-19 所示。

各符号表示含义:SR 产品代号,□分别表示换热器型式、额定生产能力和改进设计顺序代号。例如,SRB-2A 表示生产能力为 2000 L/h 的板式杀菌机。

27.2.2　罐体式杀菌机

定义:罐体式杀菌机是采用巴氏杀菌法在巴氏杀菌罐中对牛奶等液体产品进行杀菌处理的不锈钢容器设备。在杀菌过程中尽可能地保留了产品的营养与天然风味,但通过该方式获得的产品并不是无菌的,仍含有少量微生物。

用途:通过对液体物料进行灭菌工艺处理,杀死对健康有害的病原菌,从而达到延长保质期的目的,被广泛用于饮料、酒类、乳品、调味品、油脂、食品、颜料等液体物料的加热、搅拌、调配、冷却、保温,也适用于上述产品原始配方的确定和更新,产品口味的甄别、稳定剂、乳化剂的应用等,具有广阔的市场前景。

1. 类型及应用场地

(1) 按加热形式分为蒸汽巴氏杀菌罐、电加热巴氏杀菌罐。

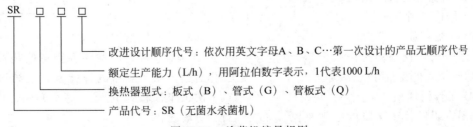

改进设计顺序代号:依次用英文字母A、B、C…第一次设计的产品无顺序代号
额定生产能力(L/h),用阿拉伯数字表示,1代表1000 L/h
换热器型式:板式(B)、管式(G)、管板式(Q)
产品代号:SR(无菌水杀菌机)

图 27-19　杀菌机编号规则

（2）按物料进出方式分为敞开式巴氏杀菌罐、封闭式巴氏杀菌罐。

（3）按结构形式分为上开盖下斜底巴氏杀菌罐、上下锥形封头巴氏杀菌罐、上下封头巴氏杀菌罐。

罐体式杀菌机容量较小，可用于牧场牛奶杀菌，也可用于奶吧、酸奶吧、鲜奶坊等场所。

2. 国内外发展现状

随着国内市场的不断扩大，特别是改革开放之后，人们对牛奶等饮品的需求量呈爆炸式增长，国内杀菌设备难以满足市场需求，食品加工企业陆续引进国外的杀菌设备。罐体式杀菌机由于使用及维修都较为方便，且价格较低，受到国内厂家欢迎。

国内罐体式杀菌机在发展的过程中，其加热降温方式由压缩机式更换为现在的水循环式，相比之下水循环式要比压缩机式的效率更高，且保留了牛奶等饮品的原味，因此逐步替代了压缩机式杀菌机。随着杀菌工艺的不断发展，国内罐体式杀菌机种类也在不断增加，目前水循环式杀菌机的类别在市面上有迷你型、简易型、豪华型、酸奶鲜奶一体机等。

国外巴氏杀菌机发展较早，1935 年就开始制造隧道式巴氏杀菌机。1989 年出现首台通过控制个人电脑实时监控杀菌工作整个过程的巴氏杀菌机。1994 年出现了的完整意义上的首台隧道式巴氏杀菌机。1996 年下半年，首台底槽式杀菌机开始组装（正式投入运行是在 1997 年 6 月），它开创了巴氏杀菌机的全新结构，所配备的缓冲系统优化了冷能和热能的配置，并且不使用任何阀件。罐体机型也是在此基础上研制并不断更新。

3. 典型机型

1）单罐鲜奶巴氏杀菌机

（1）结构简图（见图 27-20）

（2）机器组成

单罐鲜奶巴氏杀菌机由杀菌罐、卫生泵、呼吸器、支架和电控箱等组成。

（3）工作原理

单罐鲜奶巴氏杀菌机的原理是巴氏杀菌法，它是由法国微生物学家巴斯德发明的一种

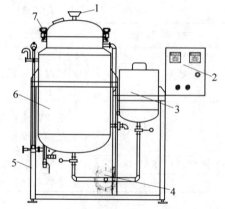

1—呼吸器；2—电控箱；3—配料罐；4—卫生泵；
5—支架；6—杀菌罐；7—指示灯。

图 27-20 单罐鲜奶巴氏杀菌机结构简图

利用较低的温度既可杀死病菌又能保持物品中营养物质和风味不变的杀菌法。本机通过卫生泵将牛奶等液体物料输送到巴氏杀菌罐体中，通过电控箱控制巴氏杀菌罐中的温度完成杀菌工作。杀菌完成后需要在杀菌罐中完成冷却，等候灌装，因此效率较低。

（4）型号及主要技术参数（见表 27-12）

表 27-12 单罐鲜奶巴氏杀菌机型号及主要技术参数

序号	项 目	指 标
1	型号	KL-BSSJJ
2	最小单罐投料量/L	10～20
3	最大单罐投料量/L	600
4	牧场杀菌机最大容量/L	1000
5	温度控制	±1 ℃温度按需自动控制和调节杀菌温度
6	灭菌时间	可根据需要设定杀菌时间循环动力
7	定时系统	杀菌定时、离心泵定时
8	杀菌工作状态	全封闭杀菌

（5）常见故障及排除方法

① 搅拌齿结块。故障原因可能是长时间工作后巴氏杀菌罐中的搅拌齿粘连结块物料或上次工作后未及时清洗；解决方法是定期进行检查清洗。

② 罐体内压力过大。故障原因可能是长

时间工作过程中少量物料凝结在呼吸器上造成呼吸器堵塞；解决方法是进行减压处理并清洗呼吸器。

（6）产品图片（见图27-21）

图27-21　单罐鲜奶巴氏杀菌机

2）双罐巴氏杀菌机组

（1）结构简图（见图27-22）

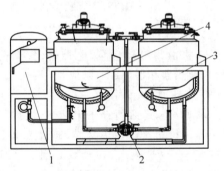

1—电控箱；2—离心泵；3—杀菌罐；
4—冷却罐。

图27-22　双罐巴氏杀菌机组结构简图

（2）机器组成

双罐巴氏杀菌机组由巴氏杀菌罐、冷却罐和电控箱等组成。

（3）工作原理

双罐巴氏杀菌机组与单罐鲜奶巴氏杀菌机的杀菌原理相同，在结构上增加了冷却罐，在压力泵的作用下，牛奶等液体物料输送到巴氏杀菌罐，通过电控箱控制温度实现物料杀菌，杀菌完成后物料输送到冷却罐进行冷却，然后直接灌装。相比单罐巴氏杀菌机，双罐的效率大大提高。

（4）型号及主要技术参数（见表27-13）

表27-13　双罐巴氏杀菌机组型号及主要技术参数

序号	项　　目	指　　标
1	型号	KL-BSJJ150
2	最小单罐投料量/L	30～40
3	最大单罐投料量/L	250
4	牧场杀菌机最大容量/L	500
5	温度控制	±1℃温度按需自动控制和调节杀菌温度
6	灭菌时间	可根据需要设定杀菌时间循环动力
7	定时系统	杀菌定时、离心泵定时
8	杀菌工作状态	全封闭杀菌

（5）常见故障及排除方法

① 搅拌齿结块。故障原因可能是长时间工作后巴氏杀菌罐中的搅拌齿粘连结块物料或上次工作后未及时清洗；解决方法是定期进行检查清洗。

② 罐体内压力过大。故障原因可能是长时间工作过程中少量物料凝结在呼吸器上造成呼吸器堵塞；解决方法是进行减压处理并清洗呼吸器。

③ 连接处管路损坏。故障原因是杀菌罐和冷却罐连接处温差较大造成损坏；解决方法是定期更换连接处管道。

（6）产品图片（见图27-23）

图27-23　双罐巴氏杀菌机组

27.2.3　板式杀菌机

定义：板式杀菌机是一种通过控制水的温

差进行高温杀菌和冷却,以达到延长物料保质期的设备。

用途:用于液态食品无菌热处理系统。可根据用户对物料加热、保温、杀菌和冷却的不同工艺要求进行不同的组合设计,以满足各类工艺要求。

1. 类型及应用场地

(1)按控制方式分为全自动控制、半自动控制。其中,全自动控制方式采用 PLC 控制技术,按设定的工艺要求进行全过程生产运行控制,自带 CIP 清洗;半自动控制方式的 PID 温控系统可实现温度自动调节以保持杀菌温度,台泵、阀及回流功能等需要操作人员通过面板进行控制。

(2)按加热方式分为电加热型、超高温杀菌型。

(3)按加工物料种类分为牛奶板式杀菌机,果汁、茶、饮料等板式杀菌机。

(4)按板式换热器类型分为波纹板型、网流板型。

板式杀菌机可以最大限度地保持液体物料的新鲜度,对物料风味的破坏较小,口感协调,适用于啤酒、果汁、茶等灌装厂商灌装前进行杀菌。板式杀菌机管道复杂且管道内有高压热蒸汽,因此需要在较空旷和散热性较好的场地使用。

2. 国内外发展现状

20 世纪 60 年代,我国开始设计制造板式杀菌机。1965 年兰州石化机械厂自主设计、制造了国内首台平直波纹板片板式杀菌机。1971 年,兰州石油机械研究所在前期通过实验分析后优选三角形波纹板片,制造了国内首台三角形波纹板片板式杀菌机。随着研究、设计和制造水平的不断提高,国内板式杀菌机技术日渐成熟,种类不断增多,结构上分为可拆卸式、焊接式、螺旋板式、蜂窝式;加热介质从单一的水发展到运用硫酸、碱液、蒸汽等多种介质类型。

1878 年,德国首先发明板式杀菌机;1886 年,法国的 M. Malvazin 设计出沟道板式杀菌机;1923 年 APV 公司的 RSeligman 设计出可用于批量生产的板式杀菌机。国外自 20 世纪 30 年代开始广泛使用,随后出现了不锈钢或铜薄板压制的波纹板片板式杀菌机,并且自动化程度不断提高。

3. 典型机型

1)TB-UHT-1 杀菌机

(1)结构简图(见图 27-24)

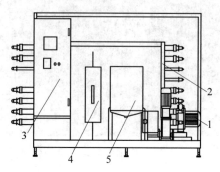

1—物料输送泵;2—板式换热器;3—电控箱;
4—热水平衡罐;4—物料平衡罐。

图 27-24 TB-UHT-1 杀菌机结构简图

(2)机器组成

杀菌机由物料输送泵、电控箱、气动薄膜阀、板式换热器和平衡罐等组成。

(3)工作原理

物料通过输送泵暂存于平衡罐,然后经板式换热器进行非接触性热交换,通过热水平衡罐中的蒸汽(或过热水)在较短时间内达到杀菌温度,并在持温管中根据杀菌要求保持既定温度,完成杀菌后物料再次进入换热器,通过与冷物料的热交换实现温度的降低,最后进入冷却管段冷却到预定的出口温度,整个过程均在封闭状态下进行,确保物料的生物稳定性。

(4)型号及主要技术参数(见表 27-14)

(5)常见故障及排除方法

① 杀菌效果差。故障原因有可能是平衡罐长时间使用滋生细菌,影响杀菌效果;解决方法是定期进行清洗和消杀。

② 管道压力过大。故障原因可能是杀菌机运行时间过长,管道内气体堆积;解决方法是定期进行减压处理。

表 27-14　型号及主要技术参数

项　目	产品型号			
	TB-UHT-1	TB-UHT-2T	TB-UHT-3T	TB-UHT-5T
处理能力/(t·h⁻¹)	1	2	3	4
蒸汽耗量/(kg·h⁻¹)	120	240	390	650
蒸汽压力/MPa	6	6	6	6
功率/kW	2.8	3	4	5.5
设备尺寸/(mm×mm×mm)	1600×1200×1800	1600×1200×1800	2000×1800×2000	2500×1800×2000

③ 管道失压。故障原因可能是某段管路发生泄漏；解决方法是排查并更换管道。

④ 物料污染。故障原因可能是管道局部出现气密性故障，造成污染；解决方法是定期进行气密性检查并及时更换相关配件。

（6）产品图片（见图 27-25）

图 27-25　TB-UHT-1 杀菌机

2）SW-SJ-2000 杀菌机

（1）结构简图（见图 27-26）

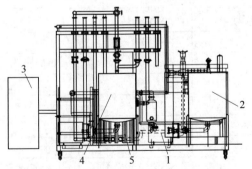

1—物料输送泵；2—物料平衡罐；3—电控箱；
6—热水平衡罐；5—板式换热器。

图 27-26　SW-SJ-2000 杀菌机结构简图

（2）机器组成

SW-SJ-2000 杀菌机主要由板式换热器、物料平衡罐、热水平衡罐、进口热水泵、物料输送泵和不锈钢管路阀门等组成。

（3）工作原理

工作原理与典型机型 TB-UHT-1 类似，此处不再赘述。

（4）型号及主要技术参数（见表 27-15）

（5）常见故障及排除方法

常见故障及排除方法与典型机型 TB-UHT-1 类似，此处不再赘述。

（6）产品图片（见图 27-27）

3）GLBS-3 杀菌机

（1）结构简图（见图 27-28）

（2）机器组成

该杀菌机主要由物料输送泵、电控箱、板式换热器、热水平衡罐、气动薄膜阀和物料平衡罐等组成。

（3）工作原理

该杀菌机利用高精度可控温度的热水或蒸汽对物料进行加热杀菌，物料由前工序进入平衡罐，经进料泵输入到换热器内，在预热部分与杀过菌的热物料进行换热后使冷物料温度升到预定值，然后通过热水或蒸汽非接触间接加热将物料加热到工艺所需的温度，并在保温管中维持所要求温度一段时间，最后进入冷却管段冷却到工艺所需的温度并出料。

（4）型号及主要技术参数（见表 27-16）

（5）常见故障及排除方法

常见故障及排除方法与典型机型 TB-UHT-1 相同，此处不再赘述。

表 27-15　型号及主要技术参数

项　目	产品型号			
	SW-SJ-1000	SW-SJ-2000	SW-SJ-3000	SW-SJ-5000
产量/(L·h⁻¹)	1000	2000	3000	5000
杀菌温度/℃	80～150	80～150	80～150	80～150
出料温度	根据要求	根据要求	根据要求	根据要求
杀菌时间/s	4～20	4～20	4～20	4～20
设备功率/kW	3	3.5	4.5	5
设备尺寸/(mm×mm×mm)	1800×1600×1850	1800×1600×1850	1800×1600×1850	1800×1600×1850

图 27-27　SW-SJ-2000 杀菌机

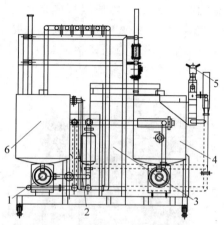

1—物料输送泵；2—电控箱；3—板式换热器；4—热水平衡罐；5—气动薄膜阀；6—物料平衡罐。

图 27-28　GLBS-3 杀菌机结构简图

表 27-16　型号及主要技术参数

项　目	产品型号			
	GLBS-3	GLBS-5	GLBS-10	GLBS-15
生产能力/(t·h⁻¹)	3	3	3	3
进料温度/℃	5	5	5	5
出料温度/℃	25	25	25	25
杀菌温度/℃	95～137	95～137	95～137	95～137
保温时间/s	30	30	30	30
设备功率/kW	7	10	12	15
设备尺寸/(mm×mm×mm)	2200×1700×1950	2200×1700×1950	2500×1900×2150	2800×2000×2250

（6）产品图片（见图27-29）

图27-29 GLBS-3杀菌机

4）BSJ2-UHT杀菌机

（1）结构简图（见图27-30）

1—物料输送泵；2—冷却管；3—电控箱；
4—热水平衡罐；5—物料平衡罐。

图27-30 BSJ2-UHT杀菌机结构简图

（2）机器组成

该杀菌机由压力泵、冷却管、电控箱、热水平衡罐、杀菌罐等组成。

（3）工作原理

工作原理与典型机型 TB-UHT-1 类似，此处不再赘述。

（4）型号及主要技术参数（见表27-17）

表27-17 型号及主要技术参数

序号	项　目	技术指标
1	型号	BSJ2-UHT
2	生产能力/(t·h^{-1})	2
3	物料进口温度/℃	45～55
4	杀菌温度/℃	120

续表

序号	项　目	技术指标
5	杀菌时间/s	15
6	物料出口温度/℃	55～65
7	蒸汽压力/MPa	≥0.7
8	蒸汽耗量/(kg·h^{-1})	120～150
9	压缩空气/MPa	≥0.7
10	冷却水压力/MPa	0.3
11	冷却水进口温度/℃	≤15
12	设备质量/kg	1680
13	外形尺寸/(mm×mm×mm)	2500×2000×2200

（5）常见故障及排除方法

常见故障及排除方法与典型机型 TB-UHT-1 类似，此处不再赘述。

（6）产品图片（见图27-31）

图27-31 BSJ2-UHT杀菌机

27.2.4 列管式杀菌机

定义：列管式杀菌机是一种利用多管式换热器进行间接加热的杀菌设备，可对含有颗粒的不同黏稠度的产品进行预热、杀菌和冷却。

用途：列管式杀菌机适用于黏度高、酸度高、含有纤维及果肉颗粒较大、难以全面高温处理的产品，如番茄酱、果汁、咖啡饮料、人造奶油、冰淇淋等。另外，列管式杀菌机也适用于牛奶、果汁、茶饮料、番茄酱等调味品、葡萄酒、啤酒、奶油、冰淇淋、蛋制品、固体粉末等产品的原始配方确定和更新，产品口味的甄别，颜色的评估，稳定剂、乳化剂的应用，新品研发与样品制作，等等。

1. 类型及应用场地

按主轴分布形式分为卧式杀菌机和立式杀菌机,食品工业中多用卧式。

按其控制方式分为手动管式杀菌机、半自动管式杀菌机和全自动管式杀菌机,用户可根据需求自行选择。

列管式杀菌机容量大、效率高,适用于各大型液体物料生产线的杀菌环节。列管式杀菌机管道复杂且管道内有高压热蒸汽,因此需要在较空旷和散热性较好的场地使用。

2. 国内外发展现状

列管式杀菌机的发展总体上是支承形式的发展,从板式支承到折流杆式支承,再到空心环支承,最后到管道的自支承,当然其间也有交错发展的情况。

1965年国内郑州大学等单位研发了折流杆式列管杀菌机,并投入工业应用。1968年云南工学院与企业合作改进了折流杆换热器,并应用于列管式杀菌机,在相同管束长径比下,使壳程流速提高了1倍,提高了热交换效率,提升了杀菌效果。

2006年德国GRIMMA公司在化工机械世界性博览会上展出了采用网状整圆形折流板式列管杀菌机,这种列管杀菌机避免了大面积的传热死区,压降较低,传热率较高。2014年美国菲利浦石油公司研发了能够避免管道与折流板的切割破坏和流体诱导的列管式换热器,开发了壳程流体纵流折流杆式换热器,解决了诱导振动问题,同时降低了振动噪声,推动了列管式杀菌机发展。

3. 典型机型

1) 管式UHT高温瞬时杀菌机

(1) 结构简图(见图27-32)

(2) 机器组成

该杀菌机主要由物料输送泵、物料平衡罐、电控箱和管式换热器等部分组成。

(3) 工作原理

该机通过控制系统对杀菌温度、蒸汽压力和流量进行精确控制。管道内热物料与冷物料在湍流状态下,通过温差实现热交换;物料输送泵将物料输送到热水平衡罐实现高温杀

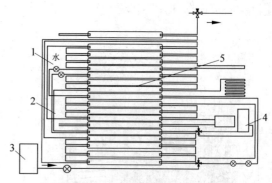

1—热水平衡罐;2—物料平衡罐;3—物料输送泵;
4—电控箱;5—管式换热器。

图27-32 管式UHT高温瞬时杀菌机结构简图

菌,在持温管中保持既定温度,完成杀菌后流经冷却管道进行冷却,最后到待料管道等候灌装。

(4) 型号及主要技术参数(见表27-18)

表27-18 型号及主要技术参数

序号	项 目	技术指标
1	型号	管式UHT
2	物料处理能力/(t·h^{-1})	0.5~10
3	物料进口温度/℃	5
4	预巴氏杀菌温度/℃	85~90
5	超高温灭菌温度/℃	120~137
6	外形尺寸/(mm×mm×mm)	3000×1600×2000
7	冷却水进口温度/℃	≤25
8	物料管径/mm	25
9	蒸汽进口压力/MPa	>0.6
10	设备控制方式	PLC

(5) 常见故障及排除方法

① 杀菌效果差。故障原因有可能是平衡罐长时间使用滋生细菌,影响杀菌效果;解决方法是定期进行清洗和消杀。

② 管道压力过大。故障原因可能是杀菌机运行时间过长,管道内气体堆积;解决方法是定期进行减压处理。

③ 管道失压。故障原因可能是某段管路发生泄漏;解决方法是排查并更换管道。

④ 物料污染。故障原因可能是管道局部

出现气密性故障,造成污染;解决方法是定期进行气密性检查并及时更换相关配件。

(6)产品图片(见图27-33)

图27-33　管式UHT高温瞬时杀菌机

2)TG-UHT-CH-1SLJ 杀菌机

(1)结构简图(见图27-34)

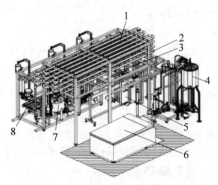

1—待料区;2—冷却管;3—排气阀;4—物料输送泵;5—电控箱;6—储物台;7—物料平衡罐;8—列管式换热器。

图27-34　TG-UHT-CH-1SLJ 杀菌机结构简图

(2)机器组成

该杀菌机主要由物料输送泵、电控箱、列管式换热器和杀菌罐等部分组成。

(3)工作原理

工作原理与典型机型管式UHT高温瞬时杀菌机类似,此处不再赘述。

(4)型号及主要技术参数(见表27-19)

表 27-19　型号及主要技术参数

序号	项　　目	技 术 指 标
1	型号	TG-UHT-CH-1SLJ
2	能力/(t·h^{-1})	1
3	蒸汽能耗/(kg·h^{-1})	120
4	蒸汽压力/MPa	6.0
5	电功率/kW	2.8
6	外形尺寸/(mm×mm×mm)	3300×1800×2000
7	质量/kg	1680
8	物料管径/mm	25
9	蒸汽管径/mm	DN25
10	介质管径/mm	25

(5)常见故障及排除方法

常见故障及排除方法与典型机型管式UHT高温瞬时杀菌机类似,此处不再赘述。

(6)产品图片(见图27-35)

图27-35　TG-UHT-CH-1SLJ 杀菌机

3)SW-UHT-2000 杀菌机(上海上望机械制造有限公司)

(1)结构简图(见图27-36)

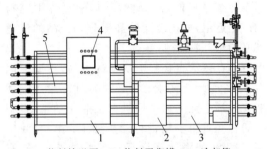

1—物料输送泵;2—物料平衡罐;3—冷却管;4—电控箱;5—热水平衡罐。

图27-36　SW-UHT-2000 杀菌机结构简图

（2）机器组成

该杀菌机主要由物料输送泵、物料平衡罐、冷却管、电控箱和热水平衡罐等组成。

（3）工作原理

工作原理与典型机型管式 UHT 高温瞬时杀菌机类似，此处不再赘述。

（4）型号及主要技术参数（见表 27-20）

（5）常见故障及排除方法

常见故障及排除方法与典型机型管式 UHT 高温瞬时杀菌机类似，此处不再赘述。

（6）产品图片（见图 27-37）

表 27-20　型号及主要技术参数

项　　目	产品型号			
	SW-UHT-1000	SW-UHT-2000	SW-UHT-3000	SW-UHT-5000
产量/(L·h^{-1})	1000	2000	3000	5000
杀菌温度/℃	80～145	80～145	80～145	80～145
出料温度	根据要求	根据要求	根据要求	根据要求
杀菌时间/s	4～20	4～20	4～20	4～20
设备功率/kW	4	4.5	5.5	7
设备尺寸/(mm×mm×mm)	4000×1800×1850	4000×2000×1850	5200×2000×1850	6000×2000×1850

图 27-37　SW-UHT-2000 杀菌机

27.3　牛奶贮存罐

27.3.1　概述

牛奶保鲜贮存设备由冷却系统和贮存系统两部分组成，首先利用冷却设备将牛奶降温到 4～5 ℃，然后将牛奶放入贮存罐中。

冷藏保鲜设备在奶制品运输过程中已得到广泛运用，如奶源运输和部分奶产品的流通都必须依托冷藏保鲜设备及制冷技术。牛奶保鲜贮存技术直接影响奶业的发展，主要原因有：第一，所产的鲜牛奶必须通过冷藏运输才能安全抵达乳品加工厂进行工业化加工，否则牛奶将变质而不能进行二次加工；第二，我国国土辽阔，奶源主产区远离牛奶消费市场，有了冷藏保鲜技术才能连接和缩短产销两地的距离，牛奶入城的通道才能开启畅通；第三，牛奶是一种易腐食品，新鲜牛奶、酸牛奶等产品如不将其处在低温下贮运或保存就会容易变质；第四，酸牛奶、巴氏奶等这些保鲜奶产品具有很强的市场消费拉动力，因此需要贮奶罐对牛奶进行保存。

1. 贮奶罐分类

根据《畜牧机械　产品型号编制规则》（JB/T 8581—2010）对畜牧机械的规定，结合贮奶罐的结构形式、功能特点以及《贮奶罐》（GB/T 13879—2015），同时参考农业部农业机械试验鉴定总站对贮奶罐命名方法，可将现有贮奶罐大体分为立式贮奶罐和卧式贮奶罐两类。

2. 型号编号规则格式

型号编号规则，如图 27-38 所示。

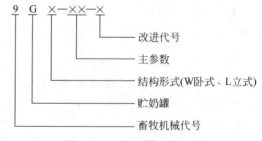

图 27-38　贮奶罐编号规则

各符号表示含义为：9 畜牧机械代号，G 贮奶罐代号，×贮奶罐结构形式（W 卧式、L 立式)、××主参数(额定容量,单位:L)、×改进代号(编制改进产品的型号时,在原型号主参数后加注改进代号A,若经过数次改进,则在A后从2开始依次加注顺序号)。

例如:9GW-50-A,表示50升卧式贮奶罐第一次改进。

27.3.2 卧式贮奶罐

定义:卧式贮奶罐由不锈钢圆柱形罐体、搅拌器、玻璃棉、温度计、电器控制箱和冷冻机组等装置组成,是一种可将奶液长时间低温保鲜的设备,如图27-39所示。

图27-39 卧式贮奶罐

用途:卧式贮奶罐用于鲜奶、果汁等液料食品贮存以及制药、化工等行业液料的贮存,是牧场、奶站、乳品厂、食品厂及制药行业理想的贮存设备。

1. 类型及应用场地

根据贮奶罐的组成可分成无制冷装置和有制冷装置两种。

卧式贮奶罐一般为风冷结构,占地面积较大,适用于挤奶中心、收奶站、牧场和饲养奶牛专业户等多种场合。

2. 国内外发展现状

对于贮奶罐来说,国内外研究较少,可供参考的资料并不多。就国内而言,以新乡市新东轻工机械有限公司为代表的多家机械公司能够生产多种类、多用途的贮液罐,基本可以满足国内市场的需求。

3. 典型产品

1)结构简图(见图27-40)

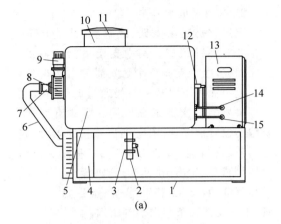

(a)

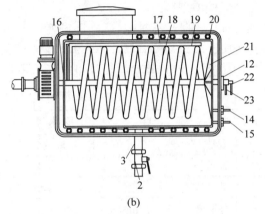

(b)

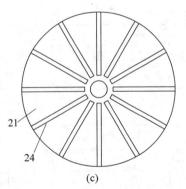

(c)

1—支撑架;2—排液管;3—阀门;4—蒸汽发生器;5—保温夹套;6—导气弯管;7—金属管;8—中空轴齿轮换向器;9—电机;10—进料管;11—密封盖;12—旋转导液接头;13—制冷压缩机;14—介质回液管;15—介质出液管;16—贮奶罐;17—喷头;18—螺旋换热管;19—L形支架;20—换热盘管;21—锥形盘;22—第二支管;23—第一支管;24—条形沟槽。

图27-40 卧式贮奶罐结构简图

(a)外部结构;(b)内部结构;(c)转盘

2）机器组成

卧式贮奶罐由支架、放奶管、开关和蒸汽发生器等部件组成。其中支架由槽状不锈钢焊接而成，用于支撑整个贮奶罐和各种电气装置。放奶管的作用是将牛奶通过此管道放出，方便牛奶的二次加工和取用。卧式直冷式贮奶罐还包括金属管、中空轴齿轮换向器、电机、进料管、密封盖、旋转导液接头、制冷压缩机、介质回液管、介质出液管、贮奶罐、喷头、螺旋换热管、L形支架、换热盘管、锥形盘、第二支管、第一支管和条形沟槽等结构。

3）工作原理

使用时，打开密封盖，通过进料管注入奶液，关闭密封盖。随后制冷压缩机开始工作，制冷压缩机中的传热介质穿过出液管和第二支管进入到换热盘管和螺旋换热管中，并由回液管和第一支管流回到制冷压缩机中，配合设置的换热盘管和螺旋换热管对奶液进行降温。通过控制电机工作，配合中空轴齿轮换向器，带动螺旋换热旋转，对奶液进行搅拌，配合锥形盘可以对奶液进行撞击分散，提升搅拌效果，促进奶液混合。当贮奶罐中的奶液全部排放后，蒸汽发生器通过喷头释放蒸汽，方便对贮奶罐内部进行蒸汽清洁，丰富装置功能，降低清理维护的难度。

4）型号及主要技术参数见表（见表27-21～表27-23）

5）常见故障及排除方法（见表27-24）

6）产品图片（见图27-41～图27-43）

表 27-21　2 吨卧式贮奶罐技术参数

序号	项　目	技术指标	序号	项　目	技术指标
1	型号	9LG-2A	8	电机功率/kW	0.37
2	型式	卧式	9	制冷量/W	8900
3	额定容量/L	2000	10	电源电压/V	342～418
4	外形尺寸/(mm×mm×mm)	2200×1520×1500	11	电源频率/Hz	50
5	总功率/kW	2.97	12	压缩机功率/kW	2.2
6	搅拌器转速/(r·min^{-1})	33～39	13	冷凝风机功率/kW	0.2×2
7	叶片直径/mm	550	14	制冷剂型号	R22
			15	润滑油	谷轮专用冷冻油

表 27-22　3 吨卧式贮奶罐技术参数

序号	项　目	技术指标	序号	项　目	技术指标
1	型号	9LG-3A-ZX	8	电机功率/kW	0.37
2	型式	卧式	9	制冷量/W	18000
3	额定容量/L	3000	10	电源电压/V	380
4	外形尺寸/(mm×mm×mm)	3280×1730×1730	11	电源频率/Hz	50
5	总功率/kW	5.2	12	压缩机功率/kW	4.4
6	搅拌器转速/(r·min^{-1})	33～39	13	冷凝风机功率/kW	0.2×2
7	叶片直径/mm	550	14	制冷剂型号	R22
			15	润滑油	谷轮专用冷冻油

表 27-23　12 吨卧式贮奶罐技术参数

序号	项　目	技术指标	序号	项　目	技术指标
1	型号	CF-12000	8	电机功率/kW	1800
2	型式	卧式	9	制冷量/W	73000
3	额定容量/L	12000	10	板材厚度/mm	内胆 2.5 外皮 1.6
4	外形尺寸/(mm×mm×mm)	7610×2050×2000	11	保温层厚度/mm	70
5	搅拌器功率/kW	0.75	12	制冷机品牌	美国谷轮
6	搅拌器转速/(r·min⁻¹)	33	13	制冷机规格	ZB88KQ
7	电机直径/mm	550	14	制冷剂型号	R22
			15	润滑油	谷轮专用冷冻油

表 27-24　常见故障及排除方法

序号	故障现象	产生的原因	排除故障方法
1	罐顶变形	操作不规范或者撞击导致	规范操作，更换配件
2	罐体腐蚀严重	液体残留导致	经常清洁
3	液体外渗	密封效果差或密封装置失灵等	更换密封圈
4	无法制冷	制冷机故障，控制线路故障	将制冷机拆卸进行故障排查并维修，检查电器控制系统并进行维修

图 27-41　2 吨卧式贮奶罐

图 27-42　3 吨卧式贮奶罐

图 27-43　12 吨卧式贮奶罐

27.3.3　立式贮奶罐

定义：立式贮奶罐由冷却装置、搅拌装置、温度控制装置等功能模块组成，是一种可将奶液长时间低温保鲜的设备，如图 27-44 所示。

用途：立式贮奶罐用于鲜奶、果汁等液料食品贮存和制药、化工等行业液料的贮存，是牧场、奶站、乳品厂、食品厂及制药行业最理想的贮存设备。

1. 类型及应用场地

直冷式贮奶罐分为大型立式贮奶罐和小型立式贮奶罐。

图 27-44　立式贮奶罐

大型立式贮奶罐一般用于大型牛奶加工厂或者大型牛奶站点,而小型立式贮奶罐一般用于鲜奶吧、牛奶站和需要保存液体的酒店等。

2. 国内外发展现状

对于立式贮奶罐而言,国内外研究较少,可供参考的资料并不多。就国内而言,以山东同昌机械有限公司为代表的多家公司可以生产种类较多的贮奶罐,基本可以满足国内市场需求。

3. 典型产品

1)结构简图(见图 27-45)

1—支架;2—放奶口;3—阀门;4—底座;
5—罐体;6—放气口;7—开盖阀门。

图 27-45　立式贮奶罐结构简图

2)机器组成

立式贮奶罐由支架、放奶口、阀门、底座、罐体、观察口、螺栓、开盖阀门、吊耳和放气口等组成。其中支架用于支撑总体结构和电器结构,放奶口用于放出多余的牛奶。

3)工作原理

使用时,打开密封盖,通过进料管注入奶液,然后关闭密封盖。制冷压缩机工作,制冷压缩机中的传热介质穿过出液管和第二支管进入到换热盘管和螺旋换热管中,并由回液管和第一支管流回到制冷压缩机中,配合换热盘管和螺旋换热管对奶液进行降温。通过控制电机工作,配合中空轴齿轮换向器带动金属管旋转,从而带动螺旋换热管旋转,对奶液进行搅拌,配合锥形盘可以对奶液进行撞击分散,提升搅拌效果,促进奶液混合。当贮奶罐中的奶液全部排放后,蒸汽发生器通过喷头释放蒸汽,方便对贮奶罐内部进行蒸汽清洁,丰富装置功能,降低清理维护的难度。

4)主要技术参数(见表 27-25)

表 27-25　主要技术参数

序号	项　　目	技 术 指 标
1	贮奶罐材质	SUS304
2	电源电压/V	220/380
3	板材厚度/mm	内 2 中 1 外 1.2
4	罐体容积/L	200
5	罐体尺寸/(mm×mm×mm)	$\phi 650 \times 50 \times 2$
6	机组尺寸/(mm×mm)	800×800
7	机组厂家	美国谷轮
8	压缩机功率/kW	2
9	总功率/kW	2
10	制冷量/W	21 000
11	制冷介质	R22
12	电机功率/kW	0.37
13	保温材料、厚度/mm	聚氨酯发泡、50
14	物料进出口径/mm	$\phi 32 / \phi 38$

5)常见故障及排除方法(见表 27-26)

6)产品图片(见图 27-46)

表 27-26　常见故障及排除方法

序号	故障现象	产生的原因	排除故障方法
1	罐顶变形	操作不规范或者撞击导致	规范操作，更换配件
2	罐体腐蚀严重	液体残留导致	经常清洁
3	液体外渗	密封效果差或密封装置失灵等	更换密封圈
4	无法制冷	制冷机故障，控制线路故障	将制冷机拆卸进行故障排查并维修，检查电器控制系统并进行维修

图 27-46　立式贮奶罐

27.4　鸡蛋收集设备

27.4.1　概述

鸡蛋收集设备是实现鸡蛋自动化收集、处理、分级等机械装置的统称，与自动饮水、自动清粪、自动喂料、光控及自动温控等装置共同构成蛋鸡自动化饲养的成套设备。鸡蛋收集设备具有强大的收集及处理能力，现已广泛应用于各大、中型养殖场，对禽蛋产业的快速发展具有重要意义。

27.4.2　层叠式自动集蛋设备

定义：层叠式自动集蛋设备是一种可自动将鸡蛋收集起来，并通过设备的运行传输到指定地点，从而达到收集鸡蛋并且降低破蛋率的机械设备，是蛋鸡自动化养殖成套设备中重要的组成部分。

用途：实现鸡蛋的自动化收集，降低破蛋率，提高蛋鸡养殖的自动化程度。

1. 应用场地及表示方法

层叠式自动集蛋设备自动化程度较高，适用于规模较大的养殖场。

型号规则表示方法：

层叠式自动集蛋设备编号规则如图 27-47 所示。

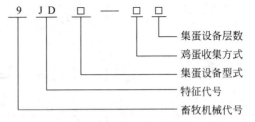

图 27-47　层叠式自动集蛋设备编号规则

各符号表示的含义：9 为畜牧机械分类号；JD 为特征代号——集蛋机；第一方框为集蛋设备型式；第二方框为鸡蛋收集方式；第三方框为集蛋设备层数。

层叠式自动集蛋设备是蛋鸡笼养设备的重要组成部分，按照层数的不同分为 3、4、5、6、8 五种系列，不同系列的集蛋机对应的笼架宽度不同，安装时需结合实际鸡舍及厂房情况适当选取笼架宽度，通常笼架宽度取值范围为 84～120 cm。

2. 国内外发展现状

自动集蛋设备是目前国内外规模化、集约化、自动化蛋鸡饲养的首选设备。鸡蛋收集初期主要是采用人工捡拾和推车方式，集蛋工作量占蛋鸡饲养全部工作量的 20%。随着家禽养殖业机械化的发展，部分大规模机械化养殖场开始采用集蛋设备，集蛋效率有较大提高。

国外自动集蛋设备发展较早，设备规模趋于大型化、集成化，计数精度较高。国内自动集蛋设备主要以引进国外技术为主，结合我国蛋鸡饲养现状，进行改进研发，已经能够满足生产需要。

3. 典型产品

1）结构简图（见图27-48）

2）机器组成

层叠式集蛋设备由总集蛋带、拨蛋爪、垂直输蛋机、传送栅格、鸡笼集蛋带、栅栏、传递轮和横向输送器等组成。

3）工作原理

图27-48（a）为垂直向上输蛋机。工作时，鸡蛋被鸡笼集蛋带向左输送，由垂直向上输蛋机提升并落入集蛋台或总集蛋台上，再由人工装盘或装箱。

图27-48（b）为垂直向下输蛋机。工作时，输蛋机将各层输蛋带上的鸡蛋向下送给横向输送器进行收集。该设备无总集蛋带，用杆式横向输送器代替。其优点是鸡蛋在其上不滚动，破损的鸡蛋可从杆间漏下。

4）型号及主要技术参数（见表27-27、表27-28）

5）常见故障及排除方法（见表27-29）

6）产品图片（见图27-49、图27-50）

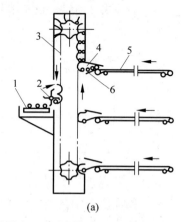
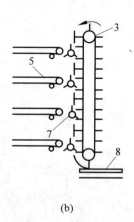

(a)   (b)

1—总集蛋带；2—拨蛋爪；3—垂直输蛋机；4—传送栅格；5—鸡笼集蛋带；6—栅栏；7—传递轮；8—横向输送器。

图27-48　层叠式集蛋设备简图

(a) 垂直向上输蛋机；(b) 垂直向下输蛋机

表 27-27　主要技术参数

项　目	参　数	项　目	参　数
输蛋电机额定功率/kW	0.75	集蛋电机额定功率/kW	0.4
每台输蛋电机可带动层数/层	≤3	集蛋带运行速度/(m·s^{-1})	0.056 7
输蛋带运行速度/(m·s^{-1})	0.033 3	拨蛋电机额定功率/kW	0.06
输蛋带长度/m	≤250	拨蛋爪额定转速/(r·min^{-1})	28.2

表 27-28　规格尺寸

项　目		层　数				
		3	4	5	6	8
规格尺寸	长/mm	1680				
	宽/mm	1640				
	高/mm	1870	2460	3050	4270	5450
整机质量/kg		520	650	785	930	1215

表 27-29　常见故障及排除方法

序号	故障现象	产生的原因	排除故障方法
1	减速机噪声大	齿轮磨损	更换齿轮
		轴承损坏	更换轴承
		缺润滑油	添加润滑油
2	电机过热	电压不稳定	检查外接电压是否正常
		负荷过重	减少放蛋量
3	鸡蛋不随蛋带运动	地面不平	重新铺设地平
		笼网高低不平	调整地脚螺栓,调平笼网
		鸡蛋清理不及时	及时清理
4	设备不运行	电机断路	检查线路
		牵引绳或粪带太松	调整张紧绳或粪带
		电机故障	更换电机
5	集蛋带跑偏	尾轮不正	调整尾轮方向与集蛋带运行方向平行
		空机运行时间过长	减少空机运行时间(4.5 m/min)

图 27-49　层叠式自动捡蛋机单架

图 27-50　层叠式自动捡蛋机组装图

27.4.3　中央集蛋系统

定义：中央集蛋系统是一套集鸡蛋转运、收集等功能于一体的高效鸡蛋收集成套设备，具有强大的鸡蛋收集及处理能力。

用途：通过输送带传动装置将鸡蛋从笼网蛋槽输送到鸡舍头端或经中央集蛋系统传送到蛋库内，自动化程度高，节省人力，大大提高了劳动生产率。

1. 类型及应用场地

中央集蛋系统类型为升降机。升降式集蛋系统每层的鸡蛋由各自的升降机运送，鸡蛋之间没有摩擦，鸡蛋传送时由连续拖板传送，降低了碎蛋率，收集效率高。

安装中央集蛋系统之前，需要考虑养殖场地面是否平整，各个鸡舍的建筑标高是否相同，鸡蛋分级系统和包装器的处理能力有多大等问题，最后针对具体需求由厂家提供最佳方案。

2. 国内外发展现状

目前国外集蛋系统配合高密度的饲养设备，作业速度较快，集蛋效率高，管理者可以通过监控平台实时监控运行状态，获取详细的集蛋量数据等信息。国内集蛋系统在引进国外设备的基础上结合实际生产需要进行相应改进研发，自动化程度满足目前市场生产需要。

3. 典型产品（升降式集蛋系统）

1）结构简图（见图 27-51）

2）机器组成

升降式集蛋系统主要由机架、传动链、层式软破蛋分离装置、集蛋器、拨蛋装置、中央输

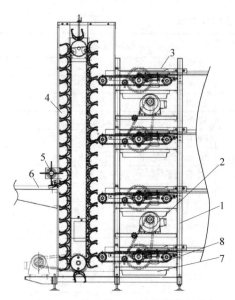

1—机架；2—传动链；3—层式软破蛋分离
装置；4—集蛋器；5—拨蛋装置；6—中央输
蛋线；7—收集盘；8—软破蛋分离输送带。

图 27-51　升降式集蛋系统结构简图

蛋线、收集盘、软破蛋分离输送带等组成。

3）工作原理

鸡蛋经过运输送至层式软破蛋分离装置
对鸡蛋进行分离，软破蛋落入收集盘，合格的
鸡蛋继续输送至集蛋器，拨蛋装置将集蛋器上
的鸡蛋拨送到中央输蛋线，完成鸡蛋的初级分
选和运输工作。该集蛋系统拥有强大的收集
能力，降低了鸡蛋筛选和运输过程的破损率。

4）主要技术参数（见表 27-30、表 27-31）

表 27-30　主要技术参数

层　　数	多　　层
其他特性	垂直收集，带有鸡蛋计数器
集蛋速度/(个·h⁻¹)	16 500，19 000

表 27-31　输送能力

宽　　度	输送能力	
	多层系统	电梯式鸡蛋收集系统/升降系统
200 mm	24 000 只蛋/h	/
350 mm	/	34 000 只蛋/h
500 mm	/	50 000 只蛋/h
750 mm	/	80 000 只蛋/h

5）常见故障及排除方法（见表 27-32）

表 27-32　常见故障及排除方法

序号	故障现象	故障原因	解决方法
1	纵向输送带、杆状输送装置停止工作	电机驱动的输送带传动轴或杆状输送装置故障，或者电动机线路故障	检查传动轴有无问题，如果没有问题则需要检测电动机线路是否处于正常工作状态
2	不能实现鸡蛋从纵向输送带输送到杆状输送装置上	导向装置故障	维修导向装置，必要时联系厂家进行更换

6）产品图片（见图 27-52）

图 27-52　升降式集蛋系统

27.4.4　鸡蛋分选机（蛋品分级机）

定义：鸡蛋分选机又称为蛋品分级机，是
依据蛋体重量进行分选的机器。

用途：鸡蛋分选机可以将不同重量的鸡蛋
自动分选到各个级别的收集筐中，实现鸡蛋准
确且高效的分类效果。

1. 类型及应用场地

鸡蛋分选机可分为单排、多排两种类型，
多排分选机按照排数的多少又可分为 4 级。

单排分选机结构相对简单，价格便宜，主
要用于生产规模较小的蛋品处理厂；多排分选

机分级速率较高,维护成本较大,主要应用于大、中型蛋品处理厂。

型号规则表示方法:

鸡蛋分选机编号规则如图27-53所示。

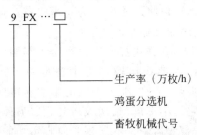

图 27-53　鸡蛋分选机编号规则

各符号表示的含义:9为畜牧机械代号;FX为鸡蛋分选机;□为生产率。

2．国内外发展现状

1947年荷兰研制出第一台通过蛋体大小分选禽蛋的分级机。经过数十年发展,鸡蛋分选机基本实现了强大的监测功能,拥有快速信息处理能力,分选效率高,适合于大型禽蛋生产企业。

国内蛋品加工装备企业多数以模仿、测绘国外技术为主,蛋产业加工装备与发达国家仍存在较大差距。近些年来,鸡蛋分选包装生产线逐渐趋于完善,主要以单排分选机为主,通过提高输送速度增加分级效率,但高速作业下的分级精度较差,同时破损率也有所增加。目前结合人工参与的方式能够保证鸡蛋分级作业的顺利进行,基本实现了半自动化。

3．典型产品

1) 结构简图(见图27-54)

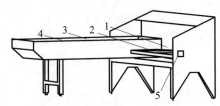

1—称重区;2—接蛋区;3—光照区;
4—放蛋区;5—开关。

图 27-54　鸡蛋分选机结构简图

2) 机器组成

鸡蛋分选机主要由称重区、接蛋区、光照区、放蛋区和开关等组成。

3) 工作原理

将鸡蛋放到输送线上,在传输系统、鸡蛋称重系统的配合下,根据蛋品的重量大小,将鸡蛋自动分送到不同的收集筐中,完成分选作业。

4) 主要技术参数(见表27-33)

表 27-33　主要技术参数

序号	项　目	技术指标
1	纯工作生产率/(枚·h⁻¹)	5400～6000
2	整机长×宽×高/(mm×mm×mm)	2300×1620×1050
3	整机质量/kg	200
4	电机功率/W	400
5	额定转速/(r·min⁻¹)	1410
6	速比	1:30

5) 常见故障及排除方法(见表27-34)

表 27-34　鸡蛋分选机常见故障及排除方法

序号	故障现象	产生的原因	排除故障方法
1	电动机运行过程中有异音	绕组或轴承温度过高	拆开检查电机、轴承以及扇叶等,若绕组故障应对电动机进行更换
2	传送带松弛或打滑	传送带经过长时间工作后产生疲劳损伤	对传送带进行张紧,若调整后不明显,应立即更换皮带,防止故障发生
3	设备停止运行	开机后,电机无反应	立即断开设备开关,检查开关是否故障,若无问题,联系售后进行维修

6）产品图片（见图 27-55、图 27-56）

图 27-55 鸡蛋分选机主面

图 27-56 鸡蛋分选机背面

27.5 畜禽运输车

27.5.1 概述

畜禽运输车也称为畜禽车，是指专门用于运输畜禽的专用车辆，包括仓栅式畜禽运输车、恒温运输车等。近几年，我国畜禽运输车发展较快，陆续出现了装备有保温箱体、整车电器系统、智能制热（冷）系统、空气循环系统等可调节运输环境的车辆，有效提高了长途运输过程中畜禽的成活率。

1. 畜禽运输车分类

根据《专用汽车和专用半挂车术语、代号和编制方法》（GB/T 17350—2009）对畜禽运输机械的规定，结合畜禽运输车的结构形式和功能特点，可以将运输车分为仓栅式畜禽运输车和畜禽恒温运输车两类。

其中，仓栅式畜禽运输车由于车厢为栅栏式结构，因此在运输过程中畜禽处于露天状态，受炎热、寒冷、雨雪天气的影响易造成畜禽（尤其是幼小畜禽）致病或者死亡。另外，由于仓栅式畜禽运输车不具备粪便收集功能，因此在运输过程中畜禽产生的尿液和粪便不仅污染环境，还可能造成畜禽疾病跨区域传播。

畜禽恒温运输车由温度控制系统、喂食系统、分层装载机构等系统组成。该类型的畜禽运输车降低了畜禽在运输过程中所受外界恶劣环境的影响，为活禽提供了舒适的运输环境，改善了畜禽运输过程中对沿途环境的影响，提高畜禽在运输过程中的成活率，该车尤其适用于幼小家禽的运输。

2. 型号编号规则格式

国家标准中规定了畜禽运输车的命名规则，如图 27-57 所示。

各符号表示含义：

□——汉语拼音字母；

○——阿拉伯数字。

第五部分□为结构特征代号，用第 1 个字母表示汽车结构特征代号（其中，X 为厢式汽车，G 为罐式汽车，Z 为专用自卸汽车，T 为特种结构汽车，J 为起重举升汽车，C 为仓栅式汽车），后 2 个字母表示专用汽车用途特征代号。

第六部分□□为用途特征代号，2 个字母表示汽车用途特征代号。

例如：DF 5 10 0 CCQ 表示东风商用汽车有限公司的 10 吨重仓栅式畜禽专用汽车。

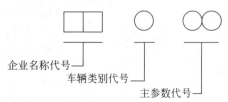
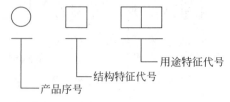

图 27-57 车辆命名规则

27.5.2　仓栅式畜禽运输车

定义：仓栅式畜禽运输车是车厢装备食斗槽、仓笼式围栏或栅栏式围栏等装置的畜禽专用运输汽车。

用途：主要用于大型牲畜、畜禽的运输工作。

1. 类型及应用场地

仓栅式运输车主要用于牛、猪、马、羊等大型牲畜。

2. 国内外发展现状

迄今为止，国外畜禽运输车的发展已有百余年历史。以英国 Ifor Williams 拖车有限公司生产的畜禽运输车为代表，主要用于牛、羊、猪、马等大型牲畜的运输工作，该类型畜禽运输车具有结构强度高、耐久性长、维护成本低等特点。Bateson 畜禽运输车地板装备了花纹铝板，并采用 18 mm 酚涂层板覆盖，可有效预防畜禽滑伤，该车型配有独立悬架车桥、自动倒车刹车和简单防护装置等，能在一定程度上避免牲畜在运输过程中的发病或死亡，部分型号的拖车还装有钢板弹簧悬架和液压制动器。

新中国成立初期，有些畜禽运输车直接由解放牌卡车改装而成，其护栏采用木质材料，强度和安全性较低。如今市场上销售的畜禽运输车以仓栅式为主，一般为单层或者另制一个多层框架放入车厢内形成多层；如果运输大型牲畜，车厢为单层。目前国内的运输车中很少有专用性很强的畜禽运输车辆，而国外对于专用畜禽运输车的研发技术已经相对成熟。

3. 典型产品

1）结构简图（见图 27-58）

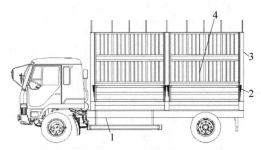

1—汽车底板；2—开门机构；
3—车厢门板；4—仓栅式车厢。

图 27-58　仓栅式畜禽运输车结构简图

2）机器组成

仓栅式畜禽运输车由汽车底板、开门机构、车厢门板、传动链、支撑尾板和支撑链轮等结构组成。

3）工作原理

将畜禽装车时，首先将汽车停置缓坡处，然后打开车身后面的仓门，将需要运输的畜禽赶上车后关闭仓门，将畜禽运输至目的地。在运输过程中，被运输的畜禽可以食用料仓里面的食物，也可以饮用水罐中的水。

4）主要技术参数（见表 27-35）

5）常见故障及排除方法（见表 27-36）

6）产品图片（见图 27-59）

表 27-35　仓栅式畜禽运输车主要技术参数

序号	项　目	技术指标
1	型号	东风多利卡
2	乘员座位数/名	2
3	底盘型号	EQ1161LJ9BDG
4	发动机型号	玉柴 170 Ps
5	外形尺寸（长×宽×高）/(mm×mm×mm)	8999×2550×3910
6	额定功率/kW	132
7	总质量/t	18
8	最高车速/(km·h^{-1})	90
9	排放标准	国五

表 27-36　仓栅式畜禽运输车常见故障及排除方法

序号	故障现象	产生的原因	排除故障方法
1	箱板生锈	动物粪便、雨水腐蚀	除锈喷漆
2	车辆向一侧跑偏	两边轮胎磨损程度不一致或气压不一致造成车轮滚动半径不一致	检查车胎磨损程度和气压是否一致,及时维修或更换轮胎
3	主阀排气口排风不止	一般是滑阀与滑阀座(或节制阀与滑阀背面)贴合不紧密,造成副气缸压力空气泄漏,紧急二段阀 O 形密封圈故障,引起制动管压力空气漏向大气	更换主阀。对换下的主阀进行维修
4	制动管施行常用制动减压时,全车或后部拖车不发生制动作用	球芯折角塞门堵塞;制动管堵塞	更换球芯折角塞门,对换下的球芯折角塞门进行维修,或进行摘车临修处理

图 27-59　仓栅式畜禽运输车

27.5.3　畜禽恒温运输车

定义:畜禽恒温运输车是装备有恒温运输厢并用于活禽运输的专用汽车。

用途:主要用于小型牲畜,如鸡、鸭、鹅和猪仔等畜禽的运输。

1. 类型及应用场地

按照运输畜禽种类的不同,一般可以将恒温运输车分为鸡崽、鸭崽和猪崽恒温运输车。

畜禽恒温运输车一般用来运输畜禽幼崽,可以保证刚出生的畜禽幼崽有较高的成活率。

2. 国内外发展现状

国外的畜禽运输车因国情不同,不同的国家和地区所需求的产品也不一样,因此其畜禽运输车结构设计差别较大。在欧美等发达国家中,畜禽运输车的技术较为完善,运输功能针对性较强。1973 年,为应对不断变化的客户需求,Featherlite 在美国本土推出了第一款畜禽运输车。经过多年发展,目前 Featherlite 已经有多种拖车产品,旗下生产的畜牧运输车采用了铝合金轻质材料,车身设计考虑了空气动力学,车前鹅颈结构多是圆锥设计,因此整车具有较好的结构强度和抗腐蚀性能。Featherlite 生产的运输车可以根据客户需要的规格进行整车定制,也可以根据客户的特殊需求进行相关功能模块的加装和配件的定制。另外该款拖车装备的尾部倾斜功能、电动排水系统和自动喷水灭火系统等都将该款拖车的性能提升到一个新的高度。

国内对于专用性较强的畜禽运输车辆的研发起步较晚,但已经有部分企业可以生产功能完备、专用性强的畜禽运输车辆,其中以上海鑫百勤专用车辆有限公司生产的智能型畜禽运输车为代表,其车身采用全封闭结构框架车厢,车厢装备有内衬保温材料、柴油发电机组、升降尾板、风机、进风窗和照明系统等多种功能,该车还装备了饮水系统和自动温控系统,使畜禽的舒适性得到了提高,加装的气压式喷雾系统可以对整个恒温运输厢进行全面的清洁,并且该车装备的 XBQ 5311 CCQ266DL 型畜禽运输车厢体底板整体升降系统使畜禽的装卸变得更加方便。但该车主要针对幼禽和幼畜的运输,并不能装载肉牛等大型牲畜。

3．典型产品

1）结构简图（见图27-60、图27-61）

1—汽车；2—畜禽运输箱。

图27-60　禽畜恒温运输车结构简图

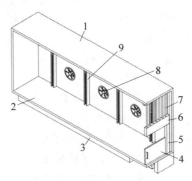

1—箱壳；2—内腔；3—支撑底块；4—双开门；5—侧柱；6—挡板；7—栏杆；8—进风机；9—滑杆。

图27-61　车体结构图

2）机器组成

禽畜恒温运输车主要由汽车和恒温运输箱组成，具体包括升降尾板、箱壳、内腔、支撑底块、双开门、侧柱、挡板、进风机和滑杆等。

3）工作原理

禽畜恒温运输车主要用于小型牲畜的运输，其结构分为两层或者三层，且每层都可以装载畜禽。当进行畜禽装车时，将汽车启动并保持怠速状态，随后打开尾板捆扎带，使用液压系统将尾板放下，随后将尾板护栏竖立以防止畜禽在尾板升降过程中从尾板跌落，之后将畜禽赶上尾板，升起尾板将畜禽赶入恒温运输厢中，如此反复直至将运输厢装满，随后将仓门关闭并将畜禽运输至目的地。到达目的地后进行相反的操作，从而完成畜禽的卸车工作。在运输过程中，恒温车厢开始工作，使得车厢内的温度保持在使畜禽舒适的范围，同时被运输的畜禽可以食用料仓中的饲料，也可以

饮用水罐中的清水，从而降低禽畜在运输过程中的死亡率。

4）主要技术参数（见表27-37）

5）常见故障及排除方法（见表27-38）

表27-37　禽畜恒温运输车主要技术参数

序号	项　　目	技术指标
1	品牌	鑫百勤
2	排量/L	8.9～10.8
3	额定载质量/kg	16.6
4	发动机类型	柴油发动机
5	整车尺寸/(mm×mm×mm)	11 820×2530×3990
6	箱体尺寸/(mm×mm×mm)	9600×2500×2600
7	发动机功率/kW	360
8	总质量/kg	31 000
9	整备质量/kg	15 500
10	箱体材质	全铝合金
11	型号	XBQ5311CCQZ66DL
12	用途	运输猪、牛、羊、鸡、鸭等

表27-38　禽畜恒温运输车常见故障及排除方法

序号	故障现象	产生的原因	排除故障方法
1	清洁不够全面	边角直角角度过小	设计专用清洁工具
2	轿厢恒温系统损坏	操作不规范	定期维修、保养

6）产品图片（见图27-62）

图27-62　禽畜恒温运输车

27.6　剪羊毛机

27.6.1　概述

剪羊毛是养羊业中一项繁重和季节性很

强的工作。采用机械化剪羊毛对提高劳动生产效率、减轻工人劳动强度、增加羊毛产量、提高羊毛质量具有重要意义。此外,剪羊毛机也是纺织品和毛绒产品后整理设备之一。

剪羊毛机按传动形式可分为挠性轴式(软轴式)、关节轴式和直动式,其中直动式根据驱动方式不同又分为中频微型电动机驱动式、单相串激微型电机驱动式、气动马达驱动式、直流式以及液压马达驱动式。

剪羊毛机编号规则,如图 27-63 所示。

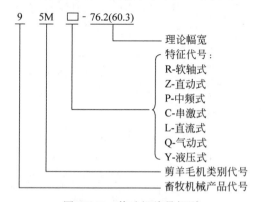

图 27-63　剪毛机编号规则

各符号表示含义:9 为畜牧机械类产品号,5M 为剪羊毛机类别代号,□ 为特征代号,76.2 为理论幅宽。

例如:95MR-76.2 为软轴式剪羊毛机,理论幅宽 76.2 mm;95MZP-60.3 为中频式剪羊毛机,理论幅宽 60.3 mm。

27.6.2　软轴式剪羊毛机

定义:软轴式剪羊毛机是由电机、挠性轴和剪头组成的一种用于家畜剪毛的设备。

用途:软轴式剪羊毛机属于固定式剪毛机,结构简单,灵活性较差,适用于有固定电源的牧场剪毛,使用广泛。常用于剪取绵羊毛,也有少数专用于剪取兔毛,修剪牛毛、马毛和狗毛等。

1. 类型及应用场地

软轴式剪羊毛机适用于有固定电源和用柴油机、汽油机或拖拉机动力输出轴驱动的场合。

2. 国内外发展现状

我国软轴式剪羊毛机始于 20 世纪 60 年代初期,先后引进美国 POWDYPOK 型剪羊毛机、PETN 型剪羊毛机、COOYN 型剪羊毛机和苏联 PCA-12 型剪羊毛机,并在内蒙古、新疆、青海完成试验示范。在此基础上,内蒙古呼和浩特电动工具厂于 60 年代中后期研发生产了 9MJ-4R 型小动力软轴式剪羊毛机和 9MDS-20 型手扶拖拉机流动剪羊毛机组。青海电动工具厂研发生产了 9MD-4 型机动剪毛机组。70 年代末内蒙古、新疆、青海和上海等地的多家研究机构联合攻关"剪毛机刀片的磨损机理与热处理加工工艺",并通过国家一机部门和冶金部门联合验收。90 年代初期,新疆北元泰瑞机械工程有限公司研发了 BYM-1 型软轴式剪毛机,新联集团剪毛机厂研发了 9MR76.2A 型软轴式电动剪毛机。至此,软轴式剪毛机械和刀片全部实现了国产化。

德国、澳大利亚等国剪毛机技术先进,剪头刀片数从一片发展为多片复合型。成卷绕状的螺旋刀具由原来的 12 片增加为 16、18、21 和 26 片等。随着科学技术的发展,刀具数得到大幅度的增加,机器种类也更为多样化。

3. 典型产品(威斯特 95MR-2B 软轴式电动剪羊毛机)

1) 结构简图(见图 27-64)

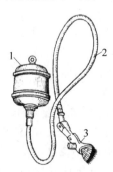

1—电动机;2—挠性轴;3—剪头。

图 27-64　软轴式电动剪羊毛机结构简图

2) 机器组成

软轴式电动剪羊毛机主要由电动机、挠性轴和剪头组成。

3) 工作原理

剪羊毛机动力由电动机通过挠性轴传递给剪头,剪头上的活动刀片往复摆动,实现剪毛工作。剪头也可由内燃机通过传动箱来带动。

4）主要技术参数

表 27-39 软轴式电动剪羊毛机主要技术参数

序号	指 标	参 数
1	电机类型	单相电容异步电机
2	功率/kW	250
3	电流/A	2.54
4	转速/(r·min⁻¹)	2800
5	电压/V	7220
6	频率/Hz	50
7	效率	0.62
8	工作因数	0.72
9	工作制	SI
10	绝缘等级	B级
11	防护等级	IP55
12	冷却方式	IC411
13	环境温度/℃	40

5）常见故障及排除方法

（1）剪切装置发热。故障原因可能是在剪羊毛过程中,剪头的剪切装置和机体前腔被脂肪、泥垢和碎毛堵塞,妨碍剪羊毛的顺利进行;同时由于活动刀片的高速摩擦运动,引起剪切装置发热刺激羊皮肤。解决方法是在每剪2~3只羊之后,先将剪头前端插入浓度为4%的热苏打溶液中并用毛刷洗刷,以除去油泥;清洗后用清水再冲洗一次,最后用润滑油润滑剪切装置。

（2）剪头卡顿。故障原因可能是剪头或挠性轴芯未润滑。解决方法是剪头和挠性轴每连续工作10天,需拆卸并在煤油中清洗,然后对关键零件进行润滑并重新安装调整。

（3）活动刀片与梳状底板磨损大,刀片变钝。故障原因是在调整剪羊毛机时,活动刀片对梳状底板的压力过大。解决方法是调节压力、打磨刀片和更换刀片。

6）产品图片（见图27-65）

27.6.3 关节轴式剪羊毛机

定义：关节轴式剪羊毛机是用硬性关节轴代替挠性轴,动力由电动机通过关节轴传递给剪头,剪头带动活动刀片进行剪毛的设备。

图 27-65 软轴式电动剪羊毛机

用途：关节轴式剪羊毛机传动性强,但相比软轴式剪羊毛机操作性和便携性较差,适用于有固定电源的牧场剪毛。常用于剪取绵羊毛,也有少数专用于剪取兔毛,修剪牛毛、马毛和狗毛等。

1. 类型及应用场地

关节轴式剪羊毛机适用于有固定电源和用柴油机、汽油机或拖拉机动力输出轴驱动的场合,因便携性较差,目前使用较少。

2. 国内外发展现状

我国关节轴式剪羊毛机研发历程始于20世纪60年代,兴于70年代,强于21世纪。关节轴式剪羊毛机从无到有,适用于不同畜种的剪毛,为我国畜牧养殖业的发展提供了机械保障。

关节轴式剪羊毛机因便携性较差,国内外使用较少。

3. 典型产品（CORHILLSPEEDO2 关节轴式剪羊毛机）

1）结构简图（见图 27-66）

1—电机；2—尼龙小轴；3—关节齿轮；4—剪头

图 27-66 关节轴式剪羊毛机结构简图

2）机器组成

关节轴式剪羊毛机主要由电机、关节齿

轮、关节轴和剪头等组成。

3）工作原理

关节轴式剪羊毛机的动力通过尼龙小轴和关节齿轮传递给剪头，剪头上的活动刀片往复摆动，实现剪毛工作。剪头也可由内燃机通过传动箱来带动。

4）主要技术参数（见表 27-40）

表 27-40　关节轴式剪羊毛机主要技术参数

序号	项　　目	技术指标
1	型号	CORHILLSPEEDO2
2	总质量/kg	3
3	操作方式	手持式
4	电源方式	直流电

5）常见故障及排除方法

常见故障和排除方法与威斯特 95MR-2B 软轴式电动剪羊毛机类似，此处不再赘述。

6）产品图片（见图 27-67）

图 27-67　关节轴式剪羊毛机

27.6.4　直动式剪羊毛机

定义：直动式剪羊毛机剪头与电动机直接组装，动力直接传递给剪头活动刀片进行剪毛的设备。

用途：直动式剪羊毛机属于移动式，具有噪声低、振动弱、劳动强度低、工作灵活、使用安全（电压低）、金属用量少和电力消耗少等优点，使用广泛。常用于剪取绵羊毛，也有少数专用于剪取兔毛，修剪牛毛、马毛和狗毛等。

1．类型及应用场地

直动式剪羊毛机按照驱动装置的不同分为中频式、串激式、气动式、直流式和液压式。

直动式剪羊毛机具有效率高、工作灵活且携带方便的特点，适用于需要灵活移动和羊群比较集中的放牧牧场。

2．国内外发展现状

我国开始采用直动式剪羊毛机是在 20 世纪 50 年代中期，与一些机械化剪毛技术较先进的国家相比，起步相近但发展相对缓慢，精细化剪毛加工性能欠佳，差距较大。

国外直动式剪羊毛机发展较快，德国率先出现了电动机和剪头直接结合的电动剪羊毛机。澳大利亚率先生产使用频率为 400 Hz 的电动剪羊毛机，该机型使用方便，可与各种剪毛机头频率互相套接，能适用各类家畜剪毛。2016 年澳大利亚、新西兰、瑞士等国生产了一种利用压缩空气作为动力的直动式剪羊毛机，目前处于国际领先水平。

3．典型产品

1）结构简图（见图 27-68）

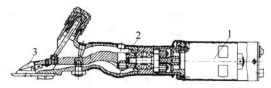

1—驱动电机；2—手柄；3—剪头。

图 27-68　直动式剪羊毛机结构简图

2）机器组成

直动式剪羊毛机主要由驱动电机、手柄和剪头组成。

3）工作原理

直动式剪羊毛机电机直接带动剪头上的活动刀片往复摆动，实现剪毛工作。

4）主要技术参数（见表 27-41）

表 27-41　直动式剪羊毛机主要技术参数

序　号	项　　目	技术指标
1	电池额定电压/V	21～40
2	机身质量/kg	1.5
3	频率/Hz	50/60
4	转数/(r·min^{-1})	8000
5	适用刀型	750/850

5）常见故障及排除方法

常见故障及排除方法与威斯特 95MR-2B

软轴式电动剪羊毛机类似,此处不再赘述。

6) 产品图片(见图 27-69)

图 27-69 直动式剪羊毛机

27.7 畜禽防疫机械

27.7.1 概述

随着畜牧业的快速发展,畜禽养殖业基本实现规模化、集约化。但是,在养殖过程中疫病防疫是关键问题之一,也是衡量畜禽养殖效果的关键性因素。

畜禽防疫机械是预防禽流感、疟疾、口蹄疫、炭疽、疥癣等畜禽疾病的医疗器械设备,可较大程度降低死亡率,开发畜禽防疫机械对畜牧业的发展具有重要意义。

27.7.2 药浴设备

定义:药浴设备是一种通过淋浴、浸泡等方式预防和治疗牲畜疥癣及其他体外寄生虫病的机械设备。

用途:利用药浴设备并结合春、夏、秋不同季节的药液洗浴方法对羊群进行药浴,可有效防止牲畜寄生虫病和传染性疾病的发生,达到保膘育肥、驱虫复壮等效果,而且与传统体内注射药物相比还能有效避免牲畜体内药物残留。

作业准备:药浴作业前,应按照药浴机使用说明书规定要求将药浴机调试到正常工作状态,将成年羊、羔羊与患疥螨病的羊分群,妊娠母羊、有外伤的羊、患有其他疾病体质弱的羊不进行药浴。药品选择及药液配制应符合牲畜防疫标准,应在具有资质的兽医指导下进行,并准备解毒药剂。药浴前应先用羔羊和体质较弱的羊进行试浴,无药物反应后再进行全群羊批量药浴。

1. 类型及应用场地

药浴设备根据药浴方式分为升降浸泡式和淋浴式两种,淋浴式又分为固定式、半固定式和移动式,目前我国广泛使用的主要是浸泡式药浴设备。

安装场地应便于牲畜进出药浴池,药浴用水应该达到牲畜饮用水标准,不应对附近水源和草场造成污染。固定式、半固定式药浴机应选择居住点 200 m 以外,水源应距离药浴池 100 m 内,药浴池位置的地下水位应在 1.5 m 以下。移动式药浴机可选择距离羊舍较近的地方。

型号规则表示方法:

药浴设备编号规则如图 27-70 所示。

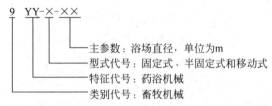

图 27-70 药浴设备编号规则

各符号表示的含义:9 为畜牧机械,YY 为药浴机械,× 为型式代号,×× 为浴场直径。

例如:9 YY-G-4.0 表示浴场直径为 4.0 m 的固定式药浴机。

2. 国内外发展现状

国外药浴机械研究起步早、种类多,代表性设备是澳大利亚 RippaDippa R60 型强力环流式喷洗药浴机,该设备采用 S 形泳道,药浴效果好、劳动强度小、作业成本低、生产效率高。

国内药浴机械研究起步较晚,正在经历体内注射药物到体外药浴防疫的过渡阶段。目前我国有十几家科研、生产单位研制牛、羊等牲畜药浴机,针对不同的地域环境已生产出了不同类型的牛、羊药浴机械。例如,内蒙古科左后旗推广站、扎鲁特旗推广站和生产厂家合作生产的新长征 1 号 9A-21 型和 9AL-2 型流动式药浴机,经几年的试验、改进,药浴效果已能够满足牧业生产需要。

3. 典型产品

1) 移动式药浴机

(1) 结构简图(见图 27-71)

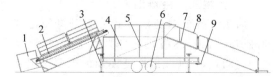

1—进口通道；2—输送装置；3—支架；4—药浴池；5—回收通道；6—行走轮；7—出口通道；8—护栏；9—牵引架。

图 27-71 移动式药浴机结构简图

（2）机器组成

该移动式药浴机由进口通道、输送装置、支架、药浴池、回收通道、行走轮、出口通道、护栏、牵引架等组成。

（3）工作原理

通过拖拉机牵引该型药浴机，运输至牲畜所在地。在药液池中配置好药液，将牲畜通过进口通道赶入药浴池，操作人员通过升降支架调节液面高度，保证浸没牲畜体表，一般药液高度保持在 80 cm 左右，可以根据实际情况做出适当调整。浸没一定时间后，将牲畜从出口通道赶出，完成药浴。通过回收通道将废液排出，并进行最后的清洗工作。

（4）主要技术参数（见表 27-42）

表 27-42 移动式药浴机主要技术参数

项　　目	技 术 参 数
外形尺寸（长×宽×高）/(m×m×m)	4×2.5×2
配套动力/kW	25.7～33.1
工作效率/(只·h⁻¹)	120

（5）常见故障及排除方法（见表 27-43）

表 27-43 移动式药浴机常见故障及排除方法

序号	故障现象	故障原因	解决方法
1	开机后水不能注入药浴机	可能是进水管道堵塞，水泵接口异常或发电机故障	首先检查进水管道是否堵塞，若无问题，检测水泵、发电机是否故障，进行检修

续表

序号	故障现象	故障原因	解决方法
2	药浴结束后，废液不能排出	排液管堵塞	检查并疏通排液管
3	药浴未结束时，药浴水池有药液渗出	药浴池有细小孔，进、排液管破损	通过渗水地方查找药浴池漏水孔，并进行铝塑胶黏合

（6）产品图片（见图 27-72）

图 27-72 移动式药浴机

2）9YY-Y-3 型家禽药浴机

（1）结构简图（见图 27-73）

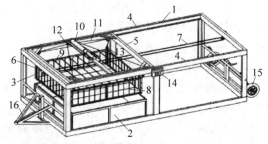

1—框架；2—浴池；3—吊篮；4—平移轨道；5—吊篮架；6—液压马达；7—传动链条；8—进出门；9—栅栏盖；10—液压油缸；11—钢丝绳；12—导向滑轨；13—拉力传感器；14—检测仪；15—行走轮；16—牵引架。

图 27-73 9YY-Y-3 型家禽药浴机结构简图

（2）机器组成

该型药浴机由框架、浴池、吊篮、平移轨道、吊篮架、液压马达、传动链条、进出门、栅栏盖、液压油缸、钢丝绳、导向滑轨、拉力传感器、检测仪、行走轮、牵引架等组成。

（3）工作原理

药浴机通过牵引设备牵引至牲畜所在场所，在药液池中配置好药液，通过水泵将药液注入药液池中至合适高度。将牲畜赶入吊篮中，箱式吊篮四个角分别连接钢丝绳，四根钢丝绳通过导向滑轨导向之后，通过电动机牵引将吊篮吊入药浴池，进行药浴。完成后吊篮吊起，将牲畜赶出，进行下一批药浴。

（4）主要技术参数（见表27-44）

（5）常见故障及排除方法（见表27-45）

表 27-44　9YY-Y-3 型家禽药浴机主要技术参数

技术指标项	规　　格	技术指标项	规　　格
药浴机框架（长×宽×高）/（m×m×m）	6×3×2.8	一次性承载羊数/只	50
吊篮（长×宽×高）/（m×m×m）	2.8×2.8×1.0	液压泵功率/kW	7.5
浴池（长×宽×高）/（m×m×m）	3.0×3.0×1.2	药液箱容积/m³	6
一次性药浴时间/min	3～5	行走轮直径/mm	900

表 27-45　9YY-Y-3 型家禽药浴机常见故障及排除方法

序号	故障现象	故障原因	解决方法
1	吊篮升降过程卡死	电动机或液压驱动机构出故障	首先接通电源，检查电动机是否通电，若无电音，则更换电动机；若电动机正常，检查液压驱动机构，或联系厂家检修
2	液压泵通电不工作，不能将水注入药浴池中	液压泵故障	将液压泵拆下进行检修或更换
3	传动异常、卡死	传动链条故障	首先检查传动链条表面是否清洁，若无问题，检查链条是否跳齿，必要时拆卸链条检修
4	显示器无示数	拉力传感器或检测仪故障	检测拉力传感器和检测仪是否故障，若存在问题，进行更换

（6）产品图片（见图27-74）

图 27-74　9YY-Y-3 型家禽药浴机

27.7.3　气雾免疫机

定义：气雾免疫机是利用压缩空气将稀释过的液体菌苗、疫苗或药液等通过喷嘴喷出，形成雾状粒子弥散于空气中，由牲畜将雾状粒子随空气吸入，以产生抗体并达到免疫目的的机械。

用途：气雾免疫机是一种多功能设备，主要用于牛、羊、禽的大群气雾免疫，还可用于畜禽养殖业的微雾消毒、气雾施药、降温等。

1. 类型及应用场地

气雾免疫机可分为汽油动力和电动两种。

实际应用时应根据牲畜及具体情况选择合适的气雾机。汽油动力免疫机主要用于牧区的大群牲畜疫苗免疫；电动免疫机是一种小型气雾免疫机，续航能力较差，雾化范围在5～8 m，广泛应用于中、小型牲畜养殖场。

2. 国内外发展现状

气雾免疫机是近几年被广泛应用的防疫机械，可以大大降低牲畜疫病的发生率。目前，国内气雾免疫机主要以小型机械为主，依靠人工操控完成作业。国外气雾免疫设备在自动控制方面有一定的发展,可依据作业环境中的喷雾浓度高低自动调节喷雾量的大小,集成电路的控制功能更能满足要求较高的气雾免疫场所需要。针对畜禽养殖智能化防疫消毒作业需要,农牧业科研院所开始研发防疫消毒机器人,致力于追求高效、安全、智能化防疫,未来有较大的发展空间。

3．典型设备

1）LC-QR02 型标准型超低容量喷雾器

（1）结构简图（见图 27-75）

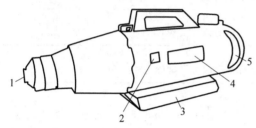

1—雾化喷嘴；2—漏电保护插头；3—主机；
4—药液储罐；5—背带。

图 27-75　LC-QR02 型标准型超低容量
喷雾器结构简图

（2）机器组成

LC-QR02 型标准型超低容量喷雾器由漏电保护插头、背带、药液储罐、主机、雾化喷嘴组成。

（3）工作原理

气雾免疫机利用气泵将空气压缩,然后通过气雾压缩发生器,使稀释疫苗形成一定大小的雾化粒子(按各种疫苗以及被免疫的牲畜种类的不同需要相应调整),雾化粒子均匀地悬浮于空气中,随呼吸进入牲畜体内,完成免疫。

（4）主要技术参数（见表 27-46）

**表 27-46　LC-QR02 型标准型超低容量
喷雾器主要技术参数**

项　　目	参　数　值
额定电压/V,频率/Hz	AC220,50
额定功率/W	800
药箱容量/L	2
喷雾量/(mL·min⁻¹)(可调)	50～260
雾滴大小/μm(根据要求可换)	20～160
静风射程/m	≥6

续表

项　　目	参　数　值
整机净质量/kg	3.1
仪器噪声/dB	＜70
主机外形尺寸/(mm×mm×mm)	581×150×229.5

（5）常见故障及排除方法（见表 27-47）

**表 27-47　LC-QR02 型标准型超低容量喷雾器
常见故障及排除方法**

序号	故障现象	产生的原因	排除故障方法
1	机器不运转	可能是由于电线断路、机器开关故障,电压低或主机故障造成	检查线路、插座、开关、电压是否正常,如主机故障应联系生产厂家维修
2	不能喷雾或喷雾量小	可能是进气阀或喷头有阻塞,也可能是送风管密封不好或储药箱输水管损坏所致	应清除阻塞物,更换送风管或输水管

（6）产品图片（见图 27-76）

图 27-76　LC-QR02 型标准型超低容量喷雾器

2）YNCD03D 超低量电动喷雾器

（1）结构简图（见图 27-77）

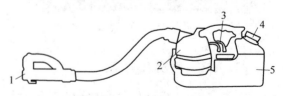

1—雾化喷头；2—主机；3—肩带扣；
4—注水旋钮；5—水箱。

图 27-77　YNCD03D 超低量电动喷雾器结构简图

（2）机器组成

YNCD03D超低量电动喷雾器主要由注水旋钮、肩带扣、水箱、主机、雾化喷头等部分组成。

（3）工作原理

使用时旋开注水旋钮，将药液注入水箱，在主机控制加压条件下雾化喷头喷雾。气泵将空气压缩，然后通过气雾压缩发生器，使被稀释疫苗形成一定大小的雾化粒子（按各种疫苗以及被免疫牲畜种类的不同需要相应调整），雾化粒子均匀地悬浮于空气中，随呼吸进入牲畜体内，完成免疫。

（4）主要技术参数（见表27-48）

表 27-48　YNCD03D 超低量电动喷雾器主要技术参数

序号	指　标	参　数　值
1	功率/$(W \cdot h^{-1})$	240
2	流量/$(mL \cdot min^{-1})$	470
3	雾珠直径/μm	≤50
4	喷射长度/M	3～8
5	容量/L	7.5
6	电压/V	220
7	机身质量/kg	7.3
8	尺寸/(mm×mm×mm)	590×140×295

（5）常见故障及排除方法（见表27-49）

表 27-49　YNCD03D 超低量电动喷雾器常见故障及排除方法

序　号	故障现象	排除故障方法
1	流量小	检查开关状态，主机进气口是否有异物阻塞
2	不能喷雾	检查流量开关是否为关闭状态，并旋开
3	主机故障	联系厂家维修

（6）产品图片（见图27-78）

图 27-78　YNCD03D 超低量电动喷雾器

参考文献

[1] 李小明，杨开锁，李军辉，等.基于双目立体视觉的挤奶机自动奶杯套杯技术研究[J].中国奶牛，2020(12)：42-45.

[2] 高国华，黄娟，刘继超.基于TRIZ理论的奶罐车罐内搅拌机构设计[J].食品与机械，2018，34(7)：83-85,105.

[3] 黄涛.畜牧机械[M].北京：中国农业出版社，2008.

[4] 蒋恩臣.畜牧业机械化[M].4版.北京：中国农业出版社，2005.

[5] 王德福.畜牧业机械化[M].5版.北京：中国农业出版社，2020.

[6] 杨立国，熊波.养殖产业机械化技术及装备[M].北京：中国农业科学技术出版社，2020.

[7] 刘羽，王朝元，施正香，等.储奶罐电解水清洗除菌效果与清洗模式优选[J].农业工程学报，2017,33(20)：300-306.

[8] 吕加平，张书文，刘鹭，等.巴氏杀菌奶加工技术及质量控制现状[J].食品科学技术学报，2016,34(1)：9-15.

[9] 任晓磊，郭强，郭育喆，等.笼养鸡鸡蛋自动收集入盘器设计[J].中国家禽，2017,39(5)：69-72.

[10] 王树才.禽蛋检测与分级智能机器人研究[D].武汉：华中农业大学，2006.

[11] 付宏卫，苏卫锋，王锟.门洞尺寸可变仓栅式半挂车设计[J].时代汽车，2020(15)：98-99.

[12] 范沿沿.肉牛专用运输车的研制[D].郑州：河南农业大学，2014.

[13] 陈绍恒，张星.我国剪羊毛机械应用现状及发展趋势[J].新疆农机化，2018(4)：32-34,40.

[14] 邱岳巍.一种适合标准化羊场使用药浴机[J].农村牧区机械化，2019(4)：42-43.

[15] 赵霞.移动式牲畜药浴机的研发[J].新疆农机化，2012(4)：12-13.

[16] 冯青春，张俊，王秀.我国畜禽养殖防疫消毒设备研究应用现状[J].家畜生态学报，2019，40(5)：82-86.

第4篇

渔业机械

渔业机械是渔业生产过程中专用的各种机械设备的总称,通常分为捕捞、养殖、加工和渔业辅助机械四大类。捕捞机械是捕捞作业过程中用于操作各种不同渔具的机械设备;养殖机械是水产养殖过程中用以构筑或翻整养殖场地,控制或改善养殖环境条件所使用的机械设备;加工机械是用于加工处理水产品的机械设备,包括原料处理机械、成品加工机械;渔业辅助机械是用于对各类渔业机械提供便利条件和支持,辅助提高工作效率、工作质量和工作可靠性等功能,通常与相关机械配套使用。本篇主要介绍渔业捕捞、养殖、加工过程中常用的主要渔业机械。

第28章

渔业机械的基本概念

28.1 概述

28.1.1 定义

渔业机械(fishery machinery)是渔业生产和活动过程中采用的各种专用和通用机械设备的总称。渔业机械涵盖渔业工程、渔业系统和渔业技术装备,包括工业化养殖工程与装备、渔业生态工程设施与装备、渔业捕捞工程系统与装备、渔业船舶工程与船舶装备、海上养殖工程与机械化装备、水产加工工程与装备、(渔业)网机网具工程与装备等。

28.1.2 用途

渔业又称水产业,渔业机械通常包括捕捞机械、养殖机械、水产品加工机械和渔业辅助机械四大类。渔业机械的主要功能和用途是在渔业捕捞、水产养殖和水产品加工过程中用以提高渔业作业的工作效率和工作质量,减轻工作人员的劳动强度,拓展渔业作业领域和范围,改变渔业作业方式和途径,保护环境和实现可持续性发展,满足高产优质和精准服务要求,以保障渔业生产的安全和顺利进行。

28.1.3 国内外发展概况及发展趋势

渔业发展的历史可追溯到原始人类的早期发展阶段,那时人类以采集植物和渔猎为生,鱼类、贝类等水产品是人类赖以生存的重要食物。随着农业和畜牧业的出现和发展,渔业在社会经济中的比重逐渐降低,但在江河湖泊流域和沿海地区,渔业在漫长的历史发展过程中始终占有程度不等的地位。与此同时,与渔业生产相关的工具、技术和方法也随着社会的发展而不断得到改进和提高,并促进了渔业的发展。

1. 国内外渔业机械发展概况

距今四千至一万年的新石器时代,人类的捕鱼技术和能力已经有了相当的发展,各种捕鱼工具,如骨制的鱼镖、鱼叉、鱼钩,石制、陶制的网坠等。这一时期已经有多种捕鱼方法,而在渔网上使用网坠则是捕鱼技术的一大进步。

我国商代渔业经济在农牧经济中占有一定的地位,已经有了在海边捕捞的渔具和技术。周代是渔业发展的重要时期,捕鱼工具有很大的改进,捕鱼技术有了很大的提高,渔具渔法得到了更加广泛的使用。唐代的淡水捕捞很发达,内陆水域捕鱼已经有专业渔民在使用鱼叉、弓箭、钓具、网具等,包括摇线双轮、钩上置饵、钓线浮子等的渔具渔法得到快速发展。宋代至明代,钓具渔具已经达到与现今基本相同的完整形态,淡水渔具可分为网、罾、钓、竹器四大类,很多渔具沿用至今。

我国的池塘养鱼始于商代末年,是世界上最早开始养鱼的国家。我国古代除了主要养殖鱼类外,还养殖贝类和藻类,明清时期养殖范围更加广泛。渔业养殖的种类和技术,包括存放、除野、运输、喂饵等也逐渐成熟,明清时期更是在鱼苗孵化、放养密度、鱼种搭配、饵料供给、分鱼转塘施肥增效和鱼病防治等方面有了更大的发展,其中渔业机械的发展起到了不可替代的积极促进作用。

中华人民共和国成立以来,我国渔业机械不断取得进步,对保证渔船作业起到了重要作用。在捕捞机械、养殖机械、水产品加工机械、保鲜制冷设备、渔获物起卸输送设备和渔网编织机械等渔业机械化方面,都有快速的发展。我国于20世纪50年代开始发展捕捞机械,60年代开始发展水产品加工、保鲜机械和养殖机械,70年代以来我国渔业机械的种类和操作的机械化、自动化程度都有了较大的发展和提高。

19世纪后期,世界各渔业先进国家相继发展了大中型拖网、围网及流钓渔船,由于捕捞水域向外延伸,网具加大,随之相应发展了捕捞机械。由于渔获量增加,为了保持水产品的鲜度和加工成适合于市场销售的食品,20世纪初相继发展了水产品的保鲜、加工机械,并随水产品深度加工的发展,鱼糜加工机械、包装机械和水产品综合利用加工机械也应运而生。50年代后期开始,各国都开始重视水产品养殖业,水产养殖机械也有了很大发展。80年代以来,渔业机械发展的一个重要趋向是采用微机控制,使渔业机械的性能、效率和机械化、自动化程度有很大提高,同时,养殖机械和水产品加工机械中的主要机种也向成套机械设备的方向发展。

2. 渔业机械发展趋势

渔业现代化的发展,带动了渔业机械的发展和进步,目前渔业机械的发展趋势主要向集成化和自动化、智能化和信息化等方向发展。

1) 渔业装备与工程技术的集成化和自动化发展

渔业装备与工程技术是现代渔业生产中起着重要作用的渔业机械、仪器、渔船、渔业设施,以及以这些装备为主要内容的渔业工程的基础,是不同渔业机械设备技术的有机组合体,单个独立的渔业机械已经无法满足快速发展的渔业现代化进程要求。

渔业工程包括以提高资源利用率为主导方向,重点是养殖设施系统创造健康养殖的水环境,减少对水资源和土地、水域的占用,降低对水域环境的污染,提高生产效率的水产养殖工程;以海洋选择性捕捞技术装备的自动化、信息化为目标,进行捕捞装备现代控制技术研究,提高作业渔船的节能减排水平,提高作业效率的捕捞装备工程;以提升水产品资源利用率、加工效率、品质及安全性为目标,进行水产品精深加工、综合利用加工,以及饲料加工等装备及工程技术研究开发的加工机械工程。

现代渔业发展的目标是工业化,体现在生产力上面就是工厂化的生产方式和产业化的生产模式。渔业装备与工程技术的机械化和自动化是现代渔业发展和实现高效生产的重要保障,渔业科技的进步,就是渔业生产实现机械化和自动化的过程。

大力发展的工厂化养殖系统技术,池塘生态工程化控制技术,深水网箱设施技术等是渔业装备与工程技术的突出体现。

2) 渔业装备与工程技术的智能化和信息化发展

互联网与物联网的发展,为渔业生产实现智能化和信息化提供了技术基础。渔业智能化和信息化就是基于互联网与物联网模式,将互联网技术、信息化技术、自动化技术进行融合,基于渔业机械传感网络实现渔业生产的智能渔业装备与工程。

随着信息技术的快速发展和网络的普及,信息内容和服务的智能化呈现已经成为信息技术产业发展的重要特征。在渔船与捕捞装备方面,大型专业化渔船船位的实时监控,依托现代化助渔与导航仪器的海洋选择性精准捕捞,数字化海洋渔业管理系统,快捷高效的渔用通信和海上遇险互救关键技术设备等,为渔业高效生产提供了平台基础;在水产养殖领域,智能增氧和投饵机械系统,养殖环境智能控制装备和监测报警系统,工厂化养鱼和深水网箱养殖平台,养殖品种的物联网公共服务平台等,为渔业智能化生产提供了保证;在水产品加工领域,水产品分类自动识别系统,大宗水产品加工自动设备系统,全程活鱼和物流运输网络平台,水产品质量安全追溯系统,为渔业安全生产提供了保障。

28.2　分类

渔业机械可以根据使用场合和目标、作业方式和对象以及渔业渔具的不同进行以下分类。

(1) 根据渔业机械的使用场合和目标不同,渔业机械可分为专用渔业机械和通用渔业机械两大类。专用渔业机械是专门用于渔业生产和服务的机械,如捕捞机械和水产品加工机械中的吸鱼泵、鱼类处理机械、鱼糜制品成形机、鱼片机以及渔网编织机械等;通用渔业机械是除可以用于渔业生产外,还可用于其他行业和工作的机械,如水力挖塘机组除了可以用于养殖鱼塘的清淤作业,还可用于水利工程的河道清淤,增氧机、水质净化装置可用于提高养殖鱼塘的含氧量,减少鱼塘污染,还可用于环境工程作业等。

(2) 根据渔业作业方式和对象不同,渔业机械可分为捕捞机械、养殖机械、水产品加工机械和渔业辅助机械四大类。捕捞机械即渔业捕捞作业中用于操作和控制渔具的机械设备,捕捞机械可有效降低劳动强度,提高捕捞作业效益和效能。养殖机械是水产养殖过程中所使用的机械设备,用以构筑或翻整养殖场地,控制或改善养殖环境条件,以扩大养殖生产规模,提高养殖生产效率。水产品加工机械是用于加工、处理和保存、运输渔获物的相关机械设备,用于对渔获物的清洗、整理、分级、冷藏、保鲜等,提高渔获物的经济价值。渔业辅助机械是渔业捕捞、养殖和加工过程中,用于提供便利条件和支持的辅助和配套机械设备的总称。

(3) 根据渔业作业渔具渔法的不同,渔业机械如捕捞机械可分为拖网机械、围网机械、刺网机械、张网机械、钓捕机械等,或应用于不同类型渔业捕捞作业方式,如拖网绞机、围网绞机、刺网绞机等。

目前渔业机械的分类,通常都是采用以渔业作业方式和对象的不同,对渔业机械进行分类。

由于渔业生产和作业条件恶劣,工况复杂,对各类渔业机械包括通用渔业机械的性能和结构强度等都有特殊的要求,特别是捕捞机械,如要求结构牢固,能在风浪或冰雪条件下作业,可经受较大的振动或交变冲击,具有防超载装置,能消除捕捞作业中的超载现象,操纵灵活方便,能适应频繁的启动、换向、调速、制动等多变工况的要求及实现集中控制或遥控等,材质上要求具有较强的防腐蚀性能。其他渔业机械也有各自特殊的要求,如对养殖机械的可靠性、操作便捷性要求,对水产品加工机械的安全性、食品卫生要求等。

第29章

渔业捕捞机械

29.1 概述

渔业捕捞机械是捕捞作业中操作渔具进行捕捞或捞取渔获物的机械设备的总称。适宜的渔业捕捞方式,渔业捕捞机械良好的性能、质量和结构,能够保障渔业生产的经济效益和渔业捕捞、起货作业的安全,能有效降低生产成本,提高能源利用效率,提高选择性捕捞的能力,促进可持续发展的资源保护,也是捕捞机械现代化的标志和关键。

渔业捕捞的方式多种多样,包括淡水渔业捕捞和海洋渔业捕捞,前者指在内陆淡水水域采捕水生动物的生产活动,后者包括近岸渔业、近海渔业和远洋渔业。

(1) 近岸渔业(又称沿岸渔业)是指在离岸 12 n mile 的领海以内从事的海洋渔业。一般以小型渔船或无动力小舢板、竹筏等为主,使用刺网、定置网、地曳网等方法来进行捕捞作业。

(2) 近海渔业是指离岸 200 n mile 以内从事的海洋渔业。通常使用动力、冷藏设备、无线电齐全的中型渔船为主,方法以拖网法捕捞为主,也有使用围网等来进行捕捞作业。

(3) 远洋渔业(又称大洋渔业),是指远离本国渔港或渔业基地,在公海从事的捕捞生产活动。通常远洋渔业是由机械化、自动化程度较高,助渔、导航仪器设备先进、完善,续航能力较长的大型加工母船(具有冷冻、冷藏、水产品加工、综合利用等设备)和若干捕捞子船、加油船、运输船等组成的捕捞船队协同作业。主要作业方式有拖网、围网、流网、延绳钓、标枪等,以围钓捕鱼为主。捕捞的品种主要是大洋性洄游鱼类,如鳕鱼、金枪鱼、鱿鱼等。远洋渔业是海洋水产业的重要组成部分,发展远洋渔业,开发远洋水产资源,合理布局渔业生产力,有利于减轻和缓和近岸、近海捕捞强度,提高水产品总产量。

另外,过洋渔业一般是指获得捕捞许可,在别的国家 12～200 n mile 以内从事捕捞生产,属于近海渔业范围。目前我国远洋渔业船队在非洲、朝鲜、南亚等地的渔业生产就属于过洋渔业,通过和当地渔业公司合作,购买政府的渔业捕捞证,可以把鱼货出口到欧美等国,也有部分运回国内销售。

目前国内渔船的作业方式主要包括拖网、围网、刺网、张网、敷网、延绳钓和鱿鱼钓等,不同的渔船捕捞作业方式使用各类不同的渔机、渔具和相关的渔机、渔具组合进行作业,完成相关的操作。

29.2 分类

渔业捕捞机械按捕捞的作业场合不同,可以分为内河捕捞机械和海洋捕捞机械。按捕捞的作业特点不同,可以分为渔用绞机、渔具绞机和捕捞辅助机械等捕捞机械。按捕捞的作业方式不同，可以分为拖网机械、围网机械、刺网机械、地曳网机械、敷网机械、钓捕机械和专用捕捞机械等。按捕捞机械的驱动力种类不同，可以分为内燃动力驱动、电动驱动、液压驱动等形式。按捕捞机械的传动方式不同，可以分为带传动、齿轮传动、链条传动、蜗轮蜗杆传动、液压传动等形式。

目前，渔业捕捞主要以海洋捕捞为主，通常按捕捞的作业方式进行分类，同时渔业捕捞的方式既与捕捞鱼类的对象有关，又与相关渔业政策和资源保护要求有关。捕捞机械的种类多样，如拖网捕捞机械包括拖网绞机、起网机、卷网机等，围网捕捞机械包括围网绞机、起网机等。绞纲类中又分为括纲绞机、跑纲绞机等，起网类机械中又分为悬挂式起网机和落地式起网机以及相关的辅助类机械。钓捕机械包括延绳钓、鲣竿钓、鱿鱼钓等相关的捕捞机械。另外，还有用于流刺网捕捞的振网机等机械，用于捕鲸的捕鲸炮等捕鲸机械，用于冰下捕鱼的穿索器、钻冰机等机械，以及用于池塘、湖泊、水库捕捞及网箱清洗、起放等作业活动用机械等。

常见渔业捕捞机械的分类见表 29-1。

表 29-1　常见渔业捕捞机械分类

渔业捕捞机械	渔用绞机	绞机	拖网绞机	
			围网绞机	括纲绞机
				跑纲绞机
				网头绞机
			刺网绞机	浮子纲绞机
				沉子纲绞机
			起鲸绞机	
			混合式绞机（拖网-围网绞机）	
			地曳纲绞机	
		绞盘	刺网绞盘	
			起鲸绞盘	
			地曳纲绞盘	
	渔具绞机	起网机	围网起网机	悬挂式起网机（动力滑车）
				落地式起网机
			刺网起网机	
			地曳网起网机	
		卷网机	拖网卷网机	
			围网卷网机	
			刺网卷网机	
		起钓机械	延绳钓起线机	
			延绳钓放线机	
			延绳钓收线机	
			曳绳钓起线机	
			自动杆钓机（鲣杆钓机）	
			自动线钓机（鱿鱼钓机）	

续表

渔业捕捞机械	捕捞辅助机械	辅助绞机	放网绞机	
			吊网绞机	
			三角抄网绞机	
		网具捕捞辅助机械	理网机	
			振网机	
			抄鱼机	
			打桩机	
			钻冰机	
		钓具捕捞辅助机械	放线机	
			卷线机	
			理线机	

29.2.1 渔用绞机（又称绞纲机）

渔用绞机又称绞纲机，是用来牵引和卷扬渔具纲绳的机械。渔用绞机除了用于绞收网具的纲绳外，还可以用于吊网、卸鱼及其他作业。渔用绞机的功率一般为几十至数百千瓦，高的可达 1000 kW 以上。绞机的绞速较高，通常为 60~120 m/min，一般结构为单卷筒或双卷筒，也有多卷筒型式，卷筒可达 3~8 个。绞纲机的前端广泛采用排绳器，将网具纲绳在卷筒上多层卷绕，可达到 10~20 层，以保持收纲时排列整齐，增加容量，放纲时阻力减小，快速节能，放纲时可以利用惯性力自然外放而不用动力驱动。

29.2.2 渔具绞机

渔具绞机是用于直接绞收渔具的机械，功率一般为几千瓦至数十千瓦，主要有以下三种类型。

（1）起网机：将渔网从水中起到船上、岸上或冰面上的机械。根据其原理分为摩擦式、挤压摩擦式和夹紧式三种。

（2）卷网机：能将全部或部分网具进行绞收、储存并放出的机械。常在小型围网、流刺网、地曳网及中层拖网与底拖网作业中使用。

（3）起钓机：将钓线或钓竿起到船上，以达到取鱼目的的机械，常在延绳钓、曳绳钓、竿钓作业中使用，自动钓机可以自动进行放线钓鱼和摘鱼等。

29.2.3 捕捞辅助机械

捕捞辅助机械的种类繁多，主要用于辅助

渔用绞机和渔具绞机及其相关操作的机械，用于辅助完成、配套完成或便捷完成相关的操作。

（1）捕捞辅助绞机：捕捞作业中进行辅助性工作的绞机的总称。这种绞机作用单一，转速慢，功率较低，常以用途命名，如放网绞机、吊网绞机、三角抄网绞机、理网绞机、移位绞机、舷外支架移位绞机等。

（2）网具辅助机械：用以处理和整理捕捞网具的辅助机械设备的总称。如理网机是用来将起到船上的围网或流刺网网衣顺序堆放在甲板上，依次排列，以利后续下网时方便工作；振网机是用来将刺入刺网网具中的渔获物振落，以利收集渔获物；抄鱼机是用来将围网中的渔获物用瓢形小网抄出，将渔获物收集至母船；打桩机是用来将桩头打入水底，用以固定网具，形成张网；钻冰机是用来在封冻的水域上钻冲冰孔，便于传送纲绳等，用以放网、拖曳网具和起网等。

（3）钓具辅助机械：用于采用延绳钓等作业方式中辅助作业的机械设备的总称。如金枪鱼延绳钓作业中的放线机、卷线机、理线机等。

29.3 典型捕捞机械及其主要技术性能

29.3.1 捕捞机械的一般名词术语

渔业捕捞机械，根据其功能、作用和使用场合的不同，具有不同的性能指标。常见渔业捕捞机械的一般名词术语见表 29-2。

表 29-2 常见渔业捕捞机械名词术语

序号	中文名称	英文名称	定 义	单位
1	绞收速度	hauling speed	捕捞机械的绞收速度是指绞收渔具的速度	m/s
2	公称速度	nominal hauling speed	捕捞机械的公称速度是指在规定位置处承受设计负载时能保持的最大绞收速度	m/s
3	拉力	pull	拉力是指捕捞机械运转时作用于渔具的力	kN
4	公称拉力	nominal pull	公称拉力是指在公称速度下,捕捞机械在规定位置作用于渔具的力	kN
5	绞机速度	winch hauling speed	绞机速度是指公称拉力下,绞机卷筒卷绕纲索于设计长度半长处所在层卷绕直径处能保持的最大绞收速度	m/s
6	绞机拉力	winch pull	绞机拉力是指公称绞收速度下,绞机卷筒卷绕纲索于设计长度半长处所在层卷绕直径处的拉力	kN
7	容绳量	rope capacity	容绳量是指卷筒卷绕某一直径纲索的最大长度	m
8	容网量	net capacity	容网量是指卷网机卷绕网具的最大容积	m³
9	过网断面	gross section of bunched netting	过网断面是指起网机工作部件允许通过网束的截面积	m²
10	上进纲	upper hauling rope	上进纲是指纲索从卷筒上方绕入绞机	
11	下进纲	lower hauling rope	下进纲是指纲索从卷筒下方绕入绞机	
12	排绳角	rope arrangement angle	排绳角是指排绳时,纲索与绞机卷筒轴心线垂直平面之间的夹角	
13	卷绕直径	winding diameter	卷绕直径是指绞机卷筒卷绕纲索达容绳量时所在层纲索中心之间的最大距离	
14	卷筒	drum	卷筒是指两端具有侧板的圆筒体,用于卷绕渔具的纲索或网具并可多层储存	
15	摩擦鼓轮	warping end	摩擦鼓轮是指在动力驱动下,主要靠纲索与鼓轮表面之间的摩擦力绞拉渔具但不储存纲索的筒体	
16	滚柱	roller	滚柱是指可作旋转运动、长径比大、用于纲索或网具转(导)向和减少摩擦的圆筒体	
17	排绳器	wire	排绳器是指在动力驱动下,通过立式滚柱等,夹持纲索作水平往复运动,使纲索顺序按层次卷绕排列在卷筒上的装置	

29.3.2 拖网捕捞机械

拖网捕捞(trawling)是采用渔船拖曳一条囊袋形网具,在其口端由巨型金属板(网板)固定来控制网口的大小。在水中,随着船体的拖曳,迫使拖曳路径上的捕捞对象进入网内,主要用于海洋,内陆水域也有应用。捕捞对象以底层和近底层鱼、虾和软体动物为主,如海洋中的鳕、鲱、带鱼、马面鲀、大黄鱼、小黄鱼、乌贼、枪乌贼、鲆鲽、虾类、蟹类,以及内陆水域中的青海湖裸鲤、刀鲚、银鱼、白虾等。也可用于中层拖网。这种捕捞方式主要用于大规模捕捞,如阿拉斯加狭鳕鱼及大多数鲆鲽鱼类。

按网具的结构特点,拖网捕捞可分为有袖拖网和无袖拖网两种形式。

有袖拖网一般有1个网囊和2个网袖,网具上下纲分别装配适当数量的浮子和沉子,使网口垂直张开。它是海洋拖网的主要结构形式,内陆水域也有使用,但规模较小。有袖拖网一般多用于底层水域,网具下方除装有沉子外,有的还装有重锤等沉降装置,以扩大网口垂直张开尺度和保持网具在水层中的位置。

无袖拖网的结构形式有无袖单囊式和无袖多囊式两种。无袖单囊式拖网是小型拖网，网口一般都有固定撑架装置以保持网口张开，海洋和内陆水域均有使用。无袖多囊式拖网一般具有两个以上的网囊。网囊的数量主要取决于捕捞对象的生态习性和渔船的吨位大小。网口的水平和垂直张开借助两船拖网间距和垂直撑杆来保证。

按渔船的数量，拖网捕捞分为单船拖网捕捞和双船拖网捕捞。前者是使用一艘渔船拖曳一顶网具进行作业，后者是两艘渔船共同拖曳一顶网具进行作业。

单船拖网捕捞是目前世界上现代化拖网捕捞的主要作业方式。当拖曳网具前进时，网板在水流的作用下产生扩张力，可使网具水平张开。目前世界上的单船拖网捕捞均采用尾拖网形式，其中以尾滑道渔船拖网作业较先进。作业时渔船慢速前进并从尾滑道放出网具，将网板连接在曳纲并使之脱离两网板架。然后渔船快速前进，并逐步放出两曳纲。当曳纲放出预定长度后，渔船按预定的拖向和拖速拖网前进。起网时，渔船慢速前进依次收绞曳纲，当收绞网纲至网板时，将网板固定在网板架上，使之脱离曳纲，继续收绞网具，将其自尾滑道拖到甲板上，取出渔获物。

双船拖网捕捞在我国占有较大比例，比较适合我国沿海和近海海域水深变化缓慢的地形特点。作业时两船靠拢，由一艘船将所载拖网放入水中。拖网的两根曳纲分别由两船系带，然后两船分开等速前进并逐步放出曳纲。当曳纲放出至预定长度时，两船以一定间距并列拖曳网具。起网时两船靠拢停止拖曳，分别收绞曳纲，网具则由其中一艘渔船收绞整理。

拖网捕捞是近现代最重要的捕捞方式之一，通过调节网具所处水层，可以不受海洋水深的影响，捕获不同的渔获物。由于拖网作业无法选择捕获对象，网具经过的水层中所有鱼类均将被捕获，所以其最大的缺点在于拖曳过程中可能会对拖曳水层的生态造成破坏，特别是底层拖网捕捞会严重破坏海床与海洋生态，过度捕捞还会产生连锁反应，造成食物链的破坏，使许多鱼类因无法获得足够的食物而死亡，甚至会产生毁灭性的影响。图29-1所示为单船拖网捕捞作业示意图。

图 29-1　单船拖网捕捞作业示意图

根据拖网作业的方式、特点和需要，拖网渔船通常应配置相应的捕捞机械和设备。

（1）拖网绞机：主要用于牵引拖网上的曳纲和手纲，以及其他需大功率卷扬的工作。拖网绞机的拉力大，速度快，工作效率高，是拖网捕捞机械的主要设备。

（2）卷网机：用于卷收、贮存和放出网具及辅具的机械。根据卷网机滚筒的大小，可以卷收全部或部分网具辅具。

（3）辅助绞纲机：主要用于放网时辅助将卷网机上的网衣拖曳至甲板，并放至入水，在收网时辅助抽拉网底的束纲收集渔获物等作业。

（4）其他设备：包括吊杆、龙门架、导向滑轮等，用于完成绞收、起重、移动、整理等辅助工作的机械。

1. 拖网渔具原理

拖网渔具是渔业生产中最主要的捕捞工具之一，属于过滤性的运动渔具。它的捕鱼原理是借助渔船动力、天然风流力或人力拖曳，迫使捕捞对象入网，而水从网目滤出，渔获物既不能通过也不会缠绕，从而被捕获。如图29-2所示为双船拖网捕捞作业示意图。

2. 拖网渔具分类

（1）拖网渔具按照网具结构分为：

① 单片型：由带状单片网衣构成，如山东

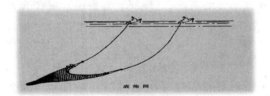

图 29-2　双船拖网捕捞作业示意图

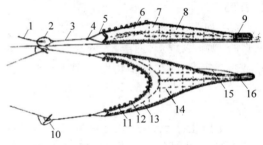

1—曳纲；2—网板；3—手纲；4—铁撑架；5—空纲；
6—网袖；7—网翼；8—网身；9—网囊；10—游纲；
11—浮子纲；12—浮子；13—沉子纲；14—网腹力纲；
15—束纲引纲；16—束纲。

图 29-3　拖网网具结构示意图

掖县的带网；

②无翼单囊型：由网身和单一网囊构成，如中层拖网；

③无翼多囊型：由网身和若干网囊构成，如广东的百袋网、太湖橹缆网；

④有翼单囊型：由网翼、网身和一个网囊构成，大多数拖网属这种结构，如单船底拖网；

⑤有翼多囊型：由网翼、网身和若干网囊构成，在淡水捕捞中有使用，如太湖银鱼网；

⑥桁杆型：由桁杆（或桁架）、网身和网囊构成，如我国的桁拖网和乌贼拖网；

⑦框架型：由框架、网身和网囊构成，如我国山东的桃花虾拖网。

（2）拖网渔具按照作业船数和作业水层分为：①单船表层式；②单船中层式；③单船底层式；④双船表层式；⑤双船中层式；⑥双船底层式；⑦多船式。

除单船表层式和多船式外，其他几种在我国的拖网作业中均有采用或曾经采用。

3. 拖网渔具网具结构

拖网由网衣、纲索和属具组成。我国普遍使用的两片式拖网网衣由网翼、网盖、网身和网囊组成；多片式拖网网衣还具有侧网衣，纲索主要包括浮子纲、沉子纲、力纲、空纲、手纲和曳纲等。属具主要有浮子、沉子、网板和纲索的连接件。图 29-3 所示为拖网网具结构示意图。

1）拖网渔具网具结构——网衣

（1）燕尾：减少网端网衣的堆积和网衣阻力。不规则斜梯形网片，上下各一块，左右对称。

（2）网翼（网袖、网腿）：扩大扫海面积，拦截进网鱼类外逃，引导进网鱼类进入网身、网囊。大致有三种形式：①上、下网翼两部分组

成，上、下网翼均为斜梯形（分 2、3 或 4 段），前小后大，上、下网翼的后缘分别与网盖和网身相接，我国两片式拖网均采用这种结构，这种网型光顺，有利于导鱼；②在上、下网翼之间嵌入矩形侧网组成网翼，上、下网翼一般采用直角三角形网衣，多片式拖网多采用这种结构；③整块梯形网衣做成的网翼，如我国集体渔业拖网的网翼结构。

（3）网盖（天井网）：防止入网鱼类上逃，位于网口之上的正梯形网衣。底拖网时，网盖在上面（防止对象上逃），浮拖网时，网盖在下面（防止对象下窜）。网盖的纵向长度大，可提高遮挡鱼类的效果，提高网口高度，反之亦然，但纵向长度的大小应与网具其他部分相适应。

我国两片式拖网的网盖纵向长度约为网具全长的 10%，日本六片式拖网的网盖纵向长度约占网具全长的 13%。中层拖网无网盖，因未曾发现鱼类在中层拖网网口向上逃窜的行为。

（4）网身（网筒）：引导鱼类进入网囊；稳定渔具运动。网身拖网网衣中的主要部分，分 5～7 节。网身呈现前大后小的圆锥形，以利于张开和导鱼。同时其网目长度自前至后逐步减小，以适应进网鱼类逐渐增强的逃避反应。

网身的长度影响网具的稳定性、阻力、导鱼性能和网材料的消耗。网身长，网具的稳定性和导鱼性能较好，但将增加网具阻力和网具材料消耗。两片式尾拖型拖网的网身长度约占全长的 60%；六片式拖网网身长度约占全

长的 35%。

(5) 网囊(袋筒):用于贮纳渔获物。位于网具的末端,囊袋形,网线粗、网目长度最小并且常用双线,还附加许多辅助力纲。世界上大多数渔业国都规定了最小网目长度(内径)的限制。

为了防止拖曳过程中网囊腹部因与海底摩擦而损坏,采取了各种保护措施。如附加旧网衣制成的防擦网衣,或采用网须、兽皮、橡胶垫和钢丝绳网等。

2) 拖网渔具网具结构——纲索

(1) 浮子纲(上纲、浮弦):网翼和网盖上边缘的纲索,其作用是垂直张开网口,使网具维持一定的形状。浮子纲的材料一般有两种:第一种是软钢丝绳外缠绕网线,以增加装配网衣的摩擦力;第二种是采用钢丝与维纶线制成的混合纲。后者在强度、柔挺性和表面摩擦力等方面都较好,外国渔船和我国部分远洋渔船已较多地使用。底层拖网的浮子纲一般由三段组成,浮(上)边纲两段左右对称,浮(上)中纲一段,它们之间用卡扣连接起来。

(2) 沉子纲(下纲、大脚):一般指纲索和沉子,也分下中纲和下边纲(左右对称)。利用其重力使网口下缘沉降,并维持一定的形状,是拖网中较重要的纲索。根据底质不同,有五种不同的结构形式。

① 缠绕式沉子纲:在钢丝绳上依次缠绕用旧网衣捻成的绳股、防摩擦用的旧网衣。这种沉子纲粗度大,不易陷于泥中,但耐磨性较差,寿命较短,适合泥、泥沙和沙泥底质使用。

② 滚柱式沉子纲:在钢丝绳上穿有塑胶或木制滚柱。滚柱的大小和数量决定了沉子纲的重量。这种沉子纲穿制方便,比缠绕式沉子纲耐磨,可用于较粗糙的底质。

③ 橡胶片式沉子纲:在钢丝绳上穿有橡胶片、铁球、铁沉块和铁挂链,并经压缩使橡胶片紧密排列。其重量由上述铁元件和橡胶片的数量和规格而定。在砾石海区捕捞贴底鱼类常用这种沉子纲。

④ 滚球式沉子纲:钢丝绳上穿有直径250~400 mm 可滚动的铁球、滚轮和长度大于铁球半径的吊链,可使网衣脱离海底。这种结构的沉子纲适用于在礁石地区作业的大型底拖网。

⑤ 链式沉子纲:铁链直接结缚于缘纲上,铁链的直径和垂度决定了沉子纲重量。这种沉子纲用于底质松软的海底,如捕捞虾类和贴底鱼类的双撑架拖底拖网均采用这种沉子纲。

(3) 空纲:位于网翼前方,也是浮子纲和沉子纲的延长。与浮子纲相接的为上空纲,与沉子纲相接的为下空纲。拖曳网具时下空纲括起海底泥浆和上空纲抖动产生的水花形成屏障,威吓和阻拦鱼类。

(4) 力纲:沿网体纵向装配的纲索,起着增加网具纵向强度的作用。有以下装配方式:

① 两片式拖网装配两根力纲:从下中、下边纲连接处开始,沿网目对角线装配,到达侧边时沿边缝直至网囊末端。

② 两片式拖网装配四根力纲:背、腹中力纲分别从上(浮)中纲和下(沉)中纲的中央开始,沿网目对角线装配,直至网囊末端。两侧力纲分别从燕尾纲的中点沿侧边缝装配,直至网囊末端。

③ 多片式拖网一般装配四根力纲:分别沿侧网的四边缘装配,直至网囊末端。

(5) 翼端纲:与翼端网衣装配的纲索。如翼端为燕尾状,亦称燕尾纲。翼端纲起着加强翼端网衣的作用,尤其是翼端拖到海底的废旧网衣、钢丝绳和其他杂物时,可避免撕裂翼端网衣。

(6) 网囊束纲和网囊束纲引纲:网囊束纲亦称卡包纲,是围绕网囊可抽紧的钢丝绳。其作用是在渔获物充满网囊时,分隔渔获物便于起吊。网囊束纲引纲供牵引网囊束纲用。

(7) 手纲:在单船拖网中连接网板和空纲的纲索,起着扩大网板之间的距离和括起海底泥浆拦集鱼群的作用。有单、双手纲两种结构。

(8) 曳纲:连接渔船和网具,拖曳网具。单船底层拖网曳纲采用钢丝绳,作业中不贴底。双船底层拖网曳纲由两段组成,近船舶的一段的大部分不与海底接触,采用钢丝绳材料；远离船舶的一段全部沿海底拖曳，除括起泥浆拦集鱼群外，还兼有吸收来自船舶的波动、稳定网具的作用，因此采用较粗的混合钢材料。曳纲的长度据水深和作业方式而定。

（9）其他纲索：包括网囊辅助力纲、腰带钢丝、回头钢丝和游纲。

① 网囊辅助力纲：用来增加网囊强度。上中下共 3 根，两边 2 根，共 8 根；

② 腰带钢丝：用来起吊网身第一节，但在尾滑道拖网中不使用；

③ 回头钢丝：前甲板作业时用来把网身末节及网囊收绞到前甲板边，后甲板作业不使用；

④ 游纲：用于单拖，连接手纲与曳纲。作业时不受力，当网板收起时，通过游纲直接收绞手纲和网具，可防止网板外倾。

3）拖网渔具渔具结构——属具

（1）网板：用来使网口水平张开，拦截鱼类外逃，驱赶鱼类进网。

（2）浮子和浮升板：借助水流冲击产生向上的力，增加网口高度。

（3）沉降器：借助水流冲击产生向下的力，使下纲下降，从而增加网口垂直高度。

（4）铁撑架：铁制弓形架，用来连接空纲和手纲。

（5）"丁"字铁：用来连接游纲和手纲，作业时使游纲不受力。

（6）"8"字环：用来连接网板叉纲和丁字铁。

（7）中心钩、中心环：用来钩挂和解开网板、曳纲和游纲。

4．拖网渔具作业特点

（1）拖网作业机动灵活，适应性强，有较高的生产效率。现代拖网渔具既可用于捕捞鱼类，也能用于捕捞头足类、贝类和甲壳类；既可用于捕捞栖息水深只有几米、几十米的捕捞对象，也能用于捕捞栖息水深达到数千米的深海品种。

（2）拖网作业不但对鱼类资源本身造成巨大的损害，而且对鱼类赖以生存的海洋生态环境也造成巨大的破坏，尤其是底拖网。

（3）现代渔具渔法中，拖网作业是一种能耗很高的作业。对能源的高度依赖，使作业成本不断上升，效益下降。

29.3.3　围网捕捞机械

围网捕捞（purse seining）是以长带形或一囊两翼形网具包围鱼群进行捕捞的作业方式，主要对象为中上层鱼类，多见于海洋渔业，大型湖泊和水库中也有使用，是目前世界海洋捕捞的主要作业方式之一，也是我国海洋渔业的重要作业方式之一。

围网捕捞分为单船、双船和多船围网三种形式。

单船围网捕捞通常需要一条自备动力的小船（放网船）协助，该小船和捕捞船合称子母船。围网捕捞就是用渔网将鱼群围绕起来，通过小船牵拉着渔网头端环绕鱼群再回到捕捞母船的船尾。这种渔网的底端装有底环和底纲，收紧底纲可形成闭合封口，将鱼群圈在网中，然后利用液压动力滑轮（又称动力滑车）将围网用力拉回船上。当围网被拉回到捕捞船一侧时，将被围网围拢的鱼群再用捕捞网卷（抄鱼机）捞上母船或者用吸鱼泵抽吸上船以捞取渔获物，这种作业方式对近海和远洋捕捞都适用。近海鱼群如鲱鱼、鲭鱼、鲑鱼、鱿鱼及沙丁鱼多用此方式捕捞。图 29-4 所示为单船围网捕捞作业示意图。

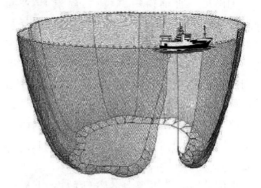

图 29-4　单船围网捕捞作业示意图

双船围网捕捞作业时两船靠拢，装载网具的渔船（放网船）将一根曳纲递给另一艘渔船（带网船）系于船舷尾部，以鱼群为目标，依次放出网具作圆弧形航行包围鱼群,经一段时间的拖、张后,两船逐渐靠拢而围拢鱼群。待两船靠拢时,分别迅速收绞括纲,使底环聚集以封闭网圈底部,然后两船同时起网,缩小网圈并捞取渔获物。这种方式适用于在近海风浪较小的渔场作业。图 29-5 所示为双船围网捕捞作业示意图。

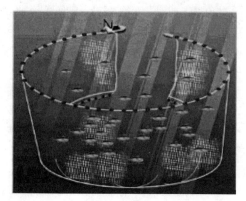

图 29-5　双船围网捕捞作业示意图

多船围网捕捞由至少三艘以上多艘装载网具的放网船,共同对鱼群形成一个大包围圈,同时相互连接网具,然后各放网船向网圈中部聚集,并连接在一起,分别收拉网具两端,使之形成各自独立的包围圈,再起网捞取渔获物。由于多船作业时,各船动作必须协调一致,指挥和统一相对困难,目前已经基本淘汰。

1. 围网渔具原理

围网是一种捕捞集群鱼类、规模大、产量高的过滤性渔具。围网的捕鱼原理是根据捕捞对象集群的特性,探知鱼群后,放出长带形或一囊两翼的网具,网衣在水中垂直张开,形成网壁,采用围捕或结合围张、围拖等方式,迫使鱼群集于取鱼部或网囊,包围或阻拦鱼群的逃路,然后逐步缩小包围圈并收绞括纲封锁网底口,使鱼群集中到取鱼部或驱赶鱼群进入网囊,从而达到捕捞目的。

围网捕捞对象主要是集群性的中、上层鱼类。目前捕捞对象有鲐、太平洋鲱、蓝圆鲹、竹筴鱼、金色沙丁鱼、脂眼鲱、圆腹鲱、鲐鲣、马鲛鱼、青鳞鱼、大黄鱼、带鱼、鳓鱼、鲈、海鲶、鲍鲲、沙丁鱼、鲱、鲣、金枪鱼、鲑鳟、飞鱼和毛鳞鱼等。

2. 围网渔具分类

1) 按照网具结构分类

围网渔具按照网具结构可分为有囊围网和无囊围网。

(1) 有囊围网:由一个网囊、两个网翼及纲索、浮沉子构成。网翼很长,左右对称,用来包围鱼群,网囊设在中部,很短但容量大,用来贮纳和捞取渔获物。一般在近海作业,作业时浮子浮出水面,而沉子沉底。有围缯网、小对网和鲞团网三种典型网具,它们的结构基本相同。图 29-6 所示为有囊围网示意图。

图 29-6　有囊围网

① 围缯网:发源于福建闽江口一带。网具的翼网长 100～200 m,网囊为网翼长度的 1/4～1/3。可进行围捕、围张和围拖,常年作业,现已逐步消失。

② 小对网:浙江省的重要渔具,作业方式属于围张。

③ 鲞团网:江苏省所特有的有囊围网。

(2) 无囊围网:网具呈长带形,一般是中间高,两端低。根据取鱼部位置的不同,可分为单翼围网(取鱼部在一端)和双翼围网(取鱼部在中间)。根据网具下纲是否装有底环等收括装置,可分为有环围网和无环围网。

① 无环围网:由两个网翼、一个取鱼部、纲索及浮沉子构成的长带形网具。网具中间高,两端低,上纲比下纲长。网翼很长,左右对称,取鱼部在中间。

② 有环围网:网具为长带形,由网翼、取鱼部、纲索、浮沉子和底环、括纲等构成。它又分为双翼式和单翼式两种类型。双翼式有环围网的特点是两个网翼左右对称,取鱼部在中间。单翼式有环围网的取鱼部在网具的一端,

只有一个很长的网翼。现代围网以单翼式有环围网为主,具有较好的捕捞性能,并在不断地发展中。图 29-7 所示为无囊有环围网示意图。

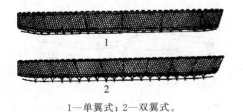

1—单翼式；2—双翼式。

图 29-7　无囊有环围网

2) 按作业船只分类

围网渔具按照作业船只可分为单船围网、双船围网和多船围网。

(1) 单船围网:一艘网船,独自下网、起网、起鱼,还有其他船只协助操作。

(2) 双船围网:一般为有囊围网。两条网船各装载半盘网具,或共载一盘网具,共同下网、包围、起网和起鱼。

(3) 多船围网:多艘渔船共同下网、包围、起网和起鱼,已被淘汰。

3) 按鱼类栖息水层和集群方式分类

(1) 起水鱼围网:围捕起浮于水面或近水面鱼群。用目视方法侦察鱼群,鱼群具有较快速度,易受惊吓,要求具有较高的围捕技术。

(2) 瞄准捕捞围网:利用探鱼仪等探测技术探测,鱼群较起水鱼群稳定,不易受惊吓,要求具有较高的探鱼技术。

(3) 灯光围网:夜间利用灯光诱集鱼群,鱼群稳定,易于围捕,要求具有完善的光诱设备和较高的灯光诱鱼技术。

4) 其他分类方式

除了上述三种分类方式外,还可按渔船动力分为机轮围网、机帆船围网和风帆围网;按捕捞对象分为鲐鱼围网、青鱼围网、金枪鱼围网、沙丁鱼围网等。

3. 围网渔具网具结构

1) 有囊围网

我国有囊围网使用不多。这里以大围缯为例介绍其结构。

(1) 有囊围网网衣

大围缯网衣由网翼、网囊、三角网和缘网组成。

网翼:网翼很长,左、右对称,在作业中包围、拦截和引导鱼群进入网囊。

网囊:由两梯形网片组成。前端为网口,垂直展开较大,在浅水渔场作业网口可上达水面,下到海底。作业时多呈肥大的圆锥形,使网身有充分的空间容纳和稳定鱼群,以诱导鱼群进入网囊后部。

三角网:由左右两片三角网缝合而成。用于加强网口中央的强度,并有利于网口的扩大和张开。

缘网:由若干目宽的长条网片构成,有上、下缘网之分。用以加强同翼边缘强度。

(2) 有囊围网纲索

① 上下缘纲:左右翼上、下纲各一条;②浮子纲和沉子纲:捻向与缘纲相反,使网具有固定的尺度和承受张力;③叉空纲:又称叉纲,网具在翼端的延长,承受整个网具载荷,并连接上、下纲和曳纲;④曳纲:又称大围缯网的拖领索;⑤掌向索:索的一端与曳纲前端连接,另一端系在船木柱上,依靠它和邦向索配合调整控制船首方向;⑥邦向索:作业时用它配合掌向索来调整控制船首方向;⑦上引索:位于网具上纲部位,起网时依靠起网机绞引该索起网;⑧下引索:装在网具下纲上,索长与作用同上引索;⑨网囊缘纲:装在网囊末端边缘,用以固定网囊尾部的周长和增加囊尾的强度;⑩网囊扎纲:扎缚网囊尾端。

(3) 有囊围网浮沉子

浮子:多使用中孔式、长圆形泡沫塑料浮子。

沉子:多使用中孔式、扁圆形铅或铸铁沉子。

沉石:加快网具下纲沉降,维持作业水深。沉石大小不等,每块的质量为 5~15 kg,用吊绳缚在网具下纲上。

大沉石:使网具在水中稳定拖曳,同时增加沉力,减短曳纲长度。每块大沉石重 75 kg 左右,用吊绳扣在离翼端 15~22 m 的曳纲部位上。

铅锤：用铅或铸铁制造，用以增加网口下纲沉降力。铅锤大小不等，每个质量为 5～15 kg，用吊绳缚在网口的下纲上。

2）无囊围网

无囊围网为长带形网具，一般中间高、两端低。取鱼部在一端的用于单船作业，取鱼部在中间的用于双船作业。现代机轮围网一般为有环无囊单船作业方式。下面以有环无囊围网（单翼）为例介绍无囊围网。有环无囊围网网具由网衣、纲索、浮沉子和底环组成。

（1）无囊围网网衣

网衣部分由翼网（含翼端）、取鱼部、缘网、网头网衣和加强网条组成。其中翼网、取鱼部和网头网衣组成主网衣。

取鱼部：设在网具一端，形成网壁包围、拦截鱼群和集拢和捞取渔获用。由矩形网片缝合而成，网衣较粗，网目最小，材料一般用聚酰胺（PA，俗称尼龙），纵目使用。有些还设有主、副和旁取鱼部。

网翼：翼网网衣数量最多，作业时形成网具的主体围壁。主要承受横向受力，故网衣横目使用。网目尺寸比取鱼部大，网线也较细。

翼端：其作用是形成部分围壁阻拦鱼群，驱导鱼群进入网翼部。翼端上部网衣横目使用，下部网衣纵目使用。其形状为斜梯形，下边有斜度，采用剪裁或缩结方式并接。网衣的网线较粗，网目尺寸较大。

缘网：用以加强主网衣上下边缘的强度，缓冲外力对主网衣的作用，网线较粗。网缘宽度仅几目，上网缘较下网缘窄，网目也较下缘小，下网缘一般纵目使用。

网头网衣：在主网衣两端，有前网头和后网头，用以缓冲主网衣两端的张力。网线很粗，一般采用双线编织、呈楔形。

加强网条：用来增加主网衣强度，防止网衣破裂扩大化。由若干目宽网条构成。用聚乙烯（PE）线编织，纵目使用。但也有不用加强网条。

（2）无囊围网纲索

上纲：承受水平方向力、穿扎网衣和结扎浮子用。由 2～4 条纲索构成，浮子纲、上缘纲各 1 条，上纲 1 条或 2 条。图 29-8 所示为无囊围网纲索上纲。

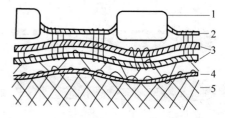

1—浮子；2—浮子纲；3—上纲；4—上缘纲；5—上缘网。

图 29-8　无囊围网纲索上纲

下纲：穿扎网衣、穿结沉子和承受张力。由下缘纲、下纲和沉子纲三条纲索组成。图 29-9 所示为无囊围网纲索下纲。

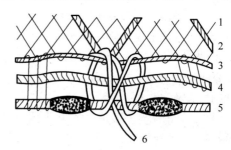

1—下缘网络；2—力纲；3—下缘纲；4—下纲；
5—沉子纲；6—底环纲。

图 29-9　无囊围网纲索下纲

侧纲：乙纶绳或维纶绳，每端两条，用来加强网端强度。

跑纲：钢丝绳，用来扩大网具包围范围，协调操作。

网头绳：钢丝绳，带网头船用来拖带网具下水，起网时传递给网船。

叉纲：用钢丝绳外缠旧网衣，每端各两条，用来连接网具、网头绳和跑纲。

（3）无囊围网浮沉子

浮子：一般为圆形泡沫塑料，浮力约 2 kg。

沉子：一般为铅制，重 0.5 kg，用来产生沉力。

（4）无囊围网收括部分

底环纲：防止括纲与网衣绞在一起。结构有多种，一般采用"Y""V""I"字形，长度由船型决定，我国机轮围网一般为 4～5 m。

底环：铁或钢制,数量与底环纲相同。括纲在其中滑动,还可增加沉降力。有开口式和闭口式两种。

括纲：封闭网底,还可增加沉降速度。为一根钢丝绳,中间断开,并以转环相连(防止绞捻)。中间部分钢丝绳约为 3 m。括纲总长约为网具长度的 1.3～1.5 倍。

4. 围网渔具作业特点

围网捕捞作业生产规模大,网次产量高,适合捕捞集群鱼类,生产技术水平及熟练程度要求高,要求渔船性能好,捕捞机械化水平高,但投资大,成本高。

29.3.4 刺网捕捞机械

刺网捕捞(gillnetting)方式主要用于捕捞洄游性鱼类,由若干块网片连接成长带形,是网具中结构较简单的渔具。通常使用一层或多层与水色相近的塑胶丝网线所编织成的长方形网片,一般会将多张网片结合在一起,上缘系多个海绵塑胶所制的浮子,下端配附有铅制的沉子,垂直张开设于接近海平面附近的位置,等待鱼类游入而被网目缠住。当鱼类游经刺网时,鱼头钻进网眼后被卡住,结果缠结在网上将其捕获。用刺网起网机将刺网收回船上,再使用振网机将网上的鱼振落,收集捕获的鱼。刺网网眼的大小决定了被捕捞鱼的大小。刺网形式多样,包括漂流流刺网和沉积在海底的定置刺网。刺网捕捞效率极高,但会在捕捞过程中造成部分被捕鱼的死亡,有时会影响鱼品的质量。

刺网的杀伤力很大,大型刺网往往由大、中、小网目的三层网所构成,不论是大鱼、小鱼都会全部落网,会造成生态破坏。如图 29-10 所示为刺网作业示意图。

1. 刺网渔具原理

刺网的捕鱼原理是将网具设置在水域中,依靠沉浮力使网衣垂直张开,把水平方向很长而高度很短的刺网横截于鱼类和虾类的通道上,使鱼类在洄游或受惊时逃窜,以头部钻入网目之中或触及松弛而柔软的网片,使其刺入网目或缠络于网衣上,从而达到捕捞目的。刺

图 29-10 刺网作业示意图

网的捕捞对象广泛,主要有石首鱼类、鳓鱼、马鲛、鲳、沙丁鱼、金枪鱼、鲷类、鳕鱼、鲨、鳐、梭子蟹、拟庸鲽、高眼鲽以及甲壳类等。图 29-11 所示为某刺网渔具示意图。

图 29-11 刺网渔具示意图

2. 刺网渔具分类

(1) 按作业方式分为定置刺网、流刺网、围刺网、拖刺网等。

(2) 按结构分为单层刺网、三层刺网、框刺网等。

3. 刺网渔具网具结构

刺网渔具网具结构简单,主要由多片网衣、网衣上缘的浮子、网衣下缘的沉子和牵引及固定网衣的纲绳组成,浮子和沉子能保持网衣在水域中垂直张开。图 29-12 所示为刺网渔具网具结构示意图。

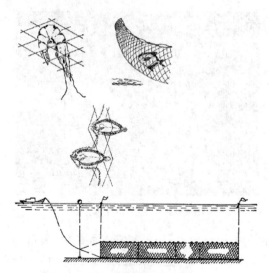

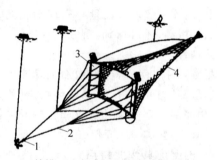

1—铁锚；2—纲索；3—帆板；4—网身。

图 29-13　张网渔具作业示意图

图 29-12　刺网渔具网具结构示意图

4．刺网渔具作业特点

刺网捕捞的网具结构简单，作业范围广泛，渔具投资小，捕捞对象多，但取鱼困难，单产较低。

29.3.5　张网捕捞机械

1．张网渔具原理

张网是最主要的定置渔具之一，也是我国分布最广、种类最多、数量最大的传统定置渔具。张网作业的原理是根据捕捞对象的生活习性和作业水域的水文条件，将囊袋型网具，用桩、锚或竹竿、木杆等敷设在海洋、河流、湖泊、水库等水域中具有一定水流速度的区域或鱼类等捕捞对象的洄游通道上，依靠水流的冲击，迫使捕捞对象进入网中，从而达到捕捞目的。其作业过程一般是将网具定置在适合作业的水域中，之后定期或根据水流的变化从网囊中获取渔获物，最后在该次作业结束时将整个网具收起。图 29-13 所示为张网渔具作业示意图。

2．张网渔具分类

（1）按网具的结构特点，张网渔具可分为张纲型张网、框架型张网、桁杆型张网、竖杆型张网、单片型张网、有翼单囊型张网 6 种类。

（2）按作业方式，张网渔具可分为单桩张网、双桩张网、多桩张网、单锚张网、双锚张网、船张网、樯张网、并列张网 8 种方式。

3．张网渔具网具结构

张网类渔具的种类较多，但其结构基本相似。除有翼张网外，大多是由网身和网囊两个基本部分组成。有的还在网口部位增加网爪（也称作网耳），以增加网口的强度。有翼张网在网身前方左右两侧增加网翼。

一般张网渔具的结构包括如下基本部分。

1）张网渔具网衣

张网渔具网衣（图 29-14）通常由网身、网囊和网爪三部分组成。

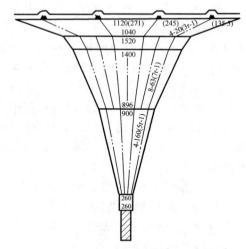

图 29-14　张网渔具网衣

（1）网身：张网网身通常由手工编织成筒形，机编张网网衣按规格要求剪裁成若干梯形网衣，拼制而成。

（2）网囊：网囊大多呈矩形，无增减目。有的张网的网身末段也无增减目，以便与网囊相连接，网囊网衣也常常使用机编网片。

（3）网爪：网爪也称网耳，并不是所有的张网都有网爪。网爪的形状有复合梯形，如大捕网；三角形，如抛碇张网；双梯形，如紧网；大小梯形，如反纲张网等。

2）张网网具纲索

张网网具纲索是用于使网衣成形，满足作业要求。

（1）网口纲：网口纲装配在网口网衣上，使网口成形。一般用乙纶等材料制成，左、右捻各一根。在不同类型的张网中，有的使用一根网口纲装配整个网口；有的使用上、下网口纲和侧网口纲分别装配在网口网衣的不同部位，然后将各网口纲通过端眼连接。

（2）网爪水扣绳与网爪绳：网爪水扣绳用来加强网角的强度，网爪绳用来作绳圈，便于连接锚纲等纲索。网爪水扣绳和网爪绳一般都用乙纶等材料制成。

（3）上下纲和翼端纲：有翼单囊张网在网口部位还使用上、下纲和翼端纲，装配在网口和网翼的上、下缘。由乙纶材料制成，左、右捻各一根。

（4）锚纲或桩纲：锚纲或桩纲将张网网具系结在锚或桩上，使用乙纶绳或包芯绳，即内为钢丝绳，外包乙纶绳。

（5）叉纲：叉纲用来连接网具与锚纲或桩纲。使用双锚或双桩的一般为左、右叉纲式，使用单锚或单桩的一般为四叉纲式。

（6）网囊引扬纲：网囊引扬纲用来在起鱼时将网囊牵引到甲板上。用乙纶材料制成，也有的用竹篾和稻草捻合制成。

（7）带网纲：带网纲用乙纶制成，是船与网具之间的连接纲。一端固定于船上，另一端与网具上相应的纲索连接。

3）张网网具属具

张网网具属具是用于将网具固定于相应位置，形成良好作业状态的相关属具。

（1）框架：用于框架型张网，通常用毛竹制成。框架的尺寸根据网口大小确定，形状以矩形和正方形较多，还有三角形、梯形等。

（2）桩：用于固定网具，用毛竹制成，也有用木桩，长度和粗度根据作业水深和网具大小来确定，通常长 2～4 m，基部直径 120～160 mm。

（3）转环：转环是用在叉纲与锚纲或桩纲之间，或各纲索之间的连接器装置，以防止纲索扭缠。

（4）浮筒、浮标或浮竹：浮筒安装在网口的上方或上锚纲、上叉纲上，有翼单囊张网装配在上纲，用来作为浮力。浮标作为标志使用，指示网具的位置，有的在网囊尾部通过浮标绳系一浮标作为标志。浮竹的一端扎结在网口，另一端伸向网具尾部，用吊索挂住网囊。

（5）沉石：起沉降作用，系结在网口下方或下叉纲、下锚纲上，有翼单囊张网的沉石装配在下纲。沉石的形状和材料多种多样，如秤锤形、长条形、梯形等，用铁、石、橡胶等材料制成，有的还用网片包裹。

（6）桁杆：用于桁杆型张网，用毛竹制成，一般长 6～10 m，基部直径 120～140 mm。

（7）竖杆：也称撑竹，装配在网口两侧，维持一定的网口高度。材料大多为毛竹，通常基部直径 100～130 mm，长 4～6 m。

（8）锚：用来固定网具，材料和结构有多种，如铁锚、铁木结构锚、硬木锚等，有单爪锚、双爪锚等。

4．张网渔具作业特点

张网属于过滤性定置渔具，必须敷设在具有一定水流速度的水域中。此外，为了便于在敷设网具时打桩、插杆或抛锚，一般要求作业水域的地质以泥或泥沙底等较软的地质为好。因此，张网渔具的作业位置比较固定，渔期较长，可与其他渔具兼作或轮作。

除敷设网具和起网的两个生产阶段外，张网作业过程中需要的劳动力较少，通常作业技术比较简单。

除了少数在海洋中作业的张网渔具，大多数张网类渔具的作业生产对渔船的性能要求一般较低，作业规模较小。因此渔业投资小，经营管理方便。

就捕捞小型鱼、虾类而言，张网和其他渔具相比效率较高、成本较低。但同时对鱼、虾等水生动物的幼体的捕捞效率也很高，从而对一些渔业资源的繁殖保护产生不利影响。

29.3.6　敷网捕捞机械

1. 敷网渔具原理

敷网类渔具的作业原理是将网具敷设在水中,等待、诱集或驱赶捕捞对象进入网的上方,然后提升网具而达到捕鱼的目的。敷网作业历史悠久,网具结构简单,生产规模小,操作简易,主要在沿岸渔场作业,是各国的传统渔业之一。

由于它是一种被动性渔法,生产能力低,局限性大,现已逐渐为其他类型渔具所取代,目前敷网渔具在国内主要作为兼业性生产工具。敷网作业可以利用声、光等辅助手段集鱼,从而提高捕捞效率,秋刀鱼舷提网是敷网类渔具中较有特色的一种作业。海洋中敷网类渔具的主要捕捞对象有蓝圆鲹、金色小沙丁鱼、鳀、小公鱼、乌鲳、鱿鱼、脂眼鲱、圆腹鲱和秋刀鱼等。

2. 敷网渔具分类

(1) 按作业方式分为岸敷式、船敷式和拦河式。

岸敷式:网衣一般为方形,用竹竿做成十字架,将网衣4角分别扎结在竹竿端,竹竿对折点扎结在撑杆前端,从岸上将网具伸出入水,作业时诱集鱼类至网具上方,而后提网捕获。渔具较小,结构简单,操作方便。适用于岸边水域或岛屿周围水域,以捕捞小杂鱼为主。也可用灯光诱集鱼类和部分头足类入网,提网捕之。

船敷式:又可分为单船和多船,由一艘或多艘渔船将箕状型或撑架型网具浮敷于水面或沉敷于海底,再利用灯光、诱饵等手段诱集鱼类进入网的上方,再提网捕获。单船敷网规格较小,多船敷网规格较大。

拦河式:网衣呈方形,利用网架将其敷设于江河内的鱼虾通道处,拦截捕获鱼虾类。网具敷设面积较大,一般拦截整个河床,每隔一定时间提网捞取渔获物。

(2) 根据敷网敷设水层,可分为浮敷和底敷。

3. 敷网渔具网具结构

根据我国的渔具分类标准,敷网类渔具的结构分为箕状、撑架2种类型。箕状型是用网衣组成簸箕形的网具。撑架型是由支架或支持索和矩形网衣等组成。

图29-15所示为秋刀鱼舷提网主要渔捞设备布置图和作业过程示意图。

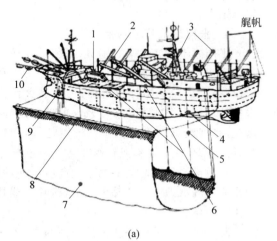

(a)

(b)

1—吸鱼泵;2—主灯架;3,10—集鱼灯;4—侧向推进器;5—前纲;6—舷侧滚轮;7—舷提网;8—浮棒;9—侧向推进器。

图29-15　秋刀鱼舷提网设备布置和作业示意图
(a) 主要渔捞设备布置图;(b) 作业过程示意图

秋刀鱼舷提网渔捞设备主要有舷侧滚轮、浮棒绞机、液压单元、电动绞机、吸鱼泵、鱼水分离器和选别机等。部分渔捞设备的结构和外形如图29-16所示。

图 29-16　秋刀鱼舷提网主要渔捞设备
(a) 舷侧滚轮；(b) 浮棒绞机；(c) 吸鱼泵；(d) 鱼水分离器；(e) 选别机

4．敷网渔具作业特点

敷网渔具结构简单，操作技术不甚复杂，集鱼和诱鱼的方法比较科学。除少数几种渔具生产规模较大外，大多数渔具生产规模都比较小，渔获量也较少，作业规模不太大，而且集鱼、诱鱼需要一定的条件，因此作业时间受到限制。

29.3.7　钓渔具捕捞机械

1．钓渔具捕捞原理

钓渔具是一种古老的捕捞方式，将钓渔具设置在捕捞对象的洄游通道上，利用钓钩上的真饵或拟饵，诱鱼吞食上钩，或利用装饵的弹卡，使鱼吞食卡挂，或利用无钩有饵，引诱捕捞对象(如梭子蟹)，从而达到捕捞目的。空钓钩(利用密集锐利的空钩，使捕捞对象误触钩挂)不属于钓渔具。

2．钓渔具分类
1) 按钓渔具结构分类

(1) 真饵单钩型：由动、植物真饵和一轴一钩结构的钓钩组成。钓具中这种结构最为普遍，如金枪鱼延绳钓。

(2) 真饵复钩型：由真饵和一轴多钩的钓钩组成，如鱿鱼手钓。

(3) 拟饵单钩型：由羽毛、塑料等假饵和单钩组成，如曳绳钓。

(4) 拟饵复钩型：由拟饵和复钩组成，如鱿鱼机钓。

(5) 无钩型：钓线上直接结缚钓饵，不用钓钩，如梭子蟹延绳钓。

(6) 弹卡型：由钓线上结缚带有饵料的弹卡组成，淡水捕捞作业中较常使用。

2) 按作业方式分类

(1) 漂流延绳钓：漂流延绳钓渔具由干线、支线、钓钩、浮子、浮标、沉子等构件组成。根据作业水层，有置于中、上层的和置于底层的两种，前者通过浮标和浮子将干线敷设于中、上层，后者通过控制浮标绳的长度和沉降力配备，将钩具沉降至海底，但可随流漂移。漂流延绳式钓具适合于渔场范围广、水流较缓的水域作业，如金枪鱼延绳钓、鳗鱼延绳钓。

(2) 定置延绳钓：采用漂流延绳式相似的渔具，用锚、沉石等固定敷设于海底的作业方式。渔具的组成构件除干线、支线、钓钩、浮子、沉子和浮标外,还有锚和沉石。适合于水流较急、渔场范围较小的区域作业。

(3)曳绳钓:使用渔船拖曳装有钓钩的钓线进行捕捞。主捕金枪鱼、鲣鱼、马鲛鱼等游速较快的大中型鱼类。曳绳钓按拖曳方式可分为直接拖曳和横桁拖曳两种;按每组钓具使用的钩数可分为单线和支线两种,其饵料一般采用拟饵。使用横桁拖曳的曳绳钓渔具由横桁、钓线、钓钩、转环、潜板、沉子等组成。

(4)垂钓式:用手、机械和钓竿悬垂钓线的作业方式。其中手钓和竿钓使用较多。竿钓钓线通常由前段钓线及连接钓钩的钩线二段构成。手钓用手直接持线进行垂钓作业,一般用于钓捕深层鱼类,特别适宜在其他渔具难以发挥作用的岩礁底质区域作业。

3. 钓渔具结构

钓具一般由钓钩、钓线、钓竿、饵料和浮沉子等组成。

1) 钓钩

钓钩由钩轴、钩弯、钩尖和倒刺组成。图 29-17 所示为钓具钓钩结构示意图,图 29-18 所示为钓具钓钩外形示意图。

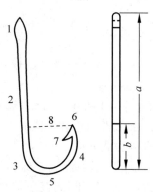

1—轴头;2—钩轴;3—后弯;4—前弯;5—钩底;
6—尖芒;7—倒刺;8—钩宽;a—钩轴长;b—尖高。

图 29-17 钓具钓钩结构示意图

2) 钓线

钓线分为干线、支线、手线和钩线。支线和钩线为直接钓线,干线和手线为间接钓线。

3) 钓竿

钓竿用来扩大垂钓范围,并借助其弹性缓冲上钩鱼的挣扎力,以防止钓线断裂和钓钩折

图 29-18 钓具钓钩外形示意图

损,并可借助人的施钓技能敏捷地进行钓捕。

4) 浮子

浮子用来使钓具保持在一定的水层,并有缓冲钓具受鱼挣扎力等冲击载荷的作用。手钓和竿钓的浮子,依其动态可推断鱼触钩吞饵等情形,以便掌握起钓时机。浮子材料大多使用各种不同的塑料,也有用竹、木等材料制成。

5) 沉子

沉子用来使钓具迅速下沉,达到一定的水层,并减少垂直钓线受水流作用的拱曲。通常以铅、锌等金属,或陶土、卵石、砖、石块和混凝土块等制作,形状和大小种类繁多。有些钓具不装沉子。

6) 饵料

饵料用来诱钓鱼类,有多种类型。根据饵料的作用,包括诱饵和钓饵;根据饵料的来源,包括真饵、拟饵和人工饵料;根据制备方法不同,包括活饵、鲜饵和加工饵;根据使用方式不同,可以采用水上撒饵和水中撒饵等。

4. 钓渔具作业特点

钓渔具结构、操作简单,成本低,基本不受渔场环境限制,在网渔具不宜操作的地方也可以用钓渔具捕捞。在鱼群密集区,捕捞效率不如网渔具高,但在鱼群分散区域,钓渔具仍可发挥作用,是捕捞分散大型鱼类(如金枪鱼、鲣鱼等)的良好渔具,捕捞个体一般较大,损伤小,鲜度高,质量好,经济价值高,有利于资源保护。

延绳钓捕捞(longline fishing)是钓具捕捞中最主要的一种作业方式,分布面最广,数量和产量最高。延绳钓是指由带有浮子和沉子的干线,并结有若干带有钓钩的支线而组成的

钓具。其基本结构是在一根干线上系结许多等距离的支线，支线末端结有钓钩和饵料，钓饵有真饵和拟饵，利用浮、沉子装置，将其敷设于表、中和底层，利用浮子、沉子，控制浮标绳的长度和沉降力，将干线敷设于表、中层，将钓具调节和沉降至所需要的水层，干线末端以浮标标记，而底层长钩线锚定于水底。作业时，整体随流漂动，一般适用于渔场广阔、潮流较缓的海区。

延绳钓广泛用于海洋和内陆水域，大洋的如金枪鱼延绳钓，我国沿海如鳗鱼、带鱼延绳钓等。大比目鱼、黑鳕和真鳕多用这种方式捕捞。延绳钓可以将鱼一一钓起，且保持鱼类存活状态。

延绳钓作业时，又可分为定置延绳钓和漂浮延绳钓两种，分别用于钓获底栖鱼类和大洋鱼类，图 29-19 所示为漂浮延绳钓作业示意图。

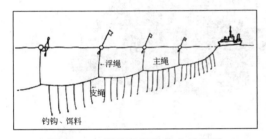

图 29-19　漂浮延绳钓作业示意图

定置延绳钓属定置延绳式真饵单钩型钓具类渔具，采用锚、沉石等固定敷设于海底。适合于水流较急、渔场范围较小的水域作业。如黄黑鱼延绳钓钓具，是由若干条干线构成 1 个作业单位，作业渔场位于近岸岩礁边缘底层水域。钓具结构主要由干线、支线、钓钩和锚缆、沉石绳、浮标绳，以及铁锚、沉石、钩筐、浮标等属具装配而成。

漂浮延绳钓就是干线漂浮在水面上或一定水层，支线饵钩垂悬于不同水层，垂钓在水体中下层、中层或上层摄食的鱼类的方法。如金枪鱼延绳钓渔具主要由干绳、支绳、浮子、浮绳、钓钩等组成，即在延伸的干绳上垂挂若干根带钩的支绳，借以捕捞金枪鱼的一种工具。干绳上系结若干浮子，干绳和浮子之间的浮绳，以及支绳的长短起着调节捕捞水层的

作用。

曳绳钓捕捞（trolling）也是钓具捕捞方式之一，曳绳钓捕捞使用渔船在水中拖曳着许多装有鱼饵或者诱饵的钓钩、钓线，主要用于钓捕游速较快的大、中型鱼类。

曳绳钓按拖曳钓线的方式可分为直接拖曳和横桁拖曳两种，前者是在船舷一侧拖曳数条钓线，每条钓线上系结数条支线及钓钩，钓捕底层、近底层的鱼类，目前使用较少。后者是利用船上设置的桁杆，拖曳数条钓线，每条钓线上系结数条支线（或钓钩直接系结在钓线上）及钓钩，钓捕中上层的鱼类，该方法现在仍有使用。

为防止钓钩在拖曳过程中互缠，在每条钓线上装设有沉子，使钓线接近于与船体垂直。调整渔船的拖曳速度、钓线的长短或沉子的重量，可使钓钩在所需水层拖曳。

曳绳钓这种方法的优点就是捕捞过程中可以保证鱼体完整，确保鱼品质量。因为每次每个钩子只能钩住一条鱼，清洗放血后便可以冰鲜保存或者冷冻。

29.3.8　其他捕捞机械

除上述主要渔业捕捞作业方式外，还有部分用于岸边或河道捕捞的简单作业方法，常见的有：

（1）地拉网类：在近岸或冰下放网，在岸滩或冰上曳行起网的渔具。以结构划分有翼单囊、有翼多囊、单囊、多囊、无囊和框架 6 种类型；以作业方式划分有船布、穿冰和抛撒 3 种方式。

（2）抄网类：由网囊、框架和手柄组成，以舀取方式作业的网具。只有兜状 1 种类型，推移 1 种方式。

（3）掩罩类：由上而下扣罩对象的渔具。以结构分为掩网和罩架 2 种类型；以作业方式分为抛撒、撑开、扣罩和罩夹 4 种方式。

（4）陷阱类：固定设置在水域中，拦截、诱导对象进入网内的渔具。以结构分为插网、建网和箔筌 3 种类型；以作业方式分为拦截和导陷 2 种方式。

29.4　捕捞机械的选用原则

29.4.1　拖网捕捞机械的选用

根据拖网作业的特点和需要,拖网捕捞机械和设备主要是围绕渔船作业方式,并依据渔船的大小、自动化和机械化程度的不同来选用和配置的。目前拖网作业渔船主要配备有如下作业机械和设备。

(1)拖网绞机:主要用于牵引、卷扬拖网上的曳纲和手纲,其特点是绞收速度快,拉力大。绞收速度快,可以缩短起网时间,提高捕捞效益,拉力大可以克服绞纲阻力。

(2)卷网机:主要用于卷收全部或部分网衣及拖网属具。

(3)辅助绞纲机:主要用于起网时拖曳网衣至甲板、抽拉网底束纲、放网时拖曳网衣等入水。

(4)其他设备:包括超重吊杆、龙门架、各种导向滑轮等,主要用于完成绞收、起重等任务的辅助设备。

对于小型拖网渔船,由于渔船的尺度较小,安装多种捕捞机械比较困难,一般要求安装一机多用、结构简单、成本较低的小型机械。部分小型拖网渔船的绞机动力直接由渔船主机提供,通过天轴驱动鼓轮轴,再由离合器带动摩擦鼓轮。对于中大型拖网渔船,通常配备独立的拖网绞机和辅助绞机,以及各种导向滑轮,有的还配备卷网机等,起放网操作方便,安全和可靠性较高。图 29-20 所示为两种常见的液压绞纲机示意图。

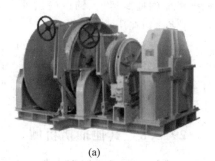 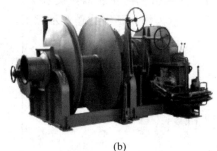

(a)　　　　　　　　　　　　　　(b)

图 29-20　常见液压绞纲机

(a) 40 kN/80 m 液压绞纲机；(b) 80 kN/110 m 双速中高压分列式绞纲机

1. 拖网绞纲机

拖网绞机又称绞纲机,是拖网渔船上最主要的捕捞机械,用来绞收和放松曳纲,并可以用鼓轮绞收缆绳,完成起吊网具和渔获物等作业。

1)绞机的主要结构和类型

拖网绞机主要由卷筒、离合器、制动器和排绳器等机械结构和动力系统组成。动力可以由内燃机、电动机或液压马达驱动,分别称为内燃机、电动绞机和液压绞机。输出动力经离合器结合,使卷筒转动,用以收放曳纲。工作过程中,通过制动器来调整卷筒的转速和曳纲的张力,使拖网网板能在水中按要求张开。当制动器完全抱死时,卷筒停止转动,拖网便随渔船的拖曳而在水中移动,开始拖网作业。卷筒一般可容纳数百至数千米曳纲,排绳器可以使曳纲整齐排列在卷筒上,既可有效利用卷筒容积,又可以防止曳纲收放时相互夹持造成阻力。

通常绞机驱动轴的两端还装有摩擦滚轮,通过离合器连接,完成牵引网具、吊网和卸鱼等作业。图 29-21 所示为拖缆绞机示意图。

图 29-21　拖缆绞机

根据绞机卷筒的数量不同,绞机可分为单卷筒绞机、双卷筒绞机和多卷筒绞机,前两种类型普遍采用。也有利用锚机驱动轴带卷筒工作形成的锚绞复合机型式。

2)绞机的主要性能参数

(1)牵引力。牵引力指作用在曳纲上的拉力的大小。牵引力受多种因素的影响,取决于网具的大小、船舶的阻力、绞收曳纲的速度等。当绞机功率一定时,绞收速度越大,牵引力越小,一般在中小型渔船上绞机的牵引力为40～50 kN。

(2)牵引速度。牵引速度是指绞机在绞收曳纲时的平均速度。牵引速度取决于绞机功率,一般渔船绞机牵引速度为40～140 m/min。

(3)卷筒容绳量。卷筒容绳量是指绞机卷筒容纳钢丝绳或夹棕绳的总长度。

图 29-22 所示为国内中小型拖网渔业常用的拖网液压绞纲机外形图,表 29-3 为常见液压绞纲机规格型号和主要技术参数。

图 29-22 液压绞纲机

图 29-23 所示为常见液压拖网绞纲机外形示意图,表 29-4 为常见液压拖网绞纲机技术参数。

表 29-3 液压绞纲机规格型号和主要技术参数

参数项	规格型号					
	YJG-40/80	YJG-60/60	YJG-60/80	YJG-80/110	YJG-150/70	YJG-300/60
额定拉力	40 kN	—	6 t(第10层:半绳长 600 m)	—	15 t(中层)	30 t(中层)
平均线速度	80 m/min	—	—	—	—	—
额定负载	—	60 kN	—	8 t(主) 9.32 t(副)	—	—
额定速度	—	60 m/min	80 m/min(第10层:半绳长 600 m)	—	70 m/min(中层)	60 m/min(中层)
绳径	—	ϕ22 mm	—	ϕ22 mm×200(主) ϕ40 mm×200(主) ϕ28 mm×30(副)	—	—
工作压力	—	162.2 bar	169.5 bar	—	156 bar	183 bar
工作流量	—	320 L/min	429.2 L/min	—	1000 L/min	1383 L/min
钢丝绳直径	—	—	24～45 mm	—	24 mm	32 mm
钢丝绳长度	—	—	1200 m+150 m	—	1500 m	2500 m(可容 3000 m)(主), 100 m(副)
制动能力	—	—	—	12 t(主),15 t(副)	—	—
电机功率	—	—	—	3×110 kW	—	—

(a)

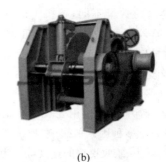
(b)

图 29-23 常见液压拖网绞纲机

(a) YJG-40/80 液压拖网绞纲机；(b) YJG-1570 液压拖网绞纲机

表 29-4 常见液压拖网绞纲机技术参数

规 格 型 号	参数项目/单位	技 术 参 数
YJG-40/80	额定拉力/kN	40
	平均线速度/(m·min⁻¹)	80
	额定负载	—
	额定速度	—
	绳径	—
	工作压力	—
YJG-1570	额定拉力/t	15(中层)
	额定速度/(m·min⁻¹)	70(中层)
	钢丝绳直径/mm	$\phi26$
	钢丝绳长度/m	1500
	工作压力/bar	156
	工作流量/(L·min⁻¹)	1000
	电机功率/kW	3 * 110

图 29-24 所示为液压锚绞复合机外形图，表 29-5 为液压锚绞复合机技术参数。

图 29-24 液压锚绞复合机

表 29-5 液压锚绞复合机技术参数

参 数 项 目	参 数
产品编号	OM0010041
规格型号	YMF-30AM2
锚链直径/mm	$\phi30$(AM2)

续表

参 数 项 目	参 数
额定拉力/kN	40
额定速度/(m·min⁻¹)	12
过载拉力/kN	60
工作压力/bar	139.5
工作流量/(L·min⁻¹)	60.5
过载压力/bar	194.2

液压绞纲机的液压系统由液压泵、安全阀、机械式过滤器、磁性过滤器、操纵阀、液压马达、膨胀油箱及管路组成。液压泵与主机相连。离合器合上时，液压泵供油；脱开时，液压泵停止供油。安全阀设于液压泵进出口上，保证液压泵输出压力过高时安全泄压，避免超压损坏设备，增加额外功率消耗。过滤器设于低

压管路,防止杂质造成部件过度磨损。操纵阀设于液压马达入口处,控制液压马达正车、倒车和停车。液压马达是液压绞纲机的动力源,带动卷筒和摩擦鼓轮旋转,实现绞收工作。

2.拖网卷网机

拖网卷网机是用于卷绕全部拖网并储存网具的机械,单纯卷绕网衣的机械称为网衣绞机。拖网卷网机主要由卷筒、离合器、制动器和动力装置组成,具有省时、省力、安全、简单的优点。

根据卷筒结构,拖网卷网机可分为直筒式和阶梯式两种。直筒式卷网机的中间为光滑的卷筒体,两侧为大直径的侧板,卷筒大小根据网衣的大小设定。阶梯式卷网机的筒身中间大、两端小,部分卷筒在阶梯处设有大直径隔板分隔,两侧用于卷绕手纲,中间用于卷网。

3.辅助绞机

辅助绞机是用于配合拖网作业辅助完成相关工作而设置的其他绞机的总称。由于渔船甲板空间位置的限定,小型拖网渔船通常配备一台多功能辅助绞机,综合完成各种辅助作业;大型拖网渔船可以根据各种作业需要,配备专用辅助绞机,如手纲绞机、牵引绞机、吊网绞机、晒网绞机、放网绞机、网位仪绞机、下纲滚轮绞机等。

辅助绞机作用单一,通常为单卷筒型式,配置有离合器和制动器,卷筒容绳量较小,绞收速度较低,功率较小。辅助绞机的驱动方式包括机械、电动、液压三种,目前机械式传动由于性能差,功率小,已经基本淘汰。电力传动效率高,控制方便,单机功率大,在大型拖网渔船上采用较多。随着液压技术的不断成熟,液压传动已经占据主流,并向中高压系统发展,压力达到 20 MPa 左右,体积小,质量轻,工作稳定,防冲击,防过载,操作简便,并可实现无级调速。

4.其他辅助机械

拖网渔船通常还配置有起重机械、立式绞机等机械设备。图 29-25 所示为某船用液压起重机示意图,表 29-6 为 HSC-2 t/10 m 液压伸缩式起重机技术参数。

图 29-25　某船用液压起重机

表 29-6　HSC-2 t/10 m 液压伸缩式起重机技术参数

项　　目	参　　数
安全工作负载/t	2
最大工作半径/m	10
最小工作半径/m	1.6
起升速度/(m・min^{-1})	20
空载回转速度/(r・min^{-1})	1
空载变幅时间/s	38
空载伸缩时间/s	70
起升高度/m	30
最大允许倾角(横、纵)/(°)	5、2
电机功率/kW	18.5
电制	380 V/50 Hz
转速/(r・min^{-1})	1465

图 29-26 所示为常用液压立式绞盘外形图。

图 29-26　液压立式绞盘

29.4.2　围网捕捞机械的选用

围网捕捞规模大,产量高,在许多远洋渔业发达的国家,其捕捞量和对渔业经济的贡献率占到了近 70%。我国也大力发展远洋围网渔业,以补充近海渔业的不足。围网捕捞机械是用于起、放围网渔具的机械,可分为绞纲、起网和辅助机械三大类，通常围网渔船上所配备的围网机械由数台至数十台相关单机组成，主要包括卷筒括纲绞机、支索绞机、吊杆绞机、变幅回转吊杆、动力滑车、理网机等。其数量和配置由渔船大小、网具规格、作业方式、渔场条件和机械化程度等因素决定。围网捕捞机械的传动方式可分为电力传动和液压传动，控制方式有机旁控制、集中控制和遥控。因液压传动操纵方便，可实现无级变速，防过载性能好，得到了广泛的应用。

灯光诱捕围网渔船（light luring seine vessel），是利用海洋中许多鱼类趋光的特性，在水上及水下通过灯光诱集鱼群进行围网作业的渔船。灯光诱围渔船的特点是在它的首部、舷侧及船底水中部位，安装有一定数量的灯具。灯具的亮度大，深度可调节。当灯具全部开启时，在茫茫大海中出现一片光灿夺目的景象，具有趋光特性的鱼群会向灯光区域游来。此时，灯光诱围渔船迅速布下渔网，在鱼群周围筑起一道几千米长、一二百米深的水下篱笆。然后，收拢渔网，再用小抄网、三角网或吸鱼泵等设备把鱼捞到运输船上。

灯光围网渔船配置的用于捕捞的机械设备通常包括输出机舱动力的液压离合前端齿轮箱，控制海锚的液压海锚机，诱鱼和探鱼的水上集鱼灯，彩色探鱼声呐、声呐升降装置，以及用于操纵网具的动力滑车、船用甲板起重机、围网起网机、辅助绞车、排网装置和用于收获的吸鱼泵、真空泵等。

图 29-27 所示为某灯光围网渔船捕捞机械基本配置示意图。

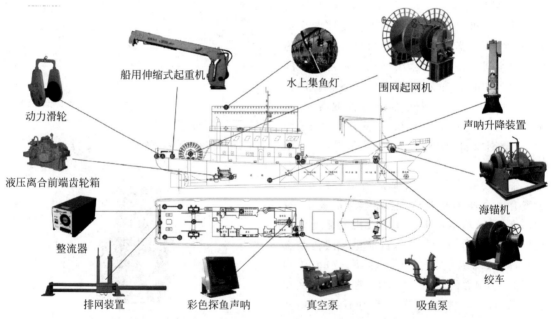

图 29-27　灯光围网渔船捕捞机械基本配置示意图

金枪鱼围网渔船（tuna seine vessel），是围捕金枪鱼类的大型专业渔船。金枪鱼围网渔船配置的用于捕捞的机械设备通常包括操纵网具的起网机、浮子纲绞车、金枪鱼围网绞车、围网侧边滑轮、围网滑车、甲板起重机，各类辅助绞车，如前导滑车、液压动力滑车、动力滑车配套绞车、单体绞车、复式绞车、穿索绞车、系泊绞车等，以及提供动力和控制的液压传动泵、电气液压动力单元、系统控制台等。

图 29-28 所示为某金枪鱼围网渔船捕捞机械基本配置示意图。

图 29-29 所示为某欧式围网渔船捕捞机械基本配置示意图。

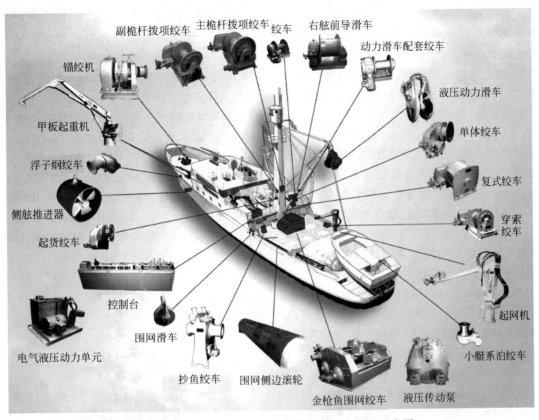

图 29-28　某金枪鱼围网渔船捕捞机械基本配置示意图

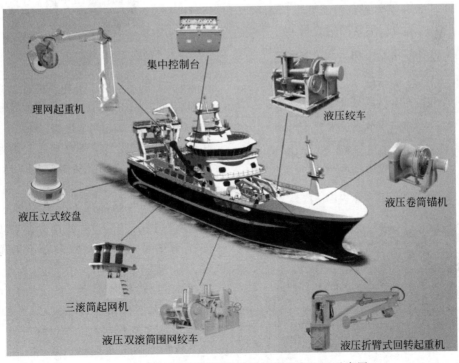

图 29-29　某欧式围网渔船捕捞机械基本配置示意图

欧式围网渔船采用欧洲作业方式,该围网渔船配置有艏、艉侧推,灵活机动,操作性强,船上配套有双滚筒液压绞纲机、三滚筒液压起网机、回转变幅式理网机、动力系统设备、吸鱼泵、鱼水分离器等高效捕捞装备,系统协调作业集中操控,自动化水平高。

1. 围网绞纲机

围网绞纲机械主要用于围网纲绳的收放,通过绞、收纲索,完成某种捕捞作业动作。按用途划分主要有括纲绞机、跑纲绞机、网头绳绞机、束纲绞机、变幅理网绞机、理网移位绞机、斜桁支索绞机、浮子纲绞机、抄纲绞机等多种类型。其中括纲绞机使用最为广泛,该机也称为围网绞机,主要用于收、放围网括纲。围网绞机的基本结构与拖网绞机类似,结构形式有单轴单卷筒型、单轴双卷筒型、双轴双卷筒和双轴多卷筒等型式,以采用双轴双卷筒绞机居多。操作时原动机驱动卷筒主轴,通过离合器带动卷筒运转,卷筒上设有制动器和过载保护装置,容绳量较大的绞机,还装有排绳器。绞机上设有过载保护装置,以抵御网船升沉和摇摆时引起的频繁冲击载荷。

图 29-30 所示为常见的液压双滚筒围网绞机,图 29-31 所示为三滚筒围网绞机。

图 29-30　液压双滚筒围网绞机

图 29-31　三滚筒围网绞机

2. 围网起网机

围网起网机械是用于起收并整理围网网衣的专用机械。根据起收网衣的方向不同,起网机分为集束型起网机和平展型起网机。

1) 集束型起网机

集束型起网机主要用于起收和整理网长方向的网衣,有悬挂式和落地式两种。

(1) 悬挂式起网机

悬挂式起网机又称动力滑车,如图 29-32 所示。动力滑车是常用起网机之一,采用液压驱动,主要由原动机、减速传动机构、护板吊架、V 形槽轮和短轴等组成,其核心构件是带凸缘(如加强筋)的 V 形槽轮。槽轮上的楔止力、包角和表面摩擦阻尼构成的起网摩擦力,既可防止网衣打滑,又可保护网衣不会过度摩擦受损,大大提高了起网的效率。

图 29-32　液压动力滑车

动力滑车通常悬挂于理网吊杆的顶端,一般在甲板上方 8～10 m 以至超过 20 m 处,起网拉力一般为 2～8 t,起网速度为 12～20 m/min,适用于尾甲板作业的围网渔船。起网时,网衣穿过中间的槽轮,在原动机或液压马达的驱动下,通过槽轮的摩擦力将网衣收起。如再配合理网滑车,可用于整理起收上船的网衣。动力滑车具有体积小、质量轻、使用方便等优点,能改变拉力的方向,大大减轻了起网的劳动强度。

(2) 落地式起网机

落地式起网机有多种形式,主要包括三鼓轮起网机、船尾起网机和三滚筒起网机。

三鼓轮起网机由起网鼓轮、导网鼓轮、理网鼓轮和理网吊杆组成。将起网鼓轮安装在放网舷侧中部甲板上,理网鼓轮悬挂在船尾理网吊杆上,导网鼓轮安装在两者之间,形成船中起网和船尾理网。起网鼓轮设有水平回转机构,可在140°范围内调整槽轮的进网角和在70°范围内调整槽轮两侧板的俯仰角度,以调整浮子纲和沉子纲及其网衣的起收速度。通过导网鼓轮,增加了起网包角,从而增加起网摩擦力,降低起网作用力,减少了船舶倾覆力矩。该机适用于舷侧起网,起网拉力为2~6 t,绞收速度为30~40 m/min。

船尾起网机由安装在横移机构上的起网机、导网卷筒、理网滑车和理网吊杆组成。横移机构为螺杆导轨式,动力驱动。起网机的V形槽轮不设俯仰机构,不能调整浮子纲和沉子纲及网衣的起收速度,其名义拉力通常可达10~20 t。

三滚筒起网机由三个轴线平行的圆柱滚筒组成,设有机座水平回转机构和滚筒俯仰机构,适合于在渔船的中部起网,起网时网衣呈扁平交替穿过滚筒,增加了起网包角,网衣不易打滑,网衣起收速度均匀稳定,起网效率较

高,起网拉力为2~15 t。但该机对冲击载荷缺乏缓冲作用,对起网机的机械强度和刚性要求较高。

三滚筒起网机外形如图29-33所示。

2) 平展型起网机

平展型起网机主要用于起收网囊取鱼处网高方向的网衣,有滚筒式和V形夹持式等类型。其基本工作原理是利用摩擦力逐步将展开的网衣起收到甲板上,收拢网兜,便于取鱼。

滚筒式起网机有起倒式、固定式和顶伸式三种,通常将两组起倒式安装于舷侧,一组固定式安装于船尾配合使用。

V形夹持式起网机由一对充气的橡胶圆筒构成V形,装于船中部的专用吊杆上,可随吊杆移动。部分网衣夹在两滚筒的夹角中间,随滚筒运转,达到摩擦起网的目的。该机常与舷边滚筒配套使用。

图29-34所示为目前用于灯光有囊围网的渔船围网起网机外形图,图29-35所示为不同型号围网起网机外形图,其技术参数如表29-7所示。

图29-33 三滚筒起网机

图29-34 围网起网机

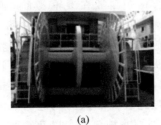  

(a)   (b)   (c)

图29-35 围网起网机

(a) JWQ-120/30型围网起网机;(b) JWQ-180/30型围网起网机;(c) JWQ-450/30型围网起网机

表 29-7　围网起网机主要技术参数

项　目	规 格 型 号		
	JWQ-120/30	JWQ-180/30	JWQ-450/30
第一层额定速度/(m·min⁻¹)	15	30	15
第一层额定载荷/kN	300	600	900
中层速度/(m·min⁻¹)	30	—	30
中层载荷/kN	130	180	450
工作流量/(L·min⁻¹)	229	—	494（一个卷筒）
工作压力/bar	140	155	200（90 T）[①]

① 90 T 表示 90 t，200（90 T）表示起网机在 90 t 拉力工作时工作压力为 200 bar。

3. 围网辅助机械

围网辅助机械主要用于围网捕捞的某些辅助作业，包括理网机、理网起重机、鱼泵等专用吊机，以及底环起倒架和制动器、底环解环机、鱼艇绞机、收放灯绞机、抄鱼机和吸鱼泵等。抄鱼机是用以将围网中的鱼用瓢形小网抄出的机械。

如图 29-36 所示的某型理网起重机，主要用于整理甲板上的网衣。

图 29-36　理网起重机

29.4.3　刺网捕捞机械的选用

刺网捕捞机械（gillnetting machinery）是起放和操作刺网渔具和收取渔获物的各种捕捞机械的总称。一般包括起网机、振网机、理网机、绞盘和动力滚柱等绞纲、起网和相关辅助机械。小型刺网渔船由于空间限制，通常只配置绞纲和起网设备，大型刺网渔船配置多种作业机械和辅助机械，可实现起网、摘鱼、理网和放网机械化操作。

1. 刺网起网机

刺网起网机是用于绞收刺网网衣的机械，其具有能够减轻工人劳动强度、加快起网速度和增加捕捞量等特点。起网机械包括起网机和卷网机。前者功能为起收网衣，后者兼有储存和放出功能，用于小型刺网。前者通过绞纲带网，大型渔船通常配置两台机器，分别用于绞收沉子纲和浮子纲，网衣平铺进入甲板，便于从网目中摘鱼。根据工作原理可分为缠绕式、夹紧式和挤压式三类。也可根据起收网方式分为绞纲类和绞网类两种，前者绞纲带网，网衣呈平展式进入甲板，通常由两台机器分别绞收沉子纲和浮子纲，故也可称沉子纲绞机和浮子纲绞机。两机结构可以完全相同，也可以略有差异。有的只单设一台绞车，用于绞收沉子纲，其网衣呈集束状进入机器直接进行绞收。

1）缠绕式起网机

缠绕式起网机（又称摩擦式起网机）通过起网机旋转机件与纲绳或网衣间的摩擦力进行起网。旋转机件有轮式和气胎式两种。轮式又分为滚轮型、槽轮型。滚轮型是将纲绳与滚轮（柱）呈 S 形或 Ω 形接触缠绕在滚轮上，采用增加滚轮接触包角或在滚轮表面镶嵌橡胶材料以增加摩擦力，提高起网机的性能。另由人力对纲绳施加初拉力将网收起。槽轮型的槽轮为一两头大、中间小的圆锥轮，中间有环槽，以便嵌入沉子纲而起网，网衣靠槽轮楔形槽摩擦力或鼓轮表面摩擦力而起网。槽轮摩擦力与槽轮的结构、楔角大小以及轮面的覆盖材料等有关。气胎式的滚球型主要由两只充气圆球组成，圆球相对转动，挤压纲绳而起网。

常用空气压力为 $0.3 \sim 1.5 \ \text{kg/cm}^2$，绞拉力较小，适用于小型渔具。图 29-37 所示为立式双滚轮起网机外形图。

图 29-37　立式双滚轮起网机

2）夹紧式起网机

夹紧式起网机（又称夹滚式起网机）通过旋转的夹具将刺网的浮子纲、沉子纲或网衣夹持或楔形槽夹紧，进行连续绞收与松放而起网。常见的有夹爪式和夹轮式。夹爪式起网机是由一个水平槽轮和夹爪组成的夹具，夹爪从槽轮缺口内部伸出，起机械手作用，能随槽轮同时转动，夹爪下部的滚轮在平板凸轮的表面滚动。槽轮由动力装置通过可调式摩擦离合器带动，通过爪与槽轮表面夹住刺网的上纲或下纲进行转动而起网。

由于弹簧拉紧装置和凸轮机构的作用，每个夹爪在一转内依次作夹紧绞拉和松脱动作一次，实现连续起网。夹轮型有水平和垂直两种。前者的楔形轮水平布置，通过楔纲绞网。后者的楔形轮垂直布置，槽轮不等距。运转时，网束在狭槽处被夹紧，牵引至宽槽处而松脱。起网机的拉力与同时保持夹持状态的夹爪数有关。夹轮式起网机是槽轮将网衣夹持后转动一个角度然后松脱而起网。槽轮有固定的和可调的两种。固定的槽轮其圆周槽宽不等距，网束在窄槽处夹紧，宽槽处松脱。可调的槽轮由两半组成，其中一个半体可以移动，另一个半体固定。工作时，槽轮半部倾斜压紧，半部松开。槽轮材料有金属、金属嵌橡胶条和充气胶胎等。

3）挤压式起网机

挤压式起网机通过两个相对转动的轮子挤压纲绳或网列而起网。常见的有球压式和轮压式。球压式起网机是通过两只充气圆球夹持纲绳连续对滚而起网，结构轻巧，体积小，通常悬挂在船的上空。轮压式起网机由两只直筒形的充气滚轮挤压网衣连续对滚而起网，绞拉力超过球压式，体积较大，装在甲板上，用于绞收较大的网具。

2. 刺网振网机

刺网振网机是利用振动原理将刺入或缠于刺网网衣上的渔获物抖落，以完成摘鱼作业的机械，有垂直式与水平式两种结构，适用于吨位较大的渔船。振网机主要由三根长滚柱、振动机构（通常为曲柄连杆机构）和动力装置组成。最上面是具有动力的水平大滚柱，使网衣平展铺开牵引收进，承受网衣载荷，利于振网摘鱼，下面两根小滚柱是振动元件，曲柄连杆机构与支承两根滚柱的系杆组成摆动装置，实现振动抖鱼动作。

工作时，网衣呈 S 形进入两小滚柱间，再绕经大滚柱牵引，大滚柱绞收速度约为 40 m/min，两根小滚柱相距为 $200 \sim 400$ mm，振动频率为 $160 \sim 200$ 次/min，振幅为 $200 \sim 400$ mm，可通过调整曲柄杆机构的曲柄销位置而实现。摘鱼效率高，但机械需占甲板面积 $6 \sim 9 \ \text{m}^2$。布置时可以在振网机前网衣通过的下方加装输送带，接收抖落的鱼类，以保证鱼品质量并提高处理效率。

3. 刺网理网机

刺网理网机（又称叠网机）是用于将完成摘鱼作业后的网衣按顺序整齐地排列堆叠的机械。网衣从振网机出来后，通过支架顶端的大滚柱垂直向下穿过两小滚柱间，在连续垂直下放过程中由曲柄连杆机构控制摆杆左右摆动作，实现反复折叠而理网堆高，浮子纲和沉子纲分别排列在两侧。

刺网理网机网衣平整通过滚轮，理网效果较好，但机体较大，适用于吨位较大的渔船。部分渔船采用两台滚轮式机械分别绞纲带网，输送网衣，并靠落差通过人力协助堆叠，理网效果差，劳动强度大，但网衣部分不需通过机械，机体较小，占有空间小，适用于吨位略小的渔船使用。

4. 刺网绞盘

绞纲机械是一种垂直布置的摩擦鼓轮(俗称绞盘),刺网绞盘是用以绞拉刺网带网纲与引纲的机械,拉力为 10～30 kN,速度为 15～40 m/min。具有垂直的摩擦鼓轮,渔具纲绳通过摩擦力进行绞收而不储存,有的在绞盘下装有引纲自动调整装置,有的在绞盘下方的机身内装有恒张力自动引纲调整装置。该装置主要由用于缓冲的钢丝绳及卷筒、排绳器、安全离合器和报警装置等组成,如图 29-38 所示。钢丝绳与流刺网上的带网纲相连接,另配卷筒储存钢丝绳。

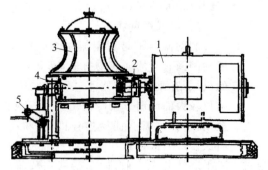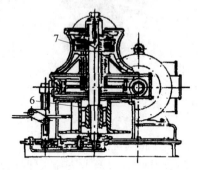

1—电机;2—联轴器;3—绞盘;4—减速箱;5—排绳器;6—卷筒;7—安全离合器。

图 29-38　绞纲机结构示意图

漂流作业时,当带网纲张力超过安全离合器调定值时,安全离合器打滑脱开,卷筒松出钢丝绳,缓解船与网之间的冲击载荷,使负荷降低,消除断纲丢网事故。张力减少至设定值以下时,离合器自动耦合,卷筒停转,钢丝绳的长度能满足多次恒张力松绳需要。待钢丝绳放出长度至预定值时自动报警,电动机自动停转。卷筒自动收绳时,通过排绳器使绳在卷筒上顺序排列。报警信号可及时通知和提示开船,配合绞盘收绳,以减少收纲阻力。

5. **动力滚柱**

动力滚柱是用于起网或放网的辅助装置。由动力装置和一个两头小、中间大的鼓形滚柱组成。滚柱长 2～4 m,两侧有垂直导向柱限位。滚柱大多安装在船舷,可加快起放网的速度。有的装在船尾,主要用于辅助放网。

29.4.4　钓捕捕捞机械的选用

钓捕作业是目前捕捞作业中的一种重要方式,作业方式主要包括延绳钓、曳绳钓和钩钓捕捞。钓捕机械(angling machinery)是钓捕作业中操作钓具的各种机械,分为起线机械、辅助机械和自动钓机三类。起线机械是直接绞收钓线的机械,有延绳钓干线起线机、延绳钓支线绞机和曳绳钓起线机。辅助机械是对钓线进行储存、整理堆叠或投放的机械,有干线卷线机、干线理线机、干线放线机等。自动钓机是使放线、钓鱼、收线、摘鱼等工序连续反复自动进行的机械,有鱿鱼自动钓机、鲣鱼自动竿钓机和自动延绳钓机等。

1. **起线机械**

1) 延绳钓干线起线机

延绳钓干线起线机为绞收延绳钓干线的机械,简称延绳钓起线(绳)机。延绳钓有一长达数千米或数万米的干线,干线上挂有若干数量的支线,每条支线上系有钓钩。起线时,干线通过导向轮和摩擦轮绞收后,进入理线机加以整理,以备下次放线使用。延绳钓干线起线机有卧式和立式两种,以卧式应用较广。卧式起线机有三轮与四轮之分。三轮式起线机由工作轮、压紧轮和导向轮组成,位于同一平面,图 29-39 所示为三轮干线起线机外形图,该机具有动力的工作轮用于牵引,也称牵引轮,压紧轮用以保证足够的摩擦力,导向轮将方向漂荡不定的干线引入工作轮,增加干线与工作轮间的接触包角,以提高起线机拉力。工作轮一般可变速,有的机座可回转,以适应起线方向变动的需要,拉力通常为 50～150 kg,速度为

60～300 m/min。四轮起线机由两对牵引轮和压紧轮组成。干线通过两对轮之间压紧摩擦而起线，具有缓冲装置的导向轮安装在伸出船舷外的支撑杆端部。

图 29-39　三轮干线起线机

2) 延绳钓支线绞机

延绳钓支线绞机为绞收延绳钓支线的机械。主要由绞线筒和滚珠安全离合器组成，圆锥形绞线筒位于立轴端部，绞线筒上部为锥体轮缘，圆周上有齿状槽，便于支线端部的弹夹置入槽内，通过转动收线，锥体使卷好的线圈能顺利脱出。滚珠安全离合器装在绞线筒与传动装置两轴之间，当支线拉力使绞线筒扭矩超过许用值时，安全离合器打滑使绞线筒主轴停转，可避免发生支线拉断丢鱼事故。当扭矩低于许用值时，滚珠复位，绞机即重新工作。

3) 曳绳钓起线机

曳绳钓起线机为绞收、贮存、释放曳绳钓钓线的机械。主要由一个卷筒和动力装置等组成。当某一钓线的钓钩在拖曳中钓到鱼后，将其与起线机连接，通过滑轮系统由卷筒绞收到船舷或船上进行取鱼，然后再次放线并进行固定。机械结构简单，功率小，但钓捕效率不高。

2. 辅助机械

1) 干线卷线机

干线卷线机为贮存延绳钓干线的机械，简称卷线(绳)机。小型卷线机配有数个卷筒，逐个卷满线后移放在甲板上，操作不便。大型卷线机由一个大卷筒以及排线器和动力装置等组成，能将直径 6 mm、长 10 多万米的钢丝绳干线全部卷进，实现收线机械化；但体积大，重达数吨，且因卷线层数多而需复杂的调速装置，所需功率较大，适用于大型延绳钓渔船。

2) 干线理线机

干线理线机为将延绳钓干线顺序盘绕堆叠、防止反捻纠结的机械，简称理线机或理绳机。由牵引机构、理线机构、行走装置及导向滚柱等组成。牵引机构是一对工作轮，通过相对滚动，将干线压紧，借摩擦进行牵引。干线进入理线机构的转动弯管，使进入储线舱内或笔内的干线被盘成圈状，逐层堆叠，可避免产生纠结现象。理线机装在具有轮子的车架上，能沿轻便轨道移动，依次在各储线舱上进行工作。放线时，通过机架上的导向滚柱和放线机，能顺利地将干线从舱内送出。理线机与卷线机相比，结构简单，体积小，质量轻，驱动功率小。由于工作时张力小，对干线的磨损较轻，在起放线作业中遇到故障时较易排除。图 29-40 所示为理绳机外形图。

图 29-40　理绳机

3) 干线放线机

干线放线机是投放延绳钓干线的机械，简称放线机、投绳机。由三个工作轮及导向限位装置组成。结构和工作原理与三轮式起线机基本相同。牵引轮与导引轮均具动力。压紧轮既提供预紧压力，又具缓冲作用。压紧轮与牵引轮间压力的大小可通过弹簧装置进行调节。放线时，干线及其属具经导向限位装置进入导引轮，穿入牵引轮与压紧轮间，靠压紧摩擦高速放入海中,能适应航速 9～17 n mile/h 放钓的需要。放线速度通常为 300～400 m/min,可根据不同航速进行调整。有的放线机还设置蜂鸣器与放线长度数字显示装置,以便于指导放支线和控制放线长度。

3. 自动钓机

1) 鱿鱼钓机

鱿鱼钓机为能连续自动进行放线、引诱鱿鱼上钩、钓捕、起线卷绕和卸鱼作业的机械。主要由绕线卷筒、钓系、水深控制装置与换向装置等组成。钓机两侧的绕线卷筒呈菱形,实现卷筒卷线时的线速忽快忽慢,从而使钓具产生模拟的钓鱼动作,提高了钓捕效果。钓具由长几十米至百余米的钓线及数十个开花钩等组成。限速装置用于限制钓线投放速度。水深控制系统与换向装置联锁,当卷筒投放钓线至预定的钓鱼水深范围内时卷筒自动换向,改为卷收;当全部钓线到达水面后,再自动改向放钓,实现连续自动钓鱼。采用新型高效的光诱捕技术加以配合,能提高钓机的捕捞效率。

图 29-41 所示为鱿鱼钓机整机外形图,中间机体部分为鱿鱼钓机的自动卷扬机,可以根据钓机工作要求自动调节卷扬机的正反转及正反转的转速。正转起钓时,提升钓线和吊钩,反转放线时,将钓钩放至要求的水深。整机两侧为菱形结构的钓线卷筒,当自动卷扬机起钓工作时,匀速旋转的钓线卷筒可以实现钓线钓钩的抖动上升,有利于鱿鱼的上钩,同时,当鱿鱼出水时,抖动也有利于鱿鱼脱钩被甩上甲板。

菱形吊线卷筒
自动卷扬机

图 29-41　鱿鱼钓机

表 29-8 所示为日本 SANMEI 公司生产的 SN-H 型鱿鱼钓机技术参数。

表 29-8　SN-H 型鱿鱼钓机主要技术参数

项　目	技术参数
电源电压	AC200/220V
电机	AC750W 全封闭型
最大卷扬力	90 kg
滚筒转数	100 r/min(最大 105 r/min)
轴长及直径	1525 mm/ϕ28 mm
离合器	24 分割离合器
通信方式	RS-485(2 芯×1P 屏蔽线)

2) 鲣竿钓机

鲣竿钓机为能连续自动进行放竿、钓鱼、起竿、摘鱼作业,并引诱鲣鱼上钩的机械,简称钓鲣机。鲣竿钓机主要由曲柄连杆机构、液压传动装置和电液控制系统等组成。钓竿可伸缩以调整钓鱼范围,放到海面后能模拟钓鱼动作诱鱼上钩。鱼上钩后的重力通过电液控制系统和曲柄连杆机构使钓竿迅速向船上摆动,鱼靠离心力自动脱钩。空钩时,能自动放竿抛钩。钓竿的振幅周期、摆动幅度和起竿速度均可调节。还可根据鱼体重量不同,通过液压系统的压力控制装置自动调整起竿速度。起钓能力一般为 25～30 kg,起钓速度为 90°/s。

3) 自动延绳钓机

自动延绳钓机(auto longline machine)是自动进行装饵、放钓、钓捕、起钓、集钓和储存干线等的延绳钓专用机械。由钓饵清除装置、起线机、传动导向装置、退捻器、吸钩器、集钩槽、自动切饵机和送饵装置等组成的机械化作业线,能使延绳钓钓鱼的主要作业工序自动化。起线时,钓线通过一对导向滑轮定位,由起线机的一对工作轮压紧,利用摩擦力进行牵引,进入一对刷子之间清洗干线、支线和钓钩,除去残饵。再经导向轮,进到退捻器,消除支线与干线的纠缠。吸钩器将钓钩依次挂到导杆上,进入集钩槽贮存。自动切饵机切出的片饵,由夹具夹紧定位于导杆端部。当支线上的钓钩在干线牵引下沿导杆端部滑动的瞬间,钩尖正好刺中饵料,随后与干线一起投放至水域中,形成钓捕循环动作。集钩槽的容量,根据需要可贮钩数千至2万只。

图29-42所示为捷胜海洋装备股份有限公司生产的中小型船用单滚筒自动延绳钓机结构和液压系统图，表29-9所示为单滚筒自动延绳钓机规格型号和适用船只、容线、放钓情况。

(a)

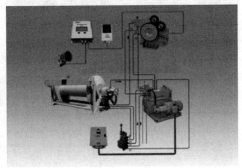

(b)

图 29-42　单滚筒自动延绳钓机

（a）单滚筒钓机结构图；（b）单滚筒钓机系统图

表 29-9　单滚筒自动延绳钓机适用情况表

型号	船只情况	容线情况	放钓情况
GT-03A	此型号单滚筒钓机，主要适用于船长30 m以内的延绳钓玻璃钢船或铁壳船，操作简便，适合安装在船只的前甲板或船尾	筒体的有效容线长度为2000 mm，直径为1050 mm，以ϕ3.6 mm尼龙单丝主线为准，可以容线在12万m以上	在一般海域，以35 m为钓间距可以放3400钓以上
GT-08A	此型号单滚筒钓机，主要适用于小型28 m以上的延绳钓玻璃钢船或铁壳船，是目前所有单滚筒钓机中容线量最大的一种，适合安装在船只的前甲板或船尾	筒体的有效容线长度为2032 mm，直径为1150 mm，以ϕ3.6 mm尼龙单丝主线为准，可以容线在15万m以上	在一般海域，以35 m为钓间距可以放4200钓以上
GT-09A	此型号单滚筒钓机，主要适用于小型28 m以上的延绳钓玻璃钢船或铁壳船，是目前所有单滚筒钓机中容线量较大的一种，适合安装在船只的前甲板或船尾	筒体的有效容线长度为1471 mm，直径为1150 mm，以ϕ3.6 mm尼龙单丝主线为准，筒体的有效容线长度在8.8万m以上	在一般海域，以35 m为钓间距可以放2500钓以上
GT-12A	此型号单滚筒钓机，主要适用于小型28 m以下的延绳钓玻璃钢船或铁壳船，是目前所有单滚筒钓机中体形最小的一种，适合安装在船只的前甲板或船尾	筒体的有效容线长度为1512 mm，直径为1050 mm，以ϕ3.6 mm尼龙单丝主线为准，筒体的有效容线长度在9.3万m以上	在一般海域，以35 m为钓间距可以放2500钓以上

图29-43所示为捷胜海洋装备股份有限公司生产的中小型船用双滚筒自动延绳钓机结构和液压系统图，表29-10所示为双滚筒自动延绳钓机规格型号和适用船只、容线、放钓情况。

(a)

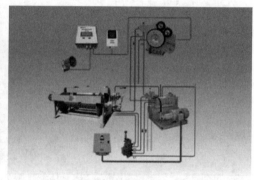
(b)

图 29-43 双滚筒自动延绳钓机

(a) 双滚筒钓机结构图；(b) 双滚筒钓机液压系统图

表 29-10 双滚筒自动延绳钓机适用情况表

型号	船只情况	容线情况	放钓情况
GT-05B	双滚筒钓机，主要适用于小型 38 m 以上的延绳钓铁壳船，操作简便，容线量大，适合安装在船只前甲板	筒体的有效容线长度为 1800 mm，直径为 1050 mm，以 ϕ3.6 mm 尼龙单丝主线为准，可以容线在 18 万 m 以上	在一般海域，以 40 m 为钓间距可以放 4500 钓以上

第30章

渔业养殖机械

30.1 概述

渔业养殖机械（aquacultural breeding machinery）是水产养殖过程中所使用的机械设备，用以构筑或翻整养殖场地，控制或改善养殖环境条件，以扩大养殖生产规模，提高养殖生产效率。

水产养殖方式通常包括池塘养殖和集约养殖。前者包括水库和湖泊养殖，主要依靠天然饲料配合人工饲料喂养；后者为工厂化养殖，通过人工控制鱼类生活环境，使鱼类常年在最适宜的水温、水质、溶氧、光照、饲料等条件下生长，其特点是占地少，产量高，饲料利用率高，一年可多次收获。这两种生产方式，特别是后者，都离不开养殖机械和设备。

一些工业发达国家如德国、日本、美国等，在 20 世纪 80 年代，工厂化养殖就已经达到一定的规模和水平。各主要渔业国家也不断将新技术应用到渔业养殖领域和渔业生产实践中，如利用太阳能、风能作为养殖生产中的加温、增氧装置的能源，利用计算机技术开展饲料投喂控制和水质分析，利用声、光、电等传感技术进行育苗计数和栏鱼、赶鱼、起捕作业等。国外养殖机械在清塘机械、增氧机械、水质净化装置、投饲机械、饲料加工机械以及鱼苗孵化、苗种管理装置和活鱼运输装置等方面，都有一定的发展。

我国渔业养殖机械，主要在 20 世纪 60 年代开始起步和发展，从无到有，从单一到规模和成套化，逐步走向成熟，对水产养殖业的发展起到了积极的促进作用。我国渔业养殖机械的发展，主要沿着排灌和挖塘机械，增氧和水质调节机械，饲料生产和投饲机械等方向发展。60 年代中期，我国第一台水力挖塘机组研制成功，使渔业养殖机械的发展有了一个良好的开端，基本解决了清塘清淤的机械化。70 年代初，我国第一台池塘养鱼增氧机试验成功，使池塘高产高密度养殖有了可能。80 年代渔用颗粒饲料需求的增加，促进了我国软颗粒、硬颗粒、浮颗粒、膨化颗粒等混合颗粒饲料加工机械的发展，饲料机械的发展扩大了饲料来源，提高了饲料利用率，减少了水质污染，增加了养殖单位产量。至 90 年代，我国渔业养殖机械有了快速的发展，应用计算机技术和传感技术，实现了对渔业养殖的远程监控。进入 21 世纪，随着渔业现代化步伐的加快，我国渔业养殖机械逐步向机械化、自动化、智能化、工厂化、规模化、成套化、标准化的方向发展。

30.2 分类

渔业养殖机械根据养殖对象不同可以分为海水养殖机械和淡水养殖机械，但通常按养殖机械的养殖过程和工作特点进行分类，包括以下五大类。

（1）养殖场地（鱼池）修筑改造和滩涂耕耘机械。主要包括淡水养殖场采用的鱼池修筑机械，除挖土机、推土机、牵引机等通用机械外，还有泥浆泵、清淤机、水力挖塘机组和挖泥船等专用机械。海水养殖场主要采用滩涂耕耘机（船）、安装耙、犁机具翻耕海涂，改善蚶、蛏、蛤等贝类的养殖条件。滩涂整理机可进行翻土、耙土、平整、抹平、开沟、分畦等，使之适于蛏苗的播种和养成。

（2）养殖过程作业机械。主要包括池塘养鱼用的排灌机械，增加水域溶氧量的增氧机械，投放粉状、颗粒饲料或液体饲料的投饲机械和投饲料车、投饲料船，对养殖用水进行过滤消毒的水质净化装置，使鱼池保持适宜水温的温控装置，藻类养殖用的打桩机、拔桩机及海带夹苗机等。

（3）采收机械。主要用于浅海滩涂采收贝、藻类等，包括以旋转刀具割下和分离海水的紫菜收割机、海带采收机等，以及用耙犁在水下采捕贝类的机械等。

（4）饲料机械。主要用于鱼用饲料采集与加工，包括天然动植物饲料的采集、加工和颗粒饲料加工。饲料采集机械有陆上和水下割草机、吸蚬机等。饲料加工机械有粉碎、搅拌、成形、烘干或冷却、发酵、膨化等机械，以及用于切碎植物、打浆、磨浆等的机械。

（5）养殖辅助机械设备。主要包括向养殖场投放肥料的机械，起、放网箱和清洗网箱的机械设备等，为养殖捕捞配置的各类绞纲机、起网机、赶鱼机（船）、吸鱼泵等，以及用于渔获物的活鱼运输箱、运输车等。

近年来，随着技术的进步和人工养殖技术的快速发展，养殖过程已经基本实现机械化，部分实现自动化，养殖作业中涉及的池塘建设、池塘管理、水质改良、增氧投饲、环境调控、收获运输等环节，部分或全部应用计算机技术、遥控监控技术等，生产效率大大提高，有近半数相关通用机械应用于养殖领域，促进养殖增产增收，减轻人员劳动强度，促进渔业养殖的绿色发展。

30.3　典型养殖机械及其主要性能

30.3.1　鱼池修筑和池塘清淤机械

池塘是水产养殖的基础环境，池塘的理化性能对养殖对象有直接的影响。池塘由于水产养殖动物的排泄物、遗体、残余饵料和施肥的不断积累，以及地表冲积物等不断沉积，沉积有机物经微生物发酵分解，形成大量腐败植质，与池底表面浸润土壤混合在一起，在池底形成一定厚度的沉积物，通常称为淤泥。淤泥过多会对养殖对象产生较大的危害。首先，会导致池水缺氧危害养殖动物。淤泥中含有大量的有机物，有机物经细菌作用氧化分解，消耗大量氧，往往使池塘下层水中本来不多的氧消耗殆尽，造成缺氧状态。养殖鱼类在溶氧 3 mg/L 以下时，就会抑制鱼的生长，溶氧低于 1.5 mg/L 时，就会造成养殖鱼类的泛塘死亡。其次，会导致池水中有毒物质增多危害养殖动物。池塘底部的淤泥和鱼类的排泄物经硝化作用产生氨，氨在硝化过程中生成中间产物亚硝酸盐，淤泥中的硫酸盐还原菌还原硫酸盐，以及由异养菌分解硫化物产生硫化氢。氨、亚硝酸盐、硫化氢是鱼类生存、生长过程中的剧毒物质。浓度小时，能使鱼类处于不安定状态，食欲下降，饵料系数增加，抵抗力减弱；浓度大时，会使鱼中毒死亡。再有，会导致池水中有害菌增多而危害养殖动物。当池塘底质恶化，有害菌就会大量繁殖，水中有害菌达到一定数量时，养殖鱼类可能发病，严重时会大量发病死亡。

生产实践证明，池塘淤泥增多，底质恶化，有毒物质和有害细菌增加，是造成整个养殖水体水质污染和不良环境的重要原因，严重制约了鱼虾养殖业的发展。因此，清除池塘底质过多的淤泥，改善池塘养殖环境，对水产养殖有着积极的意义。

改良池塘底质环境，消除池底淤泥危害，可以采用物理、化学和生物等方法。如在冬春清淤的池塘，可利用空闲的时间，让池底接受充分的风吹、日晒和冷冻,塘底淤泥变得比较干燥、疏松,同时又可以杀死病原体和寄生虫(卵),改善池塘生态环境,提高池塘肥力,为翌年改善溶氧状况和改良水质创造条件。可以在池塘施放生石灰,除了能杀死鱼类的寄生虫、病菌和害虫等,以及使池水保持微碱性的环境和提高池水的硬度、增加缓冲能力外,还能增加水中钙离子,并使淤泥中被胶体所吸附的营养物质替换释放,以增加水的肥度。可以施用微生态制剂,在养殖的关键季节,根据池塘的具体情况,有针对性地使用光合细菌、芽孢杆菌、硝化细菌、有益微生物群(effective microorganisms,EM)菌液等,改善底质和水质,减少有毒物质和毒害作用,增加溶氧,促进养殖动物的生长。但上述方法不具有普遍性,若清淤不彻底,有时还会带来二次污染。

目前广泛采用的是物理方法,即采用直接清除淤泥的方法。传统的清淤方法是先排除池塘中的水(干塘),然后靠人挖肩挑清除淤泥,劳动强度大,效率低,只能在非养殖时间段内进行,不能连续利用池塘资源,目前基本不再采用。

现代已经广泛采用机械的方法进行清淤和清塘的作业,使用的机械设备可以是通用型的土建工程机械设备,如单斗挖掘机、多斗挖掘机、推土机、装载机、铲运机、铲车、索铲、挖泥船等,用于养殖池塘的开挖和清淤工程。通用型工程机械工作效率高,但投资大,对于小型和不规则的养殖池塘使用不方便,利用率不高。将泥浆泵应用于养殖池塘的清淤作业,可以有效解决各类池塘的清淤工作,在生产上得到了广泛的应用。

根据清淤机械的工作原理和结构不同,可以将其分为多种不同的型式,表30-1所示为常见的清淤机械分类。

表30-1　常见清淤机械分类

清淤机械	干式清淤机械	水力挖塘机组	
	水下清淤机械	漂浮式清淤机械	浮筒式池塘清淤机
			疏浚式池塘清淤船
		潜水式清淤机械	滚筒式水下清淤机
			行走式水下清淤机

1) 水力挖塘机组(hydraulic pond digging set)

水力挖塘机组主要由泥浆泵、浮筒和输泥管道组成的泥浆输泥系统,高压泵、高压水枪和输水管组成的高压冲泥系统,以及动力系统(通常为配电系统)三部分组成,是用于开挖或浚深鱼塘的水力机械设备。图30-1所示为水力挖塘机组系统组成示意图。

工作时,利用高压泵产生的高压,通过水枪喷嘴喷射出高压高速的水柱,在人工控制下,将池塘底部需要清除的淤泥土体冲松、冲散,切割和粉碎,使土体松散崩析,形成泥浆状的混合体。泥浆泵置于浮筒上,吸入泥浆泵吸口的淤泥,通过输泥管送至岸边弃泥场堆积,或自然干化后另作他用。机组各系统也可以单独使用,泥浆泵可用于其他浆料的输送,高压泵可用于抽水。

水力挖塘机组工作效率高,成本低,施工不受天气影响,但机组在操作过程中还是需要人工现场移动浮筒和泥浆泵,人工操作高压喷枪,往往比较费力和困难,同时土体需要大量的高压水冲刷,需要周边有充沛的水源,能耗较高。

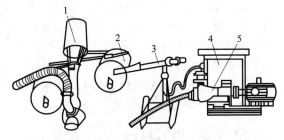

1—泥浆泵;2—浮筒;3—水枪;4—配电箱;5—高压泵。

图30-1　水力挖塘机组

2) 水下清淤机(underwater silt remover)

水下清淤机是用于清除养殖水域底层淤积物的机械设备。整机在水下工作,不用干塘,可以在养殖期间进行作业,整机或工作部件置于池塘底部淤泥面,能带水作业达到清淤的效果。

图30-2所示为一款行走式水下清淤机,机体内部安装有泥浆泵,泥浆泵出口连接输泥管道通至池边,机体内部还安装有两台电动机,

分别驱动左右行走轮,泥浆泵和电动机的电力通过电缆从池塘边配电板输送至机体。工作时,控制左右电动机的转向,可以实现清淤机在水下的前进、后退和转弯。泥浆泵的吸口安装在清淤机的下方,在清淤机移动的同时,将清淤机经过地方的淤泥吸入并送至池塘岸边。水下清淤机可以实现有线操控和无线操控。

泥浆泵出口管　　　　　电缆
机体　　　行走轮

图 30-2　水下清淤机

行走式水下清淤机能够自行移动,不需要人力牵拽,劳动强度低,操作简单方便,工作效率高,清淤能力强,泥浆浓度高,目前得到广泛的应用。

清淤机有许多不同的型式和结构。部分场合下,可以在机体的侧面设计安装足够容积的浮筒,或将泥浆泵安装在船体上,将行走驱动轮改为桨叶驱动或喷水驱动,便形成了漂浮式清淤机或清淤船,根据泥浆泵吸口的结构不同,有绞吸式和耙吸式等方式。

30.3.2　增氧机械

自然状态下,水体中的氧气来源主要有两方面,一是由空气溶入水中的氧,即在一定温度和气压条件下,空气在水中的溶解度达到饱和平衡时水中的含氧量。二是水体中的浮游水生植物光合作用释放的氧,光合作用释放的氧气量与光照条件、植物种类、水质水温等状况有关。在一般养殖池塘中,养殖对象耗氧量仅占总耗氧量的10%左右,大量氧的消耗主要存在于水体中的淤泥、剩余残饲、腐败植质、有机肥料等有机物在细菌作用下的氧化分解过程,特别是晚间或阴雨天光合作用不足的场合,容易造成池塘养殖对象的缺氧现象。

水体中氧气的溶解度主要受水温、水中含盐量、氧分压和光照条件等因素的影响。通常情况下,氧气的溶解度在一定压力下,随温度升高而减少,在一定温度下,随压力的增加而增大,因此在高温阴雨的环境条件下,池塘水体容易造成缺氧现象。另外,氧气在水体中的溶解速度与溶氧的不饱和程度、水气的接触面积和方式、水的运动状况等因素有关,水体中的氧气不饱和程度越大,气液接触面积越大,氧气溶解速度越快。

池塘水体中的溶氧量是鱼类等养殖对象正常生长的重要因素,是重要的养殖水质指标,对保持良好水质起着重要作用。鱼类通过鳃呼吸交换氧气,只有在水中溶解足够的氧气,鱼类才能保持旺盛的生命力,完成正常的进食和呼吸。根据淡水养殖标准,一般养殖鱼类正常生长的适宜溶氧量在 5.0~5.5 mg/L,溶氧量不得低于 3 mg/L,池塘水体必须日夜保证足够的氧气溶解量,只有当氧气含量维持在一定水平时,鱼的食欲才会保持旺盛。当溶氧量低于 2~3 mg/L 时,鱼类的食欲显著下降,影响鱼类的摄食生长;当溶氧量低于 1~2 mg/L 时,鱼类会因缺氧而浮头;当溶氧量低于 0.5 mg/L 时,鱼类会产生窒息甚至死亡。

溶氧量是养殖水体水质好坏的重要指标之一,因此,人们常采用增氧的措施来提高水体中的氧气含量。增氧方法有生物增氧、化学增氧和机械增氧三种。

(1) 生物增氧法主要是通过控制和促进水体中的水生植物有效进行光合作用来增氧,由于水生植物的选择、布置等占用水体,且受环境因素影响,生物增氧不稳定,通常用于景观水池等场合水质的改善。

(2) 化学增氧法主要是向水体投放过氧化钙、过二硫酸铵等物质与水作用增加溶解氧,因可能造成二次污染而应用不多。

(3) 机械增氧法是物理增氧的方法,是借助机械设备来增加水体的溶氧量,是目前应用最广泛的增氧方式。机械增氧不但能增加水体溶氧量,还能部分排出和释放水体中的

CO_2、H_2S 等有害气体,促进水体循环和对流交换,净化水质,降低饲料系数,降低饲养成本,提高鱼池活性和生产率,进而可提高放养密度,实施集约化养殖,增加养殖对象的摄食强度,促进生长,使亩产大幅度提高,充分达到养殖增收的目的。

增氧机(showell)是机械增氧法中最常用的机械设备,是一种经常被应用于渔业养殖业的机器。它的主要作用是增加水中的氧气含量以确保水中的养殖对象不会缺氧,同时也能抑制水中厌氧菌的生长,防止池水变质威胁养殖对象的生存环境。增氧机一般是通过电动机或柴油机等动力源驱动工作部件,搅动水体,增加水体与空气的接触面和接触时间,或靠其自带的空气泵将空气打入水中,以此来实现增加水中氧气含量的目的。

在影响水体溶氧量的因素中,水温和水的含氧量是水体的一种稳定状况,一般不可改变,所以要实现向水体增氧通常采用直接或间接地改变氧分压、水气的接触面积和方式、水的运动状况等因素。因此,增氧机采取的措施通常为:①利用机械部件搅动水体,促进水体产生垂直和水平方向的对流交换,促进水平界面更新,增大空气与水的接触面积;②把水分散为细小雾滴,喷入空气中,增加水气的接触面积;③通过负压吸气或正压供气,将气体分散为微气泡,直接将空气压入水中,增加水气的接触面积和接触时间;④利用水泵将底层水体抽出,交换上下水层水体,并使水从高空落下至低位,把空气带入水体等。

增氧机的主要性能指标为增氧能力和动力效率。增氧能力是指在规定条件下,通过增氧机工作,单位时间内水体中溶解氧质量的增量,是衡量增氧机性能优劣的重要指标,该项指标直接影响到养殖密度和产量的高低。动力效率是指在标准状态测试条件下,增氧机消耗 1 kW·h 有用功所传递到水中的氧气量。

增氧机产品的类型较多,其特性和工作原理也各不相同,增氧效果差别较大,适用范围也不尽相同,但各种类型的增氧机都是根据以上这些原理设计制造的,它们或者采取一种促进氧气溶解的措施,或者采取两种及两种以上的措施,共同提高水体中的含氧量。用户可根据不同养殖系统对溶氧量的需求,选择合适的增氧机以获得良好的技术性和经济性。

增氧机主要用于淡水养殖过程中池塘的增氧,采用的增氧方式主要有重力扬水式、水体充气式和表面搅水式三大类。

(1)重力扬水式增氧机,是通过水泵将水抽吸提升,并喷向空中落下,扩大水和空气的接触面积,达到增氧的效果,这类增氧机耗能较高,效率较低,使用较少。

(2)水体充气式增氧机,是利用空压机或空气泵,将被压缩的空气经输气管送至铺设在水中的散气装置,形成微小气泡,气泡在上升过程中溶解于水体,这种方式需事先在池塘底部按一定规则铺设管道,成本较高,适用于室内养殖、孵化育苗、活鱼运输等场合。

(3)表面搅水式增氧机,是通过工作在水体表面的增氧机,依靠机械的搅水产生水花,增加池塘表面水和空气的接触面积,达到增氧目的,如叶轮式增氧机、水车式增氧机、喷水式增氧机等,这类增氧机在池塘养殖中应用较多。

1. 叶轮式增氧机(aerator blade)

叶轮式增氧机主要由电动机、减速箱、水面叶轮、叶轮撑杆、浮筒等部分组成。工作时,叶轮水平旋转,叶轮下部中央区域形成低压,产生提水能力,底层水不断上升,与周边的水体形成对流,同时上升的水沿叶轮边缘被抛洒至空中落下,在表层水增氧的同时,下层水也得到增氧,具有增氧、搅水、爆气等综合作用。叶轮式增氧机可以满足大面积的池塘供氧需求,提高水中溶氧量,改善水质,提高水产养殖经济效益。叶轮式增氧机技术含量高,具有优于其他类型增氧机的物理、生物学效应,优于其他机型的增氧能力和动力效率,是目前采用最多的增氧机型式。

但叶轮式增氧机运转噪声较大,一般用于水深 1 m 以上的大面积池塘养殖,供氧的纵深度可以满足 6 m 以内的池塘养殖需求。

图30-3所示为叶轮式增氧机基本结构示

意图。增氧机依靠浮筒的浮力整体漂浮于水面,通常一台增氧机采用三只浮筒,间隔120°布置。浮筒与减速箱体通过撑杆连接,支撑减速箱和电动机。叶轮有倒锥形和深水形等多种形式,倒锥形的锥角通常呈120°,锥面外侧间隔布置有长短不一的提水凸缘,起提水和搅水作用,在凸缘边侧钻有一排小孔,叶轮旋转时可产生负压吸气,增加溶氧效果。

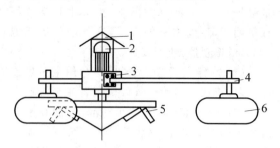

1—罩壳;2—电动机;3—减速箱;4—撑杆;
5—叶轮;6—浮筒。

图 30-3　叶轮式增氧机基本结构示意图

叶轮式增氧机采用机械方法增氧,工作时,电动机通过减速器带动水面叶轮旋转来搅动水面、搅拌气膜和液膜,增加气、液的接触面积,以扩大氧在水中的浓度梯度,提升空气中的氧气向水中转移扩散的速度。叶轮式增氧机浮于水面工作,不受水位变化的影响。

叶轮式增氧机还可以提升养殖水体的品质,从而给淡水养殖增效,如可迅速解除鱼、虾缺氧浮头、打破池水分层、提高池塘初级生产力、提高养殖密度、提高产量、降低饲料系数、抑制蓝藻"水华"、净化水体、降低化学耗氧量(CODcr)和生物需氧量(BOD5)、水底去氮固磷、冬季破冰等。

由于叶轮式增氧机提高了池水含氧量,从而可以有效改善水体环境,实现池塘养鱼污水原位治理,使养殖水体重复利用,减少养殖污染水体的排放。图 30-4 为叶轮式增氧机实物及工作效果图。

(a)　　　　　　　　　　　　(b)

图 30-4　叶轮式增氧机
(a)叶轮式增氧机实物;(b)叶轮式增氧机工作效果

2. 水车式增氧机(waterwheel aerator)

水车式增氧机和叶轮式增氧机同属搅水式增氧装置,前者属于水平轴式,后者属于垂直轴式。水车式增氧机是以叶片浸没于水面作垂直回转来增加水体中溶氧的机械,其增氧能力和动力效率略低于叶轮式增氧机,但能产生定向水流,具有良好的增氧及促进水体流动的效果,广泛应用于淤泥较深的养殖鳗鱼和虾业池塘,是一种浅水增氧设备。水车叶轮的转速不高,叶片只推动表面水体向前运动,无提水能力,因此对下层水体的增氧能力很差,并

存在损伤鱼体的危险。

图 30-5 所示为水车式增氧机叶轮运行水流循环示意图。工作时,电动机通过减速器带动叶轮转动,叶轮的叶片部分或全部浸没于水中。叶片入水时,一方面打击水面,激起水花,并把空气打入水中,激起的水花增加水与空气的接触面积,压入水中的空气增加溶氧的程度;另一方面,叶片推动水体向后流动,形成一股定向的水流,当叶片离开水面时,叶背形成负压,产生提升下层水体的作用,在离心力作用下,部分水体被甩向空中,激起强烈的水花

和水雾,促使空气进一步溶解。

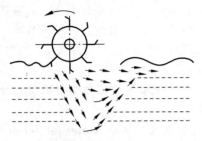

图 30-5　水车式增氧机叶轮运行水流循环示意图

　　水车式增氧机工作时,可以使水域的水体处于流动状态,促进水体水平和垂直方向溶氧的均匀性。形成的方向性水流,特别适合特定养殖对象如鳗鱼的养殖。

　　图 30-6 所示为水车式增氧机基本结构示意图。水车式增氧机主要由电动机、减速箱、机架、浮筒、叶轮等部分组成。叶轮可以设置在浮筒之间,或分布于浮筒的两侧,根据养殖规模和增氧功率要求的不同,可以并列设置两个或多个叶轮,形成单叶轮、双叶轮、三叶轮或四叶轮等不同结构形式和规格型号的水车式增氧机。每个叶轮上通常安装 6～8 个叶片,叶片上开有小孔,叶轮旋转时,可以减少水的阻力,并产生更多水花水珠。

　　工作时,通常采用蜗轮蜗杆减速器,带轮齿轮减速器和二级齿轮减速器降低电动机转速,驱动叶轮旋转。电动机和减速器应设外罩,以遮挡叶轮搅水泛起的水花。机架安装在浮筒上,用来支撑整机的重量,叶轮轴保持水平。

　　图 30-7 所示为四叶轮水车式增氧机实物及工作效果图。

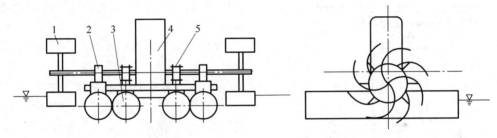

1—叶轮;2—轴承座;3—浮筒;4—电动机;5—减速箱及防水罩。

图 30-6　水车式增氧机基本结构示意图

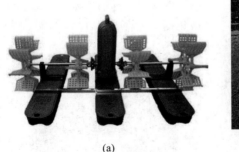

(a)　　　　　(b)

图 30-7　四叶轮水车式增氧机
(a)水车式增氧机实物;(b)水车式增氧机工作效果

3. 射流式增氧机(jet aerator)

　　射流式增氧机,是由水泵输出水体,通过射流器喷嘴喷出,形成一股高速射流,射流具有卷吸作用,产生负压吸气,使射流周边的气体被卷进射流中,增加水体中的溶氧,所以又被称为空气射流曝气机。射流式增氧机最早被应用于城市的污水处理,由于其结构简单、造价低廉、工作可靠、维护方便、通用性强,广泛应用于水产养殖领域。

射流式增氧机的动力效率较高,超过水车式、充气式、喷水式等形式的增氧机。射流式增氧机能使水体平缓地增氧,不损伤鱼体,比较适合于鱼苗鱼池的增氧使用。

图30-8所示为射流式增氧机基本结构示意图。射流式增氧机有多种结构形式,主要组成部分包括射流器、分水器、水泵和浮筒等。射流器是射流式增氧机的主要工作部件。工作时,被卷吸进入射流器的空气在装置中进行能量交换,并互相混杂,进入喉管后被水流冲击分割成无数微小部分,形成微气泡,大大增加了水气的接触面积,增强了氧气的扩散作用,加速溶氧过程。

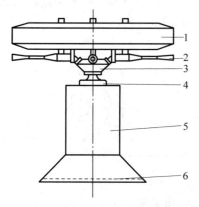

1—浮筒;2—射流器;3—分水器;
4—水泵;5—吸水罩;6—滤网。

图30-8 射流式增氧机基本结构示意图

射流式增氧机能够通过调节射流角度,适应不同水深的养殖池,净化水质及制造强劲水流,增加养殖产量。射流式增氧机基本结构不含运动部件,零件较少,容易安装,操作简单,维修方便,使用寿命较长。

图30-9所示为射流式增氧机实物及工作效果图。

4. 喷水式增氧机(water jet aerator)

喷水式增氧机(又称喷涌式增氧机)是利用潜水电动泵将池塘内的中上层水抽吸起来,再通过喷头将水喷向空中形成水花,达到雾化以溶解空气中更多氧气的目的。喷水式增氧机噪声小,造价低,具有良好的表层增氧功能,可在短时间内迅速提高表层水体的溶氧量,同时还有艺术观赏效果。由于工作时不能产生水体对流,对底层水体没有改善作用,仅适合于园林或旅游区等小型养殖池塘使用。

图30-10所示为喷水式增氧机基本结构示意图。

使用时,只要将电动泵放入水中,接通电源,就能开机抽水。浮泵采用整体设计,不需要机埠,不怕雨淋,不受吸程限制,质量特别轻,移动极为方便。可调节吸水扬程,进水口保持始终处于水面以下最佳吸水位置,无须安装底阀,节能省电。

图30-11所示为喷水式增氧机实物及工作效果图。

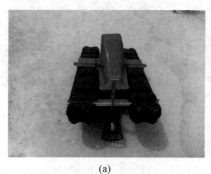

(a)　　　　　　　　(b)

图30-9 射流式增氧机
(a)射流式增氧机实物;(b)射流式增氧机工作效果

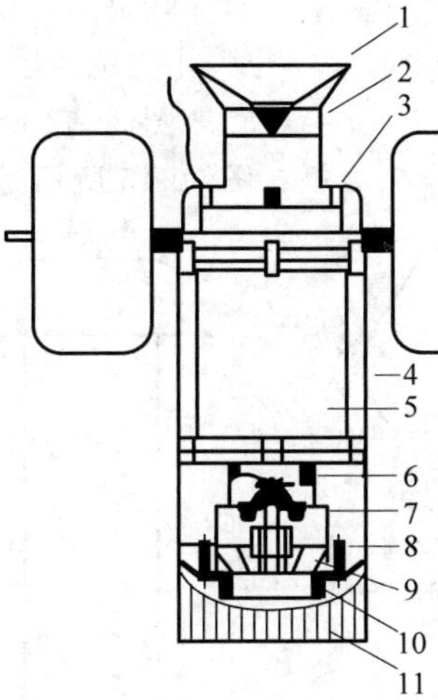

1—喷头；2—上帽；3—电机上帽；4—外罩；5—电机筒；6—油缸；7—油封；8—油缸盖；9—叶轮；10—下罩；11—网罩。

图 30-10　喷水式增氧机基本结构示意图

1—增氧喷头；2—穿绳孔；3—进水口；4—电源线；5—浮球。

图 30-11　喷水式增氧机

（a）喷水式增氧机实物；（b）喷水式增氧机工作效果

5. 充气式增氧机（inflatable aerator）

水产养殖池塘由于上下水体浮游植物的数量和光照条件不同，底层含有淤泥、残饲等耗氧因素的影响，水体垂直方向上下层溶氧量差异较大，下层水体溶氧量依然较低，夏季晴天时更加明显。采用深水充气增氧的方法，既能充分利用上层浮游植物光合作用释放的氧气，又能有效增加下层底部的溶氧量，从而使水质得到有效的改善。

充气式增氧机主要由电动机、浮筒、风斗充气管、叶轮、导流管等部分组成，图 30-12 所示为充气式增氧机结构示意图。工作时，电动机高速旋转，带动叶轮不断将上层过饱和的溶氧水体，以及水面产生旋涡吸入的大量空气沿轴向向下推送，气水混合形成的气泡被叶轮撞击成无数微小气泡，沿导流管被压送、散入至水体底层，并向四周扩散，增加下层水体中的溶氧量。

深水充气式增氧机由电动机直接驱动，结构简单，成本低，工作可靠。由于采用水面旋涡吸水吸气，吸入的水溶氧量高，气泡直径小，并直接送至底层水体，所以水体对氧的吸收率高，充气能力强，节能效果好，池塘水越深，溶氧效果越好。该款增氧机比较适合于深水水体中使用。

6. 微孔曝气增氧技术（microporous aeration technology）

微孔曝气增氧技术是继水车式、叶轮式、

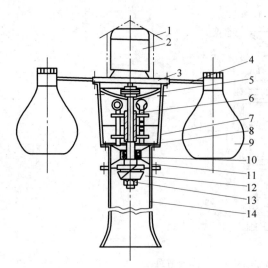

1—电机罩；2—电动机；3—托板；4—支撑架；5—锥形罩；6—风斗充气管；7—连接座；8—轴；9—浮筒；10—尼龙轴承；11—轴承座；12—叶轮；13—螺母；14—导流管。

图 30-12 充气式增氧机结构示意图

喷水式等传统增氧技术之后的新型增氧技术，已被水产养殖、污水处理、景观水治理领域广泛应用。微孔曝气增氧装置安装方便，安全可靠，没有电源的养殖场可选择柴油机为动力。

微孔曝气增氧，是采用罗茨鼓风机将空气压入输气管道，送入微孔管，以微气泡形式分散到水中，微气泡由底向上升浮，促使氧气充分溶入水中，还可造成水流的旋转和上下流动，将池塘上层富含氧气的水带入底层，实现池水的均匀增氧。

图 30-13 所示为微孔曝气原理示意图。

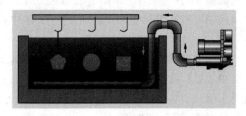

图 30-13 微孔曝气原理示意图

微孔曝气增氧装置主要由电动机、罗茨鼓风机、储气缓冲装置（PVC 塑料管）、支管（PVC塑料或橡胶软管）、曝气管（微孔纳米曝气管）等组成。微孔曝气管是一种以低成本向大面积水体增氧的曝气装置，在高分子软管上相间设置

有一端封闭的微孔曝气短管，主要由高分子软管、中空承插接头、微孔曝气短管、堵头等组成。

图 30-14 所示为罗茨鼓风机结构示意图，图 30-15 所示为罗茨鼓风机实物图。

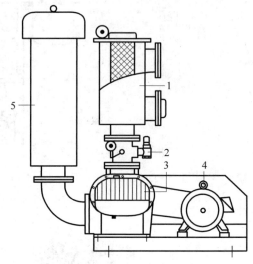

1—真空过滤桶；2—真空安全阀；3—鼓风机；4—马达；5—真空用出口消声器。

图 30-14 罗茨鼓风机结构示意图

图 30-15 罗茨鼓风机

电动机通过带轮带动罗茨鼓风机，罗茨鼓风机连接储气缓冲装置，储气缓冲装置连接主管，主管连接支管，支管连接曝气管。曝气管的安装和布置，可以根据养殖池塘的形状和条件设置，通常有两种具体安装方式：盘式安装法和条式安装法。盘式安装是采用螺旋圆环布置的方式，曝气管固定在底部钢筋弯成的盘框上，盘框总长度 15～20 m，离池底 10～15 cm，气体在每个曝气盘管的一端进入，连续在微孔中排出。条式安装是采用直线布置的方式，曝气

管总长度在60 m左右,管间距10 m左右,高低相差不超过10 cm,并固定在池底支架上,离池底10~15 cm,气体在每个曝气直管的一端进入,连续在微孔中排出。

微孔曝气增氧技术相对传统增氧机具有自身的优势特点:

(1)实现高效增氧。微孔曝气产生的微小气泡在水体中与水的接触面极大,上浮流速低,接触时间长,氧的传质效率高,并能满足应急增氧所需。

(2)增氧运行成本低。采用微孔增氧装置,能使水体溶氧迅速增高,其能耗不到传统增氧装置的1/4,可大大节约能源成本的支出。

(3)可以活化水体。由于微孔曝气管(盘)安装在池塘的下层底部,或者悬挂在网箱底部,微小而缓慢上升的气泡流带动水体缓慢流动,使表层水体和底层水体同时均匀增氧。充足的溶氧量可加速水体底层沉积的肥泥、散落和剩余的饵料以及鱼类排泄物等有机质的分解,转化为微生物,使水体自我净化功能得以恢复,建立起自然水体生态系统,使水体活起来。

(4)实现生态养殖、保障养殖效益。持续不断的微孔曝气增氧,使水体自我净化能力得以恢复提升,菌相、藻相自然平衡,构建起水体的自然生态,养殖种群的生存能力稳定提高,充分保障养殖效益。

(5)安全环保性能提高。微孔曝气增氧主体装置安装在陆地或养殖渔排上,只有部分支管和曝气管安置于水体中,安全性能好,不会给水体带来任何污染,而其他微孔增氧装置在水中工作,容易漏电,对人和鱼虾有潜在危害。

随着养殖业的发展,渔业需求的不断细化和增氧机技术的不断提高,出现了许多改进型和新型的增氧机,如吸入式增氧机、涡流式增氧机、涌喷式增氧机、喷雾式增氧机等。吸入式增氧机是通过负压吸气把空气送入水中,并与水形成涡流混合,把水向前推进,因而混合力强。它对下层水的增氧能力比叶轮式增氧机强,对上层水的增氧能力稍逊于叶轮式增氧机。涡流式增氧机主要用于北方冰下水体增氧,增氧效率高。增氧泵是一种轻便、易操作

及具有单一的增氧功能的设备,一般适合水深在0.7 m以下、面积在0.6亩以下的鱼苗培育池或温室养殖池中使用。另外,具有定时增氧、自动保护控制、智能化控制系统等的增氧机,也陆续被研制和开发,并投入实际应用。自动化和智能化控制的增氧机可减轻渔民繁重的体力劳动,发挥增氧机的实际性能及其工作的可靠性,适时调解水质环境,减少电费开支,提高渔业经济效益。

由于各种类型增氧机的特点不同,其适用性和使用的场合也不同。正确合理地选用增氧方式和增氧机,有助于提高养殖池塘的溶氧量和溶氧效率。

影响水体氧气溶量的因素包括水温、所养殖动物种类及密度、水体盐度、气候气温、自然风速及气压、池塘大小及深度、水质施肥量、饲料投喂量、自然水循环流量等。选择增氧机应根据池塘水深、鱼池面积、养殖单产、增氧机效率和运行成本等因素综合考虑,既要充分满足鱼类正常生长的溶氧需要,有效防止缺氧死鱼、水质恶化降低饲料利用率和鱼类生长速度,引发鱼病现象的发生,又要最大限度地降低运行成本,节省开支。通常,各式增氧机具有以下优点:①叶轮式增氧机动力效果好,工作面积大,适合于四大家鱼饲养;②水车式增氧机对水体的推流效果较强,水体表层增氧明显,适合虾、蟹类动物使用;③潜水式、射流式增氧机适合深水养殖与较长型池塘使用;④喷水式增氧机适合小面积池塘增氧和园林式旅游区小型鱼池;⑤充气式增氧机水越深效果越好,能使水体上下平缓地溶氧,又不损伤鱼虾身体,适合鱼虾苗池的增氧使用。

另外,正确和合理使用增氧机,也可有效增加池水中的溶氧量,保证增氧机的使用效果。应科学确定类型,合理安装位置,确定开机和运行时间,并定期检修,保证增氧机工作处于正常状态。

30.3.3 水质处理机械

水产养殖工程中,水是鱼类等养殖对象的重要环境,水质的好坏直接影响养殖对象的生

存条件。在养殖水域内,水生生物之间,养殖对象与环境之间的相互作用,会产生大量有机和无机物质,包括对水体和养殖环境产生影响的氨基酸、腐败植物残质等,在光和温度等条件下,会出现相互转化,消耗水体中的溶氧,给养殖环境带来不利影响。

衡量水体的优劣特性包括物理、化学、生物等多方面性质,而这些特性涉及诸多方面的影响因素,包括水体中的微生物、动植物、淤泥、残饲、动物粪便等,以及各种化合物含量、溶氧量,池水的温度、透明度、酸碱度等。自然条件下,池塘水体的特性取决于气温和光照条件,受环境条件变化的影响,工业化养殖和人工高密度养殖就是通过各种人工的方法对养殖水体进行调节和控制,以满足养殖要求。

水质处理机械是一类能够用于改善水质,增加水体溶氧量的机械的总称。根据水体条件和处理方式的不同,水质处理机械的种类繁多,各具特点,处理效果也不尽相同。按功能划分,一般包括水质改良机和水质净化机两大类。

1. 水质改良机(water improving machine)

水质改良机的功能类似于增氧机,通过淤泥泵将养殖水体底层的淤积物抽吸提升,喷洒于高溶氧的池塘表面,加速其氧化、分解,对水质进行综合改良。

在池鱼生长季节,采用水质改良机吸出池塘底部过多的淤泥或在晴天中午翻动塘泥,将部分淤泥吸出,以减少耗氧因子,淤泥可为池边饲料提供优质的有机肥料。也可在晴天的中午将淤泥喷散至池水的表层,来回拖拉搅动塘泥以促进淤泥中的有机物氧化分解,降低夜间下层水的实际耗氧量,防止池鱼浮头。

养殖期内适时搅动塘底(一般每2个月搅动1次),可以促使池水上下混合,加速底部有机物分解及重新释放出塘底吸附的营养盐类和微量元素,这一措施对促进池水浮游生物的生长繁殖,防止池水老化和改善池塘浮游生物的组成都有显著效果。

水质改良机具有抽水、吸出塘泥、将塘泥喷向水面、喷水增氧等功能,在降低塘泥耗氧、充分利用塘泥、改善水质、预防池鱼浮头等方面的作用优于叶轮式增氧机,能实现一机多用。

养殖季节,水质改良机在晴天中午开机并移动时,从吸水口进入的水流和吸泥口吸上的淤泥,搅拌混合成泥浆,然后经流体通道进入泵体,再经输流管到喷头,将泥浆喷至空中,可促使淤泥中的有机物及其中间产物在空气中氧化分解,并去除对池鱼有害的气体。泥浆落于上层富氧水中进一步氧化分解,从而达到白天曝氧,减少淤泥夜间耗氧量,避免或减轻池鱼清晨的浮头现象,同时也增加了水中的营养盐类,促进浮游生物大量繁殖和生长。水质改良机若直接抽吸底层水,可以促使上下层水体对流,增加水体溶氧量,防止池鱼浮头,也可起到偿还氧债的作用,而且有助于促进上层水中浮游植物的光合作用。

图30-16所示为一种简易型式的水质改良机结构示意图。水质改良机主要由深入池塘底部的吸头、收集淤泥的导流管、提供动力的潜水电动泵、通过快速接头相连的输流管,以及喷头、喷头浮子和环形浮筒等部分组成。电缆通过池塘边电源供电,牵引绳用于人工移动整机。

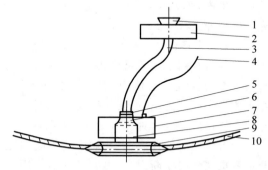

1—喷头;2—喷头浮子;3—输流管;4—电缆;5—快速接头;6—潜水电动泵;7—环形浮筒;8—导流管;9—吸头;10—牵引绳。

图30-16 水质改良机结构示意图

该机整体是潜入水下工作的,吸头底部与池底淤泥相接触,喷头浮在水面上,吸头上部设有吸水口,吸头底部设有吸泥口,导流管和潜水泵之间留有环形通道。工作时,从吸水口进入的水流和吸泥口进入的淤泥,被搅拌混合成泥浆,在压力作用下通过环形通道,经输流管送至喷头,被喷至空中,促使淤泥中的有机物及中间产物在空气中氧化分解,并去除各类有害气体。泥浆落入水中表层后,在上层富氧水中进一步氧化分解,再融入水体沉入水中。通过牵引绳牵引,可以人工控制水质改良机的移动,处理不同位置的水底淤泥。

当水质改良机处于选定的某一水中位置不移动时,开动机器可抽吸底层低温贫氧水并喷射至空气中,成为喷水式增氧机。

卸下水质改良机的喷头,装接施肥管后,还可以将该机改用为施肥机,移动机器,将抽吸的淤泥喷向塘埂,为塘埂上的种植物施肥。整机或卸下潜水电泵单独使用,还可作为抽水机,用于抽水排灌。

图30-17所示为另一种型式的水质改良机,水面浮体设计成船型,又称船型水质改良机或水质改良船。水质改良船与水质改良机工作过程相类似,都是通过将池底的淤泥提升并抛撒至空气中,促使淤泥中的有机物及中间产物在空气中氧化分解,达到水质改良的目的。

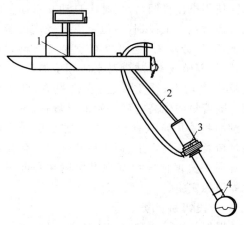

1—船型浮体；2—支撑杆；3—潜水电动泵；4—吸头。

图30-17　船型水质改良机

水质改良船增加了船型浮体,可以在船体上增加驱动动力代替牵引绳的牵引移动,通常采用双螺旋桨驱动,大大降低了操作人员的劳动强度,并有利于实现自动化和智能化操作。工作时,可以事先设定浮船的移动方向和移动速度,或者在岸边有线或无线遥控浮船的移动,根据需求选择需要处理的池底淤泥位置。调节支撑杆的角度,可以适应不同水深的池塘,也可以增加吸头导流管的长度,将电动泵安装在浮船上。

另外,采用蓄电池作为电源安置在船体上,就可以完全脱离电缆线的束缚,为智能化的水质改良船发展提供了基础和前提条件。目前已经有蓄电池和太阳能驱动的水质改良船的试验研究和应用实例。

水质改良机的基本操作过程:在电缆上系结若干小浮子,使电缆漂浮在水面上,在吸头两端分别系结一根牵引绳,其长度视池塘大小而定,用于机器在水下移动;池塘两边各有一人负责牵引吸头,机器下水启动后,使机器在塘底作之字形缓慢移动,至完成整个池塘的底质改良。若当增氧机使用,则选择某一适当位置后固定,不再移动机器。接通电源,便可喷水增氧。

水质改良机配有空气开关,兼起过载和短路保护作用。

2.水质净化器(water purifier)

水质净化机的功能主要是用来处理水体中的有机物和氨氮等有害物质,水质净化机是用于降低水体中可溶性有机物含量、改善水质的机械或设备。水质对养鱼来说非常重要,养殖过程中只有控制好水质,才能提高养鱼、虾、蟹类的生长速度,减少疾病,实现高产、优质、高效的目的。

池塘养殖水体的净化方法包括物理方法和化学方法。物理净化方法主要是利用物理作用,其处理过程中不改变污染物的化学性质,包括栅栏、筛网、曝气、沉淀、过滤、吸附等。化学净化是指利用化学方法去除池塘水体中污染物质的过程,常见方法有中和、络合、混凝、氧化还原等。

物理净化方法:①栅栏由竹箔、网片组成,也有用金属结构的网格组成,放置于水源的进排水处,目的是防止水中个体较大的鱼虾类、漂浮物和悬浮物等进入;筛网由尼龙筛绢组成,可除去水中的浮游动物和尺寸较小的有机物。②曝气法是根据池塘水面大小，设置增氧曝气机，使池塘水体上下形成对流，以增加水中的溶解氧。③沉淀法是借助水中悬浮固体本身重力，使其与水分离，设置蓄水沉淀池以去除水中较大悬浮颗粒物。④过滤法是当池塘养殖废水流经充满滤料的滤床时，水中的悬浮颗粒和胶体杂质被滤料表面所吸附或在空隙中被截留而去除。⑤吸附法是利用多孔性的固相物质如活性炭、硅胶、沸石粉、麦饭石等，吸附水中的氨、重金属离子、悬浮颗粒物等，从而达到净化水体的目的。

化学净化方法：①中和法是对池塘养殖水体的 pH 进行调节，是水产养殖过程中最为常见的水处理方法，可利用生石灰提高池水 pH，使水呈中性或弱碱性，当水体的 pH 过高时，可采用草酸、醋酸等弱酸加以中和；②络合法最常用的是 EDTA-2Na 钠盐（乙二胺四乙酸二钠），产品为无味或微咸的白色或乳白色结晶或颗粒状粉末，可溶于水，可作为重金属络合剂，主要用于清除池塘水体中过高的重金属离子；③混凝法是对池塘养殖水体中难以依靠自然沉淀去除的微小悬浮颗粒物，使用无机或有机混凝剂，加速其沉淀去除的方法，常用的凝絮剂有明矾、聚合氯化铝、PAM（聚丙烯酰胺）等；④氧化还原法利用二氧化氯、臭氧、高锰酸钾等的强氧化性，可以降低或消除池塘养殖水体中的有毒有害物质，杀灭水中的病原菌。

30.3.4　投饲机械

投饵机是对水产养殖对象定时、定量投撒饲料的机械设备。

良好的饲料配方和饲料状态是理想养殖的前提物质条件，高效的投饲方法和投饲手段是科学养殖的合理有效保证。在鱼种选育、养殖水质和环境条件保证的前提下，正确实施合理有效的投饲技术，可以获得预期的养殖效果。

养殖鱼虾的摄食强度和摄食种类与多种因素有关。不同种类的养殖对象，摄食要求不同；相同养殖对象，在不同的生产阶段摄食要求也不相同。另外，摄食强度还随水温、水质等环境因素变化而变化，投饲间隔时间、投饲规律和投饲位置等，也会影响养殖对象的摄食。如果投饲过少，鱼虾只能处于饥饿和维持代谢状态，影响鱼虾生长，甚至减重减产；投饲过多，不但会造成饲料的浪费，增加养殖成本，还会造成鱼虾过食，游动缓慢，引发鱼病甚至死亡。多余的残饵、沉淀水底或在水体中溶解，分解变质，将使水质恶化，影响鱼虾的正常摄食与生长。

养殖对象的摄食是有一定规律的，正确的投饲技术与方法涉及许多影响因素。针对特定的养殖品种，定时性包括投饲的时间和每日投饲的次数，定量性包括每次投饲的数量和每日投饲的总量，这里的定时和定量，还受到光照气温等环境条件，溶氧污染等水质条件，鱼虾摄食等状态条件，以及饵料品种、投饵位置、投饵分布均匀度等诸多因素的影响。一般来说，饲料品种以选择易食易吸收为宜，投饲方式以选择面广均匀为宜，投饲时间以选择少量多次为宜。有效使用投饵机，可以增产 10% 左右，节省饲料 15% 左右。

采用机械化投饲，能较好地满足池塘和网箱高密度养殖，以及工厂化养殖对投饲的要求。使用机械投饲，特别是半自动和自动化投饲机械替代人工投饲，不但可以减轻渔民劳动强度，节省劳动力，还可以有效提高饲料利用率，降低养殖成本，减少对水质环境的污染，使鱼虾摄食均衡，增重快速，规格整齐，健康少病。随着集约化高密度养殖的发展，传统的人工投饲和采用定点食台喂食的方法已经很难满足鱼类生长的需求，而机械化和自动化投饲则有利于实现精准投饲和大规模高密度工厂化养殖的实施。

1. 投饵机种类

根据使用场合和投饲方式的不同，投饵机有许多不同的种类和型式：

（1）按使用场合和范围划分为池塘投饵机、网箱投饵机、工厂化养鱼自动化投饵机等类型。

（2）按投喂饲料性状划分为颗粒饲料投饵机、粉状饲料投饵机、糊状（浆状）饲料投饵机、鲜料投饵机等类型。

（3）按使用的能源动力划分为无动力投饵机、机械式投饵机、电动式投饵机、气动式投饵机、风力和太阳能投饵机、内燃动力投饵机等类型。

（4）按投饵点变化划分为固定式投饵机、移动式投饵机等类型。

（5）按自动化程度划分为机械控制投饵机、半自动控制投饵机、全自动控制投饵机、智能控制投饵机等类型。

（6）按控制方式划分为手动投饵机、鱼动投饵机、自动投饵机等类型。

2．典型投饵机

1）液态饲料投饵机

浆状饲料属于液态饲料，图30-18所示为一种喷浆投饵机的结构示意图，主要由水泵、料罐（斗）、输送管道和喷射器等部分组成，该机采用外置内燃动力（拖拉机输出动力），采用离心泵作为输出泵，通过张紧轮控制水泵的启停。喷洒器有两根支喷管，呈45°布置，各装一个球阀，顶端以螺纹连接，各装一个喷嘴，喷嘴的大小和形状取决于浆料要求的喷洒距离、喷洒速度和均匀程度，不同黏稠度的浆料和不同喷洒要求的池塘，可以选择配套不同规格的喷嘴。

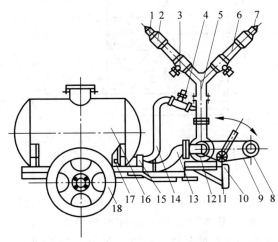

1,7—喷嘴；2—管接；3,4—球阀；5—主喷管；6—支喷管；8—带轮；9—带；10—支架；11—张紧轮；12—水泵；13—出料管；14—回料管；15—阀门座；16—料罐；17—回料嘴；18—车轮。

图30-18　喷浆投饵机结构示意图

工作时，拖拉机输出的内燃动力通过工作带轮驱动离心水泵，将浆料从料罐中泵出，通过球阀控制的喷管，由喷嘴定向喷出，多余的浆料由回料管流回料罐。两个支管可以分别或同时工作，通过操控张紧轮的启停，可以连续或间歇工作。该机体积小，轮距窄，转弯掉头灵活方便，可以沿池塘岸边移动，选择不同位置投饲，适用于养殖池塘池埂和塘坝等行驶条件不佳的场合。

2）鱼动投饵机

饲料通常都是储存在投饵机的料斗（料筒，料罐）中，出料口为设置在下方的漏斗形状的料斗，当出料口的挡板（阀门）打开时，饲料依靠重力下落，完成投饲。出料挡板开启的时间取决于鱼类进食的时间，根据鱼类行为学要求，选择和设定合适的时间和规律开启。出料挡板的开启，可以通过人工手动方式，称为手动投饵机；通过电动或程序设定定时开启，称为电动或自动投饵机；若出料挡板是由养殖鱼类条件反射撞击驱动开启，便称为鱼动投饵机。

训练鱼类在固定的时间和地点觅食，使鱼类形成条件反射，是节省饲料行之有效的方法。投饲时，在投饵机旁泼水或敲击，鱼类就会聚集在投饵机附近觅食，鱼类在触及撞料板后可以获得饵料，经过多次反复，可以形成鱼的条件反射。部分具有条件反射的"头鱼"在觅食过程中，投撒出来的饵料不仅可以供给自己食用，其他鱼也同样可以摄食，鱼类具有模仿性，这样就进一步促进了其他鱼条件反射的形成。

图30-19所示为鱼动投饵机结构示意图。该投饵机主要由饲料储料筒、出料料斗、控制挡板（挡料器）、万向节、垂直连杆及撞料板等部分组成。在无鱼撞击撞料板时，料斗内的饲料被挡板挡住不能落下，当有鱼撞击挡料板时，挡料板相对料筒运动，饲料便通过挡料板与出料口的间隙落入水中，完成一次投饲。调节出料口与挡料板之间的间隙，可以调节每次投饲的数量，保持饲料的适宜投放量，可以保证饲料的有效利用，又可以使鱼类处于兴奋和

觅食状态。调节撞料板万向节的阻力扭矩,可以适应不同鱼类的撞击力度。鱼类觅食完成,投饵过程也完成。鱼类游动或争食而产生的水波,也可以触动料板而自动投饵。该机构简单可靠,不需要控制元件,不需要动力消耗,适合成鱼的养殖。

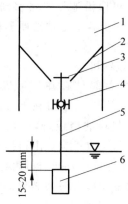

1—料筒;2—料斗;3—挡板;4—万向节;
5—垂直连杆;6—撞料板。

图 30-19 鱼动投饵机结构示意图

3)自动投饵机

自动投饵机可以在设定的时间自动启停投饵,按设定确定投饵的时间、投饵时长、投饵间隔和投饵量。自动投饵机一般由机体、料筒、下料机构、排料器、饲料抛送机构,以及时间控制器和动力系统等部分组成。投饵机可以设计成固定式和移动式两种。固定式投饵机可以安置在养殖池塘较开阔和安静的进水口旁边,或者池塘中某一开阔的位置;移动式投饵机可以沿铺设的导轨或悬索滑行,也可以发展成投饵车和投饵船,或具备增氧功能的多功能投饵机械。

投饵机的工作过程可以分为两个阶段。第一个阶段是控制下料机构(开口大小),使料筒内的饲料通过料斗和出料口形成流量(流速)一定的稳定饲料流,对饲料起到分配的作用,确定单位时间内的投饵量。第二个阶段是通过一定的机构或方式将饲料均匀地抛撒在水面上对应的区域。通常情况下,两个阶段是连续进行的,第一个阶段由饲料下料机构(又称排料机构)完成,第二个阶段由饲料抛送器

完成,将落入抛送器的饲料以一定的角度和方向抛撒出去。

图 30-20 所示为一种自动投饵机的结构示意图。该机主要由料筒、排料器(排料轮)、鼓风机、喷管和定时器五部分组成。排料器设置在料筒出口处,与料斗出料口相连,排料器由排料轮、排料杯(料斗)、固定弹片、调节弹片、调节螺杆组成。工作时,通过调节螺杆对调节弹片的张开度进行调节和控制,排料轮的转动带动固定弹片振动,使料斗上方饲料充盈并随排料轮均匀下落,保持料筒内的饲料被均匀地排入料杯并送入喷管,在鼓风机风力的作用下,喷撒到鱼塘水面。投饵时间的启停和间隔,可以通过定时器控制,也可采用单片机实现全自动控制。投饵量可以通过调节螺杆无级调节。饲料喷撒距离可以通过鼓风机的风压调节,对可调喷管角度的机型,还可调节和控制饲料喷撒的角度和方向。

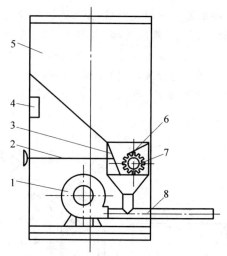

1—鼓风机;2—调节螺杆;3—调节弹片;4—定时器;
5—料筒;6—固定弹片;7—排料轮;8—喷管。

图 30-20 自动投饵机结构示意图

图 30-21 所示为另一种自动投饵机的结构示意图,基本结构与上述机型相类似,可以用于颗粒饲料的投撒。该机主要由储料料箱、下料装置、抛撒装置和控制系统四部分组成。储料料箱主要用来储放饲料,下部为斜角大于60°的漏斗形,一般采用白铁皮作为制造材料,也有采用质量较轻的塑料材料。下料装置的

型式和要求取决于饲料的种类,对于沉性饲料来说,抛撒在水面的饲料会慢慢沉入水底,要求饲料必须在沉入水底之前被鱼摄食,所以投喂饲料要有一定的数量和间隔时间。渔用投饵机都设置有下料装置,可以对每一次的下料量、下料持续时间、下料间隔时间等参数进行控制。常见下料装置的型式有螺旋推进式、偏心振动式、电磁下拉式、转盘定量式、抽屉定量式等。抛撒装置用来把饲料输送到投饵区并抛撒至水面的一定区域。离心式抛撒盘是最常见的一种抛撒装置,抛撒盘在电动机带动下高速旋转,从送料机构落下至抛料盘的饲料,在离心力作用下从出料口被甩出,完成抛撒。对投饵面积较小的工厂化养殖系统,可以使用无动力的抛撒装置,投饵机放置在投饵区域的上方,在送料机构下方设计一个锥形撒料盘,饲料落下时,把饲料碰撞散开。

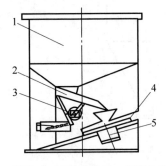

1—料箱；2—下料机构；3—下料电机；
4—抛料盘；5—抛撒电机。

图 30-21　自动投饵机结构示意图

4) 气力输送投饵机

气力输送投饵机主要用于池塘投饵和网箱投饵,图 30-22 所示为气力输送投饵机的结构示意图。该机主要由储料装置、下料装置、罗茨风机、输料管、抛料装置和控制装置等部分组成。目前有两种气力输送方式,一种为负压输送,通过吸附抛撒；另一种为正压输送,通过吹拂抛撒,负压输送成本低,操作方便,是一种主要的工作型式。

工作时,压气机提供气体动力,产生高速气流,在下料装置出口附近产生一个负压区,在负压及加速气流的作用下,气流和饲料颗粒

的混合物通过分配装置出料口进入输送管道,通过抛料装置抛撒至养殖池塘。

气力输送投饵机对饲料的要求较高,饲料必须干燥,不得有潮湿、霉变和结块、结饼现象,否则影响投饵,容易造成管道堵塞,损坏风机。

5) 工厂化养殖自动投饵机

工厂化养殖的最大特点是养殖过程在室内进行,配置的投饵机可以安装在室内鱼池上方架设的轨道上运行,轨道的长度和形状可以根据现场鱼池的分布做出相应的调整。在每个鱼池的正上方设置定位识别点,投饵装置沿轨道行走到识别点后,安装在投饵装置上的超声波传感器能检测到识别位置,反馈至终端控制器并发送指令,投饵装置的行走电机停止行走,停止在鱼池上方。随动控制箱接收到投饵指令后开始投饵,投饵完成后,按程序指令移至下一个投饵点(定位识别点)或下一个鱼池,完成后续的投饵工作。当所有的指定投饵点全部完成投饵后,投饵装置自动回到初始点等待下一次投饵时间的到来。

该投饵系统能一次完成一个养殖车间里多达几十个鱼池或其中任意鱼池的定时定量精准投饵,完成自动检测、自动运行和自动记录,能提高机械化和自动化水平,降低劳动强度,节省劳动力成本支出。

图 30-23 所示为工厂化养殖自动投饵机基本结构示意图,该系统主要由行走系统、投饵装置、电力系统和控制系统等部分组成。行走系统包括轨道、滑触线、集电器、行走滑车和直流电机等；投饵装置包括料仓、下料机构等部分；随动控制箱主要用于行走机构的控制和定位传感器的识别,以及终端控制器指令的接收；终端控制器用于设定执行程序和发送程序指令。

工作时,启动系统电源,待无线通信连接后,系统进行自检。无故障状态下,系统检测距离传感器,判断装置的位置,如果不在起始位置,则自动行走至起始位置停止等待,然后根据设定程序,计算和检测本轮投饵过程需要的总投饵量,如果饲料不足,则系统报警或自动补足饲料。系统工作过程和故障报警过程,将会被记录装置完整记录。

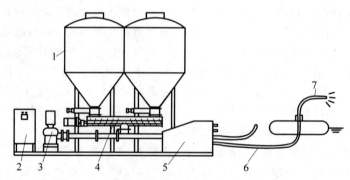

1—储料装置；2—控制装置；3—压气机；4—下料装置；5—分配装置；6—输料管；7—抛料装置。

图 30-22　气力输送投饵机结构示意图

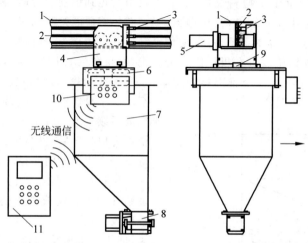

无线通信

1—轨道；2—滑触线；3—集电器；4—行走滑车；5—直流电机；6—拉压力传感器；7—料仓；
8—下料机构；9—定位传感器；10—随动控制箱；11—终端控制器。

图 30-23　工厂化养殖自动投饵机基本结构示意图

30.3.5　饲料机械

饲料是鱼类养殖的物质基础，特别是工厂化等集约化大规模养殖中，饲料的有效供给是实现精准养殖的前提。鱼用饲料加工机械（简称饲料机械），是提供要求饲料的重要保障。

鱼用饲料要求成分合理、配方科学、资源多样、生产工业化。目前广泛采用颗粒饲料作为鱼虾养殖用的配合饲料。

颗粒饲料是采用机械加工的方法，将单一或经过科学配比的混合饲料粉碎、均质后，加湿加热，进行机械挤压，在一定压力下，通过颗粒模板孔洞，再经过切割形成颗粒状饲料。这种颗粒饲料具有一定的物理特性，满足不同养殖对象、不同养殖阶段对饲料的硬度、密度、大小、含水率等性能的要求。

颗粒饲料具有诸多优点：可以有效提高饲料品质，提高饲料营养价值，利于消化吸收；可以满足不同养殖对象对饲料形态和大小的要求，提高摄食强度，缩短养殖周期；可以提高饲料利用率，减少非颗粒饲料造成的水溶性营养成分散失和对水质的污染；可以适应和实现不同饲料配方的标准化加工生产，便于添加物（如鱼药）的有效混合，减少鱼病，提高成活率。另外，颗粒饲料也便于包装、储存、运输；由于饲料的标准化，也有利于养殖投饲过程中的机械化和自动化。

1. 鱼用饲料的加工工艺

目前鱼用饲料主要采用物理加工方法,包括对原料的清洗、切割、粉碎、浸泡、烘干、蒸煮、混合、挤压和成形等环节。因此,配合饲料的加工工艺,通常包括原料清理、配料计量、切割粉碎、混合均质、压粒成形、分级包装等工序流程。图 30-24 为配合饲料加工工艺流程简图。

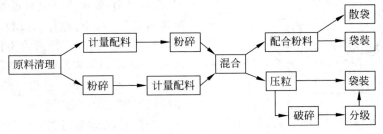

图 30-24　配合饲料加工工艺流程简图

饲料的品质主要取决于计量、粉碎和混合,计量是营养成分的基础,粉碎是混合和均质的前提,充分混合和均质是物料加工中产品准确、质量稳定的有效保障。

2. 鱼用饲料加工机械

饲料机械(系统)应在满足投资成本和生产规模要求的前提下,达到配套合理、工序完备、技术经济指标先进等要求,实现连续生产和自动化生产。

1)原料清洗(清理)机械(设备)

原料清洗(清理)机械(设备)主要包括清除原料中的各种麻纱、沙石、金属(铁屑)等杂质,避免切割粉碎和压粒成形生产过程中对机械造成损坏,同时也可避免养殖对象误食而造成伤害。常用的清理机械包括除杂筛和磁选机。除杂筛主要用于去除原料中较大颗粒的砂石等杂物,也可通过多级除杂来精细除杂。磁选机(装置)主要是利用铁磁金属的磁化性能,在饲料原料输送过程中,通过安装在装置上的磁铁将原料中的铁磁金属分离出来。

由于饲料源流输送方式和磁铁安装位置的不同,以及饲料加工规模和精度要求的不同,磁选机(装置)的种类较多。图 30-25 所示为一种溜管式之字形磁选机结构示意图,该机结构简单,成本低廉,物料由进料口送入,经过倾斜的溜管时,物料中的铁磁金属将被安装在溜管侧壁的磁铁吸附分离。为提高分离的效果,可以设置多级溜管,为保持物料的流通顺畅,溜管的长度和安装的倾斜角度应满足不同种类物料的要求。溜管的长度过短和倾角过大,对铁磁金属的拦截能力会降低,反之,物料输送的阻力会增加。另外,该磁选机清除铁质杂质比较麻烦,需间歇工作和冲洗。

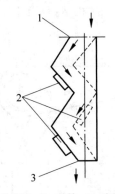

1—进料口;2—磁铁;3—出料口。

图 30-25　之字形磁选机结构示意图

图 30-26 所示为永磁滚筒磁选机结构示意图。永磁滚筒磁选机使用寿命长,磁选效率高,分离效果好,可以实现连续工作。滚筒由不锈钢板和固定不动的半圆形磁铁芯组成,滚筒由电动机带动,物料中的铁磁杂质在下落过程中被吸附在滚筒外壁而实现分离,净料依重力直接从净料出料口落下,铁质杂质随转筒转至下方离开磁铁芯后,失去磁性而从铁质出料口排出,实现分离和连续工作。

调节滚筒的转速、磁铁芯的角度和落料通道的尺寸,可以适应不同物料的铁磁金属分离要求。

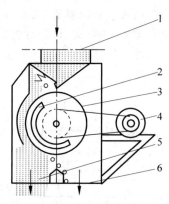

1—进料口；2—磁铁；3—转鼓；4—电动机；
5—净料出料口；6—铁质出料口。

图 30-26　永磁滚筒磁选机结构示意图

对于进料口和出料口相距较远的场合，可以另外配置带式传送机将原料送至磁选机进料口，也可以直接将磁铁芯安装在传送带滚筒（滚轴）内，形成带式磁选机。图 30-27 所示为一种水平带式磁选机结构示意图。

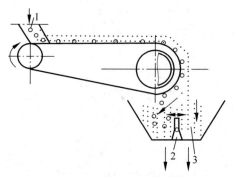

1—进料口；2—铁质出料口；3—净料出料口。

图 30-27　水平带式磁选机结构示意图

2）饲料粉碎机械

饲料粉碎是为了增加饲料的表面积，使饲料与消化酶增加接触，有利于养殖对象的消化吸收。原料经过粉碎，也有利于多种原料的混合饲料更容易均质混合。饲料在蒸煮加热等生产过程中，合适的粉碎度有利于提高饲料生产效率和产品质量，从而提高饲料产品的商业价值。

饲料粉碎可以采用击碎、磨碎、压碎、切碎等多种不同的方法，饲料粉碎机械通常也是根据不同的物料以及粉碎要求的不同，采取其中一种或多种方法对物料进行粉碎作业。图 30-28 所示为饲料粉碎方法示意图。

锤片式粉碎机是应用广泛的饲料粉碎机，粉碎机的基本组成部分通常包括喂料斗、粉碎室、送料风扇、输料管及集料桶等，其中粉碎室通常包括锤片、小齿板、大齿板、筛片等，物料可以通过切向、轴向、径向等不同方式送入粉碎机，形成不同结构形式的物料粉碎机。

图 30-29 所示为一种切向进料圆筛锤片式粉碎机基本结构示意图。

工作时，电动机通过带轮带动转子高速旋转，物料通过切向喂料斗送入粉碎室，进入粉碎室的物料受到固定在转子上的高速旋转的锤片的锤击，加之物料与大齿轮和小齿轮的撞击，物料与物料自身的撞击、摩擦等作用，使物料逐渐被粉碎，大小适合的物料碎屑通过固定在机体下端的圆形筛片的筛孔排出，并通过送料风扇吹送至集料桶。

锤片式粉碎机通用性强，可以粉碎多种不同种类的物料和含粗纤维的粗饲料，容易实现物料粉碎度的控制，工作可靠，且生产效率较高；但工作时主轴转子转速高，能耗大，由于物料在粉碎室内的不同部位的受锤片作用力的大小和方向不同，成品均质度较差。

双转子粉碎机是在单转子粉碎机的基础上，在两个相通的粉碎室内并列安装两个同向旋转的转子，每个转子上均安装有相应的锤片。物料进入第一个粉碎室后，先受到第一次锤击后，然后进入第二个粉碎室受到再次锤击，粉碎后的物料从安装在底部的筛孔或安装在上部的吸气风扇筛选排出。

图 30-30 所示为底部筛孔卸料式双转子粉碎机结构示意图。物料从上方进料口进入，经过左右两组锤片捶打后，从下方筛孔排出。

图 30-31 所示为无筛双转子粉碎机结构示意图。其结构特点是在粉碎室底部由齿板代替筛孔板，物料粉碎时受到齿板的再次撞击更加均质，在机体上部安装了筐笼和吸气风扇，利用气流作用分离大小质量不同的碎料，符合

要求的碎料被吸气风扇带走,大颗粒的物料被筐笼过滤阻挡,或依靠重力重新落回粉碎室继续被粉碎。通常物料从侧面上方进料口进入,从上方吸气风扇排料口排出。通过调节气流的速度和压力,可以有效调节粉碎物料的颗粒度大小和排量。

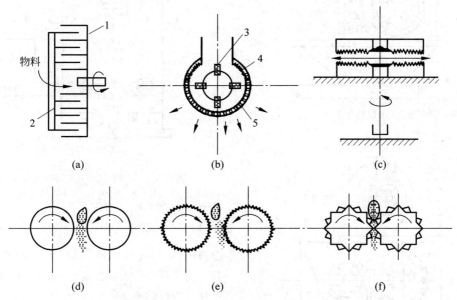

1—动齿轮;2—定齿轮;3—锤片;4—齿板;5—筛片。

图 30-28 饲料粉碎方法示意图

(a)(b) 击碎;(c) 磨碎;(d) 压碎;(e)(f) 切碎

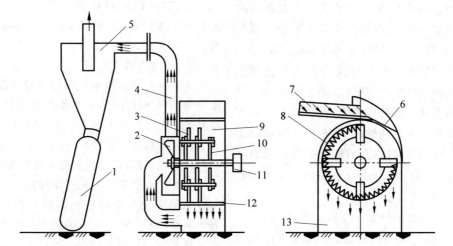

1—集分筒;2—送料风扇;3—锤片;4—输料管;5—集料桶;6—小齿板;7—喂料斗;8—大齿板;9—粉碎室;10—转子;11—带轮;12—筛片;13—机体。

图 30-29 锤片式粉碎机基本结构示意图

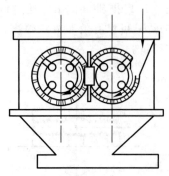

图 30-30　筛孔卸料式双转子粉碎机结构示意图

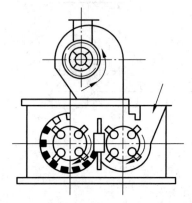

图 30-31　无筛双转子粉碎机结构示意图

双转子粉碎机可有效增强粉碎物料的冲击力和摩擦效果,也可有效控制物料粉碎颗粒度大小,有利于提高物料的利用率和分级。

立轴式反射型粉碎机是一种旋转主轴垂直安装的粉碎机型式,基本结构主要包括安装在侧壁的喂料斗和喂料螺旋,安装于粉碎室下方的带锤片的垂直转轴,以及布置在粉碎室上方的筒形筛和排料风扇,粉碎后的颗粒物料从出料口排出。图 30-32 为一种立轴式反射型粉碎机的结构示意图。

粉碎室底部中央有一个圆形主进气口,工作时,调节排料风扇的转速,使通过主进气口的气流速度介于饲料和金属、石块等杂质的悬浮临界速度之间,这样粉碎室可以实现对饲料的再次清理分离,饲料保持在粉碎室中,而混杂在饲料中的杂质可以顺利落下排出。同时,在排料风扇的作用下,物料从侧壁喂料斗进入粉碎室后直接撞击在旋转的锤片上,被锤片打

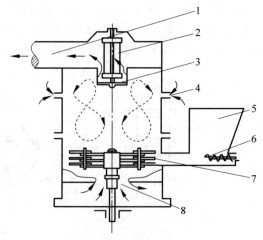

1—出料口;2—排料风扇;3—筒形筛;4—环形辅助进气口;5—喂料斗;6—喂料螺旋;7—锤片;8—圆形主进气口。

图 30-32　立轴式反射型粉碎机结构示意图

击粉碎,受到气流作用,不同大小的碎料依上升速度分层,锤片不会受到碎料的包裹,有效提高了粉碎效率。

随气流沿粉碎室内壁上升的碎料,在经过辅助进气口时产生旋涡,流向筒形筛,符合粉碎要求的细粒饲料穿过筒形筛,经出料口排出,较大颗粒的粗料反弹回落,再行粉碎。成品粉碎粒度的控制通过调节气流速度和筒形筛尺寸来实现。

3)青饲料加工机械

青饲料是指含水量较高的新鲜农作物和水生植物的根茎叶果,含丰富的植物蛋白,营养价值较高,是渔业生产常用的饲料原料,来源广泛,成本低廉,加工方便。适用于水产养殖的青饲料切碎机、打浆机主要有如下几种类型。

(1)立轴多尖刃青饲料切碎机

立轴多尖刃青饲料切碎机是常用的一种青饲料粉碎机,基本结构如图 30-33 所示。该机主体料筒为圆柱形壳体,上方为大开口式的喂料斗,以方便进料,料筒内部在立轴上安装一个旋转滚筒,滚筒的上端面和侧面各安装十多把大小不一的尖刃动刀,在料筒内壁相应处对称安装若干尖刃定刀,滚筒由带轮带动,以 1000~2000 r/min 的转速高速旋转,将喂料斗落下的青饲料切碎。

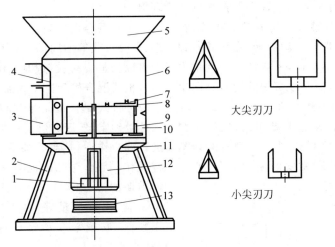

大尖刃刀

小尖刃刀

1—轴承；2—支架；3—排料口；4—活门；5—喂料斗；6—壳体；7—大尖刃刀(动刀)；8—刮板；9—小尖刃刀(动刀)；10—小尖刃刀(定刀)；11—止推轴承；12—底座；13—带轮。

图 30-33　立轴多尖刃青饲料切碎机结构示意图

青饲料的切碎程度,根据要求由安装在料筒上方的活门调节,切碎的青饲浆料被安装在滚筒上的刮板刮送到排料口排出。此类机型适用于加工含水量较大的水浮莲、水花生、水葫芦等青饲料,结构简单,功耗小,工作可靠,属于滚刀型切割机械。

(2) 立轴转刀式青饲料切碎机

立轴转刀式青饲料切碎机是另一种立轴型式的青饲料切碎机,基本结构如图 30-34 所示。主体切割刀具由安装在立筒内侧的定刀片和安装在转轴上的动刀组成,定刀片和动刀片交替多层间隔安装,定刀片与动刀片的间隙根据物料通常调整为 2～3 mm,每层可安装三把定刀片和三把动刀片,相互错开 120°。在转轴的上方,垂直安装了两把立刀和两把拨料刀,立刀和拨料刀除了具有切割送入饲料的作用外,还可以拨动送入的饲料进入主体切割刀具,以提高进料速度。在切割过程中,被切碎的饲料主体在切碎室内自上而下流动,经过排料口处排出。排料口处设有活门挡板,可调节排料口的大小,用以调节出料的速度和饲料切碎程度。当出料口较大时,出料较快,颗粒较粗;反之,当出料口减小时,出料变缓,出料细碎,当出料口接近完全关闭时,饲料可以被打成浆状。当出料减缓时,被切碎的饲料会上下

翻转,有可能出现向上喷料,从喂料斗处喷出,将喂料斗设置成漏斗状,可以减缓倒喷现象的发生。

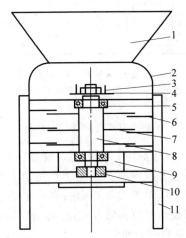

1—喂料斗；2—立筒；3—立刀；4—拨料刀；5—轴承；6—定刀；7—动刀；8—主轴；9—排料口；10—带轮；11—机架。

图 30-34　立轴转刀式青饲料切碎机结构示意图

(3) 卧轴连刀式青饲料切碎机

将转轴和刀轴组成的转子水平安装设置,便形成了卧轴连刀式青饲料切碎机,基本结构如图 30-35 所示。切碎机由含刀轴的转子,机架固定的粉碎室,以及动力部分组成。转子主轴上等距离固定若干十字支撑架,保持转轴的

水平稳定,刀片均匀安装在刀轴上并按螺旋线排列,刀片平面与转轴成一定角度。工作时,转子由电动机通过带轮驱动旋转,在切碎过程中刀片除了完成切割动作,还会产生轴向推力使物料做轴向移动,推动被切割的物料移向出料口,直至排出机体。喂料斗和排料口设置在粉碎室的两端,排料板起引导作用,使被切割物料导向排料口。为增强刀片对物料的切割作用,在粉碎室内壁通常安装阻力肋条,增加物料和刀具之间的切割力。

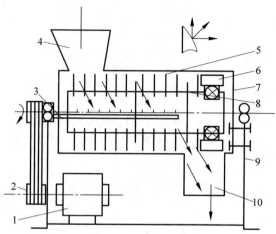

1—电动机;2—带轮;3—转轴;4—喂料斗;5—刀片;6—排料板;7—粉碎室;8—刀轴;9—机架;10—排料口。

图 30-35　卧轴连刀式青饲料切碎机结构示意图

该机结构简单,成本较低,使用方便,生产率高,适应各类饲料。但由于不是定刀和动刀的双刀切割,单刀刀片对物料有一定的锤击动作,会造成饲料原料浆汁流出,影响饲料质量。

4) 饲料混合机械

渔业养殖过程中,为提高鱼类生长速度,增加成鱼效率,满足养殖对象对不同营养成分的要求,会通常使用不同配比的渔用混合饲料。渔用混合饲料主要是指两种或两种以上不同固体物料之间的相互混合,用于实现物料混合作业的机械(设备),称为饲料混合机械。

为保证混合饲料品质的稳定,要求饲料混合机械对不同饲料组分混合均匀度高,混合时间短,进料出料方便快捷,生产效率高。同时,要求机械(设备)结构简单,操作方便,低耗

环保。

饲料混合机种类繁多,根据物料的流动状态、搅拌方式等不同,有不同的分类方法,目前大多以物料流动状态,即工作连续状态不同分为分批式混合机和连续式混合机两大类。

分批式混合机是指先将各组分饲料按要求计量确定,然后通过配料器共同送入混合机进行混合作业,达到均质后排出,完成一次混合操作,待排空机械混合腔室后,再进行下一周期的混合操作。分批式混合机各组分配比精确,混合质量好,易于控制和操作,但操作繁琐,需频繁启动停机更换物料,生产效率低。

连续式混合机是指依据各组分饲料计量配比比例,通过配料器连续送入混合机进行混合作业,经过混合段混合后连续排出。连续式混合机在原料供给充分的前提下,可以实现不间断的连续工作,操作简便,生产效率高,工作稳定可靠,但不同的饲料组分需要进行充分的扩散和对流运动,才能保持良好的混合均质度,需要通过较长的混合段和混合时间加以保证,同时改变配方时流量调节比较困难。随着控制技术的进步,对物料的连续计量更加精准,对混合物料的流速、流量等参数的调节更加精确,对物料扩散和对流的监测更加有效,连续式混合机将会越来越多地应用在生产实际中。

根据搅拌方式的不同,连续式混合机可分为水平搅拌杆型、搅龙型和行星搅拌器型三种。

图 30-36 所示为水平搅拌杆型连续混合机结构示意图。水平布置的机体为圆柱形壳体,由进料段、横向混合段和出料段三部分组成。主轴由电动机带动旋转,通过配料器将不同计量配比的饲料由进料口送入,经过搅龙(螺旋输送器)沿轴向推送至横向混合段,混合段旋转搅拌轴上交错间隔布置有窄桨叶片和宽桨叶片,物料在桨叶片的搅拌驱动下,各组分不断混合、扩散和渗透,至出料段处达到均质,然后从出料口排出。

图 30-37 所示为搅龙型连续混合机结构示

意图。在旋转主轴上间隔安装大小不同的反向桨叶和搅龙叶片组成搅拌器。工作时,按计量配比的饲料通过配料器从进料口送入,依次受到反向桨叶和搅龙叶片的搅拌,反向桨叶和搅龙叶片的推力方向不同,有效实现了各组分物料的互相渗透和扩散,混合性能较好。由于两种叶片轴向推力大小不同,可以实现整体物料从进料口向排料口方向流动,最后达到充分混合的物料从排料口排出。因为不需要另外设置螺旋输送器推送物料,整个机体均为混合

室段,结构尺寸紧凑,混合室长度较大,也可有效提高混合均质度。

图 30-38 所示为行星搅拌器型连续混合机结构示意图。行星搅拌器安装于壳体混合器中,行星搅拌器由主轴通过行星减速器带动旋转,搅拌作用强烈,物料混合的均质度高。物料进料过多时,行星搅拌器的旋转阻力将大大提高,并影响其混合的均质度,因此其物料充满系数需要严格控制在 50% 以下。

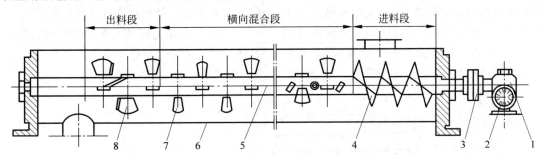

1—减速器;2—电动机;3—联轴器;4—搅龙;5—搅拌轴;6—壳体;7—窄桨叶片;8—宽桨叶片。

图 30-36 水平搅拌杆型连续混合机结构示意图

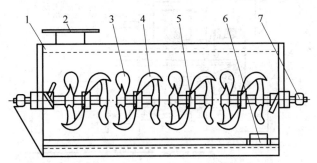

1—机体;2—进料口;3—反向桨叶;4—搅龙叶片;5—搅拌轴;6—排料口;7—轴承座。

图 30-37 搅龙型连续混合机结构示意图

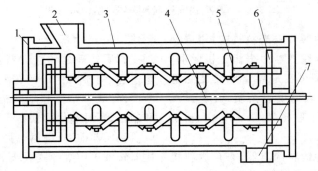

1—减速器;2—进料口;3—壳体;4—主轴;5—行星搅拌器;6—随动盘;7—排料口。

图 30-38 行星搅拌器型连续混合机结构示意图

5）颗粒饲料加工机械

颗粒饲料是目前渔业养殖最主要的饲料型式，是指经过粉碎的饲料或配合饲料，通过特制的压模经颗粒饲料压制机压制成直径大小不等的粒状饲料。以原料组成分类颗粒饲料可分为精饲料颗粒、混合料颗粒、粗料颗粒等。使用较多的是混合料颗粒和粗料颗粒。相比粉状等其他饲料，颗粒饲料有诸多优点。

首先，压制过程中，经水、热和压力的综合作用，可以使饲料中的淀粉糊化和裂解，纤维素和脂肪的结构有所改变，有利于养殖鱼类充分消化、吸收，提高饲料消化率。经蒸汽高温杀菌，可以减少饲料霉变生虫的可能性，并改善饲料的适口性。其次，饲料营养全面、均衡，减少营养成分的分离。再次，颗粒饲料体积减小，不易分散，易于鱼类采食，也易于饲喂，节省劳动力。最后，颗粒饲料体积小，不易受潮，在装卸搬运过程中，饲料中各种成分不会分级，保持饲料中微量元素的均匀性，便于散装储存和运输。

颗粒饲料压制机分为软颗粒饲料压制机和硬颗粒饲料压制机，其中硬颗粒饲料压制机是目前应用普遍、发展迅速的一种饲料压制机，国内外广为采用的是环模式和平模式两种，加工后的硬颗粒饲料品质显著提高。

图30-39所示为环模式颗粒饲料压制机结构示意图。主要包括动力系统、颗粒压制机构、调质器和进料机构等部分。

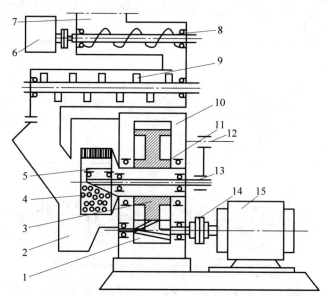

1—主动齿轮；2—排料斗；3—大齿轮；4—环模；5—压辊；6—减速器；7—进料口；8—输送器；9—调质器；10—机体；11—空心转轴；12—保险销；13—实心转轴；14—联轴器；15—直流电动机。

图30-39　环模式颗粒饲料压制机结构示意图

压制机的顶部为螺旋式进料机构，用以保持一定的进料推力。输送器由直流电机驱动，无级调速。部分机型可在进料口处安装磁选机构，去除原料中混入的铁磁杂质，安装过载保护装置和应急停车联动装置，防止压制机超载。

压制机的上部为饲料调质器，来自送料机构推送的饲料从调质器前端的上方被送入。饲料在制粒前，加入热水或蒸汽，在一定压力下使饲料产生部分或全部熟化，称为调质处理。调质处理是颗粒饲料压制的一个重要工艺过程，调质熟化后的饲料原料，水分渗透粉粒内部，减少摩擦和增加流动性，有利于压模和制粒，同时熟化的饲料也有利于鱼类消化吸收。调质器前端（进料口处）设有蒸汽喷头，调质器转轴采用桨叶式或齿式结构，可以得到强烈的搅拌效果。部分机型也可以在压制机前单独配置一台调质器，对饲料进行较长时间的调质处理,以保证饲料的充分熟化。

压制机的下部主体为颗粒压制机构,包括环模机构和动力驱动系统。调质后的饲料沿环模径向进入环模,在环模和压辊之间形成所需尺寸的颗粒饲料,从排料口下端排出。直流电机通过联轴器和主动齿轮提供足够动力。压粒机构由环模和压辊组成,与大齿轮相连的环模回转时,在压辊间产生挤压力,配以切刀,在一定的压力和温度条件下,形成颗粒状饲料,汇集在排料斗处排出。

通过调节压辊和环模的间距、切刀的位置以及环模回转速度等,可以提高饲料生产的品质和效率。

图 30-40 为平模式颗粒饲料压制机工作原理示意图。平模式颗粒饲料压制机为立式结构,压粒机构通常由一个平模和多个压辊组成,可以看成将环模压制机构的展开,水平状布置的平模在压辊的作用下,完成颗粒状饲料的生产。

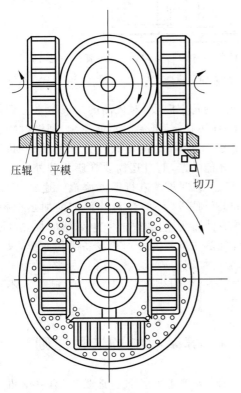

图 30-40 平模式颗粒饲料压制机工作原理

颗粒饲料广泛应用于不同种类、不同场景和不同过程的水产养殖。图 30-41 所示为 DSE 系列鱼饲料生产线,可以用于生产钻石形、三角形、交错形、圆形等不同形状的颗粒饲料,适用于鲶鱼、草鱼、鲫鱼、罗非鱼、观赏鱼、甲鱼、牛蛙等水族喂养。生产的鱼饲料具有蛋白质高、营养成分齐全、漂浮水面时间长等特点,并可加入微量元素,促进鱼、虾、蟹等快速生长。该生产线具有自动化程度高、效率高、产量大等特点,鱼饲料尺寸范围 1~10 mm,可根据模具作任意调整。

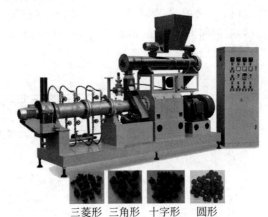

三菱形 三角形 十字形 圆形

图 30-41 DSE 系列鱼饲料生产线

表 30-2 所示为 DSE 系列鱼饲料生产线主要技术参数。

表 30-2 DSE 系列鱼饲料生产线主要技术参数

项 目	型 号				
	DES65	DES75	DES85	DES95	DES115
主机功率/kW	22	30	75	75	90
装机容量/kW	80	110	200	135	165
实际耗电/kW	50	80	100	100	100
生产能力/(kg·h^{-1})	100~140	200~240	400~500	800~1000	1000~2000
外形尺寸/(m×m×m)	15.0×1.3×2.4	20.0×1.3×2.4	30.0×1.5×2.4	40.0×1.5×5.0	45.0×2.0×5.0

6）颗粒饲料膨化机械

随着水产养殖业向规模化、集约化、专业化发展，其对水产饲料的要求也越来越高，传统的粉状配合饲料、颗粒状配合饲料及其他类型的配合饲料均存在着水中稳定性差、沉降速度快、容易造成饲料散失和水质污染等弊端，已越来越不适应现代水产养殖业发展的需求，而膨化鱼饲料则彻底解决了这些弊端。

颗粒饲料的膨化处理，是将颗粒饲料在一定的高温高压下，突然进入常温常压环境，而使饲料产生迅速膨胀，使饲料中的淀粉得到糊化、蛋白质组织化、颗粒膨松化。颗粒饲料膨化后，对饲料具有灭菌消毒作用，品质可以得

到有效提升，改善鱼类适口性，提高饲料利用率。同时，膨化的饲料发泡多孔，密度小，可以长时间漂浮于水面，减少水溶性营养的散失，减少对水质的污染，减少饲料损失。膨化饲料也属于颗粒饲料的一种，根据养殖对象的不同要求，可以把饲料加工成不同规格、形状、性能的颗粒膨化饲料。目前所采用的膨化机械设备基本上都是螺杆挤压式膨化机。

螺杆式膨化机有单螺杆和双螺杆等不同型式，根据产量不同，结构差异也较大，图30-42所示为一种典型的单螺杆式膨化机结构，主要由送料料斗、调质器、螺杆式输送器、膨化腔、模头和切料机，以及动力传动系统等部分组成。

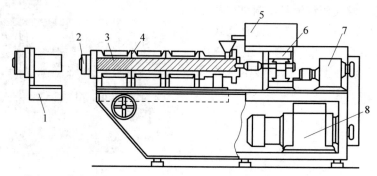

1—切料机；2—模头；3—螺杆式输送器；4—调质器；5—料斗；6—传动齿轮箱；7—减速器；8—电动机。

图30-42 单螺杆式膨化机结构示意图

电动机通过减速器和传动齿轮箱带动螺距渐变的螺杆输送器回转。螺杆根据其功能和结构（螺距和直径），一般可分为供料段、压缩段和膨化段三部分。物料在机外混合好加水调湿搅拌后，通过料斗送入供料段，物料在螺杆输送器的推压下进入压缩段，并不断受到挤压、剪切、摩擦，压力温度逐渐升高，在调质器作用下，物料得到调质熟化后进入膨胀腔。膨胀腔由螺杆、机筒、模头和阻力模板等组成，通常，膨胀腔内的温度可达120～170 ℃，压力可达3～10 MPa，当物料从模头孔中射出到腔外时，压力瞬间释放，物料急剧膨胀，水分快速蒸发，物料脱水凝固，形成膨化物料，通过安装在膨化腔端口的切料机切断，便得到膨化颗粒。

物料通过挤压产生升温、升压的自热式膨化机，温度受环境和工作过程的影响，难以达

到合适的稳定温度，对成品的品质带来一定影响，工作不稳定，低温时不能膨化，高温时物料易烧糊，不但需要在开机后有一个过渡期，稳定后才能生产，而且还需要在膨化腔外设置水套，通过冷却方式进行调温降温。通常，在膨化腔的外侧，额外安装有外部辅助加热设备，加热方法多为电阻丝加热、电磁感应加热和远红外加热线等。这种加热设备结构简单，尺寸小，温度控制精确、灵敏、方便。也有采用蒸汽加热的方法，但因需要配置锅炉，已基本不再采用。

30.4 养殖机械的选用原则

随着水产养殖业日益蓬勃兴起，养殖机械在水产养殖业得到广泛应用，对促进养殖业的发展起到了积极的作用。合理有效地选用和

配备养殖机械,可以改善养殖环境和调控水质,提高养殖密度和养殖质量,提高饲料利用率,以及节省人工和降低劳动强度。渔业养殖方式不同,养殖种类多样,适合使用的养殖机械差异也较大,其中增氧机和投饵机是养殖过程中最为广泛使用的养殖机械。

1. 增氧机的选用

1) 根据养殖方式不同选用增氧机械

水产养殖通常包括池塘养殖和工厂化养殖。

池塘养殖受自然环境影响较大,不同季节水温差异较大,白天和夜晚水中的溶氧量不同,主要通过增氧机来改善水质和增加溶氧量。要针对具体环境条件,合理配备与正确使用增氧机(组),选定机组的数量和功率,以及安装位置和开机关机时间,保持养殖环境的水温、溶解氧、pH等参数在合理的范围,并尽可能消除水中氨氮、亚硝酸盐、硫化氢等有害物质。

工厂化养殖系统通常在人工环境条件下进行高密度和循环水连续养殖,保持养殖环境和条件的稳定,系统涉及溶氧和投饲设备,水质调节和处理设备,监测和调节设备等较多设备。在满足养殖要求的条件下,应该更加注重选用的养殖机械要具备更高程度的自动化和智能化,减少人工操作和维护管理,另外需要考虑设备和系统的成套性,以利于操作简化和实现自动监测。

2) 根据养殖对象不同选用增氧机械

水产养殖有鱼类、虾类等不同品种,各种鱼虾也有不同的生活习性和环境要求。增氧机和投饲机械是广泛采用的养殖机械。增氧机的种类很多,有叶轮式、水车式、喷水式、射流式、充气式、微孔式等。叶轮式增氧机工作时会搅动水体,产生较大的水花和水流,效率较高,靠近增氧机的水域,水体搅动剧烈,增氧量大,远离增氧机的水域,水体相对平稳,比较适用于经济性鱼类养殖,但剧烈的水体波动对虾类和鳗鱼的生长会带来影响。因此,对虾类等养殖对象,更多的可以选用对养殖水体影响小的水车式增氧机;对工厂化养殖方式,通常可以选用充气式或微孔式增氧方式,以实现整个水体的溶氧均匀性。

3) 根据养殖池塘不同选用增氧机械

对于不同大小、不同水深的养殖池塘,对养殖机械的选用也有不同的要求。叶轮式增氧机具有增氧、搅水、曝气等功能,通过搅动水体实现增氧和曝气,适用于水深1.0 m以上的大面积池塘增氧。3 kW以上的叶轮式增氧机,适用于1.5～2.0 m水深,5 kW以上的叶轮式增氧机适用于2.0～2.5 m水深,7 kW以上的叶轮式增氧机适用于2.5 m以上水深。如果在1.0～1.3 m以下水深的池塘中使用叶轮式增氧机,将会使池底污泥泛起,导致生化耗氧增多,反而降低了池塘的溶氧量。浅水养殖池塘以配置喷水式增氧机为宜。水浅面积小的池塘,配置增氧泵即可。另外,亩产500～800 kg的池塘,3～5亩水面以配置一台3 kW的增氧机为宜。

近年来,全国各地都在鱼虾池中推广应用底部微孔增氧机。该机不需要搅动水体,增氧效果优于传统的叶轮式和水车式增氧机,在主机相同功率的情况下,微孔增氧机的增氧能力大约是叶轮式增氧机的3倍。

2. 投饵机的选用

1) 根据养殖方式不同选用投饵机械

(1) 池塘投饵机。池塘投饵机是投饵机中应用最广、使用量最大的一种。根据池塘大小,其抛撒面积为10～50 m²。主机功率一般为30～100 W,投饵距离2～18 m,饲料箱容积60～120 kg,每台投饵机的使用面积5～15亩。如果投饵机的抛撒距离过远、面积过大,就会造成边缘部分饲料的浪费。

(2) 网箱投饵机。根据使用状况不同分为水面网箱投饵机和深水网箱投饵机。单个水面网箱尺寸一般为5 m×5 m,抛撒位置应设在网箱中央,抛撒面积一般控制在3 m²左右。深水网箱投饵机需要把饲料直接输送到距水面几米以下的网箱中央。

(3) 工厂化养鱼自动投饵机。自动投饵机一般用于工厂化养鱼和温室养鱼,要求投饵机每次下料量少且精确,抛撒面积一般在1 m²左右。

2）根据养殖池塘的面积和池鱼产量不同选用投饵机械

投饵机并非电机转速越高、投饵距离越远、投饵面积越大越好，而是应该根据池塘面积及产量来选择。通常投饵机的抛撒距离以 $5\sim8$ m 为宜，抛撒距离过远，面积过大，会造成边缘部分饲料的浪费，直接影响饲料的利用率，也会造成能源的无效消耗。

选择网箱投饵机时，同样也需要考虑网箱的大小、网箱设置的密度以及网箱载鱼量等因素。

另外，对于养殖机械的选用，还需要遵循以下通用原则。

（1）随着技术的发展和新型养殖机械的研发，要尽量选择新型号的养殖机械和设备，改善养殖环境和条件。

（2）养殖机械通常工作在潮湿和水体的环境中，电气设备容易出现短路或腐蚀的现象，要选择电气防护等级高的养殖机械，防止短路故障和操作时触电的危险。

（3）通常，养殖环境恶劣、脏乱，养殖水域处于偏远的地方，所选择的养殖机械应该具备可靠性高，寿命长，维护保养方便等特点。

（4）渔业养殖条件艰苦，对养殖机械需要注重选用操作方式简单、功能齐全、成本低廉、节能绿色等的机型。

第31章

水产品加工机械

31.1 概述

水产品加工机械(processing machinery)是用于处理和加工水产品渔获物为原料的相关机械设备,包括原料处理机械、成品加工机械和鱼粉鱼油等副产品加工机械。由于被加工原料的特性有别于其他食品原料,从而构成了这类机械设备的特殊性和专用性。水产品加工工艺和过程与其他食品原料加工一样,都包含清洗、分级、切割、混合、灌装、热处理、包装等工序和工艺过程,也会使用各种通用机械设备,所以水产品加工机械也包含食品加工通用机械和水产品加工专用机械。

根据《渔业机械基本术语 第3部分:水产品加工机械》(SC/T 6001.3—2011),水产品加工机械包括鱼处理机械,鱼糜加工机械,鱼制品加工机械,虾加工机械,贝类、藻类加工机械,鱼粉、鱼油加工机械,输送和冻结机械,制冰机械等。

我国是渔业大国,渔业产量居世界首位,但由于我国居民对水产品的食用习惯以直接食用原料鱼虾为主,同时水产品加工机械的研发起步较晚,水产品加工的机械化程度较低,且水产品加工机械主要集中在出口水产品加工领域,整体机械化加工普及率不高,水产品加工的产量占总产量不足30%,而先进的渔业生产国水产品加工产量要占到总产量的80%

左右。另外,由于海洋渔业经济鱼类资源的衰退,海洋渔业低值鱼类(小鱼、杂鱼)占比的增加,也影响了水产品加工机械的应用与发展。我国淡水渔业资源丰富,但淡水鱼类加工机械还跟不上经济发展的需求,需要根据我国渔业生产的特点,研制适合我国渔业资源加工的机械设备,促进我国水产品加工机械的发展。

31.2 分类

由于水产品的种类繁多,规格不一,成品要求不同,所以水产品加工机械的种类繁多,机械化程度也不尽相同;可以按照水产品种类进行分类,如鱼类加工机械、虾类加工机械、藻类加工机械、贝类加工机械等;可以按照水产品加工过程进行分类,如原料处理机械、成品加工机械、制品加工机械、副产品加工机械、输送和冻结机械、水产品包装机械等;可以按照水产品加工工艺进行分类,如清洗机、分级机、去鳞机、剖腹机、去内脏机、切头机等;可以按照水产品的加工种类进行分类,如水产品冷冻食品加工、水产品干制加工和水产品腌、熏制品加工、鱼糜制品加工、水产罐制品加工、水产调味品加工、海藻食品加工以及水产品综合利用等;可以按照水产品成品种类进行分类,如切片机械、罐头制品机械、鱼糜制品机械、熏制机械、干燥机械、鱼粉鱼油加工机械等;针对相同的产品成品,还可以依据不同的加工方法进行分类,如干式鱼粉鱼油加工设备和湿式鱼粉鱼油加工设备等。

根据水产品加工机械国家标准,通常可以按如下方式进行分类。

1)鱼处理机械

包括洗鱼机、分级机、自动投鱼机、去鳞机、去头机、去头去内脏机、剖背机、鱼段机、鱼片机、去皮机、鱿鱼加工机组等。

2)鱼糜加工机械

包括鱼肉采取机、鱼肉精滤机、回转筛、鱼肉漂洗设备、鱼肉脱水机、擂溃机、斩拌机、鱼糜成形机、包馅成形机、鱼卷机组、自动充填结扎机、模拟水产食品加工机组等。

3)鱼制品加工机械

包括水产品干燥设备、鱼或鱼片烘烤机组、干鱼片碾松机、鱼片整形机、油炸机等。

4)虾加工机械

包括虾仁机、虾仁清理机、虾仁分级机、摘虾头机、虾米脱壳机等。

5)贝类、藻类加工机械

包括贝类清洗机、贝类脱壳机组、紫菜采集机、紫菜切洗机、紫菜制饼机、紫菜饼脱水机、紫菜饼干燥机、海带切丝机、海带打结机、海藻胶生产设备等。

6)鱼粉、鱼油加工机械

包括碎鱼机、蒸煮机、螺杆压榨机、榨饼松散机、鱼粉干燥机、卧式螺旋离心机、鱼油蝶式离心机、汁水真空浓缩设备、鱼粉除臭设备、鱼肝消化设备、鱼油胶丸机、鱼油精制设备等。

7)输送和冻结机械

包括带式理鱼机、鱼冰分离机、包冰机、脱盘机、冻结机、解冻设备等。

8)制冰机械

包括制冰机、碎冰机等。

31.3 典型水产品加工机械及其主要性能

31.3.1 原料处理机械

1. 清洗机械(fish washer)

1)概述

水产原料在进行加工之前,必须经过清洗,以去除表面的各种污物,如鱼类表面的黏液、血污、微生物、藻类,贝类表面的泥沙、杂草等,以减少加工过程中污物对机具器具和产品本身的污染。对于食品包装容器,如空罐、玻璃瓶等在充填食品之前,为了保证成品的质量和卫生,也必须经过严格的清洗和消毒,清除表面污染物、杀灭附着的细菌,保证食品充填前容器的卫生条件。洗鱼机就是用于清洗原料鱼的机械,主要是利用清洗介质的运动能和与鱼体间的摩擦作用去除污物。

水产品清洗可以利用清水、蒸汽、水与洗涤剂的混合物等不同介质的流动提供克服污物固定的洗净能,介质层流时,洗净能较小,介质紊流时,洗净能较大。洗净能越大,清洗污物能力越强,清洗效率越高,清洗速度越快,清洗越干净,但耗能也越大。还要注意不能造成对鱼体的损伤。对采用含洗涤剂的清洗介质,是影响清洗效果最大的一种方法,可以利用洗涤剂的化学作用,分解鱼体表面污物,大幅减少清洗所需时间和能耗,清洗效果最好,但需要注意不能造成对鱼体的污染。

2)分类

原料清洗的基本方法有沉浸式清洗和喷淋式清洗两种。

(1)沉浸式清洗机

沉浸式清洗机主要由水箱、提升机或输送机组成,是将原料放置于盛有清水的水箱(容器或水槽)中,水箱内装有喷水系统,可对箱内的鱼体不断冲洗翻动,借助水的流动或容器机构的运动,使水不断翻滚,利用水、原料、容器(水槽)之间的摩擦作用,直至洗净,再由提升机或倾斜式链板输送机送出,其间可再次冲洗。图31-1所示是一种沉浸式洗鱼机实物图。

图31-1　沉浸式洗鱼机

（2）喷淋式清洗机

喷淋式清洗机有一个可沿水平轴转动的金属圆筒体，筒内洗鱼，筒壁多孔以排出污水。鱼从筒的一端进入，随筒翻动，筒内有喷水管冲洗鱼体，加上鱼与鱼或鱼与筒壁间摩擦，洗净后从另一端排出。也可以将原料置于承重支架或承重挂钩上，利用喷淋管喷出的清水所具有的冲刷作用，直接将污物清除。图31-2所示是一种喷淋式洗鱼机实物图。

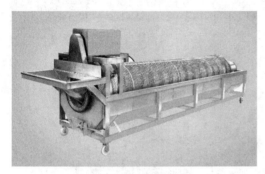

图31-2　喷淋式洗鱼机

一般情况下，原料需要经过多次清洗才能达到要求，通过沉浸式清洗完成初洗，然后通过喷淋式清洗完成终洗。

根据清洗机械的结构和操作方式分类，鱼类清洗机的类型有输送带式、转筒式、振动式和转盘式。应用最广泛的是输送带式和转筒式洗鱼机。

振动式洗鱼机由水箱和阶梯振动架组成，鱼自水箱上部一端进入，随振动架和水流冲击而翻动，并呈跳跃状，洗净的鱼从另一端下部排出。

转盘式洗鱼机为间歇操作，容易损伤鱼体，应用较少。

3）典型清洗机械及其主要性能

（1）输送带式洗鱼机

输送带式洗鱼机是将输送带安装在水槽内，按水体产生翻动的形式分为水流式、搅动式和鼓泡式等类型，属于不同形式的沉浸式清洗机。水流输送式洗鱼机是一种用流动水洗鱼的连续式洗鱼机，大多用于渔船上，也用于陆上加工厂。它主要由水槽、输送装置、供水系统和机架组成。图31-3所示为水流式洗鱼机工作原理图。

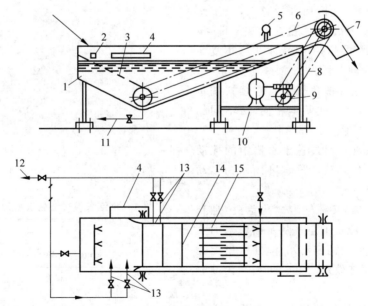

1—水槽；2—喷水管；3—进料槽；4—溢流口；5—淋水管；6—输送带；7—卸鱼槽；8—链条；9—蜗轮减速器；10—电动机；11—排水管；12—进水总管；13—进水管；14—连接杆；15—塑料连接板。

图31-3　水流式洗鱼机工作原理

水槽由钢板和角钢焊接而成,内有进料槽、喷水管、溢流口,以及倾斜安装的进料槽和输送带输送装置。喷水管布置于水槽端部和两侧面,使水形成旋涡流动,产生较大的运动能。水经供水总管送入机内,水槽的水位由溢流口保持,用过的废水经排水管和溢流装置排出。安装在渔船上的洗鱼机使用海水开式布置,若用在陆上,水可通过过滤沉淀装置处理后重复使用。输送装置由双链式输送带和传动装置组成。双链式输送带的两条平行链条用连接杆相互连接,连接杆之间装有塑料连接板,连接板之间留有缝隙,以构成能沥水的输送带。输送带由电动机通过蜗轮减速器和链轮带动,以 0.2 m/s 的速度运行。

洗鱼机工作时,鱼沿着进料槽进入水槽,水经侧面的进水管和端部的喷水管不断地流入水槽。鱼在水槽内经翻滚的水流作用得到不断清洗。多余的水由溢流口排出槽外。初洗好的鱼由倾斜安装的输送带送出,再经输送带上方的淋水管冲洗。洗净的鱼由输送带端部的卸鱼槽排出机外。

该机用于渔船上时,耗水量较大,对于洗鱼量为 5 t/h 的洗鱼机,耗水量约为 36 t/h。设置洗涤水过滤沉淀装置,对洗涤水进行重复循环使用,可以减少耗水量。

搅动式和鼓泡式洗鱼机也是连续式洗鱼机,其清洗过程与水流式基本相同,所不同的是使水产生翻滚的形式不同。

搅动式洗鱼机是通过置于水槽中的搅动轮的转动使水产生翻滚。图 31-4 所示为搅动式洗鱼机工作原理图。

鼓泡式洗鱼机(又称气泡式洗鱼机)是利用具有一定压力、流量的空气从水槽底部的吹泡管以一定流速流出而鼓动水体,使水产生翻滚,达到较好的清洗效果。图 31-5 所示为鼓泡式洗鱼机外形图。

在鼓泡式洗鱼机的基础上,在水槽上方增加设置喷淋管系统,形成气泡喷淋式洗鱼机,可以达到更好的清洗效果。图 31-6 所示为山东红凯机械生产的一种气泡喷淋式洗鱼机外形结构图,表 31-1 所示为该系列鼓泡式洗鱼机

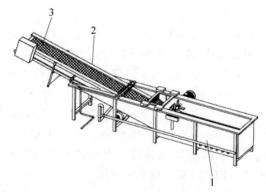

1—水槽;2—传输装置;3—传送带。

图 31-4　搅动式洗鱼机工作原理

图 31-5　鼓泡式洗鱼机

图 31-6　气泡喷淋式洗鱼机

的主要技术参数。

表 31-1　气泡喷淋式洗鱼机系列主要技术参数

项　　目	型　　号			
	3000 型	4000 型	5000 型	6000 型
电源电压/V	220/380	380	380	380
旋涡气泵功率/kW	2.2	2.2	3.0	5.5
调速减速机功率/kW	0.75	0.75	1.00	1.00
处理能力/(kg·h^{-1})	500	800	1000	1200

图 31-7 所示为山东同泰机械生产的一种自动喷淋式牡蛎清洗机外形结构图,表 31-2 所示为该喷淋式清洗机的相关技术参数。

1—循环泵;2—水箱;3—机架;4—毛辊;5—出料口;
6—喷头;7—喷淋管;8—控制面板。

图 31-7 全自动高压喷淋式牡蛎毛刷清洗机

表 31-2 全自动高压喷淋式牡蛎毛刷清洗机主要技术参数

项　　目	参　　数
电源电制/(V/Hz)	380/50
传动电机功率/kW	2.2
循环泵功率/kW	5.5
机体材料	SUS304 不锈钢
毛辊材料	尼龙
外形尺寸/(mm×mm×mm)	4200×1200×1000

牡蛎清洗机是由 27～35 根毛辊按照一条直线排列,毛辊在同步电机带动下沿出料口方向作自转运动,利用毛辊上毛刷的摩擦力,牡蛎沿着入料口位置向出料口位置运动。运动过程中毛刷与物料表面接触,去除牡蛎表面缠绕的毛发及其他杂质。在循环泵的作用下,水沿着喷淋管道进入喷头,对牡蛎表面进行冲洗,用高压水喷淋冲洗物料可减轻物料本身与毛刷摩擦防止破损,同时把牡蛎表面刷洗出的杂质及时冲离。冲洗过程中使用的水源采用循环设计,冲洗后的水经过滤网筛出杂质后回流至水箱,漂浮物杂质经溢流口排出,流入下水道。该机采用高压喷淋,喷淋嘴呈扇形布置,角度可以调节,可有效提高清洗效果。整机可自动连续运行,出料方便,操作简单,设备

机架及板材全部使用 SUS304 不锈钢材质,长期使用不生锈,不受海水腐蚀,符合卫生标准。

（2）转筒式洗鱼机

转筒式洗鱼机也属于连续式洗鱼机,主要用于陆上加工厂洗鱼。转筒式洗鱼机主要由机架、转筒、支承辊轮、供水系统和传动装置组成,图 31-8 所示为转筒式洗鱼机结构示意图。

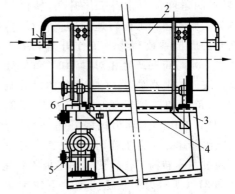

1—喷水管;2—转筒;3—机架;4—集水槽;
5—传动装置;6—支承辊轮。

图 31-8 转筒式洗鱼机结构示意图

转筒式洗鱼机的主要部件为转筒,它由钢板卷焊而成,转筒一端（左侧）为进料口,转筒另一端（右侧）为出料口,转筒筒壁上开设一系列沥水小孔,转筒外表面有两条周向布置的滚道,支承于四个动力辊轮上。转筒直径约 650 mm,筒内装有一螺距为 500 mm 的螺旋片和沿轴向贯穿整个转筒的喷水管。电动机通过减速器和链传动带动辊轮转动,依靠动力辊轮与滚道之间的摩擦力带动转筒以 14 r/min 的转速转动。

洗鱼机工作时,鱼从进料口不断进入旋转的转筒内,由喷水管喷出的水对不断翻动的鱼进行清洗。随着转筒的旋转,鱼在转筒内不断翻动的同时,在螺旋片的推力作用下不断向出料口移动,污水和污物由转筒上的沥水孔隙流到集水槽排出。为了减少耗水量,可设置水循环过滤系统。

转筒的转速直接影响生产能力和鱼体在转筒内的翻动情况,转筒的转速同直径、转筒壁与鱼体的表面状态有着密切关系,它们之间的关系可由力的平衡条件推导得出。

当鱼体与转筒一起回转时,鱼体受到重力、离心力、摩擦力和筒壁支持力等力的作用。把重力分解为切向分力和法向分力,切向分力促使鱼体沿着筒壁向下滑动,法向分力则使鱼体压向筒壁。当鱼体随转筒升到一定高度时,鱼体重力的切向分力等于鱼体与转筒的摩擦力,鱼体保持与转筒一起旋转,此时,鱼体(物料)转过的角度称为物料工作升角,转筒的转速称为工作转速。工作转速与转筒半径、鱼体与筒壁的摩擦系数和物料工作升角有关。当鱼体将开始与筒壁产生相对滑动时,鱼体处于筒壁内表面的最高处,为了防止鱼体过分翻动而损伤,鱼体随转筒运动的升高高度不能太高,此时的工作升角称为极限升角,转筒转速称为极限转速。正常工作时,极限工作升角一般不超过 90°,转筒工作转速不超过极限转速。

图 31-9 所示为一款通用型的不锈钢转筒式洗鱼机实物图。

图 31-9　不锈钢转筒式洗鱼机

图 31-10 所示为山东旭菲机械设备有限公司生产的 XF-3000 型滚筒洗鱼机。该洗鱼机采用气泡加高压喷淋双重清洗方式,又称翻浪式清洗方式,可以适用于多种不同的鱼类清洗,需要清洗的鱼从进料口送入,通过转筒气泡和喷淋清洗后,通过传送链板从出料口送出。进料口设计有斜坡平台,便于送料,出料口设计成缩口形状,便于集料箱的收集,滚筒采用冲孔设计,不损伤鱼体。

洗鱼主要是将鱼表面的黏液和泥沙清洗干净,设备利用气泡的鼓动可以将鱼表面的黏液和泥沙有效地清洗。泥沙的比重较大,会落入清洗池的外胆内,清洗完毕后可将外胆内的泥沙集中处理。鱼在清洗池内的清洗时间可

图 31-10　XF-3000 型滚筒洗鱼机

以根据需要进行调节。清洗干净后的鱼由链板带送出,链板带不损伤鱼体,使用寿命长。链板带输送到提升位置处,在提升的位置有喷淋装置可以外接水源对鱼进行二次冲洗,保证鱼体清洗干净。在清洗池的上端有漂浮物收集装置,漂浮物可以从溢流槽溢出,沉淀物从排污口排出。该机具有洗净度高、节能、节水、设备稳定可靠等特点。

传送链板带上冲孔的大小根据鱼的大小来决定,防止鱼落到清洗池的外胆内。鱼在清洗滚筒内清洗的时间和链板带的运行速度可以根据需要进行调整。清洗滚筒也可以根据需要设计为提升式,提升式滚筒可以在清洗处理时,利用链条或者气缸将滚筒提升起来,方便底部杂质的清洗处理。

表 31-3 为山东旭菲机械设备有限公司生产的滚筒式洗鱼机系列主要技术参数。

2. 分级机械(fish grader)

1) 概述

鱼类分级机械是将同一种鱼类按照鱼体大小或质量(重量)规格分成若干不同等级的机械,广泛应用于渔船上和陆上加工厂。经过分级处理后的鱼,便于进行机械化处理加工,有利于提高生产效率,提高鱼品出肉率,也便于后续的包装、储存、运输和市场按质论价销售。

大部分鱼类处理加工机上的切割刀具和工作机构,其位置和尺寸都是根据鱼体大小来设置和调整的,不同大小的鱼体加工机设置的参数不同。对于一批大小不一的待加工鱼货,难以按每条鱼的大小采用人工对刀具参数进

表 31-3　滚筒式洗鱼机系列主要技术参数

项　目	型　号		
	XF-750 型	XF-3000 型	XF-3500 型
电源电制/(V/Hz)	380/50	380/50	380/50
输入功率/kW	0.75	3.00	3.50
外形尺寸/(mm×mm×mm)	3500×800×1200	3000×1100×1500	3500×1100×1400
输送方式	变频调速	变频调速	变频调速
清洗方式	气泡加高压喷淋清洗	气泡加高压喷淋清洗	气泡加高压喷淋清洗
传送方式	不锈钢网带	不锈钢网带	不锈钢网带
材质	SUS304 不锈钢	SUS304 不锈钢	SUS304 不锈钢
处理能力/(kg·h^{-1})	500～600	1000～1200	1000～1500

行频繁调整,因此,规格尺寸不同的鱼不便于采用机械化进行加工处理,即使勉强采用,也会影响其出肉率和加工质量。若在加工前,将一批鱼按大小不同分成若干等级,则可根据鱼体大小等级选用合适的工作机构和切割刀具,或在一定鱼体尺寸范围内自动调节切割刀具位置,提高加工质量和出肉率。

大多数鱼类分级机的分级原理是根据同一种鱼大小不同则鱼体厚度不同这一生物特征,即其大小(体长)、规格(质量)和厚度(体厚)之间是相互关联的,运用间距逐渐变化或阶梯变化的分级元件(如圆形管、梯形管或传送带等),按鱼体厚度筛选进行大小间接分级。通常,让不同大小的鱼在一组间距沿纵向由小逐渐增大的分级元件上移动,鱼体便可以按其厚度不同,分别从变化的间距中落到若干收集斗中。每个收集斗内的鱼,其规格大小基本一致。各个收集斗之间,鱼体大小的差别就形成鱼的不同等级,分级的精细程度取决于分级元件的间距变化率。

鱼类自动分级机能够准确、快速地对不同大小和规格的鱼进行分类,可以应用在投料、自动称重和配送等方面,也可应用于鱼的分割产品,例如鱼块、鱼片等。鱼类自动分级机可以准确地对鱼类大小和规格等级进行分级,同时,可以节省大量的劳动力,是鱼类分选加工中的关键生产设备。

2) 分类

鱼有不同的种类,不同的大小、重量、形状

等特性,对同一种鱼来说,其各项生物参数指标具有一定的生物相关性。鱼类具有集群性,通常一次捕捞作业捕获的渔获物,大多为鱼群中同一种鱼类,少量的其他鱼种一般是通过人工分拣的方法加以识别和分类,因此对鱼的分级,可以采用鱼的某一生物参数(通常为鱼背厚度)加以识别和分级。

鱼类分级机械通常包括机体(机架)、进料装置、传动装置、分级元件(分级筛)、收集料斗、动力系统等部分。进料装置为料槽或进料口,传动装置包括减速机构和振动机构,分级元件(分级筛)含有调节机构,可以对级别进行调节。

按分级机械的结构特点和工作方式不同,通常可以将分级机分为以下几种类型。

(1) 振动管式分级机

振动管式分级机的分级筛,是由一系列往复振动的、管间空隙沿鱼的移动方向逐渐增大的管子(分级元件)排列而成。不同机型的分级机,其管子的形状不同,有圆柱形、圆锥形或阶梯形的。

(2) 回转轴式分级机

回转轴式分级机的分级筛,是由一系列不断转动的、轴间空隙沿鱼的移动方向逐渐增大的回转轴(分级元件)排列而成。不同机型的分级机,其回转轴的形状不同,有圆柱形或圆锥形的。

(3) 传送带式分级机

传送带式分级机的分级筛,是由一系列

不断运行的、带间空隙沿鱼的移动方向逐渐增大的传送带(分级元件)组成。不同机型的分级机,其传送带的形式不同,有矩形的、圆形的,还有部分机型的链带上装有块形的。

3)典型分级机械及其主要性能
(1)振动管式分级机

振动管式分级机主要由料槽、提升装置、顺向槽、分级筛、收集斗、机架和传动装置等组成,如图 31-11 所示。

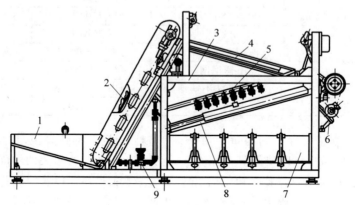

1—料槽;2—提升装置;3—机架;4—顺向槽;5—喷水管;6—传动装置;7—收集斗;8—分级筛;9—供水管。

图 31-11　振动圆柱管式分级机结构示意图

顺向槽倾斜安装于分级筛上面,用于对鱼体顺向,使鱼体的头尾方向与移动方向一致。顺向槽的底面有一系列纵向导向沟槽,底面的横截面呈波纹状起伏。当鱼体进入槽内并沿着顺向槽底移动时,鱼体在纵向导向沟槽的作用下,头尾方向与沟槽方向一致,从而使进入分级筛的鱼,其头尾方向也与管间空隙方向一致。顺向槽的倾斜角度可根据加工对象的性状调节。为控制进入分级筛中鱼的数量,在顺向槽出口端设有导鱼挡板。

分级筛由一系列不锈钢管组成,钢管倾斜安装在具有不同孔距的上下管座上,形成辐射状(扇形)排列。更换不同孔距的管座就可以改变管子间的散开斜度和管间空隙大小,以适应不同尺寸范围的鱼分级。管座安装在筛架上,分级筛的筛架依靠四个板弹簧固定于机架上。筛架通过连杆与偏心轮连接,构成曲柄连杆机构。电动机通过三角带带动曲柄连杆机构,进而带动分级筛作往复振动。分级筛的进口部位有一系列指状立式导鱼板,以使未顺向的鱼进一步顺向后再进入分级筛工作面,以提高分级效率。在分级筛上方装有一系列喷水管,以减少鱼与分级筛表面之间的摩擦力。

工作时,鱼置于斜槽,由提升装置连续不断地提升到顺向槽上,沿倾斜安装的顺向槽底面向下滑动,同时在纵向导向槽的作用下不断顺向。从顺向槽送出的鱼,经转接挡板进入分级筛,在指状导鱼板作用下继续顺向后进入分级筛的工作段。鱼在往复振动的分级筛上,由于重力和惯性力的作用,不断向下移动,并由安装在分级筛上方的喷水管不断冲刷,在移动中按鱼体厚度不同分别从相适应的管间空隙落到各收集斗内。收集斗按序排列在分级筛的正下方,小鱼先落下,大鱼后落下,最大的鱼由分级筛末端送出,落入最后的收集斗中。

要使分级作业得以实现并连续进行,鱼体相对于分级筛要作相对运动,但不能产生跳跃运动,以免影响分级效果和损伤鱼体。鱼体在分级筛上滑行运动时,作用在鱼体上的力包括摩擦力 F、鱼体重力 G、筛面支持力 N 及惯性力 P。可以把鱼体的运动看成物体在斜面上的运动,要使鱼体在不断往复振动的分级筛上不出现跳跃现象,而只有滑移运动,始终与分级筛保持接触。

首先,确定鱼体不出现跳跃的条件。鱼体在垂直于分级筛方向的重力分力就必须大于或等于分级筛振动所引起的最大惯性力垂直于分级筛方向的分力,两者的比值称为抛掷指数,它表示垂直于分级筛筛面方向的最大振动加速度分量与重力加速度分量之比。当抛掷指数小于或等于1时,鱼体不会被抛起,即不产生跳跃运动。

其次,确定鱼体产生滑移的条件。要使鱼体沿分级筛滑移,必须在分级筛振动时,与分级筛筛面平行的惯性力分量大于静摩擦力与鱼体重量分量的代数和,即分级筛的布置要有一定的倾斜角,保持一定的重量分量,同时分级筛的运动要有一定的振动幅度,保持一定的惯性力分量,保证其代数和大于鱼体与分级筛之间的静摩擦力。否则会出现鱼体相对于分级筛静止不动,产生阻滞现象。

各类鱼类分级机的结构基本相同,主要差异在于选择的分级筛不同,其主要性能也取决于分级筛的形状及其运动形式,各种类型的分级机也依据不同的分级筛及其运动形式加以区别和分类,包括振动圆锥管式分级机、振动梯形管式分级机和回转轴式分级机。

振动圆锥管式分级机的分级元件是圆锥形钢管,通常采用等距排列,图 31-12 所示为振动圆锥管式分级机分级元件排列方式示意图。这种排列方式同样可以满足管间空隙沿着鱼体移动的方向逐渐增大的要求。圆锥管的振动方式与圆柱管式相同,分级元件各钢管采用同步往复振动方式。

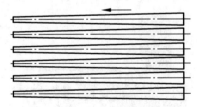

图 31-12 振动圆锥管式分级机分级筛
排列方式示意图

振动梯形管式分级机的分级元件是梯形钢管,其截面为不等边梯形,图 31-13 所示为振动梯形管式分级机分级元件结构示意图。梯形管的排列方式采用辐射状排列,分级元件各钢管的振动采用组合式的复杂振动,即相邻两根钢管采用错位不同步振动,同一根钢管采用横向和纵向两个相互垂直的振动合成,钢管上的任意一点的运动轨迹为一条封闭曲线,封闭曲线的形状取决于振幅等振动参数。实际振动状态相当于钢管处于横向和纵向的抖动状态。

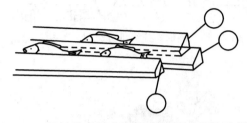

图 31-13 振动梯形管式分级机分级元件结构示意图

回转轴式分级机的分级元件为回转轴,回转轴的形状为圆柱形,也有圆锥形的,其排列方式为辐射状排列,回转轴绕自身中心线转动,不作任何形式的振动。

(2) 传动带式分级机

传送带式分级机的分级元件是各种型式的传送带,通常采用平胶带、圆形胶带和链带等。图 31-14 所示为平胶带式分级机分级元件布置示意图,平胶带式分级机的分级部分是由两条相对倾斜安装的平胶带组成,同向运行的两条平胶带其间的空隙逐渐增大,工作时,鱼随着平胶带的运行而不断向前移动,并按鱼体鱼背厚度不同先后从空隙中落下。传送带式分级机分选鱼体,也可以采用气吹、拨杆、推杆等方式实现。

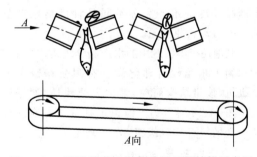

图 31-14 平胶带式分级机分级元件结构示意图

链带式分级机的分级部分是由一组带楔形结构块的链式输送带组成,图 31-15 所示为链带式分级机分级元件结构示意图。与上述平胶带式分级机类似,其分级部分是由两条相对倾斜安装的链式传送带组成,同向运行的两条链带其间的空隙逐渐增大,工作时,鱼随着链带的运行而不断向前移动,并按鱼体鱼背厚度不同先后从空隙中落下。

图 31-15　链带式分级机分级元件结构示意图

图 31-16 所示为珠海市大航智能装备有限公司生产的 DHWS 系列双通道传动带式分级机结构示意图。该机可以同时完成在线称重,实现重量分级,为一体化自动化设备。该机分拣速度快,分级精度稳定,节省人力,降低劳动强度,提高生产效率,可以作为水产品加工流水线中的分级设备。

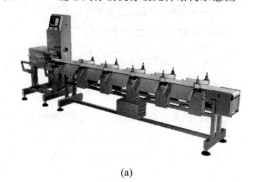
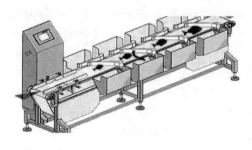

(a) (b)

图 31-16　DHWS 系列双通道传动带式分级机
(a) 外形结构图;(b) 分选示意图

该分选机有多种规格型号,分级检重范围 30～5000 g,双列通道,分选速度可达 100×2～120×2 次/min,分选精度 ±5g,可以选用气吹、拨杆、推杆装置分离鱼体,工作电压 220V ±20%,工作电制 50Hz,功率范围 0.2～0.4 kW,防护等级可按要求实现 IP30、IP54、IP66 不同规格,支持 20 ～ 24 个分选等级规格,采用 SUS304 不锈钢、食品级塑料材质,适用于包装水产品和冷冻水产品等不同品种规格水产品的在线自动称重分选。

图 31-17　链板式分级机

其他还有小型专用的水产品分级机,图 31-17 所示为山东龙鼎自动化设备有限公司链板式分级机,该机结构简单,维护方便快捷,便于清洗。图 31-18 所示为上海恒定称重设备有限公司生产的拨杆式分级机,分级速度快。

3. 去鳞机械(scale breaker)

1) 概述

鱼体去鳞机械是用于去除鱼鳞的机械,又称鱼鳞刮除机、脱鳞机、剥鳞机等,是对鱼进行加工去鳞的自动化机器。在水产品加工过程中,对有鳞鱼类,需要在加工之前首先去除鱼鳞,在去鳞过程中不能伤及鱼身,且要求去鳞

图 31-18　拨杆式分级机

效率高,去鳞完整。去鳞机械一般采用全不锈钢制造。整机的去鳞加工工艺为:送鱼→去除表面鱼鳞→出鱼。

多功能自动去鳞机主要由机体(机架)、动力部分、传动部分、控制部分、工作部分等组成。动力部分主要由电机及传动系统组成,控制部分主要由电源开关、定时器、倒顺开关组成,工作部分主要由椭圆形工作室组成。其对各种不同种类、大小的鱼都可以加工除鳞,除鳞干净,鱼体完整无损。

2)分类

去鳞机结构主要有滚筒式、刷式、高压水

去鳞式等,目前最具代表性的去鳞机有滚筒式和刷式两种,具体机构和去鳞方法见表31-4。

3)典型去鳞机械及其主要性能

(1)滚筒式去鳞机

滚筒式去鳞机一般结构如图31-19所示,整体设备主要由旋转滚筒、进料斗、出料斗、调节螺钉、除鳞部件等构成。

表 31-4　去鳞机结构类型

结 构 类 型	去 鳞 机 构	去 鳞 方 法
滚筒式	去鳞滚筒、拨杆	拨杆带动鱼与鱼之间的摩擦去鳞
	去鳞滚筒	离心和搓擦原理去鳞
	刀具	离心作用使鱼高速旋转、翻滚,由刀具将鱼鳞刮除
	多级滚筒、刮鳞结构件	鱼在旋转运动的多级滚筒内,内壁刮鳞结构件去鳞
	双滚筒、伸缩杆	双滚筒的同步对滚以及伸缩杆的配合刮拨鱼鳞
刷式	毛刷	通过毛刷除鳞
	两对压辊、去鳞辊、弹簧刷	两对压辊和去鳞辊组合的连续式弹簧刷去鳞
	侧身去鳞机构、背腹去鳞机构	侧身去鳞机构和背腹去鳞机构脱去鱼鳞

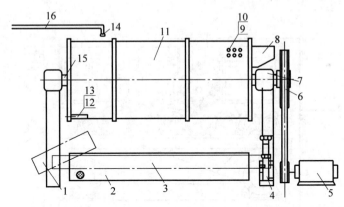

1—出料斗;2—回收槽;3—机架;4—调节螺钉;5—电动机;6—传动带轮;7—轴承座;8—进料斗;9—刀孔;10—刀具;11—滚筒;12—阀门;13—插销;14—喷头;15—闷头;16—水管。

图 31-19　滚筒式去鳞机结构示意图

旋转滚筒是一个带孔的圆筒,滚筒用厚度为 1.5～2.0 mm 的不锈钢冲轧后卷成圆柱,按制造工艺的要求设计成几段制造,然后焊角钢连接以增强筒体的刚度。滚筒上的孔径远大于加工对象的鱼鳞,有助于鱼鳞的回收,并有利于水流通过清洗鱼鳞。

工作时,鱼从进料斗送入,电动机通过带轮带动滚筒旋转,安装在滚筒内壁的刀具与滚

筒内翻滚的鱼体撞击去除鱼鳞,上方水管喷淋的水流冲击鱼鳞落入回收槽,去鳞后的鱼体通过出料斗送出,完成去鳞工作。

图 31-20 所示为山东永新工贸有限公司生产的 700 型去鳞清洗机,该机滚筒容积 700 L,使用电源电压 380 V,整机功率 1 kW,外形尺寸 2300 mm×900 mm×1300 mm,整机质量 700 kg。

　　图 31-21 所示为浙江杭州赛旭食品机械有限公司生产的 SZ-300 型去鱼鳞机,该机使用电源电压 220/380 V,整机功率 1.5 kW,产量 3000 kg/h,外形尺寸 4000 mm×1200 mm×1520 mm,整机质量 300 kg。

　　(2) 刷式去鳞机

　　刷式去鳞机是通过滚刷的方式去除鱼鳞,其结构简图如图 31-22 所示。该机主要是由机架、进料口、出料口、动力系统、输送系统、去鳞机构、喷淋系统以及鱼鳞废弃料收集箱组成。动力系统主要包括输送辊驱动电机、压辊驱动电机、去鳞辊驱动电机以及齿轮箱传动系统,电机分别安装在进料口和出料口的下侧。输送系统主要由并列连续安装的输送辊组成。去鳞机构为压辊和去鳞辊配对设置和安装,其中一组为上压辊和下去鳞辊配对,用于去除鱼体下侧鱼鳞,另一组为下压辊和上去鳞辊配对,用于去除鱼体上侧鱼鳞。下去鳞辊和下压辊直接固定在机架上,上去鳞辊和上压辊可以通过螺杆上下调节与下压辊和下去鳞辊之间的间距以适应不同大小的鱼体。机架下方有一集料斗,集料斗下方放置可自由拖出的水箱。

图 31-20　700 型去鳞清洗机

图 31-21　SZ-300 型去鱼鳞机

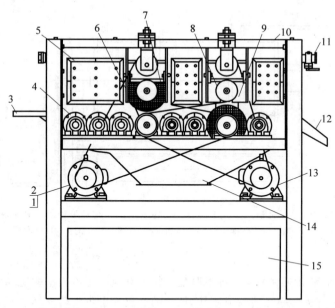

1—去鳞辊驱动电机;2—输送辊驱动电机;3—进料口;4—输送辊;5—观察窗;6—下去鳞辊;7—上压辊;8—上去鳞辊;9—下压辊;10—机架;11—喷水管;12—出料口;13—压辊驱动电机;14—集料斗;15—废弃物收集水箱。

图 31-22　刷式去鳞机结构简图

　　刷式去鳞机的工作原理如图 31-23 所示。去鳞加工的基本工艺流程为:送鱼(鱼平着放　进去,通常鱼头朝前,去鳞机自动把鱼吸进去,上下两根去鳞辊通过弹簧弹力压紧固定鱼体→

通过去鳞辊所带钢刷旋转去除表面鱼鳞→冲洗清洁→送出(集料箱)。

工作时,原料鱼从进料口由输送装置送入,整鱼随输送辊向前,被输送至去鳞机构,去鳞机构中的上压辊和下去鳞辊去除鱼体下侧鱼鳞,下压辊和上去鳞辊去除鱼体上侧鱼鳞,同时在喷水管喷淋下清洁鱼体,完成上下表面去鳞的鱼体由输送装置通过出料口送出。

去鳞过程中,可以通过观察窗了解去鳞过程和去鳞状况。调节上去鳞辊和上压辊的位置,可以适应不同鱼背厚度的鱼体。

去鳞率是指整鱼鱼鳞去除的程度,单尾鱼去鳞率的具体含义为加工后鱼体表面上鱼鳞去除的面积占加工前鱼体表面上鱼鳞覆盖的面积的百分比,百分比越高,去鳞越完善。在去鳞过程中通常选取去鳞率作为去鳞机性能的评价指标。

去鳞辊是刷式去鳞机的关键部件,图31-24所示为弹簧式去鳞辊结构简图,其结构直接影响到去鳞效果。该设备中,弹簧去鳞辊由不锈钢弹簧、去鳞辊筒和转轴等组成。其中,去鳞辊筒与转轴固定在一起,而弹簧通过固定螺栓分段固定在去鳞辊筒上,相邻弹簧之间用扎带锁紧,以保证弹簧既能随转轴转动,又能防止加工中弹簧出现滑移、缠绕等现象。

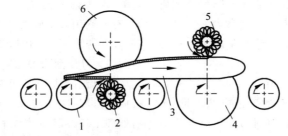

1—输送辊；2—下去鳞辊；3—鱼体；4—下压辊；5—上去鳞辊；6—上压辊。

图 31-23　刷式去鳞机工作原理

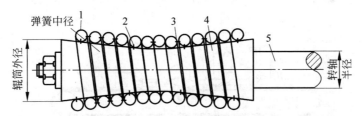

1—不锈钢弹簧；2—固定螺栓；3—扎带；4—辊筒；5—转轴。

图 31-24　弹簧式去鳞辊结构简图

对于刷式去鳞机,根据常规被处理鱼体的大小,出于对空间尺寸的考虑,驱动电机的尺寸不宜过大,通常需保持在 60 mm×60 mm 的范围内,其转速也应该维持在 120 r/min 左右,既可以顺利去除鱼鳞,又不会伤及鱼体。

图 31-25 所示为河北邢台金盟机械制造有限公司生产的 JM-80 型毛辊去鳞机外形图,整机功率 1.5 kW,生产效率可达 300～500 kg/h。该机毛刷间隔排列,操作方便,效率高,耗能小,可连续工作。

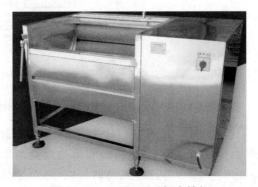

图 31-25　JM-80 型毛辊去鳞机

4. 去头去内脏机械（heading and gutting machine）

1）概述

远洋渔业作业常年远离岸基，航次作业周期长，渔获物不能及时送至岸基，需要在船上冷冻储藏。鱼捕捞离开水体之后，若不及时对体内的内脏进行处理，会加速鱼体的腐烂，所以要对鱼进行及时去脏或冷冻。冷冻后再加工，会对加工带来困难，目前常采用先加工去内脏再冷冻冷藏的处理方法，这是保证鱼肉品质的重要环节。另外，对于远洋渔业渔获物，主要是销往国际市场，大型渔业加工船的渔获物，需直接加工成鱼片、鱼糜、鱼罐头或烘烤鱼片等形式销售，这些均需要先对鱼进行去内脏处理，保证销售的同时，提高经济效益。

去头去内脏机，就是用于去除鱼头和鱼体内脏的机械。

2）分类

对鱼去头去内脏处理的工艺方法不同，形成不同类型的鱼去头去内脏机械。可以采用物理的方法去除，先去头并剖切鱼腹，再利用适宜的机械机构，刮除鱼体内脏；可以采用压差去除法，先去除鱼头，再利用一定的负压将鱼体内脏吸出，不用剖切鱼腹；可以通过挤压的方法，先夹持鱼头，再连鱼头带内脏直接掊出。目前有单独去除鱼内脏的机械，称为去内脏机；有单独去除鱼头的机械，称为去头机；也有一次性完成去头和去内脏的机械，称为去头去内脏机。

国外研发的设备一般是不剖切鱼腹，比如德国的巴达465型设备，其采用两只纺锤形的辊轴将鱼内脏从体内掊出，去头过程也随之完成，去内脏过程中不需要对鱼腹进行剖切。国内对鱼去内脏的过程基本上首先是用刀具将鱼腹剖切，再用其他方法，主要是物理的方法，去除内脏和其附属物。首先剖切鱼体腹部，再利用刀具刮除，或水流冲击、离心等方式去除内脏，而去内脏常用工具有星形刮轮或圆盘刷，有的则用真空吸管从腹腔内吸出内脏。

3）典型去头去内脏机械及其主要性能

（1）刀具刮除去内脏机

刀具刮除去内脏机是一种常见的去内脏机械，可以一次性完成去鳞、去内脏、去黑膜等前处理工序。其基本结构如图31-26所示，主要包括原料鱼输送带、带固鱼齿的传送带、除鳞刷、剖切刀盘、鱼腹撑展板、内脏掏挖铲、锥形擦膜器、冲洗头以及动力电机系统等。

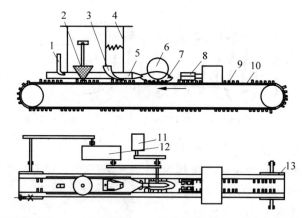

1—冲洗头；2—锥形擦膜器；3—内脏掏挖铲；4—撑展板固定杆；5—鱼腹撑展板；6—剖切刀盘；7—鱼；8—除鳞刷；9—固鱼齿；10—传送带；11—电机；12—减速器；13—输送带。

图31-26 刀具刮除去内脏机结构示意图

工作时，电机通过减速器带动输送带运转，鱼体随输送带一起运转，并通过固鱼齿固定在传送带上，当通过除鳞刷时，首先对鱼体两侧去鳞，然后遇到旋转的剖切刀盘，鱼腹部分被剖切开，在鱼腹撑展板的作用下，内脏掏挖铲将鱼腹内的内脏去除，去除完内脏的鱼体在锥形擦膜器作用下，鱼内腔两侧的黑膜被拭去，并经冲洗头冲洗干净，这样就完成了去鳞、去内脏、去黑膜、回收杂物等前处理过程。

图 31-27 所示为河北锦贤机械制造厂生产的 180 A 型杀鱼去内脏机外形图。该机由人工将预处理的鱼送入定位传送带,被传送带夹紧固定的鱼被送入机构,采用直切式切割,直接通过刀具剖开鱼背并去除内脏。该机采用电动驱动,电源电压 220/380 V,整机功率 1.5/2.5 kW,加工速度(处理能力)可达 3 s 左右一条,整机质量 120 kg,外形尺寸 1600 mm×500 mm×850 mm。

图 31-27 180 A 型杀鱼去内脏机

图 31-28 所示为河北惠发机械生产的全自动小鱼去内脏机外形图。该机适用于剖杀小鱼(150 g 内),每秒可剖杀 7~8 条小鱼,产品质量 100 kg,外形尺寸 2090 mm × 520 mm × 750 mm。

图 31-28 全自动小鱼去内脏机

(2) 真空直切式去头去内脏机

鱼头切割通常采用两种方式。一种方式是直切,圆盘刀具与鱼头侧面部分垂直并沿鱼体体长方向倾斜某一角度切割,这种方式简单方便,只需要一把刀具,通常用于小鱼切割,但鱼头部分鱼肉损失较多。另一种方式是 V 形切割,用一对互成锥角设置的圆盘刀具,从鱼背和鱼腹两个方向搛入鱼头切割,这种方式可以减少鱼头部分鱼肉的损失。

图 31-29 所示为一种真空直切式去头去内

脏机结构示意图。该机主要包括夹持输送带、弹性压辊、切头圆刀盘、真空吸内脏装置、鱼体输送带和动力系统等部分,该机型采用直切式切割。

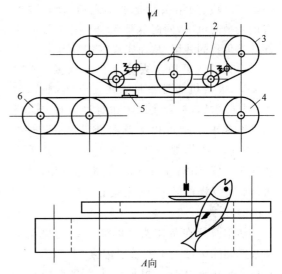

1—切头圆刀盘;2—弹性压辊;3,4—夹持输送带;
5—真空吸内脏装置;6—鱼体输送带。

图 31-29 真空直切式去头去内脏机结构示意图

夹持输送带由一对上下同步运行的输送带组成,上面的输送带的内侧安装有多个均匀布置的弹性压辊,使输送带能以一定的弹性压住不同鱼背厚度的鱼体移动,既可以保证克服切割鱼头时的切割阻力,又可以适应处理不同鱼背厚度的鱼体。沿夹持带运行方向的侧面安装有转动切头圆刀盘和真空吸内脏装置,前者用以切割鱼头,后者用以吸出鱼体内脏。

工作时,按切割要求,手工将鱼倾斜平放入鱼体输送带上,鱼体进入夹持输送带后,会受到弹性压辊的作用夹紧,并被送往刀具切割鱼头。切去鱼头的鱼往前移动时推动控制真空吸内脏装置上的传感器,启动真空阀,将鱼体腹腔中内脏吸出。去头去内脏的成品通过鱼体输送带送至集料斗。该机的加工效率和生产能力取决于手工操作的熟练程度。

5. 去头机械(head cutter)

1) 概述

鱼体去头加工是自动化加工过程中前处理的一个重要环节,鱼体去除鱼头的结果直接影响着鱼前处理加工产品的产量和后期深加工产品的质量。鱼体去头工序一般都是在渔船或渔场附近的工厂就近完成,该工序的目的就是把低价值的鱼头从高价值的鱼体鱼肉上去除,最理想的结果就是加工之后,使鱼身留有最大量的鱼肉,同时保证鱼身肉片上没有头部各类鱼骨的残留,从而实现产量最大化。

去头机就是用于去除鱼头的机械。为保证质量,去头机通常整机采用不锈钢制造,耐腐、耐磨、耐用,符合食品卫生标准。对去头机的基本要求包括可以去除各类鱼头,且损耗少,产量大,生产效率高,节省人力。刀片采用特殊热处理,切割效果好,刀具拆卸方便,易于清洗。机器操作简单,性能稳定,安全可靠。

2)分类

切割刀具在鱼体头部的切割线是决定鱼体头部切除区域大小的重要因素,直接关系到鱼体的鱼肉利用率。根据去头机尽可能减少鱼肉损失的基本要求,鱼体去头机械设备设计研制过程中最重要的就是对切割去头刀具和切割线的分析研究以及切割刀具的动作研究。去头机的类型也就根据切割线的不同和切割刀具及动作机构的不同而不同。

(1)依据去头机切割工艺划分

鱼体去头的切割线通常可分为直线形、V字形、弧形等,图31-30所示为鱼体去头的切割线形状示意图。切割线越靠近鱼头鳃盖骨边缘,则进行去头加工后鱼肉的损失率就越低。对应的去头机可称为直线形去头机、V字形去头机、弧形去头机等。

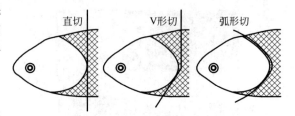

图 31-30　鱼体去头的切割线形状示意图

(2)依据去头机刀具机构划分

去头机械加工设备方面,国内外主要有四类单体去头加工机械,如图31-31所示。

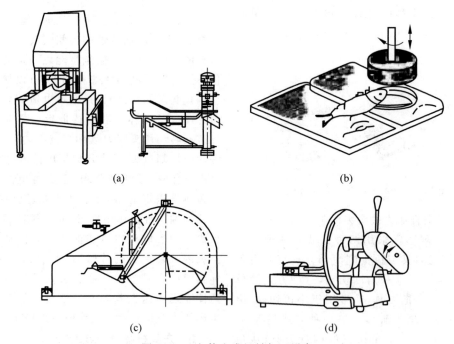

(a)　　　　　　　　　　　(b)

(c)　　　　　　　　　　　(d)

图 31-31　鱼体去头机械加工设备
(a)铡刀式去头机;(b)滚齿式去头机;(c)圆锯去头机;(d)圆盘去头机

如图 31-31(a)所示，称为铡刀式去头机，采用轮廓切或圆切，刀具垂直直落，主要适用于体形较大的鱼体去头加工。如图 31-31(b)所示，称为滚齿式去头机，采用圆切，最常用的滚齿直径为 12 cm、15 cm 和 18 cm，具体尺寸可以根据鱼种和大小选用。图 31-31(c)所示，称为圆锯去头机，采用直切，通常需要人力操作。图 31-31(d)所示，称为圆盘去头机，采用直切，通常采用曲柄连杆机构驱动。

3）典型去头机械及其主要性能

（1）杂鱼去头加工装置

对于拖网捕捞的渔获物，除主要经济鱼种外，会含有较多的其他鱼种，且大小不一，加工处理需要分门别类，十分不便。对于一些小型

杂鱼，可以作为杂鱼销售，或者作为加工鱼粉鱼油的原料。对于较大或可利用的杂鱼，可以选择进一步加工，提高其利用价值和经济价值。

杂鱼去头加工装置结构如图 31-32 所示，主要包括机体机架、链带传动机构、鱼体定位槽体、去头圆盘刀及驱动机构、鱼体定位止跳装置、清洗喷淋水装置、卸料器以及动力系统。

工作时，被加工的鱼体放置于链带链条上的定位槽体内，通过链带传动机构送至去头机构中，止跳装置下压鱼体，防止鱼体跳动，这时去头圆盘刀具在圆盘刀驱动轴的带动下切除鱼头，再经喷淋水装置喷淋，去除鱼血等杂物，由卸料器送出，完成去头工序。

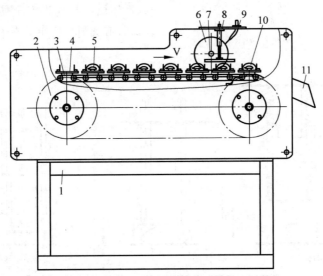

1—机架；2—链带传动机构；3—链带链条；4—定位槽体；5—未去头的鱼体；6—去头圆盘刀；7—圆盘刀驱动轴；8—止跳装置；9—喷淋水装置；10—去头后的鱼体(鱼身)；11—卸料器。

图 31-32　杂鱼去头加工装置结构示意图

（2）气动式去头机

气动式去头机动力系统由高压空气驱动，其结构如图 31-33 所示。该机主要用于淡水鱼的去头加工。整套装置包括垂直安装的气缸组件，引导气缸往复运动的导轨，安装于气缸杆端部的刀具夹具和刀具，机体机架，以及布置在机架上方的工作台面。启停开关由人工操作，根据不同种类和不同大小的鱼体，以及不同的鱼头切割要求，可以更换不同型号的刀具。

气动式去头机整机独立，由人工操作。工作时，根据鱼体的大小和种类，选择合适的切割刀具，安装于刀具夹具上，人工将鱼体放置于工作台面的合适位置，手动操作启停开关，启动气缸工作，刀具沿导轨落下，完成鱼头切割。停机状态下，切割刀具的复位位置为自然悬置在上方的最高位置。

气动式去头机的研制和使用，缓解了当前淡水鱼去头加工机械化程度低的现状，但是该去头机只具有斩切鱼头一个动作，功能单一，机械化程度和工作效率低。

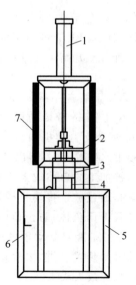

1—气缸；2—刀具夹具；3—刀具；4—工作台面；
5—机架；6—启停开关；7—导轨。

图 31-33　气动式去头机结构示意图

气动式去头机气缸行程即刀具和夹具的行程，刀具与夹具的运动状态如图 31-34 所示。其中：状态 1 为气缸的复位状态；状态 2 为刀具开始接触鱼体的状态，此时鱼体夹具应已夹紧鱼体；状态 3 为气缸推杆最大设计行程状态，此时鱼体鱼头被切断，夹具压力达到最大值。

根据综合分析和实际操作，对去头机去头效果的影响因素从大到小依次为鱼体头部定位距离、刀具仿形结构、鱼体背部定位距离和误差等。

正确合理操作去头机，有利于安全使用和工作效率提高。

（1）严格按照去头机产品说明书的操作步骤、操作规范与规程安全使用，清洗消毒应按照设备清洗消毒操作规程执行。

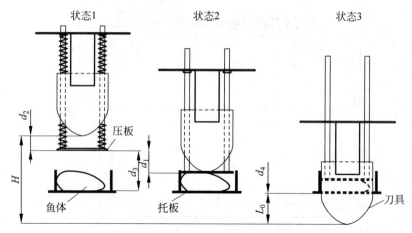

图 31-34　气动式去头机刀具与夹具运动状态示意图

（2）根据原料的规格调整刀片尺寸，然后打开去头机电源开关，按原料正确的方向摆放鱼体，将鱼体按序完全放入沟槽内，原料去头完成后将电源关闭。

（3）工作结束后，去头机应该用高压水枪清洗干净，防止死角残留。去头机刀片要经常打磨，保持锋利，防止切割粘连。去头机的链条要经常注入润滑油，维护保养时要填写设备日常维护保养记录。

（4）去头机运转时要注意原料送入刀片刀口时的状态，原料送入时若出现过多堆积，或

不在定位槽内等异常现象，不能将手伸入，不得用手抢原料。应立即关闭电源，以免伤手。用水清洗机器时，注意冲洗水应避开电源开关。

图 31-35 所示为河北腾达机械生产的多功能杀鱼去头机。该机可以完成对鱼体的切头和切段、切块，电源电压 220/380 V，功率1.7 kW，机身质量 220 kg，外形尺寸 1100 mm×900 mm×1100 mm。

图 31-36 所示为 GB160 型去头机。该机适用于大多数鱼种的鱼头鱼体切割作业，例如

图 31-35　多功能杀鱼去头机

白鲢、鳙鱼、花鲢、草鱼、鲤鱼、鲫鱼等淡水鱼类，以及明太鱼、鳕鱼、多线鱼、鲅鱼、秋刀鱼等海洋鱼类。工作时，将原料鱼放在传送托盘上，即可将鱼头自动切断。根据原料鱼的种类及大小，切割尺寸和切断位置可进行调整，可对鱼体进行直切或者斜切，减少切割的损耗，切割效率较高。该机功率 0.8 kW，外形尺寸 1050 mm×2000 mm×1260 mm，每分钟可处理 40~60 条鱼。

图 31-36　GB160 型去头机

6. 虾仁分级机（shrimp meat grader）

1）概述

虾仁分级机是将虾仁按大小分级的机械，广泛运用于渔船上和陆上加工厂。虾仁经过分级后，便于后期进行进一步的加工，与之相关联的虾类加工机械包括虾仁机（shrimp peeling machine）、虾仁清理机（shrimp meat cleaning machine）、摘虾头机（shrimp heading machine）、虾米脱壳机（dried shrimp peeling machine），以及虾米包装机（shrimp packaging machine）等。

随着渔业经济的发展，我国对虾养殖业发展迅速。由于对虾市场需求量的增加，对虾以粗加工为主逐步向精加工和深加工转型，因此各种加工设备越来越多地应用到生产实际中。虾类是一种美味和广受人们喜欢的水产品，也是经济性较高的水产品，分级销售可有效提高虾的质量等级。虾类在销售过程中，对其外观的品质要求比较高，而虾的外壳比较柔软，处理过程中容易受到损伤，目前还有不少企业是通过人工分拣的方法进行分级的。人工分级虽然虾的损伤小，经济损失少，但效率较低，劳动强度大，劳动密集程度高，而且虾头上的尖刺锋利，容易造成操作人员手的损伤，皮肤损伤后涂抹的抗生素等药物又会污染虾类，造成虾类级别的降低，故对虾分级设备的研究尤为受到重视。

市场上有各种类型、各种规格型号的虾仁分级机，以适合不同状态的虾类和不同形式的销售。各种不同类型的虾仁分级机，主要是分级机构和指标参数有所不同，基本组成和分级工序通常还是相同或相似的。一般情况下，虾仁分级机通常由机体机架、提升系统、清洗系统、分级装置、传输系统、传动系统和动力系统等部分组成。各系统和装置依次安装设置在机架上，互相形成有机整体，协调工作。提升系统通常为带传动，根据高度和加工工艺要求，可以设置一级提升带、二级提升带等多级提升带。清洗系统主要用于清除虾类中残留物的系统，主要由清洗槽和水循环系统组成。分级装置用来对虾类进行分级，根据尺寸或重量等分级参数的不同，分级元件及分级机构的设置也不相同，目前较多采用的是根据外形大小进行分级。传输系统可以包括多个输送带，用于将虾类送入分级机构和将分级的虾类送至分级料斗。传动系统和动力系统常采用电动机驱动，为各工作系统和装置提供驱动力。

2）分类

虾仁分级机又被称为虾仁分拣机，通常是按虾仁大小进行分级，也有按虾仁的质量进行分级的，分别称为尺寸式虾仁分级机和质量式虾仁分级机。尺寸式虾仁分级机是根据对虾的外形特点进行分级,其因易于操作、价格便宜等优点而被广泛应用。尺寸式分级机的分级元件基本采用网眼式(分级筛)和辊柱间隔式机构,然而现有的分级机其分级间隙及转速通常需要手动调节,或者是固定不可调节,影响了分级精度,且增加了操作难度。

根据分级机构和传动方式不同,虾仁分级机还可以分为振动轴式虾仁分级机和传送带式虾仁分级机。振动轴式虾仁分级机,其分级元件是由一系列往复振动的、管间空隙沿虾仁方向逐渐增大的管子排列而成。不同机型依据其回转轴形状不同,又可分为圆柱形和圆锥形分级机等。传送带式虾仁分级机,其分级元件是由一系列不断运行的、带间空隙沿虾仁移动方向逐渐增大的传送带所组成。不同机型依据其传送带的形式不同,还可分为矩形分级机和圆形分级机等。

另外,一些具有智能和自动识别功能的虾类分级机也在研制和开发中,如光电式虾分级机、自动滚筒式虾分级机(如图31-37所示)、可调式虾分级机(如图31-38所示)等。还有一些专用的虾类分级机,如大虾分级机(如图31-39所示)、冻虾分级机(如图31-40所示)、重力式虾分级机(如图31-41所示)等。

图 31-37　自动滚筒式虾分级机

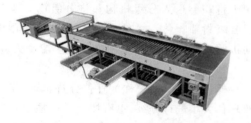

图 31-38　可调式虾分级机

图 31-39　大虾分级机

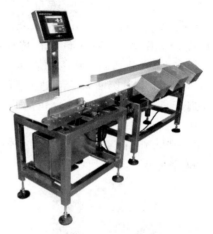

图 31-40　冻虾分级机

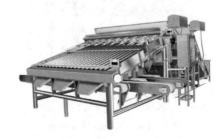

图 31-41　重力式虾分级机

3)典型虾仁分级机械及其主要性能

(1)振动式虾仁分级机

振动式虾仁分级机的结构主要包括进料料槽、多机提升装置、分列顺向槽、分级筛、虾收集斗以及机架和传动装置等。图31-42所示为某款二级圆柱管振动式虾仁分级机,机架上依次设置有送料口、清洗槽、一级提升带和二级提升带,在提升带后设置分级装置,多条输送带分别对应不同级别虾的输送。分级装置

图31-42 振动式虾仁分级机

下方设置集料斗,用于收集分级的虾料。

分级筛由一系列不锈钢管组成,钢管安装在具有不同孔距的管座上,形成辐射状(扇形)排列。更换不同孔距的管座就可以改变管子间的开斜度和管间缝隙大小,以适应不同尺寸范围的虾。管座安装在筛架上,筛架依靠四个板弹簧固定于机架上。筛架借助于连杆同偏心轮连接,构成振动机构。电动机通过带传动,带动分级筛作往复振动。分级筛的进口部位有一系列指状导虾板,以使未顺向的虾进一步顺向后才进入分级筛工作面,以提高分级效率。在分级筛上方装有一系列喷水管,以减少虾与分级筛表面之间的摩擦力。

工作时,虾由提升装置连续不断地提升到顺向槽上,沿倾斜安装的顺向槽底面向下滑动,同时在纵向导向槽的作用下不断顺向。从顺向槽送出的虾经转接板进入分级筛,在指状导虾板作用下继续顺向后进入分级筛的工作段。虾在往复振动的分级筛上,由于重力和惯性力的作用,不断向下移动,并在移动中按虾大小不同分别从相适应的管间缝隙落到各收集斗内。小虾先落下,大虾后落下,最大的虾由分级筛末端送出,落入最后收集斗中。

振动式虾仁分级机由一级输送、二级输送、分级滚筒组三部分组成,机器能自动完成由输送到分选出虾的全部生产过程,大大提高了生产效率。该机采用数控方式调节出虾规格,分级度达目前行业标准,是水产加工行业的理想加工设备。

该机的主要技术参数为整机采用SUS304不锈钢材料制作,符合食品加工设备行业标准,便于完成工作后的清洗作业;适合带头虾、去头虾、虾仁等不同规格虾的分级;输送带材质采用高强度聚氯乙烯塑钢网带,带宽1746 mm,挡板高10 mm,两级提升机;分级筒尺寸φ125×130 mm,超滑塑钢滚筒12只;动力选用1.5 kW×1台,0.4 kW×2台,0.75 kW×2台,不锈钢纯净水泵1.1 kW×1台;提升槽材料为1.5 mm厚SUS304不锈钢板;机身机架为φ114×2.5 mm SUS304不锈钢管;供水部分为上盖不锈钢配件,不锈钢水泵PPR配件;转动部分为UCF205不锈钢轴承,轴驱动;配电柜为微电脑控制,不锈钢电柜。

除标明材质外,所有的配件均为不锈钢材料,分级滚筒组至少由两个上粗下细的滚筒组成,两滚筒之间形成可分选虾大小。

(2)传送带式虾仁分级机

传送带式虾仁分级机主要包括送料槽、机架、传送带、分拣机构、传动装置和动力控制系统等部分。原料虾通过送料槽进入分级传送带,不同大小的虾重量不同,虾与传送带之间的摩擦力不同,可以通过设置在传送带侧面的拨叉挡板机构分别送至不同的集料斗,完成分级工作。图31-43所示为某款传送带式重量虾仁分级机,分级机根据分级工序直线排列。

图31-43 传送带式重量虾仁分级机

该款传送带式虾仁分级机整机采用加强型不锈钢机架,全面防水设计,可用水直接冲洗;所有接触部分均用食品级材料制成,确保产品不会受到污染;采用高精度传感器,先进高速的数字信号处理技术;采用动态重量自动补偿技术,零点自动分析和跟踪技术;可预设最多达100个产品的产品预设参数,简便的产品编辑和存储,快速产品切换和自动调整相对应产品的分选速度;USB大容量存储,检测记录可随时查阅和溯源;采用直观易用型人机界面,最大限度减少操作人员培训时间与成本;配电箱采用特殊设计,有效防止冷凝水、凝露问题;采用应变电阻称重方式;机构配置空气喷射、气动摆臂,分级虾仁采用气动推杆坠落方式;分选等级、剔除装置等可根据客户的特定应用需求进行定制;通用电源 AC110 V/220 V,50～60 Hz;分级精度可达±0.2 g(具体根据产品大小、重量和分级机速度而定)。

7. 摘虾头机(shrimp heading machine)

1)概述

虾由虾头和虾身两部分组成,虾头约占体长的1/3左右,其内部为虾的内脏,几乎没有可食用的部分,在捕获虾类水产品后的加工过程中,需要先去除虾头,既有利于满足防腐要求,又便于储藏保存,节省空间。在不需要整虾出售的情况下,均需要进行去除虾头的预处理操作工序。目前部分生产加工企业往往依靠熟练工人的手工操作摘去虾头,工作效率低,劳动强度大,并且手部容易受伤。摘虾头机就是用于摘除虾头的机械。目前部分摘虾头机在去除虾头的同时,还可以同时完成去虾壳的工作。

采用全自动机械去虾头机,和传统人工加工方式相比较,可以节约大量人力,极大地提高了生产效率,适用于大批量虾仁的加工。

2)分类

机械化去除虾头,目前采用较多的是刀具法和摩擦法。

(1)刀具法

刀具法摘虾头机,是将虾头导入专门的切割刀具和导向系统切开虾背,然后再用刀具切除,也可以直接采用直刀切除法,但此法对虾肉的浪费很大。另一种刀具法,采用的主要机械结构是用曲柄连杆机构带动一个勾爪,直接勾拉被压在传送带上的虾头,有时也称为勾拉

法。这种加工方式对加工较大的虾体比较适宜,但是虾体稍小时难以勾拉,其效能较差。

(2)摩擦法

摩擦法摘虾头机,是将虾子送入几个紧挨着的粗糙滚筒间翻滚摩擦,利用摩擦力形成虾头和虾体之间的扭力,把虾头撕扯下来。摩擦法摘虾头机设计紧凑,结构合理,设备占用场地小,易实现自动化,开放式结构设计,卫生易清洗,能够适用于不同规格虾体的虾头去除,并在摩擦力的作用下,可以同时完成虾壳的去除工艺,是现代化大中型虾类食品加工企业的理想加工设备。

3)典型摘虾头机械及其主要性能

摩擦法摘虾头机是目前常用的机械化摘虾头机械,该机的基本组成部分包括送料机构、传送带装置、摩擦滚筒、固定于摩擦滚筒下的梳齿,以及集料斗和动力传动系统等。图31-44为摘虾头机工作原理示意图。工作时,动力传动系统提供传送带以一定的速度移动,被送至传动带的整虾经过摩擦滚轮时,两者夹持虾头,这时虾体受设置在摩擦滚轮下方的梳齿阻挡挂住,梳齿伸到来自传送带上吊着虾的通道上虾体被拽拉分离,完成虾头的去除工作。梳齿之间的间隙与夹在其中的虾的尺寸相当。为了不损伤虾体,梳齿具有一定的弹性,这样,弹性齿对着虾,当接触虾的时候,梳齿可以活动以容纳虾,夹住虾体,由于虾尾有弯曲的特点,往往能在拊口里轧牢。当虾头被摘掉后,弹性梳齿恢复到正常位置,梳齿的反作用消除,梳齿对虾体起到一个夹紧的作用,并从那里排出虾体。不同规格型号的梳齿,其材料、弹性、间距、宽度等参数不同,可用于不同大小、种类虾体的处理。

梳齿是摘虾头机的关键部件,工作时需要针对虾类的大小和性质选择使用。为了有助于夹住和轧牢虾体这个动作的实现,梳齿通常呈半圆形或其轮廓大体上相似于虾的外形。图31-45所示为常见的梳齿结构。

图31-45(a)所示为一种弹性梳齿的基本结构。梳齿具有一定的弹性,用于夹持虾体,并使虾体悬挂于梳齿上,随着传送带移动。

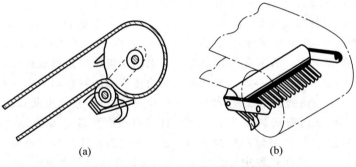

图 31-44 摘虾头机工作原理示意图
(a) 摩擦滚轮结构位置；(b) 梳齿结构位置

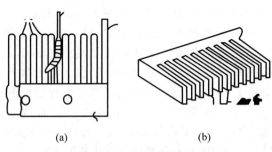

(a) (b)

图 31-45 梳齿结构简图
(a) 弹性梳齿结构；(b) 板状梳齿结构

工作时，所用的梳齿移动伸到来自传送带上吊着虾的通道上，梳齿之间的间隙是夹在其中的虾的间隙。为了不损伤虾，梳齿的式样设计成与虾体形状相配。梳齿的弹性越柔顺，接触虾的时候，梳齿越容易活动以容纳虾。梳齿垂直于传动带安装，此时，弹性梳齿对着虾，由于齿的弹力而起反作用，夹住虾体虾尾。由于它有弯曲的特点，往往在拊口里轧牢。当虾头被摘掉后，弹性梳齿恢复到正常位置。所以，梳齿对虾体起一个夹紧作用，并从那里排出虾体。梳齿呈半圆形或其轮廓大体上相似于虾的外形，常采用半圆形梳齿，在所有方向都是挠性的，安装时需要垂直于传动带。

也有采用板状薄齿梳齿，图 31-45(b) 所示为板状薄齿梳齿结构，可适应其他种类的虾形。

板状梳齿的结构和工作原理与弹性梳齿相类似，也是安装在摩擦鼓轮下方，用以夹持虾体，通过拽拉方式去除虾头。该结构有助于虾体从梳齿上排出，由重力作用落到贮虾池。

梳齿边缘或垂直方向基本上是刚性的，只有在侧面或水平方向是挠性的，相较于弹性梳齿具有一定的优越性。板状梳齿结构可以倾斜安装，工作时斜向展开，使虾进入，但仍在垂直方向保持刚性，这样可以有效避免梳齿碰到传送带。

摘虾头机工作时，摩擦滚轮转速较高，应遵循安全操作规程。操作人员工作前，必须衣帽整齐，系袖口，束衣襟。开机前应检查机器四周环境，机头前方有人时，严禁打开或关闭机头。机头必须全部打开后，方可进行操作，切不可打开一半就进行操作。挤出机处于工作位置时，必须经锁紧装置后，方可启动并进行操作。机头处温度较高，操作时必须戴手套、穿衣袖，以防烫伤。

摘除后的虾头体积大，数量多，应及时进行清除，如果排杂不及时，容易导致剥离的虾头堵塞。虾头不干净，容易造成刀具过度磨损，应及时检查刀具的磨损情况。虾头摆放位置不正确，也应及时校正，防止滚筒磨损。

8. 虾米脱壳机（dried shrimp peeling machine）

1) 概述

虾作为美味食品，主要是食用虾体里的虾肉，虾壳虽然含有丰富的钙质，但口感较硬，不便食用。一般在处理虾类水产品时，多采用先去除虾壳，再进行后续的加工。

传统的虾米脱壳加工主要有两种方法，即水煮法和汽蒸法。处理后的虾，虾壳和虾肉分离，有利于剥除。

水煮法是传统的加工方法,普遍采用此法。在水煮前,先把原料虾按质量、大小分类。对混有沙和污物的虾,必须在清水中洗刷干净,剔除小虾、小鱼和杂物。为避免虾出现贴皮现象,在煮前要用冷水(最好用冰水)浸泡原料虾 20 min 左右。取清洁的饮用水煮,水与原料质量比为 4:1。按水的质量加入 5%~6% 的食用盐。先把盐水烧开,再将原料虾投入容器中,煮沸 6 min 左右。煮虾过程中要用笊篱沿锅边缘不断同向搅动虾料,并去掉水面上的浮沫。把虾捞出水面,如虾壳很快发白,表明已熟透,可立即捞出。煮后的虾米需要沥水晒干或烘干,干燥工序需要及时和均匀。汽蒸法与水煮法类似,最后需要进行干燥处理。

干燥处理后的虾,可用虾米脱壳机进行脱壳,也可手工剥脱。采用手工剥壳的虾米色泽鲜艳,个体完整,成品率高。少量的干虾脱壳,也可采用把虾装进麻袋,两手持麻袋在硬质地板或石板上摔打,将虾壳脱掉,再将壳肉分离。将脱壳后的虾米过筛、分级,并根据虾米大小和外观质量分级包装。

传统的虾壳去除工艺,劳动强度大,工作效率低,不便实现连续生产。现代工厂化虾米脱壳主要是采用机械化的脱壳方法。虾米脱壳机就是用于将干虾脱壳成虾米的机械。

2)分类

机械化的虾米脱壳方法有效地提高了剥壳效率,可实现连续作业。根据采用的剥壳机构型式的不同,虾米脱壳机有辊轴剥壳机和辊道脱壳机等不同类型,剥壳装置的基本组成主要包括上料机构、剥壳机构和虾仁分离机构。

辊轴虾米脱壳机(又称罗拉虾米脱壳机),其剥壳装置设置有左右回转辊轴、摆动辊轴和挤压轮所组成的多组剥壳单元,利用辊道与左右回转辊对虾反复挤压、撕裂能够提升剥净分离效果。工作时,先使用摆动辊轴和挤压轮反复进行翻转、挤压、揉搓,使虾外壳与虾体逐渐松脱分离,再利用左右回转辊轴将虾壳挤压撕裂和剥除,实现剥壳。辊道设有辊道调节机构,通常利用上拉簧钩管、下拉簧钩管、辊道拉簧等与辊道进行连接。

全自动虾仁剥壳机设计有上料、剥壳、虾仁分离各工序的自动控制装置,可实现上料、剥壳、虾仁分离等工序的自动连续操作,主要针对剥壳机构相关参数进行自动选择和调节,解决传统方法对虾剥壳机存在的剥壳率低、破仁率高、稳定性差等现状。根据对虾的形态特征和剥壳特性设定参数,对虾仁不造成伤害,最大限度保证虾仁的完整性,既保持虾仁的卫生,又保证高产和优质。

3)典型虾米脱壳机械及其主要性能

目前生产企业大多采用的是全自动虾仁剥壳机,该机主要包括上料装置、剥壳机构、虾仁分离系统和动力传动系统。其中剥壳机构主要包括左右回转辊和上往复辊。左右回转辊的轴端与上支撑板上的轴承连接,上支撑板设于机架上,左右回转辊的轴端和上往复辊的轴端设有齿轮,下往复辊位于上往复辊的下面,通过中间支撑板和前支撑板支撑于机架上,辊轴设于左右回转辊与上往复辊之间。

剥虾主要是根据虾肉和虾壳的物理属性不同而采用摩擦结构来完成。

图 31-46 是一种虾米脱壳机结构图。其中,图 31-46(a)为虾米脱壳机结构原理图,图 31-46(b)为虾米脱壳机外形图。

工作时,设置在进料口的左右回转辊逆向旋转,将送入的虾原料置于回转辊和上往复辊之间,通过反复挤压,使虾壳和虾肉分离。落入下往复辊的原虾,被辊轴拉拽,壳肉分离,完成脱壳。脱壳后的虾仁在喷水管的冲刷下清洁,并冲走虾壳。

表 31-5 为该虾米去壳机的主要技术参数。

虾米脱壳机根据虾料的规格、产量、功能等要求不同,可以有多种规格型号,但其机构组成和脱壳方法基本相同。图 31-47 所示为一种大型虾米脱壳机外形图,图 31-48 所示为一种自动虾米脱壳机剥壳机构图,该机为剥壳分级一体化机型,可以同时完成剥壳和分级操作。

4)使用安全规程

生产加工过程中,正确掌握虾米脱壳机的安全操作和维护方法,可以有效提高效率,防止经济损失,充分发挥机械性能和效用。

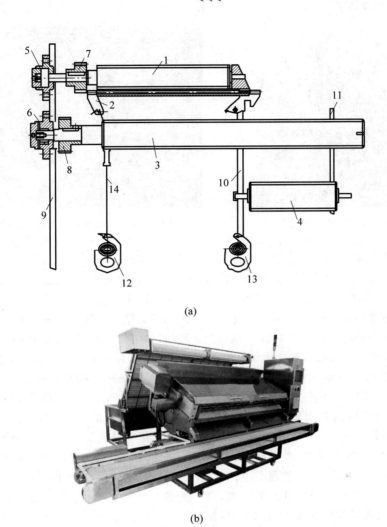

图 31-46 虾米脱壳机结构图

(a) 虾米脱壳机结构原理图；(b) 虾米脱壳机外形图

1—左右回转辊；2—回转辊凹版；3—上往复辊；4—下往复辊；5—左右回转辊支撑轴承；6—上往复辊支撑轴承；7—左右回转辊齿轮；8—上往复辊齿轮；9—上支撑板；10—中间支撑板；11—前支撑板；12—上往复辊调节机构；13—下往复辊调节机构；14—辊道连接杆。

表 31-5 虾米去壳机主要技术参数

项　目	参　数
设备功能	手动、自动、变频、直连
额定功率/kW	3.7
原料规格/(条·kg^{-1})	60～1000(新鲜、冷冻的南美白对虾)
额定产量/(kg·h^{-1})	200～250(南美白对虾)
设备质量/kg	2000
外形尺寸/(mm×mm×mm)	4200×1200×1000

图 31-47 大型虾米脱壳机

图 31-48 自动虾米脱壳机剥壳机构

（1）作业前应对所有参加作业人员进行安全教育，熟悉脱壳机的机械结构、性能和操作方法，并且严格要求参加作业人员穿戴工作服。

（2）脱壳机开机前，操作人员应对脱壳机技术状态进行全面检查，特别是对各安全防护部件的检查，要求不松、不缺，严禁违章使用。

（3）脱壳机所用一切工具、金属物等严禁放在机架、盖板及喂料工作台上。

（4）脱壳机开机前应发出各自规定的信号，待剥壳机空转 3～5 min，确定无异常情况后方进行均匀连续喂料作业。停机前应有 3～5 min 空转时间，将虾仁、壳清理干净。

（5）脱壳机运转中应经常注意其转速、声音、轴承温度，发现异常应立即停机检查，待排除后方可继续作业。在每连续工作一天的情况下，最好停机检查滚筒、风扇、筛箱，以及送风机及各轴承座等部件紧固件是否松动，并随时加以紧固。

4）常见故障及排除方法

（1）脱壳不干净：滚筒与凹版间隙过大，减少了对虾仁的搓擦与挤压。排除方法：适当调小滚筒与凹版的间隙。

（2）滚筒转速太低：皮带打滑或电机转速不够。排除方法：当适当张紧皮带轮；打皮带蜡；检查电机转速低的原因并排除。

31.3.2 成品加工机械

1. 碎鱼机（hasher）

1）概述

在鱼肉类制品加工过程中，经常需要将原料鱼绞碎或斩切至一定的程度，以满足进一步加工需要，如制作加工成鱼丸、鱼糕、鱼卷等，还可以以鱼糜为原料，经过一系列加工，或加入山芋、鸡蛋等其他原料，制成高蛋白、低脂肪、营养结构合理、安全健康的一类深加工海洋食品，其食品类型有蟹棒、炸花、鱼糜面包、鱼肉火腿、鱼肉香肠和虾饼等产品。这种产品可以直接吃，也可以作拼盘、寿司、火锅的原料，深受国内外消费者的喜爱。

将原料鱼切碎的机械称为碎鱼机。随着经济的发展和技术的进步，水产食品越加丰富，对碎鱼机的需求不断提高。碎鱼机已经是许多大中型水产品生产企业基本的加工机械之一。

2）分类

为实现规模化、一体化生产，通常采用机械化、自动化方式进行碎鱼生产。碎鱼机械主要包括送料装置、切割装置、机架部分以及动力部分等。其工序为通过送料装置将已经完成清洗、取肉预处理的原料鱼送至碎鱼机的工作腔室。送料装置包括料斗和送料螺旋。切割装置包括孔板和切刀，是将送料螺旋输送的鱼肉切割成碎料的机构。碎鱼机采用电机带动、皮带传输的方式进行，结构简单，操作方便，可独立使用，但需要人工提供物料。碎鱼机可作为生产流水线的组成部分，与清洗机、分级机、送料机、鱼肉制品加工机等组成一体化的水产品加工流水线，实现全自动化工作。

各种型号的碎鱼机其工艺和工作原理基本相同，仅仅在装置的机构组成和产量、数量、容量等规格参数上有所不同。对大型碎鱼机的送料装置,由于碎鱼机所加工的鱼料流动性较差,以及送料螺旋阻力较大,经常造成鱼料在料斗口打滑,无法下料进入机内,产生阻滞和间歇工作状态,对此可在料斗中加装螺旋输送器,形成自然下料和动力下料不同类型。对碎鱼机的切割装置,采用的孔板孔径和孔数不同,出料切碎率也不同。孔径小,切碎率高,但阻力增大,产量降低,严重时会形成卡滞和间歇工作,甚至出现堵转事故。为保证一定的鱼肉切碎率而不产生过大阻力,部分机型采用两套孔板和两级切刀结构,第一级孔板孔径大,完成粗切,第二级孔板孔径小,完成细切,形成单级切割碎鱼机和多级切割碎鱼机等不同类型。

3) 典型碎鱼机械及其主要性能

图 31-49 所示为常用碎鱼机结构,主要由送料装置、切割装置、传动装置和机架组成。

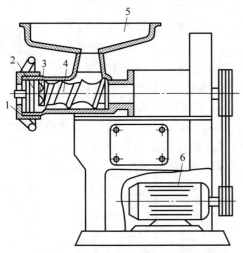

1—紧固螺母；2—孔板；3—切刀；4—送料螺旋；
5—料斗；6—电动机。

图 31-49　碎鱼机结构示意图

送料螺旋是一根变螺距、变根径的螺杆,其螺距沿物料送出方向逐渐缩小,而螺杆根径逐渐增大,螺旋与机壳内壁之间的空间容积称为容料空间。工作时,放于料斗内的物料在不断旋转的送料螺旋作用下向前推压,留出空隙,物料不断落下送入,进入送料螺旋的物料则随着物料的不断向前推进。由于螺杆根径

变大,容料空间逐渐减小,挤压力不断增大,沿轴向不断移动至端部孔板时,挤压力增至足够大,物料便在压力的作用下挤进孔板的孔眼中,随即被切割装置切割,将挤进孔内的部分与未挤进的部分切割开来,物料不断被挤进,不断被切割,挤进孔眼中被切碎的物料不断从孔眼排出机外。

部分机型的送料螺旋采用变螺距、变直径结构,螺距沿物料送出方向逐渐缩小,螺杆直径也逐渐变小,旋转送料时,也会造成容料空间逐渐减小,实现挤压切割效果。

机壳内壁和送料螺旋的螺纹表面应光滑平整,以保证顺利送料,减小阻力。送料螺旋外径与机壳内壁的间隙不宜过大,以避免物料从过大的间隙处产生倒流而影响送料效率和挤压压力。

切割装置的孔板和切刀配套设置,切刀常采用十字切刀,具有四个刀刃,用工具钢制造,切刀安装在送料螺旋的端头,并随之一起旋转。孔板是一块钻有许多相同规格孔洞的金属板,用紧固螺母压紧在机壳上,并与切刀紧密贴合。清洗或更换孔板时,卸下紧固螺母,孔板可很方便地取下。碎鱼机可以配有几种孔眼规格不同的孔板,以供选用,粗绞时可用孔径 8~10 mm 的孔板,细绞时可用孔径 3~5 mm 的孔板。孔板厚度一般为 10~20 mm,常用不锈钢或低碳钢经渗碳、淬火处理。

电动机通过皮带轮驱动送料螺旋旋转,其转速可设置在 300~400 r/min,可设置转速监测和安全报警功能,以及紧急停止按钮和自动停机保护装置。

2. 斩拌机(cutting and blending machine)

1) 概述

斩拌机是鱼糜制品生产过程中的主要机械设备,可将碎鱼肉与配料切细、搅拌、研磨制成鱼糜。和碎鱼机械相比,斩拌机要求将鱼肉切割得更细、更碎,成为鱼糜,并将加入的配料同时切碎,搅拌均匀。

鱼糜中的蛋白质一般分为盐溶性蛋白质、水溶性蛋白质和不溶性蛋白质三类。而能溶于中性盐溶液,并在加热后能形成具有弹性凝

胶体的蛋白质主要是盐溶性蛋白质,即肌原纤维蛋白质,它是由肌球蛋白、肌动蛋白和肌动球蛋白组成,是鱼糜形成弹性凝胶体的主要成分。

加工鱼糜制品时,在鱼糜中加入 2%~3% 的食盐,经搅溃或斩拌,能形成非常黏稠和具有可塑性的鱼肉糊,这是因为食盐使肌原纤维的粗丝和细丝溶解,在溶解中其肌球蛋白和肌动蛋白吸收大量的水分并集合形成肌动球蛋白的溶胶。这种溶胶在低温下缓慢地失去可塑性,而在高温中却迅速地形成富有弹性的凝胶体,即鱼糜制品。鱼肉的这种能力叫凝胶形成能力。

凝胶化现象是因为盐溶性蛋白充分溶出后,其肌动蛋白在受热后高级结构解开,在分子之间通过氢键相互缠绕形成纤维状大分子而构成稳定的网状结构。由于肌球蛋白在溶出过程中具有极强的亲水性,因而在形成的网状结构中包含了大量的游离水分,在加热形成凝胶以后,就构成了比较均一的网状结构而使制品具有极强的弹性。

很多鱼肉制品种类都是以鱼糜作为原料的,如蟹棒制品、鱼面制品、虾丸制品、鱼糕制品、鱼豆腐、鱼香肠等。但传统的人工斩拌耗时长,人工成本高,容易受伤,而且斩拌不均匀,因此用于生产鱼糜的斩拌机械有很广泛的用途。

2)分类

鱼糜的生产,需要通过高速旋转的刀具与鱼肉料之间产生很大的相对运动,才能产生切割作用(斩切作用),将鱼肉料斩切得非常碎小。斩切过程中,鱼肉组织受到破坏,溶解析出的肌球蛋白和肌动蛋白是肉很好的黏结剂,与水和脂肪结合形成乳化,遇到高温将凝结固化。高速斩切,也会将部分空气带入鱼糜,形成气泡,在加热过程中容易形成气泡膨胀破裂,影响成品品质,也容易形成腐败,缩短成品的有效期。

因以上原因,不同的加工方法和加工工艺,便形成了不同类型的斩拌机。

(1)按斩拌机工艺功能分类,可以分为标准型、真空型、真空蒸煮型等。

(2)按斩拌机物料容器分类,可以分为圆盘型、圆球型等。

(3)按斩拌机容器容量分类,可以分为 80 L、100 L、200 L 等。

非真空圆盘型斩拌机无须抽真空机构,刀具独立旋转,结构简单,成本低,操作方便,是目前使用较为广泛的斩拌机类型。

3)典型斩拌机械及其主要性能

(1)盘型斩拌机

图 31-50 所示为标准非真空盘型斩拌机结构图。该斩拌机主要包括斩肉盘、斩切刀具、卸料转盘、防护罩、机架和传动装置等。

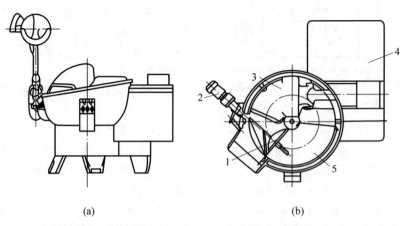

(a)   (b)

1—卸料转盘;2—卸料转盘电动机;3—刀具防护罩;4—传动箱;5—斩肉盘。

图 31-50 标准非真空盘型斩拌机结构图

(a)斩拌机外形示意图;(b)斩拌机结构示意图

斩拌机由三台电动机分别独立带动斩肉盘、斩切刀具和卸料转盘。图 31-51 所示,为斩拌机传动系统示意图。

工作时,驱动斩肉盘的电动机通过带轮和蜗轮蜗杆传动,带动斩肉盘单向连续旋转,物料盛放在斩肉盘的弧形环槽中,斩肉盘下方有排水孔,可以将物料中多余的水分排出。

在斩肉盘旋转的同时,驱动斩肉盘的电动机通过棘轮机构带动刀具轴,使切割刀具伴随低速旋转,这样可以防止物料卡滞造成刀具的损伤,也可以防止卸料时物料对刀具的粘连。当启动驱动斩切刀具的电动机时,电动机通过带轮直接带动刀具轴高速旋转,基于超越离合器的作用,驱动斩肉盘的电动机与刀具轴分离,高速旋转的切割刀具直接进行原料的切割和斩拌至鱼糜状态。完成斩拌工序后,停止驱动斩切刀具的电动机,斩切刀具恢复由驱动斩肉盘电动机的驱动低速旋转。

卸料转盘也由单独电动机通过减速器带动低速运转,卸料转盘可以上下、左右转动。原料完成斩拌成鱼糜后,斩拌机开始卸料,将卸料转盘置于斩肉盘中,驱动行程开关,电动机自动启动,使卸料转盘低速运转,将挡住的鱼糜推入出料槽送出机外。

切割刀具是斩拌机的关键部件,图 31-52 所示为斩拌机切割刀具的配置示意图。

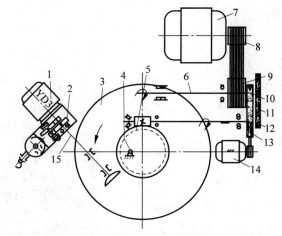

1,7,14—电动机;2—减速器;3—斩肉盘;4—棘轮机构;5—蜗杆传动;6—切刀轴;
8,9,11,12,13—三角皮带轮;10—超越离合器;15—卸料转盘轴。

图 31-51 斩拌机传动系统示意图

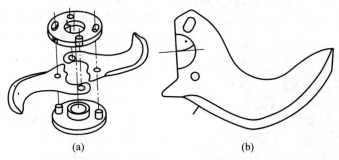

(a)   (b)

图 31-52 斩拌机切割刀具配置示意图

(a) 斩拌机切割刀架;(b) 斩拌机切割刀片

通常,切刀轴上装有4～12把月牙形切刀,以六角形孔套装在切刀轴上,刀片间用垫片隔开,轴端用螺母压紧固定,每组刀具配置两把刀片对向安装,各刀片沿圆周反向错位均匀相间排列,形成圆柱形切割面,以保持最佳切割效果。刀片上的刃刃形状有弧形和折线形两种,弧形刀刃刀具阻力小、耗能低,折线刀刃刀具斩拌效率高、功耗大。

针对不同原料的斩拌,可以通过调节切割刀具的转速来达到最佳的斩拌效果。该类机型通常都设置有低速、中速和高速三挡调速功能。图31-53所示为一种标准盘型斩拌机外形图。

图 31-53　标准盘型斩拌机

图31-54所示为山东圣达生产的SD型斩拌机外形图。该机一机多用,可用于鱼类、禽类、畜类等不同肉类,利用斩刀高速旋转的斩切作用,可以将辅料、冰片、水与鱼肉一起斩切搅拌,斩切产品细度适宜、斩拌时间短、成品温升小,乳化处理后的成品细密度与弹性增强,可以自由设定斩拌时间。设备采用全不锈钢

图 31-54　SD 型斩拌机

封闭设计,防水、防震、防潮,结构紧凑、易于清洗。

(2)真空斩拌机

真空斩拌机与标准型斩拌机基本相同,是在标准型斩拌机基础上发展起来的机型,其特点是在斩肉盘上增设可启闭的密封真空罩壳,斩肉盘置于真空罩壳中。

工作时,真空泵抽出罩壳内的空气,使斩肉盘处于一定的真空度环境中。由于原料中减少了混入的空气,鱼糜制品质量提高,成品蛋白质的析出比例也明显提高,口感更佳。另外,真空斩拌的鱼糜,制品可以减少由于氧含量过高而出现的氧化变色。成品更加密实,便于包装、储存和运输。图31-55所示为一种真空盘型斩拌机外形图。

图 31-55　真空盘型斩拌机

图31-56所示为山东利特机械生产的ZZB-330型真空斩拌机外形图。该真空斩拌机由真空泵、电机、斩刀、台板、刀轴套、锅盖、出料装置、上料装置、控电部分等组成,可用于鱼肉的斩拌。该机采用电压380V,功率119.8 kW,机身质量5800 kg,外形尺寸5000 mm×4000 mm×3500 mm。

工作时,原料在斩锅中作螺旋式运动的同时,被刀组搅拌和切碎并排除肉糜中的空气。由于切刀的高速斩切,减少了产品的液汁分离率,保证了乳化效果,增强了产品的弹性和细腻度。斩拌机整机主体和外表面均采用不锈钢制作,加工精度高,便于操作及保养。在负压状态下,通过真空斩拌机斩拌的物料可以提

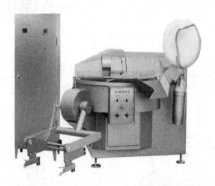

图31-56　ZZB-330型真空斩拌机

高出品率,减少斩拌过程中气泡的产生,增强原料的黏弹性,充分提取蛋白,使原料、辅料和水充分结合,达到较好的乳化效果,确保产品达到良好的品质要求。

3. 鱼肉采取机(fish meat separator)

1) 概述

鱼糜加工首先需要获得加工原料鱼肉,鱼肉品质的好坏决定了鱼糜品质的优劣,鱼肉采集的得肉率决定了鱼糜的成本经济性。鱼肉采取机就是将鱼肉与骨皮分离、取得碎鱼肉的机械。

鱼肉采取机能直接制取鱼肉,加工成鱼丸、鱼香肠、鱼饼等食品。它的副产品鱼骨、鱼皮可作鱼粉原料或作饲料和肥料,以提高原料鱼的经济价值。

2) 分类

鱼糜原料加工机械,根据鱼糜加工工艺的不同可以分为普通鱼糜原料加工机械和冷冻鱼糜加工机械。普通鱼糜原料加工机械主要由鱼肉采取机、鱼肉精滤机和擂溃机等组成。冷冻鱼糜加工机械是在普通鱼肉加工的基础上,再进行漂洗、脱脂、脱色等处理,形成肉质洁白、弹性较好的高级鱼糜原料,并可在加入防腐添加剂后速冻长期保存,不会产生蛋白质变性变质。冷冻鱼糜加工机械主要由鱼肉采取机、回转筛、漂洗槽、螺旋压榨脱水机、精细过滤器和高速斩拌机等组成。

冷冻鱼糜加工机械加工的鱼糜原料质量好,但得肉率低,约为原料鱼的20%,仅为普通型加工机械得肉率的50%左右,成本较高。目前我国的鱼糜原料加工大多采用普通鱼糜原料加工机械。

3) 典型鱼肉采集机械及其主要性能

带式鱼肉采取机是常用的一种鱼肉采取机械。鱼肉采取机原料鱼通常为小杂鱼,鱼的大小、规格和种类不同,无法统一标准化处理,通常都是采用挤压的方法分离鱼肉和鱼骨等杂物。带式鱼肉采取机就是利用弹性橡胶带挤压鱼体,使柔软的鱼肉与鱼骨和鱼皮分离,并通过滤孔挤压出料。

图31-57所示为带式鱼肉采取机工作原理示意图。原料鱼被送入采料滚筒与弹性橡胶带之间,因弹性橡胶带的弹性作用以及托辊的压合作用,原料鱼被强力挤压,分离的鱼肉通过采肉滚筒上的小孔进入筒内,粘连在转筒表面的鱼皮由刮刀清除。鱼骨和鱼皮等下料收集后,可以作为加工鱼粉鱼油的原料。

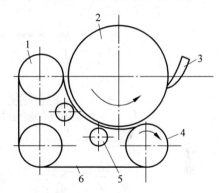

1—被动带轮;2—采肉转筒;3—刮刀;
4—主动带轮;5—托辊;6—弹性橡胶带。

图31-57　带式鱼肉采取机工作原理示意图

图31-58所示为PCR-400型鱼肉采取机结构示意图。整机主要由机体机架、原料送料机构、带式鱼肉采取机构、螺旋鱼肉收集机构、废料收集系统、鱼肉采取调节机构、动力传动系统等部分组成。

工作时,首先根据原料鱼的大小和规格,调节带式鱼肉采取机偏心轮调节机构,调节采肉滚筒和主动带轮之间至合适的间隙。电动机通过减速齿轮箱带动采肉滚轮匀速旋转。原料鱼从料斗送入,缓慢逐条进入带式鱼肉采取机,在压辊张力的作用下,原料鱼骨肉分离,分离的鱼肉进入采肉滚筒,鱼骨、鱼皮由废料槽

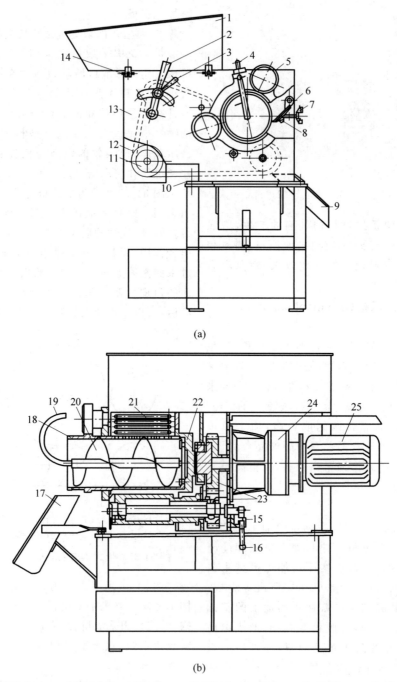

(a)

(b)

1—料斗；2—调节手柄；3—紧固手柄；4—固定销；5—滚珠轴承；6—刮刀；7—蝶形螺栓；8—刮刀架；9—废料槽；
10—紧固螺栓；11—固定张紧轮；12—弹性橡胶带；13—前侧板；14—固定螺栓；15—主动带轮调节柄排挡座；
16—主动带轮调节手柄；17—鱼肉出料槽；18—采肉滚筒；19—推肉螺旋柄；20—推肉螺旋；21—转筒连接销；
22—连接盘；23—齿轮传动；24—减速齿轮箱；25—电动机；26—被动带轮；27—弧形连接槽；28—主动带轮；29—偏
心轴；30,32,33—塑料托辊；31—弧形塑料托板。

图 31-58 PCR-400 型鱼肉采取机结构示意图
（a）侧视图；（b）正视图；（c）带式鱼肉采取机构

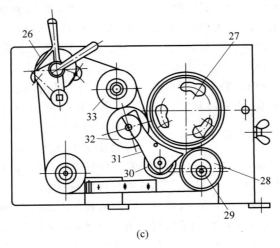

(c)

图 31-58　（续）

排出。当采肉达一定时间,采肉滚筒内鱼肉达一定数量时,操作推肉螺旋柄,旋转推肉螺旋,采肉滚筒内被采取的鱼肉可从鱼肉出料槽送出。送出的鱼肉可以作为鱼糜等后续加工的原料或冷冻储藏备用。

图 31-59 所示为浙江赛旭机械生产的 XZC 系列采肉机外形图。鱼肉采肉机又称鱼肉采取机、鱼糜采取机、去鱼骨机、去鱼刺机等,通过挤压原理将鱼肉和鱼骨等分离开来,鱼肉采肉前需要将活鱼去头去内脏处理。该机采用不锈钢材质,通过采肉带传输鱼类,并与采肉滚轴相互挤压,把鱼肉和鱼皮鱼骨等分离开,通过不锈钢刮刀刮出滚筒挤出的鱼肉。该机采肉快速,自动出肉,操作便利,分离效果好。

图 31-59　XZC 系列采肉机

表 31-6 所示为该系列采肉机的主要技术参数。

表 31-6　XZC 系列采肉机主要技术参数

项　　目	型　　号		
	XZC-160 型	XZC-220 型	XZC-360 型
电源电压/V	220/380	220/380	220/380
功率/kW	2.2	2.2	7.5
产量/(kg·h^{-1})	180	280	360
皮带长度/mm	1195	1450	1450
皮带厚度/mm	220	20	20
滚筒直径/mm	160	220	220
滚筒宽度/mm	150	200	200
滚筒厚度/mm	6	6	6
网眼直径/mm	2.7/3.2	2.7/3.2	2.7/3.2
质量/kg	140	200	280
外形尺寸/(mm ×mm×mm)	830×680 ×870	860×830 ×1060	960×830 ×1060

4．鱼肉精滤机（fish meat strainer）

1）概述

鱼肉精滤机又称为鱼糜精滤机,是用于滤去鱼肉采取机采取的碎鱼肉中残存的骨刺、皮等的机械。鱼肉采取机采取的鱼肉鱼糜中,残存的少量鱼细骨、鱼皮、鱼刺、鱼鳞、鱼筋等杂物,会对鱼糜制品的品质和口感产生很大的影响,鱼肉精滤机就是将鱼糜原料中的杂物剔除出来,进一步过滤和精细加工,精滤加工后的鱼肉鱼糜精细光洁,充分保留了鱼糜肌肉中的盐溶性蛋白质成分,即肌原纤维蛋白质,它由肌球蛋白、肌动蛋白和肌动球蛋白组成,是鱼糜形成弹性凝胶体的主要成分。

　　鱼肉精滤机主要由箱体机架、原料供料部分、滚筒过滤装置、出料机构、废料收集以及动力驱动电机等部分组成。

　　2) 分类

　　鱼肉精滤机采用螺杆输送、挤压分离的工艺方法,根据不同的加工精度要求,选择不同大小的筛网孔径。筛网精细、孔径小,则精度高,但阻力大、产量低、能耗大;反之,则精滤精度低。通常,筛网孔径选择 2 mm 左右的筛网。

　　另外根据加工能力要求的不同,有国产 YJL-800 型、YG-1000 型和 GY-JL-300 型等不同规格的机型,其生产能力分别为 800 kg/h、1000 kg/h、1500 kg/h。

　　3) 典型鱼肉精滤机及其主要性能

　　图 31-60 所示为鱼肉精滤机的结构示意图。该机由供料、过滤、排料三部分组成。供料箱体置于机体上方,出料口位于机体侧面,挤压螺杆和驱动电机均设置于箱体内,驱动电机与挤压螺杆相连,用于驱动挤压螺杆动作;挤压螺杆伸入滤筒内,用于将鱼肉从滤筒内经由滤筒上的网孔挤出,滤筒通过旋转接头与箱体旋紧连接。

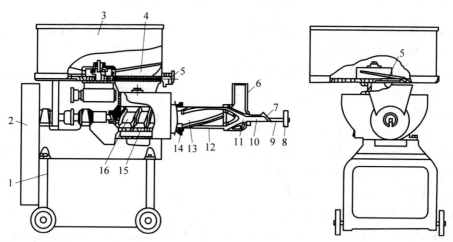

1—机座；2—三角胶带传动；3—贮料桶；4—压料板；5—活动进料板；6—冷却水套；7—活动盖；8—平衡重块；
9—平衡杆；10—排出管；11—排废料锥形管；12—滤筒；13—滤肉螺旋；14—螺旋套筒；15—螺膛；16—进料螺旋。

图 31-60　鱼肉精滤机结构示意图

　　滤筒可根据不同产品以及不同的质量等级要求来选择,从而可扩大鱼肉精滤机的适用范围,提高生产效率,节约成本。

　　工作时,贮料桶 3 内鱼肉被回转轴上的压料板 4 压入活动进料板 5 下面的螺膛 15 内,螺膛内的转动螺旋由两段不同结构的螺旋组成。前段安装在螺膛内的螺旋式一根等直径变螺距的进料螺旋 16,将鱼肉送至过滤部分。后段螺旋伸出螺膛外,螺旋轴上有三段一定升角梯形滤肉螺旋 13,外套不锈钢滤筒 12,两者之间很小的配合间隙使受挤压的鱼肉从滤筒的筛孔滤出。滤筒前端用螺旋套筒 14 与螺膛座连

接,后端与排废料的锥形管 11 连接,便于拆卸清洗。滤筒的筛孔为 1.5～2 mm。排废料锥形管的活动盖 7 上装有平衡杆 9 和可移动的平衡重块 8,移动重块可使活动盖受到一定的压力,其目的是使废料排出受到一定阻力,从而使鱼肉在滤筒内有充分的时间停留并从滤筒中滤出。为了避免鱼肉受到挤压时产生升温而影响质量,可在冷却水套 6 放入冰块或用冷水冷却。有的鱼肉精滤机将冷水注入空心的螺旋轴连续冷却,效果更好。

　　图 31-61 所示为山东鑫伟硕机械生产的鱼肉去刺机(又称鱼肉鱼刺分离机)。整机采用

图 31-61 鱼肉去刺机

全不锈钢生产；产品根据处理能力不同，有 150 型、200 型、300 型等多种型号；滚筒和皮带之间的间隙可人工调节，适应不同采集和分离要求；鱼骨收集槽采用扁平设计，可有效防止碎肉溢出。

图 31-62 所示为广东肇庆市腾昇食品机械生产的 TS-SC1500 型鱼肉脱皮机（又称去鱼皮机）外形图。整机采用全不锈钢制造，核心部件采用特殊热处理，刀片采用进口材料，符合食品卫生标准。设备采用 220V 电源，整机功率 0.2 kW，机身质量 48 kg，外形尺寸 540 mm×420 mm×410 mm。

工作时，将开边的鱼片（鱼皮向下）放在入料口，机器自动去皮，产量大，生产效率高，去皮出品率可达 98%，处理速度可达每分钟 30～50 条。设备操作简单，清洗方便，拆装容易，安全可靠。适用于水产品加工厂、渔业公司、食品加工厂、大型餐饮等单位。

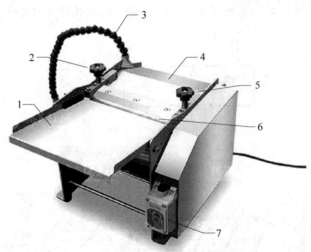

1—可拆卸放料挡板；2—调节阀；3—万向喷水龙头；4—可拆卸出料挡板；5—调节阀；6—刀片；7—防水电源开关。

图 31-62 TS-SC1500 型鱼肉脱皮机

5. 回转筛（rotary screen）

1）概述

回转筛，是用于鱼肉漂洗后，冲洗碎鱼肉中部分水溶性物质、沥清鱼肉漂洗后的漂洗液的设备。回转筛通常是圆柱形的筒状结构，又称为筒筛。它与普遍意义上的圆筒筛不同，一般的圆筒筛筛网为单层，而回转筛为双层筛。

漂洗后的鱼肉含有大量水分，先由回转筛预先滤去 80% 的水分，然后在螺旋式压榨机内挤压去除剩余水分，使鱼糜制品达到规定的含水率。脱水过程中，把漂洗好的鱼肉放在离心洗涤脱水装置的多孔旋转滚筒中，一面以一定的速度旋转（通常为 800 r/min 左右），一面从滚筒中心部的喷嘴喷入含有碱盐并经 pH 调整的喷淋水。喷淋停止后，继续旋转，直到鱼肉的含水量降低到符合品质要求，然后用刮板刮取鱼肉。

回转筛除了使鱼浆脱水外，还能清洗鱼肉中的血水，故又称肉质调整机。

2）分类

回转筛的主要功能是通过滤网，将需要滤除的部分水溶性物质分离排出。根据工艺过程不同，脱水分离可以采用离心式旋转机械，也可以采用压榨式推送机械。

为防止碎鱼肉堵塞滤网,需要采用动态过滤的方法,即滤网和碎鱼肉之间保持相互运动。按不同的运动方式可将回转筛分成不同的类型,如圆周回旋式回转筛、平面振动式回转筛、左右摆动式回转筛等。

回转筛属于脱水机械,圆周回旋式回转筛碎鱼肉翻转充分,滤水能力强,原料损伤小,运行稳定,操作简单,是一种被广泛使用的回转筛类型。

3)典型回转筛及其主要性能

(1)回旋式回转筛

图31-63所示为回转筛预脱水机结构示意图。该机主要包括回旋回转筛筒、喷头导轨以及移动喷头等部分。筛筒是不锈钢板制成的

回转筛筒,筛孔约0.5 mm。

工作时,鱼浆沿倾斜安装的筛筒转动时,鱼肉从另一端卸出,水流经过筛孔到集水槽。为了防止筛孔堵塞影响过滤效果,回转筛孔上部装有一只喷头沿导轨往复移动,喷水冲洗筛孔。

(2)压榨式回转筛

图31-64所示为螺旋压榨式回转筛结构示意图。该回转筛主要包括压榨螺旋、滤筒、调节圆锥等部分。压榨螺旋与数节焊有螺旋叶片的圆锥筒套在传动轴上,构成一个底径逐渐增大的变螺距螺旋。滤筒用不锈钢板制成,滤孔直径为0.3~0.7 mm,滤筒外套有较厚的钢板制成的有孔圆筒和加强箍加固。

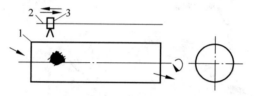

1—筛筒;2—导轨;3—喷头。

图31-63 回转筛预脱水机结构示意图

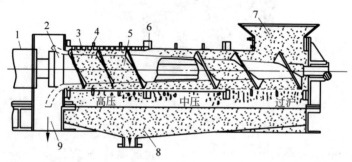

1—调节螺母;2—调节圆锥;3—滤筒;4—加强箍;5—压榨螺旋;6—连接法兰;7—进料斗;
8—废液槽;9—脱水鱼肉出口。

图31-64 螺旋压榨式回转筛结构示意图

工作时,从进料斗进入的鱼肉在开始挤压时,大量游离水分被滤出,鱼肉在随螺旋移动过程中体积逐渐变小,挤压力逐渐增加,鱼肉内的不易分离的水分在中压和高压段被压力挤出。

螺旋压榨式回转筛的脱水效率与鱼肉原料的鲜度、pH、含水量等因素有关,可以通过调节鱼肉原料的脱水速度或螺旋的挤压力来控制。调节方式为调节压榨螺旋前端的调节圆

锥或螺旋轴的调速电动机。调节圆锥可以进行微调,减少或增大调节圆锥与滤筒之间的间隙,可以调节鱼肉排出的速度,从而使鱼肉脱水速度产生变化。如果鱼肉原料变化较大,可以通过调节电动机的转速来进行调节。通常情况下,鱼肉原料新鲜度低,鱼肉与水分结合度强,可被压缩性差,脱水困难,此时应该降低螺旋轴的转速来调节脱水速度;另外,对于含

水量大的鱼肉原料,也应该降低螺旋轴的转速,以保证脱水的充分性。

6. 鱼肉漂洗设备(fish meat defatted and bleaching equipment)

1)概述

鱼肉漂洗设备是用于去除碎鱼肉的脂肪及水溶性蛋白等,以提高制品弹性和洁白度的设备。鱼肉漂洗可以去除鱼肉中的脂肪、水溶蛋白质、无机盐气味和色素等杂质,保持加工后的鱼糜制品弹性好,色泽洁白。

2)分类

鱼肉的漂洗通常采用清水或淡盐水浸泡,使脂肪和溶水性蛋白质与鱼肉分离。为增强分离的速度及效果,可以通过搅拌器搅拌增强扰动效果,也可以通过多次漂洗和脱水提高漂洗的效果。

鱼肉漂洗设备可分为单级漂洗机械和多级漂洗机械,前者结构简单,操作方便,后者漂洗效果更佳。对于多级漂洗机械,可以分为单漂洗槽漂洗机械和多漂洗槽漂洗机械,前者可以在同一个漂洗槽内实现多次漂洗,提高漂洗效果,后者在提高漂洗效果的同时,可以实现连续漂洗,有利于实现自动化作业。

3)典型鱼肉漂洗设备及其主要性能

图31-65所示为一种连续式鱼肉漂洗装置结构示意图,其基本组成包括机体机架、原料输送带、鱼肉原料漂洗槽、清洗液喷淋系统、原料搅拌器及鱼浆排出管等部分。

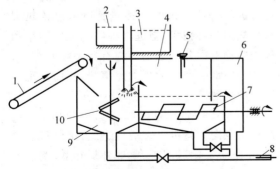

1—输送带;2—碱或盐溶液槽;3—冷水槽;4—第二漂洗槽;5—电极式液位器;6—第三漂洗槽;7,10—搅拌器;8—鱼浆排出管;9—第一漂洗槽。

图31-65 连续式鱼肉漂洗装置结构示意图

鱼肉漂洗设备的最主要部件是漂洗槽。为获得较好的清洗效果,通常在一台清洗装置上设置多级漂洗槽,鱼肉可以经过多次漂洗。漂洗槽是带有搅拌器的不锈钢板制成的长方形槽,搅拌器可加快漂洗效果,转速约12 r/min。一般漂洗工艺要求鱼肉经过2~3次反复漂洗与脱水,通常由数个漂洗槽和回转筛进行间断的漂洗和预脱水,也可以在同一漂洗槽内连续漂洗和脱水。

工作时,鱼肉在第一漂洗槽9内加入冷水或碱、盐混合液搅拌漂洗,液面的鱼浆溢流进入第二漂洗槽4继续搅拌漂洗,最后溢流入第三漂洗槽6作最后漂洗。鱼浆从各漂洗槽底部的排出管8用鱼肉泵送达到回转筛预脱水,浮在表面的脂肪由人工或除油装置清除。鱼肉漂洗工艺和效果,随鱼的种类、新鲜度和用水量等因素的不同而不同。一般鲜度高、脂肪少的原料鱼用清水漂洗,鱼肉与水的比例为1:5~1:10,水量多漂洗效果好,但耗水量、漂洗时间和能耗都将增加。多脂性红色鱼肉的中、上层海水鱼,一般用0.1%~0.3%的盐水与0.1%~0.4%的碳酸氢钠配置的混合液或单一溶液分别漂洗。

7. 鱼片烘烤机械(fish fillet baking machine)

1)概述

鱼片烘烤机械是专门用于烘烤生、干鱼片的机械。烤鱼片的原料选用鲜度好、个体大的马面鲀作原料,先以清水冲洗干净,然后在流水中将两片鱼肉沿脊骨两侧剖下,尽量减少脊骨上鱼肉,剖面要求平整,保持烘烤均匀受热。直接烘烤出来的鱼片鱼肉组织紧密,不易咀嚼,还需要用碾片机压松,使鱼肉组织的纤维呈棉絮状。经碾压后的熟片放在整形机内整形,使其平整、成形、美观,便于包装。

2)分类

鱼片烘烤机械可以根据烘烤鱼片原料的种类不同进行分类,如马面鲀烘烤机、鱿鱼烘烤机、鳗鲡烘烤机等。可以根据机械操作的方式不同进行分类,如手工鱼片烘烤机、全自动鱼片烘烤机等。可以根据烘烤鱼片的工艺和添加物不同进行分类,如干制烘烤机、原味烘烤机、风味烘烤机等。

国内烘烤鱼片加工机械主要有两种类型,一种是以马面鲀原料为主要原料的烘烤鱼片加工机组,另一种是以鳗鲡原料为主要原料的烘烤鱼片加工机组。由于两种烘烤鱼片的加工工艺不同,组成机组的机械设备也不相同,但烘烤机械的结构和原理基本相同。

3)典型鱼片烘烤机械及其主要性能

切鱼片机,可以为鱼片烘烤提供原料。图 31-66 所示为杭州旭众机械设备有限公司生产的鱼片自动切片机外形图。该机可自动进料,采用 380 V 电源,整机功率 2.1 kW,生产能力每天可达 1000 kg 以上,质量 430 kg,外形尺寸 130 mm×127 mm×110 mm,切片厚度可以定制和调节,鱼片宽度可在 30~60 mm 之间选择,自动化程度高,采用伺服电机和可编程逻辑控制器控制。

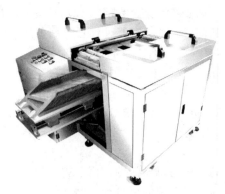

图 31-66　鱼片自动切片机

食品生产企业通常采用全自动鱼干烘烤机组进行生产,全自动机组适用于大批量、连续式生产线流水作业,主要用于加工的品种有炭烤鱼干、鳕鱼干、马面鱼片、鲅鱼干、鱿鱼干、虾皮、大虾等,主要加热方式为电加热。

不同种类的鱼,其烘烤鱼片的工艺和设备流程略有不同。图 31-67 所示为马面鲀烘烤鱼片设备和工艺流程。

全自动鱼干烘烤机组由多台不同种类的装置和设备组成,根据工艺流程,通常包括原料的处理和清洗机械,原料的剖切和调料机械,原料的干燥和整理机械,鱼片的蒸煮和烘

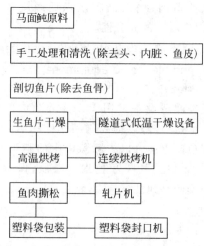

图 31-67　马面鲀烘烤鱼片设备和工艺流程

烤机械,鱼肉的上光和撕松机械,鱼片的冷却和包装机械等。

各装置和设备可以完成不同的加工工艺过程,组成全自动鱼干烘烤加工流水线,也可以鱼片的蒸煮和烘烤机械为主,选择部分机械如鱼肉的上光和撕松机械,形成鱼片烘烤机,其他工艺加工过程可以由独立的机械完成,所以该机组可以有多种型式。比如针对鱼类原料的处理和清洗处理方式,清洗机可以分为浸洗、淋洗、泡洗等,可以按常规或其他角度进行分类。

(1)电热式远红外鱼片烘烤机

红外线和可见光一样都是电磁波,在电磁波谱中处于可见光和微波之间,波长范围 0.72~1000 μm,在加热领域中,2.5~15 μm 的波段称为远红外线。远红外加热是以辐射传热进行加热的一种技术,当远红外线的发射频率和被加热物料中分子运动的固有频率相匹配时,在物料内部会产生激烈的摩擦热,从而实现对物料的加热。

图 31-68 所示为电热式远红外鱼片烘烤机结构示意图。整机组装成隧道式,由原料进料口、上下金属输送网带、电红外加热器、调节控制箱、网带传动系统以及动力系统等组成。

电热式加热是通过电阻体将电能转变为热能,使辐射层保持足够的温度并向外辐射远红外线。工作时,鱼片从投料处整齐输入后,利

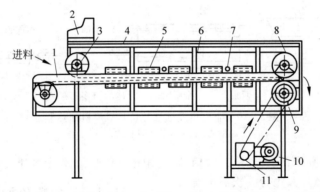

1—下输送网带；2—控制箱；3—上输送网带；4—保温罩；5—远红外电加热器；6—隔热板；7—温度传感器；
8—齿轮传动；9—链传动；10—电动机；11—无级变速器。

图 31-68　电热式远红外鱼片烘烤机结构示意图

用上下两层不锈钢运输链网中的间隙，压紧被烘烤的鱼片朝同一方向作等速移动，使摆放在两层链网之间的鱼片原料保持平整，并受到加热板的辐射和不锈钢链网的传热，鲜鱼片经烘烤成为熟鱼片，从出料口送出。

烘烤机的机械传动过程是由电动机 10 带动无级变速器 11，再由无级变速器通过链轮传动，使链传动 9 中的从动轴带动下层不锈钢托架网带运转，在从动轴的另一头，通过齿轮传动 8 的一对齿轮啮合，从而使上层不锈钢链网也随之运行。在两层不锈钢链网的上下方，分布了五组远红外电加热板，每组功率 1.8×2 kW，其中三组手动控制，两组由温度传感器 7 通过温度控制仪自动控制。该鱼片烘烤机工作温度可以自动调节，链网移动速度也可以无级调节。

图 31-69 所示为河南安顺泰机械生产的一款以空气为干燥介质的电加热常压鱼片烘干机，滚筒采用不锈钢材质，整机功率 5.5×2 kW，进气温度可达 700～750 ℃，最大传热面积 100 m²。该烘干机可根据不同物料设定烘干工艺，并将烘干工艺固化在微电脑中，可以进行恒温恒湿烘干。

（2）非电热式远红外鱼片烘烤机

非电热式加热是通过可燃性气体燃料作为热源，加热辐射层，并向外辐射远红外线。可燃性气体可以是煤气、天然气，也可以是烟道气。非电热式远红外鱼片烘烤机除了加热辐射器的热源形式不同外，其构件和装置的

图 31-69　电加热鱼片烘干机

基本结构和工作过程与电热式远红外鱼片烘烤机基本相同。

远红外辐射元件的型式按材料不同可以分为金属网式、微孔陶瓷板式和复合式等。图 31-70 所示为非电热式远红外鱼片烘烤机加热器基本结构示意图，其中：图 31-70（a）所示为金属网式煤气远红外辐射元件；图 31-70（b）所示为微孔陶瓷板式远红外辐射元件；图 31-70（c）所示为复合式煤气远红外辐射元件，由金属网和微孔陶瓷板组合而成，即在微孔陶瓷板外加上一层金属网，以改善燃气燃烧，提高辐射效率。

（3）鱼干轧片机

鱼干轧片机是烘烤鱼片的主要专用设备，除了连续鱼片烘烤机械外，鱼干轧片机通常与之配套使用。鱼干轧片机的工作原理是利用两只差速相等的圆柱滚筒或差速不等的圆柱滚筒，当刚烘烤的热鱼片进入两个滚筒之间的缝隙时，两个圆柱滚筒对鱼片沿圆周方向产生切向作用力，辗轧并撕松鱼肉纤维。

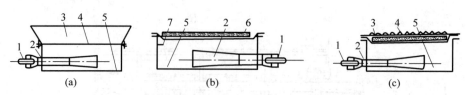

1—喷嘴；2—引射器；3—反射件；4—金属网；5—壳体；6—多孔陶瓷板；7—气流分布板。

图 31-70 非电热式远红外鱼片烘烤机加热器
(a) 金属网式；(b) 微孔陶瓷板式；(c) 复合式

轧片机的类型有双滚筒式和三滚筒式。双滚筒式轧片机对鱼片只进行一次纵向轧片，三滚筒式轧片机进行二次轧片，对鱼片先进行纵向轧松，再进行横向轧松，双向轧片的鱼干制品不易轧碎，更加松软，口感更好。

图 31-71 所示为双滚筒轧片机结构示意图。整机的全部组件都安装在机架上，在机架的两侧竖装两块架板，上下两只滚筒支撑在架板上，其中上滚筒可以通过调节螺杆和滑块在架板上移动，以调节两只滚筒之间的间隙，适应不同厚度的鱼片。在滚筒的两端，轴承座盖板通过活络接头连接冷却水管，带走滚压过程

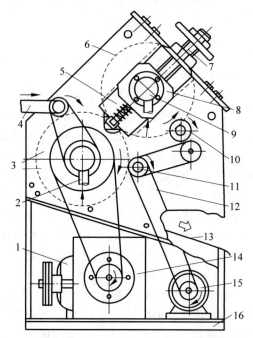

1,15—电动机；2—水管；3—主动滚筒；4—鱼片输送带；5—弹簧；6—被动滚筒；7—螺杆；8—滑块；9—轴承座；10,11—刮辊；12—三角胶带传动；13—出料槽；14—涡轮减速器；16—机架。

图 31-71 双滚筒轧片机结构示意图

中产生的热量，调节轧压过程的工作温度。

31.3.3 鱼粉鱼油加工机械

鱼粉鱼油加工机械主要是以经济价值较低的鱼类、鱼类加工废弃物或部分甲壳类、头足类为原料加工成鱼粉鱼油的机械设备。除用以生产饲用鱼粉外，如原料新鲜、设备符合卫生条件，也可用以生产食用鱼粉。工业用鱼粉加工机械在 20 世纪 20 年代已有出现，因加工工艺不同，大致可分为干式鱼粉加工机械和湿式鱼粉加工机械两大类。60 年代后又出现了离心式湿式鱼粉加工机械。

干式鱼粉加工机械主要由干燥机、压榨机、粉碎机等组成。原料在干燥机内蒸煮、干燥除去水分后，经压榨机或浸出方式除去鱼油，再用粉碎机打成粉末。这种机械的结构简单，适于加工少脂原料。但原料在蒸干机内因受高温，油脂易于氧化，所得鱼油质量较差，目前仅少数地区采用。

湿式鱼粉加工机械主要由切碎器、蒸煮器、压榨机、鱼油分离机、汁液浓缩器、干燥机、粉碎机等组成。原料先经切碎器切成小块，通过蒸煮器煮熟，由压榨机榨出大部分水分和鱼油，榨液经鱼油分离机分离出鱼油后，留下的汁水（含有 6%～8% 的水溶性蛋白质）在蒸发器内浓缩后掺入榨饼一起送入干燥机烘干，再由粉碎机打成粉末。

此外，有些大型拖网渔船或加工基地船上配备小型鱼粉加工机械，可以直接在海上加工鱼粉。这种机械一般多采用立体组装以节约空间，称为组装式鱼粉加工机械。20 世纪 60 年代以来，鱼粉加工机械不断朝大型化、系列化、自动化，以及节能、防污染方向发展。处理

原料 300 t/d 的设备已很常见,新技术和新系统也应用于鱼粉鱼油制备装置中,有些鱼粉机械中增添热交换器,利用余热对中间产品进行预热以节约能源。有些鱼粉机械整个系统采用密封式,各设备排出的气体都经过除臭装置处理,以减少环境污染。

1. 鱼粉干燥机(fish meal drier)

1) 概述

鱼粉干燥机又称鱼粉干燥器,是用以加热干燥榨饼或鲜鱼,制取粗鱼粉的设备。经过鱼粉干燥机处理的榨饼原料,能有效保持鱼粉水溶性氮和蛋白质含量,提高鱼粉品质。鱼粉生产过程中,鱼粉原料的含水量通常在 70%～80%,而鱼粉成品的含水量通常在 8%～12%,因此,无论采用何种生产工艺,都必须有效进行脱水干燥。鱼粉干燥机是鱼粉加工机械中的重要设备。

鱼粉干燥机的主要原理是通过加热,借热力使经过清洗、粉碎、蒸煮后物料中的湿分(一般指水分或其他可挥发性液体成分)汽化逸出,在初步去除湿分后进一步干燥,获得湿度符合需求的固体物料,从而可以进行进一步的生产加工或作为后续加工鱼粉饲料的原料。

鱼粉干燥过程需要消耗大量热能,干燥机从高温热源获取热量并通过直接或间接的方式传递给湿物料,使物料表面湿分汽化并逸散到外部空间,从而在物料表面和内部出现湿含量的差别,内部湿分向表面扩散并汽化,使物料湿含量不断降低,逐步完成物料整体的干燥。干燥机工作的核心取决于干燥速率,而干燥速率取决于物料表面汽化速率和内部湿分的扩散速率。

(1) 鱼粉物料的主要用途

① 用作水产动物如鱼、蟹、虾等的饲料。鱼粉是水产动物饲料蛋白质的主要原料,鱼粉与水产动物所需的氨基酸比例最接近,添加鱼粉可以保证水产动物生长较快。

② 用作猪、鸡和牛等畜禽动物的饲料。畜禽饲料需要含有高质量的蛋白质,尤其是幼龄的猪和鸡,因为幼龄动物处于生长旺盛期,对蛋白质的需求以及要求蛋白质中氨基酸比例

较大,鱼粉作为动物蛋白,其中的氨基酸比例与动物所需的氨基酸最接近。

③ 用作一些毛皮动物如狐、貂等的饲料。毛皮动物大多是肉食性动物,生长中对蛋白质的需求较大,优质鱼粉作为蛋白质原料是这些动物饲料原料的首选。

(2) 鱼粉干燥机的使用范围

鱼粉干燥机使用范围广泛,不仅适用于渔业行业,还适用于制药、化工、食品、建材、塑料等多行业的粉状物料的干燥除湿,如淀粉、鱼粉、食盐、酒糟、饲料、面筋、塑料树脂、矿粉、煤粉、糖氯酸、苯甲酸、聚氯乙烯、聚丙烯、硫酸钠、焦亚硫酸钠等多种物料的干燥。

鱼粉是以一种或多种鱼类为原料,经去油、脱水、粉碎加工后的高蛋白质饲料原料。鱼粉生产加工的最后阶段需要将浆状物料烘干成粉末状。由于鱼粉本身的特殊性,在进行鱼粉干燥的过程中应避免温度过高造成有效成分的破坏。鱼粉中不含纤维素等难以消化的物质,粗脂肪含量高,鱼粉的有效能值高,生产中以鱼粉为原料很容易配成高能量饲料。

2) 分类

鱼粉干燥机是应用于鱼粉加工工业中的干燥机,其种类和型式也有很多,通常按照其主要特征进行综合分类。

(1) 按鱼粉加工作业的连续性分类

按鱼粉加工作业的连续性分类鱼粉干燥机械可分为间歇作业式干燥机和连续作业式干燥机两大类。

间歇作业式干燥机其干燥室具有一定的容量,进料口和出料口在同一个位置,干燥完成后需要停机取出干燥鱼粉,再加入湿鱼粉物料重新开机,间歇作业式鱼粉干燥机由于劳动强度高,工作效率低,目前已经逐渐被淘汰。

连续作业式干燥机的进料口和出料口在干燥容器两端,物料在螺旋输送器作用下,从进料口被送至出料口,同时完成脱湿干燥过程。连续作业式干燥机劳动强度低,工作效率高,可以调节控制湿物料的推送速度和数量,控制物料干燥时间,便于实现自动化和智能化,是目前主要的鱼粉干燥机型式。

（2）按使用的载热体分类

按使用的载热体分类，鱼粉干燥机械可分为蒸汽加热干燥和高温燃气加热干燥两大类。

蒸汽加热干燥机高温蒸汽通过蒸汽夹套与物料实现换热，主要用于湿法压榨生产工艺的鱼粉生产设备中。

高温燃气加热干燥机被加热的燃气或空气直接进入干燥室与物料接触，通过燃气或空气运动带走物料所含水分，根据其干燥工艺过程，有时也被称为气流干燥机或热风干燥机，主要用于直接干燥生产工艺的鱼粉生产设备中。

（3）按载热体与物料之间的传热方式分类

鱼粉干燥机械根据所用载热体的传热方式不同，可分为间接加热式和直接加热式两大类。

间接加热式干燥机一般以蒸汽为加热介质，所用载热体为蒸汽等介质时，与鱼粉直接接触将无法实现干燥，通常采用蒸汽夹套的方式，通过金属表面间接将热量传递给物料。按其结构可分为回转筒式、圆盘式、盘管式、板管式等。回转筒式干燥器因体积庞大、热传递效率不高，已较少使用。圆盘式、盘管式、板管式干燥器的结构相似，都是由一卧式圆筒（大多带蒸汽夹套）和在其中心线上转动的加热部件构成，它们的区别在于加热部件空心轴垂直方向上安装的是若干圆盘还是盘管或板管。蒸汽通入空心轴内并被分配到各个圆盘或盘管或板管，冷凝水由空心轴内的中心管导出。这种结构使加热部件传热面积增大，热传递效率较高。各个圆盘、盘管或板管外缘都有小刮板，既有搅拌、刮料作用，也有将物料向前缓缓推进的效能。板管式干燥器是 20 世纪 70 年代后期研制成功的，其结构特点是当中有一块圆板，左右各有半个螺旋管，来自空心轴的蒸汽先经左半个螺旋管，然后穿过圆板进入右半个螺旋管，冷凝水则回流到中心管排出。这种结构可使蒸汽在加热表面上分布得更均匀，传热效率更高。

直接加热式干燥机又称直焰式干燥机或旋风式干燥机，通常采用高温燃气作为载热体通入干燥室，鱼粉直接与高温燃气接触加热，同时把物料蒸发出来的水蒸气带出。这种设备结构简单，制造方便，热空气温度高，干燥速度快，工作效率高；如果操作不当，会使鱼粉物料局部过热，部分营养成分遭到破坏，需要设置搅拌机构并通过旋风机调节热风的充分流动，保持鱼粉物料的均匀受热。

（4）按干燥机结构特征分类

鱼粉干燥机械的结构特征包括机体外形特征、运动部件型式、加热面的大小、转子结构等方面。

根据外形特征不同，分为旋风式干燥机和滚筒式干燥机。对于旋风式干燥机，考虑到高温燃气的上升升腾通风，外形通常为立式柱体结构，称为立式旋风干燥机（又称为井筒式干燥机），其他大多数为卧式圆筒结构，称为卧式滚筒干燥机。滚筒干燥机与其他干燥机相比，具有生产能力大、可连续操作、结构简单、操作方便、故障率低、维修费用低、适用范围广、流体阻力小、容易清洁等特点。但缺点是设备庞大，价格昂贵，一次性投资高，安装、拆卸困难，热损失较大，热效率低。

根据运动部件型式不同，分为转子式干燥机和滚筒式干燥机。转子式干燥机转子转动，圆筒固定，物料受到搅拌和推进，在高温下得到干燥。滚筒式干燥机无转子，倾斜安装的圆筒（滚筒）转动，带动滚筒内的物料翻转，在高温下得到干燥。

根据加热面的大小，分为蒸汽夹套式干燥机和空心转子式干燥机。前者可增大载热体的受热面积，提高干燥机的干燥效率。

根据转子结构不同，分为空心转子干燥机和实心转子干燥机。前者主要用于蒸汽加热干燥方式，空心转子内可以通入加热蒸汽，增加传热面积。后者主要用于燃气旋风干燥方式，其转子不起干燥作用，主要用于对鱼粉的粉碎和搅拌。

3）典型鱼粉干燥机械及其主要性能

在鱼粉生产中，原料的含水率通常都在 $70\% \sim 80\%$，而鱼粉成品的含水率一般要求在 $8\% \sim 12\%$，所以鱼粉生产必须经过有效的脱水干燥工艺。脱水干燥需要经过多个过程，首先经过淋滤、压榨、离心等方法,降低原料的含水率,然后再进行干燥。

提高干燥效率的影响因素有很多,包括物料的比表面积(单位物料重量表面积),干燥机械单位传热表面积,物料与传热面之间的有效接触,传热质之间的温差,传热系数以及蒸发水汽的排出效率等,都会对干燥效能产生影响。

(1) 圆盘式转子蒸汽干燥机

采用湿法压榨生产工艺的鱼粉设备中,广泛采用圆盘式转子蒸汽干燥机械设备,该机采用蒸汽间接加热方式,主要传热面是转子上的圆盘面。

图 31-72 所示为圆盘式转子蒸汽干燥机结构示意图。干燥机的筒体是卧式圆筒,主要由进料口、转子空心轴、刮板、蒸汽夹套、圆盘、出料口等部分组成。筒体的顶部安装螺旋压榨机,筒体的外表面涂敷隔热材料,筒体的内侧分段设置夹套,用以通过加热蒸汽,每段夹套都设有进气管和冷凝水排出管。空心转子外侧焊接空心圆盘,空心轴与空心圆盘通道互通,加热蒸汽可以通过轴内通道进入圆盘,每个空心圆盘外侧设置带有一定倾角的螺旋布置的刮板,用以推进和搅拌物料。

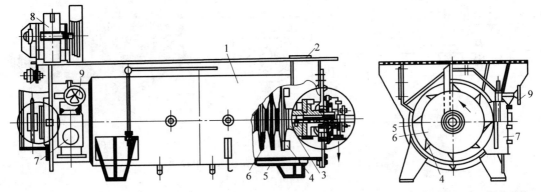

1—筒体;2—进料口;3—转子空心轴;4—刮板;5—蒸汽夹套;6—圆盘;7—出料口;8—传动装置;9—调节手轮。

图 31-72　圆盘式转子蒸汽干燥机结构示意图

工作时,物料从进料口加入干燥机筒体,在转子的搅拌和推动下向前推进,并通过传热面得到加热,水分蒸发,烘干的物料从出料口卸出。出料口处装有阀门,阀门的开度可以通过手轮调节,控制物料排出的速率,间接控制物料在干燥机圆筒中的干燥时间和脱水率。物料蒸发产生的水蒸气和物料废气(臭气),通过抽风机吸出后,引入分离器排出。

(2) 管板式转子蒸汽干燥机

图 31-73 所示为管板式转子蒸汽干燥机结构示意图。该机由固定的筒体和转子组成,筒体为带有肋片的框架结构,顶部开设进料口和排气口,出料口设置在筒体下方。空心转轴上装有若干换热板片,换热板片由布置成螺旋状的管子制成,相邻管子之间的间隙由钢板拼接盖住无缝隙。

工作时,高温蒸汽通过转轴内的纵向转接管子引入空心转轴,再分送到每一块换热管板的螺旋管中,保证了加热管板的受热面积与温度。加热管板的外缘装有推进物料的输送叶片,筒体的内表面装有换热片间的刮料板,当物料从进料口进入后,与加热管板接触,开始干燥过程,并在输送叶片的作用下不断向前推进,完成干燥的物料最后从出料口排出。

管板式转子蒸汽干燥机由于螺旋状布置的蒸汽加热面,有助于物料均匀受热,实现物料的干燥、混合和破碎,加热管板有较好的自洁功能,常用于全鱼粉的干燥加工生产。

(3) 空心桨叶式蒸汽干燥机

图 31-74 所示为双轴型空心桨叶式蒸汽干燥机结构和外形。其盘管叶片呈桨叶状,是一种以热传导为主的卧式搅拌型干燥机。该设

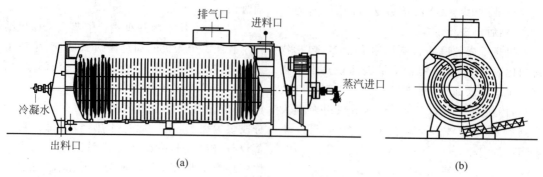

图 31-73 管板式转子蒸汽干燥机结构示意图

(a) 结构图；(b) 截面图

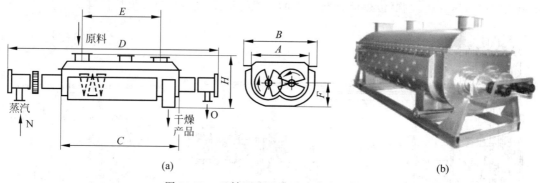

图 31-74 双轴型空心桨叶式蒸汽干燥机

(a) 结构图；(b) 外形图

备干燥时所需热量是依靠热传导间接加热，因此干燥过程只需少量的气体以带走湿分，极大地减少了被气体带走的这部分热量的损耗，提高了热量的利用率。该设备适合颗粒状及粉末物料的干燥，也可对膏状、浆状物料进行干燥。设备中特殊的楔形搅拌传热桨叶，具有较高的传热效率和传热面自清洁功能。

空心轴上密集排列着楔形中空桨叶，热介质经空心轴流经桨叶。单位有效容积内传热面积大，热介质温度为 $-40\ ℃\sim320\ ℃$，可以是水蒸气，也可以是液体型，如热水、导热油等。间接传导加热，不携带空气带走热量，热量均用来加热物料。热量损失仅为通过筒体保温层向环境的散热。物料颗粒与楔形面的相对运动产生洗刷作用，能够洗刷掉楔形面上的附着物料，使运转中一直保持清洁的传热面。空心桨叶干燥机的壳体为 Ω 形，壳体内一般安排 2～4 根空心搅拌轴。壳体有密封端盖

与上盖，防止物料粉尘外泄而充分发挥作用。传热介质通过旋转接头，流经壳体夹套及空心搅拌轴，空心搅拌轴依据热介质的类型而具有不同的内部结构，以保证最佳的传热效果。

桨叶干燥机已成功地用于食品、化工、石化、染料、工业污泥处理等领域。设备传热、冷却、搅拌的特性使之可以完成以下单元操作：燃烧（低温）、冷却、干燥（溶剂回收）、加热（融化）、反应和灭菌。搅拌桨叶同时又是传热面，使单位有效容积内传热面积增大，缩短了处理时间。楔形桨叶传热面又具有自清洁功能。压缩和膨胀搅拌功能使物料混合均匀。物料沿轴向呈"活塞流"运动，在轴向区间内，物料的温度、湿度、混合度梯度很小。桨叶干燥机可用来对食物和面粉进行灭菌处理，单位有效容积内可以增大加热面积，很快就能将物料加热到灭菌温度，避免了长时间加热而改变物料品质。

空心桨叶干燥机有如下特点：

① 能耗低，效率高：由于间接加热，没有大量携带空气带走热量，干燥器外壁又设置保温层，原料能很好地连续混合搅拌，传热面能够均匀地传递热能，传导系数大，热效率高，对浆状物料，蒸发 1 kg 水仅需 1.2 kg 水蒸气。

② 系统造价低，结构紧凑：干燥机主要的传热部件是铲形的桨叶，按照规定的间隔交叉密集排列在固定的旋转轴上，单位有效容积内拥有较大的传热面，可以缩短干燥处理时间，减小设备尺寸，减少占用建筑面积及建筑空间。

③ 处理物料范围广：使用桨叶式干燥元件和连续的混合搅拌，可以避免物料在死角处的积留和因物料积留而带来的过热或者腐败变质，因此能够对高黏度、高湿度的物料进行干燥，也可以使用不同的热介质干燥不同种类的物料，常用介质包括水蒸气、导热油、热水、冷却水等，可连续操作也可间歇操作，可在多个领域应用。

④ 环境污染小：干燥所需热量全部由空心叶片和夹套供给，不使用室外空气，或补充少量热空气即可。粉尘物料夹带很少，物料溶剂蒸发量很小，可降低排气湿度，因此产生的粉尘和气味也很小，便于尾气处理，基本不需除尘或除味等辅助设备。对有污染的物料或需回收溶剂的工况，可采用闭路循环。

⑤ 操作稳定，控制简单：楔形桨叶的搅拌作用，可以使物料颗粒充分与传热面接触，在轴向区间内，物料的温度、湿度、混合度梯度很小，可以有效保证工艺的稳定性。干燥过程和物料停留时间都可根据物料的物理性能单独进行设定和调整。

⑥ 具有自洁能力：桨叶相向旋转，叶片的两个斜面反复搅拌、压缩、松弛并推进物料，对叶面起到连续的自洁作用，使相互黏结的、堆积在桨叶上的物料能够被清除，重新进入干燥过程，也使桨叶式干燥机的传热系数保持较高状态。

（4）高温燃气干燥机

高温燃气干燥机是利用高温燃气作为热介质进行鱼粉干燥的机械。采用高温燃气在高速旋转下直接和物料接触，加热物料并带走水分进行干燥，称为直接干燥工艺法干燥机（又称旋风式干燥机）；如果高温燃气进入夹套结构，不与物料直接接触，通过加热板传递热量，称为间接干燥工艺法干燥机。后者的工作原理与蒸汽干燥机类似，其特点也与蒸汽干燥机基本相同。

图 31-75 所示为旋风式干燥机结构示意图。该机的壳体呈扁圆筒形结构，整机内部沿主轴分为进口区、工作区和出口区三个区段。进口区包括位于上部具有倾斜底槽的进料口和位于下部的进气口；工作区为一个锤式研磨机，包括固定在主轴上直径大小不等的两个旋转圆盘和若干安装在圆盘外边缘的转动锤片，以及安装在壳体内部与转动锤片相配合的若干定置锤片；出口区由安装在主轴上的两个叶轮组成，前面的叶轮为吸风叶轮，后面的叶轮为排风叶轮，在出口区的上方设置出料口。

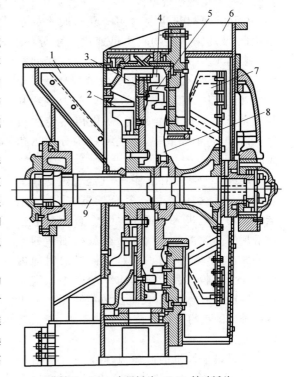

1—进料口；2,5—定置锤片；3,4—转动锤片；
6—出料口；7—排风叶轮；8—吸风叶轮；9—主轴。

图 31-75　旋风式干燥机结构示意图

工作时,原料从进料口送入,沿倾斜底槽滑入工作区左侧工作室,在随主轴高速旋转的圆盘作用下,被配套安置的动锤片和定锤片撞击、研磨、粉碎,同时,固定于主轴上的吸风叶轮将燃气发生器产生的高温燃气从进口区的进气口吸入,进入工作区的左工作室,高温燃气被高速旋转的锤片带动,形成加速并作旋风式运动,从而使左工作室内的物料受到剧烈搅动并被加热,被击碎的物料碎粉随气流穿过挡板上的孔道及圆盘和壳体内壁之间的环形间隙进入工作区的右工作室,物料被锤片进一步磨细,并受到气体的高温和剧烈搅动而被强化干燥,干粉在排风叶轮作用下随气流通过出料口排出机外,经过输送管道送至旋风分离器。

旋风式干燥机采用瞬间干燥的原理,利用载热空气的快速运动带动湿物料,使湿物料悬浮在热空气中,这样强化了整个干燥过程,提高了传热传质的速率。经过气流干燥的物料,非结合水分几乎可以全部除去,并且所干燥的物料不易产生变质现象。

旋风式干燥机主要适用于易于脱水的小颗粒,以及粉末状湿物料中迅速除去水分(主要是表面水)。气流干燥中,物料停留时间极短,使产品干燥后的品质得到有效保证。采用脉冲气流管作为强化换热结构,通过改变物料与热介质之间的相对速度,强化传热传质过程,可以提高干燥效率,实现物料水分的迅速脱除。

旋风式干燥机工作时,空气经过过滤和加热,进入干燥机前部的空气分配器,热空气呈螺旋状均匀地进入鱼粉干燥室。鱼粉料液经过塔顶的高速离心雾化器喷雾成极细微的雾状液珠,与热空气并流接触,在极短的时间内可干燥为鱼粉成品。成品连续地由干燥塔底部和旋风分离器输出,废气由风机排空。从出料口排出的鱼粉为均匀微粒状的粉末,不需要再次粉碎。

旋风式干燥机的叶轮风压克服气流沿程阻力即可,风压过小则无法完全排出物料,造成过热结焦,风压过大容易造成没有完全干燥的物料粗粉随气流流出,降低干燥品质。通常

每处理 1 t 鱼粉物料,总风量应保持在 4~5 m^3/min,进入工作室的气体温度约为 500 ℃,干燥机出口处的气流温度约为 100 ℃,干燥后的鱼粉温度约为 70 ℃,在原料含水量 50%~60% 的条件下,可以实现成品鱼粉的含水量不超过 10%。

旋风式干燥机的特点如下:

① 干燥强度大。气流干燥由于气流速度高,粒子在气相中分散良好,可以把粒子全部表面积作为干燥的有效面积,因此,干燥有效面积大大增加。同时,由于干燥时的分散和搅动作用,汽化表面不断更新,因此,干燥的传热传质过程强度较大。

② 干燥时间短。气固两相的接触时间极短,干燥时间一般在 0.5~2 s,最长为 5 s。物料的热变性一般是温度和时间的函数,因此,对于热敏性或低熔点物料不会造成过热或分解而影响其质量。

③ 热效率高。气流干燥采用气固相并流操作,而且,在表面汽化阶段,物料始终处于与其接近的气体温度,一般不超过 60~65 ℃,在干燥末期物料温度上升的阶段,气体温度已大幅降低,产品温度不会超过 70~90 ℃,因此,可以使用高温气体。

④ 设备简单。气流干燥器设备简单,占地小,投资省。与回转干燥器相比,占地面积约减小 60%,投资约节省 80%。同时,可以把干燥、粉碎、筛分、输送等单元过程联合操作,不但流程简化,而且操作易于自动控制。

4) 鱼粉干燥机的选择原则与操作基本要求

鱼粉原料含水量高,干燥过程耗能大,通常先采用挤压和离心等机械力的方法脱出原料中的大部分水分,使原料中的水分降低至 50%~60%,然后再进行干燥处理。因此,物料干燥机的选择与操作,需要考虑如下因素,并根据鱼粉产量、速度、品质、成本等加工要求进行选择。

(1)选择合适的物料比表面积。物料比表面积是指单位质量物料的表面积,比表面积越大,物料的受热面积就越大,干燥速度就越快,

因此,物料进入干燥室前需要进行松碎处理。但应注意,不宜将原料处理成粉末状,否则在干燥过程中物料容易被烘焦或结团,降低品质或降低干燥效率。物料比表面积的选择,应根据干燥工艺、单位时间产量要求等选择。

(2) 选择合适的干燥机单位传热面积。单位传热面积是指单位时间(1 t)处理单位物料(1 t)所需的中间传热面积,单位传热面积越大,干燥机设备体积也越大,占地面积也越大,设备消耗金属传热材料也越多。单位传热面积越小,要求热传导强度越大,对金属传热材料的要求也越高,并要求增加搅拌等机构提高换热效率,设备的复杂性和成本也会增加。通常将鱼粉干燥机单位传热面积控制在 1 m^2 左右为宜,根据鱼粉干燥机的产量要求来进行选择。

(3) 选择合适的物料搅动方式。物料和传热面之间需要保持有效和均匀的接触,才能实现有效的传热。对物料进行适当的搅动,不但可以防止物料结焦或结团,而且可以提高干燥效率,通常的搅动方式有加热管(板)固定滚筒旋转、滚筒固定加热管(板)旋转,或采用旋风吹拂等方式。在满足一定成本要求的前提下,可以选择具备高效搅动鱼粉物料的机械机型。

(4) 选择合适的加热温度和加热温差。加热温度是指传热面的平均温度,加热温差是指传热面的温度与物料温度之间的平均差值。加热温度和加热温差越大,传热速度越快,物料的干燥效率也越高,但是在鱼粉加工生产过程中,为了保持鱼粉的品质和保存鱼粉中的营养成分,加热温度和加热温差不宜过高,特别是采用高温燃气进行干燥时,必须缩短物料与传热面之间的接触时间,物料的实际温度不宜超过 90 ℃。选择干燥机时,应根据实际生产需要、物料种类和品质要求,合理选择干燥方式。采用蒸汽夹套间接加热的工艺方法,可以有效实现分段加热,有利于控制不同干燥进程区段的温度,保持适宜的温度差。

(5) 选择合适的干燥工艺方法。干燥机通常采用钢材作为传热部件,其导热系数大,热阻小,传热效果好。但如果传热面结垢,特别是加工全鱼粉时,原料压榨得到的压榨液浓缩后一并进入干燥器,使物料黏性增大,传热面上更容积结垢,结垢后的加热面导热系数一般仅为钢材的1/20,热阻大大增加,干燥效果下降,影响鱼粉品质。选择多段加热方式的机型,可以控制各加热段的温度,有效防止结垢,或者选择旋风式无中间传热面的直接加热方式,传热介质与物料直接接触而无结垢带来的影响。

(6) 选择合适的蒸发水汽排出方式。干燥作业过程中需要对物料蒸发出的水蒸气及时排出干燥机,才能有效保障物料的干燥速度。蒸发水汽的排出,可以采用风机抽气方式,也可以采用预热空气强制通风方式。

2. 碟式鱼油离心分离机(fish oil disc centrifuge)

1) 概述

鱼粉是用一种或多种鱼类为原料,经去油、脱水、粉碎加工成的高蛋白质饲料原料。鱼粉含丰富的营养并具有优良的消化利用率,使之在饲料工业中被广泛地使用,特别是幼年动物饲料中,鱼粉蛋白中的必需氨基酸的含量相当高,尤其是蛋氨酸、半胱氨酸、赖氨酸、苏氨酸和色氨酸含量,动物能够利用鱼粉中自然肽形式的氨基酸,这对改善饵料所必需氨基酸的总体平衡十分有效。

在鱼粉生产过程中,如果原料含脂率高于一定值,鱼粉加工过程中原料所含的大量油脂在干燥过程中长时间经受高温,容易氧化酸败,降低成品质量,也容易在加工过程中产生结焦结团,降低品质;同时,原料的含脂率过高,原料的质地过于柔嫩,含胶质较多或鲜度较差,所得鱼粉的含脂率往往超过规定的标准,因此在鱼粉生产过程中,通常都要对原料进行脱脂(脱油)处理。

鱼粉原料根据含脂率不同分为低脂性原料(含脂率低于 1%)、中脂性原料(含脂率 1%～10%)和高脂性原料(含脂率高于 10%)。原料经过脱脂后生产的鱼粉称为脱脂鱼粉,其产品特点是超低脂肪。脱脂鱼粉的生产流程是将原料鱼经过分拣、清洗、切碎等预处理后,再通过蒸煮、压榨、固液分离、油水分离、干燥、冷却、筛选、粉碎等一系列工序。脱脂鱼粉分为半脱脂鱼粉和全脱脂鱼粉,生产工艺流程大体相同,都需要进行固液和油水分离,所不同的是半脱脂鱼粉在油水分离后,将分离出来的含有盐分、杂质、脂肪及细微的鱼粉颗粒的分离水回喷到干燥器内,与鱼粉混合一起烘干,增加了鱼粉的出粉率,减少了因鱼体偏小而产生的肌肉组织的流失,也可以减少因汁水直接排放带来的环境污染。

油水分离是鱼粉生产工艺中重要的环节。根据原料含脂率和工艺要求不同,油水分离可以采用萃取法、离心法、压榨法等方法,其中,离心法油水分离常用于中脂性和高脂性原料的饲用鱼粉生产。随着海洋渔业资源的变化和开发,生产鱼粉的原料也趋于多样化,有的品种是湿法压榨工艺难以有效处理的。离心式油水分离方法通用性强,适用面广,成本低廉,操作简单,维护保养方便,得到了广泛的应用。

离心分离机械主要包括过滤式离心分离机、碟式离心分离机和螺旋离心分离机等类型。碟式离心分离机可快速连续地对固液和液液进行分离,是立式离心机的一种,转鼓装在立轴上端,通过传动装置由电动机驱动而高速旋转。碟式鱼油离心分离机是利用离心力的作用从汁水中分离鱼油的设备,其主要工作部件是一高速旋转的转鼓,内有一组倒锥形的金属碟片,各碟片之间以很小的间距层层相叠,各碟片在几个相同位置上都开有孔。榨液从转鼓顶部的中心管加入,经各碟片上的开孔通道,在各碟片间分布成若干薄层。在转鼓高速旋转产生的离心力作用下,榨液中的鱼油和汁水因比重不同而被分离,分别排出机外。

随着现代工业技术的发展,分离效果好、振动小、噪声低已经成为离心分离机械能否被市场接受的重要条件,这就需要离心机具有良好的动态特性。通常动态特性包括临界转速、不平衡响应和稳定性等内容,离心分离机的参数选择及优化是提高离心分离机动态特性的首要环节。

2)分类

各类碟式离心分离机的结构基本相同,都是通过利用不同相之间的质量不同、产生的摩擦力和黏滞力不同而实现分离的。目前大多以排渣的方式不同进行分类:

(1)人工排渣碟式离心分离机;

(2)喷嘴排渣碟式离心分离机;

(3)活门排渣碟式离心分离机。

3)典型碟式鱼油离心分离机械及其主要性能

碟式离心分离机是沉降式离心分离机中的一种,用于分离难以分离的物料(黏性液体与细小固体颗粒组成的悬浮液或密度相近的液体组成的乳浊液等)。它是利用混合液(混浊液)中具有不同密度且互不相溶的轻、重液和固相,在离心力场中获得不同的沉降速度的原理,达到分离分层或使液体中固体颗粒沉降的目的,可以实现液-液-固三相分离。碟式离心分离机是应用最广的沉降式离心机,可用于乳制品、果汁、鱼油生产中。

碟式离心分离机可在密闭、高温、低温、加压和真空等条件下工作。图31-76所示为碟式离心分离机工作原理示意图。

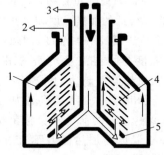

1—分离碟片;2—重液;3—轻液;
4—分配孔;5—碟片支承座。

图31-76　碟式离心分离机工作原理示意图

碟式离心分离机转鼓内一组互相套叠在一起的碟形零件称为碟片,碟片与碟片之间留有很小的间隙。工作时,悬浮液(或乳浊液)由位于转鼓中心的进料管加入转鼓,原料料液通过料液分配孔或碟片外边缘进入碟片间隙并形成薄膜,沿碟片流动。当悬浮液(或乳浊液)

流过碟片之间的间隙时，在离心力作用下，不同比重的液液或固液产生分离，固体颗粒（或液滴）沉降到碟片上形成沉渣（或液层），沉渣沿碟片表面滑动而脱离碟片并积聚在转鼓内直径最大的部位，分离后的液体从出液口排出转鼓，重液被甩向碟片下表面向外朝转鼓内壁方向流动、从重液通道引出，轻液沿碟片上表面向转鼓中心运动、从轻液通道排出。

碟片的作用是缩短固体颗粒（或液滴）的沉降距离、扩大转鼓的沉降面积，转鼓中由于安装了碟片而大大提高了分离机的生产能力。积聚在转鼓内的固体在分离机停机后拆开转鼓由人工清除，或通过排渣机构在不停机的情况下从转鼓中排出。

图31-77所示为用于液-固分离和液-液分离的碟式离心分离机工作原理示意图。

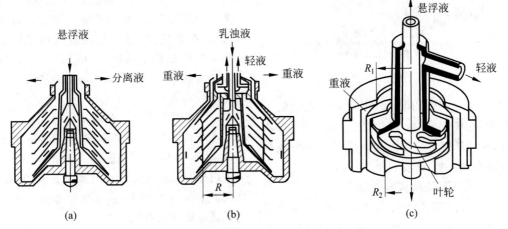

图 31-77　碟式离心分离机工作原理示意图
(a) 液-固分离；(b) 液-液分离；(c) 向心泵

分离悬浮液时，如图 31-77（a）所示，悬浮液由中心进料管进入转鼓，从碟片束外缘经碟片间隙向碟片内缘流动。因受离心力作用，固体颗粒在随液体流动的同时沉降到各碟片的内表面，再向碟片外缘滑动，最后沉积到鼓壁上。已澄清的液体向转鼓中心方向聚集，经溢流口或向心泵排出。

分离乳浊液时，如图 31-77（b）所示，乳浊液经碟片束上的进料孔进入各碟片间隙，按密度不同分为重液和轻液，重液沿碟片内表面向转鼓壁流动，轻液向中心流动，经溢流口和向心泵分别排出。

向心泵具有固定在机壳上静止不动的叶轮，如图 31-77（c）所示，叶轮外缘浸没在与转鼓同步旋转的分离液层内，分离液由叶轮外缘进入弧形流道，流至叶轮中心排液管排出。叶轮将旋转液体的动能转变为静压，将转鼓中排出的分离液直接输送至 10～20 m 的高度。

碟式离心分离机的主要结构参数包括转鼓内直径、当量沉降面积和碟片的尺寸与碟片总片数、排渣方式及排渣机构。为保持分离效果，转鼓锥形碟片的半锥角一般为 30°～50°，保持重液离心力大于与碟片表面的摩擦力，碟片间距一般为 0.5～3.0 mm，碟片数为 50～150片。碟式分离机的主要操作参数包括转鼓转速、轻液与重液分界面的位置和加料速度等。

图 31-78 所示为某型号碟式离心分离机的外形图。

碟式离心分离机结构主要包括如下部分：①机座传动部分。各种碟式分离机的机座及传动部分大致相似，电动机通过离心离合器、水平轴、一对螺旋增速齿轮及立轴带动转鼓。立轴是挠性轴，上轴承为挠性轴承，转鼓安装在立轴的上端。除可用螺旋齿轮传动外，还可以用皮带增速传动，所有传动装置均安装在机座内。②机壳部分。转鼓外面装有圆形或者锥形的机壳，可接受从转鼓分离出来的重相或者沉渣，机壳上端与悬浮液的输入管及轻相输

图 31-78　碟式离心分离机

出管相连。③转鼓组件。转鼓是分离机的主
要部分,包括转鼓体、碟片组件、向心泵、排渣
装置、自动控制部分等。现代碟式离心分离机
大多能自动加料、排渣和停车。

（1）人工排渣碟式分离机

人工排渣碟式分离机属于间歇操作分离
机,整体结构由机座、传动装置、转鼓和机壳等
组成,图 31-79 所示为人工排渣碟式分离机结
构示意图。

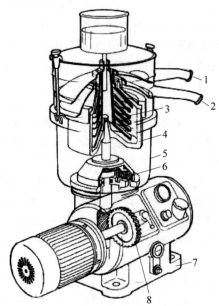

1—轻液；2—重液；3—碟片；4—转鼓；5—机壳；
6—减震装置；7—机座；8—传动装置。

图 31-79　人工排渣碟式分离机结构示意图

整机为立式,转鼓为下支撑式。靠近转鼓
的主轴承外有 6 个辐射状布置的弹簧(或橡胶
垫)组成的减震装置。转鼓的传动装置通常采
取螺旋齿轮增速传动,有的采取皮带传动。转
鼓盖与转鼓体由螺纹锁紧圈紧固,并有密封圈
防漏。碟片为圆锥形,其半锥角大于固体颗粒
与碟片表面的摩擦角,一般为 $30°\sim45°$,碟片数
为 $50\sim180$ 片,碟片间隙为 $0.5\sim2.0$ mm。分
离机工作一段时间后,转鼓内壁上沉渣增多,
分离液澄清度下降,当分离液澄清度不合要求
时,停机拆开转鼓,人工清除转鼓内沉渣。这
种分离机的处理量可达 45 m³/h,适于处理颗
粒直径为 $0.001\sim0.1$ mm、固相浓度小于 1%
的悬浮液和乳浊液。

（2）喷嘴排渣碟式分离机

喷嘴排渣碟式分离机属于连续操作分离
机,整体结构与人工排渣碟式分离机相似,但
转鼓内腔呈双锥形,可对沉渣起压缩作用,提
高沉渣浓度。图 31-80 所示为喷嘴排渣碟式分
离机转鼓结构示意图。

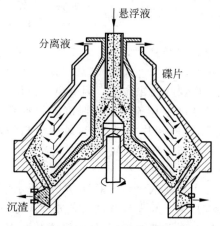

图 31-80　喷嘴排渣碟式分离机转鼓结构示意图

转鼓内直径最大 900 mm,转鼓周缘有喷出
浆状沉渣的喷嘴 $2\sim24$ 个,喷嘴孔径为 $0.5\sim$
3.2 mm。喷嘴的数目和孔径根据悬浮液性
质、浓缩程度和处理量确定。通过喷嘴的沉渣
流速很大,喷嘴用耐磨材料如硬质合金、刚玉
和碳化硼等制成。为提高排渣浓度,这种分离
机还有将排出的沉渣部分送回转鼓内再循环
的结构。沉渣的固相浓度可比进料的固相浓度

提高 5～20 倍。这种分离机的处理量最大可达 300 m³/h,适用于处理固相颗粒直径为 0.1～100 μm、固相浓度通常小于 10%（最大可至 25%）的悬浮液。

（3）活门排渣碟式分离机

利用环状活门启、闭排渣口进行间歇排渣,又称自动排渣碟式分离机。整体结构与人工排渣碟式分离机相似,特点是转鼓内有活门排渣装置,可不停机卸除转鼓内的沉渣。

操作时,由转鼓中心加料管加入悬浮液进行分离,活门下面的密封水总压力大于悬浮液作用在活门上面的总压力,活门位置在上,关闭排渣口。排渣时,停止加料并由转鼓底部加入操作水,开启转鼓周边的密封水泄压阀,排出密封水,活门受转鼓内悬浮液压力的作用迅速下降,开启排渣口。排尽转鼓内的沉渣和液体后,停止供给操作水,泄压阀闭合,密封水压升高,活门上升关闭排渣口,完成工作循环。这种分离机最大处理量可达 60 m³/h,适用于处理固体颗粒直径为 0.001～0.5 mm、固液相密度差大于 0.01 kg/cm³、固相浓度小于 10% 的悬浮液和乳浊液。

3. 鱼油精制设备（fish oil refining equipment）

1）概述

鱼油是指以鱼类为原料制取的油,其中包括鱼体油和鱼肝油,广义的鱼油也包括鲸类、海豚等水产动物油,是食品、医药和化学工业的重要原料,全球鱼油市场需求逐年稳定增长。

鱼油是制造鱼粉时的联产产品,通常采用混榨工艺,原料经过蒸煮、压榨之后,从压榨液中分离出粗油,再经分离澄清成为鱼油。

鱼粉、鱼油加工设备,就是以低值鱼类和鱼类加工废弃物为原料加工成鱼粉、鱼油的专用设备。鱼油精制设备是用于鱼油净化精制的系统,由多台不同功能的装置组成,包括鱼油分离、脱色、脱腥、除臭等装置。根据鱼油工艺和品质要求,可以调整不同规格型号装置,形成不同的系统,满足不同加工需求,适用于水产品加工下脚料中鱼油的提纯操作,属于水产品生产技术领域。

鱼粉、鱼油的生产加工最先在日本与欧美等国出现与发展,20 世纪末随着国内鱼油需求的大幅增加,我国的鱼油精炼技术与制造企业得到飞速的发展。

我国淡、海水鱼资源丰富,产量居世界首位。水产品加工过程中产生的鱼头、内脏等副产物中含有丰富的油脂,而鱼油又是重要的油脂原料,进一步加工提取鱼油是水产品加工副产物高值化利用的一条重要途径。因此,对鱼油进行精制和回收利用不仅可提高鱼油的附加值,还能真正实现变废为宝的目的。

2）分类

鱼油精制设备,就是将粗鱼油经脱胶、碱炼、水洗、脱水、脱色、脱臭等工艺制成精鱼油的设备,包括多台不同的装置处理不同的工序。

因此,鱼油精制设备的分类有多种型式。根据生产过程中鱼粉鱼油的加工原料分类,可以分为用鱼类加工的副产品进行鱼油的提炼加工与精制和直接用鱼类加工得到鱼油并进行鱼油的精制两种;根据生产过程中鱼粉、鱼油的加工工艺分类,原料的脱脂有萃取法、离心法和压榨法三种;根据生产过程中鱼粉、鱼油的加工方式分类,原料的脱脂有干式加工法和湿式加工法两种。干式加工法主要适用于低脂鱼类,加工设备由蒸干机、压榨机、粉碎机等组成,加工时对环境污染较重。湿式加工法中,若采用压榨法脱脂,加工设备主要由蒸煮机、压榨机、松碎机、除渣机、干燥机、粉碎机等组成。若采用离心法脱脂,主要由螺杆卸料离心机代替压榨机,分离油、汁,其他相关设备相同或相类似。

3）典型鱼油精制设备及其主要性能

精制鱼油是对粗制鱼油进行精制处理后的制品,涉及不同机械设备,主要加工设备的结构组成包括泵、鱼汁液加热罐、离心机、脱色除臭器、皂化锅、洗涤锅等。图 31-81 所示为鱼油精制设备组成示意图。

鱼油精制设备各组成机构的功能和作用主要包括:

（1）泵:泵 1 是耐腐蚀泵,要求有一定耐热性,用于将鱼汁液送入加热罐。泵 4、7 和 10

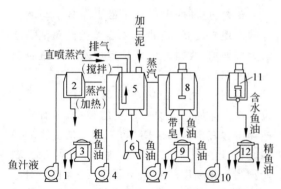

1,4,7,10—泵；2—鱼汁液加热罐；3,6,9,12—离心机；
5—脱色除臭器；8—皂化锅；11—洗涤锅

图 31-81　鱼油精制设备组成示意图

采用离心泵和齿轮泵，要求有足够的扬程和流量，泵体有耐热、耐腐蚀性能。泵 4 用于将鱼油送入脱色除臭器，泵 7 用于将脱去白泥渣的鱼油送入皂化锅，泵 10 用于将离心机 9 分离出的鱼油送往洗涤锅进行盐析处理。

（2）鱼汁液加热罐：带加热蒸汽夹套的金属容器，用不锈钢或碳钢制成，有的内装搅拌机构，有的直接通入蒸汽搅拌。

（3）离心机：离心机 3、6、9、12 常用碟片式高速离心机，因带皂鱼油内的鱼油、水分、皂脚之间的比例与鱼汁液中的比例不同，所以离心机的转鼓结构不同，特别是碟片数量、锥角、开孔位置均不相同，其功用也各异。离心机 3 用以将加热后的鱼汁液在离心力场内按比重分为油、水、渣三层，实现三相分离，分别排出机外；离心机 9 用于将带皂鱼油分离成鱼油、水、皂脚三相；离心机 12 则将经过洗涤和盐析的鱼油进一步分离，得到精制鱼油；离心机 6 常用三足式过滤离心机，用于从脱色除臭器 5 底部排出的鱼油和白泥混合物分离。

（4）脱色除臭器：为钢质容器，外层有耐热夹套，可通蒸汽加热。容器底部有带小孔的排管，用以喷射蒸汽，以搅动物料促进反应。容器的顶部有排气管和加料口，前者用以排出废气，后者用以加入白泥脱色。容器的侧上方设有进油管，粗鱼油从该管注入容器，与白泥混合，在加热和蒸汽的作用下完成吸附、挥发，达到脱色、除臭的目的。

（5）皂化锅：一台带搅拌器的反应釜，外层有蒸汽加热夹套，底部有放料口，上部有鱼油和碱的加料口。鱼油在加温和搅拌下，碱和游离脂肪酸中和，形成皂化物，降低酸价，提高鱼油品位。

（6）洗涤锅：结构与皂化锅相似，但加入的是鱼油和盐水，在加温和搅拌作用下，一方面进行机械洗涤，另一方面作为电介质使混在鱼油内的蛋白质、胶体凝聚沉淀完成盐析过程，以进一步提高鱼油品质。

鱼油精制设备各工序的主要工作过程包括：

（1）过滤：过滤对采用碟式离心机脱皂的连续精炼工艺是极为重要的工序。粗鱼油中含有一定量的杂质和鱼体蛋白及胶质，过滤（一般采用板框过滤机）可除去大部分的杂质，这对保护离心机的碟片、延长离心机的排渣周期极有益处。过滤还可除去相当部分的鱼体蛋白和胶质，对于品质较好的粗鱼油的精炼，可免去脱胶工序。久置或低温下的粗鱼油中有一定量的固体脂，为防止固体脂被滤去而造成损失，并提高过滤速度，将粗鱼油预热到 40 ℃左右可收到较佳的过滤效果。由于胶质和鱼体蛋白的存在，过滤机内还没有形成足够多的杂质就会降低过滤速度，此时应更换滤布或将滤布清洗后再进行过滤。

（2）脱酸：脱酸是鱼油精炼重要的工序之一。基于提取鱼油的原料的新鲜度不同及鱼油提取过程中长时间与水混合在一起等原因，粗鱼油的酸价往往比较高，对于不同酸价的鱼油应选择不同的脱酸工艺，包括碱炼脱酸、二次碱炼脱酸、物化结合脱酸等方法。

（3）脱色：粗鱼油的色泽较深，通过碱炼可脱除部分色素，再进一步用白土或活性炭脱色，可以取得良好的脱色效果。

（4）脱臭：脱臭并非鱼油精制的必需工艺，是否需要脱臭应视原料情况和产品用途而定。作为饲料用的鱼油，其腥臭味对动物具有明显的诱食作用，脱除气味反而降低产品的价值。要加工成食品用的高档鱼油，一般需进行脱臭处理，将不令人喜欢的腥臭味去除。

图 31-82 所示为河南鸣人装备生产的环保

型低能耗鱼油精炼系列设备,包括日产量 1～20 t、20～500 t、100～500 t 等不同规格型号,设备可完成从毛油→脱胶脱酸→脱色→脱臭→精炼油等各工艺,主要设备包括用于油脂水化脱胶、中和脱酸的精炼锅,用于油脂吸附脱色的脱色锅,用于高温蒸馏去除油脂中异味的脱臭锅,用于去除油脂中杂质和脱色剂的过滤机,以及配备脱色锅、脱臭锅产生负压真空度的真空机组和加热水产生蒸汽供给设备蒸馏使用的蒸汽发生器等。

图 31-82　环保型低能耗鱼油精炼设备

该系列设备为组合式脱酸脱臭塔,由塔体、塔填料、液体分布器、液体再分布器、支承栅板及气体和液体进出口组成,可以进行连续碱炼,完成物理脱酸脱臭,缩短油脂与碱液的接触时间,减少油脂皂化,降低碱炼,提高出油率。脱色采用预混与蒸汽搅拌连续脱色相结合,以提高脱色效率。脱臭采用连续物理组合脱酸脱臭塔,脱酸能力强、能耗低、生产效率高。采用多重热交换,充分利用系统热能,降低蒸汽耗量,同时还具有生产工艺可调整、操作灵活、自动程度高等特点。

31.3.4　贝类藻类加工机械

1. 贝类预煮、蒸煮机(shellfish cooking machine)

1) 概述

贝类处理机械是加工贝类原料专用机械的总称,由分级、清洗和脱壳等机械组成。其中,脱壳一般采用蒸煮机或微波装置,加热后,贝壳张开,经振动或碰撞,壳肉分离,主要用于毛蚶、贻贝、扇贝、牡蛎等加工。在生产过程中,原料的蒸煮和脱壳是重要的加工工序。蒸煮加热的目的,是使贝类的闭壳肌失去控制贝壳张合的能力,壳张开并与贝肉分离。

2) 分类

贝类加热,常用的热源主要是蒸汽,也有采用微波加热的方法。蒸汽加热,是对整个贝壳整体加热;微波加热,可以聚焦微波,仅对闭壳肌的某一特定点加热,使贝肉保持其原有的鲜度和风味。因此,贝类加热方法常分为传统蒸汽加热和微波加热两种。

3) 典型贝类处理机械及其主要性能

蒸汽蒸煮是贝类加热加工常用的方法,图 31-83 所示为贻贝预煮、蒸煮机结构示意图。

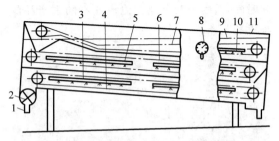

1—出料口;2—汽封转轮;3—下层蒸室喷汽管;4—下层汽蒸室输送带;5—中层蒸室喷汽管;6—中层汽蒸室输送带;7—预煮室输送带;8—压力式温度计;9—水位线;10—预煮室喷汽管;11—进料口。

图 31-83　贻贝预煮、蒸煮机结构示意图

贻贝预煮、蒸煮机主要由箱体、输送带、供汽管及控制阀、温度计等组成。箱体分上、中、下三层,上层为热水预煮室,中、下两层为汽蒸室,箱体前端的上方有进料口,后端下方设出料口。出料口处装有四叶回转式汽封转轮。箱体内的上、中、下三层均设有链式输送带,由安装在箱体外的电动机经减速器带动。输送带的轴端采用滑动轴承加密封垫。整个箱体在长度方向由前至后向上倾斜,斜度为 1∶20,以保证预煮室内浸入水中的贻贝的厚度和预煮时间。

上层预煮室中的水用蒸汽加热,水温由安装在蒸汽管上的阀门调节供汽量来控制。中、下层汽蒸室温度则由安装在每一层中的供汽管上的四个阀门来控制。箱体外有压力式温度计,可监测各工作室的温度。

贻贝经分粒、洗刷、分级等处理后,由链斗

式提升机运送,经进料口落到上层预煮室的输送链上,浸在55～60 ℃的温水中预煮并缓慢向前移动。

到达上层输送的端部,贻贝落入汽蒸室输送带,由蒸汽管喷入蒸汽直接蒸煮。贻贝顺序通过中、下层输送带,在下层输送带的端部落入汽封转轮,将贻贝从送料口送出,并能阻止蒸汽泄漏。

图31-84所示为山东振华铭鑫食品机械生产的ZHMX-189型连续式蒸煮机,可用于食品加工过程中的水产品蒸煮。该设备采用不锈钢材质制造,可预设工艺,实现自动调控温度和时间,适用于贻贝及其他多种不同水产品的预煮和蒸煮。

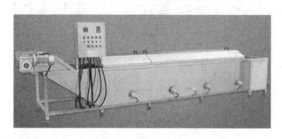

图31-84　ZHMX-189型连续式蒸煮机

2. 贝类脱壳机组(shellfish peeling machine)

1)概述

贝类脱壳机是贝类产品在加热(通常为蒸煮)后进行壳肉分离工序中使用的设备。国外对杂色蛤加工生产设备的研究和使用比较多,具有成熟的生产工艺和生产设备。国内的同类生产设备较少,目前国内水产加工厂使用的杂色蛤脱壳设备产量较低。

2)分类

贝类脱壳机组是用于贝类脱壳取肉的机械。对贝类加热方式得当,温度时间等工作参数选用合理,经加热后的贝类的壳体会充分张开,闭壳肌与壳体完全分离,从而为贝肉的脱壳和肉壳分离提供了方便。

贝肉脱壳,通常采用施加外力的方法使贝肉脱离贝壳。其具体措施有振动、拍击、搅拌和水力冲击等,应根据贝壳和贝肉的特性选用

脱壳方法。例如,贻贝的壳薄肉嫩,采用拍击、搅拌等剧烈的方法易使贝壳破碎、贝肉损伤,影响产品质量,而采用振动法则可收到良好效果;但对于壳体和贝肉不易破碎,可经受较大外力作用的贝类,则可选用以下各种脱壳方法,如牡蛎刀脱壳、蒸汽脱壳、微波脱壳、高强度冲击波脱壳等。

目前通常根据分离工艺的不同,贝类脱壳常采用以下方式:

(1)震动筛分法分离

利用贝类个体壳、肉几何尺寸大小不同进行筛分的方法。筛分法可以用于任何一种双壳贝,其个体的贝壳尺寸总是大于贝肉。

(2)水力浮选法

利用贝类个体壳、肉重度不同进行分离的浮选法。浮选法即水分离法,是近年来国内外普遍采用的贝类壳、肉分离法。

3)典型贝类脱壳机组及其主要性能

(1)横向往复隔板筛分离装置

该装置主要由往复隔板筛、机架、曲柄连杆传动系统等组成。筛体分三段,倾斜并呈阶梯形布置,相邻筛体运动方向相反,筛体横向侧面装有减震弹簧,以减小震动,保持平衡,在筛体上横向布置木质隔板,用以扰动下移的贝类。图31-85所示为横向往复隔板筛分离装置结构示意图。

工作时,电动机通过曲柄连杆机构带动筛板作横向往复运动,从进料斗送入的贝类,到达上层输送运动,贻贝随着筛板抖动,不但彼此间发生碰撞,而且还与隔板碰撞,从而使贝肉从壳中脱落。已脱落的贝肉通过筛网上的孔眼沿贝肉接收斗下落到链板式贝肉输送机上,被送往水力浮选分离槽作进一步的分离。被阻留在筛网上方的贝壳则以0.5～0.6 m/min的速度沿倾斜的筛网面下移,经第二段、第三段筛分后,筛体框架下端的出口落入贝壳输送机上。经过筛分的贝肉中还混有少量的贝壳碎片及个体较小的整贝壳,其数量约占贝壳总量的10%。这部分贝壳可通过下一步的水力分离装置将其除去。

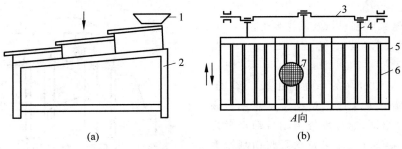

1—进料斗；2—机架；3—曲轴；4—连杆；5—筛体；6—隔板；7—筛网。

图 31-85　横向往复隔板筛分离装置结构示意图

(a) 正视图；(b) 俯视图

（2）水力贻贝分离装置

水力分离法是利用贝壳和贝肉的重度不同,从而在水中有不同的沉降速度的特性,达到将混杂在一起的贝壳和贝肉分离的目的。图 31-86 所示为水力壳肉分离装置结构示意图,该装置的水槽、下料导槽及分离漏斗均由钢板焊接制成。在助析水槽进料端的侧壁上分别设置冲水管和助析水管。冲水管和助析水管的供水均由泵从回水槽中抽取,循环使用。

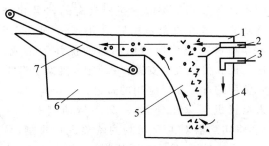

1—下料导槽；2—冲水管；3—助析水管；4—助析水槽；5—分离漏斗；6—回水槽；7—贝肉输送机。

图 31-86　水力壳肉分离装置结构示意图

工作时,贝壳和贝肉的混合物沿下料导槽下滑,被冲水管的水流冲到分离漏斗的上部。这时,贝壳和贝肉以各自不同的沉降速度向分离漏斗下沉,沉降至一定深度的贝肉将被自下而上流动的助析水流推送到分离漏斗的上部,进而随水流一起从导槽的出口流出,落到贝肉输送机上。由于贝壳的重度大于贝肉,助析水流的浮力不足以使其上移,所以下沉的贝壳将继续下沉至槽底,落在贝壳输送带上,被送出

水槽。

（3）组合贻贝分离装置

图 31-87 所示为组合贻贝分离装置结构示意图。整套装置由横向往复隔板筛和水力分离装置组合而成。工作时,先由横向往复隔板筛预分离,再由水力分离装置二次分离,保证最后的分离效果。

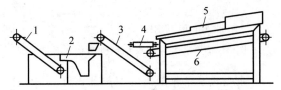

1—带式贝类输送机；2—水力分离装置；3,6—链板式贝肉输送机；4—贝壳输送机；5—横向往复隔板筛。

图 31-87　组合贻贝分离装置结构示意图

3. 紫菜采集机械（laber harvester）

1）概述

目前,用作加工食品原料的常见藻类有紫菜、海带、裙带菜等,这些藻类的加工均分为初加工和精加工两类。紫菜是一种重要的经济藻类,含有大约 31.3% 的蛋白质,30.2% 的水溶性多糖类,0.7% 的脂肪,以及维生素 B1、B2 和人体必需的锌、锰、铁、铜等微量元素,是人们日常生活中喜爱的藻类水产品。除食用外,紫菜还有防病治病的功效,也是新兴琼脂工业的重要原料。紫菜采集机械,就是用于采集紫菜的机械。

2）分类

常见的紫菜收割机械有泵吸式紫菜收割机、旋切式紫菜收割机和打采式紫菜收割机等

类型。

3）典型紫菜收割机械及其主要性能

（1）泵吸式紫菜收割机

泵吸式紫菜收割机由自吸式水泵、切割器、分离器及驱动水泵的原动机组成。图31-88所示为泵吸式紫菜收割机结构示意图。该机采用汽油机驱动，通过皮带传动带动自吸式水泵运转，水泵与分离器以及水泵与切割器之间分别由软管连通。

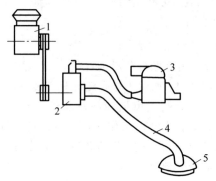

1—汽油机；2—自吸式水泵；3—分离器；
4—软管；5—切割器。

图 31-88　泵吸式紫菜收割机结构示意图

泵吸式紫菜收割机的切割器由叶轮、固定刀盘、转动刀盘和壳体等组成。切割器的固定刀盘和转动刀盘分别由15把不锈钢刀片组成，这些刀片的刀刃与刀盘的半径方向有一倾角，固定刀盘上刀片的倾斜方向与转动刀盘上刀片的倾斜方向相反。转动刀盘通过转轴与叶轮相连。

工作时，被水泵抽吸的海水沿切割器叶轮的径向流过，驱动叶轮旋转，从而使转动刀盘旋转。随海水一起被吸入的紫菜进入定、动刀盘的刀片间隙时被切断，与海水一起沿塑料软管进入自吸式水泵。

紫菜分离器的作用是将被泵抽吸上来的紫菜和海水分离，图31-89所示为分离器结构示意图。分离器由壳体、拨料叶片、水动叶轮、固定滤网、送料螺旋等组成。

工作时，混有紫菜的海水进入分离器后，海水透过不锈钢滤网，在向排水口流动的过程中推动水动叶轮旋转，从而使由橡胶制成的送

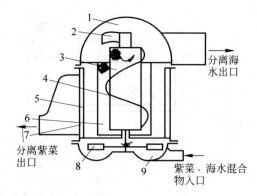

1—上罩壳盖；2—拨料叶片；3—转动滤网；4—送料螺旋；5—调节活门；6—固定滤网；7—外壳；8—水动叶轮；9—底盖。

图 31-89　分离器结构示意图

料螺旋及拨料叶片转动，被滤网阻挡的紫菜被推移到分离器下部，从出料口排出。

泵吸式紫菜收割机由人工操作，在海水中进行，劳动强度大，效率低，能耗高，目前采用较少，只有在小规模养殖场合中有所应用。

（2）旋切式紫菜收割机

传统旋切式紫菜收割机只具有切割功能，而不具备泵式紫菜收割机所具有的抽吸和分离功能。这种收割机由原动机、传动机构、切割器和将动力传递给切割器的挠性轴组成。原动机和传动机构安置在机架上，机架上有供背负用的背带和固定用的腰带。工作时，操作人员将机架背在身上，一只手持切割器的手柄，将切割器对准要切割的紫菜进行收割，另一只手拿抄网，接住割下的紫菜。

旋切式紫菜收割机操作复杂，需要另外进行滤水分离，目前已基本淘汰。

（3）打采式紫菜收割机

打采式紫菜收割机（又称紫菜打采机）由原动机、传动机构、打采滚筒组成。切割刀具安装在打采滚筒圆柱面外侧，沿轴向直线或螺旋线安装，3～6把切割刀具沿圆周均匀布置。工作时，打采滚筒贴合在紫菜网帘的下表面，当打采滚筒在动力机驱动下高速旋转时，紫菜沿根部被打采下来，落入收集容器中。

打采式紫菜收割机驱动功率大，打采滚筒转速高，打采效果明显，是目前主要的紫菜收

割方式。打采式紫菜收割机可以应用于水中采收环境,也可以应用于陆上采收环境,主要应用于沿潮间带区域养殖的紫菜收割。

采用水中采收的方式时,即涨潮状态下收割,将紫菜打采机用支架安装在养殖船的船头上方,形成船式紫菜收割机(又称打采船)。工作时,打采滚筒由船上动力通过皮带轮驱动,打采船穿过紫菜养殖网帘下方向前航行,被打采船撑起的网帘落在打采滚筒上,被切割刀具打采下来,落入置于打采滚筒下方的收集容器中。

采用陆上采收的方式时,即退潮状态下收割,可以将紫菜打采机用支架安装在驱动车辆的前部,形成车型紫菜收割机(又称打采车)。驱动车辆可以定制专用车辆,也可以选用通用的拖拉机(采用拖拉机时,通常将打采机用悬臂支架安装在拖拉机侧面),打采滚筒由皮带轮或液压泵驱动,打采滚筒在驱动车辆上的高低位置可以调节,以适应紫菜养殖网帘的高度。潮汐处于落潮阶段,滩涂平坦,适合打采车行驶。工作时,将打采滚筒置于紫菜养殖网帘的下方紧贴网帘,打采车前进时,高速旋转的打采滚筒便将紫菜打采下来,落入置于打采滚筒下方的容器中。

打采车在滩涂上的行驶速度要比打采船在水中的行驶速度快,因此打采车的打采效率更高,使用更广泛。

图 31-90 所示为一款车型打采式紫菜收割机,又称滩涂式紫菜收割机,切割滚筒安装在车体的上部前沿。收割季节,紫菜在退潮裸露时,收割机可以直接在滩涂上行驶,进行紫菜收割,适合于潮间带方式养殖的紫菜收割。

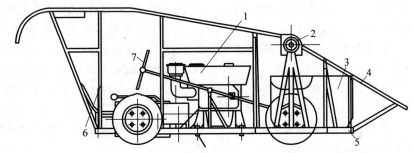

1—柴油机动力;2—打采滚筒;3—收集容器;4—网帘支架;5—车辆底盘;6—打采车架;7—方向盘。

图 31-90　车型打采式紫菜收割机

4. 紫菜加工生产线(laver processing line)

1)概述

紫菜加工从原料到成品,需要经过多道工序,分为一次加工和二次加工。一次加工的基本工艺流程包括:原料→初洗(清洗)→切碎、洗净→调和→制饼→脱水→烘干→剥离→挑选分级→二次烘干→挑选分级→包装。一次加工主要完成紫菜片或紫菜饼的生产,作为二次加工的基本原料,也可以作为紫菜产品直接销售。二次加工主要是进一步将紫菜制成各种不同类型紫菜食品(成品),根据市场需求不同,可以添加不同调料制成不同风味的休闲食品,可以制成不同规格和包装的寿司海苔,可以添加虾皮蛋花制成不同口味的调味食品,等

等。每一个工艺流程都需要相应的紫菜加工配套辅助机械处理完成。

紫菜加工生产线就是能连续完成紫菜加工相应工艺流程的整套集成系统或装置。

紫菜加工通常需要完成如下工艺流程功能:

(1)原料初洗。将从养殖海区采收回来的紫菜放入洗菜机里,用天然海水清洗,除去紫菜上所附着的泥沙等杂质,洗涤时间一般依紫菜的老嫩而定。幼嫩的早期紫菜一般不必洗很长时间,只要十几分钟即可,中、后期收割的紫菜较老,并附有很多硅藻,初洗的时间可延长些,这样有利于藻体的软化,所以需清洗30分钟左右。另需引起注意的是,用淡水清洗会导致紫菜中氨基酸、糖等营养成分的损失,并影响紫菜叶状体的光泽和易溶度。

(2) 切碎和洗净。将初洗后的紫菜输送至紫菜切碎机切碎,一般幼嫩的紫菜应使用孔径大、刀刃少的刀具,并切得粗一些,叶质硬的老紫菜则相反。切菜时,刀刃应锋利,否则会造成紫菜拧挤,原生质流失而导致紫菜光泽的下降和营养成分的流失。切碎的紫菜直接送入洗净机,用 8～10 ℃的淡水清洗,洗净附着的盐分和泥沙杂质。在新的紫菜加工设备中,切碎机和洗净机组合成一台整机,称为混成机。

(3) 紫菜调和。是指将紫菜和水按一定比例均质混合,形成原料混合液。紫菜的调和由调和机和搅拌水槽共同完成,首先由调和机调节菜水混合液的菜水配比,为满足加工工艺对制品厚薄的要求,通常水的用量为一张紫菜饼需一升水,经调和机调和后送入搅拌水槽进行充分搅拌,使紫菜在混合液中分布均匀,以保证制饼质量。在这一工序中水温一般控制在8～10 ℃,水质采用软水为宜。

(4) 制饼。由制饼机完成,先在塑料成形框中自动置入菜帘,进入成形位置时,框即闭合,并夹紧放在底架上的菜帘,由料斗向框内注入原料混合液,使之在菜帘上均匀分布,每个塑料框就是一张紫菜。一般来说,制饼机的生产能力为 2800～3200 张/h。

(5) 脱水。将装有菜饼的菜帘逐层叠起,放入离心机中离心脱去水分。

(6) 烘干。采用热风干燥方式,将脱水后的菜饼和菜帘一起放入烘干机内烘干,温度控制在 40～50 ℃,从原料入口到成品出口运行的时间为 2.5 h 左右,一般幼嫩的紫菜干燥温度可低一些,时间可长一些,而老的紫菜则相反。

(7) 剥菜。将烘干后的干紫菜饼从菜帘上剥离下来。由于烘干后紫菜饼与菜帘附着得较紧密,所以剥离工作须小心谨慎,不要撕破或损坏其形状,以免影响成品的质量。

(8) 挑选分级。干紫菜的商业价值有四项指标,即颜色、光泽、香味和易溶度。必要时还要进行烤烧来判断其质量的优劣,一般都是根据干紫菜的颜色、光泽、形状来进行选别分级的。对于混有硅藻和绿藻等杂质的紫菜要另行确定等级,剔除混有沙土、贝壳、小虾和其他

碎屑的紫菜,挑出有孔洞、破损、撕裂和皱缩的干紫菜。由于紫菜质量优劣不同价格相差多达几倍以至数十倍以上,所以必须十分注意加工质量。根据外观、色泽、张数和口感的不同,将干紫菜分成三个等级。目前已有机器可自动挑出有孔洞、破损和皱缩的干紫菜。若是一次加工干紫菜,至此便可完成加工处理,进行成品包装。

(9) 二次烘干。为了延长干紫菜的保藏期,可用热风干燥机进行二次干燥。干燥机的温度一般设定为四个阶段,每一阶段有若干级,逐级升温。实际生产时,四个阶段的温度控制在 40～80 ℃,烘干时间为 3～4 h。经二次烘干后,干紫菜水分含量可由一次烘干时的10%下降至 3%～5%。

(10) 二次挑选分级。方法与要求与一次加工(烘干)后的挑选分级基本相同。

(11) 成品包装。由于二次烘干后干紫菜的水分含量很低,极易从空气中吸收水分,所以二次烘干后应立即用塑料袋包装,并加入干燥剂后封口,再将小包装干紫菜放入铝膜牛皮纸袋并封口。为了减少氧化作用,可在袋内充氮气或二氧化碳,然后装入瓦楞纸箱密封。

2) 分类

紫菜加工,流程复杂,但都需要进行清洗、切碎、调和等前期工序。紫菜制饼机是将切碎的紫菜浇制成饼状再沥去水分的机械,其作用是将已经调和好的含水量均匀的紫菜混合液经浇片、滤水等工艺制成一定形状的片状紫菜饼。紫菜制饼机很大程度上决定了成品紫菜的品质级别,是紫菜加工生产中的主要机械设备。

紫菜加工生产线系统设备,可以根据加工成品的级别分为初加工机械和精加工机械,也可以根据自动化程度分为人工紫菜加工机和全自动紫菜加工机械。

3) 典型紫菜制饼机械及其主要性能

图 31-91 为紫菜制饼机结构示意图。该机由成形框架、浇片机构、保水脱水机构、输帘机构和传动机构等组成。

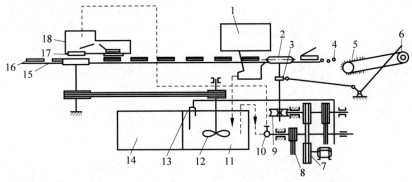

1—紫菜调和机；2—传动链轮；3—凸轮；4—辊柱输送机；5—竹帘输送机；6—棘轮机构；7—三角皮带传动；
8—三角皮带轮（传动辊柱输送机用）；9—涡轮减速器；10—输送泵；11—贮液箱；12—搅拌叶片；13—液位
自动控制器；14—贮水箱；15—保水导轨；16—成形框架；17—凸轮连杆机构；18—浇片控制箱。

图 31-91　紫菜制饼机结构示意图

工作时，紫菜制饼机启动，紫菜调和机中的菜水混合液被送到贮液箱中，贮液箱中的液位保持一定的高度，确保贮液箱中具有一定量的菜水，在搅拌叶片的作用下，菜水均质均匀，并由输送泵将搅拌均匀的菜水送至浇片控制箱。

浇片控制箱置于成形框架运行的导轨上方，成形框架在导轨上匀速移动，当成形框架运行至浇片控制箱下方时，浇片控制箱阀门开启，控制菜水定量均匀流到成形框架的竹帘上。导轨椭圆形或环形封闭布置，成形框架循环运行，竹帘上的菜水混合物水分不断沥去，形成菜饼，进一步脱水、烘干。

参考文献

[1]　农业部农业机械化管理司.农业机械分类：NY/T 1640-2021[S].北京：中国农业出版社,2021.

[2]　农业部渔业局.渔业机械基本术语　第 1 部分：捕捞机械：SC/T 6001.1—2011[S].北京：中国农业出版社,2011.

[3]　农业部渔业局.渔业机械基本术语　第 2 部分：养殖机械：SC/T 6001.2—2011[S].北京：中国农业出版社,2011.

[4]　农业部渔业局.渔业机械基本术语　第 3 部分：水产品加工机械：SC/T 6001.3—2011[S].北京：中国农业出版社,2011.

[5]　农业部渔业局.渔业机械基本术语　第 4 部分：绳网机械：SC/T 6001.4—2011[S].北京：中国农业出版社,2011.

[6]　农业部渔业局.投饲机：SC/T 6023—2011[S].北京：中国农业出版社,2011.

[7]　全国渔业机械仪器产品汇编[G].上海：中国水产科学研究院渔业机械仪器研究所,1989.

[8]　郑雄胜.渔业机械化概论[M].武汉：华中科技大学出版社,2014.

[9]　涂同明.渔业畜牧机械化必读[M].武汉：湖北科学技术出版社,2009.

[10]　李烈柳.水产机械使用与维修[M].北京：金盾出版社,2005.

[11]　鲁植雄.水产养殖机械巧用速修一点通[M].北京：中国农业出版社,2010.

[12]　上海水产大学.水产品加工机械与设备[M].北京：中国农业出版社,1996.

[13]　叶桐封.水产品深加工技术[M].北京：中国农业出版社,2007.

[14]　刘玉德.食品加工机械与设备[M].北京：机械工业出版社,2018.

[15]　许学勤.食品工厂机械与设备[M].北京：中国轻工业出版社,2008.

[16]　邱礼平.食品机械设备维修与保养[M].北京：化学工业出版社,2011.

[17]　孙中之.刺网渔业与捕捞技术[M].北京：海洋出版社,2014.

[18]　孙满昌.渔具渔法选择性[M].北京：中国农业出版社,2004.

[19]　孙满昌.海洋渔业技术学[M].北京：中国农业出版社,2005.